第四次全国中药资源普查（湖北省）系列丛书
湖北中药资源典藏丛书

总 编 委 会

湖北罗田

药用植物志

顾　问

胡署平　熊　勇　彭建忠　尹国平　冯武国　肖胜昔

主　编

邓朝晖　刘　祥　汪　峰　徐拂然　张勇前　何　峰

副主编

瞿　源　朱　霞　卢　锋　程红燕　雷树言　雷　威

编　委（按姓氏笔画排序）

王文玲　方　焰　邓朝晖　卢　锋　朱　霞　刘　祥

邱峰朝　何　峰　何友为　何先国　余登友　汪　峰

张勇前　陈　为　陈卫东　欧阳文　周亚新　周益新

胡　乐　饶菲菲　徐拂然　徐美玲　徐娅玲　涂　敏

龚文耀　程红燕　雷　威　雷树言　熊　伟　滕岳青

瞿　源　瞿国义　瞿晓东

华中科技大学出版社
http://press.hust.edu.cn
中国·武汉

内容简介

　　本书是罗田县第一部资料齐全、内容翔实、系统分类的地方性专著和中药工具书。本书以通用的植物学分类系统为纲目，共收载罗田县现有药用植物1069种，隶属于175科，分别介绍其形态、生境分布、采收加工、药用部位、药材名、来源、性味、归经、功能主治等内容，并配有植物彩色图片。

　　本书图文并茂，具有系统性、科学性和科普性等特点。本书可供中药植物研究、教育、资源开发利用及科普等领域人员参考使用。

图书在版编目 (CIP) 数据

湖北罗田药用植物志 / 邓朝晖等主编 . —武汉 : 华中科技大学出版社，2023.7
ISBN 978-7-5680-8891-6

Ⅰ . ①湖… Ⅱ . ①邓… Ⅲ . ①药用植物－植物志－罗田县 Ⅳ . ① Q949.95

中国国家版本馆CIP数据核字(2023)第118977号

湖北罗田药用植物志　　　　　　　　　邓朝晖　刘祥　汪峰　徐拂然　张勇前　何峰　主编
Hubei Luotian Yaoyong Zhiwuzhi

策划编辑： 罗　伟
责任编辑： 李　佩　李艳艳
封面设计： 廖亚萍
责任校对： 张会军
责任监印： 周治超

出版发行： 华中科技大学出版社（中国·武汉）　　　电话： (027)81321913
　　　　　武汉市东湖新技术开发区华工科技园　　　邮编： 430223

录　　排： 华中科技大学惠友文印中心
印　　刷： 湖北金港彩印有限公司
开　　本： 889mm×1194mm　1/16
印　　张： 75.25　插页：2
字　　数： 2336 千字
版　　次： 2023 年 7 月第 1 版第 1 次印刷
定　　价： 799.00 元

序 一

罗田县地处大别山南麓，湖北省东北部，属亚热带季风气候。其总面积 2144 平方千米，物产丰富，享有华中药谷之美誉。2012 年罗田县被国家中医药管理局确定为"国家基本药物中药原料资源"基地县之一。同年启动的第四次全国中药资源普查工作中，罗田县是湖北省首批普查县之一。

由罗田县万密斋医院组建的中药资源普查队，严格按照全家中药资源普查工作要求，在湖北中医药大学专家的指导下，按照野外调查、内业整理、中药材市场调查和传统知识调查纲目，制订严密的普查工作计划；野外调查科学设置样地、样方，实地勘查，查明县域内中药资源分布情况，采集和制作大量药用植物标本，完成中药资源普查信息管理系统数据上报和普查资料编写。中药资源普查队还对中药材市场情况进行广泛调查，掌握县域内大宗道地中药材种植和市场交易情况。难能可贵的是，罗田县万密斋医院将本次中药资源普查工作与发掘诞生于该县的明代著名医学家万密斋的《万密斋医学全书》中的用药特性、经典名方有机结合，走访民间中医药爱好者，听取名老中医意见，收集到一大批民间验方和习用中药材品种，对照医圣万密斋的著述，组织该院资深中医药专家逐一论证，去伪存真，将疗效确切的方剂编入本书，使本书在史料性、科学性的基础上，增添实用性、可读性，更具收藏价值。

本书收载的 1069 种药用植物，对大多数植物的拉丁学名、别名、生境分布、采收加工、药用部位、性味、归经、功能主治等逐项予以介绍，并附索引，内容丰富，读者阅读后能准确了解罗田县中药资源的分布情况，对医圣万密斋故里厚重的中医药文化有更深刻的认识。

我非常欣慰地看到，罗田县的同道，对保护、运用丰富的中药资源，推进中医药事业发展的不懈追求和艰辛努力。该书付梓，填补了罗田县中药资源记载上的空白，将为政府制订中医药发展规划提供基础性资料，助力罗田打造中医药产业强县。

乐见成书，以待其功，是以为序。

博士，教授，博士生导师
湖北中医药大学药学院院长

序 二

　　罗田县中药资源极为丰富，是华中地区重要的中药材产地，500年前诞生于罗田县的明代医圣万密斋，医道精深，著述丰硕，被誉为"明清医圣万密斋，中华养生第一人"，与同时代诞生于邻县蕲春的药圣李时珍交相辉映。追溯历史，大别山区丰富的中药资源和厚重的中医药文化，孕育了医药二圣。于1979年成立的罗田县中医院（1984年为纪念著名医学家万密斋，更名为罗田县万密斋医院），秉承医药二圣理念，传承中医药文化，致力于发掘中医药宝库，有所作为。

　　2013年我院承担第四次全国中药资源普查在罗田县的工作，组建了专业的中药资源普查队，在国家、省第四次全国中药资源普查领导小组的领导下，得到湖北中医药大学药学院吴和珍教授、陈科力教授，中国科学院武汉植物研究所李建桥等专家的支持和亲临指导，普查队历时3年，行程2万多千米，战严寒、斗酷暑，翻山越岭，跑遍了2144平方千米的县域，设置普查样地36个，样方1080个，采集样本4600个，制作腊叶标本4600多份，拍摄照片20000多张，影像资料20G，走访民间中医药爱好者100多位，其中罗田县90岁高龄的中药资源专家蔡炳文老先生为普查工作提供珍藏多年的资料，给予普查工作极大的支持和帮助。经过不懈努力，普查队查明罗田县拥有植物类中药材1069种，圆满完成了第四次全国中药资源普查在罗田县的工作。

　　相关领导专家对罗田县中药资源普查信息技术服务工作高度重视，国家中医药管理局科技司原司长曹洪欣和南京中医药大学原校长段金廒等专家亲临罗田县指导工作，对罗田县中药资源普查和信息技术服务工作给予了充分肯定，中国中医科学院黄璐琦院士对罗田县中药资源动态监测信息服务工作给予精心指导，中国中医科学院和湖北中医药大学为罗田县中药资源普查和信息技术服务工作给予资金支持，在此一并表示感谢。

　　万密斋医院致力于振兴中医药事业，在中药资源普查工作中做出了努力，我们将普查成果汇编成书，对普查中的心得体会予以总结，是以为序。

罗田县万密斋医院原院长

主编心声

十年磨砺，一朝付梓。本书出版发行之际，我作为罗田县第四次全国中药资源普查组织者和参与者之一，感触颇深。

大别山南麓的罗田县，物产丰富，人杰地灵，道地药材闻名海内外。元代即开始人工栽培的罗田九资河茯苓，粉白质坚，病可入药，健可强体，荒可充饥，被列为我国中草药八珍之一，并于1915年在美国旧金山举办的"巴拿马万国博览会"中获得金奖。罗田县出产的茯苓、金银花、苍术是国家地理标志产品。据史料记载，上溯两千年，罗田县道地药材就作为防病治病之用，足证罗田县为药材之乡。500多年前，明朝万历年间，诞生于罗田县大河岸镇的医圣万密斋，治病方略精准，用药道地精确，医道精深，著述丰硕。我作为医圣后世乡人，深耕医药界20多年，深感祖国传统医学博大精深，保护、运用道地药材极为重要。我曾任职的九资河镇、胜利镇是罗田县中药材主产地，也是第四次全国中药资源普查重点区域。我有幸组织区域内中药资源普查工作，跋山涉水，走访民间，收集整理资料，体验普查工作之艰辛，感悟中药材主产区资源之丰富，落实普查工作责任之重要，因此，组织撰写普查工作心得，以期分享普查成果，这也是编写本书的初衷。

一叶知秋。中药资源普查工作既是一项严肃的政治任务，也是一项严谨的科学工作，不容半点的虚假。记得2014年，我在胜利镇罗田县第二人民医院任职时，与中国科学院武汉植物园李建强教授及普查队员一起赴与麻城市交界的胜利镇陈家山村野外作业，采集到大别山区独有的"罗田玉兰"（别名望春花、辛夷花亚种）植物标本。但在上报国家中药资源数据库后，反馈信息为采集地属邻县麻城市。为确证我县是"罗田玉兰"的主产地，我们再次赴该村搜证，可喜的是，在与原采集地相距约500米的罗田县境内，发现了成片生长的罗田玉兰。

窃以为，志书，史也，严谨为本，寓教其中，寓乐其众；科普著述，宜言简意赅；大众读物，图文并茂，堪为上乘。

在组织编写本书的过程中，编者始终坚持系统性、科学性、科普性于一体的原则，力求使本书既是科普著述，也是大众读物。对于本书中收录的民间经方、验方，我们组织专家进行论证，力求真实，准确有效。

\ 前　言 \

大别山南麓的罗田县，地处约北纬 30°，属亚热带季风气候，总面积 2144 平方千米。中医药文化历史深厚，中药资源丰富，被誉为华中药谷，是明代著名医学家万密斋故里。

《湖北罗田药用植物志》的出版发行，是第四次全国中药资源普查成果之一。由罗田县万密斋医院承担的第四次全国中药资源普查在罗田县的工作，遵循第四次全国中药资源普查纲要，在县委县政府领导下，得到了中国中医科学院、湖北中医药大学等科研院所和高校的大力支持和技术指导，历经 3 年多的艰辛努力，初步查明罗田县 1069 种药用植物的分布情况，药用植物涵盖 175 科，其中包括湖北省重点品种 188 种，国家重点保护野生植物 39 种，国家重点保护药材 16 种，填补了罗田县历史上植物类中药记述不全面、不科学的空白。

本书收载的药用植物，由普查队队员实地勘察、现场拍照，采集实物标本得来，限于水平原因，难免疏漏，但基本反映了县域内蕴藏的中药资源状况，将为制订本县中药保护发展规划提供翔实的资料。

本书对收载的药用植物按现代植物分类学做了全面记述，还收录了以医圣万密斋为代表的中医药经方、名方和民间验方，对中药性味、归经、功能主治、临床应用等进行探讨，可供中医药专业人士和爱好者参阅。

本书在编写过程中秉承系统性、科学性、科普性原则，重点突出，著述严谨，图文并茂。

特别感谢湖北中医药大学吴和珍等专家为罗田药用植物资源的调查发掘和保护工作等所做出的突出贡献。感谢罗田县农业农村局对中药资源普查工作和本书的编写工作给予的大力支持。

本书作为罗田县建县 1500 周年纪念文献呈献给广大读者！

编　者

编 写 说 明

1. 本志收载湖北省罗田县境内野生和栽培的药用植物，包括菌类、蕨类、被子植物等。每种植物均附有彩色照片。

2. 本志收载的植物从低等至高等排列，蕨类植物按秦仁昌系统排列，裸子植物按郑万钧系统排列，被子植物按恩格勒系统排列，每科内植物按其拉丁学名的英文字母顺序排列。

3. 本志收载的植物按中文名、拉丁学名、别名、形态、生境分布、采收加工、药用部位、药材名、来源、性味、归经、功能主治、用法用量等项编写。

4. 植物的中文名和拉丁学名均参考《中国植物志》所用名称。

5. 别名参考《中药大辞典》《全国中草药汇编》所用别名。

6. 形态均参考《中国植物志》的描述及形态特征。

7. 生境分布，主要描述野生状态下植物的生长环境和其在罗田县的自然分布地域。

8. 采收加工，简要记述采收的季节和加工方法。

9. 药用部位，记述植物的药用部位。

10. 性味，先写味后写性，有毒药用植物则注明有毒。

11. 归经，参考《中药大辞典》《全国中草药汇编》中相关描述。

12. 功能主治，功能记述植物的主要功能，主治记述其所治的主要病症。

13. 注意，记述禁忌及应用时的注意事项。

\ 目录 \

真菌门

Eumycota

一、银耳科　Tremellaceae

1. 银耳 *Tremella fuciformis* Berk.

【别名】白木耳。

【形态】子实体白色，间或带黄色，半透明，呈鸡冠状，有平滑柔软的胶质皱襞，成扁薄而卷薄如叶状的瓣片；用手指触碰，即放出白色或黄色的黏液。担子亚球形，亦呈白色，（12～13）μm×10 μm，透明；担子孢子亚球形，（6～7.5）μm×（5～6）μm。

【生境分布】寄生于朽腐的树木上。罗田北部山区有人工培植。

【采收加工】4—9月采收。以5月与8月为盛产期。采时宜在早、晚或阴雨天，用竹刀将银耳刮入竹笼中；淘净，拣去杂质，晒干或烘干。宜冷藏或储藏于阴凉干燥处。

【来源】银耳科植物银耳 *Tremella fuciformis* Berk. 的子实体。

【性状】干燥的银耳，呈不规则的块片状，由众多细小屈曲的条片组成，外表黄白色或黄褐色，微有光泽。质硬而脆，有特殊气味。以干燥、黄白色、朵大、体轻、有光泽、胶质厚者为佳。

【化学成分】含蛋白质、糖、无机盐以及B族维生素等。

【性味】甘、淡，平。

【功能主治】滋阴，润肺，养胃，生津。主治虚劳咳嗽，痰中带血，虚热口渴。

【用法用量】内服：煎汤，3～10 g。

【注意】《饮片新参》：风寒咳嗽者忌用。

【附方】润肺，止咳，滋补：白木耳二钱，竹参二钱，淫羊藿一钱。先将白木耳及竹参用冷水发胀，然后取出，加水一小碗及冰糖、猪油适量调和，最后取淫羊藿稍加碎截，置碗中共蒸，服时去淫羊藿渣，参、耳连汤内服。（《贵州民间方药集》）

二、木耳科　Auricularaceae

2. 木耳 *Auricularia auricula*（L.ex Hook.）Underw.

【别名】黑木耳，木枞、木蛾，云耳，耳子。

【形态】子实体形如人耳，直径约10 cm。内面呈暗褐色，平滑；外面淡褐色，密生柔软的短毛。湿润时呈胶质，干燥时带革质。不同大小的子实体簇生一丛，上表面子实层中的担子埋于胶质中，担子分隔，通常由 4 个细胞组成，每个细胞有 1 孢子梗伸出，孢子梗顶端各生 1 担子孢子。

【生境分布】寄生于阴湿、腐朽的树干上。可人工栽培。罗田各地均有分布。

【来源】木耳科植物木耳 *Auricularia auricula*（L.ex Hook.）Underw. 的子实体。

【采收加工】夏、秋季采收，晒干。

【性状】干燥的木耳呈不规则的块片，多卷缩，表面平滑，黑褐色或紫褐色；底面色较淡。质脆易折断，以水浸泡则膨胀，色泽转淡，呈棕褐色，柔润而微透明，表面有滑润的黏液。气微香。以干燥、朵大、肉厚、无树皮泥沙等杂质者为佳。

【性味】甘，平。

【归经】归胃、大肠经。

【功能主治】凉血，止血。主治肠风，血痢，血淋，崩漏，痔疮。

【用法用量】内服：煎汤，0.3 ～ 1 两；或研末服。

【注意】《药性切用》：大便不实者忌。

【附方】①治新久泄利：干木耳一两（炒），鹿角胶二钱半（炒）。为末，每服三钱，温酒调下，日二服。（《御药院方》）

②治血痢日夜不止，腹痛，心神麻闷：黑木耳一两，水二大盏，煮木耳令熟，先以盐、醋食木耳尽，后服其汁，日二服。（《太平圣惠方》）

③治崩中漏下：木耳半斤，炒见烟，为末。每服二钱一分，头发灰三分，共二钱四分，好酒调服出汗。（《孙天仁集效方》）

④治眼流冷泪：木耳一两（烧存性），木贼一两。为末。每服二钱。以清米泔煎服。（《惠济方》）

⑤治牙痛：木耳、荆芥等份。煎汤漱之，痛止为度。（《海上方》）

【临床应用】用于创面肉芽过剩：取平柔、肥厚而无缺损的木耳，用温开水浸透膨胀后，酒精消毒。伤口周围及肉芽用盐水清洗消毒后，将木耳平贴于肉芽上，纱布包扎，3 ～ 4 天拆开观察 1 次。木耳疏松易收缩，吸水性强，能将肉芽中的水分大量吸收，使肉芽干萎；加之木耳干燥后，收缩皱凸，给以肉芽均匀压力，使肉芽过剩部分退平，上皮细胞向中心生长，伤口易于愈合。

三、多孔菌科 Polyporaceae

3. 树舌 *Ganoderma applanatum*（Pers. ex Wallr.）Pat.

【别名】赤色老母菌、老母菌、扁蕈、白斑腐菌、木灵芝。

【形态】子实体多年生，侧生无柄，木质或近木栓质。菌盖扁平，半圆形、扇形、扁山丘形至低马蹄形，（5 ～ 30）cm×（6 ～ 50）cm，厚 2 ～ 15 cm；盖面皮壳灰白色至灰褐色，常覆有一层褐色孢子粉，有明显的同心环棱和环纹，常有大小不一的疣状凸起，干后常有不规则的细裂纹；盖缘薄而锐，有时钝，全缘或波状。管口面初期白色，渐变为黄白色至灰褐色，受伤处立即变为褐色；管口圆形，每毫米4～6个；菌管多层，在各层菌管间夹有一层薄的菌丝层，老的菌管中充塞着白色粉末状的菌丝。孢子卵圆形，一端有截头壁双层，外壁光滑，无色，内壁有刺状凸起，褐色，（6.5～10）μm×（5～6.5）μm。

【生境分布】　生于多种阔叶树的树干上。分布于全国各地，为世界广布种。罗田各地均产。

【采收加工】　全年采收，除去杂质。阴干或低温烘干。

【药材名】　树舌。

【来源】　多孔菌科真菌平盖灵芝 *Ganoderma applanatum*（Pers.ex Wallr）Pat. 的子实体。

【性状】　子实体无柄。菌盖半圆形，剖面扁半球形或扁平，长径10～50 cm，短径5～35 cm，厚约15 cm。表面灰色或褐色，有同心性环带及大小不等的瘤状凸起，皮壳脆，边缘薄，圆钝。管口面污黄色或暗褐色，管口圆形，每毫米4～6个。纵切面可见菌管一层至多层。木质或木栓质。气微，味淡。

【药理作用】　①影响免疫功能。

②抗肿瘤作用。

【性味】　微苦，平。

【归经】　归脾、胃经。

【功能主治】　消炎抗癌。主治咽喉炎，食管癌，鼻咽癌。

【用法用量】　内服：煎汤，10～30 g。

4. 灵芝 *Ganoderma lucidum*（Leyss. ex Fr.）Karst.

【别名】　赤芝、红芝、木灵芝、菌灵芝、灵芝草。

【形态】　菌盖木栓质，肾形，红褐色、红紫色或暗紫色，具漆样光泽，有环状棱纹和辐射状皱纹，大小及形态变化很大，大型个体的菌盖为20 cm×10 cm，厚约2 cm，一般个体为4 cm×3 cm，厚0.5～1 cm，下面有无数小孔，管口呈白色或淡褐色，每毫米有4～5个，管口近圆形，内壁为子实层，孢子产生于担子顶端。菌柄侧生，极少偏生，长于菌盖直径，紫褐色至黑色，有漆样光泽，坚硬。孢子卵圆形，（8～11）cm×7 cm，壁两层，内壁褐色，表面有小疣，外壁透明无色。

【生境分布】　夏、秋季多生于林内阔叶树的木桩旁，或木头、立木、倒木上，有时也生于针叶树上，有栽培。罗田各山区均产。

【采收加工】　全年采收，除去杂质。阴干或低温烘干。

【药用部位】　子实体。

【药材名】　灵芝。

【来源】　多孔菌科真菌灵芝 *Ganoderma lucidum*（Leyss.ex Fr.）Karst. 的子实体。

【性状】 气特殊，味微苦涩。

【化学成分】 主含氨基酸、多肽、蛋白质、真菌溶菌酶，以及糖类、麦角甾醇、三萜类、香豆精苷、挥发油、硬脂酸、苯甲酸、生物碱、维生素 B_2 及维生素 C 等；孢子还含甘露醇、海藻糖等。

【性味】 甘，平。

【功能主治】 滋补强壮。用于健脑，消炎，利尿，益肾。

【用法用量】 内服：煎汤，10 ～ 30 g。

5. 紫芝 *Ganoderma sinense* Zhao，Xu et Zhang

【别名】 黑芝、玄芝。

【形态】 菌盖木栓质，多呈半圆形至肾形，少数近圆形，大型个体长宽可达 20 cm，一般个体 4.7 cm × 4 cm，小型个体 2 cm × 1.4 cm，表面黑色，具漆样光泽，有环形同心棱纹及辐射状棱纹。菌肉锈褐色。菌管管口与菌肉同色，管口圆形，每毫米 5 个。菌柄侧生，长可达 15 cm，直径约 2 cm，黑色，有光泽。孢子广卵圆形，（10 ～ 12.5）μm ×（7 ～ 8.5）μm，内壁有显著小疣。

【生境分布】 多生于阔叶树木桩旁地上或松木上，或生于针叶树朽木上。罗田各地山区均产。

【采收加工】 全年采收，除去杂质。阴干或低温烘干。

【药用部位】 子实体。

【药材名】 紫灵芝。

【来源】 多孔菌科真菌紫芝 *Ganoderma sinense* Zhao，Xu et Zhang 的子实体。

【性味】 微苦，温。

【功能主治】 同灵芝。

6. 雷丸 *Omphalia lapidescens* Schroet.

【别名】 雷实、竹苓、竹铃芝。

【形态】 菌核体通常为不规则的坚硬块状，歪球形或歪卵形，直径 0.8 ～ 2.5 cm，罕达 4 cm，表面黑棕色，具细密的纵纹；内面为紧密交织的菌丝体，蜡白色，半透明而略带黏性，具同色的纹理。越冬后由菌核体发出新的子实体，一般不易见到。

【生境分布】 多寄生于病竹根部。

【采收加工】 春、秋、冬季皆可采收，但以秋季为多，选枝叶枯黄的病竹，挖取根部菌核，洗净，晒干。

【药用部位】 菌核。

【药材名】 雷丸。

【来源】 多孔菌科真菌雷丸 *Omphalia lapidescens* Schroet. 的菌核。

【性状】 干燥的菌核为球形或不规则的圆块状，大小不等，直径 1 ～ 2 cm。表面呈紫褐色或灰褐色，全体有稍隆起的网状皱纹。质坚实而重，不易破裂；击开后断面不平坦，粉白色或淡灰黄色，呈颗粒状或粉质。质紧密者为半透明状，可见半透明与不透明部分交错成纹理。气无，味淡，嚼之初有颗粒样感觉，微带黏性，久嚼无渣。以个大、饱满、质坚、外紫褐色、内白色、无泥沙者为佳。

【化学成分】　主要成分是一种蛋白酶，称雷丸素，含量约3%，为驱绦虫的有效成分，加热失效。

【药理作用】　①驱绦虫作用。

②抗滴虫作用。

【炮制】　拣去杂质，洗净润透，切片晒干；或洗净晒干，用时捣碎。

《雷公炮炙论》：凡使雷丸，用甘草水浸一夜，铜刀刮上黑皮，破作四、五片。又用甘草汤浸一宿后蒸，从巳至未出。日干，却以酒拌，如前从巳至未蒸，日干用。

【性味】　苦，寒，有小毒。

【归经】　归胃、大肠经。

【功能主治】　消积，杀虫。主治虫积腹痛，疳疾，风痫。

【用法用量】　内服：研粉，15～21 g；或入丸剂。外用：研粉扑或煎水洗。

【注意】　有虫积而脾胃虚寒者慎服。

【附方】　①下寸白虫：雷丸一味，水浸软去皮，切，焙干为末，每有疾者，五更初先食炙肉少许，便以一钱匕药，稀粥调半钱服之。（《经验前方》）

②治三虫：雷丸（炮）一两，芎𦬊一两。上二味捣罗为细散，每服一钱匕，空腹煎粟米饮调下，日午、近晚各一服。（《圣济总录》）

③消疳杀虫：雷丸、使君子（炮，去壳）、鹤虱、榧子肉、槟榔各等份。上药为细末，每服3 g，温米饮调下，乳食前。（《杨氏家藏方》）

④治小儿风痫，掣疭戴眼，极者日数十发：雷丸、莽草各如鸡子黄大，猪脂500 g。上先煎猪脂去滓，下药，微火上煎七沸，去滓，逐痛处摩之，小儿不知痛处，先摩腹背，乃摩余处五十遍，勿近朋及目，一岁以帛包膏摩微炙身。及治大人贼风。（《普济方》）

⑤治少小有热不汗：雷丸125 g，粉250 g。捣和下筛，以粉儿身。（《千金方》）

⑥治风瘙皮肤瘾疹疼痛：雷丸、人参、苦参、牛膝（润、浸、切，焙）、白附子（炮）、防风（去叉）、白花蛇（润、浸，去皮、骨，炙）、甘草（炙，锉）各64 g，丹参48 g。上九味捣罗为散，每服6 g，食前温酒调下。（《圣济总录》）

⑦治牝痔生鼠乳疮：雷丸、鹤虱（炒）、白矾灰各32 g，皂荚针灰、舶上硫黄（研）各16 g。上五味，捣研为散，醋煮面糊丸，如梧桐子大，以雄黄末为衣；每服二十丸，空心食前麝香温酒下。（《圣济总录》）

【临床应用】　①治疗绦虫病：取雷丸制成粉剂，每次20 g，以凉开水加糖少许调服。每日3次，连服3日。第4天服硫酸镁15～20 g（不服亦可）。

②治疗钩虫病：取雷丸研成极细末，加适量乳糖或葡萄糖粉用开水调服。成人每剂60 g，1次顿服或3次分服（体弱者可分2～3日服完），隔几天再服1剂。

③治疗蛲虫病：取雷丸3 g，大黄10 g，二丑10 g，共研细末混匀，晨起空腹时用冷开水1次送服。

小儿可按年龄递减。一般在服药后 1 ～ 2 日即可排虫，随之自觉症状消失。

7. 猪苓 *Polyporus umbellatus*（Pers.）Fries

【别名】野猪粪。

【形态】本品呈条形、类圆形或扁块状，有的有分枝，长 5 ～ 25 cm，直径 2 ～ 6 cm。表面黑色、灰黑色或棕黑色，皱缩或有瘤状凸起。体轻，质硬，断面类白色或黄白色，略呈颗粒状。气微，味淡。

【生境分布】生于枫、桦、槭、柳、栎等根际。罗田各地均产。

【采收加工】春、秋季采挖，除去泥沙，干燥。

【药用部位】菌核。

【药材名】猪苓。

【来源】多孔菌科真菌猪苓 *Polyporus umbellatus*（Pers.）Fries 的干燥菌核。

【炮制】除去杂质，浸泡，洗净，润透，切厚片，干燥。

【性味】甘、淡，平。

【归经】归肾、膀胱经。

【功能主治】利水渗湿。用于小便不利，水肿，泄泻，淋浊，带下。

【用法用量】6 ～ 12 g。

【临床应用】用于小便不利、水肿等病症，常与茯苓、泽泻等品同用（如五苓散）；阴虚者配阿胶、滑石等同用（如猪苓汤）。凡湿注带下，湿浊淋证，湿热泄泻等症，都可配合其他利水渗湿药或清热燥湿药同用。

8. 云芝 *Coriolus versicolor*（L.ex Fr.）Quel

【别名】杂色云芝、黄云芝、千层蘑、彩纹云芝。

【形态】彩绒革盖菌 子实体一年生。革质至半纤维质，侧生无柄，常覆瓦状叠生，往往左右相连，生于伐桩断面上或倒木上的子实体常围成莲座状。菌盖半圆形至贝壳形，（1 ～ 6）cm×

（1 ～ 10）cm，厚 1 ～ 3 mm；盖面幼时白色，渐变为深色，有密生的细茸毛，长短不等，呈灰、白、褐、蓝、紫、黑等多种颜色，并构成云纹状的同心环纹；盖缘薄而锐，波状，完整，淡色。管口面初期白色，渐变为黄褐色、赤褐色至淡灰黑色；管口近圆形至多角形，每毫米 3 ～ 5 个，后期开裂，菌管单层，白色，长 1 ～ 2 mm。菌肉白色，纤维质，干后纤维质至近革质。孢子圆筒状，稍弯曲，

平滑，无色，（1.5～2）μm×（2～5）μm。

【生境分布】　生于多种阔叶树的枯立木、倒木、枯枝及衰老的活立木上，偶见生于落叶松、黑松等针叶树腐木上。分布于全国各地。罗田各地均产。

【采收加工】　全年采收，除去杂质。阴干或低温烘干。

【药用部位】　子实体。

【药材名】　云芝。

【来源】　多孔菌科真菌彩绒革盖菌云芝 *Coriolus versicolor*（L.ex Fr.）Quel 的子实体。

【性状】　子实体无柄。菌盖扇形、半圆形或贝壳形。常数个叠生成覆瓦状或莲座状，直径 1～10 cm，厚 1～4 mm，表面密生灰、褐、蓝、紫、黑等颜色的茸毛，并构成多色的狭窄同心性环带，边缘薄，全缘或波状，管口面灰褐色、黄棕色或浅黄色，管口类圆形或多角形，部分管口齿裂，每毫米 3～5 个。革质，不易折断。气微，味淡。

【性味】　甘、淡，微寒。

【归经】　归肝、脾、肺经。

【功能主治】　健脾利湿，止咳平喘，清热解毒，抗肿瘤。主治慢性活动性肝炎，肝硬化，慢性支气管炎，小儿痉挛性支气管炎，咽喉肿痛，多种肿瘤，类风湿性关节炎，白血病。

【用法用量】　内服：煎汤，15～30 g。宜煎 24 h 以上。或制成片剂、冲剂、注射剂使用。

【临床应用】　①云芝肝泰冲剂：益气养肝，为免疫调节剂。用于慢性活动性肝炎，温开水送服，每次 1 袋，每日 2～3 次。

②云芝多糖片：益气养肝，为免疫调节剂。用于慢性迁延性肝炎、慢性活动性肝炎等病症。口服，每次 2～3 片，每日 3 次。

③香云肝泰冲剂：调节免疫功能和降低丙氨酸转氨酶。用于慢性迁延性肝炎，慢性活动性肝炎，并用于肿瘤的综合治疗。口服，每次 1 袋，每日 2 次，开水冲服。

④云芝菌胶囊：云芝菌培养物。益气养肝，扶正固本。用于调节免疫功能，慢性病毒性肝炎，也可用于早期肝硬化。口服，每次 3 粒，每日 3 次。

卧孔属 *Poria*

9. 茯苓 *Poria cocos*（Schw.）Wolf

【别名】　茯灵、伏苓、伏菟、云苓、茯兔、松薯、松木薯、松苓。

【形态】　常见者为真菌核体。多为不规则的块状，球形、扁形、长圆形或长椭圆形等，大小不一，小者如拳，大者直径达 20～30 cm，或更大。表皮淡灰棕色或黑褐色，呈瘤状皱缩，内部白色稍带粉红，由无数菌丝组成。子实体伞形，直径 0.5～2 mm，口缘稍有齿；有性世代不易见到，蜂窝状，通常附菌核的外皮而生，初白色，后逐渐转变为淡棕色，担子棒状，担孢子椭圆形至圆柱形，稍屈曲，一端尖，

平滑，无色。有特殊臭气。

【生境分布】寄生于松科植物赤松或马尾松等树根上，深入地下20～30 cm，野生茯苓资源几近枯竭；一般均为栽培品。

罗田主产区为九资河镇，其次为白庙河镇、胜利镇、河铺镇、骆驼坳镇等地。

罗田九资河镇茯苓自古名冠天下，质量最优，产量最大，历史最悠久。

【采收加工】

①采收。

栽培的茯苓一般在接种后第二、三年采收，以立秋后采收质量最好，过早则影响质量和产量。

7—9月选晴天采挖。通常栽后8～10个月茯苓成熟，其成熟标志为苓场再次出现龟裂纹，扒开观察菌核表皮颜色呈黄褐色，未出现白色裂缝，即可收获。如色黄白则未成熟，如发黑则已过熟。

②加工。

刷去泥沙，堆在室内分层排好，底层及面上各加一层稻草，使之发汗，每隔三天翻动一次。反复数次至现皱纹，内部水分大部分散失后，阴干，即为茯苓个。

苓皮起皱时可削去黑色外皮部分，即为茯苓皮；

茯苓皮下的赤色部分，切成厚薄均匀的块，即为赤茯苓；

将茯苓内部的白色部分切成薄片或小方块，即为白茯苓；

带有松根的白色部分，切成正方形的薄片，即为茯神。

【药用部位】菌核（茯苓）、带松根菌核（茯神）、菌核皮（茯苓皮）。

（1）茯苓。

【来源】多孔菌科真菌茯苓 *Poria cocos*（Schw.）Wolf 的干燥菌核。

【性状】茯苓个呈球形，扁圆形或不规则的块状，大小不一，重量由数两至十斤以上。表面黑褐色或棕褐色，外皮薄而粗糙，有明显隆起的皱纹，常附有泥土。体重，质坚硬，不易破开；断面不平坦，呈颗粒状或粉状，外层淡棕色或淡红色，内层白色，少数淡红色，细腻，并可见裂隙或棕色松根与白色绒状块片嵌镶在中间。气味无，嚼之粘牙。以体重坚实、外皮呈褐色而略带光泽、皱纹深、断面白色细腻、粘牙力强者为佳。白茯苓均已切成薄片或小方块，色白细腻而有粉滑感。质松脆，易折断破碎，有时边缘呈黄棕色。

【炮制】茯苓：用水浸泡，洗净，捞出，闷透后，切片，晒干。朱茯苓：取茯苓块以清水喷淋，稍闷润，加朱砂细粉撒布均匀，反复翻动，使其外表粘满朱砂粉末，然后晾干。（每茯苓块100 kg，用朱砂粉950 g。）

【性味】甘、淡，平。

【归经】归心、脾、肺、肾经。

【功能主治】利水渗湿，健脾和胃，宁心安神。主治小便不利，水肿胀满，痰饮咳逆，呕哕，泄泻，遗精，淋浊，惊悸，健忘。

①《神农本草经》：主胸胁逆气，忧恚惊邪，恐悸，心下结痛，寒热烦满，咳逆，口焦舌干，利小便。

②《名医别录》：止消渴，好睡，大腹，淋沥，膈中痰水，水肿淋结。开胸腑，调脏气，伐肾邪，长阴，益气力，保神守中。

③《药性论》：开胃，止呕逆，善安心神。主肺痿痰壅。治小儿惊痫，心腹胀满，妇人热淋。

④《日华子本草》：补五劳七伤，安胎，暖腰膝，开心益智，止健忘。

⑤《伤寒明理论》：渗水缓脾。

⑥《医学启源》：除湿益燥，利腰脐间血，和中益气为主。治溺黄或赤而不利。

⑦王好古：泻膀胱，益脾胃。治肾积奔豚。

⑧《药征》：主治悸及肉瞤筋惕，旁治头眩烦躁。

【化学成分】　菌核含 β-茯苓聚糖，另含茯苓酸、3β-羟基羊毛甾三烯酸。此外，尚含树胶、甲壳质、蛋白质、脂肪、甾醇、卵磷脂、葡萄糖、腺嘌呤、组氨酸、胆碱、β-茯苓聚糖分解酶、脂肪酶、蛋白酶等。

【药理作用】　①利尿作用：利尿作用与其所含钾盐有关。

②镇静作用。

③抗菌、抗炎、抗病毒作用。

④预防胃溃疡，护肝作用。

⑤强心作用。

⑥抗癌作用。

⑦增强免疫功能。

【用法用量】　内服：煎汤，10～16 g；或入丸、散。

【注意】　虚寒精滑或气虚下陷者忌服。

①《本草经集注》：马蔺为之使。恶白敛。畏牡蒙、地榆、雄黄、秦艽、龟甲。

②《药性论》：忌米醋。

③张元素：如小便利或数，服之则损人目。如汗多入服之，则损元气。

④《本草经疏》：病人肾虚，小水自利或不禁或虚寒精清滑，皆不得服。

⑤《得配本草》：气虚下陷、水涸口干俱禁用。

【附方】　①治太阳病，发汗后，大汗出，胃中干，烦躁不得眠，脉浮，小便不利，微热消渴者：猪苓12 g（去皮），泽泻36 g，白术12 g，茯苓12 g，桂枝16 g（去皮）。上五味，捣为散。以白饮和，服方寸匕，日三服。（《伤寒论》）

②治小便多、滑数不禁：白茯苓（去黑皮）、干山药（去皮，白矾水内湛过，慢火焙干）。上二味，各等份，为细末。稀米饮调服之。（《儒门事亲》）

③治水肿：白水（净）6 g，茯苓10 g，郁李仁（杵）4.5 g。加生姜汁煎。（《不知医必要》）

④治皮水，四肢肿，水气在皮肤中，四肢聂聂动者：防己95 g，黄芪95 g，桂枝95 g，茯苓195 g，甘草64 g。上五味，以水六升，煮取二升，分温三服。（《金匮要略》）

⑤治心下有痰饮，胸胁支满目眩：茯苓128 g，桂枝、白术各95 g，甘草64 g。上四味，以水六升，煮取三升，分温三服，小便则利。（《金匮要略》）

⑥治卒呕吐，心下痞，膈间有水，眩悸者：半夏一升（约200 g），生姜125 g，茯苓95 g（一法125 g）。上三味，以水七升，煮取一升五合，分温再服。（《金匮要略》）

⑦治飧泄洞利不止：白茯苓32 g，南木香16 g（纸裹煨）。上二味，为细末，煎紫苏木瓜汤调下6 g。（《是斋百一选方》）

⑧治湿泻：白术32 g，茯苓（去皮）28 g。上细切，水煎50 ml，食前服。（《素问玄机原病式》）

⑨治胃反，吐而渴欲饮水者：茯苓125 g，泽泻125 g，甘草64 g，桂枝64 g，白术95 g，生姜125 g。上六味，以水一斗，煮取三升，纳泽泻，再煮取二升半，温服八合，日三服。（《金匮要略》）

⑩治心虚梦泄，或白浊：白茯苓末6 g。米汤调下，日二服。（《仁斋直指方》）

⑪治心汗，别处无汗，独心孔一片有汗，思虑多则汗亦多，病在用心，宜养心血：以艾汤调茯苓末服之。（《证治要诀》）

⑫治下虚消渴，上盛下虚，心火炎烁，肾水枯涸，不能交济而成渴证：白茯苓500 g，黄连500 g。为末，熬天花粉作糊，丸梧桐子大。每温汤下五十丸。（《德生堂经验方》）

（2）茯神。

【来源】多孔菌科真菌茯苓 *Poria cocos*（Schw.）Wolf 菌核中间天然抱有松根（即"茯神木"）的白色部分。

【性状】干燥的菌核形态与茯苓相同，唯中间有一松树根贯穿。商品多已切成方形的薄片，质坚实，具粉质，切断的松根棕黄色，表面有圈状纹理（年轮）。以内厚实，松根小者为佳。

【炮制】朱茯神：取茯神块，喷淋清水，稍闷润，加朱砂细粉，撒布均匀，并随时翻动，至茯神外面粘满朱砂为度，然后晾干。（每茯神 100 kg，用朱砂 2 kg。）

【性味】甘、淡，平。

【归经】归心、脾经。

【功能主治】宁心，安神，利水。主治心虚惊悸，健忘，失眠，惊痫，小便不利。

①《名医别录》：疗风眩，风虚，五劳，口干。止惊悸，多恚怒，善忘。开心益智，安魂魄，养精神。

②《药性论》：主惊痫，安神定志，补劳乏；主心下急痛坚满，人虚而小肠不利加而用之。

③《本草再新》：治心虚气短，健脾利湿。

【药理作用】镇静作用。

【用法用量】内服：煎汤，10～16 g；或入丸、散。

【附方】①治心神不定，恍惚不乐：茯神 64 g（去皮），沉香 8 g。并为细末，炼蜜丸，如小豆大。每服三十丸，食后人参汤下。（《是斋百一选方》）

②治心虚血少，神不守舍，多惊恍惚，睡卧不宁：人参（去芦头），茯神（去木），黄芪（蜜炙），熟干地黄（洗，焙），当归（洗，焙），酸枣仁（去皮，炒），朱砂（别研，一半入药，一半为衣）。上件各等份，为细末，炼蜜为丸，如梧桐子大。每服三十丸，煎人参汤下。（《杨氏家藏方》）

③治虚劳烦躁不得眠：茯神（去木）、人参各 32 g，酸枣仁（炒，去皮，别研）160 g。上三味粗捣筛。每服 10 g，以水一盏，入生姜半分，拍碎，煎至七分，去滓，空腹温服，日二夜一。（《圣济总录》）

【名家论述】①《本草纲目》：《神农本草》止言茯苓，《名医别录》始添茯神，而主治皆同。后人治心病必用茯神，故洁古张氏谓风眩心虚非茯神不能除，然茯苓未尝不治心病也。

②《本草经疏》：茯神抱木心而生，以此别于茯苓。《名医别录》谓茯神平，总之，其气味与性应与茯苓一体，茯苓入脾肾之用多，茯神入心之用多。

（3）茯苓皮。

【别名】苓皮。（《四川中药志》）

【来源】多孔菌科真菌茯苓菌核 *Poria cocos*（Schw.）Wolf 的干燥外皮。

【性状】茯苓皮多为长条状，大小不一、外面黑褐色或棕褐色，有疣状凸起，内部白色或灰棕色。体软质松，具有弹性。

【性味】甘、淡，平。

【功能主治】利水，消肿。主治水肿肤胀。

①《本草纲目》：主水肿肤胀，开水道，开腠理。

②《医林纂要探源》：行皮肤之水。

【用法用量】内服：煎汤，15～30 g。

【附方】①治水肿：茯苓皮、椒目二味不拘多少。煎汤饮。（《经验良方》）

②治男子妇人脾胃停滞，头面四肢悉肿，心腹胀满，上气促急，胸膈烦闷，痰涎上壅，饮食不下，行步气奔，状如水病：生姜皮、桑白皮、陈橘皮、大腹皮、茯苓皮各等份。上为粗末。每服 10 g，水一盏半，煎至八分，去滓，不计时候，温服。忌生冷油腻硬物。（《中藏经》）

四、地星科　Geastraceae

10. 硬皮地星 *Geastrum hygrometricum* Pers.

【别名】地蜘蛛、米屎菰。

【形态】子实体初呈球形，后从顶端呈星芒状张开。外包被3层，外层薄而松软，中层纤维质，内层软骨质。成熟时开成6至多瓣，湿时仰翻，干时内卷。外表面灰至灰褐色。内侧淡褐色，多具不规则龟裂。内包被薄膜质，扁球形，直径1.2～2.8 cm，灰褐色。无中轴。成熟后顶部口裂。孢体深褐色，孢子球形，褐色，壁具小疣，直径7.5～11 μm。孢丝无色，厚壁无隔，具分枝，直径4～6.5 μm。表面多附有粒状物。

【生境分布】生于松林沙质土地上，多见于空旷地。5—10月常见。罗田各地均有分布。

【采收加工】秋季采收，剥去外包被的硬皮备用。

【来源】地星科真菌硬皮地星 *Geastrum hygrometricum* Pers. 的子实体和孢子。

【性味】辛，平。

【功能主治】清肺热，活血，止血。用于支气管炎，肺炎，咽痛音哑，鼻衄；外用治外伤出血。

【用法用量】内服：煎汤3 g；外用孢子粉适量撒敷伤口。

五、灰包科　Lycoperdaceae

11. 脱皮马勃 *Lasiosphaera fenzii* Reich.

【别名】灰包、马粪包。

【生境分布】晚夏及深秋生于旷野草地或山坡沙质土草坡或草丛中。罗田各地均有分布。

【采收加工】夏、秋季子实体成熟时及时采收，除去泥沙，干燥。

【来源】灰包科真菌脱皮马勃 *Lasiosphaera fenzii* Reich. 的干燥子实体。

【性状】子实体呈扁球形或类球形，

无不孕基部，直径 15 ～ 20 cm。包被灰棕色至黄褐色，纸质，常破碎呈块片状，或已全部脱落。孢体灰褐色或浅褐色，紧密，有弹性，用手撕之，内有灰褐色棉絮状的丝状物。触之则孢子呈尘土样飞扬，手捻有细腻感。臭似尘土，无味。

【性味】 辛，平。

【归经】 归肺经。

【功能主治】 清肺利咽，止血。用于风热郁肺咽痛，音哑，咳嗽；外治鼻衄，创伤出血。

【用法用量】 内服：煎汤，2 ～ 6 g。外用：适量，敷患处。

六、石耳科　Umbilicariaceae

12. 石耳 *Umbilicaria esculenta* Miyoshi

【别名】 石壁花、地耳、石木耳、岩菇。

【形态】 原植体单叶，厚膜质，干燥时脆而易碎。幼小时近于圆形，边缘分裂极浅；长大后的轮廓大致椭圆形，直径大者可达 18 cm；不规则波状起伏，边缘有浅裂，裂片不规则形。脐背凸起，表面皱缩成脑状的隆起网纹，或成效条肥大的脉脊；体上常有大小穿孔，假根由孔中伸向上表面。上表面微灰棕色至灰棕色或浅棕色，平滑或有剥落的麸屑状小片；有时有与母体相似的小叶片，直径达 7 mm。下表面灰棕黑色至黑色。脐青灰色，杂有黑色，直径达 4 ～ 10 mm。假根黑色，珊瑚状分枝，组成浓密的绒毡层或结成团块状，覆盖于原植体的下表面。子囊盘数十个，黑色，无柄，圆形，三角形至椭圆形。

【生境分布】 生于悬崖削壁上的向阳面。罗田北部高山区有分布。

【采收加工】 四季可采，晒干。

【来源】 地衣类石耳科真菌石耳 *Umbilicaria esculenta* Miyoshi 的地衣体。

【性状】 干燥的石耳呈不规则的圆形片状，多皱缩。外表灰褐色或褐僵内面灰色，折断面可看到明显的黑、白二层。气微，味淡。以片大而完整者为佳。

【炮制】 拣去杂质，洗净，晒干。

【性味】 甘，凉。

【功能主治】 养阴，止血。主治肺虚劳咳吐血，肠风下血，痔漏，脱肛。

【用法用量】 内服：入丸、散。

【附方】 治脱肛泻血不止：石耳五两（微炒），白矾一两（烧灰），密陀僧一两（细研）。上药捣罗为末，以水浸蒸饼和丸，如梧桐子大。每于食前，以粥饮下二十丸。（《太平圣惠方》）

【临床应用】 治疗慢性气管炎：取岩菇 6 钱（首剂 1 两），瘦猪肉 3 两，加盐少许，隔水蒸服。上午蒸 1 次，喝汤，下

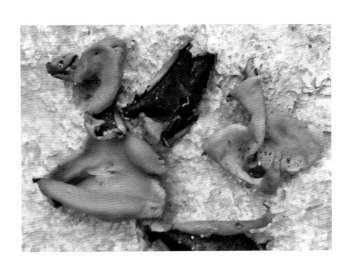

午蒸 1 次，药、肉、汤全吃。副作用：偶见轻度头昏头痛，胃肠不适，乏力等，无须停药，可在 2 ～ 3 天内自行消失。实验证明，石耳对甲型链球菌、肺炎球菌、金黄色葡萄球菌等均无抑菌作用；药理实验有镇咳、祛痰效果。

七、蘑菇科　Agaricaceae

13. 蘑菇 *Agaricus campestris* L. ex Fr.

【别名】双孢蘑菇、白蘑菇、蘑菰、肉菌、蘑菇菌。

【生境分布】生于森林、草原、山丘和平原，朽木上或粪堆上。全国各地均有，分为野生和人工种植两种。罗田各地均有培植。

【采收加工】多在秋、冬、春季栽培，成长后采集，除净杂质，晒干或烘干。

【来源】蘑菇科真菌蘑菇 *Agaricus campestris* L.ex Fr. 的子实体。

【性味】微寒、凉，甘。

【归经】归肠、胃肺经。

【功能主治】悦神，开胃，止泻，止吐，益肠胃，化痰，理气。主治脾虚，泄泻。

【用法】入菜食用。

【注意】据古人的经验，蘑菇为发物，故对蘑菇过敏的人忌食；这对于肿瘤患者的影响似乎与现代研究结论（有利于提高机体免疫功能等）相左。笔者认为古人经验也应参考，故肿瘤患者对蘑菇的食用应持谨慎态度。

14. 香菇 *Lentinus edodes*（Berk.）Sing.

【别名】香蕈、香信、花菇、厚菇、冬菇。

【来源】蘑菇科真菌香菇 *Lentinus edodes*（Berk.）Sing. 的子实体。

【药理作用】①含香菇多糖具有提高机体免疫功能的作用。②延缓衰老。③防癌抗癌：香菇菌盖部分含有双链结构的核糖核酸，进入人体后，会产生具有抗癌作用的干扰素。④降血压、降血脂、降胆固醇：香菇中含有嘌呤、胆碱、酪氨酸、氧化酶以及某些核酸物质，能起到降血压、降胆固醇、降血脂的作用，又可预防动脉硬化、肝硬化等疾病。

【功能主治】 益胃气，脱痘疹。为补充维生素 D 的要剂。预防佝偻病，并治贫血、水痘、软骨病。

【用法】 入菜食用。

15. 松蕈 *Tricholoma matsutake*（S. Ito et Imai）Sing.

【别名】 丛菇、松树菇。

【形态】 菌盖初为半球状，次第开展，终成伞状，灰褐色或淡黑褐色，直径可达 12 ～ 15 cm。菌褶白色，与柄相连。盖未开展时，被有盖膜，开展后盖膜残留柄上，成为不明显的菌环。菌柄着生于菌盖的中央，直立，稍弯曲，长 9 ～ 18 cm。夏秋季生于松林地上。

【采收加工】 夏、秋季采收，晒干或焙干。

【性味】 甘，平，无毒。

【归经】 归脾、肾、膀胱经。

【功用主治】 主治尿路感染，溲浊，尿频，尿急，尿不尽。

《菌谱》：治溲浊不禁。

【用法】 入菜食用。

蕨类植物门
Pteridophyta

八、石杉科　Huperziaceae

石杉属 *Huperzia.*

16. 蛇足石杉 *Huperzia serrata*（Thunb. ex Murray）Trev.

【别名】虱子草、蛇足草、千金榨、矮杉树、狗牙菜、金不换、打不死。

【形态】多年生土生植物。茎直立或斜生，高 10～30 cm，中部直径 1.5～3.5 mm，枝连叶宽 1.5～4.0 cm，2～4 回二叉分枝，枝上部常有芽孢。叶螺旋状排列，疏生，平伸，狭椭圆形，向基部明显变狭，通直，长 1～3 cm，宽 1～8 mm，基部楔形，下延有柄，先端急尖或渐尖，边缘平直不皱曲，有粗大或略小而不整齐的尖齿，两面光滑，有光泽，中脉凸出明显，薄革质。孢子叶与不育叶同型；孢子囊生于孢子叶的叶腋，两端露出，肾形，黄色。

【生境分布】生于林荫下湿地或沟谷石上。主要分布于罗田北部山区。

【采收加工】9—10 月采收，除去杂质，晒干。

【药用部位】全草。

【药材名】千层塔。

【来源】石杉科植物蛇足石松 *Huperzia serrata*（Thunb. ex Murray）Trev. 的全草。

【性味】辛，平，有毒。

【功能主治】退热，除湿，消瘀，止血。主治肺炎，肺痈，劳伤吐血，痔疮便血，带下，跌打损伤，肿毒。

【用法用量】内服：煎汤，16～32 g；或炖肉。外用：煎水洗，研末撒或调敷。

【注意】孕妇内服宜慎。

【附方】①治肺炎、肺脓肿等吐血：千层塔 32 g，山莓果实 15 g，水杨柳 6 g。水煎，一日二次分服。（《常用中草药配方》）

②治肺痈吐脓血：千层塔鲜叶 32 g，捣烂绞汁，蜂蜜调服，日一、二次。（《福建中草药》）

③治劳伤咯血、胸闷：千层塔鲜全草 32 g，水煎服。（《福建中草药》）

④治劳伤吐血及痔疮大便出血：虱子草 64～128 g，炖杀口肉服。（《重庆草药》）

⑤治水湿鼓胀：千层塔 18～21 g，加醉鱼草根等量，再加前胡、紫苏、老姜（煨，去皮）各 10～15 g。水煎，早、晚空腹各服一次。（《浙江天目山药用植物志》）

⑥治产后腹内有包块：虱子草、清酒缸、无娘藤、梨根、板栗根、红花各 32 g。用一色黄毛母鸡，置药于母鸡腹内，炖服。服药前应先去风寒外感，可以连服 2～3 个月。（《重庆草药》）

⑦治带下：千层塔 15～32 g，蛇莓 15 g，茅莓根 15 g。水煎服。（《福建中草药》）

⑧治无名肿毒：虱子草一把，水煎成膏，适量外敷。（《贵州草药》）

⑨治汤火伤破皮：千层塔炕干为细末，调青油涂上，或先涂青油后撒上药粉亦可，每日换药两次。（《贵州民间药物》）

⑩治创口久不愈合：千层塔 2500 g，煎汁浓缩成膏约 250 ml，加硼砂 10 g，熬熔外用。（《常用中草药配方》）

⑪治跌打扭伤肿痛：鲜千层塔和酒糟、红糖，捣烂加热外敷。（《福建中草药》）

⑫治阴虱：千层塔，煎水洗。（《湖南药物志》）

九、石松科 Lycopodiaceae

石松属 *Lycopodium* L.

17. 石松 *Lycopodium japonicum* Thunb. ex Murray

【别名】 石松、过山龙、宽筋藤、过筋草。

【形态】 多年生土生植物。匍匐茎地上生，细长横走，2 ～ 3 回分叉，绿色，被稀疏的叶；侧枝直立，高达 40 cm，多回二叉分枝，稀疏，压扁状（幼枝圆柱状），枝连叶直径 5 ～ 10 mm。叶螺旋状排列，密集，上斜，披针形或线状披针形，长 4 ～ 8 mm，宽 0.3 ～ 0.6 mm，基部楔形，下延，无柄，先端渐尖，具透明发丝，边缘全缘，草质，中脉不明显。孢子囊穗（3）4 ～ 8 个集生于长达 30 cm 的总柄，总柄上苞片螺旋状稀疏着生，薄草质，形状如叶片；孢子囊穗不等位着生（即小柄不等长），直立，圆柱形，长 2 ～ 8 cm，直径 5 ～ 6 mm，具 1 ～ 5 cm 长的小柄；孢子叶阔卵形，长 2.5 ～ 3 mm，宽约 2 mm，先端急尖，具芒状长尖头，边缘膜质，啮蚀状，纸质；孢子囊生于孢子叶腋，略外露，圆肾形，黄色。

【生境分布】 除东北、华北地区以外的其他各地区均产。生于海拔 100 ～ 3300 m 的林下、灌丛下、草坡、路边或岩石上。主要分布于罗田北部山区。

【采收加工】 夏季采收，连根拔起，去净泥土、杂质，晒干。

【药用部位】 全草。

【药材名】 伸筋草。

【来源】 石松科植物石松 *Lycopodium japonicum* Thunb. ex Murray 的带根全草。

【性状】干燥匍匐茎细长而弯曲，黄色或黄绿色，长 30 ～ 120 cm，直径粗 1 ～ 3 mm。质柔韧，不易折断，折断面近白色，内有黄白色木心，常可见近直角生出的黄白色细根，外皮常脱落。直立茎作二叉状分枝。鳞叶常皱而弯曲，密生于茎上，线形或线状钻形，黄绿色或黄色，无毛，略有光泽。叶端渐尖呈芒状，全缘，叶脉不明显。质薄，易碎。气无，味淡。以茎长、黄绿色者为佳。

【炮制】 筛去灰屑，拣净杂质，切成小段。

【性味】 苦、辛，温。

【归经】 《四川中药志》：归肝、脾、肾经。

【功能主治】 祛风散寒，除湿消肿，舒筋活血。主治风寒湿痹，关节酸痛，皮

肤麻木，四肢软弱，水肿，跌打损伤。

　　【用法用量】内服：煎汤，10～15 g；或浸酒。外用：捣敷。

　　【注意】《四川中药志》：孕妇及出血过多者忌服。

　　【附方】①治风痹筋骨不舒：宽筋藤，10～32 g，水煎服。（《岭南采药录》）

　　②治关节酸痛：石松 10 g，虎杖根 15 g，大血藤 10 g。水煎服。（《浙江民间常用草药》）

　　③治关节酸痛，手足麻痹：凤尾伸筋草 32 g，丝瓜络 15 g，爬山虎 15 g，大活血 10 g。水、酒各半煎服。（《中草药学》）

　　④治小儿麻痹后遗症：凤尾伸筋草、南蛇藤根、松节、寻骨风各 15 g，威灵仙 10 g，茜草 6 g，杜衡 1.5 g。水煎服。（《中草药学》）

　　⑤消水肿：过山龙 1.5 g（研细末），糠瓢 4.5 g（火煅存性），槟榔 3 g。槟榔、糠瓢煨汤吃过山龙末，以泻为度。气实者用，虚者忌。（《滇南本草》）

　　⑥治带状疱疹：石松（焙）研粉，青油或麻油调成糊状，涂患处，一日数次。（《浙江民间常用草药》）

十、卷柏科　Selaginellaceae

卷柏属 *Selaginella* P. Beauv.

18. 江南卷柏 *Selaginella moellendorffii* Hieron.

　　【别名】石柏、岩柏草、黄疸卷柏。

　　【形态】土生或石生，直立，高 20～55 cm，具一横走的地下根状茎和游走茎，其上生鳞片状淡绿色的叶。根托只生于茎的基部，长 0.5～2 cm，直径 0.4～1 mm，根多分叉，密被毛。主茎中上部羽状分枝，不呈"之"字形，无关节，禾秆色或红色，不分枝的主茎高（5）10～25 cm，主茎下部直径 1～3 mm，茎圆柱状，不具纵沟，光滑无毛，内具维管束 1 条；侧枝 5～8 对，2～3 回羽状分枝，小枝较密排列规则，主茎上相邻分枝相距 2～6 cm，分枝无毛，背腹压扁，末回分枝连叶宽 2.5～4 mm。叶（除不分枝主茎上的外）交互排列，二型，草纸或纸质，表面光滑，边缘不为全缘，具白边，不分枝主茎上的叶排列较疏，不大于分枝上的，一型，绿色，黄色或红色，三角形，鞘状或紧贴，边缘有细齿。主茎上的腋叶不明显大于分枝上的，卵形或阔卵形，平截，分枝上的腋叶对称，卵形，（1.0～2.2）mm×（0.4～1.0）mm，边缘有细齿。中叶不对称，小枝上的叶卵圆形，（0.6～1.8）mm×（0.3～0.8）mm，覆瓦状排列，背部不呈龙骨状或略呈龙骨状，先端与轴平行或顶端交叉，并具芒，基部斜，近心形，边缘有细齿。侧叶不对称，主茎上的较侧枝上的大，（2～3）mm×（1.2～1.8）mm，分枝上的侧叶卵状三角形，略向上，排列紧密，（1.0～2.4）mm×（0.5～1.8）mm，先端急尖，边缘有细齿，上侧边缘基部扩大，变宽，但不覆盖小枝，边缘有细齿，下侧边缘基部略膨大，近全缘（基部有细齿）。孢子叶穗紧密，四棱柱形，单生于小枝末端，（5.0～15）mm×（1.4～2.8）mm；孢子叶一型，卵状三角形，边缘有细齿，具白边，先端渐尖，龙骨状；大孢子叶分布于孢子叶穗中部的下侧。大孢子浅黄色；小孢子橘黄色。

　　【生境分布】生于林下或溪边。分布于长江以南各地、北至陕西南部。主产于罗田玉屏山。

　　【采收加工】春、秋季均可采收，但以春季采者色绿质嫩为佳。采后剪去须根，酌留少许根茎，去净泥土，晒干。

【药用部位】 全草。

【药材名】 江南卷柏。

【来源】 卷柏科植物江南卷柏 *Selaginella moellendorffii* Hieron. 的全草。

【性状】 干燥药材呈卷曲状，灰绿色。

【性味】 微甘，平。

【功能主治】 清热利尿，活血消肿。用于病毒性肝炎，胸胁腰部挫伤，全身浮肿，血小板减少。

19. 卷柏 *Selaginella tamariscina* (P. Beauv.) Spring

【别名】 九死还魂草。

【形态】 土生或石生，复苏植物，呈垫状。根托只生于茎的基部，长 0.5 ～ 3 cm，直径 0.3 ～ 1.8 mm，根多分叉，密被毛，和茎及分枝密集形成树状主干，有时高达数十厘米。主茎自中部开始羽状分枝或不等 2 叉分枝，不呈"之"字形，无关节，禾秆色或棕色，不分枝的主茎高 10 ～ 20（35）cm，茎卵圆柱状，不具沟槽，光滑，维管束 1 条；侧枝 2 ～ 5 对，2 ～ 3 回羽状分枝，小枝稀疏，规则，分枝无毛，背腹压扁，末回分枝连叶宽 1.4 ～ 3.3 mm。叶全部交互排列，二型，叶质厚，表面光滑，边缘不为全缘，具白边，主茎上的叶较小枝上的略大，覆瓦状排列，绿色或棕色，边缘有细齿。分枝上的腋叶对称，卵形、卵状三角形或椭圆形，（0.8 ～ 2.6）mm ×（0.4 ～ 1.3）mm，边缘有细齿，黑褐色。中叶不对称，小枝上的椭圆形，（1.5 ～ 2.5）mm ×（0.3 ～ 0.9）mm，覆瓦状排列，背部不呈龙骨状，先端具芒，外展或与轴平行，基部平截，边缘有细齿（基部有短睫毛状毛），不外卷，不内卷。侧叶不对称，小枝上的侧叶卵形到三角形或距圆状卵形，略斜升，相互重叠，（1.5 ～ 2.5）mm ×（0.5 ～ 1.2）mm，先端具芒，基部上侧扩大，加宽，覆盖小枝，基部上侧边缘不为全缘，呈撕裂状或具细齿，下侧边近全缘，基部有细齿或具睫毛，反卷。孢子叶穗紧密，四棱柱形，单生于小枝末端，（12 ～ 15）mm ×（1.2 ～ 2.6）mm；孢子叶一型，卵状三角形，边缘有细齿，具白边（膜质透明），先端有尖头或具芒；大孢子叶在孢子叶穗上下两面不规则排列。大孢子浅黄色；小孢子橘黄色。

【生境分布】 生于岩石上。主产于罗田观音山。

【采收加工】 春、秋季均可采收，但以春季采者色绿质嫩为佳。采后剪去须根，酌留少许根茎，去净泥土，晒干。

【药用部位】 全草。

【药材名】 卷柏。

【来源】 卷柏科植物卷柏 *Selaginella tamariscina* (P. Beauv.) Spring 的干燥全草。

【性状】 干燥全草，全体卷缩成团，似拳形，有时似扁球形状，大小不一，一般长 5 ～ 10 cm。枝叶丛生，形扁有分枝，绿色或棕黄色，向内卷曲，枝上密生鳞片状小叶。质脆，易折断。基部残留少数簇生的须根。无臭，无味。以绿色、叶多、

完整不碎者为佳。

【炮制】 卷柏炭：取洁净的卷柏，置锅内用武火炒至外表呈焦黑色，内呈焦黄色，喷淋清水，取出，晒干。

【性味】 辛，平。

【归经】 《本草经疏》：入足厥阴、少阴血分。

【功能主治】 生用破血，炒用止血。生用治经闭、癥瘕，跌打损伤，腹痛，哮喘；炒炭用治吐血，便血，尿血，脱肛。

【用法用量】 内服：煎汤，0.5～3 g；浸酒或入丸、散。外用：捣敷或研末撒。

【注意】 孕妇忌服。

①《本草经疏》：孕妇禁用。

②《本草汇言》：苟非血有瘀蓄，或不因瘀蓄而致疾者，不可轻用。

【附方】 ①治妇人血闭成瘕，寒热往来，子嗣不育者：卷柏125 g，当归64 g（俱浸酒炒），白术、牡丹皮各64 g，白芍药32 g，川芎15 g。分作十剂，水煎服；或炼蜜为丸，每早服12 g，白汤送。（《本草汇言》）

②治跌打损伤，局部疼痛：鲜卷柏每次32 g（干15 g）。每日一次，水煎服。（《泉州本草》）

③治腹痛、喘累及吐血：卷柏、小血藤、白花草、地胡椒适量。用酒泡1周，中午空腹服。（《四川中药志》）

④治胃痛：垫状卷柏64 g。水煎服。

⑤治哮喘：垫状卷柏、马鞭草各15 g。水煎服，冰糖为引。

⑥治癫痫：垫状卷柏64 g，淡竹叶卷心32 g，冰糖64 g。水煎服。

⑦治吐血、便血、尿血：a.垫状卷柏（炒焦）32 g，瘦猪肉64 g。水炖，服汤食肉。b.垫状卷柏（炒焦）32 g，仙鹤草32 g。水煎服。（④～⑦出自《江西草药》）

⑧治大便下血：卷柏、侧柏、棕榈等份。烧存性为末。每服10 g，酒下；也可饭丸服。（《仁存堂经验方》）

⑨治肠毒下血：卷柏、嫩黄芪各等份。为末，米饮调。每服10 g。（《本草汇言》）

⑩治血崩、带下：卷柏15 g。水煎服。（《湖南药物志》）

⑪治汤火伤：鲜卷柏捣烂敷。（《湖南药物志》）

【临床应用】 用于婴儿断脐止血：取卷柏叶洗净，烘干研末，高压消毒后，储瓶固封。在血管钳的帮助下断脐，断端撒上药粉0.5～1.0 g，3分钟后松开血管钳，即能达到止血的目的。临床观察273例，成功270例，无效3例。认为本品不仅有良好的止血作用，而且有消炎及收敛作用。在成功病例中，脐部均较用线结扎者干燥，无臭味，尚未发现感染或其他副作用。

十一、木贼科 Equisetaceae

木贼属 *Equisetum* L.

20. 问荆 *Equisetum arvense* L.

【别名】 接续草、搂接草、空心草、马蜂草、猪鬃草、接骨草。

【形态】中小型植物。根茎斜升、直立和横走，黑棕色，节和根密生黄棕色长毛或光滑无毛。地上枝当年枯萎。枝二型。能育枝春季先萌发，高5～35 cm，中部直径3～5 mm，节间长2～6 cm，黄棕色，无轮茎分枝，脊不明显，要密纵沟；鞘筒栗棕色或淡黄色，长约0.8 cm，鞘齿9～12枚，栗棕色，长4～7 mm，狭三角形，鞘背仅上部有一浅纵沟，孢子散后能育枝枯萎。不育枝后萌发，高达40 cm，主枝中部直径1.5～3.0 mm，节间长2～3 cm，

绿色，轮生分枝多，主枝中部以下有分枝。脊的背部弧形，无棱，有横纹，无小瘤；鞘筒狭长，绿色，鞘齿三角形，5～6枚，中间黑棕色，边缘膜质，淡棕色，宿存。侧枝柔软纤细，扁平状，有3～4条狭而高的脊，脊的背部有横纹；鞘齿3～5个，披针形，绿色，边缘膜质，宿存。孢子囊穗圆柱形，长1.8～4.0 cm，直径0.9～1.0 cm，顶端钝，成熟时柄伸长，柄长3～6 cm。

【生境分布】生于海拔3700 m以下的潮湿的草地、沟渠旁、沙土地、耕地、山坡及草甸等处。罗田各地均有分布。

【采收加工】5—7月割取全草，阴干。

【来源】木贼科植物问荆 *Equisetum arvense* L. 的全草。

【性状】干燥全草，长约30 cm，外形与生长时相近，但多皱缩，或枝节脱落。茎略呈扁圆形或圆形，浅绿色，有纵纹，节间长，每节上有退化的鳞片叶，呈鞘状，先端有齿裂，硬膜质。小枝干生，梢部渐细。基部有时带有部分根，呈黑褐色。以干燥、色绿、不带根及杂质者为佳。

【性味】苦，凉。

【功能主治】清热，凉血，止咳，利尿。主治吐血，衄血，便血，倒经，咳嗽气喘，淋证。

【用法用量】内服：煎汤，3～10 g（鲜者50～100 g）。外用：捣敷或研末调敷。

【附方】①治咳嗽气急：问荆6 g，地骷髅22 g。水煎服。（《三年来的中医药实验研究》）

②治急淋：鲜问荆50 g，冰糖为引。水煎服。

③治腰痛：鲜问荆100 g，豆腐二块。水煎服。

④治刀伤：问荆烧灰存性，撒伤口。

⑤治跌打损伤：骨整复后，鲜问荆一握，加红糖捣烂外敷。（②方及以下出自江西《草药手册》）

【临床应用】治疗慢性气管炎。

21. 木贼 *Equisetum hyemale* L.

【别名】锉草、笔头草、笔筒草、节骨草。

【形态】大型植物。根茎横走或直立，黑棕色，节和根有黄棕色长毛。地上枝多年生。枝一型。高达1 m或更多，中部直径（3）5～9 mm，节间长5～8 cm，绿色，不分枝或直基部有少数直立的侧枝。地上枝有脊16～22条，脊的背部弧形或近方形，无明显小瘤或有小瘤2行；鞘筒0.7～1.0 cm，黑棕色或顶部及基部各有一圈或仅顶部有一圈黑棕色；鞘齿16～22枚，披针形，小，长0.3～0.4 cm。顶端淡棕色，膜质，芒状，早落，下部黑棕色，薄革质，基部的背面有3～4条纵棱，宿存或同鞘筒一起早落。孢子囊穗卵状，长1.0～1.5 cm，直径0.5～0.7 cm，顶端有小尖凸，无柄。

【生境分布】 生于海拔 100 ～ 3000 m 的山坡林下阴湿处、河岸湿地、溪边及草丛中。罗田大崎有分布。

【采收加工】 夏、秋季采割，除去杂质，晒干或阴干。

【药材名】 木贼草。

【来源】 木贼科植物木贼 *Equisetum hyemale* L. 的干燥地上部分。

【性状】 本品呈长管状，不分枝，长 40 ～ 60 cm，直径 0.2 ～ 0.7 cm。表面灰绿色或黄绿色，有 18 ～ 30 条纵棱，棱上有多数细小光亮的疣状凸起；节明显，节间长 2.5 ～ 9 cm，节上着生筒状鳞叶，叶鞘基部和鞘齿黑棕色，中部淡棕黄色。体轻，质脆，易折断，断面中空，周边有多数圆形的小空腔。气微，味甘淡、微涩，嚼之有沙粒感。

【炮制】 除去枯茎及残根，喷淋清水，稍润，切段，干燥。

【性味】 甘、苦，平。

【归经】 归肺、肝经。

【功能主治】 散风热，退目翳。用于风热目赤，迎风流泪，目生云翳。

【用法用量】 内服：煎汤，3 ～ 9 g。

22. 节节草 *Equisetum ramosissimum* Desf.

【别名】 土木贼、锁眉草、笔杆草。

【形态】 中小型植物。根茎直立，横走或斜升，黑棕色，节和根疏生黄棕色长毛或光滑无毛。地上枝多年生。枝一型，高 20 ～ 60 cm，中部直径 1 ～ 3 mm，节间长 2 ～ 6 cm，绿色，主枝多在下部分枝，常形成簇生状；幼枝的轮生分枝明显或不明显；主枝有脊 5 ～ 14 条，脊的背部弧形，有一行小瘤或有浅色小横纹；鞘筒狭长达 1 cm，下部灰绿色，上部灰棕色；鞘齿 5 ～ 12 枚，三角形，灰白色，黑棕色或淡棕色，边缘（有时上部）为膜质，基部扁平或弧形，早落或宿存，齿上气孔带明显或不明显。

侧枝较硬，圆柱状，有脊 5 ～ 8 条，脊上平滑或有一行小瘤或有浅色小横纹；鞘齿 5 ～ 8 个，披针形，革质但边缘膜质，上部棕色，宿存。孢子囊穗短棒状或椭圆形，长 0.5 ～ 2.5 cm，中部直径 0.4 ～ 0.7 cm，顶端有小尖凸，无柄。

【生境分布】 生于海拔 100 ～ 3300 m 的山坡林下阴湿处、河岸湿地、溪边及草丛中。罗田各地均有分布。

【采收加工】 四季可采，割取地上全草，洗净，晒干。

【来源】　木贼科植物节节草 *Equisetum ramosissimum* Desf. 的全草。

【性味】　甘、微苦，平。

【功能主治】　清热，利尿，明目退翳，祛痰止咳。用于目赤肿痛，角膜云翳，肝炎，咳嗽，支气管炎，泌尿系统感染。

【用法用量】　内服：煎汤，3～10 g（鲜者可用至 50 g）。

十二、瓶尔小草科　Ophioglossaceae

瓶尔小草属 *Ophioglossum* L.

23. 尖头瓶尔小草 *Ophioglossum pedunculosum* Desv.

【别名】　一支箭、矛盾草。

【形态】　根状茎短而直立，常有叶 2～3 枚；总叶柄长 6～10 cm，纤细。营养叶长卵形，长 4～6 cm，宽 2～2.8 cm，基部最阔，圆截形或阔楔形，柄长 5～10 mm，两侧有狭翅，向先端渐变狭，为急尖头或近于钝头，草质，网状脉明显。孢子叶长 15～20 cm，自营养叶柄的基部生出，高超过营养叶一倍，孢子囊穗长 3～4 cm，线形，直立。

【生境分布】　生于河滩、草地阴湿处。主要分布于罗田北部河滩。

【采收加工】　7—8 月采收，连根拔起，去净泥土、杂质，晒干。

【药用部位】　全草。

【药材名】　一支箭。

【来源】　瓶尔小草科植物尖头瓶尔小草 *Ophioglossum pedunculosum* Desv. 的全草。

【性味】　苦，甘，凉。

【功能主治】　清热解毒，活血散瘀。主治乳痈，疔疮，疥疮身痒，跌打损伤，瘀血肿痛。

【用法用量】　内服：煎汤，16～32 g。外用：捣敷。

【附方】①治疥疮身痒：尖头瓶尔小草、蒲公英、鱼鳅串、侧耳根，炖鳝鱼服。（《四川中药志》）

②治痈肿初起：尖头瓶尔小草、鱼胆草、铧头草、野烟叶，捣烂敷。（《四川中药志》）

③治乳痈：尖头瓶尔小草、蒲公英各适量，捣烂外敷。

④治疔疮痈肿：尖头瓶尔小草、熟大黄各 4.5 g，对经草 12 g，柴胡 6 g。水煎服。

⑤治毒蛇咬伤，无名肿毒：尖头瓶尔小草鲜品适量，捣烂外敷。（③～⑤方出自《陕西中草药》）

⑥治小儿疳积：尖头瓶尔小草、使君子、鸡内金，水煎服。（江西《中草药学》）

十三、阴地蕨科 Botrychiaceae

阴地蕨属 *Botrychium* Sw.

24. 阴地蕨 *Botrychium ternatum*（Thunb.）Sw.

【别名】花蕨、独立金鸡、背蛇生、独脚金鸡。

【形态】根状茎短而直立，有一簇粗健肉质的根。总叶柄短，长仅2～4 cm，细瘦，淡白色，干后扁平，宽约2 mm。营养叶片的柄细长达3～8 cm，有时更长，宽2～3 cm，光滑无毛；叶片为阔三角形，长通常8～10 cm，宽10～12 cm，短尖头，3回羽状分裂；侧生羽片3～4对，几对生或近互生，有柄，下部两对相距不及2 cm，略张开，基部一对最大，几与中部等大，柄长达2 cm，羽片长宽各约5 cm，阔三角形，短尖头，2回羽状；1回小羽片3～4对，有柄，几对生，基部下方一片较大，稍下先出，柄长约1 cm，1回羽状；末回小羽片为长卵形至卵形，基部下方一片较大，长1～1.2 cm，略浅裂，有短柄，其余较小，长4～6 mm，边缘有不整齐的细而尖的锯齿密生。第二对起的羽片渐小，长圆状卵形，长约4 cm（包括柄长约5 mm），宽2.5 cm，下先出，短尖头。叶干后为绿色，厚草质，遍体无毛，表面皱凸不平。叶脉不见。孢子叶有长柄，长12～25 cm，少有更长者，远远超出营养叶之上，孢子囊穗为圆锥状，长4～10 cm，宽2～3 cm，2～3回羽状，小穗疏松，略张开，无毛。

【生境分布】生于山区的草坡灌丛阴湿处。主要分布于罗田北部山区。

【采收加工】冬季或春季采收，连根挖取，洗净晒干。

【药用部位】带根全草。

【药材名】阴地蕨。

【来源】阴地蕨科植物阴地蕨 *Botrychium ternatum*（Thunb.）Sw. 的带根全草。

【性状】干燥全草，根茎粗壮，肉质，呈灰褐色或棕褐色。叶柄樱红色，有纵纹，营养叶柄较孢子叶柄细而短。叶片三角形，3回羽状分裂。孢子囊穗集成圆锥状，孢子囊棕褐色。气微，味淡。

【性味】甘、苦，凉。

【功能主治】平肝，清热，镇咳。主治头晕头痛，咯血，惊痫，火眼、目翳，疮疡肿毒。

【用法用量】内服：煎汤，6～12 g（鲜者16～32 g）。外用：捣敷。

【附方】①治热咳：阴地蕨6～15 g，加白萝卜、冰糖。煎水服。（如无白萝卜，可单用冰糖煎水服）

②治虚咳：阴地蕨6～15 g。蒸瘦肉吃。

③治百日咳：阴地蕨、生扯拢、兔耳风各15 g。煎水兑蜂糖服。（①～③方出自《贵阳民间药草》）

④治肺热咯血：鲜阴地蕨、鲜凤尾草各32 g。水煎调冰糖服。（《福建中草药》）

⑤治男子妇人吐血后膈上虚热：阴地蕨、紫河车（锉）、

贯众（去毛土）、甘草（炙、锉）各 16 g。粗捣筛，每服 10 g，水一盏，煎至七分，去滓，食后温服。（《圣济总录》）

⑥治羊痫风：阴地蕨 10 ～ 15 g。水煎代茶常饮。（《福建中草药》）

⑦治小儿惊风：阴地蕨 10 g。水煎，早晚分服。（《浙江民间常用草药》）

⑧治疮毒风毒：阴地蕨 6 ～ 10 g。水煎服。（《草药手册》）

⑨治目中云雾：阴地蕨蒸鸡肝服。（《四川中药志》）

⑩治火眼：阴地蕨叶、棘树叶，捣汁点眼。（《湖南药物志》）

十四、紫萁科　Osmundaceae

紫萁属 *Osmunda* L.

25. 紫萁 *Osmunda japonica* Thunb.

【别名】 大贯从、薇贯众、大叶狼衣。

【形态】 植株高 50 ～ 80 cm 或更高。根状茎短粗，或成短树干状而稍弯。叶簇生，直立，柄长 20 ～ 30 cm，禾秆色，幼时被密茸毛，不久脱落；叶片为三角状广卵形，长 30 ～ 50 cm，宽 25 ～ 40 cm，顶部 1 回羽状，其下为 2 回羽状；羽片 3 ～ 5 对，对生，长圆形，长 15 ～ 25 cm，基部宽 8 ～ 11 cm，基部一对稍大，有柄（柄长 1 ～ 1.5 cm），斜向上，奇数羽状；小羽片 5 ～ 9 对，对生或近对生，无柄，分离，长 4 ～ 7 cm，宽 1.5 ～ 1.8 cm，长圆形或长圆状披针形，先端稍钝或急尖，向基部稍宽，圆形，或近截形，相距 1.5 ～ 2 cm，向上部稍小，顶生的同型，有柄，基部往往有 1 ～ 2 片的合生圆裂片，或阔披形的短裂片，边缘有均匀的细锯齿。叶脉两面明显，自中肋斜向上，2 回分歧，小脉平行，达于锯齿。叶为纸质，成长后光滑无毛，干后为棕绿色。孢子叶（能育叶）同营养叶等高，或经常稍高，羽片和小羽片均短缩，小羽片变成线形，长 1.5 ～ 2 cm，沿中肋两侧背面密生孢子囊。

【生境分布】 生于山坡林下溪边、山脚路旁。罗田各地山区均产。

【采收加工】 全年采收，削去地上部分，晒干。

【药用部位】 根茎及叶柄基部。

【药材名】 贯众。

【来源】 紫萁科植物紫萁 *Osmunda japonice* Thunb. 的根茎及叶柄基部。

【性状】 本品略呈圆柱形，稍弯曲，长 10 ～ 17 cm，直径 3 ～ 6 cm。根茎无鳞片，上侧密生叶柄残基，下侧着生多数棕黑色弯曲的细根。叶柄基部呈扁圆柱形，弯曲。长 4 ～ 6 cm，直径 3 ～ 5 mm，具托叶翅，但翅多已落；表面棕色或棕黑色，横断面呈新月形或扁圆形，维管束组织呈 U 形，且常与外层组织分离。味微涩。

【性味】苦，寒。

【功能主治】清热解毒，止血。用于防治感冒，鼻衄头晕，痢疾，崩漏。

【用法用量】内服：煎汤，6～10 g。

十五、海金沙科　Lygodiaceae

海金沙属 *Lygodium* Sw.

26. 海金沙 *Lygodium japonicum*（Thunb.）Sw.

【别名】须须药、黑透骨、铁脚仙、金金藤、毛须藤、黑须草。

【形态】植株高攀达 1～4 m。叶轴上面有 2 条狭边，羽片多数，相距 9～11 cm，对生于叶轴上的短距两侧，平展。距长达 3 mm。端有一丛黄色柔毛复盖腋芽。不育羽片尖三角形，长宽几乎相等，10～12 cm 或较狭，柄长 1.5～1.8 cm，同羽轴一样被短灰毛，两侧并有狭边，2 回羽状；1 回羽片 2～4 对，互生，柄长 4～8 mm，和小羽轴都有狭翅及短毛，基部 1 对卵圆形，长 4～8 cm，宽 3～6 cm，1 回羽状；2 回小羽片 2～3 对，卵状三角形，具短柄或无柄，互生，掌状 3 裂；末回裂片短阔，中央一条长 2～3 cm，宽 6～8 mm，基部楔形或心形，先端钝，顶端的 2 回羽片长 2.5～3.5 cm，宽 8～10 mm，波状浅裂；向上的 1 回小羽片近掌状分裂或不分裂，较短，叶缘有不规则的浅圆锯齿。主脉明显，侧脉纤细，从主脉斜上，1～2 回 2 叉分歧，直达锯齿。叶纸质，干后绿褐色。两面沿中肋及脉上略有短毛。能育羽片卵状三角形，长宽几乎相等，12～20 cm，或长稍过于宽，2 回羽状；1 回小羽片 4～5 对，互生，相距 2～3 cm，长圆状披针形，长 5～10 cm，基部宽 4～6 cm，1 回羽状，2 回小羽片 3～4 对。卵状三角形，羽状深裂。孢子囊穗长 2～4 mm，常远超过小羽片的中央不育部分，排列稀疏，暗褐色，无毛。

【生境分布】野生于山坡、草丛中，攀援他物而生长。罗田各地均产。

【采收加工】8—9 月采收。

【药用部位】全草、孢子、根。

【药材名】金沙草、海金沙、金沙根。

（1）金沙草。

【来源】海金沙科植物海金沙 *Lygodium japonicum*（Thunb.）Sw. 的全草。

【性味】甘，寒。

【功能主治】清热解毒，利水通淋。主治尿路感染，尿路结石，白浊带下，小便不利，肾炎水肿，湿热黄疸，感冒发热，咳嗽，咽喉肿痛，肠炎，痢疾，烫伤，丹毒。

【化学成分】藤含氨基酸、糖类、黄酮苷和酚类。叶含黄酮类。

【用法用量】内服：煎汤，15～50 g（鲜者 50～150 g）；或研末。外用：煎水洗或捣敷。

【附方】　①治热淋急痛：金沙草阴干为末，煎生甘草汤，调服 6 g；或加滑石。（《夷坚志》）

②治妇女带下：金沙茎 32 g，猪精肉 125 g。加水同炖，去渣，取肉及汤服。（《江西民间草药验方》）

③治小便不利：金沙草 64 ～ 95 g。和冰糖，酌加水煎服；或代茶常饮。（《福建民间草药》）

④治赤痢：金沙草 64 ～ 95 g。水煎，日服一至三次。（《福建民间草药》）

⑤治腹泻：金沙草，水煎服。（《闽南民间草药》）

⑥治湿热黄疸：金沙叶、田基黄、鸡骨草各 32 g。水煎服。（《广西中草药》）

⑦治梦遗：金沙藤烧灰存性。用净灰 4.5 ～ 6 g，开水冲服。（《福建民间草药》）

⑧治火烫伤：金沙鲜叶捣烂。调入乳外敷火伤处。（《福建民间草药》）

⑨治缠腰火丹：鲜金沙叶切碎捣烂。酌加麻油及米泔水，同擂成糊状，涂搽患处。（《江西民间草药验方》）

⑩治赘疣：金沙草一握，水煎洗；在洗时用其藤擦赘疣处，日洗二至三次。（《福建民间草药》）

⑪治黄蜂蜇伤：金沙叶 32 g。捣烂；取汁擦患处。（《广西中草药》）

（2）海金沙。

【别名】　左转藤灰、海金砂。

【采收加工】　立秋前后孢子成熟时采收，过早过迟均易脱落。选晴天清晨露水未干时，割下茎叶，放在衬有纸或布的筐内，于避风处晒干，然后用手搓揉、抖动，使叶背之孢子脱落，再用细筛筛去茎叶即可。

【来源】　海金沙科植物海金沙 *Lygodium japonicum*（Thunb.）Sw. 的成熟孢子。

【性状】　干燥成熟的孢子，呈粉末状，棕黄色或淡棕色，质极轻，手捻之有光滑感。置手掌中即从指缝滑落；撒在水中则浮于水面，加热后逐渐下沉；易着火燃烧而发爆鸣及闪光，不留灰渣，以干燥、黄棕色、质轻光滑、能浮于水、无泥沙杂质、引燃时爆响者为佳。

【化学成分】　含脂肪油。另含一种水溶性成分海金沙素。

【性味】　甘淡，寒。

【归经】　归小肠、膀胱经。

【功能主治】　清热解毒，利水通淋。主治尿路感染，尿路结石，白浊，带下，肝炎，肾炎水肿，咽喉肿痛，痄腮，肠炎，痢疾，皮肤湿疹，带状疱疹。

【用法用量】　内服：煎汤，4.5 ～ 12 g；或研末服。

【注意】　①《本草经疏》：小便不利及诸淋由于肾水真阴不足者勿服。

②《本经逢原》：肾脏真阳不足者忌用。

【附方】

①治小便不通，脐下满闷：海金沙 32 g，腊面茶 16 g。二味捣研令细。每服 10 g，煎生姜、甘草汤调下。（《本草图经》）

②治热淋急痛：海金沙为末，生甘草汤冲服。（《泉州本草》）

③治膏淋：海金沙、滑石各 32 g（为末），甘草 7.5 g（为末）。上研匀。每服 6 g，食前，煎麦门冬汤调服，灯心汤亦可。（《世医得效方》）

④治尿酸结石症：海金沙、滑石共研为末。以车前子、麦冬、木通煎水调药末，并加蜜少许，温服。（《广西中药志》）

⑤治小便出血：海金沙为末，以新汲水调下。一方用砂糖水调下。（《普济方》）

⑥治肝炎：海金砂 15 g，阴行草 32 g，车前子 20 g。水煎服，每日一剂。（《江西草药》）

⑦治脾湿太过通身肿满，喘不得卧，腹胀如鼓：牵牛子 32 g（半生半炒），甘遂、海金沙各 16 g。

上为细末。每服 6 g，煎水一盏，食前调下，得利止后服。（《医学发明》）

⑧治脾湿胀满：海金沙 32 g，白术 6 g，甘草 1.5 g，黑丑 4.5 g，水煎服。（《泉州本草》）

（3）金沙根。

【别名】　铁蜈蚣、铁丝草、铁脚蜈蚣根。

【采收加工】　8—9 月采收。

【来源】　海金沙科植物海金沙 Lygodium japonicum（Thunb.）Sw. 的根及根茎。

【性味】　《江西民间草药验方》：性寒，味甘淡，无毒。

【功能主治】　清热解毒，利湿消肿。主治肺炎、流行性乙型脑炎、急性胃肠炎、黄疸型肝炎、湿热肿满，淋证。

【用法用量】　内服：煎汤，鲜者 32 ～ 64 g。

【附方】①治肺炎：金沙根、马兰根、金银花藤、抱石莲（均鲜品）各 15 g。水煎服，每日一剂。（《江西草药》）

②治流行性乙型脑炎：金沙根 32 g，瓜子金 15 g，钩藤根 15 g，金银花藤 32 g，菊花 32 g（均鲜品）。水煎，加水牛角适量磨汁同服（如无水牛角，用石膏代替）。（《江西草药》）

③治急性胃肠炎：金沙根 10 g，水竹青 0.3 g。水煎服，日一剂。（《单方验方调查资料选编》）

④治黄疸型肝炎：鲜金沙根 32 ～ 64 g。煎服，一日两次分服。如用金沙根粉末，每次 1.5 g，一日三次；用温开水送服。如用甘蔗一段，荸荠五个，淡竹叶 6 g，煎汤更好。（《浙江中医杂志》）

⑤治乳痈：金沙根 21 ～ 32 g。酒、水各半煎服。服后暖睡取汗。（《江西民间草药验方》）

⑥治小儿脱肛：金沙根、瓜子草、芦竹笋、铁马鞭。水煎服。（《四川中药志》）

⑦治腮腺炎：鲜金沙根 32 ～ 64 g（或干根 15 ～ 32 g），水煎服，日两剂。（福建《中草药新医疗法资料选编》）

十六、里白科　Gleicheniaceae

芒萁属　*Dicranopteris* Bernh.

27. 芒萁　*Dicranopteris pedata*（Houtt.）Nakaike

【别名】　蕨箕、芒萁骨、路萁、狼萁、小黑白。

【形态】　植株通常高 45 ～ 90（120）cm。根状茎横走，粗约 2 mm，密被暗锈色长毛。叶远生，柄长 24 ～ 56 cm，粗 1.5 ～ 2 mm，棕禾秆色，光滑，基部以上无毛；叶轴 1 ～ 2（3）回 2 叉分枝，1 回羽轴长约 9 cm，被暗锈色毛，渐变光滑，有时顶芽萌发，生出的 1 回羽轴，长 6.5 ～ 17.5 cm，2 回羽轴长 3 ～ 5 cm；腋芽小，卵形，密被锈黄色毛；芽苞长 5 ～ 7 mm，卵形，边缘具不规则裂片或粗齿，偶为全缘；各回分叉处两侧均有一对托叶状的羽片，平展，宽披针形，等大或不等，生于 1 回分叉处，长 9.5 ～ 16.5 cm，宽 3.5 ～ 5.2 cm，生于 2 回分叉处的较小，长 4.4 ～ 11.5 cm，宽 1.6 ～ 3.6 cm；末回羽片长 16 ～ 23.5 cm，宽 4 ～ 5.5 cm，披针形或宽披针形，向顶端变狭，尾状，基部上侧变狭，篦齿状深裂几达羽轴；裂片平展，35 ～ 50 对，线状披针形，长 1.5 ～ 2.9 cm，宽 3 ～ 4 mm，顶钝，常微凹，羽片基部上侧的数对极短，三角形或三角状长圆形，长 4 ～ 10 mm，各裂片基部汇合，有尖狭的缺刻，全缘，具软骨质的狭边。侧脉两面隆起，明显，斜展，每组有3～4（5）条并行小脉，直达叶缘。叶为纸质，上面黄绿色或绿色，沿羽轴被锈色毛，后变无毛，下面灰白色，沿中脉及侧脉疏被锈色毛。孢子囊群圆形，一列，着生于基部上侧或上下两侧小脉的弯弓处，由5～8个孢子囊组成。

【生境分布】生于强酸性土的荒坡或林缘，在森林砍伐后或放荒后的坡地上常成优势的中草群落。罗田各地山区均产。

【采收加工】四季可采，鲜用或晒干。

【药用部位】全草或根状茎。

【药材名】芒萁。

【来源】里白科植物芒萁 *Dicranopteris pedata*（Houttuyu.）Nakaike. 的全草或根状茎。

【性味】苦、涩、平。

【功能主治】清热利尿，化瘀，止血。用于鼻衄，肺热咯血，尿路感染、膀胱炎，小便不利，水肿，月经过多，血崩，带下；外用治创伤出血，跌打损伤，烧烫伤，骨折，蜈蚣咬伤。

【用法用量】内服：煎汤，根状茎16～32 g，全草32～64 g；外用全草（或根状茎）捣烂敷，或晒干研粉敷患处。

十七、蚌壳蕨科 Dicksoniaceae

金毛狗属 *Cibotium* Kaulf.

28. 金毛狗 *Cibotium barometz*（L.）J. Sm.

【别名】百枝、狗青、强膂、扶盖、扶筋、苟脊、金毛狗脊。

【形态】根状茎卧生，粗大，顶端生出一丛大叶，柄长达120 cm，粗2～3 cm，棕褐色，基部被有一大丛垫状的金黄色茸毛，长逾10 cm，有光泽，上部光滑；叶片大，长达180 cm，宽约相等，广卵状三角形，3回羽状分裂；下部羽片为长圆形，长达80 cm，宽20～30 cm，有柄（长3～4 cm），互生，远离；1回小羽片长约15 cm，宽2.5 cm，互生，开展，接近，有

小柄（长 2 ～ 3 mm），线状披针形，长渐尖，基部圆截形，羽状深裂几达小羽轴；末回裂片线形略呈镰刀形，长 1 ～ 1.4 cm，宽 3 mm，尖头，开展，上部的向上斜出，边缘有浅锯齿，向先端较尖，中脉两面凸出，侧脉两面隆起，斜出，单一，但在不育羽片上分为 2 叉。叶几为革质或厚纸质，干后上面褐色，有光泽，下面为灰白色或灰蓝色，两面光滑，或小羽轴上下两面略有短褐毛疏生；孢子囊群在每一末回能育裂片 1 ～ 5 对，生于下部的小脉顶端，孢子囊群盖坚硬，棕褐色，横长圆形，两瓣状，内瓣较外瓣小，成熟时张开如蚌壳，露出孢子囊群；孢子为三角状的四面形，透明。

【生境分布】生于山脚沟边，或林下阴处酸性土壤。主产于罗田北部山区。

【采收加工】秋末冬初地上部分枯萎时采挖，除去泥砂，晒干，或削去细根、叶柄及黄色柔毛后，切片晒干者为生狗脊；如经蒸煮后，晒至六、七成干时，再切片晒干者为熟狗脊。

【药用部位】根茎。

【药材名】狗脊。

【来源】蚌壳蕨科植物金毛狗 *Cibotium barometz*（L.）J. Sm. 的根茎。

【性状】根茎呈不规则的长块状，长 8 ～ 18 cm，直径 3 ～ 7 cm。外附光亮的金黄色长柔毛，上部有几个棕红色木质的叶柄，中部及下部丛生多数棕黑色细根。质坚硬，难折断。气无，味淡，微涩。狗脊片呈不规则长方形、圆形或长椭圆形。纵切片长 6 ～ 20 cm，宽 3 ～ 5 cm；横切片直径 2.5 ～ 5 cm，厚 2 ～ 5 mm，边缘均不整齐。生狗脊片表面有时有未去尽的金黄色柔毛；在近外皮 3 ～ 5 mm 处，有一圈凸出的明显内皮层（纵片之圈多不连贯），表面近于深棕色，平滑，细腻，内部则为浅棕色，较粗糙，有粉性。热狗脊片为黑棕色或棕黄色，其他与生者相同。以片厚薄均匀、坚实无毛、不空心者为佳。

【性味】苦、甘，温。

【归经】归肝、肾经。

【功能主治】补肝肾，除风湿，健腰脚，利关节。主治腰背酸疼，膝痛脚弱，寒湿周痹，失溺，尿频，遗精，带下。

【用法用量】内服：煎汤，4.5 ～ 10 g；熬膏或入丸剂。外用：煎水洗。

【注意】阴虚有热，小便不利者慎服。

①《本草经集注》：萆薢为之使，恶败酱。

②《本草经疏》：肾虚有热，小水不利或短涩赤黄，口苦舌干皆忌之。

③《本草汇言》：肝虚有郁火忌用。

【附方】①治五种腰痛，利脚膝：金毛狗脊 64 g，萆薢 64 g（锉），兔丝子 32 g（酒浸三日，曝干别捣）。上药捣罗为末，炼蜜和丸，如梧桐子大。每日空心及晚食前服三十丸，以新萆薢渍酒二七日，取此酒下药。（《太平圣惠方》）

②治男女一切风疾：金毛狗脊（盐泥固济，火煅红，去毛用肉，出火气，锉）、萆薢、苏木节、川乌头（生用）。上各等份，为细末，米醋糊为丸，如梧桐子大，每服二十丸，温酒或盐汤下。病在上，食后服；病在下，空心服。（《普济方》）

③治风湿骨痛、腰膝无力：金毛狗脊根茎 18 g，香樟根、马鞭草各 12 g，杜仲、续断各 15 g，铁脚威灵仙 10 g，红牛膝 6 g。泡酒服。（《贵州草药》）

④固精强骨：金毛狗脊、远志肉、白茯神、当归身等份。为末，炼蜜丸，梧桐子大。每酒服五十丸。（《李时珍濒湖集简方》）

⑤治病后足肿：用金毛狗脊煎汤渍洗。并节食以养胃气。（《伤寒蕴要》）

⑥治腰痛及小便过多：金毛狗脊、木瓜、五加皮、杜仲。煎服。（《四川中药志》）

⑦治年老尿多：金毛狗脊根茎、大夜关门、蜂糖罐根、小棕根各 15 g。炖猪肉吃。（《贵州草药》）

⑧治室女冲任虚寒、带下纯白：鹿茸（醋蒸，焙）64 g，白蔹、金毛狗脊（燎去毛）各32 g。上为细末，用艾煎醋汁，打糯米糊为丸，如梧桐子大。每服五十丸，空心温酒下。（《普济方》）

十八、陵齿蕨科　Lindsaeaceae

乌蕨属 *Stenoloma* Fee

29. 乌蕨 *Stenoloma chusanum* Ching

【别名】大叶金花草、小叶野鸡尾、细叶凤凰尾。

【形态】植株高达65 cm。根状茎短而横走，粗壮，密被赤褐色的钻状鳞片。叶近生，叶柄长达25 cm，禾秆色至褐禾秆色，有光泽，直径2 mm，圆，上面有沟，除基部外，通体光滑；叶片披针形，长20～40 cm，宽5～12 cm，先端渐尖，基部不变狭，4回羽状；羽片15～20对，互生，密接，下部的相距4～5 cm，有短柄，斜展，卵状披针形，长5～10 cm，宽2～5 cm，先端渐尖，基部楔形，下部3回羽状；1回小羽片在1回羽状的顶部下有10～15对，

连接，有短柄，近菱形，长1.5～3 cm，先端钝，基部不对称，楔形，上先出，1回羽状或基部2回羽状；2回（或末回）小羽片小，倒披针形，先端截形，有齿，基部楔形，下延，其下部小羽片常再分裂成具有1～2条细脉的短而同型的裂片。叶脉上面不明显，下面明显，在小裂片上为2叉分枝。叶坚草质，干后棕褐色，通体光滑。孢子囊群边缘着生，每裂片上1枚或2枚，顶生1～2条细脉上；囊群盖灰棕色，革质，半杯形，宽，与叶缘等长，近全缘或啮蚀，宿存。

【生境分布】生于林下或灌丛中阴湿地，罗田各地均产。

【采收加工】全年均可采收。

【药用部位】全草。

【药材名】乌蕨。

【来源】陵齿蕨科植物乌蕨 *Stenoloma chusanum* Ching 的全草。

【性味】其味微苦，性寒。

【功能主治】具有清热解毒，利湿，止血的功效。主治感冒发热，咳嗽，咽喉肿痛，肠炎，痢疾，肝炎，湿热带下，痈疮肿毒，疼腮，口疮，烫伤，毒伤，狂犬咬伤，皮肤湿疹，吐血，尿血，便血和外伤出血。乌蕨在民间有"万能解毒药"之称，甚至可用以治疗胃癌，肠癌，肝炎等。现代研究表明乌蕨含有黄酮类、酚类、挥发油类、甾体类和多糖类等成分，其提取物或单体化合物具有较强的抗菌、抗氧化、抗炎、保肝、止血、解毒等作用。

十九、凤尾蕨科　Pteridaceae

蕨属 *Pteridium Scopoli*

30. 蕨 *Pteridium aquilinum*（L.）Kuhn

【别名】蕨菜、蕨萁、龙头菜、山凤尾、蕨儿菜。

【形态】植株高可达 1 m。根状茎长而横走，密被锈黄色柔毛，以后逐渐脱落。叶远生；柄长 20～80 cm，基部粗 3～6 mm，褐棕色或棕禾秆色，略有光泽，光滑，上面有浅纵沟 1 条；叶片阔三角形或长圆三角形，长 30～60 cm，宽 20～45 cm，先端渐尖，基部圆楔形，3 回羽状；羽片 4～6 对，对生或近对生，斜展，基部一对最大（向上几对略变小），

三角形，长 15～25 cm，宽 14～18 cm，柄长 3～5 cm，2 回羽状；小羽片约 10 对，互生，斜展，披针形，长 6～10 cm，宽 1.5～2.5 cm，先端尾状渐尖（尾尖头的基部略呈楔形收缩），基部近平截，具短柄，1 回羽状；裂片 10～15 对，平展，彼此接近，长圆形，长约 14 mm，宽约 5 mm，钝头或近圆头，基部不与小羽轴合生，分离，全缘；中部以上的羽片逐渐变为 1 回羽状，长圆状披针形，基部较宽，对称，先端尾状，小羽片与下部羽片的裂片同型，部分小羽片的下部具 1～3 对浅裂片或边缘具波状圆齿。叶脉稠密，仅下面明显。叶干后近革质或革质，暗绿色，上面无毛，下面在裂片主脉上被棕色或灰白色的疏毛或近无毛。叶轴及羽轴均光滑，小羽轴上面光滑，下面被疏毛，少有密毛，各回羽轴上面均有深纵沟 1 条，沟内无毛。

本种根状茎提取的淀粉称蕨粉，供食用，根状茎的纤维可制绳缆，能耐水湿，嫩叶可食，称蕨菜；全株均入药，可祛风湿、利尿、解热，又可作驱虫剂。

【生境分布】生长于林下草地。广布全国各地。罗田各地均产。

【采收加工】秋、冬季采收。

【药用部位】全株。

【药材名】蕨。

【来源】凤尾蕨科植物蕨 *Pteridium aquilinum*（L.）Kuhn 的嫩叶。

【性味】甘，寒。

【归经】①《本草再新》：归脾经。

②《本草撮要》：归手少阴、太阳经。

【功能主治】清热，滑肠，降气，化痰。主治食隔，气隔，肠风便血。

【用法用量】内服：煎汤，10～15 g；或研末。

【注意】①孙思邈：久食成瘕。

《食疗本草》：令人脚弱不能行，消阳事，缩玉茎，多食令人发落，鼻塞目暗。小儿不可食之，立行不得也。

【附方】治肠风热毒：蕨菜花焙为末，每服 6 g，米饮下。（《太平圣惠方》）

凤尾蕨属 *Pteris* L.

31. 井栏边草 *Pteris multifida* Poir.

【别名】井口边草、凤尾蕨、井栏茜、小叶凤尾草、小凤尾。

【形态】植株高 30 ～ 45 cm。根状茎短而直立，粗 1 ～ 1.5 cm，先端被黑褐色鳞片。叶多数，密而簇生，明显二型；不育叶柄长 15 ～ 25 cm，粗 1.5 ～ 2 mm，禾秆色或暗褐色而有禾秆色的边，稍有光泽，光滑；叶片卵状长圆形，长 20 ～ 40 cm，宽 15 ～ 20 cm，1 回羽状，羽片通常 3 对，对生，斜向上，无柄，线状披针形，长 8 ～ 15 cm，宽 6 ～ 10 mm，先端渐尖，叶

缘有不整齐的尖锯齿并有软骨质的边，下部 1 ～ 2 对通常分叉，有时近羽状，顶生三叉羽片及上部羽片的基部显著下延，在叶轴两侧形成宽 3 ～ 5 mm 的狭翅（翅的下部渐狭）；能育叶有较长的柄，羽片 4 ～ 6 对，狭线形，长 10 ～ 15 cm，宽 4 ～ 7 mm，仅不育部分具锯齿，余均全缘，基部一对有时近羽状，有长约 1 cm 的柄，余均无柄，下部 2 ～ 3 对通常 2 ～ 3 叉，上部儿对的基部常下延，在叶轴两侧形成宽 3 ～ 4 mm 的翅。主脉两面均隆起，禾秆色，侧脉明显，稀疏，单一或分叉，有时在侧脉间具有或多或少的与侧脉平行的细条纹（脉状异形细胞）。叶干后草质，暗绿色，遍体无毛；叶轴禾秆色，稍有光泽。

【生境分布】生长于半阴湿的岩石及墙角石隙中。罗田各地均产。

【采收加工】全年可采。

【药用部位】全草。

【药材名】凤尾草。

【来源】凤尾蕨科植物井栏边草 *Pteris multifida* Poir. 的全草或根。

【性味】微苦，寒。

【归经】①《泉州本草》：归肾、胃二经。

②《闽东本草》：归大肠、肾、心、肝四经。

【功能主治】清热利湿，凉血止血，消肿解毒。主治黄疸型肝炎，肠炎，细菌性痢疾，淋浊，带下，吐血，衄血，便血，尿血，扁桃体炎，腮腺炎，痈肿疮毒，湿疹。

【用法用量】内服：煎汤，10 ～ 20 g（鲜品 32 ～ 64 g）；研末或捣汁饮。外用：捣敷或煎水洗。

【注意】虚寒证忌服。

①《履巉岩本草》：老人不可多服，其性冷故也。

②《闽东本草》：孕妇、冷痢、休息痢不宜服。

【附方】①治热性赤痢：凤尾草五份，铁线蕨一份，海金砂藤一份。炒黑，水煎服。（《广西药用

植物图志》）

②治痢疾：鲜凤尾草 64 ～ 95 g。水煎或擂汁服，每日三剂。（《江西草药》）

③治急性肝炎：鲜凤尾草 95 g。捣汁服，每日三剂，五天为一个疗程。（《江西草药》）

④治泌尿系统炎症，血尿：鲜凤尾草 64 ～ 125 g，水煎服。（《常用中草药手册》）

⑤治热淋、血淋：凤尾草 21 ～ 32 g。用米泔水（取第二次淘米水）煎服。（《江西民间草药》）

⑥治带下及五淋白浊：凤尾草 6 ～ 10 g，加车前草、白鸡冠花各 10 g，萹蓄草、米仁根、贯众各 15 g。同煎服。（《浙江民间草药》）

⑦治崩漏：凤尾草 32 g。切碎，用水、酒各半煎服。（《广西中草药》）

⑧治鼻衄：凤尾草 21 ～ 32 g，海带 32 g（洗净）。水煎服。（《江西民间草药》）

⑨治大便下血：凤尾草 21 ～ 32 g。同猪大肠炖熟去渣，食肠及汤。（《江西民间草药》）

⑩治肺热咳嗽：鲜凤尾草 32 g。洗净，煎汤调蜜服，日服二次。

⑪治咽喉肿痛：鲜凤尾草 15 ～ 25 g。洗净，煎汤，冲乌糖少许，日服二次。

⑫治小儿口糜：鲜凤尾草 6 ～ 10 g。洗净，水煎，调蜜和朱砂少许内服。（⑩～⑫方出自《泉州本草》）

⑬治羊毛疔：鲜凤尾草 32 g，捣汁服；或晒干磨粉，每服 10 g，温开水调服。有寒者加姜汁服。（《衡山民间草药》）

⑭治五毒发背：小金星凤尾草根，洗净，用慢火焙干，称 125 g，入生甘草 3 g。捣末分作四服，每服用酒一升煎三、二沸后，更以冷酒三、二升相和，入瓶器内封却，时时饮服。忌生冷油腻毒物。（《履巉岩本草》）

⑮治汤火伤：凤尾草，焙干研末，麻油调敷。（《湖南药物志》）

⑯治狂犬咬伤：凤尾草 64 g，水煎服；或捣烂外敷。（《湖南药物志》）

⑰治磷中毒（亦适用于鸦片、砷、毒蕈中毒）：凤尾草（鲜）200 g。切碎，加泉水一碗，擂汁服。（《江西草药》）

⑱治荨麻疹：凤尾草适量，食盐少许。水煎洗。（《江西草药》）

⑲治面神经麻痹：凤尾草 10 g。水煎服。（《陕西中草药》）

⑳治秃发：小金星凤尾草根，浸油涂头。（《履巉岩本草》）

【临床应用】①治疗急性细菌性痢疾：成人每日取全草 25 ～ 30 g（最多可用 64 g，小儿酌减），加水 200 ～ 250 ml，煎至约 100 ml，加糖分两次服。于口服同时，加用煎剂作保留灌肠亦可。

②治疗病毒性肝炎：取鲜草制成 100% 煎液，服时加糖。成人每日 100 ～ 150 ml，分 2 ～ 3 次服，连服一星期。

③治疗伤寒：取细叶凤尾草（干品），成人每日 125 g（小儿酌减），加水 2500 ml，煎成 750 ml，首次服 150 ml，后每隔 2 h 服 60 ml。

32. 凤尾蕨 *Pteris nervosa* Thunb.

【别名】王龙草。

【形态】植株高 50 ～ 70 cm。根状茎短而直立或斜升，粗约 1 cm，先端被黑褐色鳞片。叶边仅有矮小锯齿，顶生 3 叉羽片的基部常下延于叶轴，其下一对也下延。叶簇生，二型或近二型；柄长 30 ～ 45 cm（不育叶的柄较短），基部粗约 2 mm，禾秆色，有时带棕色，偶为栗色，表面平滑；叶片卵圆形，长 25 ～ 30 cm，宽 15 ～ 20 cm，1 回羽状；不育叶的羽片（2）3 ～ 5 对（有时为掌状），通常对生，斜向上，基部一对有短柄并为 2 叉（罕有 3 叉），向上的无柄，狭披针形或披针形（第二对也往往 2

叉），长 10 ~ 18（24）cm，宽 1 ~ 1.5（2）

cm，先端渐尖，基部阔楔形，叶缘有软骨

质的边并有锯齿，锯齿往往粗而尖，也有

时具细锯齿；能育叶的羽片 3 ~ 5（8）对，

对生或向上渐为互生，斜向上，基部一对

有短柄并为 2 叉，偶有 3 叉或单一，向上

的无柄，线形（或第二对也往往 2 叉），

长 12 ~ 25 cm，宽 5 ~ 12 mm，先端渐尖

并有锐锯齿，基部阔楔形，顶生 3 叉羽片

的基部不下延或下延。主脉下面强度隆起，

禾秆色，光滑；侧脉两面均明显，稀疏，斜展，单一或从基部分叉。叶干后纸质，绿色或灰绿色，无毛；

叶轴禾秆色，表面平滑。

【生境分布】 生于石灰岩缝或林中。罗田各地均产。

【采收加工】 全年可采。

【药用部位】 全草。

【药材名】 凤尾蕨。

【来源】 凤尾蕨科植物凤尾蕨 *Pteris nervosa* Thunb. 的全草。

【性味】 淡、甘，凉。

【归经】 归脾、胃、肠经。

【功能主治】 清热化痰，利湿解毒，凉血，收敛止血，止痢。具有降血压、驱虫、防癌等作用，对

头晕失眠、高血压、慢性腰酸背痛、关节炎、慢性肾炎、肺病等也有较好疗效。

【用法用量】 内服：煎汤，10 ~ 15 g。

33. 半边旗 *Pteris semipinnata* L. Sp.

【别名】 半边风药、半边蕨、半凤尾草、凤凰尾巴草。

【形态】 植株高 35 ~ 80（120）cm。根状茎长而横走，粗 1 ~ 1.5 cm，先端及叶柄基部被褐色鳞

片。叶簇生，近一型；叶柄长 15 ~ 55 cm，粗 1.5 ~ 3 mm，连同叶轴均为栗红色有光泽，光滑；叶片长

圆披针形，长 15 ~ 40（60）cm，宽 6 ~ 15（18）cm，二回半边深裂；顶生羽片阔披针形至长三角形，

长 10 ~ 18 cm，基部宽 3 ~ 10 cm，先端尾状，篦齿状，深羽裂几达叶轴，裂片 6 ~ 12 对，对生，开展，

间隔宽 3 ~ 5 mm，镰刀状阔披针形，长 2.5 ~ 5 cm，向上渐短，宽 6 ~ 10 mm，先端短渐尖，基部下侧

呈倒三角形的阔翅沿叶轴下延达下一对裂

片；侧生羽片 4 ~ 7 对，对生或近对生，开展，

下部的有短柄，向上无柄，半三角形而略

呈镰刀状，长 5 ~ 10（18）cm，基部宽

4 ~ 7 cm，先端长尾头，基部偏斜，两侧

极不对称，上侧仅有一条阔翅，宽 3 ~ 6 mm，

不分裂或很少在基部有一片或少数短裂片，

下侧篦齿状深羽裂几达羽轴，裂片 3 ~ 6

片或较多，镰刀状披针形，基部一片最长，

1.5 ~ 4（8.5）cm，宽 3 ~ 6（11）mm，

向上的逐渐变短，先端短尖或钝，基部下侧下延，不育裂片的叶有尖锯齿，能育裂片仅顶端有一尖刺或具2～3个尖锯齿。羽轴下面隆起，下部栗色，向上禾秆色，上面有纵沟，纵沟两旁有啮蚀状的浅灰色狭翅状的边。侧脉明显，斜上，2叉或回3叉，小脉通常伸达锯齿的基部。叶干后草质，灰绿色，无毛。

【生境分布】　生于林下、溪边或墙上等阴湿地。罗田各地均产。

【采收加工】　全年可采，洗净，晒干。

【药用部位】　带根全草。

【药材名】　半边旗。

【来源】　凤尾蕨科植物半边旗 Pteris semipinnata L. Sp. 的带根全草。

【性味】　《陆川本草》：辛，凉。

【功能主治】　止血，生肌，解毒，消肿。主治吐血，外伤出血，发背，疔疮，跌打损伤，目赤肿痛。

【用法用量】　内服：煎汤，10～15 g。外用：捣敷、研末撒；或煎水洗。

【附方】　①止吐血：生半边旗一握，捣烂，米泔水冲取汁饮。

②止血：生半边旗捣烂敷或干粉撒刀斧伤处。

③治马口疔：半边旗嫩叶两份，黄糖一份。捣烂敷。（①～③方出自《广西药用植物图志》）

④治中风：半边风药、石菖蒲、马蹄决明各10 g，煎水服。（《贵州民间药物》）

二十、中国蕨科　Sinopteridaceae

粉背蕨属　*Aleuritopteris* Fee

34. 银粉背蕨 *Aleuritopteris argentea*（Gmel.）Fee

【别名】　通经草、金丝草、铜丝草、金牛草。

【形态】　植株高15～30 cm。根状茎直立或斜升（偶有沿石缝横走），先端被披针形、棕色、有光泽的鳞片。叶簇生；叶柄长10～20 cm，粗约7 mm，红棕色、有光泽，上部光滑，基部疏被棕色披针形鳞片；叶片五角形，长宽几乎相等，5～7 cm，先端渐尖，羽片3～5对，基部3回羽裂，中部2回羽裂，上部1回羽裂；基部一对羽片直角三角形，长3～5 cm，宽2～4 cm，水平开展或斜向上，基部上侧与叶轴合生，下侧不下延，小羽片3～4对，以圆缺刻分开，基部以狭翅相连，基部下侧一片最大，长2～2.5 cm，宽0.5～1 cm，长圆状披针形，先端长渐尖，有裂片3～4对；裂片三角形或镰刀形，基部一对较短，羽轴上侧小羽片较短，不分裂，长仅1 cm左右；第二对羽片为不整齐的1回羽裂，披针形，基部下延成楔形，往往与基部一对羽片汇合，先端长渐尖，有不整齐的裂片3～4对；裂片三角形或镰刀形，以圆缺刻分开；自第二对羽片向上渐次缩短。叶干后草质或薄革质，上面褐色、光滑，叶脉不显，下面被乳白色或

淡黄色粉末，裂片边缘有明显而均匀的细齿。孢子囊群较多；囊群盖连续，狭，膜质，黄绿色，全缘，孢子极面观为钝三角形，周壁表面具颗粒状纹饰。

【生境分布】广泛分布于全国各地，生于石灰岩石缝中或墙缝中。罗田各地均有分布。

【采收加工】春、秋季采收，拔出全草，去须根及泥土，晒干或鲜用。

【药用部位】全草。

【药材名】通经草。

【来源】中国蕨科植物银粉背蕨 *Aleuritopteris argentea*（Gmel.）Fee 的全草。

【性味】淡、微涩，温。

【功能主治】活血调经，补虚止咳。用于月经不调，经闭腹痛，肺结核咳嗽，咯血。

【用法用量】内服：煎汤，10～15 g。

35. 野雉尾金粉蕨 *Onychium japonicum*（Thunb.）Kze.

【别名】金粉蕨、中华金粉蕨、乌蕨、小叶野鸡尾、小蕨萁。

【形态】植株高 60 cm 左右。根状茎长而横走，粗 3 mm 左右，疏被鳞片，鳞片棕色或红棕色，披针形，筛孔明显。叶散生；柄长 2～30 cm，基部褐棕色，略有鳞片，向上禾秆色（有时下部略饰有棕色），光滑；叶片几乎和叶柄等长，宽约 10 cm，卵状三角形或卵状披针形，渐尖头，4 回羽状细裂；羽片 12～15 对，互生，柄长 1～2 厘米，基部一对最大，长 9～17 cm，宽 5～6 cm，

长圆状披针形或三角状披针形，先端渐尖，并具羽裂尾头，3 回羽裂；各回小羽片彼此接近，均为上先出，照例基部一对最大；末回能育小羽片或裂片长 5～7 mm，宽 1.5～2 mm，线状披针形，有不育的急尖头；末回不育裂片短而狭，线形或短披针形，短尖头；叶轴和各回育轴上面有浅沟，下面凸起，不育裂片仅有中脉一条，能育裂片有斜上侧脉和叶缘的边脉汇合。叶干后坚草质或纸质，灰绿色或绿色，遍体无毛。孢子囊群长（3）5～6 mm；囊群盖线形或短长圆形，膜质，灰白色，全缘。

【生境分布】生于海拔 200～1800 m 的山坡路旁、林下沟边或灌丛阴处。罗田各地均产。

【采收加工】夏、秋季采收全草，或割取叶片，鲜用或晒干。

【药用部位】全草。

【药材名】土黄连。

【来源】中国蕨科植物野雉尾金粉蕨 *Onychium japonicum*（Thunb.）Kze. 的全草或叶。

【性状】根茎细长，略弯曲，直径 2～4 mm，黄棕色或棕黑色，两侧着生向上弯的叶柄残基和细根。叶柄细长略呈方柱形，表面浅棕黄色，具纵沟。叶片卷缩，展开后呈卵状披针形或三角状披针形，长 10～30 cm，宽 6～15 cm，浅黄绿色。或棕褐色，三至四回羽状分裂，营养叶的小裂片有齿；孢子叶末回裂片短线形，下面边缘生有孢子囊群，囊群盖膜质，与中脉平行，向内开口。质脆，较易折断。气微，味苦。

【性味】苦，寒

【归经】归心、肝、肺、胃、小肠、大肠经。

【功能主治】清热解毒；利湿；止血。主治风热感冒，咳嗽，咽痛，泄泻，痢疾，小便淋痛，湿热黄疸，吐血，咯血，便血，痔血，尿血，疮毒，跌打损伤，毒蛇咬伤，烫伤。

【用法用量】内服：煎汤，15～30 g；鲜品用量加倍。外用：适量，研末调敷；或鲜品捣敷。

【注意】虚寒证慎服。《广西中药志》：虚寒证忌用。

二十一、铁线蕨科　Adiantaceae

铁线蕨属 *Adiantum* L.

36. 铁线蕨 *Adiantum capillus-veneris* L.

【别名】猪鬃七、铁丝分金、猪鬃草、铁线草。

【形态】植株高 15～40 cm。根状茎细长横走，密被棕色披针形鳞片。叶远生或近生；柄长 5～20 cm，粗约 1 mm，纤细，栗黑色，有光泽，基部被与根状茎上同样的鳞片，向上光滑，叶片卵状三角形，长 10～25 cm，宽 8～16 cm，尖头，基部楔形，中部以下多为二回羽状，中部以上为一回奇数羽状；羽片 3～5 对，互生，斜向上，有柄（长可达 1.5 cm），基部一对较大，长 4.5～9 cm，宽 2.5～4 cm，长圆状卵形，圆钝头，一回（少二回）奇数羽状，侧生末回小羽片 2～4 对，互生，斜向上，相距 6～15 mm，大小儿乎相等或基部一对略大，对称或不对称的斜扇形或近斜方形，长 1.2～2 cm，宽 1～1.5 cm，上缘圆形，具 2～4 浅裂或深裂成条状的裂片，不育裂片先端钝圆形，具阔三角形的小锯齿或具啮蚀状的小齿，能育裂片先端截形、直或略下陷，全缘或两侧具有啮蚀状的小齿，两侧全缘，基部渐狭成偏斜的阔楔形，具纤细栗黑色的短柄（长 1～2 mm），顶生小羽片扇形，基部为狭楔形，往往大于其下的侧生小羽片，柄可达 1 cm；第二对羽片距基部一对 2.5～5 cm，向上各对均与基部一对羽片同形而渐变小。叶脉多回 2 歧分叉，直达边缘，两面均明显。叶干后薄草质，草绿色或褐绿色，两面均无毛；叶轴、各回羽轴和小羽柄均与叶柄同色，往往略向左右曲折。孢子囊群每羽片 3～10 枚，横生于能育的末回小羽片的上缘；囊群盖长形、长肾形成圆肾形，上缘平直，淡黄绿色，老时棕色，膜质，全缘，宿存。孢子周壁具粗颗粒状纹饰，处理后常保存。

【生境分布】喜生于阴湿的溪边石上，或有松林的坡地上。罗田各地均产。

【采收加工】全年可采。

【药用部位】全草。

【药材名】铁线蕨。

【来源】铁线蕨科植物铁线蕨 *Adiantum capillus-veneris* L. 的全草。

【性味】苦，凉。

【归经】《泉州本草》：归肝、肾二经。

【功能主治】清热，祛风，利尿，消肿。主治咳嗽吐血，风湿痹痛，淋浊，带下，痢疾，乳肿，风痒湿疹。

【用法用量】内服：煎汤，16～32 g；或浸酒。外用：煎水洗或研末调敷。

【附方】①治肺热吐血：猪鬃草、红茅草、三匹风。水煎服。（《四川中药志》）

②治风湿性关节酸痛：鲜铁线草32 g，浸酒500 ml。每次一小杯（约100 ml）温服。（《泉州本草》）

③治小儿尿结：猪鬃草6 g，谷精草10 g。水煎服。（《贵阳民间药草》）

④治石淋、血淋：猪鬃草、海金沙、铁丝组各15 g，水煎服。（《贵阳民间药草》）

⑤治尿路感染及结石：猪鬃草10～15 g，水煎服。（《云南中草药选》）

⑥治皮肤瘙痒及疖疮湿疹：鲜铁线草125 g，煎汤洗。（《泉州本草》）

⑦治乳腺炎、乳汁不通：猪鬃草10～15 g。水煎服，甜酒为引。（《云南中草药选》）

二十二、裸子蕨科　Hemionitidaceae

凤丫蕨属 *Coniogramme* Fee

37. 凤丫蕨 *Coniogramme japonica*（Thunb.）Diels

【别名】大叶凤凰尾巴草、活血莲、蛇眼草、眉风草。

【形态】植株高60～120 cm。叶柄长30～50 cm，粗3～5 mm，禾秆色或栗褐色，基部以上光滑；叶片和叶柄等长或稍长，宽20～30 cm，长圆状三角形，2回羽状；羽片通常5对（少则3对），基部一对最大，长20～35 cm，宽10～15 cm，卵圆状三角形，柄长1～2 cm，羽状（偶有2叉）；侧生小羽片1～3对，长10～15 cm，宽1.5～2.5 cm，披针形，

有柄或向上的无柄，顶生小羽片远较侧生的为大，长20～28 cm，宽2.5～4 cm，阔披针形，长渐尖头，通常向基部略变狭，基部为不对称的楔形或叉裂；第二对羽片三出、二叉或从这对起向上均为单一，但略渐变小，和其下羽片的顶生小羽片同型；顶羽片较其下的为大，有长柄；羽片和小羽片边缘有向前伸的疏矮齿。叶脉网状，在羽轴两侧形成2～3行狭长网眼，网眼外的小脉分离，小脉顶端有纺锤形水囊，不到锯齿基部。叶干后纸质，上面暗绿色，下面淡绿色，两面无毛。孢子囊群沿叶脉分布，几达叶边。

【生境分布】喜生于阴湿的沟边林下。罗田各地均产。

【采收加工】四季可采，洗净，鲜用或晒干。

【药用部位】根状茎及全草。

【药材名】凤丫蕨。

【来源】裸子蕨科植物凤丫蕨 *Coniogramme japonica*（Thunb.）Diels 的根状茎及全草。

【性味】苦，凉。

【功能主治】祛风除湿,活血止痛,清热解毒。用于风湿筋骨痛,跌打损伤,瘀血腹痛,经闭,面赤肿痛,肿毒初起,乳腺炎。

【用法用量】16～32 g,水煎或泡酒服。

【注意】孕妇慎服。

二十三、蹄盖蕨科　Athyriaceae

假蹄盖蕨属 *Athyriopsis* Ching

38. 假蹄盖蕨 *Athyriopsis japonica*（Thunb.）Ching

【形态】夏绿植物。根状茎细长横走,直径2～3 mm,先端被黄褐色阔披针形或披针形鳞片;叶远生至近生。能育叶长可达1 m;叶柄长10～50 cm,直径1～2 mm,禾秆色,基部被与根状茎上同样的鳞片,并略有黄褐色节状柔毛,向上鳞片较稀疏而小,披针形,色较深,有时呈浅黑褐色,也有稀疏的节状柔毛;叶片矩圆形至矩圆状阔披针形,有时呈三角形,长15～50 cm,宽6～22（30）cm,基部略缩狭或不缩狭,顶部羽裂长渐尖或略急缩长渐尖;侧生分离羽片4～8对,通常以约60°的夹角向上斜展,少见平展,通直或略向上呈镰状弯曲,长3～13 cm,宽1～3（4.5）cm,先端渐尖至尾状长渐尖,基部阔楔形,两侧羽状半裂至深裂,基部1（2）对常较阔,长椭圆状披针形,其下侧常稍阔,其余的披针形,两侧对称;侧生分离羽片的裂片5～18对,以40°～45°的夹角向上斜展,略向上偏斜的长方形或矩圆形,或为镰状披针形,先端近平截或钝圆至急尖,边缘有疏锯齿或波状,罕见浅羽裂;裂片上羽状脉的小脉8对以下,极斜向上,2叉或单一,上面常不明显,下面略可见。叶草质,叶轴疏生浅褐色披针形小鳞片及节状柔毛,羽片上面仅沿中肋有短节毛,下面沿中肋及裂片主脉疏生节状柔毛。孢子囊群短线形,通直,大多单生于小脉中部上侧,在基部上出1脉有时双生于上下两侧;囊群盖浅褐色,膜质,背面无毛,边缘撕裂状,在囊群成熟前内弯。孢子赤道面观半圆形,周壁表面具刺状纹饰。

【生境分布】生于林下湿地及山谷溪沟边,海拔60～2000 m。罗田各地均产。

【采收加工】全年可采。

【药用部位】全草。

【药材名】假蹄盖蕨。

【来源】假蹄盖蕨科植物假蹄盖蕨 *Athyriopsis japonica*（Thunb.）Ching 的全草。

【功能主治】用于无名肿毒、毒蛇咬伤。

二十四、铁角蕨科　Aspleniaceae

铁角蕨属 *Asplenium* L.

39. 虎尾铁角蕨 *Asplenium incisum* Thunb.

【别名】地柏枝、丹雪凤尾、伤寒草、止血草、岩春草。

【形态】植株高 10 ~ 30 cm。根状茎短而直立或横卧，先端密被鳞片；鳞片狭披针形，长 3 ~ 5 mm，宽不超过 0.5 mm，膜质，黑色，略有红色光泽，全缘。叶密集簇生；叶柄长 4 ~ 10 cm，粗约 1 mm，淡绿色，或通常为栗色或红棕色，而在上面两侧各有 1 条淡绿色的狭边，有光泽，上面有浅阔纵沟，略被少数褐色纤维状小鳞片，以后脱落；叶片阔披针形，长 10 ~ 27 cm，中部宽 2 ~ 4（5.5）cm，两端渐狭，先端渐尖，2 回羽状（有时为一回羽状）；羽片 12 ~ 22 对，下部的对生或近对生，向上互生，斜展或近平展，有极短柄（长达 1 mm），下部羽片逐渐缩短成卵形或半圆形，长宽不及 5 mm，逐渐远离，中部各对羽片相距 1 ~ 1.5 cm，彼此疏离，间隔约等于羽片的宽度，三角状披针形或披针形，长 1 ~ 2 cm，基部宽 6 ~ 12 mm，先端渐尖并有粗齿，1 回羽状或为深羽裂达于羽轴；小羽片 4 ~ 6 对，互生，斜展，彼此密接，基部一对较大，长 4 ~ 7 mm，宽 3 ~ 5 mm，椭圆形或卵形，圆头并有粗齿，基部阔楔形，无柄或与羽轴合生并沿羽轴下延。叶脉两面均可见，小羽片上的主脉不显著，侧脉 2 叉或单一，基部的常为 2 ~ 3 叉，纤细，斜向上，先端有明显的水囊，伸入齿，但不达叶边。叶薄草质，干后草绿色，光滑；叶轴淡禾秆色或下面为栗色或红棕色，有光泽，光滑，上面有浅阔纵沟，顶部两侧有线状狭翅。孢子囊群椭圆形，长约 1 mm，棕色，斜向上，生于小脉中部或下部，紧靠主脉，不达叶边，基部一对小羽片常有 2 ~ 4 对，彼此密接，整齐；囊群盖椭圆形，灰黄色，后变淡灰色，薄膜质，全缘，开向主脉，偶有开向叶边。

【生境分布】生于溪边及石坡阴湿处酸性土上。罗田各地均产。

【采收加工】全年可采。

【药用部位】全草。

【药材名】虎尾铁角蕨。

【来源】铁角蕨科植物虎尾铁角蕨 *Asplenium incisum* 的全草。

【性味】《浙江民间常用草药》：淡。凉。

【功能主治】清热，利湿，解毒。主治肺热咳嗽，吐血，急性黄疸性肝炎，急惊风，脓性指头炎。

【用法用量】内服：煎汤，15 ~ 32 g；或捣汁。外用：捣汁滴眼；或捣敷。

【附方】①治急性黄疸性肝炎：岩春草、凤尾草、摩来卷柏、鸡眼草各 35 g。水煎服。

②治急惊风：岩春草 15 g；或加半边莲、高粱泡根各 15 g。水煎服。

③治指头炎：鲜岩春草加食盐捣敷。（①~③方出自《浙江民间常用草药》）

40. 铁角蕨 *Asplenium trichomanes* L.

【别名】 石林珠、瓜子莲、猪宗七。

【形态】 植株高 10～30 cm。根状茎短而直立，粗约 2 mm，密被鳞片；鳞片线状披针形，长 3～4 mm，基部宽约 0.5 mm，厚膜质，黑色，有光泽，略带红色，全缘。叶多数，密集簇生；叶柄长 2～8 cm，粗约 1 mm，栗褐色，有光泽，基部密被与根状茎上同样的鳞片，向上光滑，上面有 1 条阔纵沟，两边有棕色的膜质全缘狭翅，下面圆形，质脆，通常叶片脱落而柄宿存；叶片长线形，长 10～25 cm，中部宽 9～16 mm，长渐尖头，基部略变狭，1 回羽状；羽片

20～30 对，基部的对生，向上对生或互生，平展，近无柄，中部羽片同大，长 3.5～6（9）mm，中部宽 2～4（5）mm，椭圆形或卵形，圆头，有钝齿，基部为近对称或不对称的圆楔形，上侧较大，偶有小耳状凸起，全缘，两侧边缘有小圆齿；中部各对羽片相距 4～8 mm，彼此疏离，下部羽片向下逐渐远离并缩小，形状多种，卵形、圆形、扇形、三角形或耳形。叶脉羽状，纤细，两面均不明显，小脉极斜向上，2 叉，偶有单一，羽片基部上侧一脉常为 2 回 2 叉，不达叶边。叶纸质，干后草绿色、棕绿色或棕色；叶轴栗褐色，有光泽，光滑，上面有平槽纵沟，两侧有棕色的膜质全缘狭翅，下面圆形。孢子囊群阔线形，长 1～3.5 mm，黄棕色，极斜向上，通常生于上侧小脉，每羽片有 4～8 枚，位于主脉与叶边之间，不达叶边；囊群盖阔线形，灰白色，后变棕色，膜质，全缘，开向主脉，宿存。

【生境分布】 生于山沟中石上。罗田各地均产。

【采收加工】 全年可采。

【药用部位】 全草。

【药材名】 铁角蕨。

【来源】 铁角蕨科植物铁角蕨 *Asplenium trichomanes* L. 的带根全草。

【性味】 《陕西中草药》：味淡，性平。

【功能主治】 清热，渗湿，止血，散瘀。主治痢疾，淋证，带下，月经不调，疮疖疔毒，跌打腰痛。

【用法用量】 内服：煎汤，10～12 g；或浸酒。外用：捣敷。

二十五、金星蕨科　Thelypteridaceae

毛蕨属 *Cyclosorus* Link

41. 渐尖毛蕨 *Cyclosorus acuminatus*（Houtt.）Nakai

【别名】 小叶凤凰尾巴草。

【形态】植株高70～80 cm。根状茎长而横走，粗2～4 mm，深棕色，老则变褐棕色，先端密被棕色披针形鳞片。叶2列远生，相距4～8 cm；叶柄长30～42 cm，基部粗1.5～2 mm，褐色，无鳞片，向上渐变为深禾秆色，略有柔毛；叶片长40～45 cm，中部宽14～17 cm，长圆状披针形，先端尾状渐尖并羽裂，基部不变狭，2回羽裂；羽片13～18对，有极短柄，斜展或斜上，有等宽的间隔分开（间隔宽约1 cm），互生，或基部的对生，中

部以下的羽片长7～11 cm，中部宽8～12 mm，基部较宽，披针形，渐尖头，基部不等，上侧凸出，平截，下侧圆楔形或近圆形，羽裂达1/2～2/3；裂片18～24对，斜上，略弯曲，彼此密接，基部上侧一片最长，8～10 mm，披针形，下侧一片长不及5 mm，第二对以上的裂片长4～5 mm，近镰状披针形，尖头或骤尖头，全缘。叶脉下面隆起，清晰，侧脉斜上，每裂片7～9对，单一（基部上侧一片裂片有13对，多半2叉），基部一对出自主脉基部，其先端交接成钝三角形网眼，并自交接点向缺刻下的透明膜质连线伸出一条短的外行小脉，第二对和第三对的上侧一脉伸达透明膜质连线，即缺刻下有侧脉2.5对。叶坚纸质，干后灰绿色，除羽轴下面疏被针状毛外，羽片上面被极短的糙毛。孢子囊群圆形，生于侧脉中部以上，每裂片5～8对；囊群盖大，深棕色或棕色，密生短柔毛，宿存。

【生境分布】生于路旁湿地、溪边或林中。罗田各地均产。

【采收加工】全年可采。

【药用部位】全草。

【药材名】毛蕨。

【来源】金星蕨科植物渐尖毛蕨 *Cyclosorus acuminatus*（Houtt.）Nakai 的根茎。

【功能主治】治狂犬咬伤。

【用法用量】内服：煎汤，15～32 g。

针毛蕨属 *Macrothelypteris*（H. Ito）Ching

42. 针毛蕨 *Macrothelypteris oligophlebia*（Bak.）Ching

【形态】植株高60～150 cm。根状茎短而斜升，连同叶柄基部被深棕色的披针形、边缘具疏毛的鳞片。叶簇生；叶柄长30～70 cm，粗4～6 mm，禾秆色，基部以上光滑；叶片几乎与叶柄等长，下部宽30～45 cm，三角状卵形，先端渐尖并羽裂，基部不变狭，3回羽裂；羽片约14对，斜向上，互生，或下部的对生，相距5～10 cm，柄长达2 cm或过之，基部一对较大，长达20 cm，宽达5 cm，长圆状披针形，先端渐尖并羽裂，渐尖头，向基部略变狭，第二对以上各对羽片渐次缩小，向基部不变狭，柄长0.1～0.4 cm，2回羽裂；小羽片15～20对，互生，开展，中部的较大，长3.5～8 cm，宽1～2.5 cm，披针形，渐尖头，基部圆截形，对称，无柄（下部的有短柄），下延（上部的彼此以狭翅相连），深羽裂几达小羽轴；裂片10～15对，开展，长5～12 mm，宽2～3.5 mm，先端钝或钝尖，基部沿小羽轴彼此以狭翅相连，边缘全缘或锐裂。叶脉下面明显，侧脉单一或在具锐裂的裂片

上 2 叉，斜上，每裂片 4 ～ 8 对。叶草质，干后黄绿色，两面光滑无毛，仅下面有橙黄色、透明的头状腺毛，或沿小羽轴及主脉的近顶端偶有少数单细胞的针状毛，上面沿羽轴及小羽轴被灰白色的短针毛，羽轴常具浅紫红色斑。孢子囊群小，圆形，每裂片 3 ～ 6 对，生于侧脉的近顶部；囊群盖小，圆肾形，灰绿色，光滑，成熟时脱落或隐没于囊群中。孢子圆肾形，周壁表面形成不规则的小疣块状，有时连接成拟网状或网状。

【生境分布】 生于山谷水沟边，或林缘湿地，海拔 400 ～ 800 m。

【采收加工】 全年可采。

【药用部位】 根茎、全草。

【药材名】 针毛蕨。

【来源】 金星蕨科植物针毛蕨 *Macrothelypteris oligophlebia*（Bak.）Ching 的根茎。

【功能主治】 主治疮毒，痛肿，无名肿毒。

【用法用量】 内服：煎汤，6 ～ 10 g。

卵果蕨属 *Phegopteris* Fee

43. 延羽卵果蕨 *Phegopteris decursive-pinnata*（van Hall）Fée

【别名】 金毛尾巴草。

【形态】 植株高 30 ～ 60 cm。根状茎短而直立，连同叶柄基部被红棕色、具长缘毛的狭披针形鳞片。叶簇生；叶柄长 10 ～ 25 cm，粗 2 ～ 3 mm，淡禾秆色；叶片长 20 ～ 50 cm，中部宽 5 ～ 12 cm，披针形，先端渐尖并羽裂，向基部渐变狭，2 回羽裂，或一回羽状而边缘具粗齿；羽片 20 ～ 30 对，互生，斜展，中部的最大，长 2.5 ～ 6 cm，宽约 1 cm，狭披针形，先端渐尖，基部阔而下延，在羽片间彼此以圆耳状或三角形的翅相连，羽裂达 1/3 ～ 1/2；裂片斜展，卵状三角形，钝头，全缘，向两端的羽片逐渐缩短，基部一对羽片常缩小成耳片；叶脉羽状，侧脉单一，伸达叶边。叶草质，沿叶轴、羽轴和叶脉两面被灰白色的单细胞针状短毛，下面并混生顶端分叉或呈星状的毛，在叶轴和羽轴下面还疏生淡棕色、毛状的或披针形而具缘毛的鳞片。孢子囊群近圆形，背生于侧脉的近顶端，每裂片 2 ～ 3 对，幼时中央有成束的、具柄的分叉毛，无盖；孢子囊体顶部近环

带处有时略有短刚毛或具柄的头状毛；孢子外壁光滑，周壁表面具颗粒状纹饰。

　　【生境分布】　罗田各山区林下。

　　【采收加工】　全年可采。

　　【药用部位】　根茎。

　　【药材名】　金毛尾巴草。

　　【来源】　金星蕨科植物延羽卵果蕨 *Phegopteris decursive-pinnata*（van Hall）Fee 的根状茎。

　　【功能主治】　利湿消肿，收敛解毒。主治水湿膨胀，疖毒溃烂，久不收口。

　　【用法用量】　内服：煎汤，32 ～ 95 g；外用捣烂外敷。

二十六、鳞毛蕨科　Dryopteridaceae

复叶耳蕨属 *Arachniodes* Blume

44. 中华复叶耳蕨 *Arachniodes chinensis*（Rosenst.）Ching

　　【形态】　植株高 40 ～ 65 cm。叶柄长 14 ～ 30 cm，粗 2.5 ～ 3 mm，禾秆色，基部密被褐棕色、线状钻形、顶部毛髯状鳞片，向上连同叶轴被有相当多的黑褐色、线状钻形小鳞片。叶片卵状三角形，长 26 ～ 35 cm，宽 17 ～ 20 cm，顶部略狭缩呈长三角形，渐尖头，基部近圆形，2 回羽状或 3 回羽状；羽状羽片 8 对，基部 1（2）对对生，向上的互生，有柄，斜展，密接，基部一对较大，三角状披针形，长 10 ～ 18 cm，基部宽 4 ～ 8 cm，渐尖头，基部近对称，阔楔形，羽状或二回羽状；小羽片约 25 对，互生，有短柄，基部下侧一片略较大，披针形，略呈镰刀状，长 3 ～ 6 cm，宽 1.5 ～ 2 cm，渐尖头，基部阔楔形，羽状（或羽裂）；末回小羽片（或裂片）9 对，长圆形，长 8 mm，急尖头，上部边缘具 2 ～ 4 个有长芒刺的骤尖锯齿；基部上侧一片小羽片比同侧的第二片略较长，羽状或羽裂；第二对至第五对羽片披针形，羽状，基部上侧一片略较大，羽裂；第六对或第七对羽片明显缩短，披针形，长 5 cm，深羽裂。叶干后纸质，暗棕色，光滑，羽轴下面被有相当多的黑褐色、线状钻形、基部棕色、阔圆形小鳞片。孢子囊群每小羽片 5 ～ 8 对（耳片 3 ～ 5 枚），位于中脉与叶边之间；囊群盖棕色，近革质，脱落。

　　【生境分布】　生于山地杂木林下，海拔 450 ～ 1600 m。

　　【采收加工】　全年可采。

　　【药用部位】　根茎。

　　【药材名】　复叶耳蕨。

　　【来源】　鳞毛蕨科植物中华复叶耳蕨 *Arachniodes chinensis*（Rosenst.）Ching 的全草。

【功能主治】软坚散结、镇静、杀虫。

【用法用量】内服：煎汤，6～10 g。

贯众属 *Cyrtomium* Presl

45. 贯众 *Cyrtomium fortunei* J. Sm.

【别名】鸡脑壳、鸡公头、小贯众、昏鸡头、小叶贯众。

【形态】植株高 25～50 cm。根茎直立，密被棕色鳞片。叶簇生，叶柄长 12～26 cm，基部直径 2～3 mm，禾秆色，腹面有浅纵沟，密生卵形及披针形、棕色有时中间为深棕色鳞片，鳞片边缘有齿，有时向上部秃净；叶片矩圆状披针形，长 20～42 cm，宽 8～14 cm，先端钝，基部不变狭或略变狭，奇数一回羽状；侧生羽片 7～16 对，互生，近平伸，柄极短，披针形，上弯成镰状，中部的长 5～8 cm，宽 1.2～2 cm，先端渐尖少数成尾状，基部偏斜、上侧近截形有时略有钝的耳状凸起、下侧楔形，边缘全缘有时有前倾的小齿；具羽状脉，小脉联结成 2～3 行网眼，腹面不明显，背面微凸起；顶生羽片狭卵形，下部有时有 1 或 2 个浅裂片，长 3～6 cm，宽 1.5～3 cm。叶为纸质，两面光滑；叶轴腹面有浅纵沟，疏生披针形及线形棕色鳞片。孢子囊群遍布羽片背面；囊群盖圆形，盾状，全缘。

【生境分布】生于水沟边、路旁、石上及空旷地石灰岩缝或林下，海拔 2400 m 以下阴湿处。主要分布于罗田北部山区。

【采收加工】全年可采，以 8—9 月采者为多。采得后，除去须根及地上部分，晒干或鲜用。

【药用部位】根茎。

【药材名】贯众。

【来源】鳞毛蕨科植物贯众 *Cyrtomium fortunei* J. Sm. 的根茎。

【性状】根茎短小，形如鸡头，黑褐色；长 5～8 cm，粗 3～4 cm。表面密被多数叶柄残基，并有棕黑色弯曲的细根，顶端部有红棕色微带光泽的鳞片。叶柄残基瘦小，断面呈四方形，维管束 3～4 个，气微，味淡。以根茎大、须根少者为佳。

【性味】苦，微寒。

【功能主治】清热解毒，凉血息风，散瘀止血，驱钩虫、蛔虫、绦虫、蛲虫等。主治感冒，热病斑疹，痧秽中毒，肝炎，肝阳眩晕头痛，吐血，便血，血崩，带下，乳痈，瘰疬，跌打损伤。

【用法用量】内服：煎汤，10～15 g。

【注意】孕妇慎用。

【附方】①治血虚头痛：昏鸡头配黑鸡炖服。

②治肠道寄生虫病：昏鸡头、使君子肉、槟榔、榧子。水煎服。（①～②方出自《四川中药志》）

鳞毛蕨属 *Dryopteris* Adanson

46. 狭顶鳞毛蕨 *Dryopteris lacera*（Thunb.）O. Ktze.

【别名】中国狭顶鳞毛蕨。

【形态】植株高 60～80 cm。根状茎短粗，直立或斜升。叶簇生；叶柄通常显著短于叶片，禾秆色，连同叶轴密被鳞片，鳞片褐色至赤褐色，膜质，全缘或略有尖齿，基部鳞片大，卵状长圆形，先端长渐尖，长达 2 cm，向上鳞片变小；叶片椭圆形至长圆形，长 40～70 cm，宽 15～30 cm，2 回羽状分裂；羽片约 10 对，对生或互生，开展，具短柄，广披针形至长圆状披针形，先端长渐尖，下部羽片几乎不缩短，上面羽片能育，常骤然狭缩，孢子散发后即枯萎；

小羽片长卵状披针形至披针形，长达 2 cm，宽 5～10 mm，基部与羽轴广合生（但基部小羽毛片往往离生或近离生），钝尖至锐尖头，边缘有齿；叶厚草质至革质，淡绿色，叶轴上的鳞片披针形至线状披针形，羽轴背面残存有小鳞片；叶脉羽状，侧脉在小羽片上面略下凹。孢子囊群圆形，生于上部羽片；囊群盖圆肾形，全缘。孢子具周壁。

【生境分布】生于罗田北部山地疏林下。

【采收加工】全年可采。

【药用部位】全草。

【药材名】鳞毛蕨。

【来源】鳞毛蕨科植物狭顶鳞毛蕨 *Dryopteris lacera*（Thunb.）O. Ktze. 的全草。

【功能主治】清热，活血，杀虫等。主治痢疾，跌打损伤，还可用于驱绦虫等。

【用法用量】内服：煎汤，6～10 g。

二十七、水蕨科 *Parkeriaceae*

水蕨属 *Ceratopteris* Brongn.

47. 水蕨 *Ceratopteris thalictroides*（L.）Brongn.

【别名】龙须菜、龙牙草、水松草、水铁树、水扁柏。

【形态】植株幼嫩时呈绿色，多汁柔软，由于水湿条件不同，形态差异较大，高可达 70 cm。根状茎短而直立，以一簇粗根着生于淤泥。叶簇生，二型。不育叶的柄长 3～40 cm，粗 10～13 cm，绿色，圆柱形，肉质，不膨胀，上下几乎相等，光滑无毛，干后压扁；叶片直立或幼时漂浮，有时略短于能育叶，

狭长圆形，长 6 ～ 30 cm，宽 3 ～ 15 cm，先端渐尖，基部圆楔形，2 ～ 4 回羽状深裂，裂片 5 ～ 8 对，互生，斜展，彼此远离，下部 1 ～ 2 对羽片较大，长可达 10 cm，宽可达 6.5 cm，卵形或长圆形，先端渐尖，基部近圆形、心形或近平截，1 ～ 3 回羽状深裂；小裂片 2 ～ 5 对，互生，斜展，彼此分开或接近，阔卵形或卵状三角形，长可达 35 cm，宽可达 3 cm，先端渐尖、急尖或圆纯，基部圆截形，有短柄，两侧有狭翅，下延于羽轴，深裂；末回裂片线形或线状披针形，长可达 2 cm，宽可达 6 mm，急尖头或圆钝头，基部均沿末回羽轴下延成阔翅，全缘，彼此疏离；第二对羽片距基部一对 3 ～ 5 cm，向上各对羽片均与基部羽片同型而逐渐变小。能育叶的柄与不育叶的柄相同；叶片长圆形或卵状三角形，长 15 ～ 40 cm，宽 10 ～ 22 cm，先端渐尖，基部圆楔形或圆截形，2 ～ 3 回羽状深裂；羽片 3 ～ 8 对，互生，斜展，具柄，下部 1 ～ 2 对羽片最大，长可达 14 cm，宽可达 6 cm，卵形或长三角形，柄长可达 2 cm；第二对羽片距第一对 1.5 ～ 6 cm，向上各对羽片均逐渐变小，1 ～ 2 回分裂；裂片狭线形，渐尖头，角果状，长可达 1.5 ～ 4（6）cm，宽不超过 2 mm，边缘薄而透明，无色，强度反卷达于主脉，好像假囊群盖。主脉两侧的小脉联结成网状，网眼 2 ～ 3 行，为狭长的五角形或六角形，不具内藏小脉。叶干后为软草质，绿色，两面均无毛；叶轴及各回羽轴与叶柄同色，光滑。孢子囊沿能育叶裂片主脉两侧的网眼着生，稀疏，棕色，幼时为连续不断的反卷叶缘所覆盖，成熟后张开，露出孢子囊。孢子呈四面体形，不具周壁，外壁很厚，分内外层，外层具肋条状纹饰，按一定方向排列。

【生境分布】生于池沼、水田或水沟的淤泥中，有时漂浮于深水面上，也广布于世界热带及亚热带各地。罗田各地均有分布。

【采收加工】夏、秋季采收。鲜用或晒干。

【来源】水蕨科植物水蕨 *Ceratopteris thalictroides*（L.）Brongn. 的全株。

【性味】甘、淡，凉。

【功能主治】活血，解毒。主治痞积，痢疾，胎毒，跌打损伤。

【用法用量】内服：煎汤，25 ～ 50 g。

【附方】治腹中痞积：水蕨，淡煮食。下恶物。忌杂食一月余乃佳。（《卫生方》）

二十八、水龙骨科 Polypodiaceae

槲蕨属 *Drynaria*（Bory）J. Sm.

48. 槲蕨 *Drynaria roosii* Nakaike

【别名】猴姜、石毛姜、石岩姜、毛姜、申姜、胡狲姜。

【形态】通常附生岩石上，匍匐生长，或附生树干上，螺旋状攀援。根状茎直径1～2 cm，密被鳞片；鳞片斜升，盾状着生，长7～12 mm，宽0.8～1.5 mm，边缘有齿。叶二型，基生不育叶圆形，长（2）5～9 cm，宽（2）3～7 cm，基部心形，浅裂至叶片宽度的1/3，边缘全缘，黄绿色或枯棕色，厚干膜质，下面有疏短毛。正常能育叶叶柄长4～7（13）cm，具明显的狭翅；叶片长20～45 cm，宽10～15（20）cm，深羽裂距叶轴2～5 mm处裂片7～13对，

互生，稍斜向上，披针形，长6～10 cm，宽（1.5）2～3 cm，边缘有不明显的疏钝齿，顶端急尖或钝；叶脉两面均明显；叶干后纸质，仅上面中肋略有短毛。孢子囊群圆形，椭圆形，叶片下面全部分布，沿裂片中肋两侧各排列成2～4行，成熟时相邻两侧脉间有圆形孢子囊群1行，或幼时成1行长形的孢子囊群，混生有大量腺毛。

【生境分布】附生于树上、山林石壁上或墙上。

【采收加工】冬、春季采挖，除去叶片及泥沙，晒干或蒸熟后晒干，用火燎去茸毛。

【药用部位】根茎。

【药材名】骨碎补。

【来源】水龙骨科植物槲蕨 *Drynaria roosii* Nakaike 的根茎。

【炮制】骨碎补：去净泥沙杂质，洗净，稍浸泡，润透，切片，晒干。烫骨碎补：取沙子置锅内炒热，加入拣净的骨碎补，烫炒至鼓起，毛呈焦黄色，迅速取出，筛去沙，放凉后除去茸毛即成。

《雷公炮炙论》：凡使骨碎补，采得后先用钢刀刮去上黄赤毛尽，便细切，用蜜拌令润，架柳甑蒸一日后出，曝干用。

【性味】苦，温。

【归经】归肝、肾经。

【功能主治】补肾，活血，止血。主治肾虚久泻及腰痛，风湿痹痛，齿痛，耳鸣，跌打闪挫，骨伤，阑尾炎，斑秃，鸡眼。

【用法用量】内服：煎汤，10～15 g；浸酒或入丸、散。外用：捣敷。

【注意】阴虚及无瘀血者慎服。

①《本草经疏》：不宜与风燥药同用。

②《本草汇言》：如血虚风燥，血虚有火，血虚挛痹者，俱禁用之。

③《得配本草》：忌羊肉、羊血、芸薹菜。

【附方】①治腰脚疼痛不止：骨碎补32 g，桂心48 g，牛膝10 g（去苗），槟榔64 g，补骨脂95 g（微炒），安息香64 g（入胡桃仁捣熟）。捣罗为末，炼蜜入安息香，和捣百余杵，丸如梧桐子大。每于食前，以温酒下二十丸。（《太平圣惠方》）

②治耳鸣，亦能止诸杂痛：骨碎补去毛，细切后，用生蜜拌蒸，从巳至亥，曝干，捣末，用炮猪肾空心吃。（《雷公炮炙论》）

③治肾虚耳鸣耳聋，并齿牙浮动，疼痛难忍：骨碎补125 g，怀熟地黄、山茱萸、茯苓各64 g，牡丹皮45 g（俱酒炒），泽泻20 g（盐水炒）。共为末，炼蜜丸。每服15 g，食前白汤送下。（《本草汇言》）

④治牙痛：鲜槲蕨 32 ～ 64 g（去毛）。打碎，加水蒸服。勿用铁器打煮。（《单方验方调查资料选编》）

⑤治金疮，伤筋断骨，疼痛不可忍：骨碎补（去毛，麸炒微黄）、自然铜（细研）、虎胫骨（涂酥炙黄）、败龟板（涂酥炙微黄）各 16 g，没药 32 g。捣细罗为散。每服 3 g，以胡桃仁半个，一处嚼烂，用温酒一中盏下之，日三、四服。（《太平圣惠方》）

⑥治打扑伤损：胡狲姜不以多少，生姜拌之。上同捣烂，以罨损处，用片帛包，干即易之。（《是斋百一选方》）

⑦接骨续筋：骨碎补 125 g，浸酒 500 ml，分十次内服，每日二次；另晒干研末外敷。（《泉州本草》）

⑧治挫闪：骨碎补 64 g，杵烂，同生姜母、菜油、茄粉少许，炒敷患处。（《闽东本草》）

⑨治关节脱位，骨折：在关节复位或正骨手术后，取槲蕨（去毛）和榔榆皮捣烂，加面粉适量，捣成糊状，敷伤处，二至三日换药一次。

⑩治跌打损伤，腰背、关节酸痛：槲蕨（去毛）15 ～ 50 g。水煎服。

⑪治阑尾炎：鲜槲蕨（去毛）500 g，切碎，加大血藤 15 g，红枣 125 g。水煎服。（⑨～⑪方出自《浙江民间常用草药》）

⑫治斑秃：鲜槲蕨 15 g，斑蝥五只，烧酒 150 ml，浸 12 天后，过滤擦患处，日二至三次。（《福建中草药》）

骨牌蕨属 *Lepidogrammitis* Ching

49. 抱石莲 *Lepidogrammitis drymoglossoides*（Baker）Ching

【别名】 瓜子金、瓜子菜、石瓜米、石瓜子、岩瓜子草。

【形态】 根状茎细长横走，被钻状有齿棕色披针形鳞片。叶远生，相距 1.5 ～ 5 cm，二型；不育叶长圆形至卵形，长 1 ～ 2 cm 或稍长，圆头或钝圆头，基部楔形，几无柄，全缘；能育叶舌状或倒披针形，长 3 ～ 6 cm，宽不及 1 cm，基部狭缩，几无柄或具短柄，有时与不育叶同型，肉质，干后革质，上面光滑，下面疏被鳞片。孢子囊群圆形，沿主脉两侧各成一行，位于主脉与叶边之间。

【生境分布】 生于山谷、溪边等阴湿的石壁上或树上。主要分布于罗田天堂寨。

【采收加工】 全年可采。

【药用部位】 全草入药。

【药材名】 抱石莲。

【来源】 水龙骨科植物抱石莲 *Lepidogrammitis drymoglossoides*（Baker）Ching 的全草。

【性味】 苦，凉。

【功能主治】 清热，凉血，解毒，利湿消瘀。主治疰腮，咽喉肿痛，胆囊炎，瘰块，虚劳咯血，瘰疬，淋浊尿血，疔疮痛肿，跌打损伤。

【用法用量】 内服：煎汤，10 ～ 15 g。

【附方】 ①治咳嗽吐血，瘰疬：抱石莲 10 g。水煎服。（《江西中医药》）

②治燥热便血、尿血：鲜抱石莲

64 ～ 95 g。水煎服。（《福建中草药》）

③治疗疮、痈肿：抱石莲 10 ～ 12 g。水煎服。（《江西民间草药》）

④治乳腺癌：抱石莲 10 g。用酒煎服。（《江西中医药》）

⑤治胆囊炎：鲜抱石莲 64 g，豆腐 125 g。水炖服。（《福建中草药》）

⑥治臌胀：抱石莲、仙鹤草各 15 g，神仙对坐草、野芥菜各 6 g。水煎服。（《浙江民间草药》）

瓦韦属 *Lepisorus*（J. Sm.）Ching

50. 粤瓦韦 *Lepisorus obscurevenulosus*（Hayata）Ching

【别名】小金刀、骨牌伸筋、独立枝生、剑丹。

【形态】植株高 10 ～ 25（30）cm。根状茎横走，密被阔披针形鳞片；鳞片网眼大部分透明，只有中部一条褐色不透明的狭带，全缘。叶通常远生；叶柄长 1 ～ 5（7）cm，通常褐栗色或禾秆色；叶片披针形或阔披针形，通常在下部 1/3 处为最宽，1 ～ 3.5 cm，先端长尾状，向基部渐变狭并下延，长 12 ～ 25（30）cm，干后淡绿色或淡黄绿色，近革质，下面沿主脉有稀疏

的鳞片贴生。主脉上下均隆起，小脉不见。孢子囊群圆形，体大，直径达 5 mm，成熟后扩展，彼此近密接，幼时被中央褐色圆形隔丝覆盖。

【生境分布】生于林下树干或岩石上。主要分布于罗田北部山区。

【采收加工】夏、秋季采收，洗净，晒干。

【药用部位】全草。

【药材名】瓦韦。

【来源】水龙骨科植物粤瓦韦 *Lepisorus obscurevenulosus*（Hayata）Ching. 的全草。

【性味】苦，凉。

【归经】归肺、脾、膀胱经。

【功能主治】清热解毒，利水通淋，止血。主治咽喉肿痛，痈肿疮疡，汤火伤，蛇咬伤，小儿惊风，呕吐腹泻，热淋，吐血。

【用法用量】内服：煎汤，10 ～ 40 g。外用：适量，捣敷。

51. 瓦韦 *Lepisorus thunbergianus*（Kaulf.）Ching

【别名】剑丹、七星草、骨牌草、落星草。

【形态】植株高 8 ～ 20 cm。根状茎横走，密被披针形鳞片；鳞片褐棕色，大部分不透明，仅叶边 1 ～ 2 行网眼透明，具锯齿。叶柄长 1 ～ 3 cm，禾秆色；叶片线状披针形，或狭披针形，中部最宽 0.5 ～ 1.3 cm，渐尖头，基部渐变狭并下延，干后黄绿色至淡黄绿色，或淡绿色至褐色，纸质。主脉上下均隆起，小脉不见。孢子囊群圆形或椭圆形，彼此相距较近，成熟后扩展几乎密接，幼时被圆形褐棕色的隔丝覆盖。

【生境分布】 生于树皮、岩面、古建筑屋瓦上。

【采收加工】5—8 月采收，洗净，晒干。

【药用部位】 全草。

【药材名】 瓦韦。

【来源】 水龙骨科植物瓦韦 *Lepisorus thunbergianus*（Kaulf.）Ching 的全草。

【性状】 干燥全草，常多株卷集成团。根茎横生，柱状，外被须根及鳞片；叶线状披针形，土黄色至绿色，皱缩卷曲，沿两边向背面反卷；孢子囊群 10 ~ 20 个，排列于叶背呈 2 行。味淡弱，根茎味苦。以干燥、绿色、背有棕色孢子囊群者为佳。

【性味】《浙江民间草药》：性寒，味淡。

【功能主治】 利尿，止血。主治淋证，痢疾，咳嗽吐血，牙疳。

【用法用量】 内服：煎汤，10 ~ 15 g。外用：煅存性研末撒。

【附方】 ①治咳嗽吐血：瓦韦叶，刷去孢子囊群，煎汤服。（《浙江民间草药》）
②治走马牙疳：瓦韦连根煅灰存性涂敷。（《浙江民间草药》）
③治小儿惊风：鲜瓦韦 32 ~ 95 g。水煎液冲红糖，每日早晚饭前各服一次。（《草药手册》）

星蕨属 *Microsorum* Link

52. 江南星蕨 *Microsorum fortunei*（T. Moore）Ching

【别名】 凤尾金星、七星剑、旋鸡尾、七星凤尾、龙眼草。

【形态】附生，植株高 30 ~ 100 cm。根状茎长而横走，顶部被鳞片；鳞片棕褐色，卵状三角形，顶端锐尖，基部圆形，有疏齿，筛孔较密，盾状着生，易脱落。叶远生，相距 1.5 cm；叶柄长 5 ~ 20 cm，禾秆色，上面有浅沟，基部疏被鳞片，向上近光滑；叶片线状披针形至披针形，长 25 ~ 60 cm，宽 1.5 ~ 7 cm，顶端长渐尖，基部渐狭，下延于叶柄并形成狭翅，全缘，有软骨质的边；中脉两面明显隆起，侧脉不明显，小脉网状，略可见，内藏小脉分叉；叶厚纸质，下面淡绿色或灰绿色，两面无毛，幼时下面沿中脉两侧偶有极少数鳞片。孢子囊群大，圆形，沿中脉两侧排列成较整齐的一行或有时为不规则的两行，靠近中脉。孢子豆形，周壁具不规则褶皱。

【生境分布】 多生于林下溪边岩石上或树干上。海拔 300 ~ 1800 m。

【采收加工】 四季可采，洗净，鲜用或晒干。

【药用部位】 全草。

【药材名】 排骨草。

【来源】 水龙骨科植物江南星蕨 *Microsorum fortunei*（T. Moore）Ching 的全草和根状茎。

【性味】 甘淡、微苦，凉。

【功能主治】 清热利湿，凉血止血，消肿止痛。主治黄疸，痢疾，尿路感染，淋巴结结核，带下，风湿关节痛，咯血，吐血，便血，衄血；外用治疗跌打损伤，骨折，毒蛇咬伤，疔疮肿毒。

【用法用量】 内服：煎汤，16～32 g。外用适量，鲜草捣烂敷患处。

盾蕨属 *Neolepisorus* Ching

53. 盾蕨 *Neolepisorus ovatus*（Bedd.）Ching

【别名】 牛耳朵，宽石韦。

【形态】 植株高 20～40 cm。根状茎横走，密生鳞片；卵状披针形，长渐尖头，边缘有疏锯齿。叶远生；叶柄长 10～20 cm，密被鳞片；叶片卵状，基部圆形，宽 7～12 cm，渐尖头，全缘或下部分裂，干后厚纸质，上面光滑，下面有小鳞片。主脉隆起，侧脉明显，开展直达叶边，小脉网状，有分叉的内藏小脉。孢子囊群圆形，沿主脉两侧排成不整齐的多行，或在侧脉间排成不整齐的一行，幼时被盾状隔丝覆盖。

【生境分布】 生于岩石面上或开旷的林下，海拔 650～2100 m。

【采收加工】 全年可采。

【药用部位】 全草。

【药材名】 盾蕨。

【来源】 水龙骨科植物盾蕨 *Neolepisorus ovatus*（Bedd.）Ching 的全草。

【性味】 苦，凉。

【功能主治】 清热利湿，散瘀活血，止血。主治劳伤吐血，血淋，跌打损伤，烧、烫伤，疔疮肿毒。

假瘤蕨属 *Phymatopteris* Pic. Serm.

54. 金鸡脚假瘤蕨 *Phymatopteris hastata*（Thunb.）Pic. Serm.

【别名】 鹅掌金星草、鸭脚掌、鸭脚香、三角风、鸡脚叉。

【形态】 土生植物。根状茎长而横走，粗约 3 mm，密被鳞片；鳞片披针形，长约 5 mm，棕色，顶端长渐尖，边缘全缘或偶有疏齿。叶远生；叶柄的长短和粗细的变化均较大，长 2～20 cm，直径 0.5～2 mm，禾秆色，光滑无毛。叶片为单叶，形态变化极大，单叶不分裂，或戟状 2～3 分裂；单叶不分裂叶的形

态变化亦极大，从卵圆形至长条形，长
2～20 cm，宽1～2 cm，顶端短渐尖或钝
圆，基部楔形至圆形；分裂的叶片其形态
也极其多样，常见的是戟状2～3分裂，
裂片或长或短，或较宽，或较狭，但通常
都是中间裂片较长和较宽。叶片（或裂片）
的边缘具缺刻和加厚的软骨质边，通直或
呈波状。中脉和侧脉两面明显，侧脉不达
叶边；小脉不明显。叶纸质或草质，背面
通常灰白色，两面光滑无毛。孢子囊群大，

圆形，在叶片中脉或裂片中脉两侧各一行，着生于中脉与叶缘之间；孢子表面具刺状凸起。

【生境分布】生于高山林缘土坎上。

【采收加工】夏、秋季采收，洗净鲜用或晒干。

【药用部位】全草。

【药材名】鹅掌金星草。

【来源】水龙骨科植物金鸡脚假瘤蕨 *Phymatopteris hastata*（Thunb.）Pic. Serm. 的全草。

【性味】苦、微辛，凉。

【功能主治】祛风清热，利湿解毒。用于小儿惊风，感冒咳嗽，小儿支气管肺炎，咽喉肿痛，扁桃体炎，中暑腹痛，痢疾，腹泻，尿路感染，筋骨疼痛；外用治疗痈疖，疔疮，毒蛇咬伤。

【用法用量】内服：煎汤，16～32 g；外用适量，鲜品捣烂敷患处。

多足蕨属 *Polypodium* L.

55. 水龙骨 *Polypodium* L. *nipponicam* Matt

【别名】草石蚕、青龙骨、绿脚代骨丹、石蚕、青石莲、岩鸡尾、石龙。

【形态】多年生附生草本。根状茎肉质，细棒状，横走弯曲分歧，鲜时青绿色，干后变为黑褐色，表面光滑或被鳞片，并常被白粉；鳞片通常疏生在叶柄基部或根状茎的幼嫩部，易脱落，深褐色，卵状披针形而先端狭长，网脉较粗而显著，网眼透明。叶疏生，直立；叶柄长3～8 cm，鲜时带绿色，干后变为淡褐色，表面光滑无毛，但散有褐色细点，基部呈关节状；叶片羽状深裂，羽片14～24对，线状矩圆形至线状披针形，先端钝形或短尖，全缘，基部一对羽片通常较短而稍下向，纸质，两面密被褐色短茸毛，叶脉除中肋及主脉外不明显。孢子囊群圆形，位于主脉附近，无囊群盖，孢子囊多数，金黄色。

【生境分布】生于阴湿岩石上或树干上。多分布在高山地带。

【采收加工】全年可采。采得后除去须根及叶片，切段，晒干。

【药用部位】全草。

【药材名】草石蚕。

【来源】水龙骨科植物水龙骨 *Polypodium* L.nipponicam Matt 的根茎。

【性状】干燥的根茎，呈细棒状，稍弯曲，有分歧，肉质。长 6 ～ 10 cm，直径 3 ～ 4 mm。表面黑褐色，光滑，有纵皱纹，并被白粉，一侧有须根痕或残留的须根。质硬而脆，易折断，断面较光滑。气无，味微苦。

【性味】苦，凉。

【功能主治】化湿，清热，祛风，通络。主治痧秽泄泻，痢疾，淋证，风痹，腰痛，火眼，疮肿。

【用法用量】内服：煎汤，16 ～ 32 g。外用：煎水洗。

【附方】①治病后骨节疼痛：新鲜岩鸡尾一把，熬水，兑烧酒少许洗身上（由上至下）数次。（《贵州民间药物》）

②治劳伤：石龙、石泽兰各 15 g，水煎服。（《陕西中草药》）

③治手指疮毒：干石蚕 32 g，冲黄酒服，渣滓捣烂敷患处。（《浙江天目山药用植物志》）

④治风火眼，红肿疼痛：干石蚕 125 g，加冰糖，水煎，每日早晚饭前各服一次。（《浙江天目山药用植物志》）

⑤治荨麻疹：鲜水龙骨根茎 64 ～ 125 g，红枣十个。水煎服。另取全草 500 ml 煎水，趁热洗浴。（《浙江民间常用草药》）

⑥治小儿高热惊风：鲜水龙骨 32 g，一枝黄花 15 g，水煎服。

⑦治尿路感染：水龙骨 64 g，苎麻根 32 g，水煎服。

⑧治牙痛：鲜水龙骨 10 g，金银花 15 g，中华常春藤 10 g，水煎服。（⑥～⑧方出自《浙江民间常用草药》）

⑨治急性关节炎：水龙骨根 125 g，冰糖少许，水煎服。（《新疆中草药手册》）

石韦属 *Pyrrosia* Mirbel

56. 光石韦 *Pyrrosia calvata*（Baker）Ching

【别名】牛皮风尾草、大石韦、石莲姜、岩莲鸡尾、大鱼刀。

【形态】植株高 25 ～ 70 cm。根状茎短粗，横卧，被狭披针形鳞片；鳞片具长尾状渐尖头，边缘具睫毛，棕色，近膜质。叶近生，一型；叶柄长 6 ～ 15 cm，木质，禾秆色，基部密被鳞片和长臂状的深棕色星状毛，向上疏被星状毛。叶片狭长披针形，长 25 ～ 60 cm，中部最宽达 2 ～ 5 cm，向两端渐变狭，长尾状渐尖头，基部狭楔形并常下延，全缘，干后硬革质，上面棕色，光滑，有黑色点状斑点，下面淡棕色，幼时被两层星状毛，上层的为长臂状淡棕色，下层的为细长卷曲灰白色茸毛状，老时大多数脱落。主脉粗壮，下面圆形隆起，上面略下陷，侧脉通常可见，小脉时隐时现。孢子囊群近圆形，聚生于叶片上半部，成熟时扩张并略汇合，无盖，幼时略被星状毛覆盖。

【生境分布】罗田各地均有分布。

【采收加工】全年可采，晒干。

【药用部位】　全草。

【药材名】　光石韦。

【来源】　水龙骨科植物光石韦 *Pyrrosia calvata*（Baker）Ching 的带根全草。

【性味】　《四川常用中草药》：性微寒，味苦微辛。

【功能主治】　《四川常用中草药》：除湿，泻肺热，利小便。治咳嗽、吐血、小便不利。

【用法用量】　内服：煎汤，16～32 g。

57. 石韦 *Pyrrosia lingua*（Thunb.）Farwell

【别名】　石皮、石苇、铺地娱蚣七、七星剑、大号七星剑、山柴刀、木上蜈蚣。

【形态】　多年生草本，高 13～30 cm。根茎细长，横走，密被深褐色披针形的鳞片；根须状，深褐色，密生鳞毛。叶疏生；叶柄长 6～15 cm，略呈四棱形，基部有关节，被星状毛；叶片披针形、线状披针形或长圆状披针形，长 7～20 cm，宽 1.5～3 cm，先端渐尖，基部渐狭，略下延，全缘，革质，上面绿色，有细点，疏被星状毛或无毛，下面密被淡褐色星芒状毛，主脉明显，侧脉略可见，细脉不明显。孢子囊群椭圆形，散生在叶下面的全部或上部，在侧脉之间排成多行，每孢子囊群间隔有星状毛，孢子囊群隐没在星状毛中，淡褐色，无囊群盖；孢子囊有长柄；孢子两面型。

【生境分布】　生于山野的岩石上或树上。罗田各地均有分布。

【采收加工】　春、夏、秋季均可采收，除去根茎及须根，晒干。

【药用部位】　叶。

【药材名】　石韦。

【来源】　水龙骨科植物石韦 *Pyrrosia lingua*（Thunb.）Farwell 的叶。

58. 庐山石韦 *Pyrrosia sheareri*（Baker）Ching

【别名】　肺金草、大连天草、箭戟蕨。

【形态】　植株通常高 20～50 cm。根茎肥厚而短，密被细小长披针形的鳞片，边缘具纤毛叶近于簇生；叶柄长 10～80 cm，粗壮，幼时被褐色或淡褐色的星状毛；叶片广披针形，长 10～30 cm，宽 3～6.5 cm，先端渐尖，基部稍宽，呈耳形、圆形、心形、圆楔形或斜截形，有时上侧有尖耳，全缘，上面绿色，有黑色斑点，初时疏被星状毛，后渐光滑，下面密生淡褐色星芒状毛，星芒状毛的芒为短披针形，排列在同一平面上，中脉及侧脉均明显，细脉不甚明显。孢子囊群散生在叶片下面，淡褐色或深褐色，无囊群盖；孢子两面型。

【生境分布】生于山野岩石上。罗田中、高山区有分布。

【采收加工】　春、夏、秋季均可采收，除去根茎及须根，晒干。

【药用部位】　叶。

【药材名】　石韦。

【来源】　水龙骨科植物庐山石韦 *Pyrrosia sheareri*（Baker）Ching 的叶。

59. 有柄石韦 *Pyrrosia petiolosa*（Christ）Ching

【别名】　长柄石韦、石茶。

【形态】　高仅6～17 cm。根茎细长，密被披针形鳞片，边缘具稍卷曲的纤毛。叶柄长3.5～11 cm，被星状毛；叶片披针形、长圆状披针形、广披针形或长椭圆形，长2.5～9.5 cm，宽9～28 mm，先端钝，基部下延至叶柄，全缘，上面绿色，有黑色斑点，疏被星状毛，下面密被灰色的星芒状毛，其芒短，叶脉不甚明显；孢子叶较营养叶为长，通常内卷使叶片呈圆筒状。孢子囊群融合，满布于叶的下面，深褐色，无囊群盖。

【生境分布】　生于山野岩石上。罗田各地均有分布。

【采收加工】　春、夏、秋季均可采收，除去根茎及须根，晒干。

【药用部位】　叶。

【药材名】　石韦。

【来源】　水龙骨科植物有柄石韦 *Pyrrosia petiosa*（Chriat）Ching 的叶。

【注意】　上石韦、庐山石韦、有柄石韦三个品种，均为药用石韦的来源。

【炮制】　拣净杂质，洗去泥沙，刷净茸毛，切段晒干。

【性味】　苦、甘，凉。

【归经】　归肺、膀胱经。

【功能主治】　利水通淋，清肺泄热。主治淋证，尿血，尿路结石，肾炎，崩漏，痢疾，肺热咳嗽，慢性气管炎，金疮，痈疽。

【用法用量】　内服：煎汤，4.5～10 g；或入散剂。

【注意】　阴虚及无湿热者忌服。

①《本草经集注》：滑石、杏仁为之使。得昌蒲良。

②《本草从新》：无湿热者勿与。

③《得配本草》：真阴虚者禁用。

【附方】　①治血淋：石韦、当归、蒲黄、芍药各等份。上四味治下筛，酒服方寸匕，日三服。（《千金方》）

②治淋浊尿血：石韦、猪鬃草、连钱草各15 g，煨水服。（《贵州草药》）

③治石淋：石韦（去毛）、滑石各1 g。上二味，捣筛为散，用米汁若蜜服一刀圭，日二服。（《古今录验》）

④治尿路结石：石韦、车前草各32 g，生栀子15 g，甘草10 g。水煎二次，早、晚各服一次。（《南昌医药》）

⑤治心经蕴热，传于小肠，始觉小便微涩赤黄，渐渐不通，小腹鼓胀：石韦（去毛，锉）、车前子（车前叶亦可）等份。上浓煮汁饮之。（《全生指迷方》）

⑥治痢疾：石韦全草一把，水煎，调冰糖 15 g，饭前服。（《闽东本草》）

⑦治崩中漏下：石韦为末，每服 10 g，温酒服。（《本草纲目》）

⑧治咳嗽：石韦（去毛）、槟榔（锉）等份。上二味，罗为细散，生姜汤调下 6 g。（《圣济总录》）

⑨治慢性气管炎：石韦、蒲公英、佛耳草、一枝黄花各 32 g。水煎浓缩，分二次服。（中医研究院《攻克慢性气管炎资料选编》）

⑩治小便淋痛：石韦、滑石等份，为末，每取一小撮，水送服。

⑪治便前有血：石韦研为末，以茄子枝煎汤送服 6 g。

⑫治气热咳嗽：石韦、槟榔等份，为末，每服 6 g，姜汤送下。

⑬治崩中漏下：石韦研为末，每服 10 g，温酒送下。（⑩～⑬方出自《中医大辞典》）

60. 柔软石韦 *Pyrrosia porosa*（C. Presl）Hovenk.

【别名】石岩金、小经刀草、小石韦。

【形态】多年生草本，高 15～80 cm。根状茎横走，被黑褐色披针形的鳞片。叶近生，几无柄，披针形至矩圆状披针形，长 15～80 cm，宽 1～3 cm，先端圆巨急尖，基部长渐狭，上面有黑斑点，疏被星状毛或几无毛，背面被两种星状毛，下面的细弱至卷曲，灰白色，上面的稀少，分枝较少而粗壮，呈棕色针状；叶薄革质，侧脉不显。孢子囊群散布几及叶片全部，中脉两侧各 6～8 行。

【生境分布】生于石上及树干上。

【采收加工】春、夏、秋季均可采收。除去根茎及须根、泥砂等晒干。

【药用部位】全草。

【药材名】小石韦。

【来源】水龙骨科植物柔软石韦 *Pyrrosia porosa*（C. Presl）Hovenk. 的全草。

【功能主治】主治淋证，外伤出血。

【用法用量】内服：煎汤，16～32 g。外用：取孢子囊研末撒。

《峨嵋药植》：和以面粉，敷治刀口伤。

蘋属 *Marsilea* L.

61. 蘋 *Marsilea quadrifolia* L.

【别名】四叶菜、田字草。

【形态】植株高 5～20 cm。根状茎细长横走，分枝，顶端被有淡棕色毛，茎节远离，向上发出一至数枚叶子。叶柄长 5～20 cm；叶片由 4 片倒三角形的小叶组成，呈十字形，长宽各 1～2.5 cm，外缘半圆形，基部楔形，全缘，幼时被毛，草质。叶脉从小叶基部向上呈放射状分叉，组成狭长网眼，伸向叶边，无内藏小脉。孢子果双生或单生于短柄上，而柄着生于叶柄基部，长椭圆形，幼时被毛，褐色，木质，坚硬。每个孢子果内含多数孢子囊，大小孢子囊同生于孢子囊托上，一个大孢子囊内只有一个大孢子，而小孢子囊内有多数小孢子。

【生境分布】　生于水田或沟塘中，是水田中的有害杂草，可作饲料。

【采收加工】　春、夏、秋季均可采收。洗净，鲜用或晒干。

【药用部位】　全草。

【药材名】　浮萍。

【来源】　蘋科植物蘋 *Marsilea quadrifolia* L. 的全草。

【功能主治】　清热解毒，利水消肿，外用治疮痈，毒蛇咬伤。

二十九、槐叶蘋科　Salviniaceae

槐叶蘋属 *Salvinia* Adans.

62. 槐叶蘋 *Salvinia natans*（L.）All.

【形态】　小型漂浮植物。茎细长而横走，被褐色节状毛。三叶轮生，上面二叶漂浮水面，形如槐叶，长圆形或椭圆形，长 0.8～1.4 cm，宽 5～8 mm，顶端钝圆，基部圆形或稍呈心形，全缘；叶柄长 1 mm 或近无柄。叶脉斜出，在主脉两侧有小脉 15～20 对，每条小脉上面有 5～8 束白色刚毛；叶草质，上面深绿色，下面密被棕色茸毛。下面一叶悬垂水中，细裂成线状，被细毛，形如须根，起着根的作用。孢子果 4～8 个簇生于沉水叶的基部，表面疏生成束的短毛，小孢子果表面淡黄色，大孢子果表面淡棕色。

【生境分布】　广布长江流域的水田中，沟塘和静水溪河内。

【药用部位】　全草。

【采收加工】　春、夏、秋季均可采收。洗净，鲜用或晒干。

【药材名】 浮萍。

【来源】 槐叶蘋科植物槐叶蘋 *Salvinia natans*（L.）All. 的全草。

【功能主治】 主治虚劳发热，湿疹，外敷治丹毒，疔疮和烫伤。

【用法用量】 内服：煎汤，6～10 g。外用适量。

三十、满江红科　Azollaceae

满江红属 *Azolla* Lam.

63. 满江红 *Azolla imbricata*（Roxb.）Nakai

【形态】 小型漂浮植物。植物体呈卵形或三角状，根状茎细长横走，侧枝腋生，假二歧分枝，向下生须根。叶小如芝麻，互生，无柄，覆瓦状排列成两行，叶片深裂分为背裂片和腹裂片，背裂片长圆形或卵形，肉质，绿色，但在秋后常变为紫红色，边缘无色透明，上表面密被乳状瘤凸，下表面中部略凹陷，基部肥厚形成共生腔；腹裂片贝壳状，无色透明，饰有淡紫红色，斜沉水中。孢子果双生于分枝处，大孢子果体积小，长卵形，顶部喙状，内藏一个大孢子囊，大孢子囊只产一个大孢子，大孢子囊有9个浮膘，分上下两排附生在孢子囊体上，上部3个较大，下部6个较小；小孢子果体积较大，球圆形或桃形，顶端有短喙，果壁薄而透明，内含多数具长柄的小孢子囊，每个小孢子囊内有64个小孢子，分别埋藏在5～8块无色海绵状的泡胶块上，泡胶块上有丝状毛。

【生境分布】 广布于长江流域，生于水田和静水沟塘中。

【采收加工】 春、夏、秋季均可采集。洗净，鲜用或晒干。

【药用部位】 全草。

【药材名】 浮萍。

【来源】 满江红科植物满江红 *Azolla imbricata*（Roxb.）Nakai 的全草。

【功能主治】 本植物体和蓝藻共生，是优良的绿肥，又是很好的饲料，还可药用，用于发汗，利尿，祛风湿，治顽癣。

裸子植物门

Gymnospermae

三十一、苏铁科　Cycadaceae

苏铁属　*Cycas* L.

64. 苏铁　*Cycas revoluta* Thunb.

【别名】铁树、凤尾棕、凤尾蕉、铁甲松、金边凤尾。

【形态】树干高约 2 m，稀达 8 m 或更高，圆柱形，有明显螺旋状排列的菱形叶柄残痕。羽状叶从茎的顶部生出，下层的向下弯，上层的斜上伸展，整个羽状叶的轮廓呈倒卵状狭披针形，长 75～200 cm，叶轴横切面四方状圆形，柄略成四角形，两侧有齿状刺，水平或略斜上伸展，刺长 2～3 mm；羽状裂片达 100 对以上，条形，厚革质，坚硬，长 9～18 cm，宽 4～6 mm，

向上斜展微成"V"字形，边缘显著地向下反卷，上部微渐窄，先端有刺状尖头，基部窄，两侧不对称，下侧下延生长，上面深绿色有光泽，中央微凹，凹槽内有稍隆起的中脉，下面浅绿色，中脉显著隆起，两侧有疏柔毛或无毛。雄球花圆柱形，长 30～70 cm，直径 8～15 cm，有短梗，小孢子飞叶窄楔形，长 3.5～6 cm，顶端宽平，其两角近圆形，宽 1.7～2.5 cm，有急尖头，尖头长约 5 mm，直立，下部渐窄，上面近于龙骨状，下面中肋及顶端密生黄褐色或灰黄色长茸毛，花药通常 3 个聚生；大孢子叶长 14～22 cm，密生淡黄色或淡灰黄色茸毛，上部的顶片卵形至长卵形，边缘羽状分裂，裂片 12～18 对，条状钻形，长 2.5～6 cm，先端有刺状尖头，胚珠 2～6 枚，生于大孢子叶柄的两侧，有茸毛。种子红褐色或橘红色，倒卵圆形或卵圆形，稍扁，长 2～4 cm，直径 1.5～3 cm，密生灰黄色短茸毛，后渐脱落，中种皮木质，两侧有两条棱脊，上端无棱脊或棱脊不显著，顶端有尖头。花期 6—7 月，种子 10 月成熟。

【生境分布】罗田多栽培于庭院。

【采收加工】四季可采根、叶，夏季采花，秋冬采种子，晒干。

【药用部位】叶、根、花、种子。

【药材名】苏铁叶、苏铁根、苏铁花、苏铁子。

【来源】苏铁科苏铁属植物苏铁 *Cycans revoluta* Thunb. 的叶、根、花及种子。

【性味】甘、淡，平。有小毒。

【功能主治】叶：收敛止血，解毒止痛。用于各种出血，胃炎，胃溃疡，高血压，神经痛，经闭，癌症。

花：理气止痛，益肾固精。用于胃痛，遗精，带下，痛经。

种子：平肝，降血压。用于高血压。

根：祛风活络，补肾。用于肺结核咯血，肾虚牙痛，腰痛，带下，风湿关节麻木疼痛，跌打损伤。

【用法用量】内服：煎汤。叶、花 32～64 g；种子、根 10～15 g。

【注意】苏铁种子和茎顶部树心有毒，用时宜慎。

三十二、银杏科　Ginkgoaceae

银杏属 *Ginkgo* L.

65. 银杏 *Ginkgo biloba* L.

【别名】灵眼、佛指甲、佛指柑。

【形态】乔木，高达 40 m，胸径可达 4 m；幼树树皮浅纵裂，大树之皮呈灰褐色，深纵裂，粗糙；幼年及壮年树冠圆锥形，老则广卵形；枝近轮生，斜上伸展（雌株的大枝常较雄株开展）；一年生的长枝淡褐黄色，二年生以上变为灰色，并有细纵裂纹；短枝密被叶痕，黑灰色，短枝上亦可长出长枝；冬芽黄褐色，常为卵圆形，先端钝尖。叶扇形，有长柄，淡绿色，无毛，有多数叉状并列细脉，顶端宽 5～8 cm，在短枝上常具波状缺刻，在长枝上常 2 裂，基部宽楔形，柄长 3～10（多为 5～8）cm，幼树及萌生枝上的叶常较大而深裂（叶片长达 13 cm，宽 15 cm），有时裂片再分裂（这与较原始的化石种类之叶相似），叶在一年生长枝上螺旋状散生，在短枝上 3～8 叶呈簇生状，秋季落叶前变为黄色。球花雌雄异株，单性，生于短枝顶端的鳞片状叶的腋内，呈簇生状；雄球花柔荑花序状，下垂，雄蕊排列疏松，具短梗，花药常 2 个，长椭圆形，药室纵裂，药隔不发；雌球花具长梗，梗端常分 2 叉，稀 3～5 叉或不分叉，每叉顶生一盘状珠座，胚珠着生其上，通常仅一个叉端的胚珠发育成种子，内媒传粉。种子具长梗，下垂，常为椭圆形、长倒卵形、卵圆形或近圆球形，长 2.5～3.5 cm，直径为 2 cm，外种皮肉质，熟时黄色或橙黄色，外被白粉，有臭叶；中种皮白色，骨质，具 2～3 条纵脊；内种皮膜质，淡红褐色；胚乳肉质，味甘略苦；子叶 2 枚，稀 3 枚，发芽时不出土，初生叶 2～5 片，宽条形，长约 5 mm，宽约 2 mm，先端微凹，第 4 或第 5 片起之后生叶扇形，先端具一深裂及不规则的波状缺刻，叶柄长 0.9～2.5 cm；有主根。花期 3—4 月，种子 9—10 月成熟。

【生境分布】全国大部分地区有产。各地栽培很广。

【采收加工】种子：10—11 月采收成熟果实，堆放地上，或浸入水中，使肉质外种皮腐烂（亦可捣去外种皮），洗净，晒干。

叶：秋季叶片开始变黄时采收，及时干燥。

【药用部位】种子、叶。

【药材名】白果、银杏叶。

（1）白果。

【来源】银杏科植物银杏 *Ginkgo biloba* L. 的种子。

【性状】干燥的种子呈倒卵形或椭圆形，略扁，长径 1.5～2.5 cm，短径 1～1.5 cm。外壳（种皮）白色或灰白色，平滑，坚硬，边缘有 2 条棱线盘绕，顶端渐尖，基部有圆点状种柄痕。壳内有长而扁圆形的种仁，剥落时一端有淡棕色的薄膜。种仁淡黄色或黄绿色，内部白色，粉质。中心有空隙。靠近顶端有子叶 2 枚或更多。气微，味甘、微苦涩。以外壳白色、种仁饱满、里面色白者为佳。

【化学成分】 种子含少量氰苷、赤霉素和动力精样物质。内胚乳中还分离出两种核糖核酸酶。一般含蛋白质、脂肪、糖、钙、磷、铁、胡萝卜素、核黄素，以及多种氨基酸。

外种皮含有毒成分白果酸、氢化白果酸、氢化白果亚酸、白果酚和白果醇。尚含天门冬素、甲酸、丙酸、丁酸、辛酸等。

花粉含多种氨基酸、蛋白质、柠檬酸、蔗糖等。雄花含棉子糖，可达鲜重的 4%。

【毒性】 白果中毒，古代即有记载，近年来亦屡有报告。大多发生在入秋白果成熟季节，因炒食或煮食过量所致。以 10 岁以下小儿多见，成人偶亦有之。中毒者服食量：小儿 7～150 粒，成人 40～300 粒。中毒出现在食后 1～12 h。症状以中枢神经系统为主，表现为呕吐、昏迷、嗜睡、恐惧、惊厥，或神志呆钝、体温升高、呼吸困难、面色青紫、瞳孔缩小或散大、对光反应迟钝、腹痛、腹泻等，白细胞总数及嗜中性粒细胞升高。少数病例有末梢神经功能障碍表现，呈两下肢完全性弛缓性瘫痪或轻瘫，触痛觉均消失。多数患者，经救治可恢复，但也有少数因中毒重或抢救过迟而死亡。一般认为引起中毒及中毒的轻重，与年龄大小、体质强弱及服食量的多少有密切关系。年龄越小，中毒可能性越大，中毒程度也越深；服食量越多，体质越弱，则死亡率也越高。

【炮制】 白果仁：拣净杂质，除去硬壳。熟白果：取拣净的白果，蒸熟、炒熟或煨熟，去壳。

【性味】 甘、苦、涩，平，有毒。

【归经】 归肺、肾经。

【功能主治】 敛肺气，定喘嗽，止带浊，缩小便。主治哮喘，痰嗽，带下，白浊，遗精，淋证，小便频数。

【用法用量】 内服：煎汤，4.5～10 g；捣汁或入丸、散。外用：捣敷。

【注意】 有实邪者忌服。

①《日用本草》：多食壅气动风。小儿多食昏霍，发惊引疳。同鳗鲡鱼食患软风。

②《本草纲目》：多食令人胪胀。

【附方】 ①治齁喘：白果二十一枚（去壳砸碎，炒黄色）、麻黄 10 g、苏子 6 g、甘草 3 g、款冬花 10 g、杏仁 4.5 g（去皮尖）、桑皮 10 g（蜜炙）、黄芩 4.5 g（微炒）、法制半夏 10 g（如无，用甘草汤泡七次，去脐用）。上用水三盏，煎两盏，作两服，每服一盏，不拘时。（《摄生众妙方》）

②治梦遗：银杏三粒。酒煮食，连食四至五日。（《湖南药物志》）

③治赤白带下，下元虚惫：白果、莲肉、江米各 15 g。为末，用乌骨鸡一只，去肠盛药煮烂，空心食之。（《李时珍濒湖集简方》）

④治小儿腹泻：白果两个，鸡蛋一个。将白果去皮研末，鸡蛋打破一孔，装入白果末，烧熟食。（内蒙古《中草药新医疗法资料选编》）

⑤治诸般肠风脏毒：生银杏四十九个。去壳膜，烂研，入百药煎末，丸如弹子大。每服三丸，空心细嚼米饮下。（《证治要诀》）

⑥治牙齿虫露：生银杏，每食后嚼一个，良。（《永类钤方》）

⑦治头面癣疮：生白果仁切断，频擦取效。（《秘传经验方》）

⑧治下部疳疮：生白果，杵，涂之。（《济急仙方》）

⑨治乳痈溃烂：银杏 250 g。以 125 g 研酒服之，以 125 g 研敷之。（《救急易方》）

（2）银杏叶。

【来源】 银杏科植物银杏 *Ginkgo biloba* L. 的叶片。

【性状】 干燥叶片，大多折叠或已破碎，完整者呈扇形。上缘有不规则波状缺刻，有时中间凹入，基部楔形，叶脉为射出数回二分叉平行脉，细而密，光滑无毛，易纵向撕裂。气清香，味微涩。以叶色黄绿，整齐不破者为佳。

【性味】《中药志》：甘、苦、涩、平。

【功能主治】 益心敛肺，化湿止泻。主治胸闷心痛，心悸怔忡，痰喘咳嗽，泻痢，带下。

【用法用量】 内服：煎汤，4.5～10 g；或研末。

【注意】《中药志》：有实邪者忌用。

【临床应用】 用于治疗冠状动脉粥样硬化性心脏病。

三十三、松科　Pinaceae

雪松属 *Cedrus* Trew

66. 雪松 *Cedrus deodara*（Roxb.）G. Don

【形态】 乔木，高达 50 m，胸径达 3 m；树皮深灰色，裂成不规则的鳞状块片；枝平展、微斜展或微下垂，基部宿存芽鳞向外反曲，小枝常下垂，一年生长枝淡灰黄色，密生短茸毛，微有白粉，二、三年生枝呈灰色、淡褐灰色或深灰色。叶在长枝上辐射伸展，短枝之叶成簇生状（每年生出新叶 15～20 枚），针形，坚硬，淡绿色或深绿色，长 2.5～5 cm，宽 1～1.5 cm，上部较宽，先端锐尖，下部渐窄，常成三棱形，稀背脊明显，叶之腹面两侧各有 2～3 条气孔线，背面 4～6 条，幼时气孔线有白粉。雄球花长卵圆形或椭圆状卵圆形，长 2～3 cm，直径约 1 cm；雌球花卵圆形，长约 8 mm，直径约 5 mm。球果成熟前淡绿色，微有白粉，熟时红褐色，卵圆形或宽椭圆形，长 7～12 cm，直径 5～9 cm，顶端圆钝，有短梗；中部种鳞扇状倒三角形，长 2.5～4 cm，宽 4～6 cm，上部宽圆，边缘内曲，中部楔状，下部耳形，基部爪状，鳞背密生短茸毛；苞鳞短小；种子近三角状，种翅宽大，较种子为长，连同种子长 2.2～3.7 cm。

【来源】 松科植物雪松 *Cedrus deodara*（Roxb.）G. Don 的节、松脂。

【采收加工】 全年可采。

【注意】 本种的节、松脂与松科植物马尾松 *Pinus massoniana* Lamb. 同等入药，详见后述。

松属 *Pinus* L.

67. 马尾松 *Pinus massoniana* Lamb.

【别名】 松、枞树、青松。

【形态】 乔木，高达 45 m，胸径 1.5 m；树皮红褐色，下部灰褐色，裂成不规则的鳞状块片；枝平展或斜展，树冠宽塔形或伞形，枝条每年生长一轮，但在广东南部则通常生长两轮，淡黄褐色，无白粉，稀有白粉，无毛；冬芽卵状圆柱形或圆柱形，褐色，顶端尖，芽鳞边缘丝状，先端尖或成渐尖的长尖头，微反曲。针叶2针一束，稀3针一束，长12～20 cm，细柔，微扭曲，两面有气孔线，边缘有细锯齿；横切面皮下层细胞单型，第一层连续排列，第二层由个别细胞断续排列而成，树脂道4～8个，在背面边生，或腹面也有2个边生；叶鞘初呈褐色，后渐变成灰黑色，宿存。雄球花淡红褐色，圆柱形，弯垂，长

1～1.5 cm，聚生于新枝下部苞腋，穗状，长6～15 cm；雌球花单生或2～4个聚生于新枝近顶端，淡紫红色，一年生小球果圆球形或卵圆形，直径约2 cm，褐色或紫褐色，上部珠鳞的鳞脐具向上直立的短刺，下部珠鳞的鳞脐平钝无刺。球果卵圆形或圆锥状卵圆形，长4～7 cm，直径2.5～4 cm，有短梗，下垂，成熟前绿色，成熟时栗褐色，陆续脱落；中部种鳞近矩圆状倒卵形，或近长方形，长约3 cm；鳞盾菱形，微隆起或平，横脊微明显，鳞脐微凹，无刺，生于干燥环境者常具极短的刺；种子长卵圆形，长4～6 mm，连翅长2～2.7 cm；子叶5～8枚；长1.2～2.4 cm；初生叶条形，长2.5～3.6 cm，叶缘具疏生刺毛状锯齿。花期4—5月，球果第二年10—12月成熟。

　　马尾松为喜光、深根性树种，不耐庇荫，喜温暖湿润气候，能生于干旱、瘠薄的红壤、石砾土及砂质土，或生于岩石缝中，为荒山恢复森林的先锋树种。常组成次生纯林或与栎类、山槐、黄檀等阔叶树混生。在肥润、深厚的砂质壤土上生长迅速，在钙质土上生长不良或不能生长，不耐盐碱。

　　心边材区别不明显，淡黄褐色，纹理直，结构粗，比重0.39～0.49，有弹性，富树脂，耐腐力弱。供建筑、枕木、矿柱、家具及木纤维工业（人造丝浆及造纸）原料等用。树干可割取松脂，为医药、化工原料。根部树脂含量丰富；树干及根部可培养茯苓、蕈类，供中药及食用，树皮可提取栲胶。马尾松为长江流域重要的荒山造林树种。

　　【生态环境】　高山低丘。罗田各地均有分布。

　　【药用部位】　马尾松入药部位较多，常见的包括树干和树枝结节、雄花粉、针状叶、分泌的树脂及挥发油、树根等。

　　【药材名】　松节、松油、松香、松花粉、松针、松球、松笔头、松根。

　　（1）松节。

　　【别名】　黄松木节、油松节、松郎头。

　　【采收加工】　于秋冬季采伐或加工时收取，晒干或阴干。

　　【来源】　松科马尾松 *Pinus massoniana* Lamb. 枝干的结节。

　　【性状】　干燥松节呈不规则的块状或片状，大小粗细不等，表面黄棕色至红棕色，横切面较粗糙，中心为淡棕色，边缘为深棕色而油润。质坚硬，不易折断，断面呈刺状。有松节油气，味微苦。以个大、棕红色、油性足者为佳。

　　【炮制】　劈碎，用水洗净，浸泡，捞出，润透，待软切片，晒干。或浸泡后置蒸笼内蒸透，趁热切片。

　　【性味】　苦，温。

　　【归经】　归肝、肾经。

　　【功能主治】　祛风，燥湿，舒筋，通络。主治历节风痛、转筋挛急、脚气、鹤膝风、跌打伤痛。

　　【用法用量】　内服：煎汤，10～15 g；或浸酒。外用：浸酒涂擦。

　　【宜忌】　阴虚血燥者慎服。

【附方】①治历节风痛,四肢疼痛犹如解落:松节 15 kg(细锉,水 200 kg 煮取 50 kg),猪椒叶 15 kg(锉,煮如松节法);上二味澄清,合渍干曲 2.5 kg,候发,以糯米 125 kg,酿之,依家酝法酘,勿令伤冷热。第一酘时下后诸药:柏子仁 250 g,磁石 400 g(末),独活 450 g,天雄 200 g(炮),茵芋 200 g(炙),防风 325 g,秦艽 300 g,芎 250 g,人参 200 g,草薢 250 g。上十味细切,内饭中炊之,如常酘法,酘足讫,封头四七日,押取清,适性服之,勿至醉吐。(《千金方》)

②治患脚屈,积年不能行,腰脊挛痹及腹内紧结者:松节一斛,净洗,锉之,以水三斛,煮取九斗,以渍曲;又以水二斛煮滓,取一斛,渍饭。酿之如酒法,熟即取饮,多少任意。(《补辑肘后方》)

③治从高坠损,恶血攻心,胸膈烦闷:黄松木节 250 g(细锉)。用童子小便五合,醋五合,于砂盆内,以慢火炒,旋滴小便并醋,以尽为度,炒令干,捣细罗为散。每服,以童子热小便调下 6 g,日三、四服。(《太平圣惠方》)

④治牙齿历蠢,齿根黯黑:松节烧灰揩之。(《太平圣惠方》)

⑤治齿风,疼痛不止:槐白皮、地骨皮各 50 g,松节 50 g(锉)。上药,捣筛为散,每用 15 g,以浆一(二)中盏,煎五、七沸,去滓,热含冷吐。(《太平圣惠方》)

⑥治水田皮炎:松节、艾叶各适量,制成松艾酒精,涂抹患处。(《全展选编·皮肤科》)

（2）松油。

【别名】松脂、沥油。

【来源】松科马尾松 *Pinus massoniana* Lamb. 的松脂。

【制法】《本草纲目拾遗》:取油法:以有油老松柴,截二、三寸长,劈如灯心粗,用麻线扎把,如茶杯口大,再用水盆一个,内盛水半盆,以碗一只,坐于水盆内,用席一块,盖于碗上,中挖一孔如钱大,再以扎好松把直竖于席孔中间,以火点着,少时再以炉灰周围上下盖紧,勿令走烟,如走烟,其油则无,候温养一、二时,其油尽滴碗内,去灰席,取出听用。

【性状】无色或淡黄色澄清液体,久储或暴露于空气中,色渐变黄;易燃,燃烧时发生浓烟。具松节油特征气味,味苦。

【成分】主含 α - 蒎烯和 β - 蒎烯,另含芋烯、莰烯、莕烯等成分。

【性味】温,苦。

【归经】归脾、肺经。

【功能主治】《本草纲目拾遗》:治疥疮久远不愈。以此油新浴后擦之,或加白矾末少许,和擦。

（3）松香。

【别名】松脂、松膏、松肪、松胶香、白松香、黄香、松胶、松脂香。

【采收加工】多在夏季采收,在松树干上用刀挖成"V"字形或螺旋纹槽,使边材部的油树脂自伤口流出,收集后,加水蒸馏,使松节油馏出,剩下的残渣,冷却凝固后,即为松香。置阴凉干燥处,防火、防热。

【来源】松科马尾松 *Pinus massoniana* Lamb. 的树脂除去挥发油后,所留存的固体树脂。

【性状】本品呈不规则半透明的块状,大小不等。表面黄色,常有一层黄白色的粉霜。常温时质坚而脆,易碎,断面光亮,似玻璃状。有松节油臭气,味苦。加热则软化,然后熔化,燃烧时产生浓烟。以块整齐、半透明、油性大、气味浓厚者为佳。

【化学成分】主含松香酸酐及松香酸,约占 80%,另含树脂烃 5%～6%,挥发油约 0.5% 及微量苦味质等。

【炮制】松香:置铜锅中,用微火加热熔化,捞去杂质,倾入水中,候凉后取出,干燥。制松香:取葱煎汤,加入松香粉,煮至松香完全熔化,趁热倒入冷水中,取出,阴干。(每松香 50 kg,用葱 5 kg)

【性味】苦、甘,温,有小毒。

【归经】归肝、脾经。

【功能主治】祛风燥湿，排脓拔毒，生肌止痛。用于痈疽恶疮，瘰疬，瘘症，疥癣，白秃，麻风，痹症，金疮，扭伤，妇女带下，血栓闭塞性脉管炎等。

【用法用量】3～10 g，入丸散或浸酒服。外用适量，入膏药或研末敷患处。

【注意】①不可单服，塞实肠胃。（《医学入门》）

②病人血虚有火，及病不关风寒湿所伤而成者，咸不宜服。（《本草经疏》）

③火实有热者勿服。（《本草求真》）

【附方】①治一切肿毒：松香250 g，铜青6 g，蓖麻仁15 g，同捣作膏，摊贴甚妙。（《怪疾奇方》）

②治疖肿，痈疽，疔疮：松香粉100 g，酒精200 ml，加热溶解，瓶口密封备用，以干棉球蘸取药液搽患处，每天一至两次。（《江苏省中草药新医疗法展览资料选编》）

③治痈疽肿毒溃破：脓水淋漓，脓头不出：炼过松脂一两，滴明乳香、真没药（俱放瓦上，焙出油）各15 g，樟脑3 g，共为细末，掺入毒内，拔脓散毒。（《外科全书》）

④治一切瘘：炼成松脂末，填疮孔令满，日三、四度。（《太平圣惠方》）

⑤治淋巴结核溃烂：黄香50 g，研为细粉。有脓水者，干撒，干者用猪油调敷。（《青海省中医验方汇编》）

⑥治瘙痒疮疥：用炼过松脂15 g，大黄、荜茇各50 g；樟脑、槟榔各15 g。共为极细末，用猪油50 g，和研为丸，加水银25 g，再研，以水银散，不见点为度。每遇瘙痒疥癣，以药丸疮上磨之。（《刘涓子鬼遗方》）

⑦治神经性皮炎：松香、猪油各适量，煮成糊状，涂患处，日数次。（广西《中草药新医疗法处方集》）

⑧治阴囊湿痒欲溃者：板儿松香为末，纸卷作筒，每根入花椒三粒，浸灯盏内三宿，取出点烧，淋下油搽之；先以米泔洗过。（《简便单方》）

⑨治小儿白秃疮：炼过松脂、黄丹各15 g，轻粉10 g。共为细末，菜油调搽；先用米泔汤洗净搽药，一日一次。（《简集方》）

⑩治头癣：明矾750 g，煅枯研细，嫩松香150 g，鲜猪油250 g。将松香包入油内，用松明柴点燃猪油，使松香油熔化滴下，冷却后加入枯矾，调匀，涂患处，使之结痂；隔天去痂再涂，不用水洗。（《全展选编·皮肤科》）

⑪治历节风：松膏一升，酒三升，浸七日，服一合，日再，数剂愈。（《千金方》）

⑫治肝虚目泪：炼成松脂500 g，酿米二斗，水七斗，曲二斗，造酒频饮之。（《本草纲目》）

⑬治小儿紧唇：炙松脂贴之。（《太平圣惠方》）

⑭治虫蛀牙痛：炼过松脂50 g，菜油10 g，火上熬化，将冷凝，加入真蟾酥1.5 g，用筋搅匀，取米粒大，内入牙痛隙处。（《梅师集验方》）

⑮治耳久聋：松脂150 g（炼），巴豆50 g，相和熟捣，可丸，以薄棉裹入耳孔中塞之，日一度易。（《梅师集验方》）

⑯治妇人带下：松香125 g，酒二升，煮干，木臼杵细，酒糊丸，如梧桐子大。每服百丸，温酒下。（《摘玄方》）

⑰治麻风，皮肤瘙痒，须眉脱落，身面俱起紫疱：白松香不拘多少，于砂锅内煎九次，每煎一次，露一宿，九次煎如沙者良，方可服，若服此药，终生不可吃盐，若犯必发。（《滇南本草》）

（4）松针。

【别名】猪鬃松叶、松毛、山松须、松针。

【采收加工】全年可采，以腊月采者最佳。采后晒干，置阴凉干燥处。

【来源】松科马尾松 *Pinus massoniana* Lamb. 的干燥针状叶。

【性状】本品呈针状，长12～18 cm，粗约0.1 cm，两叶并成一束，外包有长约0.5 cm的叶鞘，呈黑褐色。中央有长细沟，表面光滑，灰暗绿色，质轻脆，臭微。

【化学成分】马尾松叶含挥发油（α-蒎烯及β-蒎烯、莰烯等）、黄酮类（槲皮素、山柰酚等）、树脂等。云南松叶含挥发油类、糖类、胡萝卜素、维生素C等。

【性味】苦，温。

【归经】归心、脾经。

【功能主治】祛风燥湿，杀虫止痒，活血安神。用于风湿痹痛，脚气，湿疮，癣，风疹瘙痒，跌打损伤，不眠等。

【用法用量】内服：煎汤，10～15 g（鲜叶50～100 g）；或浸酒。外用：煎水洗。

【附方】①治脚弱十二风，痹不能行：松叶30 kg，细切之，以水四石，煮取四斗九升，以酿五斗米，如常法；别煮松叶汁以渍米并馈饭，泥酿封头，七日发。澄饮之取醉。（《千金方》）

②治腰痛：马尾松叶50 g，水煎去渣，加冰糖50 g，调服。（《江西民间草药验方》）

③治历节风：松叶15 kg，酒二石五斗，渍三七日，服一合，日五、六度。（《千金方》）

④治跌打肿痛：山松须浸酒服；其渣加蛤仔一只，捶敷患处。（《生草药性备要》）

⑤治跌打损伤：马尾松枝头嫩叶，焙干，研成极细末。每天服二次，每次服3 g，温甜酒送下。（《江西民间草药验方》）

⑥治跌打损伤，扭伤，皮肤瘙痒症，漆疮，湿疹：鲜松叶煎汤熏洗，连洗数次。（《浙江民间常用草药》）

⑦治风湿顽癣：松毛（炒黑）50 g，轻粉、樟脑各10 g。湿则干掺，燥则用油调搽，如痒极者，以米醋调敷。并治冻疮。（《外科正宗》）

⑧治大风癞疮，并历节风痛，脚弱痿痹：松毛取生新者，捣烂焙燥，每用松毛100 g，枸杞子100 g，浸酒饮，时时服，不得大醉，久服效。（《外科正宗》）

⑨治头风头痛：生鲜松毛20 g，捣烂，焙燥，浸酒，时时饮之；其渣取出，贴顶门，用布裹头三日。（《方氏脉症正宗》）

⑩治中风面目相引口偏僻，牙车急，舌不可转：青松叶500 g，捣令汁出，清酒一斗渍二宿，近火一宿，初服半升，渐至一升，头面汗出即止。（《千金方》）

⑪治失眠、维生素C缺乏、营养性水肿：鲜松叶50～100 g，水煎服。（《浙江民间常用草药》）

⑫治风牙肿痛：松叶一握，盐一合，酒二升。煎漱。（《太平圣惠方》）

⑬治阴囊湿痒：松毛煎汤频洗。（《简便单方》）

⑭预防钩虫病：松针适量，水煎成浓汁，在赤足下田前，擦足及小腿处。（徐州《单方验方新医疗法（选编）》）

（5）松花粉。

【别名】松花、松黄。

【采收加工】4—5月开花时，将雄球花摘下，晒干，搓下花粉，除去杂质。

【来源】松科马尾松 *Pinus massoniana* Lamb. 的干燥花粉。

【性状】本品为淡黄色细粉末，用放大镜观察，呈均匀小圆粒。体质轻飘，易飞扬，手捻有滑润感，不沉于水。气微香，味有油腻感。以黄色、细腻、无杂质、流动性较强者为佳。

【化学成分】含油脂及色素等。

【炮制】筛去杂质，晒干或烘干。

【性味】甘，温。

【归经】归肝、脾经。

【功能主治】收敛止血，燥湿敛疮。用于外伤出血，湿疹，黄水疮，皮肤糜烂，脓水淋漓等。

【用法用量】 内服：3～6 g，煎汤、浸酒或调服。外用适量，撒敷患处。

【注意】 多食发上焦热病。（《本草衍义补遗》）

【附方】 ①治风眩头旋肿痹，皮肤顽急：松树始抽花心（状如鼠尾者佳，蒸细，切）二升，用绢囊裹，入酒五升，浸五日，空腹饮三合，再服大妙。（《元和纪用经》）

②治酒毒发作，头痛目眩，或咽喉闭闷，或下利清水，日数十行，形神萎顿：松花50 g（焙），陈皮15 g，川黄连15 g，甘草6 g。俱微炒磨为末，与松花和匀。每早晚各服6 g，白汤调服。（《本草汇言》）

③治胃及十二指肠溃疡，慢性便秘：松花粉3 g，冲服。（广州部队《常用中草药手册》）

④治久痢不止，延及数月，缠绵不净：松花每服10 g，食前米汤调下。（《本草汇言》）

⑤治婴儿湿疹：松花粉3 g，炉甘石粉3 g，鸡蛋黄三个。先将鸡蛋煮熟，去白取黄，再放金属小锅煎熬，即有卵黄油析出，取油去渣，用此油调松花粉、炉甘石粉涂患部，一至三次（已化脓者无效）。（《健康报》）

⑥治尿布皮炎：松花粉撒布患处。（《浙江民间常用草药》）

⑦外伤出血：松花粉外敷伤口。（《浙江民间常用草药》）

（6）松球。

【别名】 松实、松元。

【采收加工】 秋季采收，晒至种鳞开裂，除去种子，阴干。

【来源】 松科马尾松 *Pinus massoniana* Lamb. 的干燥成熟果实。

【性状】 本品为类球形或卵圆形，由木质化螺旋状排列的种鳞组成，直径4～6 cm，多已破碎。表面黄绿色、棕色或棕褐色，基部有果柄或果柄痕。种鳞背面先端宽厚隆起，为菱形有横脊的鳞盾，鳞脐生于鳞盾的中央，有的具刺尖；腹面偶有倒卵形的种子及种翅残存。鳞脐钝尖。基部有残存的果柄或果柄痕，质硬，不易折断。有松脂特异香气，味微苦涩。以果鳞肥厚、色黄绿、松脂气浓者为佳。

【化学成分】 种仁含蛋白质、脂肪、糖。

【炮制】 除去杂质，捣碎。

【性味】 微苦、涩，温。

【归经】 归肺、大肠经。

【功能主治】 祛风除痹，化痰止咳，平喘，利尿，通便。用于风寒湿痹，白癜风，慢性气管炎，淋浊，便秘，痔疮等。

【附方】 ①治白癜风：先以葱、花椒、甘草三味煎汤洗，再以青嫩松球蘸鸡子白、硫黄，同磨如粉，搽上八、九次。（《周益生家宝方》）

②治痔疮：松球十二个，皮硝15 g，芙蓉花、枳壳、蛤蟆叶各适量，煎水洗。（《重庆草药》）

（7）松笔头。

【别名】 松树蕊、松木笔。

【采收加工】 春季采集，摘取幼枝顶端，晒干或阴干。

【来源】 松科马尾松 *Pinus massoniana* Lamb. 的干燥幼枝尖端。

【性状】 本品呈圆柱形，有分支，小枝常轮生，黄棕色，表面有纵皱纹，具宿存鳞片状叶枕，常翘起，较粗糙；冬芽长椭圆形，芽鳞红褐色。叶针形，二针一束，短而柔韧，叶缘具细锯齿；叶鞘膜质，灰白色。质脆，折断面不平坦。味苦涩。

【性味】 苦、涩，凉。

【归经】 归肾经。

【功能主治】祛风利湿，活血消肿，清热解毒。用于风湿痹痛，淋证，尿浊，跌打损伤，乳痈，动物咬伤，夜盲症等。

【用法用量】 内服：50～100 g；煎汤或磨汁。外用适量，捣敷。

【附方】 ①治跌打损伤：松笔头三个，核桃米 3 g。水煎服，或连渣服。（《云南中医验方》）

②治跌打损伤，扭伤：松树枝梢加糯米饭或面粉糊适量，捣烂成饼（冬季加热），外敷伤处；另取嫩梢去外皮，焙干研粉，每次 15 g，黄酒冲服。（《浙江民间常用草药》）

③治遗精：松树嫩梢 100 g，金樱子根、金灯藤各 50 g。水煎服。（《浙江民间常用草药》）

（8）松根。

【采收加工】 四季均可采挖，挖取幼根或剥取根皮，洗净，切段或片。晒干。

【来源】 松科马尾松 *Pinus massoniana* Lamb. 的幼根或根白皮。

【性状】 松根：本品呈圆柱形或圆锥形，直径 0.5～4 cm。表面棕红色、灰红色或棕褐色，呈不规则的块裂，有须根或须根痕。质坚硬，难折断，断面皮层窄，棕红色，木质部宽大，黄白色或黄色。气微或微有松节油气，味微涩。

松白皮：本品呈不规则片状，有的扭曲，外表面棕红色、灰红色或棕褐色，呈不规则的块裂，有须根或须根痕；内表面类白色或黄白色，有细纵皱纹。质较韧，断面纤维状。微有松节油气味，微涩。

【炮制】 除去杂质，洗净泥沙，劈碎、干燥。

【性味】 苦，温。

【归经】 归肺、胃经。

【功能主治】 祛风除湿，活血止血。用于风湿痹痛，风疹瘙痒，赤白带下，风寒咳嗽，跌打吐血，风虫牙痛等。

【附方】 ①治筋骨痛：松树嫩根。水煎，兑白酒服。（《湖南药物志》）

②治呕血，打伤吐血：马尾松根，去粗皮，焙干炒黑，研成极细末。每次服 3 g，一日二次，用温甜酒送下。（《江西民间草药验方》）

③治风虫牙痛：马尾松秧（幼松）根 50 g，切片，猪瘦肉 200 g，水煎，临睡前服下。（《江西民间草药验方》）

68. 大别山五针松 *Pinus dabeshanensis* W. C. Cheng et Y. W. Law

【形态】 乔木，高 20 余米，胸径 50 cm；树皮棕褐色，浅裂成不规则的小方形薄片脱落；枝条开展，树冠尖塔形；一年生枝淡黄色或微带褐色，表面常具薄蜡层，无毛，有光泽，二、三年生枝灰红褐色，粗糙不平；冬芽淡黄褐色，近卵圆形，无树脂。针叶 5 针一束，长 5～14 cm，直径约 1 mm，微弯曲，先端渐尖，边缘具细锯齿，背面无气孔线，仅腹面每侧有 2～4 条灰白色气孔线；横切面三角形，皮下细胞一层，背部有 2 个边生树脂道，腹面无树脂道；叶鞘早落。球果圆柱状椭圆形，长约 14 cm，直径约 4.5 cm（种鳞张开时，直径约 8 cm），梗长 0.7～1 cm；

熟时种鳞张开，中部种鳞近长方状倒卵形，上部较宽，下部渐窄，长 3～4 cm，宽 2～2.5 cm；鳞盾淡黄色，斜方形，有光泽，上部宽三角状圆形，先端圆钝，边缘薄，显著地向外反卷，鳞脐不显著，下部底边宽楔形；种子淡褐色，倒卵状椭圆形，长 1.4～1.8 cm，直径 8～9 mm，上部边缘具极短的木质翅，种皮较薄。

【生境分布】 我国特有树种，产于安

徽西南部（岳西）及湖北东部（英山、罗田）的大别山区；海拔 900 ～ 1400 m 的山坡地带与黄山松混生，或生于悬岩石缝间。主产于罗田天堂寨。

【来源】 松科植物大别山五针松 *Pinus dabeshanensis* W. C. Cheng et Y. W. Law 的松节、松脂等，全年可采。

【注意】 本种的松节、松脂、松花粉、松针等与松科植物马尾松 *Pinus massoniana* Lamb. 同等入药，详见相关内容。

69. 黄山松 *Pinus taiwanensis* Hayata

【形态】 乔木，高达 30 m，胸径 80 cm；树皮深灰褐色，裂成不规则鳞状厚块片或薄片；枝平展，老树树冠平顶；一年生枝淡黄褐色或暗红褐色，无毛，不被白粉；冬芽深褐色，卵圆形或长卵圆形，顶端尖，微有树脂，芽鳞先端尖，边缘薄有细缺裂。针叶 2 针一束，稍硬直，长 5 ～ 13 cm，多为 7 ～ 10 cm，边缘有细锯齿，两面有气孔线；横切面半圆形，单层皮下层细胞，稀出现 1 ～ 3 个细胞宽的第二层，树脂道 3 ～ 7（9）个，中生，叶鞘初呈淡褐色或褐色，后呈暗褐色或暗灰褐色，宿存。雄球花圆柱形，淡红褐色，长 1 ～ 1.5 cm，聚生于新枝下部成短穗状。球果卵圆形，长 3 ～ 5 cm，直径 3 ～ 4 cm，几无梗，向下弯垂，成熟前绿色，熟时褐色或暗褐色，后渐变呈暗灰褐色，常宿存树上 6 ～ 7 年；中部种鳞近矩圆形，长约 2 cm，宽 1 ～ 1.2 cm，近鳞盾下部稍窄，基部楔形，鳞盾稍肥厚隆起，近扁菱形，横脊显著，鳞脐具短刺；种子倒卵状椭圆形，具不规则的红褐色斑纹，长 4 ～ 6 mm，连翅长 1.4 ～ 1.8 cm；子叶 6 ～ 7 枚，长 2.8 ～ 4.5 cm，下面无气孔线；初生叶条形，长 2 ～ 4 cm，两面中脉隆起，边缘有尖锯齿。花期 4—5 月，球果第二年 10 月成熟。

【生境分布】 生于海拔 600 ～ 1800 m 的山地或岩石缝隙。罗田天堂寨、薄刀峰、白庙河镇鸡鸣尖村有分布。

【来源】 松科植物黄山松 *Pinus taiwanensis* Hayata 的松节、松脂等，全年可采。

【注意】 本种的松节、松脂、松花粉、松针等与松科植物马尾松 *Pinus massoniana* Lamb. 同等入药，详见上述。

70. 黑松 *Pinus thunbergii* Parlatore

【形态】 乔木，高达 30 m，胸径可达 2 m。幼树皮暗灰色，老时灰黑色，粗厚，不规则块裂。一年生枝淡褐色，无毛；冬芽银白色，圆柱状椭圆形或圆柱形，顶尖，芽鳞披针形，边缘白色丝状。针叶 2 针一束，深绿色，有光泽，粗硬，长 6 ～ 12 cm，边缘有细锯齿，两面均有气孔线，横切面有树脂道 6 ～ 11 个，中生。雄球花淡红褐色。

圆柱形，长1.5～2 cm；雌球花单生或2～3个聚生新枝近顶端，直立，卵圆形，淡紫红色。球果熟时褐色，圆锥状卵圆形或卵圆形，长5～7 cm，连翅长1.5～1.8 cm，种翅灰褐色。花期4—5月，果期第二年10月。

【生境分布】　原产于日本及朝鲜南部海岸地区。罗田薄刀峰有栽培。

【来源】　松科植物黑松 *Pinus thunbergii* Parlatore 的松节、松脂等，全年可采。

【注意】　本种的松节、松脂、松花粉、松针等与松科植物马尾松 *Pinus massoniana* Lamb. 同等入药，详见相关内容。罗田以马尾松 *Pinus massoniana* Lamb. 为主。

三十四、杉科　Taxodiaceae

柳杉属　*Cryptomeria* D. Don

71. 柳杉　*Cryptomeria fortunei* Hooibrerk

【别名】　长叶柳杉。

【形态】　乔木，高达40 m。主干通直，枝条直立或向上生，小枝下垂。叶螺旋状着生，略呈5行排列，钻形，两侧扁，长1.2～2 cm，微向内弯曲，基部常展开，小枝基部的叶较小，长仅4～6 mm。雌雄同株；雄球花矩圆形，单生叶腋，雄蕊螺旋状着生，花丝极短，药呈三角状圆形；雌球花单生于枝顶，近球形，每珠鳞常具2胚珠，苞鳞与珠鳞合生，仅先端分离。球果近球形，直径1.2～2 cm；种鳞约20，盾形，木质，上部肥厚，先端具4～5尖齿，背面有一个三角状凸起（为苞鳞的先端），每种鳞有2粒种子。种子微扁，周围具窄翅。花期3—4月。果期10—11月。

【生境分布】　喜光，喜温暖湿润的气候和酸性土壤。罗田有栽培。

【采收加工】　全年可采。

【来源】　杉科植物柳杉 *Cryptomeria fortunei* Hooibrerk 的根皮。

【功能主治】　《浙江天目山药用植物志》：治癣疮。鲜柳杉根皮（去栓皮）250 g。捣细，加食盐50 g，开水冲泡，洗患处。

杉木属　*Cunninghamia* R. Br

72. 杉木　*Cunninghamia lanceolata*（Lamb.）Hook.

【别名】　杉材、沙木、沙树、正杉、正木、刺杉、广叶杉、泡杉。

【形态】　常绿乔木，高20～25 m，有尖塔形的树冠。外皮鳞片状，淡褐色，内皮红色；枝平伸，短而广展。叶线状披针形，长2.5～6 cm，先端锐渐尖，基部下延于枝上而扭转，边缘有细锯齿，上面光绿，下面有阔白粉带 2 条。花单性，同株；雄花序圆柱状，基部有覆瓦状鳞片数枚，每花由多数雄蕊组成，每 1 雄蕊有 3 个倒垂、1 室的花药，生于鳞片状的药隔的下缘；雌花单生或 3 ～ 4 朵簇生枝梢，球状，每 1 鳞片有倒垂的胚珠 3 颗。球果卵圆形，长 2.5 ～ 5 cm，鳞片革质，淡褐色，顶锐尖。种子有狭翅。花期 4 月。

【生境分布】罗田大部分地区均有分布。

【采收加工】种子 9—10 月可采。其他全年可采。

【药用部位】本植物的根（杉木根）、树皮（杉皮）、枝干结节（杉木节）、叶（杉叶）、种子（杉子）及木材中的油脂（杉木油）亦供药用。

（1）杉木。

【来源】杉科植物杉 *Cunninghamia lanceolata*（Lamb.）Hook. 的心材及树枝。

【化学成分】木材、枝叶均含挥发油，油的主要成分为雪松醇等。

【性味】辛，微温。

【归经】归脾、胃经。

【功能主治】辟秽，止痛，散湿毒，下逆气。主治漆疮，风湿毒疮，脚气，奔豚，心腹胀痛。

【用法用量】外用：煎水熏洗或烧存性研末调敷。内服：煎汤，32 ～ 64 g；或煅存性研末。

【注意】《本草从新》：稍挟虚者忌用。

【附方】①治遍身风湿毒疮，或痒或痛，或干或湿：真杉木片 250 g。煎汤浸洗。（《本草汇言》）

②治小儿阴肿赤痛，日夜啼叫，数日退皮，愈而复作：老杉木烧灰，入腻粉，清油调敷。（《世医得效方》）

③治脚气，肿硬疼痛：蓖麻叶 250 g，水莨 500 g，杉木 250 g，川椒 195 g，柳蠹虫 250 g，接骨草 500 g，白杨树皮 250 g。上药，细锉和匀。每用药 250 g，以水 30 升，煮取 20 升，去滓，看冷暖，用蘸脚。每蘸了，如有汗出，切宜避风。（《太平圣惠方》）

④治奔琢瘕疝冲筑，胀闷疼痛：真杉木片 64 g，吴茱萸、青皮、小茴香、橘核各 24 g，干姜 15 g。煎汁饮。（《太平圣惠方》）

⑤治平人无故腹胀，卒然成蛊：真杉木片 64 g，牛膝、木瓜、槟榔各 50 g。煮汤淋洗三、四次。（《本草汇言》）

⑥治霍乱：黄杉木劈开作片一握，以水浓煎一盏，服之。（《斗门方》）

⑦治肺壅失音，杉木烧灰，入碗中，以小碗覆之，用汤淋下，去碗饮水，不愈再作，音出乃止。（《李时珍濒湖集简方》）

⑧治阳痿：干杉木桩 15 g（杉木放水中浸泡，越久越好），猪脚 150 ～ 200 g。用清水约 1500 ml，煎至 300 ml，去渣，日分两次温服，猪脚可一次吃完。（广西《中草药新医疗法处方集》）

【临床应用】治疗烧伤：取杉木烧灰存性，研极细末，用花生油或麻油调成糊状外敷，每日 1 次。治疗轻度烧伤 20 例，均在 1 周左右治愈，且不留疤痕。

（2）杉木根。

【别名】杉树根。

【来源】杉科植物杉 *Cunninghamia lanceolata*（Lamb.）Hook. 的根皮。全年可采，剥取根皮，晒干。

【性味】《四川中药志》：味辛，性温，无毒。

【功能主治】主治淋证，疝气，痧秽腹痛转筋，关节炎，跌打损伤，疥癣。

【用法用量】内服：煎汤，32～64 g。外用：捣敷或烧存性研末调敷。

【注意】《四川中药志》：无寒邪冷气者忌用。

【附方】治关节炎，跌打损伤：杉木根皮（鲜）适量，白酒少许。捣烂外敷。（《江西草药》）

（3）杉木节。

【别名】杉节。

【来源】杉科植物杉 *Cunninghamia lanceolata*（Lamb.）Hook. 枝干上的结节。

【功能主治】主治脚气，痞块，骨节疼痛，带下，跌扑血瘀。

【用法用量】内服：煎汤、入散剂或浸酒。外用：煎水浸渍或烧存性研末调敷。

【附方】①治脚气，胁有块：杉木节一大升，橘叶（切）一大升（北地无叶，可以皮代之），大腹槟榔七枚（合子碎之），童子小便三大升。共煮取一大升半，分两服。若一服得快利，即停后服。（柳宗元杉木汤）

②治血伤兼带下不止：杉木节（烧灰存性）、楮皮纸（烧灰）各等份。研令匀细，每服 6 g，米饮调下。（《圣济总录》）

③治从高坠损，心胸恶血不散：杉木节（细锉）220 g，苏枋木 160 g（细锉，以水一斗，煎取 1 升，去滓），醋 500 g（入于苏枋木汁内）。将杉木于一砂盆内，以慢火炒，旋旋滴苏枋木醋汁相和，炒令汁尽，停冷，捣细罗为散。每服以童子热小便调下 10 g，日三、四取，化下恶血。（《太平圣惠方》）

④臁疮黑烂：多年老杉木节烧灰，麻油调敷，箬叶隔之，绢帛包定。（《救急方》）

（4）杉木油。

【来源】杉科植物杉 *Cunninghamia lanceolata*（Lamb.）Hook. 的木材所沥出的油脂。

【制法】《经验广集》：用纸糊碗面，以杉木屑堆碗上，取炭火放屑顶烧着，少时火将近纸，即用铁箸抹去，烧数次，开碗看，即有油汁在碗内。

（5）杉皮。

【来源】杉种植物杉 *Cunninghamia lanceolata*（Lamb.）Hook. 的树皮。

【功能主治】主治水肿，脚气，金疮，漆疮，烫伤。

【用法用量】内服：煎汤。外用：煎水熏洗或烧存性研末调敷。

【附方】①治脚干肿：杉皮、防己、木瓜、苡仁各 64 g。煎水服。（《重庆草药》）

②治风丹：杉皮、红浮漂，煎水外洗。（《重庆草药》）

（6）杉叶。

【来源】杉科植物杉 *Cunninghamia lanceolata*（Lamb.）Hook. 的嫩叶或叶片。

【功能主治】主治慢性气管炎，牙痛，天疱疮，烧伤。

【用法用量】内服：煎汤，16～32 g。外用：煎水含漱、捣汁涂或研末调敷。

【附方】①治风齿肿：杉叶 95 g，芎藭、细辛各 64 g。上三味，切，以酒 4 升，煮取 2.5 升，稍稍含之，取差，勿咽之。（《肘后备急方》）

②治天疱疮：杉叶（鲜）适量。捣汁外搽。（《江西草药》）

（7）杉子。

【别名】杉果。

【来源】杉科植物杉 *Cunninghamia lanceolata*（Lamb.）Hook. 的种子。

【功能主治】主治疝气，遗精，白癜风，乳痛。

【用法用量】内服：煎汤或研末。外用：研末调敷。

【附方】①治遗精：杉果 64 g，猪瘦肉 64 g。水炖，服汤食肉。（《江西草药》）
②治乳痈：杉果 5～7 枚。水煎，冲甜酒服。（《湖南药物志》）

水杉属 *Metasequoia* Miki ex Hu et Cheng

73. 水杉 *Metasequoia glyptostroboides* Hu et Cheng

【形态】乔木，高达 35 m，胸径达 2.5 m；树干基部常膨大；树皮灰色、灰褐色或暗灰色，幼树裂成薄片脱落，大树裂成长条状脱落，内皮淡紫褐色；枝斜展，小枝下垂，幼树树冠尖塔形，老树树冠广圆形，枝叶稀疏；一年生枝光滑无毛，幼时绿色，后渐变成淡褐色，二、三年生枝淡褐灰色或褐灰色；侧生小枝排成羽状，长 4～15 cm，冬季凋落；主枝上的冬芽卵圆形或椭圆形，顶端钝，长约 4 mm，直径 3 mm，芽鳞宽卵形，先端圆或钝，长宽几乎相等，2～2.5 mm，边缘薄而色浅，背面有纵脊。叶条形，长 0.8～3.5 cm（常 1.3～2 cm），宽 1～2.5 mm（常 1.5～2 mm），上面淡绿色，下面色较淡，沿中脉有两条较边带稍宽的淡黄色气孔带，每带有 4～8 条气孔线，叶在侧生小枝上列成 2 列，羽状，冬季与枝一同脱落。球果下垂，近四棱状球形或矩圆状球形，成熟前绿色，熟时深褐色，长 1.8～2.5 cm，直径 1.6～2.5 cm，梗长 2～4 cm，其上有交对生的条形叶；种鳞木质，盾形，通常 11～12 对，交叉对生，鳞顶扁菱形，中央有一条横槽，基部楔形，高 7～9 mm，能育种鳞有 5～9 粒种子；种子扁平，倒卵形，间或圆形或矩圆形，周围有翅，先端有凹缺，长约 5 mm，直径 4 mm；子叶 2 枚，条形，长 1.1～1.3 cm，宽 1.5～2 mm，两面中脉微隆起，上面有气孔线，下面无气孔线；初生叶条形，交叉对生，长 1～1.8 cm，下面有气孔线。花期 2 月下旬，球果 11 月成熟。

【生境分布】我国特产。全国各地普遍引种，罗田平湖镇、石桥铺村有栽培。

【采收加工】全年可采。

【药用部位】树皮。

【来源】杉科植物水杉 *Metasequoia glyptostroboides* Hu et Cheng 的干燥树皮。

【功能主治】发汗解表，解毒疏风。主治风热感冒。

【用法用量】取树皮 10 g，水煎服。

三十五、柏科　Cupressaceae

柏木属 *Cupressus* Linn.

74. 柏木 *Cupressus funebris* Endl.

【别名】香扁柏、垂丝柏、黄柏（四川），柏木树、柏香树（湖北），密密柏（河南）。

【形态】乔木，高达 35 m，胸径 2 m；树皮淡褐灰色，裂成窄长条片；小枝细长下垂，生鳞叶的小枝扁，排成一平面，两面同型，绿色，宽约 1 mm，较老的小枝圆柱形，暗褐紫色，略有光泽。鳞叶二型，长 1～1.5 mm，先端锐尖，中央之叶的背部有条状腺点，两侧的叶对折，背部有棱脊。雄球花椭圆形或卵圆形，长 2.5～3 mm，雄蕊通常 6 对，药隔顶端常具短尖头，中央具纵脊，淡绿色，边缘带褐色；雌球花长 3～6 mm，近球形，直径约 3.5 mm。球果圆球形，直径 8～12 mm，成熟时暗褐色；种鳞 4 对，顶端为不规则五角形或方形，宽 5～7 mm，

中央有尖头或无，能育种鳞有 5～6 粒种子；种子宽倒卵状菱形或近圆形，扁，成熟时淡褐色，有光泽，长约 2.5 mm，边缘具窄翅；子叶 2 枚，条形，长 8～13 mm，宽 1.3 mm，先端钝圆；初生叶扁平刺形，长 5～17 mm，宽约 0.5 mm，起初对生，后 4 叶轮生。花期 3—5 月，种子第二年 5—6 月成熟。

为我国特有树种。

【生境分布】分布很广，罗田各地均有分布。

【采收加工】柏实：秋冬采收。柏叶、柏白皮：全年采收。

【性味】苦，寒，无毒。

柏实：甘，平，无毒。柏叶：苦，微温，无毒。

【药材名】柏实、柏叶、柏白皮。

【功能主治】（1）柏实。

①平肝润肾，延年壮神。用柏实晒干，去壳，研末。每服 6 g，温酒送下。一天服三次。又方：加松子仁等份，以松脂和丸服。又方：加菊花等份，以蜜和丸服。又方：用柏子仁二斤，研为末，泡酒中成膏，加枣肉三斤，白蜜、白术末、地黄末各一斤，捣匀做成丸子，如弹子大。每嚼一丸，一日三服。

②治老人便秘。用柏子仁、松子仁、大麻仁，等份同研，加蜜、蜡做成丸子，如梧桐子大。每服二三十丸，饭前服，少黄丹汤调下。一天服两次。

③治肠风下血。用柏子十四个，捶碎，储布袋中，加入好酒三碗，煎至八成服下。

④治小儿惊明腹满，大便青白色。用柏子仁研末，温水落石出调服 3 g。

（2）柏叶。

①治中风（涎潮口噤，语言不出，手足垂）。用柏叶一把去枝，葱白一把连根研如泥，加酒一升，煎开多次后温服。

②治霍乱转筋。用柏叶捣烂裹脚上，另外再煎汁淋洗。

③治吐血。用青柏叶一把、干姜三片、阿胶一挺（炙），加水二升，煮成一升，去渣，另加马通汁一升，再合煎为一升，滤过，一次服下。

④治鼻血不止。用柏叶、榴花，共研为末，吹入鼻中。

⑤治尿血。用柏叶、黄连焙过，研细，酒送服 10 g。

⑥治大肠下血。用柏叶烧存性，研末。每服 6 g，米汤送下。

⑦治月经不断。用侧柏叶（炙）、芍药等份，每取 10 g，加水、酒各半煎服。对未婚妇女，用侧柏叶、木（炒至微焦），等份为末。每服 6 g 钱，米汤送下。

⑧治汤火伤。用柏叶生捣涂搽，两三日后，止痛灭瘢。

⑨治大麻风（眉发脱落）。侧柏叶九蒸九晒后研为末，加炼蜜做成丸子，如梧桐子大。每服五至十丸。

白天服三次，晚间服一次。百日之后，眉中可再生。

⑩治头发不生。用侧柏叶阴干研末，和麻油涂搽。

（3）柏白皮。

《名医别录》：主火灼烂疮，长毛发。

《本经》：柏实，味甘，平。主惊悸，安五脏，益气，除湿痹。久服，令人悦泽美色，耳目聪明，不饥。

【注意】　恶干漆。

刺柏属 *Juniperus* Linn.

75. 刺柏 *Juniperus taiwaniana* Hayata

【别名】　山刺柏、刺柏树、短柏木。

【形态】　常绿乔木或灌木。小枝下垂，常有棱脊；冬芽显著。3叶轮生，线状披针形，长 1.2～2.5 cm，宽 1.2～2 mm，先端渐尖，基部有关节，不下延，上面稍凹，中脉微隆起，绿色，其两侧各有 1 条白色气孔带，较绿色边缘稍宽，两条白色气孔带在叶片之先端合为 1 条；下面有纵钝脊。球花单生于叶腋。球果近球形或宽卵圆形，长 0.6～1 cm，直径 0.6～0.9 cm，成熟时淡红色或淡红褐色，被白粉或白粉脱落，顶端有时开裂。种子通常 3 粒，半月圆形，无翅，有 3～4 棱脊。花期 4—5 月。果期次年 10—11 月。

【生境分布】　罗田各地均有分布。

【采收加工】根，秋、冬季采收。果实，成熟时采收。

【来源】　柏科植物刺柏 *Juniperus taiwaniana* Hayata 的根或果实。

【性味】　江西《草药手册》：苦，寒。

【功能主治】金华《常用中草药单方验方选编》：治皮肤癣症，低热不退。

【附方】　治麻疹发透至手足出齐后，疹点不按期收没，身热不退：山刺柏根 12～15 g，金银花藤、夏枯草各 10～12 g。水煎服。（《浙江天目山药用植物志》）

【用法用量】　内服：煎汤，12～15 g。

侧柏属 *Platycladus* Spach

76. 侧柏 *Platycladus orientalis*（L.）Franco

【别名】　香柏、扁柏、柏树。

【形态】　乔木，高达 20 余米，胸径 1 m；树皮薄，浅灰褐色，纵裂成条片；枝条向上伸展或斜展，幼树树冠卵状尖塔形，老树树冠则为广圆形；生鳞叶的小枝细，向上直展或斜展，扁平，排成一平面。

叶鳞形，长 1～3 mm，先端微钝，小枝中央的叶的露出部分呈倒卵状菱形或斜方形，背面中间有条状腺槽，两侧的叶船形，先端微内曲，背部有钝脊，尖头的下方有腺点。雄球花黄色，卵圆形，长约 2 mm；雌球花近球形，直径约 2 mm，蓝绿色，被白粉。球果近卵圆形，长 1.5～2（2.5）cm，成熟前近肉质，蓝绿色，被白粉，成熟后木质，开裂，红褐色；中间两对种鳞倒卵形或椭圆形，鳞背顶端的下方有一向外弯曲的尖头，上部 1 对种鳞窄长，近柱状，顶端有向上的

尖头，下部 1 对种鳞极小，长达 3 mm，稀退化而不显著；种子卵圆形或近椭圆形，顶端微尖，灰褐色或紫褐色，长 6～8 mm，稍有棱脊，无翅或有极窄之翅。花期 3—4 月，球果 10 月成熟。

【生境分布】喜生于湿润肥沃的山坡。罗田大部分地区有分布。

【药用部位】叶、种子、柏油、柏枝、柏果、柏脂、柏树根皮。

【药材名】侧柏叶、柏子仁、柏油、柏枝、柏果、柏脂、柏树根皮。

（1）侧柏叶。

【别名】柏叶、丛柏叶。

【采收加工】全年可采。

【来源】柏科植物侧柏 *Platycladus orientalis*（L.）Franco 的叶。

【性状】干燥枝叶，长短不一，分枝稠密。叶为细小鳞片状，贴伏于扁平的枝上，交互对生，青绿色。小枝扁平，线形，外表棕褐色。质脆，易折断。微有清香气，味微苦，微辛。以叶嫩、青绿色，无碎末者为佳。

【炮制】侧柏叶：拣净杂质，揉碎去梗，筛净灰屑。侧柏炭：取净柏叶，置锅内用武火炒至焦褐色，烧存性，喷洒清水，取出，晒干。

【性味】苦、涩、寒。

【归经】归心、肝、大肠经。

【功能主治】凉血，止血，祛风湿，散肿毒。主治吐血，衄血，尿血，血痢，肠风，崩漏，风湿痹痛，细菌性痢疾，高血压，咳嗽，丹毒，痄腮，烫伤。

【用法用量】内服：煎汤，6～12 g；或入丸、散。外用：煎水洗、捣敷或研末调敷。

【注意】①《药性论》：与酒相宜。

②《本草述》：多食亦能倒胃。

【附方】①治吐血不止：柏叶、干姜各 15 g，艾三把。上三味，以水 5 升，取马通汁 1 升，合煮，取 1 升，放温再服。（《金匮要略》）

②治忧恚呕血，烦满少气，胸中疼痛：柏叶捣罗为散，不计时候，以粥饮调下 6 g。（《太平圣惠方》）

③治鼻衄出血数升，不知人事：石榴花、柏叶等份。为末，吹鼻中。（《普济方》）

④治小便尿血：柏叶，黄连（焙研）。酒服 10 g。（《济急仙方》）

⑤治蛊痢，大腹下黑血，茶脚色，或脓血如靛色：柏叶（焙干为末）、黄连，二味同煎为汁服之。（《本草图经》）

⑥治小儿洞痢：柏叶煮汁，代茶饮之。（《经验方》）

⑦治痔，肠风，脏毒，下血不止：柏叶烧灰调服。（《是斋百一选方》）

⑧治肠风，脏毒，酒痢，下血不止：嫩柏叶（九蒸九晒）100 g，陈槐花 50 g（炒半黑色）。上为末，炼蜜丸，梧桐子大。每服四五十丸，空心温酒下。（《普济方》）

⑨治妇人月水久不断：芍药、柏叶（炙）各 32 g。上二味，粗捣筛。每服 10 g，水、酒各半盏，煎至七分，去滓温服。（《圣济总录》）

⑩治历节风痛，痛如虎咬，走注周身，不能转动，动即痛极，昼夜不宁：侧柏叶 15 g，木通、当归、红花、羌活、防风各 6 g。水煎服。（《本草切要》）

⑪治风痹历节作痛：侧柏叶煮汁，同曲米酿酒饮。（《本草纲目》）

⑫治大人及小儿汤火伤：侧柏叶，入臼中湿捣令极烂如泥，冷水调作膏，涂敷于伤处，用帛子系定，两三日疮当敛，仍灭瘢。（《本草图经》）

⑬治高血压：侧柏叶 15 g。切碎，水煎代茶饮，至血压正常为止。（《江苏省中草药新医疗法展览资料选编》）

⑭治深部脓肿：侧柏叶 32 g，白矾 15 g，酒 32 g。先将侧柏叶捣碎，又将白矾细粉置酒中溶化，再将侧柏叶倒入酒内和匀，调敷患处，每日换药两次。（《江苏省中草药新医疗法展览资料选编》）

⑮治流行性腮腺炎：扁柏叶适量，洗净捣烂，加鸡蛋白调成泥状外敷，每天换药两次。（《草医草药简便验方汇编》）

⑯治鹅掌风：鲜侧柏叶，放锅内水煮二、三沸，先熏后洗，一日两、三次。（《河北省中医中药展览会医药集锦》）

⑰治肠风脏毒下血：槐花、侧柏叶、荆芥穗、枳壳各等份，为末，每服 6 g，空腹米饮下。《万密斋医学全书》

【临床应用】 ①治急、慢性细菌性痢疾。

②治慢性气管炎。

③治肺结核。

④治百日咳。

⑤治溃疡病并发出血。

⑥治秃发。用鲜侧柏叶浸泡于 60% 酒精中，7 天后滤取药液，涂擦毛发脱落部位，每日 3 次。观察 13 例（均为前额、头顶至后枕部脱发，斑秃不在此列），治后全部均见毛发生长，如能坚持连续涂擦并酌量增加药物浓度，则毛发生长可较密，同时也不易脱落。

（2）柏子仁。

【别名】 柏实、柏子、柏仁、侧柏子。

【采收加工】 冬初种子成熟时采收，晒干。压碎种皮，簸净，阴干，为种仁。

【来源】 柏科植物侧柏 Platycladus orientalis（L.）Franco 的种子。

【性状】 种仁呈长卵圆形至长椭圆形，亦有呈长圆锥形者，长 3～7 mm，直径 1.5～3 mm。新鲜品淡黄色或黄白色，久置则颜色变深而呈黄棕色，并有油渗出。外面常包有薄膜质的内种皮，顶端略尖，圆三棱形，并有深褐色的点，基部钝圆，颜色较浅。断面乳白色至黄白色，胚乳较多，子叶 2 枚或更多，均含丰富的油质。气微香，味淡而有油腻感。以粒饱满、黄白色、油性大而不泛油、无皮壳杂质者为佳。

【炮制】柏子仁：拣净杂质，除去残留的外壳和种皮。柏子霜：取拣净的柏子仁，碾碎，用吸油纸包裹，加热微炕，压榨去油，研细。

《雷公炮炙论》：凡使柏子仁，先以酒浸一宿，至明漉出，晒干，却用黄精自然汁于日中煎，手不住搅，若天久阴，即于铛中着水，用瓶器盛柏子仁，着火缓缓煮成煎为度。每煎 95 g 柏子仁，用酒 200 ml，浸干为度。

【性味】 甘，平。

【归经】 归心、肝、脾经。

【功能主治】 养心安神，润肠通便。主治惊悸，失眠，遗精，盗汗，便秘。

【用法用量】 内服：煎汤，3～10 g；或入丸、散。外用：炒研取油涂。

【注意】 便溏及痰多者忌服。

①《本草经疏》：柏子仁体性多油，肠滑作泻者勿服，膈间多痰者勿服，阳道数举、肾家有热、暑湿什泻，法咸忌之。

②《得配本草》：痰多，肺气上浮，大便滑泄，胃虚欲吐，四者禁用。

【附方】 ①治劳欲过度，心血亏损，精神恍惚，夜多怪梦，怔忡惊悸，健忘遗泄，常服宁心定志，补肾滋阴：柏子仁（蒸晒去壳）125 g，枸杞子（酒洗晒）95 g，麦门冬（去心）、当归（酒浸）、石菖蒲（去毛洗净）、茯神（去皮心）各32 g，玄参、熟地黄（酒蒸）各64 g，甘草（去粗皮）15 g。先将柏子仁、熟地黄蒸过，石器内捣如泥，余药研末和匀，炼蜜为丸，如梧桐子大。每服四五十丸，早晚灯心汤或桂圆肉汤送下。（《体仁汇编》）

②戢阳气，止盗汗，进饮食，退经络热：新柏子仁（研）、半夏曲各64 g，牡蛎（甘锅子内火煅，用醋淬七次，焙）、人参（去芦）、白术、麻黄根（慢火炙，拭去汗）、五味子各32 g，净麸15 g（慢火炒）。上八味为末，枣肉丸如梧桐子大。空心米饮下三至五十丸，日二服。作散调亦可。（《普济本事方》）

③治老人虚秘：柏子仁、火麻仁、松子仁，等份。同研，熔白蜡丸梧桐子大。以少黄丹汤服二三十丸，食前。（《本草衍义》）

④治肠风下血：柏子仁十四枚。燃破，纱囊贮，以好酒三盏，煎至八分服之，初服反觉加多，再服立止。非饮酒而致斯疾，以艾叶煎汤服之。（《世医得效方》）

⑤治血虚有火，月经耗损，渐至不通，嬴瘦而生潮热，及室女思虑过度，闭经：柏子仁（炒，另研）、牛膝、卷柏各95 g（一作各64 g），泽兰叶、川续断各64 g，熟地黄95 g。研为细末，炼蜜和丸如梧桐子大。每服三丸，空腹时米饮送下，兼服泽兰汤。（《妇人良方》）

⑥治脱发：当归、柏子仁各500 g。共研细末，炼蜜为丸。每日三次，每次饭后服6～10 g。（《全展选编·皮肤科》）

⑦治阳痿滑精：熟地黄64 g，柏子仁、当归、牛膝、续断、巴戟、肉苁蓉、杜仲、枸杞子、菟丝子、山茱萸、芡实和山药各32 g，补骨脂、益智仁和五味子各15 g，共为末，蜜丸，梧桐子大。每五十丸，空腹酒下。《万密斋医学全书》

（3）柏油。

【采收加工】 砍断树干，待树脂渗出凝结后，7—8月采。

【来源】 柏科植物柏木或侧柏 *Platycladus orientalis*（L.）Franco 树干渗出的树脂。

【性味】 ①《草木便方》：甘，平。

②《重庆草药》：淡、涩，平，无毒。

【功能主治】 祛风，解毒，生肌。主治风热头痛，带下，淋浊，痈疽疮疡，刀伤出血。

【用法用量】 内服：煎汤，3～10 g。外用：研末撒。

【附方】 治胸口痛：柏树油3 g，柏子6 g，鱼鳅串10 g；捣烂泡开水服。（《重庆草药》）

（4）柏枝。

【采收加工】 全年可采。

【来源】 柏科植物侧柏 *Platycladus orientalis*（L.）Franco 的树枝。

【功能主治】 《新修本草》：煮以酿酒，主风痹历节风。

【附方】 ①治霍乱转筋：先以暖物裹脚，然后以柏树木细锉，煮汤淋之。（《经验后方》）

②治齿匿肿痛：柏枝烧热，拄孔中。（《太平圣惠方》）

（5）柏果。

【别名】 柏树子、香柏树子。

【采收加工】 8—10 月，果实长大而未裂开时采收。

【来源】 柏科植物侧柏 *Cupressus funebris* Endl 的果实。

【性味】 苦、涩，平。

【功能主治】 祛风，安神，凉血，止血。主治感冒头痛发热，胃痛，烦躁，吐血。

【用法用量】 内服：煎汤，10 ～ 15 g；或研末。

【附方】 ①治风湿感冒头痛；胃疼：柏果 2 ～ 3 枚。打碎和酒服。（《四川中药志》）

②治吐血：柏果研末和甜酒服。（《四川中药志》）

（6）柏脂。

【别名】 柏油。

【来源】 柏科植物侧柏 *Platycladus orientalis*（L.）Franco 树干或树枝经燃烧后分泌的树脂汁。

【性味】 《草木便方》：甘，平。

【功能主治】 主治疥癣，癞疮，秃疮，黄水疮，丹毒。

【用法用量】 外用：涂敷或熬膏搽。

【附方】 ①治诸般癣，多年近日痛毒：生柏油一瓶，涂患处，后用年老枯桑柴火熏烤，待好即止；如一次倘不瘳，再熏。（《本草纲目拾遗》）

②治癣：真柏油，调轻粉涂上，起泡，泡消即愈。（《经验广集》）

③治黄水疮：真柏油 64 g，香油 64 g。熬稠搽之。（《积德堂经验方》）

（7）柏树根皮。

【别名】 柏皮、柏白皮。

【来源】 柏科植物侧柏 *Platycladus orientalis*（L.）Franco 已去掉栓皮的根皮。

【性味】 《本草纲目》：苦，平，无毒。

【功能主治】 主治烫伤。

《名医别录》：主火灼烂疮，长毛发。

【用法用量】 外用：入猪或狗的油脂内煎枯去渣，外涂。

【附方】 ①治热油灼伤：柏白皮，以腊猪脂煎油涂疮上。（《肘后备急方》）

②治汤火伤：鲜侧柏根白皮，狗油 300 g，煎枯去渣，外涂。（《常用中草药配方》）

圆柏属 *Sabina* Mill.

77. 塔柏 *Sabina chinensis* cv. Pyramidalis

【别名】 刺柏、柏树、桧柏。

【形态】 乔木，高达 20 m，胸径达 3.5 m；树皮深灰色，纵裂，成条片开裂；幼树的枝条通常斜上伸展，形成尖塔形树冠，老树则下部大枝平展，形成广圆形的树冠；树皮灰褐色，纵裂，裂成不规则的薄片脱落；小枝通常直或稍成弧状弯曲，生鳞叶的小枝近圆柱形或近四棱形，直径 1 ～ 1.2 mm。叶二型，即刺叶及鳞叶；刺叶生于幼树之上，老龄树则全为鳞叶，壮龄树兼有刺叶与鳞叶；生于一年生小枝的一回分枝的鳞叶三叶轮生，直伸而紧密，近披针形，先端微渐尖，长 2.5 ～ 5 mm，背面近中部有椭圆形微凹的腺体；刺叶三叶交互轮生，斜展，疏松，披针形，先端渐尖，长 6 ～ 12 mm，上面微凹，有 2 条白粉带。雌雄异株，稀同株，雄球花黄色，椭圆形，长 2.5 ～ 3.5 mm，雄蕊 5 ～ 7 对，常有 3 ～ 4 花药。球果近圆球形，直径 6 ～ 8 mm，两年成熟，熟时暗褐色，被白粉或白粉脱落，有 1 ～ 4 粒种子；种子卵圆形，扁，顶端钝，有棱脊及少数树脂槽；子叶 2 枚，出土，条形，长 1.3 ～ 1.5 cm，宽约 1 mm，先端锐尖，下面有 2 条白色气孔带，上面则不明显。

【生境分布】华北及长江流域各地多为园林树种。罗田各地均有栽培。

【采收加工】全年可采，鲜用或晒干。

【来源】柏科圆柏属植物塔柏 *Sabina chinensis* cv. Pyramidalis 的枝、叶及树皮。

【性味】苦、辛，温，有小毒。

【功能主治】祛风散寒，活血消肿，解毒利尿。用于风寒感冒，肺结核，尿路感染；外用治荨麻疹，风湿关节痛。

【用法用量】内服：煎汤，3 ～ 5 钱；外用适量煎水洗，或燃烧用烟熏烤患处。

三十六、罗汉松科　Podocarpaceae

罗汉松属 *Podocarpus* L. Hér. ex Persoon

78. 罗汉松 *Podocarpus macrophyllus*（Thunb.）D. Don

【别名】土杉、罗汉杉、金钱松、仙柏、罗汉柏、江南柏。

【形态】乔木，高达 20 m，胸径达 60 cm；树皮灰色或灰褐色，浅纵裂，成薄片状脱落；枝开展或斜展，较密。叶螺旋状着生，条状披针形，微弯。雄球花穗状、腋生，基部有数枚三角状苞片；雌球花单生叶腋，有梗，基部有少数苞片。种子卵圆形，先端圆，熟时肉质假种皮紫黑色，有白粉，种托肉质圆柱形，红色或紫红色。花期 4—5 月，种子 8—9 月成熟。

【生境分布】罗田有少量分布。

（1）土杉叶。

【采收加工】全年可采。剪取枝叶，晒干。

【来源】罗汉松科植物罗汉松 *Podocarpus macrophyllus*（Thunb.）D. Don 的枝叶。

【性状】枝条粗 2 ～ 5 mm，外表淡黄褐色，粗糙，密被三角形的叶枕。叶互生，叶片较长大，长

7～13 cm，排列较疏，狭披针形，先端短尖
或钝，上面灰绿色至暗褐色，下面淡黄绿色
至淡棕色。气微，味淡。以色青绿，少梗，
无老茎者为佳。

【性味】《广东中药》：性平，味淡。

【功能主治】《广东中药》：止吐血、
咯血。每用一两，加蜜枣两个煎服。

（2）土杉皮。

【采收加工】全年可采。

【来源】竹柏科植物罗汉松 Podocarpus
macrophyllus（Thunb.）D. Don 的根皮。

【功能主治】治跌打损伤。

【用法用量】鲜罗汉松根皮与苦参根等量，加黄酒捣烂敷患处，每日换一次。

（3）汉松果。

【采收加工】10—11 月采收。

【来源】罗汉松科植物罗汉松 Podocarpus macrophyllus（Thunb.）D. Don 的种子及花托。

【性味】《物理小识》：味甘。

【功能主治】主治血虚面色萎黄，心胃痛。

【用法用量】内服：煎汤，18～21 g。

三十七、三尖杉科　Cephalotaxaceae

三尖杉属 *Cephalotaxus* Sieb. et Zucc. ex Endl.

79. 三尖杉 *Cephalotaxus fortunei* Hook.

【别名】狗尾松、三尖松、山榧树、头形杉。

【形态】乔木，高达 20 m，胸径达
40 cm；树皮褐色或红褐色，裂成片状脱落；
枝条较细长，稍下垂；树冠广圆形。叶排
成 2 列，披针状条形，通常微弯，长 4～13（多
为 5～10）cm，宽 3.5～4.5 mm，上部渐窄，
先端有渐尖的长尖头，基部楔形或宽楔形，
上面深绿色，中脉隆起，下面气孔带白色，
较绿色边带宽 3～5 倍，绿色中脉带明显
或微明显。雄球花 8～10 聚生成头状，直
径约 1 cm，总花梗粗，通常长 6～8 mm，
基部及总花梗上部有 18～24 枚苞片，每

一朵雄球花有 6～16 枚雄蕊，花药 3，花丝短；雌球花的胚珠 3～8 枚发育成种子，总梗长 1.5～2 cm。种子椭圆状卵形或近圆球形，长约 2.5 cm，假种皮成熟时紫色或红紫色，顶端有小尖头；子叶 2 枚，条形，长 2.2～3.8 cm，宽约 2 mm，先端钝圆或微凹，下面中脉隆起，无气孔线，上面有凹槽，内有一条窄的白粉带；初生叶镰状条形，最初 5～8 片，形小，长 4～8 mm，下面有白色气孔带。花期 4 月，种子 8—10 月成熟。

【生境分布】 为我国特有树种，在东部各省生于海拔 200～1000 m 地带，生于杂木林中。

【采收加工】 全年可采，干燥。以秋季采收者质量较好。

【来源】 三尖杉科植物三尖杉 *Cephalotaxus fortunei* Hook. 的小枝叶。

【性状】 小枝对生，圆柱形，棕色。叶线状披针形，螺状排列，基部锯齿状成 2 行，长 1～1.8 cm，宽 2～4 mm，顶端有渐尖的长尖头，上表面灰棕色，具光泽，下表面黄棕色，主脉两侧各有一条棕红色条纹。气微，味微苦。

【化学成分】 三尖杉碱、三尖杉酯碱、高三尖杉酯碱等多种生物碱。

【性味】 苦、涩，寒。

【功能主治】 抗癌。用于急性白血病和淋巴肉瘤、肺癌等。主治白血病。

【用法用量】 内服：煎汤，15 g。

三十八、红豆杉科　Taxaceae

红豆杉属　*Taxus* L.

80. 红豆杉　*Taxus chinensis* var. *chinensis* （Pilger）Florin

【别名】 树红豆。

【形态】 乔木，高达 30 m，胸径达 60～100 cm；树皮灰褐色、红褐色或暗褐色，裂成条片脱落；大枝开展，一年生枝绿色或淡黄绿色，秋季变成绿黄色或淡红褐色，二、三年生枝黄褐色、淡红褐色或灰褐色；冬芽黄褐色、淡褐色或红褐色，有光泽，芽鳞三角状卵形，背部无脊或有纵脊，脱落或少数宿存于小枝的基部。 叶排列成 2 列，条形，微弯或较直，长 1～3 cm（多为 1.5～2.2 cm），宽 2～4 cm（多为 3 cm），上部微渐窄，先端常微急尖，稀急尖或渐尖，上面深绿色，有光泽，下面淡黄绿色，有 2 条气孔带，中脉带上有密生均匀而微小的圆形角质乳头状凸起，常与气孔带同色，稀色较浅。雄球花淡黄色，雄蕊 8～14 枚，花药 4～8（多为 5～6）。种子生于杯状红色肉质的假种皮中，间或生于近膜质盘状的种托（即未发育成肉质假种皮的珠托）之上，常呈卵圆形，上部渐窄，稀倒卵状，长 5～7 mm，

直径 3.5～5 mm，微扁或圆，上部常具 2 条钝棱脊，稀上部三角状具 3 条钝棱脊，先端有凸起的短钝尖头，种脐近圆形或宽椭圆形，稀三角状圆形。

【生境分布】　我国特有树种，常生于海拔 1000 m 以上的高山。罗田天堂寨有分布。

【采收加工】　根皮全年可采，种子秋冬采收。

【药用部位】　根皮、种子。

【来源】　红豆杉科植物红豆杉 *Taxus chinensis* var.*chinensis*（Pilger）Florin 的根皮、种子。

【用途】　红豆杉提取物为紫杉醇，用于抗癌。根皮治腹胀；种子治食积，蛔虫病。

被子植物门
Angiospermae

三十九、三白草科　Saururaceae

蕺菜属 *Houttuynia* Thunb.

81. 蕺菜 *Houttuynia cordata* Thunb.

【别名】蕺菜、紫背鱼腥草、紫蕺、鱼鳞真珠草、臭菜。

【形态】腥臭草本，高 30 ～ 60 cm；茎下部伏地，节上轮生小根，上部直立，无毛或节上被毛，有时带紫红色。叶薄纸质，有腺点，背面尤甚，卵形或阔卵形，长 4 ～ 10 cm，宽 2.5 ～ 6 cm，顶端短渐尖，基部心形，两面有时除叶脉被毛外余均无毛，背面常呈紫红色；叶脉 5 ～ 7 条，全部基出或最内 1 对离基约 5 mm 从中脉发出，如为 7 脉时，则最外 1 对很纤细或不明显；叶柄长 1 ～ 3.5 cm，无毛；托叶膜质，长 1 ～ 2.5 cm，顶端钝，下部与叶柄合生而成长 8 ～ 20 mm 的鞘，且常有缘毛，基部扩大，略抱茎。花序长约 2 cm，宽 5 ～ 6 mm；总花梗长 1.5 ～ 3 cm，无毛；总苞片长圆形或倒卵形，长 10 ～ 15 mm，宽 5 ～ 7 mm，顶端钝圆；雄蕊长于子房，花丝长为花药的 3 倍。蒴果长 2 ～ 3 mm，顶端有宿存的花柱。花期 4—7 月。

【生境分布】生长于阴湿地或水边。罗田大部分地区有分布。

【采收加工】夏、秋季采收，将全草连根拔起，洗净晒干。

【药用部位】全草。

【药材名】鱼腥草。

【来源】三白草科植物蕺菜 *Houttuynia cordata* Thunb. 的带根全草。

【性状】干燥的全草极皱缩。茎扁圆柱形或类圆柱形，扭曲而细长，长 10 ～ 30 cm，粗 2 ～ 4 mm。表面淡红褐色至黄棕色，具纵皱纹或细沟纹，节明显可见，近下部的节上有须根痕迹残存。叶片极皱缩而卷折，上表面暗黄绿色至暗棕色，下表面青灰色或灰棕黄色。花穗少见。质稍脆，易碎，茎折断面不平坦而显粗纤维状。微具鱼腥气，新鲜者更为强烈；味微涩。以淡红褐色、茎叶完整、无泥土等杂质者为佳。

【药理作用】①抗菌作用。

②抗病毒作用。

③利尿作用。

④其他作用。

【炮制】去净杂质，除去残根，洗净切段，晒干。

【性味】辛，寒。

【归经】①《本草经疏》：归手太阴经。

②《本草再新》：归肝、肺二经。

【功能主治】清热解毒，利尿消肿。主治肺炎，肺脓疡，热痢，疟疾，水肿，淋证，带下，痈肿，痔疮，脱肛，湿疹，秃疮，疥癣。

【用法用量】内服：煎汤，10 ～ 15 g（鲜者 32 ～ 64 g）；或捣汁。外用：煎水

熏洗或捣敷。

【注意】虚寒证及阴性外疡忌服。

①《名医别录》：多食令人气喘。

②孟诜：久食之，发虚弱，损阳气，消精髓。

【附方】①治肺痈吐脓吐血：鱼腥草、天花粉、侧柏叶等份。煎汤服之。（《滇南本草》）

②治肺痈：蕺，捣汁，入年久芥菜卤饮之。（《本草经疏》）

③治病毒性肺炎，支气管炎，感冒：鱼腥草、厚朴、连翘各 10 g。研末，桑枝 32 g，煎水冲服药末。（《江西草药》）

④治肺病咳嗽盗汗：鱼腥草 64 g，猪肚子一个。将侧耳根叶置肚子内炖汤服。每日一剂，连用三剂。（《贵州民间方药集》）

⑤治痢疾：鱼腥草 20 g，山楂炭 6 g。水煎加蜜糖服。（《岭南草药志》）

⑥治热淋，白浊，带下：鱼腥草 30 ～ 32 g。水煎服。（《江西民间草药》）

⑦治痔疮：鱼腥草，煎汤点水酒服，连进三服。其渣熏洗，有脓者溃，无脓者自消。（《滇南本草》）

⑧治慢性鼻窦炎：鲜蕺菜捣烂，绞取自然汁，每日滴鼻数次。另用蕺菜 20 g，水煎服。（《陕西中草药》）

⑨治痈疽肿毒：鱼腥草晒干，研成细末，蜂蜜调敷。未成脓者能内消，已成脓者能排脓（阴疽忌用）。（《江西民间草药》）

⑩治疔疮作痛：鱼腥草捣烂敷之，痛一两时，不可去草，痛后一两日愈。（《积德堂经验方》）

⑪治妇女外阴瘙痒，肛痛：鱼腥草适量，煎汤熏洗。（《上海常用中草药》）

⑫治恶蛇虫伤：鱼腥草、皱面草、槐树叶、草决明。一处杵烂敷之。（《救急易方》）

三白草属 *Saururus* L.

82. 三白草 *Saururus chinensis*（Lour.）Baill.

【别名】白水鸡、三点白、白叶莲、土玉竹、白黄脚。

【形态】湿生草本，高 1 米余；茎粗壮，有纵长粗棱和沟槽，下部伏地，常带白色，上部直立，绿色。叶纸质，密生腺点，阔卵形至卵状披针形，长 10 ～ 20 cm，宽 5 ～ 10 cm，顶端短尖或渐尖，基部心形或斜心形，两面均无毛，上部的叶较小，茎顶端的 2 ～ 3 片于花期常为白色，呈花瓣状；叶脉 5 ～ 7 条，均自基部发出，如为 7 脉时，则最外 1 对纤细，斜升 2 ～ 2.5 cm 即弯拱网结，网状脉明显；叶柄长 1 ～ 3 cm，无毛，基部与托叶合生成鞘状，略抱茎。花序白色，长 12 ～ 20 cm；总花梗长 3 ～ 4.5 cm，无毛，但花序轴密被短柔毛；苞片近匙形，上部圆，无毛或有疏缘毛，下部线形，被柔毛，且贴生于花梗上；雄蕊 6 枚，花药长圆形，纵裂，花丝比花药略长。果近球形，直径约 3 mm，表面多疣状凸起。花期 4—6 月。

【生境分布】生于沟旁、沼泽等低湿及近水的地方。罗田南部有分布。

【采收加工】四季均可采收，洗净，晒干。7—9

月采收地上部分，晒干。

【药用部位】全草。

【药材名】三白草。

【来源】三白草科植物三白草 *Saururus chinensis*（Lour.）Baill. 的全草。

【性味】苦、辛，寒。

【归经】归肺、膀胱经。

【功能主治】清利湿热，消肿，解毒。主治水肿，脚气，黄疸，淋浊，带下，痈肿，疔毒。

【用法用量】内服：煎汤，10～20 g；或捣汁饮。外用：外用鲜品适量，捣敷或煎水洗。

【贮藏】置阴凉干燥处。

【附方】①治疗疮炎肿：三白草鲜叶一握，捣烂，敷患处，日换两次。（《福建民间草药》）。
②治绣球风：鲜三白草，捣汁洗患部。（《浙江天目山药用植物志》）

四十、胡椒科　Piperaceae

草胡椒属 *Peperomia* Ruiz et Pavon

本属约 1000 种，本志列入 7 种和 2 变种，罗田新发现 1 种。

83. 草胡椒 *Peperomia pellucida*（L.）Kunth

【别名】草胡椒。

【形态】一年生肉质草本，高 20～40 cm；茎直立或基部有时平卧，分枝，无毛，下部节上常生不定根。叶互生，膜质，半透明，阔卵形或卵状三角形，长和宽近相等，1～3.5 cm，顶端短尖或钝，基部心形，两面均无毛，叶脉 5～7 条，基出，网状脉不明显；叶柄长 1～2 cm。穗状花序顶生和与叶对生，细弱，长 2～6 cm，其与花序轴均无毛；花疏生；苞片近圆形，直径约 0.5 mm，中央有细短柄，盾状；花药近圆形，有短花丝；子房椭圆形，柱头顶生，被短柔毛。浆果球形，顶端尖，直径约 0.5 mm。花期 4—7 月。

【生境分布】生于林下湿地、石缝中或宅舍墙脚下。目前发现罗田万密斋医院内有少量分布。

【采收加工】夏，秋季采收，洗净，晒干。

【药用部位】全草。

【药材名】草胡椒。

【来源】胡椒科植物草胡椒 *Peperomia pellucida*（L.）Kunth 的全草。

【性状】茎有分枝，具细纵槽纹，下部节上生有不定根。叶片皱缩或破碎，完整叶片展开后呈阔卵形或卵状三角形，长宽几乎相等，0.8～3 cm，基部心形，两面无毛，叶脉基出，网状脉不明显，叶柄长 0.8～2 cm。常带穗状花序，顶生或与叶对生。气微，味淡。

【性味】　辛，凉。

【归经】　归肝、肺经。

【功能主治】　散瘀止痛，清热解毒。主治痈肿疮毒，烧烫伤，跌打损伤，外伤出血。

【用法用量】　内服：煎汤，15～30 g。外用：适量，鲜品捣敷或加酒调敷；亦可捣烂绞汁。

四十一、金粟兰科　Chloranthaceae

金粟兰属 *Chloranthus* Swartz

84. 丝穗金粟兰 *Chloranthus fortunei*（A. Gray）Solms–Laub.

【别名】　水晶花、四子莲（广西）。

【形态】　多年生草本，高15～40 cm，全部无毛；根状茎粗短，密生多数细长须根；茎直立，单生或数个丛生，下部节上对生2片鳞状叶。叶对生，通常4片生于茎上部，纸质，宽椭圆形、长椭圆形或倒卵形，长5～11 cm，宽3～7 cm，顶端短尖，基部宽楔形，边缘有圆锯齿或粗锯齿，齿尖有一腺体，近基部全缘，嫩叶背面密生细小腺点，但老叶不明显；侧脉4～6对，网状脉明显；叶柄长1～1.5 cm；鳞状叶三角形；托叶条裂成钻形。穗状花序单一，由茎顶抽出，连总花梗长4～6 cm；苞片倒卵形，通常2～3齿裂；花白色，有香气；雄蕊3枚，药隔基部合生，着生于子房上部外侧，中央药隔具1个2室的花药，两侧药隔各具1个1室的花药，药隔伸长成丝状，直立或斜上，长1～1.9 cm，药室在药隔的基部；子房倒卵形，无花柱。核果球形，淡黄绿色，有纵条纹，长约3 mm，近无柄。花期4—5月，果期5—6月。

【生境分布】　生于山坡或低山林下荫湿处和山沟草丛中，海拔170～340 m。罗田北部山区有分布。

【采收加工】　秋、冬季采收。

【药用部位】　根及根茎。

【药材名】　金粟兰。

【来源】　金粟兰科植物丝穗金粟兰 *Chloranthus fortunei*（A.Gray）Solms–Laub. 的根及根茎。

【性味】　苦、辛，温，有毒。

【功能主治】　抗菌消炎，活血散瘀。主治跌打损伤，胃痛或内伤疼痛以及疔疮，风湿关节痛等。内服宜慎。

【用法用量】　内服：煎汤，3～10 g；或浸酒。

【附方】　治风寒咳嗽及气喘：四块瓦、百部、枇杷叶。水煎，加冰糖服。（《四川中药志》）

85. 银线草 *Chloranthus japonicus* Sieb.

【别名】独摇草、鬼独摇草、四叶对、四块瓦、四代草。

【形态】多年生草本。茎直立，通常不分枝，无毛，高30～40 cm，节明显，带紫色，上生鳞片状小叶数对。茎顶4叶对生，广卵形、卵形或椭圆形，长4～12 cm，宽2～6 cm，先端长尖，基部楔形，边缘具粗锯齿，齿尖有一腺体，叶面暗绿色，背面淡绿色，纸质；叶柄长10～15 mm。穗状花序顶生，单条，长2～3 cm，下有2～5 cm的柄，对生多数小花，花两性；苞片白色，无柄与花被；雄蕊3，花丝线形，白色，长4～5 mm，基部愈合，着生手子房背面，上部分离，中间的雄蕊无花药；子房下位，绿色，柱头子截无柄，核果梨形，直径约2 mm。花期春季。

【生境分布】生于山坡或山谷杂木林下荫湿处或沟边草丛中，海拔500～2300 m。罗田北部高山区有分布。

【药用部位】全株供药用。

【药材名】银线草。

（1）银线草。

【采收加工】夏、秋季采收。

【来源】金粟兰科植物银线草 *Chloranthus japonicus* Sieb. 的全草。

【性味】辛、苦，温，有毒。

【化学成分】含黄酮苷、酚类、氨基酸、糖类。

【功能主治】祛湿散寒，活血止痛，散瘀解毒。主治风寒咳嗽，风湿痛，经闭；外用治跌打损伤瘀血肿痛，毒蛇咬伤等。有毒。根状茎还可提取芳香油，又为除四害药，5%的水浸液可杀灭孑孓。

【用法用量】内服：煎汤，1.5～3 g；或浸酒。外用：捣敷。

【注意】孕妇忌服。

①《浙江民间草药》：多服会引起呕吐。服药期间忌食糖及玉蜀黍。

②江西《中草药学》：大量服用会导致肝脏出血。孕妇绝对禁用。

【附方】①治跌打损伤：鲜银线草叶一握，洗净，加红酒捣烂，搓擦或敷伤处。（《福建民间草药》）

②治蛇咬伤：鲜银线草叶3～5片，加些雄黄捣烂，贴在伤处。（《福建民间草药》）

③治痈肿疔疮：银线草6 g，煎服。（江西《中草药学》）

④治乳结：四块瓦、芦根。上二味，加红糖捣敷患处。（福州台江区《中草药单验方汇集》）

⑤治皮肤瘙痒症：银线草煎水洗。（江西《中草药学》）

（2）银线草根。

【采收加工】秋、冬季采收。

【来源】金粟兰科植物银线草 *Chloranthus japonicus* Sieb. 的根。

【性状】干燥根茎暗绿色。根须状，灰白色或土黄色，质脆易断，湿时坚韧，皮部发达，易与木部分离，木部如粉条状，黄白色。

【炮制】《雷公炮炙论》：凡采得，细锉，用生甘草水煮一伏时，日干用。

【性味】辛、苦，温，有毒。

【功能主治】祛风胜湿，活血理气。主治风湿痛，劳伤，感冒，胃气痛，经闭，带下，跌打损伤，疖肿。

【用法用量】内服：煎汤，1.5～3 g；浸酒或研末。外用：捣敷。

【附方】①治风湿：a. 银线草根，泡酒（含生药20%），一日服320～95 g。（《广西中药志》）b. 银线草鲜根3～6 g，蒸肉食。（《湖南药物志》）

②治感冒：银线草根6～9 g，水煎服，每日一剂。

③治劳伤：银线草根9～15 g，白酒500 ml。泡酒剂服，每次2～3酒盅，每日1～2次。

④治带下：银线草根32～64 g，炖鸡肉，分数次服。（②～④方出自《陕西中草药》）

⑤治胃气痛：银线草根0.3～0.6 g（炒过），研末，吞服。（《浙江民间草药》）

⑥治跌打损伤：银线草根0.3～0.6 g，研粉，用热黄酒送服，能促进骨折愈合。（《浙江民间草药》）

⑦治妇人经水不通：银线草鲜根15 g（银线草干根10 g），酌加红酒和水各半炖服。（《福建民间草药》）

86. 及己 *Chloranthus serratus*（Thunb.）Roem et Schult

【别名】獐耳细辛、四叶细辛、牛细辛、老君须。

【形态】多年生草本，高15～50 cm，根状茎横走，侧根密集。茎节明显。叶对生，4～6片，生于茎上部，纸质，卵形或披针状卵形，间或倒卵形，长7～10 cm，宽2.5～5.5 cm；基部楔形，先端长尖，边缘有锯齿，齿端有1腺体；叶柄长1～2 cm；托叶微小。穗状花序生于茎端，单生或2～3分枝，总花梗长1～3.5 cm；花苞微小，鳞片状，先端有细齿；花小，无花被及柄；雄蕊3，矩圆形，下部合生，生于子房外侧上部。中间的一个长约2 mm，有1个2室的花药，侧生的2个稍短，各有1个1室的花药；子房下位。浆果梨形。花期5月。

【生境分布】生长于阴湿树林中。

【采收加工】春季开花前采挖，去掉茎苗、泥沙，阴干。

【药用部位】根。

【药材名】及己。

【来源】金粟兰科植物及己 *Chloranthus serratus*（Thunb.）Roem et Schult 的根。

【性味】《名医别录》：味苦，平，有毒。

【功能主治】活血散瘀。治跌打损伤，疮疖，疖肿，月经闭止。杀虫。用于跌打损伤、无名肿毒、头癣、白秃、皮肤瘙痒、经闭；杀蛆和孑孓。

【用法用量】外用：煎水洗或研末调敷。内服：煎汤，0.3～0.6 g。

【注意】本品有毒，内服宜慎。

《浙江民间常用草药》：不宜长期服用，对开放性骨折不作外敷应用，以防大量吸收中毒。

【附方】①治头疮白秃：獐耳细辛为末，以槿木煎油调搽。（《活幼指南全书》）

②治小儿惊风：及己3 g，钩藤2.4 g。水煎，涂母乳上供小儿吸吮。（《湖南药物志》）

③治跌伤、扭伤、骨折：鲜及己根加食盐少许捣烂，烘热敷伤处；另取根0.6～0.9 g，水煎冲黄酒服。（《浙江民间常用草药》）

④治经闭：及己0.6～0.9 g，水煎冲黄酒服。（《浙江民间常用草药》）

四十二、杨柳科　Salicaceae

杨属 *Populus* L.

87. 响叶杨 *Populus adenopoda* Maxim.

【别名】风响树、团叶白杨、白杨树。

【形态】乔木，高 15 ～ 30 m。树皮灰白色，光滑，老时深灰色，纵裂；树冠卵形。小枝较细，暗赤褐色，被柔毛；老枝灰褐色，无毛。芽圆锥形，有黏质，无毛。叶卵状圆形或卵形，长 5 ～ 15 cm，宽 4 ～ 7 cm，先端长渐尖，基部截形或心形，稀近圆形或楔形，边缘有内曲圆锯齿，齿端有腺点，上面无毛或沿脉有柔毛，深绿色，光亮，下面灰绿色，幼时被密柔毛；叶柄侧扁，被茸毛或柔毛，长 2 ～ 8(12)cm，顶端有 2 显著腺点。雄花序长 6 ～ 10 cm，苞片条裂，有长缘毛，花盘齿裂。果序长 12 ～ 20（30）cm；花序轴有毛；蒴果卵状长椭圆形，长 4 ～ 6 mm，稀 2 ～ 3 mm，先端锐尖，无毛，有短柄，2 瓣裂。种子倒卵状椭圆形，长 2.5 mm，暗褐色。花期 3—4 月，果期 4—5 月。

【生境分布】生于阳坡灌丛中或林缘。罗田有少量分布于山区。

【药用部位】根皮、树皮或叶。

【药材名】杨树根、杨树皮、杨树叶。

【来源】杨柳科植物响叶杨 *Populus adenopoda* Maxim. 的根皮、树皮或叶。

【功能主治】《浙江天目山药用植物志》：治风痹、四肢不遂，干燥树皮（去粗皮）16 g，酒蒸服。治龋齿：叶，水煎含漱。主治损伤瘀血肿痛，根皮加苦参、蛇葡萄根等量，和酒糟捣烂包敷伤处。

柳属 *Salix* L.

88. 垂柳 *Salix babylonica* L.

【别名】柳树、清明柳、吊杨柳、线柳、倒垂柳。

【形态】乔木，高达 12 ～ 18 m，树冠开展而疏散。树皮灰黑色，不规则开裂；枝细，下垂，淡褐黄色、淡褐色或带紫色，无毛。芽线形，先端急尖。叶狭披针形或线状披针形，长 9 ～ 16 cm，宽 0.5 ～ 1.5 cm，先端长渐尖，基部楔形两面无毛或微有毛，上面绿色，下面色较淡，锯齿缘；叶柄长（3）5 ～ 10 mm，有短柔毛；托叶仅生在萌发枝上，斜披针形或卵圆形，边缘有齿牙。花序先叶开放，或与叶同时开放；雄花序长 1.5～2（3）cm，有短梗，轴有毛；雄蕊 2，花丝与苞片近等长或较长，基部有长毛，花药红黄色；苞片披针形，外面有毛；腺体 2；雌花序长达 2～3（5）cm，有梗，基部有 3～4 小叶，轴有毛；子房椭圆形，无毛或下部稍有毛，无柄或近无柄，花柱短，柱头 2～4 深裂；苞片披针形，长 1.8～2（2.5）mm，外面有毛；腺体 1。蒴果长 3～4 mm，带绿黄褐色。花期 3—4 月，果期 4—5 月。

【生境分布】 生于长江流域与黄河流域，其他各地均栽培，为道旁、水边等绿化树种。耐水湿，也能生于干旱处。罗田各地均有分布。

【采收加工】 枝、叶夏季采收，须根、根皮、树皮四季可采收。

【药用部位】 枝、叶、树皮、根皮、须根等。

【药材名】 柳枝、柳叶、柳树皮、柳根皮、青龙须。

【来源】 杨柳科植物垂柳 *Salix babylonica* L. 的枝、叶、树皮、根皮、须根等。

【性味】 苦，寒。

【功能主治】 清热解毒，祛风利湿。

叶：用于慢性气管炎，尿路感染，膀胱炎，膀胱结石，高血压等；外用治关节肿痛，痈疽肿毒，皮肤瘙痒，灭蛆，杀孑孓等。

枝、根皮：用于带下，风湿性关节炎等；外用治烧烫伤。

须根：用于风湿拘挛、筋骨疼痛，湿热带下及牙龈肿痛等。

树皮：外用治黄水疮。

【用法用量】 叶：煎汤，16～32 g；外用适量，鲜叶捣烂敷患处。枝、根皮：煎汤，10～16 g；外用研粉，香油调敷。须根：煎汤，12～25 g，水煎服，泡酒服或炖肉服。

89. 龙爪柳 *Salix matsudana f. tortuosa*（Vilm.）Rehd.

【别名】 杨柳、山杨柳。

【形态】 乔木，高达 18 m，胸径达 80 cm。大枝斜上，枝卷曲，树冠广圆形；树皮暗灰黑色，有裂沟；枝细长，直立或斜展，浅褐黄色或带绿色，后变褐色，无毛，幼枝有毛。芽微有短柔毛。叶披针形，长 5～10 cm，宽 1～1.5 cm，先端长渐尖，基部窄圆形或楔形，上面绿色，无毛，有光泽，下面苍白色或带白色，有细腺锯齿缘，幼叶有丝状柔毛；叶柄短，长 5～8 mm，在上面有长柔毛；托叶披针形或缺，边缘有细腺锯齿。花序与叶同时开放；雄花序圆柱形，长 1.5～2.5（3）cm，粗 6～8 mm，有花序梗，轴有长毛；雄蕊 2，花丝基部有长毛，花药卵形，黄色；苞片卵形，黄绿色，先端钝，基部有短柔毛；腺体 2；雌花序较

雄花序短，长达 2 cm，粗 4 mm，有 3 ～ 5 小叶生于短花序梗上，轴有长毛；子房长椭圆形，近无柄，无毛，无花柱或很短，柱头卵形，近圆裂；苞片同雄花；腺体 2，背生和腹生。果序长达 2（2.5）cm。花期4 月，果期 4—5 月。与原变型主要区别为枝卷曲。

【生境分布】罗田有栽培作为庭院景观树。

【采收加工】枝、叶夏季采，须根、根皮、树皮四季可采。

【药用部位】根、根须、根皮、枝、种子。

【药材名】杨柳根、杨柳根须、杨柳根皮、杨柳子。

【来源】杨柳科植物龙爪柳 *Salix matsudana* f. *tortuosa* (Vilm.)Rehd. 的根、根须、皮、枝、种子。

【性味】苦，寒。

【功能主治】清热除湿，消肿止痛。主治急性膀胱炎，小便不利，关节炎，黄水疮，疮毒，牙痛。

【用法用量】内服：煎汤，10 ～ 16 g，外用适量。

四十三、胡桃科　Juglandaceae

山核桃属 *Carya* Nutt.

90. 山核桃 *Carya cathayensis* Sarg.

【别名】山蟹、山核。

【形态】乔木，高达 10 ～ 20 m，胸径 30 ～ 60 cm；树皮平滑，灰白色，光滑；小枝细瘦，新枝密被盾状着生的橙黄色腺体，后来腺体逐渐稀疏，1 年生枝紫灰色，上端常被有稀疏的短柔毛，皮孔圆形，稀疏。复叶长 16 ～ 30 cm，叶柄幼时被毛及腺体，后来毛逐渐脱落，叶轴被毛较密且不易脱落，有小叶 5 ～ 7 枚；小叶边缘有细锯齿，幼时上面仅中脉、侧脉及叶缘有柔毛，下面脉上具宿存或脱落的毛并满布橙黄色腺

体，后来腺体逐渐稀疏；侧生小叶具短的小叶柄或几乎无柄，对生，披针形或倒卵状披针形，有时稍成镰状弯曲，基部楔形或略成圆形，顶端渐尖，长 10 ～ 18 cm，宽 2 ～ 5 cm，顶生小叶具长 5 ～ 10 mm的小叶柄，与上端的侧生小叶同型、同大或稍大。雄性柔荑花序 3 条成 1 束，花序轴被有柔毛及腺体，长 10 ～ 15 cm，生于长 1 ～ 2 cm 的总柄上，总柄自当年生枝的叶腋内或苞腋内生出。雄花具短柄；苞片狭，长椭圆状线形，小苞片三角状卵形，均被有毛和腺体；雄蕊 2 ～ 7 枚，着生于狭长的花托上，花药具毛。雌性穗状花序直立，花序轴密被腺体，具 1 ～ 3 雌花。雌花卵形或阔椭圆形，密被橙黄色腺体，长 5 ～ 6 mm，总苞的裂片被有毛及腺体，外侧 1 片（即苞片）显著较长，钻状线形。果实倒卵形，向基部渐狭，幼时具 4 狭翅状的纵棱，密被橙黄色腺体，成熟时腺体变稀疏，纵棱亦变得不显著；外果皮干燥后革质，厚 2 ～ 3 mm，沿纵棱裂开成 4 瓣；果核倒卵形或椭圆状卵形，有时略侧扁，具极不显著

的 4 纵棱，顶端急尖而具 1 短凸尖，长 20 ～ 25 mm，直径 15 ～ 20 mm；内果皮硬，淡灰黄褐色，厚 1 mm；隔膜内及壁内无空隙；子叶 2 深裂。4—5 月开花，9 月果成熟。

果仁味美可食，亦用以榨油，其油芳香可口，供食用，也可用于配制假漆；果壳可制活性炭；木材坚韧，为优质用材。

【生境分布】生于山麓疏林中或腐殖质丰富的山谷中。罗田天堂寨等地有分布。海拔可达 400 ～ 1200 m。

【采收加工】根皮全年可采；外果皮 9—10 月果实成熟时采收；种仁，10 月果实成熟时采收，堆积 6 ～ 7 天，待果皮霉烂后，擦去果皮，洗净，晒至半干，再击碎果核，拣取种仁，晒干。

【药用部位】根皮、外果皮、种仁。

【药材名】山核桃根皮、山核桃果皮、山核桃肉。

【来源】胡桃科植物山核桃 *Carya cathayensis* Sarg. 的根皮、外果皮、种仁。

【功能主治】《浙江天目山药用植物志》：种仁：滋润补养；微炒；黄酒送服，治腰痛。鲜根皮煎汤浸洗，治脚痔（脚趾缝湿痒）。鲜外果皮捣取汁擦，治皮肤癣症。

胡桃属 *Juglans* L.

91. 胡桃楸 *Juglans mandshurica* Maxim.

【别名】野核桃、山核桃、野胡桃。

【形态】乔木或有时呈灌木状，高达 12 ～ 25 m，胸径达 1 ～ 1.5 m；幼枝灰绿色，被腺毛，髓心薄片状分隔；顶芽裸露，锥形，长约 1.5 cm，黄褐色，密生毛。奇数羽状复叶，通常长 40 ～ 50 cm，叶柄及叶轴被毛，具 9 ～ 17 枚小叶；小叶近对生，无柄，硬纸质，卵状椭圆形或长椭圆形，长 8 ～ 15 cm，宽 3 ～ 7.5 cm，顶端渐尖，基部斜圆形或稍斜心形，边缘有细锯齿，两面均有星状毛，上面稀疏，下面浓密，

中脉和侧脉亦有腺毛，侧脉 11 ～ 17 对。雄性柔荑花序生于去年生枝顶端叶痕腋内，长达 18 ～ 25 cm，花序轴有疏毛；雄花被腺毛，雄蕊 13 枚左右，花药黄色，长约 1 mm，有毛，药隔稍伸出。雌性花序直立，生于当年生枝顶端，花序轴密生棕褐色毛，初时长 2.5 cm，后来伸长达 8 ～ 15 cm，雌花排列成穗状。雌花密生棕褐色腺毛，子房卵形，长约 2 mm，花柱短，柱头 2 深裂。果序常具 6 ～ 10（13）枚果或因雌花不孕而仅有少数，但轴上有花着生的痕迹；果实卵形或卵圆状，长 3 ～ 4.5（6）cm，外果皮密被腺毛，顶端尖，核卵状或阔卵状，顶端尖，内果皮坚硬，有 6 ～ 8 条纵向棱脊，棱脊之间有不规则排列的尖锐的刺状凸起和凹陷，仁小。花期 4—5 月，果期 8—10 月。

【生境分布】生于 800 ～ 2000（2800）m 的杂木林中，山坡或溪谷两旁。罗田北部山区有分布。

【采收加工】10 月果实成熟时采收，堆积 6 ～ 7 天，待果皮霉烂后，擦去果皮，洗净，晒至半干，再击碎果核，拣取种仁，晒干。

【药用部位】种仁，种仁油。

【药材名】核桃肉。

【来源】胡桃科植物胡桃楸 *Juglans mandshurica* Maxim. 的种仁。

【化学成分】种仁含油，蛋白质，糖类，维生素A、维生素B、维生素C等。树皮及外果皮含大量鞣质。

【性味】甘，温平。

【功能主治】种仁：补养气血，润燥化痰，益命门，利三焦，温肺润肠。主治虚寒咳嗽，下肢酸痛。种仁油：为缓下剂，能驱除绦虫；外用治皮肤疥癣，冻疮，腋臭。

【附方】治腰痛：野核桃仁（炒熟）160～195 g。捣烂冲酒服。（性味以下出自《浙江天目山药用植物志》）

92. 胡桃 *Juglans regia* L.

【别名】胡桃肉、核桃仁、羌桃、核桃、胡桃仁。

【形态】乔木，高达20～25 m；树干较别的种类矮，树冠广阔；树皮幼时灰绿色，老时则灰白色而纵向浅裂；小枝无毛，具光泽，被盾状着生的腺体，灰绿色，后来带褐色。奇数羽状复叶长25～30 cm，叶柄及叶轴幼时被有极短腺毛及腺体；小叶通常5～9枚，稀3枚，椭圆状卵形至长椭圆形，长6～15 cm，宽3～6 cm，顶端钝圆或急尖、短渐尖，基部歪斜、近

于圆形，边缘全缘或在幼树上者具稀疏细锯齿，上面深绿色，无毛，下面淡绿色，侧脉11～15对，腋内具簇短柔毛，侧生小叶具极短的小叶柄或近无柄，生于下端者较小，顶生小叶常具长3～6 cm的小叶柄。雄性柔荑花序下垂，长5～10 cm、稀达15 cm。雄花的苞片、小苞片及花被片均被腺毛；雄蕊6～30枚，花药黄色，无毛。雌性穗状花序通常具1～3（4）雌花。雌花的总苞被极短腺毛，柱头浅绿色。果序短，俯垂，具1～3果实；果实近于球状，直径4～6 cm，无毛；果核稍具皱曲，有2条纵棱，顶端具短尖头；隔膜较薄，内里无空隙；内果皮壁内具不规则的空隙或无空隙而仅具皱曲。花期5月，果期10月。

【生境分布】喜生于较温润的肥沃土壤中，多栽培于平地。我国各地广泛栽培。

【药用部位】种仁、内果皮、叶、嫩枝、种仁油、果壳。

【药材名】胡桃肉、胡桃隔、胡桃叶、胡桃枝、胡桃油、胡桃壳。

（1）胡桃肉。

【采收加工】种仁于白露前后果实成熟时采收，将果实外皮沤烂，击开核壳，取其核仁，晒干。本品易返油、被虫蛀，立夏前后，须藏于冷室内。

【来源】胡桃科植物胡桃 *Juglans regia* L. 的种仁。

【性状】种仁多破碎成不规则的块状，完整者类球形，由两瓣种仁合成，皱缩多沟，凹凸不平。外被棕褐色薄膜状的种皮包围，剥去种皮显黄白色。质脆，子叶富油质。气微弱，子叶味淡，油样，种皮味涩。以色黄、个大、饱满、油多者为佳。

【性味】甘，温。

【归经】归肾、肺经。

【功能主治】补肾固精，温肺定喘，润肠。主治肾虚喘嗽，腰痛脚弱，阳痿，遗精，小便频数，石淋，大便燥结等。

【用法用量】　内服：煎汤，10～16 g；或入丸、散。外用：捣敷。

【注意】　有痰火积热或阴虚火旺者忌服。

①《千金方》：不可多食，动痰饮，令人恶心，吐水吐食。

②汪颖《食物本草》：多食生痰，动肾火。

③《本草经疏》：肺家有痰热，命门火炽，阴虚吐衄等，皆不得施。

④《得配本草》：泄泻不已者禁用。

【附方】　①治湿伤于内外，阳气衰绝，虚寒喘嗽，腰脚疼痛：胡桃肉 640 g（捣烂），补骨脂 320 g（酒蒸）。研末，蜜调如饴服。（《续传信方》）

②治久嗽不止：核桃仁五十个（煮热，去皮），人参 160 g，杏仁三百五十个（麸炒，汤浸去皮）。研匀，入炼蜜，丸梧桐子大。每空心细嚼一丸，人参汤下，临卧再服。（《本草纲目》）

③治产后气喘：胡桃仁（不必去皮）、人参各等份。上细切，每服 16 g，水二盏，煎七分，频频呷服。（《普济方》）

④治肾气虚弱，腰痛如折，或腰间似有物重坠，起坐艰辛者：胡桃肉三十个（去皮膜），破故纸（酒浸，炒）250 g，蒜 125 g（熬膏），杜仲（去粗皮，姜汁浸，炒）500 g。上为细末，蒜膏为丸。每服三十丸，空心，温酒下，妇人淡醋汤下。常服壮筋骨，活血脉，乌髭须，益颜色。（《局方》）

⑤益血补髓，强筋壮骨，明目，悦心，滋润肌肤：破故纸、杜仲、萆薢、胡桃仁各 125 g。上四味为末，次入胡桃膏拌匀，杵千余下，丸如梧桐子大。每服五十丸，空心，温酒、盐汤任下。（《御药院方》）

⑥治消肾，唇口干焦，精溢自出，或小便赤黄，五色浑浊，大便燥实，小便大利而不甚渴：白茯苓、胡桃肉（汤去薄皮，别研）、附子大者一枚（去皮脐，切作片，生姜汁一盏，蛤粉一分，同煮干，焙）。上等份，为末，蜜丸，如梧桐子大，米饮下三至五十丸；或为散，以米饮调下，食前服。（《三因极一病证方论》）

⑦治肾虚耳鸣，遗精：核桃仁三个，五味子七粒，蜂蜜适量。于睡前嚼服。（《贵州草药》）

⑧治石淋：胡桃肉一升。细米煮浆粥一升，相和顿服。（《海上集验方》）

⑨治小便频数：胡桃煨熟，卧时嚼之，温酒下。（《本草纲目》）

⑩治醋心：烂嚼胡桃，以干姜下。或只嚼胡桃，或只吃干姜汤亦可治。（《传信适用方》）

⑪治赤痢不止：枳壳、胡桃各七枚，皂荚（不蛀者）一挺。上三味，就新瓦上以草灰烧令烟尽，取研极细，分为八服。每临卧及二更、五更时各一服，荆芥茶调下。（《圣济总录》）

⑫治脏躁病：核桃仁 32 g。捣碎，和糖开水冲服，每日三次。（《卫生杂志》）

⑬治火烧疮：取胡桃肉烧令黑，杵如脂，敷疮上。（《梅师集验方》）

⑭治瘰疬疮：胡桃肉烧令黑，烟断，和松脂研敷。（《开宝本草》）

⑮治鼠瘘痰核：连皮胡桃肉，同贝母、全蝎枚数相等，蜜丸服。（《本经逢原》）

【临床应用】　①治尿路结石。

②治皮炎、湿疹。

③治外耳道疖肿。

（2）胡桃隔。

【来源】　胡桃科植物胡桃 *Juglans regia* L. 成熟果实的内果皮。

【功能主治】　主治血崩，乳痈，疥癣。

《本草纲目》：烧存性，入下血、崩中药。

（3）胡桃叶。

【采收加工】　夏季采收。

【来源】　胡桃科植物胡桃 *Juglans regia* L. 的叶片。

【性味】《贵州草药》：性温，味甘。

【功能主治】 主治带下，疗疮，象皮腿。

【用法用量】 内服：煎汤。外用：煎水洗。

【附方】①治带下：胡桃叶十片，加鸡蛋两个，煎服。（苏医《中草药手册》）

②治疗疮：鲜胡桃叶、化槁树枝各等量。煨水洗患处。（《贵州草药》）

③治象皮腿：胡桃叶 64 g，石打穿 32 g，鸡蛋三个，三味同煮至蛋熟，去壳，继续入汤煎至蛋色发黑为度。每天吃蛋三个，十四天为 1 个疗程；另用白果树叶适量，煎水熏洗患足。（《全国中草药新医疗法展览会资料选编》）

（4）胡桃枝。

【采收加工】 四季可采。

【来源】 胡桃科植物胡桃 *Juglans regia* L. 的嫩枝。

【性味】《贵州草药》：性温，味甘。

【功能主治】 主治瘰疬，疗疮。

【用法用量】 内服：煎汤，16～32 g；或与鸡蛋同煮。外用：煎水洗。

【附方】①治淋巴结核：鲜核桃嫩枝、鲜大蓟等份，煎水当茶饮；另煮马齿苋当菜吃。（《新疆中草药单方验方选编》）

②治疗疮：鲜核桃叶、化槁树枝叶各等量。煨水洗患处。（《贵州草药》）

③治宫颈癌：鲜核桃枝一尺，鸡蛋四个。加水同煮，蛋熟后，敲碎蛋壳再煮四小时。每次吃鸡蛋两个，一日服两次，连续吃。此方可试用于各种癌症的治疗。（《新编中医入门》）

【临床应用】①治肿瘤。

②治慢性气管炎。

（5）胡桃油。

【来源】 胡桃科植物胡桃 *Juglans regia* L. 的种仁榨取之脂肪油。

【功能主治】 主治绦虫病，疥癣，冻疮，聤耳等。

【用法用量】 内服：炖温，10～20 g。外用：滴耳或涂搽患部。

【附方】治伤耳成疮出汁者：胡桃，杵取油，纳入。（《普济方》）

治耳疳：核桃仁，研烂，拧油去渣，得油 3 g，兑冰片二分：每用少许，滴于耳内。（《医宗金鉴》）

（6）胡桃壳。

【来源】 胡桃科植物胡桃 *Juglans regia* L. 的果壳。

【附方】①治妇女血气痛：核桃硬壳 64 g，陈老棕 32 g。烧成炭，淬水服。（《重庆草药》）

②治乳痈：胡桃壳烧灰存性，取灰末 6 g，酒调服。（《本经逢原》）

③治疥癣：胡桃壳，煎，洗。（苏医《中草药手册》）

化香树属 *Platycarya* Sieb. et Zucc.

93. 化香树 *Platycarya strobilacea* Sieb. et Zucc.

【别名】山麻柳。

【形态】 落叶小乔木，高 2～6 m；树皮灰色，老时则不规则纵裂。二年生枝条暗褐色，具细小皮孔；芽卵形或近球形，芽鳞阔，边缘具细短睫毛；嫩枝被有褐色柔毛，不久即脱落而无毛。叶长 15～30 cm，叶总柄显著短于叶轴，叶总柄及叶轴初时被稀疏的褐色短柔毛，后来脱落而近无毛，具 7～23

枚小叶；小叶纸质，侧生小叶无叶柄，对生或生于下端者偶尔有互生，卵状披针形至长椭圆状披针形，长4～11 cm，宽1.5～3.5 cm，不等边，上方一侧较下方一侧阔，基部歪斜，顶端长渐尖，边缘有锯齿，顶生小叶具长2～3 cm的小叶柄，基部对称，圆形或阔楔形，小叶上面绿色，近无毛或脉上有褐色短柔毛，下面浅绿色，初时脉上有褐色柔毛，后来脱落，或在侧脉腋内、在基部两侧毛不脱落，甚或毛全不脱落，毛的疏密依不同个体及生境而变异较大。两性花序和雄花序在小枝顶

端排列成伞房状花序束，直立；两性花序通常1条，着生于中央顶端，长5～10 cm，雌花序位于下部，长1～3 cm，雄花序位于上部，有时无雄花序而仅有雌花序；雄花序通常3～8条，位于两性花序下方四周，长4～10 cm。雄花：苞片阔卵形，顶端渐尖而向外弯曲，外面的下部、内面的上部及边缘生短柔毛，长2～3 mm；雄蕊6～8枚，花丝短，稍生细短柔毛，花药阔卵形，黄色。雌花：苞片卵状披针形，顶端长渐尖，硬而不外曲，长2.5～3 mm；花被2，位于子房两侧并贴于子房，顶端与子房分离，背部具翅状的纵向隆起，与子房一同增大。果序球果状，卵状椭圆形至长椭圆状圆柱形，长2.5～5 cm，直径2～3 cm；宿存苞片木质，略具弹性，长7～10 mm；果实小坚果状，背腹压扁状，两侧具狭翅，长4～6 mm，宽3～6 mm。种子卵形，种皮黄褐色，膜质。5—6月开花，7—8月果成熟。

【生境分布】常生长在海拔600～1300 m，有时达2200 m的向阳山坡及杂木林中，也有栽培。树皮、根皮、叶和果序均含鞣质，可作为提制栲胶的原料，树皮亦能剥取纤维，叶可作农药，根部及老木含有芳香油，种子可榨油。罗田高、低山区均有分布。

【药用部位】叶、果。

【药材名】化香叶、化香球。

（1）化香叶。

【采收加工】随用随采，洗净鲜用或晒干。

【来源】胡桃科植物化香树 *Platycarya strobilacea* Sieb. et Zucc. 的叶。

【性味】苦，寒，有毒。

【功能主治】解毒，止痒，杀虫。用于疖疮肿毒，阴囊湿疹，顽癣。

【用法用量】不能内服，外用适量，煎水洗或嫩叶搓患处；熏烟可以驱蚊；投入粪坑、污水可以灭蛆杀孑孓。

【注意】忌内服。

（2）化香球。

【别名】化香树球、化香树果。

【采收加工】秋冬成熟时采收。

【来源】胡桃科植物化香树 *Platycarya strobilacea* Sieb. et Zucc. 的果序。

【性味】辛，温。

【功能主治】顺气祛风，消肿止痛，燥湿杀虫。主治内伤胸胀，腹痛，筋骨疼痛，痈肿，湿疮，疥癣。

【用法用量】内服：煎汤，10～20 g。外用：煎水洗或研末调敷。

【附方】①治内伤胸胀，腹痛及筋骨疼痛：化香树干果16～20 g，加山楂根等量，煎汁冲烧酒，早、晚空腹服。（江西《草药手册》）

②治牙痛：化香树果数枚，水煎含服。（江西《草药手册》）

③治脚生湿疮：化香树果和盐研末搽。

④治癣疥：化香树果煎水洗。

⑤治小儿头疮：化香树果、枫树球、硫黄。共研末，茶油调搽。（③～⑤方出自《湖南药物志》）。

⑥消肿药膏（一般外科使用）：化香树果5 kg，桉树叶2.5 kg，鸭儿芹2.5 kg，白叶野桐叶2.5 kg，煎汁，熬缩成膏，净重1 kg，再用凡士林配成10％软膏备用。（《常用中草药配方》）

枫杨属 *Pterocarya* Kunth

94. 枫杨 *Pterocarya stenoptera* C. DC.

【别名】 麻柳树、水麻柳、小鸡树、枫柳、平杨柳。

【形态】 大乔木，高达30 m，胸径达1 m；幼树树皮平滑，浅灰色，老时则深纵裂；小枝灰色至暗褐色，具灰黄色皮孔；芽具柄，密被锈褐色盾状着生的腺体。叶多为偶数或稀奇数羽状复叶，长8～16 cm（稀达25 cm），叶柄长2～5 cm，叶轴具翅至翅不甚发达，与叶柄一样被有疏或密的短毛；小叶10～16枚（稀6～25枚），

无小叶柄，对生或稀近对生，长椭圆形至长椭圆状披针形，长8～12 cm，宽2～3 cm，顶端常钝圆或稀急尖，基部歪斜，上方1侧楔形至阔楔形，下方1侧圆形，边缘有向内弯的细锯齿，上面被有细小的浅色疣状凸起，沿中脉及侧脉被有极短的星芒状毛，下面幼时被有散生的短柔毛，成长后脱落而仅留有极稀疏的腺体及侧脉腋内留有1丛星芒状毛。雄性柔荑花序长6～10 cm，单独生于去年生枝条上叶痕腋内，花序轴常有稀疏的星芒状毛。雄花常具1（稀2或3）枚发育的花被片，雄蕊5～12枚。雌性柔荑花序顶生，长10～15 cm，花序轴密被星芒状毛及单毛，下端不生花的部分长达3 cm，具2枚长达5 mm的不孕性苞片。雌花几乎无梗，苞片及小苞片基部常有细小的星芒状毛，并密被腺体。果序长20～45 cm，果序轴常被有宿存的毛。果实长椭圆形，长6～7 mm，基部常有宿存的星芒状毛；果翅狭，条形或阔条形，长12～20 mm，宽3～6 mm，具近于平行的脉。花期4—5月，果期8—9月。

【生境分布】 生于海拔1500 m以下的沿溪涧河滩、阴湿山坡地的林中，现已广泛栽植，作为庭院树或行道树。树皮和枝皮含鞣质，可提取栲胶，亦可作纤维原料；果实可作饲料和酿酒，种子还可榨油。罗田处处有之。

【采收加工】 夏、秋季采收，晒干备用。叶多鲜用。

【药用部位】 枝、叶。

【药材名】 枫杨枝、枫杨叶。

【来源】 胡桃科植物枫杨 *Pterocarya stenoptera* C. DC. 的枝及叶。

【性味】 辛、苦，温，有小毒。

【功能主治】 杀虫止痒，利尿消肿。叶：治血吸虫病；外用治黄癣，脚癣。枝、叶捣烂可杀蛆虫、孑孓。

【用法用量】 内服：煎汤，6～10 g；外用适量，鲜叶捣烂敷或搽患处。

四十四、桦木科　Betulaceae

桤木属 *Alnus* Mill.

95. 江南桤木 *Alnus trabeculosa* Hand.–Mazz.

【别名】木拨树、木瓜树、水冬果、赤杨。

【形态】落叶乔木，高可达 20 m。树皮淡紫褐色，粗糙而不规则开裂；一年生枝淡赭褐色，平滑无毛，二年生枝褐色而稍淡；皮孔明显，灰白色。叶互生，椭圆形至倒卵状椭圆形，先端渐尖或骤尖，基部楔形，长 6 ～ 12 cm，宽 3.5 ～ 5 cm，边缘具尖锯齿，叶柄上有沟槽。花单性，雌雄同株，先叶开放；雄花成柔荑花序；雌花为穗状花序。果穗卵形，深棕色，长约 2 cm，1 ～ 4 个生于粗壮的序柄上。小坚果阔椭圆形至倒卵形，具狭翅。花期早春。果期 7 月。

【生境分布】生于山沟、河边及山坡。罗田北部山区有分布。

【采收加工】春、秋季采收。

【药用部位】嫩枝叶及树皮。

【药材名】赤杨叶、赤杨皮。

【来源】桦木科植物江南桤木 *Alnus trabeculosa* Hand.–Mazz. 的嫩枝叶及树皮。

【性味】苦、涩、凉。

【功能主治】清热降火。治跌打损伤，风湿麻木。

【附方】①治鼻血不止：赤杨树皮 32 g。浓煎，兑白糖服。

②预防水泻：赤杨嫩枝泡开水，当茶喝。

③治外伤出血：赤杨树皮研末外敷，或鲜品捣烂外敷（①～③方出自《中草药土方土法战备专辑》）。

榛属 *Corylus* L.

96. 川榛 *Corylus heterophylla* var. *sutchuensis* Franchet

【别名】木里仙、榛子、凤凰木。

【形态】灌木或小乔木，高 1 ～ 7 m；树皮灰色；枝条暗灰色，无毛，小枝黄褐色，密被短柔毛兼被疏生的长柔毛，无或具刺状腺体。叶椭圆形、宽卵形或几圆形，顶端尾状，长 4 ～ 13 cm，宽 2.5 ～ 10 cm，顶端凹缺或截形，中央具三角状凸尖，基部心形，有时两侧不相等，边缘具不规则的重锯齿，中部以上具浅裂，上面无毛，下面于幼时疏被短柔毛，以后仅沿脉疏被短柔毛，其余无毛，侧脉 3～5 对；叶柄纤细，长 1～2 cm，疏被短毛或近无毛。雄花序单生，长约 4 cm。花药红色。果单生或 2～6 枚簇生成头状；果苞钟状，外面具细条棱，密被短柔毛兼有疏生的长柔毛，密生刺状腺体，很少无腺体，较果长但不超过 1 倍，很少较果短，上部浅裂，

裂片三角形，边缘具疏锯齿；序梗长约 1.5 cm，密被短柔毛。坚果近球形，长 7～15 mm，无毛或仅顶端疏被长柔毛。

【生境分布】生于海拔 700～2500 m 的山坡林中。罗田北部高山区有分布。

【采收加工】秋季采收。

【药用部位】成熟果实。

【药材名】榛子。

【来源】桦木科植物川榛 *Corylus heterophylla* var. *sutchuensis* Franchet 果实。

【性味】甘，平。

【功能主治】健胃。主治食欲不佳。

【用法用量】21～25 g，水煎，冲黄酒、红糖，早晚饭前服。

四十五、壳斗科　Fagaceae

栗属 *Castanea* Mill.

97. 栗 *Castanea mollissima* Bl.

【别名】板栗、栗果、大栗。

【形态】落叶乔木，高 15～20 m。树皮暗灰色，不规则深裂，枝条灰褐色，有纵沟，皮上有许多黄灰色的圆形皮孔。冬芽短，阔卵形，被茸毛。单叶互生，薄革质，长圆状披针形或长圆形，长 12～15 cm，宽 5.5～7 cm，基部楔形或两侧不相等，先端尖尾状，上面深绿色，有光泽，羽状侧脉 10～17 对，中脉上有毛；下面淡绿色，有白色茸毛，边缘有疏锯齿，齿端为

内弯的刺毛状；叶柄短，有长毛和短茸毛。花单性，雌雄同株；雄花序穗状，生于新枝下部的叶腋，长 15～20 cm，淡黄褐色，雄蕊 8～10；雌花无梗，生于雄花序下部，外有壳斗状总苞，子房下位，花柱 5～9。总苞球形，直径 3～5 cm，外面生尖锐被毛的刺，内藏坚果 2～3 枚，成熟时裂为 4 瓣。坚果深褐色，直径 2～3 cm。花期 4—6 月。果期 8—10 月。

【生境分布】 罗田境内均有栽培。

【药用部位】 种仁、外种皮、总苞、花、树皮、根皮、内种皮、叶。

【药材名】 栗米、栗壳、栗苞、栗花、栗莶、栗树根、栗树皮、栗叶。

（1）栗米。

【采收加工】 成熟时采收，除去外壳及和皮。

【来源】 壳斗科植物栗 *Castanea mollissima* Bl. 的种仁。

【化学成分】 果实含蛋白质、脂肪、糖、灰分、淀粉及维生素 B、脂肪酶等。

【性味】 甘，温。

【归经】 归脾、胃、肾经。

【功能主治】 养胃健脾，补肾强筋，活血止血。主治反胃，泄泻，腰脚软弱，便血，金疮，瘰疬。

【用法用量】 内服：生食、煮食或炒存性研末服。外用：捣敷。

【注意】 ①孟诜：栗子蒸炒食之令气拥，患风水气者不宜食。

②《本草衍义》：小儿不可多食，生者难化，熟即滞气隔食，往往致小儿病。

③《得配本草》：多食滞脾恋膈，风湿病者禁用。

④《随息居饮食谱》：外感末去，痞满，疳积，疟痢，产后，小儿，病人不饥、便秘者并忌之。

【附方】 ①治肾虚腰膝无力：栗楔风干，每日空心食七枚，再食猪肾粥。（《经验方》）

②治小儿脚弱无力，三、四岁尚不能行步：日以生栗与食。（姚可成《食物本草》）

③治气管炎：板栗肉 250 g。煮瘦肉服。（《草药手册》）

④治筋骨肿痛：板栗果捣烂敷患处。（《浙江天目山药用植物志》）

⑤治小儿疳疮：捣栗子涂之。（《肘后备急方》）

⑥治金刃斧伤：独壳大栗研敷，或仓卒捣敷亦可。（《李时珍濒湖集简方》）

（2）栗壳。

【采收加工】 成熟时采收，除去外壳、内果皮及种仁。

【来源】 壳斗科植物栗 *Castanea mollissima* Bl. 的外果皮。

【性味】 《本草纲目》：甘、涩，平，无毒。

【功能主治】 主治反胃，鼻衄，便血。

【用法用量】 内服：煎汤、研末或入丸剂。

【附方】 ①治膈气：栗子黑壳煅，同舂米槌上糠等份，蜜丸梧桐子大。每空心下三十丸。（姚可成《食物本草》）

②治鼻衄累医不止：栗壳 250 g，烧灰，研为末。每服 6 g，以粥饮调服。（《太平圣惠方》）

③治痰火瘰疬：栗壳和猪精肉，煎汤服。（《岭南采药录》）

（3）栗苞。

【别名】 栗毛壳、栗刺壳、风栗壳、板栗壳斗。

【采收加工】 未成熟时采收。

【来源】 壳斗科植物栗 *Castanea mollissima* Bl. 的总苞。

【功能主治】 主治丹毒，瘰疬痰核，百日咳。

【用法用量】 内服：煎汤，15～32 g。外用：煎水洗或研末调敷。

【附方】①治痰火头病：风栗壳 32 g，蜜枣三枚。同煎服。（《广东中药》）

②治痰火核：风栗壳配夏枯草，煎服。（《广东中药》）

③治丹毒红肿：板栗壳斗，水煎，洗患部。（《草药手册》）

④治小儿百日咳：风栗壳 10 g，加糖冬瓜 25 g，煎服。（《广东中药》）

（4）栗花。

【采收加工】栗开花时采收。

【来源】壳斗科植物栗 Castanea mollissima Bl. 的花。

【化学成分】栗花含精氨酸。

【性味】①《滇南本草》：性微温，微苦涩。

②《四川中药志》：性平，味涩，无毒。

【功能主治】主治泻痢，便血，瘰疬。

【用法用量】内服：煎汤，3～6 g；或研末。

【附方】治瘰疬久不愈：采栗花同贝母为末。每日酒下 3 g。（姚可成《食物本草》）

（5）栗荴。

【采收加工】成熟时采收，除去外果皮及种仁。

【来源】壳斗科植物栗 Castanea mollissima Bl. 的内果皮。

【性味】甘、涩，平，无毒。

【功能主治】主治瘰疬，骨鲠。

【附方】①治栗子颈：栗蓬内膈断薄衣（栗荴），捣敷之。（姚可成《食物本草》）

②治骨鲠在咽：栗子内薄皮（栗荴）烧存性，研末，吹入咽中。（《本草纲目》）

（6）栗树根。

【采收加工】四季可采。

【来源】壳斗科植物栗 Castanea mollissima Bl. 的树根。

【性味】《四川中药志》：味甘淡，性平，无毒。

【功能主治】①汪颖《食物本草》：治偏肾（疝）气，酒煎服之。

②《四川中药志》：治血痹。

【用法用量】内服：煎汤，6～10 g；或浸酒。

【附方】治红肿牙痛：板栗根、棕树根。煎水煮蛋吃。（《草药手册》）

（7）栗树皮。

【别名】栗树白皮。

【采收加工】四季可采。

【来源】壳斗科植物栗 Castanea mollissima Bl. 的树皮。

【功能主治】主治丹毒，癞疮，口疮，漆疮，打伤。

【用法用量】外用：煎水洗或烧灰敷。

【附方】治漆疮：栗树皮或根 250～500 g。水煎，冲铁锈 50～100 g，洗患处，一日 2～3 次。（《浙江天目山药用植物志》）

（8）栗叶。

【来源】壳斗科植物栗 Castanea mollissima Bl. 的叶。

【采收加工】夏、秋季可采收。

【功能主治】①《滇南本草》：治喉疔火毒，煎服（6～10 g）。

②《现代实用中药》：为收敛剂。外用涂漆疮。

98. 茅栗 *Castanea seguinii* Dode

【别名】野栗子、野茅栗、毛栗、毛板栗。

【形态】落叶灌木或小乔木，高6～15 m。叶互生。薄革质，椭圆状长圆形或长圆状倒卵形至长圆状披针形，长9.5～13 cm，宽3.5～4.5 cm，基部圆钝或略近心形，先端渐尖，边缘具短刺状小锯齿，羽状侧脉12～16对，上面光亮，脉上有毛，下面黄褐色，具鳞状腺点。花单性，雌雄同株：雄花序穗状，单生于新枝叶腋，直立，长6～7 cm，单被花，雄蕊10～14；雌花生于雄花序下部，通常3花聚生，子房下位，6室；总苞近球形，直径3～4 cm，外面生细长尖刺，刺长4～5.5 mm。每壳斗有坚果3～7枚；坚果扁圆形，褐色，直径1～1.5 cm。花期5月。果期9—10月。

【生境分布】罗田各地均有分布。

【采收加工】总苞在未成熟时采收；树皮、根四季可采。

【药用部位】总苞、树皮、根。

【药材名】茅栗苞、茅栗树皮、茅栗根。

【来源】壳斗科植物茅栗 *Castanea seguinii* Dode 的总苞或树皮或根。

【功能主治】主治肺炎，肺结核，丹毒，疮毒。

【用法用量】内服：煎汤，15～32 g。外用：煎水洗。

【附方】①治肺结核：茅栗根32 g，大青叶32 g，虎刺、地葱、白及、百合、百部各10 g，土大黄6 g。猪肺为引，水煎，服汤，食肺。

②治肺炎：茅栗根、虎刺根、黄荆根、黄栀子根各10 g，灯心为引，水煎服。

③治丹毒、疮毒：茅栗总苞或树皮，煎汁外洗。（①～③方出自《草药手册》）

锥属 *Castanopsis*（D. Don）Spach

99. 苦槠 *Castanopsis sclerophylla*（Lindl.）Schott.

【别名】株子。

【形态】乔木，高5～10 m，稀达15 m，胸径30～50 cm，树皮浅纵裂，片状剥落，小枝灰色，散生皮孔，当年生枝红褐色，略具棱，枝、叶均无毛。叶二列，叶片革质，长椭圆形，卵状椭圆形或兼有倒卵状椭圆形，长7～15 cm，宽3～6 cm，顶部渐尖或骤狭急尖，短尾状，基部近于圆形或宽楔形，通常一侧略短且偏斜，叶缘在中部以上有锯齿状锐齿，很少兼有全缘叶，中脉在叶面至少下半段微凸起，上半段微凹陷，支脉明显或甚纤细，成长叶叶背淡银灰色；叶柄长1.5～2.5 cm。花序轴无毛，雄穗状花序通常单穗腋生，雄蕊10～12枚；雌花序长达15 cm。果序长8～15 cm，壳斗有坚果1个，偶有2～3个，圆球形或半圆球形，全包或包着坚果的大部分，直径12～15 mm，壳壁厚1 mm以内，不规则瓣状爆裂，小苞片鳞片状，大部分退化并横向连生成脊肋状圆环，或仅基部连生，呈环带状凸起，外壁被黄棕色微柔毛；坚果近圆球形，直径 10～14 mm，顶部短尖，被短伏毛，果脐位于坚果的底部，宽 7～9 mm，子叶平凸，有涩味。花期 4—5 月，果 10—11 月。

【生态环境】生于丘陵或低山森林中。罗田各地均有分布。

【采收加工】10 月果实成熟后采收，除去外果皮。

【药用部位】种仁。

【药材名】苦槠子。

【来源】壳斗科植物苦槠 *Castanopsis sclerophylla*（Lindl.）Schott. 的种仁。

【性味】①《本草拾遗》：味苦涩。

②《饮膳正要圆》：味酸、甘，性微寒、平，无毒。

【功能主治】止泻痢，除恶血，止痛。

①《本草拾遗》：止泄痢，食之不饥，令健行，能除恶血，止渴。

②《随息居饮食谱》：患酒膈者，细嚼频食。

【用法用量】内服：煎汤，15～32 g。

【注意】《随息居饮食谱》：气实肠燥者勿食。

栎属 *Quercus* L.

100. 麻栎 *Quercus acutissima* Carruth.

【别名】青刚、橡碗树。

【形态】落叶乔木，高达 30 m，胸径达 1 m，树皮深灰褐色，深纵裂。幼枝被灰黄色柔毛，后渐脱落，老时灰黄色，具淡黄色皮孔。冬芽圆锥形，被柔毛。叶片形态多样，通常为长椭圆状披针形，长 8～19 cm，宽 2～6 cm，顶端长渐尖，基部圆形或宽楔形，叶缘有刺芒状锯齿，叶片两面同色，幼时被柔毛，老时无毛或叶背面脉上有柔毛，侧脉每边 13～18 条；叶柄长 1～3（5）cm，幼时被柔毛，后渐

脱落。雄花序常数个集生于当年生枝下部叶腋，有花 1～3 朵，花柱 3。壳斗杯形，包着坚果约 1/2，连小苞片直径 2～4 cm，高约 1.5 cm；小苞片钻形或扁条形，向外反曲，被灰白色茸毛。坚果卵形或椭圆形，直径 1.5～2 cm，高 1.7～2.2 cm，顶端圆形，果脐凸起。花期 3—4 月，果期翌年 9—10 月。

【生态环境】罗田各地均有分布。

【采收加工】 秋季采果实，晒干；夏季采苞，树皮四季可采。

【药用部位】 树皮、果实、总苞。

【药材名】 麻栎树皮、麻栎苞。

【来源】 壳斗科植物麻栎 *Quercus acutissima* Carruth. 的果实及树皮、叶。

【性味】 树皮、叶：苦、涩，微温。

【功能主治】 麻栎树皮：主治泻痢，瘰疬恶疮；麻栎苞：主治泻痢脱肛，肠风下血，崩中带下。

【用法用量】 树皮、叶、果：均为 3～10 g，水煎服。

101. 短柄枹栎 *Quercus serrata* var. *brevipetiolata* (A. DC.) Nakai

【别名】 青冈栎，紫心木、花哨树、细叶桐、铁栎。

【形态】 本变种与原变种不同处，叶常聚生于枝顶，叶片较小，长椭圆状倒卵形或卵状披针形，长 5～11 cm，宽 1.5～5 cm；叶缘具内弯浅锯齿，齿端具腺；叶柄短，长 2～5 mm。

【生态环境】 罗田境内山坡荒地。

【采收加工】 秋季采果实，晒干；根或树皮四季可采。

【药用部位】 果实，根或树皮。

【药材名】 青冈栎。

【来源】 壳斗科植物短柄枹栎 *Quercus serrata* var. *brevipetiolata* (A. DC.)Nakai 的根或树皮。

【功能主治】 涩肠止泻。

【用法用量】 树皮、果：均为 3～10 g，水煎服。

四十六、榆科　Ulmaceae

朴属 *Celtis* L.

102. 黑弹树 *Celtis bungeana* Bl.

【别名】 小叶朴。

【形态】 落叶乔木，高达 10 m，树皮灰色或暗灰色；当年生小枝淡棕色，老后色较深，无毛，散生椭圆形皮孔，去年生小枝灰褐色；冬芽棕色或暗棕色，鳞片无毛。叶厚纸质，狭卵形、长圆形、卵状椭圆形至卵形，长 3～7（15）cm，宽 2～4（5）cm，基部宽楔形至近圆形，稍偏斜至几乎不偏斜，先端尖至渐尖，中部以上疏具不规则浅齿，有时一侧近全缘，无毛；叶柄淡黄色，长 5～15 mm，上面有沟槽，幼时槽中有短毛，老后脱净；萌发枝上的叶形变异较大，先端可具尾尖且有糙毛。果单生叶腋（在极少情况下，一总梗上可具 2 果），果柄较细软，无毛，长 10～25 mm，果成熟时蓝黑色，近球形，直径 6～8 mm；

核近球形，肋不明显，表面极大部分近平滑或略具网孔状凹陷，直径 4～5 mm。花期 4—5 月，果期 10—11 月。

【生境分布】　多生于村落平地、路旁及河岸边等地。罗田各地均有分布。

【采收加工】　夏季采收。

【药用部位】　根皮。

【药材名】　黑弹树皮。

【来　源】　榆科植物黑弹树 Celtis bungeana Bl. 的树皮。

【功能主治】　根皮：止咳化痰。主治久咳不愈，慢性支气管炎。

【附方】　治腰痛：朴树皮 125～160 g，苦参 64～125 g。水煎，冲黄酒、红糖，早晚空腹各服一次。（《浙江天目山药用植物志》）

治漆疮：朴树叶取汁，外搽。

【用法用量】　煎服，每次 10～15 g，一日三次。

刺榆属 *Hemiptelea* Planch.

103. 刺榆 *Hemiptelea davidii*（Hance）planch.

【别名】　柘榆、梗榆、钉枝榆、刺梅。

【形态】　落叶乔木，高可达 10 m。树皮暗灰色，深沟裂；幼枝灰褐色，具密毛或疏生柔毛，有粗长的刺。叶互生，椭圆形或椭圆状长圆形，长 4～7 cm，宽 1.5～3 cm，先端微钝，基部圆形或广楔形，边缘有粗锯齿，上面绿色，疏生脱落性柔毛，毛脱落后留有黑色凹痕，下面黄绿色。沿叶脉初具疏生柔毛，后渐脱落；叶柄长 1～4 mm，密被短茸毛。花杂性同株，1～4 朵簇生于小枝下部或叶腋；花萼 4～5 裂；

雄蕊 4；雌蕊歪生，花柱 2 裂。坚果扁，长 5～7 mm，具歪形的翅，先端 2 裂，萼宿存，花期 4—5 月。果期 9—10 月。

【生境分布】　生于山麓、路旁、村落附近。罗田各地均有分布。

【采收加工】　根皮、树皮四季可采；嫩叶春季采。

【药用部位】　皮。

【药材名】　刺榆皮。

【来源】　榆科植物刺榆 *Hemiptelea davidii*（Hance）planch. 的根皮、树皮或嫩叶。

【功能主治】　《浙江天目山药用植物志》：治痈肿，根皮或树皮和醋捣烂敷患处；治水肿，嫩叶作羹食。

榆属 *Ulmus* L.

104. 榔榆 *Ulmus parvifolia* Jacq.

【别名】朗榆、叶榆、枸丝榆、田柳榆。

【形态】落叶乔木，高可达 25 m，胸径可达 1 m。树皮灰褐色，成不规则鳞片状脱落。老枝灰色，小枝红褐色，多柔毛。单叶互生，椭圆形、椭圆状倒卵形至卵圆形或倒卵形，长 1.5 ~ 5.5 cm，宽 1 ~ 2.8 cm，基部圆形，稍歪，先端短尖，叶缘具单锯齿，上面光滑或微粗糙，深绿色，下面幼时有毛，后脱落，淡绿色；叶有短柄；托叶狭，早落。花簇生于叶腋；有短梗；花被 4 裂；雄蕊 4，花药椭圆形；雌蕊柱头 2 裂，向外反卷。翅果卵状椭圆形，顶端有凹陷。种子位于中央，长约 1 cm。花期 7—9 月，果期 10 月（浙江）。

【生境分布】生于平原丘陵地、山地及疏林中。罗田有少量分布。

【采收加工】秋季采收，晒干或鲜用。

【药用部位】树皮或根皮。

【药材名】榆树皮。

【来源】榆科植物榔榆 *Ulmus parvifolia* Jacq. 的树皮或根皮。

【性味】①《本草拾遗》：甘，寒，无毒。

②《浙江民间常用草药》：性寒，味苦。

【功能主治】利尿，通淋，消痈。

【附方】①治乳痈：榔榆根白皮 64 ~ 125 g。水煎服，渣加白糖捣敷患处。（《浙江民间常用草药》）

②治风毒流注：榔榆干根 32 ~ 64 g。水煎服。（《福建中草药》）

榉属 *Zelkova* Spach，nom. gen. cons.

105. 榉树 *Zelkova serrata*（Thunb.）Makino

【别名】大叶榉。

【形态】乔木，高达 30 m，胸径达 100 cm；树皮灰白色或褐灰色，呈不规则的片状剥落；当年生枝紫褐色或棕褐色，疏被短柔毛，后渐脱落；冬芽圆锥状卵形或椭圆状球形。叶薄纸质至厚纸质，大小形状变异很大，卵形、椭圆形或卵状披针形，长 3 ~ 10 cm，宽 1.5 ~ 5 cm，先端渐尖或尾状渐尖，基部有的稍偏斜，圆形或浅心形，稀宽楔形，叶面绿，干后绿或深绿，稀暗褐色，稀带光泽，幼时疏生糙毛，后脱落变平滑，叶背浅绿，幼时被短柔毛，后脱落或仅沿主脉两侧残留稀疏的柔毛，边缘有圆齿状锯齿，具短尖头，侧脉（5）7 ~ 14 对；叶柄粗短，长 2 ~ 6 mm，被短柔毛；托叶膜质，紫褐色，披针形，长 7 ~ 9 mm。雄花具极短的梗，直径约 3 mm，花被裂至中部，花被裂片（5）6 ~ 7（8），不等大，外面被细毛，退化子房缺；雌花近无梗，直径约 1.5 mm，花被片 4 ~ 5（6），外面被细毛，子房被细毛。核果几乎无梗，淡绿色,斜卵状圆锥形,上面偏斜,凹陷,直径2.5～3.5 mm,具背腹脊,网肋明显,表面被柔毛,具宿存的花被。花期4月,果期9—11月。

【生态环境】 生于河谷、溪边疏林中,海拔500～1900 m。罗田北部山区有分布。

【采收加工】 夏季采收。

【药用部位】 皮和叶。

【药材名】 榉树皮。

【来源】 榆科榉树 *Zelkova serrata* (Thumb.）Makino 的树皮。

【性味】 苦,寒。

【功能主治】 清热安胎。主治感冒,头痛,肠胃实热,痢疾,妊娠腹痛,全身水肿,小儿血痢,急性结膜炎。叶可治疗疮。

【用法用量】 内服: 6～10 g,水煎服。外用捣敷。

四十七、桑科　Moraceae

构属 *Broussonetia* L'Hert. ex Vent.

106. 楮 *Broussonetia kazinoki* Sieb.

【别名】 小构。

【形态】 灌木,高2～4 m;小枝斜上,幼时被毛,成长脱落。叶卵形至斜卵形,长3～7 cm,宽3～4.5 cm,先端渐尖至尾尖,基部近圆形或斜圆形,边缘具三角形锯齿,不裂或3裂,表面粗糙,背面近无毛;叶柄长约1 cm;托叶小,线状披针形,渐尖,长3～5 mm,宽0.5～1 mm。花雌雄同株;雄花序球形头状,直径8～10 mm,雄花花被3～4裂,裂片三角形,外面被毛,雄蕊3～4,花药椭圆形;雌花序球形,被柔毛,花被管状,顶端齿裂,或近全缘,花柱单生,仅在近中部有小凸起。聚花果球形,直径8～10 mm;瘦果扁球形,外果皮壳质,表面具瘤体。花期4—5月,果期5—6月。

【生境分布】 多生于中海拔以下,低山地区山坡林缘、沟边、住宅近旁、山坡灌丛、溪边路旁或次生杂木林中。罗田各地均有分布。

【采收加工】 根,四季可采;叶,夏季采收,鲜用。

【药用部位】 根、叶。

（1）小构树叶。

【性味】 淡,凉。

【功能主治】 清热解毒,祛风止痒,

敛疮止血。主治痢疾，神经性皮炎，疥癣，疖肿，刀伤出血。

【用法用量】　内服：煎汤，30～60 g；或捣汁饮。外用：适量，捣烂敷；或绞汁搽。

（2）小构树汁。

【采收加工】　全年均可采，割划树皮，使胶汁流出，收集。

【功能主治】　祛风止痒，清热解毒。主治皮炎，疥癣，蛇虫犬咬。

【用法用量】　外用：适量，取汁涂。

107. 构树 *Broussonetia papyrifera*（L.）L'Hert. ex Vent.

【别名】　榖木子、纱纸树、构树子、壳树、鹿仔树。

【形态】　乔木，高 10～20 m；树皮暗灰色；小枝密生柔毛。叶螺旋状排列，广卵形至长椭圆状卵形，长 6～18 cm，宽5～9 cm，先端渐尖，基部心形，两侧常不相等，边缘具粗锯齿，不分裂或 3～5 裂，小树之叶常有明显分裂，表面粗糙，疏生糙毛，背面密被茸毛，基生叶脉三出，侧脉 6～7 对；叶柄长 2.5～8 cm，密被糙毛；托叶大，卵形，狭渐尖，长 1.5～2 cm，

宽 0.8～1 cm。花雌雄异株；雄花序为柔荑花序，粗壮，长 3～8 cm，苞片披针形，被毛，花被 4 裂，裂片三角状卵形，被毛，雄蕊 4，花药近球形，退化雌蕊小；雌花序球形头状，苞片棍棒状，顶端被毛，花被管状，顶端与花柱紧贴，子房卵圆形，柱头线形，被毛。聚花果直径 1.5～3 cm，成熟时橙红色，肉质；瘦果具与等长的柄，表面有小瘤，龙骨双层，外果皮壳质。花期 4—5 月，果期 6—7 月。

【生境分布】　野生。罗田各地均有分布。

【采收加工】　8—10 月果实成熟呈红色时采集、晒干，除去浮皮，筛去外壳，收集细小果实即可。

【药用部位】　除种子供药用外，本植物的嫩根或根皮（楮树根）、树皮（楮树白皮）、树枝（楮茎）、叶（楮叶）、茎皮部的白色乳汁（楮皮间白汁）亦供药用。

【药材名】　楮实子。

【来源】　桑科植物构树 *Broussonetia papyrifera*（L.）L'Hert. ex Vent. 的种子。

【性状】　小瘦果扁圆形或扁卵形，长约 2 mm，宽 1.5～2 mm。表面橙红色或棕红色，有微细网状纹理或颗粒状凸起，一侧具凹沟，另一侧具棱线，基部有子房残痕。质硬，内含种子 1 粒；种皮红棕色，种仁白色，油质。味淡。

【炮制加工】　《雷公炮炙论》：凡使（楮实），采得后用水浸三日，将物搅旋，投水浮者去之，然后晒干，却用酒浸一伏时了，便蒸，从巳至亥，出，焙令干用。

【性味】　甘，寒。

【功能主治】　补肾清肝，明目，利尿。用于腰膝酸软、虚劳骨蒸、眩晕目昏、目生翳膜、水肿胀满等。

【用药忌宜】　《本草经疏》：脾胃虚寒者不宜。

【用法用量】　内服：煎汤，10～15 g；或入丸、散。外用：捣敷。

【附方】　楮实丸：楮实 1000 g（水淘去浮者，微炒，捣如泥），桂心 125 g，牛膝 160 g（去苗），干姜 95 g（炮裂，锉），上为末，煮枣肉为丸，如梧桐子大，每服 30 丸，渐加至 50 丸，空心时以温酒送下。

功效为明目益力，轻身补暖。用于积冷，气冲胸背，及心痛有蛔虫，痔瘘疥癣，气块积聚，心腹胀满，两胁气急，食不消化，急行气奔心肋，并疝气下坠，饮食不下，吐水呕逆，上气咳嗽，眼花少力，心虚健忘，冷风等，坐则思睡，起则头旋，男子冷气，腰疼膝痛，冷痹风顽，阴汗盗汗，夜多小便，泄痢，阳道衰弱，妇人月水不通，小腹冷痛，赤白带下，一切冷气，无问大小。（《太平圣惠方》）

大麻属 *Cannabis* L.

108. 大麻 *Cannabis sativa* L.

【别名】麻子仁、大麻子、大麻仁、冬麻子、火麻子。

【形态】一年生直立草本，高 1～3 m，枝具纵沟槽，密生灰白色贴伏毛。叶掌状全裂，裂片披针形或线状披针形，长 7～15 cm，中裂片最长，宽 0.5～2 cm，先端渐尖，基部狭楔形，表面深绿，微被糙毛，背面幼时密被灰白色贴状毛后变无毛，边缘具向内弯的粗锯齿，中脉及侧脉在表面微下陷，背面隆起；叶柄长 3～15 cm，密被灰白色贴伏毛；托叶线形。雄花序长达 25 cm；花黄绿色，花被 5，膜质，外面被细伏贴毛，雄蕊 5，花丝极短，花药长圆形；小花柄长 2～4 mm；雌花绿色；花被 1，紧包子房，略被小毛；子房近球形，外面包于苞片。瘦果为宿存黄褐色苞片所包，果皮坚脆，表面具细网纹。花期 5—6 月，果期为 7 月。

【生境分布】全国各地均有栽培。

【采收加工】秋、冬季果实成熟时，割取全株，晒干，打下果实，除去杂质。

【药用部位】种仁。

【药材名】火麻仁。

【来源】桑科植物大麻 *Cannabis sativa* L. 的种仁。

【性状】干燥果实呈扁卵圆形，长 4～5 mm，直径 3～4 mm。表面光滑，灰绿色或灰黄色，有微细的白色、棕色或黑色花纹，两侧各有 1 条浅色棱线。一端钝尖，另一端有一果柄脱落的圆形凹点。外果皮菲薄，内果皮坚脆。绿色种皮常黏附在内果皮上，不易分离。胚乳灰白色，菲薄；子叶两片，肥厚，富油性。气微，味淡。以色黄、无皮壳、饱满者佳。

【毒性】误食一定数量的火麻仁（炒熟者），可发生中毒。

据报道，大多在食火麻仁后 2 h 内发病，最长 12 h，中毒程度之轻重与进食量的多少成正比。临床症状表现为恶心、呕吐、腹泻、四肢发麻、烦躁不安、精神错乱、手舞足蹈、脉搏增速、瞳孔散大、昏睡以致昏迷。解救方法：经洗胃、补液及一般对症治疗，均在 1～2 天内症状先后消失而愈，无 1 例死亡。

【炮制】拣去杂质及残留外壳，取净仁。

【性味】甘，平。

【归经】归脾、胃、大肠经。

【功能主治】润燥，滑肠，通淋，活血。主治肠燥便秘，消渴，热淋，风痹，痢疾，月经不调，疥疮，癣癞。

【用法用量】内服：煎汤，10～20 g；或入丸、散。外用：捣敷或榨油涂。

【注意】①《本草经集注》：畏牡蛎、白薇，恶茯苓。

②《食性本草》：多食损血脉，滑精气，痿阳气，妇人多食发带疾。

③《本草从新》：肠滑者尤忌。

【附方】①治伤寒趺阳脉浮而涩，浮则胃气强，涩则小便数，浮涩相搏，大便则草便，其脾为约：麻子仁500 g，芍药250 g，枳实250 g（炙），大黄500 g（去皮），厚朴一尺（250 g炙，去皮），杏仁250 g（去皮，炙，熬）。上六味，蜜和丸，如梧桐子大。饮服十丸，日三服，渐加，以知为度。（《伤寒论》）

②治大便不通：研大麻子，以米杂为粥食之。（《肘后备急方》）

③治虚劳，下焦虚热，骨节烦疼，肌肉急，小便不利，大便数少，吸吸口燥少气：大麻仁约250 g，研，水2000 ml，煮去半分，服。（《外台秘要》）

④治产后郁冒多汗，便秘：紫苏子、大麻仁各约32 g，净洗，研极细，用水再研，取汁一盏，分两次煮粥喂之。此粥不唯产后可服，大抵老人、诸虚人风秘，皆得力。（《普济方》）

⑤治大渴，日食数斗，小便赤涩者：大麻子500 g，水3升，煮三、四沸，取汁饮之。（《肘后备急方》）

⑥治五淋，小便赤少，茎中疼痛：冬麻子500 g，杵研，滤取汁2升，和米195 g，煮粥，着葱、椒及熟煮，空心服之。（《食医心鉴》）

⑦治脚气肿渴：大麻子熬令香，和水研，取500 g，别以3升水煮500 g赤小豆，取1升，即纳麻汁，更煎三、五沸，渴即饮之，冷热任取，饥时啖豆亦佳。（《外台秘要》）

⑧治风水腹大，脐腰重痛，不可转动：冬麻子160 g，碎，水研滤取汁，米195 g，以麻子汁煮作稀粥，着葱、椒、姜、豉，空心食之。（《食医心鉴》）

⑨治骨髓风毒疼痛，不可运动者：大麻仁水中浸取沉者1升，漉出曝干，炒，待香热，即入木臼捣极细如白粉，平分为十帖。每用一帖，取无灰酒一大瓷汤碗研麻粉，旋滤取白酒，直令麻粉尽，余壳即去之，都合酒一处，煎取一半，待冷热得所，空腹顿服，日服一帖。（《箧中方》）

⑩治白痢：麻子汁，煮取绿豆，空腹饱服。（孟诜《必效方》）

⑪治小儿赤白痢，体弱不堪，困重者：麻子64 g，炒令香熟，末服3 g，蜜、浆水和服。（《子母秘录》）

⑫治妇人月水不利，或至两三月、半年、一年不通者：桃仁2000 g，麻子仁2000 g，合捣，酒10 kg，渍一宿，服500 ml，日三夜一。（《肘后备急方》）

⑬治产后血不去：大麻子5 kg，捣，以酒10 kg渍一宿，明旦去滓，温服500 ml，先食服，不瘥，夜服500 ml。忌房事一月，将养如初产法。（《千金方》）

⑭治妊娠损动后腹痛：冬麻子1 kg，杵碎熬，以水20 kg，煮取汁，热沸，分为三、四服。（《食医心鉴》）

⑮治寸白虫：吴茱萸细根一把（熟捣），大麻子3 kg（熬，捣末）。上二味，以水6升和捣取汁，旦顿服之，至巳时，与好食令饱，须臾虫出，不瘥，明旦更合服之，不瘥，三日服。（《千金方》）

⑯治呕逆：大麻仁195 g，熬，捣，以水研取汁，着少盐吃。（《近效方》）

⑰治小儿头面疮疥：大麻子500 g，末之，以水和绞取汁，与蜜和敷之。（《千金方》）

⑱治小儿疳疮：捣大麻子敷之，日六、七度。（《子母秘录》）

⑲治金疮腹中瘀血：大麻子3升，大葱白二十枚。各捣令熟，著9升水，煮取1.5升，顿服之。若血出不尽，腹中有脓血，更合服，当吐脓血耳。

⑳治癞疽着手足肩背，忽发累累如赤豆，剥之汁出者：麻子熬作末，摩上良。

㉑治赤流肿丹毒：捣大麻子水和敷之。（⑲～㉑方出自《千金方》）

㉒治汤火伤：火麻仁、黄柏、黄栀子，共研末，调猪脂涂。（《四川中药志》）

㉓治聤耳，脓水不止：大麻子 64 g，花胭脂 0.3 g。研为末，满耳塞药，以绵轻拥。（《太平圣惠方》）

榕属 *Ficus* L.

109. 无花果 *Ficus carica* L.

【别名】蜜果、文仙果、奶浆果、品仙果。

【形态】落叶灌木，高 3 ～ 10 m，多分枝；树皮灰褐色，皮孔明显；小枝直立，粗壮。叶互生，厚纸质，广卵圆形，长宽近相等，10 ～ 20 cm，通常 3 ～ 5 裂，小裂片卵形，边缘具不规则钝齿，表面粗糙，背面密生细小钟乳体及灰色短柔毛，基部浅心形，基生侧脉 3 ～ 5 条，侧脉 5 ～ 7 对；叶柄长 2 ～ 5 cm，粗壮；托叶卵状披针形，长约 1 cm，红色。雌雄异株，雄花和瘿花同生于一榕果内壁，雄花生内壁口部，花被片 4 ～ 5，雄蕊 3，有时 1 或 5，瘿花花

柱侧生，短；雌花花被与雄花同，子房卵圆形，光滑，花柱侧生，柱头 2 裂，线形。榕果单生于叶腋，大而梨形，直径 3 ～ 5 cm，顶部下陷，成熟时紫红色或黄色，基生苞片 3，卵形；瘦果透镜状。花果期 5—7 月。

【生境分布】罗田有栽培。

【采收加工】秋季采收，采下后反复晒干。本品易霉蛀，须贮藏干燥处或石灰缸内。

【药用部位】根（无花果根）、叶（无花果叶）、果。

【药材名】无花果。

【来源】桑科植物无花果 *Ficus carica* L. 的干燥花托。

【性味】甘，平。

【归经】《本草汇言》：入手足太阴、手阳明经。

【功能主治】健胃清肠，消肿解毒。主治肠炎、痢疾、便秘、痔疮、喉痛、痈疮疥癣、利咽喉、开胃驱虫。用于食欲不振，脘腹胀痛，痔疮便秘，消化不良，痔疮，脱肛，腹泻，乳汁不足，咽喉肿痛，热痢，咳嗽多痰等。

【用法用量】内服：煎汤，50 ～ 100 g；或生食 1 ～ 2 枚。外用：煎水洗、研末调敷或吹喉。

【附方】①治咽喉刺痛：无花果鲜果晒干，研末，吹喉。（《泉州本草》）

②治肺热声嘶：无花果 15 g，水煎，调冰糖服。（《福建中草药》）

③治痔疮，脱肛，大便秘结：鲜无花果生吃或干果十个，猪大肠一段，水煎服。（《福建中草药》）

④治久泻不止：无花果 5 ～ 7 枚，水煎服。（《湖南药物志》）

⑤发乳：无花果 64 g，树地瓜根 64 g，金针花根 125 ～ 160 g，奶浆藤 64 g。炖猪前蹄服。（《重庆草药》）

110. 薜荔 *Ficus pumila* L.

【别名】水馒头、凉粉果、牛奶柚、薜荔果、凉粉子、木馒头子。

【形态】攀援或匍匐灌木，叶两型，不结果枝节上生不定根，叶卵状心形，长约 2.5 cm，薄革质，基部稍不对称，尖端渐尖，叶柄很短；结果枝上无不定根，革质，卵状椭圆形，长 5 ～ 10 cm，宽 2 ～ 3.5 cm，先端急尖至钝形，基部圆形至浅心形，全缘，上面无毛，背面被黄褐色柔毛，基生叶脉延长，网脉 3 ～ 4 对，在表面下陷，背面凸起，网脉甚明显，呈蜂窝状；叶柄长 5 ～ 10 mm；托叶 2，披针形，被黄褐色丝状毛。榕果单生叶腋，瘿花果梨形，雌花果近球形，长 4 ～ 8 cm，直径 3 ～ 5 cm，顶部截平，略具短钝头或为脐状凸起，基部收窄成一短柄，基生苞片宿存，三角状卵形，密被长柔毛，榕果幼时被黄色短柔毛，成熟后为黄绿色或微红；总梗粗短；雄花生于榕果内壁口部，多数，排为几行，有柄，花被片 2 ～ 3，线形，雄蕊 2 枚，花丝短；瘿花具柄，花被片 3 ～ 4，线形，花柱侧生，短；雌花生于另一植株榕果内壁，花柄长，花被片 4 ～ 5。瘦果近球形，有黏液。花果期 5—8 月。

【生境分布】罗田各地，常攀援树上、岩石或墙垣上，沟边也有生长。

【采收加工】秋季采取将熟的花序托，剪去柄，晒干。

【药用部位】花序托。

【药材名】水馒头。

【来源】桑科植物薜荔 *Ficus pumila* L. 的干燥花序托。

【性状】干燥花序托，膨大成梨形或倒卵形，黄褐色至黑褐色，长 4 ～ 6 cm，直径约 4 cm，顶端近截形，中央有一稍凸出的小孔，孔内有膜质的小苞片充塞，孔外通常有细密的褐色茸毛；下端渐狭，具有短的果柄痕迹，质坚硬而轻，内生无数单性花或黄棕色圆球状瘦果。以个大、干燥者为佳。

【性味】甘，平。

【归经】《得配本草》：归手太阳、足阳明经血分。

【功能主治】通乳，利湿，活血，消肿。主治乳汁不下，遗精，淋浊，乳糜尿，久痢，痔血，肠风下血，痈肿，疔疮。

【用法用量】内服：煎汤，6 ～ 15 g；或入丸、散；外用：煎水洗。

【附方】①治惊悸遗精：水馒头（炒）、白牵牛等份。为末，每服 6 g，用米饮调下。（《乾坤生意秘韫》）

②治阳痿遗精：薜荔果 12 g，葎草 12 g，煎服，连服半个月。（《上海常用中草药》）

③治淋证：薜荔果心，加冷开水绞汁成冻状，白糖水冲服。（《湖南药物志》）

④治乳糜尿：鲜薜荔果五个，切片，水煎服。（《福建中草药》）

⑤治乳汁不通：薜荔果两个，猪前蹄一只，煮食并次汁。（《上海常用中草药》）

⑥治久年痔漏下血：干姜、百草霜各 32 g，水馒头 64 g，乌梅、败棕、柏叶、油发各 16 g。以上七味各烧灰存性，即入桂心 10 g，白芷 15 g（俱不见火）。同为末，醋糊丸，如梧桐子大，空心米饮下。（《世医得效方》）

⑦治肠风下血不止，仍治大便急涩：枳壳（去瓤，麸炒）、水馒头（麸炒）各等份。为细末，空心食前，每服6 g，温酒调下。（《杨氏家藏方》）

⑧治疖腮：薜荔果实两枚，煮猪精肉食。（《湖南药物志》）

⑨治痈疽初起：薜荔果10 g，焙研细末，分两次吞服。（《上海常用中草药》）

⑩治阴溃囊肿：木馒头子，小茴香等份。为末，每空心酒服6 g。（《李时珍濒湖集简方》）

⑪治夜盲：薜荔果，煎汁蒸猪肝食。（《湖南药物志》）

111. 珍珠莲 *Ficus sarmentosa* var. *henryi*（King ex Oliv.）Corner

【别名】 小木莲。

【形态】 攀援或匍匐木质藤状灌木；小枝无毛，干后灰白色，具纵槽。叶排为二列，近革质，卵形至长椭圆形，长8～10 cm，宽3～4 cm，先端急尖至渐尖，基部圆形或宽楔形，全缘，表面无毛，背面干后绿白色或浅黄色，疏被褐色柔毛或无毛，侧脉7～9对，背面凸起，网脉成蜂窝状；叶柄长约1 cm，近无毛；托叶披针状卵形，薄膜质，长约8 mm。榕果单生叶腋，稀成对腋生，球形或近球形，微扁压，成熟紫黑色，光滑无毛，直径1.5～2 cm，顶部

微下陷，基生苞片3，三角形，长约3 mm，总梗长5～15 mm，榕果内壁散生刚毛，雄花、瘿花同生于一榕果内壁，雌花生于另一植株榕果内；雄花生于内壁近口部，具柄，花被片3～4；倒披针形，雄蕊2枚，花药有短尖，花丝极短；瘿花具柄，花被片4，倒卵状匙形，子房椭圆形，花柱短，柱头浅漏斗形；雌花和瘿花相似，具柄，花被片匙形，子房倒卵圆形，花柱近顶生，柱头细长。瘦果卵状椭圆形，外被一层黏液。花期5—7月。

【生境分布】 罗田北部山区有少量分布。

【采收加工】 全年可采。

【药用部位】 藤、根。

【药材名】 珍珠莲。

【来源】 桑科植物 珍珠莲 *Ficus sarmentosa* var. *henryi*（King ex Oliv.）Corner 的藤、根。

【性味】 辛，温。

【功能主治】 祛风化湿。主治慢性关节炎，乳腺炎。

【用法用量】 鲜品32～64 g，水煎服。

112. 爬藤榕 *Ficus sarmentosa* var. *impressa*（Champ.）Corner

【别名】 长叶铁牛、小号牛奶仔。

【形态】 藤状匍匐灌木。叶革质，披针形，长4～7 cm，宽1～2 cm，先端渐尖，基部钝，背面白色至浅灰褐色，侧脉6～8对，网脉明显；叶柄长5～10 mm。榕果成对腋生或生于落叶枝叶腋，球形，直径7～10 mm，幼时被柔毛。花期4—5月，果期6—7月。

【生境分布】 华东、华南、西南地区有分布，常攀援在岩石斜坡树上或墙壁上。罗田天堂寨有分布。

【来源】 桑科植物爬藤榕 *Ficus sarmentosa* var. *impressa*（Champ.）Corner. 的根、茎。

【性味】 辛、甘，温。

【功能主治】 祛风湿，舒气血，消肿止痛。主治风湿性关节痛或神经痛，跌打损伤，消化不良，气血亏虚。

【用法用量】 15～30 g，水煎或炖肉服。

葎草属 *Humulus* L.

113. 葎草 *Humulus scandens*（Lour.）Merr.

【别名】 勒草、葛勒蔓、来莓草。

【形态】 缠绕草本，茎、枝、叶柄均具倒钩刺。叶纸质，肾状五角形，掌状5～7深裂，稀为3裂，长、宽7～10 cm，基部心形，表面粗糙，疏生糙伏毛，背面有柔毛和黄色腺体，裂片卵状三角形，边缘具锯齿；叶柄长5～10 cm。雄花小，黄绿色，圆锥花序，长15～25 cm；雌花序球果状，直径约5 mm，苞片纸质，三角形，顶端渐尖，具白色茸毛；子房为苞片包围，柱头2，伸出苞片外。瘦果成熟时露出苞片外。花期春夏，果期秋季。

【生境分布】常生于沟边、荒地、废墟、林缘边。罗田各地均有分布。

【采收加工】 夏季采收干燥或鲜用。

【药用部位】 全草。

【药材名】 葎草。

【来源】 桑科植物葎草 *Humulus scandens*（Lour.）Merr. 的全草。

【性味】 甘，苦，寒，无毒。

【功能主治】 清热解毒，利尿通淋。主治肺热咳嗽，肺痈，虚热烦咳，热淋，水肿，小便不利，湿热泻痢，热毒疮疡，皮肤瘙痒。

橙桑属 *Maclura* Nutt.

114. 柘 *Maclura tricuspidata* Carr.

【别名】 灰桑树、柘树柘子、野荔枝、山荔枝、痄腮树、痄刺。

【形态】 落叶灌木或小乔木，高1～7 m；树皮灰褐色，小枝无毛，略具棱，有棘刺，刺长5～20 mm；

冬芽赤褐色。叶卵形或菱状卵形，偶为3裂，长5～14 cm，宽3～6 cm，先端渐尖，基部楔形至圆形，表面深绿色，背面绿白色，无毛或被柔毛，侧脉4～6对；叶柄长1～2 cm，被微柔毛。雌雄异株，雌雄花序均为球形头状花序，单生或成对腋生，具短总花梗；雄花序直径0.5 cm，雄花有苞片2枚，附着于花被片上，花被片4，肉质，先端肥厚，内卷，内面有黄色腺体2个，雄蕊4，与花被片对生，花丝在花芽时直立，退化雌蕊锥形；雌花序直径1～1.5 cm，

花被片与雄花同数，花被片先端盾形，内卷，内面下部有2黄色腺体，子房埋于花被片下部。聚花果近球形，直径约2.5 cm，肉质，成熟时橘红色。花期5—6月，果期6—7月。

【生境分布】喜生于阳光充足的荒山、坡地、丘陵及溪旁。罗田各地均有分布。

【采收加工】根、树皮、根皮全年可采；茎叶果实夏季采收，及时干燥。

【药用部位】根（穿破石）、树皮或根皮（柘木白皮）、茎叶（柘树茎叶）、果实（柘树果实）。

【药材名】穿破石。

【来源】桑科植物柘 *Maclura tricuspidata* Carr. 的根。

【性味】《本草纲目拾遗》：甘，温，无毒。

【功能主治】《日华子本草》：治妇人崩中血竭，疟疾。

【用法用量】内服：煎汤，32～64 g。外用：煎水洗。

【附方】①治月经过多：柘树、马鞭草、榆树。水煎，兑红糖服。（《湖南药物志》）

②洗目令明：柘树煎汤，按日温洗。（《海上方》）

③治飞丝入目：柘树浆点目，绵裹箸头，蘸水于眼上缴拭涎毒。（《医学纲目》）

桑属 *Morus* L.

115. 桑 *Morus alba* L.

【别名】水桑、黄桑。

【形态】乔木或灌木，高3～10 m或更高，胸径可达50 cm，树皮厚，灰色，具不规则浅纵裂；冬芽红褐色，卵形，芽鳞覆瓦状排列，灰褐色，有细毛；小枝有细毛。叶卵形或广卵形，长5～15 cm，宽5～12 cm，先端急尖、渐尖或圆钝，基部圆形至浅心形，边缘锯齿粗钝，有时叶为各种分裂，表面鲜绿色，无毛，背面沿脉有疏毛，脉腋有簇毛；叶柄长1.5～5.5 cm，具柔毛；托叶披针形，早落，外面密被细硬毛。花单性，腋生或生于芽鳞腋内，与叶同时生出；雄花序下垂，长2～3.5 cm，密被白色柔毛，雄花花被片宽椭圆形，淡绿色。花丝在芽时内折，花药2室，球形至肾形，纵裂；雌花序长1～2 cm，被毛，总花梗长5～10 mm，被柔毛，雌花无梗，花被片倒卵形，顶端圆钝，外面和边缘被毛，两侧紧抱子房，无花柱，柱头2裂，内面有乳头状凸起。聚花果卵状椭圆形，长1～2.5 cm，成熟时红色或暗紫色。花期4—5月，果期5—8月。

（1）桑皮。

【采收加工】 冬季采挖，洗净，趁新鲜刮去棕色栓皮，纵向剖开，以木槌轻击，使皮部与木心分离，剥取白皮，晒干。

【来源】 桑科植物桑 *Morus alba* L. 除去栓皮的根皮。

【性状】 干燥根皮多呈长而扭曲的板状，或两边向内卷曲成槽状。长短宽狭不一，厚 1～5 mm。外表面淡黄白色或近白色，有少数棕黄色或红黄色斑点，较平坦，有纵向裂纹及稀疏的纤维。内表面黄白色或灰黄色，平滑，有细纵纹，或纵向裂开，

露出纤维。体轻，质韧，难折断，易纵裂，撕裂时有白色粉尘飞出。微有豆腥气，味甘微苦。以色白、皮厚、粉性足者为佳。

【药理作用】 ①利尿作用。

②降压作用。

③镇静作用。

【炮制】 桑皮：刷去灰屑，洗净，润透后切丝，晒干。蜜桑皮：取桑皮丝，加炼熟蜂蜜与开水少许，拌匀，稍闷润，置锅内用文火炒至变为黄色、不粘手为度，取出，放凉。（每桑皮丝 50 kg，用炼熟蜂蜜 15 kg）

【性味】 甘，寒。

【归经】 归肺、脾经。

【功能主治】 泻肺平喘，行水消肿。主治肺热喘咳，吐血，水肿，脚气，小便不利。

【用法用量】 内服：煎汤，6～15 g；或入散剂。外用：捣汁涂或煎水洗。

【注意】 肺虚无火，小便多及风寒咳嗽忌服。

①《本草经集注》：续断、桂心、麻子为之使。

②《本草经疏》：肺虚无火，因寒袭之而发咳嗽者勿服。

③《得配本草》：肺虚，小便利者禁用。

【附方】 ①治小儿肺盛，气急喘嗽：地骨皮、桑白皮（炒）各 32 g，甘草（炙）3 g。锉散，入粳米一撮，水两小盏，煎七分，食前服。（《小儿药证直诀》）

②治咳嗽甚者，或有吐血殷鲜：桑根白皮 500 g。米泔浸三宿，净刮上黄皮，锉细，入糯米 125 g，焙干，一处捣为末。每服米饮调下 3～6 g。（《经验方》）

③治水饮停肺，胀满喘急：桑根白皮 6 g，麻黄、桂枝各 4.5 g，杏仁十四粒（去皮），细辛、干姜各 4.5 g。水煎服。（《本草汇言》）

④治小便不利，面目浮肿：桑白皮 12 g，冬瓜仁 15 g，葶苈子 10 g。煎汤服。（《上海常用中草药》）

⑤治卒小便多，消渴：桑根白皮，炙令黄黑，锉，以水煮之令浓，随意饮之；亦可纳少米，勿用盐。（《肘后备急方》）

⑥治糖尿病：桑白皮 12 g，枸杞子 15 g，煎汤服。（《上海常用中草药》）

⑦治病毒性肝炎：鲜桑白皮 64 g，白糖适量。水煎，分二次服。（《福建中医药》）

⑧治产后下血不止：炙桑白皮，煮水饮之。（《肘后备急方》）

⑨治小儿尿灶火丹，初从两股起，及脐间，走阴头，皆赤色者：水 2 升，桑皮（切）2 升，煮取汁，浴之。（《千金方》）

⑩治石痈坚如石，不作脓者：蜀桑根白皮，阴干捣末，烊胶，以酒和敷肿。（《千金方》）

⑪治蜈蚣毒：桑根皮捣烂敷或煎洗。（《湖南药物志》）

⑫治坠马拗损：桑根白皮 160 g。为末，水 1 升，煎成膏。敷于损处。（《经验后方》）

⑬治咳嗽：桑白皮、白萝卜，共一处，水煎，露一夜，清晨温热服之。《万密斋医学全书》

（2）桑叶。

【别名】铁扇子。

【采收加工】10—11 月间霜后采收，除去杂质，晒干。

【来源】桑科植物桑 *Morus alba* L. 的叶。

【性状】干燥叶片多卷缩破碎，完整者呈卵形或宽卵形，长 8～13 cm，宽 7～11 cm。先端尖，边缘有锯齿，有时作不规则分裂，基部截形、圆形或心形。上面黄绿色，略有光泽，沿叶脉处有细小茸毛；下面色稍浅，叶脉凸起，小脉交织成网状，密生细毛。质脆易碎。气微，味淡，微苦涩。以叶片完整、大而厚、色黄绿、质脆、无杂质者为佳。习惯应用桑叶以经霜者为佳，称"霜桑叶"或"冬桑叶"。

【炮制】桑叶：拣去杂质，搓碎，簸去梗，筛去泥屑。蜜桑叶：取净桑叶，加炼熟的蜂蜜和开水少许，拌匀，稍闷润，置锅内用文火炒至不粘手为度，取出，放凉。（每桑叶 100 kg，用炼熟蜂蜜 20～25 kg）

【性味】苦、甘、寒。

【归经】归肺、肝经。

【功能主治】祛风清热，凉血明目。主治风温发热，头痛，目赤，口渴，肺热咳嗽，风痹，瘾疹，下肢象皮肿。

【用法用量】内服：煎汤，4.5～10 g；或入丸、散。外用：煎水洗或捣敷。

【附方】①治太阴风温，但咳，身不甚热，微渴者：杏仁 6 g，连翘 4.5 g，薄荷 2 g，桑叶 7.5 g，菊花 3 g，苦梗 6 g，甘草 2.4 g（生），苇根 6 g。水两杯，煮取一杯，日两服。（《温病条辨》）

②治风眼下泪：腊月不落桑叶，煎汤日日温洗，或入芒硝。（《李时珍濒湖集简方》）

③治天行赤眼，风热肿痛，目涩眩赤：铁扇子两张，以滚水冲半盏，盖好，候汤温，其色黄绿如浓茶样为出味，然后洗眼，拭干；隔 1～2 时，再以药汁碗隔水炖热，再洗，每日洗 3～5 次。（《养素园传信方》）

④治肝阴不足，眼目昏花，咳久不愈，肌肤甲错，麻痹不仁：嫩桑叶（去蒂，洗净，晒干，为末）500 g，黑胡麻子（淘净）125 g，将胡麻擂碎，熬浓汁，和白蜜 500 g，炼至滴水成珠，入桑叶末为丸，如梧桐子大。每服 10 g，空腹时盐汤、临卧时温酒送下。（《医级》）

⑤治吐血：晚桑叶，微焙，不计多少，捣罗为细散。每服 10 g，冷腊茶调如膏，入麝香少许，夜卧含化咽津。只一服止，后用补肺药。（《圣济总录》）

⑥治霍乱已吐利后，烦渴不止：桑叶一握，切，以水一大盏，煎至五分，去滓，不计时候温服。（《太平圣惠方》）

⑦治小儿渴：桑叶不拘多少，用生蜜逐叶上敷过，将线系叶蒂上绷，阴干，细切，用水煎汁服之。（《胜金方》）

⑧治穿掌毒肿：新桑叶研烂敷之。（《通玄论》）

⑨治痈口不敛：经霜黄桑叶，为末敷之。（《仁斋直指方》）

⑩治火烧及汤泡疮：经霜桑叶，焙干，烧存性，为细末，香油调敷或干敷。（《医学正传》）

⑪治咽喉红肿，牙痛：桑叶 10 g，煎服。（《上海常用中草药》）

⑫治头目眩晕：桑叶 10 g，菊花 10 g，枸杞子 10 g，决明子 6 g。水煎代茶饮。（《山东中草药手册》）

⑬治摇头风（舌伸出，流清水，连续摇头）：桑叶 3～6 g，水煎服。（《草药手册》）

（3）桑皮汁。

【别名】桑汁、桑白皮汁、桑木汁。

【来源】　桑科植物桑 *Morus alba* L. 树皮中的白色液汁。

【采收加工】　夏季割皮取鲜汁。

【性味】　《本草汇言》：味苦。

【功能主治】　主治小儿口疮，外伤出血。

【用法用量】　外用：涂搽。内服：开水冲。

【附方】　①治小儿鹅口：桑白皮汁和胡粉，敷之。（《子母秘录》）

②治口及舌上生疮，烂：斫桑树，取白汁涂之。（《太平圣惠方》）

（4）桑枝。

【别名】　桑条。

【采收加工】　春末夏初采收，去叶，略晒，趁新鲜时切成长 30～60 cm 的段或斜片，晒干。

【来源】　桑科植物桑 *Morus alba* L. 的嫩枝。

【性状】　干燥的嫩枝呈长圆柱形，长短不一，直径 0.5～1 cm。外表灰黄色或灰褐色，有多数淡褐色小点状皮孔及细纵纹，并可见灰白色半月形的叶痕和棕黄色的叶芽。质坚韧，有弹性，较难折断，断面黄白色，纤维性。斜片呈椭圆形，长约 2 mm。切面皮部较薄，木部黄白色，射纹细密，中心有细小而绵软的髓。有青草气，味淡，略带黏性。以质嫩、断面黄白色者为佳。

【炮制】　桑枝：拣去杂质，洗净，用水浸泡，润透后，切段，晒干。炒桑枝：取净桑枝段，置锅内用文火炒至淡黄色，放凉。另法加麸皮拌炒成深黄色，筛去麸皮，放凉。（每桑枝段 50 kg，用麸皮10 kg）酒桑枝：取桑枝段用酒喷匀，置锅内炒至微黄色，放凉。（每桑枝段 50 kg，用酒 7.5 kg）

【性味】　苦，平。

【归经】　归肝经。

【功能主治】　祛风湿，利关节，行水气。主治风寒湿痹，四肢拘挛，脚气浮肿，肌体风痒。

【用法用量】　内服：煎汤，32～64 g；或熬膏。外用：煎水熏洗。

【附方】　①治臂痛：桑枝一小升。细切，炒香，以水三大升，煎取 2 升，一日服尽，无时。（《普济本事方》）

②治水气脚气：桑条 64 g。炒香，以水 1 升，煎 200 g，每日空心服之。（《圣济总录》）

③治高血压：桑枝、桑叶、茺蔚子各 15 g。加水 1000 ml，煎成 600 ml。睡前洗脚 30～40 min，洗完睡觉。（辽宁《中草药新医疗法展览会资料选编》）

④治紫癜风：桑枝 5 kg（锉），益母草 1.5 kg（锉）。上药，以水 50 升，慢火煎至 5 升，滤去渣，入小铛内，熬为膏。每夜卧时，用温酒调服半合。（《太平圣惠方》）

（5）桑葚。

【别名】　葚、桑实、乌葚、桑葚子、桑果。

【采收加工】　4—6 月当桑葚呈红紫色时采收，晒干或略蒸后晒干。

【来源】　桑科植物桑 *Morus alba* L. 的果穗。

【性状】　干燥果穗呈长圆形，长 1～2 cm，直径 6～10 mm。基部具柄，长 1～1.5 cm。表面紫红色或紫黑色。果穗由 30～60 个瘦果聚合而成；瘦果卵圆形，稍扁，长 2～5 mm，外具膜质苞片 4 枚。胚乳白色。质油润，富有糖性。气微，味微酸而甜。以个大、肉厚、紫红色、糖性大者为佳。

【炮制】　用水洗净，拣去杂质，摘除长柄，晒干。

【性味】　甘，寒。

【归经】　归肝、肾经。

【功能主治】　补肝，益肾，熄风，滋液。主治肝肾阴亏，消渴，便秘，目暗，耳鸣，瘰疬，关节不利。

【用法用量】　内服：煎汤，10～15 g；熬膏、生啖或浸酒。外用：浸水洗。

【注意】《本草经疏》：脾胃虚寒作泄者勿服。

【附方】①治心肾衰弱不寐，或习惯性便秘：鲜桑葚 32 ～ 64 g，水适量煎服。（《闽南民间草药》）

②治瘰疬：文武实，黑熟者桑葚二斗许，以布袋取汁，熬成薄膏，白汤点一匙，日三服。（《素问病机保命集》）

③治阴症腹痛：桑葚，绢包风干过，伏天为末。每服 10 g，热酒下，取汗。（《濒湖集简方》）

116. 鸡桑 *Morus australis* Poir.

【别名】裂叶水桑、岩桑。

【形态】灌木或小乔木，树皮灰褐色，冬芽大，圆锥状卵圆形。叶卵形，长 5 ～ 14 cm，宽 3.5 ～ 12 cm，先端急尖或尾状，基部楔形或心形，边缘具粗锯齿，不分裂或 3 ～ 5 裂，表面粗糙，密生短刺毛，背面疏被粗毛；叶柄长 1 ～ 1.5 cm，被毛；托叶线状披针形，早落。雄花序长 1 ～ 1.5 cm，被柔毛，雄花绿色，具短梗，花被片卵形，花药黄色；雌花序球形，长约 1 cm，密被白色柔毛，雌花花被片长圆形，暗绿色，花柱很长，柱头 2 裂，内面被柔毛。

聚花果短椭圆形，直径约 1 cm，成熟时红色或暗紫色。花期 3—4 月，果期 4—5 月。

【生境分布】生于海拔 500 ～ 1600 m 的山坡、林缘或沟边。罗田北部山区有分布。

【采收加工】根，全年可采；叶，冬季采收。

【来源】桑科植物鸡桑 *morus australis* Poir. 的根和叶。

【性味】甘、辛，寒。

【功能主治】叶：清热解表，主治感冒咳嗽。根：清热凉血，利湿。

【用法用量】6 ～ 10 g，水煎服。

四十八、荨麻科 Urticaceae

苎麻属 *Boehmeria* Jacq.

117. 苎麻 *Boehmeria nivea*（L.）Gaudich.

【别名】家苎麻、白麻、圆麻、野麻、青麻。

【形态】亚灌木或灌木，高 0.5 ～ 1.5 m；茎上部与叶柄均密被开展的长硬毛和近开展及贴伏的短糙毛。叶互生；叶片草质，通常圆卵形或宽卵形，少数卵形，长 6 ～ 15 cm，宽 4 ～ 11 cm，顶端骤尖，基部近截形或宽楔形，边缘在基部之上有齿，上面稍粗糙，疏被短伏毛，下面密被雪白色毡毛，侧脉约 3 对；叶

柄长 2.5～9.5 cm；托叶分生，钻状披针形，
长 7～11 mm，背面被毛。圆锥花序腋生，
或植株上部的为雌性，其下的为雄性，或
同一植株的全为雌性，长 2～9 cm；雄团
伞花序直径 1～3 mm，有少数雄花；雌团
伞花序直径 0.5～2 mm，有多数密集的雌
花。雄花：花被片 4，狭椭圆形，长约 1.5 mm，
合生至中部，顶端急尖，外面有疏柔毛；
雄蕊 4，长约 2 mm，花药长约 0.6 mm；退
化雌蕊狭倒卵球形，长约 0.7 mm，顶端有
短柱头。雌花：花被椭圆形，长 0.6～1 mm，

顶端有 2～3 小齿，外面有短柔毛，果期菱状倒披针形，长 0.8～1.2 mm；柱头丝形，长 0.5～0.6 mm。
瘦果近球形，长约 0.6 mm，光滑，基部凸缩成细柄。花期 8—10 月。

【生境分布】 生于荒地、山坡或栽培。罗田各地均有分布。

【采收加工】 冬初挖根、秋季采叶，洗净、切碎晒干或鲜用。

【药用部位】 根、叶。

【药材名】 苎麻根。

【来源】 荨麻科植物苎麻 *Boehmeria nivea*（L.）Gaudich. 的根、叶。

【性味】 根：甘，寒。

叶：甘，凉。

【功能主治】 根：清热利尿，凉血安胎。用于感冒发热，麻疹高烧，尿路感染，肾炎水肿，孕妇腹痛，
胎动不安，先兆流产；外用治跌打损伤，骨折，疮疡肿毒。

叶：止血，解毒。外用治创伤出血，虫、蛇咬伤。

【用法用量】 根 10～16 g，水煎服，根、叶外用适量，鲜品捣烂敷或干品研粉撒患处。

118. 悬铃叶苎麻 *Boehmeria tricuspis*（Hance）Makino

【别名】 野苎麻、大水麻。

【形态】 亚灌木或多年生草本；茎高 50～150 cm，中部以上与叶柄和花序轴密被短毛。叶对生，
稀互生；叶片纸质，扁五角形或扁圆卵形，茎上部叶常为卵形，长 8～12（18）cm，宽 7～14（22）cm，
顶部 3 骤尖或 3 浅裂，基部截形、浅心形或
宽楔形，边缘有粗齿，上面粗糙，有糙伏毛，
下面密被短柔毛，侧脉 2 对；叶柄长 1.5～6
（10）cm。穗状花序单生叶腋，或同一植株
的全为雌性，或茎上部的为雌性，其下的为
雄性，雌的长 5.5～24 cm，分枝呈圆锥状或
不分枝，雄的长 8～17 cm，分枝呈圆锥状；
团伞花序直径 1～2.5 mm。雄花：花被片 4，
椭圆形，长约 1 mm，下部合生，外面上部
疏被短毛；雄蕊 4，长约 1.6 mm，花药长约
0.6 mm；退化雌蕊椭圆形，长约 0.6 mm。雌

花：花被椭圆形，长 0.5 ~ 0.6 mm，齿不明显，外面有密柔毛，果期呈楔形至倒卵状菱形，长约 1.2 mm；柱头长 1 ~ 1.6 mm。花期 7—8 月。

【生境分布】 生于 200 ~ 1600 m 林下沟旁，罗田北部山区有分布。

【采收加工】 夏季采收。

【药用部位】 根。

【药材名】 苎麻根。

【来源】 荨麻科植物悬铃叶苎麻 *Boehmeria tricuspis*（Hance）Makino 的根。

【功能主治】 祛风除湿，治关节炎。

【用法用量】 6 ~ 10 g。水煎或浸酒服。

楼梯草属 *Elatostema* J. R. et G. Forst.

119. 庐山楼梯草 *Elatostema stewardii* Merr.

【别名】 白龙骨、接骨草、乌骨麻、赤车使者。

【形态】 多年生草本。茎高 24 ~ 40 cm，不分枝，无毛或近无毛，常具球形或卵球形珠芽。叶具短柄；叶片草质或薄纸质，斜椭圆状倒卵形、斜椭圆形或斜长圆形，长 7 ~ 12.5 cm，宽 2.8 ~ 4.5 cm，顶端骤尖，基部在狭侧楔形或钝，在宽侧耳形或圆形，边缘下部全缘，其上有齿，无毛或上面散生短硬毛，钟乳体明显，密，长 0.1 ~ 0.4 mm，叶脉羽状，侧脉在狭侧 4 ~ 6 条，在宽侧 5 ~ 7 条；叶柄长 1 ~ 4 mm，无毛；托叶狭三角形或钻形，长约 4 mm，无毛。花序雌雄异株，单生于叶腋。雄花序具短梗，直径 7 ~ 10 mm；花序梗长 1.5 ~ 3 mm；花序托小；苞片 6，外方 2 枚较大，宽卵形，长 2 mm，宽 3 mm，顶端有长角状凸起，其他苞片较小，顶端有短凸起；小苞片膜

质，宽条形至狭条形，长 2 ~ 3 mm，有疏睫毛。雄花：花被片 5，椭圆形，长约 1.8 mm，下部合生，外面顶端之下有短角状凸起，有短睫毛；雄蕊 5；退化雌蕊极小。雌花序无梗；花序托近长方形，长约 3 mm；苞片多数，三角形，长约 0.5 mm，密被短柔毛，较大的具角状凸起；小苞片密集，匙形或狭倒披针形，长 0.5 ~ 0.8 mm，边缘上部密被短柔毛。瘦果卵球形，长约 0.6 mm，纵肋不明显。花期 7—9 月。

【生态环境】 生于山谷沟边或林下。罗田北部山区有分布。

【采收加工】 春季至秋季采集全草或根茎，多鲜用。

【药用部位】 全草。

【药材名】 楼梯草（接骨草）。

【来源】 荨麻科植物庐山楼梯草 *Elatostema stewardii* Merr. 的根茎或全草。

【性状】 鲜根茎呈不规则的圆柱形，多分枝，长 3 ~ 10 cm。表面淡紫红色，有结节，并具多数须根痕。断面暗紫红色，具 6 ~ 7 个维管束。有青草气，味辛而苦，有毒性。

【性味】 ①《浙江天目山药用植物志》：性温，味辛、苦。

②《浙江民间常用草药》：性温，味淡。

【功能主治】　活血散瘀，消肿止咳。主治跌打扭伤，疟腮，经闭，咳嗽。

【用法用量】　外用：捣敷。内服：煎汤，鲜者 32 ～ 64 g。

【附方】　①治骨折：鲜接骨草根，加鲜苦参根等量，入黄酒捣烂裹敷伤处，外夹以杉树栓皮，固定，每天换一次。（《浙江天目山药用植物志》）

②治咳嗽：鲜接骨草茎叶 32 g，炖猪肉服。（《浙江天目山药用植物志》）

③治挫伤、扭伤：接骨草鲜全草加食盐适量捣烂外敷伤处。

④治流行性腮腺炎：接骨草鲜全草捣烂外敷患处。

⑤治经闭：接骨草鲜全草 32 ～ 64 g，水煎，冲黄酒、红糖服。

⑥治肺结核发热、咳嗽：接骨草鲜全草 32 ～ 64 g，水煎服。（③～⑥方出自《浙江民间常用草药》）

120. 糯米团 *Gonostegia hirta*（Bl.）Miq.

【别名】　捆仙绳、糯米菜、糯米草、米浆藤、小铁箍、红头带。

【形态】　多年生草本，有时茎基部变木质；茎蔓生、铺地或渐升，长 50 ～ 100（160）cm，基部粗 1 ～ 2.5 mm，不分枝或分枝，上部带四棱形，有短柔毛。叶对生；叶片草质或纸质，宽披针形至狭披针形、狭卵形、稀卵形或椭圆形，长（1.2）3 ～ 10 cm，宽（0.7）1.2 ～ 2.8 cm，顶端长渐尖至短渐尖，基部浅心形或圆形，边缘全缘，上面稍粗糙，有稀疏短伏毛或近无毛，下面沿脉有疏毛或近无毛，基出脉 3 ～ 5 条；叶柄长 1 ～ 4 mm；托叶钻形，长约 2.5 mm。团伞花序腋生，通常两性，有时单性，雌雄异株，直径 2 ～ 9 mm；苞片三角形，长约 2 mm。雄花：花梗长 1 ～ 4 mm；花蕾直径约 2 mm，在内折线上有稀疏长柔毛；花被片 5，分生，倒披针形，长 2 ～ 2.5 mm，顶端短骤尖；雄蕊 5，花丝条形，长 2 ～ 2.5 mm，花药长约 1 mm；退化雌蕊极小，圆锥状。雌花：花被菱状狭卵形，长约 1 mm，顶端有 2 小齿，有疏毛，果期呈卵形，长约 1.6 mm，有 10 条纵肋；柱头长 3 mm，有密毛。瘦果卵球形，长约 1.5 mm，白色或黑色，有光泽。花期 5—9 月。

【生境分布】　生于溪谷林下阴湿处，山麓水沟边。罗田各地均有分布。

【采收加工】　全年可采。

【药用部位】　全草。

【药材名】　糯米团。

【来源】　荨麻科植物糯米团 *Gonostegia hirta*（Bl.）Miq. 的带根全草。

【性状】　干燥带根全草，根粗壮，肉质，圆锥形，有支根；表面浅红棕色；不易折断，断面略粗糙，呈浅棕黄色。茎黄褐色。叶多破碎，暗绿色，粗糙有毛。气微、味淡。

【性味】　甘、苦，凉。

【功能主治】　清热解毒，健脾，止血。主治疔疮，痈肿，瘰疬，痢疾，妇女带下，小儿疳积，吐血，外伤出血。

【附方】　①治湿热带下：鲜糯米团全草 32 ～ 64 g，水煎服。（《福建中草药》）

②治小儿积食胀满：糯米草根 32 g，煨水服。（《贵州草药》）

③治血管神经性水肿：糯米团鲜根，

加食盐捣烂外敷局部，4～6 h 换药一次。（《单方验方调查资料选编》）

④治对口疮：鲜糯米团叶捣烂敷患处。（《福建中草药》）

⑤治痢疾，痛经：糯米草 6～10 g，水煎服。（《云南中草药》）

花点草属 *Nanocnide* Bl.

121. 毛花点草 *Nanocnide lobata* Wedd.

【别名】透骨消、波丝草、雪药。

【形态】一年生或多年生草本。茎柔软，铺散丛生，自基部分枝，长 17～40 cm，常半透明，有时下部带紫色，被向下弯曲的微硬毛。叶膜质，宽卵形至三角状卵形，长 1.5～2 cm，宽 1.3～1.8 cm，先端钝或锐尖，基部近截形至宽楔形，边缘每边具 4～5(7)枚不等大的粗圆齿或近裂片状粗齿，齿三角状卵形，顶端锐尖或钝，长 2～5 mm，先端的一枚常较大，稀全绿，茎下部的叶较小，扇形，先端钝或圆形，基部近截形或浅心形，上面深绿色，疏生小刺毛和短柔毛，下面浅

绿色，略带光泽，在脉上密生紧贴的短柔毛，基出脉 3～5 条，两面散生短杆状钟乳体；叶柄在茎下部的长过叶片，茎上部的短于叶片，被向下弯曲的短柔毛；托叶膜质，卵形，长约 1 mm，具缘毛。雄花序常生于枝的上部叶腋，稀数朵雄花散生于雌花序的下部，具短梗，长 5～12 mm；雌花序由多数花组成团聚伞花序，生于枝的顶部叶腋或茎下部裸茎的叶腋内（有时花枝梢也无叶），直径 3～7 mm，具短梗或无梗。雄花淡绿色，直径 2～3 mm；花被（4）5 深裂，裂片卵形，长约 1.5 mm，背面上部有鸡冠凸起，其边缘疏生白色小刺毛；雄蕊（4）5，长 2～2.5 mm；退化雌蕊宽倒卵形，长约 0.5 mm，透明。雌花长 1～1.5 mm；花被片绿色，不等 4 深裂，外面一对较大，近舟形，长过子房，在背部龙骨上和边缘密生小刺毛，内面一对裂片较小，狭卵形，与子房近等长。瘦果卵形，压扁，褐色，长约 1 mm，有疣点状凸起，外面围以稍大的宿存花被片。花期 4—6 月，果期 6—8 月。

【生境分布】生于山谷溪旁和石缝、路旁阴湿地区和草丛中，海拔 25～1400 m。罗田北部山区有分布。

【采收加工】夏、秋季采收。

【药用部位】全草。

【药材名】透骨消。

【来源】荨麻科植物毛花点草 *Nanocnide lobata* Wedd. 的全草。

【性味】《四川常用中草药》：性凉，味辛苦。

【功能主治】①《广西药用植物名录》：通经活血。治肺病咳嗽。

②《贵州草药》：清热解毒。治疮毒，痱疹。

③《四川常用中草药》：治汤火伤。

【用法用量】内服：煎汤，16～32 g。外用：捣敷或浸菜油外敷。

冷水花属 *Pilea* Lindl.

122. 冷水花 *Pilea notata* C. H. Wright

【别名】 水麻叶。

【形态】 多年生草本，具匍匐茎。茎肉质，纤细，中部稍膨大，高25～70 cm，粗2～4 mm，无毛，稀上部有短柔毛，密布条形钟乳体。叶纸质，同对的近等大，狭卵形、卵状披针形或卵形，长4～11 cm，宽1.5～4.5 cm，先端尾状渐尖或渐尖，基部圆形，稀窄楔形，边缘自下部至先端有浅锯齿，稀有重锯齿，上面深绿色，有光泽，下面浅绿色，钟乳体条形，长0.5～0.6 mm，两面密布，明显，基出脉3条，其侧出的2条弧曲，伸达上部与侧脉环结，侧脉8～13对，稍斜展呈网脉；叶柄纤细，长1～7 cm，常无毛，稀有短柔毛；托叶大，带绿色，长圆形，长8～12 mm，脱落。花雌雄异株；雄花序聚伞总状，长2～5 cm，有少数分枝，团伞花簇疏生于花枝上；雌聚伞花序较短而密集。雄花具梗或近无梗，在芽时长约1 mm；花被片绿黄色，4深裂，卵状长圆形，先端锐尖，外面近先端处有短角状凸起；雄蕊4，花药白色或带粉红色，花丝与药隔红色；

退化雌蕊小，圆锥状。瘦果小，圆卵形，顶端歪斜，长近0.8 mm，熟时绿褐色，有明显刺状小疣状凸起；宿存花被片3深裂，等大，卵状长圆形，先端钝，长约及果的1/3。花期6—9月，果期9—11月。

【生态环境】 生于山谷、溪旁或林下阴湿处，海拔300～1500 m。罗田北部山区有分布。

【采收加工】 夏、秋季采收，晒干。

【药用部位】 全草。

【药材名】 冷水花。

【来源】 荨麻科植物冷水花 *Pilea notata* C. H. Wright 的全草。

【性味】 淡、微苦，凉。

【功能主治】 清热利湿。用于黄疸，肺结核。

【用法用量】 10～32 g，水煎服。

【注意】 孕妇忌用。

123. 透茎冷水花 *Pilea pumila* (L.) A. Gray

【别名】 美豆、直苎麻、肥肉草、冰糖草。

【形态】 一年生草本。茎肉质，直立，高5～50 cm，无毛，分枝或不分枝。叶近膜质，同对的近等大，近平展，菱状卵形或宽卵形，长1～9 cm，宽0.6～5 cm，先端渐尖、短渐尖、锐尖或微钝（尤在下部的叶），基部常为宽楔形，有时钝圆，边缘除基部全缘外，其上有牙齿或牙状锯齿，稀近全缘，两面疏生透明硬毛，钟乳体条形，长约0.3 mm，基出脉3条，侧出的一对微弧曲，伸达上部与侧脉网结或达齿尖，侧脉数对，不明显，上部的几对常网结；叶柄长0.5～4.5 cm，上部近叶片基部常疏生短毛；托叶卵状长圆形，长2～3 mm，后脱落。花雌雄同株并常同序，雄花常生于花序的下部，花序蝎尾状，密集，生于叶腋，长0.5～5 cm，雌花枝在果时增长。雄花具短梗或无梗，在芽时倒卵形，长0.6～1 mm；花被片常 2，有时 3～4，近船形，外面近先端处有短角凸起；
雄蕊 2（或 3 或 4）；退化雌蕊不明显。雌花花被片 3，
近等大，或侧生的两枚较大，中间的一枚较小，条形，
在果时长不过果实或与果实近等长，而不育的雌花花被
片更长；退化雄蕊在果时增大，椭圆状长圆形，长及花
被片的一半。瘦果三角状卵形，扁，长 1.2～1.8 mm，
初时光滑，常有褐色或深棕色斑点，熟时色斑隆起。花
期 6—8 月，果期 8—10 月。

【生境分布】生于海拔 400～2200 m 山坡林下或
岩石缝的阴湿处。罗田天堂寨有分布。

【采收加工】夏、秋季采收，洗净，鲜用或晒干。

【来源】荨麻科植物透茎冷水花 *Pilea pumila*（L.）
A. Gray 的根及根茎、叶。

【性味】甘，寒。

【功能主治】利尿，解热，安胎。主治糖尿病，
孕妇胎动，先兆流产，肾炎水肿。叶：可作为止血剂，
治创伤出血，瘀血。根、叶：可治疗急性肾炎，尿路感染，出血，子宫脱垂，子宫内膜炎，赤白带下等。

【用法用量】内服：煎汤，6～10 g。外用适量捣敷。

四十九、檀香科　Santalaceae

米面蓊属 *Buckleya* Torr.

124. 米面蓊 *Buckleya henryi* Diels

【别名】柴骨皮、九层皮。

【形态】灌木，高 1～2.5 m。茎直立；多分枝，枝被微柔毛或无毛，幼嫩时有棱或有条纹。叶薄膜质，
近无柄，下部枝的叶呈阔卵形，上部枝的
叶呈披针形，长 3～9 cm，宽 1.5～2.5 cm，
顶端尾状渐尖（基生枝上的叶尖常具红色
鳞片），基部楔形或狭楔形，全缘，中脉
稍隆起，嫩时两面被疏毛，侧脉不明显，
5～12 对。雄花序顶生和腋生；雄花浅黄
棕色，卵形，直径 4～4.5 mm；花梗纤细，
长 3～6 mm；花被裂片卵状长圆形，长约
2 mm，被稀疏短柔毛；雄蕊 4 枚，内藏。
雌花单一，顶生或腋生；花梗细长或很短；
花被漏斗形，长 7～8 mm，外面被微柔毛

或近无毛，裂片小，三角状卵形或卵形，顶端锐尖；苞片4枚，披针形，长约1.5 mm；花柱黄色。核果椭圆状或倒圆锥状，长1.5 cm，直径约1 cm，无毛，宿存苞片叶状，披针形或倒披针形，长3～4 cm，宽8～9 mm，干膜质，有明显的羽脉；果柄细长，棒状，顶端有节，长8～15 mm。花期6月，果期9—10月。

【生境分布】　生于海拔700～1800 m的林下或灌丛中。罗田薄刀峰有少量分布。

【采收加工】　夏、秋季采收，洗净，鲜用或晒干。

【药用部位】　根。

【药材名】　米面蓊。

【来源】　檀香科植物米面蓊 *Buckleya henryi* Diels 的根。

【性味】　苦，寒，有毒。

【功能主治】　解毒消肿。主治痈疽，肿毒。

【用法用量】　内服：煎汤，鲜品90～125 g。

百蕊草属 *Thesium* L.

125. 百蕊草 *Thesium chinense* Turcz.

【别名】　百乳草、地石榴、小草。

【形态】　多年生柔弱草本，高15～40 cm，全株被白粉，无毛；茎细长，簇生，基部以上疏分枝，斜升，有纵沟。叶线形，长1.5～3.5 cm，宽0.5～1.5 mm，顶端急尖或渐尖，具单脉。花单一，5数，腋生；花梗短或很短，长3～3.5 mm；苞片1枚，线状披针形；小苞片2枚，线形，长2～6 mm，边缘粗糙；花被绿白色，长2.5～3 mm，花被管呈管状，花被裂片，顶端锐尖，内弯，内面的微毛不明显；雄蕊不外伸；子房无柄，花柱很短。坚果椭圆状或近球形，长或宽2～2.5 mm，淡绿色，表面有明显、隆起的网脉，顶端的宿存花被近球形，长约2 mm；果柄长3.5 mm。花期4—5月，果期6—7月。

【生境分布】　生于田野及山区沙地边缘和草地中。罗田各地有少量分布。

【采收加工】　春、夏季采收，晒干。

【药用部位】　全草。

【药材名】　百蕊草。

【来源】　檀香科植物百蕊草 *Thesium chinense* Turcz. 的全草。

【功能主治】　清热解毒，补肾涩精。主治急性乳腺炎，肺炎，肺脓疡，扁桃体炎，上呼吸道感染，肾虚腰痛，头昏，遗精，滑精。

【用法用量】　内服：煎汤，10～15 g；或泡酒。

【附方】①治肾虚腰痛头晕：地石榴50 g。泡酒服。（《贵州草药》）

②治急性乳腺炎：小草15～20株。煎水300 ml，以米酒一杯送服。（《全展选编·内科》）

五十、桑寄生科　Loranthaceae

钝果寄生属 *Taxillus* Van Tiegh.

126. 锈毛钝果寄生 *Taxillus levinei*（Merr.）H. S. Kiu

【别名】李万寄生、板栗寄生、梨寄生、茶树寄生、李寄生。

【形态】灌木，高0.5～2 m；嫩枝、叶、花序和花均密被锈色，稀褐色的叠生星状毛和星状毛；小枝灰褐色或暗褐色，无毛，具散生皮孔。叶互生或近对生，革质，卵形，稀椭圆形或长圆形，长4～8（10）cm，宽（1.5）2～3.5（4.5）cm，顶端圆钝，稀急尖，基部近圆形，上面无毛，干后橄榄绿色或暗黄色，下面被茸毛，侧脉4～6对，在叶上面明显；叶柄长6～12（15）mm，

被茸毛。伞形花序，1～2个腋生或生于小枝已落叶腋部，具花1～3朵，总花梗长2.5～5 mm；花梗长1～2 mm；苞片三角形，长0.5～1 mm；花红色，花托卵球形，长约2 mm；副萼环状，稍内卷；花冠花蕾时管状，长（1.8）2～2.2 cm，稍弯，冠管膨胀，顶部卵球形，裂片4枚，匙形，长5～7 mm，反折；花丝长2.5～3 mm，花药长1.5～2 mm；花盘环状；花柱线状，柱头头状。果卵球形，长约6 mm，直径4 mm，两端圆钝，黄色，果皮具颗粒状体，被星状毛。花期9—12月，果期翌年4—5月。

【生境分布】生于海拔200～1200 m的山地或山谷常绿阔叶林中，常寄生于油茶、樟树或壳斗科植物上。罗田北部山区有少量分布。

【采收加工】全年均可采收，扎成束，晾干或鲜用。

【药用部位】带叶茎枝。

【药材名】桑寄生。

【来源】桑寄生科植物锈毛钝果寄生 *Taxillus levinei*（Merr.）H. S. Kiu 的带叶茎枝。

【性状】茎枝圆柱形，灰褐色或暗褐色，皮孔多纵裂，嫩枝、幼叶和花被有锈色茸毛。叶片长椭圆形，长3～8 cm，宽1.2～3.2 cm，中脉于下表面凸起，侧脉不显著，叶背密被锈色茸毛。革质。有时可见卵球形浆果，黄色，表面皱缩，具颗粒，密被茸毛。气微，味微苦、涩。

【性味】苦，凉。

【归经】归肺、肝经。

【功能主治】清肺止咳，祛风湿。主治肺热咳嗽，风湿腰腿痛，皮肤疔疮。

【用法用量】内服：煎汤，10～15 g；或浸酒。外用：适量，捣敷。

127. 桑寄生 *Taxillus sutchuenensis*（Lecomte）Danser

【别名】桑上寄生、寄屑、寄生树、寄生草。

【形态】灌木，高 0.5 ～ 1 m；嫩枝、叶密被褐色或红褐色星状毛，有时具散生叠生星状毛，小枝黑色，无毛，具散生皮孔。叶近对生或互生，革质，卵形、长卵形或椭圆形，长 5 ～ 8 cm，宽 3 ～ 4.5 cm，顶端圆钝，基部近圆形，上面无毛，下面被茸毛；侧脉 4 ～ 5 对，在叶上面明显；叶柄长 6 ～ 12 mm，无毛。总状花序，1 ～ 3 个生于小枝已落叶腋部或叶腋，具花（2）3 或 4（5）朵，密集呈伞形，花序和花均密被褐色星状毛，总花梗和花序轴共长 1 ～ 2（3）mm；花梗长 2 ～ 3 mm；

苞片卵状三角形，长约 1 mm；花红色，花托椭圆状，长 2 ～ 3 mm；副萼环状，具 4 齿；花冠花蕾时管状，长 2.2 ～ 2.8 cm，稍弯，下半部膨胀，顶部椭圆状，裂片 4 枚，披针形，长 6 ～ 9 mm，反折，开花后毛变稀疏；花丝长约 2 mm，花药长 3 ～ 4 mm，药室常具横隔；花柱线状，柱头圆锥状。果椭圆状，长 6 ～ 7 mm，直径 3 ～ 4 mm，两端均圆钝，黄绿色，果皮具颗粒状体，被疏毛。花期 6—8 月。

【生境分布】常寄生于桑科、茶科、山毛榉科、芸香科、蔷薇科、豆科等 29 科 50 余种植物上。罗田北部山区有少量分布。

【采收加工】全年均可采收，扎成束，晾干或鲜用。

【药用部位】带叶茎枝。

【药材名】桑寄生。

【来源】桑寄生科植物桑寄生 *Taxillus sutchuenensis*（Lecomte）Danser 或毛叶桑寄生等的枝叶。

【炮制】原药用水洗净，润透，切段，晒干。生用或酒炒用。

【性味】苦、甘、平。

【归经】归肝、肾经。

【功能主治】补肝肾，强筋骨，除风湿，通经络，益血，安胎。主治腰膝酸痛，筋骨痿弱，偏枯，脚气，风寒湿痹，胎漏血崩，产后乳汁不下。

【用法用量】内服：煎汤，10 ～ 20 g；入散剂、浸酒或捣汁服。

【附方】①治腰背痛，肾气虚弱，卧冷湿地当风所得：独活 95 g，桑寄生、杜仲、牛膝、细辛、秦艽、茯苓、桂心、防风、芎䓖、人参、甘草、当归、芍药、干地黄各 64 g。上十五味细锉，以水一斗，煮取三升。分三服。温身勿冷也。（《千金方》）

②治妊娠胎动不安，心腹刺痛：桑寄生 48 g，艾叶 16 g（微炒），阿胶 32 g（捣碎，炒令黄燥）。上药，锉，以水一大盏半，煎至一盏，去滓。食前分温三服。（《太平圣惠方》）

③治下血止后，但觉丹田元气虚乏，腰膝沉重少力：桑寄生，为末。每服 3 g，非时白汤点服，（《杨氏护命方》）

④治膈气：生桑寄生捣汁一盏。服之。（《李时珍濒湖集简方》）

槲寄生属 *Viscum* L.

128. 槲寄生 *Viscum coloratum*（Kom.）Nakai

【别名】寄生树、寄生草、北寄生、柳寄生。

【形态】常绿小灌木，高30～

80 cm。茎枝圆柱状，黄绿色或绿色，略带肉质，2～3叉状分枝，分枝处膨大成节，节间长5～10 cm。叶对生，生于枝端节上，无叶柄，叶片肥厚呈肉质，黄绿色，椭圆状披针形或倒披针形，长3～7 cm，宽7～15 mm，先端钝圆，基部楔形，全缘，有光泽；主脉5出，中间3条显著。花单性，雌雄异株，生于枝端2叶的中间，米黄色或近于肉色，无花梗；雄花3～5朵；苞片杯形，长约2 mm；花被钟形，先端4裂，质厚；雄蕊4，花药多室，无花丝；雌花1～3朵，花被钟形，与子房合生，先端4裂，长约1 mm；子房下位，1室，无花柱，柱头头状。浆果团球形，半透明，直径6～7 mm，热时黄色或橙红色，果皮有黏胶质。种子1枚，侧扁状。花期4—5月。果期9—11月。

【生态环境】我国大部分地区均产，生于海拔500～1400 m的阔叶林中，寄生于榆、杨、柳、桦、栎、梨、李、苹果等植物上。

【采收加工】冬季采收，用刀割下，除去粗枝，阴干或晒干，扎成小把或用沸水捞过（使不变色），晒干。

【药用部位】全株。

【药材名】桑寄生。

【来源】桑寄生科植物槲寄生 *Viscum coloratum*（Kom.）Nakai 或毛叶桑寄生等的枝叶。

【性状】干燥的枝茎呈圆柱形，无叶或枝梢带叶，长约30 cm，直径0.3～1 cm。表面黄绿色或黄棕色，有明显的纵皱纹，茎有节，间间长3～5 cm，往往由节生出2～3个分枝。质轻而脆，易折断。断面不平坦，纤维呈放射状，并有粉状物散出。叶对生于枝端，极易脱落，叶片长卵形，稍厚而有光泽，似革质而略柔，黄棕色，皱纹明显；主脉5出，中间3条明显。气微，味略苦。以条匀、枝嫩、色黄绿、带叶、整齐不碎者为佳。

【药理作用】降压作用，抗病毒作用。

【炮制】原药用水洗净，润透，切厚片，晒干。生用或酒炒用。

【性味】苦、甘、平。

【归经】归肝、肾经。

【功能主治】补肝肾，强筋骨，祛风湿，通经络，益血，安胎元。主治腰膝酸软，筋骨痿弱，偏枯，脚气，风寒湿痹，胎漏血崩，产后乳汁不下。

【用法用量】内服：煎汤，10～18 g；入散剂、浸酒或捣汁服。

【附方】同桑寄生。

【临床应用】①治心绞痛。

②治冻伤。

【注意】①用于风湿痹痛、腰膝酸痛等。桑寄生能祛风湿，舒筋络，可用于风湿痹痛；而尤长于补肝肾，强筋骨。故肝肾不足，腰膝酸痛者尤为适宜。常与独活、牛膝、杜仲、当归等同用，如独活寄生汤。

②用于胎漏下血、胎动不安。本品能补肝肾，养血而安胎，可用于肝肾虚损，冲任不固之胎漏、胎动不安，常与艾叶、阿胶、杜仲、川续断等配伍。

五十一、马兜铃科　Aristolochiaceae

马兜铃属 *Aristolochia* L.

129. 北马兜铃 *Aristolochia contorta* Bunge

【别名】都淋藤、兜铃苗、马兜铃藤。

【形态】草质藤本，茎长达 2 m 以上，无毛，干后有纵槽纹。叶纸质，卵状心形或三角状心形，长 3～13 cm，宽 3～10 cm，顶端短尖或钝，基部心形，两侧裂片圆形，下垂或扩展，长约 1.5 cm，边全缘，上面绿色，下面浅绿色，两面均无毛；基出脉 5～7 条，邻近中脉的二侧脉平行向上，略叉开，各级叶脉在两面均明显且稍凸起；叶柄柔弱，长 2～7 cm。总状花序有花 2～8 朵或有时仅 1 朵生于叶腋；花序梗和花序轴极短或近无；花梗长 1～2 cm，无毛，基部有小苞片；小苞片卵形，长约 1.5 cm，宽约 1 cm，具长柄；花被长 2～3 cm，基部膨大呈球形，直径达 6 mm，向上收狭呈一长管，管长约 1.4 cm，绿色，外面无毛，内面具腺体状毛，管口扩大呈漏斗状；檐部一侧极短，有时边

缘下翻或稍 2 裂，另一侧渐扩大成舌片；舌片卵状披针形，顶端长渐尖具延伸成 1～3 cm 线形而弯扭的尾尖，黄绿色，常具紫色纵脉和网纹；花药长圆形，贴生于合蕊柱近基部，并单个与其裂片对生；子房圆柱形，长 6～8 mm，6 棱；合蕊柱顶端 6 裂，裂片渐尖，向下延伸成波状圆环。蒴果宽倒卵形或椭圆状倒卵形，长 3～6.5 cm，直径 2.5～4 cm，顶端圆形而微凹，6 棱，平滑无毛，成熟时黄绿色，由基部向上 6 瓣开裂；果梗下垂，长 2.5 cm，随果开裂；种子三角状心形，灰褐色，长、宽均 3～5 mm，扁平，具小疣点，具宽 2～4 mm、浅褐色膜质翅。花期 5—7 月，果期 8—10 月。

【生境分布】生于海拔 500～1200 m 的山谷、沟边阴湿处或山坡灌丛中。罗田北部山区有分布。

【来源】马兜铃科植物北马兜铃 *Aristolochia contorta* Bunge 的根或果实。

【注意】本种与马兜铃科植物马兜铃 *Aristolochia debilis* Sieb. et Zucc. 同等入药。

130. 马兜铃 *Aristolochia debilis* Sieb. et Zucc.

【别名】马兜零、独行根、马兜苓、青木香、天仙藤。

【形态】草质藤本；根圆柱形，直径3～15 mm，外皮黄褐色；茎柔弱，无毛，暗紫色或绿色，有腐肉味。叶纸质，卵状三角形、长圆状卵形或戟形，长3～6 cm，基部宽1.5～3.5 cm，上部宽1.5～2.5 cm，顶端钝圆或短渐尖，基部心形，两侧裂片圆形，下垂或稍扩展，长1～1.5 cm，两面无毛；基出脉5～7条，邻近中脉的两侧脉平行向上，略开叉，其余向侧边延伸，各级叶脉在两面均明显；叶柄长1～2 cm，

柔弱。花单生或2朵聚生于叶腋；花梗长1～1.5 cm，开花后期近顶端常稍弯，基部具小苞片；小苞片三角形，长2～3 mm，易脱落；花被长3～5.5 cm，基部膨大呈球形，与子房连接处具关节，直径3～6 mm，向上收狭成一长管，管长2～2.5 cm，直径2～3 mm，管口扩大呈漏斗状，黄绿色，口部有紫斑，外面无毛，内面有腺体状毛；檐部一侧极短，另一侧渐延伸成舌片；舌片卵状披针形，向上渐狭，长2～3 cm，顶端钝；花药卵形，贴生于合蕊柱近基部，并单个与其裂片对生；子房圆柱形，长约10 mm，6棱；合蕊柱顶端6裂，稍具乳头状凸起，裂片顶端钝，向下延伸形成波状圆环。蒴果近球形，顶端圆形而微凹，长约6 cm，直径约4 cm，具6棱，成熟时黄绿色，由基部向上沿室间6瓣开裂；果梗长2.5～5 cm，常撕裂成6条；种子扁平，钝三角形，长、宽均约4 mm，边缘具白色膜质宽翅。花期7—8月，果期9—10月。

【生境分布】生于海拔200～1500 m的山谷、沟边阴湿处或山坡灌丛中。罗田各地均有分布。

【药用部位】果实、根。

（1）马兜铃。

【采收加工】霜降前后叶未脱落时采收，晒干。

【来源】马兜铃科植物马兜铃 *Aristolochia debilis* Sieb. et Zucc. 的干燥成熟果实。

【性味】苦、微辛，寒。

【归经】归肺、大肠经。

【功能主治】清肺降气，止咳平喘，消肠消痔。主治肺热咳嗽，痰中带血，肠热痔血，痔疮肿痛。

【成分】马兜铃种子含马兜铃酸和生物碱等。

【用法用量】内服：煎汤，3～10 g。

【注意事项】剂量过大，易致呕吐。

（2）青木香。

【别名】马兜铃根、兜零根、独行木香、青藤香。

【采收加工】10—11月茎叶枯萎时挖取根部，除去须根、泥土，晒干。

【来源】马兜铃科植物马兜铃 *Aristolochia debilis* Sieb. et Zucc. 的根。

【性状】干燥的根呈圆柱形或扁圆柱形，略弯曲，长5～15 cm，直径0.5～1.5 cm；表面黄褐色，有皱纹及细根痕。质脆，易折断，折断时有粉尘飞出。断面不平坦，形成层环状明显可见，木部射线乳白色，扇形或倒三角形，将木质部分隔成数条，木质部浅黄色，有小孔。气香，味先苦而后麻辣。以粗壮、坚实、粉多、香浓者为佳。

【化学成分】含马兜铃酸等。

【药理作用】①降压作用。

②催吐作用。

③镇静作用。

【炮制】 拣去杂质，分开大小条，用水浸泡，捞出，润至内外湿度均匀，切片，干燥。

【性味】 辛、苦，寒。

【归经】 归肺、胃、肝经。

【功能主治】 行气，解毒，消肿。主治脘腹胀痛，肠炎下痢，高血压，疝气，毒蛇咬伤，痈肿疔疮，皮肤瘙痒或湿疹。

【用法用量】 内服：煎汤，10～16 g；或入散剂。外用：研末调敷或磨汁涂。

【注意】 虚寒患者慎服。

①《新修本草》：不可多服，吐利不止。

②《本经逢原》：肺寒咳嗽，寒痰作喘，胃虚畏食人勿服，以其辛香走窜也。

【附方】①治肠炎，腹痛下痢：土青木香10 g，槟榔4.5 g，黄连4.5 g。共研细末。温开水冲服。（《现代实用中药》）

②治中暑腹痛：青木香根（鲜）10～16 g。捣汁，温开水送服；亦可用青木香根3～6 g，研末，温开水送服。（《江西草药》）

③治高血压：青木香根（鲜）64 g。水煎服，红糖为引。（《江西草药》）

④治毒蛇咬伤：土青木香32 g，香白芷64 g。共研末，每用10 g，甜酒或温开水送服；另用不拘量，调敷伤口处。（《三年来的中医药实验研究》）

⑤治蛇咬伤及粪毒：青木香、雄黄。共研末。调酒擦局部。（《四川中药志》）

⑥治疔肿复发：马兜铃根捣烂，用蜘蛛网裹敷。（《肘后备急方》）

⑦治指疔：鲜青木香，切碎，同适量的蜂蜜捣烂，敷于患处。（《江西民间草药验方》）

⑧治皮肤湿烂疮：青木香，研成细末，用麻油调搽。（《江西民间草药验方》）

⑨治蜘蛛疮（单纯疱疹）：土青木香，研极细末，柿漆（即柿油）调涂。（《三年来的中医药实验研究》）

⑩治牙痛：青木香鲜品一块，放牙痛处咬之。（《东北常用中草药手册》）

【注意】 青木香马兜铃酸含量高，具有明显肾毒性。我国自2003年以来，对含马兜铃酸的药材及中成药采取了一系列风险控制措施，包括禁止使用马兜铃酸含量高的关木通、广防己和青木香，并明确安全警示，对含马兜铃酸药材的口服中成药品种严格按处方药管理。2020年版《中国药典》也因其肾毒性，未收载本种。

131. 寻骨风 *Aristolochia mollissima* Hance

【别名】 绵毛马兜铃、清骨风、猫耳朵、地丁香、兔子耳。

【形态】 木质藤本；根细长，圆柱形；嫩枝密被灰白色长绵毛，老枝无毛，干后常有纵槽纹，暗褐色。叶纸质，卵形、卵状心形，长3.5～10 cm，宽2.5～8 cm，顶端钝圆至短尖，基部心形，基部两侧裂片广展，湾缺深1～2 cm，边全缘，上面被糙伏毛，下面密被灰色或白色长绵毛，基出脉5～7条，侧脉每边3～4条；叶柄长2～5 cm，密被白色长绵毛。花单生于叶腋，花梗长1.5～3 cm，直立或近顶

端向下弯，中部或中部以下有小苞片；小苞片卵形或长卵形，长 5～15 mm，宽 3～10 mm，无柄，顶端短尖，两面被毛与叶相同；花被管中部弯曲，下部长 1～1.5 cm，直径 3～6 mm，弯曲处至檐部较下部短而狭，外面密生白色长绵毛，内面无毛；檐部盘状，圆形，直径 2～2.5 cm，内面无毛或稍被微柔毛，浅黄色，并有紫色网纹，外面密生白色长绵毛，边缘浅 3 裂，裂片平展，阔三角形，近等大，顶端短尖或钝；喉部近圆形，直径 2～3 mm，稍凸起，紫色；花药长圆形，成对贴生于合蕊柱近基部，并与其裂片对生；子房圆柱形，长约 8 mm，密被白色长绵毛；合蕊柱顶端 3 裂；裂片顶端钝圆，边缘向下延伸，并具乳实状凸起。蒴果长圆状或椭圆状倒卵形，长 3～5 m，直径 1.5～2 cm，具 6 条呈波状或扭曲的棱或翅，暗褐色，密被细绵毛或毛常脱落而变无毛，成熟时自顶端向下 6 瓣开裂；种子卵状三角形，长约 4 mm，宽约 3 mm，背面平凸状，具皱纹和隆起的边缘，腹面凹入，中间具膜质种脊。花期 4—6 月，果期 8—10 月。

【生境分布】 生于山坡草丛及路旁、田边。罗田各地均有分布。

【采收加工】 5 月开花前采收，晒干。

【药用部位】 全草。

【药材名】 寻骨风。

【来源】 马兜铃科植物寻骨风 *Aristolochia mollissima* Hance 的全草。

【性状】 ①干燥的根茎呈细圆柱形，长 40～50 cm，直径约 2 mm，外表淡棕红色至黄赭色，有纵皱纹，节处有须根或残留的圆点状根痕。断面纤维性，类白色、淡棕色，纤维层和导管群极为明显。

②干燥全草的茎细长，外被白绵毛；叶通常皱折或破裂，淡绿色，两面均密被白绵毛。气微香，味微苦。以根茎红棕色者为佳。

【化学成分】 含有生物碱、挥发油、内酯、糖类等。

【药理作用】 ①抗关节炎作用。

②抗肿痛作用。

【性味】 《饮片新参》：苦，平。

【功能主治】 主治风湿关节痛，腹痛，疟疾，痛肿。

【用法用量】 内服：煎汤，10～16 g；或浸酒。

【注意】 《饮片新参》：阴虚内热者忌用。

【附方】 ①治风湿关节痛：寻骨风全草 16 g，五加根 32 g，地榆 16 g。酒水各半，煎浓汁服。（《江西民间草药》）

②治疟疾：寻骨风根长约四市寸，剪细，放碗内，加少量水，放饭上蒸出汁，分三次连渣服。每隔四小时服一次。最后一次在疟发前两小时服下。（《江西民间草药》）

③治痛肿：寻骨风 32 g，车前草 32 g，苍耳草 6 g。水煎服，一日一剂，分两次服。（徐州《单方验方　新医疗法（选编）》）

细辛属 *Asarum* L.

132. 杜衡 *Asarum forbesii* Maxim.

【别名】 土细辛、杜葵、南细辛、马蹄香、马蹄细辛。

【形态】 多年生草本；根状茎短，根丛生，稍肉质，直径 1～2 mm。叶片阔心形至肾心形，长和宽均为 3～8 cm，先端钝或圆，基部心形，两侧裂片长 1～3 cm，宽 1.5～3.5 cm，叶面深绿色，中脉两旁有白色云斑，脉上及其近边缘有短毛，叶背浅绿色；叶柄长 3～15 cm；芽苞叶肾心形或倒卵形，长和宽均约 1 cm，边缘有睫毛。花暗紫色，花梗长 1～2 cm；花被管钟状或圆筒状，长 1～1.5 cm，直径 8～10 mm，喉部不缢缩，喉孔直径 4～6 mm，膜环极窄，宽不足 1 mm，内壁具明显格状网眼，花被裂片直立，卵形，长 5～7 mm，宽和长近相等，平滑、无乳凸皱褶；药隔稍伸出；子房半下位，花柱离生，顶端 2 浅裂，柱头卵状，侧生。花期 4—5 月。

【生境分布】 生于阴湿有腐殖质的林下或草丛中。罗田骆驼坳镇有分布。

【采收加工】4—6 月采挖，洗净，晒干。

【药用部位】 根茎或全草。

【药材名】 杜衡。

【来源】 马兜铃科植物杜衡 *Asarum forbesii* Maxim. 的根茎或全草。

【性状】根茎呈不规则圆柱形，长约 2 cm，直径 1.5～2 cm，表面淡棕色或淡黄棕色，有多数环形的节，顶端残留皱缩的叶柄或叶片，下部着生多数须根。根细圆柱形，弯曲，长约 7 cm，直径 1～2 mm，表面灰白色至淡棕色，具细纵皱，质脆易断，断面平坦，类白色。气芳香，味辛辣。

【化学成分】 主要含黄樟醚及少量丁香油酚。

【炮制】 原药拣去杂质，拍去泥屑，用水洗净，稍润后切断，晒干。

【性味】 《名医别录》：味辛，温，无毒。

【功能主治】 散风逐寒，消痰行水，活血，平喘，定痛。主治风寒感冒，痰饮喘咳，水肿，风湿，跌打损伤，头疼，龋齿痛，疹气腹痛。

【用法用量】 内服：煎汤，1.5～3 g；浸酒或入散剂。外用：研末吹鼻或捣敷。

【注意】 体虚多汗、咳嗽咯血及孕妇忌服。

【附方】 ①治风寒头痛，伤风伤寒，头痛、发热初觉者：马蹄香为末，每服 3 g，热酒调下，少顷饮热茶一碗，催之出汗。（《杏林摘要》）

②治呼吸喘息，若犹觉停滞在心胸，膈中不和者：瓜蒂 0.6 g，杜衡 1 g，人参 0.3 g；捣、筛，以汤服 3 g，日二、三服。（《补辑肘后方》）

③治哮喘：马蹄香焙干研为细末，每服 6～10 g。如正发时，用淡醋调下，少时吐出痰涎为效。（《普济方》）

④治暑天发疹：杜衡根（研粉）1～1.2 g。开水吞服。

⑤治损伤疼痛及蛇咬伤：杜衡（研末）每次吞服 0.6 g；外用鲜杜衡，捣敷患处。

⑥治蛇咬伤：杜衡根 3～6 g，青蓬（菊科牡蒿）叶、竹叶细青（兰科斑叶兰）各等量，金银花 10～12 g，野刚子（马钱科醉鱼草）16～20 g，水煎，一日三次，饭前服。

⑦治疮毒：杜衡根、青蓬叶各 3～6 g。捣烂敷患处。（④～⑦方出自《浙江天目山药用植物志》）

⑧治无名肿毒，瓜藤疽初起，漫肿无头，木痛不红，连贯而生：杜衡鲜叶七片，酌冲开水，炖一小时，服后出微汗，日服一次；渣捣烂加热敷贴。（《福建民间草药》）

⑨治蛀齿疼痛：杜衡鲜叶捻烂，塞入蛀孔中。（《福建民间草药》）

133. 大花细辛 *Asarum macranthum* Hook. f.

【别名】 花脸细辛、花叶细辛。

【形态】 多年生草本；叶片三角状卵形，长 10～13 cm，先端急尖，基部深心形，两侧裂片圆形，叶面浅绿色，具黄绿色云斑，叶背有 5 条淡红色叶脉，两面散生柔毛，叶缘近波状；叶柄细长，长 10～20 cm，有红色斑纹。花多数密集地面，暗紫色，直径约 6 cm；花梗长约 9 mm；花被管倒圆锥形，长约 1.7 cm，喉孔窄小，围以宽大膜环，内壁有格状网眼；花被裂片 3，稍不等大，宽卵形，长约 2.5 cm，基部有乳

凸状皱褶区，顶端钝，边缘深波状，有缘毛；雄蕊花丝极短，花药近箭形，药隔伸出，顶端内凹，常有 3 个瓣状退化雄蕊；花柱离生，柱头线状长圆形，末端钩状。花期 5 月。

【生境分布】 生于山坡林下和溪边阴湿处。罗田骆驼坳镇有栽培。

【采收加工】 春、夏季采收，洗净，晒干。

【药用部位】 全草。

【药材名】 花叶细辛。

【来源】 马兜铃科植物大花细辛 *Asarum macranthum* Hook. f. 的带根全草。

【化学成分】 含挥发油等。

【性味】 辛，温。

【功能主治】 散寒止咳，祛痰除风。用于风寒感冒、头痛、咳喘、风湿痛、四肢麻木、跌伤。

【用法用量】 3～6 g，水煎服。

134. 华细辛 *Asarum sieboldii* Miq.

【别名】 白细辛、马蹄香。

【形态】 多年生草本；根状茎直立或横走，直径 2～3 mm，节间长 1～2 cm，有多条须根。叶通常 2 枚，叶片心形或卵状心形，长 4～11 cm，宽 4.5～13.5 cm，先端渐尖或急尖，基部深心形，两侧裂片长 1.5～4 cm，宽 2～5.5 cm，顶端圆形，叶面疏生短毛，脉上较密，叶背仅脉上被毛；叶柄长 8～18 cm，光滑无毛；芽苞叶肾圆形，边缘疏被柔毛。花紫黑色；花梗长 2～4 cm；花被管钟状，直径 1～1.5 cm，内壁有疏离纵行脊皱；花被裂片三角状卵形，长约 7 mm，宽约 10 mm，直立或近平展；雄蕊着生子房中部，花丝与花药近等长或稍长，药隔凸出，短锥形；子房半下位或几近上位，球状，花柱 6，较短，顶端 2 裂，柱头侧生。果近球状，直径约 1.5 cm，棕黄色。花期 4—5 月。

【生境分布】 生于山谷、溪边、山坡林下阴湿处。罗田各山区有少量分布。

【采收加工】 夏季采挖全草，阴干。

【药用部位】 全草。

【药材名】 细辛。

【来源】 马兜铃科植物华细辛 *Asarum sieboldii* Miq. 的全草。

【功能主治】 解表散寒，祛风止痛，

通窍，温肺化饮。用于风寒感冒，头痛，牙痛，鼻塞流涕，鼻衄，鼻渊，风湿痹痛，痰饮喘咳。

【用法用量】 内服：煎汤，1～3 g，散剂每次服 0.5～1 g，外用适量。

【注意】 不宜与藜芦同用。

马蹄香属 *Saruma* Oliv.

135. 马蹄香 *Saruma henryi* Oliv.

【别名】 高脚细辛、狗肉香。

【形态】 多年生直立草本，茎高 50～100 cm，被灰棕色短柔毛，根状茎粗壮，直径约 5 mm；有多数细长须根。叶心形，长 6～15 cm，顶端短渐尖，基部心形，两面和边缘均被柔毛；叶柄长 3～12 cm，被毛。花单生，花梗长 2～5.5 cm，被毛；萼片心形，长约 10 mm，宽约 7 mm；花瓣黄绿色，肾心形，长约 10 mm，宽约 8 mm，基部耳状心形，有爪；雄蕊与花柱

近等高，花丝长约 2 mm，花药长圆形，药隔不伸出；心皮大部离生，花柱不明显，柱头细小，胚珠多数，着生于心皮腹缝线上。蒴果蓇葖状，长约 9 mm，成熟时沿腹缝线开裂。种子三角状倒锥形，长约 3 mm，背面有细密横纹。花期 4—7 月。

【生境分布】 生于海拔 600～1600 m 的山谷林下和沟边草丛中。

【采收加工】 夏季采收，阴干。

【药用部位】 全草。

【药材名】 马蹄香。

【来源】 马兜铃科植物马蹄香 *Saruma henryi* Oliv. 的全草。

【性味】 苦，寒。

【功能主治】 用于胃寒痛、关节疼痛；鲜叶外用治疮疡。用于妇人午后潮热，阴虚火动，头眩发晕，虚劳。晒干烧烟，可避邪物。

【用法用量】 3～6 g，水煎服或外用。

五十二、蓼科　Polygonaceae

金线草属 *Antenoron* Rafin.

136. 金线草 *Antenoron filiforme*（Thunb.）Rob. et Vaut.

【别名】 毛蓼、白马鞭、人字草、九盘龙、野蓼。

【形态】多年生草本。根状茎粗壮。茎直立，高
50～80 cm，具糙伏毛，有纵沟，节部膨大。叶椭圆形或
长椭圆形，长 6～15 cm，宽 4～8 cm，顶端短渐尖或急
尖，基部楔形，全缘，两面均具糙伏毛；叶柄长 1～1.5 cm，
具糙伏毛；托叶鞘筒状，膜质，褐色，长 5～10 mm，具
短缘毛。总状花序呈穗状，通常数个，顶生或腋生，花序
轴延伸，花排列稀疏；花梗长 3～4 mm；苞片漏斗状，
绿色，边缘膜质，具缘毛；花被 4 深裂，红色，花被片卵
形，果时稍增大；雄蕊 5；花柱 2，果时伸长，硬化，长
3.5～4 mm，顶端呈钩状，宿存，伸出花被之外。瘦果
卵形，双凸镜状，褐色，有光泽，长约 3 mm，包于宿存
花被内。花期 7—8 月，果期 9—10 月。

【生境分布】生于山坡林缘、山谷路旁，海拔
100～2500 m。罗田天堂寨有分布。

【采收加工】夏、秋季采收，鲜用或晒干。

【药用部位】全草。

【药材名】金线草。

【来源】蓼科植物金线草 *Antenoron filiforme*（Thunb.）Rob. et Vaut. 的全草。

【性味】辛，温。

【功能主治】祛风除湿，理气止痛，止血，散瘀。主治风湿骨痛，胃痛，咯血，吐血，便血，血崩，
经期腹痛，产后血瘀腹痛，跌打损伤。

【用法用量】内服：煎汤，10～32 g。外用：煎水洗。

【附方】①治经期腹痛，产后瘀血腹痛：金线草 32 g，甜酒 32 g。加水同煎，红糖冲服。（《草药手册》）
②治初期肺痨咯血：金线草茎叶 32 g。水煎服。（《草药手册》）
③治风湿骨痛：人字草、白九里明各适量。煎水洗。（《广西中药志》）
④治皮肤糜烂疮：金线草茎叶水，煎，洗患处。（《草药手册》）
⑤治胃痛：金线草茎叶，水煎服。（《陕西中草药》）

137. 短毛金线草 *Antenoron filiforme* var. *neofiliforme*（Nakai）A. J. Li

【别名】红牛膝、节节参、铜钞、铜榔头、大火鸟。

【形态】多年生草本。根状茎粗壮，木质，
内部紫红色。茎直立，高 40～80 cm，有纵条纹，
通常无毛，或有稀疏短柔毛。叶椭圆形或倒卵
形，长 10～20 cm，宽 4～9 cm，先端长渐
尖，基部楔形，全缘，有疏短缘毛，两面有小
点，无毛或微有短柔毛；叶柄长 1～1.5 cm，
无毛；托叶鞘筒状，长约 1 cm，膜质，有柔
毛及短缘毛，常破碎不全。总状花序呈穗状，
顶生和腋生，花序梗细弱，无毛或近无毛；苞
片膜质，长约 3 mm，外面无毛，有稀短缘毛；

小花极稀疏；萼片4，淡红色，果时稍增大，宿存；雄蕊5，花柱2，先端呈钩状，宿存。瘦果卵形，直径约3 mm，暗褐色，两面凸起，有光泽，包在宿存的萼片内。花期6—7月，果期7—11月。

　　【生境分布】　生于山坡林缘、山谷路旁，海拔100～2500 m。罗田天堂寨有分布。

　　【采收加工】　夏、秋季采收，鲜用或晒干。

　　【来源】　蓼科植物短毛金线草 *Antenoron filiforme* var. *neofiliforme*（Nakai）A.J.Li 的全草。

　　【注意】　本种与金线草 *Antenoron filiforme*（Thunb.）Rob. et Vaut. 同等入药。

荞麦属 *Fagopyrum* Mill.

138. 金荞麦 *Fagopyrum dibotrys*（D. Don）Hara

　　【别名】　野荞麦、荞麦三七、金锁银开。

　　【形态】　多年生草本。根状茎木质化，黑褐色。茎直立，高50～100 cm，分枝，具纵棱，无毛。有时一侧沿棱被柔毛。叶三角形，长4～12 cm，宽3～11 cm，顶端渐尖，基部近戟形，边缘全缘，两面具乳头状凸起或被柔毛；叶柄长可达10 cm；托叶鞘筒状，膜质，褐色，长5～10 mm，偏斜，顶端截形，无缘毛。花序伞房状，顶生或腋生；苞片卵状披针形，顶端尖，边缘膜质，长约3 mm，每苞内具2～4花；花梗中部具关节，与苞片近等长；花被5

深裂，白色，花被片长椭圆形，长约2.5 mm，雄蕊8，比花被短，花柱3，柱头头状。瘦果宽卵形，具3锐棱，长6～8 mm，黑褐色，无光泽，超出宿存花被2～3倍。花期7—9月，果期8—10月。

　　【生境分布】　生于山坡、旷野、路边及溪沟较阴湿处。罗田骆驼坳镇有分布。

　　【采收加工】　冬季采挖，除去茎和须根，洗净，晒干。

　　【药用部位】　根茎。

　　【药材名】　金荞麦。

　　【来源】　蓼科植物金荞麦 *Fagopyrum dibotrys*（D.Don）Hara 的根茎。

　　【性状】　根茎为不规则团块状。常具瘤状分枝，长短不一，直径1～4 cm。表面深灰褐色，有环节及纵皱纹，并密面点状皮刀。质坚硬，不易折断，断面淡黄白色至黄棕色，有放射状纹理，中央有髓。气微。味微涩。

　　【性味】　涩、辛，凉。

　　【功能主治】　清热解毒。清肺排痰，排脓消肿，祛风化湿。用于肺脓疡、咽喉肿痛、痢疾、无名肿毒、跌打损伤、风湿关节痛。

　　【用法用量】　内服：煎汤，15～30 g；或研末。外用：适量，捣汁或磨汁涂敷。

　　【临床应用】　用于肺脓疡，麻疹肺炎，扁桃体周围脓肿。

139. 荞麦 *Fagopyrum esculentum* Moench

　　【别名】　乌麦、花荞、甜荞、荞子。

【形态】 一年生草本。茎直立，高30～90 cm，上部分枝，绿色或红色，具纵棱，无毛或于一侧沿纵棱具乳头状凸起。叶三角形或卵状三角形，长2.5～7 cm，宽2～5 cm，顶端渐尖，基部心形，两面沿叶脉具乳头状凸起；下部叶具长叶柄，上部较小近无梗；托叶鞘膜质，短筒状，长约5 mm，顶端偏斜，无缘毛，易破裂脱落。花序总状或伞房状，顶生或腋生，花序梗一侧具小凸起；苞片卵形，长约2.5 mm，绿色，边缘膜质，每苞内具

3～5花；花梗比苞片长，无关节，花被5深裂，白色或淡红色，花被片椭圆形，长3～4 mm；雄蕊8，比花被短，花药淡红色；花柱3，柱头头状。瘦果卵形，具3锐棱，顶端渐尖，长5～6 mm，暗褐色，无光泽，比宿存花被长。花期5—9月，果期6—10月。

【生态环境】 我国各地有栽培，有时逸为野生。生于荒地、路边。

【药用部位】 种子、荞麦秸。

【药材名】 荞麦、荞麦秸。

（1）荞麦。

【采收加工】 霜降前后种子成熟时收割，打下种子，晒干。

【来源】 蓼科植物荞麦 *Fagopyrum esculentum* Moench 的种子。

【性味】 甘，凉。

【归经】 归脾、胃、大肠经。

【功能主治】开胃消积，下气宽肠。主治绞肠痧，肠胃积滞，慢性泄泻，噤口痢疾，赤游丹毒，痈疽发背，瘰疬，汤火伤。

【用法用量】 内服：入丸、散。外用：研末掺或调敷。

【注意】①《千金方》：荞麦食之难消，动大热风。

②《本草图经》：荞麦不宜多食，亦能动风气，令人昏眩。

③《品汇摘要》：不可与平胃散及矾同食。

④《医林纂要探源》：荞，春后食之动寒气，发痼疾。

⑤《得配本草》：脾胃虚寒者禁用。

【附方】①治绞肠痧痛：荞麦面一撮。炒黄，水烹服。（《简便单方》）

②治禁口痢疾：荞麦面每服6 g。砂糖水调下。（《坦仙皆效方》）

③治男子白浊，女子赤白带下：荞麦炒焦为末，鸡子白和，丸梧桐子大。每服五十丸，盐汤下，日三服。（《本草纲目》）

④治痘疹溃烂，脓汁淋漓，疼痛者：荞麦，磨取细面，痘疮破者，以此敷之；溃烂者，以此遍扑之。（《痘疹世医心法》）

⑤治汤火伤：荞麦面炒黄色，以井华水调敷。（《奇效良方》）

⑥治蛇盘瘰疬，围接项上：荞麦（炒，去壳）、海藻、白僵蚕（炒，去丝）等份。为末，白梅浸汤，取肉减半，和丸绿豆大。每服六七十丸，食后临卧米饮下，日五服。其毒当从大便泄去。若与淡菜连服尤好，淡菜生于海藻上，亦治此也。忌豆腐、鸡、羊、酒、面。（《本草纲目》）

⑦治脚鸡眼：以荸荠汁同荞麦调敷脚鸡眼。三日，鸡眼疔即拔出。（《本草撮要》）

⑧治疮头黑凹：荞麦面煮食之，即发起。（《仁斋直指方》）

⑨治痈疽发背：荞麦面、硫黄各64 g。为末，井华水和作饼晒收。每用一饼，磨水敷之，痛则令不痛，不痛则令痛。（《仁斋直指方》）

（2）荞麦秸。

【采收加工】　霜降前后种子成熟时收割，打下种子，留下秸秆，晒干。

【来源】　蓼科植物荞麦 *Fagopyrum esculentum* Moench 的茎叶。

【性味】　《医林纂要探源》：酸，寒。

【功能主治】　主治噎食，痈肿；并能止血，蚀恶肉。

【注意】　①《千金方》：荞麦叶，生食动刺风，令人身痒。

②《食性本草》：叶多食则微泄。

【附方】　①治噎食：荞麦秸烧灰淋汁，入锅内，煎取白霜3 g，入蓬砂3 g，研末，每服1.5 g。（《海上方》）

②治深部痈肿：荞麦全草50 g，打汁，用陈酒冲服，药渣外敷。（苏医《中草药手册》）

③烂痈疽，蚀恶肉，去靥痣：荞麦秸烧灰淋汁，取碱熬干，同石灰等份，密收（点患处）。（《本草纲目》）

蓼属 *Polygonum* L.

140. 萹蓄 *Polygonum aviculare* L.

【别名】　萹竹、扁蓄、地萹蓄、编竹。

【形态】　一年生草本。茎平卧、上升或直立，高10～40 cm，自基部多分枝，具纵棱。叶椭圆形、狭椭圆形或披针形，长1～4 cm，宽3～12 mm，顶端钝圆或急尖，基部楔形，边缘全缘，两面无毛，下面侧脉明显；叶柄短或近无柄，基部具关节；托叶鞘膜质，下部褐色，上部白色，撕裂脉明显。花单生或数朵簇生于叶腋，遍布于植株；苞片薄膜质；花梗细，顶部具关节；花被5深裂，花被片椭圆形，长2～2.5 mm，绿色，边缘白色或淡红色；雄蕊8，花丝基部扩展；花柱3，柱头头状。瘦果卵形，具3棱，长2.5～3 mm，黑褐色，密被由小点组成的细条纹，无光泽，与宿存花被近等长或稍超过。花期5—7月，果期6—8月。

【生态环境】　产于全国各地。生于田边路、沟边湿地，海拔10～4200 m。北温带地区广泛分布。罗田各地均有分布。

【采收加工】　芒种至小暑间，茎叶生长茂盛时采收。割取地上部分，晒干。

【药用部位】　全草。

【药材名】　萹蓄。

【来源】　扁蓄科植物萹蓄 *Polygonum aviculare* L. 的全草。

【性状】　干燥全草，茎呈圆柱形稍扁，多弯曲，直径1.5～3 mm，表面棕红色或灰绿色，光滑无毛，具纵直纹理，节膨大，

残存红棕色或白色薄膜状透明的托鞘，节间长短不一；近基部的茎质坚硬，位于顶端者较柔软，折断面黄白色，中心有时成空洞状。叶片绿褐色或灰绿色，通常脱落。花生于叶腋，红色，但多数已萎落不存；花被黄绿色，顶端边缘粉红色，内藏瘦果 1 枚，三角状卵形。气微弱，味清凉。以色绿、叶多、质嫩、无杂质者为佳。

【药理作用】　①利尿作用。

②降压作用。

③对子宫有止血作用。

④抗菌作用。

⑤利胆作用。

【毒性】　萹蓄作为牧草是有毒的，可使马、羊产生皮炎及胃肠紊乱，鸽对此植物的毒性作用最敏感。猫、兔口服浸剂（10%～20%）或煎剂（1:40）的最小致死量为 20 ml/kg，静脉注射水提取物则为 2 ml/kg。

【炮制】　去净杂质及根，洗净，润软，切段晒干。

【性味】　苦，寒。

【归经】　归膀胱经。

【功能主治】　利尿，清热，杀虫。主治热淋，癃闭，黄疸，阴蚀，带下，蛔虫病，疳积，痔肿，湿疮。

【用法用量】　内服：煎汤，6～9 g；或捣汁。外用：捣敷或煎水洗。

【注意】　《得配本草》：多服泄精气。

【附方】　①治热淋涩痛：萹竹煎汤频饮。（《生生编》）

②治大人小儿心经邪热，蕴毒，咽干口燥，大渴引饮，心忪面热，烦躁不宁，目赤睛疼，唇焦鼻衄，口舌生疮，咽喉肿痛。又治小便赤涩，或癃闭不通，及热淋，血淋：车前子、瞿麦、萹蓄、滑石、山栀子仁、甘草（炙）、木通、大黄（面裹煨，去面，切，焙）各 500 g。上为散，每服 6 g，水一盏，入灯芯煎至七分，去滓。温服，食后临卧，小儿量力少少与之。（《局方》）

③治热黄：萹竹取汁顿服 500 ml，多年者再服之。（《药性论》）

④治蛔虫心痛，面青，口中沫出：萹蓄 5 kg。细锉，以水 50 kg，煎去滓成煎如饴。空心服，虫自下，皆尽止。（《药性论》）

⑤治小儿蛲虫攻下部痒：萹竹叶一握。切，以水 1 升，煎取 500 ml，去滓，空腹饮之，虫即下，用其汁煮粥亦佳。（《食医心鉴》）

⑥治肛门湿痒或痔疮初起：萹蓄 64～95 g。煎汤，趁热先熏后洗。（《浙江民间草药》）

141. 拳参 *Polygonum bistorta* L.

【别名】　紫参、破伤药、刀剪药、虾参、石蚕。

【形态】　多年生草本。根状茎肥厚，直径 1～3 cm，弯曲，黑褐色。茎直立，高 50～90 cm，不分枝，无毛，通常 2～3 条自根状茎发出。基生叶宽披针形或狭卵形，纸质，长 4～18 cm，宽 2～5 cm；顶端渐尖或急尖，基部截形或近心形，沿叶柄下延成翅，两面无毛或下面被短柔毛，边缘外卷，微呈波状，叶柄长 10～20 cm；茎生叶披针形或线形，无柄；托叶筒状，膜质，下部绿色，上部褐色，顶端偏斜，开裂至中部，无缘毛。总状花序呈穗状，顶生，长 4～9 cm，直径 0.8～1.2 cm，紧密；苞片卵形，顶端渐尖，膜质，淡褐色，中脉明显，每苞片内含 3～4 朵花；花梗细弱，开展，长 5～7 mm，比苞片长；花被 5 深裂，白色或淡红色，花被片椭圆形，长 2～3 mm；雄蕊 8，花柱 3，柱头头状。瘦果椭圆形，两端尖，褐色，有光泽，长约 3.5 mm，稍长于宿存的花被。花期 6—7 月，果期 8—9 月。

【生境分布】生于山坡草丛阴湿处。罗田北部山区有分布。

【采收加工】春季未发芽前或秋季茎叶刚枯萎时，采取根茎，去掉残茎及泥土，晒干。搓去须根或烧去须根。

【药用部位】根茎。

【药材名】红蚤休。

【来源】蓼科植物拳参 *Polygonum bistorta* L. 等的根茎。

【性状】干燥根茎呈扁圆柱形而弯曲，两端圆钝或稍尖，长 3 ~ 10 cm，直径 1 ~ 2 cm，外表紫褐色，有细密环节，顶端有芽或残茎痕，两侧残留细硬须根或白色根痕。质硬脆，易折断，断面棕红色或赤褐色，近边缘有一圈维管束排成的白色小点。气无，味苦涩。以粗大、坚硬、断面红棕色、无须根者为佳。

【性味】苦，凉。

【功能主治】清热镇惊，理湿消肿。主治热病惊搐，破伤风，赤痢，痈肿，瘰疬。

【用法用量】内服：煎汤，3 ~ 10 g；或研末作丸、散。外用：捣敷、煎水含漱或洗涤。

【注意】无实火热毒者不宜。阴证外疡忌服。

【临床应用】①治细菌性痢疾、肠炎。

②治肺结核。

③治慢性气管炎。

【注意】本品在药材商品中，习称"草河车"或"重楼"，但"草河车""重楼"又为蚤休的异名。

142. 丛枝蓼 *Polygonum posumbu* Buch. –Ham. ex D. Don

【别名】水红辣蓼、辣蓼。

【形态】一年生草本。茎细弱，无毛，具纵棱，高 30 ~ 70 cm，下部多分枝，外倾。叶卵状披针形或卵形，长 3 ~ 6（8）cm，宽 1 ~ 2（3）cm，顶端尾状渐尖，基部宽楔形，纸质，两面疏生硬伏毛或近无毛，下面中脉稍凸出，边缘具缘毛；叶柄长 5 ~ 7 mm，具硬伏毛；托叶鞘筒状，薄膜质，长 4 ~ 6 mm，具硬伏毛，顶端截形，缘毛粗壮，长 7 ~ 8 mm。总状花序呈穗状，顶生或腋生，细弱，下部间断，花稀疏，长 5 ~ 10 cm；苞片漏斗状，无毛，淡绿色，边缘具缘毛，每苞片内含 3 ~ 4 花；花梗短，花被 5 深裂，淡红色，花被片椭圆形，长 2 ~ 2.5 mm；雄蕊 8，比花被短；花柱 3，下部合生，柱头头状。瘦果卵形，具 3 棱，长 2 ~ 2.5 mm，黑褐色，有光泽，包于宿存花被内。花期 6—9 月，果期 7—10 月。

【生境分布】生于溪边或阴湿处。我国南北各地均有分布。罗田各地均有分布。

【采收加工】夏、秋季采收，除去杂质，

阴干。

　　【药用部位】　全草。

　　【药材名】　辣蓼。

　　【来源】　蓼科植物丛枝蓼 *Polygonum posumbu* Buch.–Ham. ex D. Don 的全草。

　　【功能主治】　主治腹痛泄泻，痢疾。

　　【用法用量】　内服：煎汤，16 ～ 32 g（鲜用）。

　　【附方】　治急性胃肠炎：鲜吹风散（木兰科植物异形南五珠子藤）30 kg，辣蓼草 5 kg，加水至 126 kg，煎熬浓缩至 42 kg，加 2% 尼泊金作防腐剂。每服 10 ～ 20 ml，每日取 3 ～ 4 次，儿童减半。（《全展选编·内科》）

　　【临床应用】　治疗急性细菌性痢疾。

143. 虎杖 *Polygonum cuspidatum* Sieb. et Zucc.

　　【别名】　斑杖、酸筒杆。

　　【形态】　多年生草本。根状茎粗壮，横走。茎直立，高 1 ～ 2 m，粗壮，空心，具明显的纵棱，具小凸起，无毛，散生红色或紫红斑点。叶宽卵形或卵状椭圆形，长 5 ～ 12 cm，宽 4 ～ 9 cm，近革质，顶端渐尖，基部宽楔形、截形或近圆形，边缘全缘，疏生小凸起，两面无毛，沿叶脉具小凸起；叶柄长 1 ～ 2 cm，具小凸起；托叶鞘膜质，偏斜，长 3 ～ 5 mm，褐色，具纵脉，无毛，顶端截形，无缘毛，常破裂，早落。花单性，雌雄异株，花序圆锥状，

长 3 ～ 8 cm，腋生；苞片漏斗状，长 1.5 ～ 2 mm，顶端渐尖，无缘毛，每苞内具 2 ～ 4 花；花梗长 2 ～ 4 mm，中下部具关节；花被 5 深裂，淡绿色，雄花花被片具绿色中脉，无翅，雄蕊 8，比花被长；雌花花被片外面 3 片背部具翅，果时增大，翅扩展下延，花柱 3，柱头流苏状。瘦果卵形，具 3 棱，长 4 ～ 5 mm，黑褐色，有光泽，包于宿存花被内。花期 8—9 月，果期 9—10 月。

　　【生境分布】　生于山坡灌丛、山谷、路旁、田边湿地。罗田各地均有分布。

　　【采收加工】　春、秋季均可采挖，切断，晒干。

　　【药用部位】　根茎。

　　【药材名】　虎杖。

　　【来源】　蓼科植物虎杖 *Polygonum cuspidatum* Sieb. et Zucc. 的根茎。

　　【性状】　根的形状不一，多数呈圆锥形弯曲，或块状，长 1 ～ 7 cm，直径 0.6 ～ 1.5 cm，外表棕褐色，有明显的纵皱纹、紫色斑块及散在的须根疤痕；质坚硬不易折断，断面棕红色，纤维性，本质部占根的大部分，呈菊花状放射形纹理。根茎圆柱形，节明显，通常着生卷曲的须根，折断面中央有空隙，根茎顶部有残存的茎基。气微弱，味微苦。以根条粗壮、内心不枯朽者为佳。

　　【化学成分】根和根茎含游离蒽醌及蒽醌苷，主要为大黄素、大黄素甲醚和大黄酚，以及蒽苷 A、蒽苷 B。根中还含 3，4′，5- 三羟基芪，白藜芦醇 –3–O–β–D– 葡萄糖苷等。

　　茎含鞣质、异槲皮苷、大黄素等。细枝含鞣质。

【药理作用】 ①抗菌作用。

②抗病毒作用。

③降血脂作用。

【炮制】 《雷公炮炙论》：采得（虎杖根）后，细锉，却用上虎仗叶裹一夜，出，晒干用。

【性味】 苦，微寒。

【功能主治】 祛风，利湿，破瘀，通经。主治风湿筋骨疼痛，湿热黄疸，淋浊带下，妇女经闭，产后恶露不下，癥瘕积聚，痔漏下血。跌扑损伤，烫伤，恶疮癣疾。

【用法用量】 内服：煎汤，15～32 g；浸酒或入丸、散。外用：研末、烧灰撒，熬膏涂或煎水浸渍。

【注意】 《药性论》：有孕人勿服。

【附方】 ①治毒攻手足肿，疼痛欲断：虎杖根，锉，煮，适寒温以渍足。（《补辑肘后方》）

②治筋骨痰火，手足麻木，战摇，痿软：虎杖根 32 g，川牛膝 15 g，川茄皮 15 g，防风 15 g，桂枝 15 g，木瓜 10 g。烧酒 1500 ml 泡服。（《滇南本草》）

③治胆囊结石：虎杖 32 g，煎服；如兼黄疸可配合连钱草等煎服。（《上海常用中草药》）

④治五淋：虎杖不计多少，为末。每服 6 g，用饭饮下，不拘时候。（《姚僧坦集验方》）

⑤治月经闭不通，结瘕，腹大如瓮，短气欲死：虎杖根 50 kg（去头去土，曝干，切），土瓜根、牛膝各取汁 20 升。上三味细切，以水一斛，浸虎杖根一宿，明日煎取 20 升，内土瓜、牛膝汁，搅令调匀，煎令如饧。每以酒服 100 g，日再夜一。宿血当下，若病去，止服。（《千金方》）

⑥治妇人月水不利，腹胁妨闷，背膊烦疼：虎杖 95 g，凌霄花 32 g，没药 32 g。上药，捣细罗为散。不计时候，以热酒调下 3 g。（《太平圣惠方》）

⑦治产后瘀血血痛，及坠扑昏闷：虎杖根，研末，酒服。（《本草纲目》）

⑧治腹内积聚，虚胀雷鸣，四肢沉重，月经不通，亦治丈夫病：高地虎杖根细切二斛，以水二石五斗，煮取一大斗半，去滓，澄滤令净，取好淳酒 5 升和煎，令如饧。每服 64 g，消息为度，不知，则加之。（《千金方》虎杖煎）

⑨治肠痔下血：虎杖根，洗去皴皮，锉焙，捣筛，蜜丸如赤豆，陈米饮下。（《本草图经》）

⑩治诸恶疮：虎杖根，烧灰贴。（《本草图经》）

【临床应用】 ①治烧伤：虎杖外用能促使创面迅速愈合，且具有抗铜绿假单胞菌的作用。

②治急性黄疸性肝炎。

③治关节炎。

④治慢性骨髓炎。

⑤治肺炎。

⑥治慢性气管炎。

⑦治新生儿黄疸。

⑧治念珠菌性阴道炎。

⑨治急性阑尾炎。

144. 稀花蓼 *Polygonum dissitiflorum* Hemsl.

【形态】 一年生草本。茎直立或下部平卧，分枝，具稀疏的倒生短皮刺，通常疏生星状毛，高 70～100 cm。叶卵状椭圆形，长 4～14 cm，宽 3～7 cm，顶端渐尖，基部戟形或心形，边缘具短缘毛，上面绿色，疏生星状毛及刺毛，下面淡绿色，疏生星状毛，沿中脉具倒生皮刺；叶柄长 2～5 cm，通常具星状毛及倒生皮刺；托叶鞘膜质，长 0.6～1.5 cm，偏斜，具短缘毛。花序圆锥状，顶生或腋生，花稀疏，间断，花序梗细，紫红色，密被紫红色腺毛；苞片漏斗状，包围花序轴，长2.5～3 mm，绿色，具缘毛，每苞内具1～2花；花梗无毛，与苞片近等长；花被5深裂，淡红色，花被片椭圆形，长约3 mm；雄蕊7～8，比花被短；花柱3，中下部合生。瘦果近球形，顶端微具3棱，暗褐色，长33.5 mm，包于宿存花被内。花期6—8月，果期7—9月。

【生态环境】　生于河边湿地、山谷草丛，海拔140～1500 m。罗田各地均有分布。

【采收加工】　临用时采集鲜品。

【药用部位】　全草。

【药材名】　稀花蓼。

【来源】　蓼科植物稀花蓼 *Polygonum dissitiflorum* Hemsl. 的全草。

【功能主治】　清热解毒；利湿。主治急慢性肝炎；小便淋痛；毒蛇咬伤。

【用法用量】　内服：煎汤，16～48 g。外用：适量，捣敷。

145. 水蓼 *Polygonum hydropiper* L.

【别名】　辣蓼草、药蓼子草、红蓼子草、白辣蓼、胡辣蓼、红辣蓼。

【形态】　一年生草本，高20～80 cm，直立或下部伏地。茎红紫色，无毛，节常膨大，且具须根。叶互生，披针形或椭圆状披针形，长4～9 cm，宽5～15 mm，两端渐尖，均有腺状小点，无毛或叶脉及叶缘上有小刺状毛；托鞘膜质，筒状，有短缘毛；叶柄短。穗状花序腋生或顶生，细弱下垂，下部的花间断不连；苞漏斗状，有疏生小腺点和缘毛；花具细花梗而伸出苞外，间有1～2朵花包在膨胀的托鞘内；花被4～5裂，卵形或长圆形，淡绿色或淡红色，有腺状小点；雄蕊5～8；雌蕊1，花柱2～3裂。瘦果卵形，扁平，少有3棱，长2.5 mm，表面有小点，黑色无光，包在宿存的花被内。花期7—8月。

【生境分布】　生于湿地，水边或水中。我国大部分地区有分布。罗田各地均有分布。

【药用部位】　根（水蓼根）、果实（蓼实）。

【药材名】　水蓼。

（1）水蓼。

【来源】　蓼科植物水蓼 *Polygonum hydropiper* L. 的全草。

【采收加工】　秋季开花时采收，晒干或鲜用。

【性状】　干燥全草，茎红褐色至红紫色，有浅纵皱，节部膨大；质坚而脆，断面稍呈纤维性，皮部菲薄，浅砖红色，本部白色，中空。叶片干枯，灰绿色或黄棕色，多皱缩破碎；托叶鞘状，棕黄色，常破裂。有时带花序，花多数脱落，花蕾米粒状。味辛辣。

【性味】　辛，平。

【功能主治】　化湿，行滞，祛风，消肿。主治痧秽腹痛，吐泻转筋，泄泻，痢疾，风湿，脚气，痈肿，疥癣，跌打损伤。

【用法用量】内服：煎汤，16～32 g（鲜品32～64 g）；或捣汁。外用：煎水浸洗或捣敷。

【注意】①《千金方》：蓼食过多有毒，发心痛。和生鱼食之，令人脱气，阴核疼痛求死。妇人月事来，不用食蓼及蒜，喜为血淋、带下。

②《药性论》：蓼叶与大麦面相宜。

【附方】①治干霍乱不吐利，四肢烦，身冷汗出：水蓼（切）、香薷（择切）各64 g。上两味，以水五盏，煎取三盏，去滓，分温三服。（《圣济总录》）

②治风寒太热：水蓼、淡竹叶、姜茅草，煎服。（《四川中药志》）

③治水泻：红辣蓼32 g，水煎，日分三次服。（《广西中草药》）

④治痢疾，肠炎：水辣蓼全草64 g，水煎服，连服3日。（《浙江民间常用草药》）

⑤治小儿疳积：水辣蓼全草15～18 g，麦芽12 g。水煎，早晚饭前两次分服，连服数日。（《浙江民间常用草药》）

⑥治脚痛成疮：水蓼（锉）煮汤，令温热得所，频频淋洗，候疮干自安。（《经验方》）

⑦治阴疽发背，黑凹而不知痛者：鲜蓼草5 kg（晒干，烧灰存性，淋灰汁熬膏于半碗听用），石灰32 g。两味调匀，入磁罐收贮封固。如遇阴毒，将笔蘸点患处，不二次退透知痛，出黑水血尽，将膏药贴之。（《外科启玄》）

【临床应用】①治细菌性痢疾、肠炎。

②治子宫出血。

（2）水蓼根。

【采收加工】全年可采。

【来源】蓼科植物水蓼 *Polygonum hydropiper* L. 的根。

【性味】《贵州民间药物》：性温，味辛。

【功能主治】除湿，祛风，活血，解毒。主治痢疾，泄泻，脘腹绞痛，风湿骨痛，月经不调，皮肤湿癣。

【用法用量】内服：煎汤，16～32 g；或浸酒。外用：煎水洗或炒热敷。

【附方】①治绞肠痧：水蓼根15 g，煎水服。（《贵州民间药物》）

②治痢疾：水蓼根32 g，同米15 g炒黄，去米，用水适量煲成一碗，一日作两次分服。（《广西民间常用草药》）

③治风湿骨痛：a. 水蓼根32 g，同猪粉肠95 g煲熟，用酒少许冲服。（《广西民间常用草药》）

b. 红蓼根64 g，小叶榕树叶32 g。用酒炒热敷患处。（《广西中草药》）

④治血气攻心，痛不可忍：蓼根细锉，酒浸服之。（《斗门方》）

⑤治月经不调：水蓼根32 g，当归15 g。泡酒服。（《贵州民间药物》）

（3）蓼实。

【别名】蓼子、水蓼子。

【采收加工】秋季果实成熟时采收，除去杂质，置通风干燥处。

【来源】蓼科植物水蓼 *Polygonum hydropiper* L. 的果实。

【性味】辛，温。

【归经】《本草撮要》：归手、足太阴，足厥阴经。

【功能主治】温中利水，破瘀散结。主治吐泻腹痛，癥积痞胀，水气浮肿，痈肿疮疡，瘰疬。

【用法用量】内服：煎汤、研末或绞汁。外用：煎水浸洗或研末调涂。

【注意】①《药性论》：蓼实，多食吐水，拥气损阳。

②张寿颐：蓼实，破瘀消积，力量甚峻，最易堕胎，妊妇必不可犯；亦有血气素虚，而月事涩少，非因于瘀滞者，亦不可误与。

【附方】①治交接劳复，阴卵肿，或缩入腹，腹中绞痛，或便绝：蓼子一大把。水按取汁，饮1升。干者浓取汁服之。（《补辑肘后方》）

②治霍乱烦渴：蓼子32 g，香豉64 g。每服6 g，水煎服。（《太平圣惠方》）

③治小儿头疮：蓼实捣末，和白蜜、鸡子白涂上。（《药性论》）

④治蜗牛虫咬，毒遍身者：蓼子煎水浸之。（《本草纲目拾遗》）

146. 愉悦蓼 *Polygonum jucundum* Meisn. Migo

【形态】一年生草本。茎直立，基部近平卧，多分枝，无毛，高60～90 cm。叶椭圆状披针形，长6～10 cm，宽1.5～2.5 cm，两面疏生硬伏毛或近无毛，顶端渐尖，基部楔形，边缘全缘，具短缘毛；叶柄长3～6 mm；托叶鞘膜质，淡褐色，筒状，0.5～1 cm，疏生硬伏毛，顶端截形，缘毛长5～11 mm。总状花序呈穗状，顶生或腋生，长3～6 cm，花排列紧密；苞片漏斗状，绿色，缘毛长1.5～2 mm，每苞内具3～5花；花梗长4～6 mm，明显比苞片长；花被5深裂，花被片长圆形，长2～3 mm；雄蕊7～8；花柱3，下部合生，柱头头状。瘦果卵形，具3棱，黑色，有光泽，长约2.5 mm，包于宿存花被内。花期8—9月，果期9—11月。

【生境分布】生于海拔30～2000 m的山坡草地、山谷路旁及沟边湿地。罗田各地均有分布。

【采收加工】夏季采收。

【功能主治】解毒、利尿、消积。主治肠炎、痢疾、泄泻。外用治顽癣。

【用法用量】6～10 g，水煎服。外用鲜用捣敷。

147. 酸模叶蓼 *Polygonum lapathifolium* L.

【别名】大马蓼。

【形态】一年生草本，高40～90 cm。茎直立，具分枝，无毛，节部膨大。叶披针形或宽披针形，长5～15 cm，宽1～3 cm，顶端渐尖或急尖，基部楔形，上面绿色，常有一个大的黑褐色新月形斑点，两面沿中脉被短硬伏毛，全缘，边缘具粗缘毛；叶柄短，具短硬伏毛；托叶鞘筒状，长1.5～3 cm，膜质，淡褐色，无毛，具多数脉，顶端截形，无缘毛，稀具短缘毛。总状花序呈穗状，顶生或腋生，近直立，花紧密，通常由数个花穗再组成圆锥状，花序梗被腺体；苞片漏斗状，边缘具稀疏短缘毛；花被淡

红色或白色，4（5）深裂，花被片椭圆形，外面两面较大，脉粗壮，顶端分叉，外弯；雄蕊通常6。瘦果宽卵形，双凹，长2～3 cm，黑褐色，有光泽，包于宿存花被内。花期6—8月，果期7—9月。

【生境分布】　生于路边、山坡及湿地。全国大部分地区有分布。罗田各地均有分布。

【采收加工】　夏季采收，鲜用。

【药用部位】　全草。

【药材名】　大马蓼。

【来源】　蓼科植物酸模叶蓼 *Polygonum lapathifolium* L. 的全草。

【性味】　辛、苦，凉。

【功能主治】　清热解毒，利湿止痒。用于肠炎，痢疾；外用治湿疹，颈淋巴结结核。

【用法用量】　16～32 g，水煎服。外用适量，煎水熏洗或捣烂敷患处。

148. 大花蓼 *Polygonum macranthum* Meisn.

【别名】　辣蓼草。

【形态】　一年生直立草本。茎高40～100 cm，无毛，节部膨大。叶披针形，长4～12 cm，宽5～20 mm，先端渐尖，基部楔形，有缘毛，两面有腺状小点，有毛，或仅在脉上及边缘有伏刺毛；叶柄短，长仅5 mm，基部扁宽，无毛；托叶鞘筒状，长1～1.5 cm，下半部密生伏刺毛，上半部毛较少或无毛，缘毛粗长，有时超过筒长。总状花序呈穗状，顶生和腋生，花序梗直立，无毛；苞片漏斗状，绿色，长3～4 mm，无毛，但有长缘毛；小花粉红色或白色，花梗长约5 mm，无毛；萼片5，倒卵形，长3～5 mm，先端钝圆；雄蕊通常8；花柱3，下部合生。瘦果三棱形，长2～3 mm，有光泽，包在宿存萼片内。花期8—10月，果期9—11月。

【生态环境】　山坡路旁草丛中及田边潮湿地方。罗田各地均有分布。

【采收加工】　鲜用。

【药用部位】　全草。

【药材名】　大花蓼。

【来源】　蓼科植物大花蓼 *Polygonum macranthum* Meisn. 的全草。

【药用功效】　止痢，止泻，止痛。

【用法用量】　10～16 g，水煎服。

149. 何首乌 *Polygonum multiflorum* Thumb.

【别名】　地精、首乌、马肝石、黄花污根、小独根。

【形态】　多年生草本。块根肥厚，长椭圆形，黑褐色。茎缠绕，长2～4 m，多分枝，具纵棱，无毛，微粗糙，下部木质化。叶卵形或长卵形，长3～7 cm，宽2～5 cm，顶端渐尖，基部心形或近心形，两面粗糙，边缘全缘；叶柄长1.5～3 cm；托叶鞘膜质，偏斜，无毛，长3～5 mm。花序圆锥状，顶生或腋生，长10～20 cm，分枝开展，具细纵棱，沿棱密被小凸起；苞片三角状卵形，具小凸起，顶端尖，每苞内具2～4花；花梗细弱，长2～3 mm，下部具关节，果时延长；花被5深裂，白色或淡绿色，花被片椭圆形，大小不相等，外面3片较大背部具翅，果时增大，花被果时外形近圆形，直径6～7 mm；雄蕊8，花丝下部较宽；花柱3，极短，柱头头状。瘦果卵形，具3棱，长2.5～3 mm，黑褐色，有光泽，包于宿存花被内。花期 8—9 月，果期 9—
10 月。

【生境分布】 生于草坡、路边、山坡
石隙及灌丛中。罗田各地均有分布。

【药用部位】 块根。

【药材名】 何首乌、首乌叶、夜交藤。

（1）何首乌。

【来源】 蓼科植物何首乌 *Polygonum multiflorum* Thunb. 的块根。

【采收加工】 栽后 3～4 年春、秋季
采挖，洗净，切去两端，大者对半剖开，或切厚片，晒干、烘干或煮后晒干。

【性状】 本品呈不规则纺锤形或块状，长 6～15 cm，膨大部直径 3～12 cm，外表红褐色或紫褐色，有不整齐的纵沟，凹凸不平，两端各有一根痕。质坚，显粉性。横断面淡红棕色或淡黄棕色，中心为一个较大的木心，周围有数个类圆形的异形维管束，形成云锦状花纹；干后收缩而有稍凸起的皱纹。气无，味苦涩。以质重、坚实、显粉性者为佳。

【化学成分】 根和根茎含蒽醌类，主要为大黄酚和大黄素，其次为大黄酸、痕量的大黄素甲醚和大黄酚蒽酮等（炙过后无大黄酸）。此外，它含淀粉 45.2%、粗脂肪 3.1%、卵磷脂 3.7%等。

【药理作用】 ①降血脂作用。

②降血糖作用。

③抗菌作用。

④肌肉麻痹、强心作用。

【炮制】 何首乌：拣去杂质，洗净，用水泡至八成透，捞出，润至内外湿度均匀，切片或切成方块，晒干。制何首乌：取何首乌块倒入盆内，用黑豆汁与黄酒拌匀，置罐内或适宜容器内，密闭，坐水锅中，隔水炖至汁液吸尽，取出，晒干。（每何首乌块 50 kg，用黑豆 5 kg，黄酒 13 kg。黑豆汁制法：取黑豆 5 kg，加水煮约 4 h，熬汁约 8 kg，豆渣再加水煮约 3 h，熬汁约 5 kg，两次共熬汁约 12.5 kg）

【性味】 苦、甘、涩，微温。

【归经】 归肝、肾、心经。

【功能主治】 补肝，益肾，养血，祛风。主治肝肾阴亏，须发早白，血虚头晕，腰膝软弱，筋骨酸痛，遗精，崩带，久疟，久痢，慢性肝炎，痈肿，瘰疬，肠风，痔疾。制何首乌补肝肾，益精血，乌须发，壮筋骨。用于眩晕耳鸣、须发早白、腰膝酸软、肢体麻木、神经衰弱、高血脂症。

【用法用量】 内服：煎汤，10～15 g；熬膏、浸酒或入丸、散。外用：煎水洗、研末撒或调涂。

【注意】 大便溏泄及有湿痰者不宜。

【附方】 ①乌须发，壮筋骨，固精气：赤、白何首乌各 500 g（米泔水浸三四日，瓷片刮去皮，用淘净黑豆 2 kg，以砂锅木甑铺豆及首乌，重重铺盖，蒸至豆熟取出，去豆、曝干，换豆再蒸，如此九次，曝干为末），赤、白茯苓各 500 g（去皮，研末，以水淘去筋膜及浮者，取沉者捻块，以人乳十碗浸匀，晒干，研末），牛膝 250 g（去苗，酒浸一日，同何首乌第七次蒸之，至第九次止，晒干），当归 250 g（酒浸，晒），枸杞子 250 g（酒浸，晒），菟丝子 250 g（酒浸生芽，研烂，晒），补骨脂 125 g（以黑芝麻炒香，并忌铁器，石臼捣为末）。炼蜜和丸弹子大一百五十丸，每日三丸，清晨温酒下，午时姜汤下，卧时盐汤下。其余并丸梧桐子大，每日空心酒服一百丸，久服极验。（《万氏积善堂集验方》）

②治骨软风，腰膝疼，行履不得，遍身瘙痒：首乌大而有花纹者，同牛膝（锉）各 500 g。以好酒 1 升，浸七宿，曝干，于木臼内捣末，蜜和为丸。每日空心食前酒下三五十丸。（《经验方》）

③治久疟阴虚，热多寒少，以此补而截之：何首乌，为末，鳖血为丸，黄豆大，辰砂为衣，临发，五更白汤送下两丸。（《赤水玄珠》）

④治气血俱虚，久疟不止：何首乌（10～32 g，随轻重用之），当归6～10 g，人参10～15 g（或32 g，随宜），陈皮6～10 g（大虚不必用），煨生姜三片（多寒者用10～15 g）。水二盅，煎八分，于发前二、三时温服之。若善饮者，以酒浸一宿，次早加水一盅煎服亦妙，再煎不必用酒。（《景岳全书》）

⑤治遍身疮肿痒痛：防风、苦参、何首乌、薄荷各等份。上为粗末，每用药25 g，水、酒各一半，共用15 kg，煎十沸，热洗，于避风处睡一觉。（《外科精要》）

⑥治颈项生瘰疬，咽喉不利：何首乌64 g，昆布64 g（洗去咸味），雀儿粪32 g（微炒），麝香0.3 g（细研），皂荚十挺（去黑皮，涂酥，炙令黄，去子）。上药，捣罗为末，入前研药一处，同研令匀，用精白羊肉500 g，细切，更研相和，捣五七百杵，丸如梧桐子大。每于食后，以荆芥汤下十五丸。（《太平圣惠方》）

⑦治瘰疬延蔓，寒热羸瘦，乃肝（经）郁火，久不治成劳：何首乌如拳大者500 g，去皮如法制，配夏枯草125 g，土贝母、当归、香附各95 g，川芎32 g。共为末，炼蜜丸。每早、晚各服10 g。（《本草汇言》）

⑧治疥癣满身：何首乌、艾各等份，锉为末。上相度疮多少用药，并水煎令浓，盆内盛洗，甚解痛生肌。（《博济方》）

⑨治大肠风毒，泻血不止：何首乌64 g，捣细罗为散，每于食前，以温粥饮调下3 g。（《太平圣惠方》）

⑩治自汗不止：何首乌末，水调。封脐中。（《李时珍濒湖集简方》）

⑪治破伤血出：何首乌末敷之即止。（《卫生杂兴》）

⑫治壮年肾衰，须发早白：何首乌取赤白两种共800 g，牛膝160 g，黑豆3000 g，入蒸笼内蒸至豆烂为度，去豆，加熟地黄160 g，加炼蜜入石臼内杵烂为丸，梧桐子大，每服五十丸。《万密斋医学全书》

【临床应用】 ①治疟疾。

②治百日咳。

③降低血清胆甾醇浓度。

④治疖肿。

【注意】 《开宝本草》记载，何首乌有赤、白之分。现代药材，除上述蓼科之何首乌外，少数地区亦有应用白首乌者。白首乌主要为萝藦科植物大根牛皮消的块根。此外，江苏（南京）亦有用耳叶牛皮消之块根者。

（2）何首乌叶。

【采收加工】 夏、秋季采收，阴干。

【来源】 蓼科植物何首乌 *Polygonum multiflorum* Thunb. 的叶片。

【功能主治】 治疮肿，疥癣，瘰疬。

《现代实用中药》：生叶贴肿疡。

【用法用量】 外用：生贴、煎水洗或捣涂。

【附方】 ①治风疮疥癣作痒：何首乌叶煎汤洗浴。（《本草纲目》）

②治瘰疬结核，或破或不破，下至胸前：何首乌叶捣涂之，并取何首乌根洗净，日日生嚼。（《斗门方》）

（3）首乌藤。

【别名】 棋藤、夜交藤。

【采收加工】 于秋季叶落后割取，除去细枝、残叶，捆成把，或趁鲜切段，干燥。

【来源】 蓼科植物何首乌 *Polygonum multiflorum* Thunb. 的藤茎。

【性状】干燥的藤茎呈细长圆柱状，通常扭曲，有时分枝，直径 3 ～ 7 mm。表面紫褐色，粗糙，有扭曲的纵皱纹和节，并散生红色小斑点，栓皮菲薄，呈鳞片状剥落。质硬，易折断，断面皮部棕红色，木部淡黄色，木质部呈放射状，中央为白色疏松的髓部。气无，味微苦涩。以粗壮均匀、外表紫褐色者为佳。

【化学成分】茎含蒽醌类，主要为大黄素、大黄酚或大黄素甲醚，均以结合型存在。

【炮制】清水洗净，稍浸泡，捞出，润透后，切段，晒干。

【性味】甘、微苦，平。

【归经】归心、肝经。

【功能主治】养心，安神，通络，祛风。主治失眠，劳伤，多汗，血虚身痛，痈疽，瘰疬，风疮疥癣。

【用法用量】内服：煎汤，6 ～ 12 g。外用：煎水洗或捣敷。

【附方】①治彻夜不寐，间日轻重：首乌藤（切）12 g，真珠母 24 g，龙齿 6 g，柴胡（醋炒）3 g，薄荷 3 g，生地黄 18 g，归身 6 g，白芍（酒炒）4.5 g，丹参 6 g，柏子仁 6 g，夜合花 6 g，沉香 1.5 g，红枣十枚。水煎服。（《医醇賸义》）

②治腋疽：首乌藤、鸡屎藤叶各适量。捣烂，敷患处。（《广西民间常用草药》）

③治痔疮肿痛：首乌藤、假蒌叶、杉木叶各适量。煎水洗患处。（《广西民间常用草药》）

150. 小蓼花 *Polygonum muricatum* Meisn.

【形态】一年生草本。茎上升，多分枝，具纵棱，棱上有极稀疏的倒生短皮刺，皮刺长 0.5 ～ 1 mm，基部近平卧，节部生根，高 80 ～ 100 cm。叶卵形或长圆状卵形，长 2.5 ～ 6 cm，宽 1.5 ～ 3 cm，顶端渐尖或急尖，基部宽截形、圆形或近心形，上面通常无毛或疏生短柔毛，极少具稀疏的短星状毛，下面疏生短星状毛及短柔毛，沿中脉具倒生短皮刺或糙伏毛，边缘密生短缘毛；叶柄长 0.7 ～ 2 cm，疏被倒生短皮刺；托叶鞘筒状，膜质，长 1 ～ 2 cm，无毛，具数条明显的脉，顶端截形，具长缘毛。总状花序呈穗状，极短，由数个穗状花序再组成圆锥状，花序梗密被短柔毛及稀疏的腺毛；苞片宽椭圆形或卵形，具缘毛，每苞片内具 2 朵花；花梗长约 2 mm，比苞片短；花被 5 深裂，白色或淡紫红色，花被片宽椭圆形，长 2 ～ 3 mm；雄蕊通常 6 ～ 8，花柱 3；柱头头状。瘦果卵形，具 3 棱，黄褐色，平滑，有光泽，长 2 ～ 2.5 mm，包于宿存花被内。花期 7—8 月，果期 9—10 月。

【生态环境】生于山谷水边、田边湿地，海拔 50 ～ 3300 m。罗田南部丘陵地区有分布。

【采收加工】夏季采收。

【药用部位】全草。

【药材名】小蓼。

【来源】蓼科植物小蓼花 *Polygonum muricatum* Meisn. 的全草。

【药用功效】清热解毒，止泻。

【用法用量】10 ～ 16 g，水煎服。

151. 尼泊尔蓼 *Polygonum nepalensis* Meisn.

【别名】小猫眼，野荞子。

【形态】一年生草本。茎外倾或斜上，自基部多分枝，无毛或在节部疏生腺毛，高 20 ～ 40 cm。茎下部叶卵形或三角状卵形，长 3～5 cm，宽 2～4 cm，顶端急尖，基部宽楔形，沿叶柄下延成翅，两面无毛或疏被刺毛，疏生黄色透明腺点，茎上部较小；叶柄长 1～3 cm，或近无柄，抱茎；托叶鞘筒状，长 5～10 mm，膜质，淡褐色，顶端斜截形，无缘毛，基部具刺毛。花序头状，顶生或腋生，基部常具 1 叶状总苞片，花序梗细长，上部具腺毛；苞片卵状椭圆形，通常无毛，边缘膜质，每苞内具 1 花；花梗比苞片短；花被通常 4 裂，淡紫红色或白色，花被片长圆形，长 2～3 mm，顶端圆钝；雄蕊 5～6，与花被近等长，花药暗紫色；花柱 2，下部合生，柱头头状。瘦果宽卵形，双凸镜状，长 2～2.5 mm，黑色，密生洼点。无光泽，包于宿存花被内。花期 5—8 月，果期 7—10 月。

【生境分布】 全国各地均有分布。生于山区土壤深厚湿润、阳光充足处的沟边及路旁。罗田北部山区有分布。

【采收加工】 春、夏季采收，晒干。

【药用部位】 全草。

【药材名】 野荞子。

【来源】 蓼科植物尼泊尔蓼 *Polygonum nepalensis* Meisn. 的全草。

【性味】 寒，苦。

【功能主治】 清热解毒。主治喉痛，目赤，牙龈肿痛，赤痢。

【用法用量】 内服：煎汤，10～24 g。

152. 红蓼 *Polygonum orientalis* L.

【别名】 荭草、东方蓼、水荭子。

【形态】 一年生草本。茎直立，粗壮，高 1～2 m，上部多分枝，密被开展的长柔毛。叶宽卵形、宽椭圆形或卵状披针形，长 10～20 cm，宽 5～12 cm，顶端渐尖，基部圆形或近心形，微下延，边缘全缘，密生缘毛，两面密生短柔毛，叶脉上密生长柔毛；叶柄长 2～10 cm，具开展的长柔毛；托叶鞘筒状，膜质，长 1～2 cm，被长柔毛，具长缘毛，通常沿顶端具草质、绿色的翅。总状花序呈穗状，顶生或腋生，长 3～7 cm，花紧密，微下垂，通常数个再组成圆锥状；苞片宽漏斗状，长 3～5 mm，草质，绿色，被短柔毛，边缘具长缘毛，每苞内具 3～5 花；花梗比苞片长；花被 5 深裂，淡红色或白色；花被片椭圆形，长 3～4 mm；雄蕊 7，比花被长；花盘明显；花柱 2，中下部合生，比花被长，柱头头状。瘦果近圆形，双凹，直径长 3～3.5 mm，黑褐色，有光泽，包于宿存花被内。花期 6—9 月，果期 8—10 月。

【生境分布】 生于沟边湿地、村边路旁，海拔 30～2700 m。罗田各地均有分布。

【药用部位】 果实、花序。

【药材名】 水红花子。

（1）水红花子。

【来源】蓼科植物荭蓼 *Polygonum orientalis* L.的干燥果实，呈扁圆形，直径2～3 mm，厚1～1.5 mm。表面棕黑色，或红棕色，有光泽，两侧面微凹入，其中央呈微隆起的线状，先端有刺状凸起的柱基，基部有浅棕色略凸起的果柄痕，有时残留膜质花被。果皮厚而坚硬。种子扁圆形，种皮浅棕色膜质；胚乳粉质，类白色，胚细小弯曲，略成环状。气微弱，味淡。以饱满充实，色红黑者为佳。

【采收加工】8—10月割取果穗，晒干，打落果实，除去杂质。

【化学成分】其种子含淀粉。

【性味】咸，寒。

【功能主治】消瘀破积，健脾利湿。主治胁腹癥积，水臌，胃疼，食少腹胀，火眼，疮肿，瘰疬。

【用法用量】内服：煎汤，6～10 g；研末、熬膏或浸酒。外用：熬膏或捣烂敷。

【注意】凡血分无瘀滞及脾胃虚寒者忌服。

【附方】①治腹中痞积：水红花子一碗，以水三碗，用文武火熬成膏，量痞大小摊贴，仍以酒调膏服。忌荤腥油腻。（《保寿堂经验方》）

②治慢性肝炎、肝硬化腹水：水红花子15 g，大腹皮12 g，黑丑10 g。水煎服。（《新疆中草药手册》）

③治脾肿大、肚子胀：水红花子500 g，水煎熬膏。每次一汤匙，一日二次，黄酒或开水送服。并用水红花子膏摊布上，外贴患部，每天换药一次。（《新疆中草药手册》）

④治瘰疬，破者亦治：水荭子不以多少，微炒一半，余一半生用，同为末，好酒调6 g，日三服，食后夜卧各一服。（《本草衍义》）

（2）水荭花。

【别名】水荭花。

【采收加工】花序初开时采收。

【来源】蓼科植物荭蓼 *Polygonum orientale* L.的花序。

【性状】干燥花序，花多数，攒簇成穗，花被5瓣，淡红色或带白色，初开时常呈扁形的半开放状态。

【功能主治】主治心、胃气痛，痢疾，痞块，横痃。

【用法用量】内服：煎汤，3～6 g；研末、熬膏或浸酒。外用：熬膏贴。

【附方】①治胃脘血气作痛：水荭花一大撮，水二盅，煎一盅服。（《董炳集验方》）

②治痢疾初起：水荭花（取花、叶）炒末。每服10 g，红痢蜜汤下，白痢沙糖汤下。（《经验广集》）

③贴痞：水荭花（花、叶、茎、根同用），取1～2担水，满锅煮透，去渣，存汁，慢火熬成膏，纸绢任摊，狗皮更好。（《经验广集》）

④治横痃：荭草花一握，红糖16 g。捣烂加热敷贴，日换一次。（《福建民间草药》）

153. 杠板归 *Polygonum perfoliatum* L.

【别名】河白草、蛇倒退、梨头刺、蛇不过。

【形态】一年生草本。茎攀援，多分枝，长1～2 m，具纵棱，沿棱具稀疏的倒生皮刺。叶三角形，长3～7 cm，宽2～5 cm，顶端钝或微尖，基部截形或微心形，薄纸质，上面无毛，下面沿叶脉疏生皮刺；叶柄与叶片近等长，具倒生皮刺，盾状着生于叶片的近基部；托叶鞘叶状，草质，绿色，圆形或近圆形，穿叶，直径1.5～3 cm。总状花序呈短穗状，不分枝顶生或腋生，长1～3 cm；苞片卵圆形，每苞片内具花2～4朵；花被5深裂，白色或淡红色，花被片椭圆形，长约3 mm，果时增大，呈肉质，深蓝色；雄蕊8，略短于花被；花柱3，中上部合生；柱头头状。瘦果球形，直径3～4 mm，黑色，有光泽，包于宿存花被内。花期6—8月,果期7—10月。

【生境分布】 生于山谷、灌丛中或水沟旁。罗田各地均有分布。

【采收加工】 夏季花开时采割,晒干。

【药用部位】 地上部分。

【药材名】 杠板归。

【来源】 蓼科植物杠板归 *Polygonum perfoliatum* L. 的地上部分。

【性味】 酸,微寒。

【功能主治】 利水消肿,清热解毒,止咳。用于肾炎水肿、百日咳、泻痢、湿疹、疔肿、毒蛇咬伤。

【用法用量】 煎汤,16～32 g;外用适量,鲜品捣烂敷或干品煎水洗患处。

154. 刺蓼 *Polygonum senticosum*（Meisn.）Franch. et Sav.

【别名】 红火老鸦酸草、廊茵、蛇不钻、猫儿刺、南蛇草。

【形态】 茎攀援,长1～1.5 m,多分枝,被短柔毛,四棱形,沿棱具倒生皮刺。叶片三角形或长三角形,长4～8 cm,宽2～7 cm,顶端急尖或渐尖,基部戟形,两面被短柔毛,下面沿叶脉具稀疏的倒生皮刺,边缘具缘毛;叶柄粗壮,长2～7 cm,具倒生皮刺;托叶鞘筒状,边缘具叶状翅,翅肾圆形,草质,绿色,具短缘毛。花序头状,顶生或腋生,花序梗分枝,密被短腺毛;苞片长卵形,淡绿色,边缘膜质,具短缘毛,每苞内具花2～3朵;花梗粗壮,比苞片短;花被5深裂,淡红色,花被片椭圆形,长3～4 mm;雄蕊8,成2轮,比花被短;花柱3,中下部合生;柱头头状。瘦果近球形,微具3棱,黑褐色,无光泽,长2.5～3 mm,包于宿存花被内。花期6—7月,果期7—9月。

【生境分布】 生于山坡、山谷及林下。罗田各地均有分布。

【采收加工】 夏、秋季采收。

【药用部位】 全草。

【药材名】 刺蓼。

【来源】 蓼科植物刺蓼 *Polygonum senticosum*（Meisn.）Franch. et Sav. 的全草。

【化学成分】 含异槲皮苷。

【性味】 ①江西《草药手册》:苦,平。

②《甘肃中草药手册》:酸微辛,平。

【功能主治】 ①江西《草药手册》:行血散瘀,消肿解毒。治蛇头疮,顽固性痛疖,婴儿胎毒,蛇咬伤,跌伤,湿疹痒痛,外痔,内痔。

②《甘肃中草药手册》:清热解毒,理气止痛,固脱。治小儿胎毒,胃气疼痛,子宫脱垂。

【用法用量】 内服:煎汤,32～64 g;研末,1.5～3 g。外用:捣敷、煎水洗或研末调敷。

【附方】①治耳道炎症：鲜廊茵捣烂绞汁滴耳。（《福建省中草药、新医疗法资料选编》）

②治湿疹，漆过敏，脚痒感染：廊茵内服每次 100 g，煎汤外洗每次 1000 g，或捣汁外涂。（《福建省中草药、新医疗法资料选编》）

155. 箭叶蓼 *Polygonum sieboldii* Meisn.

【别名】锯儿草。

【形态】叶形、叶色都非常美丽的草种，叶片呈细长状戟形，基部尖至戟形，叶面色彩呈现红棕色至深紫色，中间叶纹以特殊的黄色呈现，十分特殊。此品种偏好弱酸性软水，栽种时多添加些铁肥，便可使其呈现最红艳的色彩。

【生境分布】林荫下或山坡草丛中。罗田各地均有分布。

【采收加工】夏季采收。

【药用部位】全草。

【药材名】箭叶蓼。

【来源】蓼科植物箭叶蓼 *Polygonum sieboldii* Meisn. 的全草。

【功能主治】清热解毒，消肿止痛，止痒。

【用法用量】内服：水煎服 10 ～ 16 g。外用：捣碎外敷患处。

156. 支柱蓼 *Polygonum suffultum* Maxim.

【别名】算盘七、血三七、红三七。

【形态】多年生草本。根状茎粗壮，通常呈念珠状，黑褐色，茎直立或斜上，细弱，上部分枝或不分枝，通常数条自根状茎发，高 10 ～ 40 cm，基生叶卵形或长卵形，长 5 ～ 12 cm，宽 3 ～ 6 cm，顶端渐尖或急尖，基部心形，全缘，疏生短缘毛，两面无毛或疏生短柔毛，叶柄长 4 ～ 15 cm；茎生叶卵形，较小具短柄，最上部的叶无柄，抱茎；托叶鞘膜质，筒状，褐色，长 2 ～ 4 cm，顶端偏斜，开裂，无缘毛。总状花序呈穗状，紧密，顶生或腋生，长 1 ～ 2 cm；苞片膜质，长卵形，顶端渐尖，长约 3 mm，每苞内具 2 ～ 4 花；花梗细弱，长 2 ～ 2.5 mm，比苞片短；花被 5 深裂，白色或淡红色，花被片倒卵形或椭圆形，长 3 ～ 3.5 mm；雄蕊 8，比花被长；花柱 3，基部合生，柱头头状。瘦果宽椭圆形，具 3 锐棱，长 3.5 ～ 4 mm，黄褐色，有光泽，稍长于宿存花被。花期 6—7 月，果期 7—10 月。

【生境分布】生于山坡路旁、林下湿地及沟边。罗田各地均有分布。

【采收加工】秋季采收。

【药用部位】根茎。

【药材名】血三七。

【来源】 蓼科植物支柱蓼 *Polygonum suffultum* Maxim. 的根茎。

【功能主治】 活血止痛，散瘀消肿。

【用法用量】 10～16 g，水煎服。

157. 戟叶蓼 *Polygonum thunbergii* Sieb. et Zucc.

【别名】 水麻、苦荞麦、藏氏蓼。

【形态】 一年生草本。茎直立或上升，具纵棱，沿棱具倒生皮刺，基部外倾，节部生根，高 30～90 cm。叶戟形，长 4～8 cm，宽 2～4 cm，顶端渐尖，基部截形或近心形，两面疏生刺毛，极少具稀疏的星状毛，边缘具短缘毛，中部裂片卵形或宽卵形，侧生裂片较小，卵形，叶柄长 2～5 cm，具倒生皮刺，通常具狭翅；托叶鞘膜质，边缘具叶状翅，翅近全缘，具粗缘毛。花序头状，顶生或腋生，分枝，花序梗具腺毛及短柔毛；苞片披针形，顶端渐尖，边缘具缘毛，每苞内具 2～3 花；花梗无毛，比苞片短，花被 5 深裂，淡红色或白色，花被片椭圆形，长 3～4 mm；雄蕊 8，成 2 轮，比花被短；花柱 3，中下部合生，柱头头状。瘦果宽卵形，具 3 棱，黄褐色，无光泽，长 3～3.5 mm，包于宿存花被内。花期 7—9 月，果期 8—10 月。

【生境分布】 生于山谷湿地、山坡草丛，海拔 90～2400 m。罗田天堂寨有分布。

【采收加工】 夏、秋季采收，鲜用或晒干备用。

【来源】 蓼科植物戟叶蓼 *Polygonum thunbergii* Sieb. et Zucc. 的全草。

【功能主治】 清热解毒，止泻。主治毒蛇咬伤，泻痢。用于急性肠炎。

【用法用量】 水煎服，10 g。外用适量捣敷。

酸模属 *Rumex* L.

158. 酸模 *Rumex acetosa* L.

【别名】 山大黄、当药、酸母、酸汤菜、酸溜溜。

【形态】 多年生草本。根为须根。茎直立，高 40～100 cm，具深沟槽，通常不分枝。基生叶和茎下部叶箭形，长 3～12 cm，宽 2～4 cm，顶端急尖或圆钝，基部裂片急尖，全缘或微波状；叶柄长 2～10 cm；茎上部叶较小，具短叶柄或无柄；托叶鞘膜质，易破裂。花序狭圆锥状，顶生，分枝稀疏；花单性，雌雄异株；花梗中部具关节；花被片 6，成 2 轮，雄花内花被片椭圆形，长约 3 mm，外花被片较小，雄蕊 6；雌花内花被片果时增大，近圆形，直径 3.5～4 mm，全缘，基部心形，网脉明显，基部具极小的小瘤，外花被片椭圆形，反折，瘦果椭圆形，具 3 锐棱，两端尖，长约 2 mm，黑褐色，有光泽。花期 5—7 月，果期 6—8 月。

【生境分布】 生于山坡、林缘、沟边、路旁。罗田各地均有分布。

【采收加工】 夏、秋季采收，晒干。

【药用部位】 全草。

【药材名】 牛耳大黄。

【来源】 蓼科植物酸模 *Rumex acetosa* L. 的根。

【化学成分】 根含鞣质，大黄酚苷及金丝桃苷。果实含槲皮素和金丝桃苷。

【药理作用】 因含酸性草酸钾及酒石酸，故有酸味，有时因草酸含量过多而致中毒，文献上曾有小儿食酸模叶而致死的报告。其水提取物有抗真菌（发癣菌类）作用。

【性味】 酸，寒。

【功能主治】 清热解毒，利尿，凉血，杀虫。主治热痢，淋证，小便不通，吐血，恶疮，疥癣。

【用法用量】 内服：煎汤，10～12 g；或捣汁。外用：捣敷。

【附方】 ①治小便不通：酸模根 10～12 g。水煎服。（《湖南药物志》）

②治吐血，便血：酸模 4.5 g，小蓟、地榆炭各 12 g，炒黄芩 10 g。水煎服。（《山东中草药手册》）

③治目赤：酸模根 3 g，研末，调入乳蒸过敷眼沿，同时取根 10 g 煎服。（《浙江民间草药》）

④治疮疥：酸模根，捣烂涂擦患处。（《浙江民间草药》）

159. 皱叶酸模 *Rumex crispus* L.

【别名】 牛耳大黄、金不换。

【形态】 多年生草本。根粗壮，黄褐色。茎直立，高 50～120 cm，不分枝或上部分枝，具浅沟槽。基生叶披针形或狭披针形，长 10～25 cm，宽 2～5 cm，顶端急尖，基部楔形，边缘皱波状；茎生叶较小，狭披针形；叶柄长 3～10 cm；托叶鞘膜质，易破裂。花序狭圆锥状，花序分枝近直立或上升；花两性；淡绿色；花梗细，中下部具关节，关节果时稍膨大；花被片 6，外花被片椭圆形，长约 1 mm，内花被片果时增大，宽卵形，长 4～5 mm，网脉明显，顶端稍钝，基部近截形，边缘近全缘，全部具小瘤，稀 1 片具小瘤，小瘤卵形，长 1.5～2 mm。瘦果卵形，顶端急尖，具 3 锐棱，暗褐色，有光泽。花期 5—6 月，果期 6—7 月。

【生境分布】 生于低山、路旁、草地或沟边。罗田各地均有分布。

【药用部位】 根、叶。

【药材名】 牛耳大黄。

（1）牛耳大黄。

【采收加工】 全年可采挖。生用（晒干或鲜用）或酒制后用。

【来源】 蓼科植物皱叶酸模 *Rumex crispus* L. 的根。

【性味】 苦、酸，寒。

【功能主治】 清热解毒，活血止血，通便，杀虫。主治痢疾，肝炎，慢性肠炎，跌打损伤，内出血，血小板减少症，大便

秘结，痈疮疥癣，脓泡疮，汤火伤。

【用法用量】内服：煎汤，10～15 g。外用：捣敷、醋磨涂或研末调敷。

【附方】①治内出血，大便秘结：生金不换 10～15 g。水煎服。

②治癣：金不换鲜根捣烂或用醋磨汁，涂搽患处。

③治汤火伤：金不换 50 g，猪毛 50 g（烧炭存性），冰片少许，共研细末。香油调敷。（①～③方出自《陕西中草药》）

【临床应用】①治血小板减少症。

②治各种出血性疾病。

③治银屑病。

④治慢性气管炎。

（2）牛耳大黄叶。

【采收加工】4—5 月采叶，晒干或鲜用。

【来源】蓼科植物皱叶酸模 *Rumex crispus* L. 的叶。

【性状】枯绿色，皱缩。展平后基生叶具长叶柄，叶片薄纸质，披针形至长圆形，长 16～22 cm，宽 1.5～4 cm，基部多为楔形；茎生叶较小，叶柄较短，叶片多长披针形；先端急尖，基部圆形、截形或楔形，边线波状皱褶，两面无毛；托叶鞘筒状，膜质。气微，味苦、涩。

【功能主治】清热解毒，止咳。主治热结便秘，咳嗽，痈肿疮毒。

【用法用量】内服：煎汤；或作菜食。外用：适量，捣敷。

160. 羊蹄 *Rumex japonicus* Houtt.

【别名】败毒菜根、羊蹄大黄、土大黄、牛舌根、牛舌大黄。

【形态】多年生草本。茎直立，高 50～100 cm，上部分枝，具沟槽。基生叶长圆形或披针状长圆形，长 8～25 cm，宽 3～10 cm，顶端急尖，基部圆形或心形，边缘微波状，下面沿叶脉具小凸起；茎上部叶狭长圆形；叶柄长 2～12 cm；托叶鞘膜质，易破裂。花序圆锥状，花两性，多花轮生；花梗细长，中下部具关节；花被片 6，淡绿色，外花被片椭圆形，长 1.5～2 mm，内花被片果时增大，宽心形，长 4～5 mm，顶端渐尖，基部心形，网脉明显，边缘具不整齐的小齿，齿长 0.3～0.5 mm，全部具小瘤，小瘤长卵形，长 2～2.5 mm。瘦果宽卵形，具 3 锐棱，长约 2.5 mm，两端尖，暗褐色，有光泽。花期 5—6 月，果期 6—7 月。

【生境分布】喜生于低山温暖地区的路旁及沟边。罗田各地均有分布。

【药用部位】根（羊蹄根）、叶（羊蹄叶）、果实（羊蹄实）。

【药材名】羊蹄根、羊蹄实、羊蹄叶。

（1）羊蹄根。

【采收加工】8—9 月采取。

【来源】蓼科植物羊蹄 *Rumex japonicus* Houtt. 或尼泊尔羊蹄的根。

【化学成分】羊蹄根含大黄根酸、大黄素等。

本植物还含一种降血糖成分（熔点 103～104 ℃）。

【药理作用】抑制真菌作用、降低血

压作用、小剂量有收敛作用，大剂量有轻泻作用，利胆作用，止血作用。

【性味】苦，寒，有小毒。

【归经】《本草撮要》：归手少阴经。

【功能主治】清热解毒，杀虫止痒，通便。用于皮肤病、疥癣、各种出血、肝炎及各种炎症。

【用法用量】内服：煎汤，10～15 g；捣汁或熬膏。外用：捣敷，磨汁涂或煎水洗。

【注意】《本草汇言》：脾胃虚寒，泄泻不食者切勿入口。

【附方】①治大便卒涩结不通：羊蹄根32 g（锉）。以水一大盏，煎取六分，去滓，温温顿服之。（《太平圣惠方》）

②治产后风秘：羊蹄根锉研，绞取汁二、三匙，水半盏，煎一、二沸，温温空肚服。（《本草衍义》）

③治赤白浊：羊蹄根每用10～15 g。水煎服。（《三年来的中医药实验研究》）

④治湿热黄疸：羊蹄根15 g，五加皮15 g。水煎服。（《江西民间草药》）

⑤治热郁吐血：羊蹄根和麦门冬煎汤饮，或熬膏，炼蜜收，白汤调服数匙。（《本草汇言》）

⑥治肠风下血：败毒菜根（洗切）、连皮老姜各半盏。同炒赤，以无灰酒淬之，碗盖少倾，去滓，任意饮。（《永类钤方》）

⑦治内痔便血：羊蹄根八钱至一两，较肥的猪肉四两。放瓦罐内，加入清水，煮至肉极烂时，去药饮汤。（《江西民间草药》）

⑧治肛门周围炎症：羊蹄根（鲜品）32～48 g。水煎冲冰糖，早晚空腹服。（福建省中草药、新医疗法资料选编）

⑨治女人阴蚀疼痛：羊蹄，煎汤揉洗。（《本草汇言》）

⑩治病疬风：羊蹄根，于生铁上酽醋磨，旋旋刮取，涂于患上；未瘥，更入硫黄少许，同磨涂之。（《太平圣惠方》）

⑪治白秃：羊蹄根（独根者，勿见风日），以三年醋研和如泥，生布拭疮令去，以敷之。（《补辑肘后方》）

⑫治疥：羊蹄根（捣），和猪脂涂上，或着少盐佳。（《集验方》）

⑬治细癣：羊蹄根于磨石上以苦酒磨之，以敷疮上；当先刮疮，以火炙干后敷四、五过。（《千金方》）

⑭治癣疮久不瘥：羊蹄根捣绞取汁，用调腻粉少许如膏，涂敷癣上，3～5遍；如干，即猪脂调和敷之。（《简要济众方》）

⑮治瘑窟湿癣痒，浸淫日广，痒不可忍，搔之黄水出，瘥后复发：取羊蹄根去土，细切捣碎敷上一时间，以冷水洗，日一敷，若为末敷之亦得。（《履巉岩本草》）

⑯治头风白屑：羊蹄草根曝干，捣罗为末，以羊胆汁调，揩涂头上。（《太平圣惠方》）

⑰治汗斑初起：硼砂研末，用鲜羊蹄根蘸擦之；或单用鲜羊蹄根擦患处。初起者有效。（《三年来的中医药实验研究》）

⑱治跌打损伤：鲜羊蹄根适量，捣烂，用酒炒热，敷患处。（《福建中草药》）

【临床应用】治功能性子宫出血。

（2）羊蹄实。

【采收加工】夏季成熟时采收。

【来源】蓼科植物羊蹄 *Rumex japonicus* Houtt. 的果实。

【性味】《新修本草》：味苦涩，平，无毒。

【功能主治】①《新修本草》：主赤白杂痢。

②《本草纲目》：治妇人血气。

【用法用量】 内服：煎汤，3 ～ 6 g。

（3）羊蹄叶。

【采收加工】 春、夏季采收。

【来源】 蓼科植物羊蹄 *Rumex japonicus* Houtt. 的叶片。

【化学成分】 羊蹄叶含槲皮苷，并含较多维生素 C。

【性味】《本草纲目》：甘，滑，寒，无毒。

【功能主治】 主治肠风便秘，小儿疳积，目赤，舌肿，疥癣。

【用法用量】 内服：煎汤，10 ～ 15 g。外用：捣敷或煎水含漱。

【注意】①《食疗本草》：不宜多食。

②《本草图经》：多啖令人下气。

③《本草衍义补遗》：多食亦令人大腑泄滑。

【附方】①治肠风痔泻血：羊蹄根叶烂蒸一碗来食之。（《斗门方》）

②治悬痈，咽中生息肉，舌肿：羊蹄草煮取汁口含之。（《千金方》）

③治对口疮：鲜羊蹄叶适量，同冷饭捣烂外敷。（《福建中草药》）

161. 钝叶酸模 *Rumex obtusifolius* L.

【形态】 多年生草本。根肥厚且大，黄色。茎粗壮直立，高约 1 米，绿紫色，有纵沟。根出叶长大，具长柄；托叶膜质；叶片卵形或卵状长椭圆形，长 15 ～ 30 cm，宽 12 ～ 20 cm，先端钝圆，基部心形、全缘，下面有小瘤状凸起；茎生叶互生，卵状披针形，至上部渐小，变为苞叶。圆锥花序，花小，紫绿色至绿色，两性，轮生而作疏总状排列；花被 6，淡绿色，2 轮，宿存，外轮 3 片披针形，内轮 3 片，随果增大为果被，缘有牙齿，背中肋上有瘤状凸起；雄蕊 6；子房 1 室，具棱，花柱 3，柱头毛状。瘦果卵形，具 3 棱，茶褐色。种子 1 粒。花、果期 5—7 月。

【生境分布】 生于原野山坡边。罗田各地均有分布。

【采收加工】 9—10 月采收。

【药用部位】 根。

【药材名】 土大黄。

【来源】 蓼科植物钝叶酸模 *Rumex obtusifolius* L. 的根。

【性状】 干燥根肥厚粗大，外表暗褐色，皱折而不平坦，残留多数细根。一般切成块状，断面黄色，可见有由表面凹入的深沟条纹。味苦。

【化学成分】 根含蒽醌类。

【性味】 辛、苦，凉。

【功能主治】 清热，行瘀，杀虫，解毒。主治咯血，肺痈，腮腺炎，大便秘结，痈疡肿毒，湿疹，疥癣，跌打损伤，烫伤。

【用法用量】 内服：煎汤，10 ～ 15 g。外用：捣敷或磨汁涂。

【附方】①治腮腺炎：鲜土大黄根、鲜天葵根各适量，酒糟少许，捣烂外敷。（《江西草药》）

②治皮炎，湿疹：土大黄适量，煎水洗。

（广州部队《常用中草药手册》）

③治癣癫：土大黄根以石灰水浸 2 h，用醋磨搽。（《湖南药物志》）

④治脚肿烂及小儿清水疮：土大黄根捣烂敷患处。（《湖南药物志》）

⑤治大便秘结：土大黄根 3 ～ 15 g，水煎服。（《湖南药物志》）

⑥治汤火伤：土大黄根适量，研末。麻油调敷伤处。（《江西草药》）

五十三、藜科　Chenopodiaceae

藜属 *Chenopodium* L.

162. 藜 *Chenopodium album* L.

【别名】灰藋、红灰藋、灰菜。

【形态】一年生草本，高 30 ～ 150 cm。茎直立，粗壮，具条棱及绿色或紫红色色条，多分枝；枝条斜升或开展。叶片菱状卵形至宽披针形，长 3 ～ 6 cm，宽 2.5 ～ 5 cm，先端急尖或微钝，基部楔形至宽楔形，上面通常无粉，有时嫩叶的上面有紫红色粉，下面有粉，边缘具不整齐锯齿；叶柄与叶片近等长，或为叶片长度的 1/2。花两性，花簇于枝上部排列成或大或小的穗状圆锥状或圆锥状花序；花被裂片 5，宽卵形至椭圆形，背面具纵隆脊，有粉，先端或微凹，边缘膜质；雄蕊 5，花药伸出花被，柱头 2。果皮与种子贴生。种子横生，双凸镜状，直径 1.2 ～ 1.5 mm，边缘钝，黑色，有光泽，表面具浅沟纹；胚环形。花果期 5—10 月。

【生境分布】生于路旁、荒地及田间，为很难除掉的杂草。罗田各地均有分布。

【采收加工】6—7 月采收，鲜用或晒干。

【药用部位】全草。

【药材名】灰苋菜。

【来源】藜科植物藜 *Chenopodium album* L. 的幼嫩全草。

【性味】《本草纲目》：甘，平，微毒。

【功能主治】清热，利湿，杀虫。主治痢疾，腹泻，湿疮痒疹，毒虫咬伤。

【用法用量】内服：煎汤，16 ～ 32 g。外用：煎水漱口或熏洗；或捣涂。

【附方】①治痢疾腹泻：灰藋全草 32 ～ 64 g。煎水服。（《上海常用中草药》）

②治皮肤湿毒，周身发痒：灰藋全草、野菊花，等量煎汤熏洗。（《上海常用中草药》）

③治疥癣湿疮：灰菜茎叶适量，煮汤外洗。

④治毒虫咬伤，白癜风：灰菜茎叶，捣烂外涂。

⑤治龋齿：鲜灰菜适量，水煎漱口。（③～⑤方出自《中国沙漠地区药用植物》）

⑥治白癜风：红灰藋 2500 g，茄子根茎 1500 g，苍耳根茎 2500 g。上药晒干，一处烧灰，以水 10 升，煎汤淋取汁，却于铛内煎成膏，以瓷合盛，别用好通明乳香 16 g，生研，又入铅霜 0.3 g，腻粉 0.3 g 相和，入于膏内，别用炼成黄牛脂 64 g，入膏内调搅令匀，每取涂抹患处，日三用之。（《太平圣惠方》）

【注意】 同属植物灰绿藜，形态与藜极相似，但植株较小；侧方花的花被片 3～4 片；扁圆形的种子上有缺刻状凸起。西藏等地区与藜同等入药。

163. 土荆芥 *Chenopodium ambrosioides* L. Sp. Pl.

【别名】 香藜草、臭草、藜荆芥、虎骨香、鹅脚草。

【形态】 一年生或多年生草本，高 50～80 cm，有强烈香味。茎直立，多分枝，有色条及钝条棱；枝通常细瘦，有短柔毛并兼有具节的长柔毛，有时近于无毛。叶片矩圆状披针形至披针形，先端急尖或渐尖，边缘具稀疏不整齐的大锯齿，基部渐狭具短柄，上面平滑无毛，下面有散生油点并沿叶脉稍有毛，下部的叶长达 15 cm，宽达 5 cm，上部叶逐渐狭小而近全缘。花两性及雌性，通常 3～5 个团集，生于上部叶腋；花被裂片 5，较少为 3，绿色，果时通常闭合；雄蕊 5，花药长 0.5 mm；花柱不明显，柱头通常 3，较少为 4，丝形，伸出花被外。胞果扁球形，完全包于花被内。种子横生或斜生，黑色或暗红色，平滑，有光泽，边缘钝，直径约 0.7 mm。花期和果期的时间都很长。

【生境分布】 野生，喜生于村旁、路边、河岸等处。罗田各地均有分布。

【采收加工】 8 月下旬至 9 月下旬采收全草，摊放通风处，或捆束悬挂阴干，避免日晒及雨淋。

【药用部位】 全草。

【药材名】 土荆芥。

【来源】 藜科植物土荆芥 *Chenopodium ambrosioides* L. Sp. Pl. 的带有果穗的全草。

【性状】 干燥带有果穗的茎枝。茎下部圆柱形，粗壮，光滑；上部方形有纵沟，具茸毛。下部叶大多脱落，仅留有茎梢线状披针形的苞片；果穗成束，簇生于枝腋及茎梢，触之即落，淡绿色或黄绿色；剥除宿萼，内有 1 棕黑色的果实。有强烈的特殊香气，味辣而微苦。

【炮制】 除去杂质及根，切细。

【性味】 辛，温，有毒。

【功能主治】 祛风，杀虫，通经，止痛。主治皮肤风湿痹痛，钩虫病，蛔虫病，痛经，经闭，皮肤湿疹，蛇虫咬伤。

【用法用量】 内服：煎汤，3～6 g（鲜者 15～24 g）；或入丸、散。外用：煎水洗或捣敷。

【注意】 《福建民间草药》：凡患神经衰弱、心脏病、肾病及孕妇等忌服。

【附方】 ①治钩虫病、蛔虫病、蛲虫病：土荆芥叶、茎、子阴干研末，酌加糖和米糊为丸，如绿豆大，

每次用开水送服 3 g，早晚各一次。（《福建民间草药》）

②治钩虫病、蛔虫病、绦虫病：土荆芥全草 3～6 g，水煎服。

③治头虱：土荆芥捣烂加茶油敷。

④治脱肛、子宫脱垂：土荆芥鲜草 15 g。水煎，日服两次。（②～④方出自《湖南药物志》）

⑤治关节风湿痛：土荆芥鲜根 15 g。水炖服。

⑥治湿疹：土荆芥鲜全草适量。水煎，洗患处。

⑦治创伤出血：土荆芥干叶。研末，敷患处。

⑧治毒蛇咬伤：土荆芥鲜叶。捣烂，敷患处。（⑤～⑧方出自《福建中草药》）

【临床应用】治疗钩虫病、蛔虫病。

164. 小藜 *Chenopodium serotinum* L.

【别名】粉仔菜、灰条菜、灰灰菜、灰藋、白藜。

【形态】一年生草本，高 20～50 cm。茎直立，具条棱及绿色色条。叶片卵状矩圆形，长 2.5～5 cm，宽 1～3.5 cm，通常 3 浅裂；中裂片两边近平行，先端钝或急尖并具短尖头，边缘具深波状锯齿；侧裂片位于中部以下，通常各具 2 浅裂齿。花两性，数个团集，排列于上部的枝上形成较开展的顶生圆锥状花序；花被近球形，5 深裂，裂片宽卵形，不开展，背面具微纵隆脊并有密粉；雄蕊 5，开花时外伸；柱头 2，丝形。胞果包在花被内，果皮与种子贴生。种子双凸镜状，黑色，有光泽，直径约 1 mm，边缘微钝，表面具六角形细洼；胚环形。4—5 月开始开花。

【生境分布】为普通田间杂草，有时也生于荒地、道旁、垃圾堆等处。罗田各地均有分布。

【采收加工】夏季采收，切段晒干或鲜用。

【药用部位】全草。

【药材名】灰灰菜。

【来源】藜科植物小藜 *Chenopodium serotinum* L. 的全草。

【性味】甘，平。有小毒。

【功能主治】清热利湿，枝叶透疹。用于风热感冒，痢疾，腹泻，龋齿痛；外用治皮肤瘙痒，麻疹不透。

【用法用量】内服：煎汤，32～64 g。外用适量，煎汤洗患处；或捣烂蒸热用布包，外用滚胸背手脚心，以透疹。

【注意】服本品后，在强烈阳光的照射可能导致日旋光性皮炎。

地肤属 *Kochia* Roth

165. 地肤 *Kochia scoparia*（L.）Schrad.

【别名】地葵、地麦、帚菜子、扫帚菜。

【形态】 一年生草本，高50～100 cm。根略呈纺锤形。茎直立，圆柱状，淡绿色或带紫红色，有多数条棱，稍有短柔毛或下部几无毛；分枝稀疏，斜上。叶为平面叶，披针形或条状披针形，长2～5 cm，宽3～7 mm，无毛或稍有毛，先端短渐尖，基部渐狭入短柄，通常有3条明显的主脉，边缘有疏生的锈色绢状缘毛；茎上部叶较小，无柄，1脉。花两性或雌性，通常1～3个生于上部叶腋，构成疏穗状圆锥状花序，花下有时有锈色长柔毛；花被近球形，淡

绿色，花被裂片近三角形，无毛或先端稍有毛；翅端附属物三角形至倒卵形，有时近扇形，膜质，脉不很明显，边缘微波状或具缺刻；花丝丝状，花药淡黄色；柱头2，丝状，紫褐色，花柱极短。胞果扁球形，果皮膜质，与种子离生。种子卵形，黑褐色，长1.5～2 mm，稍有光泽；胚环形，胚乳块状。花期6—9月，果期7—10月。

【生态环境】 生于田边、路旁、荒地等处。罗田各地均有分布。

【采收加工】 秋季果实成熟时割取全草，晒干，打下果实，除净枝、叶等杂质。

【药用部位】 幼苗、果实。

【药材名】 地肤子。

【来源】 藜科植物地肤 *Kochia scoparia*（L.）Schrad. 的果实。

【性状】 干燥果实呈扁圆形五角星状，直径1～3 mm，厚约1 mm。外面为宿存花被，膜质，先端5裂，裂片三角形，土灰绿色或浅棕色；有的具三角形小翅5枚，排列如五角星状。顶面中央有柱头残痕，基部有圆点状果柄痕，及10条左右放射状的棱线。花被易剥离，内有1粒小坚果，横生，果皮半透明膜质，有点状花纹，亦易剥离，种子褐棕色，扁平，形似芝麻，在放大镜下，可见表面有点状花纹，中部稍凹，边缘稍隆起，内有马蹄状的胚，淡黄色，油质，胚乳白色。气微，味微苦。以色灰绿，饱满、无枝叶杂质者为佳。

【化学成分】 种子含三萜皂苷、油脂。绿色部分含生物碱。

【性味】 甘、苦，寒。

【归经】 归肾、膀胱经。

【功能主治】 利小便，清湿热。主治小便不利，淋证，带下，疝气，风疹，疮毒，疥癣，阴部湿痒。

【用法用量】 内服：煎汤，6～15 g；或入丸、散。外用：煎水洗。

【注意】 《本草备要》：恶螵蛸。

【附方】①治阳虚气弱，小便不利：野台参12 g，威灵仙3.5 g，寸麦冬18 g（带心），地肤子3 g。煎服。（《医学衷中参西录》）

②治阴虚血亏，小便不利：怀熟地黄32 g，生龟板15 g（捣碎），生杭芍15 g，地肤子3 g。煎服。（《医学衷中参西录》）

③治妊娠患淋，小便数，去少，忽热痛酸索，手足烦疼：地肤子400 g，初以水4升，煎取2.5升，分温三服。（《子母秘录》）

④治久血痢，日夜不止：地肤子32 g，地榆0.9 g（锉），黄芩0.9 g。上药捣细，罗为散。每服，不计时候，以粥饮调下6 g。（《太平圣惠方》）

⑤治目痛及眯忽中伤，因有热瞑者：取地肤子白汁注目中。（《僧深集方》）

⑥治雀目：地肤子160 g，决明子1000 g。上二味捣筛，米饮和丸。每食后，以饮服二十丸至三十丸。（《广济方》）

⑦治肝虚目昏：地肤子500 g（阴干，捣罗为末），生地黄2500 g（净汤捣，绞取汁）。上药相拌，日中曝干，捣细罗为散。每服，空心以温酒调下6 g，夜临卧，以温水调再服之。（《太平圣惠方》）

⑧治胁痛，积年久痛，有时发动：六七月取地肤子，阴干，末。服6 g，日五、六服。（《补辑肘后方》）

⑨治跳跃举重，卒得阴颓：白术1.5 g，地肤子3 g，桂心0.9 g。上三物，捣末。服1.5 g，日三。（《肘后备急方》）

⑩治疝气：地肤子炒香，研末，每服3 g，酒下。（《简便单方俗论》）

⑪治痔疾：地肤子不拘多少，新瓦上焙干，捣罗为散。每服10 g，用陈粟米饮调下，日三。（《圣济总录》）

⑫治吹乳：地肤子为末。每服10 g，热酒冲服，出汗愈。（《经验广集》）

⑬治雷头风肿：地肤子，同生姜研烂，热酒冲服，出汗愈。（《圣济总录》）

⑭治肢体疣目：地肤子，白矾等份。煎汤频洗。（《寿域神方》）

⑮治痈：地肤子、莱菔子各32 g。文火煎水，趁热洗患处，每日两次，每次10～15 min。（内蒙古《中草药新医疗法资料选编》）

【注意】地肤子除上述品种外，还来源于同属植物扫帚菜（东北），碱地肤（东北、陕西）的胞果，亦可同等入药。其药材外形儿无区别。

菠菜属 *Spinacia* L.

166. 菠菜 *Spinacia oleracea* L.

【别名】波棱菜、鹦鹉菜、鼠根菜、角菜。

【形态】植物高可达1 m，无粉。根圆锥状，带红色，较少为白色。茎直立，中空，脆弱多汁，不分枝或有少数分枝。叶戟形至卵形，鲜绿色，柔嫩多汁，稍有光泽，全缘或有少数牙齿状裂片。雄花集成球形团伞花序，再于枝和茎的上部排列成有间断的穗状圆锥花序；花被片通常4，花丝丝形，扁平，花药不具附属物；雌花团集于叶腋；小苞片两侧稍扁，顶端残留2小齿，背面通常各具1棘状附属物；子房球形，柱头4或5，外伸。胞果卵形或近圆形，直径约2.5 mm，两侧扁；果皮褐色。

【生境分布】全国各地都有栽植。

【采收加工】冬、春季采收，干燥，或鲜用。

【药用部位】全草。

【药材名】菠菜。

【来源】藜科植物菠菜 *Spinacia oleracea* L.的

带根全草。

【性味】甘，凉。

【归经】①《得配本草》：归手太阳、阳明经。

②《本草求真》：归肠、胃。

【功能主治】养血，止血，敛阴，润燥。主治衄血，便血，坏血病，消渴引饮，大便涩滞。

【用法用量】内服：煮食或研末。

【注意】《医林纂要探源》：多食发疮。

【附方】治消渴引饮，日至一石者：菠菜根、鸡内金等份。为末。米饮服，日三。（《经验方》）

五十四、苋科　Amaranthaceae

牛膝属 *Achyranthes* L.

167. 土牛膝 *Achyranthes aspera* L.

【别名】杜牛膝。

【形态】多年生草本，高 20 ～ 120 cm；根细长，直径 3 ～ 5 mm，土黄色；茎四棱形，有柔毛，节部稍膨大，分枝对生。叶片纸质，宽卵状倒卵形或椭圆状矩圆形，长 1.5 ～ 7 cm，宽 0.4 ～ 4 cm，顶端圆钝，具凸尖，基部楔形或圆形，全缘或波状缘，两面密生柔毛，或近无毛；叶柄长 5 ～ 15 mm，密生柔毛或近无毛。穗状花序顶生，直立，长 10 ～ 30 cm，花期后反折；总花梗具棱角，粗壮，坚硬，密生白色伏贴或开展柔毛；花长 3 ～ 4 mm，疏生；苞片披针形，长 3 ～ 4 mm，顶端长渐尖，小苞片刺状，长 2.5 ～ 4.5 mm，坚硬，光亮，常带紫色，基部两侧各有 1 个薄膜质翅，长 1.5 ～ 2 mm，全缘，全部贴生在刺部，但易于分离；花被片披针形，长 3.5 ～ 5 mm，长渐尖，花后变硬且锐尖，具 1 脉；雄蕊长 2.5 ～ 3.5 mm；退化雄蕊顶端截状或细圆齿状，有具分枝流苏状长缘毛。胞果卵形，长 2.5 ～ 3 mm。种子卵形，不扁压，长约 2 mm，棕色。花期 6—8 月，果期 10 月。

【生境分布】生于山坡疏林或村庄附近空旷地，罗田各地均有分布。

【采收加工】冬春间或秋季采挖，除去茎叶及须根，洗净，晒干。

【药用部位】根。

【药材名】土牛膝。

【来源】苋科植物土牛膝 *Achyranthes aspera* L. 野生种的根和根茎。

【炮制】拣去杂质，洗净，润透切段，晒干。

【性味】　苦、酸，平。

【功能主治】　活血散瘀，祛湿利尿，清热解毒。主治淋证，尿血，妇女经闭，癥瘕，风湿关节痛，脚气，水肿，痢疾，疟疾，白喉，痈肿，跌打损伤。

【用法用量】　内服：煎汤，10～15 g（鲜者 50～100 g）。外用：捣敷，捣汁滴耳或研末吹喉。

【注意】　《福建民间草药》：孕妇忌用。

【附方】　①治男妇诸淋，小便不通：土牛膝连叶，以酒煎服数次。血淋尤验。（《岭南采药录》）

②治血滞经闭：鲜土牛膝 32～64 g，或加马鞭草鲜全草 32 g。水煎，调酒服。（《福建中草药》）

③治风湿关节痛：鲜土牛膝 16～32 g（干土牛膝 12～16 g）和猪脚一个（七寸），红酒和水各半煎服。（《福建民间草药》）

④治肝硬变水肿：鲜土牛膝 16～32 g（干土牛膝 12～16 g）。水煎，饭前服，日服两次。（《福建民间草药》）

⑤治痢疾：土牛膝 15 g，地桃花根 15 g，车前草 10 g，青荔 10 g。水煎，冲蜜糖服。（《广西中草药》）。

⑥治白喉：鲜土牛膝 32～64 g，加养阴清肺汤（生地黄、元参、麦冬、川贝母、丹皮、白芍、甘草、薄荷）。水煎服，每日 1～2 剂；另用朱砂 0.3 g，巴豆一粒，捣烂，置于膏药上，贴印堂穴，6～8 h 皮肤起泡后取下。

⑦治白喉并发心肌炎：鲜土牛膝 15 g，鲜万年青根 10 g，捣烂取汁，加白糖适量，温开水冲服。

⑧治扁桃体炎：土牛膝、百两金根各 12 g，冰片 6 g。研极细末，喷喉。

⑨治急性中耳炎：鲜土膝适量，捣汁，滴患耳。（⑥～⑨方出自《江西草药》）

⑩治足腿红肿放亮，其热如火，名流火丹：土牛膝捣烂，和马前子及旧锈铁磨水，豆腐渣调匀，微温敷之。（《岭南采药录》）

⑪治跌打损伤：土牛膝 10～15 g。水煎，酒兑服。（《江西草药》）

168. 川牛膝 *Cyathula officinalis* Kuan

【别名】　牛膝、甜牛膝、甜川牛膝、龙牛膝。

【形态】　多年生草本，高 50～100 cm；根圆柱形，鲜时表面近白色，干后灰褐色或棕黄色，根条圆柱状，扭曲，味甘而粘，后味略苦；茎直立，稍四棱形，多分枝，疏生长糙毛。叶片椭圆形或窄椭圆形，少数倒卵形，长 3～12 cm，宽 1.5～5.5 cm，顶端渐尖或尾尖，基部楔形或宽楔形，全缘，上面有贴生长糙毛，下面毛较密；叶柄长 5～15 mm，密生长糙毛。花丛为 3～6 次二歧聚伞花序，密集成花球团，花球团直径 1～1.5 cm，淡绿色，干时近白色，多数在花序轴上交互对生，在枝顶端成穗状排列，密集或相距 2～3 cm；在花球团内，两性花在中央，不育花在两侧；苞片长 4～5 mm，光亮，顶端刺芒状或钩状；不育花的花被片常为 4，变成具钩的坚硬芒刺；两性花长 3～5 mm，花被片披针形，顶端刺尖头，内侧 3 片较窄；雄蕊花丝基部密生节状束毛；退化雄蕊长方形，长 0.3～0.4 mm，顶端齿状浅裂；子房圆筒形或倒卵形，长 1.3～1.8 mm，花柱长

约 1.5 mm。胞果椭圆形或倒卵形，长 2～3 mm，宽 1～2 mm，淡黄色。种子椭圆形，透镜状，长 1.5～2 mm，带红色，光亮。花期 6—7 月，果期 8—9 月。

【生境分布】 栽培或野生于山野路旁，罗田骆驼坳镇有少量栽培。

【采收加工】 冬春间或秋季采挖，除去茎叶及须根，洗净，晒干。

【药用部位】 根。

【药材名】 川牛膝。

【来源】 苋科植物川牛膝 *Cyathula officinalis* Kuan 的根。

【药材性状】 根条呈圆柱状，不扭曲或略扭曲；根头部膨大，根下端渐细，或有少数细小侧根，长 30～70 cm，直径 1～2 cm。全体具纵皱纹及侧根去掉后的痕迹；表面棕黄色或黑灰色。质坚韧，不易折断。切面灰黄色至暗棕色，可见许多色较浅淡的小点，并析出油质物，排列成环，3～8 层，中心的一个较大。味甘或微苦，无香气。

【炮制】 川牛膝：除去杂质及芦头，洗净，润透，切薄片，干燥。本品为圆形薄片，厚 0.1～0.2 cm，直径 0.5～3 cm。表面灰棕色，切面淡黄色或棕黄色。可见多数黄色点状维管束。酒川牛膝：取川牛膝片，照酒炙法炒干。

【性味】 《四川中药志》：性平，味甘微苦，无毒。

【归经】 《四川中药志》：归肝、肾二经。

【功能主治】 祛风，利湿，通经，活血。主治风湿腰膝疼痛，脚痿筋挛，血淋，尿血，妇女经闭，癥瘕。用于经闭癥瘕，胞衣不下，关节痹痛，足痿筋挛，尿血血淋，跌扑损伤等。

治壮年肾衰须发早白：何首乌取赤白两种共 600 g，牛膝 160 g，黑豆 3000 g，入蒸笼内蒸至豆烂为度，去豆，加熟地黄 160 g，加炼蜜入石臼内杵烂为丸，梧桐子大，每服五十丸。（《万密斋医学全书》）

【用法用量】 内服：煎汤，4.5～10 g；浸酒或入丸、散。

【注意】 《四川中药志》：妇女月经过多，妊娠，梦遗滑精者忌用。孕妇禁用。

莲子草属 *Alternanthera* Forssk.

169. 空心莲子草 *Alternanthera philoxeroides*（Mart.）Griseb.

【别名】 喜旱莲子草、空心苋、水花生、水蕹菜。

【形态】 多年生宿根草本。茎基部匍匐、上部伸展，中空，有分枝，节腋处疏生细柔毛。叶对生，长圆状倒卵形或倒卵状披针形，先端圆钝，有芒尖，基部渐狭，表面有贴生毛，边缘有睫毛。头状花序单生于叶腋，总花梗长 1～6 cm；苞片和小苞片干膜质，宿存；花被片 5，白色，不等大；雄蕊 5，基部合生成杯状，退化雄蕊顶端分裂成 3～4 窄条；子房倒卵形，柱头头状。花期 5—10 月。

【生境分布】 生于池沼、水沟。罗田

各地均有分布。

【采收加工】 秋季10—11月采收，除去杂质，洗净，晒干或鲜用。

【药用部位】 全草。

【药材名】 螃蜞菊。

【来源】 苋科植物空心莲子草 *Alternanthera philoxeroides*（Mart.）Griseb. 的全草。

【性味】 甘、苦，寒。

【功能主治】 清热，凉血，解毒。用于流行性乙型脑炎早期、流行性出血热初期、麻疹。

【用法用量】 鲜品32～64 g，水煎服。外用鲜全草取汁外涂，或捣烂调蜜糖外敷。

苋属 *Amaranthus* L.

170. 苋 *Amaranthus tricolor* L.

【别名】 莫实、苋子、苋菜子。

【形态】 一年生草本，高80～150 cm；茎粗壮，绿色或红色，常分枝，幼时有毛或无毛。叶片卵形、菱状卵形或披针形，长4～10 cm，宽2～7 cm，绿色或常成红色，紫色或黄色，或部分绿色加杂其他颜色，顶端圆钝或尖凹，具凸尖，基部楔形，全缘或波状缘，无毛；叶柄长2～6 cm，绿色或红色。花簇腋生，直到下部叶，或同时具顶生花簇，成下垂的穗状花序；花簇球形，直径5～15 mm，雄花和雌花混生；苞片及小苞片卵状披针形，长2.5～3 mm，透明，顶端有1长芒尖，背面具1绿色或红色隆起中脉；花被片矩圆形，长3～4 mm，绿色或黄绿色，顶端有1长芒尖，背面具1绿色或紫色隆起中脉；雄蕊比花被片长或短。胞果卵状矩圆形，长2～2.5 mm，环状横裂，包裹在宿存花被片内。种子近圆形或倒卵形，直径约1 mm，黑色或黑棕色，边缘钝。花期5—8月，果期7—9月。

【生态环境】 各地均有栽培，有时为半野生。

【药用部位】 茎叶、根、果实及全草。

【药材名】 苋菜子，苋菜。

（1）苋菜子。

【采收加工】 秋季采收地上部分，晒后搓揉脱下种子，扬净，晒干。

【来源】 苋科植物苋 *Amaranthus tricolor* L. 的种子。

【性状】 种子近圆形或倒卵形，黑褐色，平滑，有光泽。气微，味淡。

【性味】 甘，寒。

【归经】 归肝、大肠、膀胱经。

【功能主治】 清肝明目；通利二便。

【用法用量】 内服：煎汤，6～9 g；或研末。

（2）苋菜。

【采收加工】　春、夏季采收，洗净，鲜用或晒干。

【来源】　苋科植物苋 *Amaranthus tricolor* L. 的茎叶。

【性味】　甘，微寒。

【归经】　归大肠、小肠经。

【功能主治】　清热解毒；通利二便。

【用法用量】　内服：煎汤 30 ～ 48 g；或煮粥。外用：适量，捣敷或煎液熏洗。

【注意】　①脾弱便溏者慎服。

②《本草求原》：脾弱易泻者勿用。恶蕨粉。

③《随息居饮食谱》：痧胀滑泻者忌之。

171. 刺苋 *Amaranthus spinosus* L.

【别名】　野苋菜、野刺苋、假苋菜、猪母刺、白刺苋。

【形态】　一年生草本，高 30 ～ 100 cm；茎直立，圆柱形或钝棱形，多分枝，有纵条纹，绿色或带紫色，无毛或稍有柔毛。叶片菱状卵形或卵状披针形，长 3 ～ 12 cm，宽 1 ～ 5.5 cm，顶端圆钝，具微凸头，基部楔形，全缘，无毛或幼时沿叶脉稍有柔毛；叶柄长 1 ～ 8 cm，无毛，在其旁有 2 刺，刺长 5 ～ 10 mm。圆锥花序腋生及顶生，长 3 ～ 25 cm，下部顶生花穗常全部为雄花；苞片在腋生花簇及顶生花穗的基部者变成尖锐直刺，长 5 ～ 15 mm，在顶生花穗的上部者狭披针形，长 1.5 mm，顶端急尖，具凸尖，中脉绿色；小苞片狭披针形，长约 1.5 mm；花被片绿色，顶端急尖，具凸尖，边缘透明，中脉绿色或带紫色，在雄花者矩圆形，长 2 ～ 2.5 mm，在雌花者矩圆状匙形，长 1.5 mm；雄蕊花丝略和花被片等长或较短；柱头 3，有时 2。胞果矩圆形，长 1 ～ 1.2 mm，在中部以下不规则横裂，包裹在宿存花被片内。种子近球形，直径约 1 mm，黑色或带棕黑色。花果期 7—11 月。

【生境分布】　生于人家附近的杂草地上或田野间。罗田各地均有分布。

【采收加工】　夏、秋季采收，分别晒干备用。

【药用部分】　全草。

【药材名】　刺苋菜。

【来源】　苋科植物刺苋 *Amaranthus spinosus* L. 的全草。

【性味】　甘、苦，凉。

【化学成分】　叶含甜菜碱、草酸盐。种子含油脂、淀粉、蛋白质、糖类。

【功能主治】　清热解毒，收敛止血，抗菌，消炎，消肿。适用于急性肠炎，尿路感染，咽喉炎，妇女子宫颈炎以及痈、疖、毒蛇咬伤。尤其对细菌性痢疾有卓效。

　　食疗价值：与苋菜同科属的草本植物，称野刺苋。春、夏季采茎叶洗净用。作用略优于苋菜，亦可通利大便。煎汤、炒食或煮食。

【用法用量】　32 ～ 64 g，水煎服；外用适量，鲜品捣烂敷患处。

172. 雁来红 *Amaranthus tricolor* L.

【别名】苋、老来红、红苋菜、青香苋。

【形态】一年生草本，高80～150 cm；叶互生，叶形变异极大，由菱状卵形，至披针形，长5～10 cm，宽2～7 cm，除绿色外，常呈红色、黄色、紫色等颜色或彩斑，无毛；叶柄长2～6 cm。花单性或杂性，密集成簇，花簇球形，腋生或成顶坐下垂的穗状花序；苞片和小苞片卵状披针形。干膜质；萼片3，矩圆形，具芒尖；雄花的雄蕊3；雌花的花柱2～3。胞果矩圆形，盖裂。花期夏、秋季。

【生境分布】全国各地均有栽培。

【采收加工】夏、秋季采收，分别晒干备用。

【药用部位】全草或茎梢部。

【药材名】红苋菜。

【来源】苋科植物雁来红 *Amaranthus tricolor* L. 的全草或茎梢部。

【性味】《救荒本草》：味甜微涩，性凉。

【功能主治】主治痢疾，吐血，血崩，目翳。

【用法用量】内服：煎汤，32～64 g（鲜者95～125 g）。外用：煎水熏鼻或熬膏点眼。

【附方】①治红白痢：红苋菜酌量，煎水冲白蜜调服，忌酸辣。（《岭南草药志》）

②治脑漏：老来红，煎汤热熏鼻内，然后将汤服二三口大妙。冬间用根。（《急救方》）

③治远年翳障：老来红、银杏（剖壳）、官桂根（大叶者佳）、千里光、雄杨梅树根皮。煎成浓膏，量加制甘石、冰片。又方加茶树根皮。（《眼科要览》）

173. 皱果苋 *Amaranthus viridis* L.

【别名】野苋菜。

【形态】一年生草本，高40～80 cm，全体无毛；茎直立，有不明显棱角，稍有分枝，绿色或带紫色。叶片卵形、卵状矩圆形或卵状椭圆形，长3～9 cm，宽2.5～6 cm，顶端尖凹或凹缺，少数圆钝，有1芒尖，基部宽楔形或近截形，全缘或微呈波状缘；叶柄长3～6 cm，绿色或带紫红色。圆锥花序顶生，长6～12 cm，宽1.5～3 cm，有分枝，由穗状花序形成，圆柱形，细长，直立，顶生花穗比侧生者长；总花梗长2～2.5 cm；苞片及小苞片披针形，长不及1 mm，顶端具凸尖；花被片矩圆形或宽倒披针形，长1.2～1.5 mm，内曲，顶端急尖，背部有1绿色隆起中脉；雄蕊比花被片短；柱头3或2。胞果扁球形，直径约2 mm，绿色，不裂，极皱缩，

超出花被片。种子近球形，直径约 1 mm，黑色或黑褐色，具薄且锐的环状边缘。花期 6—8 月，果期 8—10 月。

【生境分布】 生于人家附近的杂草地上或田野间。罗田各地均有分布。

【采收加工】 夏、秋季采收，分别晒干备用，或鲜用。

【药用部位】 全草。

【药材名】 野苋菜。

【来源】 苋科植物皱果苋 *Amaranthus viridis* L. 的全草。

【功能主治】 清热解毒，利尿止痛。

【用法用量】 嫩茎叶可作野菜食用，干品入药，煎服。

青葙属 *Celosia* L.

174. 青葙 *Celosia argentea* L.

【别名】 野鸡冠、鸡冠苋、鸡冠菜、狗尾草、百日红、鸡冠花。

【形态】 一年生草本，高 0.3～1 m，全体无毛；茎直立，有分枝，绿色或红色，具明显条纹。叶片矩圆状披针形、披针形或披针状条形，少数卵状矩圆形，长 5～8 cm，宽 1～3 cm，绿色常带红色，顶端急尖或渐尖，具小芒尖，基部渐狭；叶柄长 2～15 mm，或无叶柄。花多数，密生，在茎端或枝端成单一、无分枝的塔状或圆柱状穗状花序，长 3～10 cm；苞

片及小苞片披针形，长 3～4 mm，白色，光亮，顶端渐尖，延长成细芒，具 1 中脉，在背部隆起；花被片矩圆状披针形，长 6～10 mm，初为白色顶端带红色，或全部粉红色，后成白色，顶端渐尖，具 1 中脉，在背面凸起；花丝长 5～6 mm，分离部分长 2.5～3 mm，花药紫色；子房有短柄，花柱紫色，长 3～5 mm。胞果卵形，长 3～3.5 mm，包裹在宿存花被片内。种子凸透镜状肾形，直径约 1.5 mm。花期 5—8 月，果期 6—10 月。

【生境分布】 野生或栽培，生于平原、田边、丘陵、山坡。罗田各地均有分布。

【采收加工】 秋、冬季采收。

【药用部位】 种子。

【药材名】 青葙子。

【来源】 苋科植物青葙 *Celosia argentea* L. 的种子。

【性味】 ①《本经》：味苦，微寒。

②《名医别录》：无毒。

③《本草纲目》：苦，微寒，无毒。

【功能主治】 燥湿清热，杀虫，止血。主治风瘙身痒，疮疥，痔疮，金疮出血。

【用法用量】 内服：煎汤或捣汁，鲜用 32～64 g。外用：捣敷。

【附方】①治风湿身疼痛：青葙子根 32 g。猪脚节或鸡鸭炖服。（《泉州本草》）

②治痧气：青葙全草、腐婢、仙鹤草各 15 g。水煎，早、晚饭前分服。

③治皮肤风热疮疹瘙痒：青葙茎叶。水煎洗患处，洗时须避风。

④治妇女阴痒：青葙茎叶 95 ～ 125 g。加水煎汁，熏洗患处。

⑤治创伤出血：鲜青葙叶捣烂，敷于伤处，纱布包扎。（③～⑤方出自江西《草药手册》）

175. 鸡冠花 *Celosia cristata* L.

【别名】鸡髻花、鸡公花、鸡角枪。

【形态】本种和青葙极相近，但叶片卵形、卵状披针形或披针形，宽 2 ～ 6 cm；花多数，极密生，成扁平肉质鸡冠状、卷冠状或羽毛状的穗状花序，一个大花序下面有数个较小的分枝，圆锥状矩圆形，表面羽毛状；花被片红色、紫色、黄色、橙色或红色黄色相间。花果期 7—9 月。

【生境分布】我国南北各地均有栽培，栽培供观赏。

【采收加工】8—10 月，花序充分长大，并有部分果实成熟时，剪下花序，晒干。

【药用部位】花序。

【药材名】阴阳花。

【来源】苋科植物鸡冠花 *Celosia cristata* L. 的花序。

【性状】带有短茎的花序，形似鸡冠，或为穗状、卷冠状。上缘呈鸡冠状的部分，密生线状的茸毛，即未开放的小花，一般颜色较深，中部以下密生许多小花，各小花有膜质灰白色的苞片及花被片。蒴果盖裂；种子黑色，有光泽。气无，味淡。以朵大而扁，色泽鲜艳的白鸡冠花较佳，色红者次之。

【炮制】拣净杂质，除去茎及种子，剪成小块。

【性味】甘，凉。

【归经】①《玉楸药解》：归足蹶阴肝经。

②《本草再新》：归肾经。

【功能主治】凉血，止血。主治痔漏下血，赤白下痢，吐血，咯血，血淋，妇女崩中，赤白带下。

【用法用量】内服：煎汤，4.5 ～ 10 g；或入丸、散。外用：煎水熏洗。

【附方】①治五痔肛边肿痛，或窜乳，或窜穴，或作疮，久而不愈，变成漏疮：鸡冠花、风眼草各 32 g。上为粗末。每用粗末 16 g，水碗半，煎 3 ～ 5 次，热洗患处。（《卫生宝鉴》）

②治赤白下痢：鸡冠花煎酒服，赤用红，白用白。（《李时珍濒湖集简方》）

③治下血脱肛：a. 鸡冠花、防风等份。为末，糊丸，梧桐子大。空心米饮每服七十丸。b. 白鸡冠花（炒）、棕榈灰、羌活（各）32 g。为末，每服 6 g，米饮下。（《永类钤方》）

④治吐血不止：白鸡冠花，醋浸煮七次，为末。每服 6 g，热酒下。（《经验方》）

⑤治咯血，吐血：鲜白鸡冠花 15 ～ 24 g（干者 6 ～ 15 g），和猪肺（不可灌水）冲开水约炖 1 h 许，饭后分两、三次服。（《泉州本草》）

⑥治经水不止：红鸡冠花一味，干晒为末。每服 6 g，空心酒调下。忌鱼腥猪肉。（《孙天仁

集效方》）

　　⑦治产后血痛：白鸡冠花酒煎服之。（《怪疾奇方》）

　　⑧治带下、石淋：白鸡冠花、苦壶芦等份。烧存性，空心火酒服之。（《摘玄方》）

　　⑨治血淋：白鸡冠花 32 g，烧炭，米汤送下。（《湖南药物志》）

　　⑩治妇人带下：白鸡冠花，晒干为末。每日空心酒服 10 g，赤带用红者。（《孙天仁集效方》）

　　⑪治风疹：白鸡冠花、向日葵各 10 g，冰糖 32 g。开水炖服。（《闽东本草》）

　　⑫治青光眼：干鸡冠花、干艾根、干牡荆根各 15 克。水煎服。（《福建中草药》）

　　⑬治额疽：鲜鸡冠花、一点红、红莲子草（苋科）各酌量，调红糖捣烂敷患处。（《福建中草药》）

千日红属 *Gomphrena* L.

176. 千日红 *Gomphrena globosa* L.

　　【别名】　千金红、淡水花、沸水菊、球形鸡冠花。

　　【形态】　一年生直立草本，高 20 ～ 60 cm；茎粗壮，有分枝，枝略成四棱形，有灰色糙毛，幼时更密，节部稍膨大。叶片纸质，长椭圆形或矩圆状倒卵形，长 3.5 ～ 13 cm，宽 1.5 ～ 5 cm，顶端急尖或圆钝，凸尖，基部渐狭，边缘波状，两面有小斑点、白色长柔毛及缘毛，叶柄长 1 ～ 1.5 cm，有灰色长柔毛。花多数，密生，成顶生球形或矩圆形头状花序，单一或 2 ～ 3 个，直径 2 ～ 2.5 cm，

常紫红色，有时淡紫色或白色；总苞由 2 绿色对生叶状苞片而成，卵形或心形，长 1 ～ 1.5 cm，两面有灰色长柔毛；苞片卵形，长 3 ～ 5 mm，白色，顶端紫红色；小苞片三角状披针形，长 1 ～ 1.2 cm，紫红色，内面凹陷，顶端渐尖，背棱有细锯齿缘；花被片披针形，长 5 ～ 6 mm，不展开，顶端渐尖，外面密生白色绵毛，花期后不变硬；雄蕊花丝连合成管状，顶端 5 浅裂，花药生在裂片的内面，微伸出；花柱条形，比雄蕊管短，柱头 2，叉状分枝。胞果近球形，直径 2 ～ 2.5 mm。种子肾形，棕色，光亮。花果期 6—9 月。

　　【生境分布】　各地均有栽培。供观赏，头状花序经久不变，除用作花坛及盆景外，还可作为花圈、花篮等装饰品。

　　【采收加工】　7—9 月采收，晒干。

　　【药用部位】　花序。

　　【药材名】　千日红。

　　【来源】　苋科植物千日红 *Gomphrena globosa* L. 的花序或全草。

　　【性状】　干燥花序呈球形或长圆球形，通常单生，长 2 ～ 2.5 cm，直径 1.5 ～ 2 cm，由多数花集合而成；花序基部具 2 枚叶状三角形的总苞片，绿色，总苞片的背面密被细长的白柔毛，腹面的毛短而稀；每花有膜质苞 2 片，带红色。气微弱，无味。以洁白鲜红或紫红色，花头大而均匀者为佳。

　　【性味】　甘，平。

【功能主治】 清肝，散结，止咳定喘。主治头风，目痛，气喘咳嗽，痢疾，百日咳，小儿惊风，瘰疬，疮疡。用于慢性或喘息性支气管炎、百日咳。

【用法用量】 内服：煎汤，花 3～10 g；全草 16～32 g。外用：捣敷或煎水洗。

【附方】 ①治头风痛：千日红花 10 g，马鞭草 21 g。水煎服。（江西《草药手册》）

②治气喘：千日红的花头十个，煎水，冲少量黄酒服，连服三次。（《中国药用植物志》）

③治白痢：千日红花序十朵，煎水，冲入少量黄酒服。（江西《草药手册》）

④治小便不利：千日红花序 3～10 g，煎服。（《上海常用中草药》）

⑤治小儿风痫：千日红花十朵，蚱蜢干七个。酌加开水炖服。（《福建民间草药》）

⑥治小儿肝热：千日红鲜花序七至十四朵，水煎服。或加冬瓜糖同炖服。（《福建中草药》）

⑦治小儿夜啼：千日红鲜花序五朵，蝉衣三个，菊花 2 g，水煎服。（《福建中草药》）

【临床应用】 治慢性气管炎。

五十五、紫茉莉科 Nyctaginaceae

叶子花属 *Bougainvillea* Comm. ex Juss.

177. 光叶子花 *Bougainvillea glabra* Choisy

【别名】 三角梅、叶子花、三角花、芳杜鹃。

【形态】 藤状灌木。枝、叶密生柔毛；刺腋生、下弯。叶片卵形或卵状披针形，基部圆形，有柄。花序腋生或顶生；苞片椭圆状卵形，基部圆形至心形，长 2.5～6.5 cm，宽 1.5～4 cm，暗红色或淡紫红色；花被管狭筒形，长 1.6～2.4 cm，绿色，密被柔毛，顶端 5～6 裂，裂片开展，黄色，长 3.5～5 mm；雄蕊通常 8；子房具柄。果实长 1～1.5 cm，密生毛。花期冬春间。

【生境分布】 原产于巴西；我国有栽培。罗田各地均有栽培。

【来源】 紫茉莉科植物光叶子花 *Bougainvillea glabra* Choisy 的花。

【采收加工】 开花时采下花朵，晒干。

【性味】 《昆明民间常用草药》：苦、涩，温。

【功能主治】 《昆明民间常用草药》：调和气血。治妇女赤白带下，月经不调。

【用法用量】 内服：煎汤，10～16 g。

紫茉莉属 *Mirabilis* L.

178. 紫茉莉 *Mirabilis jalapa* L.

【别名】 花粉头、水粉头、粉子头、胭脂花头。

【形态】 一年生草本，高可达 1 m。根肥粗，倒圆锥形，黑色或黑褐色。茎直立，圆柱形，多分枝，无毛或疏生细柔毛，节稍膨大。叶片卵形或卵状三角形，长 3～15 cm，宽 2～9 cm，顶端渐尖，基部截形或心形，全缘，两面均无毛，脉隆起；叶柄长 1～4 cm，上部叶几无柄。花常数朵簇生枝端；花梗长 1～2 mm；总苞钟形，长约 1 cm，5 裂，裂片三角状卵形，顶端渐尖，无毛，具脉纹，果时宿存；花被紫红色、黄色、白色或杂色，高脚碟状，筒部长 2～6 cm，檐部直径 2.5～3 cm，

5 浅裂；花午后开放，有香气，次日午前凋萎；雄蕊 5，花丝细长，常伸出花外，花药球形；花柱单生，线形，伸出花外，柱头头状。瘦果球形，直径 5～8 mm，革质，黑色，表面具皱纹；种子胚乳白粉质。花期 6—10 月，果期 8—11 月。

【生境分布】 全国大部分地区有栽培。

【采收加工】 秋、冬季挖取块根，洗净泥沙，晒干。

【药用部位】 根、叶、种子内的胚乳。

【药材名】 紫茉莉。

【来源】 紫茉莉科植物紫茉莉 *Mirabilis jalapa* L. 的块根。

【药理作用】 根含树脂，对皮肤、黏膜有刺激性。花在晚上具有浓郁的香气，可麻醉及驱除蚊虫。

【性味】 甘，苦，平。

【功能主治】 利尿，泻热，活血散瘀。主治淋浊，带下，肺痨吐血，痈疽发背，急性关节炎。

【用法用量】 内服：煎汤，10～15 g（鲜者 16～32 g）。外用：捣敷。

【附方】 ①治淋浊、带下：白花紫茉莉根 32～64 g（去皮，洗净，切片），茯苓 10～15 g。水煎，饭前服，日服两次。（《福建民间草药》）

②治带下：白胭脂花根 32 g，白木槿 15 g，白芍 15 g。炖肉吃。（《贵阳民间药草》）

③治红崩：红胭脂花根 64 g，红鸡冠花根 32 g，头晕药 32 g，兔耳风 15 g。炖猪脚吃。（《贵阳民间药草》）

④治急性关节炎：鲜紫茉莉根 95 g。水煎服，体热加豆腐，体寒加猪脚。（福建晋江《中草药手册》）

⑤治痈疽背疮：紫茉莉鲜根一株。去皮洗净，加红糖少许，共捣烂，敷患处，日换两次。（《福建民间草药》）

五十六、商陆科 Phytolaccaceae

商陆属 *Phytolacca* L.

179. 商陆 *Phytolacca acinosa* Roxb.

【别名】当陆、见肿消、水萝卜、狗头三七、牛大黄。

【形态】多年生草本，高 0.5～1.5 m，全株无毛。根肥大，肉质，倒圆锥形，外皮淡黄色或灰褐色，内面黄白色。茎直立，圆柱形，有纵沟，肉质，绿色或红紫色，多分枝。叶片薄纸质，椭圆形、长椭圆形或披针状椭圆形，长 10～30 cm，宽 4.5～15 cm，顶端急尖或渐尖，基部楔形，渐狭，两面散生细小白色斑点（针晶体），背面中脉凸起；叶柄长 1.5～3 cm，粗壮，

上面有槽，下面半圆形，基部稍扁宽。总状花序顶生或与叶对生，圆柱状，直立，通常比叶短，密生多花；花序梗长 1～4 cm；花梗基部的苞片线形，长约 1.5 mm，上部 2 枚小苞片线状披针形，均膜质；花梗细，长 6～10（13）mm，基部变粗；花两性，直径约 8 mm；花被片 5，白色、黄绿色，椭圆形、卵形或长圆形，顶端圆钝，长 3～4 mm，宽约 2 mm，大小相等，花后常反折；雄蕊 8～10，与花被片近等长，花丝白色，钻形，基部成片状，宿存，花药椭圆形，粉红色；心皮通常为 8，有时少至 5 或多至 10，分离；花柱短，直立，顶端下弯，柱头不明显。果序直立；浆果扁球形，直径约 7 mm，成熟时黑色；种子肾形，黑色，长约 3 mm，具 3 棱。花期 5—8 月，果期 6—10 月。

【生境分布】普遍野生于海拔 500～3400 m 的沟谷、山坡林下、林缘路旁。也栽植于房前屋后及园地中，多生于湿润肥沃地，喜生于垃圾堆上。罗田北部山区有少量分布。

【采收加工】秋、冬季或春季均可采收。挖取后，除去茎叶、须根及泥土，洗净，横切或纵切成片块，晒干或阴干。

【药材名】商陆。

【来源】商陆科植物商陆 *Phytolacca acinosa* Roxb. 的根。

【药用部位】根入药，以白色肥大者为佳，红根有剧毒，仅供外用。

【性状】干燥根横切或纵切成不规则的块片，大小不等。横切片弯曲不平，边缘皱缩，直径 2.5～6 cm，厚 4～9 mm，外皮灰黄色或灰棕色；切面类白色或黄白色，粗糙，具多数同心环状凸起。纵切片卷曲，长 4.5～10 cm，宽 1.5～3 cm，表面凹凸不平，木质部成多数凸起的纵条纹，质坚，不易折断。气微；味稍甜，后微苦，久嚼之麻舌。以片大色白、有粉性、两面环纹明显者为佳。

【化学成分】含商陆碱、硝酸钾、皂苷。

【炮制】商陆：洗净，稍浸泡，润透，切片。晒干。醋商陆：取净商陆片，置锅内加米醋煮之，至醋吸尽，再炒至微干。（每 100 kg 商陆片用醋 30 kg）

《雷公炮炙论》：每修事商陆，先以铜刀刮上粗皮了，薄切，以水浸两宿，然后漉出甑蒸，以豆叶一重与商陆一重，如斯蒸，从午至亥出，去豆叶曝干，细锉用。若无豆叶，只用豆代之。

【性味】 苦，寒，有毒。

【归经】 归脾、膀胱经。

【功能主治】 通二便，泻水，散结。主治水肿，胀满，脚气，喉痹，痈肿，恶疮。

【用法用量】 内服：煎汤，4.5～10 g；或入散剂。外用：捣敷。

【注意】 脾虚水肿及孕妇忌服。

① 《本草经集注》：有当陆勿食犬肉。

② 《日华子本草》：白者得大蒜良。

③ 《本草品汇精要》：妊娠不可服。

④ 《本草纲目》：胃气虚弱者不可用。

⑤ 《本草汇言》：非气结水壅、急胀不通者，不可轻用。

【附方】 ①治水气肿满：生商陆（切如麻豆）、赤小豆等份，鲫鱼三条（去肠存鳞）。上三味，将二味实鱼腹中，以绵缚之，水3升，缓煮豆烂，去鱼，只取二味，空腹食之，以鱼汁送下，甚者过二日，再为之，不过三剂。（《圣济总录》）

②治十种水气，取水：商陆根（取自然汁一盏），甘遂末3 g。上用土狗一枚，细研，同调上药，只作一服，空心服，日午水下。忌食盐一百日，忌食甘草三日。（《杨氏家藏方》）

180. 垂序商陆 *Phytolacca americana* L.

【别名】 美洲商陆、洋商陆、美国商陆。

【形态】 多年生草本，高1～2 m。根粗壮，肥大，倒圆锥形。茎直立，圆柱形，有时带紫红色。叶片椭圆状卵形或卵状披针形，长9～18 cm，宽5～10 cm，顶端急尖，基部楔形；叶柄长1～4 cm。总状花序顶生或侧生，长5～20 cm；花梗长6～8 mm；花白色，微带红晕，直径约6 mm；花被片5，雄蕊、心皮及花柱通常均为10，心皮合生。果序下垂；浆果扁球形，成熟时紫黑色；种子肾圆形，直径约3 mm。花期6—8月，果期8—10月。

【生境分布】 多生于疏林下、林缘、路旁、山沟等湿润的地方。罗田各地均有分布。

【采收加工】 秋季至次春采挖，除去须根和泥沙，切成块或片，晒干或阴干。

【来源】 商陆科植物垂序商陆 *Phytolacca americana* L. 的根。

【注意】 本种根与商陆科植物商陆 *Phytolacca acinosa* Roxb. 的根同等入药。详见上述。

五十七、番杏科　Aizoaceae

粟米草属 *Mollugo* L.

181. 粟米草 *Mollugo stricta* L.

【别名】地杉树、鸭脚瓜子草。

【形态】铺散一年生草本，高 10～30 cm。茎纤细，多分枝，有棱角，无毛，老茎通常淡红褐色。叶 3～5 片假轮生或对生，叶片披针形或线状披针形，长 1.5～4 cm，宽 2～7 mm，顶端急尖或长渐尖，基部渐狭，全缘，中脉明显；叶柄短或近无柄。花极小，组成疏松聚伞花序，花序梗细长，顶生或与叶对生；花梗长 1.5～6 mm；花被片 5，淡绿色，椭圆形或近圆形，长 1.5～2 mm，脉达花被片 2/3，边缘膜质；雄蕊通常 3，花丝基部稍宽；子房宽椭圆形或近圆形，3 室，花柱 3，短，线形。蒴果近球形，与宿存花被等长，3 瓣裂；种子多数，肾形，栗色，具多数颗粒状凸起。花期 6—8 月，果期 8—10 月。

【生境分布】生于空旷荒地、农田和海岸沙地。罗田各地均有分布。

【采收加工】5—6 月采收。

【药用部位】全草。

【药材名】地麻黄。

【来源】番杏科植物粟米草 *Mollugo stricta* L. 的全草。

【性味】《贵州民间药物》：淡、微涩，平。

【功能主治】清热解毒。主治腹痛泄泻，皮肤热疹，火眼。

【用法用量】内服：煎汤，16～32 g。外用：捣烂包寸口或塞鼻。

【附方】①治腹痛泄泻：粟米草 32 g，青木香、仙鹤草各 15～18 g。水煎，早晚各服一次。（《浙江天目山药用植物志》）

②治皮肤热疹：地麻黄捣烂包寸口。（《贵州民间药物》）

③治火眼：地麻黄嫩尖七朵，九里光嫩叶七片。两药混合捣烂塞鼻内，左眼痛塞右鼻孔，右眼痛塞左鼻孔。（《贵州民间药物》）

五十八、马齿苋科 *Portulacaceae*

马齿苋属 *Portulaca* L.

182. 大花马齿苋 *Portulaca grandiflora* Hook.

【别名】 太阳花。

【形态】 一年生草本，高 10～30 cm。茎平卧或斜升，紫红色，多分枝，节上丛生毛。叶密集枝端，较下的叶分开，不规则互生，叶片细圆柱形，有时微弯，长 1～2.5 cm，直径 2～3 mm，顶端圆钝，无毛；叶柄极短或近无柄，叶腋常生一撮白色长柔毛。花单生或数朵簇生枝端，直径 2.5～4 cm，日开夜闭；总苞 8～9 片，叶状，轮生，具白色长柔毛；萼片 2，淡黄绿色，卵状三角形，长 5～7 mm，顶端急尖，具龙骨状凸起，两面均无毛；花瓣 5 或重瓣，倒卵形，顶端微凹，长 12～30 mm，红色、紫色或黄白色；雄蕊多数，长 5～8 mm，花丝紫色，基部合生；花柱与雄蕊近等长，柱头 5～9 裂，线形。蒴果近椭圆形，盖裂；种子细小，多数，圆肾形，直径不及 1 mm，铅灰色、灰褐色或灰黑色，有珍珠光泽，表面有小瘤状凸起。花期 6～9 月，果期 8—11 月。

【生境分布】 公园、花圃常有栽培。

【采收加工】 夏、秋季采收，干燥，或鲜用。

【药用部位】 全草。

【药材名】 太阳花。

【来源】 马齿苋科植物大花马齿苋 *Portulaca grandiflora* Hook. 的全草。

【功能主治】 散瘀止痛，清热解毒，消肿。用于咽喉肿痛，烫伤，跌打损伤，疖疮肿毒。

【用法用量】 10～15 g，水煎服或捣烂外敷。

183. 马齿苋 *Portulaca oleracea* L.

【别名】 马齿草、马苋、五行草、马齿菜、马齿龙芽、五方草、长命菜、九头狮子草、酸苋、安乐菜、瓜子菜、长命苋、酱瓣豆草、蛇草、酸味菜、猪母菜、狮子草、地马菜、马蛇子菜、蚂蚁菜、马踏菜、长寿菜。

【形态】 一年生草本，全株无毛。茎平卧或斜倚，伏地铺散，多分枝，圆柱形，长 10～15 cm，淡绿色或带暗红色。叶互生，有时近对生，叶片扁平，肥厚，倒卵形，似马齿状，长 1～3 cm，宽 0.6～1.5 cm，顶端圆钝或平截，有时微凹，基部楔形，全缘，上面暗绿色，下面淡绿色或带暗红色，中脉微隆起；叶柄粗短。花无梗，直径 4～5 mm，常 3～5 朵簇生枝端，午时盛开；苞片 2～6，叶状，膜质，近轮生；萼片 2，对生，绿色，盔形，左右压扁，长约 4 mm，顶端急尖，背部具龙骨状凸起，基部合生；花瓣 5，稀 4，黄色，倒卵形，长 3～5 mm，顶端微凹，基部合生；雄蕊通常 8，或更多，长约 12 mm，花药黄色；

子房无毛，花柱比雄蕊稍长，柱头4～6裂，线形。蒴果卵球形，长约5 mm，盖裂；种子细小，多数，偏斜球形，黑褐色，有光泽，直径不及1 mm，具小疣状凸起。花期5—8月，果期6—9月。

【生境分布】喜肥沃土壤，耐旱亦耐涝，生命力强，生于菜园、农田、路旁，为田间常见杂草。罗田各地均有分布。

【采收加工】夏、秋季当茎叶茂盛时采收，割取全草，洗净泥土，用沸水略烫后晒干。

【药用部位】全草。

【药材名】马齿苋。

【来源】马齿苋科植物马齿苋 *Portulaca oleracea* L. 的全草。

【性状】干燥全草皱缩卷曲，常缠结成团。茎细而扭曲，长约15 cm。表面黄褐色至绿褐色，有明显的纵沟纹。质脆，易折断，折断面中心黄白色。叶多皱缩或破碎，暗绿色或深褐色。枝顶端常有椭圆形蒴果，果内有多数细小的种子。气微弱而特殊，味微酸而有黏性。以棵小、质嫩、叶多、青绿色者为佳。

【炮制】拣净杂质，除去残根，以水稍润，切段晒干。

【性味】酸，寒。

【归经】归大肠、肝经。

【功能主治】清热解毒，散血消肿。主治热痢脓血，热淋，血淋，带下，痈肿恶疮，丹毒，瘰疬。用于湿热所致的腹泻、痢疾，常配黄连、木香。内服或捣汁外敷，治痈肿。亦用于便血、子宫出血，有止血作用。

【用法用量】内服：煎汤，10～15 g（鲜者64～125 g）；或捣汁饮。外用：捣敷、烧灰研末调敷或煎水洗。

【注意】《本草经疏》：凡脾胃虚寒，肠滑作泄者勿用；煎饵方中不得与鳖甲同入。

【附方】①治血痢：马齿菜两大握（切），粳米195 g。上以水和马齿苋煮粥，不着盐醋，空腹淡食。（《太平圣惠方》）

②治产后血痢，小便不通，脐腹痛：生马齿菜，捣，取汁200 g，煎一沸，下蜜64 g调，顿服。（《经效产宝》）

③治小便热淋：马齿苋汁服之。（《太平圣惠方》）

④治赤白带下，不问老稚孕妇悉可：马齿苋捣绞汁195 g，鸡子白一枚，先温令热，乃下苋汁，微温取顿饮之。（《海上集验方》）

⑤治阑尾炎：生马齿苋一握。洗净捣绞汁30 ml，加冷开水100 ml，白糖适量，每日服三次，每次100 ml。（《福建中医药》）

⑥治痈久不瘥：马齿苋捣汁，煎以敷之。（《千金方》）

⑦治多年恶疮：马齿苋捣敷之。（《滇南本草》）

⑧治蛀脚臁疮：干马齿苋研末，蜜调敷上，一宿，其虫自出。（《海上方》）

⑨治翻花疮：马齿苋500 g烧为灰，细研，以猪脂调敷之。（《太平圣惠方》）

⑩治耳有恶疮：马齿苋32 g（干者），黄柏25 g（锉）。捣罗为末，每取少许，绵裹纳耳中。（《太

平圣惠方》）

⑪治甲疽：墙上马齿苋（阴干）32 g，木香、丹砂（研细）、盐（研细）各 0.3 g。上四味，除丹砂、盐外，锉碎拌令匀，于熨斗内，炭火烧过，取出细研，即入丹砂、盐末，再研匀，取敷疮上，日三、两度。（《圣济总录》）

⑫治小儿白秃：马齿苋煎膏涂之，或烧灰猪脂和涂。（《太平圣惠方》）

⑬治小儿火丹，热如火，绕腰即损：杵马齿苋敷之，日二。（《贞元集要广利方》）

⑭治瘰疬：马齿苋阴干烧灰，腊月猪膏和之，以暖泔清洗疮，拭干敷之，日三。（《救急方》）

⑮治瘰疬未破：马齿苋同靛花捣掺，日三次。（《简便良方》）

⑯治肛门肿痛：马齿苋叶、三叶酸草等份。煎汤熏洗，一日二次有效。（《李时珍濒湖集简方》）

⑰治蜈蚣咬伤：马齿苋汁涂之。（《肘后备急方》）

【注意】马齿苋所主诸病，皆只取其散血消肿之功，但现在本品已成为治细菌性痢疾的要药。近年来，又用以百日咳、肺结核及化脓性疾病。此外本品还有利尿作用。

土人参属 *Talinum* Adans.

184. 土人参 *Talinum paniculatum*（Jacq.）Gaertn.

【别名】土高丽参、土参、紫人参、土红参。

【形态】一年生草本，高可达 60 cm 左右，肉质，全体无毛。主根粗壮有分枝，外表棕褐色。茎圆柱形，下部有分枝，基部稍木质化。叶互生，倒卵形，或倒卵状长椭圆形，长 6～7 cm，宽 2.5～3.5 cm，先端尖或钝圆，全缘，基部渐次狭窄而成短柄，两面绿色而光滑。茎顶分枝成长圆锥状的花丛，总花柄呈紫绿色或暗绿色；花小多数，淡紫红色，直径约 6 mm，花柄纤长；萼片 2，卵圆形，头尖，早落；花瓣 5，倒卵形或椭圆形；雄蕊 10 余枚，花丝细柔；雌蕊子房球形，花柱线形，柱头 3 深裂，先端向外展而微弯。蒴果，成熟时灰褐色，直径约 3 mm。种子细小，黑色，扁圆形。花期 6—7 月。果期 9—10 月。

【生境分布】常栽于村庄附近的阴湿地方。

【采收加工】8—9 月采，挖出后，洗净，除去细根，刮去表皮，蒸熟晒干。

【药用部位】根、叶。

（1）土参。

【来源】马齿苋科植物土人参 *Talinum paniculatum*（Jacq.）Gaertn. 的根。

【性状】干燥根呈圆锥形，直径 1～3 cm，长短不等，有的微弯曲，下部旁生侧根，并有少数须根残留。肉质坚实。表面棕褐色，断面乳白色。

【性味】甘，平。

【功能主治】健脾润肺，止咳，调经。主治脾虚劳倦、泄泻，肺痨咳痰带血，眩晕潮热，盗汗自汗，月经不调，带下。

【用法用量】内服：煎汤，32～64 g。外用：捣敷。

【附方】①治虚劳咳嗽：土高丽参、

隔山撬、通花根、冰糖。炖鸡服。（《四川中药志》）

②治多尿症：土高丽参 64～95 g，金樱根 64 g。共煎服，日二、三次。（《福建民间草药》）

③治盗汗、自汗：土高丽参 64 g，猪肚一个。炖服。（《闽东本草》）

④治劳倦乏力：土人参 16～32 g，或加墨鱼干一只。酒水炖服。（《福建中草药》）

⑤治脾虚泄泻：土人参 16～32 g，大枣 16 g。水煎服。（《福建中草药》）

（2）土人参叶。

【采收加工】　夏季采收，晒干或鲜用。

【来源】　马齿苋科植物土人参 *Talinum paniculatum*（Jacq.）Gaertn. 的叶。

【性味】　微甘，平。

【功能主治】　通乳汁，消肿毒。

【附方】　①治乳汁稀少：鲜土人参叶，用油炒当菜食。

②治痈疔：鲜土人参叶，和红糖捣烂敷患处。

五十九、落葵科　Basellaceae

落葵属 *Basella* L.

185. 落葵 *Basella alba* L.

【别名】　天葵、藤葵、胡燕脂、紫葵。

【形态】　一年生缠绕草本。茎长可达数米，无毛，肉质，绿色或略带紫红色。叶片卵形或近圆形，长 3～9 cm，宽 2～8 cm，顶端渐尖，基部微心形或圆形，下延成柄，全缘，背面叶脉微凸起；叶柄长 1～3 cm，上有凹槽。穗状花序腋生，长 3～15（20）cm；苞片极小，早落；小苞片 2，萼状，长圆形，宿存；花被片淡红色或淡紫色，卵状长圆形，全缘，顶端钝圆，内摺，下部白色，连合成筒；雄蕊着生于花被筒口，花丝短，基部扁宽，白色，花药淡黄色；柱头椭圆形。果实球形，直径 5～6 mm，红色至深红色或黑色，多汁液，外包宿存小苞片及花被。花期 5—9 月，果期 7—10 月。

【生境分布】　罗田各地均有栽培。

【采收加工】　夏、秋季采收，鲜用。

【药用部位】　全草。

【药材名】　汤菜。

【来源】　落葵科植物落葵 *Basella alba* L. 的叶或全草。

【功能主治】　为缓泻剂，有滑肠、散热、利大小便的功效；花汁有清血解毒作用，能解痘毒；外敷治痈毒及乳头破裂。果汁可作无害的食品着色剂。

【性味】　甘、酸，寒。

【归经】《泉州本草》：归心、肝、脾、大肠、小肠经。

【功能主治】清热，滑肠，解毒。主治大便秘结，小便短涩，痢疾，便血，斑疹，疔疮。

【用法用量】内服：煎汤，10～12 g（鲜者32～64 g）。外用：捣敷，或捣汁涂。

【注意】①《本草纲目》：脾冷人，不可食。

②《南宁市药物志》：孕妇忌服。

【附方】①治大便秘结：鲜落葵叶煮作副食。（《泉州本草》）

②治小便短赤：鲜落葵64 g。煎汤代茶频服。（《泉州本草》）

③治久年下血：落葵32 g，白肉豆根32 g，老母鸡一只（去头、脚、内脏）。水适量炖服。（《闽南民间草药》）

④治胸膈积热郁闷：鲜落葵64 g。浓煎汤加酒温服。（《泉州本草》）

⑤治手脚关节风疼痛：鲜落葵全茎32 g，猪蹄节一具或老母鸡一只（去头、脚、内脏）。水酒适量各半炖服。（《闽南民间草药》）

⑥治疔疮：鲜落葵十余片。捣烂涂贴，日换一至两次。（《福建民间草药》）

⑦治阑尾炎：鲜落葵64～125 g。水煎服。（《福建中草药》）

⑧治外伤出血：鲜落葵叶和冰糖共捣烂敷患处。（《闽南民间草药》）

六十、石竹科 Caryophyllaceae

无心菜属 *Arenaria* L.

186. 蚤缀 *Arenaria serpyllifolia* L.

【别名】鹅不食草、地胡椒。

【形态】一年生或二年生小草本，全株有白色短柔毛。茎丛生，自根部分枝，下部平卧，上部直立，高10～30 cm，密生倒毛。叶小，圆卵形，长3～7 mm，宽2～3 mm，两面疏生柔毛，有睫毛，并有细乳头状腺点，无柄。聚伞花序疏生枝端；苞片和小苞片叶质，卵形，密生柔毛；花梗细，长0.6～1 cm，密生柔毛及腺毛；萼片披针形，有3脉，背面有毛，边缘膜质；花瓣倒卵形，白色，全缘；雄蕊10；花柱3。蒴果卵形，6瓣裂；种子肾形，淡褐色，密生小疣状凸起。花期4—5月，果期5—6月。

【生境分布】生于山地阳坡草丛中和山顶砾石地。罗田各地均有分布。

【采收加工】夏季采收。

【药用部位】全草。

【药材名】毛叶老牛筋。

【来源】石竹科植物蚤缀 *Arenaria serpyllifolia* L.的全草。

【功能主治】清热、解毒、明目。主治急性结膜炎，麦粒肿，咽喉痛。

【用法用量】10～16 g，水煎服。

卷耳属 *Cerastium* L.

187. 簇生泉卷耳 *Cerastium fontanum* subsp. *vulgare*（Hartm.）Greuter et Burdet

【别名】 簇生卷耳。

【形态】 多年生或一、二年生草本，高 15～30 cm。茎单生或丛生，近直立，被白色短柔毛和腺毛。基生叶叶片近匙形或倒卵状披针形，基部渐狭呈柄状，两面被短柔毛；茎生叶近无柄，叶片卵形、狭卵状长圆形或披针形，长 1～3（4）cm，宽 3～10（12）mm，顶端急尖或钝尖，两面均被短柔毛，边缘具缘毛。聚伞花序顶生；苞片草质；花梗细，长 5～25 mm，密被长腺毛，花后弯垂；萼片 5，长圆状披针形，长 5.5～6.5 mm，外面密被长腺毛，边缘中部以上膜质；花瓣 5，白色，倒卵状长圆形，等长或微短于萼片，顶端 2 浅裂，基部渐狭，无毛；雄蕊短于花瓣，花丝扁线形，无毛；花柱 5，短线形。蒴果圆柱形，长 8～10 mm，长为宿存萼的 2 倍，顶端 10 齿裂；种子褐色，具瘤状凸起。花期 5—6 月，果期 6—7 月。

【生境分布】 生于山地林缘杂草间或疏松沙质土壤。罗田各地均有分布。

【药用部位】 全草。

【采收加工】 夏季采收。

【药材名】 卷耳。

【来源】 石竹科植物簇生泉卷耳 *Cerastium fontanum* subsp. *vulgare*（Hartm.）Greuter et Burdet 的全草。

【性味】 苦，微寒。

【功能主治】 清热解毒，消肿止痛。主治感冒，乳痈初起，疔疮肿痛。

【用法用量】 16～32 g，水煎服。外用适量，鲜全草捣烂敷患处。

狗筋蔓属 *Cucubalus* L.

188. 狗筋蔓 *Cucubalus baccifer* L.

【别名】 小九股牛、九股牛膝、白牛膝。

【形态】 多年生草本，全株被逆向短绵毛。根簇生，长纺锤形，白色，断面黄色，稍肉质；根颈粗壮，多头。茎铺散，俯仰，长 50～150 cm，多分枝。叶片卵形、卵状披针形或长椭圆形，长 1.5～5（13）cm，宽 0.8～2（4）cm，基部渐狭成柄状，顶端急尖，边缘具短缘毛，两面沿脉被毛。圆锥花序疏松；花梗细，具 1 对叶状苞片；花萼宽钟形，长 9～11 mm，草质，后期膨大呈半圆球形，沿纵脉被短毛，萼齿卵状三角形，与萼筒近等长，边缘膜质，果期反折；雌雄蕊柄长约 1.5 mm，无毛；花瓣白色，轮廓倒披针形，长约 15 mm，宽约 2.5 mm，爪狭长，瓣片叉状浅 2 裂；副花冠片不明显微呈乳头状；雄蕊不外露，花丝无毛；花柱细长，不外露。蒴果圆球形，呈浆果状，直径 6～8 mm，成熟时薄壳质，黑色，具光泽，不规则开裂；种子圆肾形，肥厚，长约 1.5 mm，黑色，平滑，有光泽。花期 6—8 月，果期 7—

9（10）月。

【性状】　干燥根细长圆柱形，长 12 ～ 45 cm，直径 3 ～ 6 mm，灰黄色。表面多纵皱，略扭曲，有时有分歧，有横向皮孔。质硬而脆，易折断，断面蜡质样，皮部灰白色，木质部黄色。气微，味甜微苦。以皮色灰黄、心细、柔软，味甜者为佳。

【生境分布】　生于林缘、灌丛或草地。罗田各地均有分布。

【采收加工】　夏末秋初采挖，除去茎叶，洗净晒干。

【药用部位】　根或全草。

【药材名】　狗筋蔓。

【来源】　石竹科植物狗筋蔓 *Cucubalus baccifer* L. 的根。

【性味】　甘、苦，温。

【功能主治】　活血，利湿，消肿。主治妇女经闭，倒经，跌打损伤，风湿关节痛，淋证，水肿，瘰疬，痈疽肿毒。

【用法用量】　内服：煎汤，10 ～ 15 g；浸酒或炖鸡。

【注意】　《滇南本草》：孕妇忌服。

【附方】　①治跌打筋骨痛：小九股牛 15 g，小红参 10 g，茜草 6 g，小楠木香 6 g。泡酒 150 ml。每服 10 g，日服两次。（《昆明民间常用草药》）

②治肝家虚热，或筋热发烧，午后怯冷，夜间作烧，四肢酸软，饮食无味，虚汗不止：白牛膝 6 g，地骨皮 6 g。水煎，点童便水酒服。（《滇南本草》）

③治妇人肝肾虚损，任督亏伤，不能孕育，以及白带淋漓：白牛膝 10 g，小公鸡一只（去肠）。将药入鸡内，亦可入盐，煨烂，空心服之，每月经行后服一次，或单煎，点水酒亦可。（《滇南本草》）

④治疮毒疔肿，瘰疬：小九股牛，配药泡酒或水煎服。（《昆明民间常用草药》）

石竹属 *Dianthus* L.

189. 石竹 *Dianthus chinensis* L.

【别名】　洛阳花、竹叶草。

【形态】　多年生草本，高 30 ～ 50 cm，全株无毛，带粉绿色。茎由根颈生出，疏丛生，直立，上部分枝。叶片线状披针形，长 3 ～ 5 cm，宽 2 ～ 4 mm，顶端渐尖，基部稍狭，全缘或有小细齿，中脉较明显。花单生枝端或数花集成聚伞花序；花梗长 1 ～ 3 cm；苞片 4，卵形，顶端长渐尖，长达花萼 1/2 以上，边缘膜质，有缘毛；花萼圆筒形，长 15 ～ 25 mm，直径 4 ～ 5 mm，有纵条纹，萼齿披针形，长约 5 mm，直伸，顶端尖，有缘毛；花瓣长 16 ～ 18 mm，瓣片倒卵状三角形，长 13 ～ 15 mm，紫红色、粉红色、鲜红色或白色，顶缘不整齐齿裂，喉部有斑纹，疏生髯毛状毛；雄蕊露出喉部外，花药蓝色；子房长圆形，花柱线形。蒴果圆筒形，包于宿存萼内，顶端 4 裂；种子黑色，扁圆形。花期 5—6 月，果期 7—9 月。

【生境分布】　现已广泛栽培，已育出许多品种，是很好的观赏花卉。罗田各地均有栽培。

【采收加工】 夏季带花穗时采收。

【药用部位】 根和全草。

【药材名】 石竹。

【来源】 石竹科植物石竹 *Dianthus chinensis* L. 的干燥地上部分。

【性味】 苦,寒。

【归经】 归心、小肠、膀胱经。

【功能主治】 利尿通淋,破血通经。主治热淋,血淋,石淋,小便不通,淋沥涩痛,月经闭止。

【化学成分】 含皂苷。石竹花含丁香酚、苯乙醇。

【药理】 显著的利尿作用。

【用法用量】 10 ～ 15 g,水煎服。

【注意事项】 孕妇慎用。

190. 长萼瞿麦 *Dianthus longicalyx* Miq.

【别名】 瞿麦、石竹。

【来源】 石竹科植物长萼瞿麦 *Dianthus longicalyx* Miq. 的干燥地上部分。

【形态】 多年生草本,高40～80 cm。茎直立,基部分枝,无毛。基生叶数片,花期干枯;茎生叶叶片线状披针形或披针形,长4～10 cm,宽2～5(10)mm,顶端渐尖,基部稍狭,边缘有微细锯齿。疏聚伞花序,具2至多花;苞片3～4对,草质,卵形,顶端短凸尖,边缘宽膜质,被短糙毛,长为花萼1/5;花萼长管状,长3～4 cm,绿色,有条纹,无毛,萼齿披针形,长5～6 mm,顶端锐尖;花瓣倒卵形或楔状长圆形,粉红色,具长爪,瓣片深裂成丝状;雄蕊伸达喉部;花柱线形,长约2 cm。蒴果狭圆筒形,顶端4裂,略短于宿存萼。花期6—8月,果期8—9月。

【生境分布】 生于山坡草地、林下、固定沙丘。罗田北部山区有分布。

【采收加工】 夏季带花穗时采收。

【注意】 长萼瞿麦与瞿麦同等入药。

191. 瞿麦 *Dianthus superbus* L.

【别名】 巨句麦、山瞿麦、竹节草。

【形态】 多年生草本,高50～60 cm,有时更高。茎丛生,直立,绿色,无毛,上部分枝。叶片线状披针形,长5～10 cm,宽3～5 mm,顶端锐尖,中脉特显,基部合生成鞘状,绿色,有时带粉绿色。花1或2朵生于枝端,有时顶下腋生;苞片2～3对,倒卵形,长6～10 mm,约为花萼1/4,宽4～5 mm,

顶端长尖；花萼圆筒形，长 2.5～3 cm，直径 3～6 mm，常染紫红色晕，萼齿披针形，长 4～5 mm；花瓣长 4～5 cm，爪长 1.5～3 cm，包于萼筒内，瓣片宽倒卵形，边缘繸裂至中部或中部以上，通常淡红色或带紫色，稀白色，喉部具丝毛状鳞片；雄蕊和花柱微外露。蒴果圆筒形，与宿存萼等长或微长，顶端 4 裂；种子扁卵圆形，长约 2 mm，黑色，有光泽。花期 6—9 月，果期 8—10 月。

【生境分布】　生于丘陵山地疏林下、林缘、草甸、沟谷溪边。

【采收加工】　夏、秋季均可采收，一般在花未开放前采收。栽培者每年可收割 2～3 次，割取全株，除去杂草、泥土，晒干。

【药用部位】　全草入药。

【药材名】　瞿麦。

【来源】　石竹科植物瞿麦 *Dianthus superbus* L. 的带花全草。

【性状】　为植物瞿麦的干燥全草，长 30 余厘米，茎直立，淡绿色至黄绿色，光滑无毛，节部稍膨大。叶多数完整，对生，线形或线状披针形。花全长 3～4 cm，有淡黄色膜质的宿萼，萼筒长约为全花的 3/4；萼下小苞片淡黄色，约为萼筒的 1/4。花冠先端深裂成细线条，淡红色或淡紫色。有时可见到蒴果，长圆形，外表皱缩，顶端开裂，种子褐色、扁平。茎中空，质脆易断。气微，味微甜。以青绿色、干燥、无杂草、无根及花未开放者为佳。

【炮制】　拣净杂质，除去残根，洗净，闷润，切段，晒干。

【性味】　苦，寒。

【归经】　归心、肝、小肠、膀胱经。

【功能主治】　清热利水，破血通经。主治小便不利、淋证、水肿、经闭、痈肿、目赤障翳、浸淫疮。

【用法用量】　内服：煎汤，4.5～10 g；或入丸、散。外用：研末调敷。

【注意】　脾、肾气虚及孕妇忌服。

①《本草经集注》：蘘草、牡丹为之使。恶桑螵蛸。

②《本草品汇精要》：妊娠不可服。

③《本草经疏》：凡肾气虚，小肠无大热者忌之；胎前产后及一切虚火，患小水不利，法并禁用；水肿蛊胀，脾虚者不得施。

【附方】　①治小便赤涩，或癃闭不通，热淋、血淋：瞿麦、萹蓄、车前子、滑石、山栀子仁、甘草（炙）、木通、大黄（面裹煨，去面切焙）各 500 g。上为散。每服 6 g，水一盏，入灯心，煎至七分，去渣，食后临卧温服。小儿量力少少与之。（《局方》）

②治小便不利者，有水气，其人苦渴：栝蒌根 64 g，茯苓、薯蓣各 95 g，附子一枚（炮），瞿麦 32 g。上五味，末之，炼蜜丸梧桐子大；饮服三丸，日三服，不知，增至七、八丸，以小便利，腹中温为知。（《金匮要略》）

③治下焦结热，小便黄赤，淋闭疼痛，或有血出，及大小便俱出血者：山栀子（去皮，炒）16 g，瞿麦穗 32 g，甘草（炙）0.9 g。上为末。每服 15～21 g，水一碗，入连须葱根七个，灯心五十茎，生姜五至七片，同煎至七分，时时温服。（《局方》）

④治鱼脐毒疮肿：瞿麦，和生油熟捣涂之。（《崔氏纂要方》）

⑤治血妄行，九窍皆出，服药不住者：南天竺草（生瞿麦）拇指大一把（锉），大枣（去核）五枚，生姜一块（如拇指大），灯草如小指大一把，山栀子三十枚（去皮），甘草（炙）16 g。上六味锉，入瓷器中，水一大碗，煮至半碗，去滓服。（《圣济总录》）

⑥治目赤肿痛，浸淫等疮：瞿麦炒黄为末，以鹅涎调涂眦头，或捣汁涂之。（《太平圣惠方》）

剪秋罗属 *Lychnis* L.

192. 剪春罗 *Lychnis coronata* Thumb.

【别名】剪夏罗、碎剪罗、雄黄花、阔叶鲤鱼胆。

【形态】多年生草本，高 50～90 cm，全株近无毛。根簇生，细圆柱形，黄白色，稍肉质。茎单生，稀疏丛生，直立。叶片椭圆状倒披针形或卵状倒披针形，长（5）8～15 cm，宽（1）2～5 cm，基部楔形，顶端渐尖，两面近无毛，边缘具缘毛。二歧聚伞花序通常具数花；花直径 4～5 cm，花梗极短，被稀疏短柔毛；苞片披针形，草质，具缘毛；花萼筒状，长（25）30～35 mm，直径 3.5～5 mm，纵脉明显，无毛，萼齿披针形，长 8～10 mm，顶端渐尖，边缘具缘毛；雌雄蕊柄长 10～15 mm；花瓣橙红色，爪不露出花萼，狭楔形，无缘毛，瓣片轮廓倒卵形，长（15）20～25 mm，顶端具不整齐缺刻状齿；副花冠片椭圆状；雄蕊不外露，花丝无毛。蒴果长椭圆形，长约 20 mm；种子未见。花期 6—7 月，果期 8—9 月。

【生境分布】生于疏林下或灌丛草地。罗田天堂寨有分布。

【采收加工】夏、秋季采收，洗净晒干。

【药用部位】全草。

【药材名】剪春罗。

【来源】石竹科植物剪春罗 *Lychnis coronata* Thumb. 的全草。

【性味】《本草纲目》：甘，寒，无毒。

【功能主治】①《证治要诀》：火带疮绕腰生者，或花或叶，细末，蜜调敷。

②《浙江天目山药用植物志》：治因淋雨或落水感寒及饮冷水等引起的身热无汗，口渴：剪夏罗全草50 g 许。加寒扭（蔷薇科高粱泡）根、仙鹤草、饭消扭（蔷薇科蓬蘽）各 16 g，水煎，冲入适量白酒，早晚饭前各服一次。

193. 剪秋罗 *Lychnis fulgens* Fisch er ex Sprengel

【别名】阔叶鲤鱼胆。

【形态】多年生草本，高 50～80 cm，全株被柔毛。根簇生，纺锤形，稍肉质。茎直立，不分枝或上部分枝。叶片卵状长圆形或卵状披针形，长 4～10 cm，宽 2～4 cm，基部圆形，稀宽楔形，不呈柄状，顶端渐尖，两面和边缘均被粗毛。二歧聚伞花序具数花，稀多数花，紧缩呈伞房状；花直径 3.5～5 cm，花梗长 3～12 mm；苞片卵状披针形，草质，密被长柔毛和缘毛；花萼筒状棒形，长 15～20 mm，直径 3～3.5 cm，后期上部微膨大，被稀疏白色长柔毛，沿脉较密，萼齿三角状，顶端急尖；雌雄蕊柄长约

5 mm；花瓣深红色，爪不露出花萼，狭披针形，具缘毛，瓣片轮廓倒卵形，深 2 裂达瓣片的 1/2，裂片椭圆状条形，有时顶端具不明显的细齿，瓣片两侧中下部各具 1 线形小裂片；副花冠片长椭圆形，暗红色，呈流苏状；雄蕊微外露，花丝无毛。蒴果长椭圆状卵形，长 12 ～ 14 mm；种子肾形，长约 1.2 mm，肥厚、黑褐色，具乳凸。花期 6—7 月，果期 8—9 月。

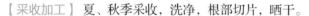

【生境分布】　生于低山疏林下、灌丛草甸阴湿地。罗田各地均有少量分布。

【采收加工】　夏、秋季采收，洗净，根部切片，晒干。

【药用部位】　根或全草入药。

【药材名】　剪秋罗。

【来源】　石竹科植物剪秋罗 *Lychnis fulgens* Fisch er ex Sprengel 的全草及根部。

【性味】　甘，寒。

【功能主治】　清热，止痛，止泻。用于感冒，风湿性关节炎，腹泻；外用治带状疱疹。

【用法用量】　根 10 ～ 15 g，全草 16 ～ 32 g，水煎服；外用适量，根研末敷患处。

鹅肠菜属 *Myosoton* Moench

194. 鹅肠菜 *Myosoton aquaticum*（L.）Moench

【别名】　鹅肠草、壮筋丹、鸡卵菜。

【形态】　二年生或多年生草本，具须根。茎上升，多分枝，长 50 ～ 80 cm，上部被腺毛。叶片卵形或宽卵形，长 2.5 ～ 5.5 cm，宽 1 ～ 3 cm，顶端急尖，基部稍心形，有时边缘具毛；叶柄长 5 ～ 15 mm，上部叶常无柄或具短柄，疏生柔毛。顶生二歧聚伞花序；苞片叶状，边缘具腺毛；花梗细，长 1 ～ 2 cm，花后伸长并向下弯，密被腺毛；萼片卵状披针形或长卵形，长 4 ～ 5 mm，果期长达 7 mm，顶端较钝，边缘狭膜质，外面被腺柔毛，脉纹不明显；花瓣白色，2 深裂至基部，裂片线形或披针状线形，长 3 ～ 3.5 mm，宽约 1 mm；雄蕊 10，稍短于花瓣；子房长圆形，花柱短，线形。蒴果卵圆形，稍长于宿存萼；种子近肾形，直径约 1 mm，稍扁，褐色，具小疣。花期 5—8 月，果期 6—9 月。

【生境分布】　生于河流两旁冲积沙地的低湿处或灌丛林缘和水沟旁。罗田各地均有分布。

【采收加工】　夏、秋季采收，洗净切碎晒干。

【药用部位】 全草。

【药材名】 鹅肠菜。

【来源】 石竹科植物鹅肠菜 *Myosoton aquaticum*（L.）Moench 的全草。

【性味】 ①《云南中草药》：甘、淡，平。

②《陕西中草药》：味酸，性平。

【功能主治】 清热解毒，活血消肿。主治肺炎，痢疾，高血压，月经不调，痔疮。

【用法用量】 内服：煎汤，6～15 g。外用：捣敷或煎水熏洗。

【附方】 ①治高血压：鹅肠草 15 g。煮鲜豆腐吃。（《云南中草药》）

②治痢疾：鲜鹅肠菜 32 g。水煎加糖服。

③治痈疽：鲜鹅肠菜 95 g。捣烂，加甜酒适量，水煎服；或加甜酒糟同捣，敷患处。

④治痔疮肿痛：鲜鹅肠菜 125 g。水煎浓汁，加盐少许，溶解后熏洗。

⑤治牙痛：鲜鹅肠菜，捣烂加盐少许，咬在痛牙处。（②～⑤方出自《陕西中草药》）

孩儿参属 *Pseudostellaria* Pax

195. 孩儿参 *Pseudostellaria heterophylla*（Miq.）Pax

【别名】 太子参、童参。

【形态】 多年生草本，高 15～20 cm。块根长纺锤形，白色，稍带灰黄色。茎直立，单生，被 2 列短毛。茎下部叶常 1～2 对，叶片倒披针形，顶端钝尖，基部渐狭呈长柄状，上部叶 2～3 对，叶片宽卵形或菱状卵形，长 3～6 cm，宽 2～17（20）mm，顶端渐尖，基部渐狭，上面无毛，下面沿脉疏生柔毛。开花受精花 1～3 朵，腋生或呈聚伞花序；花梗长 1～2 cm，有时长达 4 cm，被短柔毛；萼片 5，狭披针形，长约 5 mm，顶端渐尖，外面及边缘疏生柔毛；花瓣 5，白色，长圆形或倒卵形，长 7～8 mm，顶端 2 浅裂；雄蕊 10，短于花瓣；子房卵形，花柱 3，微长于雄蕊；柱头头状。闭花受精花具短梗；萼片疏生多细胞毛。蒴果宽卵形，含少数种子，顶端不裂或 3 瓣裂；种子褐色，扁圆形，长约 1.5 mm，具疣状凸起。花期 4—7 月，果期 7—8 月。

【生境分布】 生于海拔 800～2700 m 的山谷林下阴湿处。罗田北部山区有分布。

【采收加工】 秋、冬季采收，除去地上部分，及时干燥。

【药用部分】 块根。

【药材名】 太子参。

【来源】 石竹科植物孩儿参 *Pseudostellaria heterophylla*（Miq.）Pax 的块根。

【性味】 甘、微苦，平。

【归经】 归脾、肺经。

【功效】 补气养胃。

【临床应用】 用于病后虚弱，倦怠乏力，饮食减少，心悸，自汗，津少口渴及小儿消瘦等。

本品功似人参而力薄，为补气药中一味清补之品，用于病后气阴两亏等症，可配合沙参、山药等同用。在邪未去尽，而见气虚不足、津少口渴等症，也可应用。

【用法用量】6～16 g，水煎服。

【注意】近代临床上所用的孩儿参，是石竹科植物，而古代所用的"太子参"，与本品不是同一植物。如清代《本草从新》：虽甚细如参条，短紧坚实而有芦纹，其力不下人参。又如《本草纲目拾遗》：味甚苦，功同辽参。

漆姑草属 *Sagina* L.

196. 漆姑草 *Sagina japonica*（Sw.）Ohwi

【别名】漆姑、瓜槌草、大龙叶、牛毛粘、匿鼻药、羊儿草。

【形态】一年生小草本，高5～20 cm，上部被稀疏腺柔毛。茎丛生，稍铺散。叶片线形，长5～20 mm，宽0.8～1.5 mm，顶端急尖，无毛。花小型，单生枝端；花梗细，长1～2 cm，被稀疏短柔毛；萼片5，卵状椭圆形，长约2 mm，顶端尖或钝，外面疏生短腺柔毛，边缘膜质；花瓣5，狭卵形，稍短于萼片，白色，顶端圆钝，全缘；雄蕊5，短于花瓣；子房卵圆形，花柱5，线形。蒴果卵圆形，微长于宿存萼，

5瓣裂；种子细，圆肾形，微扁，褐色，表面具尖瘤状凸起。花期3—5月，果期5—6月。

【生境分布】生于海拔600～1900 m间河岸沙质地、撂荒地或路旁草地。罗田北部山区有分布。

【采收加工】4—5月采收，晒干或鲜用。

【药用部位】全草。

【药材名】漆姑草。

【来源】石竹科植物漆姑草 *Sagina japonica*（Sw.）Ohwi 的全草。

【性味】苦、辛，凉。

【功能主治】主治漆疮，秃疮，痈肿，瘰疬，龋齿，小儿乳积，跌打内伤。

【用法用量】内服：煎汤，10～16 g；或研末。外用：捣汁涂或捣敷。

【附方】①治漆疮：漆姑草。捣烂，加丝瓜叶汁，调菜油敷。

②治龋齿：漆姑草叶。捣烂，塞入牙缝。

③治跌打内伤：漆姑草16 g。水煎服。

④治蛇咬伤：漆姑草、雄黄捣烂敷。（①～④方出自《湖南药物志》）

⑤治瘰疬结核：羊儿草16～32 g。煎服。外用鲜草捣绒敷。（南川《常用中草药手册》）

⑥治虚汗、盗汗：大龙叶32 g。炖猪肉吃。（《贵州草药》）

⑦治咳嗽或小便不利：大龙叶32 g。煨水服。（《贵州草药》）

蝇子草属 *Silene* L.

197. 麦瓶草 *Silene conoidea* L.

【别名】 净瓶、米瓦罐、香炉草、梅花瓶。

【形态】 一年生草本，高 25～60 cm，全株被短腺毛。根为主根系，稍木质。茎单生，直立，不分枝。基生叶片匙形，茎生叶叶片长圆形或披针形，长 5～8 cm，宽 5～10 mm，基部楔形，顶端渐尖，两面被短柔毛，边缘具缘毛，中脉明显。二歧聚伞花序具数花；花直立，直径约 20 mm；花萼圆锥形，长 20～30 mm，直径 3～4.5 mm，绿色，基部脐形，果期膨大，长达 35 mm，下部宽卵状，直径 6.5～10 mm，纵脉 30 条，沿脉被短腺毛，萼齿狭披针形，长为花萼 1/3 或更长，边缘下部狭膜质，具缘毛；雌雄蕊柄几无；花瓣淡红色，长 25～35 mm，爪不露出花萼，狭披针形，长 20～25 mm，无毛，耳三角形，瓣片倒卵形，长约 8 mm，全缘或微凹缺，有时微啮蚀状；副花冠片狭披针形，长 2～2.5 mm，白色，顶端具数浅齿；雄蕊微外露或不外露，花丝具稀疏短毛；花柱微外露。蒴果梨状，长约 15 mm，直径 6～8 mm；种子肾形，长约 1.5 mm，暗褐色。花期 5—6 月，果期 6—7 月。

【生境分布】 生于田野、路旁、草地或麦田中。罗田北部、中部地区有分布。

【采收加工】 2—3 月割取，晒干。

【药用部位】 全草。

【药材名】 麦瓶草。

【来源】 石竹科植物麦瓶草 *Silene conoidea* L. 的全草。

【性味】 甘、微苦，凉。

【功能主治】 养阴，和血。主治虚劳咳嗽，咯血，衄血，月经不调。

【用法用量】 内服：煎汤，10～16 g；或浸酒。

【附方】 ①治劳伤吐血：麦瓶草 32 g，红枣 16 g。合醪糟煮服。

②治妇女干血痨，有内热骨蒸者：麦瓶草 32～95 g，炖子母鸡吃。

③治吐血后体弱不能复原者：麦瓶草 32～64 g。炖杀口肉吃。（①～③方出自《重庆草药》）

198. 坚硬女娄菜 *Silene firma* Sieb. et Zucc.

【别名】 毛壮粗女娄菜。

【形态】 一年生或二年生草本，高 50～100 cm，全株无毛，有时仅基部被短毛。茎单生或疏丛生，粗壮，直立，不分枝，稀分枝，有时下部暗紫色。叶片椭圆状披针形或卵状倒披针形，长 4～10（16）cm，宽 8～25（50）mm，基部渐狭成短柄状，顶端急尖，仅边缘具缘毛。假轮伞状间断式总状花序；花梗长 5～18（30）mm，直立，常无毛；苞片狭披针形；花萼卵状钟形，长 7～9 mm，无毛，果期微膨大，长 10～12 mm，脉绿色，萼齿狭三角形，顶端长渐尖，边缘膜质，具缘毛；雌雄蕊柄极短或近无；花瓣白色，不露出花萼，爪倒披针形，无毛和耳，瓣片轮廓倒卵形，2 裂；副花冠片小，具不明显齿；雄蕊内藏，花丝无毛；花柱不外露。蒴果长卵形，长 8～11 mm，比宿存萼短；种子圆肾形，长约 1 mm，灰褐色，具棘凸。花期 6—7 月，果期 7—8 月。

【生境分布】生于海拔 300～2500 m 的草坡、灌丛或林缘草地。罗田北部、中部山区有分布。

【采收加工】夏、秋季采收。

【药用部位】全草。

【药材名】女娄菜。

【来源】石竹科植物坚硬女娄菜 *Silene firma* Sieb. et Zucc. 的全草。

【功能主治】清热解毒，除湿利尿，催乳，调经。

【用法用量】10～15 g，水煎服。

199. 鹤草 *Silene fortunei* Vis.

【别名】蚊子草、蝇子草。

【形态】多年生草本，高 50～80（100）cm。根粗壮，木质化。茎丛生，直立，多分枝，被短柔毛或近无毛，分泌黏液。基生叶叶片倒披针形或披针形，长 3～8 cm，宽 7～12（15）mm，基部渐狭，下延成柄状，顶端急尖，两面无毛或早期被微柔毛，边缘具缘毛，中脉明显。聚伞状圆锥花序，小聚伞花序对生，具 1～3 花，有黏质，花梗细，长 3～12（15）mm；苞片线形，长 5～10 mm，被微柔毛；花萼长筒状，长（22）25～30 mm，直径约 3 mm，无毛，基部截形，果期上部微膨大呈筒状棒形，长 25～30 mm，纵脉紫色，萼齿三角状卵形，长 1.5～2 mm，顶端圆钝，边缘膜质，具短缘毛；雌雄蕊柄无毛，果期长 10～15（17）mm；花瓣淡红色，爪微露出花萼，倒披针形，长 10～15 mm，无毛，瓣片平展，轮廓楔状倒卵形，长约 15 mm，2 裂达瓣片的 1/2 或更深，裂片呈撕裂状条裂，副花冠片小，舌状；雄蕊微外露，花丝无毛；花柱微外露。蒴果长圆形，长 12～15 mm，直径约 4 mm，比宿存萼短或近等长；种子圆肾形，微侧扁，深褐色，长约 1 mm。花期 6—8 月，果期 7—9 月。

【生境分布】生于平原或低山草坡或灌丛草地。罗田北部、中部山区有分布。

【采收加工】夏季采收。

【药用部位】全草。

【药材名】蝇子草。

【来源】石竹科植物鹤草 *Silene fortunei* Vis. 的全草。

【功能主治】清热利湿，补虚活血。主治痢疾、肠炎、蝮蛇咬伤、挫伤、扭伤等。

【用法用量】水煎服，10～16 g。外用捣敷患处。

繁缕属 *Stellaria* L.

200. 繁缕 *Stellaria* media（L.）Cyr.

【别名】 蘩蒌、五爪龙、狗蚤菜、鹅馄饨。

【形态】 一年生或二年生草本，高 10～30 cm。茎俯仰或上升，基部有分枝，常带淡紫红色，被 1（2）列毛。叶片宽卵形或卵形，长 1.5～2.5 cm，宽 1～1.5 cm，顶端渐尖或急尖，基部渐狭或近心形，全缘；基生叶具长柄，上部叶常无柄或具短柄。疏聚伞花序顶生；花梗细弱，具 1 列短毛，花后伸长，下垂，

长 7～14 mm；萼片 5，卵状披针形，长约 4 mm，顶端稍钝或近圆形，边缘宽膜质，外面被短腺毛；花瓣白色，长椭圆形，比萼片短，深 2 裂达基部，裂片近线形；雄蕊 3～5，短于花瓣；花柱 3，线形。蒴果卵形，稍长于宿存萼，顶端 6 裂，具多数种子；种子卵圆形至近圆形，稍扁，红褐色，直径 1～1.2 mm，表面具半球形瘤状凸起，脊较显著。花期 6—7 月，果期 7—8 月。

【生境分布】 生于原野及耕地上。全国各地都有分布。罗田各地均有分布。

【采收加工】 4—7 月花开时采收，晒干。

【药用部位】 茎、叶及种子。《东北草本植物志》记载其为有毒植物，家畜食用会引起中毒及死亡。

【药材名】 鹅儿肠。

【来源】 石竹科植物繁缕 *Stellaria* media（L.）Cyr. 的茎、叶。

【性味】 甘、微咸，平。

【功能主治】 活血，去瘀，下乳，催生。主治产后瘀滞腹痛，乳汁不多，暑热呕吐，肠痈，淋证，恶疮肿毒，跌打损伤。

【用法用量】 内服：煎汤，32～64 g；或捣汁。外用：捣敷；或烧存性研末调敷。

【附方】 ①治产妇有块作痛：繁缕满手两把，以水煮服之。（《范汪方》）

②治中暑呕吐：鲜繁缕 21 g，檵木叶、腐婢、白牛膝各 12 g。水煎，饭前服。（《草药手册》）

③治肠痈：新鲜蘩蒌 80 g。洗净，切碎，捣烂煮汁，加黄酒少许，一日两回，温服。（《现代实用中药》）

④治丈夫患恶疮，阴头及茎作疮脓烂，疼痛不可堪忍，久不瘥者：蘩蒌灰 0.3 g，蚯蚓新出屎泥 0.6 g。以少水和研，缓如煎饼面，以泥疮上，干则易之。禁酒、面、五辛并热食等。（《千金方》）

⑤治痈肿，跌打伤：鲜繁缕 95 g，捣烂，甜酒适量，水煎服；跌打伤加瓜子金根 10 g。外用鲜繁缕适量，酌加甜酒酿同捣烂敷患处。（江西《草药手册》）

⑥乌髭发：蘩蒌为齑，久久食之。（《太平圣惠方》）

麦蓝菜属 *Vaccaria* Medic.

201. 麦蓝菜 *Vaccaria segetalis*（Neck.）Garcke

【别名】 王不留行、麦蓝子、金剪刀草、金盏银台。

【形态】 一年生或二年生草本，高30～70 cm，全株无毛，微被白粉，呈灰绿色。根为主根系。茎单生，直立，上部分枝。叶片卵状披针形或披针形，长3～9 cm，宽1.5～4 cm，基部圆形或近心形，微抱茎，顶端急尖，具3基出脉。伞房花序稀疏；花梗细，长1～4 cm；苞片披针形，着生花梗中上部；花萼卵状圆锥形，长10～15 mm，宽5～9 mm，后期微膨大呈球形，棱绿色，棱间绿白色，近膜质，

萼齿小，三角形，顶端急尖，边缘膜质；雌雄蕊柄极短；花瓣淡红色，长14～17 mm，宽2～3 mm，爪狭楔形，淡绿色，瓣片狭倒卵形，斜展或平展，微凹缺，有时具不明显的缺刻；雄蕊内藏；花柱线形，微外露。蒴果宽卵形或近圆球形，长8～10 mm；种子近圆球形，直径约2 mm，红褐色至黑色。花期5—7月，果期6—8月。

【生境分布】生于田边或耕地附近的丘陵地。尤以麦田中最为普遍。除华南地区外，全国各地都有分布。罗田各地均有分布。

【采收加工】 4—5月麦熟时采收。割取全草，晒干，使果实自然开裂，然后打下种子，除去杂质，晒干。

【药用部位】 种子。

【药材名】 王不留行。

王不留行的药用部分，《本草》记载，多系全草与种子并用，而目前则用种子。但在商品中，有时易混入豆科野豌豆属植物的种子，如硬毛果野豌豆、窄叶野豌豆的种子，应予区别。

【来源】 石竹科植物麦蓝菜 *Vaccaria segetalis*（Neck.）Garcke 的干燥成熟种子。

【性状】 干燥种子，近球形，直径约2 mm。幼嫩时白色，继变橘红色，最后呈黑色而有光泽，表面布有颗粒状凸起，种脐近圆形，下陷，其周围的颗粒状凸起较细，种脐的一侧有一带形凹沟，沟内的颗粒状凸起呈纵行排列；胚乳乳白色。质坚硬。气无，味淡。以干燥、子粒均匀、充实饱满；色乌黑、无杂质者为佳。

【炮制】 簸净杂质，置锅内，用文火炒至爆开白花六、七成时取出，放凉。

【性味】 苦，平。

【归经】 归肝、胃经。

【功能主治】 行血通经，催生下乳，消肿敛疮。主治妇女经闭，乳汁不通，难产，血淋，痈肿，金疮出血。

通经下乳：用于经闭及乳汁不下。王不留行治乳汁多而不通；如乳汁少之虚证，则需配用补益气血之药。

活血消肿：用于瘀血肿块及疮痈肿毒。

【用法用量】 内服：煎汤，4.5～10 g；或入丸、散。外用：研末调敷。

【注意】 孕妇忌服。

①《本草经疏》：孕妇勿服。

②《本草汇言》：失血病、崩漏病并须忌之。

【附方】①治难产逆生，胎死腹中：王不留行、酸浆草（死胎焙用）、茺蔚子、白蒺藜（去刺）、

五灵脂（行血俱生用），各等份，为散。每服 10 g，取利。山水一盏半。入白花刘寄奴子一撮，同煎温服。（《普济方》）

②治血淋不止：王不留行 32 g，当归身、川续断、白芍药、丹参各 6 g。分作两剂，水煎服。（《东轩产科方》）

③治诸淋及小便常不利，阴中痛，日数十度起，此皆劳损虚热所致：石韦（去毛）、滑石、瞿麦、王不留行、葵子各 64 g。捣筛为散。每服方寸匕，日三服之。（《外台秘要》）

④治痈肿：王不留行（成末）二升，甘草 160 g，野葛 64 g，桂心 125 g，当归 125 g。上五物，治合下筛。以酒服方寸匕，日三夜一。（《医心方》）

⑤治乳痈初起：王不留行 32 g，蒲公英、瓜蒌仁各 16 g，当归梢 10 g。酒煎服。（《本草汇言》）

⑥治疗肿初起：王不留行子为末，蟾酥丸黍米大。每服一丸，酒下。汗出即愈。（《李时珍濒湖集简方》）

⑦治粪后下血：王不留行末，水服 3 g。（《圣济总录》）

⑧治头风白屑：王不留行、香白芷等份为末。干掺一夜，篦去。（《太平圣惠方》）

【临床应用】治带状疱疹：将王不留行用文火炒黄直至少数开花，研碎，过筛，取细末。如患处疹未破溃，用麻油将药末调成糊状外涂；如疱疹已溃破，可将药末直接撒布于溃烂处。每日 2～3 次。

【注意】王不留行以善于行血知名"虽有王命不能留其行"，所以叫"王不留行"，但流血不止者，它又可以止血。在妇科，王不留行又是发乳良药。

六十一、睡莲科　Nymphaeaceae

芡属　*Euryale* Salisb.

202. 芡　*Euryale ferox* Salisb. ex DC

【别名】鸡头实、鸡头、鸡头荷、水鸡头、刀芡实、鸡头果、苏黄、黄实。

【形态】一年生大型水生草本。沉水叶箭形或椭圆状肾形，长 4～10 cm，两面无刺；叶柄无刺；浮水叶革质，椭圆状肾形至圆形，直径 10～130 cm，盾状，有或无弯缺，全缘，下面带紫色，有短柔毛，两面在叶脉分枝处有锐刺；叶柄及花梗粗壮，长可达 25 cm，皆有硬刺。花长约 5 cm；萼片披针形，长 1～1.5 cm，内面紫色，外面密生稍弯硬刺；花瓣矩圆状披针形或披针形，长 1.5～2 cm，紫红色，成数轮排列，向内渐变成雄蕊；无花柱，柱头红色，成凹入的柱头盘。浆果球形，直径 3～5 cm，污紫红色，外面密生硬刺；种子球形，直径 10 余米，黑色。

花期 7—8 月，果期 8—9 月。

　　【生境分布】　生于池沼湖泊中。

　　【采收加工】　9—10 月种子成熟时，割取果实，击碎果皮，取出种子，除去硬壳晒干。

　　【药用部位】　种子。

　　种子含淀粉，供食用、酿酒及制副食品用；供药用，功能为补脾益肾、涩精。全草为猪饲料，又可作绿肥。

　　【药材名】　芡实。

　　【来源】　睡莲科植物芡 *Euryale ferox* Salisb. ex DC 的成熟种仁。

　　【性状】　干燥种仁呈圆球形，直径约 6 mm。一端呈白色，约占全体的 1/3，有圆形凹陷，另一端为棕红色，约占全体的 2/3。表面平滑，有花纹。质硬而脆，破开后，断面不平，色洁白，粉性。无臭，味淡。以颗粒饱满均匀、粉性足、无碎末及皮壳者为佳。

　　【炮制】　炒芡实：先将麸皮放热锅内炒至烟起，再将净芡实倒入，拌炒至微黄色，取出，筛净麸皮，放凉。

　　孟诜：凡用（芡实），蒸熟，烈日晒裂取仁，亦可舂取粉用。

　　【性味】　甘、涩，平。

　　【归经】　归脾、肾经。

　　【功能主治】　固肾涩精，补脾止泄。主治遗精，淋浊，带下，小便不禁，大便泄泻。

　　【用法用量】　内服：煎汤，10～16 g；或入丸、散。

　　【注意】　《随息居饮食看》：凡外感前后，疟痢疳痔，气郁痞胀，溺赤便秘，食不运化及新产后皆忌之。

　　【附方】　①治梦遗漏精：鸡头肉末、莲花蕊末、龙骨（别研）、乌梅肉（焙干取末）各 32 g。上件煮山药糊为丸，如鸡头大。每服一粒，温酒、盐汤任下，空心。（《杨氏家藏方》）

　　②治精滑不禁：沙苑蒺藜（炒）、芡实（蒸）、莲须各 64 g，龙骨（酥炙）、牡蛎（盐水煮一日一夜，煅粉）各 32 g。共为末，莲子粉糊为丸，盐汤下。（《医方集解》）

　　③治浊病：芡实粉、白茯苓粉。黄蜡化蜜和丸，梧桐子大。每服百丸，盐汤下。（《摘玄方》）

　　④治老幼脾肾虚热及久痢：芡实、山药、茯苓、白术、莲肉、薏苡仁、白扁豆各 125 g，人参 32 g。俱炒燥为末，白汤调服。（《方氏脉症正宗》）

莲属 *Nelumbo* Adans.

203. 莲 *Nelumbo nucifera* Gaertn.

　　【别名】　荷花、芙蓉、莲花。

　　【形态】　多年生水生草本；根状茎横生，肥厚，节间膨大，内有多数纵行通气孔道，节部缢缩，上生黑色鳞叶，下生须状不定根。叶圆形，盾状，直径 25～90 cm，全缘稍呈波状，上面光滑，具白粉，下面叶脉从中央射出，有 1～2 次叉状分枝；叶柄粗壮，圆柱形，长 1～2 m，中空，外面散生小刺。花梗和叶柄等长或稍长，也散生小刺；花直径 10～20 cm，美丽，芳香；花瓣红色、粉红色或白色，矩圆状椭圆形至倒卵形，长 5～10 cm，宽 3～5 cm，由外向内渐小，有时变成雄蕊，先端圆钝或微尖；花药条形，花丝细长，着生在花托之下；花柱极短，柱头顶生；花托（莲房）直径 5～10 cm。坚果椭圆形或卵形，长 1.5～2.5 cm，果皮革质，坚硬，成熟时黑褐色；种子（莲子）卵形或椭圆形，长 1.2～1.7 cm，种皮红色或白色。花期 6—8 月，果期 8—
10 月。

【生境分布】　产于我国南北各地。自
生或栽培在池塘或水田内。

【药用部位】　根状茎、种子、叶、叶
柄、花托、花、雄蕊、果实、藕节、荷梗、
莲房。

【药材名】　藕、荷叶、荷叶蒂、莲房、
莲花、莲须、莲实、莲子心、莲衣、荷梗、
藕节。

（1）藕。

【别名】　光旁。

【采收加工】　秋、冬季及春初采挖。

【来源】　睡莲科植物莲 *Nelumbo nucifera* Gaertn. 的肥大根茎。

【性味】　甘，寒。

【归经】　归心、脾、胃经。

【功能主治】　生用：清热，凉血，散瘀。主治热病烦渴，吐血，衄血，热淋。熟用：健脾，开胃，益血，
生肌，止泻。

【用法用量】　内服：生食、打汁或煮食。外用：捣敷。

【注意】　赞宁《物类相感志》：忌铁器。

【附方】　①治时气烦渴不止：生藕，捣绞取汁一中盏，入生蜜一合，搅令匀，不计时候，分为二服。
（《太平圣惠方》）

②治霍乱吐不止，兼渴：生藕 32 g（洗，切），生姜 0.3 g（洗，切）。上两味，研绞取汁，分三服，
不拘时。（《圣济总录》）

③治上焦痰热：藕汁、梨汁各半盏，和服。（《简便单方》）

④治红白痢：藕 500 g，捣汁，和蜜糖，隔水炖成膏服。（《岭南采药录》）

⑤治小便热淋：生藕汁、地黄汁、葡萄汁各等份。每服半盏，入蜜温服。（《本草纲目》）

⑥治冻脚裂坼：蒸熟藕捣烂涂之。（《本草纲目》）

⑦治麦芒及尘土并物入眼不出：大藕一截，洗净捣烂，以帛子裹于眼上，挼取汁，落眼中。（《普济
方》）

⑧治眼热赤痛：取莲藕一个，连节，以绿豆入满其中空处，水数碗，煎至半碗，连藕食之。（《岭南
采药录》）

（2）荷叶。

【别名】　蕸。

【采收加工】　6—9 月采收，除去叶柄，晒至七、八成干，对折成半圆形，晒干。夏季，亦用鲜叶或
初生嫩叶（荷钱）。

【来源】　睡莲科植物莲 *Nelumbo nucifera* Gaertn. 的叶。

【性状】　干燥的叶通常折叠成半圆形或扇形，完整或稍破碎。叶片展开后呈圆盾形，直径 30 余厘米。
正面青绿色或棕绿色，有白色短粗腺毛，背面灰黄色或淡灰绿色，平滑有光泽；中心有一个凸起的叶柄残
基；全缘；叶脉明显，粗脉 21 ～ 22 条，由中心向外放射，并分生多数细脉。质脆，易碎。微有清香气，

味淡微涩。以叶大、完整、色绿、无斑点者为佳。

【炮制】荷叶：以水洗净，剪去蒂及边缘，切丝，晒干。荷叶炭：取净荷叶，置锅内，上覆一口径略小的锅，上贴白纸，两锅交接处用黄泥封固，煅至白纸呈焦黄色，停火，待冷取出。

【性味】苦、涩，平。

【归经】归心、肝、脾经。

【功能主治】清暑利湿，升发清阳，止血。主治暑湿泄泻，眩晕，水气浮肿，雷头风，吐血，衄血，崩漏，便血，产后血晕。

【用法用量】内服：煎汤，3～10 g（鲜者16～32 g）；或入丸、散。外用：捣敷、研末掺或煎水洗。

【注意】①《本草纲目》：畏桐油、茯苓、白银。

②《本草从新》：升散消耗，虚者禁之。

③《随息居饮食谱》：凡上焦邪盛，治宜清降者，切不可用。

【附方】①治秋时晚发之伏暑，并治湿温初起：连翘10 g（去心），杏仁6 g（去皮、尖，研），瓜蒌皮10 g，陈皮4.5 g，茯苓10 g，制半夏3 g，甘草1.5 g，佩兰叶3 g。加荷叶6 g为引，水煎服。（《时病论》）

②治阳水浮肿：败荷叶烧存性，研末。每服6 g，米饮调下，日三服。（《证治要诀》）

③治雷头风证，头面疙疸肿痛，憎寒发热，状如伤寒：荷叶一枚，升麻16 g，苍术16 g。水煎温服。（《内经类编试效方》）

④治阳乘于阴，以致吐血衄血：生荷叶、生艾叶、生柏叶、生地黄各等份。上研，丸鸡子大。每服一丸，水煎服。（《妇人良方》）

⑤治吐血不止：a.经霜败荷叶，烧存性，研末，新水服6 g。（《肘后备急方》）

b.嫩荷叶七个，擂水服。（《本草纲目》）

⑥治吐血咯血：荷叶焙干，为末，米饮下6 g。（《经验后方》）

⑦治崩中下血：荷叶（烧研）16 g，蒲黄、黄芩各32 g。为末。每空心酒服10 g。（《本草纲目》）

⑧治下痢赤白：荷叶烧研，每服6 g，红痢蜜、白痢沙糖汤下。（《本草纲目》）

⑨治产后血运，烦闷不识人。或狂言乱语，气欲绝：荷叶三片，蒲黄64 g，甘草64 g（炙微赤，锉）。上药捣筛为散。每服10 g，以水一中盏，煎至五分，入生地黄汁一合，蜜半匙，更煎三、五沸，去滓，不计时候温服。（《太平圣惠方》）

⑩治妊娠伤寒，大热闷乱，燥渴，恐伤胎脏：卷荷叶嫩者（焙干）32 g，蚌粉花16 g。上为末。每服6 g，入蜜少许，新汲水调下，食前服。（《三因极一病证方论》）

⑪治脱肛不收：贴水荷叶，焙，研，酒服6 g，仍以荷叶盛末坐之。（《经验良方》）

⑫治遍身风疰：荷叶三十枚，石灰一斗，淋汁，合煮渍之，半日乃出，数日一作。（《太平圣惠方》）

⑬治赤游火丹：新生荷叶，捣烂，入盐涂之。（《摘玄方》）

⑭治黄水疮：荷叶烧炭，研细末，香油调匀，敷患处，一日两次。（《单方验方　新医疗法（选编）》）

⑮治脚胫生疮，浸淫腿膝，脓汁淋漓，热痹痛痒：干荷叶四个，藁本7.5 g。上细切，水二斗，煎至五升，去渣。温热得所，淋漾，仍服大黄左经汤。（《证治准绳》）

⑯治漆疮：荷叶（燥者）500 g。以水一斗，煮取五升。洗了，以贯众末掺之，干则以油和涂。（《圣济总录》）

⑰治扑打坠损，恶血攻心，闷乱疼痛：火干荷叶2.5 kg。烧令烟尽，细研，食前以童子热小便一小盏，

调 10 g，日三服。（《太平圣惠方》）

⑱治斧伤疮：荷叶烧研擦之。（《李时珍濒湖集简方》）

（3）荷叶蒂。

【别名】荷鼻、莲蒂。

【采收加工】7—9 月采收荷叶，将叶基部连同叶柄周围的部分叶片剪下，晒干或鲜用。

【来源】睡莲科植物莲 *Nelumbo nucifera* Gaertn. 的叶基部。

【性状】干燥的叶蒂，多剪成类圆形或菱形，直径 6～7 cm。正面紫褐色或绿黄色，微带蜡质样粉霜，叶脉微凹，由中央向外辐射状散出，背面黄褐色，中央有残存的叶柄基部，叶脉凸起。质轻松而脆。味涩。以叶片厚、干燥、淡绿色、不破碎者为佳。

【性味】①《本草拾遗》：味苦，平，无毒。

②《本草品汇精要》：甘。

【功能主治】清暑去湿，补血安胎。主治血痢，泄泻，妊娠胎动不安。

【用法用量】内服：煎汤，4.5～10 g；或入丸、散。外用：煎水洗。

【附方】①治血痢：荷叶蒂煮水服之。（《普济方》）

②治小便出血：荷叶蒂七枚，烧存性，酒调服。（《贵州省中医验方秘方》）

③治妊娠胎动，已见黄水者：干荷蒂一枚。炙，研为末，糯米淘汁一盏调服。（《唐瑶经验方》）

④治痈疽，止痛：干荷叶心当中如钱片大，不计多少。为粗末。每用三匙，水二碗，慢火煎至一碗半，放温，淋洗，揩干，以太白膏敷。（《普济本事方》）

⑤治乳癌已破：莲蒂七个，煅存性，为末，黄酒调下。（《岭南采药录》）

（4）莲房。

【别名】莲蓬壳、莲壳。

【采收加工】秋季果实成熟时，割下莲蓬，除去果实（莲子）及梗，晒干。

【来源】睡莲科植物莲 *Nelumbo nucifera* Gaertn. 的成熟花托。

【原形态】干燥花托略呈倒圆锥形，多破裂，顶面圆形而平，直径 7～10 cm，高 3～8 cm。表面紫红色或灰褐色，有纵纹及纵皱，顶面有多数除去果实后留下的圆形孔洞，呈蜂窝状，基部有花梗残基。质松软如海绵。气无，味涩。以个大、紫红色者为佳。

【炮制】莲房炭：取净莲房置锅内，上覆一口径稍小的锅，上贴白纸，两锅交接处用黄泥封严，煅至白纸呈焦黄色，停火，待凉取出。

【性味】苦、涩，温。

【归经】《本草纲目》：入足厥阴血分。

【功能主治】消瘀，止血，去湿。治血崩，月经过多，胎漏下血，瘀血腹痛，产后胎衣不下，血痢，血淋，痔疮脱肛，皮肤湿疮。

【用法用量】内服：煎汤，4.5～10 g；或入丸、散。外用：煎水洗或研末调敷。

【附方】①治室女血崩，不以冷热皆可服：荆芥、莲蓬壳（烧灰存性）。上等份，为细末。每服 10 g，食前，米饮汤调下。（《太平圣惠方》）

②治血崩：棕皮（烧灰）、莲壳（烧存性）各 16 g，香附子 95 g（炒）。上为末。米饮调下 10～12 g，食前。（《儒门事亲》）

③治经血不止：陈莲蓬壳，烧存性，研末。每服 6 g，热酒下。（《妇人经验方》）

④治漏胎下血：莲房，烧，研，面糊丸，梧桐子大。每服百丸，汤、酒任下，日二。（《朱氏集验医方》）

⑤治胎衣不下：莲房一个，甜酒煎服。（《岭南采药录》）

⑥治小便血淋：莲房，烧存性，为末，入麝香少许。每服 7.5 g，米饮调下，日二。（《经验方》）

⑦治痔疮：干莲房、荆芥各 32 g，枳壳、薄荷、朴硝各 16 g。为粗末。水三碗，煎两碗，半热熏洗。（《高科选粹》）

⑧治乳裂：莲房炒研为末，外敷。（《岭南采药录》）

⑨治天泡湿疮：莲蓬壳，烧存性，研末，井泥调涂。（《海上方》）

⑩治黄水疮：莲房烧成炭，研细末，香油调匀，敷患处，一日两次。（徐州《单方验方　新医疗法（选编）》）

（5）莲花。

【别名】 菡萏、荷花、水花。

【采收加工】 6—7 月采收含苞未放的大花蕾或开放的花，阴干。

【来源】 睡莲科植物莲 *Nelumbo nucifera* Gaertn. 的花蕾。

【性状】 干燥花蕾呈圆锥形，长 2.5～4 cm，直径约 2 cm。表面灰棕色。花瓣多层，呈螺旋状排列；散落的花瓣呈卵圆形或椭圆形，略皱缩或折叠，表面有多数细筋脉，基部略厚；质光滑柔软。去掉花瓣，中心为幼小的莲蓬，顶端圆而平坦，上有小孔 10 余个，基部渐窄，周围着生多数花蕊。花柄呈细圆柱状，上有皱沟或顺纹，表面紫黑色，具刺状凸起，断面有大型孔隙。微有香气，味苦涩，以未开放、瓣整齐、洁净、气清香者为佳。

【性味】 苦、甘，温。

【归经】《本草再新》：归心、肝二经。

【功能主治】 活血止血，去湿消风。主治跌损呕血，天泡湿疮。

【用法用量】 内服：研末，1.6～3 g；或煎汤。外用：敷贴患处。

【附方】 ①治坠损呕血，坠跌积血，心胃呕血不止：干荷花，为末。每酒服方寸匕。（《医方摘要》）

②治天泡湿疮：荷花贴之。（《简便单方》）

（6）莲须。

【别名】 金樱草、莲花须、莲花蕊、莲蕊须。

【采收加工】 夏季花盛开时，采取雄蕊，阴干。

【来源】 睡莲科植物莲 *Nelumbo nucifera* Gaertn. 的雄蕊。

【性状】 干燥雄蕊呈线状，花药长 1～1.5 cm，直径约 0.5 mm，多数扭转呈螺旋状，黄色或浅棕黄色，2 室，纵裂，内有多数黄色花粉。花丝呈丝状而略扁，稍弯曲，长 1～1.6 cm，棕黄色或棕褐色。质轻。气微香，味微涩。以干燥、完整、色淡黄、质软者为佳。

【性味】 甘、涩，平。

【归经】 归心、肾经。

【功能主治】 清心，益肾，涩精，止血。主治梦遗泄精，吐血，衄血，崩漏，带下，泻痢。

【用法用量】 内服：煎汤，2.4～4.5 g；或入丸、散。

【注意】 ①《日华子本草》：忌地黄、葱、蒜。

②《本草从新》：小便不利者勿服。

【附方】 ①治梦遗泄精：熟地黄 250 g，山茱萸 64 g，山药、茯苓各 95 g，丹皮、龙骨 10 g（生研，水飞），莲须 32 g，芡实 64 g，线胶 125 g（同牡蛎炒热，去牡蛎）。为末，蜜丸梧桐子大。每服四钱，空心淡盐汤下。（《经验广集》）

②治精滑不禁：沙苑蒺藜（炒）、芡实（蒸）、莲须各 64 g，龙骨（酥炙）、牡蛎（盐水煮一日一夜，煅粉）各 32 g。莲子粉糊为丸，盐汤下。（《医方集解》）

③治久近痔漏，三十年者：莲须、黑牵牛（头末）各 48 g，当归 16 g。为末。每空心酒服 6 g。忌热物。（《孙天仁集效方》）

④治上消口渴，饮水不休：白莲须 3 g，粉干葛 3 g，白茯苓 3 g，生地黄 3 g，真雅连 1.6 g，天花粉 1.6 g，官拣参 1.6 g，北五味 1.6 g，净知母 1.6 g，炙甘草 1.6 g，淡竹叶 1.6 g，灯心十茎。水煎热服。（《幼幼集成》）

（7）莲实。

【别名】藕实、泽芝、莲蓬子。

【采收加工】秋末、冬初割取莲房，取出果实，晒干；或收集坠入水中、沉于淤泥内的果实，洗净、晒干。或除去果壳后晒干。经霜老熟而带有灰黑色果壳的称为"石莲子"；除去果壳的种子称为"莲肉"。

【来源】睡莲科植物莲 *Nelumbo nucifera* Gaertn. 的果实或种子。

【性状】①石莲子：又名甜石莲、壳莲子、带皮莲子，呈卵圆形或椭圆形，两头略尖，长 1.5～2 cm，直径 0.8～1.2 cm，表面灰棕色或灰黑色，被灰白色粉霜，除去后略有光泽，可见密生的浅色小点；顶端有小圆孔，基部有短果柄，果柄旁有圆形棕色小凸起。质坚硬，不易破开；果皮厚约 1 mm，内表面红棕色。内种子一颗，即莲肉。气无，味涩。以色黑、饱满、质重坚硬者为佳。

②莲肉：又名石莲肉，呈椭圆形，长 1.2～1.7 cm，直径 0.7～1.2 cm。外皮红棕色或黄棕色，有纵纹，紧贴于种仁上，不易剥离；一端有深红棕色的乳状凸起，多有裂口。有的种子已除去外皮，其表面呈黄白色，种仁 2 片，肥厚，质坚硬，有粉性，中央有大型空隙，内有绿色的胚芽（莲心）。气无，味甘淡微涩。以个大、饱满、整齐者为佳。

【炮制】拣尽杂质即可，或砸碎、去皮、去心用。或将石莲子置锅内水煮后，切开，去皮，晒干。

【性味】甘、涩，平。

【归经】归心、脾、肾经。

【功能主治】养心，益肾，补脾，涩肠。主治夜寐多梦，遗精，淋浊，久痢，虚泻，妇人崩漏带下。

【用法用量】内服：煎汤，6～12 g；或入丸，散。

【注意】中满痞胀及大便燥结者，忌服。

①《本草拾遗》：生则胀人腹，中薏令人吐，食当去之。

②《本草纲目》：得茯苓、山药、白术、枸杞子良。

③《本草备要》：大便燥者勿服。

④《随息居饮食谱》：凡外感前后，疟、疳、痔、痔，气郁痞胀，溺赤便秘，食不运化，及新产后皆忌之。

【附方】①治久痢不止：老莲子 64 g（去心），为末，每服 3 g，陈米汤调下。（《世医得效方》）

②治下痢饮食不入，俗名噤口痢：鲜莲肉 32 g，黄连 16 g，人参 16 g。水煎浓，细细与呷。（《本草经疏》）

③治心火上炎，湿热下盛，小便涩赤，淋浊崩带，遗精等：黄芩、麦门冬（去心）、地骨皮、车前子、甘草（炙）各 16 g，石莲肉（去心）、白茯苓、黄芪（蜜炙）、人参各 24 g。上锉散。每 10 g，麦门冬十粒，水一盏半，煎取八分，空心食前服。（《局方》）

④治心经虚热，小便亦浊：石莲肉（连心）195 g，炙甘草 32 g。细末。每服 6 g，灯心煎汤调下。（《仁斋直指方》）

⑤治小便白浊，梦遗泄精：莲肉、益智仁、龙骨（五色者）各等份。上为细末。每服 6 g，空心用清米饮调下。（《奇效良方》）

⑥补虚益损：莲实（去皮）不以多少，用好酒浸一宿，入大猪肚内，用水煮熟，取出焙干。上为极细

末，酒糊为丸，如鸡头大。每服五、七十丸，食前温酒送下。（《医学发明》）

⑦治病后胃弱，不消水谷：莲肉、粳米各炒125 g，茯苓64 g。共为末，砂糖调和。每用两许，白汤送下。（《士材三书》）

⑧治翻胃：石莲肉，为末，入些豆蔻末，米汤乘热调服。（《仁斋直指方》）

⑨治产后胃寒咳逆，呕吐不食，或腹作胀：石莲肉48 g，白茯苓32 g，丁香16 g。上为末。每服6 g，不拘时，用姜汤或米饮调下，日三服。（《妇人良方》）

（8）莲子心。

【别名】薏、苦薏、莲薏、莲心。

【采收加工】秋季采收莲子时，从莲子中剥取，晒干。

【来源】睡莲科植物莲 *Nelumbo nucifera* Gaertn. 的成熟种子的绿色胚芽。

【性状】干燥的莲心，略成棒状，长1.2～1.6 cm。顶端膏绿色，有2个分歧，一长一短，先端反折，紧密互贴，用水浸软后展开，可见2片盾状卷曲的幼叶。中央的胚芽直立，长约2 mm。基部胚根黄绿色，略呈圆柱形，长2～4 mm。质脆，易折断，断面有多数小孔。气无，味苦。以个大、色青绿，未经煮者为佳。

【性味】苦，寒。

【归经】《本草再新》：归心、肺、肾三经。

【功能主治】清心，去热，止血，涩精。主治心烦，口渴，吐血，遗精，目赤肿痛。

【用法用量】内服：煎汤，1.6～3 g；或入散剂。

【附方】①治太阴温病，发汗过多，神昏谵语者：元参心10 g，莲子心1.6 g，竹叶卷心6 g，连翘心6 g，犀角尖6 g（磨，冲），连心麦冬10 g。水煎服。（《温病条辨》）

②治劳心吐血：莲子心、糯米。上为细末，酒调服。（《是斋百一选方》）

③治遗精：莲子心一撮，为末，八层砂0.3 g。每服3 g，白汤下，日二。（《医林纂要探源》）

（9）莲衣。

【别名】莲皮。

【来源】睡莲科植物莲 *Nelumbo nucifera* Gaertn. 的种皮。

【性味】①《药品化义》：味涩。

②《本草再新》：味苦而涩，性凉，无毒。

【归经】《本草再新》：归心、脾二经。

【功能主治】①《药品化义》：能敛，诸天血后，佐参以补脾阴，使统血归经。

②《本草再新》：治心胃之浮火，利肠分之湿热。

【用法用量】内服：煎汤，1～1.6 g。

（10）荷梗。

【别名】藕杆。

【采收加工】6—9月采取，用刀刮去刺，切段，晒干或鲜用。

【来源】睡莲科植物莲 *Nelumbo nucifera* Gaertn. 的叶柄或花柄。

【性状】干燥的荷梗，近圆柱形，长20～60 cm，直径8～15 mm，表面淡棕黄色，具深浅不等的纵沟及多数刺状凸起。折断面淡粉白色，可见数个大小不等的孔道，质轻，易折断，折断时有粉尘飞出。气微弱，味淡。以身干、条长、径粗、棕黄色，无泥土及杂质者为佳。

【功能主治】清热解暑，通气行水。主治暑湿胸闷，泄泻，痢疾，淋证，带下。

【用法用量】内服：煎汤，10～16 g。

【附方】治中暑神昏不语，身热汗微，气喘等：黄连3.6 g，香薷3 g，扁豆衣10 g，厚朴3 g（姜汁炒），杏仁 6 g（去皮、尖，研），陈皮 4.5 g，制夏 4.5 g，益元散 10 g 入煎，加荷梗七寸为引。汗多除去香薷。（《时病论》）

（11）藕节。

【别名】 光藕节，藕节疤。

【采收加工】 秋、冬或春初挖取根茎（藕），洗净泥土，切下节部，除去须根，晒干。

【来源】 睡莲科植物莲 *Nelumbo nucifera* Gaertn. 的根茎的节部。

【性状】 干燥的藕节，呈短圆柱形，长 2 ～ 4 cm，直径约 2 cm。表面黄棕色至灰棕色，中央节部稍膨大，上有多数残留的须根及根痕，有时可见暗红棕色的鳞叶残基；节两端残留的节间部表面有纵纹，横切面中央可见较小的圆孔，其周围约有 8 个大孔。体轻，节部质坚硬，难折断。气无，味微甘涩。以节部黑褐色、两头白色、干燥、无须根泥土者为佳。

【炮制】 藕节炭：取净藕节置锅内炒至外面呈黑色，内部呈老黄色，稍洒清水，取出，干燥即成。

【性味】 甘、涩，平。

【归经】 《本草撮要》：入手少阴、足阳明、厥阴经。

【功能主治】 止血，散瘀。主治咯血、吐血、衄血、尿血、便血，血痢，血崩。

【用法用量】 内服：煎汤，10 ～ 16 g：捣汁或入散剂。

【附方】 ①治卒暴吐血：藕节七个，荷叶顶七个。上同蜜擂细，水二盏，煎八分，去滓温服。或研末，蜜调下。（《太平圣惠方》）

②治坠马血瘀，积在胸腹，唾血无数者：用生藕节捣烂，和酒绞汁饮，随量用。（《本草汇言》）

③治鼻衄不止：藕节捣汁饮，并滴鼻中。（《本草纲目》）

④治大便下血：藕节晒干研末，人参、白蜜煎汤调服 6 g，日两服。（《全幼心鉴》）

<h2 style="text-align:center">睡莲属 *Nymphaea* L.</h2>

204. 睡莲 *Nymphaea tetragona* Georgi

【别名】 睡莲菜、瑞莲、子午莲、茈碧花。

【形态】 多年生水生草本，根茎具线状黑毛。叶丛生浮于水面；圆心形或肾圆形，长 5 ～ 12 cm，宽 3.5 ～ 9 cm，叶柄细长。花浮于水面，直径 4 ～ 5 cm，白色，午刻开花，午后五时收敛；花萼的基部呈四方形，萼片 4；花瓣 8 ～ 17，多层；雄蕊多数，3 ～ 4 层，花药黄色；柱头具 4 ～ 8 辐射线，广卵形，呈茶匙状。浆果球形，松软，有多数细小种子。花期夏季。

【生境分布】 生长于池沼湖泊中。全国大部分地区均有分布。

【采收加工】 夏季采收。

【来源】 睡莲科植物睡莲 *Nymphaea tetragona* Georgi 的花。

【功能主治】 ①《岭南杂记》：消暑解酲。

②《本草纲目拾遗》：治小儿急慢惊风，用七朵或十四朵，煎汤服。

六十二、金鱼藻科　Ceratophyllaceae

金鱼藻属 *Ceratophyllum* L.

205. 金鱼藻 *Ceratophyllum demersum* L.

【别名】细草、虾须草。

【形态】多年生沉水草本；茎长 40～150 cm，平滑，具分枝。叶 4～12 轮生，1～2 次二叉状分歧，裂片丝状，或丝状条形，长 1.5～2 cm，宽 0.1～0.5 mm，先端带白色软骨质，边缘仅一侧有数细齿。花直径约 2 mm；苞片 9～12，条形，长 1.5～2 mm，浅绿色，透明，先端有 3 齿及带紫色毛；雄蕊 10～16，微密集；子房卵形，花柱钻状。坚果宽椭圆形，长 4～5 mm，宽约 2 mm，黑色，平滑，边缘无翅，有 3 刺，顶生刺（宿存花柱）长 8～10 mm，先端具钩，基部 2 刺向下斜伸，长 4～7 mm，先端渐细成刺状。花期 6—7 月，果期 8—10 月。

【生境分布】全国各地广泛分布。生于池塘、河沟。

【采收加工】四季可采，晒干。

【药用部位】全草。

【药材名】虾须草。

【来源】金鱼藻科金鱼藻 *Ceratophyllum demersum* L. 的全草。

【性味】甘、淡，凉。

【功能主治】具有较高的药用价值。凉血止血、清热利水。主治血热吐血、咯血、热淋涩痛。

【用法用量】10～16 g，水煎服。

六十三、毛茛科　Ranunculaceae

乌头属 *Aconitum* L.

206. 乌头 *Aconitum carmichaelii* Debx.

【别名】川乌。

【形态】块根倒圆锥形，长 2 ～ 4 cm，粗 1 ～ 1.6 cm。茎高 60 ～ 150（200）cm，中部之上疏被反曲的短柔毛，等距离生叶，分枝。茎下部叶在开花时枯萎。茎中部叶有长柄；叶片薄革质或纸质，五角形，长 6 ～ 11 cm，宽 9 ～ 15 cm，基部浅心形 3 裂达或近基部，中央全裂片宽菱形，有时倒卵状菱形或菱形，急尖，有时短渐尖近羽状分裂，二回裂片约 2 对，斜三角形，生 1 ～ 3 枚齿，间或全缘，侧全裂片不等 2 深裂，

表面疏被短伏毛，背面通常只沿脉疏被短柔毛；叶柄长 1 ～ 2.5 cm，疏被短柔毛。顶生总状花序长 6 ～ 10（25）cm；轴及花梗密被反曲而紧贴的短柔毛；下部苞片 3 裂，其他的狭卵形至披针形；花梗长 1.5 ～ 3（5.5）cm；小苞片生于花梗中部或下部，长 3 ～ 5（10）mm，宽 0.5 ～ 0.8（2）mm；萼片蓝紫色，外面被短柔毛，上萼片高盔形，高 2 ～ 2.6 cm，自基部至喙长 1.7 ～ 2.2 cm，下缘稍凹，喙不明显，侧萼片长 1.5 ～ 2 cm；花瓣无毛，瓣片长约 1.1 cm，唇长约 6 mm，微凹，距长（1）2 ～ 2.5 mm，通常拳卷；雄蕊无毛或疏被短毛，花丝有 2 小齿或全缘；心皮 3 ～ 5，子房疏或密被短柔毛，稀无毛。蓇葖长 1.5 ～ 1.8 cm；种子长 3 ～ 3.2 mm，三棱形，只在二面密生横膜翅。花期 9—10 月。

【生境分布】分布于海拔 850 ～ 2150 m，生于山地草坡或灌丛中。罗田天堂寨、三省垴有分布。

【采收加工】夏至至小暑间挖出全株，除去地上部茎叶，然后将母根摘下，抖净泥土，晒干。

【药用部位】母根。

【药材名】川乌头。

【来源】毛茛科植物乌头 *Aconitum carmichaelii* Debx. 的干燥母根。

【性状】干燥的母根，呈瘦长的圆锥形，或带有残余的茎杆，体长 3 ～ 7 cm，直径 1.5 ～ 3 cm。表面棕褐色，皱缩不平，或有锥形的小瘤状侧根，并具割去附子后遗留的痕迹。质坚实，断面粉白色或微带灰色，横切面可见多角形的环纹。无臭，味辛辣而麻舌。以个匀、肥满、坚实、无空心者为佳。

【炮制】生川乌：拣去杂质，洗净灰屑，晒干。制川乌：取净川乌，用凉水浸漂，每日换水 2 ～ 3 次，漂至口尝仅稍留麻辣感时取出，同甘草、黑豆加水共煎煮，至川乌熟透，内无白心为度，除去甘草、黑豆，晒晾，闷润后切片，晒干（川乌每 1 kg，用甘草 3 kg，黑豆 5 kg）。

【性味】辛，热，有毒。

【归经】①《要药分剂》：入脾、命门二经。

②《本草撮要》：入手厥阴、少阴经。

【功能主治】祛寒湿，散风邪，温经，止痛。主治风寒湿痹，历节风痛，四肢拘挛，半身不遂，头风头痛，心腹冷痛，阴疽肿毒。

【用法用量】内服：煎汤，1.5 ～ 6 g，或入丸、散。外用：研末调敷。

【注意】阴虚阳盛，热证疼痛及孕妇忌服。

①《本草经集注》：莽草为之使。反半夏、栝楼、贝母、白蔹、白及。恶藜芦。

②《药性论》：远志为使。忌豉汁。

【附方】①治风寒湿痹、麻木不仁：川乌（生，去皮尖为末）。用香熟白米粥半碗，药末 12 g，同米用慢火熬熟，稀薄，不要稠，下姜汁一茶脚许，蜜三大匙，搅匀，空腹啜之，温为佳，如是中湿，更入薏苡仁末 6 g，增米作一中碗服。（《普济本事方》）

②治风痹、荣卫不行，四肢疼痛：川乌头 64 g（去皮切碎，以大豆同炒，候豆汁出即住），干蝎 16 g（微

炒）。上件药，捣罗为末，以酽醋一中盏，熬成膏，可丸，即丸如绿豆大，每服以温酒下七丸。（《太平圣惠方》）

③治风寒湿痹，挛痛不能步握：五灵脂、川乌（炮去皮、脐）、苍术（薄切酒浸，干）各 64 g，自然铜（烧热）32 g。上为细末，水糊为丸，如梧桐子大，每服七丸，温酒下，渐加丸数；服至病除。（《普济方》）

④治风腰脚冷痹疼痛，宜用贴熁：川乌头主分，去皮脐，生用。上捣细罗为散，以酽醋调涂，于故帛上撒之，须臾痛止。（《太平圣惠方》）

⑤治脚气疼痛，不可屈伸：麻黄、芍药、黄芪各 95 g，甘草 95 g（炙），川乌五枚（细切，以蜜 2 升，前取 1 升，即出乌头）。上五味细切四味，以水 3 升煮取 1 升，去滓，内蜜煎中，更煎之，服 700 ml，不知，尽服之。（《金匮要略》）

⑥治瘫缓风，口眼㖞斜，语言蹇涩，履步不正：川乌头（去皮脐）、五灵脂各 160 g。上为末，入龙脑、麝香，研令细匀，滴水丸如弹子大。每服一丸，先以生姜汁研化，次暖酒调服之，一日两服，空心晚食前服。（《梅师集验方》）

⑦治口眼㖞斜：生乌头，青矾各等份。为末，每用一字，吸入鼻内，取涕吐涎。（《箧中秘宝方》）

⑧治心痛彻背，背痛彻心：乌头 0.3 g（炮），赤石脂 0.6 g，干姜 0.3 g，附子 0.3 g，蜀椒 0.6 g。上五味，末之，蜜丸如梧桐子大。先食服一丸，日三丸，不知，稍加服。

⑨治寒疝绕脐痛苦，发则白津出，手足厥冷，其脉沉紧者：乌头大者五枚（熬去皮），以水 3 升，煮取 1 升，去滓，内蜜 2 升，煎令水气尽，取 2 升。强人服 700 ml，弱人服 400 ml，不瘥，明日更服，不可一日再服。

⑩治寒疝腹中痛，逆冷，手足不仁，身疼痛：乌头，以蜜 1 kg，煎减半，去滓，以桂枝汤 500 g 解之，令得 1 升，初服 125 g，不知，即服 300 ml，又不知，复加至 500 ml，其知者如醉状，得吐者为中病。（⑧~⑩方出自《金匮要略》）

⑪治阴毒伤寒，手足逆冷，脉息沉细，头痛腰重：川乌头（炮）、干姜各 16 g。上两味同为粗散，炒令转色，放冷，再捣细末，每服 3 g，水一盏，盐一捻，煎半盏、去滓、温服。（《博济方》）

⑫治小儿慢惊，搐搦涎壅厥逆：川乌头（生，去皮脐）32 g，全蝎十个（去尾）。分作三服。水一盏，姜七片煎服。（《婴孩宝书》）

⑬治脾寒疟疾：川乌头大者一个（炮良久，移一处再炮，凡七处炮满，去皮脐），为细末，作一服。用大枣七个，生姜十片，葱白七寸，水一碗，同煎至一盏。疾发前，先食枣次温服。（《苏沈良方》）

⑭治腹中雷鸣，脐下疠撮疼痛：苍术（东流水浸十日，去黑皮，片切，焙）250 g，乌头（米泔浸五日，逐日换泔，炮裂，去皮脐），青橘皮（汤浸去白焙）各 95 g，蜀椒（口开者，烧砖令红，以醋泼砖，安椒，盖出汗，取红用）95 g，青盐（研）32 g。上五味，捣罗四味为末，与盐拌匀，炼蜜和丸，捣一千杵，丸如梧桐子大，每服二十九，空心食前盐酒下。（《圣济总录》）

⑮治冷气下泻：木香 16 克，川乌（生，去皮）32 g。上为细末，醋糊梧桐子大，陈皮、醋汤下三五十丸。（《普济本事方》）

⑯治久赤白痢及泻水：川乌头二枚，一枚豆煮，一枚生用为末。上以黑豆半合，入水同煮；黑豆熟为度，与豆同研烂，丸如绿豆大。每服，以黄连汤下五丸。（《太平圣惠方》）

⑰治年久头痛：川乌头、天南星等份。为末，葱汁调涂太阳穴。（《经验方》）

⑱治头风：大川乌、天南星等份。上为细末，每服 1.5 g，水一大盏，白梅一个，生姜五片，煎至五分服。（《是斋百一选方》）

⑲治冈陷：绵川乌（生用），绵附子（生用）各 15 g，雄黄 6 g。上件为末，用生葱和根叶细切烂杵，入前药末同煎，空心作成膏，贴陷处。（《活幼心书》）

⑳治牙痛：川乌头 0.3 g（生用），附子 0.3 g（生用），上药，捣罗为末，用面糊和丸，如小豆大。以绵裹一丸，于痛处咬之，以瘥为度。（《太平圣惠方》）

㉑治痈疽肿毒：川乌头（炒），黄柏（炒）各 32 g。为末，唾调涂之，留头，干则以米泔润之。（《僧深集方》）

㉒治痈攻肿，若有息肉突出者：乌头五枚，以苦酒 3 升，渍三日，洗之，日夜三、四度。（《古今录验》）

㉓治久生疥癣：川乌头七枚（生用），捣碎，以水三大盏，煎至一大盏，去滓，温洗之。（《太平圣惠方》）

【注意】 川乌头与草乌头，在明代以前多统称为乌头。至《本草纲目》始明确区分：乌头有两种，出彰明者即附子之母，今人谓之川乌头是也；其产江左、山南等处者，乃本志所列乌头，今人谓之草乌头者是也。此说法与目前商品川乌头、草乌头的来源基本符合。但川乌头之栽培，始见于《本草图经》，故宋以前所称之川乌头，似亦属野生之乌头。参见"草乌头"条。

【采收加工】 夏至至小暑间挖出全株，除去地上部茎叶，然后将子根摘下，抖净泥土，晒干。

【药材名】 附子。

【药用部位】 子根。

【来源】 毛茛科植物乌头 *Aconitum carmichaelii* Debx. 的干燥子根。

【性状】 干燥的子根，圆锥形，长 1.5 ～ 3 cm；直径 1.5 ～ 2 cm。表面灰褐色，有细的纵皱纹，顶端有凹陷的芽痕，侧边常留有痕迹，下端尖，周围有数个瘤状隆起的支根，习称"钉角"。质坚实，难折断，断面外层褐色，内面为灰白色，粉性，横切面有一多角形环纹。无臭，味辛辣而麻舌。

【炮制】 ①盐附子： 选择个大、均匀的泥附子洗净，浸入胆巴（即盐卤）和食盐的混合液中，（鲜附子 100 kg，用盐卤 40 kg，食盐 25 kg，加水 60 kg）。每日取出晾晒，并逐渐延长晾晒时间，直到附子表面出现大量结晶盐粒（盐霜），体质变硬为止。

②黑顺片： 选择中等大的泥附子洗净，浸入胆巴溶液（附子 100 kg，用盐卤 40 kg，清水 30 kg）中数日，连同浸液煮至透心，捞出，水漂，纵切成 0. 5 cm 的厚片。再用水浸漂，取出用调色剂（附子 100 kg，用黄糖 20 kg、菜油 5 kg 熬煎而成）使染成浓茶色，取出，蒸至现油面光泽，口尝不麻舌时，炕半干后再晒干，或继续烘干。

③白附片： 选择大小均匀的泥附子洗净，浸入胆巴溶液（配方同黑顺片）中数日，并与浸液共煮至透心，捞出剥去外皮，纵切成约 0.3 cm 厚片，用水浸漂至口尝不麻舌时，取出蒸熟，晒至半干，以生姜、去油牙皂加水熬煎而成。封附片，刨附片（均为纵切片）。

【性味】 辛、甘，大热，有毒。

【归经】 归心、肾、脾经。

【功能主治】 回阳救逆，补火助养，散寒止痛。用于亡阳虚脱，肢冷脉微，心阳不足，胸痹心痛，虚寒吐泻，脘腹冷痛，肾阳虚衰，阳痿宫冷，阴寒水肿，阳虚外感，寒湿痹痛。

【临床应用】出自《本草纲目》①少阴伤寒（初得两三日，脉微细，但昏昏欲睡，小便白色）：麻黄（去节）64 g，甘草（炙）64 g，附子（炮，去皮）一枚，水七升。先煮麻黄去沫，再加入其余两药，煮汁成三升，分作三次服下。令病人发微汗。引方名"麻黄附子甘草汤"。

②少阴发热（少阴病初得，反发热而脉沉）：麻黄（去节）64 g，附子（炮）去皮一枚，细辛 64 g，水一斗。先煮麻黄去沫，再加入其余两药，煮汁成三长，分作三次服下。令病人发微汗。此方名"麻典附子细辛汤"。

③少阴下利（下得清谷，里寒外热，手足厥逆，脉微欲绝。身不恶寒，反而面赤，或腹痛，或干呕，或咽痛）：大附子一个（去皮，切成片），甘草（炙）64 g，干姜 96 g，加水五升，煮成一升，分两次温服，脉出现即愈。面赤，加葱九根；腹痛，加芍药 64 g；干呕，加生姜 64 g；咽痛，加桔梗 32 g；利止，而脉不出，加人参 64 g。此方名"通脉四逆汤"。

④阴病恶寒（伤寒已发汗，不解，反恶寒，是体虚的现象）：芍药 96 g，甘草（炙）96 g，附子（炮，

去皮）一枚，加水五升，煮成一升五合。分次服下。此方名"芍药甘草附子汤"。

⑤阴盛格阳（病人躁热而饮水、脉沉、手足厥逆）：大附子一枚，烧存性，研为末，蜜水调服。逼散寒气后使热气上升，汗出乃愈。此方名"霹雳散"。

⑥中风痰厥（昏迷不醒，口眼歪斜）：生川乌头、生附子，都去掉皮脐，各取 16 g，南星 32 g，生木香 7 g。各药混合后，每取 16 g，加生姜十片、水二碗，煎成一碗温服。此方名"五生饮"。

⑦小儿囟陷：乌头附子（生，去皮脐）两枚、雄黄 2 g，共研为末。以葱根捣和作饼巾敷凹陷处。

⑧脚气肿痛：黑附子一个（生，去皮脐），研为末，加生姜汁调成膏涂肿痛处。药干再涂，到肿消为止。

⑨多年头痛：川乌头、天南星，等份为末，葱汁调涂太阳穴。

⑩牙痛：附子 32 g（烧灰），枯矾 0.3 g，共研为末，擦牙。又方：川乌头、川附子，共研面糊成丸子，如小豆大。每次以纸包一丸咬口中，又方：用炮附子末纳牙孔中，痛乃止。

⑪虚寒腰痛：鹿茸（去毛，酥炙微黄）、附子（炮，去皮脐）各 64 g，盐花 1 g，共研细末，加枣肉和丸，如梧桐子大。每服三十丸，空心服，温酒送下。

⑫寒热疟疾：附子一枚重 15 g，裹在面中火煨，然后去面，加人参、丹砂各 3 g，共研为末，加炼蜜做成丸子，如梧桐子大。每服二十丸，未发病前连进三服。如药有效，则有呕吐现象或身体有麻木感觉，否则次日须再次服药。

⑬阳虚吐血：生地黄 250 g，捣成汁，加酒少许。另以熟附子 40 g，去皮脐，切成片，放入地黄汁内，石器中煮成膏，取出附片焙干，同山药 96 g 研为末，再以膏调末成为丸子，如梧桐子大。每服三十丸，空心服，米汤送下。

⑭白浊：熟附子研为末：每服 6 g，加姜三片、水一碗煮至六成，温服。

⑮疔疮肿痛：醋和附子末涂患处。药干再涂。

⑯手足冻裂：附子去皮，研为末，以水、面调涂，有效。

【用法用量】 3 ～ 15 g，煎水服。

【注意】 孕妇慎用；不宜与半夏、瓜蒌、瓜蒌子、瓜蒌皮、天花粉、川贝母、浙贝母、湖北贝母、白蔹、白及同用。

207. 展毛川鄂乌头（变种）　*Aconitum henryi* var. *villosum* W. T. Wang in Addenda.

【别名】 乌头、土附子、草乌、竹节乌头。

【形态】 块根胡萝卜形或倒圆锥形，长 1.5 ～ 3.8 cm。茎缠绕，无毛，分枝。茎中部叶有短或稍长柄；叶片坚纸质，卵状五角形，长 4 ～ 10 cm，宽 6.5 ～ 12 cm，三全裂，中央全裂片披针形或菱状披针形，渐尖，边缘疏生或稍密生钝牙齿，两面无毛，或表面疏被紧贴的短柔毛；叶柄长为叶片的 1/3 ～ 2/3，无毛。

花序有（1）3 ～ 6 花，轴和花梗无毛或有极稀疏的反曲短柔毛；苞片线形；花梗长 1.8 ～ 3.5（5）cm；小苞片生于花梗中部，线状钻形，长 3.5 ～ 6.5 mm；萼片蓝色，外面疏被短柔毛或几无毛，上萼片高盔形，高 2 ～ 2.5 cm，中部粗 6 ～ 9 mm，下缘长 1.4 ～ 1.9 cm，稍凹，外缘垂直，在中部或中部之下稍缢缩，继向外下方斜展与下缘形成尖喙，侧萼片长 1.3 ～ 1.8 mm；花瓣无毛，唇长约 8 mm，微凹，距长 4 ～ 5 mm，

向内弯曲；雄蕊无毛，花丝全缘；心皮 3，无毛或子房疏被短柔毛。9—10 月开花。

与川鄂乌头的区别：花梗和萼片外面都有稍密的较长的开展柔毛。

【生境分布】 全国大部分地区均产。罗田天堂寨有分布。

【采收加工】 秋季茎叶枯萎时采挖，除去残茎及泥土，晒干或烘干。

【药用部位】 块根。

【药材名】 草乌。

【来源】 毛茛科植物展毛川鄂乌头 *Aconitum henryi* var. *villosum* W. T. Wang in Addenda.（野生种）的块根。

【性状】 干燥的块根，一般呈圆锥形而稍弯曲，形如乌鸦头，长 3 ～ 7 cm，直径 1 ～ 3 cm。顶端平圆，中央常残留茎基或茎基的残痕，表面暗棕色或灰褐色，外皮皱缩不平，有时具短而尖的支根，习称"钉角"。质坚，难折断，断面灰白色，粉性，有曲折的环纹及筋脉小点。无臭，味辛辣而麻舌。口尝须特别谨慎，切勿咽下。以个大、肥壮、质坚实、粉性足、残茎及须根少者为佳。

【化学成分】 乌头各部分含生物碱，其中主要为乌头碱。乌头碱水解后生成乌头原碱、醋酸及苯甲酸。叶中还含肌醇及鞣质。

【炮制】 制草乌：取净草乌，用凉水浸漂，每日换水 2 ～ 3 次，至口尝仅稍留麻辣感时取出，同甘草、黑豆加水共煮，以草乌熟透；内无白心为度，然后除去甘草及黑豆，晒至六成干，闷润后切片，晒干。（每草乌 100 kg，用甘草 5 kg，黑豆 10 kg）

【性味】 辛，热，有毒。

【归经】 归肝、脾、肺经。

【功能主治】 搜风胜湿，散寒止痛，开痰，消肿。主治风寒湿痹，中风瘫痪，破伤风，头风，脘腹冷痛，痰癖，冷痢，喉痹，痈疽，疔疮，瘰疬。

【用法用量】 内服：煎汤，1.6 ～ 6 g；或入丸、散。外用：生用，研末调敷或醋、酒磨涂。

【注意】 凡虚人、孕妇、阴虚火旺及热证疼痛者忌服。生者慎服。

①《本草经集注》：莽草为之使。反栝楼、贝母、白蔹、白及（一本有半夏）。恶藜芦。

②《药性论》。远志为之使。忌豉汁。

③《本草纲目》：畏饴糖、黑豆。冷水能解其毒。

④《本草汇言》：平素禀赋衰薄，或向有阴虚内热吐血之疾，并老人、虚人、新产人，切宜禁用。

【附方】 ①治风湿瘫痪：草乌头（生，不去皮）、五灵脂各等份。为末，滴水为丸，如弹子大。四十岁以下一丸，分六服，病甚一丸分二服，薄荷酒磨下，觉微麻为度。（《普济本事方》黑神丸）

②治破伤风：草乌头（生用，去皮尖）、白芷（生用），两味等份为末。每服 1.6 g，冷酒一盏，入葱白少许，同煎服之，如人行十里，以葱白热粥投之。（《儒门事亲》）

③治偏头痛：草乌头 125 g，川芎䓖 125 g，苍术 250 g，生姜 125 g，连须生葱一把。捣烂，同入瓷瓶，封固，埋土中，春五夏三、秋五冬七日，取出晒干，拣去葱、姜，为末，醋、面糊和丸梧桐子大。每服九丸。临卧温酒下。（《戴古渝经验方》）

④治阳虚上攻，头项俱痛，不可忍者：细辛、新茶芽（炒）。草乌头（大者，去皮尖，炮裂切如麻豆大，碎盐炒）各等份。上为粗末。每服 6 g，入麝香末 1.6 g，水一盏半，煎至八分，去滓，温服。（《普济本事方》）

⑤治脾胃虚弱及久积冷气，饮食减少：草乌头（净洗）500 g，苍术 1 kg，陈橘皮（去白）250 g，甘草（生，椎碎）125 g，黑豆三升。上五味，用水一石，煮干为度，去却橘皮、黑豆、甘草，只取草乌头、苍术二味，曝干，粗捣筛焙干，捣罗为末，酒煮面糊为丸，如梧桐子大，焙干，收瓷器中。每日空心、晚食前，盐汤咸温酒下三十丸。（《圣济总录》）

⑥治清浊不分，泄泻注下，或赤或白，脐腹疼痛，里急后重：草乌头三枚（去皮尖，一生、一炮、一烧作灰）。为细末，醋糊丸。如萝卜子大。大人五至七丸。小儿三丸；水泻倒流水下，赤痢甘草汤、白痢干姜汤下。（《局方》）

⑦治痈肿毒：草乌、贝母、天花粉、南星、芙蓉叶等份。为末，用醋调搽四围，中留头出毒，如干用醋润之。（《景岳全书》）

⑧治肿毒痈疽，未溃令内消，已溃令速愈：草乌头末，水调，鸡羽扫肿上，有疮者先以膏药贴定，无令药着入。初涂病人觉冷如水，敷乃不痛。（《圣济总录》）

⑨治发背、蜂窝、疔疮、便毒：草乌头一个，川乌头一个，瓦一块，新汲水一桶。将两乌并瓦浸于水桶内，候瓦湿透，即将川乌、草乌于瓦上磨成膏，用磨药手挑药贴于疮口四周；如未有疮口，一漫涂药如三、四重纸厚，上用纸条透孔贴盖，如药干，用鸡翎蘸水扫湿，如此不过三度。（《瑞竹堂经验方》）

⑩治一切诸疮未破者：草乌头为末，入轻粉少许，腊猪油和搽。（《普济方》）

⑪治淋巴结炎、淋巴结结核：草乌头一个，用烧酒适量磨汁，外搽局部，每日一次。（《单方验方调查资料选编》）

⑫治瘰疬初作未破，作寒热：草乌头 16 g，木鳖子两个。以米醋磨细，入捣烂葱头、蚯蚓粪少许。调匀敷上，以纸条贴令通气孔。（《医林正宗》）

⑬治风齿疼痛，饮食艰难：草乌头三枚（炮），胆矾（研）、细辛（去苗叶）各 3 g。捣研为细散。每用一字，以指头揩擦，有涎吐之。（《圣济总录》）

⑭治脑泄臭秽：草乌（去皮）16 g，苍术 32 g，川芎 64 g。并生研末，面糊丸，绿豆大，每服十丸，茶下。忌一切热物。（《圣济总录》）

⑮治喉痹、口噤不开：草乌头、皂荚等份。为末，入麝香少许，擦牙，并搐鼻内，牙关自开也。（《本草纲目》）

【中毒】草乌亦含乌头碱，用之不当，极易引起中毒。其表现与川乌基本相同，如舌、四肢或全身发麻，恶心、呕吐，烦躁不安，甚或昏迷，皮肤苍白，心慌气短，心率缓慢，心律紊乱，少数呈心率增速，血压下降，瞳孔散大，心电图呈室上性与室性期外收缩、心动过速、房室性传导阻滞、束支传导阻滞、低电压、S-T 改变等。多数患者经及时抢救可恢复，但亦有少数由于中毒过重或抢救不及时，终因心脏麻痹而死亡。临床应用务宜谨慎。

银莲花属 *Anemone* L.

208. 打破碗花花 *Anemone hupehensis* Lem.

【别名】野棉花、大头翁。

【形态】植株高（20）30～120 cm。根状茎斜或垂直，长约 10 cm，粗（2）4～7 mm。基生叶 3～5，有长柄，通常为三出复叶，有时 1～2 个或全部为单叶；中央小叶有长柄（长 1～6.5 cm），小叶片卵形或宽卵形，长 4～11 cm，宽3～10 cm，顶端急尖或渐尖，基部圆形或心形，不分裂或 3～5 浅裂，边缘有锯齿，两面有疏糙毛；侧生小叶较小；叶柄

长 3 ～ 36 cm，疏被柔毛，基部有短鞘。花葶直立，疏被柔毛；聚伞花序 2 ～ 3 回分枝，有较多花，偶尔不分枝，只有 3 花；苞片 3，有柄（长 0.5 ～ 6 cm），稍不等大，为三出复叶，似基生叶；花梗长 3 ～ 10 cm，有密或疏柔毛；萼片 5，紫红色或粉红色，倒卵形，长 2 ～ 3 cm，宽 1.3 ～ 2 cm，外面有短茸毛；雄蕊长约为萼片长度的 1/4，花药黄色，椭圆形，花丝丝形；心皮约 400，生于球形的花托上，长约 1.5 mm，子房有长柄，有短茸毛，柱头长方形。聚合果球形，直径约 1.5 cm；瘦果长约 3.5 mm，有细柄，密被绵毛。7—10 月开花。

【生境分布】 生于低山或丘陵的草坡或沟边。

【采收加工】 春季或秋季采挖，洗净、切片、晒干。

【药用部位】 根。

【药材名】 野棉花根。

【来源】 毛茛科植物打破碗花花 *Anemone hupehensis* Lem. 的根。

【性状】 干燥根呈长圆条形，弯曲，长短不一。外表暗棕色，粗糙，有扭曲的纵纹，并有凸起的小根及根痕。根头部较粗，残留干枯的叶柄，密生灰白色茸毛。质脆，断面纤维性，淡黄棕色，有棕色射线。气微，味苦。

【化学成分】 根含白头翁素及三萜皂苷。

【性味】 苦、辛，凉，有毒。

【归经】 《四川常用中草药》：归肺、脾二经。

【功能主治】 杀虫，化积，消肿，散瘀。主治顽癣，秃疮，疟疾，小儿疳积，痢疾，痈疖疮肿，瘰疬，跌打损伤。

【用法用量】 内服：煎汤，3 ～ 6 g；或研末。外用：煎水洗或捣敷。

【注意】 《陕西中草药》：孕妇禁用。

【附方】 ①治秃疮：野棉花 32 g，研粉，青胡桃皮 125 g，共捣烂外敷。

②治疖疮痈肿，无名肿毒：野棉花适量，捣烂外敷。

③治跌打损伤：野棉花 32 g。童便泡 24 h，晒干研粉，黄酒冲服，每次 0.3 ～ 3 g，每日服两次。

④治疟疾：野棉花 32 g，水煎服。（①～④方出自《陕西中草药》）

209. 白背湖北银莲花 *Anemone hupehensis* Lem. f. *alba* W. T. Wang

【别名】 满天星、花升麻、绿升麻、野棉花。

【形态】 多年生草本，高 30 ～ 60 cm。全体有毛。根圆锥形，深褐色，顶端具纤维毛。茎直立。叶基生，3 出复叶，小叶斜卵形或卵圆形，长 3 ～ 9 cm，宽 2 ～ 8 cm，边缘有锯齿；茎生叶较小，叶背密生白色绵毛。聚伞花序顶生；花白色。瘦果，密生丝状毛。

【生境分布】 多生于旷野草地或疏林中。

【采收加工】 夏、秋季采收，洗净，晒干或鲜用。

【药用部位】 根、叶。

【药材名】 银莲花。

【来源】 毛茛科植物白背湖北银莲花 *Anemone hupehensis* Lem. f. *alba* W. T. Wang 的根、叶。

【性味】 苦、涩，寒，有毒。

【功能主治】 清热除湿，活血祛疾。

【注意】 孕妇忌服。

【附方】 ①治痢疾，淋证，难产，死胎，胃痛，食积：野棉花 3 ～ 10 g。水煎服。

②治风湿关节痛，外伤所致内出血：野棉花根适量，泡酒服（每次含生药量不能超过 3 g）。

③治疮疡：野棉花鲜叶取汁外搽。

楼斗菜属 *Aquilegia* L.

210. 华北楼斗菜 *Aquilegia yabeana* Kitag.

【别名】 小前胡、紫霞楼斗。

【形态】 根圆柱形，粗约 1.5 cm。茎高 40 ～ 60 cm，有稀疏短柔毛和少数腺毛，上部分枝。基生叶数个，有长柄，为 1 或 2 回 3 出复叶；叶片宽约 10 cm；小叶菱状倒卵形或宽菱形，长 2.5 ～ 5 cm，宽 2.5 ～ 4 cm，3 裂，边缘有圆齿，表面无毛，背面疏被短柔毛；叶柄长 8 ～ 25 cm。茎中部叶有稍长柄，通常为 2 回 3 出复叶，宽达 20 cm；上部叶小，有短柄，为 1 回 3 出复叶。花序有少数花，密被短腺毛；苞片 3 裂或不裂，狭长圆形；花下垂；萼片紫色，狭卵形，长（1.6）2 ～ 2.6 cm，宽 7 ～ 10 mm；花瓣紫色，瓣片长 1.2 ～ 1.5 cm，顶端圆截形，距长 1.7 ～ 2 cm，末端钩状内曲，外面有稀疏短柔毛；雄蕊长达 1.2 cm，退化雄蕊长约 5.5 mm；心皮 5，子房密被短腺毛。蓇葖长（1.2）1.5 ～ 2 cm，隆起的脉网明显；种子黑色，狭卵球形，长约 2 mm。5—6 月开花。

【生境分布】 生于山地草坡或林边。

【采收加工】 夏季采收。

【药用部位】 全草。

【药材名】 楼斗菜。

【来源】 毛茛科植物华北楼斗菜 *Aquilegia yabeana* Kitag. 的全草。

【功能】 清热解毒，利尿散结，祛风除湿。

【注意】 全草及种子有毒，花期毒性较大。

升麻属 *Cimicifuga* L.

211. 小升麻 *Cimicifuga japonica*（Thunb.）Spreng.

【别名】 白升麻、米升麻、熊掌七、金龟草。

【形态】 根状茎横走，近黑色，生多数细根。茎直立，高 25 ～ 110 cm，下部近无毛或疏被伸展的长柔毛，上部密被灰色的柔毛。叶 1 或 2 枚，近基生，为三出复叶；叶片宽达 35 cm，小叶有长 4 ～ 12 cm 的柄；顶生小叶卵状心形，长 5 ～ 20 cm，宽 4 ～ 18 cm，7 ～ 9 掌状浅裂，浅裂片三角形或斜梯形，边缘有锯齿，侧生小叶比顶生小叶略小并稍斜，表面只在近叶缘处被短糙伏毛，其他部分无毛或偶有毛，背面沿脉被白色柔毛；叶柄长达 32 cm，疏被长柔毛或近无毛。花序顶生，单一或有 1 ～ 3 分枝，长 10 ～ 25 cm；轴密被灰色短柔毛；花小，直径约 4 mm，近无梗；萼片白色，椭圆形至倒卵状椭圆形，长 3 ～ 5 mm；退化雄蕊圆卵形，长约 4.5 mm，基部具蜜腺；花药椭圆形，长 1 ～ 1.5 mm，花丝狭线形，长 4 ～ 7 mm；心皮 1 或 2，无毛。蓇葖长约 10 mm，宽约 3 mm，宿存花柱向外方伸展；种子 8 ～ 12 粒，椭圆状卵球形，长约 2.5 mm，浅褐色，表面有多数横向的短鳞翅，四周无翅。8—9 月开花，10 月结果。

【生境分布】 生于海拔 800 ～ 2600 m 的山地林下或林缘。罗田天堂寨有分布。

【采收加工】 夏、秋季采挖，洗净，晒干。

【药材名】 小升麻。

【来源】 毛茛科植物小升麻 Cimicifuga japonica（Thunb.）Spreng. 的干燥根茎。

【药材性状】 根茎呈不规则块状，分枝多，呈结节状，长 4 ～ 10 cm，直径 0.5 ～ 1.2 cm。表面灰褐色或灰黄色，较平坦，上面有圆洞状或稍凹陷茎基痕，直径 2 ～ 6 cm，高 1.5 ～ 4 cm；下面有坚硬的残存须根。体实质坚韧，不易折断，断面稍平坦，稀中空，粉性，木部灰褐色或黄褐色，髓部黄绿色。气微香，味微苦而涩。

【性味】 甘，苦，寒。

【归经】 归胃、肝经。

【功效】 清热解毒，疏风透疹，活血止痛，降血压。

【主治】 用于咽痛，疖肿，斑疹不透，劳伤，腰腿痛及跌打损伤，高血压。

【用法用量】 内服：煎汤，3 ～ 9 g；或浸酒。外用：适量，捣敷。

【使用注意】 《陕西中草药》：反乌头。

【相关论述】 ①《天目山药用植物志》：祛瘀消肿，降低血压。

②《陕西中草药》：清热解毒，活血理气，止痛。主治咽喉干痛，劳伤，跌打损伤。

③《浙江药用植物志》：主治咽喉肿痛，高血压。

铁线莲属 *Clematis* L.

212. 小木通 *Clematis armandii* Franch.

【别名】 毛蕊铁线莲、丝瓜花。

【形态】 木质藤本，高达 6 m。茎圆柱形，有纵条纹，小枝有棱，有白色短柔毛，后脱落。3 出复叶；

小叶片革质，卵状披针形、长椭圆状卵形至卵形，长4～12（16）cm，宽2～5（8）cm，顶端渐尖，基部圆形、心形或宽楔形，全缘，两面无毛。聚伞花序或圆锥状聚伞花序，腋生或顶生，通常比叶长长或近等长；腋生花序基部有多数宿存芽鳞，为三角状卵形、卵形至长圆形，长0.8～3.5 cm；花序下部苞片近长圆形，常3浅裂，上部苞片渐小，披针形至钻形；萼片4（5），开展，白色，偶带淡红色，长圆形或长椭圆形，大小变异极大，长1～2.5（4）

cm，宽0.3～1.2（2）cm，外面边缘密生短茸毛至稀疏，雄蕊无毛。瘦果扁，卵形至椭圆形，长4～7 mm，疏生柔毛，宿存花柱长达5 cm，有白色长柔毛。花期3—4月，果期4—7月。

【生境分布】生于山坡、山谷、路边灌丛中、林边或水沟旁。罗田中、高山区有分布。

【采收加工】夏、秋季采收。

【药用部位】全草。

【药材名】小木通。

【来源】毛茛科植物小木通 *Clematis armandii* Franch. 的全草。

【性味】淡，平，无毒。

【功能主治】舒筋活血，去湿止痛，解毒利尿。

【用法用量】内服：煎汤，16～32 g。外用：煎水洗或捣烂塞鼻孔。

【附方】①治筋骨疼痛，四肢麻木：毛蕊铁线莲藤15 g，大血藤15 g，熊柳64 g，木防己15 g，石蕨6 g，水煎服。

②治腹胀：毛蕊铁线莲根32 g，石菖蒲15 g，陈皮15 g，仙鹤草15 g，水煎服。

③治无名肿毒：毛蕊铁线莲全草，煎水洗患处。

④治眼起星翳：鲜毛蕊铁线莲根，捣烂塞鼻孔，左目塞右，右目塞左。（①～④方出自《湖南药物志》）

213. 威灵仙 *Clematis chinensis* Osbeck

【别名】葳灵仙、葳苓仙、铁脚威灵仙、灵仙、黑脚威灵仙。

【形态】木质藤本。干后变黑色。茎、小枝近无毛或疏生短柔毛。一回羽状复叶有5小叶，有时3或7，偶尔基部一对以至第二对2～3裂至2～3小叶；小叶片纸质，卵形至卵状披针形，或为线状披针形、卵圆形，长1.5～10 cm，宽1～7 cm，顶端锐尖至渐尖，偶有微凹，基部圆形、宽楔形至浅心形，全缘，两面近无毛，或疏生短柔毛。常为圆锥状聚伞花序，多花，腋生或顶生；花直径1～2 cm；萼片4（5），开展，白色，长圆形或长圆状倒卵形，长

0.5 ～ 1（1.5）cm，顶端常凸尖，外面边缘密生茸毛或中间有短柔毛，雄蕊无毛。瘦果扁，3 ～ 7 个，卵形至宽椭圆形，长 5 ～ 7 mm，有柔毛，宿存花柱长 2 ～ 5 cm。花期 6—9 月，果期 8—11 月。

【生境分布】生于山野、田埂及路旁。罗田各地均有分布。

【采收加工】秋季采挖，除去茎叶、须根及泥土，晒干。

【药用部位】根。

【药材名】威灵仙。

【来源】毛茛科植物威灵仙 Clematis chinensis Osbeck 的根。

【性状】根茎呈不规则块状，黄褐色，上端残留木质茎基，下侧丛生多数细根。根细长圆柱形，长 8 ～ 16 cm，直径 1 ～ 4 mm，略弯曲，表面棕褐色或棕黑色，有细纵纹。质坚脆易折断，皮部与木部易脱离，断面平坦，类圆形，皮部灰黄色，木部黄白色。根茎质较坚韧，断面不平坦，纤维性。气微弱。味微苦。以条匀、皮黑、肉白、坚实者为佳。

【炮制】威灵仙：拣净杂质，除去残茎，用水浸泡，捞出润透，切段，晒干。酒灵仙：取威灵仙段，用黄酒拌匀闷透，置锅内用文火微炒干，取出放凉。（每威灵仙 50 kg，用黄酒 6 ～ 7.5 kg）

【性味】辛、咸，温，有毒。

【归经】归膀胱经。

【功能主治】祛风湿，通经络，消痰涎，散癖积。主治痛风，顽痹，腰膝冷痛，脚气，疟疾，癥瘕积聚，破伤风，扁桃体炎，诸骨鲠喉。

①祛风湿止痛：用于风湿痛。其性善行，能通行十二经络，故对全身游走性风湿痛尤为适宜。

②消鱼骨：用本品 30 g（加醋）煎汤缓咽，治鱼骨哽喉。用于诸骨鲠喉。可用本品煎汤，缓缓咽下，一般可使骨鲠消失。亦可和入米醋、砂糖服。此外本品能消痰水，可用于噎膈，痞积。

【用法用量】内服：煎汤，6 ～ 10 g；浸酒或入丸、散。外用：捣敷。

【注意】气虚血弱，无风寒湿邪者忌服。

①《海上集验方》：恶茶及面汤。

②《本草衍义》：性快，多服疏人五脏真气。

③《本草经疏》：凡病非风湿及阳盛火升，血虚有热，表虚有汗，疟疟口渴身热者，并忌用之。

④《本草汇言》：凡病血虚生风，或气虚生痰，脾虚不运，气留生湿、生痰、生饮者，咸宜禁之。

【附方】①治手足麻痹，时发疼痛；或打扑伤损，痛不可忍，或瘫痪等：威灵仙（炒）250 g，生川乌头、五灵脂各 125 g。为末，醋糊丸，梧桐子大。每服七丸，用盐汤下。忌茶。（《普济方》）

②治中风手足不遂，口眼歪斜，筋骨关节诸风，腰膝疼痛，伤寒头痛，鼻流清涕，皮肤风痒，瘰疬，痔疮，大小肠秘，妇人经闭：威灵仙洗焙为末，以好酒和令微湿，入竹筒内，牢塞口，九蒸九曝，如干，添酒重洒之，以白蜜和为丸，如梧桐子大。每服 20 ～ 30 丸，酒汤下。（《海上集验方》）

③治腰脚疼痛久不瘥：威灵仙 250 g。捣细罗为散。每于食前以温酒调下 3 g，逐日以微利为度。（《太平圣惠方》）

④治脚气入腹，胀闷喘急：威灵仙末，每服 6 g，酒下。痛减一分则药亦减一分。（《简便单方》）

⑤治疟疾：威灵仙，以酒一盏，水一盏，煎至一盏，临发温服。（《本草原始》）

⑥治噎塞膈气：威灵仙一把，醋、蜜各半碗，煎五分服，吐出宿痰。（《唐瑶经验方》）

⑦治停痰宿饮，喘咳呕逆，全不入食：威灵仙（焙）、半夏（姜汁浸焙）。为末，用皂角水熬膏，丸绿豆大。每服 7 ～ 10 丸，姜汤下，一日三服，一月为验。忌茶、面。（《本草纲目》）

⑧治痞积：威灵仙、楮实各 32 g。上为细末。每服 10 g 重，用温酒调下。（《普济方》）

⑨治癖积：威灵仙为末。炼蜜丸，如弹子大，红绢袋盛一丸，同精猪肉四两煮烂。去药吃肉，以知为度。（《幼科指掌》）

⑩治大肠冷积：威灵仙末。蜜丸，梧桐子大。一更时，生姜汤下 19 ～ 20 丸。（《经验良方》）

⑪治男妇气痛，不拘久近：威灵仙 250 g，生韭根 7.5 g，乌药 1.5 g，好酒一盏，鸡子一个。灰火煨一宿，五更视鸡子壳软为度。去渣温服，以干物压之，侧睡，向块边；渣再煎，次日服，觉刺痛，是其验也。（《摘玄方》）

⑫治肠风病甚不瘥：威灵仙（去土）、鸡冠花各 64 g。上两味，锉劈，以米醋 2 升煮干，更炒过，捣为末，以生鸡子清和作小饼子，炙干，再为细末。每服 6 g，空心，陈米饮调下，午复更一服。（《圣济总录》）

⑬治痔疮肿痛：威灵仙 95 g。水 10 升，煎汤，先熏后洗，冷再温之。（《外科精义》）

⑭治便毒：威灵仙、贝母、知母各 32 g。为末。每服 10 g，空心酒调下，如不散再服。（《痈疽神秘验方》）

⑮治破伤风病：威灵仙 16 g，独头蒜一个，香油 3 g。同捣烂，热酒冲服，汗出。（《卫生易简方》）

⑯治鸡鹅骨鲠：赤茎威灵仙 15 g。井华水煎服。（《圣济总录》）

⑰治诸骨鲠咽：威灵仙 36 g，砂仁 32 g，沙糖一盏。水二盅，煎一盅，温服。（《本草纲目》）

⑱治牙痛：威灵仙、毛茛各等量。制法：鲜药洗净，捣烂取汁，1000 ml 药汁加 75％酒精 10 ml，用以防腐。用法：用棉签沾药水擦痛牙处。注意不可多擦，以免起泡。（《全展选编·五官科》）

⑲治脚气因外感湿气乘虚袭入肿痛，外洗药方：威灵仙、防风、荆芥、地骨皮、归尾、升麻、芍药和接骨草各等份，煎汤热淋洗。（《万密斋医学全书》）

214. 大花威灵仙 *Clematis courtoisii* Hand. –Mazz.

【别名】 小脚威灵仙。

【形态】 木质攀援藤本，长 2 ～ 4 m。须根黄褐色，新鲜时微带辣味。茎圆柱形，表面棕红色或深棕色，幼时被稀疏开展的柔毛，以后脱落至近于无毛。叶为 3 出复叶至 2 回 3 出复叶； 叶片薄纸质或亚革质，长圆形或卵状披针形，长 5 ～ 7 cm，宽 2 ～ 3.5 cm，顶端渐尖或长尖，基部阔楔形稀圆形，边缘全缘稀，有时 2 ～ 3 分裂，上面仅沿主脉微被浅柔毛，其余部分无毛，下面被极稀疏的柔毛，叶脉在两面显著隆起；顶端 3 小叶具短小叶柄或无柄，侧生小叶柄长可达 1 ～ 2 cm，被稀疏紧贴的柔毛； 叶柄长 6 ～ 10 cm，基部微膨大。花单生于叶腋；花梗长 12 ～ 18 cm，被紧贴的浅柔毛，在花梗的中部着生一对叶状苞片；苞片卵圆形或宽卵形，常较叶片为宽，长 4.5 ～ 7 cm，宽 2.5 ～ 4.5 cm，边缘有时 2 ～ 3 分裂，基具长 2 ～ 4 mm 的短柄；花大，直径 5 ～ 8 cm；萼片常 6 枚，白色，倒卵状披针形或宽披针形，长 3.5 ～ 4.5 cm，宽达 1.5 ～ 2.5 cm，顶端锐尖，内面无毛，褐色脉纹能见，外面沿 3 条直的中脉形成一青紫色的带，被稀疏柔毛，外侧被密的浅茸毛；雄蕊暗紫色，长达 1.5 cm，常外轮较长，内轮较短，花药线形，长 5 mm，花丝无毛，长为花药的 2 倍；心皮长 4 ～ 5 mm，子房及花柱基部被紧贴的长柔毛，花柱上部被浅柔毛，柱头膨大，无毛。瘦果倒卵圆形，长 5 mm，宽 4 mm，棕红色，被稀疏柔毛，宿存花柱长 1.5 ～ 3 cm，被黄色柔毛，膨大的柱头宿存，无毛。花期 5—6 月，果期 6—7 月。

【生境分布】 生于山坡、溪边及路旁的杂木林中、灌丛中，攀援于树上。罗田北部山区有分布。

【采收加工】 根：秋、冬季采收；全

草：夏季采收。

【药用部位】 根和全草。

【药材名】 大花威灵仙。

【来源】 毛茛科植物大花威灵仙 *Clematis courtoisii* Hand.–Mazz. 的根或全草。

【功能主治】 全草：治蛇咬伤，捣烂敷患处。根：治腹胀，大小便闭结，牙痛，风火眼起星翳等。

215. 山木通 *Clematis finetiana* Levl. et Vant.

【别名】 万年藤、大叶光板力刚、大木通。

【形态】 木质藤本，无毛。茎圆柱形，有纵条纹，小枝有棱。三出复叶，基部有时为单叶；小叶片薄革质或革质，卵状披针形、狭卵形至卵形，长 3～9（13）cm，宽 1.5～3.5（5.5）cm，顶端锐尖至渐尖，基部圆形、浅心形或斜肾形，全缘，两面无毛。花常单生，或为聚伞花序、总状聚伞花序，腋生或顶生，有 1～3（7）花，少数 7 朵以上而成圆锥状聚伞花序，通常比叶长或近等长；在叶腋分枝处常有

多数长三角形至三角形宿存芽鳞，长 5～8 mm；苞片小，钻形，有时下部苞片为宽线形至三角状披针形，顶端 3 裂；萼片 4（6），开展，白色，狭椭圆形或披针形，长 1～1.8（2.5）cm，外面边缘密生短茸毛；雄蕊无毛，药隔明显。瘦果镰刀状狭卵形，长约 5 mm，有柔毛，宿存花柱长达 3 cm，有黄褐色长柔毛。花期 4—6 月，果期 7—11 月。

【生境分布】 生于山坡疏林、溪边、路旁灌丛中及山谷石缝中。罗田各地均有分布。

【采收加工】 夏、秋季采收。

【药用部位】 全株。

【药材名】 山木通。

【来源】 毛茛科植物山木通 *Clematis finetiana* Lévl. et Vant. 的根、茎、叶。

【性味】 《江西草药》：苦，温。

【功能主治】 祛风利湿，活血解毒。主治风湿关节肿痛，肠胃炎，疟疾，乳痈，牙疳，目生星翳。

【用法用量】 内服：煎汤，根 3～10 g；叶 1.5～32 g；或研末。外用：捣敷或塞鼻。

【附方】 ①治风湿性腰痛：山木通根 15 g。研末，猪腰子一对，剖开刮去白膜，药末放猪腰子内，菜叶包裹，煨熟服。忌盐。

②治走马牙疳：山木通鲜根适量。捣烂，捏成蚕豆大，敷前额中央部，每日一次。

③治跌打损伤：山木通茎叶（鲜）64 g，茜草根 15 g。水酒煎服，每日一剂。

④治各种骨鲠喉：山木通根、砂糖、白酒各 32 g。水煎服。（①～④方出自《江西草药》）

216. 铁线莲 *Clematis florida* Thunb.

【别名】 番莲、威灵仙、大花威灵仙。

【形态】草质藤本，长 1～2 m。茎棕色或紫红色，具六条纵纹，节部膨大，被稀疏短柔毛。2 回 3 出复叶，连叶柄长达 12 cm；小叶片狭卵形至披针形，长 2～6 cm，宽 1～2 cm，顶端钝尖，基部圆形或阔楔形，边缘全缘，极稀有分裂，两面均不被毛，脉纹不显；小叶柄清晰能见，短或长达 1 cm；叶柄长 4 cm。花单生于叶腋；花梗长 6～11 cm，近于无毛，在中下部生一对叶状苞片；苞片宽卵圆形或卵状三角形，长 2～3 cm，基部无柄或具短柄，

被黄色柔毛；花开展，直径约 5 cm；萼片 6 枚，白色，倒卵圆形或匙形，长达 3 cm，宽约 1.5 cm，顶端较尖，基部渐狭，内面无毛，外面沿三条直的中脉形成一线状披针形的带，密被茸毛，边缘无毛；雄蕊紫红色，花丝宽线形，无毛，花药侧生，长方矩圆形，较花丝为短；子房狭卵形，被淡黄色柔毛，花柱短，上部无毛，柱头膨大成头状，微 2 裂。瘦果倒卵形，扁平，边缘增厚，宿存花柱伸长成喙状，细瘦，下部有开展的短柔毛，上部无毛，膨大的柱头 2 裂。花期 1—2 月，果期 3—4 月。

【生境分布】生于低山区的丘陵灌丛中，山谷、路旁及小溪边。罗田各地均有分布。

【采收加工】秋、冬季采收。

【药用部位】根、全草。

【药材名】铁线莲。

【来源】毛茛科植物铁线莲 *Clematis florida* Thunb. 的根或全草。

【功能主治】①《国药的药理学》：根为尿酸症药，用于痛风。又治中风，积聚，黄疸。

②《中国药用植物图鉴》：利尿通经。

【附方及用法】①治虫蛇咬伤：铁线莲全草，捣烂，敷患处。（《湖南药物志》）

②治风火牙痛：鲜铁线莲根，加食盐捣烂，敷患处。（《浙江天目山药用植物志》）

③治眼起星翳：鲜铁线莲根，捣烂，塞鼻孔，左目塞右孔，右目塞左孔。（《浙江天目山药用植物志》）

217. 大叶铁线莲 *Clematis heracleifolia* DC.

【别名】九牛棒、牡丹藤。

【形态】直立草本或半灌木。高 0.3～1 m，有粗大的主根，木质化，表面棕黄色。茎粗壮，有明显的纵条纹，密生白色糙茸毛。3 出复叶；小叶片亚革质或厚纸质，卵圆形，宽卵圆形至近于圆形，长 6～10 cm，宽 3～9 cm，顶端短尖基部圆形或楔形，有时偏斜，边缘有不整齐的粗锯齿，齿尖有短尖头，上面暗绿色，近于无毛，下面有曲柔毛，尤以叶脉上为多，主脉及侧脉在上面平坦，在下面显著隆起；叶柄粗壮，长达 15 cm，被毛；顶生小叶柄

长，侧生者短。聚伞花序顶生或腋生，花梗粗壮，有淡白色的糙茸毛，每花下有一枚线状披针形的苞片；花杂性，雄花与两性花异株；花直径 2～3 cm，花萼下半部呈管状，顶端常反卷；萼片 4 枚，蓝紫色，长椭圆形至宽线形，常在反卷部分增宽，长 1.5～2 cm，宽 5 mm，内面无毛，外面有白色厚绢状短柔毛，边缘密生白色茸毛；雄蕊长约 1 cm，花丝线形，无毛，花药线形与花丝等长，药隔疏生长柔毛；心皮被白色绢状毛。瘦果卵圆形，两面凸起，长约 4 mm，红棕色，被短柔毛，宿存花柱丝状，长达 3 cm，有白色长柔毛。花期 8—9 月，果期 10 月。

【生境分布】 生于山谷林边或沟边。罗田中、高山区有分布。

【采收加工】 秋、冬季采收。

【药用部位】 根、根茎。

【药材名】 铁线莲。

【来源】 毛茛科植物大叶铁线莲 *Clematis heracleifolia* DC. 的根及根茎。

【功能主治】 有祛风除湿、解毒消肿的作用。

【附方】 治风湿关节痛，结核性溃疡，瘘管。种子可榨油，供油漆用。

【用法用量】 10～16 g，水煎服。

218. 圆锥铁线莲 *Clematis terniflora* DC.

【别名】 黄药子。

【形态】 木质藤本。茎、小枝有短柔毛，后近无毛。1 回羽状复叶，通常 5 小叶，有时 7 或 3，偶尔基部一对 2～3 裂至 2～3 小叶，茎基部为单叶或 3 出复叶；小叶片狭卵形至宽卵形，有时卵状披针形，长 2.5～8 cm，宽 1～5 cm，顶端钝或锐尖，有时微凹或短渐尖，基部圆形、浅心形或为楔形，全缘，两面或沿叶脉疏生短柔毛或近无毛，上面网脉不明显或明显，下面网脉凸出。圆锥状聚伞花序腋生或顶生，多花，长 5～15（19）cm，较开展；花序梗、花梗有短柔毛；花直径 1.5～3 cm；萼片通常 4，开展，白色，狭倒卵形或长圆形，顶端锐尖或钝，长 0.8～1.5（2）cm，宽 4～5 mm，外面有短柔毛，边缘密生茸毛；雄蕊无毛。瘦果橙黄色，常 5～7 个，倒卵形至宽椭圆形，扁，长 5～9 mm，宽 3～6 mm，边缘凸出，有贴伏柔毛，宿存花柱长达 4 cm。花期 6—8 月，果期 8—11 月。

【生境分布】 生于罗田低山及平地草丛中或山沟中。

【采收加工】 秋、冬季采收。

【药用部位】 根及根茎。

【药材名】 铁线莲 。

【来源】 毛茛科植物圆锥铁线莲 *Clematis terniflora* DC. 的根及根茎。

【功能主治】 祛风湿，通经络，消痰涎，散癖积。

【用法用量】 10～16 g，水煎服或捣烂外敷。

219. 柱果铁线莲 *Clematis uncinata* Champ.

【别名】 铁脚威灵仙、黑木通、一把扇。

【形态】 藤本，干时常带黑色，除花柱外羽状毛及萼片外面边缘有短柔毛外，其余光滑。茎圆柱形，有纵条纹。1～2回羽状复叶，有5～15小叶，基部二对常为2～3小叶，茎基部为单叶或3出叶；小叶片纸质或薄革质，宽卵形、卵形、长圆状卵形至卵状披针形，长3～13 cm，宽1.5～7 cm，顶端渐尖至锐尖，偶有微凹，基部圆形或宽楔形，有时浅心形或截形，全缘，上面亮绿，下面灰绿色，两面网脉凸出。圆锥状聚伞花序腋生或顶生，多花；萼片4，开展，白色，干时变褐色至黑色，线状披针形至倒披针形，长1～1.5 cm；雄蕊无毛。瘦果圆柱状钻形，干后变黑，长5～8 mm，宿存花柱长1～2 cm。花期6—7月，果期7—9月。

【生境分布】 罗田山地、山谷、溪边的灌丛中或林边，或石灰岩灌丛中有分布。

【采收加工】 夏、秋季采收，分别晒干。

【药用部位】 根、叶。

【药材名】 铁线莲。

【来源】 毛茛科铁线莲属植物柱果铁线莲 *Clematis uncinata* Champ. 的根及叶。

【功能主治】 祛风除湿、舒筋活络、镇痛。主治风湿性关节痛、牙痛、骨鲠喉；叶外用治外伤出血。

【用法用量】 内服，水煎10～16 g，水煎或浸酒服。

黄连属 *Coptis* Salisb.

220. 黄连 *Coptis chinensis* Franch.

【别名】 王连、灾连。

【形态】 根状茎黄色，常分枝，密生多数须根。叶有长柄；叶片稍带革质，卵状三角形，宽达10 cm，三全裂，中央全裂片卵状菱形，长3～8 cm，宽2～4 cm，顶端急尖，具长0.8～1.8 cm的细柄，3或5对羽状深裂，在下面分裂最深，深裂片彼此相距2～6 mm，边缘生具细刺尖的锐锯齿，侧全裂片具长1.5～5 mm的柄，斜卵形，比中央全裂片短，不等二深裂，两面的叶脉隆起，除表面沿脉被短柔毛外，其余无毛；叶柄长5～12 cm，无毛。花葶1～2条，高12～25 cm；二歧或多歧聚伞花序有3～8朵花；苞片披针形，三或五羽状深裂；萼片黄绿色，长椭圆状卵形，长9～12.5 mm，宽2～3 mm；花瓣线形或线状披针形，长5～6.5 mm，顶端渐尖，中央有蜜槽；雄蕊约20，花药长约1 mm，花丝长2～5 mm；心皮8～12，花柱微外弯。蓇葖长6～8 mm，柄约与之等长；种子7～8粒，长椭圆形，长约

2 mm，宽约 0.8 mm，褐色。2—3 月开花，4—6 月结果。

【生境分布】生于海拔 500～2000 m 的山地林中或山谷阴处，野生或栽培。罗田骆驼坳镇有少量栽培。

【采收加工】以立冬后（11 月）采收为宜，掘出后除去茎叶、须根及泥土，晒干或烘干，撞去粗皮。

【药用部位】根茎。

【药材名】黄连。

【来源】毛茛科植物黄连 *Coptis chinensis* Franch. 的干燥根茎。

【化学成分】黄连含小檗碱、黄连碱，甲基黄连碱、掌叶防己碱、非洲防己碱等生物碱，尚含黄柏酮、黄柏内酯。

【药理作用】①抗微生物及抗原虫作用。

②降压作用。

③抗癌、抗放射及对细胞代谢的作用。

④兴奋平滑肌作用。

⑤利胆作用。

【炮制】黄连：拣去杂质，洗净泥砂，润透，切片，阴干。

炒黄连：将黄连片以文火炒至表面呈深黄色为度，取出放凉。姜黄连：用鲜生姜打汁，加适量之开水，均匀地喷入黄连片内，待吸收后，用文火炒至表面深黄色为度，取出放凉。（每黄连片 100 kg 用生姜 12.5 kg）

萸黄连：先取吴茱萸加清水适量煎透，去渣，再将黄连片拌入汤内，至汤液吸尽，文火微炒，待略干，取出晾干。（每黄连片 100 kg 用吴茱萸 6.25 kg）

酒黄连：取黄连片用黄酒拌匀，稍闷，炒至表面深黄色为度，取出放凉。（每黄连片 100 kg 用黄酒 12.5 kg）

《雷公炮炙论》：凡使黄连，以布拭上肉毛，然后用浆水浸二伏时，漉出，于柳木火中焙干用。

【性味】苦，寒。

【归经】归心、脾、肝、胆、胃、大肠经。

【功能主治】泻火，燥湿，解毒，杀虫。主治时行热毒，伤寒，热盛心烦，痞满呕逆，热泻腹痛，血热吐衄，消渴，疳积，蛔虫病，百日咳，咽喉肿痛，火眼，口疮，痈疽疮毒，湿疹。

【用法用量】内服：煎汤，1.5～3 g；或入丸、散。外用：研末调敷、煎水洗或浸汁点眼。

【注意】凡阴虚烦热，胃虚呕恶，脾虚泄泻，五更泄泻慎服。

①《本草经集注》：黄芩、龙骨、理石为之使。恶菊花、芫花、玄参、白鲜皮。畏款冬。胜乌头。

②《药性论》：恶白僵蚕。忌猪肉。

③《蜀本草》：畏牛膝。

④朱震亨：肠胃有寒及伤寒下早，阴虚下血，及损脾而血不归元者，皆不可用。

⑤《本草经疏》：凡病人血少气虚，脾胃薄弱，血不足，以致惊悸不眠，而兼烦热躁渴，及产后不眠，血虚发热，泄泻腹痛；小儿痘疮阳虚作泄，行浆后泄泻；老人脾胃虚寒作泻；阴虚人天明溏泄，病名肾泄；真阴不足，内热烦躁诸证，法咸忌之，犯之使人危殆。

【附方】①治心烦懊忱反复，心乱，怔忡，上热，胸中气乱，心下痞闷，食入反出：朱砂 12 g，黄连 16 g，生甘草 7.5 g。为细末，汤浸蒸饼，丸如黍米大。每服一二十丸，食后时时津唾咽下。（《仁斋直指方》）

②治少阴病，得之二三日以上，心中烦，不得卧：黄连 125 g，黄芩 64 g，芍药 64 g，鸡子黄二枚，阿胶 95 g（一云三挺）。上五味，以水六升，先煮三物，取两升，去滓，纳胶烊尽，小冷，纳鸡子黄，搅令相得。温服七合，日三服。（《伤寒论》）

③治心肾不交，怔忡无寐：生川连16 g，肉桂心1.5 g。研细，白蜜丸。空心淡盐汤下。（《四科简效方》）

④治心经实热：黄连24 g，水一盏半，煎一盏，食远温服。小儿减之。（《局方》）

⑤治心下痞，按之濡，其脉关上浮者：大黄64 g，黄连32 g。上两味，以麻沸汤二升渍之，须臾绞去滓。分温再服。（《伤寒论》）

⑥治小结胸病，正在心下，按之则痛，脉浮滑者：黄连32 g，半夏半升（洗），栝楼实大者一枚。上三味，以水六升，先煮栝楼，取三升，去滓，内诸药，煮取二升，去滓。分温三服。（《伤寒论》）

⑦治大热盛，烦呕，呻吟，错语，不得卧：黄连95 g，黄芩、黄柏各64 g，栀子十四枚（擘）。上四味，切，以水六升，煮取二升，分二服。忌猪肉、冷水。（《外台秘要》）

⑧治伤寒胸中有热，胃中有邪气，腹中痛，欲呕吐者：黄连95 g，甘草95 g（炙），干姜95 g，桂枝95 g（去皮），人参64 g，半夏半升（洗），大枣十二枚（擘）。上七味。以水一斗，煮取六升，去滓。温服，昼三夜二。（《伤寒论》）

⑨治呕吐酸水，脉弦迟者：人参、白术、干姜、炙甘草、黄连，水煎服。（《症因脉治》）

⑩治肝火：黄连195 g，吴茱萸32 g或16 g。上为末，水丸或蒸饼丸。白汤下五十丸。（《丹溪心法》）

⑪治诸痢脾泄，脏毒下血：雅州黄连250 g，去毛，切，装肥猪大肠内，扎定，入砂锅中，以水酒煮烂，取连焙，研末，捣肠和丸梧桐子大。每服百丸，米汤下。（《仁斋直指方》）

⑫治下痢：宣黄连、青木香，同捣筛，白蜜丸，如梧桐子。空腹饮下二三十丸，日再。其久冷人，即用煨熟大蒜作丸。婴孺用之亦效。（《兵部手集方》）

⑬治大冷洞痢肠滑，下赤白如鱼脑，日夜无节度，腹痛不可堪忍者：黄连195 g，干姜64 g，当归、阿胶各95 g。上四味，末之，以大醋八合烊胶和之，并手丸如大豆许，干之。大人饮服三十丸，小儿百日以还三丸，期年者五丸，余以意加减，日三服。（《千金方》）

⑭治脏毒：鹰爪黄连末，用独头蒜一颗，煨香烂熟，研和入臼，制丸如梧桐子大。每服三四十丸，陈米饮下。（《本事方释义》）

⑮治脾受湿气，泄利不止，米谷迟化，脐腹刺痛，小儿有疳气下痢，亦能治之：黄连（去须）、吴茱萸（去梗，炒）、白芍药各160 g。上为细末，面糊为丸，如梧桐子大。每服二十丸，浓煎米饮下，空心日三服。（《局方》）

⑯治心气不足，吐血衄血，亦治霍乱：大黄64 g，黄连、黄芩各32 g。上三味，以水三升，煮取一升。顿服之。（《金匮要略》）

⑰治消渴能饮水，小便甜，有如脂麸片，日夜六七十起：冬瓜一枚，黄连320 g。上截冬瓜头去瓤，入黄连末，火中煨之，候黄连熟，布绞取汁。一服一大盏，日再服，但服两三枚瓜，以差为度。（《近效方》）

⑱治小儿胃热吐乳：黄连6 g，清半夏6 g。共为细末，分100等份，日服三次，每次一份。（辽宁《中草药新医疗法资料选编》）

⑲治甲赤痛，除热：黄连16 g，大枣一枚（切）。上二味，以水五合，煎取一合，去滓，展绵取如麻子注目，日十夜再。（《僧深集方》）

⑳治痈疽肿毒，已溃未溃皆可用：黄连、槟榔等份，为末，以鸡子清调搽之。（《简易方论》）

㉑治脓疱疮，急性湿疹：黄连、松香、海螵蛸各10 g。共研细末，加黄蜡6 g，放入适量熟胡麻油内溶解，调成软膏。涂于患处，每日三次。涂药前用热毛巾湿敷患处，使疮痂脱落。（内蒙古《中草药新医疗法资料选编》）

㉒治口舌生疮：黄连煎酒，时含呷之。（《肘后备急方》）

㉓治小儿口疳：黄连、芦荟等份，为末。每蜜汤眼1.5 g。走马牙疳，入蟾灰等份，青黛减半，麝香少许。（《简便单方》）

㉔治醇酒厚味，唇齿作痛，或齿龈溃烂，或连头面颈项作痛：黄连（炒）4.5 g，生地黄、牡丹皮、当归各 3 g，升麻 6 g。上水煎服，实热便秘加大黄。（《妇人良方》）

㉕治妊娠子烦，口干不得卧：黄连末，每服一钱，粥饮下，或酒蒸黄连丸，亦妙。（《妇入良方》）

㉖治火烫伤：川连研末，调茶油搽之。（《中医杂志》）

㉗治药中巴豆，下痢不止：末干姜、黄连，服方寸匕。（《补辑肘后方》）

獐耳细辛属 *Hepatica* Mill

221. 獐耳细辛 *Hepatica nobilis* var. *asiatica*（Nakai）Hara

【别名】幼肺三七。

【形态】植株高 8 ～ 18 cm。根状茎短，密生须根。基生叶 3 ～ 6，有长柄；叶片正三角状宽卵形，长 2.5 ～ 6.5 cm，宽 4.5 ～ 7.5 cm，基部深心形，3 裂至中部，裂片宽卵形，全缘，顶端微钝或钝，有时有短尖头，有稀疏的柔毛；叶柄长 6 ～ 9 cm，变无毛。花葶 1 ～ 6 条，有长柔毛；苞片 3，卵形或椭圆状卵形，长 7 ～ 12 mm，宽 3 ～ 6 mm，顶端急尖或微钝，全缘，背面稍密被长柔毛；萼片

6 ～ 11，粉红色或堇色，狭长圆形，长 8 ～ 14 mm，宽 3 ～ 6 mm，顶端钝；雄蕊长 2 ～ 6 mm，花药椭圆形，长约 0.7 mm；子房密被长柔毛。瘦果卵球形，长 4 mm，有长柔毛和短宿存花柱。4—5 月开花。

【生境分布】生于海拔 1000 m 以上林荫下溪旁、林下或草坡石下阴湿处。罗田天堂寨有分布。

【药用部位】根状茎。

【采收加工】秋季采收，去除杂质，阴干。

【药材名】獐耳细辛。

【来源】毛茛科植物獐耳细辛 *Hepatica nobilis* var. *asiatica*（Nakai）Hara 的根茎。

【性状】根茎圆柱形，长 1 ～ 2 cm，直径 2 ～ 8 mm。表面棕褐色，环节密集，状如僵蚕，节上有不定根；先端残留叶柄残基，纤维性。不定根长可达 10 cm，直径约 0.5 mm。质脆，易折断，断面棕黄色。

【性味】苦，平。

【功能主治】活血祛风，杀虫止痒。主治筋骨酸痛，癣疮，劳伤等。

【用法用量】内服：隔水蒸，3 ～ 4.5 g。外用：适量，研末调敷；或捣烂绞汁涂。

芍药属 *Paeonia* L.

222. 芍药 *Paeonia lactiflora* Pall.

【别名】金芍药、白芍。

【形态】多年生草本。根粗壮，分枝黑褐色。茎高 40 ～ 70 cm，无毛。下部茎生叶为 2 回 3 出复叶，

上部茎生叶为三出复叶；小叶狭卵形，椭圆形或披针形，顶端渐尖，基部楔形或偏斜，边缘具白色骨质细齿，两面无毛，背面沿叶脉疏生短柔毛。花数朵，生茎顶和叶腋，有时仅顶端一朵开放，而近顶端叶腋处有发育不好的花芽，直径 8～11.5 cm；苞片 4～5，披针形，大小不等；萼片 4，宽卵形或近圆形，长 1～1.5 cm，宽 1～1.7 cm；花瓣 9～13，倒卵形，长 3.5～6 cm，宽 1.5～4.5 cm，白色，有时基部具深紫色斑

块；花丝长 0.7～1.2 cm，黄色；花盘浅杯状，包裹心皮基部，顶端裂片钝圆；心皮 2～5，无毛。蓇葖长 2.5～3 cm，直径 1.2～1.5 cm，顶端具喙。花期 5—6 月；果期 8 月。

【生境分布】生于山坡、山谷的灌丛或草丛中。罗田各地均有栽培。

【采收加工】夏、秋季采挖已栽植 3～4 年的芍药根，除去根茎及须根，洗净，刮去粗皮，入沸水中略煮，使芍根发软，捞出晒干。

【药用部位】根。

【药材名】白芍。

【来源】毛茛科植物芍药 *Paeonia lactiflora* Pall.（栽培种）的根。

【性状】干燥根呈圆柱形，粗细均匀而平直，长 10～20 cm，直径 1～1.8 cm。表面淡红棕色或粉白色，平坦，或有明显的纵皱及须根痕，栓皮未除尽处有棕褐色斑痕，偶见横向皮孔。质坚实而重，不易折断。断面灰白色或微带棕色，木部放射线呈菊花心状。气无，味微苦而酸。以根粗长、匀直、质坚实、粉性足、表面洁净者为佳。

【药理作用】抗菌作用。

【炮制】白芍：拣去杂质，分开大小个，用水浸泡至八成透，捞出，晒晾，润至内外湿度均匀，切片，干燥。

酒白芍：取白芍片，用黄酒喷淋均匀，稍润，置锅内用文火微炒，取出，放凉。（每白芍片 100 kg，用黄酒 10 kg）

炒白芍：取白芍片，置锅内用文火炒至微黄色，取出，放凉。

焦白芍：取白芍片，置锅内用武火炒至焦黄色，喷淋清水少许，取出，晾干。

土炒白芍：取伏龙肝细粉，置锅内炒热，加入白芍片；炒至外面挂有土色，取出，筛去土，放凉。（每白芍片 100 kg，用伏龙肝细粉 20 kg）

①《雷公炮炙论》：凡（白芍药）采得后，于日中晒干，以竹刀刮上粗皮并头土，锉之，将蜜水拌蒸，从巳至未，晒干用。

②《本草蒙筌》：（白芍药）酒浸日曝，勿见火。

【性味】苦、酸，凉。

【归经】归肝、脾经。

【功能主治】养血柔肝，缓中止痛，敛阴收汗。主治胸腹胁肋疼痛，泻痢腹痛，自汗盗汗，阴虚发热，月经不调，崩漏，带下。

【用法用量】内服：煎汤，6～12 g；或入丸、散。

【注意】虚寒腹痛泄泻者慎服。

①《本草经集注》：恶石斛、芒硝。畏消石、鳖甲、小蓟。反藜芦。

②《本草经疏》：凡中寒腹痛，中寒作泄，腹中冷痛，肠胃中觉冷等忌之。

③《药品化义》：疹子忌之。

④《得配本草》：脾气虚寒，下痢纯血禁用。

【附方】①治妇人胁痛：香附子125 g（黄子醋两碗，盐32 g，煮干为度），肉桂、延胡索（炒）、白芍药。为细末，每服6 g，沸汤调，无时服。（《朱氏集验医方》）

②治下痢便脓血，里急后重，下血调气：芍药32 g，当归身16 g，黄连16 g，槟榔、木香各6 g；甘草6 g（炒），大黄10 g，黄芩16 g，官桂7.5 g。上细切，每服16 g，水两盏，煎至一盏，食后温服。（《素问病机保命集》）

③治妇人怀妊腹中绞痛：当归95 g，芍药500 g，茯苓125 g，白术125 g，泽泻250 g，芎䓖250 g（一作95 g）。上六味，杵为散。取方寸匕，酒和，日三服。（《金匮要略》）

④治产后血气攻心腹痛：芍药64 g，桂（去粗皮）、甘草（炙）各32 g。上三味，粗捣筛，每服10 g，水一盏，煎七分，去滓，温服，不拘时候。（《圣济总录》）

⑤治痛经：白芍64 g，干姜25 g。共为细末，分成八包，月经来时，每日服一包，黄酒为引，连服三个星期。（内蒙古《中草药新医疗法资料选编》）

⑥治妇女赤白带下，年月深久不差者：白芍药95 g，干姜16 g。细锉，熬令黄，捣下筛。空肚，和饮汁服6 g，日再。（《贞元集要广利方》）

⑦治金创血不止：白芍药32 g，熬令黄，杵令细为散。酒或米次下6 g，并得。初三服，渐加。（《贞元集要广利方》）

⑧治脚气肿痛：白芍药195 g，甘草32 g。为末，白汤点服。（《岁时广记》）

⑨治风毒骨髓疼痛：芍药0.6 g，虎骨32 g（炙）。为末，夹绢袋盛，酒三升，渍五日。每服三合，日三服。（《经验后方》）

223. 牡丹 *Paeonia suffruticosa* Andr.

【别名】牡丹根皮、丹皮、丹根。

【形态】落叶灌木。茎高达2 m；分枝短而粗。叶通常为二回三出复叶，偶尔近枝顶的叶为3小叶；顶生小叶宽卵形，长7～8 cm，宽5.5～7 cm，3裂至中部，裂片不裂或2～3浅裂，表面绿色，无毛，背面淡绿色，有时具白粉，沿叶脉疏生短柔毛或近无毛，小叶柄长1.2～3 cm；侧生小叶狭卵形或长圆状卵形，长4.5～6.5 cm，宽2.5～4 cm，不等2裂至3浅裂或不裂，近无柄；叶柄长5～11 cm，和叶轴均无毛。花单生枝顶，直径10～17 cm；花梗长4～6 cm；苞片5，长椭圆形，大小不等；萼片5，绿色，宽卵形，大小不等；花瓣5，或为重瓣，玫瑰色、红紫色、粉红色至白色，通常变异很大，倒卵形，长5～8 cm，宽4.2～6 cm，顶端呈不规则的波状；雄蕊长1～1.7 cm，花丝紫红色、粉红色，上部白色，长约1.3 cm，花药长圆形，长4 cm；花盘革质，杯状，紫红色，顶端有数个锐齿或裂片，完全包住心皮，在心皮成熟时开裂；心皮5，

稀更多，密生柔毛。蓇葖长圆形，密生黄褐色硬毛，花期 5 月，果期 6 月。

【生境分布】 生于向阳及土壤肥沃的地方，常栽培于庭院。罗田各地均有栽培。

【采收加工】 选择栽培 3～5 年的牡丹，于秋季或春初采挖，洗净泥土，除去须根及茎苗，剖取根皮，晒干。或刮去外皮后，再剖取根皮晒干。前者称为"原丹皮"，后者称为"刮丹皮。"

【药用部位】 根皮。

【药材名】 丹皮。

【来源】 毛茛科植物牡丹 *Paeonia suffruticosa* Andr. 的根皮。

【性状】 ①原丹皮。

根皮呈圆筒状、半筒状，有纵剖开的裂缝，两边向内卷曲，通常长 3～8 cm，厚约 2 mm。外表灰褐色或紫棕色，木栓有的已脱落，呈棕红色，可见须根痕及凸起的皮孔；内表面淡棕色或灰黄色，有纵细纹理及发亮的结晶状物。质硬而脆，断面不平坦，或显粉状，淡黄色而微红。有特殊香气，味微苦而涩，稍有麻舌感。

②刮丹皮：又名粉丹皮。表面稍粗糙，粉红色。其他均与原丹皮同。

上述两种药材，以条粗长、皮厚、粉性足、香气浓、结晶状物多者为佳。

【化学成分】 根含牡丹酚、牡丹酚苷、牡丹酚原苷、芍药苷。尚含挥发油及植物甾醇等。

【药理作用】 ①镇静、催眠、镇痛作用。

②降压作用。

③抗菌作用。

【炮制】 牡丹皮：拣去杂质，除去木心，洗净，润透，切片，晾干。炒丹皮：将丹皮片入热锅内，不断翻炒至略有黄色焦斑时，取出，凉透。丹皮炭：取牡丹皮片入锅内，以武火炒至焦黑色，存性为度，喷淋清水，取出，凉透。

【性味】 辛、苦，微寒。

【归经】 归心、肝、肾经。

【功能主治】 清热凉血，活血化瘀。用于热入营血，发斑，惊痫，骨蒸劳热，经闭，癥瘕，痈疡，跌扑伤痛。

【用法用量】 内服：煎汤，4.5～10 g；或入丸、散。

【注意】 血虚有寒，孕妇及月经过多者慎服。

①《本草经集注》：畏菟丝子。

②《古今录验方》：忌胡荽。

③《新修本草》：畏贝母、大黄。

④《日华子本草》：忌蒜。

⑤《本经逢原》：自汗多者勿用，为能走泄津液也。痘疹初起勿用，为其性专散血，不无根脚散阔之虑。

⑥《得配本草》：胃气虚寒，相火衰者，勿用。

【附方】 ①治伤寒热毒发疮：牡丹皮、山栀子仁、黄芩（去黑心）、大黄（锉、炒）、木香、麻黄（去根、节）。上六味等份，锉如麻豆大。每服 10 g，水一盏，煎至七分，去滓，温服。（《圣济总录》）

②治妇人恶血攻聚上面，多怒：牡丹皮 16 g，干漆（烧烟尽）16 g。水二盅，煎一盅服。（《诸证辨疑》）

③治伤寒及温病应发汗而不发汗之内蓄血者，及鼻衄、吐血不尽，内余瘀血，面黄，大便黑，消瘀血：犀角 32 g，生地黄 250 g，芍药 95 g，牡丹皮 64 g。上四味，细切，以水九升，煮取三升，分三服。（《千金方》）

④治胎前衄血：丹皮、黄芩、蒲黄、白芍、侧柏叶。共为细末，早米糊为丸。空心白汤下百丸。（《秘传内府经验女科》）

⑤治妇人骨蒸，经脉不通，渐增瘦弱：牡丹皮 48 g，桂（去粗皮）32 g，木通（锉、炒）32 g，芍药 48 g，鳖甲（醋炙，去裙襕）64 g，土瓜根 48 g，桃仁（汤浸，去皮、尖、双人，炒）。上七味粗捣筛。每 16 g，水一盏半，煎至一盏，去滓，分温二服，空心食后各一。（《圣济总录》）

⑥治肠痈，少腹肿痞，按之即痛如淋，小便自调，时时发热，自汗出，复恶寒，其脉迟紧者，脓未成，可下之，当有血，脉洪数者，脓已成，不可下也：大黄四两，牡丹 32 g，桃仁五十个，瓜子半升，芒硝三合。上五味，以水六升，煮取一升，去滓，内芒硝，再煎沸，顿服之。有脓当下，如无脓当下血。（《金匮要略》）

⑦治下部生疮，已决洞者：牡丹方寸匕，日三服。（《补辑肘后方》）

⑧治金疮内漏，血不出：牡丹皮为散，水服三指撮，立尿出血。（《千金方》）

⑨治腕折瘀血：虻虫二十枚，牡丹 32 g。上二味治下筛，酒服方寸匕。（《千金方》）

【临床应用】①治高血压。

②治过敏性鼻炎。

【注意】牡丹的功用在于清热凉血，活血散瘀，能治心、肾、肝等经的伏火（阴火，相火）。治伏火，许多人用黄蘗；其实，牡丹更胜于黄蘗。李时珍指出：牡丹只取红、白两色的单瓣者入药，其他品种皆人工培育而成，"气味不纯，不可用"红花者偏于利，白花者偏于补。

白头翁属 *Pulsatilla* Adans.

224. 白头翁 *Pulsatilla chinensis*（Bunge）Regel

【别名】野丈人、胡王使者、白头公。

【形态】植株高 15 ~ 35 cm。根状茎粗 0.8 ~ 1.5 cm。基生叶 4 ~ 5，通常在开花时刚刚生出，有长柄；叶片宽卵形，长 4.5 ~ 14 cm，宽 6.5 ~ 16 cm，三全裂，中全裂片有柄或近无柄，宽卵形，三深裂，中深裂片楔状倒卵形，少有狭楔形或倒梯形，全缘或有齿，侧深裂片不等二浅裂，侧全裂片无柄或近无柄，不等三深裂，表面变无毛，背面有长柔毛；叶柄长 7 ~ 15 cm，有密长柔毛。花葶 1（2），有柔毛；苞片 3，基部合生成长 3 ~ 10 mm 的筒，三深裂，深裂片线形，不分裂或上部三浅裂，背面密被长柔毛；花梗长 2.5 ~ 5.5 cm，结果时长达 23 cm；花直立；萼片蓝紫色，长圆状卵形，长 2.8 ~ 4.4 cm，宽 0.9 ~ 2 cm，背面有密柔毛；雄蕊长约为萼片之半。聚合果直径 9 ~ 12 cm；瘦果纺锤形，扁，长 3.5 ~ 4 mm，有长柔毛，宿存花柱长 3.5 ~ 6.5 cm，有向上斜展的长柔毛。4—5 月开花。

【生境分布】生于平原和低山山坡草丛中、林边或干旱多石的坡地。罗田胜利镇、九资河镇有分布。

【采收加工】春、秋季采挖，除去地上茎，保留根头部白色茸毛，去净泥土，晒干。

【药用部位】根。

【药材名】白头翁。

【来源】毛茛科植物白头翁 *Pulsatilla chinensis*（Bunge）Regel 的干燥根。

【性状】干燥的根呈圆柱形至圆锥形，稍扭曲，或有破皮处，长 6 ~ 15 cm，直径 0.5 ~ 1.7 cm。外皮黄棕色或灰棕色，多已脱落，残留者亦易剥落，不带外皮者呈灰黄色或淡黄褐色，具纵皱及斑状的支根痕，皮破处有网状裂纹或裂隙。根头顶端丛生

白色茸毛及除去茎叶的痕迹。质硬而脆。断面较平整，外部黄白色或淡黄棕色，木心淡黄色。气微，味苦涩。以条粗长、整齐、外表灰黄色、根头部有白色茸毛者为佳。

【炮制】 拣净杂质，洗净，润透后切片晒干。

【性味】 苦，寒。

【归经】 归大肠、胃经。

【功能主治】 清热解毒，凉血止痢。主治热毒血痢，温疟寒热，阴痒带下。

【用法用量】 内服：煎汤，10～15 g（鲜者16～32 g）；或入丸、散。外用：捣敷。

【注意】 虚寒泻痢忌服。

①《药性论》：豚实为使。

②《日华子本草》：得酒良。

③《本草从新》：血分无热者忌。

【附方】①治热痢下重：白头翁32 g，黄连、黄柏、秦皮各95 g。上四味，以水7升，煮取2升，去滓。温服1升，不愈更服。（《金匮要略》）

②治休息痢，日夜不止，腹内冷痛：白头翁32 g，黄丹64 g（并白头翁入铁瓶内烧令通赤），干姜32 g（炮裂，锉），莨菪子0.5升（以水淘去浮者，煮令芽出，曝干，炒令黄黑色），白矾64 g（烧令汁尽）。上件药，捣罗为末，以醋煮面糊和丸，如梧桐子大。每服食前，以粥饮下十丸。（《太平圣惠方》）

③治冷劳泄痢及妇人产后带下：白头翁（去芦头）16 g，艾叶64 g（微炒），上二味为末，用米醋1升，入药一半，先熬成煎，入余药末，和丸梧桐子大，每服三十丸，空心食前，米饮下。（《圣济总录》）

④治产后下痢虚极：白头翁、甘草、阿胶各64 g，秦皮、黄连、柏皮各95 g。上六味以水7升，煮取2.5升，内胶令消尽。分温三服。（《金匮要略》）

⑤治小儿热毒下痢如鱼脑：白头翁16 g，黄连80 g（去须，微炒），酸石榴皮32 g（微炙，锉）。上件药，捣粗罗为散，每服3 g，以水一小盏，煎至五分，去滓。不计时候，量儿大小，加减服之。（《太平圣惠方》）

⑥治温疟发作，昏迷如死：白头翁32 g，柴胡、半夏、黄芩、槟榔各6 g，甘草2 g。水煎服。（《本草汇言》）

⑦治外痔肿痛：白头翁草以根捣涂之。（《卫生易简方》）

⑧治瘰疬延生，身发寒热：白头翁64 g，当归尾、牡丹皮、半夏各32 g。炒为末，每服10 g，白汤调下。（《本草汇言》）

⑨疗少小阴颓：生白头翁根，不问多少，捣之，随病处以敷之，一宿当作疮，二十日愈。（《小品方》）

【临床应用】 ①治原虫性痢疾。

②治细菌性痢疾。

③治瘰疬。

④治疖痈。

毛茛属 *Ranunculus* L.

225. 禺毛茛 *Ranunculus cantoniensis* DC.

【别名】 禺毛茛。

【形态】 多年生草本。须根伸长簇生。茎直立，高25～80 cm，上部有分枝，与叶柄均密生开展的黄白色糙毛。叶为3出复叶，基生叶和下部叶有长达15 cm的叶柄；叶片宽卵形至肾圆形，长3～6 cm，宽 3 ~ 9 cm；小叶卵形至宽卵形，宽 2 ~ 4 cm，2 ~ 3 中裂，边缘密生锯齿或齿，顶端稍尖，两面贴生糙毛；小叶柄长 1 ~ 2 cm，侧生小叶柄较短，生开展糙毛，基部有膜质耳状宽鞘。上部叶渐小，3 全裂，有短柄至无柄。花序有较多花，疏生；花梗长 2 ~ 5 cm，与萼片均生糙毛；花直径 1 ~ 1.2 cm，生茎顶和分枝顶端；萼片卵形，长 3 mm，开展；花瓣 5，椭圆形，长 5 ~ 6 mm，约为宽的 2 倍，基部狭窄成爪，蜜槽上有倒卵形小鳞片；花药长约 1 mm；

花托长圆形，生白色短毛。聚合果近球形，直径约 1 cm；瘦果扁平，长约 3 mm，宽约 2 mm，为厚的 5 倍以上，无毛，边缘有宽约 0.3 mm 的棱翼，喙基部宽扁，顶端弯钩状，长约 1 mm。花果期 4—7 月。

【生境分布】生于海拔 500 ~ 2500 m 的平原或丘陵田边、沟旁水湿地。罗田各地均有分布。

【采收加工】夏季采收，鲜用。

【药用部位】全草。

【药材名】毛茛。

【来源】毛茛科植物禺毛茛 *Ranunculus cantoniensis* DC. 的全草。

【化学成分】含原白头翁素。

【用法用量】外用，捣敷发泡，治黄疸，目疾。禁止内服。

226. 茴茴蒜 *Ranunculus chinensis* Bunge

【别名】回回蒜毛茛、土细辛、鹅巴掌、水杨梅、小桑子、糯虎掌。

【形态】一年生草本。须根多数簇生。茎直立粗壮，高 20 ~ 70 cm，直径在 5 mm 以上，中空，有纵条纹，分枝多，与叶柄均密生开展的淡黄色糙毛。基生叶与下部叶有长达 12 cm 的叶柄，为 3 出复叶，叶片宽卵形至三角形，长 3 ~ 8（12）cm，小叶 2 ~ 3 深裂，裂片倒披针状楔形，宽 5 ~ 10 mm，上部有不等的粗齿或缺刻或 2 ~ 3 裂，顶端尖，两面伏生糙毛，小叶柄长 1 ~ 2 cm 或侧生小叶柄较短，生开展的糙毛。上部叶较小，叶片 3 全裂，裂片有粗齿牙或再分裂。花序有较多疏生的花，花梗贴生糙毛；花直径 6 ~ 12 mm；萼片狭卵形，长 3 ~ 5 mm，外面生柔毛；花瓣 5，宽卵圆形，与萼片近等长或稍长，黄色或上面白色，基部有短爪，蜜槽有卵形小鳞片；花药长约 1 mm；花托在果期显著伸长，圆柱形，长达 1 cm，密生白短毛。聚合果长圆形，直径 6 ~ 10 mm；瘦果扁平，长 3 ~ 3.5 mm，宽约 2 mm，为厚的 5 倍以上，无毛，边缘有宽约 0.2 mm 的棱，喙极短，呈点状，长 0.1 ~ 0.2 mm。花果期 5—9 月。

【生境分布】分布于我国广大地区，生于平原与丘陵、溪边、田旁的水湿草地。罗田各地均有分布。

【采收加工】夏季采收，常鲜用或晒干用。

【药用部位】全草。

【药材名】茴茴蒜。

【来源】毛茛科植物茴茴蒜 *Ranunculus chinensis* Bunge 的全草。

【性味】①《昆明民间常用草药》：性微温，味苦辣，有小毒。

②《陕西中草药》：淡，温，有毒。

【功能主治】消炎退肿，截疟，杀虫。主治肝炎，肝硬化腹水，疟疾，疮癞，牛皮癣。

【用法用量】外用：捣敷发泡，绞汁搽或煎水洗。内服：煎汤，3～10 g。

【附方】①治肝炎、急性黄疸性肝炎：水杨梅 10 g，苦马菜 3 g，蒸水豆腐服食；慢性肝炎用水杨梅兑红糖煮食。

②治疟疾：水杨梅鲜果捏扁，发疟前 2 h 外敷手腕脉门处。

③治夜盲：水杨梅果晒干研末，配羊肝煮食。

④治牙痛：水杨梅鲜品捣烂，取黄豆大，隔纱布敷合谷穴，左痛敷右，右痛敷左。

⑤治疮癞；水杨梅煎水外洗。（①～⑤方出自《昆明民间常用草药》）

227. 毛茛 *Ranunculus japonicus* Thunb.

【别名】水茛、野芹菜、三脚虎、水芹菜。

【形态】多年生草本。须根多数簇生。茎直立，高 30～70 cm，中空，有槽，具分枝，生开展或贴伏的柔毛。基生叶多数；叶片圆心形或五角形，长及宽为 3～10 cm，基部心形或截形，通常 3 深裂不达基部，中裂片倒卵状楔形或宽卵圆形或菱形，3 浅裂，边缘有粗齿或缺刻，侧裂片不等地 2 裂，两面贴生柔毛，下面或幼时的毛较密；叶柄长达 15 cm，生开展柔毛。下部叶与基生叶相似，渐向上叶柄变短，叶片较小，3 深裂，裂片披针形，有尖齿牙或再分裂；最上部叶线形，全缘，无柄。聚伞花序有多数花，疏散；花直径 1.5～2.2 cm；花梗长达 8 cm，贴生柔毛；萼片椭圆形，长 4～6 mm，生白柔毛；花瓣 5，倒卵状圆形，长 6～11 mm，宽 4～8 mm，基部有长约 0.5 mm 的爪，蜜槽鳞片长 1～2 mm；花药长约 1.5 mm；花托短小，无毛。聚合果近球形，直径 6～8 mm；瘦果扁平，长 2～2.5 mm，上部最宽处与长近相等，约为厚的 5 倍，边缘有宽约 0.2 mm 的棱，无毛，喙短直或外弯，长约 0.5 mm。花果期 4—9 月。

【生境分布】除西藏外，在我国各省区广泛分布。生于田沟旁和林缘路边的湿草地上，罗田各地均有分布。

【采收加工】夏、秋季采取。一般鲜用。

【药用部位】全草。

【药材名】毛茛。

【来源】毛茛科植物毛茛 *Ranunculus japonicus* Thunb. 的全草及根。

【性味】《本草拾遗》：味辛，温，有毒。

【功能主治】主治疟疾，黄疸，偏头痛，胃痛，风湿关节痛，鹤膝风，痈肿，恶疮，疥癣，牙痛，火眼。

【用法用量】外用：捣敷或煎水洗。

【附方】①治黄疸：鲜毛茛捣烂，团成丸（如黄豆大），缚臂上，夜即起泡，用针刺破，放出黄水。（《药材资料汇编》）

②治偏头痛：毛茛鲜根，和食盐少许，杵烂，敷于患侧太阳穴。敷法：将铜钱一个（或用厚纸剪成钱形亦可），隔住好肉，然后将药放在钱孔上，外以布条扎护，约敷 1 h，候起疱，即须取去，不可久敷，以免发生大水疱。

③治鹤膝风：鲜毛茛根杵烂，如黄豆大一团，敷于膝眼（膝盖下两边有窝陷处），待起水疱，以消毒针刺破，放出黄水，再以清洁纱布覆之。

④治牙痛：按照外治偏头痛的方法，敷于经渠穴，右边牙痛敷左手，左边牙痛敷右手。又可以毛茛少许，含牙痛处。

⑤治眼生翳膜：毛茛鲜根揉碎，纱布包裹，塞鼻孔内，左眼塞右鼻，右眼塞左鼻。（②～⑤方出自《江西民间草药》）

⑥治火眼、红眼睛：毛茛 1～2 棵。取根加食盐十余粒，捣烂敷于手上内关穴。敷时先垫一铜钱，病右眼敷左手，病左眼敷右手，敷后用布包妥，待感灼痛起泡则去掉。水疱勿弄破，以消毒纱布覆盖。（《草医草药简便验方汇编》）

【临床应用】　①治病毒性肝炎。

②治慢性血吸虫病。

③治风湿性关节痛、关节扭伤等。

④治胃痛。

228. 石龙芮 *Ranunculus sceleratus* L.

【别名】　胡椒菜、鬼见愁、野堇菜、小水杨梅、清香草。

【形态】　一年生草本。须根簇生。茎直立，高 10～50 cm，直径 2～5 mm，有时粗达 1 cm，上部多分枝，具多数节，下部节上有时生根，无毛或疏生柔毛。基生叶多数；叶片肾状圆形，长 1～4 cm，宽 1.5～5 cm，基部心形，3 深裂不达基部，裂片倒卵状楔形，不等地 2～3 裂，顶端钝圆，有粗圆齿，无毛；叶柄长 3～15 cm，近无毛。茎生叶多数，下部叶与基生叶相似；上部叶较小，3 全裂，裂片披针形至线形，全缘，无毛，顶端钝圆，基部扩大成膜质宽鞘抱茎。聚伞花序有多数花；花小，直径 4～8 mm；花梗长 1～2 cm，无毛；萼片椭圆形，长 2～3.5 mm，外面有短柔毛，花瓣 5，倒卵形，等长或稍长于花萼，基部有短爪，蜜槽呈棱状袋穴；雄蕊 10 多枚，花药卵形，长约 0.2 mm；花托在果期伸长增大呈圆柱形，长 3～10 mm，直径 1～3 mm，生短柔毛。聚合果长圆形，长 8～12 mm，为宽的 2～3 倍；瘦果极多数，近百枚，紧密排列，倒卵球形，稍扁，长 1～1.2 mm，无毛，喙短至近无，长 0.1～0.2 mm。花果期 5—8 月。

【生境分布】　全国各地均有分布。生于河沟边及平原湿地。罗田各地均有分布。

【采收加工】　夏季采收，鲜用。

【药用部位】　全草。

【药材名】　石龙芮。

【来源】　毛茛科植物石龙芮 *Ranunculus sceleratus* L. 的全草。

【性味】　苦、辛，寒，有毒。

【功能主治】　主治痈疖肿毒，瘰疬结核，疟疾，下肢溃疡。子：风湿寒痹，补肾明目；叶：前痈肿毒疮，下瘀血，止霍乱。

【用法用量】　外用：捣汁或煎膏涂。

内服：煎汤，3～10 g。

　　【附方】①治结核气：菫菜日干为末，油煎成膏磨之，日三至五度。（《食疗本草》）

　　②治疟疾：石龙芮鲜全草捣烂，于疟发前6 h敷大椎穴。（《上海常用中草药》）

　　③治肝炎：小水杨梅全草3～10 g，水煎服。（《昆明民间常用草药》）

229. 扬子毛茛 *Ranunculus sieboldii* Miq.

　　【别名】起泡草、一寸香、鸭脚草。

　　【形态】多年生草本。须根伸长簇生。茎铺散，斜升，高20～50 cm，下部节偃地生根，多分枝，密生开展的白色或淡黄色柔毛。基生叶与茎生叶相似，为3出复叶；叶片圆肾形至宽卵形，长2～5 cm，宽3～6 cm，基部心形，中央小叶宽卵形或菱状卵形，3浅裂至较深裂，边缘有锯齿，小叶柄长1～5 mm，生开展柔毛；侧生小叶不等地2裂，背面或两面疏生柔毛；叶柄长2～5 cm，密生开展的柔毛，基部扩大成褐色膜质的宽鞘抱茎，上部叶较小，叶柄也较短。花与叶对生，直径1.2～1.8 cm；花梗长3～8 cm，密生柔毛；萼片狭卵形，长4～6 mm，为宽的2倍，外面生柔毛，花期向下反折，迟落；花瓣5，黄色或上面变白色，狭倒卵形至椭圆形，长6～10 mm，宽3～5 mm，有5～9条或深色脉纹，下部渐窄成长爪，蜜槽小鳞片位于爪的基部；雄蕊20余枚，花药长约2 mm；花托粗短，密生白柔毛。聚合果圆球形，直径约1 cm；瘦果扁平，长3～4（5）cm，宽3～3.5 mm，为厚的5倍以上，无毛，边缘有宽约0.4 mm的宽棱，喙长约1 mm，成锥状外弯。花果期5—10月。

　　【生境分布】生于山坡林边及平原湿地。罗田各地均有分布。

　　【采收加工】夏季采收，鲜用。

　　【药用部位】全草。

　　【药材名】毛茛。

　　【来源】毛茛科植物扬子毛茛 *Ranunculus sieboldii* Miq. 的全草。

　　【用法用量】捣碎外敷，用于发泡截疟及治疮毒，腹水浮肿。

　　【注意】禁止内服。

230. 猫爪草 *Ranunculus ternatus* Thunb.

　　【别名】小毛茛。

　　【形态】一年生草本。簇生多数肉质小块根，块根卵球形或纺锤形，顶端质硬，形似猫爪，直径3～5 mm。茎铺散，高5～20 cm，多分枝，较柔软，大多无毛。基生叶有长柄；叶片形状多变，单叶或3出复叶，宽卵形至圆肾形，长5～40 mm，宽4～25 mm，小叶3浅裂至3深裂或多次细裂，末回裂片倒卵形至线形，无毛；叶柄长6～10 cm。茎生叶无柄，叶片较小，全裂或细裂，裂片线形，宽1～3 mm。花单生茎顶和分枝顶端，直径1～1.5 cm；萼片5～7，长3～4 mm，外面疏生柔毛；花瓣5～7或更多，黄色或后变白色，倒卵形，长6～8 mm，基部有长约0.8 mm的爪，蜜槽棱形；花药长约1 mm；花托无毛。聚合果近球形，直径约6 mm；瘦果卵球形，长约1.5 mm，无毛，边缘有纵肋，喙细短，长约 0.5 mm。花期早，春季 3 月开花，果期 4—7 月。

【生境分布】 生于平原湿草地或田边荒地。罗田各地均有分布。

【采收加工】 全年可采，根挖出后，剪去茎部及须根，晒干。

【药用部位】 块根。

【药材名】 毛茛。

【来源】 毛茛种植物猫爪草 *Ranunculus ternatus* Thunb. 的块根。

【性状】 干燥的块根呈纺锤形，常数个簇生一起，形似猫爪，全长约 1 cm。表面黄褐色或灰褐色，有点状须根痕，有的尚有须根残留；上端有黄棕色残茎或茎痕，质坚实，断面黄白色或黄棕色，实心或空心。气无，味微甘。以色黄褐、质坚实饱满者为佳。

【性味】 甘、辛，温。

【归经】 《广西中药志》：入肝、肺二经。

【功能主治】 主治瘰疬，肺结核，疟疾。

【用法用量】 内服：煎汤，16～32 g。外用：研末撒。

【附方】 ①治瘰疬：a. 猫爪草、夏枯草各适量。水煮，过滤取汁，再熬成膏，贴患处。b. 猫爪草 125 g。加水煮沸后，改用文火煎 0.5 h，过滤取汁，加黄酒或江米甜酒（忌用白酒）为引，分四次服。第二天，用上法将原药再煎，不加黄酒服。两日一剂，连服四剂。间隔 3～5 天再续服。（《河南中草药手册》）

②治肺结核：猫爪草 64 g。水煎，分两次服。（《河南中草药手册》）

【临床应用】 治疗颈淋巴结结核。

天葵属 *Semiaquilegia* Makino

231. 天葵 *Semiaquilegia adoxoides*（DC.）Makino

【别名】 紫背天葵、老鼠屎草、旱铜钱草。

【形态】 块根长 1～2 cm，粗 3～6 mm，外皮棕黑色。茎 1～5 条，高 10～32 cm，直径 1～2 mm，被稀疏的白色柔毛，分歧。基生叶多数，为掌状三出复叶；叶片轮廓卵圆形至肾形，长 1.2～3 cm；小叶扇状菱形或倒卵状菱形，长 0.6～2.5 cm，宽 1～2.8 cm，三深裂，深裂片又有 2～3 个小裂片，两面均无毛；叶柄长 3～12 cm，基部扩大呈鞘状。茎生叶与基生叶相似。花小，直径 4～6 mm；苞片小，倒披针形至倒卵圆形，不裂或 3

深裂；花梗纤细，长 1 ～ 2.5 cm，被伸展的白色短柔毛；萼片白色，常带淡紫色，狭椭圆形，长 4 ～ 6 mm，宽 1.2 ～ 2.5 mm，顶端急尖；花瓣匙形，长 2.5 ～ 3.5 mm，顶端近截形，基部凸起呈囊状；退化雄蕊约 2 枚，线状披针形，白膜质，与花丝近等长；心皮无毛。蓇葖卵状长椭圆形，长 6 ～ 7 mm，宽约 2 mm，表面具凸起的横向脉纹，种子卵状椭圆形，褐色至黑褐色，长约 1 mm，表面有许多小瘤状凸起。3—4 月开花，4—5 月结果。

【生境分布】生于海拔 100 ～ 1050 m 的疏林下、路旁或山谷地的较阴处。罗田各地均有分布。

（1）天葵子。

【采收加工】早春或冬季采收，干燥。

【来源】毛茛科植物天葵 *Semiaquilegia adoxoides*（DC.）Makino 的块根（天葵子）。

【性味】《上海常用中草药》：甘，寒。

【功能主治】消肿，解毒，利水。主治瘰疬，疝气，小便不利。

《上海常用中草药》：清热解毒，利尿。主治瘰疬，肿毒，蛇咬伤，尿路结石。

【用法用量】内服：煎汤，10 ～ 15 g。外用：捣敷。

【附方】①治瘰疬：紫背天葵 48 g，海藻、海带、昆布、贝母、桔梗各 32 g，海螵蛸 10 g。上为细末，酒糊为丸，如梧桐子大。每服七十丸，食后温酒下。（《古今医鉴》）

②治诸疝初起，发寒热，疼痛，欲成囊痈者：荔枝核十四枚，小茴香 6 g，紫背天葵 125 g。蒸白酒两缸，顿服。（《经验集》）

③治毒蛇咬伤：天葵嚼烂，敷伤处，药干再换。（《湖南药物志》）

④治缩阴症：天葵 15 g，煮鸡蛋食。（《湖南药物志》）

（2）天葵子子（千年耗子屎种子）。

【采收加工】夏季采收，干燥。

【来源】毛茛科植物天葵 *Semiaquilegia adoxoides*（DC.）Makino 的种子。

【性味】甘，寒，无毒。

【功能主治】主治乳痈，瘰疬，疮毒，妇人血崩，带下，小儿惊风。

【用法用量】内服：煎汤，10 ～ 15 g；或研末。外用：捣敷。

【附方】①治乳痈：千年耗子屎种子 20 ～ 32 g。捣烂，以好酒煮沸冲服；或酒水各半煎服。

②治乳痈红肿：千年耗子屎种子 15 g。水煎服。

③治九子痒：千年耗子屎种子适量，同猪尾巴（草药名）捣烂外敷。

④治毒疮，消红肿：千年耗子屎种子，捣烂敷。

⑤治红崩、带下：千年耗子屎种子 15 g。熬甜酒吃治带下；熬红糖吃治红崩。

⑥治惊风：千年耗子屎种子干末 1.5 g。开水吞服。

唐松草属 *Thalictrum* L.

232. 西南唐松草 *Thalictrum fargesii* Franch. ex Finet et Gagn.ep

【形态】植株通常全部无毛，偶尔在茎上有少数短毛（四川西部的一些居群）。茎高达 50 cm，纤细，分枝。基生叶在开花时枯萎。茎中部叶有稍长柄，为三至四回三出复叶；叶片长 8 ～ 14 cm；小叶草质或纸质，顶生小叶菱状倒卵形、宽倒卵形或近圆形，长 1 ～ 3 m，宽 1 ～ 2.5 cm，顶端钝，基部宽楔形、圆形、有时浅心形，在上部三浅裂，裂片全缘或有 1 ～ 3 个圆齿，脉在背面隆起，脉网明显，

小叶柄长 0.3 ～ 2 cm；叶柄长 3.5 ～ 5 cm；托叶小，膜质。简单的单歧聚伞花序生分枝顶端；花梗细，长 1 ～ 3.5 cm；萼片 4，白色或带淡紫色，脱落，椭圆形，长 3 ～ 6 mm；雄蕊多数，花药狭长圆形，长约 1 mm，花丝上部倒披针形，比花药稍宽，下部丝形；心皮 2 ～ 5，花柱直，柱头狭椭圆形或近线形。瘦果纺锤形，长 4 ～ 5 mm，基部有极短的心皮柄，宿存花柱长 0.8 ～ 2 mm。5—6 月开花。

【生境分布】 生于海拔 1300 ～ 2400 m 的山地林中、草地、陡崖旁或沟边。罗田北部高山有分布。

【采收加工】 夏、秋季采收。

【药用部位】 全草。

【药材名】 唐松草。

【来源】 毛茛科植物西南唐松草 *Thalictrum fargesii* Franch. ex Finet et Gagn.ep 的全草。

【功能】 清热利湿，活血消肿，化痰、止咳。

【用法用量】 水煎服：10 ～ 16 g。

233. 河南唐松草 *Thalictrum honanense* W. T. Wang et S. H. Wang

【别名】 水黄连、马尾黄连。

【形态】 植株全部无毛。茎高 80 ～ 150 cm，上部有少数分枝。基生叶和茎下部叶在开花时枯萎。茎中部叶有短柄，为二至三回三出复叶；叶片长约 25 cm；小叶坚纸质，顶生小叶近圆形或心形，长 4.2 ～ 6.5 cm，宽 4.2 ～ 8.5 cm，顶端钝，基部圆形、心形或浅心形，三浅裂，裂片有粗齿，背面有白粉，脉隆起，脉网明显；叶柄长 0.9 ～ 4 cm。花序圆锥状，长

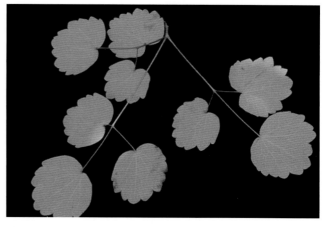

30 ～ 40 cm，分枝稀疏，长 2 ～ 8 cm，有密集的花；苞片三角形或三角状钻形；花梗长 4 ～ 6 mm；萼片 4，淡红色，椭圆形，长 3 ～ 4.5 mm，宽约 2.2 mm，脱落；雄蕊约 35，长约 6.5 mm，花药狭长圆形，长约 2 mm，顶端圆形，有时有不明显短尖头，花丝狭线形，与花药近等宽；心皮 3 ～ 9，无柄，花柱短，柱头侧生。瘦果狭卵球形，长约 4.5 mm，有 6 条粗纵肋，宿存柱头长 0.6 ～ 1 mm。8—9 月开花。

【生境分布】 生于海拔 840 ～ 1800 m 间山地灌丛或疏林中。罗田北部山区有分布。

【采收加工】 夏、秋季采收。

【药用部位】 根。

【药材名】 唐松草。

【来源】 毛茛科植物河南唐松草 *Thalictrum honanense* W. T. Wang et S. H. Wang 的根。

【功能主治】 清热解毒，主治痈疖，无名肿毒。

【用法用量】 水煎服：10 ～ 16 g。

六十四、木通科 Lardizabalaceae

木通属 *Akebia* Decne.

234. 木通 *Akebia quinata*（Thunb.）Decne.

【别名】 通草、附支、山通草、八月炸藤、活血藤、海风藤。

【形态】 落叶木质藤本。茎纤细，圆柱形，缠绕，茎皮灰褐色，有圆形、小而凸起的皮孔；芽鳞片覆瓦状排列，淡红褐色。掌状复叶互生或在短枝上的簇生，通常有小叶 5 片，偶有 3～4 片或 6～7 片；叶柄纤细，长 4.5～10 cm；小叶纸质，倒卵形或倒卵状椭圆形，长 2～5 cm，宽 1.5～2.5 cm，先端圆或凹入，具小凸尖，基部圆或阔楔形，上面深绿色，下面青白色；中脉在上面凹入，下面凸起，侧脉每边 5～7 条，与网脉均在两面凸起；小叶柄纤细，长 8～10 mm，中间 1 枚长可达 18 mm。伞房花序式的总状花序腋生，长 6～12 cm，疏花，基部有雌花 1～2 朵，以上 4～10 朵为雄花；总花梗长 2～5 cm；着生于缩短的侧枝上，基部为芽鳞片所包托；花略芳香。雄花：花梗纤细，长 7～10 mm；萼片通常 3 有时 4 片或 5 片，淡紫色，偶有淡绿色或白色，兜状阔卵形，顶端圆形，长 6～8 mm，宽 4～6 mm；雄蕊 6（7），离生，初时直立，后内弯，花丝极短，花药长圆形，钝头；退化心皮 3～6 枚，小。雌花：花梗细长，长 2～4（5）cm；萼片暗紫色，偶有绿色或白色，阔椭圆形至近圆形，长 1～2 cm，宽 8～15 mm；心皮 3～6（9）枚，离生，圆柱形，柱头盾状，顶生；退化雄蕊 6～9 枚。果孪生或单生，长圆形或椭圆形，长 5～8 cm，直径 3～4 cm，成熟时紫色，腹缝开裂；种子多数，卵状长圆形，略扁平，不规则的多行排列，着生于白色、多汁的果肉中，种皮褐色或黑色，有光泽。花期 4—5 月，果期 6—8 月。

【生境分布】 生于海拔 300～1500 m 的山地灌丛。罗田北部山区有分布。

【采收加工】 9 月采收，截取茎部，刮去外皮，阴干。

【药材名】 木通。

【来源】 木通科植物木通 *Akebia quinata*（Thunb.）Decne. 的木质茎。

【炮制】 用水稍浸泡，闷润至透，切片，晾干。

【性味】 苦，寒。

【归经】 归心、小肠、膀胱经。

【化学成分】 茎含豆甾醇等。根含皂苷。

【功能主治】 利尿通淋，清心除烦，通经下乳。主治小便赤涩，淋浊，水肿，胸中烦热，喉痹咽痛，遍身拘痛，妇女经闭，乳汁不通。

【用法用量】 内服：煎汤，3～6 g；或入丸、散。

【注意】 内无湿热，津亏，气弱，精滑，溲频及孕妇忌服。

①《本草经疏》：凡精滑不梦自遗及阳虚气弱，内无湿热者禁用。妊娠忌之。

②《得配本草》：肾气虚，心气弱，汗不彻，

口舌燥、皆禁用。

【附方】①治小儿心热（小肠有火，便亦淋痛，面赤狂躁，口糜舌疮，咬牙口渴）：生地黄、甘草（生）、木通各等份。上同为末，每服三钱，水一盏，入竹叶同煎至五分，食后温服。（《小儿药证直诀》）

②治尿血：木通、牛膝、生地黄、天门冬、麦门冬、五味子、黄柏、甘草。同煎服。（《本草经疏》）

③治水气，小便涩，身体虚肿：乌臼根皮 64 g，木通 32 g（锉），槟榔 32 g。上件药，捣细罗为散，每服不计时候，以粥饮下 6 g。（《太平圣惠方》）

④治涌水，肠鸣腹大：木通（锉）95 g，桑根白皮（锉，炒）、石韦（去毛）、赤茯苓（去黑皮）、防己、泽泻各 48 g，大腹（炮）四枚。上七味，粗捣筛，每服 10 g，水一盏半，煎至一盏，去滓，食前温服，如入行五里再服。（《圣济总录》）

⑤治喉痹，心胸气闷，咽喉妨塞不通：木通 64 g（锉），赤茯苓 64 g，羚羊角屑 48 g，川升麻 48 g，马蔺根 32 g，川大黄 48 g（锉碎，微炒），川芒硝 64 g，前胡 64 g（去芦头），桑根白皮 64 g（锉）。上药，捣粗罗为散，每服 10 g，以水一中盏，煎至六分，去滓，不计时候温服。（《太平圣惠方》）

⑥治妇人经闭及月事不调：木通、牛膝、生地黄、延胡索。同煎服。（《本草经疏》）

⑦治产后乳汁不下：木通、钟乳各 32 g，漏芦（去芦头）64 g，栝楼根，甘草各 32 g。上五味，捣锉如麻豆大，每服 10 g，水一盏半，黍米一撮同煎，候米熟去滓，温服，不拘时。（《圣济总录》）

235. 白木通 Akebia trifoliata subsp. australis（Diels）T. Shimizu

【别名】八月瓜藤、地海参。

【形态】小叶革质，卵状长圆形或卵形，长 4～7 cm，宽 1.5～3（5）cm，先端狭圆，顶微凹入而具小凸尖，基部圆、阔楔形、截平或心形，边通常全缘；有时略具少数不规则的浅缺刻。总状花序长 7～9 cm，腋生或生于短枝上。雄花：萼片长 2～3 mm，紫色；雄蕊 6，离生，长约 2.5 mm，红色或紫红色，干后褐色或淡褐色。雌花：直径约 2 cm；萼片长 9～12 mm，宽 7～10 mm，暗紫色；心皮 5～7，紫色。果长圆形，长 6～8 cm，直径 3～5 cm，熟时黄褐色；种子卵形，黑褐色。花期 4—5 月，果期 6—9 月。

【生境分布】生于海拔 250～2000 m 的山地灌木丛。罗田北部山区有分布。

【采收加工】9 月采收，截取茎部，刮去外皮，阴干。

【来源】木通科植物白木通 Akebia trifoliata subsp. australis（Diels）T. Shimizu 的木质茎。

【性状】干燥的木质茎呈圆柱形而弯曲，长 30～60 cm，直径 1.2～2 cm。表面灰褐色，外皮极粗糙而有许多不规则裂纹，节不明显，仅可见侧枝断痕。质坚硬，难折断，断面显纤维性，皮部较厚，黄褐色，木部黄白色，密布细孔洞的导管，夹有灰黄色放射状花纹。中央具小型的髓。气微弱，味苦而涩。以条匀，内色黄者为佳。

【注意】本种与木通科植物木通 Akebia quinata（Thunb.）Decne. 同等入药。详见上述。

236. 三叶木通 *Akebia trifoliata*（Thunb.）Koidz.

【别名】 蓄蓄子、木通子、八月楂、羊开口。

【形态】 落叶木质藤本。茎皮灰褐色，有稀疏的皮孔及小疣点。掌状复叶互生或在短枝上的簇生；叶柄直，长 7～11 cm；小叶 3 片，纸质或薄革质，卵形至阔卵形，长 4～7.5 cm，宽 2～6 cm，先端通常钝或略凹入，具小凸尖，基部截平或圆形，边缘具波状齿或浅裂，上面深绿色，下面浅绿色；侧脉每边 5～6 条，与网脉同在两面略凸起；中央小叶柄长 2～4 cm，侧

生小叶柄长 6～12 mm。总状花序自短枝上簇生叶中抽出，下部有 1～2 朵雌花，以上有 15～30 朵雄花，长 6～16 cm；总花梗纤细，长约 5 cm。雄花：花梗丝状，长 2～5 mm；萼片 3，淡紫色，阔椭圆形或椭圆形，长 2.5～3 mm；雄蕊 6，离生，排列为杯状，花丝极短，药室在开花时内弯；退化心皮 3，长圆状锥形。雌花：花梗稍较雄花的粗，长 1.5～3 cm；萼片 3，紫褐色，近圆形，长 10～12 mm，宽约 10 mm，先端圆而略凹入，开花时广展反折；退化雄蕊 6 枚或更多，小，长圆形，无花丝；心皮 3～9 枚，离生，圆柱形，直，长（3）4～6 mm，柱头头状，具乳凸，橙黄色。果长圆形，长 6～8 cm，直径 2～4 cm，直或稍弯，成熟时灰白略带淡紫色；种子极多数，扁卵形，长 5～7 mm，宽 4～5 mm，种皮红褐色或黑褐色，稍有光泽。花期 4—5 月，果期 7—8 月。

【生境分布】 生于海拔 250～2000 m 的山地沟谷边疏林或丘陵灌丛中。罗田各地均有分布。

【采收加工】 8—9 月间果实成熟时采摘，晒干，或用沸水泡透后晒干。藤茎 9 月采收，截取茎部，刮去外皮，阴干。

【药用部位】 藤茎、果。

【药材名】 木通（藤茎）、八月楂（果实）。

【来源】 木通科植物三叶木通 *Akebia trifoliata*（Thunb.）Koidz. 的藤茎、果实。

【性状】 干燥的肉质浆果呈卵状圆柱形，稍弯曲，长 3～8 cm，直径 2.5～3.5 cm，顶端钝圆，基部具果柄痕。表面浅黄棕色至土棕色，皱缩，成熟者皱纹粗大而疏，未熟者皱纹细小而密。果皮厚，革质或微角质。种子多数，包被在絮状果瓤内，形状不规则，呈圆形、长圆形或卵圆形，略扁平，外表红棕色或棕黑色，有光泽，皱纹细密。果肉气微香，味涩而淡。以肥壮、皮皱者为佳。

【炮制】 洗净，稍浸，闷润至透，切片晒干，或洗净晒干，用时捣碎。

【性味】 甘，寒。

【功能主治】 舒肝理气，活血止痛，除烦利尿。主治肝胃气痛，胃热食呆，烦渴，亦白痢疾，腰痛，胁痛，疝气，痛经，子宫下坠。

【用法用量】 内服：煎汤，16～32 g；或浸酒。

【附方】①治淋巴结核：八月楂、金樱子、海金砂根各 125 g，天葵子 250 g。煎汤分三天服。（苏医《中草药手册》）

②治胃肠胀闷：三叶木通根或果 32 g，水煎服。（《浙江民间常用草药》）

【临床应用】 治输尿管结石。

猫儿屎属 *Decaisnea* Hook. f. et Thoms.

237. 猫儿屎 *Decaisnea insignis*（Griff.）Hook. f. et Thoms.

【别名】 猫屎瓜、猫儿子、矮杞树。

【形态】 直立灌木，高 5 m。茎有圆形或椭圆形的皮孔；枝粗而脆，易断，渐变黄色，有粗大的髓部；冬芽卵形，顶端尖，鳞片外面密布小疣凸。羽状复叶长 50～80 cm，有小叶 13～25 片；叶柄长 10～20 cm；小叶膜质，卵形至卵状长圆形，长 6～14 cm，宽 3～7 cm，先端渐尖或尾状渐尖，基部圆或阔楔形，上面无毛，下面青白色，初时被粉末状短柔毛，渐变无毛。总状花序腋生，或数个再复合

为疏松、下垂顶生的圆锥花序，长 2.5～3（4）cm；花梗长 1～2 cm；小苞片狭线形，长约 6 mm；萼片卵状披针形至狭披针形，先端长渐尖，具脉纹，中脉部分略被皱波状尘状毛或无毛。雄花：外轮萼片长约 3 cm，内轮的长约 2.5 cm；雄蕊长 8～10 mm，花丝合生呈细长管状，长 3～4.5 mm，花药离生，长约 3.5 mm，药隔伸出于花药之上成阔而扁平、长 2～2.5 mm 的角状附属体，退化心皮小，长约为花丝管之半或稍超过，极少与花丝管等长。雌花：退化雄蕊花丝短，合生呈盘状，长约 1.5 mm，花药离生，药室长 1.8～2 mm，顶具长 1～1.8 mm 的角状附属状；心皮 3，圆锥形，长 5～7 mm，柱头稍大，马蹄形，偏斜。果下垂，圆柱形，蓝色，长 5～10 cm，直径约 2 cm，顶端截平但腹缝先端延伸为圆锥形凸头，具小疣凸，果皮表面有环状缢纹或无；种子倒卵形，黑色，扁平，长约 1 cm。花期 4—6 月，果期 7—8 月。

【生境分布】 生于高海拔山坡灌丛或沟谷杂木林下阴湿处。罗田北部山区有分布。

【采收加工】 夏、秋季采收。

【药用部位】 根和果。

【药材名】 猫儿屎。

【来源】 木通科植物猫儿屎 *Decaisnea insignis*（Griff.）Hook. f. et Thoms. 的根和果实。

【性味】 ①《贵州草药》：甘、辛，平。

②《陕西中草药》：根及果实甘，寒。

【功能主治】 ①《贵州草药》：清肺止咳，祛风除湿。治肺痨咳嗽，风湿关节痛。

②《陕西中草药》：根及果实清热解毒。治肛门烂，阴痒，疝气。

【用法用量】 内服：煎汤，32～64 g；或浸酒。外用：煎水洗。

大血藤属 *Sargentodoxa* Rehd. et Wils.

238. 大血藤 *Sargentodoxa cuneata*（Oliv.）Rehd. et Wils.

【别名】 红藤、大活血、五花血藤、血木通、过血藤。

【形态】落叶木质藤本,长达10余米。藤径粗达9 cm,全株无毛;当年枝条暗红色,老树皮有时纵裂。3出复叶,或兼具单叶,稀全部为单叶;叶柄长与3～12 cm;小叶革质,顶生小叶近棱状倒卵圆形,长4～12.5 cm,宽3～9 cm,先端急尖,基部渐狭成6～15 mm的短柄,全缘,侧生小叶斜卵形,先端急尖,基部内面楔形,外面截形或圆形,上面绿色,下面淡绿色,干时常变为红褐色,比顶生小叶略大,无小叶柄。总状花序长6～12 cm,

雄花与雌花同序或异序,同序时,雄花生于基部;花梗细,长2～5 cm;苞片1枚,长卵形,膜质,长约3 mm,先端渐尖;萼片6,花瓣状,长圆形,长0.5～1 cm,宽0.2～0.4 cm,顶端钝;花瓣6,小,圆形,长约1 mm,蜜腺性;雄蕊长3～4 mm,花丝长仅为花药一半或更短,药隔先端略凸出;退化雄蕊长约2 mm,先端较凸出,不开裂;雌蕊多数,螺旋状生于卵状凸起的花托上,子房瓶形,长约2 mm,花柱线形,柱头斜;退化雌蕊线形,长1 mm。每一浆果近球形,直径约1 cm,成熟时黑蓝色,小果柄长0.6～1.2 cm。种子卵球形,长约5 mm,基部截形;种皮,黑色,光亮,平滑;种脐显著。花期4—5月,果期6—9月。

【生境分布】常见于山坡灌丛、疏林和林缘等,海拔常为数百米。罗田北部山区有分布。

【采收加工】8—9月采收,晒干,除去叶片,切段或切片。

【药用部位】茎。

【来源】木通科植物大血藤 *Sargentodoxa cuneata*(Oliv.)Rehd. et Wils. 的茎。

【性状】干燥茎呈圆柱形,略弯曲,通常截成长约30 cm的段状,直径1～3 cm。外表棕色或灰棕色,粗糙,具有浅的纵槽纹及明显的横裂纹,有时可见膨大的节部及略凹陷的枝痕或叶柄痕,栓皮常呈鳞片状开裂,脱落处露出淡红棕色的内皮部。质坚韧,有弹性,折断面裂片状;平整的横切面,本质部黄白色,导管呈细孔状,髓射线棕红色,放射状排列。气异香,味淡微涩。以条匀、径粗者为佳。

【炮制】用水浸泡,洗净泥屑,润透,切片,晒干。

【性味】苦,平。

【归经】《四川中药志》:归肝、大肠二经。

【功能主治】败毒消痈,活血通络,祛风杀虫。主治急、慢性阑尾炎,风湿痹痛,赤痢,血淋,月经不调,疳积,虫痛,跌扑损伤。用于肠痈腹痛,经闭痛经,风湿痹痛,跌打扑痛。

【用法用量】内服:煎汤,10～15 g;研末或浸酒。外用:捣敷。

【注意】《闽东本草》:孕妇不宜多服。

【附方】①治急、慢性阑尾炎,阑尾脓肿:红藤32 g,紫花地丁32 g。水煎服。(《浙江民间常用草药》)

②治风湿筋骨疼痛,经闭腰痛:大血藤16～32 g。水煎服。(《湖南农村常用中草药手册》)

③治风湿腰腿痛:红藤、牛膝各10 g,青皮、长春七、朱砂七各6 g,水煎服。(《陕西中草药》)

④治肠胃炎腹痛:大血藤10～15 g,水煎服。(《浙江民间常用草药》)

⑤治钩虫病:大血藤、钩藤、喇叭花、凤叉蕨各10 g,水煎服。(《湖南农村常用中草药手册》)

⑥治小儿疳积,蛔虫或蛲虫症:红藤15 g,或配红石耳15 g,共研细末,拌白糖食。(《陕西中草药》)

⑦治小儿蛔虫腹痛：红藤根研粉，每次吞服 4.5 g。（《浙江中医杂志》）

⑧治跌打损伤：大血藤、骨碎补各适量共捣烂，敷伤处。（《湖南农村常用中草药手册》）

⑨治血虚经闭：大血藤 15 g，益母草 10 g，叶下红 12 g，香附 6 g，水煎，配红砂糖适量调服。（《闽东本草》）

⑩治血崩：红藤、仙鹤草、茅根各 15 g。水煎服。（《湖南药物志》）

六十五、小檗科　Berberidaceae

小檗属 *Berberis* Linn.

239. 安徽小檗 *Berberis anhweiensis* Ahrendt

【别名】　刺黄柏、黄柏。

【形态】　落叶灌木，高 1～2 m。老枝灰黄色或淡黄色，具条棱，散生黑色小疣点，幼枝暗紫色；节间长 2～4 cm；茎刺单生或三分叉，长 1～1.5 cm。叶薄纸质，近圆形或宽椭圆形，叶片长 2～6 cm，宽 1.5～3 cm，先端圆钝，基部楔形，下延，上面深绿色，中脉和侧脉隆起，背面淡绿色，中脉和侧脉明显隆起，两面网脉显著，无毛，叶缘平展，每边具 15～40 刺齿；叶柄长 5～15 mm。总状花序具 10～27 朵花，长 3～7.5 cm，包括总梗长 1～1.5 cm，无毛；花梗长 4～7 mm，无毛；苞片长约 1 mm；花黄色；小苞片卵形，长约 1 mm；萼片 2 轮，外萼片长圆形，长 2.5～3 mm，宽 1.3～1.5 mm，内萼片倒卵形，长约 4.5 mm，宽约 3 mm；花瓣椭圆形，长 4.8～5 mm，宽约 2.5 mm，先端全缘，基部楔形，具 2 枚分离腺体；雄蕊长约 3 mm，药隔不延伸，先端平截；胚珠 2 枚。

浆果椭圆形或倒卵形，长约 9 mm，直径约 6 mm，红色，顶端不具宿存花柱，不被白粉。花期 4—6 月，果期 7—10 月。

【生境分布】　生于山地灌丛中、林中、路旁或山顶。罗田天堂寨有分布。

【采收加工】　秋季采收。

【药用部位】　根、茎或树皮。

【药材名】　刺黄柏。

【来源】　小檗科植物安徽小檗 *Berberis anhweiensis* Ahrendt 的根、茎或树皮。

【性味】　苦，寒。

【功能主治】　清热，利尿，杀虫。主治黄疸，目疾，热痢下血，淋浊带下，疮疡热毒。

【用法用量】　内服：煎汤，4.5～10 g。

240. 川鄂小檗 *Berberis henryana* Schneid.

【别名】刺黄柏、黄芦木人。

【形态】落叶灌木，高 2 ～ 3 m。老枝灰黄色或暗褐色，幼枝红色，近圆柱形，具不明显条棱；茎刺单生或三分叉，与枝同色，长 1 ～ 3 cm，有时缺如。叶坚纸质，椭圆形或倒卵状椭圆形，长 1.5 ～ 3 cm，偶长达 6 cm，宽 8 ～ 18 mm，偶宽达 3 cm，先端圆钝，基部楔形，上面暗绿色，中脉微凹陷，侧脉和网脉微显，背面灰绿色，常微被白粉，中脉隆起，侧脉和网脉显著，两面无毛，叶缘平展，每边具 10 ～ 20 不明显的细刺齿；叶柄长 4 ～ 15 mm。总状

花序具 10 ～ 20 朵花，长 2 ～ 6 cm，包括总梗长 1 ～ 2 cm；花梗长 5 ～ 10 mm，无毛；苞片长 1 ～ 1.5 mm；花黄色；小苞片披针形，先端渐尖，长 1 ～ 1.5 mm；萼片 2 轮，外萼片长圆状倒卵形，长 2.5 ～ 3.5 mm，宽 1.5 ～ 2 mm，内萼片倒卵形，长 5 ～ 6 mm，宽 4 ～ 5 mm；花瓣长圆状倒卵形，长 5 ～ 6 毫米，宽 4 ～ 5 毫米，先端锐裂，基部具 2 枚分离腺体；雄蕊长 3.5 ～ 4.5 mm，药隔不延伸，先端平截；胚珠 2 枚。浆果椭圆形，长约 9 mm，直径约 6 mm，红色，顶端具短宿存花柱，不被白粉。花期 5—6 月，果期 7—9 月。

【生境分布】生长于海拔 1000 ～ 2500 m 的山坡灌丛中、林缘、林下或草地。罗田三省垴、天堂寨有分布。

【采收加工】全年可采。

【药用部位】根。

【药材名】小檗。

【来源】小檗科植物川鄂小檗 *Berberis henryana* Schneid. 的根。

【化学成分】根皮含小檗碱。有清热、解毒、消炎、抗菌功效。

【功能主治】清热泻火，解毒。主治喉痛、目赤红肿，痢疾。

【用法用量】水煎服：10 ～ 16 g。

241. 庐山小檗 *Berberis virgetorum* Schneid.

【形态】落叶灌木，高 1.5 ～ 2 m。幼枝紫褐色，老枝灰黄色，具条棱，无疣点；茎刺单生，偶有三分叉，长 1 ～ 4 cm，腹面具槽。叶薄纸质，长圆状菱形，长 3.5 ～ 8 cm，宽 1.5 ～ 4 cm，先端急尖，短渐尖或微钝，基部楔形，渐狭下延，上面暗黄绿色，中脉稍隆起，侧脉显著，弧曲斜上至近叶缘连结，背面灰白色，中脉和侧脉明显隆起，叶缘平展，全缘，有时稍呈波状；叶柄长 1 ～ 2 cm。总状花序具 3 ～ 15 朵花，长 2 ～ 5 cm，包括总梗长 1 ～ 2 cm；花梗细弱，长 4 ～ 8 mm，无毛；苞片披针形，

先端渐尖，长 1～1.5 mm；花黄色；萼片 2 轮，外萼片长圆状卵形，长 1.5～2 mm，宽 1～1.2 mm，先端急尖，内萼片长圆状倒卵形，长约 4 mm，宽 1～1.8 mm，先端钝；花瓣椭圆状倒卵形，长 3～3.5 mm，宽 1～1.8（2.5）mm，先端钝，全缘，基部缢缩呈爪状，具 2 枚分离长圆形腺体；雄蕊长约 3 mm，药隔先端不延伸，钝形；胚珠单生，无柄。浆果长圆状椭圆形，长 8～12 mm，直径 3～4.5 mm，熟时红色，顶端不具宿存花柱，不被白粉。花期 4—5 月，果期 6—10 月。

【生境分布】 生于海拔 250～1800 m 的山坡、山地灌丛中、河边、林中或村旁。罗田天堂寨有分布。

【采收加工】 全年可采。

【来源】 小檗科植物庐山小檗 *Berberis virgetorum* Schneid. 的茎、根。

【功能主治】 清热解毒，主治肝炎、胆囊炎、肠炎、细菌性痢疾、咽喉炎、结膜炎、尿路感染、疮疡肿毒。民间多代黄连、黄檗使用，作为清热泻火、抗菌消炎药。

【用法用量】 6～15 g，水煎服。

红毛七属 *Caulophyllum* Michaux

242. 红毛七 *Caulophyllum robustum* Maxim.

【别名】 红毛漆、金丝七、黑汗腿、类叶牡丹、搜山猫。

【形态】 多年生草本，植株高达 80 cm。根状茎粗短。茎生 2 叶，互生，2～3 回 3 出复叶，下部叶具长柄；小叶卵形，长圆形或阔披针形，长 4～8 cm，宽 1.5～5 cm，先端渐尖，基部宽楔形，全缘，有时 2～3 裂，上面绿色，背面淡绿色或带灰白色，两面无毛；顶生小叶具柄，侧生小叶近无柄。圆锥花序顶生；花淡黄色，直径 7～8 mm；苞片 3～6；萼片 6，倒卵形，花瓣状，长 5～6 mm，宽 2.5～3 mm，先端圆形；花瓣 6，远较萼片小，蜜腺状，扇形，基部缢缩呈爪状；雄蕊 6，长约 2 mm，花丝稍长于花药；雌蕊单一，子房 1 室，具 2 枚基生胚珠，花后子房开裂，露出 2 枚球形种子。果熟时柄增粗，长 7～8 mm。种子浆果状，直径 6～8 mm、微被白粉，熟后蓝黑色，外被肉质假种皮。花期 5—6 月，果期 7—9 月。

【生境分布】 生于林下、山沟阴湿处或竹林下，亦生于银杉林下。罗田天堂寨有分布。

【采收加工】 8—9 月采挖，除去茎叶、泥土，晒干。

【药用部位】 根及根茎。

【药材名】 红毛七。

【来源】 小檗科植物红毛七 *Caulophyllum robustum* Maxim. 的根茎及根。

【性状】 根茎细短圆柱状，多分枝，外表紫棕色，上面常留有地上茎断后的圆形疤痕。根茎着生多数须状根，外表亦紫棕色，质柔软。根茎及须根的断面均呈红色。气无，味苦。

【性味】 《四川中药志》：性温，味苦辛，有小毒。

【功能主治】 祛风通络，活血调经。主治风湿筋骨疼痛，跌打损伤，妇女月经不调。

【用法用量】 内服：煎汤，10～15 g；或浸酒。

【注意】 《民间常用草药汇编》：孕妇忌服。

【附方】①治劳伤：搜山猫 15 g。泡酒服。（《贵州草药》）

②治胃气痛：搜山猫 3 g。研末，用酒吞服。（《贵州草药》）

③治关节炎，跌打损伤：红毛七 10 g。在 300 ml 酒内泡七天。每日两次，每次 10 ml。（《陕甘宁青中草药选》）

④治经血不调：红毛七、白芍、川芎、茯苓各 10 g。黄酒和水煎服。（《陕甘宁青中草药选》）

⑤治经期少腹结痛：红毛七 10 g，小茴香 15 g，荞当归 10 g，川芎 6 g。水煎服，黄酒为引。（《陕西中草药》）

⑥治扁桃体炎：红毛七 10 g，八爪龙 3 g。水煎，口含，亦可咽下。（《陕西中草药》）

⑦治外痔：搜山猫 15 g，滚山珠、莨子虫、蜣螂各七个，冰片 0.2 ～ 3 g。加蓖麻油 200 ml，浸泡一周，搽外痔。（《贵州草药》）

鬼臼属 *Dysosma* Woodson

243. 八角莲 *Dysosma versipellis*（Hance）M. Cheng ex Ying

【别名】八角连、旱八角、六角莲、八角金盘。

【形态】多年生草本，植株高 40 ～ 150 cm。根状茎粗状，横生，多须根；茎直立，不分枝，无毛，淡绿色。茎生叶 2 枚，薄纸质，互生，盾状，近圆形，直径达 30 cm，4 ～ 9 掌状浅裂，裂片阔三角形、卵形或卵状长圆形，长 2.5 ～ 4 cm，基部宽 5 ～ 7 cm，先端锐尖，不分裂，上面无毛，背面被柔毛，叶脉明显隆起，边缘具细齿；下部叶的柄长 12 ～ 25 cm，上部叶柄长 1 ～ 3 cm。花梗纤细、下弯、被柔毛；花深红色，5 ～ 8 朵簇生于离叶基部不远处，下垂；萼片 6，长圆状椭圆形，长 0.6 ～ 1.8 cm，宽 6 ～ 8 mm，先端急尖，外面被短柔毛，内面无毛；花瓣 6，勺状倒卵形，长约 2.5 cm，宽约 8 mm，无毛；雄蕊 6，长约 1.8 cm，花丝短于花药，药隔先端急尖，无毛；子房椭圆形，无毛，花柱短，柱头盾状。浆果椭圆形，长约 4 cm，直径约 3.5 cm。种子多数。花期 3—6 月，果期 5—9 月。

【生境分布】生长于深山密林阴湿处。罗田骆驼坳镇有分布。

【采收加工】秋、冬季采挖，洗净泥沙，晒干或鲜用。

【药用部位】根茎。

【药材名】八角莲。

【来源】小檗科植物八角莲 *Dysosma versipellis*（Hance）M. Cheng ex Ying 的根茎。

【性状】根茎呈结节状，长 6 ～ 10 cm，直径 0.7 ～ 1.5 cm，鲜时浅黄色，干后呈棕黑色；表面平坦或微凹，上有几个小的凹点，下面具环纹。须根多数，长达 20 cm，直径约 1 mm，有毛，鲜时浅黄色，干后棕黄色。质硬而脆，易折断。根茎断面黄绿色，角质；根的断面黄色，中央有圆点状中柱。气微，味苦。

【性味】苦、辛，平，有毒。

【归经】《广西中药志》：入肺经。

【功能主治】清热解毒，化痰散结，祛瘀消肿。主治痈肿，疔疮，瘰疬，喉蛾，跌打损伤，蛇咬伤。

【用法用量】内服：煎汤，6 ～ 12 g；

或研末。外用：研末调敷、捣敷或浸酒涂敷。

【附方】①治肿毒初起：八角莲加红糖或酒糟适量，共捣烂敷贴，日换两次。（《福建民间草药》）

②治疔疮：八角莲 6 g，蒸酒服；并用须根捣烂敷患处。（《贵阳民间药草》）

③治瘰疬：八角莲 32～64 g，黄酒 100 ml。加水适量煎服。（《福建民间草药》）

④治带状疱疹：八角莲根研末，醋调涂患处。（《广西中草药》）

⑤治单双蛾喉痛：八角莲 3 g，磨汁吞咽。（《广西中药志》）

⑥治跌打损伤：八角莲根 3～10 g，研细末，酒送服，每日两次。（《江西草药》）

⑦治毒蛇咬伤：a. 八角莲 10～15 g，捣烂，冲酒服，渣敷伤处周围。（《广西中草药》）

b. 八角莲根白酒磨涂患处；亦可内服，每服 6 g。对神经性毒素，可取八角莲根五节，用 75％酒精 7 ml，浸泡 7 天，取浸出液 1～2 ml，注入伤口内。（《江西草药》）

⑧治痰咳：八角莲 12 g，猪肺 100～200 g，糖适量。煲服。（《广西中药志》）

⑨治体虚弱，劳伤咳嗽，虚汗盗汗：八角莲 10 g，蒸鸽子或炖鸡或炖猪肉 250 g 服。（《贵阳民间药草》）

淫羊藿属 *Epimedium* Linn.

244. 淫羊藿 *Epimedium brevicornu* Maxim.

【别名】仙灵脾、牛角花、铜丝草、铁打杵。

【形态】多年生草本，植株高 20～60 cm。根状茎粗短，木质化，暗棕褐色。2 回 3 出复叶基生和茎生，具 9 枚小叶；基生叶 1～3 枚丛生，具长柄，茎生叶 2 枚，对生；小叶纸质或厚纸质，卵形或阔卵形，长 3～7 cm，宽 2.5～6 cm，先端急尖或短渐尖，基部深心形，顶生小叶基部裂片圆形，近等大，侧生小叶基部裂片稍偏斜，急尖或圆形，上面常有光泽，网脉显著，背面苍白色，光滑或疏生少数柔毛，基出 7 脉，叶缘具刺齿；花茎具 2 枚对生叶，圆锥花序长 10～35 cm，具 20～50 朵花，序轴及花梗被腺毛；花梗长 5～20 mm；花白色或淡黄色；萼片 2 轮，外萼片卵状三角形，暗绿色，长 1～3 mm，内萼片披针形，白色或淡黄色，长约 10 mm，宽约 4 mm；花瓣远较内萼片短，距呈圆锥状，长仅 2～3 mm，瓣片很小；雄蕊长 3～4 mm，伸出，花药长约 2 mm，瓣裂。蒴果长约 1 cm，宿存花柱喙状，长 2～3 mm。花期 5—6 月，果期 6—8 月。

【生境分布】生于林下、沟边灌丛中或山坡阴湿处。海拔 650～3500 m。罗田中、高山区有分布。

【采收加工】夏、秋季采收，割取茎叶，除去杂质，晒干。

【药用部位】全草。

【药材名】淫羊藿。

【来源】小檗科植物淫羊藿 *Epimedium brevicornu* Maxim.、心叶淫羊藿或箭叶淫羊藿的茎叶。

【性状】①淫羊藿（大叶淫羊藿）：干燥茎细长圆柱形，中空，长 20～30 cm，棕色或黄色，具纵棱，无毛。叶生茎顶，多为一茎生三枝，一枝生三叶。叶片呈卵状心形，先端尖，基部心形。边缘有细刺状锯齿，上面黄绿色，光滑，下面灰绿色，

中脉及细脉均凸出。叶薄如纸而有弹性。有青草气，味苦。

②心叶淫羊藿（小叶淫羊藿）：叶片为圆心形，先端微尖。其他与淫羊藿同。

③箭叶淫羊藿：叶片为箭状长卵形，革质；叶端渐尖呈刺状，叶基箭形。其他与淫羊藿同。

以上药材均以梗少、叶多、色黄绿、不破碎者为佳。

【药理作用】①提高性功能。

②有抑菌作用。

③镇咳、祛痰与平喘作用。

④降压作用。

【炮制】淫羊藿：拣净杂质，去梗，切丝，筛去碎屑。炙淫羊藿：先取羊脂油置锅内加热熔化，去渣，再加入淫羊藿微炒，至羊脂油基本吸尽，取出放凉。（每淫羊藿 100 kg，用炼成的羊脂油 25 kg）

【性味】辛、甘，温。

【归经】归肝、肾经。

【功能主治】补肾壮阳，祛风除湿。主治阳痿不举，小便淋沥，筋骨挛急，半身不遂，腰膝无力，风湿痹痛，四肢不仁。

【用法用量】内服：煎汤，3 ～ 10 g；浸酒、熬膏或入丸、散。外用：煎水洗。

【注意】阴虚而相火易动者忌服。

①《本草经集注》：薯蓣为之使。

②《日华子本草》：紫芝为使。得酒良。

③《本草经疏》：虚阳易举，梦遗不止，便赤口干，强阳不痿并忌之。

【附方】①治偏风，手足不遂，皮肤不仁：仙灵脾 500 g，细锉，以生绢袋盛，于瓷容器中，用无灰酒两斗浸之，以厚纸重重密封，不得通气，春夏三日，秋冬五日。每日随性暖饮之，常令醺醺，不得大醉。（《太平圣惠方》）

②治风走注疼痛，来往不定：仙灵脾 32 g，威灵仙 32 g，芎䓖 32 g，桂心 32 g，苍耳子 32 g。上药，捣细罗为散。每服，不计时候，以温酒调下 3 g。（《太平圣惠方》）

③治目昏生翳：仙灵脾、生王瓜（即小栝楼红色者）等份。为末，每服 3 g，茶下，日两服。（《圣济总录》）

④治牙疼：仙灵脾，不拘多少，为粗末，煎汤漱牙齿。（《奇效良方》）

【临床应用】①治小儿麻痹症。

②治神经衰弱。

③治慢性气管炎。

南天竹属 *Nandina* Thunb.

245. 南天竹 *Nandina domestica* Thunb.

【别名】蓝田竹、红天竺。

【形态】常绿小灌木。茎常丛生而少分枝，高 1 ～ 3 m，光滑无毛，幼枝常为红色，老后呈灰色。叶互生，集生于茎的上部，3 回羽状复叶，长 30 ～ 50 cm；2 ～ 3 回羽片对生；小叶薄革质，椭圆形或椭圆状披针形，长 2 ～ 10 cm，宽 0.5 ～ 2 cm，顶端渐尖，基部楔形，全缘，上面深绿色，冬季变红色，背面叶脉隆起，两面无毛；近无柄。圆锥花序直立，长 20 ～ 35 cm；花小，白色，具芳香，直径 6 ～ 7 mm；萼片多轮，外轮萼片卵状三角形，长 1 ～ 2 mm，向内各轮渐大，最内轮萼片卵状长圆形，长 2 ～ 4 mm；花瓣长圆形，长约 4.2 mm，宽约 2.5 mm，先端圆钝；雄蕊 6，长约 3.5 mm，花丝短，花药纵裂，药隔延伸；子房 1 室，具 1～3 枚胚珠。果柄长 4～8 mm；浆果球形，直径 5～8 mm，熟时鲜红色，稀橙红色。种子扁圆形。花期 3—6 月，果期 5—11 月。

【生境分布】生于山地林下沟旁、路边或灌丛中。罗田各地均有栽培。

【药用部位】根、叶、梗、子。

【药材名】南天竹根、南天竹叶、南天竹梗、南天竹子。

（1）南天竹根。

【采收加工】9—10 月采收。

【来源】小檗科植物南天竹 *Nandina domestica* Thunb. 的根。

【性味】苦，寒。

【功能主治】祛风，清热，除湿，化痰。主治风热头痛，肺热咳嗽，湿热黄疸，风湿痹痛，火眼，疮疡，瘰疬。

【用法用量】内服：煎汤，鲜者，32～64 g；或浸酒。外用：煎水洗或点眼。

【附方】①治肺热咳嗽：鲜南天竹根 32 g，鲜枇杷叶（去毛）50 g。水煎，日分三次服。（《福建中草药》）

②治湿热黄疸：鲜南天竹根 32～64 g。水煎服。（《福建中草药》）

③治流火风疾（俗称热风关节炎）：南天竹鲜根 32～64 g，猪脚 1～2 个。酌加红酒、开水，炖 2 h，分两、三次服。（《福建民间草药》）

④治湿热痹痛：鲜南天竹根 32～64 g，或加白葡萄鲜根 32 g，芙蓉菊鲜根 15 g。水煎服。（《福建中草药》）

⑤治坐骨神经痛：南天竹根 32～64 g。水煎调酒服。（《福建中草药》）

⑥治跌打损伤，气闭晕厥：南天竹根一节，磨白酒 15 g 成浓汁，兑开水一杯温服。（《湖南农村常用中草药手册》）

⑦驱除蛔虫：南天竹根和楝树皮煎水服。（《杭州药用植物志》）

（2）南天竹梗。

【采收加工】全年采收。

【来源】小檗科植物南天竹 *Nandina domestica* Thunb. 的茎枝。

【功能主治】《贵州民间方药集》：镇咳止喘，兴奋强壮。

【附方】治目赤疼痛：南天竹梗 15 g，路边荆、马兰、冬桑叶各 10 g。水煎服。（《湖南农村常用中草药手册》）。

（3）南天竹叶。

【别名】南竹叶、天竹叶。

【采收加工】夏、秋季采收。

【来源】小檗科植物南天竹 *Nandina domestica* Thunb. 的叶片。

【性味】《广西中药志》：味苦，性寒，无毒。

【功能主治】治感冒，百日咳，目赤肿痛，瘰疬，血尿，小儿疳疾。

【用法用量】内服：煎汤，10～15 g。外用：捣敷或煎水洗。

【附方】①治风火热肿，眵泪赤痛：南天竹叶（煎水）洗眼。（《本草纲目拾遗》）

②治小儿疳病：南天竹叶，煎汤代茶服。（《本草纲目拾遗》）

③治瘰疬初起：南竹叶、威灵仙、夏枯草、金银花各 125 g，陈酒四壶（浸泡），隔水煮透，一日三服。每服药酒，须吞丸药。丸药方：僵蚕 500 g（炒研），砂糖和丸梧桐子大，每次吞 3 g。（《百草镜》）

④治疮毒：南天竹全苗。捣烂敷。（《湖南药物志》）

（4）南天竹子。

【别名】红杷子、天烛子、红枸子、南竹子。

【采收加工】秋季果实成熟时或至次年春季采收，晒干，置干燥处，防蛀。

【来源】小檗科植物南天竹 Nandina domestica Thunb. 的果实。

【性状】干燥果实，近球形，直径 6 ~ 9 mm，外表棕红色或暗红色，光滑，微有光泽，顶端宿存微凸出的柱基，基部留有果柄或其残痕。果皮质脆易碎。种子扁圆形，中央略凹。味酸涩。以干燥、色红、完整者为佳。

【性味】酸、甘、平，有毒。

【功能主治】敛肺，止咳，清肝，明目。主治久咳，喘息，百日咳，疟疾，下疳溃烂。

【用法用量】内服：煎汤，6 ~ 15 g；或烧存性研末。外用：捣敷或烧存性研末调涂。

【注意】外感风寒咳嗽不宜。

【附方】①治小儿天哮：经霜天烛子、蜡梅花各 15 g，水蜒蚰一条。俱预收，临用水煎服。（《三奇方》）

②治百日咳：南天竹干果实 9 ~ 15 g。水煎调冰糖服。（《福建中草药》）

③治三阴疟：南天竹来年陈子，蒸熟。每岁一粒，每早晨白汤下。（《文堂集验方》）

④治下疳久而溃烂，名蜡烛疳：红杷子烧存性 3 g，梅花冰片五厘。麻油调搽。（《不药良方药集》）

⑤解砒毒，食砒垂死者：南天竹子 125 g，擂水服之。如无鲜者，即用干子 32 ~ 64 g 煎汤服亦可。（《本草纲目拾遗》）

⑥治八角虱：红杷子同水银捣烂擦之。亦可浸酒，祛风痹。（《本草纲目拾遗》）

桃儿七属 *Sinopodophyllum* Ying

246. 桃儿七 *Sinopodophyllum hexandrum.*（Royle）Ying

【别名】鬼臼、铜筷子、小叶莲、鸡素苔。

【形态】多年生草本，植株高 20 ~ 50 cm。根状茎粗短，节状，多须根；茎直立，单生，具纵棱，无毛，基部被褐色大鳞片。叶 2 枚，薄纸质，非盾状，基部心形，3 ~ 5 深裂几达中部，裂片不裂或有时 2 ~ 3 小裂，裂片先端急尖或渐尖，上面无毛，背面被柔毛，边缘具粗锯齿；叶柄长 10 ~ 25 cm，具纵棱，无毛。花大，单生，先叶开放，两性，整齐，粉红色；萼片 6，早萎；花瓣 6，倒卵形或倒卵状长圆形，长 2.5 ~ 3.5 cm，宽 1.5 ~ 1.8 cm，先端略呈波状；雄蕊 6，长约 1.5 cm，花丝较花药稍短，花药线形，纵裂，先端圆钝，药隔不延伸；雌蕊 1，长约 1.2 cm，子房椭圆形，1 室，侧膜胎座，含多数胚珠，花柱短，柱头头状。浆果卵圆形，长 4 ~ 7 cm，直径 2.5 ~ 4 cm，熟时橘红色；种子卵状三角形，红褐色，无肉质假

种皮。花期5—6月，果期7—9月。

【生境分布】 生长于中山地区林下阴湿的地方。罗田三省垴、天堂寨有分布。

【采收加工】 7—8月采收。

【药用部位】 根及根茎。

【药材名】 桃儿七。

【来源】 小檗科植物鬼臼 *Sinopodophyllum hexandrum.*（Royle）Ying 的根及根茎。

【性状】 根茎粗短，红褐色或淡褐色；根细而长，长 15～25 cm，粗约 2 mm，连接根状茎处弯曲，表面浅棕色或棕黄色，有细纵皱，并附有卷曲之细须根。断面圆形黄白色。

【性味】 苦，温。

【功能主治】 主治风湿疼痛，咳喘，胃痛，跌打损伤。

【用法用量】 内服：煎汤，1.5～3 g；或研末。

【附方】 ①治劳伤咳嗽，风寒咳嗽：桃儿七、羌活、太白贝母、沙参各6 g。水煎服。（《陕西中草药》）

②治心胃痛：桃儿七3 g，太白米4.5 g，长春七3 g，朱砂七10 g，木香2.4 g，石耳子6 g，枇杷玉6 g，香樟木10 g。水煎早晚服。（《陕西中草药》）

六十六、防己科　Menispermaceae

木防己属 *Cocculus* DC.

247. 木防己 *Cocculus orbiculatus*（L.）DC.

【别名】 广防己、土防己、土木香、白木香。

【形态】 木质藤本；小枝被茸毛至疏柔毛，或有时近无毛，有条纹。叶片纸质至近革质，形状变异极大，自线状披针形至阔卵状近圆形、狭椭圆形至近圆形、倒披针形至倒心形，有时卵状心形，顶端短尖或钝而有小凸尖，有时微缺或2裂，边全缘或3裂，有时掌状5裂，长通常3～8 cm，很少超过10 cm，宽不等，两面被密柔毛至疏柔毛，有时除下面中脉外两面近无毛；掌状脉3条，很少5条，在下面微凸起；叶柄长1～3 cm，很少超过5 cm，被稍密的白色柔毛。聚伞花序少花，腋生，或排成多花，狭窄聚伞圆锥花序，顶生或腋生，长可达10 cm或更长，被柔毛。雄花：小苞片2或1，长约0.5 mm，紧贴花萼，被柔毛；萼片6，外轮卵形或椭圆状卵形，长1～1.8 mm，内轮阔椭圆形至近圆形，有时阔倒卵形，长达2.5 mm或稍过之；花瓣6，长1～2 mm，下部边缘内折，抱着花丝，顶端2裂，裂片叉开，渐尖或短尖；雄蕊6，比花瓣短。雌花：萼片和花瓣与雄花相同；退化雄蕊6，微小；心皮6，无毛。核果近球形，红色至紫红色，直径7～8 mm；果核骨质，直径5～6 mm，背部有小横肋状雕纹。

【生境分布】 生于灌丛、村边、林缘等处。罗田各地均有分布。

【采收加工】 全年可挖根，洗净，切片，晒干。

【药用部位】 根。

【药材名】 木防己。

【来源】 防己科植物木防己 *Cocculus orbiculatus*（L.）DC. 的根。

【性状】 根呈不规则的圆柱形，直径约 1.5 cm。表面黄褐色或灰棕色，略凹凸不平，有明显的纵沟及少数横皱纹。质坚硬，断面黄白色，有放射状纹理。味苦。

【性味】 苦、辛，寒。

【功能主治】 祛风止痛，行水清肿，解毒，降血压。用于风湿痹痛、神经痛、肾炎水肿、尿路感染；外治跌打损伤、蛇咬伤。

风龙属 *Sinomenium* Diels

248. 青藤 *Sinomenium acutum*（Thunb.）Rehd. et Wils.

【别名】 青风藤、滇防己、青防己、土藤。

【形态】 木质大藤本，长可达 20 余米；老茎灰色，树皮有不规则纵裂纹，枝圆柱状，有规则的条纹，被柔毛至近无毛。叶革质至纸质，心状圆形至阔卵形，长 6～15 cm 或稍过之，顶端渐尖或短尖，基部常心形，有时近截平或近圆，边全缘、有角至 5～9 裂，裂片尖或钝圆，嫩叶被茸毛，老叶常两面无毛，或仅上面无毛，下面被柔毛；掌状脉 5 条，很少 7 条，连同网状小脉均在下面明显凸起；叶柄长 5～15 cm，有条纹，无毛或被柔毛。圆锥花序长可达 30 cm，通常不超过 20 cm，花序轴和开展、有时平叉开的分枝均纤细，被柔毛或茸毛，苞片线状披针形。雄花：小苞片 2，紧贴花萼；萼片背面被柔毛，外轮长圆形至狭长圆形，长 2～2.5 mm，内轮近卵形，与外轮近等长；花瓣稍肉质，长 0.7～1 mm；雄蕊长 1.6～2 mm。雌花：退化雄蕊丝状；心皮无毛。核果红色至暗紫色，直径 5～6 mm 或稍过之。花期夏季，果期秋末。

【注意】 毛青藤：本变种与正种青藤形态极相似。主要区别在于：毛青藤的叶表面被短茸毛，下表面灰白色，茸毛更密；花序及幼茎也具短茸毛。

【生境分布】 生于林中、林缘、沟边或灌丛中，攀援于树上或石山上。罗田各地均有分布。

【采收加工】 6—7 月割取藤茎，除去细茎枝和叶，晒干，或用水润透，切段，晒干。

【药用部位】 藤茎。

【药材名】 青藤。

【来源】 防己科植物青藤 *Sinomenium acutum*（Thunb.）Rehd. et Wils. 的藤茎。

【性状】 茎圆柱形，稍弯曲，细茎弯绕成束，直径 0.5～2 cm，表面绿棕色至灰棕色，具纵皱纹、细横裂纹和皮孔，节处稍膨大，有凸起的分枝痕或叶痕。细茎质脆稍硬，较易折断，断面木部灰棕色，呈裂片状；粗茎质硬，断面棕色，木部具放射状纹理习称车轮纹，并可见多数小孔，中心有髓细小，黄白色，气微，味微苦。以条均匀者为佳。

【炮制】 取原药材，除去杂质及残叶，粗细分开，洗净，润透，切厚片，干燥。

【性味】 苦、辛，平。

【归经】 归肝、脾经。

【功能主治】 祛风通络，除湿止痛。主治风湿痹痛，历节风，鹤膝风，脚气肿痛。

【用法用量】 内服：煎汤，9～15 g；或泡酒或熬膏服。外用：适量，煎水洗。

【注意】 可出现瘙痒、皮疹、头昏头痛、皮肤发红、腹痛、畏寒发热、过敏性紫癜、血小板减少、白细胞减少等副反应，使用时应注意。

【临床应用】 风湿寒痛片：青藤90 g，羌活30 g，茯苓30 g，鹿茸6 g，党参30 g，白术30 g，木香24 g，桂枝30 g，牛膝45 g，附子30 g，威灵仙45 g，黄芪30 g，当归30 g，元胡30 g，独活30 g，桑寄生30 g，秦艽30 g，薏米45 g，枸杞子60 g，赤芍30 g，黄芩素4.5 g。将鹿茸、薏米、附子、茯苓、元胡、赤芍、木香、黄芩素粉碎成细粉。党参、黄芪、枸杞子、牛膝、桑寄生、威灵仙水煮2次，合并水煮液，浓缩成膏。白术、当归、独活、秦艽、羌活、桂枝、青藤以70%乙醇提取2次，合并提取液，浓缩成膏；将水、醇浓缩膏合并加入鹿茸、薏米等细粉，混匀。制粒，干燥，压片。每片重0.3 g。包糖衣，基片为棕褐色，味甘、苦，可祛风散寒，活络除湿，扶正固本。用于各种类型的风湿寒性关节痛、腰背酸痛及四肢麻木。口服，每次6～8片，每日2次。

千金藤属 *Stephania* Lour.

249. 金线吊乌龟 *Stephania cephalantha* Hayata

【别名】 铁秤铊、细三角藤、山乌龟。

【形态】 草质、落叶、无毛藤本，高通常1～2 m或过之；块根团块状或近圆锥状，有时不规则，褐色，生有许多凸起的皮孔；小枝紫红色，纤细。叶纸质，三角状扁圆形至近圆形，长通常2～6 cm，宽2.5～6.5 cm，顶端具小凸尖，基部圆或近截平，边全缘或浅波状；掌状脉7～9条，向下的很纤细；叶柄长1.5～7 cm，纤细。雌雄花序同型，均为头状花序，具盘状花托，雄花序总梗丝状，常于腋生、具小型叶的小枝上作总状花序式排列，雌花序总梗粗壮，单个腋生。雄花：萼片6，较少8（或偶有4），匙形或近楔形，长1～1.5 mm；花瓣3或4（很少6），近圆形或阔倒卵形，长约0.5 mm；聚药雄蕊很短。雌花：萼片1，偶有2～3（5），长约0.8 mm或过之；花瓣2（4），肉质，比萼片小。核果阔倒卵圆形，长约6.5 mm，成熟时红色；果核背部两侧各有10～12条小横肋状雕纹，胎座迹通常不穿孔。花期4—5月，果期6—7月。

【生境分布】 适应性较强，既见于村边、旷野、林缘等处土层深厚肥沃的地方（块根常入土很深），又见于石灰岩地区的石缝或石砾中（块根浮露地面）。罗田天堂寨有分布。

【采收加工】 秋季采挖，洗净泥土，切片晒干。

【药用部位】 块根。

【药材名】 白药子（白药）。

【来源】 防己科植物金线吊乌龟 *Stephania cephalantha* Hayata 的块根。

【性状】 完整的干燥块根，呈椭圆形或扁圆形；表面暗褐色，外表皱缩。商品多已切成片状，横切片直径4～8 cm，厚1～2 cm；切面白色，粉质，较粗糙，有环形轮纹，有时见有偏心性车轮状木心；质脆，气微，味淡而微苦。以干燥、片大、粉性足、色白者为佳。

【炮制】 用水浸泡，捞出，浸透，切片，

晒干。

【性味】　苦、辛，寒。

【归经】①《滇南本草》：入脾、肺、肾三经。

②《本草经疏》"入肺、胃二经。

【功能主治】　清热消痰，凉血解毒，止痛。主治咽痛喉痹，咳嗽，吐血，衄血，金创出血，热毒痈肿，瘰疬。

【用法用量】　内服：煎汤，10～15 g；或入丸、散。外用：捣敷或研末撒。

【注意】①《本草经疏》：凡病虽有血热吐衄等证，若脾胃素弱，易于作泄者勿服。

②《饮片新参》：阴虚内热者忌用。

【附方】①治咽喉肿痛：白药32 g（捣罗为末），龙脑0.3 g。同研令匀，炼蜜和丸，芡子大，常含一丸咽津。（《太平圣惠方》）

②治喉中热塞肿痛，散痰散血：白药、朴硝。为末，以小管吹入喉。（《仁斋直指方》）

③治风痰上塞，咽喉不利：白药95 g，黑丑15 g，同炒香，去黑丑一半为末，防风末95 g，和匀，每茶服3 g。（《太平圣惠方》）

④治衄血不止：红枣、白药（各烧存性）等份。为末，糯米饮服。或煎汤洗鼻，频频缩药令入。（《经验良方》）

⑤治衄血汗血：白药80 g，生地黄汁195 g，生藕汁64 g，生姜汁少许。上四味，捣白药为末，先煎三物汁令沸，每以半盏入熟水100 g，白药末6 g，搅匀，食后温饮之。（《圣济总录》）

⑥治心气痛，解热毒：白药根、野猪尾。二味洗净，去粗皮，焙干，等份，捣筛，酒调服3 g。（《本草图经》）

⑦治诸疮痈肿不散：生白药根，捣烂敷贴，干则易之。无鲜生者，用末水调涂之亦可。（《本草图经》）

⑧治瘰疬疮：白药不拘多少，为末，临卧冷米饮调下3 g。（《卫生家宝方》）

⑨安胎：白药子32 g，白芷15 g。上为细末，每服6 g，紫苏汤调下。或胎热心烦闷，入砂糖少许煎。（《普济方》）

⑩治妊娠伤寒护胎：白药子不拘多少为末，用鸡子清调摊于纸上，可碗来大，贴在脐下胎存生处。干即以温水润之。（《经验后方》）

⑪治诸骨鲠咽：白药锉细，煎米醋细细咽下，在上即吐出，在下即下出。（《经验良方》）

⑫治中暑腹痛：山乌龟鲜根3～6 g。去粗皮，嚼烂，冬酒送服。（《江西草药》）

⑬治胃及十二指肠溃疡：山乌龟根1 kg，甘草0.5 kg，研末，每日3次，每次3 g，开水送服。（《湖南药物志》）

⑭治肺脓疡：山乌龟根磨酒服，每次服2～3匙。（《湖南药物志》）

⑮治肝硬化腹水：山乌龟根10 g（用老糠炒制），车前子15 g，过路黄、白花蛇舌草、瓜子金、丹参根各32 g。水煎服。（《江西草药》）

⑯治风湿性关节炎：山乌龟根32 g，蜈蚣兰、活血丹各15 g。黄酒500 g，浸三天。每天服二次，每次一调羹，饭后服。（《浙江民间常用草药》）

⑰治鹤膝风：山乌龟125 g，大蒜一个，葱三根，韭菜蔸七个。先将山乌龟研末，后加大蒜、葱、韭菜蔸捣烂，蜂蜜调敷患处。敷患处可发泡流水，用纱布遮盖，让其自愈。（《湖南农村常用中草药手册》）

⑱治无名肿毒，毒蛇咬伤：山乌龟鲜根捣烂外敷；或用米泔水磨汁外敷。（《浙江民间常用草药》）

250. 草质千金藤 *Stephania herbacea* Gagnep.

【别名】白药、铜锣七。

【形态】草质藤本；根状茎纤细，匍匐，节上生纤维状根，小枝细瘦，无毛。叶近膜质，阔三角形，长 4～6 cm，宽 4.5～8 cm 或稍过之，顶端钝，有时有小凸尖，基部近截平，边全缘或有角，两面无毛，下面粉绿；掌状脉向上的 3 条，二叉状分枝，向下的 4～5 条或其中 2 条近平伸，较纤细，均在下面微凸，网状小脉稍明显；叶柄比叶片长，明显盾状着生。单伞形聚伞花序腋生，总花梗丝状，长 2～4 cm，由少数小聚伞花序组成。雄花：萼片 6，排成 2 轮，膜质，倒卵形，长 1.8～2 mm，宽 1.3 mm，基部渐狭或骤狭，1 脉；花瓣 3，菱状圆形，长 0.7～1 mm，宽约 1 mm，聚药雄蕊比花瓣短；雌花：萼片和花瓣通常 4，有时 2，与雄花的近等大。核果近圆形，成熟时红色，长 7～8 mm；果核背部中肋二侧各有约 10 条微凸的小横肋，胎座迹不穿孔。花期夏季。

【生境分布】生于海拔 500 m 以上的山坡路边、灌丛中。罗田中、高山区有分布。

【采收加工】秋、冬季采收。

【药用部位】块根。

【药材名】千金藤。

【来源】防己科植物草质千金藤 *Stephania herbacea* Gagnep. 的块根。

【功能主治】主治劳伤，风湿性关节炎。

【用法用量】外敷消肿。

251. 千金藤 *Stephania japonica*（Thunb.）Miers

【别名】朝天药膏，金盆寒药、山乌龟。

【形态】稍木质藤本，全株无毛；根条状，褐黄色；小枝纤细，有直线纹。叶纸质或坚纸质，通常三角状近圆形或三角状阔卵形，长 6～15 cm，通常不超过 10 cm，长度与宽度近相等或略小，顶端有小凸尖，基部通常微圆，下面粉白；掌状脉 10～11 条，下面凸起；叶柄长 3～12 cm，明显盾状着生。复伞形聚伞花序腋生，通常有伞梗 4～8 条，小聚伞花序近无柄，密集呈头状；花近无梗，雄花：萼片 6 或 8，膜质，倒卵状椭圆形至匙形，长 1.2～1.5 mm，无毛；花瓣 3 或 4，黄色，稍肉质，阔倒卵形，长 0.8～1 mm；聚药雄蕊长 0.5～1 mm，伸出或不伸出；雌花：萼片和花瓣各 3～4 片，形状和大小与雄花的近似或较小；心皮卵状。果倒卵形至近圆形，长约 8 mm，成熟时红色；果核背部有 2 行小横肋状雕纹，每行 8～10 条，小横肋常断裂，胎座迹不穿孔或偶有一小孔。

【生境分布】生于村边或旷野灌丛中。罗田北部山区有分布。

【采收加工】秋季采收。

【药用部位】根。

【药材名】千金藤。

【来源】防己科植物千金藤 *Stephania japonica*（Thunb.）Miers 的根。

【性味】苦，寒。

【功能主治】清热解毒，祛风利湿。主治疟疾，痢疾，风湿痹痛，水肿，淋浊，咽喉肿痛，痈肿，疖疮。

【用法用量】内服：煎汤，10～12 g；或研末。外用：捣敷或磨汁含咽。

【附方】①治瘴疟：千金藤根 15～32 g。水煎服。（《湖南药物志》）

②治痢疾：千金藤根 15 g，水煎服。（《浙江民间常用草药》）

③治风湿性关节炎，偏瘫：先用千金藤根 15 g，水煎服，连服七天。然后用千金藤根 32 g，烧酒 500 ml，浸七天，每晚睡前服一小杯，连服十天。（《浙江民间常用草药》）

④治痧气腹痛：千金藤根，刮去青皮，晒干，一半炒至黄色，另一半生用，研末，每服 3 g，开水送服。（江西《草药手册》）

⑤治腹痛：千金藤根 15～32 g，水煎服。（《湖南药物志》）

⑥治湿热淋浊：千金藤鲜根 32 g，水煎服。（《福建中草药》）

⑦治脚气肿胀：千金藤根 15 g，三白草根 15 g，五加皮 15 g，水煎服。（江西《草药手册》）

⑧治咽喉肿痛：千金藤鲜根 15～32 g，水煎服。（《福建中草药》）

⑨治肿毒：千金藤叶捣烂敷患处。（《湖南药物志》）

⑩治痈肿疖毒：千金藤根研细末，每次 3～6 g，开水送服。（江西《草药手册》）

⑪治多发性疖肿：千金藤全草 32 g，或加当归、野艾各 15 g，水煎服。

⑫治毒蛇咬伤：千金藤干根 0.9～1.5 g，研粉，开水冲服，另取鲜根捣烂外敷。

⑬治子宫脱垂：千金藤根适量煎汤熏蒸，每天一次。另取金樱子根 64 g，水煎服。（⑪～⑬方出自《浙江民间常用草药》）

252. 粉防己 *Stephania tetrandra* S. Moore

【别名】汉防己、白木香、石蟾蜍。

【形态】草质藤本，高 1～3 m；主根肉质，柱状；小枝有直线纹。叶纸质，阔三角形，有时三角状近圆形，长通常 4～7 cm，宽 5～8.5 cm 或过之，顶端有凸尖，基部微凹或近截平，两面或仅下面被贴伏短柔毛；掌状脉 9～10 条，较纤细，网脉甚密，很明显；叶柄长 3～7 cm。花序头状，于腋生、长而下垂的枝条上作总状式排列，苞片小或很小；雄花：萼片 4 或有时 5，通常倒卵状椭圆形，连爪长约 0.8 mm，有缘毛；花瓣 5，肉质，长 0.6 mm，边缘内折；聚药雄蕊长约 0.8 mm；雌花：萼片和花瓣与雄花的相似。核果成熟时近球形，红色；果核径约 5.5 mm，背部鸡冠状隆起，两侧各有约 15 条小横肋状雕纹。花期夏季，果期秋季。

【生境分布】生于山坡、丘陵地带的草丛及灌木林缘。罗田北部山区有分布。

【采收加工】秋季采挖，除去粗皮，晒至半干，切段或纵剖，干燥。

【药用部位】肉质主根。

【药材名】粉防己。

【来源】防己科植物粉防己 *Stephania tetrandra* S. Moore 的根。

【性状】根不规则圆柱形，或剖切成半圆柱形或块状，常弯曲，弯曲处有深陷横沟而呈结节状，长5～15 cm，直径1～5 cm。表面灰黄色，有细皱纹及横向凸起的皮孔。质坚韧，断面平坦，灰白色，粉性。气微，味苦。

【性味】苦，寒。

【功能主治】祛风除湿、利尿通淋，利水消肿，止痛。用于水肿脚气、小便不利、风湿痹痛、湿疹疮毒、高血压。

【用法用量】6～10 g，水煎服。

六十七、木兰科　Magnoliaceae

鹅掌楸属 *Liriodendron* L.

253. 鹅掌楸 *Liriodendron chinense*（Hemsl.）Sargent.

【别名】马褂木。

【形态】乔木，高达40 m，胸径1 m以上，小枝灰色或灰褐色。叶马褂状，长4～12（18）cm，近基部每边具1侧裂片，先端具2浅裂，下面苍白色，叶柄长4～8（16）cm。花杯状，花被片9，外轮3片绿色，萼片状，向外弯垂，内两轮6片、直立，花瓣状、倒卵形，长3～4 cm，绿色，具黄色纵条纹，花药长10～16 mm，花丝长5～6 mm，花期时雌蕊群超出花被之上，心皮黄绿色。聚合果长7～9 cm，具翅的小坚果长约6 mm，顶端钝或钝尖，具种子1～2颗。花期5月，果期9—10月。

【生境分布】罗田北部山区。

【采收加工】秋季采收。

【药用部位】根。

【药材名】鹅掌楸。

【来源】木兰科植物鹅掌楸 *Liriodendron chinense*（Hemsl.）Sargent. 的根。

【性味】辛，温。

【功能主治】祛风除湿，强筋壮骨。

【用法用量】内服：煎汤，16～32 g；或泡酒服。

木兰属 *Magnolia* L.

254. 玉兰 *Magnolia denudata* (Desr). D. L. Fu

【别名】白玉兰、望春树。

【形态】落叶乔木，高可达 25 m，胸径 1 m，枝广展形成宽阔的树冠；树皮深灰色，粗糙开裂；小枝稍粗壮，灰褐色；冬芽及花梗密被淡灰黄色长绢毛。叶纸质，倒卵形、宽倒卵形或倒卵状椭圆形，基部徒长枝叶椭圆形，长 10 ～ 15（18）cm，宽 6 ～ 10（12）cm，先端宽圆、平截或稍凹，具短凸尖，中部以下渐狭成楔形，叶上深绿色，嫩时被柔毛，后仅中脉及侧脉留有柔毛，下面淡绿色，沿脉上被柔毛，侧脉每边 8 ～ 10 条，网脉明显；叶柄长 1 ～ 2.5 cm，被柔毛，上面具狭纵沟；托叶痕为叶柄长的1/4 ～ 1/3。花蕾卵圆形，花先叶开放，直立，芳香，直径 10 ～ 16 cm；花梗显著膨大，密被淡黄色长绢毛；花被片 9 片，白色，基部常带粉红色，近相似，长圆状倒卵形，长 6 ～ 8（10）cm，宽 2.5 ～ 4.5（6.5）cm；雄蕊长 7 ～ 12 mm，花药长 6 ～ 7 mm，侧向开裂；药隔宽约 5 mm，顶端伸出成短尖头；雌蕊群淡绿色，无毛，圆柱形，长 2 ～ 2.5 cm；雌蕊狭卵形，长 3 ～ 4 mm，具长 4 mm 的锥尖花柱。聚合果圆柱形（庭院栽培种常因部分心皮不育而弯曲），长 12 ～ 15 cm，直径 3.5 ～ 5 cm；蓇葖厚木质，褐色，具白色皮孔；种子心形，侧扁，长约 9 mm，宽约 10 mm，外种皮红色，内种皮黑色。花期 2—3 月（亦常于 7—9 月再开一次花），果期 8—9 月。

【生境分布】人工栽培于庭院或路旁。罗田各地均有栽培。

【采收加工】早春花蕾未放时采摘，剪去枝梗，干燥即可。

【药用部位】花蕾。

【药材名】辛夷。

【来源】木兰科植物玉兰 *Magnolia denudata*（Desr）.D.L.Fu 的花蕾。

【化学成分】玉兰花含有挥发油，其中主要为柠檬醛、丁香油酸等，还含有木兰花碱、生物碱、望春花素、癸酸、芦丁、油酸、维生素 A 等。

【性味】辛，温。

【功能主治】祛风散寒通窍，宣肺通鼻。用于头痛，血瘀型痛经，鼻塞，急、慢性鼻窦炎，过敏性鼻炎等。现代药理学研究表明，玉兰花对常见皮肤真菌有抑制作用。

《本草纲目拾遗》：消痰，益肺和气，蜜渍尤良。

【附方】治痛经不孕：玉兰花将开未足，每岁一朵，每日清晨空心，水煎服。（《良方集要》）

【食用价值】玉兰花含有丰富的维生素、氨基酸和多种微量元素，有祛风散寒，通气理肺之效。可加工制作小吃，也可泡茶饮用。

255. 荷花玉兰 *Magnolia grandiflora* L.

【别名】洋玉兰、玉兰。

【形态】常绿乔木，在原产地高达 30 m；树皮淡褐色或灰色，薄鳞片状开裂；小枝粗壮，具横隔的髓心；小枝、芽、叶下面，叶柄均密被褐色或灰褐色短茸毛（幼树的叶下面无毛）。叶厚革质，椭

圆形，长圆状椭圆形或倒卵状椭圆形，长
10～20 cm，宽4～7（10）cm，先端钝
或短钝尖，基部楔形，叶面深绿色，有光泽；
侧脉每边8～10条；叶柄长1.5～4 cm，
无托叶痕，具深沟。花白色，有芳香，直
径15～20 cm；花被片9～12，厚肉质，
倒卵形，长6～10 cm，宽5～7 cm；雄
蕊长约2 cm，花丝扁平，紫色，花药内向，
药隔伸出成短尖；雌蕊群椭圆体形，密被
长茸毛；心皮卵形，长1～1.5 cm，花柱
呈卷曲状。聚合果圆柱状长圆形或卵圆形，长7～10 cm，直径4～5 cm，密被褐色或淡灰黄色茸毛；
蓇葖背裂，背面圆，顶端外侧具长喙；种子近卵圆形或卵形，长约14 mm，直径约6 mm，外种皮红色，
除去外种皮的种子，顶端延长成短颈。花期5—6月，果期9—10月。

【生境分布】栽培于庭院路旁。罗田各地均有栽培。

【采收加工】春、夏季采收，干燥。

【药用部位】花。

【药材名】玉兰。

【来源】木兰科植物荷花玉兰 *Magnolia grandiflora* L. 的花。

【性味】辛，温。

【功能主治】祛风散寒，止痛。用于外感风寒，鼻塞头痛。树皮：燥湿，行气止痛。用于湿阻，气滞胃痛。

【用法用量】内服：煎汤，3～10 g。外用：适量，捣敷或研末撒患处。

256. 厚朴 *Magnolia officinalis* Rehd. et Wils.

【别名】厚皮、凹叶厚朴、赤朴、烈朴。

【形态】落叶乔木，高达20 m；树皮厚，褐色，不开裂；小枝粗壮，淡黄色或灰黄色，幼时有绢毛；
顶芽大，狭卵状圆锥形，无毛。叶大，近革质，7～9片聚生于枝端，长圆状倒卵形，长22～45 cm，
宽10～24 cm，先端具短急尖或圆钝，基部楔形，全缘而微波状，上面绿色，无毛，下面灰绿色，被灰
色柔毛，有白粉；叶柄粗壮，长2.5～4 cm，托叶痕长为叶柄的2/3。花白色，直径10～15 cm，芳香；
花梗粗短，被长柔毛，离花被片下1 cm处具包片脱落痕，花被片9～12（17），厚肉质，外轮3片淡
绿色，长圆状倒卵形，长8～10 cm，宽4～5 cm，盛开时常向外反卷，内两轮白色，倒卵状匙形，长
8～8.5 cm，宽3～4.5 cm，基部具爪，
最内轮7～8.5 cm，花盛开时中内轮直
立；雄蕊约72枚，长2～3 cm，花药长
1.2～1.5 cm，内向开裂，花丝长4～12 mm，
红色；雌蕊群椭圆状卵圆形，长2.5～3 cm。
聚合果长圆状卵圆形，长9～15 cm；蓇葖
具长3～4 mm的喙；种子三角状倒卵形，
长约1 cm。花期5—6月，果期8—10月。

【生境分布】生于海拔300～1500 m
的山地林间。罗田北部山区有引进栽培。

【药用部位】 皮、花、种子。

（1）厚朴。

【采收加工】 立夏至夏至间剥取生长 20 年以上的植株的干皮或根皮（须先将外表粗皮刮去），阴干；再堆放于土坑内，在一定的温度和湿度下使之发汗，取出晒干，再蒸熟使变软，卷成筒状，阴干。细小的根皮，只须除净泥土，适当切断，阴干即可。

【来源】 木兰科植物厚朴 *Magnolia officinalis* Rehd. et Wils. 的树皮或根皮。

【性状】 商品由于采皮的部位、加工及形状的不同，种类很多，主要有筒朴、靴角朴、根朴、枝朴四类。

【化学成分】 厚朴树皮含厚朴酚、四氢厚朴酚、异厚朴酚、和厚朴酚、挥发油，另含木兰箭毒碱。

【药理作用】 ①抗菌作用。

②平滑肌兴奋作用。

【炮制】 厚朴：用水浸泡捞出，润透后刮去粗皮，洗净，切丝，晾干。姜厚朴：取生姜切片煎汤，加净厚朴，与姜汤共煮透，待汤吸尽，取出，及时切片，晾干。（每厚朴 50 kg，用生姜 5 kg）

《雷公炮炙论》：凡使厚朴，要用紫色味辛为好。或丸散，便去粗皮，用酥炙过。每修 500 g，用酥 200 g，炙了细锉用；若汤饮中使，用自然姜汁 400 g 炙，1 升为度。

【性味】 苦、辛，温。

【归经】 归胃、大肠经。

【功能主治】 温中，下气，燥湿，消痰。主治胸腹痞满胀痛，反胃，呕吐，宿食不消，痰饮喘咳，寒湿泻痢。

【用法用量】 内服：煎汤，3～10 g；或入丸、散。

【注意】 孕妇慎用。

①《本草经集注》：干姜为之使。恶泽泻、寒水石、消石。

②《药性论》：忌豆，食之者动气。

③《本草品汇精要》：妊娠不可服。

④《本草经疏》：凡呕吐不因寒痰冷积，而由于胃虚火气炎上；腹痛因于血虚脾阴不足，而非停滞所致；泄泻因于火热暴注，而非积寒伤冷；腹满因于中气不足、气不归元，而非气实壅滞；中风由于阴虚火炎、猝致僵仆，而非西北真中寒邪；伤寒发热头疼，而无痞塞胀满之候；小儿吐泻乳食，将成慢惊；大人气虚血槁，见发膈证；老人脾虚不能运化，偶有停积；妊妇恶阻，水谷不入；娠妇胎升眩晕；娠妇伤食停冷；娠妇腹痛泻利；娠妇伤寒伤风；产后血虚腹痛；产后中满作喘；产后泄泻反胃，以上诸证，法所咸忌。

【附方】 ①治腹满痛大便闭者：厚朴 250 g，大黄 125 g，枳实五枚。上三味，以水 12 升，先煮二味，取 5 升，内大黄煮取 3 升。温服 1 升，以利为度。（《金匮要略》）

②治久患气胀心闷，饮食不得，因食不调。冷热相击，致令心腹胀满：厚朴火上炙令干，又蘸姜汁炙，直待焦黑为度，捣筛如面。以陈米饮调下 6 g，日三服。亦治反胃，止泻。（《斗门方》）

③治脾胃气不和，不思饮食：厚朴（去粗皮，姜汁涂，炙令香净）7.5 g，甘草（炙）4.5 g，苍术（米泔水浸两日，刮去皮）125 g，陈皮（去白）80 g。上四味，为末。每服 3 g，水一盏，入生姜、枣子同煎七分，去滓温服，空心服之。或杵细末，蜜为丸，如梧桐子大。每服十丸，盐汤嚼下，空心服。（《博济方》）

④治虫积：厚朴、槟榔各 6 g，乌梅两个。水煎服。（《保赤全书》）

⑤治中寒洞泄：干姜、厚朴等份。上为末，蜜丸梧桐子大。任下三十丸。（《鲍氏小儿方》）

⑥治水谷痢久不瘥：厚朴 95 g，黄连 95 g。锉，水 3 升，煎取 1 升。空心细服。（《梅师集验方》）

⑦治中满肿胀：人参、厚朴、紫苏叶各 1 g，白术 3 g，茯苓 1.8 g，黄芩、木通、海金沙各 1.5 g，麦冬 2.4 g，水煎服。（《万密斋医学全书》）

【临床应用】 ①治阿米巴痢疾。

②用于制止针麻下全子宫切除术的鼓肠现象。

（2）厚朴花。

【别名】 调羹花。

【采收加工】 春末夏初当花蕾未开或稍开时采摘，放蒸笼中蒸至上汽后约 10 min 取出，晒干或用文火烘干。亦有不蒸而直接将花焙干或烘干者。

【来源】 木兰科植物厚朴 *Magnolia officinalis* Rehd. et Wils. 的花蕾。

【性状】 干燥的花蕾形似毛笔头，长 4～7 cm，直径 2～3 cm。外表棕褐色或棕红色，顶尖或钝圆，底稍圆，带有花柄；柄长 1～1.5 cm，直径约 5 mm，上着生小茸毛。花瓣未开者层层覆盖，花头完整；已开者，有大形花蕊外露，棕黄色长柱形；花瓣肉质较厚，呈匙形，有油点，折之易碎。气香。以含苞待开、身干、完整、柄短、色棕红、香气浓者为佳。

【炮制】 拣净杂质，去梗，筛去泥屑。

【性味】 苦、辛，温。

【功能主治】 理气，化湿。主治胸隔胀闷。

【用法用量】 内服：煎汤，1.5～6 g。

【注意】 《饮片新参》：阴虚液燥者忌用。

（3）厚朴子。

【别名】 厚朴实、厚朴果。

【采收加工】 9—10 月采摘果实，晒干。

【来源】 木兰科植物厚朴 *Magnolia officinalis* Rehd. et Wils. 的果实或种子。

【原形态】 聚合果长椭圆状卵形，长 9～12 cm，直径 5～6 cm，顶端截形，基部近圆形，心皮排列紧密，木质，先端有弯尖头，内含种子 1～2 粒；种子三角状倒卵形，长约 11 mm，直径约 8 mm，外皮鲜红色，内皮黑色，腹部有浅沟。

【性味】 ①《本草纲目》：甘，温，无毒。

②姚可成《食物本草》：味甘平，无毒。

【功能主治】 理气，温中，消食。

【用法用量】 内服：煎汤，1.5～4.5 g。

257. 凹叶厚朴 *Magnolia officinalis* Rehd. et wils. var. *biloba* Rehd. et Wils.

【形态】 落叶乔木，高达 20 m；树皮厚，褐色，不开裂；小枝粗壮，淡黄色或灰黄色，幼时有绢毛；顶芽大，狭卵状圆锥形，无毛。叶大，近革质，7～9 片聚生于枝端，长圆状倒卵形，长 22～45 cm，宽 10～24 cm，先端叶先端凹缺，成 2 钝圆的浅裂片，但幼苗之叶先端钝圆，并不凹缺；基部楔形，全缘而微波状，上面绿色，无毛，下面灰绿色，被灰色柔毛，有白粉；叶柄粗壮，长 2.5～4 cm，托叶痕长为叶柄的 2/3。花白色，直径 10～15 cm，芳香；花梗粗短，被长柔毛，离花被片下 1 cm 处具包片脱落痕，花被片 9～12（17），厚肉质，外轮 3 片淡绿色，长圆状倒卵形，长 8～10 cm，宽 4～5 cm，盛开时常向外反

卷，内两轮白色，倒卵状匙形，长 8 ～ 8.5 cm，宽 3 ～ 4.5 cm，基部具爪，最内轮 7 ～ 8.5 cm，花盛开时中内轮直立；雄蕊约 72 枚，长 2 ～ 3 cm，花药长 1.2 ～ 1.5 cm，内向开裂，花丝长 4 ～ 12 mm，红色；雌蕊群椭圆状卵圆形，长 2.5 ～ 3 cm。聚合果长圆状卵圆形，聚合果基部较窄，长 9 ～ 15 cm；蓇葖具长 3 ～ 4 mm 的喙；种子三角状倒卵形，长约 1 cm。花期 4—5 月，果期 10 月。

【生境分布】 生于海拔 300 ～ 1500 m 的山地林间。罗田凤山石源河有栽培。

【化学成分】 含厚朴酚与和厚朴酚。此外，尚含生物碱、皂苷。

【来源】 木兰科植物凹叶厚朴 *Magnolia officinalis* Rehd. et. wils. var. *biloba* Rehd. et Wils. 的树皮或根皮、花、种子。

【注意】 本种与木兰科植物厚朴 *Magnolia officinalis* Rehd. et Wils. 同等入药。详见上述。

258. 罗田玉兰 *Magnolia pilocarpa* Z. Z. Zhao et Z. W. Xie

【别名】 望春花、辛夷花。

【形态】 落叶乔木，高 12 ～ 15 m，树皮灰褐色；幼枝紫褐色，无毛。叶纸质，倒卵形或宽倒卵形，长 10 ～ 17 cm，宽 8.5 ～ 11 cm，先端宽圆稍凹缺，具短急尖，基部楔形或宽楔形，上面深绿色，下面浅绿色，侧脉每边 9 ～ 11 条；托叶痕约为叶柄长之半。花先于叶开放，花蕾卵圆形，长 3 cm，外被黄色长柔毛，花被片 9，外轮 3 片黄绿色，膜质，萼片状，锐三角形，长 1.7 ～ 3 cm，内两轮 6 片，白色，肉质，近匙形，长 7 ～ 10 cm，宽 3 ～ 5 cm，雄蕊多数，长约 1.1 cm，花药长 8 ～ 9 mm，侧向开裂，药隔伸出长约

1 mm 的短尖；雌蕊群椭圆状圆柱形，长约 2 cm，心皮被短柔毛；柱头长约 1 mm。聚合果圆柱形，长 10 ～ 20 cm，直径约 3.5 cm，残存有毛；种子豆形或倒卵圆形，外种皮红色，内种皮黑色。花期 3—4 月，果期 9 月。

【生境分布】 罗田大别山特产。生于海拔 500 m 以上的林间。罗田胜利镇、天堂寨有分布。

【采收加工】 早春花蕾未开放时采摘，剪去枝梗，干燥即可。

【药用部位】 花蕾。

【药材名】 辛夷。

【来源】 木兰科植物罗田玉兰 *Magnolia pilocarpa* Z. Z. Zhao et Z. W. Xie 的花蕾。罗田玉兰的花蕾与望春花蕾同等入药。

259. 武当玉兰 *Magnolia sprengeri* Pampan.

【别名】 望春树、迎春花。

【形态】 落叶乔木，高可达 21 m，树皮淡灰褐色或黑褐色，老干皮具纵裂沟成小块片状脱落。小枝淡黄褐色，后变灰色，无毛。叶倒卵形，长 10 ～ 18 cm，宽 4.5 ～ 10 cm，先端急尖或急短渐尖，基部楔形，上面仅沿中脉及侧脉疏被平伏柔毛，下面初被平伏细柔毛，叶柄长 1 ～ 3 cm；托叶痕细小。花蕾直立，被淡灰黄色绢毛，花先叶开放，杯状，有芳香，花被片 12（14），近相似，外面玫瑰红色，有深紫色纵纹，倒卵状匙形或匙形，长 5 ～ 13 cm，宽 2.5 ～ 3.5 cm，雄蕊长 10 ～ 15 mm，花药长约 5 mm，稍分离，药

隔伸出成尖头，花丝紫红色，宽扁；雌蕊群
圆柱形，长 2 ～ 3 cm，淡绿色，花柱玫瑰红
色。聚果圆柱形，长 6 ～ 18 cm；蓇葖扁圆，
成熟时褐色。花期 3 ～ 4 月，果期 8—9 月。

【生境分布】各地有栽培。罗田有栽培。

【采收加工】早春花蕾未开放时采摘，
剪去枝梗，干燥。

【药用部位】花蕾。

【药材名】辛夷。

【来源】木科植物武当玉兰 *Magnolia sprengeri* Pampan. 的花蕾。
功用同望春花。

260. 白兰花 *Michelia × alba* DC.

【别名】白兰、白玉兰。

【形态】常绿乔木，高达 17 m，枝广展，呈阔伞形树冠；胸径 30 cm；树皮灰色；揉枝叶有芳香；
嫩枝及芽密被淡黄白色微柔毛，老时毛渐脱落。叶薄革质，长椭圆形或披针状椭圆形，长 10 ～ 27 cm，
宽 4 ～ 9.5 cm，先端长渐尖或尾状渐尖，基部楔形，上面无毛，下面疏生微柔毛，干时两面网脉均很明显；
叶柄长 1.5 ～ 2 cm，疏被微柔毛；托叶痕几达叶柄中部。花白色，极香；花被片 10 片，披针形，长 3 ～ 4 cm，
宽 3 ～ 5 mm；雄蕊的药隔伸出长尖头；雌蕊群被微柔毛，雌蕊群柄长约 4 mm；心皮多数，通常部分不发育，
成熟时随着花托的延伸，形成蓇葖疏生的聚合果；蓇葖熟时鲜红色。花期 4—9 月，夏季盛开，通常不结实。

【生境分布】生于路旁或庭院中。罗田各地均有分布。

【采收加工】夏末秋初花开时采收，鲜用或晒干。

【药用部位】花。

【药材名】白兰花。

【来源】木兰科植物白兰花 *Michelia × alba*
DC. 的花。

【药理作用】镇咳，祛痰，平喘。

【性味】苦、辛，温。

【功能主治】止咳，化浊。主治慢性支气管炎，
前列腺炎，妇女带下。

【用法用量】内服：煎汤，10 ～ 16 g。

【临床应用】治慢性气管炎。

八角属 *Illicium* L.

261. 红茴香 *Illicium henryi* Diels.

【别名】野八角茴香、大茴。

【形态】灌木或乔木，高 3 ～ 8 m，有时可达 12 m；树皮灰褐色至灰白色。芽近卵形。叶互生
或 2 ～ 5 片簇生，革质，倒披针形，长披针形或倒卵状椭圆形，长 6 ～ 18 cm，宽 1.2 ～ 5（6）cm，

先端长渐尖，基部楔形；中脉在叶上面下凹，在下面凸起，侧脉不明显；叶柄长 7～20 mm，直径 1～2 mm，上部有不明显的狭翅。花粉红色至深红色，暗红色，腋生或近顶生，单生或 2～3 朵簇生；花梗细长，长 15～50 mm；花被片 10～15，最大的花被片长圆状椭圆形或宽椭圆形，长 7～10 mm；宽 4～8.5 mm；雄蕊 11～14 枚，长 2.2～3.5 mm，花丝长 1.2～2.3 mm，药室明显凸起；心皮通常 7～9 枚，有时可达 12 枚，长 3～5 mm，

花柱钻形，长 2～3.3 mm。果梗长 15～55 mm；蓇葖 7～9，长 12～20 mm，宽 5～8 mm，厚 3～4 mm，先端明显钻形，细尖，尖头长 3～5 mm。种子长 6.5～7.5 mm，宽 5～5.5 mm，厚 2.5～3 mm。花期 4—6 月，果期 8—10 月。

【生境分布】 生于阴湿的溪谷两旁杂木林中。

【药用部位】 根或根皮。

【药材名】 红茴香根皮。

（1）红茴香根皮。

【别名】 老根、八角脚根。

【采收加工】 全年可采，根挖起后除去泥土杂质，切片晒干。根皮，在根挖起后，斩成小段晒至半干，用小刀剖开皮部除去木质部即得。

【来源】 木兰科植物红茴香 *Illicium henryi* Diels. 的根或根皮。

【性状】 根圆柱形，常不规则弯曲，直径通常 2～3 cm，表面粗糙，棕褐色，具明显的横向裂纹和因干缩所致的纵皱，少数栓皮易剥落现出棕色皮部。质坚硬，不易折断。断面淡棕色，外围红棕色，木质部占根的大部分，并可见同心环（年轮）。气香，味辛涩。根皮呈不规则的块片，大小不一，略卷曲，厚 1～2 mm，外表棕褐色，具纵皱及少数横向裂纹。内表面红棕色，光滑；有纵向纹理。质坚脆，断面略整齐，气、味同根。根及根皮均以干燥无泥杂者为佳。

【炮制】 洗净，稍浸，取出后润透，根斜切成片，根皮斜切成丝，晒干即可。

【性味】 金华《常用中草药单方验方选编》：苦，温，有大毒。

【功能主治】 祛风通络，散瘀止痛。主治跌打损伤，风湿痹痛，痈疽肿毒。

【用法用量】 内服：煎汤，3～6 g；研粉，0.3～0.9 g。

【注意】 孕妇忌服；阴虚无瘀滞者慎用。

【附方】①治跌打损伤，瘀血肿痛：a. 红茴香根皮 3～6 g。水煎，冲黄酒、红糖，早晚各服一次。（《浙江民间常用草药》）b. 红茴香鲜根皮或树皮，加黄酒或食盐，捣敷患处。（《浙江天目山药用植物志》）

②治内伤腰痛：红茴香根皮研细末，每次 0.6～1.5 g，早晚用黄酒冲服。

③治风湿痛：红茴香根皮，切细，蒸三次，晒三次。每次用 10 g，水煎，冲红糖、黄酒服。

④治痈疽肿毒：红茴香根皮，研细末，和糯米饭捣烂，敷患处。（②～④方出自《浙江民间常用草药》）

（2）茴香叶。

【来源】 木兰科植物红茴香 *Illicium henryi* Diels. 的叶。

【化学成分】 含挥发油。种子和果皮含有毒成分。

【功能主治】《浙江天目山药用植物志》：治外伤出血，用干叶研细，油调敷；治上唇疔疮，烧酒调敷。

【注意】本种果实有毒，不能作为八角茴香代用品。

262. 八角 *Illicium verum* Hook.f.

【别名】八角茴香、大茴香、八角香、八角大茴、八角珠、大八角。

【形态】乔木，高 10～15 m；树冠塔形、椭圆形或圆锥形；树皮深灰色；枝密集。叶不整齐互生，在顶端 3～6 片近轮生或松散簇生，革质，厚革质，倒卵状椭圆形、倒披针形或椭圆形，长 5～15 cm，宽 2～5 cm，先端骤尖或短渐尖，基部渐狭或楔形；在阳光下可见密布透明油点；中脉在叶上面稍凹下，在下面隆起；叶柄长 8～20 mm。花粉红色至深红色，单

生叶腋或近顶生，花梗长 15～40 mm；花被片 7～12 片，常 10～11，常具不明显的半透明腺点，最大的花被片宽椭圆形到宽卵圆形，长 9～12 mm，宽 8～12 mm；雄蕊 11～20 枚，多为 13、14 枚，长 1.8～3.5 mm，花丝长 0.5～1.6 mm，药隔截形，药室稍为凸起，长 1～1.5 mm；心皮通常 8，有时 7 或 9，很少 11，在花期长 2.5～4.5 mm，子房长 1.2～2 mm，花柱钻形，长度比子房长。果梗长 20～56 mm，聚合果，直径 3.5～4 cm，饱满平直，蓇葖多为 8，呈八角形，长 14～20 mm，宽 7～12 mm，厚 3～6 mm，先端钝或钝尖。种子长 7～10 mm，宽 4～6 mm，厚 2.5～3 mm。正糙果 3—5 月开花，9—10 月果熟，春糙果 8—10 月开花，翌年 3—4 月果熟。

【生境分布】生于土壤疏松的阴湿山地。野生或栽培。

【采收加工】每年采收 2 次，第 1 次为主采期，在 8—9 月，第 2 次在翌年 2—3 月。采摘后，微火烘干，或用开水浸泡片刻，待果实转红后晒干。

【药用部位】果实。

【药材名】茴香。

【来源】木兰科植物八角茴香 *Illicium verum* Hook.f. 的果实。

【性状】干燥果实，常由 8 个（少数 6～13 个）蓇葖集成聚合果，放射状排列，中轴下有一钩状弯曲的果柄。蓇葖果小艇形，长 5～20 mm，高 5～10 mm，宽约 5 mm，顶端钝尖而平直，上缘开裂。果皮外表面红棕色，多数有皱纹，内表面淡棕色，有光泽，内含种子 1 粒。种子扁卵形，长 7 mm，宽 4 mm，厚 2 mm；种皮棕色或灰棕色，光亮，一端有小种脐，旁有明显珠孔，另一端有合点，种脐与合点之间有淡色的狭细种脊。种皮质脆，内含白色种仁，富油质。味微甜，有特殊香气。以个大、色红、油多、香浓者为佳。

【炮制】筛去泥屑种子，拣去果柄杂质。

《本草蒙筌》：盐酒炒用。

【性味】辛、甘，温。

【归经】归脾、肾经。

【功能主治】温阳，散寒，理气。主治中寒呕逆，寒疝腹痛，肾虚腰痛，干、湿脚气。

【用法用量】内服：煎汤，3～6 g；或入丸、散。

【注意】　阴虚火旺者慎服。

①《得配本草》：多食损目发疮。

②《会约医镜》：阳旺及得热则呕者均戒。

【附方】　①治小肠气坠：八角茴香，小茴香各 10 g，乳香少许。水（煎）服取汗。（《仁斋直指方》）

②治疝气偏坠：大茴香末 32 g，小茴香末 32 g。用猪尿胞一个，连尿入二末于内，系定罐内，以酒煮烂，连胞捣丸如梧桐子大。每服五十丸，白汤下。（《卫生杂兴》）

③治腰重刺胀：八角茴香，炒，为末，食前酒服 6 g。（《仁斋直指方》）

④治腰痛如刺：八角茴香（炒研）每服 6 g，食前盐汤下。外以糯米 1～2 升，炒热，袋盛，拴于痛处。（《简便单方》）

⑤治大小便皆秘，腹胀如鼓，气促：大麻子（炒，去壳）16 g，八角茴香七个。上作末，生葱白三七个，同研煎汤，调五苓散服。（《永类钤方》）

【注意】　同属植物莽草的果实，形状与八角茴香非常相似，极易混淆。莽草果实有毒，不可误用。其主要区别点：莽草果实较小，蓇葖一般长 7～10 mm；其尖端呈向上弯曲之鸟喙状。果柄多垂直，常脱落。带树胶样气味，味苦。

263. 红毒茴 *Illicium lanceolatum* A. C. Smith

【别名】　鼠莽、红茴香、骨底搜、山木蟹、莽草。

【形态】　灌木或小乔木，高 3～10 m；枝条纤细，树皮浅灰色至灰褐色。叶互生或稀疏地簇生于小枝近顶端或排成假轮生，革质，披针形、倒披针形或倒卵状椭圆形，长 5～15 cm，宽 1.5～4.5 cm，先端尾尖或渐尖、基部窄楔形；中脉在叶面微凹陷，叶下面稍隆起，网脉不明显；叶柄纤细，长 7～15 mm。花腋生或近顶生，单生或 2～3 朵，红色、深红色；花梗纤细，

直径 0.8～2 mm，长 15～50 mm；花被片 10～15，肉质，最大的花被片椭圆形或长圆状倒卵形，长 8～12.5 mm，宽 6～8 mm；雄蕊 6～11 枚，长 2.8～3.9 mm，花丝长 1.5～2.5 mm，花药分离，长 1～1.5 mm，药隔不明显截形或稍微缺，药室凸起；心皮 10～14 枚，长 3.9～5.3 mm，子房长 1.5～2 mm，花柱钻形，纤细，长 2～3.3 mm，骤然变狭。果梗长可达 6 cm（少有达 8 cm），纤细、蓇葖 10～14 枚（少有 9）轮状排列，直径 3.4～4 cm，单个蓇葖长 14～21 mm，宽 5～9 mm，厚 3～5 mm，顶端有一长 3～7 mm 向后弯曲的钩状尖头；种子长 7～8 mm，宽 5 mm，厚 2～3.5 mm。花期 4—6 月，果期 8—10 月。

【生境分布】　生于阴湿沟谷两旁的混交林或疏林中。

【采收加工】　四季可采。

【药用部位】　根皮。

【来源】　木兰科植物红毒茴 *Illicium lanceolatum* A. C. Smith 的根皮。

【功能】　祛风止痛，消肿散结，杀虫止痒。

【注意】　本品果实有剧毒，切勿作为八角茴香的代用品！

五味子属 *Schisandra* Michx.

264. 铁箍散 *Schisandra propinqua* subsp. *sinensis*（Oliv.）R. M. K. Saunders

【别名】黄龙藤、蛇毒药、香巴戟、秤砣根、野五味。

【形态】落叶木质藤本，全株无毛，当年生枝褐色或变灰褐色，有银白色角质层。叶坚纸质，卵形、长圆状卵形或狭长圆状卵形，长 7～11（17）cm，宽 2～3.5（5）cm，先端渐尖或长渐尖，基部圆或阔楔形，下延至叶柄，上面干时褐色，下面带苍白色，具疏离的胼胝质齿，有时近全缘，侧脉每边 4～8 条，网脉稀疏，干时两面均凸起。花橙黄色，常单生或 2～3 朵聚生于叶腋，或 1 花梗具数花的总状花序；花梗长 6～16 mm，具约 2 小苞片。雄花：花被片 9（15），外轮 3 片绿色，最小的椭圆形或卵形，长 3～5 mm，中轮的最大一片近圆形、倒卵形或宽椭圆形，长 5（9）～9（15）mm，宽 4（7）～9（11）mm，最内轮的较小；雄蕊群黄色，近球形的肉质花托直径约 6 mm，雄蕊 12～16，每雄蕊嵌入横列的凹穴内，花丝甚短，药室内向纵裂；雌花：花被片与雄花相似，雌蕊群卵球形，直径 4～6 mm，心皮 25～45 枚，倒卵圆形，长 1.7～2.1 mm，密生腺点，花柱长约 1 mm。聚合果的果托干时黑色，长 3～15 cm，直径 1～2 mm，具 10～45 成熟心皮，成熟心皮近球形或椭圆体形，直径 6～9 mm，具短柄；种子近球形或椭圆形，长 3.5～5.5 mm，宽 3～4 mm，种皮浅灰褐色，光滑，种脐狭长，长约为宽的 1/3，稍凹入。花期 6—7 月。

【生境分布】生于海拔 600 m 以上的湿润山坡边或灌丛中。罗田分布于北部山区。

【采收加工】秋季挖根，洗净晒干；夏季采叶，鲜用或晒干研粉。

【药用部位】藤茎、根、叶。

【药材名】铁箍散。

【来源】木兰科植物铁箍散 *Schisandra propinqua* subsp. *sinensis*（Oliv.）R. M. K. Saunders 的根及叶。

【性味】甘、辛，平。

【功能主治】祛风活血，解毒消肿，止痛。根：风湿麻木，跌打损伤，胃痛，月经不调，血栓闭塞性脉管炎。叶：外用治疖疮，毒蛇咬伤，外伤出血。

【用法用量】10～18 g，水煎或泡酒服；外用适量，鲜叶捣烂敷患处，或干叶研粉撒患处。

265. 华中五味子 *Schisandra sphenanthera* Rehd. et Wils.

【别名】南五味子。

【形态】落叶木质藤本，全株无毛，很少在叶背脉上有稀疏细柔毛。冬芽、芽鳞具长缘毛，先端无硬尖，小枝红褐色，距状短枝或伸长，具颇密而凸起的皮孔。叶纸质，倒卵形、宽倒卵形，或倒卵状长椭圆形，有时圆形，很少椭圆形，长（3）5～11 cm，宽（1.5）3～7 cm，先端短急尖或渐尖，基部楔形或阔楔形，干膜质边缘至叶柄成狭翅，上面深绿色，下面淡灰绿色，有白色点，2/3 以上边缘具疏离、胼胝质齿尖的波状齿，上面中脉稍凹入，侧脉每边 4～5 条，网脉密致，干时两面不明显凸起；叶柄红色，长 1～3 cm。花生于近基部叶腋，花梗纤细，长 2～4.5 cm，基部具长 3～4 mm 的膜质苞片，花被片 5～9，橙黄色，近相似，椭圆形或长圆状倒卵形，中轮的长 6～12 mm，宽 4～8 mm，具缘毛，背面有腺点。雄花：雄蕊群倒卵圆形,直径4~6 mm;花托圆柱形,顶端伸长,无盾状附属物;雄蕊11~19（23），基部的长1.6~2.5 mm，药室内侧向开裂，药隔倒卵形，两药室向外倾斜，顶端分开，基部近邻接，花丝长约1 mm，上部1~4雄蕊与花托顶贴生，无花丝；雌花：雌蕊群卵球形，直径5~5.5 mm，雌蕊30~60枚，子房近镰刀状椭圆形，长2~2.5 mm，柱头冠狭窄，仅花柱长0.1~0.2 mm，下延成不规则的附属体。聚

合果果托长6~17 cm，直径约4 mm，聚合果梗长3~10 cm，成熟小浆红色，长8~12 mm，宽6~9 mm，具短柄；种子长圆体形或肾形，长约4 mm，宽3~3.8 mm，高2.5~3 mm，种脐斜V字形。

【生境分布】 生于海拔600 m以上的湿润山坡边或灌丛中。罗田中、高山区有分布。

【采收加工】 秋季果实成熟尚未脱落时采摘，拣去果枝及杂质，晒干。

【药用部位】 果实。

【药材名】 南五味子。

【来源】 木兰科植物华中五味子 *Schisandra sphenanthera* Rehd. et Wils. 的果实。

【性状】 果实呈不规则形，较小，直径2~5 mm；表面暗红色或棕褐色，果皮肉质较薄，无光泽，内含种子1~2粒。种子肾形，表面黄棕色，略呈颗粒状。

【化学成分】 种子含五味子甲素、五味子酯甲等。

【性味】 酸，温。

【功能主治】 收敛，滋补，生津，止泻。用于肺虚咳嗽，津亏口渴，自汗，盗汗，慢性腹泻。

【附方】 治五脏虚劳之疾，症见面色苍白，形瘦瘦弱，饮食不化等：熟地黄80 g，川牛膝、山药各48 g，杜仲、巴戟、山茱萸、肉苁蓉、南五味子、白茯苓、小茴香、远志各32 g，石菖蒲、枸杞子各15 g，红枣36枚，另研与药末加炼蜜杵烂为丸，梧桐子大，每五十丸，淡盐汤或温酒下。《万密斋医学全书》

六十八、蜡梅科 Calycanthaceae

蜡梅属 *Chimonanthus* Lindl.

266. 蜡梅 *Chimononthus praecox*（L.）Link

【别名】 黄梅花、腊梅、蜡木。

【形态】 落叶灌木，高达4 m；幼枝四方形，老枝近圆柱形，灰褐色，无毛或被疏微毛，有皮孔；鳞芽通常着生于第二年生的枝条叶腋内，芽鳞片近圆形，覆瓦状排列，外面被短柔毛。叶纸质至近革质，卵圆形、椭圆形、宽椭圆形至卵状椭圆形，有时长圆状披针形，长5~25 cm，宽2~8 cm，顶端急尖至渐尖，有时具尾尖，基部急尖至圆形，除叶背脉上被疏微毛外无毛。花着生于第二年生枝条叶腋内，先花后叶，芳香，直径2~4 cm；花被片圆形、长圆形、倒卵形、椭圆形或匙形，长5~20 mm，宽5~15 mm，

无毛，内部花被片比外部花被片短，基部
有爪；雄蕊长 4 mm，花丝比花药长或等长，
花药向内弯，无毛，药隔顶端短尖，退化
雄蕊长 3 mm；心皮基部被疏硬毛，花柱长
达子房 3 倍，基部被毛。果托近木质化，
坛状或倒卵状椭圆形，长 2 ～ 5 cm，直径
1 ～ 2.5 cm，口部收缩，并具有钻状披针形
的被毛附生物。花期 11 月至翌年 3 月，果
期 4—11 月。

【生境分布】 野生于山地林中或栽培。
罗田各地均有分布。

【来源】 蜡梅科蜡梅属植物蜡梅 *Chimonanthus praecox*（L.）Link 的花蕾。

【采收加工】 冬末春初采收花蕾；根、根皮四季可采；烤干或晒干。

【性味】 花蕾：辛，凉。根、根皮：辛，温。

【功能主治】 花蕾：解暑生津，开胃散郁，止咳。用于暑热头晕，呕吐，气郁胃闷，麻疹，百日咳；
外用治汤火伤，中耳炎。

　　根：祛风，解毒，止血。用于风寒感冒，腰肌劳损，风湿关节炎。根皮：外用治刀伤出血。

【用法用量】 花蕾 3 ～ 6 g，水煎服；外用浸于花生油或菜油中成蜡梅花油，用时搽患处或滴注耳心。
根 16 g，水煎服；根皮（刮去外皮）研末，敷患处。

六十九、樟科　Lauraceae

樟属 *Cinnamomum* Schaeff.

267. 樟 *Cinnamomum camphora*（L.）presl

【别名】 香樟。

【形态】 常绿乔木，高 20 ～ 30 m。树皮灰褐色或黄褐色，纵裂；小枝淡褐色，光滑；枝和叶均有
樟脑味。叶互生，革质，卵状椭圆形以至卵形，长 6 ～ 12 cm，宽 3 ～ 6 cm，先端渐尖，基部钝或阔楔形，
全缘或呈波状，上面深绿色有光泽，下面灰绿色或粉白色，无毛，幼叶淡红色，脉在基部以上 3 出，脉腋
内有隆起的腺体；叶柄长 2 ～ 3 cm。圆锥花序腋生；花小，绿白色或淡黄色，长约 2 mm；花被 6 裂，椭
圆形，长约 2 mm，内面密生细柔毛；能育雄蕊 9，花药 4 室；子房卵形，光滑无毛，花柱短，柱头头状。
核果球形，宽约 1 cm，熟时紫黑色，基部为宿存、扩大的花被管所包围。花期 4—6 月。果期 8—11 月。

【生境分布】 野生或栽培于河旁，或生于较为湿润的平地。罗田各地均有分布。

【药用部位】 樟木、根（香樟根）、树皮（樟树皮）、树叶（樟树叶）、果实（樟树子）以及木材、
枝、叶中提取的结晶（樟脑）亦供药用。

【药材名】 樟木、樟树皮、樟树叶、樟树子、樟脑。

（1）樟木。

【别名】樟材、香樟木、吹风散。

【采收加工】通常在冬季砍取樟树树干，锯段，劈成小块后晒干。

【来源】樟科植物樟 *Cinnamomum camphora*（L.）presl 的木材。

【性状】形状不规则的木块，外表呈赤棕色至暗棕色，横断面可见年轮，质地重而硬，有强烈的樟脑香气，尝之有清凉感。以块大、完整、香气浓郁者为佳。

【化学成分】含樟脑及芳香性挥发油（樟油）。

【性味】辛，温。

【归经】《本草再新》：入肝、脾、肺三经。

【功能主治】祛风湿，行气血，利关节。主治心腹胀痛，脚气，痛风，疥癣，跌打损伤。

【用法用量】内服：煎汤，9～15 g；或浸酒。外用：煎水熏洗。

【注意】孕妇忌服。

【附方】①治胃痛：樟木 15 g，水煎服。（《江西草药》）

②治脚气，痰壅呕逆，心胸满闷，不下饮食：樟木 32 g（涂生姜汁炙令黄），捣筛为散。每服不计时候，以粥饮调下 3 g。（《普济方》）

③治痛风，手足冷痛如虎咬者：樟木屑一斗，以水一担熬沸，以樟木屑置于大桶内，令人坐桶边，放一脚在内，外以草荐一领围之，勿令汤气入眼，恐坏眼，其功甚捷。（《医学正传》）

④治蜈蚣咬伤：鲜樟树枝，煎服两碗。（《验方选集》）

（2）樟树皮。

【别名】香樟树皮、樟皮、樟木皮。

【采收加工】全年可采，鲜用或晒干。

【来源】樟科植物樟 *Cinnamomum camphora*（L.）presl 的树皮。

【性味】《陆川本草》：辛，温，味苦。

【功能主治】行气，止痛，祛风湿。主治吐泻，胃痛，风湿痹痛，脚气，疥癣，跌打损伤。

【用法用量】内服：煎汤，6～9 g；或浸酒。外用：煎水洗。

【注意】《南宁市药物志》：孕妇忌服。

【附方】①治霍乱上吐下泻：樟树皮一把。水煎，温服。（《养素园传信方》）

②治心痛：香樟树皮，取时去面上黑色者，用内第二层皮，捣碎，煎汤服。（《玉局方》）

③治风湿关节痛：樟树二重皮（鲜）、地胆草鲜根各 50 g。水煎服。（《福建中草药》）

④治湿气脚肿：樟木皮 500 g，蛤蒌 250 g，杉木皮 500 g。煎汤熏洗。（《陆川本草》）

⑤治酒醉：樟树皮水煎服。（《湖南药物志》）

⑥治麻疹后皮肤瘙痒：樟树皮（鲜）水煎洗浴。（《福建中草药》）

（3）樟树叶。

【采收加工】全年可采，鲜用或晒干。

【来源】樟科植物樟 *Cinnamomum camphora*（L.）presl 的叶片。

【性味】《陆川本草》：味苦辛，温。

【功能主治】祛风，除湿，止痛，杀虫。主治风湿骨痛，跌打损伤，疥癣。

【用法用量】　内服：煎汤，3～9 g；或捣汁、研末。外用：煎水洗或捣敷。

【注意】　《南宁市药物志》：孕妇忌服。

【附方】　①治面黄虚肿：樟树叶、大血藤。研末，每次 1.5 g，开水送服。（《湖南药物志》）

②治钩虫病：樟树嫩梢 250 g。炒黄，水 1000 g，煎至 250 g，次晨空腹温服。（《江西草药》）

③治脚上生疮，此疮个个如小笔管大者：樟树叶，捣熟，略掺拔毒丹，外贴樟树叶，连换。（《周益生家宝方》）

④治阴疽：樟树鲜叶合冷饭粒捣敷患处。初期能消，如已化脓则能排脓。（《泉州本草》）

⑤治鹅掌风：樟叶（鲜）水煎熏洗。（《福建中草药》）

⑥治烫伤起泡：樟叶、皮各适量。晒干烧灰，蛋清调搽。（《江西草药》）

（4）樟树子。

【别名】　香樟子、樟木子、樟子、樟太蔻。

【采收加工】　秋、冬季采集成熟的果实，晒干。

【来源】　樟科植物樟 *Cinnamomum camphora*（L.）presl 的果实。

【性状】　干燥果实，圆球形，棕黑色至紫黑色，表面皱缩不平，或有光泽，直径 5～8 mm，有的基部尚包有宿存的花被。果皮肉质而薄，内含种子 1 枚，黑色。气香、味辛辣。以个大、饱满、干燥、无杂质者为佳。

【性味】　《贵阳民间药草》：辛，温，无毒。

【功能主治】　散寒祛湿，行气止痛。主治吐泻，胃寒腹痛，脚气，肿毒。

【用法用量】　内服：煎汤，9～15 g。外用：煎水洗。

【附方】　①治头晕头痛，呕吐泄泻，腹痛：樟木子、千斤拔、牛大力、走马箭，水煎服。煎水外洗治寒湿脚气。（《广东中药》）

②治胃肠炎，胃寒腹痛，食滞，腹胀：樟树干果 9～15 g。水煎服。（广州部队《常用中草药手册》）

（5）樟脑。

【别名】　韶脑、潮脑、脑子、树脑。

【来源】　樟科植物樟 *Cinnamomum camphora*（L.）presl 的根、干、枝、叶，经提炼制成的颗粒状结晶。

【制法】　一般在 9—12 月砍伐老树，取其树根、树干、树枝，锯劈成碎片（树叶亦可用），置蒸馏器中进行蒸馏，樟木中含有的樟脑及挥发油随水蒸气馏出，冷却后，即得粗制樟脑。粗制樟脑再经升华精制，即得精制樟脑粉。将此樟脑粉入模型中压榨，则成透明的樟脑块。宜密闭瓷器中，放干燥处。本品以生长 50 年以上的老树，产量最丰；幼嫩枝叶，含脑少，产量低。

【性状】　纯品为雪白的结晶性粉末，或无色透明的硬块。粗制品略带黄色，有光泽。常温下容易挥发，点火产生多烟而有光的火焰，气芳香浓烈刺鼻，味初辛辣，后清凉。以洁白、纯净、透明、干爽无杂质者为佳。

【药理作用】　①局部作用：樟脑涂于皮肤有温和的刺激及防腐、镇痛、止痒作用。口服有祛风作用以及轻微的祛痰作用。

②兴奋中枢神经系统。

【毒性】　误服樟脑制剂可引起中毒。内服 0.5～1.0 g 可引起眩晕、头痛、温热感，甚至兴奋、谵妄等。2.0 g 以上可导致暂时性的镇静状态，之后导致癫痫样痉挛，最后可由于呼吸衰竭而亡。内服 7～15 g 或肌内注射 4 g，可致命。中毒之治疗方法一般为对症治疗，常可救活。

【性味】　辛，热。

【归经】　①《本草再新》：入心、脾二经。

②《本草撮要》：入足厥阴经。

【功能主治】 通窍，杀虫，止痛，辟秽。主治心腹胀痛，脚气，疮疡疥癣，牙痛，跌打损伤。

【用法用量】 内服：入散剂，0.06～0.15 g；或以酒溶解。外用：研末撒或调敷。

【注意】 气虚者忌服。

《本草求原》：忌见火。

【附方】①治疹秽腹痛：a.樟脑0.3 g，净没药0.6 g，明乳香0.9 g。研匀，茶调服0.09 g。（《本草正义》）b.精制樟脑10 g，白兰地或高粱酒50 ml。浸一天，溶解后，每次服1 ml。（《现代实用中药》）

②治脚气肿痛：樟脑64 g，乌头95 g。为末，醋糊丸，弹子大。每置一丸于足心踏之，下以微火烘之，衣被围覆，汗出如涎为效。（《医林类证集要》）

③治疗疮有脓者：樟脑16 g，硫黄4.5 g，川椒3 g（炒），枯矾3 g。共研末，真芝麻油调匀，不可太稀，摊在新粗夏布上，包好，线扎紧，先将疗疮针刺去脓，随以药包炭火烘热，对患处按之，日按数次，俟其不能复起脓，用药包乘热擦之。（《不知医必要》）

④治小儿秃疮：樟脑3 g，花椒6 g，脂麻100 g。为末，洗后搽之。（《简便单方》）

⑤治大人小孩满口糜烂：樟脑9 g，花椒6 g。共研末，置铜锅内，用碗盖好，并用盐泥将碗周围敷好，置火上数分钟，药升至碗上，刮取，吹入口中。（《贵州中医验方》）

⑥治远年烂脚，皮蛀作痒，臭腐疼痛，日渐痒大，难以收敛：樟脑、黄柏（末）各等份。再取豆粞一撮，和匀涂患处，用布扎紧七日，患处作痒忍之，数日则愈。（《中医杂志》）

⑦治臁疮：樟脑15～18 g，猪脂油，葱白。共捣烂，厚敷疮上，油纸裹好，旧棉花扎紧，一日一换，不可见风。（《经验广集》）

⑧治疬疮溃烂，牵至胸前两腋，块如芥子大，或牵至两眉上，四五年不能疗者：樟脑9 g，雄黄9 g。为末。先用荆芥根下一段，剪碎，煎沸汤，温洗良久，看烂破处紫黑，以针一刺去血，再洗三、四次，然后用樟脑、雄黄末，麻油调，扫上，出水，次日再洗扫，以愈为度。专忌酒色。（《洞天奥旨》）

⑨治汤火疮、定痛：樟脑合香油研敷，如疮湿，干掺上止痛，火毒不入内也。（《本草品汇精要》）

⑩治冻疮：樟脑9 g，猪脂32 g。先将猪脂炼好，去渣，再将炼好之猪油倾入锅内，下潮脑，微火炼十余分钟下锅，冷为膏，用瓶装好，封口备用，敷三至五次即愈。（《健康报》）

⑪治牙痛：樟脑3 g，朱砂3 g。为末，每用少许搽疼处。（《神效方》）

⑫治牙齿虫痛：樟脑、黄丹、肥皂（去皮、核）等份。研匀，蜜丸，塞孔中。（《余居士选奇方》）

268. 柴桂 *Cinnamomum tamala*（Bauch.–Ham.）Th

【别名】 三股筋。

【形态】 乔木，高达20 m，胸径20 cm；树皮灰褐色，有芳香气。枝条圆柱形，茶褐色，无毛，幼枝灸少具棱角，初时略被灰白微柔毛，后毛被渐脱落。叶互生或在幼枝上部者有时近对生，卵圆形、长圆形或披针形，长7.5～15 cm，宽（2.5）3～5.5 cm，先端长渐尖，基部锐尖或宽楔形，薄革质，上面绿色，光亮，下面绿白色，晦暗，两面无毛，离基三出脉，中脉直贯叶端，侧脉自叶基5～10 mm处生出，斜向上弧曲，在叶端之下消失，与侧脉在上面稍凸起，下面却十分凸起，横脉波状，细脉网状，均在两面多少明显；叶柄长0.5～1.3 cm，腹面略具沟槽，无毛。圆锥花序腋生及顶生，长5～10 cm，多花，分枝，分枝末端为3～5花的聚伞花序，总梗长1～4 cm，与各级序轴疏被灰白细小微柔毛。花白绿色，长达6 mm；花梗长4～6 mm，纤细，被灰白细小微柔毛。花被外面疏被内面密被灰白短柔毛，花被筒倒锥形，短小，长不及2 mm，花被裂片倒卵状长圆形，长约4 mm，宽约1.5 mm，先端钝。能育雄蕊9，花丝被灰白柔毛，第一、二轮雄蕊长3.8 mm，花药卵状长圆形，长1.3 mm，药室4，内向，花丝细长，长达2.5 mm，无腺体，第三轮雄蕊长4 mm，花药长圆形，长1.5 mm，药室4，外向，花丝长约2.5 mm，下部1/3处有一对具细柄的卵状心形的腺体。退化雄蕊3，位于最内轮，被柔毛，长1.7 mm，先端三角状箭头形，具长柄。子房卵球形，长1.2 mm，被柔毛，花柱细长，长3.6 mm，柱头小，不明显。成熟果未见。花期4～5月。

【生境分布】生于山坡或谷地的常绿阔叶林中或水边。罗田平湖有分布。

【采收加工】立春至处暑期均可采剥，以夏初最宜。

【药用部位】树皮。

【药材名】土肉桂。

【来源】樟科植物柴桂 *Cinnamomum tamala*（Bauch. –Ham.）Th 的树皮。

【性味】辛、甘，大热，有小毒。

【功能主治】散风寒，止呕吐，除湿痹，通经脉。用于呕吐，噎膈，胸闷腹痛，筋骨疼痛，腰膝冷痛，跌打损伤。

【用法用量】3～6 g，水煎服。

山胡椒属 *Lindera* Thunb.

269. 红果山胡椒 *Lindera erythrocarpa* Makino

【别名】红果钓樟、香樟。

【形态】落叶灌木或小乔木，高可达5 m；树皮灰褐色，幼枝条通常灰白或灰黄色，多皮孔，其木栓质凸起致皮甚粗糙。冬芽角锥形，长约1 cm。叶互生，通常为倒披针形，偶有倒卵形，先端渐尖，基部狭楔形，常下延，长（5）9～12（15）cm，宽（1.5）4～5（6）cm，纸质，上面绿色，有稀疏贴服柔毛或无毛，下面带绿苍白色，被贴服柔毛，在脉上较密，羽状脉，侧脉每边4～5条；叶柄长0.5～1 cm。伞形花序着生于腋芽两侧各一，总梗长约0.5 cm；总苞片4，具缘毛，内有花15～17朵。雄花花被片6，黄绿色，近相等，椭圆形，先端圆，长约2 mm，宽约1.5 mm，外面被疏柔毛，内面无毛；雄蕊9，各轮近等长，长约1.8 mm，花丝无毛，第三轮的近基部着生2个具短柄宽肾形腺体，退化雄蕊成"凸"字形；花梗被疏柔毛，长约3.5 mm。雌花较小，花被片6，内、外轮近相等，椭圆形，先端圆，长1.2 mm，宽0.6 mm，内、外轮外面被较密柔毛，内面被贴伏疏柔毛；退化雄蕊9，条形，近等长，长约0.8 mm，第三轮的中下部外侧着生2个椭圆形无柄腺体；雌蕊长约1 mm，子房狭椭圆形，花柱粗，与子房近等长，柱头盘状；花梗约1 mm。果球形，直径7～8 mm，熟时红色；果梗长1.5～1.8 cm，向先端渐增粗至果托，但果托并不明显扩大，直径3～4 mm。花期4月，果期9—10月。

【生境分布】生于海拔1000 m以下的山坡、林缘、路旁。罗田北部高山区有

分布。

【采收加工】 夏、秋季采收。

【药用部位】 枝叶。

【药材名】 山胡椒。

【来源】 樟科植物红果山胡椒 *Lindera erythrocarpa* Makino 的枝或叶。

【功能主治】 主治无名肿毒，痈疽，疖疮肿痛，外伤青肿。

【用法用量】 外用适量捣烂外敷。

270. 山胡椒 *Lindera glauca*（Sieb. et Zucc.）Bl.

【别名】 牛筋树。

【形态】 落叶灌木或小乔木，高可达 8 m；树皮平滑，灰色或灰白色。冬芽（混合芽）长角锥形，长约 1.5 cm，直径 4 mm，芽鳞裸露部分红色，幼枝条白黄色，初有褐色毛，后脱落成无毛。叶互生，宽椭圆形、椭圆形、倒卵形到狭倒卵形，长 4～9 cm，宽 2～4（6）cm，上面深绿色，下面淡绿色，被白色柔毛，纸质，羽状脉，侧脉每侧（4）5～6 条；叶枯后不落，翌年新叶发出时落下。伞形花序腋生，总梗短或不明显，长一般不超过 3 mm，生于混合芽中的总苞片绿色膜质，每总苞有 3～8 朵花。雄花花被片黄色，椭圆形，长约 2.2 mm，内、外轮几相等，外面在背脊部被柔毛；雄蕊 9，近等长，花丝无毛，第三轮的基部着生 2 具角凸宽肾形腺体，柄基部与花丝基部合生，有时第二轮雄蕊花丝也着生一较小腺体；退化雌蕊细小，椭圆形，长约 1 mm，上有一小凸尖；花梗长约 1.2 cm，密被白色柔毛。雌花花被片黄色，椭圆或倒卵形，内、外轮几相等，长约 2 mm，外面在背脊部被稀疏柔毛或仅基部有少数柔毛；退化雄蕊长约 1 mm，条形，第三轮的基部着生 2 个长约 0.5 mm 具柄不规则肾形腺体，腺体柄与退化雄蕊中部以下合生；子房椭圆形，长约 1.5 mm，花柱长约 0.3 mm，柱头盘状；花梗长 3～6 mm，熟时黑褐色；果梗长 1～1.5 cm。花期 3—4 月，果期 7—8 月。

【生境分布】 生于海拔 900 m 以下的山坡、林缘、路旁。罗田高山地区有分布。

【采收加工】 秋季果熟时采取；根全年可采；叶夏、秋季采收。

【药用部位】 果实（山胡椒）、山胡椒根（根）、山胡椒叶（叶）。

【药材名】 山胡椒、山胡椒根、山胡椒叶。

【来源】 樟科植物山胡椒 *Lindera glauca*（Sieb. et Zucc.）Bl. 的果实、根、叶、果实。

【功能主治】 根、枝、叶、果药用；叶可温中散寒、破气化滞、祛风消肿；根治劳伤脱力、水湿浮肿、四肢酸麻、风湿性关节炎、跌打损伤；果治胃痛。

【性味】 辛，温。

【主治】 主治中风不语，心腹冷痛。

《新修本草》：主心腹痛，中冷。破滞。

【用法用量】 内服：煎汤。

【附方】 ①治中风不语：山胡椒干果、黄荆子各 3 g。共捣碎，开水泡服。（《陕西中草药》）

②治气喘：山胡椒果实 64 g，猪肺一副。加黄酒，淡味或加糖炖服。一、二次吃完。（江西《草药手册》）

271. 山橿 *Lindera reflexa* Hemsl.

【别名】野樟树、钓樟。

【形态】落叶灌木或小乔木；树皮棕褐色，有纵裂及斑点。幼枝条黄绿色，光滑、无皮孔，幼时有绢状柔毛，不久后脱落。冬芽长角锥状，芽鳞红色。叶互生，通常卵形或倒卵状椭圆形，有时为狭倒卵形或狭椭圆形，长 5～16.5 cm，宽 2.5～12.5 cm，先端渐尖，基部圆形或宽楔形，有时稍心形，纸质，上面绿色，幼时在中脉上被微柔毛，不久后脱落，下面带绿苍白色，被白色柔毛，后渐脱落成几无毛，羽状脉，侧脉每边 6～8（10）条；叶柄长 6～17（30）mm，幼时被柔毛，后脱落。伞形花序着生于叶芽两

侧各一，具总梗，长约 3 mm，红色，密被红褐色微柔毛，果时脱落；总苞片 4，内有花约 5 朵。雄花花梗长 4～5 mm，密被白色柔毛；花被片 6，黄色，椭圆形，近等长，长约 2 mm，花丝无毛，第三轮的基部着生 2 个宽肾形具长柄的腺体，柄基部与花丝合生；退化雌蕊细小，长约 1.5 mm，狭角锥形。雌花花梗长 4～5 mm，密被白柔毛；花被片黄色，宽矩圆形，长约 2 mm，外轮略小，外面在背脊部被白柔毛，内面被疏柔毛；退化雄蕊条形，一、二轮长约 1.2 mm，第三轮略短，基部着生 2 腺体，腺体几与退化雄蕊等大，下部分与退化雄蕊合生，有时仅见腺体而不见退化雄蕊；雌蕊长约 2 mm，子房椭圆形，花柱与子房等长，柱头盘状。果球形，直径约 7 mm，成熟时红色；果梗无皮孔，长约 1.5 cm，被疏柔毛。花期 4 月，果期 8 月。

【生境分布】生于海拔 1000 m 以下的山谷、山坡林下或灌丛中。罗田骆驼坳镇有分布。

【采收加工】四季可采，干燥或鲜用。

【药用部位】根或根皮。

【药材名】山橿根。

【来源】樟科植物山橿 *Lindera reflexa* Hemsl. 的根或根皮。

【性味】辛，温。

【化学成分】根含无根藤碱、新木姜子碱。

【性味】①《日华子本草》：温，无毒。

②《本草品汇精要》：味辛，性温，无毒。

【功能主治】止血，消肿，止痛。主治胃气痛，疥癣，风疹，刀伤出血。

【用法用量】内服：煎汤，6～9 g。外用：研末撒或煎水洗。

木姜子属 *Litsea* Lam.

272. 豹皮樟 *Litsea coreana* Levl. var. *sinensis*（Allen）Yang et P. H. Huang

【别名】扬子木姜子、剥皮枫、花壳柴。

【形态】常绿乔木，高 8～15 m，胸径 30～40 cm；树皮灰色，呈小鳞片状剥落，脱落后呈鹿皮斑痕。幼枝红褐色，无毛，老枝黑褐色，无毛。顶芽卵圆形，先端钝，鳞片无毛或仅上部有毛。叶互生，倒卵状椭圆形或倒卵状披针形，长 4.5～9.5 cm，宽 1.4～4 cm，先端钝或渐尖，基部楔形，革质，上面深绿色，

无毛，下面粉绿色，无毛，羽状脉，侧脉每边 7～10 条，在两面微凸起，中脉在两面凸起，网脉不明显；叶柄长 6～16 mm，无毛。伞形花序腋生，无总梗或有极短的总梗；苞片 4，交互对生，近圆形，外面被黄褐色丝状短柔毛，内面无毛；每一花序有花 3～4 朵；花梗粗短，密被长柔毛；花被裂片 6，卵形或椭圆形，外面被柔毛；雄蕊 9，花丝有长柔毛，腺体箭形，有柄，无退化雌蕊；雌花中子房近球形，花柱有

疏柔毛，柱头 2 裂；退化雄蕊丝状，有长柔毛。果近球形，直径 7～8 mm；果托扁平，宿存有 6 裂花被裂片；果梗长约 5 mm，颇粗壮。花期 8—9 月，果期翌年夏季。

豹皮樟与原变种不同在于叶片长圆形或披针形，先端多急尖，上面较光亮，幼时基部沿中脉有柔毛，叶柄上面有柔毛，下面无毛。

【生境分布】生于海拔 900 m 以下的山地杂木林或林缘及旷野、沟边。罗田中、高山区有分布。

【采收加工】四季可采，干燥或鲜用。

【药用部位】根及茎皮。

【药材名】豹皮樟。

【来源】樟科植物豹皮樟 Litsea coreana Levl. var. sinensis（Allen）Yang et P. H. Huang 的根及茎皮。

【性味】辛、苦，温。

【归经】归胃、脾经。

【功能主治】温中止痛，理气行水。主治胃脘胀痛，水肿。

【用法用量】内服：煎汤，9～30 g。

273. 山鸡椒 *Litsea cubeba*（Lour.）Pers.

【别名】山苍子、山胡椒、荜澄茄。

【形态】落叶灌木或小乔木，高 8～10 m；幼树树皮黄绿色，光滑，老树树皮灰褐色。小枝细长，绿色，无毛，枝、叶具芳香味。顶芽圆锥形，外面具柔毛。叶互生，披针形或长圆形，长 4～11 cm，宽 1.1～2.4 cm，先端渐尖，基部楔形，纸质，上面深绿色，下面粉绿色，两面均无毛，羽状脉，侧脉每边 6～10 条，纤细，中脉、侧脉在两面均凸起；叶柄长 6～20 mm，纤细，无毛。伞形花序单生或簇生，总梗细长，长 6～10 mm；苞片边缘有睫毛状毛；每一花序有花 4～6 朵，先叶开放或与叶同时开放，花被裂片 6，宽卵形；能育雄蕊 9，花丝中下部有毛，第 3 轮基部的腺体具短柄；退化雌蕊无毛；雌花中退化雄蕊中下部具柔毛；子房卵形，花柱短，柱头头状。果近球形，直径约 5 mm，无毛，幼时绿色，成熟时黑色，果梗长 2～4 mm，先端稍增粗。花期 2—3 月，果期 7—8 月。

【生境分布】生于山坡林间。罗田九

资河镇、薄刀峰有分布。

【采收加工】 夏、秋季采收。

【药用部位】 果实。

【药材名】 荜澄茄。

【来源】 樟科植物山鸡椒 *Litsea cubeba*（Lour.）Pers. 的干燥成熟果实。

【性味】 辛，温。

【归经】 归脾、胃、肾、膀胱经。

【功能主治】 温中散寒，行气止痛。主治胃寒呕吐，脘腹冷痛，寒疝腹痛，寒湿，小便浑浊。

【用法用量】 内服：煎汤，2～5 g。

润楠属 *Machilus* Nees

274. 红楠 *Machilus thunbergii* Sieb. et Zucc.

【别名】 猪脚楠、小楠木。

【形态】 常绿中等乔木，通常高10～15（20）m；树干粗短，周长可达2～4 m；树皮黄褐色；树冠平顶或扁圆。枝条多而伸展，紫褐色，老枝粗糙，嫩枝紫红色，二、三年生枝上有少数纵裂和唇状皮孔，新枝、二、三年生枝的基部有顶芽鳞片脱落后的疤痕数环至多环。顶芽卵形或长圆状卵形，鳞片棕色革质，宽圆形，下部的较小，中部的较宽，先端圆形，背面无毛，边缘有小睫毛状毛，上部鳞片边缘的毛浓密。叶倒卵形至倒卵状披针形，长4.5～9（13）cm，宽1.7～4.2 cm，先端短凸尖或短渐尖，尖头钝，基部楔形，革质，上面黑绿色，有光泽，下面较淡，带粉白色，中脉上面稍凹下，下面明显凸起，侧脉每边7～12条，斜向上升，稍直，至近叶缘时沿叶缘上弯，呈波浪状，侧脉间有不规则的横行脉，小脉结成小网状，在嫩叶上可见，构成浅窝穴，在老叶的两面上常不太明显；叶柄比较纤细，长1～3.5 cm，上面有浅槽，和中脉一样带红色。花序顶生或在新枝上腋生，无毛，长5～11.8 cm，在上端分枝；多花，总梗占全长的2/3，带紫红色，下部的分枝常有花3朵，上部分枝的花较少；苞片卵形，有棕红色贴伏茸毛；花被裂片长圆形，长约5 mm，外轮的较狭，略短，先端急尖，外面无毛，内面上端有小柔毛；花丝无毛，第3轮腺体有柄，退化雄蕊基部有硬毛；子房球形，无毛；花柱细长，柱头头状；花梗长8～15 mm。果扁球形，直径8～10 mm，初时绿色，后变黑紫色；果梗鲜红色。花期2月，果期7月。

【生境分布】 生于山地阔叶混交林中，垂直分布于海拔800 m以下。罗田北部有少量分布。

【采收加工】 四季可采。

【药用部位】 根皮或树皮。

【药材名】 红楠树皮。

【来源】 樟科植物红楠 *Machilus thunbergii* Sieb. et Zucc. 的根皮或树皮。

【功能主治】 舒筋活血，消肿止痛。主治扭挫伤，转筋，足肿。

【用法用量】 外用：适量，煎水熏洗，或捣烂敷患处。

七十、罂粟科　Papaveraceae

紫堇属 *Corydalis* DC.

275. 北越紫堇 *Corydalis balansae* Prain

【形态】灰绿色丛生草本，高30～50 cm，具主根。茎具棱，疏散分枝，枝条花葶状，常与叶对生。基生叶早枯，通常不明显。下部茎生叶长15～30 cm，具长柄，叶片上面绿色，下面苍白色，长7.5～15 cm，宽6～10 cm，2回羽状全裂，1回羽片3～5对，具短柄，2回羽片常1～2对，近无柄，长2～2.5 cm，宽1.2～2 cm，卵圆形，基部楔形至平截，2回三裂至具3～5圆齿状裂片，裂片顶端圆钝，具短尖。总状花序多花而疏离，具明显花序轴。苞片披针形至长圆状披针形，长4～7 mm。花梗长3～5 mm。花黄色至黄白色，近平展。萼片卵圆形，长约2 mm，边缘具小齿。外花瓣勺状，具龙骨状凸起，顶端较狭，微凹至近平截，鸡冠状凸起仅限于龙骨状凸起之上，不伸达顶端。上花瓣长1.5～2 cm；距短囊状，约占花瓣全长的1/4；蜜腺体短，约占距长的1/3。下花瓣长约1.3 cm，花瓣与爪的过渡部分较狭。内花瓣长约1.2 cm，爪长于花瓣。雄蕊束披针形，具3条纵脉，上部渐尖成丝状。柱头横向伸出2臂，各枝顶端具3乳凸。蒴果线状长圆形，长约3 cm，宽3 mm，斜伸或下垂，具1列种子。种子黑亮，扁圆形，具印痕状凹点，具大而舟状的种阜。

【生境分布】生于海拔200～700 m的山谷或沟边湿地。罗田各地均有分布。

【采收加工】夏季采收。

【药用部位】带根全草。

【药材名】紫堇。

【来源】罂粟科植物北越黄堇 *Corydalis balansae* Prain 的全草。

【性味】苦，凉。

【功能主治】清热解毒，祛火。主治跌打损伤，痈疮肿毒；外用止痛。

276. 伏生紫堇 *Corydalis decumbens*（Thunb.）Pers.

【别名】落水珠。

【形态】块茎小，圆形或伸长，直径4～15 mm；新块茎形成于老块茎顶端的分生组织和基生叶腋，向上常抽出多茎。茎高10～25 cm，柔弱，细长，不分枝，具2～3叶，无鳞片。叶2回3出，小叶片倒卵圆形，全缘或深裂成卵圆形或披针形的裂片。总状花序疏具3～10花。苞片小，卵圆形，全缘，长5～8 mm。花梗长10～20 mm。花近白色至淡粉红色或淡蓝色。萼片早落。外花瓣顶端下凹，常具狭鸡冠状凸起。上花瓣长14～17 mm，瓣片上弯；距稍短于瓣片，渐狭，平直或稍上弯；蜜腺体短，占距长的 1/3 ～ 1/2，末端渐尖。下花瓣宽匙形，通常无基生的小囊。内花瓣具超出顶端的宽而圆的鸡冠状凸起。蒴果线形，扭曲，长 13 ～ 18 mm，具 6 ～ 14 种子。种子具龙骨状凸起和泡状小凸起。

【生境分布】 生于海拔 80 ～ 300 m 山坡或路边。罗田各地均有分布。

【采收加工】 春至初夏采块茎，去泥，洗净，晒干或鲜用。

【药用部位】 块茎或全草。

【药材名】 夏天无。

【来源】 罂粟科植物伏生紫堇 Corydalis decumbens（Thunb.）Pers. 的块茎或全草。

【功能主治】 降压镇痉，行气止痛，活血去瘀。主治高血压，偏瘫，风湿性关节炎，坐骨神经痛，小儿麻痹后遗症。

【用法用量】 内服：煎汤，4.5 ～ 15 g；或研末。

【附方】 ①治高血压、脑瘤或脑栓塞所致偏瘫：鲜夏天无捣烂。每次大粒 4 ～ 5 粒，小粒 8 ～ 9 粒，每天 1 ～ 3 次，米酒或开水送服，连服 3 ～ 12 个月。（《浙江民间常用草药》）

②治各型高血压：a. 夏天无研末冲服，每次 2 ～ 4 g。b. 夏天无、钩藤、桑白皮、夏枯草。水煎服。

③治风湿性关节炎：夏天无粉每次服 9 g，日两次。

④治腰肌劳损：夏天无全草 15 g。水煎服。（②方及以下出自江西《中草药学》）

277. 紫堇 *Corydalis edulis* Maxim

【别名】 断肠草、蝎子花、闷头花、麦黄草。

【形态】 一年生灰绿色草本，高 20 ～ 50 cm，具主根。茎分枝，具叶；花枝花葶状，常与叶对生。基生叶具长柄，叶片近三角形，长 5 ～ 9 cm，上面绿色，下面苍白色，1 ～ 2 回羽状全裂，1 回羽片 2 ～ 3 对，具短柄，2 回羽片近无柄，倒卵圆形，羽状分裂，裂片狭卵圆形，顶端钝，近具短尖。茎生叶与基生叶同形。总状花序疏具 3 ～ 10 花。苞片狭卵圆形至披针形，渐尖，全缘，有时下部的疏具齿，约与花梗等长或稍长。花梗长约 5 mm。萼片小，近圆形，直径约 1.5 mm，具齿。花粉红色至紫红色，平展。外花瓣较宽展，顶端微凹，无鸡冠状凸起。上花瓣长 1.5 ～ 2 cm；距圆筒形，基部稍下弯，约占花瓣全长的 1/3；蜜腺体长，近伸达距末端，大部分与距贴生，末端不变狭。下花瓣近基部渐狭。内花瓣具鸡冠状凸起；爪纤细，稍长于花瓣。柱头横向纺锤形，两端各具 1 乳凸，上面具沟槽，槽内具极细小的乳凸。蒴果线形，下垂，长 3 ～ 3.5 cm，具 1 列种子。种子直径约 1.5 mm，密生环状小凹点；种阜小，紧贴种子。

【生境分布】 生于海拔 400 ～ 1200 m 的丘陵、沟边或多石地。罗田天堂寨有分布。

【来源】 罂粟科植物紫堇 *Corydalis edulis* Maxim 的全草及根。

【采收加工】 4—5 月采收。

【性味】 苦、涩、凉，有毒。

【功能主治】 清热解毒，止痒，收敛，固精，润肺，止咳。主治肺结核咯血，遗精，疮毒，顽癣。

【用法用量】 内服：煎汤，6 ～ 10 g。外用：捣敷、研末调敷或煎水洗。

【附方】 ①治肺痨咯血：断肠草根 10 g，煎水或泡酒服。（《贵州草药》）

②治遗精：蝎子花 10 ～ 12 g，以米泔水浸泡并露一宿后，用原来米泔水煎服，醪糟为饮，连服 3 ～ 4 剂。

③治疮毒：蝎子花根适量，煎水洗患处。

④治秃疮，蛇咬伤：鲜蝎子花根，捣烂外敷。（②方及以下出自《陕西中草药》）

278. 黄堇 *Corydalis pallida*（Thunb.）Pers.

【别名】 断肠草、粪桶草、石莲。

【形态】 灰绿色丛生草本，高 20 ～ 60 cm，具主根，少数侧根发达，呈须根状。茎 1 至多条，发自基生叶腋，具棱，常上部分枝。基生叶多数，莲座状，花期枯萎。茎生叶稍密集，下部的具柄，上部的近无柄，上面绿色，下面苍白色，2 回羽状全裂，1 回羽片 4 ～ 6 对，具短柄至无柄，2 回羽片无柄，卵圆形至长圆形，顶生的较大，长 1.5 ～ 2 cm，宽 1.2 ～ 1.5 cm，3 深裂，裂片边缘具圆齿状裂片，裂片顶端圆钝，近具短尖，侧生的较小，常具 4 ～ 5 圆齿。总状花顶生和腋生，有时对叶生，长约 5 cm，疏具多花和或长或短的花序轴。苞片披针形至长圆形，具短尖，约与花梗等长。花梗长 4 ～ 7 mm。花黄色至淡黄色，较粗大，平展。萼片近圆形，中央着生，直径约 1 mm，边缘具齿。外花瓣顶端勺状，具短尖，无鸡冠状凸起，或有时仅上花瓣具浅鸡冠状凸起。上花瓣长 1.7 ～ 2.3 cm；距约占花瓣全长的 1/3，背部平直，腹部下垂，稍下弯；蜜腺体约占距长的 2/3，末端钩状弯曲。下花瓣长约 1.4 cm。内花瓣长约 1.3 cm，具鸡冠状凸起，爪约与花瓣等长。雄蕊束披针形。子房线形；柱头具横向伸出的 2 臂，各枝顶端具 3 乳凸。蒴果线形，念珠状，长 2 ～ 4 cm，宽约 2 mm，斜伸至下垂，具 1 列种子。种子黑亮，直径约 2 mm，表面密具圆锥状凸起，中部较低平；种阜帽状，约包裹种子的 1/2。

【生境分布】 生于林间空地、火烧迹地、林缘、墙脚缝、河岸或多石坡地。罗田各地均有分布。

【采收加工】 夏季采收，洗净晒干。

【药用部位】 全草或根。

【药材名】 黄堇。

【来源】 罂粟科植物黄堇 *Corydalis pallida*（Thunb.）Pers. 的全草或根。

【性味】 苦、涩、寒，有毒。

【功能主治】 杀虫，解毒，清热，利尿。主治疥癣，疮毒肿痛，目赤，流火，暑热泻痢，肺病咯血。

【用法用量】外用：捣敷或用根以酒、醋磨汁搽。内服：煎汤，3 ～ 6 g（鲜品 16 ～ 32 g）；或捣汁。

【注意】 全草服后能使人畜中毒，但亦有清热解毒和杀虫的功能。

【附方】 ①治牛皮癣、顽癣：黄堇根磨酒、醋外搽。（江西《草药手册》）

②治疮毒肿痛：鲜黄堇全草 15 g，煎服；并用鲜叶捣汁涂患处。（《浙江天目

山药用植物志》）

　　③治毒蛇咬伤：鲜黄堇草，捣汁涂敷。（《浙江天目山药用植物志》）

　　④治目赤肿痛：黄堇鲜全草加食盐少许捣烂，闭上患眼后。外敷包好，卧床 2 h。

　　⑤治流火：黄堇全草 32 g。加黄酒、红糖煎服。连服 3 天。

　　⑥治暑热腹泻、痢疾：黄堇鲜全草 32 g。水煎服，连服数日。

　　⑦治肺病咯血：黄堇鲜全草 32 ~ 64 g。捣烂取汁服（用水煎则无效）。（④~⑦方出自《浙江民间常用草药》）

　　⑧治小儿惊风抽搐，人事不省：鲜黄堇 32 g。水煎服。（《浙江天目山药用植物志》）

279. 延胡索 *Corydalis yanhusuo* W. T. Wang ex Z. Y. Su et C. Y. Wu

【别名】延胡、玄胡索、元胡索。

【形态】多年生草本，高 10 ~ 30 cm。块茎圆球形，直径（0.5）1 ~ 2.5 cm，质黄。茎直立，常分枝，基部以上具 1 鳞片，有时具 2 鳞片，通常具 3 ~ 4 枚茎生叶，鳞片和下部茎生叶常具腋生块茎。叶 2 回 3 出或近 3 回 3 出，小叶 3 裂或 3 深裂，具全缘的披针形裂片，裂片长 2 ~ 2.5 cm，宽 5 ~ 8 mm；下部茎生叶常具长柄；叶柄基部具鞘。总状花序疏生 5 ~ 15 花。苞片披针形或狭卵圆形，全缘，有时下部的稍分裂，长约 8 mm。花梗花期长约 1 cm，果期长约 2 cm。花紫红色。萼片小，早落。外花瓣宽展，具齿，顶端微凹，具短尖。上花瓣长（1.5）2 ~ 2.2 cm，瓣片与距常上弯；距圆筒形，长 1.1 ~ 1.3 cm；蜜腺体约贯穿距长的 1/2，末端钝。下花瓣具短爪，向前渐增大成宽展的瓣片。内花瓣长 8 ~ 9 mm，爪长于花瓣。柱头近圆形，具较长的 8 乳凸。蒴果线形，长 2 ~ 2.8 cm，具 1 列种子。

【生境分布】生于山地林下，或为栽培。罗田北丰有栽培。

【采收加工】5—6 月当茎叶枯萎时采挖。挖取后，搓掉外面浮皮，洗净，区分大小，放入开水中烫煮，随时翻动，至内部无白心呈黄色时，捞出晒干，置于干燥通风处，防潮及虫蛀。

【药用部位】块茎。

【药材名】延胡索。

【来源】罂粟科植物延胡索 *Corydalis yanhusuo* W. T. Wang ex Z. Y. Su et C. Y. Wu 的块茎。

【性状】干燥块茎，呈不规则扁球形，直径 1 ~ 2 cm，表面黄色或褐黄色，顶端中间有略凹陷的茎痕，底部或有疙瘩状凸起。质坚硬而脆，断面黄色，角质，有蜡样光泽。无臭，味苦。以个大、饱满、质坚、色黄、内色黄亮者为佳，个小、色灰黄、中心有白色者质次。

【炮制】延胡索：拣去杂质，用水浸泡，洗净，润至内外湿度均匀，切片或打碎。醋延胡索：取净延胡索，用醋拌匀，浸润，至醋吸尽，置锅内用文火炒至微干，取出，放凉；或取净延胡索，加醋置锅内共煮，至醋吸净，烘干，取出，放凉。（延胡索每 100 kg，用醋 20 kg）

【性味】辛、苦，温。

【归经】归肝、胃经。

【功能主治】活血，散瘀，理气，止痛。主治心腹腰膝诸痛，月经不调，癥瘕，崩中，产后血晕，恶露不尽，跌打损伤。

【用法用量】 内服：煎汤，4.5～10 g；或入丸、散。

【注意】 孕妇忌服。

①《本草品汇精要》：妊娠不可服。

②《本草经疏》：经事先期及一切血热为病，法所应禁。

③《本草正》：产后血虚或经血枯少不利，气虚作痛者，皆大非所宜。

【附方】 ①治热厥心痛，或发或止，久不愈，身热足寒者：玄胡索（去皮）、金铃子肉等份，为末。每温酒或白汤下 6 g。（《太平圣惠方》）

②治下痢腹痛：延胡索 10 g，米饮服之，痛即减，调理而安。（《本草纲目》）

③治咳喘：醋制玄胡七成，枯矾三成。共研细粉。一日三次，每服一钱。（沈阳《中草药验方、制剂、栽培选编》）

④治室女血气相搏，腹中刺痛，痛引心端，经行涩少，或经事不调，以致疼痛：玄胡索（醋煮去皮）；当归（去芦，酒浸锉略炒）各 32 g，橘红 64 g。上为细末，酒煮米糊为丸，如梧桐子大。每服 70 丸，加至 100 丸，空心艾汤下，米饮亦得。（《济生方》）

⑤治产后恶露下不尽，腹内痛：延胡索末，以温酒调下 3 g。（《太平圣惠方》）

⑥治坠落车马，筋骨疼痛不止：延胡索 32 g。捣细罗为散，不计时候，以豆淋酒调下 6 g。（《太平圣惠方》）

⑦治跌打损伤：玄胡炒黄研细，每服 3～6 g，开水送服，亦可加黄酒适量同服。（《单方验方调查资料选编》）

⑧治疝气危急：玄胡索（盐炒）、全蝎（去毒，生用）等份。为末，每服 1.6 g，空心盐酒下。（《仁斋直指方》）

⑨治小儿盘肠气痛：延胡索、茴香等份。炒研，空心米饮，量儿大小与服。（《卫生易简方》）

⑩治偏正头痛不可忍者：玄胡索 7 枚，青黛 6 g，牙皂（去皮，子）2 个。为末，水和丸如杏仁大。每以水化 1 丸，灌入病人鼻内，当有涎出。（《永类钤方》）

⑪治小便尿血：延胡索 32 g，朴消 24 g。为末，每服 12 g，水煎服。（《类证活人书》）

【临床应用】 ①用于止痛。

②用于局部麻醉。

血水草属 Eomecon Hance

280. 血水草 *Eomecon chionantha* Hance

【别名】 水黄莲。

【形态】 多年生无毛草本，具红黄色汁液。根橙黄色，根茎匍匐。叶全部基生，叶片心形或心状肾形，稀心状箭形，长 5～26 cm，宽 5～20 cm，先端渐尖或急尖，基部耳垂，边缘呈波状，表面绿色，背面灰绿色，掌状脉 5～7 条，网脉细，明显；叶柄条形或狭条形，长 10～30 cm，带蓝灰色，基部略扩大成狭鞘。花葶灰绿色，略带紫红色，高 20～40 cm，有 3～5 朵花，排列成聚伞状伞房花序；苞片和小苞片卵状披针形，长 2～10 mm，先端渐尖，边缘薄膜质；花梗直立，长 0.5～5 cm。花芽卵珠形，长约 1 cm，先端渐尖；萼片长 0.5～1 cm，无毛；花瓣倒卵形，长 1～2.5 cm，宽 0.7～1.8 cm，白色；花丝长 5～7 mm，花药黄色，长约 3 mm；子房卵形或狭卵形，长 0.5～1 cm，无毛，花柱长 3～5 mm，柱头 2 裂，下延于花柱上。蒴果狭椭圆形，长约 2 cm，宽约 0.5 cm，花柱延长达 1 cm（果未成熟）。花期3—6月，果期6—10月。

【生境分布】 生于海拔1400～1800 m的林下、灌丛下或溪边、路旁。罗田北部高山区有分布。

【采收加工】 9—10月采收，晒干或鲜用。

【药用部位】 根及根茎。

【药材名】 血水草。

【来源】 罂粟科植物血水草 *Eomecon chionantha* Hance 的根及根茎。

【性状】 干燥根茎细圆柱形，弯曲或扭曲，长可达50 cm，直径1.5～5 mm。表面红棕色或灰棕色，平滑，有细纵纹，节间长2～5 cm，节上着生纤细的须状根。质脆，易折断，折断面不平整，皮部红棕色，中柱淡棕色，有棕色小点（维管束）。气微，味微苦。

【性味】 苦、辛，凉，有小毒。

【功能主治】 清热解毒，散瘀止痛。主治风热目赤肿痛，咽喉疼痛，尿路感染，疮疡疖肿，毒蛇咬伤，产后小腹瘀痛，跌打损伤及湿疹，疥癣等。

【用法用量】 内服：煎汤，5～15 g；或浸酒。外用：适量，捣烂敷；或研末调敷。

博落回属 *Macleaya* R. Br.

281. 博落回 *Macleaya cordata*（Willd.）R. Br.

【别名】 落回、勃勒回、山火筒、号筒树。

【形态】 直立草本，基部木质化，具乳黄色浆汁。茎高1～4 m，绿色，光滑，多白粉，中空，上部多分枝。叶片宽卵形或近圆形，长5～27 cm，宽5～25 cm，先端急尖、渐尖、钝或圆形，通常7或9深裂或浅裂，裂片半圆形、方形、三角形或其他，边缘波状、缺刻状、粗齿或多细齿，表面绿色，无毛，背面多白粉，被易脱落的细茸毛，基出脉通常5，侧脉2对，稀3对，细脉网状，常呈淡红色；叶柄长1～12 cm，上面具浅沟槽。大型圆锥花序多花，长15～40 cm，顶生和腋生；花梗长2～7 mm；苞片狭披针形。花芽棒状，近白色，长约1 cm；萼片倒卵状长圆形，长约1 cm，舟状，黄白色；花瓣无；雄蕊24～30，花丝丝状，长约5 mm，花药条形，与花丝等长；子房倒卵形至狭倒卵形，长2～4 mm，先端圆，基部渐狭，花柱长约1 mm，柱头2裂，下延于花柱上。蒴果狭倒卵形或倒披针形，长1.3～3 cm，粗5～7 mm，先端圆或钝，基部渐狭，无毛。种子4～6（8）枚，卵珠形，长1.5～2 mm，生于缝线两侧，无柄，种皮具排成行的整齐的蜂窝状孔穴，有狭种阜。花果期6—11月。

【生境分布】 生于海拔150～830 m的丘陵或低山林中、灌丛中或草丛间。罗田各地均有分布。

【采收加工】 5—10月采收。

【药用部位】 带根全草。

【药材名】 博落回。

【来源】 罂粟科植物博落回 *Macleaya cordata*（Willd.）R. Br. 的带根全草。

【药理作用】 ①驱虫作用。

②杀蛆作用。

【毒性】 博落回含多种生物碱，毒性颇大。文献上已屡有口服或肌肉注射后中毒甚至死亡的报道，主要原因为引起急性心源性脑缺血综合征。动物实验也证明，将博落回注射液注入兔耳静脉，可引起心电图的 T 波倒置，并可出现多源性多发性室性期前收缩，伴有短暂的阵发性心动过速；对阿托品有桔抗作用。

【性味】 辛、苦，温，有毒。

【功能主治】 消肿，解毒，杀虫。主治指疗，脓肿，急性扁桃体炎，中耳炎，滴虫性阴道炎，下肢溃疡，烫伤，顽癣。

【用法用量】 外用：捣敷；煎水熏洗或研末调敷。

【注意】 本品有毒，内服宜慎。

【附方】 ①治指疗：a. 博落回根皮、倒地拱根等份。加食盐少许，同浓茶汁捣烂，敷患处。（《江西民间草药验方》）b. 号筒树（连梗带叶）一把，水煎熏洗约 15 min，再将煎过的叶子贴患指，日 2～3 次。早期发炎者，如此反复熏洗，外贴 3～6 次愈。如已化脓，则须切开排脓，不适宜本药。（《江西医药》）

②治臁疮：博落回全草，烧存性，研极细末，撒于疮口内，或用麻油调搽，或同生猪油捣和成膏敷贴。（《江西民间草药验方》）

③治下肢溃疡：a. 博落回煎水洗；另用叶两张，中夹白糖，放锅内蒸几分钟，取出贴患部，每日换一次。b. 博落回（鲜根）1 kg，煎浓汁，调蜡烛油涂疮口周围，外用纱布包扎。

④治中耳炎：博落回同白酒研末，澄清后用灯芯洒滴耳内。

⑤治黄癣（癞痢）：先剃发，再用博落回 64 g，明矾 32 g，煎水洗，每日一次，共七天。

⑥治水、火烫伤：博落回根研末，棉花子油调搽。（④～⑦方出自江西《草药手册》）

⑦治蜈蚣、黄蜂蜇伤：取新鲜博落回茎，折断，有黄色汁液流出，以汁搽患处。（《江西民间草药验方》）

【临床应用】 ①治疗各种炎症。

②治疗滴虫性阴道炎。

罂粟属 *Papaver* L.

282. 虞美人 *Papaver rhoeas* L.

【别名】 赛牡丹、锦被花、百般娇、蝴蝶满园春。

【形态】 一年生草本，全体被伸展的刚毛，稀无毛。茎直立，高 25～90 cm，具分枝，被淡黄色刚毛。叶互生，叶片轮廓披针形或狭卵形，长 3～15 cm，宽 1～6 cm，羽状分裂，下部全裂，全裂片披针形和 2 回羽状浅裂，上部深裂或浅裂、裂片披针形，最上部粗齿状羽状浅裂，顶生裂片通常较

大，小裂片先端均渐尖，两面被淡黄色刚毛，叶脉在背面凸起，在表面略凹；下部叶具柄，上部叶无柄。花单生于茎和分枝顶端；花梗长 10～15 cm，被淡黄色平展的刚毛。花蕾长圆状倒卵形，下垂；萼片 2，宽椭圆形，长 1～1.8 cm，绿色，外面被刚毛；花瓣 4，圆形、横向宽椭圆形或宽倒卵形，长 2.5～4.5 cm，全缘，稀圆齿状或顶端缺刻状，紫红色，基部通常具深紫色斑点；雄蕊多数，花丝丝状，长约 8 mm，深紫红色，花药长圆形，长约 1 mm，黄色；子房倒卵形，长 7～10 mm，无毛，柱头 5～18，辐射状，连合成扁平、边缘圆齿状的盘状体。蒴果宽倒卵形，长 1～2.2 cm，无毛，具不明显的肋。种子多数，肾状长圆形，长约 1 mm。花果期 3—8 月。

【生境分布】我国各地常见栽培，为观赏植物。罗田各地均有栽培。

【采收加工】4—6 月花开时采收，晒干。

【药用部位】花及全草。

【药材名】虞美人。

【来源】罂粟科植物虞美人 *Papaver rhoeas* L. 的花或全草。

【功能主治】镇咳，止泻，镇痛，镇静等。

【附方】治痢疾：花 1.5～3 g（或鲜品 15～32 g，或干品 9～18 g）煎汤分两次内服。《江苏省中草药新医疗法展览资料选编》

七十一、山柑科　Capparaceae

白花菜属 *Cleome* L.

283. 白花菜 *Cleome gynandra* L.

【别名】羊角菜、白花草。

【形态】一年生直立分枝草本，高 1 m 左右，常被腺毛，有时茎上变无毛。无刺。叶为 3～7 小叶的掌状复叶，小叶倒卵状椭圆形、倒披针形或菱形，顶端渐尖、急尖、钝形或圆形，基部楔形至渐狭延成小叶柄，两面近无毛，边缘有细锯齿或有腺纤毛，中央小叶最大，长 1～5 cm，宽 8～16 mm，侧生小叶依次变小；叶柄长 2～7 cm；小叶柄长 2～4 mm，在汇合处彼此连生成蹼状；无托叶。总状花序长 15～30 cm，花少数至多数；苞片由 3 枚小叶组成，有短柄或几无柄；苞片中央小叶长达 1.5 cm，侧生小叶有时近消失；花梗长约 1.5 cm；萼片分离，披针形、椭圆形或卵形，长 3～6 mm，宽 1～2 mm，被腺毛；花瓣白色，少有淡黄色或淡紫色，在花蕾时期不覆盖着雄蕊和雌蕊，有爪，连爪长 10～17（20）mm，花瓣近圆形或阔倒卵形，宽 2～6 mm；花盘稍肉质，微扩展，圆锥状，长 2～3 mm，粗约 2 mm，果时不明显；雄蕊 6，伸出花冠外；

雌雄蕊柄长 5～18（22）mm；雌蕊柄在两性花中长 4～10（16）mm，在雄花中长 1～2 mm 或无柄；子房线柱形；花柱很短或无花住，柱头头状。果圆柱形；斜举，长 3～8 cm，中部直径 3～4 mm，雌雄蕊柄与雌蕊柄果时长度近相等，5～20 mm。种子近扁球形，黑褐色，长 1.2～1.8 mm，宽 1.1～1.7 mm，高 0.7～1 mm，表面有横向皱纹或更常为具疣状小凸起，爪开张，但常近似彼此连生：不具假种皮。花期与果期在 7—10 月。

【生境分布】　为低海拔村边、道旁、荒地或田野间常见杂草。生于荒地，或栽培于庭院。罗田望江垴有栽培。

【来源】　山柑科植物白花菜 *Cleome gynandra* L. 的全草。

【采收加工】　夏季采收。

【性味】　辛、甘，温。

【功能主治】　主治风湿痹痛，跌打损伤，疟疾，痢疾，带下，痔疮。

【用法用量】　内服：煎汤，10～16 g。外用：煎水洗或捣敷。

【注意】　《食物本草》（汪颖）：多食动风气，滞脏腑，令人胃中闷满，伤脾。

【附方】　①治男子下消，女人带下：白花菜嫩叶半两，洗净，切碎，和猪小肠或冰糖，水适量炖服。（《闽南民间草药》）

②治痔疮：白花菜洗净，水酌量，煎数沸，洗患处。（《闽南民间草药》）

【毒性】　白花菜一次食用大量，或少量多次食用后易引起中毒。曾有 6 例食用白花菜后 12 h 左右，先后发生头晕、恶心、呕吐、多汗、视物模糊、四肢麻木等。其中 3 例病情较重，发现瞳孔散大，对光反应迟钝；腹微隆起，肠鸣音减弱。经常规处理，3 天后恢复。

七十二、十字花科　Cruciferae

芸薹属 *Brassica* L.

284. 芸薹 *Brassica campestris* L.

【别名】　胡菜、寒菜、芸薹菜、青菜。

【形态】　二年生草本，高 30～90 cm；茎粗壮，直立，分枝或不分枝，无毛或近无毛，稍带粉霜。基生叶大头羽裂，顶裂片圆形或卵形，边缘有不整齐弯缺齿，侧裂片 1 至数对，卵形；叶柄宽，长 2～6 cm，基部抱茎；下部茎生叶羽状半裂，长 6～10 cm，基部扩展且抱茎，两面有硬毛及缘毛；上部茎生叶长圆状倒卵形、长圆形或长圆状披针形，长 2.5～8（15）cm，宽 0.5～4（5）cm，基部心形，抱茎，两侧有垂耳，全缘或有波状细齿。总状花序在花期呈伞房状，以后伸长；花鲜黄色，直径 7～10 mm；萼片长圆形，长 3～5 mm，直立开展，顶端圆形，

边缘透明，稍有毛；花瓣倒卵形，长 7～9 mm，顶端近微缺，基部有爪。长角果线形，长 3～8 cm，宽 2～4 mm，果瓣有中脉及网纹，萼直立，长 9～24 mm；果梗长 5～15 mm。种子球形，直径约 1.5 mm。紫褐色。花期 3—4 月，果期 5 月。

【生境分布】罗田县各地均有栽培。

【药用部位】嫩茎叶、种子。

【药材名】芸薹、芸薹子。

（1）芸薹。

【采收加工】冬季或早春采收。

【来源】十字花科植物芸薹 *Brassica campestris* L. 的嫩茎叶。

【性味】辛，凉。

【归经】①《得配本草》：入手太阴经。

②《本草求真》：入肺、肝、脾。

【功能主治】散血，消肿。主治劳伤吐血，血痢，丹毒，热毒疮，乳痈。

【用法用量】内服：煮熟或捣汁。外用：煎水洗或捣敷。

【注意】麻疹后、疮疥、目疾患者不宜食。

①《百病方》：狐臭人食之，病加剧。

②《随息居饮食谱》：发风动气，凡患腰脚口齿堵病，及产后、痧痘。疮家痼疾，目证，时感皆忌之。

【附方】①治劳伤吐血：红油菜一窝（全株），水煎服。（《四川中药志》）

②治诸丹：以芸薹菜热捣厚封之。如余热气未愈，但三日内封之。纵干亦封之勿歇，以绝本。（《千金方》）

③治小儿赤丹：芸薹菜汁服 300 g，滓敷上。（《千金方》）

④治天火热疮，初出似痱子，渐渐大如水疱，似火烧，疮亦色：芸薹菜不限多少（捣，绞取汁），芒硝、大黄、生铁衣各等份。捣大黄末相和芒硝等；以芸薹汁调和稀糊，以秃笔点药敷疮上，干即再点，频用极有效。（《近效方》）

⑤治毒热肿：蔓菁根 150 g，芸薹苗叶根 150 g。上二味，捣，以鸡子清和，贴之，干即易之。（《近效方》）

⑥治女人吹乳：芸薹菜捣烂敷之。（《日用本草》）

⑦治瘰疬，著手足肩背，忽发累累如赤豆，剥之汁出：煮芸薹菜，取汁 2 升服之，并食干熟芸薹数顿，少与盐酱。冬月研其子，水和服。（《千金方》）

⑧治豌豆疮：煮芸薹洗之。（《千金方》）

⑨治血痢日夜不止，心神烦闷：芸薹（捣，绞取汁）200 g，蜜 100 g。同暖令温服之。（《太平圣惠方》）

（2）芸薹子。

【采收加工】4—6 月种子成熟时，将地上部分割下，晒干，打落种子，除去杂质，晒干。

【来源】十字花科植物芸薹 *Brassica campestris* L. 的种子。

【性状】种子类圆球形，直径 1～2 mm，种皮黑色或暗红棕色，少数呈黄色。在放大镜下检视，表面有微细网状的纹理，种脐点状；浸入水中膨胀。除去种皮，见有 2 片黄白色肥厚的子叶，沿主脉相重对折，胚根位在二对折的子叶间。气无，味淡。以饱满、表面光滑、无杂质者为佳。

【性味】《本草纲目》：辛，温，无毒。

【功能主治】行血，破气，消肿，散结。主治产后血滞腹痛，血痢，肿毒，痔漏。

【用法用量】内服：煎汤，4.5～9 g；或入丸、散。外用：研末调敷或榨油涂。

【附方】①治产后恶露不下，血结冲心刺痛，并治产后心腹诸疾：芸薹子（炒）、当归、桂心、赤芍药各等份（为末）。每酒服 6 g。（《产乳集验方》）

②治产后血晕：芸薹子、生地黄各等份。为末。每服 9 g，姜七片，酒、水各半盏，童便半盏，煎七分，温服。（《温隐居海上仙方》）

③治大肠风毒，下血不止：芸薹子（生用）16 g，甘草（炙微赤，锉）16 g。上件药，捣细罗为散。每服 6 g，以水一中盏，煎至五分，食前温服。（《太平圣惠方》）

④治夹脑风及偏头痛：芸薹子 0.3 g，川大黄 0.9 g。捣细罗为散。每取少许吹鼻中。后有黄水出。如有顽麻，以酽醋调涂之。（《太平圣惠方》）

⑤治小儿惊风：川乌头末 3 g，芸薹子 9 g。新汲水调涂顶上。（《太平圣惠方》）

⑥治伤损接骨：芸薹子 32 g，小黄米（炒）125 g，龙骨少许。为末，醋调成膏，摊纸上贴之。（《乾坤生意　乾坤生意秘韫》）

285. 青菜 *Brassica chinensis* L.

【别名】小白菜、菘菜。

【形态】一年或二年生草本，高 25 ～ 70 cm，无毛，带粉霜；根粗，坚硬，常呈纺锤形块根，顶端常有短根颈；茎直立，有分枝。基生叶倒卵形或宽倒卵形，长 20 ～ 30 cm，坚实，深绿色，有光泽，基部渐狭成宽柄。全缘或不明显圆齿或波状齿。中脉白色。宽达 1.5 cm，有多条纵脉；叶柄长 3 ～ 5 cm，有或无窄边；下部茎生叶和基生叶相似，基部渐狭成叶柄；上部茎生叶倒卵形或椭圆形，长 3 ～ 7 cm，宽 1 ～ 3.5 cm，基部抱茎，宽展，两侧有垂耳，全缘，微带粉霜。总状花序顶生，呈圆锥状；花浅黄色，长约 1 cm，授粉后长达 1.5 cm；花梗细，和花等长或较短；萼片长圆形，长 3 ～ 4 mm，直立开展，白色或黄色；花瓣长圆形，长约 5 mm，顶端圆钝，有脉纹，具宽爪。

长角果线形，长 2 ～ 6 cm，宽 3 ～ 4 mm，坚硬，无毛，果瓣有明显中脉及网结侧脉；喙顶端细，基部宽，长 8 ～ 12 mm；果梗长 8 ～ 30 mm。种子球形，直径 1 ～ 1.5 mm，紫褐色，有蜂窝纹。花期 4 月，果期 5 月。

【生境分布】栽培。

【药用部位】幼株、茎叶、种子。

（1）青菜。

【采收加工】随用随采。

【来源】十字花科植物青菜 *Brassica chinensis* L. 的幼株、茎叶。

【功能主治】清热除烦，生津止渴，通利肠胃。主治肺热咳嗽，消渴，便秘，食积。

【用法用量】内服：适量，煮食或捣汁饮。外用：捣敷。

【注意】脾胃虚寒，大便溏薄者慎服。

①《本草经集注》：服药有甘草而食菘，即令病不除。

②《本草纲目》：气虚胃冷人多食，恶心吐沫。

③《医学入门》：中虚者食之过多发冷病。唯生姜可解。

④《本草省常》：服甘草，苍白术者忌之。

【附方】①治小儿赤游，行于上下，至心即死：杵菘菜敷上。（《子母秘录》）

②治发背：杵地菘汁一升，日再服，以瘥止。（《伤寒论类要注疏》）

③治多年血风疮，久治不痊者：青菜、萝卜英，两味不拘多少，作蓄酸水，煎热洗疮，见赤肉，每日洗三、四次，就将菜叶贴之，亦换三、四次。忌发物，二七日即愈。（《外科启玄》）

④治漆毒生疮：白菘菜捣烂涂之。（《本草纲目》）

【注意事项】痧痘、孕早期妇女、目疾患者、小儿麻疹后期、疥疮、狐臭等慢性病患者要少食。脾胃虚弱者、大便溏薄者，不宜多食。不宜生食。制作菜肴，炒、熬时间不宜过长，以免损失营养。

（2）菘菜子。

【采收加工】6—7月种子成熟后采收，及时干燥。

【来源】十字花科植物青菜 *Brassica chinensis* L. 的种子。

【性味】甘，平。

【归经】归肺、胃经。

【功能主治】清肺化痰，消食醒酒。主治痰热咳嗽，食积，醉酒。

【用法用量】内服：煎汤，5～10 g，或入丸、散。

【附方】治酒醉不醒：菘菜子两合，细研，以井华水一大盏调之，分为三服。（《太平圣惠方》）

286. 芥菜 *Brassica juncea*（L.）Czern.

【别名】苦芥、油芥菜。

【形态】一年生草本，高30～150 cm，常无毛，有时幼茎及叶具刺毛，带粉霜，有辣味；茎直立，有分枝。基生叶宽卵形至倒卵形，长15～35 cm，顶端圆钝，基部楔形，大头羽裂，具2～3对裂片或不裂，边缘均有缺刻或齿，叶柄长3～9 cm，具小裂片；茎下部叶较小，边缘有缺刻或齿，有时具圆钝锯齿，不抱茎；茎上部叶窄披针形，长2.5～5 cm，宽4～9 mm，边缘具不明显疏齿或全缘。总状花序顶生，花后延长；花黄色，直径7～10 mm；花梗长4～9 mm；萼片淡黄色，长圆状椭圆形，长4～5 mm，直立开展；花瓣倒卵形，长8～10 mm，长4～5 mm。长角果线形，长3～5.5 cm，宽2～3.5 mm，果瓣具1凸出中脉；喙长6～12 mm；果梗长5～15 mm。种子球形，直径约1 mm，紫褐色。花期3—5月，果期5—6月。

【生境分布】罗田各地有栽培。

【药用部位】种子及全草。

【药材名】芥菜、芥子。

种子磨粉称芥末，为调味料；榨出的油称芥子油。

（1）芥菜。

【别名】大芥、皱叶芥、黄芥。

【采收加工】随用随采。

【来源】十字花科植物芥菜 *Brassica juncea*（L.）Czern. 的嫩茎叶。

【性味】辛，温。

【归经】①《得配本草》：入手太阴经。

②《本草求真》：入肺、胃，兼入肾。

【功能主治】宣肺豁痰，温中利气。主治寒饮内盛，咳嗽痰滞，胸膈满闷。

【用法用量】内服：煎汤或捣汁。外用：烧存性研末撒或煎水洗。

【注意】凡疮疡、目疾、痔疮、便血及平素热盛之患者忌食。

①《本草衍义》：多食动风。

②《本草纲目》：久食则积温成热，辛散太甚，耗人真元，肝木受病，昏人眼目，发人痔疮。

【附方】①治牙龈肿烂，出臭水者：芥菜杆，烧存性，研末，频敷之。（《本草纲目》）

②治漆疮瘙痒：芥菜煎汤洗之。（《千金方》）

（2）芥子。

【别名】芥菜子、青菜子、黄芥子。

【采收加工】夏末、秋初果实成熟时采收，将植株连根拔起，或将果实摘下，晒干后，打下种子，簸净果壳、枝、叶等杂质。

【来源】十字花科植物芥菜 *Brassica juncea*（L.）Czern. 的种子。

【性状】种子类圆球形，直径 1～1.6 mm，种皮深黄色至棕黄色，少数呈红棕色。用放大镜观察，种子表面现微细网状纹理，种脐明显，呈点状。浸水中膨胀，除去种皮，可见子叶 2 片，沿主脉处相重对折，胚根位于 2 对折子叶之间。干燥品无臭，味初似油样，后辛辣。粉碎湿润后，发生特殊辛烈臭气。以子粒饱满、大小均匀、黄色或红棕色者为佳。

【炮制】炒芥子：簸净杂质，置锅内炒至深黄色，微有香味，取出，放凉。

【性味】辛，热。

【归经】《得配本草》：入手太阴经。

【功能主治】温中散寒，利气豁痰，通经络，消肿毒。主治胃寒吐食，心腹疼痛，肺寒咳嗽，痛痹，喉痹，阴疽，流痰，跌打损伤。

【用法用量】内服：煎汤，3～9 g；或入丸、散。外用：研末调敷。

【注意】肺虚咳嗽及阻虚火旺者忌服。

①《本草纲目》：多食昏目动火，泄气伤精。

②《得配本草》：阴虚火盛，气虚久嗽者忌用。

【附方】①治感寒无汗：水调芥子末填脐内，以热物隔衣熨之，取汗出妙。（《简便单方》）

②治上气呕吐：芥子 2 升，末之，蜜丸，寅时井华水服，如梧桐子 7 丸，日两服；亦可作散，空腹服之；及可酒浸服，并治脐下绞痛。（《千金方》）

③治妇人中风、口噤、舌本缩：芥子 1 升，细研，以醋 3 升，煎取 1 升，涂颔颊下。（《太平圣惠方》）

④治关节炎：芥末 50 g，醋适量。将芥末先用少量开水湿润，再加醋调成糊状，摊在布上再盖一层纱布，贴敷痛处。3 h 后取下，每隔 3～5 天贴一次。（徐州《单方验方 新医疗法（选编）》）

⑤治大人小儿痛肿：芥子末，汤和敷纸上贴之。（《千金方》）

⑥治肿及瘰疬：小芥子捣末，醋和作饼子，贴。数看，消即止，恐损肉。（《补辑肘后方》）

⑦治咽喉闭塞不通甚者：芥子 150 g，捣，细罗为散，以水蜜调为膏，涂于外喉下熁之，干即易之。（《太平圣惠方》）

⑧治耳聋：芥子捣碎，以人乳和，绵裹内之。（《千金方》）

⑨治眉毛不生：芥菜子、半夏各等份。为末，生姜自然汁调搽。（《孙天仁集效方》）

287. 甘蓝 *Brassica oleracea* var. *capitata* L.

【别名】蓝菜、西土蓝、包心菜、洋白菜。

【形态】二年生草本，被粉霜。矮且粗壮一年生茎肉质，不分枝，绿色或灰绿色。基生叶多数，质厚，层层包裹成球状体，扁球形，直径 10～30 cm 或更大，乳白色或淡绿色；二年生茎有分枝，具茎生叶。基生叶及下部茎生叶长圆状倒卵形至圆形，长和宽达 30 cm。顶端圆形，基部骤窄成极短有宽翅的叶柄，边缘有波状不明显锯齿；上部茎生叶卵形或长圆状卵形，长 8～13.5 cm，宽 3.5～7 cm，基部抱茎；最上部叶长圆形，

长约 4.5 cm，宽约 1 cm，抱茎。总状花序顶生及腋生；花淡黄色，直径 2～2.5 cm；花梗长 7～15 mm；萼片直立，线状长圆形，长 5～7 mm；花瓣宽椭圆状倒卵形或近圆形，长 13～15 mm，脉纹明显，顶端微缺，基部骤变窄成爪，爪长 5～7 mm。长角果圆柱形，长 6～9 cm，宽 4～5 mm，两侧稍压扁，中脉凸出，喙圆锥形，长 6～10 mm；果梗粗，直立开展，长 2.5～3.5 cm。种子球形，直径 1.5～2 mm，棕色。花期 4 月，果期 5 月。

【生境分布】人工种植蔬菜。

【采收加工】随用随采。

【药用部位】茎叶。

【药材名】甘蓝。

【来源】十字花科植物甘蓝 *Brassica oleracea* var. *capitata* L. 的茎叶。

【性味】《千金方》：甘，平，无毒。

【功能主治】①《千金方》：久食大益肾，填髓脑，利五脏，调六腑。

②《本草拾遗》：补骨髓，利五藏六腑，利关节，通经络中结气，明耳目，健人，少睡，益心力，壮筋骨。治黄毒，煮作菹，经宿渍色黄，和盐食之，去心下结伏气。

叶的浓汁用于治疗胃及十二指肠溃疡。

288. 芜菁 *Brassica rapa* L.

【别名】莪、大芥、台菜、大头菜、狗头芥、蔓菁、诸葛菜。

【形态】二年生草本，高达 100 cm；块根肉质，球形、扁圆形或长圆形，外皮白色、黄色或红色，根肉质白色或黄色，无辣味；茎直立，有分枝，下部稍有毛，上部无毛。基生叶大头羽裂或为复叶，长 20～34 cm，顶裂片或小叶很大，边缘波状或浅裂，侧裂片或小叶约 5 对，向下渐变小，上面有少数散生刺毛，下面有白色尖锐刺毛；叶柄长 10～16 cm，有小裂片；中部及上部茎生叶长圆披针形，长 3～12 cm，无毛，带粉霜，基部宽心形，至少半抱茎，无柄。总状花序顶生；花直径 4～5 mm；花梗长 10～15 mm；萼片长圆形，长 4～6 mm；花瓣鲜黄色，倒披针形，长 4～8 mm，有短爪。长角果线形，长 3.5～8 cm，果瓣具 1 明显中脉；喙长 10～20 mm；果梗长达 3 cm。种子球形，直径约 1.8 mm，浅黄棕色，近种脐处黑色，有细网状窠穴。花期 3—4 月，果期 5—6 月。

【生境分布】 罗田有栽培。

【药用部位】 块根、茎叶、花（芜菁花），种子（芜菁子）。

【药材名】 芜菁。

（1）芜菁。

【采收加工】 冬季或翌年3月采收，鲜用或晒干。

【来源】 十字花科植物芜菁 *Brassica rapa* L. 的块根。

【性味】 苦、辛、甘，温。

【功能主治】 开胃下气，利湿解毒。主治食积不化，黄疸，消渴，热毒风肿，疔疮，乳痈。

【用法用量】 内服：煮食或捣汁饮。外用：捣敷。

【注意】 ①《千金方》：不可多食，令人气胀。

②《本草衍义》：过食动气。

【附方】 ①治卒毒肿起，急痛：芜菁根（大者，削去上皮），熟捣，苦酒和如泥，煮三沸，急搅之出，敷肿，帛裹上，日再三易。（《补辑肘后方》）

②治疔肿有根：以芜菁根、铁生衣各等份，捣涂于上，有脓出即易。忌油腻、生冷、五辛、黏滑、陈臭。（《肘后备急方》）

③治乳痈疼痛，寒热：芜菁根叶，净择去土，不用洗，以盐捣敷乳上，热即换，不过三五度。冬无叶即用根。切须避风。（《兵部手集方》）

④治男子阴肿大，核痛：芜菁根捣敷之。（《集疗方》）

⑤治豌豆疮：芜菁根，捣汁，挑疮破，敷在上。（《肘后备急方》）

⑥治鼻中衄血：诸葛菜，生捣汁饮。（《十便良方》）

⑦治小儿头秃疮：不中水芜菁叶，烧作灰，和猪脂敷之。（《千金方》）

（2）芜菁花。

【采收加工】 3—4月花开时采收，鲜用或晒干。

【来源】 十字花科植物芜菁 *Brassica rapa* L. 的花或花蕾。

【原形态】 植物形态详见"芜菁"条。

【性味】 《本草纲目》：辛，平，无毒。

【功能主治】 《千金方》：补肝明目。三月采蔓菁花，阴干，治下筛，空心井华水服6g。

（3）芜菁子。

【别名】 蔓菁子。

【采收加工】 春末、夏初种子成熟时割取全株，搓下种子，去净杂质，晒干。

【来源】 十字花科植物芜菁 *Brassica rapa* L. 的种子。

【原形态】 植物形态详见"芜菁"条。

【化学成分】 含挥发性异硫代氰酸盐。

【性味】 辛，平。

【归经】 ①《本草再新》：入肝、脾二经。

②《本草撮要》：入手太阴、足厥阴经。

【功能主治】明目，清热，利湿。主治青盲，目暗，黄疸，痢疾，小便不利。

【用法用量】内服：煎汤，3～9 g；或研末。外用：研末调敷。

【注意】《本草从新》：实热相宜，虚寒勿使。

【附方】①治青盲眼障，但瞳子不坏者：蔓菁子6升，蒸之气遍，合甑取下，以釜中热汤淋之，乃曝干，还淋，如是三遍，即收杵为末。食上，清酒服6 g，日再服。（《海上集验方》）

②补肝明目：芜菁子3升，净淘，以清酒3升煮令熟，曝干，治下筛。以井华水和服6 g，稍加至三匕，无所忌。可少少作。服之令人充肥，明目洞视。水煮酒服亦可。（《千金方》）

③治妊娠小便不利：芜菁子末，水服6 g，日二。（《子母秘录》）

④治大小便关格闭塞：蔓菁子油64 g，空腹服之即通，通后汗出勿怪。（《太平圣惠方》）

⑤治风疹入腹，身体强，舌干燥：芜菁子95 g为末，每服温酒下2 g。（《太平圣惠方》）

荠属 *Capsella* Medic.

289. 荠 *Capsella bursa-pastoris*（L.）Medic.

【别名】荠菜、荠菜花、荠菜子。

【形态】一年或二年生草本，高（7）10～50 cm，无毛、有单毛或分叉毛；茎直立，单一或从下部分枝。基生叶丛生呈莲座状，大头羽状分裂，长可达12 cm，宽可达2.5 cm，顶裂片卵形至长圆形，长5～30 mm，宽2～20 mm，侧裂片3～8对，长圆形至卵形，长5～15 mm，顶端渐尖，浅裂、有不规则粗锯齿或近全缘，叶柄长5～40 mm；茎生叶窄披针形或披针形，长5～6.5 mm，宽2～15 mm，基部箭形，抱茎，边缘有缺刻或锯齿。总状花序顶生及腋生，果期延长达20 cm；花梗长3～8 mm；萼片长圆形，长1.5～2 mm；花瓣白色，卵形，长2～3 mm，有短爪。短角果倒三角形或倒心状三角形，长5～8 mm，宽4～7 mm，扁平，无毛，顶端微凹，裂瓣具网脉；花柱长约0.5 mm；果梗长5～15 mm。种子2行，长椭圆形，长约1 mm，浅褐色。花果期4—6月。

【生境分布】生于山坡、路旁、地边或沟边。罗田各地均有分布。

【采收加工】早春采收全草，花序3—4月采收，种子6—7月采收。

【药用部位】带根全草（荠菜）、花序（荠菜花）、种子（荠菜子）。

【药材名】荠菜。

【来源】十字花科植物荠 *Capsella bursa-pastoris*（L.）Medic. 的带花全草。

【功能主治】带根全草：和脾，明目，镇静；种子：祛风，明目；花序：主治痢疾。

【用法用量】内服：煎汤，干品10～16 g，鲜品32～48 g。

碎米荠属 *Cardamine* L.

290. 碎米荠 *Cardamine hirsuta* L.

【别名】雀儿菜。

【形态】一年生小草本，高 15 ～ 35 cm。茎直立或斜升，分枝或不分枝，下部有时淡紫色，被较密柔毛，上部毛渐少。基生叶具叶柄，有小叶 2 ～ 5 对，顶生小叶肾形或肾圆形，长 4 ～ 10 mm，宽 5 ～ 13 mm，边缘有 3 ～ 5 圆齿，小叶柄明显，侧生小叶卵形或圆形，较顶生的形小，基部楔形而两侧稍歪斜，边缘有 2 ～ 3 圆齿，有小叶柄或无；茎生叶具短柄，有小叶 3 ～ 6 对，生于茎下部的与基生叶相似，生于茎上部的顶生小叶菱状长卵形，顶端 3 齿裂，侧生小叶长卵形至线形，多数全缘；全部小叶两面稍有毛。总状花序生于枝顶，花小，直径约 3 mm，花梗纤细，长 2.5 ～ 4 mm；萼片绿色或淡紫色，长椭圆形，长约 2 mm，边缘膜质，外面有疏毛；

花瓣白色，倒卵形，长 3 ～ 5 mm，顶端钝，向基部渐狭；花丝稍扩大；雌蕊柱状，花柱极短，柱头扁球形。长角果线形，稍扁，无毛，长达 30 mm；果梗纤细，直立开展，长 4 ～ 12 mm。种子椭圆形，宽约 1 mm，顶端有的具明显的翅。花期 2—4 月，果期 4—6 月。

【生境分布】几乎遍布全国。多生于海拔 1000 m 以下的山坡、路旁、荒地及耕地的草丛中。罗田北部山区有分布。

【来源】十字花科植物碎米荠 *Cardamine hirsuta* L. 的全草。

【采收加工】夏季采收，多鲜用。

【性味】甘，平。

【功能主治】清热利湿。主治尿路感染，膀胱炎，痢疾，带下；外用治疗疮。

【用法用量】内服：煎汤，15 ～ 30 g。外用：鲜草适量，捣烂敷患处。

菘蓝属 *Isatis* L.

291. 菘蓝 *Isatis indigotica* Fortune

【别名】板蓝根、大青叶、靛根。

【形态】二年生草本，高 30 ～ 120 cm；茎直立，绿色，顶部多分枝，植株光滑无毛，带白粉霜。基生叶莲座状，长圆形至宽倒披针形，长 5 ～ 15 cm，宽 1.5 ～ 4 cm，顶端钝或尖，基部渐狭，全缘或稍具波状齿，具柄；基生叶蓝绿色，长椭圆形或长圆状披针形，长 7 ～ 15 cm，宽 1 ～ 4 cm，基部叶耳不明显或为圆形。萼片宽卵形或宽披针形，长 2 ～ 2.5 mm；花瓣黄白，宽楔形，长 3 ～ 4 mm，顶端近平截，具短爪。短角果近长圆形，扁平，无毛，边缘有翅；果梗细长，微下垂。种子长圆形，长 3 ～ 3.5 mm，淡褐色。花期 4—5 月，果期 5—6 月。

【生境分布】 原产于我国，全国各地均有栽培。罗田骆驼坳镇有栽培。

【药用部位】 根（板蓝根）、叶（大青叶）。

【药材名】 板蓝根、大青叶。

（1）板蓝根。

【采收加工】 初冬采挖，除去茎叶，洗净晒干。

【来源】 十字花科植物菘蓝 *Isatis indigotica* Fortune 的根。

【性状】 本品为植物菘蓝或草大青的干燥根，呈细长圆柱形，长 10～30 cm，直径 3～8 mm。表面浅灰黄色，粗糙，有纵皱纹及横斑痕，并有支根痕，根头部略膨大，顶端有一凹窝，周边有暗绿色的叶柄残基，较粗的根并现密集的疣状凸起及轮状排列的灰棕色的叶柄痕。质坚实而脆，断面皮部黄白色至浅棕色，木质部黄色。气微弱，味微甘。以根平直粗壮、坚实、粉性大者为佳。

【药理作用】 ①抗菌抗病毒作用。

②抗钩端螺旋体作用。

③解毒作用。

【炮制】 拣净杂质，洗净，润透，切片，晒干。

【性味】 苦，寒。

【归经】 《本草便读》：入肝、胃血分。

【功能主治】 清热，解毒，凉血。主治流感，流脑，乙脑，肺炎，丹毒，热毒发斑，神昏吐衄，咽肿，痄腮，火眼，疮疹，舌绛紫暗，喉痹，烂喉丹痧，大头瘟疫，痈肿；可防治流行性乙型脑炎，急慢性肝炎，流行性腮腺炎，骨髓炎。

【用法用量】 内服：煎汤，16～32 g。

【注意】 体虚而无实火热毒者忌服。

【贮藏】 置干燥处，防霉，防蛀。

【附方】 ①治流行性感冒：板蓝根 32 g，羌活 15 g。水煎服，1 日 2 次分服，连服 2～3 日。（《江苏验方草药选编》）

②治人头天行，初觉憎寒体重，次传头面肿盛，目不能开，上喘，咽喉不利，口渴舌燥：黄芩（酒炒）、黄连（酒炒）各 15 g，陈皮（去白）、甘草（生用）、玄参各 10 g，连翘、板蓝根、马勃、鼠粘子、薄荷各 10 g，僵蚕、升麻各 2.1 g，柴胡、桔梗各 10 g。为末汤调，时时服之，或蜜拌为丸，嚼化。（李杲《普济消毒饮子》）

③预防流行性腮腺炎：板蓝根、山茨菇各 10 g，连翘 24 g，甘草 18 g，青黛 3 g（冲服）。上药用水浸泡 30 min，放入大砂锅内，放清水 800～1000 ml，煎成 500 ml，分为 10 份，装入小瓶。4 岁以上儿童每天服一次，每次 15 ml；1～3 岁每次服 10 ml，每天一次，温服。（《全展选编》）

④治肝炎：板蓝根 32 g。水煎服。（《辽宁常用中草药手册》）

⑤治肝硬化：板蓝根 32 g，茵陈 12 g，郁金 6 g，苡米 9 g。水煎服。（《辽宁常用中草药手册》）

⑥治痘疹出不快：板蓝根 32 g，甘草 1 g（锉，炒）。上同为细末，每服 1.5 g 或 3 g，取雄鸡冠血三两点，同温酒少许，食后，同调下。（《阎氏小儿方论》）

【临床应用】 ①防治流行性乙型脑炎。

②防治流行性腮腺炎。

③治疗感冒（包括流行性感冒）。

④治疗病毒性肝炎。

⑤治疗暴发性红眼。

⑥治疗单纯疱疹性口炎。

⑦治疗扁平疣等。

此外，用板蓝根煎剂治疗非典型性肺炎、流行性脑脊髓膜炎、白喉，用板蓝根配合大青叶、羌活治疗上呼吸道感染，用板蓝根肌肉注射治疗带状疱疹、单纯疱疹及流行性腹泻等，均有不同程度的疗效。

（2）大青叶。

【采收加工】　7—9 月采叶，晒干。

【来源】　十字花科植物菘蓝 *Isatis indigotica* Fortune 的茎叶。

【性状】　干燥叶皱缩成团块状，有时破碎，呈灰绿色或黄棕色。完整的叶呈长椭圆形至长圆状倒披针形，长 4 ～ 11 cm，宽 1 ～ 3 cm，全缘或微波状；先端钝尖，基部渐狭，延成翼状，上面有时可见点状凸起，下面中脉明显。叶柄长 5 ～ 7 cm，腹面稍凹下。质脆易碎。气微弱，味稍苦。以叶大、无柄、色暗灰绿者为佳。

【炮制】　拣去杂质及枯叶，洗净，稍润，切段，晒干。

【性味】　苦，寒。

【归经】　归肝、心、胃经。

【功能主治】清热，解毒，凉血，止血。主治温病热盛烦渴，流行性感冒，急性病毒性肝炎，急性胃肠炎，急性肺炎，丹毒，吐血，衄血，黄疸，痢疾，喉痹，口疮，痈疽肿毒。

【用法用量】　内服：煎汤，10 ～ 15 g（鲜品 50 ～ 100 g）；或捣汁。外用：捣敷或煎水洗。

【注意】　脾胃虚寒者忌服。

①《本草经疏》：不可施之于虚寒脾弱之人。

②《本草从新》：非心胃热毒勿用。

③《得配本草》：虚作泻者禁用。

【附方】①预防乙脑，流脑：大青叶 15 g，黄豆 50 g，水煎服，每日一剂，连服七天。（《江西草药》）

②治乙脑，流脑，感冒发热，腮腺炎：大青叶 15 ～ 50 g，海金沙根 50 g。水煎服，每日两剂。（《江西草药》）

③治温毒发斑：大青叶 200 g，甘草、胶各 100 g，豉 800 g。以水 10 升，煮二物，取 3.5 升，去滓，纳豉煮三沸，去滓，乃纳胶，分作四服，尽又合。此治得至七八日，发汗不解，及吐下太热，甚佳。（《补辑肘后方》）

④治时行壮热头痛，发疮如豌豆遍身：大青叶 150 g，栀子（擘）二七枚，犀角（屑）50 g，豉 500 g。上四味切，以水 5 升，煮取 2 升，分三服，服之无所忌。（《延年方》）

⑤治麻疹色太红，或微紫，或出太甚者：大青叶、元参、生地、石膏、知母、木通、地骨皮、荆芥、甘草、淡竹叶。水煎服。（段希孟《痘疹心法》）

⑥治风疹，丹毒：大青叶捣烂，擦之即散（先以磁锋砭去恶血）。（《本草汇言》）

⑦治热甚黄疸：大青叶 100 g，茵陈、秦艽各 50 g，天花粉 24 g。水煎服。（《方氏脉症正宗》）

⑧治无黄疸型肝炎：大青叶 100 g，丹参 50 g，大枣十枚。水煎服。（《山东中草药手册》）

⑨治热病不解，下痢困笃欲死者：大青 200 g，甘草、赤石脂 150 g，胶 100 g，豉 800 g。以水 10 升，

煮取 3 升，分三服，尽更作，日夜两剂。（《补辑肘后方》）

⑩治小儿赤痢：捣青蓝汁 2 升，分四服。（《子母秘录》）

⑪治热盛时疟，单热不寒者：大青嫩叶捣汁，和生白酒冲饮。（《方氏脉症正宗》）

⑫治肺炎高热喘咳：鲜大青叶 50 ～ 100 g。捣烂绞汁，调蜜少许，炖热，温服，日两次。（《泉州本草》）

⑬治上气咳嗽，呷呀息气，喉中作声，唾黏：蓝实叶浸良久，捣绞取汁 1 升，空腹顿服，须臾以杏仁取汁煮粥食之，一两日将息，依前法更服，吐痰方瘥。（《梅师集验方》）

⑭治血淋，小便尿血：鲜大青叶 50 ～ 100 g，生地 15 g。水煎调冰糖服。日两次。（《泉州本草》）

⑮治喉风，喉痹：大青叶捣汁灌之，取效止。（《卫生易简方》）

⑯治咽喉唇肿，口舌糜烂，口甘面热：大青、升麻、大黄（锉、炒）各 100 g，生干地黄（切、焙）150 g。上四味粗捣筛。每服 6 g 匕，以水一盏，煎至七分，去滓，温服，利即愈。（《圣济总录》）

⑰治大头瘟：鲜大青叶洗净，捣烂外敷患处，同时取鲜大青叶 50 g，煎汤内服。（《泉州本草》）

⑱治脑热耳聋：大青、大黄（锉、炒）、栀子（去皮）、黄芪（制）、升麻、黄连（去须）各 50 g，朴硝 100 g。上七味，捣罗为末，炼蜜丸如梧桐子大。每服三十丸，温水下。（《圣济总录》）

⑲治淋巴结炎，阑尾术后感染等炎症：大青叶、木芙蓉叶各 250 g，蒲公英 150 g。水煎 12 h，取汁 2000 ml，每服 20 ml，每日 3 次。（《江西草药》）

⑳防治疗、疖、痱子：a. 大青叶（鲜）150 g。水煎服，每日一剂。b. 大青叶适量，水煎浓汁，加薄荷油适量，洗患处，每日 2 ～ 3 次。（《江西草药》）

【临床应用】①治疗流行性乙型脑炎。

②防治上呼吸道感染。

③治疗流行性感冒。

④治疗麻疹肺炎。

⑤治疗慢性支气管炎。

⑥治疗急性病毒性肝炎。

⑦治疗钩端螺旋体病。

⑧治疗细菌性痢疾及急性胃肠炎。

⑨治疗急性阑尾炎。

大青叶对多种细菌性及病毒性疾病均有效果。除治疗上述疾病外，临床上曾广泛应用于内科、外科、妇科、儿科、口腔科、五官科等感染性疾患，如传染性淋巴细胞增多症、胆管炎、多发性疖肿、产褥热、乳腺炎、流产后感染、扁桃体炎、扁桃体周围脓肿、牙周炎等，均取得不同程度的效果。

【注意】上述植物的叶或带幼枝的叶（大青叶）以及叶的加工制成品（青黛、蓝靛）亦供药用。

独行菜属 *Lepidium* L.

292. 北美独行菜 *Lepidium virginicum* L.

【别名】地菜、独行菜。

【形态】一年或二年生草本，高 20 ～ 50 cm；茎单一，直立，上部分枝，具柱状腺毛。基生叶倒披针形，长 1 ～ 5 cm，羽状分裂或大头羽裂，裂片大小不等，卵形或长圆形，边缘有锯齿，两面有短伏毛；叶柄长 1 ～ 1.5 cm；茎生叶有短柄，倒披针形或线形，长 1.5 ～ 5 cm，宽 2 ～ 10 mm，顶端急尖，基部渐狭,边缘有尖锯齿或全缘。总状花序顶生；萼片椭圆形,长约1mm；花瓣白色,倒卵形,和萼片等长或稍长；雄蕊2或4。短角果近圆形,长2～3mm,宽1～2mm,扁平,有窄翅,顶端微缺,花柱极短；果梗长2～3mm。种子卵形,长约1mm,光滑,红棕色,边缘有窄翅；子叶缘倚胚根。花期4—5月,果期6—7月。

【生境分布】 生于田边或荒地,为田间杂草。罗田各地均有分布。

【采收加工】 6—7月采收。

【药用部位】 种子。

【药材名】 独行菜子。

【来源】 十字花科植物北美独行菜 *Lepidium virginicum* L. 的种子。

【功能主治】 利水平喘。

【用法用量】 内服：煎汤,3～6g。小儿酌减。

诸葛菜属 *Orychophragmus* Bunge

293. 诸葛菜 *Orychophragmus violaceus*（L.）O. E. Schulz

【别名】 二月兰。

【形态】 一年或二年生草本,高10～50cm,无毛；茎单一,直立,基部或上部稍有分枝,浅绿色或带紫色。基生叶及下部茎生叶大头羽状全裂,顶裂片近圆形或短卵形,长3～7cm,宽2～3.5cm,顶端钝,基部心形,有钝齿,侧裂片2～6对,卵形或三角状卵形,长3～10mm,越向下越小,偶在叶轴上杂有极小裂片,全缘或有牙齿,叶柄长2～4cm,疏生细柔毛；上部叶长圆形或窄卵形,长4～9cm,顶端急尖,基部耳状,抱茎,边缘有不整齐牙齿。花紫色、浅红色或褪成白色,直径2～4cm；花梗长5～10mm；花萼筒状,紫色,萼片长约3mm；花瓣宽倒卵形,长1～1.5cm,宽7～15mm,密生细脉纹,爪长3～6mm。长角果线形,长7～10cm。具4棱,裂瓣有1凸出中脊,喙长1.5～2.5cm；果梗长8～15mm。种子卵形至长圆形,长约2mm,稍扁平,黑棕色,有纵条纹。花期4—5月,果期5—6月。

【生境分布】 生于平原、山地、路旁或地边。罗田大河岸镇有分布。

【采收加工】 4—5月采收。

【药用部位】 叶。

【药材名】 诸葛菜。

【来源】 十字花科植物诸葛菜 *Orychophragmus violaceus*（L.）O. E. Schulz 的叶。

【功能主治】 止咳化痰。主治慢性支气管炎,咳嗽痰多。

【用法用量】嫩茎叶用开水泡后，再放在冷开水中浸泡，直至无苦味时即可炒食。种子可榨油。

【附注】作为早春常见野菜，诸葛菜嫩茎叶生长量较大，营养丰富。诸葛菜富含胡萝卜素、B 族维生素、维生素 C。其种子含油量高达 50% 以上，且亚油酸比例较高，是很好的油料植物。

萝卜属 *Raphanus* L.

294. 萝卜 *Raphanus sativus* L.

【别名】芦菔、菜头、白萝卜、水萝卜、莱菔。

【形态】二年或一年生草本，高 20～100 cm；直根肉质，长圆形、球形或圆锥形，外皮绿色、白色或红色；茎有分枝，无毛，稍具粉霜。基生叶和下部茎生叶大头羽状半裂，长 8～30 cm，宽 3～5 cm，顶裂片卵形，侧裂片 4～6 对，长圆形，有钝齿，疏生粗毛，上部叶长圆形，有锯齿或近全缘。总状花序顶生和腋生；花白色或粉红色，直径 1.5～2 cm；花梗长 5～15 mm；萼片长圆形，长 5～7 mm；花瓣倒卵形，长 1～1.5 cm，具紫纹，下部有长 5 mm 的爪。长角果圆柱形，长 3～6 cm，宽 10～12 mm，在种子间处缢缩，并形成海绵质横隔；顶端喙长 1～1.5 cm；果梗长 1～1.5 cm。种子 1～6 枚，卵形，微扁，长约 3 mm，红棕色，有细网纹。花期 4—5 月，果期 5—6 月。

【生境分布】全国各地有栽培。

【药用部位】鲜根、叶、种子、枯根。

【药材名】萝卜、莱菔叶、莱菔子、地骷髅。

（1）萝卜。

【采收加工】冬春采收鲜根，随用随取。

【来源】十字花科植物萝卜 *Raphanus sativus* L. 的鲜根。

【药理作用】抗菌作用，特别是对革兰阳性菌较敏感；根捣碎后，榨取汁液，可防止胆石形成而应用于胆石症。

【性味】辛、甘，凉。

【归经】归肺、胃经。

【功能主治】消积滞，化痰热，下气，宽中，解毒。主治食积胀满，痰嗽失音，吐血，衄血，消渴，痢疾。

【用法用量】内服：捣汁饮，32～95 g；煎汤或煮食。外用：捣敷或捣汁滴鼻。

【注意】①《本草衍义》：莱菔根，服地黄、何首乌人食之，则令人髭发白。

②《本经逢原》：脾胃虚寒，食不化者勿食。

【附方】①治食物作酸：萝卜生嚼数片，或生菜嚼之亦佳。干者、熟者、盐腌者，及人胃冷者，皆不效。（《李时珍濒湖集简方》）

②治翻胃吐食：萝卜捶碎，蜜煎，细细嚼咽。（《普济方》）

③治结核性、粘连性肠梗阻，机械性肠梗阻：白萝卜 500 g，切片，加水 1000 ml，煎至 500 ml。每日一剂，一次服完。（内蒙古《中草药新医疗法资料选编》）

④治失音不语：萝卜生捣汁，入姜汁同服。（《普济方》）

⑤治痰热喉闭：萝卜汁和皂角浆，吐之。（《普济方》）

⑥治鼻衄不止：萝卜（捣汁）半盏，入酒少许，热服，并以汁注鼻中皆良。或以酒煎沸，入萝卜再煎饮之。（《卫生易简方》）

⑦治消渴口干：萝卜绞汁 1 升，饮之。（《食医心鉴》）

⑧治诸热痢、血痢及痢后大肠里痛：萝卜，截碎，研细，滤清汁一小盏，蜜水相拌　盏，同煎。早午食前服，日晡以米饮下黄连阿胶丸百粒。无萝卜以萝卜子代之。（《普济方》）

⑨治酒疾下血，旬日不止：生萝卜，拣稍大圆实者二十枚，留上青叶寸余，及下根，用瓷瓶取井水煮令十分烂熟，姜米，淡醋，空心任意食之。用银器重汤煮尤佳。（《寿亲养老新书》）

⑩治偏头痛：生萝卜汁一蚬壳，仰卧，随左右注鼻中。（《如宜方》）

⑪治汤火伤灼，花火伤肌：生萝卜捣涂之，子亦可。（《圣济总录》）

⑫治打扑血聚，皮不破者：萝卜或叶捣封之。（《本草纲目》）

⑬治满口烂疮：萝卜自然汁频漱去涎。（《李时珍濒湖集简方》）

⑭治诸淋疼痛不可忍，及砂石淋：大萝卜切作一指厚四、五片，用好白蜜淹少时，安铁铲上，慢火炙干，又蘸又炙，取尽 50 ～ 100 g 蜜，反复炙令香熟，不可焦，候冷细嚼，以盐汤送下。（《朱氏集验医方》）

⑮治脚气走痛：萝卜煎汤洗之，仍以萝卜晒干为末，铺袜内。（《圣济总录》）

⑯治咳嗽：桑白皮、白萝卜，共一处，水煎，露一夜，清晨温热服之。（《万密斋医学全书》）

（2）莱菔叶。

【别名】萝卜缨、莱菔英。

【采收加工】春季采收，鲜用或晒干。

【来源】十字花科植物萝卜 *Raphanus sativus* L. 的地上全草。

【生境分布】全国各地均有分布。

【功能主治】消食止渴，祛热解毒。主治胸中满闷，两胁作胀，化积滞，解酒毒。

【用法用量】内服：煎汤，3 ～ 10 g。

（3）莱菔子。

【别名】萝卜子。

【采收加工】夏、秋季种子成熟时割取全株，晒干，搓出种子，除去杂质，晒干。

【来源】十字花科植物萝卜 *Raphanus sativus* L. 的成熟种子。

【生境分布】全国各地均有分布。

【性状】干燥种子呈椭圆形或近卵圆形而稍扁，长约 3 mm，宽 2.5 mm。表面红棕色，一侧有数条纵沟，一端有种脐，呈褐色圆点状凸起。用放大镜观察，全体均有致密的网纹。质硬，破开后可见黄白色或黄色的种仁；有油性。无臭，味甘，微辛。以粒大、饱满、油性大者为佳。

【化学成分】种子含脂肪油、挥发油。挥发油内有甲硫醇等。脂肪油中含多量芥酸、亚油酸、亚麻酸以及芥子酸甘油酯等。尚含有抗菌物质——莱菔素。

【药理作用】①抗菌作用。

②抗真菌作用。

【毒性】莱菔素对小鼠和离体蛙心有轻微毒性。

【炮制】莱菔子：簸去杂质，漂净泥土，捞出，晒干，用时捣碎。炒莱菔子：取净莱菔子，置锅内用文火炒至微鼓起，并有香气为度，取出，放凉。

【性味】辛、甘，平。

【归经】归肺、胃经。

【功能主治】下气定喘，消食化痰。主治咳嗽痰喘，食积气滞，胸闷腹胀，下痢后重。

【用法用量】内服：煎汤，4.5～10 g；或入丸、散。外用：研末调敷。

【注意】气虚者慎服。

《本草从新》：虚弱者服之，气喘难布息。

【附方】①治积年上气咳嗽，多痰喘促，唾脓血：莱菔子64 g，研，煎汤，食上服之。（《食医心鉴》）

②治百日咳：白萝卜种子，焙燥，研细粉。白砂糖水送服少许，一日数回。（《江西中医药》）

③治齁喘痰促，遇厚味即发者：萝卜子淘净，蒸熟，晒研，姜汁浸蒸饼丸绿豆大。每服三十丸，以口津咽下，日三服。（傅滋《医学集成》）

④治高年咳嗽，气逆痰痞：紫苏子、白芥子、萝卜子。上三味各洗净，微炒，击碎，用生绢小袋盛之，煮作汤饮。随甘旨，代茶水啜用，不宜煎熬大过。（《韩氏医通》）

⑤治食积：山楂195 g，神曲64 g，半夏，茯苓各95 g，陈皮、连翘、萝卜子各32 g。上为末，炊饼丸如梧桐子大。每服七八十丸，食远，白汤下。（《丹溪心法》）

⑥治气胀气鼓：莱菔子，研，以水滤汁，浸缩砂32 g，一夜，炒干，又浸又炒，凡七次，为末。每米饮服3 g。（《朱氏集验医方》）

⑦治痢疾有积，后重不通：莱菔子15 g，白芍药10 g，大黄3 g，木香1.5 g。水煎服。（《方氏脉症正宗》）

⑧治风秘气秘：萝卜子（炒）64 g，擂水，和皂荚末6 g服。（《寿域神方》）

⑨治中风口噤：萝卜子、牙皂荚各6 g。水煎服，取吐。（朱震亨）

⑩治风头痛及偏头痛：莱菔子16 g，生姜汁32 g。上相和研极细，绞取汁，入麝香少许，滴鼻中搐入，偏头痛随左右用之。（《普济方》）

⑪治小儿盘肠气痛：萝卜子炒黄，研末。乳香汤服1.5 g。（《仁斋直指方》）

⑫治牙疼：萝卜子二七粒，去赤皮，细研。以人乳和，左边牙痛，即于右鼻中点少许，如右边牙疼，即于左鼻中点之。（《太平圣惠方》）

⑬治跌打损伤，瘀血胀痛：莱菔子64 g，生研烂，热酒调敷。（《方氏脉症正宗》）

（4）地骷髅。

【别名】老萝卜头、气萝卜、枯萝卜、空莱菔。

【采收加工】在种子成熟后，连根拔起，剪除地上部分，取根用水洗净后晒干。

【来源】十字花科植物萝卜 *Raphanus sativus* L. 的干燥老根。

【生境分布】全国各地均有分布。

【性状】全体呈圆柱状，长20～25 cm，直径3～4 cm，微扁，略扭曲，紫红色或灰褐色，表面不平整，具波状的纵皱纹，往往波状纹交叉而成网状纹理，且具横向排列的黄褐色条纹及长2～3 cm的支根或支根痕；顶端具中空的茎基，长1～4 cm。质地轻，折断面为淡黄白色而疏松。以身干、色淡黄、肉白、质轻者为佳。

【炮制】水洗，稍润，顶头切成2.5 cm长的小段，晒干。

【性味】甘、辛，平。

【功能主治】宣肺化痰，消食，利水。主治咳嗽多痰，食积气滞，脘腹痞闷胀痛，水肿喘满，噤口痢疾。

【用法用量】内服：煎汤，16～32 g；或入丸剂。外用：煎水洗。

【附方】①治痞块及气痞、食痞：陈年木瓜一个，地骷髅 125 g。煎汁，时常服一小盏。（《医宗汇编》）

②治黄疸变为鼓胀气喘，翻胃，胸膈饱闷，中脘疼痛，并小儿疳疾结热，噤口痢疾，结胸伤寒，伤力黄肿，并脱力黄各症：人中白（以露天不见粪者方佳，火煅醋淬七次）32 g，神曲、白卜子、地骷髅各 15 g，砂仁 6 g（以上俱炒），陈香橼一个。共为末，蜜丸梧桐子大。每服三、五、七丸，或灯草汤下，或酒下。（《海上方》）

蔊菜属 *Rorippa* Scop.

295. 广州蔊菜 *Rorippa cantoniensis*（Lour.）Ohwi

【别名】广东葶苈、沙地菜。

【形态】一年或二年生草本。高 10～30 cm，植株无毛；茎直立或呈铺散状分枝。基生叶具柄，基部扩大贴茎，叶片羽状深裂或浅裂，长 4～7 cm，宽 1～2 cm，裂片 4～6，边缘具 2～3 缺刻状齿，顶端裂片较大；茎生叶渐缩小，无柄，基部呈短耳状，抱茎，叶片倒卵状长圆形或匙形，边缘常呈不规则齿裂，向上渐小。总状花序顶生，花黄色，近无柄，每花生于叶状苞片腋部；萼片 4，宽披针形，长 1.5～2 mm，宽约 1 mm；花瓣 4，倒卵形，基部渐狭成爪，稍长于萼片；雄蕊 6，近等长，花丝线形。短角果圆柱形，长 6～8 mm，宽 1.5～2 mm，柱头短，头状。种子极多数，细小，扁卵形，红褐色，表面具网纹，一端凹缺；子叶缘倚胚根。花期 3—4 月，果期 4—6 月（有时秋季也有开花结果的）。

【生境分布】喜湿植物，适生于沟边、塘边、溪边、稻田边及果园等水湿处。罗田各地均有分布。

【采收加工】夏、秋季采收。

【药用部位】种子。

【药材名】筛子底。

【来源】十字花科植物广州蔊菜 *Rorippa cantoniensis*（Lour.）Ohwi 的种子。

【功能主治】止咳化痰，利尿。

296. 无瓣蔊菜 *Rorippa dubia*（Pers.）Hara

【别名】野油菜。

【形态】一年生草本，高 10～30 cm；植株较柔弱，光滑无毛，直立或呈铺散状分枝，表面具纵沟。单叶互生，基生叶与茎下部叶倒卵形或倒卵状披针形，长 3～8 cm，宽 1.5～3.5 cm，多数呈大头羽状分裂，顶裂片大，边缘具不规则锯齿，下部具 1～2 对小裂片，稀不裂，叶质薄；茎上部叶卵状披针形或长圆形，边缘具波状齿，上下部叶形及大小均多变化，具短柄或无柄。总状花序顶生或侧生，花小，多数，具细花梗；

萼片 4，直立，披针形至线形，长约 3 mm，宽约 1 mm，边缘膜质；无花瓣（偶有不完全花瓣）；雄蕊 6，2 枚较短。长角果线形，长 2～3.5 cm，宽约 1 mm，细而直；果梗纤细，斜升或近水平开展。种子每室 1 行，多数，细小，种子褐色、近卵形，一端尖而微凹，表面具细网纹；子叶缘筒胚根。花期 4—6 月，果期 6—8 月。

【生境分布】 生于山坡路旁、山谷、河边湿地、园圃及田野较潮湿处。罗田各地均有分布。

【采收加工】 夏季采收。

【药材名】 野油菜。

【来源】 十字花科植物无瓣蔊菜 *Rorippa dubia*（Pers.）Hara 的全草。

【功能主治】内服有解表健胃、止咳化痰、平喘、清热解毒、散热消肿等效；外用治痈肿疮毒及汤火伤。

【用法用量】 内服：煎汤，10～16 g。外用：鲜叶捣烂或取汁外敷患处。

297. 蔊菜 *Rorippa indica*（L.）Hiern

【别名】 印度蔊菜。

【形态】 一年或二年生直立草本，高 20～40 cm，植株较粗壮，无毛或具疏毛。茎单一或分枝，表面具纵沟。叶互生，基生叶及茎下部叶具长柄，叶形多变化，通常大头羽状分裂，长 4～10 cm，宽 1.5～2.5 cm，顶端裂片大，卵状披针形，边缘具不整齐齿，侧裂片 1～5 对；茎上部叶片宽披针形或匙形，边缘具疏齿，具短柄或基部耳状抱茎。总状花序顶生或侧生，花小，多数，具细花梗；萼片 4，卵状长圆形，长 3～4 mm；花瓣 4，黄色，匙形，基部渐狭成短爪，与萼片近等长；雄蕊 6 枚，2 枚稍短。长角果线状圆柱形，短而粗，长 1～2 cm，宽 1～1.5 mm，直立或稍内弯，成熟时果瓣隆起；果梗纤细，长 3～5 mm，斜升或近水平开展。种子每室 2 行，多数，细小，卵圆形而扁，一端微凹，表面褐色，具细网纹；子叶缘倚胚根。花期 4—6 月，果期 6—8 月。

【生境分布】 生于路旁、田边、园圃、河边、屋边墙脚及山坡路旁等较潮湿处。罗田各地均有分布。

【采收加工】 夏季采收。

【药用部位】 全草。

【药材名】 蔊菜。

【来源】十字花科植物蔊菜 *Rorippa indica*（L.）

Hiern 的全草。

【用法用量】 内服：煎汤，10～16 g。外用：鲜叶捣烂或取汁外敷患处。

菥蓂属 *Thlaspi* L.

298. 菥蓂 *Thlaspi arvense* L.

【别名】 遏蓝菜、败酱草。

【形态】 一年生草本，高9～60 cm，无毛；茎直立，不分枝或分枝，具棱。基生叶倒卵状长圆形，长3～5 cm，宽1～1.5 cm，顶端圆钝或急尖，基部抱茎，两侧箭形，边缘具疏齿；叶柄长1～3 cm。总状花序顶生；花白色，直径约2 mm；花梗细，长5～10 mm；萼片直立，卵形，长约2 mm，顶端圆钝；花瓣长圆状倒卵形，长2～4 mm，顶端圆钝或微凹。短角果倒卵形或近圆形，长13～16 mm，宽9～13 mm，扁平，顶端凹入，边缘有翅宽约3 mm。种子每室2～8个，倒卵形，长约1.5 mm，稍扁平，黄褐色，有同心环状条纹。花期3—4月，果期5—6月。

【生境分布】 生于平地路旁、沟边或村落附近。罗田各地均有分布。

【采收加工】 全草：夏季带花穗时采收；种子：7—8月采收。

【药用部位】 全草、嫩苗及种子。

【药材名】 苏败酱。

【来源】 十字花科植物菥蓂 *Thlaspi arvense* L. 的全草、嫩苗及种子。

【功能主治】 全草：清热解毒，消肿排脓；种子：利肝明目；嫩苗：和中益气、利肝明目。

【备注】 嫩苗用水炸后，浸去酸辣味，加油盐调食。种子油供制肥皂，也作润滑油，还可食用。

七十三、景天科 Crassulaceae

八宝属 *Hylotelephium* H. Ohba

299. 八宝 *Hylotelephium erythrostictum*（Miq.）H. Ohba

【别名】 活血三七、白花蝎子草。

【形态】 多年生草本。块根胡萝卜状。茎直立，高30～70 cm，不分枝。叶对生，少有互生或3叶轮生，长圆形至卵状长圆形，长4.5～7 cm，宽2～3.5 cm，先端急尖，钝，基部渐狭，边缘有疏锯齿，

无柄。伞房状花序顶生；花密生，直径约
1 cm，花梗稍短或同长；萼片 5，卵形，长
1.5 mm；花瓣 5，白色或粉红色，宽披针形，
长 5～6 mm，渐尖；雄蕊 10，与花瓣同长
或稍短，花药紫色；鳞片 5，长圆状楔形，
长 1 mm，先端有微缺；心皮 5，直立，基部
几分离。花期 8—10 月。

【生境分布】 生于山坡草地或沟边。花
浅红白色，作观赏用。罗田天堂寨有分布，
全国各地均有人工栽培。

【采收加工】 全年可采，多鲜用。

【药用部位】 全草。

【药材名】 活血三七。

【来源】 景天科植物八宝 Hylotelephium erythrostictum（Miq.）H. Ohba 的全草。

【性味】 酸、苦，平。

【功能主治】 祛风利湿，活血散瘀，止血止痛。主治喉炎，荨麻疹，吐血，小儿丹毒，乳腺炎；外
用治疗疮痈肿，跌打损伤，鸡眼，烧烫伤，毒蛇咬伤，带状疱疹，脚癣。

【用法用量】 内服：煎汤，16～32 g。外用：适量，捣烂敷患处或捣汁外搽患处。

瓦松属 *Orostachys*（DC.）Fisch.

300. 瓦松 *Orostachys fimbriatus*（Turcz.）Berger

【别名】 屋上无根草、瓦花、瓦塔、瓦
霜、瓦葱、岩松、屋松。

【形态】 二年生草本。一年生莲座丛
的叶短；莲座叶线形，先端增大，为白色软
骨质，半圆形，有齿；二年生花茎一般高
10～20 cm，小的只长 5 cm，高的有时达
40 cm；叶互生，疏生，有刺，线形至披针形，
长可达 3 cm，宽 2～5 mm。花序总状，紧密，
或下部分枝，可呈宽 20 cm 的金字塔形；
苞片线状渐尖；花梗长达 1 cm，萼片 5，
长圆形，长 1～3 mm；花瓣 5，红色，披
针状椭圆形，长 5～6 mm，宽 1.2～1.5 mm，

先端渐尖，基部 1 mm 合生；雄蕊 10，与花瓣同长或稍短，花药紫色；鳞片 5，近四方形，长 0.3～0.4 mm，
先端稍凹。蓇葖 5，长圆形，长 5 mm，喙细，长 1 mm；种子多数，卵形，细小。花期 8—9 月，果期
9—10 月。

【生境分布】 生于海拔 1600 m 以下的山坡石上或屋瓦上。罗田博物馆屋顶有分布。

【采收加工】 夏、秋季采收，将全株连根拔起，除去根及杂质，反复晒几次至干，或鲜用。

【药用部位】 全草。

【药材名】　瓦松。

【来源】　景天科植物瓦松 *Orostachys fimbriatus*（Turcz.）Berger 的全草。

【性状】　干燥全草的茎呈黄褐色或暗棕褐色，长 12～20 cm，上有多数叶脱落后的疤痕，交互连接成棱形花纹。叶灰绿色或黄褐色，皱缩卷曲，多已脱落，长 12～15 mm，宽约 3 mm，茎上部叶间带有小花，呈红褐色，小花柄长短不一。质轻脆，易碎。气微，味酸。以花穗带红色、老者为佳。

【化学成分】　含大量草酸。

【性味】　酸、苦，凉，有毒。

【归经】　归肝、肺经。

【功能主治】　清热解毒，止血，利湿，消肿。主治吐血，鼻衄，血痢，肝炎，疟疾，热淋，痔疮，湿疹，痈毒，疔疮，汤火伤。

【用法用量】　内服：煎汤，3～10 g；捣汁或入丸剂。外用：捣敷、煎水熏洗或烧存性研末调敷。

【注意】　《泉州本草》：脾胃虚寒者忌用。

【贮藏】　置通风干燥处。

【附方】　①治吐血：瓦松，炖猪杀口肉服。（《四川中药志》）

②治鼻衄：鲜瓦松 1 kg。洗净，阴干，捣烂，用纱布绞取汁，加砂糖 15 g 拌匀，倾入瓷盘内，晒干成块。每次服 1.5～3 g，每日 2 次，温开水送服。忌辛辣刺激食物和热开水。（《全展选编》）

③治热毒酒积，肠风血痢：瓦松（捣汁，和酒一半）150 g，白芍药 15 g，炮姜末 15 g。煎减半，空心饮。（《新修本草》）

④治急性无黄疸性肝炎：瓦松 64 g，麦芽 32 g，垂柳嫩枝 10 g。水煎服。

⑤治疟疾：鲜瓦花 15 g，烧酒 50 g，隔水炖汁，于早晨空腹时服。连服 1～3 剂。

⑥治小儿惊风：瓦松 15～20 g，水煎服。（④～⑥方出自《浙江民间常用草药》）

⑦治小便沙淋：瓦松煎浓汤，乘热熏洗少腹。（《经验良方》）

⑧治火淋，白浊：瓦松熬水兑白糖服。（《四川中药志》）

⑨治痔疮：a.瓦松炖猪大肠头服。（《四川中药志》）b.鲜瓦松，煎水熏洗患处。（《浙江民间常用草药》）

⑩治湿疹：瓦松（晒干），烧灰研末，和茶油调抹，止痛止痒。（《泉州本草》）

⑪治灸疮，恶疮久不敛：瓦松（阴干），为末，先以槐枝、葱白汤洗，后掺之。（《济生秘览》）

⑫治疮疡疔疖：瓦松适量，加食盐少许，共捣烂，遍敷患部，日换两次。（《福建民间草药》）

⑬治唇裂生疮：瓦花、生姜。入盐少许捣涂。（《摘玄方》）

⑭治汤火伤：瓦松、生柏叶。同捣敷。干者为末。（《医方摘要》）

⑮治肺炎：鲜瓦松，每次 125～250 g，用冷开水洗净，擂烂绞汁，稍加热内服，日服 2 次。（《福建民间草药》）

⑯治牙龈肿痛：瓦花、白矾各等份。水煎漱之。（《摘玄方》）

⑰治疯狗咬伤：瓦松、雄黄。研贴。（《生生编》）

⑱治蜈蚣咬伤：鲜瓦松 64 g，酸饭粒少许，混匀捣烂烘热，贴患处。（《泉州本草》）

⑲治白屑：瓦松（曝干），烧作灰，淋取汁，热暖，洗头。（《太平圣惠方》）

【注意】　本品有小毒，应慎用。

景天属 *Sedum* L.

301. 费菜 *Sedum aizoon* L.

【别名】养心草、七叶草、血草。

【形态】多年生草本。根状茎短，粗茎高 20～50 cm，有 1～3 条茎，直立，无毛，不分枝。叶互生，狭披针形、椭圆状披针形至卵状倒披针形，长 3.5～8 cm，宽 1.2～2 cm，先端渐尖，基部楔形，边缘有不整齐的锯齿；叶坚实，近革质。聚伞花序有多花，水平分枝，平展，下托以苞叶。萼片 5，线形，肉质，不等长，长 3～5 mm，先端钝；花瓣 5，黄色，长圆形至椭圆状披针形，长 6～10 mm，有短尖；雄蕊 10，较花瓣短；鳞片 5，近正方形，长 0.3 mm，心皮 5，卵状长圆形，基部合生，腹面凸出，花柱长钻形。蓇葖星芒状排列，长 7 mm；种子椭圆形，长约 1 mm。花期 6—7 月，果期 8—9 月。

【生境分布】生于山地岩上或河沟坡上。罗田多地均有栽培。

【采收加工】夏、秋季采收，鲜用或晒干。

【药用部位】带根全草。

【药材名】费菜。

【来源】景天科植物费菜 *Sedum aizoon* L. 的全草或根。

【性味】酸，平。

【归经】归心、肝、脾经。

【功能主治】活血，止血，宁心，利湿，消肿，解毒。主治跌打损伤，咯血，吐血，便血，心悸，痈肿。

①《福建民间草药》：抑肝宁心，清血热，疗心悸。

②《湖南药物志》：破血，活血，凉血。

【用法用量】内服：煎汤，4.5～10 g（鲜品 32～64 g）。外用：捣敷。

【注意】《闽东本草》：肠胃虚弱，大便溏薄者忌用。

【附方】①治跌打损伤：a. 鲜费菜全草 64 g（根 10～12 g）。煎水去渣，甜酒调服。b. 鲜费菜茎、叶适量。切碎捣烂，稍加酒糟捣和，敷于患处。（《草药手册》）

②治肺结核咯血不止：鲜费菜叶 32～64 g。冷开水洗净，阴干，分 2～3 次服，每次取叶数片，放在口内咀嚼。开水送服；或鲜费菜叶七片，冰糖 32 g，放在口内咀嚼，开水送下。（晋江《中草药手册》）

③治咯血，吐血，鼻衄，齿衄：鲜费菜全草 95 g。水煎服，或捣烂加开水擂汁服。（《草药手册》）

④治大肠出血：鲜费菜 32 g。炖酒吃。（《贵阳民间药草》）

⑤治刀伤、火伤、毒虫刺伤：费菜全草捣烂敷伤处。（《湖南药物志》）

⑥治癔病或心悸亢进：鲜费菜 64 g，蜂蜜 64 g，猪心一个（不剖削，保留内部血液）。置瓷罐内，将费菜团团塞在猪心周围，勿令倒置，再加蜂蜜冲入开水，以浸没为度。放在锅内炖熟，去费菜，分两次食尽。（《福建民间草药》）

⑦治痈肿：费菜全草。捣烂敷患处。（《草药手册》）

⑧治高血压、心烦面红：鲜费菜全草 64 g。水煎，酌加蜂蜜调服。（《草药手册》）

302. 佛甲草 *Sedum lineare* Thunb.

【别名】佛指甲、铁指甲、禾雀舌、金枪药、尖叶佛甲草。

【形态】多年生草本，无毛。茎高 10～20 cm。3 叶轮生，少有 4 叶轮生或对生的，叶线形，长 20～25 mm，宽约 2 mm，先端钝尖，基部无柄，有短距。花序聚伞状，顶生，疏生花，宽 4～8 cm，中央有一朵有短梗的花，另有 2～3 分枝，分枝常再 2 分枝，着生花无梗；萼片 5，线状披针形，长 1.5～7 mm，不等长，不具距，有时有短距，先端钝；花瓣 5，黄色，披针形，长 4～6 mm，先端急尖，基部稍狭；雄蕊 10，较花瓣短；鳞片 5，宽楔形至近四方形，长 0.5 mm，宽 0.5～0.6 mm。蓇葖略叉开，长 4～5 mm，花柱短；种子小。花期 4—5 月，果期 6—7 月。

【生境分布】生于低山或平地草坡上。罗田多为栽培。

【采收加工】夏、秋季采收。

【药用部位】全草药用。

【药材名】佛甲草。

【来源】景天科植物佛甲草 *Sedum lineare* Thunb. 的全草。

【性味】甘，寒。

【功能主治】清热，消肿，解毒。主治咽喉肿痛，痈肿，疔疮，丹毒，汤火伤，蛇咬伤，黄疸，痢疾。

【用法用量】外用：捣敷或捣汁含漱、滴眼。内服：煎汤，10～15 g（鲜品 16～32 g）；或捣汁。

【附方】①治喉火：佛甲草 15 g，捣烂，加蛋清冲开水服。（《贵阳民间药草》）

②治咽喉肿痛：鲜佛甲草 64 g。捣绞汁，加米醋少许，开水一大杯冲漱喉，日数次。（《闽东本草》）

③治喉癣：佛甲草捣汁，加陈京墨磨汁，和匀漱喉，日咽四、五次。（《救生苦海》）

④治乳痈红肿：佛甲草、蒲公英、金银花。加甜酒捣烂外敷。（《贵阳民间药草》）

⑤治无名肿毒：佛甲草加盐捣烂，敷患处。（《浙江民间草药》）

⑥治诸疖毒，火丹，头面肿胀将危者：铁指甲，少入皮消捣罨之。（《李氏草秘》）

⑦治汤火伤：佛甲草不以多少，晒干，为细末，每用少许，冷水调敷患处。（《履巉岩本草》）

⑧治蛇咬：佛甲草加项开口捣烂，罨咬伤处。（《浙江民间草药》）

⑨治黄疸：佛甲草（生）32 g，炖瘦肉 125 g，内服。（《贵阳民间药草》）

⑩治迁延性肝炎：佛甲草 32 g，当归 10 g，红枣十个。水煎服，每日一剂。（《全展选编》）

⑪治牙疼：铁指甲煅末，擦之。（王安卿《采药志》）

⑫治目赤肿痛而生火翳：鲜佛甲草捣汁，加人乳点眼。（《贵阳民间药草》）

⑬治漆疮：鲜佛甲草捣烂外敷。（《贵阳民间药草》）

303. 垂盆草 *Sedum sarmentosum* Bunge

【别名】半枝莲、鼠牙半支、瓜子草、佛指甲、狗牙草、狗牙瓣、三七仔、土三七、黄瓜子草、鸡舌草、白蜈蚣、狗牙齿、太阳花、枉开口。

【形态】多年生草本。不育枝及花茎细，匍匐而节上生根，直到花序之下，长 10～25 cm。3 叶轮生，叶倒披针形至长圆形，长 15～28 mm，宽 3～7 mm，先端近急尖，基部急狭，有距。聚伞花序，有 3～5

分枝，花少，宽 5 ～ 6 cm；花无梗；萼片
5，披针形至长圆形，长 3.5 ～ 5 mm，先端
钝，基部无距；花瓣 5，黄色，披针形至长
圆形，长 5 ～ 8 mm，先端有稍长的短尖；
雄蕊 10，较花瓣短；鳞片 10，楔状四方形，
长 0.5 mm，先端稍有微缺；心皮 5，长圆形，
长 5 ～ 6 mm，略叉开，有长花柱。种子卵形，
长 0.5 mm。花期 5—7 月，果期 8 月。

【生境分布】生于海拔 1600 m 以下
山坡阳处或石上。罗田各地均有分布。

【采收加工】夏、秋季采收。

【药用部位】全草。

【药材名】垂盆草。

【来源】景天科植物垂盆草 *Sedum sarmentosum* Bunge 的全草。

【功能】清热解毒。

【性味】甘、淡，凉。

【功能主治】清热，消肿，解毒。主治咽喉肿痛，肝炎，热淋，痈肿，水火烫伤，蛇、虫咬伤。

【用法用量】内服：煎汤，16 ～ 32 g。外用：捣敷。

【附方】①治大毒，如发背、对口、冬瓜、骑马等痈，初起者消，已成者溃，出脓亦少：鼠牙半支
32 g，捣汁，陈酒和服，渣敷留头，取汗而愈。（《百草镜》）

②治水火烫伤，痈肿疮疡，毒蛇咬伤：鲜垂盆草 32 ～ 125 g，洗净，捣汁服。外用鲜草适量，捣烂
敷患处。（《上海常用中草药》）

③治喉头肿痛：鲜垂盆草捣汁一杯，加烧酒少许含漱 5 ～ 10 min，每日三、四次。（《浙江民间常
用草药》）

七十四、虎耳草科　Saxifragaceae

草绣球属　*Cardiandra* Sieb. et Zucc.

304. 草绣球　*Cardiandra moellendorffii*（Hance）Migo

【别名】紫阳花、牡丹三七。

【形态】亚灌木，高 0.4 ～ 1 m；茎单生，干后淡褐色，稍具纵条纹。叶通常单片、分散互生于茎上，
纸质，椭圆形或倒长卵形，长 6 ～ 13 cm，宽 3 ～ 6 cm，先端渐尖或短渐尖，具短尖头，基部沿叶柄两侧
下延成楔形，边缘有粗长牙齿状锯齿，上面被短糙伏毛，下面疏被短柔毛或仅脉上有疏毛；侧脉 7 ～ 9 对，
弯拱，下面微凸，小脉纤细，稀疏网状，下面明显；叶柄长 1 ～ 3 cm，茎上部的渐短或几乎无柄。伞房
状聚伞花序顶生，苞片和小苞片线形或狭披针形，宿存；不育花萼片 2 ～ 3，较小，近等大，阔卵形至近
圆形，长 5 ～ 15 mm，先端圆或略尖，基部近截平，膜质，白色或粉红色；孕性花萼筒杯状，长 1.5 ～ 2 mm，

萼齿阔卵形，先端钝；花瓣阔椭圆形至近圆形，长 2.5～3 mm，淡红色或白色；雄蕊 15～25 枚，稍短于花瓣；子房近下位，3 室，花柱 3，结果时长约 1 mm。蒴果近球形或卵球形，不连花柱长 3～3.5 mm，宽 2.5～3 mm；种子棕褐色，长圆形或椭圆形，扁平，连翅长 1～1.4 mm，两端的翅颜色较深，与种子同色，不透明。花期 7—8 月，果期 9—10 月。

【生境分布】　生于林下或水沟旁阴湿处，喜阴湿而土地肥沃的沙土。罗田多为栽培。

【采收加工】　夏、秋季采收。

【药用部位】　根茎。

【药材名】　牡丹三七。

【来源】　虎耳草科植物草绣球 *Cardiandra moellendorffii*（Hance）Migo 的根茎。

【性状】　鲜根茎呈连珠状不规则块状物，稍弯曲，长 3～8 cm，宽 1～2 cm，上端有圆筒形茎基残痕。外表暗棕褐色，有由球状凸起及圆点状须根痕迹。横断面皮部黄色，中柱白色，呈粉性。

【功能主治】　主治跌打损伤。

【用法用量】　治各种损伤：鲜草绣球根茎 12～16 g，切片，加黄酒、红糖，盛碗中加盖，放锅内蒸，连蒸三、四次。每饭前服一次。（《浙江天目山药用植物志》）

金腰属 *Chrysosplenium* Tour. ex L.

305. 大叶金腰 *Chrysosplenium macrophyllum* Oliv.

【别名】　马耳朵草、龙舌草、岩窝鸡、岩乌金菜、龙香草。

【形态】　多年生草本，高 17～21 cm；不育枝长 23～35 cm，其叶互生，具柄，叶片阔卵形至近圆形，长 0.3～1.8 cm，宽 0.4～1.2 cm，边缘具 11～13 圆齿，腹面疏生褐色柔毛，背面无毛，叶柄长 0.8～1 cm，具褐色柔毛。花茎疏生褐色长柔毛。基生叶数枚，具柄，叶片革质，倒卵形，长 2.3～19 cm，宽 1.3～11.5 cm，先端圆钝，全缘或具不明显的微波状小圆齿，基部楔形，腹面疏生褐色柔毛，背面无毛；茎生叶通常 1 枚，叶片狭椭圆形，长 1.2～1.7 cm，宽 0.5～0.75 cm，边缘通常具 13 圆齿，背面无毛，腹面和边缘疏生褐色柔毛。多歧聚伞花序长 3～4.5 cm；花序分枝疏生褐色柔毛或近无毛；苞叶卵形至阔卵形，长 0.6～2 cm，宽 0.5～1.4 cm，先端钝状急尖，边缘通常具 9～15 圆齿（有时不明显），基部楔形，柄长 3～10 mm；萼片近卵形至阔卵形，长 3～3.2 mm，宽 2.5～3.9 mm，先端微凹，无毛；雄蕊高出萼片，长 4～6.5 mm；子房半下位，花柱长约 5 mm，近直上；无花盘。蒴果长 4～4.5 mm，先端近平截而微凹，2

果瓣近等大，喙长 3 ～ 4 mm；种子黑褐色，近卵球形，长约 0.7 mm，密被微乳头凸起。花果期 4—6 月。

【生境分布】　生于海拔 1000 ～ 2236 m 的林下或沟旁阴湿处。罗田天堂寨有分布。

【来源】　虎耳草科植物大叶金腰 *Chrysosplenium macrophyllum* Oliv. 的全草。

【采收加工】　秋、冬季采收，除去泥土，洗净，晒干或鲜用。

【功能主治】　止咳止带。主治小儿惊风，咳嗽，带下。

溲疏属 *Deutzia* Thunb.

306. 宁波溲疏 *Deutzia ningpoensis* Rehd.

【别名】　观音竹。

【形态】　灌木，高 1 ～ 2.5 m；老枝灰褐色，无毛，表皮常脱落；花枝长 10 ～ 18 cm，具 6 叶，红褐色，被星状毛。叶厚纸质，卵状长圆形或卵状披针形，长 3 ～ 9 cm，宽 1.5 ～ 3 cm，先端渐尖或急尖，基部圆形或阔楔形，边缘具疏锯齿或近全缘，上面绿色，疏被 4 ～ 7 辐线星状毛，下面灰白色或灰绿色，密被 12 ～ 15 辐线星状毛，稀具中央长辐线，毛被连续覆盖，侧脉每边 5 ～ 6 条；花枝上叶柄长 5 ～ 10 mm，其余叶柄长 5 ～ 10 mm，被星状毛。聚伞状圆锥花序，长 5 ～ 12 cm，直径 2.5 ～ 6 cm，多花，疏被星状毛；花蕾长圆形；花冠直径 1 ～ 1.8 cm；花梗长 3 ～ 5 mm；萼筒杯状，高 3 ～ 4 mm，直径约 3 mm，裂片卵形或三角形，长宽均 1.5 ～ 2 mm，与萼筒均密被 10 ～ 15 辐线星状毛；花瓣白色，长圆形，长 5 ～ 8 mm，宽约 2.5 mm，先端急尖，中部以下渐狭，外面被星状毛，花蕾时内向镊合状排列；外轮雄蕊长 3 ～ 4 mm，内轮雄蕊较短，两轮形状相同；花丝先端 2 短齿，齿平展，长不达花药，花药球形，具短柄，从花丝裂齿间伸出；花柱 3 ～ 4，长约 6 mm，柱头稍弯。蒴果半球形，直径 4 ～ 5 mm，密被星状毛。花期 5 ～ 7 月，果期 9—10 月。

【生境分布】　生于岩石阴湿处。罗田胜利镇有分布。

【采收加工】冬、春季采根，夏季采叶。

【药用部位】　根或叶。

【药材名】　溲疏。

【来源】　虎耳草科植物宁波溲疏 *Deutzia ningpoensis* Rehd. 的根或叶。

【性味】　辛，寒。

【归经】　归心、肝经。

【功能主治】　清热解毒，截疟，利尿，接骨。主治感冒发热，小便淋痛，疟疾，骨折，疔疮等。

【用法用量】　内服：煎汤，15 ～ 19 g。外用：适量，煎水洗。

绣球属 *Hydrangea* L.

307. 大花圆锥绣球 *Hydrangea paniculata* Sieb. var. *grandiflora* Sieb.

【别名】　粉团花。

【形态】圆锥花序大，顶生，长14～20 cm，宽约14 cm，花序轴和花梗有短柔毛，不孕花多；萼片4，倒卵形，长7～13 mm，全缘，白色，后变紫色或黄色；能孕花白色，芳香；萼筒近无毛，萼裂片5，广三角形，长约0.5 mm，花瓣5，离生，早落；雄蕊10，不等长；子房半下位，花柱3。蒴果近卵形，长约2 mm，顶端孔裂。种子两端有翅。花期8—9月，果期10月。

【生境分布】栽培于庭院。花大美丽可供观赏。

【采收加工】8—9月花开时采收，鲜用或干用。

【药用部位】花。

【药材名】粉团花。

【来源】虎耳草科植物大花圆锥绣球 *Hydrangea paniculata* Sieb. var. *grandiflora* Sieb. 的花。

【性味】《本草再新》：苦，温，无毒。

【功能主治】清热抗疟，《本草再新》：消湿，破血。

【用法用量】治肾囊风：①粉团花七朵。水煎洗。（《本草纲目拾遗》）②蛇床子、墙上野苋、绣球花，煎汤洗之。（《良方集要》）

梅花草属 *Parnassia* L.

308. 白耳菜 *Parnassia foliosa* Hook. f. et Thoms.

【别名】白须草、白侧耳、苍耳七。

【形态】多年生草本，全株无毛，高20～30 cm。基生叶4～8片，丛生；叶厚，肾形或稍带圆形，全缘，基部深心脏形，具长柄；茎生叶3～6片，稍圆心形，无柄，抱茎。花单生于茎顶，大形；萼片5，基部相连，绿色，卵形；花瓣5，白色，卵圆形，基部急窄，边缘细裂呈丝状，长约1 cm；雄蕊5，与花瓣互生，蕊间有退化雄蕊，生于每1花瓣基部，先端深3裂，裂片先端各有1棒状腺体；子房球形，心皮4，柱头4裂。蒴果长椭圆形，上部4裂。种子多数，细小。有翅。花期8—9月，果期10—11月。

【生境分布】生于土坎、沟边或湿润地方。

【采收加工】全年可采。

【药用部位】带根全草。

【药材名】白须草。

【来源】虎耳草科植物白耳菜 *Parnassia foliosa* Hook. f. et Thoms. 的带根全草。

【功能主治】镇咳止血，解热利尿，利湿。主治虚劳咳嗽，咯血，吐血，赤痢，带下，疔疮。

【用法用量】内服：煎汤，6～12 g（鲜品32～64 g）。外用：捣敷。

【附方】①治久咳成痨：白侧耳 6 g，鹿衔草 6 g。炖猪肺服。（《贵州民间方药集》）

②治久咳吐血及妇女带下：白侧耳 16 ～ 32 g，水煎或炖鸡服。（《浙江天目山药用植物志》）

③治赤痢及久泻后肛门热痛，便血：白侧耳干草 22 ～ 26 g，仙鹤草、半边莲、天青地白草、茅草根各 12 ～ 16 g，水煎，早晚空腹服；忌食生冷、油腻、酸辣、芥菜。（《浙江天目山药用植物志》）

④治铜钱癣：鲜白侧耳根 32 g，在火上稍熏烤片刻，揉搓成团，擦患处。（《贵州民间方药集》）

扯根菜属 *Penthorum* Gronov. ex L.

309. 扯根菜 *Penthorum chinense* Pursh

【别名】水杨柳、干黄草。

【形态】多年生草本，高 40 ～ 65（90）cm。根状茎分枝；茎不分枝，稀基部分枝，具多数叶，中下部无毛，上部疏生黑褐色腺毛。叶互生，无柄或近无柄，披针形至狭披针形，长 4 ～ 10 cm，宽 0.4 ～ 1.2 cm，先端渐尖，边缘具细重锯齿，无毛。聚伞花序具多花，长 1.5 ～ 4 cm；花序分枝与花梗均被褐色腺毛；苞片小，卵形至狭卵形；花梗长 1 ～ 2.2 mm；花小型，黄白色；萼片 5，革质，三角形，长约 1.5 mm，宽约 1.1 mm，无毛，单脉；无花瓣；雄蕊 10，长约 2.5 mm；雌蕊长约 3.1 mm，心皮 5（6），下部合生；子房 5（6）室，胚珠多数，花柱 5（6），较粗。蒴果红紫色，直径 4 ～ 5 mm；种子多数，卵状长圆形，表面具小丘状凸起。花果期 7—10 月。

【生境分布】生于海拔 90 ～ 2200 m 的林下、灌丛草甸及水边。罗田北部山区有分布。

【采收加工】全年可采。

【药用部位】全草。

【药材名】扯根菜。

【来源】虎耳草科植物扯根菜 *Penthorum chinense* Pursh 的全草。

【性味】甘，温。

【功能主治】利水除湿，祛瘀止痛。主治黄疸，水肿，跌打损伤等。嫩苗可供蔬食。

虎耳草属 *Saxifraga* Tourn. ex L.

310. 虎耳草 *Saxifraga stolonifera* Curt.

【别名】石荷叶、老虎耳、耳朵草、猪耳草、狮子草、金丝荷叶、猫耳朵。

【形态】多年生草本，高 8 ～ 45 cm。鞭匐枝细长，密被卷曲长腺毛，具鳞片状叶。茎被长腺毛，具 1 ～ 4 枚苞片状叶。基生叶具长柄，叶片近心形、肾形至扁圆形，长 1.5 ～ 7.5 cm，宽 2 ～ 12 cm，先端钝或

急尖,基部近截形、圆形至心形,(5)7～11
浅裂(有时不明显),裂片边缘具不规则
齿和腺毛,腹面绿色,被腺毛,背面通常
红紫色,被腺毛,有斑点,具掌状达缘脉序,
叶柄长 1.5～21 cm,被长腺毛;茎生叶
披针形,长约 6 mm,宽约 2 mm。聚伞花
序圆锥状,长 7.3～26 cm,具 7～61 花;
花序分枝长 2.5～8 cm,被腺毛,具 2～5
花;花梗长 0.5～1.6 cm,细弱,被腺毛;
花两侧对称;萼片在花期开展至反曲,卵形,
长 1.5～3.5 mm,宽 1～1.8 mm,先端急尖,

边缘具腺毛,腹面无毛,背面被褐色腺毛,3 脉于先端汇合成 1 疣点;花瓣白色,中上部具紫红色斑点,
基部具黄色斑点,5 枚,其中 3 枚较短,卵形,长 2～4.4 mm,宽 1.3～2 mm,先端急尖,基部具长
0.1～0.6 mm 之爪,羽状脉序,具 2 级脉(2)3～6 条,另 2 枚较长,披针形至长圆形,长 6.2～14.5 mm,
宽 2～4 mm,先端急尖,基部具长 0.2～0.8 mm 的爪,羽状脉序,具 2 级脉 5～10(11)条。雄蕊
长 4～5.2 mm,花丝棒状;花盘半环状,围绕于子房一侧,边缘具瘤凸;2 心皮下部合生,长 3.8～6 mm;
子房卵球形,花柱 2,叉开。花果期 4—11 月。

【生境分布】 生于阴湿处、溪旁树阴下、山间小溪旁或岩石上。罗田各地均有分布。

【采收加工】 全年可采,以花后采者为佳。

【药用部位】 全草。

【药材名】 虎耳草。

【来源】 虎耳草科植物虎耳草 *Saxifraga stolonifera* Curt. 的全草。

【性味】 《履巉岩本草》:性凉,有毒。

《本草纲目》:微苦辛,寒,有小毒。

【功能主治】 祛风,清热,凉血解毒。主治风疹,湿疹,中耳炎,丹毒,咳嗽吐血,肺痈,崩漏,痔疾。

【用法用量】 内服:煎汤,10～15 g。外用:捣汁滴或煎水熏洗。

【附方】 ①治中耳炎:鲜虎耳草叶捣汁滴入耳内。(《浙江民间常用草药》)

②治荨麻疹:虎耳草、青黛。水煎服。(《四川中药志》)

③治风丹热毒,风火牙痛:鲜虎耳草 32 g,水煎服。(《南京地区常用中草药》)

④治风疹瘙痒,湿疹:鲜虎耳草 16～32 g。水煎服。(《上海常用中草药》)

⑤治湿疹,皮肤瘙痒:鲜虎耳草 500 g,切碎,加 95%酒精拌湿,再加 30%酒精 1000 ml 浸泡一周,
去渣,外敷患处。(《南京地区常用中草药》)

⑥治肺热咳嗽气逆:虎耳草 10～20 g,冰糖 25 g。水煎服。

⑦治百日咳:虎耳草 3～10 g,冰糖 10 g。水煎服。

⑧治肺痈吐臭脓:虎耳草 12 g,忍冬叶 32 g。水煎两次,分服。

⑨治吐血:虎耳草 10 g,猪皮肉 125 g。混同剁烂;做成肉饼,加水蒸熟食。(⑥～⑨方出自《江西
民间草药》)

⑩治血崩:鲜虎耳草 32～64 g,加黄酒、水各半煎服。(《浙江民间常用草药》)

⑪治痔疮:虎耳草 32 g,水煎,加食盐少许,放罐内,坐熏,一日两次。(《江西民间草药》)

⑫治冻疮溃烂:鲜虎耳草叶捣烂敷患处。(《南京地区常用中草药》)

钻地风属 *Schizophragma* Sieb. et Zucc.

311. 钻地风 *Schizophragma integrifolium* Oliv.

【别名】追地枫、桐叶藤。

【形态】木质藤本或藤状灌木；小枝褐色，无毛，具细条纹。叶纸质，椭圆形、长椭圆形或阔卵形，长 8～20 cm，宽 3.5～12.5 cm，先端渐尖或急尖，具狭长或阔短尖头，基部阔楔形、圆形至浅心形，边全缘或上部具仅有硬尖头的小齿，上面无毛，下面有时沿脉被疏短柔毛，后渐变近无毛，脉腋间常具毛；侧脉 7～9 对，弯拱或下部稍直，下面凸起，小脉网状，较密，下面微凸；叶柄长 2～9 cm，无毛。伞房状聚伞花序密被褐色、紧贴短柔毛，结果时毛渐稀少；不育花萼片单生或偶有 2～3 片聚生于花柄上，卵状披针形、披针形或阔椭圆形，结果时长 3～7 cm，宽 2～5 cm，黄白色；孕性花萼筒陀螺状，长 1.5～2 mm，宽 1～1.5 mm，基部略尖，萼齿三角形，长约 0.5 mm；花瓣长卵形，长 2～3 mm，先端钝；雄蕊近等长，盛开时长 4.5～6 mm，花药近圆形，长约 0.5 mm；子房近下位，花柱和柱头长约 1 mm。蒴果钟状或陀螺状，较小，全长 6.5～8 mm，宽 3.5～4.5 mm，基部稍宽，阔楔形，顶端凸出部分短圆锥形，长约 1.5 mm；种子褐色，连翅轮廓纺锤形或近纺锤形，扁，长 3～4 mm，宽 0.6～0.9 mm，两端的翅近相等，长 1～1.5 mm。花期 6—7 月，果期 10—11 月。

【生境分布】生于荒山草地。罗田九资河镇有分布。

【采收加工】全年可采，挖取根部，剥取根皮，晒干。

【药用部位】根皮。

【药材名】钻地风。

【来源】虎耳草科植物钻地风 *Schizophragma integrifolium* Oliv. 的根皮。

【性状】干燥的根皮呈半卷筒状，厚而宽阔，内层有网纹。以皮质松软、不含木心、色红棕、味清香微带樟脑气者为佳。

【性味】《浙江天目山药用植物志》：性凉，味淡。

【功能主治】主治风湿脚气，四肢关节酸痛。

【用法用量】内服：煎汤，6～12 g；或浸酒。

【附方】治四肢关节酸痛：钻地风根或藤 750 g，八角枫、五加皮、丹参各 250 g，白牛膝 195 g，麻黄 16 g。切细，入黄酒 6000 g，红糖、红枣各 500 g，装入小坛内密封，再隔水缓火炖 4 h。每天早晚空腹饮 200 g 左右。头汁服完后，可再加黄酒 5000 g，如上法烧炖、服用。（《浙江天目山药用植物志》）

黄水枝属 *Tiarella* L.

312. 黄水枝 *Tiarella polyphylla* D. Don

【别名】博落。

【形态】多年生草本，高 20～45 cm；根状茎横走，深褐色，直径 3～6 mm。茎不分枝，密被腺毛。

基生叶具长柄，叶片心形，长 2～8 cm，宽 2.5～10 cm，先端急尖，基部心形，掌状 3～5 浅裂，边缘具不规则浅齿，两面密被腺毛；叶柄长 2～12 cm，基部扩大呈鞘状，密被腺毛；托叶褐色；茎生叶通常 2～3 枚，与基生叶同型，叶柄较短。总状花序长 8～25 cm，密被腺毛；花梗长达 1 cm，被腺毛；萼片在花期直立，卵形，长约 1.5 mm，宽约 0.8 mm，先端稍渐尖，腹面无毛，背面和边缘具短腺毛，3 至多脉；无花瓣；雄蕊长约 2.5 mm，花丝钻形；心皮 2，不等大，下部合生，子房近上位，花柱 2。蒴果长 7～12 mm；种子黑褐色，椭圆球形，长约 1 mm。花果期 4—11 月。

【生境分布】 生于高海拔的林下、灌丛和阴湿地。罗田三省垴有分布。

【采收加工】 夏、秋季采收。

【药用部位】 全草。

【药材名】 黄水枝。

【来源】 虎耳草科植物黄水枝 *Tiarella polyphylla* D. Don 的全草。

【性味】 苦，寒。

【功能主治】 清热解毒，活血祛瘀，消肿止痛。主治痈疖肿毒，跌打损伤，咳嗽气喘。

治咳嗽气喘：鲜黄水枝 32 g，芫荽 12～16 g，水煎冲红糖。每日早晚饭前各服一次，忌食酸辣、萝卜菜。（《草药手册》）

【用法用量】 内服：煎汤，15～24 g；或浸酒。

七十五、海桐花科 Pittosporaceae

海桐花属 *Pittosporum* Banks

313. 海桐 *Pittosporum tobira*（Thunb.）Ait.

【形态】 常绿灌木或小乔木，高达 6 m，嫩枝被褐色柔毛，有皮孔。叶聚生于枝顶，二年生，革质，嫩时上下两面有柔毛，以后变秃净，倒卵形或倒卵状披针形，长 4～9 cm，宽 1.5～4 cm，上面深绿色，发亮、干后暗晦无光，先端圆形或钝，常微凹入或为微心形，基部窄楔形，侧脉 6～8 对，在靠近边缘处相结合，有时因侧脉间的支脉较明显而呈多脉状，网脉稍明显，网眼细小，全缘，干后反卷，叶柄长达 2 cm。伞形花序或伞房状伞形花序顶生或近顶生，密被黄褐色柔毛，花梗长 1～2 cm；苞片披针形，长 4～5 mm；小苞片长 2～3 mm，均被褐毛。花白色，芳香，后变黄色；萼片卵形，长 3～4 mm，被柔毛；花瓣倒披针形，长 1～1.2 cm，离生；雄蕊 2 型，退化雄蕊的花丝长 2～3 mm，花药近不育；正常雄蕊的花丝长 5～6 mm，花药长圆形，长 2 mm，黄色；子房长卵形，密被柔毛，侧膜胎座 3 个，胚珠多数，2 列着生于胎座中段。蒴果圆球形，有棱或呈三角形，直径 12 mm，有毛，子房柄长 1 ～ 2 mm，3 片裂开，果片木质，厚 1.5 mm，内侧黄褐色，有光泽，具横格；种子多数，长 4 mm，多角形，红色，种柄长约 2 mm。

【生境分布】 生于山坡林下或庭院栽培。罗田天堂寨有栽培。

【采收加工】 根：全年可采；叶：夏季枝叶旺盛时采收；种子：秋季采收。

【药用部位】 根、叶、种子。

【药材名】 海桐根、海桐叶、海桐子。

【来源】 海桐花科植物海桐 *Pittosporum tobira*（Thunb.）Ait. 的根、叶、种子。

【功能主治】 根：祛风除湿，散瘀止痛；叶：清热解毒，止血；种子：补肾壮阳。

【用法用量】 内服：煎汤，6 ～ 12 g。根可浸酒。

七十六、金缕梅科　Hamamelidaceae

蜡瓣花属 *Corylopsis* Sieb. et Zucc.

314. 蜡瓣花 *Corylopsis sinensis* Hemsl.

【别名】 连核梅、连合子。

【形态】 落叶灌木；嫩枝有柔毛，老枝秃净，有皮孔；芽体椭圆形，外面有柔毛。叶薄革质，倒卵圆形或倒卵形，有时为长倒卵形，长 5 ～ 9 cm，宽 3 ～ 6 cm；先端急短尖或略钝，基部不等侧心形；上面秃净无毛，或仅在中肋有毛，下面有灰褐色星状柔毛；侧脉 7 ～ 8 对，最下一对侧脉靠近基部，第 2 次分支侧脉不强烈；边缘有锯齿，齿尖刺毛状；叶柄长约 1 cm，有星毛；托叶窄矩形，长约 2 cm，略有毛。总状花序长 3 ～ 4 cm；花序柄长约 1.5 cm，被毛，花序轴长 1.5 ～ 2.5 cm，有长茸毛；总苞状鳞片

卵圆形，长约 1 cm，外面有柔毛，内面有长丝毛；苞片卵形，长 5 mm，外面有毛；小苞片矩圆形，长 3 mm；萼筒有星状茸毛，萼齿卵形，先端略钝，无毛；花瓣匙形，长 5 ～ 6 mm，宽约 4 mm；雄蕊比花瓣略短，长 4 ～ 5 mm；退化雄蕊 2 裂，先端尖，与萼齿等长或略超出；子房有星毛，花柱长 6 ～ 7 mm，基部有毛。果序长 4 ～ 6 cm；蒴果近圆球形，长 7 ～ 9 mm，被褐色柔毛。种子黑色，长 5 mm。

【生境分布】 常生于山地灌丛。罗田北部山区有分布。

【采收加工】 全年可采。

【药用部位】 根皮。

【药材名】 蜡瓣花。

【来源】 金缕梅科植物蜡瓣花 *Corylopsis sinensis* Hemsl. 的根皮。

【功能主治】 《浙江天目山药用植物志》：治风蛇落肚症。

【附方】 治恶寒发热，热度不很高，呕逆心跳，烦乱昏迷（俗称风蛇落肚症）：干燥蜡瓣花根皮 95 g，仙鹤草、坚漆柴（金缕梅科檵木）根或叶各 12 ～ 16 g，灯心草、旱竹叶各 10 ～ 12 g，老姜 3 片，水煎，早晚饭前各服一次。（《浙江天目山药用植物志》）

【用法用量】 内服：煎汤，12 ～ 16 g。

蚊母树属 *Distylium* Sieb. et Zucc.

315. 杨梅叶蚊母树 *Distylium myricoides* Hemsl.

【形态】 常绿灌木或小乔木，嫩枝有鳞垢，老枝无毛，有皮孔，干后灰褐色；芽体无鳞状苞片，外面有鳞垢。叶革质，矩圆形或倒披针形，长 5 ～ 11 cm，宽 2 ～ 4 cm，先端锐尖，基部楔形，上面绿色，干后暗晦无光泽，下面秃净无毛；侧脉约 6 对，干后在上面下陷，在下面凸起，网脉在上面不明显，在下面能见；边缘上半部有数个小齿凸；叶柄长 5 ～ 8 mm，有鳞垢；托叶早落。总状花序腋生，长 1 ～ 3 cm，雄花与两性花同在 1 个花序上，两性花位于花序顶端，花序轴有鳞垢，苞片披针

形，长 2 ～ 3 mm；萼筒极短，萼齿 3 ～ 5 个，披针形，长约 3 mm，有鳞垢；雄蕊 3 ～ 8 个，花药长约 3 mm，红色，花丝长不及 2 mm；子房上位，有星毛，花柱长 6 ～ 8 mm。雄花的萼筒很短，雄蕊长短不一，无退化子房。蒴果卵圆形，长 1 ～ 1.2 cm，有黄褐色星毛，先端尖，裂为 4 片，基部无宿存萼筒。种子长 6 ～ 7 mm，褐色，有光泽。

【生境分布】 多生于亚热带常绿林中。罗田薄刀峰有栽培。

【来源】 金缕梅科植物杨梅叶蚊母树 *Distylium myricoides* Hemsl. 的根。

【采收加工】 全年均可采挖，洗净，切段，晒干。

【性状】 性状鉴别，根长圆锥形，大小长短不一。表面灰褐色。质硬，不易折断，断面纤维性。气微，味淡。

【性味】 辛、微苦，平。

【归经】 归脾、肝经。

【功能主治】 利水渗湿，祛风活络。主治水肿，手足浮肿，风湿骨节疼痛，跌打损伤。

【用法用量】 内服：煎汤，6 ～ 12 g。

金缕梅属 *Hamamelis* Gronov. ex L.

316. 金缕梅 *Hamamelis mollis* Oliver

【形态】落叶灌木或小乔木，高达 8 m；嫩枝有星状茸毛；老枝秃净；芽体长卵形，有灰黄色茸毛。叶纸质或薄革质，阔倒卵圆形，长 8 ~ 15 cm，宽 6 ~ 10 cm，先端短急尖，基部不等侧心形，上面稍粗糙，有稀疏星状毛，不发亮，下面密生灰色星状茸毛；侧脉 6 ~ 8 对，最下面 1 对侧脉有明显的第二次侧脉，在上面很显著，在下面凸起；边缘有波状钝齿；叶柄长 6 ~ 10 mm，被茸毛，托叶早落。头状或短穗状花序腋生，有花数朵，无花梗，苞片卵形，花序柄短，长不到 5 mm；萼筒短，与子房合生，萼齿卵形，长 3 mm，宿存，均被星状茸毛；花瓣带状，长约 1.5 cm，黄白色；雄蕊 4 个，花丝长 2 mm，花药与花丝几等长；退化雄蕊 4 个，先端平截；子房有茸毛，花柱长 1 ~ 1.5 mm。蒴果卵圆形，长 1.2 cm，宽 1 cm，密被黄褐色星状茸毛，萼筒长约为蒴果的 1/3。种子椭圆形，长约 8 mm，黑色，发亮。花期 5 月。

【生境分布】生于山坡林下。罗田北部山区有分布。

【采收加工】全年可采。

【药用部位】根。

【药材名】金缕梅根。

【来源】金缕梅科植物金缕梅 *Hamamelis mollis* Oliver 的根。

【性味】甘，平。

【归经】归脾经。

【功能主治】益气。主治劳伤乏力。

【用法用量】内服：煎汤，15 ~ 32 g（鲜品 32 ~ 64 g）。

【注意】服药时忌酸、辣、芥菜、萝卜等。

枫香树属 *Liquidambar* L.

317. 枫香树 *Liquidambar formosana* Hance

【别名】大叶枫、枫子树、鸡爪枫、鸡枫树。

【形态】落叶乔木，高达 30 m，胸径最大可达 1 m，树皮灰褐色，方块状剥落；小枝干后灰色，被柔毛，略有皮孔；芽体卵形，长约 1 cm，略被微毛，鳞状苞片敷有树脂，干后棕黑色，有光泽。叶薄革质，阔卵形，掌状 3 裂，中央裂片较长，先端尾状渐尖；两侧裂片平展；基部心形；上面绿色，干后灰绿色，不发亮；下面有短柔毛，或变

秃净仅在脉腋间有毛；掌状脉 3～5 条，在上下两面均显著，网脉明显可见；边缘有锯齿，齿尖有腺状凸起；叶柄长达 11 cm，常有短柔毛；托叶线形，游离，或略与叶柄连生，长 1～1.4 cm，红褐色，被毛，早落。雄性短穗状花序常多个排成总状，雄蕊多数，花丝不等长，花药比花丝略短。雌性头状花序有花 24～43 朵，花序柄长 3～6 cm，偶有皮孔，无腺体；萼齿 4～7 个，针形，长 4～8 mm，子房下半部藏在头状花序轴内，上半部游离，有柔毛，花柱长 6～10 mm，先端常卷曲。头状果序圆球形，木质，直径 3～4 cm；蒴果下半部藏于花序轴内，有宿存花柱及针刺状萼齿。种子多数，褐色，多角形或有窄翅。

【生境分布】　罗田各地均有分布。

【药用部位】　根、叶、果实、树脂。

【药材名】　枫香根、枫香叶、路路通、枫香脂。

（1）枫香根。

【别名】　枫果根、杜东根。

【采收加工】　全年可采。

【来源】　金缕梅科植物枫香树 *Liquidambar formosana* Hance 的树根。

【性味】　《泉州本草》：辛、苦，性平，无毒。

【归经】　《泉州本草》：入脾、肾、肝三经。

【功能主治】　主治痈疽，疔疮，风湿关节痛。

【用法用量】　内服：煎汤，16～32 g；或捣汁。外用：捣敷。

【附方】①治乳痈：枫香根 32 g，犁头草 10 g。酒水各半煎服。初起者可使内消；已成脓者，可使易溃。（《江西民间草药验方》）

②治痈疔：鲜枫香根 32 g，红糖 32 g，酒糟 15 g，共捣烂敷患处。（《福建民间实用草药》）

③治肿毒凝结：鲜枫果根二重皮和冬蜜杵烂，敷患处。（《福建民间实用草药》）

④治风湿关节痛：枫香根 32～64 g。水煎服。（《湖南药物志》）

⑤治风疹：枫香根 16～32 g，枫果 11 枚，艾叶 4.5 g，枫树菌 15 g。煮鸡蛋兑酒食。（《湖南药物志》）

（2）枫香皮。

【别名】　枫皮、枫香木皮。

【采收加工】　全年可采。

【来源】　金缕梅科植物枫香树 *Liquidambar formosana* Hance 的树皮。

【性味】①《新修本草》：辛，平，有小毒。

②《本草拾遗》：性涩。

【功能主治】①治泄泻，痢疾，大风癞疮。

②《新修本草》：主水肿，下水气，煮汁用之。

③《本草拾遗》：止水痢。

④《日华子本草》：止霍乱。刺风、冷风，煎汤浴之。

【用法用量】　内服：煎汤，32～64 g。外用：煎水洗或研末调敷。

【附方】①治水泻水痢：枫香木皮煎饮。（《本草汇言》）

②治大风癞疮：枫香木皮，烧存性，和轻粉各等份，为细末，麻油调搽。（《本草汇言》）

（3）枫香叶。

【采收加工】　夏季采收备用。

【来源】　金缕梅科植物枫香树 *Liquidambar formosana* Hance 的叶。

【性味】　辛、苦，平。

【归经】 《泉州本草》：归脾、肾、肝三经。

【功能主治】 主治急性胃肠炎，痢疾，产后风，小儿脐风，痈肿发背。

【用法用量】 内服：煎汤，鲜品 16～32 g；捣汁或烧存性研末。外用：捣敷或煎水洗。

【附方】 ①治痈肿发背：枫香树幼叶和老米饭共捣烂，敷患处。（《闽南民间草药》）

②治痢疾：幼枫香树的枝头嫩叶 32 g。水煎，去渣，白糖调服。（《江西民间草药验方》）

③治泄泻：幼枫香树的枝头嫩叶 64 g。捣烂，加冷开水擂汁服。（《江西民间草药验方》）

④治中暑：枫香树嫩叶 10 g。洗净，杵烂，开水送下。（《闽东本草》）

⑤治口鼻大小便同时出血：枫香树脂、叶（烧存性）3 g。开水冲服。（《闽东本草》）

⑥治小儿脐风：枫香树嫩尖，捣烂取汁内服。（《湖南药物志》）

（4）枫香脂。

【别名】 白胶香、枫脂、白胶、芸香、胶香。

【采收加工】 选择生长 20 年以上的粗壮大树，于 7—8 月凿开树皮，从树根起每隔 15～20 cm 交错凿开一洞，11 月至次年 3 月采集流出的树脂，晒干或自然干燥。

【来源】 金缕梅科植物枫香树 *Liquidambar formosana* Hance 的树脂。

【性状】 本品呈不规则块状或类圆形颗粒状，大小不等，直径多为 0.5～1 cm，少数可达 3 cm。表面淡黄色至黄棕色，半透明或不透明。质脆易碎，破碎面具玻璃样光泽。气清香，燃烧时香气更浓，味淡。

【炮制】 ①《简要济众方》：细研为散。

②《本草纲目》：凡用以甑水煮二十沸，入冷水中，揉扯数十次，晒干用。

【性味】 辛、苦，平。

【归经】 归脾、肺、肝经。

【功能主治】 祛风活血，解毒止痛，止血，生肌。主治痈疽，疮疹，瘰疬，齿痛，痹痛，瘫痪，吐血，衄血，咯血，外伤出血，皮肤皲裂。

【用法用量】 外用：适量，研末撒或调敷或制膏摊贴，亦可制成熏烟药。内服：煎汤，3～6 g；一般入丸、散剂。

【注意】 孕妇禁服。《得配本草》：内服多不宜。

【临床应用】①小金片：白胶香 95 g，没药（醋制）48 g，当归 48 g，乳香（醋炒）48 g，木鳖子（去壳、油）95 g，地龙（去土酒炒）95 g，草乌（制）95 g，五灵脂（醋炒）95 g，京墨 12 g，麝香 18 g。以上十味，除麝香另研细粉外，其余白胶香等九味粉碎成细粉，过筛，用糯米粉 195 g 打糊制粒，干燥后加入麝香细粉，混匀，压片，每片重 0.32 g，相当于原药材 0.24 g。为暗灰色；气微，味微苦、辛。功能消肿拔毒。用于痰核流注，乳岩瘰疬，横痃恶疮，一切阴疽初起。黄酒或温开水送服，每次 4 片，每日 2 次。孕妇忌服。（《山东省药品标准》1986 年版）

②小金丹：白胶香（煎膏）、草乌、五灵脂、地龙肉、木鳖子（去皮）各 95 g，乳香、没药、当归各 48 g，香墨 12 g，麝香 18 g。以上十味，除麝香外，余药共为细粉，兑入麝香，和匀，用白面 195 g 打糊为丸，每丸干重 0.6 g。功能活血、消结、散毒。用于瘰疬乳岩，横痃，贴骨疽等症。每次 2 丸，每日 2 次，黄酒送服，温开水亦可。忌饮烧酒及食生冷，孕妇勿服。（《全国中药成药处方集》）

（5）路路通。

【别名】 枫实、枫木上球、枫香果、枫果。

【采收加工】 冬季采摘，除去杂质，洗净晒干。

【来源】 金缕梅科植物枫香树 *Liquidambar formosana* Hance 的果实。

【性状】干燥复果呈圆球形，直径 2～3 cm。表面灰棕色或暗棕色，上有多数鸟嘴状针刺，长 5～8 mm，常折断；苞片卷成筒状，有时裂开，内藏多数小蒴果。复果基部残留果柄，有时折断。蒴果细小，直径1～2 mm，顶端有一裂孔，内有种子2枚。种子淡褐色，有光泽。气特异，味淡。以色黄、个大者为佳。

【性味】苦，平。

【归经】《本草纲目拾遗》：通行十二经。

【功能主治】祛风通络，利水除湿。主治肢体痹痛，手足拘挛，胃痛，水肿，胀满，经闭，乳少，痈疽，痔漏，疥癣，湿疹。

【用法用量】内服：煎汤，3～6 g；或煅存性研末。外用：煅存性研末调敷或烧烟闻嗅。

【注意】孕妇忌服。

①《中药志》：阴虚内热者不宜。

②《广西中药志》：虚寒血崩者勿服。

③《四川中药志》：凡经水过多及孕妇忌用。

【附方】①治风湿肢节痛：路路通、秦艽、桑枝、海风藤、橘络、苡仁。水煎服。（《四川中药志》）
②治脏毒：路路通一个。煅存性，研末酒煎服。（《古今良方》）
③治癣：枫木上球十个（烧存性），白矾0.015 g。共末，香油搽。（《德胜堂经验方》）
④治荨麻疹：枫果500 g。煎浓汁，每天三次，每次20 g，空心服。（《湖南药物志》）
⑤治耳内流黄水：路路通16 g。水煎服。（《浙江民间草药》）

檵木属 *Loropetalum* R. Br.

318. 檵木 *Loropetalum chinense*（R. Br.）Oliver

【形态】灌木，有时为小乔木，多分枝，小枝有星毛。叶革质，卵形，长2～5 cm，宽1.5～2.5 cm，先端尖锐，基部钝，不等侧，上面略有粗毛或秃净，干后暗绿色，无光泽，下面被星毛，稍带灰白色，侧脉约5对，在上面明显，在下面凸起，全缘；叶柄长2～5 mm，有星毛；托叶膜质，三角状披针形，长3～4 mm，宽1.5～2 mm，早落。花3～8朵簇生，有短花梗，白色，比新叶先开放，或与嫩叶同时开放，花序柄长约1 cm，被毛；苞片线形，长3 mm；萼筒杯状，被星状毛，萼齿卵形，长约2 mm，花后脱落；花瓣4片，带状，长1～2 cm，先端圆或钝；雄蕊4个，花丝极短，药隔凸出成角状；退化雄蕊4个，鳞片状，与雄蕊互生；子房完全下位，被星状毛；花柱极短，长约1 mm；胚珠1个，垂生于心皮内上角。蒴果卵圆形，长7～8 mm，宽6～7 mm，先端圆，被褐色星状茸毛，萼筒长为蒴果的2/3。种子圆卵形，长4～5 mm，黑色，发亮。花期3—4月。

【生境分布】喜阴植物，不排斥阳光，常生于荒山，现栽培作观赏。罗田各地均有分布。

【药用部位】根、花、叶。

【药材名】檵木根、檵木花、檵木叶。

（1）檵木根。

【采收加工】全年可采。

【来源】金缕梅科植物檵木*Loropetalum chinense*（R. Br.）Oliver 的根。

【药理作用】①兴奋子宫的作用。

②止血作用。

【性味】《闽东本草》：性微温，味苦涩。

【归经】《闽东本草》：入肝、胃、大肠、肾四经。

【功能主治】主治咯血，腹痛泄泻，脱肛，肢节酸痛，带下，产后恶露不畅，跌打吐血，齿痛。

【附方】①治咯血：檵木根 125 g，水煎服。（《江西草药》）

②治脱肛：檵木根 64 g，猪直肠五寸。炖汤，第一次喝汤；第二次连汤及肠内服。（《草药手册》）

③治妇女带下：檵木根 64～95 g。切片，露七个晚上后，入锅内焙干，再用酒炒三次，同未生过蛋的雌鸡一只（去肠杂），酌加红糖炖熟，分两、三次服（喝汤食肉）。（《福建民间草药》）

④治产后恶露不畅：檵花细须根 125～250 g。加水煎汁冲黄酒 500 g，红糖 300 g，产后第二日起早晚饭前分服。（《浙江天目山药用植物志》）

⑤治跌打吐血：檵木根或叶，煮猪精肉服。（《湖南药物志》）

⑥治齿痛：檵木根 32 g，鸡、鸭蛋各一枚，煮熟，兑红糖 100 g 服。（《湖南药物志》）

（2）檵木花。

【别名】纸末花、白清明花、土墙花。

【采收加工】夏季采收。

【来源】金缕梅科植物檵木 *Loropetalum chinense*（R. Br.）Oliver 的花。

【化学成分】花含槲皮素和异槲皮苷。

【性味】《闽东本草》：性平，味微甘涩。

【归经】《闽东本草》：入肺、脾、胃、大肠四经。

【功能主治】清暑解热，止咳，止血。主治咳嗽，咯血，遗精，烦渴，鼻衄，血痢，泄泻，妇女血崩。

【用法用量】内服：煎汤，10～12 g。

【附方】①治鼻衄：檵木花 12 g，水煎服。（《江西民间草药》）

②治痢疾：檵木花 10 g，骨碎补 10 g，荆芥 4.5 g，青木香 6 g。水煎服。（《湖南药物志》）

③治血崩：檵木花 12 g 炖猪肉，一日分数次服。（《浙江天目山药用植物志》）

④治遗精：檵木花 12 g，猪瘦肉 200 g。水炖，服汤食肉，每日一剂。（《江西草药》）

（3）檵木叶。

【采收加工】夏季采收。

【来源】金缕梅科植物檵木 *Loropetalum chinense*（R. Br.）Oliver 的叶或茎叶。

【化学成分】叶含黄酮类、鞣质和没食子酸。

【药理作用】抗菌作用。叶的提取物在试管内对链球菌、葡萄球菌及大肠杆菌等均有抑制作用。茎、叶煎剂可作皮肤消毒剂。

【性味】甘、苦，凉。

【功能主治】清热止泻，活血止血。主治暑热泻痢，扭闪伤筋，创伤出血，目痛，喉痛。

【用法用量】内服：煎汤，16～32 g；或捣汁。外用：捣敷、煎水洗或含漱。

【附方】①治暑泻：檵木茎叶 21 g，水煎服。（《江西民间草药》）

②治痢疾：檵木茎叶 21 g。水煎，红痢加白糖、白痢加红糖，调服。（《江西民间草药》）

③治肚子痛：鲜檵木叶和籽 6～12 g。搓成团。饭前用开水送服。

④治闪筋：鲜檵木叶一握，加烧酒捣烂，绞汁一杯，日服一或两次。

⑤治外伤出血：鲜檵木叶一握，捣烂外敷。（③～⑤方出自《福建民间草药》）

⑥治刀伤初起或已溃烂者：初伤者用茶叶水先洗，檵木叶捣敷。若已化脓流黄水者，用此药 32 g，研为细末，调菜油涂上。（《贵州民间药物》）

⑦治胼胝：鲜檵木叶一握，加红糖捣匀外敷。（《福建民间草药》）

⑧治烧伤：檵木叶烧灰存性，麻油调涂。（《江西草药》）

⑨治紫斑病：鲜檵木叶 32 g，捣烂，酌加开水擂取汁服。（《草药手册》）

七十七、杜仲科　Eucommiaceae

杜仲属 *Eucommia* Oliver

319. 杜仲 *Eucommia ulmoides* Oliver

【别名】木绵、丝连皮、丝楝树皮、扯丝皮。

【形态】落叶乔木，高达 20 m，胸径约 50 cm；树皮灰褐色，粗糙，内含橡胶，折断拉开有多数细丝。嫩枝有黄褐色毛，不久变秃净，老枝有明显的皮孔。芽体卵圆形，外面发亮，红褐色，有鳞片 6～8 片，边缘有微毛。叶椭圆形、卵形或矩圆形，薄革质，长 6～15 cm，宽 3.5～6.5 cm；基部圆形或阔楔形，先端渐尖；上面暗绿色，初时有褐色柔毛，不久变秃净，老叶略有皱纹，下面淡绿色，初时有褐毛，以后仅在脉上有毛；侧脉 6～9 对，与网脉在上面下陷，在下面稍凸起；边缘有锯齿；叶柄长 1～2 cm，上面有槽，被散生长毛。花生于当年枝基部，雄花无花被；花梗长约 3 mm，无毛；苞片倒卵状匙形，长 6～8 mm，顶端圆形，边缘有睫毛状毛，早落；雄蕊长约 1 cm，无毛，花丝长约 1 mm，药隔凸出，花粉囊细长，无退化雌蕊。雌花单生，苞片倒卵形，花梗长 8 mm，子房无毛，1 室，扁而长，先端 2 裂，子房柄极短。翅果扁平，长椭圆形，长 3～3.5 cm，宽 1～1.3 cm，先端 2 裂，基部楔形，周围具薄翅；坚果位于中央，稍凸起，子房柄长 2～3 mm，与果梗相接处有关节。种子扁平，线形，长 1.4～1.5 cm，宽 3 mm，两端圆形。早春开花，秋后果实成熟。

【生境分布】罗田农村大部分地区有栽培。

【采收加工】为了保护资源，一般采用局部剥皮法。在清明至夏至期间，选取生长 15～20 年的植株，按药材规格大小，剥下树皮，刨去粗皮，晒干。置通风干燥处。

【药用部位】树皮。

【药材名】杜仲。

【来源】杜仲科植物杜仲 *Eucommia ulmoides* Oliver 的树皮。

【性状】干燥树皮为平坦的板片状或卷片状，大小厚薄不一，一般厚 3～10 mm，长 40～100 cm。外表面灰棕色，粗糙，有不规则纵裂槽纹及斜方形横裂皮孔，有时可见淡灰色地衣斑。商品多已削去部分糙皮，故外表面淡棕色，较平滑。内表面光滑，暗紫色。质脆易折断，断面有银白色丝状物相连，细密，略有伸缩性。气微，味稍苦，嚼之有胶状残余物。以皮厚而大，糙皮刮净，外面黄棕色，内面黑褐色而光亮，折断时白丝多者为佳。皮薄、断面丝少或皮厚带粗皮者质次。

【化学成分】树皮含杜仲胶 6%～10%，根皮含杜仲胶 10%～12%，为易溶于乙醇，难溶于水的硬性树胶。

【药理作用】①降压作用。

②利尿作用。

③抑制中枢神经系统的作用并改善头晕、失眠等症状。

【炮制】杜仲：除去粗皮，洗净，润透，切成方块或丝条，晒干。盐杜仲：先用食盐加适量开水溶解（杜仲每 100 kg，用食盐 3 kg），取杜仲块或丝条，使与盐水充分拌透吸收，然后置锅内，用文火炒至微有焦斑为度，取出晾干。杜仲经炒制后，杜仲胶被破坏，有效成分易于煎出。

①《雷公炮炙论》：凡使杜仲，先须削去粗皮。用酥、蜜炙之。凡修事 500 g，酥 100 g，蜜 150 g，二味相和令一处用。

②《本草述钩元》：杜仲，用酒炒断丝。

【性味】甘、微辛，温。

【归经】归肝、肾经。

【功能主治】补肝肾，强筋骨，安胎。主治腰脊酸疼，足膝痿弱，小便余沥，阴下湿痒，胎漏欲堕，胎动不安，高血压。

【用法用量】内服：煎汤，10～15 g；浸酒或入丸、散。

【注意】阴虚火旺者慎服。

①《本草经集注》：恶蛇皮、元参。

②《本草经疏》：肾虚火炽者不宜用。即用当与黄柏、知母同入。

③《得配本草》：内热。精血燥二者禁用。

【附方】①治腰痛：杜仲 500 g，五味子 500 g。二物切，分十四剂，每夜取一剂，以水 1 升，浸至五更，煎三分减一，滤取汁，以羊肾三、四枚，切下之，再煮三、五沸，如作羹法，空服顿服。用盐、醋和之亦得。（《箧中方》）

②治腰痛：川木香 3 g，八角茴香 10 g，杜仲（炒去丝）10 g。水一盏，酒半盏，煎服，渣再煎。（《活人心统》）

③治卒腰痛不可忍：杜仲（去粗皮，炙微黄，锉）64 g，丹参 64 g，芎䓖 48 g，桂心 32 g，细辛 1 g。上药捣粗罗为散，每服 12 g，以水一中盏，煎至五分，去滓，次入酒二分，更煎三、两沸，每于食前温服。（《太平圣惠方》）

④治中风筋脉挛急，腰膝无力：杜仲（去粗皮，炙，锉）48 g，芎䓖 32 g，附子（炮裂，去皮。脐）16 g；上三味，锉如麻豆，每服 15 g，水二盏，入生姜一枣大，拍碎，煎至一盏，去滓，空心温服。如人行五里再服，汗出慎外风。（《圣济总录》）

⑤治小便余沥，阴下湿痒：川杜仲 125 g，小茴香 64 g（俱盐、酒浸炒），车前子 48 g，山茱萸肉 95 g（俱炒）。共为末；炼蜜丸，梧桐子大。每早服 15 g，白汤下。（《本草汇言》）

⑥治妇人胞胎不安：杜仲不计多少，去粗皮细锉，瓦上焙干，捣罗为末，煮枣肉糊丸，如弹子大，每服一丸，嚼烂，糯米汤下。（《圣济总录》）

⑦治频惯堕胎或三、四月即堕者：于两月前，以杜仲（糯米煎汤，浸透，炒去丝）250 g，续断（酒浸，焙干；为末）64 g，以山药 160～195 g 为末，作糊丸，梧桐子大。每服五十丸，空心米饮下。（《简便单方》）

⑧治高血压：a.杜仲、夏枯草各 15 g，红牛膝 10 g，水芹菜 95 g，鱼鳅串 32 g。煨水服，1 日 3 次。（《贵州草药》）b.杜仲、黄芩、夏枯草各 15 g。水煎服。（《陕西中草药》）

⑨治阳痿滑精：熟地 64 g，杜仲、当归、牛膝、续断、巴戟、肉苁蓉、枸杞子、菟丝子、柏子仁、山茱萸、

芡实、山药各 32 g，补骨脂、益智仁、五味子各 15 g，共为末，蜜丸，梧桐子大。每五十丸，空腹酒下。（《万密斋医学全书》）

七十八、蔷薇科　Rosaceae

龙芽草属 *Agrimonia* L.

320. 龙芽草 *Agrimonia pilosa* Ldb.

【别名】仙鹤草、路边黄。

【形态】多年生草本。根多呈块茎状，周围长出若干侧根，根茎短，基部常有 1 至数个地下芽。茎高 30～120 cm，被疏柔毛及短柔毛，稀下部被疏长硬毛。叶为间断奇数羽状复叶，通常有小叶 3～4 对，稀 2 对，向上减少至 3 小叶，叶柄被疏柔毛或短柔毛；小叶片无柄或有短柄，倒卵形、倒椭圆形或倒卵状披针形，长 1.5～5 cm，宽 1～2.5 cm，顶端急尖至圆钝，稀渐尖，基部楔形至宽楔形，边缘有急尖至圆钝锯齿，上面被疏柔毛，稀脱落儿无毛，下面通常脉上伏生疏柔毛，稀脱落儿无毛，有显著腺点；托叶草质，绿色，镰形，稀卵形，顶端急尖或渐尖，边缘有尖锐锯齿或裂片，稀全缘，茎下部托叶有时卵状披针形，常全缘。花序穗状总状顶生，分枝或不分枝，花序轴被柔毛，花梗长 1～5 mm，被柔毛；苞片通常深 3 裂，裂片带形，小苞片对生，卵形，全缘或边缘分裂；花直径 6～9 mm；萼片 5，三角卵形；花瓣黄色，长圆形；雄蕊 5～15 枚；花柱 2，丝状，柱头头状。果实倒卵状圆锥形，外面有 10 条肋，被疏柔毛，顶端有数层钩刺，幼时直立，成熟时靠合，连钩刺长 7～8 mm，最宽处直径 3～4 mm。花果期 5—12 月。

【生境分布】常生于溪边、路旁、草地、灌丛、林缘及疏林下。罗田各地均有分布。

【药用部位】根、全草及根芽。

【药材名】龙芽草根、仙鹤草。

（1）龙芽草根。

【别名】地冻风。

【采收加工】秋后采收，洗净，除去芦头。

【来源】蔷薇科植物龙芽草 *Agrimonia pilosa* Ldb. 的根。

【性味】《本草图经》：味辛涩，温，无毒。

【功能主治】主治赤白痢疾，妇女经闭，肿毒，驱绦虫。

【用法用量】内服：煎汤，10～15 g；或研末。外用：捣敷。

【附方】①治赤白痢：龙芽草根焙干，不计分量，捣罗为末，用米饮调服 3 g。（《本草图经》）

②治赤白痢：龙芽草根 32 g，水煎服。

③治偏头痛：龙芽草根 32 g，鸡、鸭蛋各一个，

煮服。

④治小儿疳积及眼目障翳：龙芽草根及茎（去粗皮）15 g，猪肝 100 g，煮熟，食肝及汤。（②～④方出自《草药手册》）

⑤治暑热腹痛，妇人经闭：龙芽草根 10～15 g，水煎服，或捣烂外敷。（《湖南药物志》）

（2）仙鹤草。

【别名】 龙牙草、黄龙尾（变种）、过路黄、毛脚鸡。

【采收加工】 夏、秋季枝叶茂盛未开花时，割取全草，除净泥土，晒干。

【来源】 蔷薇科植物龙芽草 *Agrimonia pilosa* Ldb. 的全草。

【性状】 干燥的全草，茎基部木质化，淡棕褐色至紫红色，直径 4～6 mm，光滑无毛，茎节明显，上疏下密，有时有残存托叶；上部茎绿褐色或淡黄棕色，被白色柔毛，叶灰绿色，皱缩卷曲。偶见花枝或果枝。气微，味微苦涩。以梗紫红色、枝嫩、叶完整者为佳。

【炮制】 除去杂质残根，洗净，润透，切断，晒干。

【性味】 苦、辛，平。

【归经】 归肺、肝、脾经。

【功能主治】 止血，健胃。主治咯血，吐血，尿血，便血，赤白痢疾，崩漏带下，劳伤脱力，痈肿，跌打、创伤出血。

【用法用量】 内服：煎汤，10～15 g（鲜品 16～32 g），捣汁或入散剂。外用：捣敷。

【附方】 ①治肺痨咯血：鲜仙鹤草 32 g（干品，16 g），白糖 32 g。将仙鹤草捣烂，加冷开水搅拌，榨取液汁，再加入白糖，一次服用。（《贵州民间方药集》）

②治吐血：仙鹤草、鹿衔草、麦瓶草。水煎服。（《四川中药志》）

③治鼻血及大便下血：仙鹤草、蒲黄、茅草根、大蓟。水煎服。（《四川中药志》）

④治亦白痢及咯血、吐血：龙芽草 10～18 g，水煎服。（《岭南采药录》）

⑤治妇人月经或前或后，有时腰痛、发热，气胀之症：黄龙尾 6 g，杭芍 10 g，川芎 4.5 g，香附 3 g，红花 0.6 g，水煎，点酒服。如经血紫黑，加苏木、黄芩；腹痛加延胡索、小茴香。（《滇南本草》）

⑥治赤白带下或兼白浊：黄龙尾 10 g，马鞭梢根 3 g，黑锁梅根 6 g。点水酒服。（《滇南本草》）

⑦治贫血衰弱，精力痿顿（民间治脱力劳伤）：仙鹤草 32 g，红枣 10 个。水煎，一日数回分服。（《现代实用中药》）

⑧治小儿痘夏：仙鹤草 15 g，红枣 7 粒，水煎服。（《浙江天目山药用植物志》）

⑨治小儿疳积：龙芽草 15～21 g，去根及茎上粗皮，合猪肝 150～200 g，加水同煮至肝熟，去渣，饮汤食肝。（《江西民间草药验方》）

⑩治疟疾，每日发作，胸腹饱胀：仙鹤草 10 g，研成细末，于发疟前用烧酒吞服，连用三剂。（《贵州民间方药集》）

⑪治过敏性紫癜：仙鹤草 95 g，生龟板 32 g，枸杞根、地榆炭各 64 g。水煎服。（苏医《中草药手册》）

⑫治痈疽结毒：鲜龙芽草 125 g，地瓜酒 250 ml，冲开水，炖，饭后服。初起者服三、四剂能化解，若已成脓，连服十余剂，能消炎止痛。（《闽东本草》）

⑬治乳痈，初起者消，成脓者溃，且能令脓出不多：龙芽草 32 g，白酒半壶，煎至半碗，饱后服。（《百草镜》）

⑭治跌伤红肿作痛：仙鹤草、小血藤、白花草（酒炒，外伤破皮者不用酒炒）。捣绒外敷，并泡酒内服。（《四川中药志》）

⑮治蛇咬伤：鲜龙芽草叶，洗净，捣烂贴伤处。（《福建民间草药》）

杏属 *Armeniaca* Mill.

321. 杏 *Armeniaca vulgaris* Lam.

【形态】乔木，高 5～8（12）m；树冠圆形、扁圆形或长圆形；树皮灰褐色，纵裂；多年生枝浅褐色，皮孔大而横生，一年生枝浅红褐色，有光泽，无毛，具多数小皮孔。叶片宽卵形或圆卵形，长 5～9 cm，宽 4～8 cm，先端急尖至短渐尖，基部圆形至近心形，叶边有圆钝锯齿，两面无毛或下面脉腋间具柔毛；叶柄长 2～3.5 cm，无毛，基部常具 1～6 腺体。花单生，直径 2～3 cm，先于叶开放；花梗短，长 1～3 mm，被短柔毛；花萼紫绿色；萼筒圆筒形，外面基部被短柔毛；萼片卵形至卵状长圆形，先端急尖或圆钝，花后反折；花瓣圆形至倒卵形，白色或带红色，具短爪；雄蕊 20～45 枚，稍短于花瓣；子房被短柔毛，花柱稍长或几与雄蕊等长，下部具柔毛。果实球形，稀倒卵形，直径 2.5 cm 以上，白色、黄色至黄红色，常具红晕，微被短柔毛；果肉多汁，成熟时不开裂；核卵形或椭圆形，两侧扁平，顶端圆钝，基部对称，稀不对称，表面稍粗糙或平滑，腹棱较圆，常稍钝，背棱较直，腹面具龙骨状棱；种仁味苦或甜。花期 3—4 月，果期 6—7 月。

【生境分布】罗田山区荒山有分布。

【药用部位】种仁、果实、花、树根、树皮、树枝、叶。

【药材名】杏仁、杏子、杏花、杏树根、杏树皮、杏枝、杏叶。

（1）杏仁。

【别名】杏核仁、杏子、苦杏仁、杏梅仁。

【采收加工】夏季果实成熟时采摘，除去果肉及核壳，取种仁，晾干。置阴凉干燥处，防虫蛀。

【来源】蔷薇科植物杏 *Armeniaca vulgaris* Lam. 的种仁。

【性状】干燥种子呈心脏形略扁，长 1～1.5 cm，宽 1 cm 左右，顶端渐尖，基部钝圆，左右不对称。种皮红棕色或暗棕色，自基部向上端散出褐色条纹，表面有细微纵皱；尖端有不明显的珠孔，其下方侧面脊棱上，有一浅色棱线状的种脐，合点位于底端凹入部，自合点至种脐有一颜色较深的纵线是种脊，种皮菲薄，内有乳白色肥润的子叶 2 片，富油质，接合面中间常有空隙，胚根位于其尖端，味苦，有特殊的杏仁味。以颗粒均匀、饱满肥厚、味苦、不发油者为佳。

杏仁有甜、苦之分，栽培杏所产者甜的较多，野生的一般均为苦的。从原植物来看，西伯利亚杏、辽杏及野生山杏的杏仁为苦杏仁，而杏及山杏的栽培种的杏仁有些是苦杏仁，有些是甜杏仁。

附：山杏，形状与上种相近，叶较小，长 4～5 cm，宽 3～4 cm，先端长渐尖，基部呈同楔形或截形。果较小，果肉亦较薄；核的边缘薄而锐利；种子味苦。

【化学成分】含苦杏仁苷、脂肪油（杏仁油）、蛋白质和多种游离氨基酸。苦杏仁苷受杏仁中的苦杏仁酶及樱叶酶及 β – 葡萄糖苷酶的水解，依次生成野樱皮苷和苯乙醇腈，再分解生成苯甲醛和氢氰酸。

【毒性】过量服用苦杏仁可发生中毒，表现为眩晕、突然晕倒、心悸、头疼、恶心呕吐、惊厥、昏迷、发绀、瞳孔散大、对光反应消失、脉搏弱慢、呼吸急促或缓慢而不规则。若不及时抢救，可因呼吸衰竭而死亡。中毒者内服杏树皮或杏树根煎剂可以解救，参见"杏树皮""杏树根"条。

【炮制】　杏仁：拣净杂质，置沸水中略煮，候皮微皱起捞出，浸凉水中，脱去种皮，晒干，簸净。炒杏仁：取净杏仁置锅内用文火炒至微黄色，取出放凉。

【性味】　苦，温，有毒。

【归经】　归肺、大肠经。

【功能主治】　祛痰止咳，平喘，润肠。主治外感咳嗽，喘满，喉痹，肠燥便秘。

【用法用量】　内服：煎汤，4.5～10 g，或入丸、散。外用：捣敷。

【注意】　阴虚咳嗽及大便溏泄者忌服。

《本草经集注》：得火良。恶黄芪、黄芩、葛根。畏蘘草。

《本草正》：元气虚陷者勿用，恐其沉降太泄。

《本经逢原》：亡血家尤为切禁。

《本草从新》：因虚而咳嗽便秘者忌之。

【附方】　①治肺寒卒咳嗽：细辛（捣为末）16 g，杏仁（汤浸，去皮尖、双仁，麸炒微黄，研如膏）16 g。上药，于铛中熔蜡16 g，次下酥一分，入细辛、杏仁，丸如羊枣大。不计时候，以绵裹一丸，含化咽津。（《太平圣惠方》）

②治咳逆上气：杏仁3升，熟捣如膏，蜜1升，为三份，以一份内杏仁捣，令强，更一份捣之如膏，又一份捣熟止。先食已含咽之，多少自在，日三。每服不得过3 g，则痢。（《千金方》）

③治久患肺喘，咳嗽不止，睡卧不得者：杏仁（去皮尖，微炒）16 g，胡桃肉（去皮）16 g。上件入生蜜少许，同研令极细，每32 g作一十丸。每服一丸，生姜汤嚼下，食后临卧。（《杨氏家藏方》）

④治上气喘急：桃仁、杏仁（并去双仁、皮尖，炒）各16 g。上二味，细研，水调生面少许，和丸如梧桐子大。每服十丸，生姜、蜜汤下，微利为度。（《圣济总录》）

⑤治气喘促浮肿，小便淋沥：杏仁32 g，去皮尖，熬研，和米煮粥极熟，空心吃125 g。（《食医心鉴》）

⑥治肺病咯血：杏仁四十个，以黄蜡炒黄，研，入青黛3 g，作饼，用柿饼一个，破开包药，湿纸裹，煨熟食之。（朱震亨）

⑦利喉咽，去喉痹，痰唾咳嗽，喉中热结生疮：杏仁去皮熬令赤，和桂末，研如泥，绵裹如指大，含之。（《本草拾遗》）

⑧治久病大肠燥结不利：杏仁250 g，桃仁（俱用汤泡去皮）195 g，蒌仁（去壳净）500 g，三味总捣如泥；川贝250 g，陈胆星（经三制者）125 g，同贝母研极细，拌入杏、桃、蒌三仁内。神曲125 g，研末，打糊为丸，梧桐子大。每早服10 g，淡姜汤下。（《方氏脉症正宗》）

⑨治暴下水泻及积痢：杏仁二十粒（汤浸去皮尖），巴豆二十粒（去膜油令尽）。上件研细，蒸枣肉为丸，如芥子大，朱砂为衣。每服一丸，食前。（《杨氏家藏方》）

⑩治上气，头面风，头痛，胸中气满贲豚，气上下往来，心下烦热，产妇金疮：杏仁1升，捣研，以水10升滤取汁，令尽，以铜器蜣火上从旦煮至日入，当熟如脂膏，下之。空腹酒服6 g，日三，不饮酒者，以饮服之。（《千金方》）

⑪治眼疾翳膜遮障，但瞳子不破者：杏仁3升（汤浸去皮尖、双人）。每一升，以面裹，于糖灰火中炮热，去面，研杏仁压取油，又取铜绿3 g与杏油同研，以铜箸点眼。（《圣济总录》）

⑫治鼻中生疮：捣杏仁乳敷之；亦烧核，压取油敷之。（《千金方》）

⑬治诸疮肿痛：杏仁去皮，研滤取膏，入轻粉、麻油调搽，不拘大人小儿。（《本草纲目》）

⑭治犬啮人：熬杏仁500 g，令黑，碎研成膏敷之。（《千金方》）

⑮治风湿相搏，骨节烦疼掣痛，近之则痛甚，汗出短气，小便不利，恶风不欲去衣，身微肿者。杏 7 个，桂枝 15 g，天冬、芍药、麻黄各 7.5 g，姜 10 片，水煎服。（《万密斋医学全书》）

（2）杏子。

【别名】杏实。

【采收加工】夏季果熟时采收。

【来源】蔷薇科植物杏 *Armeniaca vulgaris* Lam. 或山杏的果实。

【性味】酸、甘、温。

【功能主治】润肺定喘，生津止渴。

【注意】①刘禹锡《食经》：不可多食，生痈疖，伤筋骨。

②《本草衍义》：小儿尤不可食，多致疮痈及上膈热。

（3）杏花。

【采收加工】春季花开采收。

【来源】蔷薇科植物杏 *Armeniaca vulgaris* Lam. 或山杏的花。

【性味】《名医别录》：味苦，无毒。

《本草纲目》：苦，温，无毒。

【功能主治】《名医别录》：主补不足，女子伤中，寒热痹，厥逆。

【附方】治妇人无子：杏花、桃花，阴干为末，和井华水服 6 g，日三服。（《卫生易简方》）

（4）杏树根。

【采收加工】全年可采。

【来源】蔷薇科植物杏 *Armeniaca vulgaris* Lam. 或山杏的根。

【功能主治】①《本草蒙筌》：主堕胎。

②《本草纲目》：治食杏仁多，致迷乱将死，杏树根切碎，煎汤服，即解。

【用法用量】内服：煎汤，32 ～ 64 g。

（5）杏树皮。

【采收加工】全年可采。

【来源】蔷薇科植物杏 *Armeniaca vulgaris* Lam. 或山杏的树皮。

【功能主治】《全展选编·内科疾病》：治苦杏仁中毒。

【用法用量】内服：煎汤，32 ～ 64 g。

（6）杏叶。

【采收加工】夏季采收。

【来源】蔷薇科植物杏 *Armeniaca vulgaris* Lam. 或山杏的叶。

【功能主治】主治目疾，水肿。

【附方】治卒肿满身面皆洪大：杏叶，锉，煮令浓，及热渍之，亦可服之。（《补辑肘后方》）

（7）杏枝。

【采收加工】全年可采。

【来源】蔷薇科植物杏 *Armeniaca vulgaris* Lam. 或山杏的树枝。

【功能主治】《本草图经》：主堕伤。

【附方】主治坠马扑损，瘀血在内，烦闷：杏枝 95 g。细锉微熬，好酒 2 升，煎十余沸，去渣。分为二服，空心，如人行三四里，再服。（《塞上方》）

李属 *Prunus* L.

322. 梅 *Prunus mume* Sieb. et Zucc.

【别名】 乌梅、梅花。

【形态】 小乔木，稀灌木，高4～10 m；树皮浅灰色或带绿色，平滑；小枝绿色，光滑无毛。叶片卵形或椭圆形，长4～8 cm，宽2.5～5 cm，先端尾尖，基部宽楔形至圆形，叶边常具小锐锯齿，灰绿色，幼嫩时两面被短柔毛，成长时逐渐脱落，或仅下面脉腋间具短柔毛；叶柄长1～2 cm，幼时具毛，老时脱落，常有腺体。花单生或有时2朵同生于1芽内，直径2～2.5 cm，香味浓，先于叶开放；花梗短，长1～3 mm，常无毛；花萼通常红褐色，但有些品种的花萼为绿色或绿紫色；萼筒宽钟形，无毛或有时被短柔毛；萼片卵形或近圆形，先端圆钝；花瓣倒卵形，白色至粉红色；雄蕊短或稍长于花瓣；子房密被柔毛，花柱短或稍长于雄蕊。果实近球形，直径2～3 cm，黄色或绿白色，被柔毛，味酸；果肉与核粘贴；核椭圆形，顶端圆形而有小凸尖头，基部渐狭成楔形，两侧微扁，腹棱稍钝，腹面和背棱上均有明显纵沟，表面具蜂窝状孔穴。花期冬春季，果期5—6月（在华北果期延至7—8月）。

【生境分布】 全国各地均有栽培，但以长江流域以南各省最多，梅原产于我国南方，已有3000多年的栽培历史，无论作观赏或果树均有许多品种。许多类型不但露地栽培供观赏，还可以栽为盆花，制作梅桩。罗田各地均有分布。

【药用部位】 花、果实、种仁、带叶枝梗、叶、根。

【药材名】 梅花、乌梅、梅核仁、梅梗、梅叶、梅根。

（1）梅花。

【别名】 酸梅、黄仔、合汉梅。

【采收加工】 初春花未开放时采摘，及时低温干燥。

【来源】 蔷薇科植物梅 *Prunus mume* Sieb. et Zucc. 的花蕾。

【性状】 花蕾尖球形，直径3～6 mm，有短梗。苞片数层，鳞片状，棕褐色；花萼灰绿色或红棕色；花瓣5或多数，黄白色或淡粉红色。体轻。气清香，味微苦、涩。

【性味】 酸、涩，平。

【功能主治】 开郁和中，化痰，解毒。主治郁闷心烦，肝胃气痛，梅核气，瘰疬疮毒。

（2）乌梅。

【采收加工】 5月采摘将成熟的绿色果实（青梅），按大小分开，分别炕焙，火力不宜过大，温度保持在40 ℃左右。当梅子焙至六成干时，须上下翻动（勿翻破表皮），使其干燥均匀。一般炕焙2～3昼夜，至果肉呈黄褐色起皱为度，焙后再焖2～3天，待变成黑色即成。

【来源】 蔷薇科植物梅 *Prunus mume* Sieb. et Zucc. 的果实。

【性味】（生梅、青梅）酸，平，无毒。

（乌梅，即青梅熏黑者）酸、涩，温、平，无毒。

（白梅、盐梅、霜梅，即青梅用盐汁渍者，久则上霜）酸、咸，平，无毒。

【功能主治】 ①治久咳不已：乌梅肉（微炒）、罂粟壳（去筋膜，蜜炒）各等份，

为末。每服二钱，睡时蜜汤调下。（《本草纲目》）

②治久痢不止，肠垢已出：乌梅肉二十个，水一盏，煎六分，食前，分二服。（《肘后方》）

③治天行下痢不能食者：黄连1升，乌梅二十枚（炙燥）。并得捣末，蜡如棋子大，蜜1升，合于微火上，令可丸，丸如梧桐子大。一服二丸，日三。（《补辑肘后方》）

④治痢兼渴：麦门冬三两（去心），乌梅二大枚。上二味，以水一大升煮取强半，绞去滓，待冷，细细咽之，即定，仍含之。（孟诜《必效方》）

⑤治便痢脓血：乌梅一两，去核，烧过为末。每服二钱，米饮下。（《圣济总录》）

⑥治大便下血不止：乌梅（烧存性）三两，为末，用好醋打米糊丸，如梧桐子大，每服七十丸，空心米饮下。（《济生方》）

⑦治小便尿血：乌梅烧存性，研末，醋糊丸，梧桐子大。每服四十丸，酒下。（《本草纲目》）

⑧治妇人血崩：乌梅烧灰，为末，以乌梅汤调下。（《妇人良方》）

⑨治消渴，止烦闷：乌梅肉（微炒）二两，为末。每服二钱，水二盏，煎取一盏，去滓，入豉二百粒，煎至半盏，去滓，临卧时服。（《简要济众方》）

⑩治伤寒四、五日，头痛壮热，胸中烦痛：乌梅十四个，辣五合。水一升，煎取一半服，吐之。（《梅师集验方》）

⑪用于肥肠健髓：松脂500 g，熟地黄195 g，乌梅肉120 g，蜜丸，梧桐子大，每服五十丸，空腹米饮盐汤下。（《万密斋医学全书》）

（3）梅根。

【采收加工】　全年可采。

【来源】　蔷薇科植物梅 *Prunus mume* Sieb. et Zucc. 的根。

【功能主治】　主治风痹，休息痢，胆囊炎，瘰疬。

【用法用量】　内服：煎汤，10～12 g。外用：煎水洗浴。

【附方】　①治胆囊炎：梅树根（多年的）64 g。水煎服，每日一剂。（《单方验方调查资料选编》）

②治瘰疬：鲜梅根32～64 g。酒、水煎服。（《福建中草药》）

（4）梅梗。

【采收加工】　夏、秋季采收。

【来源】　蔷薇科植物梅 *Prunus mume* Sieb. et Zucc. 的带叶枝梗。

【功能主治】　治妇人三月久惯小产：梅梗3～5条，煎浓汤饮之，复饮龙眼汤。

（5）梅核仁。

【采收加工】　夏季果实成熟时采摘，除去果肉及核壳，取种仁，晾干。

【来源】　蔷薇科植物梅 *Prunus mume* Sieb. et Zucc. 的种仁。

【化学成分】　种子含苦杏仁苷。

【性味】　①《药性论》：味酸，无毒。

②《本草纲目》：酸，平，无毒。

【功能主治】　清暑，明目，除烦。

【用法用量】　内服：煎汤，1.5～4.5 g；或入丸剂。外用：捣敷。

【附方】　①治妇人三十六疾，不孕绝产：梅核仁、辛夷各1升，葛上亭长7枚，泽兰子500 g，溲疏64 g，藁本32 g。上六味，末之，蜜，和丸。先食，服如大豆二丸，日三，不知稍增。（《千金方》）

②治代指：梅核中仁熟捣，以淳苦酒和敷之。（《肘后备急方》）

（6）梅叶。

【采收加工】　夏季采收。

【来源】 蔷薇科植物梅 *Prunus mume* Sieb. et Zucc. 的叶片。

【性味】 《本草纲目》：酸，平，无毒。

【功能主治】 《日华子本草》：煎浓汤，治休息痢并霍乱。

【附方】 治月水不止：梅叶（焙）、棕榈皮灰各等份。为末。每服二钱，酒调下。（《圣济总录》）

323. 山桃 *Prunus davidiana*（Carr.）Franch.

【别名】 野桃、山毛桃。

【形态】 乔木，高可达 10 m；树冠开展，树皮暗紫色，光滑；小枝细长，直立，幼时无毛，老时褐色。叶片卵状披针形，长 5～13 cm，宽 1.5～4 cm，先端渐尖，基部楔形，两面无毛，叶边具细锐锯齿；叶柄长 1～2 cm，无毛，常具腺体。花单生，先于叶开放，直径 2～3 cm；花梗极短或几无梗；花萼无毛；萼筒钟形；萼片卵形至卵状长圆形，紫色，先端圆钝；花瓣倒卵形或近圆形，长 10～15 mm，宽 8～12 mm，粉红色，先端圆钝，稀微凹；雄蕊多数，几与花瓣等长或稍短；子房被柔毛，花柱长于雄蕊或近等长。果实近球形，直径 2.5～3.5 cm，淡黄色，外面密被短柔毛，果梗短而深入果洼；果肉薄而干，不可食，成熟时不开裂；核球形或近球形，两侧不压扁，顶端圆钝，基部截形，表面具纵、横沟纹和孔穴，与果肉分离。花期 3—4 月，果期 7—8 月。

【生境分布】 生于山坡、山谷沟底或荒野疏林及灌丛内。罗田各地均有分布。

【药用部位】 种仁、根及根皮、去掉栓皮的树皮、嫩枝、叶、花、成熟的果实、未成熟的果实、树脂等。

【药材名】 桃仁、桃根、桃茎白皮、桃枝、桃叶、桃花、桃子、碧桃干、桃胶。

（1）桃花。

【采收加工】 3 月桃花将开放时采收，阴干，放干燥处。

【来源】 蔷薇科植物山桃 *Prunus davidiana*（Carr.）Franch. 的花。

【化学成分】 桃花含山柰酚、香豆精。白桃花含三叶豆苷。花蕾含柚皮素。

【性味】 《名医别录》：味苦，平，无毒。

【归经】 ①《本草汇言》：入手少阴、足厥阴经。

②《得配本草》：入足阳明经。

【功能主治】 利水，活血，通便。主治水肿，脚气，痰饮，积滞，二便不利，经闭。

【用法用量】 内服：煎汤，3～6 g；或研末。外用：捣敷或研末调敷。

【注意】 孕妇忌服。

【附方】 ①治脚气、腰肾膀胱宿水及痰饮：桃花，阴干，量取一大升，捣为散。温清酒和，一服令尽，通利为度，空腹服之，须臾当转可六、七行，但宿食不消化等物，总泻尽，若中间觉饥虚，进少许软饭及糜粥。（《外台秘要》）

②治大便难：水服桃花 6 g。（《千金方》）

③治干粪塞肠，胀痛不通：毛桃花 32 g（湿者），面 95 g。上药，和面作馄饨，煮熟，空腹食之，至日午后，腹中如雷鸣，

当下恶物。（《太平圣惠方》）

④治产后大小便秘涩：桃花、葵子、滑石、槟榔各 32 g。上药，捣细罗为散，每服食前以葱白汤调下 6 g。（《太平圣惠方》）

⑤治心腹痛：桃花晒干杵末。以水服 6 g，小儿 1.5 g。（孟诜《必效方》）

⑥治疟疾不已：桃花为末，酒服 6 g。（《梅师集验方》）

⑦治发背痈疽：桃花于平旦承露采取，以酽醋研绞去滓，取汁涂敷疮上。（《圣济总录》）

⑧治秃疮：收未开桃花阴干，与桑葚赤者各等份，为末，以猪脂和。先用灰汁洗去疮痂，即涂药。（《孟诜方》）

⑨治面上疮黄水出并眼疮：桃花不计多少，细末之。食后以水半盏，调服 6 g，日三。（《海上集验方》）

⑩治足上疱疮：桃花、食盐各等份。杵匀，醋和敷之。（《肘后备急方》）

（2）桃子。

【别名】桃实。

【采收加工】8—9 月果实成熟时采收。

【来源】蔷薇科植物山桃 *Prunus davidiana*（Carr.）Franch. 的成熟果实。

【性味】甘、酸，温。

【功能主治】生津，润肠，活血，消积。

【用法用量】鲜食或作脯食。

【注意】①《名医别录》：多食令人有热。

②《日用本草》：桃与鳖同食，患心痛，服术人忌食之。

③《本经逢原》：多食令人腹热作泻。

④《随息居饮食谱》：多食生热，发痈疮、疟、痢、虫疳诸患。

（3）桃仁。

【别名】桃核仁。

【采收加工】6—7 月果实成熟时采摘，除去果肉及核壳，取出种子，晒干。放阴凉干燥处，防虫蛀、走油。

【来源】蔷薇科植物山桃 *Prunus davidiana*（Carr.）Franch. 的种子。

【性状】干燥种子呈扁平长卵形，长 1～1.6 cm，宽 0.8～1 cm，外表红棕色或黄棕色，有纵皱。先端尖，中间膨大，基部钝圆而扁斜，自底部散出多数脉纹，脐点位于上部边缘上，深褐色，棱线状微凸起。种皮菲薄，质脆；种仁乳白色，富含油脂，两子叶之结合面有空隙。气微弱，味微苦。以颗粒均匀、饱满、整齐、不破碎者为佳。

【化学成分】桃仁含苦杏仁苷、挥发油、脂肪油等；油中主要含油酸甘油酯和少量亚油酸甘油酯，另含苦杏仁酶等。

【炮制】除去硬壳杂质，置沸水锅中煮至外皮微皱，捞出，浸入凉水中，搓去种皮，晒干，簸净。

【性味】苦、甘，平。

【归经】归心、肝、大肠经。

【功能主治】破血行瘀，润燥滑肠。主治经闭，癥瘕，热病蓄血，风痹，疟疾，跌打损伤，瘀血肿痛，血燥便秘。

【用法用量】内服：煎汤，4.5～10 g；或入丸、散。外用：捣敷。

【注意】孕妇忌服。

①《本草纲目》：香附为之使。

②《本草经疏》：凡经闭不通由于血枯，而不由于瘀滞；产后腹痛由于血虚，而不由于留血结块；大

便不通由于津液不足，而不由于血燥秘结，法并忌之。

【附方】①治妇人室女，血闭不通，五心烦热：桃仁（焙）、红花、当归（洗焙）、杜牛膝各等份为末。每服10 g，温酒调下，空心食前。（《杨氏家藏方》）

②治产后腹痛，干血着脐下，亦主经水不利：大黄95 g，桃仁二十枚，蟅虫（熬，去足）二十枚。上三味，末之，炼蜜和为四丸，以酒1升煎一丸，取800 g。顿服之，新血下如豚肝。（《金匮要略》）

③治产后血闭：桃仁二十枚（去皮、尖），藕一块。水煎服之。（《唐瑶经验方》）

④治产后恶露不净，脉弦滞涩者：桃仁10 g，当归10 g，赤芍、桂心各1.5 g，沙糖10 g（炒炭）。水煎，去渣温服。（《医略六书》）

⑤治血症，漏下不止：桃仁（去皮、尖，熬）、芍药、桂枝、茯苓、牡丹（去心）各等份。上五味为末，炼蜜和丸如兔屎大。每日食前服一丸，不知，加至三丸。（《金匮要略》）

⑥治太阳病不解，热结膀胱，其人如狂，少腹急结：桃仁五十个（去皮、尖），大黄125 g，桂枝（去皮）64 g，甘草（炙）64 g，芒硝64 g。上五味，以水7升，煮取2.5升，去滓，内芒硝，更上火微沸，下火。先食温服500 g，日三服，当微利。（《伤寒论》）

⑦治伤寒蓄血，发热如狂，少腹胀满，小便自利：桃仁（去皮、尖）二十个，大黄（酒洗）95 g，水蛭（熬）、虻虫（去翅、足，熬）各三十个。上四味，以水5升，煮取3升，去滓。温服1升，不下，更服。（《伤寒论》）

⑧治热邪干于血分，溺血蓄血者：桃仁10 g（研如泥），丹皮、当归、赤芍各3 g，阿胶6 g，滑石15 g。水煎服。（《温疫论》）

⑨治上气咳嗽，胸膈痞满，气喘：桃仁95 g，去皮、尖，以水一大升，研汁，和粳米125 g，煮粥食。（《食医心鉴》）

⑩治老人虚秘：桃仁、柏子仁、火麻仁、松子仁各等份。同研，烙白蜡和丸如桐子大，以少黄丹汤下。（《汤液本草》）

⑪治里急后重，大便不快：桃仁（去皮）95 g，吴茱萸64 g，盐32 g。上三味，同炒熟，去盐并茱萸。只以桃仁，空心夜卧不拘时，任意嚼五七粒至一二十粒。（《圣济总录》）

⑫治从高坠下，胸腹中有血，不得气息：桃仁十四枚，大黄、消石、甘草各32 g，蒲黄48 g，大枣二十枚。上六味，细切，以水3升，煮取1升，绞去滓，适寒温尽服之。当下，下不止，渍麻汁一杯，饮之即止。（《千金方》）

⑬治疟：桃仁一百个，去皮、尖，于乳钵中细研成膏，不得犯生水，候成膏，入黄丹10 g，丸如梧桐子大。每服三丸，当发日用温酒吞下，如不饮酒，井花水亦得。（《证类本草》）

⑭治风劳毒肿挛痛，或牵引小腹及腰痛：桃仁1升，去皮、尖，熬令黑烟出，热研如脂膏。以酒3升，搅和服，暖卧取汗。（《食医心鉴》）

⑮治崩中漏下，赤白不止，气虚竭：烧桃核为末，酒服6 g，日三。（《千金方》）

⑯治小儿烂疮初起，臕浆似火疮：杵桃仁面脂敷上。（《子母秘录》）

⑰治聤耳：桃仁熟捣，以故绯绢裹，纳耳中，日三易，以瘥为度。（《千金方》）

⑱治风虫牙痛：针刺桃仁，灯上烧烟出，吹灭，安痛齿上咬之。（《卫生家宝方》）

（4）桃叶。

【采收加工】夏季采收。

【来源】蔷薇科植物山桃 *Prunus davidiana*（Carr.）Franch. 的叶。

【性味】苦，平。

【归经】《本草再新》：入脾、肾二经。

【功能主治】祛风湿，清热，杀虫。主治头风，头痛，风痹，疟疾，湿疹，疮疡，癣疮。

【用法用量】 外用：煎水洗或捣敷。内服：煎汤。

【附方】 ①治风热头痛：生桃叶适量，盐少许，共捣烂，敷太阳穴。（《广西民间常用草药》）

②治眼肿：桃叶捣汁搽之。（《岭南采药录》）

③治足上疮疮：桃叶捣烂，以苦酒和敷。（《肘后备急方》）

④治鼻内生疮：桃叶嫩心，杵烂塞之。（《简便单方》）

⑤治妇女阴疮，如虫咬疼痛者：桃叶生捣，绵裹纳阴中，日三、四易。（孟诜《必效方》）

⑥治身面癣疮：桃叶捣汁敷之。（《千金方》）

⑦治霍乱腹痛吐痢：桃叶（切）3 升。水 5 升，煮取 1.3 升，分温二服。（《广济方》）

⑧治二便不通：桃叶杵汁 0.5 升服。（孙思邈）

⑨治痔疮：桃叶适量。煎汤熏洗。（《上海常用中草药》）

（5）桃枝。

【采收加工】 全年可采。

【来源】 蔷薇科植物山桃 *Prunus davidiana*（Carr.）Franch. 的嫩枝。

【性味】《本草蒙筌》：味苦。

【功能主治】 主治心腹痛，匿疮。

【用法用量】 内服：煎汤，64 ～ 95 g。外用：煎水含漱或洗浴。

【附方】 ①治卒心痛：桃枝一把，切，以酒 1 升，煎取 0.5 升，顿服。（《补辑肘后方》）

②治匿疮：浓煎桃枝如糖，以通下部。若口中生疮，含之。（《伤寒论类要注疏》）

（6）桃茎白皮。

【别名】 桃皮、桃树皮、桃白皮。

【采收加工】 全年可采。

【来源】 蔷薇科植物山桃 *Prunus davidiana*（Carr.）Franch. 的去掉栓皮的树皮。

【性味】 ①《名医别录》：味苦辛，无毒。

②《本草纲目》：苦，平，无毒。

【功能主治】 主治水肿，疬气腹痛，肺热喘闷，痈疽，瘰疬，湿疮。

【用法用量】 内服：煎汤，10 ～ 15 g。外用：研末调敷、煎水洗或含漱。

【附方】 ①治水肿：桃皮 1.5 kg（削去黑，取黄皮），女曲 1 升，秫米 1 升。上三味，以水 30 升，煮桃皮令得 10 升，以 5 升汁渍女曲，5 升汁蒸饭，酿如酒法，热，漉去滓。可服 64 g，日三，耐酒者增之，以体中有热为候，小便多者即是病去。忌生、冷、酒、面、一切毒物。（《小品方》）

②治卒心痛：桃白皮煮汁，宜空腹服之。（《补辑肘后方》）

③治肺热闷不止，胸中喘急悸，客（寒）热往来欲死，不堪服药，泄胸中喘气：桃皮、芫花各 1 升。二物以水 4 升，煮取 1.5 升，去滓。以故布手巾纳汁中，薄胸，温四肢，不盈数刻即歇。（《本草图经》）

④治卒患瘰疬子不痛：桃树皮贴上，灸二七壮。（孙思邈）

⑤治卒得恶疮：桃皮作屑纳疮中。（孙思邈）

⑥治眼肿：桃树青皮为末，醋和敷之。（《岭南采药录》）

⑦治牙痛颊肿：桃白皮、柳白皮、槐白皮各等份。煎酒热漱，冷即吐之。（《太平圣惠方》）

⑧治喉痹：煮桃皮汁 3 升，服之。（《千金方》）

⑨治小儿湿癣：桃树青皮为末，醋调频敷之。（《子母秘录》）

⑩治小儿白秃：桃皮 160 g 煎汁，入白面沐之，并服。（《太平圣惠方》）

⑪治乳腺炎初起：鲜桃树皮 64 g，加水煎至半碗，打入鸡蛋一个，一次服下。肿胀甚者应吸尽乳汁。

对已化脓者无效。（《江苏省中草药新医疗法展览资料选编》）

（7）桃根。

【别名】 桃树根。

【采收加工】 全年可采。

【来源】 蔷薇科植物山桃 *Prunus davidiana*（Carr.）Franch. 的根或根皮。

【原形态】 植物形态详见"桃仁"条。

【性味】 《本草纲目》：苦，平，无毒。

【功能主治】 主治黄疸，吐血，衄血，经闭，痈肿，痔疮。

【用法用量】 内服：煎汤，64～95 g。外用：煎水洗。

【注意】 孕妇忌服。

【附方】 ①治黄疸身眼皆如金色：桃根，切细如箸若钗股以下者一握，以水一大升，煎取一小升，适寒温空腹顿服。后三、五日，其黄离离如薄云散，唯眼最后瘥，百日方子复。身黄散后，可时时饮一盏清酒，则眼中易散，不饮则散迟。忌食热面、猪、鱼等肉。（《伤寒论类要注疏》）

②治妇人数年月水不通，面色萎黄，唇口青白，腹内成块，肚上筋脉，腿胫或肿：桃树根 500 g，牛蒡子根 500 g，马鞭草根 500 g，牛膝（去苗）1 kg，蓬蘽根 500 g。上药都锉，以水 30 升，煎取 10 升，去滓，更于净锅中，以慢火煎如糖，盛于瓷器中。每于食前，以热酒调下半大匙。（《太平圣惠方》）

③治五痔作痛：桃根水煎汁浸洗之。（《本草纲目》）

④治骨髓炎：白毛桃（未嫁接）根白皮，加红糖少许，捣烂外敷局部。（《单方验方调查资料选编》）

（8）桃胶。

【采收加工】 夏季采收，用刀切割树皮，待树脂溢出后收集。水浸，洗去杂质，晒干。

【来源】 蔷薇科植物山桃 *Prunus davidiana*（Carr.）Franch. 的树皮中分泌出来的树脂。

【化学成分】 主要含半乳糖、鼠李糖、α-葡萄糖醛酸。

【性味】 《新修本草》：味甘苦，平，无毒。

【功能主治】 主治石淋，血淋，痢疾。

【用法用量】 内服：煎汤，16～32 g，或入丸、散。

【附方】 ①治石淋作痛：桃木胶如枣大，夏以冷水 300 ml，冬以汤 300 ml 和服，日三服，当下石，石尽即止。（《古今录验方》）

②治血淋：石膏、木通、桃胶（炒作末）各 16 g。上为细末。每服 6 g，水一盏，煎至七分，通口服，食前。（《杨氏家藏方》）

③治产后下痢赤白，里急后重腹痛：桃胶（焙干）、沉香、蒲黄（炒）各等份。为末。每服 6 g，食前米饮下。（《妇人良方》）

④治虚热作渴：桃胶如弹丸大，含之咽津。（《千金方》）

⑤治糖尿病：桃胶，用微温水洗净，放在小锅内煮食，稍加调味盐类亦可（但不要加入甜味）。每次服 32～64 g。（《中医验方交流集》）

⑥治疮疹黑黡，发搐危困：桃胶煎汤饮之。一方水熬成膏，温酒调下，无时。（《小儿卫生总微论方》）

324. 桃 *Prunus persica* L.

【别名】 毛桃、桃子。

【形态】乔木，高 3～8 m；树冠宽广而平展；树皮暗红褐色，老时粗糙呈鳞片状；小枝细长，无毛，有光泽，绿色，向阳处转变成红色，具大量小皮孔；冬芽圆锥形，顶端钝，外被短柔毛，常 2～3 个簇生，中间为叶芽，两侧为花芽。叶片长圆披针形、椭圆披针形或倒卵状披针形，长 7～15 cm，宽 2～3.5 cm，先端渐尖，基部宽楔形，上面无毛，下面在脉腋间具少数短柔毛或无毛，叶边具细锯齿或粗锯齿，齿端具腺体或无；叶柄粗壮，长 1～2 cm，

常具 1 至数枚腺体，有时无腺体。花单生，先于叶开放，直径 2.5～3.5 cm；花梗极短或几无梗；萼筒钟形，被短柔毛，稀几无毛，绿色而具红色斑点；萼片卵形至长圆形，顶端圆钝，外被短柔毛；花瓣长圆状椭圆形至宽倒卵形，粉红色，罕为白色；雄蕊 20～30，花药绯红色；花柱几与雄蕊等长或稍短；子房被短柔毛。果实形状和大小均有变异，卵形、宽椭圆形或扁圆形，直径 3～12 cm，长几与宽相等，色泽变化由淡绿白色至橙黄色，常在向阳面具红晕，外面密被短柔毛，稀无毛，腹缝明显，果梗短而深入果洼；果肉白色、浅绿白色、黄色、橙黄色或红色，多汁有香味，甜或酸甜；核大，离核或粘核，椭圆形或近圆形，两侧扁平，顶端渐尖，表面具纵、横沟纹和孔穴；种仁味苦，稀味甜。花期 3—4 月，果实成熟期因品种而异，通常为 8—9 月。

【生境分布】原产我国，各省区广泛栽培。罗田各地均有栽培。

【药用部位】种仁、根及根皮、去掉栓皮的树皮、嫩枝、叶、花、成熟的果实、未成熟的果实、树脂等。

【药材名】桃仁、桃根、桃茎白皮、桃枝、桃叶、桃花、桃子、碧桃干、桃胶。

【注意】本种桃 *Prunus persica* L. 与山桃 *Prunus davidiana*（Carr.）Franch 同等入药。

325. 樱桃 *Prunus pseudocerasus*（Lindl.）G. Don

【别名】含桃、荆桃、樱珠、家樱桃。

【形态】乔木，高 2～6 m，树皮灰白色。小枝灰褐色，嫩枝绿色，无毛或被疏柔毛。冬芽卵形，无毛。叶片卵形或长圆状卵形，长 5～12 cm，宽 3～5 cm，先端渐尖或尾状渐尖，基部圆形，边有尖锐重锯齿，齿端有小腺体，上面暗绿色，近无毛，下面淡绿色，沿脉或脉间有疏柔毛，侧脉 9～11 对；叶柄长 0.7～1.5 cm，被疏柔毛，先端有 1 或 2 个大腺体；托叶早落，披针形，有羽裂腺齿。花序伞房状或近伞形，有花 3～6 朵，先于叶开放；总苞倒卵状椭圆形，褐色，长约 5 mm，宽约 3 mm，边有腺齿；花梗长 0.8～1.9 cm，被疏柔毛；萼筒钟状，长 3～6 mm，宽 2～3 mm，外面被疏柔毛，萼片三角卵圆形或卵状长圆形，先端急尖或钝，边缘全缘，长为萼筒的一半或过半；花瓣白色，卵圆形，先端下凹或 2 裂；雄蕊 30～35 枚，栽培者可达 50 枚；花柱与雄蕊近等长，无毛。

核果近球形，红色，直径 0.9 ～ 1.3 cm。花期 3—4 月，果期 5—6 月。

【生境分布】栽培于庭院或农圃。

【药用部位】果、根、枝、叶、果核、液汁。

【药材名】樱桃、樱桃根、樱桃枝、樱桃叶、樱桃核、樱桃水。

（1）樱桃。

【采收加工】初夏果实成熟时采收。

【来源】蔷薇科植物樱桃 *Prunus pseudocerasus*（Lindl.）G. Don 的果实。

【化学成分】种子含氰苷，水解产生氢氰酸。树皮含芫花素、樱花素和一种甾体化合物。

【性味】甘，温。

【功能主治】益气，祛风湿。主治瘫痪，四肢麻木，风湿腰腿疼痛，冻疮。

【用法用量】内服：煎汤，250 ～ 500 g；或浸酒。外用：浸酒涂擦或捣敷。

【注意】①孟诜：不可多食，令人发暗风。

②《日华子本草》：多食令人吐。

③《本草图经》：虽多食无损，但发虚热耳。

④《日用本草》：特性虚火，能发虚热咳嗽之疾，小儿尤忌。

（2）樱桃根。

【采收加工】9—10 月采收。

【来源】蔷薇科植物樱桃 *Prunus pseudocerasus*（Lindl.）G. Don 的根。

【原形态】植物形态详见"樱桃"条。

【性味】《重庆草药》：味甘，性平，无毒。

【功能主治】①《食疗本草》：治蛔虫。

②《重庆草药》：调气活血。治妇人气血不和，肝经火旺，手心潮烧，经闭。

【用法用量】内服：煎汤，鲜品 32 ～ 64 g。

（3）樱桃核。

【采收加工】5—6 月采收成熟果实放置缸中，用手揉搓，使果肉与果核分离，然后洗去果肉，取净核晒干。

【来源】蔷薇科植物樱桃 *Prunus pseudocerasus*（Lindl.）G. Don 的果核。

【性状】干燥果核呈扁卵形，长 8 ～ 12 mm，直径 7 ～ 9 mm，顶端略尖而微歪，如鸟喙状，另一端有圆形凹入的小孔，外表面白色或淡黄色，有不明显的小凹点，腹缝线微凸出，背缝线明显而凸出，其两侧具 2 条纵向凸起的肋纹。质坚硬，不易破碎。核内有种子 1 枚，表面呈不规则皱缩，红黄色，久置呈褐色。种仁淡黄色，富油质。气微香，味微苦。以饱满、淡黄白色、无杂质者为佳。

【功能主治】透疹，解毒。主治麻疹透发不畅，疝瘤，瘢痕。

【用法用量】内服：煎汤，3 ～ 10 g。外用：磨汁涂或煎水洗。

【注意】《滇南本草图说》：痘症阳症忌服。

【附方】①治出痘喉哑：甜樱桃核二十枚。砂锅内焙黄色，煎汤服。（《本草纲目拾遗》）

②治眼皮生瘤：樱桃核磨水搽之，其瘤渐渐自消。（《医学指南》）

（4）樱桃叶。

【采收加工】夏季采收。

【来源】蔷薇科植物樱桃 *Prunus pseudocerasus*（Lindl.）G. Don 的叶。

【原形态】植物形态详见"樱桃"条。

【性味】甘、苦，温。

【归经】《本草再新》：入肝、脾二经。

【功能主治】温胃，健脾，止血，解毒。主治胃寒食积，腹泻，吐血，疮毒。

【用法用量】内服：煎汤或捣汁。外用：捣敷。

【附方】①治腹泻，咳嗽：樱桃叶及树枝，水煎服。（《湖南药物志》）

②治阴道滴虫：樱桃树叶（或桃树叶）500 g。将上药煎水坐浴，同时用棉球（用线扎好）蘸樱桃叶水塞阴道内，每日换一次，半月即愈。（《全展选编》）

（5）樱桃枝。

【别名】樱桃梗。

【采收加工】全年可采。

【来源】蔷薇科植物樱桃 *Prunus pseudocerasus*（Lindl.）G. Don 的枝条。

【原形态】植物形态详见"樱桃"条。

【功能主治】《滇南本草》：治寒疼，胃气疼，九种气疼。樱桃梗烧灰，为末，烧酒下。

（6）樱桃水。

【来源】蔷薇科植物樱桃 *Prunus pseudocerasus*（Lindl.）G. Don 的新鲜果实，经加工取得之液汁。

【采收加工】5—6月采收成熟果实数斤，装入磁坛内封固，埋入土中，约深 1 m 许，经 7～10 天取出，坛中樱桃已自化为水，即将果核除去，留取清汁备用。

【原形态】植物形态详见"樱桃"条。

【功能主治】主治疹发不出，冻疮，汤火伤。

【用法用量】内服：炖温。外用：涂于患处。

【附方】①治疹发不出，名曰闷疹：樱桃水一杯，略温灌下。（《不药良方药集》）

②治冻瘃疮：樱桃水搽在府上，若预搽面，则不生冻瘃。（《梁侯瀛集验良方》）

③治烧汤伤：樱桃水蘸棉花上，频涂患处，当时止痛，还能制止起泡化脓。（《河北省中医中药展览会医药集锦》）

326. 郁李 *Prunus japonica* Thunb.

【别名】郁里仁、英梅、雀李、车下李。

【形态】灌木，高 1～1.5 m。小枝灰褐色，嫩枝绿色或绿褐色，无毛。冬芽卵形，无毛。叶片卵形或卵状披针形，长 3～7 cm，宽 1.5～2.5 cm，先端渐尖，基部圆形，边有缺刻状尖锐重锯齿，上面深绿色，无毛，下面淡绿色，无毛或脉上有疏柔毛，侧脉 5～8 对；叶柄长 2～3 mm，无毛或被疏柔毛；托叶线形，长 4～6 mm，边有腺齿。花 1～3 朵，簇生，花叶同开或先叶开放；花梗长 5～10 mm，无毛或被疏柔毛；萼筒陀螺形，长宽近相等，2.5～3 mm，无毛，萼片椭圆形，比萼筒略长，先端圆钝，边有细齿；花瓣白色或粉红色，倒卵状椭圆形；雄蕊约 32；花柱与雄蕊近等长，无毛。核果近球形，深红色，直径约 1 cm；核表面光滑。花期 5 月，果期 7—8 月。

【生境分布】生于向阳山坡、路旁或小灌丛中。罗田骆驼坳镇有栽培。

【采收加工】7—8月果实成熟时采摘，除去果肉，取核，再去壳，取出种仁。

【来源】蔷薇科植物郁李 *Prunus japonica* Thunb. 的种子。

【性状】干燥的成熟种子略呈长卵形，长 5～7 mm，中部直径 3～5 mm。表面黄白色、黄棕色或深棕色，由基部向上，具纵向脉纹。顶端锐尖，基部钝曲，中间有圆脐。种皮薄，易剥落，种仁两瓣，白色，带油性。气微，味微苦。以颗粒饱满、淡黄白色、整齐不碎、不出油、无核壳者为佳。

【化学成分】郁李种子含苦杏仁苷、脂肪油、挥发性有机酸、粗蛋白质、纤维素、淀粉、油酸。又含皂苷及植物甾醇、维生素B_1，茎皮含鞣质、纤维素。叶含维生素C。

【药材名】郁李仁。

【炮制】筛去泥屑，淘净，拣净杂质和碎壳，晒干，用时捣碎。

《雷公炮炙论》：凡采得（郁李仁），先汤浸，然，削上尖，去皮令净，用生蜜浸一宿，漉出阴干，研如膏用。

【性味】辛、苦、甘，平。

【归经】归脾、大肠、小肠经。

【功能主治】润燥通便，下气利水。主治大肠气滞，燥涩不通，小便不利，大腹水肿，四肢浮肿，脚气。

【用法用量】内服：煎汤，1～3钱；或入丸、散。

【注意】阴虚液亏者及孕妇慎服。

①《本草经疏》：津液不足者，慎勿轻用。

②《得配本草》：大便不实者禁用。

【附方】①治风热气秘：郁李仁（去皮、尖，炒）、陈橘皮（去白，酒一盏煮干）、京三棱（炮制）各一两。上三味，捣罗为散。每服三钱匕，空心煎熟水调下。（《圣济总录》）

②治产后肠胃燥热，大便秘涩：郁李仁（研如膏）、朴硝（研）各一两，当归（切、焙）、生干地黄（焙）各二两。上四味，将二味粗捣筛，与别研者二味和匀。每服三钱匕，水一盏，煎至七分，去滓温服，未通更服。（《圣济总录》）

③治肿满小便不利：陈皮、郁李仁、槟榔、茯苓、白术各一两，甘遂五钱。上为末，每服二钱，姜枣汤下。（《世医得效方》）

④治脚气肿满喘促，大小便涩：郁李仁（去皮，研）半两，粳米三合，蜜一合，生姜汁一蚬壳。上先煮粥临欲熟，入三味搅令匀，更煮令熟，空心食之。（《太平圣惠方》）

⑤治水肿胸满气急：郁李仁（炒）、桑根白皮（炙锉），赤小豆（炒）各三两，陈橘皮（汤浸去白，炒）二两，紫苏一两半，茅根（切）四两。上六味，粗捣筛。每服五钱匕，水三盏，煎至一盏，去渣温服。（《圣济总录》）

⑥治血分、气血壅涩，腹胁胀闷，四肢浮肿，坐卧气促：郁李仁、牵牛子各一两，槟榔、干地黄各三分，桂、木香、青橘皮、延胡索各半两。上为细末，食前温酒调下二钱。（《鸡峰普济方》）

⑦治积年上气，咳嗽不得卧：郁李仁一两。用水一升，研如杏酪，去滓，煮令无辛气，次下酥一枣许，同煮热，放温顿服之。（《圣济总录》）

⑧治血汗：郁李仁研细，每服一钱匕，研鹅梨汁调下。（《圣济总录》）

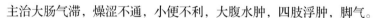

木瓜属 *Chaenomeles* Lindl.

327. 贴梗海棠 *Chaenomeles speciosa*（Sweet）Nakai

【别名】皱皮木瓜。

【形态】落叶灌木，高达2 m，枝条直立开展，有刺；小枝圆柱形，微屈曲，无毛，紫褐色或黑褐色，有疏生浅褐色皮孔；冬芽三角状卵形，先端急尖，近无毛或在鳞片边缘具短柔毛，紫褐色。叶片卵形至椭圆形，稀长椭圆形，长 3～9 cm，宽 1.5～5 cm，先端急尖，稀圆钝，基部楔形至宽楔形，边缘具有尖锐锯齿，齿尖开展，无毛或在萌蘖上沿下面叶脉有短柔毛；叶柄长约 1 cm；托叶大形，草质，肾形或半圆形，稀卵形，长 5～10 mm，宽 12～20 mm，边缘有尖锐重锯齿，无毛。花先叶开放，3～5 朵簇生于 2 年生老枝上；花梗短粗，长约 3 mm 或近无柄；花直径 3～5 cm；萼筒钟状，外面无毛；萼片直立，半圆形，稀卵形，长 3～4 mm，宽

4～5 mm，长约为萼筒之半，先端圆钝，全缘或有波状齿及黄褐色毛；花瓣倒卵形或近圆形，基部延伸成短爪，长 10～15 mm，宽 8～13 mm，猩红色，稀淡红色或白色；雄蕊 45～50，长约为花瓣之半；花柱 5，基部合生，无毛或稍有毛，柱头头状，有不明显分裂，约与雄蕊等长。果实球形或卵球形，直径 4～6 cm，黄色或带黄绿色，有稀疏不明显斑点，味芳香；萼片脱落，果梗短或近无梗。花期 3—5 月，果期 9—10 月。

【生境分布】 栽培或野生。罗田骆驼坳镇有栽培。

【采收加工】9—10 月采收成熟果实，置沸水中煮 5～10 分钟，捞出，晒至外皮起皱时，纵剖为 2 或 4 块，再晒至颜色变红为度。若日晒夜露经霜，则颜色更为鲜艳。

【药材名】 木瓜。

【来源】 蔷薇科植物贴梗海棠 *Chaenomeles speciosa*（Sweet）Nakai 的干燥成熟果实。

【性状】本品为干燥果实，呈长圆形，常纵剖为卵状半球形，长 4～8 cm，宽 3.5～5 cm，厚 2～8 mm。外皮棕红色或紫红色，微有光泽，常有皱褶，边缘向内卷曲。质坚硬，剖开面呈棕红色，平坦或有凹陷的子房室，种子大多数脱落，有时可见子房隔膜。种子三角形，红棕色，内含白色种仁 1 枚。果肉味酸涩，气微。以个大、皮皱、色紫红者为佳。

【炮制】 清水洗净，稍浸泡，闷润至透，置蒸笼内蒸熟，趁热切片，日晒夜露，以由红转紫黑色为度。炒木瓜：将木瓜片置锅内，用文火炒至微焦为度。

【性味】 酸，温。

【归经】 归肝、脾经。

【功能主治】 平肝和胃，去湿舒筋。主治吐泻转筋，湿痹，脚气，水肿，痢疾。

【用法用量】 内服：煎汤，1.5～3 钱；或入丸、散。外用：煎水熏洗。

【注意】①《食疗本草》：不可多食，损齿及骨。

②《医学入门》：忌铅、铁。

③《本草经疏》：下部腰膝无力，由于精血虚，真阴不足者不宜用。伤食脾胃未虚，积滞多者，不宜用。

【附方】①治吐泻转筋：a. 木瓜一枚（大者，四破），陈仓米一合。上件药，以水二大盏，煎至一盏半，去滓，时时温一合服之。（《太平圣惠方》）b. 木瓜汁一盏，木香末一钱匕。上二味，以热酒调下，不拘时。（《圣济总录》）c. 木瓜干一两，吴茱萸半两（汤七次），茴香一分，甘草（炙）一钱。上锉为散，每服四大钱，水一盏半，姜三片，紫苏十叶，煎七分，去滓，食前服。（《三因极一病证方论》）

②止吐：木瓜（末）、麝香、腻粉、木香（末）、槟榔（末），各一字。上同研，面糊丸，如小黄米大，每服一二丸，甘草水下，无时服。（《小儿药证直诀》）

③治泻不止：米豆子二两，木瓜、干姜、甘草各一两。为细末，每服二钱，米饮调，不以时。（《鸡

峰普济方》）

④治风湿相搏，手足腰膝不能举动：木瓜一枚，青盐半两。上用木瓜去皮脐，开窍填吴茱萸一两，去枝，将线系定，蒸热细研，入青盐半两，研令匀，丸梧桐子大，每服四十丸，茶酒任下，以牛膝浸酒服之尤佳。食前。（《杨氏家藏方》）

⑤治腰痛，补益壮筋骨：牛膝（温酒浸，切，焙）二两，木瓜（去顶、瓤，入艾叶一两蒸熟）一枚，巴戟（去心）、茴香（炒）、木香各一两，桂心半两（去皮）。上为细末，入熟木瓜并艾叶同杵千下，如硬，更下蜜，丸如梧桐子大，每服二十丸，空心盐汤下。（《御药院方》）

⑥治脚膝筋急痛：煮木瓜令烂，研作浆粥样，用裹痛处，冷即易，一宿三至五度，热裹便差。煮木瓜时，入一半酒同煮之。（《食疗本草》）

⑦治筋急项强，不可转侧：宣州木瓜（取盖去瓤）二个，没药（研）二两，乳香（研）一两。上二味纳木瓜中，用盖子合了，竹签定之，饭上蒸三、四次，烂，研成膏子，每服三、五匙，地黄酒化下（生地黄汁半盏，无灰上酝二盏和之，用八分一盏，热暖化膏）。（《普济本事方》）

⑧治脚气，腿膝疼痛：花木瓜（切下顶作盖，去瓤）一个，附子一只，炮去皮，晒，为细末。上将附子末安在木瓜内，再以熟艾实之，将顶盖之，用竹签签定，复以麻线缚之。用米醋不拘多少，于瓷器内煮烂，石器中烂研为膏，即用二、三只碗，以匙摊于碗内，自看厚薄得所，连碗覆于焙笼上慢火焙，时时以手摸，如不沾手，以匙抄转依前摊开，勿令面上焦干，恐成块子，如此数次，看干湿得所，方可为丸，空心用温酒送下三五十丸。（《魏氏家藏方》）

⑨治干脚气，痛不可忍者：干木瓜一个，明矾一两，煎水，乘热熏洗。（《奇效良方》）

⑩治湿脚气，上攻心胸，壅闷痰逆：木瓜（干者）一两，陈橘皮（汤浸，去白瓤，焙）一两，人参（去芦头）一两，桂心半两，丁香半两，槟榔二两。上件药，捣罗为末，炼蜜和捣二三百杵，丸如梧桐子大，每服不计时候，以生姜汤下三十丸。（《太平圣惠方》）

⑪治脚气疼痛，不问男女皆可服；如人感风湿流注，脚足痛不可忍，筋脉浮肿，宜服之：槟榔七枚，陈皮（去白）、木瓜各一两，吴茱萸、紫苏叶各三钱，桔梗（去芦）、生姜（和皮）各半两。上细切，只作一遍煎，用水三大碗，慢火煎至一碗半，去渣，再入水二碗煎渣，取一小碗，两次药汁相和，安置床头，次日五更，分作三五服，只是冷服，冬月略温服亦得。（《证治准绳》）

⑫治脚气冲心，胸膈痞滞，烦闷：大腹皮一枚，紫苏一分，干木瓜一分，甘草（炙）一分，木香一分，羌活一分。细锉为饮子，分作三服。每服，用水一升煎至三分，通口服之。（《传家秘宝方》）

⑬治赤白痢：本瓜、车前子、罂粟壳各等份。上为细末，每服二钱，米饮调下。（《普济方》）

⑭治脐下绞痛：木瓜一、二片，桑叶七片，大枣（碎之）三枚。以水二升，煮取半升，顿服之。（《孟诜方》）

⑮治积年气块，脐腹疼痛：木瓜一两（三枚），硇砂（以醋一盏，化去夹石）二两。上件木瓜切开头，去瓤子，纳硇砂，醋入其间，却以瓷碗盛，于日中晒，以木瓜烂为度，却研。更用米醋五升，煎上件药如稀汤，以一瓷瓶子盛，密盖，要时旋以附子末和丸，如弹子大，每服，以热酒化一丸服之。（《太平圣惠方》）

⑯治荨麻疹：木瓜六钱，水煎，分二次服，每日一剂。（内蒙古《中草药新医疗法资料选编》）

328. 木瓜 *Chaenomeles sinensis*（Thouin）C. K. Schnei

【别名】光皮木瓜。

【形态】灌木或小乔木，高达5～10 m，树皮呈片状脱落；小枝无刺，圆柱形，幼时被柔毛，不久即脱落，紫红色，二年生枝无毛，紫褐色；冬芽半圆形，先端圆钝，无毛，紫褐色。叶片椭圆状卵形或椭圆状长圆形，稀倒卵形，长5～8 cm，宽3.5～5.5 cm，先端急尖，基部宽楔形或圆形，边缘有刺芒状尖锐锯齿，齿尖有腺，幼时下面密被黄白色茸毛，不久即脱落无毛；叶柄长 5 ～ 10 mm，微被柔毛，有腺齿；托叶膜质，卵状披针形，先端渐尖，边缘具腺齿，长约 7 mm。花单生于叶腋，花梗短粗，长 5 ～ 10 mm，无毛；花直径 2.5 ～ 3 cm；萼筒钟状外面无毛；萼片三角状披针形，长 6 ～ 10 mm，先端渐尖，边缘有腺齿，外面无毛，内面密被浅褐色茸毛，反折；花瓣倒卵形，淡粉红色；雄蕊多数，长不及花瓣之半；花柱 3 ～ 5，基部合生，被柔毛，柱头头状，有不明显分裂，约与雄蕊等长或稍长。果实长椭圆形，长 10 ～ 15 cm，暗黄色，木质，味芳香，果梗短。花期 4 月，果期 9—10 月。

常见栽培供观赏，木材坚硬可作床柱用。

【生境分布】全国各地均有栽培。

【药材名】光皮木瓜。

【来源】蔷薇科植物木瓜 *Chaenomeles sinensis*（Thouin）C. K. Schnei 的干燥成熟果实。习称"光皮木瓜"。

【性状】果皮干燥后仍光滑，不皱缩，故有光皮木瓜之称。

【性味】酸，温。

【归经】归肝、脾经。

【功能主治】平肝，舒筋活络，和胃化湿，解酒，去痰，顺气，止痢。主治湿痹拘挛，腰膝关节酸重、疼痛，吐泻转筋，脚气水肿。

【药理】①祛湿、舒筋。

②抗利尿作用。

【用法用量】内服：煎汤，6 ～ 12 g。

栒子属 *Cotoneaster* B. Ehrhart

329. 平枝栒子 *Cotoneaster horizontalis* Dcne.

【别名】地蜈蚣、地木瓜籽。

【形态】落叶或半常绿匍匐灌木，高不超过 0.5 m，枝水平张开成整齐两列状；小枝圆柱形，幼时外被糙伏毛，老时脱落，黑褐色。叶片近圆形或宽椭圆形，稀倒卵形，长 5 ～ 14 mm，宽 4 ～ 9 mm，先端多数急尖，基部楔形，全缘，上面无毛，下面有稀疏平贴柔毛；叶柄长 1 ～ 3 mm，被柔毛，托叶钻形，早落。花 1 ～ 2 朵，近无梗，直径 5 ～ 7 mm；萼筒钟状，外面有稀疏短

柔毛，内面无毛；萼片三角形，先端急尖，外面微具短柔毛，内面边缘有柔毛；花瓣直立，倒卵形，先端圆钝，长约 4 mm，宽 3 mm，粉红色；雄蕊约 12，短于花瓣；花柱常为 3，有时为 2，离生，短于雄蕊；子房顶端有柔毛。果实近球形，直径 4～6 mm，鲜红色，常具 3 小核，稀 2 小核。花期 5—6 月，果期 9—10 月。

【生境分布】 喜温暖湿润的半阴环境，耐干燥和瘠薄的土地，不耐湿热，有一定的耐寒性，怕积水。罗田北部高山区有分布。

【采收加工】 根全年可采。

【药用部位】 根（水莲沙根）、全草（水莲沙）。

【药材名】 水莲沙根、水莲沙

【来源】 蔷薇科植物平枝栒子 *Cotoneaster horizontalis* Dcne. 的根或全草。

【性味】 酸、涩，凉。

【功能主治】 清热化湿，止血止痛。主治泄泻，腹痛，吐血，痛经，带下。

①《峨嵋药植》：止咳，煎水服。

②《浙江天目山药用植物志》：治妇女痛经、带下，根或全草 500 g，切细，水 2000 ml 煮沸，取已煮熟的鸭蛋七、八个，敲裂蛋壳，投入药汁中，文火炖至五六小时，数次分食。

【用法用量】 内服：煎汤，32～48 g。

山楂属 *Crataegus* L.

330. 野山楂 *Crataegus cuneata* Sieb.et Zucc.

【别名】 赤爪实、山里红果、柿楂子、山里果子。

【形态】 落叶灌木，高达 15 m，分枝密，通常具细刺，刺长 5～8 mm；小枝细弱，圆柱形，有棱，幼时被柔毛，一年生枝紫褐色，无毛，老枝灰褐色，散生长圆形皮孔；冬芽三角卵形，先端圆钝，无毛，紫褐色。叶片宽倒卵形至倒卵状长圆形，长 2～6 cm，宽 1～4.5 cm，先端急尖，基部楔形，下延连于叶柄，边缘有不规则重锯齿，顶端常有 3 或稀 5～7 浅裂片，上面无毛，有光泽，下面具稀疏柔毛，沿叶脉较密，以后脱落，叶脉显著；叶柄两侧有叶翼，长 4～15 mm；托叶大形，草质，镰刀状，边缘有齿。伞房花序，直径 2～2.5 cm，具花 5～7 朵，总花梗和花梗均被柔毛。花梗长约 1 cm；苞片草质，披针形，条裂或有锯齿，长 8～12 mm，脱落很迟；花直径约 1.5 cm；萼筒钟状，外被长柔毛，萼片三角状卵形，长约 4 mm，约与萼筒等长，先端尾状渐尖，全缘或有齿，内外两面均具柔毛；花瓣近圆形或倒卵形，长 6～7 mm，白色，基部有短爪；雄蕊 20；花药红色；花柱 4～5，基部被茸毛。果实近球形或扁球形，直径 1～1.2 cm，红色或黄色，常具有宿存反折萼片或 1 苞片；小核 4～5，内面两侧平滑。花期 5—6 月，果期 9—11 月。

【生境分布】 生于山谷、多石湿地或山地灌丛中。罗田各地均有分布。

【采收加工】 秋季果实成熟时采摘。

【药用部位】 果实、根。

【药材名】 南山楂。

【来源】 蔷薇科植物野山楂 *Crataegus cuneata* Sieb.et Zucc. 的果实。

【性状】 植物野山楂的果实，呈类圆球形，直径 0.8～1.4 cm，间有压扁成饼状。表面灰红色，具细纹及小斑点，顶端有凹窝，其边缘略凸出，基部有果柄残痕。质坚硬，核大，果肉薄，棕红色。气微，味酸微涩。以个匀、色红、质坚者为佳。

331. 湖北山楂 *Crataegus hupehensis* Sarg.

【形态】 乔木或灌木，高达 3～5 m，枝条开展；刺少，直立，长约 1.5 cm，也常无刺；小枝圆柱形，无毛，紫褐色，有疏生浅褐色皮孔，二年生枝条灰褐色；冬芽三角状卵形至卵形，先端急尖，尤毛，紫褐色。叶片卵形至卵状长圆形，长 4～9 cm，宽 4～7 cm，先端短渐尖，基部宽楔形或近圆形，边缘有圆钝锯齿，上半部具 2～4 对浅裂片，裂片卵形，先端短渐尖，无毛或仅下部脉腋有毛；叶柄长 3.5～5 cm，无毛；托叶草质，披针形或镰刀形，边缘具腺齿，早落。伞房花序，直径 3～4 cm，具多花；总花梗和花梗均无毛，花梗长 4～5 mm；苞片膜质，线状披针形，边缘有齿，早落；花直径约 1 cm；萼筒钟状，外面无毛；萼片三角状卵形，先端尾状渐尖，全缘，长 3～4 mm，稍短于萼筒，内外两面皆无毛；花瓣卵形，长约 8 mm，宽约 6 mm，白色；雄蕊 20，花药紫色，比花瓣稍短；花柱 5，基部被白色茸毛，柱头头状。果实近球形，直径 2.5 cm，深红色，有斑点，萼片宿存，反折；小核 5，两侧平滑。花期 5—6 月，果期 8～9 月。

【生境分布】 生于山谷、多石湿地或山地灌丛中或人工栽培。罗田白庙河镇有引种。

【采收加工】 秋季果实成熟时采摘。

【药用部位】 果实、根。

（1）北山楂。

【来源】 蔷薇科植物湖北山楂 *Crataegus hupehensis* Sarg. 的果实。

【性状】 植物山楂的果实，呈球形或梨形，直径约 2.5 cm。表面深红色，有光泽，满布灰白色细小斑点；顶端有宿存花萼，基部有果柄残痕。商品常为厚 3～5 mm 的横切片，多卷缩不平，果肉深黄色至浅棕色，切面可见 5～6 粒淡黄色种子，有的种子已脱落；有的片上可见短果柄或下凹的花萼残迹。气微清香，味酸微甜。以个大、皮红、肉厚者为佳。

【炮制】 山楂：拣净杂质，筛去核。

炒山楂：取拣净的山楂，置锅内用文火炒至外面呈淡黄色，取出，放凉。

焦山楂：取拣净的山楂，置锅内用武火炒至外面焦褐色，内部黄褐色为度，喷淋清水，取出，晒干。

山楂炭：取拣净的山楂，置锅内用武火炒至外面焦黑色，但须存性，喷淋清水，取出，晒干。

《本草纲目》：九月霜后取山楂实带熟者，去核，曝干。或蒸熟去皮核，捣作饼子，日干用。

【性味】 酸、甘，微温。

【归经】 归脾、胃、肝经。

【功能主治】 消食健胃，行气散瘀。主治肉食积滞，胃脘胀满，泻痢腹痛，瘀血经闭，产后瘀阻，心腹刺痛，疝气疼痛，高血脂症。

【用法用量】 内服：煎汤，6～12 g；或入丸、散。外用：煎水洗或捣敷。

【注意】 脾胃虚弱者慎服。

①《本草纲目》：生食多，令人嘈烦易饥，损齿，齿龋人尤不宜。

②《本草经疏》：脾胃虚，兼有积滞者，当与补药同施，亦不宜过用。

③《得配本草》：气虚便溏，脾虚不食，二者禁用。服人参者忌之。

④《随息居饮食谱》：多食耗气，损齿，易饥，空腹及羸弱人或虚病后忌之。

【附方】①治食积：山楂125 g，白术125 g，神曲64 g。上为末，蒸饼丸，梧桐子大，服七十丸，白汤下。（《丹溪心法》）

②治食肉不消：山楂肉125 g，水煮食之，并饮其汁。（《简便单方》）

③治诸滞腹痛：山楂一味煎汤饮。（《方氏脉症正宗》）

④治痢疾赤白相兼：山楂肉不拘多少，炒研为末，每服3～6 g，红痢蜜拌，白痢红白糖拌，红白相兼，蜜砂糖各半拌匀，白汤调，空心下。（《医钞类编》）

⑤治肠风：酸枣并肉核烧灰，米饮调下。（《是斋百一选方》）

⑥治老人腰痛及腿痛：棠梂子（山楂）、鹿茸（炙）各等份。为末，蜜丸梧桐子大，每服百丸，日两服。（《本草纲目》）

⑦治寒湿气小腹疼，外肾偏大肿痛：茴香、山楂。上等份为细末，每服3或6 g，盐、酒调，空心热服。（《是斋百一选方》）

⑧治产妇恶露不尽，腹中疼痛，或儿枕作痛：山楂百十个，打碎煎汤，入砂糖少许，空心温服。（朱震亨）

⑨治饮食所伤，胸腹饱闷不安，或腹中有食积癖块：山楂肉95 g，神曲、半夏各64 g，陈皮、茯苓、甘草、连翘、麦芽各32 g，共末，姜汤煮米糊为丸，每服三五十丸，米汤饮。（《万密斋医学全书》）

（2）山楂根。

【来源】蔷薇科植物湖北山楂 *Crataegus hupehensis* Sarg. 的根。

【性味】《分类草药性》：甘，平，无毒。

【功能主治】消积，祛风，止血。主治食积，痢疾，关节痛，咯血。

【用法用量】内服：煎汤，10～15 g。

【附方】①治消化不良，小儿食积：野山楂根、果各12 g，车前草10 g。水煎服。

②治关节痛：山楂根、紫藤根、活血龙、桂枝、络石藤、忍冬藤各10～15 g。煎汁冲酒服。

③治肺结核咯血：野山楂根32～64 g，水煎汁，再用白茅花9～15 g，烧灰，以药汁冲服。（①～③方出自《浙江民间常用草药》）

④治细菌性痢疾：山楂根15 g，小果蔷薇（七姊妹）根15 g。水煎，分二次服，每日一剂。（《单方验方调查资料选编》）

蛇莓属 *Duchesnea* J. E. Smith

332. 蛇莓 *Duchesnea indica*（Andr.）Focke

【别名】地莓、蚕莓、蛇泡草、老蛇泡。

【形态】多年生草本；根茎短，粗壮；匍匐茎多数，长30～100 cm，有柔毛。小叶片倒卵形至菱状长圆形，长2～3.5（5）cm，宽1～3 cm，先端圆钝，边缘有钝锯齿，两面皆有柔毛，或上面无毛，具小叶柄；叶柄长1～5 cm，有柔毛；托叶窄卵形至宽披针形，长5～8 mm。花单生于叶腋；直径1.5～2.5 cm；花梗长3～6 cm，有柔毛；萼片卵形，长4～6 mm，先端锐尖，外面有散生柔毛；副萼片倒卵形，长5～8 mm，比萼片长，先端常具3～5锯齿；花瓣倒卵形，长5～10 mm，黄色，先端圆钝；雄蕊20～30；心皮多数，离生；花托在果期膨大，海绵质，鲜红色，有光泽，直径10～20 mm，外面有长柔毛。瘦果卵形，长约 1.5 mm，光滑或具不明显凸起，新鲜时有光泽。花期 6—8 月，果期 8—10 月。

【生境分布】生于山坡、河岸、草地、潮湿的地方，罗田各地均有分布。

【药用部位】全草。

【药材名】蛇莓。

（1）蛇莓。

【采收加工】初夏采收。

【来源】蔷薇科植物蛇莓 *Duchesnea indica*（Andr.）Focke 的全草。

【性味】甘、苦，寒，有毒。

【功能主治】清热，凉血，消肿，解毒。主治热病，惊痫，咳嗽，吐血，咽喉肿痛，痢疾，痈肿，疔疮，蛇虫螫伤，汤火伤。

【用法用量】内服：煎汤，10 ～ 15 g（鲜品 32 ～ 64 g）；或捣汁。外用：捣敷或研末撒。

【附方】①治天行热盛，口中生疮：蛇莓自然汁，捣绞 10 升，煎取 5 升，稍稍饮之。（《伤寒论类要注疏》）

②治伤暑，感冒：干蛇莓 15 ～ 24 g，酌加水煎，日服两次。（《福建民间草药》）

③治吐血，咯血：鲜蛇莓草 64 ～ 95 g，捣烂绞汁一杯，冰糖少许炖服。（《闽东本草》）

④治咽喉肿痛：鲜蛇莓草炖汤内服及漱口。（《闽东本草》）

⑤治小儿口疮：蛇泡草（研末）、枯矾末，混合，先用盐水加枯矾洗患处，再撒上药粉。（《贵阳民间药草》）

⑥治疟疾，黄疸：鲜蛇莓叶捣烂，用蚕豆大一团敷桡骨动脉处，布条包扎。（《江西民间草药》）

⑦治痢疾：鲜蛇莓全草 32 g，水煎服。（《草药手册》）

⑧治蛇头疔，乳痈，背疽，疔疮：鲜蛇莓草，捣烂，加蜜敷患处。初起未化脓者，加蒲公英 32 g，共杵烂，绞汁一杯，调黄酒 100 g 炖撮，渣敷患处。（《闽东本草》）

⑨治蛇串疮：蛇泡草适量，雄黄 1.5 g，大蒜一个。共捣烂，布包，外搽。（《贵阳民间药草》）

⑩治脓疱疮：蛇泡草炖肉吃，并捣烂外敷。（《贵阳民间药草》）

⑪治跌打损伤：鲜蛇莓捣烂，甜酒少许，共炒热外敷。（《江西草药》）

⑫治蛇蚝伤，毒虫蚝伤：鲜蛇莓草，捣烂敷患处。（《江西民间草药》）

⑬治小面积烧伤：鲜蛇莓捣烂外敷。如创面有脓，加鲜犁头草；无脓，加冰片少许。（《江西草药》）

⑭治癌肿、疔疮：蛇莓 10 ～ 32 g，水煎服。（《上海常用中草药》）

⑮治瘰疬：鲜蛇莓草 32 ～ 64 g，洗净，水煎服。（《上海常用中草药》）

（2）蛇莓根。

【别名】三皮风根。

【采收加工】夏、秋季采收。

【来源】蔷薇科植物蛇莓 *Duchesnea indica*（Andr.）Focke 的根。

【功能主治】《分类草药性》：治内热，潮热。

【附方】①治吐血：三皮风根及叶，捣绞兑开水服。（《贵州省中医验方秘方》）

②治中水毒：蛇莓草根，捣作末服之，并以导下部，亦可饮汁 1 ～ 2 升。（《补辑肘后方》）

③治眼结膜炎，角膜炎：蛇莓鲜根 3 ～ 5 株，洗净捣烂，置净杯内，加入菜油 1 ～ 2 茶匙，每日蒸一次，点眼用，一天 3 ～ 4 次，每次 2 ～ 3 滴，每剂可用 5 ～ 7 天。（《浙江中草药抗菌消炎经验交流会资料选编》）

枇杷属 *Eriobotrya* Lindl.

333. 枇杷 *Eriobotrya japonica*（Thunb.）Lindl.

【别名】 土冬花。

【形态】 常绿小乔木，高可达 10 m；小枝粗壮，黄褐色，密生锈色或灰棕色茸毛。叶片革质，披针形、倒披针形、倒卵形或椭圆长圆形，长 12～30 cm，宽 3～9 cm，先端急尖或渐尖，基部楔形或渐狭成叶柄，上部边缘有疏锯齿，基部全缘，上面光亮，多皱，下面密生灰棕色茸毛，侧脉 11～21 对；叶柄短或几无柄，长 6～10 mm，有灰棕色茸毛；托叶钻形，长 1～1.5 cm，先端急尖，有毛。圆锥花序顶生，长 10～19 cm，具多

花；总花梗和花梗密生锈色茸毛；花梗长 2～8 mm；苞片钻形，长 2～5 mm，密生锈色茸毛；花直径 12～20 mm；萼筒浅杯状，长 4～5 mm，萼片三角卵形，长 2～3 mm，先端急尖，萼筒及萼片外面有锈色茸毛；花瓣白色，长圆形或卵形，长 5～9 mm，宽 4～6 mm，基部具爪，有锈色茸毛；雄蕊 20，远短于花瓣，花丝基部扩展；花柱 5，离生，柱头头状，无毛，子房顶端有锈色柔毛，5 室，每室有 2 胚珠。果实球形或长圆形，直径 2～5 cm，黄色或橘黄色，外有锈色柔毛，不久脱落；种子 1～5，球形或扁球形，直径 1～1.5 cm，褐色，光亮，种皮纸质。花期 10—12 月，果期 5—6 月。

【生境分布】 全国各地均有栽培。

【药用部位】 果实、叶、花、种子、根、茎皮。

【药材名】 枇杷、枇杷叶、枇杷花、枇杷子、枇杷根、枇杷茎皮。

（1）枇杷。

【采收加工】 5—6 月果实成熟后采收。

【来源】 蔷薇科植物枇杷 *Eriobotrya japonica*（Thunb.）Lindl. 的果实。

【性味】 甘、酸，凉。

【归经】 《本草求真》：入脾、肺，兼入肝。

【功能主治】 润肺，止渴，下气。主治肺痿咳嗽，吐血，衄血，燥渴，呕逆。

【注意】 《随息居饮食谱》：多食助湿生痰，脾虚滑泄者忌之。

（2）枇杷叶。

【别名】 巴叶。

【采收加工】 全年皆可采收，采摘后，晒至七、八成干时，扎成小把，再晒干。

【来源】 蔷薇科植物枇杷 *Eriobotrya japonica*（Thunb.）Lindl. 的叶片。

【性状】 干燥叶片长椭圆形，长 12～25 cm，宽 4～9 cm。叶端渐尖，基部楔形，上部锯齿缘，基部全缘。羽状网脉，中脉下面隆起。叶面灰绿色、黄棕色或红棕色，上面有光泽；下面茸毛棕色。叶柄短。叶革质而脆。气无，味微苦。以叶大、色灰绿、不破碎者为佳。

【炮制】 枇杷叶：刷去茸毛，用水洗净，稍润，切丝，晒干。蜜枇杷叶：取枇杷叶丝，加炼熟的蜂蜜和适量开水，拌匀，稍闷，置锅内用文火炒至不粘手为度，取出，放凉。（每枇杷叶丝 100 kg，用炼熟蜂蜜 26 kg）

①《雷公炮炙论》：采得枇杷叶后，粗布拭上毛令净，用甘草汤洗一遍，却用绵再拭令干，每32 g以酥0.3 g炙之，酥尽为度。

②《本草纲目》：治胃病以姜汁涂炙，治肺病以蜜水涂炙良。

【性味】　苦，凉。

【归经】　归肺、胃经。

【功能主治】　清肺和胃，降气化痰。主治肺热痰嗽，咯血，衄血，胃热呕哕。

【用法用量】　内服：煎汤，4.5～10 g（鲜品16～32 g）；熬膏或入丸、散。

【注意】　《本草经疏》：胃寒呕吐及肺感风寒咳嗽者，法并忌之。

【附方】　①治咳嗽，喉中有痰声：枇杷叶15 g，川贝母4.5 g，叭旦杏仁6 g，广陈皮6 g。共为末，每服3～6 g，开水送下。（《滇南本草》）

②治声音嘶哑：鲜枇杷叶32 g，淡竹叶15 g。水煎服。（《福建中草药》）

③治温病有热，饮水暴冷哕：枇杷叶（拭去毛）、茅根各0.5升。上二味切，以水4升，煮取2升，稍稍饮之，哕止则停。（《古今录验方》）

④治哕逆不止，饮食不入：枇杷叶（拭去毛，炙）125 g，陈橘皮（汤浸去白，焙）160 g，甘草（炙，锉）95 g。上三味粗捣筛。每服10 g，水一盏，入生姜一枣大，切，同煎至七分，去滓稍热服，不拘时候。（《圣济总录》）

⑤治小儿吐乳不定：枇杷叶0.3 g（拭去毛；微炙黄），母丁香0.3 g。上药捣细罗为散，如吐者，乳头上涂一字，令儿咂便止。（《太平圣惠方》）

⑥治衄血不止：枇杷叶，去毛，焙，研末，茶服3～6 g，日两服。（《太平圣惠方》）

⑦治肺风鼻赤酒齄：枇杷叶，去毛，焙干末之，茶调下3～6 g，日三服。（《普济本事方》）

⑧治痘疮溃烂：枇杷叶煎汤洗之。（《摘玄方》）

【临床应用】　治疗慢性支气管炎。

（3）枇杷花。

【别名】　土冬花。

【来源】　蔷薇科植物枇杷 *Eriobotrya japonica*（Thunb.）Lindl. 的花。

【性味】　《重庆草药》：味淡，微温。

【功能主治】　主治伤风感冒，咳嗽痰血。

【用法用量】　内服：煎汤，6～10 g；或研末。

【附方】　①治头风，鼻流清涕：枇杷花、辛夷各等份。研末，酒服6 g，日两服。（《本草纲目》）

②治咳嗽，痰中带黑血：枇杷花6 g，鲜地棕根125 g，珍珠七64 g，石竹根64 g，淫羊藿64 g。炖肉服。（《重庆草药》）

（4）枇杷根。

【来源】　蔷薇科植物枇杷 *Eriobotrya japonica*（Thunb.）Lindl. 的根。

【采收加工】　全年可采。

【性味】　《四川中药志》：性平，味苦，无毒。

【功能主治】　主治虚劳久嗽，关节疼痛。

【用法用量】　内服：同肉类煨汤，64～125 g。

【附方】　治关节疼痛：鲜枇杷根125 g，猪脚一个，黄酒250 g。炖服。（《闽东本草》）

【临床应用】　治疗病毒性肝炎。

（5）枇杷子。

【采收加工】　5—6月果实成熟时，除去果肉，干燥。

【来源】 蔷薇科植物枇杷 *Eriobotrya japonica*（Thunb.）Lindl. 的种子。

【性味】 苦，平。

【归经】《本草再新》：入肾经。

【功能主治】 化痰止咳，疏肝理气。主治咳嗽，疝气，水肿，瘰疬。

【用法用量】 内服：煎汤，6～10 g。外用：研末调敷。

【附方】 ①治咳嗽：枇杷核，晒干、捣碎，约18 g，煎汤，煮沸10多分钟，临服时加少量白糖或冰糖，日两服。（《浙江中医杂志》）

②治瘰疬：枇杷干种子为末，调热酒敷患处。（《福建中草药》）

（6）枇杷茎皮。

【采收加工】 全年可采。

【来源】 蔷薇科植物枇杷 *Eriobotrya japonica*（Thunb.）Lindl. 茎干的韧皮部。

【功能主治】 ①《千金方》：止哕不止，下气。削取生树皮嚼之，少少咽汁；亦可煮汁冷服之。

②《本草图经》：止吐逆不下食。

草莓属 *Fragaria* L.

334. 草莓 *Fragaria* × *ananassa* Duch.

【形态】 多年生草本，高10～40 cm。茎低于叶或近相等，密被开展黄色柔毛。叶3出，小叶具短柄，质地较厚，倒卵形或菱形，稀几圆形，长3～7 cm，宽2～6 cm，顶端圆钝，基部阔楔形，侧生小叶基部偏斜，边缘具缺刻状锯齿，锯齿急尖，上面深绿色，几无毛，下面淡白绿色，疏生毛，沿脉较密；叶柄长2～10 cm，密被开展黄色柔毛。聚伞花序，有花5～15朵，花序下面具一短柄的小叶；花两性，直径1.5～2 cm；萼片卵形，比副萼片稍长，副萼片椭圆状披针形，全缘，稀深2裂，果时扩大；花瓣白色，近圆形或倒卵状椭圆形，基部具不明显的爪；雄蕊20枚，不等长；雌蕊极多。聚合果大，直径达3 cm，鲜红色，宿存萼片直立，紧贴于果实；瘦果尖卵形，光滑。花期4—5月，果期6—7月。

【生境分布】 原产于南美，我国各地均有栽培。

【采收加工】 春、夏季果实成熟时采收。

【化学成分】 含柠檬酸、苹果酸、草莓胺、鞣花酸、单糖、果胶、维生素C等。

【性味】 凉，甘，酸。

【功能主治】 清热，生津，润肺，健脾，抗肿瘤等。

路边青属 *Geum* L.

335. 路边青 *Geum aleppicum* Jacq.

【别名】 水杨梅、头晕药。

【形态】 多年生草本。须根簇生。茎直立，高 30 ～ 100 cm，被开展粗硬毛，稀几无毛。基生叶为大头羽状复叶，通常有小叶 2 ～ 6 对，连叶柄长 10 ～ 25 cm，叶柄被粗硬毛，小叶大小极不相等，顶生小叶最大，菱状广卵形或宽扁圆形，长 4 ～ 8 cm，宽 5 ～ 10 cm，顶端急尖或圆钝，基部宽心形至宽楔形，边缘常浅裂，有不规则粗大锯齿，锯齿急尖或圆钝，两面绿色，疏生粗硬毛；茎生叶羽状复叶，有时重复分裂，向上小叶逐渐减少，顶生小叶披针形或倒卵状披针形，顶端常渐尖或短渐尖，基部楔形；茎生叶托叶大，绿色，叶状，卵形，边缘有不规则粗大锯齿。花序顶生，疏散排列，花梗被短柔毛或微硬毛；花直径 1 ～ 1.7 cm；花瓣黄色，几圆形，比萼片长；萼片卵状三角形，顶端渐尖，副萼片狭小，披针形，顶端渐尖稀 2 裂，比萼片短 1 倍多，外面被短柔毛及长柔毛；花柱顶生，在上部 1/4 处扭曲，成熟后自扭曲处脱落，脱落部分下部被疏柔毛。聚合果倒卵状球形，瘦果被长硬毛，花柱宿存部分无毛，顶端有小钩；果托被短硬毛，长约 1 mm。花果期 7—10 月。

【生境分布】 生于山阴、路旁或水沟边、林间隙地及林缘，海拔 200 ～ 3500 m。罗田北部山区有分布。

【来源】 蔷薇科植物路边青 *Geum aleppicum* Jacq. 的全草。

【采收加工】 夏、秋季采收。

【性味】 《本草纲目》：辛，温，无毒。

【功能主治】 补虚益肾，活血解毒。主治头晕目眩，四肢无力，遗精阳痿，表虚感冒，虚寒腹痛，月经不调，疮肿，骨折。

【用法用量】 内服：煎汤，10 ～ 16 g。外用：捣敷患处。

【附方】 ①治老年头晕：头晕药 100 g，炖猪肉，肉汤煮绿壳鸭蛋吃。

②治头晕疼痛：头晕药 50 g，仙桃草 50 g。研末，肉汤或油汤送下，每服 16 g。

③治虚弱，精神不振，骨蒸自汗：头晕药 10 g，地骨皮 10 g，臭牡丹根 10 g，子鸡一只蒸服。

④治虚弱咳嗽：头晕药、黄精、竹叶黄、夜寒苏、白胭脂花根、川牛膝、姜各 10 g。煎水服。

⑤治肾亏体弱阳痿：头晕药 100 g，五谷根 200 g，枸杞子 100 g，肉桂 16 g，黄精 16 g，猪肾五个。用文火煮约 2 小时，分三日服完。（①～⑤方出自《贵阳民间药草》）

⑥治疟疾：蓝布正 10 g，冲烂，煎甜酒服。（《贵州省中医验方秘方》）

⑦治妇女小腹痛：水杨梅 10 ～ 16 g，水煎服。（《湖南药物志》）

⑧治月经不调：头晕药、血当归各 20 g，龙芽草、对月莲、泽兰各 10 g，月季花 7 朵。酒一斤泡服，早、晚各服 16 g。（《贵州草药》）

⑨治疔疮：头晕药捣绒外敷。（《贵州草药》）

棣棠花属 *Kerria* DC.

336. 棣棠 *Kerria japonica*（L.）DC.

【别名】 地棠、金棣棠、地园花、蜂棠花、清明花。

【形态】 落叶灌木，高 1～2 m，稀达 3 m；小枝绿色，圆柱形，无毛，常拱垂，嫩枝有棱角。叶互生，三角状卵形或卵圆形，顶端长渐尖，基部圆形、截形或微心形，边缘有尖锐重锯齿，两面绿色，上面无毛或有疏柔毛，下面沿脉或脉腋有柔毛；叶柄长 5～10 mm，无毛；托叶膜质，带状披针形，有缘毛，早落。单花，着生于当年生侧枝顶端，花梗无毛；花直径 2.5～6 cm；萼片卵状椭圆形，顶端急尖，有小尖头，全缘，无毛，果时宿存；花瓣黄色，宽椭圆形，顶端下凹，比萼片长 1～4 倍。瘦果倒卵形至半球形，褐色或黑褐色，表面无毛，有皱褶。花期 4—6 月，果期 6—8 月。

【生境分布】 生于山坡灌丛中，多栽培于庭院。

【采收加工】 4—5 月采花；7—8 月采枝叶。

【药用部位】 茎髓。

【药材名】 棣棠、棣棠花、棣棠叶。

【来源】 蔷薇科植物棣棠花 *Kerria japonica*（L.）DC. 的花或枝叶。

【性味】 ①《四川中药志》：性平，味涩，无毒。

②《云南中草药》：微苦涩，平。

【功能主治】 主治久咳，消化不良，水肿，风湿痛，热毒疮。

【用法用量】 内服：煎汤，10～15 g。外用：煎水洗。

【附方】 ①治久咳：棣棠花，蜂糖蒸服。（《四川中药志》）

②治风丹，热毒疮：棣棠花枝叶煎水外洗。（《重庆草药》）

③治风湿关节炎：棣棠茎叶 6 g，水煎服。（《云南中草药》）

④治水肿：棣棠花 3 g，青木香 4.5 g，何首乌 3 g，隔山消 3 g，桑皮 10 g，木贼 3 g，通草 3 g，车前子 6 g。水煎服。（《湖南药物志》）

苹果属 *Malus* Mill.

337. 垂丝海棠 *Malus halliana* Koehne

【形态】 乔木，高达 5 m，树冠开展；小枝细弱，微弯曲，圆柱形，最初有毛，不久脱落，紫色或紫褐色；冬芽卵形，先端渐尖，无毛或仅在鳞片边缘具柔毛，紫色。叶片卵形或椭圆形至长椭圆状卵形，长 3.5～8 cm，宽 2.5～4.5 cm，先端长渐尖，基部楔形至近圆形，边缘有圆钝细锯齿，中脉有时具短柔毛，其余部分均无毛，上面深绿色，有光泽并常带紫晕；叶柄长 5～25 mm，幼时被疏柔毛，老时近无毛；托叶小，膜质，披针形，内面有毛，早落。伞房花序，具花 4～6 朵，花梗细弱，长 2～4 cm，下垂，有疏柔毛，紫色；花直径 3～3.5 cm；萼筒外面无毛；萼片三角状卵形，长 3～5 mm，先端钝，全缘，外面无毛，内面密被茸毛,与萼筒等长或稍短;花瓣倒卵形,长约 1.5 cm,基部有短爪,粉红色,常在 5 枚以上;雄蕊 20～25,花丝长短不齐,约等于花瓣之半;花柱 4 或 5,较雄蕊长,基部有长茸毛,顶花有时缺少雌蕊。果实梨形或倒卵形,直径 6～8 mm,略带紫色,成熟很迟,萼片脱落;果梗长 2～5 cm。花期 3—4 月,果期 9—10 月。

【生境分布】 生于山坡丛林或山溪边,海拔 50～1200 m。现已广为栽培。罗田骆驼坳有栽培。

【采收加工】 2 月采收。

【来源】 蔷薇科植物垂丝海棠 *Malus halliana* Koehne 的花。

【性味】 《四川中药志》:味淡苦,性平,无毒。

【功能主治】 《民间常用草药汇编》:调经和血,治红崩。

【用法用量】 内服:煎汤,3～5 g。

【注意】 《民间常用草药汇编》:孕妇忌服。

338. 湖北海棠 *Malus hupehensis*(Pamp.)Rehd.

【别名】 野海棠、花红茶、茶海棠。

【形态】 乔木,高达 8 m;小枝最初有短柔毛,不久脱落,老枝紫色至紫褐色;冬芽卵形,先端急尖,鳞片边缘疏生短柔毛,暗紫色。叶片卵形至卵状椭圆形,长 5～10 cm,宽 2.5～4 cm,先端渐尖,基部宽楔形,稀近圆形,边缘有细锐锯齿,嫩时具疏短柔毛,不久脱落无毛,常呈紫红色;叶柄长 1～3 cm,嫩时有疏短柔毛,逐渐脱落;托叶草质至膜质,线状披针形,先端渐尖,疏生柔毛,早落。伞房花序,具花 4～6 朵,花梗长 3～6 cm,无毛或稍有长柔毛;苞片膜质,披针形,早落;花直径 3.5～4 cm;萼筒外面无毛或稍有长柔毛;萼片三角状卵形,先端渐尖或急尖,长 4 mm 外面无毛,内面有柔毛,略带紫色,与萼筒等长或稍短;花瓣倒卵形,长约 1.5 cm,基部有短爪,粉白色或近白色;雄蕊 20,花丝长短不齐,约等于花瓣之半;花柱 3,稀 4,基部有长茸毛,较雄蕊稍长。果实椭圆形或近球形,直径约 1 cm,黄绿色稍带红晕,萼片脱落;果梗长 2～4 cm。花期 4—5 月,果期 8—9 月。

【生境分布】 生于海拔 50～2900 m 的山坡或山谷丛林中。罗田骆驼坳镇有分布。

【采收加工】 夏、秋季采叶,鲜用;8—9 月采果,鲜用。

【来源】 蔷薇科植物湖北海棠 *Malus hupehensis*(Pamp.)Rehd. 的嫩叶及果实。

【性状】 叶片卵形或卵状椭圆形,长 5～10 cm,宽 2.5～4 cm,先端急尖或渐尖,基部圆形或宽楔形,边缘有细锐锯齿,齿端具腺点,主脉下面具沟,幼叶被细毛,托叶 2,披针形。落草质。气微,味微苦、涩。

【性味】 酸,平。

【功能主治】消积化滞，和胃健脾。主治食积停滞，消化不良，痢疾，疳积。

【用法用量】内服：煎汤，鲜果60～90 g；或嫩叶适量，泡茶饮。

339. 苹果 *Malus pumila* Mill.

【别名】频婆、奈子、平波、超凡子。

【形态】乔木，高可达15 m，多具有圆形树冠和短主干；小枝短而粗，圆柱形，幼嫩时密被茸毛，老枝紫褐色，无毛；冬芽卵形，先端钝，密被短柔毛。叶片椭圆形、卵形至宽椭圆形，长4.5～10 cm，宽3～5.5 cm，先端急尖，基部宽楔形或圆形，边缘有圆钝锯齿，幼嫩时两面具短柔毛，长成后上面无毛；叶柄粗壮，长1.5～3 cm，被短柔毛；托叶草质，披针形，先端渐尖，全缘，密被短柔毛，早落。伞房花序，具

花3～7朵，集生于小枝顶端，花梗长1～2.5 cm，密被茸毛；苞片膜质，线状披针形，先端渐尖，全缘，被茸毛；花直径3～4 cm；萼筒外面密被茸毛；萼片三角状披针形或三角卵形，长6～8 mm，先端渐尖，全缘，内外两面均密被茸毛，萼片比萼筒长；花瓣倒卵形，长15～18 mm，基部具短爪，白色，含苞未放时带粉红色；雄蕊20，花丝长短不齐，约等于花瓣之半；花柱5，下半部密被灰白色茸毛，较雄蕊稍长。果实扁球形，直径在2 cm以上，先端常有隆起，萼洼下陷，萼片永存，果梗短粗。花期5月，果期7—10月。

【生境分布】罗田县有栽培。

【药用部位】果实、果皮、叶。

【药材名】苹果、苹果皮、苹果叶。

（1）苹果。

【采收加工】9—10月果熟时采收。

【来源】蔷薇科植物苹果*Malus pumila* Mill.的果实。

【性味】甘，凉。

【功能主治】生津，润肺，开胃，醒酒。

【用法用量】内服：生食、捣汁或熬膏。外用：捣汁涂。

【注意】《别录》：多食令人胪胀，病人尤甚。

（2）苹果皮。

【来源】蔷薇科植物苹果*Malus pumila* Mill.的果皮。

【化学成分】含矢车菊素。

【功能主治】《滇南本草图说》：治反胃吐痰。

【用法用量】内服：煎汤，16～32 g；或沸汤泡服。

（3）苹果叶。

【来源】蔷薇科植物苹果*Malus pumila* Mill.的叶片。

【功能主治】①《滇南本草》：敷脐上治阴症。又治产后血迷，经水不调，蒸热发烧，服之效。

②《滇南本草图说》：贴火毒疮，烧灰调油搽之。

【用法用量】内服：煎汤，32～95 g。

石楠属 *Photinia* Lindl.

340. 石楠 *Photinia serrulata* Lindl.

【形态】 常绿灌木或小乔木，高 4～6 m，有时可达 12 m；枝褐灰色，无毛；冬芽卵形，鳞片褐色，无毛。叶片革质，长椭圆形、长倒卵形或倒卵状椭圆形，长 9～22 cm，宽 3～6.5 cm，先端尾尖，基部圆形或宽楔形，边缘有疏生具腺细锯齿，近基部全缘，上面光亮，幼时中脉有茸毛，成熟后两面皆无毛，中脉显著，侧脉 25～30 对；叶柄粗壮，长 2～4 cm，幼时有茸毛，以后无毛。复伞房花序顶生，直径 10～16 cm；总花梗和花梗无毛，花梗长 3～5 mm；花密生，直径 6～8 mm；萼筒杯状，长约 1 mm，无毛；萼片阔三角形，长约 1 mm，先端急尖，无毛；花瓣白色，近圆形，直径 3～4 mm，内外两面皆无毛；雄蕊 20，外轮较花瓣长，内轮较花瓣短，花药带紫色；花柱 2，有时为 3，基部合生，柱头头状，子房顶端有柔毛。果实球形，直径 5～6 mm，红色，后成褐紫色，有 1 粒种子；种子卵形，长 2 mm，棕色，平滑。花期 4—5 月，果期 10 月。

【生境分布】 罗田各地均有栽培。

【药用部位】 叶、根。

【药材名】 石楠叶、石楠根。

（1）石楠叶。

【别名】 石眼树叶、老少年叶、凿树。

【采收加工】 全年可采，晒干。

【来源】 蔷薇科植物石楠 *Photinia serrulata* Lindl. 的叶。

【性状】 叶上表面暗绿色至棕紫色，较平滑，下表面淡绿色至棕紫色，主脉凸起，侧脉似羽状排列；常带有叶柄。革质而脆。气微，味苦、涩。

【化学成分】 含氢氰酸、野樱皮苷、熊果酸、皂苷、挥发油。

【性味】 辛、苦，平，有小毒。

【功能主治】 祛风补肾。主治风湿筋骨痛，阳痿遗精。

（2）石楠根。

【采收加工】 秋季采收，洗净切片晒干。

【来源】 蔷薇科植物石楠 *Photinia serrulata* Lindl. 的根。

【性味】 辛、苦，平。有小毒。

【功能主治】 祛风止痛。主治头风头痛，腰膝无力，风湿筋骨疼痛。

【用法用量】 内服：煎汤，3～10 g。。

委陵菜属 *Potentilla* L.

341. 委陵菜 *Potentilla chinensis* Ser.

【别名】 黄州白头翁、毛鸡腿子。

【形态】 多年生草本。根粗壮，圆柱形，稍木质化。花茎直立或上升，高 20～70 cm，被疏短柔毛及白色绢状长柔毛。基生叶为羽状复叶，有小叶 5～15 对，间隔 0.5～0.8 cm，连叶柄长 4～25 cm，叶柄被短柔毛及绢状长柔毛；小叶片对生或互生，上部小叶较长，向下逐渐减小，无柄，长圆形、倒卵形或长圆状披针形，长 1～5 cm，宽 0.5～1.5 cm，边缘羽状中裂，裂片三角状卵形、三角状披针形或长圆披针形，顶端急尖或圆钝，边缘向下反卷，上面绿色，被短柔毛或脱落几无毛，中脉下陷，下面被白色茸毛，沿脉被白色绢状长柔毛，茎生叶与基生叶相似，唯叶片对数较少；基生叶托叶近膜质，褐色，外面被白色绢状长柔毛，茎生叶托叶草质，绿色，边缘锐裂。伞房状聚伞花序，花梗长 0.5～1.5 cm，基部有披针形苞片，外面密被短柔毛；花直径通常 0.8～1 cm，稀达 1.3 cm；萼片三角状卵形，顶端急尖，副萼片带形或披针形，顶端尖，比萼片短约 1 倍且狭窄，外面被短柔毛及少数绢状柔毛；花瓣黄色，宽倒卵形，顶端微凹，比萼片稍长；花柱近顶生，基部微扩大，稍有乳头或不明显，柱头扩大。瘦果卵球形，深褐色，有明显皱纹。花果期 4—10 月。

【生境分布】 生于山坡草地、沟谷、林缘、灌丛或疏林下，海拔 400～3200 m。罗田各地均有分布。

【采收加工】 夏、秋季采收。

【药用部位】 带根全草。

【药材名】 天青地白。

【来源】 蔷薇科植物委陵菜 *Potentilla chinensis* Ser. 的带根全草。

【性味】 苦，寒。

【功能主治】 清热解毒，凉血止痛。

主治赤痢腹痛，久痢不止，痔疮出血，痈肿疮毒，风湿筋骨疼痛，瘫痪，癫痫，疮疥。

【用法用量】 内服：煎汤，16～32 g；研末或浸酒。外用：煎水洗，捣敷或研末撒。

【附方】 ①治痢疾：天青地白根 15 g。煎水服，1 日 3～4 次，服 2～3 日。

②治久痢不止：天青地白、白木槿花各 15 g，煎水吃。

③治赤痢腹痛：天青地白细末 1.5 g。开水吞服，饭前服用。

④治风湿麻木瘫痪，筋骨久痛：天青地白、大风藤、五香血藤、兔耳风各 250 g，泡酒连续服用，每日早晚各服 32 g。

⑤治风瘫：天青地白（鲜）500 g。泡酒 1 kg，每次服 32～64 g。第二次用量同样。另加何首乌 32 g（痛则加指甲花根 32 g）。

⑥治疔疮初起：天青地白根 50 g。煎水服。

⑦刀伤止血生肌：天青地白叶（干）研末外撒；或鲜根捣烂外敷。

⑧治癫痫：天青地白根（去心）32 g，白矾 10 g。加酒浸泡，温热内服，连发连服，服后再服白矾粉 3 g。（以上选方出自《贵阳民间药草》）

【注意】本品在大部分地区作翻白草入药；少数地区作白头翁使用，称为"黄州白头翁"。

342. 翻白草 *Potentilla discolor* Bge.

【别名】 鸡脚草、鸡距草、土菜、鸡脚爪、天青地白、湖鸡腿。

【形态】 多年生草本。根粗壮，下部常肥厚呈纺锤形。花茎直立，上升或微铺散，高 10～45 cm，密被白色绵毛。基生叶有小叶 2～4 对，间隔 0.8～1.5 cm，连叶柄长 4～20 cm，叶柄密被白色绵毛，有时并有长柔毛；小叶对生或互生，无柄，小叶片长圆形或长圆状披针形，长 1～5 cm，宽 0.5～0.8 cm，顶端圆钝，稀急尖，基部楔形、宽楔形或偏斜圆形，边缘具圆钝锯齿，稀急尖，上面暗绿色，被疏白色绵毛或脱落几无毛，下面密被白色或灰白色绵毛，脉不显或微显，茎生叶 1～2，有掌状 3～5 小叶；基生叶托叶膜质，褐色，外面被白色长柔毛，茎生叶托叶草质，绿色，卵形或宽卵形，边缘常有缺刻状齿，稀全缘，下面密被白色绵毛。聚伞花序有花数朵至多朵，疏散，花梗长 1～2.5 cm，外被绵毛；花直径 1～2 cm；萼片三角状卵形，副萼片披针形，比萼片短，外面被白色绵毛；花瓣黄色，倒卵形，顶端微凹或圆钝，比萼片长；花柱近顶生，基部具乳头状膨大，柱头稍微扩大。瘦果近肾形，宽约 1 mm，光滑。花果期 5—9 月。

【生境分布】罗田低山区荒山有分布。

【采收加工】夏、秋季采收，未开花前连根挖取，除净泥土，晒干。

【药用部位】带根全草。

【药材名】翻白草。

【来源】蔷薇科植物翻白草 *Potentilla discolor* Bge. 的带根全草。

【性状】干燥的带根全草，根呈纺锤形或圆锥形，有时分歧，长 5～8 cm，表面暗棕红色，扭曲而皱缩，栓皮无剥落痕，

无明显的茎。叶根生，单数羽状复叶，小叶片两两对生，长椭圆形，具短柄，顶端 1 枚较大，向下逐渐变小，皱缩，多从中脉向内对折，上表面暗绿色，下表面灰白色；密布茸毛，边缘具粗锯齿。根头部及叶柄均被白色茸毛。质稍脆，易碎。气微臭，味涩。以无花茎、色灰白、无杂质者为佳。

【性味】甘、苦，平。

【功能主治】清热，解毒，止血，消肿。主治痢疾，疟疾，肺痈，咯血，吐血，下血，崩漏，痈肿，疮癣，瘰疬结核。

【用法用量】内服：煎汤，10～15 g（鲜品 32～64 g）；或浸酒。外用：捣敷。

【附方】①治细菌性痢疾，阿米巴痢疾：鲜翻白草干全草或根 32～64 g，浓煎，一日分 2～3 次服。（《南京地区常用中草药》）

②治疟疾寒热及无名肿毒：翻白草根 5～7 个，煎酒服。（《本草纲目》）

③治肺痈：鲜翻白草根 32 g，老鼠刺根、杜瓜根各 15 g。加水煎成半碗，饭前服，日服二次。（《福建民间草药》）

④治咳嗽：翻白草根。煮猪肺食。（《湖南药物志》）

⑤治痰喘：翻白草全草。煮冰糖服。（《湖南药物志》）

⑥治吐血不止：翻白草。每用五至七棵，嚼咀，水二盅，煎一盅，空心服。（《本草纲目》）

⑦治崩中下血：湖鸡腿根 32 g，捣碎，酒二盏，煎一盏服。（《李时珍濒湖集简方》）

⑧治大便下血：翻白草根 48 g，猪大肠不拘量。加水同炖，去渣，取汤及肠同服。（《江西民间草药验方》）

⑨治创伤出血：新翻白草叶。揉碎敷伤处。（《江西民间草药验方》）

⑩治血友病：鲜翻白草 64～95 g。煎汤服，每天一剂。同时将鲜草捣烂，外敷出血处。（《中草药新医疗法资料选编》）

⑪治腮腺炎：翻白草干根，用烧酒磨汁涂患处。（《江西民间草药验方》）

⑫治疔毒初起，不拘已或未成：翻白草十棵，酒煎服。（《本草纲目》）

⑬治臁疮溃烂：翻白草（洗）。每用一握，煎汤盆盛，围住熏洗效。（《保寿堂经验方》）

⑭治浑身疥癣：翻白草。每用一握，煎水洗。（《本草纲目》）

343. 莓叶委陵菜 *Potentilla fragarioides* L.

【别名】雉子筵、满山红、毛猴子、菜飘子。

【形态】多年生草本。根粗壮，圆柱形，木质。花茎直立，高 10 ～ 30 cm，被疏柔毛，上部有时混生腺毛。基生叶为羽状复叶，有小叶 2 ～ 4 对，下面 1 对常小形，连叶柄长 5 ～ 15 cm，叶柄被疏柔毛；小叶片无柄或有时顶端小叶有短柄，亚革质，椭圆形、长椭圆形或椭圆状卵形，长 1 ～ 4 cm，宽 0.5 ～ 1.5 cm，顶端急尖或圆钝，基部楔形或宽楔形，边缘有急尖锯齿，齿常粗大，三角状卵形，上面绿色或暗绿色，通常有明显皱褶，伏生疏柔毛，下面灰色或灰绿色，网脉通常较凸出，密生柔毛，沿脉伏生长柔毛，茎生叶 2 ～ 3，有小叶 1 ～ 3 对；基生叶托叶膜质，褐色，外被长柔毛；茎生叶托叶草质，绿色，卵状披针形或披针形，边缘有 1 ～ 3 齿稀全缘。伞房状聚伞花序顶生，疏散，花梗长 0.5 ～ 1 cm，密被长柔毛和腺毛；花直径 8 ～ 12 cm；萼片三角状卵形，顶端尾尖，副萼片狭披针形，顶端锐尖，与萼片近等长，外面常带紫色，被疏柔毛；花瓣黄色，倒卵状长圆形，顶端圆形，比萼片长 0.5 ～ 1 倍；花柱近顶生，丝状，柱头不扩大，子房脐部密被长柔毛。成熟瘦果表面有脉纹，脐部有长柔毛。花果期 5—9 月。

【生境分布】罗田低山区荒山有分布。

【采收加工】秋季采收，挖取根，除去地上部分，洗净，晒干。

【药用部位】带根茎的根。

【药材名】委陵菜。

【来源】蔷薇科植物莓叶委陵菜 *Potentilla fragarioides* L. 带根茎的根。

【性状】根茎短圆柱状或块状，有的略弯曲。表面棕褐色，粗糙，周围着生多数须根或圆形根痕。质坚硬，断面皮部较薄，黄棕色至棕色，木部导管群黄色，中心有髓。根细长，弯曲，长 5 ～ 10 cm，直径 0.1 ～ 0.4 cm，表面具纵沟纹；质脆，易折断，断面略平坦，黄棕色至棕色。气微，味涩。

【性味】甘、微苦，温。

【归经】归肺、脾经。

【功能主治】补阴虚，止血。主治月经过多，功能性子宫出血，产后出血。

【用法用量】内服：煎汤，9 ～ 15 g。

344. 蛇含委陵菜 *Potentilla kleiniana* Wight et Arn.

【别名】紫背草、五皮风、五爪龙、五爪金龙、五叶蛇莓。

【形态】一年生、二年生或多年生宿根草本。多须根。花茎上升或匍匐，常于节处生根并发育出新植株，长 10 ～ 50 cm，被疏柔毛或开展长柔毛。基生叶为近鸟足状 5 小叶，连叶柄长 3 ～ 20 cm，叶柄被疏柔毛或开展长柔毛；小叶几无柄，稀有短柄，小叶片倒卵形或长圆倒卵形，长 0.5 ～ 4 cm，宽 0.4 ～ 2 cm，顶端圆钝，基部楔形，边缘有多数急尖或圆钝锯齿，两面绿色，被疏柔毛，有时上面脱落几无毛，或下面沿脉密被伏生长柔毛，下部茎生叶有 5 小叶，上部茎生叶有 3 小叶，小叶与基生小叶相似，唯叶柄较短；基生叶托叶膜质，淡褐色，外面被疏柔毛或脱落几无毛，茎生叶托叶草质，绿色，卵形至卵状披针形，全缘，稀有 1 ～ 2 齿，顶端急尖或渐尖，外被疏长柔毛。聚伞花序密集枝顶如假伞形，花梗长 1 ～ 1.5 cm，密被开展长柔毛，下有茎生叶如苞片状；花直径 0.8 ～ 1 cm；萼片三角状卵圆形，顶端急尖或渐尖，副萼片披针形或椭圆状披针形，顶端急尖或渐尖，花时比萼片短，果时略长或近等长，外被疏长柔毛；花瓣黄色，倒卵形，顶端微凹，长于萼片；花柱近顶生，圆锥形，基部膨大，柱头扩大。瘦果近圆形，一面稍平，直径约 0.5 mm，具皱纹。花果期 4—9 月。

【生境分布】生于田边、水旁、草甸及山坡草地。罗田北部山区有分布。

【采收加工】夏季采收。

【药用部位】全草。

【药材名】五皮风（蛇含）。

【来源】蔷薇科植物蛇含委陵菜 *Potentilla kleiniana* Wight et Arn. 的全草或带根全草。

【性味】苦、辛，凉。

【功能主治】清热解毒。主治惊痫高热，疟疾，咳嗽，喉痛，湿痹，痈疽癣疮，丹毒，痒疹，蛇、虫咬伤。

【用法用量】内服：煎汤，4.5～10 g（鲜品 32～64 g）。外用：煎水洗，捣敷或煎水含漱。

【附方】①治小儿惊风：a. 五皮风 12 g，土升麻 10 g，辰砂草 6 g，银花藤 6 g，土瓜根 6 g。煎水服。b. 五皮风 10 g，全虫 1 个，僵虫 1 个，朱砂 1.5 g。各药研成细末，混合成散剂，开水吞服。（《贵阳民间药草》）

②治温疟，发高烧，咳嗽：五皮风 15 g，白蔹 6 g，紫苏 10 g。加水煎汤，于发疟前 2 小时服用，每日 1 剂，连服 3 剂。（《贵州民间方药集》）

③治疟疾：蛇含 5～7 株（以无毛茎细者为好），泡开水服。（《浙江民间常用草药》）

④治伤风咳嗽：五皮风、排风藤。煎水服。

⑤治百日咳：五皮风 15 g，生姜 3 片。煎水服。

⑥治麻疹后热咳：五皮风、白蜡花、枇杷花各 10 g。研末，加蜂蜜蒸服。（④～⑥方出自《贵阳民间药草》）

⑦治风湿麻木：五皮风、生姜。熬水洗患处。（《贵州草药》）

⑧治痈肿，偏头痛：蛇含全草捣汁搽，或捣烂敷患处。（《湖南药物志》）

⑨治金疮：蛇含草捣烂敷之。（《肘后备急方》）

⑩治赤疹：蛇含草捣令极烂，敷之。（《古今录验方》）

⑪治蜈蚣蜇人：蛇含草挼敷之。（《斗门方》）

⑫治身面恶癣：紫背草入生矾研，敷二、三次。（《仁斋直指方》）

⑬治角膜溃疡：鲜蛇含全草 3 株。洗净，捣烂，敷患眼眉弓，1～2 天换药一次。（《浙江民间常用草药》）

⑭治雷公藤中毒：鲜蛇含全草 64～125 g，鲜构树枝梢（连叶）7～8 枝。捣烂取汁，加鸭蛋清 4 个混匀，灌服。（《浙江民间常用草药》）

李属 *Prunus* L.

345. 李 *Prunus salicina* Lindl.

【别名】李子、李树叶、李树胶、李核仁。

【形态】落叶乔木，高 9～12 m；树冠广圆形，树皮灰褐色，起伏不平；老枝紫褐色或红褐色，无毛；

小枝黄红色，无毛；冬芽卵圆形，红紫色，有数枚覆瓦状排列鳞片，通常无毛，稀鳞片边缘有极稀疏毛。叶片长圆状倒卵形、长椭圆形，稀长圆卵形，长 6～8（12）cm，宽 3～5 cm，先端渐尖、急尖或短尾尖，基部楔形，边缘有圆钝重锯齿，常混有单锯齿，幼时齿尖带腺，上面深绿色，有光泽，侧脉 6～10 对，不到达叶片边缘，与主脉成 45° 角，两面均无毛，有时下面沿主脉有疏柔毛或脉腋有髯毛状毛；托叶膜质，线形，先端渐尖，边缘有腺，早落；叶柄长 1～2 cm，通常无毛，顶端有 2 个腺体或无，有时在叶片基部边缘有腺体。花通常 3 朵并生；花梗 1～2 cm，通常无毛；花直径 1.5～2.2 cm；萼筒钟状；萼片长圆卵形，长约 5 mm，先端急尖或圆钝，边有疏齿，与萼筒近等长，萼筒和萼片外面均无毛，内面在萼筒基部被疏柔毛；花瓣白色，长圆状倒卵形，先端啮蚀状，基部楔形，有明显带紫色脉纹，具短爪，着生于萼筒边缘，比萼筒长 2～3 倍；雄蕊多数，花丝长短不等，排成不规则 2 轮，比花瓣短；雌蕊 1，柱头盘状，花柱比雄蕊稍长。核果球形、卵球形或近圆锥形，直径 3.5～5 cm，栽培品种可达 7 cm，黄色或红色，有时为绿色或紫色，梗凹陷入，顶端微尖，基部有纵沟，外被蜡粉；核卵圆形或长圆形，有皱纹。花期 4 月，果期 7—8 月。

【生境分布】 生于山坡灌丛中、山谷疏林中或水边、沟底、路旁等处。罗田各地均有分布。

【药用部位】 果实、种仁、叶、根皮、树胶。

【药材名】 李、李仁、李叶、李树皮、李树胶。

（1）李子。

【别名】 李实、嘉庆子。

【采收加工】 7—8 月果实成熟时采收。

【来源】 蔷薇科植物李 *Prunus salicina* Lindl. 的果实。

【性味】 甘、酸，平。

【归经】《本草求真》：入肝、肾经。

【功能主治】 清肝，生津，利水。主治虚劳骨蒸，消渴，腹水。

【用法用量】 内服：生食或捣汁。

【注意】 ①《千金方》：肝病宜食。不可多食，令人虚。

②《滇南本草》：不可多食，损伤脾胃。

③《随息居饮食谱》：多食生痰，助湿发疟痢，脾弱者尤忌之。

【附方】 ①治骨蒸劳热，或消渴引饮：鲜李子捣绞汁冷服。（《泉州本草》）

②治肝肿硬腹水：李子鲜食。（《泉州本草》）

（2）李仁。

【别名】 李子仁、小李仁。

【采收加工】 6—7 月采收果核，洗净，击破外壳，取种子晒干。

【来源】 蔷薇科植物李 *Prunus salicina* Lindl. 的种子。

【性状】 干燥种子呈扁平长椭圆形，长 6～10 mm，宽 4～7 mm，厚约 2 mm，不甚饱满。内种皮褐黄色，有明显纵向皱纹。子叶 2 片，白色，含油脂较多。气微弱，味不苦，似甜杏仁味。以完整、干燥者为佳。

【性味】《别录》：味甘苦，平，无毒。

【归经】《本草求原》：入肝经。

【功能主治】 散瘀，利水，润肠。主治跌打瘀血作痛，水气肿满，大便秘结，虫蝎螫痛。

【用法用量】内服：煎汤，6～12 g。外用：研末调敷。

【注意】《四川中药志》：脾弱便溏，肾虚遗精及孕妇忌用。

【附方】①治面皯：李子仁末和鸡子白敷。（《千金方》）

②治肠胃积热，大便结燥，小便赤涩：车前子48 g，槟榔、麻仁、牛膝、山药各64 g，枳壳、防风、独活、李仁、大黄各15 g，上为极细末，蜜丸，梧桐子大，每服20丸。（《万密斋医学全书》）

（3）李叶。

【采收加工】夏季采收。

【来源】蔷薇科植物李 *Prunus salicina* Lindl. 的叶。

【性味】①《日华子本草》：平，无毒。

②《本草纲目》：甘、酸，平，无毒。

【功能主治】主治小儿壮热，惊痫，水肿，金疮。

【用法用量】内服：煎汤。外用：煎水洗浴或捣汁涂。

【附方】①治少小身热：李叶以水煮，去滓，浴儿。（《千金方》）

②治恶刺：李叶、枣叶捣绞取汁，点之。（《千金方》）

（4）李根。

【采收加工】9—10月采收。

【来源】蔷薇科植物李 *Prunus salicina* Lindl. 的根。

【性味】①《日华子本草》：凉，无毒。

②《滇南本草》：性寒，味苦涩。

【功能主治】清热，解毒。主治消渴，淋证，痢疾，丹毒，牙痛。

【用法用量】内服：煎汤。外用：烧存性研末调敷。

【附方】①治小儿暴有热，得之二三日：李根、桂心、芒硝各18株，甘草、麦门冬各32 g。上五味，细切，以水3升，煮取1升，分五服。（《千金方》）

②治小儿尿灶丹，初从两股起，及脐间走入阴头皆赤色者：烧李根为灰，以田中流水和敷之。（《千金方》）

（5）李根皮。

【别名】甘李根白皮。

【采收加工】全年可采。

【来源】蔷薇科植物李 *Prunus salicina* Lindl. 的根皮韧皮部。

【性味】苦、咸，寒。

【归经】《长沙药解》：入足厥阴肝经。

【功能主治】清热，下气。主治消渴心烦，奔豚气逆，带下，齿痛。

【用法用量】内服：煎汤，6～10 g。外用：煎水含漱或磨汁涂。

【附方】①治奔豚气上冲胸，腹痛，往来寒热：甘草、芎䓖、当归各64 g，半夏125 g，黄芩64 g，生葛160 g，芍药64 g，生姜125 g，甘李根白皮1升。上九味，以水20升，煮取5升，温服1升，日三，夜一服。（《金匮要略》）

②治咽喉卒塞：以皂角末吹鼻取嚏，仍以李树近根皮，磨水涂喉外。（《菽园杂记》）

（6）李树胶。

【采收加工】在李树生长繁茂的季节，采收树干上分泌的胶质，晒干，除去杂质。

【来源】蔷薇科植物李 *Prunus salicina* Lindl. 的树脂。

【性味】《本草纲目》：苦，寒，无毒。

【功能主治】《本草纲目》：治目翳，定痛消肿。

【用法用量】内服：煎汤，16～32 g。

【附方】透发麻疹：李树胶15 g。煎汤，每日服2次，每次半茶盅。（徐州《单方验方 新医疗法（选编）》）

火棘属 *Pyracantha* Roem.

346. 火棘 *Pyracantha fortuneana*（Maxim.）Li

【别名】火把果、救军粮、救兵粮、赤阳子。

【形态】常绿灌木，高达3 m；侧枝短，先端呈刺状，嫩枝外被锈色短柔毛，老枝暗褐色，无毛；芽小，外被短柔毛。叶片倒卵形或倒卵状长圆形，长1.5～6 cm，宽0.5～2 cm，先端圆钝或微凹，有时具短尖头，基部楔形，下延连于叶柄，边缘有钝锯齿，齿尖向内弯，近基部全缘，两面皆无毛；叶柄短，无毛或嫩时有柔毛。花集成复伞房花序，直径3～4 cm，花梗和总花梗近无毛，花梗长约1 cm；花直径约1 cm；萼筒钟状，无毛；萼片三角状卵形，先端钝；花瓣白色，近圆形，长约4 mm，宽约3 mm；雄蕊20，花丝长3～4 mm，药黄色；花柱5，离生，与雄蕊等长，子房上部密生白色柔毛。果实近球形，直径约5 mm，橘红色或深红色。花期3—5月，果期8—11月。

【生境分布】生于山地、丘陵地阳坡灌丛草地及河沟路旁，海拔500～2800 m。罗田各地均有分布。

【采收加工】秋季采果，冬末春初挖根，晒干或鲜用，叶随用随采。

【药用部位】果实、根及叶。

【药材名】救军粮。

【来源】蔷薇科植物火棘 *Pyracantha fortuneana*（Maxim.）Li 的果实、根及叶。

【性味】甘、酸，平。

【功能主治】果：消积止痢，活血止血。主治消化不良，肠炎，痢疾，小儿疳积，崩漏，带下，产后腹痛。

根：清热凉血。用于肝炎，跌打损伤，筋骨疼痛，腰痛，崩漏，带下，月经不调，吐血，便血。

叶：清热解毒。外用治疮疡肿毒。

【用法用量】果：32 g。根：16～32 g。叶：外用，适量。

梨属 *Pyrus* L.

347. 沙梨 *Pyrus pyrifolia*（Burm. F.）Nakai

【别名】快果、果宗、玉乳、蜜父。

【形态】乔木。小枝光滑或幼时有毛。叶略革质；卵状长椭圆形或卵形，长7～13 cm，宽4～8 cm，先端长尖，基部圆形或近心脏形，或广楔形，边缘密生刺尖状锯齿，两面无毛，或嫩枝叶有茸毛；叶柄长3～4 cm。伞形总状花序，有花6～9朵；萼片5，自基部分裂，三角状卵形，先端长尖，长0.6～1 cm，较花托长2倍，缘有腺质锯齿，内面基部有黄毛；花瓣5，卵形，长1.5～4.5 cm，白色，先端有不规则的缺刻，基部有短爪；雄蕊20；花柱5或4，无毛，与雄蕊同长。梨果近球形，皮赤褐色或青白色；果肉稍硬，顶部无残萼。种子楔状卵形，稍扁平，黑褐色。花期4月，果期9月。

【生境分布】野生或栽培。罗田各地均有分布。

【采收加工】8—9月果实成熟时采收。鲜用或切片晒干。

【药用部位】果实。

【药材名】梨。

【来源】蔷薇科植物沙梨 *Pyrus pyrifolia*（Burm.F.）Nakai 的果实。

【化学成分】沙梨果实含苹果酸、柠檬酸、果糖、葡萄糖、蔗糖等。

【性味】甘、微酸，凉。

【归经】归肺、胃经。

【功能主治】生津，润燥，清热，化痰。主治热病津伤烦渴，热咳，痰热惊狂，噎膈，便秘。

【用法用量】内服：生食、（去皮、核）捣汁或熬膏。外用：捣敷或捣汁点眼。

【注意】脾虚便溏及寒嗽忌服。

《本草经疏》：肺寒咳嗽、脾虚泄泻、腹痛冷积、寒痰、痰饮、妇人产后、小儿痘后、胃冷呕吐，法咸忌之。

【附方】①治太阴温病，口渴甚者：甜水梨大者1枚。薄切，新汲凉水内浸半日，（捣取汁）时时频饮。（《温病条辨》）

②治太阴温病，口渴甚者，吐白沫黏滞不快者：梨汁、荸荠汁、鲜苇根汁、麦冬汁、藕汁（或用蔗浆）。临时斟酌多少，和匀凉服，不甚喜凉者，重汤炖温服。（《温病条辨》）

③治小儿躁闷，不能食：梨3枚。切，以水2升，煮取1升，去滓，入粳米100 g，煮粥食之。（《太平圣惠方》）

④治消渴：香水梨（或鹅梨、江南雪梨俱可），用蜜熬瓶盛，不时用热水或冷水调服，止嚼梨亦妙。（《普济方》）

⑤治咳嗽：a.梨1个，刺作50孔，每孔内置椒1粒，以面裹于热火灰中煨令熟，出，停冷，去椒食之。b.梨，去核，纳酥蜜，面裹烧令熟，食之。c.梨，捣汁1升，酥32 g，蜜50 g，地黄汁1升。缓火煎，细细含咽。凡治嗽皆须待冷，喘息定后方食，热食之反伤矣，令嗽更极，不可救。如此者，可作羊肉汤饼饱食之，便卧少时。（《必效方》）

⑥治痰喘气急：梨，剜空，纳小黑豆令满，留盖合住，系定，糠火煨熟，捣作饼，每日食之。（《摘玄方》）

⑦清痰止嗽：梨，捣汁用，熬膏亦良，加姜汁、白蜜。

⑧治中风痰热：梨汁同霞天膏、竹沥、童便服。

⑨治急惊风，痰热壅肺：梨汁和牛黄服之。

⑩治血液衰少，渐成噎膈：梨汁同人乳、蔗汁、芦根汁、童便、竹沥服之。（⑦方及以下出《本草求原》）

⑪治反胃，药物不下：大雪梨1个，以丁香15粒，刺入梨内，湿纸包四五重，煨熟食之。(《圣济总录》)

⑫治赤目胬肉，坐卧痛者：好梨（捣，绞取汁）1个，黄连（碎之）3枝。以绵裹渍令色变，仰卧注目中。(《本草图经》)

鸡麻属 *Rhodotypos* Sieb. et Zucc.

348. 鸡麻 *Rhodotypos scandens*（Thunb.）Makino

【别名】 双珠母。

【形态】 落叶灌木，高 0.5～2 m，稀达 3 m。小枝紫褐色，嫩枝绿色，光滑。叶对生，卵形，长 4～11 cm，宽 3～6 cm，顶端渐尖，基部圆形至微心形，边缘有尖锐重锯齿，上面幼时被疏柔毛，以后脱落无毛，下面被绢状柔毛，老时脱落仅沿脉被稀疏柔毛；叶柄长 2～5 mm，被疏柔毛；托叶膜质狭带形，被疏柔毛，不久脱落。单花顶生于新梢上；花直径 3～5 cm；萼片大，卵状椭圆形，顶端急尖，边缘有锐锯齿，外面被疏绢状柔毛，副萼片细小，

狭带形，比萼片短 4～5 倍；花瓣白色，倒卵形，比萼片长 1/4～1/3。核果 1～4，黑色或褐色，斜椭圆形，长约 8 mm，光滑。花期 4—5 月，果期 6—9 月。

【生境分布】 生于山坡疏林中及山谷林下阴处。罗田中、高山区有分布。

【药用部位】 果实、根。

【药材名】 鸡麻。

【来源】 蔷薇科植物鸡麻 *Rhodotypos scandens*（Thunb.）Makino 的果实及根。

【功能主治】 主治血虚肾亏。

蔷薇属 *Rosa* L.

349. 月季花 *Rosa chinensis* Jacq.

【别名】 四季花、月月红、月月花、月季红。

【形态】 直立灌木，高 1～2 m；小枝粗壮，圆柱形，近无毛，有短粗的钩状皮刺或无刺。小叶 3～5，稀 7，连叶柄长 5～11 cm，小叶片宽卵形至卵状长圆形，长 2.5～6 cm，宽 1～3 cm，先端长渐尖或渐尖，基部近圆形或宽楔形，边缘有锐锯齿，两面近无毛，上面暗绿色，常带光泽，下面颜色较浅，顶生小叶片有柄，侧生小叶片近无柄，总叶柄较长，有散生皮刺和腺毛；托叶大部分贴生于叶柄，仅顶端分离部分呈耳状，边缘常有腺毛。花几朵集生，稀单生，直径 4～5 cm；花梗长 2.5～6 cm，近无毛或有腺毛，萼片卵形，先端尾状渐尖，有时呈叶状，边缘常有羽状裂片，稀全缘，外面无毛，内面密被长柔毛；花瓣重瓣至半重瓣，红色、粉红色至白色，倒卵形，先端有凹缺，基部楔形；花柱离生，伸出萼筒口外，约与雄蕊等长。果卵

球形或梨形，长 1～2 cm，红色，萼片脱落。
花期 4—9 月，果期 6—11 月。

【生境分布】　生于山坡或路旁。我国
各地普遍栽培。

【药用部位】　花（月季花）、根（月
季花根）、叶（月季花叶）。

【药材名】　月季花。

（1）月季花。

【采收加工】　夏、秋季采收半开放的
花朵，晾干或用微火烘干。

【来源】　蔷薇科植物月季花 *Rosa chinensis* Jacq. 的半开放花。

【性状】　干燥的花朵呈圆球形，杂有散碎的花瓣。花直径 1.5～2 cm，呈紫色或粉红色。花瓣多数
呈长圆形，有纹理，中央为黄色花蕊，花萼绿色，先端裂为 5 片，下端有膨大成长圆形的花托。质脆，易
破碎。微有清香气，味淡微苦。以紫红色、半开放的花蕾、不散瓣、气味清香者为佳。

【性味】　甘，温。

【归经】　归肝经。

【功能主治】　活血调经，消肿解毒。主治月经不调，经来腹痛，跌打损伤，血瘀肿痛，痈疽肿毒。

【用法用量】　内服：煎汤，3～10 g；或研末。外用：捣敷。

【附方】　①治月经不调：鲜月季花每次 15～21 g，开水泡服，连服数次。（《泉州本草》）

②治肺虚咳嗽咯血：月季花合冰糖炖服。（《泉州本草》）

③治筋骨疼痛，脚膝肿痛，跌打损伤：月季花瓣干研末，每服 3 g，酒冲服。（《湖南药物志》）

④治产后阴挺：月季花 32 g 炖红酒服。（《闽东本草》）

（2）月季花根。

【采收加工】　冬季采挖。

【来源】　蔷薇科植物月季花 *Rosa chinensis* Jacq. 的根。

【原形态】　植物形态详见"月季花"条。

【性味】　①《重庆草药》：味甘，性温，无毒。

②《闽东本草》：性温，味微涩。

【功能主治】　主治月经不调，带下，瘰疬。

【用法用量】　内服：煎汤，10～15 g。

【附方】　①治痛经：月季花根 32 g，鸡冠花 50 g，益母草 10 g。煎水炖蛋吃。（《草药手册》）

②治赤白带下：月季花根 10～15 g，水煎服。（《湖南药物志》）

③治月经过多及带下：月月红根 32 g，炖猪肉或煮绿壳鸭蛋吃。（《贵州草药》）

④治瘰疬未溃：月季花根，每次 15 g 炖鲫鱼吃。（《泉州本草》）

（3）月季花叶。

【采收加工】　夏季采收。

【来源】　蔷薇科植物月季花 *Rosa chinensis* Jacq. 的叶。

【原形态】　植物形态详见"月季花"条。

【功能主治】　活血消肿。主治跌打创伤，血瘀肿痛。

《国药的药理学》：止血消肿，捣敷创伤。

【附方】　治筋骨疼痛，腰膝肿痛，跌打损伤：月季花嫩叶捣烂敷患处。（《湖南药物志》）

350. 小果蔷薇 *Rosa cymosa* Tratt.

【别名】山木香、明目茶、小刺花、小和尚藤、七姐妹。

【形态】攀援灌木，高2～5 m；小枝圆柱形，无毛或稍有柔毛，有钩状皮刺。小叶3～5，稀7；连叶柄长5～10 cm；小叶片卵状披针形或椭圆形，稀长圆状披针形，长2.5～6 cm，宽8～25 mm，先端渐尖，基部近圆形，边缘有紧贴或尖锐细锯齿，两面均无毛，上面亮绿色，下面颜色较淡，中脉凸起，沿脉有疏长柔毛；小叶柄和叶轴无毛或有柔毛，有稀疏皮刺和腺毛；托叶膜质，离生，线形，早落。花多朵成复伞房花序；花直径2～2.5 cm，花梗长约1.5 cm，幼时密被长柔毛，老时逐渐脱落近无毛；萼片卵形，先端渐尖，常有羽状裂片，外面近无毛，稀有刺毛，内面被稀疏白色茸毛，沿边缘较密；花瓣白色，倒卵形，先端凹，基部楔形；花柱离生，稍伸出花托口外，与雄蕊近等长，密被白色柔毛。果球形，直径4～7 mm，红色至黑褐色，萼片脱落。花期5—6月，果期7—11月。

【生境分布】生于较暖的山坡或丘陵地区。罗田各地均有分布。

【采收加工】全年可采，以10—11月为宜。

【药用部位】根、嫩叶。

【药材名】小果蔷薇。

【来源】蔷薇科植物小果蔷薇 *Rosa cymosa* Tratt. 的根及嫩叶。

【性味】苦，平。

【功能主治】散瘀，止血，消肿解毒。主治月经不调，子宫脱垂，痔疮，脱肛，疮毒，外伤性出血。

【用法用量】内服：煎汤，16～64 g；或浸酒。外用：捣敷。

【附方】①治月经不正，经水黑色起泡：小和尚藤根250 g，刮筋板150 g，绛耳木根64 g。炖鸡或肉服。

②治脱肛：小和尚藤125 g，无花果64 g。炖肉服。

③治子宫脱垂：小和尚藤125 g，落地金钱125 g。炖肉服。

④治疮伤溃烂日久，很少黄水脓液，久不收口：小和尚藤嫩叶捣敷。（①～④方出自《重庆草药》）

⑤治小便出血：鲜小果蔷薇根32 g，牛膝、仙鹤草各3～6 g，水煎，早晚饭前各服1次。（《浙江天目山药用植物志》）

⑥治哮喘：山木香根16～32 g，煮猪肺食。（《湖南药物志》）

⑦治劳倦及关节风湿痛初起：小果蔷薇根95～125 g，水煎服。（《浙江天目山药用植物志》）

【临床应用】用于一般外伤性出血。

351. 软条七蔷薇 *Rosa henryi* Bouleng.

【别名】酒葫芦。

【形态】灌木，高3～5 m，有长匍枝；小枝有短扁、弯曲皮刺或无刺。小叶通常5，近花序小叶片常为3，连叶柄长9～14 cm；小叶片长圆形、卵形、椭圆形或椭圆状卵形，长3.5～9 cm，宽1.5～5 cm，先端长渐尖或尾尖，基部近圆形或宽楔形，边缘有锐锯齿，两面均无毛，下面中脉凸起；小叶柄和叶轴无毛，有散生小皮刺；托叶大部分贴生于叶柄，离生部分披针形，先端渐尖，全缘，无毛或有稀疏腺毛。花5～15

朵，成伞形伞房状花序；花直径 3～4 cm；花梗和萼筒无毛，有时具腺毛，萼片披针形，先端渐尖，全缘，有少数裂片，外面近无毛而有稀疏腺点，内面有长柔毛；花瓣白色，宽倒卵形，先端微凹，基部宽楔形；花柱结合成柱，被柔毛，比雄蕊稍长。果近球形，直径 8～10 mm，成熟后褐红色，有光泽，果梗有稀疏腺点；萼片脱落。

【生境分布】　生于山谷、林边、田边或灌丛中。罗田各地均有分布。

【采收加工】　根：全年可采，叶：夏季采收。

【药用部位】　根、叶。

【药材名】　蔷薇根、蔷薇叶。

【来源】　蔷薇科植物软条七蔷薇 *Rosa henryi* Bouleng. 的根、叶。

【性味】　根：苦、涩，凉。

叶：甘温、酸，凉。

【归经】　根：归脾、胃经。

叶：归脾、肺、大肠经。

【药理作用】　花主要含黄芪苷、挥发油，有利胆作用，对多种细菌有抑制作用，可吸收硫化氢、苯、苯酚、乙醚等有害气体，亦可解锑剂中毒。

【功能主治】　根：清热利湿，祛风活血，解毒消肿。主治肺痈，消渴，痢疾，关节炎，瘫痪，月经不调，跌打损伤，疖疮疥癣等。

叶：清暑化湿，顺气和胃，止血。主治暑热胸闷，口渴，呕吐，不思饮食，腹泻，痢疾，吐血及外伤出血等。对痢疾、胸闷、中暑也有一定的疗效，同时还是治疗厌食、口腔溃疡的良药。

【中医食疗方】　①蔷薇花粥：鲜蔷薇花 4 朵，大米 100 g，白糖适量。将蔷薇花洗净，切细；大米淘净，放入锅中，加清水适量，煮为稀粥，待熟时调入蔷薇花、白糖，煮至粥熟服食。每日 1 剂。此食疗方可清热解暑，适用于小儿夏季热、中暑头晕等。

②蔷薇绿豆粥：鲜蔷薇花 4 朵，大米、绿豆各 50 g，白糖适量。将蔷薇花洗净，切细；大米、绿豆淘净，放入锅中，加清水适量，煮为稀粥，待熟时调入蔷薇花、白糖，煮至粥熟服食。每日 1 剂。此食疗方可清热解暑，适用于暑热吐血，口渴，烦热等。

③蔷薇鲇鱼汤：鲜蔷薇根 30 g，黑鲶鱼 1 条，调味品适量。将蔷薇根水煎取汁备用。黑鲶鱼去鳞杂，洗净，切块，放入锅中，加清水适量煮沸后，再下药汁及调味品等，煮至鱼肉熟透即成，每日 1 剂，连续 1 周。此食疗方可清热利湿，适用于热湿下注、尿频尿急等。

④蔷薇蒸鱼：蔷薇花 3 朵，半斤重鲫鱼 1 条，调味品适量。将蔷薇花洗净，切细各用。鲫鱼洗净，去鳞、鳃、内脏，鱼体躯干部斜切 3～5 刀，放入砂锅，加葱、姜、蒜、盐、料酒和适量清水，文火蒸 20 分钟，然后放入洗净的蔷薇花，加味精、香油少许，即可食用。此食疗方可清热利湿，适用于湿热泻痢，大便不爽。

352. 金樱子 *Rosa laevigata* Michx.

【别名】　糖莺子、糖罐、蜂糖罐、金壶瓶。

【形态】　常绿攀援灌木，高可达 5 m；小枝粗壮，散生扁弯皮刺，无毛，幼时被腺毛，老时逐渐脱落减少。小叶革质，通常 3，稀 5，连叶柄长 5 ～ 10 cm；小叶片椭圆状卵形、倒卵形或披针状卵形，长 2 ～ 6 cm，宽 1.2 ～ 3.5 cm，先端急尖或圆钝，稀尾状渐尖，边缘有锐锯齿，上面亮绿色，无毛，下面黄绿色，幼时沿中肋有腺毛，老时逐渐脱落无毛；小叶柄和叶轴有皮刺和腺毛；托叶离生或基部与叶柄合生，披针形，边缘有细齿，齿尖有腺体，早落。花单生于叶腋，直径 5 ～ 7 cm；花梗长 1.8 ～ 2.5 cm，偶有 3 cm 者，花梗和萼筒密被腺毛，随果实成长变为针刺；萼片卵状披针形，先端呈叶状，边缘羽状浅裂或全缘，常有刺毛和腺毛，内面密被柔毛，比花瓣稍短；花瓣白色，宽倒卵形，先端微凹；雄蕊多数；心皮多数，花柱离生，有毛，比雄蕊短很多。果梨形、倒卵形，稀近球形，紫褐色，外面密被刺毛，果梗长约 3 cm，萼片宿存。花期 4—6 月，果期 7—11 月。

【生境分布】 喜生于向阳的山野、田边、溪畔灌丛中。罗田各地均有分布。

【药用部位】 根皮、果实、根、叶。

（1）金樱子。

【采收加工】 10—11 月间，果实红熟时采摘，晒干，除去毛刺。

【来源】 蔷薇科植物金樱子 *Rosa laevigata* Michx. 的果实。

【性状】 干燥果实呈倒卵形，略似花瓶，长约 3 cm，直径 1 ～ 2 cm。外皮红黄色或红棕色，上端宿存花萼如盘状，下端渐尖。全体有凸起的棕色小点，系毛刺脱落后的残痕，触之刺手。质坚硬，切开观察，肉厚约 1.5 mm，内壁附有淡黄色茸毛，有光泽，内有多数淡黄色坚硬的核。无臭，味甘、微酸涩。以个大、色红黄、去净毛刺者为佳。

【化学成分】 果实含柠檬酸、苹果酸、鞣质、树脂、维生素 C、皂苷，另含丰富的糖类。

【药理作用】 ①抗动脉粥样硬化作用。

②抗菌作用。

【炮制】 拣去杂质，切两瓣，用水稍洗泡，捞出，闷润后除去残留毛刺，挖净毛、核，干燥。

【性味】 酸、涩，平。

【归经】 归肾、膀胱、大肠经。

【功能主治】 固精涩肠，缩尿止泻。主治滑精，遗尿，小便频数，脾虚泻痢，肺虚喘咳，自汗盗汗，崩漏带下。

【用法用量】 内服：煎汤，4.5 ～ 10 g；或入丸、散或熬膏。

【注意】 有实火、邪热者忌服。

①《医学入门》：中寒有痞者禁服。

②《本草经疏》：泄泻由于火热暴注者不宜用；小便不禁及精气滑脱因于阴虚火炽而得者，不宜用。

【附方】①治梦遗，精不固：金樱子 5 kg，剖开去子、毛，于木臼内杵碎。水 2 升，煎成膏子服。（《明医指掌》）

②治小便频数，多尿，小便不禁：金樱子（去净外刺和内瓤）和猪小肚一个。水煮服。（《泉州本草》）

③治男子下消、滑精，女子带下：金樱子去毛、核 32 g。水煎服，或和猪膀胱，或和冰糖炖服。（《闽东本草》）

④治白浊：金樱子（去子洗净捣碎，入瓶中蒸令热，用汤淋之，取汁慢火成膏）、芡实肉（研为粉）各等份。上以前膏同酒糊和芡粉为丸，如梧桐子大。每服 30 丸，酒吞，食前服。一方用妇人乳汁丸为妙。一方盐汤下。（《仁存堂经验方》）

⑤治脾泻下利，止小便利，涩精气：金樱子，经霜后以竹夹子摘取，擘为两片，去其子，以水淘洗过，烂捣，入大锅以水煎，不得绝火，煎约水耗半，取出澄滤过，仍重煎似稀饧。每服取一匙，用暖酒一盏，调服。（《寿亲养老新书》）

⑥治久虚泄泻下痢：金樱子（去外刺和内瓤）32 g，党参10 g。水煎服。（《泉州本草》）

⑦治久痢脱肛：金樱子（去刺、仁）32 g，鸡蛋一枚炖服。（《闽东本草》）

⑧治阴挺：金樱果（去内毛和种子）32 g。水煎服。（《闽东本草》）

【临床应用】治疗子宫脱垂：取金樱子干品水煎两次，去渣浓缩，使每 500 ml 含生药相当于 500 g。每日 120 ml，早晚分服。连服 3 天为 1 个疗程，间隔 3 天，再连服 3 天为第 2 个疗程。疗程中部分患者有便秘、腹痛、小腹痛、下腹部胀感等，个别患者咳嗽。经初步观察，对年轻、脱垂程度较轻、没有白带的患者疗效较好，而对年龄大、脱垂程度严重的患者，只能作为一种辅助治疗。

（2）金樱花。

【采收加工】春季采收。

【来源】蔷薇科植物金樱子 *Rosa laevigata* Michx. 的花朵。

【性味】酸，平。

【功能主治】①《日华子本草》：止冷热痢，杀寸白、蛔虫。

②《现代实用中药》：治遗精，遗尿，小便频数，慢性肠卡他久泄泻，慢性衰弱性虚汗出，及妇人子宫内膜炎分泌带下。

【用法用量】内服：煎汤，3～6 g。

（3）金樱根。

【别名】金樱蔃、脱骨丹。

【来源】蔷薇科植物金樱子 *Rosa laevigata* Michx. 的根或根皮。

【采收加工】8月至翌年2月采挖，洗净，切断，晒干。

【性状】根呈圆柱形，略扭曲，表面紫黑色，有纵直条纹；木栓层呈片状，可以剥下。断面木部占大部分，呈明显的放射状；皮部棕红色。质坚硬，体重。无臭。

【化学成分】根皮含丰富的鞣质。

【性味】酸、涩，平。

【功能主治】固精涩肠。主治滑精，遗尿，痢疾泄泻，崩漏带下，子宫脱垂，痔疾，烫伤。

【用法用量】内服：煎汤，16～64 g。外用：捣敷或煎水洗。

【附方】①治遗精：金樱子根 64 g，五味子 10 g。和猪精肉煮服之。（《岭南草药志》）

②治小儿遗尿：金樱子根 16～32 g，鸡蛋 1 枚。同煮，去渣，连蛋带汤服。（《湖南药物志》）

③治泄泻：金樱根 32 g。水煎服。（《湖南药物志》）

④治妇女崩漏：金樱根 64～95 g，猪瘦肉 200 g。加水同炖，去渣，服汤及肉。（《江西民间草药验方》）

⑤治胃痛：a.金樱子根第二层皮 125 g，煎服或捣汁用开水冲作茶饮。（《岭南草药志》）

b.金樱子根 125 g，白银香根 125 g，苦楝子根 125 g。共研末，每服 3 g，开水冲服。（《岭南草药志》）

⑥治腰脊酸痛，风湿关节痛：金樱根 32 g 和猪蹄子或猪脊髓炖服。（《闽东本草》）

⑦治小儿脱肛：金樱根 32～64 g。水煎，每日 1 剂，分 3 次服。（《中草药新医疗法处方集》）

⑧治汤火伤：金樱根洗净，去表面粗皮，取二层皮切碎，加糯米少许，同擂烂，再加适量清水，放入锅内煮沸，过滤，待冷，用鸭毛蘸药汁搽涂患处，日二、三次。（《江西民间草药验方》）

⑨治跌打损伤：金樱子根 32 g，过江龙 15 g。水煎服。（《湖南药物志》）

⑩治下肢流火屡发：金樱根 95 g，水煎，取汤煮鸡蛋 3 个，加入冰糖 32 g 溶解，饭前服。（《江西民间草药验方》）

⑪治疔毒初起：金樱子根磨成浆糊状涂敷患处。（《浙江天目山药用植物志》）

（4）金樱叶。

【来源】 蔷薇科植物金樱子 *Rosa laevigata* Michx. 的嫩叶。

【性味】 《生草药性备要》：味辣，性平。

【功能主治】 主治痈肿，溃疡，金疮，汤火伤。

《生草药性备要》：去热消毒。洗疳疮。

【用法用量】 外用：捣敷、调敷或研末撒。

【附方】 ①治痈肿：金樱嫩叶研烂，入盐少许涂之，留头泄气。（《本草纲目》）

②治溃疡久不愈合：鲜金樱叶适量捣烂，敷于患处，日换一、二次。（《江西民间草药验方》）

③治疔、鱼口：金樱叶、野花椒叶，共捣烂，敷患处。（《草药手册》）

④治金疮：金樱叶 95 g，桑叶 32 g，嫩苎麻叶 32 g。上捣烂敷。若欲致远，阴干作末，敷上帛缚，止血口合。（《永类钤方》）

⑤治汤火伤：金樱叶焙干为末，调麻油涂患处，欲愈时加入鳖甲末。（《闽东本草》）

353. 野蔷薇 *Rosa multiflora* Thunb.

【别名】 刺花、白残花、柴米米花。

【形态】 攀援灌木；小枝圆柱形，通常无毛，有短、粗稍弯曲皮束。小叶 5～9，近花序的小叶有时 3，连叶柄长 5～10 cm；小叶片倒卵形、长圆形或卵形，长 1.5～5 cm，宽 8～28 mm，先端急尖或圆钝，基部近圆形或楔形，边缘有尖锐单锯齿，稀混有重锯齿，上面无毛，下面有柔毛；小叶柄和叶轴有柔毛或无毛，有散生腺毛；托叶篦齿状，大部分贴生于叶柄，边缘有腺毛或无。花多朵，排成圆锥状花序，花梗长 1.5～2.5 cm，无或有腺毛，有时基部有篦齿状小苞片；花直径 1.5～2 cm，萼片披针形，有时中部具 2 个线形裂片，外面无毛，内面有柔毛；花瓣白色，宽倒卵形，先端微凹，基部楔形；花柱结合成束，无毛，比雄蕊稍长。果近球形，直径 6～8 mm，红褐色或紫褐色，有光泽，无毛，萼片脱落。

【生境分布】 喜生于向阳的山野、田边、溪畔灌丛中。罗田各地均有分布。

【采收加工】 5—6 月花盛开时，择晴天采收，晒干。

【药用部位】 花。

【药材名】 野蔷薇花。

【来源】 蔷薇科植物野蔷薇 *Rosa multiflora* Thunb. 的花朵。

【性状】 干燥花朵大多破散不全。花萼披针形，背面黄白色或棕色，疏生刺状毛，无茸毛或具少数茸毛，内表面密被白色茸毛；花瓣三角状卵形，黄白色至棕色，多皱缩卷曲，脉纹明显；雄蕊多数，黄色，卷曲成团；花柱凸出，无毛；花托壶形，表面棕红色，基部有长短不等的果柄。气微弱，味微苦涩。以无花托及叶片掺杂，花瓣完整、色白者为佳。

【化学成分】 花含黄芪苷、挥发油。

【性味】 甘，凉。

【功能主治】 清暑，和胃，止血。主治暑热吐血，口渴，泻痢，刀伤出血。

【用法用量】 内服：煎汤，3～6 g。

外用：研末撒。

【附方】①治疟疾：野蔷薇花，拌茶煎服。（《二如亭群芳谱》）

②治暑热胸闷，吐血口渴，呕吐不思饮食：白残花4.5～10 g。水煎服。（《上海常用中草药》）

354. 玫瑰 *Rosa rugosa* Thunb.

【别名】徘徊花、笔头花、湖花、刺玫花。

【形态】直立灌木，高可达2 m；茎粗壮，丛生；小枝密被茸毛，并有针刺和腺毛，有直立或弯曲、淡黄色的皮刺，皮刺外被茸毛。小叶5～9，连叶柄长5～13 cm；小叶片椭圆形或椭圆状倒卵形，长1.5～4.5 cm，宽1～2.5 cm，先端急尖或圆钝，基部圆形或宽楔形，边缘有尖锐锯齿，上面深绿色，无毛，叶脉下陷，有褶皱，下面灰绿色，中脉凸起，网脉明显，密被茸毛和腺毛，有时腺毛不明显；叶柄和叶轴密被茸毛和腺毛；托叶大部分贴生于叶柄，离生部分卵形，边缘有带腺锯齿，下面被茸毛。花单生于叶腋，或数朵簇生，苞片卵形，边缘有腺毛，外被茸毛；花梗长5～22.5 mm，密被茸毛和腺毛；花直径4～5.5 cm；萼片卵状披针形，先端尾状渐尖，常有羽状裂片而扩展成叶状，上面有稀疏柔毛，下面密被柔毛和腺毛；花瓣倒卵形，重瓣至半重瓣，芳香，紫红色至白色；花柱离生，被毛，稍伸出萼筒口外，比雄蕊短很多。果扁球形，直径2～2.5 cm，砖红色，肉质，平滑，萼片宿存。花期5—6月，果期8—9月。

【生境分布】喜生于向阳的山野、田边、溪畔灌丛中或栽培。

【采收加工】4—6月，花蕾将开放时分批采摘，用文火迅速烘干。烘时将花摊成薄层，花冠向下，使其最先干燥，然后翻转烘干其余部分。晒干后颜色和香气均较差。

【药用部位】花。

【药材名】玫瑰花。

【来源】蔷薇科植物玫瑰 *Rosa rugosa* Thunb. 初放的花。

【性状】干燥花略成半球形或不规则团状，直径1.5～2 cm。花瓣密集，短而圆，紫红色而鲜艳，中央为黄色花蕊，下部有绿色花萼，其先端分裂成5片。下端有膨大星球形的花托。质轻而脆。气芳香浓郁，味微苦。以朵大、瓣厚、色紫、鲜艳、香气浓者为佳。

【化学成分】鲜花含挥发油（玫瑰油），果实含丰富的维生素C，叶含异槲皮苷。

【炮制】拣去杂质，摘除花柄及蒂。

【性味】甘、微苦，温。

【归经】《本草再新》：入肝、脾二经。

【功能主治】理气解郁，和血散瘀。主治肝胃气痛，新久风痹，吐血，咯血，月经不调，赤白带下，痢疾，乳痈，肿毒。

【用法用量】内服：煎汤，3～6 g；浸酒或熬膏。

【附方】①治肝胃气痛：玫瑰花阴干，冲汤代茶服。（《本草纲目拾遗》）

②治肝郁吐血，月经不调：玫瑰花蕊300朵，初开者，去心蒂；新汲水砂铫内煎取浓汁，滤去渣，再煎，白冰糖500 g收膏，早晚开水冲服。瓷瓶密收，切勿泄气。如

专调经，可用红糖收膏。（《饲鹤亭集方》）

③治肺病咳嗽吐血：鲜玫瑰花捣汁炖冰糖服。（《泉州本草》）

④治新久风痹：玫瑰花（去净蕊蒂，阴干）10 g，红花、全当归各 3 g。水煎去滓，好酒和服 7 剂。（《百草镜》）

⑤治肝风头痛：玫瑰花 4 ～ 5 朵，合蚕豆花 10 ～ 12 g，泡开水代茶频饮。（《泉州本草》）

⑥治噤口痢：玫瑰花阴干煎服。（《本草纲目拾遗》）

⑦治乳痈初起，郁症宜此：玫瑰花初开者，阴干、燥者三十朵。去心蒂，陈酒煎，食后服。（《百草镜》）

⑧治乳痈：玫瑰花 7 朵，母丁香 7 粒。无灰酒煎服。（《本草纲目拾遗》）

⑨治肿毒初起：玫瑰花去心蒂，焙为末 3 g。好酒和服。（《百草镜》）

355. 大红蔷薇 *Rosa saturata* Baker

【形态】灌木，高 1 ～ 2 m；小枝圆柱形，直立或开展，无毛，常无刺或有稀疏小皮刺。小叶通常 7 ～ 9，在靠花序下方常为 5，连叶柄长 7 ～ 16 cm；小叶片卵形或卵状披针形，长 2.5 ～ 6.5 cm，宽 1.5 ～ 4 cm，先端急尖或短渐尖，基部近圆形或宽楔形，边缘有尖锐单锯齿，上面深绿色，无毛，下面灰绿色，沿脉有柔毛或近无毛，中脉和侧脉均凸起；叶轴上有柔毛和稀疏小皮刺；托叶宽大，约 2/3 部分贴生于叶柄，离生部分耳状，卵形，先端急尖，全缘，近无毛。花单生，稀 2 朵，苞片宽大，1 ～ 2 枚，卵状披针形，长 1.5 ～ 3 cm，先端尾状；花梗长 1.5 ～ 2.5 cm，无毛或有稀疏腺毛；花直径 3.5 ～ 5 cm；萼片卵状披针形，先端明显伸展成叶状，比花瓣长，全缘或有时先端有稀疏锯齿，外面近无毛，内面密被柔毛，边缘较密；花瓣红色，倒卵形；花柱离生，密被柔毛，比雄蕊短很多。果卵球形，直径 1.5 ～ 2 cm，殊红色。花期 6 月，果期 7—10 月。

【生境分布】多生于山坡、灌丛中或水沟旁等处。罗田各地均有分布。

【采收加工】全年可采。

【药用部位】根。

【来源】蔷薇科大红蔷薇 *Rosa saturata* Baker 的根。

【功能主治】主治黄疸。

【用法用量】煎汤服。

悬钩子属 Rubus L.

356. 山莓 *Rubus corchorifolius* L. f.

【形态】直立灌木，高 1 ～ 3 m；枝具皮刺，幼时被柔毛。单叶，卵形至卵状披针形，长 5 ～ 12 cm，宽 2.5 ～ 5 cm，顶端渐尖，基部微心形，有时近截形或近圆形，上面色较浅，沿叶脉有细柔毛，下面色稍深，幼时密被细柔毛，逐渐脱落，至老时近无毛，沿中脉疏生小皮刺，边缘不分裂或 3 裂，通常不育枝上的叶 3 裂，有不规则锐锯齿或重锯齿，基部具 3 脉；叶柄长 1 ～ 2 cm，疏生小皮刺，幼时密生细柔毛；托叶线状披针形，具柔毛。花单生或少数生于短枝上；花梗长 0.6 ～ 2 cm，具细柔毛；花直径可达 3 cm；花萼外密被细柔毛，无刺；萼片卵形或三角状卵形，长 5～8 mm，顶端急尖至短渐尖；花瓣长圆形或椭圆形，白色，顶端圆钝，长 9～12 mm，宽 6～8 mm，长于萼片；雄蕊多数，花丝宽扁；雌蕊多数，子房有柔毛。果实由很多小核果组成，近球形或卵球形，直径 1～1.2 cm，红色，密被细柔毛；核具皱纹。花期 2—3 月，果期 4—6 月。

【生境分布】生于阳坡草地、溪边、灌丛以及村落附近。罗田各地均有分布。

【采收加工】全年可采。

【药用部位】根。

【药材名】山莓根。

【来源】蔷薇科植物山莓 *Rubus corchorifolius* L. f. 的根。

【化学成分】根含酚性成分及皂苷。

【性味】根：苦、涩，平；叶：苦，凉。

【功能主治】根：活血，止血，祛风利湿。主治吐血，便血，肠炎、痢疾，风湿关节痛，跌打损伤，月经不调，带下。叶：消肿解毒。外用治痈疖肿毒。

【用法用量】根：内服，煎汤，16～32 g；叶：外用，适量，鲜品捣烂敷患处。

357. 掌叶覆盆子 *Rubus chingii* Hu

【别名】覆盆子、乌藨子、小托盘。

【形态】藤状灌木，高 1.5～3 m；枝细，具皮刺，无毛。单叶，近圆形，直径 4～9 cm，两面仅沿叶脉有柔毛或几无毛，基部心形，边缘掌状、深裂，稀 3 或 7 裂，裂片椭圆形或菱状卵形，顶端渐尖，基部狭缩，顶生裂片与侧生裂片近等长或稍长，具重锯齿，有掌状 5 脉；叶柄长 2～4 cm，微具柔毛或无毛，疏生小皮刺；托叶线状披针形。单花腋生，直径 2.5～4 cm；花梗长 2～3.5（4）cm，无毛；萼筒毛较稀或近无毛；萼片卵形或卵状长圆形，顶端具凸尖头，外面密被短柔毛；花瓣椭圆形或卵状长圆形，白色，顶端圆钝，长 1～1.5 cm，宽 0.7～1.2 cm；雄蕊多数，花丝宽扁；雌蕊多数，具柔毛。果实近球形，红色，直径 1.5～2 cm，密被灰白色柔毛；核有皱纹。花期 3—4 月，果期 5—6 月。

【生境分布】生于溪旁或山坡林中。罗田各地均有分布。

【采收加工】立夏后，果实已饱满而尚呈绿色时采摘，除净梗叶，用沸水浸 1～2 分钟后，置烈日下晒干。

【药用部位】果。

【来源】蔷薇科植物掌叶覆盆子 *Rubus chingii* Hu 未成熟果实。

【性状】干燥聚合果为多数小果集合而成，全体呈圆锥形、扁圆形或球形，直径 4～9 mm，高 5～12 mm。表面灰绿色带灰白色茸毛。上部钝圆，底部扁平，有棕褐色的总苞，5 裂，总苞上生有棕色毛，下面常带果柄，脆而易脱落。小果易剥落，每个小果具 3 棱，呈半月形，背部密生灰白色茸毛，两侧有明显的网状纹，内含棕色种子 1 枚。气清香，味甘微酸。以个大、饱满、粒整、结实、色灰绿、无叶梗者为佳。

【化学成分】 含有机酸、糖类及少量维生素 C。

【药理作用】 用大鼠、兔的阴道涂片及内膜切片作为观察指标，覆盆子似有雌激素样作用。

【炮制】 筛去灰屑，拣净杂质，去柄。

①《雷公炮炙论》：凡使覆盆子，用酒蒸一宿，以水淘两遍，晒干用。

②《本草纲目》：采得覆盆子，捣作薄饼，晒干密贮，临时以酒拌蒸，尤妙。

【性味】 甘、酸，平。

【归经】 《滇南本草》：入肝、肾二经。

【功能主治】 补肝肾，助阳，固精，明目。主治阳痿，遗精，溲数，遗溺，虚劳，目暗。

【用法用量】 内服：煎汤，4.5～6 g；浸酒、熬膏或入丸、散。

【注意】 肾虚有火，小便短涩者慎服。

①《本草经疏》：强阳不倒者忌之。

②《本草汇言》：肾热阴虚，血燥血少之证戒之。

③《本草从新》：小便不利者勿服。

【附方】 ①治阳事不起：覆盆子，酒浸，焙研为末，每旦酒服 10 g。（《李时珍濒湖集简方》）

②添精补髓，疏利肾气，不问下焦虚实寒热，服之自能平秘：枸杞子 400 g，菟丝子 400 g（酒蒸，捣饼），五味子（研碎）100 g，覆盆子（酒洗，去目）200 g。车前子（扬净）100 g，上药，俱择精新者，焙晒干，共为细末，炼蜜丸，梧桐子大。每服，空心九十丸，上床时五十丸，百沸汤或盐汤送下，冬月用温酒送下。（《摄生众妙方》）

③治肺虚寒：覆盆子，取汁作煎为果，仍少加蜜，或熬为稀饧，点服。（《本草衍义》）

358. 插田泡 *Rubus coreanus* Miq.

【形态】 灌木，高 1～3 m；枝粗壮，红褐色，被白粉，具近直立或钩状扁平皮刺。小叶通常 5 枚，稀 3 枚，卵形、菱状卵形或宽卵形，长（2）3～8 cm，宽 2～5 cm，顶端急尖，基部楔形至近圆形，上面无毛或仅沿叶脉有短柔毛，下面被稀疏柔毛或仅沿叶脉被短柔毛，边缘有不整齐粗锯齿或缺刻状粗锯齿，顶生小叶顶端有时 3 浅裂；叶柄长 2～5 cm，顶生小叶柄长 1～2 cm，侧生小叶近无柄，与叶轴均被短柔毛和疏生钩状小皮刺；托叶线状

披针形，有柔毛。伞房花序生于侧枝顶端，具花数朵至三十多朵，总花梗和花梗均被灰白色短柔毛；花梗长 5～10 mm；苞片线形，有短柔毛；花直径 7～10 mm；花萼外面被灰白色短柔毛；萼片长卵形至卵状披针形，长 4～6 mm，顶端渐尖，边缘具茸毛，花时开展，果时反折；花瓣倒卵形，淡红色至深红色，与萼片近等长或稍短；雄蕊比花瓣短或近等长，花丝带粉红色；雌蕊多数；花柱无毛，子房被稀疏短柔毛。果实近球形，直径 5～8 mm，深红色至紫黑色，无毛或近无毛；核具皱纹。花期 4—6 月，果期 6—8 月。

【生境分布】 生于溪旁或山坡林中。罗田各地均有分布。

【注意】 功用同掌叶覆盆子，为覆盆子的代用品。

359. 栽秧泡 *Rubus ellipticus* var. *obcordatus*（Franch.）Focke

【别名】黄锁梅、钻地风、黄蘸、大红黄泡。

【形态】灌木，高1～3 m；小枝紫褐色，被较密的紫褐色刺毛或有腺毛，并具柔毛和稀疏钩状皮刺。小叶3枚，椭圆形，长4～8（12）cm，宽3～6（9）cm，顶生小叶比侧生者大得多，一顶端急或凸尖，基部圆形，上面叶脉下陷，沿中脉有柔毛，下面密生茸毛，叶脉凸起，沿叶脉有紫红色刺毛，边缘具不整齐细锐锯齿；叶柄长2～6 cm，顶生小叶柄长2～3 cm，侧生小叶近无柄，均被紫红色刺毛、柔毛和小皮刺；托叶线形，具柔毛和腺毛。花数朵至十几朵，密集成顶生短总状花序，或腋生成束，稀单生；花梗短，长4～6 mm，具柔毛，有时也具刺毛；苞片线形，有柔毛；花直径1～1.5 cm，花萼外面被带黄色茸毛和柔毛或疏生刺毛；萼片卵形，顶端急尖而具短尖头，外面密被黄灰色茸毛，在花果期均直立；花瓣匙形，边缘啮蚀状，具较密柔毛，基部具爪，白色或浅红色；花丝宽扁，短于花柱；花柱无毛，子房具柔毛。果实近球形，直径约1 cm，金黄色，无毛或小核果顶端具柔毛；核三角状卵球形，密被皱纹。花期3—4月，果期4—5月。

【生境分布】生于干旱山坡、山谷或疏林内。罗田各地均有分布。

【采收加工】秋季挖根，洗净切片，晒干。果实已饱满而尚呈绿色时采摘，除净梗叶，用沸水浸1～2 min后，置烈日下晒干。夏秋采叶，晒干。

【药用部位】根、果和叶。

【药材名】栽秧泡。

【来源】蔷薇科植物栽秧泡 *Rubus ellipticus* var. *obcordatus*（Franch.）Focke 的根、果或叶。

【性味】酸、涩，温。

【功能主治】消肿止痛，收敛止泻。主治扁桃体炎，咽喉痛，牙痛。

360. 蓬蘽 *Rubus hirsutus* Thunb.

【形态】灌木，高1～2 m；枝红褐色或褐色，被柔毛和腺毛，疏生皮刺。小叶3～5枚，卵形或宽卵形，长3～7 cm，宽2～3.5 cm，顶端急尖，顶生小叶顶端常渐尖，基部宽楔形至圆形，两面疏生柔毛，边缘具不整齐尖锐重锯齿；叶柄长2～3 cm，顶生小叶柄长约1 cm，稀较长，均具柔毛和腺毛，并疏生皮刺；托叶披针形或卵状披针形，两面具柔毛。花常单生于侧枝顶端，也有腋生；花梗长（2）3～6 cm，具柔毛和腺毛，或有极少小皮刺；苞片小，线形，具柔毛；花大，直径3～4 cm；花萼外面密被柔毛和腺毛；萼片卵状披针形或三角披针形，顶端长尾尖，外面边缘被灰白色茸毛，花后反折；花瓣倒卵形或近圆形，白色，基部具爪；花丝较宽；花柱和子房均无毛。果近球形，直径1～2 cm，无毛。花期4月，果期5—6月。

【生境分布】 生于山坡路旁阴湿处或灌丛中，海拔达 1500 m。罗田胜利镇有分布。

【采收加工】 根，全年可采；果，已饱满而尚呈绿色时采摘，除净梗叶，用沸水浸 1 ～ 2 min 后，置烈日下晒干。

【药用部位】 果及根。

【药材名】 蓬蘽（根）、覆盆子（果）。

【来源】 蔷薇科植物蓬蘽 *Rubus hirsutus* Thunb. 的根及未成熟果实。

【性味】 酸，平。

【功能主治】 消炎解毒，清热镇惊，活血，祛风湿。

361. 白叶莓 *Rubus innominatus* S. Moore

【别名】 三月泡。

【形态】 灌木，高 1 ～ 3 m；枝拱曲，褐色或红褐色，小枝密被茸毛状柔毛，疏生钩状皮刺。小叶常 3 枚，稀于不孕枝上具 5 小叶，长 4 ～ 10 cm，宽 2.5 ～ 5（7）cm，顶端急尖至短渐尖，顶生小叶卵形或近圆形，稀卵状披针形，基部圆形至浅心形，边缘常 3 裂或缺刻状浅裂，侧生小叶斜卵状披针形或斜椭圆形，基部楔形至圆形，上面疏生平贴柔毛或几无毛，下面密被灰白色茸毛，沿叶脉混生柔毛，边缘有不整齐粗锯齿或缺刻状粗重锯齿；叶柄长 2 ～ 4 cm，顶生小叶柄长 1 ～ 2 cm，侧生小叶近无柄，与叶轴均密被茸毛状柔毛；托叶线形，被柔毛。总状或圆锥状花序，顶生或腋生，腋生花序常为短总状；总花梗和花梗均密被黄灰色或灰色茸毛状长柔毛和腺毛；花梗长 4 ～ 10 mm；苞片线状披针形，被茸毛状柔毛；花直径 6 ～ 10 mm；花萼外面密被黄灰色或灰色茸毛状长柔毛和腺毛；萼片卵形，长 5 ～ 8 mm，顶端急尖，内萼片边缘具灰白色茸毛，在花果时均直立；花瓣倒卵形或近圆形，紫红色，边啮蚀状，基部具爪，稍长于萼片；雄蕊稍短于花瓣；花柱无毛；子房稍具柔毛。果实近球形，直径约 1 cm，橘红色，初期被疏柔毛，成熟时无毛；核具细皱纹。花期 5—6 月，果期 7—8 月。

【生境分布】 生于山坡疏林、灌丛中或山谷河旁。罗田各地均有分布。

【采收加工】 秋季采收。

【药用部位】 根。

【药材名】 白叶莓。

【来源】 蔷薇科植物白叶莓 *Rubus innominatus* S. Moore 的根。

【功能主治】 主治风寒咳喘。

362. 高粱泡 *Rubus lambertianus* Ser.

【别名】 红娘藤、倒水莲、十月红、冬寒扭。

【形态】 半常绿蔓生灌木；茎有棱，疏生皮刺，幼枝有短柔毛。叶广卵形或卵形，长 6 ～ 11 cm，宽 4 ～ 10 cm，顶端渐尖，基部心形，边缘有波状浅裂和细始齿，有时 3 ～ 5 裂，两面疏生柔毛，背面脉上较密；叶柄微有柔毛，散生小皮刺。圆锥花序顶生或腋生；苞片分裂成细条状；花白色，直径约 1 cm；花柄、萼筒均有柔毛，萼片卵状三角形，顶端长尖，边缘有较明显的白色柔毛。聚合果小，直径 5 ～ 8 mm，红色。

花期7—8月，果期9—11月。

【生境分布】多生于山沟、路旁、岩石间。罗田各地均有分布。

【采收加工】根：秋季采挖，洗净切片，用菜油、水酒各半炒干。叶：鲜用。

【药用部位】叶、根。

【药材名】高粱泡。

【来源】蔷薇科植物高粱泡 *Rubus lambertianus* Ser. 的根、叶。

【性味】甘、苦，平。

【功能主治】活血调经，消肿解毒。主治产后腹痛，血崩，产褥热，痛经，坐骨神经痛，风湿关节痛，偏瘫；叶外用治创伤出血。

【用法用量】内服：煎汤，16～64 g；叶外用适量，捣烂敷患处。

363. 针刺悬钩子 *Rubus pungens* Camb.

【形态】匍匐灌木，高达3 m；枝圆柱形，幼时被柔毛，老时脱落，常具较稠密的直立针刺。小叶常5～7枚，稀3或9枚，卵形、三角卵形或卵状披针形，长2～5 cm，宽1～3 cm，顶端急尖至短渐尖，顶生小叶常渐尖，基部圆形至近心形，上面疏生柔毛，下面有柔毛或仅在脉上有柔毛，边缘具尖锐重锯齿或缺刻状重锯齿，顶生小叶常羽状分裂；叶柄长（2）3～6 cm，顶生小叶柄长0.5～1 cm，侧生小叶近无柄，与叶轴均有柔毛或近无毛，并有稀疏小刺和腺毛；托叶小，线形，有柔毛。花单生或2～4朵成伞房状花序，顶生或腋生；花梗长2～3 cm，有柔毛和小针刺，或有疏腺毛；花直径1～2 cm；花萼外面具柔毛和腺毛，密被直立针刺；萼筒半球形；萼片披针形或三角披针形，长达1.5 cm，顶端长渐尖，在花果时均直立，稀反折；花瓣长圆形、倒卵形或近圆形，白色，基部具爪，比萼片短；雄蕊多数，直立，长短不等，花丝近基部稍宽扁；雌蕊多数，花柱无毛或基部具疏柔毛，子房有柔毛或近无毛。果实近球形，红色，直径1～1.5 cm，具柔毛或近无毛；核卵球形，长2～3 mm，有明显皱纹。花期4—5月，果期7—8月。

【生境分布】罗田各地均有分布。

【采收加工】秋季采挖。

【药用部位】根。

【药材名】悬钩子。

【来源】蔷薇科植物针刺悬钩子 *Rubus pungens* Camb. 的根。

【功能主治】清热解毒，活血止痛。

【用法用量】内服：煎汤，10～16 g。

364. 灰白毛莓 *Rubus tephrodes* Hance

【别名】九月泡。

【形态】攀援灌木，高达3～4 m；枝密被灰白色茸毛，疏生微弯皮刺，并具疏密及长短不等的刺毛和腺毛，老枝上刺毛较长。单叶，近圆形，长宽均 5～8（11）cm，顶端急尖或圆钝，基部心形，上面有疏柔毛或疏腺毛，下面密被灰白色茸毛，侧脉 3～4 对，主脉上有时疏生刺毛和小皮刺，基部有掌状 5 出脉，边缘有明显 5～7 圆钝裂片和不整齐锯齿；叶柄长 1～3 cm，具茸毛，疏生小皮刺或刺毛及腺毛；托叶小，离生，脱落，深条裂或梳齿状深裂，有茸毛状柔毛。大型圆锥花序顶生；总花梗和花梗密被茸毛或茸毛状柔毛，通常仅总花梗的下部有稀疏刺毛或腺毛；花梗短，长仅达 1 cm；苞片与托叶相似；花直径约 1 cm；花萼外密被灰白色茸毛，通常无刺毛或腺毛；萼片卵形，顶端急尖，全缘；花瓣小，白色，近圆形至长圆形，比萼片短；雄蕊多数，花丝基部稍膨大；雌蕊 30～50，无毛，长于雄蕊。果实球形，较大，直径达 1.4 cm，紫黑色，无毛，由多数小核果组成；核有皱纹。花期 6—8 月，果期 8—10 月。

【生境分布】各地均有分布，生于山坡、路旁或灌丛中。罗田各地均有分布。

【药用部位】根、叶、种子。

【药材名】乌泡根、乌泡叶、乌泡。

【来源】蔷薇科植物灰白毛莓 *Rubus tephrodes* Hance 的根、叶、种子。

【功能主治】祛风湿，活血调经。叶可止血；种子为强壮剂。

【用法用量】根、种子：内服，煎汤，10～16 g。叶：外用，适量捣敷患处。

地榆属　*Sanguisorba* L.

365. 地榆　*Sanguisorba officinalis* L.

【别名】白地榆、鼠尾地榆、涩地榆、赤地榆、紫地榆、花椒地榆。

【形态】多年生草本，高 30～120 cm。根粗壮，多呈纺锤形，稀圆柱形，表面棕褐色或紫褐色，有纵皱及横裂纹，横切面黄白色或紫红色，较平正。茎直立，有棱，无毛或基部有稀疏腺毛。基生叶为羽状复叶，有小叶 4～6 对，叶柄无毛或基部有稀疏腺毛；小叶片有短柄，卵形或长圆状卵形，长 1～7 cm，宽 0.5～3 cm，顶端圆钝稀急尖，基部心形至浅心形，边缘有多数粗大圆钝稀急尖的锯齿，两面绿色，无毛；茎生叶较少，小叶片有短柄至几无柄，长圆形至长圆披针形，狭长，基部微心形至圆形，顶端急尖；基生叶托叶膜质，褐色，外面无毛或被稀疏腺毛，茎生叶托叶大，草质，半卵形，外侧边缘有尖锐锯齿。穗状花序椭圆形，圆柱形或卵球形，直立，通常长 1～3（4）cm，横径 0.5～1 cm，从花序顶端向下开放，花序梗光滑或偶有稀疏腺毛；苞片膜质，披针形，顶端渐尖至尾尖，比萼片短或近等长，背面及边缘有柔毛；萼片 4 枚，紫红色，椭圆形至宽卵形，背面被疏柔毛，中央微有纵棱脊，顶端常具短尖头；雄蕊 4 枚，花丝丝状，不扩大，与萼片近等长或稍短；子房外面无毛或基部微被毛，柱头顶端扩大，盘形，边缘具流苏状乳头。果实包藏在宿存萼筒内，外面有斗棱。花果期 7—10 月。

【生境分布】　生于山地的灌丛、草原、山坡或田岸边。罗田各地均有分布。

【采收加工】　春季发芽前或秋季苗枯萎后采挖，除去残茎及须根，洗净，晒干。

【药用部位】　根茎。

【药材名】　地榆。

【来源】　蔷薇种植物地榆 *Sanguisorba officinalis* L. 的根及根茎。

【性状】　干燥的根呈不规则的纺锤形或圆柱形，梢弯曲，长 8～13 cm，直径 0.5～2 cm。外皮暗紫红色或棕黑色，有纵皱及横向裂纹，顶端有时具环纹。少数有圆柱状根茎，多数仅留痕迹。质坚硬，不易折断，断面粉红色残淡黄色，有排成环状的小白点。气微，味微苦涩。以条粗、质坚。断面粉红色者为佳。

【炮制】　地榆：拣去杂质，用水洗净，稍浸泡，润透，切成厚片，晒干。地榆炭：取地榆片置锅内炒至外衣变为黑色，内部老黄色，喷洒清水，取出，晒干。

【性味】　苦、酸，寒。

【归经】　归肝、大肠经。

【功能主治】　凉血止血，清热解毒。主治吐血，衄血，血痢，崩漏，肠风，痔漏，痈肿，湿疹，金疮，烧伤。

【用法用量】　内服：煎汤，6～10 g；或入丸、散。外用：捣汁或研末掺。

【注意】　虚寒者忌服。

①《本草经集注》：得发良。恶麦门冬。

②《本草衍义》：若虚寒人及水泻白痢，即未可轻使。

③《医学入门》：热痢初起亦不可用。恐涩早故也。

④《本草经疏》：胎产虚寒泄泻，血崩、脾虚作泄，法并禁用。

⑤《本草汇言》：痈疮久病无火，并阳衰血证，并禁用。

⑥《本经逢原》：气虚下陷而崩带及久痢脓血瘀晦不鲜者，又为切禁。性能伤胃，误服多致口噤不食。

【附方】　①治血痢不止：地榆 64 g，甘草（炙、锉）16 g。上二味粗捣筛。每服 16 g，以水一盏，煎取七分，去渣，温服，日二夜一。（《圣济总录》）

②治红白痢，噤口痢：白地榆 6 g，炒乌梅 5 枚，山楂 3 g。水煎服。红痢红糖为引，白痢白糖为引。（《滇南本草》）

③治便血：地榆 125 g，炙甘草 95 g。每末 15 g，水二盏，入砂仁末 3 g，煎盏半，分二服。（《沈氏尊生书》）

④治久病肠风，痛痒不止：地榆 15 g，苍术 32 g。水二盅，煎一盅，空心服，日一服。（《活法机要》）

⑤治妇人漏下赤色不止，令人黄瘦虚渴：地榆（细锉）64 g，以醋 1 升，煮十余沸，去渣，食前稍热服 64 g。亦治呕血。（《太平圣惠方》）

⑥治原发性血小板减少性紫癜：生地榆、太子参各 32 g，或加怀牛膝 32 g，水煎服，连服两月。（《全国中草药新医疗法资料展览会选编》）

⑦治无名肿毒，疖肿，痈肿，深部脓肿：地榆 500 g，田基黄 125 g，研末，田七粉 5～15 g。调入 700 g 凡士林中成膏，外敷患处。（《中草药新医疗法处方集》）

⑧治湿疹：a. 地榆 32 g，加水两碗，煎成半碗，用纱布沾药液湿敷。b. 地榆面、煅石膏面各 1 kg，枯矾 32 g。研匀，加凡士林适量，调膏外敷。c. 地榆面 480 g，密陀僧 1.5 kg。研匀，加凡士林适量，调膏外敷。（《全展选编》）

⑨治面疮赤肿焮痛：地榆 250 g（细锉），水 10 升，煮至 5 升，去渣，适寒温洗之。（《小儿卫生总微方论》）

⑩治烧烫伤：地榆根炒炭存性，磨粉，用麻油调成 50% 软膏，涂于创面，每日数次。（《单方验方调查资料选编》）

⑪治猘犬咬人：地榆根末，服6 g，日一、二，亦末敷疮上，生根捣敷佳。（《补辑肘后方》）

⑫治蛇毒：地榆根，捣绞取汁饮，兼以渍疮。（《补辑肘后方》）

366. 长叶地榆 *Sanguisorba officinalis* var. *longifolia* (Bertol.) Yu et Li

【形态】 多年生草本，高30 ～ 120 cm。根粗壮，多呈纺锤形，稀圆柱形，表面棕褐色或紫褐色，有纵皱及横裂纹，横切面黄白或紫红色，较平正。茎直立，有棱，无毛或基部有稀疏腺毛。基生叶为羽状复叶，有小叶4 ～ 6 对，叶柄无毛或基部有稀疏腺毛；小叶片有短柄，卵形或长圆状卵形，长1 ～ 7 cm，宽0.5 ～ 3 cm，顶端圆钝稀急尖，基部心形至浅心形，边缘有多数粗大圆钝稀急尖的锯齿，两面绿色，无毛；茎生叶较少，小叶片有短柄至几无柄，长圆形至长圆披针形，狭长，基部微心形至圆形，顶端急尖；基生叶托叶膜质，褐色，外面无，毛或被稀疏腺毛，茎生叶托叶大，草质，半卵形，外侧边缘有尖锐锯齿。穗状花序椭圆形，圆柱形或卵球形，直立，通常长1 ～ 3（4）cm，横径0.5 ～ 1 cm，从花序顶端向下开放，花序梗光滑或偶有稀疏腺毛；苞片膜质，披针形，顶端渐尖至尾尖，比萼片短或近等长，背面及边缘有柔毛；萼片4 枚，紫红色，椭圆形至宽卵形，背面被疏柔毛，中央微有纵棱脊，顶端常具短尖头；雄蕊4 枚，花丝丝状，不扩大，与萼片近等长或稍短；子房外面无毛或基部微被毛，柱头顶端扩大，盘形，边缘具流苏状乳头。果实包藏于宿存萼筒内，外面有斗棱。花果期7—10 月。

【生境分布】 生于山坡草地、溪边、灌丛中、湿草地及疏林中，海拔100 ～ 3000 m。罗田各地均有分布。

【药用部位】 根。

【来源】 蔷薇科下长叶地榆 *Sanguisorba officinalis* var. *longifolia* （Bertol.） Yu et Li 的根。

【注意】 本种与地榆同等入药。

绣线菊属 *Spiraea* L.

367. 李叶绣线菊 *Spiraea prunifolia* Sieb. et Zucc.

【别名】 笑靥花。

【形态】 灌木，高达3 m；小枝细长，稍有棱角，幼时被短柔毛，以后逐渐脱落，老时近无毛；冬芽小，卵形，无毛，有数枚鳞片。叶片卵形至长圆披针形，长1.5 ～ 3 cm，宽0.7 ～ 1.4 cm，先端急尖，基部楔形，边缘有细锐单锯齿，上面幼时微被短柔毛，老时仅下面有短柔毛，具羽状脉；叶柄长2 ～ 4 mm，被短柔毛。伞形花序无总梗，具花3 ～ 6 朵，基部着生数枚小形叶

片；花梗长 6 ~ 10 mm，有短柔毛；花重瓣，直径达 1 cm，白色。花期 3—5 月。

【生境分布】 生于海拔 800 m 的河边、路旁。罗田北部山区有分布。

【采收加工】 秋、冬季采收。

【药用部位】 根。

【药材名】 笑靥花根。

【来源】 蔷薇科植物李叶绣线菊 *Spiraea prunifolia* Sieb. et Zucc. 的根。

【性味】 苦，凉。

【归经】 归肺经。

【功能主治】 主治咽喉肿痛。

小米空木属 *Stephanandra* Sieb.

368. 华空木 *Stephanandra chinensis* Hance

【别名】 野珠兰。

【形态】 灌木，高达 1.5 m。叶片卵形至长卵形，长 5 ~ 7 cm，宽 2 ~ 3 cm，边缘浅裂并有重锯齿，两面无毛或下面沿叶脉稍有柔毛；叶柄长 6 ~ 8 mm。疏稀的圆锥花序顶生，总花梗、花梗和萼筒均无毛；花白色，直径约 4 mm。蓇葖果近球形，直径约 2 mm，被疏柔毛。花期 5—6 月，果期 8—9 月。

【生境分布】 生于高海拔阔叶林边或灌丛中。罗田北部山区有分布。

【采收加工】 秋、冬季采收。

【药用部位】 根。

【药材名】 华空木。

【来源】 蔷薇科植物华空木 *Stephanandra chinensis* Hance 的根。

【功能主治】 主治咽喉肿痛。

【用法用量】 内服：煎汤，10 ~ 16 g。

七十九、豆科　Leguminosae

合萌属 *Aeschynomene* L.

369. 合萌 *Aeschynomene indica* L.

【别名】 夜关门、田皂角、梗通草。

【形态】 一年生草本。茎高 30 ~ 100 cm，绿色，多分枝而纤细，茎和枝上均生短硬毛。偶数羽状复叶，互生。夏、秋季叶腋开黄白色或黄色花，结荚果，长 3～5 cm。短总状花序腋生，疏生数花；苞小，卵形至披针形，长约 3 mm，萼 2 深裂，成二唇形，下唇具 3 齿，上唇 2 齿，花冠黄色或稍带紫色，长 7～9 mm，易脱落，旗瓣近圆形，基部具极短的爪，翼瓣篦状，无耳部，龙骨瓣比旗瓣微短比翼瓣稍长或近等长；子房扁平，线形。果实为节荚，长 3～4 cm，具 5～8 节，表面常有乳头状凸起，不开裂，熟时节与节分离。花期 7—8 月，果期 8 月下旬至 10 月。

【生境分布】 生于潮湿地或水边。罗田各地均有分布。

【采收加工】 夏季采收。

【药用部位】 全草。

【药材名】 田皂角。

【来源】 豆种植物合萌 *Aeschynomene indica* L. 的全草。

【化学成分】 果实含生物碱、皂苷、鞣质。

【性味】 甘、淡，寒。

【功能主治】 清热，祛风，利湿，消肿，解毒。主治风热感冒，黄疸，痢疾，胃炎，腹胀，淋证，痈肿，皮炎，湿疹。

【用法用量】 内服：煎汤，10～15 g；或入散剂。外用：捣敷或煎水洗。

【附方】 ①治小便不利：合萌 6～15 g。水煎服。（《上海常用中草药》）

②治黄疸：田皂角（鲜）250 g。水煎服，每日 1 剂。（《江西草药》）

③治疖痈：合萌 6～15 g。水煎服。（《上海常用中草药》）

④治吹奶：田皂角，不拘多少，新瓦上煅干，为细末，临卧酒调服 6 g。已破者，略出黄水，亦效。（《中藏经》）

⑤治荨麻疹：合萌适量，煎汤外洗。（《上海常用中草药》）

⑥治外伤出血：合萌鲜草适量，打烂外敷。（《上海常用中草药》）

合欢属 *Albizia* Durazz.

370. 合欢 *Albizia julibrissin* Durazz.

【别名】 合昏皮、夜合皮、合欢木皮。

【形态】 落叶乔木，高可达 16 m，树冠开展；小枝有棱角，嫩枝、花序和叶轴被茸毛或短柔毛。托叶线状披针形，较小叶小，早落。2 回羽状复叶，总叶柄近基部及最顶一对羽片着生处各有 1 枚腺体；羽片 4～12 对，栽培的有时达 20 对；小叶 10～30 对，线形至长圆形，长 6～12 mm，宽 1～4 mm，向上偏斜，先端有小尖头，有缘毛，有时在下面或仅中脉上有短柔毛；中脉紧靠上边缘。头状花序于枝顶排成圆锥花序；花粉红色；花萼管状，长 3 mm；花冠长 8 mm，裂片三角形，长 1.5 mm，花萼、花冠外均被短柔毛；花丝长 2.5 cm。荚果带状，长 9～15 cm，宽 1.5～2.5 cm，嫩荚有柔毛，老荚无毛。花期 6—7 月，果期 8—10 月。

【生境分布】　生于荒山向阳处。罗田各地均有分布。

【药用部位】　花、皮。

【药材名】　合欢花、合欢米（干燥花蕾）、合欢皮。

（1）合欢花。

【别名】　夜合花、乌绒。

【采收加工】　6月花初开时采的花，商品称合欢花，除去枝叶，晒干。

【来源】　豆科植物合欢 *Albizia julibrissin* Durazz. 的花或花蕾。

【性状】　干燥花序呈团块状，有如棉絮。小花长 0.8～1 cm，弯曲，淡黄褐色或绿黄色；花冠筒状，先端 5 裂，外面有长柔毛；花萼细筒状，绿黄色；雄蕊多数，花丝细长，伸出花冠外，交织紊乱，易断。微香。

（2）合欢米。

【性味】　甘，平。

【归经】　《四川中药志》：入心、脾等经。

【功能主治】　舒郁，理气，安神，活络。主治郁结胸闷，失眠，健忘，风火眼疾，视物不清，咽痛，痈肿，跌打损伤，疼痛。

【用法用量】　内服：煎汤，3～10 g；或入丸、散。

【附方】　①治心肾不交，失眠：合欢花、官桂、黄连、夜交藤。煎服。

②治风火眼疾：合欢花配鸡肝、羊肝或猪肝，蒸服。

③治眼雾不明：合欢花、一朵云，泡酒服。（①～③方出自《四川中药志》）

④治腰脚疼痛久不瘥：夜合花 125 g，牛膝（去苗）32 g，红蓝花 32 g，石盐 32 g，杏仁（汤浸去皮，麸炒微黄）16 g，桂心 32 g。上药捣罗为末，炼蜜和捣百余杵，丸如梧桐子大。每日空心，以温酒下三十丸，晚食前再服。（《太平圣惠方》）

（3）合欢皮。

【别名】　合昏皮、夜合皮、合欢木皮。

【采收加工】　夏、秋季采收，剥下树皮，晒干。

【来源】　豆科植物合欢 *Albizia julibrissin* Durazz. 的树皮。

【性状】　干燥的树皮，呈筒状或半筒状，长达 30 cm 以上，厚 1～2 mm。外表面粗糙，灰绿色或灰褐色，散布横细裂纹，稍有纵皱纹，皮孔圆形或长圆形，带棕红色。内表面淡棕色或淡黄色，有细密纵纹。质硬而脆，断面淡黄色，纤维状。气微香，味淡。以皮薄均匀、嫩而光润者为佳。

【化学成分】　树皮含皂苷、鞣质等。种子含多种氨基酸。5月采集的新鲜叶含维生素 C。

【炮制】　清水浸泡洗净，捞出，闷润后先划成等大的长条，再切块或切丝，干燥。

【性味】　甘，平。

【归经】　归心、肝经。

【功能主治】　解郁，和血，宁心，消痈肿。主治心神不安，忧郁失眠，肺痈，痈肿，瘰疬，筋骨折伤。

【用法用量】内服：煎汤，4.5～10 g；或入散剂。外用：研末调敷。

【附方】①治咳有微热，烦满，胸心甲错，是为肺痈：黄昏（合昏皮）手掌大一片。细切，以水 3 升，煮取 1 升，分 3 服。（《千金方》）

②治肺痈久不敛口：合欢皮、白蔹。两味同煎服。（《景岳全书》）

③治打扑伤损筋骨：夜合树皮（炒干，末之）125 g，入麝香、乳香各 3 g。每服 10 g，温酒调，不饥不饱时服。（《本事方续集》）

④治跌扑损伤，骨折：夜合树（去粗皮，取白皮，锉碎，炒令黄微黑色）125 g，芥菜子（炒）32 g。上为细末，酒调，临夜服；粗滓罨疮上，扎缚之。此药专按骨。（《是斋百一选方》）

⑤治蜘蛛咬疮：合欢皮，捣为末，和铛下墨，生油调涂。（《本草拾遗》）

371. 山槐 *Albizia kalkora*（Roxb.）Prain

【别名】山合欢、夜合欢。

【形态】落叶小乔木或灌木，通常高 3～8 m；枝条暗褐色，被短柔毛，有显著皮孔。2 回羽状复叶；羽片 2～4 对；小叶 5～14 对，长圆形或长圆状卵形，长 1.8～4.5 cm，宽 7～20 mm，先端圆钝而有细尖头，基部不等侧，两面均被短柔毛，中脉稍偏于上侧。头状花序 2～7 枚生于叶腋，或于枝顶排成圆锥花序；花初白色，后变黄，具明显的小花梗；花萼管状，长 2～3 mm，5 齿裂；花冠长 6～8 mm，中部以下连合呈管状，裂片披针形，花萼、花冠均密被长柔毛；雄蕊长 2.5～3.5 cm，基部连合呈管状。荚果带状，长 7～17 cm，宽 1.5～3 cm，深棕色，嫩荚密被短柔毛，老时无毛；种子 4～12 颗，倒卵形。花期 5—6 月，果期 8—10 月。

【生境分布】我国大部分地区均有生产。罗田各地均有分布。

【采收加工】初夏时采收。

【药用部位】根及茎皮。

【药材名】山合欢。

【来源】豆科植物山槐 *Albizia kalkora*（Roxb.）Prain 的根及茎皮。

【功能主治】补气活血，消肿止痛。花有催眠作用，嫩枝幼叶可作为野菜食用。

紫穗槐属 *Amorpha* L.

372. 紫穗槐 *Amorpha fruticosa* L.

【形态】落叶灌木，丛生，高 1～4 m。小枝灰褐色，被疏毛，后变无毛，嫩枝密被短柔毛。叶互生，奇数羽状复叶，长 10～15 cm，有小叶 11～25 片，基部有线形托叶；叶柄长 1～2 cm；小叶卵形或椭圆形，长 1～4 cm，宽 0.6～2.0 cm，先端圆形，锐尖或微凹，有一短而弯曲的尖刺，基部宽楔形或圆形，上面无毛或被疏毛，下面有白色短柔毛，具黑色腺点。穗状花序常 1 至数个顶生和枝端腋生，长 7～15 cm，密被短柔毛；花有短梗；苞片长 3～4 mm；花萼长 2～3 mm，被疏毛或几无毛，萼齿三角形，较萼筒短；旗瓣心形，紫色，无翼瓣和龙骨瓣；雄蕊 10，下部合生成鞘，上部分裂，包于旗瓣中，伸出花冠外。荚果下垂，长 6～10 mm，宽 2～3 mm，微弯曲，顶端具小尖，棕褐色，表面有凸起的疣状腺点。花果期 5—10 月。

【生境分布】 罗田各地均有分布。

【采收加工】 6—7 月采收，及时干燥。

【药用部位】 花、叶。

【药材名】 紫穗槐。

【来源】 豆科植物紫穗槐 *Amorpha fruticosa* L. 的花、叶。

【性味】 叶：微苦，凉。

【功能主治】 清热，凉血，止血，祛湿消肿，主治痈肿，湿疹，烧烫伤。

两型豆属 *Amphicarpaea* Elliot ex Nutt.

373. 三籽两型豆 *Amphicarpaea trisperma* Baker

【别名】 红野黄豆、野山豆。

【形态】 一年生缠绕草本，纤细，长 80～100 cm，体被侧生淡褐色粗毛覆盖。小叶 3，两面疏被贴生伏毛，顶生小叶菱状卵形或卵形，长 4～7.5 cm，宽 2.5～3.5 cm，先端钝或锐，基部圆形或略宽楔形，侧生小叶偏卵形，长 3.5～5.5 cm，宽 2.3～3.2 cm，先端钝有细尖，基部圆或宽楔形，几无柄；托叶狭卵形，长 3～4 mm，数脉宿存。总状花序，具 3～5 花腋生，比叶短，苞片小，椭圆形，小苞 2；萼钟状，萼齿 4，尖锐；花淡紫色或白色，旗瓣倒卵形，先端圆，基部有耳，翼瓣椭圆形，先端圆，基部有耳，龙骨瓣椭圆形，侧稍凹，有爪。荚果扁平，镰刀状，先端有短尖，表面有黑褐色网状，沿腹缝线有长硬毛，含 3 粒种子。种子长圆肾形，扁平，红棕色，有黑色斑纹。花期 7—9 月，果期 9—11 月。

【生境分布】 生于山坡灌丛中或田埂草地上。罗田各地均有分布。

【采收加工】 夏季采收。

【药用部位】 全草。

【药材名】 野山豆。

【来源】 豆科植物三籽两型豆 *Amphicarpaea trisperma* Baker 的全草。

【功能主治】 健脾消食，除湿止泻。

【用法用量】 内服：煎汤，16～25 g。

土圝儿属 *Apios* Fabr.

374. 土圝儿 *Apios fortunei* Maxim.

【别名】 九牛子、九子羊、地栗子。

【形态】 缠绕草本。有球状或卵状块根；茎细长，被白色稀疏短硬毛。奇数羽状复叶；小叶 3～7，卵形或菱状卵形，长 3～7.5 cm，宽 1.5～4 cm，先端急尖，有短尖头，基部宽楔形或圆形，上面被极稀疏的短柔毛，下面近无毛，脉上有疏毛；小叶柄有时有毛。总状花序腋生，长 6～26 cm；苞片和小苞片线形，被短毛；花带黄绿色或淡绿色，长约 11 mm，花萼稍呈二唇形；旗瓣圆形，较短，长约 10 mm，冀瓣长圆形，长约 7 mm，龙骨瓣最长，卷成半圆形；子房被疏短毛，花柱卷曲。荚果长约 8 cm，宽约 6 mm。花期 6—8 月，果期 9—10 月。

【生境分布】 我国大部分地区有分布，多野生于山坡路旁。罗田各地均有分布。

【采收加工】 春季采叶，秋季后挖取块根。

【药用部分】 叶、块根。

【药材名】 土圝儿。

【来源】 豆科植物土圝儿 *Apios fortunei* Maxim. 的块根。

【性味】 甘，平。

【功能主治】 清热解毒，理气散结，祛痰止咳。主治感冒咳嗽，疝气，痈肿，咽喉肿痛，百日咳，上呼吸道感染等。

【用法用量】 内服：煎汤，16～32 g。块根可供食用。

【不良反应】 主要为毒性反应，临床表现为上腹不适、恶心呕吐、头昏乏力、水样大便，严重时大汗淋漓、脸色苍白、口唇及指甲青紫、血压下降、双眼凹陷、瞳孔缩小、口唇干裂、发绀、四肢发凉、上腹压痛等。生食或过量服用可引起中毒。

治疗与解救：①用硫酸铜催吐。

②静脉输液，葡萄糖盐水加阿托品、山莨菪碱。

③内服绿豆、菊花、甘草汤。

④其他，对症治疗。

落花生属 *Arachis* L.

375. 落花生 *Arachis hypogaea* L.

【别名】 花生、长生果、落地松、地豆、落地生。

【形态】 一年生草本。根部有丰富的根瘤；茎直立或匍匐，长 30～80 cm，茎和分枝均有棱，被黄色长柔毛，后变无毛。叶通常具小叶 2 对；托叶长 2～4 cm，具纵脉纹，被毛；叶柄基部抱茎，长 5～10 cm，被毛；小叶纸质，卵状长圆形至倒卵形，长 2～4 cm，宽 0.5～2 cm，先端钝圆形，有时微凹，具小刺尖头，基部近圆形，全缘，两面被毛，边缘具毛；侧脉每边约 10 条；叶脉边缘互相联结成网状；小叶柄长 2～5 mm，被黄棕色长毛；花长约 8 mm；苞片 2，披针形；小苞片披针形，长约 5 mm，具纵脉纹，被柔毛；萼

管细，长 4～6 cm；花冠黄色或金黄色，旗瓣直径 1.7 cm，开展，先端凹入；翼瓣与龙骨瓣分离，翼瓣长圆形或斜卵形，细长；龙骨瓣长卵圆形，内弯，先端渐狭成喙状，较翼瓣短；花柱延伸于萼管咽部之外，柱头顶生，小，疏被柔毛。荚果长 2～5 cm，宽 1～1.3 cm，膨胀，荚厚，种子横径 0.5～1 cm。花果期 6—8 月。

【生境分布】罗田大部分地区有种植。

【药用部位】种仁、枝叶。

（1）花生。

【采收加工】夏末挖取果实，剥去果壳，取种子晒干，俗称"花生米"。

【来源】豆科植物落花生 *Arachis hypogaea* L. 的种子。

【化学成分】含脂肪油、淀粉、纤维素、水分、灰分、维生素等。

含氮物质除蛋白质外，还有氨基酸、卵磷脂、嘌呤和生物碱等。

维生素中有维生素 B_1、泛酸、生物素、α - 生育酚及 γ - 生育酚等。

【药理作用】①止血作用（种皮）。

②其他作用：花生米中易产生黄曲菌毒素，能致肝癌。

【性味】甘，平。

【归经】《本草求真》：入脾、肺。

【功能主治】润肺，和胃。主治燥咳，反胃，脚气，乳妇奶少。

【用法用量】内服：生研冲汤或煎服。

【注意】体寒湿滞及肠滑便泄者不宜服。

【附方】①治久咳，秋燥，小儿百日咳：花生（去嘴尖），文火煎汤调服。（《杏林医学》）

②治脚气：生花生肉（带衣用）95 g，赤小豆 95 g，红皮枣 95 g。煮汤，一日数回饮用。（《现代实用中药》）

③治乳汁少：花生米 95 g，猪脚一条（用前腿）。共炖服。（《陆川本草》）

（2）落花生枝叶。

【采收加工】夏季采收。

【来源】豆科植物落花生 *Arachis hypogaea* L. 的枝叶。

【化学成分】花生的地上部分含有多种挥发性成分，已确证的有戊烯醇、己醇、芳樟醇、α - 松油醇、牻牛儿醇。

【功能主治】 ①《滇南本草》：治跌打损伤，敷伤处。
②《滇南本草图说》：治疮毒。

黄芪属 *Astragalus* L.

376. 紫云英 *Astragalus sinicus* L.

【别名】 苕子菜、沙蒺藜、红花草。

【形态】 二年生草本，多分枝，匍
匐，高 10～30 cm，被白色疏柔毛。
奇数羽状复叶，具 7～13 片小叶，长
5～15 cm；叶柄较叶轴短；托叶离生，
卵形，长 3～6 mm，先端尖，基部互相
合生，具缘毛；小叶倒卵形或椭圆形，长
10～15 mm，宽 4～10 mm，先端钝圆
或微凹，基部宽楔形，上面近无毛，下面
散生白色柔毛，具短柄。总状花序生 5～10
花，呈伞形；总花梗腋生，较叶长；苞片
三角状卵形，长约 0.5 mm；花梗短；花
萼钟状，长约 4 mm，被白色柔毛，萼齿披针形，长约为萼筒的 1/2；花冠紫红色或橙黄色，旗瓣倒卵
形，长 10～11 mm，先端微凹，基部渐狭成瓣柄，翼瓣较旗瓣短，长约 8 mm，瓣片长圆形，基部
具短耳，瓣柄长约为瓣片的 1/2，龙骨瓣与旗瓣近等长，瓣片半圆形，瓣柄长约等于瓣片的 1/3；子房
无毛或疏被白色短柔毛，具短柄。荚果线状长圆形，稍弯曲，长 12～20 mm，宽约 4 mm，具短喙，
黑色，具隆起的网纹；种子肾形，栗褐色，长约 3 mm。花期 2—6 月，果期 3—7 月。

【生境分布】 喜生于河滩潮湿的地方或作绿肥培植于水田。罗田南部农田有栽培。

【采收加工】 全草：夏、秋季采集，鲜用或晒干。种子：6—7 月采收。

【药用部位】 根、全草、种子。

【药材名】 紫云英。

【来源】 豆科植物紫云英 *Astragalus sinicus* L. 的根、全草、种子。

【化学成分】 含胡芦巴碱、胆碱、腺嘌呤、脂肪、蛋白质、淀粉、多种维生素、组氨酸、精氨酸、丙二酸、
刀豆氨酸等。

【性味】 辛，平，无毒。

【功能主治】 根：主治肝炎，营养性浮肿，带下，月经不调等。全草：主治急性结膜炎，神经痛，
带状疱疹，疔疮痈肿，痔疮等。

【用法用量】内服：煎汤，鲜根 64～95 g，全草 16～32 g，种子 10～15 g。外用：适量，鲜草捣烂敷，
或干草研粉调敷。

【注意】 煮食，如生吃，使人吐清水。

【别名】 翘摇。

【来源】 豆科植物紫云英 *Astragalus sinicus* L. 的种子。

【性味】 辛，平，无毒。

【功能主治】祛风明目，健脾益气，解毒止痛，利养五脏，活血平胃。

【注意】该物种为中国植物图谱数据库收录的有毒植物，其毒性为全草地上部分有毒，以新鲜茎、叶喂猪或在紫云英地中放牧均可引起中毒，中毒率为7%左右。猪、牛中毒症状以神经功能紊乱、肌肉松弛无力、四肢麻痹为主。猪生食中毒初起流涎、四肢颤抖、步态蹒跚、体温下降，继则瞳孔散大、兴奋不安、视物模糊；有的表现精神沉郁、呆立、爬行或拖行，严重者拒食、卧地不起。牛的症状与猪相似，另有无目的圈行运动、嘴顶地以协助支撑等。经对症治疗可于3～4天恢复正常，死亡甚少。另外，牲畜食入因真菌污染发生霉变的全草，可出现"翘摇病"，以出血性贫血为主要症状，常引起死亡。

云实属 *Caesalpinia* L.

377. 云实 *Caesalpinia decapetala*（Roth）Alston

【别名】马豆、阎王刺。

【形态】藤本；树皮暗红色；枝、叶轴和花序均被柔毛和钩刺。2回羽状复叶长20～30 cm；羽片3～10对，对生，具柄，基部有刺1对；小叶8～12对，膜质，长圆形，长10～25 mm，宽6～12 mm，两端近圆钝，两面均被短柔毛，老时渐无毛；托叶小，斜卵形，先端渐尖，早落。总状花序顶生，直立，长15～30 cm，具多花；总花梗多刺；花梗长3～4 cm，被毛，在花萼下具关节，故花易脱落；萼片5，长圆形，被短柔毛；花瓣黄色，膜质，圆形或倒卵形，

长10～12 mm，盛开时反卷，基部具短柄；雄蕊与花瓣近等长，花丝基部扁平，下部被绵毛；子房无毛。荚果长圆状舌形，长6～12 cm，宽2.5～3 cm，脆革质，栗褐色，无毛，有光泽，沿腹缝线膨胀成狭翅，成熟时沿腹缝线开裂，先端具尖喙；种子6～9颗，椭圆状，长约11 mm，宽约6 mm，种皮棕色。花果期4—10月。

【生境分布】生于山坡灌丛中及平原、丘陵、河旁等地。罗田各地均有分布。

【采收加工】夏、秋季种子成熟时采收。

【药用部位】根或根皮（云实根）、叶（四时青）。

【药材名】云实。

【来源】豆科植物云实 *Caesalpinia decapetala*（Roth）Alston 的种子。

【炮制】《雷公炮炙论》：凡使云实，采得后，粗捣，相对拌浑颗橡实，蒸一日后出用。

【性味】①《本经》：味辛，温。

②《吴普本草》：神农：辛，小温。黄帝：咸。雷公：苦。

【功能主治】清热除湿，杀虫。主治痢疾，疟疾，消渴，小儿疳积。

【用法用量】内服：煎汤，10～15 g；或入丸剂。

【附方】①治疟疾：云实 10 g，水煎服。（《草药手册》）

②治痢疾：阎王刺种子（云实）10 g 炒焦，红糖 15 g。水煎服。（《贵州草药》）

③治匿下不止者：鸟头 64 g，女荽、云实各 32 g，桂 1 g。蜜丸如梧桐子大，水服五丸，一日 3 服。（《补辑肘后方》）

刀豆属 *Canavalia* DC.

378. 刀豆 *Canavalia gladiata*（Jacq.）DC.

【形态】缠绕草本，长达数米，无毛或稍被毛。羽状复叶具 3 小叶，小叶卵形，长 8～15 cm，宽（4）8～12 cm，先端渐尖或具急尖的尖头，基部宽楔形，两面薄被微柔毛或近无毛，侧生小叶偏斜；叶柄常较小叶片短；小叶柄长约 7 mm，被毛。总状花序具长总花梗，有花数朵生于总轴中部以上；花梗极短，生于花序轴隆起的节上；小苞片卵形，长约 1 mm，早落；花萼长 15～16 mm，稍被毛，上唇约为萼管长的 1/3，具 2 枚阔而圆的裂齿，下唇 3 裂，齿小，长 2～3 mm，急尖；花冠白色或粉

红，长 3～3.5 cm，旗瓣宽椭圆形，顶端凹入，基部具不明显的耳及阔瓣柄，翼瓣和龙骨瓣均弯曲，具向下的耳；子房线形，被毛。荚果带状，略弯曲，长 20～35 cm，宽 4～6 cm，离缝线约 5 mm 处有棱；种子椭圆形或长椭圆形，长约 3.5 cm，宽约 2 cm，厚约 1.5 cm，种皮红色或褐色，种脐约为种子周长的 3/4。花期 7—9 月，果期 10 月。

【生境分布】人工栽培。

【采收加工】9—11 月摘取成熟荚果，晒干，分取种子及果壳。根：夏、秋季采收。

【药用部位】种子、根、壳。

【药材名】刀豆子、刀豆根、刀豆壳。

【来源】豆科植物刀豆 *Canavalia gladiata*（Jacq.）DC. 的种子、果壳及根。

【性味】甘，温，无毒。

【功能主治】温中下气，利肠胃，止呕吐，益肾补气。

【炮制】除去杂质，用时捣碎。

【归经】归胃、肾经。

【功能主治】种子：温中，下气，止呃，补肾。主治虚寒呃逆，呕吐，肾虚，腰痛，胃痛。

果壳：通经活血，止泻。主治腰痛，久痢，闭经。

根：散瘀止痛。主治跌打损伤，腰痛。

【用法用量】内服：煎汤，种子 6～9 g，果壳及根 32～64 g。

【用药禁忌】①《四川中药志》：刀豆性温，胃热盛者慎服。

②不良反应，曾有报道，食用刀豆引起 36 人中毒，临床症状主要为急性胃肠炎（恶心、腹胀、腹痛、呕吐），

病程 2 ～ 3 天，无死亡。刀豆所含的皂素、植物血球凝集素、胰蛋白酶抑制剂等为有毒成分，100 ℃即能被破坏，本次中毒因烹饪温度不够、时间过短所致。一旦发生中毒可采用及早主动呕吐、洗胃等，据病情可服用复方樟脑酊、阿托品、颠茄、B 族维生素或中成药等，重者静滴 10% 葡萄糖及维生素 C 以促进排泄毒物，纠正水和电解质紊乱。

锦鸡儿属 *Caragana* Fabr.

379. 锦鸡儿 *Caragana sinica*（Buc'hoz）Rehd.

【别名】金雀花、板参、土黄芪、野黄芪。

【形态】灌木，高 1 ～ 2 m。树皮深褐色；小枝有棱，无毛。托叶三角形，硬化成针刺，长 5 ～ 7 mm；叶轴脱落或硬化成针刺，针刺长 7 ～ 15（25）mm；小叶 2 对，羽状，有时假掌状，上部 1 对常较下部的为大，厚革质或硬纸质，倒卵形或长圆状倒卵形，长 1 ～ 3.5 cm，宽 5 ～ 15 mm，先端圆形或微缺，具刺尖或无刺尖，基部楔形或宽楔形，上面深绿色，下面淡绿色。

花单生，花梗长约 1 cm，中部有关节；花萼钟状，长 12 ～ 14 mm，宽 6 ～ 9 mm，基部偏斜；花冠黄色，常带红色，长 2.8 ～ 3 cm，旗瓣狭倒卵形，具短瓣柄，翼瓣稍长于旗瓣，瓣柄与瓣片近等长，耳短小，龙骨瓣宽钝；子房无毛。荚果圆筒状，长 3 ～ 3.5 cm，宽约 5 mm。花期 4—5 月，果期 7 月。

【生境分布】生于荒山草地。罗田骆驼坳镇、河铺镇有分布。

【采收加工】全年可采（多于夏末秋初挖取），挖得后，洗净泥沙，除去须根及黑褐色栓皮，鲜用或晒干用。或再剖去木心，将净皮切段后晒干。

【药用部位】根、根皮。

【药材名】金雀根。

【来源】豆科植物锦鸡儿 *Caragana sinica*（Buc'hoz）Rehd. 的根或根皮。

【性状】根呈圆柱形，未去栓皮时褐色，有纵皱纹，并有稀疏不规则的凸出横纹。已去栓皮者多为淡黄色，间有横裂痕。根皮为单卷的圆条或条块，长 12 ～ 20 cm，直径 1 ～ 2.5 cm，厚 3 ～ 7 mm，卷筒的一侧有剖开的纵裂口，内表面淡棕色。质坚韧，断面白色，微黄，有肉质，并有多数纤维。味苦。根皮以内厚、色微黄、完整无破碎者为佳。

【性味】苦、辛，平。

【归经】《四川中药志》：入肺、脾二经。

【功能主治】清肺益脾，活血通脉。主治虚损劳热，咳嗽，高血压，妇女带下、血崩，关节痛风，跌打损伤。

【用法用量】内服：煎汤，16 ～ 32 g。外用：捣敷。

【附方】①治脾肾虚弱，带下，劳伤血虚生风，湿热瘙痒：金雀花根皮炖鸡服。（《重庆草药》）

②治高血压：土黄芪，洗净，去外皮，切片，鲜用或干用，每日 12 ～ 32 g，煎水取汁，加白糖适量，分 3 次服。（《全展选编·内科》）

③治妇女经血不调：金雀根、党参。煎水服。（《南京民间药草》）

④治妇女带下：a.金雀根，红糖。煎水服。（《南京民间药草》）

b.金雀根皮，白鸡冠花，牛膝。共用醋炒，再加水，醋各半，煎汤半小碗，一天三次分服。（《四川中药志》）

⑤治红崩：金雀根皮，刺老包根。蒸甜酒服。（《四川中药志》）

⑥治关节风痛：金雀根 32 ～ 64 g，猪蹄一只。酒水各半炖服。（《福建民间草药》）

⑦治跌打损伤：金雀根捣汁和酒服，渣罨伤处。（《万氏家抄方》）

决明属 *Cassia* L.

380. 含羞草决明 *Cassia mimosoides* L.

【别名】山扁豆、砂子草、地柏草、鱼骨折、红霜石、水皂角。

【形态】一年生或多年生亚灌木状草本，高 30 ～ 60 cm，多分枝；枝条纤细，被微柔毛。叶长 4 ～ 8 cm，在叶柄的上端、最下一对小叶的下方有圆盘状腺体 1 枚；小叶 20 ～ 50 对，线状镰形，长 3 ～ 4 mm，宽约 1 mm，顶端短急尖，两侧不对称，中脉靠近叶的上缘，干时呈红褐色；托叶线状锥形，长 4 ～ 7 mm，有明显肋条，宿存。花序腋生，1 或数朵聚生不等，总花梗顶端有 2 枚小苞片，长约 3 mm；萼长 6 ～ 8 mm，顶端急尖，外被疏柔毛；花瓣黄色，不等大，具短柄，略长于萼片；雄蕊 10 枚，5 长 5 短相间而生。荚果镰形，扁平，长 2.5 ～ 5 cm，宽约 4 mm，果柄长 1.5 ～ 2 cm；种子 10 ～ 16 颗。花果期通常 8—10 月。

【生境分布】生于荒山草地。罗田各地均有分布。

【采收加工】夏、秋季采收全株，晒干或焙干。

【药用部位】全株。

【药材名】山扁豆。

【来源】豆科植物含羞草决明 *Cassia mimosoides* L. 的全株。

【性状】干品根细长，须根发达，外表棕褐色，质硬，不易折断。茎多分枝，呈黄褐色或棕褐色，被短柔毛。叶卷曲，下部的叶多脱落，黄棕色至灰绿色，质脆易碎；托叶锥尖。气微，味淡。以叶多者为佳。

【性味】甘，平。

【功能主治】清肝利湿，散瘀化积。主治湿热黄疸，暑热吐泻，水肿，劳伤积瘀，小儿疳积，疮痈肿毒。

【用法用量】内服：煎汤，6 ～ 15 g（大剂量 32 ～ 64 g）。外用：捣敷或煎水洗。

【附方】①治黄疸：水皂角 64 g，地星宿 15 g，煨水服。（《贵州草药》）

②治暑热吐泻：山扁豆 32 g，水煎服。（《草药手册》）

③治水肿和淋证：水皂角、萹蓄各 32 g，煨水服。

④治小儿疳积：水皂角、水杨梅、菜油各 32 g，红牛膝 6 g，蒸小母鸡一只吃。

⑤治夜盲：水皂角 64 g、菊花 10 g，炖猪蹄一对吃。

⑥治肩疮：水皂角叶、水冬瓜叶各适量，捣绒，外敷患处。（③～⑥方出自《贵州草药》）

⑦治疗疮：山扁豆鲜叶适量，捣烂，加盐少许，拌和外敷。

⑧治痈肿：山扁豆叶，研细末，用蜂蜜或鸡蛋白调敷。

⑨治肺痈（吐臭痰）：山扁豆鲜全草 125 g，用瘦猪肉 200 g 煮汤，以汤煎药服。

⑩治漆疮：山扁豆全草适量，水煎洗。（⑦～⑩方出自《湖南药物志》）

381. 豆茶决明 *Cassia nomame*（Sieb.）Kitagawa

【别名】水皂角。

【形态】一年生草本，株高 30～60 cm，稍有毛，分枝或不分枝。叶长 4～8 cm，有小叶 8～28 对，在叶柄的上端有黑褐色、盘状、无柄腺体 1 枚；小叶长 5～9 mm，带状披针形，稍不对称。花生于叶腋，有柄，单生或 2 至数朵组成短的总状花序；萼片 5，分离，外面疏被柔毛；花瓣 5，黄色；雄蕊 4 枚，有时 5 枚；子房密被短柔毛。荚果扁平，有毛，开裂，长 3～8 cm，宽约 5 mm，有种子 6～12 粒；种子扁，近菱形，平滑。

【生境分布】生于山坡和原野的草丛中。

【采收加工】中秋荚果变黄时，将植株割下晒干，打下种子，去净杂质即可。

【药用部位】全草、种子。

【药材名】豆茶决明。

【来源】豆科植物豆茶决明 *Cassia nomame*（Sieb.）Kitagawa 的全草或种子。

【功能主治】全草：清肝明目，和脾利水。种子：主治小儿疳疾，夜盲，目翳。

【用法用量】7—9 月采带果之地上部入药，煎服，并可驱虫与健胃，也可代茶用。

382. 决明 *Cassia tora* L.

【别名】草决明、羊明、马蹄决明、羊尾豆。

【形态】直立、粗壮、一年生亚灌木状草本，高 1～2 m。叶长 4～8 cm；叶柄上无腺体；叶轴上每对小叶间有棒状的腺体 1 枚；小叶 3 对，膜质，倒卵形或倒卵状长椭圆形，长 2～6 cm，宽 1.5～2.5 cm，顶端圆钝而有小尖头，基部渐狭，偏斜，上面被稀疏柔毛，下面被柔毛；小叶柄长 1.5～2 mm；托叶线状，被柔毛，早落。花腋生，通常 2 朵聚生；总花梗长 6～10 mm；花梗长 1～1.5 cm，丝状；萼片稍不等大，卵形或卵状长圆形，膜质，外面被柔毛，长约 8 mm；花瓣黄色，下面两片略长，长 12～15 mm，宽 5～7 mm；能育雄蕊 7 枚，花药四方形，顶孔开裂，长约 4 mm，花丝短于花药；子房无柄，被白色柔毛。荚果纤细，近四棱形，两端渐尖，长达 15 cm，宽 3～4 mm，膜质；种子约

25 粒，菱形，光亮。花果期 8—11 月。

【生境分布】野生于山坡、河边，或栽培。罗田凤山镇、胜利镇有分布。

【采收加工】秋季果实成熟后采收，将全株割下或摘下果荚，晒干，打出种子，扬净荚壳及杂质，再晒干。

【药用部位】种子。

【药材名】草决明。

【来源】豆科植物决明 *Cassia tora* L. 的成熟种子。

【性状】干燥种子呈菱状方形，状如马蹄，一端稍尖，一端截状，长 5～8 mm，宽 2.5～3 mm。表面黄褐色或绿褐色，平滑光泽，两面各有 1 条凸起的棕色棱线，棱线两侧各有一条浅色而稍凹陷的线纹，水浸时由此处胀裂。质硬不易破碎横切面皮薄，可见灰白色至淡黄色的胚乳，子叶黄色或暗棕色，强烈折叠而皱缩。气无，味微苦，略带黏液性。以颗粒均匀、饱满、黄褐色者为佳。

【化学成分】新鲜种子含大黄酚、大黄素、芦荟大黄素、大黄酸、大黄素葡萄糖苷、大黄素蒽酮、大黄素甲醚、决明素、橙黄决明素，以及新月孢子菌玫瑰色素、决明松、决明内酯。尚含维生素 A。

【药理作用】降血压、抗菌作用。

【炮制】炒决明子：取净决明子，置锅内炒至微有香气，取出，放凉。

【性味】苦、甘，凉。

【归经】归肝、肾经。

【功能主治】清肝，明目，利水，通便。主治风热赤眼，青盲，雀目，高血压，肝炎，肝腹水，习惯性便秘。

【用法用量】内服：煎汤，4.5～10 g；或研末。外用：研末调敷。

【注意】《本草经集注》：蓍实为之使。恶大麻子。

【附方】①治失明，目中无他病，无所见，如绢中视：马蹄决明 2 升，捣筛，以粥饮服 6 g。忌鱼、蒜、猪肉、辛菜。（《僧深集方》）

②治目赤肿痛：决明子炒研，茶调，敷两太阳穴，干则易之。亦治头风热痛。（《摘玄方》）

③治雀目：决明子 64 g，地肤子 32 g。上药，捣细罗为散。每于食后，以清粥饮调下 3 g。（《太平圣惠方》）

④治眼补肝，除暗明目：决明子 1 升，蔓荆子 1 升（用好酒 5 升，煮酒尽，曝干）。上药，捣细罗为散。每服，以温水调下 6 g，食后及临卧服。（《太平圣惠方》）

⑤治急性结膜炎：决明子、菊花各 10 g，蔓荆子、木贼各 6 g，水煎服。（《河北中药手册》）

⑥治高血压：决明子 15 g，炒黄，水煎代茶饮。（《江西草药》）

⑦治小儿疳积：草决明子 10 g，研末，鸡肝一具，捣烂，白酒少许，调和成饼，蒸熟服。（《江西草药》）

⑧治癣：决明子不以多少，为末，少加水银粉，同为散。先以物擦破癣，上以散敷之。（《苏沈良方》）

383. 望江南 *Cassia occidentalis* L.

【别名】金豆子、羊角豆、野扁豆。

【形态】 直立、少分枝的亚灌木或灌木，无毛，高 0.8～1.5 m；枝带草质，有棱；根黑色。叶长约 20 cm；叶柄近基部有大而带褐色、圆锥形的腺体 1 枚；小叶 4～5 对，膜质，卵形至卵状披针形，长 4～9 cm，宽 2～3.5 cm，顶端渐尖，有小缘毛；小叶柄长 1～1.5 mm，揉之有腐败气味；托叶膜质，卵状披针形，早落。花数朵组成伞房状总状花序，腋生和顶生，长约 5 cm；苞片线状披针形或长卵形，长

渐尖，早脱；花长约 2 cm；萼片不等大，外生的近圆形，长 6 mm，内生的卵形，长 8～9 mm；花瓣黄色，外生的卵形，长约 15 mm，宽 9～10 mm，其余可长达 20 mm，宽 15 mm，顶端圆形，均有短狭的瓣柄；雄蕊 7 枚发育，3 枚不育，无花药。荚果带状镰形，褐色，压扁，长 10～13 cm，宽 8～9 mm，稍弯曲，边较淡色，加厚，有尖头；果柄长 1～1.5 cm；种子 30～40 粒，种子间有薄隔膜。花期 4—8 月，果期 6—10 月。

【生境分布】 生于沙质土壤的山坡或河边，现多栽培。罗田有少量栽培。

【药用部位】 茎叶或种子。

（1）望江南叶。

【采收加工】 8 月采收茎叶，晒干。

【来源】 豆科植物望江南 *Cassia occidentalis* L. 的茎叶。

【性味】 苦，寒。

【功能主治】 肃肺，清肝，和胃，消肿解毒。主治咳嗽，哮喘，脘腹痞痛，血淋，便秘，头痛，目赤，疔疮肿毒，蛇虫咬伤。

【用法用量】 内服：煎汤，6～10 g；或捣汁。外用：捣敷。

【附方】 ①治肿毒：金豆子叶，晒研，醋和敷，留头即消；或酒下 6～10 g。（《本草纲目拾遗》）
②治蛇头疔：鲜羊角豆叶一握，和白麻子捣烂敷贴患处。
③治蛇伤：鲜羊角豆叶一握，捣烂绞自然汁服，渣敷患处。
④治血淋：羊角豆全草 32 g，水煎服。（②～④方出自《福建民间草药》）

（2）望江南子。

【别名】 野鸡子豆、金角子、金角儿、风寒豆、黄豇豆。

【采收加工】 秋季果实成熟时采收，剪下荚果，晒干。

【来源】 豆科植物望江南 *Cassia occidentalis* L. 的荚果或种子。

【性状】 干燥荚果呈圆柱形，微扁，长 6～10 cm，两侧稍隆起，边沿棕黄色，中央有紫褐色、长而宽的带，自尖端伸至他端，并有多列因横隔凸出而形成的横凸纹；表面粗糙，具白色小点和稀疏的细毛。基部带有长的果柄。果皮内面有纵向并列的棕色隔膜。种子多数，扁卵形，一端稍尖，直径 3～4 mm，扁平，顶端具斜生黑色条状的种脐，两面四周暗绿色，中央有褐色椭圆形斑点，刚成熟时四周有白色细网纹，贮藏后渐脱落而平滑。质地坚硬。味香，富黏液。以荚果大、干燥、不破碎、种子不脱落、无果柄者为佳。

【药理作用】 种子有致泻作用，与含大黄素有关；并有明显的毒性，与含毒蛋白有关，但因具有抗原性质，狗可得到免疫。小鼠、大鼠、马喂饲种子或注射苯提取物均表现毒性。

【炮制】 除去果柄，拣净杂质，切成小段；或搓去果壳，将种子晒干。

【性味】甘、苦，凉，有毒。

【功能主治】清肝明目，健胃，通便，解毒。主治目赤肿痛，头晕头胀，消化不良，胃痛，腹痛，痢疾，便秘。

【用法用量】内服：煎汤，6～10 g；研末，1.5～3 g。外用：研末调敷。

【附方】①治肝火迫眼，红肿羞明，或视物不明：羊角豆子15～50 g，冰糖50 g，酌冲开水炖服。（《福建民间草药》）

②治疟疾：望江南子炒后研末，每次服6～10 g，日2次。（《福建中草药》）

③治高血压：望江南子炒焦研末，每次3 g，砂糖酌量，冲开水代茶常服。（《福建中草药》）

紫荆属 *Cercis* L.

384. 紫荆 *Cercis chinensis* Bunge

【别名】乌桑树。

【形态】丛生或单生灌木，高2～5 m；树皮和小枝灰白色。叶纸质，近圆形或三角状圆形，长5～10 cm，宽与长相等或略短于长，先端急尖，基部浅至深心形，两面通常无毛，嫩叶绿色，仅叶柄略带紫色，叶缘膜质透明，新鲜时明显可见。花紫红色或粉红色，二至多朵成束，簇生于老枝和主干上，尤以主干上花束较多，越到上部幼嫩枝条则花越少，通常先于叶开放，但嫩枝或幼株上的花则与叶同时开放，花长1～1.3 cm；花梗长3～9 mm；龙骨瓣基部具深紫色斑纹；子房嫩绿色，花蕾时光亮无毛，后期则密被短柔毛，有胚珠6～7颗。荚果扁狭长形，绿色，长4～8 cm，宽1～1.2 cm，翅宽约1.5 mm，

先端急尖或短渐尖，喙细而弯曲，基部长渐尖，两侧缝线对称或近对称；果颈长2～4 mm；种子2～6颗，阔长圆形，长5～6 mm，宽约4 mm，黑褐色，光亮。花期3—4月，果期8—10月。

【生境分布】生于杂树林中或栽培。罗田各地均有分布。

【药用部位】木部、树皮、花、果。

【药材名】紫荆木、紫荆皮、紫荆花、紫荆果。

（1）紫荆木。

【采收加工】全年可采，去掉外皮。

【来源】豆科植物紫荆 *Cercis chinensis* Bunge 的木部。

【性味】《开宝本草》：味苦，平，无毒。

【功能主治】活血，通淋。主治妇女痛经，瘀血腹痛，淋证。

【用法用量】内服：煎汤，16～32 g。

【注意】　孕妇忌服。

（2）紫荆皮。

【别名】　肉红、内消、紫荆木皮、白林皮。

【采收加工】　7—8 月采收树皮，刷去泥沙，晒干。

【来源】　豆科植物紫荆 *Cercis chinensis* Bunge 的树皮。

【性状】　干燥树皮呈长圆筒状或槽状的块片，均向内卷曲，长 6 ～ 25 cm，宽约 3 cm，厚 3 ～ 6 mm，外表灰棕色，有皱纹，内表面紫棕色，有细纵纹理。质坚实，不易折断，断面灰红色。对光照视，可见细小的亮星。气无，味涩。以条长、皮厚、坚实者为佳。

【炮制】　拣净杂质，用水浸泡，捞出润透，切块晒干。

《滇南本草》：烧酒炒过用。

【性味】　苦，平。

【归经】　①《滇南本草》：归肝、脾二经。

②《本草纲目》：归手、足厥阴血分。

【功能主治】　活血通经，消肿解毒。主治风寒湿痹，妇女经闭，血气疼痛，喉痹，淋证，痈肿，癣疥，跌打损伤，蛇虫咬伤。

【用法用量】　内服：煎汤，6 ～ 12 g；浸酒或入丸、散。外用：研末调敷。

【注意】　孕妇忌服。

【附方】　①治筋骨疼痛，痰火痿软，湿气流痰：紫荆皮（酒炒）32 g，秦（当）归15 g，川牛膝15 g，川羌活 6 g，木瓜 10 g。上好酒 2.5 kg，重汤煎一炷香为度，露一夜，去火毒用。（《滇南本草》）

②治鹤膝风挛：真紫荆皮。老酒煎，候温常服。（《仁斋直指方》）

③治妇人血气：紫荆皮为末，醋糊丸，樱桃大。每酒化服一丸。（《妇人良方补遗》）

④治产后诸淋：紫荆皮 15 g。半酒半水煎，温服。（《妇人良方补遗》）

⑤治内消初生痈肿：白芷、紫荆皮。酒调。（《仙传外科集验方》）

⑥治痔疮肿痛：紫荆皮 15 g。新水食前煎服。（《仁斋直指方》）

⑦治伤眼青肿：紫荆皮。小便浸七日，晒研，用生地黄汁、姜汁调敷，不肿用葱汁。（《永类钤方》）

（3）紫荆花。

【采收加工】　春季采收。

【来源】　豆科植物紫荆 *Cercis chinensis* Bunge 的花。

【功能主治】　①《日华子本草》：通小肠。

②《民间常用草药汇编》：清热凉血，去风解毒。

③《江苏药材志》：治风湿筋骨痛。

【用法用量】　内服：煎汤，3 ～ 6 g；或浸酒。外用：研末敷。

【附方】　治鼻中疳疮：紫荆花阴干为末贴之。（《卫生易简方》）

（4）紫荆果。

【采收加工】　秋、冬季采收。

【来源】　豆科植物紫荆 *Cercis chinensis* Bunge 的果实。

【功能主治】　主治咳及孕妇心痛。

【用法用量】　内服：煎汤，6 ～ 12 g。

猪屎豆属 *Crotalaria* L.

385. 响铃豆 *Crotalaria albida* Heyne ex Roth

【别名】 黄花地丁、小响铃、马口铃。

【形态】 多年生直立草本，基部常木质，体高 30～60（80）cm；植株或上部分枝，通常细弱，被紧贴的短柔毛。托叶细小，刚毛状，早落；单叶，叶片倒卵形、长圆状椭圆形或倒披针形，长 1～2.5 cm，宽 0.5～1.2 cm，先端钝或圆，具细小的短尖头，基部楔形，上面绿色，近无毛，下面暗灰色，略被短柔毛；叶柄近无。总状花序顶生或腋生，有花 20～30 朵，花序长达 20 cm，苞片丝状，长约 1 mm，小苞片与苞片同形，生萼筒基部；花梗长 3～5 mm；花萼二唇形，长 6～8 mm，深裂，上面二萼齿宽大，先端稍钝圆，下面三萼齿披针形，先端渐尖；花冠淡黄色，旗瓣椭圆形，长 6～8 mm，先端具束状柔毛，基部胼胝体可见，翼瓣长圆形，约与旗瓣等长，龙骨瓣弯曲，几达 90°，中部以

上变狭形成长喙；子房无柄。荚果短圆柱形，长约 10 mm，无毛，稍伸出花萼之外；种子 6～12 颗。花果期 5—12 月。

【生境分布】 生于荒地路旁及山坡疏林下。罗田各地均有分布。

【采收加工】 夏、秋季采收，洗净切碎，晒干。

【药用部位】 根及全草。

【药材名】 响铃豆。

【来源】 豆科植物响铃豆 *Crotalaria albida* Heyne ex Roth 的根及全草。

【性味】 苦、辛，凉。

【功能主治】 清热解毒，止咳平喘，截疟。主治尿路感染，膀胱炎，肝炎，胃肠炎，痢疾，支气管炎，肺炎，哮喘，疟疾；外用治痈肿疮毒，乳腺炎。

【用法用量】 内服：煎汤，10～16 g。外用适量，鲜叶捣烂敷患处。

386. 假地蓝 *Crotalaria ferruginea* Grah. ex Benth.

【别名】 野花生、肾气草、响铃子、响铃草、荷承草。

【形态】 草本，基部常木质，高 60～120 cm；茎直立或铺地蔓延，具多分枝，被棕黄色伸展的长柔毛。托叶披针形或三角状披针形，长 5～8 mm；单叶，叶片椭圆形，长 2～6 cm，宽 1～3 cm，两面被毛，尤以叶下面叶脉上的毛更密，先端钝或渐尖，基部略楔形，侧脉隐见。总状花序顶生或腋生，有花 2～6 朵；苞片披针形，长 2～4 mm，小苞片与苞片同型，生萼筒基部；花梗长 3～5 mm；花萼二唇形，长 10～12 mm，密被粗糙的长柔毛，深裂，几达基部，萼齿披针形；花冠黄色，旗瓣长椭圆形，长 8～10 mm，翼瓣长圆形，长约 8 mm，龙骨瓣与翼瓣等长，中部以上变狭形成长喙，包被萼内或与之等长；子房无

柄。荚果长圆形，无毛，长 2～3 cm；种子 20～30 颗。花果期 6—12 月。

【生境分布】 生于山坡、荒地。罗田山区有分布。

【采收加工】 夏季采收，晒干，或切段晒干。

【药用部位】 全草。

【药材名】 假地蓝。

【来源】 豆科植物假地蓝 *Crotalaria ferruginea* Grah. ex Benth. 的全草或带根全草。

【性状】 干燥全草，茎圆形，全体有棕黄色茸毛。叶片卷曲，多脱落，呈椭圆形或卵形，黄绿色。枝端尚带荚果，种子大多脱落。带根者，根蜿蜒而长，圆形，少分枝，须根细长，表面土黄色。

【性味】 苦、微酸，寒。

【归经】《滇南本草》：入肺。

【功能主治】 敛肺气，补脾肾，利小便，消肿毒。主治久咳痰血，耳鸣，耳聋，梦遗，慢性肾炎，膀胱炎，肾结石，扁桃腺炎，淋巴结炎，疔毒，恶疮。

【用法用量】 内服：煎汤，16～32 g；或炖肉。外用：捣敷。

【附方】 ①治久咳，痰中带血：响铃草蜜炙，煎汤服。（《滇南本草》）

②治气虚耳鸣：响铃草 32 g，猪耳朵一对。加食盐炖服。

③治病后耳聋：响铃草 24 g，石菖蒲 10 g。水煎服。

④治夜梦遗精：响铃草 15 g，夜寒苏 15 g，爬岩龙 15 g，毛药 15 g，双肾草 10 g。炖肉服。

⑤治虚弱气坠：响铃草根 15 g，一朵云 10 g。炖肉服。（②～⑤方出自《贵阳民间药草》）

⑥治疔毒，恶疮：假地蓝全草，捣烂敷患处。（《湖南药物志》）

387. 农吉利 *Crotalaria sessiliflora* L.

【别名】 狗铃草、紫花野百合、野百合。

【形态】 直立草本，体高 30～100 cm，基部常木质，单株或茎上分枝，被紧贴粗糙的长柔毛。托叶线形，长 2～3 mm，宿存或早落；单叶，叶片形状常变异较大，通常为线形或线状披针形，两端渐尖，长 3～8 cm，宽 0.5～1 cm，上面近无毛，下面密被丝质短柔毛；叶柄近无。总状花序顶生、腋生或密生枝顶形似头状，亦有叶腋生出单花，花一至多朵；苞片线状披针形，长 4～6 mm，小苞片与苞片同形，成对生于萼筒基部；花梗短，长约 2 mm；花萼二唇形，长 10～15 mm，密被棕褐色长柔毛，萼齿阔披针形，先端渐尖；花冠蓝色或紫蓝色，包被于萼内，旗瓣长圆形，长 7～10 mm，宽 4～7 mm，先端钝或凹，基部具胼胝体 2 枚，翼瓣长圆形或披针状

长圆形，约与旗瓣等长，龙骨瓣中部以上变狭，形成长喙；子房无柄。荚果短圆柱形，长约 10 mm，包被于萼内，下垂紧贴于枝，秃净无毛；种子 10～15 颗。花果期 5 月至翌年 2 月。

【生境分布】 生于荒地路旁及山谷草地，海拔 70～1500 m。罗田中、高山区有分布。

【采收加工】 夏、秋季采集。

【药用部位】 全草。

【药材名】 农吉利。

【来源】 豆科植物农吉利 *Crotalaria sessiliflora* L. 的全草。

【功能主治】 清热，利湿，解毒。主治痢疾，疖疮，小儿疳积。

【用法用量】 内服：煎汤，16～32 g。外用：捣敷。

【附方】 ①治疖：野百合鲜全草加糖捣烂，或晒干研粉外敷；或水煎外洗。亦可配紫花地丁、金银花各 16 g，水煎服。

②治小儿黄疸、疳积：野百合全草 32 g，水煎服。

③治毒蛇咬伤：野百合鲜全草捣烂外敷。（①～③方出自《浙江民间常用草药》）

黄檀属 *Dalbergia* L. f.

388. 黄檀 *Dalbergia hupeana* Hance

【别名】 檀木。

【形态】 乔木，高 10～20 m；树皮暗灰色，呈薄片状剥落。幼枝淡绿色，无毛。羽状复叶长 15～25 cm；小叶 3～5 对，近革质，椭圆形至长圆状椭圆形，长 3.5～6 cm，宽 2.5～4 cm，先端钝或稍凹入，基部圆形或阔楔形，两面无毛，细脉隆起，上面有光泽。圆锥花序顶生或生于最上部的叶腋间，连总花梗长 15～20 cm，直径 10～20 cm，疏被锈色短柔毛；花密集，长 6～7 mm；花梗长约 5 mm，与花萼同疏被锈色柔毛；基生和副萼状小苞片卵形，

被柔毛，脱落；花萼钟状，长 2～3 mm，萼齿 5，上方 2 枚阔圆形，近合生，侧方的卵形，最下 1 枚披针形，长为其余 4 枚的倍数；花冠白色或淡紫色，长倍于花萼，各瓣均具柄，旗瓣圆形，先端微缺，翼瓣倒卵形，龙骨瓣关月形，与翼瓣内侧均具耳；雄蕊 10，呈 5+5 的二体；子房具短柄，除基部与子房柄外，无毛，胚珠 2～3 粒，花柱纤细，柱头小，头状。荚果长圆形或阔舌状，长 4～7 cm，宽 13～15 mm，顶端急尖，基部渐狭成果颈，果瓣薄革质，对种子部分有网纹，有 1～2(3) 粒种子；种子肾形，长 7～14 mm，宽 5～9 mm。花期 5—7 月。

【生境分布】 生于山地林中或灌丛中，山沟溪旁及有小树林的坡地常见，海拔 600～1400 m。罗田各地均有分布。

【采收加工】 根皮：夏、秋季采收；果实：秋、冬季采收。

【药用部位】 果实、根皮。

【药材名】　黄檀根、黄檀果

【来源】　豆科植物黄檀 *Dalbergia hupeana* Hance 的果实。

【性味】　辛、苦，平，小毒。

【功能主治】　清热解毒，止血消肿。主治疮痈肿毒，毒蛇咬伤，细菌性痢疾，跌打损伤。

【用法用量】　水煎内服或捣烂外敷。

山蚂蝗属 *Desmodium* Desv.

389. 小槐花 *Desmodium caudatum* (Thunb.) DC.

【别名】　拿身草、粘身柴咽、黏草子、粘人麻、山扁豆。

【形态】　直立灌木或亚灌木，高 1～2 m。树皮灰褐色，分枝多，上部分枝略被柔毛。叶为羽状 3 出复叶，小叶 3；托叶披针状线形，长 5～10 mm，基部宽约 1 mm，具条纹，宿存，叶柄长 1.5～4 cm，扁平，较厚，上面具深沟，被柔毛，两侧具极窄的翅；小叶近革质或纸质，顶生小叶披针形或长圆形，长 5～9 cm，宽 1.5～2.5 cm，侧生小叶较小，先端渐尖，急尖或短渐尖，基部楔形，全缘，上面绿色，有光泽，疏被极短柔毛、老时渐变无毛，下面疏被贴伏短柔毛，中脉上毛较密，侧脉每边 10～12 条，不达叶缘；小托叶丝状，长 2～5 mm；小叶柄长达 14 mm，总状花序顶生或腋生，长 5～30 cm，花序轴密被柔毛并混生小钩状毛，每节生 2 花；苞片钻形，长约 3 mm；花梗长 3～4 mm，密被贴伏柔毛；花萼窄钟形，长 3.5～4 mm，被贴伏柔毛和钩状毛，裂片披针形，上部裂片先端微 2 裂；花冠绿白色或黄白色，长约 5 mm，具明显脉纹，旗瓣椭圆形，瓣柄极短，翼瓣狭长圆形，具瓣柄，龙骨瓣长圆形，具瓣柄；二体雄蕊；雌蕊长约 7 mm，子房在缝线上密被贴伏柔毛。荚果线形，扁平，长 5～7 cm，稍弯曲，被伸展的钩状毛，腹背缝线浅缢缩，有荚节 4～8，荚节长椭圆形，长 9～12 mm，宽约 3 mm。花期 7—9 月，果期 9—11 月。

【生境分布】　生于山坡、路旁草地、沟边、林缘或林下，海拔 150～1000 米。罗田玉屏山有分布。

【药用部位】　根及全株。

【药材名】　小槐花。

【来源】　豆科植物小槐花 *Desmodium caudatum*（Thunb.）DC. 的根或全株。

【采收加工】　夏、秋季采收，洗净晒干，鲜用全年可采。

【性味】　微苦、辛，平。

【功能主治】　清热解毒，祛风利湿。主治感冒发烧，肠胃炎，细菌性痢疾，小儿疳积，风湿关节痛；外用治毒蛇咬伤，疮痈肿毒，乳腺炎。

【用法用量】　内服：煎汤，25～50 g。外用：适量，鲜根皮、全草煎水洗或捣烂敷患处。

皂荚属 *Gleditsia* L.

390. 皂荚 *Gleditsia sinensis* Lam.

【别名】皂角、大皂荚、长皂荚、悬刀。

【形态】落叶乔木或小乔木，高可达 30 m；枝灰色至深褐色；刺粗壮，圆柱形，常分枝，长达 16 cm。叶为 1 回羽状复叶，长 10 ～ 18（26）cm；小叶（2）3 ～ 9 对，纸质，卵状披针形至长圆形，长 2 ～ 8.5（12.5）cm，宽 1 ～ 4（6）cm，先端急尖或渐尖，顶端圆钝，具小尖头，基部圆形或楔形，有时稍歪斜，边缘具细锯齿，上面被短柔毛，下面中脉上稍被柔毛；网脉明显，在两面凸起；小叶柄长 1 ～ 2（5）mm，被短柔毛。花杂性，

黄白色，组成总状花序；花序腋生或顶生，长 5 ～ 14 cm，被短柔毛。雄花：直径 9 ～ 10 mm；花梗长 2 ～ 8（10）mm；花托长 2.5 ～ 3 mm，深棕色，外面被柔毛，萼片 4，三角状披针形，长 3 mm，两面被柔毛；花瓣 4，长圆形，长 4 ～ 5 mm，被微柔毛；雄蕊 8（6）；退化雌蕊长 2.5 mm。两性花：直径 10 ～ 12 mm；花梗长 2 ～ 5 mm；花萼、花瓣与雄花的相似，唯萼片长 4 ～ 5 mm，花瓣长 5 ～ 6 mm；雄蕊 8；子房缝线上及基部被毛（偶有少数湖北标本子房全体被毛），柱头浅 2 裂；胚珠多数。荚果带状，长 12 ～ 37 cm，宽 2 ～ 4 cm，劲直或扭曲，果肉稍厚，两面臌起，或有的荚果短小，呈柱形，长 5 ～ 13 cm，宽 1 ～ 1.5 cm，弯曲作新月形，通常称猪牙皂，内无种子；果颈长 1 ～ 3.5 cm；果瓣革质，褐棕色或红褐色，常被白色粉霜；种子多颗，长圆形或椭圆形，长 11 ～ 13 mm，宽 8 ～ 9 mm，棕色，光亮。花期 3—5 月，果期 5—12 月。

【生境分布】生于 700 m 以下沟边、路旁、宅旁，多为栽培。罗田各地均有栽培。

【药用部位】根皮、叶、棘刺、种子以及由植株衰老或受伤害后所结的小型果实（猪牙皂）。

【药材名】皂荚、皂荚子、皂荚叶、皂荚根皮、皂角刺。

（1）皂荚。

【来源】豆科植物皂荚 *Gleditsia sinensis* Lam. 的果实。

【采收加工】秋季果实成熟时采摘，晒干。

【性状】干燥荚果呈长条形而扁，或稍弯曲，厚 0.8 ～ 1.4 cm。表面不平，红褐色或紫红色，被白色粉霜，擦去后有光泽。两端略尖，基部有短果柄或果柄断痕，背缝线凸起成棱脊状。质坚硬，摇之有响声。剖开后呈棕色，内含多数种子。种子扁椭圆形，外皮黄棕色而光滑，质坚。气味辛辣，嗅其粉末则打喷嚏。以肥厚、饱满、质坚者为佳。

【化学成分】荚果含三萜皂苷、鞣质。此外，还含蜡醇、二十九烷、豆甾醇、谷甾醇等。

【药理作用】①祛痰作用。

②抗菌作用。

【炮制】拣去杂质，洗净，晒干，用时捣碎。

【性味】辛，温，微毒。

【功能主治】祛风痰，除湿毒，杀虫。主治中风口眼歪斜，头风头痛，咳嗽痰喘，肠风便血，痈肿便毒，

疮癣疥癞。

《本草图经》：疏风气。

【用法用量】内服：研末或入丸剂，1～1.5 g。外用：煎汤洗、捣烂或烧存性研末敷。

【注意】孕妇忌服。

【附方】①治卒中风口㖞：大皂荚32 g（去皮、子，研末下筛）。以三年大酢和，左㖞涂右，右㖞涂左，十更涂之。（《千金方》）

②治头风头痛，暴发欲死：长皂荚（去皮、弦、子）1挺。切碎，蜜水拌微炒，研为极细末。每用一、二厘吹入鼻内，取嚏；再用0.3 g，以当归、川芎各3 g，煎汤调下。（《余居士选奇方》）

③治痰喘咳嗽：长皂荚（去皮、子）3条，一荚入巴豆10粒，一荚入半夏10粒，一荚入杏仁10粒，用姜汁制杏仁，麻油制巴豆，蜜制半夏，一处火炙黄色，为末。每用一字，临卧以姜汁调下。（《余居士选奇方》）

④治大肠风毒，泻血不止：皂荚（长一尺二寸者）5挺（去黑皮，涂酥95 g，炙尽为度），白羊精肉250 g。上药，先捣皂荚为末，后与肉同捣令熟，丸如梧桐子大。每于食前以温水下20丸。（《太平圣惠方》）

⑤治便毒痈疽：皂角（用尺以上者）一条，法醋煮烂，研成膏，敷之。（《仁斋直指方》）

⑥治大风诸癞：长皂角20条。炙，去皮子，以酒煎稠，滤去渣，候冷，入雪糕，丸如梧桐子大。每酒下50丸。（《仁斋直指方》）

⑦治风癣疥癞或皮肤麻木，死肌，风痹顽皮等：大皂荚（去皮、子、弦）20条。切碎，水15碗，熬成稠膏。每日用少许搽患处；再以10茶匙枸杞子汤调服。（《马敬思自得录方》）

⑧治伤瓜桃生冷冰水之类：青皮、陈皮各10 g，木香、益智仁各6 g，三棱、莪术各15 g，皂荚烧存性4.5 g，巴豆肉醋煮干另研15 g。为末，醋打面糊为丸，绿豆大，每服20～30丸，食前服。（《万密斋医学全书》）

（2）皂荚子。

【别名】皂角子、皂子、皂儿、皂角核。

【来源】豆科植物皂荚 *Gleditsia sinensis* Lam. 的种子。

【采收加工】秋季果实成熟时采收，剥取种子晒干。防虫蛀。

【性状】干燥种子呈长椭圆形，一端略狭尖，长11～13 mm，宽8～9 mm，厚约7 mm。表面棕褐色，平滑而带有光泽，较狭尖的一端有微凹的点状种脐，有时不甚明显，种皮剥落后，可见2片鲜黄色的子叶。质极坚硬，气微，味淡，以颗粒饱满、坚实、无杂质、无虫蛀者为佳。

【炮制】《雷公炮炙论》：皂荚子，收得，用瓷瓶盛，下水，于火畔煮，待泡熟，剥去硬皮一重了，取向里白嫩肉两片，去黄（其黄消人肾气），用铜刀细切，于日中干用。

【性味】辛，温，有毒。

【功能主治】润燥通便，祛风消肿。主治大便燥结，肠风下血，下痢里急后重，疝气，瘰疬，肿毒，疮癣。

【用法用量】内服：煎汤，4.5～10 g；或入丸、散。

【注意】孕妇慎服。

【附方】①治大肠风秘：皂荚子300粒。破作2片，慢火炒燥，入酥一枣大，又炒燥，又入酥至焦黑为度，为末，蜜丸梧桐子大。每服30丸，煎蒺藜、酸枣仁汤，空心下，良久未利，再服，渐加至百丸，以通为度。（《妇人良方》）

②治肠风下血：皂荚子、槐实各32 g。用粘谷糠炒香，去糠为末，陈粟米饮下3 g。（《太平圣惠方》）

③治里急后重：枳壳、皂荚子各等份。炒令干燥为末，米饮为丸，如梧桐子大。每服30丸，空心米饮下。

（《普济方》）

④治下痢不止：皂角子瓦焙为末，米糊丸，梧桐子大。每服 40～50 丸，陈茶下。（《医方摘要》）

⑤治腰脚风痛，不能履地：皂角子。洗净，以少酥熬香为末，蜜丸，梧桐子大。每空心以蒺藜子、酸枣仁汤下 30 丸。（《千金方》）

⑥治气毒结成瘰疬，肿硬如石，疼痛：皂荚子（烧灰）32 g，槲白皮末 32 g。同研令细，每于食前以温酒调下 6 g。（《太平圣惠方》）

⑦治疔肿：皂荚子取仁作末敷之。（《千金方》）

（3）皂荚叶。

【来源】 豆科植物皂荚 *Gleditsia sinensis* Lam. 的叶片。

【采收加工】 夏季采收。

【功能主治】 洗风疮。

（4）皂荚根皮。

【来源】 豆科植物皂荚 *Gleditsia sinensis* Lam. 的根皮。

【采收加工】 秋、冬季采收。

【性味】 《本草纲目》：辛，温，无毒。

【功能主治】 ①《本草纲目》：根皮：治风热疬气，杀虫。

②《四川中药志》：根：通利关窍，除风解毒。治风湿骨痛，痒子，疮毒及无名肿毒。

【用法用量】 内服：煎汤或研末，3～15 g。

【附方】 治产后肠脱不收：皂角树皮 250 g，皂角核 64 g，川楝树皮 250 g，石莲子（炒，去心）64 g。为粗末，煎汤，乘热以物围定，坐熏洗之，挹干，便吃补气丸药一服，仰睡。（《妇人良方》）

（5）皂荚刺。

【别名】 皂荚剌、皂剌、皂角针、皂针。

【来源】 豆科植物皂荚 *Gleditsia sinensis* Lam. 的棘刺。

【采收加工】 全年可采，但以 9 月至翌年 3 月为宜。

【性状】 完整的棘刺有多数分枝，主刺圆柱形，长 5～15 cm，基部粗 8～12 mm，末端尖锐；分枝刺一般长 1.5～7 cm，有时再分歧成小刺。表面棕紫色，尖部红棕色，光滑或有细皱纹。质坚硬，难折断。药材多纵切成斜片或薄片，厚在 2 mm 以下，木质部黄白色，中心为淡灰棕色而疏松的髓部。无臭，味淡。以片薄、纯净，整齐者为佳。

【化学成分】 含黄酮苷、酚类、氨基酸。

【炮制】 拣去杂质，用水浸泡，润透后切片，晒干。

【性味】 辛，温。

【功能主治】 拔毒，消肿，排脓。主治痈肿，疮毒，疬风，癣疮。

【用法用量】 内服：煎汤，3～10 g；或入丸、散。外用：醋煎涂，研末撒或调敷。

【注意】 《本草经疏》：凡痈疽已溃不宜服，孕妇亦忌之。

【附方】 ①治痈疽恶毒，外发内发，欲破未破，在四肢肩背肚腹之外者，则痛极大肿，在胸膈腰胁肚腹肠胃之内者，则痛极大胀：皂荚刺飞尖 32 g，乳香、没药、当归、川芎、甘草各 6 g，白芷、花粉、金银花各 15 g。水、酒各二碗，煎一碗半。毒在上，食后服；毒在中半饱服；毒在下空心服。未成可消，已成即溃。（《医鉴初集》）

②治妇人乳痈：皂角刺（烧存性）32 g，蚌粉 3 g。和研，每服 3 g，温酒下。（《仁斋直指方》）

③治疮无头者：皂角刺（阴干烧灰），为末，每服 10 g，酒调，嚼葵菜子 3～5 个，煎药送下。（《儒门事亲》）

④治痔疾，肛边痒痛不止：皂荚刺（烧令烟尽）64 g，臭椿皮（微炙）32 g，防风（去芦头）32 g，赤芍药 32 g，枳壳（麸炒微黄，去瓤）32 g。上药，捣罗为末，用酽醋 32 g，熬一半成膏，次下余药，和丸，如小豆大，每于食前，煎防风汤下 20 丸。（《太平圣惠方》）

⑤治腹内生疮在肠脏：皂角刺不拘多少，好酒一碗，煎至七分，温服。不饮酒者，水煎亦可。（《蔺氏经验方》）

⑥治大风疬疮，体废肢损，形残貌变者：皂角刺飞尖（微炒，研为极细末）500 g，赤炼蛇（切碎，酒煮，去骨取肉，焙）1 条，胡麻仁 95 g，生半夏 32 g，真铅粉 32 g。俱炒燥，研为末，和皂荚刺末，一总水泛为丸，如绿豆大，晒干，入净瓷瓶内。每早晚各服 10 g，白汤下。（《本草汇言》）

⑦治胎衣不下：皂角刺烧为末，每服 3 g，温酒调下。（《妇人良方补遗》）

⑧治小便淋闭：皂角刺（烧存性）、破故纸各等份。为末，无灰酒服。（《圣济总录》）

⑨治小儿重舌：皂角刺灰，入朴硝或脑子少许，漱口，掺入舌下，涎出自消。（《太平圣惠方》）

大豆属 *Glycine* Willd.

391. 大豆 *Glycine max*（L.）Merr.

【别名】乌豆、黑豆、冬豆子。

【形态】一年生草本，高 30 ～ 90 cm。茎粗壮，直立或上部近缠绕状，上部具棱，密被褐色长硬毛。叶通常具 3 小叶；托叶宽卵形，渐尖，长 3 ～ 7 mm，具脉纹，被黄色柔毛；叶柄长 2 ～ 20 cm，幼嫩时散生疏柔毛或具棱并被长硬毛；小叶纸质，宽卵形、近圆形或椭圆状披针形，顶生 1 枚较大，长 5 ～ 12 cm，宽 2.5 ～ 8 cm，先端渐尖或近圆形，稀有钝形，具小尖凸，基部宽楔形或圆形，侧生小叶较小，斜卵形，通常两面散生糙毛或下面无毛；侧脉每边 5 条；小托叶披针形，长 1 ～ 2 mm；小叶柄长 1.5 ～ 4 mm，被黄褐色长硬毛。总状花序短的少花，长的多花；总花梗长 10 ～ 35 mm 或更长，通常有 5 ～ 8 朵无柄的花，植株下部的花有时单生或成对生于叶腋间；苞片披针形，长 2 ～ 3 mm，被糙伏毛；小苞片披针形，长 2 ～ 3 mm，被伏贴的刚毛；花萼长 4 ～ 6 mm，密被长硬毛或糙伏毛，常深裂成 2 唇形，裂片 5，披针形，上部 2 裂片常合生至中部以上，下部 3 裂片分离，均密被白色长柔毛，花紫色、淡紫色或白色，长 4.5 ～ 8（10）mm，旗瓣倒卵状近圆形，先端微凹并通常外反，基部具瓣柄，翼瓣蓖状，基部狭，具瓣柄和耳，龙骨瓣斜倒卵形，具短瓣柄；二体雄蕊；子房基部有不发达的腺体，被毛。荚果肥大，长圆形，稍弯，下垂，黄绿色，长 4 ～ 7.5 cm，宽 8 ～ 15 mm，密被褐黄色长毛；种子 2 ～ 5 颗，椭圆形、近球形、卵圆形至长圆形，长约 1 cm，宽 5 ～ 8 mm，种皮光滑，淡绿色、黄色、褐色和黑色等多样，因品种而异，种脐明显，椭圆形。花期 6—7 月，果期 7—9 月。

【生境分布】全国各地均有栽培。

【药用部位】种子、花、叶、种皮。

【药材名】黑大豆、大豆衣。

（1）黑大豆。

【采收加工】秋季成熟时连根拔起，晒干，搧去禾壳。

【来源】豆科植物大豆 *Glycine max*（L.）Merr. 的黑色种子。

【化学成分】含较丰富的蛋白质、脂肪和糖，以及胡萝卜素、维生素 B_1、维生素 B_2、烟酸、异黄酮类、皂苷等。

【性味】甘，平。

【归经】归脾、肾经。

【功能主治】活血，利水，祛风，解毒。主治水肿胀满，风毒脚气，黄疸浮肿，风痹筋挛，产后风痉、口噤，痈肿疮毒。

【用法用量】内服：煎汤，10～32 g，或入丸、散。外用：研末掺或煮汁涂。

【注意】①《本草经集注》：恶五参，龙胆。得前胡、乌喙、杏仁、牡蛎良。

②《本草纲目》：服蓖麻子者忌炒豆，犯之胀满；服厚朴者亦忌之，动气也。

【附方】①治卒肿满，身面皆洪大：大豆1升。以水5升，煮2升，去豆，纳酒8升，更煮9升，分三、四服，肿瘥后渴，慎不可多饮。（《补辑肘后方》）

②治脚气入腹，心闷者：浓煮大豆汁饮一大升，不止更饮。（张文仲）

③治小儿丹毒：浓煮大豆汁涂之良，瘥，亦无瘢痕。（《千金方》）

④治痘疮湿烂：黑大豆研末敷之。（《本草纲目》）

⑤治小儿汤火疮：水煮大豆汁涂上，易瘥，无斑。（《子母秘录》）

⑥治消渴：乌豆置牛胆中阴干百日，吞之。（《肘后备急方》）

⑦治肾虚消渴难治者：天花粉、大黑豆（炒）。上等份为末，面糊丸，如梧桐子大，黑豆（煎）百粒汤下。（《普济方》）

⑧治小儿胎热：黑豆6 g，甘草3 g，灯心七寸，淡竹叶一片。水煎服。（《全幼心鉴》）

⑨解巴豆毒：大豆汁解之。（《补辑肘后方》）

⑩治壮年肾衰须发早白：何首乌取赤白两种共800 g，牛膝250 g，黑豆3000 g，入蒸笼内蒸至豆烂为度，去豆，加熟地250 g，加炼蜜入石臼内杵烂为丸，梧桐子大，每服50丸。（《万密斋医学全书》）

（2）大豆花。

【采收加工】夏季花开时采收。

【来源】豆科植物大豆 *Glycine max*（L.）Merr. 的花。

【功能主治】《本草纲目》：治目盲翳膜。

（3）黑豆衣。

【采收加工】取黑大豆用清水浸泡，待其发芽后，搓下种皮，晒干。储藏于干燥处。

【来源】豆科植物大豆 *Glycine max*（L.）Merr. 的黑色种皮。

【性状】干燥种皮，多卷成不规则的碎片，外表面棕黑色或黑色，常附有一层灰白色的物质。在较大的碎片中，可见到长环形的种脐。内表面暗灰色至暗棕色，光滑。以干燥、色黑、无杂质者为佳。

【化学成分】含矢车菊苷、飞燕草素 -3- 葡萄糖苷、果胶、乙酰丙酸和多种糖类。

【性味】①《饮片新参》：微甘，凉。

②《药材学》：性温，味甘。

【功能主治】养血疏风。主治阴虚烦热，盗汗，眩晕，头痛。

【用法用量】内服：煎汤，10～15 g。

【注意】现今商品稆豆衣（亦称稆豆皮或料豆衣）药材，即为本品。稆豆原出《本草拾遗》，其原植物历代均有考证，但意见不一，尚无结论。

（4）大豆叶。

【采收加工】夏季采收。

【来源】 豆科植物大豆 *Glycine max*（L.）Merr. 的叶。

【化学成分】 含叶酸、亚叶酸、核黄素、维生素 A、类胡萝卜素、尚含顺 – 乌头酸、景天庚糖等。

【功能主治】 主治血淋，蛇咬。

【附方】 ①治蛇咬：黑豆叶、杵，敷之，日三易，良。（《贞元集要广利方》）

②治血淋：大豆叶一把，水 4 升，煮取 2 升，顿服之。（《千金方》）

392. 野大豆 *Glycine soja* Sieb. et Zucc.

【别名】 马料豆、山黄豆、乌豆、野黄豆。

【形态】 一年生缠绕草本，长 1～4 m。
茎、小枝纤细，全体疏被褐色长硬毛。叶
具 3 小叶，长可达 14 cm；托叶卵状披针形，
急尖，被黄色柔毛。顶生小叶卵圆形或卵
状披针形，长 3.5～6 cm，宽 1.5～2.5 cm，
先端锐尖至钝圆，基部近圆形，全缘，两
面均被绢状的糙伏毛，侧生小叶斜卵状披
针形。总状花序通常短，稀长可达 13 cm；
花小，长约 5 mm；花梗密生黄色长硬毛；
苞片披针形；花萼钟状，密生长毛，裂片 5，
三角状披针形，先端锐尖；花冠淡红紫色
或白色，旗瓣近圆形，先端微凹，基部具

短瓣柄，翼瓣斜倒卵形，有明显的耳，龙骨瓣比旗瓣及翼瓣短小，密被长毛；花柱短而向一侧弯曲。荚果
长圆形，稍弯，两侧稍扁，长 17～23 mm，宽 4～5 mm，密被长硬毛，种子间稍缢缩，干时易裂；种
子 2～3 颗，椭圆形，稍扁，长 2.5～4 mm，宽 1.8～2.5 mm，褐色至黑色。花期 7—8 月，果期 8—10 月。

【生境分布】 全国各地均有分布。生于海拔 150～2650 m 潮湿的田边、园边、沟旁、河岸、湖边、
沼泽、草甸、沿海和岛屿向阳的矮灌丛或芦苇丛中，稀见于沿河岸疏林下。罗田各地均有分布。

【来源】 豆科植物野大豆 *Glycine soja* Sieb. et Zucc. 的种子。

【性味】 甘，温。

【功能主治】 益肾，止汗。主治头晕，目昏，风痹汗多。

【用法用量】 内服：煎汤，10～50 g。

肥皂荚属 *Gymnocladus* Lam.

393. 肥皂荚 *Gymnocladus chinensis* Baill.

【别名】 肉皂荚、内皂角。

【形态】 落叶乔木，无刺，高达 5～12 m；树皮灰褐色，具明显的白色皮孔；当年生小枝被锈色或
白色短柔毛，后变光滑无毛。2 回偶数羽状复叶长 20～25 cm，无托叶；叶轴具槽，被短柔毛；羽片对生、
近对生或互生，5～10 对；小叶互生，8～12 对，几无柄，具钻形的小托叶，小叶片长圆形，长 2.5～5 cm，
宽 1～1.5 cm，两端圆钝，先端有时微凹，基部稍斜，两面被绢质柔毛。总状花序顶生，被短柔毛；花杂性，
白色或带紫色，有长梗，下垂；苞片小或消失；花托深凹，长 5～6 mm，被短柔毛；萼片钻形，较花托

稍短；花瓣长圆形，先端钝，较萼片稍长，被硬毛；花丝被柔毛；子房无毛，不具柄，有 4 颗胚珠，花柱粗短，柱头头状。英果长圆形，长 7 ～ 10 cm，宽 3 ～ 4 cm，扁平或膨胀，无毛，顶端有短喙，有种子 2 ～ 4 颗；种子近球形而稍扁，直径约 2 cm，黑色，平滑无毛。8 月结果。

【生境分布】 生于山野、林旁。罗田凤山有分布。

【采收加工】 10 月采收，阴干。

【药用部位】 果实。

【药材名】 肥皂荚。

【来源】 豆科植物肥皂荚 *Gymnocladus chinensis* Baill. 的果实。

【化学成分】 含皂苷。

【性味】 辛，温。

【功能主治】 除顽痰，涤垢腻。主治咳嗽痰梗，头疮，疥癣。

【用法用量】 内服：煎汤，1.5 ～ 3 g；或入丸、散。外用：捣敷、研末撒或调涂。

【注意】 《本草汇言》：胃弱少食、不食之疾，忌用之。

【附方】 ①治嗉口痢：肥皂荚 1 枚，以盐实其内，烧存性为末，以少许，入白米粥内食之。（《乾坤生意》）

②治肠风：肥皂荚（独牙者），烧灰存性，以一片研末，糕糊丸，一片为末，饮汤调吞下。（《普济方》）

③治便毒初起：肥皂荚捣烂敷之。（《简便单方》）

④治风虚牙肿，老人肾虚，或因凉药擦牙致痛：独子肥皂，以青盐实之，烧存性，研末掺之，或入生樟脑少许。（《卫生家宝方》）

⑤治小儿头疮，因伤汤水成脓，出水不止：肥皂烧存性，入赋粉麻油调搽。（《海上方》）

⑥治秃癞疬流脓：独核肥皂，去核，用砂糖填满，中放巴豆二枚，麻绳扎定，盐泥固之，火煅，青烟起，存性，去泥，入槟榔末，轻粉五七分，研匀，用香油调敷。先用热汤泡灰汁洗净，再用温水洗去，软帛挹干，敷药一宿，便见效，敷后不须再洗。（《普济方》）

⑦治头耳诸疮，眉癣，燕窝疮：肥皂（煅存性）3 g，枯矾 0.3 g，研匀，香油调涂之。（《摘玄方》）

⑧治癣疮不愈：川槿皮煎汤，用肥皂去核及内膜，浸汤，时时搽之。（《简便单方》）

⑨治玉茎湿痒：肥皂一个，烧存性。香油调搽。（《摄生众妙方》）

木蓝属 *Indigofera* L.

394. 多花木蓝 *Indigofera amblyantha* Craib

【别名】 土豆根、山豆根。

【形态】 直立灌木，高 0.8 ～ 2 m，少分枝。茎褐色或淡褐色，圆柱形，幼枝禾秆色，具棱，密被白色平贴丁字毛，后变无毛。羽状复叶长达 18 cm；叶柄长 2 ～ 5 cm，叶轴上面具浅槽，与叶柄均被平贴丁字毛；托叶微小，三角状披针形，长约 1.5 mm；小叶 3～4（5）对，对生，稀互生，形状、大小变异较大，通常为卵状长圆形、长圆状椭圆形、椭圆形或近圆形，长 1～3.7（6.5）cm，宽 1～2（3）cm，先端圆钝，具小尖头，基部楔形或阔楔形，上面绿色，疏生丁字毛，下面苍白色，被毛较密，中脉上面微凹，下面隆起，侧脉 4～6 对，上面隐约可见；小叶柄长约 1.5 mm，被毛；小托叶微小。总状

花序腋生，长达 11～15 cm，近无总花梗；苞片线形，长约 2 mm，早落；花梗长约 1.5 mm；花萼长约 3.5 mm，被白色平贴丁字毛，萼筒长约 1.5 mm，最下萼齿长约 2 mm，两侧萼齿长约 1.5 mm，上方萼齿长约 1 mm；花冠淡红色，旗瓣倒阔卵形，长 6～6.5 mm，先端螺壳状，瓣柄短，外面被毛，翼瓣长约 7 mm，龙骨瓣较翼瓣短，距长约 1 mm；花药球形，顶端具小凸尖；子房线形，被毛，有胚珠 17～18 颗。荚棕褐色，线状圆柱形，长 3.5～6（7）cm，被短丁字毛，种子间有横隔，内果皮无斑点；种子褐色，长圆形，长约 2.5 mm。花期 5—7 月，果期 9—11 月。

【生境分布】 生于海拔 300～1200 m 的山沟灌丛中。罗田各地均有分布。

【采收加工】 春、冬季采挖。

【药用部位】 根。

【药材名】 山豆根。

【来源】 豆科植物多花木蓝 *Indigofera amblyantha* Craib 的根。

【功能主治】 清火解毒，消肿止痛。

【用法用量】 内服：煎汤，10～16 g。

395. 华东木蓝 *Indigofera fortunei* Craib

【别名】 和琼木蓝、野蚕豆根。

【形态】 灌木，高达 1 m。茎直立，灰褐色或灰色，分枝有棱。无毛。羽状复叶长 10～15（20）cm；叶柄长 1.5～4 cm，叶轴上面具浅槽，叶轴和小柄均无毛；托叶线状披针形，长 3.5～4（8）mm，早落；小叶 3～7 对，对生，间有互生，卵形、阔卵形、卵状椭圆形或卵状披针形，长 1.5～2.5（4.5）cm，宽 0.8～2.8 cm，先端钝圆或急尖，微凹，有长约 2 mm 的小尖头，基部圆形或阔楔形，幼时在下面中脉及边缘疏被丁字毛，后脱落变无毛，中脉上面凹入，下面隆起，细脉明显；小叶柄长约 1 mm；小托叶钻形，与小叶柄等长或较长。总状花序长 8～18 cm；总花梗长达 3 cm，常短于叶柄，无毛；苞片卵形，长约 1 mm，早落；花梗长达 3 mm；花萼斜杯状，长 2.5 mm，外面疏生丁字毛，萼齿三角形，长约 0.5 mm，最下萼齿稍长；花冠红紫色或粉红色，旗瓣倒阔卵形，长（8.5）10～11.5 mm，宽 6～8.5 mm，

先端微凹，外面密生短柔毛，翼瓣长 9 ～ 11 mm，宽 2.5 mm，瓣柄长约 1 mm，边缘有毛，龙骨瓣长可达 11.5 mm，宽 4 ～ 4.5 mm，近边缘及上部有毛，距短；花药阔卵形，顶端有小凸尖，两端有毛；子房无毛，有胚珠 10 余颗。荚果褐色，线状圆柱形，长 3 ～ 4（5）cm，无毛，开裂后果瓣旋卷。内果皮具斑点。花期 4—5 月，果期 5—9 月。

【生境分布】生于山坡疏林或灌丛中，海拔 200 ～ 800 m。罗田中、低山区有分布。

【采收加工】春、秋季采收，洗净切碎，晒干。

【药用部位】根及叶。

【药材名】木蓝。

【来源】豆科植物华东木蓝 *Indigofera fortunei* Craib 的根和叶。

【性味】苦，寒。

【功能主治】清热解毒，消肿止痛。主治流行性乙型脑炎，咽喉肿痛，肺炎，蛇咬伤。

【用法用量】内服：煎汤，32 ～ 64 g。外用：适量，鲜叶捣烂敷患处。

396. 河北木蓝 *Indigofera bungeana* Walp.

【别名】野槐树、野蓝枝子、野绿豆、山皂角、铁皂角、马棘。

【形态】小灌木，高 1 ～ 3 m，多分枝。枝细长，幼枝灰褐色，明显有棱，被丁字毛。羽状复叶长 3.5 ～ 6 cm；叶柄长 1 ～ 1.5 cm，被平贴丁字毛，叶轴上面扁平；托叶小，狭三角形，长约 1 mm，早落；小叶（2）3 ～ 5 对，对生，椭圆形、倒卵形或倒卵状椭圆形，长 1 ～ 2.5 cm，宽 0.5 ～ 1.1（1.5）cm，先端圆或微凹，有小尖头，基部阔楔形或近圆形，两面有

白色丁字毛，有时上面毛脱落；小叶柄长约 1 mm；小托叶微小，钻形或不明显。总状花序，花开后较复叶长，长 3 ～ 11 cm，花密集；总花梗短于叶柄；花梗长约 1 mm；花萼钟状，外面有白色和棕色平贴丁字毛，萼筒长 1 ～ 2 mm，萼齿不等长，与萼筒近等长或略长；花冠淡红色或紫红色，旗瓣倒阔卵形，长 4.5 ～ 6.5 mm，先端螺壳状，基部有瓣柄，外面有丁字毛，翼瓣基部有耳状附属物，龙骨瓣近等长，距长约 1 mm，基部具耳；花药圆球形，子房有毛。荚果线状圆柱形，长 2.5 ～ 4（5.5）cm，直径约 3 mm，顶端渐尖，幼时密生短丁字毛，种子间有横隔，仅在横隔上有紫红色斑点；果梗下弯；种子椭圆形。花期 5—8 月，果期 9—10 月。

【生境分布】生于山坡竹林下。罗田各地均有分布。

【采收加工】9—10 月采收。

【药用部位】全草。

【药材名】马棘（一味药）。

【来源】豆科植物河北木蓝 *Indigofera bungeana* Walp. 的全草。

【性味】《四川中药志》：味苦涩，性温，无毒。

【功能主治】主治瘰疬，痔疮，食积，感寒咳嗽。

《民间常用草药汇编》：利水，消胀。

【用法用量】内服：煎汤，10 ～ 32 g；或炖肉服。

【附方】①治瘰子初起，结核硬块：一味药、马桑根、何首乌，炖猪肉服。（《四川中药志》）

②治小儿食积饱胀：一味药、刮经板、石竹根、鱼鳅串、萝卜子，水煎服。（《四川中药志》）

③治烂脚：马棘全草晒干，烧灰，用青油调敷。（《浙江民间常用草药》）

397. 木蓝 *Indigofera tinctoria* L.

【别名】大蓝、大蓝青、水蓝。

【形态】直立亚灌木，高 0.5 ～ 1 m，分枝少。幼枝有棱，扭曲，被白色丁字毛。羽状复叶长 2.5 ～ 11 cm；叶柄长 1.3 ～ 2.5 cm，叶轴上面扁平，有浅槽，被丁字毛，托叶钻形，长约 2 mm；小叶 4 ～ 6 对，对生，倒卵状长圆形或倒卵形，长 1.5 ～ 3 cm，宽 0.5 ～ 1.5 cm，先端圆钝或微凹，基部阔楔形或圆形，两面被丁字毛或上面近无毛，中脉上面凹入，侧脉不明显；小叶柄长约 2 mm；小托叶钻形。总状花序长 2.5 ～ 5（9）cm，花疏生，近无

总花梗；苞片钻形，长 1 ～ 1.5 mm；花梗长 4 ～ 5 mm；花萼钟状，长约 1.5 mm，萼齿三角形，与萼筒近等长，外面有丁字毛；花冠伸出萼外，红色，旗瓣阔倒卵形，长 4 ～ 5 mm，外面被毛，瓣柄短，翼瓣长约 4 mm，龙骨瓣与旗瓣等长；花药心形；子房无毛。荚果线形，长 2.5 ～ 3 cm，种子间有缢缩，外形似串珠状，有毛或无毛，有种子 5 ～ 10 颗，内果皮具紫色斑点；果梗下弯。种子近方形，长约 1.5 mm。花期几乎全年，果期 10 月。

【生境分布】野生或栽培。罗田各地均有分布。

【采收加工】夏、秋季采收。

【药用部位】全草。

【药材名】木蓝。

【来源】豆科植物木蓝 *Indigofera tinctoria* L. 的叶及茎。

【化学成分】全草含靛苷，水解后生成 3- 羟基吲哚。种子含多糖。

【性味】苦，寒。

【功能主治】清热解毒，去瘀止血。主治流行性乙型脑炎，腮腺炎，目赤，疮肿，吐血。

【附方】①预防流行性乙型脑炎：木蓝鲜枝叶 15 ～ 32 g，水煎服。每 3 天 1 次，连服数次。

②治流行性乙型脑炎：木蓝鲜全草 64 ～ 95 g，水煎服。

③治腮腺炎：木蓝鲜全草 32 g，水煎服；另用木蓝鲜叶和醋捣烂绞汁，涂抹患处。（①～③方出自《福建中草药》）

【用法用量】内服：煎汤，16 ～ 32 g。外用：煎水洗或捣敷。

【注意】本植物的根（大靛根）以及叶的加工制成品（青黛、蓝靛）亦供药用。

鸡眼草属 *Kummerowia* Schindl.

398. 长萼鸡眼草 *Kummerowia stipulacea*（Maxim.）Makino

【别名】夜关门、斑鸠窝、人字草。

【形态】一年生草本，高7～15 cm。茎平伏、上升或直立，多分枝，茎和枝上被疏生向上的白毛，有时仅节处有毛。叶为3出羽状复叶；托叶卵形，长3～8 mm，比叶柄长或有时近相等，边缘通常无毛；叶柄短；小叶纸质，倒卵形、宽倒卵形或倒卵状楔形，长5～18 mm，宽3～12 mm，先端微凹或近截形，基部楔形，全缘；下面中脉及边缘有毛，侧脉多而密。花常1～2朵腋生；小苞片4，较萼筒稍短、稍长或近等长，生于萼下，其中1枚很小，生于花梗关节之下，常具1～3条脉；花梗有毛；花萼膜质，阔钟形，5裂，裂片宽卵形，有缘毛；花冠上部暗紫色，长5.5～7 mm，旗瓣椭圆形，先端微凹，下部渐狭成瓣柄，较龙骨瓣短，翼瓣狭披针形，与旗瓣近等长，龙骨瓣钝，上面有暗紫色斑点；二体雄蕊（9+1）。荚果椭圆形或卵形，稍侧偏，长约3 mm，常较萼长1.5～3倍。花期7～8月，果期8～10月。

【生境分布】生于路旁、草地、山坡、固定或半固定沙丘等处，海拔100～1200 m。罗田各地均有分布。

【采收加工】夏季采收。

【药用部位】全草。

【药材名】夜关门。

【来源】豆科植物长萼鸡眼草 *Kummerowia stipulacea*（Maxim.）Makino 的全草。

【性味】甘，平。

【功能主治】清热解毒，健脾利湿，解热止痢。

【用法用量】内服：煎汤，16～32 g。

399. 鸡眼草 *Kummerowia striata*（Thunb.）Schindl.

【别名】公母草、土文花、蚂蚁草、红骨丹。

【形态】一年生草本，披散或平卧，多分枝，高（5）10～45 cm，茎和枝上被倒生的白色细毛。叶为3出羽状复叶；托叶大，膜质，卵状长圆形，比叶柄长，长3～4 mm，具条纹，有缘毛；叶柄极短；小叶纸质，倒卵形、长倒卵形或长圆形，较小，长6～22 mm，宽3～8 mm，先端圆形，稀微缺，基部近圆形或宽楔形，全缘；

两面沿中脉及边缘有白色粗毛，但上面毛较稀少，侧脉多而密。花小，单生或 2～3 朵簇生于叶腋；花梗下端具 2 枚大小不等的苞片，萼基部具 4 枚小苞片，其中 1 枚极小，位于花梗关节处，小苞片常具 5～7 条纵脉；花萼钟状，带紫色，5 裂，裂片宽卵形，具网状脉，外面及边缘具白毛；花冠粉红色或紫色，长 5～6 mm，较萼约长 1 倍，旗瓣椭圆形，下部渐狭成瓣柄，具耳，龙骨瓣比旗瓣稍长或近等长，翼瓣比龙骨瓣稍短。荚果圆形或倒卵形，稍侧扁，长 3.5～5 mm，较花萼稍长或长达 1 倍，先端短尖，被小柔毛。花期 7—9 月，果期 8—10 月。

【生境分布】 生于向阳山坡的路旁、田中、林中及水边。罗田各地均有分布。

【采收加工】 7—8 月采收，晒干或鲜用。

【药用部位】 全草。

【药材名】 鸡眼草。

【来源】 豆科植物鸡眼草 *Kummerowia striata*（Thunb.）Schindl. 的全草。

【化学成分】 叶含黄酮类、葡萄糖苷。

【性味】 甘、辛，平。

【功能主治】 清热解毒，健脾利湿。主治感冒发热，暑湿吐泻，疟疾，痢疾，病毒性肝炎，热淋，白浊。

【附方】 ①治突然吐泻腹痛：土文花嫩尖叶，口中嚼之，其汁咽下。（《贵州民间药物》）

②治中暑发痧：鲜鸡眼草 95～125 g。捣烂冲开水服。（《福建中草药》）

③治湿热黄疸，暑泻，肠风便血：公母草 21～32 g。水煎服。年久肠风，须久服有效。（《三年来的中医药实验研究》）

④治赤白久痢：鲜鸡眼草 64 g，凤尾蕨 5 g。水煎，饭前服。（《浙江民间常用草药》）

⑤治红白痢疾：公母草 5 g，六月霜 6 g。水煎，去渣，红痢加红糖，白痢加白糖服。（《三年来的中医药实验研究》）

⑥治疟疾：鸡眼草 32～95 g。水煎，分 2～3 次服。一日一剂，连服三天。（《单方验方调查资料选编》）

⑦治小儿疳积：鸡眼草 15 g。水煎服。（《浙江民间常用草药》）

⑧治胃痛：鸡眼草 32 g。水煎温服。（《福建中草药》）

⑨治小便不利：鲜鸡眼草 32～64 g。水煎服。（《福建中草药》）

⑩治热淋：公母草 21～32 g。米酒水煎服。（《三年来的中医药实验研究》）

⑪治妇人带下：公母草 21～32 g，用精猪肉 32～95 g 炖汤，以汤煎药服。（《三年来的中医药实验研究》）

⑫治跌打损伤：鸡眼草捣烂外敷。（《湖南药用植物志》）

【用法用量】 内服：煎汤，10～15 g。外用：捣敷或捣汁涂。

【注意】 同属植物长萼鸡眼草形态与鸡眼草相似，但茎较粗壮直立；小叶倒卵形，密生长毛；萼片稍长。有些地区亦作鸡眼草使用。

扁豆属 *Lablab* Adans.

400. 扁豆 *Lablab purpureus*（L.）Sweet

【别名】 南扁豆、茶豆、南豆。

【形态】 多年生、缠绕藤本。全株几无毛，茎长可达 6 m，常呈淡紫色。羽状复叶具 3 小叶；托叶基着，披针形；小托叶线形，长 3～4 mm；小叶宽三角状卵形，长 6～10 cm，宽约与长相等，侧生小叶两边不等大，偏斜，先端急尖或渐尖，基部近截平。总状花序直立，长 15～25 cm，花序轴粗壮，总

花梗长 8 ～ 14 cm；小苞片 2，近圆形，长
3 mm，脱落；花 2 至多朵簇生于每一节上；
花萼钟状，长约 6 mm，上方 2 裂齿几完全
合生，下方的 3 枚近相等；花冠白色或紫色，
旗瓣圆形，基部两侧具 2 枚长而直立的小
附属体，附属体下有 2 耳，翼瓣宽倒卵形，
具截平的耳，龙骨瓣呈直角弯曲，基部渐
狭成瓣柄；子房线形，无毛，花柱比子房长，
弯曲不逾 90°，一侧扁平，近顶部内缘被毛。
荚果长圆状镰形，长 5 ～ 7 cm，近顶端最阔，
宽 1.4 ～ 1.8 cm，扁平，直或稍向背弯曲，

顶端有弯曲的尖喙，基部渐狭；种子 3 ～ 5 颗，扁平，长椭圆形，在白花品种中为白色，在紫花品种中为
紫黑色，种脐线形，长约占种子周围的 2/5。花期 4—12 月。

【生境分布】家种。

【药用部位】种子、花、根、藤、种皮、叶。

【药材名】扁豆、扁豆花、扁豆根、扁豆藤、扁豆衣、扁豆叶。

（1）扁豆。

【采收加工】立冬前后摘取成熟荚果，晒干，打出种子，再晒至全干。

【来源】豆科植物扁豆 *Lablab purpureus*（L.）Sweet 的白色种子。

【性状】干燥种子为扁椭圆形或扁卵圆形，长 8 ～ 12 mm，宽 6 ～ 9 mm，厚 4 ～ 7 mm。表面黄白色，
平滑而光泽，一侧边缘有半月形白色隆起的种阜，占周径的 1/3 ～ 1/2，剥去后可见凹陷的种脐，紧接种
阜的一端有 1 珠孔，另一端有短的种脊。质坚硬，种皮薄而脆，内有子叶 2 枚，肥厚，黄白色，角质。嚼
之有豆腥气。以饱满、色白者为佳。

【化学成分】种子每百克含蛋白质 23.7 g，脂肪 1.8 g，糖 57 g，钙 46 mg，磷 52 mg，铁 1 mg，植
酸钙镁 247 mg，泛酸 1.23 mg，锌 2.44 mg。

种子中含胰蛋白酶抑制物、淀粉酶抑制物、血球凝集素 A、B。并含有对小鼠 Columbia SK 病毒有抑
制作用的成分；尚含豆甾醇、磷脂（主要是磷脂酰乙醇胺）、蔗糖、棉子糖、水苏糖、葡萄糖、半乳糖、
果糖、淀粉、氰苷、酪氨酸酶等。豆荚含哌啶酸。

【药理作用】在扁豆中可分出两种不同的植物凝集素，凝集素甲不溶于水，无抗胰蛋白酶活性；
如混于食物中饲喂大鼠，可抑制其生长，甚至引起肝的区域性坏死；加热后则毒性大为减弱，故凝集
素甲是粗制扁豆粉中的部分有毒成分。凝集素乙可溶于水，有抗胰蛋白酶的活性。有人测得其分子量
为 23688，对胰蛋白酶的为非竞争抑制。在 15 ～ 18℃（pH 3 ～ 10）可保持活力 30 天以上。高压蒸汽
消毒或煮沸 1 h 后，活力损失 86％ ～ 94％。此种胰蛋白酶抑制剂在体外一般不能被蛋白酶分解，在体
内不易消化，在 1 mg/0.1 ml 浓度时，由于抑制了凝血酶，可使枸橼酸血浆的凝固时间由 20 s 延长至
60 s。

【炮制】生扁豆：拣净杂质，置沸水中稍煮，至种皮鼓起、松软为度，捞出，浸入冷水中，脱去皮，
晒干。炒扁豆：取净扁豆仁，置锅内微炒至黄色，略带焦斑为度，取出放凉。

【性味】甘，平。

【归经】归脾、胃经。

【功能主治】健脾和中，消暑化湿。主治暑湿吐泻，脾虚呕逆，食少久泄，水停消渴，赤白带下，
小儿疳积。

【用法用量】内服：煎汤，10～18 g；或入丸、散。

【注意】①陶弘景：患寒热病者，不可食。

②《食疗本草》：患冷气人勿食。

③《随息居饮食谱》：患疟者忌之。

【附方】①治脾胃虚弱，饮食不进而呕吐泄泻者：白扁豆（姜汁浸，去皮，微炒）480 g，人参（去芦）、白茯苓、白术、甘草（炒）、山药各 500 g，莲子肉（去皮），桔梗（炒令深黄色）、薏苡仁、缩砂仁各 500 g。上为细末，每服 6 g，枣汤调下，小儿量岁数加减服。（《局方》）

②治霍乱：扁豆 1 升，香薷 1 升。以水 6 升煮取 2 升，分服。单用亦得。（《千金方》）

③水肿：扁豆 3 升，炒黄，磨成粉。每早午晚各食前，大人用 10 g，小儿用 3 g，灯心汤调服。（《本草汇言》）

④治赤白带下：白扁豆炒为末，用米饮每服 6 g。（《永类钤方》）

⑤治中砒霜毒：白扁豆生研，水绞汁饮。（《永类钤方》）

⑥治恶疮连痂痒痛：捣扁豆封，痂落即瘥。（《补辑肘后方》）

⑦虚弱之人，常用服之：绿豆 2 升，白扁豆 2 升，大豆黄卷 1 升，糯米 1.5 升，粳米 1.5 升，莲肉 64 g，大山药 64 g，白术 95 g，薏苡 64 g，上药炒熟共为细粉，食用前用生姜大枣煎汤调服 15 g，或作糕食之。（《万密斋医学全书》）

【注意】扁豆的种子有白色、黑色、红褐色等数种，入药主要用白扁豆；黑色古名"鹊豆"，不供药用；红褐色者在广西民间称"红雪豆"，用作清肝、消炎药，治眼生翳膜。

（2）扁豆花。

【采收加工】7—8 月采摘未完全开发的花，迅速晒干或烘干，晒时要经常翻动，至干足为止。鲜用时随用随采。

【来源】豆科植物扁豆 *Lablab purpureus*（L.）Sweet 的花。

【性味】甘，平。

【功能主治】解暑化湿，止泻，止带。主治中暑发热，呕吐泻泄，带下。

【用法用量】内服：煎汤，3～10 g，鲜品加倍。

（3）扁豆根。

【采收加工】秋季采收。

【来源】豆科植物扁豆 *Lablab purpureus*（L.）Sweet 的根。

【化学成分】根含天门冬素酶。根瘤中含多种游离的氨基酸。

【功能主治】主治便血，痔漏，淋浊。

【用法用量】内服：煎汤，6～10 g。

（4）扁豆藤。

【采收加工】秋季采收。

【来源】豆科植物扁豆 *Lablab purpureus*（L.）Sweet 的藤茎。

【功能主治】①《滇南本草》：治风痰迷窍，癫狂乱语，同朱砂为末姜汤下。

②《本草纲目》：治霍乱，同芦蓣、人参、仓米各等份煎服。

【用法用量】内服：煎汤，10～15 g；或研末为散。

（5）扁豆衣。

【别名】扁豆皮。

【采收加工】秋季采收。

【来源】豆科植物扁豆 *Lablab purpureus*（L.）Sweet 的干燥种皮。

【性状】 干燥种皮呈不规则卷缩片状，大小不一，厚不到 1 mm，光滑，乳白色或淡黄白色，种阜半月形，类白色。质坚，易碎。气味皆弱。以色黄白、片大者为佳。

【功能主治】 健脾，化湿。主治痢疾，腹泻，脚气浮肿。

【用法用量】 内服：煎汤，6～10 g。

（6）扁豆叶。

【采收加工】 夏季采收。

【来源】 豆科植物扁豆 *Lablab purpureus*（L.）Sweet 的叶。

【化学成分】 含胡萝卜素和叶黄素等，且胡萝卜素含量丰富。

【性味】 《生草药性备要》：味辛甜，性平，有小毒。

【功能主治】 主治吐泻转筋，疮毒，跌打创伤。

【用法用量】 内服：煎汤或捣汁。外用：捣敷或烧存性研末调敷。

胡枝子属 *Lespedeza* Michx.

401. 中华胡枝子 *Lespedeza chinensis* G. Don

【别名】 清肺草、清肠草。

【形态】 小灌木，高达 1 m。全株被白色伏毛，茎下部毛渐脱落，茎直立或铺散；分枝斜升，被柔毛。托叶钻状，长 3～5 mm；叶柄长约 1 cm；羽状复叶具 3 小叶，小叶倒卵状长圆形、长圆形、卵形或倒卵形，长 1.5～4 cm，宽 1～1.5 cm，先端截形、近截形、微凹或钝头，具小刺尖，边缘稍反卷，上面无毛或疏生短柔毛，下面密被白色伏毛。总状花序腋生，不超出叶，少花；总花梗极短；花梗长 1～2 mm；苞片及小苞片披针形，小苞片 2，长 2 mm，被伏毛；

花萼长为花冠之半，5 深裂，裂片狭披针形，长约 3 mm，被伏毛，边具缘毛；花冠白色或黄色，旗瓣椭圆形，长约 7 mm，宽约 3 mm，基部具瓣柄及 2 耳状物，翼瓣狭长圆形，长约 6 mm，具长瓣柄，龙骨瓣长约 8 mm，闭锁花簇生于茎下部叶腋。荚果卵圆形，长约 4 mm，宽 2.5～3 mm，先端具喙，基部稍偏斜，表面有网纹，密被白色伏毛。花期 8～9 月，果期 10—11 月。

【生境分布】 生于阳山坡疏林下及林边草丛中。罗田骆驼坳镇有分布。

【采收加工】 夏、秋季采收。

【药用部位】 全草。

【药材名】 胡枝子。

【来源】 豆科植物中华胡枝子 *Lespedeza chinensis* G. Don 的全草。

【功能主治】 清热止痢，祛风止痛，截疟。主治急性细菌性痢疾，关节痛，疟疾。

【用法用量】 内服：煎汤，10～16 g。

402. 截叶铁扫帚 *Lespedeza cuneata* G. Don

【别名】 铁扫帚、马帚、铁线八草、夜关门、蛇退草、退烧草。

【形态】 小灌木，高达 1 m。茎直立或斜升，被毛，上部分枝；分枝斜上举。叶密集，柄短；小叶楔形或线状楔形，长1～3 cm，宽2～5（7）mm，先端截形或近截形，具小刺尖，基部楔形，上面近无毛，下面密被伏毛。总状花序腋生，具2～4朵花；总花梗极短；小苞片卵形或狭卵形，长1～1.5 mm，先端渐尖，背面被白色伏毛，边具缘毛；花萼狭钟形，密被伏毛，5深裂，裂片披针形；花冠淡

黄色或白色，旗瓣基部有紫斑，有时龙骨瓣先端带紫色，冀瓣与旗瓣近等长，龙骨瓣稍长；闭锁花簇生于叶腋。荚果宽卵形或近球形，被伏毛，长2.5～3.5 mm，宽约2.5 mm。花期7—8月，果期9—10月。

【生境分布】 生于山坡、荒地或路边。罗田各地均有分布。

【采收加工】 9—10月采收，鲜用或晒干。

【药用部位】 带根全草。

【药材名】 铁扫帚。

【来源】 豆科植物截叶铁扫帚 *Lespedeza cuneata* G. Don 的全草或带根全草。

【化学成分】 含蒎立醇、黄酮类、酚类、鞣质以及 β–谷甾醇。

【性味】 苦、辛，凉。

【归经】《闽东本草》：入肺、肝、肾三经。

【功能主治】 补肝肾，益肺阴，散瘀消肿。主治遗精，遗尿，白浊，带下，哮喘，劳伤，小儿疳积，跌打损伤，视力减退，目赤，乳痈。

【用法用量】 内服：煎汤，铁扫帚16～32 g（鲜品加倍）；或炖肉。外用：煎水熏洗或捣敷。

【附方】①治遗精：退烧草32 g。炖猪肉服，早晚各服1次。（《贵州民间药物》）

②治老人肾虚遗尿：夜关门、竹笋子、黑豆、糯米、胡椒。共炖猪小肚子服。（《四川中药志》）

③治糖尿病：截叶铁扫帚鲜全草125 g，酌加鸡肉，水炖服；另用铁苋菜干全草32～64 g，水煎代茶饮。（《福建中草药》）

④治大小人流尿：夜关门，煮绿壳鸭蛋食。（《四川中药志》）

⑤治慢性白浊：夜关门、梦花根、白藓皮。炖五花肉服。（《四川中药志》）

⑥治溃疡病：乌药10 g，截叶铁扫帚10 g，仙鹤草32 g。水煎，每日1剂，分2次服。忌辛辣刺激食物。（《单方验方调查资料选编》）

⑦治胃痛，肾炎水肿：铁扫帚10～15 g（大剂量可用32 g）。水煎服。（《上海常用中草药》）

⑧治劳伤脱力：铁扫帚根32～64 g。水煎，蜂蜜冲服。（《浙江民间常用草药》）

⑨治神经衰弱，白带过多：铁扫帚全草或根50 g。水煎服。（《浙江民间常用草药》）

⑩治小儿面目发黄：射干3 g，鱼鳅串根10 g，退烧草10 g。以上各药，均用干的，淘米水煨服。每天3次，一次服药水32～64 g。（《贵州民间药物》）

⑪治疳泻：铁扫帚全草，水煎服。（《湖南药物志》）

⑫治小儿疳积：鲜夜关门 10～15 g。和未沾水的鸡肝炖服，连服 3～5 次。

⑬治痢疾：鲜夜关门根 95～125 g。水煎服。（⑫方及⑬方出自《福建民间草药》）

⑭治产后关节痛风：鲜夜关门根 125 g，猪蹄 250 g，酒 125 g，酌加水煎服。（《福建民间草药》）

⑮治肝热迫眼，赤肿疼痛：鲜夜关门 24～32 g。酌加冰糖，冲开水，炖 1 h，饭后服，日 2 次。（《福建民间草药》）

⑯治打伤致小便不通，小腹胀痛：夜关门 32 g，积雪草 15 g。酌加水煎，日服 2 次。（《福建民间草药》）

⑰治刀伤：退烧草，口嚼，敷刀伤处。（《贵州民间药物》）

⑱治犬咬、蛇虫伤，风热，湿毒：铁扫帚 15～32 g。水煎，内服并外洗。（《湖南药物志》）

403. 美丽胡枝子 *Lespedeza thunbergii* subsp. *formosa* (Vogel) H. Ohashi

【别名】夜关门、鸡丢枝、三必根、马须草、马乌柴。

【形态】直立灌木，高 1～2 m。多分枝，枝伸展，被疏柔毛。托叶披针形至线状披针形，长 4～9 mm，褐色，被疏柔毛；叶柄长 1～5 cm；被短柔毛；小叶椭圆形、长圆状椭圆形或卵形，稀倒卵形，两端稍尖或稍钝，长 2.5～6 cm，宽 1～3 cm，上面绿色，稍被短柔毛，下面淡绿色，贴生短柔毛。总状花序单一，腋生，比叶长，或构成顶生的圆锥花序；总花梗长可达 10 cm，被短柔毛；苞片卵状渐尖，

长 1.5～2 mm，密被茸毛；花梗短，被毛；花萼钟状，长 5～7 mm，5 深裂，裂片长圆状披针形，长为萼筒的 2～4 倍，外面密被短柔毛；花冠红紫色，长 10～15 mm；旗瓣近圆形或稍长，先端圆，基部具明显的耳和瓣柄，翼瓣倒卵状长圆形，短于旗瓣和龙骨瓣，长 7～8 mm，基部有耳和细长瓣柄，龙骨瓣比旗瓣稍长，在花盛开时明显长于旗瓣，基部有耳和细长瓣柄。荚果倒卵形或倒卵状长圆形，长 8 mm，宽 4 mm，表面具网纹且被疏柔毛。花期 7—9 月，果期 9—10 月。

【生境分布】生于山坡林下或杂草丛中。罗田各地均有分布。

【采收加工】春至秋季采收。

【药用部位】茎叶。

【药材名】美丽胡枝子。

【来源】豆科植物美丽胡枝子 *Lespedeza thunbergii* subsp. *formosa*（Vogel）H. Ohashi 的茎叶。

【性味】苦，平。

【功能主治】主治小便不利。

【附方】治小便不利：美丽胡枝子鲜茎、叶 32～64 g，金丝草鲜全草 32 g，水煎服。（性味以下出自《福建中草药》）

404. 铁马鞭 *Lespedeza pilosa*（Thunb.）Sieb. et Zucc.

【别名】金钱藤、野花草。

【形态】多年生草本。全株密被长柔毛，茎平卧，细长，长 60～80（100）cm，少分枝，匍匐地面。托叶钻形，长约 3 mm，先端渐尖；叶柄长 6～15 mm；羽状复叶具 3 小叶；小叶宽倒卵形或倒卵状圆形，长 1.5～2 cm，宽 1～1.5 cm，先端圆形、近截形或微凹，有小刺尖，基部圆形或近截形，两面密被长毛，顶生小叶较大。总状花序腋生，比叶短；苞片钻形，长 5～8 mm，上部边缘具缘毛；总花梗极短，密被长毛；小苞片 2，披针状钻形，长 1.5 mm，背部中脉具长毛，边缘具缘毛；

花萼密被长毛，5 深裂，上方 2 裂片基部合生，上部分离，裂片狭披针形，长约 3 mm，先端长渐尖，边缘具长缘毛；花冠黄白色或白色，旗瓣椭圆形，长 7～8 mm，宽 2.5～3 mm，先端微凹，具瓣柄，翼瓣比旗瓣与龙骨瓣短；闭锁花常 1～3 集生于茎上部叶腋，无梗或近无梗，结实。荚果广卵形，长 3～4 mm，凸镜状，两面密被长毛，先端具尖喙。花期 7—9 月，果期 9—10 月。

【生境分布】生于阳坡林下或草丛中。罗田各地均有分布。

【采收加工】春至秋季采收。

【药用部位】全草。

【药材名】铁马鞭。

【来源】豆科植物铁马鞭 *Lespedeza pilosa*（Thunb.）Sieb. et Zucc. 的全草。

【功能主治】主治体虚久热不退，瘰疬腹部胀痛，水肿，痈疽，指疗。

《植物名实图考》：散血。

【附方】①治体虚久热不退（俗称脱力伤寒）：铁马鞭 32 g，寒扭根、金腰带（豆科山蚂蝗）、仙鹤草、天青地白草（菊科）各 15～18 g。水煎，早、晚饭前各服 1 次。（《浙江天目山药用植物志》）

②治腋痈疽：鲜铁马鞭 64 g，鸡蛋 3 个。水煎服。

③治水肿：铁马鞭全草或根、山查根、白茅根各 10～21 g，猪肉 250 g。蒸服，连服 3 次。

④治瘰疬或腹胀肚痛：铁马鞭根或全草 16～32 g。水煎服。

⑤治指疗：铁马鞭用酒浸后，把酒倒掉，捣烂敷患处。（②方及以下出自江西《草药手册》）

【用法用量】内服：煎汤，15～18 g。外用：酒浸后捣敷。

405. 绒毛胡枝子 *Lespedeza tomentosa*（Thunb.）Sieb. ex Maxim.

【别名】山豆花、毛胡枝子、白土子、白萩、小雪人参。

【形态】灌木，高达 1 m。全株密被黄褐色茸毛。茎直立，单一或上部少分枝。托叶线形，长约 4 mm；羽状复叶具 3 小叶；小叶质厚，椭圆形或卵状长圆形，长 3～6 cm，宽 1.5～3 cm，先端钝或微心形，边缘稍反卷，上面被短伏毛，下面密被黄褐色茸毛或柔毛，沿脉上尤多；叶柄长 2～3 cm。总状花序顶生或于茎上部腋生；总花梗粗壮，长 4～8（12）cm；苞片线状披针形，长 2 mm，有毛；

花具短梗，密被黄褐色茸毛；花萼密被毛，长约
6 mm，5 深裂，裂片狭披针形，长约 4 mm，先端
长渐尖；花冠黄色或黄白色，旗瓣椭圆形，长约
1 cm，龙骨瓣与旗瓣近等长，翼瓣较短，长圆形；
闭锁花生于茎上部叶腋，簇生成球状。荚果倒卵形，
长 3 ～ 4 mm，宽 2 ～ 3 mm，先端有短尖，表面密
被毛。

　　【生境分布】 生于山坡灌丛中或草丛中。罗田
各地均有分布。

　　【采收加工】 春至秋季采收。

　　【药用部位】 根。

　　【药材名】 山豆花根。

　　【来源】 豆科植物绒毛胡枝子 *Lespedeza tomentosa*（Thunb.）Sieb. ex Maxim. 的全草。

　　【性味】 甘，平。

　　【功能主治】 健脾补虚。主治虚劳，虚肿。

406. 细梗胡枝子 *Lespedeza virgata*（Thunb.）DC.

　　【别名】 一字草、猫眼草。

　　【形态】 小灌木，高 25 ～ 50 cm，
有时可达 1 m。基部分枝，枝细，带紫色，
被白色伏毛。托叶线形，长 5 mm；羽状
复叶具 3 小叶；小叶椭圆形、长圆形或
卵状长圆形，稀近圆形，长 0.6 ～ 3 cm，
宽 4 ～ 10（15）mm，先端钝圆，有时微
凹，有小刺尖，基部圆形，边缘稍反卷，
上面无毛，下面密被伏毛，侧生小叶较小；
叶柄长 1 ～ 2 cm，被白色伏柔毛。总状
花序腋生，通常具 3 朵稀疏的花；总花

梗纤细，毛发状，被白色伏柔毛，显著超出叶；苞片及小苞片披针形，长约 1 mm，被伏毛；花梗短，
花萼狭钟形，长 4 ～ 6 mm，旗瓣长约 6 mm，基部有紫斑，翼瓣较短，龙骨瓣长于旗瓣或近等长；
闭锁花簇生于叶腋，无梗，结实。荚果近圆形，通常不超出花萼。花期 7—9 月，果期 9—10 月。

　　【生境分布】 生于荒山草地。罗田各地均有分布。

　　【采收加工】 春、夏季采收。

　　【药用部位】 根。

　　【药材名】 细梗胡枝子。

　　【来源】 豆科植物细梗胡枝子 *Lespedeza virgata*（Thunb.）DC. 的全草。

　　【性味】 甘，平。

　　【功能主治】 清热，止血，截疟，镇咳。主治疟疾，中暑。

　　【用法用量】 内服：煎汤，16 ～ 32 g。

含羞草属 *Mimosa* L.

407. 含羞草 *Mimosa pudica* L.

【别名】知羞草、怕羞草、怕丑草。

【形态】披散、亚灌木状草本，高可达 1 m；茎圆柱状，具分枝，有散生、下弯的钩刺及倒生刺毛。托叶披针形，长 5 ～ 10 mm，有刚毛。羽片和小叶触之即闭合而下垂；羽片通常 2 对，指状排列于总叶柄之顶端，长 3 ～ 8 cm；小叶 10 ～ 20 对，线状长圆形，长 8 ～ 13 mm，宽 1.5 ～ 2.5 mm，先端急尖，边缘具刚毛。头状花序圆球形，直径约 1 cm，具长总花梗，单生或 2 ～ 3 个生于叶腋；花小，淡红色，多数；苞片线形；花萼极小；花冠

钟状，裂片 4，外面被短柔毛；雄蕊 4 枚，伸出于花冠之外；子房有短柄，无毛；胚珠 3 ～ 4 颗，花柱丝状，柱头小。荚果长圆形，长 1 ～ 2 cm，宽约 5 mm，扁平，稍弯曲，荚缘波状，具刺毛，成熟时荚节脱落，荚缘宿存；种子卵形，长 3.5 mm。花期 3—10 月，果期 5—11 月。

【生境分布】生于山坡、路旁、潮湿地或栽培。罗田各地均有分布。

【采收加工】夏季采收，晒干。

【药用部位】根或全草。

【药材名】含羞草。

【来源】豆科植物含羞草 *Mimosa pudica* L. 的全草。

【化学成分】全草含黄酮苷、酚类、氨基酸、有机酸，另含含羞草碱等。叶含类似肌凝蛋白的收缩性蛋白质。种子含油约 17%，性质类似大豆油。油中脂肪酸的组成：亚麻酸 0.4%、亚油酸 51%、油酸 31%、棕榈酸 8.7% 和硬脂酸 8.9%，另含不皂化物 2.5%，主要为甾醇。

【药理作用】含含羞草碱之植物，马、驴等动物食之可致脱毛。含羞草碱可看作一种毒性氨基酸，结构与酪氨酸相似，其毒性作用是抑制了利用酪氨酸的酶系统，或代替了某些重要蛋白质中酪氨酸的位置所致。

【性味】甘，寒，有毒。

【功能主治】清热，安神，消积，解毒。主治肠炎，胃炎，失眠，小儿疳积，目热肿痛，带状疱疹。

【用法用量】内服：煎汤，16 ～ 32 g；或炖肉。外用：捣敷。

【附方】①治神经衰弱，失眠：含羞草 32 ～ 64 g（干品）。水煎服。（《常用中草药手册》）

②治带状疱疹：含羞草鲜叶捣烂外敷。（《常用中草药手册》）

豆薯属 *Pachyrhizus* Rich. ex DC.

408. 豆薯 *Pachyrhizus erosus*（L.）Urb.

【别名】地萝卜子、凉薯。

【形态】粗壮、缠绕、草质藤本，稍被毛，有时基部稍木质。根块状，纺锤形或扁球形，一般直径为 20～30 cm，肉质。羽状复叶具 3 小叶；托叶线状披针形，长 5～11 mm；小托叶锥状，长约 4 mm；小叶菱形或卵形，长 4～18 cm，宽 4～20 cm，中部以上不规则浅裂，裂片小，急尖，侧生小叶的两侧极不等，仅下面微被毛。总状花序长 15～30 cm，每节有花 3～5 朵；小苞片刚毛状，早落；花萼长 9～11 mm，被紧贴的长硬毛；花冠浅紫色或淡红色，

旗瓣近圆形，长 15～20 mm，中央近基部处有一黄绿色斑块及 2 枚胼胝状附属物，瓣柄以上有 2 枚半圆形、直立的耳，翼瓣镰刀形，基部具线形、向下的长耳，龙骨瓣近镰刀形，长 1.5～2 cm；二体雄蕊，对旗瓣的 1 枚离生；子房被浅黄色长硬毛，花柱弯曲，柱头位于顶端以下的腹面。荚果带形，长 7.5～13 cm，宽 12～15 mm，扁平，被细长糙伏毛；种子每荚 8～10 颗，近方形，长和宽 5～10 mm，扁平。花期 8 月，果期 11 月。

【生境分布】人工栽培于田园。

【药用部位】种子。

【药材名】地瓜子。

【来源】豆科植物豆薯 *Pachyrhizus erosus*（L.）Urb. 的种子。

【毒性】地瓜子，民间多用以杀虫，但因误食而中毒者亦曾有报道。3 例小儿患者于食后 2～8 小时发病，均出现呕吐、全身软弱无力及神志昏迷，有的伴小便失禁，呼吸困难，体温下降，或呈明显休克状态；1 例成人患者除恶心呕吐外，又诉口干及四肢发麻。经对症治疗及输液抢救后，均恢复。但 1 例小儿神志清醒后仍说话不流利，不能独立行走。

【性味】《中国药用植物图鉴》：有毒。

【功能主治】《贵州民间方药集》：治疥癣，痈肿。

【用法用量】外用：研末调敷。

【注意】忌内服。

豇豆属 *Vigna* Savi

409. 赤小豆 *Vigna umbellata*（Thunb.）Ohwi et Ohashi

【别名】赤豆、红豆、红小豆、朱赤豆。

【形态】一年生草本。茎纤细，长达 1 m 或过之，幼时被黄色长柔毛，老时无毛。羽状复叶具 3 小叶；托叶盾状着生，披针形或卵状披针形，长 10～15 mm，两端渐尖；小托叶钻形，小叶纸质，卵形或披针形，长 10～13 cm，宽（2）5～7.5 cm，先端急尖，基部宽楔形或钝，全缘或微 3 裂，沿两面脉上薄被疏毛，有基出脉 3 条。总状花序腋生，短，有花 2～3 朵；苞片披针形；花梗短，着生处有腺体；花黄色，长约 1.8 cm，宽约 1.2 cm；龙骨瓣右侧具长角状附属体。荚果线状圆柱形，下垂，长 6～10 cm，宽约 5 mm，无毛，种子 6～10 颗，长椭圆形，通常暗红色，有时为褐色、黑色或草黄色，直径 3～3.5 mm，种脐凹陷。花期 5—8 月。

【生境分布】罗田大河岸镇有栽培。

【采收加工】夏、秋季分批采摘成熟荚果，晒干，打出种子，除去杂质，再晒干。

【药用部位】种子。

【药材名】赤小豆。

【来源】豆科植物赤小豆 Vigna umbellata（Thunb.）Ohwi et Ohashi 的种子。

【性状】干燥种子略呈圆柱形而稍扁，长 5～7 mm，直径约 3 mm，种皮赤褐色或紫褐色，平滑，微有光泽，种脐线形，白色，约为全长的 2/3，中间凹陷成一纵沟，偏向

一端，背面有一条不明显的棱脊。质坚硬，不易破碎，除去种皮，可见两瓣乳白色子叶。气微，嚼之有豆腥味。以身干、颗粒饱满、色赤红发暗者为佳。

【化学成分】每 100 克赤小豆含蛋白质 20.7 g、脂肪 0.5 g、糖 58 g、粗纤维 4.9 g、灰分 3.3 g、钙 67 mg、磷 305 mg、铁 5.2 mg、硫胺素 0.31 mg、核黄素 0.11 mg、尼克酸 2.7 mg 等。

【性味】甘、酸，微寒。

【归经】归心、小肠、脾经。

【功能主治】利水除湿，和血排脓，消肿解毒。主治水肿，脚气，黄疸，泻痢，便血，痈肿。

【用法用量】内服：煎汤，10～32 g；或入散剂。外用：生研调敷。

【注意】①陶弘景：性逐津液，久食令人枯燥。

②《食性本草》：久食瘦人。

③《随息居饮食谱》：蛇咬者百日内忌之。

【附方】①治水肿坐卧不得，头面身体悉肿：桑枝烧灰、淋汁，煮赤小豆空心食令饱，饥即食尽，不得吃饭。（《梅师集验方》）

②治卒大腹水病：白茅根一大把，赤小豆 3 升，煮取干，去茅根食豆，水随小便下。（《补辑肘后方》）

③治水肿从脚起，入腹则杀人：赤小豆 1 升，煮令极烂，取汁 4～5 升，温渍膝以下；若已入腹，但服小豆，勿杂食。（《独行方》）

④治脚气：赤小豆 500 g，葫一头、生姜（并破碎）0.3 g，商陆根（切）1 条。同水煮，豆烂汤成，适寒温，去葫等，细嚼豆，空腹食之，旋旋啜汁令尽。（《本草图经》）

⑤治大小便涩，通身肿，两脚气胀，变成水者：赤小豆 0.5 升，桑根白皮（炙，锉）64 g，紫苏茎叶（锉，焙）一握。上三味除小豆外，捣罗为末。每服先以豆 644 g，用水五盏煮熟，去豆，取汁二盏半，入药末 12 g，生姜 0.3 g，拍碎，煎至一盏半，空心温服，然后择取豆任意食，日再。（《圣济总录》）

⑥治伤寒瘀热在里，身必黄：麻黄（去节）64 g，连翘 64 g，赤小豆 1 升，杏仁（去皮、尖）四十个，大枣（擘）12 枚，生梓白皮（切）1 升，生姜（切）64 g，甘草（炙）64 g。上八味，以水 10 升，先煮麻黄再沸，去上沫，纳诸药，煮取 3 升，去滓，分温三服，半日服尽。（《伤寒论》）

⑦治急黄身如金色：赤小豆 32 g，丁香 0.3 g，黍米 0.3 g，瓜蒂 0.15 g，熏陆香 3 g，青布五寸（烧灰），麝香 3 g（细研）。上药捣细罗为散，都研令匀。每服不计时候，以清粥饮调下 3 g；若用少许吹鼻中，当下黄水。（《太平圣惠方》）

⑧治肠痔大便常血：赤小豆 1 升，苦酒 5 升，煮豆熟，出干，复纳清酒中，候酒尽止，末。酒服 6 g，日三度。（《肘后备急方》）

⑨治热毒下血，或因食热物发动：赤小豆杵末，水调下方寸匕。（《梅师集验方》）

⑩治疽初作：赤小豆末醋敷之，亦消。（《小品方》）

⑪治大小肠痈，湿热气滞瘀凝所致：赤小豆、薏苡仁、防己、甘草，水煎服。（《疡科捷径》）

⑫治小儿天火丹，肉中有赤如丹色，大者如手，甚者遍身，或痛或痒或肿：赤小豆2升。末之，鸡子白和如薄泥敷之，干则易。一切丹并用此方。（《千金方》）

⑬治腮颊热肿：赤小豆末和蜜涂之，或加芙蓉叶末。（《本草纲目》）

⑭治小儿重舌：赤小豆末，醋和涂舌上。（《千金方》）

⑮治舌上忽出血，如簪孔：赤小豆1升，杵碎，水3升，和搅取汁饮。（《肘后备急方》）

⑯下乳汁：煮赤小豆取汁饮。（《产书方》）

⑰治妇人吹奶：赤小豆酒研，温服，以滓敷之。（《妇人良方补遗》）

⑱治风瘙瘾疹：赤小豆、荆芥穗各等份，为末，鸡子清调涂之。（《本草纲目》）

⑲治食六畜肉中毒：赤小豆1升，末，服18 g。（《千金方》）

410. 赤豆 *Vigna angularis*（Willd.）Ohwi et Ohashi

【别名】红豆、小豆。

【形态】一年生直立或缠绕草本，高30～90 cm。茎上有硬毛。3出复叶；托叶线形，被白色长柔毛；小叶卵形至斜方状卵形，长5～10 cm，宽3.5～7 cm，先端短尖或渐尖，基部三角形或近圆形，全缘或极浅3裂，两面被疏长毛。花2～6朵，着生于腋生的总花梗顶端；蝶形花，形与上种相同；荚果扁圆筒状，于种子间收缩，无毛；种子6～10颗，暗红色，矩圆形，两端截形或圆形，种脐不凹。花期6—7月，果期7—8月。

【性状】干燥种子，呈矩圆形，两端圆钝或平截，长5～8 mm，直径4～6 mm，种皮赤褐色或稍淡，平滑有光泽，种脐位于侧缘上端，白色，不显著凸出，亦不凹陷；其他性状与亦小豆相似。

【来源】豆科植物赤豆 *Vigna angularis*（Willd.）Ohwi et Ohashi 的种子。

【注意】本种的种子亦作赤小豆替代品。但品质以赤小豆为好，但因赤小豆货源不多，渐为赤豆所代替。

411. 绿豆 *Vigha radiata*（L.）Wilczek

【别名】青小豆。

【形态】一年生直立草本，高20～60 cm。茎被褐色长硬毛。羽状复叶具3小叶；托叶盾状着生，卵形，长0.8～1.2 cm，具缘毛；小托叶显著，披针形；小叶卵形，长5～16 cm，宽3～12 cm，侧生的偏斜，全缘，先端渐尖，基部阔楔形或浑圆，两面被疏长毛，基部3脉明显；叶柄长5～21 cm；叶轴长1.5～4 cm；小叶柄长3～6 mm。总状花序腋生，有花4至数朵，最多可达25朵；总花梗长2.5～9.5 cm；花梗长2～3 mm；小苞片线状披针形或长圆形，长4～7 mm，有线条，近宿存；

萼管无毛，长 3～4 mm，裂片狭三角形，长 1.5～4 mm，具缘毛，上方的一对合生成一先端 2 裂的裂片；旗瓣近方形，长 1.2 cm，宽 1.6 cm，外面黄绿色，里面有时粉红色，顶端微凹，内弯，无毛；翼瓣卵形，黄色；龙骨瓣镰刀状，绿色而染粉红色，右侧有显著的囊。荚果线状圆柱形，平展，长 4～9 cm，宽 5～6 mm，被淡褐色、散生的长硬毛，种子间收缩；种子 8～14 颗，淡绿色或黄褐色，短圆柱形，长 2.5～4 mm，宽 2.5～3 mm，种脐白色而不凹陷。花期初夏，果期 6—8 月。

【生境分布】 全国大部分地区均有栽培。

【药用部位】 种子、花、叶、种皮、芽。

【药材名】 绿豆、绿豆花、绿豆叶、绿豆衣、绿豆粉、绿豆芽。

（1）绿豆。

【采收加工】 立秋后种子成熟时采收，拔取全株，晒干，将种子打落，簸净杂质。

【来源】 豆科植物绿豆 *Vigha radiata*（L.）Wilczek 的种子。

【性状】 干燥种子呈短矩圆形，长 4～6 mm，表面绿黄色或暗绿色，光泽。种脐位于一侧上端，长约为种子的 1/3，呈白色纵向线形。种皮薄而韧，剥离后露出淡黄绿色或黄白色的种仁，子叶 2 枚，肥厚。质坚硬。

【性味】 甘，凉。

【归经】 归心、胃经。

【功能主治】 清热解毒，消暑，利水。主治暑热烦渴，水肿，泻利，丹毒，痈肿，解热药毒。

【用法用量】 内服：煎汤，16～32 g；研末或生研绞汁。外用：研末调敷。

【注意】 ①孟诜：今人食绿豆皆挞去皮，即有少壅气，若愈病须和皮，故不可去。

②《本草拾遗》：反榧子壳，害人。

③《本草经疏》：脾胃虚寒滑泄者忌之。

【附方】 ①解暑：绿豆淘净，下锅加水，大火一滚，取汤停冷，色碧食之。如多滚则色浊，不堪食矣。（《遵生八笺》）

②治消渴，小便如常：绿豆 2 升，净淘，用水 10 升，煮烂研细，澄滤取汁，早晚食前各服一小盏。（《圣济总录》）

③治十种水气：绿豆 250 g，大附子 1 只（去皮、脐，切作两片）。水 3 碗，煮熟，空心卧时食豆，次日将附子 2 片作 4 片，再以绿豆 250 g，如前煮食，第三日以绿豆、附子如前煮食，第四日如第二日法煮食，水从小便下，肿自消，未消再服。忌生冷毒物盐酒六十日。（《朱氏集验医方》）

④治小便不通，淋沥：青小豆 0.5 升，冬麻子 195 g（捣碎，以水 2 升淘，绞取汁），陈橘皮（末）64 g。上以冬麻子汁煮橘皮及豆令热食之。（《太平圣惠方》）

⑤治赤痢经年不愈：绿豆角蒸熟，随意食之。

⑥治小儿遍身火丹并赤游肿：绿豆、大黄。为末，薄荷蜜水调涂。

⑦治痈疽：赤小豆、绿豆、黑豆、川姜黄。上为细末，未发起，姜汁和井华水调敷；已发起，蜜水调敷。（⑤～⑦方出自《普济方》）

⑧治金石丹火药毒，并酒毒，烟毒、煤毒为病：绿豆1升，生捣末，豆腐浆2碗，调服。一时无豆腐浆，用糯米泔顿温亦可。（《本草汇言》）

⑨解乌头毒：绿豆125 g，生甘草64 g，煎服。（《上海常用中草药》）

⑩虚弱之人，常用服之：绿豆2升，白扁豆2升，大豆黄卷1升，糯米1.5升，粳米1.5升，莲肉64 g，大山药64 g，白术95 g，薏苡64 g，上药炒熟共为细粉，食用前用生姜大枣煎汤调服15 g，或作糕食之。（《万密斋医学全书》）

【临床应用】①治疗农药中毒。

②治疗腮腺炎。

③治疗铅中毒。

④治疗烧伤。

（2）绿豆花：解酒毒。

（3）绿豆叶：主治吐泻，斑疹，疔疮，疥癣。

（4）绿豆衣：解热毒，退目翳。

（5）绿豆粉：清热解毒。

（6）绿豆芽：解酒毒，热毒，利三焦。

【用法用量】内服：煎汤，32 ～ 64 g。

菜豆属 *Phaseolus* L.

412. 菜豆 *Phaseolus vulgaris* L.

【别名】龙爪豆、云豆、白豆、粉豆。

【形态】一年生、缠绕或近直立草本。茎被短柔毛或老时无毛。羽状复叶具3小叶；托叶披针形，长约4 mm，基着。小叶宽卵形或卵状菱形，侧生的偏斜，长4 ～ 16 cm，宽2.5 ～ 11 cm，先端长渐尖，有细尖，基部圆形或宽楔形，全缘，被短柔毛。总状花序比叶短，有数朵生于花序顶部的花；花梗长5 ～ 8 mm；小苞片卵形，有数条隆起的脉，约与花萼等长或稍较其为长，宿存；花萼杯状，长3 ～ 4 mm，上方的2枚

裂片连合成一微凹的裂片；花冠白色、黄色、紫堇色或红色；旗瓣近方形，宽9 ～ 12 mm，翼瓣倒卵形，龙骨瓣长约1 cm，先端旋卷，子房被短柔毛，花柱压扁。荚果带形，稍弯曲，长10 ～ 15 cm，宽1 ～ 1.5 cm，略肿胀，通常无毛，顶有喙；种子4 ～ 6颗，长椭圆形或肾形，长0.9 ～ 2 cm，宽0.3 ～ 1.2 cm，白色、褐色、蓝色或有花斑，种脐通常白色。花期春、夏季。

【生境分布】栽培植物。

【采收加工】果实成熟时采收。

【药用部位】种子。

【药材名】菜豆。

【来源】豆科植物菜豆 *Phaseolus vulgaris* L. 的种子。

【性味】　甘、淡，平。

【功能主治】　滋养，解热，利尿，消肿。主治水肿，脚气病。

【附方】　治水肿：白豆 125 g，蒜米 15 g，白糖 32 g。水煎服。（性味以下出自《陆川本草》）

豌豆属 *Pisum* L.

413. 豌豆 *Pisum sativum* L.

【别名】　寒豆、荜豆、雪豆。

【形态】　一年生攀援草本，高 0.5 ～ 2 m。全株绿色，光滑无毛，被粉霜。叶具小叶 4 ～ 6 片，托叶比小叶大，叶状，心形，下缘具细齿。小叶卵圆形，长 2 ～ 5 cm，宽 1 ～ 2.5 cm；花于叶腋单生或数朵排列为总状花序；花萼钟状，深 5 裂，裂片披针形；花冠颜色多样，随品种而异，但多为白色和紫色，二体雄蕊（9+1）。子房无毛，花柱扁，内面有毛。荚果肿胀，长椭圆形，长 2.5 ～ 10 cm，宽 0.7 ～ 14 cm，顶端斜急尖，背部近于伸直，内侧有坚硬纸质的内皮；种子 2 ～ 10 颗，圆形，青绿色，有皱纹或无，干后变为黄色。花期 6—7 月，果期 7—9 月。

【生境分布】　全国各地有栽培。

【采收加工】　秋季豌豆成熟后连禾拔起晒干，除去禾壳杂质，晒干。

【药用部位】　种子。

【药材名】　豌豆。

【来源】　豆科植物豌豆 *Pisum sativum* L. 的种子。

【化学成分】　种子含植物凝集素、止权素及赤霉素 A20。未成熟种子含 4- 氯吲哚基 -3- 乙酰 -L- 天门冬氨酸甲酯。豆荚含赤霉素 A20。

【性味】　甘，平。

【归经】　归脾、胃经。

【功能主治】　和中下气，利小便，解疮毒。主治霍乱转筋，脚气，痈肿。

【用法用量】　内服：煎汤。

【附方】　①治霍乱，吐利转筋，心膈烦闷：豌豆 195 g，香薷 95 g。上药，以水三大盏，煎至一盏半，去滓，分为三服，温温服之，如人行五里再服。（《太平圣惠方》）

②治脚气抬肩喘：豌豆 2 升，用水 50 升，葱白十茎，擗碎，椒 0.9 g，煮取汤 20 升，倾入两瓷瓮，以脚各安在一瓮中浸，遣人从膝上淋洗百遍。（《圣济总录》）

长柄山蚂蝗属 *Podocarpium*（Benth.）Yang et Huang

414. 长柄山蚂蝗 *Podocarpium podocarpum*（DC.）Yang et Huang

【形态】　直立草本，高 50 ～ 100 cm。根茎稍木质；茎具条纹，疏被伸展短柔毛。叶为羽状 3 出复

叶，小叶 3；托叶钻形，长约 7 mm，基部
宽 0.5～1 mm，外面与边缘被毛；叶柄长
2～12 cm，着生于茎上部的叶柄较短，
茎下部的叶柄较长，疏被伸展短柔毛；小
叶纸质，顶生小叶宽倒卵形，长 4～7 cm，
宽 3.5～6 cm，先端凸尖，基部楔形或
宽楔形，全缘，两面疏被短柔毛或几无
毛，侧脉每边约 4 条，直达叶缘，侧生小
叶斜卵形，较小，偏斜，小托叶丝状，长
1～4 mm；小叶柄长 1～2 cm，被伸展
短柔毛。总状花序或圆锥花序，顶生或顶

生和腋生，长 20～30 cm，结果时延长至 40 cm；总花梗被柔毛和钩状毛；通常每节生 2 花，花梗长
2～4 mm，结果时增长至 5～6 mm；苞片早落，窄卵形，长 3～5 mm，宽约 1 mm，被柔毛；花
萼钟形，长约 2 mm，裂片极短，较萼筒短，被小钩状毛；花冠红紫色，长约 4 mm，旗瓣宽倒卵形，
翼瓣窄椭圆形，龙骨瓣与翼瓣相似，均无瓣柄；单体雄蕊；雌蕊长约 3 mm，子房具子房柄。荚果长
约 1.6 cm，通常有荚节 2，背缝线弯曲，节间深凹达腹缝线；荚节略呈宽半倒卵形，长 5～10 mm，
宽 3～4 mm，先端截形，基部楔形，被钩状毛和小直毛，稍有网纹；果梗长约 6 mm；果颈长 3～5 mm。
花、果期 8—9 月。

　　【生境分布】　生于海拔 300 m 以上的山坡林下或草丛中。罗田北部山区有分布。

　　【采收加工】　夏季采收。

　　【药用部位】　全草供药用。

　　【药材名】　野黄豆。

　　【来源】　豆科植物长柄山蚂蝗 Podocarpium podocarpum（DC.）Yang et Huang 的全草。

　　【性味】　苦，温。

　　【功能主治】　祛风，活血，止痢，发表散寒，止血，破瘀消肿，健脾化湿。主治感冒，咳嗽，脾胃虚弱。

　　【用法用量】　内服：煎汤，16～32 g。

415. 尖叶长柄山蚂蝗
Podocarpium podocarpum（DC.）**Yang et Huang** var. *oxyphyllum*（DC.）**Yang et Huang**

　　【形态】　直立草本，高 50～100 cm。
根茎稍木质；茎具条纹，疏被伸展短柔毛。
叶为羽状 3 出复叶，小叶 3；托叶钻形，长
约 7 mm，基部宽 0.5～1 mm，外面与边缘
被毛；叶柄长 2～12 cm，着生于茎上部的
叶柄较短，茎下部的叶柄较长，疏被伸展短
柔毛；小叶纸质，顶生小叶菱形，长 4～8 cm，
宽 2～3 cm，先端渐尖，尖头钝，基部楔形，
全缘，两面疏被短柔毛或几无毛，侧脉每边
约 4 条，直达叶缘，侧生小叶斜卵形，较小，

偏斜，小托叶丝状，长 1 ～ 4 mm；小叶柄长 1 ～ 2 cm，被伸展短柔毛。总状花序或圆锥花序，顶生或顶生和腋生，长 20 ～ 30 cm，结果时延长至 40 cm；总花梗被柔毛和钩状毛；通常每节生 2 花，花梗长 2 ～ 4 mm，结果时增长至 5 ～ 6 mm；苞片早落，窄卵形，长 3 ～ 5 mm，宽约 1 mm，被柔毛；花萼钟形，长约 2 mm，裂片极短，较萼筒短，被小钩状毛；花冠红紫色，长约 4 mm，旗瓣宽倒卵形，翼瓣窄椭圆形，龙骨瓣与翼瓣相似，均无瓣柄；单体雄蕊；雌蕊长约 3 mm，子房具子房柄。荚果长约 1.6 cm，通常有荚节 2，背缝线弯曲，节间深凹达腹缝线；荚节略呈宽半倒卵形，长 5 ～ 10 mm，宽 3 ～ 4 mm，先端截形，基部楔形，被钩状毛和小直毛，稍有网纹；果梗长约 6 mm；果颈长 3 ～ 5 mm。花、果期 8—9 月。

【生境分布】 生于海拔 200 m 以上的山坡草丛或沟边林下。罗田北部山区有分布。

【采收加工】 夏季采收。

【来源】 豆科植物尖叶长柄山蚂蟥 *Podocarpium podocarpum*（DC.）Yang et Huang var. *oxyphyllum*（DC.）Yang et Huang 的全草。

【功能主治】 解表散寒，祛风解毒。主治风湿骨痛、咳嗽吐血。

【用法用量】 内服：煎汤，16 ～ 32 g。

416. 四川长柄山蚂蟥
Podocarpium podocarpum（DC.）Yang et Huang var. *szechuenense*（Craib）Yang et Huang

【形态】 直立草本，高 50 ～ 100 cm。根茎稍木质；茎具条纹，疏被伸展短柔毛。叶为羽状 3 出复叶，小叶 3；托叶钻形，长约 7 mm，基部宽 0.5 ～ 1 mm，外面与边缘被毛；叶柄长 2 ～ 12 cm，着生于茎上部的叶柄较短，茎下部的叶柄较长，疏被伸展短柔毛；小叶纸质，顶生小叶狭披针形，长 4.2 ～ 6.8 cm，宽 1 ～ 1.3 cm，较窄，全缘，两面疏被短柔毛或几无毛，侧脉每边约 4 条，直达叶缘，侧生小叶斜卵形，较小，偏斜，小托叶丝状，长 1 ～ 4 mm；小叶柄长 1 ～ 2 cm，被伸展短柔毛。总状花序或圆锥花序，顶生或顶生和腋生，长 20 ～ 30 cm，结果时延长至 40 cm；总花梗被柔毛和钩状毛；通常每节生 2 花，花梗长 2 ～ 4 mm，结果时增长至 5 ～ 6 mm；苞片早落，窄卵形，长 3 ～ 5 mm，宽约 1 mm，被柔毛；花萼钟形，长约 2 mm，裂片极短，较萼筒短，被小钩状毛；花冠红

紫色，长约 4 mm，旗瓣宽倒卵形，翼瓣窄椭圆形，龙骨瓣与翼瓣相似，均无瓣柄；单体雄蕊；雌蕊长约 3 mm，子房具子房柄。荚果长约 1.6 cm，通常有荚节 2，背缝线弯曲，节间深凹达腹缝线；荚节略呈宽半倒卵形，长 5 ～ 10 mm，宽 3 ～ 4 mm，先端截形，基部楔形，被钩状毛和小直毛，稍有网纹；果梗长约 6 mm；果颈长 3 ～ 5 mm。花、果期 8—9 月。

【生境分布】 生于山沟路旁、灌丛及疏林中，海拔 300 ～ 2000 m，为我国特有。罗田北部山区有分布。

【来源】 豆科植物四川长柄山蚂蟥 *Podocarpium podocarpum*（DC.）Yang et Huang var. *szechuenense*

（Craib）Yang et Huang 的根或全株。

【药用部位】根及全株。

【功能主治】根，清热解毒。全株，主治跌打损伤，风湿关节炎，毒蛇咬伤。

【用法用量】内服：煎汤，16～32 g。

葛属 *Pueraria* DC.

417. 葛 *Pueraria lobata*（Willd.）Ohwi

【别名】干葛、粉葛、葛于根、黄葛根、葛条根。

【形态】粗壮藤本，长可达 8 m，全体被黄色长硬毛，茎基部木质，有粗厚的块状根。羽状复叶具 3 小叶；托叶背着，卵状长圆形，具线条；小托叶线状披针形，与小叶柄等长或较长；小叶三裂，偶尔全缘，顶生小叶宽卵形或斜卵形，长 7～15（19）cm，宽 5～12（18）cm，先端长渐尖，侧生小叶斜卵形，稍小，上面被淡黄色、平伏的疏柔毛。下面较密；小叶柄被黄褐色茸毛。总状花序长 15～30 cm，中部以上有颇密集的花；苞片线状披针形至线形，远比小苞片长，早落；小苞片卵形，长不及 2 mm；花 2～3 朵聚生于花序轴的节上；花萼钟形，长 8～10 mm，被黄褐色柔毛，裂片披针形，渐尖，比萼管略长；花冠长 10～12 mm，紫色，旗瓣倒卵形，基部有 2 耳及一黄色硬痂状附属体，具短瓣柄，翼瓣镰状，较龙骨瓣为狭，基部有线形、向下的耳，龙骨瓣镰状长圆形，基部有极小、急尖的耳；对旗瓣的 1 枚雄蕊仅上部离生；子房线形，被毛。荚果长椭圆形，长 5～9 cm，宽 8～11 mm，扁平，被褐色长硬毛。花期 9—10 月，果期 11—12 月。

【生境分布】生于山坡草丛中或路旁及较阴湿的地方。罗田各地均有分布。

【药用部位】块根、花、藤茎。

【药材名】葛根。

（1）葛根。

【采收加工】春、秋季采挖，洗净，除去外皮，切片，晒干或烘干。广东、福建等地切片后，用盐水、白矾水或淘米水浸泡，再用硫黄熏后晒干（编者注：现在禁止使用硫黄熏），色较白净。

【来源】豆科植物葛 *Pueraria lobata*（Willd.）Ohwi 的块根。

【性状】干燥块根呈长圆柱形，药材多纵切或斜切成板状厚片，长短不等，长 20 cm 左右，直径 5～10 cm，厚 0.7～1.3 cm。白色或淡棕色，表面有时可见残存的棕色外皮，切面粗糙，纤维性强。质硬而重，富粉性，并含大量纤维，横断面可见由纤维所形成的同心性环层，纵切片可见纤维性与粉质相间，形成纵纹。无臭，味甘。以块肥大、质坚实、色白、粉性足、纤维性少者为佳，质松、色黄、无粉性、纤维性多者质次。

【化学成分】葛根含异黄酮成分葛根素、葛根素木糖苷、大豆黄酮、大豆黄酮苷及 β-谷甾醇、花生酸，又含丰富淀粉（新鲜葛根中含量为 19%～20%）。

【药理作用】①增加脑及冠状血管血流量。

②解痉作用。

③降血糖作用。

④解热及雌激素样作用。

【炮制】葛根：拣去杂质，洗净，用水浸泡，捞出，润透，及时切片，晒干。煨葛根：先将少量麸皮撒入热锅内，待冒烟后，将葛根片倒入，上面覆盖剩下的麸皮，煨至下层麸皮呈焦黄色时即以铁铲不断翻动葛根与麸皮，至葛根片呈深黄色为度，取出，筛去麸皮，凉透。（葛根每 100 kg，麸皮 25 kg）

《本草品汇精要》：葛根，刮去皮或捣汁用。

【性味】甘、辛，平。

【归经】归脾、胃经。

【功能主治】升阳解肌，透疹止泻，除烦止温。主治伤寒、温热头痛项强，烦热消渴，泄泻，痢疾，斑疹不透，高血压，心绞痛，耳聋。

【用法用量】内服：煎汤，4.5～10 g；或捣汁。外用：捣敷。

【注意】①张元素：不可多服，恐损胃气。

②《本草正》：其性凉，易于动呕，胃寒者所当慎用。

③《本草从新》：夏日表虚汗多尤忌。

【附方】①治大阳病，项背强几几，无汗恶风：葛根 125 g，麻黄（去节）95 g，桂枝（去皮）64 g，生姜（切）95 g，甘草（炙）64 g，芍药 64 g，大枣（擘）12 枚。上七味，以水 10 升，先煮麻黄、葛根，减 2 升，去白沫，纳诸药，煮取 3 升，去渣，温服 1 升，覆取微似汗。（《伤寒论》）

②治太阳病，桂枝证，医反下之，利遂不止，脉促（表未解也），喘而汗出：葛根 250 g，甘草（炙）64 g，黄芩 95 g，黄连 95 g。上 4 味，以水 8 升，先煮葛根，减 2 升，纳诸药，煮取 2 升，去滓，分温再服。（《伤寒论》）

③治伤寒温疫，风热壮热，头痛、肢体痛，疮疹已发未发：升麻、干葛（细锉）、芍药、甘草（锉，炙）各等份。同为粗末，每服 12 g，水一盏半，煎至一盏，量大小与之，温服无时。（《阎氏小儿方》）

④治斑疹初发，壮热，点粒未透：葛根、升麻、桔梗、前胡、防风各 3 g，甘草 1.5 g。水煎服。（《全幼心鉴》）

⑤治心热吐血不止：生葛根汁半大升，顿服。（《贞元集要广利方》）

⑥治鼻衄，终日不止，心神烦闷：生葛根，捣取汁，每服一小盏。（《太平圣惠方》）

⑦治妊娠热病心闷，葛根汁 2 升，分作 3 服。（《伤寒论类要注疏》）

⑧治卒干呕不息：捣葛根，绞取汁，服 1 升差。（《补辑肘后方》）

⑨治酒醉不醒：葛根汁 12 升，饮之，取醒，止。（《千金方》）

⑩治食诸菜中毒，发狂烦闷，吐下欲死：煮葛根饮汁。（《补辑肘后方》）

⑪治服药失度，心中苦烦：饮生葛根汁大良。无生者，干葛为末，水服五合，亦可煮服之。（《补辑肘后方》）

⑫治急性肠梗阻：葛根、皂角各 500 g，加水 4000 ml，煎煮 40 min，去渣，置药汁锅于火炉上保持适当温度（以不致烫伤为度）。另以 1 市尺见方之 10 层纱布垫 4 块，浸以药液后，稍稍除去水分，交替置腹部作持续热敷，每次 1 h，每天 2～3 次。（《河南医学院学报》

⑬治金疮中风，痉强欲死：捣生葛根 500 g，细切，以水 10 升，煮取 5 升，去滓，取 1 升服，若干者，捣末，温酒调三指撮，若口噤不开，但多服竹沥，又多服生葛根自愈，食亦妙。（《肘后备急方》）

【临床应用】①治疗高血压颈项强痛。

②治疗冠心病、心绞痛。

③治疗眼底病。

④治疗早期突发性耳聋。

【注意】 除上述正品外，尚有同属植物食用葛藤、峨嵋葛藤、甘葛藤、三裂叶野葛藤等的块根，在少数地区亦作葛根使用。

（2）葛花。

【别名】 葛条花。

【采收加工】 立秋后当花未全开放时采收，去掉梗叶，晒干。

【来源】 豆科植物葛 *Pueraria lobata*（Willd.）Ohwi 的花。

【性状】 干燥花蕾呈不规则的扁长圆形或略成扁肾形，长 5～15 mm，宽 2～6 mm，厚 2～3 mm。萼片灰绿色，基部连合，先端 5 齿裂，裂片披针形，其中 2 齿合生，表面密被茸毛。基部有 2 片披针钻形的小苞片。花瓣 5 片等长，凸出于花萼外或被花萼包被，蓝紫色，外部颜色较浅，呈淡蓝紫色或淡棕色。雄蕊 10 枚，其中 9 枚连合，雌蕊细长，微弯曲，外面被毛。气微弱，味淡。以朵大、淡紫色、未开放者为佳。

【炮制】 拣去柄及杂质，筛去土。

【性味】 甘，凉。

【归经】 《得配本草》：入足阳明经。

【功能主治】 解酒醒脾。主治伤酒发热烦渴，不思饮食，呕逆吐酸。

【用法用量】 内服：煎汤，4.5～9 g；或入丸、散。

【附方】①治饮酒太过，呕吐痰逆，心神烦乱，胸膈痞塞，手足战摇，饮食减少，小便不利：莲花青皮（去瓤）0.9 g，木香 1.5 g，橘皮（去白）、人参（去芦）、猪苓（去黑皮）、白茯苓各 4.5 g，神曲（炒黄）、泽泻、干生姜、白术各 6 g，白豆蔻仁、葛花、砂仁各 15 g。为极细末，秤和匀，每服 6 g，白汤调下，但得微汗，酒病去矣。（《脾胃论》）

②治饮酒积热，毒伤脾胃，呕血吐血，发热烦渴，小便赤少：葛花 32 g，黄连 3 g，滑石（水飞）32 g，粉草 15 g。为细末，水合为丸，每服 3 g，滚水下。（《滇南本草》）

③治饮酒过多，蕴热胸膈，以致吐血、衄血：葛花 100 g，黄连 200 g，上为末，以大黄熬膏为中梧桐子大，每服百丸，白汤下。（《万密斋医学全书》）

（3）葛蔓。

【别名】 葛藤蔓。

【来源】 豆科植物葛 *Pueraria lobata*（Willd.）Ohwi 的藤茎。

【采收加工】 夏季采收。

【功能主治】 主治痈肿，喉痹。

【用法用量】 内服：煎汤，6～9 g（鲜品 32～64 g）；或烧存性研末。外用：烧存性研末调敷。

【附方】 ①治疖：葛蔓烧灰，封上。（《千金方》）

②治妇女吹乳：葛藤蔓烧灰，酒服 6 g。（《卫生易简方》）

③治小儿口噤，其病在咽中，如麻豆许，令儿吐沫，不能乳哺：葛蔓烧灰，细研，以一字和乳汁，点口中。（《太平圣惠方》）

418. 粉葛 *Pueraria montana* var. *thomsonii* (Bentham) M. R. Almeida

【别名】 甘葛藤。

【形态】 本变种与葛 *Pueraria lobata*（Willd.）Ohwi 区别在于顶生小叶菱状卵形或宽卵形，侧生的斜卵形，长和宽 10～13 cm，先端急尖或具长小尖头，基部截平或急尖，全缘或具 2～3 裂片，两面均被黄色粗伏毛；花冠长 16～18 mm；旗瓣近圆形。花期 9 月，果期 11 月。

【生境分布】 罗田河铺镇、骆驼坳镇有栽培。

【采收加工】 春、秋季采挖，洗净，除去外皮，切片，晒干或烘干。

【药材名】 粉葛。

【来源】 豆科植物粉葛 *Pueraria montana* var. *thomsonii*（Bentham）M. R. Almeida 的干燥根。

【性状】 本品呈圆柱形、类纺锤形或半圆柱形；有的为纵切或斜切，有由纤维形成的浅棕色同心性环纹，纵切面可见由纤维形成的数条纵纹。气微，味微甜。

【炮制】 除去杂质，洗净，润透，切厚片或斜块，干燥。

【性味】 甘、辛，凉。

【归经】 归脾、胃经。

【功能主治】 解肌退热，生津止渴，透疹，升阳止泻，通经活络，解酒毒。主治外感发热头痛，项背强痛，口渴，消渴，麻疹不透，泄泻，眩晕头痛，中风偏瘫，胸痹心痛，酒毒伤中。

鹿藿属 *Rhynchosia* Lour.

419. 鹿藿 *Rhynchosia volubilis* Lour.

【别名】 野毛豆、老鼠眼、老鼠豆、大叶野绿豆。

【形态】 缠绕草质藤本。全株各部被灰色至淡黄色柔毛；茎略具棱。叶为羽状或有时近指状 3 小叶；托叶小，披针形，长 3 ～ 5 mm，被短柔毛；叶柄长 2 ～ 5.5 cm；小叶纸质，顶生小叶菱形或倒卵状菱形，长 3 ～ 8 cm，宽 3 ～ 5.5 cm，先端钝或急尖，常有小凸尖，基部圆形或阔楔形，两面均被灰色或淡黄色柔毛，下面尤密，并被黄褐色腺点；基出脉 3；小

叶柄长 2 ～ 4 mm，侧生小叶较小，常偏斜。总状花序长 1.5 ～ 4 cm，1 ～ 3 个腋生；花长约 1 cm，排列稍密集；花梗长约 2 mm；花萼钟状，长约 5 mm，裂片披针形，外面被短柔毛及腺点；花冠黄色，旗瓣近圆形，有宽而内弯的耳，翼瓣倒卵状长圆形，基部一侧具长耳，龙骨瓣具喙；二体雄蕊；子房被毛及密集的小腺点，胚珠 2 颗。荚果长圆形，红紫色，长 1 ～ 1.5 cm，宽约 8 mm，极扁平，在种子间略收缩，稍被毛或近无毛，先端有小喙；种子通常 2 颗，椭圆形或近肾形，黑色，光亮。花期 5—8 月，果期 9—12 月。

【生境分布】 生于杂草中或附攀于树上。罗田北部中、高山区有分布。

【采收加工】 5—6 月采收，晒干。储存于干燥处。

【药用部位】 茎叶。

【药材名】 鹿藿。

【来源】 豆科植物鹿藿 *Rhynchosia volubilis* Lour. 的茎叶。

【性味】 ①《本经》：味苦，平。

②《名医别录》：无毒。

【归经】《本草经疏》：入足阳明、太阴、厥阴经。

【功能主治】 凉血，解毒。主治头痛，腰疼腹痛，产褥热，瘰疬，痈肿。

【用法用量】 内服：煎汤，10 ~ 16 g，外用：捣敷。

【附方】 ①治惯发性头痛：鲜鹿藿 22 g，水煎服。

②治妇女产褥热：鹿藿茎叶 10 ~ 16 g，水煎服。

③治瘰疬：鹿藿 16 g，豆腐适量，加水同煮服。

④治流注，痈肿：鲜鹿藿叶适量。捣烂，酌加烧酒捣匀。外敷。（①方及以下出自江西《草药手册》）

刺槐属 *Robinia* L.

420. 刺槐 *Robinia pseudoacacia* L.

【别名】 洋槐、槐花。

【形态】 落叶乔木，高 10 ~ 25 m；树皮灰褐色至黑褐色，浅裂至深纵裂，稀光滑。小枝灰褐色，幼时有棱脊，微被毛，后无毛；具托叶刺，长达 2 cm；冬芽小，被毛。羽状复叶长 10 ~ 25（40）cm；叶轴上面具沟槽；小叶 2 ~ 12 对，常对生，椭圆形、长椭圆形或卵形，长 2 ~ 5 cm，宽 1.5 ~ 2.2 cm，先端圆，微凹，具小尖头，基部圆至阔楔形，全缘，上面绿色，下面灰绿色，幼时被短柔毛，后变无毛；小叶柄长 1 ~ 3 mm；小托叶针芒状，总状花序花序腋生，长 10 ~ 20 cm，下垂，花多数，芳香；苞片早落；花梗长 7 ~ 8 mm；花萼斜钟状，长 7 ~ 9 mm，萼齿 5，三角形至卵状三角形，密被柔毛；花冠白色，各瓣均具瓣柄，旗瓣近圆形，长 16 mm，宽约 19 mm，先端凹缺，基部圆，反折，内有黄斑，翼瓣斜倒卵形，与旗瓣几等长，长约 16 mm，基部一侧具圆耳，龙骨瓣镰状，三角形，与翼瓣等长或稍短，前缘合生，先端钝尖；二体雄蕊，对旗瓣的 1 枚分离；子房线形，长约 1.2 cm，无毛，柄长 2 ~ 3 mm，花柱钻形，长约 8 mm，上弯，顶端具毛，柱头顶生。荚果褐色，或具红褐色斑纹，线状长圆形，长 5 ~ 12 cm，宽 1 ~ 1.3（1.7）cm，扁平，先端上弯，具尖头，果颈短，沿腹缝线具狭翅；花萼宿存，有种子 2 ~ 15 颗；种子褐色至黑褐色，微具光泽，有时具斑纹，近肾形，长 5 ~ 6 mm，宽约 3 mm，种脐圆形，偏于一端。花期 4—6 月，果期 8—9 月。

【生境分布】 分布于我国南北各地。罗田各地均有分布。

【采收加工】 6—7 月采收。

【药用部位】 花。

【药材名】 刺槐花。

【来源】 豆科植物刺槐 *Robinia pseudoacacia* L. 的花。

【化学成分】 花含刀豆酸、鞣质、黄

酮类、蓖麻毒蛋白。叶含刺槐苷、维生素 C 等。未成熟种子含刀豆酸。种子含植物凝集素及脂肪酸。树皮有毒，含毒蛋白和毒苷成分。

【毒性】 误以洋槐幼芽及幼叶作副食，可因机体对洋槐过敏，或烹调不当，或食用过多，以及食后再经日光照射等因素而发生中毒。曾报道 23 例，中毒多发生在食后 2 ～ 20 天，表现为脸和手部浮肿，局部刺疼、灼痛或胀痛，发痒，全身无力。解救方法：用食醋 64 g 及蒲公英 125 g 煎服，暂时避免日光照射，2 ～ 3 天即可缓解。

【功能主治】 《贵州民间方药集》：止大肠下血，咯血，又治妇女红崩。

【用法用量】 内服：煎汤，9 ～ 15 g。

密花豆属 *Spatholobus* Hassk.

421. 密花豆 *Spatholobus suberectus* Dunn

【别名】 血风藤。

【形态】 攀援藤本，幼时呈灌木状。小叶纸质或近革质，异形，顶生的两侧对称，宽椭圆形、宽倒卵形至近圆形，长 9 ～ 19 cm，宽 5 ～ 14 cm，先端骤缩为短尾状，尖头钝，基部宽楔形，侧生的两侧不对称，与顶生小叶等大或稍狭，基部宽楔形或圆形，两面近无毛或略被微毛，下面脉腋间常有毛；侧脉 6 ～ 8 对，微弯；小叶柄长 5 ～ 8 mm，被微毛或无毛；小托叶钻状，长 3 ～ 6 mm。圆锥花序腋生或生于小枝顶端，长达 50 cm，花序轴、

花梗被黄褐色短柔毛，苞片和小苞片线形，宿存；花萼短小，长 3.5 ～ 4 mm，萼齿比萼管短，下面 3 齿先端圆或略钝，长不及 1 mm，上面 2 齿稍长，合生，外面密被黄褐色短柔毛，里面的毛银灰色，较长；花瓣白色，旗瓣扁圆形，长 4 ～ 4.5 mm，宽 5 ～ 5.5 mm，先端微凹，基部宽楔形，瓣柄长 2 ～ 2.5 mm；翼瓣斜楔状长圆形，长 3.5 ～ 4 mm，基部一侧具短尖耳垂，瓣柄长 3 ～ 3.5 mm；龙骨瓣倒卵形，长约 3 mm，基部一侧具短尖耳垂，瓣柄长 3 ～ 3.5 mm；雄蕊内藏，花药球形，大小均一或几近均一；子房近无柄，下面被糙伏毛。荚果近镰形，长 8 ～ 11 cm，密被棕色短茸毛，基部具长 4 ～ 9 mm 的果颈；种子扁长圆形，长约 2 cm，宽约 1 cm，种皮紫褐色，薄而脆，光亮。花期 6 月，果期 11—12 月。

【生境分布】 生于 300 m 以下的山坡。罗田白庙河镇、大河岸镇有分布。

【采收加工】 全年可采，或 9—10 月采收，截成长约 40 cm 的段，晒干。

【药用部位】 藤茎。

【药材名】 鸡血藤。

【来源】 豆科植物密花豆 *Spatholobus suberectus* Dunn 的藤茎。

【炮制】 用水润透，切片，或蒸软后趁热切片，晒干。

【性味】 苦、甘，温。

【归经】 《本草再新》：入心、脾二经。

【功能主治】 活血，舒筋。主治腰膝酸痛，麻木瘫痪，月经不调。

【用法用量】 内服：煎汤，10～15 g（大剂量 32 g）；或浸酒。

【附方】 治放射线引起的白血病：鸡血藤 32 g。长期煎服。（《中草药学》）

槐属 *Sophora* L.

422. 苦参 *Sophora flavescens* Alt.

【别名】 苦骨、川参、凤凰爪、牛参。

【形态】 草本或亚灌木，稀呈灌木状，通常高 1 m 左右，稀达 2 m。茎具纹棱，幼时疏被柔毛，后无毛。羽状复叶长达 25 cm；托叶披针状线形，渐尖，长 6～8 mm；小叶 6～12 对，互生或近对生，纸质，形状多变，椭圆形、卵形、披针形至披针状线形，长 3～4（6）cm，宽（0.5）1.2～2 cm，先端钝或急尖，基部宽楔形或浅心形，上面无毛，下面疏被灰白色短柔毛或近无毛。中脉下面隆起。总状花序顶生，长 15～25 cm；花多数，疏或稍密；花梗纤细，长约 7 mm；苞片线形，长约 2.5 mm；花萼钟状，明显歪斜，具不明显波状齿，完全发育后近截平，长约 5 mm，宽约 6 mm，疏被短柔毛；花冠比花萼长 1 倍，白色或淡黄白色，旗瓣倒卵状匙形，长 14～15 mm，宽 6～7 mm，先端圆形或微缺，基部渐狭成柄，柄宽 3 mm，翼瓣单侧生，强烈皱褶几达瓣片的顶部，柄与瓣片近等长，长约 13 mm，龙骨瓣与翼瓣相似，稍宽，宽约 4 mm，雄蕊 10，分离或近基部稍连合；子房近无柄，被淡黄白色柔毛，花柱稍弯曲，胚珠多数。荚果长 5～10 cm，种子间稍缢缩，呈不明显串珠状，稍四棱形，疏被短柔毛或近无毛，成熟后开裂成 4 瓣，有种子 1～5 颗；种子长卵形，稍压扁，深红褐色或紫褐色。花期 6—8 月，果期 7—10 月。

【生境分布】 生于山坡草地、平原、路旁、沙质地和红壤地的向阳处。我国各地皆有分布。罗田各地均有分布。

【药材名】 苦参。

【来源】 豆种植物苦参 *Sophora flavescens* Alt. 的根。

【采收加工】 春、秋季采收，以秋季采者为佳。挖出根后，去掉根头、须根，洗净泥沙，晒干。鲜根切片晒干，称苦参片。

【性状】 干燥根呈圆柱形，长 10～30 cm，直径 1～2.4 cm。表面有明显纵皱，皮孔明显凸出而稍反卷，横向延长。栓皮很薄，棕黄色或灰棕色，多数破裂向外卷曲，易剥落而显现黄色的光滑皮部。质坚硬，不易折断，折断面粗纤维状。横断面黄白色，形成层明显。气刺鼻，味极苦。苦参片为斜切的薄片，形状大小不一，斜圆形或长椭圆形，长 2～5 cm，宽 1～1.5 cm，厚 2～5 mm。质坚硬，切面淡黄白色，有环状年轮，木质部作放射纹。以整齐、色黄白、味苦者为佳。

【化学成分】 根含苦参碱及黄酮类。

【药理作用】 ①利尿作用。

②抗病原体作用。

【炮制】 拣净杂质，除去残茎，洗净泥土，用水浸泡，捞出，润透，切片，晒干。

《雷公炮炙论》：凡使苦参，先需用糯米浓泔汁浸一宿，上有腥秽气并在水面上浮，并需重重淘过，即蒸，从巳至申出，晒干细锉用之。

【性味】苦，寒。

【归经】归肝、肾、大肠、小肠经。

【功能主治】清热，燥湿，杀虫。主治热毒血痢，肠风下血，黄疸，赤白带下，小儿肺炎，急性扁桃体炎，脱肛，皮肤瘙痒，疥癫恶疮，阴疮湿痒，瘰疬，烫伤。外用治滴虫性阴道炎。

【用法用量】内服：煎汤，4.5～9 g；或入丸、散。外用：煎水洗。

【注意】脾胃虚寒者忌服。

①《本草经集注》：玄参为之使。恶贝母、漏芦、菟丝子。反藜芦。

②《医学入门》：胃弱者慎用。

③《本草经疏》：久服能损肾气，肝、肾虚而无大热者勿服。

【附方】①治血痢不止：苦参炒焦为末，水糊为丸，梧桐子大。每服 15 丸，米饮下。（《仁存堂经验方》）

②治痔漏出血，肠风下血，酒毒下血：苦参（切片，酒浸湿，蒸晒九次为度，炒黄为末，净）500 g，地黄（酒浸一宿，蒸熟，捣烂）125 g。加蜂蜜为丸。每服 6 g，白滚汤或酒送下，日服 2 次。（《外科大成》）

③治谷疸，食毕头眩，怫郁不安而发黄，由失饥大食，胃气冲熏所致：苦参 95 g，龙胆（末）64 g。牛胆丸如梧桐子。以生姜汁服 5 丸，日三服。（《补辑肘后方》）

④治赤白带下：苦参 64 g，牡蛎 40 g。为末，以雄猪肚一个，水三碗煮烂，捣泥和丸，梧桐子大。每服百丸，温酒下。（《积德堂经验方》）

⑤治下部疮漏：苦参煎汤，日日洗之。（《仁斋直指方》）

⑥治大肠脱肛：苦参、五倍子、陈壁土各等份。煎汤洗之，以木贼末敷之。（《医方摘要》）

⑦治心肺积热，肾脏风毒攻于皮肤，时生疥癫，瘙痒难忍，时出黄水，及大风手足烂坏，眉毛脱落，一切风疾：苦参 1600 g，荆芥（去梗）800 g。上为细末，水糊为丸，梧桐子大。每服 30 丸，好茶吞下，或荆芥汤下，食后服。（《局方》）

⑧治瘰疬：苦参 125 g，捣末，生牛膝和丸如梧桐子大。食后暖水下 10 丸，日三服。（《居家远行随身备急方书》）

⑨治鼠瘘诸恶疮：苦参 1000 g，露蜂房 64 g，曲 1000 g。水 30 升，渍药二宿，去滓，黍米 2 升，酿熟梢饮，日三。一方加猬皮，更佳。（《补辑肘后方》）

⑩治汤泼火烧疼痛：苦参不以多少，为细末，用香油调搽。（《卫生宝鉴》）

⑪治旋耳疮（又名月蚀疮）初起在耳轮上或耳后，耳垂处发一黄色米粒样疙瘩，周围发红，顶白透脓，奇痒难忍，破后脓水外溢，蔓延传染，不几日耳前后成为一片，脓水淋漓，此疮小儿最易传染：苦参、黄柏各 15 g，苍术、海螵蛸各 9 g。各研极细，和匀。用温开水调敷患部，每日早晚各换药一次。（《浙江中医杂志》）

⑫治齿缝出血：苦参 32 g，枯矾 3 g。为末，日三揩之。（《普济方》）

⑬治毒热足肿作痛欲脱者：苦参煮酒渍之。（《姚僧坦集验方》）

⑭治风疮：苦参 95 g，乌梢蛇一条用酒浸去皮骨，焙取末，胡麻（炒）32 g，蒺藜 32 g、牛蒡子（炒）48 g，为末，面糊为丸，梧桐子大，每服 50 丸，酒送下。（《万密斋医学全书》）

【临床应用】①治疗细菌性痢疾。

②治疗急性肠胃炎。

③治疗急性病毒性肝炎。

④治疗小儿肺炎。

⑤治疗急性扁桃体炎。

⑥治疗慢性支气管炎。

⑦治疗蓝氏贾第鞭毛虫病。

⑧治疗肠毛滴虫病。

⑨治疗滴虫性阴道炎。

⑩治疗腹水型血吸虫病。

423. 槐 *Sophora japonica* L.

【别名】槐蕊、槐角、槐米、槐胶。

【形态】乔木，高达 25 m；树皮灰褐色，具纵裂纹。当年生枝绿色，无毛。羽状复叶长达 25 cm；叶轴初被疏柔毛，旋即脱净；叶柄基部膨大，包裹着芽；托叶形状多变，有时呈卵形，叶状，有时线形或钻状，早落；小叶 4 ~ 7 对，对生或近互生，纸质，卵状披针形或卵状长圆形，长 2.5 ~ 6 cm，宽 1.5 ~ 3 cm，先端渐尖，具小尖头，基部宽楔形或近圆形，稍偏斜，下面灰白色，初被疏短柔毛，旋变无毛；小托叶 2 枚，钻状。圆锥花序顶生，常呈金字塔形，长达 30 cm；花梗比花萼短；小苞片 2 枚，形似小托叶；花萼浅钟状，长约 4 mm，萼齿 5，近等大，圆形或钝三角形，被灰白色短柔毛，萼管近无毛；花冠白色或淡黄色，旗瓣近圆形，长和宽约 11 mm，具短柄，有紫色脉纹，先端微缺，基部浅心形，翼瓣卵状长圆形，长 10 mm，宽 4 mm，先端浑圆，基部斜戟形，无皱褶，龙骨瓣阔卵状长圆形，与翼瓣等长，宽达 6 mm；雄蕊近分离，宿存；子房近无毛。荚果串珠状，长 2.5 ~ 5 cm 或稍长，直径约 10 mm，种子间缢缩不明显，种子排列较紧密，具肉质果皮，成熟后不开裂，具种子 1 ~ 6 颗；种子卵球形，淡黄绿色，干后黑褐色。花期 7—8 月，果期 8—10 月。

【生境分布】生于山坡、平原或植于庭院。我国大部分地区有分布。罗田各地均有分布。

（1）槐花。

【采收加工】夏季，花初开放时采收花朵，商品称"槐花"；花未开时采收花蕾，商品称"槐米"。除去杂质，当日晒干。

【来源】豆科植物槐 *Sophora japonica* L. 的花朵或花蕾。

【性状】①槐花：干燥花朵，花瓣多数散落，完整的花呈飞鸟状，直径约 1.5 cm，花瓣 5 枚，黄色或淡棕色，皱缩、卷曲。基部萼筒黄绿色，先端 5 浅裂。雄蕊淡黄色，须状，有时弯曲。子房膨大。质轻，气弱，味微苦。以色黄白、整齐、无枝梗杂质者为佳。

②槐米：又名槐花米，为干燥的花蕾，呈卵形或长椭圆形，长 2.5 ~ 5 mm，宽 1.5 ~ 2 mm。外表黄褐色或黄绿色，稍皱缩，下部为浅钟状花萼，先端具不甚明显的 5 齿裂，有时有短柄，上部为未开放的花冠，大小不一，花萼和花冠的外面均疏生白色短柔毛。质松脆。气弱，味微苦。以花蕾足壮、花萼色绿而厚、无枝梗者为佳。

【化学成分】含芸香苷，花蕾中含量多，开放后含量少。又从干花蕾中得三萜皂苷，水解后得白桦脂醇、槐花二醇和葡萄糖、葡萄糖醛酸。

另从花蕾中得槐花米甲素、乙素和丙素，甲素和芸香苷是不同的黄酮类，乙素和丙素为甾醇类。又含鞣质，生槐花含鞣质 0.66%，槐花炭的鞣质含量约为生槐花的 4 倍。

【药理作用】①对毛细血管的影响。保持毛细血管正常的抵抗力，减弱血管通透性，可使因脆性增强而出血的毛细血管恢复正常的弹性。

②抗炎作用。

③解痉、抗溃疡作用。

④降压作用。

⑤降血脂。

【炮制】槐花炭：将净槐花入锅内，炒至焦黑色，存性，略喷清水，取出晾干。

【性味】苦，凉。

【归经】归肝、大肠经。

【功能主治】清热，凉血，止血。主治肠风便血，痔血，尿血，血淋，崩漏，衄血，赤白痢下，风热目赤，痈疽疮毒。可用于预防中风。

【用法用量】内服：煎汤，6～15 g；或入丸、散。外用：煎水熏洗或研末撒。

【注意】脾胃虚寒者慎服。

【附方】①治大肠下血：槐花、荆芥穗等份。为末，酒服 2 g。（《经验方》）

②治脏毒，酒病，便血：槐花（16 g 炒，16 g 生），山栀子（去皮，炒）32 g。上为末。每服 6 g，新汲水调下。食前服。（《经验良方》）

③治暴崩下血：生猪脏一条，洗净，控干，以炒槐花末填满扎定，米醋炒，锅内煮烂，擂，丸弹子大，日干。每服一丸，空心，当归煎酒化下。（《永类钤方》）

④治诸痔出血：槐花 64 g，地榆、苍术各 40 g，甘草 32 g。俱微炒，研为细末，每早晚各食前服 6 g。气痔（因劳损中气而出血者）人参汤调服；酒痔（因酒积毒过多而出血者）陈皮、干葛汤调服；虫痔（因痒而内有虫动出血者）乌梅汤调服；脉痔（因劳动有伤，痔窍血出远射如线者）阿胶汤调服。（《杜氏家抄方》）

⑤治小便尿血：槐花（炒）、郁金（煨）各 3 g。为末。每服 6 g，淡豉汤下。（《箧中秘宝方》）

⑥治血淋：槐花烧过，去火毒，杵为末。每服 3 g，水酒送下。（《滇南本草》）

⑦治血崩：陈槐花 32 g，百草霜 16 g。为末。每服 9～12 g，温酒调下；若昏愦不省人事，则烧红秤锤淬酒下。（《良朋汇集经验神方》）

⑧治带下不止：槐花（炒）、牡蛎（煅）等份。为末。每酒服 9 g，取效。（《摘玄方》）

⑨治衄血不止：槐花、乌贼鱼骨等份。半生半炒，为末，吹鼻。（《世医得效方》）

⑩治吐血不止：槐花不拘多少。火烧存性，研细，入麝香少许。每服 6 g，温糯米饮调下。（《圣济总录》）

⑪治舌出血不止，名曰舌衄：槐花，晒干研末，敷舌上，或火炒，出火毒，为末敷。（《奇效良方》）

⑫治赤白痢疾：槐花（微炒）9 g，白芍药（炒）6 g，枳壳（麸炒）3 g。甘草 1.5 g。水煎服。（《本草汇言》）

⑬治疔疮肿毒，痈疽发背，不问已成未成，但焮痛者皆治：槐花（微炒）、核桃仁 64 g，无灰酒一盅。煎千余沸，热服。（《医方摘要》）

⑭治疮疡：槐花 125 g，金银花 15 g。酒二碗煎服之，取汗。（《医学启蒙》）

⑮治杨梅疮，棉花疮毒及下疳，初感或毒盛经久难愈者：槐花蕊（拣净，不必炒），每食前清酒吞下 9 g 许，早中晚每日 3 服。如不能饮酒，滚水盐汤俱可送下。（《景岳全书》）

⑯治中风失音：炒槐花，三更后仰卧嚼咽。（《世医得效方》）

⑰治肠风脏毒下血：槐花、侧柏叶、荆芥穗、枳壳各等份，为末，每服 6 g，空腹米饮下。（《万密斋医学全书》）

（2）槐角。

【别名】槐实、槐子、天豆、槐连豆。

【来源】豆科植物槐 *Sophora japonica* L. 的果实。

【采收加工】冬至后，果实成熟时采收，除去梗、果柄等杂质，晒干。

【性状】干燥荚果呈圆柱形，有时弯曲，种子间缢缩成连珠状，长 1～6 cm，直径 0.6～1 cm。表面黄绿色、棕色至棕黑色，一侧边缘背缝线黄色。顶端有凸起的残留柱基；基部常有果柄。果肉肉质柔彰（而粘，干后皱缩。气微弱，焦糖样；味微苦。内有种子 1～6 枚。种子肾形，长 8～10 mm，宽 5～8 mm，厚约 5 mm。表面光滑，棕色至棕黑色，一侧有椭圆形的种脐，旁有圆形的珠孔，另一旁有略凸起的种脊。种皮革质，子叶 2 片，黄绿色，嚼之有豆腥气。以肥大、角长、黄绿色、充实饱满者为佳。

【化学成分】含黄酮类和异黄酮类化合物，其中有染料木素、槐属苷、槐属双苷、山柰酚糖苷、槐属黄酮苷和芸香苷。芸香苷的含量很高，幼果中达 46%。槐属苷含量为 1.5%～2.0%。槐属黄酮苷含量为 0.8%。另含槐糖 0.4%。

种子含油 9.9%。游离或结合的脂肪酸中，油酸为 22.3%，亚油酸 53%，亚麻酸为 12%。

【药理作用】①升血糖作用。

②抗菌作用。

【炮制】蜜槐角：先取槐角置锅内用文火炒至鼓起，喷入蜜水，再炒至外皮光亮、不粘手为度，取出放凉。（槐角每 50 kg，用炼热蜂蜜 2.5 kg）槐角炭：将净槐角置锅内，文火炒至外表呈焦黑色，内呈老黄色为度，取出放凉。

《雷公炮炙论》：凡采得（槐子），铜锤锤之令破，用乌牛乳浸一宿，蒸过用。

【性味】苦，寒。

【归经】归肝、大肠经。

【功能主治】清热，润肝，凉血，止血。主治肠风泻血，痔血，崩漏，血淋，血痢，心胸烦闷，风眩欲倒，阴疮湿痒。

【用法用量】内服：煎汤，6～15 g；或入丸，散；嫩角捣汁用。外用：烧存性研末调敷。

【注意】脾胃虚寒及孕妇忌服。

①《本草经集注》：景天为之使。

②《本草经疏》：病人虚寒，脾胃作泄及阴虚血热而非实热者，外证似同，内因实异，即不宜服。

③《本经逢原》：胃虚食少及孕妇勿服。

【附方】①治五种肠风泻血，粪前有血名外痔，粪后有血名内痔，大肠不收名脱肛，谷道四面胬肉如奶名举痔，头上有孔名瘘，并皆治之：槐角 500 g（去枝梗炒），地榆、当归（酒浸一宿，焙）、防风（去芦）、黄芩、枳壳（去瓤，麸炒）各 250 g。上为末，酒糊丸，如梧桐子大。每服 30 丸，米汤下，不拘时候。（《局方》）

②治妇人崩淋下血：槐角子（酒洗，炒）250 g，丹参（醋拌，炒）125 g，香附（童便浸，炒）64 g。共为末，饴糖为丸，梧桐子大。每早服 15 g，米汤下。（《产宝》）

③治血淋并妇人崩漏不止：槐子（炒黄），管仲（炒黄）各等份。共为末。每服 15 g，用酽醋一盅煎，滚三、五沸，去渣温服。（《良朋汇集经验神方》）

④治小便尿血：槐角子 9 g，车前、茯苓、木通各 6 g，甘草 2.1 g。水煎服。（《杨氏简易方》）

⑤治赤痢毒血：槐角子（酒洗，炒）125 g，白芍药（醋炒）64 g，木香（焙）15 g。共为末。每早服 6 g，白汤调下。（《本草汇言》）

⑥治吐血、咯血、呕血、唾血，或鼻衄、齿衄、舌衄、耳衄：槐角子 250 g，麦门冬（去心）160 g。用净水 50 大碗，煎汁 15 碗，慢火熬膏。每早午晚各服 3 大匙，白汤下。（《本草汇言》）

⑦治脱肛：槐花，槐角。上两味等份，炒香黄，为细末。用羊血蘸药，炙熟食之，以酒送下，或以猪

膘去皮，蘸药炙服。（《是斋百一选方》）

⑧治阴疝肿缩：槐子（炒）32 g。捣罗为末，炼蜜丸如梧桐子大。每服 20 丸，温酒下，空心服。（《圣济总录》）

⑨治眼热目睹：槐子、黄连（去须）各 64 g。捣罗为末，炼蜜丸如梧桐子大。每于食后以温浆水下 20 丸，夜临卧再服。（《太平圣惠方》）

⑩治烫伤：槐角子烧存性，用麻油调敷患处。（《验方选集》）

⑪治肠风下血：槐角 50 g，水煎服。（《万密斋医学全书》）

（3）槐根。

【采收加工】 全年可采。

【来源】 豆科植物槐 *Sophora japonica* L. 的根。

【性状】 干燥的根粗壮而呈圆柱形，略弯曲。外表黄色或黄褐色。质坚硬。断面黄白色，木质，纤维性。

【化学成分】 含 d- 山槐素葡萄糖苷和 dl- 山槐素。

【功能主治】 主治痔疮，喉痹，蛔虫病。

【用法用量】 内服：煎汤，32 ～ 64 g。外用：煎水洗。

【附方】 ①治五痔：煮槐根洗之。（《姚僧坦集验方》）

②治女子痔疮：槐花根 64 g，葛菌 64 g。炖猪大肠服。（《重庆草药》）

（4）槐皮。

【采收加工】 全年可采。

【来源】 豆科植物槐 *Sophora japonica* L. 的树皮或根皮的韧皮部。

【性味】 ①《药性论》：味苦，无毒。

②《本草纲目》：苦，平，无毒。

【功能主治】 祛风除湿，消肿止痛。主治风邪外中，身体强直，肌肤不仁，热病口疮，牙疳，喉痹，肠风下血，疽，痔，烂疮，阴部痒痛，汤火伤。

【用法用量】 内服：煎汤，6 ～ 15 g。外用：含漱，煎水熏洗或研末撒。

【附方】 ①治中风身直，不得屈伸反复者：槐皮（黄白者），切之，以酒共水 6 升，煮取 2 升，去滓，适寒温，稍稍服之。（《肘后备急方》）

②治破伤风，迷闷不省人，危急者，但气绝心腹温可治：槐树枝皮，旋用刀刻取一块，连粗皮在外，安在破伤处，用艾蘸于槐皮上灸百炷不妨，如疮口痛者，灸至不痛，不痛者灸至痛，然后用火摩，不拘时候。（《普济方》）

③治热病口疮：黄连（去须）0.3 g，槐白皮 16 g，甘草根 16 g。上药，细锉，用水一大盏，煎至半盏，去滓，温含冷吐。（《太平圣惠方》）

④治牙齿疼痛：槐白皮一蟹，荆芥穗 16 g。上药以醋 1 升，煎至 0.5 升，入盐少许，热含冷吐，以瘥为度。（《太平圣惠方》）

⑤治脉痔有虫或下脓血：槐白皮 1000 g。细锉，水 15 升，煎至 10 升，去渣倾盆中，坐熏，冷再暖，虫当随便利自出，更捣槐白皮末，绵裹 3 g，纳下部中。（《圣济总录》）

⑥洗疽疮，化毒气，散脓汁，生肌肉，止痛痒：槐白皮 32 g，桑白皮、降真香、防风各 16 g。上细切，水 3 升，煎至 1.5 升，代猪蹄汤洗。（《卫济宝书》）

⑦治阴下湿痒成疮：猪蹄两脚，槐白皮（切）500 g。以水煮洗疮，一日五、六遍。（《救急方》）

⑧治阴疮，阴边如粟粒，生疮及温痒：以槐白皮一大握，盐三指一撮。以水二大升，煮取一升洗之，日三、五遍，适寒温用。若涉远恐冲风，即以米粉和涂之。（孟诜《必效方》）

⑨治火烫伤：槐根二层皮或花，烘干研末外敷。（《中草药学》）

（5）槐耳。

【别名】槐菌、槐鸡、槐蛾。

【采收加工】夏季采收。

【来源】寄生于槐 *Sophora japonica* L. 树上的木耳。

【性味】①《药性论》：平。

②《新修本草》：味苦辛，平，无毒。

【功能主治】主治痔疮，便血，脱肛，崩漏。

【用法用量】内服：煎汤，6～9 g；或烧存性研末服。

【附方】①治肠痔下血：槐耳，为末，饮服 6 g，日 3 服。（《肘后备急方》）

②治大肠风毒，下血不止：槐耳（烧灰）64 g，干漆（捣碎、炒令烟出）32 g。上药捣细罗为散，每于食前，以温酒调下 3 g。（《太平圣惠方》）

③治妇人漏下，淋沥不绝：槐蛾不以多少，烧灰，细研为散。每服 4 g，温酒调下，食前。（《圣济总录》）

④治月水不断，劳损黄瘦，暂止复发，小劳辄剧者：槐鹅（炒黄）、赤石脂各 32 g。为末。食前热酒服 6 g。桑黄亦可。（《太平圣惠方》）

⑤治产后血疼欲死者：槐鸡 16 g。为末，酒浓煎，饮服。（《妇人良方》）

（6）槐脂。

【采收加工】夏、秋季采收。

【来源】豆科植物槐 *Sophora japonica* L. 的树脂。

【性味】《本草纲目》：苦，寒，无毒。

【归经】《得配本草》：入足厥阴经。

【功能主治】①《嘉佑本草辑复本》：主一切风，化涎。治肝藏风，筋脉抽挚，及急风口噤，或四肢不收，顽痹，或毒风周身如虫行，或破伤风口眼偏斜，腰脊强硬。

②《本草纲目》：煨热，绵裹塞耳，治风热聋闭。

【用法用量】内服：多入丸、散。

【注意】《得配本草》：血虚气滞，二者禁用。

【附方】①治破伤风，口眼偏斜，四肢拘急，腰背强硬：槐胶 64 g，白花蛇（酒浸，去皮骨，炙令微黄）64 g，独活 32 g，白附子（炮裂）32 g，防风（去芦头）32 g，干蝎（微炒）16 g，干姜（炮裂）16 g，天南星（炮裂）16 g，天麻 32 g，麝香（细研）0.3 g。上药，捣细罗为散，入麝香研令匀。每服，研薄荷汁 32 g，入酒 195 g，暖令温，调下 3 g，不计时候服。（《太平圣惠方》）

②治破伤风，身体拘急，口噤，眼亦不开：辟宫子一条（一名守宫，酒浸三日，曝干，捣罗为末），赋粉半分。上药，同研令匀，以煮槐胶和丸如绿豆大。不计时候，拗口开，以温酒灌下七丸，逡巡汗出瘥，未汗再服。（《太平圣惠方》）

（7）槐叶。

【采收加工】春、夏季采收，晒干。

【来源】豆科植物槐 *Sophora japonica* L. 的叶片。

【化学成分】含芸香苷。

【性味】①《日华子本草》：平，无毒。

②《本草纲目》：苦，平，无毒。

【归经】《得配本草》：入足厥阴、阳明经。

【功能主治】主治惊痫，壮热，肠风，溲血，痔疮，疥癣，湿疹，疔肿。

【用法用量】内服：煎汤，16～32 g；或入散剂。外用：捣敷。

【附方】①治霍乱吐泻，心烦闷乱：甘草（炙微赤，锉）0.3 g，槐叶 32 g，桑叶 32 g。捣筛为散。每服 9 g，以水一中盏，煎至六分，去滓，不拘时候温服。（《太平圣惠方》）

②治痔，下血，肠风，明目：嫩槐叶 500 g。碾作末，煎呷之。（《食医心鉴》）

③治慢性湿疹：新鲜槐叶置沸水中冲洗净，捣烂如泥状，先用开水洗净患部，将槐叶泥敷患处，外以纱布包扎，每日更换一次。（《中医杂志》）

④治鼻窒，气息不通：槐叶 5 升，葱白（切）1 升，豉 100 g。以水 5 升，煮取 3 升，分温 3 服。（《千金方》）

（8）槐枝。

【别名】槐嫩蘗。

【采收加工】春、夏季采收。

【来源】豆科植物槐 *Sophora japonica* L. 的嫩枝。

【化学成分】含芸香苷。

【性味】《本草纲目》：苦，平，无毒。

【功能主治】主治崩漏带下，心痛，目赤，痔疮，疥疮。

【用法用量】内服：煎汤，16 ～ 32 g；浸酒或入散剂。外用：煎水熏洗或烧沥涂。

【附方】①治崩中或赤白，不问年月远近：槐枝，烧灰，食前酒下 6 g。（《梅师集验方》）

②治痔核：槐枝，浓煎汤，先洗痔，便以艾灸其上七壮，以知为度。（《传信方》）

③治九种心痛：新生槐枝一握，去两头。细切，以水 3 升，煮取 1 升，顿服。（《千金方》）

④治大风痿痹：槐嫩蘗，煮汁酿酒饮。（《新修本草》）

胡卢巴属 *Trigonella* L.

424. 胡卢巴 *Trigonella foenum-graecum* L.

【别名】葫芦巴、芦巴、胡巴、小木夏、香豆子。

【形态】一年生草本，高 30 ～ 80 cm。主根深达土中 80 cm，根系发达。茎直立，圆柱形，多分枝，微被柔毛。羽状 3 出复叶；托叶全缘，膜质，基部与叶柄相连，先端渐尖，被毛；叶柄平展，长 6 ～ 12 mm；小叶长倒卵形、卵形至长圆状披针形，近等大，长 15 ～ 40 mm，宽 4 ～ 15 mm，先端钝，基部楔形，边缘上半部具三角形尖齿，上面无毛，下面疏被柔毛，或秃净，侧脉 5 ～ 6 对，不明显；顶生小叶具较长的小叶柄。花无梗，1 ～ 2 朵着生于叶腋，长 13 ～ 18 mm；花萼筒状，长 7 ～ 8 mm，被长柔毛，萼齿披针形，锥尖，与花萼等长；花冠黄白色或淡黄色，基部稍呈堇青色，旗瓣长倒卵形，先端深凹，明显地比翼瓣和

龙骨瓣长；子房线形，微被柔毛，花柱短，柱头头状，胚珠多数。荚果圆筒状，长 7 ～ 12 cm，直径 4 ～ 5 mm，直或稍弯曲，无毛或微被柔毛，先端具细长喙，喙长约 2 cm（包括子房上部不育部分），背缝增厚，表面有明显的纵长网纹，有种子 10 ～ 20 颗。种子长圆状卵形，长 3 ～ 5 mm，宽 2 ～ 3 mm，棕褐色，表面凹凸不平。花期 4—7 月，果期 7—9 月。

【生境分布】多为栽培。罗田天堂寨有栽培。

【采收加工】 秋季种子成熟后采收全草，打下种子，除净杂质，晒干。生用或微炒用。

【药材名】 胡芦巴。

【来源】 豆科植物胡卢巴 *Trigonella foenum-graecum* L. 的种子。

【性状】 种子略呈斜方形或矩形，长 3～4 mm，宽 2～3 mm，厚约 2 mm。表面黄棕色至红棕色，平滑。两面各具一条深斜沟，两条斜沟相接处可见种脐与珠孔。质坚硬，不易破碎。种皮薄，纵切面可见内有一圈胚乳，用水浸后胚乳呈黏液状，子叶略不对称，呈淡黄色，胚根弯曲，肥大而长。横切面胚乳占面积较大，子叶 2 片，呈长圆形，一端有圆形的胚根。气微，粉碎时有特异的香气，味淡微苦。以个大、饱满、无杂质者为佳。

【炮制】 胡芦巴：拣去杂质，用水洗净，晒干。盐炒胡芦巴：取净胡芦巴加盐水喷酒拌匀，稍闷，微炒至发响，呈黄色，取出放凉。（胡芦巴每 100 kg，用食盐 2.5 kg，适量清水化开）

《本草纲目》：胡芦巴，凡入药淘净，以酒浸一宿，晒干，蒸熟，或炒过用。

【性味】 苦，温。

【归经】 归肾、肝经。

【功能主治】 补肾阳，祛寒湿。主治寒疝，腹胁胀满，寒湿脚气，肾虚腰酸，阳痿。

【用法用量】 内服：煎汤，3～9 g；或入丸、散。

【注意】 阴虚火旺者忌服。

①《本草品汇精要》：妊妇勿服。

②《本草汇言》：肾脏有郁火内热者，宜斟酌。

③《本草从新》：相火炽盛，阴血亏少者禁之。

【贮藏】 置干燥处。

【附方】 ①治膀胱气：胡芦巴、茴香子、桃仁（麸炒）各等份。半以酒糊丸，半为散。每服 50～70 丸，空心食前盐酒下；散以热米饮服下，与丸于相间，空心服，日各一、二服。（《本草衍义》）

②治小肠气攻刺：葫芦巴（炒）32 g。为末，每服 6 g，茴香炒紫，用热酒沃，盖定，取酒调下。（《仁斋直指方》）

③治大人、小儿小肠气，蟠肠气，奔豚气，偏坠阴肿，小腹有形如卵，上下来去痛不可忍，或绞结绕脐攻刺，呕恶闷乱，并皆治之：葫芦巴（炒）500 g，吴茱萸（汤洗十次，炒）500 g，川楝子（炒）600 g，大巴戟（去心，炒）、川乌（炮，去皮、脐）各 195 g，茴香（淘去土，炒）600 g。上为细末，酒煮面糊为丸，如梧桐子大。每服 15 丸，空心温酒吞下；小儿 5 丸，茴香汤下。（《局方》）

④治肾脏虚冷，腹胁胀满：葫芦巴 64 g，附子（炮裂，去皮、脐）、硫黄（研）各 0.9 g。上 3 味，捣研为末，酒煮面糊丸如梧桐子大。每服 20～30 丸，盐汤下。（《圣济总录》）

⑤治一切寒湿脚气，腿膝疼痛，行步无力：葫芦巴 125 g（浸一宿），破故纸 125 g（炒香）。上为细末，用大木瓜一枚，切顶去瓤，填药在内，以满为度，复用顶盖之，用竹签签定，蒸熟取出，烂研，用前件填不尽药末，捣和为丸，如梧桐子大。每服 50 丸，温酒送下，空心食前。（《杨氏家藏方》）

⑥治气攻头痛：葫芦巴（炒）、荆三棱（酒浸，焙）各 16 g，干姜（炮）4.8 g。上为细末。每服 6 g，温生姜汤或温酒调服，不拘时候。（《济生方》）

野豌豆属 *Vicia* L.

425. 广布野豌豆 *Vicia cracca* L.

【别名】 野麦豆。

【形态】多年生草本，高 40～150 cm。根细长，多分支。茎攀援或蔓生，有棱，被柔毛。偶数羽状复叶，叶轴顶端卷须有 2～3 分支；托叶半箭头形或戟形，上部 2 深裂；小叶 5～12 对互生，线形、长圆或披针状线形，长 1.1～3 cm，宽 0.2～0.4 cm，先端锐尖或圆形，具短尖头，基部近圆或近楔形，全缘；叶脉稀疏，呈三出脉状，不甚清晰。总状花序与叶轴近等长，花多数，10～40 密集一面向着生于总花序轴上部；花萼钟状，萼齿 5，近三角状披针形；花冠紫色、蓝紫色或紫红色，长 0.8～1.5 cm；旗瓣长圆形，中部缢缩呈提琴形，先端微缺，瓣柄与瓣片近等长；翼瓣与旗瓣近等长，明显长于龙骨瓣先端钝；子房有

柄，胚珠 4～7，花柱弯与子房连接处成大于 90° 夹角，上部四周被毛。荚果长圆形或长圆菱形，长 2～2.5 cm，宽约 0.5 cm，先端有喙，果梗长约 0.3 cm。种子 3～6，扁圆球形，直径约 0.2 cm，种皮黑褐色，种脐长相当于种子周长 1/3。花果期 5—9 月。

【生境分布】生于田边、草坡、岩石上。罗田各地均有分布。

【采收加工】春、夏季采收。

【药用部位】全草。

【药材名】广布野豌豆。

【来源】豆科植物广布野豌豆 *Vicia cracca* Linn. 的全草。

【功能主治】用于活血平胃，明耳目，疗疮。

【应用】本种为水土保持绿肥作物。嫩时为牛羊等牲畜喜食饲料。

全草为优良的绿肥饲料；又可药用，功效与箭舌豌豆相同；种子含淀粉。

【民间验方】①治鼻衄：广布野豌豆 30 g，水煎服。

②治疮肿：鲜广布野豌豆适量，加盐捣烂外敷。

426. 蚕豆 *Vicia faba* L.

【别名】胡豆、马齿豆、竖豆、夏豆。

【形态】一年生草本，高 30～100（120）cm。主根短粗，多须根，根瘤粉红色，密集。茎粗壮，直立，直径 0.7～1 cm，具 4 棱，中空、无毛。偶数羽状复叶，叶轴顶端卷须短缩为短尖头；托叶戟头形或近三角状卵形，长 1～2.5 cm，宽约 0.5 cm，略有锯齿，具深紫色密腺点；小叶通常 1～3 对，互生，上部小叶可达 4～5 对，基部较少，小叶椭圆形、长圆形或倒卵形，稀圆形，长 4～6（10）cm，宽 1.5～4 cm，

先端圆钝，具短尖头，基部楔形，全缘，两面均无毛。总状花序腋生，花梗近无；花萼钟形，萼齿披针形，下萼齿较长；具花 2～4（6）朵呈丛状着生于叶腋，花冠白色，具紫色脉纹及黑色斑晕，长 2～3.5 cm，旗瓣中部缢缩，基部渐狭，翼瓣短于旗瓣，长于龙骨瓣；二体雄蕊（9+1），子房线形无柄，胚珠 2～4（6），花柱密被白柔毛，顶端远轴面有一束髯毛状毛。荚果肥厚，长 5～10 cm，宽 2～3 cm；表皮绿色，

被茸毛，内有白色海绵状，横隔膜，成熟后表皮变为黑色。种子2～4（6），长方圆形，近长方形，中间内凹，种皮革质，青绿色，灰绿色至棕褐色，稀紫色或黑色；种脐线形，黑色，位于种子一端。花期4—5月，果期5—6月。

【生境分布】通常栽培于田中或田岸旁。全国大部分地区有栽植。

【药用部位】种子、花、豆荚、梗、叶。

【药材名】蚕豆、蚕豆花、蚕豆荚、蚕豆梗、蚕豆叶。

（1）蚕豆。

【采收加工】夏季豆荚成熟呈黑褐色时拔取全株，晒干，打下种子，扬净后再晒干。

【来源】豆科植物蚕豆 *Vicia faba* L. 的种子。

【化学成分】种子含巢菜碱苷0.5%，蛋白质28.1%～28.9%，及磷脂、胆碱、哌啶酸，尚含植物凝集素。巢菜碱苷是6-磷酸葡萄糖的竞争性抑制物，为引起蚕豆病发作的原因之一。

【药理作用】极少数人（小男孩较多）在食入蚕豆或吸入其花粉后，可发生急性溶血性贫血，症状有血色素尿、休克、乏力、眩晕，胃肠紊乱及尿胆素的排泄增加；更重者症状有苍白、黄疸、呕吐、腰痛、衰弱。一般吃生蚕豆5～24 h后即发生，但有时食炒热的也可发生。如吸入其花粉，则发作更快。发生蚕豆病的原因，是少数人有一种先天性的生化缺陷，即其血细胞中缺乏葡萄糖-6-磷酸脱氢酶，因而其还原型的谷胱甘肽含量也很低，在巢菜碱苷侵入后，可发生血细胞溶解。将巢菜碱苷混于食物中（1%）饲喂大鼠或小鸡可抑制其自然生长。有人还认为，除巢菜碱苷外，蚕豆中还有其他因子也能引起类似的溶血作用。

根含5-羟尿嘧啶，为一种代谢拮抗剂，并含有2，6-二胺嘌呤，可抑制乳酸杆菌，此种抑制可被腺苷所翻转；上述物质可使骨髓耗竭，并伤害犬及大鼠结肠、空肠的上皮细胞，是一种致癌物质。DAP之作用并非通过戊糖核酸，而是由于干扰了腺苷、胍的基本代谢功能。

【性味】甘，平。

【归经】归脾、胃经。

【功能主治】健脾，利湿。主治膈食，水肿，疮毒。

【用法用量】内服：煎汤或研末。外用：捣敷。

【注意】《本经逢原》：性滞，中气虚者食之，令人腹胀。

【附方】①治膈食：蚕豆磨粉，红糖调食。（《指南方》）

②治水胀，利水消肿：虫胡豆32～250 g。炖黄牛肉服。不可与菠菜同用。（《民间常用草药汇编》）

③治水肿：蚕豆64 g，冬瓜皮64 g，水煎服。（《湖南药物志》）

④治秃疮：鲜蚕豆捣如泥，涂疮上，干即换之。如无鲜者，用干豆以水泡胖，捣敷亦效。（《秘方集验》）

（2）蚕豆花。

【采收加工】清明节前后开花时采收，晒干，或烘干。

【来源】豆科植物蚕豆 *Vicia faba* L. 的花。

【性状】干燥的花，黑褐色，皱缩，长约2 cm；萼紧贴花冠管，先端5裂片，每因干燥碎断而残缺；花的旗瓣在外，并包裹着翼瓣和龙骨瓣，因皱缩卷曲，不易分辨。气微香，味淡。以花朵干燥、完整、紫黑色者为佳。

【性味】甘，平。

【功能主治】凉血，止血。主治咯血，鼻衄，血痢，带下，高血压。

【用法用量】内服：煎汤，6～9 g（鲜品16～32 g）；捣汁或蒸露。

【附方】①治咯血：蚕豆花9 g。水煎去渣，溶化冰糖适量，一日两、三回分服。（《现代实用中药》）

②治血热漏下：鲜蚕豆花32 g。水煎服。（《福建中草药》）

（3）蚕豆荚。

【别名】 蚕豆黑壳。

【采收加工】 夏季采收。

【来源】 豆科植物蚕豆 *Vicia faba* L. 的荚壳。

【功能主治】 主治咯血，鼻衄，尿血，消化道出血，手术野出血，天疱疮，烫伤。

【用法用量】 内服：煎汤，16～32 g；或制成散剂。外用：炒炭研细调敷。

【附方】 ①治天疱疮：蚕豆黑壳，烧灰存性，研末，加枯矾少许，菜油调敷。（《本草纲目拾遗》）
②治天疱疮、汤火伤：蚕豆荚壳炒炭研细，用麻油调敷。（《上海常用中草药》）

（4）蚕豆梗。

【采收加工】 夏季采收。

【来源】 豆科植物蚕豆 *Vicia faba* L. 的茎。

【药理作用】 甘油酸有利尿作用。

【功能主治】 止血，止泻。主治各种内出血，水泻，烫伤。

《民间常用草药汇编》：止水泻。外用治烫伤。

【用法用量】 内服：煎汤，16～32 g。外用：烧灰调敷。

【附方】 ①治各种内出血：蚕豆梗焙干研细末。每日9 g，分三次吞服。（《上海常用中草药》）
②治水泻：蚕豆梗32 g。水煎服。（《上海常用中草药》）

（5）蚕豆叶。

【来源】 豆科植物蚕豆 *Vicia faba* L. 的叶。

【性味】 《本草纲目》：苦，微甘，温。

【功能主治】 主治肺结核咯血，消化道出血，外伤出血，臁疮。

【用法用量】 内服：捣汁。外用：捣敷或研末撒。

【附方】 治臁疮臭烂，多年不愈：蚕豆叶一把，捶烂敷患处。（《贵阳市秘方验方》）

427. 救荒野豌豆 *Vicia sativa* L.

【别名】 马豆、大巢菜、野绿豆、野菜豆。

【形态】 一年生或二年生草本，高15～90（105）cm。茎斜升或攀援，单一或多分枝，具棱，被微柔毛。偶数羽状复叶长2～10 cm，叶轴顶端卷须有2～3分支；托叶戟形，通常2～4裂齿，长0.3～0.4 cm，宽0.15～0.35 cm；小叶2～7对，长椭圆形或近心形，长0.9～2.5 cm，宽0.3～1 cm，先端圆或平截有凹，具短尖头，基部楔形，侧脉不甚明显，两面被贴伏黄柔毛。花1～2（4），腋生，近无梗；花萼钟形，外面被柔毛，萼齿披针形或锥形；花冠红紫色或红色，旗瓣长倒卵圆形，先端圆，微凹，中部缢缩，翼瓣短于旗瓣，长于龙骨瓣；子房线形，微被柔毛，胚珠4～8，子房具柄短，花柱上部被淡黄白色髯毛状毛。荚果线长圆形，长4～6 cm，宽0.5～0.8 cm，表皮土黄色种间缢缩，有毛，成熟时背腹开裂，果瓣扭曲。种子4～8，圆球形，棕色或黑褐色，种脐长相当于种子圆周的1/5。花

期 4—7 月，果期 7—9 月。

【生境分布】生于山脚下草地、灌木林下的湿地。

【采收加工】夏季采收，晒干或鲜用。

【药用部位】全草。

【药材名】野豌豆。

【来源】豆科植物救荒野豌豆 *Vicia sativa* L. 的全草。

【性味】甘、辛，温。

【功能主治】补肾调经，祛痰止咳。主治肾虚腰痛，遗精，月经不调，咳嗽痰多；外用治疔疮。

【用法用量】内服：煎汤，16 ～ 32 g。外用适量，鲜草捣烂敷或煎水洗患处。

豇豆属 *Vigna* Savi

428. 短豇豆 *Vigna unguiculate* subsp. *cylindrica*（L.）Verdc.

【别名】饭豇豆、眉豆。

【形态】一年生直立草本，高 20 ～ 40 cm。荚果长 10 ～ 16 cm；种子颜色多种。花期 7—8 月，果期 9 月。

【生境分布】栽培。

【采收加工】秋季采收。

【药用部位】种子。

【药材名】饭豇豆。

【来源】豆科植物饭豇豆 *Vigna unguiculate* subsp. *cylindrica*（L.）Verdc. 的种子。

【功能主治】调中益气，健脾益肾。

429. 豇豆 *Vigna unguiculate*（L.）Walp.

【形态】一年生缠绕、草质藤本或近直立草本，有时顶端缠绕状。茎近无毛。羽状复叶具 3 小叶；托叶披针形，长约 1 cm，着生处下延成一短距，有线纹；小叶卵状菱形，长 5 ～ 15 cm，宽 4 ～ 6 cm，先端急尖，边全缘或近全缘，有时淡紫色，无毛。总状花序腋生，具长梗；花 2 ～ 6 朵聚生于花序的顶端，花梗间常有肉质密腺；花萼浅绿色，钟状，长 6 ～ 10 mm，裂齿披针形；花冠黄白色而略带青紫色，长约 2 cm，各瓣均具瓣柄，旗瓣扁圆形，宽约 2 cm，顶端微凹，基部稍有耳，翼瓣略呈三角形，龙骨瓣稍弯；子房线形，被毛。荚果下垂，直立或斜展，

线形，长 7.5～70（90）cm，宽 6～10 mm，稍肉质而膨胀或坚实，有种子多颗；种子长椭圆形或圆柱形或稍肾形，长 6～12 mm，黄白色、暗红色或其他颜色。花期 5—8 月。

【生境分布】栽培。

【采收加工】夏季采收。

【药用部位】根、种子、叶、豆壳。

【药材名】豇豆。

【来源】豆科植物豇豆 Vigna unguiculate（L.）Walp. 的根、种子、叶、豆壳。

【功能主治】种子：健脾补胃；根：健脾益气，消食；叶：主治淋症；豆壳：镇痛消肿。

紫藤属 *Wisteria* Nutt.

430. 紫藤 *Wisteria sinensis*（Sims）DC.

【别名】小黄藤、紫金藤、招豆藤。

【形态】落叶藤本。茎左旋，枝较粗壮，嫩枝被白色柔毛，后秃净；冬芽卵形。奇数羽状复叶长 15～25 cm；托叶线形，早落；小叶 3～6 对，纸质，卵状椭圆形至卵状披针形，上部小叶较大，基部 1 对最小，长 5～8 cm，宽 2～4 cm，先端渐尖至尾尖，基部钝圆、楔形或歪斜，嫩叶两面被平伏毛，后秃净；小叶柄长 3～4 mm，被柔毛；小托叶刺毛状，长 4～5 mm，宿存。总状花序发自去年生短枝的腋芽或顶芽，长 15～30 cm，直径 8～10 cm，花序轴被白色柔毛；苞片披针形，早落；花长 2～2.5 cm，芳香；花梗细，长 2～3 cm；花萼杯状，长 5～6 mm，宽 7～8 mm，密被细绢毛，上方 2 齿甚钝，下方 3 齿卵状三角形；花冠细绢毛，上方 2 齿甚钝，下方 3 齿卵状三角形；花冠紫色，旗瓣圆形，先端略凹陷，花开后反折，基部有 2 胼胝体，翼瓣长圆形，基部圆，龙骨瓣较翼瓣短，阔镰形，子房线形，密被茸毛，花柱无毛，上弯，胚珠 6～8 枚。荚果倒披针形，长 10～15 cm，宽 1.5～2 cm，密被茸毛，悬垂枝上不脱落，有种子 1～3 颗；种子褐色，具光泽，圆形，宽 1.5 cm，扁平。花期 4 月中旬至 5 月上旬，果期 5—8 月。

【生境分布】多栽培于庭院。罗田各地均有分布。

【药用部位】茎叶、根、种子。

【药材名】紫藤叶、紫藤根、紫藤子。

（1）紫藤叶。

【采收加工】夏、秋季采收。

【来源】豆科植物紫藤 *Wisteria sinensis*（Sims）DC. 的茎叶。

【药理作用】紫藤苷及树脂均有毒，能引起呕吐、腹泻甚至虚脱。

【性味】《本草拾遗》：味甘，微温，有小毒。

【功能主治】《本草拾遗》：作煎如糖，下水良。主水癥病。

（2）紫藤根。

【采收加工】全年可采。

【来源】豆科植物紫藤 *Wisteria sinensis*（Sims）DC. 的根。

【性味】甘，温。

【功能主治】《浙江民间草药》：治筋络风气，补心。

【附方】①治痛风：紫藤根 15 g。配其他痛风药煎服。（性味以下出《浙江民间草药》）

②治关节炎：紫藤根、枸骨根、菝葜根（均鲜品）各 32 g。水煎米酒兑服。（《草药手册》）

（3）紫藤子。

【别名】紫藤豆、藤花子、紫金藤子。

【采收加工】秋季采收。

【来源】豆科植物紫藤 *Wisteria sinensis*（Sims）DC. 的种子。

【化学成分】种子含金雀花碱。

【性味】苏医《中草药手册》：甘，微温，有小毒。

【功能主治】①《江苏省植物药材志》：治筋骨疼痛。泡酒服。

②苏医《中草药手册》：杀虫，止痛，解毒。

【用法用量】内服：煎汤（炒熟），9 ～ 15 g；或浸酒饮。

【注意】本品有毒，内服须炒透。

【附方】治食物中毒、腹痛、吐泻，并治蛲虫病：紫藤子炒熟 32 g，鱼腥草 12 ～ 15 g，醉鱼草 21 ～ 24 g。水煎（须煎透），早、晚各服 1 次。（《浙江天目山药用植物志》）

八十、酢浆草科 Oxalidaceae

酢浆草属 *Oxalis* L.

431. 酢浆草 *Oxalis corniculata* L.

【别名】三叶酸草、酸浆草、酸草、三叶酸、雀儿草、三叶酸浆。

【形态】草本，高 10 ～ 35 cm，全株被柔毛。根茎稍肥厚。茎细弱，多分枝，直立或匍匐，匍匐茎节上生根。叶基生或茎上互生；托叶小，长圆形或卵形，边缘被密长柔毛，基部与叶柄合生，或同一植株下部托叶明显而上部托叶不明显；叶柄长 1 ～ 13 cm，基部具关节；小叶 3，无柄，倒心形，长 4 ～ 16 mm，宽 4 ～ 22 mm，先端凹入，基部宽楔形，两面被柔毛或表面无毛，沿脉被毛较密，边缘具贴伏缘毛。花单生或数朵集为伞形花序状，腋生，总花梗淡红色，与叶近等长；花梗长 4 ～ 15 mm，果后延伸；小苞片 2，披针形，长 2.5 ～ 4 mm，膜质；花萼 5，披针形或长圆状披针形，长 3 ～ 5 mm，背面和边缘被柔毛，宿存；花瓣 5，黄色，长圆状倒卵形，长 6 ～ 8 mm，宽 4 ～ 5 mm；雄蕊 10，花丝白色半透明，有时被疏短柔毛，基部合生，长、短互间，长者花药较大且早熟；子房长圆形，5 室，被短伏毛，花柱 5，

柱头头状。蒴果长圆柱形，长 1 ～ 2.5 cm，5 棱。种子长卵形，长 1 ～ 1.5 mm，褐色或红棕色，具横向肋状网纹。花果期 2—9 月。

【生境分布】生于耕地、荒地或路旁。罗田各地均有分布。

【采收加工】夏季采收。

【药用部位】全草。

【药材名】酢浆草。

【来源】酢浆草科植物酢浆草 *Oxalis corniculata* L. 的全草。

【化学成分】茎叶含大量草酸盐。另有说法，叶含柠檬酸及大量酒石酸，茎含苹果酸。

【药理作用】对金黄色葡萄球菌有抗菌作用，对大肠杆菌则无效；此植物据说对羊有毒。同属植物毛茛酢浆草能伤害家畜肾，使血中非蛋白氮明显升高。

【性味】酸，寒。

【归经】《得配本草》：入手阳明、太阳经。

【功能主治】清热利湿，凉血散瘀，消肿解毒。主治泄泻，痢疾，黄疸，淋证，赤白带下，麻疹，吐血，衄血，咽喉肿痛，疔疮，痈肿，疥癣，痔疾，脱肛，跌打损伤，烧烫伤。

【用法用量】内服：煎汤，6 ～ 12 g（鲜品 32 ～ 64 g）；捣汁或研末。外用：煎水洗、捣敷、捣汁涂、调敷或煎水漱口。

【附方】①治水泻：酸浆草 9 g，加红糖蒸服。（《云南中医验方》）

②治痢疾：酢浆草研末，每服 15 g，开水送服。（《湖南药物志》）

③治湿热黄疸：酢浆草 32 ～ 40 g。水煎 2 次，分服。（《江西民间草药》）

④治血淋热淋：酸浆草取汁，入蜜同服。（《履巉岩本草》）

⑤治尿结石淋：酸浆草 64 g，甜酒 64 g。共同煎水服，日服 3 次。（《贵阳民间药草》）

⑥治二便不通：酸草一大把，车前草一握。捣汁入砂糖 3 g，调服一盏；不通再服。（《摘玄方》）

⑦治小便不通，气满闷：酸浆草一握。研取自然汁，与醇酒相半，和服；不饮酒，用甘草三寸，生姜一枣大，锉，同研，用井华水五分盏，滤取汁和服亦得。（《圣济总录》）

⑧治赤白带下：三叶酸草，阴干为末，空心温酒服 6 g。（《千金方》）

⑨治麻疹：酸草每用 6 ～ 9 g。水煎服。（《岭南采药录》）

⑩治鼻衄：鲜酢浆草杵烂，揉作小丸，塞鼻腔内。（《江西民间草药》）

⑪治吐衄：酢浆草 12 g，食盐数粒。水煎服。（《闽东本草》）

⑫治疟疾：酢浆草 9 g，水煎服。（《湖南药物志》）

⑬治齿龈腐烂：鲜酢浆草和食盐少许，捣烂绞汁，用消毒棉花蘸汁，擦洗患处，一日三至五次。（《江西民间草药》）

⑭治咽喉肿痛：鲜酢浆草 32 ～ 64 g，食盐少许。共捣烂，用纱布包好含于口中；或煎汤漱口。并治口腔炎。（《闽东本草》）

⑮治喘咳：鲜酢浆草 32 g，加米少许煮服，连服 3 剂。（《浙江民间常用草药》）

⑯治疔疮：鲜酢浆草，和红糖少许，捣烂为泥，敷患处。（《江西民间草药》）

⑰治乳痈：酢浆草 15 g。水煎服，渣抖烂外敷。（《湖南药物志》）

⑱治腹部痈肿：鲜酢浆草 64 g。放碗内捣出汁，热甜酒冲，去渣服。（《江西民间草药》）

⑲治癣疮作痒：雀儿草搽之，数次即愈。（《永类钤方》）

⑳治痔：雀儿草一大握，粗切。以水两大升，煮取一升，顿服尽，三日重作一剂。（《外台秘要》）

㉑治跌打新老损伤：a. 酢浆草根 9 g，甜酒煎服。b. 鲜酢浆草 4 份，葱头 2 份，生姜 1 份，酒酿糟 5 份。同杵烂，炒热，布包熨之，俟温敷伤处。（《江西民间草药》）

㉒治创伤青肿：鲜酢浆草 64 g。搓伤处；又用鲜草 64 g，加红糖 15 g。开水炖服。（《闽东本草》）

㉓治烧烫伤：鲜酢浆草洗净捣烂，调麻油敷患处。（《闽东本草》）

432. 红花酢浆草 *Oxalis corymbosa* DC.

【别名】 大叶酢浆草、三夹莲、铜锤草。

【形态】 多年生直立草本。无地上茎，地下部分有球状鳞茎，外层鳞片膜质，褐色，背具 3 条肋状纵脉，被长缘毛，内层鳞片呈三角形，无毛。叶基生；叶柄长 5 ～ 30 cm 或更长，被毛；小叶 3，扁圆状倒心形，长 1 ～ 4 cm，宽 1.5 ～ 6 cm，顶端凹入，两侧角圆形，基部宽楔形，表面绿色，被毛或近无毛；背面浅绿色，通常两面或有时仅边缘有干后呈棕黑色的小腺体，背面尤甚并被疏毛；托叶长圆形，顶部狭尖，与叶柄基部合生。总花梗基生，2 歧聚伞花序，通常排列成伞形花序式，总花梗长 10 ～ 40 cm 或更长，被毛；花梗、苞片、萼片均被毛；花梗长 5 ～ 25 mm，每花梗有披针形干膜质苞片 2 枚；花萼 5，披针形，长 4 ～ 7 mm，先端有暗红色长圆形的小腺体 2 枚，顶部腹面被疏柔毛；花瓣 5，倒心形，长 1.5 ～ 2 cm，为花萼长的 2 ～ 4 倍，淡紫色至紫红色，基部颜色较深；雄蕊 10 枚，长的 5 枚超出花柱，另 5 枚长至子房中部，花丝被长柔毛；子房 5 室，花柱 5，被锈色长柔毛，柱头浅 2 裂。花果期 3—12 月。

【生境分布】 常为田间莠草。罗田各地均有分布。

【采收加工】 夏、秋季采收，鲜用或晒干。

【来源】 酢浆草科植物红花酢浆草 *Oxalis corymbosa* DC. 的全草。

【性味】 酸，寒。

【功能主治】 清热解毒，散瘀消肿，调经。主治跌打损伤，赤白痢，止血，肾盂肾炎，痢疾，咽炎，牙痛，月经不调，带下；外用治毒蛇咬伤，跌打损伤，烧烫伤。

【用法用量】 内服：煎汤，10 ～ 15 g，或浸酒服。外用：适量，鲜草捣烂敷患处。孕妇忌服。

433. 紫叶酢浆草 *Oxalis triangularis* 'Urpurea'

【别名】 红叶酢浆草、三角酢浆草、紫叶山本酢浆草。

【形态】 多年生宿根草本，根系为半透明的肉质根，有分叉，浅褐色，下部稍有须根，根顶端着生地下茎，地下茎为一个个鳞片状，地下茎在地下形成分枝，呈珊瑚状分布。叶从茎顶长出，每一叶片又连接地下茎的一个鳞片。叶为 3 出掌状复叶，簇生，生于叶柄顶端，小叶叶柄极短，呈等腰三角形，着生于总叶柄上，总叶柄长 15 ～ 31 cm。叶上面玫红色，中间呈"人"字形不规则分布浅玫红色的色斑，向叶两边缘延伸。叶背深红色，且有光泽。一般白天展开，在强光及傍晚时下垂，三叶片紧紧相靠，尤似翩翩起舞的飞蝶，栽在疏林下，叶片终日展开，叶色颇为光亮。花为伞形花序，浅粉色，花瓣 5 枚，5 ～ 8 朵簇生于花茎顶端。花茎细长，14 ～ 20 cm，随风摇曳，婀娜多姿。一至数朵组成腋生的伞形花序，萼片长圆形，顶端急尖，有柔毛；花瓣倒卵形，微向外反卷；花丝基部合生成筒状。蒴果近圆柱状，

5 棱，有短柔毛，成熟开裂时将种子弹出。种子小，扁卵形，红褐色，有横沟槽。花果期 3—8 月。

【生境分布】原产于南美巴西，我国引种栽培。罗田凤山有栽培。

【采收加工】夏、秋季结出果实时采收。

【来源】酢浆草科植物紫叶酢浆草 *Oxalis triangularis* 'Urpurea' 的全草。

【功能主治】清热解毒，消肿散瘀。主治感冒发热，尿路感染，黄疸型肝炎等；外用治虫子叮咬，蛇咬伤，跌打损伤，湿疹等。

【用法用量】内服：煎汤，10 ～ 15 g。外用：适量，捣敷。

八十一、牻牛儿苗科 Geraniaceae

老鹳草属 *Geranium* L.

434. 野老鹳草 *Geranium carolinianum* L.

【形态】一年生草本，高 20 ～ 60 cm，根纤细，单一或分枝，茎直立或仰卧，单一或多数，具棱角，密被倒向短柔毛。基生叶早枯，茎生叶互生或最上部对生；托叶披针形或三角状披针形，长 5 ～ 7 mm，宽 1.5 ～ 2.5 mm，外被短柔毛；茎下部叶具长柄，柄长为叶片的 2 ～ 3 倍，被倒向短柔毛，上部叶柄渐短；叶片圆肾形，长 2 ～ 3 cm，宽 4 ～ 6 cm，基部心形，掌状 5 ～ 7 裂近基部，裂片楔状倒卵形或菱形，下部楔形、全缘，上部羽状深裂，小裂片条状矩圆形，先端急尖，表面被短伏毛，背面主要沿脉被短伏毛。花序腋生和顶生，长于叶，被倒生短柔毛和开展的长腺毛，每总花梗具 2 花，顶生总花梗常数个集生，花序呈伞形状；花梗与总花梗相似，等于或稍短于花；苞片钻状，长 3 ～ 4 mm，被短柔毛；萼片长卵形或近椭圆形，长 5 ～ 7 mm，宽 3 ～ 4 mm，先端急尖，具长约 1 mm 尖头，外被短柔毛或沿脉被开展的糙柔毛和腺毛；花瓣淡紫红色，倒卵形，稍长于花萼，先端圆形，基部宽楔形，雄蕊稍短于花萼，中部以下被长糙柔毛；雌蕊稍长于雄蕊，密被糙柔毛。蒴果长约 2 cm，被短糙毛，果瓣由喙上部先裂向下卷曲。花期 4—7 月，果期 5—9 月。

【生境分布】生于山坡、田野间。罗田各地均有分布。

【采收加工】夏、秋季果实将成熟时采

收，割取地上部分或连根拔起，除去泥土杂质，晒干。

【药用部位】 全草。

【药材名】 野老鹳草。

【来源】 牻牛儿苗科植物野老鹳草 *Geranium carolinianum* L. 带有果实的全草。

【炮制】 拣去杂质，除去残根，用水洗净，捞出，切段，晒干。

【性味】 苦、辛，平。

【功能主治】 祛风收敛，止泻。

【用法用量】 内服：煎汤，6～15 g。

435. 老鹳草 *Geranium wilfordii* Maxim.

【别名】 老官草、老贯草、老鸹筋、五叶草。

【形态】 多年生草本，高 30～50 cm。根茎直生，粗壮，具簇生纤维状细长须根，上部围以残存基生托叶。茎直立，单生，具棱槽，假 2 叉状分枝，被倒向短柔毛，有时上部混生开展腺毛。叶基生和茎生叶对生；托叶卵状三角形或上部为狭披针形，长 5～8 mm，宽 1～3 mm，基生叶和茎下部叶具长柄，柄长为叶片的 2～3 倍，被倒向短柔毛，茎上部叶柄渐短或近无柄；基生叶片圆肾形，长 3～5 cm，宽 4～9 cm，5 深裂达 2/3 处，裂片倒卵状楔形，下部全缘，上部不规则状齿裂，茎生叶 3 裂至 3/5 处，裂片长卵形或宽楔形，上部齿状浅裂，先端长渐尖，表面被短伏毛，背面沿脉被短糙毛。花序腋生和顶生，稍长于叶，总花梗被倒向短柔毛，有时混生腺毛，每梗具 2 花；苞片钻形，长 3～4 mm；花梗与总花梗相似，长为花的 2～4 倍，花、果期通常直立；花萼长卵形或卵状椭圆形，长 5～6 mm，宽 2～3 mm，先端具细尖头，背面沿脉和边缘被短柔毛，有时混生开展的腺毛；花瓣白色或淡红色，倒卵形，与花萼近等长，内面基部被疏柔毛；雄蕊稍短于萼片，花丝淡棕色，下部扩展，被缘毛；雌蕊被短糙状毛，花柱分枝紫红色。蒴果长约 2 cm，被短柔毛和长糙毛。花期 6—8 月，果期 8—9 月。

【生境分布】 生于海拔 1800 m 以下的低山林下、草甸。罗田天堂寨有分布。

【采收加工】 夏、秋季果实将成熟时采收，割取地上部分或连根拔起，除去泥土等杂质，晒干。

【来源】 牻牛儿苗科植物老鹳草 *Geranium wilfordii* Maxim. 带有果实的全草。

【炮制】 拣去杂质，除去残根，用水洗净，捞出，切段，晒干。

【性味】 苦、辛，平。

【功能主治】 祛风通络，活血，清热解毒。主治风湿疼痛，拘挛麻木，痈疽，跌打，肠炎，痢疾。

【用法用量】 内服：煎汤，6～16 g；浸酒或熬膏。

【附方】①治筋骨瘫痪：老鹳草、筋骨草、舒筋草，炖肉服。（《四川中药志》）

②治筋骨疼痛，通行经络，去诸风：新鲜老鹳草洗净，置 50 kg 于铜锅内，加水煎煮 2 次，过滤，再将滤液浓缩至约 15 kg，加饮用酒五两，煮 10 分钟，最后加入熟蜂蜜 3 kg，混合拌匀，煮 20 分钟，待冷装罐。（《中药形性经验鉴别法》）

③治腰扭伤：老鹳草根 50 g，苏木 16 g，煎汤，血余炭 10 g 冲服，每日一剂，日服两次。

（内蒙古《中草药新医疗法资料选编》）

④治肠炎，痢疾：老鹳草 50 g，凤尾草 50 g，煎成 90 ml，一日三次分服，连服一至二剂。（《浙江省中草药抗菌消炎经验交流会资料选编》）

⑤治妇人经行受寒，月经不调，经行发热，腹胀腰痛，不能受孕：五叶草 16 g，川芎 6 g，大蓟 6 g，白芷 6 g。水酒各一盅，合煎，临卧服，服后避风。（《滇南本草》）

天竺葵属 *Pelargonium* L'Hér.

436. 天竺葵 *Pelargonium hortorum* Bailey

【别名】月月红、石蜡红。

【形态】多年生草本，高 30 ～ 60 cm。茎直立，基部木质化，上部肉质，多分枝或不分枝，具明显的节，密被短柔毛，具浓裂鱼腥味叶互生；托叶宽三角形或卵形，长 7 ～ 15 mm，被柔毛和腺毛；叶柄长 3 ～ 10 cm，被细柔毛和腺毛；叶片圆形或肾形，茎部心形，直径 3 ～ 7 cm，边缘波状浅裂，具圆形齿，两面被透明短柔毛，表面叶缘以内有暗红色马蹄形环纹。伞形花序腋生，具多花，总花梗长于叶，被短柔毛；总苞片数枚，宽卵形；花梗 3 ～ 4 cm，被柔毛和腺毛。芽期下垂，花期直立；萼片狭披针形，长 8 ～ 10 mm，外面密被腺毛和长柔毛，花瓣红色、橙红色、粉红色或白色，宽倒卵形，长 12 ～ 15 mm，宽 6 ～ 8 mm，先端圆形，基部具短爪，下面 3 枚通常较大；子房密被短柔毛。蒴果长约 3 cm，被柔毛。花期 5—7 月，果期 6—9 月。

【来源】 牻牛苗儿科植物天竺葵 *Pelargonium hortorum* Bailey 的花。

【采收加工】夏季采收。

【生境分布】全国各地普遍栽培。

【性味】苦、涩，凉。

【功能主治】清热消炎。主治中耳炎。

【用法用量】外用：鲜花榨汁滴耳。

八十二、旱金莲科　Tropaeolaceae

旱金莲属 *Tropaeolum* L.

437. 旱金莲 *Tropaeolum majus* L.

【别名】金莲花。

【形态】一年生肉质草本，蔓生，无毛或被疏毛。叶互生；叶柄长 6 ～ 31 cm，向上扭曲，盾状，着生于叶片的近中心处；叶片圆形，直径 3 ~ 10 cm，有主脉 9 条。由叶柄着生处向四面放射，边缘为波浪形的浅缺刻，背面通常被疏毛或有乳凸点。单花腋生，花柄长 6 ~ 13 cm；花黄色、紫色、橘红色或杂色，直径 2.5 ~ 6 cm；花托杯状；花萼 5，长椭圆状披针形，长 1.5 ~ 2 cm，宽 5 ~ 7 mm，基部合生，边缘膜质，其中一片延长成一长距，距长 2.5 ~ 3.5 cm，渐尖；花瓣 5，通常圆形，边缘有缺刻，上部 2 片通常全缘，长 2.5 ~ 5 cm，宽 1 ~ 1.8 cm，着生于距的开口处，下部 3 片基部狭窄成爪，近爪处边缘具毛；雄蕊 8，长短互间，分离；子房 3 室，花柱 1 枚，柱头 3 裂，线形。果扁球形，成熟时分裂成 3 个具一粒种子的瘦果。花期 6—10 月，果期 7—11 月。

【生境分布】罗田有栽培。

【采收加工】秋、冬季采收全草。花，夏、秋季采收。

【药用部位】花或全草。

【药材名】旱金莲。

【来源】旱金莲科植物旱金莲 *Tropaeolum majus* L. 的花或全草。

【性味】《广西中草药》：辛，凉，无毒。

【功能主治】①《广西药植名录》：治疮毒。

②《广西中草药》：清热解毒。治目赤肿痛，恶毒大疮。

【用法用量】外用：捣敷。

【附方】①治目赤肿痛：金莲花、野菊花各适量。捣烂敷眼眶。（《广西中草药》）

②治恶毒大疮：金莲花、雾水葛、木芙蓉各适量。共捣烂，敷患处。（《广西中草药》）

八十三、芸香科　Rutaceae

柑橘属 *Citrus* L.

438. 酸橙 *Citrus × aurantium* L.

【形态】小乔木，枝叶茂密，刺多，徒长枝的刺长达 8 cm。叶色浓绿，质地颇厚，翼叶倒卵形，基部狭尖，长 1 ~ 3 cm，宽 0.6 ~ 1.5 cm，或个别品种几无翼叶。总状花序有花少数，有时兼有腋生单花，有单性花倾向，即雄蕊发育，雌蕊退化；花蕾椭圆形或近圆球形；花萼 5 或 4 浅裂，有时花后增厚，无毛或个别品种被毛；花大小不等，花径 2 ~ 3.5 cm；雄蕊 20 ~ 25 枚，通常基部合生成多束。果圆球形或扁圆形，果皮稍厚至甚厚，难剥离，橙黄色至朱红色，油胞大小不均匀，凹凸不平，果心实或半充

实，瓤囊10～13瓣，果肉味酸，有时有苦味或兼有特异性气味；种子多且大，常有肋状棱，子叶乳白色，单或多胚。花期4—5月，果期9—12月。

【生境分布】栽培于庭院或路边。罗田各地均有分布。

（1）枳实。

【来源】芸香科植物酸橙 *Citrus* × *aurantium* L. 的幼果。

【采收加工】5—6月收集自落的果实，除去杂质，自中部横切为两半，晒干或低温干燥，较小者直接晒干或低温干燥。

【药用部位】幼果。

【性状】酸橙的幼果，完整者呈圆球形，直径0.3～3 cm。外表灰绿色或黑绿色，密被多数油点及微隆起的皱纹，并散有少数不规则的黄白色小斑点。顶端微凸出，基部有环状果柄的痕迹。横切面中果皮光滑，淡黄棕色，厚3～7 mm，外果皮下方散有1～2列点状油室，果皮不易剥离；中央褐色，有7～12瓤囊，每瓤内约含种子10颗，中心柱径宽2～3 mm。有强烈的香气，味苦而后微酸。

【性味】苦、辛、酸，微寒。

【归经】归脾、胃、大肠经。

【炮制】枳实：拣净杂质，用水浸泡至八成透，捞出，润至内无硬心，切片，晾干。炒枳实：先将麸皮撒匀于加热的锅内，候烟冒出时，加入枳实片，拌炒至微呈焦黄色，取出，筛去麸皮，放凉。（枳实片每100 kg，用麸皮10 kg）

【功能主治】破气消积，化痰散痞。主治积滞内停，痞满胀痛，泻痢后重，大便不通，痰滞气阻，胸痹，结胸，脏器下垂。

【用法用量】内服：煎汤，3～10 g；或入丸、散。外用：研末调涂或炒热熨。

【注意】脾胃虚弱及孕妇慎服。

【贮藏】置阴凉干燥处，防蛀。

【附方】①治痞，消食，强胃：白术100 g，枳实（麸炒黄色，去瓤）50 g。上同为极细末，荷叶裹炒，饭为丸，如梧桐子大。每服50丸，多用白汤下，无时。（《内外伤辨惑论》）

②治胸痹心中痞气，气结在胸，胸满胁下逆抢心：枳实4枚，厚朴200 g，薤白半升，桂枝50 g，栝楼实1枚（捣）。上5味，以水5升，先煮枳实、厚朴，取2升，去滓，纳诸药，煮数沸，分温3服。（《金匮要略》）

③治卒患胸痹痛：枳实捣（末），宜服6 g，日三夜一服。（《补辑肘后方》）

④治伤寒后，卒胸膈闭痛：枳实，麸炒为末。米饮服6 g，日2服。（《简要济众方》）

⑤治大便不通：枳实、皂荚等份。为末，饭丸，米饮下。（《世医得效方》）

⑥治伤湿热之物，不得施化而作痞满，闷乱不安：大黄50 g，枳实（麸炒，去瓤）、神曲（炒）各15 g，茯苓（去皮）、黄芩（去腐）、黄连（拣净）、白术各9 g，泽泻6 g。上件为细末，汤浸蒸饼为丸，如梧桐子大。每服50～70丸温水送下，食远，量虚实加减服之。（《内外伤辨》）

⑦治少小久痢淋沥，水谷不调，形赢不堪大汤药者：枳实100 g。治下筛。三岁以上饮服6 g，若儿小以意服，日三。（《千金方》）

⑧治肠风下血：枳实（麸炒，去瓤）250 g，绵黄芪（洗，锉，为末）250 g，米饮非时下4 g，若难服，以糊丸，汤下30～50丸。（《经验方》）

⑨治积冷利脱肛：枳实1枚。石上磨令滑泽，钻安柄，蜜涂、炙令暖熨之，冷更易之，取缩入止。（《千金方》）

⑩治产后腹痛，烦满不得卧：枳实（烧令黑，勿太过）、芍药等份。杵为散。服6 g，日三服。并主痈脓，以麦粥下之。（《金匮要略》）

⑪治大病瘥后劳复：枳实 3 枚（炙），栀子（擘）14 个，豉（绵裹）1 升。上三味以清浆水 7 升，空煮取 4 升，纳枳实、栀子，煮取 2 升，下豉，更煮五六沸，去滓，温分再服，覆令微似汗。若有宿食者，加大黄如博棋子大 5 ～ 6 枚。（《伤寒论》）

⑫治风疹：枳实以醋渍令湿，火炙令热，适寒温用熨上。（《延年方》）

⑬治妇人阴肿坚痛：枳实 250 g。碎，炒，令熟帛裹熨之，冷即易。（《子母秘录》）

⑭治小儿头疮：枳实烧灰，猪脂调涂。（《太平圣惠方》）

⑮治伤肉食、面食、辛辣厚味之物：枳实 15 g，黄芩、黄连、大黄各 50 g，神曲、橘皮、白术各 25 g，为末，蒸饼为丸，如绿豆大，每服 50 丸空腹服。（《万密斋医学全书》）

【临床应用】治疗胃下垂。

（2）枳壳。

【来源】芸香科植物酸橙 *Citrus × aurantium* L. 的未成熟果实。

【采收加工】7 月果皮尚绿时采收果实，自中部横切为两半，晒干或低温干燥。

【药用部位】未成熟果实。

【性状】酸橙的近成熟果实，多横切成半圆球形，直径 4.5 ～ 5.5 cm。表面绿褐色或绿棕色，略粗糙，散生多数油点。顶端一面有花柱残基，基部一面有果柄痕。横切面果皮厚 6 ～ 12 mm，中果皮黄白色，边缘有 1 ～ 2 列棕黄色油点；瓤囊 10 ～ 13 瓣，棕褐色，每瓤囊中常有种子数颗；中心柱宽 7 ～ 11 mm。气香，汁胞味苦而后酸。

【化学成分】各种枳壳均含挥发油和黄酮苷等物质。果实成熟时，新橙皮苷消失而柚皮苷增多。接近成熟的酸橙果实中，含维生素 C。

【炮制】枳壳：除去瓤、核，洗净，稍浸，捞出，润软，以手能捏对折为度，切片，晾干。炒枳壳：取麸皮撒于热锅内，待色黄冒烟时，加入枳壳片，炒至淡黄色，取出，筛去麸皮，放凉。（枳壳片每 50 kg，用麸皮 5 kg）

【性味】苦、辛、酸，微寒。

【归经】归脾、胃经。

【功能主治】理气宽中，行滞消胀。主治胸胁气滞，胀满疼痛，食积不化，痰饮内停，脏器下垂。

【用法用量】内服：煎汤，3 ～ 10 g（大剂量 25 ～ 100 g）；或入丸、散。外用：煎水洗或炒热熨。

【注意】脾胃虚弱及孕妇慎服。

①李杲：气血弱者不可服。

②《本草经》：肺气虚弱者忌之；脾胃虚，中气不运而痰涌喘急者忌之；咳嗽不因于风寒入肺气壅者，服之反能作剧；咳嗽阴虚火炎者，服之立至危殆；一概胎前产后，咸不宜服。

③《本草汇言》：如肝肾阴亏，血损营虚，胁肋隐痛者，勿用也。下痢日久，中气虚陷，愈下愈坠、愈后重急迫者，勿用也。

④《本草备要》：孕妇及气虚人忌用。

【附方】①治五积六聚，不拘男妇老幼，但是气积，并皆治之：枳壳 1500 g，去瓤，每个入巴豆仁 1 个。合定扎煮，慢火水煮一日，汤减再加热汤，勿用冷水，待时足汁尽去巴豆，切片晒干，勿炒，为末，醋煮面糊丸，梧桐子大。每服 30 ～ 40 丸，随病汤使。（《秘传经验方》）

②治伤寒呃噫：枳壳（去瓤，麸炒黄）25 g，木香 3 g。上细末。每服 3 g，白汤调下。未知，再与。（《普济本事方》）

③顺气止痢：甘草（炙）18 g，枳壳（炒）7.2 g。上为细末。每服 3 g，空心沸汤点服。（《婴童百问》）

④治远年近日肠风下血不止：枳壳（烧成黑灰存性，为细末）15 g，羊胫炭（为细末）9 g。和令匀，用米饮一中盏，调下，空心腹，再服见效。（《博济方》）

⑤治大便下血：枳壳 6 g，乌梅肉 9 g，川黄连 1.5 g。共研细末，饭前开水冲下，分 2 次服。（《青海省中医验方汇编》）

⑥治直肠脱垂：十岁以下小儿，每日用枳壳 50 g，甘草 3～9 g。水煎，分 3～5 次服；成人每日用枳壳 3～6 g，升麻 9 g，炙甘草 6～12 g，台参、生黄芪，据身体强弱，适当增减，水煎分 2 次服。（《山东医药》）

⑦治产后生肠不收：枳壳 100 g。去瓤煎汤，温浸良久即入。（《经验方》）

⑧治子宫脱垂：a.枳壳 15 g，蓖麻根 15 g。水煎兑鸡汤服，每日 2 次。b.枳壳 15 g，升麻 3 g。水煎服。（《草医草药简便验方汇编》）

⑨治小儿因惊气吐逆作搐，痰涎塑塞，眼睛斜视：枳壳（去瓤，麸炒）、淡豆豉等份。为末，每服一字，甚者 1.5 g，急惊，薄荷自然汁下，慢惊，荆芥汤入酒三、五点下；日 3 服。（《小儿痘疹方论》）

⑩治小儿秘涩：枳壳（煨，去瓤）、甘草各 3 g。以水煎服。（《全幼心鉴》）

⑪治风疹痒不止：枳壳 150 g，麸炒微黄，去瓤为末。每服 6 g，非时，水一中盏，煎至六分，去滓服。（《经验后方》）

⑫治牙齿疼痛：枳壳浸酒含漱。（《太平圣惠方》）

⑬治小儿软疖：次枳壳一个，去白，磨口平，以面糊抹边，合疖上，自出脓血尽，更无疤痕也。（《世医得效方》）

⑭治肠胃积热，大便结燥，小便赤涩：车前子 75 g，槟榔、麻仁、牛膝、山药各 100 g，枳壳、防风、独活、李仁、大黄各 15 g，上为极细末，蜜丸，梧桐子大，每服 20 丸。（《万密斋医学全书》）

【临床应用】 治疗子宫脱垂。

439. 柠檬 *Citrus × limon*（L.）Osbeck

【别名】 洋柠檬、西柠檬。

【形态】 小乔木。枝少刺或近无刺，嫩叶及花芽暗红紫色，翼叶宽或狭，或仅具痕迹，叶片厚纸质，卵形或椭圆形，长 8～14 cm，宽 4～6 cm，顶部通常短尖，边缘有明显钝裂齿。单花腋生或少花簇生；花萼杯状，4～5 浅齿裂；花瓣长 1.5～2 cm，外面淡红紫色，内面白色；常有单性花，即雄蕊发育，雌蕊退化；雄蕊 20～25 枚或更多；子房近筒状或桶状，顶部略狭，柱头头状。果椭圆形或卵形，两端狭，顶部通常较狭长并有乳头状凸尖，果皮厚，通常粗糙，柠檬黄色，难剥离，富含柠檬香气的油点，瓤囊 8～11瓣，汁胞淡黄色，果汁酸至甚酸，种子小，卵形，端尖；种皮平滑，子叶乳白色，通常单或兼有多胚。花期 4—5 月，果期 9—11 月。

【生境分布】 产于长江以南。罗田有栽培。

（1）柠檬根。

【采收加工】 全年可采。

【来源】 芸香科植物柠檬 *Citrus × limon*（L.）Osbeck 的根。

【功能主治】 《陆川本草》：止痛祛瘀。治跌打伤积，狂犬咬伤。

【用法用量】 内服：煎汤，25～50 g。

（2）柠檬叶。

【采收加工】 全年可采。

【来源】 芸香科植物柠檬 *Citrus × limon*

（L.）Osbeck 的叶。

【性味】 辛、甘，温。

【功能主治】 化痰止咳，理气，开胃。主治咳喘，腹胀，泄泻。

【用法用量】 内服：煎汤，10～16 g。

（3）柠檬皮。

【采收加工】 果实成熟时采摘，剥取外果皮，晒干。

【来源】 芸香科植物柠檬 *Citrus × limon*（L.）Osbeck 的果皮。

【性状】 干燥成熟的外果皮，削成 2～3 cm 的螺旋状，有时呈带状及不规则的片状，厚 1.5～2.5 mm。外表面黄色或棕黄色，有无数小窝点；内表面淡黄色乃至类白色，往往带有线形脉络。易折断，断面颗粒性。

【性味】 ①《陆川本草》：酸辛，微温。

②《广西中药志》：味微苦，性温，无毒。

【功能主治】 ①《陆川本草》：疏滞、健胃，止痛。治郁滞腹痛、不思饮食。

②《广西中药志》：行气，祛痰，健胃。

【用法用量】 内服：煎汤，10～16 g。

440. 甜橙 *Citrus sinensis*（L.）Osbeck

【别名】 黄果、橙子、广橘、雪柑、广柑。

【形态】 乔木，枝少刺或近无刺。叶通常比柚叶略小，翼叶狭长，明显或仅具痕迹，叶片卵形或卵状椭圆形，很少披针形，长 6～10 cm，宽 3～5 cm，或有较大的。花白色，很少背面带淡红紫色，总状花序有花少数，或兼有腋生单花；花萼 3～5 浅裂，花瓣长 1.2～1.5 cm；雄蕊 20～25 枚；花柱粗壮，柱头增大。果圆球形、扁圆形或椭圆形，橙黄至橙红色，果皮难或稍易剥离，瓤囊 9～12 瓣，果心实或半充实，果肉淡黄、橙红或紫红色，味甜或稍偏酸；种子少或无，种皮略有肋纹，子叶乳白色，多胚。花期 3—5 月，果期 10—12 月，迟熟品种至次年 2—4 月。

【生境分布】 全国各地均有栽培。

【采收加工】 果实成熟时采收。

【药用部位】 果实。

【药材名】 甜橙。

【来源】 芸香科植物甜橙 *Citrus sinensis*（L.）Osbeck 的成熟果实。

【化学成分】 果实含黄酮苷、内酯、生物碱、有机酸等。黄酮苷中有橙皮苷、柚皮芸香苷、异樱花素 –7– 芦丁糖苷、柚皮素 –4'– 葡萄糖苷 –7– 芦丁糖苷、柚皮苷、柠檬素 –3–β–P– 葡萄糖苷和 O–D– 木糖基牡荆素。内酯中有双内酯苦味成分柠檬苦素，即黄柏内酯及其衍生物柠檬苦素酸单内酯。生物碱为那可丁。有机酸中主要为柠檬酸和苹果酸。另含根皮酚 –β–D– 葡萄糖苷及糖、维生素、钙、磷、铁等。

果皮还含挥发油，其主要成分为正癸醛、柠檬醛、柠檬烯和辛醇等。

【性味】 ①《滇南本草》：性微温。味辛微苦。

②《植物名实图考》：味甜。

【归经】 归厥阴肝经。

【功能主治】 行厥阴滞塞之气，止肝气左胁疼痛，下气消膨胀，行阳明乳汁不通。

【附方】 治妇人乳结不通，红肿结硬疼痛，恶寒发热：干橙子细末6 g。有新鲜（者）捣汁点水酒服。（归经以下出自《滇南本草》）

【注意】 本植物甜橙 *Citrus sinensis*（L.）Osbeck 的幼果及未成熟果实，亦作药用。幼果作枳实使用，未成熟的果实作枳壳使用。参见酸橙 *Citrus aurantium* L. 项下"枳实""枳壳"条。

441. 香橼 *Citrus medica* L.

【别名】 枸橼、枸橼子。

【形态】 不规则分枝的灌木或小乔木。新生嫩枝、芽及花蕾均暗红紫色，茎枝多刺，刺长达4 cm。单叶，稀兼有单身复叶，有关节，但无翼叶；叶柄短，叶片椭圆形或卵状椭圆形，长6～12 cm，宽3～6 cm，或更大，顶部圆或钝，稀短尖，叶缘有浅钝裂齿。总状花序有花达12朵，有时兼有腋生单花；花两性，有单性花趋向，则雌蕊退化；花瓣5片，长1.5～2 cm；雄蕊30～50枚；子房圆筒状，花柱粗长，柱头头状，果椭圆形、近圆形或两端狭的纺锤形，重可达2000 g，果皮淡黄色，粗糙，甚厚或颇薄，难剥离，内皮白色或略淡黄色，棉质，松软，瓤囊10～15瓣，果肉无色，近透明或淡乳黄色，爽脆，味酸或略甜，有香气；种子小，平滑，子叶乳白色，多或单胚。花期4—5月，果期10—11月。

【采收加工】 秋季果实成熟时采收，趁鲜切片，晒干或低温干燥。

【药材名】 香橼。

【来源】 芸香科植物枸橼 *Citrus medica* L. 的干燥成熟果实。

【性状】 本品呈球形、矩圆形或倒卵球形，直径0.5～3 cm。较小的幼果表面密被黄白色的茸毛，渐大则渐秃净而粗糙，灰红棕色或暗棕绿色，有时可见不规则的黄白斑点，并密生多数油点及网状隆起的粗皱纹。大的果实顶端有环状的金钱环，基部有环状的果柄痕迹。横切面中果皮粗糙，黄白色，厚4～8 mm，外果皮下方散有1～2列点状的油室，果皮不易剥离；中央棕褐色，有10～12瓣瓤囊，每瓣内有种子数颗；中心柱径宽2～5 mm。有强烈的香气，味酸而后苦。

【性味】 辛、苦、酸，温。

【归经】 归肝、脾、肺经。

【功能主治】 舒肝理气，宽中，化痰。主治肝胃气滞，胸胁胀痛，脘腹痞满，呕吐噫气，痰多咳嗽。

【用法用量】 内服：煎汤，3～10 g。

枳属 *Poncirus* Raf.

442. 枳 *Poncirus trifoliata*（L.）Raf.

【别名】 枸橘、酸橙。

【形态】小乔木，高 1～5 m，树冠伞形或圆头形。枝绿色，嫩枝扁，有纵棱，刺长达 4 cm，刺尖干枯状，红褐色，基部扁平。叶柄有狭长的翼叶，通常指状 3 出叶，很少 4～5 小叶，或杂交种的则除 3 小叶外尚有 2 小叶或单小叶同时存在，小叶等长或中间的一片较大，长 2～5 cm，宽 1～3 cm，对称或两侧不对称，叶缘有细钝裂齿或全缘，嫩叶中脉上有细毛，花单朵或成对腋生，先叶开放，也有先叶开放的，有完全花及不完全

花，后者雄蕊发育，雌蕊萎缩，花有大、小二型，花径 3.5～8 cm；萼片长 5～7 mm；花瓣白色，匙形，长 1.5～3 cm；雄蕊通常 20 枚，花丝不等长。果近圆球形或梨形，大小差异较大，通常纵径 3～4.5 cm，横径 3.5～6 cm，果顶微凹，有环圈，果皮暗黄色，粗糙，也有无环圈，果皮平滑的，油胞小而密，果心充实，瓤囊 6～8 瓣，汁胞有短柄，果肉含黏液，微有香橼气味，甚酸且苦，带涩味，有种子 20～50 颗；种子阔卵形，乳白或乳黄色，有黏液，平滑或间有不明显的细脉纹，长 9～12 mm。花期 5—6 月，果期 10—11 月。

【生境分布】栽培于庭院或路边。

【药用部位】果实。

（1）枳实。

【采收加工】5—6 月摘取，晒干；略大者横切成两半，晒干。

【来源】芸香科植物枳 *Poncirus trifoliata*（L.）Raf. 的幼果。

【性状】枳的幼果，呈圆球形，直径 2～3 cm，商品多横切成半球形。果实表面黄色，散有众多小油点及微隆起的皱纹，被有细柔毛。顶端有明显的花柱基，基部有短果柄或果柄脱落后的痕迹。横断面果皮厚 3～6 mm，边缘外侧散有 1～2 列棕黄色油点，瓤囊 6～8 瓣，囊内汁胞干缩，呈棕褐色；近成熟的果实内每瓤内有种子数颗，呈长椭圆形；中心柱坚实，宽 4～6 mm，约占断面直径的 1/6。气香，汁胞味微酸苦。

（2）枳壳。

【采收加工】7—8 月采收，从中部横切成两半，阴干、风干或微火烘干。

【来源】芸香科植物枳 *Poncirus trifoliata*（L.）Raf. 的未成熟果实。

【性状】绿衣枳壳：植物枸橘的近成熟果实，呈半圆球形，直径 2～3.5 cm。外皮橙褐色或绿黄色，散有众多小油点及网状隆起的皱纹，密被细柔毛。果实顶端的一面有明显的花柱残基，基部的一面有果柄痕或残留短果柄。横切面果皮厚 4～6 mm，黄白色，沿外缘有 1～2 列棕黄色油点；瓤囊 6～8 瓣，干缩，呈棕褐色；中心柱宽 4～6 mm。气香，汁胞味微酸苦。

443. 柚 *Citrus maxima*（Burm.）Merr.

【别名】柚子、胡柑、臭柚。

【形态】乔木。嫩枝、叶背、花梗、花萼及子房均被柔毛，嫩叶通常暗红紫色，嫩枝扁且有棱。叶质颇厚，色浓绿，阔卵形或椭圆形，连翼叶长 9～16 cm，宽 4～8 cm，或更大，顶端钝或圆，有时短尖，基部圆，翼叶长 2～4 cm，宽 0.5～3 cm，个别品种的翼叶甚狭窄。总状花序，有时兼有腋生单花；花

蕾淡红紫色，稀乳白色；花萼不规则3～5浅裂；花瓣长
1.5～2 cm；雄蕊25～35枚，有时部分雄蕊不育；花柱
粗长，柱头略较子房大。果圆球形、扁圆形、梨形或阔圆
锥状，横径通常10 cm以上，淡黄或黄绿色，杂交种有朱
红色的，果皮甚厚或薄，海绵质，油胞大，凸起，果心实
但松软，瓤囊10～15瓣或多至19瓣，汁胞白色、粉红
色或鲜红色，少有带乳黄色；种子多达200余颗，亦有无
子的，形状不规则，通常近似长方形，上部质薄且常截平，
下部饱满，多兼有发育不全的，有明显纵肋棱，子叶乳白
色，单胚。花期4—5月，果期9—12月。

柚之变种甚多，其著名品种：①文旦柚；②沙田柚；
③坪山柚；④四季抛；⑤大红抛。

【采收加工】 10—11月果实成熟时采摘。

【来源】 芸香科植物柚 *Citrus maxima*（Burm.）Merr. 的成熟果实。

【药用部位】 根（柚根）、叶（柚叶）、花（柚花）、果皮（柚皮）、外层果皮（化橘红）、种子（柚
核）。

【生境分布】 罗田各地均有栽培。

【药理作用】 ①柚皮苷与其他黄酮类相似，有抗炎作用。

②柚皮苷对小鼠的病毒感染有保护作用。新鲜果汁中，有人报告含胰岛素样成分，能降低血糖。

【性味】 甘、酸，寒。

【功能主治】 《日华子本草》：治妊孕人食少并口淡，去胃中恶气。消食，去肠胃气。解酒毒，治
饮酒人口气。

【附方】 治痰气咳嗽：香栾，去核，切，砂瓶内浸酒，封固一夜，煮烂，蜜拌匀，时时含咽。（《本
草纲目》）

444. 橘 *Citrus reticulata* Blanco

【别名】 黄橘。

【形态】 小乔木。分枝多，枝扩展或略下垂，刺较少。单身复叶，翼叶通常狭窄，或仅有痕迹，
叶片披针形、椭圆形或阔卵形，大小变异较大，顶端常有凹口，中脉由基部至凹口附近成叉状分枝，
叶缘至少上半段通常有钝或圆裂齿，很少
全缘。花单生或2～3朵簇生；花萼不规
则3～5浅裂；花瓣通常长1.5 cm以内；
雄蕊20～25枚，花柱细长，柱头头状。
果形种种，通常扁圆形至近圆球形，果皮
甚薄而光滑，或厚而粗糙，淡黄色、朱红
色或深红色，甚易或稍易剥离，橘络甚多
或较少，呈网状，易分离，通常柔嫩，中
心柱大而常空，稀充实，瓤囊7～14瓣，
稀较多，囊壁薄或略厚，柔嫩或颇韧，通
常纺锤形，短而膨大，稀细长，果肉酸或

甜，或有苦味，或另有特异气味；种子或多或少数，稀无籽，通常卵形，顶部狭尖，基部浑圆，子叶深绿色、淡绿色或间有近乳白色，合点紫色，多胚，少有单胚。花期 4—5 月，果期 10—12 月。

【生境分布】 栽培于庭院。

【药材名】 橘、陈皮、橘络、橘叶、橘核、橘根、橘红、青皮。

（1）橘。

【采收加工】 秋、冬季采收。

【来源】 芸香科植物橘 *Citrus reticulata* Blanco 的成熟果实。

【性味】 甘、酸，平。

【归经】 ①《本草品汇精要》：行手太阴、足太阴经。

②《本草求真》：专入肺、胃。

【功能主治】 开胃理气，止渴润肺。主治胸膈结气，呕逆，消渴。

【注意】 风寒咳嗽及有痰饮者不宜食。

（2）陈皮。

【别名】 黄橘皮、红皮、橘皮。

【生境分布】 栽培。

【采收加工】 10 月以后采摘成熟果实，剥取果皮，阴干或晒干。

【来源】 芸香科植物橘 *Citrus reticulata* Blanco 的果皮。

【性状】 完整的果皮常剖成 4 瓣，每瓣多呈椭圆形，在果柄处连在一起。有时破碎分离，或呈不规则形的碎片状。片厚 1 ～ 2 mm，通常向内卷曲；外表面鲜橙红色、黄棕色至棕褐色，有无数细小而凹入的油室；内表面淡黄白色，海绵状，并有短线状的维管束（橘络）痕，果蒂处较密。质柔软，干燥后质脆，易折断，断面不平。气芳香，味苦。以皮薄、片大、色红、油润、香气浓者为佳。

【化学成分】 果皮含挥发油，其中主要为柠檬烯，含黄酮苷（如橙皮苷）等成分。

【药理作用】 ①冠状血管的扩张作用、降压。

②收缩子宫平滑肌。

③抗炎、抗溃疡、利胆作用。

④抗血栓、抗动脉粥样硬化。

【炮制】 刷去泥土，拣净杂质，喷淋清水，闷润后切丝或切片，晾干。

【性味】 辛、苦，温。

【归经】 归脾、肺、胃经。

【功能主治】 理气，调中，燥湿，化痰。主治胸腹胀满，不思饮食，呕吐哕逆，咳嗽痰多，亦解鱼、蟹毒。

【用法用量】 内服：煎汤，3 ～ 9 g；或入丸、散。

【注意】 气虚、阴虚者慎服。

①《本草经疏》：中气虚，气不归元者，忌与耗气药同用；胃虚有火呕吐，不宜与温热香燥药同用；阴虚咳嗽生痰，不宜与半夏、南星等同用；疟非寒甚者，亦勿施。

②《本草汇言》：亡液之证，自汗之证，元虚之人，吐血之证不可用。

③《本草从新》：无滞勿用。

④《得配本草》：痘疹灌浆时禁用。

【附方】①治脾胃不调，冷气暴折，客乘于中，寒则气收聚，聚则壅遏不通，是以胀满，其脉弦迟：黄橘皮 125 g，白术 64 g。上为细末，酒糊和丸如梧桐子大，煎木香汤下 30 丸，食前。（《鸡蜂普济方》）

②治胸痹，胸中气塞短气：橘皮 500 g，枳实 95 g，生姜 250 g。上 3 味，以水 5 升，煮取 2 升，分温再服。

③治干呕哕，手足厥者：橘皮 125 g，生姜 250 g。上两味，以水 7 升，煮取 3 升，温服 1 升。

④治哕逆：橘皮 2 升，竹茹 2 升，大枣 30 枚，生姜 250 g，甘草 250 g，人参 32 g。上六味，以水 10 升，煮取 3 升，温服 1 升，日 3 服。（②～④方出自《金匮要略》）

⑤治反胃吐食：真橘皮，以壁土炒香为末，每服 6 g，生姜 3 片，枣肉 1 枚，水 2 盏，煎 1 盏，温服。（《仁斋直指方》）

⑥治痰膈气胀：陈皮 9 g。水煎热服。（《简便单方》）

⑦治大便秘结：陈皮（不去白，酒浸）煮至软，焙干为末，复以温酒调服 6 g。（《普济方》）

⑧治卒食噎：橘皮 32 g（汤浸去瓤）。焙为末，以水一大盏，煎取半盏，热服。（《食医心鉴》）

⑨治疳瘦：陈橘皮 32 g，黄连 40 g（去须，米泔浸一日）。上为细末，研入麝香 1.5 g，用猪胆 7 个，分药入在胆内，浆水煮，候临熟，以针微扎破，以熟为度，取出以粟米粥和丸绿豆大，每服 10～20 丸，米饮下，量儿大小与之，无时。久服消食和气，长肌肉。（《小儿药证直诀》）

⑩治产后吹奶：陈皮 32 g，甘草 3 g。水煎服，即散。（《本草纲目》）

⑪治鱼骨鲠在喉中：常含橘皮即下。（《太平圣惠方》）

⑫治伤瓜桃生冷冰水之类：青皮、陈皮各 10 g，木香、益智仁各 6 g，三棱、莪术各 15 g，牙皂烧存性 4.5 g，巴豆肉醋煮干另研 15 g。为末，醋打面糊为丸，绿豆大，每服 20～30 丸，食前服。（《万密斋医学全书》）

【注意】橘皮药材，除上述橘类的果皮外，柑类及甜橙的果皮有时亦作橘皮使用，商品名前者习称"广陈皮"，参见"柑皮"条；后者习称"土陈皮"，参见"橙皮"条。

（3）橘络。

【别名】橘丝橘筋。

【采收加工】12 月至翌年 1 月间采集，将橘皮剥下，自皮内或橘瓣外表撕下白色筋络，晒干或微火烘干。比较完整而理顺成束者，称为"凤尾橘络"（又名"顺筋"）。多数断裂，散乱不整者，称为"金丝橘络"（又名"乱络""散丝橘络"）。如用刀自橘皮内铲下者，称为"铲络"。

【来源】芸香科植物橘 *Citrus reticulata* Blanco 的果皮内层的筋络。

【性状】①凤尾橘络：呈长条形的网络状，多为淡黄白色，陈久则变成棕黄色。上端与蒂相连，其下则筋络交叉而顺直，每束长 6～10 cm，宽 0.5～1 cm。蒂呈圆形帽状，十余束或更多压紧为长方形块状。质轻虚而软，干后质脆易断。气香，味微苦。以整齐、均匀、络长不碎断、色黄者为佳。

②金丝橘络：呈不整齐的松散团状，又如乱丝，长短不一，与蒂相混合，其余与凤尾橘络相同。

③铲络：筋络多疏散碎断，并连带少量橘白，呈白色片状小块，有时夹杂橘蒂及少量内瓣碎皮。以凤尾橘络品质最佳，铲络品质最差。

【炮制】拣去杂质，摘除橘蒂，用水喷润后撕开，晒干。

【性味】甘、苦，平，

【归经】《本草再新》：入肝、脾二经。

【功能主治】通络，理气，化痰。主治经络气滞，久咳胸痛，痰中带血，伤酒口渴。

【用法用量】内服：煎汤，2.4～4.5 g。

（4）橘叶。

【别名】橘子叶。

【采收加工】全年可采，以 12 月至翌年 2 月间采者为佳，采后阴干或晒干。

【来源】芸香科植物橘 *Citrus reticulata* Blanco 的叶。

【性状】干燥叶多卷缩，平展后呈菱状长椭圆形或椭圆形，长5～8 cm，宽2～4 cm，表面灰绿色或黄绿色，光滑，对光可照见众多的透明小腺点。质厚，硬而脆，易碎裂。气香，味苦。

【化学成分】含维生素C，另含糖类物质，如葡萄糖、果糖、蔗糖、淀粉和纤维素等，其含量在开花时较高，果实成熟时渐减少，采摘后又增多。各种橘叶均含挥发油。

【性味】苦、辛，平。

【归经】朱震亨：入足厥阴肝经气分。

【功能主治】疏肝，行气，化痰，消肿毒。主治胁痛，乳痈，肺痈，咳嗽，胸膈痞满，疝气。

【用法用量】内服：煎汤，6～15 g（鲜品64～125 g）；或捣汁。

【附方】①治咳嗽：橘子叶（着蜜于背上，火焙干），水煎服。（《滇南本草》）

②治肺痈：绿橘叶（洗），捣绞汁一盏服之，吐出脓血愈。（《经验良方》）

③治伤寒胸膈痞满：橘叶捣烂和面熨。（《本经逢原》）

④治疝气：橘子叶10个，荔枝核5个（焙）。水煎服。（《滇南本草》）

⑤治水肿：鲜橘叶一大握。煎甜酒服。（《贵阳市秘方验方》）

⑥治气痛、气胀：橘叶捣烂，炒热外包，或煎服。（《重庆草药》）

⑦杀蛔虫，蛲虫：鲜橘叶125 g熬水服。（《重庆草药》）

【别名】橘子仁、橘子核、橘米、橘仁。

（5）橘核。

【采收加工】果实成熟后收集，洗净，晒干。

【来源】芸香科植物橘 *Citrus reticulata* Blanco 的种子。

【性状】干燥种子呈卵形或卵圆形，一端常成短嘴状凸起，长7～10 mm，短径5～7 mm。外种皮淡黄白色至淡灰白色，光滑，一侧有种脊棱线，自种脐延至合点，质脆易剥落。内种皮膜质，淡棕色，紧贴外种皮。种仁两片，肥厚，富油质。微有油气，味苦。以色白、饱满、子粒均匀者为佳。

【化学成分】各种橘核都含脂肪油、蛋白质，其苦味成分为黄柏内酯和闹米林。

【炮制】橘核：筛去灰屑，拣净杂质，洗净，晒干。盐橘核：取净橘核，用盐水拌匀，稍闷，放入锅内，文火炒至微黄色，并有香气为度，取出晒干，用时捣碎。（橘核每50 kg，用盐1～1.25 kg，加适量开水化开澄清）

《本草纲目》：凡用橘核，须以新瓦焙香，去壳取仁，研碎入药。

【性味】《本草纲目》：苦，平，无毒。

【归经】归肝、肾经。

【功能主治】理气，止痛。主治疝气，睾丸肿痛，乳痈，腰痛，膀胱气痛。

【用法用量】内服：煎汤，3～9 g；或入丸、散。

【注意】《本经逢原》：唯实证为宜，虚者禁用。以其味苦，大伤胃中冲和之气也。

【附方】①治四种癀病，卵核肿胀，偏有大小；或坚硬如石；或引脐腹绞痛，甚则肤囊肿胀；或成疮毒，轻则时出黄水，甚则成痈溃烂：橘核（炒）、海藻（洗）、昆布（洗）、海带（洗）、川楝子（去肉，炒）、桃仁（麸炒）各32 g，厚朴（去皮，姜汁炒）、木通、枳实（麸炒）、延胡索（炒，去皮）、桂心（不见火）、木香（不见火）各16 g。为细末，酒糊为丸如梧桐子大，每服70丸，空心盐酒、盐汤任下。虚寒甚者，加炮川乌32 g；坚胀久不消者，加硇砂6 g（醋煮），旋入。（《济生方》）

②治乳痈初起未溃：橘核（略炒）15 g，黄酒煎，去滓温服，不能饮酒者，用水煎，少加黄酒。（《光华医药杂志》）

③治腰痛：橘核、杜仲各64 g。炒研末，每服6 g，盐酒下。（《简便单方》）

④治酒齇风，鼻上赤：橘子核（微炒）为末，每用 2 g，研胡桃肉 1 个，同以温酒调服，以知为度。（《本草衍义》）

【临床应用】 治疗急性乳腺炎。

（6）橘根。

【采收加工】 9—10 月采收。

【来源】 芸香科植物橘 *Citrus reticulata* Blanco 的根。

【性味】 《重庆草药》：味苦辛，性平，无毒。

【功能主治】 ①《民间常用草药汇编》：顺气止痛，除寒湿。

②《重庆草药》：理气。治气痛，气胀，膀胱疝气。

【用法用量】 内服：煎汤，9 ～ 15 g。

（7）橘红。

【别名】 芸皮、芸红。

【采收加工】 取新鲜橘皮，用刀抒下外层果皮，晾干或晒干。

【来源】 芸香科植物橘 *Citrus reticulata* Blanco 的果皮的外层红色部分。

【性状】 干燥的外层橘皮呈长条形或不整齐纸状薄片，厚不超过 0.2 mm，边缘皱缩卷曲。表面黄棕色或橙红色，有光泽，密布棕黄色凸起的油点，果皮内面黄白色，密布圆点状油室。质脆易碎。气芳香，味微苦而后觉麻舌。以片大、色红、油润者为佳。

【炮制】 橘红：拣去杂质，刷净，用时折碎。盐橘红：取净橘红用盐开水均匀喷洒，使其吸收，晾干。（橘红每 50 kg，用食盐 1 kg，温开水适量化开澄清）

蜜橘红：将橘红置锅内，用文火炒至微黄色时，加入蜂蜜拌匀，再炒至略带焦黄色，职出，晾干。（橘红每 50 kg，用蜂蜜 12.5 kg）

【性味】 辛、苦，温。

【归经】 《本草汇言》：入手足太阳、太阴、阳明经。

【功能主治】 消痰，利气，宽中，散结。主治风寒痰嗽，恶心，吐水，胸痛胀闷。

【用法用量】 内服：煎汤，2.4 ～ 4.5 g；或入丸、散。

【注意】 阴虚燥咳及久嗽气虚者不宜服。

【附方】 ①治嘈杂吐水：真橘皮（去白）为末，五更安五分于掌心舐之，即睡。（《怪疾奇方》）

②治风痰麻木：橘红 500 g，逆流水五碗，煮烂去滓，再煮至一碗。顿服取吐。不吐加瓜蒂末。（《摘玄方》）

③治产后脾气不利，小便不通：橘红为末，每服 6 g，空心，温酒下。（《妇人良方》）

④治乳痈，未结即散，已结即溃，极痛不可忍者：陈皮（汤浸去白，日干，面炒黄）为末，麝香研，酒调下 6 g。（《太平圣惠方》）

（8）青皮。

【别名】 青橘皮、青柑皮。

【采收加工】 一般在春末夏初时采收，但亦有延长至秋季采摘者。个大者用刀将皮剖成四片至蒂部为止，除净内瓤，晒干，称"四花青皮"；中等大者称"个青皮"，最小者习称"青皮子"，晒干即得。

【来源】 芸香科植物橘 *Citrus reticulata* Blanco 的未成热的果皮或幼果。

【性状】 ①四花青皮：形状不一，裂片多数为长椭圆形，边缘多向内卷曲，皮薄。外皮黑绿色或青绿色，有皱纹。内面黄白色，有脉络纹。断面边缘有油点。气清香，味苦、辛。以皮黑绿色、内面白色、油性足者为佳。

②个青皮：又名均青皮，呈不规则的圆球形，直径 2 ～ 2.5 cm，小于 1 cm 的称"青皮子"。表面深灰色或黑绿色，有细皱纹及小瘤状凸起。基部有果柄痕，指划之可见油迹。质坚硬，破开后断面皮厚 1.5 ～ 3 mm，淡黄色或黄白色，外层显油点，内有果瓤。气清香，味苦、辛。以坚实、个整齐、皮厚、香气浓者为佳。

青皮药材，除用橘类的未成熟果实外，其同属植物甜橙（广东、广西、贵州、福建、陕西、云南）、香橼（浙江、福建）以及茶枝柑（广东、广西）等柑类的未成熟果实亦有作青皮使用者。植物形态参见"甜橙""香橼""柑"等条。

【化学成分】各种青皮均含挥发油，且多含黄酮苷等。

【炮制】青皮：拣净杂质，用水浸泡，捞出，润透，切片，晒干。醋青皮：取青皮片，用醋拌匀，待醋吸尽，置锅内以文火炒至微带焦黄色，取出，晾干（青皮片每 50 kg，用醋 7.5 kg）。

【性味】苦、辛，微温。

【归经】归肝、胆经。

【功能主治】疏肝破气，散结消痰。主治胸胁胃脘疼痛，疝气，乳肿。

【用法用量】内服：煎汤，3 ～ 9 g；或入丸、散。

【注意】气虚者慎服。

①《仁斋直指方》：有汗者不可用。

②《本草经疏》：肝脾气虚者，概勿使用。

【附方】①治肝气不和，胁肋刺痛如击如裂者：青橘皮 64 g（酒炒），白芥子、苏子各 125 g，龙胆草、当归尾各 95 g。共为末，每早晚各服 9 g，韭菜煎汤调下。（《方氏脉症正宗》）

②治心胃久痛不愈、得饮食米汤即痛极者：青皮 15 g，玄胡索 9 g（俱醋拌炒），甘草 3 g，大枣 3 个。水煎服。（《方氏脉症正宗》）

③治小便牵强作痛：青橘皮（醋炒）250 g，胡芦巴 64 g，当归、川芎、小茴香各 32 g（俱酒洗炒）。研为末，每早服 9 g，白汤调下。（《方氏脉症正宗》）

④治疟疾寒热：青皮（烧存性）32 g。研末，发前温酒服 3 g，临时再服。（《太平圣惠方》）

⑤治因久积忧郁，乳房内有核如指头，不痛不痒，五七年成痈，名乳癌：青皮 12 g。水一盏半，煎一盏，徐徐服之，日一服，或用酒服。（朱震亨）

⑥治伤寒呃逆：四花青皮（全者），研末。每服 6 g，白汤下。（《医林类证集要》）

⑦治伤瓜桃、生冷冰水之类：青皮、陈皮各 10 g，木香、益智仁各 6 g，三棱、莪术各 15 g，牙皂烧存性 4.5 g，巴豆肉醋煮干另研 15 g。为末，醋打面糊为丸，绿豆大，每服 20 ～ 30 丸，食前服。（《万密斋医学全书》）

白鲜属 *Dictamnus* L.

445. 白鲜 *Dictamnus dasycarpus* Turcz.

【别名】北鲜皮。

【形态】茎基部木质化的多年生宿根草本，高 40 ～ 100 cm。根斜生，肉质粗长，淡黄白色。茎直立，幼嫩部分密被长毛及水泡状凸起的油点。叶有小叶 9 ～ 13 片，小叶对生，无柄，位于顶端的一片则具长柄，椭圆至长圆形，长 3 ～ 12 cm，宽 1 ～ 5 cm，生于叶轴上部的较大，叶缘有细锯齿，叶脉不甚明显，中脉被毛，成长叶的毛逐渐脱落；叶轴有甚狭窄的翼叶。总状花序长可达 30 cm；花梗长 1～1.5 cm；苞片狭披针形；萼片长 6～8 mm，宽 2～3 mm；花瓣白带淡紫红色或粉红带深紫红色脉纹，倒披针形，长 2～2.5 cm，宽 5～8 mm；雄蕊伸出于花瓣外；萼片及花瓣均密生透明油点。成熟的果（蓇葖）沿腹缝线开裂为 5 个分果瓣，每个分果瓣又深裂为 2 小瓣，瓣的顶角短尖，内果皮蜡黄色，有光泽，每分果瓣有种子 2～3 粒；种子阔卵形或近圆球形，长 3～4 mm，厚约 3 mm，光滑。花期 5 月，果期 8—9 月。

【生境分布】 生于山坡及丛林中。

【采收加工】 夏季采收。挖出后，洗净泥土，除去须根及粗皮，趁鲜时纵向剖开，抽去木心，晒干。

【药材名】 白鲜皮。

【药用部位】 根皮。

【来源】 芸香科植物白鲜 *Dictamnus dasycarpus* Turcz. 的根皮。

【性状】 干燥根皮，呈卷筒状，长 7～12 cm，直径 1～2 cm，厚 2～5 mm，表面黄白色至淡棕色，稍光滑，有时有纵皱和侧根痕。内表面淡黄色，光滑而具侧根形成的圆孔。质松脆，易折断，断面乳白色，呈层状。在日光或灯光下，可见闪烁的白色细小结晶物。气膻，味微苦。以卷筒状、无木心、皮厚、块大者为佳。

【化学成分】 根含白鲜碱、白鲜内酯、谷甾醇、黄柏酮酸、胡芦巴碱、胆碱，尚含菜油甾醇、茵芋碱、γ-崖椒碱、白鲜明碱。地上部分含有补骨脂素和花椒毒素。

【炮制】 拣净杂质，除去粗皮，洗净，稍润，切片，晒干。

《得配本草》：酒拌炒。

【性味】 苦、咸、寒。

【归经】 归脾、胃经。

【功能主治】 祛风，燥湿，清热，解毒。主治风热疮毒，疥癣，皮肤痒疹，风湿痹痛，黄疸。

【用法用量】 内服：煎汤，6～15 g。外用：煎水洗。

【注意】 虚寒证忌服。

①《本草经集注》：恶螵蛸、桔梗、茯苓、萆薢。

②《本草经疏》：下部虚寒之人，虽有湿证勿用。

【附方】 ①治肺藏风热，毒气攻皮肤瘙痒，胸膈不利，时发烦躁：白鲜皮、防风（去叉）、人参、知母（焙）、沙参各 32 g，黄芩（去黑心）0.9 g。上六味捣罗为散。每服 4 g，水一盏，煎至六分，温服，食后临卧。（《圣济总录》）

②治痫黄：白鲜皮、茵陈蒿各等份。水两盅煎服，日两服。（《沈氏尊生书》）

③治鼠疫已有核，脓血出者：白鲜皮，煮服 1 升。（《补辑肘后方》）

④疗产后中风，虚人不可服他药者：白鲜皮 95 g。以水 3 升，煮取 1 升，分服。耐酒者可酒、水等份煮之。（《小品方》）

吴茱萸属 *Tetradium* Sweet

446. 吴茱萸 *Tetradium ruticarpun*（A. Jussieu）T. G. Hartley

【别名】吴萸、野茶辣。

【形态】小乔木或灌木，高 3 ～ 5 m，嫩枝暗紫红色，与嫩芽同被灰黄或红锈色茸毛或疏短毛。叶有小叶 5 ～ 11 片，小叶薄至厚纸质，卵形、椭圆形或披针形，长 6 ～ 18 cm，宽 3 ～ 7 cm，叶轴下部的较小，两侧对称或一侧的基部稍偏斜，边全缘或浅波浪状，小叶两面及叶轴被长柔毛，毛密如毡状，或仅中脉两侧被短毛，油点大且多。花序顶生；雄花序的花彼此疏离，雌花序的花密集或疏离；萼片及花瓣均 5 片，偶有 4 片，镊合状

排列；雄花花瓣长 3 ～ 4 mm，腹面被疏长毛，退化雌蕊 4 ～ 5 深裂，下部及花丝均被白色长柔毛，雄蕊伸出花瓣之上；雌花花瓣长 4 ～ 5 mm，腹面被毛，退化雄蕊鳞片状或短线状或兼有细小的不育花药，子房及花柱下部被疏长毛。果序宽 3 ～ 12 cm，果密集或疏离，暗紫红色，有大油点，每分果瓣有 1 粒种子；种子近圆球形，一端钝尖，腹面略平坦，长 4 ～ 5 mm，褐黑色，有光泽。花期 4—6 月，果期 8—11 月。

【生境分布】野生或栽培于山地、路旁或疏林下。罗田骆驼坳镇、河铺镇有分布。

【药用部位】近成熟的果实、根、叶。

（1）吴茱萸。

【采收加工】8—10 月，果实呈茶绿色而心皮尚未分离时采收。摘下晒干，除去杂质。如遇阴雨，用微火炕干。

【来源】芸香科植物吴茱萸 *Tetradium ruticarpun*（A. Jussieu）T. G. Hartley 的近成熟果实。

【性状】干燥果实呈五棱状扁球形，直径 2 ～ 5 mm，高 1.5 ～ 3 mm。表面绿色或绿褐色，粗糙，有细皱纹及油室；顶平，中间有凹窝及 5 条裂缝，有时在裂缝中央有凸起的柱头残存，基部有花萼及果柄，果柄方圆形，长 3 mm，棕绿色，密布茸毛。横切面，子房 5 室，每室有淡黄色种子 1 ～ 2 粒。种子富油性，质坚易碎。香气浓烈，味苦、微辛辣。以色绿、饱满者为佳。

【化学成分】吴茱萸果实含吴茱萸烯、罗勒烯、吴茱萸内酯、吴茱萸内酯醇等，还含吴茱萸酸，又含生物碱：吴茱萸碱、吴茱萸次碱、吴茱萸因碱、羟基吴茱萸碱、吴茱萸卡品碱。吴茱萸碱用盐酸乙醇处理即转化为异吴茱萸碱。还含两种中性不含氮物质：吴茱萸啶酮和吴茱萸精，又含吴茱萸苦素。

【药理作用】①驱蛔作用。

②抗菌作用。

③兴奋中枢作用，镇痛、催眠、镇静、抗惊厥作用。

④升高体温、轻度影响呼吸与血压、收缩子宫作用。

【炮制】制吴茱萸：取甘草煎汤，去渣取汤，加入净吴茱萸，浸泡至汤液吸干为度，微火焙干。（吴茱萸每 50 kg，用甘草 3.2 kg）

【性味】辛、苦，温，有小毒。

【归经】归肝、脾、胃经。

【功能主治】散寒止痛，降逆止呕，助阳止泻。主治呕逆吞酸，厥阴头痛，脏寒吐泻，脘腹胀痛，经行腹痛，五更泄泻，寒湿脚气，口疮溃疡，湿疹。

【用法用量】内服：煎汤，1.5～6 g；或入丸、散。外用：蒸热熨、研末调敷或煎水洗。

【注意】阴虚火旺者忌服。

①《本草经集注》：蓼实为之使。恶丹参、消石、白垩，畏紫石英。

②《本草蒙筌》：肠虚泄者尤忌。

③《本草纲目》：走气动火，昏目发疮。

④《本草经疏》：呕吐吞酸属胃火者不宜用；咳逆上气，非风寒外邪及冷痰宿水所致者不宜用；腹痛属血虚有火者不宜用；赤白下痢，因暑邪入于肠胃，而非酒食生冷、停滞积垢者不宜用；小肠疝气，非骤感寒邪及初发一、二次者不宜用；霍乱转筋，由于脾胃虚弱冒暑所致，而非寒湿生冷干犯肠胃者不宜用；一切阴虚之证及五脏六腑有热无寒之人，法所咸忌。

【附方】①治肾气上哕，肾气自腹中起上筑于咽喉，逆气连属而不能吐，或至数十声，上下不得喘息：吴茱萸（醋炒）、橘皮、附子（去皮）各32 g。为末，面糊丸，梧桐子大。每姜汤下70丸。（《仁存堂经验方》）

②治醋心，每醋气上攻如醋醋：茱萸64 g。水三盏，煎七分，顿服。纵浓，亦须强服。（《兵部手集方》）

③治食已吞酸，胃气虚冷者：吴茱萸（汤泡7次，焙）、干姜（炮）等份。为末，汤服3 g。（《太平圣惠方》）

④治肝火：黄连195 g，吴茱萸16或32 g。上为末，水丸或蒸饼丸。白汤下50丸。（《丹溪心法》）

⑤治呕而胸满，及干呕吐涎沫，头痛者：吴茱萸1升，人参95 g，生姜195 g，大枣12枚。上四味，以水5升，煮取3升，温服700 g，日三服。（《金匮要略》）

⑥治头风：吴茱萸3升，水5升，煮取3升，以绵拭发根。（《千金翼方》）

⑦治痰饮头疼背寒，呕吐酸汁，数日伏枕不食，十日一发：吴茱萸（汤泡7次）、茯苓等份。为末，炼蜜丸梧桐子大，每热水下50丸。（《类编朱氏集验医方》）

⑧治多年脾泄，老人多此，谓之水土同化：吴茱萸9 g。泡过，煎汁，入盐少许，通口服，盖茱萸能暖膀胱，水道既清，大肠自固，他药虽热，不能分解清浊也。（《仁存堂经验方》）

⑨治脾受湿气，泄利不止，米谷迟化，脐腹刺痛；小儿有疳气下痢，亦能治之：黄连（去须）、吴茱萸（去梗，炒）、白芍药各250 g。上为细末，面糊为丸，如梧桐子大。每服20丸，浓煎米饮下，空心，日三服。（《局方》）

⑩治脚气入腹，困闷欲死，腹胀：吴茱萸6升，木瓜两颗（切）。上两味，以水13升，煮取3升，分三服，相去如人行十里久，进一服，或吐，或汗，或利，或大热闷，即瘥。（《千金方》）

⑪治远年近日小肠疝气，偏坠搐疼，脐下撮痛，以致闷乱，及外肾肿硬，日渐滋长，阴间湿痒成疮：吴茱萸（去枝梗）500 g（125 g用酒浸，125 g用醋浸，125 g用汤浸，125 g用童子小便浸，各浸一宿，同焙干），泽泻（去灰土）64 g。上为细末，酒煮面糊丸如梧桐子大。每服50丸，空心食前盐汤或酒吞下。（《局方》）

⑫治小儿肾缩（乃初生受寒所致）：吴茱萸、硫黄各16 g。同大蒜研涂其腹，仍以蛇床子烟熏之。（《太平圣惠方》）

⑬治口疮口疳：茱萸末，醋调涂足心。亦治咽喉作痛。（《李时珍濒湖集简方》）

⑭治牙齿疼痛：茱萸煎酒含漱之。（《食疗本草》）

⑮治湿疹：炒吴茱萸32 g，乌贼骨21 g，硫黄6 g。共研细末备用。湿疹患处渗出液多者撒干粉；无

渗出液者用蓖麻油或猪板油化开调抹，隔日一次，上药后用纱布包扎。（《全展选编》）

⑯治阴下湿痒生疮：吴茱萸1升，水3升，煮三、五沸，去滓，以洗疮。诸疮亦治之。（《古今录验方》）

【临床应用】①治疗高血压。将吴茱萸研末，每次取16～32 g，用醋调敷两足心（最好睡前敷，用布包裹）。一般敷12～24 h血压即开始下降，自觉症状减轻。轻症敷1次，重症敷2～3次即显示降压效果。

②治疗消化不良。取吴茱萸粉2.5～3 g，用食醋5～6 ml调成糊状，加温至40 ℃左右，摊于2层方纱布上（约厚0.5 cm），将四周折起；贴于脐部，用胶布固定，12 h更换1次。初步观察，本法有调节胃肠功能、温里去寒、止痛及促消化等作用。对胃肠功能紊乱所致的腹泻效果较好，对细菌感染所致的腹泻配合应用抗菌素可产生协同作用。

③治疗湿疹、神经性皮炎。吴茱萸研末，用凡士林调成30％（甲种）和20％（乙种）两种软膏；再取30％吴茱萸软膏和等量氧化锌软膏调匀，配成复方吴茱萸软膏（丙种）。对亚急性湿疹、一般慢性湿疹及阴囊湿疹在亚急性期或早期者，采用乙种软膏；对多年慢性阴囊湿疹则采用甲种软膏；婴儿湿疹采用丙种软膏。局部搽药，每日2次。对神经性皮炎先搽甲种软膏，再配合热电吹风，每日1次，每次20 min，然后用比皮损略大的胶布块贴牢。据82例湿疹和神经性皮炎的观察，对湿疹初期及亚急性湿疹疗效较好，治愈时间短者3天；对一般慢性湿疹，治愈时间最长者10天；对多年呈苔藓样变的慢性湿疹无效；阴囊湿疹初期效果明显，患病多年近于苔藓样变者无效；神经性皮炎轻型及限局性患者，配合热电吹风比单纯涂药者疗效显著。也有用10％吴茱萸糊膏局部涂抹后，再以艾熏20 min，治疗限局性神经性皮炎。治愈病例一般治疗4～6次。此法止痒效果显著。

④治疗黄水疮。将吴茱萸研粉，用凡士林调制成10％软膏，局部涂抹，每日1～2次。抹药前先用温水洗净患处：治疗12例，一般4～6次即愈。

⑤治疗口腔溃疡。将吴茱萸捣碎，过筛，取细末加适量好醋调成糊状，涂在纱布上，敷于双侧涌泉穴，24 h后取下。用量：1岁以下用1.5～6 g，1～5岁用6～9 g，6～15岁用9～12 g，15岁以上用12～15 g。

【注意】吴茱萸的功效是温中、散寒、下气、开郁。近年来临床实际实践，亦用本品治蛲虫病。临床实践学认为吴茱萸有明显的止痛、止呕作用。

（2）吴茱萸根。

【采收加工】9—10月采收。

【来源】芸香科植物吴茱萸 *Evodia rutaecarpa*（Juss.）Benth 的根或根的韧皮部。

【性味】《本草纲目》：辛，苦，热，无毒。

【功能主治】行气温中，杀虫。主治脘腹冷痛，泄泻，下痢，风寒头痛，腰痛，疝气，经闭腹痛，蛲虫病。

【用法用量】内服：煎汤，16～32 g；或入丸、散。

【附方】①治头风痛：吴茱萸根32～64 g。炖猪肉100 g服。（《重庆草药》）

②治寒气经停，经闭腹痛：吴萸根64 g，五谷根、柑子根各32 g，水案板15 g，橙子根50 g。炖杀口肉服。（《重庆草药》）

③治寸白虫：吴茱萸根（干，去土，切）1升。以酒1升浸一宿，平旦分两服。（《千金方》）

④治脾劳热，有白虫，令人好呕：吴茱萸根大者一尺，大麻子8升，橘皮（切）64 g。上三味，锉茱萸根，捣麻子，并和以酒10升，渍一宿，微火上薄暖之，三上三下，绞去滓。平旦空腹为一服取尽，虫便下出，或死或半烂，或下黄汁。（《删繁方》）

⑤治肝劳生长虫，在肝为病，恐畏不安，眼中赤：鸡子（去黄）5枚，干漆125 g，蜡、吴茱萸根皮

各 64 g，粳米粉 250 g。上五味，捣茱萸皮为末，和药铜器中煎，可丸如小豆大。宿勿食，旦饮服 100 丸，小儿 50 丸，虫当烂出。（《千金方》）

（3）吴茱萸叶。

【采收加工】春、夏季采收。

【来源】芸香科植物吴茱萸 *Evodia rutaecarpa*（Juss.）Benth 的叶片。

【化学成分】含少量羟基吴茱萸碱，此药在苯中再结晶则得去氢吴茱萸碱，又含黄酮类化合物。

【性味】①《日华子本草》：热，无毒。

②《本草纲目》：辛、苦、热，无毒。

【附方】治大寒犯脑头痛：酒拌吴茱萸叶，袋盛蒸熟，更互枕熨之，痛止为度。（《本草纲目》）

金橘属 *Fortunella* Swingle

447. 金橘 *Fortunella margarita*（Lour.）Swingle

【别名】卢橘、山橘、金钱橘。

【形态】树高 3 m 以内；枝有刺。叶质厚，浓绿，卵状披针形或长椭圆形，长 5 ～ 11 cm，宽 2 ～ 4 cm，顶端略尖或钝，基部宽楔形或近于圆；叶柄长达 1.2 cm，翼叶甚窄。单花或 2 ～ 3 花簇生；花梗长 3 ～ 5 mm；花萼 4 ～ 5 裂；花瓣 5 片，长 6 ～ 8 mm；雄蕊 20 ～ 25 枚；子房椭圆形，花柱细长，通常为子房长的 1.5 倍，柱头稍增大。果椭圆形或卵状椭圆形，长 2 ～ 3.5 cm，橙黄色至橙红色，果皮味甜，厚约 2 mm，油胞常稍凸起，瓤囊 4 或 5 瓣，果肉味酸，有种子 2 ～ 5 粒；种子卵形，

端尖，子叶及胚均绿色，单胚或偶有多胚。花期 3—5 月，果期 10—12 月。盆栽的多次开花，农家保留其 7—8 月的花期，至春节前夕果成熟。

【生境分布】罗田各地均有栽培。

【采收加工】秋、冬季果实成熟时采收。

【药用部位】果实。

【药材名】金橘。

【来源】芸香科植物金橘 *Fortunella margarita*（Lour.）Swingle 的果实。

【化学成分】金橘、金弹的果实及花瓣都含金柑苷，金橘果实所含的维生素 C 大多存在于果皮中。

【性味】辛、甘、温。

【功能主治】理气，解郁，化痰，醒酒。主治胸闷郁结，伤酒口渴，食滞胃呆。

【用法用量】内服：煎汤或泡茶。

【注意】此外，同属植物金柑，叶较狭小；柑果圆形，果皮薄，瓤囊 5 ～ 6 瓣，亦同等入药。

臭常山属 *Orixa* Thunb.

448. 臭常山 *Orixa japonica* Thunb.

【别名】和常山、白胡椒、日本常山。

【形态】高 1～3 m 的灌木或小乔木；树皮灰色或淡褐灰色，幼嫩部分常被短柔毛，枝、叶有腥臭气味，嫩枝暗紫红色或灰绿色，髓部大，常中空。叶薄纸质，全缘或上半段有细钝裂齿，下半段全缘，大小差异较大，同一枝条上有的长达 15 cm，宽 6 cm，也有的长约 4 cm，宽 2 cm，倒卵形或椭圆形，中部或中部以上最宽，两端急尖或基部渐狭尖，嫩叶背面被疏或密长柔毛，叶面中脉及侧脉被短毛，中脉在叶面略凹陷，散生半透明的

细油点；叶柄长 3～8 mm。雄花序长 2～5 cm；花序轴纤细，初时被毛；花梗基部有苞片 1 片，苞片阔卵形，两端急尖，内拱，膜质，有中脉，散生油点，长 2～3 mm；萼片甚细小；花瓣比苞片小，狭长圆形，上部较宽，有 3～5 脉；雄蕊比花瓣短，与花瓣互生，插生于明显的花盘基部四周，花盘近正方形，花丝线状，花药广椭圆形；雌花的萼片及花瓣形状与大小均与雄花近似，4 个靠合的心皮圆球形，花柱短，黏合，柱头头状。成熟分果瓣阔椭圆形，干后暗褐色，直径 6～8 mm，每分果瓣由顶端起沿腹及背缝线开裂，内有近圆形的种子 1 粒。花期 4—5 月，果期 9—11 月。

【生境分布】生于海拔 500～1300 m 的山地密林或疏林向阳坡地。罗田中、高山区有分布。

【采收加工】根、茎四季可采，晒干；叶，夏、秋季采收，鲜用。

【药用部位】根、茎、叶。

【药材名】臭常山。

【来源】芸香科植物臭常山 *Orixa japonica* Thunb. 的根、茎、叶。

【性味】苦、辛，凉。

【功能主治】清热利湿，截疟，止痛，安神。主治风热感冒，风湿关节肿痛，胃痛，疟疾，跌打损伤，神经衰弱；外用治疮痈肿毒。

【用法用量】内服：煎汤，3～9 g。外用：适量，调酒捣烂敷患处。

黄檗属 *Phellodendron* Rupr.

449. 黄檗 *Phellodendron amurense* Rupr.

【别名】檗木、檗皮、黄柏。

【形态】树高 10～20 m，大树高达 30 m，胸径 1 m。枝扩展，成年树的树皮有厚木栓层，浅灰或灰褐色，深沟状或不规则网状开裂，内皮薄，鲜黄色，味苦，黏质，小枝暗紫红色，无毛。叶轴及叶柄均纤细，有小叶 5～13 片，小叶薄纸质或纸质，卵状披针形或卵形，长 6～12 cm，宽 2.5～4.5 cm，顶部长渐尖，基部阔楔形，一侧斜尖，或为圆形，叶缘有细钝齿和缘毛，叶面无毛或中脉有疏短毛，

叶背仅基部中脉两侧密被长柔毛，秋季落叶前叶色由绿色至黄色而明亮，毛被大多脱落。花序顶生；萼片细小，阔卵形，长约 1 mm；花瓣紫绿色，长 3～4 mm；雄花的雄蕊比花瓣长，退化雌蕊短小。果圆球形，直径约 1 cm，蓝黑色，通常有 5～8（10）浅纵沟，干后较明显；种子通常 5 粒。花期 5—6 月，果期 9—10 月。

【生境分布】 栽培于山坡。罗田河铺镇、天堂寨有分布。

【采收加工】 3—6 月采收，选 10 年以上的黄檗，轮流剥取部分树皮。不能一次剥尽，以保持原树继续生长。剥去后，即自行生长新皮，未割部分可在下半年采收。将剥下的树皮晒至半干，压平，刮净粗皮（栓皮）至显黄色为度，不可伤及内皮，刷净晒干，置于干燥通风处，防霉变色。

【药用部位】 树皮。

【药材名】 关黄柏。

【来源】 芸香科植物黄檗 *Phellodendron amurense* Rupr. 的树皮。

【化学成分】 树皮主要含小檗碱。

【药理作用】 ①抗菌作用。

②降压作用。

③中枢神经系统有抑制作用。

【炮制】 黄檗：拣去杂质，用水洗净，捞出，润透，切片成切丝，晒干。黄檗炭：取黄柏片，用武火炒至表面焦黑色（但须存性），喷淋清水，取出放凉，晒干。盐黄檗：取黄柏片，用盐水喷洒，拌匀，置锅内用文火微炒，取出放凉，晾干（黄柏片每 50 kg，用食盐 1.25 kg，加适量开水溶化澄清）。酒黄檗：取黄柏片，用黄酒喷洒拌炒如盐黄柏法（黄柏片每 50 kg 用黄酒 5 kg）。

《雷公炮炙论》：凡使（黄檗），用刀削上粗皮了，用生蜜水浸半日，漉出晒干，用蜜涂，文武火炙令蜜尽为度。凡修事 250 g，用蜜 95 g。

【性味】 苦，寒。

【归经】 归肾、膀胱经。

【功能主治】 清热，燥湿，泻火，解毒。主治热痢，泄泻，消渴，黄疸，梦遗，淋浊，痔疮，便血，带下，骨蒸劳热，目赤肿痛，口舌生疮，疮痈肿毒。

【用法用量】 内服：煎汤，4.5～9 g；或入丸、散。外用：研末调敷或煎水浸渍。

【注意】 脾虚泄泻，胃弱食少者忌服。

①《本草经集注》：恶干漆。

②《本草经疏》：阴阳两虚之人，病兼脾胃薄弱，饮食少进及食不消，或兼泄泻，或恶冷物及好热食；肾虚天明作泄；上热下寒，小便不禁；少腹冷痛，子宫寒；血虚不孕，阳虚发热，瘀血停滞，产后血虚发热，金疮发热；痈疽溃后发热，伤食发热，阴虚小水不利，痘后脾虚小水不利，血虚不得眠，血虚烦躁，脾阴不足作泄等，法咸忌之。

【附方】 ①治小儿热痢下血：黄檗 16 g，赤芍药 12 g。上同为细末，饭和丸，麻子大。每服 10～20 丸，食前米饮下，大者加丸数。（《阎氏小儿方论》）

②治痢疾：黄柏 195 g，翻白草 280 g，秦皮 195 g。将全部翻白草、秦皮及黄柏 125 g，共水煎两次，合并煎液，用文火浓缩成膏状，用剩余 70 g 黄柏研细粉加入膏中，搅匀，低温烘干，研细粉。每服 1～2 g，

日三次。（辽宁《中草药新医疗法资料选编》）

③治妊娠及产后寒热下痢：黄檗 500 g，黄连 500 g，栀子 20 枚。上三味，细切，以水 5 升，渍 24 h，煮三拂，服 1 升，一日一夜令尽。呕者加橘皮一把，生姜 64 g。（《千金翼方》）

④治消渴尿多能食：黄檗 500 g，水 1 升，煮三、五沸，渴即饮之，恣饮数日。（《独行方》）

⑤治伤寒身黄，发热：肥栀子（擘）15 个，甘草（炙）32 g，黄柏 100 g。上三味，以水 4 升，煮取 1.5 升，去滓，分温再服。（《伤寒论》）

⑥治筋骨疼痛，因湿热者：黄檗（炒）、苍术（米泔浸、炒）。上两味为末，沸汤入姜汁调服。二物皆有雄壮之气，表实气实者，加酒少许佐之。（《丹溪心法》）

⑦治热甚梦泄，怔忡恍惚，膈壅舌干：黄檗（去粗皮）32 g。捣罗为末，入龙脑 2 g，同研匀，炼蜜和丸如梧桐子大。每服 1～19 丸，浓煎麦冬汤下。（《圣济总录》）

⑧治白淫，梦泄遗精及滑出而不收：黄檗（放新瓦上烧令通赤为度）500 g，真蛤粉 500 g。上为细末，滴水为丸，如梧桐子大。每服 100 丸，空心酒下。（《素问病机气宜保命集》）

⑨治下阴自汗，头晕腰酸：黄柏 9 g，苍术 12 g，川椒 30 粒，加水 2000 ml，煎至 600 ml。每次 100 ml，1 日 3 次，2 日服完。（《中国医刊》）

⑩降阴火、补肾水：黄檗（炒褐色）、知母（酒浸，炒）各 125 g，熟地黄（酒蒸）、龟板（酥炙）各 195 g。上为末，猪脊髓、蜜丸。服 70 丸，空心盐白汤下。（《丹溪心法》）

⑪治时行赤目：黄檗，去粗皮，为末，湿纸包裹，黄泥固，煨干。每用一弹子大，纱帕包之，浸水一盏，饭上蒸熟，乘热熏洗。一丸可用三、五次。（《眼科龙木论》）

⑫治小儿蓐内赤眼：黄檗，以乳浸，点之。（《小品方》）

⑬治口中及舌上生疮：捣黄檗含之。（《千金方》）

⑭治小儿重舌：黄檗，以竹沥渍取，细细点舌上。（《千金方》）

⑮治口疳臭烂：黄檗 15 g，铜绿 9 g。共为末掺之，去涎，愈。（《小品方》）

⑯治唇疮痛痒：黄檗末，以野蔷薇根捣汁调涂。（《圣济总录》）

⑰治肺壅，鼻中生疮，肿痛：黄檗、槟榔等份。捣罗为末，以猪脂调敷之。（《太平圣惠方》）

⑱治奶发，诸痈疽发背及妒乳：捣黄檗末，筛，鸡子白和，厚涂之。干，复易。（《补辑肘后方》）

⑲治痈疽肿毒：黄檗皮（炒）、川乌头（炮）等份。为末调涂之，留头，频以米泔水润湿。（《李时珍濒湖集简方》）

⑳治男子阴疮损烂：a.煮黄檗洗之，又白蜜涂之。b.黄连、黄檗等份，末之，煮肥猪肉汁，渍疮讫，粉之。（《补辑肘后方》）

㉑治小儿脐疮不合：黄檗末涂之。（《子母秘录》）

㉒治小儿脓疮，遍身不干：黄檗末，入枯矾少许掺之。（《简便单方》）

㉓治遗精：滑石、黄柏为末，秋冬炼蜜、春夏面糊为丸，梧桐子大，每服 70 丸，温水下。（《万密斋医学全书》）

花椒属 *Zanthoxylum* L.

450. 竹叶花椒 *Zanthoxylum armatum* DC.

【别名】竹叶椒、竹叶总管、山花椒、野花椒、秦椒、蜀椒。

【形态】高 3～5 m 的落叶小乔木；茎枝多锐刺，刺基部宽而扁，红褐色，小枝上的刺劲直，水平抽出，小叶背面中脉上常有小刺，仅叶背基部中脉两侧有丛状柔毛，或嫩枝梢及花序轴均被褐锈色

短柔毛。叶有小叶 3 ～ 9 片，稀 11 片，翼叶明显，稀仅有痕迹；小叶对生，通常披针形，长 3 ～ 12 cm，宽 1 ～ 3 cm，两端尖，有时基部宽楔形，干后叶缘略向背卷，叶面稍粗皱；或为椭圆形，长 4 ～ 9 cm，宽 2 ～ 4.5 cm，顶端中央一片最大，基部一对最小；有时为卵形，叶缘有甚小且疏离的裂齿，或近全缘，仅在齿缝处或沿小叶边缘有油点；小叶柄甚短或无柄。花序近腋生或同时生于侧枝之顶，长 2 ～ 5 cm，有花 30 朵以内；花被片 6 ～ 8 片，形状与大小几相同，长约 1.5 mm；雄花的雄蕊 5 ～ 6 枚，药隔顶端有 1 干后变褐黑色油点；不育雌蕊垫状凸起，顶端 2 ～ 3 浅裂；雌花有心皮 2 ～ 3 个，背部近顶侧各有 1 油点，花柱斜向背弯，不育雄蕊短线状。果紫红色，有微凸起少数油点，单个分果瓣直径 4 ～ 5 mm；种子直径 3 ～ 4 mm，褐黑色。花期 4—5 月，果期 8—10 月。

全株有花椒气味，麻舌，苦及辣味均较花椒浓，果皮的麻辣味最浓。新生嫩枝紫红色。根粗壮，外皮粗糙，有泥黄色松软的木栓层，内皮硫黄色，甚麻辣。

【生境分布】生于低山疏林、灌丛中及路旁。分布于我国东南部和西南各地。罗田骆驼坳镇有分布。

【采收加工】秋季果实成熟后采收，除去杂质，晒干。

【药用部位】果实。

【来源】芸香科植物竹叶花椒 *Zanthoxylum armatum* DC. 的果实。

【性味】辛，温。

【功能主治】散寒，止痛，驱蛔虫。主治胃寒及蛔虫腹痛，牙痛，湿疮。

【用法用量】内服：煎汤，6 ～ 10 g；研末服，每次 1.5 ～ 3 g。外用：煎水洗。

【附方】①治胃痛、牙痛：竹叶椒果 3 ～ 6 g，山姜根 10 g。研末，温开水送服。（《江西草药》）
②治疹症腹痛：竹叶椒果 10 ～ 16 g，水煎服；或研末，每次 1.5 ～ 2 g，黄酒送服。（《江西草药》）

451. 花椒 *Zanthoxylum bungeanum* Maxim.

【别名】秦椒、蜀椒、南椒、巴椒、汗椒、川椒。

【形态】高 3 ～ 7 m 的落叶小乔木；茎干上的刺常早落，枝有短刺，小枝上的刺基部宽而扁且劲直的长三角形，当年生枝被短柔毛。叶有小叶 5 ～ 13 片，叶轴常有非常狭窄的叶翼；小叶对生，无柄，卵形、椭圆形，稀披针形，位于叶轴顶部的较大，近基部的有时圆形，长 2 ～ 7 cm，宽 1 ～ 3.5 cm，叶缘有细裂齿，齿缝有油点，其余无或散生肉眼可见的油点；叶背基部中脉两侧有丛毛或小叶两面均被柔毛，中脉在叶面微凹陷，叶背干后常有红褐色斑纹。花序顶生或生于侧枝之顶，花序轴及花梗密被短柔毛或无毛；花被片 6 ～ 8 片，黄绿色，形状及大小大致相同；雄花的雄蕊 5 枚或多至 8 枚；退化雌蕊顶端叉状浅

裂；雌花很少有发育雄蕊，有心皮 2 或 3 个，间有 4 个，花柱斜向背弯。果紫红色，单个分果瓣直径 4 ~ 5 mm，散生微凸起的油点，顶端有短的芒尖或无；种子长 3.5 ~ 4.5 mm。花期 4—5 月，果期 8— 9 月或 10 月。

【生境分布】野生于路旁、山坡的灌丛中，或为栽培。罗田各地均有分布。

【药用部位】果皮、根、叶、种子。

（1）花椒。

【采收加工】 8—10 月果实成熟后，剪取果枝，晒干，除净枝叶杂质，除去种子（椒目），取用果皮。

【来源】芸香科植物花椒 *Zanthoxylum bungeanum* Maxim. 的果皮。

【性状】干燥果皮（又名红花椒、红椒、大红袍）腹面开裂或背面亦稍开裂，呈两瓣状，形如切开之皮球，而基部相连，直径 4 ~ 5 mm；表面紫红色至红棕色，粗糙，顶端有柱头残迹，基部常有小果柄及 1 ~ 2 个未发育的心皮，呈颗粒状，偶有 2 ~ 3 个小蓇葖果并生于果柄尖端。外果皮表面极皱缩，可见许多呈疣状凸起的油腺，油腺直径 0.5 ~ 1 mm；内果皮光滑，淡黄色，常由基部与外果皮分离而向内反卷，有时可见残留的黑色种子。果皮革质，具特殊的强烈香气，味麻辣而持久。以鲜红、光艳、皮细、均匀、无杂质者为佳。

【炮制】除去果柄及种子（椒目），置锅内炒至发响、出油，取出，放凉。

①《雷公炮炙论》：凡使蜀椒，须去目及闭口者，不用其椒子。先须酒拌令湿，蒸，从巳至午，放冷，密盖，四畔无气后取出，便入磁器中，勿令伤风。

②《本草衍义》：蜀椒须微炒，使汗出，又须去附红黄壳。去壳之法，先微炒，乘热入竹筒中，以梗春之，播取红，如未尽，更拣、更春，以尽为度。凡用椒须如此。

【性味】辛，温，有毒。

【归经】归脾、胃、肾经。

【功能主治】温中散寒，杀虫止痒。主治积食停饮，心腹冷痛，呕吐，噫呃，咳嗽气逆，风寒湿痹，泄泻，痢疾，疝痛，齿痛，蛔虫病，蛲虫病，阴痒，疮疥。

【用法用量】内服：煎汤，1.5 ~ 4.5 g；或入丸、散。外用：研末调敷或煎水浸洗。

【注意】阴虚火旺者忌服。孕妇慎服。

①《本草经集注》：杏仁为之使。畏款冬。恶栝楼、防葵。畏雌黄。

②《名医别录》：多食令人乏气，口闭者杀人。

③《千金方》：久食令人乏气失明。

④《新修本草》：畏橐吾、附子、防风。

⑤《本草经疏》：肺胃素有火热，或咳嗽生痰，或嘈杂醋心，呕吐酸水，或大肠积热下血，咸不宜用；凡泄泻由于火热暴注而非积寒虚冷者忌之；阴痿脚弱，由于精血耗竭而非命门火衰虚寒所致者，不宜入下焦药用；咳逆非风寒外邪壅塞者不宜用；字乳余疾由于本气自病者不宜用；水肿黄疸因于脾虚而无风湿邪气者不宜用；一切阴虚阳盛，火热上冲，头目肿痛，齿浮，口疮，衄血，耳聋，咽痛，舌赤，消渴，肺痿，咳嗽，咯血，吐血等，法所咸忌。

⑥《随息居饮食谱》：多食动火堕胎。

【附方】①治冷虫心痛：川椒 125 g。炒出汗，酒一碗淋之，服酒。（《寿域神方》）

②治呃噫不止：川椒 125 g。炒研，面糊丸，梧桐子大，每服 10 丸，醋汤下。（《秘传经验方》）

③治夏伤湿冷，泄泻不止：川椒（去目并闭口者，慢火炒香熟为度）32 g，肉豆蔻（面裹，煨） 16 g。上为细末，粳米饭和丸黍米大。每服 10 粒，米饮下，无时。（《小儿卫生总微论方》）

④治飧泄：苍术 64 g，川椒（去口，炒）32 g。上为细末，醋糊丸，如梧桐子大。每服 20 ~ 30 丸，

食前温水下。恶痢久不愈者，弥佳。如小儿病，丸如黍米大。（《普济方》）

⑤治齿痛：蜀椒醋煎含之。（《食疗本草》）

⑥治齿疼：川椒（去目）32 g，捣罗为末，以好白面丸如皂角子大，烧令热，于所痛处咬之。（《太平圣惠方》）

⑦治伤寒呕血，继而齿缝皆流血不止：开口川椒 49 粒，用醋同煎，临熟入白矾少许，漱口含在口中，少顷吐出，再啜漱而含。（《仁斋直指方》）

⑧治寒湿脚气：川椒 2～3 升，稀布囊盛之，日以踏脚。（《妇人良方》）

⑨治肾风囊痒：川椒、杏仁。研膏，涂掌心，合阴囊而卧。（《仁斋直指方》）

⑩治手脚心风毒肿：生（花）椒末、盐末等份。以醋和敷。（《补辑肘后方》）

⑪治久患口疮：蜀椒去闭口者，水洗，面拌，煮作粥，空腹吞之，以饭压下，重者可再服，以瘥为度。（《食疗本草》）

⑫治头上白秃：花椒末，猪脂调敷。（《普济方》）

⑬治手足皲裂：（花）椒 250 g，水煮之，去滓。渍之半食顷，出令燥，须臾复浸，干涂羊、猪髓脑。（《僧深集方》）

⑭治漆疮：汗椒汤洗之。（《谭氏小儿方》）

⑮治元藏伤惫，耳聋目眯：蜀椒（去目及闭口者，曝干，捣罗取红秤 500 g，再捣为末），生地黄（肥嫩者）220 g。上两味，先将地黄捣绞自然汁，铜器中煎至 1 升许，住火，候稀稠得所，即和前椒末为丸，如梧桐子大。每日空心暖酒下 30 丸。（《圣济总录》）

⑯治好食生茶：（花）椒末不限多少，以糊丸如梧桐子大，茶下 10 丸。（《胜金方》）

⑰用于牙齿松动：骨碎补 32 g，青盐、食盐、花椒各 15 g，为末搽之。（《万密斋医学全书》）

【注意】　此外，同属植物香椒子的干燥果皮，亦作花椒使用，习称"青花椒"，其果实多为 2～3 个小蓇葖果集生于一果柄上，只有 1 个蓇葖果的较少；直径 3～4 mm，顶端开裂，具短小的喙尖。外果皮表面草绿色至黄绿色，少有暗绿色，有细皱纹，油腺呈深色点状，不甚隆起。内果皮灰白色，常与外果皮分离，两层果皮都向内反卷。残留的种子黑色，光亮，卵圆形。气香，味麻辣。

（2）花椒根。

【采收加工】　全年可采。

【来源】　芸香科植物花椒 *Zanthoxylum bungeanum* Maxim. 的根。

【性味】　《本草纲目》：辛，热，微毒。

【功能主治】　①《本草纲目》：肾与膀胱虚冷，血淋色瘀者，煎汤细饮，色鲜者勿服。

②《本草从新》：杀虫。煎汤洗脚气及湿疮。

（3）椒叶。

【采收加工】　夏季采收。

【来源】　芸香科植物花椒 *Zanthoxylum bungeanum* Maxim. 的叶片。

【性味】　辛，热。

【功能主治】　主治寒积，霍乱转筋，脚气，漆疮，疥疮。

【用法用量】　内服：煎汤。外用：煎水洗或捣敷。

【附方】　治疥疮、血疮：花椒叶、松叶、金银花，煎浴。（《医林纂要探源》）

（4）椒目。

【采收加工】　8—10 月果实成熟后，剪取果枝，晒干，除净枝叶杂质，除去果皮，分出种子（椒目）。

【来源】　芸香科植物花椒 *Zanthoxylum bungeanum* Maxim. 的种子。

【功能主治】主治水肿胀满，痰饮喘逆。

【用法用量】内服：煎汤。

452. 柄果花椒 *Zanthoxylum podocarpum* Hemsl.

【别名】野花椒、土花椒。

【形态】落叶灌木，高 1～2 m。茎枝
无刺或有皮刺，无毛，或在幼枝部分密被短柔
毛。单数羽状复叶互生，小叶 5～9 片；小叶
片卵状披针形，成长为长圆状椭圆形、卵形、
卵状长圆形，长 2.5～6 cm，宽 1～3.5 cm，
先端急尖，基部急尖或宽楔形，边缘具细小的
圆锯齿，或几全缘，纸质，下面通常密生腺点；
小叶柄极短，有时基部着生皮刺。花单性，雌
雄异株；聚伞圆锥花序，顶生，长 3～6 cm；
花被 5～8，青色；雄花花被长三角形，雄蕊

5～7 枚，稀 4 或 8 枚；雌花花被卵圆形至广卵圆形，心皮 4～6 个，稀为 7 个，成熟心皮红紫色，心皮
基部具有明显伸长的子房柄。分果爿沿背、腹缝开裂。种子圆卵形，黑色。花期 4—6 月，果期 7—9 月。

【生境分布】生于山坡林中、灌丛中、沟边、河岸、路旁。罗田各地均有分布。

【采收加工】全年可采。

【药用部位】树皮或根皮。

【药材名】土花椒。

【来源】芸香科植物柄果花椒 *Zanthoxylum podocarpum* Hemsl. 的根皮或树皮。

【性味】辛，温，有小毒。

【功能主治】祛风散寒，解毒镇痛。主治风湿筋骨痛，跌打损伤，牙痛，毒蛇咬伤。

【用法用量】内服：煎汤，3～10 g；或研粉，每服 1.5 g。

【注意】孕妇忌服。

453. 青花椒 *Zanthoxylum schinifolium* Sieb. et Zucc.

【别名】茶椒、土花椒、香椒子。

【形态】通常高 1～2 m 的灌木；茎枝有短刺，刺基部两侧压扁状，嫩枝暗紫红色。叶有小叶 7～19
片；小叶纸质，对生，几无柄，位于叶轴基部的常互生，其小叶柄长 1～3 mm，宽卵形至披针形，或
阔卵状菱形，长 5～10 mm，宽 4～6 mm，稀长达 70 mm，宽达 25 mm，顶部短至渐尖，基部圆或宽
楔形，两侧对称，有时一侧偏斜，油点多或不明显，叶面有在放大镜下可见的细裂毛或毛状凸体，叶缘
有细裂齿或近全缘，中脉至少中段以下凹陷。花序顶生，花或多或少；萼片及花瓣均 5 片；花瓣淡黄白
色，长约 2 mm；雄花的退化雌蕊甚短，2～3 浅裂；雌花有心皮 3 个，很少 4 或 5 个。分果瓣红褐色，
干后变暗苍绿色或褐黑色，直径 4～5 mm，顶端几无芒尖，油点小；种子直径 3～4 mm。花期 7—9 月，
果期 9—12 月。

【生境分布】生于山坡林下。

【采收加工】秋季成熟时采收，果皮与种子分开。

【药用部位】 果皮、种子，其果皮为花椒来源之一。

【药材名】 花椒。

【来源】 芸香科植物青花椒 *Zanthoxylum schinifolium* Sieb. et Zucc. 的果皮、种子。

【性味】 辛，温。

【功能主治】 发汗，散寒，止咳，除胀，消食，又可作为食品调味料。

【用法用量】 内服：煎汤，3～10 g；或研粉，每服 1.5 g。

八十四、苦木科　Simaroubaceae

臭椿属 *Ailanthus* Desf.

454. 臭椿 *Ailanthus altissima*（Mill.）Swingle

【别名】 樗白皮、臭椿皮、苦椿皮。

【形态】 落叶乔木，高可超过 20 m，树皮平滑而有直纹；嫩枝有髓，幼时被黄色或黄褐色柔毛，后脱落。叶为奇数羽状复叶，长 40～60 cm，叶柄长 7～13 cm，有小叶 13～27 片；小叶对生或近对生，纸质，卵状披针形，长 7～13 cm，宽 2.5～4 cm，先端长渐尖，基部偏斜，截形或稍圆，两侧各具 1 或 2 个粗锯齿，齿背有腺体 1 个，叶面深绿色，背面灰绿色，柔碎后具臭味。圆锥花序长 10～30 cm；花淡绿色，花梗长 1～2.5 mm；萼片 5，

覆瓦状排列，裂片长 0.5～1 mm；花瓣 5 片，长 2～2.5 mm，基部两侧被硬粗毛；雄蕊 10 枚，花丝基部密被硬粗毛，雄花中的花丝长于花瓣，雌花中的花丝短于花瓣；花药长圆形，长约 1 mm；心皮 5，花柱黏合，柱头 5 裂。翅果长椭圆形，长 3～4.5 cm，宽 1～1.2 cm；种子位于翅果中间，扁圆形。花期 4—5 月，果期 8—10 月。

【生境分布】 全国大部分地区有分布。罗田各地均有分布。

【采收加工】 春季采收，挖取树根，刮去外面粗皮，以木棒轻轻捶之，使皮部与木部松离，然后剥取内皮，仰面晒干；或剥取干皮。

【药用部位】 根部或干部的内皮。

【药材名】樗根白皮、樗木皮。

【来源】苦木科植物臭椿 *Ailanthus altissima*（Mill.）Swingle 的根部或干部的内皮。

【性状】①樗根白皮：又名樗根皮。干燥根皮，形状不规则，多呈扁平的块片状，或稍向内卷而成瓦片状或卷筒状，其大小、长短、厚薄均相差很大，长 3～10 cm 或更长，宽 1～5 cm，厚 5～10 mm。外表面黄棕色或稍浅，粗糙，皮孔明显，纵向延长，凸起而微反卷，有时外面栓皮脱落，而露出黄白色皮层；内表面淡黄色至淡棕黄色，较平坦，密布排列较整齐的点状凸起或点线状纵凸起，有时破裂成小孔状。质坚脆，折断面不平坦，外侧呈颗粒状，内侧微显纤维性，棕黄色。具油腥臭气，折断后较强烈，味甚苦而持久。

②樗木皮：干燥的干皮，较根皮厚而呈不规则的块状，大小不等，厚 1.5～2 cm。外皮暗灰色至灰黑色，极粗糙不平，有裂纹，有时刮去栓皮，露出淡棕黄色皮层。其他与根皮相同。根皮及干皮均以内厚、块大、黄白色、不带外皮者为佳，一般习用根皮。

【化学成分】根皮含苦楝素、鞣质等。树皮含臭椿苦酮、臭椿苦内酯、乙酰臭椿苦内酯、苦木素、新苦木素等。种子含油及 2，6- 二甲氧基醌、臭椿苦酮、臭椿内酯、苦木素等。叶含异檞皮苷、维生素 C 等。

【炮制】樗白皮：除去栓皮，清水浸泡，捞出，润透，及时切丝或切成方块，晒干。炒樗白皮：先将麸皮撒入锅内加热，至烟起时，再将樗皮倒入拌炒至两面焦黄色，取出，筛去麸皮，放凉。（樗皮每 100 kg，用麸皮 10 kg）

【性味】苦、涩，寒。

【归经】归胃、大肠经。

【功能主治】除热，燥湿，涩肠，止血，杀虫。主治久痢，久泻，肠风便血，崩漏，带下，遗精，白浊，蛔虫。

【用法用量】内服：煎汤，6～12 g；研末或入丸、散。外用：煎水洗或熬膏涂。

【注意】《本草经疏》：脾胃虚寒者不可用，崩带属肾家真阴虚者亦忌之，以其徒燥故也。凡滞下积气未尽者亦不宜遽用。

【附方】①治痢疾：椿白皮（樗白皮）32 g，爵床 9 g，凤尾草 15 g。水煎服。（《中草药学》）

②治慢性痢疾：椿白皮（樗白皮）125 g。焙干研粉，每次 6 g，每日两次，开水冲服。（《陕西中草药》）

③治肠风下血不止，兼医血痢：樗根皮，不以多少，用水净洗锉碎，于透风处挂令干，杵，罗为细末，每称 64 g，入寒食面 32 g，搅拌令匀，再罗过，新汲水和丸如梧桐子大，阴干。每服 20 丸，先以水湿药丸令润，后于碟子内用白面滚过，水煮五七沸，倾出，用煮药水放温下，不拘时候服。（《圣济总录》）

④治下血经年：樗根白皮 15 g，水一盏，煎七分，入酒半盏服。（《仁存堂经验方》）

⑤治赤白带下，膀胱炎及尿路惑染：川柏、椿根白皮（樗白皮）、知母、白术、生甘草、泽泻、生黄芪片，煎水服。（《中草药学》）

⑥治赤白带下：椿白皮（樗白皮）、鸡冠花各 15 g。水煎服。（《陕西中草药》）

⑦治滴虫性阴道炎：椿白皮（樗白皮）15 g。煎服；另用千里光 32 g，薄荷 15 g，蛇床子 15 g。煎水，外洗。（江西《中草药学》）

⑧治遗精：良姜（烧灰存性）9 g，黄柏、芍药各 6 g（烧灰存性），樗根皮 40 g。上为末，面糊丸如梧桐子大。每服 30 丸，空心茶汤下。（《摄生众妙方》）

⑨治产后肠脱不能收拾者：樗根皮（焙干）一握。水 5 升，连根葱五茎，汉椒一撮，同煎至 3 升，去渣，倾盆内，乘热熏洗，冷则再热，一服可作五次用，洗后睡少时。忌盐、酢、酱、面、发风毒物，及用心、劳力等事。（《妇人良方》）

⑩治痔疮：椿白皮（樗白皮）9 g，蜂蜜 32 g。水煎服。（《陕西中草药》）

⑪治疮癣：椿白皮（樗白皮）适量。煎水洗患处。（《陕西中草药》）

【注意】樗（臭椿）、椿（香椿）为两种不同科属的植物，但在历代《本草》中每见合并叙述，商品亦多将樗皮、椿皮统称"椿白皮"或"椿根皮"，因两者功用大体相同。目前使用较广者为樗白皮，仅在四川、陕西、湖北、贵州等地单独使用椿白皮，或椿皮、樗皮兼用。

苦树属 *Picrasma* Bl.

455. 苦木 *Picrasma quassioides*（D. Don）Benn.

【别名】土樗子、苦皮树、苦胆木、熊胆树。

【形态】落叶乔木。树皮灰褐色，平滑，有灰色皮孔及斑纹，小枝绿色至红褐色。叶互生，羽状复叶，小叶 9 ～ 15 片，卵形或卵状椭圆形，长 4 ～ 10 cm，宽 2 ～ 4.5 cm，先端锐尖，边缘具不整齐钝锯齿，沿中脉有柔毛。伞房状总状花序腋生，花单性异株；萼片、花瓣、雄蕊及子房心皮 4 ～ 5。核果倒卵形，3 ～ 4 个并生，蓝色至红色，有宿萼。花期 4—6 月。

【生境分布】生于山坡、山谷及村边较潮湿处。罗田白庙河镇、凤山镇有分布。

【采收加工】全年可采，晒干。

【药用部位】枝和叶。

【药材名】苦木。

【来源】苦木科植物苦木 *Picrasma quassioides*（D. Don）Benn. 的枝和叶。

【性状】枝圆柱形，直径 0.5 ～ 2 cm，表面灰绿色或棕绿色，有细密纵纹及点状皮孔，质脆；木部段块片状，黄色；叶为单数羽状复叶，小叶卵状长椭圆形或卵状披针形。气微，味极苦。

【性味】苦，寒。

【功能主治】抗菌消炎，祛湿解毒。主治感冒，急性扁桃体炎，肠炎，湿疹，毒蛇咬伤。

【用法用量】内服：煎汤，10 ～ 16 g。

八十五、楝科　Meliaceae

米仔兰属 *Aglaia* Lour.

456. 米仔兰 *Aglaia odorata* Lour.

【别名】树兰、暹罗花、兰花米、珠兰、木珠兰。

【形态】灌木或小乔木；茎多小枝，幼枝顶部被星状锈色的鳞片。叶长 5 ～ 12（16）cm，叶轴和叶柄具狭翅，有小叶 3 ～ 5 片；小叶对生，厚纸质，长 2 ～ 7（11）cm，宽 1 ～ 3.5（5）cm，顶端 1 片最大，下部的远较顶端的小，先端钝，基部楔形，两面均无毛，侧脉每边约 8 条，极纤细，和网脉均于两面微凸起。圆锥花序腋生，长 5 ～ 10 cm，稍疏散无毛；花芳香，直径约 2 mm；雄花的花梗纤细，长 1.5 ～ 3 mm，两性花的花梗稍短而粗；花萼 5 裂，裂片圆形；花瓣 5，黄色，长圆形或近圆形，长

1.5 ～ 2 mm，顶端圆而截平；雄蕊管略短于花瓣，倒卵形或近钟形，外面无毛，顶端全缘或有圆齿，花药 5，卵形，内藏；子房卵形，密被黄色粗毛。果为浆果，卵形或近球形，长 10 ～ 12 mm，初时被散生的星状鳞片，后脱落；种子有肉质假种皮。花期 5—12 月，果期 7 月至翌年 3 月。

【生境分布】多栽培于宅旁或庭院中。罗田各地均有栽培。

【采收加工】夏季花开放时采收，除去杂质，晒干。

【药用部位】花朵或枝叶。

【药材名】米仔兰。

【来源】楝科植物米仔兰 *Aglaia odorata* Lour. 的花朵或枝叶。

【性状】干燥的花朵呈细小均匀的颗粒状，棕红色。下端有一极细的花柄，基部有小宿萼 5 片；花冠由 5 片花瓣组成，内面有不太明显的花蕊，淡黄色。体轻，质硬稍脆。气清香。以色金黄、香气浓者为佳。

【化学成分】叶含三萜类成分米仔兰醇等。

【性味】辛，温。

【归经】归肺、胃、肝经。

【功能主治】①花：解郁宽中，催生，醒酒，清肺，醒头目，止烦渴。主治胸膈胀满不适，噎膈初起，咳嗽及头昏。（性味以下出自《四川中药志》）

②《广西药植名录》：枝叶：治跌打，疽疮。

【用法用量】内服：煎汤，3 ～ 9 g。外用：熬膏涂敷。

【注意】《四川中药志》：孕妇忌服。

楝属 *Melia* L.

457. 楝 *Melia azedarach* L.

【形态】落叶乔木，高超过 10 m；树皮灰褐色，纵裂。分枝广展，小枝有叶痕。叶为 2 ～ 3 回奇数羽状复叶，长 20 ～ 40 cm；小叶对生，卵形、椭圆形至披针形，顶生一片通常略大，长 3 ～ 7 cm，宽 2 ～ 3 cm，先端短渐尖，基部楔形或宽楔形，偏斜，边缘有钝锯齿，幼时被星状毛，后两面均无毛，侧脉每边 12 ～ 16 条，广展，向上斜举。圆锥花序约与叶等长，无毛或幼时被鳞片状短柔毛；花芳香；花萼 5 深裂，裂片卵形或长圆状卵形，先端急尖，外面被微柔毛；花瓣淡紫色，倒卵状匙形，长约 1 cm，两面

均被微柔毛，通常外面较密；雄蕊管紫色，无毛或近无毛，长 7 ~ 8 mm，有纵细脉，管口有钻形、2 ~ 3 齿裂的狭裂片 10 枚，花药 10 枚，着生于裂片内侧，且与裂片互生，长椭圆形，顶端微凸尖；子房近球形，5 ~ 6 室，无毛，每室有胚珠 2 枚，花柱细长，柱头头状，顶端具 5 齿，不伸出雄蕊管。核果球形至椭圆形，长 1 ~ 2 cm，宽 8 ~ 15 mm，内果皮木质，4 ~ 5 室，每室有种子 1 粒；种子椭圆形。花期 4—5 月，果期 10—12 月。

【生境分布】 生于低海拔旷野、路旁或疏林中。罗田各地均有分布。

（1）苦楝皮。

【别名】 楝皮、楝木皮、楝根皮、苦楝根皮。

【采收加工】 全年可采，但以春末夏初为宜。砍下树干或挖出树根，剥取根皮或干皮，洗净晒干。

【药用部位】 根皮或干皮。

【来源】 楝科植物楝 *Melia azedarach* L. 的根皮或干皮。

【性状】 ①苦楝皮：呈不规则条块、片状或槽状，长短宽窄不一，厚 3 ~ 6 mm。外表面灰褐色或灰棕色，皮孔大而明显，有不规则的纵裂深沟纹，木栓层常作鳞片状，衰老的栓皮常剥落，露出砖红色的内皮；内表面淡黄色，有细纵纹。质坚韧，不易折断。断面纤维成层，可层层剥离，剥下的薄片有极细的网纹。气微弱，味极苦。以干燥、皮厚、条大、去栓皮者为佳。

②干皮：呈槽形的片状或长卷筒状。长短不一，长 30 ~ 100 cm，宽 3 ~ 10 cm，厚 3 ~ 7 mm，外表面灰褐色或灰棕色，较平坦，有多数纵向裂纹及横向延长的皮孔。内表面白色或淡黄色。质坚脆，易折断，断面纤维性层片状。气味与根皮同。以外表皮光滑、不易剥落，可见多皮孔的幼嫩树皮为佳。

【化学成分】 苦楝含有多种苦味的三萜类成分。

在根皮、干皮中的主要苦味成分为苦楝素，即川楝素和另一种尚未完全确定的微量成分，还含有其他苦味成分，印楝波灵 A、印楝波灵 B、葛杜宁、苦楝酮、苦楝萜酮内酯，以及苦楝子三醇等。

在干皮中还有正十三烷、β - 谷甾醇、葡萄糖和其他微量成分。

种子油含多种脂肪酸，其中不饱和酸约占 35%，主要成分为亚油酸、油酸。果实油含肉豆蔻酸、亚油酸、油酸、棕榈酸、棕榈油酸。

【药理作用】 川楝、苦楝的根皮或干皮（剥去外层棕色粗皮的内白皮）中所含的苦楝素，有驱蛔作用。

【炮制】 洗净，稍浸泡，润透，切丝，晒干。

【性味】 苦，寒，有毒。

【功能主治】 清热，燥湿，杀虫。主治蛔虫，蛲虫，风疹，疥癣。

【用法用量】 内服：煎汤，6 ~ 9 g（鲜品 32 ~ 64 g）；或入丸、散。外用：煎水洗或研末调敷。

【注意】 体弱及脾胃虚寒者忌服。

【附方】 ①治小儿蛔虫：楝根白皮，去粗，1000 g，切。水 10 升，煮取 3 升，砂锅（熬）成膏，五更初温酒服一匙，以虫下为度。（《简便单方》）

②治小儿虫痛不可忍者：苦楝根白皮 64 g，白芜荑 16 g。为末，每服 3 g，水一小盏，煎取半盏，放冷，待发时服，量大小加减，无时。（《小儿卫生总微论方》）

③杀蛲虫：楝根皮 6 g，苦参 6 g，蛇床子 3 g，皂角 1.5 g。共为末，以蜜炼成丸，如枣大，纳入肛门或阴道内。（《药物图考》）

④治瘾疹：楝皮浓煎浴。（《斗门方》）

⑤治疥疮风虫：楝根皮、皂角（去皮子）等份。为末，猪脂调涂。（《奇效良方》）

⑥治顽固性湿癣：楝根皮，洗净晒干烧灰，调茶油涂抹患处，隔日洗去再涂，如此三、四次。（《福建中医药》）

⑦治瘘疮：楝树皮、鼠肉、当归各 64 g，薤白 95 g，生地黄 160 g，腊月猪脂 3 升。煎膏成，敷之孔上，令生肉。（《刘涓子鬼遗方》）

⑧治小儿秃疮及诸恶疮，蠼螋疮：楝树枝皮烧灰，和猪膏敷之。（《千金方》）

⑨治虫牙痛：苦楝皮煎汤漱口。（《湖南药物志》）

⑩治蛇咬伤：苦楝树二层皮、韭菜各 125 g，加米酒 160 g、醋 125 g，炖热放凉后用。伤口先行扩创，用药酒自上而下外擦，药渣外敷，内服少许药酒。（广东《中草药处方选编》）

（2）苦楝子。

【别名】土楝实、苦心子、苦枣子、楝果子、土楝子。

【采收加工】秋、冬季果实成熟呈黄色时采收，或收集落下的果实，晒干、阴干或烘干。

【来源】楝科植物楝 Melia azedarach L. 的果实。

【性状】核果长圆形至近球形，长 1.2～2 cm，直径 1.2～1.5 cm。外表面棕黄色至灰棕色，微有光泽，干皱。先端偶见花柱残痕，基部有果梗痕。果肉较松软，淡黄色，遇水浸润显黏性。果核卵圆形，坚硬，具 4～5 棱，内分 4～5 室，每室含种子 1 粒。气特异，味酸、苦。

【药理作用】抗菌作用。

【炮制】①《瑞竹堂方》：破四片。

②《本草备要》：去皮，取肉，去核用。

③《医宗金鉴》：泡去核。现行，取原药材，拣净杂质。用时捣碎。

【性味】苦，寒，有小毒。

【归经】归肝、胃经。

【功能主治】行气止痛，杀虫。主治脘腹胁肋疼痛，疝痛，虫积腹痛，头癣，冻疮。

【用法用量】内服：煎汤，3～10 g。外用：适量，研末调涂。行气止痛炒用，杀虫生用。

【注意】脾胃虚寒者禁服，不宜过量及长期服用。内服量过大，可有恶心、呕吐等副反应，甚至中毒死亡。

（3）苦楝叶。

【来源】楝科植物楝 Melia azedarach L. 的叶。

【性味】苦，寒，有毒。

【功能主治】清热燥湿，杀虫止痒，行气止痛。主治湿疹瘙痒，疮癣疥癞，蛇虫咬伤，滴虫性阴道炎，疝气疼痛，跌打肿痛。

【用法用量】内服：煎汤，5～10 g。外用：适量，煎水洗、捣敷或绞汁涂。

458. 川楝 *Melia toosendan Sieb. et Zucc.*

【别名】楝实、金铃子、苦楝子。

【形态】乔木，高超过 10 m；幼枝密被褐色星状鳞片，老时无，暗红色，具皮孔，叶痕明显。2 回羽状复叶长 35 ～ 45 cm，每一羽片有小叶 4 ～ 5 对；具长柄；小叶对生，具短柄或近无柄，膜质，椭圆状披针形，长 4 ～ 10 cm，宽 2 ～ 4.5 cm，先端渐尖，基部楔形或近圆形，两面无毛，全缘或有不明显钝齿，侧脉 12 ～ 14 对。圆锥花序聚生于小枝顶部的叶腋内，长约为叶的 1/2，密被灰褐色星状鳞片；花具梗，较密集；萼片长椭圆形至披针形，长约 3 mm，两面被柔毛，外面较密；花瓣淡紫色，匙形，长 9 ～ 13 mm，

外面疏被柔毛；雄蕊管圆柱状，紫色，无毛而有细脉，顶端有 3 裂的齿 10 枚，花药长椭圆形，无毛，长约 1.5 mm，略凸出于管外；花盘近杯状；子房近球形，无毛，6 ～ 8 室，花柱近圆柱状，无毛，柱头不明显 6 齿裂，包藏于雄蕊管内。核果大，椭圆状球形，长约 3 cm，宽约 2.5 cm，果皮薄，成熟后淡黄色；核稍坚硬，6 ～ 8 室。花期 3—4 月，果期 10—11 月。

【生境分布】 生于疏林中潮湿处。罗田有引进栽培，骆驼坳镇、凤山镇有分布。

【药用部位】 果实。

【药材名】 川楝子。

【来源】 楝科植物川楝 *Melia toosendan* Sieb. et Zucc. 的果实。

【性状】 干燥果实呈球形或椭圆形，长径 1.5 ～ 3 cm，短径 1.5 ～ 2.3 cm。表面黄色或黄棕色，微具光译，具深棕色或黄棕色圆点，微有凹陷或皱缩。一端凹陷，有果柄脱落痕迹，另一端较平，有一棕色点状蒂痕。果皮革质，与果肉间常有空隙。果肉厚，浅黄色，质松软。果核球形或卵圆形，两端平截，土黄色，表面具 6 ～ 8 条纵棱，内分 6 ～ 8 室，含黑紫色扁梭形种子 6 ～ 8 粒。种仁乳白色，有油性。气特异，味酸而苦。以表面金黄色，肉黄白色、厚而松软者为佳。

【化学成分】 含川楝素、生物碱、山奈醇、树脂、鞣质。

【炮制】 川楝子：拣去杂质，洗净，烘干，轧碎或劈成两半。炒川楝子：将轧碎去核的川楝肉，用麸皮拌炒至深黄色为度，取出放凉。

《雷公炮炙论》：（楝实）采得后晒干，酒拌浸令湿，蒸，待上皮软，剥去皮，取肉去核，勿单用其核，捶碎，用浆水煮一伏时用。如使肉即不使核，使核即不使肉。

【性味】 苦，寒，有毒。

【归经】 归肝、胃、小肠经。

【功能主治】 除湿热，清肝火，止痛，杀虫。主治热厥心痛，胁痛，疝痛，虫积腹痛。

【用法用量】 内服：煎汤，4.5 ～ 6 g；或入丸、散。外用：研末调敷。

【注意】 脾胃虚寒者忌服。

《本草纲目》：茴香为之使。

【附方】 ①治热厥心痛，或发或止，久不愈者：金铃子、延胡索各 32 g。上为细末，每服 6 ～ 9 g，酒调下，温汤亦得。（《活法机要》）

②治膀胱疝气，闭塞下元，大小便不通，疼痛不可忍者：金铃子肉四十九枚（锉碎如豆大，不令研细，用巴豆四十九枚，去皮不令碎，与金铃子肉同炒至金铃子深黄色，不用巴豆），茴香（炒）32 g。上件除巴豆不用外，将两味为细末，每服 6 g，温酒调下，食前服。（《杨氏家藏方》）

③治寒疝，以及疝坠，小肠疝痛：川楝子 9 g，小茴香 1.5 g，木香 3 g，淡吴茱萸 3 g。长流水煎服。

（《医方简义》）

④治脏毒下血：苦楝子炒令黄。为末，蜜丸。米饮下 10 ～ 20 丸。（《经验方》）

⑤治肾消膏淋，病在下焦：苦楝子、茴香等份。为末，每温酒服 3 g。（《太平圣惠方》）

⑥治小儿五疳：川楝子肉、川芎等份。为末，猪胆汁丸。米饮下。（《摘玄方》）

⑦治耳有恶疮：楝子，捣，以绵裹塞耳内。（《太平圣惠方》）

【注意】 湖北有的地方，有时以同属植物楝的果实代替本品使用。苦楝果实形状较小，直径 1 ～ 2 cm。表面红褐色间有黄棕色，具光泽，多皱缩，有多数棕色小点。一端可见果柄残痕，另一端有一圆形凹点。果皮革质，易剥离。果核长椭圆形，具 5 ～ 6 条纵棱，内含种子 4 ～ 6 粒。种子扁梭形，紫红色，皮薄，内有子叶 2 片，黄白色，富油性。气微而特异，味酸而后苦。

香椿属 Toona（Endl.）M. Roem.

459. 香椿 Toona sinensis（A. Juss.）Roem.

【别名】 香椿皮、春颠皮。

【形态】 乔木；树皮粗糙，深褐色，片状脱落。叶具长柄，偶数羽状复叶，长 30 ～ 50 cm 或更长；小叶 16 ～ 20，对生或互生，纸质，卵状披针形或卵状长椭圆形，长 9 ～ 15 cm，宽 2.5 ～ 4 cm，先端尾尖，基部一侧圆形，另一侧楔形，不对称，边全缘或有疏离的小锯齿，两面均无毛，无斑点，背面常呈粉绿色，侧脉每边 18 ～ 24 条，平展，与中脉几成直角开出，背面略凸起；小叶柄长 5 ～ 10 mm。圆锥花序与叶等长或更长，被稀疏的锈色短柔毛或有

时近无毛，小聚伞花序生于短的小枝上，多花；花长 4 ～ 5 mm，具短花梗；花萼 5 齿裂或浅波状，外面被柔毛，且有睫毛状毛；花瓣 5，白色，长圆形，先端钝，长 4 ～ 5 mm，宽 2 ～ 3 mm，无毛；雄蕊 10 枚，其中 5 枚能育，5 枚退化；花盘无毛，近念珠状；子房圆锥形，有 5 条细沟纹，无毛，每室有胚珠 8 枚，花柱比子房长，柱头盘状。蒴果狭椭圆形，长 2 ～ 3.5 cm，深褐色，有小而苍白色的皮孔，果瓣薄；种子基部通常钝，上端有膜质的长翅，下端无翅。花期 6—8 月，果期 10—12 月。

【生境分布】 全国各地均有栽培。罗田各地均有分布。

【采收加工】全年可采，但以春季水分充足时最易剥离。干皮可直接从树上剥下；根皮须先将树根挖出，刮去外面黑皮，以木棍轻捶之，使皮部与木质部松离，再剥取；并宜仰面晒干，否则易发霉变黑。

【药用部位】 树皮或根皮的韧皮部。

【药材名】 椿根皮。

【来源】 楝科植物香椿 Toona sinensis（A. Juss.）Roem. 树皮或根皮的韧皮部。

【性状】①椿白皮：干燥根皮为块状或长卷形，厚薄不一，外表面为红棕色，内表面有毛须。质轻松，断面纤维性。气微，味淡。

②椿木皮：又名春尖皮。干燥树皮呈长片状。外表面红棕色裂片状，有顺纹及裂隙，内表面黄棕色，有细皱纹。质坚硬，断面显著纤维性。稍有香气，味淡。

【化学成分】树皮含甾醇、鞣质等。

【炮制】椿白皮：除去栓皮，清水浸泡，捞出，润透，及时切丝或切成方块，晒干。炒椿白皮：先将麸皮撒入锅内，加热至烟起时，再将椿白皮倒入，拌炒至两面焦黄色，取出，筛去麸皮，放凉。（椿白皮每 100 kg，用麸皮 10 kg）

①《雷公炮炙论》：凡使（椿）根，采出拌生葱蒸半日，出生葱，细锉，用袋盛挂屋南畔，阴干用。

②《本草求原》：去粗皮，醋炙、蜜炙用。

【性味】苦、涩，凉。

【归经】《得配本草》：入手、足阳明经血分。

【功能主治】除热，燥湿，涩肠，止血，杀虫。主治久泻，久痢，肠风便血，崩漏带下，遗精，白浊，疳积，蛔虫。

【用法用量】内服：煎汤，6～12 g；或入丸、散。外用：煎水洗或熬膏涂。

【注意】《本草经疏》：脾胃虚寒者不可用，崩带属肾家真阴虚者亦忌之，以其徒燥故也。凡带下积气未尽者亦不宜遽用。

【附方】①治休息痢，昼夜无度，腥臭不可近，脐腹撮痛，诸药不效：诃子 16 g（去核梢），椿根白皮 32 g，母丁香 30 个。上为细末，醋面糊丸如梧桐子大。每服 50 丸，陈米饭汤入醋少许送下，五更，三日三服。（《脾胃论》）

②治湿气下痢，大便血，带下，去脾胃陈积之疾：椿根皮 125 g，滑石 64 g。上为末，粥丸梧桐子大，空心白汤下 100 丸。（《丹溪心法》）

③治小儿疳痢，渴瘦：椿根皮（干，末之）、粟米（春粉），以蜜和作丸，服 5～10 丸，以瘥为度。（《广济方》）

④治脏毒，赤白痢：香椿（净洗刷，剥取皮，日干）为末，饮下一钱。（《经验方》）

⑤治淋浊，带下：椿根白皮 64 g。酌加水煎服。（《福建民间草药》）

⑥治腹中痞块：香椿白皮（切碎）1 kg。入锅内煎水，去渣熬成膏，摊布上，先以姜擦去腹皮垢腻，以火烘热药，贴痞块上，其初微痛，半日后即不痛，俟其自落。或加麝香少许，贴后，周围破烂出水。（《岭南采药录》）

⑦治胃溃疡出血：椿芽木皮烧存性、金银花藤 25 g。水煎服。（广西《中草药新医疗法处方集》）

⑧治胃及十二指肠溃疡：香椿皮 18 g。水煎服。（徐州《单方验方　新医疗法（选编）》）

八十六、远志科　Polygalaceae

远志属 *Polygala* L.

460. 瓜子金 *Polygala japonica* Houtt.

【别名】远志草、小远志、惊风草、瓜米细辛、铁线风、辰砂草。

【形态】多年生草本，高 15～20 cm；茎、枝直立或外倾，绿褐色或绿色，具纵棱，被卷曲短柔毛。单叶互生，叶片厚纸质或亚革质，卵形或卵状披针形，稀狭披针形，长 1～2.3（3）cm，宽（3）5～9 mm，先端钝，具短尖头，基部阔楔形至圆形，全缘，叶面绿色，背面淡绿色，两面无毛或被短柔毛，

主脉上面凹陷，背面隆起，侧脉 3～5 对，
两面凸起，并被短柔毛；叶柄长约 1 mm，
被短柔毛。总状花序与叶对生，或腋外生，
最上 1 个花序低于茎顶。花梗细，长约
7 mm，被短柔毛，基部具 1 披针形、早落
的苞片；萼片 5 枚，宿存，外面 3 枚披针
形，长 4 mm，外面被短柔毛，里面 2 枚花
瓣状，卵形至长圆形，长约 6.5 mm，宽约
3 mm，先端圆形，具短尖头，基部具爪；
花瓣 3 片，白色至紫色，基部合生，侧瓣
长圆形，长约 6 mm，基部内侧被短柔毛，

龙骨瓣舟状，具流苏状或鸡冠状附属物；雄蕊 8 枚，花丝长 6 mm，全部合生成鞘，鞘 1/2 以下与花瓣贴
生，且具缘毛，花药无柄，顶孔开裂；子房倒卵形，直径约 2 mm，具翅，花柱长约 5 mm，弯曲，柱头 2，
间隔排列。蒴果圆形，直径约 6 mm，短于内萼片，顶端凹陷，具喙状凸尖，边缘具有横脉的阔翅，无缘
毛。种子 2 粒，卵形，长约 3 mm，直径约 1.5 mm，黑色，密被白色短柔毛，种阜 2 裂下延，疏被短柔毛。
花期 4—5 月，果期 5—8 月。

【生境分布】 生于山坡或荒野。罗田白庙河镇有分布。

【采收加工】 夏、秋季采收，洗净晒干。

【药用部位】 全草或根。

【药材名】 瓜子金。

【来源】 远志科植物瓜子金 Polygala japonica Houtt. 的全草或根。

【性状】 干燥带根全草，长约 20 cm。根圆柱形而弯曲，长短不一，多折断，外表灰褐色、暗黄棕色，
有纵皱、横裂纹及结节，支根纤细。茎细，直径不及 1 mm，自基部丛生，灰褐色或稍带紫色，质脆易断。
叶上面绿褐色，下面色浅或稍带红褐色，稍有茸毛。气微，味稍辛辣而苦。以全株完整、连根、干燥、无
杂草泥沙者为佳。

【化学成分】 根含三萜皂苷、树脂、脂肪油、远志醇。

【性味】 辛、苦，平。

【功能主治】 镇咳，化痰，活血，止血，安神，解毒。主治咳嗽痰多，吐血，便血，怔忡，失眠，
咽喉肿痛，痈疽疮毒，蛇咬伤，跌打损伤。

【用法用量】 内服：煎汤，9～15 g（鲜品 32～64 g）；捣汁或研末。外用：捣敷。

【附方】 ①治疟疾：瓜子金（鲜）18～32 g。酒煎，于疟发前两小时服。（《江西草药》）

②治痰咳：瓜子金根 64 g，酌加水煎，顿服。（《福建民间草药》）

③治百日咳：辰砂草 15 g。煎水兑蜂糖吃。

④治小儿惊风：辰砂草 6 g，佛顶珠 3 g。水煎服。

⑤治小儿感冒：辰砂草 3 g，蓝布正 15 g，射干 1.5 g。水煎服。

⑥治头痛：辰砂草 15 g，青鱼胆 12 g，蓝布正 9 g，水皂角 15 g。水煎服。（③～⑥方出自《贵阳民
间药草》）

⑦治吐血：辰砂草 15 g。煎水服。（《贵州草药》）

⑧治妇女月经不调，或前或后：瓜子金全草 7 株，加白糖 100 g，捣烂绞汁，经后三天服之。（《泉
州本草》）

⑨治产后风：瓜子金晒干研末，每次 6 g，泡温酒服。（《泉州本草》）

⑩治急性扁桃体炎：瓜子金15 g，白花蛇舌草15 g，车前子6 g。水煎服，每日一剂。（《江西草药》）

⑪治跌打损伤，疔疮痈疽：瓜子金晒干，研粉，每天三次，每次6 g，用黄酒送服。另取药粉适量，用黄酒调匀，敷患处。（《浙江民间常用草药》）

⑫治刀伤，接骨：辰砂草研末或捣绒，敷刀伤处。骨折时，辰砂草32 g捣绒，拌酒糟外包患处。（《贵州草药》）

⑬治脱皮癞：辰砂草、旱莲草、车前草各等份，煎水内服；外用红色的杠板归煎水洗。（《贵州草药》）

⑭治毒蛇咬伤：鲜瓜子金32～64 g。切碎捣烂，加泉水擂汁服，并以渣外敷于肿处。（《江西民间草药验方》）

⑮治关节炎：瓜子金根64～95 g。酌加水煎，日服一、二次。（《福建民间草药》）

⑯治血栓炎，皮肤现紫块，一身痛：辰砂草根捶绒，兑淘米水服。（《贵州草药》）

461. 远志 *Polygala tenuifolia* Willd.

【别名】葽绕、蕀蒬、苦远志、细叶远志。

【形态】多年生草本，高15～50 cm；主根粗壮，韧皮部肉质，浅黄色，长超过10 cm。茎多数丛生，直立或倾斜，具纵棱槽，被短柔毛。单叶互生，叶片纸质，线形至线状披针形，长1～3 cm，宽0.5～1（3）mm，先端渐尖，基部楔形，全缘，反卷，无毛或极疏被微柔毛，主脉上面凹陷，背面隆起，侧脉不明显，近无柄。总状花序呈扁侧状生于小枝顶端，细弱，长5～7 cm，通常略俯垂，少花，稀疏；苞片3，披针形，长约1 cm，先端渐尖，早落；萼片5枚，宿存，无毛，外面3枚线状披针形，长约2.5 mm，急尖，里面2枚花瓣状，倒卵形或长圆形，

长约5 mm，宽约2.5 mm，先端圆形，具短尖头，沿中脉绿色，周围膜质，带紫堇色，基部具爪；花瓣3片，紫色，侧瓣斜长圆形，长约4 mm，基部与龙骨瓣合生，基部内侧具柔毛，龙骨瓣较侧瓣长，具流苏状附属物；雄蕊8枚，花丝3/4以下合生成鞘，具缘毛，3/4以上两侧各3枚合生，花药无柄，中间2枚分离，花丝丝状，具狭翅，花药长卵形；子房扁圆形，顶端微缺，花柱弯曲，顶端呈喇叭形，柱头内藏。蒴果圆形，直径约4 mm，顶端微凹，具狭翅，无缘毛；种子卵形，直径约2 mm，黑色，密被白色柔毛，具发达、2裂下延的种阜。花果期5—9月。

【生境分布】生于向阳山坡或路旁。罗田大崎镇、九资河镇有分布。

【采收加工】春季出苗前或秋季地上部分枯萎后挖取根部，除去残基及泥土，阴干或晒干。趁新鲜时，选择较粗的根用木棒搂松或用手搓揉，抽去木心，即为"远志筒"；较细的根用棒槌裂，除去木心，称"远志肉"；最细小的根不去木心，名"远志棍"。

【药用部位】根皮。

【药材名】远志。

【来源】远志科植物远志 *Polygala tenuifolia* Willd. 的根。

【性状】①远志筒：呈筒状，中空，拘挛不直，长3～12 cm，直径0.3～1 cm，表面灰色或灰黄色。

全体有密而深陷的横皱纹，有些有细纵纹及细小的疙瘩状根痕。质脆易断，断面黄白色、较平坦，微有青草气，味苦、微辛，有刺喉感。

②远志肉：多已破碎。肉薄，横皱纹较少。

③远志棍：又名远志梗、远志骨。细小，中间有较硬的淡黄色木心。

【化学成分】　根主要含远志皂苷。

【药理作用】　祛痰、兴奋子宫、溶血作用。

【炮制】　远志：拣去杂质，切段，筛去灰屑。制远志：先取甘草煎汤，去甘草，加入拣去木心的远志肉，文火煮至甘草水吸尽，取出，晒干（远志肉每500 g，用甘草32 g）。蜜远志：以炼蜂蜜加入适量开水和匀，拌入制远志，稍闷，微炒至不粘手为度，取出放凉（每500 g制远志，用炼蜂蜜100 g）。

①《雷公炮炙论》：凡使远志，先须去心，若不去心，服之令人闷。去心了，用熟甘草汤浸一宿，漉出，曝干用之。

②《得配本草》：（远志）米泔水浸，捶碎，去心用。

【性味】　苦、辛，温。

【归经】　归心、肺、肾经。

【功能主治】　安神益智，祛痰，解郁。主治惊悸，健忘，梦遗，失眠，咳嗽多痰，痈疽疮肿。

【用法用量】　内服：煎汤，3～9 g；浸酒或入丸、散。

【注意】　心肾有火，阴虚阳亢者忌服。

①《本草经集注》：得茯苓、冬葵子、龙骨良。畏真珠、藜芦、蜚蠊、齐蛤。

②《药性论》：畏蛴螬。

【附方】①治心气不足，五脏不足，甚者忧愁悲伤不乐，忽忽喜忘，朝瘥暮剧，暮瘥朝发，发则狂眩：菖蒲、远志（去心）、茯苓各0.6 g，人参95 g。上四味，捣下筛，服6 g，后食，日三，蜜和丸如梧桐子大，服六七丸，日五，亦得。（《古今录验方》）

②治神经衰弱，健忘心悸，多梦失眠：远志（研粉），每服3 g，每日两次，米汤冲服。（《陕西中草药》）

③治久心痛：远志（去心）、菖蒲（细切）各32 g。上两味，粗捣筛，每服6 g，水一盏，煎至七分，去滓，不拘时温服。（《圣济总录》）

④治痈疽、发背、疖毒，恶候渐大，不问虚实寒热：远志（汤洗去泥，捶去心）为末，酒一盏，调末9 g，迟顷，澄清饮之，以滓敷病处。（《三因极一病证方论》）

⑤治喉痹作痛：远志肉为末，吹之，涎出为度。（《仁斋直指方》）

⑥治脑风头痛不可忍：远志（去心），捣罗为细散，每用半字，先含水满口，即搐药入鼻中，仍揉痛处。（《圣济总录》）

⑦治气郁成鼓胀，诸药不效者：远志肉125 g（麸拌炒）。每日取15 g，加生姜3片煎服。（《本草汇言》）

⑧治小便赤浊：远志（甘草水煮，去心）160 g，茯神（去木）、益智仁各64 g。上为细末，酒煮面糊为丸，如梧桐子大。每服五十丸，临卧枣汤送下。（《朱氏集验医方》）

⑨治吹乳：远志酒煎服，滓敷患处。（《袖珍方大全》）

⑩治五脏虚劳之疾，症见面色苍白，形瘦痿弱，饮食不化：熟地黄80 g，川牛膝、山药各48 g，杜仲、巴戟、山茱萸、肉苁蓉、五味子、白茯苓、小茴香、制远志各32 g，石菖蒲、枸杞子各15 g，红枣36枚，另研与药末加炼蜜杵烂为丸，梧桐子大，每五十丸，淡盐汤或温酒下。（《万密斋医学全书》）

八十七、大戟科 Euphorbiaceae

铁苋菜属 *Acalypha* L.

462. 铁苋菜 *Acalypha australis* L.

【别名】人苋、海蚌含珠、撮斗装珍珠、叶里含珠、野麻草。

【形态】一年生草本，高0.2～0.5 m，小枝细长，被贴伏柔毛，毛逐渐稀疏。叶膜质，长卵形、近菱状卵形或阔披针形，长3～9 cm，宽1～5 cm，顶端短渐尖，基部楔形，稀圆钝，边缘具圆锯齿，上面无毛，下面沿中脉具柔毛；基出脉3条，侧脉3对；叶柄长2～6 cm，具短柔毛；托叶披针形，长1.5～2 mm，具短柔毛。雌雄花同序，花序腋生，稀顶生，

长1.5～5 cm，花序梗长0.5～3 cm，花序轴具短毛，雌花苞片1～2（4）枚，卵状心形，花后增大，长1.4～2.5 cm，宽1～2 cm，边缘具三角形齿，外面沿掌状脉具疏柔毛，苞腋具雌花1～3朵；花梗无；雄花生于花序上部，排列呈穗状或头状，雄花苞片卵形，长约0.5 mm，苞腋具雄花5～7朵，簇生；花梗长0.5 mm；雄花：花蕾时近球形，无毛，花萼裂片4枚，卵形，长约0.5 mm；雄蕊7～8枚；雌花：萼片3枚，长卵形，长0.5～1 mm，具疏毛；子房具疏毛，花柱3枚，长约2 mm，撕裂5～7条。蒴果直径4 mm，具3个分果爿，果皮具疏生毛和毛基变厚的小瘤体；种子近卵状，长1.5～2 mm，种皮平滑，假种阜细长。花果期4—12月。

【生境分布】生于山坡、沟边、路旁、田野。罗田各地均有分布。

【采收加工】夏、秋季采收全草，除去泥土，晒干。

【药用部位】全草。

【药材名】铁苋菜。

【来源】大戟科植物铁苋菜 *Acalypha australis* L. 的全草。

【化学成分】含生物碱、黄酮苷、酚类。

【炮制】除去杂质，喷淋清水，稍润，切段，晒干。

【性味】苦、涩，凉。

【归经】归心，肺、经。

【功能主治】清热解毒，利湿，收敛止血。主治肠炎，痢疾，吐血、衄血、便血、尿血，崩漏；外治痈疖疮疡，皮炎湿疹。

【用法用量】内服：煎汤，10～30 g。外用：鲜品适量，捣烂敷患处。

【贮藏】置干燥处。

秋枫属 *Bischofia* Bl.

463. 重阳木 *Bischofia polycarpa*（Levl.）Airy Shaw

【别名】秋枫木。

【形态】落叶乔木，高达 15 m，胸径 50 cm，有时达 1 m；树皮褐色，厚 6 mm，纵裂；木材表面槽棱不明显；树冠伞形状，大枝斜展，小枝无毛，当年生枝绿色，皮孔明显，灰白色，老枝变褐色，皮孔变锈褐色；芽小，顶端稍尖或钝，具有少数芽鳞；全株均无毛。三出复叶；叶柄长 9～13.5 cm；顶生小叶通常较两侧的大，小叶片纸质，卵形或椭圆状卵形，有时长圆状卵形，长 5～9(14)cm，宽 3～6（9）cm，顶端凸尖或短渐尖，基部圆或浅

心形，边缘具钝细锯齿，每厘米长 4～5 个；顶生小叶柄长 1.5～4（6）cm，侧生小叶柄长 3～14 mm；托叶小，早落。花雌雄异株，春季与叶同时开放，组成总状花序；花序通常着生于新枝的下部，花序轴纤细而下垂；雄花序长 8～13 cm，雌花序长 3～12 cm；雄花：萼片半圆形，膜质，向外张开；花丝短；有明显的退化雌蕊；雌花：萼片与雄花的相同，有白色膜质的边缘；子房 3～4 室，每室 2 胚珠，花柱 2～3 枚，顶端不分裂。果实浆果状，圆球形，直径 5～7 mm，成熟时褐红色。花期 4—5 月，果期 10—11 月。

【生境分布】生于海拔 1000 m 以下山地林中或平原栽培，在长江中下游平原或农村习见，常栽培为行道树。罗田大河岸有分布。

【采收加工】全年可采。

【药用部位】根及叶。

【药材名】重阳木。

【来源】大戟科植物重阳木 *Bischofia polycarpa*（Levl.）Airy Shaw 的根或树皮。

【性味】①《陆川本草》：辛、苦，微温。

②《泉州本草》：味辛涩，性温。

【功能主治】行气活血，消肿解毒。

【用法用量】内服：煎汤，10～16 g；或浸酒。外用：捣敷或煎水洗。

【附方】①治膈食反胃：鲜重阳木叶 64 g，桃寄生、苦杏仁、白毛藤、水剑草、鹿含草各 16 g。水二碗半煎一碗，分四份。每隔两小时泡乌糖服一份，一日四次，服完为一剂量，连续服用至十余日。服药期间忌食鸡、鸭蛋。（《泉州本草》）

②治痈疽，无名肿毒：鲜重阳木叶，捣烂敷患处。（《泉州本草》）

巴豆属 *Croton* L.

464. 巴豆 *Croton tiglium* L.

【别名】巴菽、巴果、巴米、巴仁。

【形态】灌木或小乔木，高 3～6 m；嫩枝被稀疏星状柔毛，枝条无毛。叶纸质，卵形，稀椭圆形，长 7～12 cm，宽 3～7 cm，顶端短尖，稀渐尖，有时长渐尖，基部阔楔形至近圆形，稀微心形，边缘有细锯齿，有时近全缘，成长叶无毛或近无毛，干后淡黄色至淡褐色；基出脉 3～5 条，侧脉 3～4 对；基部两侧叶缘上各有 1 枚盘状腺体；叶柄长 2.5～5 cm，近无毛；托叶线形，长 2～4 mm，早落。总状花序，顶生，长 8～20 cm，苞片钻状，长约 2 mm；雄花：花蕾近球形，疏生星状毛或几无毛；雌花：萼片长圆状披针形，

长约 2.5 mm，几无毛；子房密被星状柔毛，花柱 2 枚，深裂。蒴果椭圆状，长约 2 cm，直径 1.4～2 cm，疏生短星状毛或近无毛；种子椭圆状，长约 1 cm，直径 6～7 mm。花期 4～6 月。

【生境分布】多为栽培植物。野生于山谷、溪边、旷野，有时亦见于密林中。罗田天堂寨有栽培。

【采收加工】8—9 月果实成熟时采收，晒干后，除去果壳，收集种子，晒干。

【药用部位】种子。

【药材名】巴豆。

【来源】大戟科植物巴豆 *Croton tiglium* L. 的种子。

【性状】干燥种子呈椭圆状或卵状，略扁，长 1～1.5 cm，直径 6～9 mm，厚 4～7 mm，表面灰棕色至棕色，平滑而少光泽。种阜在种脐的一端，为一细小凸起，易脱落。合点在另一端，合点与种阜间有种脊，为一略隆起的纵棱线。横断面略呈方形，种皮薄而坚脆，剥去后可见种仁，外包膜状银白色的外胚乳。内胚乳肥厚，淡黄色，油质。中央有菲薄的子叶 2 枚。胚根细小，朝向种阜的一端。气无，味微涩，而后有持久辛辣感。以个大、饱满、种仁色白者为佳。粒较空、种仁泛油变色者质次。

【化学成分】含巴豆油，含油酸、亚油酸、巴豆油酸、顺芷酸等的甘油酯，还含巴豆苷。

【炮制】巴豆仁：拣净杂质，用黏稠的米汤或面汤浸拌，置日光下暴晒或烘裂，搓去皮，簸取净仁。巴豆霜：取净巴豆仁，碾碎，用多层吸油纸包裹，加热微炕，压榨去油，每隔 2 天取出复研和换纸 1 次，如上法压榨六、七次至油尽为度，取出，碾细，过筛。

《雷公炮炙论》：凡修事巴豆，敲碎，以麻油并酒等煮巴豆了，研膏后用。每修事一两，以酒、麻油各七合，尽为度。

【性味】辛，热，有毒。

【归经】归胃、大肠经。

【功能主治】泻寒积，通关窍，逐痰，行水，杀虫。主治冷积凝滞，胸腹胀满急痛，血瘕，痰癖，泻痢，水肿；外用治喉风，喉痹，恶疮疥癣。

【用法用量】内服：入丸、散，0.15～0.3 g（用巴豆霜）。外用：绵裹塞耳鼻，捣膏涂或以绢包擦患处。

【注意】无寒实积滞、孕妇及体弱者忌服。

①《本草经集注》：芫花为之使。恶蘘草。畏大黄、黄连、藜芦。

②《药性论》：能落胎。

③《本草衍义补遗》：无寒积者忌之。

【附方】①治寒实结胸，无热症者：桔梗 0.9 g，巴豆（去心皮，熬黑，研如脂）0.3 g，贝母 0.9 g。三味为散，以白饮和服，强人 1 g，羸者减之。病在膈上必吐，在膈下必利。不利，进热粥一杯，利过不止，

进冷粥一杯。（《伤寒论》）

②治心腹诸卒暴百病，或中恶客忤，心腹胀满，卒痛如锥刺，气急口噤，停尸卒死者：大黄 32 g，干姜 32 g，巴豆（去皮心，熬，外研如脂）32 g。上药各须精新，先捣大黄、干姜为末，研巴豆纳中，合治一千杵，用为散，蜜和丸亦佳。以暖水若酒服大豆许三、四丸，或不下，捧头起，灌令下咽，须臾当瘥；如未瘥，更与三丸，当腹中鸣，即吐下便瘥；若口噤，亦须折齿灌之。（《金匮要略》）

③治寒癖宿食，久饮不消，大便秘：巴豆仁 1 升，清酒 5 升。煮三日三夜，研，令大熟，合酒微火煎之，丸如胡豆大，每服一丸，水下，欲吐者服两丸。（《千金方》）

④治痞结癥瘕：巴豆肉五粒（纸裹打去油），红曲（炒）95 g，小麦麸皮（炒）32 g。俱研为细末，总和为丸，如黍米大，每空心服十丸，白汤下。（《海上方》）

⑤治阴毒伤寒心结，按之极痛，大小便秘，但出气稍暖者：巴豆十粒，研，入面 3 g，捻作饼，安脐内，以小艾炷灸五壮。气达即通。（《仁斋直指方》）

⑥治小儿痰喘：巴豆一粒，杵烂，绵裹塞鼻，痰即自下。（《古今医鉴》）

⑦治夏月水泻不止：大巴豆（去壳）1 粒。上以针刺定，灯上烧存性，研细，化蜡和作一丸，水下，食前服。（《世医得效方》）

⑧治气痢：巴豆 32 g，去皮心，熬，细研，取热猪肝和丸，空心米饮下，量力加减服之。牛肝尤佳。或以蒸饼丸服。（《经验方》）

⑨治小儿下痢赤白：巴豆（煨熟，去油）3 g，百草霜（研末）6 g，飞罗面煮糊丸，黍米大，量人用之。赤用甘草汤，白用米汤，赤白用姜汤下。（《全幼心鉴》）

⑩治伏暑伤冷，冷热不调，霍乱吐利，口干烦渴：巴豆大者（去皮膜，研取油尽，如粉）25 枚，黄丹（炒，研，罗过）取 50.3 g。上同研匀，用黄蜡熔作汁，为丸如梧桐子大，每服 5 丸，以水浸少顷，别以新汲水吞下，不拘时候。（《局方》）

⑪治腹大动摇水声，皮肤黑，名曰水臌：巴豆（去皮心）90 枚，杏仁（去皮尖）60 枚。并熬令黄，捣和之，服如小豆大一枚，以水下为度，勿饮酒。（《补辑肘后方》）

⑫治肝硬化腹水：巴豆霜 3 g，轻粉 1.5 g。放于四五层纱布上，贴在肚脐上，表面再盖二层纱布。经 1～2 h 后感到刺痒时即可取下，待水泻。若不泻则再敷。（内蒙古《中草药新医疗法资料选编》）

⑬治喉痹：白矾（捣碎）100 g，巴豆（略捶破）16 g。同于铫器内炒，俟矾枯，去巴豆不用，碾矾为细末，遇病以水调灌，或干吹入咽喉中。（《是斋百一选方》）

⑭治耳卒聋：巴豆一粒，蜡裹，针刺令通透，用塞耳中。（《经验方》）

⑮治风虫牙痛：a.巴豆一粒，研，绵裹咬之。b.针刺巴豆，灯上烧令烟出，熏痛处。（《经验方》）

⑯治一切恶疮：巴豆 30 粒，麻油煎黑，去豆，以油调雄黄、轻粉末，频涂取效。（《普济方》）

⑰治一切疮毒及腐化瘀肉：巴豆去壳，炒焦，研膏，点肿处则解毒，涂瘀肉则自腐化。（《痈疽神秘验方》）

⑱治荷钱癣疮：巴豆仁 3 个，连油杵泥，以生绢包擦，日一、二次。（《秘传经验方》）

【注意】 本植物的根（巴豆树根）、叶（巴豆叶）、种皮（巴豆壳）以及种仁之脂肪油（巴豆油）亦供药用。

大戟属 *Euphorbia* L.

465. 月腺大戟 *Euphorbia ebracteolata* Hayata

【别名】狼毒。

【形态】多年生草本，高30～60 cm。根肥厚，肉质，纺锤形至圆锥形，外皮黄褐色，有黄色乳汁。茎绿色，基部带紫色。叶互生，叶片长圆状披针形，长4～11 cm，宽1～2.5 cm，全缘。总花序多歧聚伞状，顶生，5伞梗呈伞状，每伞梗又生出3小伞梗或再抽第3回小伞梗；杯状聚伞花序宽钟形，总杯裂片先端有不规则浅裂；腺体半月形。蒴果三角状扁球形，无毛。种子圆卵形，棕褐色。花期4—6月，果期5—7月。

【生境分布】生于山坡、草地或林下。罗田各地均有分布。

【采收加工】春、秋季采挖，洗净，切片晒干。

【药用部位】根。

【药材名】狼毒。

【来源】大戟科植物月腺大戟 *Euphorbia ehracteolata* Hayata 的干燥根。

【化学成分】含狼毒甲素、狼毒乙素等。

【药理作用】抗肿瘤、提高机体免疫力、抑菌、杀虫、抗惊厥等。

【性味】辛，平，有毒。

【功能主治】逐水散结，破积杀虫。主治水肿腹胀，痰食虫积；外用于淋巴结结核，皮癣，灭蛆。

【用法用量】内服：煎汤，0.9～2.4 g。外用：熬膏敷。

【注意】孕妇禁用。

【配伍应用】心腹胀痛：配附子，研末，炼蜜为丸。

风湿关节疼痛：配生天南星、生半夏、生草乌、甘遂，共研细末，炒热蜜调敷患处。

牛皮癣，神经性皮炎：单味熬膏，每日或隔日外搽。

466. 泽漆 *Euphorbia helioscopia* L.

【别名】五凤草、五盏灯、五朵云、白种乳草、一把伞、猫儿眼睛草。

【形态】一年生草本。根纤细，长7～10 cm，直径3～5 mm，下部分枝。茎直立，单一或自基部多分枝，分枝斜展向上，高10～30（50）cm，直径3～5（7）mm，光滑无毛。叶互生，倒卵形或匙形，长1～3.5 cm，宽5～15 mm，先端具齿，中部以下渐狭或呈楔形；总苞叶5枚，倒卵状长圆形，长3～4 cm，宽8～14 mm，先端具齿，基部略渐狭，无柄；总伞幅5枚，长2～4 cm；苞叶2枚，卵圆形，先端具齿，基部呈圆形。花序单生，有柄或近无柄；总苞钟状，高约2.5 mm，直径约2 mm，光滑无毛，边缘5裂，裂片半圆形，边缘和内侧具柔毛；腺体4，盘状，中部内凹，基部具短柄，淡褐色。雄花数朵，明

显伸出总苞外；雌花 1 朵，子房柄略伸出总苞边缘。蒴果三棱状阔圆形，光滑，无毛；具明显的三纵沟，长 2.5～3.0 mm，直径 3～4.5 mm；成熟时分裂为 3 个分果爿。种子卵状，长约 2 mm，直径约 1.5 mm，暗褐色，具明显的脊网；种阜扁平状，无柄。花果期 4—10 月。

【生境分布】 生于山沟、路边、荒野、湿地。罗田各地均有分布。

【采收加工】 4—5 月开花时采收，除去根及泥沙，晒干。

【药用部位】 全草。

【药材名】 泽漆。

【来源】 大戟科植物泽漆 *Euphorbia helioscopia* L. 的全草。

【性状】 干燥全草都切成段状，有时具黄色的肉质主根。根顶部具紧密的环纹，外表具不规则的纵纹，断面白色，木质部呈放射状；茎圆柱形，鲜黄色至黄褐色，表面光滑或具不明显的纵纹，有明显的互生、褐色的条形叶痕；叶暗绿色，常皱缩，破碎或脱落；茎顶端具多数小花及灰色的蒴果；总苞片绿色，常破碎。气酸而特异，味淡。以干燥、无根者为佳。

【性味】 辛、苦，凉，有毒。

【归经】 归大肠、小肠、脾经。

【功能主治】 行水，消痰，杀虫，解毒。主治水气肿满，痰饮喘咳，疟疾，瘰疬，癣疮。

【用法用量】 内服：煎汤，3～9 g；熬膏或入丸、散。外用：煎水洗、熬膏涂或研末调敷。

【注意】 ①《本草经集注》：小豆为之使。恶薯蓣。

②《得配本草》：气血虚者禁用。

【附方】 ①治水气通身洪肿，四肢无力，喘息不安，腹中响响胀满，眼不得视：泽漆根 500 g，鲤鱼 250 g，赤小豆 2 升，生姜 250 g，茯苓 95 g，人参、麦门冬、甘草各 64 g。上八味细切，以水 17 升，先煮鱼及豆，减 7 升，去滓，内药煮取 4.5 升。一服 95 g，日三，人弱服 125 g，再服气下喘止，可至 250 g。晬时小便利，肿气减，或小溏下。（《千金方》）

②治水气：泽漆（于夏间拣取嫩叶，入酒 10 升，研取汁，约 20 升）5000 g。上药以慢火熬如稀饧，即止，放瓷器内收。每日空心以温酒调下一茶匙。以愈为度。（《太平圣惠方》）

③治水肿盛满，气急喘嗽，小便涩赤如血者：泽漆叶（微炒）160 g，桑根白皮（炙黄，锉）95 g，白术 32 g，郁李仁（汤浸，去皮，炒熟）95 g，杏仁（汤浸，去皮、尖、双仁，炒）48 g，陈橘皮（汤浸，去白，炒干）32 g，人参 75 g。上七味，粗捣筛。每服 10 g，用水一盏半，生姜一枣大，拍破，煎至八分，去滓温服。以利黄水 3 升及小便利为度。（《圣济总录》）

④治肺原性心脏病：鲜泽漆茎叶 64 g。洗净切碎，加水 500 g，放鸡蛋二枚煮熟，去壳刺孔，再煮数分钟。先吃鸡蛋后服汤，一日一剂。（《草药手册》）

⑤治心下有物大如杯，不得食者：葶苈（熬）64 g，大黄 64 g，泽漆 125 g。捣筛，蜜丸，和捣千杵。服如梧桐子大二丸，日三服，稍加。（《补辑肘后方》）

⑥治脚气赤肿，行步作疼：猫儿眼睛草（锉碎）不以多少，入鹭鸶藤、蜂窠各等份。每服 32 g，水五碗，煎至三碗，趁热熏洗。（《履巉岩本草》）

⑦治瘰疬：猫儿眼睛草一、两捆。井水两桶，锅内熬至一桶，去滓澄清，再熬至一碗，瓶收。每以椒、葱、槐枝，煎汤洗疮净，乃搽此膏。（《便民图纂》）

⑧治骨髓炎：泽漆、秋牡丹根、铁线莲、蒲公英、紫堇、甘草。煎服。（《高原中草药治疗手册》）

⑨治癣疮有虫：猫儿眼睛草，晒干为末，香油调搽。（《卫生易简方》）

⑩治神经性皮炎：鲜泽漆白浆敷癣上或用楮树叶捣碎同敷。（《中草药单方验方 新医疗法（选编）》）

【注意】 泽漆是利水的名药，功效很像大戟，但泽漆的茎叶煮熟之后便没有毒，因此更宜推广应用。

467. 猩猩草 *Euphorbia cyathophora* Murr.

【别名】叶象花。

【形态】一年生或多年生草本。根圆柱状，长 30～50 cm，直径 2～7 mm，基部有时木质化。茎直立，上部多分枝，高可达 1 m，直径 3～8 mm，光滑无毛。叶互生，卵形、椭圆形或卵状椭圆形，先端尖或圆，基部渐狭，长 3～10 cm，宽 1～5 cm，边缘波状分裂，或具波状齿或全缘，无毛；叶柄长 1～3 cm；总苞叶与茎生叶同形，较小，长 2～5 cm，宽 1～2 cm，淡红色或仅基部红色。花序单生，数枚聚伞状排列于分枝顶端，总苞钟状，绿色，

高 5～6 mm，直径 3～5 mm，边缘 5 裂，裂片三角形，常呈齿状分裂；腺体常 1 枚，偶 2 枚，扁杯状，近二唇形，黄色。雄花多朵，常伸出总苞之外；雌花 1 朵，子房柄明显伸出总苞处；子房三棱状球形，光滑无毛；花柱 3，分离；柱头 2 浅裂。蒴果，三棱状球形，长 4.5～5.0 mm，直径 3.5～4.0 mm，无毛；成熟时分裂为 3 个分果爿。种子卵状椭圆形，长 2.5～3.0 mm，直径 2～2.5 mm，褐色至黑色，具不规则的小凸起；无种阜。花果期 5—11 月。

【生境分布】全国各地均有分布，栽培于庭院。

【采收加工】夏、秋季采收。

【药用部位】全草。

【药材名】猩猩草。

【来源】大戟科植物猩猩草 *Euphorbia cyathophora* Murr. 的全草。

【性味】苦、涩，寒，有毒。

【功能主治】调经止血，止咳，接骨，消肿。主治月经过多，风寒咳嗽，跌打损伤，外伤出血，骨折。

【用法用量】内服：煎汤，干品 3～10 g。外用：鲜品适量，捣烂敷患处，2～3 天换药一次。

468. 乳浆大戟 *Euphorbia esula* L.

【别名】猫儿眼、打碗花、打碗棵、打盆打碗、猫眼草。

【形态】多年生草本。根圆柱状，长 20 cm 以上，直径 3～5（6）mm，不分枝或分枝，常曲折，褐色或黑褐色。茎单生或丛生，单生时自基部多分枝，高 30～60 cm，直径 3～5 mm；不育枝常发自基部，较矮，有时发自叶腋。叶线形至卵形，变化极不稳定，长 2～7 cm，宽 4～7 mm，先端尖或钝尖，基部楔形至平截，无叶柄；不育枝叶常为松针状，长 2～3 cm，直径约 1 mm，无柄；总苞叶 3～5 枚，与

茎生叶同形；伞幅 3～5，长 2～4（5）cm；苞叶 2 枚，常为肾形，少为卵形或三角状卵形，长 4～12 mm，宽 4～10 mm，先端渐尖或近圆形，基部近平截。花序单生于二歧分枝的顶端，基部无柄；总苞钟状，高约 3 mm，直径 2.5～3.0 mm，边缘 5 裂，裂片半圆形至三角形，边缘及内侧被毛；腺体 4，新月形，两端具角，角长而尖或短而钝，变异幅度较大，褐色。雄花多朵，苞片宽线形，无毛；雌花 1 朵，子房柄明显伸出总苞外；子房光滑无毛；花柱 3，分离；柱头 2 裂。蒴果三棱状球形，长与直径均 5～6 mm，具 3 个纵沟；花柱宿存；成熟时分裂为 3 个分果爿。种子卵球状，长 2.5～3.0 mm，直径 2.0～2.5 mm，成熟时黄褐色；种阜盾状，无柄。花果期 4—10 月。

【生境分布】 生于长山坡路旁。罗田各地均有分布。

【采收加工】 春、夏季采收，鲜用或晒干

【药用部位】 全草。

【药材名】 乳浆大戟、猫眼草。

【来源】 大戟科植物乳浆大戟 *Euphorbia esula* L. 的全草。

【化学成分】 茎叶含黄酮苷、甾醇、挥发油、酚类物质、有机酸、氨基酸与蜡质。从地上部分分离出猫眼草素 I～Ⅵ，种子含猫眼草素 V、猫眼草素Ⅵ。

【药理作用】 镇咳、祛痰、平喘及抗菌作用。

【性味】 苦，微寒，有毒。

【功能主治】 祛痰，镇咳，平喘，拔毒止痒。

【附方】 ①治颈淋巴结结核已破溃：猫眼草煎熬成膏，适量外敷患处。（《河北中药手册》）
②治癣疮发痒：猫眼草研末，香油或花生油、猪油调敷患处。（《河北中药手册》）

469. 地锦草 *Euphorbia humifusa* Willd.

【别名】 扑地锦、铺地锦、血风草、血见愁草。

【形态】 一年生草本。根纤细，长 10～18 cm，直径 2～3 mm，常不分枝。茎匍匐，自基部以上多分枝，偶尔先端斜向上伸展，基部常红色或淡红色，长达 20（30）cm，直径 1～3 mm，被柔毛或疏柔毛。叶对生，矩圆形或椭圆形，长 5～10 mm，宽 3～6 mm，先端钝圆，基部偏斜，略渐狭，边缘常于中部以上具细锯齿；叶面绿色，

叶背淡绿色，有时淡红色，两面被疏柔毛；叶柄极短，长 1～2 mm。花序单生于叶腋，基部具 1～3 mm 的短柄；总苞陀螺状，高与直径均约 1 mm，边缘 4 裂，裂片三角形；腺体 4，矩圆形，边缘具白色或淡红色附属物。雄花数枚，近与总苞边缘等长；雌花 1 枚，子房柄伸出至总苞边缘；子房三棱状卵形，光滑无毛；花柱 3，分离；柱头 2 裂。蒴果三棱状卵球形，长约 2 mm，直径约 2.2 mm，成熟时分裂为 3 个分果爿，花柱宿存。种子三棱状卵球形，长约 1.3 mm，直径约 0.9 mm，灰色，每个棱面无横沟，无种阜。花果期 5—10 月。

【生境分布】 生于田野路旁及庭院间。罗田各地均有分布。

【采收加工】 夏、秋季采收，去根，晒干。

【药用部位】 全草。

【药材名】地锦草。

【来源】大戟科植物地锦草 *Euphorbia humifusa* Willd. 的全草。

【化学成分】全草含黄酮类（槲皮素等）、没食子酸等。叶含鞣质 12.89%。

【性味】辛，平。

【功能主治】清热解毒，活血，止血，利湿，通乳。主治细菌性痢疾，肠炎，咯血，吐血，便血，崩漏，外伤出血，湿热黄疸，乳汁不通，痈肿疔疮，跌打肿痛。

【用法用量】内服：煎汤，3～6 g（鲜品 16～32 g）；或入散剂。外用：捣敷或研末撒。

【附方】①治脏毒赤白：地锦草采得后，洗，曝干，为末，米饮服 3 g。（《经验方》）

②治细菌性痢疾：地锦草 32 g，铁苋菜 32 g，凤尾草 32 g。水煎服。（《单方验方调查资料选编》）

③治血痢不止：地锦草晒研，每服 6 g，空心米饮下。（《乾坤生意》）

④治胃肠炎：鲜地锦草 32～64 g。水煎服。

⑤治感冒咳嗽：鲜地锦草 32 g。水煎服。

⑥治咯血，吐血，便血，崩漏：鲜地锦草 32 g。水煎或调蜂蜜服。（④～⑥方出自《福建中草药》）

⑦治小便血淋：血风草，井水擂服。（《刘长春经验方》）

⑧治功能性子宫出血：地锦草 1000 g。水煎去渣熬膏。每日两次，每服 4.5 g，白酒送服。（内蒙古《中草药新医疗法资料选编》）

⑨治金疮出血不止：血见愁草研烂涂之。（《世医得效方》）

⑩治牙齿出血：鲜地锦草，洗净，煎汤漱口。（《泉州本草》）

⑪治湿热黄疸：地锦全草 15～18 g。水煎服。（《江西民间草药》）

⑫治奶汁不通：地锦草 21 g。用公猪前蹄一只炖汤，以汤煎药，去渣，对甜酒 100 g，温服。（《江西民间草药》）

⑬治小儿疳积：地锦全草 6～9 g。同鸡肝一具或猪肝 150 g 蒸熟，食肝及汤。（《江西民间草药》）

⑭治项虎（对口疮）：鲜地锦草加醋少许，捣烂外敷。（《福建中草药》）

⑮治痈疮疔毒肿痛：鲜地锦草，洗净，和酸饭粒、食盐少许敷患处。（《泉州本草》）

⑯治缠腰蛇（带状疱疹）：鲜地锦草捣烂。加醋搅匀，取汁涂患处。（《福建中草药》）

⑰治咽喉发炎肿痛：鲜地锦草 15 g，咸酸甜草 15 g。捣烂绞汁，调蜜泡服。日服三次。（《泉州本草》）

⑱治跌打肿痛：鲜地锦草适量，同酒糟捣匀，略加面粉外敷。（《湖南药物志》）

⑲治蛇咬伤：鲜地锦草捣敷。（《湖南药物志》）

470. 湖北大戟 *Euphorbia hylonoma* Hand. –Mazz.

【别名】毛大戟。

【形态】多年生草本，全株光滑无毛。根粗线形，长超过 10 cm，直径 3～5 mm。茎直立，上部多分枝，高 50～100 cm，直径 3～7 mm。叶互生，长圆形至椭圆形，变异较大，长 4～10 cm，宽 1～2 cm，先端圆，基部渐狭，叶面绿色，叶背有时淡紫色或紫色；侧脉 6～10 对；叶柄长 3～6 mm；总苞叶 3～5 枚，同茎生叶；伞幅 3～5，长 2～4 cm；苞叶 2～3 枚，常为卵形，长 2～2.5 cm，宽 1～1.5 cm，无柄花序单生于二歧分枝顶端，无柄；总苞钟状，高约 2.5 mm，直径 2.5～3.5 mm，边缘 4 裂，裂片三角状卵形，全缘，被毛；腺体 4，圆肾形，淡黑褐色。雄花多朵，明显伸出总苞外；雌花 1 朵，子房柄长 3～5 mm；子房光滑；花柱 3，分离；柱头 2 裂。蒴果球状，长 3.5～4 mm，直径约 4 mm，成熟时分裂为 3 个分果爿。种子卵圆状，灰色或淡褐色，长约 2.5 mm，

直径约 2 mm，光滑，腹面具沟纹；种阜具
极短的柄。花期 4—7 月，果期 6—9 月。

【生境分布】 生于海拔 2000 m 以下的山
坡林下湿地草丛中。罗田薄刀峰有分布。

【采收加工】 早春苗将出或秋季禾苗枯
黄时采收。

【药用部位】 根。

【药材名】 西南大戟。

【来源】 大戟科植物湖北大戟 *Euphorbia
hylonoma* Hand. –Mazz. 的根。

【功能主治】 消疲，逐水，攻积。茎叶
有止血、止痛的功效。

【用法用量】 内服：煎汤，1.5 ~ 3 g；或入丸、散。外用：煎水熏洗。

【注意】 有毒，慎用。

471. 通奶草 *Euphorbia hypericifolia* L.

【别名】 小飞扬草。

【形态】 一年生草本，根纤细，长
10 ~ 15 cm，直径 2 ~ 3.5 mm，常不分枝，少数
由末端分枝。茎直立，自基部分枝或不分枝，高
15 ~ 30 cm，直径 1 ~ 3 mm，无毛或被少许短柔
毛。叶对生，狭长圆形或倒卵形，长 1 ~ 2.5 cm，
宽 4 ~ 8 mm，先端钝或圆，基部圆形，通常偏斜，
不对称，边缘全缘或基部以上具细锯齿，上面深绿色，
下面淡绿色，有时略带紫红色，两面被稀疏的柔毛，
或上面的毛早脱落；叶柄极短，长 1 ~ 2 mm；托叶
三角形，分离或合生。苞叶 2 枚，与茎生叶同形。
花序数个簇生于叶腋或枝顶，每个花序基部具纤细
的柄，柄长 3 ~ 5 mm；总苞陀螺状，高与直径均约
1 mm 或稍大；边缘 5 裂，裂片卵状三角形；腺体 4，
边缘具白色或淡粉色附属物。雄花数朵，微伸出总
苞外；雌花 1 朵，子房柄长于总苞；子房三棱状，
无毛；花柱 3，分离；柱头 2 浅裂。蒴果三棱状，

长约 1.5 mm，直径约 2 mm，无毛，成熟时分裂为 3 个分果爿。种子卵状棱形，长约 1.2 mm，直径约 0.8 mm，
每个棱面具数条皱纹，无种阜。花果期 8—12 月。

【生境分布】 生于旷野荒地、路旁、灌丛及田间。

【采收加工】 夏季采收，晒干或鲜用。

【药材名】 通奶草。

【来源】 大戟科植物通奶草 *Euphorbia hypericifolia* L. 的全草。

【功能主治】 通乳，促进乳汁分泌。

472. 银边翠 *Euphorbia marginata* Pursh.

【别名】高山积雪。

【形态】一年生草本。根纤细，极多分枝，长可超过 20 cm，直径 3～5 mm。茎单一，自基部向上极多分枝，高可达 60～80 cm，直径 3～5 mm，光滑，常无毛，有时被柔毛。叶互生，椭圆形，长 5～7 cm，宽约 3 cm，先端钝，具小尖头，基部半截状圆形，绿色，全缘；无柄或近无柄；总苞叶 2～3 枚，椭圆形，长 3～4 cm，宽 1～2 cm，先端圆，基部渐狭，全缘，绿色具白色边；伞幅 2～3，长 1～4 cm，被柔毛或近无毛；苞叶椭圆形，长 1～2 cm，宽 5～7（9）mm，先端圆，基部渐狭，近无柄花序单生于苞叶内或数个聚伞状着生，基部具柄，柄长 3～5 mm，密被柔毛；总苞钟状，高 5～6 mm，直径约 4 mm，外部被柔毛，边缘 5 裂，裂片三角形至圆形，尖至微凹，边缘与内侧均被柔

毛；腺体 4，半圆形，边缘具宽大的白色附属物，长与宽均超过腺体。雄花多数，伸出总苞外；苞片丝状；雌花 1 朵，子房柄较长，长达 3～5 mm，伸出总苞之外，被柔毛；子房密被柔毛；花柱 3，分离；柱头 2 浅裂。蒴果近球状，长与直径均约 5.5 mm，具长柄，长达 3～7 mm，被柔毛；花柱宿存；果成熟时分裂为 3 个分果爿。种子淡黄色至灰褐色，长 3.5～4 mm，直径 2.8～3 mm，被瘤、短刺或不明显的凸起；无种阜。花果期 6—9 月。

【生境分布】我国各地公园及庭院中均有栽培。

【采收加工】春、夏季采收，鲜用或晒干。

【药用部位】全草。

【药材名】银边翠。

【来源】大戟科植物银边翠 *Euphorbia marginata* Pursh. 的全草。

【性状】全草长 70 cm，全株被柔毛或无毛。茎叉状分枝。叶卵形至长圆形或椭圆状披针形，长 3～7 cm，宽约 2 cm，下部的叶互生，绿色，顶端的叶轮生，边缘白色或全部白色。杯状花序生于分枝上部的叶腋处，总苞杯状，密被短柔毛，先端 4 裂，裂片间有漏斗状的腺体 4，有白色花瓣状附属物。蒴果扁球形，直径 5～6 mm，密被白色短柔毛；种子椭圆形或近卵形，长约 4 mm，宽近 3 mm，表面有稀疏的凸起，成熟时灰黑色。

【性味】辛，微寒，有毒。

【功能主治】活血调经，消肿拔毒。主治月经不调，跌打损伤，无名肿毒。

【用法用量】内服：煎汤，3～9 g。外用：适量，捣敷；或研末敷。

473. 铁海棠 *Euphorbia milii* Ch. des Moulins

【别名】麒麟花、海棠、万年刺、刺蓬花。

【形态】蔓生灌木。茎多分枝，长 60～100 cm，直径 5～10 mm，具纵棱，密生硬而尖的锥状刺，刺长 1～1.5（2.0）cm，直径 0.5～1.0 mm，常呈 3～5 列排列于棱脊上，呈旋转。叶互生，通常

集中于嫩枝上，倒卵形或长圆状匙形，长 1.5～5.0 cm，宽 0.8～1.8 cm，先端圆，具小尖头，基部渐狭，全缘，无柄或近无柄；托叶钻形，长 3～4 mm，极细，早落。花序 2、4 或 8 个组成二歧状复花序，生于枝上部叶腋；复花序具柄，长 4～7 cm；每个花序基部具 6～10 mm 长的柄，柄基部具 1 枚膜质苞片，长 1～3 mm，宽 1～2 mm，上部近平截，边缘具微小的红色尖头；苞叶 2 枚，肾圆形，长 8～10 mm，

宽 12～14 mm，先端圆且具小尖头，基部渐狭，无柄，上面鲜红色，下面淡红色，紧贴花序；总苞钟状，高 3～4 mm，直径 3.5～4.0 mm，边缘 5 裂，裂片琴形，上部具流苏状长毛且内弯；腺体 5 枚，肾圆形，长约 1 mm，宽约 2 mm，黄红色。雄花数朵；苞片丝状，先端具柔毛；雌花 1 朵，常不伸出总苞外；子房光滑无毛，常包于总苞内；花柱 3，中部以下合生；柱头 2 裂。蒴果三棱状卵形，长约 3.5 mm，直径约 4 mm，平滑无毛，成熟时分裂为 3 个分果爿。种子卵柱状，长约 2.5 mm，直径约 2 mm，灰褐色，具微小的疣点；无种阜。花果期全年。

【生境分布】多栽培于庭院中。

【药用部位】全草、花。

【药材名】铁海棠。

（1）铁海棠。

【采收加工】全年可采，晒干或鲜用。

【来源】大戟科植物铁海棠 *Euphorbia milii* Ch. des Moulins 的茎叶。

【性味】苦，凉，有毒。

【功能主治】排脓，解毒，逐水。主治痈疮，便毒，肝炎，大腹水肿。

【用法用量】内服：煎汤，鲜品 9～15 g；或捣汁。外用：捣敷。

【附方】①治对口疮：鲜铁海棠茎叶，酌加红糖，捣烂外敷，日换一次。（《福建民间草药》）

②治便毒：鸡蛋 1 个，穿刺小孔，铁海棠汁 10 滴入蛋内，用湿沙纸包裹五层，煨热，连服二个。（《广西中药志》）

③治痈疮肿毒：铁海棠鲜根适量，捣烂同酒糟炒热敷患处。（《广西中草药》）

④治竹木刺入肉不出：铁海棠树液数滴，滴患处，待竹木刺露出皮肤，即可拔出。（《广西中草药》）

（2）铁海棠花。

【来源】大戟科植物铁海棠 *Euphorbia milii* Ch. des Moulins 的花朵。

【采收加工】春季采收。

【功能主治】主治功能性子宫出血。

474. 大戟 *Euphorbia pekinensis* Rupr.

【别名】下马仙、京大戟、膨胀草、黄花大戟、黄芽大戟。

【形态】多年生草本。根圆柱状，长 20～30 cm，直径 6～14 mm，分枝或不分枝。茎单生或自基部多分枝，每个分枝上部又 4～5 分枝，高 40～80（90）cm，直径 3～6（7）cm，被柔毛、被

少许柔毛或无毛。叶互生，常为椭圆形，少为披针形或披针状椭圆形，变异较大，先端尖或渐尖，基部渐狭、呈楔形、近圆形或近平截，边缘全缘；主脉明显，侧脉羽状，不明显，叶两面无毛、有时叶背具少许柔毛或被较密的柔毛，变化较大且不稳定；总苞叶 4～7 枚，长椭圆形，先端尖，基部近平截；伞幅 4～7，长 2～5 cm；苞叶 2 枚，近圆形，先端具短尖头，基部平截或近平截。花序单生于二歧分枝顶端，无柄；总苞杯状，高约 3.5 mm，直

径 3.5～4.0 mm，边缘 4 裂，裂片半圆形，边缘具不明显的缘毛；腺体 4，半圆形或肾状圆形，淡褐色。雄花多朵，伸出总苞之外；雌花 1 朵，具较长的子房柄，柄长 3～5（6）mm；子房幼时被较密的瘤状凸起；花柱 3，分离；柱头 2 裂。蒴果球状，长约 4.5 mm，直径 4.0～4.5 mm，被稀疏的瘤状凸起，成熟时分裂为 3 个分果爿；花柱宿存且易脱落。种子长球状，长约 2.5 mm，直径 1.5～2.0 mm，暗褐色或微光亮，腹面具浅色条纹；种阜近盾状，无柄。花期 5—8 月，果期 6—9 月。

【生境分布】 生于路旁、山坡、荒地及较阴湿的树林下。罗田各地均有分布。

【采收加工】 春季未发芽前，或秋季茎叶枯萎时采挖，除去残茎及须根，洗净，晒干。

【药用部位】 根。

【药材名】 大戟。

【来源】 大戟科植物大戟 *Euphorbia pekinensis* Rupr. 的根。

【炮制】 大戟：拣去杂质，用水洗净，润透，切段或切片，晒干。醋大戟：取大戟段或片，加醋浸拌，置锅内用文火煮至醋尽，再炒至微干，取出，晒干（大戟每 50 kg，用醋 15～30 kg）。

【性味】 苦、辛，寒，有毒。

【归经】 归肺、脾、肾经。

【功能主治】 泻水逐饮，消肿散结。主治水肿胀满，胸腹积水，痰饮积聚，痈疽肿毒。

【用法用量】 内服：煎汤，1.5～3 g；或入丸、散。外用：煎水熏洗。

【注意】 患虚寒阴水及孕妇忌服。体弱者慎用。

①《本草经集注》：反甘草。

②《药性论》：反芫花、海藻。毒，用菖蒲解之。

③《新修本草》：畏菖蒲、芦草、鼠屎。

④《日华子本草》：小豆为之使。恶薯蓣。

⑤《本草纲目》：得枣则不损脾。

⑥《本经逢原》：脾胃肝肾虚寒，阴水泛滥，犯之立毙，不可不审。

【附方】 ①治通身肿满喘息，小便涩：大戟（去皮，细切，微炒）64 g，干姜（炮）16 g。上两味捣罗为散，每服 6 g，用生姜汤调下，良久，糯米饮投之，以大小便利为度。（《圣济总录》）

②治水气肿胀：大戟 32 g、广木香 16 g。为末，五更酒服 4.5 g，取下碧水，后以粥补之。忌咸物。（《本草纲目》）

③治腹水胀满，二便不通：大戟 0.9 g，牵牛子 4.5 g，红枣 5 个。水煎服。（《新疆中草药手册》）

④治忽患胸背、手脚、颈项、腰胯隐痛不可忍，连筋骨牵引钓痛，坐卧不宁，时时走易不定：甘遂（去心）、紫大戟（去皮）、白芥子（真者）各等份。上为末，煮糊丸如梧桐子大。食后临卧，淡姜汤或熟水

下五、七丸至十丸，如痰猛气实，加丸数不妨。（《三因极一病证方论》）

⑤治黄疸小水不通：大戟 32 g，茵陈 64 g。水浸空心服。（《本草汇言》）

⑥治温疟寒热腹胀：大戟 15 g，柴胡、姜制半夏 9 g，广皮 3 g，生姜 3 片。水两大碗，煎七分服。（《方氏脉症正宗》）

⑦治晚期血吸虫病：京大戟鲜根洗净，晒干，研粉，每日服 0.9 g，于早饭后一小时用开水一次吞服，连续 1～2 次为 1 个疗程，总剂量 4～5 g。同时每日在肿大肝脾处用艾温灸 30 分钟和内服丹参合剂（丹参 15 g，马鞭草 15 g）以助肝脾缩小。在治疗期间必须禁忌食盐。（《浙江民间常用草药》）

⑧治淋巴结结核：大戟 64 g，鸡蛋七个。将药和鸡蛋共放砂锅内，水煮 3 h，将蛋取出，每早，去壳食鸡蛋一个。七天为 1 个疗程。（内蒙古《中草药新医疗法资料选编》）

⑨治扁桃体炎：红芽大戟 1.5～3 g，含服。（《中草药新医疗法处方集》）

⑩治牙齿摇痛：大戟咬于痛处。（《生生编》）

⑪治颈项腋间痈疽：大戟 95 g（浸酒炒，晒干），当归、白术各 64 g。共为末；生半夏（姜水炒）为末，打糊丸如梧桐子大。每服 6 g，食后白汤下。（《本草汇言》）

【注意】历代《本草》所载大戟，品种亦不止一种，但大多数是大戟科大戟属植物，如《蜀本草》中所述的大戟，《本草图经》的"滁州大戟""并州大戟"以及《植物名实图考》中的"大戟"所述的形态都和大戟科大戟近似。此外，《本草图经》中的"河中府大戟"，似为豆科植物；《本草纲目》所称的"北方绵大戟"，似即今之绵大戟（参见"月腺大戟"条）；至于茜草科的红芽大戟，《本草纲目》中未见收载，但为目前大戟药材中使用最广的一种。

算盘子属 *Glochidion* T. R. et G. Forst.

475. 算盘子 *Glochidion puberum*（L.）Hutch.

【别名】柿子椒、算盘珠、红橘仔、野南瓜。

【形态】直立灌木，高 1～5 m，多分枝；小枝灰褐色；小枝、叶片下面、萼片外面、子房和果实均密被短柔毛。叶片纸质或近革质，长圆形、长卵形或倒卵状长圆形，稀披针形，长 3～8 cm，宽 1～2.5 cm，顶端钝、急尖、短渐尖或圆，基部楔形至钝，上面灰绿色，仅中脉被疏短柔毛或几无毛，下面粉绿色；侧脉每边 5～7 条，下面凸起，网脉明显；叶柄长 1～3 mm；托叶三角形，

长约 1 mm。花小，雌雄同株或异株，2～5 朵簇生于叶腋内，雄花束常着生于小枝下部，雌花束则在上部，或有时雌花和雄花同生于一叶腋内；雄花：花梗长 4～15 mm；萼片 6，狭长圆形或长圆状倒卵形，长 2.5～3.5 mm；雄蕊 3，合生呈圆柱状；雌花：花梗长约 1 mm；萼片 6，与雄花的相似，但较短而厚；子房圆球状，5～10 室，每室有 2 枚胚珠，花柱合生呈环状，长宽与子房几相等，与子房接连处缢缩。蒴果扁球状，直径 8～15 mm，边缘有 8～10 条纵沟，成熟时带红色，顶端具有环状而稍伸长的宿存花柱；种子近肾形，具 3 棱，长约 4 mm，朱红色。花期 4～8 月，果期 7～11 月。

【生境分布】生于山坡灌丛中。罗田各地均有分布。

【药用部位】 果实、根、枝叶。

【药材名】 算盘子。

（1）算盘子。

【采收加工】 秋、冬季采收。

【来源】 大戟科植物算盘子 *Glochidion puberum*（L.）Hutch. 的果实。

【化学成分】 干种子含油约20％。

【性味】《四川中药志》：味苦，性凉，有小毒。

【功能主治】 主治疟疾，疝气，淋浊，腰痛。

【用法用量】 内服：煎汤，6～12 g。

【附方】①治疟疾：野南瓜32 g。酒水各半煎，于疟发前3小时服。

②治疝气初起：野南瓜15 g。水煎服。

③治睾丸炎：鲜野南瓜95 g，鸡蛋两个。先将药煮成汁，再以药汁煮鸡蛋，一日两次，连服两天。(①～③方出自江西《草药手册》）

（2）算盘子根。

【采收加工】 秋季采收。

【来源】 大戟科植物算盘子 *Glochidion puberum*（L.）Hutch. 的根。

【性状】 干燥根表面呈灰棕色，栓皮粗糙，极易剥落，有细纵纹和横裂。质坚硬，不易折断，断面浅棕色。

【化学成分】 根含鞣质。

【性味】 苦，平。

【功能主治】 清热利湿，活血解毒。主治痢疾，疟疾，黄疸，白浊，劳伤咳嗽，风湿痹痛，崩漏，带下，喉痛，牙痛，痈肿，瘰疬，跌打损伤。

【用法用量】 内服：煎汤，16～64 g。

【注意】《江西民间草药验方》：孕妇忌服。

【附方】①治痢症：算盘子茎及根，煎水和白糖服之。（《植物名实图考》）

②治酒后下痢日久不愈者：算盘子根皮160 g。煎水兑酒饮，日三服，每次一杯。（《贵州民间药物》）

③治久咳不止：算盘子根160 g。炖猪蹄吃。（《贵州民间药物》）

④治睾丸肿大：野南瓜根32～64 g。同瘦猪肉炖汤服。（《江西民间草药》）

⑤治月经停闭：算盘子根32 g。蒸烧酒吃。（《贵州民间药物》）

⑥治四肢关节疼痛：鲜算盘子根、茎24～32 g。洗净切碎，水煎或和猪蹄节炖服。（《闽南民间草药》）

⑦治初起疮痈肿毒：鲜算盘子根、茎32 g。洗净切碎，水煎服。（《闽南民间草药》）

⑧治初期瘰疬：鲜算盘子根头，每次95 g。炖猪肉服。（《泉州本草》）

⑨治跌打损伤：算盘子根15～32 g。水煎服。（《湖南药物志》）

⑩治蛇咬伤：算盘子根64 g，千金拔根32 g，白毛鹿茸草24 g。水煎服，每日一剂。（《江西草药》）

⑪治白带过多：算盘子根32～64 g。水煎服。（《浙江民间常用草药》）

⑫治虚弱无力：算盘子根160～195 g。炖肉或蒸鸡吃。（《贵州草药》）

⑬治尿道炎：算盘子根15～32 g。水煎服。（《上海常用中草药》）

⑭治吐血，血崩：算盘子根32 g。水煎服。（《福建中草药》）

⑮治疟疾：算盘子根64 g，青蒿32 g。水煎服，于发疟前2小时服。

⑯治黄疸：算盘子根64 g，白米32～64 g。炒焦黄，水煎服。

⑰治偏头痛：野南瓜根 95 g，甜酒拌炒五次，酒水各半煎服。

⑱治外痔：野南瓜根煎水，先熏后洗，能内消。（⑮～⑱方出自江西《草药手册》）

（3）算盘子叶。

【采收加工】夏、秋季采收，切碎，晒干或鲜用。

【来源】大戟科植物算盘子 *Glochidion puberum*（L.）Hutch. 的枝叶。

【化学成分】全草含酚类、氨基酸、糖等。茎、叶含鞣质。

【药理作用】抗菌作用。

【性味】《广西中药志》：苦、涩，凉，有小毒。

【功能主治】清热利湿，解毒消肿。主治痢疾，黄疸，淋浊，带下，感冒，咽喉肿痛，痈疖，漆疮，皮疹瘙痒。

【用法用量】内服：煎汤，16～32 g；或研末。外用：煎水洗或捣敷。

【注意】《江西民间草药验方》：孕妇忌服。

【附方】①治痢疾：算盘珠鲜叶 15～21 g。捣烂，冲开水炖服。（《福建民间草药》）

②治下痢脓血：算盘子叶，焙干研末，每次 6 g，茶调送服。（《泉州本草》）

③治黄疸：算盘子叶 64 g，炒大米 32～64 g。水煎，不拘时服。（《江西民间草药验方》）

④治白浊，带下：算盘子茎叶酌量。内服外洗。（《岭南草药志》）

⑤治咽喉肿痛：鲜算盘子叶 32～64 g，煎汤调蜜频咽服。（《泉州木草》）

⑥治喉痛：算盘子鲜全草 32～64 g。含雄鸡炖汤服。（《泉州本草》）

⑦治毒蛇咬伤：算盘子枝端嫩叶，捣烂敷伤处。（《江西民间草药》）

⑧治牙痛：算盘珠叶适量。捣烂调冬蜜敷贴。（《福建民间草药》）

⑨治皮疹瘙痒：算盘子叶煎汤洗患处。（《泉州本草》）

⑩治疖肿，乳腺炎：算盘子鲜叶捣烂外敷。同时用根 32～64 g，水煎服。（《浙江民间常用草药》）

⑪治蜈蚣咬伤：算盘子鲜叶捣烂敷。（《草药手册》）

476. 湖北算盘子 *Glochidion wilsonii* Hutch.

【形态】灌木，高 1～4 m；枝条具棱，灰褐色；小枝直而开展；除叶柄外，全株均无毛。叶片纸质，披针形或斜披针形，长 3～10 cm，宽 1.5～4 cm，顶端短渐尖或急尖，基部钝或宽楔形，上面绿色，下面带灰白色；中脉两面凸起，侧脉每边 5～6 条，下面凸起；叶柄长 3～5 mm，被极细柔毛或几无毛；托叶卵状披针形，长 2～2.5 mm。花绿色，雌雄同株，簇生于叶腋内，雌花生于小枝上部，雄花生于小枝下部；雄花：花梗长约 8 mm；萼片 6，长圆形或倒卵形，长 2.5～3 mm，宽约 1 mm，顶端钝，边缘薄膜质；雄蕊 3，合生；雌花：花梗短，萼片与雄花的相同；子房圆球状，6～8 室，花柱合生呈圆柱状，顶端多裂。蒴果扁球状，直径约 1.5 cm，边缘有 6～8 条纵沟，基部常有宿存的萼片；种子近三棱形，红色，有光泽。花期 4—7 月，果期 6—9 月。

【生境分布】生于海拔 600 m 以上的高山区。罗田白庙河镇、河铺镇、平湖镇有分布。

【采收加工】　根：秋季采收；叶：夏季采收。

【药用部位】　根、叶。

【来源】　大戟科植物湖北算盘子 *Glochidion wilsonii* Hutch. 的根叶。

【临床应用】　根：主治肠炎；叶：主治生漆过敏，湿疹皮炎。

【用法用量】　内服：煎汤，6～10 g。外用：适量，水煎洗患处。

野桐属 *Mallotus* Lour.

477. 白背叶 *Mallotus apelta*（Lour.）Muell. Arg.

【别名】　白膜叶、白背娘、白背桐、白朴树、白泡树。

【形态】　灌木或小乔木，高1～3（4）m；小枝、叶柄和花序均密被淡黄色星状柔毛和散生橙黄色颗粒状腺体。叶互生，卵形或阔卵形，稀心形，长和宽均6～16（25）cm，顶端急尖或渐尖，基部截平或稍心形，边缘具疏齿，上面干后黄绿色或暗绿色，无毛或被疏毛，下面被灰白色星状茸毛，散生橙黄色颗粒状腺体；基出脉5条，最下一对常不明显，侧脉6～7对；

基部近叶柄处有褐色斑状腺体2个；叶柄长5～15 cm。花雌雄异株，雄花序为开展的圆锥花序或穗状，长15～30 cm，苞片卵形，长约1.5 mm，雄花多朵簇生于苞腋；雄花：花梗长1～2.5 mm；花蕾卵形或球形，长约2.5 mm，花萼裂片4，卵形或卵状三角形，长约3 mm，外面密生淡黄色星状毛，内面散生颗粒状腺体；雄蕊50～75枚，长约3 mm；雌花序穗状，长15～30 cm，稀有分枝，花序梗长5～15 cm，苞片近三角形，长约2 mm；雌花：花梗极短；花萼裂片3～5枚，卵形或近三角形，长2.5～3 m，外面密生灰白色星状毛和颗粒状腺体；花柱3～4枚，长约3 mm，基部合生，柱头密生羽毛状凸起。蒴果近球形，密被灰白色星状毛的软刺，软刺线形，黄褐色或浅黄色，长5～10 mm；种子近球形，直径约3.5 mm，褐色或黑色，具皱纹。花期6—9月，果期8—11月。

【生境分布】　生于海拔30～1000 m的山谷、村边、路旁或灌木草丛中。罗田各地均有分布。

（1）白背叶。

【采收加工】　全年可采，鲜用或晒干。

【来源】　大戟科植物白背叶 *Mallotus apelta*（Lour.）Muell. Arg. 的叶。

【性味】　《南宁市药物志》：寒，无毒。

【功能主治】　清热，利湿，止痛，解毒，止血。主治淋浊，胃痛，口疮，痔疮，溃疡，跌打损伤，蛇咬伤，外伤出血。

【用法用量】　内服：煎汤，4.5～10 g。外用：研末撒或煎水洗。

【附方】　①治胃痛呕水：白背叶草头浸男子尿一星期，取起洗净晒干。每用100 g，雄鸡一只去肠杂头肺，水适量炖服，每星期一次。（《闽南民间草药》）

②治鹅口疮：白背叶适量蒸水，用消毒棉卷蘸水拭抹患处，一日三次，连抹两天。（《岭南草药志》）

③治外伤出血，溃疡：白背叶晒干，擦成棉绒样收贮，出血时取适量贴上，外加绷带固定。（《岭南

草药志》）

④治皮肤湿痒：白背叶煎水洗。（《福建中草药》）

⑤治产后风：白背叶、艾叶，酒煎服。（江西《草药手册》）

⑥治溃疡：白背叶鲜叶捣烂，麻油或菜油调敷。（江西《草药手册》）

⑦治跌打损伤：鲜白背叶适量，捣敷。（苏医《中草药手册》）

（2）白背叶根。

【别名】白膜根、白朴根、野桐根。

【来源】大戟种植物白背叶 *Mallotus apelta*（Lour.）Muell. Arg. 的根。

【性味】《岭南草药志》：味微涩，微苦，性平。

【功能主治】清热，利湿，固脱，消瘀。主治肠炎，脱肛，淋浊，疝气，肝炎，脾肿，子宫下垂，产后风瘫，带下，赤眼，喉蛾，耳内流脓。

【用法用量】内服：煎汤，25～50 g。外用：浸汁滴耳。

【附方】①治淋浊：白背叶根 16 g，茯神 12 g，茯苓 10 g。煎水空腹服。（《岭南草药志》）

②治子宫下垂：白背叶根 350 g，米醋 1000 ml，煎至 250 ml，夜间置于露天打露一宵，翌晨顿服，连服 3 剂，并卧床休息一星期，愈后炖黄头龟连服数天。（《岭南草药志》）

③治双单喉蛾：白背叶根，蜂糖浸透，去渣，取汁液内服。（《岭南草药志》）

④治中耳流脓：白背叶根研末，酒适量，浸出浓液滴耳内，并外搽。（《岭南草药志》）

⑤治慢性肝炎，脾脏肿大，肠炎腹胃，脱肛，子宫下垂：白背叶干根 16～50 g，水煎服。（广州部队《常用中草药手册》）

⑥治瘰疬：白背叶干根 100 g，猪瘦肉适量，水煎服（《福建中草药》）

⑦治疯狗咬伤：白背叶鲜根 100～150 g，水煎服。从被咬日起，每日一剂，连服 7 日，以后每隔 7 日服一剂。如病发则连服数剂。（江西《草药手册》）

【临床应用】治疗慢性肝炎：本品具有舒肝解郁，活血祛瘀之效。治疗慢性肝炎，对降低转氨酶和缩小肝脾有一定作用。一般用量为 25～50 g，伴有水肿者用 100～150 g，每日煎服 1 剂。

叶下珠属 *Phyllanthus* L.

478. 叶下珠 *Phyllanthus urinaria* L.

【别名】日开夜闭、十字珍珠草、夜合珍珠、叶后珠。

【形态】一年生草本，高 10～60 cm，茎通常直立，基部多分枝，枝倾卧而后上升；枝具翅状纵棱，上部被一纵列疏短柔毛。叶片纸质，因叶柄扭转而呈羽状排列，长圆形或倒卵形，长 4～10 mm，宽 2～5 mm，顶端圆、钝或急尖而有小尖头，下面灰绿色，近边缘或边缘有 1～3 列短粗毛；侧脉每边 4～5 条，明显；叶柄极短；托叶卵状披针形，长约 1.5 mm。花雌雄同株，直径约 4 mm；雄花：2～4 朵簇生于叶腋，通常仅上面 1 朵开花，下面的很小；花梗长约 0.5 mm，基部有苞片 1～2 枚；萼片 6，倒卵形，长约 0.6 mm，顶端钝；

雄蕊 3，花丝全部合生成柱状；花粉粒长球形，通常具 5 孔沟，少数 3、4、6 孔沟，内孔横长椭圆形；花盘腺体 6，分离，与萼片互生；雌花：单生于小枝中下部的叶腋内；花梗长约 0.5 mm；萼片 6，近相等，卵状披针形，长约 1 mm，边缘膜质，黄白色；花盘圆盘状，边全缘；子房卵状，有鳞片状凸起，花柱分离，顶端 2 裂，裂片弯卷。蒴果圆球状，直径 1～2 mm，红色，表面具小凸刺，有宿存的花柱和萼片，开裂后轴柱宿存；种子长 1.2 mm，橙黄色。花期 4—6 月，果期 7—11 月。

【生境分布】生于山坡、路旁、田边。罗田各地均有分布。

【采收加工】夏、秋季采收，晒干。

【药用部位】全草。

【药材名】叶下珠。

【来源】大戟科植物叶下珠 *Phyllanthus urinaria* L. 的全草。

【性状】干燥带根全草，根茎外表浅棕色，有髓；主根不发达，须根多数，浅灰棕色。茎粗 2～3 mm，老茎基部灰褐色；茎枝有纵皱，灰棕色、灰褐色或棕红色；质脆易断，断面中空。分枝有纵皱及不甚明显的膜翅状脊线。叶片薄而小，灰绿色，皱缩，易脱落。花细小，腋生于叶背之下，有的带有扁圆形、褐色的果实。气微香，叶微苦。

【化学成分】全草含三萜类成分等。

【性味】甘、苦，凉。

【归经】《泉州本草》：入肝、肺二经。

【功能主治】平肝清热，利水解毒。主治肠炎，痢疾，病毒性肝炎，肾炎水肿，尿路感染，小儿疳积，火眼目翳，口疮头疮，无名肿毒。

【用法用量】内服：煎汤，16～32 g（鲜品 32～64 g）；或捣汁。外用：捣敷。

【附方】①治红白痢疾：叶下珠鲜草 32～64 g。水煎，赤痢加白糖，白痢加红糖调服。（《福建中草药》）

②治病毒性肝炎：鲜叶下珠 32～64 g。水煎服，一日一剂，连服一周。（徐州《单方验方　新医疗法（选编）》）

③治小儿疳积，夜盲：叶下珠 15～21 g，鸡、猪肝酌量。水炖服。（《福建中草药》）

【临床应用】①治疗痢疾、腹泻：取新鲜全草 64～95 g，或干品 32～64 g，洗净加水 500 ml，煎至 200 ml，每天 1 剂，早晚分服。小儿酌减。

②治疗狂犬咬伤：取全草 4～6 株（小儿酌减）煎服。另用全草同冷饭粒捣敷受伤之处。6 例受狂犬咬伤的患者用上法处理后，均安全无恙。

蓖麻属 *Ricinus* L.

479. 蓖麻 *Ricinus communis* L.

【别名】蓖麻子、蓖麻仁、大麻子、红大麻子。

【形态】一年生粗壮草本或草质灌木，高达 5 m；小枝、叶和花序通常被白霜，茎多液汁。叶轮廓近圆形，长和宽达 40 cm 或更大，掌状 7～11 裂，裂缺几达中部，裂片卵状长圆形或披针形，顶端急尖或渐尖，边缘具锯齿；掌状脉 7～11 条，网脉明显；叶柄粗壮，中空，长可达 40 cm，顶端具 2 枚盘状腺体，基部具盘状腺体；托叶长三角形，长 2～3 cm，早落。总状花序或圆锥花序，长 15～30 cm 或更长；苞片阔三角形，膜质，早落，雄花：花萼裂片卵状三角形，长 7～10 mm，雄蕊束众多；雌花：萼片卵状披针形，长 5～8 mm，凋落；子房卵状，直径约 5 mm，密生软刺或无刺，花柱红色，长约

4 mm，顶部 2 裂，密生乳头状凸起。蒴果
卵球形或近球形，长 1.5 ～ 2.5 cm，果皮
具软刺或平滑；种子椭圆形，微扁平，长
8 ～ 18 mm，平滑，斑纹淡褐色或灰白色；
种阜大。花期儿全年或 6—9 月（栽培）。

【生境分布】　全国大部分地区有栽培。

【药用部位】　种子、叶、根。

【药材名】　蓖麻子。

（1）蓖麻子。

【采收加工】　秋季果实变棕色，果皮
未开裂时分批采摘，晒干，除去果皮。

【来源】　大戟科植物蓖麻 *Ricinus communis* L. 的种子。

【性状】　干燥种子略呈扁的广卵形，长 8 ～ 18 mm，直径 6 ～ 9 mm。腹面平坦，背面稍隆起，较
小的一端，有似海绵状凸出的种阜，并有脐点，另一端有合点，种脐与合点间的种脊明显。外种皮平滑，
有光泽，显淡红棕色相间的斑纹，质坚硬而脆。内种皮白色薄膜状，包裹白色油质的内胚乳；子叶 2 枚，
菲薄，位于种子中央。气微弱，味油腻性。以粒大、饱满、赤褐色、有光泽者为佳。

【化学成分】　种子含脂肪油，油饼含蓖麻碱、蓖麻毒蛋白及脂肪酶。种子中分出的蓖麻毒蛋白有三种，
即蓖麻毒蛋白 –D、酸性蓖麻毒蛋白、碱性蓖麻毒蛋白。

【药理作用】　①泻下作用。蓖麻种子中的油本身并无致泻作用，在十二指肠内受脂肪酶的作用，皂
化成蓖麻油酸钠与甘油，蓖麻油酸钠对小肠有刺激性，引起肠蠕动增强，小肠内容物急速向结肠推进，在
服药后 2 ～ 6 小时，排出半流质粪便，排便后可有暂时的便秘；加大剂量不能增强效力，未水解部分很快
排泄到大肠，蓖麻油酸吸收后，与其他脂肪酸一样在体内代谢分解，因此，蓖麻油作为泻剂是比较安全的；
由于味道不好，可以制成乳剂内服。

②其他作用。蓖麻油本身刺激性小，可作为皮肤滑润剂用于皮炎及其他皮肤病，作成油膏剂用于烫伤
及溃疡，种子的糊剂用于皮肤黑热病的溃疡，此外可用于眼睑炎；作为溶剂以除去眼的刺激物，局部应用
于阴道及子宫颈疾患。

【毒性】　蓖麻子中含蓖麻毒蛋白及蓖麻碱，特别是前者，可引起中毒。4 ～ 7 岁小儿服蓖麻子 2 ～ 7
粒可引起中毒、致死。成人服蓖麻子 20 粒可致死。非洲产蓖麻子 2 粒即可使成人致死，小儿仅需 1 粒，
但也有报告服 24 粒后仍能恢复者。蓖麻毒蛋白可能是一种蛋白分解酶，7 mg 即可致成人死亡。蓖麻子中
毒后的症状：头痛、胃肠炎、体温上升、白细胞增多、无尿、黄疸、冷汗、频发痉挛等。中毒症状的出现
常有一段较长的潜伏期。蓖麻毒蛋白引起大鼠急性中毒，主要造成肝及肾的伤害，糖代谢紊乱，蓖麻中的
凝集素可与血细胞起凝集作用。湖州农村将蓖麻子炒热吃未见中毒，可能加热使蓖麻毒蛋白被破坏。

【炮制】　敲碎种子外壳，拣取种仁用。

①《雷公炮炙论》：凡使蓖麻子，先须和皮用盐汤煮半日，去皮取子研过用。

②《本草蒙筌》：蓖麻子，修制忌铁。

【性味】　甘、辛，平，有毒。

【归经】　归大肠、肺经。

【功能主治】　消肿拔毒，泻下通滞。主治疮痈肿毒，瘰疬，喉痹，疥癞癣疮，水肿腹满，大便燥结。

【用法用量】　外用：捣敷或调敷。内服：入丸剂、生研或炒食。

【注意】　孕妇及便滑者忌服。

《本草经疏》：脾胃薄弱、大肠不固之人，慎勿轻用。

【附方】①治疗疮脓肿：蓖麻子二十多颗，去壳，和少量食盐、稀饭捣匀，敷患处，日换两次。（《福建民间草药》）

②治痈疽初起：去皮蓖麻子一份，松香四份。将蓖麻子捣碎加入松香粉充分搅拌，用开水搅成糊状，置于冷水中冷却成膏状备用。用时将白膏药按疮面大小摊于纸或布上贴患处。（辽宁《中草药新医疗法资料选编》）

③治瘰疬：蓖麻子炒热，去皮，烂嚼，临睡服两三枚，渐加至十数枚。（《本草衍义》）

④治咽中疮肿：蓖麻子一枚（去皮），芒硝3 g。同研，新汲水作一服，连进二、三服效。（《医四书》）

⑤治喉痹：蓖麻子，取肉捶碎，纸卷作筒，烧烟吸之。（《医学正传》）

⑥治诸骨哽：蓖麻子7粒。去壳研细，入寒水石末，缠令干湿得所，以竹篦子挑4～6 g入喉中，少顷以水咽之即下。（《魏氏家藏方》）

⑦治犬咬伤：蓖麻子50粒。去壳，以井水研膏，先以盐水洗咬处，次以蓖麻膏贴。（《袖珍方大全》）

⑧治风气头痛不可忍：乳香、蓖麻仁等份。捣饼，随左右贴太阳穴。（《本草纲目》）

⑨治小儿颓疝：蓖麻仁3枚，棘刚子（去皮）30枚，石燕子（烧）1枚，滑石（末）4 g，麝香（研）1 g。上五味捣研匀，稀面糊和丸，如绿豆大，每服15丸，空心，煎灯心汤下。（《圣济总录》）

⑩治龟胸喘咳嗽：蓖麻子去壳炒热，拣甜者吃，多服见效。（《卫生易简方》）

⑪治难产及胞衣不下：蓖麻子7枚。研如膏，涂脚底心，子及衣才下，便速洗去。（《海上集验方》）

⑫催生并死胎不下：蓖麻子3个，巴豆4个。研细，入麝香少许，贴脐心上。（《卫生家宝方》）

⑬治子宫脱垂：蓖麻仁、枯矾等份。为末，安纸上托入，仍以蓖麻仁14枚，研膏涂顶心。（《摘玄方》）

⑭治暴患脱肛：蓖麻子32 g。烂杵为膏，捻作饼子，两指宽大，贴囟上；如阴证脱肛，生附子末、葱、蒜同研作膏，依前法贴之。（《活幼心书》）

【药理作用】　中毒与解毒。蓖麻子中所含毒素受热后即破坏，故中毒者多为生食后发生。曾报告3例小儿，生服蓖麻子仁2～7粒后发生持续呕吐，并伴腹痛，其中1例严重者神志模糊，出现脱水征象，手足发冷，瞳孔散大，对光反应迟钝。经按一般中毒常规处理及对症治疗，均渐恢复。

（2）蓖麻叶。

【采收加工】　夏季采收。

【来源】　大戟科植物蓖麻 *Ricinus communis* L. 的叶。

【性状】　干燥叶片大多破碎皱缩，完整者呈掌状深裂，直径20～40 cm，裂片卵状披针形至矩圆形，边有不规则锯齿，上面绿褐色或红褐色，下面淡绿色，主脉掌状，侧脉羽状，两面凸起；纸质；叶柄盾状着生，暗红色。气微，味苦淡。以干燥无枝梗者佳。

【毒性】　《本草纲目》：有毒。

【功能主治】　主治脚气，咳嗽痰喘，鹅掌风，疮疖。

【用法用量】　内服：入丸、散。外用：煎洗、热熨或捣敷。

【附方】①治脚气初发，从足起至膝胫骨肿痛，及顽痹不仁：蓖麻叶蒸熟裹之。（《岭南采药录》）

②治肾囊肿大疝气痛：蓖麻叶和盐捣烂，敷脚底涌泉穴。（《岭南采药录》）

③治咳嗽痰涎：蓖麻子叶9 g，飞过白矾6 g。用猪肉200 g，薄批，棋盘利开掺药，荷叶裹，文武火煨熟，细嚼，白汤送下，后用干食压之。（《儒门事亲》）

④治年深日远，咳嗽涎喘，夜卧不安：经霜桑叶、经霜蓖麻叶、御米壳（去蒂，蜜炒）各32 g。上为细末，炼蜜为丸，如弹子大，每服一丸，食后，白汤化下，日进一服。（《普济方》）

（3）蓖麻根。

【采收加工】 夏、秋季采收。

【来源】 大戟科植物蓖麻 *Ricinus communis* L. 的根。

【性味】 《福建中草药》：淡，微温。

【功能主治】 镇静解痉，祛风散瘀。主治破伤风，癫痫，风湿疼痛，跌打肿痛，瘰疬。

【用法用量】 内服：煎汤，16 ～ 32 g；或炖肉食。外用：捣敷。

【附方】 ①治破伤风：红骨蓖麻根 125 ～ 160 g，蝉蜕 15 ～ 32 g，九里香 32 ～ 64 g。水 1000 ml 煮至 200 ml，分 3 次口服，每天一剂。儿童剂量酌减。另椎管内注射破伤风抗毒素 5000 ～ 10000 U（儿童 3000 ～ 6000 U），一般只注射一次，轻型病例可以不用。（《广东省医药科技资料选编》）

②治风湿性关节炎，风瘫，四肢酸痛，癫痫：蓖麻根 15 ～ 32 g。水煎服。（《常用中草药手册》）

③治风湿骨痛，跌打肿痛：蓖麻干根 9 ～ 12 g。与其他药配伍，水煎服。（《常用中草药手册》）

④治瘰疬：白茎蓖麻根 32 g，冰糖 32 g，豆腐一块。开水炖服，渣捣烂敷患处。（《福建中草药》）

乌桕属 *Sapium* P. Br.

480. 白木乌桕 *Sapium japonicum*（Sieb. et Zucc.）Pax et Hoffm.

【别名】 白乳木、野蓖麻。

【形态】 灌木或乔木，高 1 ～ 8 m，各部均无毛；枝纤细，平滑，带灰褐色。叶互生，纸质，叶卵形、卵状长方形或椭圆形，长 7 ～ 16 cm，宽 4 ～ 8 cm，顶端短尖或凸尖，基部钝、截平，或有时呈微心形，两侧常不等，全缘，背面中上部常于近边缘的脉上有散生的腺体，基部靠近中脉之两侧亦具 2 腺体；中脉在背面显著凸起，侧脉 8 ～ 10 对，斜上举，离缘 3 ～ 5 mm 弯拱网结，网状脉明显，网眼小；叶柄长 1.5 ～ 3 cm，两侧薄，呈狭翅状，

顶端无腺体；托叶膜质，线状披针形，长约 1 cm。花单性，雌雄同株常同序，聚集成顶生，长 4.5 ～ 11 cm 的纤细总状花序，雌花数朵生于花序轴基部，雄花数朵生于花序轴上部，有时整个花序全为雄花。雄花：花梗丝状，长 1 ～ 2 mm；苞片在花序下部的比花序上部的略长，卵形至卵状披针形，长 2 ～ 2.5 mm，宽 1 ～ 1.2 mm，顶端短尖至渐尖，边缘有不规则的小齿，基部两侧各具 1 近长圆形的腺体，每一苞片内有 3 ～ 4 朵花；花萼杯状，3 裂，裂片有不规则的小齿；雄蕊 3 枚，稀 2 枚，常伸出于花萼之外，花药球形，略短于花丝。雌花：花梗粗壮，长 6 ～ 10 mm；苞片 3 深裂几达基部，裂片披针形，长 2 ～ 3 mm，通常中间的裂片较大，两侧之裂片其边缘各具 1 腺体；萼片 3，三角形，长、宽近相等，顶端短尖或有时钝；子房卵球形，平滑，3 室，花柱基部合生，柱头 3，外卷。蒴果三棱状球形，直径 10 ～ 15 mm。分果爿脱落后无宿存中轴；种子扁球形，直径 6 ～ 9 mm，无蜡质的假种皮，有雅致的棕褐色斑纹。花期 5—6 月。

【生境分布】 生于海拔 1500 m 的山坡杂林中或湿润处或溪涧边。罗田薄刀峰、天堂寨有分布。

【采收加工】 全年可采。

【药用部位】 根皮。

【药材名】 白木乌桕。

【来源】大戟科植物白木乌桕 *Sapium japonicum*（Sieb. et Zucc.）Pax et Hoffm. 的根皮。

【功能主治】消肿利尿。主治尿少浮肿。

【性味】甘，寒。

【归经】归肾经。

【用法用量】内服：煎汤，15～30 g。

481. 乌桕 *Sapium sebiferum*（L.）Roxb.

【别名】乌荼子、木梓。

【形态】乔木，高可超过 15 m，各部均无毛而具乳状汁液；树皮暗灰色，有纵裂纹；枝广展，具皮孔。叶互生，纸质，叶片菱形、菱状卵形或稀有菱状倒卵形，长 3～8 cm，宽 3～9 cm，顶端骤然紧缩具长短不等的尖头，基部阔楔形或钝，全缘；中脉两面微凸起，侧脉 6～10 对，纤细，斜上升，离缘 2～5 mm 弯拱网结，网状脉明显；叶柄纤细，长 2.5～6 cm，顶端具 2 腺体；托叶顶端钝，长约 1 mm。花单性，雌雄同株，聚集成顶生、长 6～12 cm 的

总状花序，雌花通常生于花序轴最下部，或罕见在雌花下部着生少数雄花，雄花生于花序轴上部或有时整个花序全为雄花。雄花：花梗纤细，长 1～3 mm，向上渐粗；苞片阔卵形，长、宽近相等，约 2 mm，顶端略尖，基部两侧各具一近肾形的腺体，每一苞片内具 10～15 朵花；小苞片 3，不等大，边缘撕裂状；花萼杯状，3 浅裂，裂片钝，具不规则的细齿；雄蕊 2 枚，罕有 3 枚，伸出于花萼之外，花丝分离，与球状花药近等长。雌花：花梗粗壮，长 3～3.5 mm；苞片深 3 裂，裂片渐尖，基部两侧的腺体与雄花的相同，每一苞片内仅 1 朵雌花，间有 1 雌花和数雄花同聚生于苞腋内；花萼 3 深裂，裂片卵形至卵状披针形，顶端短尖至渐尖；子房卵球形，平滑，3 室，花柱 3，基部合生，柱头外卷。蒴果梨状球形，成熟时黑色，直径 1～1.5 cm。具 3 种子，分果爿脱落后而中轴宿存；种子扁球形，黑色，长约 8 mm，宽 6～7 mm，外被白色、蜡质的假种皮。花期 4—8 月。

【生境分布】野生于田边地头或山林。罗田各地均有分布。

【药用部位】种子、叶片、根皮。

【药材名】乌桕。

（1）乌桕子。

【别名】乌荼子。

【采收加工】冬季采收，摘下种子，除去枝丫、杂质，干燥。

【来源】大戟科植物乌桕 *Sapium sebiferum*（L.）Roxb. 的种子。

【性味】甘，凉，有毒。

【功能主治】杀虫，利水，通便。主治疥疮，湿疹，皮肤皲裂，水肿，便秘。

【用法用量】内服：煎汤，3～6 g。外用：榨油涂、捣烂敷擦或煎水洗。

【附方】①治脓疮疥疮：桕油 64 g，水银 6 g，樟脑 15 g，同研，不见星乃止，以温汤洗净疮，以药填入。（《唐瑶经验方》）

②治湿疹：乌桕种子（鲜）杵烂，包于纱布内，擦患处。（《闽东本草》）

③治竹木刺入肉：乌桕种子合冷饭粒捣烂敷患处，刺即逐渐浮出。（《泉州本草》）

④治手足皲裂：乌桕子煎水洗。（《草药手册》）

（2）乌桕叶。

【别名】卷子叶、油子叶、虹叶。

【采收加工】全年可采，晒干。

【来源】大戟种植物乌桕 *Sapium sebiferum*（L.）Roxb. 的叶片。

【性状】干燥叶多破碎，呈茶褐色，具长柄。完整的叶片为菱状卵形，长 3～8 cm，宽 3～7 cm，先端长渐尖，基部阔楔形，叶片基部与叶柄相连处常有干缩的小腺体 2 枚，全缘。纸质，易碎。气微，味微苦。

【性味】苦，微温，有毒。

【功能主治】主治疮痈肿毒，疥疮，脚癣，湿疹，蛇蛟伤，阴道炎。

【用法用量】内服：煎汤，4.5～12 g；或捣汁冲酒。外用：捣敷或煎水洗。

【附方】①治穿牙痈（后臼齿连接有两、三齿处红肿溃烂）：乌桕鲜嫩叶连心合糯米饭粒（加葱头或米醋更佳）捣烂敷患处。（《泉州本草》）

②治疮疡背痈：乌桕叶、鸟不企、细叶石斑木。共研末，用酒加蜜糖和匀，调成糊状，敷患处。

③治肩部生疮：乌桕叶和白蜡蒸透敷洗。

④治皮肤湿疹溃疡：乌桕叶约 160 g。煎水候暖，慢慢洗之。

⑤治头部湿疹：乌桕叶、陀僧末各适量。生油调匀，煮沸候冷，搽患处。

⑥治脚癣：乌桕树叶煎汁洗之，止痒极效。（②～⑥方出自《岭南草药志》）

⑦治阴道炎：乌桕枝、叶适量，煎水熏洗。（《广西中草药》）

⑧治蛇咬伤：乌桕鲜嫩叶连幼芽心若干个，捣烂绞汁，取一小杯冲酒服。（《泉州本草》）

⑨治跌打损伤，遍身疼痛：乌桕鲜嫩叶连幼芽心 7 个，揉碎，酒送服；或鲜嫩叶连心约 15 g，合乌糖和酒共捣烂。绞汁，炖温内服。（《泉州本草》）

（3）乌桕根皮。

【别名】卷根白皮、卷子根、乌臼。

【采收加工】全年可采，将皮剥下，除去栓皮，晒干。

【来源】大戟科植物乌桕 *Sapium sebiferum*（L.）Roxb. 的去掉栓皮的根皮或茎皮。

【毒性】乌桕木可引起食物中毒。据报道，用乌桕木做切菜砧板，在砧板上剁肉糜，吃后可引起急性中毒。中毒轻重与肉糜的剁碎程度、肉在砧板上的停留时间及进食时间成正比。中毒者潜伏期短（大都在 2.5 小时内），发病急，具有明显的胃肠道症状，如恶心、呕吐、腹痛、腹泻等，少数有四肢、口唇发麻，面色苍白，心慌，胸紧，严重咳嗽等，一般经对症治疗后即能恢复，不至引起死亡。

【炮制】洗净，切片，晒干。

【性味】苦，微温，有毒。

【归经】《本草经疏》：入手、足阳明经。

【功能主治】利水，消积，杀虫，解毒。主治水肿，癥瘕积聚，二便不通，湿疮，疥癣，疔毒。

【用法用量】内服：煎汤，9～15 g（鲜品 32～64 g）；或入丸、散。外用：煎水洗或研末调敷。

【注意】体虚者忌服。

①《本草纲目》：气虚人不可用之。

②《本草经疏》：脾虚不能制水，以致水气泛滥，法当补脾土为急，此药必不可轻用。如果元气壮实者，亦须暂施一、二剂，病已即去之。

【附方】①治水气小便涩，身体虚肿：乌桕皮64 g，木通32 g，槟榔64 g。上药捣细罗为散。每服不计时候，以粥饮调下6 g。（《太平圣惠方》）

②治鼓胀：a.乌桕树根二层皮（切碎）32～95 g，白米一撮，炒至微黄色，加北芪9 g同煎水服，或连米擂糊加糖煮服。每日一次，连服三至六日。b.乌桕木根95 g，桑树根32 g。用水五碗，煎至一碗，分三次服下。（《岭南草药志》）

③治黄肿症：取乌桕二层皮青和米擂烂，加片糖少许，煎成粉，食之必泻，泻后神倦，约一日可消。（《岭南采药录》）

④治癥瘕积聚，水肿：乌桕树根鲜二层皮，每次9 g，水煎服。（《闽东本草》）

⑤治小便不通：乌桕皮煎汤饮之。（《肘后备急方》）

⑥治大便不通：乌桕木根方长一寸，劈破，以水取小半盏服之，不用多吃，兼能取水。（《斗门方》）

⑦治二便不通：乌桕东南根白皮，干为末，热水服6 g，先以芒硝64 g，煎汤服，取吐。（《肘后备急方》）

⑧治盐胸痰喘：桕树皮去粗，捣汁，和飞面作饼，烙热，早晨吃三、四个，待吐下盐涎乃佳，如不行，热茶催之。（《摘玄方》）

⑨治脚气湿疮，极痒有虫：乌桕根为末敷。（《摘玄方》）

⑩治风疹块：乌桕树根适量，煎水暖洗。（《岭南草药志》）

⑪治毒蛇咬伤：乌桕树二层皮（鲜32 g，干15 g），捣烂，米酒适量和匀，去渣，一次饮至微醉为度，将药渣敷伤口周围。（《岭南草药志》）

⑫治胞衣不下：乌桕根95 g。加酒炖服。（《闽东本草》）

⑬治婴儿胎毒满头：水边乌桕树根，晒研，入雄黄末少许，生油调搽。（《经验良方》）

⑭治鼠莽砒毒：乌桕根16 g，擂水服之。（《医方大成论》）

⑮治跌打损伤，遍身疼痛：乌桕鲜根，每次32 g，水煎调乌糖服。（《泉州本草》）

白饭树属 *Flueggea* Willd.

482. 一叶萩 *Flueggea suffruticosa*（Pall.）Baill.

【别名】叶下珠、狗舌条、八颗叶下珠。

【形态】灌木，高1～3 m，多分枝；小枝浅绿色，近圆柱形，有棱槽，有不明显的皮孔；全株无毛。叶片纸质，椭圆形或长椭圆形，稀倒卵形，长1.5～8 cm，宽1～3 cm，顶端急尖至钝，基部钝至楔形，全缘或间中有不整齐的波状齿或细锯齿，下面浅绿色；侧脉每边5～8条，两面凸起，网脉略明显；叶柄长2～8 mm；托叶卵状披针形，长1 mm，宿存。花小，雌雄异株，簇生于叶腋；雄花：3～18朵簇生；花梗长2.5～5.5 mm；萼片通常5，椭圆形，长1～1.5 mm，宽0.5～1.5 mm，全缘或具不明显的细齿；雄蕊5，花丝长1～2.2 mm，花药卵圆形，长0.5～1 mm；花盘腺体5；退化雌蕊圆柱形，高0.6～1 mm，顶端2～3裂；雌花：花梗长2～15 mm；萼片5，椭圆形至卵形，长1～1.5 mm，近全缘，

背部呈龙骨状凸起；花盘盘状，全缘或近全缘；子房卵圆形，3（2）室，花柱 3，长 1～1.8 mm，分离或基部合生，直立或外弯。蒴果三棱状扁球形，直径约 5 mm，成熟时淡红褐色，有网纹，3 片裂；果梗长 2～15 mm，基部常有宿存的萼片；种子卵形而一侧压扁状，长约 3 mm，褐色而有小疣状凸起。花期 3—8 月，果期 6—11 月。

【生境分布】　生于山坡灌丛中及向阳处。罗田天堂寨有分布。

【采收加工】　嫩枝叶：春末至秋末均可采收，割取连叶的绿色嫩枝，扎成小把，阴干；根：全年可采，除去泥沙，洗净，切片，晒干。

【药用部位】　嫩枝叶及根。

【药材名】　一叶萩。

【来源】　大戟科植物一叶萩 *Flueggea suffruticosa*（Pall.）Baill. 的嫩枝叶及根。

【性状】　嫩枝条呈圆柱形，略具棱角，长 30～40 cm，粗端直径约 2 mm。表面暗绿黄色，有时略带红色，具纵走细微纹理。质脆，断面四周纤维状，中央白色。叶多皱缩破碎，有时尚有黄色的花朵或灰黑色的果实。气微，味微辛而苦。

根不规则分枝，圆柱形，表面红棕色，有细纵皱，疏生凸起的小点或横向皮孔。质脆，断面不整齐。木质部淡黄白色。气微，味淡转涩。

【化学成分】　叶主要含一叶萩碱，根含大量别一叶萩碱、少量一叶萩碱及别一叶萩碱的甲氧基化合物。种子含脂肪油。

【毒性】　一叶萩碱中毒能引起脊髓性惊厥，但较士的宁弱。

【性味】　辛、苦，温，有毒。

【功能主治】　活血舒筋，健脾益肾。主治风湿腰痛，四肢麻木，偏瘫，阳痿，面神经麻痹，小儿麻痹后遗症。

【用法用量】　内服：煎汤，9～15 g。

【附方】　①治小儿疳积：一叶萩根 15～18 g，紫青藤（即鼠李科牯岭勾儿茶）、白马骨根（即茜草科六月雪）、野刚子根（即马钱科醉鱼草）、倒钩刺根或茎（即豆科云实）各 15～18 g，炒黑大豆（半生半熟）14 粒，红枣 5 粒。水煎，冲红糖，早、晚空腹各服一次。（《浙江天目山药用植物志》）

②治阳痿：一叶萩根 15～18 g。水煎服。（《湖南药物志》）

483. 油桐 *Vernicia fordii*（Hemsl.）Airy Shaw

【形态】　落叶乔木，高达 10 m；树皮灰色，近光滑；枝条粗壮，无毛，具明显皮孔。叶卵圆形，长 8～18 cm，宽 6～15 cm，顶端短尖，基部截平至浅心形，全缘，稀 1～3 浅裂，嫩叶上面被很快脱落微柔毛，下面被渐脱落棕褐色微柔毛，成长叶上面深绿色，无毛，下面灰绿色，被贴伏微柔毛；掌状脉 5～7 条；叶柄与叶片近等长，几无毛，顶端有 2 枚扁平、无柄腺体。花雌雄同株，先叶或与叶同时开放；花萼长约 1 cm，2～3 裂，外面密被棕褐色微柔毛；花瓣白色，有淡红色脉纹，倒卵形，长 2～3 cm，宽 1～1.5 cm，顶端圆形，基部爪状；雄花：雄蕊 8～12 枚，2 轮，外轮

离生，内轮花丝中部以下合生；雌花：子房密被柔毛，3～5（8）室，每室有1颗胚珠，花柱与子房室同数，2裂。核果近球状，直径4～6（8）cm，果皮光滑；种子3～4（8）颗，种皮木质。花期3—4月，果期8—9月。

【生境分布】 喜生于较低的山坡、山麓和沟旁。罗田各地均有分布。

【药用部位】 根、叶、种子。

【药材名】 油桐。

（1）桐子根。

【别名】 桐子树根、高桐子根、桐油树根。

【采收加工】 全年可采。

【来源】 大戟科植物油桐 *Vernicia fordii*（Hemsl.）Airy Shaw 的根。

【性状】 根条粗实，表面褐黑色，根皮厚，断面内心白色，有绵性。

【性味】 辛，寒，有毒。

【功能主治】 消食，利水，化痰，杀虫。主治食积痞满，水肿，鼓胀，哮喘，瘰疬，蛔虫病。

【用法用量】 内服：煎汤，12～18 g（鲜品32～64 g）；研末、炖肉或浸酒。

【注意】《民间常用草药汇编》：孕妇慎服，多服则发呕。

【附方】①治鼓胀：桐油树根、乌桕根各9 g，阳雀花根15 g。炖猪肉吃。（《贵州草药》）

②治儿童肺结核病、痨咳（童子痨）：生油桐根64 g（干品32 g），炖猪肉160 g，去渣，服汤肉。每隔两天一剂，连用3～5剂。（《贵州民间方药集》）

③治吐血：油桐根64 g。取药32 g，加水两小碗，煎汤一碗。另取药32 g，加烧酒125 g浸泡。吐血时服水煎汤，一次服完。然后服用酒浸液，每日三次，每次一酒杯。（《贵州民间方药集》）

④治瘰疬：桐油树根和猪精肉煎汤服，能内消。（《岭南采药录》）

⑤治蛔虫病：油桐根1.2～1.5 g。研细粉，加面做馍，一次吃完。（《陕西中草药》）

⑥治小儿疳积：桐油树根32 g。炖猪肉160 g吃。（《贵州草药》）

⑦治齿龈肿痛：油桐根32 g。水煎去渣，加青壳鸭蛋两个同煮，服汤食蛋。（《江西草药》）

⑧治精神病：桐油树根64～125 g，土牛膝64 g，单竹芯64 g（或牛角竹125 g），竹茹64 g，白矾9 g。重症加芦根64 g，病情好转后加石菖蒲9 g。上药加水四大碗，煎成一大碗，一次服下。轻症每天一剂，重症每天二剂，一般连服5～10天。（《广东省医药卫生科技资料选编》）

（2）桐子叶。

【别名】 桐子树叶。

【采收加工】 春、夏季采收。

【来源】 大戟科植物油桐 *Vernicia fordii*（Hemsl.）Airy Shaw 的嫩叶。

【功能主治】 消肿解毒。主治痈肿，丹毒，臁疮，冻疮，疥癣，烫伤，痢疾。

【用法用量】 内服：煎汤，16～125 g。外用：捣敷或烧灰研末撒。

【附方】①治痈肿：油桐叶捣烂外敷。（《陕西中草药》）

②治丹毒：鲜油桐叶捣烂，敷患处；或拧取自然汁涂患处。（《河南中草药手册》）

③治疥癣：鲜油桐叶捣烂绞汁敷抹。

④治烫伤：鲜油桐叶捣烂绞汁，调冬蜜敷抹患处。

⑤治锈铁钉刺伤脚底：鲜油桐叶和红糖捣烂敷贴。（③～⑤方出自《福建民间草药》）

⑥治刀伤出血：油桐树嫩叶适量。焙干研末，撒伤处。（《贵州草药》）

⑦治漆疮：油桐叶煎水洗。（《陕西中草药》）

（3）油桐子。

【别名】 桐子、桐油树子、高桐子、油桐果。

【来源】 大戟科植物油桐 *Vernicia fordii*（Hemsl.）Airy Shaw 的种子。

【采收加工】 秋季果实成熟时收集，将其堆积于潮湿处，泼水，覆以干草，经 10 天左右，外壳腐烂，除去外皮收集种子晒干。

【性味】 ①《本草拾遗》：有大毒。

②《本草纲目》：味甘。

【功能主治】 吐风痰，消肿毒，利二便。主治风痰喉痹，瘰疬，疥癣，烫伤，脓疱疮，丹毒，食积腹胀，二便不通。

【用法用量】 内服：煎汤，1 ～ 2 枚；磨水或捣烂冲水服。外用：研末吹喉、捣敷或磨水涂。

【注意】 《民间常用草药汇编》：孕妇慎服。

【附方】 ①治瘰疬：桐油树子磨水涂，再以一、二个和猪精肉煎汤饮。不可多用，宜多服数次。（《岭南采药录》）

②治疥癣：油桐果捣烂绞汁敷抹。

③治烫伤：油桐果捣烂绞汁，调冬蜜敷抹患处。

④治锈铁钉刺伤脚底：鲜油桐果和红糖捣烂敷贴。（②～④方出自《福建民间草药》）

⑤治脓疱疮：嫩油桐果切开，将果内流出的水涂患处。

⑥治丹毒：油桐壳焙焦，研细面，香油调涂患处。（⑤～⑥方出自《河南中草药手册》）

⑦治二便不通：桐油树种子 1 粒。磨水服，大约半粒磨水 32 g。（《贵州草药》）

八十八、虎皮楠科 Daphniphyllaceae

虎皮楠属 *Daphniphyllum* Bl.

484. 交让木 *Daphniphyllum macropodum* Miq.

【别名】 山黄树、豆腐头、枸色子、水红朴。

【形态】 灌木或小乔木，高 3 ～ 10 m；小枝粗壮，暗褐色，具圆形大叶痕。叶革质，长圆形至倒披针形，长 14 ～ 25 cm，宽 3 ～ 6.5 cm，先端渐尖，顶端具细尖头，基部楔形至阔楔形，叶面具光泽，干后叶面绿色，叶背淡绿色，无乳凸体，有时略被白粉，侧脉纤细而密，12 ～ 18 对，两面清晰；叶柄紫红色，粗壮，长 3 ～ 6 cm。雄花序长 5 ～ 7 cm，雄花花梗长约 0.5 cm；花萼不育；雄蕊 8 ～ 10，花药长为宽的 2 倍，约 2 mm，花丝短，长约 1 mm，背部压扁，具短尖头；雌花序长 4.5 ～ 8 cm；花梗长 3 ～ 5 mm；花萼不育；子房基部具大小不等的不育雄蕊 10；子房卵形，长约 2 mm，被白粉，花柱极短，柱头 2，外弯，扩展。

果椭圆形，长约 10 mm，直径 5 ～ 6 mm，先端具宿存柱头，基部圆形，暗褐色，有时被白粉，具疣状皱褶，果梗长 10 ～ 15 cm，纤细。花期 3—5 月，果期 8—10 月。

【生境分布】生于海拔 600 ～ 1900 m 的阔叶林中。罗田天堂寨有分布。

【采收加工】秋季采收，鲜用或晒干。

【来源】虎皮楠科植物交让木 *Daphniphyllum macropodum* Miq. 的种子及叶。

【性味】苦，凉。

【功能主治】消肿拔毒，杀虫。主治疮痈肿毒。

【用法用量】外用适量。种子和叶，加食盐捣烂敷患处。叶煎水喷洒，可杀蚜虫。

八十九、黄杨科　Buxaceae

黄杨属 *Buxus* L.

485. 匙叶黄杨 *Buxus harlandii* Hance

【别名】石黄杨、万年青、千年矮、黄杨木。

【形态】小灌木，高 0.5 ～ 1 m；枝近圆柱形；小枝近四棱形，纤细，直径约 1 mm，被轻微的短柔毛，节间长 1 ～ 2 cm。叶薄革质，匙形，稀狭长圆形，长 2 ～ 3.5（4）cm，宽 5 ～ 8（9）mm，先端稍狭，顶圆或钝，或有浅凹口，基部楔形，叶面光亮，中脉两面凸出，侧脉和细脉在叶面细密、显著，侧脉与中脉约成 30° ～ 35° 角，在叶背不甚分明，叶面中脉下半段常被微

细毛；无明显的叶柄。花序腋生兼顶生，头状，花密集，花序轴长 3 ～ 4 mm；苞片卵形，尖头；雄花：8 ～ 10 朵，花梗长 1 mm，萼片阔卵形或阔椭圆形，长约 2 mm，雄蕊连花药长 4 mm，不育雌蕊具极短柄，末端甚膨大，高约 1 mm，为萼片长度的 1/2；雌花：萼片阔卵形，长约 2 mm，边缘干膜质，受粉期间花柱长度稍超过子房，子房无毛，花柱直立，下部扁阔，柱头倒心形，下延达花柱 1/4 处。蒴果近球形，长 7 mm，无光泽，平滑，宿存花柱长 3 mm，末端稍外曲。花期 5 月，果期 10 月（在海南岛 12 月仍开花，翌年 5 月果熟）。

【生境分布】生于溪旁或疏林中，主要为栽培品种。罗田各地均有栽培。

【采收加工】根全年可挖，洗净，切片，晒干；叶全年均可采，鲜用或晒干；花春季采收，晒干。

【药用部位】根、叶或花。

【药材名】黄杨根。

【来源】黄杨科植物匙叶黄杨 *Buxus harlandii* Hance 的根、叶或花。

【性味】苦、甘，凉。

【功能主治】止咳，止血，清热解毒。主治咳嗽，咯血，疮痈肿毒。

【用法用量】内服：煎汤，9～15 g。外用：适量，捣烂敷。

486. 小叶黄杨 *Buxus sinica* var. *parvifolia* M. Cheng

【别名】珍珠黄杨。

【形态】叶薄革质，阔椭圆形或阔卵形，长7～10 mm，宽5～7 mm，叶面无光或光亮，侧脉明显凸出；蒴果长6～7 mm，无毛（湖北兴山产的，小枝被较长毛，叶往往呈长圆形或长圆状倒卵形，上面极光亮，其余和上所述相同）。

【生境分布】生于岩上，海拔1000 m以上。罗田天堂寨有分布。

【来源】黄杨科植物小叶黄杨 *Buxus sinica* var. *parvifolia* M. Cheng 的根。

【采收加工】全年可采，除去粗皮，切成薄片干燥。

【性味】《四川中药志》：性平，味苦，无毒。

【功能主治】健脾利湿，平喘散瘀。主治浮肿，小儿热喘，跌打损伤，烫伤等。

【用法用量】内服：煎汤，10～15 g；或浸酒。外用：捣敷。

【附方】治跌打损伤：a. 黄杨木泡酒服。（《四川中药志》）b. 黄杨木干枝叶50 g，青石蚕（水龙骨）12～16 g，嫩竹叶、厚朴各10～12 g。水煎，早、晚空腹各服一次。（《浙江天目山药用植物志》）

板凳果属 *Pachysandra* Michx.

487. 顶花板凳果 *Pachysandra terminalis* Sieb. et Zucc.

【别名】粉蕊黄杨、顶蕊三角咪。

【形态】亚灌木，茎稍粗壮，被极细毛，下部根茎状，长约30 cm，横卧，屈曲或斜上，布满长须状不定根，上部直立，高约30 cm，生叶。叶薄革质，在茎上每间隔2～4 cm有4～6叶接近着生，似簇生状。叶片菱状倒卵形，长2.5～5（9）cm，宽1.5～3（6）cm，上部边缘有齿牙，基部楔形，渐狭成长1～3 cm的叶柄，叶面脉上有微毛。花序顶生，长2～4 cm，直立，花序轴及苞片均无毛，花白色，雄花数超过15，几占花序轴的全部，无花梗，雌花1～2，生花序轴基部，有时最上1～2叶的叶腋又各生一雌花；雄花：苞片及萼片均阔卵形，苞

片较小，萼片长 2.5～3.5 mm，花丝长约 7 mm，不育雌蕊高约 0.6 mm；雌花：连柄长 4 mm，苞片及萼片均卵形，覆瓦状排列，花柱受粉后伸出花外甚长，上端旋曲。果卵形，长 5～6 mm，花柱宿存，粗而反曲，长 5～10 mm。花期 4—5 月。

【生境分布】 生于山区林下阴湿地，海拔 1000～2600 m。罗田天堂寨有分布。

【来源】 黄杨科植物顶花板凳果 *Pachysandra terminalis* Sieb. et Zucc. 的全株。

【采收加工】 全年可采，去净泥土、杂质，鲜用或晒干。

【功能主治】 除风湿，清热解毒，调经活血，止带。主治风湿性筋骨痛，带下，月经过多，烦躁不安。

【用法用量】 内服：煎汤，6～10 g；或浸酒。

九十、漆树科 Anacardiaceae

黄连木属 *Pistacia* L.

488. 黄连木 *Pistacia chinensis* Bunge

【别名】 黄连树、木黄连、黄儿茶、药子树、凉茶树。

【形态】 落叶乔木，高超过 20 m；树干扭曲，树皮暗褐色，呈鳞片状剥落，幼枝灰棕色，具细小皮孔，疏被微柔毛或近无毛。奇数羽状复叶互生，有小叶 5～6 对，叶轴具条纹，被微柔毛，叶柄上面平，被微柔毛；小叶对生或近对生，纸质，披针形或卵状披针形或线状披针形，长 5～10 cm，宽 1.5～2.5 cm，先端渐尖或长渐尖，基部偏斜，全缘，两面沿中脉和侧脉被卷曲微

柔毛或近无毛，侧脉和细脉两面凸起；小叶柄长 1～2 mm。花单性异株，先花后叶，圆锥花序腋生，雄花序排列紧密，长 6～7 cm，雌花序排列疏松，长 15～20 cm，均被微柔毛；花小，花梗长约 1 mm，被微柔毛；苞片披针形或狭披针形，内凹，长 1.5～2 mm，外面被微柔毛，边缘具毛；雄花：花被片 2～4，披针形或线状披针形，大小不等，长 1～1.5 mm，边缘具毛；雄蕊 3～5，花丝极短，长不到 0.5 mm，花药长圆形，大，长约 2 mm；雌蕊缺；雌花：花被片 7～9，大小不等，长 0.7～1.5 mm，宽 0.5～0.7 mm，外面 2～4 片远较狭，披针形或线状披针形，外面被柔毛，边缘具毛，里面 5 片卵形或长圆形，外面无毛，边缘具毛；不育雄蕊缺；子房球形，无毛，直径约 0.5 mm，花柱极短，柱头 3，厚，肉质，红色。核果倒卵状球形，略压扁，直径约 5 mm，成熟时紫红色，干后具纵向细条纹，先端细尖。

木材鲜黄色，可提取黄色染料，材质坚硬致密，可供家具和细工用材。种子榨油可做润滑油或制皂。幼叶可充蔬菜，并可代茶。

【生境分布】 生于海拔 140～3550 m 的低山、丘陵、石山林或平原。罗田观音山、白庙河镇、凤山

镇均有分布。

【采收加工】春季采收叶芽，鲜用；夏、秋季采叶，鲜用或晒干；根及树皮全年可采，洗净，切片，晒干。

【药用部位】叶芽、叶或根、树皮。

【药材名】黄连木。

【来源】漆树科植物黄连木 *Pistacia chinensis* Bunge 的叶芽、叶或根、树皮。

【性味】苦、涩，寒。

【功能主治】清暑，生津，解毒，利湿。主治暑热口渴，咽喉肿痛，口舌糜烂，吐泻，痢疾，淋证，无名肿毒，疮疹。

【用法用量】内服：煎汤，15～30 g。外用：适量，捣汁涂或煎水洗。

盐肤木属 *Rhus*（Tourn.）L. emend. Moench

489. 盐肤木 *Rhus chinensis* Mill.

【别名】五倍子根、泡木根、盐肤子、盐梅子、盐树根、假五味子、油盐果。

【形态】落叶小乔木或灌木，高2～10 m；小枝棕褐色，被锈色柔毛，具圆形小皮孔。奇数羽状复叶有小叶（2）3～6对，叶轴具宽的叶状翅，小叶自下而上逐渐增大，叶轴和叶柄密被锈色柔毛；小叶多形，卵形或椭圆状卵形或长圆形，长6～12 cm，宽3～7 cm，先端急尖，基部圆形，顶生小叶基部楔形，边缘具粗锯齿或圆齿，叶

面暗绿色，叶背粉绿色，被白粉，叶面沿中脉疏被柔毛或近无毛，叶背被锈色柔毛，脉上较密，侧脉和细脉在叶面凹陷，在叶背凸起；小叶无柄。圆锥花序宽大，多分枝，雄花序长30～40 cm，雌花序较短，密被锈色柔毛；苞片披针形，长约1 mm，被微柔毛，小苞片极小，花白色，花梗长约1 mm，被微柔毛；雄花：花萼外面被微柔毛，裂片长卵形，长约1 mm，边缘具细毛；花瓣倒卵状长圆形，长约2 mm，开花时外卷；雄蕊伸出，花丝线形，长约2 mm，无毛，花药卵形，长约0.7 mm；子房不育；雌花：花萼裂片较短，长约0.6 mm，外面被微柔毛，边缘具细毛；花瓣椭圆状卵形，长约1.6 mm，边缘具细毛，里面下部被柔毛；雄蕊极短；花盘无毛；子房卵形，长约1 mm，密被白色微柔毛，花柱3，柱头头状。核果球形，略压扁，直径4～5 mm，被具节柔毛和腺毛，成熟时红色，果核直径3～4 mm。花期8—9月，果期10月。

【生境分布】我国中南和西南地区常见的野生阳性树。罗田各地均有分布。

【药用部位】根、叶、果实、皮。

【药材名】盐肤木。

（1）盐肤木根。

【采收加工】全年可采。

【来源】漆树科植物盐肤木 *Rhus chinensis* Mill. 的树根。

【性味】酸、咸，凉。

【归经】《闽东本草》：入脾、肾二经。

【功能主治】去风，化湿，消肿，软坚。主治感冒发热，咳嗽，腹泻，水肿，风湿痹癌，跌打损伤，乳痈，癣疮，消酒毒。

【用法用量】内服：煎汤，9～15 g（鲜品 32～64 g）。外用：捣敷、研末调敷或煎水洗。

【附方】①治咳嗽出血：盐肤木根 48～64 g。合猪肉炖服。（《泉州本草》）

②治腹泻：盐肤木根水煎服。（《湖南药物志》）

③治慢性痢疾：五倍子根 15 g，苍耳草根 15 g，臭草根、黄豆、生姜各 3 g。煨水服。（《贵州草药》）

④治水肿：盐肤木根 32～64 g。水煎服。（《浙江民间常用草药》）

⑤治腰骨酸痛，风湿性关节痛：盐肤木鲜根 32 g，猪脊椎骨或脚节不拘量。酌加水、酒各半炖服。（《闽东本草》）

⑥治骨折：盐肤木根、前胡。捣烂敷伤处。（《湖南药物志》）

⑦治瘰疬：盐肤木根、破凉伞、凌霄根、酒槽，共捣烂敷。（《湖南药物志》）

⑧治疟疾：盐肤木根煎汁加红糖服。（《野生药植图说》）

⑨治麻疹不易出或出而不进：盐肤木根，切片，取 9～15 g。水煎服。（《江西民间草药验方》）

⑩治毒蛇咬伤：盐肤木鲜根 64 g。水煎，加醋少许内服，余下的药液洗伤口。（《福建中草药》）

（2）盐肤木叶。

【采收加工】春、夏季采收。

【来源】漆树科植物盐肤木 *Rhus chinensis* Mill. 的叶。

【化学成分】含槲皮苷、没食子酸甲酯、并没食子酸等。

【性味】①《本草求原》：酸、咸，寒。

②《陆川本草》：性凉，味酸。

【功能主治】化痰止咳，收敛，解毒。主治痰嗽，便血，血痢，盗汗，疮疡。

【用法用量】内服：煎汤，鲜品 32～64 g。外用：捣敷或捣汁涂。

【附方】①治蛀节疔、五掌疔、对口疮：盐肤木鲜叶或树枝的二重皮适量，糯米饭少许，杵烂涂患处。（《闽东本草》）

②治蜂螫伤：盐肤木叶捣烂，绞汁擦伤处。（《湖南药物志》）

③治痛风：盐肤木叶捣烂，桐油炒热，布包揉痛处。（《湖南药物志》）

④治目中星翳：新鲜盐肤木叶，折断，有乳浆样白汁流出，盛于小瓷杯内，用灯芯蘸药汁点患处（一天点二次）。点后闭目 10 min，稍有刺痛感。（《江西民间草药验方》）

⑤治骨折，毒蛇咬伤：盐肤木鲜叶捣烂敷患部。（《云南中草药选》）

（3）盐肤木果实。

【采收加工】秋、冬季采收。

【来源】漆树科植物盐肤木 *Rhus chinensis* Mill. 的果实。

【化学成分】盐肤木子含鞣质 50%～70% 的，也有高达 80% 的，主要为 5-间双没食子酰-β-葡萄糖，尚有少量游离没食子酸及脂肪、树脂、淀粉，有机酸如苹果酸、酒石酸、柠檬酸等。

【性味】酸，凉。

【功能主治】生津润肺，降火化痰，敛汗，止痢。主治痰嗽，喉痹，黄疸，盗汗，痢疾，顽癣，痈毒，头风白屑。

【用法用量】内服：煎汤，9～15 g；或研末。外用：煎水洗、捣敷或研末调敷。

【附方】①治年久顽癣：盐肤木子、王不留行。焙干研末，麻油调搽。（《湖南药物志》）

②治痈毒溃烂：盐肤木子和花捣烂，香油调敷。（《湖南药物志》）

③治肺虚久嗽胸痛：盐肤木干果研末。每晨服 3～9 g，开水送服。（《福建中草药》）

（4）盐肤木皮。

【采收加工】 全年可采。

【来源】 漆树科植物盐肤木 *Rhus chinensis* Mill. 的树皮。

【功能主治】 主治血痢，肿毒，疮疥。

【用法用量】 内服：煎汤，16～64 g。外用：煎水洗或捣敷。

附：五倍子

【别名】 百虫仓、木附子。

【来源】 倍蚜科昆虫角倍蚜，主要由五倍子蚜 *Melaphis chinensis*（Bell）Baker 寄生而形成。在其寄主盐肤木树上形成的虫瘿。其寄主植物参见"盐肤木"。

角倍蚜的虫瘿，称为"角倍"，多于 9—10 月间采收；如收采过时，则虫瘿开裂，影响质量。采得后，入沸水中煎 3～5 分钟，将内部仔虫杀死，晒干或阴干。

【分布】 罗田骆驼坳镇望江垴村有分布。

【原形态】 成虫有有翅型及无翅型两种。有翅成虫均为雌虫，全体灰黑色，长约 2 mm，头部触角 5 节，第 3 节最长，感觉芽分界明显，缺缘毛。翅 2 对，透明，前翅长约 3 mm，痣纹长镰状。足 3 对。腹部略呈圆锥形。无翅成虫，雄者色绿，雌者色褐，口器退化。

本种的寄主植物为盐肤木。当早春盐肤木树萌发幼芽时，蚜虫的春季迁移蚜（越冬幼蚜羽化后的有翅胎生雌虫），便在叶芽上产生有性的雌雄无翅蚜虫，经交配后产生无翅单性雄虫，称为干母。干母侵入树的幼嫩组织，逐步形成多角的虫瘿。干母在成瘿期间，旺盛地营单性生殖，在虫瘿中产生许多幼虫，于 9—10 月逐渐形成有翅的成虫，称为秋季迁移蚜。此时虫瘿自然爆裂，秋季迁移蚜便从虫瘿中飞出，到另一寄主茶盏苔及其同属植物上，进行无性生殖，产生幼小蚜虫。此种幼蚜固定在寄主的茎上，分泌蜡质，包围整个虫体，形成白色的球状茧而越冬；至翌年春天，越冬幼蚜在茧内成长为有翅成虫，即春季迁移蚜，又飞到盐肤木上进行繁殖。

【性状】 角倍，又名菱倍，花倍，呈不规则的囊状或菱角状，有若干瘤状凸起或角状分枝，表面黄棕色至灰棕色，有灰白色软滑的茸毛，质坚脆，中空，破碎后可见黑褐色倍蚜的尸体及白色外皮和粉状排泄物。壁厚 1～2 mm，内壁浅棕色，平滑。破折面角质样。气微而特异，味涩而有收敛性。以皮厚、色灰棕、完整不碎者为佳。

【化学成分】 盐肤木虫瘿含大量五倍子鞣酸及树脂、脂肪、淀粉。

【炮制】 拣净、敲开、剔去其中杂质。

【性味】 酸、涩，寒。

【归经】 归肺、胃、大肠经。

【功能主治】 敛肺，涩肠，止血，解毒。主治肺虚久咳，久痢，久泻，脱肛，自汗，盗汗，遗精，便血，衄血，崩漏，外伤出血，肿毒，疮疥。

【用法用量】 内服：研末，1.5～6 g；或入丸、散。外用：煎汤熏洗、研末撒或调敷。

【注意】 外感风寒或肺有实热之咳嗽及积滞未清之泻痢忌服。

【附方】 ①治泻痢不止：五倍子 32 g。半生半烧，为末，糊丸梧桐子大。每服 30 丸，红痢烧酒下，白痢水酒下，水泄米汤下。（《本草纲目》）

②治脱肛不收：五倍子末 10 g，入白矾一块，水一碗，煎汤洗之。（《三因极一病证方论》）

③治产后肠脱：五倍子末掺之；或以五倍子、白矾煎汤熏洗。（《妇人良方》）

④治寐中盗汗：五倍子末、荞麦面等份。水和作饼，煨熟。夜卧待饥时，干吃两、三个，勿饮茶水。

（《本草纲目》）

⑤治自汗盗汗：五倍子研末，津调填脐中，缚定。（《本草纲目》）

⑥治虚劳遗浊：五倍子 500 g，白茯苓 125 g，龙骨 64 g。为末，水糊丸，梧桐子大。每服 70 丸，食前用盐汤送下，日三服。（《局方》）

⑦治消渴饮水：五倍子为末，水服方寸匕，日两服。（《世医得效方》）

⑧治粪后下血，不拘大人小儿：五倍子末，艾汤服 3 g。（《全幼心鉴》）

⑨治小便尿血：五倍子末，盐梅捣和丸，梧桐子大，每空心酒服五十丸。（《李时珍濒湖集简方》）

⑩治鼻出血：五倍子末吹之，仍以末同鲜绵灰等份，米饮服 6 g。（《本草纲目》）

⑪治牙缝出血不止：五倍子，烧存性，研末敷之。（《卫生易简方》）

⑫治孕妇漏胎：五倍子末，酒服 6 g。（《朱氏集验医方》）

⑬治金疮血不止：五倍子，生，为细散，干贴。（《圣济总录》）

⑭治一切肿毒：五倍子、大黄、黄柏各 32 g。锉，共捣罗为散，新汲水调如糊，日三、五度，涂敷患处。（《圣济总录》）

⑮治软硬疖，诸热毒疱疮：五倍子，炒焦为末，油调，纸花贴。入数点麻油，冷水调涂。（《普济方》）

⑯治头疮热疮，风湿诸毒：五倍子、白芷等份。研末掺之，脓水即干。如干者，以清油调涂。（《卫生易简方》）

⑰治咽中悬痈，舌肿塞痛：五倍子末、白僵蚕末、甘草末各等份。白梅肉捣和丸，弹子大，噙咽，其痈启破。（《朱氏集验医方》）

⑱治走马牙疳：五倍子、青黛、枯矾、黄檗各等份。为末，以盐汤漱净，掺之。（《纂要痘疹治诀便览》）

⑲治聘耳：五倍子，先以绵拈干，置末半字许入耳中。（《普济方》）

⑳治风毒上攻，眼肿痒涩痛不可忍者，或上下睑眦赤烂，浮肉瘀翳侵睛：五倍子 32 g，蔓荆子 48 g。同杵末，每服 6 g，水二盏，铜石器内煎及一盏，澄滓，热淋洗；留滓二服，又依前煎淋洗。（《博济方》）

㉑治阴囊湿疮，出水不瘥：五倍子、腊茶各 16 g，腻粉少许。研末，先以葱椒汤洗过，香油调搽。（《太平圣惠方》）

㉒治疮口不收：五倍子，焙，研末，以腊醋脚调涂四围。（《本草纲目》）

㉓治手足皲裂：五倍子末，同牛骨髓填纳缝中。（《医方大成论》）

【临床应用】①防治水田皮炎：五倍子 500 g，研成细末，放入白醋 4000 ml 中溶解，在下水田前，涂抹四肢受水浸泡处，使呈一黑色保护层。如已患水田皮炎，涂抹后 0.5～1 天内，患处渗出停止，疼痛减轻。

②治疗盗汗：五倍子研成细末，每晚睡前取 3～10 g，用冷开水调成糊状，敷于脐窝，纱布覆盖，胶布固定。重症每晚可敷 2 次。一般 1～3 次即可生效。共观察肺结核、硅肺合并肺结核等病的盗汗患者 61 例，均取得不同程度的疗效。

③治疗宫颈糜烂：用五倍子、枯矾各等量研细末，加甘油调成糊剂，用带线的小纱布块涂药贴塞于宫颈糜烂处，12 小时后取出。每周复查一次。观察 18 例，4 例糜烂处完全光滑，14 例好转。

④治疗枕部疖肿：先剃光枕部头发，清洁消毒后拔除疖子脓栓，用五倍子粉适量与醋调成膏状敷于疖肿上，厚约 2 mm。每日更换 1～2 次，每次换药需清洁创面。共治 20 例，除 2 例不断出现新疖外，余 18 例均经 3～9 天治愈。

⑤治疗睫毛倒卷：用五倍子 32 g 研细末，加入蜂蜜或醋适量调匀，拌成糊状。用时先洗净眼睑皮肤，然后再将适量的糊剂涂于距睑缘 2 mm 处，每日 1 次，一般连涂 3 ～ 10 次，有望矫正倒睫。

⑥用于拔牙创止血：牙齿拔除后，如继续出血不止，可用五倍子粉末适量撒于创内（避免唾液浸入），3 ～ 5 分钟内拔牙创表面即为一层黄白色薄膜所覆盖，血块凝固于薄膜之下，无须咬棉纱条压迫。上部牙拔除，粉末撒入不易，有时须稍加压迫以促进血块凝固。试用此法于拔牙后止血 54 人，止血效果均满意。

漆属 *Toxicodendron*（Tourn.）Mill.

490. 漆 *Toxicodendron vernicifluum*（Stokes）F. A. Barkl.

【别名】漆树根、漆树、生漆、干漆。

【形态】落叶乔木，高达 20 m。树皮灰白色，粗糙，呈不规则纵裂，小枝粗壮，被棕黄色柔毛，后变无毛，具圆形或心形的大叶痕和凸起的皮孔；顶芽大而显著，被棕黄色茸毛。奇数羽状复叶互生，常螺旋状排列，有小叶 4 ～ 6 对，叶轴圆柱形，被微柔毛；叶柄长 7 ～ 14 cm，被微柔毛，近基部膨大，半圆形，上面平；小叶膜质至薄纸质，卵形或卵状椭圆形或长圆形，长 6 ～ 13 cm，宽 3 ～ 6 cm，先端急尖或渐尖，基部偏斜，圆形或阔楔形，全缘，

叶面通常无毛或仅沿中脉疏被微柔毛，叶背沿脉上被平展黄色柔毛，稀近无毛，侧脉 10 ～ 15 对，两面略凸；小叶柄长 4 ～ 7 mm，上面具槽，被柔毛。圆锥花序长 15 ～ 30 cm，与叶近等长，被灰黄色微柔毛，序轴及分枝纤细，疏花；花黄绿色，雄花花梗纤细，长 1 ～ 3 mm，雌花花梗短粗；花萼无毛，裂片卵形，长约 0.8 mm，先端钝；花瓣长圆形，长约 2.5 mm，宽约 1.2 mm，具细密的褐色羽状脉纹，先端钝，开花时外卷；雄蕊长约 2.5 mm，花丝线形，与花药等长或近等长，在雌花中较短，花药长圆形，花盘 5 浅裂，无毛；子房球形，直径约 1.5 mm，花柱 3。果序下垂，核果肾形或椭圆形，不偏斜，略压扁，长 5 ～ 6 mm，宽 7 ～ 8 mm，先端锐尖，基部截形，外果皮黄色，无毛，具光泽，成熟后不裂，中果皮蜡质，具树脂道条纹，果核棕色，与果同型，长约 3 mm，宽约 5 mm，坚硬；花期 5—6 月，果期 7—10 月。

【生境分布】生于海拔 480 ～ 2000 m 的山坡林中。罗田胜利镇、九资河镇有分布。

【药用部位】漆树根、心、皮、叶、子、分泌物。

（1）漆树根。

【采收加工】根全年可采；子在秋季成熟时采收。

【来源】漆树科植物漆 *Toxicodendron vernicifluum*（Stokes）F. A. Barkl. 的根、子、分泌物等。

【性味】①《闽南民间草药》：辛，温。

②《南方主要有毒植物》：有毒。

【功能主治】主治跌打瘀肿。

（2）漆树心。

【采收加工】全年可采，去掉外皮。

【来源】漆树科植物漆 *Toxicodendron vernicifluum*（Stokes）F. A. Barkl. 的心材。

【性味】辛，温，有小毒。

【功能主治】　行气，镇痛。主治心胃气痛。

【用法用量】　内服：煎汤，3～6 g。

（3）漆树皮。

【采收加工】　全年可采。

【来源】　漆树科植物漆 *Toxicodendron verniciiluum*（Stokes）F. A. Barkl. 的干皮或根皮。

【性味】　辛，温，有小毒。

【功能主治】　接骨。

【用法用量】　外用：捣烂酒炒敷。

（4）漆树叶。

【采收加工】　夏、秋季采收，鲜用或晒干。

【来源】　漆树科植物漆 *Toxicodendron vernicifluum*（Stokes）F. A. Barkl. 的叶。

【性味】　《陆川本草》：辛，温，有小毒。

【功能主治】　主治紫云疯，外伤出血，疮疡溃烂。

【用法用量】　外用：捣敷、捣汁涂或煎水洗。

【附方】　治中漆毒：漆叶取汁搽，或煎水候冷洗，忌洗暖水及饮酒。（《本草求原》）

（5）漆树子。

【采收加工】　秋、冬季采收。

【来源】　漆树科植物漆 *Toxicodendron vernicifluum*（Stokes）F. A. Barkl. 的种子。

【化学成分】　漆树果实富含棕榈酸，种子含蜡。

【性味】　《南方主要有毒植物》：有毒。

【功能主治】　《本草纲目》：治下血。

【注意】　《本经逢原》：审无瘀滞，慎勿漫投。

【附方】　治吐泻腹痛：漆树子6 g，八角莲6 g，九盏灯6 g，女儿红9 g。共研末，每次9 g，开水冲服。（《湖南药物志》）

（6）干漆。

【别名】　生漆。

【来源】　漆树科植物漆 *Toxicodendron vernicifluum*（Stokes）F. A. Barkl. 的树脂。

【采收加工】　4—5 月采收，砍破树皮，承取溢出的脂液，储存备用。

【化学成分】　树脂含漆酚50%～80%，为儿茶酚的四种衍生物（漆酚Ⅰ、漆酚Ⅱ、漆酚Ⅲ、漆酚Ⅳ）的混合物。其中漆酚Ⅳ占50%。漆酚具有毒性，能引起皮肤强烈起泡与过敏性皮炎。树脂还含漆树蓝蛋白、虫漆酶、酚酶、鞣质及胶质；胶质的主要成分为多糖类，还含有葡糖醛酸、半乳糖和木糖。

【药理作用】　对某些特异体质的人，接触生漆可产生严重的过敏性皮炎。

【性味】　辛，温，有毒。

【功能主治】　破瘀通经，消积杀虫。

【用法用量】　内服：生用和丸或熬干研末入丸、散。外用：涂。

【注意】　体虚无瘀滞者忌服。

【附方】　①治钩虫病：生漆用饭包如黄豆大，每次吞服一粒。（《湖南药物志》）

②治水蛊：真生漆500 g（锅内融化，麻布绞去渣，复入锅内熬干），雄黄500 g。为末，醋糊丸梧桐子大，每四分，大麦芽煎汤下。（《医学入门》）

九十一、冬青科 Aquifoliaceae

冬青属 *Ilex* L.

491. 冬青 *Ilex chinensis* Sims

【别名】四季青。

【形态】常绿乔木，高达 13 m；树皮灰黑色，当年生小枝浅灰色，圆柱形，具细棱；二至多年生枝具不明显的小皮孔，叶痕新月形，凸起。叶片薄革质至革质，椭圆形或披针形，稀卵形，长 5～11 cm，宽 2～4 cm，先端渐尖，基部楔形或钝，边缘具圆齿，或有时在幼叶为锯齿，叶面绿色，有光泽，干时深褐色，背面淡绿色，主脉在叶面平，背面隆起，侧脉 6～9 对，在叶面不明显，叶背明显，无毛，或有时在雄株幼枝顶芽、幼叶叶柄及主脉上有长柔毛；叶柄长 8～10 mm，上面平或有时具窄沟。雄花：花序具 3～4 回分枝，总

花梗长 7～14 mm，二级轴长 2～5 mm，花梗长 2 mm，无毛，每分枝具花 7～24 朵；花淡紫色或紫红色，4～5 基数；花萼浅杯状，裂片阔卵状三角形，具缘毛；花冠辐状，直径约 5 mm，花瓣卵形，长 2.5 mm，宽约 2 mm，开放时反折，基部稍合生；雄蕊短于花瓣，长 1.5 mm，花药椭圆形；退化子房圆锥状，长不足 1 mm；雌花：花序具 1～2 回分枝，具花 3～7 朵，总花梗长 3～10 mm，扁，二级轴发育不好；花梗长 6～10 mm；花萼和花瓣同雄花，退化雄蕊的长约为花瓣的 1/2，败育花药心形；子房卵球形，柱头具不明显的 4～5 裂，厚盘形。果长球形，成熟时红色，长 10～12 mm，直径 6～8 mm；分核 4～5，狭披针形，长 9～11 mm，宽约 2.5 mm，背面平滑，凹形，断面呈三棱形，内果皮厚革质。花期 4—6 月，果期 7—12 月。

【生境分布】生于疏林中。罗田各地均有分布。

【药用部位】叶、皮、果实。

（1）冬青叶。

【别名】四季青叶。

【采收加工】全年可采。

【来源】冬青科植物冬青 *Ilex chinensis* Sims 的叶。

【化学成分】叶含两种抑菌成分，其中之一是原儿茶酸，另含挥发油、黄酮类。

【性味】《江西草药》：苦、涩、寒。

【功能主治】主治烫伤，溃疡久不愈合，闭塞性脉管炎，急、慢性支气管炎，肺炎，泌尿系统感染，细菌性痢疾，外伤出血，冻疮，皲裂。

【用法用量】内服：浓煎成流浸膏服用。外用：制成乳剂、膏剂涂搽。

【临床应用】①治疗烧伤：用四季青叶制成多种剂型，应用于不同的烧伤创面，能使其迅速结痂，

减少渗出，控制感染，在一定程度上可以防止休克和早期败血症的发生，促进创面愈合，缩短疗程，提高治愈率。

②治疗下肢溃疡：四季青药液有很强的收敛作用，能很快使创面收敛干燥；同时对铜绿假单胞菌、金黄色葡萄球菌、变形杆菌、溶血性链球菌及大肠杆菌有强烈的抑制作用，从而有效地控制了创面的渗出及细菌感染。

③治疗麻风溃疡。

④防治骨科感染。

⑤治疗血栓闭塞性脉管炎。

⑥治疗上呼吸道感染：用四季青和三脉叶马兰各 32 g，制成煎液 90 ml，每日 3 次分服，用于治疗感冒和扁桃体炎共 78 例，除各有 2 例无效外，余均治愈或好转。

⑦治疗急、慢性支气管炎。

⑧治疗肺炎：四季青制剂对于支气管肺炎、大叶性肺炎均有疗效。

⑨治疗细菌性痢疾。

⑩治疗泌尿系统感染：用 100% 四季青煎液口服，对急性肾盂肾炎及慢性肾盂肾炎急性发作等泌尿系统感染，均有较好效果。用量：每次 20 ml（相当于生药 20 g），日服 3 次，7 天为 1 个疗程。

鉴于四季青具有广谱抗菌作用，因此临床各科曾广泛地应用于多种感染性疾病。

（2）冬青皮。

【别名】冬青木皮。

【采收加工】皮全年可采。

【来源】冬青科植物冬青 *Ilex chinensis* Sims 的树皮。

【化学成分】树皮含鞣质、挥发油。

【性味】①《日华子本草》：凉，无毒。

②《本草纲目》：甘苦，凉，无毒。

【功能主治】《日华子本草》：去血，补益肌肤。

【附方】治烫伤：冬青皮（鲜）适量。捣烂，再加井水少许擂汁，放置半小时，上面即凝起一层胶状物，取此胶外搽。（《江西草药》）

（3）冬青子。

【别名】冬青实、冻青树子。

【采收加工】冬季果实成熟时采摘晒干。

【来源】冬青科植物冬青 *Ilex chinensis* Sims 的果实。

【性味】《本草纲目》：甘苦，凉，无毒。

【归经】①《本草汇言》：入足厥阴经。

②《本草求真》：入肝、肾经。

【功能主治】去风，补虚。主治风湿痹痛，痔疮。

【用法用量】内服：煎汤，4.5～9 g；或浸酒。

【附方】治痔疮：冬至日取冻青树子，盐、酒浸一夜，九蒸九晒，瓶收。每日空心酒吞 70 粒，卧时再服。（《李时珍濒湖集简方》）

492. 枸骨 *Ilex cornuta* Lindl. et Paxt.

【别名】功劳叶、猫儿刺、八角刺、老虎刺、狗骨刺。

【形态】常绿灌木或小乔木,高(0.6)1～3 m;幼枝具纵脊及沟,沟内被微柔毛或变无毛,二年生枝褐色,三年生枝灰白色,具纵裂缝及隆起的叶痕,无皮孔。叶片厚革质,二型,四角状长圆形或卵形,长4～9 cm,宽2～4 cm,先端具3枚尖硬刺齿,中央刺齿常反曲,基部圆形或近截形,两侧各具1～2刺齿,有时全缘(此情况常出现在卵形叶),叶面深绿色,具光泽,背淡绿色,无光泽,两面无毛,主脉在上面凹下,背面隆起,侧脉5或6对,

于叶缘附近网结,在叶面不明显,在背面凸起,网状脉两面不明显;叶柄长4～8 mm,上面具狭沟,被微柔毛;托叶胼胝质,宽三角形。花序簇生于二年生枝的叶腋内,基部宿存鳞片近圆形,被柔毛,具缘毛;苞片卵形,先端钝或具短尖头,被短柔毛和缘毛;花淡黄色,4基数。雄花:花梗长5～6 mm,无毛,基部具1～2枚阔三角形的小苞片;花萼盘状;直径约2.5 mm,裂片膜质,阔三角形,长0.7 mm,宽约1.5 mm,疏被微柔毛,具缘毛;花冠辐状,直径约7 mm,花瓣长圆状卵形,长3～4 mm,反折,基部合生;雄蕊与花瓣近等长或稍长,花药长圆状卵形,长约1 mm;退化子房近球形,先端钝或圆形,不明显4裂。雌花:花梗长8～9 mm,果期长达13～14 mm,无毛,基部具2枚小的阔三角形苞片;花萼与花瓣像雄花;退化雄蕊长为花瓣的4/5,略长于子房,败育花药卵状箭头形;子房长圆状卵球形,长3～4 mm,直径2 mm,柱头盘状,4浅裂。果球形,直径8～10 mm,成熟时鲜红色,基部具四角形宿存花萼,顶端宿存柱头盘状,明显4裂;果梗长8～14 mm。分核4,轮廓倒卵形或椭圆形,长7～8 mm,背部宽约5 mm,遍布皱纹和皱纹状纹孔,背部中央具1纵沟,内果皮骨质。花期4—5月,果期10—12月。

【生境分布】野生或栽培。罗田各地均有分布。

【药用部位】根、叶或嫩叶。

(1)功劳根。

【别名】功劳根。

【采收加工】全年可采。

【来源】冬青科植物枸骨 *Ilex cornuta* Lindl. et Paxt. 的根。

【性味】①《福建民间草药》:苦,微寒,无毒。

②《浙江民间草药》:味微苦带酸,性平,无毒。

【功能主治】补肝肾,清风热。主治腰膝痿弱,关节疼痛,头风,赤眼,牙痛。

【用法用量】内服:煎汤,6～15 g(鲜品16～48)。外用:煎水洗。

【附方】①治关节痛:枸骨根32～64 g,猪蹄一只。酌加酒、水各半,炖3小时服。(《福建民间草药》)

②治头风:功劳根32 g,水煎服。

③治赤眼:功劳根16 g,车前草16～32 g。水煎服。

④治牙痛:功劳根16克。水煎服。(③～④方出自《浙江民间草药》)

⑤治疟腮:枸骨根,七蒸七晒,每次32 g。水煎服。(《湖南药物志》)

⑥治臁疮溃烂:枸骨根125 g。煎汤洗涤,日一、二次。(《福建民间草药》)

⑦治丝虫病大脚疯流火:a.鲜枸骨树根64 g(干用48 g),鲜红茎土牛膝15 g。黄酒适量(按患者酒量大小酌加)煎服。b.鲜枸骨树根一把切片64～95 g,茅草根一束,加黄酒煎服。c.鲜枸骨树根

64 g，槟榔 9 g。水煎服。（《浙江中医杂志》）

⑧治百日咳：枸骨根 9～15 g。水煎服。（《湖南药物志》）

（2）枸骨皮。

【采收加工】全年可采。

【来源】冬青科植物枸骨 *Ilex cornuta* Lindl. et Paxt. 的根皮。

【化学成分】含咖啡碱、皂苷、鞣质、淀粉等。

【性味】①《本草纲目》：微苦，凉，无毒。

②《本经逢原》：微苦、甘，平，无毒。

【功能主治】①《本草拾遗》：浸酒，补腰脚令健。

②《本草从新》：补阴，益肝肾。

【用法用量】内服：煎汤，16～32 g；或浸酒。

（3）枸骨叶。

【别名】猫儿刺、枸骨刺、老虎刺、羊角刺。

【采收加工】叶全年可采；嫩叶初夏时采收，采得后置热锅内杀青，搓揉卷曲，干燥。

【来源】冬青科植物枸骨 *Ilex cornuta* Lindl. et Paxt. 的叶。

【性状】干燥叶呈长椭圆状或方形，长 3～7.5 cm，宽 1～3 cm，革质，卷曲，先端具 3 个硬刺，基部有 2 个硬刺，有的叶中间、左、右各具 1 个硬刺，上面黄绿色，光泽，有皱纹，主脉凹陷，下面灰黄色或暗灰色，沿边缘具有延续的脊线状凸起，叶柄短，常不明显。气无，味微苦。以色绿、无枝者为佳。

【化学成分】含咖啡碱、皂苷、鞣质等。

【药理作用】①增加其冠脉流量、加强心收缩力。

②避孕作用。

【性味】①《本草汇言》：味苦，气凉，无毒。

②《本草求真》：苦，平。

【归经】《本草汇言》：入足厥阴、少阴经。

【功能主治】补肝肾，养气血，祛风湿。主治肺劳咳嗽，劳伤失血，腰膝痿弱，风湿痹痛，跌打损伤。

【用法用量】内服：煎汤，9～15 g；浸酒或熬膏。外用：捣汁或煎膏涂敷。

【附方】①治肺痨：枸骨嫩叶 32 g。烘干，开水泡，当茶饮。

②治腰及关节痛：枸骨叶，浸酒饮。（①～②出自《湖南药物志》）

（4）枸骨果。

【采收加工】冬季采摘成熟的果实，拣去果柄杂质，晒干。

【来源】冬青科植物枸骨 *Ilex cornuta* Lindl. et Paxt. 的果实等。

【性状】干燥核果呈圆形或类圆形，直径 7～8 mm，外表浅褐色至棕褐色，皱缩，顶端有宿存花柱的残基，基部有果柄痕及残存的花萼。外果皮质脆易碎，内面有分果核 4 枚，分果核呈球体的四等份状，外表面黄棕色，极坚硬。以果实大、褐色、无杂质者为佳。

【化学成分】种子含脂肪油，另含生物碱、皂苷、鞣质。

【功能主治】滋阴，益精，活络。主治阴虚身热，淋浊，崩带，筋骨疼痛。

【用法用量】内服：煎汤，4.5～9 g；或浸酒。

493. 大别山冬青 *Ilex dabieshanensis* K. Yao et M. P. Deng

【别名】苦丁茶。

【形态】常绿小乔木，高 5 m，全株无毛；树皮灰白色，平滑。小枝粗壮，圆柱形，干时黄褐色或栗褐色，具纵裂缝及近圆形凸起的叶痕，当年生幼枝具纵棱角；顶芽卵状圆锥形，芽鳞卵形，中肋凸起，渐尖，全缘或具齿。叶生于 1～2 年生枝上，叶片厚革质，卵状长圆形、卵形或椭圆形，长 5.5～8 cm，宽 2～4 cm，先端三角状急尖，末端终于一刺尖，基部近圆形或钝，边缘稍反卷，具 4～8 对刺齿，刺长约 2 mm，叶面干时具光泽，

橄榄色或褐橄榄色，背面无光泽，两面透净无毛，主脉在叶面稍凹陷，在背面隆起，侧脉 4～6 对，与主脉成 45° 角弯拱上升，在叶缘附近分叉并网结，在两面明显凸起，网状脉两面不明显；叶柄粗壮，长 5～8 mm，干后黄褐色或栗褐色，上面具浅纵槽或近平坦，具皱纹；托叶近三角形，微小。雄花序呈密团状簇生于 1～2 年生枝的叶腋内，花梗长 1～1.5 mm，无毛；花 4 基数，黄绿色（未完全展开的花蕾）；花萼近盘状，裂片近圆形，具缘毛；花瓣倒卵形，长约 2 mm，基部稍合生；雄蕊长约为花瓣的 2/3，花药长圆形；退化子房卵球形，直径约 0.75 mm，顶端钝。雌花未见。果簇生于叶腋内，中轴长约 3 mm，粗壮，无毛，单个分枝具 1 果，果梗长约 2 cm，无毛，基部具 2 枚卵状长圆形小苞片，小苞片无毛；果近球形或椭圆形，长 5～7 mm，直径 4～5 mm，具纵棱沟，干时暗褐色，宿存花萼 4 裂，裂片卵状三角形，宿存柱头厚盘状；分核 3，卵状椭圆形；长约 5 mm，背面宽约 3 mm，具掌状纵棱及沟，内果皮革质。花期 3—4 月，果期 10 月。

【生境分布】产于大别山区，生于海拔 150～470 m 的山坡路边及沟边。罗田凤山镇有栽培。

【功能】可制作苦丁茶保健饮料，具消炎、降脂等药用保健功效。

【注意】本种与刺叶冬青 Ilex bioritsensis Hayata 相似，只是本种的叶片卵状长圆形、卵形或椭圆形，长 5.5～8 cm，宽 2～4 cm，果梗长可达 2 cm，易于区别。

494. 康定冬青 *Ilex franchetiana* Loes.

【别名】小苦丁茶。

【形态】常绿乔木或灌木，高 3～6 m。小枝黑褐色，当年的枝有棱角。叶互生，薄革质，倒卵状椭圆形、长椭圆形至倒披针形，长 7～12.6 cm，宽 1.7～3.5 cm，边缘有细锯齿，先端锐尖，基部楔形；叶柄长 6～12 mm。花白色，芳香，4 数；雄花 1～3 朵成聚伞小花序，花冠轮状；不孕雌蕊圆锥形，先端钝形。雌花单 1，花萼杯形，裂片卵状三角形，先端钝尖或圆形，长 1 mm，有稀疏的硬毛；花瓣长椭圆状卵形，长 2 mm；不孕雄蕊较花冠为短；雌蕊与花冠等长，子房卵形，柱头盘状，4 裂，冠形。果球形，柱头宿存，成熟时红色，直径 6 mm，有纵沟；分核 4 颗。花期春季。

【生境分布】生于山区疏林阳处。罗田北部高山地区有分布。

【采收加工】 果实夏、秋季采收。

【药用部位】 果实。

【药材名】 山枇杷。

【来源】 冬青科植物康定冬青 *Ilex francheliana* Loes. 的果实。

【功能主治】 ①《分类草药性》：治瘰疬，风湿麻木。

②《民间常用草药汇编》：清肺，解热，下乳。

【用法用量】 内服：炖肉，7～10 枚。

九十二、卫矛科 Celastraceae

南蛇藤属 *Celastrus* L.

495. 南蛇藤 *Celastrus orbiculatus* Thunb.

【别名】 过山风、挂廊鞭、香龙草、地南蛇、过山龙。

【形态】 小枝光滑无毛，灰棕色或棕褐色，具稀而不明显的皮孔；腋芽小，卵状到卵圆状，长 1～3 mm。叶通常阔倒卵形、近圆形或长方椭圆形，长 5～13 cm，宽 3～9 cm，先端圆阔，具有小尖头或短渐尖，基部阔楔形到近钝圆形，边缘具锯齿，两面光滑无毛或叶背脉上具稀疏短柔毛，侧脉 3～5 对；叶柄细长 1～2 cm。聚伞花序腋生，间有顶生，花序长 1～3 cm，

小花 1～3 朵，偶仅 1～2 朵，小花梗关节在中部以下或近基部；雄花萼片钝三角形；花瓣倒卵椭圆形或长方形，长 3～4 cm，宽 2～2.5 mm；花盘浅杯状，裂片浅，顶端圆钝；雄蕊长 2～3 mm，退化雌蕊不发达；雌花花冠较雄花窄小，花盘稍深厚，肉质，退化雄蕊极短小；子房近球状，花柱长约 1.5 mm，柱头 3 深裂，裂端再 2 浅裂。蒴果近球状，直径 8～10 mm；种子椭圆状稍扁，长 4～5 mm，直径 2.5～3 mm，赤褐色。花期 5—6 月，果期 7—10 月。

【生境分布】 生于丘陵、山沟及山坡的灌丛中，我国大部分地区有分布。罗田各地均有分布。

【采收加工】 全年可采。

【药用部位】 藤茎。

【药材名】 南蛇藤。

【来源】 卫矛科植物南蛇藤 *Celastrus orbiculatus* Thunb. 的藤茎。

【化学成分】 种子中含有较多的脂肪油。

【药理作用】 镇静及安定、降压作用。

【性味】《常用中草药配方》：微辛，温，无毒。

【功能主治】 祛风湿，活血脉。主治筋骨疼痛，四肢麻木，小儿惊风，瘰疬，痢疾。

【用法用量】 内服：煎汤，10～16 g。

【附方】 ①治风湿性筋骨痛、腰痛、关节痛：南蛇藤、凌霄花各120 g，八角枫根60 g。白酒250 g，浸七天。每日临睡前服15 g。（江西《中草药学》）

②治筋骨痛：南蛇藤16～32 g。水煎服。

③治小儿惊风：南蛇藤10 g，大青根4.5 g。水煎服。

④治瘰疬：南蛇藤16 g。水煎，兑酒服。

⑤治痢疾：南蛇藤16 g。水煎服。

⑥治肠风、痔漏，脱肛：南蛇藤、槐米，煮猪大肠食。（②～⑥方出自《湖南药物志》）

⑦治闭经：南蛇藤16 g，当归32 g，佩兰10 g，金樱子根16 g。水煎，一日二次分服。（《常用中草药配方》）

⑧治牙痛：南蛇藤20 g，徐长卿12 g。煮蛋吃。（《常用中草药配方》）

卫矛属 *Euonymus* L

496. 卫矛 *Euonymus alatus*（Thunb.）Sieb.

【别名】 鬼箭、鬼箭羽、风枪林。

【形态】 灌木，高1～3 m；小枝常具2～4列宽阔木栓翅；冬芽圆形，长2 mm左右，芽鳞边缘具不整齐细坚齿。叶卵状椭圆形、窄长椭圆形，偶为倒卵形，长2～8 cm，宽1～3 cm，边缘具细锯齿，两面光滑无毛；叶柄长1～3 mm。聚伞花序1～3花；花序梗长约1 cm，小花梗长5 mm；花白绿色，直径约8 mm，4数；萼片半圆形；花瓣近圆形；雄蕊着生于花盘边缘处，花丝极短，开花后稍增长，花药宽阔长方形，2室顶裂。蒴果1～4深裂，裂瓣椭圆状，长7～8 mm；种子椭圆状或阔椭圆状，长5～6 mm，种皮褐色或浅棕色，假种皮橙红色，全包种子。花期5—6月，果期7—10月。

【生境分布】 生于山野，或栽植于庭院。罗田各地均有分布。

【采收加工】 全年可采，割取枝条后，除去嫩枝及叶，晒干；或收集其翅状物，晒干。

【药用部位】 具翅状物的枝条或翅状附属物。

【药材名】 卫矛。

【来源】 卫矛科植物卫矛 *Euonymus alatus*（Thunb.）Sieb. 的具翅状物的枝条或翅状附属物。

【性状】 干燥枝条呈细长圆柱形，多分枝，长40～50 cm，直径0.4～1 cm。表面灰绿色，有纵皱纹，四面生有灰褐色片状翅，形似箭羽。枝坚硬而韧，难折断，断面淡黄白色，翅质轻而脆，易折断，断面较平坦，暗红棕色，细颗粒性。气微，味微苦涩。以枝条均匀、翅状物齐全者为佳。

【药理作用】 降血糖、降血压作用。

【炮制】 拣去杂质，用水浸透，捞出，切段，晒干。

《雷公炮炙论》：采得（鬼箭）后，只使箭头用。拭上赤毛，用酥缓炒过用之。每修事32 g，用酥一分炒，酥尽力度。

【性味】 苦，寒。

【归经】《本草撮要》：入足厥阴经。

【功能主治】 破血，通经，杀虫。主治闭经，癥瘕，产后瘀滞腹痛，虫积腹痛。

【用法用量】 内服：煎汤，4.5～9 g；或入丸、散。

【注意】《本草品汇精要》：妊娠不可服。

【附方】 ①治产后败血不散，儿枕块硬，疼痛发歇，及新产乘虚，风寒内搏，恶露不快，脐腹坚胀（痛）：红蓝花、鬼箭（去中心木）、当归（去苗，炒）各32 g。上为粗散。每服9 g，酒一大盏，煎至七分，去滓，粥食前温服。（《局方》）

②治产后血晕欲绝：当归32 g，鬼箭羽64 g。上两味，粗捣筛。每服9 g，酒一盏，煎至六分，去滓温服，相次再服。（《圣济总录》）

③治恶疰心痛，或肩背痛无常处：鬼箭、桃仁（汤浸，去皮、尖，麸炒微黄）、赤芍、鬼臼（去须）、陈橘皮（汤浸，去白瓤，焙）、当归（锉，微妙）、桂心、柴胡（去苗）、朱砂（细研）各32 g，川大黄（锉，研，微炒）64 g。上药，捣细罗为散，入朱砂，研令匀。每服，不计时侯，以温酒调下3 g。（《太平圣惠方》）

④治乳无汁：鬼箭160 g。水6升，煮取4升，去滓。服400 g，日三服。亦可烧灰作末，水服6 g，日三。（《广济方》）

⑤治疟疾：鬼箭羽、鲮鲤甲（烧存性）各0.3 g。上两味，捣罗为细散。每服一字，搐在鼻中，临发时用。（《圣济总录》）

497. 肉花卫矛 *Euonymus carnosus* Hemsl.

【别名】 痰药、野杜仲。

【形态】 半常绿乔木，高可达15 m。树皮灰黑色，小枝圆筒形，灰绿色，折断有血丝，幼枝为黄绿色，有4条翅状窄棱，初黄色，后变红色。叶对生，近革质，长圆状椭圆形或长圆状倒卵形，长4～15 cm。聚伞花序疏散，有花5～9朵，花绿白色，花瓣圆形，表面有窝状皱纹或光滑。蒴果近球形。种子数颗，亮黑色，假种皮深红色。

与大花卫矛花果极近似，与之区别点：叶较大，长方椭圆形、阔椭圆形、窄长方形或长方倒卵形，长5～15 cm，宽3～8 cm，先端凸成短渐尖，基部圆阔，叶柄长达2.5 cm，雄蕊花丝极短，长一般1.5 mm以下。

【生境分布】 生于罗田北部300 m以上山区，天堂寨有分布。

【采收加工】 秋季采收，干燥，切片。

【药用部位】 根。

【药材名】 野杜仲。

【来源】 卫矛科植物肉花卫矛 *Euonymus carnosus* Hemsl. 的根。

【功能主治】 活血祛瘀。主治腰膝痛，淋巴结核。

【用法用量】 内服：煎汤，10～15 g。

498. 扶芳藤 *Euonymus fortunei*（Turcz.）Hand. –Mazz.

【别名】 岩青藤、抬络藤、坐转藤、换骨筋。

【形态】 常绿藤本灌木，高一至数米；小枝方棱不明显。叶薄革质，椭圆形、长方椭圆形或长倒卵形，宽窄变异较大，可窄至近披针形，长 3.5～8 cm，宽 1.5～4 cm，先端钝或急尖，基部楔形，边缘齿浅不明显，侧脉细微和小脉全不明显；叶柄长 3～6 mm。聚伞花序 3～4 次分枝；花序梗长 1.5～3 cm，第一次分枝长 5～10 mm，第二次分枝 5 mm 以下，最终小聚伞花密集，有花 4～7 朵，分枝中央有单花，小花梗长约 5 mm；花白绿色，4 数，直径约 6 mm；花盘方形，直径约 2.5 mm；花丝细长，长 2～3 mm，花药圆心形；子房三角锥状，4 棱，粗壮明显，花柱长约 1 mm。蒴果粉红色，果皮光滑，近球状，直径 6～12 mm；果序梗长 2～3.5 cm；小果梗长 5～8 mm；种子长方状椭圆状，棕褐色，假种皮鲜红色，全包种子。花期 6 月，果期 10 月。

【生境分布】 攀援于墙壁或树上。罗田各地均有分布。

【采收加工】 全年可采。

【药用部位】 茎叶、树皮。

【药材名】 扶芳藤。

【来源】 卫矛科植物扶芳藤 *Euonymus fortunei*（Turcz.）Hand. –Mazz. 的茎叶、树皮。

【化学成分】 含卫矛；种子含前番茄红素和 γ– 胡萝卜素。

【性味】 ①《本草拾遗》：味苦，小温，无毒。

②《贵州民间药物》：性平，味辛。

【功能主治】 舒筋活络，止血消瘀。主治腰肌劳损，风湿痹痛，咯血，血崩，月经不调，跌打骨折，创伤出血。

【用法用量】 内服：煎汤或浸酒。外用：捣敷。

【注意】 《贵州民间药物》：孕妇忌服。

【附方】 ①治跌打损伤：岩青藤茎 64 g。泡酒服。（《贵州民间药物》）

②治癞头：岩青藤嫩叶尖 32 g。捣烂，调煎鸡蛋一至两个，摊纸上，做成帽样，戴头上；三天后，又将岩青藤嫩叶尖混合核桃肉捣烂包于头上，一天换一次。（《贵州民间药物》）

③治腰肌劳损，关节酸痛：扶芳藤 32 g，大血藤 15 g，梵天花根 15 g。水煎，冲红糖、黄酒服。（《浙江民间常用草药》）

④治慢性腹泻：扶芳藤 32 g，白扁豆一荫，红枣 10 枚。水煎服。（《浙江民间常用草药》）

⑤治咯血：扶芳藤 18 g。水煎服。（《草药手册》）

⑥治风湿疼痛：扶芳藤泡酒，日服两次。（《文山中草药》）

⑦治骨折（复位后小夹板固定）：扶芳藤鲜叶捣敷患处，1～2天换药一次。（《文山中草药》）

⑧治创伤出血：换骨筋茎皮研粉撒敷。（《云南思茅中草药选》）

499. 白杜 *Euonymus maackii* Rupr.

【别名】明开夜合、桃叶卫矛、丝绵木、白桃树。

【形态】小乔木，高达6 m。叶卵状椭圆形、卵圆形或窄椭圆形，长4～8 cm，宽2～5 cm，先端长渐尖，基部阔楔形或近圆形，边缘具细锯齿，有时极深而锐利；叶柄通常细长，常为叶片的1/4～1/3，但有时较短。聚伞花序3至多花，花序梗略扁，长1～2 cm；花4数，淡白绿色或黄绿色，直径约8 mm；小花梗长2.5～4 mm；雄蕊花药紫红色，花丝细长，长1～2 mm。蒴果倒圆心状，4浅裂，长6～8 mm，直径9～10 mm，成熟后果皮粉红色；种子长椭圆状，长5～6 mm，直径约4 mm，种皮棕黄色，假种皮橙红色，全包种子，成熟后顶端常有小口。花期5—6月，果期9月。

【生境分布】产地较多，罗田各地均有分布。

【采收加工】春、秋季采根，春采树皮，切段晒干。夏、秋季采枝叶鲜用。

【药材名】白杜皮。

【来源】卫矛科卫矛属植物白杜 *Euonymus maackii* Rupr. 的根、茎皮枝、叶。

【性味】苦、涩，寒，有小毒。

【功能主治】根、茎皮：止痛。主治膝关节痛。

枝、叶：解毒。外用治漆疮。

【用法用量】内服：煎汤，10～50 g。外用：适量，煎水熏洗。

九十三、省沽油科　Staphyleaceae

野鸦椿属　*Euscaphis* Sieb. et Zucc.

500. 野鸦椿 *Euscaphis japonica*（Thunb.）Dippel

【别名】鸡眼睛、鸡肫子。

【形态】落叶小乔木或灌木，高2～8 m，树皮灰褐色，具纵条纹，小枝及芽红紫色，枝叶揉碎后发出恶臭气味。叶对生，奇数羽状复叶，长（8）12～32 cm，叶轴淡绿色，小叶5～9，稀3～11，厚纸质，长卵形或椭圆形，稀为圆形，长4～6（9）cm，宽2～3（4）cm，先端渐尖，基部钝圆，边缘具疏短锯齿，齿尖有腺体，两面除背面沿脉有白色小柔毛外余无毛，主脉在上面明显，在背面凸出，侧脉8～11，在两面可见，小叶柄长1～2 mm，小托叶线形，基部较宽，先端尖，有微柔毛。圆锥花序顶生，花梗长达21 cm，花多，较密集，黄白色，直径4～5 mm，萼片与花瓣均5，椭圆形，萼片宿存，花盘盘状，心皮3，分离。蓇葖果长1～2 cm，每一花发育为1～3个蓇葖，果皮软革质，紫红色，有纵脉纹，种子近圆形，直径约5 mm，假种皮肉质，黑色，有光泽。花期5—6月，果期8—9月。

【生境分布】 生于山坡、山谷、河边的丛林或灌丛中，亦有栽培。罗田玉屏山有分布。

【药用部位】 种子、根、花、皮、叶。

（1）野鸦椿子。

【采收加工】 秋季采集，晒干。

【来源】 省沽油科植物野鸦椿 *Euscaphis japonica*（Thunb.）Dippel 的果实。

【性味】 辛，温。

【功能主治】 祛风散寒，行气止痛。主治月经不调，疝痛，胃痛。

【用法用量】 内服：煎汤，9～15 g。

（2）野鸦椿根。

【采收加工】 9—10月采挖，洗净切片，晒干。

【来源】 省沽油科植物野鸦椿 *Euscaphis japonica*（Thunb.）Dippel 的根或根皮。

【性味】 《四川中药志》：性微温，味苦，无毒。

【功能主治】 祛风除湿，健脾。主治痢疾，泄泻，疝痛，崩漏，风湿疼痛。

【用法用量】 内服：煎汤，16～64 g；或浸酒。外用：捣敷。

【附方】 ①治泄泻、痢疾：野鸦椿根32～64 g，水煎服。

②治妇女血崩：野鸦椿根125 g，桂圆32 g，水煎服。

③治外伤肿痛：鲜野鸦椿根皮和酒捣烂，烘热敷患处。（①～③方出自《浙江天目山药用植物志》）

④治产褥热：野鸦椿根、白英各9 g，梵天花15 g，羊耳菊、蛇莓各6 g。用酒、水各半煎，加红糖32 g冲服。（《浙江民间常用草药》）

⑤治风湿腰痛，产后伤风：野鸦椿鲜根32～95 g。水煎调酒服。（《福建中草药》）

⑥治偏头痛：野鸦椿根、鸡儿肠、金银花根、单叶铁线莲各15 g，黄酒煎服。

⑦治关节或肌肉风痛：野鸦椿根95 g，水煎服。

⑧治跌打损伤、筋骨痛：野鸦椿根15 g，水煎服。（⑥～⑧方出自《浙江民间常用草药》）

（3）野鸦椿花。

【采收加工】 春季采收。

【来源】 省沽油科植物野鸦椿 *Euscaphis japonica*（Thunb.）Dippel 的花。

【性味】 甘，平，无毒。

【功能主治】 镇痛。主治头痛眩晕。

【用法用量】 内服：煎汤，9～15 g。

【附方】 治头痛眩晕：野鸦椿花 9 ～ 15 g，鸡蛋两、三个。酌冲开水炖服。

（4）野鸦椿皮。

【采收加工】 全年可采，剥取茎皮，晒干。

【来源】 省沽油科植物野鸦椿 *Euscaphis japonica*（Thunb.）Dippel 的茎皮。

【性味】 辛，温。

【功能主治】 行气，利湿，祛风，退翳。主治小儿疝气，风湿骨痛，水痘，目生翳障。

【用法用量】 内服：煎汤，9 ～ 15 g。外用：适量，煎汤洗。

（5）野鸦椿叶。

【采收加工】 全年可采，鲜用或晒干。

【来源】 省沽油科植物野鸦椿 *Euscaphis japonica*（Thunb.）Dippel 的叶。

【性味】 微辛、苦，微温。

【功能主治】 祛风止痒。主治妇女阴痒。

【用法用量】 外用：适量，煎汤洗。

省沽油属 *Staphylea* L.

501. 省沽油 *Staphylea bumalda* DC.

【别名】 珍珠花、双蝴蝶。

【形态】 落叶灌木，高约 2 m，稀达 5 m，树皮紫红色或灰褐色，有纵棱；枝条开展，绿白色复叶对生，有长柄，柄长 2.5 ～ 3 cm，具 3 小叶；小叶椭圆形、卵圆形或卵状披针形，长（3.5）4.5 ～ 8 cm，宽（2）2.5 ～ 5 cm，先端锐尖，具尖尾，尖尾长约 1 cm，基部楔形或圆形，边缘有细锯齿，齿尖具尖头，上面无毛，背面青白色，主脉及侧脉有短毛；中间小叶柄长 5 ～ 10 mm，两侧小叶柄长 1 ～ 2 mm。圆锥花序顶生，直立，花白色；萼片长椭圆形，浅黄白色，花瓣 5，白色，倒卵状长圆形，较萼片稍大，长 5 ～ 7 mm，雄蕊 5，与花瓣略等长。蒴果膀胱状，扁平，2 室，先端 2 裂；种子黄色，有光泽。花期 4—5 月，果期 8—9 月。

【生境分布】 生于山坡路边或溪谷两旁灌丛中。

【采收加工】 果实，夏、秋季采收。根，全年可采。

【药用部位】 果实或根。

【来源】 省沽油科植物省沽油 *Staphylea bumalda* DC. 的果实或根。

【化学成分】 新鲜叶含省沽油素。

【功能主治】 主治干咳，妇女产后瘀血不净。

九十四、槭树科 Aceraceae

槭属 *Acer* L.

502. 青榨槭 *Acer davidii* Frarich.

【别名】 光陈子、飞故子、鸡脚手、五龙皮。

【形态】 落叶乔木，高 10 ～ 15 m，稀达 20 m。树皮黑褐色或灰褐色，常纵裂成蛇皮状。小枝细瘦，圆柱形，无毛；当年生的嫩枝紫绿色或绿褐色，具很稀疏的皮孔，多年生的老枝黄褐色或灰褐色。冬芽腋生，长卵圆形，绿褐色，长 4 ～ 8 mm；鳞片的外侧无毛。叶纸质，外貌长圆状卵形或近长圆形，长 6 ～ 14 cm，宽 4 ～ 9 cm，先端锐尖或渐尖，常有尖尾，基部近心脏形或圆形，边缘具不整齐的钝圆齿；上面深绿色，无毛；下面淡绿色，嫩时沿叶脉被紫褐色的短柔毛，渐老成无毛状；主脉在上面显著，在下面凸起，侧脉 11 ～ 12 对，成羽状，在上面微现，在下面显著；叶柄细瘦，长 2 ～ 8 cm，嫩时被红褐色短柔毛，渐老则脱落。花黄绿色，杂性，雄花与两性花同株，成下垂的总状花序，顶生于着叶的嫩枝，开花与嫩叶的生长大约同时，雄的花梗长 3 ～ 5 mm，通常 9 ～ 12 朵常成长 4 ～ 7 cm 的总状花序；两性花的花梗长 1 ～ 1.5 cm，通常 15 ～ 30 朵常呈长 7 ～ 12 cm 的总状花序；萼片 5，椭圆形，先端微钝，长约 4 mm；花瓣 5，倒卵形，先端圆形，与萼片等长；雄蕊 8，无毛，在雄花中略长于花瓣，在两性花中不发育，花药黄色，球形，花盘无毛，现裂纹，位于雄蕊内侧，子房被红褐色的短柔毛，在雄花中不发育。花柱无毛，细瘦，柱头反卷。翅果嫩时淡绿色，成熟后黄褐色；翅宽 1 ～ 1.5 cm，连同小坚果共长 2.5 ～ 3 cm，展开成钝角或几成水平。花期 4 月，果期 9 月。

【生境分布】 生于海拔 500 ～ 1800 m 的疏林或山脚湿润外稀林中。

【采收加工】 夏、秋季采收根和树皮，洗净，切片晒干。

【来源】 槭树科植物青榨槭 *Acer davidii* Frarich. 的根、树皮。

【性味】 甘、苦，平。

【归经】 归脾、胃经。

【功能主治】 祛风除湿，散瘀止痛，消食健脾。主治风湿痹痛，肢体麻木，关节不利，跌打损伤，泄泻，痢疾，小儿消化不良。

【用法用量】 内服：煎汤，6 ～ 15 g；研末，3 ～ 6 g；或浸酒。外用：研末调敷。

503. 茶条槭 *Acer ginnala* Maxim.

【别名】 鸡枫、观音茶。

【形态】 落叶灌木或小乔木，高 5 ～ 6 m。树皮粗糙、微纵裂，灰色，稀深灰色或灰褐色。小枝细瘦，

近圆柱形，无毛，当年生枝绿色或紫绿色，多年生枝淡黄色或黄褐色，皮孔椭圆形或近于圆形、淡白色。冬芽细小，淡褐色，鳞片8枚，近边缘具长柔毛，覆叠。叶纸质，基部圆形，截形或略近心脏形，叶片长圆卵形或长圆椭圆形，长6～10 cm，宽4～6 cm，常较深的3～5裂；中央裂片锐尖或狭长锐尖，侧裂片通常钝尖，向前伸展，各裂片的边缘均具不整齐的钝尖锯齿，裂片间的凹缺钝尖；上面深绿色，无毛，下面淡绿色，近无毛，主脉和侧脉均在下面较在上面显著；叶柄长4～5 cm，细瘦，绿色或紫绿色，无毛。伞房花序长6 cm，无毛，具多数的花；花梗细瘦，长3～5 cm。花杂性，雄花与两性花同株；萼片5，卵形，黄绿色，外侧近边缘被长柔毛，长1.5～2 mm；花瓣5，长圆卵形白色，较长于萼片；雄蕊8，与花瓣近等长，花丝无毛，花药黄色；花盘无毛，位于雄蕊外侧；子房密被长柔毛（在雄花中不发育）；花柱无毛，长3～4 mm，顶端2裂，柱头平展或反卷。果实黄绿色或黄褐色；小坚果嫩时被长柔毛，脉纹显著，长8 mm，宽5 mm；翅连同小坚果长2.5～3 cm，宽8～10 mm，中段较宽或两侧近平行，张开近直立或成锐角。花期5月，果期10月。

【生境分布】　生于低海拔的山坡疏林中。罗田骆驼坳镇有分布。

【采收加工】　夏初采收。

【药用部位】　幼芽。

【来源】　槭树科植物茶条槭 *Acer ginnala* Maxim. 的幼芽。

【功能主治】　嫩叶烘干后可代替茶叶，有降低血压的作用，又为夏季丝织工作人员一种特殊饮料，服后汗水落在丝绸上，无黄色斑点。

504. 色木槭 *Acer mono* Maxim.

【别名】　红枫叶、五龙皮。

【形态】　落叶乔木，高达15～20 m，树皮粗糙，常纵裂，灰褐色，稀深灰色或灰褐色。小枝细瘦，无毛，当年生枝绿色或紫绿色，多年生枝灰色或淡灰色，具圆形皮孔。冬芽近球形，鳞片卵形，外侧无毛，边缘具纤毛。叶纸质，基部截形或近心脏形，叶片的外貌近椭圆形，长6～8 cm，宽9～11 cm，常5裂，有时3裂及7裂的叶生于同一树上；裂片卵形，先端锐尖或尾状锐尖，全缘，裂片间的凹缺常锐尖，深达叶片的中段，上面深绿色，无毛，下面淡绿色，除了在叶脉上或脉腋被黄色短柔毛外，其余部分无毛；主脉5条，在上面显著，在下面微凸起，侧脉在两面均不显著；叶柄长4～6 cm，细瘦，无毛。花多数，杂性，雄花与两性花同株，多数常呈无毛的顶生圆锥状伞房花序，长与宽均约4 cm，生于有叶的枝上，花序的总花梗长1～2 cm，花的开放与叶

的生长同时；萼片5，黄绿色，长圆形，顶端钝.形，长2～3 mm；花瓣5，淡白色，椭圆形或椭圆倒卵形，长约3 mm；雄蕊8，无毛，比花瓣短，位于花盘内侧的边缘，花药黄色，椭圆形；子房无毛或近无毛，在雄花中不发育，花柱无毛，很短，柱头2裂，反卷；花梗长1 cm，细瘦，无毛。翅果嫩时紫绿色，成熟时淡黄色；小坚果压扁状，长1～1.3 cm，宽5～8 mm；翅长圆形，宽5～10 mm，连同小坚果长2～2.5 cm，张开成锐角或近钝角。花期5月，果期9月。

　　【生态环境】　生于海拔800～1500 m的山坡或山谷疏林中。罗田薄刀峰、天堂寨有分布。

　　【药材名】　地锦槭。

　　【来源】　槭树科植物色木槭 *Acer mono* Maxim. 枝或叶。

　　【药用部位】　枝、叶。

　　【采收加工】　夏季采收，鲜用或晒干。

　　【性味】　辛、苦，温。

　　【功能主治】　祛风除湿，活血止痛。主治偏正头痛，风寒湿痹，跌打损伤，湿疹，疥癣。

　　【用法用量】　内服：煎汤，10～15 g。

505. 鸡爪槭 *Acer palmatum* Thunb.

　　【形态】　落叶小乔木。树皮深灰色。小枝细瘦；当年生枝紫色或淡紫绿色；多年生枝淡灰紫色或深紫色。叶纸质，外貌圆形，直径7～10 cm，基部心脏形或近心脏形，稀截形，5～9掌状分裂，通常7裂，裂片长圆卵形或披针形，先端锐尖或长锐尖，边缘具紧贴的尖锐锯齿；裂片间的凹缺钝尖或锐尖，深达叶片直径的1/2或1/3；上面深绿色，无毛；下面淡绿色，在叶脉的脉腋被白色丛毛；主脉在上面微显著，在下面凸起；叶柄长4～6 cm，细瘦，

无毛。花紫色，杂性，雄花与两性花同株，生于无毛的伞房花序，总花梗长2～3 cm，叶发出以后才开花；萼片5，卵状披针形，先端锐尖，长3 mm；花瓣5，椭圆形或倒卵形，先端钝圆，长约2 mm；雄蕊8，无毛，较花瓣略短而藏于其内；花盘位于雄蕊的外侧，微裂；子房无毛，花柱长，2裂，柱头扁平，花梗长约1 cm，细瘦，无毛。翅果嫩时紫红色，成熟时淡棕黄色；小坚果球形，直径7 mm，脉纹显著；翅与小坚果共长2～2.5 cm，宽1 cm，张开成钝角。花期5月，果期9月。

　　【生境分布】　生于海拔200～1600 m的山坡林中。罗田天堂寨有分布。

　　【采收加工】　夏季采收：枝叶，晒干，切段。

　　【药用部位】　枝、叶。

　　【药材名】　鸡爪槭。

　　【来源】　槭树科植物鸡爪槭 *Acer palmatum* Thunb. 的枝、叶。

　　【性味】　辛、微苦，平。

　　【功能主治】　行气止痛，解毒消痈。主治气滞腹痛，痈肿发背。

　　【用法用量】　内服：煎汤，5～10 g。外用：适量，煎水洗。

九十五、无患子科 Sapindaceae

倒地铃属 *Cardiospermum* L.

506. 倒地铃 *Cardiospermum halicacabum* L.

【别名】 假苦瓜、风船葛、带藤苦楝、灯笼草。

【形态】 草质攀援藤本，长 1～5 m；茎、枝绿色，有 5 或 6 棱和同数的直槽，棱上被皱曲柔毛。2 回 3 出复叶，轮廓为三角形；叶柄长 3～4 cm；小叶近无柄，薄纸质，顶生的斜披针形或近菱形，长 3～8 cm，宽 1.5～2.5 cm，顶端渐尖，侧生的稍小，卵形或长椭圆形，边缘有疏锯齿或羽状分裂，腹面近无毛或有稀疏微柔毛，背面中脉和侧脉上被疏柔毛。圆锥花序少花，与叶近等长或稍长，总花梗直，长 4～8 cm，卷须螺旋状；萼片 4，被缘毛，外面 2 片圆卵形，长 8～10 mm，内面 2 片长椭圆形，比外面 2 片约长 1 倍；花瓣乳白色，倒卵形；雄蕊（雄花）与花瓣近等长或稍长，花丝被疏而长的柔毛；子房（雌花）倒卵形或有时近球形，被短柔毛。蒴果梨形、

陀螺状倒三角形或有时近长球形，高 1.5～3 cm，宽 2～4 cm，褐色，被短柔毛；种子黑色，有光泽，直径约 5 mm，种脐心形，鲜时绿色，干时白色。花期夏、秋季，果期秋季至初冬。

【生境分布】 生于田野、灌丛、路边和林缘，也有栽培。罗田中、高山区有分布。

【药材名】 倒地铃。

【来源】 无患子科植物倒地铃 *Cardiospermum halicacabum* L. 的全草。

【药用部位】 全草。

【采收加工】 夏、秋季采收，晒干。

【性味】 苦、微辛，寒。

【功能主治】 清热利水，凉血解毒，消肿。

【用途】 清热，利尿，凉血，祛瘀，解毒。主治肺炎，黄疸，糖尿病，淋证，疔疮，风湿，跌打损伤，蛇咬伤，消肿止痛，疮疥，湿疹。根可止吐，缓泻。

【有毒部位】 叶及种子。

【中毒症状】 误食之后会有腹痛、腹泻症状，也有可能产生癫痫状的痉挛。

【用法用量】 内服：煎汤，9～15 g。外用：适量，鲜品捣烂敷患处或煎水洗。

【注意】 孕妇忌服。

栾树属 *Koelreuteria* Laxm.

507. 复羽叶栾树 *Koelreuteria bipinnata* Franch.

【别名】 花楸树、泡花树、灯笼花、马鞍树。

【形态】 乔木，高超过 20 m；皮孔圆形至椭圆形；枝具小疣点。叶平展，2 回羽状复叶，长 45 ～ 70 cm；叶轴和叶柄向轴面常有一纵行皱曲的短柔毛；小叶 9 ～ 17 片，互生，很少对生，纸质或近革质，斜卵形，长 3.5 ～ 7 cm，宽 2 ～ 3.5 cm，顶端短尖至短渐尖，基部阔楔形或圆形，略偏斜，边缘有内弯的小锯齿，两面无毛或上面中脉上被微柔毛，分枝广展，与花梗同被短

柔毛；萼 5 裂达中部，裂片阔卵状三角形或长圆形，有短而硬的缘毛及流苏状腺体，边缘呈啮蚀状；花瓣 4，长圆状披针形，瓣片长 6 ～ 9 mm，宽 1.5 ～ 3 mm，顶端钝或短尖，瓣爪长 1.5 ～ 3 mm，被长柔毛，鳞片深 2 裂；雄蕊 8 枚，长 4 ～ 7 mm，花丝被白色、开展的长柔毛，下半部毛较多，花药有短疏毛；子房三棱状长圆形，被柔毛。蒴果椭圆形或近球形，具 3 棱，淡紫红色，老熟时褐色，长 4 ～ 7 cm，宽 3.5 ～ 5 cm，顶端钝或圆；有小凸尖，果瓣椭圆形至近圆形，外面具网状脉纹，内面有光泽；种子近球形，直径 5 ～ 6 mm。花期 7 ～ 9 月，果期 8 ～ 10 月。

【生境分布】 罗田各地栽培作行道树。

【采收加工】 夏、秋季采收。

【来源】 无患子科植物复羽叶栾树 *Koelreuteria bipinnata* Franch. 的根。

【性味】 微苦，辛。

【功能主治】 疏风清热，止咳，杀虫。

【用法用量】 内服：煎汤，10 ～ 15 g。

无患子属 *Sapindus* L.

508. 无患子 *Sapindus mukorossi* Gaertn.

【别名】 木患子、肥珠子、油珠子、菩提子、油患子，圆肥皂、桂圆肥皂、洗手果、苦枝子。

【形态】 落叶大乔木，高可达 20 余米，树皮灰褐色或黑褐色；嫩枝绿色，无毛。叶连柄长 25 ～ 45 cm 或更长，叶轴稍扁，上面两侧有直槽，无毛或被微柔毛；小叶 5 ～ 8 对，通常近对生，叶片薄纸质，长椭圆状披针形或稍呈镰形，长 7 ～ 15 cm 或更长，宽 2 ～ 5 cm，顶端短尖或短渐尖，基部楔形，稍不对称，腹面有光泽，两面无毛或背面被微柔毛；侧脉纤细而密，15 ～ 17 对，近平行；小叶柄长约 5 mm。花序顶生，圆锥形；花小，辐射对称，花梗常很短；萼片卵形或长圆状卵形，大的长约 2 mm，外面基部被疏柔毛；花瓣 5，披针形，有长爪，长约 2.5 mm，外面基部被长柔毛或近无毛，鳞片 2 个，小耳状；花盘碟状，无毛；雄蕊 8，伸出，花丝长约 3.5 mm，中部以下密被长柔毛；子房无毛。果的发

育分果爿近球形，直径 2 ～ 2.5 cm，橙黄色，干时变黑。花期春季，果期夏、秋季。

根和果入药，味苦微甘，有小毒。用于清热解毒、化痰止咳；果皮含有皂素，可代肥皂，尤宜于丝质品之洗濯。

【生境分布】　各地寺庙、庭院和村边常见栽培。罗田凤山镇有栽培。

【采收加工】　采摘成熟果实，除去果肉，取种子晒干。

【来源】　无患子科植物无患子 *Sapindus mukorossi* Gaertn. 的种子。

【性状】　干燥的种子呈球形，直径 14 mm。外表黑色，光滑。种脐线形，周围附有白色茸毛。种皮骨质，坚硬。无胚乳，子叶肥厚，黄色，胚粗壮稍弯曲。

【性味】　苦，平，有毒。

【功能主治】　清热，祛痰，消积，杀虫。主治喉痹肿痛，咳喘，食滞，带下，疳积，疮痈肿毒，淋浊尿频。

【用法用量】　内服：煎汤，3 ～ 6 g；研末或煨食。外用：研末吹喉、擦牙，或煎汤洗，或熬膏涂。

【附方】　①治单双喉鹅：无患子 10 g，凤尾草 10 g，水煎服。

②治喉鹅：无患子 6 g，元明粉 4.5 g，梅片 1.5 g，研极细末吹喉。严重者加麝香 0.3 g。

③治哮喘：无患子煅灰，开水冲服，小儿每次 1.5 g，成人每次 6 g，每日一次，连服数天。（①～③方出自《岭南草药志》）

④治虫积食滞：无患子 5 ～ 7 粒，煨熟吃，每日一次，可连服数日。（《广西民间常用草药》）

⑤治厚皮癣：无患子酌量，用好醋煎沸，趁热搽洗患处。（《岭南草药志》）

⑥治牙齿肿痛：无患子 50 g，大黄、香附各 50 g，青盐 25 g，泥固煅研，日用擦牙。（《普济方》）

【临床应用】　治疗滴虫性阴道炎：取洗净去皮的无患子 500 g，加水 1000 ml 煎成浓液。每次取 50 ～ 100 ml 加温开水 1000 ml 稀释，按常规灌洗阴道，每日 1 次，7 ～ 10 天为 1 个疗程。同时配合清热化湿的中药内服。

九十六、清风藤科　Sabiaceae

清风藤属　*Sabia* Colelbr.

509. 清风藤　*Sabia japonica* Maxim.

【别名】　青藤。

【形态】　落叶攀援木质藤本；嫩枝绿色，被细柔毛，老枝紫褐色，具白蜡层，常留有木质化成单刺状或双刺状的叶柄基部。芽鳞阔卵形，具缘毛。叶近纸质，卵状椭圆形、卵形或阔卵形，长 3.5 ～ 9 cm，宽 2 ～ 4.5 cm，叶面深绿色，中脉有稀疏毛，叶背带白色，脉上被稀疏柔毛，侧脉每边 3 ～ 5 条；叶柄长 2 ～ 5 mm，被柔毛。花先叶开放，单生于叶腋，基部有苞片 4 枚，苞片倒卵形，长 2 ～ 4 mm；花梗长 2 ～ 4 mm，果时增长至 2 ～ 2.5 cm；萼片 5，近圆形或阔卵形，长约 0.5 mm，具缘毛；花瓣 5 片，淡黄绿色，倒卵形或长圆状倒卵形，长 3 ～ 4 mm，具脉纹；雄蕊 5 枚，花药狭椭圆形，外向开裂；花盘杯状，有 5 裂齿；子房卵形，被细毛。分果爿近圆形或肾形，直径约 5 mm；核有明显的中肋，两侧面具蜂窝状凹穴，腹部平。花期 2—3 月，果期 4—7 月。

【生境分布】生于沟边或林中，缠绕树上。罗田三省垴、天堂寨有分布。

【采收加工】秋、冬季采老藤，切段，晒干。

【药用部位】藤茎。

【药材名】清风藤。

【来源】清风藤科植物清风藤 Sabia japonica Maxim. 的藤茎。

【性状】干燥藤茎呈细长圆柱形，直径 5 ～ 20 mm，外表灰褐色或棕褐色，有纵皱及横向皮孔，节处膨大。体轻，质坚实而脆，易折断，断面灰黄色或淡灰棕色，不平坦，横切面韧皮部很窄，木质部导管与射线呈放射状排列，导管较大，中央为圆形的髓。气弱，味苦。

【性味】苦，平。

【功能主治】祛风湿，利小便。主治风湿痹痛，鹤膝风，水肿，脚气。

【用法用量】内服，煎汤，9 ～ 15 g；浸酒或熬膏。外用：煎水洗。

【附方】治诸风：青藤二、三月采之，不拘多少，入釜内，微火熬七日夜，成膏，收入瓷瓶内。用时先备梳三五把，量人虚实，以酒服一茶匙毕，将患者身上拍一掌，其后遍身发痒不可当，急以梳梳之。要痒止，即饮冷水一口便解。避风数日。（《李时珍濒湖集简方》）

九十七、凤仙花科　Balsaminaceae

凤仙花属 *Impatiens* L.

510. 凤仙花 *Impatiens balsamina* L.

【别名】染指甲草、旱珍珠、透骨草、凤仙草、指甲草。

【形态】一年生草本，高 60 ～ 100 cm。茎粗壮，肉质，直立，不分枝或分枝，无毛或幼时被疏柔毛，基部直径可达 8 mm，具多数纤维状根，下部节常膨大。叶互生，最下部叶有时对生；叶片披针形、狭椭圆形或倒披针形，长 4 ～ 12 cm，宽 1.5 ～ 3 cm，先端尖或渐尖，基部楔形，边缘有锐锯齿，向基部常有数对无柄的黑色腺体，两面无毛或被疏柔毛，侧脉 4 ～ 7 对；叶柄长 1 ～ 3 cm，上面有浅沟，两侧具数对具柄的腺体。花单生或 2 ～ 3 朵簇生于叶腋，无总花梗，白色、粉红色或紫色，单瓣或重瓣；花梗长 2～2.5 cm，密被柔毛；苞片线形，位于花梗的基部；侧生萼片 2，卵形或卵状披针形，长 2～3 mm，唇瓣深舟状，长 13～19 mm，宽 4～8 mm，被柔毛，基部急尖成长 1～2.5 cm 内弯的距；旗瓣圆形，兜状，先端微凹，背面中肋具狭龙骨状凸起，顶端具小尖，翼瓣具短柄，长 23～35 mm，2 裂，下部裂片小，倒卵状长圆形，上部裂片近圆形，先端 2 浅裂，外缘近基部具小耳；雄蕊 5，花丝线形，花药卵球形，顶端钝；子房纺锤形，密被柔毛。

蒴果宽纺锤形，长 10～20 mm；两端尖，密被柔毛。种子多数，圆球形，直径 1.5～3 mm，黑褐色。花期 7—10 月。

【生境分布】 全国大部分地区均有分布。多栽植于庭院作观赏用。

【药用部位】 全草、花、根。

【药材名】 凤仙花草、凤仙花、急性子。

（1）凤仙花草。

【采收加工】 夏、秋季采收。

【来源】 凤仙花科植物凤仙花 *Impatiens balsamina* L. 的全草。

【性味】 辛、苦，温。

【功能主治】 祛风，活血，消肿，止痛。主治关节风湿痛，跌打损伤，瘰疬痈疽，疔疮。

【用法用量】 内服：煎汤，9～15 g（鲜品 32～64 g）。外用：捣敷或煎水熏洗。

【附方】 ①治风湿关节痛：鲜凤仙 32 g。水煎调酒服。（《福建中草药》）

②治风气痛：凤仙叶煎汤洗之。（《岭南采药录》）

③治跌打损伤：凤仙捣汁一杯，黄酒冲服。（《湖南药物志》）

④治瘰疬，痈肿：鲜凤仙草捣烂敷患处。或用鲜凤仙全株连根洗净，捣烂，放铜锅内，加水煮汁两次，过滤，将两次之汁，合并再熬，浓缩成膏，涂纸上，贴患处，一日一换。（《江西民间草药》）

⑤治痈疽恶毒：凤仙 9～15 g。水煎服。（《湖南药物志》）

⑥治蛇头疔：鲜凤仙取下半截连根叶用，捣烂敷肿处，或同甜酒酿糟捣烂敷。（《江西民间草药》）

⑦治指甲炎肿痛（俗称换指甲）：鲜凤仙叶一握。洗净后加红糖，共捣烂，敷患处，日换两次。（《福建民间草药》）

⑧治溃疡日久：凤仙，冰片。研末干搽。（《湖南药物志》）

⑨治受湿后脚面肿：凤仙连根带叶，共捣细，加砂糖和匀，敷肿处。（《云南中医验方》）

⑩治脚气肿胀：鲜凤仙（捣烂）、鲜紫苏茎叶各等份。水煎，放盆或小桶内，先熏后淋洗。（《江西民间草药》）

⑪治蛇咬伤：鲜凤仙 160 g。捣烂绞汁服，渣外敷。（《福建中草药》）

（2）凤仙花。

【别名】 指甲花、指甲桃花、金童花、竹盏花、金凤花。

【采收加工】 开花期间，每日下午采收，拣去杂质，晾干。一般认为以红、白二色者入药较佳。

【来源】 凤仙花科植物凤仙花 *Impatiens balsamina* L. 的花蕾。

【性味】 甘、微苦，温。

【功能主治】 祛风，活血，消肿，止痛。主治风湿，腰胁疼痛，妇女闭经腹痛，产后瘀血未尽，跌打损伤，痈疽，疔疮，鹅掌风，灰指甲。

【用法用量】 内服：煎汤，1.5～3 g（鲜品3～9 g）；研末或浸酒。外用：捣汁滴耳、捣敷或煎水熏洗。

【附方】 ①治风湿卧床不起：金凤花、柏子仁、朴硝、木瓜，煎汤洗浴，每日两、三次。内服独活寄生汤。（《扶寿精方》）

②治腰胁引痛不可忍者：凤仙花，研饼，晒干，为末，空心每酒服9 g。（《本草纲目》）

③治跌打损伤筋骨，并血脉不通：凤仙花95 g，当归尾64 g，浸酒饮。（《兰台集》）

④治骨折疼痛异常，不能动手术投接，可先服本酒药止痛：干凤仙花3 g（鲜品15 g），泡酒，内服1小时后，患处麻木，便可接骨。（《贵州民间方药集》）

⑤治蛇伤：凤仙花，擂酒服。（《本草纲目》）

⑥治百日咳，呕血，咯血：鲜凤仙花七至十五朵，水煎服，或和冰糖少许炖服更佳。（《闽东本草》）

⑦治带下：凤仙花15 g（或根32 g），墨鱼32 g。水煎服，每日一剂。（《江西草药》）

⑧治鹅掌风：鲜凤仙花外擦。（《上海常用中草药》）

⑨治灰指甲：白凤仙花捣烂外敷。（《陕甘宁青中草药选》）

【注意】 西藏地区使用的凤仙花，其植物形态为锐齿凤仙花，分布西藏、云南等地。

（3）凤仙花根。

【来源】 凤仙花科植物凤仙花 *Impatiens balsamina* L. 的根。

【采收加工】 夏、秋季采收。

【性味】 ①《本草纲目》：苦、甘、辛，有小毒。

②《岭南采药录》：味甘，性平。

【功能主治】 活血，通经，软坚，消肿。主治风湿筋骨疼痛，跌打肿痛，咽喉骨哽。

【用法用量】 内服：研末或浸酒。外用：捣敷。

【附方】 ①治跌打损伤，红肿紫瘀，溃烂：凤仙根、茎捣敷。（《本草正义》）

②治跌打损伤：凤仙花根适量，晒干研末，每次9～15 g。水酒冲服，每日一剂。（《江西草药》）

③治骨鲠喉：凤仙花、根，嚼烂噙下，骨自下，便用温水灌漱，免损齿，鸡骨尤效。（《世医得效方》）

④治水肿：凤仙鲜根每次4～5个，炖猪肉吃，三、四次见效。（《泉州本草》）

（4）急性子。

【别名】 金凤花子、凤仙子。

【采收加工】 秋季，果实成熟后采收，除去果皮等杂质，晒干。

【来源】 凤仙花科植物凤仙花 *Impatiens balsamina* L. 的种子。

【性状】 干燥种子略呈扁球形至扁卵圆形，长2.5～3 mm，宽2～3 mm。种皮赤褐色或棕色，表面密布小窝点及橙黄色短条纹。种脐位于种子的狭端，稍凸出。质坚硬。以颗粒饱满者为佳。

【化学成分】 含凤仙甾醇、皂苷、脂肪油、多糖、蛋白质、氨基酸、挥发油，以及槲皮素的多糖苷和山柰酚的衍生物等。

【药理作用】 兴奋子宫、避孕作用。

【性味】 苦、辛，温，有毒。

【归经】 ①《玉楸药解》：入足少阴肾经。

②《本草再新》：入肝、肺二经。

【功能主治】 破血，消积，软坚。主治闭经，积块，噎膈，外疡坚肿，骨鲠不下。

【用法用量】 内服：煎汤，2.4～4.5 g；或入丸、散。外用：研末吹喉、点牙，或调敷，或熬膏贴。

【注意】内无瘀积及孕妇忌服。

【附方】①治月经困难：凤仙子95 g。研细蜜丸。一日三回，每回3 g，当归10 g煎汤送服。（《现代实用中药》）

②产难催生：凤仙子6 g。研末，水服，勿近牙。外以蓖麻子，随年数捣涂足心。（《李时珍濒湖集简方》）

③治胎衣不下：凤仙子炒黄为末，黄酒温服3 g。（《经验广集》）

④治小儿痞积：急性子、水红花子、大黄各32 g。俱生研末。每味取16 g，外用芒硝32 g拌匀，将白鹁鸽（或白鸭）一个，去毛屎；剖腹，勿犯水，以布拭净，将末装入内，用绵扎定，砂锅内入水三碗，重重纸封，以小火煮干，将鸽（鸭）翻调焙黄色，冷定。早晨食之，日西时腹软，三日，大便下血，病去矣，忌冷物百日。（《孙天仁集效方》）

⑤治噎食不下：凤仙花子，酒浸三宿，晒干为末，酒丸绿豆大。每服8粒，温酒下，不可多用。（《摘玄方》）

⑥治骨鲠：金凤花子，嚼烂噙化下。无子用根亦可，口中骨自下，便用温水灌漱，免损齿。鸡骨尤效。一方擂碎，水化服。（《世医得效方》）

⑦牙齿欲取：金凤花子研末，入砒少许，点疼牙根取之。（《摘玄方》）

⑧治单双喉蛾：白金凤花子研末，用纸管取末吹入喉内，闭口含之，日作两、三次。（《闽南民间草药》）

⑨治肾囊烂尽，只留二睾丸：取凤仙花子和甘草为末，麻油调敷，即生肌。（《岭南采药录》）

⑩治跌打损伤，阴囊入腹疼痛：急性子、沉香各1.5 g。研末冲开水送下。（《闽东本草》）

九十八、鼠李科　Rhamnaceae

勾儿茶属 *Berchemia* Neck.

511. 多花勾儿茶 *Berchemia floribunda* (Wall.) Brongn.

【别名】扁担果、铁包金、牛儿藤。

【形态】藤状或直立灌木；幼枝黄绿色，光滑无毛。叶纸质，上部叶较小，卵形或卵状椭圆形至卵状披针形，长4～9 cm，宽2～5 cm，顶端锐尖，下部叶较大，椭圆形至矩圆形，长达11 cm，宽达6.5 cm，顶端钝或圆形，稀短渐尖，基部圆形，稀心形，上面绿色，无毛，下面干时栗色，无毛，或仅沿脉基部被疏短柔毛，侧脉每边9～12条，两面稍凸起；叶柄长1～2 cm，稀5.2 cm，无毛；托叶狭披针形，宿存。花多数，通常数个簇生排成顶生宽聚伞圆锥花序，或下部兼腋生聚伞总状花序，花序长可达15 cm，侧枝长在5 cm以下，花序轴无毛或被疏微毛；花芽卵球形，顶端急狭成锐尖或渐尖；花梗长1～2 mm；萼三角形，

顶端尖；花瓣倒卵形，雄蕊与花瓣等长。核果圆柱状椭圆形，长 7 ~ 10 mm，直径 4 ~ 5 mm，有时顶端稍宽，基部有盘状的宿存花盘；果梗长 2 ~ 3 mm，无毛。花期 7—10 月，果期翌时年 4—7 月。

【生境分布】生于向阳的山坡灌丛或路旁。罗田各地均有分布。

【采收加工】全年可采。

【药用部位】根。

【药材名】勾儿茶。

【来源】鼠李科植物多花勾儿茶 *Berchemia floribunda*（Wall.）Brongn. 的根。

【性味】微涩，平。

【功能主治】祛风湿，活血通络，止咳化痰，健脾益气。主治风湿关节痛，腰痛，痛经，肺结核，瘰疬，小儿疳积，肝炎，跌打损伤。

【附方】①治风湿关节痛，腰痛：勾儿茶 64 ~ 95 g，炖猪蹄一个或鸡蛋两个吃。

②治肺结核咳嗽，内伤咯血，肝炎：勾儿茶 32 ~ 64 g，水煎服。

③治胆道蛔虫：勾儿茶 64 g，水煎加糖服。

④治跌打损伤，蛇咬伤：勾儿茶适量，酒浸外擦。

枳椇属 *Hovenia* Thunb.

512. 枳椇 *Hovenia acerba* Lindl.

【别名】拐枣、木珊瑚、鸡爪子、枳枣。

【形态】高大乔木，高 10 ~ 25 m；小枝褐色或黑紫色，被棕褐色短柔毛或无毛，有明显白色的皮孔。叶互生，厚纸质至纸质，宽卵形、椭圆状卵形或心形，长 8 ~ 17 cm，宽 6 ~ 12 cm，顶端长渐尖或短渐尖，基部截形或心形，稀近圆形或宽楔形，边缘常具整齐浅而钝的细锯齿，上部或近顶端的叶有不明显的齿，稀近全缘，上面无毛，下面沿脉或脉腋常被短柔毛或无毛；叶柄长 2 ~ 5 cm，无毛。二歧式聚伞圆锥花序，顶生和腋生，被棕色短柔毛；花两性，直径 5 ~ 6.5 mm；萼片具网状脉或纵条纹，无毛，长 1.9 ~ 2.2 mm，宽 1.3 ~ 2 mm；花瓣椭圆状匙形，长 2 ~ 2.2 mm，宽 1.6 ~ 2 mm，具短爪；花盘被柔毛；花柱半裂，稀浅裂或深裂，长 1.7 ~ 2.1 mm，无毛。浆果状核果近球形，直径 5 ~ 6.5 mm，无毛，成熟时黄褐色或棕褐色；果序轴明显膨大；种子暗褐色或黑紫色，直径 3.2 ~ 4.5 mm。花期 5—7 月，果期 8—10 月。

【生境分布】野生或栽培。罗田各地均有分布。

【药用部位】种子、根、树皮、树干中的液汁、叶。

（1）枳椇子。

【采收加工】10—11 月果实成熟时采收，将果实连果柄一并摘下，晒干，碾碎果壳，筛出种子，晒干。

【来源】鼠李科植物枳椇 *Hovenia acerba* Lindl. 的种子。

【性状】干燥种子呈扁平圆形，背面稍隆起，腹面较平，直径 3 ~ 5 mm，厚约 2 mm。表面红棕色至红褐色，平滑光泽，基部有圆形点状的种脐，顶端有微凸的合

点，腹面有一条纵行而隆起的种脊。种皮坚硬，厚约 1 mm，胚乳乳白色，油质，其内包围有 2 片肥厚的子叶，呈淡黄色至草绿色，亦油质。气微弱，味苦而涩。

【性味】　甘、酸，平。

【归经】　①《本草再新》：入心、脾二经。

②《本草撮要》：入手太阴经。

【功能主治】　主治醉酒，烦热，口渴，呕吐，二便不利。

【用法用量】　内服：煎汤，9～15 g；浸酒或入丸剂。

【注意】　《得配本草》：脾胃虚寒者，禁用。

【附方】　①治饮酒多，发积为酷热，熏蒸，五脏，津液枯燥，血泣，小便并多，肌肉消烁，专嗜冷物寒浆：枳椇子 64 g，麝香 3 g。为末，面糊丸，如梧桐子大。每服 30 丸，空心盐汤吞下。（《世医得效方》）

②治酒色过度，成劳吐血：拐枣 125 g，红甘蔗一根。炖猪心肺服。（《重庆草药》）

③治小儿惊风：枳椇果 32 g。水煎服。

④治手足抽搐：枳椇果 15 g，四匹瓦 15 g，蛇莓 15 g。水煎服。

⑤治小儿黄瘦：枳椇果 32 g。水煎服。（③～⑤方出自《湖南药物志》）

（2）枳椇根。

【采收加工】　9—10 月采。

【来源】　鼠李科植物枳椇 *Hovenia acerba* Lindl. 的根。

【性味】　《重庆草药》：味涩，性温。

【功能主治】　主治虚劳吐血，风湿筋骨痛。

【用法用量】　内服：煎汤，鲜品 125～250 g；或炖肉。

【注意】　《重庆草药》：湿热寒邪未解者忌用。

【附方】　①治男女虚弱，手足无力：枳椇根 125 g，黄花头 64 g，岩白菜 64 g，鸡肫草 64 g。炖鸡腹。（《重庆草药》）

②治劳伤吐血：枳椇根 250 g，炖五花内服。（《重庆草药》）

（3）枳椇木皮。

【采收加工】　全年可采。

【来源】　鼠李科植物枳椇 *Hovenia acerba* Lindl. 的树皮。

【性味】　《本草纲目》：甘，温，无毒。

【功能主治】　①《新修本草》：主五痔，和五脏。

②《陕西中草药》：能活血舒筋，治食积，解铁棒锤毒。

【用法用量】　内服：煎汤，9～15 g。外用：煎水洗。

（4）枳椇木汁。

【采收加工】　春、夏季采收。

【来源】　鼠李科植物枳椇 *Hovenia acerba* Lindl. 树干中流出之液汁。

【化学成分】　木质部含拐枣酸。

【性味】　《本草纲目》：甘，平，无毒。

【功能主治】　《卫生易简方》：治腋下狐气。枳椇树凿孔，取汁一、二碗，用青木香、桃、柳、妇人乳，共煎一、二沸，就热洗之。

（5）枳椇叶。

【采收加工】　夏季采收。

【来源】　鼠李科植物枳椇 *Hovenia acerba* Lindl. 的叶片。

【功能主治】①姚可成《食物本草》：治死胎不出，用枳椇叶十四片，水、酒各一盏，煎八分服。
②《陕西中草药》：枳椇枝叶，熬膏服，功效同果梗，且能止呕，解酒毒及铁棒锤毒。

【用法用量】内服：煎汤，9～15 g。

鼠李属 *Rhamnus* L.

513. 冻绿 *Rhamnus utilis* Decne.

【别名】黑午茶。

【形态】灌木或小乔木，高达 4 m；幼枝无毛，小枝褐色或紫红色，稍平滑，对生或近对生，枝端常具针刺；腋芽小，长 2～3 mm，有数个鳞片，鳞片边缘有白色缘毛。叶纸质，对生或近对生，或在短枝上簇生，椭圆形、矩圆形或倒卵状椭圆形，长 4～15 cm，宽 2～6.5 cm，顶端凸尖或锐尖，基部楔形或稀圆形，边缘具细锯齿或圆齿状锯齿，上面无毛或仅中脉具疏柔毛，下面干后常变黄色，沿脉或脉腋有金黄色柔毛，侧脉每边通常 5～6 条，两面均凸起，具明显的网脉，叶柄长 0.5～1.5 cm，上面具小沟，有疏微毛或无毛；托叶披针形，常有疏毛，宿存。花单性，雌雄异株，4 基数，具花瓣；花梗长 5～7 mm，无毛；雄花数个簇生于叶腋，或 10～30 个聚生于小枝下部，有退化的雌蕊；雌花 2～6 个簇生于叶腋或小枝下部；退化雄蕊小，花柱较长，2 浅裂或半裂。核果圆球形或近球形，成熟时黑色，具 2 分核，基部有宿存的萼筒；梗长 5～12 mm，无毛；种子背侧基部有短沟。花期 4—6 月，果期 5—8 月。

【生境分布】生于海拔 1500 m 以下的向阳山地、丘陵、山坡草丛、灌丛或疏林中。罗田骆驼坳镇有分布。

【采收加工】夏季采收。

【药用部位】叶。

【药材名】冻绿叶。

【来源】鼠李科植物冻绿 *Rhamnus utilis* Decne. 的叶。

【性味】苦，凉。

【功能主治】止痛，消食。主治跌打损伤，消化不良。

【用法用量】内服：捣烂，冲酒，15～30 g；或泡茶。

枣属 *Ziziphus* Mill.

514. 枣 *Ziziphus jujuba* Mill.

【别名】干枣、美枣、良枣、红枣。

【形态】落叶小乔木，稀灌木，高达 10 余米；树皮褐色或灰褐色；有长枝，短枝和无芽小枝（即新枝）

比长枝光滑，紫红色或灰褐色，呈"之"字形曲折，具2个托叶刺，长刺可达3 cm，粗直，短刺下弯，长4～6 mm；短枝短粗，矩状，自老枝发出；当年生小枝绿色，下垂，单生或2～7个簇生于短枝上。叶纸质，卵形、卵状椭圆形，或卵状矩圆形；长3～7 cm，宽1.5～4 cm，顶端钝或圆形，稀锐尖，具小尖头，基部稍不对称，近圆形，边缘具圆齿状锯齿，上面深绿色，无毛，下面浅绿色，无毛或仅沿脉被疏微毛，基生3出脉；叶柄长1～6 mm，或在长枝

上的可达1 cm，无毛或有疏微毛；托叶刺纤细，后期常脱落。花黄绿色，两性，5基数，无毛，具短总花梗，单生或2～8个密集成腋生聚伞花序；花梗长2～3 mm；萼片卵状三角形；花瓣倒卵圆形，基部有爪，与雄蕊等长；花盘厚，肉质，圆形，5裂；子房下部藏于花盘内，与花盘合生，2室，每室有1胚珠，花柱2半裂。核果矩圆形或长卵圆形，长2～3.5 cm，直径1.5～2 cm，成熟时红色，后变紫红色，中果皮肉质，厚，味甜，核顶端锐尖，基部锐尖或钝，2室，具1或2粒种子，果梗长2～5 mm；种子扁椭圆形，长约1 cm，宽8 mm。花期5—7月，果期8—9月。

【生境分布】　一般多为栽培。罗田各地均有栽培。

【采收加工】　秋季果实成熟时采收，拣净杂质，晒干；或烘至皮软，再行晒干；或先用水煮一滚，使果肉柔软而皮未皱缩时即捞起，晒干。

【药用部位】　成熟果实。

【药材名】　红枣。

【来源】　鼠李科植物枣 *Ziziphus jujuba* Mill. 的成熟果实。

【性状】　果实略呈卵圆形或椭圆形，长2～3.5 cm，直径1.5～2.5 cm。表面暗红色，带光泽，有不规则皱纹，果实一端有深凹窝，中具一短果柄，另一端有一小凸点。外果皮薄，中果皮肉质松软，如海绵状，黄棕色或淡褐色。果核纺锤形，坚硬，两端尖锐，表面暗红色。气微弱，味香甜。以色红、肉厚、饱满、核小、味甜者为佳。

【化学成分】　含大枣皂苷Ⅰ、大枣皂苷Ⅱ、大枣皂苷Ⅲ、酸枣仁皂苷B、光千金藤碱、葡萄糖、果糖、蔗糖、环磷腺苷、环磷鸟苷等。

【性味】　甘，温。

【归经】　归脾、胃、心经。

①《本草纲目》：脾经血分。

②《本草经疏》：入足太阴，阳明经。

【功能主治】　补脾和胃，益气生津，调营卫，解药毒。主治胃虚食少，脾弱便溏，气血津液不足，营卫不和，心悸怔忡，妇人脏躁。

【用法用量】　内服：煎汤，6～15 g；或捣烂作丸。外用：煎水洗或烧存性研末调敷。

【注意】　凡有湿痰、积滞、齿病、虫病者，均不相宜。

【附方】　①治脾胃湿寒，饮食减少，长作泄泻，完谷不化：白术125 g，干姜64 g，鸡内金64 g，熟枣肉160 g。上药四味，白术、鸡内金皆用生者，每味各自轧细、焙熟，再将干姜轧细，共和枣肉，同捣如泥，作小饼，木炭火上炙干，空心时，当点心，细嚼咽之。（《医学衷中参西录》）

②治反胃吐食：大枣（去核）一枚，斑蝥（去头翅）一枚入内煨热，去蝥，空心食之，白汤下。（《本

草纲目》）

③补气：大南枣 10 枚，蒸软去核，配人参 3 g，布包，藏饭锅内蒸烂，捣匀为丸，如弹子大，收贮用之。（《醒园录》）

④治中风惊恐虚悸，四肢沉重：大枣 7 枚（去核），青粱米 125 g。上两味以水 3.5 升，先煮枣取 1.5 升，去滓，投米煮粥食之。（《圣济总录》）

⑤治妇人脏躁，喜悲伤，欲哭，数欠伸：大枣 10 枚，甘草 95 g，小麦 1 升。上三味，以水 6 升，煮取 3 升，温分三服。（《金匮要略》）

⑥治咳：杏仁（去皮尖，熬）120 枚，豉（熬令干）100 枚，干枣（去核）40 枚。上三味合捣如泥，丸如杏核，含咽令尽。日七、八度，尽，更作。（《必效方》）

⑦治悬饮：芫花（熬）、甘遂、大戟各等份。上三味捣筛，以水 1.5 升，先煮肥大枣 10 枚，取 800 ml，去渣，纳药末，强人服 3 g，羸人服 1.5 g，平旦温服之，不下者，明日更加 1.5 g。得快利之后，糜粥自养。（《金匮要略》）

⑧治虚劳烦闷不得眠：大枣 20 枚，葱白 7 茎。上二味，以水 3 升，煮 1 升，去滓顿服。（《千金方》）

⑨治肺疽吐血并妄行：红枣（和核烧存性）、百药煎（煅）各等份。为细末，每服 6 g，米汤调下。（《三因极一病证方论》）

⑩治卒急心痛：乌梅 1 个，枣 2 个，杏仁 7 个。一处捣，男用酒、女用醋送下。（《海上方》）

⑪治非血小板减少性紫癜：红枣，每天吃三次，每次 10 枚，至紫癜全部消退为止。一般需红枣 500 ～ 1000 g。（《上海中医药》）

⑫治走马牙疳：枣（去核、包信石，烧）、黄柏。同为末，布患处。（《海上方》）

⑬治诸疮久不瘥：枣膏 3 升，水 30 升，煮取 15 升，数洗取愈。（《千金方》）

⑭治风沿烂眼：大黑枣（去核）20 个，明矾末 1.5 g，和枣肉捣成膏，湿纸包，火内煨二刻，取出，去纸，水两碗，将枣膏煎汤，去渣，将汤洗眼。（《本草汇言》）

⑮治五脏虚劳之疾，症见面色苍白，形瘦痿弱，饮食不化等：熟地黄 80 g，川牛膝、山药各 48 g，杜仲、巴戟、山茱萸、肉苁蓉、五味子、白茯苓、小茴香、制远志各 32 g，石菖蒲、枸杞子各 15 g，红枣 36 枚，另研与药末加炼蜜杵烂为丸，梧桐子大，每 50 丸，淡盐汤或温酒下。（《万密斋医学全书》）

【临床应用】 ①预防输血反应：输血前 15 ～ 30 min 服红枣汤（红枣 20 枚，地肤子、炒荆芥各 9 g）。据 46 人次观察，无反应者占 2/3 左右，且很少出现Ⅲ级反应。但对激素未能防止反应的病例，红枣汤似亦无效。

②降低血清谷丙转氨酶水平：对于急慢性肝炎、肝硬化患者的血清转氨酶活力较高的患者，每晚睡前服红枣花生汤（红枣、花生、冰糖各 50 g，先煎花生，后加红枣冰糖）1 剂，30 天为 1 个疗程，观察 12 例均有效。但对合并胆道感染、风湿活动合并心肌炎的患者，应再配合清热利胆或祛风湿的药物。

【注意】 大枣因加工不同，而有红枣、黑枣之分。入药一般以红枣为主。

515. 酸枣 *Ziziphus jujuba* Mill. var. *spinosa*（Bunge）Hu ex H. F. Chow.

【别名】 枣仁、酸枣核。

【形态】 落叶小乔木，稀灌木，高达 10 余米；树皮褐色或灰褐色；有长枝，短枝和无芽小枝（即新枝）比长枝光滑，紫红色或灰褐色，呈"之"字形曲折，具 2 个托叶刺，长刺可达 3 cm，粗直，短刺下弯，长 4 ～ 6 mm；短枝短粗，矩状，自老枝发出；当年生小枝绿色，下垂，单生或 2 ～ 7 个簇生于短枝上。叶纸质，卵形、卵状椭圆形或卵状矩圆形；长 3 ～ 7 cm，宽 1.5 ～ 4 cm，顶端钝或圆形，稀锐尖，具小尖头，基部稍不对称，近圆形，边缘具圆齿状锯齿，上面深绿色，无毛，下面浅绿色，无毛或仅沿脉被疏微毛，基生 3 出脉；叶柄长 1 ～ 6 mm，或在长枝上的可达 1 cm，无毛或被疏微毛；托叶刺纤细，后期常脱落。花黄绿色，两性，5 基数，无毛，具短总花梗，单生或 2 ～ 8 个密集成腋生聚伞花序；花梗长 2 ～ 3 mm；萼片卵状三角形；花瓣倒卵圆形，基部有爪，与雄蕊等长；花盘厚，肉质，圆形，5 裂；子房下部藏于花盘内，与花盘合生，2 室，每室有

1 胚珠，花柱 2 半裂。核果矩圆形或长卵圆形，长 2 ～ 3.5 cm，直径 1.5 ～ 2 cm，成熟时红色，后变紫红色，中果皮肉质，厚，味甜，核顶端锐尖，基部锐尖或钝，2 室，具 1 或 2 粒种子，果梗长 2 ～ 5 mm；种子扁椭圆形，长约 1 cm，宽 8 mm。花期 5—7 月，果期 8—9 月。

【生境分布】 生于阳坡或干燥瘠土处，常形成灌丛。罗田骆驼坳镇望江垴村有栽培。

【采收加工】 秋季果实成熟时采收，将果实浸泡一宿，搓去果肉，捞出，用石碾碾碎果核，取出种子，晒干。

【药用部位】 种子。

【药材名】 酸枣仁。

【来源】 鼠李科植物酸枣 *Ziziphus jujuba* Mill. var.*spinosa*（Bunge）Hu ex H. F. Chow. 的种子。

【性状】 干燥成熟的种子呈扁圆形或椭圆形，长 5 ～ 9 mm，宽 5 ～ 7 mm，厚约 3 mm，表面赤褐色至紫褐色，未成熟者色浅或发黄，光滑。一面较平坦，中央有一条隆起线或纵纹，另一面微隆起，边缘略薄，先端有明显的种脐，另一端具微凸起的合点，种脊位于一侧不明显。剥去种皮，可见类白色胚乳黏附在种皮内侧。子叶 2 片，类圆形或椭圆形，呈黄白色，肥厚油润。气微，味淡。以粒大饱满、外皮紫红色、无核壳者为佳。

【药理作用】 ①镇静、催眠作用：生枣仁与炒枣仁的镇静作用并无区别，但生枣仁作用较弱，久炒油枯后则失效，有认为其镇静的有效成分可能与油有关，另有认为与水溶性部分有关。

②镇痛、抗惊厥、降温作用。

③对心血管系统的作用：酸枣仁可引起血压持续下降，心传导阻滞。

④对烧烫伤的作用：酸枣仁单用或与五味子合用，均能提高烫伤小白鼠的存活率，延长存活时间，还能推迟大白鼠烧伤性休克的发生和延长存活时间，并能减轻小白鼠烧伤局部的水肿。

⑤兴奋子宫作用。

【炮制】 酸枣仁：原药放入竹箩内，沉入清水缸中，使仁浮在水面，壳沉水底，将枣仁捞出、晒干。炒酸枣仁：取洁净的酸枣仁，置锅内用文火炒至外皮鼓起并呈微黄色，取出，放凉。焦酸枣仁：取洁净的酸枣仁，置锅内用武火炒至有五成变黑红色，取出，放凉。

【性味】 甘，平。

【归经】 归心、肝经。

【功能主治】 养肝，宁心，安神，敛汗。主治虚烦不眠，惊悸怔忡，烦渴，虚汗。

【用法用量】 内服：煎汤，6 ～ 16 g；或入丸、散。

【注意】 有实邪及滑泄者慎服。

【附方】 ①治虚劳虚烦不得眠：酸枣仁 2 升，甘草 32 g，知母 32 g，茯苓 32 g，川芎 32 g。上五味，

以水8升，煮酸枣仁得6升，纳诸药煮取3升，分温三服。（《金匮要略》）

②治骨蒸，心烦不得眠卧：酸枣仁64 g。以水两大盏半，研滤取汁，以米两合煮作粥，候临熟，入地黄汁一合，更微煮过，不计时候食之。（《太平圣惠方》）

③治胆虚睡卧不安，心多惊悸：酸枣仁32 g。炒熟令香，捣细罗为散。每服6 g，以竹叶汤调下，不计时候。（《太平圣惠方》）

④治心脏亏虚，神志不守，恐怖惊惕，常多恍惚，易于健忘，睡卧不宁，一切心疾：酸枣仁（微炒，去皮）、人参各一两，辰砂（研细，水飞）半两，乳香（以乳钵坐水盆中研）一分。上四味研和停，炼蜜丸如弹子大。每服一粒，温酒化下，枣汤亦得，空心临卧服。（《局方》）

⑤治胆风毒气，虚实不调，昏沉睡多：酸枣仁32 g（生用），全梃蜡茶64 g，以生姜汁涂炙，令微焦，捣罗为散。每服6 g，水七分，煎六分，温服。（《简要济众方》）

⑥治睡中盗汗：酸枣仁、人参、茯苓各等份。上为细末，米饮调下半盏。（《普济方》）

九十九、葡萄科　Vitaceae

蛇葡萄属　*Ampelopsis* Michaux

516. 蓝果蛇葡萄　*Ampelopsis bodinieri*（Levl. et Vant.）Rehd.

【形态】木质藤本。小枝圆柱形，有纵棱纹，无毛。卷须2叉分枝，相隔2节间断与叶对生。叶片卵圆形或卵状椭圆形，不分裂或上部微3浅裂，长7～12.5 cm，宽5～12 cm，顶端急尖或渐尖，基部心形或微心形，边缘每侧有9～19个急尖锯齿，上面绿色，下面浅绿色，两面均无毛；基出脉5，中脉有侧脉4～6对，网脉两面均不明显凸出；叶柄长2～6 cm，无毛。花序为复二歧聚伞花序，疏散，花序梗长2.5～6 cm，无毛；花梗长2.5～3 mm，无毛；花蕾椭圆形，高2.5～3 mm，萼浅碟形，萼齿不明显，边缘呈波状，外面无毛；花瓣5，长椭圆形，高2～2.5 mm；雄蕊5，花丝丝状，花药黄色，椭圆形；花盘明显，5浅裂；子房圆锥形，花柱明显，基部略粗，柱头不明显扩大。果实近圆球形，直径0.6～0.8 cm，有种子3～4颗，种子倒卵状椭圆形，顶端圆钝，基部有短喙，急尖，表面光滑，背腹微侧扁，

种脐在种子背面下部向上呈带状渐狭，腹部中棱脊凸出，两侧洼穴呈沟状，上部略宽，向上达种子中部以上。花期4—6月，果期7—8月。

【生境分布】生于山谷林中或山坡灌丛阴处，海拔200～3000 m。罗田中、高山区有分布。

【采收加工】全年可采。

【药用部位】根。

【药材名称】 上山龙。

【来源】 葡萄科植物蓝果蛇葡萄 *Ampelopsis bodinieri*（Lévl. et Vant.）Rehd. 的干燥根。

【性味】 酸、涩、微辛，平。

【功能主治】 消肿解毒，止痛止血，排脓生肌，祛风除湿。主治跌打损伤，骨折，风湿腿痛，便血，崩漏，带下，慢性胃炎，胃溃疡等。

【用法用量】 内服：煎汤，9～15 g。

517. 牯岭蛇葡萄 *Ampelopsis heterophylla*（Thunb.）Sieb. et Zucc. var. *kulingensis*（Rehd.）C. L. Li

【别名】 牯岭蛇葡萄皮。

【形态】 藤本；小枝、叶柄及花序均无毛，或花序近无毛；卷须分叉，顶端不扩大；叶互生，单叶或复叶，心状五角形，不裂或分裂不达基部，长 5～16 cm，宽 4～16 cm，上部明显 3 浅裂，侧裂片常呈尾状，尖头常向外倾，基部浅心形，缘具齿，上面深绿色，下面淡绿色，两面无毛或下面沿脉疏生短柔毛；花两性，排成与叶对生的聚伞花序；花杂性；花萼不明显；花瓣 4～5，分离而扩展，逐片脱落；雄蕊短而与花瓣同数；花盘隆起，与子房

合生；子房 2 室，有柔弱的花柱；果为小浆果，近球形，直径 5～10 mm，红蓝色，有种子 1～4 颗。

【生境分布】 生于山坡灌丛中。罗田各地均有分布。

【采收加工】 全年可采。

【药用部位】 根皮。

【来源】 葡萄科植物牯岭蛇葡萄 *Ampelopsis heterophylla*（Thunb.）Sieb. et Zucc. var. *kulingensis*（Rehd.）C. L. Li 的根皮。

【功能主治】 清热解毒，消肿祛湿。

【用法用量】 内服：煎汤，9～15 g。外用：适量。

518. 三裂蛇葡萄 *Ampelopsis delavayana* Planch.

【别名】 三裂叶蛇葡萄、赤木通。

【形态】 木质藤本，小枝圆柱形，有纵棱纹，疏生短柔毛，以后脱落。卷须二至三叉分枝，相隔 2 节间断与叶对生。叶为 3 小叶，中央小叶披针形或椭圆披针形，长 5～13 cm，宽 2～4 cm，顶端渐尖，基部近圆形，侧生小叶卵椭圆形或卵披针形，长 4.5～11.5 cm，宽 2～4 cm，基部不对称，近截形，边缘有粗锯齿，齿端通常尖细，上面绿色，嫩时被稀疏柔毛，以后脱落几无毛，下面浅绿色，侧脉 5～7 对，网脉两面均不明显；叶柄长 3～10 cm，中央小叶有柄或无柄，侧生小叶无柄，被稀疏柔毛。多歧聚伞花序与叶对生，花序梗长 2～4 cm，被短柔毛；花梗长 1～2.5 mm，伏生短柔毛；花蕾卵形，高 1.5～2.5 mm，顶端圆形；萼碟形，边缘呈波状浅裂，无毛；花瓣 5，卵状椭圆形，高 1.3～2.3 mm，

外面无毛，雄蕊 5，花药卵圆形，长、宽
近相等，花盘明显，5 浅裂；子房下部与
花盘合生，花柱明显，柱头不明显扩大。
果实近球形，直径 0.8 cm，有种子 2～3
颗；种子倒卵圆形，顶端近圆形，基部有
短喙，种脐在种子背面中部向上渐狭呈卵
椭圆形，顶端种脊凸出，腹部中棱脊凸出，
两侧洼穴呈沟状楔形，上部宽，斜向上展
达种子中部以上。花期 6—8 月，果期 9—
11 月。

【生境分布】　生于沟边或河谷灌丛中、
林缘、路边。罗田玉屏山有分布。

【采收加工】　全年可采，以秋季为好，晒干或鲜用。鲜切：洗净，切横片厚 1～2 cm，晒干。干品：
抢水洗净，捞出，润透，切厚 3 mm 横片，晒干。

【药用部位】　根。

【药材名】　金刚散。

【来源】　葡萄科植物三裂蛇葡萄 *Ampelopsis delavayana* Planch. 的根。

【性味】　甘、苦，凉。

【功能主治】　消炎镇痛，接骨止血，消肿。主治外伤出血，骨折，跌打损伤，风湿关节痛。

【用法用量】　内服：煎汤 9～15 g。外用：适量。

519. 白蔹 *Ampelopsis japonica*（Thunb.）Makino

【别名】　白根、昆仑、见肿消、穿山老鼠、白浆罐、癫痫茶。

【形态】　木质藤本。小枝圆柱形，有纵棱纹，无毛。卷须不分枝或卷须顶端有短的分叉，相隔 3 节
以上间断与叶对生。叶为掌状 3～5 小叶，小叶片羽状深裂或小叶边缘有深锯齿而不分裂，羽状分裂者裂
片宽 0.5～3.5 cm，顶端渐尖或急尖，掌状 5 小叶者中央小叶深裂至基部，并有 1～3 个关节，关节间有
翅，翅宽 2～6 mm，侧小叶无关节或有 1 个关节，3 小叶者中央小叶有 1 个或无关节，基部狭窄呈翅状，
翅宽 2～3 mm，上面绿色，无毛，下面浅绿色，无毛或有时在脉上被稀疏短柔毛；叶柄长 1～4 cm，无
毛；托叶早落。聚伞花序通常集生于花序梗顶端，直径 1～2 cm，通常与叶对生；花序梗长 1.5～5 cm，
常呈卷须状卷曲，无毛；花梗极短或几无
梗，无毛；花蕾卵球形，高 1.5～2 mm，
顶端圆形；萼碟形，边缘呈波状浅裂，无毛；
花瓣 5，卵圆形，高 1.2～2.2 mm，无毛；
雄蕊 5，花药卵圆形，长、宽近相等；花盘
发达，边缘波状浅裂；子房下部与花盘合生，
花柱短棒状，柱头不明显扩大。果实球形，
直径 0.8～1 cm，成熟后带白色，有种子
1～3 颗；种子倒卵形，顶端圆形，基部喙
短钝，种脐在种子背面中部呈带状椭圆形，
向上渐狭，表面无肋纹，背部种脊凸出，

腹部中棱脊凸出，两侧洼穴呈沟状，从基部向上达种子上部1/3处。花期5—6月，果期7—9月。

【生境分布】　生于荒山的灌丛中。罗田各地均有分布。

【采收加工】　春、秋季采挖，除去茎及细须根，洗净，多纵切成两瓣、四瓣或斜片后晒干。

【药用部位】　块根。

【药材名】　白蔹。

【来源】　葡萄科植物白蔹 *Ampelopsis japonica*（Thunb.）Makino 的块根。

【性状】　干燥的块根呈长椭圆形或纺锤形，两头较尖，略弯曲，长3～12 cm，直径1～3 cm，外皮红棕色，有皱纹，易层层脱落，内面淡红褐色。纵切瓣切面周边常向内卷曲，中部有一凸起的棱线。斜片呈卵圆形，厚1.5～3 mm，中央略薄，周边较厚，微翘起或微弯曲。质轻，易折断，折断时有粉尘飞出，断面白色或淡红色。气微，味甘。以肥大、断面粉红色、粉性足者为佳。

【化学成分】　含淀粉等。

【性味】　苦，凉。

【归经】　归心、胃经。

【功能主治】　清热，解毒，散结，生肌。主治痈肿，疔疮，瘰疬，烫伤，温疟，惊痫，血痢。

【用法用量】　内服：煎汤，3～9 g。外用：研末撒或调涂。

【注意】　脾胃虚寒及无实火者忌服。

①《本草经集注》：代赭为使。反乌头。

②《本草经疏》：痈疽已溃者不宜服。

③《本经逢原》：阴疽色淡不起，胃气弱者，非其所宜。

【附方】　①治痈肿：a.白蔹0.6 g，藜芦0.3 g。为末，酒和如泥，贴上，日三。（《补辑肘后方》）b.白蔹、乌头（炮）、黄芩各等份。捣末筛，和鸡子白敷上。（《普济方》）

②敛疮：白蔹、白芨、络石各16 g，取干者。为细末，干撒疮上。（《鸡峰普济方》）

③治聤耳出脓血：白蔹、黄连（去须）、龙骨、赤石脂、乌贼鱼骨（去甲）各32 g。上五味，捣罗为散。先以绵拭脓干，用药3 g，绵裹塞耳中。（《圣济总录》）

④治白癜风，遍身斑点瘙痒：白蔹95 g，天雄（炮裂去皮脐）95 g，商陆32 g，黄芩64 g，干姜（炮裂、锉）64 g，踯躅花（酒拌炒令干）32 g。上药捣罗为细散，每于食前，以温酒调下6 g。（《太平圣惠方》）

⑤治冻耳成疮，或痒或痛者：黄柏、白蔹各16 g，为末。先以汤洗疮，后用香油调涂。（《仁斋直指方》）

⑥治瘰疬生于颈腋，结肿寒热：白蔹、甘草、玄参、木香、赤芍、川大黄各16 g。上药捣细罗为散，以醋调为膏，贴于患上，干即易之。（《太平圣惠方》）

⑦治皮肤中热痱，瘰疬：白蔹、黄连各64 g，生胡粉32 g。上捣筛，容脂调和敷之。（《刘涓子鬼遗方》）

⑧治扭挫伤：见肿消2个，食盐适量。捣烂外敷。（《全展选编》）

⑨治汤火灼烂：白蔹末敷之。（《肘后备急方》）

⑩治吐血、咯血不止：白蔹95 g，阿胶（炙令燥）64 g。上两味，粗捣筛，每服6 g，酒水共一盏，入生地黄汁125 g，同煎至七分，去滓，食后温服。如无地黄汁，入生地黄0.3 g同煎亦得。（《圣济总录》）

【临床应用】　治疗外科炎症：将白蔹块根去皮研末，取95 g（用量根据炎症面积加减）以沸水搅拌成团后，加75%～95%酒精调成稠糊状，外敷患处，每日1次，以愈为度。对疖、痈、蜂窝织炎、淋巴结炎及各种炎性肿块等急性感染初期有显著疗效。共观察31例，除个别病情危急、全身反应严重加用抗菌素外，一般不用其他药物。用药后疼痛减轻，炎症很快吸收或局限。一般治疗2～3天可愈。

乌蔹莓属 *Cayratia* Juss.

520. 乌蔹莓 *Cayratia japonica*（Thunb.）Gagnep.

【别名】 五叶莓、乌蔹草、五叶藤、五爪龙草、血五甲、五将草。

【形态】 草质藤本。小枝圆柱形，有纵棱纹，无毛或微被疏柔毛。卷须二至三叉分枝，相隔2节间断与叶对生。叶为鸟足状5小叶，中央小叶长椭圆形或椭圆状披针形，长2.5～4.5 cm，宽1.5～4.5 cm，顶端急尖或渐尖，基部楔形，侧生小叶椭圆形或长椭圆形，长1～7 cm，宽0.5～3.5 cm，顶端急尖或圆形，基部楔形或近圆形，边缘每侧有6～15个锯齿，上

面绿色，无毛，下面浅绿色，无毛或微被毛；侧脉5～9对，网脉不明显；叶柄长1.5～10 cm，中央小叶柄长0.5～2.5 cm，侧生小叶无柄或有短柄，侧生小叶总柄长0.5～1.5 cm，无毛或微被毛；托叶早落。花序腋生，复二歧聚伞花序；花序梗长1～13 cm，无毛或微被毛；花梗长1～2 mm，几无毛；花蕾卵圆形，高1～2 mm，顶端圆形；萼碟形，边缘全缘或波状浅裂，外面被乳凸状毛或几无毛；花瓣4，三角状卵圆形，高1～1.5 mm，外面被乳凸状毛；雄蕊4，花药卵圆形，长、宽近相等；花盘发达，4浅裂；子房下部与花盘合生，花柱短，柱头微扩大。果实近球形，直径约1 cm，有种子2～4颗；种子三角状倒卵形，顶端微凹，基部有短喙，种脐在种子背面近中部呈带状椭圆形，上部种脊凸出，表面有凸出肋纹，腹部中棱脊凸出，两侧洼穴呈半月形，从近基部向上达种子近顶端。花期3—8月，果期8—11月。

【生境分布】 生于旷野、山谷、林下。罗田各地均有分布。

【采收加工】 夏、秋季采收。

【药用部位】 全草。

【药材名】 乌蔹莓。

【来源】 葡萄科植物乌蔹莓 *Cayratia japonica*（Thunb.）Gagnep. 的全草。

【性味】 苦、酸，寒。

【归经】《闽东本草》：归心、肝、胃三经。

【功能主治】 清热利湿，解毒消肿。主治痈肿，疔疮，痄腮，丹毒，风湿痛，黄疸，痢疾，尿血，白浊。

【用法用量】 内服：煎汤，16～32 g；研末、浸酒或捣汁。外用：捣敷。

【附方】①治肿毒，发背、乳痈、便毒、恶疮初起：五叶藤或根一握，生姜一块。捣烂，入好酒一盏，绞汁热服，取汗，以渣敷之。用大蒜代姜亦可。（《寿域神方》）

②治项下热肿（俗名虾蟆瘟）：五叶藤捣敷之。（《丹溪纂要》）

③治臀痈：乌蔹莓全草水煎两次过滤，将两次煎汁合并一处，再隔水煎浓缩成膏，涂纱布上，贴敷患处，每日换一次。（《江西民间草药》）

④治无名肿毒：乌蔹莓叶捣烂，炒热，用醋泼过，敷患处。（《浙江民间草药》）

⑤治臁疮：鲜乌蔹莓叶，捣烂敷患处，宽布条扎护，每日换一次。或晒干研末，每药末32 g，同生猪脂95 g，捣成膏，将膏摊纸上，贴敷患处。（《江西民间草药》）

⑥治喉痹：马兰菊、五爪龙草、车前草各一握。上三物，杵汁，徐徐饮之。（《医学正传》）

⑦治肺痨咯血：乌蔹莓根 9 ～ 12 g，煎服。或加侧柏、地榆、青石蛋各 9 g，同煎服。（《浙江民间草药》）

⑧治风湿关节疼痛：乌蔹莓根 32 g，泡酒服。（《贵州草药》）

⑨治小便尿血：五叶藤阴干为末，每服 6 g，白汤下。（《卫生易简方》）

⑩治白浊，利小便：乌蔹莓根捣汁饮。（《浙江民间草药》）

⑪治毒蛇咬伤，眼前发黑，视物不清：鲜乌蔹莓全草捣烂绞取汁 100 g，米酒冲服。外用鲜全草捣烂敷伤处。（《江西民间草药》）

⑫治蜂蜇伤：五爪龙鲜叶，煎水洗。（《草药手册》）

⑬治跌打损伤：五爪龙捣汁，和童尿热酒服之，取汗。（《简便单方》）

⑭治跌打接骨：血五甲根晒干，研细，用开水调红糖包患处。（《贵州省中医验方秘方》）

【临床应用】①治疗化脓性感染：取乌蔹莓新鲜全草或茎叶洗净，捣烂如泥，敷于患处；或取叶、根研成细末，和凡士林调成 20% 的软膏；或取其原汁烘干碾粉外用，每天换药 1 次。治疗疖肿、痈、蜂窝织炎、化脓性淋巴结炎、外伤感染创口、烧伤感染残余创面、脓疱疮、天疱疮、冻疮溃烂、湿疹、皮炎等，具有消肿止痛、祛瘀生新的作用。此外，也可配成 1:1 或 1:2 的鲜草煎剂内服。

②用于接骨及消肿：取洗净泥沙、剔去硬结的乌蔹莓新鲜根 500 g，糯米饭半碗，千捶成膏敷患处。或在秋冬时采根，洗净，切片晒干，研成粉末，密封，用时以白酒调成糊状敷于患处。一般敷药 12 ～ 24 小时，如局部感觉灼热应立即换药，否则容易发泡。治疗关节炎时，一般敷 3 ～ 7 天即可。曾治 1 例右手尺骨骨折，断面整齐，患部肿痛，经整复后敷上五将草药膏，固定，3 天换药 1 次，一星期去夹板，半月即愈。

白粉藤属 *Cissus* L.

521. 苦郎藤 *Cissus assamica*（Laws.）Craib

【别名】凤叶藤。

【形态】木质藤本。小枝圆柱形，有纵棱纹，伏生稀疏"丁"字毛或近无毛。卷须 2 叉分枝，相隔 2 节间断与叶对生。叶阔心形或心状卵圆形，长 5 ～ 7 cm，宽 4 ～ 14 cm，顶端短尾尖或急尖，基部心形，基缺呈圆形或张开成钝角，边缘每侧有 20 ～ 44 个尖锐锯齿，上面绿色，无毛，下面浅绿色，脉上伏生"丁"字毛或脱落几无毛，干时上面颜色较深；基出脉 5，中脉有侧脉 4 ～ 6 对，网脉下面较明显；叶柄长 2 ～ 9 cm，被稀疏"丁"字毛或近无毛；

托叶草质，卵圆形，长约 3 mm，宽 2 ～ 2.5 mm，顶端圆钝，几无毛。花序与叶对生，二级分枝集生呈伞形；花序梗长 2 ～ 2.5 cm，被稀疏"丁"着毛或近无毛；花梗长约 2.5 mm，伏生稀疏"丁"字毛；花蕾卵圆形，高 2 ～ 3 mm，顶端钝；萼碟形，边缘全缘或呈波状，近无毛；花瓣 4，三角状卵形，高 1.5 ～ 2 mm，无毛；雄蕊 4，花药卵圆形，长、宽近相等；花盘明显，4 裂；子房下部与花盘合生，花柱钻形，柱头微扩大。果实倒卵圆形，成熟时紫黑色，长 0.7 ～ 1 cm，宽 0.6 ～ 0.7 cm，有种子 1 颗；种子椭圆形，顶端圆形，基部锐尖，表面有凸出棱纹，种脐在种子背面基部外形无特别分化，腹部中棱脊凸出，两侧洼穴呈沟状，向上达种子上部 1/3 处。花期 5—6 月，果期 7—10 月。

　　【生境分布】　生于海拔 200 ～ 1600 m 的山谷溪边林中、林缘或山坡灌丛。罗田各地均有分布。

　　【采收加工】　秋季采挖根部，洗净泥土，切片，鲜用或晒干。

　　【药用部位】　根或全草。

　　【药材名】　凤叶藤。

　　【来源】　葡萄科植物苦郎藤 *Cissus assamica*（Laws.）Craib 的根或全草。

　　【性味】　辛，平。

　　【功能主治】　祛风除湿，散瘀，拔毒。主治风湿痹痛，跌打损伤，疮痈肿毒。

　　【用法用量】　内服：煎汤，5 ～ 10 g。外用：适量，捣敷。

　　【注意】　孕妇禁服。

地锦属 *Parthenocissus* Planch.

522. 地锦 *Parthenocissus tricuspidata*（Sieb. et Zucc.）Planch.

　　【别名】　常春藤、爬山虎、爬墙虎、红葡萄藤、大风藤、过风藤。

　　【形态】　木质藤本。小枝圆柱形，几无毛或微被疏柔毛。卷须 5 ～ 9 分枝，相隔 2 节间断与叶对生。卷须顶端嫩时膨大呈圆珠形，后遇附着物扩大成吸盘。叶为单叶，通常着生于短枝上为 3 浅裂，有时着生于长枝上者小型不裂，叶片通常倒卵圆形，长 4.5 ～ 17 cm，宽 4 ～ 16 cm，顶端裂片急尖，基部心形，边缘有粗锯齿，上面绿色，无毛，下面浅绿色，无毛或中脉上疏生短柔毛，基出脉 5，中央脉有侧脉 3 ～ 5 对，网脉上面不明显，下面微凸出；叶柄长 4 ～ 12 cm，无毛或疏生短柔毛。花序着生于短枝上，基部分枝，形成多歧聚伞花序，长 2.5 ～ 12.5 cm，主轴不明显；花序梗长 1 ～ 3.5 cm，几无毛；花梗长 2 ～ 3 mm，无毛；花蕾倒卵状椭圆形，高 2 ～ 3 mm，顶端圆形；萼碟形，边缘全缘或呈波状，

无毛；花瓣 5，长椭圆形，高 1.8 ～ 2.7 mm，无毛；雄蕊 5，花丝长 1.5 ～ 2.4 mm，花药长椭圆状卵形，长 0.7 ～ 1.4 mm，花盘不明显；子房椭球形，花柱明显，基部粗，柱头不扩大。果实球形，直径 1 ～ 1.5 cm，有种子 1 ～ 3 颗；种子倒卵圆形，顶端圆形，基部急尖成短喙，种脐在背面中部呈圆形，腹部中棱脊凸出，两侧洼穴呈沟状，从种子基部向上达种子顶端。花期 5—8 月，果期 9—10 月。

　　【生境分布】　多攀援于墙壁及岩石上。罗田各地均有分布。

　　【采收加工】　全年可采。

　　【药用部位】　根或茎。

　　【药材名】　地锦。

　　【来源】　葡萄科植物地锦 *Parthenocissus tricuspidata*（Sieb. et Zucc.）Planch. 的根及茎。

　　【化学成分】　叶含矢车菊素。种子含脂肪油，其中含软脂酸、硬脂酸、油酸、棕榈油酸、亚油酸。地锦的冠瘿含羧乙基赖氨酸和羧乙基鸟氨酸。

【性味】　甘，温。

【功能主治】　活血，祛风，止痛。主治产后血瘀，腹中有块，赤白带下，风湿筋骨疼痛，偏头痛。

【用法用量】　内服：煎汤，6～16 g；或浸酒。

【附方】①治风湿性关节炎：爬山虎藤茎或根32 g，石吊兰32 g。炖猪脚爪连服三至四次。或（爬山虎）藤茎、卫矛、高粱根各32 g，水煎，用黄酒冲服。（《浙江民间常用草药》）

②治关节炎：爬山虎藤64 g，山豆根64 g，锦鸡儿根64 g，茜草根32 g。水煎服。

③治半身不遂：爬山虎藤16 g，锦鸡儿根64 g，大血藤根16 g，千斤拔根32 g，冰糖少许。水煎服。

④治偏头痛、筋骨痛：爬山虎藤32 g，当归10 g，川芎6 g，大枣3枚。水煎服。（②～④方出自《江西草药》）

⑤治偏头痛：爬山虎根32 g，防风10 g，川芎6 g。水煎服，连服三至四剂。

⑥治便血：爬山虎藤茎，黄酒各500 g，加适量水煎，一天服四次，分两天服完。

⑦治疬子：鲜爬山虎根捣烂，和酒酿拌匀敷患处；另取根五钱至一两，水煎服。

⑧治带状疱疹：爬山虎根磨汁外搽。（⑤～⑧方出自《浙江民间常用草药》）

葡萄属　*Vitis* L.

523. 葡萄　*Vitis vinifera* L.

【别名】　草龙珠、山葫芦。

【形态】　木质藤本。小枝圆柱形，有纵棱纹，无毛或被稀疏柔毛。卷须2叉分枝，每隔2节间断与叶对生。叶卵圆形，显著3～5浅裂或中裂，长7～18 cm，宽6～16 cm，中裂片顶端急尖，裂片常靠合，基部常缢缩，裂缺狭窄，间或宽阔，基部深心形，基缺凹成圆形，两侧常靠合，边缘有22～27个锯齿，齿深而粗大，不整齐，齿端急尖，上面绿色，

下面浅绿色，无毛或被疏柔毛；基生脉5出，中脉有侧脉4～5对，网脉不明显凸出；叶柄长4～9 cm，几无毛；托叶早落。圆锥花序密集或疏散，多花，与叶对生，基部分枝发达，长10～20 cm，花序梗长2～4 cm，几无毛或疏生蛛丝状茸毛；花梗长1.5～2.5 mm，无毛；花蕾倒卵圆形，高2～3 mm，顶端近圆形；花萼浅碟形，边缘呈波状，外面无毛；花瓣5，呈帽状黏合脱落；雄蕊5，花丝丝状，长0.6～1 mm，花药黄色，卵圆形，长0.4～0.8 mm，在雌花内显著短而败育或完全退化；花盘发达，5浅裂；雌蕊1，在雄花中完全退化，子房卵圆形，花柱短，柱头扩大。果实球形或椭圆形，直径1.5～2 cm；种子倒卵圆形，顶端近圆形，基部有短喙，种脐在种子背面中部，呈椭圆形，种脊微凸出，腹面中棱脊凸起，两侧洼穴宽沟状，向上达种子1/4处。花期4—5月，果期8—9月。

【生境分布】　长江流域以北各地均有栽培。

【采收加工】　夏末秋初果熟时采收，阴干。多数制成葡萄干用。

【药用部位】　果实。

【药材名】　葡萄。

【来源】　葡萄科植物葡萄 *Vitis vinifera* L. 的果实。

【化学成分】　葡萄含葡萄糖、果糖，少量蔗糖、木糖、酒石酸、草酸、柠檬酸、苹果酸等。每100 g

含蛋白质 0.2 g，钙 4 mg，磷 15 mg，铁 0.6 mg，胡萝卜素 0.04 mg，硫胺素 0.04 mg，核黄素 0.01 mg，尼克酸 0.1 mg，维生素 C 4 mg。

葡萄皮含矢车菊素、芍药素、飞燕草素、锦葵花素等。

种子含油量 9.58%，含焦儿茶酚、没食子儿茶素、没食子酸等。

【药理作用】 葡萄有某种维生素 P 的活性。种子油 15 g 口服可降低胃酸度，12 g 可利胆（胆绞痛发作时无效），30～40 g 有致泻作用。叶、茎有收敛作用，但无抗菌效力。

【性味】 甘、酸，平。

【归经】 归肺、脾、肾经。

【功能主治】 补气血，强筋骨，利小便。主治气血虚弱，肺虚咳嗽，心悸盗汗，风湿痹病，淋病，浮肿。

【用法用量】 内服：煎汤、捣汁或浸酒。

【注意】 ①孟诜：不堪多食，令人卒烦闷眼暗。

②《本经逢原》：食多令人泄泻。

③《医林纂要探源》：多食生内热。

【附方】 ①强肾：琐琐葡萄、人参 3 g。火酒浸一宿，清晨涂手心，摩擦腰脊，能助膂力强壮；若卧时摩擦腰脊，力能助肾坚强，服之尤为得力。（《本经逢原》）

②治热淋，小便涩少，碜痛沥血：葡萄（绞取汁）500 g，藕汁 500 g，生地黄汁 500 g，蜜 250 g。上相和，煎为稀汤，每于食前服 200 g。（《太平圣惠方》）

③除烦止渴：生葡萄捣滤取汁，以瓦器熬稠，入熟蜜少许，同收，点汤饮。（《居家必用事类全集》）

④治吹乳：葡萄一枚，于灯焰上燎过，研细，热酒调服。（《圣济总录》）

⑤治牙龈肿痛，势欲成痈者：葡萄干去核，填满焰硝煅之。焰过，取置地上成炭，研末擦之，涎出，任吐自瘥。（《医级》）

【注意】 葡萄的品种甚多，其中新疆栽培的琐琐葡萄（又名索索葡萄、豆粒葡萄）在《本草纲目》即有记载，一般认为入药者以该种为佳。

524. 山葡萄 *Vitis amurensis* Rupr.

【形态】 木质藤本。小枝圆柱形，无毛，嫩枝疏被蛛丝状茸毛。卷须 2～3 分枝，每隔 2 节间断与叶对生。叶阔卵圆形，长 6～24 cm，宽 5～21 cm，稀 5 浅裂、中裂或不分裂；叶片或中裂片顶端急尖或渐尖，裂片基部常缢缩或间有宽阔，裂缺凹成圆形，稀呈锐角或钝角；叶基部心形，基缺凹成圆形或钝角，边缘每侧有 28～36 个粗锯齿，齿端急尖，微不整齐，上面绿色，初时疏被蛛丝状茸毛，以后脱落；基生脉 5 出，中脉

有侧脉 5～6 对，上面明显或微下陷，下面凸出，网脉在下面明显，除最后一级小脉外，或多或少凸出，常被短柔毛或脱落几无毛；叶柄长 4～14 cm，初时被蛛丝状茸毛，以后脱落无毛；托叶膜质，褐色，长 4～8 mm，宽 3～5 mm，顶端钝，边缘全缘。圆锥花序疏散，与叶对生，基部分枝发达，长 5～13 cm，初时常被蛛丝状茸毛，以后脱落几无毛；花梗长 2～6 mm，无毛；花蕾倒卵圆形，高 1.5～30 mm，顶端圆形；花萼碟形，高 0.2～0.3 mm，几全缘，无毛；花瓣 5 片，呈帽状黏合脱落；雄蕊 5 枚，花丝

丝状，长 0.9 ～ 2 mm，花药黄色，卵圆形，长 0.4 ～ 0.6 mm，在雌花内雄蕊显著短而败育；花盘发达，5 裂，高 0.3 ～ 0.5 mm；雌蕊 1 枚，子房锥形，花柱明显，基部略粗，柱头微扩大。果实直径 1 ～ 1.5 cm；种子倒卵圆形，顶端微凹，基部有短喙，种脐在种子背面中部呈卵圆形，腹面中棱脊微凸起，两侧洼穴狭窄成条形，向上达种子中部或近顶端。花期 5—6 月，果期 7—9 月。

【生境分布】 生于山坡、沟谷林中或灌丛，海拔 200 ～ 2100 m。罗田各地均有分布。

【采收加工】 秋季果实成熟时采收。

【来源】 葡萄科植物山葡萄 *Vitis amurensis* Rupr. 的果实。

【性味】 甘、酸，平；无毒。

【功能主治】 清火益气，消渴。

【用法用量】 内服：15 ～ 30 g。不可多食。

一〇〇、椴树科 Tiliaceae

田麻属 *Corchoropsis* Sieb. et Zucc.

525. 田麻 *Corchoropsis tomentosa*（Thunb.）Makino

【别名】 黄花喉草、白喉草、野络麻。

【形态】 一年生草本，高 40 ～ 60 cm；分枝有星状短柔毛。叶卵形或狭卵形，长 2.5 ～ 6 cm，宽 1 ～ 3 cm，边缘有钝齿，两面均密生星状短柔毛，基出脉 3 条；叶柄长 0.2 ～ 2.3 cm；托叶钻形，长 2 ～ 4 mm，脱落。花有细柄，单生于叶腋，直径 1.5 ～ 2 cm；萼片 5 片，狭窄披针形，长约 5 mm；花瓣 5 片，黄色，倒卵形；发育雄蕊 15 枚，每 3 枚成一束，退化雄蕊 5 枚，与萼片对生，匙状条形，长约 1 cm；子房被短茸毛。蒴果角状圆筒形，长 1.7 ～ 3 cm，有星状柔毛。果期秋季。

【生境分布】 生于丘陵或低山干山坡或多石处。罗田各地均有分布。

【采收加工】 夏、秋季采收，切段，鲜用或晒干。

【药用部位】 全草。

【药材名】 田麻。

【来源】 椴树科植物田麻 *Corchoropsis tomentosa*（Thunb.）Makino 的全草。

【性味】 苦，凉。

【功能主治】 清热利湿，解毒止血。主治疮痈肿毒，咽喉肿痛，疥疮，小儿疳积，白带过多，外伤出血。

【用法用量】 内服：煎汤，9 ～ 15 g；大剂量可用至 60 g。外用：适量，鲜品捣敷。

一〇一、锦葵科 Malvaceae

秋葵属 *Abelmoschus* Medicus

526. 咖啡黄葵 *Abelmoschus esculentus*（L.）Moench

【别名】 黄秋葵。

【形态】 一年生草本，高 1 ～ 2 m；茎
圆柱形，疏生散刺。叶掌状 3 ～ 7 裂，直径
10 ～ 30 cm，裂片阔至狭，边缘具粗齿及凹缺，
两面均被疏硬毛；叶柄长 7 ～ 15 cm，被长硬
毛；托叶线形，长 7 ～ 10 mm，被疏硬毛。
花单生于叶腋间，花梗长 1 ～ 2 cm，疏被糙
硬毛；小苞片 8 ～ 10，线形，长约 1.5 cm，
疏被硬毛；花萼钟形，较长于小苞片，密被
星状短茸毛；花黄色，内面基部紫色，直径

5 ～ 7 cm，花瓣倒卵形，长 4 ～ 5 cm。蒴果筒状尖塔形，长 10 ～ 25 cm，直径 1.5 ～ 2 cm，顶端具长喙，
疏被糙硬毛；种子球形，多数，直径 4 ～ 5 mm，具毛脉纹。花期 5—9 月。

【生境分布】 引入栽培。原产于印度。由于生长周期短，耐干热，已广泛栽培于热带和亚热带地区。
我国湖南、湖北等地栽培面积也极广。罗田各地均有栽培。

【采收加工】一般第一果采收后，初期每隔 2 ～ 4 天采收一次，随温度升高，采收间隔缩短。8 月盛果期，
每天或隔天采收一次。9 月以后，气温下降，3 ～ 4 天采收一次。

【药用部位】 根、皮和种子或全株。

【功能主治】 根，止咳；皮，通经，主治月经不调；种子，催乳，主治乳汁不足；全株，清热解毒，
润燥滑肠。

苘麻属 *Abutilon* Mill.

527. 苘麻 *Abutilon theophrasti* Medicus

【别名】 椿麻、白麻、桐麻。

【形态】 一年生亚灌木状草本，高达 1 ～ 2 m，茎枝被柔毛。叶互生，圆心形，长 5 ～ 10 cm，先端
长渐尖，基部心形，边缘具细圆锯齿，两面均密被星状柔毛；叶柄长 3 ～ 12 cm，被星状细柔毛；托叶早
落。花单生于叶腋，花梗长 1 ～ 13 cm，被柔毛，近顶端具节；花萼杯状，密被短茸毛，裂片 5，卵形，
长约 6 mm；花黄色，花瓣倒卵形，长约 1 cm；雄蕊柱平滑无毛，心皮 15 ～ 20，长 1 ～ 1.5 cm，顶端平
截，具扩展、被毛的长芒 2，排列成轮状，密被软毛。蒴果半球形，直径约 2 cm，长约 1.2 cm，分果爿

15～20，被粗毛，顶端具长芒 2；种子肾形，褐色，被星状柔毛。花期 7—8 月。

【生境分布】常见于路旁、田野、荒地、堤岸上，或栽培。全国各地均有分布。罗田有散在分布。

【采收加工】秋季采收成熟果实，晒干，打下种子，除去杂质。

【药材名】苘麻子。

【来源】锦葵科植物苘麻 *Abutilon theophrasti* Medicus 的干燥成熟种子。

【性味】苦，平。

【归经】归大肠、小肠、膀胱经。

【功能主治】清热解毒，利湿，退翳。主治赤白痢疾，淋证涩痛，疮痈肿毒，目生翳膜。

【用法用量】内服：煎汤，3～9 g。

蜀葵属 *Alcea* L.

528. 蜀葵 *Alcea rosea* L.

【别名】棋盘花、麻杆花、蜀季花、熟季花、端午花。

【形态】二年生直立草本，高达 2 m，茎枝密被刺毛。叶近圆心形，直径 6～16 cm，掌状 5～7 浅裂或具波状棱角，裂片三角形或圆形，中裂片长约 3 cm，宽 4～6 cm，上面疏被星状柔毛，粗糙，下面被星状长硬毛或茸毛；叶柄长 5～15 cm，被星状长硬毛；托叶卵形，长约 8 mm，先端具 3 尖。花腋生、单生或近簇生，排列成总状花序式，具叶状苞片，花梗长约 5 mm，果时延长至 1～2.5 cm，被星状长硬毛；小苞片杯状，常 6～7 裂，裂片卵状披针形，长 10 mm，密被星状粗硬毛，基部合生；花萼钟状，直径 2～3 cm，5 齿裂，裂片卵状三角形，长 1.2～1.5 cm，密被星状粗硬毛；花大，直径 6～10 cm，有红、紫、白、粉红、黄和黑紫等色，单瓣或重瓣，花瓣倒卵状三角形，长约 4 cm，先端凹缺，基部狭，爪被长髯毛状毛；雄蕊柱无毛，长约 2 cm，花丝纤细，长约 2 mm，花药黄色；花柱分枝多数，微被细毛。果盘状，直径约 2 cm，被短柔毛，分果爿近圆形，多数，背部厚达 1 mm，具纵槽。花期 2—8 月。

【生境分布】全国各地均有栽培。

【采收加工】秋季采收种子，晒干。

【药用部位】种子、叶、花、根。

（1）蜀葵子。

【来源】锦葵科蜀葵属植物蜀葵 *Alcea rosea*（L.）Cavan. 的种子。

【化学成分】种子含脂肪油，其中含很多不饱和脂肪酸。

【性味】甘，寒。

【功能主治】利水通淋，滑肠。主治水肿，

淋证，便秘，疥疮。

【用法用量】内服：煎汤，3～10 g；或入散剂。外用：研末调敷。

【注意】脾胃虚寒及孕妇忌服。

【附方】①催生：蜀葵子 6 g，滑石 10 g。为末，水服 15 g。（《仁斋直指方》）

②治水肿，大小便不畅，尿路结石：蜀葵子研粉，每服 6 g，开水送下，每日 2 次。（《陕西中草药》）

（2）蜀葵叶。

【采收加工】夏季采收。

【来源】锦葵科植物蜀葵 *Alcea rosea*（L.）Cavan. 的茎叶。

【性味】甘，微寒。

【功能主治】主治热毒下痢，淋证，金疮。

【用法用量】内服：煎汤，6～20 g；煮食或捣汁。外用：捣敷或烧存性研末调敷。

【注意】《医林纂要探源》：天行病后忌食。

【附方】①治小便出血：酒腹葵茎灰 6 g，日二。（《千金方》）

②治小儿口疮：赤葵茎炙干为末，蜜和含。（《太平圣惠方》）

（3）蜀葵花。

【别名】侧金盏、棋盘花、蜀其花。

【采收加工】夏、秋季采收，晒干。

【来源】锦葵科植物蜀葵 *Alcea rosea*（L.）Cavan. 的花。

【性味】甘，寒。

【功能主治】和血润燥，通利二便。主治痢疾，吐血，血崩，二便不通，小儿风疹。

【用法用量】内服：煎汤，3～6 g；或研末。外用：研末调敷。

【注意】《四川中药志》：孕妇忌用。

【附方】①治妇人带下，脐腹冷痛，面色萎黄，日渐虚损：白蜀葵花 160 g，阴干，捣细罗为散，每于食前，以温酒调下 6 g。如赤带，亦用赤花。（《太平圣惠方》）

②治二便关格，胀闷欲死：蜀葵花 32 g（捣烂），麝香 0.3 g。水一大盏，煎服，根亦可用。（《本草纲目》）

③治疟疾及邪热：蜀葵花白者，阴干，为末服之。（《本草图经》）

④治鼻面酒渣：蜀葵花 100 g，研细，腊月脂调敷，每夜用之。（《仁存堂经验方》）

⑤治蝎螫：蜀葵花、石榴花、艾心各等份，并取阴干，合捣，和水涂螫处。（《补辑肘后方》）

⑥治烫伤：棋盘花 3 朵，泡麻油 64 g，搽患处。（《贵州草药》）

（4）蜀葵根。

【采收加工】夏、秋季采收。

【来源】锦葵科植物蜀葵 *Alcea rosea*（L.）Cavan. 的根。

【化学成分】根含大量黏液质；一年生根的黏液质含戊糖、戊聚糖、甲基戊聚糖、糖醛酸。

【药理作用】根可作润滑药，用于黏膜炎症，起保护、缓和刺激的作用。

【性味】①《本草拾遗》：甘，寒，无毒。

②《本草述》：气味甘，微寒滑，无毒。

【功能主治】清热凉血，利尿排脓。主治淋证，带下，尿血，吐血，血崩，肠痈，疮肿。

【用法用量】内服：煎汤，32～64 g；或入丸、散。外用：捣敷。

【附方】①治小便淋漓：蜀葵根一撮，洗净，锉碎，用水煎五七沸服。（《卫生宝鉴》）

②治血崩、吐血：棋盘花根 64 g，煨甜酒吃。

③治白带增多：棋盘花根 32 g，炖猪肉吃或煨水服。

④治大便不通：棋盘花根、冬苋菜各 32 g，煨水服。（②～④方出自《贵州草药》）

⑤治肠痈：蜀葵根 3 g，大黄 3 g，水煎服。（《经验良方》）

⑥治内痈有败血，腥臭殊甚，脐腹冷痛，用此排脓下血：单叶红蜀葵根、白芷各 32 g，白枯矾、白芍各 15 g。为末，黄蜡溶化，和丸梧子大。每空心米饮下 20 丸，待脓血出尽，服十宣散补之。（《东坦试效方》）

⑦治诸疮肿痛不可忍者：蜀葵根，去黑皮捣，若稠，点井华水少许；若不稠，不须用水，以纸花如膏贴之。（《济生拔萃》）

棉属 *Gossypium* L.

529. 陆地棉 *Gossypium hirsutum* L.

【形态】一年生草本，高 0.6～1.5 m，小枝疏被长毛。叶阔卵形，直径 5～12 cm，长、宽近相等或较宽，基部心形或心状截头形，常 3 浅裂，很少为 5 裂，中裂片常深裂至叶片之半，裂片宽三角状卵形，先端突渐尖，基部宽，上面近无毛，沿脉被粗毛，下面疏被长柔毛；叶柄长 3～14 cm，疏被柔毛；托叶卵状镰形，长 5～8 mm，早落。花单生于叶腋，花梗通常较叶柄略短；小苞片 3，分离，基部心形，具腺体 1 个，边缘具 7～9 齿，

连齿长达 4 cm，宽约 2.5 cm，被长硬毛和纤毛；花萼杯状，裂片 5，三角形，具毛；花白色或淡黄色，后变淡红色或紫色，长 2.5～3 cm；雄蕊柱长 1.2 cm。蒴果卵圆形，长 3.5～5 cm，具喙，3～4 室；种子分离，卵圆形，具白色长棉毛和灰白色不易剥离的短棉毛。花期夏、秋季。

【生境分布】我国大部分地区均有栽培。罗田各地均有栽培。

【药用部位】棉毛、根皮、果皮、种子。

（1）棉毛。

【采收加工】秋季采收，晒干。

【来源】锦葵科植物陆地棉 *Gossypium hirsutum* L. 种子上的绵毛。

【性味】《本草纲目》：甘，温，无毒。

【功能主治】止血。主治吐血，下血，血崩，金疮出血。

【用法用量】内服：煅存性入散剂。外用：烧灰撒。

【附方】①治吐血、下血：棉花（烧灰）、枳壳、麝香，米饮下。（《本草求原》）

②治血崩：棉花、血余灰、百草霜、棕灰、莲花心、当归、茅花、红花，泥包（烧）存性，加麝香，酒下。（《本草求原》）

（2）棉根皮。

【别名】草棉根皮、蜜根。

【采收加工】秋季采收，晒干。

【来源】锦葵科植物陆地棉 *Gossypium hirsutum* L. 的根皮。

【性状】 干燥根皮呈管状的碎片或卷束，长约 30 cm，厚 0.5～1 mm。外面淡棕色，具纵条纹及细小的皮孔，栓皮粗糙，易脱落；内面淡棕色，带有纵长线纹。折断面呈强韧纤维性，内皮为纤维层，易与外层分离。气微弱，味微辛辣。

【化学成分】 根皮中含棉酚、黄酮类、酚酸、水杨酸、甜菜碱、甾醇等。根含皂苷、黄酮类等。

【毒性】 棉酚有明显的蓄积作用，可显著抑制生育能力，杀精。棉籽的毒性可用高压加热、铁盐氧化或沉淀等方法使之无害。棉籽饼内的棉酚由于和蛋白质结合因而毒性不大。

【功能主治】 补虚，平喘，调经。主治体虚咳喘，崩带，子宫脱垂。

【用法用量】 内服：煎汤，根 32～64 g；或根皮 10～32 g。

【注意】 孕妇忌服。

【附方】①治小儿营养不良：棉花根 15～32 g，红枣 10 枚。水煎，服时加食糖适量。（《上海常用中草药》）

②治体虚咳嗽气喘：棉花根、葵花头、蕹菜各 32 g，水煎服。（《上海常用中草药》）

③治贫血：棉花根、丹参各等量，共研细末，加水制成丸剂；每日 3 次，每次 6 g。（苏医《中草药手册》）

④治子宫脱垂：棉花根 195 g，生枳壳 12 g。煎汤，一日分 2 次服，连服数天。（苏医《中草药手册》）

（3）棉果皮。

【采收加工】 秋季采收，晒干。

【来源】 锦葵科植物陆地棉 *Gossypium hirsutum* L. 的果皮。

【功能主治】《百草镜》：治膈。

【附方】 治膈食、膈气：棉花壳，八九月采，不拘多少，煎当茶饮之。忌食鹅。（《百草镜》）

（4）棉籽。

【别名】 木棉子、棉花核。

【采收加工】 秋季采收。

【来源】 锦葵科植物陆地棉 *Gossypium hirsutum* L. 的种子。

【性味】《本草经疏》：辛，热，有毒。

【功能主治】 温肾，补虚，止血。主治阳痿，睾丸偏坠，遗尿，痔血，脱肛，崩漏，带下。

【用法用量】 内服：煎汤，6～12 g；或入丸、散。外用：煎水熏洗。

【注意】 阴虚火旺者忌服。

【附方】①治阳痿：棉籽（水浸，晒干，烧酒拌炒，去壳用仁）160 g，破故纸（盐水炒）、韭菜子（炒）各 32 g。为末，葱汁为丸，梧子大。每服 6 g，空心酒下。（《祝穆试效方》）

②治肾子大小偏坠：棉籽煮汤入瓮，将肾囊坐入瓮口，候汤冷止。一两次散其冷气自愈。（《回生集》）

③治虚怯劳瘵，久嗽吐血不止：棉籽不拘多少，童便浸一宿，为末。每服 3 g，侧柏叶汤下。（《孙天仁集效方》）

④治盗汗不止：棉籽仁 10～12 g，每日煎汤一碗，空心服三四日。（《本草纲目拾遗》）

⑤治乳汁缺少：棉籽 10 g，打碎，加黄酒二匙，水适量，煎服。（《上海常用中草药》）

⑥治胃寒作痛：新棉籽炒黄黑色，研末，每天服 1～2 次，每次 6 g，用淡姜汤或温开水调服。（《上海常用中草药》）

⑦治肠风，肠红下血：淮棉花核 1 升，槐米 21 g。用天目芽茶 125 g，泡汁，将二味炒燥，入茶汁内，复泡又炒，如此数次，汁干为度，磨末。每服 10 g，空心酒调下。（《德胜堂经验方》）

⑧治肠风下血：生柿子 2 个，竹刀切去蒂核，以棉籽塞入柿内，仍盖好，瓦上煅存性，研细末，米饮热调服，重者三服。（《不药良方》）

⑨治痔漏：棉籽仁 195 g，乌梅 195 g。共捣烂为丸，梧子大。早晚各服 10 g，开水送下。（《周益

生家宝方》）

⑩治血崩：a.棉籽仁（炒黄色）、甘草、黄芩各等份，为末。每服 6 g，空心黄酒下。（《万病回春》）b.陈棕、棉籽。二味烧灰存性，黄酒送下。（《拔萃良方》）

⑪治经水过多不止：棉籽，瓦器炒尽烟，为末。每服 6 g，空心黄酒下。（《活人慈航》）

木槿属 *Hibiscus* L.

530. 木芙蓉 *Hibiscus mutabilis* L.

【别名】三变花、九头花、铁箍散、转观花、清凉膏、拒霜花。

【形态】落叶灌木或小乔木，高 2～5 m；小枝、叶柄、花梗和花萼均密被星状毛与直毛相混的细绵毛。叶宽卵形至圆卵形或心形，直径 10～15 cm，常 5～7 裂，裂片三角形，先端渐尖，具钝圆锯齿，上面疏被星状细毛和点，下面密被星状细茸毛；主脉 7～11 条；叶柄长 5～20 cm；托叶披针形，长 5～8 mm，常早落。花单生于枝端叶腋间，花梗长 5～8 cm，近端具节；小苞片 8，线形，长 10～16 mm，宽约 2 mm，密被星状绵毛，基部合生；花萼钟形，长 2.5～3 cm，裂片 5，卵形，渐尖头；花初开

时白色或淡红色，后变深红色，直径约 8 cm，花瓣近圆形，直径 4～5 cm，外面被毛，基部具髯毛状毛；雄蕊柱长 2.5～3 cm，无毛；花柱枝 5，疏被毛。蒴果扁球形，直径约 2.5 cm，被淡黄色刚毛和绵毛，果爿 5；种子肾形，背面被长柔毛。花期 8—10 月。

【生境分布】罗田各地均有栽培。

【药用部位】根、花、叶。

【药材名】木芙蓉。

（1）木芙蓉叶。

【别名】地芙蓉、木莲、华木、桦木、拒霜。

【采收加工】春、夏季采收。

【来源】锦葵科植物木芙蓉 *Hibiscus mutabilis* L. 的叶。

【性味】微辛，平。

【功能主治】清热，凉血，解毒，消肿。

（2）木芙蓉根。

【采收加工】全年可采。

【来源】锦葵科植物木芙蓉 *Hibiscus mutabilis* L. 的根。

【功能主治】主治痈肿，秃疮，臁疮，咳嗽气喘，妇女带下。

【用法用量】内服：煎汤，鲜品 32～64 g。外用：捣敷或研末调敷。

（3）木芙蓉花。

【别名】芙蓉花、地芙蓉花、拒霜花、水芙蓉、霜降花。

【采收加工】花期采摘初开放的花朵，晒干。

【来源】 锦葵科植物木芙蓉 *Hibiscus mutabilis* L. 的花。

【性状】 干燥花呈钟形，或团缩成不规则椭圆状；小苞片 8 ～ 10，线形；花萼灰绿色，5 裂，表面被星状毛；花冠淡红色、红褐色至棕色，皱缩，质软，中心有黄褐色的花蕊。

【性味】 辛，平。

【归经】 ①《滇南本草》：归肺经。

②《本草求真》：归肺、肝经。

【功能主治】 清热，凉血，消肿，解毒。主治痈肿，疔疮，烫伤，肺热咳嗽，吐血，崩漏，带下。

【用法用量】 内服：煎汤，6 ～ 12 g（鲜品 32 ～ 64 g）。外用：研末调敷或捣敷。

【附方】①治吐血，子宫出血，火眼，疮肿，肺痈：芙蓉花 10 ～ 32 g，水煎服。（《上海常用中草药》）

②治疮痈肿毒：木芙蓉花、叶，牡丹皮，煎水洗。（《湖南药物志》）

③治蛇头疔，天蛇毒：鲜木芙蓉花 64 g，冬蜜 15 g。捣烂敷，日换 2 ～ 3 次。（福建《民间实用草药》）

④治水烫伤：木芙蓉花晒干，研末，麻油调搽。（《湖南药物志》）

⑤治灸疮不愈：芙蓉花研末敷。（《奇效良方》）

⑥治虚劳咳嗽：芙蓉花 64 ～ 125 g，鹿衔草 32 g，黄糖 64 g，炖猪心肺服；无糖时加盐亦可。（《重庆草药》）

⑦治经血不止：拒霜花、莲蓬壳各等份，为末，每用米饮下 6 g。（《妇人良方》）

【临床应用】 用木芙蓉花制成 20% 软膏外敷，治疗疖肿，对蜂窝织炎等具有消炎、消肿、拔脓、止痛作用。据 300 余例疗效观察，一般上药 1 次后疼痛即见减轻；经 3 ～ 7 次就能起到有脓拔脓、无脓消肿的效果。

531. 朱槿 *Hibiscus rosa-sinensis* L.

【别名】 扶桑。

【形态】 常绿灌木，高 1 ～ 3 m；小枝圆柱形，疏被星状柔毛。叶阔卵形或狭卵形，长 4 ～ 9 cm，宽 2 ～ 5 cm，先端渐尖，基部圆形或楔形，边缘具粗齿或缺刻，两面除背面沿脉上被少许疏毛外，均无毛；叶柄长 0.5 ～ 2 cm，疏被星状柔毛或近平滑无毛，近端有节；小苞片 6 ～ 7，线形，长 8 ～ 15 mm，疏被星状柔毛，基部合生；花萼钟形，长约 2 cm，被星状柔毛，裂片 5，卵形至披针形；花冠漏斗形，直径 6 ～ 10 cm，玫瑰红色或淡红、淡黄等色，花瓣倒卵形，先端圆，外面疏被柔毛；雄蕊柱长 4 ～ 8 cm，平滑无毛；

花柱枝 5。蒴果卵形，长约 2.5 cm，平滑无毛，有喙。花大色艳，四季常开。

【生境分布】 罗田凤山镇有栽培。

【来源】 锦葵科植物朱槿 *Hibiscus rosa-sinensis* L. 的花蕾。

【性味】 甘，平，无毒。

【功能主治】 凉血清热，除湿止带。

532. 木槿 *Hibiscus syriacus* L.

【别名】日及、朝开暮落花、藩篱草、花奴玉蒸。

【形态】落叶灌木，高 3～4 m，小枝密被黄色星状茸毛。叶菱形至三角状卵形，长 3～10 cm，宽 2～4 cm，具深浅不同的 3 裂或不裂，先端钝，基部楔形，边缘具不整齐齿缺，下面沿叶脉微被毛或近无毛；叶柄长 5～25 mm，上面被星状柔毛；托叶线形，长约 6 mm，疏被柔毛。花单生于枝端叶腋间，花梗长 4～14 mm，被星状短茸毛；小苞片 6～8，线形，长 6～15 mm，宽 1～2 mm，密被星状茸毛；花萼钟形，长 14～20 mm，密被星状短茸毛，裂片 5，三角形；花钟形，淡紫色，直径 5～6 cm，花瓣倒卵形，长 3.5～4.5 cm，外面疏被纤毛和星状长柔毛；雄蕊柱长约 3 cm；花柱枝无毛。蒴果卵圆形，直径约 12 mm，密被黄色星状茸毛；种子肾形，背部被黄白色长柔毛。花期 7—10 月。

【生境分布】罗田各地均有栽培。

【药用部位】皮、叶、花、种子。

（1）木槿花。

【别名】朝开暮落花、藩篱花、猪油花、打碗花、灯盏花。

【采收加工】大暑至处暑间，选晴天早晨，花半开时采摘，晒干。

【来源】锦葵科植物木槿 *Hibiscus syriacus* L. 的花蕾。

【性状】干燥花卷缩成卵形或圆柱形团状，长约 3 cm，直径约 1.5 cm。底部有灰绿色的花萼，表面密生细小茸毛，边缘 5 裂。花萼外面有数条灰绿色的线形苞片。常有短花柄。花瓣白色，有 5 片或多数层叠，皱缩卷折。中间有黄色花蕊，系多数雄蕊连合成圆筒状，包围雌蕊。质轻，微香，味甘。以朵大、色白者为佳。

【化学成分】含皂草黄苷、肌醇等。

【性味】甘、苦，凉。

【归经】①《本草再新》：归脾、肺二经。

②《本草撮要》：归手足太阴、厥阴经。

【功能主治】清热，利湿，凉血。主治肠风泻血，痢疾，带下。

【用法用量】内服：煎汤，3～10 g（鲜品 32～64 g）。

【附方】①治噤口痢：红木槿花去蒂，阴干为末，先煎面饼 2 个，蘸末食之。（《济急仙方》）

②治赤白痢：木槿花 32 g（小儿减半），水煎，加白蜜 0.6 g 服。赤痢用红花，白痢用白花，忌酸冷。（《云南中医验方》）

③治吐血、下血、赤白痢疾：木槿花 9～13 朵，酌加开水和冰糖炖 0.5 h，饭前服，日服 2 次。（《福建民间草药》）

④治风痰壅盛：木槿花晒干，焙研，每服一二匙，空心沸汤下，白花尤良。（《简便单方》）

⑤治反胃：千叶白槿花，阴干为末，陈米汤调送三五口；不转，再将米饮调服。（《袖珍方》）

⑥治妇人带下：木槿花 6 g，为末，入乳拌，饭上蒸熟食之。（《滇南本草》）

⑦治疗疔疮疖肿：木槿花（鲜）适量，甜酒少许，捣烂外敷。（《江西草药》）

（2）木槿皮。

【别名】槿皮、川槿皮。

【采收加工】4—5 月剥下茎皮或根皮，洗净稍浸，润透，切段，晒干。

【来源】锦葵科植物木槿 *Hibiscus syriacus* L. 的茎皮或根皮。

【性状】干燥的茎皮或根皮呈半圆筒或圆筒状，长 15～25 cm，宽窄及厚薄多不一致，通常宽 0.7～1 cm，厚约 2 mm。外皮粗糙，土灰色，有纵向的皱纹及横向的小突起（皮孔）；内表面淡黄绿色，有明显的丝状纤维。不易折断。气弱，味淡。以条长、宽、厚、少碎块者为佳。

【性味】甘、苦，凉。

【归经】归大肠、肝、脾经。

【功能主治】清热，利湿，解毒，止痒。主治肠风泻血，痢疾，脱肛，带下，疥癣，痔疮。

【用法用量】内服：煎汤，3～10 g。外用：浸酒搽或煎水熏洗。

【附方】①治脱肛：槿皮或叶煎汤熏洗，后以白矾、五倍末敷之。（《救急方》）

②治赤白带下：槿皮 64 g，切，以白酒一碗半，煎一碗，空心服之。（《奇方纂要》）

③治头面钱癣：槿皮为末，醋调，重汤炖如胶，敷之。（王仲勉《经验方》）

④治牛皮癣：川槿皮 32 g，半夏 15 g，大枫子仁 15 个。上锉片，河、井水各一碗，浸露七宿，取加轻粉 3 g，任水中，以秃笔蘸涂疮上，覆以青衣，夏月治尤妙。但忌浴数日，水有臭涎更效。（《扶寿精方》）

⑤治牛皮癣癞：川槿皮 500 g，勿见火，晒燥磨末，以好烧酒 5 kg，加榆面 125 g，浸 7 天为度，不时蘸酒搽擦。二三十年者，搽一年断根。如无川槿，土槿亦可代之。（《养生经验合集》）

⑥治癣疮：川槿皮煎，入肥皂浸水，频频擦之；或以川槿皮浸汁磨雄黄（擦之）。（《简便单方》）

（3）木槿叶。

【来源】锦葵科植物木槿 *Hibiscus syriacus* L. 的叶片。

【性味】①《本草品汇精要》：性平，无毒。

②《本草汇言》：苦，寒。

【功能主治】①《本草品汇精要》：主治肠风，痢后热渴。

②《本草汇言》：能除诸热。滑利能导积滞，善治赤白痢，干涩不通，下坠欲解而不解，捣汁和生白酒温饮。

【用法用量】内服：煎汤，鲜品 32～64 g。外用：捣敷。

【附方】治疗疔疮肿：木槿鲜叶，和食盐捣烂敷患处。（《福建中草药》）

（4）木槿子。

【别名】朝天子、川槿子。

【采收加工】9—10 月果实呈黄绿色时摘下，晒干。

【来源】锦葵科植物木槿 *Hibiscus syriacus* L. 的果实。

【性状】干燥蒴果呈卵圆形或矩圆形，长约 2 cm，直径约 1.6 cm，先端短尖，有的已开裂为 5 瓣，外面带黄绿色而有茸毛，基部有宿存花萼 5 裂，外面有星状毛，萼下有狭线形的苞片 6～7 枚，排成 1 轮，或部分脱落；有残余的花柄。蒴果 5 室。种子呈三角状卵形或略带肾形而扁，灰褐色，无光泽，下端具长条状的种脐，四周密布多数乳白色至灰黄色的茸毛，长约 3 mm。以干燥、黄色、蒂绿、果内种子不散落者为佳。

【性味】①《本草纲目》：甘，平；无毒。

②《饮片新参》：苦，寒。

【功能主治】①《本草纲目》：治偏正头风，烧烟熏患处；又治黄水脓疮，烧存性，猪骨髓调涂之。

②《饮片新参》：清肺化痰，治肺风痰喘，咳嗽。

【用法用量】内服：煎汤，10～15 g。外用：烧烟熏、煎汤洗或研末调敷。

533. 白花单瓣木槿 *Hibiscus syriaces f. totus-albus* T. Moore

【形态】花纯白色，单瓣。

【采收加工】大暑至处暑间，选晴天早晨，花半开时采摘，晒干。

【药材名】白木槿花。

【来源】锦葵科植物白花单瓣木槿 *Hibiscus syriaces* f. *totus-albus* T. Moore 的花蕾。

【功能主治】清热，利湿，凉血。主治肠风泻血，痢疾，带下，泄泻等。民间用于止鼻血。

【用法用量】内服：煎汤，6～10 g。

锦葵属 *Malva* L.

534. 冬葵 *Malva verticillata* var. *crispa* L.

【形态】一年生草本，高30～90 cm。茎直立，被疏毛或几无毛。叶互生；掌状5～7浅裂，圆肾形或近圆形，基部心形，边缘具钝锯齿，掌状5～7脉，有长柄。花小，丛生于叶腋，淡红色，小苞片3，广线形；花萼5裂，裂片广三角形；花冠5瓣，倒卵形，先端凹入；雄蕊多数，花丝合生；子房10～12室，每室有1个胚珠。果实扁圆形，由10～12心皮组成，果熟时各心皮彼此分离，且与中轴脱离，心皮无毛，淡棕色。

【生境分布】全国各地有栽培。

【药用部位】种子、叶、根。

【化学成分】种子含脂肪油及蛋白质。花含花青素类成分。鲜冬葵含单糖6.8%～7.4%，蔗糖4.1%～4.6%，麦芽糖4.5%～4.8%，淀粉1.2%。

（1）冬葵子。

【采收加工】夏、秋季果实成熟时采收，除去杂质，阴干。

【来源】锦葵科植物冬葵 *Malva verticillata* var. *crispa* L. 的种子。

【性味】甘，寒。

【归经】归大肠、小肠、膀胱经。

【功能主治】利水，滑肠，下乳。主治二便不通，淋病，水肿，妇女乳汁不行，乳房肿痛。

【用法用量】内服：煎汤，6～15 g；或入散剂。

【注意】脾虚肠滑者忌服，孕妇慎服。

①《本草经集注》：黄芩为之使。

②《得配本草》：气虚下陷、脾虚肠滑者禁用。

【附方】①治卒关格，大小便不通：葵子2升，水4升，煮取1升，顿服。内猪脂如鸡子一丸则弥佳。（《肘后备急方》）

②治大便不通十日至一月者：冬葵子末入乳汁等份，和服。（《太平圣惠方》）

③治血淋及虚劳尿血：冬葵子1升，水3升，取汁，日三服。（《千金方》）

④治子淋：冬葵子1升，以水3升，煮取2升，分再服。（《千金方》）

⑤治产后小便不通：冬葵子64 g，朴硝2.4 g。水2升，煎400 g，下消服之。（《集验方》）

⑥治妊娠有水气，身重，小便不利，起即头眩：冬葵子500 g，茯苓95 g。上二味，杵为散，饮服6 g，日三服，小便利则愈。（《金匮要略》）

⑦治难产，若生未得者：冬葵子64 g，捣破，以水2升，煮取1升；已下，只可0.5升，去滓，顿服之。（《食疗本草》）

⑧治胎死腹中：冬葵子1升，阿胶95 g。上二味，以水5升，煮取2升，顿服之。未出再煮服。（《千金方》）

⑨治胎死腹中，若母病欲下：牛膝95 g，冬葵子1升。上二味，以水7升，煮取3升，分三服。（《千金方》）

⑩治乳妇气脉壅塞，乳汁不行，及经络凝滞，乳房胀痛：葵菜子（炒香）、缩砂仁各等份，为末，热酒服6 g。（《妇人良方》）

⑪治血痢，产痢：冬葵子为末，每服6 g，入腊茶3 g，沸汤调服，日三服。（《太平圣惠方》）

⑫治疟疾发热：冬葵子阴干为末，酒服6 g。（《太平圣惠方》）

⑬治盗汗：冬葵子10 g，水煎加白糖服。（江西《草药手册》）

⑭治面上疱疮：冬葵子、柏子仁、茯苓、瓜瓣各32 g。为末，食后酒服6 g，日三服。（陶弘景）

（2）冬葵叶。

【别名】芪菜巴巴叶、冬苋菜。

【采收加工】春、夏季采收。

【来源】锦葵科植物冬葵 *Malva verticillata* var. *crispa* L. 的嫩苗或叶。

【性味】甘，寒。

【功能主治】清热，行水，滑肠。主治肺热咳嗽，热毒下痢，黄疸，二便不通，丹毒，金疮。

【用法用量】内服：煎汤，32～64 g；或捣汁。外用：捣敷、研末调敷，或煎水含漱。

【注意】脾虚肠滑者忌服，孕妇慎服。

①《名医别录》：其心伤人。

②《千金方》：食生葵菜，令人饮食不化，发宿病。

③《本草汇言》：里虚胃寒；并风疾、宿疾，咸忌之。

【附方】①治肺炎：冬苋菜煮稀饭服。（《重庆草药》）

②治小儿发斑，散恶毒气：生冬葵叶绞取汁，少少与服之。（《太平圣惠方》）

③治咽喉肿痛：冬葵叶、花，阴干，煎水含漱。（江西《草药手册》）

④治诸瘘：先以泔清温洗，以棉拭水，取冬葵叶微火暖贴之疮，引脓，不过二三百叶，脓尽即肉生。忌诸杂鱼蒜、房室等。（《必效方》）

⑤治汤火伤：冬葵菜为末敷之。（《食物本草》）

⑥治蛇咬伤，蝎蜇伤：熟捣冬葵取汁撮。（《千金方》）

⑦治误吞钱不出及误吞针：冬葵菜不拘多少，绞取汁，冷饮之。（《普济方》）

（3）冬葵根。

【别名】葵根、土黄芪。

【采收加工】秋、冬季采收。

【来源】锦葵科植物冬葵 *Malva verticillata* var. *crispa* L. 的根。

【性味】甘、辛，寒。

【功能主治】清热、解毒、利窍、通淋。主治消渴，淋证，二便不利，乳汁少，带下，虫咬伤。

【用法用量】内服：煎汤，32～65 g；捣汁或研末。外用：烧存性研末调敷。

【注意】《本草正义》：脾阳不振者忌用。

【附方】①治消中，日夜尿七八升：葵根如5升，盆大两束，以水50升，煮取30升，宿不食，平旦一服3升。（《千金方》）

②治消渴饮水过多，小便不利：葵根茎叶160 g，切。上药以水三大盏，入生姜0.3 g，豉100 g，煮取二盏，去滓，食后分温三服。

③治热淋，小肠不利，茎中急痛：车前子100 g，葵根（锉用）40 g。上药以水一大（半）盏，煎至一盏，去滓，食前分为三（二）服。

④治二便不通胀急者：生冬葵根1 kg（捣汁300 g），生姜120 g（取汁100 g），和匀，分二服，连用即通。（②～④方出自《太平圣惠方》）

⑤治口吻疮：葵根烧作灰，及热敷之。（《千金方》）

⑥治气虚浮肿：葵根32 g，水煎加糖服。（《昆明民间常用草药》）

⑦治乳汁少：葵根64 g，煨猪肉吃。（《昆明民间常用草药》）

⑧治妊娠卒下血：葵根茎烧作灰，以酒服6 g，日三。（《千金方》）

⑨治小儿褥疮：葵根烧末敷。（《子母秘录》）

⑩治蛇咬伤：葵根捣敷。（《古今录验》）

⑪治项生瘰疬，咽喉内气粗喘促，喉内有痰声，响而不止：土黄芪32 g（蜜炒），皮硝10 g，猪眼子15 g（新瓦焙去油）。共为细末，蜜丸，每服10 g，滚水送下，吃至3天后，人面消瘦，至7天后可愈。（《滇南本草》）

梵天花属 *Urena* L.

535. 地桃花 *Urena lobata* L.

【别名】肖梵天花、野棉花、田芙蓉、厚皮菜、八卦草。

【形态】直立亚灌木状草本，高达1 m，小枝被星状茸毛。茎下部的叶近圆形，长4～5 cm，宽5～6 cm，先端浅3裂，基部圆形或近心形，边缘具锯齿；中部的叶卵形，长5～7 cm，宽3～6.5 cm；上部的叶长圆形至披针形，长4～7 cm，宽1.5～3 cm；叶上面被柔毛，下面被灰白色星状茸毛；叶柄长1～4 cm，被灰白色星状毛；托叶线形，长约2 mm，早落。花腋生、单生或稍丛生，淡红色，直径约15 mm；花梗长约3 mm，被绵毛；小苞片5，长约6 mm，基部1/3合生；花萼杯状，裂片5，较小苞片略短，两者均被星状柔毛；花瓣5，倒卵形，长约15 mm，外面被星状柔毛；雄蕊柱长约15 mm，无毛；花柱枝

10，微被长硬毛。果扁球形，直径约 1 cm，分果爿被星状短柔毛和锚状刺。花期7—10月。

【生境分布】 我国常见的野生植物，生于山野、路边、荒坡、干旱旷地。罗田各地均有分布。

【采收加工】 全年可采。

【药用部位】 根。

【来源】 锦葵科植物地桃花 Urena lobata L. 的干燥根。

【性状】 干燥的根呈圆柱形，略弯曲，支根少数，上生多数须根，表面淡黄色，具纵皱纹；质硬，断面呈破裂状。茎灰绿色至暗绿色，具粗浅的纵纹，密被星状毛和柔毛，上部嫩枝具数条纵棱；顶硬，木部断面不平，皮部富纤维，难以折断。叶多卷曲，上面深绿色，下面粉绿色，密被短柔毛和星状毛，掌状网脉，下面凸出，叶腋有宿存的副萼。

【性味】 甘、辛，平。

【归经】 《闽东本草》：归肺、脾二经。

【功能主治】 祛风利湿，清热解毒。主治感冒发热，风湿痹痛，痢疾，水肿，淋证，带下，吐血，痈肿，外伤出血。

【用法用量】 内服：煎汤，鲜品 50 ～ 100 g；或捣汁。外用：捣敷。

【注意】 《广西药用植物图志》：虚寒者忌服。

【附方】 ①治感冒：根八钱，水煎服。（《云南中草药》）

②治风湿性关节炎：鲜根 50 ～ 100 g，猪脚一只。酒水各半，炖 3 小时服。（《福建民间草药》）

③治风湿痹痛，肠炎痢疾：地桃花干根 50 ～ 100 g，水煎服。（广州部队《常用中草药手册》）

④治单双喉蛾，淋证，外感寒热，痢疾：地桃花根 100 g，煎汤含漱及内服。（《广西药用植物图志》）

⑤治肺出血：八卦草鲜草头 50 ～ 100 g，洗净切碎，猪肉（数量不拘）和水适量炖服，每日 1 次。（《闽南民间药草》）

⑥治白浊、带下：肖梵天花鲜根 50 ～ 100 g，水煎服。（《福建中草药》）

⑦治肾炎水肿：肖梵天花鲜根 50 ～ 100 g，酌加水煎，日服 2 次。（《福建民间草药》）

⑧治妇人乳痈：鲜叶，用冷开水洗净，和酒糟捣烂敷患处，干即换。（《闽南民间药草》）

⑨治痈疮，拔脓：地桃花根捣烂敷。（《广西药用植物图志》）

⑩治毒蛇咬伤，急惊风，破伤风，哮喘：地桃花 100 g，捣烂，糯米泔水（如无糯米，普通米亦可）200 g，和匀，滤取汁，内服。毒蛇咬伤须用渣敷伤口周围。（《广西药用植物图志》）

⑪治疮毒，蛇咬伤：鲜叶捣绒敷。（南川《常用中草药手册》）

梧桐属 *Firmiana* Marsili

536. 梧桐 *Firmiana platanifolia*（L. f.）Marsili

【别名】 中国梧桐、国桐、桐麻碗、瓢儿果树、青桐皮。

【形态】 落叶乔木，高达 16 m；树皮青绿色，平滑。叶心形，掌状 3 ～ 5 裂，直径 15 ～ 30 cm，裂片三角形，顶端渐尖，基部心形，两面均无毛或略被短柔毛，基生脉 7 条，叶柄与叶片等长。圆锥花序顶生，长 20 ～ 50 cm，下部分枝长达 12 cm，花淡黄绿色；花萼 5 深裂几至基部，萼片条形，向外卷曲，长7～9 mm，外面被淡黄色短柔毛，内面仅在基部被柔毛；花梗与花儿等长；雄花的雌雄蕊柄与花萼等长，下半部较粗，无毛，花药15个，不规则地聚集在雌雄蕊柄的顶端，退化子房梨形且甚小；雌花的子房圆球形，被毛。蓇葖果膜质，有柄，成熟前开裂成叶状，长6～11 cm，宽1.5～2.5 cm，外面被短茸毛或儿无毛，每蓇葖果有种子2～4颗；种子圆球形，表面有纹，直径约7 mm。花期6月。

【生境分布】　罗田各地均有栽培。

【入药部位】　种子、花、叶、根。

（1）梧桐子。

【别名】　瓢儿果、桐麻豌。

【采收加工】　秋季种子成熟时将果枝采下，打落种子，簸去杂质，晒干。密储干燥处，防蛀。

【来源】　锦葵科植物梧桐 *Firmiana platanifolia*（L. f.）Marsili 的种子。

【性状】　干燥种子，圆球形或类球形，直径6～8 mm。黄棕色至深棕色，表面皱缩成网纹状。外层种皮较脆，易破裂，内层种皮坚韧，除去后，内有肥厚的淡黄色胚乳；子叶两片薄而大，紧贴在胚乳上，胚根位于较狭的一端。气、味均微。以个大、饱满、棕色、无杂质者为佳。

【化学成分】　含脂肪油39.69%、灰分4.85%、粗纤维3.69%、蛋白质23.32%、非氮物质28.45%，并含咖啡碱。

【性味】　甘，平。

【归经】　《本草再新》：归心、肺、肾三经。

【功能主治】　顺气，和胃，消食。主治伤食，胃痛，疝气，小儿口疮。

【用法用量】　内服：煎汤，3～10 g；或研末。外用：煅存性研末撒。

【附方】　①治疝气：梧桐子炒香，剥（去）壳食之。（《贵州省中医验方秘方》）

②治伤食腹泻：梧桐子炒焦研粉，冲服，每服3 g。（广州部队《常用中草药手册》）

③治白发：梧桐子10 g，何首乌15 g，黑芝麻10 g，熟地黄15 g，水煎服。（《山东中草药手册》）

（2）梧桐花。

【采收加工】　夏季采收，筛净泥屑，拣去杂质，晒干。

【来源】　锦葵科植物梧桐 *Firmiana platanifolia*（L. f.）Marsili 的花。

【性味】　甘，平。

【功能主治】　主治水肿，秃疮，烧烫伤。

【用法用量】　内服：煎汤，10～15 g。外用：研末调涂。

【附方】　①治水肿：梧桐花（干）10～15 g，水煎服。（广州部队《常用中草药手册》）

②治烧烫伤：梧桐花研粉调涂。（广州部队《常用中草药手册》）

（3）梧桐叶。

【采收加工】　春、夏季采收。

【来源】　锦葵科植物梧桐 *Firmiana platanifolia*（L. f.）Marsili 的叶。

【性味】　苦，寒；无毒。

【功能主治】　祛风除湿，清热解毒。主治风湿疼痛，麻木，疮痈肿毒，痔疮，臁疮，创伤出血，高血压。

【用法用量】　内服：煎汤，16～32 g。外用：鲜叶敷贴，煎水洗或研末调敷。

【附方】①治风湿骨痛，跌打骨折，哮喘：梧桐叶 15 ～ 32 g，水煎服。（广州部队《常用中草药手册》）

②治发背欲死：梧桐叶，鏊上煿成灰，绢罗，蜜调敷之，干即易之。（《补辑肘后方》）

③治背痈：取梧桐鲜叶，洗净，用银针密刺细孔，并用醋浸，整叶敷贴患部。（《福建民间草药》）

④治痔疮：梧桐叶 7 张，硫黄 1.6 g。以水、醋各半煎汤，先熏后洗。（福州台江区《验方汇集》）

⑤治臁疮：取梧桐鲜叶，洗净，用银针密刺细孔，再用米汤或开水冲泡，全叶敷患处，日换两次。（《福建民间草药》）

⑥治刀伤出血：梧桐叶研成细末，外敷伤口。（福州台江区《验方汇集》）

⑦治泄泻不止：梧桐叶不拘多少，用水煎十数沸，只浴两足后跟，其泻即止。若浴之近上，大便反闭。（《内经拾遗方论》）

（4）梧桐根。

【采收加工】9—10 月采收。

【来源】锦葵科植物梧桐 *Firmiana platanifolia*（L. f.）Marsili 的根。

【性味】淡，无毒。

【功能主治】祛风湿，和血脉，通经络。主治风湿疼痛，肠风下血，月经不调，跌打损伤。

【用法用量】内服：煎汤，鲜品 32 ～ 64 g；或捣汁。外用：捣敷。

【附方】①治风湿疼痛：梧桐鲜根 32 ～ 45 g（干品 25 ～ 35 g）。酒水各半同煎 1 h，内服，加一个猪脚同煎更好。（《福建民间草药》）

②治哮喘：梧桐根 15 ～ 32 g，水煎服。（广州部队《常用中草药手册》）

③治骨折：梧桐根皮、三百棒、震天雷、大血藤，捣敷或水煎服。

④治热淋：梧桐根（去粗皮），捣烂，浸淘米水内，用布绞汁，加白糖服。

⑤治肿毒：梧桐根、水桐根、桂花树根皮、苎麻根皆去粗皮，捣烂外敷，亦可内服。（③～⑤方出自《湖南药物志》）

马松子属 *Melochia* L.

537. 马松子 *Melochia corchorifolia* L.

【别名】野路葵。

【形态】半灌木状草本，高不及 1 m；枝黄褐色，略被星状短柔毛。叶薄纸质，卵形、矩圆状卵形或披针形，稀有不明显的 3 浅裂，长 2.5 ～ 7 cm，宽 1 ～ 1.3 cm，顶端急尖或钝，基部圆形或心形，边缘有锯齿，上面近无毛，下面略被星状短柔毛，基生脉 5 条；叶柄长 5 ～ 25 mm；托叶条形，长 2 ～ 4 mm。花排成顶生或腋生的密聚伞花序或团伞花序；小苞片条形，混生在花序内；花萼钟状，5 浅裂，长约 2.5 mm，外面被长柔毛和刚毛，内面无毛，裂片三角形；花瓣 5 片，白色，后变为淡红色，矩圆形，长约 6 mm，基部收缩；雄蕊 5 枚，下部连合成筒，与花瓣对生；子房无柄，5 室，

密被柔毛，花柱5枚，线状。蒴果圆球形，有5棱，直径5～6 mm，被长柔毛，每室有种子1～2个；种子卵圆形，略成三角状，褐黑色，长2～3 mm。花期夏、秋季。

【生境分布】 生于田野或低丘陵旷野间。罗田各地均有分布。

【采收加工】 夏、秋季采收，扎成把，晒干。

【来源】 锦葵科植物马松子 *Melochia corchorifolia* L. 的茎、叶。

【性状】 叶卵形，基部圆形、截形或浅心形，边缘有小齿，下面沿叶脉疏被短柔毛；叶长1～7 cm，宽0.7～3 cm；叶柄长5～25 mm。气微，味苦。

【性味】 淡，平。

【功能主治】 清热利湿，止痒。主治急性黄疸性肝炎，皮肤痒疹。

【用法用量】 内服：煎汤，10～30 g。外用：适量，煎水洗。

一〇二、猕猴桃科 Actinidiaceae

猕猴桃属 *Actinidia* Lindl.

538. 中华猕猴桃 *Actinidia chinensis* Planch.

【别名】 猕猴桃、阳桃。

【形态】 大型落叶藤本；幼枝或厚或薄地被灰白色茸毛或褐色长硬毛或铁锈色硬毛状刺毛，老时秃净或留有断损残毛；花枝短的4～5 cm，长的15～20 cm，直径4～6 mm；隔年枝完全秃净无毛，直径5～8 mm，皮孔长圆形，比较显著或不甚显著；髓白色至淡褐色，片层状。叶纸质，倒阔卵形至倒卵形或阔卵形至近圆形，长6～17 cm，宽7～15 cm，顶端截平并中间凹入或具突尖、急尖至短渐尖，基部钝圆、截平至浅心形，边缘具脉出的直伸的睫毛状小齿，腹面深绿色，无毛或中脉和侧脉上被少量软毛或散被短糙毛，背面苍绿色，密被灰白色或淡褐色星状茸毛，侧脉5～8对，常在中部以上分歧成叉状，横脉比较发达，易见，网状小脉不易见；叶柄长3～6（10）cm，被灰白色茸毛或黄褐色长硬毛或铁锈色硬毛状刺毛。聚伞花序1～3花，花序柄长7～15 mm，花柄长9～15 mm；苞片小，卵形或钻形，长约1 mm，均被灰白色丝状茸毛或黄褐色茸毛；花初开放时白色，后变淡黄色，有香气，直径1.8～3.5 cm；花萼3～7片，通常5片，阔卵形至卵状长圆形，长6～10 mm，两面密被压紧的黄褐色茸毛；花瓣5片，有时少至3片或多至7片，阔倒卵形，有短距，长10～20 mm，宽6～17 mm；雄蕊极多，花丝狭条形，长5～10 mm，花药黄色，长圆形，长1.5～2 mm，基部叉开或不叉开；子房球形，直径约5 mm，密被金黄色的压紧交织茸毛或不压紧不交织的刷毛状糙毛，花柱狭条形。果黄褐色，近球形、圆柱形、倒卵形或椭圆形，长4～6 cm，被茸毛、长硬毛或刺毛状长硬毛，成熟时

秃净或不秃净，具小而多的淡褐色斑点；宿存萼片反折；种子纵径 2.5 mm。

【生境分布】 生于山坡、林缘或灌丛中。罗田北部山区有分布。

【药用部位】 果实、根或根皮、藤。

（1）猕猴桃。

【采收加工】 夏、秋季果实成熟时采收。

【来源】 猕猴桃科植物中华猕猴桃 *Actinidia chinensis* Planch. 的果实。

【化学成分】 果实含糖类、维生素、有机酸、色素等。每 100 g 可食部分含糖类 11 g、蛋白质 1.6 g、类脂 0.3 g、抗坏血酸 300 mg、硫胺素 0.007 mg、硫 25.5 mg、磷 42.2 mg、氯 26.1 mg、钠 3.3 mg、钾 320 mg、镁 19.7 mg、钙 56.1 mg、铁 1.6 mg 及类胡萝卜素 0.085 mg，还含猕猴桃碱。

【性味】 甘、酸，寒。

【归经】 《得配本草》：归足少阴、阳明经。

【功能主治】 解热，止渴，通淋。主治烦热，消渴，黄疸，石淋，痔疮。

【用法用量】 内服：煎汤，32 ~ 64 g。

【注意】 脾胃虚寒者慎服。

【附方】 ①治食欲不振、消化不良：猕猴桃干果 64 g，水煎服。（《湖南药物志》）

②治偏坠：猕猴桃 32 g，金柑根 10 g。水煎去渣，冲入烧酒 64 g，分两次内服。（《闽东本草》）

（2）猕猴桃根或根皮。

【采收加工】 全年可采，洗净，晒干或鲜用。

【来源】 猕猴桃科植物中华猕猴桃 *Actinidia chinensis* Planch. 的根或根皮。

【性味】 酸、微甘，凉；有小毒。

【功能主治】 清热，利尿，活血，消肿。主治肝炎，水肿，跌打损伤，风湿关节痛，淋浊，带下，疔疮，瘰疬。

【用法用量】 内服：煎汤，32 ~ 64 g；或炖猪肠服。外用：捣敷。

【注意】 《闽东本草》：孕妇不宜服。

【附方】 ①治急性肝炎：猕猴桃根 160 g，红枣 12 枚，水煎当茶饮。（《江西草药》）

②治水肿：猕猴桃根 10 ~ 15 g，水煎服。（《湖南药物志》）

③治消化不良，呕吐：猕猴桃根 15 ~ 32 g，水煎服。（《浙江民间常用草药》）

④治跌打损伤：猕猴桃鲜根白皮，加酒糟或白酒捣烂烘热，外敷伤处；同时用根 64 ~ 95 g，水煎服。（《浙江民间常用草药》）

⑤治风湿关节痛：猕猴桃、木防己各 15 g，荭草 10 g，胡枝子 32 g，水煎服。（《湖南药物志》）

⑥治淋浊，带下：猕猴桃根 32 ~ 64 g，苎麻根等量，酌加水煎，日服两次。（《福建民间草药》）

⑦治产妇乳少：猕猴桃根 64 ~ 95 g，水煎服。（《浙江民间常用草药》）

⑧治疔肿：猕猴桃鲜根皮捣烂外敷；同时用根 64 ~ 95 g，水煎服。（《浙江民间常用草药》）

⑨治脱肛：猕猴桃根 32 g，和猪肠炖服。（《闽东本草》）

⑩治胃肠系统肿瘤，乳腺癌：猕猴桃根 80 g，水 1 升，煎 3 h 以上，每天 1 剂，10 ~ 15 天为 1 个疗程。休息几天再服，共 4 个疗程。（《陕西中草药》）

（3）猕猴桃藤。

【采收加工】 夏、秋季采收。

【来源】 猕猴桃科植物中华猕猴桃 *Actinidia chinensis* Planch. 的藤或藤中的汁液。

【药理作用】 中华猕猴桃茎含多糖复合物，可提高机体免疫力和抗癌能力。

【性味】 甘，寒。

【功能主治】和中开胃，清热利湿。主治消化不良，反胃呕吐，黄疸，石淋。

【用法用量】内服：煎汤，15～30 g；或捣取汁饮。

一〇三、山茶科 Theaceae

杨桐属 *Adinandra* Jack

539. 杨桐 *Adinandra millettii*（Hook. et Arn.）Benth. et Hook. f. ex Hance

【别名】黄瑞木、毛药红淡。

【形态】灌木或小乔木，高约5 m。嫩枝和顶芽疏生柔毛。单叶互生；叶具短柄；叶片厚革质，长圆状椭圆形，长4.5～9 cm，宽2～3 cm，先端短尖，基部渐狭，边缘全缘，少有在上半部略有细齿，幼时有密集的柔毛，后变无毛。花两性，单生于叶腋；花梗纤细，长约2 cm，有贴伏短毛，花萼5片，卵状三角形，外面被贴伏短毛，边缘近膜质，有细腺齿和睫毛状毛；花冠裂片5，无毛；雄蕊约25枚，花药密生白色柔毛；子房上位，3室，有白色柔毛，花柱无毛。浆果近球形，直径7～8 mm，有柔毛或近无毛。种子细小，黑色，光亮。

【生境分布】生于海拔100～1300 m的山地林荫处或水边。罗田天堂寨有分布。

【采收加工】根：全年可采，晒干或鲜用。嫩叶：夏、秋季采，鲜用。

【来源】山茶科植物杨桐 *Adinandra millettii*（Hook. et Arn.）Benth. et Hook. f. ex Hance 的根及嫩叶。

【性味】苦，凉。

【归经】归肺、肝经。

【功能主治】凉血止血，解毒消肿。主治衄血，尿血，传染性肝炎，腮腺炎，疖肿，蛇虫咬伤，癌肿。

【用法用量】内服：煎汤，15～30 g，鲜品酌加。外用：适量，以鲜叶捣敷，或以根磨淘米水擦患处。

山茶属 *Camellia* L.

540. 尖连蕊茶 *Camellia cuspidata*（Kochs）Wright ex Gard.

【形态】灌木，高达3 m，嫩枝无毛，或最初开放的新枝有微毛，很快变秃净。叶革质，卵状披针形或椭圆形，长 5 ~ 8 cm，宽 1.5 ~ 2.5 cm，先端渐尖至尾状渐尖，基部楔形或略圆，上面干后黄绿色，发亮，下面浅绿色，无毛；侧脉 6 ~ 7 对，在上面略下陷，在下面不明显；边缘密具细锯齿，齿刻相隔 1 ~ 1.5 mm，叶柄长 3 ~ 5 mm，略有残留短毛。花单独顶生，花柄长 3 mm，有时稍长；苞片 3 ~ 4 片，卵形，长 1.5 ~ 2.5 mm，无毛；花萼杯状，长 4 ~ 5 mm，5 片，无毛，不等大，分离至基部，厚革质，阔卵形，先端略尖，薄膜质，花冠白色，长 2 ~ 2.4 cm，无毛；花瓣 6 ~ 7 片，基部连生，并与雄蕊的花丝贴生，外侧 2 ~ 3 片较小，革质，

长 1.2 ~ 1.5 cm，内侧 4 或 5 片长达 2.4 cm；雄蕊比花瓣短，无毛，外轮雄蕊只在基部和花瓣合生，其余部分离生，花药背部着生；雌蕊长 1.8 ~ 2.3 cm，子房无毛；花柱长 1.5 ~ 2 cm，无毛，顶端 3 浅裂，裂片长约 2 mm。蒴果圆球形，直径 1.5 cm，有宿存苞片和萼片，果皮薄，1 室，种子 1 个，圆球形。花期 4—7 月。

【生境分布】 生于山坡林下。多生于罗田北部山区。

【入药部位】 根、叶、果实。

（1）根。

【采收加工】 全年均可采挖，除去栓皮，洗净，切段，晒干。

【来源】 山茶科植物尖连蕊茶 *Camellia cuspidata*（Kochs）Wright ex Gard. 的根。

【性味】 甘，温。

【归经】 归脾经。

【功能主治】 健脾消食，补虚。主治脾虚食少，病后体弱。

【用法用量】 内服：煎汤，6 ~ 15 g。

（2）叶。

【采收加工】 全年可采。

【来源】 山茶科植物尖连蕊茶 *Camellia cuspidata*（Kochs）Wright ex Gard. 的叶。

【功能主治】 主治外伤出血，蛀牙。

（3）果。

【采收加工】 夏季果实成熟时采收。

【来源】 山茶科植物尖连蕊茶 *Camellia cuspidata*（Kochs）Wright ex Gard. 的果实。

【功能主治】 主治跌打损伤，食肉积滞，消化不良。

541. 山茶 *Camellia japonica* L.

【别名】 红茶花。

【形态】 灌木或小乔木，高 9 m，嫩枝无毛。叶革质，椭圆形，长 5 ~ 10 cm，宽 2.5 ~ 5 cm，先端略尖，或急短尖而有钝尖头，基部阔楔形，上面深绿色，干后发亮，无毛，下面浅绿色，无毛，侧脉 7 ~ 8 对，在上下两面均能见，边缘有相隔 2 ~ 3.5 cm 的细锯齿。叶柄长 8 ~ 15 mm，无毛。花顶生，

红色，无柄；苞片及萼片约 10 片，组成长 2.5 ～ 3 cm 的杯状苞被，半圆形至圆形，长 4 ～ 20 mm，外面有绢毛，脱落；花瓣 6 ～ 7 片，外侧 2 片近圆形，几离生，长 2 cm，外面有毛，内侧 5 片基部连生约 8 mm，倒卵圆形，长 3 ～ 4.5 cm，无毛；雄蕊 3 轮，长 2.5 ～ 3 cm，外轮花丝基部连生，花丝管长 1.5 cm，无毛；内轮雄蕊离生，稍短，子房无毛，花柱长 2.5 cm，先端 3 裂。蒴果圆球形，直径 2.5 ～ 3 cm，2 ～ 3 室，每室有种子 1 ～ 2 个，3 爿裂开，果爿厚木质。花期 1—4 月。

【生境分布】全国大部分地区均有栽培。

【药用部位】花、根。

（1）山茶花。

【采收加工】春分至谷雨为采收期。一般在含苞待放时采摘，晒干或烘干，用纸包封，置干燥通风处。

【来源】山茶科植物山茶 *Camellia japonica* L. 的花。

【性状】干燥花朵多不带子房，全体卷缩成块状或不规则形状，长 2 ～ 3.8 cm，宽 1.8 ～ 3.5 cm，黄褐色至棕褐色，花萼背面密布灰白色细茸毛，有丝样光泽，花瓣 6 ～ 7 片，基部合生，上端倒卵形，先端微凹，具脉纹；雄蕊多数，外轮花丝连合成一体。质柔软，有香气，味甘淡。以干燥、色红、不霉、花蕾长大尚未开放者（称为宝珠山茶）为佳。

【性味】甘、苦、辛，凉。

【归经】①《本草再新》：归肝、肺二经。

②《本草撮要》：归足厥阴、手阳明经。

【功能主治】凉血，止血，散瘀，消肿。主治吐血，衄血，血崩，肠风，血痢，血淋，跌打损伤，烫伤。

【用法用量】内服：煎汤，4.5 ～ 10 g；或研末。外用：研末麻油调敷。

【附方】①治吐血咳嗽：a. 宝珠山茶，瓦上焙黑色，调红砂糖，日服不拘多少。b. 宝珠山茶 10 朵，红花 15 g，白及 32 g，红枣 125 g。水煎一碗服之，渣再服，红枣不拘时亦取食之。（《不药良方》）

②治赤痢：大红宝珠山茶花，阴干为末，加白糖拌匀，饭锅上蒸三四次服。（《救生苦海》）

③治痔疮出血：宝珠山茶，研末冲服。（《本草纲目拾遗》）

④治乳头开花欲坠、疼痛异常：宝珠山茶，焙研为末，用麻油调搽。（《本草纲目拾遗》）

（2）山茶根。

【采收加工】全年可采。

【来源】山茶科植物山茶 *Camellia japonica* L. 的根。

【性味】苦、辛，平。

【归经】归胃、肝经。

【功能主治】散瘀消肿，消食。主治跌打损伤，食积腹胀。

【用法用量】内服：煎汤，15 ～ 30 g。

542. 油茶 *Camellia oleifera* Abel.

【形态】灌木或中乔木；嫩枝有粗毛。叶革质，椭圆形、长圆形或倒卵形，先端尖而有钝头，有时渐尖或钝，基部楔形，长 5 ～ 7 cm，宽 2 ～ 4 cm，有时较长，上面深绿色，发亮，中脉有粗毛或柔毛，下面浅绿色，无毛或中脉有长毛，侧脉在上面能见，在下面不很明显，边缘有细锯齿，有时具钝齿，叶柄长 4 ～ 8 mm，有粗毛。花顶生，近无柄，苞片与萼片约 10 片，由外向内逐渐增大，阔卵形，长 3 ～ 12 mm，背面有紧贴的柔毛或绢毛，花后脱落，花瓣白色，5 ～ 7 片，倒卵形，长 2.5 ～ 3 cm，宽 1 ～ 2 cm，有时较短或更长，先端凹入或 2 裂，基部狭窄，

近离生，背面有丝毛，至少最外侧的有丝毛；雄蕊长 1 ～ 1.5 cm，外侧雄蕊仅基部略连生，偶有花丝管长达 7 mm 的，无毛，花药黄色，背部着生；子房有黄长毛，3 ～ 5 室，花柱长约 1 cm，无毛，先端不同程度 3 裂。蒴果球形或卵圆形，直径 2 ～ 4 cm，3 室或 1 室，3 片或 2 片裂开，每室有种子 1 或 2 个，果爿厚 3 ～ 5 mm，木质，中轴粗厚；苞片及萼片脱落后留下的果柄长 3 ～ 5 mm，粗大，有环状短节。花期冬、春季。

【生境分布】 罗田各地均有栽培。

【入药部位】 根、花、叶、种子经榨去脂肪油后的渣滓。

（1）油茶根。

【采收加工】 全年可采，洗净晒干收贮。

【来源】 山茶科植物油茶 *Camellia oleifera* Abel. 的根皮。

【化学成分】 根含 L– 谷氨酸 –γ– 甲酰胺，茎含茶氨酸。

【性味】 苦，平，有小毒。

【功能主治】 散瘀活血，接骨消肿。主治骨折，扭挫伤，腹痛，皮肤瘙痒。

【用法用量】 外用：研末敷。

【注意】 忌内服。

（2）油茶花。

【别名】 茶子木花。

【采收加工】 冬季采收。

【来源】 山茶科植物油茶 *Camellia oleifera* Abel. 的花。

【性状】 花蕾倒卵形，花朵不规则形状，萼片，类圆形，稍厚，外被灰白色绢毛；花瓣 5 ～ 7 片，有时散落，倒卵形，先端凹入，外表面被疏毛；雄蕊多数，排成 2 轮，花丝基部成束；雌蕊花柱分离。气微香，味微苦。

【性味】 苦，微寒。

【功能主治】 凉血止血。主治吐血，咯血，衄血，便血，子宫出血。

【用法用量】 内服：煎汤，3 ～ 10 g。外用：适量，研末，麻油调敷。

（3）油茶叶。

【采收加工】 全年采收，随用随采。

【来源】 山茶科植物油茶 *Camellia oleifera* Abel. 的叶。

【性状】 叶片椭圆形或卵状椭圆形，长 5 ～ 7 cm，宽 2 ～ 4 cm；先端渐尖或短尖，基部楔形，边缘有细锯齿；表面绿色，主脉明显，侧脉不很明显。叶革质，稍厚。气清香，味微苦涩。

【性味】微苦，平。

【功能主治】收敛止血，解毒。主治衄血，皮肤溃烂瘙痒，疮疽。

【用法用量】内服：煎汤，15 ～ 30 g。外用：适量，煎水洗，或鲜品捣敷。

（4）茶子饼。

【别名】枯饼、茶枯、茶麸、茶油巴。

【来源】山茶科植物油茶 *Camellia oleifera* Abel. 的种子经榨去脂肪油后的渣滓。

【化学成分】含皂苷、鞣质、生物碱。榨去脂肪油后种子含8.5%油茶皂苷，水解后得山茶皂醇Ⅰ、山茶皂醇Ⅱ、玉蕊醇C、茶皂醇E、茶皂醇A。

【药理作用】茶子饼有良好的杀灭血吸虫卵的效果。

【性味】辛、苦、涩，平，有小毒。

【功能主治】收湿杀虫。主治阴囊湿疹，跌打损伤。

【用法用量】内服：煅存性研末，3 ～ 6 g（内服必须煅存性，否则有剧烈催吐作用）；或煎汤。外用：煎水洗或研末调敷。

【附方】①治阴囊湿疹：茶麸64 g，青药16 g，熟烟16 g，煎水洗患处。

②治跌打损伤：茶麸12 g，酒麸64 g，将茶麸用火煨，研末，加入酒糟，调匀敷患处。

③治心气痛（包括寄生虫心腹痛）：茶麸适量，煅存性为末。水一大碗，煎沸送服。（①～③方出自《岭南草药志》）

543. 茶 *Camellia sinensis*（L.）O. Ktze.

【别名】苦茶、细茶、茗。

【形态】灌木或小乔木，嫩枝无毛。叶革质，长圆形或椭圆形，长4 ～ 12 cm，宽2 ～ 5 cm，先端钝或尖锐，基部楔形，上面发亮，下面无毛或初时有柔毛，侧脉5 ～ 7对，边缘有锯齿，叶柄长3 ～ 8 mm，无毛。花1 ～ 3朵腋生，白色，花柄长4 ～ 6 mm，有时稍长；苞片2片，早落；萼片5片，阔卵形至圆形，长3 ～ 4 mm，无毛，宿存；花瓣5 ～ 6片，阔卵形，长1 ～ 1.6 cm，基部略连合，背面

无毛，有时有短柔毛；雄蕊长8 ～ 13 mm，基部连生1 ～ 2 mm；子房密生白毛；花柱无毛，先端3裂，裂片长2 ～ 4 mm。蒴果三球形，高1.1 ～ 1.5 cm，每球有种子1 ～ 2个。花期10月至翌年2月。

【生境分布】罗田各地均有栽培。

【入药部位】茶叶、根、果实。

（1）茶叶。

【采收加工】茶树通常种植三年以上即可采叶。以清明前后枝端初发嫩叶时，采摘其嫩芽最佳（清明前采摘者称"明前"，谷雨前采摘者称"雨前"）。此后约一个月，第二次采收其成长之嫩叶，再过一个月第三次采收。亦有在立秋后第四次采收者，采摘时间越迟，品质愈次。鲜叶采摘后，经过杀青、揉捻、干燥、精制等加工过程，则为成品"绿茶"。若鲜叶经过萎凋、揉捻、发酵、干燥、精制等加工过程，则为成品"红茶"。本品宜密藏于干燥处，以防发霉变质。

【来源】山茶科植物茶 *Camellia sinensis*（L.）O. Ktze. 的芽和叶。

【化学成分】 茶叶主要含挥发油、鞣质及嘌呤类生物碱（以咖啡碱为主），我国所产的各种市售茶叶，一般含咖啡碱 2%～4%、鞣质 3%～13%。

【药理作用】 茶叶的药理作用主要由其所含的黄嘌呤衍生物产生；另外尚含大量鞣质，故有收敛、抑菌及维生素 P 样作用。

①对中枢神经系统的作用。咖啡因能兴奋高级神经中枢，使精神兴奋，思想活跃，消除疲劳；过量则引起失眠、心悸、头痛、耳鸣、眼花等不适症状。它能加强大脑皮层的兴奋过程，其最有效剂量与神经类型有关。

②对循环系统的作用。咖啡因、茶碱可直接兴奋心脏，扩张冠状动脉。对末梢血管有直接扩张作用。但咖啡因对血管运动中枢、迷走神经中枢也有兴奋作用，因而影响比较复杂。

③对平滑肌、横纹肌的作用。茶碱能松弛平滑肌，故用于治疗支气管哮喘、胆绞痛等。咖啡因还能加强横纹肌的收缩能力。

④利尿及其他作用。咖啡因，特别是茶碱能抑制肾小管的重吸收，因而有利尿作用。咖啡因能促进胃酸分泌，故活动性消化性溃疡患者不宜多饮茶。

⑤抑菌作用。茶叶中的鞣质有抑菌作用。

⑥收敛及增强毛细血管抵抗力。茶叶中的鞣质有收敛肠胃的作用。

【性味】 苦、甘，凉。

【归经】 归心、肺、胃经。

【功能主治】 清头目，除烦渴，化痰，消食，利尿，解毒。主治头痛，目昏，嗜睡，心烦口渴，食积痰滞。

【用法用量】 内服：煎汤，3～10 g；泡茶或入丸、散。外用：研末调敷。

【注意】 失眠者忌服。

①《本草拾遗》：食之宜热，冷即聚痰。久食令人瘦，使不睡。

②《本草纲目》：服威灵仙、土茯苓者忌饮茶。

【附方】 ①治卒头痛如破：单煮茗作饮二三升许，适冷暖，饮二升，须臾即吐，吐毕又饮，如此数过，剧者须吐胆汁乃止，不损人，渴而则瘥。（《千金方》）

②治风热上攻，头目昏痛，及头风热痛不可忍：片芩（酒拌炒 3 次，不可令焦）64 g，小川芎 32 g，细芽茶 10 g，白芷 15 g，薄荷 10 g，荆芥穗 12 g。上为细末。每服 6～10 g，用茶清调下。（《赤水玄珠》）

③治诸般喉症：细茶（清明前者佳）10 g，黄柏 10 g，薄荷叶 10 g，硼砂（煅）6 g。上各研极细，取净末和匀，加冰片 1 g 吹之。（《万氏家抄方》）

④治霍乱后，烦躁卧不安：干姜（炮为末）6 g，好茶末 3 g。上二味，以水一盏，先煎茶末令热，即调干姜末服之。（《圣济总录》）

⑤治癫痫：经霜老茶叶 32 g，同生明矾 15 g 为细末，水泛丸，朱砂作衣。每服 10 g，白滚汤送下。（《周益生家宝方》）

⑥治三阴疟：雨前茶 10 g，胡桃肉（敲碎）15 g，川芎 1.5 g，寒多加胡椒 1 g。未发前，入茶壶内以滚水冲泡，趁热频频服之，吃到临发时，不可住。（《医方集宜》）

⑦治血痢：盐水梅（除核研）一枚，合腊茶加醋汤沃，服之。（《圣济总录》）

⑧治小便不通，脐下满闷：海金沙 32 g，腊茶 16 g。上二味，捣罗为散。每服 10 g，煎生姜、甘草汤调下，不拘时，未通再服。（《圣济总录》）

⑨治腰痛难转：煎茶 500 g，投醋 200 g，顿服。（《食疗本草》）

⑩治虫积并哮喘、虫胀：茶叶 15 g，青盐 3 g，洋糖、三棱、雷丸各 10 g。为末，将上盐、糖煎好后，入三味调匀。每服 10 g，白汤送下。（《串雅补》）

⑪治脚趾缝烂疮，及因暑手抓两脚烂疮：细茶研末调烂敷之。（《摄生众妙方》）

【临床应用】　①治疗细菌性痢疾。100％茶叶煎液日服3～4次，每次2 ml或5～10 ml；10％煎液日服4次，每次20～40 ml，或每次15 ml同时用2％煎液灌肠或5％煎液单独灌肠，每次100～300 ml，每日3次；丸剂内服，每次2 g，每日4次。煎液灌肠较口服效果好，特别对肠黏膜糜烂的减轻、溃疡的愈合，效果显著，且无不良反应。

②治疗阿米巴痢疾。口服100％煎剂，每次5～10 ml，或10％煎剂每次15～20 ml，均每日4次。

③治疗急性胃肠炎。成人用50％煎液每次10 ml，日服4次；小儿用10％煎液，1～4岁15～20 ml，5～9岁20～90 ml，10～15岁30～40 ml。

④治疗急、慢性肠炎。100％茶叶煎剂，每次2 ml或5 ml，日服3～4次。

⑤治疗小儿中毒性消化不良。

⑥治疗伤寒。以100％茶叶煎剂10 ml口服，每日3次。

⑦治疗急性传染性肝炎。内服绿茶丸每日3～4次，每次3 g，连服2～3周。所治病例均系黄疸性肝炎，中医分型属于"阳黄"范围。

⑧治疗羊水过多症。对已确定羊水过多的产妇，在临产前数周即酌饮红茶，早晚各1次。

⑨防治稻田性皮炎。取老茶叶64 g，明矾64 g，加水500 ml浸泡煎煮。在下水田前后将手脚各浸泡1次，任其自行干燥，忌用肥皂洗涤。既能预防，亦可治疗。

⑩治疗牙本质过敏症。次级红茶32 g，水煎。先用煎液含漱，然后饮服。每日至少2次，直至痊愈，不可中断。不宜服用二煎。次级红茶含氟量较高，而牙齿的主要成分是氢氮磷灰石，与氟接触后，变成氟磷灰石，具有较高的抗酸能力，且能减弱牙质内神经纤维束的传导性，故对牙本质过敏症具有脱敏作用。

（2）茶根。

【采收加工】　全年可采。

【来源】　山茶科植物茶 *Camellia sinensis*（L.）O. Ktze. 的根。

【化学成分】　新鲜根含水苏糖、棉子糖、蔗糖、葡萄糖、果糖等糖类，并含少量多酚化合物（黄烷醇等）。叶、枝、茎都含黄烷醇与咖啡碱，含量都是从叶到茎、自上而下依次减少。

【性味】　苦，平。

【功能主治】　主治心脏病，口疮，牛皮癣。

【用法用量】　内服：煎汤，32～64 g。

【附方】　治牛皮癣：茶根32～64 g，切片，加水煎浓。每日2～3次空腹服。（《全展选编》）

（3）茶子。

【别名】　茶实。

【来源】　山茶科植物茶 *Camellia sinensis*（L.）O. Ktze. 的果实。

【化学成分】　种子含皂苷，水解得茶皂醇、茶皂醇B、茶皂醇C、茶皂醇D、茶皂醇E、山茶皂苷元B、山茶皂苷元D，少量黄酮类化合物。

【性味】　苦，寒；有毒。

【功能主治】　主治喘急咳嗽。

【用法用量】　内服：研末作丸。外用：研末吹鼻。

【附方】　①治喘急塞迫欲死者：茶实（生熟者佳）、百合根、矾石各等份。上三味研匀为丸，梧子大。每服3 g，空心白汤下。（《续名家方选》）

②治喘嗽，不拘大人小儿：糯米泔少许磨茶子，滴入鼻中，令吸入口服之，口咬竹筒，少顷涎出如线。

（《经验良方》）

③治头脑鸣响，状如虫蛀：茶子为末，吹入鼻内，取效。（《医方摘要》）

一〇四、藤黄科 Guttiferae

金丝桃属 *Hypericum* L.

544. 赶山鞭 *Hypericum attenuatum* Choisy

【别名】小金丝桃、小茶叶、小金雀、女儿茶、小旱莲。

【形态】多年生草本，高（15）30～
74 cm；根茎具发达的侧根及须根。茎数个
丛生，直立，圆柱形，常有 2 条纵棱线，
且全面散生黑腺点。叶无柄；叶片卵状长
圆形或卵状披针形至长圆状倒卵形，长
0.8～3.8 cm，宽（0.3）0.5～1.2 cm，先
端圆钝或渐尖，基部渐狭或微心形，略抱茎，
全缘，两面通常光滑，下面散生黑腺点，侧
脉 2 对，与中脉在上面凹陷，下面凸起，边
缘脉及网脉不明显。花序顶生，多花或有时
少花，为近伞房状或圆锥花序；苞片长圆形，

长约 0.5 cm。花直径 1.3～1.5 cm，平展；花蕾卵珠形；花梗长 3～4 mm。萼片卵状披针形，长约
5 mm，宽约 2 mm，先端锐尖，表面及边缘散生黑腺点。花瓣淡黄色，长圆状倒卵形，长约 1 cm，宽
约 0.4 cm，先端钝形，表面及边缘有稀疏的黑腺点，宿存。雄蕊 3 束，每束约有雄蕊 30 枚，花药具黑
腺点。子房卵珠形，长约 3.5 mm，3 室；花柱 3，自基部离生，与子房等长或稍长于子房。蒴果卵珠形
或长圆状卵珠形，长 0.6～10 mm，宽约 4 mm，具长短不等的条状腺斑。种子黄绿色、浅灰黄色或浅
棕色，圆柱形，微弯，长 1.2～1.3 mm，宽约 0.5 mm，两端钝形且具小凸尖，两侧有龙骨状凸起，表
面有细蜂窝纹。花期 7—8 月，果期 8—9 月。

【生境分布】生于山坡杂草中。罗田薄刀峰有分布。

【采收加工】6—7 月采收。

【药材名】赶山鞭。

【来源】藤黄科植物赶山鞭 *Hypericum attenuatum* Choisy 的全草。

【药用部位】全草。

【性味】苦，平。

【功能主治】止血，镇痛，通乳。主治咯血，吐血，子宫出血，风湿关节痛，神经痛，跌打损伤，
乳汁缺乏，乳腺炎，创伤出血，疔疮肿毒。

【用法用量】内服：煎汤，10～15 g。外用：捣敷或研末撒。

545. 黄海棠 *Hypericum ascyron* L.

【别名】 牛心茶、大茶叶、牛心菜、红旱莲。

【形态】 多年生草本，高 0.5 ~ 1.3 m。茎直立或在基部上升，单一或数茎丛生，不分枝或上部具分枝，有时于叶腋抽出小枝条，茎及枝条幼时具 4 棱，后明显具 4 纵线棱。叶无柄，叶片披针形、长圆状披针形、狭长圆形或长圆状卵形至椭圆形，长（2）4 ~ 10 cm，宽 0.4 ~ 3.5 cm，先端渐尖、锐尖或钝形，基部楔形或心形而抱茎，全缘，坚纸质，上面绿色，下面通

常淡绿色且散布淡色腺点，中脉、侧脉及近边缘脉下面明显，脉网较密。花序具 1 ~ 35 花，顶生，近伞房状至狭圆锥状，后者包括多数分枝。花直径（2.5）3 ~ 8 cm，平展或外反；花蕾卵珠形，先端圆或钝；花梗长 0.5 ~ 3 cm。花萼片卵形、披针形至椭圆形或长圆形，长 3 ~ 25 mm，宽 1.5 ~ 7 mm，先端锐尖至钝形，全缘，结果时直立。花瓣金黄色，倒披针形，长 1.5 ~ 4 cm，宽 0.5 ~ 2 cm，十分弯曲，具腺斑或无，宿存。雄蕊极多数，5 束，每束约有雄蕊 30 枚，花药金黄色，具松脂状腺点。子房宽卵珠形至狭卵珠状三角形，长 4 ~ 7（9）mm，5 室，具中央空腔；花柱 5，自基部或至上部 4/5 处分离。蒴果为宽或狭的卵珠形或卵珠状三角形，长 0.9 ~ 2.2 cm，宽 0.5 ~ 1.2 cm，棕褐色，成熟后先端 5 裂，柱头常折落。种子棕色或黄褐色，圆柱形，微弯，长 1 ~ 1.5 mm，有明显的龙骨状凸起或狭翅和细的蜂窝纹。花期 7—8 月，果期 8—9 月。

【生境分布】 生于荒坡、山野、路边。罗田各地均有分布。

【采收加工】 果实成熟时割取地上部分，用热水泡过，在阳光下晒干。

【药用部位】 全草。

【药材名】 黄海棠。

【来源】 藤黄科植物黄海棠 *Hypericum ascyron* L. 的全草。

【性状】 干燥全草，叶通常脱落，茎红棕色，中空，节处有叶痕，顶端具果 3 ~ 5 个。果圆锥形，长约 1.5 cm，直径约 0.8 cm，外表红棕色，顶端 5 瓣裂，裂片先端细尖，坚硬，内面灰白色，中轴处着生多数种子。种子棕色，圆柱形，细小。果微香。以去根、有叶、茎红棕色、种粒饱满者为佳。

【化学成分】 全草含蛋白质、胡萝卜素、核黄素、烟酸，还含挥发油、槲皮素。

【性味】 微苦，寒；无毒。

【功能主治】 平肝，止血，败毒，消肿。主治头痛，吐血，跌打损伤，疔疮。

【用法用量】 内服：煎汤，4.5 ~ 10 g；或浸酒。

【附方】 治疟疾寒热：红旱莲嫩头 7 个，煎汤服。（《江苏药材志》）

546. 小连翘 *Hypericum erectum* Thunb. ex Murray

【别名】 小翘、瑞香草、小对叶草、小对月草、小元宝草。

【形态】 多年生草本，高 0.3 ~ 0.7 m。茎单一，直立或上升，通常不分枝，有时上部分枝，圆柱形，无毛，无腺点。叶无柄，叶片长椭圆形至长卵形，长 1.5 ~ 5 cm，宽 0.8 ~ 1.3 cm，先端钝，基部心形

抱茎，边缘全缘，内卷，坚纸质，上面绿色，
下面淡绿色，近边缘密生腺点，全面有多或
少的小黑腺点，侧脉每边约 5 条，斜上升，
与中脉在上面凹陷，下面凸起，网脉较密，
下面明显。花序顶生，多花，伞房状聚伞花序，
常具腋生花枝；苞片和小苞片与叶同型，长
达 0.5 cm。花直径 1.5 cm，近平展；花梗长
1.5 ~ 3 mm。萼片卵状披针形，长约 2.5 mm，
宽不及 1 mm，先端锐尖，全缘，边缘及全
面具黑腺点。花瓣黄色，倒卵状长圆形，长
约 7 mm，宽约 2.5 mm，上半部分有黑腺点。

雄蕊 3 束，宿存，每束有雄蕊 8 ~ 10 枚，花药具黑腺点。子房卵珠形，长约 3 mm，宽约 1 mm；花柱 3，
自基部离生，与子房等长。蒴果卵珠形，长约 10 mm，宽约 4 mm，具纵向条纹。种子绿褐色，圆柱形，
长约 0.7 mm，两侧具龙骨状凸起，无顶生附属物，表面有细蜂窝纹。花期 7—8 月，果期 8—9 月。

【生境分布】生于山野。罗田各地均有分布。

【采收加工】6—8 月采收。

【药用部位】全草。

【药材名】小连翘。

【来源】藤黄科植物小连翘 *Hypericum erectum* Thunb. ex Murray 的全草。

【性味】①《南宁市药物志》：辛，平，无毒。

②《四川中药志》：味苦，性平，无毒。

【功能主治】活血，止血，调经，通乳，消肿，止痛。主治吐血，衄血，子宫出血，月经不调，乳汁不通，
疖肿，跌打损伤，创伤出血。

【用法用量】内服：煎汤，16 ~ 32 g。外用：捣敷。

【附方】①治咯血，鼻衄，便血：小连翘 32 ~ 64 g，水煎服；或加龙芽草 32 g，鳢肠 32 g，水煎服。
（《浙江民间常用草药》）

②治月经不调：小连翘、月月红、益母草，水煎服。（《四川中药志》）

③治疖肿：小连翘 16 ~ 32 g，水煎服，另取鲜全草捣烂外敷。（《浙江民间常用草药》）

④治跌打损伤：小连翘全草 12 g，酒、水各半煎服。（《江西民间草药》）

⑤治外伤出血：小连翘鲜叶捣烂外敷。（《浙江民间常用草药》）

547. 地耳草 *Hypericum japonicum* Thunb. ex Murray

【别名】田基黄、田边菊、田基苋、小元宝草、黄花仔。

【形态】一年生或多年生草本，高 2 ~ 45 cm。茎单一或簇生，直立或外倾或伏地而在基部生根，
在花序下部不分枝或各式分枝，具 4 纵线棱，散布淡色腺点。叶无柄，叶片通常卵形或卵状三角形至长
圆形或椭圆形，长 0.2 ~ 1.8 cm，宽 0.1 ~ 1 cm，先端近锐尖至圆形，基部心形抱茎至截形，边缘全缘，
坚纸质，上面绿色，下面淡绿色但有时带苍白色，具 1 ~ 3 条基生主脉和 1 ~ 2 对侧脉，但无明显网脉，
无边缘生的腺点，全面散布透明腺点。花序具 1 ~ 30 花，二歧状或呈单歧状，有或无侧生的小花枝；苞
片及小苞片线形、披针形。花直径 4 ~ 8 mm，平展；花蕾圆柱状椭圆形，先端钝；花梗长 2 ~ 5 mm。
萼片狭长圆形或披针形至椭圆形，长 2 ~ 5.5 mm，宽 0.5 ~ 2 mm，先端锐尖至钝，全缘，边缘无腺点，

全面散生有透明腺点或腺条纹，果时直伸。花瓣白色、淡黄色至橙黄色，椭圆形或长圆形，长 2～5 mm，宽 0.8～1.8 mm，先端钝形，无腺点，宿存。雄蕊 5～30 枚，不成束，长约 2 mm，宿存，花药黄色，具松脂状腺体。子房 1 室，长 1.5～2 mm；花柱（2）3，长 0.4～1 mm，自基部离生，开展。蒴果短圆柱形至圆球形，长 2.5～6 mm，宽 1.3～2.8 mm，无腺条纹。种子淡黄色，圆柱形，长约 0.5 mm，两端锐尖，无龙骨状凸起和顶端的附属物，全面有细蜂窝纹。花期 3 月，果期 6—10 月。

【生境分布】 生于山野及较潮湿的地方。罗田各地均有分布。

【采收加工】 夏、秋季采收，洗净，晒干。

【药用部位】 全草。

【药材名】 田基黄。

【来源】 藤黄科植物地耳草 *Hypericum japonicum* Thunb. ex Murray 的全草。

【性状】 干燥全草的茎略呈四棱柱状，光滑，粗约 1.5 mm，外表淡黄棕色或暗红棕色，节间长 1～2 cm，易折断。叶片黄褐色或灰青色，皱缩，纸质，易碎，以放大镜观之，有细小透明油点。花序多折断而不完整，花萼、花瓣干缩，黄棕色，或脱落，雄蕊仅存花丝，子房甚小，易脱落。蒴果红棕色，长卵形，多裂成 3 瓣，顶端喙尖；种子细小，多数；不成熟的果尚残存破碎的花萼、花瓣及少数花蕊。气微，味淡。

【化学成分】 含黄酮类、鞣质、蒽醌、氨基酸、酚类等。

【性味】 苦、甘，凉。

【功能主治】 清热利湿，消肿解毒。主治传染性肝炎，泻痢，小儿惊风，疳积，喉蛾，肠痈，疔肿，蛇咬伤。

【用法用量】 内服：煎汤，16～32 g（鲜品 32～64 g，大剂量可用至 95～125 g）；或捣汁。外用：捣敷或煎水洗。

【附方】 ①治传染性肝炎（黄疸性和无黄疸性均可）：地耳草 64～95 g，水煎服，每日 1 剂。（《浙江民间常用草药》）

②治痧症吐泻：地耳草 3 g，水煎服。（《湖南药物志》）

③治痢疾：地耳草 15 g，水煎，红痢加白糖，白痢加红糖调服。（《江西民间草药》）

④治小儿惊风，疳积泄泻：地耳草 32 g，水煎服。疳积泄泻加鸡肝煎服。（《浙江民间常用草药》）

⑤治喉蛾：鲜地耳草 21～32 g，捣烂，同凉开水擂出汁服。或干草 15 g，水煎服。（《江西民间草药》）

⑥治疹后牙疳：地耳草 15～195 g，捣取汁，和人乳搽患处。（《湖南药物志》）

⑦治湿疹：地耳草适量，煎水洗。（《江西民间草药》）

⑧治疱疖肿毒：地耳草煎水洗。（《湖南药物志》）

⑨治跌打损伤：地耳草 15～250 g，酌加黄酒或酒、水各半，炖 1 h，温服，日 2 次。（《福建民间草药》）

⑩治毒蛇咬伤：地耳草 15 g，天胡荽 32 g，青木香 15 g。水、酒煎服。（《江西民间草药》）

548. 金丝桃 *Hypericum monogynum* L.

【别名】 过路黄、金丝莲、土连翘、五心花、金丝海棠。

【形态】 灌木，高 0.5～1.3 m，丛状或通常有疏生的开张枝条。茎红色，幼时具 2（4）纵线棱及两侧压扁，很快为圆柱形；皮层橙褐色。叶对生，无柄或具短柄，柄长 1.5 mm；叶片倒披针形或椭圆形至长圆形，较稀为披针形至卵状三角形或卵形，长 2～11.2 cm，宽 1～4.1 cm，先端锐尖至圆形，通常具细小尖凸，基部楔形至圆形，或上部者有时截

形至心形，边缘平坦，坚纸质，上面绿色，下面淡绿色但不呈灰白色，主侧脉 4～6 对，分枝，常与中脉分枝不分明，第 3 级网脉密集，不明显，腹腺体无，叶片腺体小而点状。花序具 1～15（30）花，自茎端第 1 节生出，疏松，近伞房状，有时亦自茎端 1～3 节生出，稀有 1～2 对次生分枝；花梗长 0.8～2.8（5）cm；苞片小，线状披针形，早落。花直径 3～6.5 cm，星状；花蕾卵珠形，先端近锐尖至钝形。萼片宽或狭椭圆形、长圆形至披针形或倒披针形，先端锐尖至圆形，边缘全缘，中脉分明，细脉不明显，有或多或少的腺体，在基部的线形至条纹状，向顶端的点状。花瓣金黄色至柠檬黄色，无红晕，开张，三角状倒卵形，长 2～3.4 cm，宽 1～2 cm，长为萼片的 2.5～4.5 倍，边缘全缘，无腺体，有侧生的小尖凸，小尖凸先端锐尖至圆形或消失。雄蕊 5 束，每束有雄蕊 25～35 枚，最长者长 1.8～3.2 cm，与花瓣几等长，花药黄色至暗橙色。子房卵珠形或卵珠状圆锥形至近球形，长 2.5～5 mm，宽 2.5～3 mm；花柱长 1.2～2 cm，长为子房的 3.5～5 倍，合生几达顶端，然后向外弯，偶有合生至全长之半；柱头小。蒴果宽卵珠形，稀卵珠状圆锥形至近球形，长 6～10 mm，宽 4～7 mm。种子深红褐色，圆柱形，长约 2 mm，有狭的龙骨状凸起，有浅的线状网纹至线状蜂窝纹。花期 5—8 月，果期 8—9 月。

【生境分布】 生于山坡、路旁或灌丛中，沿海地区海拔 0～150 m，但在山地上升至 1500 m。罗田凤山镇有栽培。

【采收加工】 叶：夏、秋季采收，鲜用。根：全年可采，鲜用或晒干切片，研末。果：秋、冬季采收。

【来源】 藤黄科植物金丝桃 *Hypericum monogynum* L. 的全株。

【性味】 苦、涩，温。

【功能主治】 清热解毒，祛风湿，消肿。果：主治肺病，百日咳。

【用法用量】 内服：煎汤，10～50 g。外用：适量，捣敷。

【附方】 ①治风湿性腰痛：金丝桃根 50 g，鸡蛋 2 个，水煎 2 h。吃蛋喝汤，一天 2 次分服。

②治蝮蛇、银环蛇咬伤：鲜金丝桃根加食盐适量，捣烂，外敷伤处。一天换 1 次。

③治疖肿：鲜金丝桃叶加食盐适量，捣烂，外敷患处。

④治漆疮，蜂蜇伤：金丝桃根磨粉，用麻油烧酒调敷局部。（①～④方出自《浙江民间常用草药》）

549. 元宝草 *Hypericum sampsonii* Hance

【别名】 茅草香子、对叶草、对月草、排草、对经草、叫珠草。

【形态】 多年生草本，高 0.2～0.8 m，全体无毛。茎单一或少数，圆柱形，无腺点，上部分枝。叶

对生，无柄，其基部完全合生为一体而茎贯穿其中心，宽或狭的披针形至长圆形或倒披针形，长 2 ～ 8 cm，宽（0.7）1 ～ 3.5 cm，先端钝或圆，基部较宽，全缘，坚纸质，上面绿色，下面淡绿色，边缘密生黑色腺点，全面散生透明或间有黑色腺点，中脉直贯叶端，侧脉每边约 4 条，斜上升，近边缘弧状联结，与中脉两面明显，网脉细而稀疏。花序顶生，多花，伞房状，连同其下方常多达 6 个腋生花枝，整体形成一个庞大的疏松伞房状至圆柱状圆锥花序；苞片及小苞片线状披针形或

线形，长达 4 mm，先端渐尖。花直径 6 ～ 10（15）mm，近扁平，基部为杯状；花蕾卵珠形，先端钝；花梗长 2 ～ 3 mm。萼片长圆形、长圆状匙形或长圆状线形，长 3 ～ 7（10）mm，宽 1 ～ 3 mm，先端圆，全缘，边缘疏生黑色腺点，全面散布淡色、稀黑色的腺点及腺斑，果时直伸。花瓣淡黄色，椭圆状长圆形，长 4 ～ 8（13）mm，宽 1.5 ～ 4（7）mm，宿存，边缘有无柄或近无柄的黑色腺体，全面散布淡色、稀黑色的腺点和腺条纹。雄蕊 3 束，宿存，每束具雄蕊 10 ～ 14 枚，花药淡黄色，具黑色腺点。子房卵珠形至狭圆锥形，长约 3 mm，3 室；花柱 3，长约 2 mm，自基部分离。蒴果宽卵珠形至宽或狭的卵珠状圆锥形，长 6 ～ 9 mm，宽 4 ～ 5 mm，散布有卵珠状黄褐色囊状腺体。种子黄褐色，长卵柱形，长约 1 mm，两侧无龙骨状凸起，顶端无附属物，表面有明显的细蜂窝纹。花期 5—6 月，果期 7—8 月。

【生境分布】 生于山坡、路旁。罗田各地均有分布。

【采收加工】 6—7 月采收，拔取全草，除去泥沙、杂质，晒干。

【药用部位】 全草。

【药材名】 元宝草。

【来源】 藤黄科植物元宝草 *Hypericum sampsonii* Hance 的全草。

【性状】 干燥全草常碎断。根长 3 ～ 7 cm，支根细小，呈棕黄色。茎圆形，光滑，外表棕黄色，粗 2 ～ 5 mm；节微凸起，基部节较密，顶端节渐稀，并有细小分枝，质脆易断，断面中空。叶多皱缩破碎，叶背以放大镜观察，有黑色的圆形腺点。叶基部两两相连，呈元宝状。较老的茎梗顶端有黄色小花。果实细小。以干燥、色泽棕黄、有叶片者为佳。

【性味】 苦、辛，凉。

【归经】 归肝、脾经。

【功能主治】 活血，止血，解毒。主治吐血，衄血，月经不调，跌扑闪挫，疮痈肿毒。

【用法用量】 内服：煎汤，10 ～ 15 g（鲜品 32 ～ 64 g）。外用：捣敷。

【注意】 ①《四川中药志》：无瘀滞者忌服，孕妇慎用。

②《泉州本草》：多服破气，令人下利。

【附方】 ①治阴虚咳嗽：元宝草 32 ～ 64 g，红枣 7 ～ 14 枚，同煎服。（《浙江民间草药》）

②治咳嗽出血：鲜元宝草 64 g（干品 32 g），与猪肉炖服，连服 5 ～ 7 次。（《泉州本草》）

③治慢性咽喉炎，音哑：元宝草、光叶水苏、苦蘵各 32 g，筋骨草、玄参各 15 g，水煎服。（《浙江民间常用草药》）

④治月经不调：月月开、益母草、对月草各 32 g，干酒一杯，加水煎，分 3 次服。（《重庆草药》）

⑤治赤白下痢，里急后重：元宝草煎汁冲蜂蜜服。（《浙江民间草药》）

⑥治乳痈：元宝草15 g，酒、水各半煎，分2次服。（《江西民间草药》）

⑦治跌打扭伤肿痛：鲜元宝草根15 g，酒、水各半煎服；另用元宝草叶，加酒酿糟同捣匀敷伤处。（《江西民间草药》）

⑧治蛇咬伤，指疡：鲜元宝草捣敷患处。（《浙江民间草药》）

一〇五、柽柳科 Tamaricaceae

柽柳属 *Tamarix* L.

550. 柽柳 *Tamarix chinensis* Lour.

【别名】西河柳、柽、河柳、观音柳、山川柳。

【形态】乔木或灌木，高3～6（8）m；老枝直立，暗褐红色，光亮，幼枝稠密细弱，常开展而下垂，红紫色或暗紫红色，有光泽；嫩枝繁密纤细，悬垂。叶鲜绿色，从去年生木质化生长枝上生出的绿色营养枝上的叶长圆状披针形或长卵形，长1.5～1.8 mm，稍开展，先端尖，基部背面有龙骨状隆起，常呈薄膜质；上部绿色营养枝上的叶钻形或卵状披针形，半贴生，先端渐尖而内弯，基部变窄，长1～3 mm，背面有龙骨状凸起。每年开花两三次。春季开花：总状花序侧生于去年生木质化的小枝上，长3～6 cm，宽5～7 mm，花大而少，较稀疏而纤弱点垂，小枝亦下倾；有短总花梗或近无梗，梗生有少数苞叶或无；苞片线状长圆形或长圆形，渐尖，与花梗等长或稍长；花梗纤细，较花萼短；花5出；萼片5，狭长卵形，具短尖头，略全缘，外面2片，背面具隆脊，长0.75～1.25 mm，较花瓣略短；花瓣5，粉红色，通常卵状椭圆形或椭圆状倒卵形，稀倒卵形，长约2 mm，较花萼微长，果时宿存；花盘5裂，裂片先端圆或微凹，紫红色，肉质；雄蕊5枚，长于或略长于花瓣，花丝着生于花盘裂片间，自其下方近边缘处生出；子房圆锥状瓶形，花柱3，棍棒状，长约为子房的1/2。蒴果圆锥形。夏、秋季开花：总状花序长3～5 cm，较春生者细，生于当年生幼枝顶端，组成顶生大圆锥花序，疏松而通常下弯；花5出，较春季者略小，密生；苞片绿色，草质，较春季花的苞片狭细，较花梗长，线形至线状锥形或狭三角形，渐尖，向下变狭，基部背面有隆起，全缘；花萼三角状卵形；花瓣粉红色，直而略外斜，远比花萼长；花盘5裂，或每一裂片再2裂成10裂片状；雄蕊5枚，长等于花瓣或为其2倍，花药钝，花丝着生于花盘主裂片间，自其边缘和略下方生出；花柱棍棒状，其长等于子房的2/5～3/4。花期4—9月。

【生境分布】生于山野或栽培于庭园。罗田九资河镇有分布。

【采收加工】4—5月花未开时，折取细嫩枝叶，阴干。

【药用部位】细嫩枝叶。

【药材名】 柽柳。

【来源】 柽柳科植物柽柳 *Tamarix chinensis* Lour. 的细嫩枝叶。

【性状】 干燥的枝梗呈圆柱形。嫩枝直径不及 1.5 mm，表面灰绿色，生有许多互生的鳞片状的小叶。质脆，易折断。粗梗直径约 3 mm，表面红褐色，叶片常脱落而残留叶基呈凸起状。粗梗的横切面黄白色，木质部占绝大部分，有明显的年轮，皮部与木质部极易分离，中央有髓。气微弱，味淡，以绿色、质嫩、无杂质者为佳。

【化学成分】 含树脂、槲皮素。树皮含水分 19.6％，鞣质 5.21％。

【药理作用】 止咳、抗菌、解热。

【炮制】 拣去杂质，去梗，喷润后切段，晒干。

【性味】 甘、咸，平。

【归经】 归肺、胃、心经。

【功能主治】 疏风，解表，利尿，解毒。主治麻疹难透，风疹身痒，感冒，咳喘，风湿骨痛。

【用法用量】 内服：煎汤，32 ～ 64 g；或研末为散。外用：煎水洗。

【注意】 麻疹已透及体虚汗多者忌服。

【附方】 ①治小儿痧疹不出，喘嗽，烦闷，躁乱：a. 西河柳叶，风干为末，水调 12 g，顿服。（《急救方》）b. 西河柳煎汤，去渣，半温，用芫荽蘸水擦之，但勿洗头面；乳母及儿，仍以西河柳煎服。（《本草纲目拾遗》）

②治斑疹、麻疹不出，或因风而闭者：西河柳叶、樱桃核，煎汤洗之。（《经验方》）

③治疹后痢：西河柳末，砂糖调服。（《本草从新》）

④治感冒：西河柳 15 g，霜桑叶 10 g，生姜 3 片，水煎服。（《陕西中草药》）

⑤治腹中痞积：观音柳煎汤，露一夜，五更空心饮数次。（《卫生易简方》）

⑥治吐血：鲜柽柳叶 64 g，茜草根 15 g，水煎服。（江西《草药手册》）

一〇六、菫菜科 Violaceae

菫菜属 *Viola* L.

551. 七星莲 *Viola diffusa* Ging.

【别名】 匍伏菫、黄瓜香、地白菜、黄花香。

【形态】 一年生草本，全体被糙毛或白色柔毛，或近无毛，花期生出地上匍匐枝。匍匐枝先端具莲座状叶丛，通常生不定根。根状茎短，具多条白色细根及纤维状根。基生叶多数，丛生成莲座状，或于匍匐枝上互生；叶片卵形或卵状长圆形，长 1.5 ～ 3.5 cm，宽 1 ～ 2 cm，先端钝或稍尖，基部宽楔形或截形，稀浅心形，明显下延于叶柄，边缘具钝齿及缘毛，幼叶两面密被白色柔毛，后渐变稀疏，但叶脉上及两侧边缘仍被较密的毛；叶柄长 2 ～ 4.5 cm，具明显的翅，通常有毛；托叶基部与叶柄合生，2/3 离生，线状披针形，长 4 ～ 12 mm，先端渐尖，边缘具稀疏的细齿或疏生流苏状齿。花较小，淡紫色或浅黄色，具长梗，生于基生叶或匍匐枝叶丛的叶腋间；花梗纤细，长 1.5 ～ 8.5 cm，无毛或被疏柔毛，中部有 1 对线形苞片；萼片披针形，长 4 ～ 5.5 mm，先端尖，基部附属物短，末端圆或具稀疏细

齿，边缘疏生睫毛状毛；侧方花瓣倒卵形
或长圆状倒卵形，长 6～8 mm，无须毛，
下方花瓣连距长约 6 mm，较其他花瓣显著
短；距极短，长仅 1.5 mm，稍露出萼片附
属物之外；下方 2 枚雄蕊背部的距短而宽，
呈三角形；子房无毛，花柱棍棒状，基部
稍膝曲，上部渐增粗，柱头两侧及后方具
肥厚的缘边，中央部分稍隆起，前方具短喙。
蒴果长圆形，直径约 3 mm，长约 1 cm，
无毛，顶端常具宿存的花柱。花期 3—5 月，
果期 5—8 月。

【生境分布】 生于山地林下、林缘、草坡、溪谷旁、岩石缝隙中。罗田胜利镇有分布。

【采收加工】 夏季生长旺盛时采收，及时干燥。

【药用部位】 全草。

【药材名】 七星莲。

【来源】 堇菜科植物七星莲 *Viola diffusa* Ging. 的全草。

【功能主治】 清热解毒。外用可消肿，排脓。

【用法用量】 内服：煎汤，9～15 g（鲜品 15～30 g）。外用：适量，捣敷。

552. 如意草 *Viola hamiltoniana* D. Don

【别名】 白三百棒、红三百棒。

【形态】 多年生草本。根状茎横走，粗约 2 mm，褐色，密生多数纤维状根，向上发出多条地上茎或
匍匐枝。地上茎通常数条丛生，高达 35 cm，淡绿色，节间较长；匍匐枝蔓生，长可达 40 cm，节间长，
节上生不定根。基生叶叶片深绿色，三角状心形或卵状心形，长 1.5～3 cm，宽 2～5.5 cm，先端急尖，
稀渐尖，基部通常宽心形，稀深心形，弯缺呈新月形，垂片大而开展，边缘具浅而内弯的疏锯齿，两面
通常无毛或下面沿脉被疏柔毛；茎生叶及匍匐枝上的叶片与基生叶的叶片相似；基生叶具长柄，叶柄长
5～20 cm，上部具狭翅，茎生叶及匍匐枝上叶的叶柄较短；托叶披针形，长 5～10 mm，先端渐尖，通
常全缘或具极稀疏的细齿和缘毛。花淡紫色或白色，皆自茎生叶或匍匐枝的叶腋抽出，具长梗，在花梗中
部以上有 2 枚线形小苞片；萼片卵状披针形，长约 4 mm，先端尖，基部附属物极短，呈半圆形，具狭膜
质边缘；花瓣狭倒卵形，长约 7.5 mm，侧方花瓣具暗紫色条纹，里面基部疏生短须毛，下方花瓣较短，

有明显的暗紫色条纹，基部具长约 2 mm 的
短距；下方雄蕊之距粗而短，其长度与花药
近相等，末端圆；子房无毛，花柱呈棍棒
状，基部稍膝曲，向上渐增粗，柱头 2 裂，
两侧裂片肥厚，向上直立，中央部分隆起成
鸡冠状，在前方裂片间的基部具向上撅起的
短喙，喙端具圆形的柱头孔。蒴果长圆形，
长 6～8 mm，粗约 3 mm，无毛，先端尖。
种子卵状，淡黄色，长约 1.5 mm，直径约
1 mm，基部一侧具膜质翅。花果期较长，

在广东地区全年均可见开花及结果的植株。

【生境分布】 生于溪谷潮湿地、沼泽地、灌丛林缘。罗田各地均有分布。

【采收加工】 秋季采收，洗净，晒干。

【药用部位】 全草。

【药材名】 如意草。

【来源】 堇菜科植物如意草 *Viola hamiltoniana* D. Don 的全草。

【性状】 干品多皱缩成团。根茎上有细根，基生叶多，具长柄；茎生叶有托叶，托叶小披针形。叶片湿润展平后，宽心形或近新月形，边缘有波状花基生或茎生叶腋生，淡棕紫色。蒴果较小，椭圆形，长8 mm。气微，味微苦。

【性味】 辛、麻、微酸，寒。

【功能主治】 清热解毒，散瘀止血。主治疮痈肿毒，乳痈，跌打损伤，开放性骨折，外伤出血，蛇咬伤。

【用法用量】 内服：煎汤，9～15 g（鲜品15～30 g）。外用：适量，捣敷。

553. 白花地丁 *Viola patrinii* DC. ex Ging.

【形态】 多年生草本，无地上茎，高7～20 cm。根状茎短而稍粗，垂直，长4～10 mm，深褐色或带黑色。根长而较粗，带黑色或深褐色，通常向下直伸或稍横生，常由根状茎的一处发出。叶通常3～5枚或较多，均基生；叶片较薄，长圆形、椭圆形、狭卵形或长圆状披针形，长1.5～6 cm，宽0.6～2 cm，先端圆钝，基部截形，微心形或宽楔形，下延于叶柄，边缘两侧近平行，疏生波状浅圆齿或有时近全缘，两面无毛，或沿叶脉上有细短毛；

叶柄细长，通常比叶片长2～3倍，长2～12 cm，通常无毛或疏生细短毛，上部具明显的狭或稍宽的翅；托叶绿色，约2/3与叶柄合生，离生部分线状披针形，先端渐尖，边缘疏生细齿或全缘。花中等大，白色，带淡紫色脉纹；花梗细弱，通常高出叶或与叶近等长，无毛或疏生细短毛，在中部以下有2枚线形小苞片；萼片卵状披针形或披针形，先端稍尖或微钝，基部具短而钝的附属物（长约1 mm）；上方花瓣倒卵形，长约12 mm，基部变狭，侧方花瓣长圆状倒卵形，长约12 mm，里面有细须毛，下方花瓣连距长约13 cm；距短而粗，浅囊状，长与粗均约3 mm或稍短，末端圆；花药长约2 mm，药隔顶部附属物长约1.5 mm，下方2枚雄蕊，背部的距短而粗，长约2 mm，粗约0.6 mm；子房狭卵形，无毛，花柱较细，棍棒状，基部稍膝曲，上部略增粗，柱头顶部平坦呈三角形，两侧具较狭的缘边，前方具斜升而明显的短喙，喙端具较细柱头孔。蒴果长约1 cm，无毛。种子卵球形，黄褐色至暗褐色。花果期5—9月。

【生境分布】 生于草甸、河岸湿地、灌丛及林缘较阴湿地带。罗田南部各地均有分布。

【采收加工】 夏季采收。

【来源】 堇菜科植物白花地丁 *Viola patrinii* DC. ex Ging. 的全草。

【性味】 苦、甘，平。

【功能主治】　清热解毒，散瘀消肿。主治酒痔，血痔，牡痔。外用治疮疖肿痛。

【用法用量】　内服：10～15 g，水煎，点水酒服。外用：适量，捣敷。

554. 柔毛堇菜 *Viola principis* H. de Boiss.

【形态】　多年生草本，全体被开展的白色柔毛。根状茎较粗壮，长 2～4 cm，粗 3～7 mm。匍匐枝较长，延伸，有柔毛，有时似茎状。叶近基生或互生于匍匐枝上；叶片卵形或宽卵形，有时近圆形，长 2～6 cm，宽 2～4.5 cm，先端圆，稀具短尖，基部宽心形，有时较狭，边缘密生浅钝齿，下面尤其沿叶脉毛较密；叶柄长 5～13 cm，密被长柔毛，无翅；托叶大部分离生，褐色或带绿色，有暗色条纹，宽披针形，长 1.2～1.8 cm，宽 3～4 mm，先端渐尖，边缘具长流苏状齿。花白色；花梗通常高出叶丛，密被开展的白色柔毛，中部以上有 2 枚对生的线形小苞片；萼片狭卵状披针形或披针形，长 7～9 mm，先端渐尖，基部附属物短，长约 2 mm，末端钝，边缘及外面有柔毛，具 3 脉；花瓣长圆状倒卵形，长 1～1.5 cm，先端稍尖，侧方 2 片花瓣里面基部稍有须毛，下方 1 片花瓣较短，连距长约 7 mm；距短而粗，呈囊状，长 2～2.5 mm，粗约 2 mm；下方 2 枚雄蕊具角状距，稍长于花药，末端尖；子房圆锥状，无毛，花柱棍棒状，基部稍弯曲，向上增粗，顶端略平，两侧有明显的缘边，前方具短喙，喙端具向上开口的柱头孔。蒴果长圆形，长约 8 mm。花期 3—6 月，果期 6—9 月。

【生境分布】　生于山地林下、林缘、草地、溪谷、沟边及路旁等处。罗田各地均有分布。

【采收加工】　夏、秋季采收。

【来源】　堇菜科植物柔毛堇菜 *Viola principis* H. de Boiss. 的全草。

【功能主治】　清热解毒。主治疮疖肿毒。

555. 三色堇 *Viola tricolor* L.

【别名】　蝴蝶花。

【形态】　一、二年生或多年生草本，高 10～40 cm。地上茎较粗，直立或稍倾斜，有棱，单一或多分枝。基生叶叶片长卵形或披针形，具长柄；茎生叶叶片卵形、长圆状圆形或长圆状披针形，先端圆或钝，基部圆，边缘具稀疏的圆齿或钝锯齿，上部叶叶柄较长，下部者较短；托叶大型，叶状，羽状深裂，长 1～4 cm。花大，直径 3.5～6 cm，每个茎上有 3～10 朵，通常每花有紫、白、黄三色；花梗稍粗，单生于叶腋，上部具 2

枚对生的小苞片；小苞片极小，卵状三角形；萼片绿色，长圆状披针形，长 1.2 ～ 2.2 cm，宽 3 ～ 5 mm，先端尖，边缘狭膜质，基部附属物发达，长 3 ～ 6 mm，边缘不整齐；上方花瓣深紫堇色，侧方及下方花瓣均为三色，有紫色条纹，侧方花瓣里面基部密被须毛，下方花瓣距较细，长 5 ～ 8 mm；子房无毛，花柱短，基部明显膝曲，柱头膨大，呈球状，前方具较大的柱头孔。蒴果椭圆形，长 8 ～ 12 mm。无毛。花期 4—7 月，果期 5—8 月。

【生境分布】 全国各地均有栽培或野生。

【采收加工】 开花时采收。

【药用部位】 全草。

【药材名】 三色堇。

【来源】 堇菜科植物三色堇 *Viola tricolor* L. 的全草。

【功能主治】 止咳。主治小儿瘰疬。

【用法用量】 内服：煎汤，3 ～ 10 g。外用：捣汁涂。

556. 紫花地丁 *Viola philippica* Cav.

【别名】 地丁、地丁草、犁头草、紫地丁。

【形态】 多年生草本，无地上茎，高 4 ～ 14 cm，果期高可达 20 cm。根状茎短，垂直，淡褐色，长 4 ～ 13 mm，粗 2 ～ 7 mm，节密生，有数条淡褐色或近白色的细根。叶多数，基生，莲座状；叶片下部者通常较小，呈三角状卵形或狭卵形，上部者较长，呈长圆形、狭卵状披针形或长圆状卵形，长 1.5 ～ 4 cm，宽 0.5 ～ 1 cm，先端圆钝，基部截形或楔形，稀微心形，边缘具较平的圆齿，两面无毛或被细短毛，有时仅下面沿叶脉被

短毛，果期叶片增大，长可达 10 cm，宽可达 4 cm；叶柄在花期通常长于叶片 1 ～ 2 倍，上部具极狭的翅，果期长可达 10 cm，上部具较宽之翅，无毛或被细短毛；托叶膜质，苍白色或淡绿色，长 1.5 ～ 2.5 cm，2/3 ～ 4/5 与叶柄合生，离生部分线状披针形，边缘疏生具腺体的流苏状细齿或近全缘。花中等大，紫堇色或淡紫色，稀呈白色，喉部色较淡并带有紫色条纹；花梗通常多数，细弱，与叶片等长或高出叶片，无毛或有短毛，中部附近有 2 枚线形小苞片；萼片卵状披针形或披针形，长 5 ～ 7 mm，先端渐尖，基部附属物短，长 1 ～ 1.5 mm，末端圆形或截形，边缘具膜质白边，无毛或有短毛；花瓣倒卵形或长圆状倒卵形，侧方花瓣长 1 ～ 1.2 cm，里面无毛或有须毛，下方花瓣连距长 1.3 ～ 2 cm，里面有紫色脉纹；距细管状，长 4 ～ 8 mm，末端圆；花药长约 2 mm，药隔顶部的附属物长约 1.5 mm，下方 2 枚雄蕊背的距细管状，长 4 ～ 6 mm，末端稍细；子房卵形，无毛，花柱棍棒状，比子房稍长，基部稍膝曲，柱头三角形，两侧及后方稍增厚成微隆起的缘边，顶部略平，前方具短喙。蒴果长圆形，长 5 ～ 12 mm，无毛；种子卵球形，长 1.8 mm，淡黄色。花果期 4 月中下旬至 9 月。

【生境分布】 生于田间、荒地、山坡草丛、林缘或灌丛中。罗田各地均有分布。

【采收加工】 5—6 月果成熟时采收全草，洗净，晒干。

【药用部位】 全草。

【药材名】 紫花地丁。

【来源】 堇菜科植物紫花地丁 *Viola philippica* Cav. 的全草。

【性状】 本品多皱缩成团。主根直径 1～3 mm，有细纵纹。叶灰绿色，展平后呈披针形或卵状披针形，长 4～10 cm，宽 1～4 cm，先端钝，基部截形或微心形，边缘具锯齿，两面被毛；叶柄有狭翼。花茎纤细；花淡紫色，花距细管状。蒴果椭圆形或裂为 3 果爿，种子多数。气微，味微苦而稍黏。以绿色、根黄者为佳。

【炮制】 除去杂质，洗净，切碎，干燥。

【性味】 苦、辛，寒。

【归经】 归心、肝经。

【功能主治】 清热解毒，凉血消肿。主治疮痈肿毒，痈疽发背，丹毒，毒蛇咬伤。

【用法用量】 内服：煎汤，15～30 g。外用：鲜品适量，捣烂敷患处。

557. 堇菜 *Viola verecunda* A. Gray

【别名】 堇堇菜、葡堇菜。

【形态】 多年生草本，高 5～20 cm。根状茎短粗，长 1.5～2 cm，粗约 5 mm，斜生或垂直，节间缩短，节较密，密生多条须根。地上茎通常数条丛生，稀单一，直立或斜升，平滑无毛。基生叶叶片宽心形、卵状心形或肾形，长 1.5～3 cm（包括垂片），宽 1.5～3.5 cm，先端圆或微尖，基部宽心形，两侧垂片平展，边缘具向内弯的浅波状圆齿，两面近无毛；茎生叶少，疏列，与基生叶相似，但基部的弯缺较深，幼叶的垂片常卷折；叶柄长

1.5～7 cm，基生叶之柄较长，具翅，茎生叶之柄较短，具极狭的翅；基生叶的托叶褐色，下部与叶柄合生，上部离生成狭披针形，长 5～10 mm，先端渐尖，边缘疏生细齿，茎生叶的托叶离生，绿色，卵状披针形或匙形，长 6～12 mm，通常全缘，稀具细齿。花小，白色或淡紫色，生于茎生叶的叶腋，具细弱的花梗；花梗远长于叶片，中部以上有 2 枚近对生的线形小苞片；萼片卵状披针形，长 4～5 mm，先端尖，基部附属物短，末端平截具浅齿，边缘狭膜质；上方花瓣长倒卵形，长约 9 mm，宽约 2 mm，侧方花瓣长圆状倒卵形，长约 1 cm，宽约 2.5 mm，上部较宽，下部变狭，里面基部有短须毛，下方花瓣连距长约 1 cm，先端微凹，下部有深紫色条纹；距呈浅囊状，长 1.5～2 mm；雄蕊的花药长约 1.7 mm，药隔顶端附属物长约 1.5 mm，下方雄蕊的背部具短距；距呈三角形，长约 1 mm，粗约 1.5 mm，末端圆钝；子房无毛，花柱棍棒状，基部细且明显向前膝曲，向上渐增粗，柱头 2 裂，裂片稍肥厚而直立，中央部分稍隆起，前方位于 2 裂片间的基部有斜升的短喙，喙端具圆形的柱头孔。蒴果长圆形或椭圆形，长约 8 mm，先端尖，无毛。种子卵球形，淡黄色，长约 1.5 mm，直径约 1 mm，基部具狭翅状附属物。花果期 5—10 月。

【生境分布】 生于湿草地、山坡草丛、灌丛、杂木林林缘、田野、宅旁等处。罗田天堂寨有分布。

【来源】 堇菜科植物堇菜 *Viola verecunda* A. Gray 的全草。

【功能主治】 清热解毒。主治疮痈肿毒。

【用法用量】 内服：煎汤，10～15 g。外用：适量，捣敷。

558. 阴地堇菜 *Viola yezoensis* Maxim.

【别名】 黄瓜香。

【形态】 多年生草本，无地上茎，高达 15 cm。根状茎较粗壮，垂直或斜生，长 0.5 ～ 2 cm，粗可达 0.5 cm，具多数淡褐色粗根。叶均基生；叶片卵形或长卵形，长 2 ～ 5 cm，宽 3 ～ 4 cm，果期长达 8 cm，宽约 4.5 cm，先端急尖或钝，基部深心形，有时浅心形，边缘具浅锯齿，两面被短柔毛；叶柄长 3 ～ 4 cm，果期长可达 12 cm，被短柔毛，具狭翅；托叶淡绿色，1/2 与叶柄合生，离生部分披针形，

先端急尖，边缘疏生短流苏状齿。花白色，具长梗；花梗较粗，通常高出于叶，长 6 ～ 8 cm，被短柔毛，中部或中部以上有 2 枚小苞片；小苞片线形，长 1 ～ 1.5 cm，边缘疏生流苏状齿；萼片披针形，连附属物长 1.1 ～ 1.3 cm，宽 3 ～ 4 mm，先端尖，基部具明显附属物，附属物长 3 ～ 4 mm，末端具深或浅的缺刻；上方花瓣倒卵形，长约 1.2 cm，宽约 8 mm，基部变狭成爪状，侧方花瓣长圆状倒卵形，长 1.3 cm，宽约 6 mm，里面近基部疏生须毛或几无毛，下方花瓣连距长 1.8 ～ 2 cm；距圆筒形，较粗壮，长 5 ～ 7 mm，粗约 2.5 mm，末端圆钝，通常向上弯或直伸；花药与膜质的药隔顶端附属物近等长，长约 2 mm，下方雄蕊的距狭条形，长约 5 mm，近末端通常弯曲；子房无毛，花柱基部通常直，上部较粗，柱头两侧及后方具狭的缘边，前方具短粗的喙，喙端具较大的柱头孔。蒴果长圆状，长约 1 cm。花期 4—5 月，果期 5—6 月。

【生境分布】 生于阔叶林林下、山地灌丛间及山坡草地。罗田各地均有分布。

【采收加工】 夏季采收。

【药用部位】 全草。

【药材名】 阴地堇。

【来源】 堇菜科植物阴地堇菜 *Viola yezoensis* Maxim. 的全草。

【功能主治】 主治疮痈肿毒。

【用法用量】 内服：煎汤，15 ～ 30 g。外用：鲜品适量，捣烂敷患处。

一〇七、大风子科 Flacourtiaceae

柞木属 *Xylosma* G. Forst.

559. 柞木 *Xylosma congesta*（Lour.）Merr.

【别名】 柞树、葫芦刺、凿子树、刺柞。

【形态】 常绿大灌木或小乔木，高 4 ～ 15 m；树皮棕灰色，不规则从下面向上反卷成小片，裂片

向上反卷；幼时有枝刺，结果株无刺；枝条近无毛或有疏短毛。叶薄革质，雌雄株稍有区别，通常雌株的叶有变化，菱状椭圆形至卵状椭圆形，长 4 ～ 8 cm，宽 2.5 ～ 3.5 cm，先端渐尖，基部楔形或圆形，边缘有锯齿，两面无毛或在近基部中脉有毛；叶柄短，长约 2 mm，有短毛。花小，总状花序腋生，长 1 ～ 2 cm，花梗极短，长约 3 mm；花萼 4 ～ 6 片，卵形，长 2.5 ～ 3.5 mm，外面有短毛；花瓣缺；雄花有多数雄蕊，花丝细长，长约 4.5 mm，

花药椭圆形，底着药；花盘由多数腺体组成，包围着雄蕊；雌花的萼片与雄花同；子房椭圆形，无毛，长约 4.5 mm，1 室，有 2 侧膜胎座，花柱短，柱头 2 裂；花盘圆形，边缘稍波状。浆果黑色，球形，顶端有宿存花柱，直径 4 ～ 5 mm；种子 2 ～ 3 个，卵形，长 2 ～ 3 mm，鲜时绿色，干后褐色，有黑色条纹。花期春季，果期冬季。

【生境分布】 生于海拔 800 m 以下的林边、丘陵和平原或村边附近灌丛中。罗田各地均有分布。

【采收加工】 全年可采，晒干。

【药用部位】 根皮、茎皮、根、叶。

【药材名】 柞木。

【来源】 大风子科植物柞木 *Xylosma congesta*（Lour.）Merr. 的叶、根、根皮、茎皮。

【性味】 苦、涩，寒。

【功能主治】 清热利湿，散瘀止血，消肿止痛。根皮、茎皮：主治黄疸水肿，死胎不下。根、叶：主治跌打损伤，骨折，脱臼，外伤出血。

【用法用量】 内服：煎汤，10 ～ 12 g。外用：适量，捣烂敷患处；或用叶以 35% 的乙醇制成 30% 的搽剂，供外搽或湿敷用。

一〇八、旌节花科 Stachyuraceae

旌节花属 *Stachyurus* Sieb. et Zucc.

560. 中国旌节花 *Stachyurus chinensis* Franch.

【别名】 小通花、鱼泡通、水凉子、旌节花。

【形态】 落叶灌木，高 2 ～ 4 m。树皮光滑，紫褐色或深褐色；小枝粗状，圆柱形，具淡色椭圆形皮孔。叶于花后发出，互生，纸质至膜质，卵形、长圆状卵形至长圆状椭圆形，长 5 ～ 12 cm，宽 3 ～ 7 cm，先端渐尖至短尾状渐尖，基部圆钝至近心形，边缘为圆齿状锯齿，侧脉 5 ～ 6 对，在两面均凸起，细网脉状，上面亮绿色，无毛，下面灰绿色，无毛或仅沿主脉和侧脉疏被短柔毛，后很快脱落；叶柄长 1 ～ 2 cm，通常暗紫色。穗状花序腋生，先于叶开放，长 5 ～ 10 cm，无梗；花黄色，长约 7 mm，近无梗或有短梗；

苞片1枚，三角状卵形，顶端急尖，长约 3 mm；小苞片2枚，卵形，长约2 cm；萼片4枚，黄绿色，卵形，长约3.5 mm，顶端钝；花瓣4片，卵形，长约6.5 mm，顶端圆形；雄蕊8枚，与花瓣等长，花药长圆形，纵裂，2室；子房瓶状，连花柱长约 6 mm，被微柔毛，柱头头状，不裂。果实圆球形，直径6～7 cm，无毛，近无梗，基部具花被的残留物。花粉粒球形或近球形，从赤道面观为近圆形或圆形，从极面观为三裂圆形或近圆形，具3孔沟。花期3—4月，果期5—7月。

【生境分布】　生于海拔400～3000 m的山坡谷地林中或林缘。罗田天堂寨、三省垴等地有分布。

【采收加工】　秋季割取茎，截成段，趁鲜时取出髓部，理直，晒干。

【药材名】　小通草。

【来源】　旌节花科植物中国旌节花 *Stachyurus chinensis* Franch. 的干燥茎髓。

【性状】　干燥茎髓呈圆条状，长80～120 cm，直径8～12 mm。外表平坦无纹理，白色，中无空心。质轻松绵软，水浸之有滑腻感。以条匀、色白者为佳。

【性味】　甘、淡，寒。

【归经】　归肺、胃经。

【功能主治】　清热，利尿，下乳。主治小便不利，淋证，乳汁不下。

【用法用量】　内服：煎汤，3～6 g。

【注意】　孕妇及小便多者忌用。

一〇九、秋海棠科　Begoniaceae

秋海棠属　*Begonia* L.

561. 四季海棠　*Begonia semperflorens* Link et Otto

【别名】　蚬肉海棠。

【形态】　肉质草本，高15～30 cm；根纤维状；茎直立，肉质，无毛，基部多分枝，多叶。叶卵形或宽卵形，长5～8 cm，基部略偏斜，边缘有锯齿和睫毛状毛，两面光亮，绿色，但主脉通常微红。花淡红色或带白色，数朵聚生于腋生的总花梗上，雄花较大，有花被片4，雌花稍小，有花被片5，蒴果绿色，有带红色的翅。原产于巴西；我国各地有栽培，常年开花。另一栽培种：毛叶秋海棠叶基生，心形，长约20 cm，垂生于有毛的叶柄上，不分裂，上面有一不规则的银白色环带，下面紫红色，有毛；原产于印度东北部。

【生境分布】　栽培于庭园。罗田各地均有栽培。

【采收加工】全年均可采收，多为鲜用。

【药用部位】全草。

【药材名】四季海棠。

【来源】秋海棠科植物四季海棠 *Begonia semperflorens* Link et Otto 的花和叶。

【化学成分】干叶含草酸、延胡索酸、琥珀酸和苹果酸等。

【性味】苦，凉。

【功能主治】清热解毒。主治疖疮。

【用法用量】外用：适量，鲜品捣敷。

一一〇、仙人掌科 Cactaceae

仙人球属 *Echinopsis* Zucc.

562. 仙人球 *Echinopsis tubiflora*（Pfeiff.）Zucc. ex A. Dietr.

【别名】仙人拳、刺球、翅翅球、雪球。

【形态】茎球形或椭圆形，高 15 cm，绿色，肉质，有纵棱 12～14 条，棱上有丛生的针刺，通常 10～15 枚，直硬，黄色或暗黄色，长短不一，辐射状。花夜开，生于侧面的网目部，即在刺的上方，长喇叭状，长约 20 cm，红色，芳香；花筒外被鳞片，鳞腋有长毛。浆果球形至卵形，无刺。种子细小，花期 5—6 月。

【生境分布】各地园圃有栽培。

【采收加工】全年可采。

【药用部位】球茎。

【药材名】仙人球。

【来源】仙人掌科植物仙人球 *Echinopsis tubiflora*（Pfeiff.）Zucc. ex A. Dietr. 的茎。

【性味】甘、淡，平。

【功能主治】主治肺热咳嗽，痰中带血，痈肿，汤火伤。

【用法用量】内服：煎汤，10～15 g（鲜品 64～95 g）。外用：捣敷或捣汁涂。

【附方】①治汤火伤，蛇虫咬伤：仙人球全草，捣汁涂。（《湖南药物志》）

②治手掌生疮毒：仙人球全草，捣烂敷。（《湖南药物志》）

③治胃痛：仙人球（剥去外皮）95 g，水煎服，每日 1～2 次。（《福建民间草药》）

昙花属 *Epiphyllum* Haw.

563. 昙花 *Epiphyllum oxypetalum*（DC.）Haw.

【别名】琼花、凤花、金钩莲。

【形态】附生肉质灌木，高 2～6 m，老茎圆柱状，木质化。分枝多数，叶状侧扁，披针形至长圆状披针形，长 15～100 cm，宽 5～12 cm，先端长渐尖至急尖，或圆形，边缘波状或具深圆齿，基部急尖、短渐尖或渐狭成柄状，深绿色，无毛，中肋粗大，宽 2～6 mm，于两面凸起，老株分枝产生气根；小窠排列于齿间凹陷处，小型，无刺，初具少数绵毛，后裸露。花单生于枝侧的小窠，漏斗状，于夜间开放，芳香，长 25～30 cm，直径

10～12 cm；花托绿色，略具角，被三角形短鳞片；花托筒长 13～18 cm，基部直径 4～9 mm，弯曲，疏生长 3～10 mm 的披针形鳞片，鳞腋小窠通常无毛；萼状花被片绿白色、淡琥珀色或带红晕，线形至倒披针形，长 8～10 cm，宽 3～4 mm，先端渐尖，边缘全缘，通常反曲；瓣状花被片白色，倒卵状披针形至倒卵形，长 7～10 cm，宽 3～4.5 cm，先端急尖至圆形，有时具芒尖，边缘全缘或啮蚀状；雄蕊多数，排成 2 列；花丝白色，长 2.5～5 cm；花药淡黄色，长 3～3.5 mm；花柱白色，长 20～22 cm，直径 3～4 mm；柱头 15～20，狭线形，长 16～18 mm，先端长渐尖，开展，黄白色。浆果长球形，具纵棱脊，无毛，紫红色。种子多数，卵状肾形，亮黑色，具皱纹，无毛。

【生境分布】多栽培于园圃。

【采收加工】夜间花开时采收。

【药用部位】花。

【药材名】昙花。

【来源】仙人掌科植物昙花 *Epiphyllum oxypetalum*（DC.）Haw. 的花。

【性味】淡，平。

【功能主治】清肺，止咳，化痰。主治心胃气痛，吐血，肺结核。

【用法用量】内服：煎汤，10～20 g。

仙人掌属 *Opuntia* Mill.

564. 仙人掌 *Opuntia stricta*（Haw.）Haw. var. *dillenii*（Ker-Gawl.）Benson

【别名】神仙掌、霸王、观音掌、观音刺。

【形态】丛生肉质灌木，高（1）1.5～3 m。上部分枝宽倒卵形、倒卵状椭圆形或近圆形，长 10～35（40）cm，宽 7.5～20（25）cm，厚达 1.2～2 cm，先端圆形，边缘通常不规则波状，基部楔形或渐狭，绿色至蓝绿色，无毛；小窠疏生，直径 0.2～0.9 cm，明显凸出，成长后刺常增粗并增多，每小窠具 1～20 枚刺，密生短绵毛和倒刺刚毛；刺黄色，有淡褐色横纹，粗钻形，开展并内弯，基部扁，

坚硬，长1.2～4（6）cm，宽1～1.5 mm；
倒刺刚毛暗褐色，长2～5 mm，直立，
宿存；短绵毛灰色，短于倒刺刚毛，宿
存。叶钻形，长4～6 mm，绿色，早落。
花辐状，直径5～6.5 cm；花托倒卵形，
长3.3～3.5 cm，直径1.7～2.2 cm，顶
端截形并凹陷，基部渐狭，绿色，疏生突
出的小窠，小窠具短绵毛、倒刺刚毛和钻
形刺；萼状花被片宽倒卵形至狭倒卵形，
长10～25 mm，宽6～12 mm，先端

急尖或圆形，具小尖头，黄色，具绿色中肋；瓣状花被片倒卵形或匙状倒卵形，长25～30 mm，宽
12～23 mm，先端圆形、截形或微凹，边缘全缘或浅啮蚀状；花丝淡黄色，长9～11 mm；花药长约
1.5 mm，黄色；花柱长11～18 mm，直径1.5～2 mm，淡黄色；柱头5，长4.5～5 mm，黄白色。
浆果倒卵球形，顶端凹陷，基部狭缩成柄状，长4～6 cm，直径2.5～4 cm，表面平滑无毛，紫红色，
每侧具5～10个凸起的小窠，小窠具短绵毛、倒刺刚毛和钻形刺。种子多数，扁圆形，长4～6 mm，
宽4～4.5 mm，厚约2 mm，边缘稍不规则，无毛，淡黄褐色。花期6—10（12）月。

【生境分布】野生或栽培。

【药用部位】根及茎、果实、花及浆汁凝结物。

（1）仙人掌根及茎。

【采收加工】春、夏季采收。

【来源】仙人掌科植物仙人掌 Opuntia stricta（Haw.）Haw. var. dillenii（Ker-Gawl.）Benson 的
根及茎。

【化学成分】茎、叶含苹果酸、琥珀酸等。灰分中含24%碳酸钾。

【性味】苦，寒。

【归经】归心、肺、胃经。

【功能主治】行气活血，清热解毒。主治心胃气痛，痞块，痢疾，痔血，咳嗽，喉痛，肺痈，乳痈，
疔疮，汤火伤，蛇虫咬伤。

【用法用量】内服：煎汤，鲜品32～64 g；或研末、浸酒。外用：捣敷或研末调敷。

【注意】①《岭南杂记》：其汁入目，使人失明。

②《闽东本草》：虚寒者忌用，并忌铁器。

【附方】①治久患胃痛：仙人掌根32～64 g，配猪肚炖服。（《闽东本草》）

②治胃痛：仙人掌研末，每次3 g，开水吞服；或用仙人掌32 g，切细，和牛肉64 g炒吃。（《贵
州草药》）

③治痞块腹痛：鲜仙人掌95 g，去外面针刺，切细，炖肉服。外仍用仙人掌捣烂，和甜酒炒热，包患处。
（《贵阳市中医、草药医、民族医秘方验方》）

④治急性细菌性痢疾：鲜仙人掌32～64 g，水煎服。（广州部队《常用中草药手册》）

⑤治肠痔泻血：仙人掌与甘草浸酒服。（《岭南采药录》）

⑥治支气管哮喘：仙人掌茎，去皮和棘刺，蘸蜂蜜适量熬服。每日1次，每次服药为本人手掌之1/2
大小。症状消失即可停药。（内蒙古《中草药新医疗法资料选编》）

⑦治心悸失眠：仙人掌64 g，捣绒取汁，加白糖冲开水服。（《贵州草药》）

⑧治透掌疔（脚掌心生疔）：仙人掌鲜全草适量，麦粉适量，共捣敷患处。（《闽南民间草药》）

⑨沿乳痈初起结核，疼痛红肿：仙人掌焙热熨之。（《岭南采药录》）

⑩治腮腺炎，乳腺炎，疮痈肿毒：仙人掌鲜品去刺，捣烂外敷。（广州部队《常用中草药手册》）

⑪治湿疹，黄水疮：仙人掌茎适量，烘干研粉，外敷患处。（《浙江民间常用草药》）

⑫治小儿白秃疮：仙人掌焙干为末，香油调涂。（《岭南采药录》）

⑬治汤火伤：仙人掌，用刀刮去外皮，捣烂后贴伤处，并用消毒过的布包好。（《福建民间草药》）

⑭治蛇虫咬伤：仙人掌全草，捣汁搽患处。（《湖南药物志》）

【临床应用】①治疗冻伤。取仙人掌去刺，捣成糊状，敷于患处，纱布包扎，5日后除去敷料。一、二度冻伤一次可痊愈，三度冻伤（已溃烂者不适用）敷药3日后换药1次，1周也可痊愈。

②治疗早期急性乳腺炎、腮腺炎。取仙人掌2块，去刺捣烂，加入95%酒精50 ml调匀，外敷局部，每日2次，治疗100余例均愈。或将仙人掌捣烂取汁，加面粉适量调敷患处。

③治疗胃、十二指肠溃疡。

（2）仙人掌子。

【别名】千岁子、凤栗。

【来源】仙人掌科植物仙人掌 *Opuntia stricta*（Haw.）Haw. var. *dillenii*（Ker-Gawl.）Benson 的果实。

【性味】甘。

【功能主治】补脾健胃，益脚力，除久泻。

【用法用量】内服：煎汤，鲜品16～32 g。

（3）仙人掌花。

【别名】玉英。

【来源】仙人掌科植物仙人掌 *Opuntia stricta*（Haw.）Haw. var. *dillenii*（Ker-Gawl.）Benson 的花。

【化学成分】花含异鼠李素和槲皮素的葡萄糖苷以及异槲皮苷。

【功能主治】《本草求原》：止吐血，煎肉食。

（4）玉芙蓉。

【来源】仙人掌科植物仙人掌 *Opuntia stricta*（Haw.）Haw. var. *dillenii*（Ker-Gawl.）Benson 的肉质茎中流出的浆汁凝结物。

【采收加工】4—8月，当仙人掌汁液充盈时，选择生长茂盛的仙人掌割破外皮，使其浆液外溢，待凝结后收集。捏成团状，风干或晒干。

【性状】凝结物呈圆形或不规则的圆形团块，质坚硬而微润泽，似生松香或桃胶，色泽黄白或乳白，偶带棕黄色，碎断后微透明，常有杂质夹杂，无特殊气味。火烤之则质地变柔，但不易熔化。以凝固、干燥、色泽黄亮、质地坚脆、无泥土掺杂者为佳。

【性味】①《植物名实图考》：味微甘，无毒。

②《四川中药志》：味淡，性寒，无毒。

【功能主治】主治怔忡，便血，痔血，喉痛，疔肿。

【用法用量】内服：煎汤，3～10 g；或入丸、散。外用：捣敷。

【注意】阳虚、寒症及小儿慢惊均忌用。

【附方】①治疗肿：玉芙蓉、蒲公英，水煎服。

②治小儿急惊风：玉芙蓉捣绒，敷脐部。

③治妇女干血痨：玉芙蓉、一点血、鹿衔草、蓝布正各32 g，蒸鸡子服（不放盐）。（①～③方出自《四川中药志》）

一一一、瑞香科 Thymelaeaceae

瑞香属 *Daphne* L.

565. 芫花 *Daphne genkwa* Sieb. et Zucc.

【别名】芫、去水、头痛花、大米花、芫条花。

【形态】落叶灌木，高 0.3～1 m，多分枝；树皮褐色，无毛；小枝圆柱形，细瘦，干燥后多具皱纹，幼枝黄绿色或紫褐色，密被淡黄色丝状柔毛，老枝紫褐色或紫红色，无毛。叶对生，稀互生，纸质，卵形或卵状披针形至椭圆状长圆形，长 3～4 cm，宽 1～2 cm，先端急尖或短渐尖，基部宽楔形或圆钝形，边缘全缘，上面绿色，干燥后黑褐色，下面淡绿色，干燥后黄褐色，

幼时密被绢状黄色柔毛，老时则仅叶脉基部散生绢状黄色柔毛，侧脉 5～7 对，在下面较上面显著；叶柄短或几无，长约 2 mm，具灰色柔毛。花比叶先开放，紫色或淡紫蓝色，无香味，常 3～6 朵簇生于叶腋或侧生，花梗短，具灰黄色柔毛；花萼筒细瘦，筒状，长 6～10 mm，外面具丝状柔毛，裂片 4，卵形或长圆形，长 5～6 mm，宽 4 mm，顶端圆形，外面疏生短柔毛；雄蕊 8，2 轮，分别着生于花萼筒的上部和中部，花丝短，长约 0.5 mm，花药黄色，卵状椭圆形，长约 1 mm，伸出喉部，顶端钝尖；花盘环状，不发达；子房长倒卵形，长 2 mm，密被淡黄色柔毛，花柱短或无，柱头头状，橘红色。果实肉质，白色，椭圆形，长约 4 mm，包藏于宿存的花萼筒的下部，具 1 个种子。花期 3—5 月，果期 6—7 月。

【生境分布】生于路旁、山坡，或栽培于庭园。罗田各地均有分布。

【药用部位】花蕾、根。

（1）芫花。

【来源】瑞香科植物芫花 *Daphne genkwa* Sieb. et Zucc. 的花蕾。

【采收加工】春季花未开放前采摘，拣去杂质，晒干或烘干。

【性状】干燥花蕾呈弯曲或稍压扁的棒槌状，长约 1 cm，直径约 0.3 cm，常单朵或 3～7 朵成簇。上端稍膨大，裂为 4 片，淡黄棕色，下端较细，灰棕色，密布白色茸毛。花心较硬，呈紫红色。全花质软。气微香，久嗅能致头痛，味微甘。嚼之有辣感。以花蕾多而整齐、淡紫色者为佳。

【化学成分】芫花含芫花素、羟基芫花素、芹菜素及谷甾醇，另含苯甲酸及刺激性油状物。

【炮制】芫花：拣净杂质，筛去泥土。醋芫花：取净芫花，加醋拌匀，润透，置锅内用文火炒至醋吸尽，呈微黄色，取出，晾干。（芫花每 100 kg，用醋 25 kg）

①陶弘景：芫花，用之微熬，不可近眼。

②《本草纲目》：芫花留数年陈久者良。用时以好醋煮十数沸，去醋，以水浸一宿，晒干用，则毒灭

也，或以醋炒者次之。

【性味】 辛、苦，温；有毒。

【归经】 归肺、脾经。

【功能主治】 逐水，涤痰。主治痰饮癖积，喘咳，水肿，胁痛，心腹胀满，痈肿。

【用法用量】 内服：煎汤，1.5～3 g；或入丸、散。外用：研末调敷或煎水含漱。

【注意】 体质虚弱及孕妇禁服。

《本草经集注》：决明为主使，反甘草。

【附方】 ①治太阳中风，下利呕逆：芫花（熬）、甘遂、大戟。上三味，等份，各捣为散，以水一升半，先煮大枣肥者10枚，取800 g，去滓，内药末，强人服3 g。羸人服1.5 g，温服之，平旦服。若下少病不除者，明日更服，加1.5 g，得快下利后，糜粥自养。（《伤寒论》）

②治卒得咳嗽：芫花1升，水3升，煮取1升，去滓，以枣14枚，煎令汁尽，一日一食之，三日讫。（《补辑肘后方》）

③治水病通身微肿，腹大，食饮不消：芫花（微炒）、甘遂（微炒）、大黄（锉碎、醋炒拌干）、葶苈（炒令紫色）各32 g，巴豆（去心、皮，麸炒，研出油尽）40枚。上五味，捣罗为末，炼蜜为丸，如小豆大，每服，饮下3丸，不知，稍增至5丸，以知为度。（《圣济总录》）

④治蛊胀：枳壳、芫花各等份。上用酽醋浸芫花透，将醋再煮枳壳烂，擂芫花末，和为丸，如梧子大。每服数丸，温白汤送下。（《普济方》）

⑤治时行毒病七八日，热积聚胸中，烦乱欲死：芫花1升，以水3升，煮取1.5升，渍故布敷胸上。不过三敷，热即除，当温暖四肢护厥逆也。（《千金方》）

⑥治疟母弥年，经吐、汗、下，荣卫亏损，邪气伏藏胁间，结为癥癖，腹胁坚痛：芫花（炒）、朱砂（研）各等份。为末，炼蜜丸，如小豆。每服10丸，浓煎枣汤下，下后即与养胃汤。（《仁斋直指方》）

⑦治痈：芫花为末，胶和如粥敷之。（《千金方》）

⑧治急性乳腺炎，兼治深部脓肿：芫花6～32 g，鸡蛋3～5个。二味同煮，蛋熟后剥去壳，刺数小洞放入再煮，至蛋发黑为度，吃蛋喝汤，每日1～2次，每次1～2个。服后有头昏、恶心者，可吃蛋不喝汤。如反应甚者，以菖蒲煎服解之。孕妇忌服。勿与甘草同服。（《江苏省中草药新医疗法展览资料选编》）

⑨治白秃疮：芫花末，猪脂和涂之。（《孙天仁集效方》）

⑩治牙痛，诸药不效者：芫花碾为末，擦痛处令热。（《魏氏家藏方》）

⑪治小瘤：先用甘草煎膏，笔蘸妆瘤旁四围，干后复妆，凡三次，然后以药：大戟、芫花、甘草（等份），上为末，米醋调，别笔妆敷其中，不得近著甘草处。次日缩小，又以甘草膏壮小晕三次，中间仍用大戟、芫花、甘草如前法，自然焦缩。（《世医得效方》）

⑫治心痛有虫：芫花（醋炒）32 g，雄黄3 g。为末，每服一字，温醋汤下。（《乾坤生意秘韫》）

⑬治诸般气痛：芫花（醋煮）16 g，延胡索（炒）48 g。为末，每服一钱。疟疾，乌梅汤下；妇人血气痛，当归酒下；诸气痛，香附汤下；小肠气痛，茴香汤下。（《仁存堂经验方》）

⑭治酒疸，心懊痛，足胫满，小便黄，饮酒发赤斑黄黑，由大醉当风入水所致：芫花、椒目等份，烧末，服1.5 g，日一两遍。（《补辑肘后方》）

⑮治一切菌毒：芫花生研，新汲水服3 g，以利为度。（《世医得效方》）

⑯治妇人积年血气癥块结痛：芫花（醋拌炒令干）32 g，当归（锉，微炒）32 g，桂心32 g。上药，捣罗为末，以软饭和丸，如梧桐子大。每服，食前以热酒下10丸。（《太平圣惠方》）

（2）芫花根。

【别名】 黄大戟、蜀桑、金腰带、铁牛皮。

【来源】 瑞香科植物芫花 *Daphne genkwa* Sieb. et Zucc. 的根。

【采收加工】 秋季采挖，除去泥土，晒干。

【性味】 辛、苦，温；有毒。

【功能主治】 主治水肿，瘰疬，乳痈，痔瘘，疥疮。

【用法用量】 内服：煎汤，1.5～4.5 g；或捣汁，或入丸、散。外用：研末调敷、熬膏涂或制药线系痔瘤。

【注意】 体质虚弱者及孕妇忌服。

①《吴普本草》：久服令人泄。

②《本草经集注》：决明为之使，反甘草。

【附方】 ①治水气洪肿，小便涩：芫花根 32 g，锉，微炒，捣细罗为末。每服空心以温水调下 3 g，得小便大利便瘥。（《古今录验方》）

②治瘰疬初起，气壮人：芫花根，擂水一盏服，大吐利，即平。（《李时珍濒湖集简方》）

③治乳痈：a.芫花根皮捣烂，塞患侧鼻孔中。（《南京民间药草》）b.芫花根 3～4.5 g，炒黄，水煎服。（《江西中医药》）

④治便毒初起：芫花根擂水服，以渣敷之，得下即消。（《李时珍濒湖集简方》）

⑤系瘤，兼去鼠奶痔：芫花根洗净，带湿，不得犯铁器，于木石器中捣取汁，用线一条浸半日或一宿，以线系瘤，经宿即落。如未落再换线。落后以龙骨、诃子末敷疮口，即合。系鼠奶痔依上法。（《种福堂公选良方》）

⑥治鱼脐疔疮，久疗不瘥：芫花根 64 g，猪牙皂荚五挺，白矾 95 g（烧令汁尽，细研），黑豆 300 g。上药，用醋 10 升，先浸芫花根及皂荚、黑豆三日，于釜中以火煎至 2 升，去滓后，即入铛中，煎至 1 升，入白矾末搅令匀，去火成膏。摊于帛上贴，日二易之。（《太平圣惠方》）

⑦治神经性皮炎：芫花根皮，晒干，研末，用醋或酒调敷。（《兄弟省市中草药单方验方、新医疗法选编》）

【临床应用】 ①治疗急性乳腺炎，仅适用于初期患者。

②治疗鼻炎。

566. 白瑞香 *Daphne papyracea* Wall. ex Steud.

【别名】 雪花皮、鸡蛋树皮、开花矮陀陀、纸用瑞香。

【形态】 叶互生，纸质；长圆形至披针形，偶有长圆状倒披针形，长 6～16 cm，宽 1.2～4 cm，先端渐尖，基部楔形，两面均无毛。花白色，无芳香，数朵集生于枝顶，近头状，苞片外侧有绢状毛；总花梗短，密被短柔毛；花被筒状，长约 16 mm，被淡黄色短柔毛，裂片 4，卵形或长圆形，长约 5 mm；雄蕊 8，2 轮排列，分别着生于花被筒上部及中部；花盘环状，边缘波状；子房长圆状，长 3～4 mm，无毛。核果卵状球形。

【生境分布】 生于海拔 400 ～ 1000 m 的山区山坡。罗田大崎镇、平湖乡等地有分布。

【药材名】 雪花构。

【来源】 瑞香科植物白瑞香 *Daphne papyracea* Wall. ex Steud. 的根皮、茎皮或全株。

【药用部位】 根皮、茎皮或全株。

【采收加工】 夏、秋季挖取全株，分别剥取根皮和茎皮，洗净，晒干。

【化学成分】 含三萜类成分、黄酮类成分（芫花素）和香豆精类化合物（瑞香素）等。

【性味】 甘、辛，微温；有小毒。

【功能主治】 祛风止痛，活血调经。主治风湿痹痛，跌打损伤，月经不调，痛经，疔疮疮肿。

【用法用量】 内服：煎汤，3 ～ 6 g；或浸酒。外用：适量，捣敷。

结香属 *Edgeworthia* Meisn.

567. 结香 *Edgeworthia chrysantha* Lindl.

【别名】 野蒙花、新蒙花。

【形态】 灌木，高 0.7 ～ 1.5 m，小枝粗壮，褐色，常作三叉分枝，幼枝常被短柔毛，韧皮极坚韧，叶痕大，直径约 5 mm。叶在花前凋落，长圆形、披针形至倒披针形，先端短尖，基部楔形或渐狭，长 8 ～ 20 cm，宽 2.5 ～ 5.5 cm，两面均被银灰色绢状毛，下面较多，侧脉纤细，弧形，每边 10 ～ 13 条，被柔毛。头状花序顶生或侧生，具花 30 ～ 50 朵成绒球状，外围以 10 枚左右被长毛而早落的总苞；花序梗长 1 ～ 2 cm，被灰白色长硬毛；花芳香，无梗，花萼长

1.3 ～ 2 cm，宽 4 ～ 5 mm，外面密被白色丝状毛，内面无毛，黄色，顶端 4 裂，裂片卵形，长约 3.5 mm，宽约 3 mm；雄蕊 8，2 列，上列 4 枚与花萼裂片对生，下列 4 枚与花萼裂片互生，花丝短，花药近卵形，长约 2 mm；子房卵形，长约 4 mm，直径约 2 mm，顶端被丝状毛；花柱线形，长约 2 mm，无毛，柱头棒状，长约 3 mm，具乳突；花盘浅杯状，膜质，边缘不整齐。果椭圆形，绿色，长约 8 mm，直径约 3.5 mm，顶端被毛。花期冬末春初，果期春、夏季。

【生境分布】 生于阴湿肥沃地。罗田各地均有栽培。

【采收加工】 夏、秋季采根；春季采花，晒干或鲜用。

【药用部位】 根、花。

【药材名】 结香。

【来源】 瑞香科植物结香 *Edgeworthia chrysantha* Lindl. 的根、花。

【性味】 甘，温。

【功能主治】 根：舒筋活络，消肿止痛。主治风湿性关节痛，腰痛；外用治跌打损伤，骨折。
花：祛风明目。主治目赤疼痛，夜盲症。

【用法用量】 根：内服，煎汤，10 ～ 15 g；外用，适量，捣烂敷患处。花：内服，煎汤，6 ～ 10 g。

一一二、胡颓子科 Elaeagnaceae

胡颓子属 *Elaeagnus* L.

568. 银果牛奶子 *Elaeagnus magna* Rehd.

【别名】阳春子、麦粒子、半春子、密毛子、羊奶子。

【形态】落叶直立散生灌木，高1～3 m，通常具刺，稀无刺；幼枝淡黄白色，被银白色鳞片，老枝鳞片脱落，灰黑色；芽黄色或黄褐色，锥形，具4鳞片，内面具星状柔毛。叶纸质或膜质，倒卵状矩圆形或倒卵状披针形，长4～10 cm，宽1.5～3.7 cm，顶端钝尖或钝，基部阔楔形，稀圆形，全缘，上面幼时具互相不重叠的白色鳞片，成熟后部分脱落，下面灰白色，密被银白色和

散生少数淡黄色鳞片，有光泽，侧脉7～10对，不甚明显；叶柄密被淡白色鳞片，长4～8 mm。花银白色，密被鳞片，1～3朵花着生于新枝基部，单生于叶腋；花梗极短或几无，长1～2 mm；萼筒圆筒形，长8～10 mm，在裂片下面稍扩展，在子房上骤收缩，裂片卵形或卵状三角形，长3～4 mm，顶端渐尖，内面几无毛，包围子房的萼管细长，窄椭圆形，长3～4 mm；雄蕊的花丝极短，花药矩圆形，长2 mm，黄色；花柱直立，无毛或具白色星状柔毛，柱头偏向一边膨大，长2～3 mm，超过雄蕊。果矩圆形或长椭圆形，长12～16 mm，密被银白色和散生少数褐色鳞片，成熟时粉红色；果梗直立，粗壮，银白色，长4～6 mm。花期4—5月，果期6月。

【生境分布】生于山坡干燥地或河边沙地、灌丛内。罗田中、低山区均有分布。

【采收加工】果实：夏季采收。根：夏、秋季采收。叶：春、夏季采收。

【药用部位】根、叶、果实。

【药材名】牛奶子。

【来源】胡颓子科植物银果牛奶子 *Elaeagnus magna* Rehd. 的根、叶、果实。

【性味】酸、苦，凉。

【功能主治】清热利湿，止血。主治咳嗽，泄泻，痢疾，淋证，崩带。

【用法用量】内服：煎汤，10～15 g。

【附方】①治泄泻：a. 牛奶子根15 g，水煎服。b. 牛奶子果3 g，捣烂，加红糖开水冲服。

②治痢疾：a. 牛奶子根3 g，马齿苋3 g，水煎服。b. 牛奶子叶3 g，大蒜头一小个，水煎服。

③治干咳：牛奶子32 g，半夏3 g，沙参15 g，水煎加蜂蜜服。

④治淋病：牛奶子根10～15 g，水煎服。

⑤治崩带：牛奶子根15～32 g，水煎服或煮鸡蛋食。

⑥治乳痈：牛奶子根64 g，银花15 g，蒲公英32 g，水煎服。（①～⑥方出自《湖南药物志》）

569. 胡颓子 *Elaeagnus pungens* Thunb.

【别名】 蒲颓子、羊母奶子、糖罐头、野枇杷、清明子。

【形态】 常绿直立灌木，高3～4 m，具刺，刺顶生或腋生，长20～40 mm，有时较短，深褐色；幼枝微扁棱形，密被锈色鳞片，老枝鳞片脱落，黑色，具光泽。叶革质，椭圆形或阔椭圆形，稀矩圆形，长5～10 cm，宽1.8～5 cm，两端钝形或基部圆形，边缘微反卷或皱波状，上面幼时具银白色和少数褐色鳞片，成熟后脱落，具光泽，干燥后变褐绿色或褐色，下面密被银白色和少数褐色鳞片，侧脉7～9对，与中脉开展成50°～60°的角，近边缘分叉而互相连接，上面显著凸起，下面不甚明显，网状脉在上面明显，下面不清晰；叶柄深褐色，长5～8 mm。花白色或淡白色，下垂，密被鳞片，1～3朵花生于叶腋锈色短小枝上；花梗长3～5 mm；萼筒圆筒形或漏斗状圆筒形，长5～7 mm，在子房上骤收缩，裂片三角形或矩圆状三角形，长3 mm，顶端渐尖，内面疏生白色星状短柔毛；雄蕊的花丝极短，花药矩圆形，长1.5 mm；花柱直立，无毛，上端微弯曲，超过雄蕊。果椭圆形，长12～14 mm，幼时被褐色鳞片，成熟时红色，果核内面具白色丝状绵毛；果梗长4～6 mm。花期9～12月，果期次年4—6月。

【生境分布】 生于山坡灌丛中或林缘。罗田各地均有分布。

【药用部位】 果实、根、叶。

（1）胡颓子。

【采收加工】 春、夏季采收。

【来源】 胡颓子科植物胡颓子 *Elaeagnus pungens* Thunb. 的果实。

【性味】 酸，平。

【功能主治】 主治泄泻，消渴，喘咳。

【用法用量】 内服：煎汤，10～15 g。

（2）胡颓子根。

【别名】 牛奶根、贯榨根、叶刺头。

【采收加工】 9—10月采挖，晒干。

【来源】 胡颓子科植物胡颓子 *Elaeagnus pungens* Thunb. 的根。

【性状】 干燥根呈圆柱形，弯曲，一般多截成30～35 cm长的小段，粗细不一，粗根直径3～3.5 cm，细根直径达1 cm。外表土黄色，根皮剥落后，露出黄白色的木质部。质坚硬，横断面纤维性强，中心色较深。

【性味】 酸，平。

【功能主治】 止咳，止血，祛风，利湿，消积滞，利咽喉。主治咳喘，吐血，咯血，便血，月经过多，风湿关节痛，黄疸，泻痢，小儿疳积，咽喉肿痛。

【用法用量】 内服：煎汤，10～15 g（鲜品32～64 g）；或浸酒。外用：煎水洗。

【附方】 ①治风寒肺喘：胡颓子根32 g，红糖15 g。水煎，饭后服。（《闽东本草》）

②治吐血，咯血，便血，月经过多：胡颓子根32～64 g，水煎服。（苏医《中草药手册》）

③治风湿关节痛：胡颓子根95 g，黄酒64 g，猪脚250 g。加水煮1 h许，取汤一碗，连同猪脚服。（《福建民间草药》）

④治黄疸：胡颓子根15～25 g，水煎服。（《浙江民间草药》）

⑤治产后腹痛下痢：胡颓子根 64 g，红糖 32 g，水煎服。（《闽东本草》）

⑥治脾虚泄泻：胡颓子根 10 ～ 15 g，水煎成半碗，加冰糖，饭前服，日服 2 次。（《福建民间草药》）

⑦治小儿疳积：胡颓子根 15 g，水煎服。（《浙江民间草药》）

⑧治胃痛：胡颓子根 32 g，水煎去渣，鸡蛋（雀壳）2 个，煮服。（《江西草药》）

⑨治咽喉肿痛：胡颓子根 32 g，王瓜根 15 g。水煎，频频含咽，每日 1 剂。（《江西草药》）

⑩治皮肤湿疹：胡颓子根适量，煎洗。（苏医《中草药手册》）

（3）胡颓子叶。

【别名】蒲颓叶。

【采收加工】夏季采收。

【来源】胡颓子科植物胡颓子 *Elaeagnus pungens* Thunb. 的叶。

【性味】酸，平；无毒。

【功能主治】主治咳嗽气喘，咯血，痈疽，外伤出血。

【用法用量】内服：煎汤，10 ～ 15 g（鲜品 25 ～ 32 g）；或研末。外用：捣敷或研末调敷。

【附方】①治一切肺喘剧甚者：蒲颓叶焙研为细末，米饮调服 6 g，并服取瘥。（《中藏经》）

②治咳嗽：鲜胡颓子叶 32 g，煎汤，加糖少许内服。（《泉州本草》）

③治肺结核咯血：鲜胡颓子叶 25 g，冰糖 15 g。开水冲炖，饭后服，日服 2 次。（《闽东本草》）

④治支气管哮喘、慢性支气管炎：胡颓子叶、枇杷叶各 15 g，水煎服；或胡颓子叶研粉，日服 2 次，每次 4.5 g，酌加白糖或蜂蜜，开水冲服。（《浙江民间常用草药》）

⑤治痈疽发背，金疮出血：鲜胡颓叶捣烂敷患处。（《泉州本草》）

⑥治蜂蜇伤、蛇咬伤：鲜胡颓叶捣烂绞汁和酒服，渣敷患处。（《泉州本草》）

570. 星毛羊奶子 *Elaeagnus stellipila* Rehd.

【别名】星毛胡颓子、牛奶、马奶。

【形态】落叶灌木，高 1 ～ 3 m，具棘刺；小枝细长，密被银色鳞片。单叶互生，膜质或纸质，倒卵状矩圆形或披针形，长 4 ～ 10 cm，顶端圆或钝，基部狭窄，上面被银色鳞片，老时部分宿存，下面灰白色；叶柄被淡白色鳞片，长 4 ～ 8 mm。花白色，被鳞片，1 ～ 3 朵生于新枝基部，花梗长 2 ～ 3 mm；花被筒管状，长 8 ～ 10 mm，裂片 4，卵形或卵状三角形，长 3 ～ 4 mm，内侧黄色；雄蕊 4；花柱被星状柔毛。果长椭圆形，长 12 ～ 16 mm，密被银色鳞片，成熟时粉红色；果柄粗壮。

【生境分布】生于海拔 500 ～ 1200 m 的向阳丘陵地区、溪边矮林中或路边、田边。罗田各地均有分布。

【采收加工】根：夏、秋季采收，洗净，切片晒干。叶、果实，晒干。

【药用部位】根、叶或果实。

【来源】胡颓子科植物星毛羊奶子 *Elaeagnus stellipila* Rehd. 的根、叶或果实。

【性味】辛、苦。

【归经】归肝、大肠、小肠经。

【功能主治】散瘀止痛，清热利湿。主治跌打肿痛，痢疾。

【用法用量】内服：煎汤，15 ～ 0 g。外用：适量，捣敷。

一一三、千屈菜科 Lythraceae

紫薇属 *Lagerstroemia* L.

571. 紫薇 *Lagerstroemia indica* L.

【别名】痒痒树、紫荆皮、紫金标。

【形态】落叶灌木或小乔木，高可达7 m；树皮平滑，灰色或灰褐色；枝干多扭曲，小枝纤细，具4棱，略成翅状。叶互生或有时对生，纸质，椭圆形、阔矩圆形或倒卵形，长2.5～7 cm，宽1.5～4 cm，顶端短尖或钝，有时微凹，基部阔楔形或近圆形，无毛或下面沿中脉有微柔毛，侧脉3～7对，小脉不明显；无柄或叶柄很短。花淡红色或紫色、白色，直径3～4 cm，常组成7～20 cm的顶生圆锥花序；花梗长3～15 mm，中轴及花梗均被柔毛；花萼长7～10 mm，外面平滑无棱，但鲜时萼筒有微凸起短棱，两面无毛，裂片6，三角形，直立，无附属体；花瓣6，皱缩，长12～20 mm，具长爪；雄蕊36～42枚，外面6枚着生于花萼上，比其余的长得多；子房3～6室，无毛。蒴果椭圆状球形或阔椭圆形，长1～1.3 cm，幼时绿色至黄色，成熟时或干燥时呈紫黑色，室背开裂；种子有翅，长约8 mm。花期6—9月，果期9—12月。

【生境分布】广泛栽培为庭园观赏树，有时亦作盆景。罗田各地均有分布。

【采收加工】根：随时可采。树皮：夏、秋季采收，晒干。

【药用部位】根、树皮。

【药材名】紫薇。

【来源】千屈菜科植物紫薇 *Lagerstroemia indica* L. 的根、树皮。

【性味】微苦、涩，平。

【功能主治】活血，止血，解毒，消肿。主治各种出血，骨折，乳腺炎，湿疹，肝炎，肝腹水。

【用法用量】内服：煎汤，16～64 g。

千屈菜属 *Lythrum* L.

572. 千屈菜 *Lythrum salicaria* L.

【别名】对叶莲、对牙草、铁菱角、马鞭草、败毒草。

【形态】多年生草本，根茎横卧于地下，粗壮；茎直立，多分枝，高30～100 cm，全株青绿色，略被粗毛或密被茸毛，枝通常具4棱。叶对生或3叶轮生，披针形或阔披针形，长4～6（10）cm，宽8～15 mm，顶端钝或短尖，基部圆形或心形，有时略抱茎，全缘，无柄。花组成小聚伞花序，簇生，因花梗及总梗极短，因此花枝全形似一大型穗状花序；苞片阔披针形至三角状卵形，长5～12 mm；萼筒长5～8 mm，有纵棱12条，稍被粗毛，裂片6，三角形；附属体针状，直立，长1.5～2 mm；花瓣6，红紫色或淡紫色，倒披针状长椭圆形，基部楔形，长7～8 mm，着生于萼筒上部，有短爪，稍皱缩；雄蕊12枚，6长6短，伸出萼筒之外；子房2室，花柱长短不一。蒴果扁圆形。

【生境分布】 生于潮湿地，常栽培作观赏。我国大部分地区有分布。

【采收加工】 秋季采收。

【药用部位】 全草。

【药材名】 千屈菜。

【来源】 千屈菜科植物千屈菜 *Lythrum salicaria* L. 的全草。

【化学成分】 含牡荆素、荭草素、异荭草素、氯原酸、鞣花酸、没食子酸、胆碱、鞣质、果胶、树脂及生物碱等。

【性味】 苦，寒。

【功能主治】 清热，凉血，破经通瘀。主治痢疾，血崩，溃疡，瘀血闭经。

【用法用量】 内服：煎汤，16～32 g。外用：研末敷。

【附方】 ①治痢疾：千屈菜10～15 g，水煎服。（《湖南药物志》）
②治溃疡：千屈菜叶、向日葵盘，晒干，研末，先用蜂蜜搽患处，再用药末敷患处。（《湖南药物志》）

一一四、石榴科 Punicaceae

石榴属 *Punica* L.

573. 石榴 *Punica granatum* L.

【形态】 落叶灌木或乔木，通常高3～5 m，稀达10 m，枝顶常成尖锐长刺，幼枝具棱角，无毛，老枝近圆柱形。叶通常对生，纸质，矩圆状披针形，长2～9 cm，顶端短尖、钝尖或微凹，基部短尖至稍钝形，上面光亮，侧脉稍细密；叶柄短。花大，1～5朵生于枝顶；萼筒长2～3 cm，通常红色或淡黄色，裂片略外展，卵状三角形，长8～13 mm，外面近顶端有1黄绿色腺体，边缘有小乳凸；花瓣通常大，红色、黄色或白色，长1.5～3 cm，宽1～2 cm，顶端圆形；花丝无毛，长达13 mm；花柱长超过雄蕊。浆果近球形，直径5～12 cm，通常为淡黄褐色或淡黄绿色，有时白色，稀暗紫色。种子多数，钝角形，红色至乳白色，肉质的外种皮供食用。

【生境分布】 罗田各地均有栽培。

【药用部位】 果皮、根皮、花、叶。

（1）石榴皮。

【别名】 石榴壳、酸石榴皮、酸榴皮、西榴皮。

【采收加工】 秋季果成熟、顶端开裂时采摘，除去种子及瓤，切瓣晒干，或微火烘干。

【来源】 石榴科植物石榴 Punica granatum L. 的果皮。

【性状】 干燥的果皮呈不规则形或半圆形的碎片状，厚 2～3 mm。外表面暗红色或棕红色，粗糙，具白色小凸点；顶端具残存的宿萼；基部有果柄。内面鲜黄色或棕黄色，并有隆起呈网状的果蒂残痕。质脆而坚，易折断。气微弱，味涩。以皮厚实、红褐色者为佳。

【化学成分】 含鞣质 10.4%～21.3%、蜡 0.8%、树脂 4.5%、甘露醇 1.8%、树胶 3.2%、菊粉 1.0%、黏质 0.6%、没食子酸 4.0%、苹果酸、草酸钙、异槲皮苷等。

【炮制】 拣去杂质，去净残留的瓤及种子，洗净，切块，晒干。

【性味】 酸、涩，温；有毒。

【归经】 归大肠、肾经。

【功能主治】 涩肠，止血，驱虫。主治久泻，久痢，便血，崩漏，虫积腹痛，疥癣。

【用法用量】 内服：煎汤，2.5～4.5 g；或入散剂。外用：煎水熏洗或研末调涂。

【注意】 《本草从新》：能恋膈成痰，痢积未尽者，服之太早，反为害也。

【附方】 ①治久痢不瘥：陈石榴焙干，为细末，米汤调下 10～12 g。（《普济方》）

②治妊娠暴下不止，腹痛：石榴皮 64 g，当归 95 g，阿胶 64 g（炙），熟艾如鸡子大 2 枚。上四物以水 9 升，煮取 2 升，分 3 服。（《产经方》）

③治粪前有血，令人面黄：酸石榴皮（炙），研末，每服 6 g，用茄子枝煎汤服。（《千金方》）

④治脱肛：石榴皮、陈壁土，加白矾少许，浓煎熏洗，再加五倍子炒研敷托上之。（《医钞类编》）

⑤治诸虫心痛不可忍，多吐酸水：酸石榴皮（锉）32 g，桃符（锉）64 g，胡粉 32 g，酒 200 g，槟榔末 6 g。上件药，以水两大盏，煎前二味至一盏，去滓，下胡粉、槟榔、酒，更煎一沸，稍热，分为三服。（《太平圣惠方》）

⑥驱绦虫、蛔虫：石榴皮、槟榔各等份，研细末，每次服 6 g（小儿酌减），每日 2 次，连服 2 日。（《山东中草药手册》）

⑦治疮痈肿毒：以针刺四畔，榴皮着疮上，以面围四畔炙之，以痛为度，仍用榴末敷上，急裹，经宿，连根自出也。（《肘后备急方》）

⑧治牛皮癣：a. 石榴皮蘸极细的明矾粉搓患处，初搓时微痛。（《山东中草药手册》）b. 石榴皮（炒炭）研细末 1 份，麻油 3 份，调成糊状。用时将药油摇匀。以毛笔蘸药匀涂患处，每日 2 次。（《全展选编》）

⑨预防稻田性皮炎：石榴皮 64 g，五倍子 64 g，地榆（炒黑）64 g，明矾 160 g。取清水 2.5 kg，将前三味药放入水内煎沸后，再煎 10 min，然后加入明矾，用木棒不断搅拌，至明矾全部溶于水中，再煎至药液剩下 1.5 kg 左右，去渣冷却备用。用时须在下水前将手、脚在药液中浸泡一下；也可用棉花球蘸涂。待药液干后入水工作。每次出水休息，必须如前浸涂后再下水工作。（《上海中医药杂志》）

⑩治脚肚生疮，初起如粟，搔之渐开，黄水浸淫，痒痛溃烂，遂致绕胫而成痼疾：酸榴皮煎汤冷定，日日扫之，取愈乃止。（《医学正宗》）

⑪治汤火伤：石榴果皮适量，研末，麻油调搽患处。（《贵州草药》）

（2）石榴根皮。

【别名】　酸榴根。

【采收加工】　秋季采挖，忌用铁器。

【来源】　石榴科植物石榴 *Punica granatum* L. 的根皮。

【性状】　干燥根皮呈不规则卷曲或扁平的片块。外表面土黄色，粗糙，具深棕色鳞片状木栓，脱落后留有斑窝。内表面暗棕色。折断面不现栓内层。气微，味涩。以皮块完整、黄色者为佳。亦有些地方用树皮入药。

【化学成分】　石榴根皮含异石榴皮碱、β-谷甾醇、甘露醇等。

【药理作用】　①驱虫作用。石榴皮碱对绦虫的杀灭作用极强。

②抗菌作用。其抗菌作用可能与其中含有大量鞣质有关。

③抗病毒作用。其作用也可能是由于含有大量鞣质。

【性味】　苦、涩，温。

【功能主治】　杀虫，涩肠，止带。主治蛔虫病，绦虫病，久泻久痢，赤白带下。

【用法用量】　内服：煎汤，6～12 g。

【注意】　大便秘结及泻痢积滞未清者忌服。

【附方】①治蛔虫病：石榴根皮18 g。水煎汤，分3次服，每半小时1次，服完后4小时再服盐类泻剂。（苏医《中草药手册》）

②治绦虫病：醋石榴根，切1升。水2.3升，煮取800 g，去滓，着少米作稀粥。空腹食之。（《海上集验方》）

③治肾结石：石榴树根、金钱草各32 g，水煎服。（苏医《中草药手册》）

④治女子血脉不通，赤白带下：石榴根一握，炙干，浓煎一大盏，服之。（《斗门方》）

⑤治牙疳，鼻疳，衄血：石榴根皮或花6 g，水煎服。（江西《草药手册》）

（3）石榴花。

【别名】　榴花、酸石榴花。

【采收加工】　春季采收。

【来源】　石榴科植物石榴 *Punica granatum* L. 的花蕾。

【性味】　酸、涩，平。

【功能主治】　主治鼻衄，中耳炎，创伤出血。

【用法用量】　内服：煎汤，3～6 g；或入散剂。外用：研末撒或调敷。

【附方】①治鼻衄：a.酸石榴花0.3 g，黄蜀葵花3 g。上二味，捣罗为散，每服3 g，水一盏，煎至六分，不拘时候温服。（《圣济总录》）b.治鼻血：石榴花适量，研末，每次用0.3 g，吹入鼻孔。（《贵州草药》）

②治九窍出血：石榴花，揉塞之。（《本草纲目》）

③治金疮刀斧伤破血流：石灰1升，石榴花250 g，捣末，取少许敷上。（《海上集验方》）

④治肺痈：石榴花、牛膝各6 g，银花藤15 g，百部10 g，白及、冰糖各32 g，煨水服。（《贵州草药》）

⑤治中耳炎：石榴花，瓦上焙干，加冰片少许，研细，吹耳内。（江西《草药手册》）

（4）石榴叶。

【采收加工】　夏、秋季采收。

【来源】 石榴科植物石榴 *Punica granatum* L. 的叶片。

【化学成分】 含 β – 谷甾醇、甘露醇等。

【功能主治】 主治跌打损伤，风疮及风癞。

一一五、蓝果树科 Nyssaceae

喜树属 *Camptotheca* Decne.

574. 喜树 *Camptotheca acuminata* Decne.

【别名】 旱莲、野芭蕉、旱莲木、南京梧桐。

【形态】 落叶乔木，高达 20 m。树皮灰色或浅灰色，纵裂成浅沟状。小枝圆柱形，平展，当年生枝紫绿色，有灰色微柔毛，多年生枝淡褐色或浅灰色，无毛，有很稀疏的圆形或卵形皮孔；冬芽腋生，锥状，有 4 对卵形的鳞片，外面有短柔毛。叶互生，纸质，矩圆状卵形或矩圆状椭圆形，长 12 ～ 28 cm，宽 6 ～ 12 cm，顶端短锐尖，

基部近圆形或阔楔形，全缘，上面亮绿色，幼时脉上有短柔毛，其后无毛，下面淡绿色，疏生短柔毛，叶脉上更密，中脉在上面微下凹，在下面凸起，侧脉 11 ～ 15 对，在上面显著，在下面略凸起；叶柄长 1.5 ～ 3 cm，上面扁平或略呈浅沟状，下面圆形，幼时有微柔毛，其后几无毛。头状花序近球形，直径 1.5 ～ 2 cm，常由 2 ～ 9 个头状花序组成圆锥花序，顶生或腋生，通常上部为雌花序，下部为雄花序，总花梗圆柱形，长 4 ～ 6 cm，幼时有微柔毛，其后无毛。花杂性，同株；苞片 3 枚，三角状卵形，长 2.5 ～ 3 mm，内外两面均有短柔毛；花萼杯状，5 浅裂，裂片齿状，边缘睫毛状；花瓣 5 片，淡绿色，矩圆形或矩圆状卵形，顶端锐尖，长 2 mm，外面密被短柔毛，早落；花盘显著，微裂；雄蕊 10 枚，外轮 5 枚较长，常长于花瓣，内轮 5 枚较短，花丝纤细，无毛，花药 4 室；子房在两性花中发育良好，下位，花柱无毛，长 4 mm，顶端通常分 2 枝。翅果矩圆形，长 2 ～ 2.5 cm，顶端具宿存的花盘，两侧具窄翅，幼时绿色，干燥后黄褐色，着生成近球形的头状果序。花期 5—7 月，果期 9 月。

【生境分布】 多栽培于路旁或庭园。罗田观音山、骆驼坳镇有分布。

【药用部位】 树枝、树皮、树叶、果。

（1）喜树枝。

【来源】 蓝果树科植物喜树 *Camptotheca acuminata* Decne. 的树枝。

【化学成分】 全株含喜树碱，根、根皮、树皮、果、树枝含量分别为 1 : 2 : 1 : 2.5 : 0.4。根中还含喜树次碱等。果中还含羟基喜树碱、脱氧喜树碱、喜树次碱、白桦脂酸和喜果苷。

【药理作用】 抗癌作用：喜树碱中主要的抗癌基团为 α – 羟基内酯环。临床上用于胃癌、肠癌、食道癌、气管癌等。

【性味】 ①江西《中草药学》：苦涩。

②上海《中草药学》：苦，寒，有毒。

【功能主治】 主治各种癌症，急、慢性白血病，银屑病以及血吸虫病引起的肝脾肿大等。

【临床应用】 ①治疗肿瘤。

②治疗银屑病。

③治疗血吸虫病引起的肝脾肿大。

④治疗蕈样肉芽肿。

（2）喜树树皮。

【采收加工】 全年可采。

【来源】 蓝果树科植物喜树 *Camptotheca acuminata* Decne. 的树皮。

【功能主治】 主治牛皮癣。

（3）喜树叶。

【来源】 蓝果树科植物喜树 *Camptotheca acuminata* Decne. 的叶片。

【功能主治】 主治疖肿，疮痈初起。

（4）喜树果。

【采收加工】 秋季果实成熟尚未脱落时采收，晒干。

【来源】 蓝果树科植物喜树 *Camptotheca acuminata* Decne. 的果。

【化学成分】 含喜树碱、喜树次碱、羟基喜树碱、10- 甲氧基喜树碱、白桦脂酸、长春苷内酰胺等。

【性味】 苦、涩，寒；有毒。

【功能主治】 抗癌，散结，破血化瘀。主治多种肿瘤，如胃癌、肠癌、绒毛膜癌、淋巴管肉瘤等。

【备注】 一般认为果的作用较根皮佳，但毒性较大。

珙桐属 *Davidia* Baill.

575. 珙桐 *Davidia involucrata* Baill.

【别名】 柩梨子。

【形态】 落叶乔木，高 15～20 m，稀达 25 m；胸高直径约 1 m；树皮深灰色或深褐色，常裂成不规则的薄片而脱落。幼枝圆柱形，当年生枝紫绿色，无毛，多年生枝深褐色或深灰色；冬芽锥形，具 4～5 对卵形鳞片，常成覆瓦状排列。叶纸质，互生，无托叶，常密集于幼枝顶端，阔卵形或近圆形，常长 9～15 cm，宽 7～12 cm，顶端急尖或短急尖，具微弯曲的尖头，基部心形或深心形，边缘有三角形而尖端锐尖的粗锯齿，上面亮绿色，初被很稀疏的长柔毛，渐老时无毛，下面密被淡黄色或淡白色丝状粗毛，中脉和 8～9 对侧脉均在上面显著，在下面凸起；叶柄圆柱形，长 4～5 cm，稀达 7 cm，幼时被稀疏的短柔毛。两性花与雄花同株，由多数的雄花与 1 个雌花或两性花成近球形的头状花序，直径约 2 cm，着生于幼枝的顶端，两性花位于花序的顶端，雄花环绕于其周围，基部具纸质、矩圆状卵形或矩圆状倒卵形花瓣状的苞片 2～3 枚，长 7～15 cm，稀达 20 cm，宽 3～5 cm，稀达 10 cm，初淡绿色，继变为乳白色，

后变为棕黄色而脱落。雄花无花萼及花瓣，有雄蕊 1～7，长 6～8 mm，花丝纤细，无毛，花药椭圆形，紫色；雌花或两性花具下位子房，6～10 室，与花托合生，子房的顶端具退化的花被及短小的雄蕊，花柱粗壮，分成 6～10 枝，柱头向外平展，每室有 1 枚胚珠，常下垂。果为长卵圆形核果，长 3～4 cm，直径 15～20 mm，紫绿色具黄色斑点，外果皮很薄，中果皮肉质，内果皮骨质具沟纹，种子 3～5 个；果梗粗壮，圆柱形。花期 4 月，果期 10 月。

【备注】 珙桐为国家一级保护植物，罗田县蔡炳文先生引进一棵已存活。

有资料记载：珙桐根、果有抗癌作用，可治急、慢性白血病，银屑病，血吸虫引起的肝脾肿大；叶可治疖，有抗癌、杀虫作用，枝可用于癌症初期。

【生境分布】 生于海拔 1500～2200 m 的混交林中。

【药用部位】 果、根。

（1）珙桐果。

【采收加工】 9—10 月果实成熟时采收，鲜用。

【来源】 蓝果树科植物珙桐 *Davidia involucrata* Baill. 的果。

【性味】 苦，凉。

【功能主治】 清热解毒。主治疮痈肿毒。

【用法用量】 外用：适量，鲜品捣敷。

（2）珙桐根。

【采收加工】 全年均可采收，洗净，切段，晒干。

【来源】 蓝果树科植物珙桐 *Davidia involucrata* Baill. 的根。

【功能主治】 收敛止血，止泻。主治多种出血，泄泻。

【用法用量】 内服：煎汤，3～9 g。外用：适量，研末敷。

一一六、八角枫科 Alangiaceae

八角枫属 *Alangium* Lam.

576. 八角枫 *Alangium chinense*（Lour.）Harms

【别名】 白龙须、白金条、白筋条。

【形态】 落叶乔木或灌木，高 3～5 m，稀达 15 m，胸高直径 20 cm；小枝略呈"之"字形，幼枝紫绿色，无毛或有疏柔毛，冬芽锥形，生于叶柄的基部内，鳞片细小。叶纸质，近圆形或椭圆形、卵形，顶端短锐尖或钝尖，基部两侧常不对称，一侧微向下扩张，另一侧向上倾斜，阔楔形、截形，稀近心形，长 13～19（26）cm，宽 9～15（22）cm，不分裂或 3～7（9）裂，裂片短锐尖或钝尖，叶上面深绿色，无毛，下面淡绿色，除脉腋有丛状毛外，其余部分近无毛；基出脉 3～5（7），呈掌状，侧脉 3～5 对；叶柄长 2.5～3.5 cm，紫绿色或淡黄色，幼时有微柔毛，后无毛。聚伞花序腋生，长 3～4 cm，被稀疏微柔毛，有 7～30（50）花，花梗长 5～15 mm；小苞片线形或披针形，长 3 mm，常早落；总花梗长 1～1.5 cm，常分节；花冠圆筒形，长 1～1.5 cm，花萼长 2～3 mm，顶端分裂为 5～8 枚齿状萼片，长 0.5～1 mm，宽 2.5～3.5 mm；花瓣 6～8，线形，长 1～1.5 cm，宽 1 mm，基部黏合，上部开花后反卷，外面有微柔毛，初为白色，后变黄色；雄蕊和花瓣同数而近等长，花丝略扁，长 2～3 mm，有短柔毛，花药长 6～8 mm，药隔无毛，外面有时有褶皱；花盘近球形；子房 2 室，花柱无毛，疏生短柔毛，柱头头状，常 2～4 裂。核果卵圆形，长 5～7 mm，直径 5～8 mm，幼时绿色，成熟后黑色，顶端有宿存的萼齿和花盘，种子 1 个。花期 5—7 月和 9—10 月，果期 7—11 月。

【生境分布】生于海拔 1800 m 以下的山地或疏林中。罗田大河岸镇有分布。

【药用部位】根、叶等。

（1）白龙须。

【采收加工】全年均可采收，挖取支根或须根，洗净，晒干。

【来源】八角枫科植物八角枫 *Alangium chinense*（Lour.）Harms 的根、须根或根皮。

【性状】干燥支根，粗约 5 mm，略弯曲，根皮浅黄棕色，尚平滑，栓皮常有纵纹或剥脱。须根众多，直径约 1 mm，黄白色。质坚脆，断面纤维性，淡黄色。气微，味微甘而辛。以干燥、无杂质、须根多者为佳。

【化学成分】八角枫之须根及根皮含生物碱、酚类、氨基酸、有机酸、树脂等。须根主要含生物碱及糖苷。

【性味】辛，温；有毒。

【功能主治】祛风，通络，散瘀，镇痛，并有麻醉及松弛肌肉的作用。主治风湿疼痛，麻木瘫痪，心力衰竭，劳伤腰痛，跌打损伤。

【用法用量】内服：煎汤，须根 1.5～3 g，根 3～6 g（本品有毒，剂量必须严格控制，应从小剂量开始，至患者出现不同程度的软弱无力、疲倦感为度）；或浸酒。外用：煎水洗。

【注意】孕妇、小儿及年老体弱的患者均不宜服用。

【附方】①治风湿麻木：白金条，男用 7.5 g，女用 4.5 g。泡酒 195 ml，每次服药酒 15 g。

②治风湿麻木瘫痪：a. 白金条 6 g，红活麻 10 g，岩白菜 32 g，炖肉吃。b. 白龙须 3 g，野青菜 12 g，猪肉 250 g。将上药切碎炖肉，一次服完（服后 12 h 内麻木出汗，手脚无力）。

③治鹤膝风：白金条节 15 g，松节 10 g，红、白牛膝各 10 g。切细，加烧酒 500 ml 浸泡。每服药酒 15 g，常服。

④治劳伤腰痛：白金条 6 g，牛膝（醋炒）32 g，生杜仲 32 g。酒、水各 195 ml，煎服。

⑤治半身不遂：白金条 4.5 g，蒸鸡吃。（①～⑤方出自《贵阳民间药草》）

⑥治跌打损伤：八角枫干根 6 g，算盘子根皮 15 g，刺五加 32 g，泡酒服。（《贵州草药》）

⑦治鼻出血：白金条 6 g，水煎服。（《贵州民间方药集》）

【临床应用】①用作肌肉松弛剂。

②麻醉。

③治疗心力衰竭。

④治疗慢性风湿性关节炎。

（2）八角枫叶。

【采收加工】夏季采收。

【来源】 八角枫科植物八角枫 *Alangium chinense*（Lour.）Harms 的叶。

【功能主治】 跌打接骨。

【附方】①治乳结疼痛：八角枫叶数十张，抽去粗筋，捣烂敷中指（左乳痛敷右中指，右乳痛敷左中指）。轻者一次，重者三次。（《贵阳民间药草》）

②治刀伤出血：八角枫叶为细末，撒于伤口上。（《贵阳民间药草》）

577. 瓜木 *Alangium platanifolium*（Sieb. et Zucc.）Harms

【形态】 落叶灌木或小乔木，高 5～7 m；树皮平滑，灰色或深灰色；小枝纤细，近圆柱形，常稍弯曲，略呈"之"字形，当年生枝淡黄褐色或灰色，近无毛；冬芽圆锥状卵圆形，鳞片三角状卵形，覆瓦状排列，外面有灰色短柔毛。叶纸质，近圆形，稀阔卵形或倒卵形，顶端钝尖，基部近心形或圆形，长 11～13（18）cm，宽 8～11（18）cm，不分裂或稀分裂，分裂者裂片钝尖或锐尖至尾状锐尖，深达叶片长度 1/4～1/3，稀 1/2，边缘呈波状或钝锯齿状，上面深绿色，下面淡绿色，两面除沿叶脉或脉腋幼时有长柔毛或疏柔毛外，其余部分近无毛；主脉 3～5 条，由基部生出，常呈掌状，侧脉 5～7 对，和主脉相交成锐角，均在叶上面显著，下面微凸起，小叶脉仅在下面显著；叶柄长 3.5～5（10）cm，圆柱形，稀上面稍扁平或略呈沟状，基部粗壮，向顶端逐渐细弱，有稀疏的短柔毛或无毛。聚伞花序生于叶腋，长 3～3.5 cm，通常有 3～5 花，总花梗长 1.2～2 cm，花梗长 1.5～2 cm，几无毛，花梗上有线形小苞片 1 枚，长 5 mm，早落，外面有短柔毛；花萼近钟形，外面具稀疏短柔毛，裂片 5，三角形，长、宽均约 1 mm，花瓣 6～7，线形，紫红色，外面有短柔毛，近基部较密，长 2.5～3.5 cm，宽 1～2 mm，基部黏合，上部开花时反卷；雄蕊 6～7，较花瓣短，花丝略扁，长 8～14 mm，微有短柔毛，花药长 1.5～2.1 cm，药隔内面无毛，外面无毛或有疏柔毛；花盘肥厚，近球形，无毛，微现裂痕；子房 1 室，花柱粗壮，长 2.6～3.6 cm，无毛，柱头扁平。核果长卵圆形或长椭圆形，长 8～12 mm，直径 4～8 mm，顶端有宿存的花萼裂片，有短柔毛或无毛，有种子 1 个。花期 3—7 月，果期 7—9 月。

【生境分布】生于海拔 2000 m 以下土质比较疏松而肥沃的向阳山坡或疏林中。罗田九资河镇有分布。

【采收加工】 根：全年均可采收，挖出后，除去泥沙，斩取侧根和须状根，晒干即可。叶、花：夏、秋季采收，晒干备用或鲜用。

【药用部位】 侧根、须状根（纤维根）及叶、花。

【药材名】 瓜木。

【来源】 八角枫科植物瓜木 *Alangium platanifolium*（Sieb. et Zucc.）Harms 的根及叶、花。

【化学成分】 根含毒藜碱、喜树次碱等生物碱，还含水杨苷、树脂等成分。

【性味】 辛，微温；有毒。

【功能主治】祛风除湿，舒筋活络，散瘀止痛。主治风湿关节通，跌打损伤。

【用法用量】 内服：侧根 3～10 g，用量由小逐渐增加，切勿过量；须根一般不超过 3 g，宜在饭后服用。

【注意】 有毒。孕妇忌服，小儿和年老体弱者慎用。服用过量易出现头晕、周身麻痹、软瘫等中毒反应。

一一七、桃金娘科 Myrtaceae

蒲桃属 *Syzygium* Gaertn.

578. 赤楠 *Syzygium buxifolium* Hook. et Arn.

【别名】 牛金子、鱼鳞木、瓜子柴、山乌珠、假黄杨。

【形态】 灌木或小乔木；嫩枝有棱，干后黑褐色。叶片革质，阔椭圆形至椭圆形，有时阔倒卵形，长1.5～3 cm，宽1～2 cm，先端圆或钝，有时有钝尖头，基部阔楔形或钝，上面干后暗褐色，无光泽，下面稍浅色，有腺点，侧脉多而密，脉间相隔1～1.5 mm，斜行向上，离边缘1～1.5 mm处结合成边脉，在上面不明显，在下面稍凸起；叶柄长2 mm。聚伞花序顶生，长约

1 cm，有花数朵；花梗长1～2 mm；花蕾长3 mm；萼管倒圆锥形，长约2 mm，萼齿浅波状；花瓣4，分离，长2 mm；雄蕊长2.5 mm；花柱与雄蕊同等。果球形，直径5～7 mm。花期6—8月。

【生境分布】 生于山坡疏林、灌丛中和峡谷溪旁。罗田平湖乡、凤山镇有分布。

【采收加工】 夏、秋季采收。

【来源】 桃金娘科植物赤楠 *Syzygium buxifolium* Hook. et Arn. 的根或根皮。

【性味】 甘，平。

【功能主治】 健脾利湿，平喘，散瘀。主治浮肿，小儿哮喘，跌打损伤，烫伤。

【用法用量】 内服：煎汤，25～50 g。外用：捣敷或研末敷。

【附方】 ①治浮肿：赤楠根皮50 g，煨水服。（《贵州草药》）

②治小儿哮喘：赤楠根50 g，煨水服。（《贵州草药》）

一一八、菱科 Trapaceae

菱属 *Trapa* L.

579. 菱 *Trapa bispinosa* Roxb.

【别名】 水栗、芰、芰实、菱角、水菱。

【形态】一年生浮水水生草本。根二型：着泥根细铁丝状，着生于水底水中；同化根，羽状细裂，裂片丝状。茎柔弱分枝。叶二型：浮水叶互生，聚生于主茎或分枝茎的顶端，呈旋叠状镶嵌排列在水面形成莲座状的菱盘，叶片菱圆形或三角状菱圆形，长 3.5～4 cm，宽 4.2～5 cm，表面深亮绿色，无毛，背面灰褐色或绿色，主侧脉在背面稍凸起，密被淡灰色或棕褐色短毛，脉间有棕色斑块，叶边缘中上部具不整齐的圆凹齿或锯齿，边缘中下部全缘，基部楔形或近圆形；叶柄中上部膨大不明显，

长 5～17 cm，被棕色或淡灰色短毛；沉水叶小，早落。花小，单生于叶腋两性；萼筒 4 深裂，外面被淡黄色短毛；花瓣 4，白色；雄蕊 4；雌蕊，具半下位子房，2 心皮，2 室，每室具 1 倒生胚珠，仅 1 室胚珠发育；花盘鸡冠状。果三角状菱形，高 2 cm，宽 2.5 cm，表面具淡灰色长毛，2 肩角直伸或斜举，肩角长约 1.5 cm，刺角基部不明显粗大，腰角位置无刺角，丘状凸起不明显，果喙不明显，果颈高 1 mm，直径 4～5 mm，内具 1 白色种子。花期 5—10 月，果期 7—11 月。

【生境分布】生于池塘、河沼中。罗田各地有种植。

【采收加工】8—9 月采收。

【药用部位】果肉。

【药材名】菱。

【来源】菱科植物菱 *Trapa bispinosa* Roxb. 的果肉。

【化学成分】果肉含丰富的淀粉、葡萄糖、蛋白质等。

【药理作用】在以艾氏腹水癌做体内抗癌的筛选试验中，发现种子的醇浸水液有抗癌作用。

【性味】甘，凉。

【归经】归肠、胃经。

【功能主治】生食：清暑解热，除烦止渴。熟食：益气，健脾。

【用法用量】内服：生食或煮食。

【注意】《本经逢原》：患疟、痫人勿食。

【备注】还有一种乌菱（《本草纲目》），果实具两角，平展，先端向下弯曲，两角间直径 4～6 cm。长江以南各地均有栽培。

一一九、柳叶菜科 Onagraceae

露珠草属 *Circaea* L.

580. 南方露珠草 *Circaea mollis* Sieb. et Zucc.

【别名】辣椒七、假蛇床子、白洋漆药、野牛夕、红节草。

【形态】植株高 25 ～ 150 cm，被镰状弯毛；根状茎不具块茎。叶狭披针形、阔披针形至狭卵形，长 3 ～ 16 cm，宽 2 ～ 5.5 cm，基部楔形或稀圆形，先端狭渐尖至近渐尖，边缘近全缘至具锯齿。顶生总状花序常于基部分枝，稀为单总状花序，长 1.5 ～ 4 cm 甚至达 20 cm，生于侧枝顶端的总状花序通常不分枝；花梗与花序轴垂直生，基部不具或稀具 1 枚极小的刚毛状小苞片，花梗常被毛，花芽无毛或被曲的和直的、顶端头状和棒状

的腺毛。花管长 0.5 ～ 1 mm；萼片长 1.6 ～ 2.9 mm，宽 1 ～ 1.5 mm，淡绿色或带白色，开花时伸展或略反曲，先端短渐尖至钝圆或微呈乳凸状；花瓣白色，阔倒卵形，长 0.7 ～ 1.8 mm，宽 1 ～ 2.6 mm，先端下凹至花瓣长度的 1/4 ～ 1/2；雄蕊开花时通常直伸，短于或偶尔等于、稀长于花柱；蜜腺明显，凸出花管之外。果狭梨形至阔梨形或球形，长 2.6 ～ 3.5 mm，直径 2 ～ 3.2 mm，基部凹凸不平地、不对称地渐狭至果梗，果 2 室，具 2 种子，纵沟极明显；果梗常明显反曲，成熟果实连梗长 5 ～ 7 mm。花期 7—9 月，果期 8—10 月。

【生境分布】生于海拔 1000 ～ 2400 m 的山坡林下阴湿处。罗田薄刀峰有分布。

【采收加工】全草：夏、秋季采收，鲜用或晒干。根：秋季采挖，除去地上部分，洗净泥土，鲜用或晒干。

【来源】柳叶菜科植物南方露珠草 *Circaea mollis* Sieb. et Zucc. 的全草或根。

【性味】辛、苦，平。

【功能主治】祛风除湿，活血消肿，清热解毒。主治风湿痹痛，跌打瘀肿，乳痈，瘰疬，疮肿，无名肿毒，毒蛇咬伤。

【用法用量】内服：煎汤，3 ～ 9 g；或绞汁。外用：适量，捣敷。

柳叶菜属 *Epilobium* L.

581. 光滑柳叶菜 *Epilobium amurense* subsp. *cephalostigma*（Hausskn.）C. J. Chen

【别名】岩山柳叶菜。

【形态】多年生直立草本，秋季自茎基部生出短的肉质多叶的根出条，伸长后有时成莲座状芽，稀成匍匐枝条。茎高 10 ～ 80 cm，粗 1.5 ～ 4 mm，茎常多分枝，上部周围只被曲柔毛，无腺毛，中下部具不明显的棱线，但不贯穿节间，棱线上近无毛；叶对生，花序上的互生，近无柄或茎下部的有很短的柄，叶长圆状披针形至狭卵形，基部楔形；叶柄长 1.5 ～ 6 mm；长 2 ～ 7 cm，宽 0.5 ～ 2.5 cm，边缘每边有 6 ～ 25 枚锐齿，侧脉每侧 4 ～ 6 条，下面常隆起，脉上与边缘有曲柔毛，其余无毛。花序直立，有时初期稍下垂，常被曲柔毛与腺毛。花在芽时近直立；花蕾椭圆状卵形，长 1.5 ～ 2.4 mm，常疏被

曲柔毛与腺毛；子房长 1.5 ～ 2.8 mm，被曲柔毛与腺毛；花管长 0.6 ～ 0.9 mm，直径 1.5 ～ 1.8 mm，喉部有 1 环长柔毛；萼片披针状长圆形，长 3.5 ～ 5 mm，宽 0.8 ～ 1.9 mm，萼片均匀地被稀疏的曲柔毛。花瓣白色、粉红色或玫瑰紫色，倒卵形，花较小，长 4.5 ～ 7 mm，宽 2.4 ～ 4.5 mm，先端凹缺深 0.8 ～ 1.5 mm；花药卵状，长 0.4 ～ 0.7 mm，宽 0.3 ～ 0.4 mm；花丝外轮的长 2.8 ～ 4 mm，内轮的长 1.2 ～ 2.8 mm；花柱长 2 ～ 4.7 mm，有时近基部疏生长毛；柱头近头状，长 1 ～ 1.5 mm，直径 1 ～ 1.3 mm，顶端近平，开花时围以外轮花药或稍伸出。蒴果长 1.5 ～ 7 cm，疏被柔毛至变无毛；果梗长 0.3 ～ 1.2 cm。种子长圆状倒卵形，长 0.8 ～ 1 mm，宽 0.3 ～ 0.4 mm，深褐色，顶端近圆形，具不明显短喙，表面具粗乳凸；种缨污白色，长 6 ～ 9 mm，易脱落。花期 6—8（9）月，果期 8—9（10）月。

【生境分布】生于中低山河谷与溪沟边、林缘、草坡湿润处，海拔 600 ～ 2100 m。罗田薄刀峰有分布。

【采收加工】秋季采收，晒干或鲜用。

【来源】柳叶菜科植物光滑柳叶菜 *Epilobium amurense* subsp. *cephalostigma*（Hausskn.）C. J. Chen 的全草。

【性味】苦、涩，温。

【功能主治】收敛止血，止痢。主治肠炎，痢疾，月经过多，带下。

【用法用量】内服：煎汤，10 ～ 15 g。

丁香蓼属 *Ludwigia* L.

582. 水龙 *Ludwigia adscendens*（L.）Hara

【别名】过塘蛇、过江龙、过沟龙、过江藤。

【形态】多年生浮水或上升草本，浮水茎节上常簇生圆柱状或纺锤状白色海绵状贮气的根状浮器，具多数须状根；浮水茎长可达 3 m，直立茎高达 60 cm，无毛；生于旱生环境的枝上则常被柔毛但很少开花。叶倒卵形、椭圆形或倒卵状披针形，长 3 ～ 6.5 cm，宽 1.2 ～ 2.5 cm，先端常钝圆，有时近锐尖，基部狭楔形，侧脉 6 ～ 12 对；叶柄长 3 ～ 15 mm；托叶

卵形至心形，长 1.5 ～ 2 mm，宽 1.2 ～ 1.8 mm。花单生于上部叶腋；小苞片生于花柄上部，鳞片状长 2 ～ 3 mm，宽 1 ～ 2 mm；萼片 5，三角形至三角状披针形，长 6 ～ 12 mm，宽 1.8 ～ 2.5 mm，先端渐狭，被短柔毛；花瓣乳白色，基部淡黄色，倒卵形，长 8 ～ 14 mm，宽 5 ～ 9 mm，先端圆；雄蕊10，花丝白色；花药卵状长圆形，长 1.5 ～ 2 mm，花粉粒以单体授粉；花盘隆起，近花瓣处有蜜腺；花柱白色，长 4 ～ 6 mm，下部被毛；柱头近球状，5 裂，淡绿色，直径 1.5 ～ 2 mm，上部接受花粉；子房被毛，花梗长 2.5 ～ 6.5 cm。蒴果淡褐色，圆柱状，具 10 条纵棱，长 2 ～ 3 cm，直径 3 ～ 4 mm，果皮薄，不规则开裂；果梗长 2.5 ～ 7 cm，被长柔毛或变无毛。种子在每室单列纵向排列，淡褐色，牢固地嵌入木质硬内果皮内，椭圆状，长 1 ～ 1.3 mm。花期 5—8 月，果期 8—11 月。

【生境分布】生于水田、浅水塘，海拔 100 ～ 600 m 处。罗田各地均有分布。

【采收加工】全年均可采收，洗净，晒干备用。

【药用部位】 全草。

【药材名】 水龙。

【来源】 柳叶菜科植物水龙 *Ludwigia adscendens*（L.）Hara 的全草。

【性味】 淡，凉。

【功能主治】 清热利湿，解毒消肿。主治感冒发热，麻疹不透，肠炎，痢疾，小便不利；外用治疔疮脓肿，腮腺炎，带状疱疹，黄水疮，湿疹，皮炎，狗咬伤。

【用法用量】 内服：煎汤，16～32 g。外用：鲜品适量，捣烂敷患处；或用干粉调敷。

583. 丁香蓼 *Ludwigia prostrata* Roxb.

【别名】 小石榴树、小石榴叶、小疔药。

【形态】 一年生直立草本；茎高 25～60 cm，粗 2.5～4.5 mm，下部圆柱状，上部四棱形，常淡红色，近无毛，多分枝，小枝近水平开展。叶狭椭圆形，长 3～9 cm，宽 1.2～2.8 cm，先端锐尖或稍钝，基部狭楔形，在下部骤变窄，侧脉每侧 5～11 条，至近边缘渐消失，两面近无毛或幼时脉上疏生微柔毛；叶柄长 5～18 mm，稍具翅；托叶几乎全退化。萼片 4，三角状卵形至披针形，长 1.5～3 mm，宽 0.8～1.2 mm，疏被微柔毛或近无毛；花瓣黄色，匙形，长 1.2～2 mm，宽 0.4～0.8 mm，先端近圆形，

基部楔形，雄蕊 4，花丝长 0.8～1.2 mm；花药扁圆形，宽 0.4～0.5 mm，开花时以四合花粉直接授在柱头上；花柱长约 1 mm；柱头近卵状或球状，直径约 0.6 mm；花盘围在花柱基部，稍隆起，无毛。蒴果四棱形，长 1.2～2.3 cm，粗 1.5～2 mm，淡褐色，无毛，成熟时迅速不规则室背开裂；果梗长 3～5 mm。种子呈一列横卧于每室内，里生，卵状，长 0.5～0.6 mm，直径约 0.3 mm，顶端稍偏斜，具小尖头，表面有横条排成的棕褐色纵横条纹；种脊线形，长约 0.4 mm。花期 6—7 月，果期 8—9 月。

【生境分布】 生于稻田、河滩、溪谷旁湿处，海拔 100～700 m。罗田各地均有分布。

【采收加工】 夏、秋季采收，晒干。

【来源】 柳叶菜科植物丁香蓼 *Ludwigia prostrata* Roxb. 的全草。

【性状】 本品全株较光滑。主根明显，长圆锥形，多分枝。茎直径 0.2～0.8 cm，茎下部节上多须状根；上部多分枝，有棱角约 5 条，暗紫色或棕绿色，易折断，断面灰白色，中空。单叶互生，多皱缩，完整者展平后成狭椭圆形，全缘，先端渐尖，基部渐狭，长 4～7 cm，宽 1～2 cm。花 1～2 朵，腋生，无梗。花萼、花瓣均 4 裂，萼宿存，花瓣匙形，先端圆钝。蒴果条状四棱形，直立或弯曲，先端具宿萼。种子细小，光滑，棕黄色。气微，味咸、微苦。

【性味】 苦，凉。

【功能主治】 清热解毒，利湿消肿，利尿通淋，化瘀止血。主治湿热泻痢，淋痛，水肿，带下，肠风便血，咽喉肿痛，目赤肿痛。

【用法用量】 内服：煎汤，15～30 g；或泡酒。外用：适量，捣敷。

【附方】 治痢疾：鲜丁香蓼 4 两，水煎加糖适量服。

月见草属 *Oenothera* L.

584. 月见草 *Oenothera biennis* L.

【别名】山芝麻、夜来香。

【形态】直立二年生粗状草本，基生莲座叶丛紧贴地面；茎高 50～200 cm，不分枝或分枝，被曲柔毛与伸展长毛（毛的基部疱状），在茎枝上端常混生有腺毛。基生叶倒披针形，长 10～25 cm，宽 2～4.5 cm，先端锐尖，基部楔形，边缘疏生不整齐的浅钝齿，侧脉每侧 12～15 条，两面被曲柔毛与长毛；叶柄长 1.5～3 cm。茎生叶椭圆形至倒披针形，长 7～20 cm，宽 1～5 cm，先端锐尖至短渐尖，基部楔形，边缘每边有 5～19 枚稀疏钝齿，侧脉每侧 6～12 条，每边两面被曲柔毛与长毛，尤其茎上部的叶下面与叶缘常混生有腺毛；叶柄长 0～15 mm。花序穗状，不分枝，或在主序下面具次级侧生花序；苞片叶状，芽时长及花的 1/2，长大后椭圆状披针形，自下向上由大变小，近无柄，长 1.5～9 cm，宽 0.5～2 cm，果时宿存，花蕾锥状长圆形，长 1.5～2 cm，粗 4～5 mm，顶端具长约 3 mm 的喙；花管长 2.5～3.5 cm，直径 1～1.2 mm，黄绿色或开

花时带红色，被混生的柔毛、伸展的长毛与短腺毛；花后脱落；萼片绿色，有时带红色，长圆状披针形，长 1.8～2.2 cm，下部宽大处 4～5 mm，先端骤缩成尾状，长 3～4 mm，在芽时直立，彼此靠合，开放时自基部反折，但又在中部上翻，毛被同花管；花瓣黄色，稀淡黄色，宽倒卵形，长 2.5～3 cm，宽 2～2.8 cm，先端微凹缺；花丝近等长，长 10～18 mm；花药长 8～10 mm，花粉约 50% 发育；子房绿色，圆柱状，具 4 棱，长 1～1.2 cm，粗 1.5～2.5 mm，密被伸展长毛与短腺毛，有时混生曲柔毛；花柱长 3.5～5 cm，伸出花管部分长 0.7～1.5 cm；柱头围以花药。开花时花粉直接授在柱头裂片上，裂片长 3～5 mm。蒴果锥状圆柱形，向上变狭，长 2～3.5 cm，直径 4～5 mm，直立。绿色，毛被同子房，但渐变稀疏，具明显的棱。种子在果中呈水平状排列，暗褐色，棱形，长 1～1.5 mm，直径 0.5～1 mm，具棱角，各面具不整齐洼点。

【生境分布】生于海拔 1100 m 的向阳山坡、荒草地、沙质地及路旁、河岸等。罗田三里畈镇、凤山镇十里铺村有栽培。

（1）月见草。

【采收加工】秋季挖根，除去泥土，晒干。

【药用部位】根。

【来源】柳叶菜科植物月见草 *Oenothera biennis* L. 的根。

【性味】甘、苦，温。

【功能主治】 祛风湿，强筋骨。主治风寒湿痹，筋骨酸软。

【用法用量】 内服：煎汤，5～15 g。

（2）月见草油。

【采收加工】 7—8 月果成熟时，晒干，压碎并筛去果壳，收集种子，提取油脂。

【来源】 柳叶菜科植物月见草 *Oenothera biennis* L. 的种子提取的脂肪油。

【性味】 苦、微辛、微甘，平。

【药理作用】 消炎，降血脂，抗动脉粥样硬化，抗心律失常，缓解经前症候群等。

【功能主治】 主治胸痹心痛，中风偏瘫，虚风内动，小儿多动，风湿麻痹，腹痛泄泻，痛经，疮疡，湿疹。

【用法用量】 内服：制成胶丸、软胶囊等，每次 1～2 g，每日 2～3 次。

一二〇、小二仙草科 Haloragidaceae

小二仙草属 *Haloragis* J. R. et G. Forst.

585. 小二仙草 *Haloragis micrantha*（Thunb.）R. Br. ex Sieb. et Zucc.

【别名】 豆瓣草、女儿红、沙生草、水豆瓣、豆瓣菜。

【形态】 多年生陆生草本，高 5～45 cm；茎直立或下部平卧，具纵槽，多分枝，粗糙，带赤褐色。叶对生，卵形或卵圆形，长 6～17 mm，宽 4～8 mm，基部圆形，先端短尖或钝，边缘具稀疏锯齿，通常两面无毛，淡绿色，背面带紫褐色，具短柄；茎上部的叶有时互生，逐渐缩小而变为苞片。花序为顶生的圆锥花序，由纤细的总状花序组成；花两性，极小，直径约 1 mm，基部具 1 苞片与 2
小苞片；萼筒长 0.8 mm，4 深裂，宿存，绿色，裂片较短，三角形，长 0.5 mm；花瓣 4，淡红色，比萼片长 2 倍；雄蕊 8，花丝短，长 0.2 mm，花药线状椭圆形，长 0.3～0.7 mm；子房下位，2～4 室。坚果近球形，小型，长 0.9～1 mm，宽 0.7～0.9 mm，有 8 纵钝棱，无毛。花期 4—8 月，果期 5—10 月。

【生境分布】 生于荒山及沙地上。罗田北部山区等有分布。

【采收加工】 开花时采收，晒干。

【药用部位】 全草。

【药材名】 小二仙草。

【来源】 小二仙草科植物小二仙草 *Haloragis micrantha*（Thunb.）R. Br. ex Sieb. et Zucc. 的全草。

【性味】苦、辛，平。

【功能主治】清热，通便，活血，解毒。主治二便不通，热淋，赤痢，便秘，月经不调，跌打损伤，烫伤。

【用法用量】内服：煎汤，12～18 g。外用：捣敷。

【附方】①治赤白痢：鲜小二仙草 64 g，红白糖为引，水煎服。（江西《草药手册》）

②治血崩：小二仙草 64 g，金樱子根 32 g，精肉 125 g，炖服。（江西《草药手册》）

③治女子月经不调：豆瓣草、石枣子、石柑子、石海椒，炖猪肉服，如服后月经已通，可加益母草、对叶草再服。（《四川中药志》）

④消水肿：豆瓣草 32 g，切细，红糖 15 g，蒸服。（《贵州草药》）

⑤治烫伤：豆瓣草适量，研末，加冰片少许，麻油调搽患处。（《贵州草药》）

一二一、五加科 Araliaceae

五加属 *Acanthopanax* Miq.

586. 五加 *Acanthopanax gracilistylus* W. W. Smith

【别名】南五加皮。

【形态】灌木，高 2～3 m；枝灰棕色，软弱而下垂，蔓生状，无毛，节上通常疏生反曲扁刺。叶有小叶 5，稀 3～4，在长枝上互生，在短枝上簇生；叶柄长 3～8 cm，无毛，常有细刺；小叶片膜质至纸质，倒卵形至倒披针形，长 3～8 cm，宽 1～3.5 cm，先端尖至短渐尖，基部楔形，两面无毛或沿脉疏生刚毛，边缘有细钝齿，侧脉 4～5 对，两面均明显，下面脉腋间有淡棕色簇毛，网脉不明显；几无小叶柄。伞形花序单个，稀 2 个腋生，或顶生在短枝上，直径

约 2 cm，有花多数；总花梗长 1～2 cm，结实后延长，无毛；花梗细长，长 6～10 mm，无毛；花黄绿色；萼边缘近全缘或有 5 小齿；花瓣 5，长圆状卵形，先端尖，长 2 mm；雄蕊 5，花丝长 2 mm；子房 2 室；花柱 2，细长，离生或基部合生。果扁球形，长约 6 mm，宽约 5 mm，黑色；宿存花柱长 2 mm，反曲。花期 4—8 月，果期 6—10 月。

【生境分布】生于山坡上或丛林间。罗田各地均有分布。

【采收加工】夏、秋季采挖，剥取根皮，晒干。

【药用部位】根皮。

【药材名】南五加皮。

【来源】五加科植物五加 *Acanthopanax gracilistylus* W. W. Smith 的根皮。

【性状】 干燥根皮呈卷筒状，单卷或双卷，长 7～10 cm，筒径约 6 mm，厚 1～2 mm。表面灰褐色，有横向皮孔及纵皱，内表面淡黄色或淡黄棕色。质脆，易折断，断面不整齐；淡灰黄色。气微香，味微苦涩。以粗长、皮厚、气香、无木心者为佳。

【炮制】 拣去杂质，用水洗净，稍润后切片，干燥。

《本草述钩元》：五加皮，剥去骨，阴干酒洗，或用姜汁制。

【性味】 辛，温。

【归经】 归肝、肾经。

【功能主治】 祛风湿，壮筋骨，活血祛瘀。主治风寒湿痹，筋骨拘急，腰痛，阳痿，脚弱，小儿行迟，跌打损伤。

【用法用量】 内服：煎汤，4.5～10 g；或浸酒，或入丸、散。外用：捣敷。

【注意】 阴虚火旺者慎服。

①《本草经集注》：远志为使。畏蛇皮、玄参。

②《本草经疏》：下部无风寒湿邪而有火者不宜用，肝肾虚而有火者亦忌之。

③《得配本草》：肺气虚、水不足二者禁用。

【附方】 ①治男子妇人脚气，骨节皮肤肿湿疼痛，进饮食，行有力，不忘事：五加皮（酒浸）125 g，远志（去心，酒浸令透，易剥皮）125 g。上曝干，为末，春秋冬用浸药酒为糊，夏则用酒为糊，丸如梧子大。每服 40～50 丸，空心温酒送下。（《瑞竹堂经验方》）

②治一切风湿痿痹，壮筋骨，填精髓：五加皮，洗刮去骨，煎汁和曲米酿成饮之；或切碎袋盛，浸酒煮饮，或加当归、牛膝、地榆诸药。（《本草纲目》）

③治腰痛：五加皮、杜仲（炒）。上等份，为末，酒糊丸，如梧桐子大。每服 30 丸，温酒下。（《卫生家宝方》）

④治鹤膝风：五加皮 250 g，当归 160 g，牛膝 125 g，无灰酒 10 升。煮三炷香，日二服，以醺为度。（《外科大成》）

⑤治四、五岁不能行：真五加皮、川牛膝（酒浸二日）、木瓜（干）各等份。上为末，每服 6 g，空心米汤调下，一日二服，服后再用好酒半盏与儿饮之，仍量儿大小。（《保婴撮要》）

⑥治虚劳不足：五加皮、枸杞根皮各一斗。上二味细切，以水一石五斗，煮取汁七斗，分取四斗，浸曲一斗，余三斗用拌饭，下米多少，如常酿法，熟压取服之，多少任性。（《千金方》）

⑦治妇人血风劳，形容憔悴，肢节困倦，喘满虚烦，吸吸少气，发热汗多，口干舌涩，不思饮食：五加皮、牡丹皮、赤芍、当归（去芦）各 32 g。上为末，每服 3 g，水一盏，将青铜钱一文，蘸油入药，煎七分，温服，日三服。（《局方》）

⑧治损骨：小鸡 1 只，重 160～195 g（连毛），同五加皮 32 g，捣为糊，搦在伤处，一炷香时，解下后，用山栀 10 g，五加皮 12 g，酒一碗，煎成膏贴之，再以大瓦松煎酒服之。（《梅氏验方新编》）

⑨治伤风腰痛：牛膝、羌活、地骨皮、杜仲、川芎、海桐皮、甘草各 32 g，五加皮、薏苡仁各 64 g，生地黄 320 g，绢袋裹药，入无灰酒内浸，冬 7 日，夏 3～5 日，每服一杯，日三四服，常令酒气不尽。（《万密斋医学全书》）

经考查，五加皮当以上述五加科植物五加的根皮为正。但市场上使用较广者，为萝藦科植物杠柳的根皮，商品习称"香加皮"。两者性状不同，应予区别。

587. 藤五加 *Acanthopanax leucorrhizus*（Oliv.）Harms

【别名】 三加皮、掉阳尘。

【形态】 灌木，高 2～4 m，有时蔓生状；枝无毛，节上有一至数个刺或无刺，稀节间散生多数倒刺；刺细长，基部不膨大，下向。叶有小叶 5，稀 3～4；叶柄长 5～10 cm 或更长，先端有时有小刺，无毛；小叶片纸质，长圆形至披针形或倒披针形，稀倒卵形，先端渐尖，稀尾尖，基部楔形，长 6～14 cm，宽 2.5～5 cm，两面均无毛，边缘有锐利重锯齿，侧脉 6～10 对，两面隆起而明显，网脉不明显；小叶柄长

3～15 mm。伞形花序单个顶生，或数个组成短圆锥花序，直径 2～4 cm，有花多数；总花梗长 2～8 cm，稀更长；花梗长 1～2 cm；花绿黄色；萼无毛，边缘有 5 小齿；花瓣 5，长卵形，长约 2 mm，开花时反曲；雄蕊 5，花丝长 2 mm；子房 5 室，花柱全部合生成柱状。果卵球形，有 5 棱，直径 5～7 mm；宿存花柱短，长 1～1.2 mm。花期 6—8 月，果期 8—10 月。

【生境分布】 生于海拔 1000～3200 m 的丛林中。罗田各地均有分布。

【采收加工】 秋季挖根，洗净，剥取根皮，晒干。

【药用部位】 根皮。

【药材名】 藤五加皮。

【来源】 五加科植物藤五加 *Acanthopanax leucorrhizus*（Oliv.）Harms 的根皮。

【性味】 辛、微苦，温。

【功能主治】 祛风湿，通经络，强筋骨。主治风湿痹痛，拘挛麻木，腰膝酸软，半身不遂，跌打损伤，水肿，皮肤湿痒，阴囊湿肿。

【用法用量】 内服：煎汤，9～15 g；或泡酒。外用：适量，捣敷；或煎汤洗。

【注意】 阴虚火旺者慎服。

楤木属 *Aralia* L.

588. 楤木 *Aralia chinensis* L.

【别名】 虎阳刺、鸟不宿、通刺、刺龙柏。

【形态】 灌木或乔木，高 2～5 m，稀达 8 m，胸径达 10～15 cm；树皮灰色，疏生粗壮直刺；小枝通常淡灰棕色，有黄棕色茸毛，疏生细刺。叶为二回或三回羽状复叶，长 60～110 cm；叶柄粗壮，长可达 50 cm；托叶与叶柄基部合生，纸质，耳廓形，长 1.5 cm 或更长，叶轴无刺或有细刺；羽片有小叶 5～11，稀 13，基部有小叶 1 对；小叶片纸质至薄革质，卵形、阔卵形或长卵形，长 5～12 cm，稀长达 19 cm，宽 3～8 cm，

先端渐尖或短渐尖，基部圆形，上面粗糙，疏生糙毛，下面有淡黄色或灰色短柔毛，脉上更密，边缘有锯齿，稀为细锯齿或不整齐粗重锯齿，侧脉 7～10 对，两面均明显，网脉在上面不甚明显，下面明显；小叶无柄或有长 3 mm 的柄，顶生小叶柄长 2～3 cm。圆锥花序大，长 30～60 cm；分枝长20～35 cm，密生淡黄棕色或灰色短柔毛；伞形花序直径 1～1.5 cm，有花多数；总花梗长 1～4 cm，密生短柔毛；苞片锥形，膜质，长 3～4 mm，外面有毛；花梗长 4～6 mm，密生短柔毛，稀为疏毛；花白色，芳香；萼无毛，长约 1.5 mm，边缘有 5 三角形小齿；花瓣 5，卵状三角形，长 1.5～2 mm；雄蕊 5，花丝长约 3 mm；子房 5 室；花柱 5，离生或基部合生。果球形，黑色，直径约 3 mm，有 5 棱；宿存花柱长 1.5 mm，离生或合生至中部。花期 7—9 月，果期 9—12 月。

【生境分布】分布广，生于森林、灌丛或林缘路边，从海滨至海拔 2700 m 垂直分布。罗田各地均有分布。

【采收加工】全年均可采收。

【来源】五加科植物楤木 *Aralia chinensis* L. 的干燥茎枝。

【性状】本品呈圆柱形，表面灰棕色至棕色，有细纵裂纹，并具不规则散在的灰白色角状刺，顶部大多已折断，刺基锥形。质坚硬，断面淡黄色，髓部约占茎粗的 1/2。

【性味】①汪连仕《采药书》：性温。

②苏医《中草药手册》：辛，平；有小毒。

【功能主治】镇痛消炎，祛风行气，祛湿活血。根皮：主治胃炎，肾炎及风湿疼痛，亦可外敷刀伤。

【用法用量】内服：煎汤，10～16 g。外用：煎水洗。

【注意】孕妇慎服。

【附方】治肝炎腹水：鸟不宿叶 16 g，瘦猪肉 100 g，同炖食。（江西《草药手册》）

常春藤属 *Hedera* L.

589. 常春藤 *Hedera nepalensis* K. Koch var. *sinensis*（Tobl.）Rehd.

【别名】龙鳞薜荔、尖叶薜荔、三角风、上树蜈蚣、爬墙虎、钻天风。

【形态】常绿攀援灌木；茎长 3～20 m，灰棕色或黑棕色，有气生根；一年生枝疏生锈色鳞片，鳞片通常有 10～20 条辐射肋。叶片革质，在不育枝上通常为三角状卵形或三角状长圆形，稀三角形或箭形，长 5～12 cm，宽 3～10 cm，先端短渐尖，基部截形，稀心形，边缘全缘或 3 裂，花枝上的叶片通常为椭圆状卵形至椭圆状披针形，略歪斜而带菱形，稀卵形或披针形，极稀为阔卵形、圆卵形或箭形，长 5～16 cm，宽 1.5～10.5 cm，先端渐尖或长渐尖，基部楔形或阔楔形，稀圆形，全缘或有 1～3 浅裂，上面深绿色，有光泽，下面淡绿色或淡黄绿色，无毛或疏生鳞片，侧脉和网脉两面均明显；叶柄细长，长 2～9 cm，有鳞片，无托叶。伞形花序单个顶生，或 2～7 个总状排列或伞房状排列成圆锥花序，直径 1.5～2.5 cm，有花5～40 朵；总花梗长 1～3.5 cm，通常有鳞片；苞片小，三角形，长 1～2 cm；花梗长 0.4～1.2 cm；花淡黄白色或淡绿白色，

芳香；花萼密生棕色鳞片，长 2 mm，边缘近全缘；花瓣 5，三角状卵形，长 3～3.5 mm，外面有鳞片；雄蕊 5，花丝长 2～3 mm，花药紫色；子房 5 室；花盘隆起，黄色；花柱全部合生成柱状。果球形，红色或黄色，直径 7～13 mm；宿存花柱长 1～1.5 mm。花期 9—11 月，果期次年 3—5 月。

【生境分布】野生于山野，多攀援于大树或岩石上，庭园常有栽培。罗田各地均有分布。

【采收加工】秋季采收。

【药用部位】茎叶。

【药材名】常春藤。

【来源】五加科植物常春藤 *Hedera nepalensis* K. Koch var. *sinensis*（Tobl.）Rehd. 的茎叶。

【化学成分】茎含鞣质、树脂等。叶含常春藤苷、肌醇、胡萝卜素、糖类，还含鞣质。

【性味】苦，凉。

【归经】归肝、脾经。

【功能主治】祛风，利湿，平肝，解毒。主治风湿性关节炎，肝炎，头晕，目翳，疮痈肿毒。

【用法用量】内服：煎汤，3～10 g；或浸酒、捣汁。外用：煎水洗或捣敷。

【附方】①治肝炎：常春藤、败酱草，水煎服。（江西《草药手册》）

②治关节风痛及腰部酸痛：常春藤茎及根 10～12 g，黄酒、水各半煎服；并用水煎汁洗患处。（《浙江民间常用草药》）

③治产后感风头痛：常春藤 10 g，黄酒炒，加红枣 7 颗，水煎，饭后服。（《浙江民间常用草药》）

④治一切痈疽：龙鳞薜荔一握，研细，以酒解汁，温服。利恶物为妙。（《外科精要》）

⑤治衄血不止：龙鳞薜荔研水饮之。（《圣济总录》）

⑥托毒排脓：鲜常春藤 32 g，水煎，加水酒兑服。（江西《草药手册》）

⑦治疗疮痈肿：鲜常春藤 64 g，水煎服；外用鲜常春藤叶捣烂，加糖及烧酒少许捣匀，外敷。（江西《草药手册》）

⑧治口眼歪斜：三角风 15 g，白风藤 15 g，钩藤 7 个，泡酒 500 ml。每服药酒 15 g，或蒸酒适量服用。（《贵阳民间药草》）

⑨治皮肤瘙痒：三角风全草 500 g，熬水沐浴，每 3 天 1 次，经常洗用。（《贵阳民间药草》）

⑩治脱肛：常春藤 64～95 g，煎水熏洗。（江西《草药手册》）

刺楸属 *Kalopanax* Miq.

590. 刺楸 *Kalopanax septemlobus*（Thunb.）Koidz.

【别名】鸟不宿、钉木树、丁桐皮。

【形态】落叶乔木，高约 10 m，最高可达 30 m，胸径达 70 cm 以上，树皮暗灰棕色；小枝淡黄棕色或灰棕色，散生粗刺；刺基部宽阔扁平，通常长 5～6 mm，基部宽 6～7 mm，在苗壮枝上的长达 1 cm，宽 1.5 cm 以上。叶片纸质，在长枝上互生，在短枝上簇生，圆形或近圆形，直径 9～25 cm，稀达 35 cm，掌状 5～7 浅裂，裂片阔三角状卵形至长圆状卵形，长不及

全叶片的 1/2，茁壮枝上的叶片分裂较深，裂片长超过全叶片的 1/2，先端渐尖，基部心形，上面深绿色，无毛或几无毛，下面淡绿色，幼时疏生短柔毛，边缘有细锯齿，放射状主脉 5 ～ 7 条，两面均明显；叶柄细长，长 8 ～ 50 cm，无毛。圆锥花序大，长 15 ～ 25 cm，直径 20 ～ 30 cm；伞形花序直径 1 ～ 2.5 cm，有花多数；总花梗细长，长 2 ～ 3.5 cm，无毛；花梗细长，无关节，无毛或稍有短柔毛，长 5 ～ 12 mm；花白色或淡绿黄色；萼无毛，长约 1 mm，边缘有 5 小齿；花瓣 5，三角状卵形，长约 1.5 mm；雄蕊 5；花丝长 3 ～ 4 mm；子房 2 室，花盘隆起；花柱合生成柱状，柱头离生。果球形，直径约 5 mm，蓝黑色；宿存花柱长 2 mm。花期 7—10 月，果期 9—12 月。

【生境分布】多生于阳性森林、灌木林中和林缘及腐殖质较多的密林、向阳山坡，甚至岩质山地。除野生外，也有栽培。罗田北部山区有分布。

【采收加工】全年均可采收，洗净切段，晒干。

【药用部位】根、根皮或树皮。

【药材名】刺楸皮。

【来源】五加科植物刺楸 *Kalopanax septemlobus*（Thunb.）Koidz. 的根、根皮或树皮。

【性味】辛，平；有小毒。

【功能主治】祛风利湿，活血止痛。主治风湿腰膝酸痛，肾炎水肿，跌打损伤，内痔便血。

【用法用量】内服：煎汤，10 ～ 15 g。

人参属 *Panax* L.

591. 三七 *Panax notoginseng*（Burk.）F. H. Chen

【别名】山漆、金不换、血参、参三七、田七。

【形态】多年生草本，高达 30 ～ 60 cm。根茎短，具有老茎残留痕迹；根粗壮肉质，倒圆锥形或短圆柱形，长 2 ～ 5 cm，直径 1 ～ 3 cm，有数条支根，外皮黄绿色至棕黄色。茎直立，近圆柱形；光滑无毛，绿色或带多数紫色细纵条纹。掌状复叶，3 ～ 4 枚轮生于茎端；叶柄细长，表面无毛；小叶 3 ～ 7 枚；小叶片椭圆形至长圆状倒形，长 5 ～ 14 cm，宽 2 ～ 5 cm，中央数片较大，最下 2 枚最小，先端长尖，基部近圆形或两侧不相称，边缘有细锯齿，齿端偶具小刺毛，表面沿脉有细刺毛，有时两面均近无毛；具小叶柄。总花梗从茎端叶柄中央抽出，直立，长 20 ～ 30 cm；伞形花序单独顶生，直径约 3 cm；花多数，两性，有时单性花和两性花共存；小花梗细短，基部具有鳞片状苞片；花萼绿色，先端通常 5 齿裂；花瓣 5，长圆状卵形，先端尖，黄绿色；雄蕊 5，花药椭圆形，药背着生，内向纵裂，花丝线形；雌蕊 1，子房下位，2 室，花柱 2 枚，基部合生，花盘平坦或微凹。核果浆果状，近肾形，长 6 ～ 9 mm；嫩时绿色，熟时红色。种子 1 ～ 3 个，球形，种皮白色。花期 6—8 月，果期 8—10 月。

【生境分布】栽培或野生于山坡林阴下。主要栽培于云南、广西，四川、湖北、江西等地有野生，主产于云南、广西等地。罗田骆驼坳镇有栽培。

【采收加工】 夏末、秋初开花前，或冬季种子成熟后采收。选 3～7 年生者，挖取根部，去净泥土，剪除细根及茎基，晒至半干，反复搓揉，然后晒干。再置容器内，加入蜡块，反复振荡，使表面光亮呈棕黑色。夏、秋季采者，充实饱满，品质较佳，称为"春七"；冬季采者，形瘦皱缩，质量较差，称为"冬七"。其剪下的粗支根，称为"筋条"，较细者为"剪口"，最细者为"绒根"。

【来源】 五加科植物三七 *Panax notoginseng*（Burk.）F. H. Chen 的干燥根和根茎。本植物的叶（三七叶）、花（三七花）亦供药用。

【性状】 干燥的根呈不规则类圆柱形或纺锤形，长 3～5 cm，直径 0.3～3 cm，顶端有根茎残基。外表灰黄色或棕黑色，有光泽，具断续的纵皱纹及横向隆起的皮孔，并有支根的断痕。质坚实，不易折断，断面木部与皮部常分离，皮部黄色、灰色或棕黑色，木部角质光滑，有放射状纹理。气微，味先苦而后微甜。以个大坚实、体重皮细、断面棕黑色、无裂痕者为佳。

"筋条""剪口"及"绒根"大多不饱满而有较多的纵皱，并带有灰黄色的栓皮。易折断，断面颗粒状或角质状。

【炮制】 拣净杂质，捣碎，研末或润透切片晒干。三七粉：取三七，洗净，干燥，碾成细粉。

【性味】 甘、微苦，温。

【归经】 归肝、胃、大肠经。

【功能主治】 止血，散瘀，消肿，止痛。主治吐血，咯血，衄血，便血，血痢，崩漏，癥瘕，产后血晕，恶露不下，跌扑瘀血，外伤出血，痈肿疼痛。

【用法用量】 内服：煎汤，4.5～10 g；研末，1.5～3 g。外用：磨汁涂、研末撒或调敷。

【注意】 孕妇忌服。

【附方】 ①治吐血，衄血：山漆 3 g，自嚼，米汤送下。（《李时珍濒湖集简方》）

②治吐血：鸡蛋 1 枚，打开，和三七末 3 g，藕汁一小杯，陈酒小半杯，隔汤炖熟食之。（《同寿录》）

③治咯血，兼治吐衄，理瘀血及二便下血：花蕊石 10 g（煅存性），三七 6 g，血余（煅存性）3 g。共研细末，分两次，开水送服。（《医学衷中参西录》）

④治血痢：三七 10 g，研末，米泔水调服。

⑤治大肠下血：三七研末，同淡白酒调服 3～6 g。入四物汤亦可。

⑥治产后血多：三七研末，米汤服 3 g。

⑦治赤眼，十分重者：三七根磨汁涂四围。（④～⑦方出自《李时珍濒湖集简方》）

⑧止血：参三七、白蜡、乳香、降香、血竭、五倍、牡蛎各等份。不经火，为末，敷之。（《回生集》）

⑨治无名痈肿，疼痛不止：山漆磨米醋调涂。已破者，研末干涂。（《本草纲目》）

⑩治吐血不止：三七 3 g，口嚼烂，米汤送下。

⑪治虎咬虫伤：三七研细，每服 10 g，米汤送下。另取三七嚼涂伤处。（⑩⑪方出自《李时珍濒湖集简方》）

592. 秀丽假人参 *Panax pseudoginseng* Wall. var. *elegantior*（Burk.）Hoo et Tseng

【别名】 竹节三七。

【形态】 多年生草本；根状茎为长的串珠状或前端有短竹鞭状部分，横生，有 2 至多条肉质根；肉质根圆柱形，长 2～4 cm，直径约 1 cm，干时有纵皱纹。地上茎单生，高约 40 cm，有纵纹，无毛，基部有宿存鳞片。叶较小，为掌状复叶，4 片轮生于茎顶；叶柄长 4～5 cm，有纵纹，无毛；托叶小，披针形，长 5～6 mm；小叶 3～4 枚，薄膜质，透明，中央的小叶倒披针形、倒卵状椭圆形，稀倒卵形，最宽处在中部以上，先端常长渐尖，稀渐尖，基部狭尖，中央的长 9～10 cm，宽 3.5～4 cm，侧生的较小，先端长渐尖，基部渐狭，下延，边缘有重锯齿，齿有刺尖，上面脉上密生刚生，刚毛长 1.5 ～ 2 mm，下面无毛，侧脉 8 ～ 10 对，网脉明显；小叶柄长 2 ～ 10 mm，与叶柄顶端连接处簇生刚毛。伞形花序单个顶生，直径约 3.5 cm，有花 20 ～ 50 朵；总花梗长约 12 cm，有纵纹，无毛；花梗纤细，无毛，长约 1 cm；苞片不明显；花黄绿色；花萼杯状（雄花的萼为陀螺形），边缘有 5 个三角形的齿；花瓣 5；雄蕊 5；子房 2 室；花柱 2（雄花中的退化雌蕊上为 1），离生，反曲。

【生境分布】 生于海拔 1400 ～ 3500 m 的沟谷林下，现已人工栽培成功。罗田天堂寨、三省垴稀有分布，九资河镇罗家畈有人工栽培。

【药用部位】 根茎。

【药材名】 扣子七。

【来源】 五加科植物秀丽假人参 *Panax pseudoginseng* Wall. var. *elegantior*（Burk.）Hoo et Tseng 的根茎。

【性状】 因其根茎分节，节处膨大，形如一排稀疏纽扣，且其功效类似三七，故称"扣子七"。

【化学成分】 扣子七主要成分为人参皂苷 Ro 和竹节人参皂苷Ⅳa，倍半萜烯类化合物为扣子七挥发油的主要成分，斯巴醇可作为人参属植物中扣子七与其他植物的主要鉴别成分。

【药理作用】 抗炎、镇痛作用。

【功能主治】 祛瘀生新，止痛，止血。主治跌打损伤，吐血，衄血，劳伤腰痛。

【用法用量】 内服：煎汤，10 g。

【备注】 同属植物羽叶三七的根茎称为纽子七，亦称扣子七。其根茎节处亦膨大成纽扣状，但膨大处环纹明显，小叶 5 ～ 7 枚，呈羽状分裂，易与扣子七区别，其功效亦同扣子七。

通脱木属 *Tetrapanax* K. Koch

593. 通脱木 *Tetrapanax papyrifer*（Hook.）K. Koch

【别名】 白通草、通花、大通草、五角加皮、大叶五加皮。

【形态】 常绿灌木或小乔木，高 1 ～ 3.5 m，基部直径 6 ～ 9 cm；树皮深棕色，略有皱裂；新枝淡棕色或淡黄棕色，有明显的叶痕和大型皮孔，幼时密生黄色星状厚茸毛，后毛渐脱落。叶大，集生于茎顶；叶片纸质或薄革质，长 50 ～ 75 cm，宽 50 ～ 70 cm，掌状 5 ～ 11 裂，裂片通常为叶片全长的 1/3 或 1/2，稀至 2/3，倒卵状长圆形或卵状长圆形，通常再分裂为 2 ～ 3 小裂片，先端渐尖，上面深绿色，无毛，下面密生白色厚茸毛，边缘全缘或疏生粗齿，侧脉和网脉不明显；叶柄粗壮，长 30 ～ 50 cm，无毛；托叶和叶柄基部合生，锥形，长 7.5 cm，密生淡棕色或白色厚茸毛。圆锥花序长 50 cm 或更长；分枝多，长 15 ～ 25 cm；苞片披针形，长 1 ～ 3.5 cm，密生白色或淡棕色星状茸毛；伞形花序直径 1 ～ 1.5 cm，有花多数；总花梗长 1 ～ 1.5 cm，花梗长 3 ～ 5 mm，均密生白色星状茸毛；小苞片线形，长 2 ～ 6 mm；花淡黄白色；花萼长 1 mm，边缘全缘或近全缘，密生白色星状茸毛；花瓣 4，稀 5，三角状卵形，长 2 mm，外面密生星状厚茸毛；雄蕊和花瓣同数，花丝长约 3 mm；子房 2 室；花柱 2，离生，先端反曲。果直径约 4 mm，球形，紫黑色。花期 10—12 月，果期次年 1—2 月。

【生境分布】 栽培于庭院中。

【采收加工】 秋季采收，选择 2～3 年生的植株，割取地上茎，截成段，趁鲜时取出茎髓，理直，晒干，放置干燥处。茎髓加工制成的方形薄片，称为"方通草"；加工时修切下来的边条，称为"丝通草"。

【药用部位】 茎髓。

【药材名】 通草。

【来源】 五加科植物通脱木 *Tetrapanax papyrifer*（Hook.）K. Koch 的茎髓。

【性状】 干燥茎髓呈圆柱形，一般长 0.3～0.6 m，直径 1.2～3 cm。洁白色，有浅纵沟纹。体轻，质柔软，有弹性，易折断，断面平坦，中部有直径 0.5～1.5 cm 的空心或白色半透明的薄膜，外圈银白色，纵剖可见层层隔膜，无臭无味。以色洁白、心空、有弹性者为佳。

方通草：呈方形的薄片，微透明、平滑、洁白，似纸质而轻软。丝通草：不整齐的细长条片。

【炮制】 通草：拣去杂质，切片。朱通草：取通草片，置盆内喷水少许，微润，加朱砂细粉，洒均匀，并随时翻动，至外面挂匀朱砂为度，取出，晾干。（通草片每 10 kg，用朱砂 320 g）

【性味】 甘、淡，凉。

【归经】 归肺、胃经。

【功能主治】 泻肺，利小便，下乳汁。主治小便不利，淋病，水肿，产妇乳汁不通，目昏，鼻塞。

【用法用量】 内服：煎汤，1.5～4.5 g；或入丸、散。外用：研末绵裹塞鼻。

【注意】 气阴两虚，内无湿者热及孕妇慎服。

①《本草经疏》：虚脱人禁用，孕妇人勿服。

②《本草汇言》：阴阳两虚者禁用。

③《本草从新》：中寒者勿服。

【附方】①治热气淋涩，小便亦如红花汁者：通草 95 g，葵子 625 g，滑石（碎）125 g，石苇 64 g。上切，以水 3.75 kg，煎取 1.25 kg，去滓，分温三服；如人行八九里，又进一服。忌食五腥、热面、炙煿等物。（《普济方》）

②治一身黄肿透明，亦治肾肿：通草（蜜涂炙干）、木猪苓（去里皮）各等份。上为细末，并入研细去土地龙、麝香少许。每服 1.5 g 或 3 g，米饮调下。（《小儿卫生总微论方》）

③治伤寒后呕哕：通草 95 g，生芦根（切）625 g，橘皮 32 g，粳米 300 g。上四味，以水 3.125 kg 煮，取 1.25 kg 随便稍饮；不瘥，更作，取瘥止。（《千金方》）

④治鼻痈，气息不通，不闻香臭，并有息肉：木通、细辛、附子（炮，去皮、脐）各等份。上为末，蜜和。绵裹少许，纳鼻中。（《三因极一病证方论》）

⑤催乳：通脱木、小人参，炖猪脚食。（《湖南药物志》）

一二二、伞形科 Umbelliferae

当归属 *Angelica* L.

594. 白芷 *Angelica dahurica*（Fisch. ex Hoffm.）Benth. et Hook. f.

【别名】薛、芷、莀蓠、泽芬、白茞、香白芷。

【形态】多年生高大草本，高 1 ～ 2.5 m。根圆柱形，有分枝，直径 3 ～ 5 cm，外表皮黄褐色至褐色，有浓烈气味。茎基部直径 2 ～ 5 cm，有时可达 7 ～ 8 cm，通常带紫色，中空，有纵长沟纹。基生叶一回羽状分裂，有长柄，叶柄下部有管状抱茎、边缘膜质的叶鞘；茎上部叶二至三回羽状分裂，叶片轮廓为卵形至三角形，长 15 cm，宽 10 ～ 25 cm，叶柄长至 15 cm，下部为囊状膨大的膜质叶鞘，无毛或稀有毛，常带紫色；末回裂片长圆形、卵形或线状披针形，多无柄，长 2.5 ～ 7 cm，宽 1 ～ 2.5 cm，急尖，边缘有不规则的白色软骨质粗锯齿，具短尖头，基部两侧常不等大，沿叶轴下延成翅状；花序下方的叶简化成无叶的、显著膨大的囊状叶鞘，外面无毛。复伞形花序顶生或侧生，直径 10 ～ 30 cm，花序梗长 5 ～ 20 cm，花序梗、伞辐和花柄均有短糙毛；伞辐 18 ～ 40，中央主伞有时伞辐多至 70；总苞片通常缺或有 1 ～ 2，成长卵形膨大的鞘；小总苞片 5 ～ 10，线状披针形，膜质，花白色；无萼齿；花瓣倒卵形，顶端内曲成凹头状；子房无毛或有短毛；花柱比短圆锥状的花柱基长 2 倍。果长圆形至卵圆形，黄棕色，有时带紫色，长 4 ～ 7 mm，宽 4 ～ 6 mm，无毛，背棱扁，厚而圆钝，近海绵质，远较棱槽为宽，侧棱翅状，较果体狭；棱槽中有油管 1，合生面有油管 2。花期 7—8 月，果期 8—9 月。

【生境分布】生于林下、林缘、溪旁、灌丛和山谷草地。罗田骆驼坳镇有栽培。

【采收加工】秋季种植的，次年 7—9 月茎叶枯黄时采挖。春季种植的，当年 10 月采挖。择晴天，先割去地上部分，再挖出根部。除净残茎、须根及泥土（不用水洗），晒干或微火烘干。置干燥通风处保存，防虫蛀或霉烂。

【药用部位】根。

【药材名】白芷。

【来源】伞形科植物白芷 *Angelica dahurica*（Fisch. ex Hoffm.）Benth. et Hook. f. 的干燥根。

【化学成分】含异欧前胡素、欧前胡素、佛手柑内酯、珊瑚菜素、氧化前胡素等。

【炮制】拣去杂质，用水洗净，浸泡，捞出润透，略晒至外皮无滑腻感时，再闷润，切片干燥。

①《雷公炮炙论》：采得白芷后，刮削上皮，细锉，用黄精亦细锉，以竹刀切，二味等份，蒸一伏时后出，于日中晒干，去黄精用之。

②《本草纲目》：今人采（白芷）根洗刮寸截，以石灰拌匀晒收，为其易蛀，并欲色白也。入药微焙。

【性味】辛，温。

【归经】归肺、脾、胃经。

【功能主治】祛风，燥湿，消肿，止痛。主治头痛，眉棱骨痛，齿痛，鼻渊，寒湿腹痛，肠风痔漏，赤白带下，痈疽疮疡，皮肤燥痒，疥癣。

【用法用量】内服：煎汤，2.5～6 g；或入丸、散。外用：研末撒或调敷。

【注意】阴虚血热者忌服。

①《本草经集注》：当归为之使。恶旋覆花。

②《本草经疏》：呕吐因于火者禁用。漏下赤白、阴虚火炽血热所致者勿用。痈疽已溃，宜渐减去。

【附方】①治头痛及睛痛：白芷 12 g，生乌头 3 g。上为末，每服一字，茶调服。患眼睛痛者，先含水，次用此搐入鼻中，其效更速。（《类编朱氏集验医方》）

②治诸风眩晕，妇人产前产后乍伤风邪，头目昏重及血风头痛，暴寒乍暖，神思不清，伤寒头目昏晕等：香白芷（用沸汤泡洗四五遍）为末，炼蜜和丸如弹子大。每服一丸，多用荆芥点腊茶细嚼下。（《是斋百一选方》）

③治半边头痛：白芷、细辛、石膏、乳香、没药（去油）。上味各等份，为细末，吹入鼻中，左痛右吹，右痛左吹。（《种福堂公选良方》）

④治眉框痛，属风热与痰：黄芩（酒浸炒），白芷。上为末，茶清调 6 g。（《丹溪心法》）

⑤治鼻渊：辛夷、防风、白芷各 2.4 g，苍耳子 3.6 g，川芎 1.5 g，北细辛 2 g，甘草 1 g。白水煎，连服 4 剂。忌牛肉。（《疡医大全》）

⑥治肠风：香白芷为细末，米饮调下。（《是斋百一选方》）

⑦治风秘：香白芷炒为末，每服 6 g，米饮入蜜少许，连进二服。（《十便良方》）

⑧治痔疮肿痛：先以皂角烟熏之，后以鹅胆汁调白芷末涂之。（《医方摘要》）

⑨治带下，肠有败脓，淋露不已，脐腹冷痛，须此排脓：白芷 32 g，单叶红蜀葵根 64 g，芍药根（白者）、白矾各 16 g（矾烧枯，别研）。为末，同以蜡丸如梧子大，空肚及饭前，米饮下 10 丸或 15 丸，候脓尽，仍别以他药补之。（《本草衍义》）

⑩治肿毒热痛：醋调白芷末敷之。（《卫生易简方》）

⑪治痈疽赤肿：白芷、大黄各等份，为末，米饮服 6 g。（《经验方》）

⑫治刀箭伤疮：香白芷嚼烂涂之。（《李时珍濒湖集简方》）

595. 重齿毛当归 *Angelica pubescens* Maxim. f. *biserrata* Shan et Yuan

【别名】野独活、毛当归。

【形态】多年生高大草本。根类圆柱形，棕褐色，长至 15 cm，直径 1～2.5 cm，有特殊香气。茎高 1～2 m，粗至 1.5 cm，中空，常带紫色，光滑或稍有浅纵沟纹，上部有短糙毛。叶二回三出式羽状全裂，宽卵形，长 20～30（40）cm，宽 15～25 cm；茎生叶叶柄长达 30～50 cm，基部膨大成长 5～7 cm 的长管状、半抱茎的厚膜质叶鞘，开展，背面无毛或稍被短柔毛，末回裂片膜质，卵圆形至长椭圆形，长 5.5～18 cm，宽 3～6.5 cm，顶端渐尖，基部楔形，边缘有不整齐的尖锯齿或重锯齿，齿端有内曲的短尖头，顶生的

末回裂片多 3 深裂，基部常沿叶轴下延成翅状，侧生的具短柄或无柄，两面沿叶脉及边缘有短柔毛。序托叶简化成囊状膨大的叶鞘，无毛，偶被疏短毛。复伞形花序顶生和侧生，花序梗长 5～16（20）cm，密被短糙毛；总苞片 1，长钻形，有缘毛，早落；伞辐 10～25，长 1.5～5 cm，密被短糙毛；伞形花序有花 17～28（36）朵；小总苞片 5～10，阔披针形，比花柄短，顶端有长尖，背面及边缘被短毛。花白色，无萼齿，花瓣倒卵形，顶端内凹，花柱基扁圆盘状。果椭圆形，长 6～8 mm，宽 3～5 mm，侧翅与果体等宽或略狭，背棱线形，隆起，棱槽间有油管（1）2～3，合生面有油管 2～4（6）。花期 8—9 月，果期 9—10 月。

　　【生境分布】生于阴湿山坡、林下草丛中或稀疏灌丛中。罗田薄刀峰、天堂寨、三省垴等高山山谷、沟边、草丛中有分布。

　　【采收加工】春初苗刚发芽或秋末茎叶枯萎时采挖，除去须根和泥沙，烘至半干，堆 2～3 天，发软后再烘至全干。

　　【药用部位】根。

　　【药材名】独活。

　　【来源】伞形科植物重齿毛当归 *Angelica pubescens* Maxim. f. *biserrata* Shan et Yuan 的干燥根。

　　【性状】本品呈类圆形薄片，外表皮灰褐色或棕褐色，具皱纹。切面皮部灰白色至灰褐色，有多数散在棕色油点，木部灰黄色至黄棕色，形成层环棕色。有特殊香气。味苦、辛，微麻舌。

　　【性味】辛、苦，微温。

　　【归经】归肾、膀胱经。

　　【功能主治】祛风除湿，通痹止痛。主治风寒湿痹，腰膝疼痛，少阴头痛，风寒头痛。

　　【用法用量】内服：煎汤，3～10 g。

芹属 *Apium* L.

596. 旱芹 *Apium graveolens* L.

　　【别名】芹菜、香芹、蒲芹、药芹、野芹。

　　【形态】二年生或多年生草本，高 15～150 cm，有强烈香气。根圆锥形，支根多数，褐色。茎直立，光滑，有少数分枝，并有棱角和直槽。根生叶有柄，柄长 2～26 cm，基部略扩大成膜质叶鞘；叶片轮廓为长圆形至倒卵形，长 7～18 cm，宽 3.5～8 cm，通常 3 裂达中部或 3 全裂，裂片近菱形，边缘有圆锯齿或锯齿，叶脉两面隆起；较上部的茎生叶有短柄，叶片轮廓为阔三角形，通常分裂为 3 小叶，小叶倒卵形，中部以上边缘疏生钝锯齿以至缺刻。复伞形花序顶生或与叶对生，花序梗长短不一，有时缺少，通常无总苞片和小总苞片；伞辐细弱，3～16，长 0.5～2.5 cm；小伞形花序有花 7～29，花柄长 1～1.5 mm，萼齿小或不明显；花瓣白色或黄绿色，圆卵形，长约 1 mm，宽 0.8 mm，顶端有内折的小舌片；花丝与花瓣等长或稍长于花瓣，花药卵圆形，长约 0.4 mm；花柱基压扁，花柱幼时极短，成熟时长约 0.2 mm，向外反曲。分生果圆形或长椭圆形，长约 1.5 mm，宽 1.5～2 mm，果棱锐尖，合生面略收缩；每棱槽内有油

管 1，合生面有油管 2，胚乳腹面平直。花期 4—7 月。

【生境分布】 全国各地均有野生或栽培。罗田各地均有分布。

【采收加工】 春季采收，鲜用或晒干。

【药用部位】 全草。

【药材名】 旱芹。

【来源】 伞形科植物旱芹 *Apium graveolens* L. 的全草。

【化学成分】 茎叶含芹菜苷、佛手柑内酯、挥发油、有机酸、胡萝卜素、维生素 C、糖类等。挥发油中有 α–芹子烯，以及使旱芹具有特殊气味的丁基苯酞、新蛇床酞内酯、瑟丹内酯等苯酞衍生物。

【药理作用】 ①降压作用。

②对神经中枢有镇静、抗惊厥作用。

③对子宫有收缩作用。

【性味】 甘、苦，凉。

【归经】 归足阳明、厥阴经。

【功能主治】 平肝清热，祛风利湿。主治高血压，眩晕头痛，面红目赤，血淋，痈肿。

【用法用量】 内服：煎汤，10 ～ 15 g（鲜品 32 ～ 64 g）；或捣汁、入丸剂。外用：捣敷。

【注意】《生草药性备要》：生疥癞人勿服。

【附方】 ①治早期原发性高血压：鲜芹菜 125 g，马兜铃 10 g，大、小蓟各 15 g。制成流浸膏，每次 10 ml，每日服 3 次。（《陕西草药》）

②治痈肿：鲜芹菜 32 ～ 64 g，散血草、红泽兰、铧头草各适量。共捣烂，敷痈肿处。（《陕西草药》）

【临床应用】 ①治疗高血压及降低血清肌酐醇。取生芹菜去根，用冷开水洗净，绞汁，加入等量蜂蜜或糖浆。日服 3 次，每次 40 ml（服时加温）。芹菜根以鲜品最好，干者次之；用量尚可酌增。

②治疗乳糜尿。取青茎旱芹（较白茎旱芹短小，近根茎部呈青绿色）下半部分之茎（长约 10 cm）及全根（最好直径在 2 cm 以上），每次 10 根（根茎较细时按比例增加），洗净，加水 600 ml，文火煎煮浓缩至 200 ml。每日 2 次，早晚空腹服用。

柴胡属 *Bupleurum* L.

597. 红柴胡 *Bupleurum scorzonerifolium* Willd.

【别名】 香柴胡、软柴胡、软苗柴胡、南柴胡。

【形态】 多年生草本，高 30 ～ 60 cm。主根发达，圆锥形，支根稀少，深红棕色，表面略皱缩，上端有横环纹，下部有纵纹，质疏松而脆。茎单一或 2 ～ 3，基部密覆叶柄残余纤维，细圆，有细纵槽纹，茎上部有多回分枝，略呈“之”字形弯曲，并呈圆锥状。叶细线形，基生叶下部略收缩成叶柄，其他均无柄，叶长 6 ～ 16 cm，宽 2 ～ 7 mm，顶端长渐尖，基部稍变窄抱茎，质厚，稍硬挺，常对折或内卷，3 ～ 5脉，向叶背凸出，两脉间有隐约平行的细脉，叶缘白色，骨质，上部叶小，同型。伞形花序自叶腋间抽出，花序多，直径 1.2 ～ 4 cm，形成较疏松的圆锥花序；伞辐 3 ～ 8，长 1 ～ 2 cm，很细，弧形弯曲；总苞片 1 ～ 3，极细小，针形，长 1 ～ 5 mm，宽 0.5 ～ 1 mm，1 ～ 3 脉，有时紧贴伞辐，常早落；小伞形花序直径 4 ～ 6 mm，小总苞片 5，紧贴小伞，线状披针形，长 2.5 ～ 4 mm，宽 0.5 ～ 1 mm，细而锐尖，

等于或略超过花；小伞形花序有花 6 ～ 15，花柄长
1 ～ 1.5 mm；花瓣黄色，舌片儿与花瓣的 1/2 相等，
顶端 2 浅裂；花柱基厚垫状，宽于子房，深黄色，
柱头向两侧弯曲；子房主棱明显，表面常有白霜。
果广椭圆形，长 2.5 mm，宽 2 mm，深褐色，棱浅
褐色，粗钝凸出，每棱槽中有油管 5 ～ 6，合生面
有油管 4 ～ 6。花期 7—8 月，果期 8—9 月。

【生境分布】 生于海拔 160 ～ 2250 m 的干燥
草原及向阳山坡、灌木林边缘。罗田北部山区有分
布。

【采收加工】 春、秋季挖取根部，去除茎苗、
泥土、晒干。

【药用部位】 根。

【药材名】 南柴胡。

【来源】 伞形科植物红柴胡 Bupleurum
scorzonerifolium Willd. 的干燥根。

【性状】 根较细，圆锥形，顶端有多数细毛
状枯叶纤维，下部多不分枝或稍分枝。表面红棕
色或黑棕色，靠近根头处多具细密环纹。质稍软，
易折断，断面略平整，不显纤维性。具败油气。

【性味】 辛，苦，微寒。

【归经】 归肝、胆、肺经。

【功能主治】 疏散退热，疏肝解郁，升阳举气。主治感冒发热，寒热往来，胸胁胀痛，月经不调，
子宫脱垂，脱肛。

【用法用量】 内服：煎汤，3 ～ 10 g。

598. 竹叶柴胡 *Bupleurum marginatum* Wall. ex DC.

【别名】 紫柴胡、竹叶防风。

【形态】 多年生高大草本。根木质化，直根发达，外皮深红棕色，纺锤形，有细纵纹及稀疏的小
横突起，长 10 ～ 15 cm，直径 5 ～ 8 mm，根的顶端常有一段红棕色的地下茎，木质化，长 2 ～ 10 cm，
有时扭曲缩短，与根较难区分。茎高
50 ～ 120 cm，绿色，硬挺，基部常木质化，
带紫棕色，茎上有淡绿色的粗条纹，实心。
叶鲜绿色，背面绿白色，革质或近革质，叶
缘软骨质，较宽，白色，下部叶与中部叶同
型，长披针形或线形，长 10 ～ 16 cm，宽
6 ～ 14 mm，顶端急尖或渐尖，有硬尖头，
长达 1 mm，基部微收缩抱茎，脉 9 ～ 13，
向叶背显著凸出，淡绿白色，茎上部叶同型，
但逐渐缩小，7 ～ 15 脉。复伞形花序很多，

顶生花序往往短于侧生花序；直径 1.5 ～ 4 cm；伞辐 3 ～ 4（7），不等长，长 1 ～ 3 cm；总苞片 2 ～ 5，很小，不等大，披针形，或小如鳞片，长 1 ～ 4 mm，宽 0.2 ～ 1 mm，1 ～ 5 脉；小伞形花序直径 4 ～ 9 mm；小总苞片 5，披针形，短于花柄，长 1.5 ～ 2.5 mm，宽 0.5 ～ 1 mm，顶端渐尖，有小凸尖头，基部不收缩，1 ～ 3 脉，有白色膜质边缘，小伞形花序有花 6 ～ 12，直径 1.2 ～ 1.6 mm；花瓣浅黄色，顶端反折处较平而不凸起，小舌片较大，方形；花柄长 2 ～ 4.5 mm，较粗，花柱基厚盘状，宽于子房。果长圆形，长 3.5 ～ 4.5 mm，宽 1.8 ～ 2.2 mm，棕褐色，棱狭翼状，每棱槽中有油管 3，合生面有油管 4。花期 6—9 月，果期 9—11 月。

【生境分布】生于海拔 750 ～ 2300 m 的山坡草地或林下。罗田天堂寨、大崎镇、平湖乡等地均有分布。

【采收加工】春、秋季挖取根部，除去茎苗、泥土，晒干。

【药用部位】根。

【药材名】北柴胡。

【来源】伞形科植物竹叶柴胡 *Bupleurum marginatum* Wall. ex DC. 的根。

【化学成分】北柴胡根含挥发油、柴胡醇、油酸、亚麻酸、棕榈酸、硬脂酸、葡萄糖及柴胡皂苷等。

【药理作用】①解热作用。

②镇静、镇痛作用。

③抗炎作用。

④抗病原体作用。

⑤利胆作用。

⑥降压作用。

【炮制】柴胡：拣去杂质，除去残茎，洗净泥沙，捞出，润透后及时切片，随即晒干。醋柴胡：取柴胡片，用醋拌匀，置锅内用文火炒至醋吸尽并微干，取出，晒干。（每 100 kg 柴胡，用醋 12 kg）鳖血柴胡：取柴胡片，置大盆内，淋入用温水少许稀释的鳖血，拌匀，闷润，置锅内用文火微炒，取出，放凉。（每 100 kg 柴胡，用活鳖 200 个取血）

【性味】苦，凉。

【归经】归肝、胆经。

【功能主治】和解表里，疏肝，升阳。主治寒热往来，胸满胁痛，头痛目眩，疟疾，月经不调，子宫下垂。

【用法用量】内服：煎汤，2.4 ～ 4.5 g；或入丸、散。

【注意】真阴亏损、肝阳上升者忌服。

①《本草经集注》：半夏为之使。恶皂荚。畏女菀、藜芦。

②《医学入门》：元气下绝，阴火多汗者，误服必死。

③《本草经疏》：虚而气升者忌之，呕吐及阴虚火炽炎上者，法所同忌。疟非少阳经者勿食。

【附方】①治伤寒五六日，中风，往来寒热，胸胁苦满，心烦喜呕，或胸中烦而不呕：柴胡 250 g，黄芩 95 g，人参 95 g，半夏（洗）0.312 g，甘草（炙）、生姜（切）各 95 g，大枣（擘）12 枚。上七味，以水 7.5 kg，煮取 3.75 kg，去滓，再煎取 1.88 kg，温服 625 g，日三服。（《伤寒论》）

②治邪入经络，体瘦肌热，推陈致新，解利伤寒、时疾：柴胡（洗，去苗）125 g，甘草（炙）32 g。上细末，每服 6 g，水一盏，同煎至八分，食后热服。（《本事方》）

③治外感风寒，发热恶寒，头疼身痛，疟疾初起：柴胡 3 ～ 10 g，防风 3 g，陈皮 4.5 g，芍药 6 g，甘草 3 g，生姜 3 ～ 5 片。水一盅半，煎七八分，热服。（《景岳全书》）

④治血虚劳倦，五心烦热，肢体疼痛，发热盗汗，减食嗜卧，及血热相搏，月水不调，脐腹胀痛，寒热如疟；又疗荣卫不和，痰嗽潮热，肌体羸瘦，渐成骨蒸：甘草（炙微赤）半两、当归（去苗，锉，微炒）、

茯苓（去皮，白者）、白芍、白术、柴胡（去苗）各32 g。上为粗末。每服6 g，水一大盏，煨生姜1块切破，薄荷少许，同煎至七分，去渣热服，不拘时候。（《局方》）

⑤治盗汗，寒热往来：柴胡（去苗）、胡黄连各等份，为末，炼蜜和膏，丸鸡头子大。每一二丸，用酒少许化开，入水五分，重汤煮二三十沸，放温服，无时。（《小儿卫生总微论方》）

⑥治荣卫不顺，体热盗汗，筋骨疼痛，多困少力：柴胡64 g，鳖甲64 g，甘草、知母各32 g，秦艽48 g。上五味杵为末。每服6 g，水八分，枣2枚，煎六分，热服。（《博济方》）

⑦治黄疸：柴胡（去苗）32 g，甘草0.3 g。上都细锉作一剂，以水一碗，白茅根一握，同煎至七分，绞去渣，任意时服，一日尽。（《传家秘宝方》）

⑧治肝黄：柴胡（去苗）32 g，甘草（炙微赤，锉）16 g，决明子、车前子、羚羊角屑各16 g。上药捣筛为散。每服10 g，以水一中盏，煎至五分，去滓，不计时候温服。（《太平圣惠方》）

⑨治积热下痢：柴胡、黄芩各等份。半酒半水，煎七分，浸冷，空心服之。（《济急仙方》）

⑩治痰郁，火邪在下焦，大小便不利：陈皮、川芎、茯苓各6 g，半夏4.5 g，升麻、防风、甘草、柴胡各1.5 g，水、姜煎服。（《万密斋医学全书》）

【临床应用】 用于退热。北柴胡对普通感冒、流行性感冒、疟疾、肺炎等有较好的退热效果。

积雪草属 *Centella* L.

599. 积雪草 *Centella asiatica*（L.）Urban

【别名】 老公根、地钱草、地棠草、崩大碗、灯盏菜、野荠菜、雷公根。

【形态】 多年生草本，茎匍匐，细长，节上生根。叶片膜质至草质，圆形、肾形或马蹄形，长1～2.8 cm，宽1.5～5 cm，边缘有钝锯齿，基部阔心形，两面无毛或在背面脉上疏生柔毛；掌状脉5～7，两面隆起，脉上部分叉；叶柄长1.5～2.7 cm，无毛或上部有柔毛，基部叶鞘透明，膜质。伞形花序梗2～4个，聚生于叶腋，长0.2～1.5 cm，有毛或无；苞片通常2，很少3，卵形，膜质，长3～4 mm，宽

2.1～3 mm；每一伞形花序有花3～4，聚集成头状，花无柄或有长1 mm的短柄；花瓣卵形，紫红色或乳白色，膜质，长1.2～1.5 mm，宽1.1～1.2 mm；花柱长约0.6 mm；花丝短于花瓣，与花柱等长。果两侧扁压，圆球形，基部心形至平截形，长2.1～3 mm，宽2.2～3.6 mm，每侧有纵棱数条，棱间有明显的小横脉，网状，表面有毛或平滑。花果期4—10月。

【生境分布】 多生于路旁、沟边，以及田坎边稍湿润而肥沃的土地。罗田北部中、高山区有分布。

【采收加工】 夏、秋季采收，除去泥土、杂质，晒干。

【药用部位】 全草。

【药材名】 积雪草。

【来源】 伞形科植物积雪草 *Centella asiatica*（L.）Urban 的全草。

【性状】 干燥全草多皱缩成团，根圆柱形，长3～4.5 cm，直径1～1.5 mm，淡黄色或灰黄色，

有纵皱纹。茎细长、弯曲、淡黄色，在节处有明显的细根残迹或残留的细根。叶多皱缩、淡绿色，圆形或肾形，直径 2～4 cm，边缘有钝齿，下面有细毛。叶柄长 1.5～7 cm，常扭曲，基部具膜质叶鞘。气特异，味微辛。

【药理作用】　①镇静、安定作用。

②积雪草苷能治疗皮肤溃疡，如顽固性创伤、皮肤结核、麻风等。

③抗菌作用。

【性味】　苦、辛，寒。

【归经】　归肝、脾、肾经。

【功能主治】　清热利湿，消肿解毒。主治痧气腹痛，暑泻，痢疾，湿热黄疸，吐血，衄血，咯血，目赤，喉肿，风疹，疥癣，疮痈肿毒，跌打损伤。

【用法用量】　内服：煎汤，10～15 g（鲜品 16～32 g）；或捣汁。外用：捣敷或捣汁涂。

【注意】　《植物名实图考》：虚寒者不宜。

【附方】　①治湿热黄疸：积雪草 32 g，冰糖 32 g，水煎服。（《江西民间草药》）

②治暑泻：积雪草鲜叶搓成小团，嚼细开水吞服一二团。（《浙江民间常用草药》）

③治石淋：积雪草 32 g，第二次的淘米水煎服。（《江西民间草药验方》）

④治小便不通：鲜积雪草 32 g，捣烂贴肚脐，小便通即去药。（《闽东本草》）

⑤治肝脏肿大：崩大碗每次 250～500 g，水煎服。（《岭南草药志》）

⑥治麻疹：积雪草 32～64 g，水煎服。（广州部队《常用中草药手册》）

⑦治疔疮：a.鲜积雪草，洗净，捣烂敷患处。（《江西民间草药》）b.鲜积雪草 32～64 g，水煎服。（《福建中草药》）

⑧治缠腰火丹：鲜积雪草，洗净，捣烂绞汁，同适量的生糯米粉调成稀糊状，搽患处。（《江西民间草药》）

⑨治跌打损伤：积雪草 25～32 g，红酒 250～400 g，炖 1 h，内服；渣捣烂后贴伤部。（《福建民间草药》）

⑩治刀伤出血：崩大碗，酌量，捣烂外敷伤口。（《岭南草药志》）

⑪治臁疮：鲜积雪草洗净，捣烂敷患处，一日一换。（《江西民间草药》）

⑫治目赤肿痛：鲜积雪草捣烂敷寸口处，或捣烂绞汁点患眼，一日三四次。（《江西民间草药》）

⑬治麦粒肿：鲜积雪草洗净捣烂，掺红糖敷之。（《泉州本草》）

⑭治咽喉肿痛：鲜积雪草 64 g，洗净，放碗中捣烂，开水冲出汁，候温，频频含咽。（《江西民间草药》）

⑮治百日咳：崩大碗 95 g，瘦猪肉 32 g。同煎 1 h，分 2 次服，连服数天。

⑯治误食砒霜或其他食物中毒：老公根 125 g，胆矾 3 g，水煎服。此方亦治钩吻及蕈中毒。

⑰治骨鲠：雷公根水煎内服，服时须慢慢咽下。（⑮～⑰方出自《岭南草药志》）

⑱解钩吻中毒：取崩大碗捣烂，加茶油灌服。

⑲解木薯中毒：取崩大碗捣烂，温开水冲服。

⑳解毒蕈中毒：崩大碗 125 g，片糖 64 g，水煎内服；或崩大碗 125 g，萝卜 500 g，捣烂榨汁内服。（⑱～⑳方出自《南方主要有毒植物》）

㉑治咯血，吐血，衄血：鲜积雪草 64～95 g，水煎或捣汁服。（《福建中草药》）

㉒治跌打肿痛：鲜积雪草捣烂绞汁 32 g，调酒，炖温服；渣敷患处。（《福建中草药》）

【临床应用】　①用于止痛。

②治疗传染性肝炎。

蛇床属 *Cnidium* Cuss.

600. 蛇床 *Cnidium monnieri*（L.）Cuss.

【别名】蛇珠、蛇粟、气果、双肾子、野茴香。

【形态】一年生草本，高 10 ～ 60 cm。根圆锥状，较细长。茎直立或斜上，多分枝，中空，表面具深条棱，粗糙。下部叶具短柄，叶鞘短宽，边缘膜质，上部叶柄全部鞘状；叶片轮廓卵形至三角状卵形，长 3 ～ 8 cm，宽 2 ～ 5 cm，二至三回三出式羽状全裂，羽片轮廓卵形至卵状披针形，长 1 ～ 3 cm，宽 0.5 ～ 1 cm，先端常略呈尾状，末回裂片线形至线状披针形，长 3 ～ 10 mm，宽 1 ～ 1.5 mm，具小尖头，边缘及脉上粗糙。复伞形花序直径 2 ～ 3 cm；总苞片 6 ～ 10，线形至线状披针形，长约 5 mm，边缘膜质，具细毛；伞辐 8 ～ 20，不等长，长 0.5 ～ 2 cm，棱上粗糙；小总苞片多数，线形，长 3 ～ 5 mm，边缘具细毛；小伞形花序具花 15 ～ 20，

萼齿无；花瓣白色，先端具内折小舌片；花柱基略隆起，花柱长 1 ～ 1.5 mm，向下反曲。分生果长圆状，长 1.5 ～ 3 mm，宽 1 ～ 2 mm，横剖面近五角形，主棱 5，均扩大成翅；每棱槽内有油管 1，合生面有油管 2；胚乳腹面平直。花期 4—7 月，果期 6—10 月。

【生境分布】生于山坡草丛中，或田间、路旁。我国大部分地区均有分布。罗田瓮门关村有分布。

【采收加工】果实成熟呈黄色时采收，割取全株，打落果实，拣去杂质，筛去泥沙，洗净，晒干。

【药用部位】果实。

【药材名】蛇床子。

【来源】伞形科植物蛇床 *Cnidium monnieri*（L.）Cuss. 的果实。

【性状】干燥果实呈椭圆形，由 2 分果合成，长约 2 mm，直径约 1 mm，灰黄色，顶端有 2 枚向外弯曲的宿存花柱基；分果背面略隆起，有凸起的脊线 5 条，接合面平坦，有 2 条棕色略凸起的纵线，其中有 1 条浅色的线状物。果皮松脆。种子细小，灰棕色，有油性。气香，味辛凉而有麻舌感。以颗粒饱满、灰黄色、气味浓厚者为佳。

【性味】辛、苦，温。

【归经】归肾、脾经。

【功能主治】温肾助阳，祛风，燥湿，杀虫。主治男子阳痿，阴囊湿痒，女子带下阴痒，子宫寒冷不孕，风湿痹痛，疥疮湿疹。

【用法用量】内服：煎汤，3 ～ 10 g；或入丸剂。外用：煎水熏洗；或作栓剂，或研末撒、调敷。

【注意】下焦有湿热，或肾阴不足，相火易动以及精关不固者忌服。

【附方】①治阳痿：菟丝子、蛇床子、五味子各等份。上三味，末之，蜜丸如梧子。饮服 30 丸，日三。（《千金方》）

②治白带因寒湿者：蛇床子 250 g，山茱萸肉 195 g，南五味子 125 g，车前子 95 g，香附（俱用醋拌炒）64 g，枯白矾 15 g，血鹿胶（火炙酒淬）15 g。共为细末，山药打糊丸梧子大。每早空心服 15 g，白汤送下。（《方氏脉症正宗》）

③治妇人阴寒，温阴中坐药：蛇床子仁，一味末之，以白粉少许，和合相得，如枣大，绵裹纳之，自然温。（《金匮要略》）

④治妇人阴痒：蛇床子 32 g，白矾 6 g，煎汤频洗。（《李时珍濒湖集简方》）

⑤治产后阴下脱：蛇床子 625 g，布裹炙熨之，亦治产后阴中痛。（《千金方》）

⑥治妇人子脏挺出：蛇床子 625 g，酢梅 37 枚。水 3.13 kg，煮取 1.56 kg，洗之，日十过。（《僧深集方》）

⑦治滴虫性阴道炎：a.蛇床子 15 g，水煎，灌洗阴道。（江西《草药手册》）b.蛇床子 32 g，黄柏 10 g。以甘油明胶为基质做成栓剂（重 2 g），每日阴道内置放一枚。（内蒙古《中草药新医疗法资料选编》）

⑧治男子阴肿胀痛：蛇床子末，鸡子黄调敷之。（《永类钤方》）

⑨治阴囊湿疹：蛇床子 15 g，煎水洗阴部。（江西《草药手册》）

⑩治小儿癣：蛇床实，捣末，和猪脂敷之。（《千金方》）

⑪治小儿恶疮：腻粉 1 g，黄连（去须）0.3 g，蛇床子 1 g。上药捣细罗为散，每使时，先以温盐汤洗疮令净，拭干，以生油涂之。（《太平圣惠方》）

⑫治小儿唇口边肥疮，亦治耳疮、头疮：白矾 32 g（烧灰），蛇床子 32 g。为末，干掺疮上。（《小儿卫生总微论方》）

⑬治湿疹，过敏性皮炎，漆树过敏，手足癣：蛇床子、桉树叶、苦楝树皮、鸭脚木、苦参、地肤子各适量，煎水泡洗患处，每日 2 次。（江西《草药手册》）

⑭治冬月喉痹肿痛，不可下药者：蛇床子烧烟于瓶中，口含瓶嘴吸烟，其痰自出。（《太平圣惠方》）

【临床应用】 ①治疗滴虫性阴道炎。

②治疗急性渗出性皮肤病。

芫荽属 *Coriandrum* L.

601. 芫荽 *Coriandrum sativum* L.

【别名】胡荽、香菜。

【形态】一年生或二年生，有强烈气味的草本，高 20～100 cm。根纺锤形，细长，有多数纤细的支根。茎圆柱形，直立，多分枝，有条纹，通常光滑。根生叶有柄，柄长 2～8 cm；叶片一或二回羽状全裂，羽片广卵形或扇形半裂，长 1～2 cm，宽 1～1.5 cm，边缘有钝锯齿、缺刻或深裂，上部的茎生叶三回至多回羽状分裂，末回裂片狭线形，长 5～10 mm，宽 0.5～1 mm，顶端钝，全缘。伞形花序顶生或与叶对生，花序梗长 2～8 cm；伞辐 3～7，长 1～2.5 cm；小总苞片 2～5，线形，全缘；小伞形花序有孕花 3～9，花白色或带淡紫色；萼齿通常大小不等，小的卵状三角形，大的长卵形；花瓣倒卵形，长 1～1.2 mm，宽约 1 mm，顶端有内凹的小舌片，辐射瓣长 2～3.5 mm，宽 1～2 mm，通常全缘，有 3～5 脉；花丝长 1～2 mm，花药卵形，长约 0.7 mm；花柱幼时直立，果成熟时向外反曲。果圆球形，背面主棱及相邻的次棱明显。胚乳腹面内凹。油管不明显，或有 1 个位于次棱的下方。花果期 4—11 月。

【生境分布】 全国各地有栽培。

【采收加工】 全草鲜用，用时采集。

【药用部位】 全草。

【药材名】 香菜。

【来源】 伞形科植物芫荽 *Coriandrum sativum* L. 的全草。

【性味】 辛，温。

【功能主治】 发表透疹，健胃。主治麻疹初期不易透发，食滞胃痛，痞闭。

《万密斋医学全书》：胡荽，味辛，气温。疗痧疹、豌豆疮不出，作酒喷之立出。经验方：小儿痘疹不出，欲令速出，用胡荽二三两切细，以酒二大盏，煎令沸沃胡荽，便以物合定，不令泄气，候冷去滓，微微从项以下，喷一身令遍，除面不喷。

鸭儿芹属 *Cryptotaenia* DC.

602. 鸭儿芹 *Cryptotaenia japonica* Hassk.

【别名】 三叶芹、水白芷、鸭脚板、野芹菜、水芹菜。

【形态】 多年生草本，高 20 ～ 100 cm。主根短，侧根多数，细长。茎直立，光滑，有分枝。表面有时略带淡紫色。基生叶或上部叶有柄，叶柄长 5 ～ 20 cm，叶鞘边缘膜质；叶片轮廓三角形至广卵形，长 2 ～ 14 cm，宽 3 ～ 17 cm，通常为 3 小叶；中间小叶片呈菱状倒卵形或心形，长 2 ～ 14 cm，宽 1.5 ～ 10 cm，顶端短尖，基部楔形；两侧小叶片斜倒卵形至长卵形，长 1.5 ～ 13 cm，宽 1 ～ 7 cm，近无柄，所有的小叶片边缘有不规则的尖锐重锯齿，表面绿色，背面淡绿色，两面叶脉隆起，最上部的茎生叶近无柄，小叶片呈卵状披针形至窄披针形，边缘有锯齿。复伞形花序呈圆锥状，花序梗不等长，总苞片 1，呈线形或钻形，长 4 ～ 10 mm，宽 0.5 ～ 1.5 mm；伞

辐 2 ～ 3，不等长，长 5 ～ 35 mm；小总苞片 1 ～ 3，长 2 ～ 3 mm，宽不及 1 mm。小伞形花序有花 2 ～ 4；花柄极不等长；萼齿细小，呈三角形；花瓣白色，倒卵形，长 1 ～ 1.2 mm，宽约 1 mm，顶端有内折的小舌片；花丝短于花瓣，花药卵圆形，长约 0.3 mm；花柱基圆锥形，花柱短，直立。分生果线状长圆形，长 4 ～ 6 mm，宽 2 ～ 2.5 mm，合生面略收缩，胚乳腹面近平直，每棱槽内有油管 1 ～ 3，合生面有油管 4。花期 4—5 月，果期 6—10 月。

【生境分布】 生于林下阴湿处。罗田三里畈镇、胜利镇等地有分布。

【采收加工】 全年可采，鲜品随用随采。

【药用部位】 根。

【药材名】 鸭儿芹根。

【来源】 伞形科植物鸭儿芹 *Cryptotaenia japonica* Hassk. 的根。

【性味】 辛、苦，平。

【功能主治】 消炎，解毒，活血，消肿。主治肺炎，肺脓肿，淋证，疝气，风火牙痛，痈疽疔肿，

带状疱疹，皮肤瘙痒。

【用法用量】内服：煎汤，16～32 g。外用：捣敷或研末撒。

【附方】①治小儿肺炎：鸭儿芹15 g，马兰12 g，叶下红、野油菜各10 g，水煎服。

②治肺脓肿：鸭儿芹32 g，鱼腥草64 g，桔梗、山苦瓜各6 g，瓜蒌根15 g。水煎，一日三次分服。

③治百日咳：鸭儿芹、地胡椒、卷柏各10 g。水煎，一日三次分服。

④治流脑：鸭儿芹15 g，瓜子金10 g，金银花藤6 g，水煎服。

⑤治黄水疮：鸭儿芹、香黄藤叶、金银花叶、丹参、闹羊花叶各等份。共研细末，用连钱草、三白草（均鲜品）捣烂绞汁，调涂于患处。

⑥治一切痈疽疔毒，恶疮，已溃未溃均可服用：鸭儿芹、马兰、金银花各15 g，鸭跖草32 g，台湾莴苣、丝瓜根各10 g。水煎，二次分服。

⑦治肿毒皮色不变，漫肿无头：鸭儿芹、东风菜各15 g，柴胡32 g。水煎，一日三次分服。并用鸭儿芹、东风菜各等份，研末，好烧酒调敷。

⑧治带状疱疹：鸭儿芹、匍伏堇、桉叶各32 g，酢浆草64 g，共为细末，醋调敷。（①～⑧方出自《常用中草药图谱及配方》）

⑨治皮肤瘙痒：鸭儿芹适量，煎水洗。（《陕西中草药》）

胡萝卜属 *Daucus* L.

603. 野胡萝卜 *Daucus carota* L.

【形态】二年生草本，高15～120 cm。茎单生，全体有白色粗硬毛。基生叶薄膜质，长圆形，二至三回羽状全裂，末回裂片线形或披针形，长2～15 mm，宽0.5～4 mm，顶端锐尖，有小尖头，光滑或有糙硬毛；叶柄长3～12 cm；茎生叶近无柄，有叶鞘，末回裂片小或细长。复伞形花序，花序梗长10～55 cm，有糙硬毛；总苞有多数苞片，呈叶状，羽状分裂，少有不裂的，裂片线形，长3～30 mm；伞辐多数，长2～7.5 cm，结果时外缘的伞辐向内弯曲；小总苞片5～7，线形，不分裂或2～3裂，边缘膜质，具纤毛；花通常白色，有时带淡红色；花柄不等长，长3～10 mm。果卵圆形，长3～4 mm，宽2 mm，棱上有白色刺毛。花期5—7月。

【生境分布】生于山坡路旁、旷野或田间。罗田中山区有分布。

【药用部位】根、果。

（1）野胡萝卜根。

【采收加工】春季未开花前采挖，去其茎叶，洗净，晒干或鲜用。

【来源】伞形科植物野胡萝卜 *Daucus carota* L. 的根。

【性味】甘、微辛，凉。

【归经】归脾、胃、肝经

【功能主治】健脾化滞，凉肝止血，清热解毒。主治脾虚食少，腹泻，惊风，血淋，咽喉肿痛。

【用法用量】内服：煎汤，15～30 g。外用：

适量，捣汁涂。

（2）南鹤虱。

【别名】虱子草、野胡萝卜子。

【采收加工】秋季采收。

【来源】伞形科植物野胡萝卜 *Daucus carota* L. 的果。

【功能主治】杀虫消积。

【用法用量】内服：煎汤，15～30 g。

604. 胡萝卜 *Daucus carota* var. *sativa* Hoffm.

【别名】黄萝卜、丁香萝卜、金笋、红萝卜。

【形态】二年生草本，高15～120 cm。茎单生，全体有白色粗硬毛。基生叶薄膜质，长圆形，二至三回羽状全裂，末回裂片线形或披针形，长2～15 mm，宽0.5～4 mm，顶端锐尖，有小尖头，光滑或有糙硬毛；叶柄长3～12 cm；茎生叶近无柄，有叶鞘，末回裂片小或细长。复伞形花序，花序梗长10～55 cm，有糙硬毛；总苞有多数苞片，呈叶状，羽状分裂，少有不裂的，裂片线形，长3～30 mm；伞辐多数，长2～7.5 cm，结果时外缘的伞辐向内弯曲；小总苞片5～7，线形，不分裂或2～3裂，边缘膜质，具纤毛；花通常白色，有时带淡红色；花柄不等长，长3～10 mm。果卵圆形，长3～4 mm，宽2 mm，棱上有白色刺毛。花期5—7月。

【生境分布】全国各地均有栽培。

【药用部位】根、果、叶。

（1）胡萝卜。

【采收加工】冬季采挖根部，除去茎叶、须根，洗净。

【来源】伞形科植物胡萝卜 *Daucus carota* var. sativa Hoffm. 的根。

【性味】甘，平。

【归经】归肺、脾经。

【功能主治】健脾，化滞。主治消化不良，久痢，咳嗽。

【用法用量】内服：煎汤、生食或捣汁服。外用：捣汁涂。

【附方】①治麻疹：红萝卜125 g，芫荽95 g，荸荠64 g。加多量水熬成两碗，为一日服量。

②治水痘：红萝卜125 g，风栗95 g，芫荽95 g，荸荠64 g，水煎服。

③治百日咳：红萝卜125 g，红枣12枚连核。以水三碗，煎成一碗，随意分服。连服十余次。（①～③方出自《岭南草药志》）

（2）胡萝卜子。

【采收加工】夏季果成熟时采收，将全草拔起或摘取果枝，打下果，除净杂质，晒干。

【来源】伞形科植物胡萝卜 *Daucus carota* var. *sativa* Hoffm. 的果。

【功能主治】①《本草纲目》：治久痢。

②《本草撮要》：治痰喘，并治时痢（锅底灰内煨之，去外皮）。

【用法用量】 内服：煎汤，3 ～ 10 g。

（3）胡萝卜叶。

【别名】 胡萝卜英、胡萝卜缨子。

【采收加工】 冬季或春季采收，连根挖出，削取带根头部的叶，洗净，鲜用或晒干。

【来源】 伞形科植物胡萝卜 *Daucus carota* var. *sativa* Hoffm. 的基生叶。

【性味】 辛、甘，平。

【功能主治】 理气止痛，利水。主治脘腹痛，浮肿，小便不通，淋痛。

【用法用量】 内服：煎汤，30 ～ 60 g；或切碎蒸熟食。

茴香属 *Foeniculum* Mill.

605. 茴香 *Foeniculum vulgare* Mill.

【别名】 小茴香、土茴香、野茴香、大茴香、谷茴香、谷香。

【形态】 草本，高 0.4 ～ 2 m。茎直立，光滑，灰绿色或苍白色，多分枝。较下部的茎生叶柄长 5 ～ 15 cm，中部或上部的叶柄部分或全部成鞘状，叶鞘边缘膜质；叶片轮廓为阔三角形，长 4 ～ 30 cm，宽 5 ～ 40 cm，四至五回羽状全裂，末回裂片线形，长 1 ～ 6 cm，宽约 1 mm。复伞形花序顶生与侧生，花序梗长 2 ～ 25 cm；伞辐 6 ～ 29，不等长，长 1.5 ～ 10 cm；小伞形花序有花

14 ～ 39；花柄纤细，不等长；无萼齿；花瓣黄色，倒卵形或近倒卵圆形，长约 1 mm，先端有内折的小舌片，中脉 1 条；花丝略长于花瓣，花药卵圆形，淡黄色；花柱基圆锥形，花柱极短，向外叉开或贴伏在花柱基上。果长圆形，长 4 ～ 6 mm，宽 1.5 ～ 2.2 mm，主棱 5 条，锐尖；每棱槽内有油管 1，合生面有油管 2；胚乳腹面近平直或微凹。花期 5 ～ 6 月，果期 7 ～ 9 月。

【生境分布】 我国各地普遍栽培。罗田骆驼坳有栽培。

【采收加工】 9—10 月果成熟时，割取全株，晒干后，打下果，去净杂质，晒干。

【药用部位】 果。

【药材名】 小茴香。

【来源】 伞形科植物茴香 *Foeniculum vulgare* Mill. 的果。

【性状】 干燥的果两端稍尖，长 5 ～ 8 mm，宽约 2 mm。基部有时带小果柄，顶端残留黄褐色的花柱基部。外表黄绿色。分果呈长椭圆形，有 5 条隆起的棱线，横切面呈五边形，背面的四边约等长，结合面平坦。分果中有种子 1 个，横切面微呈肾形。

【炮制】 茴香：簸去灰屑，拣去果柄、杂质。盐茴香：取净茴香，用文火炒至表面呈深黄色、有焦香气味时，用盐水趁热喷入，焙干。或取净茴香加盐水拌匀，略闷，置锅内用文火炒至微黄色，取出，晾干。（每 100 kg 茴香，用食盐 3 kg，加适量开水化开澄清）

【性味】 辛，温。

【归经】 归肾、膀胱、胃经。

【功能主治】 温肾散寒，和胃理气。主治寒疝，少腹冷痛，肾虚腰痛，胃痛，呕吐，干、湿脚气。

【用法用量】 内服：煎汤，3～10 g；或入丸、散。外用：研末调敷或炒热温熨。

【注意】 阴虚火旺者慎服。

【附方】 ①治小肠气痛不可忍者：a. 杏仁 32 g，葱白（和根捣，焙干）16 g，茴香 32 g。上为末，每服 10 g，空心温胡桃酒调下。（《本事方续集》）b. 大茴香、荔枝核（炒黑）各等份，研末。每服 3 g，温酒调下。（《孙天仁集效方》）

②治小肠气腹痛：茴香、胡椒各等份。上为末，酒糊丸，如梧子大。每服 50 丸，空心温酒下。（《三因极一病证方论》）

③治寒疝疼痛：川楝子 12 g，木香 10 g，茴香 6 g，吴茱萸 3 g（汤泡），长流水煎。（《医方集解》）

④治疝气入肾：茴香炒作二包，更换熨之。（《简便单方》）

⑤治肾虚腰痛，转侧不能，嗜卧疲弱者：茴香（炒）研末。破开猪腰子，作薄片，不令断，层层掺药末，水纸裹，煨熟，细嚼，酒咽。（《证治要诀》）

⑥治胁下疼痛：小茴香 32 g（炒），枳壳 15 g（麸炒）。上为末，每服 6 g，盐汤调下。（《袖珍方》）

⑦治胃痛、腹痛：小茴香子、良姜、乌药根各 6 g，炒香附 10 g，水煎服。（《江西草药》）

⑧治小便夜多及引饮不止：茴香不以多少，淘净，入少盐，炒为末，用纯糯米餈一手大，临卧炙令软熟，蘸茴香末啖之，以温酒送下。（《普济方》）

⑨治遗尿：小茴香 6 g，桑螵蛸 15 g。装入猪尿胞内，焙干研末。每次 3 g，日服 2 次。（《吉林中草药》）

⑩治睾丸肿大：小茴香、苍耳子各 15 g。水煎，日服 2 次。（《吉林中草药》）

⑪治伤寒脱阳，小便不通：茴香末，以生姜自然汁调敷腹上；外用茴香末，入益元散服之。（《摘玄方》）

⑫治蛇咬久溃：小茴香捣末敷之。（《千金方》）

【临床应用】 ①治疗嵌顿性疝。茴香 10～15 g（小儿酌减），用开水冲汤，趁热顿服，如 15～30 min 后尚未见效，同量再服 1 次。或成人每次 3～6 g，小儿每次 1.5 g 左右，用开水冲服，间隔 10 min 后，同量再服 1 次。服后仰卧 40 min，下肢并拢，膝关节半屈曲。一般 0.5 h 左右可见嵌顿内容自行复位，疼痛消失。若 1 h 左右仍不见嵌顿缓解，须立即考虑手术治疗。据临床观察，本品治疗嵌顿性疝，发病时间越短，效果越好；如嵌顿时间较久，有坏死、穿孔可能，则不宜轻易应用；如系大网膜疝气嵌顿，则必须考虑手术治疗。

②治疗鞘膜积液和阴茎阴囊象皮肿。取本品 15 g、食盐 4.5 g 同炒焦，研为细末。打入青壳鸭蛋 1～2 个同煎为饼，临睡前用温米酒送服。连服 4 日为 1 个疗程，间隔 2～5 日，再服第 2 个疗程。如有必要可续服数疗程。64 例鞘膜积液患者，经 1～6 个疗程治疗，治愈 59 例，进步 1 例，无效 4 例。阴茎阴囊象皮肿患者，多数须经 4 个疗程始能见效；除阴囊坚硬如石无效外，一般疗效尚佳，且无不良反应。

【备注】 莳萝子与本品形极相似，甘肃、广西等地有以莳萝子作茴香使用。《本草纲目》亦称莳萝子小茴香，可见以莳萝子作茴香用，历史已久。但二者名实不宜混淆，主要不同点为莳萝子较小而圆，果呈广椭圆形，扁平。气味较弱。

珊瑚菜属 *Glehnia* Fr. Schmidt ex Miq.

606. 珊瑚菜 *Glehnia littoralis* Fr. Schmidt ex Miq.

【别名】 海沙参、辽沙参、野香菜根、真北沙参。

【形态】 多年生草本，全株被白色柔毛。根细长，圆柱形或纺锤形，长 20 ～ 70 cm，直径 0.5 ～ 1.5 cm，表面黄白色。茎露于地面部分较短，分枝，地下部分伸长。叶多数基生，厚质，有长柄，叶柄长 5 ～ 15 cm；叶片轮廓呈卵圆形至长圆状卵形，三出式分裂至三出式二回羽状分裂，末回裂片倒卵形至卵圆形，长 1 ～ 6 cm，宽 0.8 ～ 3.5 cm，顶端圆形至尖锐，基部楔形至截形，边缘有缺刻状锯齿，齿边缘为白色软骨质；叶柄和叶脉上有细微硬毛；茎生叶与基生叶相似，叶柄基部逐渐膨大成鞘状，有时茎生叶退化成鞘状。复伞形花序顶生，密生浓密的长柔毛，直径 3 ～ 6 cm，花序梗有时分枝，长 2 ～ 6 cm；伞辐 8 ～ 16，不等长，长 1 ～ 3 cm；无总苞片；小总苞数片，线状披针形，边缘及背部密被柔毛；小伞形花序有花，15 ～ 20，花白色；萼齿 5，卵状披针形，长 0.5 ～ 1 mm，被柔毛；花瓣白色或带堇色；花柱基短圆锥形。果实近圆球形或倒广卵形，长 6 ～ 13 mm，宽 6 ～ 10 mm，密被长柔毛及茸毛，果棱有木栓质翅；分生果的横剖面半圆形。花果期 6—8 月。

【生境分布】 生于海边沙滩，或栽培于肥沃疏松的沙质土壤。

【采收加工】 7—8 月或 9 月下旬采挖，除去地上茎及须根，洗净泥土，放开水中烫后剥去外皮，晒干或烘干。

【药用部位】 根。

【药材名】 真北沙参。

【来源】 伞形科植物珊瑚菜 *Glehnia littoralis* Fr. Schmidt ex Miq. 的根。

【性状】 干燥根呈细圆柱形或直条状，两头较细，很少有分歧，长 15 ～ 30 cm，直径 3 ～ 8 mm。外表淡黄色，粗糙，具纵纹及未除尽的棕黄色栓皮，并有棕色点状的痕迹，顶端往往残留圆柱状的根茎。质硬而脆，易折断。断面不整齐，淡黄色，中央有黄色放射状的木质部，形成层呈圆环状，深褐色。气微，味甘。以根条细长、均匀色白、质坚实者为佳。

【炮制】 拣去杂质，除去茎基，用水略洗，捞出，稍润，切段，晒干。

【性味】 甘、苦、淡、凉。

【归经】 归肺、脾经。

【功能主治】 养阴清肺，祛痰止咳。主治肺热燥咳，虚劳久咳，阴伤咽干、口渴。

【用法用量】 内服：煎汤，10 ～ 15 g；亦可熬膏或入丸剂。

【注意】 风寒咳嗽及肺胃虚寒者忌服。

【储藏】 置通风干燥处，防蛀。

【附方】 ①治阴虚火旺，咳嗽无痰，骨蒸劳热，肌皮枯燥，口苦烦渴等：真北沙参、麦门冬、知母、川贝母、怀熟地、鳖甲、地骨皮各 125 g。或作丸，或作膏，每早服 9 g，白汤下。（《卫生易简方》）

②治一切阴虚火旺，似虚似实，逆气不降，消气不升，烦渴咳嗽，胀满不食：真北沙参 15 g，水煎服。（《林仲先医案》）

天胡荽属 *Hydrocotyle* L.

607. 天胡荽 *Hydrocotyle sibthorpioides* Lam.

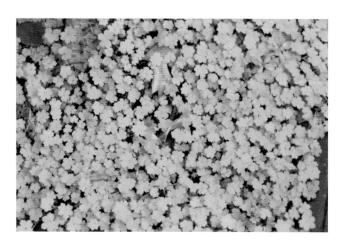

【别名】 鸡肠菜、盘上芫荽、细叶钱凿口、落地金钱、过路蜈蚣草、满天星、翳草、地星宿。

【形态】 多年生草本，有气味。茎细长而匍匐，平铺地上成片，节上生根。叶片膜质至草质，圆形或肾圆形，长 0.5～1.5 cm，宽 0.8～2.5 cm，基部心形，两耳有时相接，不分裂或 5～7 裂，裂片阔倒卵形，边缘有钝齿，表面光滑，背面脉上疏被粗伏毛，有时两面光滑或密被柔毛；叶柄长 0.7～9 cm，无毛或顶端有毛；托叶略呈半圆形，薄膜质，全缘或稍有浅裂。伞形花序与叶对生，单生于节上；花序梗纤细，长 0.5～3.5 cm，短于叶柄；小总苞片卵形至卵状披针形，长 1～1.5 mm，膜质，有黄色透明腺点，背部有 1 条不明显的脉；小伞形花序有花 5～18，花无柄或有极短的柄，花瓣卵形，长约 1.2 mm，绿白色，有腺点；花丝与花瓣同长或稍超出，花药卵形；花柱长 0.6～1 mm。果略呈心形，长 1～1.4 mm，宽 1.2～2 mm，两侧扁压，中棱在果熟时极为隆起，幼时表面草黄色，成熟时有紫色斑点。花果期 4—9 月。

【生境分布】 生于路旁草地较湿润之处。罗田各地均有分布。

【采收加工】 夏、秋季采收全草，洗净，鲜用或晒干。

【药用部位】 全草。

【药材名】 天胡荽。

【来源】 伞形科植物天胡荽 *Hydrocotyle sibthorpioides* Lam. 的全草。

【性状】干燥全草，根呈细圆柱形，外表淡黄色或灰黄色。茎细长弯曲，黄绿色，节处残留细根或根痕。叶多皱缩或破碎，圆形或近肾形，掌状 5～7 浅裂或裂至叶片中部，淡绿色，具扭状叶柄。有香气。

【性味】 苦、辛，寒。

【功能主治】清热，利尿，消肿，解毒。主治黄疸，赤白痢疾，淋证，小便不利，目翳，喉肿，痈疽疔疮，跌打瘀肿，急性黄疸性肝炎，急性肾炎，百日咳，尿路结石，脚癣，带状疱疹，结膜炎，丹毒。

【用法用量】 内服：煎汤，10～15 g；或捣汁。外用：捣敷、塞鼻或捣汁滴耳。

【附方】①治肝炎发黄：鲜地星宿 15～25 g（干品 10～15 g），茵陈蒿 15 g。水煎服，日 3 次。（《贵阳民间药草》）

②治急性黄疸性肝炎：鲜天胡荽 32～64 g，白糖 32 g，酒、水各半煎服，每日 1 剂。（《江西草药》）

③治阳黄及小儿风热：天胡荽捣烂，加盐少许，开水冲服。（《广西中药志》）

④治小儿夏季热：鲜天胡荽适量，捣汁半小碗，每服 3～5 匙，每日服 5～6 次。（《江西草药》）

⑤治痢疾：满天星、蛇疙瘩、刺梨根、石榴皮，水煎服。（《四川中药志》）

⑥治血淋：地星宿、萹蓄各 125 g，捣烂取汁加白糖服。（《贵阳民间药草》）

⑦治肾结石：天胡荽 32～64 g，水煎服。（《江西民间草药验方》）

⑧治小便不通：鲜地星宿 32 g，捣烂挤汁，加白糖 32 g 服，或水煎加白糖服。（《贵阳民间药草》）

⑨治小儿疳积：地星宿 15～32 g，蒸鸡肝或猪肝吃。（《贵阳民间药草》）

⑩明目、去翳：翳草揉塞鼻中，左翳塞右孔，右翳塞左孔。（《医林纂要探源》）

⑪治风火眼痛：天胡荽、旱莲草各等份，捣烂敷。（《广西中药志》）

⑫治跌打瘀肿：天胡荽捣烂，酒炒热，敷患处。（《广西中药志》）

⑬治荨麻疹：天胡荽 32～64 g，捣汁以开水冲服。（《福建中草药》）

⑭治发斑及疔，热极，色紫黑者：天胡荽 18～21 g，放碗内捣烂，不使水走散，再加洗米水煎沸冲入，去渣饮之，将渣敷发斑及发疔处，热从小便出。（《岭南采药录》）

⑮治缠腰蛇（带状疱疹）：鲜天胡荽一握，捣烂绞汁一杯，加雄黄末 3 g，涂患处，日 2 次。（《福建民间草药》）

⑯治喉炎：天胡荽 32～64 g，水煎或捣汁加食盐少许含漱。（《福建中草药》）

⑰治齿缝出血：鲜天胡荽一握，用冷开水洗净，捣烂浸醋，含在口中；5 min 吐出，日含 3～4 次。（《福建民间草药》）

⑱治头疮白秃：满天星、牛耳大黄、木槿皮，捣涂。（《四川中药志》）

⑲治耳烂：满天星鲜草揉汁涂。（《四川中药志》）

⑳治百日咳：天胡荽 15 g，捣烂和蜜糖开水冲服。（《湖南药物志》）

608. 破铜钱 *Hydrocotyle sibthorpioides* var. *batrachium*（Hance）Hand. –Mazz.

【别名】 满天星、天胡荽、落得打、天星草。

【形态】 多年生草本，有气味。茎细长而匍匐，平铺地上成片，节上生根。叶片膜质至草质，圆形或肾圆形，长 0.5～1.5 cm，宽 0.8～2.5 cm，基部心形，两耳有时相接，不分裂或 5～7 裂，裂片阔倒卵形，边缘有钝齿，表面光滑，背面脉上疏被粗伏毛，有时两面光滑或密被柔毛；叶柄长 0.7～9 cm，无毛或顶端有毛；托叶略呈半圆形，薄膜质，全缘或稍有浅裂。伞形花序与叶对生，单生于节上；花序梗纤细，长 0.5～3.5 cm，短于

叶柄；小总苞片卵形至卵状披针形，长 1～1.5 mm，膜质，有黄色透明腺点，背部有 1 条不明显的脉；小伞形花序有花 5～18，花无柄或有极短的柄，花瓣卵形，长约 1.2 mm，绿白色，有腺点；花丝与花瓣同长或稍超出，花药卵形；花柱长 0.6～1 mm。果略呈心形，长 1～1.4 mm，宽 1.2～2 mm，两侧扁压，中棱在果熟时极为隆起，幼时表面草黄色，成熟时有紫色斑点。花果期 4—9 月。

【生境分布】 生于山坡林下草丛中。罗田各地均有分布。

【采收加工】 夏季采收。

【药用部位】 全草。

【药材名】 破铜钱。

【来源】 伞形科植物破铜钱 *Hydrocotyle sibthorpioides* var. *batrachium*（Hance）Hand. –Mazz. 的全草。

【功能主治】 宣肺止咳，利湿去浊，利尿通淋。主治肺气不宣咳嗽，咳痰，肝胆湿热，口苦，头晕目眩，喜呕，两肋胀满。

【性味】 辛，平。

【归经】 归肺、胆、肝、脾经。

【用法用量】 内服：煎汤，9～18 g。

藁本属 *Ligusticum* L.

609. 藁本 *Ligusticum sinense* Oliv.

【别名】 藁茇、鬼卿、山茝、蔚香、藁板。

【形态】 多年生草本，高达 1 m。根茎发达，具膨大的结节。茎直立，圆柱形，中空，具条纹，基生叶具长柄，柄长可达 20 cm；叶片轮廓宽三角形，长 10～15 cm，宽 15～18 cm，二回三出式羽状全裂；第一回羽片轮廓长圆状卵形，长 6～10 cm，宽 5～7 cm，下部羽片具柄，柄长 3～5 cm，基部略扩大，小羽片卵形，长约 3 cm，宽约 2 cm，边缘齿状浅裂，具小尖头，顶生小羽片先端渐尖至尾状；茎中部叶较大，上部叶简化。复伞形花序顶生或侧生，果时直径 6～8 cm；总苞片 6～10，线形，长约 6 mm；伞辐 14～30，长达 5 cm，四棱形，粗糙；小总苞片 10，线形，长 3～4 mm；花白色，花柄粗糙；萼齿不明显；花瓣倒卵形，先端微凹，具内折小尖头；花柱基隆起，花柱长，向下反曲。分生果幼嫩时宽卵形，两侧稍扁压，成熟时长圆状卵形，背腹扁

压，长 4 mm，宽 2～2.5 mm，背棱凸起，侧棱略扩大成翅状；背棱槽内有油管 1～3，侧棱槽内有油管 3，合生面有油管 4～6；胚乳腹面平直。花期 8—9 月，果期 10 月。

【生境分布】 野生于向阳山坡草丛中或润湿的水滩边。罗田主产于天堂寨、青苔关等地，骆驼坳镇有栽培。

【采收加工】 春、秋季采挖根及根茎，除去茎叶及泥土，晒干或烘干。

【药用部位】 根及根茎。

【药材名】 藁本。

【来源】 伞形科植物藁本 *Ligusticum sinense* Oliv. 的根及根茎。

【性状】 本品又名西芎藁本，为植物藁本的干燥根及根茎。根茎呈不规则的结节状圆柱形，有分枝，稍弯曲，多横向生长，长 3～8 cm，直径 0.7～3 cm。外皮棕褐色或棕黑色，皱缩有沟纹。上侧具有数个较长的茎基残留，茎基中空有洞，表面具纵直沟纹。下侧着生多数支根和须根（商品多已除去），支根直径 1～5 mm，上有纵沟纹及点状凸起的须根残痕，外皮易剥落。质硬易折断，断面淡黄色或黄白色。气芳香，味苦而辛。以身干、整齐、香气浓者为佳。

【性味】 辛，温。

【归经】 归膀胱经。

【功能主治】 散风寒湿邪。主治风寒头痛，巅顶痛，寒湿腹痛，泄泻，疥癣。

【用法用量】 内服：煎汤，3～10 g。外用：煎水洗或研末调涂。

【注意】 血虚头痛忌服。

【附方】①治寒邪郁于足太阳经，头痛及巅顶痛：藁本、川芎、细辛、葱头，水煎服。（《广济方》）

②治一切偏、正头痛，鼻塞脑闷，大解伤寒及头风，遍身疮癣，手足顽麻：川芎、细辛、白芷、甘草、藁本各等份。为末，每药125 g，入煅石膏末500 g，水和为丸，每32 g作8丸。每服1丸，食后薄荷茶嚼下。（《普济方》）

③治胃痉挛、腹痛：藁本15 g，苍术10 g，水煎服。（《新疆中草药手册》）

④治疥癣：藁本煎汤浴之，及用浣衣。（《小儿卫生总微论方》）

⑤干洗头屑：藁本、白芷各等份。为末，夜掺发内，明早梳之，垢自去。（《便民图纂》）

⑥治鼻上面上赤：藁本研细末，先以皂角水擦动赤处，拭干，以冷水或蜜水调涂，干再用。（《鸡峰普济方》）

⑦治头痛风眩：蔓荆子、细辛各3 g，薄荷叶、川芎各10 g，生甘草、炙甘草各15 g，藁本50 g。上为细末，每服6 g，食后清茶下。（《万密斋医学全书》）

水芹属 *Oenanthe* L.

610. 水芹 *Oenanthe javanica*（Bl.）DC.

【别名】水英、芹菜、水芹菜、野芹菜。

【形态】多年生草本，高15～80 cm，茎直立或基部匍匐。基生叶有柄，柄长达10 cm，基部有叶鞘；叶片轮廓三角形，一至二回羽状分裂，末回裂片卵形至菱状披针形，长2～5 cm，宽1～2 cm，边缘有牙齿状或圆齿状锯齿；茎上部叶无柄，裂片和基生叶的裂片相似，较小。复伞形花序顶生，花序梗长2～16 cm；无总苞；伞辐6～16，不等长，长1～3 cm，直立和展开；小总苞片2～8，线形，长2～4 mm；小伞形花序有花20余朵，花柄长2～4 mm；萼齿线状披针形，长与花柱基相等；花瓣白色，倒卵形，长1 mm，宽0.7 mm，有一长而内折的小舌片；花柱基圆锥形，花柱直立或两侧分开，长2 mm。果实近四角状椭圆形或筒状长圆形，长2.5～3 mm，宽2 mm，侧棱较背棱和中棱隆起，木栓质，分生果横剖面为近五边状的半圆形；每棱槽内有油管1，合生面有油管2。花期6—7月，果期8—9月。

【生境分布】喜生于低湿洼地或水沟中。罗田各地均有分布。

【采收加工】9—10月采割地上部分，晒干。

【药用部位】全草。

【药材名】芹菜。

【来源】伞形科植物水芹 *Oenanthe javanica*（Bl.）DC. 的全草。

【性味】甘、辛，凉。

【归经】归肺、胃经。

【功能主治】清热，利水。主治暴热烦渴，黄疸，水肿，淋证，带下，瘰疬，痄腮。

【用法用量】内服：煎汤，32～64 g；或捣汁。外用：捣敷。

【注意】《本草汇言》：脾胃虚弱、中气寒乏者禁食之。

【附方】①治小儿发热，月余不凉：水芹菜、大麦芽、车前子，水煎服。（《滇南本草》）

②治小便淋痛：水芹菜白根者，去叶捣汁，井水和服。（《太平圣惠方》）

③治小便不利：水芹10 g，水煎服。（《湖南药物志》）

④治带下：水芹12 g，景天6 g，水煎服。（《湖南药物志》）

⑤治小便出血：水芹捣汁，日服600～700 g。（《太平圣惠方》）

⑥治小儿霍乱吐痢：水芹叶细切，煮熟汁饮。（《子母秘录》）

⑦治痄腮：水芹捣烂，加茶油敷患处。（《湖南药物志》）

611. 中华水芹 *Oenanthe sinensis* Dunn

【别名】野芹菜、大芹菜。

【形态】多年生草本，高20～70 cm，光滑无毛，有束状须根。茎直立，基部匍匐，节上生根，上部不分枝或有短枝。叶有柄，柄长5～10 cm，逐渐狭窄成叶鞘，广卵形，微抱茎。叶片一至二回羽状分裂，茎下部叶末回裂片楔状披针形或线状披针形，长1～3 cm，宽2～10 mm，边缘羽状半裂或全缘，长1～3 cm，宽2～10 mm；茎上部叶末回裂片通常线形，长1～4 cm，宽1～2 mm。复伞形花序顶生或腋生，花序梗长4～7.5 cm，通常与叶对生；无总苞；伞辐4～9，不等长，长1.5～2 cm；小总苞片线形，多数，长4～5 mm，宽0.5 mm，长与花柄相等；小伞形花序有花10余朵，花柄长3～5 mm；萼齿三角形或披针状卵形，长约0.5 mm；花瓣白色，倒卵形，顶端有内折的小舌片；花柱基圆锥形，花柱直立，长3 mm。果圆筒状长圆形，长3 mm，宽1.5～2 mm，侧棱略较中棱和背棱为厚；棱槽狭窄，有油管1，合生面有油管2。花期6—7月，果期8月。

【生境分布】生于山谷水沟边或林下湿地。罗田各地均有分布。

【药用部位】地上部位。

【来源】伞形科植物中华水芹 *Oenanthe sinensis* Dunn 的全草。

【功能主治】清热解毒，利尿，祛瘀。

【用法用量】内服：煎汤，32～64 g。

前胡属 *Peucedanum* L.

612. 前胡 *Peucedanum praeruptorum* Dunn

【别名】白花前胡。

【形态】多年生草本，高0.6～1 m。根颈粗壮，直径1～1.5 cm，灰褐色，存留多数越年枯鞘纤维；根圆锥形，末端细瘦，常分叉。茎圆柱形，下部无毛，上部分枝多有短毛，髓部充实。基生叶具长柄，叶柄长5～15 cm，基部有卵状披针形叶鞘；叶片轮廓宽卵形或三角状卵形，二至三回3出式分裂，第一回

羽片具柄，柄长 3.5～6 cm，末回裂片菱状
倒卵形，先端渐尖，基部楔形至截形，无柄
或具短柄，边缘具不整齐的 3～4 粗或圆锯齿，
有时下部锯齿呈浅裂或深裂状，长 1.5～6 cm，
宽 1.2～4 cm，下表面叶脉明显凸起，两面
无毛，或有时在下表面叶脉上以及边缘有稀
疏短毛；茎下部叶具短柄，叶片形状与茎生
叶相似；茎上部叶无柄，叶鞘稍宽，边缘膜质，
叶片 3 出分裂，裂片狭窄，基部楔形，中间 1
枚基部下延。复伞形花序多数，顶生或侧生，

伞形花序直径 3.5～9 cm；花序梗上端多短毛；总苞片无或 1 至数枚，线形；伞辐 6～15，不等长，长
0.5～4.5 cm，内侧有短毛；小总苞片 8～12 枚，卵状披针形，在同一小伞形花序上，宽度和大小常有差异，
比花柄长，与果柄近等长，有短糙毛；小伞形花序有花 15～20；花瓣卵形，小舌片内曲，白色；萼齿不
显著；花柱短，弯曲，花柱基圆锥形。果实卵圆形，背部扁压，长约 4 mm，宽 3 mm，棕色，有稀疏短毛，
背棱线形稍凸起，侧棱呈翅状，比果体窄，稍厚；棱槽内有油管 3～5，合生面有油管 6～10；胚乳腹面
平直。花期 8—9 月，果期 10—11 月。

【生境分布】　生于海拔 250～2000 m 的山坡林缘、路旁或半阴性的山坡草丛中。罗田天堂寨有分布，
骆驼坳有栽培。

【采收加工】　秋、冬季地上部分枯萎时采收，挖出主根，除去茎叶、须根、泥土，晒干或炕干。

【药用部位】　根茎。

【药材名】　前胡。

【来源】　伞形科植物前胡 Peucedanum praeruptorum Dunn 的根茎。

【性状】　主根形状不一，圆锥形、圆柱形或纺锤形，稍弯曲，或有支根，但根端及支根多已除去，
长 3～9 cm，直径 1～1.5 cm。表面黑褐色或灰黄色。根头部有茎痕及残留的粗毛（叶鞘）。根的上端
密生环纹，多发黑，下部有纵沟及纵皱纹，并有横列皮孔和须根痕。质较柔软，易折断；断面疏松；皮部
占根的主要部分，周边乳白色，内层有黄棕色的圈，中心木质部窄，有淡黄白色的菊花纹。有香气，味甘
而后苦。以条整齐、身长、断面黄白色、香气浓者为佳。

【炮制】　前胡：拣净杂质，去芦，洗净泥土，稍浸泡，捞出，润透，切片晒干。蜜前胡：取前胡片，
用炼熟的蜂蜜和适量开水拌匀（每 100 kg 前胡片，用炼熟蜂蜜 20 kg），稍闷，置锅内用文火炒至不粘手
为度，取出放凉。

【性味】　苦、辛，凉。

【归经】　归肺、脾经。

【功能主治】　宣散风热，下气，消痰。主治风热头痛，痰热咳喘，呕逆，胸膈满闷。

【用法用量】　内服：煎汤，3～10 g；或入丸、散。

【注意】　①《本草经集注》：半夏为之使。恶皂荚。畏藜芦。

②《本草经疏》：不可施诸气虚血少之病。凡阴虚火炽，煎熬真阴，凝结为痰而发咳喘；真气虚而气
不归元，以致胸胁逆满；头痛不因于痰，而因于阴血虚；内热心烦，外现寒热而非外感者，法并禁用。

【附方】　①治咳嗽涕唾黏稠，心胸不利，时有烦热：前胡（去芦头）32 g，麦门冬（去心）48 g，贝母（煨
微黄）32 g，桑根白皮（锉）32 g，杏仁（汤浸，去皮、尖，麸炒微黄）16 g，甘草（炙微赤，锉）0.3 g。
上药捣筛为散。每服 12 g，以水一中盏，入生姜 1.5 g，煎至六分，去滓，不计时候，温服。（《太平圣惠方》）

②治肺热咳嗽，痰壅，气喘不安：前胡（去芦头）48 g，贝母（去心）、白前各 32 g；麦门冬（去心，

焙）48 g，枳壳（去瓤，麸炒）32 g，芍药（赤者）、麻黄（去根节）各48 g，大黄（蒸）32 g。上八味，细切，如麻豆。每服10 g，以水一盏，煎取七分，去滓，食后温服，日二。（《圣济总录》）

③治肺气上热咳嗽：前胡、荆芥、桑白皮（炒）、炙甘草、枳壳（炒）各1 g，贝母去心，知母、薄荷叶、赤茯苓、桔梗、杏仁去皮、尖，紫苏、阿胶、天门冬去心各1.5 g，姜3片，乌梅1枚。水煎，食后服。（《万密斋医学全书》）

【各家论述】 《万密斋医学全书》：前胡，味苦，气微寒。主心腹结气，治时气发热，推陈致新，祛痰实下气最要。

当归属 *Angelica* L.

613. 紫花前胡 *Angelica decursiva*（Miq.）Franch. et Sav.

【别名】 土当归、鸭脚七、野辣菜、山芫荽、鸭脚板。

【形态】 多年生草本，高70～140 cm。根圆锥形，棕黄色至棕褐色，浓香。茎直立，单一，圆形，表面有棱，上部少分枝。基生叶和下部叶纸质，三角状宽卵形，一至二回羽状全裂，一回裂片3～5片，再3～5裂，叶轴翅状，顶生裂片和侧生裂片基部连合，基部下延成翅状，最终裂片狭卵形或长椭圆形，有尖齿；茎上部叶简化成叶鞘。复伞形花序顶生，总伞梗12～20枚，不等长；总苞片1～2片，卵形，紫色；小伞梗多数；小总苞片披针形；萼齿5，三角形；花瓣深紫色，长卵形，先端渐尖，有1条中肋；雄蕊5，花药卵形；子房无毛，花柱2枚，极短。双悬果椭圆形，长4～7 mm，背棱和中棱较尖锐，呈丝线状，侧棱发展成狭翅。花期8—9月，果期9—10月。

【生境分布】 分布于海拔300 m以上山坡路旁或丛林下。罗田各地中、高山区均有分布。

【采收加工】 秋、冬季地上部分枯萎时采收，挖出主根，除去茎叶、须根、泥土，晒干或炕干。

【药用部位】 根茎。

【药材名】 紫花前胡。

【来源】 伞形科植物紫花前胡 *Angelica decursiva*（Miq.）Franch. et Sav. 的根茎。

【性状】 主根分歧或有侧根。主根圆柱形，长8～15 cm，直径0.8～1.7 cm，根头部有茎痕及残留的粗毛（叶鞘）；侧根数条，长7～30 cm，直径2～4 cm，细圆柱形。根的表面黑褐色或灰黄色，有细纵皱纹和灰白色的横长皮孔。主根质坚实，不易折断，断面不齐，皮部与木部极易分离，皮部较窄，浅棕色，散生黄色油点，接近形成层处较多；中央木质部黄白色，占根的绝大部分；支根质脆软，易折断，木质部近白色。有香气，味淡而后苦、辛。以条整齐、身长、质坚实、断面黄白色、香气浓者为佳。

【炮制】 前胡：拣净杂质，去芦，洗净泥土，稍浸泡，捞出，润透，切片晒干。

【性味】 苦、辛，微寒。

【归经】 归肺经。

【功能主治】 降气化痰，散风清热。主治痰热喘满，咯痰黄稠，风热咳嗽痰多。

【用法用量】 内服：煎汤，3～9 g；或入丸、散。

变豆菜属 *Sanicula* L.

614. 直刺变豆菜 *Sanicula orthacantha* S. Moore

【别名】鸭脚黄连、小肺金草。

【形态】多年生草本,高8～35(50)cm。根茎短而粗壮,斜生,直径0.5～1 cm,侧根多数,细长。茎直立,上部分枝。基生叶少至多数,圆心形或心状五角形,长2～7 cm,宽3.5～7 cm,掌状3全裂,中间裂片楔状倒卵形或菱状楔形,长2～7 cm,宽1～4 cm,基部有短柄或近无柄,侧面裂片斜楔状倒卵形,通常2裂至中部或近基部,内裂片的形状同中间裂片,外裂片较小,所有的裂片表面绿色,背面淡绿色或沿脉处呈淡紫红色,顶端2～3浅裂,边缘有不规则的锯齿或刺毛状齿;叶柄长5～26 cm,细弱,基部有阔的膜质鞘;茎生叶略小于基生叶,有柄,掌状3全裂。花序通常2～3分枝,在分叉间或在侧枝上有时有1短缩的分枝;总苞片3～5,大小不等,长约2 cm;伞形花序3～8;伞辐长3～8 mm;小总苞片约5,线形或钻形;小伞形花序有

花6～7,雄花5～6,通常5;花柄长2～3.5 mm;萼齿窄线形或刺毛状,长0.5～1 mm,顶端尖锐;花瓣白色、淡蓝色或紫红色,倒卵形,长1～1.8 mm,宽0.8～1.2 mm,顶端内凹的舌片呈三角状;花丝略长于花瓣;两性花1,无柄;萼齿和花瓣形状同雄花;花柱长3.5～4 mm,向外反曲。果实卵形,长2.5～3 mm,宽2.2～5 mm,外面有直而短的皮刺,皮刺不呈钩状,有时皮刺基部连成薄层;分生果侧扁,横剖面略呈圆形;油管不明显。花果期4—9月。

【生境分布】生于海拔260～3200 m的山涧林下、路旁、沟谷及溪边等处。罗田中高山地区有分布。

【采收加工】春、夏季采收。

【药用部位】全草。

【药材名】变豆菜。

【来源】伞形科植物直刺变豆菜 *Sanicula orthacantha* S. Moore 的全草。

【功能主治】清热解毒。主治麻疹后热毒未尽,耳热瘙痒,跌打损伤。

【用法用量】内服:煎汤,4.5～10 g。

防风属 *Saposhnikovia* Schischk.

615. 防风 *Saposhnikovia divaricata*(Trucz.)Schischk.

【别名】茴芸、茴草、百枝、闾根、百蜚、屏风、风肉。

【形态】多年生草本,高30～80 cm。根粗壮,细长圆柱形,分歧,淡黄棕色。根头处被有纤维状叶残基及明显的环纹。茎单生,自基部分枝较多,斜上升,与主茎近等长,有细棱,基生叶丛生,有扁长的叶柄,基部有宽叶鞘。叶片卵形或长圆形,长14～35 cm,宽6～8(18)cm,二回或近三回羽状分裂,第一回裂片卵形或长圆形,有柄,长5～8 cm,第二回裂片下部具短柄,末回裂片狭楔形,

长 2.5～5 cm，宽 1～2.5 cm。茎生叶与基生叶相似，但较小，顶生叶简化，有宽叶鞘。复伞形花序多数，生于茎和分枝，顶端花序梗长 2～5 cm；伞辐 5～7，长 3～5 cm，无毛；小伞形花序有花 4～10；无总苞片；小总苞片 4～6，线形或披针形，先端长，长约 3 mm，萼齿短三角形；花瓣倒卵形，白色，长约 1.5 mm，无毛，先端微凹，具内折小舌片。双悬果狭圆形或椭圆形，长 4～5 mm，宽 2～3 mm，幼时有疣状凸起，成熟时渐平滑；每棱槽内通常有油管 1，合生面有油管 2；胚乳腹面平坦。花期 8—9 月，果期 9—10 月。

【生境分布】 野生于丘陵地带山坡草丛中，或田边、路旁，高山中、下部。罗田天堂寨有分布，骆驼坳有栽培。

【采收加工】 春、秋季均可采挖，将根挖出后，除去茎叶及泥土，先晒至八成干，捆把后，再晒至足干。

【药用部位】 根茎。

【药材名】 防风。

【来源】 伞形科植物防风 Saposhnikovia divaricata（Trucz.）Schischk. 的根茎。

【性状】 干燥的根呈圆锥形或纺锤形，稍弯曲，长 20～30 cm，根头部直径约 1 cm，中部直径 1～1.5 cm。表面灰黄色或灰棕色。根头部有密集的细环节，节上有棕色粗毛，顶端有茎的残痕；根部外皮皱缩而粗糙，有不整齐的纵皱及细横纹，除散生污黄色的横长皮孔外，点状凸起的须根痕也随处可见。质松而软，易折断，断面不平坦，木部淡黄色，皮部黄棕色有裂隙，射线呈放射状。气微香，味微甘。以条粗壮、皮细而紧、无毛头、断面有棕色环、中心色淡黄者为佳。外皮粗糙、有毛头，带硬苗者质次。

【药理作用】 ①解热作用。

②镇痛作用。

③抗菌作用。

【鉴别】 本品横切面：木栓层为 5～30 列细胞。栓内层窄，有较大的椭圆形油管。韧皮部较宽，有多数类圆形油管，周围分泌细胞 4～8 个，管内可见金黄色分泌物；射线多弯曲，外侧常成裂隙。形成层明显。木质部导管甚多，呈放射状排列。根头处有髓，薄壁组织中偶见石细胞。粉末淡棕色。油管直径 17～60 μm，充满金黄色分泌物。叶基维管束常伴有纤维束。网纹导管直径 14～85 μm。石细胞少见，黄绿色，长圆形或类长方形，壁较厚。

【炮制】 防风：除去残茎，用水浸泡，捞出，润透，切片晒干。炒防风：取防风片，置锅内微炒至深黄色，取出放凉。

【性味】 辛、甘，温。

【归经】 归膀胱、肺、脾经。

【功能主治】 发表，祛风，胜湿，止痛。主治外感风寒，头痛，目眩，项强，风寒湿痹，骨节酸痛，四肢拘急，破伤风。

【用法用量】 内服：煎汤，4.5～10 g；或入丸、散。外用：研末调敷。

【注意】 血虚筋急或头痛不因风邪者忌服。

①《本草经集注》：恶干姜、藜芦、白蔹、芫花。

②《唐本草》：畏萆薢。

③《本草经疏》：诸病血虚痉急，头痛不因于风寒，溏泄不因于寒湿，二便秘涩，小儿脾虚发搐，慢惊慢脾风，气升作呕，火升发嗽，阴虚盗汗，阳虚自汗等病，法所同忌。

④《得配本草》：元气虚，病不因风湿者禁用。

⑤《万密斋医学全书》：味甘、辛，气温，纯阳。脾胃二经行经药，太阳经本经药。乃卒伍卑贱之役，随所引而至者也。泻肺实，散头目中滞气，除上焦风邪之仙药。

【附方】①治偏正头痛，年深不愈，风湿热上壅损目，及脑痛不止：川芎15 g，柴胡21 g，黄连（炒）、防风（去芦）、羌活各32 g，炙甘草48 g，黄芩95 g（去皮，锉，一半酒制，一半炒）。上为细末，每服6 g，于盏内入茶少许，汤调如膏，抹在口内，少用白汤送下。临卧，如苦头痛，每服加细辛0.6 g。（《兰室秘藏》）

②治偏正头风，痛不可忍者：防风、白芷各125 g。上为细末，炼蜜和丸，如弹子大。如牙风毒，只用茶清为丸，每服1丸，茶汤下。如偏正头风，空心服。如身上麻风，食后服。未愈连进三服。（《普济方》）

③治风热拂郁，筋脉拘倦，肢体焦痿，头目昏眩，腰脊强痛，耳鸣鼻塞，口苦舌干，咽喉不利，胸膈痞闷，咳呕喘满，涕唾黏稠，肠胃燥，热结，便溺淋闭等症：防风、川芎、当归、芍药、大黄、薄荷叶、麻黄、连翘、芒硝各16 g，石膏、黄芩、桔梗各32 g，滑石95 g，甘草64 g，荆芥、白术、栀子各0.3 g。上为末，每服6 g，水一大盏，生姜3片，煎至六分，温服。（《宣明论方》）

④治白虎风，走转疼痛，两膝热肿：防风32～64 g（去芦头，微炒），地龙64 g（微炒），漏芦64 g。上药，捣细罗为散，每服，不计时候，以温酒调下6 g。（《太平圣惠方》）

⑤治痈疽最难收口者：防风、白芷、甘草、赤芍、川芎、归尾各6 g，雄猪蹄一节。加连须葱白5根，用水三大碗煎，以绢片蘸水洗之，拭干，然后上药，其深曲处，以羊毛笔洗之。（《外科十法》）

⑥治一切风疮疥癣，皮肤瘙痒：防风（去叉）、蝉壳、猪牙皂荚（酥炙，去皮、子）各48 g，天麻64 g。上四味捣为细末，用精羊肉煮熟捣烂，以酒熬为膏，丸如绿豆大，每服30丸，荆芥酒或茶汤下。（《圣济总录》）

⑦治破伤风及跌打损伤：天南星（汤洗7次）、防风（去叉）各等份，为末。如破伤以药敷贴疮口，然后以温酒调下3 g。如牙关急紧，角弓反张，用药6 g，童子小便调下，或因斗伤相打，内有伤损之人，以药6 g，温酒调下。（《本事方》）

⑧治自汗：防风、黄芪各32 g，白术64 g。每服10 g，水一盏半，姜3片煎服。（《丹溪心法》）

⑨治盗汗：防风15 g，川芎7.5 g，人参4 g。为细末，每服6 g，临卧米饮调下。（《世医得效方》）

⑩消风顺气，治老人大肠秘涩：防风、枳壳（麸炒）各32 g，甘草16 g。为末，每食前白汤服6 g。（《简便单方》）

⑪治崩中：防风去芦头，炙亦为末，每服6 g，以面糊、酒调下，更以面糊、酒投之。（《经验后方》）

⑫治霉菌性阴道炎：防风、大戟、艾叶各15 g。水煎，熏洗，每日1次。（徐州《单方验方 新医疗法（选编）》）

⑬治偏正头痛，年深久不愈者，善疗风湿热头痛，上壅头目及脑痛不止者，除血虚头痛不治：川芎15 g，柴胡21 g，黄连（酒炒）、防风（去芦）、羌活各32 g，炙甘草48 g，黄芩酒拌湿（一半炒干，一半晒干）125 g。上为末，每服6 g。放盏内入浓茶少许，调如膏，临卧抹口内，少许用白汤送下。（《万密斋医学全书》）

【备注】除上述正品防风外，罗田尚有岩防风，为地区习惯用药。

窃衣属 *Torilis* Adans.

616. 小窃衣 *Torilis japonica*（Houtt.）DC.

【别名】 破子草、大叶山胡萝卜。

【形态】 一年或多年生草本，高 20 ～  120 cm。主根细长，圆锥形，棕黄色，支根多数。茎有纵条纹及刺毛。叶柄长 2 ～ 7 cm，下部有窄膜质的叶鞘；叶片长卵形，一至二回羽状分裂，两面疏生紧贴的粗毛，第一回羽片卵状披针形，长 2 ～ 6 cm，宽 1 ～ 2.5 cm，先端渐窄，边缘羽状深裂至全缘，有长 0.5 ～ 2 cm 的短柄，末回裂片披针形以至长圆形，边缘有条裂状的粗齿至缺刻或分裂。复伞形花序顶生或腋生，花序梗长 3 ～ 25 cm，有倒生的刺毛；总苞片 3 ～ 6，长 0.5 ～ 2 cm，通常线形，极少叶状；伞辐 4 ～ 12，长 1 ～ 3 cm，开展，有向上的刺毛；小总苞片 5 ～ 8，线形或钻形，长 1.5 ～ 7 mm，宽 0.5 ～ 1.5 mm；小伞形花序有花 4 ～ 12，花柄长 1 ～ 4 mm，短于小总苞片；萼齿细小，三角形或三角状披针形；花瓣白色、紫红色或蓝紫色，倒卵圆形，顶端内折，长与宽均为 0.8 ～ 1.2 mm，外面中间至基部有紧贴的粗毛；花丝长约 1 mm，花药卵圆形，长约 0.2 mm；花柱基部平压状或圆锥形，花柱幼时直立，果熟时向外反曲。果卵圆形，长 1.5 ～ 4 mm，宽 1.5 ～ 2.5 mm，通常有内弯或呈钩状的皮刺；皮刺基部阔展，粗糙；胚乳腹面凹陷，每棱槽有油管 1。花果期 4—10 月。

【生境分布】 生于杂木林下、林缘、路旁、河沟边以及溪边草丛，海拔 150 ～ 3060 m。罗田各地均有分布。

【采收加工】 秋季果成熟时采集，除去杂质。

【药用部位】 果。

【药材名】 小窃衣。

【来源】 伞形科植物小窃衣 *Torilis japonica*（Houtt.）DC. 的果实。

【性味】 苦、辛，微温；有小毒。

【功能主治】 活血消肿，收敛杀虫。主治慢性腹泻、蛔虫病；外用主治痈疮溃疡久不收口，滴虫性阴道炎。

【用法用量】 内服：煎汤，6 ～ 10 g。外用：适量，煎水冲洗。

一二三、山茱萸科 Cornaceae

山茱萸属 *Cornus* L.

617. 山茱萸 *Cornus officinalis* Sieb. et Zucc.

【别名】山萸肉、肉枣、枣皮、萸肉、药枣。

【形态】 落叶乔木或灌木，高4～10 m；树皮灰褐色；小枝细圆柱形，无毛或稀被贴生短柔毛；冬芽顶生及腋生，卵形至披针形，被黄褐色短柔毛。叶对生，纸质，卵状披针形或卵状椭圆形，长5.5～10 cm，宽2.5～4.5 cm，先端渐尖，基部宽楔形或近圆形，全缘，上面绿色，无毛，下面浅绿色，稀被白色贴生短柔毛，脉腋密生淡褐色丛毛，中脉在上面明显，下面凸起，近无毛，侧脉6～7对，弓形内弯；叶柄细圆柱形，长0.6～1.2 cm，上面有浅

沟，下面圆形，稍被贴生疏柔毛。伞形花序生于枝侧，有总苞片4，卵形，厚纸质至革质，长约8 mm，带紫色，两侧略被短柔毛，开花后脱落；总花梗粗壮，长约2 mm，微被灰色短柔毛；花小，两性，先于叶开放；花萼裂片4，阔三角形，与花盘等长或稍长，长约0.6 mm，无毛；花瓣4，舌状披针形，长3.3 mm，黄色，向外反卷；雄蕊4，与花瓣互生，长1.8 mm，花丝钻形，花药椭圆形，2室；花盘垫状，无毛；子房下位，花托倒卵形，长约1 mm，密被贴生疏柔毛，花柱圆柱形，长1.5 mm，柱头截形；花梗纤细，长0.5～1 cm，密被疏柔毛。核果长椭圆形，长1.2～1.7 cm，直径5～7 mm，红色至紫红色；核骨质，狭椭圆形，长约12 mm，有几条不整齐的肋纹。花期3—4月，果期9—10月。

【生境分布】 杂生于山坡灌木林中。罗田各地均有栽培。

【采收加工】 10—11月果成熟变红后采摘，采后除去枝梗和果柄，用文火烘焙，冷后，取下果肉，再晒干或用文火烘干。宜放置于阴暗干燥处，以防霉蛀变质。

【药用部位】 果肉。

【药材名】 山茱萸。

【来源】 山茱萸科植物山茱萸 *Cornus officinalis* Sieb. et Zucc. 的干燥成熟果肉。

【性状】 肉质果皮破裂皱缩，不完整或呈扁筒状，长约1.5 cm，宽约0.5 cm。新货表面为紫红色，陈久者则多为紫黑色，有光泽，基部有时可见果柄痕，顶端有一四形宿萼痕迹。质柔润不易碎。无臭，味酸而苦涩。以无核、皮肉肥厚、色红油润者为佳。

【炮制】 山萸肉：洗净，除去果核及杂质，晒干。酒山萸：取净山萸肉，用黄酒拌匀，密封容器内，置水锅中，隔水加热，炖至酒吸尽，取出，晾干。（每100 kg山萸肉，用黄酒20～25 kg）蒸山萸：取净山萸肉，置笼屉内加热蒸黑为度，取出，晒干。

【性味】 酸，微温。

【归经】 归肝、肾经。

【功能主治】 补肝肾，涩精气，固虚脱。主治腰膝酸痛，眩晕，耳鸣，阳痿，遗精，小便频数，肝虚寒热，虚汗不止。

【用法用量】 内服：煎汤，4.5～10 g；或入丸、散。

【注意】 凡命门火炽，强阳不痿，素有湿热，小便淋涩者忌服。

《本草经集注》：蓼实为之使。恶桔梗、防风、防己。

【附方】 ①治五种腰痛，下焦风冷，腰脚无力：牛膝（去苗）32 g，山茱萸32 g，桂心1 g。上药捣细罗为散，每于食前，以温酒调下6 g。（《太平圣惠方》）

②益元阳，补元气，固元精，壮元神：山茱萸（酒浸）取肉500 g，破故纸（酒浸1日，焙干）250 g，当归125 g，麝香3 g。上为细末，炼蜜丸，梧桐子大。每服81丸，临卧酒盐汤下。（《扶寿精方》）

③治脚气上入，少腹不仁：干地黄 250 g，山茱萸、薯蓣各 125 g，泽泻、茯苓、牡丹皮各 95 g，桂枝、附子（炮）各 32 g。上八味，末之，炼蜜和丸梧子大，酒下 15 丸，日再服。（《金匮要略》）

④治肾怯失音，囟开不合，神不足，目中白睛多，面色㿠白：熟地黄 25 g，山萸肉、干山药各 12 g，泽泻、牡丹皮、白茯苓（去皮）各 10 g。上为末，炼蜜丸如梧子大。空心服，温水化下 3 丸。（《小儿药证直诀》）

⑤治老人小水不节，或自遗不禁：山茱萸肉 64 g，益智子 32 g，人参、白术各 25 g，分作 10 剂，水煎服。（《方龙潭家秘》）

⑥治寒温外感诸症，大病瘥后不能自复，寒热往来，虚汗淋漓；或但热不寒，汗出而热解，须臾又热又汗，目睛上窜。势危欲脱，或喘逆，或怔忡，或气虚不足以息：萸肉（去净核）64 g，生龙骨（捣细）32 g，生牡蛎（捣细）32 g，生杭芍 18 g，野台参 12 g，甘草（蜜炙）10 g，水煎服。（《医学衷中参西录》）

⑦治胎漏：人参 6 g，白术 15 g，杜仲 6 g，枸杞 3 g，山药 6 g，当归 3 g，茯苓 3 g，熟地黄 15 g，麦冬 6 g，五味子 1.5 g，山茱萸 6 g，甘草 3 g，水煎服。此方不寒不热安胎之圣药也，凡有胎不安者，此方安之，神效。（《万密斋医学全书》）

一二四、鹿蹄草科 Pyrolaceae

水晶兰属 *Monotropa* L.

618. 水晶兰 *Monotropa uniflora* L.

【别名】梦兰花、水兰草。

【形态】多年生，草本，腐生；茎直立，单一，不分枝，高 10～30 cm，全株无叶绿素，白色，肉质，干后变黑褐色。根细而分枝密，交结成鸟巢状。叶鳞片状，直立，互生，长圆形、狭长圆形或宽披针形，长 1.4～1.5 cm，宽 4～4.5 mm，先端钝，无毛或上部叶稍有毛，边缘近全缘。花单一，顶生，先下垂，后直立，花冠筒状钟形，长 1.4～2 cm，直径 1.1～1.6 cm；苞片鳞片状，与叶同型；萼片鳞片状，早落；花瓣 5～6，离生，楔形或倒卵状长圆形，长 1.2～1.6 cm，上部宽 5.5～7 mm，有不整齐的齿，内侧常有密长粗毛，早落；雄蕊 10～12，花丝有粗毛，花药黄色；花盘 10 齿裂；子房中轴胎座，5 室；花柱长 2～3 mm，柱头膨大成漏斗状。蒴果椭圆状球形，直立，向上，长 1.3～1.4 cm。花期 8—9 月，果期（9）10—11 月。

【生境分布】生于山地大树下阴处。罗田三省垴有分布。

【采收加工】秋、冬季采收。

【药用部位】根。

【药材名】水晶兰。

【来源】 鹿蹄草科植物水晶兰 *Monotropa uniflora* L. 的根。

【性味】 微咸，平。

【功能主治】 补虚弱。主治虚咳。

【用法用量】 内服：煎汤，32 g；或炖肉。

鹿蹄草属 *Pyrola* L.

619. 鹿蹄草 *Pyrola calliantha* H. Andr.

【别名】破血丹、红肺筋草、鹿寿茶、
鹿安茶。

【形态】常绿草本状小半灌木，高（10）
15～30 cm；根茎细长，横生，斜升，有
分枝。叶 4～7 枚，基生，革质；椭圆形
或卵圆形，稀近圆形，长（2.5）3～5.2 cm，
宽（1.7）2.2～3.5 cm，先端钝或圆钝，
基部阔楔形或近圆形，边缘近全缘或有疏
齿，上面绿色，下面常有白霜，有时带紫色；
叶柄长 2～5.5 cm，有时带紫色。花葶有

1～2（4）枚鳞片状叶，卵状披针形或披针形，长 7.5～8 mm，宽 4～4.5 mm，先端渐尖或短渐尖，
基部稍抱花葶。总状花序长 12～16 cm，有 9～13 花，密生，花倾斜，稍下垂，花冠广开，较大，直
径 1.5～2 cm，白色，有时稍带淡红色；花梗长 5～8（10）mm，腋间有长舌形苞片，长 6～7.5 mm，
宽 1.6～2 mm，先端急尖；萼片舌形，长（3）5～7.5 mm，宽（1.5）2～3 mm，先端急尖或钝尖，
边缘近全缘；花瓣倒卵状椭圆形或倒卵形，长 6～10 mm，宽 5～8 mm；雄蕊 10，花丝无毛，花药长
圆柱形，长（2.1）2.5～4 mm，宽 1～1.4 mm，有小角，黄色；花柱长 6～8（10）mm，常带淡红色，
倾斜，近直立或上部稍向上弯曲，伸出或稍伸出花冠，顶端增粗，有不明显的环状凸起，柱头 5 圆裂。
蒴果扁球形，高 5～5.5 mm，直径 7.5～9 mm。花期 6—8 月，果期 8—9 月。

【生境分布】 生于山林中树下或阴湿处。罗田薄刀峰、天堂寨、三省垴等地有分布。

【采收加工】 全年可采。将全草连根挖出，洗净泥土，晒至叶片较软略收缩时，堆压发热，使叶片
两面变成紫红色或紫褐色，再晒干。

【药用部位】 全草。

【药材名】 鹿衔草。

【来源】 鹿蹄草科植物鹿蹄草 *Pyrola calliantha* H. Andr. 的全草。

【性状】 干燥全草，茎紫褐色，稍具棱，并有皱纹，无毛，微有光泽。叶柄长，扁平而中央凹，两
边呈膜质状，常弯曲，无毛。叶片皱缩，稍破碎，上面紫红色，少有呈棕绿色者，光滑，下面紫红色，无
毛，叶脉微凸；纸质，易碎。有时可见花茎，上有数朵小花或扁球形棕色蒴果。气无，味微苦。以紫红色
或紫褐色、无杂质者为佳。

【药理作用】 强心、降压等作用。

【炮制】 拣去杂质，筛去泥沙，洗净，稍润，切细，晒干。

【性味】 甘、苦，温。

【归经】 归肝、肾经。

【功能主治】补虚，益肾，祛风除湿，活血调经。主治虚弱咳嗽，劳伤吐血，风湿关节痛，崩漏，带下，外伤出血。

【用法用量】内服：煎汤，16～32 g；或研末，或炖肉。外用：捣敷或研末撒。

【附方】①治虚劳：鹿衔草32 g，猪蹄1对，炖食。（《陕西中草药》）

②治肺结核咯血：鹿衔草、白及各12 g，水煎服。（《山西中草药》）

③治慢性风湿性关节炎，类风湿性关节炎：鹿蹄草、白术各12 g，泽泻10 g，水煎服。（《陕甘宁青中草药选》）

④治慢性肠炎，痢疾：鹿蹄草15 g，水煎服。（《陕甘宁青中草药选》）

⑤治崩漏：a.鹿衔草12 g，猪肉500 g。炖热，加盐少许，2天吃完。（《陕西中草药》）b.鹿衔草15 g，地榆炭32 g。水煎，日服2次。（《吉林中草药》）

⑥治肾虚五淋白浊：鹿衔草64 g，水煎服。（《云南中医验方》）

⑦治过敏性皮炎，疮痈肿毒，蛇虫咬伤：鹿蹄草适量，煎汤洗患处，一日2次。（《内蒙古中草药》）

⑧治外伤出血，蛇咬伤：鲜鹿蹄草，捣烂或干品研末外敷。（《陕甘宁青中草药选》）

一二五、杜鹃花科 Ericaceae

珍珠花属 *Lyonia* Nutt.

620. 珍珠花 *Lyonia ovalifolia*（Wall.）Drude

【别名】南烛。

【形态】常绿或落叶灌木或小乔木，高8～16 m；枝淡灰褐色，无毛；冬芽长卵圆形，淡红色，无毛。叶革质，卵形或椭圆形，长8～10 cm，宽4～5.8 cm，先端渐尖，基部圆钝或心形，表面深绿色，无毛，背面淡绿色，近无毛，中脉在表面下陷，在背面凸起，侧脉羽状，在表面明显，脉上多少被毛；叶柄长4～9 mm，无毛。总状花序长5～10 cm，着生于叶腋，近基部有2～3枚叶状苞片，小苞片早落；花序轴上微被柔毛；花梗长约6 mm，近无毛；花萼深5裂，

裂片长椭圆形，长约2.5 mm，宽约1 mm，外面近无毛；花冠圆筒状，长约8 mm，直径约4.5 mm，外面疏被柔毛，上部浅5裂，裂片向外反折，先端圆钝；雄蕊10枚，花丝线形，长约4 mm，顶端有2枚芒状附属物，中下部疏被白色长柔毛；子房近球形，无毛，花柱长约6 mm，柱头头状，略伸出花冠外。蒴果球形，直径4～5 mm，缝线增厚；种子短线形，无翅。花期5—6月，果期7—9月。

【生境分布】生于山谷、山坡、丛林或路旁，为阴性树种。罗田天堂寨有分布。

【药用部位】嫩叶。

【药材名】珍珠花。

【来源】杜鹃花科植物珍珠花 *Lyonia ovalifolia*（Wall.）Drude 的嫩叶。

【功能主治】消肿，散结。主治跌打损伤，劳伤骨折，腰痛。

杜鹃属 *Rhododendron* L.

621. 云锦杜鹃 *Rhododendron fortunei* Lindl.

【别名】云锦杜鹃花、云锦杜鹃根。

【形态】常绿灌木或小乔木，高 3～12 m；主干弯曲，树皮褐色，片状开裂；幼枝黄绿色，初具腺体；老枝灰褐色。顶生冬芽阔卵形，长约 1 cm，无毛。叶厚革质，长圆形至长圆状椭圆形，长 8～14.5 cm，宽 3～9.2 cm，先端钝至近圆形，稀急尖，基部圆形或截形，稀近浅心形，上面深绿色，有光泽，下面淡绿色，在放大镜下可见略有小毛，中脉在上面微凹下，下面凸起，侧脉 14～16 对，在上面稍凹入，下面平坦；叶柄圆柱形，长 1.8～4 cm，淡黄绿色，有

稀疏的腺体。顶生总状伞形花序疏松，有花 6～12 朵，有香味；总轴长 3～5 cm，淡绿色，具腺体；总梗长 2～3 cm，淡绿色，疏被短柄腺体；花萼小，长约 1 mm，稍肥厚，边缘有浅裂片 7，具腺体；花冠漏斗状钟形，长 4.5～5.2 cm，直径 5～5.5 cm，粉红色，外面有稀疏腺体，裂片 7，阔卵形，长 1.5～1.8 cm，顶端圆或波状；雄蕊 14，不等长，长 18～30 mm，花丝白色，无毛，花药长椭圆形，黄色，长 3～4 mm；子房圆锥形，长 5 mm，直径 4.5 mm，淡绿色，密被腺体，10 室，花柱长约 3 cm，疏被白色腺体，柱头小，头状，宽 2.5 mm。蒴果长圆状卵形至长圆状椭圆形，直或微弯曲，长 2.5～3.5 cm，直径 6～10 mm，褐色，有肋纹及腺体残迹。花期 4—5 月，果期 8—10 月。

【生境分布】生于高山山坡林中。罗田天堂寨有分布。

【药用部位】花、叶。

【药材名】云锦杜鹃花。

【来源】杜鹃花科植物云锦杜鹃 *Rhododendron fortunei* Lindl. 的花、叶。

【功能主治】清热解毒，敛疮。主治皮肤抓破溃烂。

【用法用量】外用：鲜花或叶适量，加白糖少许，捣烂敷患处。

622. 羊踯躅 *Rhododendron molle*（Blum）G. Don

【别名】八厘麻、闹羊花、三钱三。

【形态】落叶灌木，高 0.5～2 m；分枝稀疏，枝条直立，幼时密被灰白色柔毛及疏刚毛。叶纸质，长圆形至长圆状披针形，长 5～11 cm，宽 1.5～3.5 cm，先端钝，具短尖头，基部楔形，边缘具睫毛状毛，幼时上面被微柔毛，下面密被灰白色柔毛，沿中脉被黄褐色刚毛，中脉和侧脉凸出；叶柄长 2～6 mm，被柔毛和少数刚毛；总状伞形花序顶生，花多达 13 朵，先花后叶或与叶同时开放；花梗被 1～2.5 cm，

被微柔毛及疏刚毛；花萼裂片小，圆齿状，
被微柔毛和刚毛状毛；花冠阔漏斗形，长
4.5 cm，直径 5 ～ 6 cm，黄色或金黄色，
内有深红色斑点，花冠管向基部渐狭，圆筒
状，长 2.6 cm，外面被微柔毛，裂片 5，椭
圆形或卵状长圆形，长 2.8 cm，外面被微
柔毛；雄蕊 5，不等长，长不超过花冠，花
丝扁平，中部以下被微柔毛；子房圆锥状，
长 4 mm，密被灰白色柔毛及疏刚毛，花柱
长达 6 cm，无毛。蒴果圆锥状长圆形，长
2.5 ～ 3.5 cm，具 5 条纵肋，被微柔毛和疏
刚毛。花期 3—5 月，果期 7—8 月。

【生境分布】 常见于山坡、石缝、灌丛中。罗田各地均有分布。

【药用部位】 根、花序。

（1）羊踯躅根。

【别名】 山芝麻根、巴山虎、闹羊花根。

【来源】 杜鹃花科植物羊踯躅 *Rhododendron molle*（Blum）G. Don 的根。

【性味】 辛，温；有毒。

【归经】 归脾经。

【功能主治】 驱风，除湿，消肿，止痛。主治风寒湿痹，跌打损伤，痔漏，疮癣。

【用法用量】 内服：煎汤，1.6 ～ 3 g；或浸酒。外用：研末调敷、煎水熏洗或涂搽。

【附方】 ①治痛风，走注：羊踯躅根一把，糯米一盏，黑豆半盏。酒、水各一碗煎，徐徐服，大吐大泄，一服便能动。（傅滋《医学集成》）

②治坐骨神经痛：羊踯躅根（去外皮）3 g，土牛膝 64 g，威灵仙、六月霜根各 32 g。水煎，冲黄酒服。（《浙江民间常用草药》）

③治跌打损伤，关节风痛：羊踯躅根 3 g，土牛膝、大血藤、白茅根各 10 ～ 12 g，水煎服。（《浙江民间常用草药》）

④治痔漏不可刀针挂线及服药丸散：闹羊花根捶碎，煎汤放罐内，置桶中，盖上挖一孔，对痔坐定，熏之。汤冷，复热之再熏。其管触药气，自渐渐溃烂不堪。熏半月，重者一月。切不可洗。（《本草纲目拾遗》）

⑤治中暑，中寒，中风不语，牙关紧闭，急慢惊风，小儿筋抽：鹅不食草并子 32 g，南星、半夏、藜芦、漏芦、牙皂、闹羊花子、闹羊花根各 3 g。俱晒燥，磨极细末。将药吸入鼻内，喷嚏来，立时苏醒；亦可用阴阳水，调服 0.6 ～ 1 g。（《行箧检秘》）

⑥治两腮红肿：百合 1 个，山芝麻根（去皮）、贝母、元明粉各 3 g，银朱 2.1 g，加白面调敷。（《梁侯瀛集验良方》）

⑦治鱼口便毒：羊踯躅根 3 g，水煎服。（《湖南药物志》）

⑧治疮癣：羊踯躅根 125 g，水 500 g，煎成 125 g，加醋 32 g，外搽患处。（《浙江民间常用草药》）

（2）羊踯躅花序。

【别名】 踯躅花、黄蛇豹花、一杯倒、一杯醉、黄杜鹃花、石棠花、闷头花。

【药用部位】 花序。

【来源】 杜鹃花科植物羊踯躅 *Rhododendron molle*（Blum）G. Don 的花序。

【性状】　干燥的花序多皱缩，由 6～12 朵花组成，簇生在一总柄上，黄灰色至黄褐色；花冠顶端卷折，表面疏生短柔毛；雄蕊较长，有的脱落，花药卵黄色。以干燥、黄灰色、无杂质者为佳。

【化学成分】　花含毒性成分梫木毒素和石楠素。叶含黄酮类、煤地衣酸甲酯等。

【药理作用】　①镇痛作用。

②有降低血压、减慢心率的作用。

③杀虫作用。

花对昆虫有强烈毒性。其有效成分为梫木毒素与石楠素，对人亦有毒性。其根、叶对昆虫无毒杀作用，对家兔感染血吸虫无杀灭作用。

【毒性】　①《本草求原》：中其（闹羊花）毒者，黄糖、黄蚬汤、绿豆可解。

②《南方主要有毒植物》：羊踯躅，有毒部位为叶和花。中毒症状：开始时恶心，呕吐，腹泻，心跳缓慢，血压下降，动作失调，呼吸困难；严重者因呼吸停止而死亡。解救方法：酌情考虑催吐或洗胃及导泻；服蛋清、活性炭及糖水；亦可静脉滴注 5% 葡萄糖盐水，并给兴奋剂，保暖；如血压下降则给去甲肾上腺素；如呼吸困难可给氧，必要时行人工呼吸。民间用栀子汁解毒。

【性味】　辛，温；有毒。

【功能主治】　驱风，除湿，定痛。主治风湿顽痹，伤折疼痛，皮肤顽癣，并用于手术麻醉。

【用法用量】　内服：煎汤，0.3～0.6 g；浸酒或入丸、散。外用：捣擦。

【注意】　本品有毒，不宜多服、久服。体虚者忌服。

【附方】　①治风湿顽痹，身体手足收摄不遂，肢节疼痛，言语謇涩：踯躅花不限多少，以酒拌蒸一炊久，取出晒干，捣罗为末。用牛乳 100 g，暖令热，调下 3 g。（《太平圣惠方》）

②治风痰注痛：踯躅花、天南星。并生时同捣作饼，甑上蒸四五遍，以稀葛囊盛之，临时取焙为末，蒸饼丸梧子大。每服 3 丸，温酒下。腰脚骨痛，空心服；手臂痛，食后服。（《续传信方》）

③治妇人血风走注，随所留止疼痛：踯躅花、干蝎（全者，炒）、乌头（炮炙，去皮、脐）各 16 g，地龙（阴干）20 条。上四味，捣罗为末，炼蜜丸如小豆大。每服 5～7 丸，煎荆芥酒下，日二。（《圣济总录》）

④治左瘫右痪：生干地黄、蔓荆子（去白）、白僵蚕（炒，去丝）各 32 g，五灵脂（去皮）16 g，踯躅花（炒）、天南星、白胶香、草乌头（炮）各 32 g。上为细末，酒煮半夏末为糊，丸如龙眼大。每服 1 丸，分作四服，酒吞下，日进二服。（《局方》）

⑤治神经性头痛、偏头痛：鲜闹羊花捣烂，外敷后脑或痛处 2～3 h。（《浙江民间常用草药》）

⑥治跌打损伤：三钱三 6 g，小驳骨 32 g，泽兰 64 g，共捣烂，用酒炒热，敷患处。（《广西中草药》）

⑦治疟疾：羊踯躅花 0.3 g，嫩松树梢 15 g，水煎服。（《湖南药物志》）

⑧治风虫牙痛：踯躅 3 g，草乌头 7.5 g。为末，化蜡丸豆大。绵包一丸，咬之，追涎。（《海上方》）

⑨治腹中癥结（手术麻醉剂）：羊踯躅 10 g，茉莉花根 3 g，当归 3 g，菖蒲 1 g。水煎服一碗。（《华佗神医秘传》）

⑩治皮肤顽癣及瘙痒：鲜闹羊花 15 g，捣烂擦患处。（《闽东本草》）

⑪治癞痢头：鲜闹羊花擦患处，或晒干研粉调麻油涂患处。（《浙江民间常用草药》）

623. 杜鹃 *Rhododendron simsii* Planch.

【别名】　山踯躅、映山红、艳山红、满山红、清明花。

【形态】　落叶灌木，高 2～5 m；分枝多而纤细，密被亮棕褐色扁平糙伏毛。叶革质，常集生于枝端，卵形、椭圆状卵形、倒卵形或倒卵形至倒披针形，长 1.5～5 cm，宽 0.5～3 cm，先端短渐尖，基部楔形或宽楔形，边缘微反卷，具细齿，上面深绿色，疏被糙伏毛，下面淡白色，密被褐色糙伏毛，中脉在上面凹陷，下面凸出；叶柄长 2～6 mm，密被亮棕褐色扁平糙伏毛。花芽卵球形，鳞片外面中部以上被糙伏毛，边缘具睫毛状毛。花 2～3（6）朵簇生于枝顶；花梗长 8 mm，密被亮棕褐色糙伏毛；花萼 5 深裂，裂片三角状长卵形，长 5 mm，被糙伏毛，边缘具睫毛状毛；花冠阔漏斗形，玫瑰色、鲜红色或暗红色，长 3.5～4 cm，宽 1.5～2 cm，裂片 5，倒卵

形，长 2.5～3 cm，上部裂片具深红色斑点；雄蕊 10，长约与花冠相等，花丝线状，中部以下被微柔毛；子房卵球形，10 室，密被亮棕褐色糙伏毛，花柱伸出花冠外，无毛。蒴果卵球形，长达 1 cm，密被糙伏毛；花萼宿存。花期 4—5 月，果期 6—8 月。

【生境分布】 野生于荒山丛林中。罗田各地均有分布。

【采收加工】 花：4—5 月盛开时采收，晒干。果：果成熟时采收。

【药用部位】 花或果。

【药材名】 映山红、映山红子。

【来源】 杜鹃花科植物杜鹃 *Rhododendron simsii* Planch. 的花或果。

【化学成分】 花含花色苷和黄酮醇类。

【性味】 酸、甘，温。

【功能主治】 和血，调经，祛风湿。主治月经不调，闭经，崩漏，跌打损伤，风湿痛，吐血，衄血。

【用法用量】 内服：花，煎汤，16～32 g；果实，研末，1～1.5 g。

【附方】 ①治月家痨病，闭经干瘦：映山红 64 g，水煎服。

②治跌打损伤：映山红子（研末）1.5 g，用酒吞服。

③治流鼻血：映山红（生品）15～32 g，水煎服。（①～③方出自《贵州草药》）

④治带下：杜鹃花（白花）15 g，和猪脚爪适量同煮，喝汤吃肉。（《浙江民间常用草药》）

一二六、紫金牛科 Myrsinaceae

紫金牛属 *Ardisia* Sw.

624. 紫金牛 *Ardisia japonica*（Thunb.）Blume

【别名】 叶底红、矮茶、矮茶子、矮地茶。

【形态】 小灌木或亚灌木，近蔓生，具匍匐生根的根茎；直立茎长达 30 cm，稀达 40 cm，不分枝，幼时被细微柔毛，以后无毛。叶对生或近轮生，叶片坚纸质或近革质，椭圆形至椭圆状倒卵形，顶端急尖，基部楔形，长 4～7 cm，宽 1.5～4 cm，边缘具细锯齿，具腺点，两面无毛或有时背面仅中脉被细

微柔毛，侧脉 5 ～ 8 对，细脉网状；叶柄长 6 ～ 10 mm，被微柔毛。亚伞形花序，腋生或生于近茎顶端的叶腋，总梗长约 5 mm，有花 3 ～ 5 朵；花梗长 7 ～ 10 mm，常下弯，二者均被微柔毛；花长 4 ～ 5 mm，有时 6 数，花萼基部连合，萼片卵形，顶端急尖或钝，长约 1.5 mm 或略短，两面无毛，具缘毛，有时具腺点；花瓣粉红色或白色，广卵形，长 4 ～ 5 mm，无毛，具密腺点；雄蕊较花瓣略短，花药披针状卵形或卵形，背部具腺点；雌蕊与花瓣等长，子房卵珠形，无毛；

胚珠 15 枚，3 轮。果球形，直径 5 ～ 6 mm，鲜红色转黑色，具腺点。花期 5—6 月，果期 11—12 月，有时 5—6 月仍有果。

【生境分布】习见于海拔 1200 m 以下的山间林下或竹林下，阴湿的地方。

【采收加工】全年可采，洗净，晒干。

【药用部位】茎叶。

【药材名】矮地茶。

【来源】紫金牛科植物紫金牛 *Ardisia japonica*（Thunb.）Blume 的茎叶。

【药理作用】①止咳作用。

②祛痰、平喘作用。

③抗病毒作用。

【性味】苦，平。

【功能主治】镇咳，祛痰，活血，利尿，解毒。主治慢性支气管炎，肺结核咳嗽咯血、吐血，脱力劳伤，筋骨酸痛，肝炎，急慢性肾炎，疝气，肿毒。

【用法用量】内服：煎汤，10 ～ 12 g，大剂量可用至 32 ～ 64 g；或捣汁。外用：捣敷。

【附方】①治吐血：叶底红 64 g（洗净，捣烂），猪肺 1 个（洗净）。将叶底红入肺管内，河水、井水各三碗煮烂，至五更，去叶底红，连汤食之。（《杨春涯经验方》）

②治肺痈：紫金牛 32 g，鱼腥草 32 g。水煎，二次分服。（《江西民间草药》）

③治血痢、肿毒：紫金牛茎叶，水煎服。（《浙江民间草药》）

④治跌打胸部伤痛：紫金牛全草 32 g，酒、水各半煎，二次分服。（《江西民间草药》）

【临床应用】①治疗慢性支气管炎。矮地茶是治疗慢性支气管炎的有效药物之一。剂量与用法：矮地茶全株 38 g，水煎分 3 次服，10 天 1 个疗程；亦可制成片剂、糖浆或冲剂服用。

②治疗肺结核。

③治疗溃疡病出血，以消化道出血的效果最理想，且以口服给药奏效快。

625. 朱砂根 *Ardisia crenata* Sims

【别名】老鼠尾、金鸡爪、高脚罗伞、土丹皮、小朗伞。

【形态】灌木，高 1 ～ 2 m，稀达 3 m；茎粗壮，无毛，除侧生特殊花枝外，无分枝。叶片革质或坚纸质，椭圆形、椭圆状披针形至倒披针形，顶端急尖或渐尖，基部楔形，长 7 ～ 15 cm，宽 2 ～ 4 cm，边缘具皱波状或波状齿，具明显的边缘腺点，两面无毛，有时背面具极小的鳞片，侧脉 12 ～ 18 对，构成不规则的边缘脉；叶柄长约 1 cm。伞形花序或聚伞花序，着生于侧生特殊花枝顶端；花枝近顶端常具 2～3 片叶或更多，或无叶，长 4～16 cm；花梗长 7～10 mm，几无毛；花长 4～6 mm，花萼仅基部连合，萼片长圆状卵形，顶端圆形或钝，长 1.5 mm 或略短，稀达 2.5 mm，全缘，两面无毛，具腺点；花瓣白色，稀略带粉红色，盛开时反卷，卵形，顶端急尖，具腺点，外面无毛，里面有时近基部具乳头状凸起；雄蕊较花瓣短，花药三角状披针形，背面常具腺点；雌蕊与花

瓣近等长或略长，子房卵珠形，无毛，具腺点；胚珠 5 枚，1 轮。果球形，直径 6～8 mm，鲜红色，具腺点。花期 5—6 月，果期 10—12 月，有时 2—4 月。

【生境分布】生于山地林下、沟边、路旁。

【采收加工】秋后采挖根部，洗净晒干。

【药用部位】根、叶。

【药材名】朱砂根、叶。

【来源】紫金牛科植物朱砂根 *Ardisia crenata* Sims 的根、叶。

【性状】干燥根，多分枝，呈细圆柱状，略弯曲，长短不一，直径 4～10 mm。表面暗紫色或暗棕色，有纵向皱纹及须根痕。质坚硬，断面木部与皮部易分离，皮部发达，约占断面 1/2，淡紫色，木部淡黄色。

【药理作用】抑菌、抗早孕作用。

【性味】苦、辛，凉。

【功能主治】清热解毒，散瘀止痛。主治上呼吸道感染，扁桃体炎，急性咽峡炎，白喉，丹毒，淋巴结炎，劳伤吐血，心胃气痛，风湿骨痛，跌打损伤。

【用法用量】内服：煎汤，10～15 g；或研末为丸、浸酒。外用：捣敷。

【附方】①治咽喉肿痛：a.朱砂根 10～15 g，水煎服。b.朱砂根全草 6 g，射干 3 g，甘草 3 g，水煎服。（《湖南药物志》）

②治风湿骨痛：小郎伞 15 g，木通 64 g，虎骨 10 g，鸡骨香 10 g，大血藤 12 g，桑寄生 10 g。浸酒 1 kg，每服 15 g～32 g，日 2 次。（《广西中药志》）

③治上呼吸道感染，扁桃体炎，白喉，丹毒，淋巴结炎：朱砂根 10～15 g，水煎服；或研末蜜丸，每次 6～10 g，一日 2 次。（《浙江省中草药抗菌消炎经验交流会资料选编》）

④治流火（丝虫病引起的淋巴管炎）：朱砂根干根 32～64 g，水煎，调酒服。（《福建中草药》）

⑤治肺病及劳伤吐血：朱砂根 10～15 g，同猪肺炖服。先喝汤，后去药吃肺，连吃三肺为 1 个疗程。（《浙江民间常用草药》）

⑥治跌打损伤，关节风痛：朱砂根 10～15 g，水煎或冲黄酒服。（《浙江民间常用草药》）

⑦治妇女带下，痛经：朱砂根 10～15 g，水煎或加白糖、黄酒冲服。（《浙江民间常用草药》）

⑧治毒蛇咬伤：朱砂根鲜品 64 g，水煎服；另用盐肤木叶或树皮、乌桕叶适量，煎汤清洗伤口，用朱砂根皮捣烂，敷创口周围。（《单方验方调查资料选编》）

【临床应用】治疗急性咽喉炎：用 10% 水煎液，每服 30 ml，每日 3 次；或用粉剂 1 g 装胶囊吞服，每日 3 次；或用蜜丸，日服 3 次，每次 1 丸（含药粉 1 g）。

一二七、报春花科 Primulaceae

珍珠菜属 *Lysimachia* L.

626. 泽珍珠菜 *Lysimachia candida* Lindl.

【形态】一年生或二年生草本，全体无毛。茎单生或数条簇生，直立，高 10～30 cm，单一或有分枝。基生叶匙形或倒披针形，长 2.5～6 cm，宽 0.5～2 cm，具有狭翅的柄，开花时存在或早凋；茎叶互生，很少对生，叶片倒卵形、倒披针形或线形，长 1～5 cm，宽 2～12 mm，先端渐尖或钝，基部渐狭，下延，边缘全缘或微皱成波状，两面均有黑色或带红色的小腺点，无柄或近无柄。总状花序顶生，初时因花密集而成阔圆锥形，其后渐伸长，果时长 5～10 cm；苞片线形，长 4～6 mm；花梗长约为苞片的 2 倍，花序最下方的长达 1.5 cm；花萼长 3～5 mm，分裂近达基部，裂片披针形，边缘膜质，背面沿中肋两侧有黑色短腺条；花冠白色，长 6～12 mm，筒部长 3～6 mm，裂片长圆形或倒卵状长圆形，先端圆钝；雄蕊稍短于花冠，花丝贴生至花冠的中下部，分离部分长约 1.5 mm；花药近线

形，长约 1.5 mm；花粉粒具 3 孔沟，长球形，（25～30）μm×（17～18.5）μm，表面具网状纹饰；子房无毛，花柱长约 5 mm。蒴果球形，直径 2～3 mm。花期 3—6 月，果期 4—7 月。

【生境分布】生于田边、溪边和山坡路旁潮湿处，垂直分布上限可达海拔 2100 m。罗田各地均有分布。

【采收加工】夏季采收，洗净，鲜用或晒干。

【来源】报春花科植物泽珍珠菜 *Lysimachia candida* Lindl. 的全草。

【性味】苦，凉；有毒。

【功能主治】清热解毒，消肿散结。外用治无名肿毒，疮痈肿毒，稻田性皮炎，跌打骨折。

【用法用量】外用：适量。

627. 过路黄 *Lysimachia christinae* Hance

【别名】金钱草、过路草、走游草。

【形态】茎柔弱，平卧延伸，长 20～60 cm，无毛或被疏毛，幼嫩部分密被褐色无柄腺体，下部节间较短，常发出不定根，中部节间长 1.5～5（10）cm。叶对生，卵圆形、近圆形至肾圆形，长 1.5～8 cm，宽 1～4（6）cm，先端锐尖或圆钝至圆形，基部截形至浅心形，鲜时稍厚，透光可见密布的透明腺条，干时腺条变黑色，两面无毛或密被糙伏毛；叶柄比叶片短或与之近等长，无毛至密被毛。花单生于叶腋；

花梗长 1～5 cm，通常不超过叶长，毛被
如茎，具褐色无柄腺体；花萼长 4～10 mm，
分裂近达基部，裂片披针形、椭圆状披针形
至线形或上部稍扩大而近匙形，先端锐尖或
稍钝，无毛、被柔毛或仅边缘具缘毛；花
冠黄色，长 7～15 mm，基部合生部分长
2～4 mm，裂片狭卵形至近披针形，先端
锐尖或钝，质地稍厚，具黑色长腺条；花丝
长 6～8 mm，下半部合生成筒；花药卵圆形，
长 1～1.5 mm；花粉粒具 3 孔沟，近球形，
（29.5～32）μm×（27～31）μm，表面

具网状纹饰；子房卵珠形，花柱长 6～8 mm。蒴果球形，直径 4～5 mm，无毛，有稀疏黑色腺条。花期 5—
7 月，果期 7—10 月。

【生境分布】 生于沟边、路旁阴湿处和山坡林下。罗田各地均有分布。

【采收加工】 夏季采收，鲜用或晒干。

【药用部位】 全草。

【药材名】 金钱草。

【来源】 报春花科植物过路黄 Lysimachia christinae Hance 的全草。

【功能主治】 清热解毒，利尿排石。主治胆囊炎，黄疸性肝炎，尿路结石，肝、胆结石，跌打损伤，
毒蛇咬伤，毒蕈及药物中毒；外用治化脓性炎症、烧烫伤。

【用法用量】 内服：煎汤，10～15 g。

628. 矮桃 *Lysimachia clethroides* Duby

【别名】 扯根菜、珍珠草、调经草、劳伤药、伸筋散、九节莲。

【形态】 多年生草本，全株被黄褐色卷曲柔毛。根茎横走，淡红色；茎直立，高 40～100 cm，圆柱形，
基部带红色，不分枝。叶互生；近无柄或具长 2～10 mm 的柄；叶卵状椭圆形或阔披针形，长 6～16 cm，
宽 2～5 cm，先端渐尖，基部渐狭，两面散生黑色腺点。总状花序顶生；盛花期长约 6 cm，花密集，常
转向一侧，后渐伸长，果时长 20～40 cm；花梗长 4～6 mm；苞片线状钻形，比花梗稍长；花萼 5 裂，
裂片狭卵形，长 2.5～3 mm，先端圆钝，周边膜质，有腺状缘毛；花冠白色，长 5～6 mm，5 裂片，基
部合生部分长约 1.5 mm，裂片狭长圆形，
先端圆钝；雄蕊内藏，花丝基部约 1 mm，
连合并贴生于花冠基部，分离部分长约
2 mm，被腺毛；花药长圆形，长约 1 mm；
子房卵珠形，花柱稍粗，长 3～3.5 mm。
蒴果近球形，直径 2.5～3 mm。花期 5—7 月，
果期 7—10 月。

【生境分布】 生于山坡、路旁、溪边
草丛中等湿润处。罗田各地均有分布。

【采收加工】 秋季采收，鲜用或晒干。

【药用部位】 根或全草。

【药材名】 珍珠草。

【来源】 报春花科植物矮桃 *Lysimachia clethroides* Duby 的根或全草。

【鉴别】 全草被黄褐色卷毛。茎圆柱形，长 50～80 cm；表面微带红色；质脆，易折断。叶互生，常皱缩或破碎；完整叶片展平后呈卵状椭圆形或阔披针形，长 6～16 cm，宽 2～5 cm；先端渐尖，基部渐狭至叶柄，边缘稍向下卷；两面黄绿色或淡黄棕色，疏生黄色卷毛，水浸后透光可见黑色腺点。总状花序顶生，花常脱落。果穗长约 30 cm，蒴果近球形。气微，味淡。以花多、叶色绿者为佳。

【性味】 苦、辛，平。

【归经】 归肝、脾经。

【功能主治】 清热利湿，活血散瘀，解毒消痈。主治水肿，热淋，黄疸，痢疾，风湿热痹，带下，闭经，跌打，骨折，外伤出血，乳痈，疔疮，蛇咬伤。

【用法用量】 内服：煎汤，15～30 g；或泡酒，或鲜品捣汁。外用：适量，煎水洗；或鲜品捣敷。

【注意】 孕妇忌用。

629. 临时救 *Lysimachia congestiflora* Hemsl.

【别名】 聚花过路黄。

【形态】 茎下部匍匐，节上生根，上部及分枝上升，长 6～50 cm，圆柱形，密被多细胞卷曲柔毛；分枝纤细，有时仅顶端具叶。叶对生，茎端的 2 对间距短，近密聚，叶片卵形、阔卵形至近圆形，近等大，长 0.7～4.5 cm，宽 0.6～3 cm，先端锐尖或钝，基部近圆形或截形，稀略呈心形，上面绿色，下面较淡，有时沿中肋和侧脉染紫红色，两面被具节糙伏毛，稀近无毛，近边缘有暗红色或有时变为黑色的腺点，侧脉 2～4 对，在下面稍隆起，网脉纤细，不明显；叶

柄比叶片短，具草质狭边缘。花 2～4 朵集生于茎端和枝端成近头状的总状花序，在花序下方的 1 对叶腋有时具单生之花；花梗极短或长至 2 mm；花萼长 5～8.5 mm，分裂近达基部，裂片披针形，宽约 1.5 mm，背面被疏柔毛；花冠黄色，内面基部紫红色，长 9～11 mm，基部合生部分长 2～3 mm，5 裂（偶有 6 裂的），裂片卵状椭圆形至长圆形，宽 3～6.5 mm，先端锐尖或钝，散生暗红色或变黑色的腺点；花丝下部合生成高约 2.5 mm 的筒，分离部分长 2.5～4.5 mm；花药长圆形，长约 1.5 mm；花粉粒近长球形，（30～36）μm×（26.5～29）μm，表面具网状纹饰；子房被毛，花柱长 5～7 mm。蒴果球形，直径 3～4 mm。花期 5—6 月，果期 7—10 月。

【生境分布】 生于路旁向阳处。罗田各地均有分布。

【采收加工】 春、秋季采收，鲜用或晒干。

【药用部位】 全草。

【药材名】 过路黄。

【来源】 报春花科植物临时救 *Lysimachia congestiflora* Hemsl. 的全草。

【性味】 辛、甘，微温。

【功能主治】 祛风散寒。主治感冒咳嗽，头痛身疼，腹泻。

【用法用量】 内服：煎汤，10～32 g。

630. 点腺过路黄 *Lysimachia hemsleyana* Maxim.

【别名】 雪上一枝花。

【形态】 茎簇生，平铺地面，先端伸长成鞭状，长可达 90 cm，圆柱形，基部直径 1.5～2 mm，密被多细胞柔毛。叶对生，卵形或阔卵形，长 1.5～4 cm，宽 1.2～3 cm，先端锐尖，基部近圆形、截形至浅心形，上面绿色，密被小糙伏毛，下面淡绿色，毛被较疏或近无毛，两面均有褐色或黑色粒状腺点，极少为透明腺点，侧脉 3～4 对，在下面稍明显，网脉隐蔽。叶柄长 5～18 mm。花单生于茎中部叶腋，极少生于短枝上叶腋；花梗长 7～15 mm，

果时下弯，可增长至 2.5 cm；花萼长 7～8 mm，分裂近达基部，裂片狭披针形，宽 1～1.5 mm，背面中肋明显，被稀疏小柔毛，散生褐色腺点；花冠黄色，长 6～8 mm，基部合生部分长约 2 mm，裂片椭圆形或椭圆状披针形，宽 3.5～4 mm，先端锐尖或稍钝，散生暗红色或褐色腺点；花丝下部合生成高约 2 mm 的筒，分离部分长 3～5 mm；花药长圆形，长约 1.5 mm；子房卵珠形，花柱长 6～7 mm。蒴果近球形，直径 3.5～4 mm。花期 4—6 月，果期 5—7 月。

【生境分布】 生于各地山谷林缘、溪旁和路边草丛中，垂直分布上限可达 1000 m。罗田各地均有分布。

【采收加工】 夏季采收。

【药用部位】 全草。

【药材名】 过路黄。

【来源】 报春花科植物点腺过路黄 *Lysimachia hemsleyana* Maxim. 的全草。

【性味】 微苦，凉。

【功能主治】 清热利湿，通经。主治肝炎，肾盂肾炎，膀胱炎，闭经。

【用法用量】 内服：煎汤，30～60 g。

【附方】 ①治慢性肝炎：点腺过路黄全草 60 g，酢浆草 30 g，夏枯草、虎杖、筋骨草各 15 g，水煎服。（《湖南药物志》）

②治肾盂肾炎，膀胱炎：点腺过路黄全草 30～60 g，尿珠子根、黄荆根、石莲子各 30 g，水煎服。（《湖南药物志》）

631. 黑腺珍珠菜 *Lysimachia heterogenea* Klatt

【别名】 满天星。

【形态】 多年生草本，全体无毛。茎直立，高 40～80 cm，四棱形，棱边有狭翅和黑色腺点，上部分枝。基生叶匙形，早凋，茎叶对生，无柄，叶片披针形或线状披针形，极少长圆状披针形，长 4～13 cm，宽 1～3 cm，先端稍锐尖或钝，基部钝或耳状半抱茎，两面密生黑色粒状腺点。总状花序生于茎端和枝

端；苞片叶状，长于或近等长于花梗；花梗
长 3～5 mm；花萼 4～5 mm，分裂近达
基部，裂片线状披针形，背面有黑色腺条和
腺点；花冠白色，长约 7 mm，基部合生部
分长约 2.5 mm，裂片卵状长圆形；雄蕊与
花冠近等长，花丝贴生至花冠的中部，分离
部分长约 3 mm；花药腺形，长约 1.5 mm，
药隔顶端具尖头；花粉粒具 3 孔沟，长球形，
（27.5～31）μm×（18～22.5）μm，表
面近平滑；子房无毛，花柱长约 6 mm，柱
头膨大。蒴果球形，直径约 3 mm。花期 5—
7 月，果期 8—10 月。

【生境分布】 生于海拔 200～900 m 的水沟边、田埂及湿地、草丛中。罗田各地均有分布。

【采收加工】 夏季采收，除去杂质，晒干。

【药用部位】 全草。

【药材名】 珍珠菜。

【来源】 报春花科植物黑腺珍珠菜 *Lysimachia heterogenea* Klatt 的全草。

【性味】 苦、辛，平。

【功能主治】 活血，解蛇毒。主治闭经，毒蛇咬伤。

【用法用量】 内服：煎汤，15～30 g；或泡酒。外用：适量，鲜品捣敷。

632. 轮叶过路黄 *Lysimachia klattiana* Hance

【别名】 轮叶排草、见血住。

【形态】 茎通常 2 至数条簇生，直立，高 15～45 cm，近圆柱形，密被铁锈色多细胞柔毛，不分枝
或偶有分枝。叶 6 至多枚在茎端密集成轮生状，在茎下部各节 3～4 枚轮生或对生，很少互生，叶片披针
形至狭披针形，长 2～5.5（11）cm，宽 5～12（25）mm，先端渐尖或稍钝，基部楔形，无柄或近无柄，
两面均被多细胞柔毛。花集生于茎端成伞形花序，极少在花序下方的叶腋有单生之花；花梗长 7～12 mm，
被稀疏柔毛，果时下弯；花萼长 9～10 mm，分裂近达基部，裂片披针形，先端渐尖成钻形，背面被疏柔毛，
中肋明显，近基部常有不明显的黑色腺条；花冠黄色，长 11～12 mm，基部合生部分长 2.5～3 mm，裂
片狭椭圆形，宽约 5 mm，先端钝，有棕色
或黑色长腺条；花丝基部合生成高约 2.5 mm
的筒，分离部分长 2～3 mm；花药卵形，
长约 1.5 mm；花粉粒具 3 孔沟，近长球形，
（26.5～30）μm×（23.5～25.5）μm，
表面具网状纹饰；子房卵珠形，花柱长约
5 mm。蒴果近球形，直径 3～4 mm。花期 5—
7 月，果期 8 月。

【生境分布】 生于疏林下、林缘和山
坡阴处草丛中。罗田各地均有分布。

【采收加工】 夏季采收，除去杂质，

晒干。

【药用部位】 全草。

【药材名】 过路黄。

【来源】 报春花科植物轮叶过路黄 *Lysimachia klattiana* Hance 的全草。

【功能主治】 降压，止血，解毒。主治肺结核咯血，高血压及毒蛇咬伤。

【用法用量】 内服：煎汤，15 ~ 30 g。外用：适量，鲜品捣敷。

633. 小叶珍珠菜 *Lysimachia parvifolia* Franch. ex Hemsl.

【别名】小叶星宿菜、止痛草、肚痛草。

【形态】茎簇生，近直立或下部倾卧，长 30 ~ 50 cm，常自基部发出匍匐枝，茎上部亦多分枝；匍匐枝纤细，常伸长成鞭状。叶互生，近无柄，叶片狭椭圆形、倒披针形或匙形，长 1 ~ 4.5 cm，宽 5 ~ 10 mm，先端锐尖或圆钝，基部楔形，两面均散生暗紫色或黑色腺点。总状花序顶生，初时花稍密集，后渐疏松；苞片钻形，长 5 ~ 10 mm；最下方的花梗长达 1.5 cm，向顶端渐次缩短；花萼长约 5 mm，分裂近达基部，裂片狭披针形，先端渐尖，边缘膜质，背面有黑色腺点；花冠白色，狭钟形，长 8 ~ 9 mm，合生部分长约 4 mm，裂片长圆形，宽约 2 mm，先端钝；雄蕊短于花冠，花丝贴生于花冠裂片的中下部，分离部分长约 2 mm；花药狭长圆形，长 1.5 ~ 2 mm；花粉粒具 3 孔沟，长球形，（26.5 ~ 29）μm ×（18.5 ~ 20.5）μm，表面具网状纹饰；子房球形，花柱自花蕾中伸出，长约 6 mm。蒴果球形，直径约 3 mm。花期 4—6 月，果期 7—9 月。

【生境分布】 生于田边、溪边湿地。罗田各地均有分布。

【采收加工】 夏季采收，除去杂质，晒干。

【药用部位】 全草。

【药材名】 珍珠菜。

【来源】 报春花科植物小叶珍珠菜 *Lysimachia parvifolia* Franch. ex Hemsl. 的全草。

【性味】 辛、涩，平。

【功能主治】 活血，调经。主治月经不调，白带过多，跌打损伤；外用治蛇咬伤等。

【用法用量】 内服：煎汤，15 ~ 30 g。外用：适量，鲜品捣敷。

634. 狭叶珍珠菜 *Lysimachia pentapetala* Bunge

【别名】 女儿红、红根草。

【形态】 一年生草本，全体无毛。茎直立，高 30 ~ 60 cm，圆柱形，多分枝，密被褐色无柄腺体。叶互生，狭披针形至线形，长 2 ~ 7 cm，宽 2 ~ 8 mm，先端锐尖，基部楔形，上面绿色，下面粉绿色，有褐色腺点；叶柄短，长约 0.5 mm。总状花序顶生，初时因花密集而成圆头状，后渐伸长，果时长 4 ~ 13 cm；苞片钻形，长 5 ~ 6 mm；花梗长 5 ~ 10 mm；花萼长 2.5 ~ 3 mm，下部合生达全长的 1/3 或近 1/2，裂片狭三角形，边缘膜质；花冠白色，长约 5 mm，基部合生仅 0.3 mm，近分离，裂片匙形或倒披针形，先端圆钝；雄蕊比花冠短，花丝贴生于花冠裂片的近中部，分离部分长约 0.5 mm；花药卵圆形，长约 1 mm；花粉粒具 3 孔沟，长球形，（23.5～24.5）μm×（15～17.5）μm，表面具网状纹饰；子房无毛，花柱长约 2 mm。蒴果球形，直径 2～3 mm。花期 7—8 月，果期 8—9 月。

【生境分布】生于山坡荒地、路旁、田边和疏林下。罗田各地均有分布。

【采收加工】夏季采收，去净泥土和杂质，晒干。

【药用部位】全草。

【药材名】珍珠菜。

【来源】报春花科植物狭叶珍珠菜 *Lysimachia pentapetala* Bunge 的全草。

【性味】辛、涩，平。

【功能主治】活血，调经。主治月经不调，白带过多，小儿疳积，乳痛，风湿痹痛，跌打损伤；外用治痈疖，蛇咬伤。

【用法用量】内服：煎汤，15～30 g。

635. 疏头过路黄 *Lysimachia pseudohenryi* Pamp.

【别名】见肿消。

【形态】茎通常 2～4 条簇生，直立或膝曲直立，高 7～25（45）cm，基部圆柱形，上部微具棱，单一或上部具短分枝，密被多细胞柔毛。叶对生，茎下部的较小，菱状卵形或卵圆形，上部叶较大，茎端的 2～3 对通常稍密聚，叶片卵形，稀卵状披针形，长 2～8 cm，宽 8～25 mm，先端锐尖或稍钝，基部近圆形或阔楔形，两面均密被小糙伏毛，散生粒状半透明腺点，侧脉 2～3 对，纤细，网脉不明显；叶柄长 3～12 mm，具草质狭边缘。

花序为顶生缩短成近头状的总状花序，花有时稍疏离，单生于茎端稍密聚的苞片状叶腋；花梗长 4～10（18）mm，果时下弯；花萼长 8～11 mm，分裂近达基部，裂片披针形，宽 1～1.5 mm，背面被柔毛，中肋稍明显；花冠黄色，长 10～15 mm，基部合生部分长 3～4 mm，裂片窄椭圆形或倒卵状椭圆形，宽 5～6 mm，先端锐尖或钝，有透明腺点；花丝下部合生成高 2～3 mm 的筒，分离部分长 3～5 mm；子房和花柱下部被毛，花柱长 5～6 mm。蒴果近球形，直径 3～3.5 mm。花期 5—6 月，果期 6—7 月。

【生境分布】生于山地林缘和灌丛中，垂直分布上限可达海拔 1500 m。罗田各地均有分布。

【采收加工】夏季采收，去净泥土和杂质，晒干。

【药用部位】全草。

【药材名】 过路黄。

【来源】 报春花科植物疏头过路黄 Lysimachia pseudohenryi Pamp. 的全草。

【功能主治】 主治肾结石。

【用法用量】 内服：煎汤，15～30 g。

636. 腺药珍珠菜 *Lysimachia stenosepala* Hemsl.

【别名】 散瘀草。

【形态】 多年生草本，全体光滑无毛。茎直立，高30～65 cm，下部近圆柱形，上部明显四棱形，通常有分枝。叶对生，在茎上部常互生，叶片披针形至长圆状披针形或长椭圆形，长4～10 cm，宽0.8～4 cm，先端锐尖或渐尖，基部渐狭，边缘微呈皱波状，上面绿色，下面粉绿色，两面近边缘散生暗紫色或黑色粒状腺点或短腺条，无柄或具长0.5～10 mm的短柄。总状花序顶生，疏花；苞片线状披针形，长3～5 mm；花梗长2～7 mm，果时稍伸长；花萼长约5 mm，分裂近达基部，裂片线状披针形，先端渐尖成钻形，边缘膜质；花冠白色，钟状，长6～8 mm，基部合生部分长约2 mm，裂片倒卵状长圆形或匙形，宽1.5～2 mm，先端圆钝；雄蕊约与花冠等长，花丝贴生于花冠裂片的中下部，分离部分长约2.5 mm；花药线形，长约1.5 mm，药隔顶端有红色腺体；花粉粒具3孔沟，长球形，（30～33.5）μm×（17～19）μm，表面近平滑；子房无毛，花柱细长，长达5 mm。蒴果球形，直径约3 mm。花期5—6月，果期7—9月。

【生境分布】 生于山谷林缘、溪边和山坡草地湿润处，海拔850～2500 m。罗田北部山区有分布。

【采收加工】 夏季采收，去净泥土和杂质，晒干。

【药用部位】 全草。

【药材名】 珍珠菜。

【来源】 报春花科植物腺药珍珠菜 *Lysimachia stenosepala* Hemsl. 的全草。

【性味】 辛、涩，平。

【功能主治】 活血，调经。主治月经不调，白带过多，乳痈，风湿痹痛，跌打损伤等；外用治痈疖，蛇咬伤等。

【用法用量】 内服：煎汤，15～30 g。

637. 毛黄连花 *Lysimachia vulgaris* L.

【别名】 黄连花。

【形态】 株高60～120 cm，具横走的根茎。茎直立，圆柱形或有纵沟纹，被短柔毛，基部直径可达6 mm，通常多分枝；株形呈塔状。叶通常3枚轮生，卵状披针形，长6～17 cm，宽1.2～5 cm，先端渐尖，基部钝或近圆形，边缘微皱呈波状，上面近无毛，散生黑色腺点，下面被短柔毛，侧脉可多达10对以上，网脉明显；叶柄长2～10 mm。总状花序复出而成圆锥花序，顶生；苞片线状钻形，长5～8 mm；花梗长3～12 mm；花萼长约3.5 mm，分裂近达基部，裂片卵状披针形，宽约1 mm，沿边缘有一圈黑色腺条，具腺状缘毛；花冠深黄色，长 8 ~ 10 mm，分裂近达基部，裂片椭圆形，宽约 3.5 mm，先端锐尖或稍钝，具明显脉纹，内面密生小腺体；雄蕊长约为花冠的一半；花丝下部合生成高约 1.5 mm 的筒，分离部分长约 2.5 mm；花药线形，长约 2 mm；花粉粒具 3 孔沟，近长球形，（22 ~ 24）μm ×（19 ~ 22）μm，表面具网状纹饰；子房无毛，花柱丝状，长 4 ~ 5 mm。蒴果褐色，直径约 3 mm。花期 7—8 月，果期 9 月。

【生境分布】 生于沟边和芦苇地中，海拔 500 ~ 700 m。罗田各地均有分布。

【采收加工】 夏季采收，去净泥土和杂质，晒干。

【药用部位】 全草。

【药材名】 黄连花。

【来源】 报春花科植物毛黄连花 *Lysimachia vulgaris* L. 的带根全草。

【性味】 酸，微寒。

【功能主治】 镇静，降压。主治高血压，头痛，失眠。

【用法用量】 内服：煎汤，9 ~ 15 g。

一二八、柿科 Ebenaceae

柿属 *Diospyros* L.

638. 野柿 *Diospyros kaki* var. *silvestris* Makino

【别名】 山柿。

【形态】 落叶大乔木，通常高达 10 ~ 14 m，胸高直径达 65 cm，高龄老树有高达 27 m 的；树皮深灰色至灰黑色，或黄灰褐色至褐色，沟纹较密，裂成长方块状；树冠球形或长圆球形，老树冠直径达 10 ~ 13 m，有达 18 m 的。枝开展，带绿色至褐色，无毛，散生纵裂的长圆形或狭长圆形皮孔；嫩枝初时有棱，有棕色柔毛、茸毛或无毛。冬芽小，卵形，长 2 ~ 3 mm，先端钝。叶纸质，卵状椭圆形至倒卵形或近

圆形，通常较大，长 5～18 cm，宽 2.8～9 cm，先端渐尖或钝，基部楔形或近截形，很少为心形；新叶疏生柔毛，老叶上面有光泽，深绿色，无毛，下面绿色，有柔毛或无毛，中脉在上面凹下，有微柔毛，在下面凸起，侧脉每边 5～7 条，上面平坦或稍凹下，下面略凸起，下部的脉较长，上部的较短，向上斜生，稍弯，将近叶缘网结，小脉纤细，在上面平坦或微凹下，连结成小网状；叶柄长 8～20 mm，变无毛，上面有浅槽。花雌雄异株，但间或有雄株中有少数雌花、雌株中有少数雄花的，花序腋生，为聚伞花序；雄花序小，长 1～1.5 mm，弯垂，有短柔毛或茸毛，有花 3～5 朵，通常有花 3 朵；总花梗长约 5 mm，有微小苞片；雄花小，长 5～10 mm；花萼钟状，两面有毛，深 4 裂，裂片卵形，长约 3 mm，有睫毛状毛；花冠钟状，黄白色，外面或两面有毛，长约 7 mm，4 裂，裂片卵形或心形，开展，两面有绢毛或外面脊上有长伏柔毛，里面近无毛，先端钝，雄蕊 16～24 枚，着生于花冠管的基部，连生成对，腹面 1 枚较短，花丝短，先端有柔毛，花药椭圆状长圆形，顶端渐尖，药隔背部有柔毛，退化子房微小；花梗长约 3 mm。雌花单生于叶腋，长约 2 cm，花萼绿色，有光泽，直径约 3 cm 或更大，深 4 裂，萼管近球状钟形，肉质，长约 5 mm，直径 7～10 mm，外面密生伏柔毛，里面有绢毛，裂片开展，阔卵形或半圆形，有脉，长约 1.5 cm，两面疏生伏柔毛或近无毛，先端钝或急尖，两端略向背后弯卷；花冠淡黄白色或黄白色而带紫红色，壶形或近钟形，较花萼短小，4 裂，花冠管近四棱形，直径 6～10 mm，裂片阔卵形，长 5～10 mm，宽 4～8 mm，上部向外弯曲；退化雄蕊 8 枚，着生于花冠管的基部，带白色，有长柔毛；子房近扁球形，直径约 6 mm，具 4 棱，无毛或有短柔毛，8 室，每室有胚珠 1 枚；花柱 4 深裂，柱头 2 浅裂；花梗长 6～20 mm，密生短柔毛。果形种种，有球形、扁球形、球形而略呈方形、卵形，直径 3.5～8.5 cm，基部通常有棱，嫩时绿色，后变黄色、橙黄色，果肉较脆硬，老熟时果肉变得柔软多汁，呈橙红色或大红色等，有种子数个；种子褐色，椭圆状，长约 2 cm，宽约 1 cm，侧扁，在栽培品种中通常无种子或有少数种子；宿存萼在花后增大增厚，宽 3～4 cm，4 裂，方形或近圆形，近扁平，厚革质或干时近木质，外面有伏柔毛，后变无毛，里面密被棕色绢毛，裂片革质，宽 1.5～2 cm，长 1～1.5 cm，两面无毛，有光泽；果柄粗壮，长 6～12 mm。花期 5—6 月，果期 9—10 月。

【生境分布】全国各地野生。罗田各地均有分布。

【采收加工】果，秋、冬季采收；叶，夏季采收；茎皮，全年可采。

【药用部位】果、叶、茎皮。

【药材名】野柿。

【来源】柿科植物野柿 *Diospyros kaki* var. *silvestris* Makino 的果、叶、茎皮。

【性味】苦、涩，凉。

【功能主治】解毒消炎，收敛。主治食物中毒，腹泻，赤白痢疾；外用治水火烫伤。

【用法用量】内服：10～15 g。外用：适量，研粉撒敷。

639. 柿 *Diospyros kaki* Thunb.

【形态】小枝及叶柄常密被黄褐色柔毛，叶较栽培柿树的叶小，叶片下面的毛较多，花较小，果亦较小。

【生境分布】罗田各地均有栽培。

（1）柿蒂。

【别名】柿钱、柿丁、柿子把、柿萼。

【采收加工】冬季收集成熟柿子的果蒂，去柄，洗净，晒干。

【来源】柿科植物柿 *Diospyros kaki* Thunb. 的干燥宿萼。

【性状】干燥宿萼呈盖状，顶端中央有 1 果柄，或脱落而留下圆孔，萼的中部较厚，边缘 4 裂，裂片常向上反卷，易碎裂，基部连合成皿状，直径1.5～2.5 cm，厚1～4 mm。外表面红棕色，仔细观察时，上有稀疏短毛，内表面有细密的黄棕色短茸毛，放射状排列，有光泽，中央有1果实脱落所遗留的圆形凸起的疤痕。质薄而体轻。气无，味涩。以红棕色、质厚、味涩、表面带柿霜者为佳。

【化学成分】含羟基三萜酸0.37%，包括齐墩果酸、白桦脂酸和熊果酸，还含葡萄糖、果糖、酸性物质和中性脂肪油及鞣质。

【性味】苦、涩，平。

【归经】①《本草汇言》：归手太阴肺经。

②《本草求真》：归肺、胃经。

【功能主治】降逆气，止呃逆、呕哕。

【用法用量】内服：煎汤，6～12 g；或入散剂。

【附方】①治呃逆：柿钱、丁香、人参各等份。为细末，水煎，食后服。（《洁古家珍》）

②治呃逆不止：柿蒂（烧灰存性）为末。黄酒调服，或用姜汁、砂糖各等份和匀，炖热徐服。（《村居救急方》）

③治伤寒呕哕不止：干柿蒂7枚，白梅3枚。上二味，粗捣筛，只作一服，用水一盏，煎至半盏。去滓温服，不拘时。（《圣济总录》）

④治咳逆不止：柿蒂、丁香各32 g。上细切，每服12 g，水一盏半，姜5片，煎至七分。去滓热服，不拘时候。（《济生方》）

⑤治百日咳：柿蒂12 g（阴干），乌梅核中之白仁10个（细切），加白糖10 g。用水2杯，煎至1杯。一日数回分服，连服数日。（《江西中医药》）

⑥治血淋：干柿蒂（烧灰存性），为末。每服6 g，空心米饮调服。（《奇效良方》）

（2）果、根、叶。

【采收加工】果，秋、冬季采收；根，全年可采；叶，夏季采收。

【药用部位】果、根、叶。

【来源】柿科植物柿 *Diospyros kaki* Thunb. 的果、根、叶。

【性味】果：甘、寒。根：苦、涩、凉。叶：苦、酸、涩、凉。

【功能主治】果：润肺生津，降压止血。主治肺燥咳嗽，咽喉干痛，胃肠出血，高血压。根：清热凉血。主治吐血，痔疮出血，血痢。叶：降压。主治高血压。

【用法用量】内服：果，1～2个；根，6～10 g；叶，研粉每服3 g。

【备注】罗田县有甜柿和柿花两种，甜柿不需脱涩就可生食，而柿花需经脱涩后才可食用。本条将两种柿子合并论述。

640. 君迁子 *Diospyros lotus* L.

【别名】椑枣、槤枣、牛奶柿、软枣、丁香柿。

【形态】落叶乔木，高可达30 m，胸高直径可达1.3 m；树冠近球形或扁球形；树皮灰黑色或灰褐色，深裂或不规则的厚块状剥落；小枝褐色或棕色，有纵裂的皮孔；嫩枝通常淡灰色，有时带紫色，平滑或有时有黄灰色短柔毛。冬芽狭卵形，带棕色，先端急尖。叶近膜质，椭圆形至长椭圆形，长 5～13 cm，宽 2.5～6 cm，先端渐尖或急尖，基部钝，宽楔形至近圆形，上面深绿色，有光泽，初时有柔毛，但后渐脱落，下面绿色或粉绿色，有柔毛，且在脉上较多，或无毛，中脉在下面平坦或下陷，有微柔毛，在下面凸起，侧脉纤细，每边 7～10 条，上面稍下陷，下面略凸起，小脉很纤细，连接成不规则的网状；叶柄长 7～15（18）

mm，有时有短柔毛，上面有沟。雄花 1～3 朵腋生或簇生，近无梗，长约 6 mm；花萼钟形，4 裂，偶有 5 裂，裂片卵形，先端急尖，内面有绢毛，边缘有睫毛状毛；花冠壶形，带红色或淡黄色，长约 4 mm，无毛或近无毛，4 裂，裂片近圆形，边缘有睫毛状毛；雄蕊 16 枚，每 2 枚连生成对，腹面 1 枚较短，无毛；花药披针形，长约 3 mm，先端渐尖；药隔两面都有长毛；子房退化；雌花单生，几无梗，淡绿色或带红色；花萼 4 裂，深裂至中部，外面下部有伏粗毛，内面基部有棕色绢毛，裂片卵形，长约 4 mm，先端急尖，边缘有睫毛状毛；花冠壶形，长约 6 mm，4 裂，偶有 5 裂，裂片近圆形，长约 3 mm，反曲；退化雄蕊 8 枚，着生于花冠基部，长约 2 mm，有白色粗毛；子房除顶端外无毛，8 室；花柱 4，有时基部有白色长粗毛。果近球形或椭圆形，直径 1～2 cm，初熟时为淡黄色，后则变为蓝黑色，常被有白色薄蜡层，8 室；种子长圆形，长约 1 cm，宽约 6 mm，褐色，侧扁，背面较厚；宿存萼 4 裂，深裂至中部，裂片卵形，长约 6 mm，先端圆钝。花期 5—6 月，果期 10—11 月。

【生境分布】生于山谷、山坡，或为栽培。罗田白庙河镇、天堂寨有分布。

【采收加工】10—11 月果成熟时采收。

【药用部位】果。

【药材名】牛奶柿。

【来源】柿科植物君迁子 *Diospyros lotus* L. 的果。

【性味】甘、涩，凉。

【功能主治】①《本草拾遗》：止渴，去烦热，令人润泽。
②《海药本草》：主治消渴，烦热，镇心。

【注意】《千金方》：多食动宿病，益冷气，发咳嗽。

【用法用量】内服：煎汤，6～12 g；或入散剂。

一二九、山矾科 Symplocaceae

山矾属 *Symplocos* Jacq.

641. 日本白檀 *Symplocos paniculata*（Thunb.）Miq.

【别名】野荞面根、大撑药、地胡椒、乌子树。

【形态】落叶灌木或小乔木；嫩枝有灰白色柔毛，老枝无毛。叶膜质或薄纸质，阔倒卵形、椭圆状倒卵形或卵形，长3～11 cm，宽2～4 cm，先端急尖或渐尖，基部阔楔形或近圆形，边缘有细尖锯齿，叶面无毛或有柔毛，叶背通常有柔毛或仅脉上有柔毛；中脉在叶面凹下，侧脉在叶面平坦或微凸起，每边4～8条；叶柄长3～5 mm。圆锥花序长5～8 cm，通常有柔毛；苞片早落，通常条形，有褐色腺点；花萼长2～3 mm，萼筒褐色，无毛或有疏柔毛，裂片半圆形或卵形，稍长于萼筒，淡黄色，有纵脉纹，边缘有毛；花冠白色，长4～5 mm，5深裂，几达基部；雄蕊40～60枚，子房2室，花盘具5凸起的腺点。核果成熟时蓝色，卵状球形，稍偏斜，长5～8 mm，顶端宿萼裂片直立。

【生境分布】生于山谷密林中。罗田北部高山区有分布。

【药用部位】全株。

【药材名】白檀。

【来源】山矾科植物日本白檀 *Symplocos paniculata*（Thunb.）Miq. 的全株。

【性味】苦、涩，微寒。

【功能主治】消炎软坚，调气。主治乳腺炎，淋巴结炎，疝气，肠痈，疔疮。

【用法用量】内服：煎汤，10～25 g。

一三〇、木犀科 Oleaceae

连翘属 *Forsythia* Vahl

642. 连翘 *Forsythia suspensa*（Thunb.）Vahl

【别名】旱连子、大翘子、空壳。

【形态】落叶灌木。枝开展或下垂，棕色、棕褐色或淡黄褐色，小枝土黄色或灰褐色，略呈四棱形，疏生皮孔，节间中空，节部具实心髓。叶通常为单叶，或3裂至三出复叶，叶片卵形、宽卵形或椭圆状卵形至椭圆形，长2～10 cm，宽1.5～5 cm，先端锐尖，基部圆形、宽楔形至楔形，叶缘除基部外具锐锯齿或粗锯齿，上面深绿色，下面淡黄绿色，两面无毛；叶柄长0.8～1.5 cm，无毛。花通常单生或2至数

朵着生于叶腋，先于叶开放；花梗长 5 ~ 6 mm；花萼绿色，裂片长圆形或长圆状椭圆形，长（5）6 ~ 7 mm，先端钝或锐尖，边缘具睫毛状毛，与花冠管近等长；花冠黄色，裂片倒卵状长圆形或长圆形，长 1.2 ~ 2 cm，宽 6 ~ 10 mm；在雌蕊长 5 ~ 7 mm 花中，雄蕊长 3 ~ 5 mm，在雄蕊长 6 ~ 7 mm 的花中，雌蕊长约 3 mm。果卵球形、卵状椭圆形或长椭圆形，长 1.2 ~ 2.5 cm，宽 0.6 ~ 1.2 cm，先端喙状渐尖，表面疏生皮孔；果梗长 0.7 ~ 1.5 cm。花期 3—4 月，果期 7—9 月。

【生境分布】 多丛生于山野荒坡间，各地亦有栽培。罗田黄道山、骆驼坳镇有栽培。

【采收加工】 果初熟或熟透时采收。初熟的果采下后，蒸熟，晒干，尚带绿色，商品称"青翘"；熟透的果，采下后晒干，除去种子及杂质，称"老翘"，其种子称"连翘心"。

【药用部位】 果。

【药材名】 连翘。

【来源】 木犀科植物连翘 *Forsythia suspensa*（Thunb.）Vahl 的果。

【性状】 干燥的果呈长卵形，长 1.5 ~ 2 cm，直径 0.6 ~ 1 cm。顶端锐尖，基部有小柄，或已脱落。表面有不规则的纵皱纹及多数凸起的小斑点，两侧各有 1 条明显的纵沟。青翘多不开裂，绿褐色，表面凸起的灰白色小斑点较少，种子多数，细长，一侧有翅，黄绿色。老翘自尖端开裂或裂成两瓣，表面黄棕色或红棕色，内表面多为浅黄棕色，种子棕色，多已脱落。气微香，味苦。青翘以色青绿、无枝梗者为佳；老翘以色黄、壳厚、无种子、纯净者为佳。

【药理作用】 ①抗菌作用。

②强心、利尿作用。

【炮制】 拣净杂质，搓开，除去枝梗。

【性味】 苦，凉。

【归经】 归心、肝、胆经。

【功能主治】 清热，解毒，散结，消肿。主治温热，丹毒，斑疹，疮痈肿毒，瘰疬，小便淋闭。

【用法用量】 内服：煎汤，10 ~ 15 g；或入丸，散。外用：煎水洗。

【注意】 脾胃虚弱，气虚发热，痈疽已溃、脓稀色淡者忌服。

【附方】 ①治太阴风温、温热、温疫、冬温，初起但热不恶寒而渴者：连翘 32 g，银花 32 g，苦桔梗 20 g，薄荷 20 g，竹叶 12 g，生甘草 15 g，芥穗 12 g，淡豆豉 15 g，牛蒡子 20 g。上杵为散，每服 20 g，鲜苇根汤煎，香气大出，即取服，勿过煮。病重者，约二时一服，日三服，夜一服；轻者三时一服，日三服，夜一服；病不解者，作再服。（《温病条辨》）

②治小儿一切热：连翘、防风、甘草（炙）、山栀子各等份。上捣罗为末，每服 6 g，水一中盏，煎七分，去滓温服。（《类证活人书》）

③治赤游丹毒：连翘一味，煎汤饮之。（《玉樵医令》）

④治乳痈，乳核：连翘、雄鼠屎、蒲公英、川贝母各 6 g。水煎服。（《玉樵医令》）

⑤治瘰疬结核不消：连翘、鬼箭羽、瞿麦、甘草（炙）各等份。上为细末，每服 6 g，临卧米泔水调下。（《杨氏家藏方》）

⑥治舌破生疮：连翘 15 g，黄柏 10 g，甘草 6 g，水煎含漱。（《玉樵医令》）

⑦凡小儿头面遍身生疮，非干搽药，忽然自平，加痰喘者：连翘、人参、川芎、黄连、生甘草、陈皮、白芍、木通水煎入竹沥服。（《万密斋医学全书》）

【临床应用】 ①治疗急性肾炎。

②治疗紫癜。取连翘 20 g，加水用文火煎成 150 ml，分 3 次食前服，忌辣物。经 2 ~ 7 日治疗，皮肤紫癜全部消退。连翘对本病所起的作用，可能与其中含有大量芸香苷，具有保持毛细血管正常抵抗力，减少毛细血管的脆性和通透性有关。此外，连翘似乎尚有脱敏作用。

③治疗肺脓肿。

④治疗视网膜出血。取连翘 20～21 g，文火水煎，分 3 次食前服。

梣属 *Fraxinus* L.

643. 苦枥木 *Fraxinus insularis* Hemsl.

【形态】 落叶大乔木，高 20～30 m，胸径 80～85 cm；树皮灰色，平滑。芽狭三角状圆锥形，密被黑褐色茸毛，干后变黑色光亮，芽鳞紧闭，内侧密被黄色曲柔毛。嫩枝扁平，细长而直，棕色至褐色，皮孔细小，点状凸起，白色或淡黄色，节膨大。羽状复叶长 10～30 cm；叶柄长 5～8 cm，基部稍增厚，变黑色；叶轴平坦，具不明显浅沟；小叶（3）5～7 枚，嫩时纸质，后期变硬纸质或革质，长圆形或椭圆状披针形，长 6～9（13）cm，宽 2～3.5（4.5）cm，顶生小叶与侧生小叶近等大，先端急尖、渐尖至尾尖，基部楔形至圆钝，两侧不等大，叶缘具浅锯齿，或中部以下近全缘，两面无毛，上面深绿色，下面色淡白，散生微细腺点，中脉在上面平坦，下面凸起，侧脉 7～11 对，细网脉结甚明显；小叶柄纤细，长（0.5）1～1.5 cm。圆锥花序生于当年生枝端，顶生及侧生于叶腋，长 20～30 cm，分枝细长，多花，叶后开放；花序梗扁平而短，基部有时具叶状苞片，无毛或被细柔毛；花梗丝状，长约 3 mm；花芳香；花萼钟状，齿截平，上方膜质，长 1 mm，宽 1.5 mm；花冠白色，裂片匙形，长约 2 mm，宽 1 mm；雄蕊伸出花冠外，花药长 1.5 mm，顶端钝，花丝细长；雌蕊长约 2 mm，花柱与柱头近等长，柱头 2 裂。翅果红色至褐色，长匙形，长 2～4 cm，宽 3.5～4（5）mm，先端圆钝，微凹头并具短尖，翅下延至坚果上部，坚果近扁平；花萼宿存。花期 4—5 月，果期 7—9 月。

【生境分布】 生于各种海拔高度的山地、河谷等处，在石灰岩裸坡上常为仅见的大树。罗田薄刀峰、天堂寨、三省垴有分布。

【采收加工】 夏季采收，随采随用。

【药材名】 苦枥木枝叶。

【来源】 木犀科植物苦枥木 *Fraxinus insularis* Hemsl. 的枝叶。

【性味】 苦，寒。

【功能主治】 主治风湿痹痛。

【用法用量】 外用：煎水洗。

素馨属 *Jasminum* L.

644. 迎春花 *Jasminum nudiflorum* Lindl.

【别名】 金腰带、金梅、黄梅、清明花。

【形态】 落叶灌木，直立或匍匐，高0.3～5 m，枝条下垂。枝稍扭曲，光滑无毛，小枝四棱形，棱上具狭翼。叶对生，三出复叶，小枝基部常具单叶；叶轴具狭翼，叶柄长3～10 mm，无毛；叶片和小叶片幼时两面稍被毛，老时仅叶缘具睫毛状毛；小叶片卵形、长卵形或椭圆形、狭椭圆形，稀倒卵形，先端锐尖或钝，具短尖头，基部楔形，叶缘反卷，中脉在上面微凹入，下面凸起，侧脉不明显；顶生小叶片较大，长1～3 cm，宽0.3～1.1 cm，无柄或基部延伸成短柄，

侧生小叶片长0.6～2.3 cm，宽0.2～1.1 cm，无柄；单叶为卵形或椭圆形，有时近圆形，长0.7～2.2 cm，宽0.4～1.3 cm。花单生于去年生小枝的叶腋，稀生于小枝顶端；苞片小叶状，披针形、卵形或椭圆形，长3～8 mm，宽1.5～4 mm；花梗长2～3 mm；花萼绿色，裂片5～6枚，窄披针形，长4～6 mm，宽1.5～2.5 mm，先端锐尖；花冠黄色，直径2～2.5 cm，花冠管长0.8～2 cm，基部直径1.5～2 mm，向上渐扩大，裂片5～6枚，长圆形或椭圆形，长0.8～1.3 cm，宽3～6 mm，先端锐尖或圆钝。花期6月。

【生境分布】 生于山坡灌丛中，海拔800～2000 m。我国及世界各地普遍栽培。罗田各地均有栽培。

【采收加工】 2—4月采收，烘干。

【来源】 木犀科植物迎春花 *Jasminum nudiflorum* Lindl. 的花。

【性味】 ①《贵州民间药物》：味苦，性平。

②《陕西中草药》：味甘涩，性平。

【功能主治】 ①《国药的药理学》：发汗，利尿。

②《贵州民间药物》：解热利尿。治发热头痛，小便热痛。

【用法用量】 内服：煎汤，6～10 g；或研末。

【附方】 ①治发热头痛：金腰带花16 g，水煎服。（《贵州民间药物》）

②治小便热痛：金腰带花16 g，车前草16 g，水煎服。（《贵州民间药物》）

645. 茉莉花 *Jasminum sambac*（L.）Ait.

【别名】 奈花、鬘华、木梨花。

【形态】 直立或攀援灌木，高达3 m。小枝圆柱形或稍压扁状，有时中空，疏被柔毛。叶对生，单叶，叶片纸质，圆形、椭圆形、卵状椭圆形或倒卵圆形，长4～12.5 cm，宽2～7.5 cm，两端圆或钝，基部有时微心形，侧脉4～6对，在上面稍凹入，下面凸起，细脉在两面常明显，微凸起，除下面脉腋间常具簇毛外，其余无毛；叶柄长2～6 mm，被短柔毛，具关节。聚伞花序顶生，通常有花3朵，有时单花多达5朵；花序梗长1～4.5 cm，被短柔毛；苞

片微小，锥形，长 4 ～ 8 mm；花梗长 0.3 ～ 2 cm；花极芳香；花萼无毛或疏被短柔毛，裂片线形，长
5 ～ 7 mm；花冠白色，花冠管长 0.7 ～ 1.5 cm，裂片长圆形至近圆形，宽 5 ～ 9 mm，先端圆或钝。果
球形，直径约 1 cm，呈紫黑色。花期 5—8 月，果期 7—9 月。

　　【生境分布】　多栽培于湿润肥沃土壤中。罗田各地均有栽培。

　　【采收加工】　7 月前后花初开时，择晴天采收，晒干。

　　【药用部位】　花。

　　【药材名】　茉莉花。

　　【来源】　木犀科植物茉莉花 *Jasminum sambac*（L.）Ait. 的花。

　　【性状】　干燥的花，长 1.5 ～ 2 cm，直径约 1 cm，鲜时白色，干后黄棕色至棕褐色，冠筒基部的
颜色略深；未开放的花蕾全体紧密叠合成球形，花萼管状，具细长的裂齿 8 ～ 10 个，外表面有纵行的
皱缩条纹，被稀短毛；花瓣椭圆形，先端短尖或钝，基部联合成管状。气芳香，味涩。以纯净、洁白者
为佳。

　　【性味】　辛、甘，温。

　　【功能主治】　理气，开郁，辟秽，和中。主治下痢腹痛，结膜炎，疮毒。

　　【用法用量】　内服：煎汤，1.5 ～ 3 g；或泡茶。外用：煎水洗目或菜油浸滴耳。

女贞属 *Ligustrum* L.

646. 日本女贞 *Ligustrum japonicum* Thunb.

　　【形态】　大型常绿灌木，高 3 ～ 5 m，
无毛。小枝灰褐色或淡灰色，圆柱形，疏生
圆形或长圆形皮孔，幼枝圆柱形，稍具棱，
节处稍压扁。叶片厚革质，椭圆形或宽卵
状椭圆形，稀卵形，长 5 ～ 8（10）cm，宽
2.5 ～ 5 cm，先端锐尖或渐尖，基部楔形、
宽楔形至圆形，叶缘平或微反卷，上面深绿
色，光亮，下面黄绿色，具不明显腺点，两
面无毛，中脉在上面凹入，下面凸起，呈红
褐色，侧脉 4 ～ 7 对，两面凸起；叶柄长
0.5 ～ 1.3 cm，上面具深而窄的沟，无毛。
圆锥花序塔形，无毛，长 5 ～ 17 cm，宽几
与长相等或略短；花序轴和分枝轴具棱，第二级分枝长达 9 cm；花梗极短，长不超过 2 mm；小苞片披针
形，长 1.5 ～ 10 mm；花萼长 1.5 ～ 1.8 mm，先端近截形或具不规则齿裂；花冠长 5 ～ 6 mm，花冠管长
3 ～ 3.5 mm，裂片与花冠管近等长或稍短，长 2.5 ～ 3 mm，先端稍内折，盔状；雄蕊伸出花冠管外，花
丝几与花冠裂片等长，花药长圆形，长 1.5 ～ 2 mm；花柱长 3 ～ 5 mm，稍伸出花冠管外，柱头棒状，先
端浅 2 裂。果长圆形或椭圆形，长 8 ～ 10 mm，宽 6 ～ 7 mm，直立，呈紫黑色，外被白粉。花期 6 月，
果期 11 月。

　　【生境分布】　原产于日本，我国各地有栽培，作为观赏用庭园树、绿篱、盆栽。罗田各地均有栽培。

　　【采收加工】　全年可采。

　　【来源】　木犀科植物日本女贞 *Ligustrum japonicum* Thunb. 的叶。

【功能主治】 清热解毒。

【性味】 甘、苦，凉。

【用法用量】 外用：适量，捣敷。

【注意】 该种树皮、叶和果有毒。中毒症状：家畜误食枝叶及树皮后，会四肢无力、瞳孔放大、黏膜轻度瘀血，2～3 日后死亡，误食果会下痢、全身不适。

647. 女贞 *Ligustrum lucidum* Ait.

【别名】 女贞实、冬青子、鼠梓子。

【形态】 灌木或乔木，高可达 25 m；树皮灰褐色。枝黄褐色、灰色或紫红色，圆柱形，疏生圆形或长圆形皮孔。叶片常绿，革质，卵形、长卵形或椭圆形至宽椭圆形，长 6～17 cm，宽 3～8 cm，先端锐尖至渐尖或钝，基部圆形或近圆形，有时宽楔形或渐狭，叶缘平坦，上面光亮，两面无毛，中脉在上面凹入，下面凸起，侧脉 4～9 对，两面稍凸起或有时不明显；叶柄长 1～3 cm，上面具沟，无毛。圆锥花序顶生，长 8～20 cm，宽 8～25 cm；花序

梗长 0～3 cm；花序轴及分枝轴无毛，紫色或黄棕色，果时具棱；花序基部苞片常与叶同型，小苞片披针形或线形，长 0.5～6 cm，宽 0.2～1.5 cm，凋落；花无梗或近无梗，长不超过 1 mm；花萼无毛，长 1.5～2 mm，齿不明显或近截形；花冠长 4～5 mm，花冠管长 1.5～3 mm，裂片长 2～2.5 mm，反折；花丝长 1.5～3 mm，花药长圆形，长 1～1.5 mm；花柱长 1.5～2 mm，柱头棒状。果肾形或近肾形，长 7～10 mm，直径 4～6 mm，深蓝黑色，成熟时呈红黑色，被白粉；果梗长 0～5 mm。花期 5—7 月，果期 7 月至翌年 5 月。

【生境分布】 生于山野，多栽植于庭园或作为行道树。罗田各地均有分布。

【药用部位】 叶、果。

（1）女贞子。

【采收加工】 冬季果成熟时采摘，除去枝叶，晒干；或将果略熏后，晒干；或置热水中烫过后晒干。

【来源】 木犀科植物女贞 *Ligustrum lucidum* Ait. 的果。

【性状】 干燥果呈椭圆球形，有的微弯曲，长 5～10 mm，直径 3～4 mm。外皮蓝黑色，具皱纹；两端钝圆，底部有果柄痕。质坚，体轻，横面破开后大部分为单仁，如为双仁，中间有隔瓢分开。仁椭圆形，两端尖，外面紫黑色，里面灰白色。无臭，味甘而微苦涩。以粒大、饱满、色蓝黑、质坚实者为佳。

【化学成分】 含女贞子苷、洋橄榄苦苷、齐墩果酸、桦木醇等。

【炮制】 女贞子：拣去杂质，洗净，晒干。酒女贞子：取净女贞子，加黄酒拌匀，置罐内或适宜容器内，密闭，放水锅中，隔水炖至酒吸尽，取出，干燥（100 kg 女贞子，用黄酒 20 kg）。

【性味】 苦、甘，平。

【归经】 归肝、肾经。

【功能主治】 补肝肾，强腰膝，明目乌发。主治阴虚内热，头晕，目花，耳鸣，腰膝酸软，须发早白。

【用法用量】 内服：煎汤，4.5～10 g；或熬膏、入丸剂。外用：熬膏点眼。

【注意】 脾胃虚寒泄泻及阳虚者忌服。

【附方】①补腰膝，壮筋骨，强阴肾，乌髭发：女贞子（冬至日采，不拘多少，阴干，蜜酒拌蒸，过一夜，粗袋擦去皮，晒干为末，瓦瓶收贮，或先熬干，旱莲膏旋配用），旱莲草（夏至日采，不拘多少），捣汁熬膏，和前药为丸，临卧酒服。（《医方集解》）

②治神经衰弱：女贞子、鳢肠、桑葚子各15～32 g，水煎服。或女贞子1 kg，浸米酒1000 ml，每日酌量服。（《浙江民间常用草药》）

③治风热赤眼：冬青子不以多少，捣汁熬膏，净瓶收固，埋地中七日，每用点眼。（《济急仙方》）

④治视神经炎：女贞子、草决明、青葙子各32 g，水煎服。（《浙江民间常用草药》）

⑤治瘰疬，结核性潮热等：女贞子10 g，地骨皮6 g，青蒿4.5 g，夏枯草7.5 g。水煎，一日3次分服。（《现代实用中药》）

⑥治肾受燥热，淋浊溺痛，腰脚无力，久为下消：女贞子12 g，生地黄18 g，龟板18 g，当归、茯苓、石斛、花粉、草薢、牛膝、车前子各6 g，大淡菜3枚，水煎服。（《医醇胜义》）

（2）女贞叶。

【采收加工】 全年可采。

【来源】 木犀科植物女贞 *Ligustrum lucidum* Ait. 的叶。

【性味】 微苦，平；无毒。

【功能主治】 祛风，明目，消肿，止痛。主治头目昏痛，风热赤眼，疮肿溃烂，火烫伤，口腔炎。

【用法用量】 内服：煎汤，10～15 g。外用：捣汁含漱、熬膏涂或点眼。

【附方】①治赤眼：以新砖2片，冬青叶31.25 kg，捣自然汁，浸砖数日，令透取出，掘地坑架砖于内，四下空，覆之日久，候砖上粉霜起，取霜，入脑子少许，无亦得，点眼大妙。（《海上方》）

②治风热赤眼：雅州黄连64 g，冬青叶125 g。水浸3日夜，熬成膏，收点眼。（《简便单方》）

③治火烫伤：女贞叶、酸枣树皮、金樱子树皮，麻油熬成膏，搽患处。（《湖南药物志》）

④治口腔炎、牙周炎：女贞鲜叶捣汁含漱。（《浙江民间常用草药》）

【临床应用】①治疗烧伤和放射性损伤。女贞叶250 g入麻油500 ml中煎，待叶枯后去叶，加黄蜡（冬天80 g，夏天95 g）熔化收膏。外敷损伤处，每日1次。本药之特点为创面愈合速度较快，Ⅱ级烧烫伤8日左右可愈合，放射性损伤10日左右可愈合。且此药具有清热、消炎、止痛、生肌作用，在使用时不需特殊消毒。

②治疗急性细菌性痢疾。取新鲜女贞叶制成200％浓度煎液。每次口服20～30 ml，每日3次，疗程1周。同时加用阿托品口服止痛。

648. 小蜡 *Ligustrum sinense* Lour.

【别名】 蚊仔树、山指甲、蚊子花、青皮树、土茶叶。

【形态】 落叶灌木或小乔木，高2～4（7）m。小枝圆柱形，幼时被淡黄色短柔毛或柔毛，老时近无毛。叶片纸质或薄革质，卵形、椭圆状卵形、长圆形、长圆状椭圆形至披针形，或近圆形，长2～7（9）cm，宽1～3（3.5）cm，先端锐尖、短渐尖至渐尖，或钝而微凹，基部宽楔形至近圆形，或为楔形，上面深绿色，疏被短柔毛或无毛，或仅沿中脉被短柔毛，下面淡绿色，疏被短柔毛或无毛，常沿中脉被短柔毛，侧脉4～8对，上面微凹入，下面略凸起；叶柄长2～8 mm，被短柔毛。圆锥花序顶生或腋生，塔形，长4～11 cm，宽3～8 cm；花序轴被较密淡黄色短柔毛或柔毛至近无毛；花梗长 1 ～ 3 mm，被短柔毛或无毛；花萼无毛，长 1 ～ 1.5 mm，先端呈截形或呈浅波状齿；花冠长 3.5 ～ 5.5 mm，花冠管长 1.5 ～ 2.5 mm，裂片长圆状椭圆形或卵状椭圆形，长 2 ～ 4 mm；花丝与裂片近等长或长于裂片，花药长圆形，长约 1 mm。果近球形，直径 5 ～ 8 mm。花期 3—6 月，果期 9—12 月。

【生境分布】 生于山坡、山谷、溪边、河旁、路边的密林、疏林或混交林中，海拔 200 ～ 2600 m。罗田各地均有分布。

【采收加工】 全年可采，晒干或鲜用。

【药用部位】 树皮、叶。

【药材名】 小蜡树。

【来源】 木犀科植物小蜡 *Ligustrum sinense* Lour. 的树皮、叶。

【性味】 苦，寒。

【功能主治】 清热解毒，抑菌杀菌，消肿止痛，祛腐生肌。主治急性黄疸型传染性肝炎，痢疾，肺热咳嗽；外用治跌打损伤，创伤感染，烧烫伤，疮痈肿毒等外科感染性疾病。

【用法用量】 内服：煎汤，16 ～ 32 g。外用：适量，鲜叶捣烂外敷，或熬膏涂敷患处。

木犀属 *Osmanthus* Lour.

649. 木犀 *Osmanthus fragrans*（Thunb.）Lour.

【别名】 木犀花。

【形态】 常绿乔木或灌木，高 3 ～ 5 m，最高可达 18 m；树皮灰褐色。小枝黄褐色，无毛。叶片革质，椭圆形、长椭圆形或椭圆状披针形，长 7 ～ 14.5 cm，宽 2.6 ～ 4.5 cm，先端渐尖，基部渐狭呈楔形或宽楔形，全缘或通常上半部具细锯齿，两面无毛，腺点在两面连成小水泡状凸起，中脉在上面凹入，下面凸起，侧脉 6 ～ 8 对，多达 10 对，在上面凹入，下面凸起；叶柄长 0.8 ～ 1.2 cm，最长可达

15 cm，无毛。聚伞花序簇生于叶腋，或近帚状，每腋内有花多朵；苞片宽卵形，质厚，长 2 ～ 4 mm，具小尖头，无毛；花梗细弱，长 4 ～ 10 mm，无毛；花极芳香；花萼长约 1 mm，裂片稍不整齐；花冠黄白色、淡黄色、黄色或橘红色，长 3 ～ 4 mm，花冠管仅长 0.5 ～ 1 mm；雄蕊着生于花冠管中部，花丝极短，长约 0.5 mm，花药长约 1 mm，药隔在花药先端稍延伸呈不明显的小尖头；雌蕊长约 1.5 mm，花柱长约 0.5 mm。果歪斜，椭圆形，长 1 ～ 1.5 cm，呈紫黑色。花期 9 月至 10 月上旬，

果期翌年 3 月。

【生境分布】 我国大部分地区均有栽培。罗田各地均有栽培。

【采收加工】 花，9—10 月开花时采收，阴干，拣去杂质，密闭储藏，防止香气散失及受潮发霉；果，春季采收；根，全年可采。

【药用部位】 根、果、花。

【来源】 木犀科植物木犀 *Osmanthus fragrans*（Thunb.）Lour. 的花、果、根。

【化学成分】 花含芳香物质，如 γ - 癸酸内酯、α - 紫罗兰酮、β - 紫罗兰酮、反 - 芳樟醇氧化物、顺 - 芳樟醇氧化物、芳樟醇、壬醛以及 β - 水芹烯、橙花醇、牻牛儿醇、二氢 - β - 紫罗兰酮。

【性味】 花：辛，温。果：辛、甘，温。根：甘、微涩，平。

【功能主治】 花：散瘀，散寒破结，化痰止咳。主治牙痛，咳喘痰多，闭经腹痛，肠风血痢，疝瘕，口臭。

果：暖胃，平肝，散寒。主治虚寒胃痛。

根：祛风湿，散寒。主治风湿筋骨疼痛，腰痛，肾虚牙痛。

【用法用量】 内服：煎汤，1.5 ～ 3 g；或泡茶、浸酒。外用：煎水含漱，或蒸热外熨。

【附方】 生津，辟臭，化痰，治风虫牙痛：木犀花、百药煎、孩儿茶，做膏饼噙。（《本草纲目》）

【用法用量】 内服：煎汤，花 3 ～ 12 g；果 6 ～ 12 g；根 64 ～ 95 g。

一三一、马钱科 Loganiaceae

醉鱼草属 *Buddleja* L.

650. 醉鱼草 *Buddleja lindleyana* Fort.

【别名】 鱼尾草、醉鱼儿草、闹鱼花、痒见消、鱼鳞子、鲤鱼花草。

【形态】 灌木，高 1 ～ 3 m。茎皮褐色；小枝具 4 棱，棱上略有窄翅；幼枝、叶片下面、叶柄、花序、苞片及小苞片均密被星状短茸毛和腺毛。叶对生，萌芽枝条上的叶为互生或近轮生，叶片膜质，卵形、椭圆形至长圆状披针形，长 3 ～ 11 cm，宽 1 ～ 5 cm，顶端渐尖，基部宽楔形至圆形，边缘全缘或具波状齿，上面深绿色，幼时被星状短柔毛，后变无毛，下面灰黄绿色；侧脉每边 6 ～ 8 条，上面扁平，干后凹陷，下面略凸起；叶柄长 2 ～ 15 mm。穗状聚伞花序顶生，长 4 ～ 40 cm，宽 2 ～ 4 cm；苞片线形，长达 10 mm；小苞片线状披针形，长 2 ～ 3.5 mm；花紫色，芳香；花萼钟状，长约 4 mm，外面与花冠外面同被星状毛和小鳞片，内面无毛，花萼裂片宽三角形，长、宽均约 1 mm；花冠长 13 ～ 20 mm，内面被柔毛，花冠管弯曲，长 11 ～ 17 mm，上

部直径 2.5 ～ 4 mm，下部直径 1 ～ 1.5 mm，花冠裂片阔卵形或近圆形，长约 3.5 mm，宽约 3 mm；雄蕊着生于花冠管下部或近基部，花丝极短，花药卵形，顶端具尖头，基部耳状；子房卵形，长 1.5 ～ 2.2 mm，直径 1 ～ 1.5 mm，无毛，花柱长 0.5 ～ 1 mm，柱头卵圆形，长约 1.5 mm。果序穗状；蒴果长圆状或椭圆状，长 5 ～ 6 mm，直径 1.5 ～ 2 mm，无毛，有鳞片，基部常有宿存花萼；种子淡褐色，小，无翅。花期 4—10 月，果期 8 月至翌年 4 月。

【生境分布】 生于山地，亦有栽培以供观赏。罗田各地均有分布。

【药用部位】 全草。

【药材名】 醉鱼草。

【来源】 马钱科植物醉鱼草 *Buddleja lindleyana* Fort. 的全草。

【化学成分】 叶含醉鱼草苷等多种黄酮类成分。

【药理作用】 醉鱼草具有杀灭某些昆虫的作用。

【性味】 辛、苦，温；有毒。

【功能主治】 祛风，杀虫，活血。主治流行性感冒，咳嗽，哮喘，风湿关节痛，蛔虫病，钩虫病，跌打，外伤出血，疟腮，瘰疬。

【用法用量】 内服：煎汤，10 ～ 15 g（鲜品 16 ～ 32 g）；或捣汁。外用：捣汁涂或研末掺。

【附方】 ①治流行性感冒：醉鱼草 15 ～ 32 g，水煎服。（《单方验方调查资料选编》）

②治钩虫病：醉鱼草 15 g（儿童酌减）。水煮 2 h，取汁 100 ml，加白糖，于晚饭后与次晨饭前分服。服药量可由 15 g 逐次增至 160 g。个别服药者有恶心、腹痛、腹泻、头昏乏力等症状。（《全展选编》）

③治疟疾：醉鱼草、白英各 32 g。水煎，于疟疾发作前 3 ～ 4 h 服，连服 2 天。（《单方验方调查资料选编》）

④治跌打新伤：鲜醉鱼草全草 15 ～ 25 g（干品 10 ～ 15 g）。酌加红酒、开水炖 1 h，内服。（《福建民间草药》）

⑤治外伤出血：醉鱼草叶晒干研末，撒在伤口，并轻轻压一下，有止血作用。（《福建民间草药》）

⑥治误食石斑鱼籽中毒，吐不止：鱼尾草研汁服少许。（《普济方》）

⑦治疟腮：醉鱼草 15 g，枫球 7 枚，荠菜 10 g，煮鸡蛋食。（《湖南药物志》）

⑧治瘰疬：醉鱼草全草 32 g，水煎服。（《湖南药物志》）

⑨治风寒牙痛：鲜醉鱼草叶和食盐少许，捣烂取汁漱口。（《福建中草药》）

【临床应用】 ①治疗慢性支气管炎。

②治疗支气管哮喘。

蓬莱葛属 *Gardneria* Wall.

651. 蓬莱葛 *Gardneria multiflora* Makino

【别名】 多花蓬莱葛、清香藤、落地烘、黄河江。

【形态】 木质藤本，长达 8 m。枝条圆柱形，有明显的叶痕；除花萼裂片边缘有睫毛状毛外，全株均无毛。叶片纸质至薄革质，椭圆形、长椭圆形或卵形，少数披针形，长 5 ～ 15 cm，宽 2 ～ 6 cm，顶端渐尖或短渐尖，基部宽楔形、钝或圆，上面绿色而有光泽，下面浅绿色；侧脉每边 6 ～ 10 条，上面扁平，下面凸起；叶柄长 1 ～ 1.5 cm，腹部具槽；叶柄间托叶线明显；叶腋内有钻状腺体。花很多而组成腋生的二至三歧聚伞花序，花序长 2 ～ 4 cm；花序梗基部有 2 枚三角形苞片；花梗长约 5 mm，基部具小苞片；

花5数；花萼裂片半圆形，长和宽约1.5 mm；花冠辐状，黄色或黄白色，花冠管短，花冠裂片椭圆状披针形至披针形，长约5 mm，厚肉质；雄蕊着生于花冠管内壁近基部，花丝短，花药彼此分离，长圆形，长2.5 mm，基部2裂，4室；子房卵形或近圆球形，2室，每室有胚珠1枚，花柱圆柱状，长5～6 mm，柱头椭圆状，顶端浅2裂。浆果圆球状，直径约7 mm，有时顶端有宿存的花柱，果成熟时红色；种子圆球形，黑色。花期3—7月，果期7—11月。

【生境分布】 生于海拔300～2100 m山地密林下或山坡灌丛中。分布于华东、华中、西南地区。罗田北部高山区有分布。

【功能主治】 祛风活血。主治关节炎，坐骨神经痛。

【用法用量】 内服：鲜根150～200 g，鲜五加皮、鲜丹参、鲜土茯苓、勾儿茶根各100～150 g，水煎，冲黄酒适量，早晚各服1次。外用：种子捣碎，外敷患处。

一三二、龙胆科 Gentianaceae

龙胆属 *Gentiana*（Tourn.）L.

652. 条叶龙胆 *Gentiana manshurica* Kitag.

【别名】 龙胆、苦胆草、胆草。

【形态】 多年生草本，高20～30 cm。根茎平卧或直立，短缩或长达4 cm，具多数粗壮、略肉质的须根。花枝单生，直立，黄绿色或带紫红色，中空，近圆形，具条棱，光滑。茎下部叶膜质；淡紫红色，鳞片形，长5～8 mm，上部分离，中部以下连合成鞘状抱茎；中、上部叶近革质，无柄，线状披针形至线形，长3～10 cm，宽0.3～0.9（1.4）cm，愈向茎上部叶愈小，先端急尖或近急尖，基部钝，边缘微外卷，平滑，上面具极细乳凸，下面光滑，叶脉1～3条，仅中脉明显，并在下面凸起，光滑。花1～2朵，顶生或腋生；无花梗或具短梗；每朵花下具2枚苞片，苞片线状披针形，与花萼近等长，长1.5～2 cm；花萼筒钟状，长8～10 mm，裂片稍不整齐，线形或线状披针形，长8～15 mm，先端急尖，边缘微外卷，平滑，中脉在背面凸起，弯

缺截形；花冠蓝紫色或紫色，筒状钟形，长 4～5 cm，裂片卵状三角形，长 7～9 mm，先端渐尖，全缘，褶偏斜，卵形，长 3.5～4 mm，先端钝，边缘有不整齐细齿；雄蕊着生于冠筒下部，整齐，花丝钻形，长 9～12 mm，花药狭矩圆形，长 3.5～4 mm；子房狭椭圆形或椭圆状披针形，长 6～7 mm，两端渐狭，柄长 7～9 mm，花柱短，连柱头长 2～3 mm，柱头 2 裂。蒴果内藏，宽椭圆形，两端钝，柄长至 2 cm；种子褐色，有光泽，线形或纺锤形，长 1.8～2.2 mm，表面具增粗的网纹，两端具翅。花果期 8—11 月。

【生境分布】生于山坡草地、湿草地、路旁，海拔 100～1100 m。罗田各地均有分布。

【采收加工】春、秋季采挖，洗净，干燥。

【药用部位】根及根茎。

【药材名】龙胆。

【来源】龙胆科植物条叶龙胆 *Gentiana manshurica* Kitag. 的干燥根及根茎。

【炮制】除去杂质，洗净，润透，切段，干燥。

【性味】苦，寒。

【归经】归肝、胆经。

【功能主治】清热燥湿，泻肝胆火。主治湿热黄疸，阴肿阴痒，带下，湿疹瘙痒，目赤，耳聋，胁痛，口苦，惊风抽搐。

【用法用量】内服：煎汤，3～6 g。

荇菜属 *Nymphoides* Seguier

653. 荇菜 *Nymphoides peltata*（S. G. Gmel.）Kuntze

【别名】莕菜、莲叶荇菜、大紫背浮萍、水葵、水镜草。

【形态】多年生水生草本。茎圆柱形，多分枝，密生褐色斑点，节下生根。上部叶对生，下部叶互生，叶片飘浮，近革质，圆形或卵圆形，直径 1.5～8 cm，基部心形，全缘，有不明显的掌状叶脉，下面紫褐色，密生腺体，粗糙，上面光滑，叶柄圆柱形，长 5～10 cm，基部变宽，呈鞘状，半抱茎。花常多数，簇生节上，5 数；花梗圆柱形，不等长，稍短于叶柄，长 3～7 cm；花萼长 9～11 mm，分裂近基部，裂片椭圆形或椭圆状披针形，先端钝，全缘；花冠金黄色，长 2～3 cm，直径 2.5～3 cm，分裂至近基部，冠筒短，喉部具 5 束长柔毛，裂片宽倒卵形，先端圆形或凹陷，中部质厚的部分卵状长圆形，边缘宽膜质，近透明，具不整齐的细条裂齿；雄蕊着生于冠筒上，整齐，花丝基部疏被长毛；在短花柱的花中，雌蕊长 5～7 mm，花柱长 1～2 mm，柱头小，花丝长 3～4 mm，花药常弯曲，箭形，长 4～6 mm；在长花柱的花中，雌蕊长 7～17 mm，花柱长达 10 mm，柱头大，2 裂，裂片近圆形，花丝长 1～2 mm，花药长 2～3.5 mm；腺体 5 个，黄色，环绕子房基部。蒴果无柄，椭圆形，长 1.7～2.5 cm，宽 0.8～1.1 cm，宿存花柱长 1～3 mm，成熟时不开裂；种子大，褐色，椭圆形，长 4～5 mm，边缘密生睫毛状毛。花果期 4—10 月。

【生境分布】生于池沼、湖泊、沟渠、

稻田、河流或河口的平稳水域。罗田各地均有分布。

【采收加工】 夏季采集，晒干。

【药用部位】 全草。

【药材名】 荇菜。

【来源】 龙胆科植物荇菜 *Nymphoides peltata*（S. G. Gmel.）Kuntze 的全草。

【性味】 辛，寒。

【功能主治】 发汗透疹，利尿通淋，清热解毒。主治感冒发热无汗，麻疹透发不畅，水肿，小便不利，热淋，诸疮肿毒，毒蛇咬伤。

【用法用量】 内服：煎汤，7.5～15 g。外用：鲜品适量，捣敷伤口周围。

【附方】 ①治痈疽及疖疮：莕菜、马蹄草茎或子各取半碗，同苎麻根五寸，去皮，以石器捣烂，敷毒四围，春、夏、秋日换 4～5 次，冬日换 2～3 次。换时以莕水洗之。（《保生余录》）

②治谷道生疮：荇叶捣烂，棉裹纳下部，日 3 次。（《范东阳方》）

獐牙菜属 *Swertia* L.

654. 獐牙菜 *Swertia bimaculata*（Sieb. et Zucc.）Hook. f. et Thoms. ex C. B. Clarke

【别名】 当药、方茎牙痛草、绿茎牙痛草、翳子草、走胆草、紫花青叶胆。

【形态】 一年生草本，高 0.3～1.4（2）m。根细，棕黄色。茎直立，圆形，中空，基部直径 2～6 mm，中部以上分枝。基生叶在花期枯萎；茎生叶无柄或具短柄，叶片椭圆形至卵状披针形，长 3.5～9 cm，宽 1～4 cm，先端长渐尖，基部钝，叶脉 3～5 条，弧形，在背面明显凸起，最上部叶苞叶状。大型圆锥状复聚伞花序疏松，开展，长达 50 cm，多花；花梗较粗，直立或斜伸，不等长，长 6～40 mm；花 5 数，直径达 2.5 cm；花萼绿色，长为花冠的 1/4～1/2，裂片狭倒披针形或狭椭圆形，长 3～6 mm，先端渐尖或急尖，基部狭缩，边缘具窄的白色膜质，常外卷，背面有细的、不明显的 3～5 脉；花冠黄色，上部具多数紫色小斑点，裂片椭圆形或长圆形，长 1～1.5 cm，先端渐尖或急尖，基部狭缩，中部具 2 个黄绿色、半圆形的大腺斑；花丝线形，长 5～6.5 mm，花药长圆形，长约 2.5 mm；子房无柄，披针形，长约 8 mm，花柱短，柱头小，头状，2 裂。蒴果无柄，

狭卵形，长至 2.3 cm；种子褐色，圆形，表面具瘤状凸起。花果期 6—11 月。

【生境分布】 生于海拔 250～3000 m 的河滩、山坡草地等。罗田匡河镇、白莲河镇有分布。

【采收加工】 夏、秋季采收，晾干。

【药用部位】 全草。

【药材名】 獐牙菜。

【来源】 龙胆科植物獐牙菜 *Swertia bimaculata*（Sieb. et Zucc.）Hook. f. et Thoms. ex C. B. Clarke 的全草。

【性状】 全草长 60～100 cm。茎细，具分枝，近四方形。叶对生，多皱缩，完整叶片椭圆形或长圆形，

先端长渐尖，基部渐狭下延；无柄。有时在叶腋可见花或残留花萼。气微，味苦。

【药理作用】①扩张毛细血管作用。

②护肝作用。

【性味】苦、辛，寒。

【归经】归肝、心、胃经。

【功能主治】清热解毒，利湿，疏肝利胆。主治急、慢性肝炎，胆囊炎，感冒发热，咽喉肿痛，牙龈肿痛，尿路感染，肠胃炎，痢疾，火眼，小儿口疮。

【用法用量】内服：煎汤，10～15 g；或研末冲服。外用：适量，捣敷。

【附方】治急、慢性细菌性痢疾，腹痛：当药 10 g，水煎服。（《内蒙古中草药》）

双蝴蝶属 *Tripterospermum* Blume

655. 双蝴蝶 *Tripterospermum chinense*（Migo）H. Smith

【别名】肺形草。

【形态】多年生缠绕草本。具短根茎，根黄褐色或深褐色，细圆柱形。茎绿色或紫红色，近圆形具细条棱，上部螺旋扭转，节间长 7～17 cm。基生叶通常 2 对，着生于茎基部，紧贴地面，密集呈双蝴蝶状，卵形、倒卵形或椭圆形，长 3～12 cm，宽（1）2～6 cm，先端急尖或呈圆形，基部圆形，近无柄或具极短的叶柄，全缘，上面绿色，有白色或黄绿色斑纹或否，下面淡绿色或紫红色；茎生叶通常卵状披针形，少为卵形，向上部变小成披针形，长 5～12 cm，宽

2～5 cm，先端渐尖或呈尾状，基部心形或近圆形，叶脉 3 条，全缘，叶柄扁平，长 4～10 mm。具多花，2～4 朵呈聚伞花序，少单花、腋生；花梗短，通常不超过 1 cm，具 1～3 对小苞片或否；花萼钟形，萼筒长 9～13 mm，具狭翅或无翅，裂片线状披针形，长 6～9 mm，通常短于萼筒或等长，弯缺截形；花冠蓝紫色或淡紫色，褶色较淡或呈乳白色，钟形，长 3.5～4.5 cm，裂片卵状三角形，长 5～7 mm，宽 4～5 mm，褶半圆形，长 1～2 mm，比裂片约短 5 mm，宽约 3 mm，先端浅波状；雄蕊着生于冠筒下部，不整齐，花丝线形，长 1.3～1.9 cm，花药卵形，长约 1.5 mm；子房长椭圆形，两端渐狭，长 1.3～1.7 cm，柄长 8～12 mm，柄基部具长约 1.5 mm 的环状花盘，花柱线形，长 8～11 mm，柱头线形，2 裂，反卷。蒴果内藏或先端外露，淡褐色，椭圆形，扁平，长 2～2.5 cm，宽 0.7～0.8 cm，柄长 1～1.5 cm，花柱宿存；种子淡褐色，近圆形，长、宽约相等，直径约 2 mm，具盘状双翅。花果期 10—12 月。

【生境分布】生于海拔 300～1100 m 的山坡林下、林缘、灌丛或草丛中。

【采收加工】夏、秋季采收，晒干或鲜用。

【药用部位】幼嫩全草。

【药材名】肺形草。

【来源】龙胆科植物双蝴蝶 *Tripterospermum chinense*（Migo）H. Smith 的全草。

【功能主治】清肺止咳，解毒消肿。主治肺热咳嗽，肺痨咯血，肺痈，肾炎，疮痈肿毒。

【用法用量】 内服：煎汤，6～12 g（鲜品 32～64 g）。外用：捣敷。

【附方】 ①治肺热咳嗽，劳伤吐血：肺形草 15～20 g（鲜品加倍），冰糖 32 g，水煎服。（《江西民间草药》）

②治咳嗽多痰及肺痈：肺形草 6～10 g，煎汁冲白糖服，或配其他清肺药同煎服。（《浙江民间草药》）

③治痈肿：鲜肺形草（捣烂如泥），加鸡蛋白少许同捣匀，敷患处，一日换 1 次。（《江西民间草药》）

④治肾炎：肺形草 12 g，灯芯草 15 g，玉米根 32 g。水煎服，每日 1 剂。

⑤治小儿高烧：肺形草 6 g，冰糖少许。水煎服，每日 1 剂。

⑥治疔疮、疔疽：肺形草鲜叶捣烂，敷患处，每日换药 2 次。再用全草 10～15 g，水煎服。（④～⑥方出自江西《草药手册》）

一三三、夹竹桃科 Apocynaceae

长春花属 *Catharanthus* G. Don

656. 长春花 *Catharanthus roseus*（L.）G. Don

【别名】 雁来红、日日新、三万花。

【形态】 半灌木，略有分枝，高达 60 cm，有水液，全株无毛或仅有微毛；茎近方形，有条纹，灰绿色；节间长 1～3.5 cm。叶膜质，倒卵状长圆形，长 3～4 cm，宽 1.5～2.5 cm，先端浑圆，有短尖头，基部广楔形至楔形，渐狭而成叶柄；叶脉在叶面扁平，在叶背略隆起，侧脉约 8 对。聚伞花序腋生或顶生，有花 2～3 朵；花萼 5 深裂，内面无腺体或腺体不明显，萼片披针形或钻状渐尖，长约 3 mm；花冠红色，高脚碟状，花冠筒圆筒状，长约 2.6 cm，内面具疏柔毛，喉部紧缩，具刚毛；花冠裂片宽倒卵形，长和宽约 1.5 cm；雄蕊着生于花冠筒的上半部，但花药隐藏于花喉之内，与柱头离生；子房和花盘与属的特征相同。蓇葖果双生，直立，平行或

略叉开，长约 2.5 cm，直径 3 mm；外果皮厚纸质，有条纹，被柔毛；种子黑色，长圆状圆筒形，两端截形，具有颗粒状小瘤。花果期几乎全年。

【生境分布】 我国西南、中南及华东等地有栽培。罗田各地均有栽培。

【采收加工】 全年可采。

【药用部位】 全草。

【药材名】 长春花。

【来源】 夹竹桃科植物长春花 *Catharanthus roseus*（L.）G. Don 的全草。

【化学成分】 含 70 种以上生物碱，主要有长春碱、长春新碱、阿马里新等。

【性味】 微苦，凉。

【功能主治】 凉血降压，镇静安神。主治高血压，火烫伤，恶性淋巴瘤，绒毛膜癌。

【用法用量】 内服：煎汤，6～15 g；或将提取物制成注射剂。

夹竹桃属 *Nerium* L.

657. 夹竹桃 *Nerium indicum* Mill.

【别名】 柳叶桃、九节肿、大节肿、白羊桃。

【形态】 常绿直立大灌木，高达 5 m，枝条灰绿色，含水液；嫩枝条具棱，被微毛，老时毛脱落。叶 3～4 枚轮生，下枝为对生，窄披针形，顶端急尖，基部楔形，叶缘反卷，长 11～15 cm，宽 2～2.5 cm，上面深绿色，无毛，下面浅绿色，有多数洼点，幼时被疏微毛，老时毛渐脱落；中脉在上面凹入，在下面凸起，侧脉两面扁平，纤细，密生而平行，每边达 120 条，直达叶缘；叶柄扁平，基部稍宽，长 5～8 mm，幼时被微毛，老时毛脱落；叶柄内具腺体。聚伞花序顶生，

着花数朵；总花梗长约 3 cm，被微毛；花梗长 7～10 mm；苞片披针形，长 7 mm，宽 1.5 mm；花芳香；花萼 5 深裂，红色，披针形，长 3～4 mm，宽 1.5～2 mm，外面无毛，内面基部具腺体；花冠深红色或粉红色，栽培种有演变成白色或黄色的，花冠为单瓣，呈 5 裂时，其花冠为漏斗状，长和直径约 3 cm，其花冠筒圆筒形，上部扩大成钟形，长 1.6～2 cm，花冠筒内面被长柔毛，花冠喉部具 5 片宽鳞片状副花冠，每片其顶端撕裂，并伸出花冠喉部之外，花冠裂片倒卵形，顶端圆形，长 1.5 cm，宽 1 cm；花冠为重瓣，呈 15～18 枚时，裂片组成 3 轮，内轮为漏斗状，外面两轮为辐状，分裂至基部或每 2～3 片基部连合，裂片长 2～3.5 cm，宽 1～2 cm，每花冠裂片基部具长圆形而顶端撕裂的鳞片；雄蕊着生于花冠筒中部以上，花丝短，被长柔毛，花药箭头状，内藏，与柱头连生，基部具耳，顶端渐尖，药隔延长成丝状，被柔毛；无花盘；心皮 2，离生，被柔毛，花柱丝状，长 7～8 mm，柱头近球圆形，顶端凸尖；每心皮有胚珠多枚。蓇葖果 2，离生，平行或并连，长圆形，两端较窄，长 10～23 cm，直径 6～10 mm，绿色，无毛，具细纵条纹；种子长圆形，基部较窄，顶端钝，褐色，种皮被锈色短柔毛，顶端具黄褐色绢质种毛；种毛长约 1 cm。花期几乎全年，夏、秋季最盛；果期一般在冬、春季，栽培种很少结果。

【生境分布】 罗田各地均有栽培。

【采收加工】 全年可采，晒干或鲜用。

【药用部位】 叶、根皮。

【药材名】 夹竹桃。

【来源】 夹竹桃科植物夹竹桃 *Nerium indicum* Mill. 的叶、根皮。

【化学成分】 叶含强心成分，主要为欧夹竹桃苷丙，系夹竹桃苷元与夹竹桃糖所成的苷，还含欧夹竹桃苷甲、欧夹竹桃苷乙、去乙酰欧夹竹桃苷丙等。叶中的强心苷在开花期含量最高，还含三萜皂苷（苷元为熊果酸及齐墩果酸）、芸香苷、橡胶肌醇等。

树皮含夹竹桃苷 A、B、D、F、G、H、K 等，系洋地黄毒苷元和乌他苷元的各种糖苷。

根含酚性结晶物质、挥发油、棕榈酸、硬脂酸、油酸、亚油酸、三萜成分。

花含羟基洋地黄毒苷元、乌他苷元、洋地黄次苷、夹竹桃苷 H 等。

【毒性】 夹竹桃的毒性反应类似洋地黄，主要表现在胃肠道方面，严重时可出现传导阻滞、心动过缓、异位节律等心脏反应。

【性味】 苦，寒；有毒。

【功能主治】 强心利尿，祛痰定喘，镇痛，祛瘀。主治心脏病并心力衰竭，喘息咳嗽，癫痫，跌打损伤肿痛。

【用法用量】 内服：煎汤，0.03～0.09 g；研末，0.09～0.15 g。外用：捣敷。

【注意】 孕妇忌服。不宜多服、久服，过量则中毒。

【附方】 ①治心脏病并心力衰竭：夹竹桃绿叶（不老不嫩者），用湿布拭净，于 60～70 ℃低温下烘干研末。成人第一日用 0.3～0.36 g，分 2～3 次服；第二、第三日，每日 0.025～0.36 g，分 2～3 次服，至病情好转，可减为每日 0.1 g 或更少。（《湖南药物志》）

②治哮喘：夹竹桃叶 7 片，黏米一小杯。同捣烂，加片糖煮粥食之，但不宜多服。（《岭南采药录》）

③治癫痫：夹竹桃小叶 3 片，铁落 64 g。水煎，日服 3 次，2 日服完。（《云南中草药》）

【临床应用】 夹竹桃有类似洋地黄的强心作用，且生物效价较后者为高，因此临床曾用于各种原因引起的心力衰竭，取得了较好的疗效。

络石属 *Trachelospermum* Lem.

658. 络石 *Trachelospermum jasminoides*（Lindl.）Lem.

【别名】 鲮石、络石草、鬼系腰、石薜荔。

【形态】 常绿木质藤本，长达 10 m，具乳汁；茎赤褐色，圆柱形，有皮孔；小枝被黄色柔毛，老时渐无毛。叶革质或近革质，椭圆形至卵状椭圆形或宽倒卵形，长 2～10 cm，宽 1～4.5 cm，顶端锐尖至渐尖或钝，有时微凹或有小凸尖，基部渐狭至钝，叶面无毛，叶背被疏短柔毛，老渐无毛；叶面中脉微凹，侧脉扁平，叶背中脉凸起，侧脉每边 6～12 条，扁平或稍凸起；叶柄短，被短柔毛，老渐无毛；叶柄内和叶腋外腺体钻形，长约 1 mm。二歧聚伞花序腋生或顶生，花多朵组成圆锥状，与叶等长或较长；花白色，芳香；总花梗长 2～5 cm，被柔毛，老时渐无毛；苞片及小苞片狭披针形，长 1～2 mm；花萼 5 深裂，裂片线状披针形，顶部反卷，长 2～5 mm，外面被长柔毛及缘毛，内面无毛，基部具 10 枚鳞片状腺体；花蕾顶端钝，花冠筒圆筒形，中部膨大，外面无毛，内面在喉部及雄蕊着生处被短柔毛，长 5～10 mm，花冠裂片长 5～10 mm，无毛；雄蕊着生于花冠筒中部，腹部黏生在柱头上，花药箭头状，基部具耳，隐藏在花喉内；花盘环状 5 裂与子房等长；子房由 2 个离生心皮组成，无毛，花柱圆柱状，柱头卵圆形，顶端全缘；每心皮有胚珠多枚，着生于 2 个并生的侧膜胎座上。蓇葖果双生，叉开，无毛，线状披针形，向先端渐尖，长 10～20 cm，宽 3～10 mm；种子多个，褐色，线形，长 1.5～2 cm，直径约 2 mm，顶端具白色绢质种毛；种毛长 1.5～3 cm。花期 3—

7月，果期7—12月。

【生境分布】生于山野、荒地，常攀援附生于石上、墙上或其他植物上，亦有栽培在庭园中作观赏用。罗田各地均有分布。

【采收加工】秋季落叶前采收，晒干。

【药用部位】茎、叶。

【药材名】络石藤。

【来源】夹竹桃科植物络石 *Trachelospermum jasminoides*（Lindl.）Lem. 的茎、叶。

【性状】干燥的茎枝圆柱形，长短不一，直径 1.5～5 mm，多分枝，弯曲，表面赤褐色或棕褐色，有纵细纹，散生攀援根或点状凸起的根痕，以节部为多，茎节略膨大。质坚韧，折断面淡黄白色。叶片对生，多数已脱落，呈椭圆形，有时稍卷折，淡绿色或暗绿色，厚纸质。气弱，味微苦。以茎条均匀、带叶者为佳。

【化学成分】茎含牛蒡苷、罗汉松树脂酚苷、橡胶肌醇、β-谷甾醇葡萄糖苷等。

【药理作用】牛蒡苷可引起血管扩张，血压下降，使冷血及温血动物产生惊厥，大剂量可引起呼吸衰竭，并使小鼠皮肤发红、腹泻，对离体兔肠及子宫则抑制之。

【炮制】洗去泥土，拣净杂质，稍浸泡，润透，切断，晒干。

【性味】苦，凉。

【归经】归肝、肾经。

【功能主治】祛风，通络，止血，消瘀。主治风湿痹痛，筋脉拘挛，痈肿，喉痹，吐血，跌打损伤，产后恶露不行。

【用法用量】内服：煎汤，6～10 g；或浸酒、入散剂。外用：研末调敷或捣汁洗。

【附方】①治筋骨痛：络石藤 32～64 g，浸酒服。（《湖南药物志》）

②治关节炎：络石藤、五加根皮各 32 g，牛膝根 15 g。水煎服，白酒引。

③治肺结核：络石藤 32 g，地菍 32 g，猪肺 125 g。同炖，服汤食肺，每日 1 剂。

④治吐血：络石藤叶 32 g，雪见草、乌韭各 15 g，水煎服。（②～④方出自《江西草药》）

⑤治肿疡毒气凝聚作痛：鬼系腰 32 g（洗净晒干），皂角刺 32 g（锉，新瓦上炒黄），瓜蒌大者 1 个（杵，炒，用仁），甘草节 1.5 g，没药、明乳香各 10 g（另研）。上每服 32 g，水、酒各半煎。溃后慎之。（《外科精要》）

⑥治喉痹咽塞，喘息不通，须臾欲绝：络石草 64 g，切，以水一大升半，煮取一大盏，去滓，细细吃。（《近效方》）

⑦治外伤出血：络石藤适量，晒干研末。撒敷，外加包扎。（《江西草药》）

一三四、萝藦科 Asclepiadaceae

鹅绒藤属 *Cynanchum* L.

659. 牛皮消 *Cynanchum auriculatum* Royle ex Wight

【别名】泰山何首乌、泰山白首乌、和尚乌。

【形态】 蔓生半灌木；宿根肥厚，呈块状；茎圆形，被微柔毛。叶对生，膜质，被微毛，宽卵形至卵状长圆形，长4～12 cm，宽4～10 cm，顶端短渐尖，基部心形。聚伞花序伞房状，着花30朵；花萼裂片卵状长圆形；花冠白色，辐状，裂片反折，内面具疏柔毛；副花冠浅杯状，裂片椭圆形，肉质，钝头，在每裂片内面的中部有1个三角形的舌状鳞片；花粉块每室1个，下垂；柱头圆锥状，顶端2裂。蓇葖果双生，披针形，长8 cm，直径

1 cm；种子卵状椭圆形；种毛白色绢质。花期6—9月，果期7—11月。

【生境分布】 野生于山林间，常缠绕其他植物而上升。罗田各地均有分布。

【采收加工】 早春幼苗萌发前或11月采收，以早春采收为佳。采收时，不要损伤块根。挖出后洗净泥土，除去残茎和须根，晒干，或切片晒干。

【药用部位】 块根。

【药材名】 牛皮消。

【来源】 萝藦科植物牛皮消 Cynanchum auriculatum Royle ex Wight 的块根。

【性状】 干燥块根呈圆柱形或类球形，长5～10 cm，直径1.5～3.5 cm。表面黄褐色，多皱缩，栓皮易层层剥离。质坚硬，断面白色，粉性。气无，味苦、甘、涩。以粗大、粉足、断面白色者为佳。

【化学成分】 牛皮消含白薇素，有强心苷类药物不良反应。

【性味】 苦、甘、涩，微温；无毒。

【功能主治】 滋养强壮，补血，收敛精气，乌须黑发。主治久病虚弱，贫血，须发早白，慢性风痹，腰膝酸软，神经衰弱，痔疮，肠出血，阴虚久疟，溃疡久不收口。

【用法用量】 内服：煎汤，6～12 g；或入丸、散。

660. 徐长卿 *Cynanchum paniculatum*（Bunge）Kitag.

【别名】 鬼督邮、对叶莲、痢止草、石下长卿、一枝箭、竹叶细辛、溪柳、蛇利草、药王。

【形态】 多年生直立草本，高约1 m；根须状，多达50余条；茎不分枝，稀从根部发生几条，无毛或被微毛。叶对生，纸质，披针形至线形，长5～13 cm，宽5～15 mm，两端锐尖，两面无毛或叶面具疏柔毛，叶缘有边毛；侧脉不明显；叶柄长约3 mm，圆锥状聚伞花序生于顶端的叶腋内，长达7 cm，着花10余朵；花萼内的腺体或有或无；花冠黄绿色，近辐状，裂片长达4 mm，宽3 mm；副花冠裂片5，基部增厚，顶端钝；花粉块每室1个，下垂；子房椭圆形；柱头五角形，顶端略为凸起。蓇葖果单生，披针形，长6 cm，直径6 mm；种子长圆形，长3 mm；种毛白色绢质，长1 cm。花期5—7月，果期9—12月。

【生境分布】 生于海拔300 m以上山坡或路旁。罗田骆驼坳镇、九资河镇有分布。

【采收加工】 夏季连根掘起，洗净，晒干。

【药用部位】 根及根茎或带根全草。

【药材名】 徐长卿。

【来源】 萝藦科植物徐长卿 *Cynanchum paniculatum*（Bunge）Kitag. 的根及根茎或带根全草。

【性状】①干燥的全草，茎呈细圆柱状，表面灰绿色，基部略带淡紫色，具细纵条纹。质稍脆，折断面纤维性。叶纸质，灰绿色，往往纵向卷折，主脉下面凸出，呈淡黄色，茎下部的叶多脱落。

②干燥根茎短而弯曲，长 0.5～3.5 cm，深黄褐色，表面具疣状凸起的根痕，有时有线状环节。根细长，多数而丛生，直径约 1 mm，表面深灰褐色。质脆易断，断面较平，粉质。气香，味微辛。

【化学成分】全草含牡丹酚约 1%，以及醋酸、桂皮酸等。根含黄酮苷、糖类、氨基酸、牡丹酚。

【药理作用】镇痛、降压、抑菌作用。

【炮制】拣净杂草，洗净，润透，切成长 1.5 cm 的段，晒干。

【性味】辛，温。

【功能主治】镇痛，止咳，利水消肿，活血解毒。主治胃痛，牙痛，风湿疼痛，经期腹痛，慢性支气管炎，腹水，水肿，痢疾，肠炎，跌打损伤，湿疹，荨麻疹，毒蛇咬伤。

【用法用量】内服：煎汤，3～10 g；或入丸剂、浸酒。外用：捣敷或煎水洗。

【注意】体弱者慎服。

【附方】①治恶疰心痛，闷绝欲死：鬼督邮 32 g（末），安息香 32 g（酒浸，细研，去滓，慢火煎成膏）。上药，以安息香煎和丸如梧桐子大。不计时候，以醋汤下 10 丸。（《太平圣惠方》）

②治腰痛，胃寒气痛，肝腹水：徐长卿 6～12 g，水煎服。（《中草药土方土法战备专辑》）

③治腹胀：徐长卿 10 g，酌加水煎成半碗，温服。（《吉林中草药》）

④治牙痛：徐长卿根（干）15 g，洗净，加水 1500 ml，煎至 500 ml；也可将其根制成粉剂。痛时服水剂 90 ml，服时先用药液漱口 1～2 min 再咽下；如服粉剂，每次 1.5～3 g，每日 2 次。（《全晨选编》）

⑤治风湿痛：徐长卿根 25～32 g，猪精肉 125 g，老酒 100 ml。酌加水煎成半碗，饭前服，日 2 次。（《福建民间草药》）

⑥治经期腹痛：对叶莲根 10 g，月月红 6 g，川芎 3 g。切细，泡酒 125 ml，内服。（《贵阳民间药草》）

⑦治痢疾，肠炎：痢止草 3～6 g，水煎服，每日 1 剂。（《全展选编》）

⑧治精神分裂症（啼哭、悲伤、恍惚）：徐长卿 15 g，泡水当茶饮。（《吉林中草药》）

⑨治皮肤瘙痒：徐长卿适量，煎水洗。（《吉林中草药》）

⑩治带状疱疹，接触性皮炎，顽固性荨麻疹，牛皮癣：徐长卿 6～12 g，水煎内服，并外洗患处。（《中草药土方土法战备专辑》）

⑪治跌打肿痛，接骨：鲜徐长卿适量，捣烂敷患处。（《中草药土方土法战备专辑》）

【临床应用】①治疗慢性支气管炎。

②用于镇痛。

③治疗皮肤病。对湿疹、荨麻疹、接触性皮炎以及顽癣等均有效果。用法：每次用徐长卿 6～12 g，水煎服，亦可外洗。

661. 柳叶白前 *Cynanchum stauntonii*（Decne.）Schltr. ex Levl.

【别名】石蓝、嗽药。

【形态】直立半灌木，高约 1 m，无毛，分枝或不分枝；须根纤细，节上丛生。叶对生，纸质，狭披针形，长 6～13 cm，宽 3～5 mm，两端渐尖；中脉在叶背显著，侧脉约 6 对；叶柄长约 5 mm。伞形聚伞花序腋生；花序梗长达 1 cm，小苞片众多；花萼 5 深裂，内面基部腺体不多；花冠紫红色，辐状，内面具长柔毛；副花冠裂片盾状，隆肿，比花药短；花粉块每室 1 个，长圆形，下垂；柱头微凸，包在花药的薄膜内。蓇葖果单生，长披针形，长达 9 cm，直径 6 mm。花期 5—8 月，果期 9—10 月。

【生境分布】生于低海拔的山谷湿地、水旁以至半浸在水中。罗田骆驼坳镇有分布，大崎镇有栽培。

【采收加工】8 月挖根，或拔起全株，割去地上部分，洗净，晒干。

【药用部位】根及根茎。

【药材名】白前。

【来源】萝藦科植物柳叶白前 *Cynanchum stauntonii*（Decne.）Schltr. ex Levl. 的根及根茎。

【性状】干燥的根茎及根，弯曲扭转而成团状。根茎呈管状，细长有节，略弯曲，长 4～15 cm，直径 1.5～5 mm，表面浅黄色至黄棕色，有细纵皱纹，节部膨大，常有分歧，并密生须根，顶端常残留灰绿色或紫棕色的地上茎；质坚脆，易折断，断面类圆形，中空或有膜质的髓。根细长弯曲，长 1～10 cm，多数呈毛须状，表面棕色或紫棕色，并具多数小须根。质坚脆，易折断，断面类白色，放大镜下可见中心木部。气微弱，味甜。

【化学成分】主要含三萜皂苷。

【炮制】白前：拣去杂质，洗净泥土，稍浸泡后捞出，润透，切段，晒干。蜜白前：取白前片用炼蜜加水适量拌匀，文火炒至蜜汁全部吸干，呈老黄色不黏手为度，取出放凉。（每 100 kg 白前片，用炼蜜 25 kg）

《雷公炮炙论》：凡使白前，先用生甘草水浸一伏时后滤出，去头须了，焙干。任入药中用。

【性味】辛、甘，微温。

【归经】归肺经。

【功能主治】泻肺降气，下痰止嗽。治肺实喘满，咳嗽，多痰，胃脘疼痛。

【用法用量】内服：煎汤，4.5～10 g。

【附方】①治久患咳嗽，喉中作声，不得眠：白前，捣为末，温酒调 6 g，服。（《梅师集验方》）

②治久嗽兼唾血：白前 95 g，桑白皮、桔梗各 64 g，甘草 32 g（炙）。上四味切，以水二大升，煮取半大升，空腹顿服。若重者，十数剂。忌猪肉、海藻、菘菜。（《近效方》）

③治胃脘痛，虚热痛：白前和重阳木根各 15 g，水煎服。

④治疟母（脾肿大）：白前 15 g，水煎服。

⑤治小儿疳积：白前、重阳木或兖州卷柏全草各 10 g，水炖服。

⑥治跌打胁痛：白前 15 g，香附 10 g，青皮 3 g，水煎服。（③～⑥方出自《福建中草药》）

662. 隔山消 *Cynanchum wilfordii*（Maxim.）Hemsl.

【别名】隔山撬、隔山锹、耳叶牛皮消。

【形态】多年生草质藤本；肉质根近纺锤形，灰褐色，长约 10 cm，直径 2 cm；茎被单列毛。叶对生，薄纸质，卵形，长 5～6 cm，宽 2～4 cm，顶端短渐尖，基部耳状心形，两面被微柔毛，干时叶面经常呈黑褐色，叶背淡绿色；基脉 3～4 条，放射状；侧脉 4 对。近伞房状聚伞花序半球形，着花 15～20 朵；花序梗被单列毛，花长 2 mm，直径 5 mm；花萼外面被柔毛，裂片长圆形；花冠淡黄色，辐状，裂片长圆形，先端近钝形，外面无毛，内面被长柔毛；副花冠比合蕊柱短，裂片近四方形，先端截形，基部紧狭；花粉块每室 1 个，长圆形，下垂；花柱细长，柱头略凸起。蓇葖果单生，披针形，向端部长渐尖，基部紧狭，长 12 cm，直径 1 cm；种子暗褐色，卵形，长 7 mm；种毛白色绢质，长 2 cm。花期 5—9 月，果期 7—10 月。

【生境分布】野生于海拔 100～200 m 的山林间，常缠绕其他植物而上升。罗田大崎镇有分布。

【采收加工】秋季采收，洗净，晒干。

【药用部位】块根。

【药材名】牛皮消。

【来源】萝摩科植物隔山消 *Cynanchum wilfordii*（Maxim.）Hemsl. 的块根。

【性状】干燥块根呈圆柱形，微弯曲，长 10～20 cm，直径 2～3 cm。外表黄褐色或红棕色，栓皮粗糙，有明显纵横皱纹，皮孔横长凸起，栓皮破裂处露出黄白色的木质部。质坚硬，断面淡黄棕色，粉质，有辐射状花纹及鲜黄色孔点。气无，味先苦后甜。

【化学成分】根含淀粉 44％，又含皂苷。

【性味】①《贵阳民间药草》：甘、苦，平；无毒。

②《陕西中草药》：甘、微辛，平。

【功能主治】养阴补虚，健脾消食。主治虚损劳伤，痢疾，疳积，胃痛饱胀，带下，疮癣。

【用法用量】内服：煎汤，6～10 g（鲜品 16～32 g）；或入丸、散。外用：捣敷或磨汁涂。

【附方】①治痢疾：耳叶牛皮消根 32 g，水煎服，每日 1 剂。（《江西草药》）

②治食积饱胀：隔山消 3 g，打成粉子，用开水吞服，每日 1 次。（贵州《常用民间草药手册》）

③治胃气痛，年久未愈：隔山消 6 g，万年荞 3 g。打成细粉，每日 3 次，每次用开水吞 3 g。（贵州《常用民间草药手册》）

④治多年老胃病：隔山消 32 g，鸡屎藤 15 g，炖猪肉服。（《贵阳民间药草》）

⑤治气膈噎食，转食：隔山消 64 g，鸡肫皮 32 g，牛胆南星、朱砂各 32 g，急性子 6 g。为末，炼蜜丸，小豆大。每服 3 g，淡姜汤下。（《孙天仁集效方》）

⑥治小儿痞块：隔山撬 32 g，水煎加白糖当茶喝，每日 3 ～ 5 次。（《陕西中草药》）

⑦治小儿疳疾，并能开胃健脾：隔山消、苦荞头、鸡屎藤、马蹄草、鱼鳅串、侧耳根。研末，加石柑子叶、鸡内金，蒸鸡子服。（《四川中药志》）

⑧治食疟：隔山消（细末）1.5 g，地牯牛 3 个（去头、脚，焙焦，研末）。混合，用米汁送下。（《贵阳民间药草》）

⑨催乳：隔山撬 32 g，炖肉吃。（《陕西中草药》）

663. 变色白前 *Cynanchum versicolor* Bunge

【别名】白龙须。

【形态】半灌木；茎上部缠绕，下部直立，全株被茸毛。叶对生，纸质，宽卵形或椭圆形，长 7 ～ 10 cm，宽 3 ～ 6 cm，顶端锐尖，基部圆形或近心形，两面被黄色茸毛，边具绿毛；侧脉 6 ～ 8 对。伞形状聚伞花序腋生，近无总花梗，着花 10 余朵；花序梗被茸毛，长仅 1 mm，稀达 10 mm；花萼外面被柔毛，内面基部 5 枚腺体极小，裂片狭披针形，渐尖；花冠初呈黄白色，渐变为黑紫色，枯干时呈暗褐色，钟状辐形；副花冠极低，比合蕊冠短，裂片三角形；

花药近菱状四方形；花粉块每室 1 个，长圆形，下垂；柱头略凸起，顶端不明显 2 裂。蓇葖果单生，宽披针形，长 5 cm，直径 1 cm，向端部渐尖；种子宽卵形，暗褐色，长 5 mm，宽 3 mm；种毛白色绢质，长 2 cm。花期 5—8 月，果期 7—9 月。

【生境分布】生于海拔 100 ～ 500 m 的花岗岩石山上的灌丛中及溪流旁。罗田骆驼坳镇有分布。

【采收加工】早春或晚秋采挖，除去泥土，晒干。

【药用部位】根及根茎。

【药材名】变色白前。

【来源】萝藦科植物变色白前 *Cynanchum versicolor* Bunge 的根及根茎。

【功能主治】清热利尿。主治肺结核的虚劳热，浮肿，淋痛等。

萝藦属 *Metaplexis* R. Br.

664. 萝藦 *Metaplexis japonica*（Thunb.）Makino

【形态】多年生草质藤本，长达 8 m，具乳汁；茎圆柱状，下部木质化，上部较柔韧，表面淡绿色，有纵条纹，幼时密被短柔毛，老时被毛渐脱落。叶膜质，卵状心形，长 5 ～ 12 cm，宽 4 ～ 7 cm，顶端短渐尖，基部心形，叶耳圆，长 1 ～ 2 cm，两叶耳展开或紧接，叶面绿色，叶背粉绿色，两面无毛，或幼时被微毛，老时被毛脱落；侧脉每边 10 ～ 12 条，在叶背略明显；叶柄长，长 3 ～ 6 cm，顶端具丛生腺体。总状式聚伞花序腋生或腋外生，具长总花梗；总花梗长 6 ～ 12 cm，被短柔毛；花梗长 8 mm，被短柔毛，着花通常 13 ～ 15 朵；小苞片膜质，披针形，长 3 mm，顶端渐尖；花蕾圆锥状，顶端尖；花萼裂片披针

形，长 5～7 mm，宽 2 mm，外面被微毛；花冠白色，有淡紫红色斑纹，近辐状，花冠筒短，花冠裂片披针形，张开，顶端反折，基部向左覆盖，内面被柔毛；副花冠环状，着生于合蕊冠上，短 5 裂，裂片兜状；雄蕊连生成圆锥状，并包围雌蕊在其中，花药顶端具白色膜片；花粉块卵圆形，下垂；子房无毛，柱头延伸成 1 长喙，顶端 2 裂。蓇葖果叉生，纺锤形，平滑无毛，长 8～9 cm，直径 2 cm，顶端急尖，基部膨大；种子扁平，卵圆形，长 5 mm，宽 3 mm，有膜质边缘，褐色，顶端具白色绢质种毛；种毛长 1.5 cm。花期 7—8 月，果期 9—12 月。

【生境分布】 生于林边荒地、山脚、河边、路旁灌丛中。罗田玉屏山有分布。

【采收加工】 夏季采收，晒干。

【药用部位】 果壳、藤。

（1）萝藦果壳。

【来源】 萝藦科植物萝藦 *Metaplexis japonica*（Thunb.）Makino 的果壳。

【性味】 甘、辛，温。

【归经】 归肺、肝经。

【功能主治】 宣肺化痰，止咳平喘，透疹。

【临床应用】 ①用于咳嗽痰多、气喘等。

②用于麻疹透发不畅。

【用量用法】 内服：煎汤，3～5 个，或 3～10 g，大剂量可用至 15～32 g。

（2）萝藦藤。

【采收加工】 夏季采收，晒干。

【来源】 萝藦科植物萝藦 *Metaplexis japonica*（Thunb.）Makino 的藤。

【性味】 甘、辛，温；无毒。

【功能主治】 补肾强壮。主治肾亏遗精，乳汁不足，脱力劳伤。

【用法用量】 内服：煎汤，15～32 g。

一三五、旋花科 Convolvulaceae

打碗花属 *Calystegia* R. Br.

665. 打碗花 *Calystegia hederacea* Wall.

【别名】 面根藤、小旋花、盘肠参、蒲地参。

【形态】一年生草本，全体不被毛，植株通常矮小，高8～30（40）cm，常自基部分枝，具细长白色的根。茎细，平卧，有细棱。基部叶片长圆形，长2～3（5.5）cm，宽1～2.5 cm，顶端圆，基部戟形，上部叶片3裂，中裂片长圆形或长圆状披针形，侧裂片近三角形，全缘或2～3裂，叶片基部心形或戟形；叶柄长1～5 cm。花腋生，1朵，花梗长于叶柄，有细棱；苞片宽卵形，长0.8～1.6 cm，顶端钝或锐尖至渐尖；萼片长圆形，长0.6～1 cm，顶端钝，具小短尖头，内萼片稍短；

花冠淡紫色或淡红色，钟状，长2～4 cm，冠檐近截形或微裂；雄蕊近等长，花丝基部扩大，贴生于花冠管基部，被小鳞毛；子房无毛，柱头2裂，裂片长圆形，扁平。蒴果卵球形，长约1 cm，宿存萼片与之近等长或稍短。种子黑褐色，长4～5 mm，表面有小疣。

【生境分布】生于林边荒地、山脚、河边、路旁灌丛中。罗田河铺镇、平湖乡有分布。

【采收加工】秋季挖根状茎，洗净晒干或鲜用。夏、秋季采花鲜用。

【药用部位】根状茎、花。

【药材名】打碗花。

【来源】旋花科植物打碗花 *Calystegin hederacea* Wall. 的根状茎及花。

【性味】甘、淡，平。

【功能主治】根状茎：健脾益气，利尿，调经，止带。主治脾虚消化不良，月经不调，带下，乳汁稀少。花：止痛。外用治牙痛。

【用法用量】根状茎：内服，煎汤，32～64 g。花：外用，适量。

666. 旋花 *Calystegia sepium*（L.）R. Br.

【别名】筋根花、蚊子花。

【形态】多年生草本，全体不被毛。茎缠绕，伸长，有细棱。叶形多变，三角状卵形或宽卵形，长4～10（15）cm，宽2～6（10）cm或更宽，顶端渐尖或锐尖，基部戟形或心形，全缘或基部稍伸展为具2～3个大齿缺的裂片；叶柄常短于叶片或两者近等长。花腋生，1朵；花梗通常稍长于叶柄，长达10 cm，有细棱或有时具狭翅；苞片宽卵形，长1.5～2.3 cm，顶端锐尖；萼片卵形，长1.2～1.6 cm，顶端渐尖或有时锐尖；花冠通常白色，有时淡红色或紫色，漏斗状，长5～6（7）cm，冠檐微裂；雄蕊花丝基部扩大，被小鳞毛；子房无毛，柱头2裂，裂片卵形，扁平。蒴果卵形，长约1 cm，为增大宿存的苞片和萼片所包被。种子黑褐色，长4 mm，表面有小疣。

【生境分布】 生于海拔 140 ～ 2080（2600）m 的路旁、溪边草丛、农田边或山坡林缘。罗田大河岸镇有分布。

（1）旋花。

【采收加工】 5—7 月采收，阴干。

【药用部位】 花。

【来源】 旋花科植物旋花 *Calystegia sepium*（L.）R. Br. 的花。

【性味】 甘、微苦，温。

【功能主治】 主治带下，白浊，疝气，疔疮等。

【用法用量】 内服：煎汤或捣汁饮。

（2）旋花根。

【别名】 筋根、续筋根、旋葍草根。

【采收加工】 3 月或 9 月采收，晒干。

【来源】 旋花科植物旋花 *Calystegia sepium*（L.）R. Br. 的根。

【性味】 甘、微苦，温。

【功能主治】 益精气，续筋骨。主治丹毒，创伤。

【用法用量】 内服：煎汤或捣汁饮。

（3）旋花苗。

【来源】 旋花科植物旋花 *Calystegia sepium*（L.）R. Br. 的茎叶。

【药理作用】 全草煎剂对家兔因食饵及肾上腺素引起的高血糖有降血糖作用。

【性味】 ①《本草纲目》：甘，微苦。

②《湖南药物志》：叶微辛。

【功能主治】 益气补虚，解毒，杀虫。

【用法用量】 内服：煎汤或捣汁饮。

菟丝子属 *Cuscuta* L.

667. 南方菟丝子 *Cuscuta australis* R. Br.

【别名】 菟丝实、吐丝子、萝丝子、缠龙子。

【形态】 一年生寄生草本。茎缠绕，金黄色，纤细，直径 1 mm 左右，无叶。花序侧生，少花或多花簇生成小伞形或小团伞花序，总花序梗近无；苞片及小苞片均小，鳞片状；花梗稍粗壮，长 1 ～ 2.5 mm；花萼杯状，基部连合，裂片 3 ～ 4（5），长圆形或近圆形，通常不等大，长 0.8 ～ 1.8 mm，顶端圆；花冠乳白色或淡黄色，杯状，长约 2 mm，裂片卵形或长圆形，顶端圆，约与花冠管近等长，直立，宿存；雄蕊着生于花冠裂片弯缺处，比花冠裂片稍短；鳞片小，边缘短流苏状；子房扁球形，花柱 2，等长或稍不等长，柱

头球形。蒴果扁球形，直径 3 ～ 4 mm，下半部为宿存花冠所包，成熟时不规则开裂，不为周裂。通常有 4 个种子，淡褐色，卵形，长约 1.5 mm，表面粗糙。

【生境分布】 寄生于农作物或植物上。罗田各地均有分布。

【采收加工】 7—9 月种子成熟时与寄主一同割下，晒干，打下种子，簸去杂质。

【药用部位】 种子。

【来源】 旋花科植物南方菟丝子 *Cuscuta australis* R. Br. 的种子。

【化学成分】 菟丝子含树脂苷、糖类。

【炮制】 菟丝子：过箩夫净杂质，洗净，晒干。菟丝饼：取净菟丝子置锅内加水煮至爆花，呈褐灰色稠状粥时，捣烂作饼或加黄酒与面做饼，切块，晒干。

【性味】 辛、甘，平。

【归经】 归肝、肾经。

【功能主治】 补肝肾，益精髓，明目。主治腰膝酸痛，遗精，消渴，尿有余沥，目暗。

【用法用量】 内服：煎汤，10 ～ 15 g；或入丸、散。外用：炒研调敷。

【注意】 ①《本草经集注》：得酒良。薯蓣、松脂为之使，恶蘘菌。

②《本草经疏》：肾家多火，强阳不痿者忌之，大便燥结者亦忌之。

③《得配本草》：孕妇、血崩、阳强、便结、肾脏有火、阴虚火动，六者禁用。

【附方】 ①补肾气，壮阳道，助精神，轻腰脚：菟丝子 500 g（淘净，酒煮，捣成饼，焙干），附子（制）125 g。共为末，酒糊丸，梧子大，酒下 50 丸。（《扁鹊心书》）

②治腰痛：菟丝子（酒浸）、杜仲（去皮，炒断丝）各等份。为细末，以山药糊丸如梧子大。每服 50 丸，盐酒或盐汤下。（《是斋百一选方》）

③治丈夫腰膝积冷痛，或顽麻无力：菟丝子（洗）32 g，牛膝 32 g。同用酒浸 5 日，曝干，为末，将原浸酒再入少醇酒作糊，捣和丸，如梧子大。空心酒下 20 丸。（《经验后方》）

④治腰膝风冷，明目：菟丝子 6.25 kg。酒浸良久，沥出曝干，又浸，令酒干为度，捣细罗为末。每服 6 g，以温酒调下，日三。服后吃三五匙水饭压之，至三七日，更加至 10 g 服之。（《普济方》）

⑤治劳伤肝气，目暗：菟丝子 64 g，酒浸 3 日，曝干，捣罗为末，鸡子白和丸梧桐子大。每服空心以温酒下 30 丸。（《太平圣惠方》）

⑥治膏淋：菟丝子（酒浸，蒸，捣，焙）、桑螵蛸（炙）各 16 g，泽泻 0.3 g。上为细末，炼蜜为丸，如梧桐子大。每服 20 丸，空心用清米饮送下。（《奇效良方》）

⑦治小便赤浊，心肾不足，精少血燥，口干烦热，头晕怔忡：菟丝子、麦门冬各等份。为末，蜜丸梧子大，盐汤每下 70 丸。（《本草纲目》）

⑧治心气不足，思虑太过，肾经虚损，真阳不固，溺有余沥，小便白浊，梦寐频泄：菟丝子 160 g，白茯苓 95 g，石莲子（去壳）64 g。上为细末，酒煮糊为丸，如梧子大。每服 30 丸，空心盐汤下。常服镇益心神，补虚养血，清小便。（《局方》）

⑨治小便多或不禁：菟丝子（酒蒸）64 g，桑螵蛸（酒炙）16 g，牡蛎（煅）32 g，肉苁蓉（酒润）64 g，附子（炮，去皮、脐）、五味子各 32 g，鸡膍胵 16 g（微炙），鹿茸（酒炙）32 g。上为末，酒糊丸，如梧子大。每服 70 丸，食前盐酒任下。（《世医得效方》）

⑩治脾元不足，饮食减少，大便不实：菟丝子 125 g，黄芪、于白术（土拌炒）、人参、木香各 32 g，补骨脂、小茴香各 25 g。饧糖作丸。早晚各服 10 g，汤酒使下。（《方脉正宗》）

⑪治消渴：菟丝子不拘多少，拣净，水淘，酒浸三宿，控干，趁润捣罗为散，焙干再为细末，炼蜜和丸，如梧子大。食前饮下 50 粒，一日二三次；或作散，饮调下 10 g。（《全生指迷方》）

⑫治阴虚阳盛，四肢发热，逢风如炙如火：菟丝子、五味子各 32 g，生干地黄 95 g。上为细末，米

饮调下 6 g，食前。（《鸡峰普济方》）

⑬治痔下部痒痛如虫啮：菟丝子熬令黄黑，末，以鸡子黄和涂之。（《肘后备急方》）

⑭治眉炼：菟丝子炒，研，油调敷之。（《山居四要》）

⑮治肾气不足引起目不明：熟地黄、生地黄各 100 g，当归、牛膝、远志、地骨皮、枸杞、菊花、五味子、菟丝子、枳壳各 50 g，共研细末蜜丸，梧桐子大，每服 50 丸，空心盐汤下。（《万密斋医学全书》）

668. 金灯藤 *Cuscuta japonica* Choisy

【别名】 大菟丝子。

【形态】 一年生寄生缠绕草本，茎较粗壮，肉质，直径 1～2 mm，黄色，常带紫红色瘤状斑点，无毛，多分枝，无叶。花无柄或几无柄，形成穗状花序，长达 3 cm，基部常多分枝；苞片及小苞片鳞片状，卵圆形，长约 2 mm，顶端尖，全缘，沿背部增厚；花萼碗状，肉质，长约 2 mm，5 裂几达基部，裂片卵圆形或近圆形，相等或不相等，顶端尖，背面常有紫红色瘤状凸起；花冠钟状，淡红色或绿白色，长 3～5 mm，顶端 5 浅裂，裂片卵状三角形，钝，直立或稍反折，短于花冠筒；雄蕊 5，着生于花冠喉部裂片之间，花药卵圆形，黄色，花丝无或几无；鳞片 5，长圆形，边缘流苏状，着生于花冠筒基部，伸长至冠筒中部或中部以上；子房球状，平滑，无毛，2 室，花柱细长，合生为 1，与子房等长或稍长，柱头 2 裂。蒴果卵圆形，长约 5 mm，近基部周裂。种子 1～2 个，光滑，长 2～2.5 mm，褐色。花期 8 月，果期 9 月。

【采收加工】 7—9 月种子成熟时，与寄主一同割下，晒干，打下种子，簸去杂质。

【来源】 旋花科植物金灯藤 *Cuscuta japonica* Choisy 的种子。

【化学成分】 大菟丝子含糖苷、维生素 A 类物质。

马蹄金属 *Dichondra* J. R. et G. Forst.

669. 马蹄金 *Dichondra repens* Forst.

【别名】 黄胆草、小金钱草、小马蹄草、小碗碗草、月亮草。

【形态】 多年生匍匐小草本，茎细长，被灰色短柔毛，节上生根。叶肾形至圆形，直径 4～25 mm，先端宽圆形或微缺，基部阔心形，叶面微被毛，背面被贴生短柔毛，全缘；具叶柄，叶柄长 1.5～6 cm。花单生于叶腋，花柄短于叶柄，丝状；萼片倒卵状长圆形至匙形，钝，长 2～3 mm，背面及边缘被毛；花冠钟状，较短至稍长于萼片，黄色，深 5 裂，裂片长圆状披针形，无毛；雄蕊 5，着生于花冠 2 裂片间弯缺处，花丝短，等长；子房被疏柔毛，2 室，具 4 枚胚珠，花柱 2，柱头头状。蒴果近球形，小，短于花萼，直径约 1.5 mm，膜质。种子 1～2 个，黄色至褐色，无毛。

【生境分布】 生于阴湿山地、路边、田边及草坪上。罗田北部山区有分布。

【采收加工】 全年可采，洗净晒干或鲜用。

【药用部位】 全草。

【药材名】 马蹄金。

【来源】 旋花科植物马蹄金 *Dichondra repens* Forst. 的全草。

【性味】 辛，平。

【功能主治】 清热利湿，解毒消肿。主治肝炎，胆囊炎，痢疾，肾炎水肿，尿路感染，泌尿系结石，扁桃体炎，跌打损伤。

【用法用量】 内服：煎汤，16～32 g。外用：适量，鲜品捣烂敷患处。

【附方】 ①治急性无黄疸型传染性肝炎：马蹄金、天胡荽鲜全草各32 g，猪瘦肉125 g，加水炖服，吃肉喝汤。

②治急性黄疸性肝炎：马蹄金、鸡骨草各32 g，山栀子、车前草各15 g，水煎服。（①②方出自《全国中草药汇编》）

土丁桂属 *Evolvulus* L.

670. 土丁桂 *Evolvulus alsinoides*（L.）L.

【别名】 毛辣花、银丝草、过饥草、小鹿衔、鹿含草、小本白花草、石南花、泻痢草、银花草、毛将军、白毛草、白毛莲、白毛将、白鸽草。

【形态】 多年生草本，茎少数至多数，平卧或上升，细长，具贴生的柔毛。叶长圆形、椭圆形或匙形，长（7）15～25 mm，宽5～9（10）mm，先端钝及具小短尖，基部圆形或渐狭，两面或多或少被贴生疏柔毛，或有时上面少毛至无毛，中脉在下面明显，上面不明显，侧脉两面均不明显；叶柄

短至近无柄。总花梗丝状，较叶短或长得多，长2.5～3.5 mm，被贴生毛；花单一或数朵组成聚伞花序，花柄与萼片等长或通常较萼片长；苞片线状钻形至线状披针形，长1.5～4 mm；萼片披针形，锐尖或渐尖，长3～4 mm，被长柔毛；花冠辐状，直径7～8（10）mm，蓝色或白色；雄蕊5，内藏，花丝丝状，长约4 mm，贴生于花冠管基部；花药长圆状卵形，先端渐尖，基部钝，长约1.5 mm；子房无毛；花柱2，每一花柱2尖裂，柱头圆柱形，先端稍棒状。蒴果球形，无毛，直径3.5～4 mm，4瓣裂；种子4或较少，黑色，平滑。花期5—9月。

【生境分布】 生于山坡上。罗田各地山区均有分布。

【采收加工】 夏、秋季采收，晒干或鲜用。

【药用部位】 全草。

【药材名】 土丁桂。

【来源】 旋花科植物土丁桂 *Evolvulus alsinoides*（L.）L. 的全草。

【性味】 苦、辛，凉。

【归经】 归肝、脾、肾经。

【功能主治】 清热，利湿。主治黄疸，痢疾，淋浊，带下，疔肿，疥疮。

【用法用量】 内服：煎汤，3～10 g（鲜品 32～64 g）；或捣汁饮。外用：捣敷或煎水洗。

【附方】 ①治黄疸，咯血：鲜土丁桂 32 g，和红糖煎服。（《泉州本草》）

②治痢疾：土丁桂 32～64 g，红糖 16 g。水煎服，日服 2 次。

③治梦遗滑精：土丁桂 64 g，银杏 125 g，黄酒 100 ml，加水适量炖服。

④治淋浊、带下：土丁桂 32～64 g，冰糖 16 g，水煎服。

⑤治遗尿症：土丁桂 64 g，猪膀胱 1 个，水煎服。（②～⑤方出自《福建民间草药》）

⑥治小儿疳积：鲜土丁桂 15～32 g，或加鸡肝 1 个，水炖服。（《福建中草药》）

⑦治疔肿：鲜土丁桂捣烂敷患处。

⑧治疥疮：鲜土丁桂每次 125 g，枯矾少许，煎汤洗患处。

⑨治蛇咬伤：鲜土丁桂，捣烂绞汁，和酒内服，渣敷患处。（⑦～⑨方出自《泉州本草》）

番薯属 *Ipomoea* L.

671. 蕹菜 *Ipomoea aquatica* Forsk.

【别名】 空心菜、空筒菜、藤藤菜、无心菜、水蕹菜。

【形态】 一年生草本，蔓生或漂浮于水。茎圆柱形，有节，节间中空，节上生根，无毛。叶片形状、大小有变化，卵形、长卵形、长卵状披针形或披针形，长 3.5～17 cm，宽 0.9～8.5 cm，顶端锐尖或渐尖，具小短尖头，基部心形、戟形或箭形，偶尔截形，全缘或波状，或有时基部有少数粗齿，两面近无毛或偶有稀疏柔毛；叶柄长 3～14 cm，无毛。聚伞花

序腋生，花序梗长 1.5～9 cm，基部被柔毛，向上无毛，具 1～3（5）朵花；苞片小鳞片状，长 1.5～2 mm；花梗长 1.5～5 cm，无毛；萼片近等长，卵形，长 7～8 mm，顶端钝，具小短尖头，外面无毛；花冠白色、淡红色或紫红色，漏斗状，长 3.5～5 cm；雄蕊不等长，花丝基部被毛；子房圆锥状，无毛。蒴果卵球形至球形，直径约 1 cm，无毛。种子密被短柔毛或有时无毛。

【生境分布】 生于湿地或水田中。罗田各地均有栽培。

【采收加工】 夏、秋季采收，一般多鲜用。

【药用部位】 茎、叶。

【药材名】 空心菜。

【来源】旋花科植物蕹菜 *Ipomoea aquatica* Forsk. 的茎、叶。

【性味】甘，寒。

【归经】归肠、胃经。

【功能主治】主治鼻衄，便秘，淋浊，便血，痔疮，痈肿，折伤，蛇虫咬伤。

【用法用量】内服：煎汤，64～125 g；或捣汁。外用：煎水洗或捣敷。

【附方】①治鼻衄：蕹菜数根，和糖捣烂，冲入沸水服。（《岭南采药录》）

②治淋浊，尿血，便血：鲜蕹菜洗净，捣烂取汁，和蜂蜜酌量服之。（《闽南民间草药》）

③治翻花痔：空筒菜 1 kg，水 1000 ml，煮烂去渣滤过，加白糖 125 g，同煎如饴糖状。每次服 95 g，一日服 2 次，早晚服，未愈再服。（《贵州省中医验方秘方》）

④治出斑：蕹菜、野芋、雄黄、朱砂，同捣烂，敷胸前。（《岭南采药录》）

⑤治囊痈：蕹菜捣烂，与蜜糖和匀敷患处。（《岭南采药录》）

⑥治皮肤湿痒：鲜蕹菜，水煎数沸，候微温洗患部，日洗 1 次。

⑦治蛇咬伤：蕹菜洗净捣烂，取汁约半碗和酒服之，渣涂患处。

⑧治蜈蚣咬伤：鲜蕹菜，食盐少许，共搓烂，擦患处。（⑥～⑧方出自《闽南民间草药》）

鱼黄草属 *Merremia* Dennst.

672. 北鱼黄草 *Merremia sibirica*（L.）Hall. f.

【别名】钻之灵、小瓠花。

【形态】缠绕草本，植株各部分近无毛。茎圆柱状，具细棱。叶卵状心形，长 3～13 cm，宽 1.7～7.5 cm，顶端长渐尖或尾状渐尖，基部心形，全缘或稍波状，侧脉 7～9 对，纤细，近平行射出，近边缘弧曲向上；叶柄长 2～7 cm，基部具小耳状假托叶。聚伞花序腋生，有（1）3～7 朵花，花序梗通常比叶柄短，有时超出叶柄，长 1～6.5 cm，明显具棱或狭翅；苞片小，线形；花梗长 0.3～0.9(1.5)cm，向上增粗；萼片椭圆形，近相等，长 0.5～0.7 cm，顶

端明显具钻状短尖头，无毛；花冠淡红色，钟状，长 1.2～1.9 cm，无毛，冠檐具三角形裂片；花药不扭曲；子房无毛，2 室。蒴果近球形，顶端圆，高 5～7 mm，无毛，4 瓣裂。种子 4 或较少，黑色，椭圆状三棱形，顶端圆钝，长 3～4 mm，无毛。

【生境分布】生于海拔 600～2800 m 的路边、田边、山地草丛或山坡灌丛中。罗田北部山区有分布。

【采收加工】夏季采收，洗净，鲜用或晒干。

【药用部位】全草。

【药材名】鱼黄草。

【来源】旋花科植物北鱼黄草 *Merremia sibirica*（L.）Hall. f. 的全草。

【性味】 辛、苦，寒。

【归经】 归脾、肾经。

【功能主治】 活血解毒。主治劳伤疼痛，疔疮。

【用法用量】 内服：煎汤，3～10 g。外用：适量，捣敷。

牵牛属 *Pharbitis* Choisy

673. 裂叶牵牛 *Pharbitis nil*（L.）Choisy

【别名】 黑牵牛、白牵牛、黑丑、白丑。

【形态】 一年生缠绕草本，茎上被倒向的短柔毛及杂有倒向或开展的长硬毛。叶宽卵形或近圆形，深或浅3裂，偶5裂，长4～15 cm，宽4.5～14 cm，基部圆，心形，中裂片长圆形或卵圆形，渐尖或骤尖，侧裂片较短，三角形，裂口锐或圆，叶面或疏或密被微硬的柔毛；叶柄长2～15 cm，毛被同茎。花腋生，单一或通常2朵着生于花序梗顶，花序梗长短不一，长1.5～18.5 cm，通常短于叶柄，

有时较长，毛被同茎；苞片线形或叶状，被开展的微硬毛；花梗长2～7 mm；小苞片线形；萼片近等长，长2～2.5 cm，披针状线形，内面2片稍狭，外面被开展的刚毛，基部更密，有时也杂有短柔毛；花冠漏斗状，长5～8（10）cm，蓝紫色或紫红色，花冠管色淡；雄蕊及花柱内藏；雄蕊不等长；花丝基部被柔毛；子房无毛，柱头头状。蒴果近球形，直径0.8～1.3 cm，3瓣裂。种子卵状三棱形，长约6 mm，黑褐色或米黄色，被褐色短茸毛。

【生境分布】 多生于路旁、田间、墙脚下或灌丛中。罗田各地均有分布。

【采收加工】 7—10月果成熟时，将藤割下，打出种子，除去果壳及杂质，晒干。

【药材名】 牵牛子。

【来源】 旋花科植物裂叶牵牛 *Pharbitis nil*（L.）Choisy 的种子。

【性状】 干燥成熟的种子卵形而具3棱，两侧面稍平坦，背面弓状隆起，其正中有凹沟，两侧凸起部凹凸不平。腹面为一棱线，棱线下端有类圆形浅色的肿脐，种子长4～8 mm，背面及平坦面宽3～5 mm。表面灰黑色或淡黄白色。种皮坚硬。横切面可见极为皱缩而重叠的2片子叶，呈黄色或淡黄色。用水浸润后，种皮龟裂状，并自腹面棱线处破裂，有显著黏液。气无，味微辛辣，有麻辣感，并有豆样味。以成熟、饱满、无皮壳杂质、无黑白相杂者为佳。

本品有黑、白二种，黑者名黑丑，白者名白丑，两种的混合品名二丑。一般花色较深，呈紫红色等，其种子多黑；花色较浅，呈白色、粉红色等，其种子多白。种子的颜色与植物的品种无关。

【化学成分】 牵牛子含牵牛子苷、牵牛子酸甲及没食子酸。牵牛子苷为混合物，是羟基脂肪酸的各种有机酸酯的糖苷，经皂化所得的牵牛子酸是至少含有4种化合物的混合物，其中2种已被提纯，经酸水解可得牵牛子酸乙、葡萄糖及鼠李糖。另含麦角醇、裸麦角碱和野麦碱等。未成熟种子含赤霉素 A20、赤霉素 A3、赤霉素 A5。

【药理作用】①牵牛子苷的化学性质与泻根素相似，有强烈的泻下作用。黑丑与白丑泻下作用并无区别。

②驱虫作用。

【毒性】对人有毒性，但不大，大剂量除对胃肠的直接刺激引起呕吐、腹痛、腹泻与黏液血便外，还可能刺激肾脏，引起尿血，重者尚可损及神经系统，发生语言障碍、昏迷等。

三色牵牛含异麦角酰胺、麦角酰胺及裸麦角碱，有致幻作用。

【炮制】炒牵牛子：将净牵牛子置锅内加热，炒至微鼓起，取出放凉。

【性味】苦、辛，寒；有毒。

【归经】归肺、肾、大肠、小肠经。

【功能主治】泻水，下气，杀虫。主治水肿，喘满，痰饮，脚气，虫积食滞，大便秘结。

【用法用量】内服：入丸、散，0.3～1 g；煎汤，4.5～10 g。

【注意】孕妇及胃弱气虚者忌服。

【附方】①治水肿：牵牛子末之，水服方寸匕，日一，以小便利为度。（《千金方》）

②治停饮肿满：黑牵牛头末125 g，茴香32 g（炒），或加木香一胡。上为细末，以生姜自然汁调3～6 g，临卧服。（《儒门事亲》）

③治水气蛊胀满：白牵牛、黑牵牛各6 g。上为末，和大麦面125 g，为烧饼，临卧用茶汤一杯下，降气为验。（《宣明论方》）

④治小儿腹胀，水气流肿，膀胱实热，小便赤涩：牵牛生研3 g，青皮汤空心下。一加木香减半，丸服。（《郑氏小儿方》）

⑤治四肢肿满：厚朴（去皮，姜汁制炒）16 g，牵牛子160 g（炒取末64 g）。上为细末，每服6 g，煎姜、枣汤调下。（《本事方》）

⑥治小儿肺胀喘满，胸高气急，两肋扇动，陷下作坑，两鼻窍张，闷乱嗽渴，声嗄不鸣，痰涎潮塞，俗云马脾风：白牵牛32 g（半生半熟），黑牵牛32 g（半生半熟），川大黄、槟榔各32 g。上为细末。三岁儿每服6 g，冷浆水调下，涎多加腻粉少许，无时，加蜜少许。（《田氏保婴集》）

⑦治脚气胫已满，捏之没指者：牵牛子，捣，蜜丸，如小豆大5丸，吞之。（《补辑肘后方》）

⑧治一切虫积：牵牛子64 g（炒，研为末），槟榔32 g，使君子肉50个（微炒）。俱为末，每服6 g。砂糖调下，小儿减半。（《永类钤方》）

⑨治大肠风秘壅热结涩：牵牛子（黑色，微炒，捣取其中粉）32 g，桃仁（末）16 g。以熟蜜和丸如梧桐子，温水服3～20丸。（《本草衍义》）

⑩治冷气流注，腰疼不能俯仰：延胡索64 g，破故纸（炒）64 g，黑牵牛子95 g（炒）。上为细末，煅大蒜研搜丸，如梧子大。每服30丸，煎葱须盐汤送下，食前服。（《杨氏家藏方》）

⑪治肾气作痛：黑、白牵牛各等份。炒为末，每服10 g，用猪腰子切，入茴香100粒，川椒50粒，掺牵牛末入内扎定，纸包煨熟，空心食之。酒下，取出恶物效。（《仁斋直指方》）

⑫治梅毒：白牵牛仁，每次15～20 g，煎汤内服。（《泉州本草》）

⑬治风热赤眼：黑丑仁为末，调葱白汤敷患处。（《泉州本草》）

⑭行滞通水：黑牵牛300 g（炒香研细），木香15 g，荜澄茄、补骨脂（炒）、槟榔各50 g。上为细末，滴水为丸，如绿豆大，每服20丸，白汤下。（《万密斋医学全书》）

674. 圆叶牵牛 *Pharbitis purpurea*（L.）Voigt

【别名】紫花牵牛。

【形态】 一年生缠绕草本，全体具白色长毛。叶阔心形，长 7～12 cm，宽 7～13 cm，先端短尖，基部心形，全缘。花 1～5 朵成簇腋生，花梗多与叶柄等长；花萼裂片卵状披针形，长约 1.5 cm，基部皆被伏刺毛；花冠漏斗状，通常为蓝紫色、粉红色或白色。蒴果球形，种子黑色或黄白色，无毛。花期 7—8 月，果期 9—10 月。

【生境分布】 多生于路旁、田间、墙脚下或灌丛中。罗田各地均有分布。

【采收加工】 7—10 月果成熟时，将藤割下，打出种子，除去果壳及杂质，晒干。

【药用部位】 种子。

【药材名】 牵牛子。

【来源】 旋花科植物圆叶牵牛 *Pharbitis purpurea*（L.）Voigt 的种子。

【备注】 本种与裂叶牵牛 *Pharbitis nil*（L.）Choisy 同等入药。

茑萝属 *Quamoclit* Mill.

675. 茑萝松 *Quamoclit pennata*（Desr.）Boj.

【别名】 狮子草。

【形态】 一年生柔弱缠绕草本，无毛。叶卵形或长圆形，长 2～10 cm，宽 1～6 cm，羽状深裂至中脉，具 10～18 对线形至丝状的平展的细裂片，裂片先端锐尖；叶柄长 8～40 mm，基部常具假托叶。花序腋生，由少数花组成聚伞花序；总花梗大多超过叶，长 1.5～10 cm，花直立，花柄较花萼长，长 9～20 mm，在果时增厚成棒状；萼片绿色，稍不等长，椭圆形至长圆状匙形，外面 1 片稍短，长约 5 mm，先端钝而具小凸尖；花冠高脚碟状，长 2.5 cm 以上，深红色，

无毛，管柔弱，上部稍膨大，冠檐开展，直径 1.7～2 cm，5 浅裂；雄蕊及花柱伸出；花丝基部具毛；子房无毛。蒴果卵形，长 7～8 mm，4 室，4 瓣裂，隔膜宿存，透明。种子 4，卵状长圆形，长 5～6 mm，黑褐色。

【生境分布】 多为栽培。罗田各地均有栽培。

【采收加工】 秋季采收。

【药用部位】 全草。

【药材名】 狮子草。

【来源】 旋花科植物茑萝松 *Quamoclit pennata*（Desr.）Boj. 的全草。

【功能主治】 清热解毒，消肿。主治发热感冒，疮痈肿毒。

一三六、紫草科 Boraginaceae

琉璃草属 *Cynoglossum* L.

676. 琉璃草 *Cynoglossum furcatum* Wall.

【形态】 直立草本，高 40 ～ 60 cm，稀达 80 cm。茎单一或数条丛生，密被伏黄褐色糙伏毛。基生叶及茎下部叶具柄，长圆形或长圆状披针形，长 12 ～ 20 cm（包括叶柄），宽 3 ～ 5 cm，先端钝，基部渐狭，上下两面密生贴伏的伏毛；茎上部叶无柄，狭小，被密伏的伏毛。花序顶生及腋生，分枝钝角叉状分开，无苞片，果期延长成总状；花梗长 1 ～ 2 mm，果期较花萼短，密生贴伏的糙伏毛；花萼长 1.5 ～ 2 mm，果期稍增大，长约 3 mm，裂片卵形或卵状长圆形，外面密伏短糙毛；花冠蓝色，漏斗状，长 3.5 ～ 4.5 mm，檐部直径 5 ～ 7 mm，裂片长圆形，先端圆钝，喉部有 5 个梯形附属物，附属物长约 1 mm，先端微凹，边缘密生白柔毛；花药长圆形，长约 1 mm，宽 0.5 mm，花丝基部扩张，着生花冠筒上 1/3 处；花柱肥厚，略四棱形，长约 1 mm，果期长达 2.5 mm，较花萼稍短。小坚果卵球形，长 2 ～ 3 mm，直径 1.5 ～ 2.5 mm，背面凸，密生锚状刺，边缘无翅边或稀中部以下具翅边。花果期 5—10 月。

【生境分布】 生于海拔 300 ～ 3040 m 林间草地、向阳山坡及路边。罗田各地均有分布。

【药用部位】 全草。

【药材名】 琉璃草。

【来源】 紫草科植物琉璃草 *Cynoglossum furcatum* Wall. 的全草。

【功能主治】 清热解毒。根、叶供药用，可治疖疮痈肿，跌打损伤，毒蛇咬伤，黄疸，痢疾，尿痛及肺结核咳嗽。

厚壳树属 *Ehretia* L.

677. 粗糠树 *Ehretia macrophylla* Wall.

【形态】 落叶乔木，高约 15 m，胸高直径 20 cm；树皮灰褐色，纵裂；枝条褐色，小枝淡褐色，均被柔毛。叶宽椭圆形、椭圆形、卵形或倒卵形，长8～25 cm，宽5～15 cm，先端尖，基部宽楔形或近圆形，边缘具开展的锯齿，上面密生具基盘的短硬毛，极粗糙，下面密生短柔毛；叶柄长1～4 cm，被柔毛。聚伞花序顶生，呈伞房状或圆锥状，宽6～9 cm，具苞片或无；花无梗或近无梗；苞片线形，长约5 mm，被柔毛；花萼长3.5～4.5 mm，裂至近中部，裂片卵形或长圆形，具柔毛；花冠筒状钟形，白色至淡黄色，芳香，长8～10 mm，基部直径2 mm，喉部直径6～7 mm，裂片

长圆形，长3～4 mm，比筒部短；雄蕊伸出花冠外，花药长1.5～2 mm，花丝长3～4.5 mm，着生于花冠筒基部以上3.5～5.5 mm处；花柱长6～9 mm，无毛或稀具伏毛，分枝长1～1.5 mm。核果黄色，近球形，直径10～15 mm，内果皮成熟时分裂为2个具2个种子的分核。花期3—5月，果期6—7月。

【生境分布】生于海拔125～2300 m山坡疏林及土质肥沃的山脚阴湿处。罗田北部山区有分布。

【药材名】粗糠树。

【来源】紫草科植物粗糠树 *Ehretia macrophylla* Wall. 的树皮。

【性味】微苦、辛，凉。

【归经】归肝、肾经。

【功能主治】散瘀消肿。主治跌打损伤。叶和果实捣碎加水可作土农药，防治棉蚜虫、红蜘蛛。

【用法用量】内服：煎汤，3～9 g。外用：适量，捣敷。

紫草属 *Lithospermum* L.

678. 紫草 *Lithospermum erythrorhizon* Sieb. et Zucc.

【别名】藐、茈草、紫丹。

【形态】多年生草本，根富含紫色物质。茎通常1～3条，直立，高40～90 cm，有贴伏和开展的短糙伏毛，上部有分枝，枝斜升并常稍弯曲。叶无柄，卵状披针形至宽披针形，长3～8 cm，宽7～17 mm，先端渐尖，基部渐狭，两面均有短糙伏毛，脉在叶下面凸起，沿脉有较密的糙伏毛。花序生于茎和枝上部，长2～6 cm，果期延长；苞片与叶同型而较小；花萼裂片线形，长约4 mm，果期可达9 mm，背面有短糙伏毛；花冠白色，长

7 ～ 9 mm，外面稍有毛，筒部长约 4 mm，檐部与筒部近等长，裂片宽卵形，长 2.5 ～ 3 mm，开展，全缘或微波状，先端有时微凹，喉部附属物半球形，无毛；雄蕊着生于花冠筒中部稍上，花丝长约 0.4 mm，花药长 1 ～ 1.2 mm；花柱长 2.2 ～ 2.5 mm，柱头头状。小坚果卵球形，乳白色或带淡黄褐色，长约 3.5 mm，平滑，有光泽，腹面中线凹陷成纵沟。花果期 6—9 月。

【生境分布】　生于山野草丛中、山地阳坡及山谷。罗田北部山区有分布。

【采收加工】　4—5 月或 9—10 月挖根，除去残茎及泥土（勿用水洗，以防褪色），晒干或微火烘干。

【药用部位】　根。

【药材名】　紫草。

【来源】　紫草科植物紫草 *Lithospermum erythrorhizon* Sieb. et Zucc. 的根。

【炮制】　硬紫草：洗净，润透，切片，晒干。软紫草：拣去杂质，去苗，剪断。

《雷公炮炙论》：凡使（紫草），每 500 g 用蜡 64 g，溶水拌蒸之，待水干，取去头并两畔髭，细锉用。

【性味】　苦，寒。

【归经】　归心、肝经。

【功能主治】　凉血，活血，清热，解毒。主治温热斑疹，湿热黄疸，紫癜，吐血，衄血，尿血，淋浊，热结便秘，烧伤，湿疹，丹毒，痈疡。

【用法用量】　内服：煎汤，3 ～ 10 g；或入散剂。外用：熬膏涂。

【注意】　胃肠虚弱、大便滑泄者慎服。

《本草经疏》：痘疮家气虚脾胃弱、泄泻不思食、小便清利者，俱禁食。

【附方】①发斑疹：钩藤钩子、紫草各等份。上为细末，每服一字或 1.5 ～ 3 g，温酒调下，无时。（《小儿药证直诀》）

②治疮疹才初出，便急与服之，可令毒减轻：紫草（去粗梗）64 g，陈橘皮（去白，焙干）32 g。上为末，每服 3 g，水一盏，入葱白二寸，煎至六分，去渣温服，无时。乳儿与乳母兼服之，断乳令自服。（《小儿卫生总微论方》）

③预防麻疹：紫草 10 g，甘草 3 g。水煎，日服 2 次。（《吉林中草药》）

④治过敏性紫癜：紫草 15 g，蝉蜕 6 g，当归 12 g，竹叶 10 g，西河柳 10 g，牛蒡子 10 g，黄柏 10 g，知母 10 g，苦参 10 g，水煎服。（《新疆中草药手册》）

⑤治血小板减少性紫癜：紫草 6 g，海螵蛸 15 g，茜草 6 g，水煎服。（《新疆中草药手册》）

⑥治热疮：紫草、黄连、黄柏、漏芦各 16 g，赤小豆、绿豆粉各 100 g。上药捣细，入麻油为膏，日三敷，常服黄连阿胶丸清心。（《仁斋直指方》）

⑦治小儿胎毒，疥癣，两眉生疮，或延及遍身瘙痒，或脓水淋沥，经年不愈：紫草、白芷各 6 g，归身 15 g，甘草 3 g，麻油 64 g。同熬，白芷色黄为度，滤清，加白蜡、轻粉各 6 g，取膏涂之。（《疡医大全》）

⑧治火烫，发疱腐烂：紫草 3 g，当归 15 g，麻油 125 g。上三味，同熬药枯，滤清去渣，将油再熬，加黄蜡 15 g，熔化，倾入碗内，顿冷，涂之。（《幼科金针》）

⑨治痈疽便闭：紫草、栝楼各等份，新水煎服。（《仁斋直指方》）

⑩治小便卒淋：紫草 32 g，为散，每食前用井华水服 6 g。（《千金翼方》）

⑪治血淋：紫草、连翘、车前子各等份，水煎服。（《证治准绳》）

⑫治吐血、衄血不大凶，亦不尽止，起居如故，软食如常，一岁之间，或发二三次，或发五六次，久必成痨：紫草、怀生地各 125 g，白果肉百个，茯苓、麦门冬各 95 g。煎膏，炼蜜收，每早晚各服十余匙，

白汤下。（《方脉正宗》）

⑬治五疸热黄：紫草 10 g，茵陈草 32 g，水煎服。（《本草切要》）

⑭治小儿白秃：紫草煎汁涂之。（《太平圣惠方》）

⑮治豌豆疮，面䵟，恶疮，疮癣：紫草煎油涂之。（《医学入门》）

⑯治恶虫咬伤：油浸紫草涂之。（《太平圣惠方》）

【临床应用】①治疗急、慢性肝炎。

②治疗肺结核合并血小板减少性紫癜。

③治疗恶性葡萄胎并发绒毛膜癌。取紫草根 32 g，每日煎服 1 剂，10 天为 1 个疗程。

④治疗婴儿皮炎、外阴湿疹、阴道炎及宫颈炎。

679. 梓木草 *Lithospermum zollingeri* DC.

【别名】地仙桃。

【形态】多年生匍匐草本。根褐色，稍含紫色物质。匍匐茎长可达 30 cm，有开展的糙伏毛；茎直立，高 5～25 cm。基生叶有短柄，叶片倒披针形或匙形，长 3～6 cm，宽 8～18 mm，两面都有短糙伏毛但下面毛较密；茎生叶与基生叶同型而较小，先端急尖或钝，基部渐狭，近无柄。花序长 2～5 cm，有花 1 至数朵，苞片叶状；花有短花梗；花萼长约 6.5 mm，裂片线状披针形，两面都有毛；花冠蓝色或蓝紫色，长 1.5～1.8 cm，外面稍有毛，筒部与

檐部无明显界限，檐部直径约 1 cm，裂片宽倒卵形，近等大，长 5～6 mm，全缘，无脉，喉部有 5 条向筒部延伸的纵褶，纵褶长约 4 mm，稍肥厚并有乳头；雄蕊着生于纵褶之下，花药长 1.5～2 mm；花柱长约 4 mm，柱头头状。小坚果斜卵球形，长 3～3.5 mm，乳白色而稍带淡黄褐色，平滑，有光泽，腹面中线凹陷成纵沟。花果期 5—8 月。

【生境分布】生于丘陵、低山草坡或灌丛下。罗田各地均有分布。

【采收加工】7—9 月果实成熟时采收，晒干。

【药用部位】果实。

【药材名】地仙桃。

【来源】紫草料植物梓木草 *Lithospermum zollingeri* DC. 的果实。

【性味】甘、辛，温。

【功能主治】温中健胃，消肿止痛。主治胃胀反酸，胃寒疼痛，跌打损伤，骨折。

【用法用量】内服：煎汤，3～6 g；或研末。外用：捣敷。

【附方】①治胃寒反酸：地仙桃 1～1.5 g，研粉，生姜水煎冲服。（《中药大辞典》）

②治呕血：地仙桃 3 g，芋儿七 3 g，共嚼服。（《中药大辞典》）

盾果草属 *Thyrocarpus* Hance

680. 盾果草 *Thyrocarpus sampsonii* Hance

【别名】 黑骨风、铺墙草、盾形草、野生地、猫条干。

【形态】 茎1条至数条，直立或斜升，高20～45 cm，常自下部分枝，有开展的长硬毛和短糙毛。基生叶丛生，有短柄，匙形，长3.5～19 cm，宽1～5 cm，全缘或有疏细锯齿，两面都有具基盘的长硬毛和短糙毛；茎生叶较小，无柄，狭长圆形或倒披针形。

花序长7～20 cm；苞片狭卵形至披针形，花生于苞腋或腋外；花梗长1.5～3 mm；花萼长约3 mm，裂片狭椭圆形，背面和边缘有开展的长硬毛，腹面稍有短伏毛；花冠淡蓝色或白色，显著比花萼长，筒部比檐部短，檐部直径5～6 mm，裂片近圆形，开展，喉部附属物线形，长约0.7 mm，肥厚，有乳头凸起，先端微缺；雄蕊5，着生于花冠筒中部，花丝长约0.3 mm，花药卵状长圆形，长约0.5 mm。小坚果4，长约2 mm，黑褐色，碗状凸起的外层边缘色较淡，齿长约为碗高的一半，伸直，先端不膨大，内层碗状凸起不向里收缩。花果期5—7月。

【生境分布】 生于山坡草地、路旁或石砾堆、灌丛中。罗田各地均有分布。

【采收加工】 4—6月采收，鲜用或晒干。

【药用部位】 全草。

【药材名】 野生地。

【来源】 紫草科植物盾果草 *Thyrocarpus sampsonii* Hance 的全草。

【性状】 茎较细，1至数条，圆柱形，长10～30 cm，表面枯绿色，具灰白色糙毛，质脆易折断，断面白色。基生叶丛生，皱缩卷曲，湿润展开后，匙形，具柄，长3.5～19 cm，宽1～5 cm，枯绿色或深绿色，两面均具灰白色粗毛，茎生叶较小，无柄。叶片稍厚。有时可见蓝色或紫色小花。小坚果基顶部外层有直立的齿轮，内层紧贴边缘。气微，味微苦。

【性味】 苦，凉。

【归经】 归心、大肠经。

【功能主治】 清热解毒，消肿。主治痈肿，疔疮，咽喉疼痛，泄泻，痢疾。

【用法用量】 内服：煎汤，9～15 g（鲜品30 g）。外用：适量，鲜品捣烂敷。

附地菜属 *Trigonotis* Stev.

681. 附地菜 *Trigonotis peduncularis*（Trev.）Benth. ex Baker et Moore

【别名】 鸡肠、鸡肠草、地胡椒。

【形态】 一年生或二年生草本。茎通常多条丛生，稀单一，密集，铺散，高5～ 30 cm，基部多分枝，被短糙伏毛。基生叶呈莲座状，有叶柄，叶片匙形，长2～5 cm，先端圆钝，基部楔形或渐狭，两面被糙伏毛，茎上部叶长圆形或椭圆形，无叶柄或具短柄。花序生于茎顶，幼时卷曲，后渐次伸长，长 5 ～ 20 cm，通常占全茎的 1/2 ～ 4/5，只在基部具 2 ～ 3 枚叶状苞片，其余部分无苞片；花梗短，花后伸长，长 3 ～ 5 mm，顶端与花萼连接部分变粗成棒状；花萼裂片卵形，长 1 ～ 3 mm，先端急尖；花冠淡蓝色或粉色，筒部甚短，檐部直径 1.5 ～ 2.5 mm，裂片平展，倒卵形，先端圆钝，喉部附属物 5，白色或带黄色；花药卵形，长 0.3 mm，先端具短尖。小坚果

4，斜三棱锥状四面体形，长 0.8 ～ 1 mm，有短毛或平滑无毛，背面三角状卵形，具 3 锐棱，腹面的 2 个侧面近等大而基底面略小，凸起，具短柄，柄长约 1 mm，向一侧弯曲。早春开花，花期甚长。

【生境分布】 生于原野路旁。罗田各地均有分布。

【采收加工】 初夏采收。

【药用部位】 全草。

【药材名】 鸡肠草。

【来源】 紫草科植物附地菜 Trigonotis peduncularis（Trev.）Benth. ex Baker et Moore 的全草。

【性味】 辛、苦，凉。

【功能主治】 主治遗尿，赤白痢，发背，热肿，手脚麻木。

【用法用量】 内服：煎汤，16 ～ 32 g；或捣汁、浸酒。外用：捣敷或研末擦患处。

【附方】 ①治小便淋沥：鸡肠草 500 g，于豆豉汁中煮，调和什羹食之，作粥亦得。（《食医心鉴》）

②治气淋，小腹胀，满闷：石韦（去毛）32 g，鸡肠草 32 g。上件药，捣碎，煎取一盏半，去滓，食前分为三服。（《太平圣惠方》）

③治热肿：鸡肠草敷。（《补辑肘后方》）

④治漆疮瘙痒：鸡肠草捣涂之。（《肘后备急方》）

⑤治手脚麻木：地胡椒 64 g，泡酒服。（《贵州草药》）

⑥治胸肋骨痛：地胡椒 32 g，水煎服。（《贵州草药》）

⑦治恶疮：鸡肠草研汁拂之，或为末，猪脂调搽。（《医林正宗》）

⑧治风热牙痛，元脏气虚：鸡肠草、旱莲草、细辛各等份。为末，每日擦 3 次。（《普济方》）

一三七、马鞭草科 Verbenaceae

紫珠属 *Callicarpa* L.

682. 紫珠 *Callicarpa bodinieri* Levl.

【别名】 珍珠柳、鱼子、漆大白、珠子树、爆竹树、鸡骨头树、珍珠枫、珍珠风。

【形态】 灌木，高约 2 m；小枝、叶柄和花序均被粗糠状星状毛。叶片卵状长椭圆形至椭圆形，长 7～18 cm，宽 4～7 cm，顶端长渐尖至短尖，基部楔形，边缘有细锯齿，表面干后暗棕褐色，有短柔毛，背面灰棕色，密被星状柔毛，两面密生暗红色或红色细粒状腺点；叶柄长 0.5～1 cm。聚伞花序宽 3～4.5 cm，4～5 次分歧，花序梗长不超过 1 cm；苞片细小，线形；花柄长约 1 mm；花萼长约 1 mm，外被星状毛和暗红色腺点，萼齿钝三角形；

花冠紫色，长约 3 mm，被星状柔毛和暗红色腺点；雄蕊长约 6 mm，花药椭圆形，细小，长约 1 mm，药隔有暗红色腺点，药室纵裂；子房有毛。果球形，成熟时紫色，无毛，直径约 2 mm。花期 6—7 月，果期 8—11 月。

【生境分布】 生于海拔 200～2300 m 的林中、林缘及灌丛中。罗田天堂寨有分布。

【采收加工】 夏、秋季采收，切片晒干或烘干。

【药用部位】 根、茎叶。

【药材名】 珍珠风。

【来源】 马鞭草科植物紫珠 *Callicarpa bodinieri* Levl. 的根、茎叶。

【性状】 茎枝圆柱形，小枝有毛。叶多皱缩，灰棕色，完整者展平后成卵状长椭圆形至椭圆形，长 7～18 cm，宽 4～7 cm，先端渐尖，基部楔形，边缘具细锯齿。表面有细毛，背面密被星状柔毛，两面有暗红色细粒状腺点；叶柄长 1～2 cm。气微，味淡。以叶多而完整、茎枝幼嫩者为佳。

【性味】 苦、微辛，平。

【归经】 归肺、脾、肝经。

【功能主治】 散瘀止血，祛风除湿，解毒消肿。主治血瘀痛经，衄血，咯血，吐血，崩漏，尿血，风湿痹痛，跌打瘀肿，外伤出血，烫伤，丹毒。

【附方】 ①治月经不调，经来腹痛：珍珠风根 30 g，月季花 9 g，益母草、对叶草各 15 g，泡酒服。（《万县中草药》）

②治鼻衄，咯血：珍珠风 30 g，水煎服。（《四川中药志》）

③治胃出血：珍珠枫、仙鹤草、藕节各 15 g，水煎服。（《湖南药物志》）

④治血崩：珍珠风根 30 g，水煎服。（《万县中草药》）

⑤治尿血：珍珠风、石韦各 30 g，水煎服。（《四川中药志》）

⑥治跌伤筋骨痛，肌肉红肿：珍珠枫全草捣烂，酒调，揉敷患处。（《湖南药物志》）

【用法用量】 内服：煎汤，10～15 g；或浸酒。外用：适量，捣敷、研末撒或调敷。

【临床应用】 治疗各种出血性疾病，跌打损伤，带状疱疹和蛇咬伤等。

683. 白棠子树 *Callicarpa dichotoma*（Lour.）K. Koch

【别名】 紫珠、止血草。

【形态】 多分枝的小灌木，高 1～3 m；小枝纤细，幼嫩部分有星状毛。叶倒卵形或披针形，长 2～6 cm，宽 1～3 cm，顶端急尖或尾状尖，基部楔形，边缘仅上半部具数个粗锯齿，表面稍粗糙，背面无毛，密生细小黄色腺点；侧脉 5～6 对；叶柄长不超过 5 mm。聚伞花序在叶腋的上方着生，细弱，宽 1～2.5 cm，2～3 次分歧，花序梗长约 1 cm，略有星状毛，至结果时无毛；苞片线形；花萼杯状，无毛，顶端有不明显的 4 齿或近截头状；花冠紫色，长 1.5～2 mm，无毛；花丝长约为花冠的 2 倍，花药卵形，细小，药室纵裂；子房无毛，具黄色腺点。果球形，紫色，直径约 2 mm。花期 5—6 月，果期 7—11 月。

【生境分布】 生于海拔 600 m 以下的低山丘陵灌丛中。罗田天堂寨有分布。

【采收加工】 夏、秋季采收，切片晒干或烘干。

【药用部位】 全株。

【药材名】 白棠子树。

【来源】 马鞭草科植物白棠子树 *Callicarpa dichotoma*（Lour.）K. Koch 的全株。

【功能主治】 主治感冒，跌打损伤，气血瘀滞，妇女闭经，外伤肿痛。

【用法用量】 内服：煎汤，10～15 g；或浸酒。外用：适量，捣敷；研末撒或调敷。

684. 毛叶老鸦糊 *Callicarpa giraldii* Hesse ex Rehd. var. *lyi*（Levl.）C. Y. Wu

【别名】 紫珠树、止血草、珍珠树。

【形态】 灌木，高 1～3（5）m；小枝圆柱形，灰黄色，被星状毛。叶片纸质，宽椭圆形至披针状长圆形，长 5～15 cm，宽 2～7 cm，顶端渐尖，基部楔形或下延成狭楔形，边缘有锯齿，表面黄绿色，稍有微毛，背面淡绿色，疏被星状毛和细小黄色腺点，侧脉 8～10 对，主脉、侧脉和细脉在叶背隆起，细脉近平行；叶柄长 1～2 cm。聚伞花序宽 2～3 cm，4～5 次分歧，被毛与小枝同；花萼钟状，疏被星状毛，老后常脱落，具黄色腺点，长约 1.5 mm，萼齿

钝三角形；花冠紫色，稍有毛，具黄色腺点，长 3 mm；雄蕊长约 6 mm，花药卵圆形，药室纵裂，药隔具黄色腺点；子房被毛。果球形，初时疏被星状毛，成熟时无毛，紫色，直径 2.5～4 mm。花期 5—6 月，果期 7—11 月。

【生境分布】 生于海拔 2300 m 以下的林下和林边等。罗田天堂寨有分布。

【采收加工】 夏、秋季采收，切片晒干或烘干。

【药用部位】 全株。

【药材名】 珍珠树。

【来源】 马鞭草科植物毛叶老鸦糊 *Callicarpa giraldii* Hesse ex Rehd. var. *lyi*（Levl.）C. Y. Wu

的全株。

【功能主治】清热，和血，解毒。主治带状疱疹，血崩。

【用法用量】内服：煎汤，10 ～ 15 g。外用：适量，捣敷；研末撒或调敷。

莸属 *Caryopteris* Bunge

685. 兰香草 *Caryopteris incana*（Thunb.）Miq.

【别名】马蒿、独脚球、山薄荷。

【形态】小灌木，高 26 ～ 60 cm；嫩枝圆柱形，略带紫色，被灰白色柔毛，老枝毛渐脱落。叶片厚纸质，披针形、卵形或长圆形，长 1.5 ～ 9 cm，宽 0.8 ～ 4 cm，顶端钝或尖，基部楔形或近圆形至截平，边缘有粗齿，很少近全缘，被短柔毛，表面色较淡，两面有黄色腺点，背脉明显；叶柄被柔毛，长 0.3 ～ 1.7 cm。聚伞花序紧密，腋生和顶生，无苞片和小苞片；花萼杯状，开花时长约 2 mm，果萼长 4 ～ 5 mm，外面密被短柔毛；花冠淡紫色或淡兰色，二唇形，

外面具短柔毛，花冠管长约 3.5 mm，喉部有毛环，花冠 5 裂，下唇中裂片较大，边缘流苏状；雄蕊 4 枚，开花时与花柱均伸出花冠管外；子房顶端被短毛，柱头 2 裂。蒴果倒卵状球形，被粗毛，直径约 2.5 mm，果瓣有宽翅。花果期 6—10 月。

【生境分布】野生于山野路边。罗田各地均有分布。

【采收加工】夏、秋季采收，切段，晒干。

【药用部位】带根全草。

【药材名】兰香草。

【来源】马鞭草料植物兰香草 *Caryopteris incana*（Thunb.）Miq. 的带根全草。

【性状】干燥带根全草，根较粗壮，圆柱形，直径 3 ～ 7 mm，外皮粗糙，黄棕色，有纵裂及纵皱纹。茎丛生，幼茎略呈钝方形，灰褐色或棕紫色。叶对生，长卵形至卵形，皱缩，灰褐色至黑褐色，纸质，可捻碎。有花椒样特异香气，味苦。

【性味】①《南宁市药物志》：辛，温；无毒。

②《陕西中草药》：苦、微辛，平。

【功能主治】祛风除湿，止咳散瘀。主治感冒发热，风湿骨痛，百日咳，慢性支气管炎，月经不调，崩漏，带下，产后瘀血作痛，跌打损伤，皮肤瘙痒，湿疹，疮肿。

【用法用量】内服：煎汤，10 ～ 15 g；或浸酒。外用：煎水洗。

【附方】①治感冒发热，风湿骨痛：兰香草 10 ～ 15 g，水煎服。

②治跌打肿痛：鲜兰香草捣敷患处。

③治湿疹，皮肤瘙痒：鲜兰香草捣汁外涂或煎水洗患处。（①～③方出自《广西中草药》）

④治崩漏，带下，月经不调：兰香草根 6 ～ 10 g，煎汤服。（《陕西中草药》）

⑤治感冒头痛，咽喉痛：兰香草 15 g，白英 10 g，水煎服。（《浙江民间常用草药》）

⑥治疖肿：鲜兰香草捣烂敷患处。（《浙江民间常用草药》）

⑦治气滞胃痛：兰香草全草 32 g，水煎服。（《福建中草药》）

⑧治产后瘀痛，跌打肿痛：兰香草、黑老虎，煎汤或浸酒服。（《广东中药》）

大青属 *Clerodendrum* L.

686. 臭牡丹 *Clerodendrum bungei* Steud.

【别名】大红袍、臭八宝。

【形态】灌木，高 1 ～ 2 m，植株有臭味；花序轴、叶柄密被褐色、黄褐色或紫色脱落性的柔毛；小枝近圆形，皮孔显著。叶片纸质，宽卵形或卵形，长 8 ～ 20 cm，宽 5 ～ 15 cm，顶端尖或渐尖，基部宽楔形、截形或心形，边缘具粗或细锯齿，侧脉 4 ～ 6 对，表面散生短柔毛，背面疏生短柔毛和散生腺点或无毛，基部脉腋有数个盘状腺体；叶柄长 4 ～ 17 cm。伞房状聚伞花序顶生，密集；苞片叶状，披针形或卵状披针形，长约 3 cm，早落或花时不落，早落后在花序梗上残留凸起的痕迹，小苞片披针形，长约 1.8 cm；花萼钟状，长 2 ～ 6 mm，被短柔毛及少数盘状腺体，萼齿三角形或狭三角形，长 1 ～ 3 mm；花冠淡红色、红色或紫红色，花冠管长 2 ～ 3 cm，裂片倒卵形，长 5 ～ 8 mm；雄蕊及花柱均凸出花冠外；花柱短于、等于或稍长于雄蕊；柱头 2 裂，子房 4 室。核果近球形，直径 0.6 ～ 1.2 cm，成熟时蓝黑色。花果期 5—11 月。

【生境分布】生于海拔 2500 m 以下的山野荒地。罗田各地均有分布。

【采收加工】夏季采收，晒干。

【药用部位】茎、叶。

【药材名】臭牡丹。

【来源】马鞭草科植物臭牡丹 *Clerodendrum bungei* Steud. 的茎、叶。

【性味】①《福建民间草药》：辛，温；有小毒。

②《浙江民间常用草药》：辛，平。

【功能主治】活血散瘀，消肿解毒。主治痈疽，疔疮，乳腺炎，关节炎，湿疹，牙痛，痔疮，脱肛。

【用法用量】内服：煎汤，10 ～ 15 g（鲜品 32 ～ 64 g）；捣汁或入丸、散。外用：捣敷、研末调敷或煎水熏洗。

【附方】①治疗疮：苍耳、臭牡丹各一大握。捣烂，新汲水调服。泻下黑水愈。（《赤水玄珠》）

②治一切痈疽：臭牡丹枝叶捣烂罨之。（《本草纲目拾遗》）

③治痈肿发背：臭牡丹叶晒干，研极细末，蜂蜜调敷。未成脓者能内消，若溃后局部红热不退，疮口

作痛者，用蜂蜜或麻油调敷，至红退痛止为度（阴疽忌用）。（《江西民间草药》）

④治乳腺炎：鲜臭牡丹叶 250 g，蒲公英 10 g，麦冬全草 125 g。水煎冲黄酒、红糖服。

⑤治肺脓肿，多发性疖肿：臭牡丹全草 95 g，鱼腥草 32 g，水煎服。

⑥治关节炎：臭牡丹鲜叶，绞汁，冲黄酒服，每天 2 次，每次 1 杯，连服 20 天，如有好转，再续服至痊愈。

⑦治头痛：臭牡丹叶 10 g，芎䓖 6 g，头花千金藤根 3 g，水煎服。（④～⑦方出自《浙江民间常用草药》）

⑧治疟疾：臭牡丹枝头嫩叶（晒干，研末）32 g，生甘草末 3 g。二味混合，饭和为丸，如黄豆大。每服 7 丸，早晨用生姜汤送下。（《江西民间草药》）

⑨治火牙痛：鲜臭牡丹叶 32～64 g，煮豆腐服。（江西《草药手册》）

⑩治内外痔：臭牡丹叶 125 g，水煎，加食盐少许，放桶内，趁热熏患处，至水凉为度，渣再煎再熏，一日 2 次。（《江西民间草药》）

⑪治脱肛：臭牡丹叶适量，煎汤熏洗。（《陕西中草药》）

【临床应用】 治疗湿疹及固定性药疹：取臭牡丹根茎叶晒干研粉，用时将药粉夹于单层纱布内，以温开水浸湿，敷于患处（并经常用温开水湿透纱布以保持湿润），每日湿敷 1 次。

687. 大青 *Clerodendrum cyrtophyllum* Turcz.

【别名】 土常山、大青木、大青叶、臭大青。

【形态】 灌木或小乔木，高 1～10 m；幼枝被短柔毛，枝黄褐色，髓坚实；冬芽圆锥状，芽鳞褐色，被毛。叶片纸质，椭圆形、卵状椭圆形、长圆形或长圆状披针形，长 6～20 cm，宽 3～9 cm，顶端渐尖或急尖，基部圆形或宽楔形，通常全缘，两面无毛或沿脉疏生短柔毛，背面常有腺点，侧脉 6～10 对；叶柄长 1～8 cm。伞房状聚伞花序，生于枝顶或叶腋，长 10～16 cm，

宽 20～25 cm；苞片线形，长 3～7 mm；花小，有橘香味；花萼杯状，外面被黄褐色短茸毛和不明显的腺点，长 3～4 mm，顶端 5 裂，裂片三角状卵形，长约 1 mm；花冠白色，外面疏生细毛和腺点，花冠管细长，长约 1 cm，顶端 5 裂，裂片卵形，长约 5 mm；雄蕊 4，花丝长约 1.6 cm，与花柱同伸出花冠外；子房 4 室，每室 1 胚珠，常不完全发育；柱头 2 浅裂。果球形或倒卵形，直径 5～10 mm，绿色，成熟时蓝紫色，为红色的宿萼所托。花果期 6 月至次年 2 月。

【生境分布】 生于海拔 1700 m 以下的平原、丘陵、山地林下或溪谷旁。罗田各地均有分布。

【采收加工】 夏、秋季采收，洗净，鲜用或切段晒干。

【药用部位】 茎、叶。

【药材名】 大青叶。

【来源】 马鞭草科植物大青 *Clerodendrum cyrtophyllum* Turcz. 的茎、叶。

【性状】 叶微皱折，有的将叶及幼枝切成小段。完整叶片展平后成长椭圆形至细长卵圆形，长 6～20 cm，宽 3～9 cm；全缘，先端渐尖，基部圆钝，上面棕黄色、棕黄绿色至暗棕红色，下面色较浅；

叶柄长 1～8 cm；纸质而脆。气微臭，味稍苦而涩。以叶大、无柄者为佳。

【炮制】取原药材，除去杂质，洗净，稍润，切丝，干燥。饮片性状：不规则丝状。多皱缩卷曲或破碎。上表面棕黄色、棕黄绿色至暗棕红色，下表面色较浅。纸质而脆。气微臭，味稍苦而涩。储干燥容器内，置通风干燥处。

【性味】苦，寒。

【归经】归胃、心经。

【功能主治】清热解毒，凉血止血。主治外感热病，烦渴，咽喉肿痛，口疮，黄疸，热毒痢，急性肠炎，疮痈肿毒，衄血，血淋，外伤出血。

【用法用量】内服：煎汤，15～30 g（鲜品加倍）。外用：适量，捣敷；或煎水洗。

【注意】脾胃虚寒者慎服。

①《医略六书》：无实热者忌。

②《本草从新》：非心胃热毒勿用。

③《得配本草》：脾胃虚寒者禁用。

688. 海州常山 *Clerodendrum trichotomum* Thunb.

【别名】臭梧桐。

【形态】灌木或小乔木，高1.5～10 m；幼枝、叶柄、花序轴等被黄褐色柔毛或近无毛，老枝灰白色，具皮孔，髓白色，有淡黄色薄片状横隔。叶片纸质，卵形、卵状椭圆形或三角状卵形，长5～16 cm，宽2～13 cm，顶端渐尖，基部宽楔形至截形，偶有心形，表面深绿色，背面淡绿色，两面幼时被白色短柔毛，老时表面光滑无毛，背面仍被短柔毛或无毛，或沿脉毛较密，侧脉3～5对，全缘或有时边缘具波状齿；叶柄长2～8 cm。伞房状聚伞花序顶生或腋生，通常2歧分枝，疏散，末次分枝着花3朵，花序长8～18 cm，花序梗长3～6 cm，被黄褐色柔毛或无毛；苞片叶状，椭圆形，早落；花萼蕾时绿白色，后紫红色，基部合生，中部略膨大，有5棱脊，顶端5深裂，裂片三角状披针形或卵形，顶端尖；花香，花冠白色或带粉红色，花冠管细，长约2 cm，顶端5裂，裂片长椭圆形，长5～10 mm，宽3～5 mm；雄蕊4，花丝与花柱同伸出花冠外；花柱较雄蕊短，柱头2裂。核果近球形，直径6～8 mm，包藏于增大的宿萼内，成熟时外果皮蓝紫色。花果期6—11月。

【生境分布】生于海拔2400 m以下的山坡灌丛中。罗田北部山区有分布。

【采收加工】夏、秋季采收，晒干。

【药用部位】叶。

【药材名】臭梧桐。

【来源】马鞭草科植物海州常山 *Clerodendrum trichotomum* Thunb. 的叶。

【性味】辛、苦、甘，凉。

【归经】归肝经。

【功能主治】　主治风湿痹痛，肢体麻木，半身不遂，高血压。

【用法用量】　内服：煎汤，5～15 g。

马缨丹属 *Lantana* L.

689. 马缨丹 *Lantana camara* L.

【别名】　臭金凤叫、毛神花叫、五色花叶、五色梅。

【形态】　直立或蔓性的灌木，高 1～2 m，有时藤状，长达 4 m；茎枝均呈四方形，有短柔毛，通常有短而倒钩状刺。单叶对生，揉烂后有强烈的气味，叶片卵形至卵状长圆形，长 3～8.5 cm，宽 1.5～5 cm，顶端急尖或渐尖，基部心形或楔形，边缘有钝齿，表面有粗糙的皱纹和短柔毛，背面有小刚毛，侧脉约 5 对；叶柄长约 1 cm。花序直径 1.5～2.5 cm；花序梗粗壮，长于叶

柄；苞片披针形，长为花萼的 1～3 倍，外部有粗毛；花萼管状，膜质，长约 1.5 mm，顶端有极短的齿；花冠黄色或橙黄色，开花后不久转为深红色，花冠管长约 1 cm，两面有细短毛，直径 4～6 mm；子房无毛。果圆球形，直径约 4 mm，成熟时紫黑色。全年开花。

【生境分布】　常生于海拔 80～1500 m 的海边沙滩、路边及空旷地。我国庭园有栽培。罗田各地均有栽培。

（1）马缨丹枝叶。

【采收加工】　春、夏季采收，鲜用或晒干。

【来源】　马鞭草科植物马缨丹 *Lantana camara* L. 的叶或嫩枝叶。

【性味】　辛、苦，凉；无毒。

【功能主治】　清热解毒，祛风止痒。主治疮痈肿毒，湿疹，疥癣，皮炎，跌打损伤。

【用法用量】　内服：煎汤，15～30 g；或捣汁冲酒。外用：适量，煎水洗；或捣敷，或绞汁涂。

【注意】　内服不宜过量。孕妇及体弱者禁服。

（2）马缨丹根。

【采收加工】　全年可采，挖取根部，晒干或鲜用。

【来源】　马鞭草科植物马缨丹 *Lantana camara* L. 的根。

【性味】　甘、苦，寒。

【功能主治】　活血，祛风，利湿，清热。主治风湿痹痛，脚气，感冒，痄腮，跌打损伤。

【用法用量】　内服：煎汤，25～50 g。外用：煎水含漱。

【附方】　①治手脚痛风：取鲜五色梅根 10～20 g（干品酌减），青壳鸭蛋 1 枚。和水、酒（各半）适量，炖 1 h 服。（《闽南民间草药》）

②治风火牙痛：五色梅根 50 g，石膏 50 g。煎水含漱，咽下少许。（《广西中药志》）

③治流感，感冒，腮腺炎，高热不退：马缨丹干根 50～100 g，或鲜根 100～200 g，水煎服。（广

州部队《常用中草药手册》）

④治暑天头痛：马缨丹鲜根 50 ～ 100 g，捣烂，水煎服。（江西《草药手册》）

（3）马缨丹花。

【采收加工】 全年可采，晒干或鲜用。

【来源】 马鞭草科植物马缨丹 *Lantana camara* L. 的花。

【性味】 甘、淡，凉。

【功能主治】 清凉解毒，活血止血。主治肺痨吐血，伤暑头痛，腹痛吐泻，阴痒，湿疹，跌打损伤。

【用法用量】 内服：煎汤，6 ～ 10 g。外用：煎水洗。

【附方】 ①治腹痛吐泻：鲜马缨丹花 10 ～ 15 朵，水炖，调食盐少许服；或干花研末 6 ～ 16 g，开水送服。

②治跌打损伤：马缨丹鲜花或鲜叶捣烂，搓擦患处，或外敷。

③治湿疹：马缨丹干花研末 3 g，开水送服。外用鲜茎叶煎汤浴洗。（①～③方出自《福建中草药》）

④治小儿嗜睡：马缨丹花 10 g，葵花 6 g，水煎服。（江西《草药手册》）

【备注】 五色梅是世界十大有毒杂草之一。家畜五色梅中毒可口服皂黏土或活性炭作为解毒剂。

豆腐柴属 *Premna* L.

690. 豆腐柴 *Premna microphylla* Turcz.

【别名】 腐婢、神豆腐叶。

【形态】 直立灌木；幼枝有柔毛，老枝变无毛。叶揉之有臭味，卵状披针形、椭圆形、卵形或倒卵形，长 3 ～ 13 cm，宽 1.5 ～ 6 cm，顶端急尖至长渐尖，基部渐狭窄下延至叶柄两侧，全缘至有不规则粗齿，无毛至有短柔毛；叶柄长 0.5 ～ 2 cm。聚伞花序组成顶生塔形的圆锥花序；花萼杯状，绿色，有时带紫色，密被毛至几无毛，但边缘常有睫毛状毛，近整齐的 5 浅裂；花冠淡黄色，外有柔毛和腺点，花冠内部有柔毛，以喉部较密。核果紫色，球形至倒卵形。花果期 5—10 月。

【生境分布】 生于各山区荒野地。罗田各地均有分布。

【采收加工】 夏、秋季采收，鲜用或干燥。

【药用部位】 根、茎、叶。

【药材名】 豆腐柴（叶可制豆腐，俗称豆腐柴）。

【来源】 马鞭草科植物豆腐柴 *Premna microphylla* Turcz. 的根、茎、叶。

【功能主治】 清热解毒，消肿止血。主治疟疾，泻痢，痈肿，疔疮，创伤出血。

【用法用量】 内服：煎汤，10 ～ 15 g。

马鞭草属 *Verbena* L.

691. 马鞭草 *Verbena officinalis* L.

【别名】 凤颈草、紫顶龙芽。

【形态】 多年生草本，高 30～120 cm。茎四方形，近基部可为圆形，节和棱上有硬毛。叶片卵圆形至倒卵形或长圆状披针形，长 2～8 cm，宽 1～5 cm，基生叶的边缘通常有粗锯齿和缺刻，茎生叶多数 3 深裂，裂片边缘有不整齐锯齿，两面均有硬毛，背面脉上尤多。穗状花序顶生和腋生，细弱，结果时长达 25 cm，花小，无柄，最初密集，结果时疏离；苞片稍短于花萼，具硬毛；花萼长约 2 mm，有硬毛，有 5 脉，脉间凹穴处质薄而色淡；花冠淡紫色至蓝色，长 4～8 mm，外面有微毛，裂片 5；雄蕊 4，着生于花冠管的中部，花丝短；子房无毛。果实长圆形，长约 2 mm，外果皮薄，成熟时 4 瓣裂。花期 6—8 月，果期 7—10 月。

【生境分布】 生于河岸草地、荒地、路边、田边及草坡等处。罗田各地均有分布。

【采收加工】 开花时采收，晒干。

【药用部位】 全草。

【药材名】 马鞭草。

【来源】 马鞭草科植物马鞭草 *Verbena officinalis* L. 的全草。

【性状】 干燥全草或带根全草。根茎圆柱形，长 1～2 cm，表面土黄色，周围着生多数的根及须根。茎四棱形，灰绿色或黄绿色，有纵沟，具稀疏的毛；质硬、易折断，断面纤维状，中央有白色的髓，或已成空洞。叶片灰绿色或棕黄色，质脆，多皱缩破碎，具毛。顶端具花穗，可见黄棕色的花瓣，有时已成果穗，果宿存灰绿色的花萼，花萼脱落后，则见灰黄色的 4 个小坚果。气微，味微苦。以干燥、色青绿、带花穗、无根及杂质者为佳。

【炮制】 拣净杂质，洗净，润软切段，晒干。

【性味】 苦，凉。

【归经】 归肝、脾经。

【功能主治】 清热解毒，活血散瘀，利水消肿。主治外感发热，湿热黄疸，水肿，痢疾，疟疾，白喉，喉痹，淋证，闭经，癥瘕，疮痈肿毒，牙疳。

【用法用量】 内服：煎汤，16～32 g（鲜品捣汁 32～64 g）；或入丸、散。外用：捣敷或煎水洗。

【注意】 孕妇慎服。

①《本草经疏》：患者虽有湿热血热证，脾阴虚而胃气弱者勿服。

②《本草从新》：疮证久而虚者，斟酌用之。

【储藏】 置干燥处。

【附方】 ①治伤风感冒、流感：鲜马鞭草 48 g，羌活 15 g，青蒿 32 g。上药煎汤 2 小碗，一日 2 次分服，连服 2～3 日。咽痛加鲜桔梗 15 g。（《江苏验方草药选编》）

②治卒大腹水病：鼠尾草、马鞭草各十斤。水一石，煮取五斗，去滓更煎，以粉和为丸服，如大豆大丸加至四五丸。禁肥肉，生冷勿食。（《补辑肘后方》）

③治鼓胀烦渴，身干黑瘦：马鞭草细锉，曝干，勿见火。以酒或水同煮，至味出，去滓，温服。（《卫生易简方》）

④治痢疾：马鞭草64 g，土牛膝15 g。将两药洗净，水煎服。每日1剂，一般服2～5剂。（《全展选编》）

⑤破腹中恶血，杀虫：马鞭草，生捣，水煮去滓，煎如饴，空心酒服一匕。（《药性论》）

⑥治妇人疝痛：马鞭草32 g，酒煎滚服，以汤浴身，取汗甚妙。（《奇方纂要》）

⑦治酒积下血：马鞭草灰12 g，白芷灰3 g。蒸饼丸梧子大，每米饮下50丸。（《摘玄方》）

⑧治疟，无问新久者：马鞭草汁100 ml，酒300 ml，分三服。（《千金方》）

⑨治乳痈肿痛：马鞭草一握，酒一碗，生姜一块。擂汁服，渣敷之。（《卫生易简方》）

⑩治疳疮：马鞭草煎水洗之。（《生草药性备要》）

⑪治牙周炎、牙髓炎、牙槽脓肿：马鞭草32 g，切碎晒干备用，水煎服，每日1剂。（《全展选编》）

⑫治喉痹深肿连颊，吐气数者（马喉痹）：马鞭草根一握，截去两头，捣取汁服。（《千金方》）

⑬治咽喉肿痛：鲜马鞭草茎叶捣汁，加人乳适量，调匀含咽。（江西《中草药学》）

⑭治黄疸：马鞭草鲜根（或全草）64 g，水煎调糖服。肝肿痛者加山楂根或山楂10 g。（江西《草药手册》）

牡荆属 *Vitex* L.

692. 黄荆 *Vitex negundo* L.

【别名】黄荆条、黄荆子、布荆、荆条、五指风、五指柑。

【形态】灌木或小乔木；小枝四棱形，密生灰白色茸毛。掌状复叶，小叶5，少有3；小叶片长圆状披针形至披针形，顶端渐尖，基部楔形，全缘或每边有少数粗锯齿，表面绿色，背面密生灰白色茸毛；中间小叶长4～13 cm，宽1～4 cm，两侧小叶依次渐小，若具5小叶时，中间3片小叶有柄，最外侧的2片小叶无柄或近无柄。聚伞花序排成圆锥花序式，顶生，长10～27 cm，花序梗密生灰白色茸毛；花萼钟状，顶端有5裂齿，外有灰白色茸毛；花冠淡紫色，外有微柔毛，顶端5裂，二唇形；雄蕊伸出花冠管外；子房近无毛。核果近球形，直径约2 mm；宿萼接近果实的长度。花期4—6月，果期7—10月。

【生境分布】生于河岸草地、荒地、路边、田边及草坡等处。罗田各地均有分布。

【采收加工】果实，秋季采收；根，全年可采；茎、叶，夏、秋季采收。根、茎洗净，切段晒干，叶、果实阴干备用，叶亦可鲜用。

【药用部位】果实、根、茎、叶。

【药材名】黄荆子。

【来源】马鞭草科植物黄荆 *Vitex negundo* L.的果实（黄荆子）及根、茎、叶。

【性味】根、茎：苦、微辛，平。叶：苦，凉。果实：苦、辛，温。

【功能主治】根、茎：清热止咳，化痰截疟。主治支气管炎，疟疾，肝炎。

叶：化湿截疟。主治感冒，肠炎，痢疾，

疟疾，尿路感染；外用治湿疹，皮炎，脚癣。

果实：止咳平喘，理气止痛；主治咳嗽哮喘，胃痛，消化不良，肠炎，痢疾。

鲜叶：主治虫、蛇咬伤，灭蚊。

鲜全株：灭蛆。

【用法用量】内服：煎汤，根、茎 16 ～ 32 g；叶 10 ～ 32 g；果实 3 ～ 10 g。

693. 牡荆 *Vitex negundo* var. *cannabifolia*（Sieb. et Zucc.）Hand. –Mazz.

【别名】黄荆、小荆。

【形态】落叶灌木或小乔木；小枝四棱形。叶对生，掌状复叶，小叶 5，少有 3；小叶片披针形或椭圆状披针形，顶端渐尖，基部楔形，边缘有粗锯齿，表面绿色，背面淡绿色，通常被柔毛。圆锥花序顶生，长 10 ～ 20 cm；花冠淡紫色。果实近球形，黑色。花期 6—7 月，果期 8—11 月。

【生境分布】生于河岸草地、荒地、路边、田边及草坡等处。罗田各地均有分布。

【采收加工】果实，秋季采收；根，全年可采；茎、叶，夏、秋季采收，其茎用火烤灼而流出的汁液为荆沥。根、茎洗净切段晒干，叶、果实阴干备用，叶亦可鲜用。

【药用部位】果实、叶、根、茎。

【药材名】牡荆。

【来源】马鞭草科植物牡荆 *Vitex negundo* var. *cannabifolia*（Sieb. et Zucc.）Hand. –Mazz. 的果实、叶、根、茎。

【性味】果实：苦，温；无毒。叶：苦，寒；无毒。根：甘，苦，平；无毒。茎：甘，平；无毒。

【功能主治】解表止咳，祛风除湿，理气止痛。主治感冒，慢性支气管炎，风湿痹痛，胃痛，疝气，腹痛。

【附方】果实：①治带下：牡荆子炒焦为末，饮服。

②治小肠疝气：牡荆子 312.5 g，炒熟，加酒一碗，煎开，趁热饮服。甚效。

③治湿痰白浊：牡荆子炒为末，每服 10 g，酒送下。

④治耳聋：牡荆子泡酒常饮。

叶：①治九窍出血、小便尿血：用荆叶捣汁，酒调服 200 ml。

②治腰脚风湿：荆叶煮水，熏蒸患者，以汗出为度。

根：治中风：七叶黄荆根皮、五加根皮、接骨草各等份煎汤，每日饮服。

茎：主治灼疮发热，风牙痛。青盲内障。

荆沥：①治中风口噤：服荆沥，每次 1000 ml。

②治头风头痛：每日取荆沥饮服。

③治喉痹疮肿：取荆沥细细咽服；或以牡荆一把，水煎服。

④治心虚惊悸，形容枯瘦：荆沥 2000 ml，火上煎成 1900 ml，分 4 次服，白天服 3 次，晚上服 1 次。

⑤治赤白痢：荆沥饮服，每日 500 ml。

⑥治疮癣：荆沥涂搽。

694. 单叶蔓荆 *Vitex trifolia* L. var. *simplicifolia* Cham.

【别名】 蔓荆实、荆子、万荆子、蔓青子。

【形态】 落叶灌木，罕为小乔木，高 1.5～5 m，有香味；小枝四棱形，密生细柔毛；茎匍匐，节处常生不定根。通常三出复叶，有时在侧枝上可有单叶，叶柄长 1～3 cm；单叶对生，叶片倒卵形或近圆形，顶端通常钝圆或有短尖头，基部楔形，全缘，长 2.5～5 cm，宽 1.5～3 cm，表面绿色，无毛或被微柔毛，背面密被灰白色茸毛，侧脉约 8 对，两面稍隆起，小叶无柄或有时中间小叶基部下延成短柄。圆锥花序顶生，长 3～15 cm，花序梗密

被灰白色茸毛；花萼钟形，顶端 5 浅裂，外面有茸毛；花冠淡紫色或蓝紫色，长 6～10 mm，外面及喉部有毛，花冠管内有较密的长柔毛，顶端 5 裂，二唇形，下唇中间裂片较大；雄蕊 4，伸出花冠外；子房无毛，密生腺点；花柱无毛，柱头 2 裂。核果近圆形，直径约 5 mm，成熟时黑色；果萼宿存，外被灰白色茸毛。花期 7—8 月，果期 8—10 月。

【生境分布】 生于沙滩草地。罗田天堂寨有栽培。

【采收加工】 秋季果实成熟时采收，干燥。

【药用部位】 干燥成熟果实。

【药材名】 蔓荆子。

【来源】 马鞭草科植物单叶蔓荆 *Vitex trifolia* L. var. *simplicifolia* Cham. 的干燥成熟果实。

【性状】 干燥成熟果实呈圆球形，直径 4～6 mm。表面灰黑色或黑褐色，被灰白色粉霜，有 4 条纵沟；用放大镜观察，密布淡黄色小点。底部有薄膜状宿萼及小果柄，宿萼包被果实的 1/3～2/3，边缘 5 齿裂，常深裂成两瓣，灰白色，密生细柔毛。体轻，质坚韧，不易破碎，横断面果皮灰黄色，有棕褐色油点，内分 4 室，每室有种子 1 个，种仁白色，有油性。气特异而芳香，味淡、微辛。以粒大、饱满、气芳香、无杂质者为佳。

【炮制】 炒蔓荆子：筛净灰屑，除去残存萼片，置锅内用武火炒至焦黄色，略喷清水，放凉。

【性味】 苦、辛，凉。

【归经】 归肝、胃、膀胱经。

【功能主治】 疏散风热，清利头目。主治风热感冒，正、偏头痛，牙痛，赤眼，昏暗多泪，湿痹拘挛。

【用法用量】 内服：煎汤，6～10 g；或浸酒，入丸、散。外用：捣敷。

【注意】 血虚有火之头痛目眩及胃虚者慎服。

①《本草经集注》：恶乌头、石膏。

②《医学启源》：胃虚人不可服，恐生痰。

③《本草经疏》：头目痛不因风邪，而由于血虚有火者忌之。

④《本草汇言》：痿痹拘挛不由风湿之邪，而由于阳虚血涸筋衰者勿用也；寒疝脚气不由阴湿外感，

而由于肝脾赢败者亦勿用也。

【附方】①治头风：蔓荆子 1.25 kg（末），酒 6.25 kg。绢袋盛，浸七宿，温服 450 g，日三服。（《千金方》）

②治风寒侵目，肿痛出泪，涩胀羞明：蔓荆子 10 g，荆芥、白蒺藜各 6 g，柴胡、防风各 3 g，甘草 1.5 g，水煎服。（《本草汇言》）

③治劳役饮食不节，内障眼病服：黄芪、人参各 32 g，炙甘草 25 g，蔓荆子 7.5 g，黄柏 10 g（酒拌炒 4 遍），白芍 10 g。上嚼咀，每服 10～15 g，水煎服。（《兰室秘藏》）

一三八、唇形科 Labiatae

霍香属 *Agastache* Clayt. in Gronov.

695. 藿香 *Agastache rugosa*（Fisch. et Mey.）O. Ktze.

【别名】合香、苏合香。

【形态】多年生草本。茎直立，高 0.5～1.5 m，四棱形，粗达 7～8 mm，上部被极短的细毛，下部无毛，在上部具能育的分枝。叶心状卵形至长圆状披针形，长 4.5～11 cm，宽 3～6.5 cm，向上渐小，先端尾状长渐尖，基部心形，稀截形，边缘具粗齿，纸质，上面呈橄榄绿，近无毛，下面略淡，被微柔毛及点状腺体；叶柄长 1.5～3.5 cm。轮伞花序多花，在主茎或侧枝上组成顶生密集的圆筒形穗状花序，穗状

花序长 2.5～12 cm，直径 1.8～2.5 cm；花序基部的苞叶长不超过 5 mm，宽 1～2 mm，披针状线形，长渐尖，苞片形状与之相似，较小，长 2～3 mm；轮伞花序具短梗，总梗长约 3 mm，被腺微柔毛。花萼管状倒圆锥形，长约 6 mm，宽约 2 mm，被腺微柔毛及黄色小腺体，染成浅紫色或紫红色，喉部微斜，萼齿三角状披针形，后 3 齿长约 2.2 mm，前 2 齿稍短。花冠淡紫蓝色，长约 8 mm，外被微柔毛，冠筒基部宽约 1.2 mm，微超出花萼，向上渐宽，至喉部宽约 3 mm，冠檐二唇形，上唇直伸，先端微缺，下唇 3 裂，中裂片较宽大，长约 2 mm，宽约 3.5 mm，平展，边缘波状，基部宽，侧裂片半圆形。雄蕊伸出花冠，花丝细，扁平，无毛。花柱与雄蕊近等长，丝状，先端相等 2 裂。花盘厚环状。子房裂片顶部具茸毛。成熟小坚果卵状长圆形，长约 1.8 mm，宽约 1.1 mm，腹面具棱，先端具短硬毛，褐色。花期 6—9 月，果期 9—11 月。

【生境分布】人工栽培。罗田凤山镇等有栽培。

【采收加工】在 6—7 月开花时第 1 次采收，第 2 次在 10 月，采后晒干或阴干。单用老茎者，药材名"藿梗"。

【药用部位】全草。

【药材名】藿香。

【来源】唇形科植物藿香 *Agastache rugosa*（Fisch. et Mey.）O. Ktze. 的全草。

【炮制】藿香：拣去杂质，除去残根及老茎，先将叶摘下另放，茎用水润透，切段，晒干，然后与叶和匀。藿梗：取老茎，润透，切片，晒干。

【性味】辛，微温。

【归经】归肺、脾、胃经。

【功能主治】快气，和中，辟秽，祛湿。主治感冒暑湿，寒热，头痛，胸脘痞闷，呕吐泄泻，疟疾，痢疾，口臭。

【用法用量】内服：煎汤，4.5～10 g；或入丸、散。外用：煎水含漱；或烧存性研末调敷。

【注意】①《本草经疏》：阴虚火旺，胃弱欲呕及胃热作呕，中焦火盛热极，温病热病，阳明胃家邪实，作呕作胀，法并禁用。

②《本经逢原》：其茎能耗气，用者审之。

【附方】①治伤寒头疼，寒热，喘咳，心腹冷痛，反胃呕恶，气泻霍乱，脏腑虚鸣，山岚瘴疟，遍身虚肿，产前、后血气刺痛，小儿疳积：大腹皮、白芷、紫苏、茯苓（去皮）各32 g，半夏曲、白术、陈皮（去白）、厚朴（去粗皮，姜汁炙）、苦梗各64 g，藿香（去土）95 g，甘草（炙）48 g。上为细末，每服6 g，水一盏，姜3片，枣1枚，同煎至七分，热服。如欲出汗，衣被盖，再煎并服。（《局方》）

②治暑月吐泻：滑石（炒）64 g，藿香7.5 g，丁香1.5 g。为末，每服3～6 g，淅米泔调服。（《禹讲师经验方》）

③治霍乱吐泻：陈皮（去白）、藿香叶（去土）。上等份，每服15 g，水一盏半，煎至七分，温服，不拘时候。（《是斋百一选方》）

④治疟疾：高良姜、藿香各16 g。上为末，均分为四服，每服以水一碗，煎至一盏，温服，未定再服。（《鸡峰普济方》）

⑤香口去臭：藿香洗净，煎汤，时时噙漱。（《摘玄方》）

⑥治小儿牙疳溃烂出脓血，口臭，嘴肿：土藿香，入枯矾少许为末，搽牙根上。（《滇南本草》）

⑦治胎气不安，气不升降，呕吐酸水：香附、藿香、甘草各6 g。上为末，每服6 g，入盐少许，沸汤调服之。（《太平圣惠方》）

⑧治刀伤流血：土藿香、龙骨，少许为末，外敷。（《滇南本草》）

⑨治霍乱腹痛：藿香叶、良姜、木瓜、陈皮各等份，甘草（炙）减半，水煎服。（《万密斋医学全书》）

筋骨草属 *Ajuga* L.

696. 金疮小草 *Ajuga decumbens* Thunb.

【别名】筋骨草、石灰菜、紫背金盘、破血丹、退血草、散血草、散血丹、白毛串、白喉草、雪里青。

【形态】一年生或二年生草本，平卧或上升，具匍匐茎，茎长10～20 cm，被白色长柔毛或绵状长柔毛，幼嫩部分尤多，绿色，老茎有时呈紫绿色。基生叶较多，较茎生叶长而大，叶柄长1～2.5 cm或以上，具狭翅，呈紫绿色或浅绿色，被长柔毛；叶片薄纸质，匙形或倒卵状披针形，长3～6 cm，宽1.5～2.5 cm，有时长达14 cm，宽达5 cm，先端钝至圆形，基部渐狭，下延，边缘具不整齐的波状圆齿或全缘，具缘毛，两面被疏糙伏毛或疏柔毛，尤以脉上为密，侧脉4～5对，斜上升，与中脉在上面微隆起，下面十分凸出。轮伞花序多花，排列成间断长7～12 cm的穗状花序，位于下部的轮伞花序疏离，上部者密集；下部苞叶与茎叶同型，匙形，上部者呈苞片状，披针形；花梗短。花萼漏斗状，长5～8 mm，外面仅萼齿及其边缘被疏柔毛，内面无毛，具 10 脉，萼齿 5，狭三角形或短三角形，长约为花萼的 1/2。花冠淡蓝色或淡红紫色，稀白色，筒状，挺直，基部略膨大，长 8 ～ 10 mm，外面被疏柔毛，内面仅冠筒被疏微柔毛，近基部有毛环，冠檐二唇形，上唇短，直立，圆形，顶端微缺，下唇宽大，伸长，3 裂，中裂片狭扇形或倒心形，侧裂片长圆形或近椭圆形。雄蕊 4，二强，微弯，伸出，花丝细弱，被疏柔毛或几无毛。花柱超出雄蕊，微弯，先

端 2 浅裂，裂片细尖。花盘环状，裂片不明显，前面微呈指状膨大。子房 4 裂，无毛。小坚果倒卵状三棱形，背部具网状皱纹，腹部有果脐，果脐约占腹面的 2/3。花期 3—7 月，果期 5—11 月。

【生境分布】 生于路旁、河岸、山脚下、荒地上。分布几遍全国。罗田各地均有分布。

【采收加工】 3—4 月或 9—10 月采收全草，除去泥沙，晒干或鲜用。

【药用部位】 全草。

【药材名】 金疮小草。

【来源】 唇形科植物金疮小草 *Ajuga decumbens* Thunb. 的全草。

【性味】 苦、甘，寒。

【归经】 归肺经。

【功能主治】 止咳化痰，清热，凉血，消肿，解毒。主治支气管炎，吐血，衄血，赤痢，淋证，咽喉肿痛，疔疮，痈肿，跌打损伤。

【用法用量】 内服：煎汤，10 ～ 15 g（鲜品 64 ～ 95 g）；浸汁或研末。外用：捣敷；或捣汁含漱。

【附方】 ①治痢疾：鲜筋骨草 95 g，捣烂绞汁，调蜜炖温服。（《福建中草药》）

②治危笃肺痈症：雪里青捣汁服，如吐尤妙。（《本草纲目拾遗》）

③治肺痿：雪里青捣汁，加蜜和匀，作二次服，每日服五、七次。（《本草纲目拾遗》）

④治肺痨：金疮小草全草 6 ～ 10 g，晒干研末服，每日 3 次。（《湖南药物志》）

⑤治肿痛，散风火结滞，咯血：雪里青根，精猪肉切片层层隔开，白酒淡煮至烂食之。

⑥治咽喉急闭：雪里青捣汁灌之。

⑦治单双乳蛾：木莲蓬、雪里青根叶捣汁，米醋滚过，冲入前汁，含少许咽之，吐出愈。

⑧治牙痛：雪里青捣汁，含痛处，再用酒和服少许。

⑨治痔：雪里青汤洗之。（⑤～⑨方出自《本草纲目拾遗》）

⑩治疯狗咬伤：鲜白毛串全草 15 ～ 25 g（干品 10 ～ 15 g），和红薯烧酒 250 ～ 320 g，炖 1 h，温服。（《福建民间草药》）

水棘针属 *Amethystea* L.

697. 水棘针 *Amethystea caerulea* L.

【别名】 土荆芥、细叶山紫苏。

【形态】 一年生草本，基部有时木质化，高 0.3 ～ 1 m，呈金字塔形分枝。茎四棱形，紫色、灰紫黑色或紫绿色，被疏柔毛或微柔毛，以节上较多。叶柄长 0.7 ～ 2 cm，紫色或紫绿色，有沟，具狭翅，

被疏长硬毛；叶片纸质或近膜质，三角形或近卵形，3 深裂，稀不裂或 5 裂，裂片披针形，边缘具粗锯齿或重锯齿，中间的裂片长 2.5～4.7 cm，宽 0.8～1.5 cm，无柄，两侧的裂片长 2～3.5 cm，宽 0.7～1.2 cm，无柄或几无柄，基部不对称，下延，叶片上面绿色或紫绿色，被疏微柔毛或几无毛，下面略淡，无毛，中肋隆起，明显。花序为由松散具长梗的聚伞花序所组成的圆锥花序；苞叶与茎叶同型，小苞片微小，线形，长约 1 mm，具缘毛；花梗短，长

1～2.5 mm，与总梗被疏腺毛。花萼钟形，长约 2 mm，外面被乳头状凸起及腺毛，内面无毛，具 10 脉，其中 5 肋明显隆起，中间脉不明显，萼齿 5，近整齐，三角形，渐尖，长约 1 mm 或略短，边缘具缘毛；果时花萼增大。花冠蓝色或紫蓝色，冠筒内藏或略长于花萼，外面无毛，冠檐二唇形，外面被腺毛，上唇 2 裂，长圆状卵形或卵形，下唇略大，3 裂，中裂片近圆形，侧裂片与上唇裂片近同型。雄蕊 4，前对能育，着生于下唇基部，花芽时内卷，花时向后伸长，自上唇裂片间伸出，花丝细弱，无毛，伸出雄蕊约 1/2，花药 2 室，室叉开，纵裂，成熟后贯通为 1 室；后对为退化雄蕊，着生于上唇基部，线形或几无。花柱细弱，略超出雄蕊，先端不相等 2 浅裂，前裂片细尖，后裂片短或不明显。花盘环状，具相等浅裂片。小坚果倒卵状三棱形，背面具网状皱纹，腹面具棱，两侧平滑，合生面大，高达果长 1/2 以上。花期 8—9 月，果期 9—10 月。

【生境分布】生于田边旷野、沙地河滩、路边及溪旁。罗田各地均有分布。

【采收加工】夏季采收，除去泥沙，切段，晒干。

【药用部位】全草。

【药材名】土荆芥。

【来源】唇形科植物水棘针 *Amethystea caerulea* L. 的全草。

【性味】辛，平。

【归经】归肺经。

【功能主治】疏风解表，宣肺平喘。主治感冒，咳嗽气喘。

【用法用量】内服：煎汤，3～9 g。

风轮菜属 *Clinopodium* L.

698. 风轮菜 *Clinopodium chinense*（Benth.）O. Ktze.

【别名】蜂窝草、节节草。

【形态】多年生草本。茎基部匍匐生根，上部上升，多分枝，高可达 1 m，四棱形，具细条纹，密被短柔毛及腺微柔毛。叶卵圆形，不偏斜，长 2～4 cm，宽 1.3～2.6 cm，先端急尖或钝，基部呈阔楔形，边缘具大小均匀的圆齿状锯齿，坚纸质，上面橄榄绿色，密被平伏短硬毛，下面灰白色，被疏柔毛，脉上尤密，侧脉 5～7 对，中肋在上面微凹陷，下面隆起，网脉在下面清晰可见；叶柄长 3～8 mm，腹凹背凸，密被疏柔毛。轮伞花序多花密集，半球状，位于下部者直径达 3 cm，最上部者直径 1.5 cm，彼此远隔；苞叶叶状，向上渐小至苞片状，苞片针状，极细，无明显中肋，长 3～6 mm，多数，被柔毛状缘毛及微

柔毛；总梗长 1～2 mm，分枝多数；花梗长约 2.5 mm，与总梗及序轴被柔毛状缘毛及微柔毛。花萼狭管状，常染紫红色，长约 6 mm，13 脉，外面主要沿脉上被疏柔毛及腺微柔毛，内面在齿上被疏柔毛，果时基部稍一边膨胀，上唇 3 齿，齿近外反，长三角形，先端具硬尖，下唇 2 齿，齿稍长，直伸，先端芒尖。花冠红紫色，长约 9 mm，外面被微柔毛，内面在下唇下方喉部具 2 列茸毛，冠筒伸出，向上渐扩大，至喉部宽近 2 mm，冠檐二唇形，上唇直伸，先端微缺，

下唇 3 裂，中裂片稍大。雄蕊 4，前对稍长，均内藏或前对微露出，花药 2 室，室近水平叉开。花柱微露出，先端不相等 2 浅裂，裂片扁平。花盘平顶。子房无毛。小坚果倒卵形，长约 1.2 mm，宽约 0.9 mm，黄褐色。花期 5—8 月，果期 8—10 月。

【生境分布】 生于草地、山坡、路旁。罗田各地均有分布。

【采收加工】 秋季采收，除去泥沙，切段，干燥。

【药用部位】 全草。

【药材名】 断血流。

【来源】 唇形科植物风轮菜 Clinopodium chinense（Benth.）O. Ktze. 的全草。

【性味】 苦、辛，凉。

【功能主治】 疏风清热，解毒消肿。主治感冒，中暑，急性胆囊炎，肝炎，肠炎，痢疾，腮腺炎，乳腺炎，疮痈肿毒，过敏性皮炎，急性结膜炎。

【用法用量】 内服：煎汤，10～15 g。外用：捣敷或煎水洗。

【附方】 ①治疔疮：蜂窝草捣敷，或研末调菜油敷。

②治火眼：蜂窝草叶放手中揉去皮，放眼角，数分钟后流出泪转好。

③治皮肤疮痒：蜂窝草晒干为末，调菜油外涂。

④治狂犬咬伤：蜂窝草嫩头 7 个，捣绒，泡淘米水，加白糖服。

⑤治小儿疳病：蜂窝草 15 g，晒干研末，蒸猪肝吃。

⑥治烂头疔：蜂窝草、菊花叶适量，捣绒敷。

⑦治感冒寒热：蜂窝草 15 g，阎王刺 6 g，水煎服。（①～⑦方出自《贵州民间药物》）

699. 细风轮菜 *Clinopodium gracile*（Benth.）Matsum.

【别名】 野薄荷、剪刀草。

【形态】 纤细草本。茎多数，自匍匐茎生出，柔弱，上升，不分枝或基部具分枝，高 8～30 cm，直径约 1.5 mm，四棱形，具槽，被倒向的短柔毛。最下部的叶卵圆形，细小，长约 1 cm，宽 0.8～0.9 cm，先端钝，基部圆形，边缘具疏圆齿，较下部或全部叶均为卵形，较大，长 1.2～3.4 cm，宽 1～2.4 cm，先端钝，基部圆形或楔形，边缘具疏齿或圆齿状锯齿，薄纸质，上面橄榄绿色，近无毛，下面色较淡，脉上被疏短硬毛，侧脉 2～3 对，中肋两面微隆起，但下面明显呈白绿色，叶柄长 0.3～1.8 cm，腹凹背凸，基部常染紫红色，密被短柔毛；上部叶及苞叶卵状披针形，先端锐尖，边缘具锯齿。轮伞花序分离，或密集于茎端成短总状花序，疏花；苞片针状，远较花梗短；花梗长 1～3 mm，被微柔毛。花萼管状，基部

圆形，花时长约 3 mm，果时下倾，基部一边膨胀，长约 5 mm，13 脉，外面沿脉上被短硬毛，其余部分被微柔毛或几无毛，内面喉部被稀疏小柔毛，上唇 3 齿，短，三角形，果时外反，下唇 2 齿，略长，先端钻状，平伸，齿均被睫毛状毛。花冠白色至紫红色，超过花萼长，外面被微柔毛，内面在喉部被微柔毛，冠筒向上渐扩大，冠檐二唇形，上唇直伸，先端微缺，下唇 3 裂，中裂片较大。雄蕊 4，前对能育，与上唇等齐，花药 2 室，室略叉开。花柱先端略增粗，2 浅裂，前裂片扁平，披针形，后裂片消失。花盘平顶。

子房无毛。小坚果卵球形，褐色，光滑。花期 6—8 月，果期 8—10 月。

【生境分布】多生于荒山草坡。罗田大部分地区有分布。

【采收加工】7—8 月采收，除去泥沙，切段，干燥。

【药用部位】全草。

【药材名】细风轮菜。

【来源】唇形科植物细风轮菜 *Clinopodium gracile*（Benth.）Matsum. 的全草。

【性味】苦、辛，凉。

【功能主治】主治感冒头痛，中暑腹痛，痢疾，乳腺炎，疮痈肿毒，荨麻疹，过敏性皮炎，跌打损伤。

【用法用量】内服：煎汤，10 ～ 15 g。

700. 灯笼草 *Clinopodium polycephalum*（Vaniot）C. Y. Wu et Hsuan ex Hsu

【别名】山藿香、走马灯笼草。

【形态】直立多年生草本，高 0.5 ～ 1 m，多分枝，基部有时匍匐生根。茎四棱形，具槽，被平展糙硬毛及腺毛。叶卵形，长 2 ～ 5 cm，宽 1.5 ～ 3.2 cm，先端钝或急尖，基部阔楔形至圆形，边缘具疏圆齿状齿，上面橄榄绿色，下面色略淡，两面被糙硬毛，尤其是下面脉上，侧脉约 5 对，中脉在上面微下陷，下面明显隆起。轮伞花序多花，圆球状，花时直径达 2 cm，沿茎及分枝形成宽而多头的圆锥花序；苞叶叶状，较小，生于茎及分枝近顶部者退化成苞片状；苞片针状，长 3 ～ 5 mm，被具节长柔毛及腺毛；花梗长 2 ～ 5 mm，密被腺柔毛。花萼圆筒形，花时长约 6 mm，宽约 1 mm，具 13 脉，脉上被具节长柔毛及腺微柔毛，萼内喉部具疏刚毛，果时基部一边膨胀，宽至 2 mm，上唇 3 齿，齿三角形，具尾尖，下唇 2 齿，先端芒尖。花冠紫红色，长约 8 mm，冠筒伸出花萼，外面被微柔毛，冠檐二唇形，上唇直伸，先端微缺，下唇 3 裂。雄蕊不露出，后对雄蕊短且花药小，在上唇穹隆下，直伸，前雄蕊长超过下唇，花药正常。花盘平顶。子房无毛。小坚果卵形，长约 1 mm，褐色，光滑。花期 7—8 月，果期 9 月。

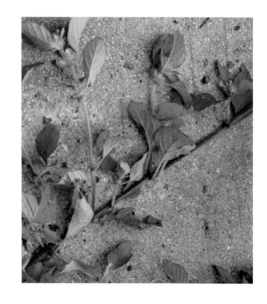

【生境分布】　多生于荒山草坡。罗田各地均有分布。

【采收加工】　夏季开花前采收，除去泥沙，晒干。

【药用部位】　全草。

【药材名】　断血流。

【来源】　唇形科植物灯笼草 *Clinopodium polycephalum*（Vaniot）C. Y. Wu et Hsuan ex Hsu 的干燥地上部分。

【炮制】　除去杂质，清水稍润，切段，晒干。

【性味】　微苦、涩，凉。

【归经】　归肝经。

【功能主治】　止血。主治崩漏，尿血，鼻衄，牙龈出血，创伤出血，子宫肌瘤出血。

【用法用量】　内服：煎汤，9～15 g。外用：适量，研末或取鲜品捣烂敷患处。

【储藏】　置干燥处，防潮。

香薷属 *Elsholtzia* Willd.

701. 紫花香薷 *Elsholtzia argyi* Levl.

【别名】　土荆芥。

【形态】　草本，高 0.5～1 m。茎四棱形，具槽，紫色，槽内被疏生或密集的白色短柔毛。叶卵形至阔卵形，长 2～6 cm，宽 1～3 cm，先端短渐尖，基部圆形至宽楔形，边缘在基部以上具圆齿或圆齿状锯齿，近基部全缘，上面绿色，被疏柔毛，下面淡绿色，沿叶脉被白色短柔毛，满布凹陷的腺点，侧脉 5～6 对，与中脉在两面微显著；叶柄长 0.8～2.5 cm，具狭翅，腹凹背凸，被白色短柔毛。穗状花序长 2～7 cm，

生于茎、枝顶端，偏向一侧，由具 8 花的轮伞花序组成；苞片圆形，长、宽约 5 mm，先端骤然短尖，尖头刺芒状，长达 2 mm，外面被白色柔毛及黄色透明腺点，常带紫色，内面无毛，边缘具缘毛；花梗长约 1 mm，与序轴被白色柔毛。花萼管状，长约 2.5 mm，外面被白色柔毛，萼齿 5，钻形，近相等，先端具芒刺，边缘具长缘毛。花冠玫瑰红紫色，长约 6 mm，外面被白色柔毛，在上部具腺点，冠筒向上渐宽，至喉部宽达 2 mm，冠檐二唇形，上唇直立，先端微缺，边缘被长柔毛，下唇稍开展，中裂片长圆形，先端通常具凸尖，侧裂片弧形。雄蕊 4，前对较长，伸出，花丝无毛，花药黑紫色。花柱纤细，伸出，先端相等 2 浅裂。小坚果长圆形，长约 1 mm，深棕色，外面具细微疣状凸起。花果期 9—11 月。

【生境分布】　生于田园边、路旁、山溪边及阴湿草地。罗田北部山区有分布。

【采收加工】　夏、秋季抽穗开花时采割，除去杂质，晒干或鲜用。

【药用部位】　干燥地上部分。

【药材名】　土香薷。

【来源】　唇形科植物紫花香薷 *Elsholtzia argyi* Levl. 的干燥地上部分。

【性味】　辛，微温。

【功能主治】发汗，解暑，利尿。主治夏季感冒，发热无汗，中暑，急性胃肠炎，胸闷，口臭，小便不利。

【用法用量】内服：煎汤，3～10 g。

702. 香薷 *Elsholtzia ciliata*（Thunb.）Hyland.

【别名】香草。

【形态】直立草本，高 0.3～0.5 m，具密集的须根。茎通常自中部以上分枝，钝四棱形，具槽，无毛或被疏柔毛，常呈麦秆黄色，老时变紫褐色。叶卵形或椭圆状披针形，长 3～9 cm，宽 1～4 cm，先端渐尖，基部楔状下延成狭翅，边缘具锯齿，上面绿色，疏被小硬毛，下面淡绿色，主沿脉上疏被小硬毛，余部散布松脂状腺点，侧脉 6～7 对，与中肋两面稍明显；叶柄长 0.5～3.5 cm，背平腹凸，边缘具狭翅，疏被小硬毛。穗状花序长 2～7 cm，宽达

1.3 cm，偏向一侧，由多花的轮伞花序组成；苞片宽卵圆形或扁圆形，长、宽均约 4 mm，先端具芒状凸尖，尖头长达 2 mm，多半褪色，外面近无毛，疏布松脂状腺点，内面无毛，边缘具缘毛；花梗纤细，长 1.2 mm，近无毛，序轴密被白色短柔毛。花萼钟形，长约 1.5 mm，外面被疏柔毛，疏生腺点，内面无毛，萼齿 5，三角形，前 2 齿较长，先端具针状尖头，边缘具缘毛。花冠淡紫色，约为花萼长的 3 倍，外面被柔毛，上部夹生有稀疏腺点，喉部被疏柔毛，冠筒自基部向上渐宽，至喉部宽约 1.2 mm，冠檐二唇形，上唇直立，先端微缺，下唇开展，3 裂，中裂片半圆形，侧裂片弧形，较中裂片短。雄蕊 4，前对较长，外伸，花丝无毛，花药紫黑色。花柱内藏，先端 2 浅裂。小坚果长圆形，长约 1 mm，棕黄色，光滑。花期 7—10 月，果期 10 月至翌年 1 月。

【生境分布】生于山野。罗田各地均有分布。

【采收加工】夏季茎叶茂盛、花盛开时，择晴天采割，除去杂质，阴干。

【药用部位】干燥地上部分。

【药材名】香薷。

【来源】唇形科植物香薷 *Elsholtzia ciliata*（Thunb.）Hyland. 的干燥地上部分。

【性状】干燥全草，全体被白色茸毛。茎挺立或稍呈波状弯曲，长 30～50 cm，直径 1～3 mm；近根部为圆柱形，上部方形，节明显；质脆，易折断。叶对生，皱缩破碎或已脱落；润湿展平后，完整的叶片呈披针形或长卵形，长 2.5～3.5 cm，宽 3～5 mm，边缘有疏锯齿，暗绿色或灰绿色。茎顶带有轮伞花序，呈淡黄色或淡紫色，宿存花萼钟形，苞片脱落或残存。有浓烈香气，味辛，微麻舌。以质嫩、茎淡紫色、叶绿色、花穗多、香气浓烈者为佳。

【炮制】拣去杂质，用水喷润后，除去残根，切段，晒干。

【性味】辛，微温。

【归经】归肺、胃经。

【功能主治】发汗解暑，行水散湿，温胃调中。主治夏月感寒饮冷，头痛发热，恶寒无汗，胸痞腹痛，呕吐腹泻，水肿。

【用法用量】　内服：煎汤，3～10 g，或研末。

【注意】　表虚者忌服。

①《本草从新》：无表邪者戒之。

②《得配本草》：火盛气虚，阴虚有热者禁用。

【附方】①治脾胃不和，胸膈痞滞，内感风冷，外受寒邪，憎寒壮热，身体疼痛，肢节倦怠，霍乱呕吐，脾疼翻胃，中酒不醒，四时伤寒头痛：香薷（去土）64 g，甘草（炙）16 g，白扁豆（炒）、厚朴（去皮，姜汁炒）、茯神各32 g。上为细末，每服6 g，沸汤入盐点服。（《局方》）

②治霍乱吐利，四肢烦疼，冷汗出，多渴：香薷64 g，蓼子32 g。上二味粗捣筛，每服6 g，水一盏，煎七分，去渣温服，日三服。（《圣济总录》）

③治霍乱腹痛吐痢：生香薷（切）625 g，小蒜625 g（碎），厚朴195 g（炙），生姜320 g。上四味切，以水6.25 kg，煮取18.75 kg，分三服，得吐痢止，每服皆须温。（《救急方》）

④治暴水风水气，水肿，或疮中水，通身皆肿：干香薷500 g，白术220 g。上二味捣下筛；浓煮香薷取汁，和术为丸，如梧子大。每服10丸，日夜四五服，利小便极良。夏取花、叶合用亦佳。忌青鱼、海藻、菘菜、桃、李、雀肉。（《僧深集方》）

⑤治舌上忽出血如钻孔者：香薷汁服1000 ml，日三服。（《肘后备急方》）

⑥治伤暑（暑天卧湿当风，或生冷不节，头痛发热，转筋，干呕，四肢发冷等）：香薷500 g，厚朴（姜汁炙过）、白扁豆（微炒）各250 g，锉散。每服15 g，加水二碗，酒半碗，煎成一碗，放水中等冷定后服下。连进二服，很有效。此方名"香薷饮"。方中的白扁豆，可用黄连（姜汁炒）代替。

⑦治水肿：香薷25 kg，锉入锅中，加水久煮，去渣再浓煎，浓到可以捏丸时，即做成丸子，如梧子大。每服5丸，一天服3次，药量可以逐日加一点，以小便能畅为愈。此方名"香薷煎"。又方：香薷叶500 g，水6.25 kg，熬烂，去渣，再熬成膏，加白术末220 g做成丸子，如梧子大。每服10丸，米汤送下。此方名"深师薷术丸"。

⑧治心烦胁痛：香薷捣汁1000～2000 ml服。

⑨治鼻血不止：香薷研末，水冲服3 g。（⑥～⑨方出自《中药大辞典》）

【注意】《中国药典》中香薷为唇形科植物石香薷 *Mosla chinensis* Maxim. 或江香薷 *Mosla chinensis* 'Jiangxiangru' 的干燥地上部分。

活血丹属 *Glechoma* L.

703. 活血丹 *Glechoma longituba*（Nakai）Kupr.

【别名】连钱草。

【形态】多年生草本，具匍匐茎，上升，逐节生根。茎高10～20（30）cm，四棱形，基部通常呈淡红紫色，几无毛，幼嫩部分被疏长柔毛。叶草质，下部者较小，叶片心形或近肾形，叶柄长为叶片的1～2倍；上部者较大，叶片心形，长1.8～2.6 cm，宽2～3 cm，先端急尖或钝三角形，基部心形，边缘具圆齿或粗锯齿状圆齿，上面被疏粗伏毛或微柔毛，叶脉不明显，下面常带紫色，被疏柔毛或长硬毛，常仅限于脉上，脉隆起，叶柄长为叶片的1.5倍，被长柔毛。轮伞花序通常2花，稀具4～6花；苞片及小苞片线形，长达4 mm，被缘毛。花萼管状，长9～11 mm，外面被长柔毛，尤沿肋上为多，内面被微柔毛，齿5，上唇3齿，较长，下唇2齿，略短，齿卵状三角形，长为萼长的1/2，先端芒状，边缘具缘毛。花冠淡蓝色、蓝色至紫色，下唇具深色斑点，冠筒直立，上部渐膨大成钟形，有长筒与短筒两型，

长筒者长 1.7 ~ 2.2 cm，短筒者通常藏于花萼内，长 1 ~ 1.4 cm，外面被长柔毛及微柔毛，内面仅下唇喉部被疏柔毛或几无毛，冠檐二唇形。上唇直立，2 裂，裂片近肾形，下唇伸长，斜展，3 裂，中裂片最大，肾形，较上唇片大 1 ~ 2 倍，先端凹入，两侧裂片长圆形，宽为中裂片的 1/2。雄蕊 4，内藏，无毛，后对着生于上唇下，较长，前对着生于两侧裂片下方花冠筒中部，较短；花药 2 室，略叉开。子房 4 裂，无毛。花盘杯状，微斜，前方呈指状膨大。花柱细长，无毛，略伸出，先端近相等 2 裂。成熟小坚果深褐色，长圆状卵形，长约 1.5 mm，宽约 1 mm，顶端圆，基部略呈三棱形，无毛，果脐不明显。花期 4—5 月，果期 5—6 月。

【生境分布】生于林缘、疏林下、草地上或溪边等阴湿处。罗田各地均有分布。

【采收加工】春至秋季采收，晒干或鲜用。

【药用部位】干燥地上部分。

【药材名】连钱草。

【来源】唇形科植物活血丹 Glechoma longituba（Nakai）Kupr. 的干燥地上部分。

【性状】茎叶四棱形，细而扭曲，长 10 ~ 20 cm，直径 1 ~ 2 mm，表面黄绿色或紫红色，具纵棱及短柔毛，节上有不定根；质脆，易折断，断面常中空。叶对生，灰绿色或绿褐色，多皱缩，展平后成肾形或近心形，边缘具圆齿；叶柄纤细，长 4 ~ 7 cm。轮伞花序腋生，花冠淡蓝色或紫色，二唇形。搓之气芳香，味微苦。以叶多、色绿、气香浓者为佳。

【性味】微苦、辛，微寒。

【归经】归肝、肾、膀胱经。

【功能主治】利湿通淋，清热解毒，散瘀消肿。主治热淋石淋，湿热黄疸，疮痈肿毒，跌打损伤。

【用法用量】内服：煎汤，15 ~ 30 g；或浸酒，或捣汁。外用：适量，煎汤洗或捣敷。

动蕊花属 *Kinostemon* Kudo

704. 粉红动蕊花 *Kinostemon alborubrum*（Hemsl.）C. Y. Wu et S. Chow

【别名】岩蓑衣、岩脚风。

【形态】多年生草本，具匍匐茎。茎上升，多分枝，基部近圆柱形，上部四棱形，无槽，具细条纹，长约 1 m，密被长达 1.5 mm 平展白色长柔毛。叶具柄，柄长 0.4 ~ 1.2 cm，叶片卵圆形或卵圆状披针形，长 3 ~ 6 cm，宽 1 ~ 2 cm，先端短渐尖、渐尖以至尾状渐尖，基部阔楔形或楔形下延，边缘具不整齐的粗齿，上面被疏柔毛，下面脉上密生长柔毛，余部为疏柔毛，侧脉 3 ~ 5 对。总状花序生于腋出侧枝的上端，下部具 1 ~ 3 对不具花的叶，上部常分枝成 1 ~ 3 枝长为 3 ~ 6 cm 的总状圆锥花序，此花序具有 2 花、远隔、开向一面的轮伞花序所组成；苞片长仅及花梗之半，被疏柔毛；花梗细长，长 3 ~ 4 mm，被短柔毛。花萼长、宽均 4 mm，萼筒长 2 mm，外面被疏柔毛，内面喉部具毛环，萼齿 5，呈二唇式张开，上唇 3 齿，中齿特大，扁圆形，先端急尖，直径 1.7 mm，侧齿卵圆形，稍小于中齿，高及中齿之半，下唇 2 齿，三角状钻形，长 2 mm，稍超过上唇，缺弯深达喉部。花冠粉红色，长 11 mm，外被白色绵状长柔毛及淡黄色腺点，内面无毛，冠筒长达 7 mm，宽 1.7 mm，至喉部稍宽大，冠檐与冠筒几成直角，二唇形，上唇 2 裂，裂片扁圆形，高 1 mm，宽 2 mm，缺弯极浅，下唇 3 裂，中裂片极发达，长圆形，内凹，先端圆形，长 4 mm，宽 2 mm，外侧被白色绵状长柔毛，侧裂片卵圆形，长 1.2 mm。雄蕊 4，细丝状，花药 2 室，室肾形。花柱长超出雄蕊，先端不相等 2 裂，裂片线状钻形。子房球形。成熟小坚果未见。花期 7 月。

【生境分布】 生于山坡林下、草丛中、路旁、水边。罗田北部山区有分布。

【采收加工】 7—8 月采收，干燥。

【药用部位】 全草。

【药材名】 岩脚风。

【来源】 唇形科植物粉红动蕊花 *Kinostemon alborubrum*（Hemsl.）C. Y. Wu et S. Chow 的全草。

【功能主治】 清热解毒。主治无名肿毒，湿疹。

【用法用量】 内服：煎汤，10 ～ 15 g。外用：捣烂外敷。

野芝麻属 *Lamium* L.

705. 宝盖草 *Lamium amplexicaule* L.

【别名】 接骨草、莲台夏枯草。

【形态】 一年生或二年生植物。茎高 10 ～ 30 cm，基部多分枝，上升，四棱形，具浅槽，常为深蓝色，几无毛，中空。茎下部叶具长柄，柄与叶片等长或超过之，上部叶无柄，叶片均圆形或肾形，长 1 ～ 2 cm，宽 0.7 ～ 1.5 cm，先端圆，基部截形或截状阔楔形，半抱茎，边缘具极深的圆齿，顶部的齿通常较其余的大，上面呈暗橄榄绿色，下面色稍淡，两面均疏生小糙伏毛。轮伞花序 6 ～ 10 花，其中常有闭花受精的花；苞片披针状钻形，长约 4 mm，宽约 0.3 mm，具缘毛。花萼管状钟形，长 4 ～ 5 mm，宽 1.7 ～ 2 mm，外面密被白色直伸的长柔毛，内面除萼上被白色直伸长柔毛外，余部无毛，萼齿 5，披针状锥形，长 1.5 ～ 2 mm，边缘具缘毛。花冠紫红色或粉红色，长 1.7 cm，外面除上唇被较密带紫红色的短柔毛外，余部均被微柔毛，内面无毛环，冠筒细长，长约 1.3 cm，直径约 1 mm，筒口宽 3 mm，冠檐二唇形，上唇直伸，长圆形，长约 4 mm，先端微弯，下唇稍长，3 裂，中裂片倒心形，先端深凹，基部收缩，侧裂片浅圆裂片状。雄蕊花丝无毛，花药被长硬毛。花柱丝状，先端不相等 2 浅裂。花盘杯状，具圆齿。子房无毛。小坚果倒卵圆形，具 3 棱，先端近截状，基部

收缩，长约 2 mm，宽约 1 mm，淡灰黄色，表面有白色大疣状凸起。花期 3—5 月，果期 7—8 月。

【生境分布】 生于路边、荒地。罗田各地均有分布。

【采收加工】 夏、秋季采收，除去杂质及泥沙，干燥。

【药用部位】 干燥地上部分。

【药材名】 宝盖草。

【来源】 唇形科植物宝盖草 *Lamium amplexicaule* L. 的干燥地上部分。

【性味】 辛、苦，温。

【功能主治】 祛风，通络，消肿，止痛。主治筋骨疼痛，四肢麻木，跌打损伤，瘰疬。

【用法用量】 内服：煎汤，10 ～ 15 g；或入散剂。外用：捣敷。

【附方】 ①治从高坠损，骨折筋伤：接骨草 64 g，紫葛根 32 g（锉），石斛 32 g（去根，锉），巴戟 32 ～ 64 g，丁香 32 g，续断 32 g，阿魏 32 g（面裹，煨面熟为度）。上药，捣粗罗为散。不计时候，以温酒调下 6 g。（《太平圣惠方》）

②治跌打损伤，足伤、红肿不能履地：接骨草、苎麻根、大蓟，用鸡蛋清、蜂蜜共捣烂敷患处，一宿一换，若日久疼痛，加葱、姜再包。

③治痰火，手足红肿疼痛：接骨草 15 g，鸡脚刺根 6 g，土黄连 6 g。共捣烂，点烧酒包患处 3 次。肿消痛止后加苍耳、白芷、川芎，去土黄连、鸡脚刺根，点水酒煎服 3 次。

④治女子两腿生核，形如桃李，红肿结硬：接骨草 10 g，水煎，点水酒服。又发，加威灵仙、防风、虎掌草，三服而愈。（②～④方出自《滇南本草》）

⑤治淋巴结结核：a. 宝盖草嫩苗 32 g，鸡蛋 2 个，同炒食。b. 宝盖草 64 ～ 95 g，鸡蛋 2 ～ 3 个。同煮，蛋熟后去壳，继续煮半小时，食蛋饮汤。c. 鲜宝盖草 64 g，捣烂取汁，药汁煮沸后服。均隔日 1 次，连服 3 ～ 4 次。（苏医《中草药手册》）

⑥治口歪，半身不遂：接骨草、防风、钩藤、胆星。水煎，点水酒、烧酒各半服。（《滇南本草》）

益母草属 *Leonurus* L.

706. 益母草 *Leonurus artemisia*（Lour.）S. Y. Hu

【别名】 益母蒿、茺蔚。

【形态】 一年生或二年生草本，有于其上密生须根的主根。茎直立，通常高 30 ～ 120 cm，钝四棱形，微具槽，有倒向糙伏毛，在节及棱上尤为密集，在基部有时近无毛，多分枝，或仅于茎中部以上有能育的小枝条。叶轮廓变化很大，茎下部叶轮廓为卵形，基部宽楔形，掌状 3 裂，裂片呈长圆状菱形至卵圆形，通常长 2.5 ～ 6 cm，宽 1.5 ～ 4 cm，裂片上再分裂，上面绿色，有糙伏毛，叶脉稍下陷，下面淡绿色，被疏柔毛及腺点，叶脉凸出，叶柄纤细，长 2 ～ 3 cm，由于叶基下延而在上部略具翅，腹面具槽，背面圆形，被糙伏毛；茎中部叶轮廓为菱形，较小，通常分裂成 3 个或偶有多个长圆状线形的裂片，基部狭楔形，叶柄长 0.5 ～ 2 cm；花序最上部的苞叶近无柄，

线形或线状披针形，长 3 ～ 12 cm，宽 2 ～ 8 mm，全缘或具稀少齿。轮伞花序腋生，具 8 ～ 15 花，轮廓为圆球形，直径 2 ～ 2.5 cm，多数远离而组成长穗状花序；小苞片刺状，向上伸出，基部略弯曲，比萼筒短，长约 5 mm，有贴生的微柔毛；花梗无。花萼管状钟形，长 6 ～ 8 mm，外面有贴生微柔毛，内面在离基部 1/3 以上被微柔毛，5 脉，显著，齿 5，前 2 齿靠合，长约 3 mm，后 3 齿较短，等长，长约 2 mm，齿均宽三角形，先端刺尖。花冠粉红色至淡红紫色，长 1 ～ 1.2 cm，外面在伸出萼筒部分被柔毛，冠筒长约 6 mm，等大，内面在离基部 1/3 处有近水平向的不明显鳞毛毛环，毛环在背面间断，其上部有鳞状毛，冠檐二唇形，上唇直伸，内凹，长圆形，长约 7 mm，宽 4 mm，全缘，内面无毛，边缘具纤毛，下唇略短于上唇，内面在基部疏被鳞状毛，3 裂，中裂片倒心形，先端微缺，边缘薄膜质，基部收缩，侧裂片卵圆形，细小。雄蕊 4，均延伸至上唇片之下，平行，前对较长，花丝丝状，扁平，疏被鳞状毛，花药卵圆形，2 室。花柱丝状，略超出雄蕊而与上唇片等长，无毛，先端相等 2 浅裂，裂片钻形。花盘平顶。子房褐色，无毛。小坚果长圆状三棱形，长 2.5 mm，顶端截平而略宽大，基部楔形，淡褐色，光滑。花期通常在 6—9 月，果期 9—10 月。

【生境分布】生于山野荒地、田埂、草地、溪边等处。全国大部分地区均有分布。罗田各地均有分布。

【药用部位】全草、花、果实。

（1）益母草。

【采收加工】夏季生长茂盛而花未全开时，割取地上部分，晒干。若在花盛开或果实成熟时采收，则品质较次。

【来源】唇形科植物益母草 *Leonurus artemisia*（Lour.）S. Y. Hu 的全草。

【性状】干燥全草呈黄绿色，茎方而直，上端多分枝，有纵沟，密被茸毛，棱及节上更密。质轻而韧，断面中心有白色髓部。叶交互对生于节上，边缘有稀疏的锯齿，上面深绿色，背面色较浅，两面均有细茸毛；多皱缩破碎；质薄而脆。有的在叶腋部可见紫红色皱缩小花；或有少数小坚果。有青草气，味甘、微苦。以茎细、质嫩、色绿、无杂质者为佳。

【炮制】拣去杂质，洗净，润透，切段，晒干。

【性味】辛、苦，凉。

【归经】归心、肝经。

【功能主治】活血，祛瘀，调经，消水。主治月经不调，胎漏难产，胞衣不下，产后血晕，瘀血腹痛，崩中漏下，尿血，泻血，痈肿疮疡。

【用法用量】内服：煎汤，10 ～ 20 g；或熬膏，或入丸、散。外用：煎水洗或捣敷。

【注意】阴虚血少者忌服。

①《经效产宝》：忌铁器。

②《本草正》：血热、血滞及胎产难湿者宜之；着血气素虚兼寒，及滑陷不固者，皆非所宜。

【附方】①治痛经：益母草 15 g，元胡索 6 g，水煎服。

②治闭经：益母草、乌豆、红糖、老酒各 32 g。炖服，连服一周。

③治瘀血块结：益母草 32 g，水、酒各半煎服。（①～③方出自《闽东本草》）

④治难产：益母草捣汁七大合，煎减半，顿服，无新者，以干者一大握，水七合煎服。（《独行方》）

⑤治胎死腹中：益母草捣熟，以暖水少许和，绞取汁，顿服之。（《独行方》）

⑥治产后血运，心气绝：益母草，研，绞汁，服一盏。（《子母秘录》）

⑦治产后恶露不下：益母草，捣，绞取汁，每服一小盏，入酒一合，暖过搅匀服之。（《太平圣惠方》）

⑧妇人分娩后服之，助子宫之整复：益母草 280 g，当归 10 g。水煎，去渣，一日三回分服。（《现代实用中药》）

⑨治尿血：益母草汁（服）1000 ml。（《外台秘要》）

⑩治肾炎水肿：益母草 32 g，水煎服。（《福建省中草药、新医疗法资料选编》）

⑪治小儿疳痢，痔疾：益母草叶煮粥食之，取汁饮之亦妙。（《食医心鉴》）

⑫治折伤内损有瘀血，每天阴则疼痛，兼疗产妇产后诸疾：三月采益母草一重担，以新水净洗，晒令水尽，用手捩断，可长五寸，勿用刀切，即置镬中，量水两石，令水高草三二寸，纵火煎，候益母草糜烂，水三分减二，漉去草，以绵滤取清汁，于小釜中慢火煎，取 6.25 kg 如稀汤。每取梨许大，暖酒和服之，日再服，和羹粥吃并得。如远行不能，将稀煎去，即更炼令稠硬，停作小丸服之。或有产妇恶露不净及血运，32 g 服即瘥。其药辣疗风益力。无所忌。（《近效方》）

⑬治疗肿至甚：益母草茎叶，烂捣敷疮上，又绞取汁 500 ml 服之，即内消。（《太平圣惠方》）

⑭治妇人隔乳后疼闷，乳结成痈：益母草，捣细末，以新汲水调涂于奶上，以物抹之，生者捣烂用之。（《太平圣惠方》）

⑮治疔疮已破：益母捣敷疮。（《斗门方》）

⑯治喉闭肿痛：益母草捣烂，新汲水一碗，绞浓汁顿饮；随吐愈，冬月用根。（《卫生易简方》）

⑰产后圣方：人参 10 g，归身 50 g，川芎 15 g，荆芥炒黑 3 g，益母草 6 g，水煎服。有风加柴胡，有寒加肉桂，血不尽加山楂，血晕加炮姜，鼻衄加麦冬，夜热加地骨皮，有食加山楂、谷芽，有痰加白芥子。（《万密斋医学全书》）

【临床应用】①治疗急性肾小球肾炎。益母草（全草）95～125 g，或鲜品 195～250 g，加水 700 ml，文火煎至 800 ml，分 2～3 次温服。小儿酌减。实践证明，益母草利尿消肿作用显著，对急性肾炎的疗效较好。

②用于产褥期。益母草煎剂或益母草膏有收缩子宫作用。煎剂是用干益母草 500 g，加水煎成 1000 ml，日服 3 次，每次 20 ml，产后连服 3 日；益母草膏（新鲜益母草 500 g，加糖 125 g 收膏）每日约服 41.6 g。

③治疗中心性浆液性视网膜病变。取益母草全草干品 125 g，加水 1000 ml，猛火煎 30 min 取头汁；药渣再加水 500～700 ml，煎 30 min，两次煎液混合，分早晚两次空腹服。益母草的幼株称童子益母草，功用相同。

（2）益母草花。

【采收加工】夏季花初开时采收，除去杂质，晒干。

【来源】唇形科植物益母草 *Leonurus artemisia*（Lour.）S. Y. Hu 的花。

【性状】干燥的花朵，其花萼及雌蕊都已脱落，长约 1.3 cm，淡紫色至淡棕色，花冠自顶端向下渐次变细；基部连合成管，上部二唇形，上唇长圆形，全缘，背部密具细长白毛，也有缘毛；下唇 3 裂，中央裂片倒心形，背部具短茸毛，花冠管口处有毛环；雄蕊 4，二强，着生在花冠筒内，与残存的花柱常伸出冠筒外。气弱，味微甜。以干燥、无叶及无杂质者为佳。

【性味】微苦、甘，凉。

【功能主治】①《本草纲目》：治肿毒疮疡，消水行血，妇人胎产诸病。

②《江苏省植物药材志》：民间用作妇女补血剂。通常于冬季和以红糖及乌枣，饭锅内蒸，逐日服用。

【用法用量】内服：煎汤，6～10 g。

（3）茺蔚子。

【别名】益母草子、苦草子、小胡麻、野黄麻、六角天麻、茺玉子。

【来源】唇形科植物益母草 *Leonurus artemisia*（Lour.）S. Y. Hu 的果实。

【采收加工】8—10 月果实成熟时割取全株，晒干，打下果实，拣去枝叶，筛净杂质。

【性状】干燥果实呈三棱形，一端稍宽，似平截状；另一端渐窄而钝尖，长 2～3 mm，宽约 1.5 mm。

表面灰棕色，具深色斑点，无光泽，或微粗糙。横切面呈三角形。在放大镜下观察，可见外皮棕黑色；胚乳极薄，灰色，附着于种皮上；子叶灰白色，油质。气无，味苦。以粒大饱满、无杂质者为佳。

【性味】甘，凉。

【归经】归心、肝经。

【功能主治】活血调经，疏风清热。主治妇女月经不调，崩中带下，产后瘀血作痛，肝热头痛，目赤肿痛或生翳膜。

【用法用量】内服：煎汤，6～10 g；或入丸、散。

【注意】肝血不足、瞳孔散大者及孕妇忌服。

【附方】治子宫脱垂：茺蔚子五钱，枳壳四钱，水煎服。（《湖南药物志》）

地笋属 *Lycopus* L.

707. 毛叶地瓜儿苗 *Lycopus lucidus* Turcz. var. *hirtus* Regel

【别名】地瓜儿、地瓜、地笋子、地蚕子、地藕。

【形态】多年生草本，高 0.6～1.7 m；根茎横走，具节，节上密生须根，先端肥大成圆柱形，此时于节上具鳞叶及少数须根，或侧生有肥大的具鳞叶的地下枝。茎直立，通常不分枝，四棱形，具槽，绿色，常于节上带紫红色，茎棱上被向上小硬毛，节上密集硬毛。叶具极短柄或近无柄，披针形，通常长 4～8 cm，宽 1.2～2.5 cm，暗绿色，上面密被细刚毛状硬毛，叶缘具缘毛，下面主要在肋及脉上被刚毛状硬毛，两端渐狭，边缘具锐齿，下面具凹陷的腺点，侧脉 6～7

对，与中脉在上面不显著，下面凸出。轮伞花序无梗，轮廓圆球形，花时直径 1.2～1.5 cm，多花密集，其下承以小苞片；小苞片卵圆形至披针形，先端刺尖，位于外方者超过花萼，长达 5 mm，具 3 脉，位于内方者，长 2～3 mm，短于或等于花萼，具 1 脉，边缘均具小纤毛。花萼钟形，长 3 mm，两面无毛，外面具腺点，萼齿 5，披针状三角形，长 2 mm，具刺尖头，边缘具小缘毛。花冠白色，长 5 mm，外面在冠檐上具腺点，内面在喉部具白色短柔毛，冠筒长约 3 mm，冠檐不明显二唇形，上唇近圆形，下唇 3 裂，中裂片较大。雄蕊仅前对能育，超出花冠，先端略下弯，花丝丝状，无毛，花药卵圆形，2 室，室略叉开，后对雄蕊退化，丝状，先端棍棒状。花柱伸出花冠，先端相等 2 浅裂，裂片线形。花盘平顶。小坚果倒卵圆状四边形，基部略狭，长 1.6 mm，宽 1.2 mm，褐色，边缘加厚，背面平，腹面具棱，有腺点。花期 6—9 月，果期 8—11 月。

【生境分布】生于溪边、沼泽、水边等处。罗田各地均有分布。

【采收加工】夏、秋季茎叶茂盛时，采割地上部分。

【药用部位】干燥地上部分。

【药材名】泽兰。

【来源】唇形科植物毛叶地瓜儿苗 *Lycopus lucidus* Turcz. var. *hirtus* Regel 的干燥地上部分。

【性味】甘、辛，温。

【功能主治】通经利尿，活血调经，祛瘀消痈，利水消肿，对产前产后诸病有效。主治月经不调，闭经，痛经，产后瘀血腹痛，疮痈肿毒，水肿腹水。

【用法用量】内服：煎汤，6～12 g。

龙头草属 *Meehania* Britton

708. 龙头草 *Meehania henryi*（Hemsl.）Sun ex C. Y. Wu

【别名】鲤鱼草。

【形态】多年生草本，直立，高 30～60 cm。茎四棱形，除幼嫩部分被疏柔毛及节上被柔毛外，余部无毛或几无毛。叶具长柄，柄长 10 cm 以下，向上渐变短或几无柄，腹面具槽，两侧边缘具疏长柔毛；叶片纸质或近膜质，卵状心形、心形或卵形，长 4～13 cm，宽 1.8～4 cm，有时长达 17 cm，宽达 10 cm，以着生于茎中部的叶较大，先端渐尖，基部心形，在茎上部者有时略偏斜，边缘具波状锯齿或粗齿，上面被疏微柔毛，脉上甚密，下面几无毛，脉隆起。花序腋生和顶生，为聚伞花序组成的假总状花序，有时有分枝或仅有 1 朵花腋生，花序长 6～9 cm，密被微柔毛；苞片小，卵状披针形或披针形，长 3～6 mm，具齿；花梗长 1～4 mm，被微柔毛，中部具 1 对小苞片；小苞片钻形，长约 1 mm。花萼花时狭管形，口部微开张，长 1～1.3 cm，

具 25 脉，外面被微柔毛，内面无毛，齿 5，呈二唇形，上唇 3 齿，较高，下唇 2 齿，齿均三角形，长为花萼长的 1/3，具缘毛，先端渐尖，果时萼筒基部膨大成囊状。花冠淡红紫色或淡紫色，长 2.3～3.7 cm，外面被极疏的微柔毛，有时背部具少数疏柔毛，内面在冠筒基部具柔毛，但不成毛环，冠筒直立，管状，细，上半部渐扩大，冠檐二唇形，上唇微弯，2 裂，裂片长圆形，下唇增大，伸长，3 裂，中裂片扇形，顶端微凹，内面具长柔毛，两侧裂片长圆形；长为中裂片的 1/2。雄蕊 4，二强，内藏，后对着生于上唇下方花冠喉部，前对着生于下唇两侧裂片下方冠筒中部，花丝细，无毛，花药 2 室，被微柔毛。子房 4 裂，被微柔毛。花柱细长，略长于雄蕊，微伸出花冠，先端 2 裂，无毛。花盘杯状，裂片不明显，前方呈指状膨大。小坚果长圆形，平滑，密被短柔毛，腹面微呈三棱形，基部具一小果脐。花期 9 月，果期 9 月以后。

【生境分布】生于低海拔地区的常绿林或常绿与落叶混交林下。罗田北部山区有分布。

【采收加工】全年均可采收，鲜用或晒干。

【药用部位】根、叶。

【药材名】野苏麻。

【来源】唇形科植物龙头草 *Meehania henryi*（Hemsl.）Sun ex C. Y. Wu 的根、叶。

【性味】甘、辛，平。

【功能主治】补气血，祛风湿，消肿毒。主治劳伤气血亏虚，脘腹疼痛，咽喉肿痛，蛇咬伤。

【用法用量】内服：煎汤，3～9 g；或泡酒。外用：适量，捣敷。

薄荷属 *Mentha* L.

709. 薄荷 *Mentha haplocalyx* Briq.

【别名】蕃荷菜、南薄荷。

【形态】多年生草本。茎直立，高30～60 cm，下部数节具纤细的须根及水平匍匐根状茎，锐四棱形，具4槽，上部被倒向微柔毛，下部仅沿棱上被微柔毛，多分枝。叶片长圆状披针形、披针形、椭圆形或卵状披针形，稀长圆形，长3～5（7）mm，宽0.8～3 mm，先端锐尖，基部楔形至近圆形，边缘在基部以上疏生粗大的牙齿状锯齿，侧脉5～6对，与中肋在上面微凹陷、下面显著，上面绿色；沿脉上密生、余部疏生微柔

毛，或除脉外余部近无毛，上面淡绿色，通常沿脉密生微柔毛；叶柄长2～10 mm，腹凹背凸，被微柔毛。轮伞花序腋生，轮廓球形，花时直径约18 mm，具梗或无，具梗时梗可长达3 mm，被微柔毛；花梗纤细，长2.5 mm，被微柔毛或近无毛。花萼管状钟形，长约2.5 mm，外被微柔毛及腺点，内面无毛，10脉，不明显；萼齿5，狭三角状钻形，先端长锐尖，长1 mm。花冠淡紫色，长4 mm，外面略被微柔毛，内面在喉部以下被微柔毛，冠檐4裂，上裂片先端2裂，较大，其余3裂片近等大，长圆形，先端钝。雄蕊4，前对较长，长约5 mm，均伸出于花冠之外，花丝丝状，无毛，花药卵圆形，2室，室平行。花柱略超出雄蕊，先端近相等2浅裂，裂片钻形。花盘平顶。小坚果卵珠形，黄褐色，具小腺窝。花期7—9月，果期10月。

【生境分布】生于河边、湿地、沼泽等处。罗田各地均有分布。

【采收加工】大部分产区每年采收2次，第1次（头刀）在小暑至大暑间，第2次（二刀）在寒露至霜降间，割取全草，晒干。

【药用部位】干燥地上部分。

【药材名】薄荷。

【来源】唇形科植物薄荷 *Mentha haplocalyx* Briq. 的干燥地上部分。

【性状】干燥全草的茎方柱形，长15～35 cm，直径2～4 mm，黄褐色带紫色或绿色，有节，节间长3～7 cm，上部有对生分枝，表面被白色茸毛，角棱处较密，质脆，易折断，断面类白色，中空。叶对生，叶片卷曲皱缩，多破碎；上面深绿色，下面浅绿色；具有白色茸毛；质脆。枝顶常有轮伞花序，黄棕色，花冠多数存在。气香，味辛。以身干、无根、叶多、绿色、气味浓者为佳。

【炮制】拣去杂质，除去残根，先将叶抖下另放，然后将茎喷洒清水，润透后切段，晒干，再与叶和匀。

【性味】辛，凉。

【归经】归肺、肝经。

【功能主治】疏风，散热，辟秽，解毒。主治外感风热，头痛，目赤，咽喉肿痛，食滞气胀，口疮，牙痛，疮疥，瘾麻疹。

【用法用量】内服：煎汤（后下），3～6 g；或入丸、散。外用：捣汁或煎汁涂。

【注意】阴虚血燥，肝阳偏亢，表虚汗多者忌服。

①《药性论》：新病瘥人勿食，令人虚汗不止。

②《千金方》：动消渴病。

③《本经逢原》：多服久服，令人虚冷；阴虚发热，咳嗽自汗者勿施。

④《本草从新》：辛香伐气，多服损肺伤心，虚者远之。

【附方】①治风热：薄荷末炼蜜丸，如芡子大，每噙 1 丸。白砂糖和之亦可。（《简便单方》）

②治眼弦赤烂：薄荷，以生姜汁浸一宿，晒干为末，每用 3 g，沸汤泡洗。（《明目经验方》）

③治瘰疬结成颗块，疼痛，穿溃，脓水不绝，不计远近：薄荷一束如碗大（阴干），皂荚十挺（长一尺二寸不蛀者，去黑皮，涂醋，炙令焦黄）。捣碎，以酒一斛，浸经三宿，取出曝干，更浸三宿，如此取酒尽为度，焙干，捣罗为散，以烧饭和丸，如梧子大。每于食前，以黄芪汤下 20 丸，小儿减半服之。（《太平圣惠方》）

④治风气瘙痒：大薄荷、蝉蜕等份为末，每温酒调服 3 g。（《永类钤方》）

⑤治血痢：薄荷叶煎汤单服。（《普济方》）

⑥治衄血不止：薄荷汁滴之。或以干者水煮，绵裹塞鼻。（《本事方》）

⑦治蜂虿伤：薄荷按贴之。（孟诜《必效方》）

⑧治火寄生疮如灸，火毒气入内，两股生疮，汁水淋漓者：薄荷煎汁频涂。（《医说》）

⑨治耳痛：鲜薄荷绞汁滴入。（《闽东本草》）

⑩治卒中暴死不省：川芎、细辛、藜芦、白芷、防风、薄荷各 3 g，猪牙皂（去皮）3 个。上为极细末，少许吹鼻中。（《万密斋医学全书》）

石荠苎属 *Mosla* Buch. –Ham. ex Maxim.

710. 石香薷 *Mosla chinensis* Maxim.

【别名】土香薷、土荆芥。

【形态】直立草本。茎高 9～40 cm，纤细，自基部多分枝，或植株矮小不分枝，被白色疏柔毛。叶线状长圆形至线状披针形，长 1.3～2.8（3.3）cm，宽 2～4（7）mm，先端渐尖或急尖，基部渐狭或楔形，边缘具疏而不明显的浅锯齿，上面呈橄榄绿色，下面色较淡，两面均被疏短柔毛及棕色凹陷腺点；叶柄长 3～5 mm，被疏短柔毛。总状花序头状，长 1～3 cm；苞片覆瓦状排列，偶见稀疏排列，倒卵圆形，长 4～7 mm，宽 3～5 mm，先端短尾尖，全缘，两面被疏柔毛，下面具凹陷腺点，边缘具毛，5 脉，自基部掌状生出；花梗短，被疏短柔毛。花萼钟形，长约 3 mm，宽约 1.6 mm，外面被白色绵毛及腺体，内面在喉部以上被白色绵毛，下部无毛，萼齿 5，钻形，长约为花萼长的 2/3，果时花萼增大。花冠紫红色、淡红色至白色，长约 5 mm，略伸出于苞片，外面被微柔毛，内面在下唇之下方。冠筒上略被微柔毛，余部无毛。雄蕊及雌蕊内藏。花盘前方呈指状膨大。小坚果球形，直径约 1.2 mm，灰褐色，具纹，无毛。花期 6—9 月，果期 7—11 月。

【生境分布】生于荒山草坡。罗田大崎镇有分布。

【采收加工】夏季生长旺盛时采收，除去杂质和泥土，切段，干燥。

【药材名】香薷。

【来源】唇形科植物石香薷 *Mosla chinensis* Maxim. 的干燥地上部分。

【性味】辛,微温。

【功能主治】发汗解表,和中利湿。主治暑湿感冒,恶寒发热,头痛无汗,腹痛吐泻,小便不利,湿疹瘙痒,多发性疖肿;外用治毒蛇咬伤。

【用法用量】内服:煎汤,3～10 g。外用:捣烂敷患处。

711. 小鱼仙草 *Mosla dianthera*(Buch. –Ham.)Maxim.

【别名】土荆芥、假鱼香、野香薷、热痱草。

【形态】一年生草本。茎高至 1 m,四棱形,具浅槽,近无毛,多分枝。叶卵状披针形或菱状披针形,有时卵形,长1.2～3.5 cm,宽0.5～1.8 cm,先端渐尖或急尖,基部渐狭,边缘具尖锐的疏齿,近基部全缘,纸质,上面橄榄绿色,无毛或近无毛,下面灰白色,无毛,散布凹陷腺点;叶柄长3～18 mm,腹凹背凸,腹面被微柔毛。总状花序生于主茎及分枝的顶部,通常多数,长3～15 cm,密花或疏花;苞片针状或线状披针形,先端渐尖,基部

阔楔形,具肋,近无毛,与花梗等长或略超过,至果时则比花梗短,稀与之等长;花梗长 1 mm,果时伸长至 4 mm,被极细的微柔毛,序轴近无毛。花萼钟形,长约 2 mm,宽 2～2.6 mm,外面脉上被短硬毛,二唇形,上唇 3 齿,卵状三角形,中齿较短,下唇 2 齿,披针形,与上唇近等长或微超过,果时花萼增大,长约 3.5 mm,宽约 4 mm,上唇反向上,下唇直伸。花冠淡紫色,长 4～5 mm,外面被微柔毛,内面具不明显的毛环或无,冠檐二唇形,上唇微缺,下唇 3 裂,中裂片较大。雄蕊 4,后对能育,药室 2,叉开,前对退化,药室极不明显。花柱先端相等 2 浅裂。小坚果灰褐色,近球形,直径 1～1.6 mm,具疏网纹。花果期 5—11 月。

【生境分布】生于向阳荒山草坡。罗田各地均有分布。

【采收加工】夏、秋季采收,洗净,鲜用或晒干。

【药材名】小鱼仙草。

【来源】唇形科植物小鱼仙草 *Mosla dianthera*(Buch. –Ham.)Maxim. 的全草。

【性味】辛,温。

【功能主治】祛风发表,利湿止痒。主治感冒头痛,扁桃体炎,中暑,溃疡,痢疾;外用治湿疹,痱子,皮肤瘙痒,疖疮。取半阴干的全草烧烟可以熏蚊。

【用法用量】内服:煎汤,10～15 g。外用:适量,煎水洗;或鲜品适量,捣烂敷患处。

712. 少花荠苎 *Mosla pauciflora*(C. Y. Wu)C. Y. Wu et H. W. Li

【别名】痱子草、仙人冻草。

【形态】一年生直立草本。茎高(15)20～70 cm,多分枝,分枝纤细,伸长,茎、枝均四棱形,

具浅槽，被白色倒向疏短柔毛，节上微带淡紫色。叶披针形至狭披针形，长 1.5～4 cm，宽 0.6～1.2 cm，先端急尖，基部渐狭，边缘具疏锐锯齿，纸质，上面橄榄绿色，被疏短柔毛，老时明显被棕色凹陷腺点，下面淡绿色，脉上被极疏短柔毛，其余部分散布棕色凹陷腺点；叶柄长 0.5～1.5 cm，腹凹背凸，被疏短柔毛。总状花序长 1.2～10 cm，生于主茎上的较长，侧枝上的近头状；苞片卵状披针形，

长 5～6（8～9）mm，宽 2～4.5 mm，先端渐尖，基部急尖，远较花梗长，最下面的有时长至 1 cm，宽至 4.5 mm；花梗长约 1 mm，果时伸长至 2 mm，被白色疏柔毛。花萼钟形，长约 3 mm，宽约 2 mm，外面被白色疏柔毛，近二唇形，后齿较短，狭披针形，果时花萼长达 7 mm，宽 4 mm，基部囊状。花冠紫色，长约 4 mm，外被微柔毛，内面仅下唇中裂片下方略具髯毛状毛，冠筒长约 3 mm，向上渐宽大，冠檐二唇形，上唇直伸，扁平，先端微缺，下唇 3 裂，中裂片较大，边缘具齿。雄蕊 4，后对能育，药室 2，叉开，前对退化，药室不明显。花柱先端相等 2 浅裂。花盘前方呈指状膨大。小坚果黑褐色，球形，直径约 1.5 mm，具窝状雕纹。花期 9—10 月，果期 10 月。

【生境分布】 生于路旁、林缘或溪畔，海拔 980～1350 m。罗田各地均有分布。

【采收加工】 夏、秋季采收，干用或鲜用。

【药材名】 痱子草。

【来源】 唇形科植物少花荠苎 Mosla pauciflora（C. Y. Wu）C. Y. Wu et H. W. Li 的地上部分。

【性味】 辛，凉。

【功能主治】 清热解毒。主治中暑感冒，高血压，肠胃炎。

【用法用量】 内服：煎汤，10～15 g。

713. 石荠苎 *Mosla scabra*（Thunb.）C. Y. Wu et H. W. Li

【别名】 鬼香油、小鱼仙草、香茹草、野荆芥、痱子草、土荆芥、野香茹、紫花草。

【形态】 一年生草本。茎高 20～100 cm，多分枝，分枝纤细，茎、枝均四棱形，具细条纹，密被短柔毛。叶卵形或卵状披针形，长 1.5～3.5 cm，宽 0.9～1.7 cm，先端急尖或钝，基部圆形或宽楔形，边缘近基部全缘，自基部以上为锯齿状，纸质，上面橄榄绿色，被灰色微柔毛，下面灰白色，密布凹陷腺点，近无毛或被极疏短柔毛；叶柄长 3～16（20）mm，被短柔毛。总状花序生于主茎及侧枝上，长

2.5～15 cm；苞片卵形，长 2.7～3.5 mm，先端尾状渐尖，花时及果时均超过花梗；花梗花时长约 1 mm，果时长至 3 mm，与序轴密被灰白色疏柔毛。花萼钟形，长约 2.5 mm，宽约 2 mm，外面被疏柔毛，二唇形，上唇 3 齿呈卵状披针形，先端渐尖，中齿略小，下唇 2 齿，线形，先端锐尖，果时花萼长至 4 mm，宽至 3 mm，脉纹显著。花冠粉红色，长 4～5 mm，外面被微柔毛，内面基部具毛环，冠筒向上渐扩大，冠檐二唇形，上唇直立，扁平，先端微凹，

下唇 3 裂，中裂片较大，边缘具齿。雄蕊 4，后对能育，药室 2，叉开，前对退化，药室不明显。花柱先端相等 2 浅裂。花盘前方呈指状膨大。小坚果黄褐色，球形，直径约 1 mm，具深雕纹。花期 5—11 月，果期 9—11 月。

【生境分布】　生于山坡树丛下及沟旁。罗田各地均有分布。

【采收加工】　7—8 月采收全草，晒干。

【药材名】　荠苎。

【来源】　唇形科植物石荠苎 Mosla scabra（Thunb.）C. Y. Wu et H. W. Li 的干燥地上部分。

【性味】　辛、苦，凉。

【功能主治】　清暑热，祛风湿，消肿，解毒。主治暑热痧症，衄血，血痢，慢性支气管炎，痈疽疮肿，风疹，热痱。

【用法用量】　内服：煎汤，4.5～10 g。外用：煎水洗或捣敷。

【注意】　《广西中药志》：表虚者忌用。

【附方】　①治受暑发高烧：石荠苎、苦蒿、水灯心，水煎加白糖服。（《四川中药志》）

②治感冒，中暑：石荠苎 15 g，水煎服。（《浙江民间常用草药》）

③治风疹，感冒：石荠苎全草 10～15 g，白菊花 3～5 朵，酌冲开水炖服。（《福建民间草药》）

④治冬瓜痈，附骨疽：鬼香油加甘草 3 g，入酱板盐花，捣敷有效。（汪连仕《采药书》）

⑤治痈疽（在未成脓阶段）：石荠苎叶，加红糖 16 g。共捣烂，遍贴患处，日换一两次。（《福建民间草药》）

⑥治湿疹瘙痒，脚癣：石荠苎全草一握，煎汤浴洗。（《福建民间草药》）

⑦治痱子：鲜石荠苎 1 kg，煎汤外洗。（《浙江民间常用草药》）

⑧治热痱：石荠苎鲜叶搓揉，搽擦。（《浙江中医杂志》）

⑨治疟疾：紫花草捻烂塞鼻孔，并煎汤于疟发前洗脸。（《江苏药材志》）

⑩治蜈蚣咬伤：石荠苎鲜叶擦患处，或烧存性研末加麻油调敷。（《浙江民间常用草药》）

荆芥属 Nepeta L.

714. 荆芥 Nepeta cataria L.

【别名】　假苏、鼠蓂、姜苏、稳齿菜、四棱杆蒿。

【形态】　多年生植物。茎坚强，基部木质化，多分枝，高 40～150 cm，基部近四棱形，上部钝四棱形，具浅槽，被白色短柔毛。叶卵状至三角状心形，长 2.5～7 cm，宽 2.1～4.7 cm，先端钝至锐尖，基部心形至截形，边缘具粗圆齿，草质，上面黄绿色，被极短硬毛，下面略发白，被短柔毛但在脉上较密，侧脉 3～4 对，斜上升，在上面微凹陷，下面隆起；叶柄长 0.7～3 cm，细弱。花序为聚伞状，下部的腋生，上部的组成连续或间断的、较疏松或极密集的顶生分枝圆锥花序，聚伞花序呈二歧状分枝；苞叶叶状，或上部的变小而呈披针状，苞片、小苞片钻形，细小。花萼花时管状，长约 6 mm，直径 1.2 mm，外被白色短柔毛，内面仅萼齿被疏硬毛，齿锥

形，长 1.5～2 mm，后齿较长，花后花萼增大成瓮状，纵肋十分清晰。花冠白色，下唇有紫点，外被白色柔毛，内面在喉部被短柔毛，长约 7.5 mm，冠筒极细，直径约 0.3 mm，自萼筒内骤然扩展成宽喉，冠檐二唇形，上唇短，长约 2 mm，宽约 3 mm，先端具浅凹，下唇 3 裂，中裂片近圆形，长约 3 mm，宽约 4 mm，基部心形，边缘具粗齿，侧裂片圆裂片状。雄蕊内藏，花丝扁平，无毛。花柱线形，先端 2 等裂。花盘杯状，裂片明显。子房无毛。小坚果卵形，几三棱状，灰褐色，长约 1.7 mm，直径约 1 mm。花期 7—9 月，果期 9—10 月。

【生境分布】 全国大部分地区有分布。罗田骆驼坳镇有栽培。

【采收加工】 秋季花开穗绿时割取地上部分，晒干。亦有先单独摘取花穗，再割取茎枝，分别晒干，前者称"荆芥穗"，后者称"荆芥"。

【药材名】 荆芥。

【来源】 唇形科植物荆芥 *Nepeta cataria* L. 的全草。

【性状】 干燥全草的茎方形，四面有纵沟，上部多分枝，长 45～90 cm，直径 3～5 mm；表面淡紫红色，被短柔毛。质轻脆，易折断，断面纤维状，黄白色，中心有白色疏松的髓。叶对生，叶片分裂，裂片细长，呈黄色，皱缩卷曲，破碎不全；质脆而易脱落。枝顶着生穗状聚伞花序，呈绿色圆柱形，长 7～10 cm；花冠多已脱落，只留绿色的萼筒，内有 4 个棕黑色的小坚果。气芳香，味微涩而辛。以浅紫色、茎细、穗多而密者为佳。

【炮制】 荆芥：拣净杂质，用水略泡，捞出切段，晒干。炒荆芥：取切段的荆芥置锅内，文火微炒，取出放凉（炒荆芥穗方法同）。荆芥炭：取切段的荆芥置锅内，用武火炒至焦黑色，存性，喷少量清水，取出晒干（荆芥穗炭方法同）。

【性味】 辛，温。

【归经】 归肺、肝经。

【功能主治】 发表，祛风，理血，止血。主治感冒发热，头痛，咽喉肿痛，中风口噤，吐血，衄血，便血，崩漏，痈肿，疮疥，瘰疬。荆芥穗效用相同，唯发散之力较强。

【用法用量】 内服：煎汤，4.5～10 g；或入丸、散。外用：捣敷、研末调敷或煎水洗。

【注意】 表虚自汗、阴虚头痛者忌服。

①《药性论》：荆芥久服动渴疾。

②《苇航纪谈》：凡服荆芥风药，忌食鱼。

③《本草纲目》：反驴肉、无鳞鱼。

④《本草经疏》：痛人表虚有汗者忌之；血虚寒热而不因于风湿风寒者勿用；阴虚火炎面赤，因而头痛者，慎勿误入。

【附方】 ①治风热头痛：荆芥穗、石膏等份，为末。每服 6 g，茶调下。（《永类钤方》）

②治头目诸疾，血劳，风气头痛，头晕目眩：荆芥穗为末，每酒服三钱。（《眼科龙木论》）

③治风热壅肺，咽喉肿痛，语声不出，或如有物哽：荆芥穗 16 g，桔梗 64 g，甘草（炙）32 g。上为粗末，每服 12 g，水一盏，姜 3 片，煎六分，去渣，食后温服。（《局方》）

④治一切风，口眼偏斜：青荆芥 500 g，青薄荷 500 g。一处砂盆内研，生绢绞汁于瓷器内，煎成膏；余滓三分，去一分，将二分滓日干为末，以膏和为丸，如梧子大。每服 20 丸，早至暮可三服。忌动风物。（《经验后方》）

⑤治便血：a.荆芥，炒，为末。每米饮服 6 g，妇人用酒下。亦可拌面作馄饨食之。（《经验方》）b.荆芥 64 g，槐花 32 g。炒紫为末。每服 10 g，清茶送下。（《简便单方》）

⑥治产后血晕：干荆芥穗，捣筛。每用末 6 g，童子小便一酒盏，调热服，口噤者挑齿，闭者灌鼻中。（《本草图经》）

⑦治尿血：荆芥、缩砂等份，为末。糯米饮下 10 g，日三服。（《李时珍濒湖集简方》）

⑧治痔漏肿痛：荆芥煮汤，日日洗之。（《简便单方》）

⑨治癃闭不通，小腹急痛，肛门肿疼：大黄（小便不通减半）、荆芥穗（大便不通减半）等份，分别为末。每服 3～6 g，温水调下，临时加减服。（《宜明论方》）

⑩治一切疔疮：荆芥、金银花、土茯苓等份，为末。熟地黄熬膏为丸，梧子大。每旦、晚各服百丸，茶酒任下。（《本草汇言》）

⑪治风毒瘰疬，赤肿痛硬：鼠粘子（微炒）625 g，荆芥穗 125 g，捣粗罗为散。每服 10 g，以水一中盏，煎至五分，去滓，入竹沥 50 ml，搅匀服之，日三服。（《太平圣惠方》）

⑫治脚趾湿烂：荆芥叶捣敷之。（《简便单方》）

⑬治三阳头痛：荆芥、羌活、防风、升麻、葛根、白芷、石膏、柴胡、川芎、芍药、细辛、葱白各等份，每服 15 g，水煎服。（《万密斋医学全书》）

【临床应用】 治疗皮肤瘙痒症：取净荆芥穗 32 g，碾为细面，过筛后装入纱布袋内，均匀地洒于患处（如范围广，可分片进行），然后用手掌反复揉搓，磨擦至手掌与患部产生热感为度。治疗荨麻疹及一切皮肤瘙痒，轻者 1～2 次，重者 2～4 次即奏效。

罗勒属 *Ocimum* L.

715. 罗勒 *Ocimum basilicum* L.

【别名】 岩头香、光明子、醒头香。

【形态】 一年生草本，高 20～80 cm，具圆锥形主根及自其上生出的密集须根。茎直立，钝四棱形，上部微具槽，基部无毛，上部被倒向微柔毛，绿色，常染有红色，多分枝。叶卵圆形至卵圆状长圆形，长 2.5～5 cm，宽 1～2.5 cm，先端微钝或急尖，基部渐狭，边缘具不规则齿或近全缘，两面近无毛，下面具腺点，侧脉 3～4 对，与中脉在上面平坦、下面明显；叶柄伸长，长约 1.5 cm，近扁平，向叶基具狭翅，被微柔毛。总状花序顶生于茎、枝上，各部均被微柔毛，通常长 10～20 cm，由多数具 6 花交互对生的轮伞花序组成，下部的轮伞花序远离，彼此相距可达 2 cm，上部轮伞花序靠近；苞片细小，倒披针形，长 5～8 mm，短于轮伞花序，先端锐尖，基部渐狭，无柄，边缘具纤毛，常具色泽；花梗明显，花时长约 3 mm，果时伸长，长约 5 mm，先端明显下弯。花萼钟形，长 4 mm，宽 3.5 mm，外面被短柔毛，内面在喉部被疏柔毛，萼筒长约 2 mm，萼齿 5，呈二唇形，上唇 3 齿，中齿最宽大，长 2 mm，宽 3 mm，近圆形，内凹，具短尖头，边缘下延至萼筒，侧齿宽卵圆形，长 1.5 mm，先端锐尖，下唇 2 齿，披针形，长 2 mm，具刺尖头，齿边缘均具缘毛，果时花萼宿存，明显增大，长达 8 mm，宽 6 mm，明显下倾，脉纹显著。花冠淡紫色，或上唇白色、下唇紫红色，伸出花萼，长约 6 mm，外面在唇片上被微柔毛，内面无毛，冠筒内藏，长约 3 mm，喉部增大，冠檐二唇形，上唇宽大，长 3 mm，宽 4.5 mm，4 裂，裂片近相等，近圆形，常具波状皱曲，下唇长圆形，长 3 mm，宽 1.2 mm，下倾，全缘，近扁平。雄蕊 4，分离，略超出花冠，插生于花冠筒中部，花丝丝状，后对花丝基部具齿状附属物，其上有微柔毛，花药卵圆形，汇合成 1

室。花柱超出雄蕊，先端相等 2 浅裂。花盘平顶，具 4 齿，齿不超出子房。小坚果卵珠形，长 2.5 mm，宽 1 mm，黑褐色，有具腺的穴陷，基部有 1 白色果脐。花期通常 7—9 月，果期 9—12 月。

【生境分布】 多为人工栽培。罗田各地均有分布。

【药用部位】 全草、果实。

（1）醒头香。

【采收加工】 夏、秋季采收，干燥。

【来源】 唇形科植物罗勒 *Ocimum basilicum* L. 的全草。

【功能主治】 驱风，健胃及发汗。主治胃痛，胃痉挛，胃肠胀气，消化不良，肠炎腹泻，外感风寒，头痛，胸痛，风湿性关节炎，小儿发热。

（2）光明子。

【采收加工】 秋、冬季果实成熟后采收。

【来源】 唇形科植物罗勒 *Ocimum basilicum* L. 的果实。

【功能主治】 明目退翳。主治目翳，并试用于避孕。

【用法用量】 内服：煎汤，6～10 g。外用：煎水洗。

【其他作用】 主要用作调香原料，配制化妆品及食用香精等，亦用作牙膏、漱口剂中的矫味剂。嫩叶可食，亦可泡茶饮。

牛至属 *Origanum* L.

716. 牛至 *Origanum vulgare* L.

【别名】 野荆芥。

【形态】 多年生草本或半灌木，芳香；根茎斜生，其节上具纤细的须根，木质。茎直立或近基部伏地，通常高 25～60 cm，带紫色，四棱形，具倒向或微蜷曲的短柔毛，多数，从根茎发出，中上部各节有具花的分枝，下部各节有不育的短枝，近基部常无叶。叶具柄，柄长 2～7 mm，腹面具槽，背面近圆形，被柔毛，叶片卵圆形或长圆状卵圆形，长 1～4 cm，宽 0.4～1.5 cm，先端钝或稍钝，基部宽楔形至近圆形或微心形，

全缘或有远离的小锯齿，上面亮绿色，常带紫晕，具不明显的柔毛及凹陷的腺点，下面淡绿色，明显被柔毛及凹陷的腺点，侧脉 3～5 对，与中脉在上面不显著，下面凸出；苞叶大多无柄，常带紫色。花序呈伞房状圆锥花序，开张，多花密集，由多数长圆状在果时伸长的小穗状花序组成；苞片长圆状倒卵形至倒卵形或倒披针形，锐尖，绿色或带紫晕，长约 5 mm，具平行脉，全缘。花萼钟状，连齿长 3 mm，外面被小硬毛或近无毛，内面在喉部有白色柔毛环，13 脉，显著，萼齿 5，三角形，等大，长 0.5 mm。花冠紫红色、淡红色至白色，管状钟形，长 7 mm，两性花冠筒长 5 mm，显著超出花萼，而雌性花冠筒短于花萼，长约 3 mm，外面疏被短柔毛，内面在喉部被疏短柔毛，冠檐明显二唇形，上唇直立，卵圆形，长 1.5 mm，先端 2 浅裂，下唇开张，长 2 mm，3 裂，中裂片较大，侧裂片较小，均长圆状卵圆形。雄蕊 4，在两性花中，后对短于上唇，前对略伸出花冠，在雌性花中，前后对近相等，内藏，花丝丝状，扁平，无毛，花药卵圆

形，2 室，两性花由三角状楔形的药隔分隔，室叉开，而雌性花中药隔退化，雄蕊的药室近平行。花盘平顶。花柱略超出雄蕊，先端不相等 2 浅裂，裂片钻形。小坚果卵圆形，长约 0.6 mm，先端圆，基部骤狭，微具棱，褐色，无毛。花期 7—9 月，果期 10—12 月。

【生境分布】　生于路旁、山坡、林下及草地。罗田各地均有分布。

【采收加工】　夏末秋初开花时采收，将全草齐根割起，或将全草连根拔起，抖去泥沙，晒干后扎成小把。

【药材名】　牛至。

【来源】　唇形科植物牛至 *Origanum vulgare* L. 的全草。

【性味】　辛，温。

【功能主治】　发汗解表，消暑化湿。主治中暑，感冒，急性胃肠炎，腹痛。

【用法用量】　内服：煎汤，3～10 g。

紫苏属 *Perilla* L.

717. 紫苏 *Perilla frutescens*（L.）Britt.

【别名】　赤苏、红苏、红紫苏、皱紫苏。

【形态】　一年生、直立草本。茎高 0.3～2 m，绿色或紫色，钝四棱形，具 4 槽，密被长柔毛。叶阔卵形或圆形，长 7～13 cm，宽 4.5～10 cm，先端短尖或凸尖，基部圆形或阔楔形，边缘在基部以上有粗锯齿，膜质或草质，两面绿色或紫色，或仅下面紫色，上面被疏柔毛，下面被贴生柔毛，侧脉 7～8 对，位于下部者稍靠近，斜上升，与中脉在上面微凸起、下面明显凸起，色稍淡；叶柄长 3～5 cm，背腹扁平，密被长柔毛。轮伞花序 2 花，组成长 1.5～15 cm、密被长柔毛、偏向一侧的顶生及腋生总状花序；苞片宽卵圆形或近圆形，长、宽均约 4 mm，先端具短尖，外被红褐色腺点，无毛，边缘膜质；花梗长 1.5 mm，密被柔毛。花萼钟形，10 脉，长约 3 mm，直伸，下部被长柔毛，夹有黄色腺点，内面喉部有疏柔毛环，结果时增大，长至 1.1 cm，平伸或下垂，基部一边肿胀，萼檐二唇形，上唇宽大，3 齿，中齿较小，下唇比上唇稍长，2 齿，齿披针形。花冠白色至紫红色，长 3～4 mm，外面略被微柔毛，内面在下唇片基部略被微柔毛，冠筒短，长 2～2.5 mm，喉部斜钟形，冠檐近二唇形，上唇微缺，下唇 3 裂，中裂片较大，侧裂片与上唇相似似。雄蕊 4，几不伸出，前对稍长，离生，插生于喉部，花丝扁平，花药 2 室，室平行，其后略叉开或极叉开。花柱先端相等 2 浅裂。花盘前方呈指状膨大。小坚果近球形，灰褐色，直径约 1.5 mm，具网纹。花期 8—11 月，果期 8—12 月。

【生境分布】　生于路旁、山坡、林下及草地。罗田各地均有分布。

【药用部位】　全草、梗、叶、果实。

（1）紫苏。

【采收加工】9 月上旬花序将长出时，割下全株，倒挂通风处阴干备用。

【来源】　唇形科植物紫苏 *Perilla frutescens*（L.）Britt. 的带枝嫩叶。

【性味】　辛，温。

【功能主治】　散寒解表，理气宽中。主治风寒感冒，头痛，咳嗽，胸腹胀满。

【用法用量】　内服：煎汤，3～10 g。

（2）紫苏梗。

【别名】苏梗。

【采收加工】秋季果实成熟后采割，除去杂质，晒干，或趁鲜切片，晒干。

【来源】唇形科植物紫苏 *Perilla frutescens*（L.）Britt. 的干燥茎。

【性状】本品呈方柱形，四棱圆钝，长短不一，直径 0.5～1.5 cm。表面紫棕色或暗紫色，四面有纵沟及细纵纹，节部稍膨大，有对生的枝痕和叶痕。体轻，质硬，断面裂片状。切片厚 2～5 mm，常呈斜长方形，木部黄白色，射线细密，呈放射状，髓部白色，疏松或脱落。气微香，味淡。

【炮制】除去杂质，稍浸，润透，切厚片，干燥。

【性味】辛，温。

【归经】归肺、脾经。

【功能主治】理气宽中，止痛，安胎。主治胸膈痞闷，胃脘疼痛，嗳气呕吐，胎动不安。

【用法用量】内服：煎汤，5～9 g。

【贮藏】置阴凉干燥处。

（3）紫苏叶。

【别名】苏叶。

【采收加工】在 9 月上旬（白露前后）枝叶茂盛花序刚长出时采收，置通风处阴干，然后将叶子采下。

【来源】唇形科植物紫苏 *Perilla frutescens*（L.）Britt. 的叶。

【性状】干燥完整的叶呈卵形或卵圆形，多数皱缩卷曲或已破碎，两面均棕紫色，或上面灰绿色，下面棕紫色，两面均有稀毛；先端尖，边缘有锯齿，基部近圆形，有柄，质薄而脆。切碎品多混有细小茎枝。茎四方形，有槽，外皮黄紫色，有时剥落，木质部黄白色，中央有白色疏松的髓。气芳香，味微辛。以叶大、色紫、不碎、香气浓、无枝梗者为佳。

【性味】辛，温。

【归经】归肺、脾经。

【功能主治】发表，散寒，理气，和营。主治感冒风寒，恶寒发热，咳嗽，气喘，胸腹胀满，胎动不安，并能解鱼蟹毒。

【用法用量】内服：煎汤，6～10 g。外用：捣敷或煎水洗。

【注意】温病及气弱者忌服。

①《本草经疏》：病属阴虚，因发寒热或恶寒及头痛者，慎毋投之，以病宜敛宜补故也。火升作呕者亦不宜。

②《本草通玄》：久服泄人真气。

【附方】①治伤风发热：苏叶、防风、川芎各4.5 g，陈皮3 g，甘草1.8 g，加生姜2片煎服。（《不知医必要》）

②治卒得寒冷上气：干苏叶95 g，陈橘皮125 g，酒4升煮取1.5升，分为再服。（《补辑肘后方》）

③治咳逆短气：紫苏茎叶（锉）32 g，人参16 g。上二味，粗捣筛，每服10 g，水一盏，煎至七分，去滓，温服，日再。（《圣济总录》）

④治伤寒呕哕不止：赤苏一把，水3升，煮取2升，稍稍饮。（《补辑肘后方》）

⑤治胎气不和，凑上心腹，胀满疼痛，谓之子悬：大腹皮、川芎、白芍、陈皮（去白）、紫苏叶、当归（去芦，酒浸）各32 g，人参、甘草（炙）各16 g。上细切，每服12 g，水一盏半，生姜5片，葱白七寸，煎至七分，空心温服。（《济生方》）

⑥治乳痈肿痛：紫苏煎汤频服，并捣封之。（《海上方》）

⑦治金疮出血：嫩紫苏叶、桑叶，同捣贴之。（《永类钤方》）

⑧治跌打损伤：紫苏捣敷之，疮口自合。（《谈野翁试验方》）

⑨治蛇虺伤人：紫苏叶捣汁饮之。（《千金方》）

⑩治食蟹中毒：紫苏煮汁饮之。（《金匮要略》）

⑪治寒泻：紫苏叶 15 g，水煎加红糖 6 g 冲服。

⑫解食鱼、鳖中毒：紫苏叶 60 g，煎浓汁当茶饮，或加姜汁 10 滴调服。

⑬治子宫下垂：紫苏叶 60 g，煎汤熏洗。

⑭预解疫毒之神方：人中黄、黄芩、黄柏、山栀、黄连、香附、苍术、紫苏、陈皮、雄黄、朱砂共研细末为丸。（《万密斋医学全书》）

【临床应用】 ①治疗慢性支气管炎。取干苏叶与少量干姜（10：1），制成 25％苏叶药液。每日早晚各服 1 次，每次 100 ml，10 天为 1 个疗程。

②治疗寻常疣。将疣周围皮肤消毒（疣体凸出者可贴皮剪去），取洗净之鲜紫苏叶摩擦疣部，每次 10 ～ 15 min，敷料包扎，每日 1 次。

【注意】 紫苏有两种，其中一种叶背紫色，有芳香清甘之味，常用此种鲜紫苏叶和嫩姜捣烂加盐拌白切猪肉、白切鸭肉食用；或用鲜紫苏叶加大蒜头，食盐捣烂作为凉拌菜食用。有行气健胃、助消化、发汗祛寒的作用。

（4）紫苏子。

【别名】 苏子、黑苏子、野麻子、铁苏子。

【采收加工】 秋季果实成熟时割取全株或果穗，打下果实，除去杂质，晒干。

【来源】 唇形科植物紫苏 *Perilla frutescens*（L.）Britt. 的干燥成熟果实。

【性状】 干燥成熟的果实呈卵圆形或圆球形，长径 0.6 ～ 3 mm，短径 0.5 ～ 2.5 mm。野生者粒小，栽培者粒大。表面灰褐色至暗棕色或黄棕色，有隆起的网状花纹，较尖的一端有果柄痕迹。果皮薄，硬而脆，易压碎。种仁黄白色，富油质。气清香，味微辛。以颗粒饱满、均匀、灰棕色、无杂质者为佳。

【炮制】 紫苏子：簸去灰屑，洗净，晒干。炒紫苏子：取净苏子置锅内，用文火炒至有香气或起爆声为度，取出放凉。

【性味】 辛，温。

【归经】 归肺、大肠经。

【功能主治】 下气，清痰，润肺，宽肠。主治咳逆，痰喘，气滞，便秘。

【用法用量】 内服：煎汤，4.5 ～ 10 g；或捣汁饮，或入丸、散。

【注意】《本草逢原》：性主疏泄，气虚久嗽、阴虚喘逆、脾虚便滑者皆不可用。

【附方】 ①治小儿久咳，喉内痰声如拉锯，老人咳嗽吼喘：苏子 3 g，八达杏仁（去皮、尖）32 g，年老人加白蜜 6 g。共为末，大人每服 10 g，小儿服 3 g，白滚水送下。（《滇南本草》）

②治气喘咳嗽，食痞兼痰：紫苏子、白芥子、萝卜子。上三味，各洗净，微炒，击碎，看何证多，则以所主者为君，余次之，每剂不过 9 g，用生绢小袋盛之，煮作汤饮，随甘旨，代茶水吸用，不宜煎熬太过。若大便素实者，临服加熟蜜少许，若冬寒，加生姜 3 片。（《韩氏医通》）

③顺气，滑大便：紫苏子、麻子仁。上二味不拘多少，研烂，水滤取汁，煮粥食之。（《济生方》）

④治脚气及风寒湿痹，四肢拘急，脚踵不可践地：紫苏子 64 g，杵碎，水 2 升，研取汁，以苏子汁煮粳米 300 g 作粥，和葱、豉、椒、姜食之。（《太平圣惠方》）

⑤治消渴变水，服此令水从小便出：紫苏子（炒）95 g，萝卜子（炒）95 g。为末，每服 6 g，桑根白皮煎汤服，日 2 次。（《圣济总录》）

⑥治食蟹中毒：紫苏子捣汁饮之。（《金匮要略》）

718. 荏荏苏 *Perilla frutescens* var. *crispa*（Thunb.）Hand. –Mazz.

【别名】 皱紫苏、赤苏、紫苏、红紫苏。

【形态】 一年生草本，具特异芳香。茎直立，高 30～100 cm，紫色或绿紫色，圆角四棱形，上部多分枝，具有紫色关节的长柔毛。叶对生；叶柄长 2.5～7.5 cm，有紫色或白色节毛；叶片皱，卵形或圆卵形，长 4～12 cm，宽 2.5～10 cm，先端突尖或长尖，基部圆形或广楔形，边缘有锯齿，两面紫色，或上面绿色，下面紫色；两面疏生柔毛，下面有细油点。总状花序稍偏侧，顶生及腋生；苞卵形，全缘；花萼钟形，外面下部密生柔毛，先端唇形，上唇 3 裂，下唇 2 裂；花冠管状，先端二唇形，

紫色，上唇 2 裂，裂片方形，先端微凹，下唇 3 裂，两侧裂片近圆形，中裂片横椭圆形；雄蕊 4，二强，生于花冠管中部；子房 4 裂，花柱出自子房基部，柱头 2 裂。小坚果褐色，卵形，含 1 个种子。花期 6—7 月，果期 7—8 月。

【生境分布】 野生或栽培，分布几遍全国。罗田各地均有分布。

【备注】 本种与唇形科植物紫苏 *Perilla frutescens*（L.）Britt. 同等入药。详见前述。

719. 野生紫苏 *Perilla frutescens* var. *purpurascens*（Hayata）H. W. Li

【别名】 尖紫苏。

【形态】 形态与上种相似。全体被疏柔毛。叶长卵形，先端长尖，基部楔形，下延至叶柄，具粗圆齿，两面均平坦，不皱，紫色而被毛。花冠紫红色或淡红色。小坚果褐色至淡黄色。

【生境分布】野生或栽培，分布几遍全国。罗田各地均有分布。

【备注】 本种与唇形科植物紫苏 *Perilla frutescens*（L.）Britt. 同等入药。详见前述。

糙苏属 *Phlomis* L.

720. 糙苏 *Phlomis umbrosa* Turcz.

【别名】山苏子。

【形态】 多年生草本；根粗厚，须根肉质，长至 30 cm，粗至 1 cm。茎高 50～150 cm，多分枝，四棱形，具浅槽，疏被向下短硬毛，有时上部被星状短柔毛，常带紫红色。叶近圆形、圆卵形至卵状长圆形，长 5.2～12 cm，宽 2.5～12 cm，先端急尖，稀渐尖，基部浅心形或圆形，边缘为具胼胝尖的锯齿状齿，

或为不整齐的圆齿，上面橄榄绿色，疏被疏柔毛及星状疏柔毛，下面色较淡，毛被同叶上面，但有时较密，叶柄长 1 ～ 12 cm，腹凹背凸，密被短硬毛；苞叶通常为卵形，长 1 ～ 3.5 cm，宽 0.6 ～ 2 cm，边缘为粗锯齿状齿，毛被同茎叶，叶柄长 2 ～ 3 mm。轮伞花序通常 4 ～ 8 花，多数，生于主茎及分枝上；苞片线状钻形，较坚硬，长 8 ～ 14 mm，宽 1 ～ 2 mm，常呈紫红色，被星状微柔毛、近无毛或边缘被具节缘毛。花萼管状，长约 10 mm，宽约 3.5 mm，

外面被星状微柔毛，有时脉上疏被具节刚毛，齿先端具长约 1.5 mm 的小刺尖，齿间形成 2 个不十分明显的小齿，边缘被丛毛。花冠通常粉红色，下唇较深色，常具红色斑点，长约 1.7 cm，冠筒长约 1 cm，外面除背部上方被短柔毛外，余部无毛，内面近基部 1/3 具斜向间断的小疏柔毛毛环，冠檐二唇形，上唇长约 7 mm，外面被绢状柔毛，边缘具不整齐的小齿，自内面被毛，下唇长约 5 mm，宽约 6 mm，外面除边缘无毛外密被绢状柔毛，内面无毛，3 圆裂，裂片卵形或近圆形，中裂片较大。雄蕊内藏，花丝无毛，无附属器。小坚果无毛。花期 6—9 月，果期 9 月。

【生境分布】生于山地林中、林边灌丛中、河岸、山谷。罗田北部山区有分布。

【采收加工】春、秋季采挖，去净泥土，晒干。

【药用部位】根或全草。

【药材名】糙苏。

【来源】唇形科植物糙苏 *Phlomis umbrosa* Turcz. 的根或全草。

【性味】涩，平。

【功能主治】清热消肿。主治疮痈肿毒。

【附方】治无名肿毒：糙苏 10 g，水煎服。（《内蒙古中草药》）

【临床应用】治疗感冒。用糙苏全草制成醇浸膏片内服，每次 1.2 ～ 2.4 g，每日 3 次，儿童酌减；或制成冲剂，日服 2 次，每次 7.5 g。但对体温在 38.5 ℃以上的重症患者，退热作用较差。本品被认为有清热解毒作用，如与红旱莲（湖南连翘）组成复方治疗，可提高疗效。

夏枯草属 *Prunella* L.

721. 夏枯草 *Prunella vulgaris* L.

【别名】牛枯草、地枯牛、广谷草。

【形态】多年生草本；根茎匍匐，在节上生须根。茎高 20 ～ 30 cm，上升，下部伏地，自基部多分枝，钝四棱形，具浅槽，紫红色，被稀疏的糙毛或近无毛。茎叶卵状长圆形或卵圆形，大小不等，长 1.5 ～ 6 cm，宽 0.7 ～ 2.5 cm，先端钝，基部圆形、截形至宽楔形，下延至叶柄成狭翅，边缘具不明显的波状齿或几近全缘，草质，上面橄榄绿色，具短硬毛或几无毛，下面淡绿色，几无毛，侧脉 3 ～ 4 对，在下面略凸出，叶柄长 0.7 ～ 2.5 cm，自下部向上渐变短；花序下方的一对苞叶似茎叶，近卵圆形，无柄或具不明显的短柄。轮伞花序密集组成顶生长 2 ～ 4 cm 的穗状花序，每一轮伞花序下承以苞片；苞片宽心形，通常长约 7 mm，宽约 11 mm，先端具长 1 ～ 2 mm 的骤尖头，脉纹放射状，外面在中部以下沿脉上疏生刚毛，内

面无毛，边缘具睫毛状毛，膜质，浅紫色。花萼钟形，连齿长约 10 mm，筒长 4 mm，倒圆锥形，外面疏生刚毛，二唇形，上唇扁平，宽大，近扁圆形，先端几截平，具 3 个不很明显的短齿，中齿宽大，齿尖均呈刺状微尖，下唇较狭，2 深裂，裂片达唇片之半或以下，边缘具缘毛，先端渐尖，尖头微刺状。花冠紫色、蓝紫色或紫红色，长约 13 mm，略超出于萼，冠筒长 7 mm，基部宽约 1.5 mm，其上向前方膨大，至喉部宽约 4 mm，外面无毛，内面约近基部 1/3 处

具鳞毛毛环，冠檐二唇形，上唇近圆形，直径约 5.5 mm，内凹，呈盔状，先端微缺，下唇约为上唇 1/2，3 裂，中裂片较大，近倒心形，先端边缘具流苏状小裂片，侧裂片长圆形，垂向下方，细小。雄蕊 4，前对长很多，均上升至上唇片之下，彼此分离，花丝略扁平，无毛，前对花丝先端 2 裂，1 能育裂片具花药，另 1 裂片钻形，长过花药，稍弯曲或近直立，后对花丝的不育裂片微呈瘤状凸出，花药 2 室，室极叉开。花柱纤细，先端相等 2 裂，裂片钻形，外弯。花盘近平顶。子房无毛。小坚果黄褐色，长圆状卵珠形，长 1.8 mm，宽约 0.9 mm，微具沟纹。花期 4—6 月，果期 7—10 月。

【生境分布】全国大部地区均有分布，生于荒地、路旁及山坡草丛中。罗田各地均有分布。

【采收加工】夏季当果穗半枯时采下，晒干。

【药用部位】干燥果穗。

【药材名】夏枯草。

【来源】唇形科植物夏枯草 *Prunella vulgaris* L. 的果穗。

【性状】干燥果穗呈长圆柱形或宝塔形，长 2.5～6.5 cm，直径 1～1.5 cm，棕色或淡紫褐色，宿萼数轮至十数轮，作覆瓦状排列，每轮有 5～6 个具短柄的宿萼，下方对生苞片 2 枚。苞片肾形，淡黄褐色，纵脉明显，基部楔形，先端尖尾状，背面生白色粗毛，宿萼唇形，上唇宽广，先端微 3 裂，下唇 2 裂，裂片尖三角形，外面有粗毛。花冠及雄蕊都已脱落。宿萼内有小坚果 4 枚，棕色，有光泽。体轻质脆，微有清香气，味淡。以紫褐色、穗大者为佳。

【性味】苦、辛，寒。

【归经】归肝、胆经。

【功能主治】清肝，散结。主治瘰疬，瘿瘤，乳痈，乳癌，急性黄疸性肝炎。

【用法用量】内服：煎汤，6～15 g；或熬膏，或入丸、散。外用：煎水洗或捣敷。

【注意】脾胃虚弱者慎服。

①《本草经集注》：土瓜为之使。

②《得配本草》：气虚者禁用。

【附方】①治瘰疬，不论已溃未溃，或日久成漏：夏枯草 195 g，水二盅，煎至七分，去滓，食远服。虚甚当煎浓膏服，并涂患处，多服益善。（《摄生众妙方》）

②治乳痈初起：夏枯草、蒲公英各等份。酒煎服，或做丸亦可。（《本草汇言》）

③治肝虚目睛疼，冷泪不止，筋脉痛，及眼羞明怕日：夏枯草 16 g，香附子 32 g，共为末。每服 3 g，腊茶调下，无时。（《简要济众方》）

④治血崩不止：夏枯草为末，每服 6 g，米饮调下。（《太平圣惠方》）

⑤治赤白带下：夏枯草花，开时采，阴干为末。每服 6 g，食前米饮下。（《本草纲目》）

⑥治产后血晕，心气欲绝者：夏枯草捣绞汁，服一盏。（《本草纲目》）

⑦治口眼歪斜：夏枯草 3 g，胆南星 1.5 g，防风 3 g，钓钩藤 3 g。水煎，点水酒临卧时服。（《滇南本草》）

⑧治头目眩晕：夏枯草（鲜）64 g，冰糖 15 g。开水冲炖，饭后服。（《闽东本草》）

⑨治羊痫风，高血压：夏枯草（鲜）95 g，冬蜜 32 g，开水冲炖服。（《闽东本草》）

⑩预防麻疹：夏枯草 15～64 g，水煎服，一日一剂，连服三日。（徐州《单方验方　新医疗法（选编）》）

⑪治小儿细菌性痢疾：1 岁以下，夏枯草 32 g，半枝莲 15 g；1～6 岁，夏枯草、半枝莲各 32 g；7～12 岁，夏枯草、半枝莲各 48 g。水煎服。（《全展选编》）

⑫治急性扁桃体炎，咽喉疼痛：鲜夏枯草全草 64～95 g，水煎服。（《草医草药简便验方汇编》）

⑬治扑伤金疮：夏枯草捣烂，敷上。（《卫生易简方》）

【临床应用】 ①治疗肺结核。

②治疗渗出性胸膜炎。

③治疗细菌性痢疾。

④治疗急性黄疸性肝炎。

鼠尾草属 *Salvia* L.

722. 血盆草 *Salvia cavaleriei* var. *simplicifolia* Stib.

【别名】 破罗子、反背红、朱砂草、红肺筋、红五匹、血盆草。

【形态】 一年生草本；主根粗短，纤维状须根细长，多分枝。茎单一或基部多分枝，高 12～32 cm，细瘦，四棱形，青紫色，下部无毛，上部略被微柔毛。叶形状不一，下部的叶为羽状复叶，较大，顶生小叶长卵圆形或披针形，长 2.5～7.5 cm，宽 1～3.2 cm，先端钝或圆钝，基部楔形或圆形而偏斜，边缘有稀疏的钝锯齿，草质，上面绿色，被微柔毛或无毛，下面紫色，无毛，侧生小叶 1～3 对，常较小，全缘或有钝锯齿，上部的叶为单叶，或裂为 3 裂片，或于

叶的基部裂出 1 对小的裂片；叶柄长 1～7 cm，下部的较长，无毛。轮伞花序 2～6 花，疏离，组成顶生总状花序，或总状花序基部分枝而成总状圆锥花序；苞片披针形，长约 2 mm，先端锐尖，基部楔形，无柄，全缘，带紫色，近无毛；花梗长约 2 mm，与花序轴略被微柔毛。花萼筒状，长 4.5 mm，外面无毛，内面上部被微硬伏毛；二唇形，唇裂至花萼长 1/4，上唇半圆状三角形，全缘，先端锐尖，下唇比上唇长，半裂成 2 齿，齿三角形，尖锐。花冠蓝紫色或紫色，长约 8 mm，外被微柔毛，内面在冠筒中部有疏柔毛毛环，冠筒长 5.5 mm，略伸出，自基部向上渐宽大，基部宽 1 mm，至喉部宽约 2 mm，冠檐二唇形，上唇长圆形，长约 3.5 mm，宽约 2 mm，先端微缺，下唇与上唇近等长，宽达 4 mm，3 裂，中裂片倒心形，先端微缺，侧裂片卵圆状三角形。能育雄蕊 2，伸出花冠上唇之外，花丝长 2 mm，药隔长 4.5 mm，上臂长 3 mm，下臂长 1.5 mm，药室退化，增大成足形，顶端相互连合。退化雄蕊短小。花柱微伸出花冠，先

端不相等 2 裂，后裂片较短。花盘前方略膨大。小坚果长椭圆形，长 0.8 mm，黑色，无毛。花期 7—9 月。

【生境分布】 生于海拔 460 ～ 2700 m 的山野潮湿地。罗田北部山区有分布。

【采收加工】 5—6 月采收开花的全草，晒干。

【药用部位】 全草。

【药材名】 朱砂草。

【来源】 唇形科植物血盆草 *Salvia cavaleriei* var. *simplicifolia* Stib. 的全草。

【性味】 微苦，凉。

【功能主治】 止血，清湿热。主治咳嗽吐血，血崩，血痢，创伤出血。

【用法用量】 内服：煎汤，16 ～ 32 g。外用：研末撒。

【附方】 ①治吐血：鲜朱砂草 15 g，鲜八爪金龙 1.5 g。水煎服，分 3 次服完。

②治咯血：鲜朱砂草 32 g，水煎服。

③治产后寒及血崩：鲜朱砂草 32 g，煮甜酒吃。

④治赤痢：鲜朱砂草 32 g，用白糖炒后水煎服。

⑤治刀伤出血：朱砂草叶炕干，研末撒伤口。（①～⑤方出自《贵州草药》）

723. 华鼠尾草 *Salvia chinensis* Benth.

【别名】 石打穿、石大川、紫参、石见穿。

【形态】 一年生草本；根略肥厚，
多分枝，紫褐色。茎直立或基部倾卧，高
20 ～ 60 cm，单一或分枝，钝四棱形，具槽，
被短柔毛或长柔毛。叶全为单叶或下部具 3
小叶的复叶，叶柄长 0.1 ～ 7 cm，疏被长
柔毛，叶片卵圆形或卵圆状椭圆形，先端钝
或锐尖，基部心形或圆形，边缘有圆齿或钝
锯齿，两面除叶脉被短柔毛外，余部近无毛，
单叶叶片长 1.3 ～ 7 cm，宽 0.8 ～ 4.5 cm，
复叶时顶生小叶片较大，长 2.5 ～ 7.5 cm，
小叶柄长 0.5 ～ 1.7 cm，侧生小叶较小，长

1.5 ～ 3.9 cm，宽 0.7 ～ 2.5 cm，有极短的小叶柄。轮伞花序 6 花，在下部的疏离，上部的较密集，组成
长 5 ～ 24 cm 顶生的总状花序或总状圆锥花序；苞片披针形，长 2 ～ 8 mm，宽 0.8 ～ 2.3 mm，先端渐尖，
基部宽楔形或近圆形，在边缘及脉上被短柔毛，比花梗稍长；花梗长 1.5 ～ 2 mm，与花序轴被短柔毛。
花萼钟形，长 4.5 ～ 6 mm，紫色，外面沿脉上被长柔毛，内面喉部密被长硬毛环，萼筒长 4 ～ 4.5 mm，
萼檐二唇形，上唇近半圆形，长 1.5 mm，宽 3 mm，全缘，先端有 3 个聚合的短尖头，3 脉，两边侧脉有
狭翅，下唇略长于上唇，长约 2 mm，宽 3 mm，半裂成 2 齿，齿长三角形，先端渐尖。花冠蓝紫色或紫色，
长约 1 cm，伸出花萼，外被短柔毛，内面离冠筒基部 1.8 ～ 2.5 mm 有斜向的不完全疏柔毛毛环，冠筒长
约 6.5 mm，基部宽不及 1 mm，向上渐宽大，至喉部宽达 3 mm，冠檐二唇形，上唇长圆形，长 3.5 mm，
宽 3.3 mm，平展，先端微凹，下唇长约 5 mm，宽 7 mm，3 裂，中裂片倒心形，向下弯，长约 4 mm，宽
约 7 mm，顶端微凹，边缘具小圆齿，基部收缩，侧裂片半圆形，直立，宽 1.25 mm。能育雄蕊 2，近外伸，
花丝短，长 1.75 mm，药隔长约 4.5 mm，关节处有毛，上臂长约 3.5 mm，具药室，下臂瘦小，无药室，
分离。花柱长 1.1 cm，稍外伸，先端不相等 2 裂，前裂片较长。花盘前方略膨大。小坚果椭圆状卵圆形，

长约 1.5 mm，直径 0.8 mm，褐色，光滑。花期 8—10 月。

【生境分布】　生于山坡或平地的林荫处或草丛中，海拔 120 ～ 500 m。罗田北部山区有分布。

【采收加工】　夏至至处暑期间采收。

【药用部位】　全草。

【药材名】　石见穿。

【来源】　唇形科植物华鼠尾草 *Salvia chinensis* Benth. 的全草。

【性味】　苦、辛，平。

【功能主治】　主治噎膈，痰喘，肝炎，赤白带下，痈肿，瘰疬。

【用法用量】　内服：煎汤，16 ～ 32 g；或捣汁和服。

【临床应用】　①治疗急、慢性肝炎。

②治疗赤白带下。

724. 丹参 *Salvia miltiorrhiza* Bunge

【别名】　紫丹参、红根、紫党参、蜂糖罐。

【形态】　多年生直立草本；根肥厚，肉质，外面朱红色，内面白色，长 5 ～ 15 cm，直径 4 ～ 14 mm，疏生支根。茎直立，高 40 ～ 80 cm，四棱形，具槽，密被长柔毛，多分枝。叶常为奇数羽状复叶，叶柄长 1.3 ～ 7.5 cm，密被向下长柔毛，小叶 3 ～ 5（7），长 1.5 ～ 8 cm，宽 1 ～ 4 cm，卵圆形、椭圆状卵圆形或宽披针形，先端锐尖或渐尖，基部圆形或偏斜，边缘具圆齿，草质，两面被疏柔毛，下面较密，小叶柄长 2 ～ 14 mm，与叶轴密被长柔毛。轮伞花序 6 花或多花，

下部者疏离，上部者密集，组成长 4.5 ～ 17 cm 具长梗的顶生或腋生总状花序；苞片披针形，先端渐尖，基部楔形，全缘，上面无毛，下面略被疏柔毛，比花梗长或短；花梗长 3 ～ 4 mm，花序轴密被长柔毛或具腺长柔毛。花萼钟形，带紫色，长约 1.1 cm，花后稍增大，外面被疏长柔毛及具腺长柔毛，具缘毛，内面中部密被白色长硬毛，具 11 脉，二唇形，上唇全缘，三角形，长约 4 mm，宽约 8 mm，先端具 3 个小尖头，侧脉外缘具狭翅，下唇与上唇近等长，深裂成 2 齿，齿三角形，先端渐尖。花冠紫蓝色，长 2 ～ 2.7 cm，外被具腺短柔毛，尤以上唇为密，内面离冠筒基部 2 ～ 3 mm 有斜生疏柔毛毛环，冠筒外伸，比冠檐短，基部宽 2 mm，向上渐宽，至喉部宽达 8 mm，冠檐二唇形，上唇长 12 ～ 15 mm，镰刀状，向上竖立，先端微缺，下唇短于上唇，3 裂，中裂片长 5 mm，宽达 10 mm，先端 2 裂，裂片顶端具不整齐的尖齿，侧裂片短，顶端圆形，宽约 3 mm。能育雄蕊 2，伸至上唇片，花丝长 3.5 ～ 4 mm，药隔长 17 ～ 20 mm，中部关节处略被小疏柔毛，上臂伸长，长 14 ～ 17 mm，下臂短而增粗，药室不育，顶端连合。退化雄蕊线形，长约 4 mm。花柱远外伸，长达 40 mm，先端不相等 2 裂，后裂片极短，前裂片线形。花盘前方稍膨大。小坚果黑色，椭圆形，长约 3.2 cm，直径 1.5 mm。花期 4—8 月，花后见果。

【生境分布】　生于山野阳处。罗田各地均有分布。

【采收加工】　自 11 月上旬至第二年 3 月上旬均可采收，以 11 月上旬采挖最宜。将根挖出，除去泥土、须根，晒干。

【药用部位】根和根茎。

【药材名】丹参。

【来源】唇形科植物丹参 *Salvia miltiorrhiza* Bunge 的干燥根和根茎。

【性状】干燥根茎顶部常有茎基残余。根略呈长圆柱形，微弯曲，有时分支，其上生多数细须根，根长 10～25 cm，直径 0.8～1.5 cm，支根长 5～8 cm，直径 2～5 mm，表面棕红色至砖红色，粗糙，具不规则的纵皱或栓皮，多呈鳞片状剥落。质坚脆，易折断，断面不平坦，带角质或纤维性，皮部色较深，呈紫黑色或砖红色，木部维管束灰黄色或黄白色，放射状排列。气弱，味甘、微苦。以条粗、内紫黑色，有菊花状白点者为佳。

【炮制】拣净杂质，除去根茎，洗净，捞出，润透后切片，晾干。炒丹参：取丹参片放入锅内，以文火炒至微有焦斑为度，取出，放凉。

【性味】苦，微寒。

【归经】归心、肝经。

【功能主治】活血祛瘀，安神宁心，排脓，止痛。主治心绞痛，月经不调，痛经，闭经，血崩带下，癥瘕，积聚，瘀血腹痛，骨节疼痛，惊悸失眠，恶疮肿毒。

【用法用量】内服：煎汤，10～15 g；或入丸、散。外用：熬膏涂；或煎水熏洗。

【注意】无瘀血者慎服。

①《本草经集注》：畏咸水。反藜芦。

②《本草经疏》：妊娠无故勿服。

③《本草备要》：忌醋。

④《本经逢原》：大便不买者忌之。

【附方】①治妇人经脉不调，或前或后，或多或少，产前胎不安，产后恶血不下；兼治冷热劳，腰脊痛，骨节烦疼：丹参（去芦）不以多少，为末。每服 6 g，酒调下，经脉不调食前，冷热劳无时。（《妇人良方》）

②治经水不调：紫丹参 500 g，切薄片，于烈日中晒脆，为细末，用好酒泛为丸。每服 10 g，清晨开水送下。（《集验拔萃良方》）

③治经血涩少，产后瘀血腹痛，闭经腹痛：丹参、益母草、香附各 10 g，水煎服。

④治腹中包块：丹参、三棱、莪术各 10 g，皂角刺 3 g，水煎服。

⑤治急、慢性肝炎，两胁作痛：茵陈 15 g，郁金、丹参、板蓝根各 10 g，水煎服。（③～⑤方出自《陕甘宁青中草药选》）

⑥治妊娠堕胎，下血不止：丹参 380 g，细切，以清酒 5 升，煮取 3 升，温服 1 升，日三。（《千金方》）

⑦治心腹诸痛，属半虚半实者：丹参 32 g，白檀香、砂仁各 4.5 g，水煎服。（《医学金针》丹参饮）

⑧治腰髀连脚疼：杜仲 250 g，丹参 160 g，独活、当归、芎劳、干地黄各 125 g。上六味切，以绢袋盛，上清酒二斗渍之五宿，服 200 ml，日再。忌芜荑。（张文仲）

⑨治神经衰弱：丹参 15 g，五味子 32 g，水煎服。（《陕甘宁青中草药选》）

⑩治小儿汗出中风，身体拘急，壮热苦啼：丹参 16 g，鼠粪 3～7 枚（微炒）。上药，捣细罗为散。每服，以浆水调下 1.5 g，量儿大小，加减服之。（《太平圣惠方》）

⑪治妇人乳肿痛：丹参、芍药各 64 g，白芷 32 g。上三味，以苦酒渍一夜，猪脂 900 g，微火煎三上下，膏成敷之。（《刘涓子鬼遗方》）

⑫治寒疝，小腹及阴中相引痛，自汗出欲死：丹参 16 g，锉，捣细罗为散。每服，以热酒调下 6 g。（《太平圣惠方》）

⑬治风热，皮肤发斑，苦痒成疥：丹参 125 g（锉），苦参 125 g（锉），蛇床子 450 g（生用）。上药以水 15 升，煎至 7 升，去滓，趁热洗之。（《太平圣惠方》）

⑭治热油火灼，除痛生肌：丹参 250 g，锉，以水微调，取羊脂 1 kg，煎三上三下，以涂疮上。（《肘后备急方》）

【临床应用】 ①治疗迁延性、慢性肝炎。丹参配合茵陈，治疗急性黄疸性肝炎。用法：丹参 64 g，茵陈 32 g，加水煎 2 次，两次药液混合加糖 16 g 再浓煎至 200 ml，成人 60 ml，儿童 25 ml，均日服 2 次。儿童平均服药 20 日，成人服药 33 日左右。

②治疗血栓闭塞性脉管炎。将白花丹参晒干切碎，压为细末，用白酒（55°）浸泡 15 日，配制成 5%～10% 白花丹参酒。每次服 20～30 ml，日服 3 次；如病情较重，疼痛剧烈，而且会饮酒者，每次可服 50 ml，每日 2～3 次，或顿服药酒以醉为度。

③治疗晚期血吸虫病肝脾肿大。采集丹参根晒干后切片，水煎 2 次，过滤，滤液合并煎成 30%～50% 煎剂，临用时酌加糖浆。

④治疗冠心病。用丹参提取物制成片剂（每片含提取物 0.2 g）内服，每次 2 片，每日 3 次（每日量相当原生药 64 g）。以两周至一个月为 1 个疗程。

725. 紫花皖鄂丹参 *Salvia paramiltiorrhiza* H. W. Li et X. L. Huang f. *purpureorubra* H. W. Li

【来源】 唇形科植物紫花皖鄂丹参 *Salvia paramiltiorrhiza* H. W. Li et X. L. Huang f. *purpureorubra* H. W. Li 的根。

【生境分布】 生于山坡、灌丛中或草丛中。罗田北部山区有分布。

【药用部位】 根。

【功能主治】 主治月经不调，血虚闭经。

726. 荔枝草 *Salvia plebeia* R. Br.

【别名】 荠宁、癞子草、癞团草、癞疙宝草、蛤蟆草。

【形态】 一年生或二年生草本；主根肥厚，向下直伸，有多数须根。茎直立，高 15～90 cm，粗壮，多分枝，被向下的灰白色疏柔毛。叶椭圆状卵圆形或椭圆状披针形，长 2～6 cm，宽 0.8～2.5 cm，先端钝或急尖，基部圆形或楔形，边缘具圆齿或尖锯齿，草质，上面被稀疏的微硬毛，下面被短疏柔毛，余部散布黄褐色腺点；叶柄长 4～15 mm，腹凹背凸，密被疏柔毛。轮伞花序 6 花，多数，在茎、枝顶端密集组成总状或总状圆锥花序，花序长 10～25 cm，结果时延长；苞片披针形，长于或短于花萼；先端渐尖，基部

渐狭，全缘，两面被疏柔毛，下面较密，边缘具缘毛；花梗长约 1 mm，与花序轴密被疏柔毛。花萼钟形，长约 2.7 mm，外面被疏柔毛，散布黄褐色腺点，内面喉部有微柔毛，二唇形，唇裂约至花萼长 1/3，上唇全缘，先端具 3 个小尖头，下唇深裂成 2 齿，齿三角形，锐尖。花冠淡红色、淡紫色、紫色、蓝紫色至蓝色，稀白色，长 4.5 mm，冠筒外面无毛，内面中部有毛环，冠檐二唇形，上唇长圆形，长约 1.8 mm，宽 1 mm，先端微凹，外面密被微柔毛，两侧折合，下唇长约 1.7 mm，宽 3 mm，外面被微柔毛，3 裂，中裂片最大，阔倒心形，顶端微凹或呈浅波状，侧裂片近半圆形。能育雄蕊 2，着生于下唇基部，略伸出花冠外，花丝长 1.5 mm，药隔长约 1.5 mm，弯成弧形，上臂和下臂等长，上臂具药室，两下臂不育，膨大，互相连合。花柱和花冠等长，先端不等 2 裂，前裂片较长。花盘前方微隆起。小坚果倒卵圆形，直径 0.4 mm，成熟时干燥，光滑。花期 4—5 月，果期 6—7 月。

【生境分布】生于山坡、路旁、沟边、田野潮湿的土壤上，海拔可至 2800 m。罗田各地均有分布。

【采收加工】6—7 月采收，洗净，切细，鲜用或晒干。

【药用部位】全草。

【药材名】荔枝草。

【来源】唇形科植物荔枝草 *Salvia plebeia* R. Br. 的全草。

【性味】苦、辛，凉。

【功能主治】清热解毒，利尿消肿，凉血止血。主治扁桃体炎，肺结核咯血，支气管炎，腹水肿胀，肾炎水肿，崩漏，便血，血小板减少性紫癜；外用治痈肿，痔疮肿痛，乳腺炎，阴道炎。

民间广泛用于跌打损伤，无名肿毒，流感，咽喉肿痛，小儿惊风，吐血，鼻衄，乳痈，淋巴腺炎，哮喘，腹水肿胀，肾炎水肿，疔疖疮肿，痔疮肿痛，子宫脱垂，尿道炎，高血压，一切疼痛及胃癌等。

【用法用量】内服：煎汤，16 ～ 32 g。外用：适量，鲜品捣烂外敷，或煎水洗。

727. 一串红 *Salvia splendens* Ker-Gawl.

【别名】象牙红、墙下红。

【形态】亚灌木状草本，高可达 90 cm。茎钝四棱形，具浅槽，无毛。叶卵圆形或三角状卵圆形，长 2.5 ～ 7 cm，宽 2 ～ 4.5 cm，先端渐尖，基部截形或圆形，稀钝，边缘具锯齿，上面绿色，下面色较淡，两面无毛，下面具腺点；茎生叶叶柄长 3 ～ 4.5 cm，无毛。轮伞花序 2 ～ 6 花，组成顶生总状花序，花序长 20 cm 或以上；苞片卵圆形，红色，大，在花开前包裹着花蕾，先端尾状渐尖；花梗长 4 ～ 7 mm，密被染红的具腺柔毛，花序轴被微柔毛。花萼钟形，红色，开花时长约 1.6 cm，花后增大达 2 cm，外面沿脉上被染红的具腺柔毛，内面在上半部被微硬伏毛，二唇形，唇裂达花萼长的 1/3，上唇三角状卵圆形，长 5 ～ 6 mm，宽 10 mm，先端具小尖头，下唇比上唇略长，深 2 裂，裂片三角形，先端渐尖。花冠红色，长 4 ～ 4.2 cm，外被微柔毛，内面无毛，冠筒筒状，直伸，在喉部略增大，冠檐二唇形，上唇直伸，略内弯，长圆形，长 8 ～ 9 mm，宽约 4 mm，先端微缺，下唇比上唇短，3 裂，中裂片半圆形，侧裂片长卵圆形，比中裂片长。能育雄蕊 2，近外伸，花丝长约 5 mm，药隔长约 1.3 cm，近伸直，上下臂近等长，上臂药室发育，下臂药室不育，下臂粗大，不连合。退化雄蕊

短小。花柱与花冠近相等，先端不相等 2 裂，前裂片较长。花盘等大。小坚果椭圆形，长约 3.5 mm，暗褐色，顶端具不规则极少数的皱褶凸起，边缘或棱具狭翅，光滑。花期 3—10 月。

【生境分布】 栽培于庭园。罗田各地均有栽培。

【采收加工】 生长期皆可采收，鲜用或晒干备用。

【药用部位】 全草。

【药材名】 一串红。

【来源】 唇形科植物一串红 Salvia splendens Ker-Gawl. 的全草。

【性味】 甘，平。

【功能主治】 清热，凉血，消肿。

黄芩属 Scutellaria L.

728. 半枝莲 Scutellaria barbata D. Don

【别名】 小韩信草、狭叶韩信草、狭叶向天盏。

【形态】 根茎短粗，生簇生的须状根。茎直立，高 12 ～ 35（55）cm，四棱形，基部粗 1 ～ 2 mm，无毛或在序轴上部疏被紧贴的小毛，不分枝或具分枝。叶具短柄或近无柄，柄长 1 ～ 3 mm，腹凹背凸，疏被小毛；叶片三角状卵圆形或卵圆状披针形，有时卵圆形，长 1.3 ～ 3.2 cm，宽 0.5 ～ 1（1.4）cm，先端急尖，基部宽楔形或近截形，边缘生有疏而钝的浅齿，上面橄榄绿色，下面淡绿色，有时带紫色，两面沿脉上疏被紧贴的小毛或几无毛，侧脉 2 ～ 3 对，与中脉在

上面凹陷、下面凸起。花单生于茎或分枝上部叶腋内，具花的茎部长 4 ～ 11 cm；苞叶下部者似叶，但较小，长达 8 mm，上部者更变小，长 2 ～ 4.5 mm，椭圆形至长椭圆形，全缘，上面散布、下面沿脉疏被小毛；花梗长 1 ～ 2 mm，被微柔毛，中部有一对长约 0.5 mm 具纤毛的针状小苞片。花萼开花时长约 2 mm，外面沿脉被微柔毛，边缘具短缘毛，盾片高约 1 mm，果时花萼长 4.5 mm，盾片高 2 mm。花冠紫蓝色，长 9 ～ 13 mm，外被短柔毛，内在喉部处疏被疏柔毛；冠筒基部囊大，宽 1.5 mm，向上渐宽，至喉部宽达 3.5 mm；冠檐二唇形，上唇盔状，半圆形，长 1.5 mm，先端圆，下唇中裂片梯形，全缘，长 2.5 mm，宽 4 mm，两侧裂片三角状卵圆形，宽 1.5 mm，先端急尖。雄蕊 4，前对较长，微露出，具能育半药，退化半药不明显，后对较短，内藏，具全药，药室裂口具毛；花丝扁平，前对内侧、后对两侧下部被小疏柔毛。花柱细长，先端锐尖，微裂。花盘盘状，前方隆起，后方延伸成短子房柄。子房 4 裂，裂片等大。小坚果褐色，扁球形，直径约 1 mm，具小疣状凸起。花果期 4—7 月。

【生境分布】 生于池沼边、田边或路旁潮湿处。罗田各地均有分布。

【采收加工】 开花时采收，去根，鲜用或晒干。

【药用部位】 全草。

【药材名】 半枝莲。

【来源】 唇形科植物半枝莲 *Scutellaria barbata* D. Don 的全草。

【性状】 干燥全草，叶片多已脱落，为带有花穗的茎与枝，长 15 ～ 25 cm，四棱形，表面黄绿色或紫棕色，光滑，质柔软，折断面纤维状，中空；残留的叶片深黄绿色，多破碎不全，皱缩卷曲，质脆而易脱落；花穗着生于枝端，黄绿色。臭微弱，味微咸、苦。

【性味】 辛，平。

【功能主治】 清热，解毒，散瘀，止血，定痛。主治吐血，衄血，血淋，赤痢，黄疸，咽喉疼痛，肺痈，疔疮，瘰疬，疮毒，癌肿，跌打损伤，蛇咬伤。

【用法用量】 内服：煎汤，16 ～ 32 g（鲜品 32 ～ 64 g）；或捣汁。外用：捣敷。

【注意】 血虚者不宜，孕妇慎服。

【附方】 ①治吐血，咯血：鲜狭叶韩信草 32 ～ 64 g，捣烂绞汁，调蜜少许，炖热温服，日 2 次。（《泉州本草》）

②治尿道炎，小便尿血疼痛：鲜狭叶韩信草 32 g，洗净，煎汤，调冰糖服，日 2 次。（《泉州本草》）

③治热性血痢：小韩信草 64 g，水煎服。（《广西药用植物图志》）

④治痢疾：鲜狭叶韩信草 95 ～ 160 g，捣烂绞汁服；或干全草 32 g，水煎服。（《福建中草药》）

⑤治胃气痛：干狭叶韩信草 32 g，和猪肚或鸡 1 只（去头、脚尖及内脏），水、酒各半炖热，分 2 ～ 3 次服。（《泉州本草》）

⑥治咽喉肿痛：鲜狭叶韩信草 25 g，鲜马鞭草 25 g，食盐少许，水煎服。（《福建中草药》）

⑦治咽喉炎，扁桃体炎：半枝莲、鹿茸草、一枝黄花各 10 g，水煎服。（《浙江民间常用草药》）

⑧治肺脓肿：半枝莲、鱼腥草各 32 g，水煎服。（《浙江民间常用草药》）

⑨治蛇头疔，淋巴腺炎：鲜狭叶韩信草 32 ～ 64 g，调食盐少许，捣烂外敷。（《福建中草药》）

⑩治淋巴结结核：半枝莲 64 g，水煎服。或半枝莲、水龙骨各 32 g，加瘦猪肉适量，煮熟，吃肉喝汤。

⑪治背痈：鲜半枝莲根捣烂外敷。要留出白头，一日敷 2 次。另取全草 32 g，水煎服，服 4 ～ 5 次即可排脓。排脓后，用根捣汁滴入孔内，并用纱布包扎，一日换 2 次。

⑫治癌症：半枝莲、蛇葡萄根各 32 g，藤梨根 125 g，水杨梅根 64 g，白茅根、凤尾草、半边莲各 15 g，水煎服。（⑪⑫方出自《浙江民间常用草药》）

⑬治跌打损伤：小韩信草捣烂，同酒糟煮热敷。（《广西药用植物图志》）

⑭治一切毒蛇咬伤：鲜狭叶韩信草，洗净捣烂，绞汁，调黄酒少许温服，渣敷患处。（《泉州本草》）

⑮治毒蛇咬伤：鲜半枝莲、观音草各 32 ～ 64 g，鲜半边莲、鲜一包针各 125 ～ 250 g，水煎服。另取上述鲜草洗净后加食盐少许，捣烂取汁外敷。（《浙江民间常用草药》）

【临床应用】 用于癌瘤：取半枝莲 32 g，水煎 2 次，上、下午分服，或代茶饮。据 36 例食管癌、肺癌患者的观察，用药后部分患者有近期症状的改善，但尚未见有根治疗效。另有用半枝莲、白英各 32 g，水煎服，每日 1 剂。用于肺癌，对改善症状亦有一定效果。

729. 韩信草 *Scutellaria indica* L.

【别名】 大韩信草、顺经草、调羹草、大叶半枝莲、向天盏。

【形态】 多年生草本；根茎短，向下生出多数簇生的纤维状根，向上生出 1 至多数茎。茎高 12 ～ 28 cm，上升直立，四棱形，粗 1 ～ 1.2 mm，通常带暗紫色，被微柔毛，尤以茎上部及沿棱角密集，不分枝或多分枝。叶草质至近坚纸质，心状卵圆形或圆状卵圆形至椭圆形，长 1.5 ～ 2.6（3）cm，宽 1.2 ～ 2.3 cm，先端钝或圆，基部圆形、浅心形至心形，边缘密生整齐圆齿，两面被微柔毛或糙伏毛，尤以下面为甚；叶柄长 0.4～1.4（2.8）cm，腹平背凸，密被微柔毛。花对生，在茎或分枝顶上排列成长 4～8（12）cm 的总状花序；花梗长 2.5～3 mm，与序轴均被微柔毛；最下一对苞片叶状，卵圆形，长达 1.7 cm，边缘具圆齿，其余苞片均细小，卵圆形至椭圆形，长 3～6 mm，宽 1～2.5 mm，全缘，无柄，被微柔毛。花萼开花时长约 2.5 mm，被硬毛及微柔毛，果时十分增大，盾片花时高约 1.5 mm，果时竖起，增大 1 倍。花冠蓝紫色，长 1.4～1.8 cm，外疏被微柔毛，

内面仅唇片被短柔毛；冠筒前方基部膝曲，其后直伸，向上逐渐增大，至喉部宽约 4.5 mm；冠檐二唇形，上唇盔状，内凹，先端微缺，下唇中裂片圆状卵圆形，两侧中部微内缢，先端微缺，具深紫色斑点，两侧裂片卵圆形。雄蕊 4，二强；花丝扁平，中部以下具小纤毛。花盘肥厚，前方隆起；子房柄短。花柱细长。子房光滑，4 裂。成熟小坚果栗色或暗褐色，卵形，长约 1 mm，直径不到 1 mm，具瘤，腹面近基部具一果脐。花果期 2—6 月。

【生境分布】　生于路边、山坡。罗田各地均有分布。

【采收加工】　开花时采收，去根，鲜用或晒干。

【药用部位】　地上部分。

【药材名】　韩信草。

【来源】　唇形科植物韩信草 *Scutellaria indica* L. 的地上部分。

【性味】　辛、苦，平。

【归经】　归心、肝、肺经。

【功能主治】　祛风，活血，解毒，止痛。主治跌打损伤，吐血，咯血，痈肿，疔毒，喉风，牙痛。

【用法用量】　内服：煎汤，6～10 g；或捣汁，32～64 g。外用：捣敷。

【注意】　《广西中草药》：孕妇慎服。

【附方】　①治跌打损伤，吐血：鲜韩信草 64 g，捣，绞汁，炖酒服。（《泉州本草》）

②治吐血，咯血：鲜韩信草 32 g，捣，绞汁，调冰糖炖服。（《泉州本草》）

③治劳郁积伤，胸胁闷痛；韩信草 32 g，水煎服。或全草 250 g，酒 500 ml，浸 3 日。每次 32 g，日 2 次。（《福建中草药》）

④治痈疽，无名肿毒：鲜韩信草捣烂，敷患处。（《泉州本草》）

⑤治一切咽喉诸症：鲜韩信草 32～64 g，捣，绞汁，调蜜服。（《泉州本草》）

⑥治牙痛：韩信草、入地金牛各 6 g，水煎服。（《岭南采药录》）

⑦治白浊，带下：韩信草 32 g，水煎或加猪小肠同煎服。（《福建中草药》）

⑧治毒蛇咬伤：鲜韩信草 64 g，捣烂绞汁冲冷开水服，渣敷患处。（《福建中草药》）

水苏属 *Stachys* L.

730. 毛水苏 *Stachys baicalensis* Fisch. ex Benth.

【别名】　水苏草、野紫苏、山升麻。

【形态】 多年生草本，高50～100 cm，有在节上生须根的根茎。茎直立，单一，或在上部具分枝，四棱形，具槽，在棱及节上密被倒向至平展的刚毛，余部无毛。茎叶长圆状线形，长4～11 cm，宽0.7～1.5 cm，先端稍锐尖，基部圆形，边缘有小的圆齿状锯齿，上面绿色，疏被刚毛，下面淡绿色，沿脉上被刚毛，中肋及侧脉在上面不明显，下面明显，叶柄短，长1～2 mm，或近无柄；苞叶披针形，短于或略超出花萼，最下部的与茎叶同型。轮伞花序通常具6花，多数组成穗状花序，在其基部者远离，在上部者密集；小苞片线形，刺尖，被刚毛，早落；花梗极短，长1 mm，被刚毛。花萼钟形，连齿长9 mm，外面沿肋及齿缘密被柔毛状具节刚毛，内面

无毛，10脉，明显，齿5，披针状三角形，长约3 mm，先端具刺尖头。花冠淡紫色至紫色，长达1.5 cm，冠筒直伸，近等大，长9 mm，外面无毛，内面在中部稍下方具柔毛毛环，冠檐二唇形，上唇直伸，卵圆形，长7 mm，宽4 mm，外面被刚毛，内面无毛，下唇轮廓为卵圆形，长8 mm，宽7 mm，外面疏被微柔毛，内面无毛，3裂，中裂片近圆形，直径约4 mm，侧裂片卵圆形，宽约2 mm。雄蕊4，均延伸至上唇片之下，前对较长，花丝扁平，被微柔毛，花药卵圆形，2室，室极叉开。花柱丝状，略超出雄蕊，先端相等2浅裂。花盘平顶，边缘波状。子房黑褐色，无毛。小坚果棕褐色，卵珠状，无毛。花期7月，果期8月。

【生境分布】 生于湿草地及河岸。罗田各地均有分布。

【采收加工】 夏、秋季采收，晒干。

【药用部位】 全草。

【药材名】 毛水苏。

【来源】 唇形科植物毛水苏 *Stachys baicalensis* Fisch. ex Benth. 的全草。

【性味】 甘、辛，微温。

【功能主治】 祛风解毒，止血。主治感冒，咽喉肿痛，吐血，衄血，崩漏；外用治疮痈肿毒。

【用法用量】 内服：煎汤，6～9 g。外用：适量，鲜品捣烂敷患处。

731. 水苏 *Stachys japonica* Miq.

【别名】 鸡苏、香苏、龙脑薄荷、野紫苏、山升麻、水鸡苏。

【形态】 多年生草本，高20～80 cm，有在节上生须根的根茎。茎单一，直立，基部匍匐，四棱形，具槽，在棱及节上被小刚毛，余部无毛。茎叶长圆状宽披针形，长5～10 cm，宽1～2.3 cm，先端微急尖，基部圆形至微心形，边缘为圆齿状锯齿，上面绿色，下面灰绿色，两面均无毛，叶柄明显，长3～17 mm，近茎基部者最长，向上渐变短；苞叶披针形，无柄，近全缘，向上渐变小，最下部者超出轮伞花序，上部者等于或短于轮伞花序。轮伞花序6～8花，下部者远离，上部者密集组成长5～13 cm的穗状花序；小苞片刺状，微小，长约1 mm，无毛；花梗短，长约1 mm，疏被微柔毛。花萼钟形，连齿长达7.5 mm，外被具腺微柔毛，肋上杂有疏柔毛，稀毛贴生或近无毛，内面在齿上疏被微柔毛，余部无毛，10脉，不明显，齿5，等大，三角状披针形，先端具刺尖头，边缘具缘毛。花冠粉红色或淡红紫色，长约1.2 cm，冠筒长约6 mm，几不超出于花萼，外面无毛，内面在近基部1/3处有微柔毛毛环，及在下唇下方喉部有鳞片状微柔毛，前面紧接在毛环上方呈囊状膨大，冠檐二唇形，上唇直立，倒卵圆形，长4 mm，宽2.5 mm，

外面被微柔毛，内面无毛，下唇开张，长7 mm，宽6 mm，外面疏被微柔毛，内面无毛，3裂，中裂片最大，近圆形，先端微缺，侧裂片卵圆形。雄蕊4，均延伸至上唇片之下，花丝丝状，先端略增大，被微柔毛，花药卵圆形，2室，室极叉开。花柱丝状，稍超出雄蕊，先端相等2浅裂。花盘平顶。子房黑褐色，无毛。小坚果卵珠状，棕褐色，无毛。花期5—7月，果期7月以后。

【生境分布】　生于田边、水沟边等潮湿地。罗田各地均有分布。

【采收加工】　7—8月采收，晒干。

【药用部位】　全草或根入药。

【药材名】　水苏。

【来源】　唇形科植物水苏 *Stachys japonica* Miq. 的全草。

【性味】　辛，微温。

【归经】　①《本草求真》：归肠、胃经。

②《本草再新》：归肺经。

【功能主治】　疏风理气，止血消炎。主治感冒，痧症，肺痿，肺痈，头风目眩，咽痛，痢疾，产后中风，吐血，衄血，血崩，血淋，跌打损伤。

【用法用量】　内服：煎汤，8～15 g（鲜品16～32 g）；或捣汁，或入丸、散。外用：煎水洗、研末撒或捣敷。

【注意】　《本草从新》：走散真气，虚者宜慎。

【附方】　①治感冒：水苏12 g，野薄荷、生姜各6 g，水煎服。（江西《草药手册》）

②治痧症：水苏15 g，水煎服。（江西《草药手册》）

③治风热头痛，热结上焦，致生风气痰厥头痛：水苏叶160 g，皂荚（炙，去皮、子）96 g，芫花（醋炒焦）32 g。上为末，炼蜜丸梧子大。每服20丸，食后荆芥汤下。（《太平圣惠方》）

④治吐血及下血，并妇人漏下：鸡苏茎叶煎取汁饮之。（《梅师集验方》）

⑤治鼻衄不止：生鸡苏500 g，香豉200 g，合杵研，搓如枣核大，纳鼻中。（《梅师集验方》）

⑥治血淋不绝：鸡苏一握，竹叶一握，石膏2.4 g（碎），生地黄1升（切），蜀葵子1.2 g（末，汤成下）。以水6升，煮取2升，去滓，和葵子末，分温二服，如人行四五里久，进一服。（《广济方》）

⑦治暑月目昏多泪：生龙脑薄荷叶捣烂，生绢绞汁点之。（《圣济总录》）

⑧治肿毒：鲜水苏全草，捣烂，敷患处。（《湖南药物志》）

⑨治蛇咬伤：水苏叶研末，酒服并涂之。（《易简方》）

732. 针筒菜 *Stachys oblongifolia* Benth.

【别名】　针筒菜、芝麻七、蚕秧子。

【形态】　多年生草本，高30～60 cm，有在节上生须根的横走根茎。茎直立或上升，或基部匍匐，锐四棱形，具4槽，基部微粗糙，在棱及节上被长柔毛，余部被微柔毛，不分枝或少分枝。茎生叶长圆状披针形，通常长3～7 cm，宽1～2 cm，先端微急尖，基部浅心形，边缘为圆齿状锯齿，上面绿色，疏被微柔毛及长柔毛，下面灰绿色，密被灰白色柔毛状茸毛，沿脉上被长柔毛，叶柄长约 2 mm 至近无柄，密被长柔毛；苞叶向上渐变小，披针形，无柄，通常均比花萼长，近全缘，毛被与茎叶相同。轮伞花序通常 6 花，下部者远离，上部者密集组成长 5～8 cm 的顶生穗状花序；小苞片线状刺形，微小，长约 1 mm，被微柔毛；花梗短，长约 1 mm，被微柔毛。花萼钟形，连齿长约 7 mm，外面被具腺柔毛状茸毛，沿肋上疏生长柔毛，内面无毛，10 脉，肋间次脉不

明显，齿 5，三角状披针形，近等大，长约 2.5 mm，或下 2 齿略长，先端具刺尖头。花冠粉红色或粉红紫色，长 1.3 cm，外面疏被微柔毛，但在冠檐上被较多疏柔毛，内面在喉部被微柔毛，毛环不明显或缺，冠筒长 7 mm，冠檐二唇形，上唇长圆形，下唇开张，3 裂，中裂片最大，肾形，侧裂片卵圆形。雄蕊 4，前对较长，均延伸至上唇片之下，花丝丝状，被微柔毛，花药卵圆形，2 室，室极叉开。花柱丝状，稍超出雄蕊，先端相等 2 浅裂，裂片钻形。花盘平顶，波状。子房黑褐色，无毛。小坚果卵珠状，直径约 1 mm，褐色，光滑。

【生境分布】　生于林中湿地。罗田各地均有分布。

【采收加工】　夏季采收。

【药用部位】　全草。

【药材名】　针筒菜。

【来源】　唇形科植物针筒菜 *Stachys oblongifolia* Benth. 的全草。

【功能主治】　主治久痢，病久虚弱及外伤出血。

【用法用量】　内服：煎汤，8～15 g（鲜品 16～32 g）。

733. 甘露子 *Stachys sieboldii* Miq.

【别名】　草石蚕、地蚕。

【形态】　多年生草本，高 30～120 cm，在茎基部数节上生有密集的须根及多数横走的根茎；根茎白色，在节上有鳞状叶及须根，顶端有念珠状或螺蛳形的肥大块茎。茎直立或基部倾斜，单一，或多分枝，四棱形，具槽，在棱及节上有平展的硬毛。茎生叶卵圆形或长椭圆状卵圆形，长 3～12 cm，宽 1.5～6 cm，先端微锐尖或渐尖，基部平截至浅心形，有时宽楔形或近圆形，边缘有规则的圆齿状锯齿，内面被贴生硬毛，但沿脉上仅疏生硬毛，侧脉 4～5 对，上面不明显，下面显著，叶柄长 1～3 cm，腹凹背平，被硬毛；苞叶向上渐变小，呈苞片状，通常反折（尤其栽培型），下部者无柄，卵圆状披针形，长约 3 cm，比轮伞花序长，先端渐尖，基部近圆形，上部者短小，无柄，披针形，比花萼短，近全缘。

轮伞花序通常 6 花，多数远离组成长 5 ～ 15 cm 顶生穗状花序；小苞片线形，长约 1 mm，被微柔毛；花梗短，长约 1 mm，被微柔毛。花萼狭钟形，连齿长 9 mm，外被具腺柔毛，内面无毛，10 脉，明显，齿 5，正三角形至长三角形，长 4 mm，先端具刺尖头，微反折。花冠粉红色至紫红色，下唇有紫斑，长约 1.3 cm，冠筒筒状，长约 9 mm，近等粗，前面在毛环上方略呈囊状膨大，外面在伸出萼筒部分被微柔毛，内面在下部 1/3 被微柔毛毛环，冠檐二唇形，上唇长圆形，长 4 mm，宽 2 mm，直伸而略反折，外面被柔毛，内面无毛，下唇长、宽均约 7 mm，外面在中部疏被柔毛，内面无毛，3 裂，中裂片较大，近圆形，直径约 3.5 mm，侧裂片卵圆形，较短小。雄蕊 4，前对较长，均上升至上唇片之下，花丝丝状，扁平，先端略膨大，被微柔毛，花药卵圆形，2 室，室纵裂，极叉开。花柱丝状，略超出雄蕊，先端近相等 2 浅裂。小坚果卵珠形，直径约 1.5 cm，黑褐色，具小瘤。花期 7—8 月，果期 9 月。

【生境分布】 生于湿润地及积水处，海拔可达 3200 m，多栽培。

【药用部位】 全草。

【药材名】 草石蚕。

【来源】 唇形科植物甘露子 *Stachys sieboldii* Miq. 的全草。

【功能主治】 主治肺炎，风热感冒。

【用法用量】 内服：煎汤，8 ～ 15 g（鲜品 16 ～ 32 g）。

一三九、茄科 Solanaceae

辣椒属 *Capsicum* L.

734. 朝天椒 *Capsicum annuum* var. *conoides*（Mill.）Irish

【形态】 植物体多二歧分枝。叶长 4 ～ 7 cm，卵形。花常单生于二分叉间，花梗直立，花稍俯垂，花冠白色或带紫色。果梗及果均直立，果实较小，圆锥状，长 1.5 ～ 3 cm，成熟后红色或紫色，味极辣。

【生境分布】 全国各地均有分布。

【采收加工】 7—10 月果实成熟时采收。

【药用部位】 果实。

【药材名】 朝天椒。

【来源】 茄科植物朝天椒 *Capsicum annuum* var. *conoides*（Mill.）Irish 的果实。

【性味】 辛，温。

【功能主治】 祛风散寒，舒筋活络，杀虫，止痒。

【应用】 朝天椒泡酒可治风湿症。

【炮制】 取 50 g 朝天椒，洗净，泡入

60 度 1 kg 白酒，放置 10 天以上（时间越长越好）。使用方法：首先要将患部洗净，然后用棉签蘸酒反复擦拭（晚间睡觉前和早晨起床后各擦 1 次）。一周时间即可见效。

735. 辣椒 *Capsicum annuum* L.

【别名】 番椒、海椒、辣角、鸡嘴椒、
辣茄。

【形态】 一年生或有限多年生植物；
高 40～80 cm。茎近无毛或微生柔毛，分
枝稍"之"字形曲折。叶互生，枝顶端节不
伸长而成双生或簇生状，矩圆状卵形、卵形
或卵状披针形，长 4～13 cm，宽 1.5～4 cm，
全缘，顶端短渐尖或急尖，基部狭楔形；叶
柄长 4～7 cm。花单生，俯垂；花萼杯状，
不显著 5 齿；花冠白色，裂片卵形；花药灰
紫色。果梗较粗壮，俯垂；果实长指状，顶
端渐尖且常弯曲，未成熟时绿色，成熟后红色、橙色或紫红色，味辣。种子扁肾形，长 3～5 mm，淡黄色。
花果期 5—11 月。

【生境分布】 我国大部分地区均有栽培。

【采收加工】 7—10 月果实成熟时采收。

【药用部位】 果实。

【药材名】 辣椒。

【来源】 茄科植物辣椒 *Capsicum annuum* L. 的果实。

【性状】 干燥成熟的果实带有宿萼及果柄。果皮带革质，干缩而薄，外表鲜红色或红棕色，有光泽。
内部空，由中隔分隔成 2～3 室，中轴胎座，每室有多数黄色的种子；种子扁平，呈肾形或圆形，直径达
5 mm。气特殊，具催嚏性，味辛辣如灼。

【性味】 辛，热。

【归经】 归心、脾经。

【功能主治】 驱虫，发汗，温中，散寒，开胃，消食。主治寒滞腹痛，呕吐，泻痢，冻疮，疥癣。

【用法用量】 内服：入丸、散，1～2.4 g。外用：煎水熏洗或捣敷。多食眩旋，动火故也。久食发痔，
令人齿痛咽肿。

【附方】 ①治痢疾水泻：辣茄一个。为丸，清晨热豆腐皮裹，吞下。（《医宗汇编》）

②治疟疾：辣椒子，每岁一粒，二十粒为限，一日三次，开水送服，连服三至五天。（吴县《单方验
方选编》）

③治冻疮：剥辣茄皮，贴上。（《本草纲目拾遗》）

④治毒蛇咬伤：辣茄生嚼十一二枚，即消肿定痛，伤处起小疱，出黄水而愈。食此味反甘而不辣。或
嚼烂敷伤口，亦消肿定痛。（《百草镜》）

【临床应用】 ①治疗腰腿痛。取辣椒末、凡士林（按 1∶1）或辣椒末、凡士林、白面（按 2∶3∶1）
加适量黄酒调成糊状。用时涂于油纸上贴于患部，外加胶布固定。多数在用药后 15～30 min 局部发热，
1 h 后局部有烧灼感；部分患者有触电感。发热烧灼感常持续 2～24 h，最长可持续 48 h，并有全身热感
和出汗，普遍在敷药后感觉关节活动灵活柔软，有轻快感。检查可见局部充血、发热，少数患者发生皮疹
和水疱。

②治疗一般外科炎症。取老红辣椒焙焦研末，撒于患处，每日 1 次；或用油调成糊剂局部外敷，每日
1～2 次。临床治疗腮腺炎、蜂窝织炎、多发性疖肿等。

③治疗冻疮、冻伤。取辣椒 32 g 切碎，冻麦苗 64 g，加水 2000～3000 ml，煮沸 3～5 min，去渣。趁热浸洗患处，每日 1 次。已破溃者用敷料包裹，保持温暖。有溃疡形成者疗效较差，且洗时有痛感；或用辣椒 30 g 连籽切碎，加入熔化的凡士林 250 g 中，继续熬至翻滚 10～15 min 后，滤去辣椒，再加入樟脑 15 g 混匀。于冻伤初起时涂擦患部（已破者不能用），至局部有热感为止，每日 2～3 次。

④治疗外伤瘀肿。用红辣椒晒干研成极细粉末，按 1：5 加入熔化的凡士林中均匀搅拌，待嗅到辣味时，冷却凝固即成油膏，适用于扭伤、击伤、碰伤后引起的皮下瘀肿及关节肿痛等，敷于局部，每日或隔日换药 1 次。

【注意】辣椒是大辛大热之品，患有火热病症或阴虚火旺、高血压、肺结核、痔疮、疖疮等，溃疡、食道炎、咳喘、咽喉肿痛的患者应忌食或少食。

736. 菜椒 *Capsicum annuum* L. var. *grossum*（L.）Sendt.

【别名】柿子椒。

【形态】植物体粗壮而高大。叶矩圆形或卵形，长 10～13 cm。果梗直立或俯垂，果实大型，近球状、圆柱状或扁球状，多纵沟，顶端截形或稍内陷，基部截形且常稍向内凹入，味不辣而略带甜或稍带椒味。

【生境分布】我国南北地区均有栽培。

【药用部位】果实。

【药材名】菜椒。

【来源】茄科植物菜椒 *Capsicum annuum* L. var. *grossum*（L.）Sendt. 的果实。

【性味】辛，热。

【归经】归心、脾经。

【功能主治】增强体力，缓解疲劳；防治坏血病，对牙龈出血、贫血、血管脆弱有辅助治疗作用；增进食欲，促进肠蠕动。

曼陀罗属 *Datura* L.

737. 曼陀罗 *Datura stramonium* L.

【别名】洋金花、枫茄花、万桃花、闹羊花。

【形态】草本或半灌木状，高 0.5～1.5 m，全体近平滑或在幼嫩部分被短柔毛。茎粗壮，圆柱状，淡绿色或带紫色，下部木质化。叶广卵形，顶端渐尖，基部不对称楔形，边缘有不规则波状浅裂，裂片顶端急尖，有时亦有波状齿，侧脉每边 3～5 条，直达裂片顶端，长 8～17 cm，

宽 4～12 cm；叶柄长 3～5 cm。花单生于枝杈间或叶腋，直立，有短梗；花萼筒状，长 4～5 cm，筒部有 5 棱角，两棱间稍向内陷，基部稍膨大，顶端紧围花冠筒，5 浅裂，裂片三角形，花后自近基部断裂，宿存部分随果增大而向外反折；花冠漏斗状，下半部带绿色，上部白色或淡紫色，檐部 5 浅裂，裂片有短尖头，长 6～10 cm，檐部直径 3～5 cm；雄蕊不伸出花冠，花丝长约 3 cm，花药长约 4 mm；子房密生柔针毛，花柱长约 6 cm。蒴果直立生，卵状，长 3～4.5 cm，直径 2～4 cm，表面生有坚硬针刺或有时无刺而近平滑，成熟后淡黄色，规则 4 瓣裂。种子卵圆形，稍扁，长约 4 mm，黑色。花期 6—10 月，果期 7—11 月。

【生境分布】 野生或栽培。罗田骆驼坳镇有栽培。

【药用部位】 叶、果实或种子。

（1）曼陀罗叶。

【采收加工】 7—8 月采收，晒干或烘干。

【来源】 茄科植物曼陀罗 *Datura stramonium* L. 的叶。

【性味】 苦、辛。

【功能主治】 主治喘咳，痹痛，脚气，脱肛。

【用法用量】 内服：煎汤，0.3～0.6 g；或浸酒。外用：煎水洗或捣汁涂。

【附方】 ①治喘息：曼陀罗叶少许，和烟草中，吸其烟。（《现代实用中药》）

②治顽固性溃疡：曼陀罗鲜叶，用银针密刺细孔，再用开水或米汤冲泡，然后贴患处，日换两次。（《福建民间草药》）

③外治皮肤痒，起水疱：曼陀罗鲜叶适量，捣烂取汁抹患处。（《闽南民间草药》）

【临床应用】 治疗慢性瘘管：曼陀罗叶对瘘孔有吸脓和刺激肉芽生长的作用。取曼陀罗叶用冷开水洗净，在叶上用针钻成多数小孔，置叶子于消毒碗内，用煮沸米汤冲泡后备用。按外科常规消毒创口，依瘘孔情况贴上经上述处理的曼陀罗叶。若要求多吸脓者，取叶之背面（即叶脉隆凸面）接触创口；要求多长肉芽者，则取叶之正面（即细致面）接触创口，然后盖上纱布，每天换药 1～2 次。

（2）曼陀罗子。

【别名】 天茄子、金茄子、闹羊花子、醉仙桃。

【采收加工】 夏、秋季果实成熟时采收。

【来源】 茄科植物曼陀罗 *Datura stramonium* L. 的果实或种子。

【性状】 果实球形或卵圆形，直径约 3 cm，基部残留部分宿萼及果柄；外表淡褐色，具针刺，长短不一；顶端不规则开裂，内含多数种子。种子略呈三角形或肾形，扁平，褐色，宽 3～4 mm。

【性味】 辛、苦，温；有毒。

【归经】 归肝、脾经。

【功能主治】 平喘，祛风，止痛。主治喘咳，惊痫，风寒湿痹，泻痢，脱肛，跌打损伤。

【用法用量】 内服：煎汤，0.15～0.3 g；或浸酒。外用：煎水洗或浸酒涂擦。

【注意】 《四川中药志》：无瘀积、体虚者忌用。

【附方】 ①治脱肛：曼陀罗子（连壳）一对，橡碗十六个。上捣碎，水煎三五沸，入朴硝热洗。（《儒门事亲》）

②治跌打损伤：曼陀罗子 3 g，泡酒 192 g，每次服 0.9 g。（《民间常用草药汇编》）

③治风湿痛：醉仙桃 2 个，浸高粱酒 500 g。10 天后饮酒，每天 1～2 次，每次不超过 3 g。（《上海常用中草药》）

【备注】 全株有毒，含莨菪碱，慎用。

枸杞属 *Lycium* L.

738. 枸杞 *Lycium chinense* Mill.

【别名】杞根、地骨、枸杞根、枸杞根皮、甜齿牙根。

【形态】多分枝灌木，高 0.5 ～ 1 m，栽培时可达 2 m；枝条细弱，弓状弯曲或俯垂，淡灰色，有纵条纹，棘刺长 0.5 ～ 2 cm，生叶和花的棘刺较长，小枝顶端锐尖成棘刺状。叶纸质或栽培者质稍厚，单叶互生或 2 ～ 4 枚簇生，卵形、卵状菱形、长椭圆形、卵状披针形，顶端急尖，基部楔形，长 1.5 ～ 5 cm，宽 0.5 ～ 2.5 cm，栽培者较大，可长达 10 cm，宽达 4 cm；叶柄长 0.4 ～ 1 cm。花在长枝上，单生或双生于叶腋，在短枝上则同叶簇生；花梗长 1 ～ 2 cm，向顶端渐增粗。花萼长 3 ～ 4 mm，通常 3 中裂或 4 ～ 5 齿裂，裂片有缘毛；花冠漏斗状，长 9 ～ 12 mm，淡紫色，筒部向上骤然扩大，稍短于或近等于檐部裂片，5 深裂，裂片卵形，顶端圆钝，平展或稍向外反曲，边缘有缘毛，基部耳显著；雄蕊较花冠稍短，或因花冠裂片外展而伸出花冠，花丝在近基部处密生一圈茸毛并交织成椭圆状的毛丛，与毛丛等高处的花冠筒内壁亦密生环茸毛；花柱稍伸出雄蕊，上端弯曲，柱头绿色。浆果红色，卵状，栽培者可成长矩圆状或长椭圆状，顶端尖或钝，长 7 ～ 15 mm，栽培者长可达 2.2 cm，直径 5 ～ 8 mm。种子扁肾形，长 2.5 ～ 3 mm，黄色。花果期 6—11 月。

【生境分布】常生于山坡、荒地、丘陵地、盐碱地、路旁及村边宅旁。全国大部分地区均有分布。罗田各地均有分布。

【采收加工】春初或秋后采挖，洗净泥土，剥下根皮，晒干。

【药用部位】根皮。

【药材名】地骨皮。

【来源】茄种植物枸杞 *Lycium chinense* Mill. 的根皮。

【性状】干燥根皮为短小的筒状或槽状卷片，大小不一，一般长 3 ～ 10 cm，宽 0.6 ～ 1.5 cm，厚约 3 mm。外表面灰黄色或棕黄色，粗糙，有错杂的纵裂纹，易剥落。内表面黄白色，较平坦，有细纵纹。质轻脆，易折断，断面不平坦，外层棕黄色，内层灰白色。臭微，味微甘。以块大、肉厚、无木心与杂质者为佳。

【炮制】拣去杂质及木心，略洗，切段，晒干。

【性味】甘，寒。

【归经】归肺、肝、肾经。

【功能主治】清热，凉血。主治虚劳潮热盗汗，肺热咳喘，吐血，衄血，血淋，消渴，高血压，痈肿，恶疮。

【用法用量】内服：煎汤，9 ～ 18 g；或入丸、散。外用：煎水含漱、淋洗，研末撒或调敷。

【注意】脾胃虚寒者忌服。

①《医学入门》：忌铁。

②《本草汇言》：虚劳火旺而脾胃薄弱，食少泄泻者宜减之。

③《本草正》：假热者勿用。

【附方】①治骨蒸肌热，解一切虚烦躁，生津液：地骨皮（洗，去心）、防风（去权股）各32 g，甘草（炙）0.3 g。上为细末，每服6 g，水一盏，生姜3片，竹叶7片，煎服。（《普济本事方》）

②治热劳：地骨皮64 g，柴胡（去苗）32 g。上二味捣罗为散，每服6 g，用麦门冬（去心）煎汤调下。（《圣济总录》）

③治虚劳口中苦渴，骨节烦热或寒：枸杞根白皮（切）5升，麦门冬2升，小麦2升。上三味，以水20升，煮麦熟，药成去滓，每服1升，日再。（《千金方》）

④治小儿肺盛，气急喘嗽：地骨皮、桑白皮（炒）各32 g，甘草（炙）3 g。上锉散，入粳米一撮，水二小盏，煎七分，食前服。（《小儿药证直诀》）

⑤治吐血，下血：枸杞根皮、子，为散，煎服。（《普济方》）

⑥治血淋：地骨皮，酒煎服。若新地骨皮加水捣汁，每盏入酒少许，空心温服更妙。（《经验广集》）

⑦治消渴日夜饮水不止，小便利：地骨皮（锉）、土瓜根（锉）、栝楼根（锉）、芦根（锉）各48 g，麦门冬（去心，焙）64 g，枣7枚（去核）。上六味锉如麻豆；每服12 g，水一盏，煎取八分，去滓温服。（《圣济总录》）

⑧治消渴唇干口燥：枸杞根5升（锉皮），石膏1升，小麦3升。上三味切，以水煮，麦熟汤成，去滓，适寒温饮之。（《医心方》）

⑨治风虫牙痛：枸杞根白皮煎醋漱之，用水煎饮亦可。（《肘后备急方》）

⑩治膀胱移热于小肠，上为口糜，生疮溃烂，心胃壅热，水谷不下：柴胡、地骨皮各9 g，水煎服之。（《兰室秘藏》）

⑪治耳聋，有脓水不止：地骨皮16 g，五倍子0.3 g。上二味捣为细末，每用少许，掺入耳中。（《圣济总录》）

⑫治瘭疽着手足、肩背，忽发累累如赤小豆，剥之汁出者：枸杞根、葵根叶，煮汁，煎如糖服之。（《千金方》）

⑬治肠风痔漏，下血不止：地骨皮、凤眼根皮各等份（同炒，微黄色）。捣为细末，每服9 g，空心温酒调服。忌油腻。（《经验方》）

⑭治痔疾：枸杞根、地龙（捣）。枸杞根旋取新者，刮去浮赤皮，只取第二重薄白皮，曝干捣罗为末，每秤32 g，别入地龙末3 g，和匀，先以热甏汁洗患处，用药干掺，日可三次用。（《圣济总录》）

⑮治气瘘疳疮，多年不愈：地骨皮不以多少，杵为细末，每用纸燃蘸绝疮口内，频用自然生肉，更用米饮调6 g，无时，日进三服。（《外科精义》）

⑯治妇人阴肿或生疮：枸杞根煎水频洗。（《永类钤方》）

⑰治肾经虚损，眼目昏花，或云翳遮睛：枸杞子500 g，好酒润透。分作四份：一份用蜀椒32 g炒，一份用小茴香32 g炒，一份用芝麻32 g炒，一份用川楝肉32 g炒。炒后拣出枸杞，加熟地黄、白术、白茯苓各32 g，共研为末，加炼蜜做成丸子，每天服适量。此方名"四神丸"。

⑱壮筋骨，补精髓：用枸杞根、生地黄、甘菊花各500 g，捣碎，加水60 kg，煮取汁30 kg，以汁炊糯米30 kg，拌入细曲，照常法酿酒，待熟澄清，每日饮三碗。此方名"地骨酒"。

⑲治骨蒸潮热（包括一切虚劳烦热及大病后烦热）：地骨皮64 g，防风32 g，甘草（炙）16 g，和匀后。每取15 g，加生姜5片，水煎服。此方名"地仙散"。

⑳治肾虚腰痛：枸杞根、杜仲、萆薢各500 g，好酒18 kg浸泡，蜜封土罐中再放锅内煮1天，常取饮服。

㉑治赤眼肿痛：地骨皮1.5 kg，加水18 kg，煮成3升，去渣，放进盐一两，再煮成二程式，频用洗眼和点眼。

㉒治小便出血：新地骨皮洗净，捣取自然汁。无汁则加水煎汁。每服一碗，加一点酒，饭前温服。

㉓治风虫牙痛：枸杞根白皮，煎醋含漱。

㉔治口舌糜烂（膀胱移热于小肠，口舌生疮，心胃热，水谷不下）：柴胡、地骨皮各9 g，水煎服。此方名"地骨皮汤"。

㉕治男子下疳：先以浆水洗过，再搽地骨皮末，即可生肌止痛。

㉖治痈疽恶疮，脓血不止：地骨皮不拘多少，洗净，刮去粗皮，取出细瓤。以地骨皮煎汤洗，令脓血尽，以瓤敷贴患处，很快见效。

㉗治足趾鸡眼，作痛作疮：地骨皮同红花研细敷涂。

㉘治目涩有翳：枸杞叶、车前叶各64 g，捣出汁，以桑叶裹悬阴地一夜。取汁点眼，不过三五次，即见效。

㉙治五劳七伤，房事衰弱：枸杞叶250 g，切细，加粳米200 g，豉汁适量，一起煮成粥。每日食用，有效。（⑰～㉙方出自《中药大辞典》）

㉚治浑身壮热，脉长而滑，阳毒火炽发渴：地骨皮、茯苓各4.5 g，柴胡、黄芩、生地黄、知母各3 g，羌活、麻黄各2 g，石膏6 g，姜引，水煎服。（《万密斋医学全书》）

【临床应用】①治疗高血压。每日用鲜枸杞根皮或全根64 g（干品32 g），水煎2次分服，连服30天为一个疗程。

②治疗青年扁平疣、掌跖疣、泛发性湿疹。

③治疗牙髓炎疼痛。取地骨皮32 g，加水500 ml，煎至50 ml，过滤后以小棉球蘸药液填入已清洁的窝洞内即可。

④治疗疟疾。取鲜地骨皮32 g，茶叶3 g，水煎后于发作前2～3 h顿服。

番茄属 *Lycopersicon* Mill.

739. 番茄 *Lycopersicon esculentum* Mill.

【别名】西红柿、洋茄子。

【形态】体高0.6～2 m，全体生黏质腺毛，有强烈气味。茎易倒伏。叶羽状复叶或羽状深裂，长10～40 cm，小叶极不规则，大小不等，常5～9枚，卵形或矩圆形，长5～7 cm，边缘有不规则锯齿或裂片。花序总梗长2～5 cm，常3～7朵花；花梗长1～1.5 cm；花萼辐状，裂片披针形，果时宿存；花冠辐状，直径约2 cm，黄色。浆果扁球状或近球状，肉质而多汁液，橘黄色或鲜红色，光滑；种子黄色。花果期夏、秋季。

【生境分布】广泛栽培。

【药用部位】果实。

【药材名】番茄。

【来源】茄科植物番茄 *Lycopersicon esculentum* Mill. 的果实。

【功能】生津止渴，健胃消食，养肝，清热解毒，降血压。

【用法用量】常作为蔬菜食用。

烟草属 *Nicotiana* L.

740. 烟草 *Nicotiana tabacum* L.

【别名】烟、烟叶、相思草。

【形态】一年生或有限多年生草本，全体被腺毛；根粗壮。茎高 0.7～2 m，基部稍木质化。叶矩圆状披针形、披针形、矩圆形或卵形，顶端渐尖，基部渐狭至茎成耳状而半抱茎，长 10～30（70）cm，宽 8～15（30）cm，柄不明显或成翅状柄。花序顶生，圆锥状，多花；花梗长 5～20 mm。花萼筒状或筒状钟形，长 20～25 mm，裂片三角状披针形，长短不等；花冠漏斗状，淡红色，筒部色更淡，稍弯曲，长 3.5～5 cm，檐部宽 1～1.5 cm，裂片急尖；雄蕊中 1 枚显著较其余 4 枚短，不伸出花冠喉部，花丝基部有毛。蒴果卵状或矩圆状，长约等于宿存萼。种子圆形或宽矩圆形，直径约 0.5 mm，褐色。夏、秋季开花结果。

【生境分布】罗田各地均有栽培。

【药用部位】全草。

【药材名】烟草。

【来源】茄科植物烟草 *Nicotiana tabacum* L. 的全草。

【功能主治】行气，辟寒。

【性味】辛，温；有毒。

酸浆属 *Physalis* L.

741. 酸浆 *Physalis alkekengi* L.

【别名】灯笼草、天泡草、红姑娘。

【形态】多年生草本，基部常匍匐生根。茎高 40～80 cm，基部略带木质，分枝稀疏或不分枝，茎节不甚膨大，常被柔毛，尤其以幼嫩部分较密。叶长 5～15 cm，宽 2～8 cm，长卵形至阔卵形，有时菱状卵形，顶端渐尖，基部不对称狭楔形下延至叶柄，全缘而波状或有粗齿，有时每边具少数不等大的三角形大齿，两面被柔毛，沿叶脉较密，上面的毛常不脱落，沿叶脉亦有短硬毛；叶柄长 1～3 cm。花梗长 6～16 mm，开花时直立，后来向下弯曲，密生柔毛而果时也不脱落；花萼阔钟状，长约 6 mm，密生柔毛，萼齿三角形，边缘有硬毛；花冠辐状，白色，直径 15～20 mm，裂片开展，阔而短，顶端骤然狭窄成三角形尖头，外面有短柔毛，边缘

有缘毛；雄蕊及花柱均较花冠短。果梗长2～3 cm，被宿存柔毛；果萼卵状，长2.5～4 cm，直径2～3.5 cm，薄革质，网脉显著，有10纵肋，橙色或火红色，被宿存的柔毛，顶端闭合，基部凹陷；浆果球状，橙红色，直径10～15 mm，柔软多汁。种子肾形，淡黄色，长约2 mm。花期5—9月，果期6—10月。

【生境分布】　野生于林边、路边及荒地。罗田各地均有分布。

【采收加工】　夏季采收，晒干。

【药用部位】　全草。

【药材名】　酸浆。

【来源】　茄科植物酸浆 *Physalis alkekengi* L. 的全草。

【性味】　苗、叶、茎、根：苦，寒；无毒。种子：酸，平；无毒。

【功能主治】　主治热咳咽痛，痔疮，脾胃伏热。

742. 苦蘵 *Physalis angulata* L.

【别名】　灯笼泡、灯笼草。

【形态】　一年生草本，被疏短柔毛或近无毛，高常30～50 cm；茎多分枝，分枝纤细。叶柄长1～5 cm，叶片卵形至卵状椭圆形，顶端渐尖或急尖，基部阔楔形或楔形，全缘或有不等大的齿，两面近无毛，长3～6 cm，宽2～4 cm。花梗长5～12 mm，纤细，和花萼一样生短柔毛，长4～5 mm，5中裂，裂片披针形，生缘毛；花冠淡黄色，喉部常有紫色斑纹，长4～6 mm，直径6～8 mm；

花药蓝紫色，有时黄色，长约1.5 mm。果萼卵球状，直径1.5～2.5 cm，薄纸质，浆果直径约1.2 cm。种子圆盘状，长约2 mm。花果期5—12月。

【生境分布】　分布于我国华东、华中、华南及西南地区。常生于海拔500～1500 m的山谷林下及村边路旁。

【来源】　茄科植物苦蘵 *Physalis angulata* L. 的全草。

【来源】　夏、秋季采收，鲜用或晒干。

【性状】　茎有分枝，具细柔毛或近光滑；叶互生，黄绿色，多皱缩或脱落，完整者卵形，长3～6 cm，宽2～4 cm（用水泡开后展平），先端渐尖，基部偏斜，全缘或有疏锯齿；果球形，橙红色，外包淡绿黄色膨大的宿萼，有5条较深的纵棱。气微，味苦。以全草幼嫩、色黄绿、带宿萼多者为佳。

【性味】　苦、酸，寒。

【功能主治】　清热，利尿，解毒，消肿。主治感冒，肺热咳嗽，咽喉肿痛，牙龈肿痛，湿热黄疸，痢疾，水肿，热淋，天疱疮，疔疮。

【用法用量】　内服：煎汤，15～30 g；或捣汁。外用：适量，捣敷；或煎水含漱；或熏洗。

743. 灯笼果 *Physalis peruviana* L.

【别名】　泡泡草、灯笼泡、鬼灯笼、水灯笼草、苦灯笼草。

【形态】多年生草本，高 45～90 cm，具匍匐的根状茎。茎直立，不分枝或少分枝，密生短柔毛。叶较厚，阔卵形或心形，长 6～15 cm，宽 4～10 cm，顶端短渐尖，基部对称心形，全缘或有少数不明显的尖齿，两面密生柔毛；叶柄长 2～5 cm，密生柔毛。花单独腋生，梗长约 1.5 cm。花萼阔钟状，同花梗一样密生柔毛，长 7～9 mm，裂片披针形，与筒部近等长；花冠阔钟状，长 1.2～1.5 cm，直径 1.5～2 cm，黄色而喉部有紫色斑纹，5 浅裂，裂片近三角形，外面生短柔毛，边缘有睫毛状毛；花丝及花药蓝紫色，花药长约 3 mm。果萼卵球状，长 2.5～4 cm，薄纸质，淡绿色或淡黄色，被柔毛；浆果直径 1～1.5 cm，成熟时黄色。种子黄色，圆盘状，直径约 2 mm。夏季开花结果。

【生境分布】生于田间、路旁、村边。

【采收加工】夏、秋季采收。

【药用部位】全草。

【药材名】灯笼果。

【来源】茄科植物灯笼果 *Physalis peruviana* L. 的全草。

【性味】①《陆川本草》：甘，淡，微寒。

②《南宁市药物志》：苦、微甘，寒。

【功能主治】清热，行气，止痛，消肿。主治感冒，疟腮，喉痛，咳嗽，腹胀，疝气，天疱疮。

【用法用量】内服：煎汤，9～15 g。外用：捣敷或煎水洗。

744. 毛酸浆 *Physalis pubescens* L.

【别名】小苦耽、灯笼草、鬼灯笼、天泡草。

【形态】一年生草本；茎生柔毛，常多分枝，分枝毛较密。叶阔卵形，长 3～8 cm，宽 2～6 cm，顶端急尖，基部歪斜心形，边缘通常有不等大的尖齿，两面疏生毛但脉上毛较密；叶柄长 3～8 cm，密生短柔毛。花单独腋生，花梗长 5～10 mm，密生短柔毛。花萼钟状，密生柔毛，5 中裂，裂片披针形，急尖，边缘有缘毛；花冠淡黄色，喉部具紫色斑纹，直径 6～10 mm；雄蕊短于花冠，花药淡紫色，长 1～2 mm。果萼卵状，长 2～3 cm，直径 2～2.5 cm，具 5 棱角和 10 纵肋，顶端萼齿闭合，基部稍凹陷；浆果球状，直径约 1.2 cm，黄色或有时带紫色。种子近圆盘状，直径约 2 mm。花果期 5—11 月。

【生境分布】生于田野中，全国各地均有分布。罗田各地均有分布。

【采收加工】夏季采收。

【药用部位】全草。

【药材名】毛酸浆。

【来源】 茄科植物毛酸浆 *Physalis pubescens* L. 的全草。

【功能主治】 清热，化痰，镇咳，利尿，泻下。主治痛风。

【用法用量】 内服：煎汤，10～15 g。

茄属 *Solanum* L.

745. 千年不烂心 *Solanum cathayanum* C. Y. Wu et S. C. Huang

【别名】 苦茄、六甲草、欧白英。

【形态】草质藤本，多分枝，长0.5～3 m，茎、叶各部密被多节的长柔毛。叶互生，多数为心形，长1.5～5（7）cm，宽1～3.5 cm，先端尖或渐尖，基部心形或戟形，边缘全缘，少数基部3深裂，裂片全缘，侧裂片短而先端钝，中裂片长，卵形至卵状披针形，先端渐尖，上面疏被白色发亮的短柔毛，下面与上面的毛被相似，唯较密，中脉明显，侧脉纤细，每边4～6条；叶柄长1～2 cm，密被多节的长柔毛。聚伞花序顶生或腋外生，疏花，总花梗长1.8～4 cm，被多节发亮的长柔毛及短柔毛，花梗长0.8～1 cm，顶端稍膨大，基部具关节，无毛；花萼杯状，直径约4 mm，无毛，萼齿5枚，圆形，顶端短尖，长不及1 mm；花冠蓝紫色或白色，直径约1 cm，开放时裂

片向外反折，花冠筒隐于萼内，长约1 mm，冠檐长约6 mm，5裂，裂片椭圆状披针形，长约4 mm，宽约2 mm；花丝长不到1 mm，花药长圆形，长约3 mm，顶孔略向内；子房卵形，直径约1 mm，花柱丝状，长约6 mm，柱头小，头状。浆果成熟时红色，直径约8 mm，果柄无毛，常作弧形弯曲；种子近圆形，两侧压扁，直径约1.5 mm，外面具细致凸起的网纹。花期夏、秋季，果期秋末。

【生境分布】 生于山野草丛或灌丛中。罗田各地均有分布。

【采收加工】 夏季采收，干燥。

【药用部位】 全草。

【药材名】 苦茄。

【来源】 茄科植物千年不烂心 *Solanum cathayanum* C. Y. Wu et S. C. Huang 的全草。

【性味】 甘，寒。

【功能主治】 清热解毒。

【用法用量】 内服：煎汤，19.2～32 g。外用：鲜叶捣烂外敷；全草晒干研末，加冰片少许，撒敷患处。

746. 白英 *Solanum lyratum* Thunb.

【别名】 白毛藤、排风藤。

【形态】 草质藤本，长0.5～1 m，茎及小枝均密被具节长柔毛。叶互生，多数为琴形，长3.5～5.5 cm，宽2.5～4.8 cm，基部常3～5深裂，裂片全缘，侧裂片愈近基部的愈小，先端钝，中裂片较大，通常卵形，先端渐尖，两面均被白色发亮的长柔毛，中脉明显，侧脉在下面较清晰，通常

每边 5～7 条；少数在小枝上部的为心形，小，长 1～2 cm；叶柄长 1～3 cm，被有与茎枝相同的毛被。聚伞花序顶生或腋外生，疏花，总花梗长 2～2.5 cm，被具节的长柔毛，花梗长 0.8～1.5 cm，无毛，顶端稍膨大，基部具关节；花萼环状，直径约 3 mm，无毛，萼齿 5 枚，圆形，顶端具短尖头；花冠蓝紫色或白色，直径约 1.1 cm，花冠筒隐于萼内，长约 1 mm，冠檐长约 6.5 mm，5 深裂，裂片椭圆状披针形，长约 4.5 mm，先端被微柔毛；花丝长约 1 mm，花药长圆形，长约 3 mm，顶孔略向上；子房卵形，直径不及 1 mm，花柱丝状，长约 6 mm，柱头小，头状。浆果球状，成熟时红黑色，直径约 8 mm；种子近盘状，扁平，直径约 1.5 mm。花期夏、秋季，果期秋末。

【生境分布】生于山野草丛中或灌丛中、路边。罗田各地均有分布。

【采收加工】夏、秋季采收，洗净，晒干或鲜用。

【药用部位】全草、根。

【药材名】白英。

【来源】茄科植物白英 Solanum lyratum Thunb. 的全草、根。

【性味】苦，微寒；有小毒。

【归经】归肝、胃经。

【功能主治】清热解毒，利湿消肿，抗癌。全草：主治感冒发热，乳痈，恶疮，湿热黄疸，腹水，带下，肾炎水肿；外用治疮痈肿毒。根：主治风湿痹痛。

【用法用量】内服：煎汤，16～32 g。外用：适量，鲜全草捣烂敷患处。

【临床应用】治疗感冒发热、乳痈等，可配合蒲公英、银花、一见喜等药同用。治疗湿热黄疸或腹水肿痛、小便不利，可配合金钱草、茵陈等药同用，使水湿之邪从小便排出。治疗风湿痹痛，可与秦艽、羌活、独活等药同用。本品配伍蛇莓、龙葵、白花蛇舌草等药，用于肺癌以及胃肠道癌肿等。

747. 茄 *Solanum melongena* L.

【别名】白茄、茄子。

【形态】直立分枝草本至亚灌木，高可达 1 m，小枝、叶柄及花梗均被 6～8（10）分枝，平贴或具短柄的星状茸毛，小枝多为紫色（野生的往往有皮刺），渐老则毛被逐渐脱落。叶大，卵形至长圆状卵形，长 8～18 cm 或更长，宽 5～11 cm 或更宽，先端钝，基部不相等，边缘浅波状或深波状圆裂，上面被 3～7（8）分枝短而平贴的星状茸毛，下面密被 7～8 分枝较长而平贴的星状茸毛，侧脉每边 4～5 条，在上面疏被星状茸毛，在下面则较密，中脉的毛被与侧脉的相同（野生种的中脉及侧脉在两面均具小皮刺），叶柄长 2～4.5 cm（野生的具皮刺）。能孕花单生，花柄长 1～1.8 cm，毛被较密，花后常下垂，不孕花蝎尾状与能孕花并出；萼近钟形，直径约 2.5 cm 或稍大，外面密被与花梗相似的星状茸毛及小皮刺，皮刺长约 3 mm，萼裂片披针形，先端锐尖，内面疏被星状茸毛，花冠辐状，外面星状毛被较密，内面仅裂片先端疏被星状茸毛，花冠筒长约 2 mm，冠檐长约 2.1 cm，裂片三角形，长约 1 cm；花丝长约 2.5 mm，花药长约 7.5 mm；子房圆形，顶端密被星状毛，花柱长 4～7 mm，中部以下被星状茸毛，柱头浅裂。果的形状、大小变异极大。

【生境分布】全国大部地区均有栽培。

【药用部位】果实、花、叶、根。

（1）茄子。

【别名】落苏、昆仑瓜、草鳖甲、酪酥、矮瓜、吊菜子。

【采收加工】夏季果实成熟时采收。

【来源】茄科植物茄 *Solanum melongena* L. 的果实。

【性味】甘，凉。

【归经】归脾、胃、大肠经。

【功能主治】清热，活血，止痛，消肿。主治肠风下血，热毒疮痈，皮肤溃疡。

【用法用量】内服：入丸、散或泡酒。外用：捣敷或研末调敷。

【附方】①治大风热痰：大黄老茄子不计多少，以新瓶盛贮，埋之土中，经一年尽化为水，取出，入苦参末同丸，如梧子。食已及欲卧时，酒下三十粒。（《本草图经》）

②治久患肠风泻血：茄子大者三枚。上一味，先将一枚湿纸裹，于煻火内煨熟，取出入瓷罐子，乘热以无灰酒1升半沃之，便以蜡纸封闭，经三宿，去茄子，暖酒空心分服。如是更作，不过三度。（《圣济总录》）

③治热疮：生茄子一枚，割去二分，令口小，去瓤三分，似一罐子，将合于肿上角。如已出脓，再用，取瘥为度。（《圣济总录》）

④治妇人乳裂：秋月冷茄子裂开者，阴干，烧存性，研末，水调涂。（《妇人良方补遗》）

【临床应用】茄子外用治疗多种外科疾患。①老烂脚：取新鲜紫色茄子之皮，局部外敷，每日1～2次。初用时局部症状加重，7日左右反应消失。②皮肤溃疡：取茄子煨煅存性，研成细末，加入少量冰片混匀，撒布创面，纱布包扎。③乳腺炎，疔疮痈疽：将茄子细末撒于凡士林纱布上，外敷患处。共治4例皆有效。

（2）茄花。

【来源】茄科植物茄 *Solanum melongena* L 的花。

【功能主治】主治金疮，牙痛。

【附方】治牙痛：秋茄花干之，旋烧研涂痛处。（《海上方》）

（3）茄叶。

【来源】茄科植物茄 *Solanum melongena* L. 的叶。

【功能主治】主治血淋，血痢，肠风下血，痈肿，冻伤。

【用法用量】内服：研末，6～9 g。外用：煎水浸洗、捣敷或烧存性研末调敷。

【附方】①治血淋疼痛：茄叶熏干为末，每服6 g，温酒或盐汤下。来年者尤佳。（《经验良方》）

②治肠风下血：茄叶熏干为末，每服6 g，米饮下。（《本草纲目》）

③治钩虫初感染：茄茎叶煎浓洗。（《陆川本草》）

④治背痈未溃：白茄叶捣烂，和黑醋煮敷。（《岭南采药录》）

⑤治冻伤：茄秧1 kg，辣椒秧500 g。上药放铁锅内水熬5 h，取3次滤液合并浓缩成膏，涂患处；或将膏溶于水中熏洗，每日1次。（内蒙古《中草药新医疗法资料选编》）

（4）茄子根。

【别名】 茄根。

【采收加工】 秋季挖根，除去须根及杂质，切片晒干。

【来源】 茄科植物茄 *Solanum melongena* L. 的根。

【性味】 甘，凉。

【功能主治】 清热利湿，祛风止咳，收敛止血。主治风湿性关节炎，老年慢性支气管炎，水肿，久咳，久痢，带下，遗精，尿血，便血；外用治冻疮。

【用法用量】 内服：煎汤，16～32 g。外用：适量，煎水洗。

748. 龙葵 *Solanum nigrum* L.

【别名】 苦菜、苦葵、天茄子、天泡草、老鸦眼睛草、野茄子、黑姑娘、山海椒。

【形态】 一年生直立草本，高0.25～1 m，茎无棱或棱不明显，绿色或紫色，近无毛或被微柔毛。叶卵形，长2.5～10 cm，宽1.5～5.5 cm，先端短尖，基部楔形至阔楔形而下延至叶柄，全缘或每边具不规则的波状粗齿，光滑或两面均被稀疏短柔毛，叶脉每边5～6条，叶柄长1～2 cm。蝎尾状花序腋外生，由3～6（10）花组成，总花梗长1～2.5 cm，

花梗长约5 mm，近无毛或具短柔毛；萼小，浅杯状，直径1.5～2 mm，齿卵圆形，先端圆，基部两齿间连接处成角度；花冠白色，筒部隐于萼内，长不及1 mm，冠檐长约2.5 mm，5深裂，裂片卵圆形，长约2 mm；花丝短，花药黄色，长约1.2 mm，约为花丝长度的4倍，顶孔向内；子房卵形，直径约0.5 mm，花柱长约1.5 mm，中部以下被白色茸毛，柱头小，头状。浆果球形，直径约8 mm，成熟时黑色。种子多数，近卵形，直径1.5～2 mm，两侧压扁。

【生境分布】 生于路旁或田野中。罗田各地均有分布。

【采收加工】 夏、秋季采收。

【药用部位】 全草。

【药材名】 龙葵。

【来源】 茄科植物龙葵 *Solanum nigrum* L. 的全草。

【性味】 苦，寒。

【功能主治】 清热，解毒，活血，消肿。主治疔疮，痈肿，丹毒，跌打扭伤，慢性支气管炎，急性肾炎，皮肤湿疹，小便不利，白带过多，前列腺炎，痢疾。

【用法用量】 内服：煎汤，16～32 g。外用：捣敷或煎水洗。

【附方】 ①治疔肿：老鸦眼睛草，擂碎，酒服。（《普济方》）

②治痈肿无头：捣龙葵敷之。（《经验方》）

③治瘰疬：山海椒、桃树皮各等份研末调麻油敷患处。（《贵州草药》）

④治天疱疮：龙葵苗叶捣敷之。（《本草纲目》）

⑤治跌打扭筋肿痛：鲜龙葵叶一握，连须葱白七个。切碎，加酒酿糟适量，同捣烂敷患处，一日换一二次。（《江西民间草药》）

⑥治吐血不上：人参0.3 g，天茄子苗16 g。上二味，捣罗为散。每服6 g，新水调下，不拘时。（《圣

济总录》）

⑦治血崩不止：山海椒 32 g，佛指甲 15 g，水煎服。（《贵州草药》）

⑧治痢疾：龙葵叶 24 ～ 32 g（鲜品用量加倍），白糖 24 g，水煎服。（《江西民间草药》）

⑨治急性肾炎，浮肿，小便少：鲜龙葵、鲜芫花各 15 g，木通 6 g, 水煎服。（《河北中药手册》）

749. 珊瑚樱 *Solanum pseudo-capsicum* L.

【别名】 冬珊瑚、玉珊瑚、珊瑚子、看枣、寿星果。

【形态】 直立分枝小灌木，高达 2 m，全株光滑无毛。叶互生，狭长圆形至披针形，长 1 ～ 6 cm，宽 0.5 ～ 1.5 cm，先端尖或钝，基部狭楔形下延成叶柄，边全缘或波状，两面均光滑无毛，中脉在下面凸出，侧脉 6 ～ 7 对，在下面更明显；叶柄长 2 ～ 5 mm，与叶片不能截然分开。花多单生，很少成蝎尾状花序，无总花梗或近无总花梗，腋外生或近对叶生，花梗长 3 ～ 4 mm；花小，白色，直径 0.8 ～ 1 cm；萼绿色，直径约 4 mm，5 裂，裂片长约 1.5 mm；花冠筒隐于萼内，长不及 1 mm，冠檐长约 5 mm，裂片 5，卵形，长约 3.5 mm，宽约 2 mm；花丝长不及 1 mm，花药黄色，矩圆形，长约 2 mm；子房近圆形，直径约 1 mm，花柱短，长约 2 mm，柱头截形。浆果橙红色，直径 1 ～ 1.5 cm，萼宿存，果柄长约 1 cm，顶端膨大。种子盘状，扁平，直径 2 ～ 3 mm。花期初夏，果期秋末。

【生境分布】 全国各地均有栽培。

【采收加工】 全年均可采收。

【药用部分】 根。

【药材名】 珊瑚豆。

【来源】 茄科植物珊瑚樱 *Solanum pseudo-capsicum* L. 的根。

【性味】 咸、微苦，温。

【功能主治】 止痛。

【注意】 全株有毒。中毒症状：幼儿如果误食红果，可出现恶心、腹痛、腹泻、昏睡、心跳减慢、瞳孔放大、血压下降等症状，严重时有致死的可能。

750. 马铃薯 *Solanum tuberosum* L.

【别名】 土豆、山药蛋、洋山芋。

【形态】 草本，高 30 ～ 80 cm，无毛或被疏柔毛。地下茎块状，扁圆形或长圆形，直径 3 ～ 10 cm，外皮白色、淡红色或紫色。叶为奇数不相等的羽状复叶，小叶常大小相间，长 10 ～ 20 cm；叶柄长 2.5 ～ 5 cm；小叶 6 ～ 8 对，卵形至长圆形，最大者长可达 6 cm，宽达 3.2 cm，最小者长、宽均不及 1 cm，先端尖，基部稍不相等，全缘，两面均被白色疏柔毛，侧脉每边 6 ～ 7 条，先端略弯，小叶柄长 1 ～ 8 mm。伞房花序顶生，后侧生，花白色或蓝紫色；花萼钟形，直径 1 cm，外面被疏柔毛，5 裂，裂片披针形，先端长渐尖；花冠辐状，直径 2.5 ～ 3 cm，花冠筒隐于萼内，长约 2 mm，冠檐长约 1.5 cm，裂片 5，三角形，长约 5 mm；雄蕊长约 6 mm，花药长度为花丝的 5 倍；子房卵圆形，无毛，花柱长约

8 mm，柱头头状。浆果圆球状，光滑，直径约 1.5 cm。花期夏季。

【生境分布】 罗田各地有栽培。

【药用部位】 块茎。

【药材名】 马铃薯。

【来源】 茄科植物马铃薯 *Solanum tuberosum* L. 的块茎。

【性味】 甘，平。

【归经】 归胃、大肠经。

【功能主治】 益气健脾，调中和胃。

【附方】 ①治病后脾胃虚寒，气短乏力：牛腹筋 150 g，马铃薯 100 g，酱油 15 g，糖 5 g，葱、姜各 2.5 g，文火煮烂，至肉、马铃薯都酥而入味。(《传统膳食宜忌》)

②治胃及十二指肠溃疡疼痛和习惯性便秘：未发芽的新鲜马铃薯，洗净切碎后，加开水捣烂，用纱布包绞汁，每天早晨空腹下一两匙，酌加蜂蜜同服，连续 15～20 天。服药期间忌食刺激性食物。(《常见疾病手册》)

【注意】 发芽的马铃薯含龙葵素（主要分布在皮部及芽中），能破坏红细胞，严重中毒时导致脑充血水肿以及胃肠黏膜发炎、眼结膜炎。故须深挖及削去芽附近的皮层，再用水浸泡，长时间煮，以清除和破坏龙葵素，防止多食中毒。脾胃虚寒易腹泻者应少食。

751. 黄果茄 *Solanum xanthocarpum* Schrad. et Wendl.

【别名】 野茄果、黄果珊瑚、马刺。

【形态】 直立或匍匐草本，高 50～70 cm，有时基部木质化，植物体各部均被 7～9 分枝（正中的 1 分枝常伸向外）的星状茸毛，并密生细长的针状皮刺，皮刺长 0.5～1.8 cm，基部宽 0.5～1.5 mm，先端极尖，基部间被星状茸毛；植株除幼嫩部分外，其余各部的星状毛被则逐渐脱落而稀疏。叶卵状长圆形，长 4～6 cm，宽 3～4.5 cm，先端钝或尖，基部近心形或不相等，边缘通常 5～9 裂或羽状深裂，裂片边缘波状，两面均被星状短茸毛，尖锐的针状皮刺则着生于两面的中脉及侧脉上，侧脉 5～9 条，约与裂片数相等；叶柄长 2～3.5 cm。聚伞花序腋外生，通常 3～5 花，花蓝紫色，直径约 2 cm；花萼钟形，直径约 1 cm，外面被星状茸毛及尖锐的针状皮刺，先端 5 裂，裂片长圆形，先端骤渐尖；花冠辐状，直径约 2.5 cm，花冠筒隐于萼内，长约 1.5 mm，无毛，冠檐长 13～14 mm，先端 5 裂，裂瓣卵状三角形，长 6～8 mm，外面密被星状茸毛，内面被茸毛及星状茸毛；雄蕊 5 枚，长约 9 mm，花药长度约为花丝的 8 倍；子房卵圆形，直径约 2 mm，顶部疏被星状茸毛，花柱纤细，长约 1 cm，被极稀疏的茸毛及星状茸毛，柱头截形。浆果球形，直径 1.3～1.9 cm，初时绿色并具深绿色的条纹，成熟后则变为淡黄色；种子近肾形，扁平，直径约 1.5 mm。花期冬到夏季，果熟期夏季。

【生境分布】 喜生于村边、路旁、荒

地及河谷两岸较干旱处。罗田各地均有分布。

　　【采收加工】　根：夏、秋季采收；果实：秋、冬季采收，洗净、晒干或鲜用。

　　【来源】　茄科植物黄果茄 *Solanum xanthocarpum* Schrad. et Wendl. 的根、果实及种子。

　　【性味】　苦、辛，温。

　　【功能主治】　清热利湿，消瘀止痛。

　　【用法用量】　内服：煎汤，10～16 g；或炖鸡。外用：擦患处或研末撒。

　　【附方】　①治睾丸炎：黄果茄根 7 株，马鞭草根 5 株，灯笼草根 7 株，合猪腰子炖服；合青壳鸭蛋炖服亦可。

　　②治牙痛：黄果茄干根 16 g，水煎服或煎浓汤漱口。

　　③治头部发疮：黄果茄鲜果，切成两半，擦患处。

　　④治手足麻痹，风湿性关节炎：黄果茄鲜根 100～150 g，炖母鸡服。

　　⑤拔脓头：黄果茄，置新瓦上焙干研末撒患处。（①～⑤方出自福建晋江《中草药手册》）

一四〇、玄参科 Scrophulariaceae

胡麻草属 *Centranthera* R. Br.

752. 胡麻草 *Centranthera cochinchinensis*（Lour.）Merr.

　　【别名】　皮虎怀、蓝胡麻草、兰胡麻草。

　　【形态】　直立草本，高 30～60 cm，稀仅高 13 cm。茎基部略成圆柱形，上部四方形，具凹槽，通常自中、上部分枝。叶对生，无柄，下面中脉凸起，边缘背卷，两面与茎、苞片及萼同被基部带有泡沫状凸起的硬毛，条状披针形，全缘，中部的长 2～3 cm，宽 3～4 mm，向两端逐渐缩小。花具极短的梗，单生于上部苞腋；萼长 7～10 mm，宽 4～5 mm，顶端收缩为稍弯而通常浅裂而成的 3 枚短尖头；花冠长 15～22 mm，通常黄色，裂片均为宽椭圆形，长约 4 mm，宽 7～8 mm；雄蕊前方一对长约 10 mm，后方一对长 6～7 mm；花丝均被绵毛；子房无毛；柱头条状椭圆形，长约 3 mm，宽约 1 mm，被柔毛。蒴果卵形，长 4～6 mm，顶部具短尖头。种子小，黄色，具螺旋状条纹。花果期 6—10 月。

　　【生境分布】　生于田埂、水边、荒地。罗田各地均有分布。

　　【采收加工】　夏、秋季采收，晒干。

　　【药用部位】　全草。

　　【药材名】　胡麻草。

　　【来源】　玄参科植物胡麻草 *Centranthera cochinchinensis*（Lour.）Merr. 的全草。

　　【性味】　酸、微麻，温。

【功能主治】消肿散瘀，止血止痛。主治咯血，吐血，跌打内伤瘀血，风湿性关节炎。

【用法用量】内服：煎汤，16～32 g。外用：捣敷。

母草属 *Lindernia* All.

753. 泥花草 *Lindernia antipoda*（L.）Alston

【别名】鸭脷草、田素馨、紫熊胆、水辣椒、水虾子草。

【形态】一年生草本，根须状成丛；茎幼时亚直立，长大后多分枝，枝基部匍匐，下部节上生根，弯曲上升，高可达 30 cm，茎枝有沟纹，无毛。叶片矩圆形、矩圆状披针形、矩圆状倒披针形或几为条状披针形，长 0.3～4 cm，宽 0.6～1.2 cm，顶端急尖或圆钝，基部下延有宽短叶柄，而近抱茎，边缘有少数不明显的锯齿至有明显的锐锯齿或近全缘，两面无毛。花多在茎枝之顶成总

状着生，花序长者可达 15 cm，含花 2～20 朵；苞片钻形；花梗有条纹，顶端变粗，长者可达 1.5 cm，花期上升或斜展，在果期平展或反折；萼仅基部连合，齿 5，条状披针形，沿中肋和边缘略有短硬毛；花冠紫色、紫白色或白色，长可达 1 cm，管长可达 7 mm，上唇 2 裂，下唇 3 裂，上、下唇近等长；后方一对雄蕊有性，前方一对退化，花药消失，花丝端钩曲有腺；花柱细，柱头扁平，片状。蒴果圆柱形，顶端渐尖，长约为宿萼的 2 倍或多倍；种子为不规则三棱状卵形，褐色，有网状孔纹。花果期春季至秋季。

【生境分布】生于水稻田边或低湿处。罗田各地均有分布。

【采收加工】9 月采收。

【来源】玄参科植物泥花草 *Lindernia antipoda*（L.）Alston 的全草。

【性味】①《四川中药志》：性寒，味淡，无毒。

②《泉州本草》：味甘、微辛，性平，无毒。

【功能主治】逐瘀，消肿，解毒，利尿。主治跌打损伤，痈疽疔肿，淋证。

【用法用量】内服：煎汤，鲜品 50～100 g；捣汁或烧灰泡酒。外用：捣敷。

【附方】①治跌打损伤：水虾子草、红酸浆草、红牛膝、芋麻根，烧灰，泡酒服。（《四川中药志》）

②治破伤风抽搐：鲜水虾子草，捣绞汁泡酒服，每次 150 g。

③治痈疽疔疖，无名肿毒：鲜水虾子草，合酸饭粒、食盐各少许，捣敷患处。

④治疯狗、毒蛇咬伤：鲜水虾子草，捣绞汁泡酒温服，渣敷患处，每次 150 g。（②～④方出自《泉州本草》）

754. 母草 *Lindernia crustacea*（L.）F. Muell

【别名】四方草、蛇通管、气痛草。

【形态】草本，根须状；高 10～20 cm，常铺散成密丛，多分枝，枝弯曲上升，微方形有深沟纹，无毛。叶柄长 1～8 mm；叶片三角状卵形或宽卵形，长 10～20 mm，宽 5～11 mm，顶端钝或短尖，基部宽楔形或近圆形，边缘有浅钝锯齿，上面近无毛，下面沿叶脉有稀疏柔毛或近无毛。花单生于叶腋或在茎

枝之顶成极短的总状花序，花梗细弱，长 5 ~ 22 mm，有沟纹，近无毛；花萼坛状，长 3 ~ 5 mm，成腹面较深，而侧、背均开裂较浅的 5 齿，齿三角状卵形，中肋明显，外面有稀疏粗毛；花冠紫色，长 5 ~ 8 mm，管略长于花萼，上唇直立，卵形，钝头，有时 2 浅裂，下唇 3 裂，中间裂片较大，仅稍长于上唇；雄蕊 4，全育，二强；花柱常早落。蒴果椭圆形，与宿萼近等长；种子近球形，浅黄褐色，有明显的蜂窝状瘤凸。花果期全年。

【生境分布】 生于沟边、水田中。罗田各地均有分布。

【采收加工】 夏、秋季采收。

【药用部位】 全草。

【药材名】 母草。

【来源】 玄参科植物母草 *Lindernia crustacea*（L.）F. Muell 的全草。

【性味】 微苦、淡，凉。

【功能主治】 清热利湿，解毒。主治感冒，急、慢性细菌性痢疾，肠炎，痈疖疔肿。

【用法用量】 内服：煎汤，2 ~ 9 g（鲜品 32 ~ 64 g）；研末或浸酒。外用：捣敷。

【附方】 ①治急性泻痢或伴发热：母草 32 g，甘葛 15 g，马齿苋、陈茶叶各适量同炒，煎服。（《庐山中草药》）

②治慢性细菌性痢疾：鲜母草 64 ~ 96 g，鲜凤尾草、鲜野苋菜各 32 g。水煎，分 2 次服。（江西《草药手册》）

③治慢性肾炎：母草 64 g，鲜马齿苋 1.5 kg，酒 1 kg。浸 3 日后启用，每服 15 ml，每日 3 次。（江西《草药手册》）

④治疖肿：母草和食盐少许（溃疡加白糖少许），捣烂敷患处。（《庐山中草药》）

通泉草属 *Mazus* Lour.

755. 通泉草 *Mazus japonicus*（Thunb.）O. Kuntze

【别名】 脓泡药、汤湿草、绿蓝花、五瓣梅、猫脚迹。

【形态】 一年生草本，高 3 ~ 30 cm，无毛或疏生短柔毛。主根伸长，垂直向下或短缩，须根纤细，多数，散生或簇生。本种在体态上变化幅度很大，茎 1 ~ 5 支或有时更多，直立，上升或倾卧状上升，着地部分节上常能长出不定根，分枝多而披散，少不分枝。基生叶少数或多数，有时呈莲座状或早落，倒卵状匙形至卵状倒披针形，膜质至

薄纸质，长2～6 cm，顶端全缘或有不明显的疏齿，基部楔形，下延成带翅的叶柄，边缘具不规则的粗齿或基部有1～2片浅羽裂；茎生叶对生或互生，少数，与基生叶相似或几乎等大。总状花序生于茎、枝顶端，常在近基部即生花，伸长或上部成束状，通常3～20朵，花疏稀；花梗在果期长达10 mm，上部的较短；花萼钟状，花期长约6 mm，果期增大，萼片与萼筒近等长，卵形，先端急尖，脉不明显；花冠白色、紫色或蓝色，长约10 mm，上唇裂片卵状三角形，下唇中裂片较小，稍凸出，倒卵圆形；子房无毛。蒴果球形；种子小而多数，黄色，种皮上有不规则的网纹。花果期4—10月。

【生境分布】生于山坡草丛、田野湿地处。罗田各地均有分布。

【采收加工】春、夏、秋季可采收，洗净，鲜用或晒干。

【药用部位】全草。

【药材名】通泉草。

【来源】玄参科植物通泉草 *Mazus japonicus*（Thunb.）O. Kuntze 的全草。

【性味】苦，平。

【功能主治】止痛，健胃，解毒。主治偏头痛，消化不良；外用治疗疮，脓疱疮，烫伤。

【用法用量】内服：煎汤，9～15 g。外用：适量，捣烂敷患处。

756. 弹刀子菜 *Mazus stachydifolius*（Turcz.）Maxim.

【别名】四叶细辛。

【形态】多年生草本，高10～50 cm，粗壮，全体被多细胞白色长柔毛。根状茎短。茎直立，稀上升，圆柱形，不分枝或在基部分2～5枝，老时基部木质化。基生叶匙形，有短柄，常早枯萎；茎生叶对生，上部的常互生，无柄，长椭圆形至倒卵状披针形，纸质，长2～4（7）cm，以茎中部的较大，边缘具不规则锯齿。总状花序顶生，长2～20 cm，有时稍短于茎，花稀疏；苞片三角状卵形，长约1 mm；花萼漏斗状，长5～10 mm，果时增长达16 mm，直径超过1 cm，比花梗长或近等长，萼齿略长于筒部，披针状三角形，顶端长锐尖，10条脉纹明显；花冠蓝紫色，长15～20 mm，花冠筒与唇部近等长，上部稍扩大，上唇短，顶端2裂，裂片狭长三角形，先端锐尖，下唇宽大，开展，3裂，中裂较侧裂小，近圆形，稍凸出，两条褶襞从喉部直通至上下唇裂口，被黄色斑点同稠密的乳头状腺毛；雄蕊4枚，二强，着生于花冠筒的近基部；子房上部被长硬毛。蒴果扁卵球形，长2～3.5 mm。花期4—6月，果期7—9月。

【生境分布】生于路旁、田野、草地、山坡等处。罗田河铺镇、白庙河镇等地有分布。

【采收加工】开花结果时采收，多为鲜用。

【药用部位】全草。

【药材名】弹刀子菜。

【来源】玄参科植物弹刀子菜 *Mazus stachydifolius*（Turcz.）Maxim. 的全草。

【性味】微辛。

【功能主治】解蛇毒。主治毒蛇咬伤。

【用法用量】外用：捣敷。

泡桐属 *Paulownia* Sieb. et Zucc.

757. 川泡桐 *Paulownia fargesii* Franch.

【别名】泡桐、紫花树、泡桐花。

【形态】乔木高达 20 m，树冠宽圆锥形，主干明显；小枝紫褐色至褐灰色，有圆形凸出皮孔；全体被星状茸毛，但逐渐脱落。叶片卵圆形至卵状心形，长达 20 cm 以上，全缘或浅波状，顶端长渐尖成锐尖头，上面疏生短毛，下面的毛具柄和短分枝，毛的疏密度有很大变化，一直变化到无毛为止；叶柄长达 11 cm。花序枝的侧枝长可达主枝之半，故花序为宽大圆锥形，长约 1 m，小聚伞花序无总梗或几无梗，有花 3～5 朵，花梗长不及 1 cm；花萼倒圆锥形，基部渐狭，

长达 2 cm，不脱毛，分裂至中部成三角状卵圆形的萼齿，边缘有明显较薄之沿；花冠近钟形，白色，有紫色条纹至紫色，长 5.5～7.5 cm，外面有短腺毛，内面常无紫斑，管在基部以上突然膨大，弯曲；雄蕊长 2～2.5 cm；子房有腺，花柱长 3 cm。蒴果椭圆形或卵状椭圆形，长 3～4.5 cm，幼时被黏质腺毛，果皮较薄，有明显的横行细皱纹，宿萼贴伏于果基或稍伸展，常不反折；种子长圆形，连翅长 5～6 mm。花期 4—5 月，果期 8—9 月。

【生境分布】生于海拔 1200～3000 m 的林中及坡地。罗田有野生和栽培。

【采收加工】根，全年可采；花，春季采收；叶，夏季采收；果实，秋季采收。

【药用部位】根、果实、花、叶。

【药材名】泡桐。

【来源】玄参科植物川泡桐 *Paulownia fargesii* Franch. 的根、果实、花、叶。

【性味】苦，寒。

【功能主治】果实，化痰止咳，平喘。主治慢性支气管炎。花及叶，捣烂外敷可治疮痈肿毒。根，除风湿，解热毒。主治风湿骨痛，肠风下血，痔疮肿痛，跌打骨折。

【用法用量】内服：煎汤，15～30 g。外用：适量。

【验方】治慢性支气管炎：川泡桐果实 15 g，百部 6 g，桔梗 6 g，橄榄 9 g，猪胆汁适量，水煎服。

758. 白花泡桐 *Paulownia fortunei*（Seem.）Hemsl.

【别名】泡桐树、紫花树、空桐木。

【形态】乔木高达 30 m，树冠圆锥形，主干直，胸径可达 2 m，树皮灰褐色；幼枝、叶、花序各部和幼果均被黄褐色星状茸毛，但叶柄、叶片上面和花梗渐变无毛。叶片长卵状心形，有时为卵状心形，长达 20 cm，顶端长渐尖或锐尖，其凸尖长达 2 cm，新枝上的叶有时 2 裂，下面有星状毛及腺，成熟叶片下面密被茸毛，有时毛很稀疏至近无毛；叶柄长达 12 cm。花序枝几无或仅有短侧枝，故花序狭长几成圆柱形，长约 25 cm，小聚伞花序有花 3～8 朵，总花梗几与花梗等长，或下部者长于花梗，上部者略短于花梗；花萼倒圆锥形，长 2～2.5 cm，花后逐渐脱毛，分裂至 1/4 或 1/3 处，萼齿卵圆形至三角状卵圆形，

至果期变为狭三角形；花冠管状漏斗形，白色仅背面稍带紫色或浅紫色，长 8～12 cm，管部在基部以上不突然膨大，而逐渐向上扩大，稍稍向前曲，外面有星状毛，腹部无明显纵褶，内部密布紫色细斑块；雄蕊长 3～3.5 cm，有疏腺；子房有腺，有时具星状毛，花柱长约 5.5 cm。蒴果长圆形或长圆状椭圆形，长 6～10 cm，顶端之喙长达 6 mm，宿萼开展或漏斗状，果皮木质，厚 3～6 mm；种子连翅长 6～10 mm。花期 3—4 月，果期 7—8 月。

【生境分布】 生于低海拔的山坡、林中、山谷及荒地。罗田有野生和栽培。

【药用部位】 花、果实、树皮。

（1）泡桐花。

【采收加工】 春季采收，干燥或鲜用。

【来源】 玄参科植物白花泡桐 *Paulownia fortunei*（Seem.）Hemsl. 的花。

【功能主治】 主治上呼吸道感染，支气管肺炎，急性扁桃体炎，细菌性痢疾，急性肠炎，急性结膜炎，腮腺炎，疖肿。

【附方】 治腮腺炎（痄腮）：泡桐花 24 g，水煎，加白糖 32 g 冲服。（《河南中草药手册》）

【临床应用】 治疗炎症感染，将泡桐花制成各种剂型：①水剂：滴眼、滴鼻或滴耳用，每日 2～3 次，适用于外耳道炎、鼻炎、结膜炎等。②药膏：每 100 g 含干花约 500 g，调剂成膏后外用，每日 1～2 次，适用于手足癣、疖疮、烧伤等。③片剂：每片相当于干花 0.25 g，每次 5～10 片，日服 3～4 次，对上感、支气管肺炎、急性扁桃体炎、细菌性痢疾、急性肠炎、疖肿、急性结膜炎的疗效较好，治疗中未发现不良反应和副作用。

（2）泡桐果。

【来源】 玄参科植物白花泡桐 *Paulownia fortunei*（Seem.）Hemsl. 的果实。

【功能主治】 祛痰，止咳，平喘。

（3）泡桐根皮。

【采收加工】 秋季采挖，洗净，鲜用或晒干。

【来源】 玄参科植物白花泡桐 *Paulownia fortunei*（Seem.）Hemsl. 的根或根皮。

【性状】 根呈圆柱形，长短不等，直径约 2 cm，表面灰褐色至棕褐色，粗糙，有明显的皱纹与纵沟，具横裂纹及凸起的侧根裂痕。质坚硬，不易折断，断面不整齐，皮部棕色或淡棕色，木部宽广，黄白色，显纤维性，有多数孔洞（导管）及放射状纹理。气微，味微苦。

【性味】 微苦，微寒。

【功能主治】 祛风止痛，解毒活血。主治风湿热痹，筋骨疼痛，疮痈肿毒，跌打损伤。

【用法用量】 内服：煎汤，15～30 g。外用：鲜品适量，捣烂敷。

759. 毛泡桐 *Paulownia tomentosa*（Thunb.）Steud.

【别名】 泡桐、空桐木。

【形态】 乔木高达 20 m，树冠宽大伞形，树皮褐灰色；小枝有明显皮孔，幼时常具黏质短腺毛。叶片心形，长达 40 cm，顶端锐尖、全缘或波状浅裂，上面毛稀疏，下面毛密或较疏，老叶下面的灰褐色树枝状毛常具柄和 3 ～ 12 条细长丝状分枝，新枝上的叶较大，其毛常不分枝，有时具黏质腺毛；叶柄常有黏质短腺毛。花序枝的侧枝不发达，长约中央主枝之半或稍短，故花序为金字塔形或狭圆锥形，长一般在 50 cm 以下，少有更长，小聚伞花序的总花梗长 1 ～ 2 cm，几与花梗等长，具花 3 ～ 5 朵；花萼浅钟形，长约 1.5 cm，外面茸毛不脱落，分裂至中部或超过中部，

萼齿卵状长圆形，在花中锐头或稍钝头至果中钝头；花冠紫色，漏斗状钟形，长 5 ～ 7.5 cm，在离管基部约 5 mm 处弯曲，向上突然膨大，外面有腺毛，内面几无毛，檐部二唇形；雄蕊长达 2.5 cm；子房卵圆形，有腺毛，花柱短于雄蕊。蒴果卵圆形，幼时密生黏质腺毛，长 3 ～ 4.5 cm，宿萼不反卷，果皮厚约 1 mm；种子连翅长 2.5 ～ 4 mm。花期 4—5 月，果期 8—9 月。

【生境分布】 罗田有野生或栽培。

【药用部位】 树皮。

【药材名】 毛泡桐皮。

【来源】 玄参科植物毛泡桐 *Paulownia tomentosa*（Thunb.）Steud. 的根皮。

【性味】 苦，寒。

【功能主治】 清热解毒，止血消肿。主治痈疽，疮痈肿毒，创伤出血。

【用法用量】 内服：煎汤，15 ～ 30 g。外用：以醋蒸贴、捣敷或捣汁涂。

松蒿属 *Phtheirospermum* Bunge

760. 松蒿 *Phtheirospermum japonicum*（Thunb.）Kanitz

【别名】 糯蒿、土茵陈。

【形态】 一年生草本，高可达 100 cm，但有时仅 5 cm 高即开花，植体被多细胞腺毛。茎直立或弯曲而后上升，通常多分枝。叶具长 5 ～ 12 mm 边缘有狭翅之柄，叶片长三角状卵形，长 15 ～ 55 mm，宽 8 ～ 30 mm，近基部的羽状全裂，向上则为羽状深裂；小裂片长卵形或卵圆形，歪斜，边缘具重锯齿或深裂，长 4 ～ 10 mm，宽 2 ～ 5 mm。花具长 2 ～ 7 mm 之梗，萼长 4 ～ 10 mm，萼齿 5 枚，叶状，披针形，长 2 ～ 6 mm，宽 1 ～ 3 mm，羽状浅裂至深裂，裂齿先端锐尖；花冠紫红色至淡紫红色，长 8 ～ 25 mm，外面被柔毛；上唇裂片三角状卵形，下唇裂片先端圆钝；花丝基部疏被长柔毛。蒴果卵珠形，长 6 ～ 10 mm。种子

卵圆形，扁平，长约1.2 mm。花果期6—10月。

【生境分布】 生于山地草坡。罗田大部分地区有分布。

【采收加工】 夏、秋季采收。

【药用部位】 全草。

【药材名】 土茵陈。

【来源】 玄参科植物松蒿 *Phtheirospermum japonicum*（Thunb.）Kanitz 的全草。

【性味】 微辛，平。

【功能主治】 清热，利湿。主治黄疸，水肿，风热感冒。

【用法用量】 内服：煎汤，16～32 g。外用：煎水洗或研末敷。

【附方】 ①治黄疸：松蒿32 g，岩白菜15 g，黄柏皮、小黄草、木节草各9 g，甘草6 g，煨水服。

②治水肿：松蒿32 g，煨水于睡前服；同时煨水熏洗全身。

③治风热感冒：松蒿15 g，生姜3片，煨水服。（①～③方出自《中药大辞典》）

地黄属 *Rehmannia* Libosch. ex Fisch. et Mey.

761. 地黄 *Rehmannia glutinosa*（Gaert.）Libosch. ex Fisch. et Mey.

【别名】 地髓、原生地、干生地。

【形态】 体高10～30 cm，密被灰白色多细胞长柔毛和腺毛。根茎肉质，鲜时黄色，在栽培条件下，直径可达5.5 cm，茎紫红色。叶通常在茎基部集成莲座状，向上则强烈缩小成苞片，或逐渐缩小而在茎上互生；叶片卵形至长椭圆形，上面绿色，下面略带紫色或呈紫红色，长2～13 cm，宽1～6 cm，边缘具不规则圆齿或钝锯齿；基部渐狭成柄，叶脉在上面凹陷，下面隆起。花具长0.5～3 cm之梗，梗细弱，弯曲而后上升，在茎顶部略排列成总状花序，或几全部单生于叶腋而分散在茎上；萼长1～1.5 cm，密被多细胞长柔毛和白色长毛，具10条隆起的脉；萼齿5枚，矩圆状披针形、卵状披针形或三角形，长0.5～0.6 cm，宽0.2～0.3 cm，稀前方2枚各又开裂而使萼齿总数达7枚之多；花冠长3～4.5 cm；花冠筒弯曲，外面紫红色，被多细胞长柔毛；花冠裂片5枚，先端钝或微凹，内面黄紫色，外面紫红色，两面均被多细胞长柔毛，长5～7 mm，宽4～10 mm；雄蕊4枚；药室矩圆形，长2.5 mm，宽1.5 mm，基部又开，使两药室常排成一直线，子房幼时2室，老时因隔膜撕裂而成1室，无毛；花柱顶部扩大成2枚片状柱头。蒴果卵形至长卵形，长1～1.5 cm。花果期4—7月。

【生境分布】 主要为栽培。罗田骆驼坳镇有栽培。

【药用部位】 块根。

（1）生地黄。

【采收加工】 10—11月采挖根茎，除去茎叶、须根，洗净泥土，即为地黄。干地黄（不用水洗）直接置焙床上缓缓烘焙，需经常翻动，至内部逐渐干燥而颜色变黑、全身柔软、外皮变硬时即可取出。亦可用干法。

【来源】 玄参科植物地黄 *Rehmannia glutinosa*（Gaert.）Libosch. ex Fisch. et Mey. 的根茎。

【性状】 本品呈不规则的圆形或长圆

形块状，长 6 ～ 12 cm，直径 3 ～ 6 cm。表面灰棕色或灰黑色，全体皱缩不平，具不规则的横曲纹。细小的多为长条状，稍扁而扭曲。质柔软，干后则坚实，体重。不易折断，断面平整，紫黑色或乌黑色而光亮，显油润，具黏性。气微香，味微甜。以肥大、体重、断面乌黑油润者为佳。

【炮制】干地黄：用水稍泡，洗净泥沙和杂质，捞出闷润，切片晒干或烘干。生地黄炭：取洗净的干地黄，置煅锅内装八成满，上面覆盖一锅，两锅接缝处用黄泥封固，上压重物，用文武火煅至贴在盖锅底上的白纸显焦黄色为度，挡住火门，待凉后，取出；或将干地黄置锅内直接炒炭亦可。

《本草纲目》：《神农本草经》所谓干地黄者，即生地之干者也，其法取地黄 50 kg，择肥者 30 kg，洗净，晒令微皱，以拣下者洗净，木臼中捣绞汁尽，投酒更捣，取汁前拌地黄，日中晒干或火焙干用。

【性味】甘、苦，凉。

【归经】归心、肝、肾经。

【功能主治】滋阴，养血。主治阴虚发热，消渴，吐血，衄血，血崩，月经不调，胎动不安，阴伤便秘。

【用法用量】内服：煎汤，9 ～ 15 g，大剂量 32 ～ 64 g；熬膏或入丸、散。外用：捣敷。

【注意】脾虚泄泻、胃虚食少、胸膈多痰者慎服。

【附方】①治消渴：黄芪、茯神、栝楼根、甘草、麦门冬各 96 g，干地黄 160 g。上六味，细切，以水 8 升，煮取 2.5 升，去滓，分三服，日进一剂，服十剂。（《千金方》）

②治阳明温病，无土焦证，数日不大便，其人阴素虚，不可用承气者：元参 32 g，麦冬 24 g（连心），细生地黄 24 g。水八杯，煎取三杯，口干则与饮令尽，不便，再作服。（《温病条辨》）

③治虚劳吐血不止：生干地黄 32 g，黄芩 32 g，白芍 32 g，阿胶 64 g（捣碎，炒令黄燥），当归 32 g，伏龙肝 64 g。上药捣细罗为散，每服不计时候，以糯米粥饮调下 6 g。（《太平圣惠方》）

④治鼻衄及膈上盛热：干地黄、龙脑薄荷（即水苏）各等份。为末，冷水调下。（《孙兆方》）

⑤治妊娠堕胎后血出不止，少腹满痛：生干地黄（焙）、当归（焙，切）、芎劳（去芦头）各 64 g，阿胶（炙令燥）、艾叶各 16 g。上五味，粗捣筛，每服 9 g，水一盏，煎至七分，去滓温服，空心服之，晚后再服。（《圣济总录》）

⑥治冲任气虚，经血虚损，月水不断，绵绵不止：生干地黄（焙）64 g，黄芩（去黑心）、当归（切，焙）、柏叶各 0.45 g，艾叶 0.15 g。上五味，粗捣筛，每服 9 g，水一盏，煎至七分，去滓，入蒲黄 3 g，空心食前服。（《圣济总录》）

⑦治血瘕：生干地黄 32 g，乌贼骨 64 g。上为末，空心温酒调下七服。（《普济方》）

⑧治中风四肢拘挛：干地黄、甘草、麻黄各 32 g。细切，用酒 3 升，水 7 升，煎至 4 升，去渣，分作八服，不拘时，日进二服。（《证治准绳》）

⑨治诸疮不合，生肌：生干地黄 300 g，白芨、白敛、甘草（生锉）各 16 g，白芷 0.9 g，猪脂 250 g（炼）。上六味除猪脂外，捣罗为末，入猪脂内熬成膏，候冷，日三四上涂之。（《圣济总录》）

⑩春寿酒方：常服益阴精而能延寿，强道而得多男，黑须发而不老。天门冬、麦门冬、熟地黄、生地黄、山药、莲肉、红枣各等份。每 50 g 煮酒 5 碗，即煮即饮，其滓捣烂作丸服。（《万密斋医学全书》）

【临床应用】①治疗风湿、类风湿性关节炎。取干地黄 96 g 切碎，加水 600 ～ 800 ml，煮沸约 1 h，滤出药液约 300 ml，为 1 天量，1 或 2 次服完。儿童用成人量的 1/3 ～ 1/2。除个别病例连日服药外，均采取间歇服药法，即 6 天内连续服药 3 天；经 30 天后，每隔 7 ～ 10 天连续服药 3 天。副作用：少数有轻度腹泻和腹痛、恶心、头晕、疲乏、心悸，均系一过性，数日内自行消失，继续服药亦未再发生。据观察，地黄具有抗炎作用，并对某些变态反应性疾病，如支气管哮喘等有效，能改善一般情况。

②治疗湿疹、荨麻疹、神经性皮炎等皮肤病。取生地黄 96 g 切碎，加水 1000 ml 煎煮 1 h，过滤约得 300 ml，1 或 2 次服完。儿童为成人量的 1/6 ～ 1/3。采取间歇服药法，即每次连续服药 3 天，共服 4 次，第 1 次服药后休药 3 天，第 2 次休药 7 天，第 3 次休药 14 天，总计 36 天（12 个服药日）为 1 个疗程。

满 1 个疗程后停药 30 天可开始第 2 个疗程。副作用轻微，个别于服药后第 2 天有轻度腹泻，2 天后自愈，未见其他反应。

③治疗传染性肝炎。用生地黄 12 g，甘草 6 g，水煎服，每日 1 剂，14 天为 1 个疗程，一般不超过 2 个疗程。治疗 10 例均有一定效果。

【注意】河南栽培者，称怀地黄，其主要特点为植株较大；根茎较肥大，呈块状、圆柱形或纺锤形；花不密集于茎顶，成稀疏的总状花序。

（2）鲜地黄。

【别名】生地黄、鲜生地。

【采收加工】9—11 月采集，春季亦可。挖取时勿使外皮受伤，以免腐烂。采回后，放地上，覆以干燥的泥土，随用随取，但一般贮存 3 个月后不再适用。

【来源】玄参科植物地黄 *Rehmannia glutinosa*（Gaert.）Libosch. ex Fisch. et Mey. 的新鲜根茎。

【性状】新鲜的根茎呈纺锤形或圆柱形而弯曲，长 6 ～ 18 cm，粗 0.5 ～ 1 cm。表面黄红色，具皱纹及横长皮孔，有不规则的疤痕。质脆易折断，断面肉质，淡黄色，呈菊花心。

【炮制】洗净泥土，除去杂质，切段。

【性味】甘、苦，寒。

【归经】归心、肝、肾经。

【功能主治】清热，凉血，生津。主治温病伤阴，大热烦渴，舌绛，神昏，斑疹，吐血，衄血，虚劳骨蒸，咯血，消渴，便秘，血崩。

【用法用量】内服：煎汤，12.8 ～ 32 g；捣汁或熬膏。外用：捣敷。

【注意】脾胃有湿邪及阳虚者忌服。

①《雷公炮炙论》：勿令犯铜铁器，令人肾消，并白髭发、损荣卫也。

②《药性论》：忌三白。

③《本草品汇精要》：忌萝卜、葱白、韭白、薤白。

【附方】①治伤寒及温病应发汗而不汗之内蓄血者，及鼻衄，吐血不尽，内余瘀血，面黄，大便黑：犀角（以水牛角代）32 g，生地黄 250 g，芍药 95 g，牡丹皮 64 g。上四味㕮咀，以水 9 升，煮取 3 升，分三服。（《千金方》）

②治暑温脉虚夜寐不安，烦渴舌赤，时有谵语，目常开不闭，或喜闭不开：犀角（以水牛角代）9 g，生地黄 15 g，元参 9 g，竹叶心 3 g，麦冬 9 g，丹参 6 g，黄连 4.5 g，银花 9 g，连翘 6 g（连心用）。水 8 杯，煮取 3 杯，日三服。舌白滑者，不可与也。（《温病条辨》）

③治阳乘于阴，以致吐血、衄血：生荷叶、生艾叶、生柏叶、生地黄各等份。上研，丸鸡子大。每服 1 丸，水煎服。（《妇人良方》）

④治吐血经日：生地黄汁 1 升，川大黄 32 g（锉碎，微炒末）。上药相和，煎至 0.5 升，分为二服，温温食后服。（《太平圣惠方》）

⑤治肺损吐血不止：生地黄 250 g（研取汁），鹿角胶 32 g（炙燥，研为末）。上二味，先以童子小便 500 g，于铜器中煎，次下生地黄汁及鹿角胶末，打令匀，煎令溶，十沸后，分作三服。（《圣济总录》）

⑥补虚除热，去痈疖痔疾：生地黄随多少，三捣三压，取汁令尽，铜器中汤上煮，勿盖，令泄气，得减半，出之，布绞去粗碎结浊滓秽，更煎之令如汤，酒服如弹丸许，日三。（《千金方》）

⑦治劳瘦骨蒸，日晚寒热，咳嗽唾血：生地黄汁 200 g，煮白粥，临熟入生地黄汁搅令匀，空心食之。（《食医心鉴》）

⑧治产后崩中，下血不止，心神烦乱：生地黄汁半小盏，益母草汁半小盏。上药，入酒一小盏相和，煎三五沸，分为三服，频频服之。（《太平圣惠方》）

⑨治消渴：生地黄 1.5 kg（细切），生姜 250 g（细切），生麦门冬 1 kg（去心）。上三味一处于石臼内捣烂，生布绞取自然汁，慢火熬，稀稠得所，以磁盒贮，每服一匙，用温汤化下，不拘时。（《圣济总录》）

（3）熟地黄。

【别名】熟地。

【来源】玄参科植物地黄 *Rehmannia glutinosa*（Gaert.）Libosch. ex Fisch. et Mey. 的根茎经加工蒸晒而成。

【制法】取干地黄加黄酒 30%，拌和，入蒸器中，蒸至内外黑润，取出晒干即成。或取干地黄置蒸器中蒸 8 h 后，焖一夜，次日翻过再蒸 4～8 h，再焖一夜，取出，晒至八成干，切片后，再晒干。

【性状】本品呈不规则的块状，内外均漆黑色，外表皱缩不平。质柔软，断面滋润，中心部往往可看到光亮的油脂状块，黏性甚大。味甜。

【炮制】熟地黄炭：取熟地黄放煅锅内，装八成满，上面覆盖一锅，两锅接合处用黄泥封固，上压重物，用文武火煅至贴在盖锅底上的白纸显焦黄色为度，挡住火门，待凉后，取出；或将熟地黄置锅内直接炒炭亦可。

【性味】甘，微温。

【归经】归肝、肾经。

【功能主治】滋阴，补血。主治阴虚血少，腰膝痿弱，劳嗽骨蒸，遗精，崩漏，月经不调，消渴。

【用法用量】内服：煎汤，12.8～32 g；或入丸、散，或熬膏，或浸酒。

【注意】脾胃虚弱、气滞痰多、腹满便溏者忌服。

【附方】①治男妇精血不足，营卫不充：大怀熟地（取味极甘者，烘晒干以去水气）250 g，沉香 3 g（或白檀 9 g 亦可），枸杞（用极肥者，亦烘晒，以去润气）125 g。每药 500 g，可用高烧酒 5 kg 浸之，不必煮，但浸 10 天之外，即可用。凡服此者，不得过饮，服完又加酒 3～3.5 kg，再浸 15 天，仍可用。（《景岳全书》）

②治诸虚不足，腹胁疼痛，失血少气，不欲饮食，及妇人经病，月事不调：熟干地黄（切，焙）、当归（去苗，切，焙）各等份。为细末后，炼蜜和丸梧桐子大，每服 20～30 粒，食前白汤下。（《鸡峰普济方》）

③治喑痱，肾虚弱厥逆，语声不出，足废不用：熟干地黄、巴戟（去心）、山茱萸、石斛、肉苁蓉（酒浸，焙）、附子（炮）、五味子、官桂、白茯苓、麦门冬（去心）、菖蒲、远志（去心）各等份。上为末，每服 9 g，水一盏半，生姜 5 片，枣 1 枚，薄荷同煎至八分，不计时候。（《宣明论方》）

④治骨蒸体热劳倦：熟地黄、当归、地骨皮、枳壳（麸炒）、柴胡、秦艽、知母、鳖甲（炙）各等份。上为末，水一盏，乌梅半个，煎七分，和梅热服。（《幼幼新书》）

⑤治冲任虚损，月经不调，脐腹疼痛，崩中漏下，血瘕块硬，发歇疼痛，妊娠宿冷，胎动不安，血下不止，及产后乘虚，风寒内搏，恶露不下，结生瘕聚，小腹坚痛，时作寒热：当归（去芦，酒浸，炒）、川芎、白芍、熟干地黄（酒洒蒸）各等份。上为粗末，每服 9 g，水一盏半，煎至八分，去渣热服，空心食前。（《局方》）

⑥治小便数而多：龙骨 32 g，桑螵蛸 32 g，熟干地黄 32 g，栝蒌根 32 g，黄连 32 g（去须）。上药，捣细罗为散，每于食前，以粥饮调下 6 g。（《太平圣惠方》）

⑦治小儿肾怯失音，神不足，目中白睛多，面色苍白等：熟地黄 24 g，山萸肉、干山药各 12 g，泽泻、牡丹皮、白茯苓（去皮）各 9 g。上为末，炼蜜丸，如梧子大，空心，温水化下 3 丸。（《小儿药证直诀》）

⑧治气短似喘，呼吸急促，气道噎塞，势极垂危者：熟地黄 21～24 g，甚者 32～64 g，炙甘草 6～9 g，当归 6～9 g。水二盅，煎八分，温服。（《景岳全书》）

⑨治水亏火盛，六脉浮洪滑大，少阴不足，阳明有余，烦热干渴，头痛牙疼失血等证：生石膏 9 ～ 15 g，熟地黄 9 ～ 15 g 或 32 g，麦冬 6 g，知母、牛膝各 4.5 g。水一盅半，煎七分，温服或冷服。若大便溏泄者，乃非所宜。（《景岳全书》）

⑩治阳痿不育：熟地黄 125 g，巴戟 64 g，破故纸 64 g，仙灵脾 64 g，阳起石 32 g，桑螵蛸 32 g。共为末，蜜丸，梧子大，每服 30 丸，空腹酒下。（《万密斋医学全书》）

玄参属 *Scrophularia* L.

762. 玄参 *Scrophularia ningpoensis* Hemsl.

【别名】 野脂麻、元参。

【形态】 高大草本，可达 1 m。支根数条，纺锤形或胡萝卜状膨大，粗可达 3 cm 以上。茎四棱形，有浅槽，无翅或有极狭的翅，无毛或有白色卷毛，常分枝。叶在茎下部多对生而具柄，上部的有时互生而柄极短，柄长者达 4.5 cm，叶片多变化，多为卵形，有时上部的为卵状披针形至披针形，基部楔形、圆形或近心形，边缘具细锯齿，稀为不规则的细重锯齿，大者长达 30 cm，宽达 19 cm，上部最狭者长约 8 cm，宽仅 1 cm。花序为疏散的大圆锥花序，由顶生和腋生的聚伞圆锥花序组成，长可达 50 cm，但在较小的植株中，仅有顶生聚伞圆锥花序，长不及 10 cm，聚伞花序二至四回复出，花梗长 3 ～ 30 mm，有腺毛；花褐紫色，花萼长 2 ～ 3 mm，裂片圆形，边缘稍膜质；花冠长 8 ～ 9 mm，花冠筒球形，上唇长于下唇约 2.5 mm，裂片圆形，相邻边缘相互重叠，下唇裂片卵形，中裂片稍短；雄蕊稍短于下唇，花丝肥厚，退化雄蕊大而近圆形；花柱长约 3 mm，稍长于子房。蒴果卵圆形，连同短喙长 8 ～ 9 mm。花期 6—10 月，果期 9—11 月。

【生境分布】 生于海拔 1700 m 以下的竹林、溪旁、丛林及高草丛中。罗田各地均有分布。

【采收加工】 立冬前后采挖，除去茎、叶、须根，刷净泥沙，暴晒 5 ～ 6 天，并经常翻动，每晚须加盖稻草防冻（受冻则空心），晒至半干时，堆积 2 ～ 3 天，使内部变黑，再日晒，并反复堆、晒，直至完全干燥。阴雨天可采取烘干法。本品易反潮，应储藏于通风干燥处，防止生霉和虫蛀。

【药用部位】 块根。

【药材名】 玄参。

【来源】 玄参科植物玄参 *Scrophularia ningpoensis* Hemsl. 的根。

【性状】 干燥根圆柱形，有的弯曲似羊角。中部肥满，两头略细，长 10 ～ 20 cm，中部直径 1.5 ～ 3 cm。表面灰黄色或棕褐色，有顺纹及纵沟，间有横向裂隙（皮孔）及须根痕。顶端芦头均已修齐，下部钝尖。质坚实，不易折断。断面乌黑色，微有光泽，无裂隙。无臭或微有焦糊气，味甘，微苦、咸，嚼之柔润。以支条肥大、皮细、质坚、芦头修净、肉色乌黑者为佳，支条小、皮粗糙、带芦头者质次。

【炮制】 拣净杂质，除去芦头，洗净润透，切片，晾干。或洗净略泡，置笼屉内蒸透，取出晾六七成干，闷润至内外均呈黑色，切片，再晾干。

【性味】 苦、咸，凉。

【归经】 归肺、肾经。

【功能主治】 滋阴，降火，除烦，解毒。主治热病伤阴，舌绛烦渴，发斑，骨蒸劳热，夜寐不宁，自汗盗汗，津伤便秘，吐血衄血，咽喉肿痛，痈肿，瘰疬，温毒发斑，目赤，白喉，疮毒。

【用法用量】 内服：煎汤，9～15 g；或入丸、散。外用：捣敷或研末调敷。

【注意】 脾胃有湿及脾虚便溏者忌服。

【附方】 ①治伤寒发汗吐下后，毒气不散，表虚里实，热发于外，故身斑如锦文，甚则烦躁谵语，兼治喉闭肿痛：玄参、升麻、甘草（炙）各16 g。上锉如麻豆大，每服15 g，以水一盏半，煎至七分，去滓服。（《类证活人书》）

②治三焦积热：玄参、黄连、大黄各32 g。为末，炼蜜丸梧子大。每服30～40丸，白汤下。小儿丸粟米大。（《丹溪心法》）

③治阳明温病，无上焦证，数日不大便，当下之，若其人阴素虚，不可行承气者：玄参32 g，麦冬（连心）24 g。水八杯，煮取三杯，口干则与饮令尽。不便，再作服。（《温病条辨》）

④治伤寒上焦虚，毒气热壅塞，咽喉连舌肿痛：玄参、射干、黄药各32 g。上药捣筛为末，每服15 g，以水一大盏，煎至五分，去滓，不拘时候温服。（《太平圣惠方》）

⑤治急喉痹风，不拘大人小儿：玄参、鼠粘子（半生半炒）各32 g。为末，新汲水服一盏。（《太平圣惠方》）

⑥治瘰疬初起：元参（蒸）、牡蛎（醋煅，研）、贝母（去心，蒸）各125 g。共为末，炼蜜为丸。每服9 g，开水下，日二服。（《医学心悟》）

⑦解诸热，消疮毒：玄参、生地黄各32 g，大黄15 g（煨）。上为末，炼蜜丸，灯心、淡竹叶汤下，或入砂糖少许亦可。（《补要袖珍小儿方论》）

⑧治赤脉贯睛：玄参为末，以米泔煮猪肝，日日蘸食之。（《济急仙方》）

⑨治痘疮之毒蕴伏在里，非热蒸则无自而出，无痒塌，无溃烂：玄参、黄芪、人参、当归梢、生地黄、白芍、甘草、柴胡、地骨皮、黄芩、升麻加薄荷叶少许，淡竹叶10片水煎温服。（《万密斋医全书》）

阴行草属 *Siphonostegia* Benth.

763. 阴行草 *Siphonostegia chinensis* Benth.

【别名】 刘寄奴、铃茵陈、土茵陈、角茵陈、北刘寄奴、八角茵陈、芝麻蒿。

【形态】 一年生草本，直立，高30～60 cm，有时可达80 cm，干时变为黑色，密被锈色短毛。主根不发达或稍稍伸长，木质，直径约2 mm，有的增粗，直径可达4 mm，很快即分为多数粗细不等的侧根而消失，侧根长3～7 cm，纤维状，常水平开展，须根多数，散生。茎多单条，中空，基部常有少数宿存膜质鳞片，下部常不分枝，而上部多分枝；枝对生，1～6对，细长，坚挺，以45°角叉分，稍具棱角，密被无腺短毛。叶对生，全部为茎出，下部者常早枯，上部者茂密，相距很近，仅1～2 cm，无柄或有短柄，柄长可达1 cm，

叶片基部下延，扁平，密被短毛；叶片厚纸质，广卵形，长 8 ～ 55 mm，宽 4 ～ 60 mm，两面皆密被短毛，中肋在上面微凹入，背面明显凸出，边缘作疏远的 2 回羽状全裂，裂片仅 3 对，仅下方 2 枚羽状开裂，小裂片 1 ～ 3 枚，外侧者较长，内侧裂片较短或无，线形或线状披针形，宽 1 ～ 2 mm，锐尖头，全缘。花对生于茎枝上部，或有时假对生，构成稀疏的总状花序；苞片叶状，较萼短，羽状深裂或全裂，密被短毛；花梗短，长 1 ～ 2 mm，纤细，密被短毛，有 1 对小苞片，线形，长约 10 mm；花萼管部很长，顶端稍缩紧，长 10 ～ 15 mm，厚膜质，密被短毛，10 条主脉质地厚而粗壮，显著凸出，使处于其间的膜质部分凹下成沟，无网纹，齿 5 枚，绿色，质地较厚，密被短毛，长为萼管的 1/4 ～ 1/3，线状披针形或卵状长圆形，近相等，全缘，或偶有 1 ～ 2 锯齿；花冠上唇紫红色，下唇黄色，长 22 ～ 25 mm，外面密被长纤毛，内面被短毛，花管伸直，纤细，长 12 ～ 14 mm，顶端略膨大，稍伸出于萼管外，上唇镰状弯曲，顶端截形，额稍圆，前方突然向下前方作斜截形，有时略作啮痕状，其上角有 1 对短齿，背部密被特长的纤毛，毛长 1 ～ 2 mm；下唇约与上唇等长或稍长，顶端 3 裂，裂片卵形，端均具小凸尖，中裂与侧裂等宽而较短，向前凸出，褶襞的前部高凸并作袋状伸长，向前伸出与侧裂等长，向后方渐低而终止于管喉，不被长纤毛，沿褶缝边缘质地较薄，并有啮痕状齿；二强雄蕊，着生于花管的中上部，前方 1 对花丝较短，着生的部位较高，2 对花丝下部被短纤毛，花药 2 室，长椭圆形，背着，纵裂，开裂后常成新月形弯曲；子房长卵形，长约 4 mm，柱头头状，常伸出于盔外。蒴果被包于宿存的萼内，约与萼管等长，披针状长圆形，长约 15 mm，直径约 2.5 mm，顶端稍偏斜，有短尖头，黑褐色，稍具光泽，并有 10 条不十分明显的纵沟纹；种子多数，黑色，长卵圆形，长约 0.8 mm，具微高的纵横凸起，横凸 8 ～ 12 条，纵凸约 8 条，将种皮隔成许多横长的网眼，纵凸中有 5 条凸起较高成窄翅，一面有 1 条龙骨状宽厚而肉质半透明之翅，其顶端稍外卷。花期 6—8 月。

【生境分布】 生于山坡及草地上。罗田各地均有分布。

【采收加工】 8—9 月割取全草，鲜用或晒干。

【药用部位】 地上部分。

【药材名】 八角茵陈。

【来源】 玄参科植物阴行草 Siphonostegia chinensis Benth. 的干燥地上部分。

【炮制】 取原药材，除去杂质及残根，洗净，稍润，切成中段，干燥，筛去灰屑。饮片性状：茎、叶、花混合的段片状。全体灰褐色，密被锈色或黄白色短柔毛。茎圆形，具对生的分枝痕或叶柄痕，质硬，断面有黄白色髓。叶片皱缩卷曲，破碎，黑绿色或黑褐色。花萼筒状，宿存，黄棕色或黑棕色，有明显的 10 条纵棱，先端 5 裂。气微，味淡。储藏于干燥容器内，置通风干燥处，防蛀。

【性味】 苦，凉。

【功能主治】 清热利湿，凉血止血，祛瘀止痛。主治湿热黄疸，肠炎痢疾，小便淋浊，痈疽丹毒，尿血，便血，外伤出血，痛经，瘀血闭经，跌打损伤，关节炎。

【用法用量】 内服：煎汤，9 ～ 15 g（鲜品 30 ～ 60 g）；或研末。外用：适量，研末调敷。

【附注】 茎叶似蒿，有利湿退黄之功，故以"茵陈"名之。

婆婆纳属 *Veronica* L.

764. 婆婆纳 *Veronica didyma* Tenore

【别名】 狗卵草、卵子草、双珠草、双铜锤、双肾草。

【形态】 铺散多分枝草本，被长柔毛，高 10 ～ 25 cm。叶仅 2 ～ 4 对（腋间有花的为苞片），具 3 ～ 6 mm 长的短柄，叶片心形至卵形，长 5 ～ 10 mm，宽 6 ～ 7 mm，每边有 2 ～ 4 个深刻的钝齿，两面被白色长柔毛。总状花序很长；苞片叶状，下部的对生或全部互生；花梗比苞片略短；花萼裂片卵形，顶端急尖，果期稍增大，3 出脉，疏被短硬毛；花冠淡紫色、蓝色、粉色或白色，直径 4 ～ 5 mm，裂片圆形至卵形；雄蕊比花冠短。蒴果近肾形，密被腺毛，略短于花萼，宽 4 ～ 5 mm，凹口约为 90° 角，裂片顶端圆，脉不明显，

宿存的花柱与凹口齐或略过之。种子背面具横纹，长约 1.5 mm。花期 3—10 月。

【生境分布】 多生于路边、墙脚、荒草坪或菜园中。罗田各地均有分布。

【采收加工】 3—4 月采收，晒干或鲜用。

【药用部位】 全草。

【药材名】 婆婆纳。

【来源】 玄参科植物婆婆纳 *Veronica didyma* Tenore 的全草。

【性味】 甘，凉。

【功能主治】 主治疝气，腰痛，带下。

【用法用量】 内服：煎汤，16 ～ 32 g（鲜品 64 ～ 95 g）；或捣汁饮。

【附方】 ①治疝气：狗卵草鲜者 64 g，捣取汁，白酒和服，饥时服药尽醉，蒙被暖睡，待发大汗自愈。倘用干者，止宜 32 g，煎白酒，加紫背天葵 15 g 同煎更妙。（《澹寮集验方》）

②治膀胱，疝气，带下：卵子草、夜关门各 32 ～ 64 g，用二道淘米水煎服。（《重庆草药》）

③治睾丸肿胀：婆婆纳、黄独，水煎服。（《湖南药物志》）

765. 蚊母草 *Veronica peregrina* L.

【别名】 英桃草、蟠桃草、接骨仙桃、接骨草、旱仙桃草。

【形态】 株高 10 ～ 25 cm，通常自基部多分枝，主茎直立，侧枝披散，全体无毛或疏生柔毛。叶无柄，下部的倒披针形，上部的长矩圆形，长 1 ～ 2 cm，宽 2 ～ 6 mm，全缘或中上端有三角状锯齿。总状花序长，果期达 20 cm；苞片与叶同型而略小；花梗极短；花萼裂片长矩圆形至宽条形，长 3 ～ 4 mm；花冠白色或浅蓝色，长 2 mm，裂片长矩圆形至卵形；雄蕊短于花冠。蒴果倒心形，明显侧扁，长 3 ～ 4 mm，宽略过之，边缘生短腺毛，宿存的花柱不超出凹口。种子矩圆形。花期 5—6 月。

【生境分布】 生于潮湿的河边湿地、水稻田旁。罗田各地均有分布。

【采收加工】 春、夏季采集果未开裂的全草（以带虫瘿者为佳），剪去根，拣净杂质，晒干或用文火烘干。

【药用部位】 全草。

【药材名】 仙桃草。

【来源】 玄参科植物蚊母草 *Veronica peregrina* L. 带虫瘿的全草。

【性状】 须根丛生，细而卷曲，表面棕灰色至棕色，折断面白色。茎圆柱形，直径约 1 mm，表面枯黄色或棕色，老茎微带紫色，有纵纹；质柔软，折断面中空。叶大多脱落，残留的叶片淡棕色或棕黑色，皱缩卷曲。蒴果棕色，有多数细小而扁的种子。种子淡棕色，有虫瘿的果实膨大为肉质桃形。气微，味淡。以虫瘿多、内有小虫者为佳。

【炮制】 取原药材，除去杂质，抢水洗净或喷淋清水，稍润后切段，干燥，筛去灰屑。饮片性状：不规则的小段，根、茎、叶、花、果实混合。根须状，茎段直径 0.5 ～ 2 mm，表面有细纵纹，断面中空。叶片破碎，完整叶片展开后为倒披针形或条状披针形，全缘或有疏浅齿。花小，花萼 4 深裂。蒴果扁圆形，果皮膜质，果内常有小虫寄生，形成肿胀似桃的黑色虫瘿。气微，味淡。储藏于干燥容器内，置通风干燥处。

【性味】 甘、微辛，平。

【归经】 归肝、胃、肺经。

【功能主治】 化瘀止血，清热消肿，止痛。主治跌打损伤，咽喉肿痛，痈疽疮疡，咯血，吐血，衄血，疝气痛，痛经。

【用法用量】 内服：煎汤，10 ～ 30 g；或研末、捣汁服。外用：鲜品适量，捣敷或煎水洗。

【注意】 《贵阳民间药草》：孕妇忌服。

【附方】 本品有活血化瘀之功，善治跌打损伤，故有"接骨"诸称。果实扁卵形，似蟠桃，又获"仙桃""蟠桃"之名。其果实内常有小虫寄生，夏至后，虫从穴孔而出，化为"小蚊"，故称蚊母草。

腹水草属 *Veronicastrum* Heist. ex Farbic.

766. 腹水草 *Veronicastrum stenostachyum*（Hemsl.）Yamazaki

【别名】 疔疮草、散血丹、穿山鞭、两头爬。

【形态】 茎弯曲，顶端着地生根，被黄色倒生卷毛。叶长卵形至卵状披针形，膜质至纸质，长 9 ～ 16 cm，宽 3 ～ 6 cm。花序长 1.5 ～ 5 cm；苞片及花萼裂片钻形，具睫毛状毛或否。这个种的多型现象非常突出，显示出强烈的地理分化，各地有所异同。

【生境分布】 生于林下、林缘草地及山谷阴湿处。罗田北部山区有分布。

【采收加工】 10 月采收，晒干或鲜用。

【药用部位】 全草。

【药材名】 腹水草。

【来源】 玄参科植物腹水草 *Veronicastrum stenostachyum*（Hemsl.）Yamazaki 全草。

【炮制】 取原药材，除去杂质及残根，抢水洗净，稍润，切成中段，干燥，筛去灰屑。饮片性状：茎、叶、花混合的段状。全体灰黑色。茎扁圆柱形，表面有致密的细纵纹，有互生的叶柄痕。叶皱缩，破碎，边缘疏生细锯齿，穗状花序集成球形，生于叶腋及枝梢，花冠深紫色。气微，味苦。

【功能主治】 行水，消肿，散瘀，解毒。

主治肝腹水，肾炎水肿，跌打损伤，疮肿疔毒，烫伤，毒蛇咬伤。

【性味】　苦，微寒。

【归经】　归肝、脾、肾经。

【用法用量】　内服：煎汤，10～15 g（鲜品30～60 g）；或捣汁服。外用：鲜品适量，捣敷；或研粉调敷；或煎水洗。

【注意】　孕妇及体弱者慎服。

【相关论述】　《本草纲目拾遗》：茎叶，治失力黄。能退诸疮热血，风火气毒。

一四一、紫葳科 Bignoniaceae

凌霄属 *Campsis* Lour.

767. 凌霄 *Campsis grandiflora*（Thunb.）Schum.

【别名】　紫葳花、上树蜈蚣花、倒挂金钟。

【形态】　攀援藤本；茎木质，表皮脱落，枯褐色，以气生根攀附于他物之上。叶对生，为奇数羽状复叶；小叶7～9枚，卵形至卵状披针形，顶端尾状渐尖，基部阔楔形，两侧不等大，长3～6（9）cm，宽1.5～3（5）cm，侧脉6～7对，两面无毛，边缘有粗锯齿；叶轴长4～13 cm；小叶柄长5（10）mm。顶生疏散的短圆锥花序，花序轴长15～20 cm。花萼钟状，长3 cm，分裂至中部，裂片披针形，长约1.5 cm。花冠内面鲜红色，外面橙黄色，长约5 cm，裂片半圆形。雄蕊着生于花冠筒近基部，花丝线形，细长，长2～2.5 cm，花药黄色，"个"字形着生。花柱线形，长约3 cm，柱头扁平，2裂。蒴果顶端钝。花期5—8月。

【生境分布】　生于山坡。罗田各地均有分布。

【采收加工】　夏、秋季花盛开时采摘，晒干或低温干燥。

【药用部位】　花。

【药材名】　凌霄花。

【来源】　紫葳科植物凌霄 *Campsis grandiflora*（Thunb.）Schum. 的花。

【性状】　多皱缩卷曲，完整者长约5 cm。萼筒长约2 cm，暗棕色，萼齿先端不等5裂，萼筒基部至萼片齿尖有5条明显的纵棱线。花冠黄棕色，先端5裂，裂片半圆形，下部连合成漏斗状，表面具棕红色细脉纹。雄蕊4，着生于花冠上，二强，花药"个"字形，花柱1。气微香，味微苦而略酸。

【性味】　甘、酸，寒。

【功能主治】　行血祛瘀，凉血祛风。主治闭经癥瘕，产后乳肿，风疹发红，皮肤瘙痒，痤疮。

【用法用量】　内服：煎汤，10～15 g。

梓属 *Catalpa* Scop.

768. 梓 *Catalpa ovata* G. Don

【别名】梓皮、梓木白皮、梓树皮、梓根白皮、土杜仲。

【形态】乔木，高达 15 m；树冠伞形，主干通直，嫩枝具稀疏柔毛。叶对生或近对生，有时轮生，阔卵形，长、宽近相等，长约 25 cm，顶端渐尖，基部心形，全缘或浅波状，常 3 浅裂，叶片上面及下面均粗糙，微被柔毛或近无毛，侧脉 4～6 对，基部掌状脉 5～7 条；叶柄长 6～18 cm。顶生圆锥花序；花序梗微被疏毛，长 12～28 cm。花萼蕾时圆球形，2

唇开裂，长 6～8 mm。花冠钟状，淡黄色，内面具 2 黄色条纹及紫色斑点，长约 2.5 cm，直径约 2 cm。能育雄蕊 2，花丝插生于花冠筒上，花药叉开；退化雄蕊 3。子房上位，棒状。花柱丝形，柱头 2 裂。蒴果线形，下垂，长 20～30 cm，粗 5～7 mm。种子长椭圆形，长 6～8 mm，宽约 3 mm，两端具有平展的长毛。

【生境分布】生于海拔 500～2500 m 的低山河谷、湿润土堆。野生者已不可见，多栽培于村庄附近及公路两旁。罗田天堂寨有栽培。

【药用部位】根皮、木材（梓木）、叶（梓叶）、果实（梓实）。

（1）梓木根皮。

【采收加工】根皮于春、夏季采挖，洗去泥沙，将皮剥下，晒干。

【来源】紫葳科植物梓 *Catalpa ovata* G. Don 的根皮或树的韧皮部。

【性状】梓根白皮呈片块状，大小不等，长 20～30 cm，宽 2～3 cm，厚 3～5 mm，皮片多呈卷曲状。外表栓皮棕褐色，皱缩，有小支根脱落的痕迹，但不具明显的皮孔，栓皮易脱落；内表面黄白色，平滑细致，有细小的网状纹理；断面不平整，有纤维（即皮层及韧皮部纤维），撕之不易成薄片。以皮块大、厚实、内黄色者为佳。

【性味】苦，寒。

【归经】归足少阳胆、足阳明胃经。

【功能主治】清热，解毒，杀虫。主治时病发热，黄疸，反胃，皮肤瘙痒，疖疮。

【用法用量】内服：煎汤，4.5～10 g。外用：研末调敷或煎水洗浴。

【附方】①治伤寒瘀热在里，身发黄：麻黄（去节）64 g，连轺（连翘根）64 g，杏仁（去皮、尖）40 个，赤小豆一升，大枣（剖）12 枚，生梓白皮（切）一升，生姜（切）64 g，甘草（炙）64 g。以潦水一斗，先煮麻黄再沸，去上沫，内诸药，煮取三升，去滓。分温三服，半日服尽。（《伤寒论》）

②治伤寒及时气温病，头痛，壮热，脉大，始得一日：生梓木削去黑皮，细切里白一升，以水二升五合煎，去滓，一服八合，三服。（《补辑肘后方》）

③治肾炎浮肿：梓根白皮、梓实、玉蜀黍须，水煎服。（《四川中药志》）

（2）梓木。

【采收加工】全年均可采收。

【来源】紫葳科植物梓 *Catalpa ovata* G. Don 的木材。

【功能主治】　主治手足痛风，霍乱不吐不泻。

（3）梓实。

【采收加工】　秋、冬季摘取成熟果实，晒干。

【来源】　紫葳科植物梓 *Catalpa ovata* G. Don 的果实。

【性状】　蒴果呈狭线形，新鲜时有强黏着性，成熟时渐次消失。长 20 ～ 30 cm，粗 5 ～ 9 mm，稍弯转，暗棕色至黑棕色，有细纵皱纹并有光泽细点，粗糙而脆。基部有果柄。先端常破裂，露出种子。种子淡褐色，菲薄，长 5 mm，宽 2 ～ 3 mm，上下两端有长约 1 cm 的白色光泽茸毛，中央内面有暗色脐点。种皮除去后即为胚，有子叶 2 片。几无味，微有收敛性。

【性味】　甘，平；无毒。

【功能主治】　利尿。主治浮肿；外用杀虫。

【附方】　治慢性肾炎，浮肿，蛋白尿：梓实 16 g，水煎服。（《河北中药手册》）

（4）梓叶。

【来源】　紫葳科植物梓 *Catalpa ovata* G. Don 的叶片。

【功能主治】　主治小儿发热，疔疮。

一四二、胡麻科 Pedaliaceae

胡麻属 *Sesamum* L.

769. 芝麻 *Sesamum indicum* L.

【别名】　胡麻子、脂麻、油麻、胡麻。

【形态】　一年生直立草本。高 60 ～ 150 cm，分枝或不分枝，中空或具有白色髓部，微有毛。叶矩圆形或卵形，长 3 ～ 10 cm，宽 2.5 ～ 4 cm，下部叶常掌状 3 裂，中部叶有齿缺，上部叶近全缘；叶柄长 1 ～ 5 cm。花单生或 2 ～ 3 朵同生于叶腋内。花萼裂片披针形，长 5 ～ 8 mm，宽 1.6 ～ 3.5 mm，被柔毛。花冠长 2.5 ～ 3 cm，筒状，直径 1 ～ 1.5 cm，长 2 ～ 3.5 cm，白色而常有紫红色或黄色的彩晕。雄蕊 4，内藏。子房上位，4 室（云南西双版纳栽培植物可至 8 室），被柔毛。蒴果矩圆形，长 2 ～ 3 cm，直径 6 ～ 12 mm，有纵棱，直立，被毛，分裂至中部或至基部。种子有黑白之分。花期夏末秋初。

【生境分布】　各地均有栽培。

【药材名】　芝麻。

【采收加工】　秋季果实成熟时采割植株，晒干，打下种子，除去杂质，再晒干。

【来源】　胡麻科植物芝麻 *Sesamum indicum* L. 的

种子。

【性状】种子扁卵圆形，长约 3 mm，宽约 2 mm。表面平滑或有网状皱纹，先端有点状种脐。种皮薄，子叶 2，富油性。味甘，有油香气。

【性味】甘，平。

【功能主治】补肝肾，益精血，润肠燥。主治头晕眼花，耳鸣耳聋，须发早白，病后脱发，肠燥便秘。

【用法用量】内服：煎汤，6～10 g。

一四三、苦苣苔科 Gesneriaceae

旋蒴苣苔属 *Boea* Comm. ex Lam.

770. 旋蒴苣苔 *Boea hygrometrica*（Bunge）R. Br.

【别名】牛耳草、散血草、猫耳朵。

【形态】多年生草本。叶全部基生，莲座状，无柄，近圆形、卵圆形、卵形，长 1.8～7 cm，宽 1.2～5.5 cm，上面被白色贴伏长柔毛，下面被白色或淡褐色贴伏长茸毛，顶端圆形，边缘具牙齿状齿或波状浅齿，叶脉不明显。聚伞花序伞状，2～5 条，每花序具 2～5 花；花序梗长 10～18 cm，被淡褐色短柔毛和腺状柔毛；苞片 2，极小或不明显；花梗长 1～3 cm，被短柔

毛。花萼钟状，5 裂至近基部，裂片稍不等，上唇 2 枚略小，线状披针形，长 2～3 mm，宽约 0.8 mm，外面被短柔毛，顶端钝，全缘。花冠淡蓝紫色，长 8～13 mm，直径 6～10 mm，外面近无毛；筒长约 5 mm；檐部稍二唇形，上唇 2 裂，裂片相等，长圆形，长约 4 mm，比下唇裂片短而窄，下唇 3 裂，裂片相等，宽卵形或卵形，长 5～6 mm，宽 6～7 mm。雄蕊 2，花丝扁平，长约 1 mm，无毛，着生于距花冠基部 3 mm 处，花药卵圆形，长约 2.5 mm，顶端连着，药室 2，顶端汇合；退化雄蕊 3，极小。无花盘。雌蕊长约 8 mm，不伸出花冠外，子房卵状长圆形，长约 4.5 mm，直径约 1.2 mm，被短柔毛，花柱长约 3.5 mm，无毛，柱头 1，头状。蒴果长圆形，长 3～3.5 cm，直径 1.5～2 mm，外面被短柔毛，螺旋状卷曲。种子卵圆形，长约 0.6 mm。花期 7～8 月，果期 9 月。

【生境分布】生于丘陵或低山石崖上。罗田北部山区有分布。

【药用部位】全草。

【药材名】散血草。

【来源】苦苣苔科植物旋蒴苣苔 *Boea hygrometrica*（Bunge）R. Br. 的全草。

【性味】苦，凉。

【功能主治】止血，散血，消肿。外用治外伤出血，跌打损伤。

【用法用量】外用：鲜品适量，捣烂外敷；或干品研粉撒敷。

吊石苣苔属 *Lysionotus* D. Don

771. 吊石苣苔 *Lysionotus pauciflorus* Maxim.

【别名】石吊兰、石泽兰、小泽兰。

【形态】小灌木。茎长 7～30 cm，分枝或不分枝，无毛或上部疏被短毛。叶 3 枚轮生，有时对生或多枚轮生，具短柄或近无柄；叶片革质，形状变化大，线形、线状倒披针形、狭长圆形或倒卵状长圆形，少有狭倒卵形或长椭圆形，长 1.5～5.8 cm，宽 0.4～1.5（2）cm，顶端急尖或钝，基部钝、宽楔形或近圆形，边缘在中部以上或上部有少数牙齿状齿或小齿，有时近全缘，两面无毛，中脉上面下陷，侧脉每侧 3～5 条，不明显；叶柄长 1～4（9）mm，上面常被短伏毛。花序有 1～2（5）花；花序梗纤细，长 0.4～2.6（4）cm，无毛；苞片披针状线形，长 1～2 mm，疏被短毛或近无毛；花梗长 3～10 mm，无毛。花萼长 3～4（5）mm，5 裂达或近基部，无毛或疏被短伏毛；裂片狭三角形或线状三角形。花冠白色带淡紫色条纹，或淡紫色，长 3.5～4.8 cm，无毛；筒细漏斗状，长 2.5～3.5 cm，口部直径 1.2～1.5 cm；上唇长约 4 mm，2 浅裂，下唇长 10 mm，3 裂。雄蕊无毛，花丝着生于距花冠基部 13～15 mm 处，狭线形，长约 12 mm，花药直径约 1.2 mm，药隔背面凸起长约 0.8 mm；退化雄蕊 3，无毛，中央的长约 1 mm，侧生的狭线形，长约 5 mm，弧状弯曲。花盘杯状，高 2.5～4 mm，有尖齿。雌蕊长 2～3.4 cm，无毛。蒴果线形，长 5.5～9 cm，宽 2～3 mm，无毛。种子纺锤形，长 0.6～1 mm，毛长 1.2～1.5 mm。花期 7—10 月。

【生境分布】生于丘陵、山地林中或阴处石崖上或树上，海拔 300～2000 m。罗田北部山区有分布。

【采收加工】8—10 月采收，晒干。

【药用部位】全草。

【药材名】石吊兰。

【来源】苦苣苔科植物吊石苣苔 *Lysionotus pauciflorus* Maxim. 的全草。

【性味】甘、苦，凉。

【功能主治】清肺消痰，凉血止血，祛湿化滞，通络止痛。主治肺热咳嗽，吐血，崩带，细菌性痢疾，疳疾，风湿痹痛，跌打损伤。

【用法用量】内服：煎汤，16～32 g；或浸酒。外用：捣敷。

一四四、爵床科 Acanthaceae

观音草属 *Peristrophe* Nees

772. 九头狮子草 *Peristrophe japonica*（Thunb.）Bremek.

【别名】接骨草、肺痨草、辣叶青药、尖惊药。

【形态】草本，高 20～50 cm。叶卵状矩圆形，长 5～12 cm，宽 2.5～4 cm，顶端渐尖或尾尖，基部钝或急尖。花序顶生或腋生于上部叶腋，由 2～8（10）聚伞花序组成，每个聚伞花序下托以 2 枚总苞状苞片，一大一小，卵形，几倒卵形，长 1.5～2.5 cm，宽 5～12 mm，顶端急尖，基部宽楔形或平截，全缘，近无毛，羽脉明显，内有 1 至少数花；花萼裂片 5，钻形，长约 3 mm；花冠粉红色至微紫色，长

2.5～3 cm，外疏生短柔毛，二唇形，下唇 3 裂；雄蕊 2，花丝细长，伸出，花药被长硬毛，2 室叠生，一上一下，线形纵裂。蒴果长 1～1.2 cm，疏生短柔毛，开裂时胎座不弹起，上部具 4 个种子，下部实心；种子有小疣状凸起。

【生境分布】生于林下或浅沟边，亦有栽培者。罗田天堂寨有分布。

【采收加工】夏、秋季采收。

【药材名】九头狮子草。

【来源】爵床科植物九头狮子草 Peristrophe japonica（Thunb.）Bremek. 的全草。

【性味】辛，凉。

【功能主治】祛风，清热，化痰，解毒。主治风热咳嗽，小儿惊风，喉痛，乳痈。

【用法用量】内服：煎汤，3～15 g。外用：捣敷。

【附方】①治肺热咳嗽：鲜九头狮子草 32 g，加冰糖适量，水煎服。（《福建中草药》）

②治肺炎：鲜九头狮子草 64～95 g，捣烂绞汁，调少许食盐服。（《福建中草药》）

③治虚弱咳嗽：辣叶青药嫩尖 7 个，蒸五分，加麦芽糖服。（《贵州草药》）

④治小儿惊风：a. 尖惊药 6 g，白风藤 6 g，金钩藤 6 g，防风 3 g，朱砂 0.6 g，麝香 0.15 g。将朱砂与麝香置于杯中，另将前四味药熬水，药水混合朱砂、麝香，3 次服完。（《贵阳民间药草》）b. 辣叶青药五钱，捣绒兑淘米水服。（《贵州草药》）

⑤治小儿吐奶并泄青：尖惊药（根叶并用）15 g，水煎服。（《贵阳民间药草》）

⑥治男子尿路结石：尖惊药、黑竹根、大种鹅儿肠、木通、淮知母各五钱。加酒 380 g 蒸，早晚各服 64 g，第二次用 250 g 酒蒸，第三次用 195 g 酒蒸。（《贵阳民间药草》）

⑦治咽喉肿痛：鲜九头狮子草 64 g，水煎，或捣烂绞汁 32～64 g，调蜜服。（《福建中草药》）

⑧治痔疮：尖惊药 64 g，槐树根 64 g，折耳根 64 g。炖猪大肠头，吃 5 次。（《贵阳民间药草》）

⑨治蛇咬伤：鲜九头狮子草、半枝莲、紫花地丁，三种药草加盐卤捣烂，涂敷于咬伤部位。（《浙江民间草药》）

⑩治黑疱疮：九头狮子草茎叶，捣烂，涂敷。（《浙江民间草药》）

⑪治带下，经漏：九头狮子草 125 g，炖猪肉吃。（《常用中草药配方》）

爵床属 *Rostellularia* Reichenb.

773. 爵床 *Rostellularia procumbens*（L.）Nees

【别名】观音草、疳积草、肝火草、小青草。

【形态】 草本，茎基部匍匐，通常有短硬毛，高 20～50 cm。叶椭圆形至椭圆状长圆形，长 1.5～3.5 cm，宽 1.3～2 cm，先端锐尖或钝，基部宽楔形或近圆形，两面常被短硬毛；叶柄短，长 3～5 mm，被短硬毛。穗状花序顶生或生于上部叶腋，长 1～3 cm，宽 6～12 mm；苞片 1，小苞片 2，均披针形，长 4～5 mm，有缘毛；花萼裂片 4，线形，约与苞片等长，有膜质边缘和缘毛；花冠粉红色，长 7 mm，二唇形，

下唇 3 浅裂；雄蕊 2，药室不等高，下方 1 室有距，蒴果长约 5 mm，上部具 4 个种子，下部实心似柄状。种子表面有瘤状皱纹。

【生境分布】 生于旷野草地和路旁的阴湿处。罗田各地均有分布。

【采收加工】 立秋后采收，晒干。

【药材名】 爵床。

【来源】 爵床科植物爵床 *Rostellularia procumbens*（L.）Nees 的全草。

【性味】 咸、辛、寒。

【归经】 归肝、胆经。

【功能主治】 清热解毒，利湿消滞，活血止痛。主治感冒发热，咳嗽，喉痛，疟疾，痢疾，黄疸，肾炎浮肿，筋骨疼痛，小儿疳积，痈疽疔疮，跌打损伤。

【用法用量】 内服：煎汤，9～15 g（鲜品 32～48 g）。外用：捣敷或煎水洗。

【注意】 ①《本草汇言》：过服亦克脾气。

②《闽东本草》：脾胃虚寒、气血两虚者不宜。

【附方】 ①治感冒发热，咳嗽，喉痛：爵床 15～32 g，水煎服。（《上海常用中草药》）

②治疟疾：爵床 32 g，煎汁，于疟疾发作前 3～4 h 服下。（《上海常用中草药》）

③治钩端螺旋体病：爵床（鲜）250 g，捣烂，敷腓肠肌。（《云南中草药》）

④治酒毒血痢，肠红：小青草、秦艽各 9 g，陈皮、甘草各 3 g，水煎服。（《本草汇言》）

⑤治黄疸，劳疟发热，翳障初起：小青草 15 g，煮豆腐食。（《百草镜》）

⑥治肾炎：爵床 9 g，地菍、凤尾草、海金沙各 15 g，艾棉桃（寄生艾叶上的虫蛀球）10 个。水煎服，每日 1 剂。（《江西草药》）

⑦治乳糜尿：爵床 64～95 g，地锦草、龙泉草各 64 g，车前草 48 g，小号野花生、狗肝菜各 32 g（后二味可任选一味，如龙泉草缺，狗肝菜必用）。上药加水 1500～2000 ml，文火煎成 400～600 ml，其渣再加水 1000 ml，文火煎取 300～400 ml，供患者多次分服，每日 1 剂，至少以连续 3 个月为 1 个疗程，或于尿转正常后改隔日 1 剂，维持 3 个月，以巩固疗效。（《全展选编》）

⑧治肝腹水：小青草 15 g，加猪肝或羊肝同煎服。（《浙江民间草药》）

⑨治筋骨疼痛：爵床 32 g，水煎服。（《湖南药物志》）

⑩治疳积：小青草煮牛肉、田鸡、鸡肝食之。（《本草纲目拾遗》）

⑪治雀目：鸡肝或羊肝一具（不落水），小青草 15 g。安碗内，加酒浆蒸熟，去草吃肝。加明雄黄 1.5 g 尤妙。（《百草镜》）

⑫治口舌生疮：爵床 32 g，水煎服。（《湖南药物志》）

⑬治痈疽疔疮：小青草捣烂敷。（《本草汇言》）

⑭治瘰疬：爵床 9 g，夏枯草 15 g。水煎服，每日 1 剂。（《江西民间草药》）

⑮治跌打损伤：爵床鲜草适量，洗净，捣敷患处。（《上海常用中草药》）

一四五、透骨草科 Phrymaceae

透骨草属 *Phryma* L.

774. 透骨草 *Phryma leptostachya* subsp. *asiatica*（Hara）Kitamura

【别名】倒刺草、蝇毒草。

【形态】多年生草本，高 10 ～ 100 cm。茎直立，四棱形，不分枝或于上部有带花序的分枝，分枝叉开，绿色或淡紫色，遍布倒生短柔毛或于茎上部有开展的短柔毛，少数近无毛。叶对生；叶片卵状长圆形、卵状披针形、卵状椭圆形至卵状三角形或宽卵形，草质，长 1 ～ 16 cm，宽（1）2 ～ 8 cm，先端渐尖、尾状急尖或急尖，稀近圆形，基部楔形、圆形或截形，中、下部叶基部常下延，边缘有（3）5 至多数钝锯齿、圆齿或圆齿状齿，两面散生但沿脉被较密的短柔毛；侧脉每侧 4 ～ 6 条；叶柄长 0.5 ～ 4 cm，被短柔毛，有时上部叶柄极短或无柄。穗状花序生于茎顶及侧枝顶端，被微柔毛或短柔毛；花序梗长 3 ～ 20 cm；花序轴纤细，长（5）10 ～ 30 cm；苞片钻形至线形，长 1 ～ 2.5 mm；小苞片 2，生于花梗基部，与苞片同型但较小，长 0.5 ～ 2 mm。花通常多数，疏离，出自苞腋，在序轴上对生或于下部互生，具短梗，于花蕾期直立，开放时斜展至平展，花后反折。花萼筒

状，有 5 纵棱，外面常有微柔毛，内面无毛，萼齿直立；花期萼筒长 2.5 ～ 3.2 mm；上方萼齿 3，钻形，长 1.2 ～ 2.3 mm，先端钩状，下方萼齿 2，三角形，长约 0.3 mm。花冠漏斗状筒形，长 6.5 ～ 7.5 mm，蓝紫色、淡红色至白色，外面无毛，内面于筒部远轴面被短柔毛；筒部长 4 ～ 4.5 mm，口部直径约 1.5 mm，基部上方直径约 0.7 mm；檐部二唇形，上唇直立，长 1.3 ～ 2 mm，先端 2 浅裂，下唇平伸，长 2.5 ～ 3 mm，3 浅裂，中央裂片较大。雄蕊 4，着生于冠筒内面基部上方 2.5 ～ 3 mm 处，无毛；花丝狭线形，长 1.5 ～ 1.8 mm，远轴 2 枚较长；花药肾状圆形，长 0.3 ～ 0.4 mm，宽约 0.5 mm。雌蕊无毛；子房斜长圆状披针形，长 1.9 ～ 2.2 mm；花柱细长，长 3 ～ 3.5 mm；柱头二唇形，下唇较长，长圆形。瘦果狭椭圆形，包藏于棒状宿存花萼内，反折并贴近花序轴，萼筒长 4.5 ～ 6 mm，上方 3 萼齿长 1.2 ～ 2.3 mm。种子 1，基生，种皮薄膜质，与果皮合生。花期 6—10 月，果期 8—12 月。

【生境分布】生于山坡。

【采收加工】7—8 月采收，除去杂质，晒干或阴干。

【药用部位】　全草。

【药材名】　透骨草。

【来源】　透骨草科植物透骨草 *Phryma leptostachya* subsp. *asiatica*（Hara）Kitamura 的全草。

【性味】　甘、辛，温。

【归经】　归肺、肝经。

【功能主治】　祛风除湿，舒筋活络，活血止痛。

【鉴别应用】　①透骨草与桑枝。两药均有祛风除湿之功效。但透骨草辛温，能通达四肢阳气，偏用于风寒痹痛。桑枝苦平，能利四肢关节，祛风气，偏用于风邪化热的四肢关节痹痛及中风半身不遂。

②该品与松节均有祛风湿、活经络之功效，但透骨草偏用于筋骨拘挛的风湿痹痛，松节偏用于关节屈伸不利或关节肿胀的寒湿痹痛。

【用法用量】　内服：9～15 g，煎汤；或入丸、散。外用：煎水熏洗。孕妇忌服。

【配伍应用】　①配附子，附子辛甘性热，祛寒燥湿，偏走肾经，温肾助阳，走而不守，内达外透，升降活络。两药合用，同类相从，相得益彰，肝肾同治，气血皆调。除沉疴，治顽痹尤效。

②配苍术，一燥湿偏长，一止痛有功。两药相须为用，祛湿止痛，功效大增。

③配伸筋草，两药合用，治肝肾不足，筋骨失养，屈伸不利，肢体麻木，筋骨挛缩，有伸筋透骨之效。

④配鸡血藤，两药合用，补肝益肾，活血止痛。久痹属虚者最为相宜。

⑤配白鲜皮，白鲜皮苦能燥湿，泻火解毒。两药合用，治疗湿疹热疮。燥皮肤之湿，解肌蕴之毒，其效显著。

⑥配桑枝，桑枝通达四肢，行经络，利关节，助药力。两药合用，祛风止痛，治风痹最效。

⑦配威灵仙，威灵仙通十二经，其性走窜，祛风通络，善治四肢麻木。两药合用，前者温通经络，后者祛风止痛。用治风、寒、湿痹，皆奏奇功。

【附方】　①治风湿性关节炎，筋骨拘挛：透骨草、制川乌、制草乌、伸筋草，水煎服。（《陕甘宁青中草药选》）

②治阴囊湿疹，疮痈肿毒：透骨草、蛇床子、白藓皮、艾叶，煎水外洗。（《陕甘宁青中草药选》）

③治肿毒初起：透骨草、漏芦、防风、地榆，煎汤绵蘸，趁热不住烫之。（《杨诚经验方》）

④治风湿疼痛，筋骨拘挛，肢体麻木：透骨草、伸筋草、羌活、独活、附子、千年健、海桐皮、红花，水煎服。（《经验方》）

⑥治顽固风湿疼痛：透骨草、川乌、伸筋草、骨碎补、全蝎、鸡血藤，水煎服。（《经验方》）

一四六、车前科 Plantaginaceae

车前属 *Plantago* L.

775. 车前 *Plantago asiatica* L.

【别名】　虾蟆衣、虾蟆草。

【形态】　二年生或多年生草本。须根多数。根茎短，稍粗。叶基生呈莲座状，平卧、斜展或直立；

叶片薄纸质或纸质，宽卵形至宽椭圆形，长4～12 cm，宽2.5～6.5 cm，先端钝圆至急尖，边缘波状、全缘或中部以下有锯齿或裂齿，基部宽楔形或近圆形，下延，两面疏生短柔毛，脉5～7条；叶柄长2～15（27）cm，基部扩大成鞘，疏生短柔毛。花序3～10个，直立或弯曲上升；花序梗长5～30 cm，有纵条纹，疏生白色短柔毛；穗状花序细圆柱状，长3～40 cm，紧密或稀疏，下部常间断；苞片狭卵状三角形或三角状披针形，长2～3 mm，长超过宽，龙骨突宽厚，无

毛或先端疏生短毛。花具短梗；花萼长2～3 mm，萼片先端钝圆或钝尖，龙骨突不延至顶端，前对萼片椭圆形，龙骨突较宽，两侧片稍不对称，后对萼片宽倒卵状椭圆形或宽倒卵形。花冠白色，无毛，冠筒与萼片约等长，裂片狭三角形，长约1.5 mm，先端渐尖或急尖，具明显的中脉，于花后反折。雄蕊着生于冠筒内面近基部，与花柱明显外伸，花药卵状椭圆形，长1～1.2 mm，顶端具宽三角形凸起，白色，干后变淡褐色。胚珠7～15（18）。蒴果纺锤状卵形、卵球形或圆锥状卵形，长3～4.5 mm，于基部上方周裂。种子5～6（12），卵状椭圆形或椭圆形，长（1.2）1.5～2 mm，具角，黑褐色至黑色，背腹面微隆起；子叶背腹向排列。花期4—8月，果期6—9月。

【生境分布】 生于山野、路旁、花圃、菜圃，以及池塘、河边等。罗田各地均有分布。

【药用部位】 全草、种子。

（1）车前草。

【采收加工】 夏季采挖，除去泥沙，晒干。

【来源】 车前科植物车前 *Plantago asiatica* L. 的干燥全草。

【炮制】 除去杂质，洗净，切段，晒干。

【性味】 甘，寒。

【归经】 归肝、肾、肺、小肠经。

【功能主治】 清热利尿，祛痰，凉血，解毒。主治水肿尿少，热淋涩痛，暑湿泻痢，痰热咳嗽，吐血衄血，疮痈肿毒。

【用法用量】 内服：煎汤，9～30 g（鲜品30～60 g）；或捣汁服。外用：鲜品适量，捣敷患处。

【储藏】 置通风干燥处。

（2）车前子。

【采收加工】 秋季成熟时，采收全草，晒干，打下种子，除去杂质，晒干。

【来源】 车前科植物车前 *Plantago asiatica* L. 的干燥种子。

【炮制】 取净车前子，置锅内文火加热，边炒边加2%淡盐水适量炒干。

【性味】 甘，微寒。

【归经】 归肝、肾、肺、小肠经。

【功能主治】 清热利尿，渗湿通淋，明目，祛痰。主治水肿胀满，热淋涩痛，暑湿泄泻，目赤肿痛，痰热咳嗽。

【用法用量】 内服：9～15 g，入煎剂宜包煎。

【储藏】 置通风干燥处，防潮。

776. 平车前 *Plantago depressa* Willd.

【形态】一年生或二年生草本。直根长，具多数侧根，肉质。根茎短。叶基生呈莲座状，平卧、斜展或直立；叶片纸质，椭圆形、椭圆状披针形或卵状披针形，长 3 ～ 12 cm，宽 1 ～ 3.5 cm，先端急尖或微钝，边缘具浅波状钝齿或不规则锯齿，基部宽楔形至狭楔形，下延至叶柄，脉 5 ～ 7 条，上面略凹陷，于背面明显隆起，两面疏生白色短柔毛；叶柄长 2 ～ 6 cm，基部扩大成鞘状。花序 3 ～ 10个；花序梗长 5 ～ 18 cm，有纵条纹，疏生白色短柔毛；穗状花序细圆柱状，上部密集，基部常间断，长 6 ～ 12 cm；苞片三角状卵形，长 2 ～ 3.5 mm，内凹，无毛，龙骨突宽厚，宽于两侧片，不延至或延至顶端。花萼长 2 ～ 2.5 mm，无毛，龙骨突宽厚，不延至顶端，前对萼片狭倒卵状椭圆形至宽椭圆形，后对萼片倒卵状椭圆形至宽椭圆形。花冠白色，无毛，冠筒等长或略长于萼片，裂片极小，椭圆形或卵形，长 0.5 ～ 1 mm，于花后反折。雄蕊着生于冠筒内面近顶端，同花柱明显外伸，花药卵状椭圆形或宽椭圆形，长 0.6 ～ 1.1 mm，先端具宽三角状小凸起，新鲜时白色或绿白色，干后变淡褐色。胚珠 5。蒴果卵状椭圆形至圆锥状卵形，长 4 ～ 5 mm，于基部上方周裂。种子 4 ～ 5，椭圆形，腹面平坦，长 1.2 ～ 1.8 mm，黄褐色至黑色；子叶背腹向排列。花期 5—7 月，果期 7—9 月。

【生境分布】生于草地、河滩、沟边、草甸、田间及路旁。罗田凤山镇、骆驼坳镇有分布。

【药用部位】全草、种子。

【备注】本种与车前科植物车前 *Plantago asiatica* L. 同等入药。详见上述。

一四七、茜草科 Rubiaceae

水团花属 *Adina* Salisb.

777. 细叶水团花 *Adina rubella* Hance

【别名】水杨梅。

【形态】落叶小灌木，高 1 ～ 3 m；小枝延长，具赤褐色微毛，后无毛；顶芽不明显，被开展的托叶包裹。叶对生，近无柄，薄革质，卵状披针形或卵状椭圆形，全缘，长 2.5 ～ 4 cm，宽 8 ～ 12 mm，顶端渐尖或短尖，基部阔楔形或近圆形；侧脉 5 ～ 7 对，被稀疏或稠密的短柔毛；托叶小，早落。头状花序不计花冠直径 4 ～ 5 mm，单生、顶生或兼有腋生，总花梗被柔毛；小苞片线形或线状棒形；花萼管疏被短柔毛，萼裂片匙形或匙状棒形；花冠管长 2 ～ 3 mm，5 裂，花冠裂片三角状，紫红色。果序直径 8 ～ 12 mm；小蒴果长卵状楔形，长 3 mm。花果期 5—12 月。

【生境分布】喜生于河边、溪边和密林下。罗田各地均有分布。

【药用部位】 花、果、根。

【药材名】 水杨梅。

（1）水杨梅花。

【采收加工】 随时可采，鲜用或晒干。

【来源】 茜草科植物细叶水团花 *Adina rubella* Hance 的枝、叶或花、果。

【性味】 苦，平。

【功能主治】 清热利湿，消瘀定痛，止血生肌。主治痢疾，肠炎，湿热浮肿，疮痛肿毒，湿疹，烂脚，溃疡不敛，创伤出血。

【用法用量】 内服：煎汤，花、果 9～18 g；枝、叶 16～32 g。外用：枝、叶煎水洗或捣敷。

【附方】①治细菌性痢疾：细叶水团花花球 9 g，水煎服（沸后 10 min 即可），每日服 3 次。（江西《草药手册》）

②治湿热浮肿：细叶水团花鲜茎或叶、茵陈各 32 g，水煎调糖服。（《福建中草药》）

③治风火牙痛：细叶水团花鲜花球 64 g，水煎，日含漱数次。（江西《草药手册》）

④治无名肿毒：细叶水团花鲜叶加食盐、饭粒捣烂外敷。（《福建中草药》）

⑤治皮肤湿疹：细叶水团花叶、风船葛、扛板归、筋骨草各适量，煎水洗患处。（江西《草药手册》）

⑥治创伤出血，烂脚：细叶水团花叶或花，以冷开水洗净，捣烂包敷于创口。（《福建民间草药》）

（2）水杨梅根。

【采收加工】 全年均可采收。

【来源】 茜草科植物细叶水团花 *Adina rubella* Hance 的根。

【性味】 苦、涩，凉。

【功能主治】 清热利湿，行瘀消肿。主治感冒咳嗽，肝炎，腮腺炎，关节炎，跌打损伤。

【用法用量】 内服：煎汤，16～32 g（鲜品 32～64 g）。外用：捣敷。

【附方】①治感冒发热，上呼吸道炎，腮腺炎：细叶水团花干根 15～32 g 或鲜根 32～64 g，水煎服。（广州部队《常用中草药手册》）

②治肝炎：细叶水团花鲜根、薏苡鲜根、虎杖鲜根各 32 g，水煎调糖服。（《福建中草药》）

③治跌打损伤：细叶水团花鲜根皮和胡椒少许，同捣烂外敷。（《福建中草药》）

虎刺属 *Damnacanthus* Gaertn. f.

778. 虎刺 *Damnacanthus indicus* Gaertn. f.

【别名】 刺虎、雀不踏、绣花针、老虎刺。

【形态】 具刺灌木，高 0.3～1 m，具肉质链珠状根；茎下部少分枝，上部密集多回 2 叉分枝，幼嫩枝密被短粗毛，有时具 4 棱，节上托叶腋常生 1 针状刺；刺长 0.4～2 cm。叶常大小叶相间，大叶长 1～2（3）cm，宽 1（～1.5）cm，小叶长可小于 0.4 cm，卵形、心形或圆形，顶端锐尖，边全缘，基部常歪斜，钝、圆、平截或心形；中脉上面隆起，下面凸出，侧脉极细，每边 3（～4）条，上面光亮，无毛，下面仅脉处有疏短毛；叶柄长约 1 mm，被短柔毛；托叶生于叶柄间，初时呈 2～4 浅至深裂，后合生成三角形或戟形，易脱落。花两性，1～2 朵生于叶腋，2 朵者花柄基部常合生，有时在顶部叶腋可 6 朵排成具短总梗的聚伞花序；花梗长 1～8 mm，基部两侧各具苞片 1 枚；苞片小，披针形或线形；花萼钟状，长约 3 mm，绿色或具紫红色斑纹，几无毛，裂片 4，常大小不一，三角形或钻形，长约 1 mm，宿存；花冠白色，管状漏斗形，长 0.9～1 cm，外面无毛，内面自喉部至冠管上部密被毛，檐部 4 裂，裂片椭圆形，长 3～5 mm；雄蕊 4，着生于冠管上部，花丝短，花药紫红色，内藏或稍外露；子房 4 室，每室具胚珠 1 个，花柱外露或有时内藏，顶部 3～5 裂。核果红色，近球形，直径 4～6 mm，具分核（1）2～4。花期 3—5 月，果熟期冬季至次年春季。

本种随不同环境形态有较大差异，生于阴湿处的植株其叶较大而薄，刺较长，生于旱阳处植株的叶小而厚，刺较短。

【生境分布】 生于阴山坡竹林下和溪谷两旁灌丛中。喜较肥沃的沙质或黏质土壤。

【采收加工】 全年均可采收，洗净，切碎，晒干。

【药用部位】 全草或根。

【药材名】 虎刺。

【来源】 茜草科植物虎刺 *Damnacanthus indicus* Gaertn. f. 的全草或根。

【性味】 苦、甘，平。

【用法用量】 内服：煎汤，9～15 g（鲜品 32～64 g）；或入散剂。外用：捣敷、捣汁涂或研末撒。

【附方】 ①治痛风：虎刺鲜根或花 32 g（干根 9～15 g），煎汁用酒冲服。（《浙江民间草药》）

②治风湿关节痛、肌肉痛：绣花针全草 32～95 g，酒、水各半煎 2 次，分服。（《江西民间草药》）

③治痰饮咳嗽：虎刺鲜根 32～95 g，水煎服。（《福建中草药》）

④治肺痈：虎刺 95 g，猪胃炖汤，以汤煎药服，每日 1 剂。（《江西民间草药》）

⑤治水肿：虎刺根 9～15 g，水煎服。（《浙江民间草药》）

⑥治脾虚浮肿：绣花针干根 32 g，毛天仙果干根 64 g，陈皮 9 g，水煎服。（《福建中草药》）

⑦治黄肿：虎刺根 32 g（或连茎叶用 47 g），野南瓜根 32 g，猪腰子 1 对。水炖，去渣，兑黄酒服。（《江西民间草药验方》）

⑧治痞块（肝脾肿大）：绣花针根 32 g，甘蔗根 21 g。水煎，2 次分服。（《江西民间草药》）

⑨治黄疸：虎刺根 32 g，茵陈 9 g，水煎服。（《江西民间草药验方》）

⑩治急性肝炎：鲜虎刺根 32 g，阴行草 9 g，车前 15 g，冰糖少许。水煎服，每日 1 剂。（《江西草药》）

⑪治月经不调，闭经：虎刺根 9 g，天青地白、长梗南五味子藤各 6 g，梵天花根 15 g，水煎服。（《浙江民间常用草药》）

⑫治奶肿硬块：虎刺根 32 g，捣冲酒服。（《浙江民间草药》）

⑬治小儿疳积：绣花针鲜根、茅莓干根、醉鱼草干根各 6～9 g，水煎或加瘦猪肉同煎服。（《福建中草药》）

⑭治荨麻疹：虎刺鲜根 64～95 g，水煎，冲黄酒服。（《浙江民间常用草药》）

⑮治手脚烂痒：虎刺全草，研末，搽患处。（《湖南药物志》）

⑯治跌打损伤：虎刺根 15～32 g，用黄酒适量煎服，连服 1 个星期。（《浙江民间常用草药》）

拉拉藤属 *Galium* L.

779. 猪殃殃 *Galium aparine* var. *tenerum* （Gren. et Godr.）Reichb.

【别名】拉拉藤、锯锯藤、锯子草。

【形态】多枝、蔓生或攀援状草本，通常高 30 ～ 90 cm；茎有 4 棱角；棱上、叶缘、叶脉上均有倒生的小刺毛。叶纸质或近膜质，6 ～ 8 枚轮生，稀为 4 ～ 5 枚，带状倒披针形或长圆状倒披针形，长 1 ～ 5.5 cm，宽 1 ～ 7 mm，顶端有针状凸尖头，基部渐狭，两面常有紧贴的刺状毛，常萎软状，干时常卷缩，1 脉，近无柄。聚伞花序腋生或顶生，少至多花，花小，4 数，有纤细的花梗；花萼被钩毛，萼檐近截平；花冠黄绿色或白色，

辐状，裂片长圆形，长不及 1 mm，镊合状排列；子房被毛，花柱 2 裂至中部，柱头头状。果实干燥，有 1 或 2 个近球状的分果爿，直径达 5.5 mm，肿胀，密被钩毛，果柄直，长可达 2.5 cm，较粗，每一爿有 1 个平凸的种子。花期 3—7 月，果期 4—11 月。

【生境分布】生于山坡、旷野、沟边、河滩、田中、林缘、草地。罗田各地均有分布。

【采收加工】夏季采收，鲜用或晒干。

【药材名】猪殃殃。

【来源】茜草科植物猪殃殃 *Galium aparine* var. *tenerum* （Gren. et Godr.）Reichb. 的全草。

【性味】辛、苦，凉。

【功能主治】清热解毒，利尿消肿。主治感冒，牙龈出血，急、慢性阑尾炎，尿路感染，水肿；外用治乳腺炎初起，疮痈肿毒，跌打损伤。

【用法用量】内服：煎汤，32 ～ 64 g。外用：适量，鲜品捣烂敷或绞汁涂患处。

【备注】用于疔疮痈肿，可配伍蒲公英、地丁草等；用于肠痈腹痛，可配伍红藤、大黄等；用于癌肿或白血病，常配伍半枝莲、白花蛇舌草、龙葵、马蹄金、忍冬藤、枸杞根、丹参、黄精等；用于蛇虫咬伤，可用鲜草捣烂外敷并煎汁内服；用于水湿肿满或小便淋痛不畅等，可配伍杠板归、车前草、海金沙、金钱草等。

780. 四叶葎 *Galium bungei* Steud.

【别名】蛇舌癀、四棱香草。

【形态】多年生丛生直立草本，高 5 ～ 50 cm，有红色丝状根；茎有 4 棱，不分枝或稍分枝，常无毛或节上有微毛。叶纸质，4 片轮生，叶形变化较大，常在同一株内上部与下部的叶形均不同，卵状长圆形、卵状披针形、披针状长圆形或线状披针形，长 0.6 ～ 3.4 cm，宽 2 ～ 6 mm，顶端尖或稍钝，基部楔形，中脉和边缘常有刺状硬毛，有时两面亦有糙伏毛，1 脉，近无柄或有短柄。聚伞花序顶生和腋生，稠密或稍疏散，总花梗纤细，常 3 歧分枝，再形成圆锥状花序；花小；花梗纤细，长 1 ～ 7 mm；花冠黄绿色或白色，辐状，直径 1.4 ～ 2 mm，无毛，花冠裂片卵形或长圆形，长 0.6 ～ 1 mm。果爿近球状，直径 1 ～ 2 mm，通常双生，有小疣点、小鳞片或短钩毛，稀无毛；果柄纤细，常比果长，长可达 9 mm。花期

4—9 月，果期 5 月至翌年 1 月。

【生境分布】生于田畔、沟边等湿地。

【采收加工】夏、秋季采集，鲜用或晒干。

【药材名】四叶葎。

【来源】茜草科植物四叶葎 *Galium bungei* Steud. 的全草。

【性味】甘，平。

【功能主治】清热解毒，利尿，止血，消食。主治痢疾，尿路感染，小儿疳积，带下，咯血；外用治蛇头疔。

【用法用量】内服：煎汤，16 ～ 32 g。外用：适量，鲜草捣烂敷患处。

栀子属 *Gardenia* Ellis

781. 栀子 *Gardenia jasminoides* Ellis

【别名】山栀子、枝子、黄栀子。

【形态】灌木，高 0.3 ～ 3 m；嫩枝常被短毛，枝圆柱形，灰色。叶对生，革质，稀为纸质，少为 3 枚轮生，叶形多样，通常为长圆状披针形、倒卵状长圆形、倒卵形或椭圆形，长 3 ～ 25 cm，宽 1.5 ～ 8 cm，顶端渐尖、骤然长渐尖或短尖而钝，基部楔形或短尖，两面常无毛，上面亮绿色，下面色较暗；侧脉 8 ～ 15 对，在下面凸起，在上面平；叶柄长 0.2 ～ 1 cm；托叶膜质。花芳香，通常单朵生于枝顶，花梗长 3 ～ 5 mm；萼管倒圆锥形或卵形，长 8 ～ 25 mm，有纵棱，萼檐管形，膨大，顶部 5 ～ 8 裂，通常 6 裂，裂片披针形或线状披针形，长 10 ～ 30 mm，宽 1 ～ 4 mm，结果时增长，宿存；花冠白色或乳黄色，高脚碟状，喉部有疏柔毛，冠管狭圆筒形，长 3 ～ 5 cm，宽 4 ～ 6 mm，顶部 5 ～ 8 裂，通常 6 裂，裂片广展，倒卵形或倒卵状长圆形，长 1.5 ～ 4 cm，宽 0.6 ～ 2.8 cm；花丝极短，花药线形，长 1.5 ～ 2.2 cm，伸出；花柱粗厚，长约 4.5 cm，柱头纺锤形，伸出，长 1 ～ 1.5 cm，宽 3 ～ 7 mm，子房直径约 3 mm，黄色，平滑。果实卵形、近球形、椭圆形或长圆形，黄色或橙红色，长 1.5 ～ 7 cm，直径 1.2 ～ 2 cm，有翅状纵棱 5 ～ 9 条，顶部的宿存萼片长达 4 cm，宽达 6 mm；种子多数，扁，近圆形而稍有棱角，长约 3.5 mm，宽约 3 mm。花期 3—7 月，果期 5 月至翌年 2 月。

【生境分布】常生于低山温暖的疏林中或荒坡、沟旁、路边。罗田各地均有分布。

【药用部位】果实、根、花。

（1）栀子。

【采收加工】10 月果实成熟果皮呈黄色时采摘，除去果柄及杂质，晒干或烘干。亦可将果实放入沸水（略加明矾）中烫，或放入蒸笼内蒸 0.5 h，取出，晒干。

【来源】茜草科植物栀子 *Gardenia jasminoides* Ellis 的果实。

【性状】干燥果实长椭圆形或椭圆形，粗 0.6 ～ 2 cm。表面深红色或红黄色，具

5～9条纵棱。顶端残存萼片，另一端稍尖，有果柄痕。果皮薄而脆，内表面红黄色，有光泽，具2～3条隆起的假隔膜，内有多数种子，黏结成团。种子扁圆形，深红色或红黄色，密具细小疣状凸起。浸入水中，可使水染成鲜黄色。气微，味淡、微酸。以个小、完整、仁饱满、内外红色者为佳，个大、外皮棕黄色、仁较瘪、色红黄者质次。

【炮制】生栀子：筛去灰屑，拣去杂质，碾碎过筛或剪去两端。山栀仁：取净栀子，用剪刀从中间剖开，剥去外皮取仁。山栀皮：生栀子剥下的外果皮。炒栀子：取碾碎的栀子，置锅内用文火炒至金黄色，取出，放凉。焦栀子：取碾碎的栀子，置锅内用武火炒至焦糊色，取出，放凉。栀子炭：取碾碎的栀子，置锅内用武火炒至黑褐色，但需存性，取出，放凉。

【性味】苦，寒。

【归经】归心、肝、肺、胃经。

【功能主治】清热，泻火，凉血。主治热病虚烦不眠，黄疸，淋证，消渴，目赤，咽痛，吐血，衄血，血痢，尿血，热毒疮疡，扭伤肿痛。

【用法用量】内服：煎汤，6～12 g；或入丸、散。外用：研末调敷。

【注意】脾虚便溏者忌服。

【附方】①治伤寒发汗、吐：栀子（剖）14个，香豉（绵裹）四合。上二味，以水4升，先煮栀子得2.5升，纳豉，煮取1.5升，去滓，分为二服。温进一服，得吐者止后服。（《伤寒论》）

②治伤寒大病瘥后劳复者：枳实（炙）3枚，栀子（剖）14个，豉（绵裹）1升。上三味，以清浆水7升，空煮取4升，内枳实、栀子，煮取2升，下豉，更煮五六沸，去滓，温分再服。覆令微似汗。若有宿食者，内大黄如博棋子五六枚。（《伤寒论》）

③治伤寒身黄发热：肥栀子（剖）14个，甘草（炙）32 g，黄柏64 g。上三味，以水4升，煮取1.5升，去滓，分温再服。（《伤寒论》）

④治湿热黄疸：山栀子12 g，鸡骨草、田基黄各32 g。水煎，日分3次服。（《广西中草药》）

⑤治尿淋，血淋：鲜栀子64 g，冰糖32 g，水煎服。（《闽东本草》）

⑥治小便不通：栀子仁27个，盐花少许，独颗蒜1个。上捣烂，摊纸花上贴脐，或涂阴囊上，良久即通。（《普济方》）

⑦治急性胃肠炎，腹痛，上吐下泻：山栀子9 g，盘柱南五味子（紫金皮）根15 g，青木香6 g。上药炒黑存性，加蜂蜜15 g。水煎，分2次服。（《单方验方调查资料选编》）

⑧治口疮，咽喉中塞痛：大青125 g，山栀子、黄柏各32 g，白蜜250 g。上切，以水3升，煎取1升，去滓，下蜜更煎一两沸，含之。（《普济方》）

⑨治目赤：取山栀子7个，钻透，入煻灰火煨熟，以水1升半，煎至八合，去滓，入大黄末三钱匕，搅匀，食后旋旋温服。（《圣济总录》）

⑩治胃脘火痛：大山栀子7或9个，炒焦，水一盏，煎七分，入生姜汁饮之。（《丹溪纂要》）

⑪治鼻中衄血：山栀子烧灰吹之。（《简易方论》）

⑫治肺风鼻赤酒齇：老山栀子为末，黄蜡等份溶和。为丸弹子大。空心茶、酒嚼下。忌酒、炙煿。（《本事方》）

⑬治赤白痢并血痢：山栀子仁47个，锉，以浆水1升半，煎至五合，去滓。空心食前分温二服。（《圣济总录》）

⑭治热水肿：山栀子15 g，木香4.5 g，白术7.5 g。细切，水煎服。（《丹溪心法》）

⑮治妇人子肿湿多：炒山栀子100 g，为末，米饮吞下，或丸服。（《丹溪心法》）

⑯治折伤肿痛：栀子、白面同捣，涂之。（《李时珍濒湖集简方》）

⑰治火丹毒：栀子，捣和水调敷之。（《梅师集验方》）

⑱治火疮未起：栀子仁灰，麻油和封，惟厚为佳。（《千金方》）

⑲治疮痈肿痛：山栀子、蒲公英、银花各12 g。水煎，日分3次服。另取生银花藤适量，捣烂，敷患处。（《广西中草药》）

⑳治烧伤：栀子末和鸡子清浓扫之。（《救急方》）

㉑治血淋涩痛：生栀子末、滑石各等份，葱汤送服。

㉒治下泻鲜血：栀子仁烧灰，水送服一匙。

㉓治热毒血痢：栀子14个，去皮，捣为末，加蜜做成丸子，如梧子大。每服3丸，一天服3次，疗效显著。亦可用水前服。

㉔治临产下痢：栀子烧过，研为末，米汤送服9 g。若上焦热，则连壳用。

㉕治霍乱转筋，心腹胀满，吐泻不得：栀子十几枚，烧过，研为末，熟酒送服。

㉖治热病食劳复（指热病之后因饮食或房事不慎而使旧病复发）：栀子30个，加水3升，煎取1升服下。须出微汗为好。

㉗治小儿狂躁（蓄热在下，身热狂躁，昏迷不食）：栀子仁7个，豆豉15 g，加水一碗，煎至七成服下，或吐或不吐，均有效。

㉘治眼干肠秘：山栀子7个，钻孔煨熟，加水1升，煎至0.5升，去渣，放入大黄末9 g，温服。

㉙治风痰头痛：栀子末和蜜浓敷舌上，得吐即止痛。

㉚治火焰丹毒：栀子捣烂和水涂搽。

㉛治眉中练癣：栀子烧过，研为末，调油敷涂。

㉜解发痘疮，兼治肝热：山栀仁、羌活、川芎、防风、龙胆草、当归、甘草加薄荷叶、淡竹叶少许煎服。（《万密斋医学全书》）

【临床应用】①治疗急性黄疸性肝炎。

②治疗扭挫伤。

③用于止血。

（2）山栀花。

【别名】野桂花、白蟾花、雀舌花。

【采收加工】夏季花开时采收。

【来源】茜草科植物栀子 *Gardenia jasminoides* Ellis 的花。

【性味】苦，寒。

【功能主治】清肺，凉血。主治肺热咳嗽，鼻衄。

【附方】①治伤风，肺有实痰、实火，肺热咳嗽：栀子花3朵，加蜂蜜少许同煎服。（《滇南本草》）

②治鼻衄不止：栀子花数片，焙干为末，吹鼻。（《滇南本草》）

（3）山栀根。

【采收加工】全年均可采收。

【来源】茜草科植物栀子 *Gardenia jasminoides* Ellis 的根。

【性味】苦，寒。

【功能主治】清热，凉血，解毒。主治感冒高热，黄疸性肝炎，吐血，鼻衄，细菌性痢疾，淋病，肾炎水肿，疮痈肿毒。

【用法用量】内服：煎汤，16～32 g，外用：捣敷。

【附方】①治黄疸：山栀根32～64 g，煮瘦肉食。

②治感冒高热：山栀子根64 g，山麻仔根32 g，鸭脚树二层皮64 g，红花痴头婆根32 g，煎服或加酒少许服。

③治鼻衄：山栀根 32 g，茅根 9 g，柏子叶 15 g，茅利红 15 g，水煎服。孕妇忌服。（①～③方出自《岭南草药志》）

④治赤白痢疾：栀子根和冰糖炖服。（《闽东本草》）

⑤治米汤样尿：黄栀子根 32 g，绵毛旋覆花根 32 g，加水同瘦猪肉炖服。（《草医草药简便验方汇编》）

782. 大花栀子 *Gardenia jasminoides* Ellis var. *grandiflora* Nakai

【别名】水枝花。

【形态】常绿灌木。枝绿色，幼枝具毛。叶对生或 3 枚轮生；长圆状披针形或卵状披针形，长 7～14 cm，宽 2～5 cm，先端渐尖或短尖，全缘，边缘白色，两面光滑，革质；具短柄；托叶膜质，基部合成一鞘。花大，单生于枝端或叶腋，直径约 7 cm，白色，极香；萼裂片 6，线状；花冠裂片广倒披针形；雄蕊 6，花药线形；子房下位，1 室，花柱厚，柱头棒状。果倒卵形或长椭圆形，长 3～7 cm，直径 1～1.5 cm，黄色，纵棱较高，果皮厚，花萼宿存。花期 5—7 月。浆果卵形，黄色或橙色。

【生境分布】喜湿润、温暖、光照充足且通风良好的环境，忌强光暴晒。罗田各地均有栽培。

【采收加工】夏季采花，秋季采果。

【药用部位】花或果。

【药材名】大花栀子。

【来源】茜草科植物大花栀子 *Gardenia jasminoides* Ellis var. *grandiflora* Nakai 的花或果。

【临床应用】栽培供观赏，是优良的芳香花卉，亦可提取香料或窨茶。花可做茶之香料，果可消炎祛热。其含有较大量色素，主要用作工业无毒染料，外敷作伤科外用药，不作内服药。

耳草属 *Hedyotis* L.

783. 白花蛇舌草 *Hedyotis diffusa* Willd.

【别名】蛇舌癀、蛇总管、鹤舌草、细叶柳子。

【形态】一年生无毛纤细披散草本，高 20～50 cm；茎稍扁，从基部开始分枝。叶对生，无柄，膜质，线形，长 1～3 cm，宽 1～3 mm，顶端短尖，边缘干后常背卷，上面光滑，下面有时粗糙；中脉在上面下陷，侧脉不明显；托叶长 1～2 mm，基部合生，顶部芒尖。花 4 数，单生或双生于叶腋；花梗略粗壮，长 2～5 mm，罕无梗或偶有长达 10 mm 的花梗；萼管球形，长 1.5 mm，萼檐裂片长圆状披针形，长 1.5～2 mm，顶部渐尖，具缘毛；花冠白色，管形，长 3.5～4 mm，冠管长 1.5～2 mm，喉部无毛，花冠裂片卵状长圆形，长约 2 mm，顶端钝；雄蕊生于冠管喉部，花丝长 0.8～1 mm，花药凸出，长圆形，与花丝等长或略长；花柱长 2～3 mm，柱头 2 裂，裂片广展，有乳头状凸点。蒴果膜质，扁球形，直径 2～2.5 mm，宿存萼檐裂片长 1.5～2 mm，成熟时顶部室背开裂；种子每室约 10 个，具棱，干后深褐色，有深而粗的窝孔。花期春季。

【生境分布】 多生于水田、田埂和湿润的旷地。罗田各地均有分布。

【采收加工】 夏、秋季采收，晒干或鲜用。

【药用部位】 全草。

【药材名】 白花蛇舌草。

【来源】 茜草科植物白花蛇舌草 *Hedyotis diffusa* Willd. 的带根全草。

【性状】 干燥全草，扭缠成团状，灰绿色至灰棕色。有主根1条，粗2～4 mm，须根纤细，淡灰棕色；茎细而卷曲，质脆易折断，中央有白色髓部。叶多破碎，极皱缩，易脱落；有托叶，长1～2 mm。花腋生。气微，味淡。

【性味】 苦、甘，寒。

【归经】 归心、肝、脾经。

【功能主治】 清热，利湿，解毒。主治肺热喘咳，扁桃体炎，咽喉炎，阑尾炎，痢疾，尿路感染，黄疸，肝炎，盆腔炎，附件炎，疮痈肿毒，毒蛇咬伤。

【用法用量】 内服：煎汤，32～64 g；或捣汁。外用：捣敷。

【注意】 孕妇慎用。

【附方】 ①治痢疾，尿路感染：白花蛇舌草32 g，水煎服。（《福建中草药》）

②治急性阑尾炎：白花蛇舌草64～125 g，羊蹄草32～64 g，两面针根9 g，水煎服。（广东《中草药处方选编》）

③治小儿惊热，不能入睡：鲜蛇舌癀打汁一汤匙服。（《闽南民间草药》）

④治疮肿热痛：鲜蛇舌癀洗净，捣烂敷之，干即更换。（《闽南民间草药》）

⑤治毒蛇咬伤：鲜白花蛇舌草32～64 g，捣烂绞汁或水煎服，渣敷伤口。（《福建中草药》）

【临床应用】 ①治疗小儿肺炎。

②治疗阑尾炎。取鲜白花蛇舌草32 g（干品15 g），水煎服，每日2次。小儿酌减。症状较重者可增至64～95 g。个别腹胀严重者加用水针或新针治疗，中毒症状较重者兼用补液并禁食。用鲜全草125 g（干品32～64 g），每日1～2剂煎服；治疗各种类型阑尾炎（包括急性、亚急性及阑尾穿孔并发腹膜炎），其中以急性阑尾炎的疗效最好。对单纯性、症状较轻、发病1～2日入院的单用白花蛇舌草；对症状较重，有明显全身和局部症状者，配用海金沙、野菊花全草或桉叶。

③治疗输精管结扎术后副睾淤积症。在常用的精索封闭及中西药物治疗的基础上，加用白花蛇舌草（每日32 g煎服，一般3～4周为1个疗程，最长者服10周以上），可提高疗效；对单纯性副睾淤积症效果更为明显。白花蛇舌草有抑制生精作用，能减轻副睾淤积，又能消除炎症，故能达到治疗效果。但对精索粘连及副睾有肉芽肿形成等病例，则疗效不佳。

④治疗毒蛇咬伤。取本品15 g，以白酒半斤煮沸3～5 min，去渣，以2/3口服（1日分2～3次服完），1/3外敷伤口。敷药时先吸出伤口毒血，清洗消毒后用消毒棉垫覆盖包扎，然后将药酒浇湿敷料（以保持湿润为度）。若不能饮酒者，可用清水煎煮，沸后再加入适量白酒，但一般仍以白酒煮为佳。对水肿顽固不退，病情严重及伤口感染者，适当加用其他中草药及抗菌素；对于轻型与中型病例，单用本法治疗即可。

⑤治疗盆腔炎、附件炎。用白花蛇舌草48 g，配以入地金牛（两面针）9 g，或再加穿破石9 g，水煎服，每日1剂。

784. 长梗白花蛇舌草 *Hedyotis diffusa* Willd. var. *longipes* Nakai

【形态】 一年生披散草本，拥有较强的生命力。全草缠绕交错成团状，有分支，长 10 ~ 20 cm。主根单一，直径 0.2 ~ 0.4 cm；须根纤细。茎圆柱形而略扁，具纵棱，基部多分支，表面灰绿色、灰褐色或灰棕色，粗糙。质脆，易折断，断面中央有白色髓或中空。叶对生，多破碎。完整叶片展平后成条状或条状披针形，长 1 ~ 3.5 cm，宽 0.2 ~ 0.4 cm；顶端渐尖。无柄。花白色，单生或双生于叶腋，具短柄，

长约 2 mm。叶腋常见蒴果留存，果柄长 0.2 ~ 1.2 cm；蒴果扁球形，直径 0.2 ~ 0.3 cm，两侧各有一条纵沟，顶端可见 1 ~ 4 枚齿状凸起。

【生境分布】 生于山坡、旷野、路旁草丛中。罗田北部山区有分布。

【采收加工】 夏、秋季采收。

【药用部位】 全草。

【药材名】 白花蛇舌草。

【来源】 茜草科植物长梗白花蛇舌草 *Hedyotis diffusa* Willd. var. *longipes* Nakai 的全草。

【性味】 微苦、甘，寒。

【功能主治】 清热解毒，活血利尿。主治扁桃体炎，咽喉炎，尿路感染，盆腔炎，阑尾炎，肝炎，细菌性痢疾，毒蛇咬伤。

鸡矢藤属 *Paederia* L.

785. 鸡矢藤 *Paederia scandens*（Lour.）Merr.

【别名】 鸡屎藤、牛皮冻、臭藤。

【形态】 藤本，茎长 3 ~ 5 m，无毛或近无毛。叶对生，纸质或近革质，形状变化很大，卵形、卵状长圆形至披针形，长 5 ~ 9（15）cm，宽 1 ~ 4（6）cm，顶端急尖或渐尖，基部楔形、近圆或截平，有时浅心形，两面无毛或近无毛，有时下面脉腋内有束毛；侧脉每边 4 ~ 6 条，纤细；叶柄长 1.5 ~ 7 cm；

托叶长 3 ~ 5 mm，无毛。圆锥花序式的聚伞花序腋生和顶生，扩展，分枝对生，末次分枝上着生的花常呈蝎尾状排列；小苞片披针形，长约 2 mm；花具短梗或无；萼管陀螺形，长 1 ~ 1.2 mm，萼檐裂片 5，裂片三角形，长 0.8 ~ 1 mm；花冠浅紫色，管长 7 ~ 10 mm，外面被粉末状柔毛，里面被茸毛，顶部 5 裂，裂片长 1 ~ 2 mm，顶端急尖而直，花药背着，花丝长短不齐。果球形，成熟时近黄色，有光泽，平滑，直径

5 ～ 7 mm，顶冠以宿存的萼檐裂片和花盘；小坚果无翅，浅黑色。花期 5—7 月。

【生境分布】 生于山地路旁或岩石缝隙、田埂沟边草丛中。罗田各地均有分布。

【采收加工】 夏季采收全草，晒干；秋、冬季采根。

【药材名】 鸡矢藤。

【来源】 茜草科植物鸡矢藤 *Paederia scandens*（Lour.）Merr. 的全草或根。

【性味】 甘、微苦，平。

【功能主治】 祛风利湿，止痛解毒，消食化积，活血消肿。主治风湿筋骨痛，跌打损伤，外伤性疼痛，肝胆及胃肠绞痛，消化不良，小儿疳积，支气管炎，放射反应引起的白细胞减少症；外用治皮炎，湿疹及疮痈肿毒。

【用法用量】 内服：煎汤，25 ～ 50 g。外用：适量，捣敷。

茜草属 *Rubia* L.

786. 茜草 *Rubia cordifolia* L.

【别名】 血见愁、红茜根、地苏木。

【形态】 草质攀援藤木，长通常 1.5 ～ 3.5 m；根状茎和其节上的须根均红色；茎数条至多条，从根状茎的节上发出，细长，方柱形，有 4 棱，棱上生倒生皮刺，中部以上多分枝。叶通常 4 片轮生，纸质，披针形或长圆状披针形，长 0.7 ～ 3.5 cm，顶端渐尖，有时钝尖，基部心形，边缘有齿状皮刺，两面粗糙，脉上有微小皮刺；基出脉 3 条，极少外侧有 1 对很小的基出脉。叶柄长通常 1 ～ 2.5 cm，有倒生皮刺。聚伞花序腋生和

顶生，多回分枝，有花 10 余朵至数十朵，花序和分枝均细瘦，有微小皮刺；花冠淡黄色，干时淡褐色，盛开时花冠檐部直径 3 ～ 3.5 mm，花冠裂片近卵形，微伸展，长约 1.5 mm，外面无毛。果实球形，直径通常 4 ～ 5 mm，成熟时橘黄色。花期 8—9 月，果期 10—11 月。

【生境分布】 生于原野、山地的林边、灌丛中。罗田各地均有分布。

【采收加工】 春、秋季采挖，除去茎苗，去净泥土及细须根，晒干。一般以秋季采者质量为佳。

【药用部位】 根及根茎。

【药材名】 茜草。

【来源】 茜草科植物茜草 *Rubia cordifolia* L. 的根及根茎。

【性状】 根茎呈不规则块状，顶端有地上茎残基及细根残留，其下着生数条或数十条支根。支根圆柱形而弯曲，长 10 ～ 20 cm，直径 0.1 ～ 1 cm。表面棕色或红棕色，有细纵纹，栓皮较易剥落，而露出红色本部。质脆易折断，断面平坦，红色或淡红色，有多数小孔。气微，味微苦。以条粗长、表面红棕色、内深红色，分歧少，无茎苗及细须根少者为佳。

【炮制】 茜草：拣净杂质，除去芦苗，洗净，润透后及时切片，晒干。茜草炭：取茜草片，置锅内炒至外表呈焦黑色，内部老黄色，喷洒清水，放凉。

【性味】 苦，寒。

【归经】归心、肝经。

【功能主治】行血止血，通经活络，止咳祛痰。主治吐血，衄血，尿血，便血，血崩，闭经，风湿痹痛，跌打损伤，瘀滞肿痛，黄疸，慢性支气管炎。

【用法用量】内服：煎汤，6～9 g；或入丸、散。

【注意】脾胃虚寒及无瘀滞者忌服。

【附方】①治吐血不定：茜草 32 g，生捣罗为散。每服 6 g，水一中盏，煎至七分，放冷，食后服之。（《简要济众方》）

②治吐血后虚热躁渴及解毒：茜草（锉）、雄黑豆（去皮）、甘草（炙，锉）各等份。上三味，捣罗为细末，井华水和丸如弹子大。每服 1 丸，温热水化下，不拘时服。（《圣济总录》）

③治吐血：鸡血藤膏 6 g，三七 3 g，茜根 4.5 g，水煎服。（《医门补要》）

④治衄血无时：茜草根、艾叶各 32 g，乌梅肉 16 g（焙干）。上为细末，炼蜜丸如梧子大，乌梅汤下 30 丸。（《本事方》）

⑤治妇女经水不通：茜草 32 g，黄酒煎，空心服。（《经验广集》）

⑥治风湿痛，关节炎：鲜茜草根 125 g，白酒 500 g。将茜草根洗净捣烂，浸入酒内一周，取酒炖温，空腹饮。第一次要饮到八成醉，然后睡觉，覆被取汗，每天 1 次。服药后 7 天不能下水。（《江苏验方草药选编》）

⑦治荨麻疹：茜草根 15 g，阴地蕨 9 g。水煎，加黄酒 64 g 冲服。（《单方验方调查资料选编》）

⑧预防疮疹：服茜根汁。（《奇效良方》）

⑨治时行瘟毒，疮痘正发：煎茜草根汁，入酒饮之。（《奇效良方》）

⑩治疔疮：地苏木，阴干为末，重者 24 g，轻者 15 g，好酒煎服；如放黄者，冲酒服；渣敷疔上。（《本草纲目拾遗》）

白马骨属 *Serissa* Comm. ex Juss.

787. 白马骨 *Serissa serissoides*（DC.）Druce

【别名】六月雪、路边荆。

【形态】小灌木，通常高达 1 m；枝粗壮，灰色，被短毛，后毛脱落变无毛，嫩枝被微柔毛。叶通常丛生，薄纸质，倒卵形或倒披针形，长 1.5～4 cm，宽 0.7～1.3 cm，顶端短尖或近短尖，基部收狭成一短柄，除下面被疏毛外，其余无毛；侧脉每边 2～3 条，上举，在叶片两面均凸起，小脉疏散不明显；托叶具锥形裂片，长 2 mm，基部阔，膜质，被疏毛。花无梗，生于小枝顶部，有苞片；苞片膜质，斜方状椭圆形，长渐尖，长约 6 mm，具疏散小缘毛；花托无毛；萼檐裂片 5，坚挺延伸，呈披针状锥形，极锐尖，长 4 mm，具缘毛；花冠管长 4 mm，外面无毛，喉部被毛，裂片 5，长圆状披针形，长 2.5 mm；花药内藏，长 1.3 mm；花柱柔弱，长约 7 mm，2 裂，裂片长 1.5 mm。花期 4—6 月。

【生境分布】生于山坡、路边、溪旁、灌丛中。罗田各地均有分布。

【采收加工】全年均可采收。

【药用部位】全草。

【药材名】六月雪。

【来源】茜草科植物白马骨 *Serissa serissoides*（DC.）Druce 的全草。

【性状】干燥枝呈深灰色，表面有纵裂隙，栓皮往往剥离。嫩枝浅灰色，节处围有膜质的托叶，花丛生于枝顶，花萼呈灰白色，5 裂，膜质。枝质稍硬，折断面带纤维性。叶大多脱落，少数留存，绿黄色，薄革质，卷曲不平，质脆易折断。

【性味】苦、辛，凉。

【功能主治】祛风，利湿，清热，解毒。主治风湿腰腿痛，痢疾，水肿，目赤肿痛，喉痛，齿痛，妇女带下，痛疽，瘰疬。

【用法用量】内服：煎汤，9～15 g（鲜品 32～64 g）。外用：烧灰淋汁涂、煎水洗或捣敷。

【附方】①治水痢：白马骨茎叶煮汁服。（《本草拾遗》）

②治肝炎：六月雪 64 g，过路黄 32 g，水煎服。（《浙江民间常用草药》）

③治骨蒸劳热，小儿疳积：六月雪 32～64 g，水煎服。（《浙江民间常用草药》）

④治目赤肿痛：路边荆茎叶 32～64 g，煎服，渣再煎熏洗。（《中医药实验研究》）

⑤治偏头痛：鲜白马骨 32～64 g，水煎泡少许食盐服。（《泉州本草》）

⑥治咽喉炎：六月雪 9～15 g，水煎，每日 1 剂，分 2 次服。（广西《中草药新医疗法处方集》）

⑦治牙痛：白马骨 48 g，合乌贼鱼干炖服。（《泉州本草》）

⑧治鹅口疮：白马骨叶一握，稍捣，浸米泔，取汁洗口内。（《闽东本草》）

⑨治恶疮瘰疬，白癜风，蚀息肉：白马骨、黄连、细辛、白调（亦作"白芷"）、牛膝、鸡桑皮、黄荆等。烧为末，淋汁，以物揩破涂之。（《本草拾遗》）

788. 六月雪 *Serissa japonica*（Thunb.）Thunb. Nov. Gen.

【别名】满天星、白马骨、路边荆、路边姜。

【形态】小灌木，高 60～90 cm，有臭气。叶革质，卵形至倒披针形，长 6～22 mm，宽 3～6 mm，顶端短尖至长尖，边全缘，无毛；叶柄短。花单生或数朵丛生于小枝顶部或腋生，有被毛、边缘浅波状的苞片；萼檐裂片细小，锥形，被毛；花冠淡红色或白色，长 6～12 mm，裂片扩展，顶端 3 裂；雄蕊凸出冠管喉部外；花柱长，凸出，柱头 2，直，略分开。花期 5—7 月。

【生境分布】生于河溪边或丘陵的杂木林内。罗田各地均有分布。

【采收加工】全年均可采收，洗净鲜用或切段晒干。

【来源】茜草科植物六月雪 *Serissa japonica*（Thunb.）Thunb. Nov. Gen. 的全株。

【性味】淡、微辛，凉。

【功能主治】疏风解表，清热利湿，舒筋活络。主治感冒，咳嗽，牙痛，急性扁桃体炎，咽喉炎，急、慢性肝炎，肠炎，痢疾，小儿疳积，高血压头痛，偏头痛，风湿性关节痛，带下。茎烧灰点眼治眼翳。

【用法用量】内服：煎汤，10～15 g。

钩藤属 *Uncaria* Schreb.

789. 华钩藤 *Uncaria sinensis*（Oliv.）Havil.

【别名】钩藤、钩丁。

【形态】藤本，嫩枝较纤细，方柱形或有4棱角，无毛。叶薄纸质，椭圆形，长9～14 cm，宽5～8 cm，顶端渐尖，基部圆或钝，两面均无毛；侧脉6～8对，脉腋窝陷有黏液毛；叶柄长6～10 mm，无毛；托叶阔三角形至半圆形，有时顶端微缺，外面无毛，内面基部有腺毛。头状花序单生于叶腋，总花梗具1节，节上苞片微小，或成单聚伞状排列，总花梗腋生，长3～6 cm；头状花序不计花冠直径10～15 mm，花序

轴有稠密短柔毛；小苞片线形或近匙形；花近无梗，花萼管长2 mm，外面有苍白色毛，萼裂片线状长圆形，长约1.5 mm，有短柔毛；花冠管长7～8 mm，无毛或有稀少微柔毛，花冠裂片外面有短柔毛；花柱伸出冠喉外，柱头棒状。果序直径20～30 mm；小蒴果长8～10 mm，有短柔毛。花果期6—10月。

【生境分布】生于中等海拔的山地疏林中或湿润次生林下。罗田县将军寨有分布。

【采收加工】春、秋季采收带钩茎枝，剪去无钩的藤茎，去叶，切段，晒干。

【药用部位】带钩茎枝。

【药材名】钩藤。

【来源】茜草科植物华钩藤 *Uncaria sinensis*（Oliv.）Havil. 的干燥带钩茎枝。

【性状】茎枝呈方柱形，直径2～3 mm，表面灰棕色，钩基部稍阔。质坚韧，断面黄棕色，皮部纤维性，髓部黄白色或中空，气微，味淡。

【炮制】拣去老梗、杂质，洗净，晒干。

【性味】甘，凉。

【归经】归肝、心经。

【功能主治】清热平肝，息风定惊。主治小儿惊痫，大人血压偏高，头晕目眩，妇人子痫。

【用法用量】内服：煎汤（不宜久煎），3～12 g，后下；或入散剂。

【注意】①《本草新编》：最能盗气，虚者勿投。

②《本草从新》：无火者勿服。

【附方】①治小儿惊热：钩藤32 g，硝石16 g，甘草（炙微赤，锉）0.3 g。上药捣细罗为散。每服，以温水调下1.5 g，日三四服。量儿大小，加减服之。（《太平圣惠方》）

②治小儿惊痫，仰身嚼舌，精神昏闷：钩藤16 g，龙齿32 g，石膏0.9 g，栀子仁0.3 g，子芩0.15 g，川大黄（锉碎，微炒）16 g，麦门冬（去心，焙）0.9 g。上药粗捣罗为散。每服3 g，水一小盏，煎至五分，去滓，量儿大小分减，不计时候温服。（《太平圣惠方》）

③治诸痫啼叫：钩藤、蝉壳各16 g，黄连（拣净）、甘草、川大黄（微炮）、天竺黄各32 g。上捣罗为末，每服1.5～3 g，水八分盏，入生姜、薄荷各少许，煎至四分，去滓，温服。（《普济方》）

④治小儿盘肠内钓，啼哭而手足上撒，或弯身如虾者：钩藤、枳壳、延胡各1.5 g，甘草0.9 g。水半盅，

煎二分服。（《幼科指南》）

⑤治高血压，头晕目眩，神经性头痛：钩藤 6 ～ 15 g，水煎服。（广州部队《常用中草药手册》）

⑥治伤寒头痛壮热，鼻衄不止：钩藤、桑根白皮（锉）、马牙硝各 32 g，栀子仁、甘草（炙）各 0.9 g，大黄（锉，炒）、黄芩（去黑心）各 48 g。上七味，粗捣筛。每服 9 g，水一盏，竹叶 37 片，煎至六分，去滓，下生地黄汁 100 ml，搅匀，食后温服。（《圣济总录》）

⑦治全身麻木：钩藤茎枝、黑芝麻、紫苏各 21 g。煨水服，一日三次。（《贵州草药》）

⑧治半边风：钩藤茎枝、荆芥各 12 g，排风藤 32 g。煨水服，一日三次。（《贵州草药》）

⑨治面神经麻痹：钩藤 64 g，鲜何首乌藤 125 g，水煎服。（《浙江民间常用草药》）

⑩治胎动不安，孕妇血虚风热，发子痫者：钩藤、人参、当归、茯神、桑寄生各 3 g，桔梗 4.5 g，水煎服。（《胎产心法》）

一四八、忍冬科 Caprifoliaceae

忍冬属 *Lonicera* L.

790. 菰腺忍冬 *Lonicera hypoglauca* Miq.

【别名】 大银花、大金银花、大叶金银花、山银花。

【形态】 落叶藤本；幼枝、叶柄、叶下面和上面中脉及总花梗均密被上端弯曲的淡黄褐色短柔毛，有时还有糙毛。叶纸质，卵形至卵状矩圆形，长 6 ～ 9（11.5）cm，顶端渐尖或尖，基部近圆形或带心形，下面有时粉绿色，无柄或具极短柄的黄色至橘红色蘑菇形腺；叶柄长 5 ～ 12 mm。双花单生至多朵集生于侧生短枝上，于小枝顶集合成总状，总花梗比叶柄短，或较长；苞片

条状披针形，与萼筒几等长，外面有短糙毛和缘毛；小苞片卵圆形或卵形，顶端钝，很少卵状披针形而顶渐尖，长约为萼筒的 1/3，有缘毛；萼筒无毛或略有毛，萼齿三角状披针形，长为筒的 1/2 ～ 2/3，有缘毛；花冠白色，有时有淡红晕，后变黄色，长 3.5 ～ 4 cm，唇形，筒比唇瓣稍长，外面疏生倒微伏毛，并常无柄或有短柄的腺；雄蕊与花柱均稍伸出，无毛。果实成熟时黑色，近圆形，有时具白粉，直径 7 ～ 8 mm；种子淡黑褐色，椭圆形，中部有凹槽及脊状凸起，两侧有横沟纹，长约 4 mm。花期 4—5（6）月，果熟期 10—11 月。

【生境分布】 生于海拔 200 ～ 1500 m 的灌丛或疏林中。罗田凤山镇、大崎镇有栽培。

【采收加工】 夏季花初开放前采收，干燥。

【药材名】 山银花。

【来源】 忍冬科植物菰腺忍冬 *Lonicera hypoglauca* Miq. 的干燥花蕾或初开的花。

【性味】甘，寒。

【归经】归肺、心、胃经。

【功能主治】清热解毒，疏散风热。主治痈肿疔疮，喉痹，丹毒，热毒血痢，风热感冒，温病发热。

【用法用量】内服：煎汤，6～15 g。

791. 忍冬 *Lonicera japonica* Thunb.

【别名】忍冬花、金银花、双花、二花、二宝花、左缠藤。

【形态】半常绿藤本；幼枝暗红褐色，密被黄褐色、开展的硬直糙毛、腺毛和短柔毛，下部常无毛。叶纸质，卵形至矩圆状卵形，有时卵状披针形，稀圆卵形或倒卵形，极少有1个至数个钝缺刻，长3～5（9.5）cm，顶端尖或渐尖，少有钝、圆或微凹缺，基部圆或近心形，有糙缘毛，上面深绿色，下面淡绿色，小枝上部叶通常两面均密被短糙毛，下部叶常平滑无毛而下面带

青灰色；叶柄长4～8 mm，密被短柔毛。总花梗通常单生于小枝上部叶腋，与叶柄等长或稍较短，下方者则长达2～4 cm，密被短柔毛，并夹杂腺毛；苞片大，叶状，卵形至椭圆形，长2～3 cm，两面均有短柔毛或有时近无毛；小苞片顶端圆形或截形，长约1 mm，为萼筒的1/2～4/5，有短糙毛和腺毛；萼筒长约2 mm，无毛，萼齿卵状三角形或长三角形，顶端尖而有长毛，外面和边缘都有密毛；花冠白色，有时基部向阳面呈微红色，后变黄色，长2～6 cm，唇形，筒稍长于唇瓣，很少近等长，外被倒生的开展或半开展糙毛和长腺毛，上唇裂片顶端钝形，下唇带状而反曲；雄蕊和花柱均高出花冠。果实圆形，直径6～7 mm，成熟时蓝黑色，有光泽；种子卵圆形或椭圆形，褐色，长约3 mm，中部有1凸起的脊，两侧有浅的横沟纹。花期4—6月（秋季亦常开花），果熟期10—11月。

【生境分布】生于溪边、旷野疏林下或灌丛中。罗田各地均有分布。

【药用部位】花蕾、藤。

（1）金银花。

【采收加工】夏初花开放前采收，干燥。

【来源】忍冬科植物忍冬 *Lonicera japonica* Thunb. 的花蕾或带初开的花。

【性状】花蕾棒状，略弯曲，长1～3 cm。表面红棕色或灰棕色，唇部与冠部近相等，被短糙毛，萼筒亦密生灰白色或淡黄色小硬毛。气清香，味微苦。

【炮制】金银花：筛去泥沙，拣净杂质。银花炭：取拣净的金银花，置锅内用武火炒至焦褐色，喷淋清水，取出，晒干。

【性味】甘，寒。

【归经】归肺、胃经。

【功能主治】清热，解毒。主治温病发热，热毒血痢，疮痈肿毒，瘰疬。

【用法用量】内服：煎汤，9～15 g；或入丸、散。外用：研末调敷。

【注意】脾胃虚寒及气虚疮疡脓清者忌服。

【附方】①预防乙脑，流脑：金银花、连翘、大青根、芦根、甘草各9 g。水煎代茶饮，每日1剂，

连服 3～5 日。（《江西草药》）

②治太阴风温、温热，冬温初起，但热不恶寒而渴者：连翘 32 g，金银花 32 g，苦桔梗 18 g，薄荷 18 g，竹叶 12 g，生甘草 15 g，荆芥穗 12 g，淡豆豉 15 g，牛蒡子 18 g。上杵为散，每服 18 g，鲜苇根汤煎服。（《温病条辨》）

③治痢疾：金银花（入铜锅内，焙枯存性）15 g，红痢以白蜜水调服，白痢以砂糖水调服。（《惠直堂经验方》）

④治热淋：金银花、海金沙藤、天胡荽、金樱子根、白茅根各 32 g。水煎服，每日 1 剂，5～7 日为 1 个疗程。（《江西草药》）

⑤治胆道感染，创口感染：金银花 32 g，连翘、大青根、黄芩、野菊花各 15 g。水煎服，每日 1 剂。（《江西草药》）

⑥治疮疡痛甚，变紫黑色者：金银花连枝叶（锉）64 g，黄芪 125 g，甘草 32 g。上细切，用酒 1 升，同入壶瓶内，闭口，重汤内煮 2～3 h，取出，去滓，顿服之。（《活法机要》）

⑦治一切肿毒，或初起发热，并疗疮便毒，喉痹乳蛾：金银花（连茎叶）自然汁半碗，煎八分服之，以滓敷上，败毒托里，散气和血，其功独胜。（《万氏积善堂集验方》）

⑧治痈疽发背初起：金银花 250 g，水十碗煎至二碗，入当归 64 g，同煎至一碗，一气服之。（《洞天奥旨》）

⑨治一切内外痈肿：金银花 125 g，甘草 95 g。水煎顿服，能饮者用酒煎服。（《医学心悟》）

⑩治大肠生痈，手不可按，右足屈而不伸：金银花 95 g，当归 64 g，地榆 32 g，麦冬 32 g，玄参 32 g，生甘草 9 g，薏仁 15 g，黄芩 6 g。水煎服。（《洞天奥旨》）

⑪治深部脓肿：金银花、野菊花、海金沙、马兰、甘草各 9 g，大青叶 32 g，水煎服。亦可治疗痈肿疔疮。（《江西草药》）

⑫治气性坏疽，骨髓炎：金银花 32 g，积雪草 64 g，一点红 32 g，野菊花 32 g，白茅根 32 g，白花蛇舌草 64 g，地胆草 32 g，水煎服。另用女贞子、佛甲草（均鲜者）各适量，捣烂外敷。（《江西草药》）

⑬治初期急性乳腺炎：金银花 24 g，蒲公英 15 g，连翘、陈皮各 9 g，青皮、生甘草各 6 g。上为一剂量，水煎 2 次，并分 2 次服，每日 1 剂，严重者可一日服 2 剂。（《中级医刊》）

⑭治乳岩积久渐大，色赤出水，内溃深洞：金银花、黄芪（生）各 15 g，当归 24 g，甘草 5.4 g，枸橘叶（即臭橘叶）50 片，水、酒各半煎服。（《竹林女科》）

⑮治杨梅结毒：金银花 32 g，甘草 6 g，黑料豆 64 g，土茯苓 125 g。水煎，每日 1 剂，须尽饮。（《外科十法》）

⑯解农药（1059、1605、4049 等有机磷制剂）中毒：金银花 64～95 g，明矾 6 g，大黄 15 g，甘草 32～64 g。水煎冷服，每剂作 1 次服，一日 2 剂。（徐州《单方验方　新医疗法（选编）》）

【临床应用】①降低人群咽喉部带菌率。用金银花、射干各等份，冰片适量，共为细末，咽喉部喷射。如用金银花 15 g，寸草 3 g，煎水含漱，作为咽喉炎性疾病的辅助治疗，不但具有局部清洁作用，而且有抗感染的效能。可使炎症迅速得到控制，红肿消退，从而缩短疗程。

②治疗肺结核并发呼吸道感染。

③治疗肺炎。

④治疗急性细菌性痢疾。以金银花为主，配合其他药物，制成合剂内服。a. 金银花 320 g，黄连、黄芩各 95 g，制成煎剂 1000 ml。每服 30 ml，每日 4 次，直至痊愈。治疗 80 例，治愈 77 例。b. 金银花 320 g，紫皮大蒜 1000 g，茶叶 1200 g，甘草 120 g，制成糖浆剂 4000 ml。成人每服 20 ml，每日 3 次，连服 2～7 日。

⑤治疗婴幼儿腹泻。将金银花炒至烟尽（呈白灰色无效），研为细末，加水行保留灌肠：6个月以下婴儿用 1 g，加水 10 ml；6～12个月用 1.5 g，加水 15 ml；1～2岁用 2～3 g，加水 20～30 ml，每日 2 次。可作为治疗小儿消化不良的一种辅助方法。

⑥治疗外科化脓性疾患。

⑦治疗宫颈柱状上皮异位。用金银花流浸膏涂患处。先涂宫颈管口内，后涂宫颈外表面。涂药前需揩净附道及宫颈管口的分泌物，否则药物与黏液相混，影响疗效。每日 1 次，两周为 1 个疗程。亦可用金银花和甘草粉各半混合后，用阴道棉签蘸药粉塞入阴道内，直抵宫颈，翌晨取出，10 次为 1 个疗程。

⑧治疗眼科急性炎症。用金银花、蒲公英各 64 g，制成眼药水 1000 ml。每小时滴眼 1 次，每次 2～3 滴，直至痊愈。治疗急慢性结膜炎、角膜炎、角膜溃疡等 63 例（角膜炎、角膜溃疡须结合其他常规治疗），均有效果。此药具有抗菌素的杀菌、抑菌作用，对急性结膜炎，奏效快，疗程短，大部分病例在 3～7 日恢复；慢性者效果较差。亦可单用金银花制成眼药水滴眼，同时配合内服金银花、紫花地丁、一枝黄花制成的合剂。

⑨治疗荨麻疹。采取新鲜金银花煎服，每次 32 g，每天 3 次。

（2）忍冬藤。

【别名】 木蓊藋、接骨草、金银藤、左缠藤。

【采收加工】 全年均可采收。

【来源】 忍冬科植物忍冬 Lonicera japonica Thunb. 的藤。

【性状】 干燥茎呈细长圆柱形，直径 1.5～6 mm，表面暗红色或灰棕色，有细柔毛，尤以嫩枝为多。皮部易剥落，常撕裂作纤维状。茎上常带有椭圆形、绿黄色的叶，多破碎不全。质坚脆，断面灰白色或黄白色，中央髓部有空隙。气弱，味淡。以外皮枣红色、质嫩带叶者为佳。

【炮制】 拣去杂质，用水浸泡，润透，切片，晒干。

【性味】 甘，寒。

【归经】 归心、肺经。

【功能主治】 清热，解毒，通络。主治温病发热，热毒血痢，传染性肝炎，疮痈肿毒，筋骨疼痛。

【用法用量】 内服：煎汤，9.6～32 g；或入丸、散；或浸酒。外用：煎水熏洗、熬膏贴或研末调敷。

【附方】 ①治四时外感，发热口渴，或兼肢体酸痛者：忍冬藤（带叶或花，干品）32 g（鲜品 95 g），煎汤代茶频饮。（《泉州本草》）

②治热毒血痢：忍冬藤浓煎饮。（《太平圣惠方》）

③治痈疽发背，肠痈，奶痈，无名肿痛，憎寒壮热，类若伤寒：忍冬藤（去梗）、黄芪（去芦）各 160 g，当归 38 g，甘草（炙）250 g。上为细末，每服 6 g，酒一盏半，煎至一盏，若病在上食后服，病在下食前服，少顷再进第二服；留渣外敷。未成脓者内消，已成脓者即溃。（《局方》）

④治一切痈疽：忍冬藤(生取)160 g，大甘草节 32 g。上用水二碗，煎一碗，入无灰好酒一碗，再煎数沸，去滓，分三服，一昼夜令尽，病重昼夜二剂，至大小便通利为度；另用忍冬藤一把烂研，酒少许敷四周。（《外科精要》）

⑤治诸般肿痛，金刃伤疮，恶疮：金银藤 125 g，吸铁石 9 g，香油 500 g。熬枯去滓，入黄丹 250 g，待熬至滴水不散，如常摊用。（《乾坤生意秘韫》）

⑥治恶疮不愈：左缠藤一把，捣烂，入雄黄 1.5 g，水 2 升，瓦罐煎之，以纸封七重，穿一孔，待气出，以疮对孔熏之，三时久。大出黄水后，用生肌药取效。亦治轻粉毒痈。（《余居士选奇方》）

⑦治疮久成漏：忍冬草浸酒常服。（《证治要诀》）

⑧治风湿性关节炎：忍冬藤 32 g，豨莶草 12 g，鸡血藤 15 g，老鹤草 15 g，白薇 12 g，水煎服。（《山东中药》）

⑨治毒草中毒：鲜金银花嫩茎叶适量，用冷开水洗净，嚼细服下。（《上海常用中草药》）

⑩治远年痛风，中风瘫痪，筋骨拘急，日夜作痛，呼叫不已：忍冬藤、钩藤、红藤、丁公藤、桑络藤、菟丝藤、天仙藤、五味子藤、阴地蕨、青藤各 64 g，用纯谷酒 10 kg 浸，密闭，经常摇动，半月后饮用，每服 50 ml，日 3 次。（《万密斋医学全书》）

【临床应用】①治疗传染性肝炎。取忍冬藤 64 g，加水 1000 ml，煎至 400 ml，早晚分服。15 天为 1 个疗程，每个疗程间隔 1～3 天。

②治疗菌痢及肠炎。以忍冬藤 100 g 切碎，置于瓦罐内，加水 200 ml，放置 12 h 后，用文火煎煮 3 h，加入适量蒸馏水，使成 100 ml，过滤。每日每公斤体重服 1.6～2.4 ml，按病情轻重，酌予增减。一般初服 20 ml，每 4 h 1 次；症状好转后，改为 20 ml，一天 4 次，至泄泻停止后 2 天为止。未见不良反应。另有用忍冬藤 48 g，每天 2 次煎服，同时以忍冬藤 15 g 煎水保留灌肠，每天 1 次，7 天为 1 个疗程。此外，用忍冬藤 125 g 煎服，或结合辨证加用其他药物，治疗阑尾炎亦有一定效果。

【备注】 金银花是罗田地理标志产品之一，广泛生于山野荒丘，是广大农村经济来源之一，应当得到重视和保护。

792. 盘叶忍冬 *Lonicera tragophylla* Hemsl.

【别名】叶藏花、杜银花、土银花、大叶银花、大金银花。

【形态】落叶藤本；幼枝无毛。叶纸质，矩圆形或卵状矩圆形，稀椭圆形，长（4）5～12 cm，顶端钝或稍尖，基部楔形，下面粉绿色，被短糙毛或至少中脉下部两侧密生横出的淡黄色髯毛状短糙毛，很少无毛，中脉基部有时带紫红色，花序下方 1～2 对叶连合成近圆形或卵圆形的盘，盘两端通常钝形或具短尖头；叶柄很短或不存在。由 3 朵花组成的聚伞花序密集成头状花序，生于小枝顶端，共有 6～9（18）朵花；萼筒壶形，长约 3 mm，萼齿小，三角形或卵形，顶钝；花冠黄色至

橙黄色，上部外面略带红色，长 5～9 cm，外面无毛，唇形，筒稍弯曲，比唇瓣长 2～3 倍，内面疏生柔毛；雄蕊着生于唇瓣基部，与唇瓣约等长，无毛；花柱伸出，无毛。果成熟时由黄色转红黄色，最后变深红色，近圆形，直径约 1 cm。花期 6—7 月，果熟期 9—10 月。

【生境分布】生于海拔 700～3000 m 林下、灌丛中或河滩旁岩缝中。分布于湖北西部和东部（罗田）、四川、贵州北部等地。罗田北部高山区有分布。

【采收加工】夏初花开放前采收，干燥。

【来源】忍冬科植物盘叶忍冬 *Lonicera tragophylla* Hemsl. 的花蕾。

【性味】甘，寒。

【归经】归肺、心、胃经。

【功能主治】清热解毒，疏散风热。主治痈肿疔疮，喉痹，丹毒，热毒血痢，风热感冒，发热。

【用法用量】内服：煎汤，6～15 g。

接骨木属 *Sambucus* L.

793. 接骨草 *Sambucus chinensis* Lindl.

【别名】陆英、蒴藋、接骨木、八棱麻、小接骨丹、血满草。

【形态】灌木状草本，高达 3 m。主根垂直，副根不多。茎具棱，平滑无毛，多分枝。叶对生，单数羽状复叶，小叶 5 ～ 9，长椭圆状披针形，长 8 ～ 15 cm，宽 3 ～ 5 cm，先端渐尖，基部偏斜稍圆或阔楔形，边缘具密而尖锐的锯齿，上面暗绿色，下面淡绿色，两面均平滑无毛，或叶脉上有短柔毛；叶柄长约 3 cm，无托叶，小叶柄短或近无柄。复伞房花序顶生，直径 20 ～ 30 cm，有短柔毛或几为茸毛；小苞片细小，卵状披针形；花小，白色，萼 5 裂，下部愈合成钟状；花冠辐射，5 裂，裂片卵形；雄蕊 5，与花冠裂片互生，花丝短，药室向外开裂；雌蕊 1，子房卵圆形，柱头头状；花间杂有黄色杯状的腺体。浆果球形，红色，直径 3 ～ 4 mm。花期 8 月，果期 10 月。

【生境分布】生于山脚、河边。罗田各地均有分布。

【药用部位】全草或根、果实。

（1）八棱麻。

【来源】忍冬科植物接骨草 *Sambucus chinensis* Lindl. 的全草或根。

【性味】甘、酸，温。

【归经】归足厥阴肝经。

【功能主治】祛风除湿，活血散瘀。主治风湿疼痛，肾炎水肿，脚气浮肿，痢疾，黄疸，慢性支气管炎，风疹瘙痒，丹毒，疮肿，跌打损伤，骨折。

【用法用量】内服：煎汤，6 ～ 12 g（鲜品 95 ～ 125 g）；捣汁或浸酒。外用：煎水洗或捣敷。

【注意】孕妇禁服。

【附方】①治偏枯冷痹，缓弱疼重，或腰痛挛脚重痹：蒴藋叶火燎，厚安席上，及热眠上，冷复燎之。冬月取根，春取茎，熬，卧之佳。其余薄熨不及蒴藋蒸也。诸处风湿，亦用此法。（《千金方》）

②治水肿，坐卧不得，头面身体悉肿：蒴藋根刮去皮，捣汁 100 ml，和酒 100 ml，暖，空心服，当微吐利。（《梅师集验方》）

③治脚气初起，从足起至膝胫骨肿疼者：蒴藋根捣碎，和酒糟 0.9 g，根 0.3 g，合蒸热，及热封裹肿上，日二。（《千金方》）

④治肾炎水肿，脚气水肿：蒴藋全草 125 ～ 250 g，水煎服。（广州部队《常用中草药手册》）

⑤治黄疸：蒴藋根炖五花肉服。（《四川中药志》）

⑥治五淋：蒴藋鲜根每次 95 ～ 125 g，合猪赤肉炖服（合猪小肚亦佳），连服 3 ～ 4 次。（《泉州本草》）

⑦治妇人赤白带：蒴藋鲜根每次 95 g，合猪小肠炖服，连服 3 ～ 5 次。（《泉州本草》）

⑧治跌打损伤及骨折疼痛：蒴藋根 18 g，酒、水各半煎好，滤去渣，加白糖 32 g，搅和服。（《江

西民间草药》）

⑨治骨折：鲜血满草根皮及叶，共捣烂外敷。（《云南中草药选》）

⑩治打伤或扭筋肿痛：蒴藋鲜根切碎，同连须葱白、酒酿糟，捣烂敷患处，一日换一次。（《江西民间草药》）

⑪治风湿性关节炎，慢性腰腿痛，急性扭伤血肿，水肿：血满草15～32 g，煎服或煎水外洗患部。（《云南中草药选》）

⑫治打伤吐血：蒴藋干根、侧柏叶各9 g，地榆12 g，水煎服。（《浙江民间草药》）

⑬治风疹瘙痒·蒴藋全草，煎水外洗。（广州部队《常用中草药手册》）

⑭治小儿赤游行身上下：蒴藋煎汁洗之。（《子母秘录》）

⑮治痈肿恶肉不尽者：蒴藋灰、石灰。上二味各淋取汁，合煎如膏。膏成食恶肉，亦去黑子。此药过十日后不中用。（《千金方》）

⑯治红肿痈毒：蒴藋鲜根或叶切碎捣烂，稍加鸡蛋。捣和，敷患处。（《江西民间草药》）

【临床应用】 ①治疗急性细菌性痢疾。

②治疗急性化脓性扁桃体炎。

③治疗肺炎。

④治疗慢性支气管炎。

⑤用于止痛。八棱麻全草粉末装入胶囊，每粒0.3 g，痛时服2粒。用于各种手术后切口痛、牙痛、腹痛等。

⑥治疗骨折。取根茎，洗净烘干后研成细末，用时掺入少许面粉（4∶1），以白酒调成泥状，平铺在纱布上敷于骨折处，再用夹板固定，每5～10天换药1次，每隔1天滴入白酒1次，以加强药性作用。定期做X射线检查，一般不同时用牵引法。早期抬高患肢并做自主性肌肉收缩活动以利消肿，以后适当活动促使功能恢复。

（2）蒴藋赤子。

【采收加工】 秋季采收。

【来源】 忍冬科植物接骨草 *Sambucus chinensis* Lindl. 的果实。

【功能主治】 《范东阳方》：疗手足忽生疣目，蒴藋赤子揆使坏，疣目上涂之，即去。

794. 接骨木 *Sambucus williamsii* Hance

【别名】 扦扦活、接骨丹、接骨风。

【形态】 落叶灌木或小乔木，高5～6 m；老枝淡红褐色，具明显的长椭圆形皮孔，髓部淡褐色。羽状复叶有小叶2～3对，有时仅1对或多达5对，侧生小叶片卵圆形、狭椭圆形至倒矩圆状披针形，长5～15 cm，宽1.2～7 cm，顶端尖、渐尖至尾尖，边缘具不整齐锯齿，有时基部或中部以下具1至数枚腺齿，基部楔形或圆形，有时心形，两侧不对称，最下1对小叶有时具长0.5 cm的柄，顶生小叶卵形或倒卵形，顶端渐尖或尾尖，基部楔形，具长约2 cm的柄，初时小叶上面及中脉被稀疏

短柔毛，后光滑无毛，叶搓揉后有臭气；托叶狭带形，或退化成带蓝色的凸起。花与叶同出，圆锥形聚伞花序顶生，长 5～11 cm，宽 4～14 cm，具总花梗，花序分枝多成直角开展，有时被稀疏短柔毛，随即光滑无毛；花小而密；萼筒杯状，长约 1 mm，萼齿三角状披针形，稍短于萼筒；花冠蕾时带粉红色，开后白色或淡黄色，筒短，裂片矩圆形或长卵圆形，长约 2 mm；雄蕊与花冠裂片等长，开展，花丝基部稍肥大，花药黄色；子房 3 室，花柱短，柱头 3 裂。果红色，极少蓝紫黑色，卵圆形或近圆形，直径 3～5 mm；分核 2～3 枚，卵圆形至椭圆形，长 2.5～3.5 mm，略有皱纹。花期一般 4—5 月，果熟期 9—10 月。

【生境分布】生于向阳山坡或栽培于庭园。罗田观音山有分布。

【采收加工】全年均可采收。

【药用部位】茎枝。

【药材名】接骨木。

【来源】忍冬科植物接骨木 *Sambucus williamsii* Hance 的茎枝。

【性状】干燥茎枝，多加工为斜向横切的薄片，呈长椭圆状，长 2～6 cm，厚约 3 mm，皮部完整或剥落，外表绿褐色，有纵行条纹及棕黑点状凸起的皮孔；木部黄白色，年轮呈环状，极明显，且有细密的白色髓线，向外射出，质地细致；髓部通常褐色，完整或枯心成空洞，海绵状，容易开裂。质轻，气味均弱。以片完整、黄白色、无杂质者为佳。

【性味】甘、苦，平。

【功能主治】祛风，利湿，活血，止痛。主治风湿筋骨疼痛，腰痛，水肿，风痒，荨麻疹，产后血晕，跌打肿痛，骨折，创伤出血。

【用法用量】内服：煎汤，9～15 g；或入丸、散。外用：捣敷或煎水熏洗。

【注意】孕妇忌服。《本草品汇精要》：多服令人吐。

【附方】①治损伤，接骨：接骨木 16 g，好乳香 1.5 g，赤芍、川当归、川芎、自然铜各 32 g。上为末，用黄蜡 125 g 溶入前药末，搅匀，候温软，众手丸如大龙眼。如打伤筋骨及闪抐疼痛不堪忍者，用药一丸，好旧无灰酒一盏浸药，候药渍失开，承热呷之，痛绝便止。（《续本事方》）

②治肾炎水肿：接骨木 9～15 g，水煎服。（《上海常用中草药》）

③治创伤出血：接骨木研粉，外敷。（《上海常用中草药》）

④治漆疮：接骨木茎叶 125 g，煎汤待凉洗患处。（《山西中草药》）

【各家论述】《本草新编》：接骨木，入骨节，专续筋接骨，折伤酒吞，风痒汤浴。独用之以接续骨节固奇，然用之生血活血药中，其接骨尤奇，但以生用为佳。至干木用之，其力减半，炒用又减半也。

【注意】接骨木以能接骨而得名，但现在临床上还用它来治疗急、慢性肾炎水肿、小便不利、风疹瘙痒等。

荚蒾属 *Viburnum* L.

795. 荚蒾 *Viburnum dilatatum* Thunb.

【形态】落叶灌木，高 1.5～3 m；当年小枝连同芽、叶柄和花序均密被土黄色或黄绿色开展的小刚毛状粗毛及簇状短毛，老时毛可弯伏，毛基有小瘤状凸起，二年生小枝暗紫褐色，被疏毛或几无毛，有凸起的垫状物。叶纸质，宽倒卵形、倒卵形或宽卵形，长 3～10（13）cm，顶端急尖，基部圆形至钝形或微心形，有时楔形，边缘有牙齿状锯齿，齿端凸尖，上面被叉状或简单伏毛，下面被带黄色叉状或簇状毛，脉上毛尤密，脉腋集聚簇状毛，有带黄色或近无色的透亮腺点，虽脱落仍留有痕迹，近基部两侧有少数腺体，侧脉6～8对，直达齿端，上面凹陷，下面明显凸起；叶柄长（5）10～15 mm；无托叶。复伞形聚伞花序稠密，生于具1对叶的短枝之顶，直径4～10 cm，果时毛脱落，总花梗长1～2（3）cm，第一级辐射枝5条，花生于第三至第四级辐射枝上，萼和花冠外面均有簇状糙毛；萼筒狭筒状，长约1 mm，

有暗红色微细腺点，萼齿卵形；花冠白色，辐状，直径约5 mm，裂片卵圆形；雄蕊明显高出花冠，花药小，乳白色，宽椭圆形；花柱高出萼齿。果红色，椭圆状卵圆形，长7～8 mm；核扁，卵形，长6～8 mm，直径5～6 mm，有3条浅腹沟和2条浅背沟。花期5—6月，果熟期9—11月。

【生境分布】生于林缘及山脚灌丛中，海拔100～1000 m。

【采收加工】根，全年均可采收；枝、叶，生长旺盛时采收。

【药用部位】根、枝、叶。

【药材名】荚蒾。

【来源】忍冬科植物荚蒾 *Viburnum dilatatum* Thunb. 的枝、叶或根。

【性味】根：辛、涩，凉。枝、叶：酸，凉。

【功能主治】根：祛瘀消肿。主治瘰疬，跌打损伤。

枝、叶：清热解毒，疏风解表。主治疔疮发热，暑热感冒；外用治过敏性皮炎。

【用法用量】内服：煎汤，9～30 g。外用：适量，鲜品捣敷或煎水洗。

796. 宜昌荚蒾 *Viburnum erosum* Thunb. var. *erosum*

【形态】落叶灌木，高达3 m；当年小枝连同芽、叶柄和花序均密被簇状短毛和简单长柔毛，二年生小枝带灰紫褐色，无毛。叶纸质，形状变化很大，卵状披针形、卵状矩圆形、狭卵形、椭圆形或倒卵形，长3～11 cm，顶端尖、渐尖或急渐尖，基部圆形、宽楔形或微心形，边缘有波状小尖齿，上面无毛或疏被叉状或簇状短伏毛，下面密被由簇状毛组成的茸毛，近基部两侧有少数腺体，侧脉7～10（14）对，直达齿端；叶柄长3～5 mm，被粗短毛，基部有2枚宿存、钻形小托叶。复伞形聚伞花序生于具1对叶的侧生短枝之顶，直径2～4 cm，总花梗长1～2.5 mm，第一级辐射枝通常5条，花生于第二至第三级辐射枝上，常有长梗；萼筒筒状，长约1.5 mm，被茸毛状簇状短毛，萼齿卵状三角形，顶端钝，具缘毛；花冠白色，辐状，直径约6 mm，无毛或近无毛，裂片卵圆形，长约2 mm；雄蕊略短于至长于花冠，花药黄白色，近圆形；花柱高出萼齿。果实红色，宽卵圆形，长6～7（9）mm；核扁，具3

条浅腹沟和2条浅背沟。花期4—5月，果熟期8—10月。

　　【生境分布】　生于海拔300～1800 m的山坡林下或灌丛中。罗田薄刀峰有分布。

　　【来源】　忍冬科植物宜昌荚蒾 *Viburnum erosum* Thunb. var. *erosum* 的叶、根。

　　【采收加工】　根，全年可采；叶，夏季采收，晒干或鲜用。

　　【性味】　涩，平。

　　【功能主治】　清热，祛风，除湿，止痒。

　　【用法用量】　内服：6～9 g。外用：适量。

　　【附方】治口腔炎：鲜叶适量，加淘米水，捣烂取汁，洗口腔，一日3～4次。另以金银花、茵陈各等量，焙干研粉，吹入口腔，一日2～4次。

　　治风湿痹痛：根6 g，豨莶草16 g，木防己24 g，水煎服。

　　治脚湿痒：鲜叶捣汁，搽患处。

一四九、败酱科 Valerianaceae

败酱属 *Patrinia* Juss.

797. 异叶败酱 *Patrinia heterophylla* Bunge

　　【别名】　墓头回、墓头灰、箭头风。

　　【形态】　多年生草本，高15～100 cm；根状茎较长，横走；茎直立，被倒生微糙伏毛。基生叶丛生，长3～8 cm，具长柄，叶片边缘圆齿状或具糙齿状缺刻，不分裂或羽状分裂至全裂，具1～4（5）对侧裂片，裂片卵形至线状披针形，顶生裂片常较大，卵形至卵状披针形；茎生叶对生，茎下部叶常2～3（6）对羽状全裂，顶生裂片较侧裂片稍大或近等大，卵形或宽卵形，罕线状披针形，长7（9）cm，宽5（6）cm，先端渐尖或长渐尖，中部叶常具1～2对侧裂片，顶生裂片最大，卵形、卵状披针形或近菱形，具圆齿，疏被短糙毛，叶柄长1 cm，上部叶较窄，近无柄。花黄色，组成顶生伞房状聚伞花序，被短糙毛或微糙毛；总花梗下苞叶常具1或2对（较少为3～4对）线形裂片，分枝下者不裂，线形，常与花序近等长或稍长；萼齿5，明显或不明显，圆波状、卵形或卵状三角形至卵状长圆形，长0.1～0.3 mm；花冠钟形，冠筒长1.8～2（2.4）mm，上部宽1.5～2 mm，基部一侧具浅囊肿，裂片5，卵形或卵状椭圆形，长0.8～1.8 mm，宽1.6 mm；雄蕊4，伸出，花丝2长2短，近蜜囊者长3～3.6 mm，余者长1.9～3 mm，花药长圆形，长1.2 mm；子房倒卵形或长圆形，长0.7～0.8 mm，花柱稍弯曲，长2.3～2.7 mm，柱头盾状或截头状。瘦果长圆形或倒卵形，顶端平截，不育子室上面疏被微糙毛，能育子室下面及上缘被微糙毛或几无毛；翅状果苞干膜质，倒卵形、倒卵状长圆形或倒卵状椭圆形，稀椭圆形，

顶端圆钝，有时极浅3裂，或仅一侧有1浅裂，长5.5～6.2 mm，宽4.5～5.5 mm，网状脉常具2主脉，较少3主脉。花期7～9月，果期8—10月。

【生境分布】 生于山坡草地及路旁。罗田各地均有分布。

【采收加工】 秋季采挖，除去茎苗及泥土，晒干。

【药用部位】 根。

【药材名】 墓头回。

【来源】 败酱科植物异叶败酱 *Patrinia heterophylla* Bunge 的根。

【性味】 辛，温。

【归经】 归心、肝经。

【功能主治】 主治温疟，妇女崩中，赤白带下，跌打损伤。

【用法用量】 内服：煎汤，6～9 g。外用：煎水洗。

【附方】治崩中，赤白带下：墓头回一把，酒、水各半盏，新红花一捻，煎七分，卧时温服。日近者一服，久则三服。

798. 败酱 *Patrinia scabiosifolia* Link

【别名】 黄花败酱、苦菜。

【形态】 多年生草本，高30～100（200）cm；根状茎横卧或斜生，节处生多数细根；茎直立，黄绿色至黄棕色，有时带淡紫色，下部常被脱落性倒生白色粗毛或几无毛，上部常近无毛或被倒生稍弯糙毛，或疏被2列纵向短糙毛。基生叶丛生，花时枯落，卵形、椭圆形或椭圆状披针形，长（1.8）3～10.5 cm，宽1.2～3 cm，不分裂、羽状分裂或全裂，顶端钝或尖，基部楔形，边缘具粗锯齿，上面暗绿色，背面淡绿色，两面被糙伏毛或几无毛，具缘毛；叶柄长3～12 cm；茎生叶对生，宽卵形至披针形，长5～15 cm，常羽状深裂或全裂，具2～3（5）对侧裂片，顶生裂片卵形、椭圆形或椭圆状披针形，先端渐尖，具粗锯齿，两面密

被或疏被白色糙毛，或几无毛，上部叶渐变窄小，无柄。花序为聚伞花序组成的大型伞房花序，顶生，具5～6（7）级分枝；花序梗上方一侧被开展白色粗糙毛；总苞线形，甚小；苞片小；花小，萼齿不明显；花冠钟形，黄色，冠筒长1.5 mm，上部宽1.5 mm，基部一侧囊肿不明显，内具白色长柔毛，花冠裂片卵形，长1.5 mm，宽1～1.3 mm；雄蕊4，稍超出或几不超出花冠，花丝不等长，近蜜囊的2枚长3.5 mm，下部被柔毛，另2枚长2.7 mm，无毛，花药长圆形，长约1 mm；子房椭圆状长圆形，长约1.5 mm，花柱长2.5 mm，柱头盾状或截头状，直径0.5～0.6 mm。瘦果长圆形，长3～4 mm，具3棱，2不育子室中央稍隆起成上粗下细的棒槌状，能育子室略扁平，向两侧延展成窄边状，内含1椭圆形的扁平种子。花期7～9月。

【生境分布】 生于山坡草地及路旁。罗田各地均有分布。

【药材名】 败酱草（黄花败酱）。

【注意】 本种与败酱科植物攀倒甑 *Patrinia villosa*（Thunb.）Juss. 同等入药。详见下述。

799. 攀倒甑 *Patrinia villosa*（Thunb.）Juss.

【别名】白花败酱、苦菜、毛败酱。

【形态】多年生草本，高 50～100（120）cm；地下根状茎长而横走，偶在地表匍匐生长；茎密被白色倒生粗毛或仅沿两叶柄相连的侧面具纵列倒生短粗伏毛，有时几无毛。基生叶丛生，叶片卵形、宽卵形或卵状披针形至长圆状披针形，长 4～10（25）cm，宽 2～5（18）cm，先端渐尖，边缘具粗钝齿，基部楔形下延，不分裂或大头羽状深裂，常有 1～2（少有 3～4）对生裂片，叶柄较叶片稍长；茎生叶对生，与基生叶同型，或菱状卵形，先端尾状渐尖或渐尖，基部楔形下延，边缘具粗齿，上部叶较窄小，常不分裂，上面均鲜绿色或浓绿色，背面绿白色，两面被糙伏毛或近无毛；叶柄长 1～3 cm，上部叶近无柄。由聚伞花序组成顶生圆锥花序或伞房花序，分枝达 5～6 级，花序梗密被长粗糙毛或仅 2 纵列粗糙毛；总苞叶卵状披针形至线状披针形或线形；花萼小，萼齿

5，浅波状或浅钝裂状，长 0.3～0.5 mm，被短糙毛，有时疏生腺毛；花冠钟形，白色，5 深裂，裂片不等形，卵形、卵状长圆形或卵状椭圆形，长（0.75）1.25～2 mm，宽 1.1～1.65（1.75）mm，蜜囊顶端的裂片常较大，冠筒常比裂片稍长，长 1.5～2.25（2.6）mm，宽 1.7～2.3 mm，内面有长柔毛，筒基部一侧稍囊肿；雄蕊 4，伸出；子房下位，花柱较雄蕊稍短。瘦果倒卵形，与宿存增大苞片贴生；果苞倒卵形、卵形、倒卵状长圆形或椭圆形，有时圆形，长 2.8～6.5 mm，宽 2.5～8 mm，顶端圆钝，不分裂或微 3 裂，基部楔形或钝，网脉明显，具主脉 2 条，极少有 3 条的，下面中部 2 主脉内有微糙毛。花期 8—10 月，果期 9—11 月。

本种根茎及根有陈腐臭味，民间常以嫩苗作为蔬菜食用，也作为猪饲料。

【生境分布】生于海拔 50～2000 m 的山地林下、林缘或灌丛中、草丛中。罗田各地均有分布。

【采收加工】一般多在夏季采收，将全株拔起，除去泥沙后晒干。

【药材名】败酱草（白花败酱）。

【来源】败酱科植物攀倒甑 *Patrinia villosa*（Thunb.）Juss. 的带根全草。

【性味】苦，平。

【归经】归肝、胃、大肠经。

【功能主治】清热解毒，排脓破瘀。主治肠痈，下痢，赤白带下，产后瘀滞腹痛，目赤肿痛，痈肿疔癣。

【用法用量】内服：煎汤，9～15 g（鲜品 64～125 g）。外用：捣敷。

【注意】《本草汇言》：久病胃虚脾弱，泄泻不食之症，一切虚寒下脱之疾，咸忌之。

【附方】①治肠痈之为病，其身甲错，腹皮急，按之濡，如肿状，腹无积聚，身无热，脉数，此为肠内有痈脓：薏苡仁 3 g，附子 0.6 g，败酱 1.5 g。上三味，杵为末，取 6 g，以水 2 升，煎减半，顿服，小便当下。（《金匮要略》）

②治产后恶露七八日不止：败酱、当归各 1.8 g，续断、芍药各 2.4 g，芎䓖、竹茹各 1.2 g，生地黄（炒）3.6 g。水 2 升，煮取 800 ml，空心服。（《外台秘要》）

③治产后腰痛，乃气血流入腰腿，痛不可转者：败酱、当归各 2.4 g，芎䓖、芍药、桂心各 1.8 g。水 2 升，

煮 800 ml，分二服。忌葱。（《广济方》）

④治产后腹痛如锥刺者：败酱草 160 g，水 4 升，煮 2 升，每服 200 ml，日三服。（《卫生易简方》）

⑤治痈疽肿毒，无论已溃未溃：鲜败酱草 125 g，地瓜酒 125 g，开水适量冲炖服。将渣捣烂，冬蜜调敷患处。

⑥治吐血：败酱草煎汤服。

⑦治赤白痢疾：鲜败酱草 64 g，冰糖 15 g，开水炖服。

⑧治蛇咬伤：败酱草 250 g，煎汤顿服。另用鲜败酱草杵细外敷。（⑤～⑧方出自《闽东本草》）

【各家论述】《本草纲目》：败酱，善排脓破血，故仲景治痈，及古方妇人科皆用之。乃易得之物，而后人不知用，盖未遇识者耳。

【临床应用】治疗流行性腮腺炎：取黄花败酱鲜叶适量，加生石膏 16 ～ 32 g 共捣烂，再用 1 个鸭蛋清调匀，敷于肿痛处，24 h 后取下。重者需敷 2 次。有并发症者加服 20% ～ 50% 黄花败酱草煎剂，每日 3 ～ 4 次，每次 20 ～ 30 ml；或当茶饮。本品对疔、痈、乳腺炎、淋巴管炎等也有效果。

缬草属 *Valeriana* L.

800. 缬草 *Valeriana officinalis* L.

【别名】大救驾、五里香、香草。

【形态】多年生高大草本，高可达 100 ～ 150 cm；根状茎粗短呈头状，须根簇生；茎中空，有纵棱，被粗毛，尤以节部为多，老时毛少。匍枝叶、基出叶和基部叶在花期常凋萎。茎生叶卵形至宽卵形，羽状深裂，裂片 7 ～ 11；中央裂片与两侧裂片近同型同大小，但有时与第 1 对侧裂片合生成 3 裂状，裂片披针形或条形，顶端渐窄，基部下延，全缘或有疏锯齿，两面及柄轴多少被毛。花序顶生，成伞房状三出聚伞圆锥花序；小苞片中央纸质，两侧膜质，长椭圆状长圆形、倒披针形或线状披针形，先端芒状凸尖，边缘多少有粗缘毛。花冠淡紫红色或白色，长 4 ～ 5（6）mm，花冠裂片椭圆形，雌、雄蕊约与花冠等长。瘦果长卵形，长 4 ～ 5 mm，基部近平截，光秃或两面被毛。花期 5—7 月，果期 6—10 月。

【生境分布】生于山坡草地，适宜酸性肥沃土壤。罗田天堂寨有分布。

【采收加工】9—10 月采挖，除去茎叶及泥土，晒干。

【药用部位】根及根茎。

【药材名】缬草。

【来源】败酱科植物缬草 *Valeriana officinalis* L. 的根及根茎。

【性状】根茎呈钝圆锥形，黄棕色或暗棕色，长 2 ～ 5 cm，粗 1 ～ 3 cm，上端留有茎基或叶痕，四周密生无数细长不定根。根长达 20 cm，粗约 2 mm，外表黄棕色至灰棕色，有纵皱纹，并生有极细支根。易折断，断面黄白色，角质。有特异臭气，味先甜后稍苦辣。以须根粗长、整齐、外面黄棕色、断面黄白色、

气味浓烈者为佳。

【性味】①《四川中药志》：味辛、苦，性温，有微毒。

②《新疆中草药手册》：味辛、微甘，性温，无毒。

【归经】归心、肝经。

【功能主治】主治心神不安，胃弱，腰痛，月经不调，跌打损伤。

【用法用量】内服：煎汤，3～4.5 g；研末或浸酒。

【注意】《四川中药志》：体弱阴虚者慎用。

【附方】①治神经衰弱及神经病：缬草、五味子，水煎服或浸酒服。（《四川中药志》）

②治腰痛，腿痛，腹痛，跌打损伤，心悸，神经衰弱：缬草 3 g，研为细末，水冲服，或加童便冲服。（《新疆中草药手册》）

③治神经官能症：缬草 32 g，五味子 9 g，合欢皮 9 g，酒 250 g，浸泡 7 日，每次服 10 ml，一日 3 次。（《新疆中草药手册》）

一五〇、川续断科 Dipsacaceae

川续断属 *Dipsacus* L.

801. 川续断 *Dipsacus asper* Wall. ex Candolle

【别名】接骨、南草、接骨草、川断。

【形态】多年生草本，高达 2 m；主根 1 条或在根茎上生出数条，圆柱形，黄褐色，稍肉质；茎中空，具 6～8 条棱，棱上疏生下弯粗短的硬刺。基生叶稀疏丛生，叶片琴状羽裂，长 15～25 cm，宽 5～20 cm，顶端裂片大，卵形，长达 15 cm，宽 9 cm，两侧裂片 3～4 对，侧裂片一般为倒卵形或匙形，叶面被白色刺毛或乳头状刺毛，背面沿脉密被刺毛；叶柄长可达 25 cm；茎生叶在茎的中下部为羽状深裂，中裂片披针形，长 11 cm，宽 5 cm，先端渐尖，边缘具疏粗锯齿，侧裂片 2～4 对，披针形或长圆形，基生叶和下部的茎生叶具长柄，向上叶柄渐短，上部叶披针形，不裂或基部 3 裂。头状花序球形，直径 2～3 cm，总花梗长达 55 cm；总苞片 5～7 枚，叶状，披针形或线形，被硬毛；小苞片倒卵形，长 7～11 mm，先端稍平截，被短柔毛，具长 3～4 mm 的喙尖，喙尖两侧密生刺毛或稀疏刺毛，稀被短毛；小总苞 4 棱，倒卵柱状，每个侧面具两条纵沟；花萼 4 棱，皿状，长约 1 mm，不裂或 4 浅裂至深裂，外面被短毛；花冠淡黄色或白色，花冠管长 9～11 mm，基部狭缩成细管，顶端 4 裂，1 裂片稍大，外面被短柔毛；雄蕊 4，着生于花冠管上，明显超出花冠，花丝扁平，花药椭圆形，紫色；子房下位，花柱通常短于雄蕊，柱头短棒状。瘦果长倒卵柱状，包藏于小总

苞内，长约 4 mm，仅顶端外露于小总苞外。花期 7—9 月，果期 9—11 月。

【生境分布】　生于山坡草地及路旁，较湿处或溪沟旁、阳坡草地亦有生长。罗田骆驼坳镇有栽培。

【采收加工】　8—10 月采挖，洗净泥沙，除去根头、尾梢及细根，阴干或炕干，堆置"发汗"至内部变绿色时，再烘干。

【药用部位】　根。

【药材名】　续断。

【来源】　川续断科植物川续断 Dipsacus asper Wall. ex Candolle 的干燥根。

【性状】　干燥根呈长圆柱形，向下渐细，或稍弯曲，长 7 ～ 10 cm，直径 1 ～ 1.5 cm。表面灰褐色或黄褐色，有扭曲的纵皱及浅沟纹，皮孔横裂，并有少数根痕。质硬而脆，易折断。断面不平坦，微带角质性，皮部褐色，宽度约为木部的一半，形成层略呈红棕色，本部淡褐色或灰绿色。维管束呈放射状排列，微显暗绿色。气微香，味苦甜而涩。以粗肥、质坚、易折断、外黄褐色、内灰绿色者为佳。

【炮制】　续断：洗净泥沙，除去残留根头，润透后切片晒干，筛去屑。炒续断：取续断片入锅内以文火炒至微焦为度。盐续断：取续断片入锅内，加入盐水拌炒至干透为度。（每 50 kg 续断片，用食盐 1 kg，加开水适量）酒续断：取续断片用酒拌匀吸干，入锅内以文火炒干为度。（每 50 kg 续断片，用黄酒 10 kg）

【性味】　苦、辛，微温。

【归经】　归肝、肾经。

【功能主治】　补肝肾，续筋骨，调血脉。主治腰背酸痛，足膝无力，胎漏，崩漏，带下，遗精，跌打损伤，金疮，痔漏，痈疽疮肿。

【用法用量】　内服：煎汤，9 ～ 15 g；或入丸、散。外用：捣敷。

【注意】　①《本草经集注》：地黄为之使。恶雷丸。

②《得配本草》：初痢勿用，怒气郁者禁用。

【附方】　①治腰痛并脚酸腿软：续断 64 g，破故纸、牛膝、木瓜、萆薢、杜仲各 32 g。上为细末，炼蜜为丸梧子大。空心无灰酒下 50 ～ 60 丸。（《扶寿精方》）

②治老人风冷，转筋骨痛：续断、牛膝（去芦，酒浸）。上为细末，温酒调下 6 g，食前服。（《魏氏家藏方》）

③治妊娠胎动两三月堕：川续断（酒浸）、杜仲（姜汁炒去丝）各 64 g。为末，枣肉煮烊，杵和丸梧子大。每服 30 丸，米饮下。（《本草纲目》）

④治滑胎：菟丝子（炒，炖）125 g，桑寄生 64 g，川续断 64 g，真阿胶 64 g。上药将前三味轧细，水化阿胶和为丸 0.3 g 重。每服 20 丸，开水送下，日再服。（《医学衷中参西录》）

⑤治跌打损伤：接骨草捣烂敷。（《卫生易简方》）

⑥治产后血运，心腹硬，乍寒乍热：续断 95 g，粗捣筛，每服 3 g，以水一盏，煎至七分，去滓温服。（《圣济总录》）

⑦治乳痈初起可消，久患可愈：川续断（酒浸，炒）250 g，蒲公英（日干，炒）125 g。俱为末，每早晚各服 9 g，白汤调下。（《本草汇言》）

⑧治水肿：续断根，炖猪腰子食。（《湖南药物志》）

⑨治崩久成漏，连年不休者：川续断 75 g，鹿角霜、柏子仁、当归、茯神、龙骨、阿胶珠各 50 g，川芎 20 g，香附 100 g，炙甘草 15 g，共末。以山药 250 g 研粉为糊作丸，每服 50 丸，空腹温酒下。（《万密斋医学全书》）

一五一、葫芦科 Cucurbitaceae

盒子草属 *Actinostemma* Griff.

802. 盒子草 *Actinostemma tenerum* Griff.

【别名】黄丝藤、葫篓棵子、盒儿藤、龟儿草。

【形态】柔弱草本；枝纤细，疏被长柔毛，后变无毛。叶柄细，长 2～6 cm，被短柔毛；叶形变异大，心状戟形、心状狭卵形或披针状三角形，不分裂、3～5 裂或仅在基部分裂，边缘波状，或具小圆齿或疏齿，基部弯缺半圆形、长圆形、深心形，裂片顶端狭三角形，先端稍钝或渐尖，顶端有小尖头，两面具疏散疣状凸起，长 3～12 cm，宽 2～8 cm。卷须细，2 歧。雄花总状，有时圆锥状，小花序基部具长 6 mm 的叶状 3 裂总苞片，罕 1～3 花生于短缩的总梗上。花序轴细弱，长 1～13 cm，被短柔毛；苞片线形，长约 3 mm，密被短柔毛，长 3～12 mm；花萼裂片线状披针形，边缘有疏小齿，长 2～3 mm，宽 0.5～1 mm；花冠裂片披针形，先端尾状钻形，具 1 脉，稀 3 脉，疏生短柔毛，长 3～7 mm，宽 1～1.5 mm；雄蕊 5，花丝被柔毛或无毛，长 0.5 mm，花药长 0.3 mm，药隔稍伸出于花药成乳头状。雌花单生，双生或雌雄同序；雌花梗具关节，长 4～8 cm，花萼和花冠同雄花；子房卵状，有疣状凸起。果绿色，卵形、阔卵形或长圆状椭圆形，长 1.6～2.5 cm，直径 1～2 cm，疏生暗绿色鳞片状凸起，自近中部盖裂，果盖锥形，具种子 2～4 个。种子表面有不规则雕纹，长 11～13 mm，宽 8～9 mm，厚 3～4 mm。花期 7—9 月，果期 9—11 月。

【生境分布】多生于水边草丛中。罗田各地均有分布。

【采收加工】待果实成熟后，采收全草，分别晒干。

【药材名】盒子草。

【来源】葫芦科植物盒子草 *Actinostemma tenerum* Griff. 的全草、种子和叶。

【性味】苦，寒。

【功能主治】利尿消肿，清热解毒。主治肾炎水肿，湿疹，疮痈肿毒。

【用法用量】内服：煎汤，10～16 g。外用：鲜品煎水熏洗患处，或捣烂外敷。

冬瓜属 *Benincasa* Savi

803. 冬瓜 *Benincasa hispida*（Thunb.）Cogn.

【别名】白瓜。

【形态】一年生蔓生或架生草本；茎被黄褐色硬毛及长柔毛，有棱沟。叶柄粗壮，长 5～20 cm，

被黄褐色的硬毛和长柔毛；叶片肾状近圆
形，宽 15 ~ 30 cm，5 ~ 7 浅裂或有时中
裂，裂片宽三角形或卵形，先端急尖，边缘
有小齿，基部深心形，弯缺张开，近圆形，
深、宽均 2.5 ~ 3.5 cm，表面深绿色，稍粗
糙，有疏柔毛，老后渐脱落，变近无毛；背
面粗糙，灰白色，有粗硬毛，叶脉在叶背面
稍隆起，密被毛。卷须 2 ~ 3 歧，被粗硬毛
和长柔毛。雌雄同株；花单生。雄花梗长
5 ~ 15 cm，密被黄褐色短刚毛和长柔毛，

常在花梗的基部具一苞片，苞片卵形或宽长圆形，长 6 ~ 10 mm，先端急尖，有短柔毛；花萼筒宽钟形，
宽 12 ~ 15 mm，密生刚毛状长柔毛，裂片披针形，长 8 ~ 12 mm，有锯齿，反折；花冠黄色，辐状，裂
片宽倒卵形，长 3 ~ 6 cm，宽 2.5 ~ 3.5 cm，两面有稀疏的柔毛，先端圆钝，具 5 脉；雄蕊 3，离生，花
丝长 2 ~ 3 mm，基部膨大，被毛，花药长 5 mm，宽 7 ~ 10 mm，药室三回曲折，雌花梗长不及 5 cm，
密生黄褐色硬毛和长柔毛；子房卵形或圆筒形，密生黄褐色茸毛状硬毛，长 2 ~ 4 cm；花柱长 2 ~ 3 mm，
柱头 3，长 12 ~ 15 mm，2 裂。果实长圆柱状或近球状，大型，有硬毛和白霜，长 25 ~ 60 cm，直径
10 ~ 25 cm。种子卵形，白色或淡黄色，压扁，有边缘，长 10 ~ 11 mm，宽 5 ~ 7 mm，厚 2 mm。

【生境分布】全国各地均有栽培。

【药用部位】果实、冬瓜瓢、叶、果皮、种子、藤。

（1）冬瓜。

【采收加工】夏末、秋初果实成熟时采摘。

【来源】葫芦科植物冬瓜 *Benincasa hispida*（Thunb.）Cogn. 的果实。

【性味】甘、淡，凉。

【归经】归肺、大肠、小肠、膀胱经。

【功能主治】利水，消痰，清热，解毒。主治水肿，胀满，脚气，淋证，咳喘，暑热烦闷，消渴，泻痢，
痈肿，痔漏，并解鱼毒、酒毒。

【用法用量】内服：煎汤，64 ~ 125 g；或煨熟；或捣汁。外用：捣敷或煎水洗。

【附方】①治水气浮肿喘满：大冬瓜 1 枚，先于头边切一盖子，取出中间瓢不用，赤小豆（水淘净），
填满冬瓜中，再用盖子合了，用竹签签定，以麻线系，纸筋黄泥通身固济，窨干，用糯谷破取糠片两大箩，
埋冬瓜在内，以火着糠内煨之，候火尽取出，去泥，刮冬瓜令净，薄切作片子，并豆一处焙干。上为细末，
水煮面糊为丸，如梧子大。每服 50 丸，煎冬瓜子汤送下，不拘时候，小溲利为验。（《杨氏家藏方》）

②治消渴：冬瓜 1 枚，削去皮，埋在湿地中，1 月将出，破开，取清汁饮之。（《圣济总录》）

③治消渴能饮水，小便甜，有如脂麸片：冬瓜 1 枚，黄连 320 g。上截瓜头去瓢，入黄连末。火中煨之，
候黄连熟，布绞取汁。一服一大盏，日再服，但服 2 ~ 3 瓜，以瘥为度。一方云，以瓜汁和黄连末，和丸
如梧子大。以瓜汁空肚下 30 丸，日再服，不瘥，增丸数。忌猪肉、冷水。（《近效方》）

④治小儿生 1 ~ 5 个月，乍寒乍热渴者：绞冬瓜汁服之。（《千金方》）

⑤治小儿渴利：单捣冬瓜汁饮之。（《千金方》）

⑥治伤寒后痢，日久津液枯竭，四肢浮肿，口干：冬瓜 1 枚，黄土泥厚裹 5 寸，煨令烂熟，去土绞汁
服之。（《古今录验方》）

⑦治痔疼痛：冬瓜汤洗。（《经验方》）

⑧治夏月生痱子：冬瓜切片，捣烂涂之。（《千金方》）

⑨治马汗入疮：干冬瓜烧研，洗净敷之。（《本草纲目》）

⑩治食鱼中毒：饮冬瓜汁。（《小品方》）

（2）冬瓜皮。

【采收加工】 食用冬瓜时，收集削下的外果皮，晒干。

【来源】 葫芦科植物冬瓜 *Benincasa hispida*（Thunb.）Cogn. 的外层果皮。

【性状】 干燥果皮，常向内卷曲成筒状或双筒状，大小不一。表面光滑，淡黄色、黄绿色至暗绿色，革质，被白色粉霜，内表面较粗糙，微有筋脉。质脆，易折断。气无，味淡。以皮薄、条长，色灰绿，有粉霜，干燥，洁净者为佳。

【性味】 甘，凉。

【归经】 归脾、肺经。

【功能主治】 利水消肿。主治水肿，腹泻，痈肿。

【用法用量】 内服：煎汤，9.6～32 g；或入散剂。外用：煎水洗或研末调敷。

【注意】 《四川中药志》：因营养不良而致虚肿者慎用。

【附方】 ①治肾炎，小便不利，全身浮肿：冬瓜皮18 g，西瓜皮18 g，白茅根18 g，玉蜀黍蕊12 g，赤豆95 g。水煎，一日三回分服。（《现代实用中药》）

②治跌打损伤：干冬瓜皮32 g，真牛皮胶（锉）32 g。入锅内炒存性，研末。每服15 g，好酒热服，仍饮酒一瓯，厚盖取微汗。（《摘玄方》）

③治咳嗽：冬瓜皮（要经霜者）15 g，蜂蜜少许，水煎服。（《滇南本草》）

④治巨大荨麻疹：冬瓜皮水煎，当茶喝。（江西赣州《草医草药简便验方汇编》）

（3）冬瓜瓤。

【别名】 冬瓜练。

【采收加工】 食用冬瓜时，收集果瓤，晒干或鲜用。

【来源】 葫芦科植物冬瓜 *Benincasa hispida*（Thunb.）Cogn. 的果瓤。

【性味】 甘，平。

【功能主治】 清热，止渴，利水，消肿。主治烦渴，水肿，淋证，痈肿。

【用法用量】 内服：煎汤，32～64 g；或绞汁。外用：煎水洗。

【附方】 ①治消渴热，或心神烦乱：冬瓜瓤32 g，曝干捣碎，以水一中盏，煎至六分，去滓温服。（《太平圣惠方》）

②治水肿烦渴，小便少者：冬瓜白瓤水煎汁，淡饮之。（《圣济总录》）

（4）冬瓜叶。

【采收加工】 夏季采取。

【来源】 葫芦科植物冬瓜 *Benincasa hispida*（Thunb.）Cogn. 的叶。

【功能主治】 主治消渴，疟疾，泻痢，肿毒。

【用法用量】 内服：煎汤。外用：研末调敷。

【附方】 治积热泻痢：冬瓜叶嫩心，拖面煎饼食之。（《海上方》）

（5）冬瓜子。

【别名】 白瓜子、瓜子、瓜瓣、冬瓜仁、瓜犀。

【采收加工】 食用冬瓜时，收集种子，洗净，选成熟者，晒干。

【来源】 葫芦科植物冬瓜 *Benincasa hispida*（Thunb.）Cogn. 的种子。

【性状】 干燥种子呈扁平的长卵圆形或长椭圆形，长约1 cm，宽约6 mm。外皮黄白色，有时有裂纹，一端圆钝，另一端尖，尖端有2个小凸起，其一较小者为种脐；另一凸起较大，上有一明显的珠孔。边缘光滑（单边冬瓜子）或两面边缘均有一环形的边（双边冬瓜子）。剥去种皮后，可见乳白色的种仁，有油性。气微，味微甜。以白色、粒饱满、无杂质者为佳。

【炮制】拣净杂质，用时捣碎，或用文火微炒至黄白色。置干燥处，防虫蛀及鼠咬。

【性味】甘，凉。

【归经】归足厥阴经。

【功能主治】润肺，化痰，消痈，利水。主治痰热咳嗽，肺痈，肠痈，淋证，水肿，脚气，痔疮，鼻面酒皶。

【用法用量】内服：煎汤，3 ～ 12 g；或研末。外用：煎水洗或研膏涂敷。

【注意】《名医别录》：久服寒中。

【附方】①治咳有微热，烦满，胸中甲错，是为肺痈：苇茎（切，2 升，以水 20 升煮取 5 升去滓），薏苡仁 313 g，桃仁 30 枚，瓜瓣（目前多用冬瓜仁）313 g。上四味细切，内苇汁中煮取 2 升，服 1 升，当吐如脓。（《金匮要略》）

②治肠痈脓未成，小腹肿痞，按之即痛，如淋，小便自调，时时发热，自汗出，复恶寒，其脉迟紧者：大黄 125 g，牡丹皮 32 g，桃仁 50 个，瓜子 250 g，芒硝 450 g。上五味，以水 6 升，煮取 1 升，去滓，内芒硝；再煎沸，顿服之。有脓当下，如无脓当下血。（《金匮要略》）

③治男子白浊，女子带下：陈冬瓜仁炒为末。每空心米饮服 15 g。（《救急易方》）

④治消渴不止，小便多：干冬瓜子、麦门冬、黄连各 64 g。水煎饮之。（《摘玄方》）

⑤治男子五劳七伤，明目：白瓜子 7 升，绢袋盛，搅沸汤中三遍，曝干；以酢 5 升浸一宿，曝干；治下筛。酒服 6 g，日三服之。（《千金方》）

（6）冬瓜藤。

【采收加工】夏、秋季采收。

【来源】葫芦科植物冬瓜 *Benincasa hispida*（Thunb.）Cogn. 的茎。

【性味】苦，寒；无毒。

【功能主治】主治肺热痰火，脱肛。

【用法用量】内服：煎汤或捣汁。外用：煎水洗。

假贝母属 *Bolbostemma* Franquet

804. 假贝母 *Bolbostemma paniculatum*（Maxim.）Franquet

【别名】土贝、大贝母、地苦胆、草贝。

【形态】鳞茎肥厚，肉质，乳白色；茎草质，无毛，攀援状，枝具棱沟，无毛。叶柄纤细，长 1.5 ～ 3.5 cm，叶片卵状近圆形，长 4 ～ 11 cm，宽 3 ～ 10 cm，掌状 5 深裂，每个裂片再 3 ～ 5 浅裂，侧裂片卵状长圆形，急尖，中间裂片长圆状披针形，渐尖，基部小裂片顶端各有 1 个显著突出的腺体，叶片两面无毛或仅在脉上有短柔毛。卷须丝状，单一或 2 歧。花雌雄异株。雌、雄花序均为疏散的圆锥状，

极稀花单生，花序轴丝状，长 4 ～ 10 cm，花梗纤细，长 1.5 ～ 3.5 cm；花黄绿色；花萼与花冠相似，裂片卵状披针形，长约 2.5 mm，顶端具长丝状尾；雄蕊 5，离生；花丝顶端不膨大，长 0.3 ～ 0.5 mm，花药长 0.5 mm，药隔在花药背面不伸出于花药。子房近球形，疏散生不显著的疣状凸起，3 室，每室 2 胚珠，花柱 3，柱头 2 裂。果圆柱状，长 1.5 ～ 3 cm，直径 1 ～ 1.2 cm，成熟后由顶端盖裂，果盖圆锥形，具 6 个种子。种子卵状菱形，暗褐色，表面有雕纹状凸起，边缘有不规则的齿，长 8 ～ 10 mm，宽约 5 mm，厚 1.5 mm，顶端有膜质的翅，翅长 8 ～ 10 mm。花期 6—8 月，果期 8—9 月。

【生境分布】生于山坡或平地。罗田北部山区有分布。

【采收加工】秋、冬季采挖，洗净泥土，将连结的小瓣剥下，蒸透后晒干。

【药材名】土贝母。

【来源】葫芦科植物假贝母 *Bolbostemma paniculatum*（Maxim.）Franquet 的干燥块茎。

【性状】干燥块茎呈不规则块状，多角或三棱形，高 0.6 ～ 1.6 cm，直径 0.7 ～ 2 cm。暗棕色至半透明的红棕色，表面凹凸不平，多裂纹，顶端常有一凸起的芽状物。质坚硬，不易折断。断面角质，光亮而平滑。微有焦糊气，味微咸而苦。以个大、红棕色、质坚实、有亮光、半透明者为佳。

【性味】苦，凉。

【归经】归肺、脾经。

【功能主治】散结毒，消痈肿。主治乳痈，瘰疬痰核，疮痈肿毒及蛇虫毒。

【用法用量】内服：煎汤，9.6 ～ 32 g；或入丸、散。外用：研末调敷或熬膏摊贴。

【储藏】置通风干燥处。

【附方】①治乳痈初起：a. 白芷、土贝母各等份。为细末，每服 9 g，陈酒热服，护暖取汗即消。重者再一服。如壮实者，每服 15 g。b. 白芷梢、土贝母、天花粉各 9 g，乳香（去油）4.5 g。共炒研末，白酒浆调搽，再用酒浆调服 9 g。（《本草纲目拾遗》）

②治乳岩：阳和汤加土贝母 15 g 煎服。（《本草纲目拾遗》）

③治乳岩已破：大贝母、核桃桶、金银花、连翘各 9 g。酒、水煎服。（《姚希周经验方》）

④治手发背：生甘草、炙甘草各 15 g，皂刺 7.5 g，土炒土贝母 16.5 g，半夏 4.5 g，甲片（炒黑）7.5 g，知母 7.5 g。加葱、姜、水、酒煎。（《慈惠小编》）

⑤疬串不论已破、未破皆治：土贝母 250 g，牛皮胶（敲碎，牡蛎粉炒成珠，去粉为细末）125 g。水发丸，绿豆大，每日早晚，用紫背天葵根 9 g，或用海藻、昆布各 4.5 g，煎汤吞丸 9 g。

⑥治瘰疬：牛皮胶（水熬化）32 g，入土贝母末 15 g，摊油纸上贴之。

⑦治鼠疮：大鲫鱼 1 尾，皂角内独子每岁 1 个，川贝母 6 g，土贝母 6 g。将皂角子、贝母、入鱼肚内，黄泥包裹，阴阳瓦炭火焙干，存性，研细末。每服 9 g，食后黄酒调服，忌荤百日。（⑤～⑦方出自《本草纲目拾遗》）

⑧治颈淋巴结核未破者：土贝母 9 g，水煎服，同时用土贝母研粉，醋调外敷。（《陕西中草药》）

⑨治毒蛇咬伤：急饮麻油一碗，免毒攻心，再用土贝母 12 ～ 15 g 为末，热酒冲服，再饮尽醉，安卧少时，药力到处，水从伤口喷出，候水尽，将碗内贝母渣敷伤口。（《祝穆试效方》）

⑩治刀割斧砍，夹剪、枪、箭伤损：土贝母末默之，止血收口。（《年希尧集验良方》）

西瓜属 *Citrullus* Schrad.

805. 西瓜 *Citrullus lanatus*（Thunb.）Matsum. et Nakai

【别名】寒瓜。

【形态】一年生蔓生藤本；茎、枝粗壮，具明显的棱沟，被长而密的白色或淡黄褐色长柔毛。卷须较粗壮，具短柔毛，2歧，叶柄粗，长3～12 cm，粗0.2～0.4 cm，具不明显的沟纹，密被柔毛；叶片纸质，轮廓三角状卵形，带白绿色，长8～20 cm，宽5～15 cm，两面具短硬毛，脉上和背面较多，3深裂，中裂片较长，倒卵形、长圆状披针形或披针形，顶端急尖或渐尖，裂片又羽状或二重羽状浅裂或深裂，边缘波状或有疏齿，末次裂片通常有少数浅锯

齿，先端圆钝，叶片基部心形，有时形成半圆形的弯缺，弯缺宽1～2 cm，深0.5～0.8 cm。雌雄同株。雌、雄花均单生于叶腋。雄花：花梗长3～4 cm，密被黄褐色长柔毛；花萼筒宽钟形，密被长柔毛，花萼裂片狭披针形，与花萼筒近等长，长2～3 mm；花冠淡黄色，直径2.5～3 cm，外面带绿色，被长柔毛，裂片卵状长圆形，长1～1.5 cm，宽0.5～0.8 cm，顶端钝或稍尖，脉黄褐色，被毛；雄蕊3，近离生，1枚1室，2枚2室，花丝短，药室折曲。雌花：花萼和花冠与雄花同；子房卵形，长0.5～0.8 cm，宽0.4 cm，密被长柔毛，花柱长4～5 mm，柱头3，肾形。果实近球形或椭圆形，肉质，多汁，果皮光滑，色泽及纹饰各式。种子多数，卵形，黑色、红色，有时为白色、黄色、淡绿色或有斑纹，两面平滑，基部圆钝，通常边缘稍拱起，长1～1.5 cm，宽0.5～0.8 cm，厚1～2 mm，花果期夏季。

【生境分布】全国各地均有栽培。

【药用部位】果瓤、根及叶、果皮、种皮、种仁。

（1）西瓜瓤。

【采收加工】夏季采收，割取果瓤。

【来源】葫芦科植物西瓜 *Citrullus lanatus*（Thunb.）Matsum. et Nakai 的果瓤。

【性味】甘，寒。

【归经】归心、胃、膀胱经。

【功能主治】清热解暑，除烦止渴，利小便。主治暑热烦渴，热盛津伤，小便不利，喉痹，口疮。

【用法用量】内服：取汁饮。

【注意】中寒湿盛者忌服。

【附方】①治阳明热甚，舌燥烦渴者，或神情昏冒、不寐者：好红瓤西瓜剖开，取汁一碗，徐徐饮之。（《本草汇言》）

②治夏、秋季腹泻，烦躁不安：西瓜、大蒜，将西瓜切开，放入大蒜七瓣，用草纸包7～9层，再用黄泥全包封，用空竹筒放入瓜内出气，木炭火烧干，研末，开水吞服。（江西赣州《草医草药简便验方汇编》）

③治烫伤：将7—11月熟透的大西瓜，去瓜子，取瓤连汁密闭在干净玻璃瓶内，放置3～4个月，待产生似酸梅汤气味，过滤应用。先将烫伤部用冷等渗盐水或冷开水洗净，再将脱脂棉花在澄清的西瓜液中浸湿，敷于患处。每天换数次，一般一、二度烫伤，一周可愈，三度者二周可愈。（《河北中医药集锦》）

（2）西瓜根及叶。

【采收加工】夏、秋季采收。

【来源】葫芦科植物西瓜 *Citrullus lanatus*（Thunb.）Matsum. et Nakai 的根及叶。

【功能主治】 主治水泻，痢疾。

【用法用量】 内服：煎汤，64～95 g。

（3）西瓜翠。

【别名】 西瓜青、西瓜翠衣。

【采收加工】 夏季收集西瓜皮，削去内层柔软部分，洗净，晒干。也有将外面青皮削去，仅取其中间部分者。

【来源】 葫芦科植物西瓜 Citrullus lanatus（Thunb.）Matsum. et Nakai 的果皮。

【性状】 干燥的果皮，薄而卷曲，成筒状或不规则形状，大小不一，外表黄绿色至黑棕色；内表面有网状的维管束线纹。质脆，易折碎。除去外层青皮者，呈不规则的条块状，常皱缩而卷曲，表面灰黄色，有明显皱纹及网状维管束。气微，味淡。以干燥、皮薄、外面青绿色、内面近白色者为佳。

【性味】 ①《本草纲目》：甘，凉，无毒。

②《饮片新参》：淡平微苦。

【归经】 归脾、胃经。

【功能主治】 清暑解热，止渴，利小便。主治暑热烦渴，小便短少，水肿，口舌生疮。

【用法用量】 内服：煎汤，9.6～32 g；或焙干研末。外用：烧存性研末撒。

【注意】 中寒湿盛者忌用。

【附方】 ①治肾炎，水肿：西瓜皮（须用连瓤之厚皮，晒干者入药更佳）干者41 g，白茅根鲜者64 g。水煎，一日三回分服。（《现代实用中药》）

②治闪挫腰疼，不能屈伸者：西瓜青为片，阴干为细末，以盐酒调，空心服。（《摄生众妙方》）

③治牙痛：经霜西瓜皮烧灰，敷患处牙缝内。（《本草汇言》）

（4）西瓜子壳。

【采收加工】 夏季食用西瓜时，收集瓜子，洗净晒干，分离壳仁，取壳用。

【来源】 葫芦科植物西瓜 Citrullus lanatus（Thunb.）Matsum. et Nakai 的种皮。

【功能主治】 主治吐血，肠风下血。

【用法用量】 内服：煎汤，16～32 g。

【附方】 治肠风下血：西瓜子壳、地榆、白薇、蒲黄、桑白皮，煎汤服。（《中国医学大辞典》）

（5）西瓜子仁。

【采收加工】 夏季食用西瓜时，收集瓜子，洗净晒干，去壳取仁用。

【来源】 葫芦科植物西瓜 Citrullus lanatus（Thunb.）Matsum. et Nakai 的种仁。

【性味】 甘，平。

【功能主治】 ①《本草纲目》：清肺润肠，和中止渴。

②《随息居饮食谱》：生食化痰涤垢，下气清营；一味浓煎，治吐血，久嗽。

【用法用量】 内服：煎汤，9～15 g；生食或炒熟食。

黄瓜属 *Cucumis* L.

806. 甜瓜 *Cucumis melo* L.

【别名】 甘瓜、香瓜、果瓜。

【形态】 一年生匍匐或攀援草本；茎、枝有棱，有黄褐色或白色的糙硬毛和疣状凸起。卷须纤细，单一，被微柔毛。叶柄长8～12 cm，具槽沟及短刚毛；叶片厚纸质，近圆形或肾形，长、宽均8～15 cm，上面粗糙，被白色糙硬毛，背面沿脉密被糙硬毛，边缘不分裂或 3 ～ 7 浅裂，裂片先端圆钝，有锯齿，基部截形或具半圆形的弯缺，具掌状脉。花单性，雌雄同株。雄花：数朵簇生于叶腋；花梗纤细，长 0.5 ～ 2 cm，被柔毛；花萼筒狭钟形，密被白色长柔毛，长 6 ～ 8 mm，裂片近钻形，直立或开展，比筒部短；花冠黄色，长 2 cm，裂片卵状长圆形，急尖；雄蕊 3，

花丝极短，药室折曲，药隔顶端伸长；退化雌蕊长约 1 mm。雌花：单生，花梗粗糙，被柔毛；子房长椭圆形，密被长柔毛和长糙硬毛，花柱长 1 ～ 2 mm，柱头靠合，长约 2 mm。果实的形状、颜色因品种而异，通常为球形或长椭圆形，果皮平滑，有纵沟纹或斑纹，无刺状凸起，果肉白色、黄色或绿色，有香甜味；种子污白色或黄白色，卵形或长圆形，先端尖，基部钝，表面光滑，无边缘。花果期夏季。

【生境分布】全国各地均有栽培。

【药用部位】果、根、茎、叶、花、果蒂、果皮、种子。

（1）甜瓜。

【采收加工】7—8 月果实成熟时采收。

【来源】葫芦科植物甜瓜 *Cucumis melo* L. 的果实。

【性味】甘，寒。

【归经】归心、胃经。

【功能主治】清暑热，解烦渴，利小便。

【用法用量】内服：生食。

【注意】脾胃虚寒，腹胀便溏者忌服。

①《孙真人食忌》：脚气患者食甜瓜，其患永不除。又多食发黄疸病，动冷疾，令人虚羸。解药力。

②《食疗本草》：多食令人阴下湿痒生疮，动宿冷病，癥癖人不可食之，多食令人惙惙虚弱，脚手无力。

（2）甜瓜藤。

【别名】甜瓜蔓、香瓜藤。

【来源】葫芦科植物甜瓜 *Cucumis melo* L. 的藤茎，夏、秋季采收。

【功能主治】主治鼻中息肉，齆鼻。

【附方】治女人月经断绝：甜瓜茎、使君子各 16 g，甘草 18 g。为末，每酒服 6 g。（《本草纲目》）

（3）甜瓜叶。

【来源】葫芦科植物甜瓜 *Cucumis melo* L. 的叶片，夏、秋季采收。

【功能主治】①《食疗本草》：生捣汁（涂），生发。研末酒服，祛瘀，治小儿疳。

②《滇南本草》：煎汤洗风癞。

（4）甜瓜皮。

【来源】葫芦科植物甜瓜 *Cucumis melo* L. 的果皮。

【功能主治】①《食医心鉴》：治热，去烦渴，煎皮作羹亦佳。

②《滇南本草》：泡水止牙疼。

【用法用量】内服：煎汤，3 ～ 9 g。外用：泡水漱口。

（5）甜瓜子。

【别名】甘瓜子、甜瓜仁、甜瓜瓣。

【采收加工】 夏、秋季收集食用甜瓜时遗下的种子，晒干。

【来源】 葫芦科植物甜瓜 *Cucumis melo* L. 的种子。

【性状】 干燥的种子，长卵形，扁平，长 6～7 mm，宽 3～4 mm，厚约 1 mm。顶端稍尖，有一极不明显的种脐，基部圆钝。表面黄白色，平滑而微有光泽。在放大镜下观察，表面可见细密的纵纹。种皮较硬而脆，内有一个白色膜质胚乳，包于 2 片子叶之外，子叶白色，富油性。气无，味淡。以黄白色、颗粒饱满者为佳。

【性味】 甘，寒。

【功能主治】 散结，消瘀，清肺，润肠。主治腹内结聚，肠痈，咳嗽口渴。

【用法用量】 内服：煎汤，9～15 g；或入丸、散。

【附方】 ①治肠痈已成，小腹肿痛，小便似淋，或大便艰涩、下脓：甜瓜子 150 g，当归（炒）32 g，蛇蜕皮 1 条。研粗末，每服 12 g，水一盏半，煎一盏，食前服，利下恶物为妙。（《太平圣惠方》）

②治口臭：甜瓜子作末，蜜和，每日空心洗漱讫，含一丸如枣核大，亦敷齿。（《千金方》）

③治腰腿疼痛：甜瓜子 95 g，酒浸十日，为末。每服 9 g，空心酒下，日三。（《寿域神方》）

（6）甜瓜根。

【采收加工】 夏、秋季采挖，洗净泥土用。

【来源】 葫芦科植物甜瓜 *Cucumis melo* L. 的根。

【功能主治】 《滇南本草》：煎汤洗风癞。

（7）甜瓜花。

【采收加工】 6—7 月开花时采收。

【来源】 葫芦科植物甜瓜 *Cucumis melo* L. 的花。

【功能主治】 主治心痛咳逆，散毒。

【用法用量】 内服：煎汤，3～9 g。外用：捣敷。

（8）甜瓜蒂。

【别名】 瓜蒂、瓜丁、苦丁香、甜瓜把。

【采收加工】 6—7 月采摘尚未老熟的果，切取果蒂，阴干。

【来源】 葫芦科植物甜瓜 *Cucumis melo* L. 的果蒂。

【性状】 干燥的果蒂，其果柄略弯曲，上有纵棱，微皱缩；连接果实的一端渐膨大，即花萼的残基。表面黄褐色，有时带有卷曲的果皮。质柔韧，不易折断。气微，味苦。以干燥、色黄、稍带果柄者为佳。

【性味】 苦，寒；有毒。

【归经】 归脾、胃经。

【功能主治】 主治痰涎宿食，上脘壅塞，胸中痞梗，风痰癫痫，湿热黄疸，四肢浮肿，鼻塞，喉痹。

【用法用量】 内服：煎汤，2.4～4.5 g；或入丸、散。外用：研末搐鼻。

【注意】 体虚、失血及上部无实邪者忌服。

①《伤寒论》：诸亡血、虚家，不可与。

②《本草衍义补遗》：胃弱者勿用。病后，产后宜深戒之。

【附方】 ①治病如桂枝证，头不痛，项不强，寸脉微浮，胸中痞硬，气上冲咽喉，不得息者，此为胸中有寒也，当吐之：瓜蒂（熬黄）0.3 g，赤小豆 0.3 g。上二味，分别捣筛，为散已，合治之，取 1.5 g，以香豉 150 g，用热汤 700 ml，煮作稀糜，去滓，取汁和散，温顿服之，不吐者，少少加，得快吐乃止。（《伤寒论》）

②治风涎暴作，气塞倒卧：甜瓜蒂（极干），不限多少，为细末。量疾，每用 1.5～3 g；腻粉 1.5 g，以水 50 ml 同调匀，灌之。服之良久，涎自出，或涎未出，含砂糖一块，下咽，涎即出。（《本草衍义》）

③治诸风膈痰，诸痫涎涌：瓜蒂炒黄为末，量人以酸齑水一盏调下，取吐。（《活法机要》）

④治风痫，缠喉风，咳嗽，遍身风疹，急中涎潮：瓜蒂不限多少，细碾为末，壮年一字，十五（岁）以下及老者半字，早晨井华水下，一食顷，含砂糖一块，良久涎如水出；年深，涎尽有一块如涎，布水上如鉴矣。涎尽，食粥一两日。如吐多困甚，咽麝香汤一盏即止矣。麝细研温水调下。（《经验后方》）

⑤治发狂欲走：瓜蒂末，井水服 3 g，取吐。（《太平圣惠方》）

⑥治駒喘痰气：苦丁香 3 个为末，水调服，吐痰即止。（《类编朱氏集验医方》）

⑦治太阳中暍，身热疼重而脉微弱：瓜蒂 27 个，锉，以水 1 升，煮取 500 ml，去渣顿服。（《金匮要略》）

⑧治黄疸及暴急黄：瓜蒂、丁香各 7 枚，小豆 7 粒。为末，吹鼻中，少时黄水出。（《食疗本草》）

⑨治鼻中息肉：陈瓜蒂 0.3 g，捣罗为末，以羊脂和，以少许敷息肉上，日三用之。（《太平圣惠方》）

⑩治牙痛：瓜蒂 7 枚，炒黄碾散，以麝香相和，新棉裹，病牙处咬之。（《圣济总录》）

⑪治疟，无问新久：瓜蒂二七枚，捣，水渍一宿服之。（《千金方》）

807. 黄瓜 *Cucumis sativus* L.

【别名】胡瓜、王瓜、刺瓜。

【形态】一年生蔓生或攀援草本；茎、枝伸长，有棱沟，被白色的糙硬毛。卷须细，不分歧，具白色柔毛。叶柄稍粗糙，有糙硬毛，长 10～16（20）cm；叶片宽卵状心形，膜质，长、宽均 7～20 cm，两面甚粗糙，被糙硬毛，3～5 个角或浅裂，裂片三角形，有齿，有时边缘有缘毛，先端急尖或渐尖，基部弯缺半圆形，宽 2～3 cm，深 2～2.5 cm，有时基部向后靠合。雌雄同株。雄花：常数朵在叶腋簇生；花梗纤细，长 0.5～1.5 cm，被微柔毛；花萼

筒狭钟状或近圆筒状，长 8～10 mm，密被白色的长柔毛，花萼裂片钻形，开展，与花萼筒近等长；花冠黄白色，长约 2 cm，花冠裂片长圆状披针形，急尖；雄蕊 3，花丝近无，花药长 3～4 mm，药隔伸出，长约 1 mm。雌花：单生或稀簇生；花梗粗壮，被柔毛，长 1～2 cm；子房纺锤形，粗糙，有小刺状凸起。果实长圆形或圆柱形，长 10～30（50）cm，成熟时黄绿色，表面粗糙，有具刺尖的瘤状凸起，极稀近平滑。种子小，狭卵形，白色，无边缘，两端近急尖，长 5～10 mm。花果期夏季。

【生境分布】全国各地均有栽培。

【药用部位】果、根、果皮。

（1）黄瓜。

【采收加工】7—8 月采收果，鲜用。

【来源】葫芦科植物黄瓜 *Cucumis sativus* L. 的果实。

【性味】甘，凉。

【归经】归脾、胃、大肠经。

【功能主治】除热，利水，解毒。主治烦渴，咽喉肿痛，火眼，烫伤。

【用法用量】内服：煮熟或生啖。外用：浸汁、制霜或研末调敷。

【注意】《滇南本草》：动寒痰，胃冷者食之，腹痛吐泻。

【附方】①治小儿热痢：嫩黄瓜同蜜食10余枚。（《海上方》）

②治水病肚胀至四肢肿：胡瓜1个，破作两片不出于，以醋煮一半，水煮一半，俱烂，空心顿服，须臾下水。（《千金髓方》）

③治咽喉肿痛：老黄瓜1枚，去子，入硝填满，阴干为末。每以少许吹之。（《医林类证集要》）

④治疮燋肿：六月取黄瓜入瓷瓶中，水浸之。每以水扫于疮上。（《医林类证集要》）

⑤治火眼赤痛：五月取老黄瓜1条，上开小孔，去瓤，入芒硝令满，悬阴处，待硝透出刮下，留点眼。（《寿域神方》）

（2）黄瓜根。

【采收加工】夏、秋季采挖，洗净，晒干或鲜用。

【来源】葫芦科植物黄瓜 *Cucumis sativus* L. 的根。

【性味】甘、苦，凉；无毒。

【功能主治】主治腹泻，痢疾。

【用法用量】内服：煎汤，32～64 g。外用：捣敷。

【附方】①治噤口痢：黄瓜根，捣烂贴肚脐上。（《贵州省中医验方秘方》）

②治小儿风热腹泻，湿热下痢：黄瓜根、六合草，水煎加白糖服。（《四川中药志》）

（3）黄瓜皮。

【采收加工】夏、秋季采收，刨下果皮，晒干或鲜用。

【来源】葫芦科植物黄瓜 *Cucumis sativus* L. 的果皮。

【性状】本品呈不规则卷筒状，厚1～2 mm。外表面黄褐色，上有深褐色疣状凸起及黄白色或黄色网状花纹；内表面黄白色，有皱纹。质轻而柔韧。气清香，味淡。

【性味】甘、淡，凉。

【功能主治】清热，利水，通淋。主治水肿尿少，热结膀胱，小便淋痛。

【用法用量】内服：煎汤，10～15 g，鲜品加倍。

南瓜属 *Cucurbita* L.

808. 南瓜 *Cucurbita moschata*（Duch. ex Lam.）Duch. ex Poiret

【别名】倭瓜。

【形态】一年生蔓生草本；茎常节部生根，伸长达2～5 m，密被白色短刚毛。叶柄粗壮，长8～19 cm，被短刚毛；叶片宽卵形或卵圆形，质稍柔软，有5角或5浅裂，稀钝，长12～25 cm，宽20～30 cm，侧裂片较小，中间裂片较大，三角形，上面密被黄白色刚毛和茸毛，常有白斑，叶脉隆起，各裂片的中脉常延伸至顶端，成一小尖头，背面色较淡，毛更明显，边缘有小而密的细齿，顶端稍钝。卷须稍粗壮，与叶柄一样被短刚毛和茸毛，

3～5 歧。雌雄同株。雄花单生；花萼筒钟形，长 5～6 mm，裂片条形，长 1～1.5 cm，被柔毛，上部扩大成叶状；花冠黄色，钟状，长 8 cm，直径 6 cm，5 中裂，裂片边缘反卷，具皱褶，先端急尖；雄蕊 3，花丝腺体状，长 5～8 mm，花药靠合，长 15 mm，药室折曲。雌花单生；子房 1 室，花柱短，柱头 3，膨大，顶端 2 裂。果梗粗壮，有棱和槽，长 5～7 cm，瓜蒂扩大成喇叭状；瓠果形状多样，因品种而异，外面常有数条纵沟或无。种子多数，长卵形或长圆形，灰白色，边缘薄，长 10～15 mm，宽 7～10 mm。

【生境分布】 栽培于屋边、园地及河滩边。全国各地均有分布。

【药用部位】 果实、根、藤、叶、须、瓤、花、蒂、种子。

（1）南瓜。

【采收加工】 夏、秋季果实成熟时采收。

【来源】 葫芦科植物南瓜 *Cucurbita moschata*（Duch. ex Lam.）Duch. ex Poiret 的果实。

【性味】 甘，温。

【归经】 归脾、胃经。

【功能主治】 补中益气，消炎止痛，解毒杀虫。

【用法用量】 内服：蒸煮或生捣汁。外用：捣敷。

【注意】 凡患气滞湿阻之病，忌服。

①《本草纲目》：多食发脚气、黄疸。

②《随息居饮食谱》：凡时病疳疟，疸痢胀满，脚气痞闷，产后痧痘，皆忌之。

【附方】 ①解鸦片毒：生南瓜捣汁频灌。（《随息居饮食谱》）

②治火药伤人及汤火伤：生南瓜捣敷。（《随息居饮食谱》）

③治肺痈：南瓜 250 g，牛肉 250 g。煮熟食之（勿加盐、油），连服数次后，则服六味地黄汤 5～6剂。忌服肥腻。（《岭南草药志》）

【临床应用】 南瓜生食可以驱蛔：成人每次 500 g，儿童 250 g，2 h 后再服泻剂。连服 2 天。

（2）南瓜根。

【采收加工】 秋季采收。

【来源】 葫芦科植物南瓜 *Cucurbita moschata*（Duch. ex Lam.）Duch. ex Poiret 的根。

【性味】 淡，平，无毒。

【功能主治】 利湿热，通乳汁。主治淋证，黄疸，痢疾，乳汁不通。

【用法用量】 内服：煎汤，9～18 g（鲜品 32～64 g）。

【附方】 ①治火淋及小便赤热涩痛：南瓜根、车前草、水案板、水灯心。同煎服。（《四川中药志》）

②治湿热发黄：南瓜根炖黄牛肉服。（《重庆草药》）

③治便秘：南瓜根 47 g。浓煎灌肠。（《闽东本草》）

（3）南瓜藤。

【别名】 番瓜藤、盘肠草。

【采收加工】 夏、秋季采收。

【来源】 葫芦科植物南瓜 *Cucurbita moschata*（Duch. ex Lam.）Duch. ex Poiret 的茎。

【性味】 甘、苦，微寒；无毒。

【归经】 归肝、脾经。

【功能主治】 清肺，和胃，通络。主治肺结核低热，胃痛，月经不调，烫伤。

【用法用量】 内服：煎汤，16～32 g；或切断滴汁。外用：捣汁涂。

【附方】 ①治虚劳内热：秋后南瓜藤，齐根剪断，插瓶内，取汁服。（《随息居饮食谱》）

②治胃痛：南瓜藤汁，冲红酒服。（《闽东本草》）

③治各种烫伤：南瓜藤汁涂伤处，一天数次。（《福建中医药》）

（4）南瓜叶。

【采收加工】 夏、秋季采收。

【来源】 葫芦科植物南瓜 *Cucurbita moschata*（Duch. ex Lam.）Duch. ex Poiret 的叶。

【功能主治】 主治痢疾，疳积，创伤。

【用法用量】 内服：煎汤，64～95 g；或入散剂。外用：研末掺。

【附方】 ①治风火痢：南瓜叶（去叶柄）7～8 片。水煎，加食盐少许服之，5～6 次即可。（《闽东本草》）

②治小儿疳积：南瓜叶 500 g，腥豆叶（即大眼南子叶）250 g，剃刀柄 64 g。晒干研末。每次 15 g，蒸猪肝服。（《岭南草药志》）

③治刀伤：南瓜叶，晒干研末，敷伤口。（《闽东本草》）

（5）南瓜须。

【别名】 南瓜蔓。

【采收加工】 夏、秋季采收。

【来源】 葫芦科植物南瓜 *Cucurbita moschata*（Duch. ex Lam.）Duch. ex Poiret 茎上的卷须。

【功能主治】 主治妇人乳缩（即乳头缩入体内），剧烈疼痛。

（6）南瓜瓤。

【来源】 葫芦科植物南瓜 *Cucurbita moschata*（Duch. ex Lam.）Duch. ex Poiret 的果瓤。

【功能主治】 主治烫伤，创伤。

【用法用量】 外用：捣敷。

【附方】 ①治汤火伤：伏月收老南瓜瓤连子，装入瓶内，愈久愈佳。凡遇汤火伤者，以此敷之。（《活人慈航》）

②治枪子入肉：南瓜瓤敷之。晚收南瓜，浸盐卤中备用。（《随息居饮食谱》）

③治打伤眼球：南瓜瓤捣敷伤眼，连敷 12 h 左右。（《岭南草药志》）

④治鼠咬伤：南瓜瓤、老鼠瓜，共捣烂敷伤口。（《岭南草药志》）

（7）南瓜花。

【采收加工】 6—7 月开花时采收。

【来源】 葫芦科植物南瓜 *Cucurbita moschata*（Duch. ex Lam.）Duch. ex Poiret 的花。

【性味】 凉。

【功能主治】 清湿热，消肿毒。主治黄疸，痢疾，咳嗽，痈疽肿毒。

【用法用量】 内服：煎汤，9～15 g。外用：捣敷或研末调敷。

（8）南瓜蒂。

【采收加工】 秋季采老熟的南瓜，切取瓜蒂，晒干。

【来源】 葫芦科植物南瓜 *Cucurbita moschata*（Duch. ex Lam.）Duch. ex Poiret 的瓜蒂。

【性状】 干燥瓜蒂呈五、六角形的盘状，直径 2.5～5.6 cm，上附残存的柱状果柄。外表淡黄色，微有光泽，具稀疏刺状短毛及凸起的小圆点。果柄略弯曲，粗 1～2 cm，有隆起的棱脊 5～6 条，纵向延伸至蒂端。质坚硬，断面黄白色，常有空隙可见。以蒂大、色黄、坚实者为佳。

【功能主治】 主治痈疡，疔疮，烫伤。

【用法用量】 内服：煎汤，32～64 g；或煅存性研末。外用：研末调敷。

【附方】 ①治疔疮：老南瓜蒂数个。焙研为末，麻油调敷。（《行箧检秘》）

②治烫伤：南瓜蒂晒干烧灰存性，研末，茶油调搽。（江西《草药手册》）

③治对口疮：南瓜蒂烧灰，调茶油涂患处，连涂至痊愈为止。（《岭南草药志》）

④治骨鲠喉：南瓜蒂灰、血余灰、冰糖，各适量。米糊为丸服。（《岭南草药志》）

⑤治一般溃疡：南瓜蒂烧炭研末，香油调匀，涂敷患处。（徐州《单方验方　新医疗法（选编）》）

⑥保胎：黄牛鼻一条（煅灰存性），南瓜蒂 32 g。煎汤服。（《本草纲目拾遗》）

【临床应用】对晚期血吸虫病程度较轻的腹水有一定的疗效。用法：取带柄的南瓜蒂（柄长 1 寸左右），置于瓦片上焙焦存性，研末吞服；每次 0.5 g 左右，每日 3 次，连服 2～3 周。服药期间忌盐，注意休息及补充营养。

（9）南瓜子。

【别名】南瓜仁、白瓜子、金瓜米。

【采收加工】夏、秋季收集成熟种子，除去瓤膜，晒干。

【来源】葫芦科植物南瓜 *Cucurbita moschata*（Duch. ex Lam.）Duch. ex Poiret 的种子。

【性状】干燥成熟的种子，呈扁椭圆形，一端略尖，外表黄白色，边缘稍有棱，长 1.2～2 cm，宽 0.7～1.2 cm，表面带茸毛，边缘较多。种皮较厚，种脐位于尖的一端；除去种皮，可见绿色菲薄的胚乳，内有 2 枚黄色肥厚的子叶。子叶内含脂肪油，胚根小。气香，味微甘。以干燥、粒饱满、外壳黄白色者为佳。

【性味】甘，平。

【功能主治】主治绦虫，蛔虫，产后手足浮肿，百日咳，痔疮。

【用法用量】内服：煎汤，32～64 g；研末或制成乳剂。外用：煎水熏洗。

【注意】《本草纲目拾遗》：多食壅气滞膈。

【附方】①驱除绦虫：a. 新鲜南瓜子仁 32～64 g，研烂，加水制成乳剂，加冰糖或蜂蜜空腹顿服；或以种子压油取服 15～30 滴。（《中药的药理与应用》）

b. 南瓜子、石榴根皮各 32 g，日服三次，连服二日。（《四川中药志》）

②治蛔虫：南瓜子（去壳留仁）32～64 g。研碎，加开水、蜜或糖成糊状，空心服。（《闽东本草》）

③治血吸虫病：南瓜子，炒黄、碾细末。每日服 64 g，分二次，加白糖开水冲服。以十五日为 1 个疗程。（《验方选集》）

④治百日咳：南瓜种子，瓦上炙焦，研细粉。赤砂糖汤调服少许，一日数回。（《江西中医药》）

⑤治小儿咽喉痛：南瓜子（不用水洗，晒干），用冰糖煎汤。每天服 6～9 g。（《国医导报》）

⑥治营养不良，面色萎黄：南瓜子、花生仁、胡桃仁同服。（《四川中药志》）

⑦治内痔：南瓜子 1 kg，煎水熏之。每日二次，连熏数天。（《岭南草药志》）

【临床应用】①治疗血吸虫病。临床试用南瓜子仁治疗血吸虫病，具有一定疗效。尤其对急性病例具有良好的退热作用。常用制剂：a. 去油粉剂，每日全量 240～300 g，10 岁以下儿童服半量，10～16 岁服 160～200 g。b. 水浸膏：每毫升相当于生南瓜子仁 4 g。急性病例每日用 180 ml，慢性病例每日服 60 ml。儿童剂量按去油粉剂推算。均以 30 天为 1 个疗程。副作用：服药初期可能有腹泻、恶心、食欲减退等反应，均较轻微，不久即消失。浸膏反应较粉剂为轻。治疗中有 3 例晚期患者服药后黄疸指数上升，停药后 2 例下降，1 例仍继续上升而发生肝性昏迷。故对晚期病例应慎重使用。

②治疗绦虫病。南瓜子配合槟榔应用。

③治疗蛔虫病。南瓜子煎服或炒熟吃。儿童一般每次用 32～64 g，于早晨空腹时服。

④治疗产后缺乳。每次用生南瓜子 15～18 g，去壳取仁，用纱布包裹捣成泥状，加开水适量和服（亦可加入少许豆油或食糖搅拌），早晚空腹各服 1 次。一般连服 3～5 天即可见效。如将南瓜子仁炒热吃或煮粥吃则无效。

绞股蓝属 *Gynostemma* Blume

809. 绞股蓝 *Gynostemma pentaphyllum*（Thunb.）Makino

【别名】 七叶胆。

【形态】 草质攀援植物；茎细弱，具分枝，具纵棱及槽，无毛或疏被短柔毛。叶膜质或纸质，鸟足状，具3～9小叶，通常5～7小叶，叶柄长3～7 cm，被短柔毛或无毛；小叶片卵状长圆形或披针形，中央小叶长3～12 cm，宽1.5～4 cm，侧生小叶较小，先端急尖或短渐尖，基部渐狭，边缘具波状齿或圆齿状齿，上面深绿色，背面淡绿色，两面均疏被短硬毛，侧脉6～8对，上面平坦，背面凸起，细脉网状；小叶柄略叉开，长1～5 mm。卷须纤细，2歧，稀

单一，无毛或基部被短柔毛。花雌雄异株。雄花圆锥花序，花序轴纤细，多分枝，长10～15（30）cm，分枝广展，长3～4（15）cm，有时基部具小叶，被短柔毛；花梗丝状，长1～4 mm，基部具钻状小苞片；花萼筒极短，5裂，裂片三角形，长约0.7 mm，先端急尖；花冠淡绿色或白色，5深裂，裂片卵状披针形，长2.5～3 mm，宽约1 mm，先端长渐尖，具1脉，边缘具缘毛状小齿；雄蕊5，花丝短，联合成柱，花药着生于柱之顶端。雌花圆锥花序远较雄花之短小，花萼及花冠似雄花；子房球形，2～3室，花柱3枚，短而叉开，柱头2裂；具短小的退化雄蕊5枚。果实肉质不裂，球形，直径5～6 mm，成熟后黑色，光滑无毛，内含倒垂种子2个。种子卵状心形，直径约4 mm，灰褐色或深褐色，顶端钝，基部心形，压扁，两面具凸起。花期3—11月，果期4—12月。

【生境分布】 罗田北部山区山间阴湿处有分布。

【采收加工】 秋季采收，晒干。

【药材名】 绞股蓝。

【来源】 葫芦科植物绞股蓝 *Gynostemma pentaphyllum*（Thunb.）Makino 的全草。

【性味】 苦，寒。

【功能主治】 消炎解毒，止咳祛痰。现多用作滋补强壮药。

葫芦属 *Lagenaria* Ser.

810. 葫芦 *Lagenaria siceraria*（Molina）Standl.

【别名】 葫芦瓜、腰舟、甜瓠、瓠瓜。

【形态】 一年生攀援草本；茎、枝具沟纹，被黏质长柔毛，老后渐脱落，变近无毛。叶柄纤细，长16～20 cm，有和茎枝一样的毛被，顶端有2腺体；叶片卵状心形或肾状卵形，长、宽均10～35 cm，不分裂或3～5裂，具5～7掌状脉，先端锐尖，边缘有不规则的齿，基部心形，弯缺开张，半圆形或近圆形，深1～3 cm，宽2～6 cm，两面均被微柔毛，叶背及脉上较密。卷须纤细，初时有微柔毛，后渐脱落，变光滑无毛，上部分2歧。雌雄同株，雌、雄花均单生。雄花：花梗细，比叶柄稍长，花梗、花

萼、花冠均被微柔毛；花萼筒漏斗状，长约 2 cm，裂片披针形，长 5 mm；花冠黄色，裂片皱波状，长 3 ~ 4 cm，宽 2 ~ 3 cm，先端微缺而顶端有小尖头，5 脉；雄蕊 3，花丝长 3 ~ 4 mm，花药长 8 ~ 10 mm，长圆形，药室折曲。雌花花梗比叶柄稍短或近等长；花萼和花冠似雄花；花萼筒长 2 ~ 3 mm；子房中间缢细，密生黏质长柔毛，花柱粗短，柱头 3，膨大，2 裂。果实初为绿色，后变白色至带黄色，由于长期栽培，果形变异很大，因不同品种或变种

而异，有的呈哑铃状，中间缢细，下部和上部膨大，上部大于下部，长数十厘米，有的仅长 10 cm（小葫芦），有的呈扁球形、棒状，成熟后果皮变木质。种子白色，倒卵形或三角形，顶端截形或 2 齿裂，稀圆，长约 20 mm。花期夏季，果期秋季。

【生境分布】 全国各地均有栽培。

【采收加工】 立冬前后摘果，取出种子，晒干。

【药材名】 葫芦子。

【来源】 葫芦科植物葫芦 *Lagenaria siceraria*（Molina）Standl. 的干燥种子。

【炮制】 除去杂质。

【性味】 酸、涩，温。

【功能主治】 止泻，引吐，利水消肿。主治热痢，肺病，皮疹，重症水肿及腹水。

【用法用量】 内服：煎汤，6 ~ 30 g。

811. 瓠子 *Lagenaria siceraria* var. *hispida*（Thunb.）Hara

【别名】 长瓠、扁蒲。

【形态】 与葫芦不同之处在于：子房圆柱状；果粗细匀称而呈圆柱状，直或稍弯曲，长可达 60 ~ 80 cm，绿白色，果肉白色。

【生境分布】 全国各地均有栽培。

【药用部位】 果实、种子。

（1）瓠子。

【采收加工】 夏季采收。

【来源】 葫芦科植物瓠子 *Lagenaria siceraria* var. *hispida*（Thunb.）Hara 的果实。

【性味】 甘，寒。

【功能主治】 利水，清热，止渴，除烦。主治水肿腹胀，烦热口渴，疮毒。

【用法用量】 内服：煎汤，鲜品 64 ~ 125 g；或烧存性研末。外用：烧存性研末调敷。

【注意】《千金方》：扁鹊云，患脚

气虚胀者，不得食之。

　　【附方】①治小儿初生周身无皮：用瓢烧灰，调油搽之。

　　②治左瘫右痪：瓢子烧灰，酒下。

　　③治痰火腿脚疼痛：瓢子烤热包之。

　　④治诸疮脓血流溃，杨梅结毒，横痃鱼口：瓢子用荞面包好，以火烧焦，去面为末，服之。（①～④方出自《滇南本草》）

　　（2）瓢子子。

　　【采收加工】夏季采收。

　　【来源】葫芦科植物瓢子 *Lagenaria siceraria* var. *hispida*（Thunb.）Hara 的种子。

　　【功能主治】煎汤，治哑瘴；治棒疮跌打，搽之；与生姜同撮，治咽喉肿痛。

丝瓜属 *Luffa* Mill.

812. 丝瓜 *Luffa cylindrica*（L.）Roem.

　　【别名】天丝瓜。

　　【形态】一年生攀援藤本；茎、枝粗糙，有棱沟，被微柔毛。卷须稍粗壮，被短柔毛，通常 2～4 歧。叶柄粗糙，长 10～12 cm，具不明显的沟，近无毛；叶片三角形或近圆形，长、宽均 10～20 cm，通常掌状 5～7 裂，裂片三角形，中间的较长，长 8～12 cm，顶端急尖或渐尖，边缘有锯齿，基部深心形，弯缺深 2～3 cm，宽 2～2.5 cm，上面深绿色，粗糙，有疣点，下面浅绿色，有短柔毛，脉掌状，具白色的

短柔毛。雌雄同株。雄花：通常 15～20 朵花，生于总状花序上部，花序梗稍粗壮，长 12～14 cm，被柔毛；花梗长 1～2 cm，花萼筒宽钟形，直径 0.5～0.9 cm，被短柔毛，裂片卵状披针形或近三角形，上端向外反折，长 0.8～1.3 cm，宽 0.4～0.7 cm，里面密被短柔毛，边缘尤为明显，外面毛被较少，先端渐尖，具 3 脉；花冠黄色，辐状，开展时直径 5～9 cm，裂片长圆形，长 2～4 cm，宽 2～2.8 cm，里面基部密被黄白色长柔毛，外面具 3～5 条凸起的脉，脉上密被短柔毛，顶端圆钝，基部狭窄；雄蕊通常 5，稀 3，花丝长 6～8 mm，基部有白色短柔毛，花初开放时稍靠合，最后完全分离，药室多回折曲。雌花：单生，花梗长 2～10 cm；子房长圆柱状，有柔毛，柱头 3，膨大。果实圆柱状，直或稍弯，长 15～30 cm，直径 5～8 cm，表面平滑，通常有深色纵条纹，未熟时肉质，成熟后干燥，里面呈网状纤维，由顶端盖裂。种子多数，黑色，卵形，扁，平滑，边缘狭翼状。花果期夏、秋季。

　　【生境分布】全国各地均有栽培。

　　【药用部位】果实、根、茎、叶、花、瓜蒂、果皮、老瓜内的纤维及种子。

　　（1）丝瓜。

　　【采收加工】鲜嫩果实于夏、秋间采摘；老熟果实（天骷髅）于秋后采收。

　　【来源】葫芦科植物丝瓜 *Luffa cylindrica*（L.）Roem. 的鲜嫩果实，或霜后干枯的老熟果实（天骷髅）。

【性味】甘，凉。

【归经】归肝、胃经。

【功能主治】清热，化痰，凉血，解毒。主治热病身热烦渴，痰喘咳嗽，肠风痔漏，崩带，血淋，疔疮，乳汁不通，痈肿。

【用法用量】内服：煎汤，9～15 g（鲜品64～125 g）；或烧灰研末。外用：捣汁涂或研末调敷。

【注意】①《滇南本草》：不宜多食，损命门相火，令人倒阳不举。

②《本经逢原》：丝瓜嫩者寒滑，多食泻人。

【附方】①治肠风：丝瓜不拘多少，烧灰存性，酒调6 g，空心下。（《续本事方》）

②治痔漏脱肛：丝瓜烧灰、多年石灰、雄黄各15 g。为末，以诸胆、鸡子清及香油和调贴之，收上乃止。（《孙天仁集效方》）

③治肛门酒痔：丝瓜烧存性，研末，酒服6 g。（《本草纲目》）

④治白崩：棕榈（烧灰）、丝瓜各等份，为细末。空心酒调下。（《奇效良方》）

⑤治风热腮肿：丝瓜烧存性，研末，水调搽之。（《本草纲目》）

⑥治痈疽不敛，疮口太深：丝瓜捣汁频抹之。（《仁斋直指方》）

⑦治天疱疮：丝瓜汁调成粉频搽之。（《本草纲目》）

⑧治干血气痛，妇人血气不行，上冲心膈，变为干血气者：丝瓜1枚，烧存性，空心温酒服。（《寿域神方》）

⑨治经脉不通：干丝瓜1个为末，用白鸽血调成饼，日干，研末。每服6 g，空心酒下，先服四物汤三服。（《海上方》）

⑩治酒痢，便血，腹痛：干丝瓜1枚，连皮烧研，空心酒服6 g。一方煨食之。（《经验良方》）

⑪治乳汁不通：丝瓜连子烧存性，研。酒服3～6 g，被覆取汗。（《简便单方》）

⑫治风虫牙痛：经霜干丝瓜烧存性，为末擦之。（《仁斋直指方》）

⑬预防麻疹：生丝瓜适量，煮汤服食。

⑭治百日咳：生丝瓜绞汁和蜜少许服；或用丝瓜藤切断，自然滴下之水一小杯，炖热加冰糖服。

⑮治哮喘：生小丝瓜（连蒂）数条，切断，放砂锅内煮烂，取浓汁服。

⑯治天疱疮，黄水疮，热疖，荨麻疹：生丝瓜（或叶），捣烂取汁，涂患处。

⑰治急性喉炎，喉痛声哑：经霜丝瓜一条，切碎，泡开水服。

⑱治乳少：丝瓜仁30 g，煮鲢鱼食。

⑲治咳痰不易：丝瓜仁焙干研末，每服10 g。

⑳治神经性皮炎：鲜丝瓜叶洗净捣烂，涂擦神经皮炎患处，直至局部发红，甚至见隐血为止，每7天一次。

㉑治肺痈，疝气疼痛，产后腹痛：老丝瓜（去皮），放瓦上焙干存性研末，用黄酒调服10 g。

㉒丝瓜速溶饮：经霜老丝瓜一条，洗净去子切碎，加水适量煎熬1 h后去渣，液汁继续用小火煎熬至黏稠时停火，加入白糖粉100 g拌匀装瓶。随时用10 g，开水冲化食用。可治急、慢性咽炎，喉炎，扁桃体炎等。

㉓丝瓜瘦肉汤：鲜丝瓜250 g左右切块，猪瘦肉200 g左右切片。加水适量共煮汤，煮熟后用食盐调味，佐餐食用。具清热利肠，解暑除烦作用。适于夏天暑热烦渴，初期内痔大便出血等。

㉔治痘疮不快：用老丝瓜近蒂三寸，连皮烧存性，研为末，砂糖水送服。

㉕治痈疽不敛，疮口很深：有丝瓜捣汁频频涂搽。

㉖治风热肋肿：用丝瓜烧存性，研为末，水调涂搽。

㉗治坐板疮：用丝瓜皮焙干，研为末，烧酒调匀涂搽。

㉘治手足冻疮：用老丝瓜烧存性，调腊猪油涂搽。

㉙治痔漏脱肛：用丝瓜烧灰、多年石灰、雄黄各 15 g，共研为末，以猪胆、鸡蛋清及香油调药敷贴，直至脱肠收上。

㉚治肠风下血：用霜后干丝瓜烧存性，研为末，空心服 6 g，酒送下。

㉛治血崩：用老丝瓜烧灰、棕榈烧灰各等份，盐酒或盐汤送服。

㉜治乳汁不通：用丝瓜连子烧存性，研为末，酒送服 3～6 g，厚盖发汗即通。

㉝治小肠气痛，绕脐冲心：用老丝瓜连蒂烧存性，研为末。每服 9 g，热酒调下。病重者服两三次即消。

㉞治卵肿偏坠：用老丝瓜烧存性，研为末，炼蜜调成膏。每晚以好酒送服一匙。

㉟治腰痛：用丝瓜子炒焦，捣烂，酒送服。以渣敷痛处。

㊱治喉闭肿痛：用丝瓜研汁灌下。

㊲治化痰止咳：用丝瓜烧存性，研为末，加枣内做成丸子，如弹子大。每服一丸，温酒送下。

㊳治风虫牙痛：用生丝瓜一个，擦盐火烧存性，研为末频频擦牙，涎尽即愈。如肋肿，可用末调水敷贴。此方治蛀牙无效。

㊴治刀疮：用古石灰、新石灰、丝瓜根叶、韭菜根各等份，捣至极烂，做成饼，阴干，研末涂搽。止血、定痛，生肌，有特效。

㊵治诸疮久溃：用丝瓜老根熬水洗搽。（⑬～㊵方出自《中药大辞典》）

（2）丝瓜根。

【来源】葫芦科植物丝瓜 *Luffa cylindrica*（L.）Roem. 的根。

【采收加工】夏、秋季采挖，洗净，鲜用或干用。

【性味】甘，平。

【功能主治】活血，通络，消肿。主治偏头痛，腰痛，乳腺炎，喉风肿痛，肠风下血，痔漏。

【用法用量】内服：煎汤，3～9 g（鲜品 32～64 g）；或烧存性研末。外用：煎水洗或捣汁涂。

【附方】①治偏头痛：鲜丝瓜根 95 g，鸭蛋 2 个，水煮服。（江西《草药手册》）

②治腰痛不止：丝瓜根烧存性，为末。每温酒服 6 g。（《卫生杂兴》）

③治喉风肿痛：丝瓜根，以瓦瓶盛水浸饮之。（《海上方》）

④治乳腺炎：丝瓜根，黄花根、三叶木通根，水煎配酒服。（江西《草药手册》）

⑤治肠风下血，痔漏脱肛：丝瓜根经霜者阴干。每服 9 g，用真菜油一点，入罐底，水煎服。（《滇南本草》）

（3）丝瓜花。

【采收加工】夏季开花时采取。

【来源】葫芦科植物丝瓜 *Luffa cylindrica*（L.）Roem. 的花蕾。

【性味】甘、微苦，寒。

【功能主治】清热解毒。主治肺热咳嗽，咽痛，鼻窦炎，疔疮，痔疮。

【用法用量】内服：煎汤，6～9 g。外用：捣敷。

【附方】①治肺热咳嗽，喘急气促：丝瓜花、蜂蜜。水煎服。（《滇南本草》）

②治红肿热毒疮，痔疮：丝瓜花 15 g，铧头草 15 g。生捣涂敷。（《重庆草药》）

③治外伤出血：丝瓜花、秋葵叶。晒干研粉。加冰片少许，同研末外用。（《单方验方调查资料选编》）

（4）丝瓜皮。

【采收加工】夏、秋季食用丝瓜时，收集削下的果皮，晒干。

【来源】葫芦科植物丝瓜 *Luffa cylindrica*（L.）Roem. 的果皮。

【功能主治】 主治金疮，疔疮，坐板疮。

【用法用量】 外用：焙干研末调敷。

【附方】 治坐板疮：丝瓜皮焙干为末。烧酒调搽之。（《摄生众妙方》）

（5）丝瓜藤。

【采收加工】 夏、秋季采收。

【来源】 葫芦科植物丝瓜 *Luffa cylindrica*（L.）Roem. 的茎。

【性味】 苦，微寒，小毒。

【归经】 归心、脾、肾经。

【功能主治】 舒筋，活血，健脾，杀虫。主治腰膝四肢麻木，月经不调，水肿，齿露，鼻渊，牙宣。

【用法用量】 内服：煎汤，32～64 g；或烧存性研末。外用：煨存性研末调敷。

【附方】①治鼻中时时流臭黄水，甚至脑亦时痛：丝瓜藤近根三五寸，烧存性为细末，酒调服之。（《医学正传》）

②治牙宣露痛：丝瓜藤阴干，临时火煅存性，研搽。（《海上方》）

【临床应用】①治疗慢性支气管炎。a.煎剂：取丝瓜藤（干）95～250 g，切碎浸泡后煮 1 h 以上滤过，药渣加水再煎，两次煎液合并浓缩至 100～150 ml，加糖适量。每次 50～100 ml，日服 2～3 次，10 天为 1 个疗程。丝瓜藤及其提取物的主要作用是镇咳及祛痰，平喘作用较差，无明显抑菌消炎作用；无肺气肿者效果比合并肺气肿者好；疗效与病程无明显规律性；疗效与季节有明显差异，以夏季疗效最高，秋、冬季较低。

②治疗萎缩性鼻炎、慢性副鼻窦炎。用丝瓜根及近根 3～5 尺之藤煎服，每次 9 g，日服 1 次；或用根藤约 32 g（以鲜品为佳），和瘦猪肉煎汤服。5 次为 1 个疗程。亦可用枯藤切碎，焙至半焦后研末吹鼻，每日 2～3 次，3～4 天为 1 个疗程；对慢性鼻窦炎有一定作用。

（6）丝瓜叶。

【来源】 葫芦科植物丝瓜 *Luffa cylindrica*（L.）Roem. 的叶。

【功能主治】 清热解毒。主治痈疽，疔肿，疮癣，蛇咬伤。

【用法用量】 内服：煎汤，32～95 g；捣汁或研末。外用：煎水洗、捣敷或研末调敷。

【附方】①治鱼脐疔疮：丝瓜叶、连须葱、韭菜各等份。上入石钵内，捣烂如泥。以酒和服，以渣贴腋下，如病在左手，贴左腋下，右手贴右腋下；在左脚贴左胯，右脚贴右胯；如在中心贴心脐，并用帛缚住，候肉下红线处皆白，则可为安。（《世医得效方》）

②治虫癣：清晨采露水丝瓜叶擦患处。（《摄生众妙方》）

③治汤火伤：丝瓜叶（焙研），入辰粉 3 g，蜜调搽之；生者捣敷。（《海上方》）

④治阴子偏坠：丝瓜叶（烧存性）9 g，鸡子壳（烧灰）6 g。温酒调服。（《余居士选奇方》）

⑤治肾囊风热瘙痒：丝瓜叶 125 g，苍耳草 32 g，野菊花 64 g。煎水服或外用洗。（《重庆草药》）

⑥治汗斑：丝瓜叶、硼砂，冰片。捣烂外敷。（《南宁市药物志》）

⑦治妇人血崩：丝瓜叶炒黑研末。每用 6～15 g，酒冲服之。（《闽南民间草药》）

【临床应用】 治疗神经性皮炎：取鲜丝瓜叶洗净，搓碎后在局部摩擦，直至局部发红、见隐血为止。每 7 天 1 次，2 次为 1 个疗程。一般 1～2 个疗程，可获近期疗效。

（7）丝瓜子。

【别名】 乌牛子。

【采收加工】 秋季果实成熟后，在采制丝瓜络时，同时收集种子，晒干。

【来源】 葫芦科植物丝瓜 *Luffa cylindrica*（L.）Roem. 的种子。

【性状】 干燥种子呈扁平的椭圆形，长约 1.2 cm，宽约 7 mm，厚约 2 mm。种皮灰黑色至黑色，边缘有极狭的翅,翅的一端有种脊,上方有一对呈叉状的凸起。种皮稍硬,剥开后可见有膜状灰绿色的内种皮包在子叶外。子叶2片,黄白色。气无,味微苦。

【性味】 苦者:气寒,有毒。甜者:无毒。

【功能主治】 利水,除热。主治肢面浮肿,石淋,肠风,痔瘘。

【用法用量】 内服:煎汤,3～6 g;或炒焦研末。外用:研末调敷。

【注意】 ①姚可成《食物本草》:若患脚气、虚胀、冷气人食之病增。

②《得配本草》:脾虚者禁用。

③《南宁市药物志》:孕妇忌用。

【附方】 治腰痛不止:丝瓜子仁炒焦,擂酒服,以渣敷之。(《妇人良方补遗》)

【临床应用】 用于驱蛔:取黑色丝瓜子仁(白色无效),于空腹时嚼食,或捣烂装入胶囊服,每日1次。成人服丝瓜子仁40～50粒,儿童30粒,连服2日。

(8)丝瓜蒂。

【采收加工】 夏、秋季采取。

【来源】 葫芦科植物丝瓜 *Luffa cylindrica*(L.)Roem. 的瓜蒂。

【功能主治】 ①《学圃杂疏》:治小儿痘。

②《草求原》:丝瓜蒂同金针菜治一切咽喉肿痛。

【附方】 治喉痛:丝瓜蒂(煅末)、白鹅屎(煅)、冰片。研合吹喉。(《南宁市药物志》)

(9)丝瓜络。

【别名】 丝瓜网、丝瓜壳、瓜络、絮瓜瓤、天罗线、丝瓜筋、丝瓜瓤、千层楼。

【采收加工】 秋季采收枯老的果实,搓去外皮及果肉,或用水浸泡至果皮和果肉腐烂,取出洗净。除去种子,晒干,称为丝瓜络。

【来源】 葫芦科植物丝瓜 *Luffa cylindrica*(L.)Roem. 老熟果实的网状纤维或粤丝瓜的枯老果实。

【性状】 丝瓜络呈长圆筒形或长棱形,略弯曲,两端较细。长25～60 cm,中间直径6～8 cm。表面白色或黄白色,全体系由多层丝状纤维交织而成的网状物。体轻,质坚韧,不能折断。横切面可见子房3室,形成3个大空洞,内有少数残留的黑色种子。气无,味淡。以筋细、质韧、洁白、无皮者为佳。

【炮制】 丝瓜络:洗净晒干,切段。炒丝瓜络:取切成小段的丝瓜络,用麸皮拌炒至黄色为度,取出,筛去麸皮。丝瓜络炭:取切成小段的丝瓜络,盛锅内(装满为度),上覆同样大小的锅一只,两锅结合处以黄泥封严,然后用微火煅烧4～5 h停火(一般用白纸贴在上面锅底上,纸呈焦黄色时为煅透),候冷取出。

【性味】 甘,平。

【功能主治】 通经活络,清热化痰。主治胸胁疼痛,腹痛,腰痛,睾丸肿痛,肺热痰咳,妇女经闭,乳汁不通,痈肿,痔漏。丝瓜络炭:止血。主治便血,血崩。

【用法用量】 内服:煎汤,4.5～9 g;或烧存性研末。外用:煅存性研末调敷。

苦瓜属 *Momordica* L.

813. 苦瓜 *Momordica charantia* L.

【别名】 凉瓜、癞瓜。

【形态】 一年生攀援状柔弱草本,多分枝;茎、枝被柔毛。卷须纤细,长达20 cm,具微柔毛,不分歧。叶柄细,初时被白色柔毛,后变近无毛,长4～6 cm;叶片轮廓卵状肾形或近圆形,膜质,长、宽均4～12 cm,上面绿色,背面淡绿色,脉上密被明显的微柔毛,其余毛较稀疏,5～7深裂,裂片卵状长圆形，边缘具粗齿或有不规则小裂片，先端多圆钝，稀急尖，基部弯缺半圆形，叶脉掌状。雌雄同株。雄花：单生于叶腋，花梗纤细，被微柔毛，长3～7 cm，中部或下部具1苞片；苞片绿色，肾形或圆形，全缘，稍有缘毛，两面被疏柔毛，长、宽均5～15 mm；花萼裂片卵状披针形，被白色柔毛，长4～6 mm，宽2～3 mm，急尖；花冠黄色，裂片倒卵形，先端钝，急尖或微凹，长1.5～2 cm，宽0.8～1.2 cm，被柔毛；雄蕊3，离生，药室二回折曲。雌

花：单生，花梗被微柔毛，长10～12 cm，基部常具1苞片；子房纺锤形，密生瘤状凸起，柱头3，膨大，2裂。果实纺锤形或圆柱形，多瘤皱，长10～20 cm，成熟后橙黄色，由顶端3瓣裂。种子多数，长圆形，具红色假种皮，两端各具3小齿，两面有刻纹，长1.5～2 cm，宽1～1.5 cm。花果期5—10月。

【生境分布】　全国各地均有栽培。

【药用部位】　果实、根、藤、花、叶、子。

（1）苦瓜。

【采收加工】　秋后采取，切片，晒干或鲜用。

【来源】　葫芦科植物苦瓜 *Momordica charantia* L. 的果实。

【性状】　干燥的苦瓜片呈椭圆形或矩圆形，厚2～8 mm，长3～15 cm，宽0.4～2 cm，全体皱缩，弯曲，果皮浅灰棕色，粗糙，有纵皱或瘤状凸起。中间有时夹有种子或种子脱落后留下的孔洞。质脆，易断。气微，味苦。以青边、肉白、片薄、子少者为佳。

【性味】　苦，寒。

【归经】　①《滇南本草》：归心、脾、胃经。

②《本草求真》：归心、肝、肺经。

【功能主治】　清暑涤热，明目，解毒。主治热病烦渴引饮，中暑，痢疾，赤眼疼痛，痈肿丹毒，恶疮。

【用法用量】　内服：煎汤，6～15 g；或煅存性研末。外用：捣敷。

【注意】　《滇南本草》：脾胃虚寒者，食之令人吐泻腹痛。

【附方】　①治中暑发热：鲜苦瓜一个，截断去瓤，纳入茶叶，再接合，悬挂通风处阴干。每次6～9 g。水煎或泡开水代茶饮。

②治烦热口渴：鲜苦瓜一个，剖开去瓤，切碎，水煎服。

③治痢疾：鲜苦瓜捣烂绞汁一杯，开水冲服。（①～③方出自《福建中草药》）

④治眼疼：苦瓜煅为末，灯草汤下。（《滇南本草》）

⑤治痈肿：鲜苦瓜捣烂敷患处。（《泉州本草》）

⑥治胃气疼：苦瓜煅为末，开水下。（《滇南本草》）

（2）苦瓜根。

【采收加工】　夏、秋季采收。

【来源】　葫芦科植物苦瓜 *Momordica charantia* L. 的根。

【性味】　苦，寒。

【功能主治】　清热解毒。主治痢疾，便血，疔疮肿毒，风火牙痛。

【用法用量】　内服：煎汤，鲜品32～64 g。外用：煎水洗。

【附方】①治痢疾腹痛，滞下黏液：苦瓜根 64 g，冰糖 64 g。加水炖服。（《众集验方》）

②治大便带血：鲜苦瓜根 125 g。水煎服。

③治风火牙痛：苦瓜根捣烂敷下关穴。

④治疗疮：苦瓜根研末调蜂糖敷。（②～④方出自江西《草药手册》）

（3）苦瓜藤。

【采收加工】夏、秋季采收。

【来源】葫芦科植物苦瓜 *Momordica charantia* L. 的茎。

【性味】苦，寒。

【功能主治】清热解毒。主治痢疾，疮毒，牙痛。

【用法用量】内服：煎汤，3～12 g。外用：煎水洗或捣敷。

【附方】治赤白痢疾：苦瓜藤一握。赤痢煎水服，白痢煎酒服。（江西《草药手册》）

（4）苦瓜花。

【采收加工】夏、秋季采收。

【来源】葫芦科植物苦瓜 *Momordica charantia* L. 的花。

【性味】苦，寒；无毒。

【功能主治】止痢疾。主治胃气疼。

【附方】治急性痢疾：取鲜苦瓜花 12 个，捣烂取汁，和蜜适量；赤痢加入红曲 3 g，白痢加入六一散 9 g，开水冲服。（《闽南民间草药》）

（5）苦瓜叶。

【采收加工】夏、秋季采收。

【来源】葫芦科植物苦瓜 *Momordica charantia* L. 的叶片。

【功能主治】主治胃痛，痢疾，疮痈肿毒。

【用法用量】内服：煎汤，鲜品 32～64 g；或研末。外用：煎水洗、捣敷或捣汁涂。

【附方】①治疗毒痛不可忍：苦瓜叶晒干研末，酒送服。（《泉州本草》）

②治热毒疮肿：苦瓜叶捣绞汁抹患处。（《泉州本草》）

③治杨霉疮：苦瓜叶为末，无灰酒下。（《滇南本草》）

④治狗咬：苦瓜叶捣敷。（《陆川本草》）

⑤治鹅掌风：先用苦瓜叶煎汤洗，后以米糠油涂之。（福州《中草药单验方汇集》）

（6）苦瓜子。

【采收加工】夏、秋季采收。

【来源】葫芦科植物苦瓜 *Momordica charantia* L. 的种子。

【性味】苦、甘；无毒。

【功能主治】①《本草纲目》：益气壮阳。

②《本草求原》：解误食疗牛中毒，擂水灌。

814. 木鳖子 *Momordica cochinchinensis*（Lour.）Spreng.

【别名】土木鳖、木鳖瓜。

【形态】粗壮大藤本，长达 15 m，具块状根；全株近无毛或稍被短柔毛，节间偶有茸毛。叶柄粗壮，长 5～10 cm，初时被稀疏的黄褐色柔毛，后变近无毛，在基部或中部有 2～4 个腺体；叶片卵状心形或宽卵状圆形，质稍硬，长、宽均 10～20 cm，3～5 中裂至深裂或不分裂，中间的裂片最大，倒卵形或长

圆状披针形，长 6 ～ 10（15）cm，宽 3 ～ 6
（9）cm，先端急尖或渐尖，有短尖头，边
缘有波状小齿或稀近全缘，侧裂片较小，卵
形或长圆状披针形，长 3 ～ 7（11）cm，宽
2 ～ 4（7）cm，基部心形，基部弯缺半圆形，
深 1.5 ～ 2 cm，宽 2.5 ～ 3 cm，叶脉掌状。
卷须颇粗壮，光滑无毛，不分歧。雌雄异株。
雄花：单生于叶腋或有时 3 ～ 4 朵着生在极
短的总状花序轴上，花梗粗壮，近无毛，
长 3 ～ 5 cm，若单生时花梗长 6 ～ 12 cm，

顶端生一大型苞片；苞片无梗，兜状，圆肾形，长 3 ～ 5 cm，宽 5 ～ 8 cm，顶端微缺，全缘，有缘毛，
基部稍凹陷，两面被短柔毛，内面稍粗糙；花萼筒漏斗状，裂片宽披针形或长圆形，长 12 ～ 20 mm，宽
6 ～ 8 mm，先端渐尖或急尖，有短柔毛；花冠黄色，裂片卵状长圆形，长 5 ～ 6 cm，宽 2 ～ 3 cm，先端
急尖或渐尖，基部有齿状黄色腺体，腺体密被长柔毛，外面 2 枚稍大，内面 3 枚稍小，基部有黑斑；雄蕊 3，
2 枚 2 室，1 枚 1 室，药室一回折曲。雌花：单生于叶腋，花梗长 5 ～ 10 cm，近中部生一苞片；苞片兜状，长、
宽均 2 mm；花冠、花萼同雄花；子房卵状长圆形，长约 1 cm，密生刺状毛。果实卵球形，顶端有 1 短喙，
基部近圆形，长达 12 ～ 15 cm，成熟时红色，肉质，密生 3 ～ 4 mm 具刺尖的凸起。种子多数，卵形或方形，
干后黑褐色，长 26 ～ 28 mm，宽 18 ～ 20 mm，厚 5 ～ 6 mm，边缘有齿，两面稍拱起，具雕纹。花期 6—
8 月，果期 8—10 月。

【生境分布】生于海拔 450 ～ 1100 m 的山沟、林缘及路旁等土层较深厚的地方。罗田县北部山区有
分布。

【药用部位】种子、根。

（1）木鳖子。

【采收加工】9—11 月果实成熟时采摘，剖开果实，晒至半干，剥取种子；或装入盆钵内，待果皮
近腐败时将果皮弄烂，用清水淘洗，除去瓤肉及外膜，取出种子，晒干或烘干。

【来源】葫芦科植物木鳖子 Momordica cochinchinensis（Lour.）Spreng. 的成熟种子。

【性状】种子略呈扁平圆板状，中间稍隆起，直径 2 ～ 3 cm，厚约 5 mm。表面灰褐色或灰黑色，粗糙，
有凹陷的网状花纹，周边两侧均有十数个相对的锯齿状凸起。外种皮质坚而脆，内种皮薄膜状，表面灰绿
色，茸毛样，其内为 2 片大形肥厚子叶，黄白色，富油质，有特殊的油腻气味，味苦。以籽粒饱满、不破
裂、体重、内仁黄白色、不泛油者为佳。

【炮制】除去杂质，洗净，晒干，用时连壳打碎，或去壳取仁。

【性味】苦、微甘，温；有毒。

【归经】归肝、脾、胃经。

【功能主治】消肿散结，祛毒。主治痈肿，疔疮，瘰疬，痔疮，无名肿毒，癣疮，风湿痹痛，筋脉拘挛。

【用法用量】内服：煎汤，0.9 ～ 1.2 g；多入丸、散。外用：研末调敷、磨汁涂或煎水熏洗。

【注意】孕妇及体虚者忌服。

①《本草汇言》：胃虚、大肠不实、元真亏损者，不可概投。

②《医林纂要探源》：忌猪肉。

【附方】①治诸毒，红肿赤晕不消者：木鳖子（去壳）64 g，草乌 16 g，小粉 125 g，半夏 64 g。上
四味于铁铫内，慢火炒焦，黑色为度，研细，以新汲水调敷，一日一次，自外向里涂之，须留疮顶，令出
毒气。（《医宗金鉴》）

②治疮疡、疔毒初起，瘰疬，臁疮：土木鳖（去壳）5个，白嫩松香（拣净）125 g，铜绿研细 3 g，乳香、没药各 6 g，蓖麻子（去壳）21 g，巴豆肉 5 粒，杏仁（去皮）3 g。上八味合一处，石臼内捣 3000 余下，即成膏；取起，浸凉水中。用时随疮大小，用手搓成薄片，贴疮上，用绢盖之。（《医宗金鉴》）

③治两耳卒肿热痛：木鳖子仁 32 g（研如膏），赤小豆末 16 g，川大黄末 16 g。上药同研令匀，水，生油旋调涂之。（《太平圣惠方》）

④治瘰疬发歇无已，脓血淋漓：木鳖仁 2 个，厚纸拭去油，研碎，以乌鸡子调和，磁盏盛之，甑内蒸热。每日食后服一次，服半月。（《仁斋直指方》）

⑤治痔疮：荆芥、木鳖子、朴硝各等份。上煎汤，入于瓶内，熏后，汤温洗之。（《普济方》）

⑥治小儿丹瘤：木鳖子新者去壳，研如泥，淡醋调敷之，一日 3～5 次。（《外科精义》）

⑦治倒睫拳毛，风痒：木鳖子仁捶烂，以丝帛包作条，左患塞右鼻，右患塞左鼻；次服蝉蜕药为妙。（《孙天仁集效方》）

⑧治阴疝偏坠痛甚：木鳖子 1 个磨醋，调黄檗、芙蓉末敷之。（《寿域神方》）

⑨治脚气肿痛，肾脏风气，攻注下部疮痒：甘遂 16 g，木鳖子仁 4 个。为末，猪腰子 1 个，去皮膜，切片，同药 12 g，掺在内，湿纸包煨熟，空心食之，米饮下。服后便伸两足，大便行后，吃白粥二三日。（《本事方》）

⑩治脚气肿痛：木鳖子仁，每个作两边麸炒过，切片再炒，去油尽为度，每两入厚桂 16 g，为末，热酒服 6 g，令醉得汗。（《永类钤方》）

⑪治痞癣：木鳖（去壳）多用，独蒜 1.5 g，雄黄 1.5 g。上杵为膏，入醋少许，蜡纸贴患处。（《世医得效方》）

⑫治经络受风寒邪气，筋脉牵连，皮肤疼痛，结聚成核，拘挛麻痹：木鳖子 32 g（去皮，锉如小豆大，用清油 64 g，浸一宿，然后慢火熬及一半以来，取出木鳖子，下黄醋 3 g，相搅匀，等醋化为度，绢滤去滓），乳香 3 g（别研细，等木鳖子油与蜡相次欲凝，急投在油内，不住手搅匀）。上以瓷器收，每用少许，擦肌肉皮肤疼痛聚硬处，不住手，以极热为度。（《是斋百一选方》）

⑬治跌打损伤，瘀血不散疼痛：木鳖子（去壳研）16 g，桂（去粗皮）0.9 g，芸台子（酒浸研）150 g，丁香 50 粒。上四味，将丁香、桂为末，与研者二味和匀，次用生姜汁煮米粥摊纸上，将药末量多少掺入粥内，看冷热裹之，一日一换。（《圣济总录》）

⑭治小儿疳疾：木鳖子仁、使君子仁各等份。捣泥，米饮丸芥子大，每服 1.5 g，米饮下，一日二服。（《孙天仁集效方》）

⑮治疳病目蒙不见物：木鳖子仁 6 g，胡黄连 3 g。为末，米糊丸龙眼大，入鸡子内蒸熟，连鸡子食之。（《孙天仁集效方》）

⑯治小儿久痢，肠滑脱肛：沉香 6 g，枳壳 16 g（麸炒去瓤），五灵脂 16 g（微炒），木鳖子（连壳秤）16 g（去壳用）。上件前三味为细末，次入木鳖子同研细，醋煮面糊为丸，如黍米大。三岁儿每服 30 丸，醋调茶清送下，乳食前。（《杨氏家藏方》）

（2）木鳖根。

【采收加工】秋季采收。

【来源】葫芦科植物木鳖子 *Momordica cochinchinensis*（Lour.）Spreng. 的块状根。

【性味】苦、微甘，寒。

【功能主治】消炎解毒，消肿止痛。

【附方】治痔疮疔毒，无名肿毒，淋巴结炎：木鳖子鲜根或叶，加盐少许捣烂外敷患处。（《广西中草药》）

【用法用量】内服：煎汤 10～16 g。外用：适量。

佛手瓜属 *Sechium* P. Br.

815. 佛手瓜 *Sechium edule*（Jacq.）Swartz

【别名】洋丝瓜。

【形态】具块状根的多年生宿根草质藤本，茎攀援或人工架生，有棱沟。叶柄纤细，无毛，长5～15 cm；叶片膜质，近圆形，中间的裂片较大，侧面的较小，先端渐尖，边缘有小细齿，基部心形，弯缺较深，近圆形，深1～3 cm，宽1～2 cm；上面深绿色，稍粗糙，背面淡绿色，有短柔毛，以脉上较密。卷须粗壮，有棱沟，无毛，3～5歧。雌雄同株。雄花10～30朵，生于8～30 cm长的总花梗上部成总状花序，花序轴稍粗壮，

无毛，花梗长1～6 mm；花萼筒短，裂片展开，近无毛，长5～7 mm，宽1～1.5 mm；花冠辐状，宽12～17 mm，分裂到基部，裂片卵状披针形，5脉；雄蕊3，花丝合生，花药分离，药室折曲。雌花单生，花梗长1～1.5 cm；花冠与花萼同雄花；子房倒卵形，具5棱，有疏毛，1室，具1枚下垂的直生胚珠，花柱长2～3 mm，柱头宽2 mm。果淡绿色，倒卵形，有稀疏短硬毛，长8～12 cm，直径6～8 cm，上部有5条纵沟，具1粒种子。种子大型，长达10 cm，宽7 cm，卵形，压扁状。花期7—9月，果期8—10月。

【生境分布】原产于南美洲。罗田各地均有栽培。

【采收加工】秋、冬季果成熟时采收。

【来源】葫芦科植物佛手瓜 *Sechium edule*（Jacq.）Swartz 的果。

【性味】甘，凉。

【功能主治】理气和中，疏肝止咳。主治消化不良，胸闷气胀，呕吐，肝胃气痛，支气管炎，咳嗽多痰。

赤瓟属 *Thladiantha* Bunge

816. 赤瓟 *Thladiantha dubia* Bunge

【别名】气包、赤包、山屎瓜。

【形态】攀援草质藤本，全株被黄白色的长柔毛状硬毛；根块状；茎稍粗壮，有棱沟。叶柄稍粗，长2～6 cm；叶片宽卵状心形，长5～8 cm，宽4～9 cm，边缘浅波状，有大小不等的细齿，先端急尖或短渐尖，基部心形，弯缺深，近圆形或半圆形，深1～1.5 cm，宽1.5～3 cm，两面粗糙，脉上有长硬毛，最基部1对叶脉沿叶基弯缺边缘向外展开。卷须纤细，被长柔毛，

单一。雌雄异株；雄花单生或聚生于短枝的上端呈假总状花序，有时2～3花生于总梗上，花梗细长，长1.5～3.5 cm，被柔软的长柔毛；花萼筒极短，近辐状，长3～4 mm，上端直径7～8 mm，裂片披针形，向外反折，长12～13 mm，宽2～3 mm，具3脉，两面有长柔毛；花冠黄色，裂片长圆形，长2～2.5 cm，宽0.8～1.2 cm，上部向外反折，先端稍急尖，具5条明显的脉，外面被短柔毛，内面有极短的疣状腺点；雄蕊5，着生于花萼筒檐部，其中1枚分离，其余4枚两两稍靠合，花丝极短，有短柔毛，长2～2.5 mm，花药卵形，长约2 mm；退化子房半球形。雌花单生，花梗细，长1～2 cm，有长柔毛；花萼和花冠同雄花；退化雌蕊5，棒状，长约2 mm；子房长圆形，长0.5～0.8 cm，外面密被淡黄色长柔毛，花柱无毛，自3～4 mm处分3叉，分叉部分长约3 mm，柱头膨大，肾形，2裂。果卵状长圆形，长4～5 cm，直径2.8 cm，顶端有残留的柱基，基部稍变狭，表面橙黄色或红棕色，有光泽，被柔毛，具10条明显的纵纹。种子卵形，黑色，平滑无毛，长4～4.3 mm，宽2.5～3 mm，厚1.5 mm。花期6—8月，果期8—10月。

【生境分布】生于海拔1150～2000 m的山坡林下、路旁及灌丛中。罗田北部高山区有分布。

【采收加工】秋季果成熟后连柄摘下，防止果实破裂，用线将果柄串起，挂于日光下或通风处晒干为止。置通风干燥处，防止潮湿霉烂及虫蛀。

【药用部位】果。

【药材名】赤瓟。

【来源】葫芦科植物赤瓟 *Thladiantha dubia* Bunge 的果。

【性状】干燥果呈卵圆形、椭圆形至长圆形，常压扁，长3～5 cm，直径1.5～3 cm，橙黄色、橙红色、红色至红棕色。表面皱缩，有极稀的白色茸毛及纵沟纹，顶端有残留柱基，基部有细而弯曲的果柄。果皮厚约1 mm，内表面粘连多数黄色长圆形的小颗粒，系不发育的种子，中心有多数扁卵形、棕黑色的成熟种子，新鲜时质软而黏。气特异，味甜。

【性味】酸、苦，平。

【功能主治】降逆，理湿，和瘀。主治黄疸，痢疾，反胃吐酸，咯血胸痛，腰部扭伤。

【用法用量】内服：煎汤或研末服。

【附方】①治反胃吐酸、吐食：赤瓟3～9 g（干品），研末冲服。（《东北常用中草药手册》）
②治肺结核咳嗽、吐血，黄疸，痢疾便血：赤瓟（干品）3～9 g，研末冲服。（《东北常用中草药手册》）

817. 南赤瓟 *Thladiantha nudiflora* Hemsl. ex Forbes et Hemsl.

【别名】野冬瓜、野瓜蒌、野丝瓜、丝瓜南。

【形态】全体密生柔毛状硬毛；根块状。茎草质攀援状，有较深的棱沟。叶柄粗壮，长3～10 cm；叶片质稍硬，卵状心形、宽卵状心形或近圆心形，长5～15 cm，宽4～12 cm，先端渐尖或锐尖，边缘具胼胝状小尖头的细锯齿，基部弯缺开放或有时闭合，弯缺深2～2.5 cm，宽1～2 cm，上面深绿色，粗糙，有短而密的细刚毛，背面色淡，密被淡黄色短柔毛，基部侧脉沿叶基弯缺向外展开。卷须稍粗壮，密被硬毛，下部有明显的沟纹，上部2歧。雌雄异株。雄花为总状花序，多数花集生于花序轴的上部。花序轴纤细，长4～8 cm，密生短柔毛；花梗纤细，长1～1.5 cm；花萼密生淡黄色长柔毛，筒部宽钟形，上部宽5～6 mm，

裂片卵状披针形，长 5～6 mm，基部宽 2.5 mm，顶端急尖，3 脉；花冠黄色，裂片卵状长圆形，长 1.2～1.6 cm，宽 0.6～0.7 cm，顶端急尖或稍钝，5 脉；雄蕊 5，着生于花萼筒的檐部，花丝有微柔毛，长 4 mm，花药卵状长圆形，长 2.5 mm。雌花单生，花梗细，长 1～2 cm，有长柔毛；花萼和花冠同雄花，但较之为大；子房狭长圆形，长 1.2～1.5 cm，直径 0.4～0.5 cm，密被淡黄色的长柔毛状硬毛，上部渐狭，基部圆钝，花柱粗短，自 2 mm 长处 3 裂，分生部分长 1.5 mm，柱头膨大，圆肾形，2 浅裂；退化雄蕊 5，棒状，长 1.5 mm。果梗粗壮，长 2.5～5.5 cm；果长圆形，干后红色或红褐色，长 4～5 cm，直径 3～3.5 cm，顶端稍钝或有时渐狭，基部圆钝，有时密生毛及不甚明显的纵纹，后渐无毛。种子卵形或宽卵形，长 5 mm，宽 3.5～4 mm，厚 1～1.5 mm，顶端尖，基部圆，表面有明显的网纹，两面稍拱起。春、夏季开花，秋季果成熟。

【生境分布】 生于海拔 900～1700 m 的山坡林下、路旁及灌丛中。罗田北部高山区有分布。

【采收加工】 夏、秋季采收。

【药用部位】 根、叶。

【药材名】 南赤瓟。

【来源】 葫芦科植物南赤瓟 *Thladiantha nudiflora* Hemsl. ex Forbes et Hemsl. 的根或叶。

【性味】 苦，凉。

【功能主治】 清热解毒，消食化滞。主治痢疾，肠炎，消化不良，脘腹胀闷，毒蛇咬伤。

【用法用量】 内服：煎汤，9～18 g。外用：鲜品适量，捣敷。

818. 长毛赤瓟 *Thladiantha villosula* Cogn.

【别名】 土黄瓜、毛癞瓜、苦瓜蒌。

【形态】 草质攀援藤本，全体密被短腺质茸毛和疏生的多细胞刚毛；茎多分枝，枝细弱。叶柄细，长 3～6 cm；叶片膜质，卵状心形、宽卵状心形或近圆形，长 6～12 cm，宽 5～10 cm，顶端短渐尖，边缘有稀疏的胼胝质小齿或有时为不等大的三角形锯齿，基部心形，弯缺圆，深 1～2 cm，宽 1～1.5 cm，叶面深绿色，密生短刚毛，刚毛断裂后成粗糙的疣状凸起，尤以脉上为甚，叶背色淡，密生

短柔毛，基部的侧脉沿叶基弯缺向外展开。卷须纤细，单一，有沟纹，被短柔毛和短刚毛。雌雄异株。雄花序为总状花序，常 2～7 朵花生于长 1～3 cm 的总梗上，总梗细弱，密生短柔毛，在总梗的中部常有 1～2 枚叶状总苞片，总苞片卵形，长 1～1.5 cm，宽约 1 cm，顶端渐尖，边缘有细齿，两面密生短刚毛或细柔毛，叶脉不明显。花梗像总梗一样被短柔毛，长 1～2.5 cm；花萼筒宽钟形，有稍稀疏的柔毛和细刚毛，裂片狭披针形，黄绿色，长 4～6 mm，宽 1.5 mm，3 脉；花冠黄色，裂片卵形或长卵形，长 1.2～1.5 cm，宽 0.6～0.8 cm，先端稍钝，5 脉，有稀疏腺质茸毛；雄蕊 5，两两靠合，1 枚分离，花丝丝状，有极短的短柔毛，长 2～3 mm，花药长圆形，长 2 mm；退化子房半球形。雌花单生，花梗稍粗，长 3～5 mm；花萼裂片狭披针形，长 5～6 mm，宽 1 mm，顶端渐尖，3 脉；花冠裂片长卵形，长约 2 cm，宽 1.5 cm，两面有稀疏的腺质茸毛，先端渐尖，5 脉；退化雄蕊腺状；子房狭长圆形，长 1.5～1.8 cm，宽 0.3～0.4 cm，基部稍圆，密生淡黄色的腺质茸毛；花柱粗，自 2 mm 处 3 裂，分生部分长 4 mm，柱头膨大，肾形，2 裂。果梗粗壮，长 2～3 cm，被黄褐色的短柔毛；果长圆形，

长达 7 cm，直径约 3.5 cm，干后红褐色，具黄褐色的短柔毛，顶端钝，基部近圆形。种子卵形，褐色，长 5 mm，宽 3.5 mm，厚 1.5 mm，顶端渐狭，基部钝，两面网状。花果期夏、秋季。

【生境分布】生于海拔 2000 ~ 2800 m 的山坡林下、路旁及灌丛中。

【采收加工】夏、秋季采收。

【药用部位】块根。

【药材名】赤飑根。

【来源】葫芦科植物长毛赤飑 *Thladiantha villosula* Cogn. 的根。

【药材形态】干燥果呈卵圆形、椭圆形至长圆形，常压扁，长 3 ~ 5 cm，橙黄色、橙红色、红色至红棕色。表面皱缩，有极稀的白色茸毛及纵沟纹，顶端有残留柱基，基部有细而弯曲的果柄。果厚 0.5 ~ 1.0 cm，内表面粘连多数黄色长圆形颗粒，系不发育的种子，中心有多数卵形、褐色的成熟种子，新鲜时质软而黏。

【性味】甘。

【功能主治】活血化瘀，调经。主治阴道疾病，血郁宫中，血痞，闭经，胎衣不下。

栝楼属 *Trichosanthes* L.

819. 栝楼 *Trichosanthes kirilowii* Maxim.

【形态】攀援藤本，长达 10 m；块根圆柱状，粗大肥厚，富含淀粉，淡黄褐色。茎较粗，多分枝，具纵棱及槽，被白色伸展柔毛。叶片纸质，轮廓近圆形，长、宽均 5 ~ 20 cm，常 3 ~ 5（7）浅裂至中裂，稀深裂或不分裂而仅有不等大的粗齿，裂片菱状倒卵形、长圆形，先端钝，急尖，边缘常再浅裂，叶基心形，弯缺深 2 ~ 4 cm，上表面深绿色，粗糙，背面淡绿色，两面沿脉被长柔毛状硬毛，基出掌状脉 5 条，细脉网状；叶柄长 3 ~ 10 cm，具纵条纹，被长柔毛。卷须 3 ~ 7 歧，被柔毛。花雌雄异株。雄总状花序单生，或与一单花并生，或在枝条上部者单生，总状花序长 10 ~ 20 cm，粗壮，具纵棱与槽，被微柔毛，顶端有 5 ~ 8 花，单花花梗长约 15 cm，花梗长约 3 mm，小苞片倒卵形或阔卵形，长 1.5 ~ 2.5（3）cm，宽 1 ~ 2 cm，中上部具粗齿，基部具柄，被短柔毛；花萼筒筒状，长 2 ~ 4 cm，顶端扩大，直径约 10 mm，中、下部直径约 5 mm，被短柔毛，裂片披针形，长 10 ~ 15 mm，宽 3 ~ 5 mm，全缘；花冠白色，裂片倒卵形，长 20 mm，宽 18 mm，顶端中央具 1 绿色尖头，两侧具丝状流苏，被柔毛；花药靠合，长约 6 mm，直径约 4 mm，花丝分离，粗壮，被长柔毛。雌花单生，花梗长 7.5 cm，被短柔毛；花萼筒圆筒形，长 2.5 cm，直径 1.2 cm，裂片和花冠同雄花；子房椭圆形，绿色，长 2 cm，直径 1 cm，花柱长 2 cm，柱头 3。果梗粗壮，长 4 ~ 11 cm；果椭圆形或圆形，长 7 ~ 10.5 cm，成熟时黄褐色或橙黄色；种子卵状椭圆形，压扁，长 11 ~ 16 mm，宽 7 ~ 12 mm，淡黄褐色，近边缘处具棱线。花期 5—8 月，果期 8—10 月。

【生境分布】生于山坡草丛、林边、阴湿山谷中。罗田天堂寨有分布，平湖乡有栽培。

【药用部位】果、果皮、种子、根。

（1）全瓜蒌。

【采收加工】　霜降至立冬果成熟，果皮表面开始有白粉并为淡黄色时，即可采收。连果柄剪下，将果柄编结成串，先在屋内堆积2～3天，再挂于阴凉通风处晾干（2个月左右）；然后剪去果柄，用软纸逐个包裹，以保持色泽。防止撞伤破裂，否则易生虫发霉。

【来源】　葫芦科植物栝楼 *Trichosanthes kirilowii* Maxim. 的果。

【性状】　干燥果呈长椭圆形或卵圆形，长约9 cm，直径约6 cm。果皮橙黄色或土黄色，微有光泽，皱缩，顶端有圆形的花柱残存，基部略尖，有果柄的残余，果柄部周围的果皮上有放射状纵沟。质重，剖开后内表面黄白色，并有纤维，肉质胎座多已缩成黏丝状，种子集结成团。气如焦糖，味略甜。以个大、不破、色橙黄、糖味浓者为佳。

【炮制】　去柄，洗净，置蒸笼内蒸至稍软，压扁，切成块。

【性味】　甘、苦，寒。

【归经】　归肺、胃、大肠经。

【功能主治】　润肺，化痰，散结，滑肠。主治痰热咳嗽，胸痹，结胸，肺痿咯血，消渴，黄疸，便秘，痈肿初起。

【用法用量】　内服：煎汤，9～12 g；捣汁或入丸、散。外用：捣敷。

【注意】　脾胃虚寒，大便不实，有寒痰、湿痰者不宜。

【附方】　①治小儿膈热，咳嗽痰喘，甚久不瘥：瓜蒌实1枚。去子，为末，以面和作饼子，炙黄为末。每服3 g，温水化乳糖下，日三服，效乃止。（《宣明论方》）

②治痰嗽：黄热瓜蒌一个。取出子若干枚，照还去皮杏仁于内，火烧存性，醋糊为丸，如梧子大。每服二十丸，临卧时，白萝卜汤送下。（《鲁府禁方》）

③治喘：栝蒌2个，明矾1块，如枣子大，入栝蒌内，煅烧存性，为末。将萝卜煮烂，蘸药末服之，汁过口。（《普济方》）

④治小结胸病，正在心下，按之则痛，脉浮滑者：黄连32 g，半夏（洗）313 g，栝蒌实大者1枚。上三味，以水6升，先煮栝蒌，取3升，去滓，内诸药，煮取2升，去滓，分温三服。（《伤寒论》）

⑤治胸痹，喘息咳唾，胸背痛，短气，寸口脉沉而迟，关上小紧数：栝蒌实1枚（捣），薤白250 g，白酒4.28 kg。上三味，同煮取2升，分温再服。（《金匮要略》）

⑥治胸痹不得卧，心痛彻背者：栝楼实1枚（捣），薤白95 g，半夏250 g，白酒6.25 kg。上四味，同煮取4升，温服1升，日三服。（《金匮要略》）

⑦治肺痿咯血不止：栝楼（连瓤，瓦焙）50个，乌梅肉（焙）50个，杏仁（去皮、尖、炒）21个。为末。每用一捻，以猪肺一片切薄，掺末入内，炙热，冷嚼咽之，日二服。（《圣济总录》）

⑧治吐血：栝楼取端正者，纸筋和泥通裹，于顶间留一眼子，煅存性，地坑内合一宿，去泥捣罗为散。每服4.5 g，糯米饮调下。（《圣济总录》）

⑨治渴热或心神烦乱：黄肥栝楼1颗，以酒一中盏洗，取瓤，去皮、子，煎成膏，入白矾末32 g，和丸如梧子大。每服不计时候，以粥饮下10丸。（《太平圣惠方》）

⑩治时疾发黄，心狂烦热：大瓜蒌实1枚黄者，以新汲水1.35 kg，浸淘取汁，下蜜半大合，朴硝2.4 g，合搅令消尽，分再服。（《海上集验方》）

⑪治小儿黄疸，脾热眼黄，并治酒黄：瓜蒌青者焙为末。每服3 g，水一盏，煎七分，去滓，临卧服，五更泻下黄物立可。（《普济方》）

⑫治肺燥热渴，大肠秘：九月、十月间熟栝楼取瓤，以干葛粉拌，焙干，慢火炒熟，为末。食后、夜卧，以沸汤点9 g服。（《本草衍义》）

⑬治乳肿痛：栝楼（黄色老大者）1枚熟捣，以白酒6.25 kg，煮取2.5 kg，去滓，温625 g，日三服。（《子母秘录》）

⑭治乳痈及一切痈疽初起，肿痛即消，脓成即溃，脓出即愈：瓜蒌1个（研烂），生粉草、当归（酒洗）各16 g，乳香、没药各3 g。上用酒煎服，良久再服。（《妇人良方》）

⑮治酒癖，痰吐不止，两胁胀痛，气喘上奔，不下食饮：栝楼瓤32 g，神曲末16 g（微炒）。上药捣细罗为散。每服，以葱白酒调下6 g。（《太平圣惠方》）

⑯治肠风下血：栝楼（烧为灰）、赤小豆各16 g。上二味，杵罗为末。空心酒调下1.5 g。（《圣济总录》）

⑰治热游丹赤肿：栝楼末64 g，酽醋调敷之。（《产乳集验方》）

⑱治便毒初发：黄瓜楼1个，黄连15 g。水煎连服。（《永类钤方》）

⑲治痰咳不止：用栝楼仁32 g、文蛤2.1 g，共研为末，以浓姜汁调成丸子，如弹子大，噙口中咽汁。又方：熟栝楼10个、明矾64 g，共捣成饼，阴干，研为末，加糊做成丸子，如梧子大。每服50～70丸，姜汤送下。

⑳治干咳：用熟栝楼捣烂，加蜜等分，再加白矾3 g，共熬成膏，随时口含回汁。

㉑治痰喘气急：用栝楼2个、明矾如枣大一块，同烧存性，研细，以熟萝卜蘸食。药尽病除。

㉒治肺痿咯血：用栝楼（连瓤瓦焙）50个、乌梅肉（焙过）50个、杏仁（去皮尖，炒）21个，共研为末；另将猪肺一片切薄，掺末一小撮入内，炙熟，冷嚼回下。一天二次。

㉓治妇女夜热（痰嗽，月经不调，形瘦）：用栝楼仁32 g，青黛、香附（童便浸，晒）各47 g，共研为末，加蜜调匀，口中噙化。

㉔治小便不通，腹胀：用栝楼焙过，研为末。每服6 g，热酒送下。服至病愈为止。

㉕治吐血：泥封栝楼，煅存性，研为末。每服9 g，糯米汤送下。一天服二次。

㉖治诸痈发背：用栝楼捣为末，每服一匙，水送下。

㉗治风疮疥癣：用生栝楼1～2个，打碎，酒泡一日夜，取酒热饮。

㉘治消渴：取大栝楼根（天花粉），去皮，切细，水泡5天，每天换水。5天后取出捣碎，过滤，澄粉，晒干。每服一匙，水化下。一天服三次。亦可将药加入粥中及乳酪中吃下。又方：栝楼根切薄，炙过，取160 g加水5升煮至4升，随意饮服。

㉙治小儿热病：用栝楼根末1.5 g，乳汁调服半钱。

㉚治天疱疮：天花粉、滑石各等份为末，水调搽涂。

㉛治折伤肿痛：用栝楼根捣烂涂患处，厚布包住，热除，痛即止。（⑲～㉛方出自《中药大辞典》）

（2）栝楼子。

【别名】瓜蒌仁、栝楼仁。

【采收加工】9—11月采收果实，剖开取出种子，洗净，晒干。

【来源】葫芦科植物栝楼 Trichosanthes kirilowii Maxim. 的种子。

【性状】栝楼的种子呈扁平椭圆状，长1.1～1.6 cm，宽7～12 mm，厚约4 mm，外皮平滑，尖端有一白色凹点状的种脐，四周有宽约1 mm的边缘。种皮坚硬，内含种仁2瓣，类白色，富油性，外被绿色的外衣（内种皮）。气微弱。味甘、微苦涩。以均匀、饱满、油性足者为佳。

【炮制】栝楼子：拣去杂质，簸除干瘪种子，捣扁。炒栝楼子：取净栝楼子置锅内，用文火炒至微鼓起，取出放凉。楼仁霜：取去壳栝楼仁，碾细，用吸油纸包裹，加热微炕，压榨去油后，再碾细，过筛。

【性味】甘，寒。

【归经】归肺、胃、大肠经。

【功能主治】润肺，化痰，滑肠。主治痰热咳嗽，燥结便秘，痈肿，乳少。

【用法用量】内服：煎汤，9～12 g；或入丸、散。外用：研末调敷。

【注意】①《本草经集注》：枸杞为之使。恶干姜。畏牛膝。反乌头。

②《本草汇言》：脾胃虚冷作泄者勿服。

【附方】①治痰咳不止：瓜蒌仁32 g，文蛤2.1 g。为末，以姜汁澄浓脚，丸弹子大。噙之。（《摘玄方》）

②治酒痰，救肺：青黛、瓜蒌仁。上为末，姜（汁）、蜜丸。噙化。（《丹溪心法》）

③治妇人形瘦，有时夜热痰嗽，月经不调：青黛、瓜蒌仁、香附（童便浸，晒干）。上为末，姜（汁）、蜜调。噙化。（《丹溪心法》）

④治痰咳，胸满而痛，咽喉不利：瓜蒌子7.5 g，黄连4 g，半夏5 g，枳壳、桔梗各3 g，水煎服。（《万密斋医学全书》）

（3）栝楼皮。

【别名】栝楼壳、瓜壳、瓜蒌皮。

【采收加工】9—10月采收果实。对半切开，取出果肉和种子，将果皮洗净，先翻出里面晾晒，后晒外面。如遇雨天，应烘干，以免霉烂，烘时勿使火力过旺，并应依次翻动，以免烘熟。

【来源】葫芦科植物栝楼 *Trichosanthes kirilowii* Maxim. 的果皮。

【性状】干燥果皮通常卷成筒状，长6～10 cm；常连有果柄，长约2 cm；果皮很薄，外表面橙黄色，有鲜红斑块及细脉纹，内表面类白色至暗黄色，常附有未去尽的果肉。质硬而脆。芳香，带辣味。以颜色鲜泽、无果柄者为佳。

【炮制】拣净杂质，用水洗净，捞出，稍闷，切丝，晒干。

【性味】甘，寒。

【归经】归肺、胃经。

【功能主治】润肺化痰，利气宽胸。主治痰热咳嗽，咽痛，胸痛，消渴，便秘，疮痈肿毒。

【用法用量】内服：煎汤，9～12 g；或入散剂。外用：烧存性，研末调敷。

【注意】脾虚湿痰不宜。

《本草经集注》：枸杞为之使。恶干姜。畏牛膝。反乌头。

【附方】①治温病初起，热重咳嗽：栝楼皮、杏仁、前胡、蝉衣、大力子、甘草。水煎服。（《四川中药志》）

②治咽喉语声不出：瓜蒌皮（细锉，慢火炒赤黄）、白僵蚕（去头，微炒黄）、甘草（锉，炒黄色）各等份。上为细末。每服3～6 g，用温酒调下，或浓生姜汤调服；更用1.5 g绵裹，噙化咽津亦得，并不计时候，日三、两服。（《御药院方》）

③治肺热咳嗽、咳吐黄痰或浓痰，肺痈：瓜蒌皮6～12 g，大青叶9 g，冬瓜子12 g，生苡仁15 g，前胡4.5 g。水煎服。

④治胸痛，肋痛：瓜蒌皮12 g（胸痛配薤白头15 g，肋痛配丝瓜络9 g，枳壳4.5 g）。水煎服。

⑤治乳痈肿痛：瓜蒌皮12 g，蒲公英15 g。水煎服。（③～⑤方出自《上海常用中草药》）

⑥治牙齿痛疼：瓜蒌皮、露蜂房，烧灰擦牙；以乌臼根、荆柴根、葱根煎汤漱之。（《世医得效方》）

（4）天花粉。

【别名】栝楼根、蒌根、白药、瑞雪、天瓜粉、天花粉、屎瓜根、栝蒌粉、蒌粉。

【采收加工】春、秋季采挖，以秋季采收为佳。挖出后，洗净泥土，刮去粗皮，切成段，粗大者再纵切为两，晒干，然后撞去外表的黄色层使成白色。

【来源】葫芦科植物栝楼 *Trichosanthes kirilowii* Maxim. 的根。

【性状】干燥根呈不规则的圆柱形，长5～10 cm，直径2～5 cm，表面黄白色至淡棕色，皱缩不平，具有陷下的细根痕迹。质结实而重，粉质，不易折断。纵剖面白色，有黄色条状的维管束；横断面白色，散有淡棕色导管群条痕。气微，味淡后微苦。以色洁白、粉性足、质细嫩、体肥满者为佳，色棕、纤维多者为次。以河南产量大、质量优，习称"安阳花粉"。

【炮制】拣去杂质，大小块分开，用水泡至约六成透，捞出，闷润至内外湿度均匀，切片，晒干；或用水洗净，捞出，晒至极干，捣成小块。

【性味】甘、苦、酸，凉。

【归经】归肺、胃经。

【功能主治】生津，止渴，降火，润燥，排脓，消肿。主治热病口渴，消渴，黄疸，肺燥咯血，痈肿，痔瘘。

【用法用量】内服：煎汤，9～12 g；或入丸、散，外用：研末撒或调敷。

【注意】脾胃虚寒，大便滑泄者忌服。

①《本草经集注》：枸杞为之使。恶干姜。畏牛膝。反乌头。

②《本草汇言》：汗下之后，亡液而作渴者不可妄投；阴虚火动，津液不能上承而作渴者，不可概施。

③《本经逢原》：凡痰饮色勺清稀者，忌用。

④《得配本草》：胃虚湿痰，亡阳作渴，病在表者禁用。

【附方】①治百合病渴：栝蒌根、牡蛎（熬）各等份。为散，饮服 6 g。（《永类钤方》）

②治大渴：深掘大栝蒌根，厚削皮至白处止，以寸切之，水浸一日一夜，易水经五日，取出烂舂碎研之，以绢袋滤之，如出粉法干之。水服 6 g，日三、四，亦可作粉粥，奶酪中食之，不限多少，瘥，止。（《千金方》）

③治消渴，除肠胃热实：栝蒌根、生姜各 160 g，生麦门冬（用汁）、芦根（切）各 1.25 kg，茅根（切）1.88 kg。上五味细切，以水 10 升，煮取 3 升，分三服。（《千金方》）

④治黑疸危疾：瓜蒌根 500 g，捣汁 900 g，顿服，随有黄水从小便出，如不出，再跟。（《简便单方》）

⑤治小儿忽发黄，面目皮肉并黄：生栝蒌根捣取汁 300 g，蜜一大匙，二味暖相和，分再服。（《广利方》）

⑥治虚热咳嗽：天花粉 32 g，人参 9 g。为末，每服 3 g，米汤下。（《李时珍濒湖集简方》）

⑦治痈未溃：栝楼根、赤小豆各等份。为末，醋调涂之。（《证类本草》）

⑧治胃及十二指肠溃疡：天花粉 32 g，贝母 15 g，鸡蛋壳 10 个。研面，每服 6 g，白开水送下。（《辽宁常用中草药手册》）

⑨治痈肿：栝蒌根，苦酒熬燥，捣筛之。苦酒和涂纸上摊贴。（《食疗本草》）

⑩治乳头溃疡：天花粉 64 g，研末，鸡蛋清调敷。（内蒙古《中草药新医疗法资料选编》）

⑪治产后吹乳，肿硬疼痛：栝蒌根 32 g，乳香 3 g。为末，温酒调下，每服 6 g。（《永类钤方》）

⑫治天疱疮：天花粉、滑石各等份。为末，水调搽。（《普济方》）

⑬治杨梅疮：天花粉、川芎劳各 125 g，槐花 32 g。为末，米糊丸，梧子大。每空心淡姜汤下七八十丸。（《简便单方》）

⑭治跌打损伤，胸膛疼痛难忍，咳嗽多年不止：天花粉不拘多少，每服 6 g，用石膏豆腐卤调服。（《滇南本草》）

⑮治疮疹入眼成翳：栝蒌根 16 g，蛇皮 6 g。上同为细末，用羊肝一个，批开，入药末 6 g，麻缠定，米泔煮熟，频与食之。未能食肝，乳母多食。（《阎氏小儿方论》）

马㼦儿属 *Zehneria* Endl.

820. 马㼦儿 *Zehneria indica*（Lour.）Keraudren

【别名】野苦瓜、扣子草、老鼠拉冬瓜。

【形态】攀援或平卧草本；茎、枝纤细，疏散，有棱沟，无毛。叶柄细，长 2.5～3.5 cm，初时有长柔毛，最后变无毛；叶片膜质，多型，三角状卵形、卵状心形或戟形，不分裂或 3～5 浅裂，长 3～5 cm，宽 2～4 cm，若分裂时中间的裂片较长，三角形或披针状长圆形；侧裂片较小，三角形或披针状三角形，上面深绿色，粗糙，脉上有极短的柔毛，背面淡绿色，无毛；顶端急尖或稀短渐尖，基部弯缺半圆形，边缘微波状或有疏齿，脉掌状。雌雄同株。雄花：单生或稀 2～3 朵生于短的总状花序上；花序梗纤细，极短，无毛；花梗丝状，长 3～5 mm，无毛；花萼宽钟形，基部急尖或稍钝，长 1.5 mm；花冠淡黄色，有极短的柔毛，裂片长圆形或卵状长圆形，长 2～2.5 mm，宽 1～1.5 mm；雄蕊 3，2 枚 2 室，1 枚 1 室，有时全部 2 室，生于花萼筒基部，花丝短，长 0.5 mm，花药卵状长圆形或长圆形，有毛，长 1 mm，药室稍弯曲，有毛，药隔宽，稍伸出。

雌花：在与雄花同一叶腋内单生或稀双生；花梗丝状，无毛，长 1～2 cm，花冠阔钟形，直径 2.5 mm，裂片披针形，先端稍钝，长 2.5～3 mm，宽 1～1.5 mm；子房狭卵形，有疣状凸起，长 3.5～4 mm，直径 1～2 mm，花柱短，长 1.5 mm，柱头 3 裂，退化雄蕊腺体状。果梗纤细，无毛，长 2～3 cm；果实长圆形或狭卵形，两端钝，外面无毛，长 1～1.5 cm，宽 0.5～0.8（1）cm，成熟后橘红色或红色。种子灰白色，卵形，基部稍变狭，边缘不明显，长 3～5 mm，宽 3～4 mm。花期 4—7 月，果期 7—10 月。

【生境分布】常缠绕于荒地灌木上。罗田各地均有分布。

【采收加工】夏、秋季采收。

【药材名】野苦瓜。

【来源】葫芦科植物马𤓰儿 *Zehneria indica*（Lour.）Keraudren 的全草。

【性味】甘、淡、凉。

【功能主治】消肿拔毒，除痰散结，清肝利水。主治痈疖疮肿，湿疹，咽喉肿痛，腮腺炎，尿路感染、结石，急性结膜炎，小儿疳积。

【用法用量】内服：煎汤，16～64 g。外用：煎水洗。

一五二、桔梗科 Campanulaceae

沙参属 *Adenophora* Fisch.

821. 沙参 *Adenophora stricta* Miq.

【形态】茎高 60～120 cm，不分枝，无毛或稍有白色短硬毛。茎生叶至少下部的具柄，很少近无柄，叶片卵圆形、卵形至卵状披针形，基部常楔状渐尖，或近平截形而突然变窄，沿叶柄下延，顶端急尖至渐尖，边缘具疏齿，两面或疏或密地被短硬毛，较少被柔毛，也有全无毛的，长 3～10（15）cm，宽 2～4 cm。花序分枝长，几乎平展或弯曲向上，常组成大而疏散的圆锥花序，极少分枝很短或很长而组成窄的圆锥花序。花梗极短而粗壮，常仅 2～3 mm 长，极少达 5 mm，花序轴和花梗有短毛或近无毛；花萼常有或疏或密的白色短毛，有的无毛，筒部倒圆锥状，裂片卵形至长卵形，长 4～7 mm，宽 1.5～4 mm，基部通常彼此重叠；花冠钟状，蓝色、紫色或蓝紫色，长 1.5～2 cm，裂片三角状卵形，为花冠长的 1/3；花盘短筒状，长（0.5）1～2.5 mm，顶端被毛或无毛；花柱与花冠近等长。蒴果球状椭圆形，或近卵状，长 6～8 mm，直

径 4～6 mm。种子椭圆状，有 1 条棱，长 1～1.5 mm。花期 7—9 月。

【生境分布】多生于山野。罗田各地均有分布。

【采收加工】秋季采挖，除去茎叶及须根，洗净泥土，刮去栓皮，晒干或烘干。

【来源】桔梗科植物沙参 *Adenophora stricta* Miq. 的根。

【性状】干燥的根呈长纺锤形或圆柱形，上粗下细，有时稍弯曲或扭曲，偶有分歧。全长 5～25 cm，上部直径 1～3 cm。顶端有根茎（芦头）长 0.5～10 cm，直径 0.3～2 cm，偶有 2 个根茎并生，上有显著横纹。带皮者表面黄白色至棕色，有横纹，上部尤多，稍有短段细根或根痕；去皮者表面黄白色，有纵皱。体轻质松，易折断，断面白色，不平坦，有多数裂隙。气微弱，味甘、微苦。以根粗大、饱满、无外皮、色黄白者为佳。

【炮制】拣净杂质，去芦，用水洗净，略润，切片，筛净晒干。

【性味】甘、微苦，凉。

【归经】归肺、肝经。

【功能主治】养阴清肺，祛痰止咳。主治肺热燥咳，虚劳久咳，阴伤咽干喉痛。

【用法用量】内服：熬汤，9～15 g（鲜品 32～95 g）；或入丸、散。

【注意】风寒咳嗽者忌服。

①《本草经集注》：恶防己，反藜芦。

②《本草经疏》：脏腑无实热，肺虚寒客之作泄者，勿服。

【附方】①治燥伤肺卫阴分，或热或咳者：沙参 9 g，玉竹 6 g，生甘草 3 g，冬桑叶 4.5 g，麦冬 9 g，生扁豆 4.5 g，花粉 4.5 g，水五杯，煮取二杯，日再服。久热久咳者，加地骨皮 9 g。（《温病条辨》）

②治肺热咳嗽：沙参半两，水煎服之。（《卫生易简方》）

③治失血后脉微，手足厥冷之症：杏叶沙参，浓煎频频而少少饮服。（《成都中草药》）

④治赤白带下，或下元虚冷：米饮调沙参末服。（《证治要诀》）

⑤治产后无乳：杏叶沙参根 12 g。煮猪肉食。（《湖南药物志》）

⑥治虚火牙痛：杏叶沙参根 15～64 g。煮鸡蛋服。（《湖南药物志》）

党参属 *Codonopsis* Wall.

822. 羊乳 *Codonopsis lanceolata*（Sieb. et Zucc.）Trautv.

【别名】山海螺、羊奶参、轮叶党参。

【形态】植株全体光滑无毛或茎叶偶疏生柔毛。茎基略近圆锥状或圆柱状，表面有多数瘤状茎痕，

根常肥大呈纺锤状而有少数细小侧根，长
10～20 cm，直径1～6 cm，表面灰黄色，
近上部有稀疏环纹，而下部则疏生横长皮
孔。茎缠绕，长约1 m，直径3～4 mm，
常有多数短细分枝，黄绿色而微带紫色。叶
在主茎上的互生，披针形或菱状狭卵形，细
小，长0.8～1.4 cm，宽3～7 mm；在小
枝顶端通常2～4叶簇生，而近对生或轮
生状，叶柄短小，长1～5 mm，叶片菱状
卵形、狭卵形或椭圆形，长3～10 cm，宽

1.3～4.5 cm，顶端尖或钝，基部渐狭，通常全缘或有疏波状锯齿，上面绿色，下面灰绿色，叶脉明显。
花单生或对生于小枝顶端；花梗长1～9 cm；花萼贴生至子房中部，筒部半球状，裂片弯缺尖狭，或开
花后渐变宽钝，裂片卵状三角形，长1.3～3 cm，宽0.5～1 cm，先端尖，全缘；花冠阔钟状，长2～4 cm，
直径2～3.5 cm，浅裂，裂片三角状，反卷，长0.5～1 cm，黄绿色或乳白色内有紫色斑；花盘肉质，
深绿色；花丝钻状，基部微扩大，长4～6 mm，花药3～5 mm；子房下位。蒴果下部半球状，上部有喙，
直径2～2.5 cm。种子多数，卵形，有翼，细小，棕色。花果期7—8月。

【生境分布】　生于山野沟洼等潮湿地带或林缘、灌木林下。罗田北部山区有分布。

【采收加工】　春、秋季采挖，除去须根，纵切晒干，或蒸后切片晒干。

【药材名】　山海螺。

【来源】　桔梗科植物羊乳 *Codonopsis lanceolata*（Sieb. et Zucc.）Trautv. 的根。

【性状】　根纺锤形或圆锥形，多纵剖成两半或块片。表面灰黄色，有较密的环状隆起的皱纹，根头小，
有数个茎基或芽痕；纵剖两半的边缘向内卷曲而呈海螺状，剖面黄白色。质轻，折断面类白色。

【性味】　甘，温。

【功能主治】　益气，养阴，消肿，解毒。主治身体虚弱，四肢无力，头晕头痛，阴虚咳嗽，乳汁不足，
肺脓肿，乳腺炎，疔疮，虫咬。

【用法用量】　内服：煎汤，9～15 g。

823. 党参 *Codonopsis pilosula*（Franch.）Nannf.

【别名】　上党人参、黄参、狮头参、中灵草。

【形态】　茎基具多数瘤状茎痕，根常肥大呈纺锤状或纺锤状圆柱形，较少分枝或中部以下略有分枝，
长15～30 cm，直径1～3 cm，表面灰黄色，上端5～10 cm部分有细密环纹，而下部则疏生横长皮孔，
肉质。茎缠绕，长1～2 m，直径2～3 mm，有多数分枝，侧枝15～50 cm，小枝1～5 cm，具叶，不
育或先端着花，黄绿色或黄白色，无毛。叶在主茎及侧枝上的互生，在小枝上的近对生，叶柄长0.5～2.5 cm，
有疏短刺毛，叶片卵形或狭卵形，长1～6.5 cm，宽0.8～5 cm，先端钝或微尖，基部近心形，边缘具
波状钝锯齿，分枝上叶片渐趋狭窄，叶基圆形或楔形，上面绿色，下面灰绿色，两面疏或密被贴伏的长硬
毛或柔毛，少无毛。花单生于枝端，与叶柄互生或近对生，有梗。花萼贴生至子房中部，筒部半球状，裂
片宽披针形或狭矩圆形，长1～2 cm，宽6～8 mm，先端钝或微尖，微波状或近全缘，其间弯缺尖狭；
花冠上位，阔钟状，长1.8～2.3 cm，直径1.8～2.5 cm，黄绿色，内面有明显紫斑，浅裂，裂片正三角
形，全缘；花丝基部微扩大，长约5 mm，花药长形，长5～6 mm；柱头有白色刺毛。蒴果下部半球状，
上部短圆锥状。种子多数，卵形，无翼，细小，棕黄色，光滑无毛。花果期7—10月。

【生境分布】　生于山地灌丛中及林缘或栽培。罗田骆驼坳镇有栽培。

【采收加工】秋季采挖，除去地上部分，洗净泥土，晒至半干，用手或木板搓揉，使皮部与木质部贴紧，饱满柔软，然后再晒再搓，反复3～4次，最后晒干即成。

【药用部位】　根。

【药材名】　党参。

【来源】　桔梗科植物党参 *Codonopsis pilosula*（Franch.）Nannf. 的根。

【炮制】党参：洗净泥沙后润透去芦，切片或切段，晒干。炒党参：将麸皮置于加热之锅内，至锅上起烟时，加入党参片，拌炒至深黄色，取出筛去麸皮，放凉。（党参每50 kg，用麸皮10 kg）

【性味】　甘，平。

【归经】　归手、足太阴经气分。

【功能主治】　补中，益气，生津。主治脾胃虚弱，气血两亏，体倦无力，食少，口渴。

【用法用量】　内服：煎汤，9～15 g，大剂量32～64 g；熬膏或入丸、散。

【注意】　有实邪者忌服。《得配本草》：气滞、怒火盛者禁用。

【附方】①清肺金，补元气，开声音，助筋力：党参（软甜者，切片）500 g，沙参（切片）250 g，桂圆肉125 g。水煎浓汁，滴水成珠，用瓷器盛贮。每用一酒杯，空心滚水冲服，冲入煎药亦可。（《得配本草》）

②治泻痢与产育气虚脱肛：党参（去芦，米炒）6 g，炙耆、白术（净炒）、肉蔻霜、茯苓各4.5 g，怀山药（炒）6 g，升麻（蜜炙）1.8 g，炙甘草2.1 g。加生姜二片煎，或加制附子1.5 g。（《不知医必要》）

③治服寒凉竣剂，以致损伤脾胃，口舌生疮：党参（焙）、黄芪（炙）各6 g，茯苓3 g，甘草（生）1.5 g，白芍2.1 g。白水煎，温服。（《经验喉科紫珍集》）

④治小儿口疮：党参32 g，黄柏15 g。共为细末，吹撒患处。（《青海省中医验方汇编》）

⑤抑制或杀灭麻风杆菌：党参、重楼（蚤休）、刺包头根皮（楤木根皮）各等量。将党参、重楼研成细粉；再将刺包头根皮加水适量煎煮3次，将3次煎液浓缩成一定量（能浸湿党参、重楼细粉）的药液，加蜂蜜适量。再将重楼、党参细粉倒入捣匀作丸，每丸9 g重；亦可作成膏剂。日服三次，每次一丸，开水送服。（北京中医学院《新医疗法资料汇编》）

半边莲属 *Lobelia* L.

824. 半边莲 *Lobelia chinensis* Lour.

【别名】　急解索。

【形态】　多年生草本。茎细弱，匍匐，节上生根，分枝直立，高6～15 cm，无毛。叶互生，无柄或近无柄，椭圆状披针形至条形，长8～25 cm，宽2～6 cm，先端急尖，基部圆形至阔楔形，全缘或顶部有明显的锯齿，无毛。花通常1朵，生于分枝的上部叶腋；花梗细，长1.2～2.5（3.5）cm，基部有长约1 mm的小苞片2枚、1枚或无，小苞片无毛；花萼筒倒长锥状，基部渐细而与花梗无明显区分，长 3～5 mm，无毛，裂片披针形，约与萼筒等长，全缘或下部有 1 对小齿；花冠粉红色或白色，长 10～15 mm，背面裂至基部，喉部以下生白色柔毛，裂片全部平展于下方，呈一个平面，两侧裂片披针形，较长，中间 3 枚裂片椭圆状披针形，较短；雄蕊长约 8 mm，花丝中部以上连合，花丝筒无毛，未连合部分的花丝侧面生柔毛，花药管长约 2 mm，背部无毛或疏生柔毛。蒴果倒锥状，长约 6 mm。种子椭圆状，稍压扁，近肉色。花果期 5—10 月。

【生境分布】 生于稻田岸畔、沟边或潮湿的荒地。罗田各地均有分布。

【采收加工】 夏季采收，带根拔起，洗净，晒干或阴干。

【药材名】 半边莲。

【来源】 桔梗科植物半边莲 *Lobelia chinensis* Lour. 的带根全草。

【性状】 干燥带根全草，多皱缩成团。根细长，圆柱形，带肉质，表面淡棕黄色，光滑或有细纵纹，生有须根。茎细长多节，灰绿色，靠近根茎部呈淡紫色，有皱缩的纵向纹理，节上有时残留不定根。叶互生，狭长，表面光滑无毛，多皱缩或脱落。花基部筒状，花瓣 5 片。臭微，有刺激性，味初微甘，后稍辛辣。以干燥、叶绿、根黄、无泥杂者为佳。

【性味】 甘，平。

【功能主治】 利水，消肿，解毒。主治黄疸，水肿，鼓胀，泄泻，痢疾，蛇虫咬伤，疔疮，肿毒，湿疹，癣疾，跌打扭伤肿痛。

【用法用量】 内服：煎汤，16～32 g；或捣汁服。外用：捣敷或捣汁调涂。

【注意】《江西民间草药验方》：虚症忌用。

【附方】 ①治寒齁气喘及疟疾寒热：半边莲、雄黄各 6 g。捣泥，碗内覆之，待青色，以饭丸如梧子大。每服九丸，空心盐汤下。（《寿域神方》）

②治毒蛇咬伤：a. 半边莲浸烧酒搽之。（《岭南草药志》）b. 鲜半边莲 32～64 g，捣烂绞汁，加甜酒 32 g 调服，服后盖被入睡，以便出微汗。毒重的一天服两次。并用捣烂的鲜半边莲敷于伤口周围。（《江西民间草药验方》）

③治疔疮，一切阳性肿毒：鲜半边莲适量，加食盐数粒同捣烂，敷患处，有黄水渗出，渐愈。（《江西民间草药验方》）

④治乳腺炎：鲜半边莲适量，捣烂敷患处。（《福建中草药》）

⑤治无名肿毒：半边莲叶捣烂加酒敷患处。（《岭南草药志》）

⑥治喉蛾：鲜半边莲如鸡蛋大一团，放在瓷碗内，加好烧酒 95 g，同捣极烂，绞取药汁，分三次口含，每次含 10～20 min 吐出。

⑦治时行赤眼或起星翳：a. 鲜半边莲，洗净，揉碎做一小丸，塞入鼻腔，患左眼塞右鼻，患右眼塞左鼻。3～4 h 换一次。b. 鲜半边莲适量，捣烂，敷眼皮上，用纱布盖护，一日换药两次。

⑧治跌打扭伤肿痛：半边莲 500 g，清水 1.5 kg，煎剩 750 g 过滤，将渣加水 1.5 kg 再煎成一半，然后将两次滤液混合在一起，用慢火浓缩成 500 g，装瓶备用。用时以药棉放在药液中浸透，取出贴于患处。

⑨治黄疸，水肿，小便不利：半边莲 32 g，白茅根 32 g。水煎，分二次用白糖调服。（⑥～⑨方出自《江西民间草药验方》）

⑩治单腹鼓胀：半边莲、金钱草各9 g，大黄12 g，枳实18 g。水煎，连服五天，每天一剂；以后加重半边莲、金钱草二味，将原方去大黄，加神曲、麦芽、砂仁，连服十天；最后将此方做成小丸，每服15 g，连服半个月。在治疗中少食盐。（《岭南草药志》）

⑪治湿热泄泻：半边莲32 g，水煎服。（江西《草药手册》）

⑫治痢疾：生半边莲64 g，水煎和黄糖服。

⑬治盲肠炎：半边莲250 g，加双料酒适量，捣烂水煎，一日五次分服，渣再和入米酒少许，外敷患处。

⑭治急性中耳炎：半边莲擂烂绞汁，和酒少许滴耳。（⑫～⑭方出自《岭南草药志》）

⑮治晚期血吸虫病腹水，肾炎水肿：半边莲32～64 g，水煎服。（《上海常用中草药》）

⑯治链霉素引起的眩晕等：半边莲32 g，配墨旱莲、白芷、车前草、女贞子、紫花地丁煎服。（《上海常用中草药》）

【临床应用】①治疗晚期血吸虫病，肝腹水。

②治疗蛇咬伤。取半边莲每日30～48 g，文火慢煎30 min，分3次内服。另用半边莲捣烂外敷，每日更换2次。半边莲对蛇咬伤具有良好的解毒作用，奏效迅速，尤其对有严重全身中毒症状者疗效显著。

③治疗糜烂型手足癣及亚急性湿疹。采用8%半边莲煎剂湿敷，或用40%半边莲煎剂外搽，见效迅速。

桔梗属 *Platycodon* A. DC

825. 桔梗 *Platycodon grandiflorus*（Jacq.）A. DC.

【别名】荠苨、苦梗、苦桔梗。

【形态】茎高20～120 cm，通常无毛，偶密被短毛，不分枝，极少上部分枝。叶全部轮生，部分轮生至全部互生，无柄或有极短的柄，叶片卵形、卵状椭圆形至披针形，长2～7 cm，宽0.5～3.5 cm，基部宽楔形至圆钝，先端急尖，上面无毛而绿色，下面常无毛而有白粉，有时脉上有短毛或瘤凸状毛，边缘具细锯齿。花单朵顶生，或数朵集成假总状花序，或有花序分枝而集成圆锥花序；花萼筒部半圆球状或圆球状倒锥形，

被白粉，裂片三角形或狭三角形，有时齿状；花冠大，长1.5～4.0 cm，蓝色或紫色。蒴果球状、球状倒圆锥形或倒卵状，长1～2.5 cm，直径约1 cm。花期7—9月。

【生境分布】野生于山坡草丛中或栽培。罗田各地均有分布。

【采收加工】春、秋季采收，而以秋采者体重质实，质量较佳。挖取后除去苗叶，洗净泥土，即浸水中，刮去外皮，晒干。如遇阴雨应即烘干。

【药材名】桔梗。

【来源】桔梗科植物桔梗 *Platycodon grandiflorus*（Jacq.）A. DC. 的根。

【性状】干燥根呈长纺锤形或长圆柱形。下部渐细，有时分歧稍弯曲，顶端具根茎（芦头），上面有许多半月形茎痕（芦碗）。全长6～30 cm，直径0.5～2 cm。表面白色或淡棕色，皱缩，上部有横纹，通体有纵沟，下部尤多，并有类白色或淡棕色的皮孔样根痕，横向略延长。质坚脆，易折断，断面类白色至类棕色，略带颗粒状，有放射状裂隙，皮部较窄，形成层显著，淡棕色，木部类白色，中央无髓。气无，

味微甘而后苦。以条粗均匀、坚实、洁白、味苦者为佳；以条不均匀、折断中空、色灰白者为次。

【炮制】拣净杂质，除去芦头，洗净捞出，润透后切片，晒干。

①《雷公炮炙论》：凡使桔梗，去头上尖硬二三分已来，并两畔附枝子，细锉，用百合水浸一伏时。漉出，缓火熬令干用。每修事四两，用生百合五分，捣作膏投于水中浸。

②《本草纲目》：桔梗，今但刮去浮皮。米泔水浸一夜，切片微炒用。

【性味】苦、辛，平。

【归经】归肺、胃经。

【功能主治】开宣肺气，祛痰排脓。主治外感咳嗽，咽喉肿痛，肺痈吐脓，胸满胁痛，痢疾腹痛。

【用法用量】内服：煎汤，3～6 g；或入丸、散。

【注意】阴虚久嗽、气逆及咯血者忌服。

【附方】①治肺痈，咳而胸满，振寒脉数，咽干不渴，时出浊唾腥臭，久久吐脓如米粥者：桔梗 32 g，甘草 64 g。上二味，以水 3 升，煮取 1 升，分温再服，则吐脓血也。（《金匮要略》）

②治痰嗽喘急不定：桔梗 48 g。捣罗为散，用童子小便 0.5 升，煎取 600 g，去滓温服。（《简要济众方》）

③治喉痹及毒气：桔梗 64 g。水 3 升，煮取 1 升，顿服之。（《千金方》）

④治寒实结胸，无热证者：桔梗 0.9 g，巴豆 0.3 g（去皮、心，熬黑，研如脂），贝母 0.9 g。上三味为散，以白饮和服，强人 0.75 g，羸者减之。病在膈上必吐，在膈下必利，不利，进热粥一杯，利过不止，进冷粥一杯。（《伤寒论》）

⑤治伤寒痞气，胸满欲死：桔梗、枳壳（炙，去瓤）各 32 g。上锉如米豆大，用水 1.5 升，煎减半，去滓，分二服。（《苏沈良方》）

⑥治牙疳臭烂：桔梗、茴香各等份。烧研敷之。（《卫生易简方》）

⑦治胸满不痛：桔梗、枳壳各等份。煎水二杯，成一杯，温服。

⑧治伤寒腹胀（阴阳不和）：用桔梗、半夏、陈皮各 9 g，生姜五片，煎水二杯，成一杯服。此方名"桔梗半夏汤"。

⑨治咽痛，口舌生疮：先服甘草汤，如不愈，再服桔梗汤。

⑩治风虫牙痛：用桔梗、薏苡各等份为末，内服。

⑪治骨槽风（牙龈肿痛）：用桔梗研细，与枣肉调成丸子，如皂角子大。裹棉内，上下牙咬住。常用荆芥煎汤嗽口。

⑫治眼睛痛，眼发黑：用桔梗 500 g、黑牵牛头 95 g，共研细，加蜜成丸，如梧子大。每服 40 丸，温水送下。一天服二次。此方称"桔梗丸"。

⑬治鼻血不止，吐血下血：用桔梗研细，加水调匀。每服一茶匙，一天服四次。药中加生犀牛角屑亦可。

⑭治打伤瘀血：用桔梗末，每服少许，米汤送下。

⑮治中蛊下血（下血如鸡肝色，大量排出）：用桔梗研细，每服一茶匙，酒送下。一天服三次。初时须强灌。约七天之后，血止。可吃猪肝汤补身体。

⑯治怀孕中恶（心腹突然大痛）：用桔梗 32 g，锉细，加生姜 3 片。水一杯煎服。（⑦～⑯方出自《中药大辞典》）

蓝花参属 *Wahlenbergia* Schrad. ex Roth

826. 蓝花参 *Wahlenbergia marginata*（Thunb.）A. DC.

【别名】细叶沙参、金线吊葫芦、一窝鸡、娃儿草、雀舌草。

【形态】 多年生草本，有白色乳汁。
根细长，外面白色，细胡萝卜状，直径可达
4 mm，长约 10 cm。茎自基部多分枝，直
立或上升，长 10 ～ 40 cm，无毛或下部疏
生长硬毛。叶互生，无柄或具长至 7 mm 的
短柄，常在茎下部密集，下部的匙形，倒披
针形或椭圆形，上部的条状披针形或椭圆形，
长 1 ～ 3 cm，宽 2 ～ 8 mm，边缘波状、具
疏锯齿或全缘，无毛或疏生长硬毛。花梗极
长，细而伸直，长可达 15 cm；花萼无毛，
筒部倒卵状圆锥形，裂片三角状钻形；花冠
钟状，蓝色，长 5 ～ 8 mm，分裂达 2/3，裂片倒卵状长圆形。蒴果倒圆锥状或倒卵状圆锥形，有 10 条不
甚明显的肋，长 5 ～ 7 mm，直径约 3 mm。种子矩圆状，光滑，黄棕色，长 0.3 ～ 0.5 mm。花果期 2—5 月。

【生境分布】 生于低海拔的田边、路边和荒地中，有时生于山坡或沟边。罗田各地均有分布。

【采收加工】 秋季采根，春、夏、秋季采挖全草，鲜用或晒干。

【药用部位】 根或全草。

【药材名】 蓝花参。

【来源】 桔梗科植物蓝花参 *Wahlenbergia marginata*（Thunb.）A. DC. 的根或全草。

【性味】 甘，平。

【功能主治】 益气补虚，祛痰，截疟。主治病后体虚，小儿疳积，支气管炎，肺虚咳嗽，疟疾，高血压，
带下。

【用法用量】 内服：煎汤，16 ～ 64 g。

一五三、菊科 Compositae

蓍属 *Achillea* L.

827. 蓍 *Achillea millefolium* L.

【别名】 一支蒿、蜈蚣草、蜈蚣蒿、飞天蜈蚣、锯草。

【形态】 多年生草本，具细的匍匐根茎。茎直立，高 40 ～ 100 cm，有细条纹，通常被白色长柔毛，
上部分枝或不分枝，中部以上叶腋常有缩短的不育枝。叶无柄，披针形、矩圆状披针形或近条形，长 5 ～ 7 cm，
宽 1 ～ 1.5 cm，（二至）三回羽状全裂，叶轴宽 1.5 ～ 2 mm，1 回裂片多数，间隔 1.5 ～ 7 mm，有时基部
裂片之间的上部有 1 中间齿，末回裂片披针形至条形，长 0.5 ～ 1.5 mm，宽 0.3 ～ 0.5 mm，顶端具软骨质短尖，
上面密生凹入的腺体，被毛，下面被较密贴伏的长柔毛。下部叶和营养枝的叶长 10 ～ 20 cm，宽 1 ～ 2.5 cm。
头状花序多数，密集成直径 2 ～ 6 cm 的复伞房状；总苞矩圆形或近卵形，长约 4 mm，宽约 3 mm，疏生柔
毛；总苞片 3 层，覆瓦状排列，椭圆形至矩圆形，长 1.5 ～ 3 mm，宽 1 ～ 1.3 mm，背中间绿色，中脉凸起，
边缘膜质，棕色或淡黄色；托片矩圆状椭圆形，膜质，背面散生黄色闪亮的腺点，上部被短柔毛。边花 5 朵；

舌片近圆形，白色、粉红色或淡紫红色，长
1.5～3 mm，宽2～2.5 mm，顶端2～3齿；
盘花两性，管状，黄色，长2.2～3 mm，
5齿裂，外面具腺点。瘦果矩圆形，长约
2 mm，淡绿色，有淡白色的狭边肋，无冠
状冠毛。花果期7—9月。

【生境分布】 生于山坡或路边。罗田
各地均有分布。

【药用部位】 全草和果。

（1）蓍草。

【来源】 菊科植物蓍草 *Achillea millefolium* L. 的全草。

【采收加工】 夏、秋季采收，洗净，鲜用或晒干。

【性味】 辛、苦，平，有小毒。

【功能主治】 解毒消肿，止血，止痛。主治风湿疼痛，牙痛，闭经腹痛，胃痛，肠炎，痢疾；外用
治毒蛇咬伤，疮痈肿毒，跌打损伤，外伤出血。

【用法用量】 内服：研粉吞服，0.9～3 g；煎汤，3～9 g。外用：适量，鲜品捣烂敷患处。

（2）蓍实。

【采收加工】 9—10月果熟时采收，晒干。

【来源】 菊科植物蓍草 *Achillea millefolium* L. 的果。

【性味】 ①《神农本草经》：苦，平。
②《名医别录》：酸，无毒。

【功能主治】 益气，明目。

【用法用量】 内服：煎汤，3～9 g。

和尚菜属 *Adenocaulon* Hook.

828. 和尚菜 *Adenocaulon himalaicum* Edgew.

【别名】 腺梗菜、土冬花、水葫芦、水马蹄草。

【形态】 根状茎匍匐，直径1～1.5 cm，自节上生出多数的纤维根。茎直立，高30～100 cm，中
部以上分枝，稀自基部分枝，分枝纤细、
斜上，或基部的分枝粗壮，被蛛丝状茸毛，
有长2～4 cm的节间。根生叶或有时下部
的茎叶花期凋落；下部茎叶肾形或圆肾形，
长（3）5～8 cm，宽（4）7～12 cm，基
部心形，顶端急尖或钝，边缘有不等形的波
状大齿，齿端有凸尖，叶上面沿脉被尘状柔
毛，下面密被蛛丝状毛，基出3脉，叶柄长
5～17 cm，宽0.3～1 cm，有狭或较宽的翼，
翼全缘或有不规则的钝齿；中部茎叶三角状

圆形，长 7 ～ 13 cm，宽 8 ～ 14 cm，向上的叶渐小，三角状卵形或菱状倒卵形，最上部的叶长约 1 cm，披针形或线状披针形，无柄，全缘。头状花序排成狭或宽大的圆锥状花序，花梗短，被白色茸毛，花后花梗伸长，长 2 ～ 6 cm，密被稠密头状具柄腺毛。总苞半球形，宽 2.5 ～ 5 mm；总苞片 5 ～ 7 个，宽卵形，长 2 ～ 3.5 mm，全缘，果期向外反曲。雌花白色，长 1.5 mm，檐部比管部长，裂片卵状长椭圆形，两性花淡白色，长 2 mm，檐部短于管部 2 倍。瘦果棍棒状，长 6 ～ 8 mm，被多数头状具柄的腺毛。花果期 6—11 月。

【生境分布】 全国各地都有分布。生于河岸、湖旁、峡谷、阴湿密林下，在干燥山坡亦有生长，从平原到海拔 3400 米的山地均可见。罗田各地均有分布。

【采收加工】 夏季采收。

【来源】 菊科植物和尚菜 Adenocaulon himalaicum Edgew. 的全草。

【性味】 苦、辛，温。

【归经】 归肺、肝、肾经。

【功能主治】 止咳平喘，活血行瘀，利水消肿。主治寒邪壅肺之咳嗽、气喘、痰多等，跌打损伤，产后腹痛，水肿。

【用法用量】 内服：煎汤，9 ～ 15 g。

藿香蓟属 *Ageratum* L.

829. 藿香蓟 *Ageratum conyzoides* L.

【别名】 胜红蓟、咸虾花、白花草、白毛苦、白花臭草、广马草。

【形态】 一年生草本，高 50 ～ 100 cm，有时又不足 10 cm。无明显主根。茎粗壮，基部直径 4 mm，少有纤细而基部直径不足 1 mm 的，不分枝或自基部或自中部以上分枝，或下基部平卧而节常生不定根。全部茎枝淡红色，或上部绿色，被白色尘状短柔毛或上部被稠密开展的长茸毛。叶对生，有时上部互生，常有腋生的不发育的叶芽。中部茎叶卵形、椭圆形或长圆形，长 3 ～ 8 cm，宽 2 ～ 5 cm；自中部叶向上、向下及腋生小枝上的叶渐小或小，卵形或长圆形，有时植株全部叶小型，长仅 1 cm，宽仅 0.6 mm。全部叶基部钝或宽楔形，基出 3 脉或不明显 5 出脉，顶端急尖，边缘圆锯齿，有长 1 ～ 3 cm 的叶柄，两面被白色稀疏的短柔毛且有黄色腺点，上面沿脉处及叶下面的毛稍多，有时下面近无毛，上部叶、腋生幼枝及腋生枝上小叶的叶柄通常被白色稠密开展的长柔毛。头状花序 4 ～ 18 个，在茎顶排成通常紧密的伞房状花序；花序直径 1.5 ～ 3 cm，少有排成松散伞房花序式的。花梗长 0.5 ～ 1.5 cm，被尘状短柔毛。总苞钟状或半球形，宽 5 mm。总苞片 2 层，长圆形或披针状长圆形，长 3 ～ 4 mm，外面无毛，边缘撕裂。花冠长 1.5 ～ 2.5 mm，外面无毛或顶端有尘状微柔毛，檐部 5 裂，淡紫色。瘦果黑褐色，5 棱，长 1.2 ～ 1.7 mm，有白色稀疏细柔毛。冠毛膜片 5 或 6 个，长圆形，顶端急狭或渐狭成长或短芒状，或部分膜片顶端截形而无芒渐尖；全部冠毛膜片长 1.5 ～ 3 mm。花果期全年。

【生境分布】 生于山谷、山坡林下、

林缘、河边、山坡草地、田边或荒地上。罗田各地均有分布。

【采收加工】　夏、秋季采收，除去根部，晒干。

【来源】　菊科植物藿香蓟 *Ageratum conyzoides* L. 的全草。

【性味】　辛、苦，平。

【归经】　归肺、心经。

【功能主治】　清热解毒，利咽消肿，消炎止血。主治感冒发热，咽喉肿痛，痈疽疔疮，外伤出血。现用于治疗妇女非子宫性阴道出血，效果良好。

【用法用量】　内服：煎汤，25～50 g（鲜品50～100 g）；或捣汁。外用：捣敷或研末吹喉。

【附方】　①治喉症（包括白喉）：胜红蓟鲜叶50～100 g。洗净，绞汁。调冰糖服，日服三次。或取鲜叶晒干，研为末，作吹喉散。（《泉州本草》）

②治疮痈肿毒：胜红蓟全草洗净，和酸饭粒、食盐少许，共捣烂，敷患处。（《泉州本草》）

③治鱼口便毒：胜红蓟鲜叶200 g，茶饼15 g。共捣烂，加热温敷。（《福建民间草药》）

④治筋伤骨扭肿痛：干胜红蓟全草一握，放在炉火中烧烟熏之。（《福建民间草药》）

⑤治感冒发热：白花草100 g。水煎服。

⑥治外伤出血：白花草适量，捣烂，敷患处。

⑦治疖疮成脓未溃：白花草、黄糖少许。捣敷患处。（⑤～⑦方出自《广西中草药》）

⑧治崩漏，鹅口疮，疗疮红肿：胜红蓟15～25 g。水煎服。（《云南中草药》）

⑨治疟疾，感冒：广马草干品15～50 g。水煎服，日服二次。（《文山中草药》）

⑩治风湿疼痛，骨折（复位固定后）：鲜广马草捣烂敷于患处。（《文山中草药》）

兔儿风属 *Ainsliaea* DC.

830. 杏香兔儿风 *Ainsliaea fragrans* Champ.

【别名】　兔耳一支香、朝天一支香、四叶一支香、扑地金钟。

【形态】　多年生草本。根状茎短或伸长，有时可离地面近2 cm，圆柱形，直或弯曲，直径1～3 mm，根颈被褐色茸毛，具簇生细长须根。茎直立，单一，不分枝，花葶状，高25～60 cm，被褐色长柔毛。叶聚生于茎的基部，莲座状或呈假轮生，叶片厚纸质，卵形、狭卵形或卵状长圆形，长2～11 cm，宽1.5～5 cm，顶端钝或中脉延伸具一小的凸尖头，基部深心形，边缘全缘或具疏离的胼胝体状小齿，有向上弯拱的缘毛，上面绿色，无毛或被疏毛，下面淡绿色或有时带紫红色，被较密的长柔毛，脉上尤甚；基出脉5条，在下面明显增粗并凸起，中脉中上部复具1～2对侧脉，网脉略明显，网眼大；叶柄长1.5～6 cm，稀更长，无翅，密被长柔毛。头状花序通常有小花3朵，具被短柔毛的短梗或无梗，于花葶之顶排成间断的总状花序，花序轴被深褐色的短柔毛，并有3～4 mm长的钻形苞叶；总苞圆筒形，直径3～3.5 mm；总苞片约5层，背部有纵纹，无毛，有时顶端带紫红色，外面1～2层卵形，长1.8～2 mm，宽约1 mm，顶端尖，中层近椭圆形，长3～8 mm，宽1.5～2 mm，

顶端钝，最内层狭椭圆形，长约 11 mm，宽约 2 mm，顶端渐尖，基部长渐狭，具爪，边缘干膜质；花托狭，不平，直径约 0.5 mm，无毛。花全部两性，白色，开放时具杏仁香气，花冠管纤细，长约 6 mm，冠檐显著扩大，于管口上方 5 深裂，裂片线形，与花冠管近等长；花药长约 4.5 mm，顶端钝，基部箭形的尾部长约 2 mm；花柱分枝伸出药筒外，长约 0.5 mm，顶端钝。瘦果棒状圆柱形或近纺锤形，栗褐色，略压扁，长约 4 mm，被 8 条显著的纵棱，被较密的长柔毛。冠毛多数，淡褐色，羽毛状，长约 7 mm，基部联合。花期 11—12 月。

【生境分布】生于山坡灌木林下或路旁、沟边草丛中。罗田各地均有分布。

【采收加工】夏、秋季采收，洗净，鲜用或晒干备用。

【药材名】兔耳风。

【来源】菊科植物杏香兔儿风 *Ainsliaea fragrans* Champ. 的全草。

【性味】苦、辛，平。

【功能主治】清热解毒，消积散结，止咳，止血。主治上呼吸道感染，肺脓肿，肺结核咯血，黄疸，小儿疳积，消化不良，乳腺炎；外用治中耳炎，毒蛇咬伤。

【用法用量】内服：煎汤，9～15 g。外用：适量，鲜全草捣烂敷患处。

香青属 *Anaphalis* DC.

831. 黄腺香青 *Anaphalis aureo-punctata* Lingelsh et Borza

【别名】香蒿、蛇软曲。

【形态】根状茎细或稍粗壮，有长达 12 cm 或稀达 20 cm 的匍匐枝。茎直立或斜升，高 20～50 cm，细或粗壮，不分枝，稀在花后有直立的花枝，草质或基部稍木质，被白色或灰白色蛛丝状绵毛，或下部脱毛，下部有密集、上部有渐疏的叶，莲座状叶宽匙状椭圆形，下部渐狭成长柄，常被密绵毛；下部叶在花期枯萎，匙形或披针状椭圆形，有具翅的柄，长 5～16 cm，宽 1～6 cm；中部叶稍小，开展，基部渐狭，沿茎下延成

宽或狭翅，边缘平，顶端急尖，稀渐尖，有短或长尖头；上部叶小，披针状线形；全部叶上面被具柄腺毛及易脱落的蛛丝状毛，下面被白色或灰白色蛛丝状毛及腺毛，或脱毛，有离基 3 或 5 出脉，侧脉明显且长达叶端或在近叶端消失，或有单脉。头状花序多数或极多数，密集成复伞房状；花序梗纤细。总苞钟状或狭钟状，长 5～6 mm，直径约 5 mm；总苞片约 5 层，外层浅或深褐色，卵圆形，长约 2 mm，被绵毛；内层白色或黄白色，长约 5 mm，在雄株顶端宽圆形，宽达 2.5 mm，在雌株顶端钝或稍尖，宽约 1.5 mm，最内层较短狭，匙形或长圆形有长达全长 2/3 的爪部。花托有繸状凸起。雌株头状花序有多数雌花，中央有 3～4 朵雄花；雄株头状花序全部有雄花或外围有 3～4 朵雌花。花冠长 3～3.5 mm。冠毛较花冠稍长；雄花冠毛上部宽扁，有微齿。瘦果长达 1 mm，被微毛。花期 7—9 月，果期 9—10 月。

【生境分布】生于林下或草坡。罗田北部山区有分布。

【药材名】香青。

【采收加工】春、夏季采收，除去杂质，晒干或烘干。

【来源】　菊科植物黄腺香青 *Anaphalis aureo-punctata* Lingelsh et Borza 的全草。

【功能主治】　主治感冒咳嗽，慢性支气管炎。

【用法用量】　内服：煎汤，10～16 g。

832. 珠光香青 *Anaphalis margaritacea*（L.）Benth. et Hook. f.

【别名】　香青、大叶白头翁。

【形态】　根状茎横走或斜升，木质，有具褐色鳞片的短匍匐枝。茎直立或斜升，单生或少数丛生，高30～60 cm，稀达100 cm，常粗壮，不分枝，稀在断茎或健株上有分枝，被灰白色绵毛，下部木质。下部叶在花期常枯萎，顶端钝；中部叶开展，线形或线状披针形，长5～9 cm，宽0.3～1.2 cm，稀更宽，基部稍狭或急狭，抱茎，不下延，边缘平，顶端渐尖，有小尖头，上部叶渐小，有长尖头，全部叶稍革质，上面被蛛丝状毛，下面被灰白色至红褐色厚绵毛，有单脉或3～5出脉。头状花序多数，在茎和枝端排列成复伞房状，稀较少而排列成伞房状；花序梗长4～17 mm。总苞宽钟状或半球状，长5～8 mm，直径8～13 mm；总苞片5～7层，开展，基部褐色，上部白色，外层长达总苞全长的1/3，卵圆形，被绵毛，内层卵圆至长椭圆形，长5 mm，宽2.5 mm，在雄株宽达3 mm，顶端圆形或稍尖，最内层线状倒披针形，宽0.5 mm，有长达全长3/4的爪部。花托蜂窝状。雌株头状花序外围

有多层雌花，中央有3～20朵雄花；雄株头状花全部有雄花或外围有极少数雌花。花冠长3～5 mm。冠毛较花冠稍长，在雌花为细丝状；在雄花上部较粗厚，有细锯齿。瘦果长椭圆形，长0.7 mm，有小腺点。花果期8—11月。

【生境分布】　生于海拔300～3400 m的沟边、林缘草丛中。罗田北部山区有分布。

【采收加工】　春、夏季采收，除去杂质，晒干或烘干。

【药材名】　香青。

【来源】　菊科植物珠光香青 *Anaphalis margaritacea*（L.）Benth. et Hook. f. 的全草。

【功能主治】　清热，泻火，燥湿。

【用法用量】　内服：煎汤，10～16 g。

牛蒡属 *Arctium* L.

833. 牛蒡 *Arctium lappa* L.

【别名】　恶实、大力子。

【形态】　二年生草本，具粗大的肉质直根，长达15 cm，直径可达2 cm，有分枝支根。茎直立，高达2 m，粗壮，基部直径达2 cm，通常带紫红色或淡紫红色，有多数高起的条棱，分枝斜升，多数，全部茎枝被稀疏的乳凸状短毛及长蛛丝毛并混杂棕黄色的小腺点。基生叶宽卵形，长达30 cm，宽达21 cm，

边缘且稀疏的浅波状凹齿或齿尖,基部心形,有长达 32 cm 的叶柄,两面异色,上面绿色,有稀疏的短糙毛及黄色小腺点,下面灰白色或淡绿色,被薄茸毛或茸毛稀疏,有黄色小腺点,叶柄灰白色,被稠密的蛛丝状茸毛及黄色小腺点,但中下部常脱毛。茎生叶与基生叶同型或近同型,具等样及等量的毛被,接花序下部的叶小,基部平截或浅心形。头状花序多数或少数,在茎枝顶端排成疏松的伞房花序或圆锥状伞房花序,花序梗粗壮。总苞卵形或卵球形,直径 1.5 ～ 2 cm。

总苞片多层,多数,外层三角状或披针状钻形,宽约 1 mm,中内层披针状或线状钻形,宽 1.5 ～ 3 mm;全部苞近等长,长约 1.5 cm,顶端有软骨质钩刺。小花紫红色,花冠长 1.cm,细管部长 8 mm,檐部长 6 mm,外面无腺点,花冠裂片长约 2 mm。瘦果倒长卵形或偏斜倒长卵形,长 5 ～ 7 mm,宽 2 ～ 3 mm,两侧压扁,浅褐色,有多数细脉纹,有深褐色的色斑或无色斑。冠毛多层,浅褐色;冠毛刚毛糙毛状,不等长,长达 3.8 mm,基部不连合成环,分散脱落。花果期 6—9 月。

【生境分布】 全国各地普遍分布。生于山坡、山谷、林缘、林中、灌丛、河边潮湿地、村庄路旁或荒地。罗田望江垴有栽培。

【药用部位】 种子、根。

（1）牛蒡子。

【采收加工】 秋季连穗割取,晒干后除去种壳,晒干。

【来源】 菊科植物牛蒡 *Arctium lappa* L. 的种子。

【性味】 辛,平,无毒。

【附方】 ①治身肿欲裂:用牛蒡子 64 g,炒过,研细。每服 6 g,温水送下。日服三次。

②治风热浮肿（咽喉闭塞）:用牛蒡子 150 g,炒半生半熟,研细。每服一匙,热酒送下。

③治小舌痛:牛蒡子、石膏各等份为末,茶调服。

④治小舌痛:牛蒡子（炒）、甘草（生）各等份为末。水煎,含咽。此方名"启关散"。

⑤治风热瘾疹:牛蒡子（炒）、浮萍各等份为末。每服 6 g,以薄荷汤送下。

⑥治牙痛:用牛蒡子（炒过）,煎水含漱。

⑦治妇女吹乳:用牛蒡子 3 g,麝香少许,温酒小口送下。

⑧治关节肿痛（风热攻犯手指,赤肿麻木,甚至攻达肩背两膝,遇暑热则便秘）:用牛蒡子 95 g,新豆豉（炒）、羌活各 32 g,共研为末。每服 6 g,白开水送下。

⑨治头风白屑:用牛蒡叶捣汁,熬浓涂头上。第二天早晨,以皂荚水洗去。

⑩治小便不通,脐腹急痛:用牛蒡叶汁、生地黄汁各 300 g,和匀,加蜜 300 g。每取 150 g,又水半碗,煎开几次,调滑石末 3 g 服下。

（2）牛蒡根。

【别名】 恶实根、鼠粘根、牛菜。

【采收加工】 10 月采挖 2 年以上的根,洗净,晒干。

【来源】 菊科植物牛蒡 *Arctium lappa* L. 的根。

【性状】 根呈纺锤状,肉质而直,皮部黑褐色,有皱纹,内呈黄白色;味微苦而性黏。

【性味】 苦,寒。

【归经】入手太阴经。

【功能主治】祛风热，消肿毒。主治风毒面肿，头晕，咽喉热肿，牙痛，咳嗽，消渴，痈疽疮疖。

【用法用量】内服：煎汤或捣汁。外用：捣敷、熬膏涂贴或煎水洗。

【附方】①治热攻心，烦躁恍惚：牛蒡根捣汁 625 g，食后分为三服。（《食医心鉴》）

②治头面忽肿，热毒风内攻，或手足头面赤肿，触着痛：牛蒡根洗净烂研，酒煎成膏，摊在纸上，贴肿毒，仍热酒调下，一服肿止痛减。（《斗门方》）

③治反花疮，并治积年诸疮：牛蒡根热捣，和腊月猪脂封上。（《千金方》）

④治喉中热肿：鼠粘根（切）1 升，以水 5 升，煮取 3 升，分温三四服。忌蒜、面。（《延年方》）

⑤治头晕痛：牛蒡根 125 g，老人头（酒洗）32 g，熬水服。（《重庆草药》）

⑥治热毒牙痛，齿龈肿痛不可忍：牛蒡根 500 g，捣汁，入盐花 3 g，银器中熬成膏，每用涂齿龈上，重者不过二、三度。（《太平圣惠方》）

⑦治痔疮：牛蒡根、漏芦根，炖猪大肠服。（《重庆草药》）

⑧治瘰疬：鼠粘根汤洗，细切除皮者 1 升，以水 3 升，煮取 1.5 升，分温三服，服相去如人行四、五里一服，宜服六剂。（《救急方》）

⑨治耳卒肿：牛蒡根洗净细切，捣绞取汁 1 升，于银锅中熬成膏，涂于肿上。（《太平圣惠方》）

⑩治虚弱脚软无力：牛蒡根炖鸡、炖肉服。（《重庆草药》）

蒿属 *Artemisia* L.

834. 黄花蒿 *Artemisia annua* L.

【别名】芳蒿、臭蒿、香丝草、酒饼草、马尿蒿。

【形态】一年生草本；植株有浓烈的挥发性香气。根单生，垂直，狭纺锤形；茎单生，高 100～200 cm，基部直径可达 1 cm，有纵棱，幼时绿色，后变褐色或红褐色，多分枝；茎、枝、叶两面及总苞片背面无毛或初时背面微有极稀疏短柔毛，后脱落无毛。叶纸质，绿色；茎下部叶宽卵形或三角状卵形，长 3～7 cm，宽 2～6 cm，绿色，两面具细小脱落性的白色腺点及细小凹点，

三（四）回栉齿状羽状深裂，每侧有裂片 5～8（10）枚，裂片长椭圆状卵形，再次分裂，小裂片边缘具多枚栉齿状三角形或长三角形的深裂齿，裂齿长 1～2 mm，宽 0.5～1 mm，中肋明显，在叶面上稍隆起，中轴两侧有狭翅而无小栉齿，稀上部有数枚小栉齿，叶柄长 1～2 cm，基部有半抱茎的假托叶；中部叶二（三）回栉齿状的羽状深裂，小裂片栉齿状三角形，稀为细短狭线形，具短柄；上部叶与苞片叶一（二）回栉齿状羽状深裂，近无柄。头状花序球形，多数，直径 1.5～2.5 mm，有短梗，下垂或倾斜，基部有线形的小苞叶，在分枝上排成总状或复总状花序，并在茎上组成开展、尖塔形的圆锥花序；总苞片 3～4 层，内、外层近等长，外层总苞片长卵形或狭长椭圆形，中肋绿色，边缘膜质，中层、内层总苞片宽卵形或卵形，花序托凸起，半球形；花深黄色，雌花 10～18 朵，花冠狭管状，檐部具 2（3）裂齿，外面有腺点，花柱线形，伸出花冠外，先端 2 叉，叉端钝尖；两性花 10～30 朵，结实或中央少数花不结实，花冠管状，

花药线形，上端附属物尖，长三角形，基部具短尖头，花柱近与花冠等长，先端 2 叉，叉端截形，有短睫毛状毛。瘦果小，椭圆状卵形，略扁。花果期 8—11 月。

【生境分布】 生于荒野、山坡、路边及河岸边。罗田各地均有分布。

【采收加工】 秋季割取，晒干或切段晒干。

【药材名】 黄花蒿。

【来源】 菊科植物黄花蒿 *Artemisia annua* L. 的全草。

【性状】 干燥全草，长 60～100 cm。茎圆柱形，表面浅棕色或灰棕色，有纵向棱线，质硬，折断面粗糙，中央有白色的髓，嫩枝具多数叶片，质脆，易碎裂。带果穗或花序的枝，叶片多已脱落，花序仅残存小球状棕黄色的苞片，如鱼子，质脆易碎。有特异香气，味苦，有清凉感。以黄绿色、气香、无杂质者为佳。

【性味】 ①《本草纲目》：辛、苦，凉，无毒。

②《上海常用中草药》：苦，寒。

【功能主治】 清热解疟，驱风止痒。主治伤暑，疟疾，潮热，小儿惊风，热泻，恶疮疥癣。

【用法用量】 内服：煎汤，3～9 g。外用：捣敷。

【附方】①治结核潮热，盗汗，消化不良：黄花蒿 6～12 g。水煎服。（广州部队《常用中草药手册》）

②治暑热发痧，胸闷腹痛：鲜黄花蒿嫩叶 15～32 g 或种子 15 g。水煎服。（《上海常用中草药》）

③治疟疾，间歇热：黄花蒿 9～15 g。水煎服。（《上海常用中草药》）

④治小儿热泻：黄花蒿、凤尾草、马齿苋各 6 g。水煎服。（《江西草药》）

⑤治流火（淋巴管炎）：黄花蒿、牡荆叶各 64 g，威灵仙 15 g。水煎服。（《江西草药》）

⑥治疥癣，皮肤湿痒：黄花蒿煎水洗。（广州部队《常用中草药手册》）

⑦治蛇咬伤：新鲜苦蒿 32 g，捣烂，外敷伤口。（《贵州民间方药集》）

【备注】 本品目前在全国大部分地区均作青蒿使用。参见"青蒿"条。

835. 奇蒿 *Artemisia anomala* S. Moore

【别名】 刘寄奴、金寄奴、乌藤菜、珍珠蒿、南刘寄奴。

【形态】 多年生草本。主根稍明显或不明显，侧根多数；根状茎稍粗，直径 3～5 mm，弯曲，斜向上。茎单生，稀 2 至少数，高 80～150 cm，具纵棱，黄褐色或紫褐色，初时被微柔毛，后渐脱落；上半部有分枝，枝弯曲，斜向上或略开展，长 5～15 cm。叶厚纸质或纸质，上面绿色或淡绿色，初时微有疏短柔毛，后无毛，背面黄绿色，初时微有蛛丝状绵毛，后脱落；下部叶卵形或长卵形，稀倒卵形，不分裂或先端有数枚浅裂齿，先端锐尖或长尖，边缘具细锯齿，基部圆形或宽楔形，具短柄，叶柄长 3～5 mm；中部叶卵形、长卵形或卵状披针形，长 9～12（15）cm，宽 2.5～4（5.5）cm，先端锐尖或长尖，边缘具细锯齿，基部圆形或宽楔形，叶柄长 2～4（10）mm；上部叶与苞片叶小，无柄。头状花序长圆形或卵形，直径 2～2.5 mm，无梗或近无梗，在分枝上端或

分枝的小枝上排成密穗状花序，并在茎上端组成狭窄或稍开展的圆锥花序；总苞片 3～4 层，半膜质至膜质，背面淡黄色，无毛，外层总苞片小，卵形，中、内层总苞片长卵形、长圆形或椭圆形；雌花 4～6 朵，花冠狭管状，檐部具 2 裂齿，花柱长，伸出花冠外，先端 2 叉，叉端钝或尖；两性花 6～8 朵，花冠管状，花药线形，先端附属物尖，长三角形，基部圆钝，花柱略长于花冠，先端 2 叉，叉端截形，并有睫毛状毛。瘦果倒卵形或长圆状倒卵形。花果期 6—11 月。

【生境分布】生于低海拔地区林缘、路旁、沟边、河岸、灌丛及荒坡等地。罗田各地均有分布。

【采收加工】8—9 月花期采收，连根拔起晒干，打成捆。防止野露雨淋变黑。

【来源】菊科植物奇蒿 *Artemisia anomala* S. Moore 的带花全草。

【性味】辛、苦，平。

【功能主治】清暑利湿，活血行瘀，通经止痛，清热解毒，消炎，止痛，消食。主治中暑，头痛，肠炎，痢疾，闭经腹痛，风湿疼痛，跌打损伤；外用治创伤出血，乳腺炎。民间用于治疗肠、胃及妇疾患，近年亦用于血丝虫病，还可代茶泡饮作清凉解热药。

【用法用量】内服：煎汤，25～50 g。外用：适量，鲜品捣烂或干品研粉敷患处。

【注意】孕妇忌服。

836. 艾 *Artemisia argyi* Levl. et Van.

【别名】艾蒿、蕲艾、黄草、家艾。

【形态】多年生草本或略成半灌木状，植株有浓烈香气。主根明显，略粗长，直径达 1.5 cm，侧根多；常有横卧地下根状茎及营养枝。茎单生或少数，高 80～150（250）cm，有明显纵棱，褐色或灰黄褐色，基部稍木质化，上部草质，并有少数短的分枝，枝长 3～5 cm；茎、枝均被灰色蛛丝状柔毛。叶厚纸质，上面被灰白色短柔毛，并有白色腺点与小凹点，背面密被灰白色蛛丝状密茸毛；基生叶具长柄，花期萎谢；茎下部叶近圆形或宽卵形，羽状深裂，每侧具

裂片 2～3 枚，裂片椭圆形或倒卵状长椭圆形，每裂片有 2～3 枚小裂齿，干后背面主、侧脉多为深褐色或锈色，叶柄长 0.5～0.8 cm；中部叶卵形、三角状卵形或近菱形，长 5～8 cm，宽 4～7 cm，一至二回羽状深裂至半裂，每侧裂片 2～3 枚，裂片卵形、卵状披针形或披针形，长 2.5～5 cm，宽 1.5～2 cm，不再分裂或每侧有 1～2 枚缺齿，叶基部宽楔形渐狭成短柄，叶脉明显，在背面凸起，干时锈色，叶柄长 0.2～0.5 cm，基部通常无假托叶或极小的假托叶；上部叶与苞片叶羽状半裂、浅裂、3 深裂或 3 浅裂，或不分裂，而为椭圆形、长椭圆状披针形、披针形或线状披针形。头状花序椭圆形，直径 2.5～3（3.5）mm，无梗或近无梗，每数枚至 10 余枚在分枝上排成小型的穗状花序或复穗状花序，并在茎上通常再组成狭窄、尖塔形的圆锥花序，花后头状花序下倾；总苞片 3～4 层，覆瓦状排列，外层总苞片小，草质，卵形或狭卵形，背面密被灰白色蛛丝状绵毛，边缘膜质，中层总苞片较外层长，长卵形，背面被蛛丝状绵毛，内层总苞片质薄，背面近无毛；花序托小；雌花 6～10 朵，花冠狭管状，檐部具 2 裂齿，紫色，花柱细长，伸出花冠外甚长，先端 2 叉；两性花 8～12 朵，花冠管状或高脚杯状，外面有腺点，檐部紫色，花药狭线形，先端附属物尖，长三角形，基部有不明显的小尖头，花柱与花冠近等长或略长于花冠，先端 2 叉，

花后向外弯曲，叉端截形，并有睫毛状毛。瘦果长卵形或长圆形。花果期7—10月。

【生境分布】生于路旁、草地、荒野等处。罗田各地均有分布。

【药用部位】叶、果。

（1）艾叶。

【采收加工】春、夏季花未开、叶茂盛时采摘，晒干或阴干。

【来源】菊科植物艾 Artemisia argyi Levl. et Van. 的干燥叶。

【性状】干燥的叶片多皱缩破碎，有短柄。叶片略呈羽状分裂，裂片边缘有不规则的粗锯齿。上面灰绿色，生有软毛，下面密生灰白色茸毛。质柔软。气清香，味微苦、辛。以下面灰白色、茸毛多、香气浓郁者为佳。

【炮制】艾叶：拣去杂质，去梗，筛去灰屑。艾绒：取晒干艾叶碾碎成绒，拣去硬茎及叶柄，筛去灰屑。艾炭：取净艾叶置锅内用武火炒至七成变黑色，用醋喷洒，拌匀后过铁丝筛，未透者重炒，取出，晾凉，防止复燃，三日后储存。（艾叶每50 kg，用醋7.5 kg）

①《本草衍义》：干捣筛去青滓，取白，入石硫黄，为硫黄艾，灸家用。得米粉少许，可捣为末，入服食药。

②《本草纲目》：凡用艾叶，须用陈久者，治令细软，谓之熟艾，若生艾灸火，则伤人肌脉。拣取净叶，扬去尘屑，入石臼内木杵捣熟，罗去渣滓，取白者再捣，至柔烂如绵为度，用时焙燥，则灸火得力。入妇人丸散，须以熟艾，用醋煮干捣成饼子，烘干再捣为末用，或以糯糊和作饼，及酒炒者皆不佳。洪氏《容斋随笔》云，艾难著力，若入白茯苓三、五片同碾，即时可作细末，亦一异也。

【性味】苦、辛，温。

【归经】归脾、肝、肾经。

【功能主治】理气血，逐寒湿，温经，止血，安胎。主治心腹冷痛，泄泻转筋，久痢，吐衄，下血，月经不调，崩漏，带下，胎动不安，痈疡，疥癣。

【用法用量】内服：煎汤，3～9 g；或入丸、散、捣汁。外用：捣绒作炷或制成艾条熏灸，或捣敷、煎水熏洗、炒热温熨。

【注意】阴虚血热者慎用。

①《本草纲目》：苦酒、香附为之使。

②《本草备要》：血热为病者禁用。

③《本经逢原》：阴虚火旺，血燥生热，及宿有失血病者为禁。

【附方】①治卒心痛：白艾成熟者3升，以水3升，煮取1升，去滓，顿服之。若为客气所中者，当吐出浊物。（《补辑肘后方》）

②治脾胃冷痛：白艾末煎汤服6 g。（《卫生易简方》）

③治肠炎，急性尿路感染，膀胱炎：艾叶6 g，辣蓼6 g，车前50 g。水煎服，每天一剂，早晚各服一次。（徐州《单方验方　新医疗法（选编）》）

④治气痢腹痛，睡卧不安：艾叶（炒）、陈橘皮（汤浸去白，焙）各等份。上二味捣罗为末，酒煮烂饭和丸，如梧子大。每服20丸，空心。（《圣济总录》）

⑤治湿冷下痢脓血，腹痛，妇人下血：干艾叶125 g（炒焦存性），川白姜32 g（炮）。上为末，醋煮面糊丸，如梧子大。每服30丸，温米饮下。（《世医得效方》）

⑥治忽吐血一二口，或心衄，或内崩：熟艾三鸡子许，水5升，煮2升服。（《千金方》）

⑦治鼻血不止：艾灰吹之，亦可以艾叶煎服。（《太平圣惠方》）

⑧治粪后下血：艾叶、生姜。煎浓汁，服450 g。（《千金方》）

⑨治妇人崩中，连日不止：熟艾如鸡子大，阿胶（炒为末）16 g，干姜3 g。水五盏，先煮艾、姜至二盏半，

入胶烊化，分三服，空腹服，一日尽。（《养生必用方》）

⑩治功能性子宫出血，产后出血：艾叶炭32 g，蒲黄、蒲公英各15 g。每日一剂，煎服二次。（内蒙古《中草药新医疗法资料选编》）

⑪治妇人白带淋沥：艾叶（杵如绵，扬去尘末并梗，酒煮一周时）160 g，白肃、苍术各95 g（俱米泔水浸，晒干炒），当归身（酒炒）64 g，砂仁32 g。共为末，每早服9 g，白汤调下。（《本草汇言》）

⑫治妊娠卒胎动不安，或但腰痛，或胎转抢心，或下血不止：艾叶一鸡子大，以酒4升，煮取2升，分为二服。（《肘后备急方》）

⑬治产后腹痛欲死，因感寒起者：陈蕲艾1 kg，焙干，捣铺脐上，以绢覆住，熨斗熨之，待口中艾气出，则痛自止。（《杨诚经验方》）

⑭治盗汗不止：熟艾6 g，白茯神9 g，乌梅3个。水一盏，煎八分，临卧温服。（《本草纲目》）

⑮治痈疽不合，疮口冷滞：以北艾煎汤洗后，白胶熏之。（《仁斋直指方》）

⑯治头风面疮，痒出黄水：艾64 g，醋625 g，砂锅煎取汁，每薄纸上贴之，一日二、三上。（许国桢《御药院方》）

⑰治湿疹：艾叶炭、枯矾、黄柏各等份。共研细末，用香油调膏，外敷。（内蒙古《中草药新医疗法资料选编》）

【临床应用】①治疗慢性肝炎。

②治疗肺结核气喘。用10%艾叶液每次30 ml，日服3次，食前半小时服用。对肺部无严重纤维增生或肺气肿存在者效果较佳。

③治疗慢性支气管炎。取干艾500 g或鲜艾1 kg，洗净、切碎，放入4000 ml水中浸泡4～6 h，煎煮过滤，约得滤液3000 ml，加适量调味剂及防腐剂。日服3次，每次30～60 ml。或用蒸馏法提取艾叶油，制成胶丸或糖衣片服用，每日量0.1～0.3 ml，分3～4次口服，10天为1个疗程。

④治疗急性细菌性痢疾。用20%艾叶煎剂，日服4次，每次40 ml。

⑤治疗间日疟。取干艾16～32 g，切碎，用文火煎2 h左右，过滤，加糖，于发作前2 h顿服，连服2天。药液须现制现用，每日用32 g的疗效较好。

⑥治疗钩蚴性皮炎。在局部钩蚴感染24 h内，取直径1.5 cm的艾绒卷，熏烫钩蚴感染部。对于皮疹多而范围广的皮炎，将患部皮肤分区逐一熏烫5 min。

⑦治疗妇女带下。取艾叶5%煎汤去渣，鸡蛋2个放入汤内煮后吃蛋喝汤，连服5天。

⑧治疗寻常疣。采鲜艾叶擦拭局部，每日数次，至疣自行脱落为止。

（2）艾实。

【别名】艾子。

【采收加工】9—10月果成熟后采收。

【来源】菊科植物艾 *Artemisia argyi* Levl. et Van. 的果。

【性味】①《日华子本草》：暖，无毒。

②《本草纲目》：苦、辛，热，无毒。

【功能主治】①《药性论》：主明目。

②《日华子本草》：壮阳，助水藏、（利）腰、膝及暖子宫。

【用法用量】内服：研末为丸，1.5～4.5 g。

【附方】治一切冷气：艾实与干姜为末，蜜丸如梧子大，每服30丸。（孟诜《必效方》）

837. 茵陈蒿 *Artemisia capillaris* Thunb.

【别名】 茵陈、绵茵陈。

【形态】 半灌木状草本，植株有浓烈的香气。主根明显木质，垂直或斜向下伸长；根茎直径 5～8 mm，直立，稀少斜上展或横卧，常有细的营养枝。茎单生或少数，高 40～120 cm 或更长，红褐色或褐色，有不明显的纵棱，基部木质，上部分枝多，向上斜伸展；茎、枝初时密生灰白色或灰黄色绢质柔毛，后渐稀疏或脱落无毛。营养枝端有密集叶丛，基生叶密集着生，常成莲座状；基生叶、茎下部叶与营养枝叶两面均被棕黄色或灰黄色绢质柔毛，后期茎下部叶被毛脱

落，叶卵圆形或卵状椭圆形，长 2～4（5）cm，宽 1.5～3.5 cm，二至三回羽状全裂，每侧有裂片 2～3（4）枚，每裂片再 3～5 全裂，小裂片狭线形或狭线状披针形，通常细直，不弯曲，长 5～10 mm，宽 0.5～1.5（2）mm，叶柄长 3～7 mm，花期上述叶均萎谢；中部叶宽卵形、近圆形或卵圆形，长 2～3 cm，宽 1.5～2.5 cm，一至二羽状全裂，小裂片狭线形或丝线形，通常细直、不弯曲，长 8～12 mm，宽 0.3～1 mm，近无毛，顶端微尖，基部裂片常半抱茎，近无柄；上部叶与苞片叶羽状 5 全裂或 3 全裂，基部裂片半抱茎。头状花序卵球形，稀近球形，多数，直径 1.5～2 mm，有短梗及线形的小苞叶，在分枝的上端或小枝端偏向外侧生长，常排成复总状花序，并在茎上端组成大型、开展的圆锥花序；总苞片 3～4 层，外层总苞片草质，卵形或椭圆形，背面淡黄色，有绿色中肋，无毛，边膜质，中、内层总苞片椭圆形，近膜质或膜质；花序托小，凸起；雌花 6～10 朵，花冠狭管状或狭圆锥状，檐部具 2～3 裂齿，花柱细长，伸出花冠外，先端 2 叉，叉端尖锐；两性花 3～7 朵，不育，花冠管状，花药线形，先端附属物尖，长三角形，基部圆钝，花柱短，上端棒状，2 裂，不叉开，退化子房极小。瘦果长圆形或长卵形。花果期 7—10 月。

【生境分布】 多生于山坡、河岸、沙砾地。罗田各地均有分布。

【采收加工】 春季幼苗高 6～10 cm 时，或秋季花蕾长至花初开时采割，除去杂质和老茎，晒干。春季采收的习称"绵茵陈"，秋季采割的称"花茵陈"。

【药材名】 茵陈蒿。

【来源】 菊科植物茵陈蒿 *Artemisia capillaris* Thunb. 的干燥地上部分。

【性状】 绵茵陈：干燥的幼苗多揉成团状，灰绿色，全体密被白毛，绵软如绒。茎细小，长 6～10 cm，多弯曲或已折断；分枝细，基部较粗，直径 1.5 mm，去掉表面的白毛后，可见明显的纵纹。完整的叶多有柄，与细茎相连，叶片分裂成线状。有特异的香气，味微苦。以质嫩、绵软、灰绿色、香气浓者为佳。

花茵陈：茎呈圆柱形，多分枝，长 30～100 cm，直径 2～8 mm；表面淡紫色或紫色，有纵条纹，被短柔毛，体轻，质脆，断面类白色。叶密集，或多脱落。

【炮制】 过筛，拣去杂质，除去残根，碾碎，再除去泥屑。

【性味】 苦、辛，凉。

【归经】 归肝、脾、膀胱经。

【功能主治】 清热利湿。主治湿热黄疸，小便不利，风痒疮疥。配栀子、大黄治阳黄；配附子、干姜治阴黄。

【用法用量】 内服：煎汤，9～15 g。外用：煎水洗。

【注意】 非因湿热引起的发黄忌服。

①《本草经疏》：蓄血发黄者，禁用。

②《得配本草》：热甚发黄，无湿气，二者禁用。

【附方】 ①治阳明病，但头汗出，身无汗，剂颈而还，小便不利，渴引水浆，瘀热在里，身发黄者：茵陈蒿 195 g，栀子（擘）14 枚，大黄（去皮）64 g。以水 12 升，先煮茵陈蒿，减 6 升，另二味，煮取 3 升，去滓分三服。小便当利，尿如皂角汁状。（《伤寒论》）

②治发黄，脉沉细迟，肢体逆冷，腰以上自汗：茵陈 64 g，附子一个作八片，干姜（炮）48 g。甘草（炙）32 g。上为粗末。分作四贴，水煎服。（《玉机微义》）

③治患者身如金色，不多语言，四肢无力，好眠卧，口吐黏液：茵陈蒿、白藓皮各 32 g。上二味粗捣筛。每服 4.5 g，水一盏，煎至六分，去滓，食前温服，日三。（《圣济总录》）

④治男子酒疸：茵陈蒿 4 根，栀子 7 个，大田螺 1 个，连壳捣烂，以百沸白酒一大盏，冲汁饮之。（《本草纲目》）

⑤治感冒，黄疸，漆疮：茵陈 15 g。水煎服。（《湖南药物志》）

⑥治遍身风痒，疥疮：茵陈不计多少，煮浓汁洗之。（《千金方》）

⑦治风瘙瘾疹，皮肤肿痒：茵陈蒿 32 g，荷叶 16 g。上二味捣罗为散。每服 1.5 g，冷蜜水调下，食后服。（《圣济总录》）

⑧治疬疡风病（按：此病是身上出现斑块，白色成片）：茵陈蒿 2 握，水 15 升，煮取 7 升，先以皂荚汤洗，次以此汤洗之，冷更作，隔日一洗，不然，恐痛也。（《崔氏纂要方》）

⑨治大热黄疸：用茵陈切细煮汤服。生食亦可，亦治伤寒头痛、风热痒疟，利小便。此方名"茵陈羹"。

⑩治风盛挛急（按：指手足不能自由伸缩）：用茵陈蒿 500 g、秫米 60 kg、面 1.5 kg，和匀照常法酿酒，每日饮服。

⑪治遍身典疸：用茵陈蒿 1 把，同生姜 1 块捣烂，每日擦胸前和四肢。

⑫治眼热红肿：茵陈蒿、车前子各等份，煎汤，以细茶调服数次。

【临床应用】 治疗传染性肝炎。

838. 青蒿 *Artemisia caruifolia* Buch. –Ham. ex Roxb.

【别名】 蒿。

【形态】 一年生草本；植株有香气。主根单一，垂直，侧根少。茎单生，高 30～150 cm，上部多分枝，幼时绿色，有纵纹，下部稍木质化，纤细，无毛。叶两面青绿色或淡绿色，无毛；基生叶与茎下部叶三回栉齿状羽状分裂，有长叶柄，花期叶凋谢；中部叶长圆形、长圆状卵形或椭圆形，长 5～15 cm，宽 2～5.5 cm，二回栉齿状羽状分裂，第一回全裂，每侧有 4～6 裂片，裂片长圆形，基部楔形，每裂片具多枚长三角形的栉齿或细小、略呈线状披针形的小裂片，先端锐尖，两侧常有 1～3 枚小裂齿或无，中轴与裂片羽轴常有小锯齿，叶柄长 0.5～1 cm，基部有小型半抱茎的假托叶；上部叶与苞片叶一至二回栉齿状羽状分裂，无柄。头状花序半球形或近半球形，直径 3.5～4 mm，具短梗，下垂，基部有线形

的小苞叶，在分枝上排成穗状花序式的总状花序，并在茎上组成中等开展的圆锥花序；总苞片 3～4 层，外层总苞片狭小，长卵形或卵状披针形，背面绿色，无毛，有细小白点，边缘宽膜质，中层总苞片稍大，宽卵形或长卵形，边缘宽膜质，内层总苞片半膜质或膜质，顶端圆；花序托球形；花淡黄色；雌花 10～20 朵，花冠狭管状，檐部具 2 裂齿，花柱伸出花冠管外，先端 2 叉，叉端尖；两性花 30～40 朵，孕育或中间若干朵不孕，花冠管状，花药线形，上端附属物尖，长三角形，基部圆钝，花柱与花冠等长或略长于花冠，顶端 2 叉，叉端截形，有睫毛状毛。瘦果长圆形至椭圆形。花果期 6—9 月。

【生境分布】 常星散生于低海拔、湿润的河岸边沙地、山谷、林缘、路旁等。罗田各地均有分布。

【采收加工】 夏季开花前，选茎叶青色者，割取地上部分，阴干。

【药材名】 青蒿。

【来源】 菊科植物青蒿 *Artemisia caruifolia* Buch. –Ham. ex Roxb. 的全草。

【性状】 青蒿的干燥全草，长 60～90 cm。茎圆柱形，表面黄绿色或绿褐色，有纵向的沟纹及棱线，全体无毛，质轻，易折断，断面呈纤维状，黄白色，中央有白色疏松的髓。叶片部分脱落，残存的叶皱缩卷曲，绿褐色，质脆易碎。气香，味微苦。以质嫩、绿色、气清香者为佳。

【炮制】 青蒿：拣去杂质，除去残根，水淋润透，切段，晒干。鳖血青蒿：取青蒿段，置大盆内，淋入用少许温水稀释的鳖血，拌匀，稍闷，待鳖血吸收后，入锅内文火微炒，取出，晾干。（青蒿段每 50 kg，用活鳖 200 个取血）

【性味】 苦、微辛，寒。

【归经】 归肝、胆经。

【功能主治】 清热，解暑，除蒸。主治温病，暑热，骨蒸劳热，疟疾，痢疾，疥疮，瘙痒。

【用法用量】 内服：煎汤，4.5～9 g；或入丸、散。外用：捣敷或研末调敷。

【注意】①《本草经疏》：产后血虚，内寒作泻，及饮食停滞泄泻者，勿用。凡产后脾胃薄弱，忌与当归、地黄同用。

②《本草通玄》：胃虚者，不敢投也。

【附方】 ①治温病夜热早凉，热退无汗，热自阴来者：青蒿 6 g，鳖甲 15 g，细生地 12 g，知母 6 g，丹皮 9 g。水 5 杯，煮取 2 杯，日再服。（《温病条辨》）

②治少阳三焦湿遏热郁，气机不畅，胸痞作呕，寒热如疟者：青蒿脑 4.5～6 g，淡竹茹 9 g，仙半夏 4.5 g，赤茯苓 9 g，青子芩 4.5～9 g，生枳壳 4.5 g，陈广皮 4.5 g，碧玉散（包）9 g。水煎服。（《通俗伤寒论》）

③治骨蒸劳热：青蒿一斤（取叶曝干，捣罗为末），桃仁一斤（酒浸，去皮尖，麸炒令黄，研烂），甘草半（五）两（生捣罗为末）。另以童子小便三斗，于瓷瓮中盛，于糠火上煎令如稀汤，却倾于铜器中，下诸药，又于糠火上煎，以柳木篦搅之，看稀稠得所，候可丸，即丸如梧子大，以粗疏布袋盛。每日空心温童子小便下 30 丸，日晚再服。（《太平圣惠方》）

④治劳瘦：青蒿（细锉）嫩者 1 升，以水 3 升，童子小便 5 升，同煎成膏，丸如梧子大。每服十丸，温酒下，不以时。（《鸡峰普济方》）

⑤治虚劳，盗汗、烦热、口干：青蒿 1 升，取汁熬膏，入人参末、麦冬末各 32 g，熬至可丸，丸如梧子大。每食后米饮下 20 丸。（《圣济总录》）

⑥治疟疾寒热：青蒿一握，以水 2 升渍，绞取汁，尽服之。（《补辑肘后方》）

⑦治虚劳久疟：青蒿捣汁，煎过，如常酿酒饮。（《本草纲目》）

⑧治温疟痰甚，但热不寒：青蒿 64 g（童子小便浸焙），黄丹 16 g。为末。每服 6 g，白汤调下。（《仁存堂经验方》）

⑨治少阳疟疾，暮热早凉，汗解渴饮，脉左弦，偏于热重者：青蒿 9 g，知母 6 g，桑叶 6 g，鳖甲 15 g，丹皮 6 g，花粉 6 g。水 5 杯，煮取 2 杯。疟来前，分二次温服。（《温病条辨》）

⑩治赤白痢下：青蒿、艾叶各等份。同豆豉捣作饼，日干。每用一饼，以水一盏半煎服。（《圣济总录》）

⑪治暑毒热痢：青蒿叶 32 g，甘草 3 g。水煎服。（《圣济总录》）

⑫治阑尾炎，胃痛：青蒿、毕拨等量。先将青蒿焙黄，共捣成细末。早、午、晚饭前白开水冲服，每次 2 g。（内蒙古《中草药新医疗法资料选编》）

⑬治酒痔便血：青蒿（用叶不用茎，用茎不用叶）为末，粪前（便血用）冷水、粪后（便血用）水酒调服。（《永类钤方》）

⑭治鼻衄：青蒿捣汁服之，并塞鼻中。（《卫生易简方》）

⑮治聤耳脓血出不止：青蒿捣末，绵裹纳耳中。（《太平圣惠方》）

⑯治牙齿肿痛：青蒿一握，煎水漱之。（《济急仙方》）

⑰治蜂螫人：青蒿捣敷之。（《补辑肘后方》）

⑱治金疮扑损：a. 青蒿捣封之。b. 青蒿、麻叶、石灰各等份。捣和晒干，临时为末搽之。（《肘后备急方》）

839. 牡蒿 *Artemisia japonica* Thunb.

【别名】 牛尾蒿、白花蒿、熊掌草、齐头蒿。

【形态】 多年生草本，植株有香气。主根稍明显，侧根多，常有块根；根状茎稍粗短，直立或斜向上，直径 3～8 mm，常有若干条营养枝。茎单生或少数，高 50～130 cm，有纵棱，紫褐色或褐色，上半部分枝，枝长 5～15（20）cm，通常贴向茎或斜向上长；茎、枝初时被微柔毛，后渐稀疏或无毛。叶纸质，两面无毛或初时微有短柔毛，后无毛；基生叶与茎下部叶倒卵形或宽匙形，长 4～6（7）cm，宽 2～2.5（3）cm，自叶上端斜向基部羽状深裂或半裂，裂片上端常有缺齿或无，具短柄，花期凋谢；中部叶匙形，长 2.5～3.5（4.5）cm，宽 0.5～1（2）cm，上端有 3～5 枚斜向基部的浅裂片或深裂片，每裂片的上端有 2～3 枚小锯齿或无，叶基部楔形，渐狭窄，常有小型、线形的假托叶；上部叶小，上端具 3 浅裂或不分裂；苞片叶长椭圆形、椭圆形、披针形或线状披针形，先端不分裂或偶有浅裂。头状花序多数，卵球形或近球形，直径 1.5～2.5 mm，无梗或有短梗，基部具线形的小苞叶，在分枝上通常排成穗状花序或总状花序，并在茎上组成狭窄或中等开展的圆锥花序；总苞片 3～4 层，外层总苞片略小，外、中层总苞片卵形或长卵形，背面无毛，中肋绿色，边缘膜质，内层总苞片长卵形或宽卵形，半膜质；雌花 3～8 朵，花冠狭圆锥状，檐部具 2～3 裂齿，花柱伸出花冠外，先端 2 叉，叉端尖；两性花 5～10 朵，不育，花冠管状，花药线形，先端附属物尖，长三角形，基部钝，花柱短，先端稍膨大，2 裂，不叉开，退化子房不明显。瘦果小，倒卵形。花果期 7—10 月。

【生境分布】 生于山坡路旁或荒地上。罗田各地均有分布。

【采收加工】 夏、秋季采收全草，晒干。

【药用部位】 全草。

【药材名】 牡蒿。

【来源】 菊科植物牡蒿 *Artemisia japonica* Thunb. 的全草。

【性状】 干燥的全草，茎圆柱形，直径 1 ～ 3 mm，表面黑棕色或棕色；质坚硬，折断面呈纤维状，黄白色，中央有白色疏松的髓。残留的叶片黄绿色至棕黑色，多破碎不全，皱缩卷曲，质脆易脱。花序黄绿色，苞片内可见长椭圆形褐色种子数个。气香，味微苦。

【性味】 苦、微甘，寒。

【功能主治】 解表，清热，杀虫。主治感冒身热，劳伤咳嗽，潮热，小儿疳热，疟疾，口疮，疥癣，湿疹。

【用法用量】 内服：煎汤，4.5 ～ 9 g；或捣汁。外用：煎水洗。

【附方】 ①治疟疾寒热：齐头蒿根、滴滴金根各一把。擂生酒一盅，未发前服；以滓敷寸口。（《海上方》）

②治妇人血崩：牡蒿 32 g，母鸡 1 只，炖熟后去渣，食鸡肉与汁。（《闽东本草》）

③治喉蛾：牡蒿鲜全草 32 ～ 64 g。切碎，水煎服。（《浙江民间常用草药》）

④治疖疮，湿疹：牡蒿煎水洗患处。（《浙江民间常用草药》）

840. 白莲蒿 *Artemisia sacrorum* Ledeb.

【形态】 半灌木状草本。根稍粗大，木质，垂直；根状茎粗壮，直径可达 3 cm，常有多数、木质、直立或斜上长的营养枝。茎多数，常组成小丛，高 50 ～ 100（150）cm，褐色或灰褐色，具纵棱，下部木质，皮常剥裂或脱落，分枝多而长；茎、枝初时被微柔毛，后下部脱落无毛，上部宿存或无毛，上面绿色，初时微有灰白色短柔毛，后渐脱落，幼时有白色腺点，后腺点脱落，留有小凹穴，背面初时密被灰白色平贴的短柔毛，后无毛。茎下部与中部叶长卵形、

三角状卵形或长椭圆状卵形，长 2 ～ 10 cm，宽 2 ～ 8 cm，二至三回栉齿状羽状分裂，第一回全裂，每侧有裂片 3 ～ 5 枚，裂片椭圆形或长椭圆形，每裂片再次羽状全裂，小裂片栉齿状披针形或线状披针形，每侧具数枚细小三角形的栉齿或小裂片短小成栉齿状，叶中轴两侧具 4 ～ 7 枚栉齿，叶柄长 1 ～ 5 cm，扁平，两侧常有少数栉齿，基部有小型栉齿状分裂的假托叶；上部叶略小，一至二回栉齿状羽状分裂，具短柄或近无柄；苞片叶栉齿状羽状分裂或不分裂，为线形或线状披针形。头状花序近球形，下垂，直径 2 ～ 3.5（4）mm，具短梗或近无梗，在分枝上排成穗状花序式的总状花序，并在茎上组成密集或略开展的圆锥花序；总苞片 3 ～ 4 层，外层总苞片披针形或长椭圆形，初时密被灰白色短柔毛，后脱落无毛，中肋绿色，边缘膜质，中、内层总苞片椭圆形，近膜质或膜质，背面无毛；雌花 10 ～ 12 朵，花冠狭管状或狭圆锥状，外面微有小腺点，檐部具 2 ～ 3 裂齿，花柱线形，伸出花冠外，先端 2 叉，叉端尖锐；两性花 20 ～ 40 朵，花冠管状，外面有微小腺点，花药椭圆状披针形，上端附属物尖，长三角形，基部圆钝或有短尖头，花柱与花冠管近等长，先端 2 叉，叉端有短睫毛状毛。瘦果狭椭圆状卵形或狭圆锥形。花果期 8—10 月。

【生境分布】 生于荒山草地。罗田各地均有分布。

【采收加工】 夏、秋季采收，阴干用。

【药材名】 白莲蒿。

【来源】 菊科植物白莲蒿 *Artemisia sacrorum* Ledeb. 的全草。

【性味】 苦、辛，平。

【功能主治】 清热解毒，凉血止痛。主治肝炎，阑尾炎，小儿惊风，阴虚潮热；外用治创伤出血。

【用法用量】 内服：煎汤，9～12 g。外用：适量，鲜品捣烂敷或干品研粉撒患处。

紫菀属 *Aster* L.

841. 三脉紫菀 *Aster trinervius* subsp. *ageratoides*（Turcz.）Grierson

【别名】野白菊花、山白菊、鸡儿肠。

【形态】 多年生草本，根状茎粗壮。茎直立，高40～100 cm，细或粗壮，有棱及沟，被柔毛或粗毛，上部有时曲折，有上升或展开的分枝。下部叶在花期枯落，叶片宽卵圆形，急狭成长柄；中部叶椭圆形或长圆状披针形，长5～15 cm，宽1～5 cm，中部以上急狭成楔形具宽翅的柄，顶端渐尖，边缘有3～7对浅或深锯齿；上部叶渐小，有浅齿或全缘，全部叶纸质，上面被短糙毛，下面浅色，被短柔毛，常

有腺点，或两面被短茸毛而下面沿脉有粗毛，有离基（有时长达7 cm）3出脉，侧脉3～4对，网脉常明显。头状花序直径1.5～2 cm，排列成伞房或圆锥伞房状，花序梗长0.5～3 cm。总苞倒锥状或半球状，直径4～10 mm，长3～7 mm；总苞片3层，覆瓦状排列，线状长圆形，下部近革质或干膜质，上部绿色或紫褐色，外层长达2 mm，内层长约4 mm，有短缘毛。舌状花约10朵，管部长2 mm，舌片线状长圆形，长达11 mm，宽2 mm，紫色、浅红色或白色，管状花黄色，长4.5～5.5 mm，管部长1.5 mm，裂片长1～2 mm；花柱附片长达1 mm。冠毛浅红褐色或污白色，长3～4 mm。瘦果倒卵状长圆形，灰褐色，长2～2.5 mm，有边肋，一面常有肋，被短粗毛。花果期7—12月。

【生境分布】 生于路边、水沟边、旷野草丛中。

【采收加工】 夏、秋季采收，鲜用或晒干。

【来源】 菊科植物三脉紫菀 *Aster trinervius* subsp. *ageratoides*（Turcz.）Grierson 的带根全草。

【性味】 苦、辛，凉。

【功能主治】 疏风，清热解毒，祛痰镇咳。主治风热感冒，扁桃体炎，支气管炎，疮痈肿毒，蛇咬伤，蜂蜇伤。

【用法用量】 内服：煎汤，16～64 g；或捣汁饮。外用：捣敷。

【附方】 ①治支气管炎、扁桃体炎：山白菊32 g。水煎服。

②治感冒发热：山白菊根、一枝黄花各9 g。水煎服。

③治鼻衄：鲜山白菊根、白茅根、万年青根、球子草各9 g。水煎服。

④治乳腺炎：山白菊根32 g。水煎服。

⑤治蕲蛇、蝮蛇咬伤：小槐花鲜根、山白菊鲜根各32 g。捣烂绞汁服，另取上药捣烂外敷伤口，每日2次。（①～⑤方出自《浙江民间常用草药》）

842. 钻叶紫菀 *Aster subulatus* Michx.

【形态】一年生草本植物，高可达150 cm。主根圆柱状，向下渐狭，茎单一，直立，茎和分枝具粗棱，光滑无毛，基生叶在花期凋落；茎生叶多数，叶片披针状线形，极稀狭披针形，两面绿色，光滑无毛，中脉在背面凸起，侧脉数对，头状花序极多数，花序梗纤细、光滑，总苞钟形，总苞片外层披针状线形，内层线形，边缘膜质，光滑无毛。雌花花冠舌状，舌片淡红色、红色、紫红色或紫色，线形，两性花花冠管状，冠管细，瘦果线状长圆形，稍扁，6—10月开花结果。

【生境分布】生于山坡灌丛、草坡、沟边、路旁或荒地。

【采收加工】夏、秋季采收。

【来源】菊科植物钻叶紫菀 *Aster subulatus* Michx. 的全草。

【功能主治】外用治湿疹，疮痈肿毒。

【用法用量】外用：适量，捣敷。

843. 紫菀 *Aster tataricus* L. f.

【别名】青菀、紫蒨、返魂草、夜牵牛、紫菀茸。

【形态】多年生草本，根状茎斜升。茎直立，高40～50 cm，粗壮，基部有纤维状枯叶残片，且常有不定根，有棱及沟，被疏粗毛，有疏生的叶。基部叶在花期枯落，长圆状或椭圆状匙形，下半部渐狭成长柄，连柄长20～50 cm，宽3～13 cm，顶端尖或渐尖，边缘有具小尖头的圆齿或浅齿。下部叶匙状长圆形，常较小，下部渐狭或急狭成具宽翅的柄，渐尖，边缘除顶部外有密锯齿；中部叶长圆形或长圆状披针形，无柄，全缘或有浅齿，上部叶狭小；全部叶厚纸质，上面被短糙毛，下面被稍疏的但沿脉被较密的短粗毛；中脉粗壮，与5～10对侧脉在下面凸起，网脉明显。头状花序多数，直径2.5～4.5 cm，在茎和枝端排列成复伞房状；花序梗长，有线形苞叶。总苞半球形，长7～9 mm，直径10～25 mm；总苞片3层，线形或线状披针形，顶端尖或圆，外层长3～4 mm，宽1 mm，全部或上部草质，被密短毛，内层长达8 mm，宽达1.5 mm，边缘宽膜质且带紫红色，有草质中脉。舌状花约20个；管部长3 mm，舌片蓝紫色，长15～17 mm，宽2.5～3.5 mm，有4至多脉；管状花长6～7 mm且稍有毛，裂片长1.5 mm；花柱附片披针形，长0.5 mm。瘦果倒卵状长圆形，紫褐色，长2.5～3 mm，两面各有1或少有3脉，上部被疏粗毛。冠毛污白色或带红色，长6 mm，有多数不等长的糙毛。花期7—9月，果期8—10月。

【生境分布】生于海拔400～2000 m的低山阴坡湿地、山顶和低山草地及沼泽地，耐涝，怕干旱，耐寒性强。罗田河铺镇有栽培。

【采收加工】春、秋季采挖，除去有节的根茎（习称"母根"）及泥沙，晒干，或将须根编成小辫晒干，商品称为"辫紫菀"。

【药材名】紫菀。

【来源】菊科植物紫菀 *Aster tataricus* L. f. 的根及根茎。

【性状】干燥的根茎呈圆形的疙瘩头状，长 2～6 cm，直径 1.5～3 cm，顶端有茎基及叶柄的残痕，底部常有一条未除净的母根，直径约 3 mm，淡灰黄色，纤维性，质稍硬；疙瘩头下簇生许多须根，根长 5～14 cm，多编成辫状；表面紫红色或灰红色，有纵皱纹。质柔韧，不易折断，断面灰白色，有紫边。微有香气，味甜、微苦。以根长、紫色、质柔韧、去净茎苗者为佳。

【炮制】紫菀：捡去杂质，除去残茎，洗净，稍闷润，切成小段晒干。蜜紫菀：取紫菀段加炼蜜（和以适量开水）拌匀，稍闷润，用文火炒至不黏手为度，取出放凉。（紫菀每 50 kg，用炼蜜 12.5 kg）

【性味】苦，温。

【归经】归肺经。

【功能主治】温肺，下气，消痰，止咳。主治风寒咳嗽气喘，虚劳咳吐脓血，喉痹，小便不利。

【用法用量】内服：煎汤，1.5～9 g；或入丸、散。

【注意】有实热者忌服。

①《本草经集注》：款冬为使。恶天雄、瞿麦、雷丸、远志。畏茵陈蒿。

②《唐本草》：恶藁本。

③《本草正》：劳伤肺肾、水亏金燥而咳喘者非所宜。

【附方】①治久咳不瘥：紫菀（去芦头）、款冬花各 32 g，百部 16 g。三物捣罗为散，每服 4.5 g，生姜 3 片，乌梅 1 个，同煎汤调下，食后、欲卧各一服。（《本草图经》）

②治伤寒后肺痿劳嗽，唾脓血腥臭，连连不止，渐将羸瘦：紫菀 32 g，桔梗（去芦头）48 g，天门冬（去心）32 g，贝母（煨令微黄）32 g，百合 0.9 g，知母 0.9 g，生干地黄 48 g。上药捣筛为散，每服 12 g，以水一中盏，煎至六分，去滓，温服。（《太平圣惠方》）

③治小儿咳逆上气，喉中有声，不通利：紫菀 32 g，杏仁（去皮尖）、细辛、款冬花各 0.3 g。上四味，捣罗为散，二三岁儿，每服 0.75 g，米饮调下，日三，更量大小加减。（《圣济总录》）

④治妊娠咳嗽不止，胎动不安：紫菀 32 g，桔梗 16 g，甘草、杏仁、桑白皮各 7.5 g，天门冬 32 g。上细切，每服 9 g。竹茹一块，水煎，去滓，入蜜半匙，再煎二沸，温服。（《伤寒保命集》）

⑤治吐血，咯血，嗽血：真紫菀、茜根各等份。为细末，炼蜜为丸，如樱桃子大，含化一丸，不以时。（《鸡峰普济方》）

⑥治妇人卒不得小便：紫菀末，井华水服三指撮。（《千金方》）

⑦治肺伤咳嗽：用紫菀花 15 g，加水一碗，煎至七成，温服。一天服三次。

⑧治吐血咳嗽：用紫菀、五味子炒过，共研为末，加蜜做成丸子，如芡子大。每次含化一丸。

⑨治产后卜血：用紫菀末 5 撮，水冲服。

⑩治缠喉风痹：用紫菀根 1 条，洗净，放入喉部，有涎出，病即渐愈。

⑪治肺虚咳嗽：款冬花、紫菀、人参、北五味、炙桑皮各等份，为末，蜜丸，弹子大，含化一丸，淡姜汤下。（《万密斋医学全书》）

苍术属 *Atractylodes* DC.

844. 苍术 *Atractylodes lancea*（Thunb.）DC.

【别名】赤术、仙术。

【形态】多年生草本。根状茎平卧或斜升，粗长或通常呈疙瘩状，生多数等粗等长或近等长的不定根。

茎直立，高 15～100 cm，单生或少数茎成
簇生，下部或中部以下常紫红色，不分枝或
少有自下部分枝的，全部茎枝被稀疏的蛛丝
状毛或无毛。基部叶花期脱落；中下部茎叶
长 8～12 cm，宽 5～8 cm，3～5（7～9）
羽状深裂或半裂，基部楔形或宽楔形，几无
柄，扩大半抱茎，或基部渐狭成长达 3.5 cm
的叶柄；顶裂片与侧裂片不等形或近等形，
圆形、倒卵形、偏斜卵形、卵形或椭圆形，
宽 1.5～4.5 cm；侧裂片 1～2（3～4）
对，椭圆形、长椭圆形或倒卵状长椭圆形，

宽 0.5～2 cm；有时中下部茎叶不分裂；中部以上或仅上部茎叶不分裂，倒长卵形、倒卵状长椭圆形或长
椭圆形，有时基部或近基部有 1～2 对三角形刺齿或刺齿状浅裂，或全部茎叶不裂，中部茎叶倒卵形、长
倒卵形、倒披针形或长倒披针形，长 2.2～9.5 cm，宽 1.5～6 cm，基部楔状，渐狭成长 0.5～2.5 cm 的
叶柄，上部的叶基部有时有 1～2 对三角形刺齿裂。全部叶质地硬，硬纸质，两面同色，绿色，无毛，边
缘或裂片边缘有针刺状缘毛或三角形刺齿或重刺齿。头状花序单生于茎枝顶端，但不排列成明显的花序式，
植株有多数或少数（2～5 个）头状花序。总苞钟状，直径 1～1.5 cm。苞叶针刺状羽状全裂或深裂。总
苞片 5～7 层，覆瓦状排列，最外层及外层卵形至卵状披针形，长 3～6 mm；中层长卵形至长椭圆形或
卵状长椭圆形，长 6～10 mm；内层线状长椭圆形或线形，长 11～12 mm。全部苞片顶端钝或圆形，边
缘有稀疏蛛丝状毛，中内层或内层苞片上部有时变紫红色。小花白色，长 9 mm。瘦果倒卵圆状，被稠密
的顺向贴伏的白色长直毛，有时变稀毛。冠毛刚毛褐色或污白色，长 7～8 mm，羽毛状，基部连合成环。
花果期 6—10 月。

【生境分布】生于山地灌丛或草丛中。罗田各地均有分布。

【采收加工】春、秋季采挖，以秋季为佳。挖取根茎后，除去残茎、须根及泥土，晒干。

【药材名】苍术。

【来源】菊科植物苍术 *Atractylodes Lancea*（Thunb.）DC. 的根茎。

【性状】干燥根茎呈类圆柱形，连珠状，有节，弯曲拘挛，长 3～10 cm，直径 1～1.5 cm。表面灰褐色，
有根痕及短小的须根，可见茎残痕。质坚实，折断面平坦，黄白色，有明显的棕红色散在油腺，习称"朱
砂点"。断面暴露稍久，可析出白霜样的微细针状结晶，气芳香，味微甘辛、苦。以个大、坚实、无毛
须、内有朱砂点，切开后断面起白霜者为佳。

【炮制】苍术：拣去杂质，用水泡至七八成透，捞出，润透后切片，晒干。炒苍术：取苍术片，用
米泔水喷洒湿润，置锅内用文火炒至微黄色；或取拣净的苍术，用米泔水浸泡后捞出，置笼内加热蒸透，
取出，切片，干燥即得。

①《本草纲目》：苍术性燥，故以糯米泔浸去其油，切片焙干用，亦有用脂麻同炒，以制其燥者。

②《本草述钩元》：苍术，米泔浸洗极净，刮去皮，拌黑豆蒸引之。又拌蜜酒蒸，又拌人乳透蒸，皆
润之使不燥也。凡三次蒸时，须烘晒极干，气方透。

【性味】辛、苦，温。

【归经】归脾、胃经。

【功能主治】健脾，燥湿，解郁，辟秽。主治湿盛困脾，倦怠嗜卧，脘痞腹胀，食欲不振，呕吐，泄泻，
水肿，时气感冒，风寒湿痹，足痿，夜盲。

【用法用量】内服：煎汤，4.5～9 g；或熬膏，入丸、散。

【注意】 阴虚内热，气虚多汗者忌服。

①《本草经集注》：防风、地榆为之使。

②《药性论》：忌桃、李、雀肉、菘菜、青鱼。

③《医学入门》：血虚怯弱及七情气闷者慎用。误服耗气血，燥津液，虚火动而痞闷愈甚。

④《本草经疏》：凡病属阴虚血少、精不足，内热骨蒸，口干唇燥，咳嗽吐痰、吐血，鼻衄，咽塞，便秘滞下者，法咸忌之。肝肾有动气者勿服。

⑤《本草正》：内热阴虚，表疏汗出者忌服。

【附方】 ①治脾胃不和，不思饮食，心腹胁肋胀满刺痛，口苦无味，呕吐恶心：苍术（去粗皮，米泔浸二日）2.5 kg，厚朴（去粗皮，姜汁制，炒香）、陈皮（去白）各 1.56 kg，甘草（炒）960 g。上为细末。每服 6 g，以水一盏，入生姜 2 片，干枣 2 枚，同煎至七分，去姜、枣，带热服，空心食前；入盐一捻，沸汤点服亦得。（《局方》）

②治太阴脾经受湿，水泄注下，体微重微满，困弱无力，不欲饮食，暴泄无数，水谷不化，如痛甚者：苍术 64 g，芍药 32 g，黄芩 16 g。上锉，每服 32 g，加淡味桂 1.5 g，水一盏半，煎至一盏，温服。（《素问病机保命集》）

③治时暑暴泻，壮脾温胃，及疗饮食所伤，胸膈痞闷：神曲（炒）、苍术（米泔浸一宿，焙干）各等份为末。面糊为丸，如梧子大。每服 30 丸，不拘时，米饮吞下。（《局方》）

④治泻泄：苍术 64 g，小椒 32 g（去目，炒）。上为极细末，醋糊为丸，如梧桐子大。每服 20 或 30 丸，食前温水下。一法恶痢久不愈者加桂。（《素问病机保命集》）

⑤治膈中停饮，已成癖囊：苍术 500 g，去皮，切，末之，用生麻油 16 g，水二盏，研滤取汁，大枣 15 枚，烂者去皮、核，研，以麻汁匀研成稀膏，搜和，入臼熟杵，丸梧子大，干之。每日空腹用盐汤吞下 50 丸，增至 100～200 丸。忌桃李雀鸽。（《本事方》）

⑥治脾经湿气，少食，湿肿，四肢无力，伤食，酒色过度，劳逸有伤，骨热：鲜白苍术 10 kg，浸去粗皮，洗净晒干，锉碎，用米泔浸一宿，洗净，用溪水一担，大锅入药，以慢火煎半干去渣，再入石楠叶 1.5 kg，刷去红衣，用楮实子 500 g，川归 250 g，甘草 125 g，切，研，同煎黄色，用麻布滤去渣，再煎如稀粥，方入好白蜜 1.5 kg，同煎成膏。每用好酒，空心食远，调 9～15 g 服，不饮酒用米汤。有肿气用白汤，呕吐用姜汤。（《活人心统》）

⑦治湿温多汗：知母 195 g，甘草（炙）64 g，石膏 500 g，苍术 95 g，粳米 95 g。上锉如麻豆大。每服 15 g，水一盏半，煎至八九分，去滓取六分清汁，温服。（《类证活人书》）

⑧治四时瘟疫，头痛项强，发热憎寒，身体疼痛，及伤风、鼻塞声重、咳嗽头昏：苍术（米泔浸一宿，切，焙）160 g，藁本（去土）、香白芷、细辛（去叶、土）、羌活（去芦）、川芎、甘草（炙）各 32 g。上为细末。每服 9 g，水一盏，生姜 3 片，葱白 3 寸，煎七分，温服，不拘时。如觉伤风鼻塞，只用葱茶调下。（《局方》）

⑨治感冒：苍术 32 g，细辛 6 g，侧柏叶 9 g。共研细末，每日四次，每次 4.5 g，开水冲服，葱白为引，生吃。（内蒙古《中草药新医疗法资料选编》）

⑩治湿气身痛：苍术，泔浸切，水煎，取浓汁熬膏，白汤点服。（《简便单方》）

⑪治筋骨疼痛因湿热者：黄柏（炒）、苍术（米泔浸炒）。上二味为末，沸汤入姜汁调服。二物皆有雄壮之气，表实气实者，加酒少许佐之。（《丹溪心法》）

⑫补虚明目，健骨和血：苍术（泔浸）125 g，熟地黄（焙）64 g。为末，酒糊，丸梧子大。每温酒下 30～50 丸，日三服。（《普济方》）

⑬治牙床风肿：大苍术，切作两片，于中穴一孔，入盐实之，湿纸裹，烧存性，取出研细，以此揩之，去风涎即愈，以盐汤漱口。（《普济方》）

⑭控制疟疾症状或作预防：苍术、白芷、川芎、桂枝各等份为末，每用1 g，以纱布四层包成长形，于疟发前1～2天塞鼻孔内，5 h或1天。（《山西中草药》）

⑮夏月有病似外感而泻泄者，水谷不化，相杂而下，或腹痛，脓血黏稠：苍术6 g，川芎、藁本各3 g，羌活1.5 g，炙甘草、细辛各1 g，姜3片。水煎服。（《万密斋医学全书》）

845. 白术 *Atractylodes macrocephala* Koidz.

【别名】术、冬白术。

【形态】多年生草本，高20～60 cm，根状茎结节状。茎直立，通常自中下部长分枝，全部光滑无毛。中部茎叶有长3～6 cm的叶柄，叶片通常3～5羽状全裂，极少兼杂不裂而叶为长椭圆形的。侧裂片1～2对，倒披针形、椭圆形或长椭圆形，长4.5～7 cm，宽1.5～2 cm；顶裂片比侧裂片大，倒长卵形、长椭圆形或椭圆形；自中部茎叶向上或向下，叶渐小，与中部茎叶等样分裂，接花序下部的叶不裂，椭圆形或长椭圆形，无柄；或大部茎叶不裂，但总兼杂有3～5羽状全裂的叶。全部叶质地薄，纸质，两面绿色，无毛，边缘或裂片边缘有长或短针刺状缘毛或细刺齿。头状花序单生于茎枝顶端，植株通常有6～10个头状花序，但不排列成明显的花序式。苞叶绿色，

长3～4 cm，针刺状羽状全裂。总苞大，宽钟状，直径3～4 cm。总苞片9～10层，覆瓦状排列；外层及中外层长卵形或三角形，长6～8 mm；中层披针形或椭圆状披针形，长11～16 mm；最内层宽线形，长2 cm，顶端紫红色。全部苞片顶端钝，边缘有白色蛛丝状毛。小花长1.7 cm，紫红色，冠檐5深裂。瘦果倒圆锥状，长7.5 mm，被顺向顺伏的稠密的白色长直毛。冠毛刚毛羽毛状，污白色，长1.5 cm，基部结合成环状。花果期8—10月。

【生境分布】原生于山区丘陵地带，野生种几已绝迹，现为栽培。罗田骆驼坳镇有栽培。

【采收加工】霜降至立冬采挖，除去茎叶和泥土，烘干或晒干，再除去须根即可。烘干者称"烘术"；晒干者称"生晒术"，亦称"冬术"。

【药用部位】根茎。

【药材名】白术。

【来源】菊科植物白术 *Atractylodes macrocephala* Koidz. 的根茎。

【性状】干燥的根茎，呈拳状团块，有不规则的瘤状凸起，长5～8 cm，直径2～5 cm。表面灰黄色至棕黄色，有浅而细的纵皱纹。下部两侧膨大似如意头，俗称"云头"。向上则渐细，或留有一段地上茎，俗称"白术腿"。在瘤状凸起的顶端，常有茎基残迹或芽痕，须根痕也较明显。质坚硬，不易折断，断面不平坦。烘术的断面淡黄白色，角质，中央时有裂隙。生晒术的断面皮部类白色，本质部淡黄色至黄色，有油点。气香，味甜、微辛，略带黏液性。以个大、表面灰黄色、断面黄白色、有云头、质坚实、无空心者为佳。

【炮制】生白术：拣净杂质，用水浸泡，浸泡时间应根据季节、气候变化及白术大小适当调整，泡后捞出，润透，切片，晒干。

炒白术：先将麸皮撒于热锅内，候烟冒出时，将白术片倒入微炒至淡黄色，取出，筛去麸皮后放凉。（白术片每 100 kg，用麸皮 10 kg）

焦白术：将白术片置锅内用武火炒至焦黄色，喷淋清水，取出晾干。

土炒白术：取伏龙肝细粉，置锅内炒热，加入白术片，炒至外面挂有土色时取出，筛去泥土，放凉。（白术片每 100 kg，用伏龙肝细粉 20 kg）

①《本草蒙筌》：白术咀后，人乳汁润之，制其性也，润过陈壁土和炒。

②《本草备要》：白术，用糯米泔浸，陈壁土炒，或蜜水炒，人乳拌炒。

【性味】　苦、甘，温。

【归经】　归脾、胃经。

【功能主治】　补脾，益胃，燥湿，和中，安胎。主治脾胃气弱，不思饮食，倦怠少气，虚胀，泄泻，痰饮，水肿，黄疸，湿痹，自汗，胎气不安。

【用法用量】　内服：煎汤，4.5 ～ 10 g；或熬膏，入丸、散。

【注意】　阴虚燥渴，气滞胀闷者忌服。

①《本草经集注》：防风、地榆为之使。

②《药品化义》：凡郁结气滞，胀闷积聚，吼喘壅塞，胃痛由火，痛疽多脓，黑瘦人气实作胀，皆宜忌用。

【附方】　①治虚弱枯瘦，食而不化：术（酒浸，九蒸九晒）500 g，菟丝子（酒煮吐丝，晒干）500 g，共为末，蜜丸，梧桐子大。每服二三钱。（《本草纲目拾遗》）

②治脾虚胀满：白术 64 g，橘皮 125 g。为末，糊丸，梧桐子大。每食前木香汤送下三十丸。（《全生指迷方》）

③治痞，消食强胃：枳实（麸炒黄色）32 g，白术 64 g。上为极细末，荷叶裹烧饭为丸，如绿豆一倍大。每服五十丸，白汤下，不拘时候，量所伤多少，加减服之。（《兰室秘藏》）

④服食滋补，止久泄痢：上好白术 320 g，切片，入瓦锅内，水淹过二寸，文武火煎至一半，倾汁入器内，以渣再煎，如此三次，乃取前后汁同熬成膏，入器中一夜，倾去上面清水，收之。每服二三匙，蜜汤调下。（《千金良方》）

⑤治脾虚泄泻：白术 32 g，芍药 16 g（冬月不用芍药，加肉豆蔻，泄者炒）。上为末，粥丸。（《丹溪心法》）

⑥治小儿久患泄泻，脾虚不进饮食，或食讫仍前泻下，米谷不化：白术（米泔浸一时，切，焙干）0.3 g，半夏（浸洗七次）4.5 g，丁香（炒）1.6 g。上为细末，生姜自然汁糊丸，黍米大。每半岁儿三丸，三五岁儿五、七丸，淡生姜汤下，早晚各一。（《小儿卫生总微论方》）

⑦治湿泻暑泻：白术、车前子各等份，炒为末，白汤下 6 ～ 10 g。（《简便单方》）

⑧治肠风痔漏，脱肛泻血，面色姜黄，积年久不瘥：白术（糯米泔浸三日，细研锉，炒焦为末）500 g，干地黄（净洗，用碗盛于甑上蒸烂细研）250 g。上相和，如硬，滴酒少许，众手丸梧桐子大，焙干。每服十五丸，空心粥饮下，加至二十丸。（《普济方》）

⑨治心下坚，大如盘，边如旋盘，水饮所作：枳实七枚，白术 64 g。上二味，以水五升，煮取三升，分温三服，腹中要即当散也。（《金匮要略》）

⑩治伤寒八九日，风湿相搏，身体疼烦，不能自转侧，不呕不渴，脉浮虚而涩，大便坚，小便自利者：白术 64 g，附子一枚半（炮去皮），甘草 32 g（炙），生姜 48 g（切），大枣 6 枚。上五味，以水三升，煮取一升去滓，分温三服，一服觉身痹半日许，再服。三服都尽，其人如冒状，勿怪，即是术、附并走皮中，逐水气未得除故耳。（《金匮要略》）

⑪治中湿，口噤，不知人：白术 16 g，酒三盏。煎一盏，顿服；不能饮酒，以水代之。日三，夜一。

（《三因极一病证方论》）

⑫治忽头眩晕，经久不瘥，四体渐羸，食无味，好食黄土：白术 1.5 kg，曲 1.5 kg。上二味挽筛酒和，并手捻丸如梧桐子大，曝干。饮服二十枚，日三。忌桃、李、雀肉等。（《外台秘要》）

⑬治风虚，头重眩，不知食味；暖肌，补中，益精气：白术 64 g，附子一枚半（炮去皮），甘草 32 g（炙）。上三味，锉，每 16 g，姜 5 片，枣 1 枚，水盏半，煎七分，去滓，温服。（《近效方》）

⑭治自汗不止：白术末，饮服方寸匕，日二服。（《千金方》）

⑮治盗汗：白术 125 g，分作四份，一份用黄芪同炒，一份用石斛同炒，一份用牡蛎同炒，一份用麸皮同炒。上各微炒黄色，去余药。只用白术，研细。每服 6 g，粟米汤调下，尽 125 g。（《丹溪心法》）

⑯治老小虚汗：白术 16 g，小麦一撮，水煮干，去麦为末，用黄芪汤下 3 g。（《全幼心鉴》）

⑰治产后呕逆不食：白术 16 g，姜 19 g。水煎，徐徐温服。（《妇人良方》）

⑱治妇人血虚肌热，或脾虚蒸热，或内热寒热：白术、白茯苓、白芍（炒）各 3 g，甘草（炒）1.5 g，姜、枣，水煎服。（《妇人良方》）

⑲治三日疟：九制於术 500 g，广皮 250 g。熬膏，用饴糖 125 g 收。（《古今良方》）

⑳治四日两头疟，一二年至三四年不愈者，或愈而复发：於术 32 g，老姜 32 g。水煎，发日五更温服，重者二服。（《本草纲目拾遗》）

㉑治牙齿逐日长，渐渐胀：只服白术愈。（《夏子益治奇疾方》）

㉒治儿童流涎：生白术捣碎，加水和食糖，放锅上蒸汁，分次口服，每天用 10 g。（《江苏中医》）

鬼针草属 *Bidens* L.

846. 三叶鬼针草 *Bidens pilosa* L.

【别名】 一包针、细毛鬼针草。

【形态】 一年生草本，高 30 ～ 100 cm。茎直立，呈四棱形，疏生柔毛或无毛。叶对生，一回羽状复叶，长约 15 cm 或不及；下部的叶有时为单叶。小叶 3 枚，有时 5 枚，具柄，卵形或卵状椭圆形，长 2.5 ～ 7 cm，有锯齿或分裂。头状花序，具长柄，开花时直径约 8 mm，花柄长 1 ～ 6 cm；总苞绿色，基部被细柔毛，苞片 7 ～ 8 枚；花托外层托片狭长圆形，内层托片狭披针形；花杂性，舌状花白色或黄色，4 ～ 7 枚，舌片长 5 ～ 8 mm，成不规则的 3 ～ 5 裂；管状花两性，黄褐色，长约 4.5 mm，5 裂；雄蕊 5；雌蕊 1，柱头 2 裂。瘦果线形，略扁，黑色，具 4 棱，稍有硬毛，长 7 ～ 12 mm，顶部有具倒毛的硬刺 3 ～ 4 条，长 1.5 ～ 2.5 mm。花期春季。

【生境分布】 生于荒地及路边。罗田各地均有分布。

【采收加工】 夏、秋季采收，晒干。

【药材名】 鬼针草。

【来源】 菊科植物三叶鬼针草 *Bidens pilosa* L. 的全草。

【性状】 干燥全草，长 30 ～ 50 cm，茎粗 3 ～ 8 mm，棱柱状，浅棕褐色，有棱线。叶纸质而薄，一回羽状复叶（三叶鬼针草）或二回 3 出复叶（金盘银盏），干枯，易脱落，有叶柄。花序干枯，瘦果易脱落而残存

圆形的花托。气微，味淡。以干燥、无杂质者为佳。

【性味】①《南宁市药物志》：苦。

②《广东中药》：味甘淡，性平。

【功能主治】疏表清热，解毒，散瘀。主治流感，乙脑，咽喉肿痛，黄疸，肠痈，小儿惊风，疳积。

【用法用量】内服：煎汤，9.6～32 g（鲜品64～95 g）。外用：捣敷或煎水洗。

【注意】《浙江民间常用草药》：妇女行经期忌服。

【附方】①治慢性阑尾炎，胃肠炎：鲜三叶鬼针草32～64 g。水煎服。

②治中暑腹痛吐泻：鲜三叶鬼针草64～95 g，水煎服；或捣烂绞汁，调食盐炖温服。

③治淋浊：鲜三叶鬼针草64 g。水煎或捣烂绞汁调白砂糖服。

④治急性咽喉炎：鲜三叶鬼针草捣烂绞汁32～64 g，加蜜或食盐少许调服。

⑤治毒蛇咬伤：鲜三叶鬼针草64～95 g。水煎或捣烂绞汁服；另用鲜叶捣烂敷伤处。（①～⑤方出自《福建中草药》）

⑥治虚劳失力，黄胖：鲜一包针32 g，紫金牛、龙芽草、六月雪各9～15 g。水煎服，失力另加枣7个。崩漏、吐血者忌服。

⑦治小儿疳积：一包针15 g，猪肝64～95 g，加水一大碗，另用一包针的秆子横架在锅内，将猪肝放在上面蒸熟，先喝汤，后吃猪肝。

⑧治腰痛：鲜一包针160～195 g，水煎取汁，加红枣250 g，红糖、黄酒适量炖煮，二天服完。（⑥～⑧方出自《浙江民间常用草药》）

⑨治胃痛，胃溃疡：细毛鬼针草熬膏。每服6 g，生姜水冲服。（《陕西中草药》）

⑩治痔疮：细毛鬼针草160～195 g，铁棒锤1个。煎水洗患部。（《陕西中草药》）

【临床应用】①治疗小儿腹泻。40%鬼针草糖浆，每次10～15 ml，日服3次。脱水者补液。

②治疗乙脑。取三叶鬼针草32～95 g，九里香鲜叶16～32 g，浓煎取汁，每日分2次服。病情重者日服2剂，以愈为止。

847. 婆婆针 *Bidens bipinnata* L.

【别名】脱力草。

【形态】一年生草本，茎直立，高30～100 cm，钝四棱形，无毛或上部被极稀疏的柔毛，基部直径可达6 mm。茎下部叶较小，3裂或不分裂，通常在开花前枯萎，中部叶具长1.5～5 cm无翅的柄，3出，小叶3枚，很少为具5～7小叶的羽状复叶，两侧小叶椭圆形或卵状椭圆形，长2～4.5 cm，宽1.5～2.5 cm，先端锐尖，基部近圆形或阔楔形，有时偏斜，不对称，具短柄，边缘有锯齿，顶生小叶较大，长椭圆形或卵状长圆形，长3.5～7 cm，先端渐尖，基部渐狭或近圆形，具长1～2 cm的柄，边缘有锯齿，无毛或被极稀疏的短柔毛，上部叶小，3裂或不分裂，条状披针形。头状花序直径8～9 mm，有长1～6 cm（果时长3～10 cm）的花序梗。总苞基部被短柔毛，苞片7～8枚，条状匙形，上部稍宽，开花时长3～4 mm，果时长至5 mm，草质，边缘疏被短柔毛或几无毛，外层托片披针形，果时长5～6 mm，干膜质，背面褐色，具

黄色边缘，内层较狭，条状披针形。无舌状花，盘花筒状，长约 4.5 mm，冠檐 5 齿裂。瘦果黑色，条形，略扁，具棱，长 7 ～ 13 mm，宽约 1 mm，上部具稀疏瘤状凸起及刚毛，顶端芒刺 3 ～ 4 枚，长 1.5 ～ 2.5 mm，具倒刺毛。

【生境分布】 生于路边、荒野或住宅旁。罗田各地均有分布。

【采收加工】 夏、秋季采收地上部分，晒干。

【药用部位】 全草。

【药材名】 鬼针草。

【来源】 菊科植物婆婆针 *Bidens bipinnata* L. 的全草。

【性状】 干燥全草，茎略呈方形，幼茎有短柔毛。叶纸质而脆，多皱缩、破碎，常脱落。茎顶常有扁平盘状花托，着生 10 余个呈针束状、有 4 棱的果实，有时带有头状花序。气微，味淡。

【性味】 ①《本草拾遗》：味苦，平，无毒。

②《泉州本草》：性温，味苦，无毒。

【功能主治】 清热，解毒，散瘀，消肿。主治疟疾，腹泻，痢疾，肝炎，急性肾炎，胃痛，肠痈，咽喉肿痛，跌打损伤，蛇虫咬伤。

【用法用量】 内服：煎汤，16 ～ 32 g（鲜品 32 ～ 64 g）；或捣汁。外用：捣敷或煎水熏洗。

【注意】 《泉州本草》：孕妇忌服。

【附方】 ①治疟疾：鲜鬼针草 250 ～ 375 g。煎汤，加入鸡蛋 1 个煮汤服。（《闽东本草》）

②治痢疾：鬼针草柔芽一把。水煎汤，白痢配红糖，红痢配白糖，连服三次。（《泉州本草》）

③治黄疸：鬼针草、柞木叶各 15 g，青松针 32 g。水煎服。（《浙江民间草药》）

④治肝炎：鬼针草、黄花棉各 47 ～ 64 g。加水 1000 ml，煎至 500 ml。一日多次服，服完为止。（广西《中草药新医疗法处方集》）

⑤治急性肾炎：鬼针草叶（切细）15 g，煎汤，和鸡蛋 1 个，加适量麻油或茶油煮熟食之，日服一次。（《福建中医药》）

⑥治偏头痛：鬼针草 32 g，大枣 3 枚。水煎服。（《江西草药》）

⑦治胃气痛：鲜鬼针草 47 g。和猪肉 125 g 同炖，调酒少许，饭前服。（《泉州本草》）

⑧治大小便出血：鲜鬼针草叶 15 ～ 32 g。水煎服。（《泉州本草》）

⑨治跌打损伤：鲜鬼针草全草 32 ～ 64 g（干品减半）。水煎，另加黄酒 32 g，温服，日服一次，一般连服三次。（《福建民间草药》）

⑩治四肢无力：脱力草一把。水煎服。（《江苏药材志》）

⑪治蛇伤、虫咬：鲜鬼针全草 64 g，酌加水，煎成半碗，温服；渣捣烂涂贴伤口，日如法两次。（《福建民间草药》）

⑫治气性坏疽：鲜鬼针草全草，用冷开水洗净，水煎汤熏洗。（《福建民间草药》）

⑬治金疮出血：鲜鬼针草叶，捣烂敷创口。（《泉州本草》）

848. 狼耙草 *Bidens tripartita* L.

【别名】 鬼叉。

【形态】 一年生草本。茎高 20 ～ 150 cm，圆柱状或具钝棱而稍呈四方形，基部直径 2 ～ 7 mm，无毛，绿色或带紫色，上部分枝或有时自基部分枝。叶对生，下部的较小，不分裂，边缘具锯齿，通常于花期枯萎，中部叶具柄，柄长 0.8 ～ 2.5 cm，有狭翅；叶片无毛或下面有极稀疏的小硬毛，长 4 ～ 13 cm，长椭圆状披针形，不分裂（极少）或近基部浅裂成 1 对小裂片，通常 3 ～ 5 深裂，裂深几达中肋，两侧裂片披针形至狭披针形，长3～7 cm，宽8～12 mm，顶生裂片较大，披针形或长椭圆状披针形，长5～11 cm，宽1.5～3 cm，两端渐狭，与侧生裂片边缘均具疏锯齿，上部叶较小，披针形，3裂或不分裂。头状花序单生于茎端及枝端，直径1～3 cm，高1～1.5 cm，具较长的花序梗。总苞盘状，外层苞片5～9枚，条形或匙状倒披针形，长1～3.5 cm，先端钝，具缘毛，叶状，内层苞片长椭圆形或卵状披针形，长6～9 mm，膜质，褐色，有纵条纹，具透明或淡黄色的边缘；托片条状披针形，约与瘦果等长，背面有褐色条纹，边缘透明。无舌状花，全为筒状两性花，花冠长4～5 mm，冠檐4裂。

花药基部钝，顶端有椭圆形附器，花丝上部增宽。瘦果扁，楔形或倒卵状楔形，长6～11 mm，宽2～3 mm，边缘有倒刺毛，顶端芒刺通常2枚，极少3～4枚，长2～4 mm，两侧有倒刺毛。

【生境分布】 生于路边荒野及水边湿地。罗田各地均有分布。

【采收加工】 8—9月除保留种植株外，割取地上部分，晒干或鲜用。

【药材名】 狼把草。

【来源】 菊科植物狼耙草 *Bidens tripartita* L. 的全草。

【性状】 茎略呈方形，由基总枝发枝，节上生根，表面绿色，略带紫色。叶对生，叶柄具狭翅，中部叶常羽状分裂，裂片披针形，边缘有锯齿；上部叶3裂或不分裂，头状花序顶生或腋生；总苞片披针形；花黄棕色，无舌状花。气微，味微苦。

【性味】 甘、微苦，凉。

【功能主治】 清热解毒，利湿，通经。主治肺热咳嗽，咯血，咽喉肿痛，赤白痢疾，黄疸，月经不调，闭经，湿疹癣疮，毒蛇咬伤。

【用法用量】 内服：煎汤，10～30 g，鲜品加倍；或捣汁饮。外用：适量，捣敷；或研末撒、调敷。

飞廉属 *Carduus* L.

849. 飞廉 *Carduus nutans* L.

【别名】 飞帘、老牛错。

【形态】 二年生或多年生草本，高30～100 cm。茎单生或少数茎成簇生，通常多分枝，分枝细长，极少不分枝，全部茎枝有条棱，被稀疏的蛛丝状毛和多细胞长节毛，上部或接头状花序，下部常呈灰白色，被密厚的蛛丝状绵毛。中下部茎叶长卵圆形或披针形，长（5）10～40 cm，宽（1.5）3～10 cm，羽状半裂或深裂，侧裂片5～7对，斜三角形或三角状卵形，顶端有淡黄白色或褐色的针刺，针刺长达4～6 mm，边缘针刺较短；向上茎叶渐小，羽状浅裂或不裂，顶端及边缘具等样针刺，但通常比中下部茎叶裂片边缘及顶端的针刺短。全部茎叶两面同色，两面沿脉被多细胞长节毛，但上面的毛稀疏，或两面兼被稀疏蛛丝状毛，基部无柄，两侧沿茎下延成茎翼，但基部茎叶基部渐狭成短柄。茎翼连续，边缘有大小不等的三角形刺齿裂，齿顶和齿缘有黄白色或褐色的针刺，接头状花序下部的茎翼常呈针刺状。头状花序通常下垂或下倾，单生于茎顶或长分枝的顶端，但不排列成明显的伞房花序，植株通常生4～6个头状花序，极少多于6个头状花序，更少植株含1个头状花序。总苞钟状或宽钟状；总苞直径4～7 cm。总苞片多层，不等长，覆瓦状排列, 向内层渐长; 最外层长三角形, 长 1.4 ～ 1.5 cm, 宽 4 ～ 4.5 mm; 中层及内层三角状披针形、长椭圆形或椭圆状披针形, 长 1.5 ～ 2 cm, 宽约 5 mm; 最内层苞片宽线形或线状披针形, 长 2 ～ 2.2 cm, 宽 2 ～ 3 mm。全部苞片无毛或被稀疏蛛丝状毛, 除最内层苞片以外, 其余各层苞片中部或上部曲膝状弯曲, 中脉高起, 在顶端呈长或短针刺状伸出。小花紫色, 长 2.5 cm, 檐部长 1.2 cm, 5 深裂, 裂片狭线形, 长达

6.5 mm, 细管部长 1.3 cm。瘦果灰黄色, 楔形, 稍压扁, 长 3.5 mm, 有多数浅褐色的细纵线纹及细横皱纹, 下部收窄, 基底着生面稍偏斜, 顶端斜截形, 有果缘, 果缘全缘, 无锯齿。冠毛白色, 多层, 不等长, 向内层渐长, 长达 2 cm; 冠毛刚毛锯齿状, 向顶端渐细, 基部连合成环, 整体脱落。花果期 6—10 月。

【生境分布】生于荒野道旁。罗田各地均有分布。

【采收加工】冬、春季采根, 夏季采茎; 叶及花, 鲜用或晒干。

【药材名】飞廉。

【来源】菊科植物飞廉 *Carduus nutans* L. 的全草或根。

【性味】苦, 平。

【功能主治】祛风, 清热, 利湿, 凉血散瘀。主治风热感冒, 头风眩晕, 风热痹痛, 跌打瘀肿, 疮痈肿毒, 汤火伤。

【用法用量】内服: 煎汤, 鲜品 32 ～ 64 g; 或入散剂、浸酒。外用: 捣敷或烧存性研末掺。

【注意】《本草经集注》: 得乌头良。恶麻黄。

【附方】①治关节炎: 老牛错(全草)500 g, 何首乌 95 g, 生地黄 250 g。用酒浸泡一周, 每天服一小杯。(《黑龙江中药》)

②治无名肿毒, 痔疮, 外伤肿痛: 老牛错茎叶, 捣成泥状, 敷患处。(《黑龙江中药》)

③治疳蚀口齿及下部: 飞廉蒿烧作灰, 捣筛, 以 3 g 服(每次煎 2 h), 每日服二次。(《江苏省中草药新医疗法展览资料选编》)

金盏花属 *Calendula* L.

850. 金盏花 *Calendula officinalis* L.

【别名】金盏菊。

【形态】一年生草本, 高 20 ～ 75 cm, 通常自茎基部分枝, 绿色或被腺状柔毛。基生叶长圆状倒卵形或匙形, 长 15 ～ 20 cm, 全缘或具疏细齿, 具柄, 茎生叶长圆状披针形或长圆状倒卵形, 无柄, 长 5 ～ 15 cm, 宽 1 ～ 3 cm, 顶端钝, 稀急尖, 边缘波状具不明显的细齿, 基部抱茎。头状花序单生于茎枝端, 直径 4 ～ 5 cm, 总苞片 1 ～ 2 层, 披针形或长圆状披针形, 外层稍长于内层, 顶端渐尖, 小花黄色或橙黄色, 长于总苞的 2 倍, 舌片宽达 4 ～ 5 mm; 管状花檐部具三角状披针形裂片, 瘦果全部弯曲, 淡黄色或淡褐色, 外层的瘦果大半内弯, 外面常具小针刺, 顶端具喙, 两侧具翅, 脊部具规则的横褶皱。花期 4—9 月, 果期 6—10 月。

【生境分布】全国各地均有栽培。喜暖向阳。罗田各地均有。

【采收加工】秋季或第2年春季采花及根，鲜用或晒干备用。

【药材名】金盏花。

【来源】菊科植物金盏花 *Calendula officinalis* L. 的根或花。

【性味】微苦，平。

【功能主治】根：活血散瘀，行气止痛；主治癥瘕疝气，胃寒疼痛。花：凉血止血；主治肠风便血，抗菌消炎，美容养颜。

【用法用量】根：内服，煎汤，10～60 g。花：内服，煎汤，6～10 g；或泡服。

天名精属 *Carpesium* L.

851. 天名精 *Carpesium abrotanoides* L.

【别名】鹤虱草、野烟、山烟、野叶子烟、癞蛤蟆草、臭草、地菘、蚵蚾草、皱面草。

【形态】多年生粗壮草本。茎高60～100 cm，圆柱状，下部木质，近无毛，上部密被短柔毛，有明显的纵条纹，多分枝。基叶于开花前凋萎，茎下部叶广椭圆形或长椭圆形，长8～16 cm，宽4～7 cm，先端钝或锐尖，基部楔形，三面深绿色，被短柔毛，老时脱落，几无毛，叶面粗糙，下面淡绿色，密被短柔毛，有细小腺点，边缘具不规则的钝齿，齿端有腺体状胼胝体；叶柄长5～15 mm，密被短柔毛；茎上部节间长1～2.5 cm，叶较密，长椭圆形或椭圆状披针形，先端渐尖或锐尖，基部阔楔形，无柄或具短柄。头状花序多数，生于茎端及沿茎、枝生于叶腋，

近无梗，呈穗状花序式排列，着生于茎端及枝端者具椭圆形或披针形长6～15 mm的苞叶2～4枚，腋生头状花序无苞叶或有时具1～2枚甚小的苞叶。总苞钟球形，基部宽，上端稍收缩，成熟时开展成扁球形，直径6～8 mm；苞片3层，外层较短，卵圆形，先端钝或短渐尖，膜质或先端草质，具缘毛，背面被短柔毛，内层长圆形，先端圆钝或具不明显的啮蚀状小齿。雌花狭筒状，长1.5 mm，两性花筒状，长2～2.5 mm，向上渐宽，冠檐5齿裂。瘦果长约3.5 mm。

【生境分布】生于山野草丛中。罗田各地均有分布。

【药用部位】全草、果。

（1）天名精。

【采收加工】夏、秋季采收。

【来源】菊科植物天名精 *Carpesium abrotanoides* L. 的全草。

【性味】辛，寒。

【归经】归肝、肺经。

【功能主治】祛痰，清热，破血，止血，解毒，杀虫。主治乳蛾，喉痹，疟疾，急性肝炎，急慢惊风，虫积，血瘕，衄血，血淋，疮痈肿毒，皮肤痒疹。

【用法用量】内服：煎汤，9～15 g；或捣汁，入丸、散。外用：捣敷或煎水熏洗。

【注意】①《本草经集注》：垣衣为之使。

②《蜀本草》：地黄为使。

③《本草经疏》：脾胃寒薄，性不喜食冷，易泄无渴者勿服。

【附方】①治咽喉肿塞，痰涎壅滞，喉肿水不可下者：地菘捣汁。鹅翎扫入，去痰最妙。（《伤寒蕴要》）

②治缠喉风：蚵蚾草，细研，用生蜜和丸弹子大，噙化一、二丸。如无新者，只用干者为末，以生蜜为丸，不必成弹子，但如弹子大一块。（《经效济世良方》）

③治吐血疾：皱面草，不以多少，为细末。每服 3～6 g，用茅花泡汤调服，不以时候。（《履巉岩本草》）

④治产后口渴气喘，面赤有斑，大便泄，小便闭，用行血利水药不效：天名精根叶，浓煎膏饮。下血，小便通而愈。（《本草从新》）

⑤治疮痈肿毒：鹤虱草叶、浮酒糟。同捣敷。（《孙天仁集效方》）

⑥治风毒瘰疬，赤肿痛硬：地菘 500 g。捣如泥，敷瘰疬上，干即易之，以瘥为度。（《太平圣惠方》）

⑦治发背初起：地菘，杵汁 1 升，日再服，瘥乃止。（《伤寒类要》）

⑧治恶疮：捣地菘汁服之，每日两三服。（孟诜《必效方》）

【临床应用】①治疗急性黄疸性肝炎。取新鲜天名精（包括根、枝、叶）125 g，生姜 2 片（约 3 g），加水 1000 ml，煎至 300 ml，上、下午空腹时分服。服药期间，忌食酸、辣、肥肉。

②治疗急性肾炎。取鲜草 64～95 g 洗净捣烂，加少许红糖或食盐拌匀，外敷脐部，上覆油纸以防药气外溢。每天更换 1 次，4～7 天为 1 个疗程，必要时可连敷两个疗程。治疗期间须卧床休息，进低盐饮食。若局部皮肤出现潮红，应立即停止敷药。

③用于皮肤消毒。用 100% 鲜野烟煎液作术前洗手和术前皮肤消毒。

④治疗慢性下肢溃疡。取 50% 野烟煎液 100 ml，加温浸洗患处，每次 10～30 min，每日 3 次。

（2）鹤虱。

【别名】鸪虱、鬼虱、北鹤虱。

【采收加工】秋季果成熟时采摘，晒干，除去皮屑、杂质。

【来源】菊科植物天名精 *Carpesium abrotanoides* L. 的果。

【性状】干燥果呈圆柱状，细小，长 3～4 mm，宽不达 1 mm，无毛，表面黄褐色，有多数纵棱及沟纹，顶端收缩呈线状短喙，先端有灰白色的环状物。横断面类圆形，种仁黄白色，有油性。气微味、微苦，尝之有黏性。以粒匀、充实、尝之有黏性者为佳。

【性味】苦、辛，平，有毒。

【归经】《木经逢原》：入厥阴肝经。

【功能主治】杀虫。主治虫积腹痛。

【用法用量】内服：煎汤，9～15 g；或入丸、散。

【附方】①治小儿疾病多有诸虫，腹中疼痛，发作肿聚，往来上下，痛无休止，亦攻心痛，呕哕涎沫，或吐清水，四肢羸困，面色青黄，饮食虽进，不生肌肤，或寒或热：胡粉（炒）、鹤虱（去土）、槟榔、苦楝根（去浮皮）各 1.6 kg，白矾（枯）400 g。上为末，以面糊为丸，如麻子大。一岁儿服五丸，温浆水入生麻油一两点，调匀下之，温米饮下亦得，不拘时候。（《局方》）

②治蛔咬痛：鹤虱 320 g。捣筛，蜜和丸如梧桐子大。以蜜汤空腹吞 40 丸，日增至 50 丸。慎酒肉。（《古

今录验方》）

③治大肠虫出不断，断之复生，行坐不得：鹤虱末，水调 16 g 服。（《怪证奇方》）

④治牙痛：a. 鹤虱 1 枚，擢置齿中。（《本草纲目》）b. 鹤虱煎米醋漱口。（《本草纲目》）

【临床应用】治疗钩虫病：取鹤虱 95 g，洗净后水煎 2 次，药液混合浓缩至 60 ml（每 10 ml 相当原生药 15 g），过滤，加少量白糖调味，成人每晚睡前服 30 ml，连服两晚。小儿及年老体弱者酌减。少数病例服药后数小时或第二天有轻微头晕、恶心、耳鸣、腹痛等反应，可自行消失。

茼蒿属 *Chrysanthemum* L.

852. 茼蒿 *Chrysanthemum coronarium* L.

【别名】同蒿。

【形态】光滑无毛或几光滑无毛。茎高达 70 cm，不分枝或自中上部分枝。基生叶花期枯萎。中下部茎叶长椭圆形或长椭圆状倒卵形，长 8～10 cm，无柄，二回羽状分裂。一回为深裂或几全裂，侧裂片 4～10 对。二回为浅裂、半裂或深裂，裂片卵形或线形。上部叶小。头状花序单生于茎顶或少数生于茎枝顶端，但并不形成明显的伞房花序，花梗长 15～20 cm。总苞直径 1.5～3 cm。总苞片 4 层，内层长 1 cm，顶端膜质扩大成附片状。舌片长 1.5～2.5 cm。舌状花瘦果有 3 条凸起的狭翅肋，肋间有 1～2 条明显的间肋。管状花瘦果有 1～2 条椭圆形凸起的肋及不明显的间肋。花果期 6—8 月。

【生境分布】全国大部分地区均有栽培。

【采收加工】冬、春季及夏初均可采收。

【药材名】茼蒿。

【来源】菊科植物茼蒿 *Chrysanthemum coronarium* L. 的茎叶。

【性味】辛、甘，平。

【归经】归脾、胃经。

【功能主治】和脾胃，利二便，消痰饮。

【用法用量】内服：一般作蔬菜煮食。

【注意】《得配本草》：泄泻者禁用。

蓟属 *Cirsium* Mill.

853. 蓟 *Cirsium japonicum* Fisch. ex DC.

【别名】大蓟、山萝卜。

【形态】多年生草本，块根纺锤状或萝卜状，直径达 7 mm。茎直立，30～150 cm，分枝或不分枝，全部茎枝有条棱，被稠密或稀疏的多细胞长节毛，接头状花序下部灰白色，被稠密茸毛及多细胞节毛。基生叶较大，全形卵形、长倒卵形、椭圆形或长椭圆形，长 8～20 cm，宽 2.5～8 cm，羽状深裂或几全裂，基部渐狭成短或长翼柄，柄翼边缘有针刺及刺齿；侧裂片6～12对，中部侧裂片较大，向下及向下的侧裂片渐小，全部侧裂片排列稀疏或紧密，卵状披针形、半椭圆形、斜三角形、长三角形或三角状披针形，宽狭变化极大，或宽达3 cm，或狭至0.5 cm，边缘有稀疏大小不等小锯齿，或锯齿较大而使整个叶片呈现较为明显的二回分裂状态，齿顶针刺长可达6 mm，短可至2 mm，齿缘针刺小而密或几无针刺；顶裂片披针形或长三角形。自基部向上的叶渐小，与基生叶同型

并等样分裂，但无柄，基部扩大半抱茎。全部茎叶两面同色，绿色，两面沿脉有稀疏的多细胞长或短节毛或几无毛。头状花序直立，少有下垂的，少数生于茎端而花序极短，不呈明显的花序式排列，少有头状花序单生于茎端。总苞钟状，直径3 cm。总苞片约6层，覆瓦状排列，向内层渐长，外层与中层卵状三角形至长三角形，长0.8～1.3 cm，宽3～3.5 mm，顶端长渐尖，有长1～2 mm的针刺；内层披针形或线状披针形，长1.5～2 cm，宽2～3 mm，顶端渐尖呈软针刺状。全部苞片外面有微糙毛并沿中肋有黏腺。瘦果压扁，偏斜楔状倒披针形，长4 mm，宽2.5 mm，顶端斜截形。小花红色或紫色，长2.1 cm，檐部长1.2 cm，不等5浅裂，细管部长9 mm。冠毛浅褐色，多层，基部联合成环，整体脱落；冠毛刚毛长羽毛状，长达2 cm，内层向顶端纺锤状扩大或渐细。花果期4—11月。

【生境分布】 生于山野、路旁、荒地。罗田各地均有分布。

【采收加工】 夏、秋季花开时割取地上部分，晒干或鲜用。

【药材名】 大蓟。

【来源】 菊科植物蓟 *Cirsium japonicum* Fisch. ex DC. 的地上部分。

【性味】 甘、苦，凉。

【功能主治】 凉血止血，祛瘀消肿。主治衄血，吐血，尿血，便血，崩漏下血，外伤出血，疮痈肿毒。

【用法用量】 内服：煎汤，9～15 g。

854. 刺儿菜 *Cirsium setosum*（Willd.）MB.

【别名】 小蓟姆、刺儿草、刺尖头草。

【形态】 多年生草本。茎直立，高30～80（100～120）cm，基部直径3～5 mm，有时可达1 cm，上部有分枝，花序分枝无毛或有薄茸毛。基生叶和中部茎叶椭圆形、长椭圆形或椭圆状倒披针形，顶端钝或圆，基部楔形，有时有极短的叶柄，通常无柄，长7～15 cm，宽1.5～10 cm，上部茎叶渐小，椭圆形、披针形或线状披针形，或全部茎叶不分裂，叶缘有细密的针刺，针刺紧贴叶缘，或叶缘有刺齿，齿顶针刺大小不等，针刺长达3.5 mm，或大部分茎叶羽状浅裂或半裂，或边缘粗大圆锯齿，裂片或锯齿斜三角形，

顶端钝，齿顶及裂片顶端有较长的针刺，齿缘及裂片边缘的针刺较短且贴伏。头状花序单生于茎端，或植株含少数或多数头状花序在茎枝顶端排成伞房花序。总苞卵形、长卵形或卵圆形，直径 1.5～2 cm。总苞片约 6 层，覆瓦状排列，向内层渐长，外层与中层宽 1.5～2 mm，包括顶端针刺长 5～8 mm；内层及最内层长椭圆形至线形，长 1.1～2 cm，宽 1～1.8 mm；中外层苞片顶端有长不足 0.5 mm 的短针刺，内层及最内层渐尖，膜质，短针刺。小花紫红色或白色，雌花花冠长 2.4 cm，檐部长 6 mm，细管部细丝状，长 18 mm，两性花花冠长 1.8 cm，檐部长 6 mm，细管部细丝状，长 1.2 mm。瘦果淡黄色，椭圆形或偏斜椭圆形，压扁，长 3 mm，宽 1.5 mm，顶端斜截形。冠毛污白色，多层，整体脱落；冠毛刚毛长羽毛状，长 3.5 cm，顶端渐细。花果期 5—9 月。

【生境分布】全国各地均产。罗田北部高山区有分布。

【采收加工】夏、秋季花开时采收，晒干。

【药材名】小蓟。

【来源】菊科植物刺儿菜 *Cirsium setosum*（Willd.）MB. 的干燥地上部分。

【性状】①干燥全草的茎圆柱状，常折断，直径 2～3 mm，微带紫棕色，表面有柔毛及纵棱；质硬，断面纤维状，中空。叶片多破碎不全，皱缩而卷曲，暗黄绿色，两面均有白色丝状毛，全缘或微波状，有金黄色的针刺。头状花序顶生，苞片黄绿色，5～6 层，线形至披针形，花冠有时已不存在，冠毛羽毛状。气弱，味甘。

②干燥根呈长圆柱状，下部渐细；顶端直径 3～7 mm，表面土棕色，有纵棱，着生多数细长须根。质硬，断面纤维性。

【炮制】小蓟：拣净杂质，去根，水洗润透，切段，晒干。小蓟炭：取净小蓟，置锅内用武火炒至七成变黑色，但须存性，过铁丝筛，喷洒清水，取出，晒干。

【性味】甘、苦，凉。

【归经】归肝、脾经。

【功能主治】凉血，祛瘀，止血。主治吐血，衄血，尿血，血淋，便血，血崩，创伤出血，疔疮，痈毒。

【用法用量】内服：煎汤，5～12 g（鲜品 32～64 g）；或捣汁、研末。外用：捣敷或煎水洗。

【注意】脾胃虚寒而无瘀滞者忌服。

①《本草品汇精要》：忌犯铁器。

②《本草经疏》：不利于胃弱泄泻及血虚极、脾胃弱不思饮食之证。

③《本草汇言》：不利于气虚。

【附方】①治心热吐血口干：生藕汁，生牛蒡汁、生地黄汁、小蓟根汁各 300 g，白蜜一匙。上药相和，搅令匀，不计时候，细细呷之。（《太平圣惠方》）

②治舌上出血，兼治大衄：刺蓟一握，研，绞取汁，以酒半盏调服。如无生汁，只捣干者为末，冷水调下 4.5 g。（《圣济总录》）

③治呕血，咯血：大蓟、小蓟、荷叶、扁柏叶、茅根、茜草、山栀、大黄、牡丹皮、棕榈皮各等份。烧灰存性，研极细末，用纸包，碗盖于地上一夕，出火毒，用时先将白藕汁或萝卜汁磨京墨半碗调服 15 g，食后下。（《十药神书》）

④治下焦结热血淋：生地黄（洗）125 g，小蓟根、滑石、通草、蒲黄（炒）、淡竹叶、藕节、当归（去芦，酒浸）、山栀子仁、甘草（炙）各 16 g。上细切，每服 12 g，水一盏半，煎至八分，去滓温服，空心食前。（《济生方》）

⑤治崩中下血：小蓟茎、叶（洗，切）研汁一盏，入生地黄汁一盏，白术 16 g，煎减半，温服。（《千金方》）

⑥治妊娠胎堕后出血不止：小蓟根叶（锉碎）、益母草（去根，切碎）各 160 g。以水三大碗，煮二味烂熟去滓至一大碗，将药于铜器中煎至一盏，分作二服，日内服尽。（《圣济总录》）

⑦治妇人阴庠：小蓟煎汤，日洗三次。（《广济方》）

地胆草属 *Elephantopus* L.

855. 地胆草 *Elephantopus scaber* L.

【别名】　地胆头、苦地胆。

【形态】　根状茎平卧或斜升，具多数纤维状根；茎直立，高 20 ～ 60 cm，基部直径 2 ～ 4 mm，常 2 歧分枝，稍粗糙，密被白色贴生长硬毛；基部叶花期生存，莲座状，匙形或倒披针状匙形，长 5 ～ 18 cm，宽 2 ～ 4 cm，顶端圆钝，或具短尖，基部渐狭成宽短柄，边缘具圆齿状锯齿；茎叶少数而小，倒披针形或长圆状披针形，向上渐小，全部叶上面被疏长糙毛，下面密被长硬毛和腺点；头状花序多数，在茎或枝端束生团球状的复头状花序，基部被 3 个叶状苞片包围；苞片绿色，草质，宽卵形或长圆状卵形，长 1 ～ 1.5 cm，宽 0.8 ～ 1 cm，顶端渐尖，具明显凸起的脉，被长糙毛和腺点；总苞狭，长 8 ～ 10 mm，宽约 2 mm；总苞片绿色或上端紫红色，长圆状披针形，顶端渐尖而具刺尖，具 1 或 3 脉，被短糙毛和腺点，外层长 4 ～ 5 mm，内层长约 10 mm；花 4 朵，淡紫色或粉红色，花冠长 7 ～ 9 mm，管部长 4 ～ 5 mm；瘦果长圆状线形，长约 4 mm，顶端截形，基部缩小，具棱，被短柔毛；冠毛污白色，具 5 条，稀 6 条硬刚毛，长 4 ～ 5 mm，基部宽扁。花期 7—11 月。

【生境分布】　常生于开旷山坡、路旁或山谷林缘。罗田玉屏山有分布。

【采收加工】　夏、秋季采收，除去杂质，洗净晒干或鲜用。

【来源】　菊科植物地胆草 *Elephantopus scaber* L. 的全草。

【性味】　苦，凉。

【功能主治】　清热解毒，利尿消肿。主治感冒，急性扁桃体炎，咽喉炎，结膜炎，乙脑，百日咳，急性黄疸性肝炎，肝腹水，急、慢性肾炎，疖肿，湿疹。

【用法用量】　内服：煎汤，25 ～ 50 g。外用：鲜草适量，捣烂敷患处。

【注意】　孕妇慎服。

球菊属 *Epaltes* Cass.

856. 球菊 *Epaltes australis* Less.

【别名】　石胡荽、鹅不食草、通天窍、野园荽、球子草。

【形态】　一年生草本。茎枝铺散或匍匐状，长 6 ～ 20 cm，直径 2 ～ 3 mm，基部多分枝，有细沟纹，无毛或被疏粗毛，节间长约 1 cm。叶无柄或有长达 5 ～ 7 mm 的短柄，叶片倒卵形或倒卵状长圆形，长 1.5～3 cm，宽 5～11 mm，基部长渐狭，顶端钝，稀有短尖，边缘有不规则的粗锯齿，无毛或被疏柔毛，中脉在上面明显，在下面略凸起，侧脉 2～3 对，极细弱，网脉不明显。头状花序多数，扁球形，直径约 5 mm，无或有短花序梗，侧生、单生或双生；总苞半球形，直径 5～6 mm，长约 3 mm；总苞片 4 层，绿色，干膜质，无毛；外层卵圆形，长 1.5 mm，顶端浑圆，内层倒卵形至倒卵状长圆形，长约 2 mm，顶端钝或略尖；花托稍凸，无毛。

雌花多数，长约 1 mm，檐部 3 齿裂，有疏腺点。两性花约 20 朵，长约 2 mm，花冠圆筒形，檐部 4 裂，裂片三角形，顶端略钝，有腺点；雄蕊 4 枚。瘦果近圆柱形，有 10 条棱，长约 1 mm，有疣状凸起，顶端截形，基部常收缩，且被疏短柔毛。无冠毛。花期 3—6 月，9—11 月。

【生境分布】生于稻田或阴湿处、路旁。罗田各地均有分布。

【采收加工】花开放时采收，除去净杂质，晒干。

【药材名称】鹅不食草。

【来源】菊科植物球菊 *Epaltes australis* Less. 的带花全草。

【性状】干燥的全草，相互缠成团，灰绿色或棕褐色。茎细而多分枝，颜色较深，质脆易断，断面黄白色，中央有白色的髓或形成空洞。叶小，多皱折、破碎不全，完整的叶片呈匙形，边缘有 3～5 个锯齿，质极脆，易碎落。头状花序小，球形，黄色或黄褐色。微有香气，久嗅有刺激性，味苦、微辛。以灰绿色、有花序、无杂质、嗅之打喷嚏者为佳。

【炮制】拣净杂质，切段，晒干。

【性味】辛，温。

【归经】《得配本草》：入手太阴经气分。

【功能主治】祛风，散寒，胜湿，去翳，通鼻塞。主治感冒，寒哮，喉痹，百日咳，痧气腹痛，阿米巴痢疾，疟疾，疳泻，鼻渊，鼻息肉，臁疮，疥癣。

【用法用量】内服：煎汤，4.5～9 g；或捣汁。外用：捣烂塞鼻、研末搐鼻或捣敷。

【附方】①治伤风头痛、鼻塞，目翳：鹅不食草(鲜品或干品均可)搓揉，嗅其气，即打喷嚏，每日二次。(《贵阳民间药草》)

②治寒痰齁喘：野园荽研汁和酒服。(《李时珍濒湖集简方》)

③治脑漏：鲜石胡荽捣烂，塞鼻孔内。(《浙江民间草药》)

④治单双喉蛾：鹅不食草 32 g，槽米 32 g。将鹅不食草捣烂，取汁浸糯米磨浆，给患者徐徐含咽。(《广西民间常用草药》)

⑤治目病肿胀红赤，昏暗羞明，隐涩疼痛，风痒，鼻塞，头痛，脑酸，外翳攀睛，眼泪黏稠：鹅不食草 6 g，青黛 3 g，川芎 3 g。为细末，先噙水满口，每用米许搐入鼻内，以泪出为度。不拘时候。(《原机启微》)

⑥治胬肉攀睛：鲜鹅不食草 64 g，捣烂，取汁煮沸澄清，加梅片 0.3 g 调匀，点入眼内。(《广西民间常用草药》)

⑦治脾寒疟疾：石胡荽一把，杵汁半碗，入酒半碗，和。(《李时珍濒湖集简方》)

⑧治间日疟及三日疟：鲜鹅不食草，捻成团，填鼻内，初感有喷嚏，宜稍忍耐，过一夜，效。(《现代实用中药》)

⑨治阿米巴痢疾：石胡荽、乌韭根各 15 g。水煎服，每日一剂；血多者加仙鹤草 15 g。（《江西草药》）

⑩治疳积腹泻：鲜石胡荽 9 g。水煎服。（《湖南药物志》）

⑪治痧症腹痛：球子草花序捣碎，以鼻闻之。使打嚏。（《浙江民间草药》）

⑫治湿毒胫疮：野园荽（夏月采取，晒干为末）每以 15 g，汞粉 1.5 g，桐油调作隔纸膏，周围缝定，以茶洗净，缚上膏药，黄水出。（《简便单方》）

⑬治痔疮肿痛：石胡荽捣贴之。（《李时珍濒湖集简方》）

⑭治牛皮癣：鹅不食草捣涂。（《贵阳民间药草》）

⑮治蛇伤：鲜石胡荽捣烂，外敷伤部。（《泉州本草》）

⑯治跌打肿痛：鹅不食草适量，捣烂，炒热，敷患处。（《广西民间常用草药》）

⑰治鸡眼：先将鸡眼厚皮削平，用鲜石胡荽捣烂包敷患处，3 ～ 5 天取下。（《浙江民间常用草药》）

金鸡菊属 *Coreopsis* L.

857. 剑叶金鸡菊 *Coreopsis lanceolata* L.

【别名】除虫菊。

【形态】多年生草本，高 30 ～ 70 cm，有纺锤状根。茎直立，无毛或基部被软毛，上部有分枝。叶较少数，在茎基部成对簇生，有长柄，叶片匙形或线状倒披针形，基部楔形，顶端钝或圆，长 3.5 ～ 7 cm，宽 1.3 ～ 1.7 cm；茎上部叶少数，全缘或 3 深裂，裂片长圆形或线状披针形，顶裂片较大，长 6 ～ 8 cm，宽 1.5 ～ 2 cm，基部窄，顶端钝，叶柄通常长 6 ～ 7 cm，基部膨大，有缘毛；上部叶无柄，线形或线状披针形。头状花序在茎端单生，直

径 4 ～ 5 cm。总苞片内外层近等长；披针形，长 6 ～ 10 mm，顶端尖。舌状花黄色，舌片倒卵形或楔形；管状花狭钟形，瘦果圆形或椭圆形，长 2.5 ～ 3 mm，边缘有宽翅，顶端有 2 短鳞片。花期 5—9 月。

【生境分布】庭园中有栽培。

【采收加工】夏、秋季采收。

【药材名】金鸡菊。

【来源】菊科植物剑叶金鸡菊 *Coreopsis lanceolata* L. 的叶。

【性味】辛，平。

【功能主治】化瘀，消肿，清热解毒。主治无名肿毒，刀伤。

【用法用量】外用：捣敷。

秋英属 *Cosmos* Cav.

858. 黄秋英 *Cosmos sulphureus* Cav.

【别名】黄波斯菊、硫黄菊。

【形态】 依据株高可分为高性、中性以及矮性 3 种，株高通常介于 25～65 cm，茎细长且分枝多，直立张开呈现"Y"字形。叶片对生，呈现翠绿色，二回羽状复叶。每一茎顶皆可着生 1 至数枚花朵，花朵长在顶端或腋生，花梗细长，花朵属于菊科固有之头状花絮，有单瓣、半重瓣、重瓣之分，颜色则从黄色、橙色、橘色到橘红色不等，全年均可开花。瘦果褐色，有微小刺状茸毛。

【生境分布】 栽培。

【药材名】 黄秋英。

【来源】 菊科植物黄秋英 *Cosmos sulphureus* Cav. 的全草。

【功能】 主治伤风咳嗽，上呼吸道感染。

【用法用量】 内服：煎汤，15～25 g。

大丽花属 *Dahlia* Cav.

859. 大丽花 *Dahlia pinnata* Cav.

【别名】 大理花、大丽菊。

【形态】 多年生草本，有巨大棒状块根。茎直立，多分枝，高 1.5～2 m，粗壮。叶一至三回羽状全裂，上部叶有时不分裂，裂片卵形或长圆状卵形，下面灰绿色，两面无毛。头状花序大，有长花序梗，常下垂，宽 6～12 cm。总苞片外层约 5 个，卵状椭圆形，叶质，内层膜质，椭圆状披针形。舌状花 1 层，白色、红色或紫色，常卵形，顶端有不明显的 3 齿或全缘；管状花黄色，有时在栽培种中全部为舌状花。瘦果长圆

形，长 9～12 mm，宽 3～4 mm，黑色，扁平，有 2 个不明显的齿。花期 6—12 月，果期 9—10 月。

【生境分布】 栽培。

【采收加工】 秋季挖根，洗净，晒干或鲜用。

【药材名】 大丽菊。

【来源】 菊科植物大丽花 *Dahlia pinnata* Cav. 的块根。

【性味】 辛、甘，平。

【归经】 归肝经。

【功能主治】 活血散瘀。主治跌打损伤。

【用法用量】 内服：煎汤，6～12 g。亦可外用。

菊属 *Dendranthema* （DC.）Des Moul.

860. 野菊 *Dendranthema indicum*（L.）Des Moul.

【别名】苦薏、野山菊、路边菊、野菊花。

【形态】多年生草本，高 0.25～1 m，有地下长或短匍匐茎。茎直立或铺散，分枝或仅在茎顶有伞房状花序分枝。茎枝被稀疏的毛，上部及花序枝上的毛稍多或较多。基生叶和下部叶花期脱落。中部茎叶卵形、长卵形或椭圆状卵形，长 3～7（10）cm，宽 2～4（7）cm，羽状半裂、浅裂或分裂不明显而边缘有浅锯齿。基部截形、稍心形或宽楔形，叶柄长 1～2 cm，柄基无耳或有分裂的叶耳。两面同色或几同色，淡

绿色，或干后两面成橄榄色，有稀疏的短柔毛，或下面的毛稍多。头状花序直径 1.5～2.5 cm，多数在茎枝顶端排成疏松的伞房圆锥花序或少数在茎顶排成伞房花序。总苞片约 5 层，外层卵形或卵状三角形，长 2.5～3 mm，中层卵形，内层长椭圆形，长 11 mm。全部苞片边缘白色或褐色宽膜质，顶端钝或圆。舌状花黄色，舌片长 10～13 mm，顶端全缘或 2～3 齿。瘦果长 1.5～1.8 mm。花期 6—11 月。

【生境分布】生于路边、丘陵、荒地及林缘。罗田各地均有分布。

【药用部位】全草、花序。

（1）野菊。

【采收加工】夏、秋季采收，晒干。

【来源】菊科植物野菊 *Dendranthema indicum*（L.）Des Moul. 的全草及根。

【性味】苦、辛，寒

【功能主治】清热解毒。主治痈肿，疔疮，目赤，瘰疬，天疱疮，湿疹。

【用法用量】内服：煎汤，6～12 g（鲜品 32～64 g）；或捣汁。外用：捣敷、煎水洗或塞鼻。

【附方】①治疔疮：野菊花根、菖蒲根、生姜各 32 g。水煎，水酒对服。（《医钞类编》）

②治痈疽疔肿，一切无名肿毒：a. 野菊花，连茎捣烂，酒煎，热服取汗，以渣敷之。（《孙天仁集效方》）b. 野菊花茎叶、苍耳草各一握，共捣，入酒一碗，绞汁服，取汗，以滓敷之。（《卫生易简方》）

③治瘰疬疮肿不破者：野菊花根，捣烂煎酒服之，仍将煎过菊花根为末敷贴。（《瑞竹堂经验方》）

④治天泡湿疮：野菊花根、枣木。煎汤洗之。（傅滋《医学集成》）

⑤治妇人乳痈：路边菊叶加黄糖捣烂，敷患处。（《岭南草药志》）

⑥治蜈蚣咬伤：野菊花根，研末或捣烂敷伤口周围。（《岭南草药志》）

⑦治白喉：a. 野菊 32 g，和醋糟少许，捣汁，冲开水漱口。b. 野菊叶和醋半匙，将野菊叶捣烂后，加白醋调匀涂在喉头。（《贵州中医验方》）

⑧预防及治疗疟疾：a. 鲜野菊揉烂，塞鼻。每天塞 2 h，两鼻孔交替进行，连用 3 天。b. 鲜野菊 32 g。水煎服。连服 3 天。（徐州《单方验方　新医疗法（选编）》）

（2）野菊花。

【采收加工】秋季花盛开时采收，晒干或烘干。

【来源】菊科植物野菊 *Dendranthema indicum*（L.）Des Moul. 的头状花序。

【性状】干燥的头状花序呈扁球形，直径 0.5～1 cm，外层为 15～20 朵舌状花，雌性，淡黄色，皱缩卷曲；中央为管状花，两性，长 3～4 mm，黄色，顶端 5 裂，子房棕黄色，不具冠毛；底部有总苞，由 20～25 枚苞片组成，覆瓦状排列成 4 层，苞片卵形或披针形，枯黄色，边缘膜质；各花均着生于半球状的花托上。味苦，继之有清凉感。

【性味】苦、辛，凉。

【归经】归肺、肝经。

【功能主治】疏风清热，消肿解毒。主治风热感冒，肺炎，白喉，胃肠炎，口疮，丹毒，湿疹，天疱疮。

【用法用量】内服：煎汤，6～12 g（鲜品 32～64 g）。外用：捣敷，煎水漱口或淋洗。

【附方】①治疗疮：野菊花和黄糖捣烂贴患处。如生于发际，加梅片、生地龙同敷。（《岭南草药志》）

②治痈疽脓疡，耳鼻咽喉口腔诸阳症脓肿：野菊花 50 g，蒲公英 50 g，紫花地丁 32 g，连翘 32 g，石斛 32 g。水煎，一日 3 回分服。

③治夏令热疖及皮肤湿疮溃烂：用野菊花或茎叶煎浓汤洗涤，并以药棉或纱布浸药汤掩敷，一日数回。

④治胃肠炎，肠鸣泄泻腹痛：干野菊花 9～12 g。煎汤，一日 2～3 回内服。（②～④方出自《本草推陈》）

⑤治肠风：野菊花 195 g（晒干，炒成炭），怀熟地 250 g（酒煮，捣膏），炮姜 125 g，苍术 95 g，地榆 64 g，北五味 64 g。炼蜜为丸梧桐子大，每服 15 g，食前白汤送下。（《本草汇言》）

⑥预防流脑：野菊花 500 g。将上药粉碎，加水 5 kg，熬煎至 70% 煎液，过滤去渣。在流脑流行期，用上项药液滴鼻 2～3 滴，每日 2 次。（辽宁《中草药新医疗法资料选编》）

⑦治大、小叶性肺炎，支气管炎，阑尾炎及一般急性炎症疾病：野菊花 32 g，一点红 15 g，金银花藤叶 32 g，积雪草 15 g，犁头草 15 g，白茅根 15 g。水煎服，每日 1～2 剂。

⑧治泌尿系统感染：野菊花 32 g，海金砂 32 g。水煎服，每日 2 剂。

⑨治扩散型肺结核：野菊花 47 g，地胆草 32 g，兰香草 64 g。水煎服，每日 1 剂。

⑩治头癣，湿疹，天疱疮：野菊花、苦楝根皮、苦参根各适量。水煎外洗。（⑦～⑩方出自《江西草药》）

【临床应用】①预防感冒。将野菊花用沸水浸泡 1 h，煎 30 min，取药液内服。成人每次 6 g，儿童酌减。一般每月普遍投药 1 次，以往每年感冒 3～6 次者每 2 周投药 1 次，经常感冒者每周投药 1 次。

②治疗呼吸道炎症等。

③治疗宫颈炎等。阴道经冲洗后，用野菊花粉涂敷宫颈，每日 1 次，3～5 天为 1 个疗程。

④治疗痈毒疖肿。成人每天用新鲜野菊花 95～160 g，煎分 2 次服；或捣取汁 100 ml 左右，1 次服下。亦可捣敷患处，稍干即换。可治全身及头面部多发性疖肿。如外敷不便，可煎水浸洗局部。

⑤治疗高血压。将野菊花制成流浸膏，每毫升（含生药 2 g）加单糖浆至 5 ml。每服 10 ml，日服 3 次。

861. 菊花 *Dendranthema morifolium*（Ramat.）Tzvel.

【别名】甘菊、真菊、药菊。

【形态】多年生草本，高 60～150 cm。茎直立，分枝或不分枝，被柔毛。叶卵形至披针形，长 5～15 cm，羽状浅裂或半裂，有短柄，叶下面被白色短柔毛。头状花序直径 2.5～20 cm，大小不一。总苞片多层，外层外面被柔毛。舌状花颜色各种，管状花黄色。

【生境分布】我国大部分地区有栽培。

【采收加工】霜降前花正盛开时采收，其加工法因各产地的药材种类而不同。白菊：割下花枝，捆成小把，倒挂阴干，然后摘取花序。

【药材名】菊花。

【来源】 菊科植物菊花 *Dendranthema morifolium*（Ramat.）Tzvel. 的头状花序。

【性状】 干燥头状花序，外层为数层舌状花，呈扁平花瓣状，中心由多数管状花聚合而成，基部有总苞，由 3～4 层苞片组成。气清香，味淡、微苦。以花朵完整、颜色鲜艳、气清香、无杂质者为佳。

【炮制】 菊花：拣净叶梗、花柄及泥屑杂质。菊花炭：取拣净的菊花，置锅内炒至焦褐黄色，但需存性，喷洒清水，取出晒干。

【性味】 甘、苦，凉。

【归经】 归肺、肝经。

【功能主治】 疏风，清热，明目，解毒。主治头痛，眩晕，目赤，心胸烦热，疔疮，肿毒。

【用法用量】 内服：煎汤，4.5～9 g；或泡茶、入丸、散。

【注意】 ①《本草经集注》：术、枸杞根、桑根白皮为之使。

②《本草汇言》：气虚胃寒，食少泄泻之病，宜少用之。

【附方】 ①治风热头痛：菊花、石膏、川芎各 9 g。为末。每服 4.5 g，茶调下。（《简便单方俗论》）

②治太阴风温，但咳，身不甚热，微渴者：杏仁 6 g，连翘 4.5，薄荷 2.4 g，桑叶 7.5 g，菊花 3 g，苦桔梗 6 g，甘草 2.4 g，苇根 6 g。水 2 杯，煮取 1 杯。数日三服。（《温病条辨》）

③治风眩：甘菊花曝干。作末，以米馈中，蒸作酒服。（徐嗣伯·菊花酒）

④治热毒风上攻，目赤头旋，眼花面肿：菊花（焙）、排风子（焙）、甘草（炮）各 32 g。上三味，捣罗为散。夜卧时温水调下 4.5 g。（《圣济总录》）

⑤治眼目昏暗诸疾：蜀椒（去目并闭口，炒出汗，一斤半捣罗取末）一斤，甘菊花（末）一斤。上二味和匀，取肥地黄十五斤，切，捣研，绞取汁八九斗许，将前药末拌浸，令匀，暴稍干，入盘中，摊暴 3～4 日内取干，候得所即止，勿令大燥，入炼蜜 1000 g，同捣数千杵，丸如梧桐子大。每服 30 丸，空心日午，热水下。（《圣济总录》）

⑥治肝肾不足，虚火上炎，目赤肿痛，久视昏暗，迎风流泪，怕日羞明，头晕盗汗，潮热足软：枸杞子、甘菊花、熟地黄、山萸肉、怀山药、白茯苓、牡丹皮、泽泻。炼蜜为丸。（《医级》）

⑦治肝肾不足，眼目昏暗：甘菊花 125 g，巴戟（去心）32 g，苁蓉（酒浸，去皮，炒，切，焙）64 g，枸杞子 95 g。上为细末，炼蜜丸，如梧桐子大。每服 30～50 丸，温酒或盐汤下，空心食前服。（《局方》）

⑧治病后生翳：白菊花、蝉蜕各等份。为散。每用 6～9 g，入蜜少许，水煎服。（《救急方》）

⑨治疔：白菊花 125 g，甘草 12 g。水煎，顿服，渣再煎服。（《外科十法》）

⑩治膝风：陈艾、菊花。作护膝，久用。（《扶寿精方》）

⑪治痘眼：白菊花、绿豆皮、谷精草各 25 g，共为末，每服 3 g，干柿 1 个，生粟米泔一盏，熬米泔尽，将柿去核食之，一日可食 3 枚，无时。病浅者 20 日，远者 1 月必效。（《万密斋医学全书》）

【临床应用】 ①治疗冠心病。制剂及用法：白菊花 320 g，加温水浸泡过夜，次日煎 2 次，每次半小时；待沉淀后除去沉渣，再浓缩至 500 ml。每日 2 次，每次 25 ml。2 个月为一个疗程。

②治疗高血压。每日用菊花、银花各 25.6～32 g（头晕明显加桑叶 36 g，动脉粥样硬化、血清胆固醇高者加山楂 12～24 g），混匀，分 4 次用沸滚开水冲泡 10～15 min 后当茶饮。一般冲泡 2 次后，药渣即可弃掉另换。不可煎熬，否则会破坏有效成分。

东风菜属 *Doellingeria* Nees

862. 东风菜 *Doellingeria scaber*（Thunb.）Nees

【别名】 仙白草、山蛤芦、盘龙草、白云草、尖叶山苦荬、山白菜、小叶青。

【形态】 根状茎粗壮。茎直立，高 100 ～ 150 cm，上部有斜升的分枝，被微毛。基部叶在花期枯萎，叶片心形，长 9 ～ 15 cm，宽 6 ～ 15 cm，边缘有具小尖头的齿，顶端尖，基部急狭成长 10 ～ 15 cm 被微毛的柄；中部叶较小，卵状三角形，基部圆形或稍截形，有具翅的短柄；上部叶小，矩圆状披针形或条形；全部叶两面被微糙毛，下面浅色，有 3 或 5 出脉，网脉明显。头状花序直径 18 ～ 24 mm，圆锥伞房状排列；花序梗长 9 ～ 30 mm。总苞半球形，宽 4 ～ 5 mm；总苞片约 3 层，无毛，边缘宽膜质，有微缘毛，顶端尖或钝，覆瓦状排列，外层长 1.5 mm。舌状花约 10 个，舌片白色，条状矩圆形，长 11 ～ 15 mm，管部长 3 ～ 3.5 mm；管状花长 5.5 mm，檐部钟状，有线状披针形裂片，管部急狭，长 3 mm。瘦果倒卵圆形或椭圆形，长 3 ～ 4 mm，无毛。冠毛污黄白色，长 3.5 ～ 4 mm，有多数微糙毛。花期 6—10 月，果期 8—10 月。

【生境分布】 生于干燥向阳山坡或旷地。罗田各地均有分布。

【药材名】 东风菜。

【来源】 菊科植物东风菜 *Doellingeria scaber*（Thunb.）Nees 的全草。

【性味】 甘，寒；无毒。

【功能主治】 主治跌打损伤，蛇咬伤。

【附方】 ①治跌打损伤：东风菜捣敷。（《湖南药物志》）
②治蛇咬伤：东风菜全草，捣烂敷。（江西《草药手册》）

蓝刺头属 *Echinops* L.

863. 华东蓝刺头 *Echinops grijsii* Hance

【别名】 禹州漏芦。

【形态】 多年生草本，高 30 ～ 80 cm。茎直立，单生，上部通常有短或长花序分枝，基部通常有棕褐色残存的纤维状撕裂的叶柄，全部茎枝被密厚的蛛丝状绵毛，下部花期变稀毛。叶质地薄，纸质。基部叶及下部茎叶有长叶柄，全形椭圆形、长椭圆形、长卵形或卵状披针形，长 10 ～ 15 cm，宽 4 ～ 7 cm，羽状深裂；侧裂片 4 ～ 5（7）对，卵状三角形、椭圆形、长椭圆形或线状长椭圆形；全部裂片边缘有均匀而细密的刺状缘毛；向上叶渐小。中部茎叶披针形或长椭圆形，与基部及下部茎叶等样分裂，无柄或有较短的柄。全部茎叶两面异色，上面绿色，无毛无腺点，下面白色或灰白色，被密厚的蛛丝状绵毛。复头状花序单生于枝端或茎顶，直径约 4 cm。头状花序长 1.5 ～ 2 cm。基毛多数，白色，不等长，扁毛状，

长 7～8 mm，为总苞长度的 1/2。外层苞片与基毛近等长，线状倒披针形，爪部中部以下有白色长缘毛，缘毛长达 6 mm，上部椭圆状扩大，褐色，边缘短缘毛；中层长椭圆形，长约 1.3 cm，上部边缘有短缘毛，中部以上渐窄，顶端芒刺状短渐尖；内层苞片长椭圆形，长 1.5 cm，顶端芒状齿裂或芒状片裂。全部苞片 24～28 枚，外面无毛无腺点。小花长 1 cm，花冠 5 深裂，花冠管外面有腺点。瘦果倒圆锥状，长 1 cm，被密厚的顺向贴伏的棕黄色长直毛，不遮盖冠毛。冠毛量杯状，长 3 mm；冠毛膜片线形，边缘糙毛状，大部分结合。花果期 7—10 月。

【生境分布】 生于山坡草丛中及山坡向阳处。罗田北部高山区有分布。

【采收加工】 春、秋季采挖，除去须根及泥沙，晒干。

【药材名】 漏芦。

【来源】 菊科植物华东蓝刺头 Echinops grijsii Hance 的干燥根。

【性状】本品呈类圆柱形，稍扭曲，长 10～25 cm，直径 0.5～1.5 cm，表面灰黄色或灰褐色，具纵皱纹，顶端有纤维状棕色硬毛。质硬，不易折断，断面皮部褐色，木部呈黄黑相间的放射状纹理。气微，味微涩。

【炮制】 除去杂质，洗净，润透，切厚片，晒干。

【性味】 苦，寒。

【归经】 归胃经。

【功能主治】 清热解毒，排脓止血，消痈下乳。主治疮痈肿毒，乳痈肿痛，乳汁不通，瘰疬疮毒。

【用法用量】 内服：煎汤，4.5～9 g。

【注意】 孕妇慎用。

鳢肠属 Eclipta L.

864. 鳢肠 Eclipta prostrata（L.）L.

【别名】旱莲草、金陵草。

【形态】一年生草本。茎直立，斜升或平卧，高达 60 cm，通常自基部分枝，被贴生糙毛。叶长圆状披针形或披针形，无柄或有极短的柄，长 3～10 cm，宽 0.5～2.5 cm，顶端尖或渐尖，边缘有细锯齿或有时仅波状，两面被密硬糙毛。头状花序直径 6～8 mm，有长 2～4 cm 的细花序梗；总苞球状钟形，

总苞片绿色，草质，5～6 个排成 2 层，长圆形或长圆状披针形，外层较内层稍短，背面及边缘被白色短伏毛；外围的雌花 2 层，舌状，长 2～3 mm，舌片短，顶端 2 浅裂或全缘，中央的两性花多数，花冠管状，白色，长约 1.5 mm，顶端 4 齿裂；花柱分枝钝，有乳头状凸起；花托凸，有披针形或线形的托片。托片中部以上有微毛；瘦果暗褐色，长 2.8 mm，雌花的瘦果三棱形，两性花的瘦果扁四棱形，顶端截形，具 1～3 个细齿，基部稍缩小，边缘具白色的肋，

表面有小瘤状凸起，无毛。花期6—9月。

【生境分布】 生于田野、路边、溪边及阴湿地上。罗田各地均有分布。

【采收加工】 夏、秋季割取全草，除去泥沙，晒干或阴干。

【药用部位】 全草。

【药材名】 墨旱莲。

【来源】 菊科植物鳢肠 Eclipta prostrata（L.）L. 的全草。

【性状】 干燥全草全体被白色毛。茎圆柱形，长约30 cm，直径约3 mm；绿褐色或带紫红色，有纵棱。叶片卷曲，皱缩或破碎，绿褐色。茎顶带有头状花序，多已结实，果很多，呈黑色颗粒状。浸水后搓其茎叶，则呈黑色。气微香，味淡、微咸。以绿色、无杂质者为佳。

【炮制】 拣净杂质，除去残根，洗净，闷透，切段晒干。

【性味】 甘、酸，凉。

【归经】 归肝、肾经，

【功能主治】 凉血，止血，补肾，益阴。主治吐血，咯血，衄血，尿血，便血，血痢，刀伤出血，须发早白，白喉，淋浊，带下，阴部湿痒。

【用法用量】 内服：煎汤，9.6～32 g；或熬膏，捣汁，入丸、散。外用：捣敷、研末撒或捣绒塞鼻。

【注意】 脾肾虚寒者忌服。

《得配本草》：胃弱便溏、肾气虚寒者禁用。

【附方】 ①治吐血成盆：旱莲草和童便、徽墨春汁，藕节汤开服。（《生草药性备要》）

②治吐血：鲜旱莲草125 g。捣烂冲童便服；或加生柏叶共同用尤效。（《岭南采药录》）

③治咳嗽咯血：鲜旱莲草64 g。捣绞汁，开水冲服。（《江西民间草药验方》）

④治鼻衄：鲜旱莲草一握。洗净后捣烂绞汁，每次取五酒杯炖热，饭后温服，日服两次。（《福建民间草药》）

⑤治小便溺血：车前草叶、金陵草叶。上二味，捣取自然汁一盏，空腹饮之。（《医学正传》）

⑥治肠风脏毒，下血不止：旱莲草子，瓦上焙，研末。每服6 g，米饮下。（《家藏经验方》）

⑦治热痢：旱莲草32 g。水煎服。（《湖南药物志》）

⑧治刀伤出血：鲜旱莲草捣烂，敷伤处；干者研末，撒伤处。（《湖南药物志》）

⑨补腰膝，壮筋骨，强肾阴，乌髭发：冬青子（即女贞实，冬至日采）不拘多少，阴干，蜜、酒拌蒸，过一夜，粗袋擦去皮，晒干为末，瓦瓶收贮，旱莲草（夏至日采）不拘多少，捣汁熬膏，和前药为丸。临卧酒服。（《医方集解》）

⑩治正偏头痛：鳢肠汁滴鼻中。（《圣济总录》）

⑪治赤白带下：旱莲草32 g。同鸡汤或肉汤煎服。（《江西民间草药验方》）

⑫治白浊：旱莲草15 g、车前子9 g、银花15 g、土茯苓15 g。水煎服。（《陆川本草》）

⑬治妇女阴道痒：墨斗草125 g。煎水服；或另加钩藤根少许，并煎汁，加白矾少许外洗。（《重庆草药》）

⑭治肾虚齿疼：旱莲草，焙，为末，搽齿龈上。（《滇南本草》）

⑮治血淋：旱莲草、芭蕉根（细锉）各64 g。上二味，粗捣筛。每服7.5 g。水一盏半，煎至八分，去滓，温服，日二服。（《圣济总录》）

⑯治白喉：旱莲草64～95 g，捣烂，加盐少许，冲开水去渣服。服后吐出涎沫。（《岭南草药志》）

【临床应用】 ①治疗白喉。取新鲜旱莲草的根、茎、叶，用凉开水洗净，捣碎绞汁，加等量蜂蜜；儿童每日100 ml，分4次口服。同时根据全身情况，对症处理。如并发支气管肺炎者，加用青、链霉素；并发心肌损害者，应绝对卧床休息，静脉注射高渗葡萄糖溶液、维生素C及激素（或采用能量合剂）；阻塞严重而有窒息症状者，应及时行气管切开术等。旱莲草宜新鲜配制，久贮常变质失效。

②治疗肺结核咯血。

③治疗痢疾。取旱莲草 125 g，糖 32 g，水煎温服。通常服 1 剂后开始见效，继服 3 ～ 4 剂多可全愈，无副作用。

④防治稻田性皮炎。取墨旱莲搓烂涂擦手脚下水部位，擦至皮肤稍发黑色，略干后，即可下水田劳动。每天上工前后各擦 1 次，可预防手脚糜烂。对已经糜烂的部位也可使用。

一点红属 *Emilia* Cass.

865. 一点红 *Emilia sonchifolia*（L.）DC.

【别名】叶下红、羊蹄草、红背叶。

【形态】一年生草本，根垂直。茎直立或斜升，高 25 ～ 40 cm，稍弯，通常自基部分枝，灰绿色，无毛或被疏短毛。叶质较厚，下部叶密集，大头羽状分裂，长 5 ～ 10 cm，宽 2.5 ～ 6.5 cm，顶生裂片大，宽卵状三角形，顶端钝或近圆形，具不规则的齿，侧生裂片通常 1 对，长圆形或长圆状披针形，顶端钝或尖，具波状齿，上面深绿色，下面常变紫色，两面被短卷毛；中部茎叶疏生，较小，卵状披针形或长圆状披针形，无柄，基部箭状抱茎，顶端急尖，全缘或有不规则细齿；上部叶少数，线形。头状花序长 8 mm，后伸长达

14 mm，在开花前下垂，花后直立，通常 2 ～ 5，在枝端排成疏伞房状；花序梗细，长 2.5 ～ 5 cm，无苞片，总苞圆柱形，长 8 ～ 14 mm，宽 5 ～ 8 mm，基部无小苞片；总苞片 1 层，长圆状线形或线形，黄绿色，约与小花等长，顶端渐尖，边缘窄膜质，背面无毛。小花粉红色或紫色，长约 9 mm，管部细长，檐部渐扩大，具 5 深裂。瘦果圆柱形，长 3 ～ 4 mm，具 5 棱，肋间被微毛；冠毛丰富，白色，细软。花果期 7—10 月。

【生境分布】生于山野、路旁、村边。罗田各地均有分布。

【采收加工】夏、秋季采收，洗净晒干，或趁鲜切段，晒干。

【药材名】一点红。

【来源】菊科植物一点红 *Emilia sonchifolia*（L.）DC. 的全草。

【性味】微苦，凉。

【功能主治】清热解毒，消炎，利尿。主治肠炎，痢疾，尿路感染，上呼吸道感染，结膜炎，口腔溃疡，疮痈。

【用法用量】内服：煎汤，32 ～ 64 g。

飞蓬属 *Erigeron* L.

866. 一年蓬 *Erigeron annuus*（L.）Pers.

【别名】女菀、荒地蒿。

【形态】一年生或二年生草本，茎粗壮，高 30 ～ 100 cm，基部直径 6 mm，直立，上部有分枝，绿色，

下部被开展的长硬毛，上部被较密的上弯的短硬毛。基部叶花期枯萎，长圆形或宽卵形，少有近圆形，长 4 ~ 17 cm，宽 1.5 ~ 4 cm 或更宽，顶端尖或钝，基部狭成具翅的长柄，边缘具粗齿，下部叶与基部叶同型，但叶柄较短，中部和上部叶较小，长圆状披针形或披针形，长 1 ~ 9 cm，宽 0.5 ~ 2 cm，顶端尖，具短柄或无柄，边缘有不规则的齿或近全缘，最上部叶线形，全部叶边缘被短硬毛，两面被疏短硬毛，或有时近无毛。头状

花序数个或多数，排成疏圆锥花序，长 6 ~ 8 mm，宽 10 ~ 15 mm。总苞半球形，总苞片 3 层，草质，披针形，长 3 ~ 5 mm，宽 0.5 ~ 1 mm，近等长或外层稍短，淡绿色或褐色，背面密被腺毛和疏长节毛；外围的雌花舌状，2 层，长 6 ~ 8 mm，管部长 1 ~ 1.5 mm，上部被疏微毛，舌片平展，白色，或有时淡天蓝色，线形，宽 0.6 mm，顶端具 2 小齿，花柱分枝线形；中央的两性花管状，黄色，管部长约 0.5 mm，檐部近倒锥形，裂片无毛；瘦果披针形，长约 1.2 mm，压扁，被疏贴柔毛；冠毛异形，雌花的冠毛极短，膜片状连成小冠，两性花的冠毛 2 层，外层鳞片状，内层为 10 ~ 15 条长约 2 mm 的刚毛。花期 6—9 月。

【生境分布】 生于路边旷野或山坡荒地上。罗田各地均有分布。

【药用部位】 全草及根。

【药材名】 一年蓬。

【来源】 菊科植物一年蓬 Erigeron annuus（L.）Pers. 的全草及根。

【药理作用】 降血糖作用。

【性味】 淡，平。

【功能主治】 清热解毒，助消化。主治消化不良，肠炎腹泻，传染性肝炎，淋巴结炎。

【用法用量】 内服：煎汤，32 ~ 64 g。

【附方】 ①治消化不良：一年蓬 15 ~ 18 g。水煎服。

②治肠胃炎：一年蓬 64 g，鱼腥草、龙芽草各 32 g。水煎，冲蜜糖服，早晚各一次。

③治淋巴结炎：一年蓬基生叶 95 ~ 125 g，加黄酒 32 ~ 64 g，水煎服。

④治血尿：一年蓬鲜全草或根 32 g。加蜜糖和水适量煎服，连服 3 天。（①~④方出自《浙江民间常用草药》）

泽兰属 *Eupatorium* L.

867. 佩兰 *Eupatorium fortunei* Turcz.

【形态】 多年生草本，高 40 ~ 100 cm。根茎横走，淡红褐色。茎直立，绿色或紫红色，基部茎达 0.5 cm，分枝少或仅在茎顶有伞房状花序分枝。全部茎枝被稀疏的短柔毛，花序分枝及花序梗上的毛较密。中部茎叶较大，3 全裂或 3 深裂，总叶柄长 0.7 ~ 1 cm；中裂片较大，长椭圆形、长椭圆状披针形或倒披针形，长 5 ~ 10 cm，宽 1.5 ~ 2.5 cm，顶端渐尖，侧生裂片与中裂片同型但较小，上部的茎叶常不分裂，或全部茎叶不裂，披针形、长椭圆状披针形或长椭圆形，长 6 ~ 12 cm，宽 2.5 ~ 4.5 cm，叶柄长 1 ~ 1.5 cm。全部茎叶两面光滑，无毛无腺点，羽状脉，边缘有粗齿或不规则的细齿。中部以下茎叶渐小，基部叶花期枯萎。头状花序多数在茎顶及枝端排成复伞房花序，花序直径 3 ~ 6（10）cm。总苞钟状，长 6 ~ 7 mm；

总苞片 2～3 层，覆瓦状排列，外层短，卵状披针形，中内层苞片渐长，长约 7 mm，长椭圆形；全部苞片紫红色，外面无毛无腺点，顶端钝。花白色或带微红色，花冠长约 5 mm，外面无腺点。瘦果黑褐色，长椭圆形，5 棱，长 3～4 mm，无毛无腺点；冠毛白色，长约 5 mm。花果期 7—11 月。

【生境分布】 生于溪边或原野湿地，野生或栽培。罗田各地均有分布。

【采收加工】 夏季当茎叶茂盛而花尚未开放时，割取地上部分，除去泥沙，晒干或阴干。

【药材名】 佩兰。

【来源】 菊科植物佩兰 *Eupatorium fortunei* Turcz. 的茎叶。

【性状】 干燥的全草，茎多子直，少分枝，呈圆柱形或压扁状，直径 1.5～4 mm。表面黄棕色或黄绿色，有纵纹及明显的节，节不膨大。质脆，易折断，折断面类白色，可见韧皮部纤维伸出，木质部有疏松的孔，中央有髓；有时中空。叶片多皱缩，破碎，完整者多呈 3 裂，中央裂片较大，边缘有粗锯齿，两面均无毛，暗绿色或微带黄，质薄而脆，易破碎。气微香，味微苦。以干燥、叶多、绿色、茎少。以未开花、香气浓者为佳。

【炮制】 拣净杂质，用水洗净，捞出，稍润后，除去残根，切段，晒干。

【性味】 辛，平。

【归经】 归脾、胃经。

【功能主治】 清暑，辟秽，化湿，调经。主治寒热头痛，湿邪内蕴，脘痞不饥，口甘苔腻，月经不调。

【用法用量】 内服：煎汤，4.5～9 g（鲜品 9～15 g）。

【注意】 阴虚、气虚者忌服。

《得配本草》：胃气虚者禁用。

【附方】 ①治脾瘅口甘：佩兰。水煎服。（《素问》）

②治五月霉湿，并治秽浊之气：藿香叶 3 g，佩兰叶 3 g，陈广皮 4.5 g，制半夏 4.5 g，大腹皮（酒洗）3 g，厚朴（姜汁炒）2.4 g，加鲜荷叶 9 g 为引。水煎服。（《时病论》）

③治秋后伏暑，因新症触发：藿香叶 4.5 g，佩兰叶 6 g，薄荷叶 3 g，冬桑叶 6 g，大青叶 9 g，鲜竹叶 30 片。先用青蒿叶 32 g，活水芦笋 64 g，煎汤代水。（《增补评注温病条辨》）

④治温暑初起，身大热，背微恶寒，继则但热无寒，口大渴，汗大出，面垢齿燥，心烦懊恼：藿香叶 3 g，薄荷叶 3 g，佩兰叶 3 g，荷叶 3 g。先用枇杷叶 32 g，水芦根 32 g，鲜冬瓜 64 g，煎汤代水。（《重订广温热论》）

泽兰属 *Eupatorium* L.

868. 异叶泽兰 *Eupatorium heterophyllum* DC.

【别名】 红升麻。

【形态】 多年生草本，高 1～2 m，或小半灌木状，中下部木质。茎枝直立，淡褐色或紫红色，基部直径 1～2 cm，分枝斜升，上部花序分枝伞房状，全部茎枝被白色或污白色短柔毛，花序分枝及花梗上的毛较密，中下部花期脱毛或疏毛。叶对生，中部茎叶较大，3全裂、深裂、浅裂或半裂，总叶柄长0.5～1 cm；中裂片大，长椭圆形或披针形，长7～10 cm，宽2～3.5 cm，基部楔形，顶端渐尖，侧裂片与中裂片同型但较小；或中部或全部茎叶不分裂，长圆形、长椭圆状披针形或卵形。全部叶两面被稠密的黄色腺点，上面粗涩，被白色短柔毛，下面柔软，被密茸毛而灰白色或淡绿色，羽状脉3～7对，在叶下面稍凸起，边缘有深缺刻状圆钝齿。茎基部叶花期枯萎。头状花序多数，在茎枝顶端排成复伞房花序，花序直径达25 cm。总苞钟状，长7～9 mm；总苞片覆瓦状排列，3层，外层短，长2 mm，卵形或宽卵形，背面沿中部被白色稀疏短柔毛，中内层苞片长8～9 mm，长椭圆形，全部苞片紫红色或淡紫红色，顶端圆形。花白色或

微带红色，花冠长约5 mm，外面被稀疏黄色腺点。瘦果黑褐色，长椭圆状，长3.5 mm，5棱，散布黄色腺体，无毛；冠毛白色，长约5 mm。花果期4—10月。

【生境分布】生于高海拔山坡林下、林缘、草地及河谷中。罗田北部高山区有分布。

【采收加工】秋、冬、春季采挖，洗净，切片，晒干。

【药材名】红升麻。

【来源】菊科植物异叶泽兰 *Eupatorium heterophyllum* DC. 的根。

【性味】苦、微辛，凉。

【功能主治】解表退热。

【附方】①治感冒发热头痛：红升麻根9～15 g。水煎服。（《昆明民间常用草药》）
②治月经不调，腰痛，风湿痛：红升麻根，9～15 g。水煎服。（《云南中草药》）

869. 白头婆 *Eupatorium japonicum* Thunb.

【别名】泽兰。

【形态】多年生草本，高50～200 cm。根茎短，有多数细长侧根。茎直立，下部或至中部或全部淡紫红色，基部直径达1.5 cm，通常不分枝，或仅上部有伞房状花序分枝，全部茎枝被白色皱波状短柔毛，

花序分枝上的毛较密，茎下部或全部花期脱毛或疏毛。叶对生，有叶柄，柄长1～2 cm，质地稍厚；中部茎叶椭圆形、长椭圆形、卵状长椭圆形、披针形，长6～20 cm，宽2～6.5 cm，基部宽或狭楔形，顶端渐尖，羽状脉，侧脉约7对，在下面凸起；自中部向上及向下部的叶渐小，与茎中部叶同型，基部茎叶花期枯萎；全部茎叶两面粗涩，被皱波状长或短柔毛及黄色腺点，下面沿脉及叶柄上的毛较密，边缘有粗或重粗锯齿。头状花序在茎顶或枝端排成紧密的伞房花序，花序直径通常3～6 cm，少有大型复伞房

花序而花序直径达 20 cm 的。总苞钟状，长 5～6 mm，含 5 朵小花；总苞片覆瓦状排列，3 层；外层极短，长 1～2 mm，披针形；中层及内层苞片渐长，长 5～6 mm，长椭圆形或长椭圆状披针形；全部苞片绿色或带紫红色，顶端钝或圆。花白色或带紫红色，或粉红色，花冠长 5 mm，外面有较稠密的黄色腺点。瘦果淡黑褐色，椭圆状，长 3.5 mm，5 棱，被多数黄色腺点，无毛；冠毛白色，长约 5 mm。花果期 6—11 月。

【生境分布】 海拔 120～3000 m。常生于密疏林下、灌丛中、山坡草地、水湿地和河岸水旁。罗田各地均有分布。

【采收加工】 夏季采收。

【药材名】 白头婆。

【来源】 菊科植物白头婆 *Eupatorium japonicum* Thunb. 的地上部分。

【功能主治】 发表散寒，透疹。

【用法用量】 内服：煎汤，9～12 g。

870. 林泽兰 *Eupatorium lindleyanum* DC.

【别名】 尖佩兰、秤杆升麻。

【形态】 多年生草本，高 30～150 cm。根茎短，有多数细根。茎直立，下部及中部红色或淡紫红色，基部直径达 2 cm，常自基部分枝或不分枝而上部仅有伞房状花序分枝；全部茎枝被稠密的白色长或短柔毛。下部茎叶花期脱落；中部茎叶长椭圆状披针形或线状披针形，长 3～12 cm，宽 0.5～3 cm，不分裂或 3 全裂，质厚，基部楔形，顶端急尖，3 出基脉，两面粗糙，被白色长或短粗毛及黄色腺点，上面及沿脉的毛密；自中部向上与向下的叶渐小，与中部茎叶同型同质；全部茎叶基出 3 脉，边缘有深或浅犬齿，无柄或几无柄。头状花序多数在茎顶或枝端排成紧密的伞房花序，花序直径 2.5～6 cm，或排成大型的复伞房花序，花序直径达 20 cm；花序枝及花梗紫红色或绿色，被白色密集的短柔毛。总苞钟状，含 5 朵小花；总苞片覆瓦状排列，约 3 层；外层苞片短，长 1～2 mm，披针形或宽披针形，中层及内层苞片渐长，长 5～6 mm，长椭圆形或长椭圆状披针形；全部苞片绿色或紫红色，顶端急尖。花白色、粉红色或淡紫红色，花冠长 4.5 mm，外面散生黄色腺点。瘦果黑褐色，长 3 mm，椭圆状，5 棱，散生黄色腺点；冠毛白色，与花冠等长或稍长。花果期 5—12 月。

【生境分布】 生于海拔 200 m 以上山谷阴处水湿地、林下湿地或草原上。罗田各地均有分布。

【采收加工】 秋季采挖。

【药用部位】 根。

【药材名】 林泽兰。

【来源】 菊科植物林泽兰 *Eupatorium lindleyanum* DC. 的根。

【性味】 苦，温，无毒。

【功能主治】 发表祛湿，和中化湿。

【用法用量】 内服：煎汤，9～12 g。

【附方】 ①治感冒：秤杆升麻 12 g，葛根 9 g，柴胡 9 g。水煎服。(《贵州民间药物》)

②治疟疾：鲜秤杆升麻 12～15 g。煎成浓汁。于发疟前 2 h 服。(《贵州草药》)

③治肠寄生虫病：秤杆升麻 15 g。水煎服。（《贵州草药》）

牛膝菊属 *Galinsoga* Ruiz et Pav.

871. 粗毛牛膝菊 *Galinsoga quadriradiata* Ruiz et Pav.

【别名】辣子草、向阳花、珍珠草、铜锤草。

【形态】一年生草本，高 10 ～ 80 cm。茎纤细，基部直径不足 1 mm，或粗壮，基部直径约 4 mm，不分枝或自基部分枝，分枝斜升，茎枝，尤以花序以下被开展稠密的长柔毛；叶对生，卵形或长椭圆状卵形，长（1.5）2.5 ～ 5.5 cm，宽（0.6）1.2 ～ 3.5 cm，基部圆形、宽或狭楔形，顶端渐尖或钝，基出 3 脉或不明显 5 出脉，在叶下面稍凸起，在上面平，有叶柄，柄长 1 ～ 2 cm；向上及花序下部的叶渐小，通常披针形；全部茎叶两面粗涩，被白色稀疏贴伏的短柔毛，沿脉和叶柄上的毛较密，叶边缘有粗锯齿。头状花序半球形，有长花梗，多数在茎枝顶端排成疏松的伞房花序，花序直径约 3 cm。总苞半球形或宽钟状，宽 3 ～ 6 mm；总苞片 1 ～ 2 层，约 5 个，外层短，内层卵形或卵圆形，长 3 mm，顶端圆钝，白色，膜质。舌状花 4 ～ 5 朵，舌片白色，顶端 3 齿裂，筒部细管状，外面被稠密白色短柔毛；管状花花冠长约 1 mm，黄色，下部被稠密的白色短柔毛。托片倒披针形或长倒披针形，纸质，顶端 3 裂、不裂或侧裂。瘦果长 1 ～ 1.5 mm，三棱或中央的瘦果 4 ～ 5 棱，黑色或黑褐色，常压扁，被白色微毛。舌状花冠毛毛状，脱落；管状花冠毛膜片状，白色，披针形，边缘流苏状，固结于冠毛环上，正体脱落。花果期 7—10 月。

【生境分布】生于林下、河谷地、荒野、河边、田间、溪边或市郊路旁。罗田薄刀峰有分布。

【来源】菊科植物粗毛牛膝菊 *Galinsoga quadriradiata* Ruiz et Pav. 的全草。

【功能主治】止血，消炎。主治外伤出血，扁桃体炎，咽喉炎，急性黄疸性肝炎。

【用法用量】内服：煎汤，10 ～ 15 g。

鼠麴草属 *Gnaphalium* L.

872. 鼠麴草 *Gnaphalium affine* D. Don

【别名】鼠耳、清明菜、鼠曲草。

【形态】一年生草本。茎直立或基部发出的枝下部斜升，高 10 ～ 40 cm 或更高，基部直径约 3 mm，上部不分枝，有沟纹，被白色厚绵毛，节间长 8 ～ 20 mm，上部节间罕有达 5 cm。叶无柄，匙状倒披针形或倒卵状匙形，长 5 ～ 7 cm，宽 11 ～ 14 mm，上部叶长 15 ～ 20 mm，宽 2 ～ 5 mm，基部渐狭，稍下延，顶端圆，具刺尖头，两面被白色绵毛，上面常较薄，叶脉 1 条，在下面不明显。头状花序较多或较少，直径 2 ～ 3 mm，近无柄，在枝顶密集成伞房花序，花黄色至淡黄色；总苞钟形，直径 2 ～ 3 mm；

总苞片 2～3 层，金黄色或柠檬黄色，膜质，有光泽，外层倒卵形或匙状倒卵形，背面基部被绵毛，顶端圆，基部渐狭，长约 2 mm，内层长匙形，背面通常无毛，顶端钝，长 2.5～3 mm；花托中央稍凹入，无毛。雌花多数，花冠细管状，长约 2 mm，花冠顶端扩大，3 齿裂，裂片无毛。两性花较少，管状，长约 3 mm，向上渐扩大，檐部 5 浅裂，裂片三角状渐尖，无毛。瘦果倒卵形或倒卵状圆柱形，长约 0.5 mm，有乳头状凸起。

冠毛粗糙，污白色，易脱落，长约 1.5 mm，基部连合成 2 束。花期 1—4 月、8—11 月。

【生境分布】 野生于田边、山坡及路边。罗田各地均有分布。

【采收加工】 开花时采收，晒干，除去杂质，储藏于干燥处。

【药用部位】 带有花序全草。

【药材名】 鼠麴草。

【来源】 菊科植物鼠麴草 Gnaphalium affine D. Don 的带有花序全草。

【性状】 干燥带有花序全草，茎灰白色，密被绵毛，质较柔软。叶片两面密被白色绵毛，皱缩卷曲，柔软不易脱落。花序顶生，苞片卵形，黄色，膜质，多数存在，花托扁平，花冠多数萎落。味微苦、带涩。

【性味】 甘，平。

【归经】 归肺经。

【功能主治】 化痰，止咳，祛风寒。主治咳嗽痰多，气喘，感冒风寒，筋骨疼痛，带下，痈疡。

【用法用量】 内服：煎汤，6～15 g；或研末、浸酒。外用：煎水洗或捣敷。

【附方】 ①治咳嗽痰多：鼠曲草全草 15～18 g，冰糖 15～18 g。同煎服。（《江西民间草药》）

②治支气管炎、寒喘：鼠曲草、黄荆子各 15 g，前胡、云雾草各 9 g，天竺子 12 g，荠苨根 32 g。水煎服。连服五天。一般需服一个月。（《浙江民间常用草药》）

③治风寒感冒：鼠曲草全草，15～18 g。水煎服。（《江西民间草药》）

④治筋骨痛，脚膝肿痛，跌打损伤：鼠曲草 32～64 g。水煎服。（《湖南药物志》）

⑤治带下：鼠曲草、凤尾草、灯心草各 15 g，土牛膝 9 g。水煎服。（《浙江民间常用草药》）

⑥治脾虚浮肿：鲜鼠曲草 64 g。水煎服。（《福建中草药》）

⑦治无名肿痛，对口疮：鲜鼠曲草 32 g。水煎服；另取鲜叶调米饭捣烂敷患处。（《福建中草药》）

⑧治毒疗初起：鲜鼠曲草合冷饭粒及食盐少许捣敷。（《泉州本草》）

【各家论述】 ①朱震亨：治寒痰嗽宜用佛耳草，热痰嗽宜用灯笼草。

②《本草正义》：鼠曲草味酸，究非寒邪作嗽所宜。

菊三七属 *Gynura* Cass.

873. 菊三七 *Gynura japonica*（Thunb.）Juel.

【别名】 土三七、菊叶三七。

【形态】 高大多年生草本，高 60～150 cm，或更高。根粗大成块状，直径 3～4 cm，有多数纤维状根茎直立，中空，基部木质，直径达 15 mm，有明显的沟棱，幼时被卷柔毛，后变无毛，多分枝，小枝斜升。基部叶在花期常枯萎。基部和下部叶较小，椭圆形，不分裂至大头羽状，顶裂片大，中部叶大，具长或短柄，叶柄基部有圆形，具齿或羽状裂的叶耳，抱茎；叶片椭圆形或长圆状椭圆形，长 10～30 cm，宽 8～15 cm，羽状深裂，顶裂片大，倒卵形、长圆形至长圆状披针形，侧生裂片（2）3～6 对，椭圆形、长圆形至长圆状线形，长 1.5～5 cm，宽 0.5～2（2.5）cm，顶端尖或渐尖，边缘有大小不等的粗齿、锐锯齿或缺

刻，稀全缘。上面绿色，下面绿色或变紫色，两面被贴生短毛或近无毛。上部叶较小，羽状分裂，渐变成苞叶。头状花序多数，直径 1.5～1.8 cm，花茎枝端排成伞房状圆锥花序；每一花序枝有 3～8 个头状花序；花序梗细，长 1～3（6）cm，被短柔毛，有 1～3 线形的苞片；总苞狭钟状或钟状，长 10～15 mm，宽 8～15 mm，基部有 9～11 线形小苞片；总苞片 1 层，13 枚，线状披针形，长 10～15 mm，宽 1～1.5 mm，顶端渐尖，边缘干膜质，背面无毛或被疏毛。小花 50～100 朵，花冠黄色或橙黄色，长 13～15 mm，管部细，长 10～12 mm，上部扩大，裂片卵形，顶端尖；花药基部钝；花柱分枝有钻形附器，被乳头状毛。瘦果圆柱形，棕褐色，长 4～5 mm，具 10 肋，肋间被微毛。冠毛丰富，白色，绢毛状，易脱落。花果期 8—10 月。

【生境分布】栽培。罗田各地均有栽培。

【采收加工】根于秋后地上部分枯萎时挖取，去除残存的茎、叶及泥土，晒干或鲜用。

【药材名】菊三七。

【来源】菊科植物菊三七 *Gynura japonica*（Thunb.）Juel. 的根。

【性状】根呈拳形肥厚的圆块状，长 3～6 cm，直径约 3 cm，表面灰棕色或棕黄色，全体多有瘤状凸起及断续的弧状沟纹，在凸起物顶端常有茎基或芽痕，下部有须根或已折断。质坚实，不易折断，断面不平，新鲜时白色，干燥者呈淡黄色，有菊花心。气无，味甘淡、后微苦。以干燥、整齐、质坚、无杂质、断面明亮者为佳。

【性味】甘、苦，温。

【功能主治】破血散瘀，止血，消肿。主治跌打损伤，创伤出血，吐血，产后血气痛。

【用法用量】内服：煎汤，6～9 g；研末，1.5～3 g。外用：捣敷。

【附方】①治跌打，风痛：土三七鲜根 6～9 g。黄酒煎服。（《岭南采药录》）

②治吐血：土三七根，捣碎调童便服。（《闽东本草》）

③治劳伤后腰痛：土三七煎蛋吃。（《四川中药志》）

④治产后血气痛：土三七捣细，泡开水加酒兑服。（《四川中药志》）

⑤治蛇咬伤：三七草根捣烂敷患处。（《湖南药物志》）

野茼蒿属 *Crassocephalum* Moench.

874. 野茼蒿 *Crassocephalum crepidioides*（Benth.）S. Moore

【别名】草命菜。

【形态】直立草本，高 20 ～ 120 cm，茎有纵条棱，无毛叶膜质，椭圆形或长圆状椭圆形，长 7 ～ 12 cm，宽 4 ～ 5 cm，顶端渐尖，基部楔形，边缘有不规则锯齿或重锯齿，或有时基部羽状裂，两面无毛或近无毛；叶柄长 2 ～ 2.5 cm。头状花序数个在茎端排成伞房状，直径约 3 cm，总苞钟状，长 1 ～ 1.2 cm，基部截形，有数枚不等长的线形小苞片；总苞片 1 层，线状披针形，等长，宽约 1.5 mm，具狭膜质边缘，顶端有簇状毛，小花全部管状，两性，花冠红褐

色或橙红色，檐部 5 齿裂，花柱基部呈小球状，分枝，顶端尖，被乳头状毛。瘦果狭圆柱形，赤红色，有肋，被毛；冠毛极多数，白色，绢毛状，易脱落。花期 7—12 月。

【生境分布】山坡路旁、水边、灌丛中常见，海拔 300 ～ 1800 m。罗田各地均有分布。

【采收加工】夏季采收。一般以鲜用为佳。

【药用部位】全草。

【来源】菊科植物野茼蒿 *Crassocephalum crepidioides*（Benth.）S. Moore 的全草。

【性味】辛，平；无毒。

【功能主治】健脾，消肿。主治消化不良，脾虚浮肿。

【用法与用量】内服：煎汤，25 ～ 50 g。外用：捣敷。

向日葵属 *Helianthus* L.

875. 向日葵 *Helianthus annuus* L.

【别名】葵花、向阳花、望日葵、朝阳花、转日莲。

【形态】一年生高大草本。茎直立，高 1 ～ 3 m，粗壮，被白色粗硬毛，不分枝或有时上部分枝。叶互生，心状卵圆形或卵圆形，顶端急尖或渐尖，有 3 基出脉，边缘有粗锯齿，两面被短糙毛，有长柄。头状花序极大，直径 10 ～ 30 cm，单生于茎端或枝端，常下倾。总苞片多层，叶质，覆瓦状排列，卵形至卵状披针形，顶端尾状渐尖，被长硬毛或纤毛。花托平或稍凸，有半膜质托片。舌状花多数，黄色、舌片开展，长圆状卵形或长圆形，不结实。管状花极多数，棕色或紫色，有披针形裂片，结果。瘦果倒卵形或卵状长圆形，稍压扁，长 10 ～ 15 mm，有细肋，常被白色短柔毛，上端有 2 个膜片状早落的冠毛。花期 7—9 月，果期 8—9 月。

【生境分布】栽培。

【采收加工】果熟后，连根拔起，分别采收，晒干。

【药用部位】花序托、根、茎髓、叶及种子。

【药材名】向日葵。

【来源】菊科植物向日葵 *Helianthus annuus* L. 的花序托、根、茎髓、叶及种子。

【性味】淡，平。

【功能主治】①花序托：养肝补肾，降压，止痛。主治高血压，头痛目眩，肾虚耳鸣，牙痛，胃痛，腹痛，痛经。

②根、茎髓：清热利尿，止咳平喘。主治小便涩痛，尿路结石，乳糜尿，咳嗽痰喘，浮肿，带下。

③种子：滋阴，止痢，透疹。主治食欲不振，虚弱头风，血痢，麻疹不透。

④叶：截疟。主治疟疾，外用治汤火伤。

【用法用量】内服：煎汤，花盘 32～95 g，根 16～32 g，茎髓 16～32 g，种子 10～15 g。

876. 菊芋 *Helianthus tuberosus* L.

【别名】洋姜。

【形态】多年生草本，高 1～3 m，有块状的地下茎及纤维状根。茎直立，有分枝，被白色短糙毛或刚毛。叶通常对生，有叶柄，但上部叶互生；下部叶卵圆形或卵状椭圆形，有长柄，长 10～16 cm，宽 3～6 cm，基部宽楔形或圆形，有时微心形，顶端渐细尖，边缘有粗锯齿，有离基 3 出脉，上面被白色短粗毛，下面被柔毛，叶脉上有短硬毛，上部叶长椭圆形至阔披针形，基部渐狭，下延成短翅状，顶端渐尖，短尾状。头状花序较大，少数或多数单生于枝端，有 1～2 枚

线状披针形的苞叶，直立，直径 2～5 cm，总苞片多层，披针形，长 14～17 mm，宽 2～3 mm，顶端长渐尖，背面被短伏毛，边缘被开展的缘毛；托片长圆形，长 8 mm，背面有肋，上端不等 3 浅裂。舌状花通常 12～20 朵，舌片黄色，开展，长椭圆形，长 1.7～3 cm；管状花花冠黄色，长 6 mm。瘦果小，楔形，上端有 2～4 个有毛的锥状扁芒。花期 8—9 月。

【生境分布】栽培。罗田各地均有分布。

【采收加工】块根：冬季采挖；茎、叶：夏季采收。

【药材名】菊芋。

【来源】菊科植物菊芋 *Helianthus tuberosus* L. 的块根、茎、叶。

【功能主治】清热凉血，接骨。主治热病，肠热泻血，跌打骨伤。

【用法用量】内服：块根，生嚼服下。外用：鲜茎、叶捣烂敷患处。

泥胡菜属 *Hemistepta* Bunge

877. 泥胡菜 *Hemistepta lyrata*（Bunge）Bunge

【别名】苦马菜、石灰菜、糯米菜。

【形态】一年生草本，高 30～100 cm。茎单生，很少簇生，通常纤细，被稀疏蛛丝状毛，上部长分枝，

少有不分枝的。基生叶长椭圆形或倒披针形，
花期通常枯萎；中下部茎叶与基生叶同型，
长 4 ～ 15 cm 或更长，宽 1.5 ～ 5 cm 或更宽，
全部叶大头羽状深裂或几全裂，侧裂片 2 ～ 6
对，通常 4 ～ 6 对，极少为 1 对，倒卵形、
长椭圆形、匙形、倒披针形或披针形，向基
部的侧裂片渐小，顶裂片大，长菱形、三角
形或卵形，全部裂片边缘三角形锯齿或重锯
齿，侧裂片边缘通常稀锯齿，最下部侧裂片
通常无锯齿；有时全部茎叶不裂或下部茎叶

不裂，边缘有锯齿或无锯齿。全部茎叶质地薄，两面异色，上面绿色，无毛，下面灰白色，被厚或薄茸毛，
基生叶及下部茎叶有长叶柄，叶柄长达 8 cm，柄基扩大抱茎，上部茎叶的叶柄渐短，最上部茎叶无柄。
头状花序在茎枝顶端排成疏松伞房花序，少有植株仅含 1 个头状花序而单生于茎顶的。总苞宽钟状或半球
形，直径 1.5 ～ 3 cm。总苞片多层，覆瓦状排列，最外层长三角形，长 2 mm，宽 1.3 mm；外层及中层
椭圆形或卵状椭圆形，长 2 ～ 4 mm，宽 1.4 ～ 1.5 mm；最内层线状长椭圆形或长椭圆形，长 7 ～ 10 mm，
宽 1.8 mm。全部苞片质地薄，草质，中外层苞片外面上方近顶端有直立的鸡冠状凸起的附片，附片紫红
色，内层苞片顶端长渐尖，上方染红色，但无鸡冠状凸起的附片。小花紫色或红色，花冠长 1.4 cm，檐部
长 3 mm，深 5 裂，花冠裂片线形，长 2.5 mm，细管部为细丝状，长 1.1 cm。瘦果小，楔状或偏斜楔形，
长 2.2 mm，深褐色，压扁，有 13 ～ 16 条粗细不等凸起的尖细肋，顶端斜截形，有膜质果缘，基底着生
面平或稍见偏斜。冠毛异型，白色，2 层，外层冠毛刚毛羽毛状，长 1.3 cm，基部连合成环，整体脱落；
内层冠毛刚毛极短，鳞片状，3 ～ 9 个，着生一侧，宿存。花果期 3—8 月。

【生境分布】生于路旁荒地或水塘边。罗田各地均有分布。

【采收加工】夏、秋季采集，洗净，晒干。

【药用部位】全草。

【药材名】泥胡菜。

【来源】菊科植物泥胡菜 *Hemistepta lyrata*（Bunge）Bunge 的全草。

【性味】苦，凉。

【功能主治】清热解毒，消肿祛瘀。主治痔漏，疗疮痈肿，外伤出血，骨折。

【用法用量】内服：煎汤，9 ～ 15 g。外用：捣敷或煎水洗。

【附方】①治各种疮疡：泥胡菜、蒲公英各 32 g。水煎服。（《河南中草药手册》）

②治乳痈：糯米菜叶、蒲公英各适量。捣绒外敷。

③治刀伤出血：糯米菜叶适量。捣绒敷伤处。

④治骨折：糯米菜叶适量。捣绒包骨折处。（②～④方出自《贵州草药》）

旋覆花属 *Inula* L.

878. 土木香 *Inula helenium* L.

【别名】青木香。

【形态】多年生草本，根状茎块状，有分枝。茎直立，高 60 ～ 150 cm 或达 250 cm，粗壮，直径达

1 cm，不分枝或上部有分枝，被开展的长毛，下部有较疏的叶；节间长 4～15 cm，基部叶和下部叶在花期常生存，基部渐狭成具翅长达 20 cm 的柄，连同柄长 30～60 cm，宽 10～25 cm；叶片椭圆状披针形，边缘有不规则的齿或重齿，顶端尖，上面被基部疣状的糙毛，下面被黄绿色密茸毛；中脉和近 20 对的侧脉在下面稍凸起，网脉明显；中部叶卵圆状披针形或长圆形，长 15～35 cm，宽 5～18 cm，基部心形，半抱茎；上部叶较小，披针形。头状花序少数，

直径 6～8 cm，排成伞房状花序；花序梗长 6～12 cm，为多数苞叶所围裹；总苞 5～6 层，外层草质，宽卵圆形，顶端钝，常反折，被茸毛，宽 6～9 mm，内层长圆形，顶端扩大成卵圆状三角形，干膜质，背面有疏缘毛，较外层长达 3 倍，最内层线形，顶端稍扩大或狭尖。舌状花黄色；舌片线形，长 2～3 cm，宽 2～2.5 mm，顶端有 3～4 个浅裂片；管状花长 9～10 mm，有披针形裂片。冠毛污白色，长 8～10 mm，有极多数具细齿的毛。瘦果四面形或五面形，有棱和细沟，无毛，长 3～4 mm。花期 6—9 月。

【生境分布】　多野生于海拔 1800～2000 m 的山沟、河谷以及田埂边、林缘、森林草原。罗田天堂寨有分布。

【采收加工】　秋、冬季采挖，除去茎叶、泥沙和须根，将根切成 10 cm 左右长段，更大的要纵剖成瓣，风干、晒干或低温烘干，干燥后应撞去粗皮。

【来源】　菊科植物土木香 *Inula helenium* L. 的干燥根。

【炮制】　拣尽杂质，水润切片，晒干；或麸拌煨黄后使用。

【性味】　辛、苦，温。

【归经】　归肝、脾经。

【功能主治】　健脾和胃，调气解郁，止痛安胎。主治胸胁、脘腹胀痛，呕吐泻痢，胸胁挫伤，胎动不安。

【用法用量】　内服：煎汤，1～3 g；或入丸、散。

【注意】　《陕西中药志》：内热口干，喉干舌绛者忌用。

879. 旋覆花　*Inula japonica* Thunb.

【别名】　金福花、金佛花、小黄花子。

【形态】　多年生草本。根状茎短，横走或斜升，有粗壮的须根。茎单生，有时 2～3 个簇生，直立，高 30～70 cm，有时基部具不定根，基部直径 3～10 mm，有细沟，被长伏毛，或下部有时脱毛，上部有上升或开展的分枝，全部有叶；节间长 2～4 cm。基部叶常较小，在花期枯萎；中部叶长圆形、长圆状披针形或披针形，长 4～13 cm，宽 1.5～3.5，稀 4 cm，基部狭窄，常有圆形半抱茎的小耳，无柄，顶端稍尖或渐尖，边缘有小尖头状疏齿或全缘，上面有疏毛或近无毛，下面有疏伏毛和腺点；中脉和侧脉有较密的长毛；上部叶渐狭小，线状披针形。头状花序直径 3～4 cm，多数或少数排成疏散的伞房花序；花序梗细长。总苞半球形，直径 13～17 mm，长 7～8 mm；总苞片约 6 层，线状披针形，近等长，但最外层常叶质而较长；外层基部草质，上部叶质，背面有伏毛或近无毛，有缘毛；内层除绿色中脉外干膜质，渐尖，有腺点和缘毛。舌状花黄色，较总苞长 2～2.5 倍；舌片线形，长 10～13 mm；管状花花冠

长约 5 mm, 有三角状披针形裂片; 冠毛 1 层, 白色有 20 余个微糙毛, 与管状花近等长。瘦果长 1 ~ 1.2 mm, 圆柱形, 有 10 条沟, 顶端截形, 被疏短毛。花期 6—10 月, 果期 9—11 月。

【生境分布】 生于山坡、沟边、路旁湿地。罗田骆驼坳镇有分布。

【采收加工】 夏、秋季花开放时采收, 除去杂质, 阴干或晒干。

【药材名】 旋覆花。

【来源】 菊科植物旋覆花 *Inula japonica* Thunb. 的头状花序。

【功能主治】 降气, 消痰, 行水, 止呕。

【用法用量】 内服: 煎汤, 9 ~ 15 g。

小苦荬属 *Ixeridium*（A. Gray）Tzvel.

880. 抱茎小苦荬 *Ixeridium sonchifolium*（Maxim.）Shih

【别名】 苦荬菜。

【形态】 多年生草本, 具白色乳汁, 光滑。根细圆锥状, 长约 10 cm, 淡黄色。茎高 30 ~ 60 cm, 上部多分枝。基部叶具短柄, 倒长圆形, 长 3 ~ 7 cm, 宽 1.5 ~ 2 cm, 先端钝圆或急尖, 基部楔形下延, 边缘具齿或不整齐羽状深裂, 叶脉羽状; 中部叶无柄, 中下部叶线状披针形, 上部叶卵状长圆形, 长 3 ~ 6 cm, 宽 0.6 ~ 2 cm, 先端渐狭成长尾尖, 基部变宽成耳形抱茎, 全缘, 具齿或羽状深裂。头状花序组成伞房状圆锥

花序; 总花序梗纤细, 长 0.5 ~ 1.2 cm; 总苞圆筒形, 长 5 ~ 6 mm, 宽 2 ~ 3 mm; 外层总苞片 5, 长约 0.8 mm, 内层 8, 披针形, 长 5 ~ 6 mm, 宽约 1 mm, 先端钝。舌状花多数, 黄色, 舌片长 5 ~ 6 mm, 宽约 1 mm, 筒部长 1 ~ 2 mm; 雄蕊 5, 花药黄色; 花柱长约 6 mm, 上端具细茸毛, 柱头裂瓣细长, 卷曲。果长约 2 mm, 黑色, 具细纵棱, 两侧纵棱上部具刺状小凸起, 喙细, 长约 0.5 mm, 浅棕色; 冠毛白色, 1 层, 长约 3 mm, 刚毛状。花期 4—5 月, 果期 5—6 月。

【生境分布】 生于平原、山坡、河边。一般出现在荒野、路边、田间地头, 常见于麦田。罗田各地均有分布。

【采收加工】 夏、秋季采收, 除去杂质, 洗净泥土, 切段, 晒干备用。

【药用部位】 根或全草。

【来源】 菊科植物抱茎小苦荬 *Ixeridium sonchifolium*（Maxim.）Shih 的根。

【性味】 苦、辛, 微寒。

【功能主治】 清热解毒，消肿止痛。主治头痛，牙痛，吐血，衄血，痢疾，泄泻，肠痈，胸腹痛，疮痈肿毒，外伤肿痛。

【用量用法】 内服：煎汤，10 ～ 30 g。外用：适量，鲜品捣敷或煎水熏洗患处。

苦荬菜属 *Ixeris* Cass.

881. 剪刀股 *Ixeris japonica*（Burm. F.）Nakai

【别名】 假蒲公英、蒲公英。

【形态】 多年草本。根垂直直伸，生多数须根。茎基部平卧，高 12 ～ 35 cm，基部有匍匐茎，节上生不定根与叶。基生叶花期生存，匙状倒披针形或舌形，长 3 ～ 11 cm，宽 1 ～ 2 cm，基部渐狭成具狭翼的长或短柄，边缘有锯齿至羽状半裂或深裂，或大头羽状半裂或深裂，侧裂片 1 ～ 3 对，集中在叶片的中下部，偏斜三角形或椭圆形，顶端急尖或钝，顶裂片椭圆形、长倒卵形或长椭圆形，顶端钝或圆，有小尖头；

茎生叶少数，与基生叶同型，或长椭圆形、长倒披针形，无柄或渐狭成短柄；花序分枝上或花序梗上的叶极小，卵形。头状花序 1 ～ 6 个在茎枝顶端排成伞房花序。总苞钟状，长 14 mm，宽约 7 mm；总苞片 2 ～ 3 层，外层极短，卵形，长 2 mm，宽 1.2 mm，顶端急尖，内层长，长椭圆状披针形或长披针形，长 14 mm，宽 2 mm，顶端钝，外面顶端有小鸡冠状凸起或无。舌状小花 24 朵，黄色。瘦果褐色，几纺锤形，长 5 mm，宽 1 mm，无毛，有 10 条高起的尖翅肋，顶端急尖成细喙，喙长 2 mm，细丝状。冠毛白色，纤细，不等长，微糙，长 6.5 mm。花果期 3—5 月。

【生境分布】 生于路旁及荒地上。罗田各地均有分布。

【药用部位】 全草。

【药材名】 剪刀股。

【来源】 菊科植物剪刀股 *Ixeris japonica*（Burm. F.）Nakai 的全草。

【性味】 ①《救荒本草》：叶，味苦。

②广州空军《常用中草药手册》：甘苦，寒。

【功能主治】 解热毒，消痈肿，凉血，利尿。

【附方】 ①治淋病，水肿，急性结合膜炎：剪刀股 9 ～ 15 g。水煎服。

②治乳痈，疔毒：鲜剪刀股，捣烂外敷。（①②方出自广州空军《常用中草药手册》）

882. 苦荬菜 *Ixeris polycephala* Cass.

【别名】 盘儿草。

【形态】 一年生草本。根垂直直伸，生多数须根。茎直立，高 10 ～ 80 cm，基部直径 2 ～ 4 mm，上部伞房花序状分枝，或自基部多分枝或少分枝，分枝弯曲斜升，全部茎枝无毛。基生叶花期生存，线形或线状披针形，包括叶柄长 7 ～ 12 cm，宽 5 ～ 8 mm，顶端急尖，基部渐狭成长柄或短柄；中下部茎叶

披针形或线形,长5~15 cm,宽1.5~2 cm,
顶端急尖,基部箭头状半抱茎,向上或最上
部的叶渐小,与中下部茎叶同型,基部箭头
状半抱茎或长椭圆形,基部收窄,但不呈箭
头状半抱茎;全部叶两面无毛,边缘全缘,
极少下部边缘有稀疏的小尖头。头状花序多
数,在茎枝顶端排成伞房状花序,花序梗细。
总苞圆柱状,长5~7 mm,果期扩大成卵
球形;总苞片3层,外层及最外层极小,卵
形,长0.5 mm,宽0.2 mm,顶端急尖,内
层卵状披针形,长7 mm,宽2~3 mm,

顶端急尖或钝,外面近顶端有鸡冠状凸起或无。舌状小花黄色,极少白色,10~25枚。瘦果,压扁,褐色,
长椭圆形,长2.5 mm,宽0.8 mm,无毛,有10条高起的尖翅肋,顶端急尖成长1.5 mm喙,喙细,细丝
状。冠毛白色,纤细,微糙,不等长,长达4 mm。花果期3—6月。

【生境分布】 生于低山的山坡、路旁草地。罗田大部分地区有分布。

【采收加工】 春季采收,阴干或鲜用。

【药材名】 苦荬菜。

【来源】 菊科植物苦荬菜 *Ixeris polycephala* Cass. 的全草。

【性味】 苦,凉。

【功能主治】 主治肺痈,乳痈,血淋,疖肿,跌打损伤。

【用法用量】 内服:煎汤,6~9 g。外用:捣敷。

【附方】 ①治乳痈:先在大椎旁开二寸处,用三棱针挑出血,用火罐拔后,再以苦荬菜、蒲公英、
紫花地丁,共捣烂,敷患处。(《陕西中草药》)

②治血淋尿血:苦荬菜一把。酒、水各半,煎服。(《针灸资生经》)

马兰属 *Kalimeris* Cass.

883. 马兰 *Kalimeris indica*（L.）Sch. –Bip.

【别名】 马兰头、鱼鳅串、路边菊、鸡儿肠、衰衣莲、蟛蜞菊、毛蜞菜。

【形态】 根状茎有匍匐枝,有时具直
根。茎直立,高30~70 cm,上部有短毛,
上部或从下部起有分枝。基部叶在花期枯
萎;茎部叶倒披针形或倒卵状矩圆形,长
3~6 cm,稀达10 cm,宽0.8~2 cm,稀
达5 cm,顶端钝或尖,基部渐狭成具翅的
长柄,边缘从中部以上具有小尖头的钝或尖
齿,或有羽状裂片,上部叶小,全缘,基部
急狭无柄,全部叶稍薄质,两面或上面有疏
微毛或近无毛,边缘及下面沿脉有短粗毛,
中脉在下面凸起。头状花序单生于枝端并排

成疏伞房状。总苞半球形，直径 6～9 mm，长 4～5 mm；总苞片 2～3 层，覆瓦状排列；外层倒披针形，长 2 mm，内层倒披针状矩圆形，长达 4 mm，顶端钝或稍尖，上部草质，有疏短毛，边缘膜质，有缘毛。花托圆锥形。舌状花 1 层，15～20 个，管部长 1.5～1.7 mm；舌片浅紫色，长达 10 mm，宽 1.5～2 mm；管状花长 3.5 mm，管部长 1.5 mm，被短密毛。瘦果倒卵状矩圆形，极扁，长 1.5～2 mm，宽 1 mm，褐色，边缘浅色而有厚肋，上部被腺及短柔毛。冠毛长 0.1～0.8 mm，弱而易脱落，不等长。花期 5—9 月，果期 8—10 月。

【生境分布】 生于路边、田野、山坡上。罗田各地均有分布。

【采收加工】 夏、秋季采收，鲜用或晒干。

【药用部位】 全草及根。

【药材名】 马兰。

【来源】 菊科植物马兰 *Kalimeris indica*（L.）Sch.-Bip. 的全草及根。

【性味】 辛，凉。

【归经】 《玉揪药解》：归手太阴肺、足厥阴肝经。

【功能主治】 凉血，清热，利湿，解毒。主治吐血，衄血，血痢，创伤出血，疟疾，黄疸，水肿，淋浊，咽痛，喉痹，痔疮，痈肿，丹毒，蛇咬伤。

【用法用量】 内服：煎汤，9～18 g（鲜品 32～64 g）；或捣汁。外用：捣敷、研末掺或煎水洗。

【附方】 ①治吐血：鲜白茅根 125 g（白嫩去心），马兰头 125 g（连根），湘莲子 125 g，红枣 125 g。先将白茅根、马兰头洗净，同入锅内浓煎 2～3 次滤去渣，再加入湘莲子、红枣入罐内，用文火炖之。晚间临睡时取食 32 g。（《集成良方三百种》）

②治衄血不止：蟛蜞菊鲜叶一握。用第二次淘米水洗净，捣烂取自然汁，调等量冬蜜加温内服。（《福建民间草药》）

③治肺结核：蓑衣莲根 12 g。炖猪心肺服。（《云南中草药》）

④治小儿热痢：鱼鳅串 6 g，仙鹤草 9 g，马鞭草 9 g，木通 6 g，紫苏 6 g，铁灯草 6 g。水煎服。（《贵阳民间药草》）

⑤治诸疟寒热：马兰捣汁，入水少许，发日早服，或入砂糖亦可。（《圣济总录》）

⑥治传染性肝炎：鸡儿肠鲜全草 32 g，酢浆草、地耳草、兖州卷柏各鲜全草 15～32 g。水煎服。（《福建中草药》）

⑦治水肿尿涩：马兰菜一虎口，黑豆、小麦各一撮。酒、水各一盏，煎一盏，食前温服，以利小水。（《简便单方》）

⑧治绞肠痧痛：马兰根叶细嚼，咽汁。（《寿域神方》）

⑨治胃溃疡，结膜炎：马兰鲜根 64 g。水煎服。（《浙江民间常用草药》）

⑩治喉痹口紧：马兰根或叶捣汁，入米醋少许，滴鼻孔中，或灌喉中，取痰自开。（《孙一松试效方》）

⑪治咽喉肿痛：马兰全草 32～64 g。水煎频服。（《江西民间草药》）

⑫治乳痈：毛蜞菜叶捣烂敷患处。（《闽南民间草药》）

⑬治外耳道炎：马兰鲜叶捣汁滴耳。（《浙江民间常用草药》）

⑭治急性睾丸炎：马兰鲜根 64～95 g，荔枝核 10 枚。水煎服。（《福建中草药》）

⑮治疔疮炎肿：蟛蜞菊鲜叶一握，洗净和冬蜜捣匀涂贴，日换二次。（《福建民间草药》）

⑯治缠蛇丹毒：马兰、甘草。擂醋搽之。（《济急仙方》）

⑰治腮腺癌：马兰头根（白），野胡葱头各适量捣烂外敷。（《中草药治肿瘤资料选编》）

884. 全叶马兰 *Kalimeris integrifolia* Turcz. ex DC.

【别名】全缘叶马兰。

【形态】多年生草本，有长纺锤状直根。茎直立，高 30 ～ 70 cm，单生或数个丛生，被细硬毛，中部以上有近直立的帚状分枝。下部叶在花期枯萎；中部叶多而密，条状披针形、倒披针形或矩圆形，长 2.5 ～ 4 cm，宽 0.4 ～ 0.6 cm，顶端钝或渐尖，常有小尖头，基部渐狭无柄，全缘，边缘稍反卷；上部叶较小，条形；全部叶下面灰绿，两面密被粉状短茸毛；中脉在下面凸起。头状花序单生于枝端且排成疏伞房状。总苞半球形，直径

7 ～ 8 mm，长 4 mm；总苞片 3 层，覆瓦状排列，外层近条形，长 1.5 mm，内层矩圆状披针形，长几达 4 mm，顶端尖，上部单质，有短粗毛及腺点。舌状花 1 层，20 余朵，管部长 1 mm，有毛；舌片淡紫色，长 11 mm，宽 2.5 mm。管状花花冠长 3 mm，管部长 1 mm，有毛。瘦果倒卵形，长 1.8 ～ 2 mm，宽 1.5 mm，浅褐色，扁，有浅色边肋，或一面有肋而果呈三棱形，上部有短毛及腺。冠毛带褐色，长 0.3 ～ 0.5 mm，不等长，弱而易脱落。花期 6—10 月，果期 7—11 月。

此种的瘦果与马兰近似，但茎、叶及总苞密被短茸毛，与后者极易区别。

【生境分布】生于山坡、林缘、灌丛、路旁。罗田各地均有分布。

【采收加工】8—9 月采收，洗净，晒干。

【药材名】马兰。

【来源】菊科植物全叶马兰 *Kalimeris integrifolia* Turcz. ex DC. 的全草。

【药理作用】①镇咳作用。

②抗惊厥。

【性味】苦，寒。

【功能主治】清热解毒，止咳。主治感冒发热，咳嗽，咽炎。

【用法用量】内服：煎汤，15 ～ 30 g。

885. 毡毛马兰 *Kalimeris shimadai*（Kitam.）Kitam.

【别名】岛田鸡儿肠。

【形态】多年生草本，有根状茎。茎直立，高约 70 cm，被密短粗毛，多分枝。下部叶在花期枯落；中部叶倒卵形、倒披针形或椭圆形，长 2.5 ～ 4 cm，宽 1.2 ～ 2 cm，基部渐狭，近无柄，从中部以上有 1 ～ 2 对浅齿或全缘；上部叶渐小，倒披针形或条形；全部叶质厚，两面被毡状密毛，下面沿脉及边缘被密糙毛，有在下面凸起的 3 出脉。头状花序直径 2 ～ 2.5 cm，单生于枝端且排成疏散的伞房状。

总苞半球形，直径 0.8～1 cm，长 6～7 mm；总苞片 3 层，覆瓦状排列，外层狭矩圆形，长 2～3 mm，上部草质；内层倒披针状矩圆形，长约 5 mm，顶端圆形而草质，边缘膜质，全部背面被密毛，有缘毛。舌状花 1 层，约 10 个，管部长 1.5 mm，有毛；舌片浅紫色，长 11～12 mm，宽 2～3 mm；管状花长 4～4.5 mm，管部长 1.5 mm，有毛。瘦果倒卵圆形，极扁，长 2.5～2.7 mm，灰褐色，边缘有肋，被短贴毛；冠毛膜片状，锈褐色，不脱落，长 0.3 mm，近等长。

与马兰接近，主要以叶被毡状密毛、总苞稍大及冠毛较强为区别。叶有时具较深的裂片，接近羽裂叶变型。

【生境分布】生于林缘、草坡、溪岸。罗田各地均有分布。

【采收加工】8—9 月采收，洗净，晒干。

【药材名】马兰。

【来源】菊科植物毡毛马兰 *Kalimeris shimadai*（Kitam.）Kitam. 的全草。

【性味】辛、苦，凉。

【功能主治】清热解毒，利尿，凉血，止血。主治感冒发热，咽喉肿痛，疮痈肿毒，血热吐血、衄血，也用于目赤。

【用法用量】内服：煎汤，15～30 g。

山莴苣属 *Lagedium* Sojak

886. 山莴苣 *Lagedium sibiricum*（L.）Sojak

【别名】土莴苣、野莴苣。

【形态】多年生草本，高 50～130 cm。根垂直直伸。茎直立，通常单生，常淡紫红色，上部伞房状或伞房圆锥状花序分枝，全部茎枝光滑无毛。中下部茎叶披针形、长披针形或长椭圆状披针形，长 10～26 cm，宽 2～3 cm，顶端渐尖、长渐尖或急尖，基部收窄，无柄，心形、心状耳形或箭头状半抱茎，边缘全缘、几全缘、小尖头状微锯齿或小尖头，极少边缘缺刻状或羽状浅裂，向上的叶渐小，与中下部茎叶同型。全部叶两面光滑无毛。头状花序含舌状小花约 20 朵，多数在茎枝顶端排

成伞房花序或伞房圆锥花序，果期长 1.1 cm，不为卵形；总苞片 3～4 层，不呈明显的覆瓦状排列，通常淡紫红色，中外层三角形、三角状卵形，长 1～4 mm，宽约 1 mm，顶端急尖，内层长披针形，长 1.1 cm，宽 1.5～2 mm，顶端长渐尖，全部苞片外面无毛。舌状小花蓝色或蓝紫色。瘦果长椭圆形或椭圆形，褐色或橄榄色，压扁，长约 4 mm，宽约 1 mm，中部有 4～7 条线形或线状椭圆形的不等粗的小肋，顶端短收窄，果颈长约 1 mm，边缘加宽加厚成厚翅。冠毛白色，2 层，冠毛刚毛纤细，锯齿状，不脱落。花果期 7—9 月。

【生境分布】生于路边、荒野。罗田各地均有分布。

【药用部位】全草、根。

（1）山莴苣。

【采收加工】 春季采收。

【来源】 菊科植物山莴苣 *Lagedium sibiricum*（L.）Sojak 的全草。

【性味】 微苦。

【功能主治】 茎、叶：解热；粉末涂搽，可除去疣瘤。

（2）白龙头。

【采收加工】 春、夏季采收。

【来源】 菊科植物山莴苣 *Lagedium sibiricum*（L.）Sojak 的根。

【性状】 幼苗时，根呈块状，簇生。卵圆形，肉质，表面黄褐色，平滑；老时延伸呈圆锥形而细长，侧生支根。纤细，干后现皱缩的纵条纹。

【性味】 苦，寒；有小毒。

【功能主治】 清热凉血，消肿解毒。主治扁桃体炎，妇女血崩，疖肿，乳痈。

【用法用量】 内服：煎汤，16～32 g。外用：捣敷。

【附方】 ①治扁桃体炎：山莴苣 32 g。水煎，分 2 次服。

②治疮痈肿毒及无名肿毒，乳痈：鲜山莴苣适量，捣烂如泥，敷患处。

③治子宫颈炎：山莴苣 32 g，猪膀胱 1 个。水煎，分 3 次服。（①～③方出自《河南中草药手册》）

莴苣属 *Lactuca* L.

887. 莴苣 *Lactuca sativa* L.

【别名】 莴苣菜、莴笋。

【形态】 一年生或二年生草本，高 25～100 cm。根垂直直伸。茎直立，单生，上部圆锥状花序分枝，全部茎枝白色。基生叶及下部茎叶大，不分裂，倒披针形、椭圆形或椭圆状倒披针形，长 6～15 cm，宽 1.5～6.5 cm，顶端急尖、短渐尖或圆形，无柄，基部心形或箭头状半抱茎，边缘波状或有细锯齿，向上的渐小，与基生叶及下部茎叶同型或披针形，圆锥花序分枝下部的叶及圆锥花序分枝上的叶极小，卵状心形，无柄，基部心形或箭头状抱茎，边缘全缘，全部叶两面无毛。头

状花序多数或极多数，在茎枝顶端排成圆锥花序。总苞果期卵球形，长 1.1 cm，宽 6 mm；总苞片 5 层，最外层宽三角形，长约 1 mm，宽约 2 mm，外层三角形或披针形，长 5～7 mm，宽约 2 mm，中层披针形至卵状披针形，长约 9 mm，宽 2～3 mm，内层线状长椭圆形，长 1 cm，宽约 2 mm，全部总苞片顶端急尖，外面无毛。舌状小花约 15 朵。瘦果倒披针形，长 4 mm，宽 1.3 mm，压扁，浅褐色，每面有 6～7 条细脉纹，顶端急尖成细喙，喙细丝状，长约 4 mm，与瘦果几等长。冠毛 2 层，纤细，微糙毛状。花果期 2—9 月。

【生境分布】 全国大部分地区均有栽培。

【药用部位】 茎、种子。

（1）莴苣。

【来源】 菊科植物莴苣 *Lactuca sativa* L. 的茎、叶。

【采收加工】 春季嫩茎肥大时采收。

【性味】 苦、甘，凉。

【归经】 归肠、胃经。

【功能主治】 主治小便不利，尿血，乳汁不通。

【用法用量】 内服：煎汤。外用：捣敷。

【注意】 ①《本草衍义》：多食昏人眼。

②《滇南本草》：常食目痛，素有目疾者切忌。

【附方】 ①治小便不下：莴苣捣成泥，作饼贴脐中。（《海上方》）

②治小便尿血：莴苣，捣敷脐上。（《本草纲目》）

③治产后无乳：莴苣 3 枚，研作泥，好酒调开服。（《海上方》）

④治沙虱毒：敷莴苣菜汁。（《肘后备急方》）

⑤治蚰蜒入耳：莴苣叶（干品）0.3 g，雄黄 0.3 g。捣罗为末，用面糊和丸，如皂荚子大。以生曲少许，化破一丸，倾在耳中，其虫自出。（《太平圣惠方》）

⑥治百虫入耳：莴苣捣汁，滴入自出。（《圣济总录》）

【注意】 通常食用的莴苣，在品种方面有白莴笋、花叶莴笋、尖叶莴笋、紫叶莴笋等，大抵均因形色而有所分别。其中白莴笋的叶淡绿色，茎皮淡绿白色，即古代所称的白苣。

（2）莴苣子。

【别名】 苣藤子、白苣子。

【采收加工】 秋季果成熟后，割取地上部分，晒干，打下种子，簸净杂质，储藏于干燥通风处。

【来源】 菊科植物莴苣 *Lactuca sativa* L. 的种子。

【性状】 干燥种子呈长椭圆形而扁，长约 3 mm，宽约 1 mm；外表面灰白色或黄白色，有细小的顺直纹理；搓去外皮，即露出棕色的种仁，富油性。气弱，味微甘。以颗粒饱满、干燥、杂质者为佳。

【性味】 苦，寒。

【功能主治】 下乳汁，通小便。主治阴肿，痔漏下血，伤损作痛。

【用法用量】 内服：煮粥、煎汤或研细酒调。外用：研末涂擦。

【附方】 ①治乳汁不行：a. 莴苣子 30 枚。研细酒服。（《本草纲目》）b. 莴苣子 150 g，生甘草 9 g，糯米粳米各 75 g。煮粥频食之。（《本草纲目》）

②治肾黄：莴苣子 150 g，细研。以水一盏，煎五分，去滓，不计时候温服。（《太平圣惠方》）

③治阴囊颓肿：莴苣子 150 g。捣末，水一盏，煎五沸，温服。（《本草纲目》）

④治疖疮瘢上不生髭发：先以竹刀刮损，以莴苣子拗猢狲姜束，频擦之。（《摘玄方》）

翅果菊属 *Pterocypsela* Shih

888. 高大翅果菊 *Pterocypsela elata*（Hemsl.）Shih

【别名】 高莴苣、苦莴菜。

【形态】 多年生草本，根有时分枝成粗厚的萝卜状。茎直立，单生，高 80～200 cm，通常紫红色或带紫红色斑纹，有稀疏或稠密的多细胞节毛或脱毛而至无毛，上部狭圆锥花序状或总状圆锥花序状分枝。中下部茎叶卵形、宽卵形、三角状卵形、椭圆形、长椭圆形或三角形，长 5～11 cm，宽 4～7.5 cm，顶裂急尖，少渐尖，基部宽或狭楔形，渐狭或急狭成宽或狭翼柄；向上的叶与中下部茎形同型或披针形，几

无翼柄；全部叶两面粗糙，沿脉有稀疏或稠密的多细
胞节毛，边缘有锯齿或无齿。头状花序多数，沿茎枝
顶端排成狭圆锥花序或总状圆锥花序，果期卵球形，
长 1.1 cm，宽 5 mm。总苞片 4 层，外层卵形，长
1.5 ～ 3.5 mm，宽 1 ～ 2 mm，中内层长 1 ～ 1.1 cm，
宽 1 ～ 1.8 mm。舌状小花约 20 朵，黄色。瘦果椭圆
形或长椭圆形，压扁，黑褐色，有棕色斑纹，边缘有
宽厚翅，每面有 3 条高起的细脉纹，顶端急尖成长
0.5 mm 的粗喙。冠毛纤细，白色，微锯齿状，2 层，
长 5 mm。花果期 6—10 月。

【生境分布】 生于山坡林缘或草丛中。罗田各
地均有分布。

【采收加工】 秋、冬季采挖。

【药材名】 翅果菊。

【来源】 菊科植物高大翅果菊 *Pterocypsela elata*
（Hemsl.）Shih 的根。

【功能主治】 止咳，化痰，祛风。

【用法用量】 内服：煎汤，32 ～ 64 g。

稻槎菜属 *Lapsana* L.

889. 稻槎菜 *Lapsana apogonoides* Maxim.

【别名】 黄苦菜。

【形态】 一年生矮小草本，高 7 ～ 20 cm。茎细，自基部发出多数或少数的簇生分枝及莲座状叶丛；
全部茎枝柔软，被细柔毛或无毛。基生叶全形椭圆形、长椭圆状匙形或长匙形，长 3 ～ 7 cm，宽 1 ～ 2.5 cm，
大头羽状全裂或几全裂，有长 1 ～ 4 cm 的叶柄，顶裂片卵形、菱形或椭圆形，边缘有极稀疏的小尖头，
或长椭圆形而边缘大锯齿，齿顶有小尖头，侧裂片 2 ～ 3 对，椭圆形，边缘全缘或有极稀疏针刺状小尖头；
茎生叶少数，与基生叶同型并等样分裂，向上茎叶渐小，不裂。全部叶质地柔软，两面同色，绿色，或下
面色淡，淡绿色，几无毛。头状花序小，果期下垂或歪斜，少数（6 ～ 8 个）在茎枝顶端排成疏松的伞房
状圆锥花序，花序梗纤细，总苞椭圆形或长
圆形，长约 5 mm；总苞片 2 层，外层卵状
披针形，长达 1 mm，宽 0.5 mm，内层椭
圆状披针形，长 5 mm，宽 1 ～ 1.2 mm，
先端喙状；全部总苞片草质，外面无毛。舌
状小花黄色，两性。瘦果淡黄色，稍压扁，
长椭圆形或长椭圆状倒披针形，长 4.5 mm，
宽 1 mm，有 12 条粗细不等细纵肋，肋上
有微粗毛，顶端两侧各有 1 枚下垂的长钩刺，
无冠毛。花果期 1—6 月。

【生境分布】 生于潮湿荒田。罗田各

地均有分布。

【药材名】　黄花菜。

【来源】　菊科植物稻槎菜 *Lapsana apogonoides* Maxim. 的全草。

【性味】　苦，平。

【功能主治】　清热凉血，消痈解毒。主治喉炎，痢疾下血，乳痈。

【用法用量】　内服：32 ～ 64 g，煎汤或捣汁服。

大丁草属 *Gerbera* Cass.

890. 大丁草 *Gerbera anandria*（L.）Sch. –Bip.

【别名】　烧金草、豹子药。

【形态】　多年生草本，植株具春秋两型之别。春型者根状茎短，根颈为枯残的叶柄所围裹；根簇生，粗而略带肉质。叶基生，莲座状，于花期全部发育，叶片形状多变异，通常为倒披针形或倒卵状长圆形，长 2 ～ 6 cm，宽 1 ～ 3 cm，顶端圆钝，常具短尖头，基部渐狭、钝、截平，或有时为浅心形，边缘具齿、深波状或琴状羽裂，裂片疏离，凹缺圆，顶裂大，卵形，具齿，上面被蛛丝状毛或脱落近无毛，下面密被蛛丝状绵毛；侧脉 4 ～ 6 对，纤细，顶裂基部常有

1 对下部分枝的侧脉；叶柄长 2 ～ 4 cm 或有时更长，被白色绵毛；花葶单生或数个丛生，直立或弯垂，纤细，棒状，长 5 ～ 20 cm，被蛛丝状毛，毛越向顶端越密；苞叶疏生，线形或线状钻形，长 6 ～ 7 mm，通常被毛。头状花序单生于花葶之顶，倒锥形，直径 10 ～ 15 mm；总苞略短于冠毛；总苞片约 3 层，外层线形，长约 4 mm，内层长，线状披针形，长达 8 mm，二者顶端均钝，且带紫红色，背部被绵毛；花托平，无毛，直径 3 ～ 4 mm；雌花花冠舌状，长 10 ～ 12 mm，舌片长圆形，长 6 ～ 8 mm，顶端具不整齐的 3 齿或有时圆钝，带紫红色，内 2 裂丝状，长 1.5 ～ 2 mm，花冠管纤细，长 3 ～ 4 mm，无退化雄蕊。两性花花冠管状二唇形，长 6 ～ 8 cm，外唇阔，长约 3 mm，顶端具 3 齿，内唇 2 裂丝状，长 2.5 ～ 3 mm；花药顶端圆，基部具尖的尾部；花柱分枝长约 1 mm，内侧扁，顶端圆钝。瘦果纺锤形，具纵棱，被白色粗毛，长 5 ～ 6 mm；冠毛粗糙，污白色，长 5 ～ 7 mm。秋型者植株较高，花葶长可达 30 cm，叶片大，长 8 ～ 15 cm，宽 4 ～ 6.5 cm，头状花序外层雌花管状二唇形，无舌片。花期春、秋两季。

【生境分布】　生于坡地、路旁、田边或灌丛中。罗田各地均有分布。

【药材名】　大丁草。

【采收加工】　夏、秋季采收，洗净。晒干。

【来源】　菊科植物大丁草 *Gerbera anandria*（L.）Sch. –Bip. 的全草或带根全草。

【性味】　苦，温，无毒。

【功能主治】　祛风湿，解毒。主治风湿麻木，咳喘，疔疮。

【用法用量】　内服：煎汤或泡酒。外用：捣敷。

【附方】　①治风湿麻木：豹子药 32 g。泡酒服。

②治咳喘：豹子药6g。煎水服，红糖作引。

③治疗疮：豹子药根适量，捣绒敷患处。并治兽咬伤。（①～③方出自《贵州草药》）

囊吾属 *Ligularia* Cass.

891. 窄头囊吾 *Ligularia stenocephala*（Maxim.）Matsum. et Koidz.

【别名】山紫菀。

【形态】多年生草本。根肉质，细而长。茎直立，高40～170 cm，光滑，基部直径3～6 mm，极稀达20 mm，被长的枯叶柄纤维包围。丛生叶与茎下部叶具柄，柄细瘦，长27～75 cm，光滑，基部具窄鞘，叶片心状戟形、肾状戟形，罕为箭形，长2.5～16.5 cm，宽6～32 cm，先端急尖、三角形或短尖头，边缘有整齐的尖锯齿，齿端具软骨质尖头，基部宽心形，弯缺宽，长为叶片的1/5～1/3，两侧裂片尖三角形，外展，边缘具尖齿及1～2个大齿，两面光滑，有时下面脉上具短毛，叶脉掌状；茎中上部叶与下部者同型，具柄或无柄，有膨大的鞘。总状花序长达90 cm，近光滑；苞片卵状披针形至线形，下部者长达5 cm，宽至0.7 cm，上部者线形，短而窄；花序梗短，长1～7 mm，有时下部者可长达30 mm；头状花序多数，辐射状；小苞片线形；总苞狭筒形至宽筒形，长8～12 mm，有时长17～18 mm，宽2.5～4 mm，有时宽达8 mm，总苞片5（6～7），2层，长圆形，宽1.5～3（4～6）mm，先端三角状，急尖，背部光滑，内层边缘膜质。舌状花1～4（5），黄色，舌片线状长圆形或倒披针形，长10～17 mm，宽2～4 mm，先端钝，管部长5～13 mm；管状花5～10，长10～19 mm，管部长6～13 mm，冠毛白色、黄白色，有时为褐色，长5～8 mm，短于管部。瘦果倒披针形，长5～10 mm，光滑。花果期7—12月。

【生境分布】生于海拔850～3100 m的山坡潮湿岩石边。罗田天堂寨有分布。

【采收加工】夏、秋季采挖，除去茎叶，洗净，晒干。

【药材名】山紫菀。

【来源】菊科植物窄头囊吾*Ligularia stenocephala*（Maxim.）Matsum. et Koidz.的根。

【性味】苦、辛，平。

【功能主治】清热，解毒，散结，利尿。主治乳痈，水肿，瘰疬。

【用法用量】内服：煎汤，30～60 g。外用：适量，鲜全草捣敷。

蒲儿根属 *Sinosenecio* B. Nord.

892. 蒲儿根 *Sinosenecio oldhamianus*（Maxim.）B. Nord.

【别名】猫耳朵、肥猪苗。

【形态】多年生或二年生茎叶草本。根状茎木质，粗，具多数纤维状根。茎单生，或有时数个，直立，高 40～80 cm 或更高，基部直径 4～5 mm，不分枝，被白色蛛丝状毛及疏长柔毛，或脱毛至近无毛。基部叶在花期凋落，具长叶柄；下部茎叶具柄，叶片卵状圆形或近圆形，长 3～5（8）cm，宽 3～6 cm，顶端尖或渐尖，基部心形，边缘具浅至深重齿或重锯齿，齿端具小尖，膜质，上面绿色，被疏蛛丝状毛至近无毛，下面被白蛛丝状毛，有时脱毛，掌状 5 脉，

叶脉两面明显；叶柄长 3～6 cm，被白色蛛丝状毛，基部稍扩大，上部叶渐小，叶片卵形或卵状三角形，基部楔形，具短柄；最上部叶卵形或卵状披针形。头状花序多数排成顶生复伞房状花序；花序梗细，长 1.5～3 cm，被疏柔毛，基部通常具 1 线形苞片。总苞宽钟状，长 3～4 mm，宽 2.5～4 mm，无外层苞片；总苞片约 13 枚，1 层，长圆状披针形，宽约 1 mm，顶端渐尖，紫色，草质，具膜质边缘，外面被白色蛛丝状毛或短柔毛至无毛。舌状花约 13 朵，管部长 2～2.5 mm，无毛，舌片黄色，长圆形，长 8～9 mm，宽 1.5～2 mm，顶端钝，具 3 细齿，4 条脉；管状花多数，花冠黄色，长 3～3.5 mm，管部长 1.5～1.8 mm，檐部钟状；裂片卵状长圆形，长约 1 mm，顶端尖；花药长圆形，长 0.8～0.9 mm，基部钝，附片卵状长圆形；花柱分枝外弯，长 0.5 mm，顶端截形，被乳头状毛。瘦果圆柱形，长 1.5 mm，舌状花瘦果无毛，管状花被短柔毛；冠毛在舌状花缺，管状花冠毛白色，长 3～3.5 mm。花期全年。

【生境分布】生于林缘、草坡、荒地或路边。罗田各地均有分布。

【采收加工】春、夏、秋季采收，鲜用或晒干。

【药材名】蒲儿根。

【来源】菊科植物蒲儿根 *Sinosenecio oldhamianus*（Maxim.）B. Nord. 的全草。

【性味】辛、苦，凉；有小毒。

【功能主治】清热解毒。主治疮痈肿毒。

【用法用量】外用：适量，鲜草捣烂敷患处。

千里光属 *Senecio* L.

893. 千里光 *Senecio scandens* Buch. –Ham. ex D. Don

【别名】千里及。

【形态】多年生攀援草本，根状茎木质，粗，直径达 1.5 cm。茎伸长，弯曲，长 2～5 m，多分枝，被柔毛或无毛，老时变木质，皮淡色。叶具柄，叶片卵状披针形至长三角形，长 2.5～12 cm，宽 2～4.5 cm，顶端渐尖，基部宽楔形、截形、戟形或稀心形，通常具浅或深齿，稀全缘，有时具细裂或羽状浅裂，至少向基部具 1～3 对较小的侧裂片，两面被短柔毛至无毛；羽状脉，侧脉 7～9 对，弧状，叶脉明显；叶柄长 0.5～1（2）cm，具柔毛或近无毛，无耳或基部有小耳；上部叶变小，披针形或线状披针形，长渐尖。头状花序有舌状花，多数，在茎枝端排成顶生复聚伞圆锥花序；分枝和花序梗被密至疏短柔毛；花序梗长 1～2 cm，具苞片，小苞片通常 1～10 枚，线状钻形。总苞圆柱状钟形，长 5～8 mm，宽 3～6 mm，具外层苞片；苞片约 8 枚，线状钻形，长 2～3 mm。总苞片 12～13 枚，线状披针形，渐

尖，上端和上部边缘有缘毛状短柔毛，草质，边缘宽干膜质，背面有短柔毛或无毛，具3脉。舌状花8～10朵，管部长4.5 mm；舌片黄色，长圆形，长9～10 mm，宽2 mm，钝，具3细齿，具4脉；管状花多数；花冠黄色，长7.5 mm，管部长3.5 mm，檐部漏斗状；裂片卵状长圆形，尖，上端有乳头状毛。花药长2.3 mm，基部有钝耳；耳长约为花药颈部的1/7；附片卵状披针形；花药颈部伸长，向基部略膨大；花柱分枝长1.8 mm，顶端截形，有乳头状毛。瘦果圆柱形，长3 mm，被柔毛；冠毛白色，长7.5 mm。

【生境分布】 生于路旁及旷野间。罗田各地均有分布。

【药材名】 千里光。

【来源】 菊科植物千里光 *Senecio scandens* Buch.–Ham. ex D. Don 的全草。

【采收加工】夏、秋季采收，扎成小把或切段，晒干。

【性状】 茎圆柱状，表面棕黄色；质坚硬，断面髓部发达，白色。叶多皱缩、破碎，呈椭圆状三角形或卵状披针形，基部戟形或截形，边缘有不规则缺刻，暗绿色或灰棕色，质脆。有时枝梢带有枯黄色头状花序。

【性味】 苦，寒。

【功能主治】清热，解毒，杀虫，明目。主治各种急性炎症性疾病，风火赤眼，目翳，伤寒，细菌性痢疾，肺炎，扁桃体炎，肠炎，黄疸，流行性感冒，败血症，痈肿疮毒，干湿癣疮，丹毒，湿疹，烫伤，滴虫性阴道炎。

【用法用量】 内服：煎汤，9～15 g（鲜品32 g）。外用：煎水洗、捣敷或熬膏涂。

【注意】《饮片新参》：中寒泄泻者勿服。

【附方】 ①治烂睑风眼：笋箬包九里光草煨熟，捻入眼中。（《经验良方》）

②治风火眼痛：千里光64 g，煎水熏洗。（《江西民间草药》）

③治鸡盲：千里光32 g，鸡肝1个。同炖服。（《江西民间草药》）

④治痈疽疮毒：千里光（鲜）32 g，水煎服；另用千里光（鲜）适量，水煎外洗；再用千里光（鲜）适量，捣烂外敷。（《江西草药》）

⑤治干湿癣疮，湿疹日久不愈者：千里光，水煎2次，过滤，再将两次煎成之汁混合，文火浓缩成膏，用时稍加开水或麻油，稀释如稀糊状，搽擦患处，一日2次；婴儿胎癣勿用。

⑥治脚趾间湿痒，肛门痒，阴道痒：千里光适量，煎水洗患处。

⑦治鹅掌风，头癣，干湿癣疮：千里光、苍耳草全草各等份。煎汁浓缩成膏，搽或擦患处。（⑤～⑦方出自《江西民间草药》）

⑧治阴囊皮肤流水奇痒：千里光捣烂，水煎去渣，再用文火煎成稠膏状，调乌桕油，涂患处。（《浙江民间常用草药》）

⑨治疖疮，肿毒：千里光水煎浓外敷，另取千里光32 g，水煎服。（《浙江民间常用草药》）

⑩治流感：千里光（鲜）全草32～64 g。水煎服。（江西《草药手册》）

⑪治汤火伤：千里光8份，白芨2份。水煎浓汁外搽。（《江西草药》）

⑫预防中暑：千里光15～24 g。泡开水代水饮。（《福建中草药》）

⑬治疟疾：千里光、红糖、甜酒糟，共煎服。（江西《草药手册》）

⑭治各种急性炎症疾病，细菌性痢疾，毒血症，败血症，轻度肠伤寒，绿脓杆菌感染：千里光、蒲公英、二叶葎、积雪草、白茅根、叶下珠、金银花藤叶各 15 g。水煎服，每 6 h 一次。（江西《草药手册》）

【临床应用】①治疗各种炎症性疾病。临床上一般用水煎浸膏片（每片重 0.35 g），每次 2 ～ 3 片，日服 4 次，小儿酌减。对上呼吸道感染、急性扁桃体炎、大叶肺炎、急性细菌性痢疾、急性肠炎、急性阑尾炎及丹毒等的疗效较为突出。服用过程中仅个别患者有恶心、食欲减退及大便次数增多等现象。此外，曾发现 1 例过敏性药疹，用抗过敏药物后即好转。

②治疗各种眼科疾病。应用 50% 千里光眼药水，每 2 ～ 4 h 滴 1 次，治疗急性、亚急性结膜炎。

③治疗滴虫性阴道炎。在阴道常规冲洗后，用带线尾的棉花纱布塞蘸 100% 千里光溶液放入阴道内，24 h 后，由患者自行取出。滴虫多者可先用棉签或棉球蘸药抹洗阴道壁，再放纱布塞。隔日 1 次，5 次为 1 个疗程，月经期暂停治疗。

④治疗钩端螺旋体病。

豨莶属 *Siegesbeckia* L.

894. 豨莶 *Siegesbeckia orientalis* L.

【别名】粘金强子、粘不扎、棉苍狼。

【形态】一年生草本。茎直立，高 30 ～ 100 cm，分枝斜升，上部的分枝常成复二歧状；全部分枝被灰白色短柔毛。基部叶花期枯萎；中部叶三角状卵圆形或卵状披针形，长 4 ～ 10 cm，宽 1.8 ～ 6.5 cm，基部阔楔形，下延成具翼的柄，顶端渐尖，边缘有规则的浅裂或粗齿，纸质，上面绿色，下面淡绿，具腺点，两面被毛，3 出基脉，侧脉及网脉明显；上部叶渐小，卵状长圆形，边缘浅波状或全缘，近无柄。头状花序

直径 15 ～ 20 mm，多数聚生于枝端，排成具叶的圆锥花序；花梗长 1.5 ～ 4 cm，密生短柔毛；总苞阔钟状；总苞片 2 层，叶质，背面被紫褐色头状具柄的腺毛；外层苞片 5 ～ 6 枚，线状匙形或匙形，开展，长 8 ～ 11 mm，宽约 1.2 mm；内层苞片卵状长圆形或卵圆形，长约 5 mm，宽 1.5 ～ 2.2 mm。外层托片长圆形，内弯，内层托片倒卵状长圆形。花黄色；雌花花冠的管部长 0.7 mm；两性管状花上部钟状，上端有 4 ～ 5 卵圆形裂片。瘦果倒卵圆形，有 4 棱，顶端有灰褐色环状凸起，长 3 ～ 3.5 mm，宽 1 ～ 1.5 mm。花期 4—9 月，果期 6—11 月。

【生境分布】生于林缘、林下、荒野、路边。罗田各地均有分布。

【采收加工】夏、秋季开花前及花期采割，除去杂质，晒干。

【药材名】豨莶草。

【来源】菊科植物豨莶 *Siegesbeckia orientalis* L. 的地上部分。

【性味】辛、苦，寒。

【功能主治】祛风湿，利关节，解毒。主治风湿痹痛，筋骨无力，腰膝酸软，四肢麻痹，半身不遂，

风疹湿疮。

【用法用量】内服：煎汤，9～12 g（大剂量32～64 g）；或捣汁，入丸、散。外用：捣敷、研末撒或煎水熏洗。

【注意】阴血不足者忌服。

水飞蓟属 *Silybum* Adans.

895. 水飞蓟 *Silybum marianum*（L.）Gaertn.

【别名】水飞雉、奶蓟、老鼠筋。

【形态】一年生或二年生草本，高1.2 m。茎直立，分枝，有条棱，极少不分枝，全部茎枝有白色粉质物，被稀疏的蛛丝状毛或脱毛。莲座状基生叶与下部茎叶有叶柄，全形椭圆形或倒披针形，长达50 cm，宽达30 cm，羽状浅裂至全裂；中部与上部茎叶渐小，长卵形或披针形，羽状浅裂或边缘浅波状圆齿裂，基部尾状渐尖，基部心形，半抱茎，最上部茎叶更小，不分裂，披针形，基部心形抱茎。全部叶两面同色，绿色，具大型白色花斑，无毛，质地薄，边缘或裂片边缘及顶端有坚硬的黄色的针刺，针刺长达5 mm。头状花序较大，生于枝端，植株含多数头状花序，但不形成明显的花序式排列。总苞球形或卵球形，直径3～5 cm。总苞片6层，中外层宽匙形、椭圆形、长菱形至披针

形，包括顶端针刺长1～3 cm，包括边缘针刺宽达1.2 cm，基部或下部，或大部分紧贴，边缘无针刺，上部扩大成圆形、三角形、近菱形或三角形的坚硬的叶质附属物，附属物边缘或基部有坚硬的针刺，每侧针刺4～12个，长1～2 mm，附属物顶端有长达5 mm的针刺；内层苞片线状披针形，长约2.7 cm，宽4 cm，边缘无针刺，上部无叶质附属物，顶端渐尖。全部苞片无毛，中外层苞片质地坚硬，革质。小花紫红色，少有白色，长3 cm，细管部长2.1 cm，檐部5裂，裂片长6 mm。花丝短而宽，上部分离，下部由于被黏质柔毛而粘合。瘦果压扁，长椭圆形或长倒卵形，长7 mm，宽约3 mm，褐色，有线状长椭圆形的深褐色色斑，顶端有果缘，果缘边缘全缘，无锯齿。冠毛多层，刚毛状，白色，向中层或内层渐长，长达1.5 cm；冠毛刚毛锯齿状，基部连合成环，整体脱落；最内层冠毛极短，柔毛状，边缘全缘，排列在冠毛环上。花果期5—10月。

【生境分布】有引种栽培。

【采收加工】春季采收叶，夏季采收果。

【药材名】水飞蓟。

【来源】菊科植物水飞蓟 *Silybum marianum*（L.）Gaertn. 的全草及瘦果。

【性味】苦，寒。

【功能主治】全草：主治肿疡及丹毒；果实及提取物：主治肝脏病，脾脏病胆结石，黄疸和慢性咳嗽。

【用法用量】内服：煎汤，9～18 g（鲜品22.6～32 g）。外用：捣敷或煎水洗。

一枝黄花属 *Solidago* L.

896. 一枝黄花 *Solidago decurrens* Lour.

【别名】野黄菊。

【形态】多年生草本，高（9）35～100 cm。茎直立，通常细弱，单生或少数簇生，不分枝或中部以上有分枝。中部茎叶椭圆形、长椭圆形、卵形或宽披针形，长2～5 cm，宽1～1.5（2）cm，下部楔形渐窄，有具翅的柄，仅中部以上边缘有细齿或全缘；向上叶渐小；下部叶与中部茎叶同型，有长2～4 cm或更长的翅柄。全部叶质地较厚，叶两面、沿脉及叶缘有短柔毛或下面无毛。头状花序较小，长6～8 mm，宽6～9 mm，多数在茎上部排成紧密或疏松的长6～25 cm的总状花序或伞房圆锥花序，少有排成复头状花序的。总苞片4～6层，披针形或披狭针形，顶端急尖或渐尖，中内层长5～6 mm。舌状花舌片椭圆形，长6 mm。瘦果长3 mm，无毛，极少有在顶端被稀疏柔毛的。花果期4—11月。

【生境分布】生于山野、林缘。罗田各地山区均有分布。

【采收加工】夏、秋季采收。

【药用部位】全草或带根全草。

【药材名】一枝黄花。

【来源】菊科植物一枝黄花 *Solidago decurrens* Lour. 的全草或带根全草。

【性味】辛，苦，凉。

【归经】归肝、胆经。

【功能主治】疏风清热，消肿解毒。主治感冒头痛，咽喉肿痛，黄疸，百日咳，小儿惊风，跌打损伤，痈肿发背，鹅掌风。

【用法用量】内服：煎汤，9～18 g（鲜品22.6～32 g）。外用：捣敷或煎水洗。

【附方】①治感冒，咽喉肿痛，扁桃体炎：一枝黄花9～32 g。水煎服。（《上海常用中草药》）

②治头风：一枝黄花根9 g。水煎服。（《湖南药物志》）

③治黄疸：一枝黄花47 g，水丁香15 g。水煎，1次服。（《闽东本草》）

④治小儿急惊风：鲜一枝黄花32 g，生姜1片。同捣烂取汁，开水冲服。（《闽东本草》）

⑤治跌打损伤：一枝黄花根9～15 g。水煎，2次分服。

⑥治发背，乳痈，腹股沟淋巴腺肿：一枝黄花21～32 g。捣烂，酒煎服，渣捣烂敷患处。

⑦治痈肿溃后腐肉不脱：一枝黄花64 g，野菊根32 g。醋煎熏疮口。

⑧治一切肿毒初起：一枝黄花64 g。煎水淋洗，或用毛巾浸药汁温敷患处。

⑨治咽喉肿毒：一枝黄花21 g。水煎，加蜂蜜32 g调服。

⑩治毒蛇咬伤：一枝黄花32 g。水煎，加蜂蜜32 g调服。外用全草同酒糟杵烂敷。（⑤～⑩方出自《江西民间草药》）

⑪治鹅掌风，灰指甲，脚癣：一枝黄花，每天用32～64 g，煎取浓汁，浸洗患部，每次0.5 h，每天

1～2次。7天为1个疗程。（《上海常用中草药》）

【临床应用】①用作清热消炎剂。用全草加工成冲剂，每袋6 g（相当于干草20.1 g），每日2～3次，每次1袋，小儿酌减，用开水冲服。治疗上呼吸道感染、扁桃体炎、咽喉炎、支气管炎、乳腺炎、淋巴管炎、疮痈肿毒、外科手术后预防感染及其他急性炎症性疾患。或煎剂口服，每剂用鲜草64 g或干草32 g，每日1剂，或与白英同煎，治疗感冒；或与贯仲、鲜松针同煎，预防感冒。与一点红配成煎剂，或和白毛夏枯草、甘草配制成胶囊，治疗肺炎、肠炎及上呼吸道感染等。

②治疗慢性支气管炎。一枝黄花全草（干）32 g或（鲜）64 g，水煎服，每天1剂，10天为1个疗程，连服2～3个疗程。服药后咽部有麻辣等不适感，但大多数患者可在30～60 min内消失，有些还产生恶心、呕吐、头昏、口干、咳嗽、小便灼热等，如服过量可致泄泻，停药后即可自愈。

③治疗外伤出血。以一枝黄花晒干研末，撒于伤口；同时内服，每次3～6 g。

④治疗手足癣。一枝黄花煎液外洗。

苦苣菜属 *Sonchus* L.

897. 花叶滇苦菜 *Sonchus asper*（L.）Hill.

【别名】续断菊。

【形态】一年生草本。根倒圆锥状，褐色，垂直直伸。茎单生或少数茎成簇生。茎直立，高20～50 cm，有纵纹或纵棱，上部长或短总状或伞房状花序分枝，或花序分枝极短缩，全部茎枝光滑无毛或上部及花梗被头状具柄的腺毛。基生叶与茎生叶同型，但较小；中下部茎叶长椭圆形、倒卵形、匙状或匙状椭圆形，包括渐狭的翼柄长7～13 cm，宽2～5 cm，顶端渐尖、急尖或钝，基部渐狭成短或较长的翼柄，柄基耳状抱茎或基部无柄，耳状抱茎；上部茎叶

披针形，不裂，基部扩大，圆耳状抱茎，或下部叶或全部茎叶羽状浅裂、半裂或深裂，侧裂片4～5对椭圆形、三角形、宽镰刀形或半圆形。全部叶及裂片与抱茎的圆耳边缘有尖齿刺，两面光滑无毛，质地薄。头状花序少数（5个）或较多（10个）在茎枝顶端排成稠密的伞房花序。总苞宽钟状，长约1.5 cm，宽1 cm，总苞片3～4层，向内层渐长，覆瓦状排列，草质，外层长披针形或长三角形，长3 mm，宽不足1 mm，中内层长椭圆状披针形至宽线形，长达1.5 cm，宽1.5～2 mm；全部苞片顶端急尖，外面光滑无毛。舌状小花黄色。瘦果倒披针状，褐色，长3 mm，宽1.1 mm，压扁，两面各有3条细纵肋，肋间无横皱纹。冠毛白色，长达7 mm，柔软，彼此纠缠，基部连合成环。花果期5—10月。

【生境分布】生于山坡、林缘及水边。罗田各地均有分布。

【采收加工】春、夏季采收，晒干或鲜用。

【来源】菊科植物花叶滇苦菜 *Sonchus asper*（L.）Hill. 的全草或根。

【性味】苦，寒。

【功能主治】清热解毒。主治乳腺炎，外伤感染等。

【用法用量】内服：煎汤，10～15 g。外用：适量，捣敷。

898. 苦苣菜 *Sonchus oleraceus* L.

【别名】 苦菜、野苦马、野苦荬。

【形态】 一年生或二年生草本。根圆锥状，垂直直伸，有多数纤维状的须根。茎直立，单生，高 40～150 cm，有纵条棱或条纹，不分枝或上部有短的伞房花序状或总状花序式分枝，全部茎枝光滑无毛，或上部花序分枝及花序梗被头状具柄的腺毛。基生叶羽状深裂，全形长椭圆形或倒披针形，或大头羽状深裂，全形倒披针形，或基生叶不裂，椭圆形、椭圆状戟形、三角形，或三角状戟形或圆形，全部基生叶基部渐狭成长或短翼柄；中下部茎叶羽状

深裂或大头状羽状深裂，全形椭圆形或倒披针形，长 3～12 cm，宽 2～7 cm，基部急狭成翼柄，翼狭窄或宽大，向柄基且逐渐加宽，柄基圆耳状抱茎，顶裂片与侧裂片等大、较大或大，宽三角形、戟状宽三角形、卵状心形，侧生裂片 1～5 对，椭圆形，常下弯，全部裂片顶端急尖或渐尖，下部茎叶或接花序分枝下方的叶与中下部茎叶同型并等样分裂或不分裂而披针形或线状披针形，且顶端长渐尖，下部宽大，基部半抱茎；全部叶或裂片边缘及抱茎小耳边缘有大小不等的急尖锯齿或大锯齿，或上部及接花序分枝处的叶，边缘大部分全缘或上半部边缘全缘，顶端急尖或渐尖，两面光滑，质地薄。头状花序少数在茎枝顶端排成紧密的伞房花序或总状花序，或单生于茎枝顶端。总苞宽钟状，长 1.5 cm，宽 1 cm；总苞片 3～4 层，覆瓦状排列，向内层渐长；外层长披针形或长三角形，长 3～7 mm，宽 1～3 mm，中内层长披针形至线状披针形，长 8～11 mm，宽 1～2 mm；全部总苞片顶端长急尖，外面无毛，或外层或中内层上部沿中脉有少数头状具柄的腺毛。舌状小花多数，黄色。瘦果褐色，长椭圆形或长椭圆状倒披针形，长 3 mm，宽不足 1 mm，压扁，每面各有 3 条细脉，肋间有横皱纹，顶端狭，无喙，冠毛白色，长 7 mm，单毛状，彼此纠缠。花果期 5—12 月。

【生境分布】 生于路边及田野间。罗田各地均有分布。

【采收加工】 夏季采收，鲜用或晒干。

【药用部位】 全草。

【药材名】 苦苣菜。

【来源】 菊科植物苦苣菜 *Sonchus oleraceus* L. 的全草。

【功能主治】 清热解毒，凉血止血。主治肠炎，痢疾，黄疸，淋证，咽喉肿痛，疮痈肿毒，乳腺炎，痔瘘，吐血，衄血，咯血，尿血，便血，崩漏。

【用法用量】 内服：煎汤，10～15 g。

【附方】①治慢性气管炎：苦苣菜 500 g，大枣 20 个。苦苣菜煎烂，取煎液煮大枣，待枣皮展开后取出，余液熬成膏。早晚各服药膏一匙，大枣一枚。（内蒙古《中草药新医疗法资料选编》）

②治对口恶疮：野苦荬擂汁一盅，入姜汁一匙，酒和服以渣敷。（《唐瑶经验方》）

③治壶蜂叮螫：苦苣菜汁涂之。（《摘玄方》）

④治妇人乳结红肿疼痛：紫苦苣菜捣汁水煎，点水酒服。（《滇南本草》）

兔儿伞属 *Syneilesis* Maxim.

899. 兔儿伞 *Syneilesis aconitifolia*（Bunge）Maxim.

【别名】一把伞。

【形态】多年生草本。根状茎短，横走，具多数须根，茎直立，高 70～120 cm，下部直径 2.5～6 mm，紫褐色，无毛，具纵肋，不分枝。叶通常 2，疏生；下部叶具长柄；叶片盾状圆形，直径 20～30 cm，掌状深裂；裂片 7～9，每裂片再 2～3 浅裂；小裂片宽 4～8 mm，线状披针形，边缘具不等长的锐齿，顶端渐尖，初时反折呈闭伞状，被密蛛丝状茸毛，后开展成伞状，变无毛，上面淡绿色，下面灰色；叶柄长

10～16 cm，无翅，无毛，基部抱茎；中部叶较小，直径 12～24 cm；裂片通常 4～5；叶柄长 2～6 cm。其余的叶呈苞片状，披针形，向上渐小，无柄或具短柄。头状花序多数，在茎端密集成复伞房状，干时宽 6～7 mm；花序梗长 5～16 mm，具数枚线形小苞片；总苞筒状，长 9～12 mm，宽 5～7 mm，基部有 3～4 小苞片；总苞片 1 层，5，长圆形，顶端钝，边缘膜质，外面无毛。小花 8～10，花冠淡粉白色，长 10 mm，管部窄，长 3.5～4 mm，檐部窄钟状，5 裂；花药变紫色，基部短箭形；花柱分枝伸长，扁，顶端钝，被笔状微毛。瘦果圆柱形，长 5～6 mm，无毛，具肋；冠毛污白色或变红色，糙毛状，长 8～10 mm。花期 6—7 月，果期 8—10 月。

【生境分布】生于山坡荒地。罗田九资河镇有分布。

【采收加工】秋季采取，去除泥土，晒干。

【药材名】兔儿伞。

【来源】菊科植物兔儿伞 *Syneilesis aconitifolia*（Bunge）Maxim. 的根或全草。

【性状】干燥的根，近圆柱形，细长，多数，呈不规则弯曲，表面淡棕色，有微细纵皱纹，折断面黄白色，中间有棕黄色的油点。以干燥、无杂质者为佳。

【性味】苦、辛，温；有毒。

【功能主治】祛风除湿，解毒活血，消肿止痛。主治风湿麻木，关节疼痛，痈疽疮肿，跌打损伤。

【用法用量】内服：煎汤，6～15 g；或浸酒。外用：捣敷。

【注意】①《贵州民间药物》：孕妇忌服。

②《陕西中草药》：反生姜。

【附方】①治风湿麻木，全身骨痛：一把伞 12 g，刺五加根 12 g，白龙须 9 g，小血藤 9 g，木瓜根 9 g。泡酒 1 kg。每日服 2 次，每次 32～47 g。（《贵州民间药物》）

②治四肢麻木，腰腿疼痛：兔儿伞根 64 g，用白酒 200 ml 浸泡后，分 3 次服。（《北方常用中草药手册》）

③治肾虚腰痛：一把伞根，泡酒服。（《贵州民间药物》）

④治痈疽：兔儿伞全草，捣，鸡蛋清调敷。（《湖南药物志》）

⑤治颈部淋巴结炎：兔儿伞根 6～12 g。水煎服。

⑥治跌打损伤：兔儿伞全草或根捣烂，加烧酒或 75% 酒精适量，外敷伤处。

⑦治毒蛇咬伤：兔儿伞根捣烂，加黄酒适量，外敷伤处。（⑤～⑦方出自《浙江民间常用草药》）

山牛蒡属 *Synurus* Iljin

900. 山牛蒡 *Synurus deltoides*（Ait.）Nakai

【别名】　白火草、白地瓜。

【形态】　多年生草本，高 0.7 ~ 1.5 m。根状茎粗。茎直立，单生，粗壮，基部直径达 2 cm，上部分枝或不分枝，全部茎枝粗壮，有条棱，灰白色，被密厚茸毛或下部脱毛至无毛。基部叶与下部茎叶有长叶柄，叶柄长达 34 cm，有狭翼，叶片心形、卵形、宽卵形、卵状三角形或戟形，不分裂，长 10 ~ 26 cm，宽 12 ~ 20 cm，基部心形、戟形平截，边缘有三角形或斜三角形粗大锯齿，但通常半裂或深裂，向上的叶渐小，

卵形、椭圆形、披针形或长椭圆状披针形，边缘有锯齿或针刺，有短叶柄至无叶柄。全部叶两面异色，上面绿色，粗糙，有多细胞节毛，下面灰白色，被密厚的茸毛。头状花序大，下垂，生于枝头顶端或植株仅含 1 个头状花序而单生于茎顶。总苞球形，直径 3 ~ 6 cm，被稠密而膨松的蛛丝状毛或脱毛至稀毛。总苞片多层多数，通常 13 ~ 15 层，向内层渐长，有时变紫红色，外层与中层披针形，长 0.7 ~ 2.3 cm，宽 3 ~ 4 mm；内层绒状披针形，长 2.3 ~ 2.5 cm，宽 1.5 ~ 2 mm。全部苞片上部长渐尖，中外层平展或下弯，内层上部外面有稠密短糙毛。小花全部为两性，管状，花冠紫红色，长 2.5 cm，细管部长 9 mm，檐部长 1.4 cm，花冠裂片不等大，三角形，长达 3 mm。瘦果长椭圆形，浅褐色，长 7 mm，宽约 2 mm，顶端截形，有果缘，果缘边缘细锯齿，侧生于着生面。冠毛褐色，多层，不等长，向内层渐长，长 1.5 ~ 2 cm，基部连合成环，整体脱落；冠毛刚毛糙毛状。花果期 6—10 月。

【生境分布】　生于山坡林缘、林下或草甸，海拔 550 ~ 2200 m。罗田北部高山区有分布。

【采收加工】　8—9 月采收。

【来源】　菊科植物山牛蒡 *Synurus deltoides*（Ait.）Nakai 的根。

【功能主治】　主治湿热发斑，皮下出血，咽痛。

【用法用量】　内服：煎汤，3 ~ 9 g。

万寿菊属 *Tagetes* L.

901. 万寿菊 *Tagetes erecta* L.

【别名】　金菊、金鸡菊、蜂窝菊。

【形态】　一年生草本，高 50 ~ 150 cm。茎直立，粗壮，具纵细条棱，分枝向上平展。叶羽状分裂，长 5 ~ 10 cm，宽 4 ~ 8 cm，裂片长椭圆形或披针形，边缘具锐锯齿，上部叶裂片的齿端有长细芒；沿叶缘有少数腺体。头状花序单生，直径 5 ~ 8 cm，花序梗顶端棍棒状膨大。总苞长 1.8 ~ 2 cm，宽 1 ~ 1.5 cm，杯状，顶端具齿尖；舌状花黄色或暗橙色；长 2.9 cm，舌片倒卵形，长 1.4 cm，宽 1.2 cm，基部收缩成长爪，顶端微弯缺；管状花花冠黄色，长约 9 mm，顶端具 5 齿裂。瘦果线形，基部缩小，黑色或褐色，长

8～11 mm，被短微毛；冠毛有1～2个长芒和2～3个短而钝的鳞片。花期7—9月。

【生境分布】 全国各地均有栽培。

【采收加工】 夏、秋季采收。

【药材名】 万寿菊。

【来源】 菊科植物万寿菊 *Tagetes erecta* L. 的花序。

【性味】 苦、微辛，凉。

【功能主治】 平肝清热，祛风，化痰。主治头晕目眩，风火眼痛，小儿惊风，感冒咳嗽，百日咳，乳痈，痄腮。

【用法用量】 内服：煎汤，3～9 g。外用：煎水熏洗。

【附方】 ①治百日咳：蜂窝菊15朵。煎水兑红糖服。

②治气管炎：鲜蜂窝菊32 g，水朝阳9 g，紫菀6 g。水煎服。

③治腮腺炎，乳腺炎：蜂窝菊、重楼、银花共研末，酸醋调匀外敷患部。

④治牙痛，目痛：蜂窝菊15 g。水煎服。（①～④方出自《昆明民间常用草药》）

902. 孔雀草 *Tagetes patula* L.

【别名】 黄菊花。

【形态】 一年生草本，高30～100 cm，茎直立，通常近基部分枝，分枝斜开展。叶羽状分裂，长2～9 cm，宽1.5～3 cm，裂片线状披针形，边缘有锯齿，齿端常有长细芒，齿的基部通常有1个腺体。头状花序单生，直径3.5～4 cm，花序梗长5～6.5 cm，顶端稍增粗；总苞长1.5 cm，宽0.7 cm，长椭圆形，上端具锐齿，有腺点；舌状花金黄色或橙色，带有红色斑；舌片近圆形长8～10 mm，宽6～7 mm，顶端微凹；管状花花冠黄色，长10～14 mm，与冠毛等长，具5齿裂。瘦果线形，基部缩小，长8～12 mm，黑色，被短柔毛，冠毛鳞片状，其中1～2个长芒状，2～3个短而钝。花期7—9月。

【生境分布】 全国各地均有栽培。

【采收加工】 夏、秋季采收。

【药用部位】 全草。

【药材名】 孔雀草。

【来源】 菊科植物孔雀草 *Tagetes patula* L. 的全草。

【性味】 苦，平。

【功能主治】 清热利湿，止咳。主治咳嗽，痢疾。

【用法用量】 内服：煎汤，9～15 g；或研末。

蒲公英属 *Taraxacum F. H. Wigg.*

903. 蒲公英 *Taraxacum mongolicum Hand. –Mazz.*

【别名】黄花地丁。

【形态】多年生草本。根圆柱状，黑褐色，粗壮。叶倒卵状披针形、倒披针形或长圆状披针形，长 4～20 cm，宽 1～5 cm，先端钝或急尖，边缘有时具波状齿或羽状深裂，有时倒向羽状深裂或大头羽状深裂，顶端裂片较大，三角形或三角状戟形，全缘或具齿，每侧裂片 3～5 片，裂片三角形或三角状披针形，通常具齿，平展或倒向，裂片间常夹生小齿，基部渐狭成叶柄，叶柄及主脉常带紫红色，疏被蛛丝状白色柔毛或几无毛。

花葶 1 至数个，与叶等长或稍长，高 10～25 cm，上部紫红色，密被蛛丝状白色长柔毛；头状花序直径 30～40 mm；总苞钟状，长 12～14 mm，淡绿色；总苞片 2～3 层，外层总苞片卵状披针形或披针形，长 8～10 mm，宽 1～2 mm，边缘宽膜质，基部淡绿色，上部紫红色，先端增厚或具小到中等的角状凸起；内层总苞片线状披针形，长 10～16 mm，宽 2～3 mm，先端紫红色，具小角状凸起；舌状花黄色，舌片长约 8 mm，宽约 1.5 mm，边缘花舌片背面具紫红色条纹，花药和柱头暗绿色。瘦果倒卵状披针形，暗褐色，长 4～5 mm，宽 1～1.5 mm，上部具小刺，下部具成行排列的小瘤，顶端逐渐收缩为长约 1 mm 的圆锥至圆柱形喙基，喙长 6～10 mm，纤细；冠毛白色，长约 6 mm。花期 4—9 月，果期 5—10 月。

【生境分布】生于山坡草地、路旁、河岸沙地及田野间。罗田各地均有分布。

【采收加工】春、夏季开花前或刚开花时连根挖取，去除泥土，晒干。

【药材名】蒲公英。

【来源】菊科植物蒲公英 *Taraxacum mongolicum Hand. –Mazz.* 的带根全草。

【性状】干燥的根略呈圆锥状，弯曲，长 4～10 cm，表面棕褐色，皱缩，根头部有棕色或黄白色茸毛，或已脱落。叶皱缩成团，或呈卷曲的条片，外表绿褐色或暗灰绿色，叶背主脉明显。有时有不完整的头状花序。气微，味微苦。以叶多、灰绿色、根完整、无杂质者为佳。

【炮制】拣去杂质，洗净泥土，切段，晒干。

【性味】苦、甘，寒。

【归经】归肝、胃经。

【功能主治】清热解毒，利尿散结。主治急性乳腺炎，淋巴腺炎，瘰疬，疗毒疮肿，急性结膜炎，感冒发热，急性扁桃体炎，急性支气管炎，胃炎，肝炎，胆囊炎，尿路感染。

【用法用量】内服：煎汤，9.6～32 g（大剂量 64 g）；捣汁或入散剂。外用：捣敷。

【附方】①治乳痈：蒲公英（洗净细锉），忍冬藤同煎浓汤，入少酒佐之，服罢，随手欲睡，是其功也。（《本草衍义补遗》）

②治急性乳腺炎：蒲公英 64 g，香附 32 g。每日 1 剂，煎服 2 次。（内蒙古《中草药新医疗法资料选编》）

③治产后不自乳儿，蓄积乳汁，结作痈：蒲公英捣敷肿上，日三四度易之。（《梅师集验方》）

④治瘰疬结核，痰核绕项而生：蒲公英 9 g，香附 3 g，羊蹄根 4.5 g，山茨菇 9 g，大蓟独根 6 g，虎

掌草 6 g，小一枝箭 6 g，小九古牛 3 g。水煎，点水酒服。（《滇南本草》）

⑤治疳疮疔毒：蒲公英捣烂覆之，别更捣汁，和酒煎服，取汗。（《本草纲目》）

⑥治急性结膜炎：蒲公英、金银花。将两药分别水煎，制成两种滴眼水。每日滴眼 3～4 次，每次 2～3 滴。（《全展选编》）

⑦治急性化脓性感染：蒲公英、乳香、汉药、甘草。水煎服。（《中医杂志》）

⑧治多年恶疮及蛇跤肿毒：蒲公英捣烂，贴。（《救急方》）

⑨治肝炎：蒲公英干根 18 g，茵陈蒿 12 g，柴胡、生山栀、郁金、茯苓各 9 g。水煎服。或用干根、天名精各 32 g。水煎服。

⑩治胆囊炎：蒲公英 32 g。水煎服。

⑪治慢性胃炎，胃溃疡：蒲公英干根、地榆根各等份，研末，每服 6 g，一日 3 次，生姜汤送服。（⑨～⑪方出自《南京地区常用中草药》）

⑫治胃弱，消化不良，慢性胃炎，胃胀痛：蒲公英 32 g（研细粉），橘皮 18 g（研细粉），砂仁 9 g（研细粉）。混合共研，每服 0.6～0.9 g，一日数次，食后开水送服。（《现代实用中药》）

【临床应用】蒲公英是清热解毒的传统药物。近年来通过进一步研究，证明它有良好的抗感染作用。现已制成注射剂、片剂、糖浆等不同剂型，广泛应用于临床各科多种感染性炎症。

口服：除煎剂（大多配成复方使用）、片剂、糖浆外，尚有用于治疗乳腺炎的酒浸剂（蒲公英 40 g 加 50° 白酒 500 ml 浸 7 天，过滤。日服 3 次，每次 20～90 ml）等。外用：蒲公英根茎研末，加凡士林调成膏剂，或用鲜草全株捣成糊剂敷于患处，治疗急性乳腺炎、颌下腺及颌下软组织炎，颈背蜂窝织炎等急性软组织炎症；用鲜蒲公英捣取汁滴耳治疗中耳炎，涂于创面治疗烫伤等；制成 1% 点眼液点眼，或配合菊花煎水熏洗患眼，治疗急性结膜炎等；用蒲公英 20～90 g 捣碎，加入 1 个鸡蛋清，搅匀，再加白糖适量，共捣成糊状，敷于患部，治疗流行性腮腺炎等。

此外，蒲公英还曾用于：a. 慢性胃炎，用蒲公英 15 g，酒酿 1 食匙，水煎两次混合，早、中、晚饭后服；b. 胃、十二指肠溃疡病，用蒲公英根制成散剂，每日 3 次，每次 1.5 g，饭后服；c. 先天性血管瘤：取鲜蒲公英叶、茎的白汁，涂擦血管瘤表面，每日 5～10 次。

狗舌草属 *Tephroseris*（Reichenb.）Reichenb.

904. 狗舌草 *Tephroseris kirilowii*（Turcz. ex DC.）Holub

【别名】狗舌头草。

【形态】多年生草本，根状茎斜升，常覆盖以褐色宿存叶柄，具多数纤维状根。茎单生，稀 2～3，近葶状，直立，高 20～60 cm，不分枝，被密白色蛛丝状毛，有时脱毛。基生叶数片，莲座状，具短柄，在花期生存，长圆形或卵状长圆形，长 5～10 cm，宽 1.5～2.5 cm，顶端钝，具小尖，基部楔状至渐狭成具狭至宽翅叶柄，两面被密或疏白色蛛丝状茸毛；茎叶少数，向茎上部渐小，下部叶倒披针形或倒披针状长圆形，长 4～8 cm，宽 0.5～1.5 cm，钝至尖，无柄，基部半抱茎，上部叶小，披针形，苞片状，顶端尖。头状花序直径 1.5～2 cm，3～11 个排成伞形状顶生伞房花序；花序梗长 1.5～5 cm，被密蛛丝状茸毛，被黄褐色腺毛，基部具苞片，上部无小苞片。总苞近圆柱状钟形，长 6～8 mm，宽 6～9 mm，无外层苞片；总苞片 18～20 枚，披针形或线状披针形，宽 1～1.5 mm，顶端渐尖或急尖，绿色或紫色，草质，具狭膜质边缘，外面被密或疏蛛丝状毛。舌状花 13～15，管部长 3～3.5 mm；舌片黄色，长圆形，长 6.5～7 mm，宽 2.5～3 mm，顶端钝，具 3 细齿，4 脉。管状花多数，花冠黄色，长约 8 mm，管部长 4 mm，檐部漏斗状；裂片卵状披针形，长 1.2 mm，急尖，顶端具乳头状毛。花药长 2.2 mm，基部钝，附片卵状披针形；花柱分枝长约 1 mm。瘦果圆柱形，长 2.5 mm，被密硬毛。冠毛白色，长约 6 mm。花期 2—8 月。

【生境分布】 生于塘边、路边湿地。罗田各地均有分布。

【药材名】 狗舌草。

【来源】 菊科植物狗舌草 *Tephroseris kirilowii* （Turcz. ex DC.）Holub 的全草。

【性味】 苦，寒。

【功能主治】 清热，利水，杀虫。主治肺脓肿，肾炎水肿，疖肿，疖疮。

【用法用量】 内服：煎汤，9～15 g。外用：研末撒或捣敷。

【附方】 ①治肺脓肿：狗舌草、金锦香各 15 g。加烧酒 250 g，密闭，隔水炖服，每天 1 剂，痊愈为止。

②治肾炎水肿：鲜狗舌草 2～3 株，捣烂，以酒杯覆敷脐部，每天 4～6 h。

③治疖肿：狗舌草 9～15 g。水煎服。（①～③方出自《浙江民间常用草药》）

款冬属 *Tussilago* L.

905. 款冬 *Tussilago farfara* L.

【别名】 冬花、款冬花。

【形态】 多年生草本。根状茎横生地下，褐色。早春花叶抽出数个花葶，高 5～10 cm，密被白色茸毛，有鳞片状，互生的苞叶，苞叶淡紫色。头状花序单生于顶端，直径 2.5～3 cm，初时直立，花后下垂；总苞片 1～2 层，总苞钟状，结果时长 15～18 mm，总苞片线形，顶端钝，常带紫色，被白色柔毛及脱毛，有时具黑色腺毛；边缘有多层雌花，花冠舌状，黄色，子房下位；柱头 2 裂；中央的两性花少数，花冠管状，顶端 5 裂；花药基部尾状；柱头头状，通常不结实。瘦果圆柱形，长

3～4 mm；冠毛白色，长 10～15 mm。后生出基生叶阔心形，具长叶柄，叶片长 3～12 cm，宽 4～14 cm，边缘有波状，顶端有增厚的疏齿，掌状网脉，下面被密白色茸毛；叶柄长 5～15 cm，被白色绵毛。

【生境分布】 栽培或野生于河边、沙地。罗田北部高山区有分布。

【采收加工】 10 月下旬至 12 月下旬在花未出土时采挖，摘取花蕾，除去花梗及泥土，阴干。

【药材名】 款冬花。

【来源】 菊科植物款冬 *Tussilago farfara* L. 的花蕾。

【性状】 干燥花蕾呈不整齐棍棒状，常2～3个花序连生在一起，长1～2.5 cm，直径6～10 mm。上端较粗，中部稍丰满，下端渐细或带有短梗。花头外面有多数鱼鳞状苞片，外表面呈紫红色或淡红色。苞片内表面布满白色絮状茸毛。气清香，味微苦而辛，嚼之显棉絮状。以朵大、紫红色、无花梗者为佳。

【炮制】 款冬花：拣去残梗、沙石、土块。蜜冬花：取拣净的款冬花同炼蜜加适量开水，拌匀，稍闷，放锅内用文火炒至微黄色、不黏手为度，取出放凉。（款冬花每50 kg，用炼蜜12.5 kg）

【性味】 辛，温。

【归经】 归肺经。

【功能主治】 润肺下气，化痰止嗽。主治咳逆喘息，喉痹。

【用法用量】 内服：煎汤，1.5～9 g；或熬膏，入丸、散。

【注意】 ①《本草经集注》：杏仁为使。得紫菀良。恶皂荚、消瓦玄参。畏贝母、辛夷、麻黄、黄芩、黄连、黄芪、青葙。

②《本草崇原》：肺火燔灼，肺气焦满者不可用。

③《本经逢原》：阴虚劳嗽禁用。

【附方】 ①治暴发咳嗽：款冬花64 g，桑根白皮（锉）、贝母（去心）、五味子、甘草（炙，锉）各16 g，知母0.3 g，杏仁（去皮尖，炒，研）0.9 g。上七味，粗捣筛，每服4.5 g，水一盏，煎至七分，去滓温服。（《圣济总录》）

②治久嗽不止：紫菀95 g，款冬花95 g。上药粗捣罗为散，每服9 g，以水一盏，入生姜半分，煎至六分，去滓温服，日三四服。（《太平圣惠方》）

③治肺痈嗽而胸满振寒，脉数，咽干，大渴，时出浊唾腥臭，臭久吐脓如粳米粥状者：款冬花（去梗）47 g，甘草（炙）32 g，桔梗64 g，薏苡仁32 g。上作10剂，水煎服。（《疮疡经验全书》）

④治喘嗽不已，或痰中有血：款冬花、百合（蒸，焙）各等份为细末，炼蜜为丸，如龙眼大。每服一丸，食后临卧细嚼，姜汤咽下，嗽化尤佳。（《济生方》）

苍耳属 *Xanthium* L.

906. 苍耳 *Xanthium sibiricum* Patrin ex Widder

【别名】 卷耳。

【形态】 一年生草本，高20～90 cm。根纺锤状，分枝或不分枝。茎直立不枝或少有分枝，下部圆柱形，直径4～10 mm，上部有纵沟，被灰白色糙伏毛。叶三角状卵形或心形，长4～9 cm，宽5～10 cm，近全缘，或有3～5不明显浅裂，顶端尖或钝，基部稍心形或截形，与叶柄连接处成相等的楔形，边缘有不规则的粗锯齿，有3基出脉，侧脉弧形，直达叶缘，脉上密被糙伏毛，上面绿色，下面苍白色，被糙伏毛；叶柄长3～11 cm。雄性的头状花序球形，直径4～6 mm，有花序梗

或无，总苞片长圆状披针形，长 1 ～ 1.5 mm，被短柔毛，花托柱状，托片倒披针形，长约 2 mm，顶端尖，有微毛，有多数的雄花，花冠钟形，管部上端有 5 宽裂片；花药长圆状线形；雌性的头状花序椭圆形，外层总苞片小，披针形，长约 3 mm，被短柔毛，内层总苞片结合成囊状，宽卵形或椭圆形，绿色、淡黄绿色或有时带红褐色，在瘦果成熟时变坚硬，连同喙部长 12 ～ 15 mm，宽 4 ～ 7 mm，外面有疏生的具钩状的刺，刺极细而直，基部微增粗或几无，长 1 ～ 1.5 mm，基部被柔毛，常有腺点，或全部无毛；喙坚硬，锥形，上端略呈镰刀状，长 1.5 ～ 2.5 mm，常不等长，少有结合而成 1 个喙。瘦果 2，倒卵形。花期 7—8 月，果期 9—10 月。

【生境分布】　生于荒坡草地或路旁。罗田各地均有分布。

（1）苍耳子。

【采收加工】　夏季割取全草，去泥，晒干。

【来源】　菊科植物苍耳 *Xanthium sibiricum* Patrin ex Widder 带种苞的茎叶。

【性味】　苦、辛，寒；有毒。

【功能主治】　祛风散热，解毒杀虫。主治头风，头晕，湿痹拘挛，目赤、目翳，风癫，疔肿，热毒疮疡，皮肤瘙痒。

【用法用量】　内服：煎汤，6 ～ 12 g；捣汁、熬膏或入丸、散。外用：捣敷、烧存性研末调敷或煎水洗。

【注意】　①《千金方》：不可共猪肉食。

②《唐本草》：忌米泔。

③《本草从新》：散气耗血，虚人勿服。

【附方】　①治中风伤寒头痛，又疗疔肿困重：生捣苍耳根叶，和小儿尿绞取汁，冷服 1 升，日三度。（《食疗本草》）

②治中风，头痛，湿痹，四肢拘挛痛：苍耳嫩苗叶 500 g，酥 32 g。先煮苍耳三、五沸，漉出，用豉一合，水二大盏半，煎豉取汁一盏半，入苍耳及五味，调和作羹，入酥食之。（《太平圣惠方》）

③治赤白下痢：苍耳草不拘多少，洗净，以水煮烂，去滓，入蜜，用武火熬成膏。每服一二匙，白汤下。（《医方摘元》）

④治目上星翳：鲜苍耳草，捣烂涂膏药上贴太阳穴。（《浙江民间草药》）

⑤治大风及诸风疾：苍耳不以多少，碾为细末，用大风（子）油为丸，如梧桐子大。每服 30 ～ 40 丸，用荆芥茶送下，不拘时候服。（《履巉岩本草》）

⑥治癫：嫩苍耳、荷叶各等份，为末，每服 6 g，温酒调下。（《袖珍方》）

⑦治疔肿，出根：苍耳烧作灰，和腊月猪脂封之。（《本草拾遗》）

⑧治热毒攻手足，赤肿焮热，疼痛欲脱：苍耳草绞取汁以渍之。（《千金方》）

⑨治中耳炎：鲜苍耳全草 16 g（干品 10 g）。冲开水半碗服。（《福建民间草药》）

⑩治疥疮痔漏：苍耳全草煎汤熏洗。（《闽东本草》）

⑪治风疹和遍身湿痒：苍耳全草煎汤外洗。（《闽东本草》）

⑫治赤白汗斑：苍耳嫩叶尖和膏盐擂烂。五、六月间擦之，五至七次。（《摘玄方》）

⑬治花蜘蛛毒咬人：野缣丝，捣汁一盏服，仍以渣敷之。（《摘玄方》）

⑭治虫咬性皮炎：鲜苍耳茎叶、白矾、明雄各适量。共捣成膏，外敷蛰咬处，固定。（内蒙古《中草药新医疗法资料选编》）

【临床应用】　①治疗麻风。对改善症状有较好作用，用药后能使患者结节消失，恢复正常皮肤，或红斑颜色变淡、范围缩小，面部、耳垂浸润性损害减轻，胀大的尺神经变细变软，手足活动灵活，部分恢复知觉，麻风杆菌也有减少趋势，病理浸润亦稍有进步。但上述疗效多发生在用药后 3 ～ 4 月，以后进步不明显，且有部分患者发生新生损害，少数患者继续用药至 12 ～ 15 月，又有不同程度的进步，但不及初期效果明显。因此认为苍耳草宜与砜类药或氨硫脲同时服用或交替服用，以期达到较满意的效果。剂量及用法：目前尚无统一的剂量标准。一般采用新鲜苍耳草制成浸膏丸或片内服。浸膏丸每粒相当于生药 32 ～ 64 g 或 125 g。开始用 125 g，每日 1 次，3 日后根据患者身体情况和病情轻重逐渐增加用量，最多每日 500 g，2 次分服；有的每日用 250 ～ 765 g，连服 3 个月，休息两周；也有主张每日用 390 g，3 次分服，若出现副作用可酌量减少，如无不良反应而见效迟缓者，可酌情渐增剂量。副作用有食欲减退、便秘及发热、神经症状等，但均较轻微。在服用大剂量时，应注意安全，以免发生中毒事故。

②治疗慢性鼻炎。据 50 余例临床观察，有效率在 50% 以上。具有抗过敏作用，对急性副鼻窦炎也有效果。用法：苍耳全草注射液，每支 2 ml（相当于生药 2 g）肌肉注射，每日 1 ～ 2 次。

③治疗功能性子宫出血。苍耳草 64 g（干品 32 g），煎服，每日 1 剂。轻者 3 ～ 5 天，重者 7 ～ 10 天即可见效。

④治疗早期血吸虫病。用苍耳全草 64 g，槟榔 48 g，煎成 60 ml，每次 10 ml，每日 3 次食前服，连服 10 天。治疗 32 例，患者食欲增加，体力增强，一般体征均见好转；3 个月后 28 例曾复查大便，血吸虫卵阴转率为 78.6%。常见的药物反应有腹痛、腹泻、头晕和恶心等。

（2）苍耳根。

【采收加工】 秋季采收，晒干或鲜用。

【来源】 菊科植物苍耳 *Xanthium sibiricum* Patrin ex Widder 的根。

【性味】 温。

【功能主治】 主治疔疮，痈疽，缠喉风，丹毒，高血压，痢疾。

【用法用量】 内服：煎汤，鲜品 16 ～ 32 g；或捣汁、熬膏。外用：煎水熏洗或熬膏涂。

【注意】 《医林纂要探源》：忌猪肉、糯米。

【附方】 ①治一切疔肿：a.苍耳根、茎、苗、子，但取一色，烧为灰，醋、泔淀和如泥涂上，干即易之。（《千金方》）b.苍耳根 110 g，乌梅 5 个，连须葱 3 根。酒二盅，煎一盅，热服取汗。（《秘传经验方》）

②治痈疽发背，无头恶疮，肿毒疔疖，风痒瘾疹，牙疼喉痹：采苍耳根、叶数扭，洗净，晒萎，细锉，以大锅五口。入水煮烂，以筛滤去粗滓，布绢再滤，复入净锅，武火煎滚，文火熬稠，搅成膏，以新罐贮封。每以敷贴，牙疼即敷牙上，喉痹敷舌上或噙化，每日用酒服一匙。（《李时珍濒湖集简方》）

③治缠喉痹风：苍耳草根，老姜一块，同研烂滤汁，以温无灰白酒，和汁服。（《经验良方》）

④治丹毒流火：鲜苍耳草根与叶，煎汤，熏洗红肿处。（《贵阳市中医、草药医、民族医秘方验方》）

⑤治高血压：苍耳根 16 ～ 32 g。水煎服。（《陕西中草药》）

⑥治痢疾：苍耳根 32 g。煨红糖水服。（《贵州草药》）

⑦治肾炎水肿：苍耳根 32 g。水煎服或配伍应用。（《云南中草药》）

（3）苍耳花。

【采收加工】 夏季采收。

【来源】 菊科植物苍耳 *Xanthium sibiricum* Patrin ex Widder 的花或花蕾。

【功能主治】 ①《本草纲目》：主白癞顽痒。

②《南宁市药物志》：治白痢。

【用法用量】 内服：煎汤，10 ～ 22 g。外用：捣敷。

（4）苍耳子。

【采收加工】　8—9 月果成熟时摘下晒干，或割取全株，打下果，除净杂质，晒干。

【来源】　菊科植物苍耳 *Xanthium sibiricum* Patrin ex Widder 带总苞的果。

【性状】　干燥带总苞的果呈纺锤形或椭圆形，长 1 ～ 1.7 cm，直径 4 ～ 7 mm。表面黄绿色、棕绿色或暗棕色，着生多数长约 2 mm 的钩刺。一端有 2 根较粗大的尖刺，分离或相连，外皮（总苞）坚韧，内分 2 室，各藏 1 个小瘦果。瘦果略呈纺锤形，一面较平坦，果皮灰黑色，纸质，一端具 1 刺状凸起的柱基；种子浅灰色，种皮膜质，内有子叶 2 枚，胚根位于尖端。气微弱，味微苦、油样。以粒大饱满、黄绿色者为佳。

【炮制】　拣去杂质，去刺，筛去灰屑，微炒至黄色，取出放凉。

【性味】　甘，温；有毒。

【归经】　归肺、肝经。

【功能主治】　散风，止痛，祛湿，杀虫。主治风寒头痛，鼻渊，齿痛，风寒湿痹，四肢挛痛，疥癞，瘙痒。

【用法用量】　内服：煎汤，4.5 ～ 10 g；或入丸、散。

【注意】　血虚之头痛、痹痛忌服。

①《唐本草》：忌猪肉、马肉、米泔。

②《本草从新》：散气耗血，虚人勿服。

【附方】　①治诸风眩晕，或头脑攻痛：苍耳子 95 g，天麻、白菊花各 10 g。（《本草汇言》）

②除风湿痹，四肢拘挛：苍耳子 95 g。捣末，以水一升半，煎取七合，去滓呷。（《食医心鉴》）

③治大麻风：苍术 500 g，苍耳子 95 g。各为末，米饭为丸，如梧桐子大。日三服，每服 6 g。忌房事三月。（《洞天奥旨》）

④治疥癞，消风散毒：苍耳子炒蚬肉食。（《生草药性备要》）

⑤治妇人风瘙瘾疹，身痒不止：苍耳花、叶、子各等份，捣细罗为末。每服以豆淋酒调下 6 g。（《太平圣惠方》）

⑥治鼻流浊涕不止：辛夷 16 g，苍耳子 7.5 g，香白芷 32 g，薄荷叶 1.5 g。上并晒干，为细末。每服 6 g，用葱、茶清食后调服。（《济生方》）

⑦治目睹、耳鸣：苍耳子半分。捣烂，以水 2 升，绞滤取汁，和粳米半两煮粥食之，或作散煎服。（《太平圣惠方》）

⑧治牙疼：苍耳子 5 升，以水一斗，煮取 5 升，热含之，疼则吐，吐复含。无子，茎、叶皆得用之。（《千金翼方》）

⑨治疔疮恶毒：苍耳子 16 g。微炒为末，黄酒冲服；并用鸡子清涂患处，疔根拔出。（《经验广集》）

【临床应用】　①治疗腰腿痛。

②治疗变态反应性鼻炎。用法：苍耳子焙成深棕色后研粉，每次 3 ～ 5 g，日服 3 次，连服 2 周。或将粉末与蜂蜜混合制成丸剂（每丸含药粉 3 g），每次 1 ～ 2 丸，日服 3 次，连服 2 周，必要时可服 3 周至两月。亦可将药粉用酒精浸提制成片剂（每片相当于原生药 1.5 g 左右），每服 2 片，每日 3 次，连服 2 周左右。少数患者服药后出现轻度腹泻、腹胀痛，以及轻微头痛、全身无力等症状。

③治疗慢性鼻炎。取苍耳子 30 ～ 40 个，轻轻捶破，放入清洁小铝杯中，加麻油 32 g，文火煮开，去苍耳子，待冷后，倾入小瓶中备用。用时以棉签饱蘸药油涂鼻腔，每日 2 ～ 3 次，2 周为 1 个疗程。

④治疗疟疾。鲜苍耳子 95 g，洗净捣烂，加水煎 15 min，去渣，打入 2 ～ 3 个鸡蛋于药液内煮熟。于疟疾发作前将鸡蛋与药液一次服下。如 1 次未愈，可按上法再服。

⑤治疗腮腺炎。苍耳子加水煎服，每日 4 次，连服 3 天。新生儿每天 3 g，1 ～ 2 岁 4.5 g，以后每大 2 岁增加 4.5 g，14 岁以上 32 ～ 48 g。一般轻症服 2 ～ 3 天即可，重症可配合苍耳草叶捣敷患处。有合并

症者宜配合其他疗法处理。

⑥治疗下肢溃疡。苍耳子炒黄研末 64～125 g，生猪板油 125～195 g，共捣如糊状。用时先用石灰水（石灰 500 g，加开水 4 kg 冲泡，静置 1 h 吸取上清液）洗净创面，揩干后涂上药膏，外用绷带包扎。冬季 5～7天，夏季 3 天更换敷料。

（5）苍耳蠹虫。

【别名】 麻虫、苍耳虫。

【采收加工】 夏、秋季寻觅苍耳草梗上有蛀孔者，其内都有蠹虫，用小刀剖取，随用或焙干后密闭储藏，或油浸备用。

【来源】 寄居于菊科植物苍耳 *Xanthium sibiricum* Patrin ex Widder 茎中的一种昆虫的幼虫。

【功能主治】 主治疔肿，痔疮。

【用法用量】 外用：研末调涂、捣敷或用香油浸后敷。

【附方】 ①治一切疔肿及无名肿毒恶疮：a. 麻虫（炒黄色）、白僵蚕、江茶各等份。为末，蜜调涂之。（《圣济总录》）b. 苍耳草梗中虫 1 条，白梅肉三四分。同捣如泥，贴之。（《保寿堂经验方》）c. 苍耳节内虫 49 条，捶碎，入人言少许，捶成块，刺疮令破，敷之，少顷以手撮出根。（《本草纲目》）d. 苍耳虫（不拘量），冰片、雄黄各少许（研末），飞廉 1 棵（捣烂取汁），甘草 16 g（用开水泡汁约 32 g）。上药同放入香油内浸泡备用。用时取虫 1 只，对准疔头包扎好。（《江苏省中草药新医疗法展览资料选编》）

②治痔疮：苍耳虫 1.5 g。泡香油外敷。（《民间常用草药汇编》）

黄鹌菜属 *Youngia* Cass.

907. 黄鹌菜 *Youngia japonica*（L.）DC.

【别名】 黄花菜。

【形态】 一年生草本，高 10～100 cm。根垂直直伸，生多数须根。茎直立，单生或少数茎呈簇生，粗壮或细，顶端伞房花序状分枝或下部有长分枝，下部被稀疏的皱波状长或短毛。基生叶全形倒披针形、椭圆形、长椭圆形或宽线形，长 2.5～13 cm，宽 1～4.5 cm，大头羽状深裂或全裂，极少有不裂的，叶柄长 1～7 cm，有狭或宽翼，或无翼，顶裂片卵形、倒卵形或卵状披针形，顶端圆形或急尖，边缘有锯齿或几全缘，侧裂片 3～7 对，椭圆形，向下渐小，最下方的侧裂片耳状，全部侧裂片边缘有锯齿或细锯齿，或边缘有小尖头，极少边缘全缘；无茎叶或极少有 1（2）片茎生叶，且与基生叶同型并等样分裂；全部叶及叶柄被皱波状长或短柔毛。头花序含 10～20 朵舌状小花，少数或多数在茎枝顶端排成伞房花序，花序梗细。总苞圆柱状，长 4～5 mm，极少长 3.5～4 mm；总苞片 4 层，外层及最外层极短，宽卵形或宽形，长、宽均不足 0.6 mm，顶端急尖，内层及最内层长，长 4～5 mm，极少长 3.5～4 mm，宽 1～1.3 mm，披针形，顶端急尖，边缘白色宽膜质，内面有贴伏的短糙毛；全部总苞片外面无毛。舌状小花黄色，花冠管外面有短柔毛。瘦果纺锤形，压扁，褐色或红褐

色，长 1.5 ～ 2 mm，向顶端有收缢，顶端无喙，有 11 ～ 13 条粗细不等的纵肋，肋上有小刺毛。冠毛长 2.5 ～ 3.5 mm，糙毛状。花果期 4—10 月。

【生境分布】　生于路边荒野。

【采收加工】　春、秋季采收。

【药材名】　黄鹌菜。

【来源】　菊科植物黄鹌菜 *Youngia japonica*（L.）DC. 的全草或根。

【性味】　甘、微苦，凉；无毒。

【功能主治】　清热，解毒，消肿，止痛。主治感冒，咽痛，乳腺炎，结膜炎，疔疮，尿路感染，风湿性关节炎。

【用法用量】　内服：煎汤，10 ～ 16 g（鲜品 32 ～ 64 g）。外用：捣敷或捣汁含漱。

【附方】　①治咽喉炎症：鲜黄鹌菜，洗净，捣汁，加醋适量含漱（治疗期间忌吃油腻食物）。

②治乳腺炎：鲜黄鹌菜 32 ～ 64 g。水煎酌加酒服，渣捣烂加热外敷患处。

③治肝腹水：鲜黄鹌菜根 12 ～ 18 g。水煎服。

④治胼胝：鲜黄鹌菜 32 ～ 64 g。水酒各半煎服，渣外敷。

⑤治狂犬咬伤：鲜黄鹌菜 32 ～ 64 g。绞汁泡开水服，渣外敷。（①～⑤方出自福建晋江《中草药手册》）

百日菊属 *Zinnia* L.

908. 百日菊 *Zinnia elegans* Jacq.

【别名】　月月花、节节高。

【形态】　一年生草本。茎直立，高 30 ～ 100 cm，被糙毛或长硬毛。叶宽卵圆形或长圆状椭圆形，长 5 ～ 10 cm，宽 2.5 ～ 5 cm，基部稍心形抱茎，两面粗糙，下面被密的短糙毛，基出 3 脉。头状花序直径 5 ～ 6.5 cm，单生于枝端，无中空肥厚的花序梗。总苞宽钟状；总苞片多层，宽卵形或卵状椭圆形，外层长约 5 mm，内层长约 10 mm，边缘黑色。托片上端有延伸的附片；附片紫红色，流苏状三角形。舌状花深红色、玫瑰色、紫堇色或白色，舌片倒卵圆形，先

端 2 ～ 3 齿裂或全缘，上面被短毛，下面被长柔毛。管状花黄色或橙色，长 7 ～ 8 mm，先端裂片卵状披针形，上面被黄褐色密茸毛。雌花瘦果倒卵圆形，长 6 ～ 7 mm，宽 4 ～ 5 mm，扁平，腹面正中和两侧边缘各有 1 棱，顶端截形，基部狭窄，被密毛；管状花瘦果倒卵状楔形，长 7 ～ 8 mm，宽 3.5 ～ 4 mm，极扁，被疏毛，顶端有短齿。花期 6—9 月，果期 7—10 月。

【生境分布】　长江流域各省均有栽培。

【采收加工】　春、夏季采收。

【药材名】　百日菊。

【来源】　菊科植物百日菊 *Zinnia elegans* Jacq. 的全草。

【功能主治】 清热利尿。主治痢疾，淋证，乳头痛。

【用法用量】 内服：煎汤，16～32 g。外用：鲜品适量，捣敷患处。

一五四、香蒲科 Typhaceae

香蒲属 *Typha* L.

909. 水烛 *Typha angustifolia* L.

【别名】 蒲草黄。

【形态】 多年生，水生或沼生草本。根状茎乳黄色、灰黄色，先端白色。地上茎直立，粗壮，高 1.5～2.5（3）m。叶片长 54～120 cm，宽 0.4～0.9 cm，上部扁平，中部以下腹面微凹，背面向下逐渐隆起呈凸形，下部横切面呈半圆形，细胞间隙大，呈海绵状；叶鞘抱茎。雌雄花序相距 2.5～6.9 cm；雄花序轴具褐色扁柔毛，单出，或分叉；叶状苞片 1～3 枚，花后脱落；雌花序长 15～30 cm，基部具 1 枚叶状苞片，通常比叶片宽，花后脱落；雄

花由 3 枚雄蕊合生，有时由 2 或 4 枚组成，花药长约 2 mm，长距圆形，花粉粒单体，近球形、卵形或三角形，纹饰网状，花丝短，细弱，下部合生成柄，长（1.5）2～3 mm，向下渐宽；雌花具小苞片；孕性雌花柱头窄条形或披针形，长 1.3～1.8 mm，花柱长 1～1.5 mm，子房纺锤形，长约 1 mm，具褐色斑点，子房柄纤细，长约 5 mm；不孕雌花子房倒圆锥形，长 1～1.2 mm，具褐色斑点，先端黄褐色，不育柱头短尖；白色丝状毛着生于子房柄基部，并向上延伸，与小苞片近等长，均短于柱头。小坚果长椭圆形，长约 1.5 mm，具褐色斑点，纵裂。种子深褐色，长 1～1.2 mm。花果期 6—9 月。

【生境分布】 生于沼泽或池塘。罗田各地均有分布。

【采收加工】 夏季采收蒲棒上部的黄色雄花序，晒干后辗轧，筛取花粉。

【药材名】 蒲黄。

【来源】 香蒲科植物水烛 *Typha angustifolia* L. 的花粉。

【性状】 花粉为黄色粉末。体轻，放水中则飘浮水面。手捻有滑腻感，易附着在手指上，气微，味淡。

【性味】 甘，平。

【功能主治】 止血，化瘀，通淋。主治吐血，衄血，咯血，崩漏，外伤出血，闭经，痛经，脘腹刺痛，跌打肿痛，血淋湿痛。

【用法用量】 内服：煎汤（包煎），10～12 g。

一五五、眼子菜科 Potamogetonaceae

眼子菜属 *Potamogeton* L.

910. 眼子菜 *Potamogeton distinctus* A. Benn.

【别名】牙齿草。

【形态】多年生水生草本。根茎发达，白色，直径 1.5～2 mm，多分枝，常于顶端形成纺锤状休眠芽体，并在节处生有稍密的须根。茎圆柱形，直径 1.5～2 mm，通常不分枝。浮水叶革质，披针形、宽披针形至卵状披针形，长 2～10 cm，宽 1～4 cm，先端尖或钝圆，基部钝圆，有时近楔形，具 5～20 cm 长的柄；叶脉多条，顶端连接。沉水叶披针形至狭披针形，草质，具柄，常早落；托叶膜质，长 2～7 cm，顶端锐尖，呈鞘状抱茎。穗状花序顶生，具花多轮，开花时伸出水面，花后沉没水中；花序梗稍膨大，粗于茎，花时直立，花后自基部弯曲，长 3～10 cm；花小，被片 4，绿色；雌蕊 2 枚，稀 1 或 3 枚。果宽倒卵形，长约 3.5 mm，背部明显 3 脊，中脊锐，于果上部明显隆起，侧脊稍钝，基部及上部各具 2 凸起，喙略下陷而斜伸。花果期 5—10 月。

【生境分布】生于静水池沼中。

【药用部位】全草、嫩根。

【药材名】眼子菜、钉耙七。

（1）眼子菜。

【采收加工】3—4 月采收，晒干。

【来源】眼子菜科植物眼子菜 *Potamogeton distinctus* A. Benn. 的全草。

【性味】苦，寒。

【功能主治】清热，利水，止血，消肿，驱蛔。主治痢疾，黄疸，淋证，带下，血崩，痔血，蛔虫病，疮疡红肿。

【用法用量】内服：煎汤，10～12 g（鲜品 32～64 g）。外用：捣敷。

【附方】①治赤白痢疾日久者：眼子菜、山楂各等份，砂糖 6 g 同煎服。（《滇南本草》）

②治黄疸病：眼子菜 32 g（生），煎水内服。

③治热淋：眼子菜 64 g（生），煎水去渣，煎甜酒服。

④治肠风下血（内痔出血）：眼子菜 32 g，红椿根皮 16 g，槐角 16 g。装入猪直肠中炖吃。

⑤治常流鼻血：眼子菜 32 g，绿壳鸭蛋 2 个，以眼子菜加水煮汁，汁煮蛋花，一次服用。

⑥治火眼：新鲜眼子菜叶数张，贴于眼皮上，干后即换。（②～⑥方出自《贵阳民间药草》）

⑦治疔疮：眼子菜鲜叶适量，捣烂外敷。（《陕西中草药》）

（2）钉耙七。

【采收加工】春季采挖嫩根，去除泥土杂质，清水中洗净，鲜用或晒干备用。

【来源】 眼子菜科植物眼子菜 *Potamogeton distinctus* A. Benn. 的嫩根。

【功能主治】 理气和中，止血。主治气瘕腹痛，腰痛，痔疮出血。

【用法用量】 内服：煎汤，9～15 g；或研末。

一五六、泽泻科 Alismataceae

泽泻属 *Alisma* L.

911. 泽泻 *Alisma plantago-aquatica* L.

【别名】 泽芝。

【形态】 多年生水生或沼生草本。块
茎直径 1～3.5 cm 或更大。叶通常多数；
沉水叶条形或披针形；挺水叶宽披针形、椭
圆形至卵形，长 2～11 cm，宽 1.3～7 cm，
先端渐尖，稀急尖，基部宽楔形、浅心形，
叶脉通常 5 条，叶柄长 1.5～30 cm，基部
渐宽，边缘膜质。花葶高 78～100 cm 或
更高；花序长 15～50 cm 或更长，具 3～8

轮分枝，每轮分枝 3～9 枚。花两性，花梗长 1～3.5 cm；外轮花被片广卵形，长 2.5～3.5 cm，宽 2～3 mm，
通常具 7 脉，边缘膜质，内轮花被片近圆形，远大于外轮，边缘具不规则粗齿，白色，粉红色或浅紫色；
心皮 17～23 枚，排列整齐，花柱直立，长 7～15 mm，长于心皮，柱头短，为花柱的 1/9～1/5；花
丝长 1.5～1.7 mm，基部宽约 0.5 mm，花药长约 1 mm，椭圆形，黄色或淡绿色；花托平凸，高约 0.3 mm，
近圆形。瘦果椭圆形或近矩圆形，长约 2.5 mm，宽约 1.5 mm，背部具 1～2 条不明显浅沟，下部平，果
喙自腹侧伸出，喙基部凸起，膜质。种子紫褐色，具凸起。花果期 5—10 月。

【生境分布】 生于沼泽边缘。

【采收加工】 冬季叶子枯萎时，采挖块茎，除去茎叶及须根，洗净，用微火烘干，再撞去须根及粗皮。

【药材名】 泽泻。

【来源】 泽泻科植物泽泻 *Alisma plantago-aquatica* L. 的块茎。

【性状】 干燥块茎类圆球形、长圆球形或倒卵形，长 4～7 cm，直径 3～5 cm；表面黄白色，未除
去粗皮者呈淡棕色；有不规则的横向环状凹陷，并散有无数凸起的须根痕迹，在底部尤密；质坚实，破折
面黄白色，带颗粒性。气微香，味微苦。以个大、质坚、黄白色、粉性足者为佳。

【炮制】 泽泻：拣去杂质，大小分档，用水浸泡，至八成透捞出，晒晾，闷润至内外湿度均匀，切片，
晒干。盐泽泻：取泽泻片，用盐水喷洒拌匀，稍闷润，置锅内用文火微炒至表面略现黄色取出，晾干。（泽
泻片每 100 kg，用盐 2.5 kg，加适量开水化开澄清）

《雷公炮炙论》：细锉，酒浸一宿，漉出，曝干任用。

【性味】 甘，寒。

【归经】 归肾、膀胱经。

【功能主治】　利水，渗湿，泄热。主治小便不利，水肿胀满，呕吐，泻痢，痰饮，淋证。

【注意】　肾虚精滑者忌服。

①《本草经集注》：畏海蛤、文蛤。

②《名医别录》：扁鹊云，多服患者眼。

③《医学入门》：凡淋、渴，水肿，肾虚所致者，不可用。

④《本草经疏》：患者无湿无饮而阴虚，及肾气乏绝，阳衰精自流出，肾气不固精滑，目痛，虚寒作泄等侯，法咸忌之。

【储藏】　置阴凉干燥处。

【附方】①治鼓胀水肿：白术、泽泻各 16 g。上为细末，煎服 10 g，茯苓汤调下，或丸亦可，服三十丸。（《素问病机气宜保命集》）

②治心下有支饮，其人苦冒眩：泽泻 160 g，白术 64 g。上二味，以水 2 升，煮取 1 升，分温服。（《金匮要略》）

③治冒暑霍乱，小便不利，头晕引饮：泽泻、白术、白茯苓各 10 g。水一盏，姜五片，灯心十茎，煎八分，温服。（《本草纲目》）

④治妊娠遍身浮肿，上气喘急，大便不通，小便赤涩：泽泻、桑白皮（炒）、槟榔、赤茯苓各 1.5 g。姜水煎服。（《妇人良方》）

⑤治湿热黄疸，面目身黄：茵陈、泽泻各 32 g，滑石 10 g。水煎服。（《千金方》）

⑥治寒湿脚气，有寒热者：泽泻、木瓜、柴胡、苍术、猪苓、木通、草薢各 16 g。水煎服。（《外科正宗》）

⑦治小儿齁，膈上壅热，涎潮：泽泻 0.3 g，蝉衣（全者）21 个，黄明胶（手掌大一片，炙令焦）。上为细末，每服 3 g，温米汤调下，日进二服，未愈再服。（《宣明论方》）

⑧治酒风，身热解惰，汗出如浴，恶风少气：泽泻、术各十分，麋衔五分。合，以三指撮，为后饭。（《素问》）

⑨治风虚多汗，恶风寒颤：泽泻、防风（去皮）、牡蛎（煅赤）、苍术（米泔浸，去皮，炒）各 32 g，桂（去粗皮）0.9 g。上五味，捣罗为细散。每服 6 g，温粥饮调下，不计时。（《圣济总录》）

⑩治肾脏风生疮：泽泻、皂荚，水煮烂，焙干为末，炼蜜为丸，如梧桐子大。空心，以温酒下 15～20 丸。（《经验方》）

⑪治虚劳膀胱气滞，腰中重，小便淋：泽泻 32 g，牡丹 0.9 g，桂心 0.9 g，甘草（炙微赤，锉）0.9 g，榆白皮（锉）0.9 g，白术 0.9 g，赤茯苓 32 g，木通 32 g（锉）。上药粗捣罗为散。每服 10 g，以水一中盏，煎至六分，去滓，食前温服。（《太平圣惠方》）

⑫治五种腰痛：泽泻半两，桂（去粗皮）0.9 g，白术、白茯苓（去黑皮）、甘草（炙，锉）各 32 g，牛膝（酒浸，切，焙）、干姜（炮）各 16 g，杜仲（去粗皮，锉，炒）0.9 g。上八味，粗捣筛。每服 10 g，水一盏，煎至七分，去滓，空心、日午、夜卧温服。（《圣济总录》）

⑬治水湿肿胀：用白术、泽泻各 32 g，共研末，或做成丸子。每服 10 g，茯苓汤送下。

⑭治暑天吐泻（头晕，渴饮，小便不利）：用泽泻、白术，白茯苓各 10 g，加水一碗、姜五片、类灯心十根，煎至八成，温服。

慈姑属 *Sagittaria* L.

912. 野慈姑 *Sagittaria trifolia* L. var. *trifolia*

【别名】　剪刀草、水慈姑、燕尾草。

【形态】多年生水生或沼生草本。根状茎横走，较粗壮，末端膨大或否。挺水叶箭形，叶片长短、宽窄变异很大，通常顶裂片短于侧裂片，比值1∶1.2～1∶1.5，有时侧裂片更长，顶裂片与侧裂片之间缢缩或否；叶柄基部渐宽，鞘状，边缘膜质，具横脉，或不明显。花葶直立，挺水，高（15）20～70 cm或更高，通常粗壮。花序总状或圆锥状，长5～20 cm，有时更长，具分枝1～2枚，具花多轮，每轮2～3花；苞片3枚，基部合生，先端尖。花单性；花被片反折，外轮花被片椭圆形或广卵形，长3～5 mm，宽2.5～3.5 mm；内轮花被片白色或淡黄色，长6～10 mm，宽5～7 mm，基部收缩，雌花通常1～3轮，花梗短粗，心皮多数，两侧压扁，花柱自腹侧斜上；雄花多轮，花梗斜举，长0.5～1.5 cm，雄蕊多数，花药黄色，长1～1.5（2）mm，花丝长短不一，0.5～3 mm，通常外轮短，向里渐长。瘦果两侧压扁，长约4 mm，宽约3 mm，倒卵形，具翅，背翅不整齐；果喙短，自腹侧斜上。种子褐色。花果期5—10月。

【生境分布】生于湖泊、池塘、沼泽、沟渠、水田等水域。罗田凤山镇北丰河有分布。

【采收加工】夏、秋季采收全草；正月、二月采根。

【来源】泽泻科植物野慈姑 *Sagittaria trifolia* L. var. *trifolia* 的全草。

【功能主治】主治黄疸，瘰疬，蛇咬伤。

【性味】甘，寒。

【用法用量】内服：煎汤，15～30 g。外用：适量，捣敷。

【应用】捣其茎、叶如泥，涂敷诸恶疮肿，及小儿游瘤丹毒，以冷水调此草膏，化如糊，以鸡羽扫上，肿便消退，其效殊佳。根煮熟后味甚甘甜。时人作果子常食，无毒。

一五七、水鳖科 Hydrocharitaceae

水鳖属 *Hydrocharis* L.

913. 水鳖 *Hydrocharis* dubia（Bl.）Backer

【别名】水苏、苤菜。

【形态】浮水草本。须根长可达30 cm。匍匐茎发达，节间长3～15 cm，直径约4 mm，顶端生芽，并可产生越冬芽。叶簇生，多漂浮，有时伸出水面；叶片心形或圆形，长4.5～5 cm，宽5～5.5 cm，先端圆，基部心形，全缘，远轴面有蜂窝状贮气组织，并具气孔；叶脉5条，稀7条，中脉明显，与第一对侧生主脉所成夹角为锐角。雄花序腋生；花序梗长0.5～3.5 cm；佛焰苞2枚，膜质，透明，具紫红色条纹，苞内雄花5～6朵，每次仅1朵开放；花梗长5～6.5 cm；萼片3，离生，长椭圆形，长约6 mm，宽3 mm，常具红色斑点，尤以先端多，顶端急尖；花瓣3，黄色，与萼片互生，广倒卵形或圆形，长约1.3 cm，宽约1.7 cm，先端微凹，基部渐狭，近轴面有乳头状凸起；雄蕊12枚，成4轮排列，最内轮3枚退化，最外轮3枚与花瓣互生，基部与第3轮雄蕊连合，第2轮雄蕊与最内轮退化雄蕊基部联合，最外轮与第2轮雄蕊长约3 mm，花药长约1.5 mm，第3轮雄蕊长约3.5 mm，花药较小，花丝近轴面具乳凸，退化雄蕊顶端具乳凸，基部有毛；花粉圆球形，表面具凸起纹饰。雌佛焰苞小，苞内雌花1朵；花梗长4～8.5 cm；花大，直径约3 cm；萼片3，先端圆，长约11 mm，宽约4 mm，常具红色斑点；花瓣3，白色，基部黄色，广

倒卵形至圆形，长约1.5 cm，宽约1.8 cm，近轴面具乳头状凸起；退化雄蕊6枚，成对并列，与萼片对生；腺体3枚，黄色，肾形，与萼片互生；花柱6，每枚2深裂，长约4 mm，密被腺毛；子房下位，不完全6室。果浆果状，球形至倒卵形，长0.8～1 cm，直径约7 mm，具数条沟纹。种子多数，椭圆形，顶端渐尖；种皮上有许多毛状凸起。花果期8—10月。

【生境分布】生于静水池沼间。

【采收加工】春、夏季采收，鲜用或晒干。

【药材名】水鳖。

【来源】水鳖科植物水鳖 *Hydrocharis* dubia（Bl.）Backer 的全草。

【性味】苦，寒。

【功能主治】清热利湿。主治湿热带下。

【用法用量】内服：研末，2～4 g。

【各家论述】①《名医别录》：生雷泽池泽。三月采，曝干。

②《本草经集注》：此是水中大萍尔，非今浮萍子。《药录》云：五月有花，白色。即非今沟渠所生者。楚王渡江所得，非斯实也。

③《新修本草》：水萍者，有三种，大者名苹。水中又有荇菜，亦相似，而叶圆。

④《本草图经》：水萍，今处处溪涧水中皆有之。此是水中大萍，叶圆阔寸许，叶下有一点，如水沫，一名茮菜，《尔雅》谓之苹，其大者曰蘋是也。《周南诗》云：于以采蘋。陆玑云：海中浮苹粗大者谓之萍。季春始生，可糁蒸，以为茹。又可用苦酒淹，以按酒。三月采，曝干。苏恭云：此有三种：大者曰苹；中者荇菜，即下凫葵是也；小者水上浮，即沟渠间生者是也。大苹，今医方鲜用。

⑤《滇南本草》：一名水旋覆，生海中草地边仙人塘，近华浦前。

水车前属 *Ottelia* Pers.

914. 龙舌草 *Ottelia alismoides*（L.）Pers.

【别名】水车前、瓢羹菜。

【形态】沉水草本，具须根。茎短缩。叶基生，膜质；叶片因生境条件的不同而形态各异，多为广卵形、卵状椭圆形、近圆形或心形，长约20 cm，宽约18 cm，或更大，常见叶形还有狭长形、披针形至线形，长达8～25 cm，宽1.5～4 cm，全缘或有细齿；在植株发育的不同阶段，叶形常依次变更：初生叶线形，后出现披针形、椭圆形、广卵形等叶；叶柄长短随水体的深浅而异，多变化于2～40 cm。两性花，偶见单性花，即杂性异株；佛焰苞椭圆形至卵形，长2.5～4 cm，宽1.5～2.5 cm，顶端2～3浅裂，有3～6

条纵翅，翅有时呈折叠的波状，有时极窄，在翅不发达的脊上有时出现瘤状凸起；总花梗长 40～50 cm；花无梗，单生；花瓣白色、淡紫色或浅蓝色；雄蕊 3～9（12）枚，花丝具腺毛，花药条形，黄色，长 3～4 mm，宽 0.5～1 mm，药隔扁平；子房下位，近圆形，心皮 3～9（10）枚，侧膜胎座；花柱 6～10，2 深裂。果长 2～5 cm，宽 0.8～1.8 cm。种子多数，纺锤形，细小，长 1～2 mm，种皮上有纵条纹，被白毛。花期 4—10 月。

【生境分布】 常生于湖泊、沟渠、水塘、水田以及积水洼地。全国各地均有分布。

【采收加工】 夏、秋季采收，晒干或鲜用。

【药材名】 水车前。

【来源】 水鳖科植物龙舌草 *Ottelia alismoides*（L.）Pers. 的全草。

【性味】 甘、淡，微寒。

【功能主治】 止咳，化痰，清热，利尿。主治哮喘，咳嗽，水肿，汤火伤，痈肿。

【用法用量】 内服：煎汤，鲜品 32～64 g。外用：捣敷或研末调敷。

【附方】 ①治哮喘：龙舌草、水高粱、倒触伞各 16 g。水煎服。（《贵阳民间药草》）

②治肺结核：龙舌草 32 g，子母莲 16 g。炖肉吃。（《贵阳民间药草》）

③治咯血：瓢羹菜 32 g，煨水服。（《贵州草药》）

④治热咳浮肿：龙舌草 16 g，百部 12 g。水煎服。（《贵阳民间药草》）

⑤治便秘：瓢羹菜 16 g，五皮风、木通各 10 g。煨水服。（《贵州草药》）

⑥治水肿：龙舌草、石菖蒲、通花根各 16 g。水煎服。（《贵阳民间药草》）

⑦治子宫脱出：瓢羹菜捣绒，调菜油敷患处。（《贵州草药》）

⑧治肝炎：水车前 38 g，鸡蛋 1 个。水煎服。（江西《草药手册》）

⑨治汤火伤：龙舌草 10 g，冰片 3 g。研末，加麻油调和，外搽伤处。（《贵阳民间药草》）

⑩治乳痈肿毒：龙舌草、忍冬藤，研烂，蜜和敷之。（《多能鄙事》）

一五八、禾本科 Grameneae

看麦娘属 *Alopecurus* L.

915. 看麦娘 *Alopecurus aequalis* Sobol.

【别名】 山高粱、道旁谷。

【形态】 一年生。秆少数丛生，细瘦，光滑，节处常膝曲，高 15～40 cm。叶鞘光滑，短于节间；叶舌膜质，长 2～5 mm；叶片扁平，长 3～10 cm，宽 2～6 mm。圆锥花序圆柱状，灰绿色，长 2～7 cm，宽 3 ～ 6 mm；小穗椭圆形或卵状长圆形，长 2 ～ 3 mm；颖膜质，基部互相连合，具 3 脉，脊上有细纤毛，侧脉下部有短毛；外稃膜质，先端钝，等大或稍长于颖，下部边缘互相连合，芒长 1.5 ～ 3.5 mm，约于稃体下部 1/4 处伸出，隐藏或稍外露；花药橙黄色，长 0.5 ～ 0.8 mm。颖果长约 1 mm。花果期 4—8 月。

【生境分布】 生于低海拔的田边、潮湿之地。罗田各地均有分布。

【采收加工】 春、夏季采收，晒干或鲜用。

【药材名】 看麦娘。

【来源】 禾本科植物看麦娘 *Alopecurus aequalis* Sobol. 的全草。

【性味】 淡，凉。

【功能主治】 利湿消肿，解毒。主治水肿，水痘；外用治小儿腹泻，消化不良。

【用法用量】 内服：煎汤，15 ～ 25 g。外用：适量，煎水洗。

荩草属 *Arthraxon* P. Beauv.

916. 荩草 *Arthraxon hispidus*（Thunb.）Makino

【别名】 马耳草、马耳朵草。

【形态】 一年生。秆细弱，无毛，基部倾斜，高 30 ～ 60 cm，具多节，常分枝，基部节着地易生根。叶鞘短于节间，生短硬疣毛；叶舌膜质，长 0.5 ～ 1 mm，边缘具纤毛；叶片卵状披针形，长 2 ～ 4 cm，宽 0.8 ～ 1.5 cm，基部心形，抱茎，除下部边缘生疣基毛外，余均无毛。总状花序细弱，长 1.5 ～ 4 cm，2 ～ 10 枚呈指状排列或簇生于秆顶；总状花序轴节间无毛，长为小穗的 2/3 ～ 3/4。无柄小穗卵状披针形，呈两

侧压扁，长 3 ～ 5 mm，灰绿色或带紫；第一颖草质，边缘膜质，包住第二颖 2/3，具 7 ～ 9 脉，脉上粗糙至生疣基硬毛，尤以顶端及边缘多，先端锐尖；第二颖近膜质，与第一颖等长，舟形，脊上粗糙，具 3 脉而 2 侧脉不明显，先端尖；第一外稃长圆形，透明膜质，先端尖，长为第一颖的 2/3；第二外稃与第一外稃等长，透明膜质，近基部伸出一膝曲的芒；芒长 6 ～ 9 mm，下部几扭转；雄蕊 2；花药黄色或带紫色，长 0.7 ～ 1 mm。颖果长圆形，与稃体等长。有柄小穗退化到仅针状刺，柄长 0.2 ～ 1 mm。花果期 9—11 月。

【生境分布】 生于山坡、草地和阴湿之处。罗田各地均有分布。

【采收加工】 7—9 月割取全草，晒干。

【药材名】 荩草。

【来源】 禾本科植物荩草 *Arthraxon hispidus*（Thunb.）Makino 的全草。

【性味】苦，平。

【归经】归肺经。

【功能主治】止咳定喘，解毒杀虫。主治久咳气喘，肝炎，咽喉炎，口腔炎，鼻炎，淋巴结炎，乳腺炎，疮疡疖癣。

【临床应用】①治气喘上气：马耳草 12 g。水煎，日服 2 次。（《吉林中草药》）

②治疗癣，皮肤瘙痒，痛疖：莨草 60 g。水煎外洗。（《全国中草药汇编》）

【用法用量】内服：煎汤，6 ～ 15 g。外用：适量，煎水洗或捣敷。

燕麦属 *Avena* L.

917. 野燕麦 *Avena fatua* L.

【别名】野大麦、乌麦、野麦草。

【形态】一年生。须根较坚韧。秆直立，光滑无毛，高 60 ～ 120 cm，具 2 ～ 4 节。叶鞘松弛，光滑或基部者被微毛；叶舌透明膜质，长 1 ～ 5 mm；叶片扁平，长 10 ～ 30 cm，宽 4 ～ 12 mm，微粗糙或上面和边缘疏生柔毛。圆锥花序开展，金字塔形，长 10 ～ 25 cm，分枝具棱角，粗糙；小穗长 18 ～ 25 mm，含 2 ～ 3 小花，其柄弯曲下垂，顶端膨胀；小穗轴密生淡棕色或

白色硬毛，其节脆硬易断落，第一节间长约 3 mm；颖草质，几相等，通常具 9 脉；外稃质地坚硬，第一外稃长 15 ～ 20 mm，背面中部以下具淡棕色或白色硬毛，芒自稃体中部稍下处伸出，长 2 ～ 4 cm，膝曲，芒柱棕色，扭转。颖果被淡棕色柔毛，腹面具纵沟，长 6 ～ 8 mm。花果期 4—9 月。

【生境分布】广布于我国南北各省。生于荒芜田野，是田间杂草。罗田各地均有分布。

【采收加工】夏季采收。

【来源】禾本科植物野燕麦 *Avena fatua* L. 的种子。

【性味】甘，温，无毒。

【功能主治】温补。主治虚汗不止。

【用法用量】内服：煎汤，10 ～ 16 g。

雀麦属 *Bromus* L.

918. 雀麦 *Bromus japonicus* Thunb. ex Murr.

【别名】燕麦、野麦、野小麦、野大麦、野燕麦。

【形态】一年生。秆直立，高 40 ～ 90 cm。叶鞘闭合，被柔毛；叶舌先端近圆形，长 1 ～ 2.5 mm；叶片长 12 ～ 30 cm，宽 4 ～ 8 mm，两面生柔毛。圆锥花序疏展，长 20 ～ 30 cm，宽 5 ～ 10 cm，具 2 ～ 8 分枝，向下弯垂；分枝细，长 5 ～ 10 cm，上部着生 1 ～ 4 小穗；小穗黄绿色，密生 7 ～ 11 小花，长

12 ～ 20 mm，宽约 5 mm；颖近等长，脊粗糙，边缘膜质，第一颖长 5 ～ 7 mm，具 3 ～ 5 脉，第二颖长 5 ～ 7.5 mm，具 7 ～ 9 脉；外稃椭圆形，草质，边缘膜质，长 8 ～ 10 mm，一侧宽约 2 mm，具 9 脉，微粗糙，顶端钝三角形，芒自先端下部伸出，长 5 ～ 10 mm，基部稍扁平，成熟后外弯；内稃长 7 ～ 8 mm，宽约 1 mm，两脊疏生细纤毛；小穗轴短棒状，长约 2 mm；花药长 1 mm。颖果长 7 ～ 8 mm。花果期 5—7 月。

【生境分布】 生于海拔 50 ～ 2500 m 的山坡林缘、荒地。罗田荒地有野生。

【采收加工】 4—6 月采收，晒干。

【药材名】 雀麦。

【来源】 禾本科植物雀麦 *Bromus japonicus* Thunb. ex Murr. 的全草。

【性味】 甘，平。

【功能主治】 止汗，催产。主治汗出不止，难产。

【用法用量】 内服：煎汤，15 ～ 30 g。

【附方】 治汗出不止：燕麦全草 32 g，水煎服，或加米糠 15 g。（《湖南药物志》）

【各家论述】 ①《唐本草》：主女人产不出。煮汁饮之。
②《本草品汇精要》：去虫。

薏苡属 *Coix* L.

919. 薏苡 *Coix lacryma-jobi* L.

【别名】 苡仁、苡米。

【形态】 一年生粗壮草本，须根黄白色，海绵质，直径约 3 mm。秆直立丛生，高 1 ～ 2 m，具 10 多节，节多分枝。叶鞘短于其节间，无毛；叶舌干膜质，长约 1 mm；叶片扁平宽大，开展，长 10 ～ 40 cm，宽 1.5 ～ 3 cm，基部圆形或近心形，中脉粗厚，在下面隆起，边缘粗糙，通常无毛。总状花序腋生成束，长 4 ～ 10 cm，直立或下垂，具长梗。雌小穗位于花序的下部，外面包以骨质念珠状之总苞，总苞卵圆形，长 7 ～ 10 mm，直径 6 ～ 8 mm，珐琅质，坚硬，有光泽；第一颖卵圆形，顶端渐尖呈喙状，具 10 余脉，包围着第二颖及第一外稃；第二外稃短于颖，具 3 脉，第二内稃较小；雄蕊常退化；雌蕊具细长之柱头，从总苞之顶端伸出。颖果小，含淀粉少，常不饱满。雄小穗 2 ～ 3 对，着生于总状花序上部，长 1 ～ 2 cm；无柄雄小穗长 6 ～ 7 mm，第一颖草质，边缘内折成脊，具有不等宽之翼，顶端钝，具多数脉，

第二颖舟形；外稃与内稃膜质；第一及第二小花常具雄蕊 3 枚，花药橘黄色，长 4～5 mm；有柄雄小穗与无柄者相似，或较小而呈不同程度的退化。花果期 6—12 月。

【生境分布】 多生于屋旁、荒野、河边、溪涧或阴湿山谷中。罗田各地均有分布。

【药用部位】 种仁、根、叶。

【药材名】 薏苡仁、薏苡根、薏苡叶。

（1）薏苡仁。

【采收加工】 秋季果成熟后，割取全株，晒干，打下果，除去外壳及黄褐色外皮，除去杂质，收集种仁，晒干。

【来源】 禾本科植物薏苡 *Coix lacryma-jobi* L. 的种仁。

【性状】 干燥的种仁呈圆球形或椭圆球形，基部较宽而略平，顶端圆钝，长 5～7 mm，宽 3～5 mm，表面白色或黄白色，光滑或有不明显纵纹，有时残留黄褐色外皮，侧面有 1 条深而宽的纵沟，沟底粗糙，褐色，基部凹入，其中有一棕色小点。质坚硬，破开后，内部白色，有粉性。气微，味甘、淡。以粒大、饱满、白色、完整者为佳。

【炮制】 炒薏苡仁：取拣净的薏苡仁置锅内用文火炒至微黄色，取出，放凉即可。或用麸皮同炒亦可。（薏苡仁每 100 kg，用麸皮 10 kg）

《雷公炮炙论》：凡使（薏苡仁）32 g，以糯米 64 g 同熬，令糯米熟，去糯米，取使。若更以盐汤煮过，别是一般修制，亦得。

【性味】 甘、淡，凉。

【归经】 归脾、肺、肾经。

【功能主治】 健脾，补肺，清热，利湿。主治泄泻，湿痹，筋脉拘挛，屈伸不利，水肿，脚气，肺痿，肺痈，肠痈，淋浊，带下。

【用法用量】 内服：煎汤，10～32 g；或入散剂。

【注意】 脾约便难及妊妇慎服。

①《本草经疏》：凡病大便燥，小水短少，因寒转筋，脾虚无湿者忌之。妊娠禁用。

②《本草通玄》：下利虚而下陷者，非其宜也。

【附方】 ①治病者一身尽疼，发热，或久伤取冷所致：麻黄（去节，汤泡）16 g，甘草（炙）32 g，薏苡仁 16 g，杏仁 10 个（去皮、尖，炒）。上锉麻豆大，每服 12 g，水一盏半，煮八分，去滓温服，有微汗避风。（《金匮要略》）

②治风湿痹气，肢体痿痹，腰脊酸疼：薏苡仁 500 g，真桑寄生、当归身、川续断、苍术（米泔水浸炒）各 125 g。分作十六剂，水煎服。（《广济方》）

③治久风湿痹，补正气，利肠胃，消水肿，除胸中邪气，治筋脉拘挛：薏苡仁为末，同粳米煮粥，日日食之。（《本草纲目》）

④去风湿，强筋骨，健脾胃：薏苡仁粉，同曲米酿酒，或袋盛煮酒饮之。（《本草纲目》）

⑤治水肿喘急：郁李仁 64 g。研，以水滤汁，煮薏苡仁饭，日二食之。（《独行方》）

⑥治肺痿唾脓血：薏苡仁 320 g。杵碎，以水 3 升，煎 1 升，入酒少许服之。（《梅师集验方》）

⑦治肺痈咳唾，心胸甲错者：以淳苦酒煮薏苡仁令浓，微温顿服之。肺若有血，当吐出愈。（《范东阳方》）

⑧治肺痈咯血：薏苡仁三合。捣烂，水二大盏，入酒少许，分二服。（《济生方》）

⑨治肠痈，其身甲错，腹皮急，按之濡如肿状，腹无积聚，身无热，脉数，此为肠内有痈脓：薏苡仁十分，附子二分，败酱五分。上三味，杵为末，取方寸匕，以水二升，煎减半，顿服，小便当下。（《金匮要略》）

⑩治肠痈：薏苡仁一升，牡丹皮、桃仁各 95 g，瓜瓣仁二升。上四味，以水六升，煮取二升，分再服。（《千金方》）

⑪治消渴饮水：薏苡仁煮粥饮，并煮粥食之。（《本草纲目》）

【临床应用】 治疗扁平疣：取新收之苡仁米 64 g，与大米混合煮饭或粥吃，每日 1 次，连续服用，以痊愈为止。治疗 23 例，经服药 7 ～ 16 天，11 例痊愈，6 例效果不明，6 例无效。患者在服药后至皮疹消失前，多数有治疗反应：损害病灶增大变红，炎症增剧；继续坚持服药数日后，则损害病灶渐趋干燥脱屑，以至消退。

（2）薏苡根。

【别名】 打碗子根、五谷根、尿珠根。

【采收加工】 秋季采收。

【来源】 禾本科植物薏苡 *Coix lacryma-jobi* L. 的根。

【性味】 苦、甘，寒。

【归经】 归脾、膀胱经。

【功能主治】 清热，利湿，健脾，杀虫。主治黄疸，水肿，淋证，疝气，闭经，带下，虫积腹痛。

【用法用量】 内服：煎汤，10 ～ 16 g（鲜品 32 ～ 64 g）。

【注意】 《本草拾遗》：煮服堕胎。

【附方】 ①治黄疸如金：薏苡根，煎汤频服。（《本草纲目》）

②治黄疸，小便不利：薏苡根 16 ～ 64 g。洗净，杵烂绞汁，冲温红酒半杯，日服二次。或取根 64 g，茵陈 32 g，冰糖少许，酌加水煎服，日服 3 次。（《闽东本草》）

③治血淋：薏苡根 6 g，蒲公英 3 g，猪鬃草 3 g，杨柳根 3 g，水煎，点水酒服。（《滇南本草》）

④治淋浊，崩带：薏苡根 16 ～ 32 g。水煎服。（《湖南药物志》）

⑤治蛔虫心痛：薏苡根一斤。切，水七升，煮三升，服之。（《梅师集验方》）

⑥治风湿性关节炎：薏苡根 32 ～ 64 g，水煎服，日服二次，或代茶频服。

⑦治脾胃虚弱，泄泻，消化不良：薏苡根 32 ～ 64 g。同猪肚 1 个炖服。

⑧治小儿肺炎，发热喘咳：薏苡根 10 ～ 16 g。煎汤调蜜，日服三次。（⑥～⑧方出自《闽东本草》）

⑨治肾炎腰痛，小便涩痛：薏苡根、苟草根、海金沙藤。水煎服。（成都《常用草药治疗手册》）

⑩治牙齿风痛：薏苡根 125 g。水煮含漱，冷即易之。（《延年方》）

⑪治夜盲：薏苡根和米泔水煮鸡肝食。（《湖南药物志》）

（3）薏苡叶。

【采收加工】 夏、秋季采收。

【来源】 禾本科植物薏苡 *Coix lacryma-jobi* L. 的叶。

【功能主治】 ①《本草图经》：为饮香，益中空膈。

②《琐碎录》：暑月煎饮，暖胃，益气血。

狗牙根属 *Cynodon* Rich.

920. 狗牙根 *Cynodon dactylon*（L.）Pers.

【别名】 马根子草、铺地草。

【形态】 低矮草本，具根茎。秆细而坚韧，下部匍匐地面蔓延甚长，节上常生不定根，直立部分高 10 ～ 30 cm，直径 1 ～ 1.5 mm，秆壁厚，光滑无毛，有时略两侧压扁。叶鞘微具脊，无毛或有疏柔毛，

鞘口常具柔毛；叶舌仅为1轮纤毛；叶片线形，长
1～12 cm，宽1～3 mm，通常两面无毛。穗状花
序2～6个，长2～5(6)cm；小穗灰绿色或带紫色，
长2～2.5 mm，仅含1朵小花；颖长1.5～2 mm，
第二颖稍长，均具1脉，背部成脊而边缘膜质；外
稃舟形，具3脉，背部明显成脊，脊上被柔毛；内
稃与外稃近等长，具2脉。鳞被上缘近截平；花药
淡紫色；子房无毛，柱头紫红色。颖果长圆柱形。
花果期5—10月。

【生境分布】 多生于路旁、荒地山坡。罗田各
地均有分布。

【采收加工】 夏、秋季采收。

【药材名】 狗牙根。

【来源】 禾本科植物狗牙根 Cynodon dactylon
（L.）Pers. 的根状茎或全草。

【性味】 苦、微甘，平。

【功能主治】 解热利尿，舒筋活血，止血生肌。主治风湿痿痹拘挛，半身不遂，劳伤吐血，跌打，刀伤，
臁疮。

【用法用量】 内服：煎汤，25～50 g。外用：捣敷。

龙爪茅属 *Dactyloctenium* Willd.

921. 龙爪茅 *Dactyloctenium aegyptium*（L.）Beauv. Ess. Agrost. Expl.

【别名】 竹目草、野掌草。

【形态】 一年生草本。秆直立，高
15～60 cm，或基部横卧地面，于节处生
根且分枝。叶鞘松弛，边缘被柔毛；叶舌膜
质，长1～2 mm，顶端具纤毛；叶片扁平，
长5～18 cm，宽2～6 mm，顶端尖或渐尖，
两面被疣基毛。穗状花序2～7个指状排列
于秆顶，长1～4 cm，宽3～6 mm；小穗
长3～4 mm，含3朵小花；第一颖沿脊龙
骨状凸起上具短硬纤毛，第二颖顶端具短芒，
芒长1～2 mm；外稃中脉成脊，脊上被短
硬毛，第一外稃长约3 mm；有近等长的内

稃，其顶端2裂，背部具2脊，背缘有翼，翼缘具细纤毛；鳞被2，楔形，折叠，具5脉。囊果球状，长
约1 mm。花果期5—10月。

【生境分布】 产于华东、华南和中南等地区。多生于山坡或草地。罗田各地均有分布。

【采收加工】 春、秋季采收，除去泥土，洗净，晒干或鲜用。

【来源】 禾本科植物龙爪茅 *Dactyloctenium aegyptium*（L.）Beauv. Ess. Agrost. Expl. 的全草。

【功能主治】 补气健脾。主治脾气不足，劳倦伤脾，气短乏力，食欲不振。

【性味】 甘，平。

【归经】 归脾、肾经。

【用法用量】 内服：煎汤，6～9 g。

稗属 *Echinochloa* P. Beauv.

922. 稗 *Echinochloa crus-galli*（L.）P. Beauv.

【别名】 水高粱、扁扁草。

【形态】 一年生。秆高 50～150 cm，光滑无毛，基部倾斜或膝曲。叶鞘疏松裹秆，平滑无毛，下部者长于而上部者短于节间；叶舌缺；叶片扁平，线形，长 10～40 cm，宽 5～20 mm，无毛，边缘粗糙。圆锥花序直立，近尖塔形，长 6～20 cm；主轴具棱，粗糙或具疣基长刺毛；分枝斜上举或贴向主轴，有时再分小枝；穗轴粗糙或生疣基长刺毛；小穗卵形，长 3～4 mm，脉上密被疣基刺毛，具短柄或近无柄，密集在穗轴的一侧；第一颖三角形，长为小穗的 1/3～1/2，具 3～5 脉，脉上具疣基毛，

基部包卷小穗，先端尖；第二颖与小穗等长，先端渐尖或具小尖头，具 5 脉，脉上具疣基毛；第一小花通常中性，其外稃草质，上部具 7 脉，脉上具疣基刺毛，顶端延伸成一粗壮的芒，芒长 0.5～1.5（3）cm，内稃薄膜质，狭窄，具 2 脊；第二外稃椭圆形，平滑，光亮，成熟后变硬，顶端具小尖头，尖头上有一圈细毛，边缘内卷，包着同质的内稃，但内稃顶端露出。花果期夏、秋季。

【生境分布】 生于沼泽处，为水稻田中杂草之一。分布遍及全国温暖地区。罗田各地均有分布。

【药材名】 稗子。

【来源】 禾本科植物稗 *Echinochloa crus-galli*（L.）P. Beauv. 的根及幼苗、种子。

【性味】 甘、淡，微寒。

【功能主治】 凉血止血。主治金疮，外伤出血。

【用法用量】 外用：适量，捣敷或研末撒。

【各家论述】 《本草纲目》：金疮及伤损出血不已，捣敷或研末掺之。

穇属 *Eleusine* Gaertn.

923. 牛筋草 *Eleusine indica*（L.）Gaertn.

【别名】 千金草。

【形态】 一年生草本。根系极发达。秆丛生，基部倾斜，高 10 ~ 90 cm。叶鞘两侧压扁而具脊，松弛，无毛或疏生疣毛；叶舌长约 1 mm；叶片平展，线形，长 10 ~ 15 cm，宽 3 ~ 5 mm，无毛或上面被疣基柔毛。穗状花序 2 ~ 7 个指状，着生于秆顶，很少单生，长 3 ~ 10 cm，宽 3 ~ 5 mm；小穗长 4 ~ 7 mm，宽 2 ~ 3 mm，含 3 ~ 6 小花；颖披针形，具脊，脊粗糙；第一颖长 1.5 ~ 2 mm；第二颖长 2 ~ 3 mm；第一外稃长 3 ~ 4 mm，卵形，膜质，具脊，脊上有狭翼，内稃短于外稃，具 2 脊，脊上

具狭翼。囊果卵形，长约 1.5 mm，基部下凹，具明显的波状皱纹。鳞被 2，折叠，具 5 脉。花果期 6—10 月。

【生境分布】 多生于荒地或路边。罗田各地均有分布。

【采收加工】 夏、秋季采收。

【药材名】 牛筋草。

【来源】 禾本科植物牛筋草 *Eleusine indica*（L.）Gaertn. 的全草。

【性味】 甘、淡、平。

【功能主治】 祛风利湿，清热解毒，散瘀止血。主治乙脑，流脑，风湿关节痛，黄疸，小儿消化不良，泄泻，痢疾，小便淋痛；外用治跌打损伤，外伤出血，犬咬伤。

【用法用量】 内服：煎汤，10 ~ 16 g。外用：适量。

画眉草属 *Eragrostis* Wolf

924. 知风草 *Eragrostis ferruginea*（Thunb.）Beauv.

【形态】 多年生。秆丛生或单生，直立或基部膝曲，高 30 ~ 110 cm，粗壮，直径约 4 mm。叶鞘两侧极压扁，基部相互跨覆，均较节间长，光滑无毛，鞘口与两侧密生柔毛，通常在叶鞘的主脉上生有腺点；叶舌退化为 1 圈短毛，长约 0.3 mm；叶片平展或折叠，长 20 ~ 40 mm，宽 3 ~ 6 mm，上部叶超出花序之上，常光滑无毛或上面近基部偶疏生有毛。圆锥花序大而开展，分枝节密，每节生枝 1 ~ 3 个，向上，枝腋间无毛；小穗柄长 5 ~ 15 mm，在其中部或中部偏上有 1 腺体，在小枝中部也常存在，腺体多为长圆形，稍凸起；小穗长圆形，长 5 ~ 10 mm，宽 2 ~ 2.5 mm，有 7 ~ 12 小花，多带黑紫色，有时也出现黄绿色；颖开展，具 1 脉，第一颖披针形，长 1.4 ~ 2 mm，先端渐尖；第二颖长 2 ~ 3 mm，长披针形，

先端渐尖；外稃卵状披针形，先端稍钝，第一外稃长约 3 mm；内稃短于外稃，脊上具有小纤毛，宿存；花药长约 1 mm。颖果棕红色，长约 1.5 mm。花果期 8—12 月。

　　【生境分布】　生于路边、山坡草地。罗田各地均有分布。

　　【采收加工】　夏、秋季采收。

　　【来源】　禾本科植物知风草 *Eragrostis ferruginea*（Thunb.）Beauv. 的根。

　　【性味】　甘，平。

　　【功能主治】　舒筋散瘀。主治跌打内伤。

　　【用法用量】　知风草 6 g、大血藤 16 g、骚羊古 10 g，煎水兑酒服。

925. 鲫鱼草 *Eragrostis tenella*（L.）Beauv. ex Roem. et Schult.

　　【形态】　一年生。秆纤细，高 15～60 cm，直立或基部膝曲，或呈匍匐状，具 3～4 节，有条纹。叶鞘松弛裹茎，比节间短，鞘口和边缘均疏生长柔毛；叶舌为 1 圈短纤毛；叶片扁平，长 2～10 cm，宽 3～5 mm，上面粗糙，下面光滑，无毛。圆锥花序开展，分枝单一或簇生，节间很短，腋间有长柔毛，小枝和小穗柄上具腺点；小穗卵形至长圆状卵形，长约 2 mm，含小花 4～10 朵，成熟后，小穗轴由上而下逐节断落；颖膜质，具 1 脉，第一颖长约 0.8 mm，第二颖长约 1 mm；第一外稃长约 1 mm，有明显紧靠边缘的侧脉，先端钝；内稃脊上具长纤毛；雄蕊 3 枚，花药长约 0.3 mm。颖果长圆形，深红色，长约 0.5 mm。花果期 4—8 月。

　　【生境分布】　生于荒地或路边。罗田各地均有分布。

　　【药材名】　鲫鱼草。

　　【采收加工】　全年可采，洗净，鲜用或晒干。

　　【来源】　禾本科植物鲫鱼草 *Eragrostis tenella*（L.）Beauv. ex Roem. et Schult. 的全草。

　　【性味】　辛、微苦，凉。

　　【功能主治】　清热凉血，平肝养目。主治痢疾；外用治皮肤湿疹、顽癣，妇女乳痈、乳痛。

　　【用法用量】　内服：煎汤，鲜品 30～60 g（干品 15～30 g）。外用：适量。

　　【附方】　①治痢疾。

a. 鲫鱼草 48 g，水煎，冲蜜或冲红糖服。

b. 鲫鱼草 48 g，红猪母菜 30 g，水煎，冲蜜服。

c. 鲫鱼草、鸟踏麻各 15 g，凤尾毛 20 g，水煎，冲蜜服。

d. 鲫鱼草、莱菔壳各 15～20 g，水煎，冲红糖服。每日 2 次。

②治皮肤湿疹、顽癣：鲫鱼草适量，捣汁擦患处。

③治皮肤乌疱：鲫鱼草叶，加红糖共捣，贴患处。

④治妇女乳痈、乳痛：鲫鱼草 20～48 g，加酒共捣，取汁温服，渣贴患处。

⑤治跌打损伤：鲫鱼草 20 g，水煎，冲酒服。外用加酒共捣，敷患处。

大麦属 *Hordeum* L.

926. 大麦 *Hordeum vulgare* L.

【别名】饭麦。

【形态】一年生。秆粗壮，光滑无毛，直立，高 50～100 cm。叶鞘松弛抱茎，多无毛或基部具柔毛；两侧有 2 披针形叶耳；叶舌膜质，长 1～2 mm；叶片长 9～20 cm，宽 6～20 mm，扁平。穗状花序长 3～8 cm（芒除外），直径约 1.5 cm，小穗稠密，每节着生 3 个发育的小穗；小穗均无柄，长 1～1.5 cm（芒除外）；颖线状披针形，外被短柔毛，先端常延伸为 8～14 mm 的芒；外稃具 5 脉，先端延伸成芒，芒长 8～15 cm，边棱具细刺；内稃与外稃几等长。颖果熟时黏于稃内，不脱出。

【生境分布】全国各地均有栽培。

【药用部位】果、茎秆、幼苗、发芽颖果。

（1）果。

【来源】禾本科植物大麦 *Hordeum vulgare* L. 的果。

【性味】甘、咸，凉。

【归经】归脾、胃经。

【功能主治】和胃，宽肠，利水。主治食滞泄泻，小便淋痛，水肿，汤火伤。

【用法用量】内服：煎汤，32～64 g；或研末。外用：炒研调敷或煎水洗。

【注意】《本草经集注》：蜜为之使。

【附方】①治小便淋痛：大麦 95 g，以水两大盏，煎取一盏三分，去滓，入生姜汁半合，蜜半合，相和。食前分为三服服之。（《太平圣惠方》）

②治麦芒入目：煮大麦汁洗之。（孙思邈）

③治蟹蛑尿疮：大麦研末调敷，日三上。（《伤寒论类要注疏》）

④治汤火伤：大麦炒黑，研末，油调搽之。（《本草纲目》）

（2）大麦秸。

【来源】禾本科植物大麦 *Hordeum vulgare* L. 成熟后枯黄的茎秆。

【性味】甘、苦，温，无毒。

【归经】归脾、肺经。

【功能主治】消肿，利湿，理气。

【附方】治小便不通：陈大麦秸，煎浓汁频服。（《简便单方》）

（3）大麦苗。

【来源】禾本科植物大麦 *Hordeum vulgare* L. 的幼苗。

【功能主治】①《伤寒论类要注疏》：治诸黄，利小便，杵汁日日服。

②《本草纲目》：治冬月面目手足皲瘃，煮汁洗之。

（4）麦芽。

【别名】大麦蘖、麦蘖、大麦毛、大麦芽。

【来源】 禾本科植物大麦 *Hordeum vulgare* L. 的发芽颖果。

【炮制】 将大麦以水浸透，捞出置筐内，上盖蒲包，经常洒水，待芽长达 3 ～ 5 mm 时，取出晒干。

【性状】 果呈梭形，长 8 ～ 12 mm，直径 2.5 ～ 3.5 mm。上端有长约 3 mm 的黄棕色幼芽，下端有须根数条，纤细而弯曲，长 0.2 ～ 2.0 cm，少数无须根。表面黄色或淡黄棕色，背面为外稃所包围，具 5 脉，腹面为内稃所包围，有腹沟 1 条。剥除内外稃后，即为果皮。果皮淡黄色，膜质，种皮薄，与果皮难分离，背面基部有长椭圆形的胚，淡黄白色，长 3 ～ 5 mm，腹面中央有褐色纵沟 1 条。胚乳很大，乳白色，粉质。气无，味微甜。以黄色、粒大饱满、芽完整者为佳。

【炮制】 炒麦芽：取麦芽置锅内微炒至黄色，取出放凉。焦麦芽：同上法炒至焦黄色后，喷洒清水，取出晒干。

【性味】 甘，微温。

【归经】 归脾、胃经。

【功能主治】 消食，和中，下气。主治食积不消，脘腹胀满，食欲不振，呕吐泄泻，乳胀不消。

【用法用量】 内服：煎汤，10 ～ 16 g；或入丸、散。

【注意】 ①《食性本草》：久食消肾，不可多食。

②《汤液本草》：豆蔻、缩砂、木瓜、芍药、五味子、乌梅为之使。

③《本草经疏》：无积滞，脾胃虚者不宜用。

④《本草正》：妇有胎妊者不宜多服。

⑤《药品化义》：凡痰火哮喘及孕妇，切不可用。

【附方】 ①快膈进食：麦芽 125 g，神曲 64 g，白术、橘皮各 32 g。为末，蒸饼丸梧桐子大。每人参汤下三五十丸。（《本草纲目》）

②治产后腹中鼓胀，不通转，气急，坐卧不安：麦蘖一合，末，和酒服食，良久通转。（《兵部手集方》）

③治饱食便卧，得谷劳病，令人四肢烦重：大麦蘖一升，椒 32 g（并熬），干姜 95 g。捣末，每服 1 g，日三、四服。（《补辑肘后方》）

④治产后发热，乳汁不通及膨，无子当消者：麦蘖 64 g，炒，研细末。清汤调下，作四服。（《丹溪心法》）

【临床应用】 治疗急慢性肝炎：取大麦低温发芽的幼根（长约 0.5 cm），干燥后磨粉制成糖浆内服，每次 10 ml（内含麦芽粉 15 g），每日 3 次，饭后服。另适当加酵母或复合 B 族维生素片。一般以 30 天为 1 个疗程，连服至治愈后再服一个疗程。

白茅属 *Imperata* Cyrillo

927. 白茅 *Imperata cylindrica*（L.）Beauv.

【别名】 茅根。

【形态】 多年生，具粗壮的长根状茎。秆直立，高 30 ～ 80 cm，具 1 ～ 3 节，节无毛。叶鞘聚集于秆基，甚长于其节间，质地较厚，老后破碎呈纤维状；叶舌膜质，长约 2 mm，紧贴其背部或鞘口具柔毛，分蘖叶片长约 20 cm，宽约 8 mm，扁平，质地较薄；秆生叶片长 1 ～ 3 cm，窄线形，通常内卷，顶端渐尖呈刺状，下部渐窄，或具柄，质硬，被白粉，基部上面具柔毛。圆锥花序稠密，长 20 cm，宽达 3 cm，小穗长 4.5 ～ 5（6）mm，基盘具长 12 ～ 16 mm 的丝状柔毛；两颖草质及边缘膜质，近相等，具 5 ～ 9 脉，顶端渐尖或稍钝，常具纤毛，脉间疏生长丝状毛，第一外稃卵状披针形，长为颖片的 2/3，透明膜质，无脉，顶端尖或齿裂，第二外稃与其内稃近相等，长约为颖的一半，卵圆形，顶端具齿裂及纤毛；雄蕊 2 枚，花药长 3 ~ 4 mm；花柱细长，基部连合，柱头 2，紫黑色，羽状，长约 4 mm，自小穗顶端伸出。颖果椭圆形，长约 1 mm，胚长为颖果的一半。

【生境分布】多生于路旁、山坡、草地上。罗田各地均有分布。

【采收加工】春、秋季采挖，除去地上部分及泥土，洗净，晒干，揉去须根及膜质叶鞘。

【药材名】白茅根。

【来源】禾本科植物白茅 *Imperata cylindrica*（L.）Beauv. 的根茎。

【性状】干燥的根茎呈细长圆柱形，有时分枝，长短不一，通常长 30 ~ 60 cm，直径约 1.5 mm，表面乳白色或黄白色，有浅棕黄色、微隆起的节；节距约 3 cm。质轻而韧，不易折断。断面纤维性，中心黄白色，并有一小孔，外圈白色，充实，或有无数空隙如车轮状，外圈与中心极易剥离。气微，味微甘。以粗肥、白色、无须根、味甜者为佳。

【炮制】干茅根：拣净杂质，洗净，微润，切段，晒干，簸净碎屑。茅根炭：取茅根段，置锅内用武火炒至黑色，喷洒清水，取出，晒干。

【性味】甘，寒。

【归经】归肺、胃、小肠经。

【功能主治】凉血，止血，清热，利尿。主治热病烦渴，吐血，衄血，肺热喘急，胃热哕逆，淋证，小便不利，水肿，黄疸。

【用法用量】内服：煎汤，10 ~ 16 g（鲜品 32 ~ 64 g）；或捣汁、研末。

【注意】脾胃虚寒，溲多不渴者忌服。

①《本草经疏》：因寒发哕，中寒呕吐，湿痰停饮发热，并不得服。

②《本草从新》：吐血因于虚寒者，非所宜也。

【附方】①治吐血不止：白茅根一握。水煎服。（《千金翼方》）

②治血热鼻衄：白茅根汁一合。饮之。（《妇人良方》）

③治鼻衄不止：白茅根为末，米泔水 6 g。（《太平圣惠方》）

④治喘：茅根一握（生用即采）、桑白皮各等份。水二盏，煎至一盏，去滓温服，食后。（《太平圣惠方》）

⑤治温病有热，饮水暴冷哕者：白茅根、葛根（各切）半升。以水四升，煮取二升，稍温饮之，哕止则停。（《小品方》）

⑥治胃反，食即吐出，上气：芦根、白茅根各 64 g。细切，以水四升，煮取二升，顿服之，得下，良。（《千金方》）

⑦治小便热淋：白茅根四升。水一斗五升，煮取五升，适冷暖饮之，日三服。（《肘后备急方》）

⑧治小便出血：白茅根一把。切，以水一大盏，煎至五分，去滓，温温频服。（《太平圣惠方》）

⑨治劳伤溺血：白茅根、干姜各等份。入蜜一匙，水二盅，煎一盅，日一服。（《本草纲目》）

⑩治血尿：白茅根、车前子各 32 g，白糖 16 g。水煎服。（内蒙古《中草药新医疗法资料选编》）

⑪治乳糜尿：鲜茅根 250 g。加水 2000 ml 煎成约 1200 ml，加糖适量。每日分三次内服，或代茶饮，

连服 5 ～ 15 天为 1 个疗程。(《江苏省中草药新医疗法展览资料选编》)

⑫治肾炎:白茅根 32 g,一枝黄花 32 g,葫芦壳 16 g,白酒药 3 g。水煎,分二次服,每日一剂,忌盐。(《单方验方调查资料选编》)

⑬治阳虚不能化阴,小便不利,或有湿热壅滞,以致小便不利,积成水肿:白茅根 500 g。掘取鲜品,去净皮与节间小根,细切,将茅根用水四大碗,煮一沸,移其锅置炉旁,候十数分钟,视其茅根若不沉水底,再煮一沸,移其锅置炉旁,须臾视其根皆沉水底,其汤即成,去渣温服,多半杯,日服五六次,夜服两三次,使药力相继,周十二时,小便自利。(《医学衷中参西录》)

⑭治卒大腹水病:白茅根一大把,小豆三升。水三升,煮干,去茅根食豆,水随小便下。(《补辑肘后方》)

⑮治黄疸,谷疸,酒疸,女疸,劳疸,黄汗:生白茅根一把。细切,以猪肉一斤,合做羹,尽啜食之。(《补辑肘后方》)

⑯治血热经枯而闭:白茅根、牛膝、生地黄、童便。水煎服。(《本草经疏》)

⑰解曼陀罗中毒:白茅根 32 g,甘蔗 500 g。捣烂,榨汁,用一个椰子水煎服。(《南方主要有毒植物》)

⑱治温病热哕:用茅根、葛根、葛根各 250 g,加水三升煎成一升半。每服一杯,温水送下。哕止即停服。

⑲治反胃,食肉即吐:用白茅根、芦根各 64 g,加水四升,煮成二升,一次服下。

⑳治肺热气喘:用生白茅根一把,口绞细,加水二碗,煮成一碗,饭后温服。三服病愈。此方名"如神汤"。

㉑五种黄病(黄疸、谷疸、酒疸、女疸、劳疸及身体微胖,汗出如黄汁)。用生茅根一把,切细,和猪肉 500 g 同煨汤吃。

㉒治鼻衄不止:用白茅根研细,每服 6 g,淘米水送下。

㉓治吐血不止:用白茅根一把,水煎服。

㉔治竹木入肉:用白茅根烧过研末,调猪油涂伤处。(⑱～㉔方出自《中药大辞典》)

【临床应用】 治疗急性肾炎、急性传染性肝炎。

此外,白茅根曾用于治疗高血压,配合仙鹤草治疗上消化道出血,均有一定效果。

箬竹属 *Indocalamus Nakai*

928. 箬竹 *Indocalamus tessellatus*(Munro)Keng f.

【别名】 辽叶。

【形态】 竿高 0.75 ～ 2 m,直径 4 ～ 7.5 mm;节间长约 25 cm,最长者可达 32 cm,圆筒形,在分枝一侧的基部微扁,一般为绿色,竿壁厚 2.5 ～ 4 mm;节较平坦,竿环较箨环略隆起,节下方有红棕色贴竿的毛环。箨鞘长于节间,上部宽松抱竿,无毛,下部紧密抱竿,密被紫褐色伏贴疣基刺毛,具纵肋;箨耳无;箨舌厚膜质,截形,高 1 ～ 2 mm,背部有棕色伏贴微毛;箨片大小多变化,窄披针形,竿下部者较窄,竿上部者稍宽,易落。小枝具 2 ～ 4 叶;叶鞘紧密抱竿,有纵肋,背面无毛或被微毛;无叶耳;叶舌高 1 ～ 4 mm,截形;叶片在成长植株上稍下弯,宽披针形或长圆状披针形,长 20 ～ 46 cm,宽 4 ～ 10.8 cm,先端长尖,基部楔形,下表面灰绿色,密被贴伏的短柔毛或无毛,中脉两侧或仅一侧生有 1 条毡毛,次脉 8 ～ 16 对,小横脉明显,形成方格状,叶缘生有细锯齿。圆锥花序(未成熟者)长 10 ～ 14 cm,花序主轴和分枝均密被棕色短柔毛;小穗绿色带紫,长 2.3 ～ 2.5 cm,几呈圆柱形,含

5 或 6 朵小花；小穗柄长 5.5 ～ 5.8 mm；
小穗轴节间长 1 ～ 2 mm，被白色茸毛；
颖 3 片，纸质，脉上具微毛，第一颖长
5 ～ 7 mm，先端钝，有 5 脉；第二颖长
7 ～ 10.5 mm（包括先端长为 1.4 ～ 2 mm
的芒尖），具 7 脉；第三颖长 10 ～ 19 mm
（包括先端长为 2.3 ～ 2.7 mm 的芒尖），
具 9 脉；第一外稃长 11 ～ 13 mm（包括先
端长为 1.7 ～ 2.3 mm 的芒尖），背部具微毛，
有 11 ～ 13 脉，基盘长 0.5 ～ 1 mm，其上
具白色毛；第一内稃长约为外稃的 1/3，背

部有 2 脊，脊间生有白色微毛，先端有 2 齿和白色柔毛；花药长约 1.3 mm，黄色；子房和鳞被未见。笋
期 4—5 月，花期 6—7 月。

【生境分布】 生于山坡林缘或路旁。罗田天堂寨等有分布。

【采收加工】 全年可采。

【药材名】 箬竹。

【来源】 禾本科植物箬竹 *Indocalamus tessellatus*（Munro）Keng f. 的叶或箬蒂。

【性味】 甘，寒；无毒。

【归经】 《得配本草》：入手太阴，兼足厥阴经。

【功能主治】 清热止血，解毒消肿。主治吐血，衄血，下血，小便不利，喉痹，痈肿。

【用法用量】 内服：煎汤，10 ～ 16 g；或煅存性入散剂。外用：煅存性研末作吹药。

【附方】 ①治肺痈鼻衄：白面、箬叶灰各 10 g。上二味研令匀，分为二服，食后井华水调下。（《圣
济总录》）

②治经血不止：蚕纸（不计多少烧灰）、箬叶（烧灰）。上二味等份研匀，每服 6 g，温酒调下。（《圣
济总录》）

③治脏毒下血，久远不瘥者：茶篰箬叶烧成黑灰，研罗极细，入麝香少许，空心糯米饮调下。（《是
斋百一选方》）

④治小便先涩后不通：干箬叶（烧灰）、滑石 16 g。上为细末，每服 10 g，米饮调下，空服。（《指
南方》）

⑤治咽喉闭痛：辽叶、灯心草烧灰，等份吹之。（《李时珍濒湖集简方》）

假稻属 *Leersia* Soland. ex Swartz.

929. 假稻 *Leersia japonica*（Makino）Honda

【别名】 水游草。

【形态】 多年生。秆下部伏卧地面，节生多分枝的须根，上部向上斜升，高 60 ～ 80 cm，节密
生倒毛。叶鞘短于节间，微粗糙；叶舌长 1 ～ 3 mm，基部两侧下延与叶鞘连合；叶片长 6 ～ 15 cm，
宽 4 ～ 8 mm，粗糙或下面平滑。圆锥花序长 9 ～ 12 cm，分枝平滑，直立或斜升，有角棱，稍压扁；
小穗长 5 ～ 6 mm，带紫色；外稃具 5 脉，脊具刺毛；内稃具 3 脉，中脉生刺毛；雄蕊 6 枚，花药
长 3 mm。花果期夏、秋季。

【生境分布】 多生于湿地或沼泽。罗田各地均有分布。

【采收加工】 春、夏季采收。

【药用部位】 全草。

【药材名】 水游草。

【来源】 禾本科植物假稻 Leersia japonica（Makino）Honda 的全草。

【性味】 辛，温。

【功能主治】 除湿，利水。主治风湿麻痹，下肢浮肿。

【用法用量】 内服：煎汤，10～16 g。外用：煎水熏洗。

淡竹叶属 Lophatherum Brongn.

930. 淡竹叶 Lophatherum gracile Brongn.

【别名】 竹叶麦冬、土麦冬。

【形态】 多年生，具木质根头。须根中部膨大呈纺锤形小块根。秆直立，疏丛生，高 40～80 cm，具 5～6 节。叶鞘平滑或外侧边缘具纤毛；叶舌质硬，长 0.5～1 mm，褐色，背有糙毛；叶片披针形，长 6～20 cm，宽 1.5～2.5 cm，具横脉，有时被柔毛或疣基小刺毛，基部收窄成柄状。圆锥花序长 12～25 cm，分枝斜升或开展，长 5～10 cm；小穗线状披针形，长 7～12 mm，宽 1.5～2 mm，具极短柄；颖顶端钝，具 5 脉，边缘膜质，第一颖长

3～4.5 mm，第二颖长 4.5～5 mm；第一外稃长 5～6.5 mm，宽约 3 mm，具 7 脉，顶端具尖头，内稃较短，其后具长约 3 mm 的小穗轴；不育外稃向上渐狭小，互相密集包卷，顶端具长约 1.5 mm 的短芒；雄蕊 2 枚。颖果长椭圆形。花果期 6—10 月。

【生境分布】 野生于山坡林下及阴湿处。罗田骆驼坳镇、大河岸镇和白莲河乡有分布。

【药用部位】 全草、根茎及块根。

（1）淡竹叶。

【采收加工】 5—6 月未开花时采收，切除须根，晒干。

【来源】 禾本科植物淡竹叶 Lophatherum gracile Brongn. 的全草。

【性状】 干燥带叶的茎枝全长 30～60 cm，商品常已切断。茎枯黄色，中空，压扁状圆柱形，直径 1～2 mm；有节，叶鞘抱茎，沿边缘有长而白色的柔毛。叶片披针形，皱缩卷曲，长 5～20 cm，宽 2～3.5 cm，青绿色或黄绿色，两面无毛或被短柔毛，脉平行，有明显的小横脉，质轻而柔弱。气微弱，

味淡。以青绿色、叶大、梗少、无根及花穗者为佳。

【炮制】 拣去杂质及根，切段，晒干。

【性味】 甘、淡，寒。

【归经】 ①《本草再新》：归心、肾经。

②《本草撮要》：入手少阴、厥阴经。

【功能主治】 清心火，除烦热，利小便。主治热病口渴，心烦，小便赤涩，淋浊，口糜舌疮，牙龈肿痛。

【用法用量】 内服：煎汤，10 ～ 16 g。

【注意】 《本草品汇精要》：孕妇勿服。

【附方】 ①治尿血：淡竹叶、白茅根各 10 g。水煎服，每日一剂。（《江西草药》）

②治热淋：淡竹叶 12 g，灯心草 12 g，海金沙 6 g。水煎服，每日一剂。（《江西草药》）

（2）碎骨子。

【别名】 竹叶麦冬。

【采收加工】 夏、秋季采收，晒干。

【来源】 禾本科植物淡竹叶 *Lophatherum gracile* Brongn. 的根茎及块根。

【性状】 根茎圆柱形，节节相连，上端残留部分茎叶，表面粗糙，棕灰或棕黑色，四周簇生多数块根。完整的块根呈纺锤形，长 1 ～ 3 cm，直径 2 ～ 5 mm，表面黄白色至土黄色，肉质。有不规则的皱缩。折断面淡黄白色。味微甘。

【性味】 甘，寒。

【功能主治】 清热，利尿，滑胎。

【附方】 ①治肾炎：淡竹叶根、地菍各 16 g。水煎服，每日一剂。（《江西草药》）

②治发热心烦口渴：淡竹叶根或叶 10 ～ 16 g。水煎服。（《江西草药》）

芒属 *Miscanthus* Anderss.

931. 芒 *Miscanthus sinensis* Anderss.

【别名】 笆茅。

【形态】 多年生苇状草本。秆高 1 ～ 2 m，无毛或在花序以下疏生柔毛。叶鞘无毛，长于其节间；叶舌膜质，长 1 ～ 3 mm，顶端及其后面具纤毛；叶片线形，长 20 ～ 50 cm，宽 6 ～ 10 mm，下面疏生柔毛及被白粉，边缘粗糙。圆锥花序直立，长 15 ～ 40 cm，主轴无毛，延伸至花序的中部以下，节与分枝腋间具柔毛；分枝较粗硬，直立，不再分枝或基部分枝具第二次分枝，长 10 ～ 30 cm；小枝节间三棱形，边缘微粗糙，短柄长 2 mm，长柄长 4 ～ 6 mm；小穗披针形，长 4.5 ～ 5 mm，黄色有光泽，基盘具等长于小穗的白色或淡黄色的丝状毛；第一颖顶具 3 ～ 4 脉，边脉上部粗糙，顶端渐尖，背部无毛；第二颖常具 1 脉，粗糙，上部内折之边缘具纤毛；第一外稃长圆形，膜质，长约 4 mm，边缘具纤毛；第二外稃明显短于第一外稃，先端 2 裂，裂片间具 1 芒，芒长 9 ～ 10 mm，棕色，膝曲，芒柱稍扭曲，长约 2 mm，第

二内稃长约为其外稃的 1/2；雄蕊 3 枚，花药长 2.2～2.5 mm，稃褐色，先雌蕊而成熟；柱头羽状，长约 2 mm，紫褐色，从小穗中部之两侧伸出。颖果长圆形，暗紫色。花果期 7—12 月。

【生境分布】 全国各地均有分布。罗田各地均有分布。

【药用部位】 花序、根状茎、气笋子（幼茎内有寄生虫者）。

【药材名】 芒、芭茅根、笆茅箭。

（1）芒。

【来源】 禾本科植物芒 *Miscanthus sinensis* Anderss. 的花序。

【性味】 甘，平。

【功能主治】 活血通经。主治月经不调，半身不遂。

【用法用量】 内服：煎汤，花序 32～64 g。

（2）芒根。

【别名】 芭茅根。

【来源】 禾本科植物芒 *Miscanthus sinensis* Anderss. 的根状茎。

【采收加工】 秋、冬季采收。

【功能主治】 主治小便不利，热病口渴，咳嗽，带下。

【用法用量】 内服：煎汤，根状茎 64～95 g。

【注意】 《民间常用草药汇编》：孕妇忌服。

（3）芒气笋子。

【别名】 笆茅箭。

【来源】 禾本科植物芒 *Miscanthus sinensis* Anderss. 含寄生虫的幼茎。

【功能主治】 调气，补肾，生津。主治妊娠呕吐，精枯阳萎。

【用法用量】 内服：煎汤，芒气笋子 5～7 个。

箣竹属 *Bambusa* Schreb.

932. 慈竹 *Bambusa emeiensis* L. C. Chia et H. L. Fung

【别名】 丛竹。

【形态】 丛生竹本。竿高 5～10 m，梢端细长作弧形向外弯曲或幼时下垂如钓丝状，全竿共 30 节左右，竿壁薄；节间圆筒形，长 15～30（60）cm，直径粗 3～6 cm，表面贴生灰白色或褐色疣基小刺毛，其长约 2 mm，以后毛脱落则在节间留下小凹痕和小疣点；竿环平坦；箨环显著；节内长约 1 cm；竿基部数节，有时在箨环的上下方均有贴生的银白色茸毛环，环宽 5～8 mm，在竿上部各节之箨环则无此茸毛环，或仅于竿芽周围稍具茸毛。箨鞘革质，背部密生白色短柔毛和棕黑色刺毛（唯在其基部一侧之下方，被另一侧所包裹覆盖的三角形地带常无刺毛），腹面具光泽，但因幼时上下竿箨彼此紧裹之故，也会使腹面之上半部粘染上方箨鞘背部的刺毛（此系被刺入而折断者），鞘口宽广而下凹，

略呈"山"字形；箨耳无；箨舌呈流苏状，连同繸毛高约 1 cm，紧接繸毛的基部处还疏被棕色小刺毛；箨片两面均被白色小刺毛，具多脉，先端渐尖，基部向内收窄略呈圆形，仅为箨鞘鞘口或箨舌宽度之半，边缘粗糙，内卷如舟状。竿每节有 20 条以上的分枝，呈半轮生状簇聚，水平伸展，主枝稍显著，其下部节间长 10 cm，直径 5 mm。末级小枝具数叶至多叶；叶鞘长 4 ～ 8 cm，无毛，具纵肋，无鞘口繸毛；叶舌截形，棕黑色，高 1 ～ 1.5 mm，上缘啮蚀状细裂；叶片窄披针形，大都长 10 ～ 30 cm，宽 1 ～ 3 cm，质薄，先端渐细尖，基部圆形或楔形，上表面无毛，下表面被细柔毛，次脉 5 ～ 10 对，小横脉不存在，叶缘通常粗糙；叶柄长 2 ～ 3 mm。花枝束生，常甚柔。弯曲下垂，长 20 ～ 60 cm 或更长，节间长 1.5 ～ 5.5 cm；假小穗长达 1.5 cm；小穗轴无毛，粗扁，上部节间长约 2 mm；颖 0 或 1，长 6 ～ 7 mm；外稃宽卵形，长 8 ～ 10 mm，具多脉，顶端具小尖头，边缘生纤毛；内稃长 7 ～ 9 mm，背部 2 脊上生纤毛，脊间无毛；鳞被 3，有时 4，形状有变化，一般呈长圆兼披针形，前方 2 片长 2 ～ 3 mm，有时其先端可叉裂，后方 1 片长 3 ～ 4 mm，均于边缘生纤毛；雄蕊 6，有时可具不育者而数少，花丝长 4 ～ 7 mm，花药长 4 ～ 6 mm，顶端生小刺毛或其毛不明显；子房长 1 mm，花柱长 4 mm 或更短，具微毛，向上呈各式的分裂而成为 2 ～ 4 枚柱头，后者长为 3 ～ 5 mm（彼此间长短不齐），羽毛状。果纺锤形，长 7.5 mm，上端生微柔毛，腹沟较宽浅，果皮质薄，黄棕色，易与种子分离而为囊果状。笋期 6—9 月或自 12 月至翌年 3 月，花期多在 7—9 月，但可持续数月之久。

【生境分布】 多见农家栽培于房前屋后的平地或低丘陵。罗田各地均有栽培。

【采收加工】 全年可采，切段，晒干。

【来源】 禾本科植物慈竹 Bambusa emeiensis L. C. Chia et H. L. Fung 的竹根（根状茎）。

【性味】 苦、甘，微寒。

【功能主治】 通乳。主治乳汁不通。

【用法用量】 内服：煎汤，100 ～ 200 g。

稻属 *Oryza* L.

933. 稻 *Oryza sativa* L.

【别名】 谷、糯稻、粳稻。

【形态】 一年生水生草本。秆直立，高 0.5 ～ 1.5 m，随品种而异。叶鞘松弛，无毛；叶舌披针形，长 10 ～ 25 cm，两侧基部下延长成叶鞘边缘，具 2 片镰形抱茎的叶耳；叶片线状披针形，长约 40 cm，宽约 1 cm，无毛，粗糙。圆锥花序大型疏展，长约 30 cm，分枝多，棱粗糙，成熟期向下弯垂；小穗含 1 朵成熟花，两侧甚压扁，长圆状卵形至椭圆形，长约 10 mm，宽 2 ～ 4 mm；颖极小，仅在小穗柄先端留下半月形的痕迹，退化外稃 2 枚，锥刺状，长 2 ～ 4 mm；两侧孕性花外稃质厚，具 5 脉，中脉成脊，表面有方格状小乳状凸起，厚纸质，遍布细毛端毛较密，有芒或无；内稃与外稃同质，具 3 脉，先端尖而无喙；雄蕊 6 枚，花药长 2 ～ 3 mm。颖果长约 5 mm，宽约 2 mm，厚 1 ～ 1.5 mm；胚比小，约为颖果长的 1/4。

【生境分布】 栽培于水田。

【药用部位】 茎叶、细芒刺、成熟果发

的芽。

【药材名】稻草、稻芒、稻芽。

（1）稻草。

【来源】禾本科植物稻 *Oryza sativa* L. 的茎叶。

【性味】甘，平。

【归经】归脾、肺经。

【功能主治】宽中，下气，消除积食。主治噎膈，反胃，食滞，泄泻，腹痛，消渴，黄疸，白浊，痔疮，烫伤。

【用法用量】内服：煎汤，48～95 g；或烧灰淋汁澄清。外用：煎水浸洗。

【附方】①治噎食不下：赤稻细梢，烧灰，滚汤一碗，隔绢淋汁三次，取汁，入丁香1枚，白豆蔻半枚，米一盏，煮粥食。（《摘玄方》）

②治反胃：稻秆烧灰淋汁温服，令吐，盖胃中有虫，能杀之也。（《本草纲目》）

③治食牛肉伤食，胸口嘈杂，呕吐恶心，胸口胀满微痛，不思饮食，面皮黄瘦，腹饥倒饱，食后哽食鼓胀：稻草16 g，沙糖3 g。水煎服。（《滇南本草》）

④治小儿饮食伤脾，久泻不止：糯谷草10 g。水煎服。久泻者加真淮药6 g。（《滇南本草》）

⑤治消渴饮水：取稻秆中心烧灰，每以汤浸一合，澄清饮之。（《世医得效方》）

⑥治传染性肝炎：糯稻草、蒲公英各64 g。水煎服。（苏医《中草药手册》）

⑦治小便白浊：糯稻草煎浓汁，露一夜，服之。（《摘玄方》）

⑧治下血成痔：稻藁烧灰淋汁，热渍三五度。（《崔氏纂要方》）

⑨治汤火伤疮：稻草灰冷水淘七遍，带湿摊上，干即易，若疮湿者，焙干油敷。（《卫生易简方》）

⑩疗热病手足肿欲脱者，兼主天行：稻秆灰汁渍之。（《备急方》）

⑪治稻田性皮炎：稻草、明矾各等量。先将稻草切碎加水煮沸30 min，应用前10 min再加入明矾，外洗。（苏医《中草药手册》）

⑫治马坠扑损：稻秆烧灰，用新熟酒未压者和糟入盐和合，淋前灰取汁以淋痛处。（刘禹锡《传信方》）

⑬解砒石毒：稻草烧灰淋汁，调青黛10 g服。（《医方摘要》）

（2）稻芒。

【来源】禾本科植物稻 *Oryza sativa* L. 果上的细芒刺。

【功能主治】《本草拾遗》：主黄病身作金色，稻谷芒炒令黄，细研作末，酒服之。

（3）稻芽。

【别名】谷芽。

【来源】禾本科植物稻 *Oryza sativa* L. 的成熟果经发芽干燥而得。

【制法】将稻谷用水浸泡后，保持适宜的温、湿度，待须长至约1 cm时，干燥。

【性状】本品呈扁长椭圆形，两端略尖，长7～9 mm，直径约3 mm。外稃黄色，有白色细茸毛，具5脉。一端有2枚对称的白色条形浆片，长2～3 mm，于一个浆片内侧伸出弯曲的须根1～3条，长0.5～1.2 cm。质硬，断面白色，粉性。无臭，味淡。

【炮制】稻芽：除去杂质。

炒稻芽：取净稻芽，照清炒法炒至深黄色。

焦稻芽：取净稻芽，照清炒法炒至焦黄色。

【性味】甘，温。

【归经】归脾、胃经。

【功能主治】和中消食，健脾开胃。主治食积不消，腹胀口臭，脾胃虚弱，不饥食少。炒稻芽偏于消食，主治不饥食少。焦稻芽善化积滞，主治积滞不消。

【用法用量】内服：煎汤，9～15 g。

934. 糯稻 *Oryza sativa* L. ssp. *indica*

【形态】本植物形态同稻。

【来源】禾本科植物糯稻 *Oryza sativa* L. ssp. *indica* 的禾、根、米。

【性味】性寒，作酒则性热。

【功能主治】补中益气，暖脾胃，稻根止虚汗。糯米和胃、缓中，糯米的可溶性淀粉易被人体吸收，对胃病及虚弱者较适宜。糙糯米或半捣糯米煮稀饭，适用于一切慢性虚弱患者。

【附方】①治迁延性肝炎：糯稻稻草，剪成寸段，每次 60～90 g，水煎服。（四川资料）

②治虚汗，盗汗，多汗症：糯稻根 30～60 g，红枣 4～6 枚，水煎服。

③治血丝虫，乳糜尿：糯稻根 60～120 g，水煎服。

④治肺结核，神经衰弱，贫血，各种慢性虚弱病：常食糙糯米（半捣米）稀饭，其营养最丰富。或加薏苡仁 30 g，红枣 8 枚，同煮食则更佳。

⑤治跌打损伤：糯稻草烧灰淋汁，热黄酒等量，和在一起洗涤患部，有消肿止痛、活血化疲之功效。

⑥治痔核肿病：糯稻烧灰淋汁，洗涤患部，一日 2～3 次。

⑦治烦渴不止（包括糖尿病，尿崩症等）：糯米爆成"米花"和桑根白皮 30 g，大麦芽各 30 g，一日分 2 次，水煎服。

⑧治胃病，慢性胃炎，十二指肠溃疡：糯米稀饭，煮至极烂，日常饮食极好。或加红枣 7～8 个同煮更好。

⑨治夜尿频数：纯糯米糍，一手大，炙令软热，谈之，以温酒送下（不饮酒，温汤下），行坐良久，待心间空，便睡，一夜十余行者，当夜即止，其效如神《苏沈良方》。

狼尾草属 *Pennisetum* Rich.

935. 狼尾草 *Pennisetum alopecuroides*（L.）Spreng.

【别名】大狗尾草、黑狗尾草。

【形态】多年生。须根较粗壮。秆直立，丛生，高 30～120 cm，在花序下密生柔毛。叶鞘光滑，两侧压扁，主脉呈脊，在基部者跨生状，秆上部者长于节间；叶舌具长约 2.5 mm 纤毛；叶片线形，长 10～80 cm，宽 3～8 mm，先端长渐尖，基部生疣毛。圆锥花序直立，长 5～25 cm，宽 1.5～3.5 cm；主轴密生柔毛；总梗长 2～3（5）mm；刚毛粗糙，淡绿色或紫色，长 1.5～3 cm；小穗通常单生，偶有双生，线状披针形，长 5～8 mm；第一颖微小或缺，长 1～3 mm，膜质，先端钝，脉不明显或具 1 脉；第二颖卵状披针形，先端短尖，具 3～5 脉，长为小穗 1/3～2/3；第一小花中性，第一外稃与小穗等长，具7～11脉；第二外稃与小穗等长，披针形，具5～7脉，边缘包着同质的内稃；鳞被2，楔形；雄蕊3，花药顶端无毫毛；花柱基部连合。颖果长圆形，长约3.5 mm。叶片上下表皮细胞结构不同；上表皮脉间细胞2～4行为长筒状、有波纹、壁薄的长细胞；下表皮脉间5～9行为长筒形，壁厚，有波纹长细胞与短细胞交叉排列。花果期夏、秋季。

【生境分布】多生于田岸、道旁或山坡。罗田各地均有分布。

【采收加工】 夏、秋季采收。

【药材名】 狼尾草。

【来源】 禾本科植物狼尾草 *Pennisetum alopecuroides*（L.）Spreng. 的全草。

【功能主治】 明目，散血。主治眼目赤痛。

【用法用量】内服：煎汤，10～16 g。

芦苇属 *Phragmites* Adans.

936. 芦苇 *Phragmites australis*（Cav.）Trin. ex Steud.

【别名】 苇根。

【形态】 多年生，根状茎十分发达。秆直立，高1～3（8）m，直径1～4 cm，具20多节，基部和上部的节间较短，最长节间位于下部第4～6节，长20～25（40）cm，节下被蜡粉。叶鞘下部者短于而上部者长于其节间；叶舌边缘密生一圈长约1 mm的短纤毛，两侧缘毛长3～5 mm，易脱落；叶片披针状线形，长30 cm，宽2 cm，无毛，顶端长渐尖成丝形。圆锥花序大型，长20～40 cm，宽约10 cm，分枝多数，长5～20 cm，着生稠密下垂的小穗；小穗柄长2～4 mm，无毛；小穗长约12 mm，含4花；颖具3脉，第一颖长4 mm；第二颖长7 mm；第一不孕外稃雄性，长约12 mm，第二外稃长11 mm，具3脉，顶端长渐尖，基盘延长，两侧密生等长于外稃的丝状柔毛，与无毛的小穗轴相连接处具明显关节，成熟后易自关节上脱落；内稃长约3 mm，两脊粗糙；雄蕊3，花药长1.5～2 mm，黄色；颖果长约1.5 mm，为高多倍体和非整倍体的植物。

【生境分布】 生于河流、池沼岸边浅水中。罗田白莲河乡有分布。

【采收加工】 春、夏、秋季挖取，洗净泥土，剪去残茎、芽及节上须根，剥去膜状叶，晒干；或埋于湿沙中以供鲜用。

【药用部位】 根茎。

【药材名】 芦根。

【来源】 禾本科植物芦苇 *Phragmites australis*（Cav.）Trin. ex Steud. 的根。

【性状】①鲜芦根，又名活水芦根。呈长圆柱形或扁圆柱形，长短不一，直径约 1.5 cm。表面黄白色，有光泽，先端尖，形似竹笋，绿色或黄绿色。全体有节，节间长 10 ～ 17 cm，节上有残留的须根及芽痕。质轻而韧，不易折断。横切面黄白色，中空，周壁厚约 1.5 mm，可见排列成环的细孔，外皮疏松，可以剥离。气无，味甘。

②干芦根，呈压扁的长圆柱形。表面有光泽，黄白色，节部较硬，显红黄色，节间有纵皱纹。质轻而柔韧，不易折断，气无，味微甘。以条粗壮、黄白色、有光泽、无须根、质嫩者为佳。

【性味】甘，寒。

【归经】归肺、胃经。

【功能主治】清热，生津，除烦，止呕。主治热病烦渴，胃热呕吐，噎膈，反胃，肺痿，肺痈。

【用法用量】内服：煎汤，16 ～ 32 g（鲜品 64 ～ 125 g）；或捣汁。

【注意】脾胃虚寒者忌服。

《本草经疏》：因寒霍乱阵胀，因寒呕吐勿服。

【附方】①治太阴温病，口渴甚，吐白沫黏滞不快者：梨汁、荸荠汁、鲜苇根汁、麦冬汁、藕汁（或用蔗浆），临时斟酌多少，和匀凉服，不甚喜凉者，重汤炖温服。（《温病条辨》）

②治五噎心膈气滞，烦闷吐逆，不下食：芦根 250 g。锉，以水三大盏，煮取二盏，去滓，不计时，温服。（《金匮玉函经》）

③治呕哕不止厥逆者：芦根 1.5 kg。切，水煮浓汁，频饮。（《肘后备急方》）

④治伤寒后呕哕反胃，及干呕不下食：生芦根（切）、青竹茹各一升，粳米三合，生姜 95 g。上四味，以水五升，煮取二升半，随便饮。（《千金方》）

⑤治骨蒸肺痿，烦躁不能食：芦根（切讫秤）、麦门冬（去心）、地骨白皮各 320 g，生姜 320 g（合皮切），橘皮、茯苓各 160 g。上六味，切，以水二斗，煮取八升，绞去滓，分温五服，服别相去八九里，昼三服，夜二服，覆取汗。（《玄感传尸方》）

⑥治霍乱烦闷：芦根 10 g，麦门冬 3 g。水煎服。（《千金方》）

⑦治食鱼中毒，面肿，烦乱，及食鲈鱼中毒欲死者：芦根汁，多饮良，并治蟹毒。（《千金方》）

⑧治牙龈出血：芦根水煎，代茶饮。（《湖南药物志》）

刚竹属 *Phyllostachys* Sieb. et Zucc.

937. 淡竹 *Phyllostachys glauca* McClure

【形态】竿高 5 ～ 12 m，粗 2 ～ 5 cm，幼竿密被白粉，无毛，老竿灰黄绿色；节间最长可达 40 cm，壁薄，厚仅约 3 mm；竿环与箨环均稍隆起，同高。箨鞘背面淡紫褐色至淡紫绿色，常有深浅相同的纵条纹，无毛，具紫色脉纹及疏生的小斑点或斑块，无箨耳及鞘口繸毛；箨舌暗紫褐色，高 2 ～ 3 mm，截形，边缘有波状裂齿及细短纤毛；箨片线状披针形或带状，开展或外翻，平直或有时微皱曲，绿紫色，边缘淡黄色。末级小枝具 2 或 3 叶；叶耳及鞘口繸毛均存在但早落；叶舌紫褐色；叶片长

7～16 cm，宽 1.2～2.5 cm，下表面沿中脉两侧稍被柔毛。花枝呈穗状，长达 11 cm，基部有 3～5 片逐渐增大的鳞片状苞片；佛焰苞 5～7 片，无毛或一侧疏生柔毛，鞘口繸毛有时存在，少数，短细，缩小叶狭披针形至锥状，每苞内有 2～4 枚假小穗，但其中常仅 1 或 2 枚发育正常，侧生假小穗下方所托的苞片披针形，先端有微毛。小穗长约 2.5 cm，狭披针形，含 1 或 2 朵小花，常以最上端一朵成熟；小穗轴最后延伸成刺芒状，节间密生短柔毛；颖不存在或仅 1 片；外稃长约 2 cm，常被短柔毛；内稃稍短于其外稃，脊上生短柔毛；鳞被长 4 mm；花药长 12 mm；柱头 2，羽毛状。笋期 4 月中旬至 5 月底，花期 6 月。

【生境分布】 通常栽植于庭园。罗田各地均有分布。

【药用部位】 根茎（淡竹根）、幼苗（淡竹笋）、箨叶（淡竹壳）、叶（竹叶）、卷而未放的幼叶（竹卷心）、茎秆经烤灼后流出的液汁（竹沥）、枯死的幼竹茎秆（仙人杖）、茎秆除去外皮后刮下的中间层。

【药材名】 淡竹叶、竹茹、淡竹笋、淡竹壳、竹卷心、竹沥、仙人杖。

（1）淡竹叶。

【采收加工】 随时采鲜品入药。

【来源】 禾本科植物淡竹 *Phyllostachys glauca* McClure 的叶。

【性状】 叶呈狭披针形，长 7.5～16 cm，宽 1～2 cm，先端渐尖，基部钝形，叶柄长约 5 mm，边缘的一侧较平滑，另一侧具小锯齿而粗糙；平行脉，次脉 6～8 对，小横脉甚显著；叶面深绿色，无毛，背面色较淡，基部具微毛；质薄而较脆。气弱，味淡。以绿色、完整、无枝梗者为佳。

【性味】 甘、淡，寒。

【归经】 归心、肺、胆、胃经。

【功能主治】 清热除烦，生津利尿。主治热病烦渴，小儿惊痫，咳逆吐衄，面赤，小便短亦，口糜舌疮。

【用法用量】 内服：煎汤，6～12 g。

【附方】 ①治热渴：淡竹叶 750 g，茯苓、石膏（碎）各 95 g，小麦 450 g，栝楼 64 g。上五味，以水 10 升煮竹叶，取 4 升，下诸药，煮取 2 升，去滓分温服。（《外台秘要》）

②治伤寒解后，虚羸少气，气逆欲吐：竹叶 200 g，石膏 500 g，半夏（洗）250 g，人参 64 g，麦冬（去心）500 g，甘草（炙）64 g，粳米 250 g。（《伤寒论》）

③治霍乱利后，烦热躁渴，卧不安：浓煮竹叶汁，饮五六合。（《圣济总录》）

④治小儿心脏风热，精神恍惚：淡竹叶一握，粳米一合，茵陈 16 g。上以水二大盏，煮二味取汁一盏，去滓，投米作粥食之。（《太平圣惠方》）

⑤治产后中风发热，面正赤，喘而头痛：竹叶一把，葛根 95 g，防风 32 g，桔梗、甘草各 32 g，桂枝 32 g，人参 32 g，附子（炮）1 枚，大枣 15 枚，生姜 160 g。上十味以水一斗煮取二升半，分温三服。温覆使汗出。（《金匮要略》）

⑥治诸淋：淡竹叶、车前子、大枣、乌豆（炒，去壳）、灯心草、甘草各 4.5 g。上作一服，用水二盏，煎至七分，去滓，不拘时温服。（《奇效良方》）

⑦治心移热于小肠，口糜淋痛：淡竹叶 6 g，木通 3 g，生甘草 2.4 g，车前子（炒）10 g，生地黄 195 g。水煎服。（《医方简义》）

⑧治产后血气暴虚，汗出：淡竹叶，煎汤三合，微温服之，须臾再服。（《经效产宝》）

⑨治头疮赤嫩疼痛：竹叶 500 g 烧灰，捣罗为末，以鸡子白和匀，日三四上涂之。（《太平圣惠方》）

（2）竹茹。

【别名】 竹二青。

【来源】 禾本科植物淡竹 *Phyllostachys glauca* McClure 的茎秆除去外皮后刮下的中间层。

【采收加工】 全年可采，砍取茎秆，刮去外层皮，然后将中间层刮成丝状，晾干。

【性状】 丝状条片，长短不等，卷曲扭缩作螺旋形，外表黄绿色或淡黄白色，粗糙。质柔韧，有弹性。

气清香，味淡。以黄绿色、丝均匀、细软者为佳。

【炮制】姜汁炒竹茹：每 500 g 竹茹用生姜 64 g，榨汁去滓，再加开水 64 ml，与竹茹充分拌匀，置锅内微炒，取出，晾干。

【性味】甘，凉。

【归经】归胃、胆经。

【功能主治】清热，凉血，化痰，止吐。主治烦热呕吐、呃逆，痰热咳喘，吐血，衄血，崩漏，恶阻，惊痫。

【用法用量】内服：煎汤，4.5～10 g。外用：熬膏贴。

【注意】《本草经疏》：胃寒呕吐，及感寒挟食作吐忌用。

【附方】①治哕逆：橘皮 1 kg，竹茹二升，大枣 30 枚，生姜 250 g，甘草 160 g，人参 32 g。上六味，以水一斗，煮取三升，温服一升，日三服。（《金匮要略》）

②治妊娠恶阻呕吐，不下食：青竹茹、橘皮各十八铢，茯苓、生姜各 32 g，半夏三十铢。上五味以水六升，煮取二升半，分三服，不瘥，频作。（《千金方》）

③治妇人乳中虚，烦乱呕逆，安中益气：生竹茹 0.6 g，石膏 0.6 g，桂枝 0.3 g，甘草 2.1 g，白薇 0.3 g。上五味，末之，枣肉和丸弹子大。以饮服一丸，日三夜二服。有热者倍白薇，烦喘者加柏实一分。（《金匮要略》）

④治产后虚烦，头痛短气欲绝，心中闷乱不解：生淡竹茹一升，麦门冬五合，甘草 32 g，小麦五合，生姜 95 g，大枣 14 枚。上六味以水一斗，煮竹茹、小麦，取八升，去滓，乃纳诸药，煮取一升，去滓，分二服，羸人分作三服。（《千金方》）

⑤治大病后，虚烦不得眠：半夏（汤洗七次）、竹茹、枳实（麸炒，去秆）各 64 g，陈皮 95 g，甘草（炙）32 g，茯苓 48 g。上为锉散，每服 12 g，水一盏半，姜 5 片，枣 1 枚，煎七分，去滓，食前服。（《三因极一病证方论》）

⑥治伤暑烦渴不止：竹茹（新竹者）一合，甘草（锉）0.3 g，乌梅（锥破）2 枚。上三味，同用水一盏半，煎取八分，去滓放温，时时细呷。（《圣济总录》）

⑦治肺热咳嗽，咳吐黄痰：竹二青 10 g。水煎服。（《上海常用中草药》）

⑧治小儿痫：青竹茹 95 g，醋三升，煎一升，去滓，服一合。兼治小儿口噤体热病。（《子母秘录》）

⑨治妇人病未平复，因有所动，致热气上冲胸，手足拘急搐搦，如中风状：栝楼根 64 g，淡竹茹半升。上以水二升半，煮取一升二合，去滓，分作二三服。（《类证活人书》）

⑩治齿龈间血出不止：生竹茹 64 g，醋煮含之。（《千金方》）

⑪治黄水疮：真麻油 64 g，青木香 64 g，青竹茹一小团，杏仁 20 粒（去皮、尖）。上药入麻油内，慢火煎令杏仁黄色，去渣，入松脂（研）16 g，熬成膏，每用少许擦疮上。（《济生方》）

（3）竹沥。

【来源】禾本科植物淡竹 *Phyllostachys glauca* McClure 的茎用火烤灼而流出的液汁。

【炮制】取鲜竹杆截成长 30～50 cm，两端去节，劈开，架起，中部用火烤，两端即有液汁流出，以器盛之。

【性状】青黄色或黄棕色汁液，透明，具焦香气。以色泽透明者为佳。

【性味】甘、苦，寒。

【归经】归心、胃经。

【功能主治】清热滑痰，镇惊利窍。主治中风痰迷，痰热壅肺，惊风，癫痫，壮热烦渴。

【用法用量】内服：冲服，32～64 g；或入丸剂、熬膏。

【注意】寒嗽及脾虚便溏者忌服。

①《本草纲目》：姜汁为之使。

②《本草经疏》：寒痰湿痰及次食生痰不宜用。

③《本草备要》：寒胃滑肠，有寒湿者勿服。

【附方】①治中风口噤不知人：淡竹沥一升服。（《千金方》）

②治风痱四肢不收，心神恍惚，不知人，不能言：竹沥二升，生葛汁一升，生姜汁三合。上三味相和温暖，分三服，平旦、日晡、夜各一服。（《千金方》）

③治卒消渴，小便多：作竹沥恣饮数日愈。（《肘后备急方》）

④治产后身或强直，口噤面青，手足强反张：饮竹沥一二升。（《梅师集验方》）

⑤主妊娠恒若烦闷，此名子烦：茯苓95 g，竹沥一升，水四升，合竹沥煎取二升，分三服，不瘥重作，亦时时服竹沥。（《梅师集验方》）

⑥治小儿惊风天吊，四肢抽搐：竹沥一盏，加生姜汁三匙，胆星末1.5 g，牛黄0.03 g调服。（《全幼心鉴》）

⑦治小儿口噤，体热：用竹沥二合，暖之，分三四服。（《兵部手集方》）

⑧治乙脑、流脑高热，呕吐：竹沥代茶饮。（江西《中草药学》）

⑨治金疮中风，口噤欲死：竹沥半大升，微微暖服之。（《贞元广利方》）

⑩治小儿大人咳逆短气：淡竹沥一合服之，日三五服，大人一升。（《兵部手集方》）

⑪治小儿吻疮：竹沥和黄连、黄檗、黄丹，敷之。（《全幼心鉴》）

⑫治小儿赤目：淡竹沥点之，或入人乳。（《古今录验方》）

⑬治小儿重舌：竹沥渍黄檗，时时点之。（《简便单方》）

（4）竹卷心。

【采收加工】清晨采摘卷而未放的幼叶。

【来源】禾本科植物淡竹 *Phyllostachys glauca* McClure 的卷而未放的幼叶。

【性味】苦，寒，无毒。

【归经】归心、肝经。

【功能主治】清心除烦，消暑止渴。

【用法用量】内服：煎汤，鲜品6～12 g。外用：煅存性研末调敷。

（5）淡竹根。

【采收加工】全年均可采挖。

【来源】禾本科植物淡竹 *Phyllostachys glauca* McClure 的根茎。

【性味】甘，冷，无毒。

【功能主治】明目去翳。

【用法用量】内服：煎汤，32～64 g。外用：煎水洗。

（6）淡竹笋。

【采收加工】春季采收。

【来源】禾本科植物淡竹 *Phyllostachys glauca* McClure 的幼苗。

【性味】甘，寒。

【归经】归肺、胃经。

【功能主治】消痰除热。

【用法用量】内服：煎汤，32～64 g。

（7）淡竹壳。

【采收加工】春、夏季采收，鲜用或晾干。

【来源】禾本科植物淡竹 *Phyllostachys glauca* McClure 的箨叶。

【功能主治】 去目翳。

【附方】 治翳：淡竹壳不拘多少，以布拭去毛，烧灰存性，每药 3 g，加麝香 0.1 ～ 0.15 g，同擂细末，点在翳上。（《一草亭目科全书》）

（8）仙人杖。

【来源】 禾本科植物淡竹 *Phyllostachys glauca* McClure 枯死的幼竹茎秆。

【性味】 咸，平。

【功能主治】 主治反胃，吐乳，水肿，脚气，疟疾，痔疮。

【用法用量】 内服：煎汤或烧灰研末服。外用：煎水熏洗。

【附方】 治脚气：退秧竹和亦小豆煎水，先熏后洗。（《岭南采药录》）

938. 紫竹 *Phyllostachys nigra*（Lodd. ex Lindl.）Munro

【别名】 墨竹。

【形态】 竿高 4 ～ 8 m，稀可高达
10 m，直径可达 5 cm，幼竿绿色，密被细
柔毛及白粉，箨环有毛，一年生以后的竿逐
渐出现紫斑，最后全部变为紫黑色，无毛；
中部节间长 25 ～ 30 cm，壁厚约 3 mm；竿
环与箨环均隆起，且竿环高于箨环或两环等
高。箨鞘背面红褐色或带绿色，无斑点或常
具极微小不易观察的深褐色斑点，此斑点在
箨鞘上端常密集成片，被微量白粉及较密的
淡褐色刺毛；箨耳长圆形至镰形，紫黑色，

边缘生有紫黑色繸毛；箨舌拱形至尖拱形，紫色，边缘生有长纤毛；箨片三角形至三角状披针形，绿色，
但脉为紫色，舟状，直立或以后稍开展，微皱曲或波状。末级小枝具 2 或 3 叶；叶耳不明显，有脱落性鞘
口繸毛；叶舌稍伸出；叶片质薄，长 7 ～ 10 cm，宽约 1.2 cm。花枝呈短穗状，长 3.5 ～ 5 cm，基部托以 4 ～ 8
片逐渐增大的鳞片状苞片；佛焰苞 4 ～ 6 片，除边缘外无毛或被微毛，叶耳不存在，鞘口繸毛少数条或无，
缩小叶细小，通常呈锥状，或仅为一小尖头，亦可较大而呈卵状披针形，每片佛焰苞腋内有 1 ～ 3 枚假小
穗。小穗披针形，长 1.5 ～ 2 cm，具 2 或 3 朵小花，小穗轴具柔毛；颖 1 ～ 3 片，偶可无颖，背面上部具
柔毛；外稃密生柔毛，长 1.2 ～ 1.5 cm；内稃短于外稃；花药长约 8 mm；柱头 3，羽毛状。笋期 4 月下旬。

【生境分布】 通常栽培于庭园。罗田各地均有分布。

【采收加工】 全年可采。

【药用部位】 根。

【药材名】 紫竹根。

【来源】 禾本科植物紫竹 *Phyllostachys nigra*（Lodd. ex Lindl.）Munro 的根茎。

【性味】 辛、淡，平。

【功能主治】 祛风，破瘀，解毒。主治风湿痹痛，闭经，癥瘕，狂犬咬伤。

【用法用量】 内服：煎汤，16 ～ 32 g。

【附方】 ①治疯狗咬伤毒发，心腹绞痛，乱抓乱咬：真纹党、红柴胡、甘草、羌活、独活、前胡、生姜、
茯苓各 10 g，枳壳（炒）、抚芎、桔梗各 6 g，生地榆 32 g，紫竹根一大握，用水浓煎温服。煎药时需大
罐多水，俾能透煎浓汁为妙。设被好犬咬，于未发之先，亦用此方，再加乌药 32 g，煎浓拌饭与食，孕妇

亦可服。（《梅氏验方新编》）

②治狂犬病：紫竹根64 g、白花柴胡32 g、搜山虎32 g。水煎服。（《重庆草药》）

939. 毛竹 *Phyllostachys edulis*（Carriere）J. Houz.

【别名】 楠竹、龟甲竹。

【形态】 竿高超20 m，粗者可超20 cm，幼竿密被细柔毛及厚白粉，箨环有毛，老竿无毛，并由绿色渐变为绿黄色；基部节间甚短而向上则逐节较长，中部节间长达40 cm或更长，壁厚约1 cm（但有变异）；竿环不明显，低于箨环或在细竿中隆起。箨鞘背面黄褐色或紫褐色，具黑褐色斑点及密生棕色刺毛；箨耳微小，繸毛发达；箨舌宽短，强隆起至尖拱形，边缘具粗长纤毛；箨片较短，长三角形至披针形，有波状弯曲，绿色，初时直立，以后外翻。末级小枝具2～4叶；叶耳不明显，鞘口繸毛存在而为脱落性；叶舌隆起；叶片较小较薄，披针形，长4～11 cm，宽0.5～1.2 cm，下表面沿中脉基部具柔毛，次脉3～6对，再次脉9条。花枝穗状，长5～7 cm，基部托以4～6片微小的鳞片状苞片，有时花枝下方尚有1～3片近正常发达的叶，则此时花枝呈顶生状；佛焰苞通常10片以上，常偏向一侧，呈整齐的覆瓦状排列，下部数片不育而早落，致使花枝下部露出而类似花枝之柄，上部的边缘生纤毛及微毛，无叶耳，具易落的鞘口繸毛，缩小叶小，披针形至锥状，每片育性佛焰苞内具1～3枚假小穗。小穗仅有1朵小花；小穗轴延伸于最上方小花的内稃之背部，呈针状，节间具短柔毛；颖1片，长15～28 mm，顶端常具锥状缩小叶，犹如佛焰苞，下部、上部以及边缘常生茸毛；外稃长22～24 mm，上部及边缘被毛；内稃稍短于其外稃，中部以上生有茸毛；鳞被披针形，长约5 mm，宽约1 mm；花丝长4 cm，花药长约12 mm；柱头3，羽毛状。颖果长椭圆形，长4.5～6 mm，直径1.5～1.8 mm，顶端有宿存的花柱基部。笋期4月，花期5—8月。

【生境分布】 罗田各地均有分布。

【药用部位】 叶、根状茎（竹鞭）、笋。

【药材名】 竹鞭、竹笋、竹叶。

【来源】 禾本科植物毛竹 *Phyllostachys edulis*（Carriere）J. Houz. 的叶、根状茎（竹鞭）、笋。

【性味】 甘、淡、微涩，寒。

【功能主治】 清热，利尿，活血，祛风。叶：主治烦热口渴，小儿发热，高热不退，疳积。根状茎：主治关节风痛。鲜笋：外用治火器伤。

【用法用量】 内服：煎汤，叶16～32 g，根状茎64～160 g。外用：鲜笋适量，捣烂敷患处。

940. 桂竹 *Phyllostachys reticulata*（Rupr.）K. Koch

【别名】 五月季竹、轿杠竹。

【形态】 竿高可达20 m，粗达15 cm，幼竿无毛，无白粉或被不易察觉的白粉，偶可在节下方具稍明显的白粉环；节间长达40 cm，壁厚约5 mm；竿环稍高于箨环。箨鞘革质，背面黄褐色，有时带绿色或紫色，有较密的紫褐色斑块与小斑点和脉纹，疏生脱落性淡褐色直立刺毛；箨耳小型或大型而呈镰状，有时无箨耳，紫褐色，繸毛通常生长良好，亦偶可无缝毛；箨舌拱形，淡褐色或带绿色，边缘生较长或较短的纤毛；箨片带状，中间绿色，两侧紫色，边缘黄色，平直或偶可在顶端微皱曲，外翻。末级小枝具 2～4 叶；叶耳半圆形，缝毛发达，常呈放射状；叶舌明显伸出，拱形或有时截形；叶片长 5.5～15 cm，宽 1.5～2.5 cm。花枝呈穗状，长 5～8 cm，偶可长达 10 cm，基部有 3～5 片逐渐增大的鳞片状苞片；佛焰苞 6～8 片，叶耳小型或近无，繸毛通常存在，短，缩小叶圆卵形至线状披针形，基部收缩呈圆形，

上端渐尖呈芒状，每片佛焰苞腋内具 1 枚、有时 2 枚、稀可 3 枚的假小穗，唯基部 1～3 片的苞腋内无假小穗而苞早落。小穗披针形，长 2.5～3 cm，含 1 或 2（3）朵小花；小穗轴呈针状延伸于最上育性小花的内稃后方，其顶端常有不同程度的退化小花，节间除针状延伸的部分外，均具细柔毛；颖 1 片或无颖；外稃长 2～2.5 cm，被稀疏微毛，先端渐尖呈芒状；内稃稍短于其外稃，除 2 脊外，背部无毛或常于先端有微毛；鳞被菱状长椭圆形，长 3.5～4 mm，花药长 11～14 mm；花柱较长，柱头 3，羽毛状。笋期 5 月下旬。

【生境分布】 产于黄河流域及其以南各地。罗田各地均有分布。

【采收加工】 初夏采收竹笋，晒干或鲜用。

【来源】 禾本科植物桂竹 *Phyllostachys reticulata*（Rupr.）K. Koch 的幼苗（笋）。

【性味】 甘，寒。

【功能主治】 解毒，除湿热，祛风湿。主治小儿逗疹不出，四肢顽痹，筋骨疼痛。

大明竹属 *Pleioblastus* Nakai

941. 苦竹 *Pleioblastus amarus*（Keng）Keng f.

【别名】 伞柄竹。

【形态】 竿高 3～5 m，粗 1.5～2 cm，直立，竿壁厚约 6 mm，幼竿淡绿色，具白粉，老后渐转绿黄色，被灰白色粉斑；节间圆筒形，在分枝一侧的下部稍扁平，通常长 27～29 cm，节下方粉环明显；节内长约 6 mm；竿环隆起，高于箨环；箨环留有箨鞘基部木栓质的残留物，在幼竿的箨环还具一圈发达的棕紫褐色刺毛；竿每节具 5～7 枝，枝稍开展。箨鞘革质，绿色，被较厚白粉，上部边缘橙黄色至焦枯色，背部无毛或具棕红色或白色微细刺毛，易脱落，基部密生棕色刺毛，边缘密生金黄色纤毛；繸耳不明显或无，具数条直立的短繸毛，易脱落而变无繸毛；箨舌截形，高 1～2 mm，淡绿色，被厚

的脱落性白粉，边缘具短纤毛；箨片狭长披针形，开展，易向内卷折，腹面无毛，背面有白色不明显短茸毛，边缘具锯齿。末级小枝具 3 或 4 叶；叶鞘无毛，呈干草黄色，具细纵肋；无叶耳和箨口繸毛；叶舌紫红色，高约 2 mm；叶片椭圆状披针形，长 4～20 cm，宽 1.2～2.9 cm，先端短渐尖，基部楔形或宽楔形，下表面淡绿色，生有白色茸毛，尤以基部为甚，次脉 4～8 对，小横脉清楚，叶缘两侧有细锯齿；叶柄长约 2 mm。总状花序或圆锥花序，具 3～6 小穗，侧生于主枝或小枝的下部各节，基部为 1 片苞片所包围，小穗柄被微毛；小穗含 8～13 朵小花，长 4～7 cm，绿色或绿黄色，被白粉；小穗轴节长 4～5 mm，一侧扁平，上部被白色微毛，下部无毛，为外稃所包围，顶端膨大呈杯状，边缘具短纤毛；颖 3～5 片，向上逐渐变大，第一颖可为鳞片状，先端渐尖或短尖，背部被微毛和白粉，第二颖较第一颖宽大，先端短尖，被毛和白粉，第三、四、五颖通常与外稃相似而稍小；外稃卵状披针形，长 8～11 mm，具 9～11 脉，有小横脉，顶端尖至具小尖头，无毛而被有较厚的白粉，上部边缘有极微细毛，因后者常脱落而变为无毛；内稃通常长于外稃，罕或与之等长，先端通常不分裂，被纤毛，脊上具较密的纤毛，脊间密被较厚白粉和微毛；鳞被 3，卵形或倒卵形，后方一片形较窄，上部边缘具纤毛；花药淡黄色，长约 5 mm；子房狭窄，长约 2 mm，无毛，上部略呈三棱形；花柱短，柱头 3，羽毛状。成熟果未见。笋期 6 月，花期 4—5 月。

【生境分布】 罗田各地均有分布。

【采收加工】 全年可采。

【药用部位】 根茎。

【药材名】 苦竹根。

【来源】 禾本科植物苦竹 *Pleioblastus amarus*（Keng）Keng f. 的根茎。

【功能主治】 清热，除烦，清痰。

早熟禾属 *Poa* L.

942. 早熟禾 *Poa annua* L.

【形态】 一年生或冬性禾草。秆直立或倾斜，质软，高 6～30 cm，全体平滑无毛。叶鞘稍压扁，中部以下闭合；叶舌长 1～3（5）mm，圆头；叶片扁平或对折，长 2～12 cm，宽 1～4 mm，质地柔软，常有横脉纹，顶端急尖呈船形，边缘微粗糙。圆锥花序宽卵形，长 3～7 cm，开展；分枝 1～3 枚着生各节，平滑；小穗卵形，含 3～5 小花，长 3～6 mm，绿色；颖质薄，具宽膜质边缘，顶端钝，第一颖披针形，长 1.5～2（3）mm，具 1 脉，第二颖长 2～3（4）mm，具 3 脉；外稃卵圆形，顶端与边缘宽膜质，具明显的 5 脉，脊与边脉下部具柔毛，间脉近基部有柔毛，基盘无绵毛，第一外稃长 3～4 mm；内稃与外稃近等长，两脊密生丝状毛；花药黄色，长 0.6～0.8 mm。颖果纺锤形，长约 2 mm。花期 4—5 月，果期 6—7 月。

【生境分布】 生于海拔 100～4800 m 的平原和丘陵的路旁草地、田野水沟或阴湿地。罗田各地均有分布。

【采收加工】 夏季采收。

【药用部位】 全草。

【药材名】 早熟禾。

【来源】 禾本科植物早熟禾 *Poa annua*

L. 的全草。

【功能主治】 降血糖。主治糖尿病。

【用法用量】 内服：煎汤，10～15 g。

金发草属 *Pogonatherum* P. Beauv.

943. 金丝草 *Pogonatherum crinitum*（Thunb.）Kunth

【别名】 水游草、笔仔草。

【形态】 秆丛生，直立或基部稍倾斜，高 10～30 cm，直径 0.5～0.8 mm，具纵条纹，粗糙，通常 3～7 节，少可在 10 节以上，节上被白色髯毛状毛，少分枝。叶鞘短于或长于节间，向上部渐狭，稍不抱茎，边缘薄纸质，除鞘口或边缘被细毛外，余均无毛，有时下部的叶鞘被短毛；叶舌短，纤毛状；叶片线形，扁平，稀内卷或对折，长 1.5～5 cm，宽 1～4 mm，顶端渐尖，基部为叶鞘顶宽的 1/3，两面均被微毛而粗糙。穗形总状花序单生于秆顶，长 1.5～3 cm（芒除外），宽约 1 mm，细弱而微弯曲，乳黄色；总状花序轴节间与小穗柄均压扁，长为无柄小穗的 1/3～2/3，两侧具长短不一的纤毛；无柄小穗长不及 2 mm，含 1 朵两性花，基盘的毛长度与小穗等长或稍长；第一颖背腹扁平，长约 1.5 mm，先端截平，具流苏状纤毛，具不明显或明显的 2 脉，背面稍粗糙；第二颖与小穗等长，稍长于第一颖，船形，具 1 脉而呈脊，沿脊粗糙，先端 2 裂，裂缘有纤毛，脉延伸成弯曲的芒，芒金黄色，长 15～18 mm，粗糙；第一小花完全退化或仅存一外稃；第二小花外稃稍短于第一颖，先端 2 裂，裂片为稃体长的 1/3，裂齿间伸出细弱而弯曲的芒，芒长 18～24 mm，稍糙；内稃宽卵形，短于外稃，具 2 脉；雄蕊 1 枚，花药细小，长约 1 mm；花柱自基部分离为 2 枚；柱头帚刷状，长约 1 mm。颖果卵状长圆形，长约 0.8 mm。有柄小穗与无柄小穗同型同性，但较小。花果期 5—9 月。

【生境分布】生于海拔 2000 m 以下的田埂、山边、路旁或阴湿地。罗田各地均有分布。

【采收加工】 夏、秋季采收。

【药用部位】 全株。

【药材名】 金丝草。

【来源】 禾本科植物金丝草 *Pogonatherum crinitum*（Thunb.）Kunth 的全草。

【性味】 甘、淡，凉。

【功能主治】 清热解毒，凉血止血，利湿。主治热病烦渴，吐血，衄血，咯血，尿血，血崩，黄疸，水肿，淋浊带下，泻痢，小儿疳热，疔疮痈肿。

【用法用量】 内服：煎汤，9～15 g（鲜品可用至 30～60 g）。外用：适量，煎汤熏洗或研末调敷。

鹅观草属 *Roegneria* C. Koch.

944. 鹅观草 *Roegneria kamoji* Ohwi

【别名】 水燕麦。

【形态】 秆直立或基部倾斜，高 30～100 cm。叶鞘外侧边缘常具纤毛；叶片扁平，长 5～40 cm，宽 3 ~ 13 mm。穗状花序长 7 ~ 20 cm，弯曲或下垂；小穗绿色或带紫色，长 13 ~ 25 mm（芒除外），含 3 ~ 10 朵小花；颖卵状披针形至长圆状披针形，先端锐尖至具短芒（芒长 2 ~ 7 mm），边缘为宽膜质，第一颖长 4 ~ 6 mm，第二颖长 5 ~ 9 mm；外稃披针形，具有较宽的膜质边缘，背部以及基盘近无毛或仅基盘两侧具有极微小的短毛，上部具明显的 5 脉，脉上稍粗糙，第一外稃长 8 ~ 11 mm，先端延伸成芒，芒粗糙，劲直或上部稍有曲折，长 20 ~ 40 mm；内稃约与外稃等长，先端钝，脊显著具翼，翼缘具有细小纤毛。

【生境分布】 生于海拔 100 ~ 2300 m 的山坡和湿润草地。罗田各地均有分布。

【采收加工】 夏、秋季采收。

【药材名】 鹅观草。

【来源】 禾本科植物鹅观草 *Roegneria kamoji* Ohwi 的全草。

【功能主治】 清热凉血，镇痛。主治咳嗽，痰中带血，劳伤疼痛等。

【用法用量】 内服：煎汤，10 ~ 15 g。

甘蔗属 *Saccharum* L.

945. 甘蔗 *Saccharum officinarum* L.

【别名】 薯蔗。

【形态】 多年生高大实心草本。根状茎粗壮发达。秆高 3 ~ 5（6）m。直径 2 ~ 4（5）cm，具 20 ~ 40 节，下部节间较短而粗大，被白粉。叶鞘长于其节间，除鞘口具柔毛外余无毛；叶舌极短，生纤毛，叶片长达 1 m，宽 4 ~ 6 cm，无毛，中脉粗壮，白色，边缘具锯齿状粗糙。圆锥花序大型，长 50 cm 左右，主轴除节具毛外余无毛，在花序以下部分不具丝状柔毛；总状花序多数轮生，稠密；总状花序轴节间与小穗柄无毛；小穗线状长圆形，长 3.5 ~ 4 mm；基盘具长于小穗 2 ~ 3 倍的丝状柔毛；第一颖脊间无脉，不具柔毛，顶端尖，边缘膜质；第二颖具 3 脉，中脉成脊，粗糙，无毛或具纤毛；第一外稃膜质，与颖近等长，无毛；第二外稃微小，无芒或退化；第二内稃披针形；鳞被无毛。

【生境分布】 罗田有栽培。

【采收加工】 秋后采收，砍取地上部分。削去上部梢叶捆扎，置阴暗不通风处，保持水分。

【药用部位】 茎。

【药材名】 甘蔗。

【来源】 禾本科植物甘蔗 *Saccharum officinarum* L. 的茎秆。

【性味】 甘，寒。

【归经】 归肺、胃经。

【功能主治】 消热，生津，下气，润燥。

主治热病津伤，心烦口渴，反胃呕吐，肺燥咳嗽，大便燥结，并解酒毒。

【用法用量】内服：甘蔗汁，64～125 g。外用：捣敷。

【注意】脾胃虚寒者慎服。

①《本草经疏》：胃寒呕吐，中满滑泄者忌之。

②《本草汇言》：多食久食，善发湿火，为痰、胀、呕、嗽之疾。

【附方】①治发热口干，小便涩：甘蔗，去皮尽令吃之，咽汁。若口痛，捣取汁服之。（《外台秘要》）

②治胃反，朝食暮吐，暮食朝吐，旋旋吐者：甘蔗汁七升，生姜汁一升。二味相和，分为三服。（《梅师集验方》）

③治干呕不息：蔗汁，温令热，服一升，日三。（《补辑肘后方》）

④治虚热咳嗽，口干涕唾：甘蔗汁一升半，青粱米四合。煮粥，日食二次，极润心肺。（《本草纲目》）

狗尾草属 *Setaria* Beauv.

946. 大狗尾草 *Setaria faberii* Herrm.

【别名】狗尾草。

【形态】一年生，通常具支柱根。秆粗壮而高大、直立，或基部膝曲，高50～120 cm，直径达6 mm，光滑无毛。叶鞘松弛，边缘具细纤毛，部分基部叶鞘边缘膜质无毛；叶舌具密集的长1～2 mm的纤毛；叶片线状披针形，长10～40 cm，宽5～20 mm，无毛或上面具较细疣毛，少数下面具细疣毛，先端渐尖细长，基部圆钝或渐狭窄几呈柄状，边缘具细锯齿。圆锥花序紧缩呈圆柱状，长5～24 cm，宽6～13 mm（芒除外），通常垂头，主轴具

较密长柔毛，花序基部通常不间断，偶有间断；小穗椭圆形，长约3 mm，顶端尖，下托以1～3枚较粗而直的刚毛，刚毛通常绿色，少浅褐紫色，粗糙，长5～15 mm；第一颖长为小穗的1/3～1/2，宽卵形，顶端尖，具3脉；第二颖长为小穗的3/4或稍短于小穗，少数长为小穗的1/2，顶端尖，具5～7脉，第一外稃与小穗等长，具5脉，其内稃膜质，披针形，长为其1/3～1/2，第二外稃与第一外稃等长，具细横皱纹，顶端尖，成熟后背部极膨胀隆起；鳞被楔形；花柱基部分离；颖果椭圆形，顶端尖。花果期7—10月。

【生境分布】生于荒野、道路旁。罗田各地均有分布。

【采收加工】秋末采集，分别晒干备用。

【药用部位】全草。

【药材名】大狗尾草。

【来源】禾本科植物大狗尾草 *Setaria faberii* Herrm. 的全草，其根及果穗亦入药。

【性味】甘，平。

【功能主治】清热消疳，杀虫止痒。主治小儿疳积，风疹，龋齿牙痛。

【用法用量】内服：煎汤，10～16 g。

944. 金色狗尾草 *Setaria glauca*（L.）Beauv.

【别名】狗尾草。

【形态】一年生，单生或丛生。秆直立或基部倾斜膝曲，近地面节可生根，高20～90 cm，光滑无毛，仅花序下面稍粗糙。叶鞘下部扁压具脊，上部圆形，光滑无毛，边缘薄膜质，光滑无纤毛；叶舌具一圈长约1 mm的纤毛，叶片线状披针形或狭披针形，长5～40 cm，宽2～10 mm，先端长渐尖，基部圆钝，上面粗糙，下面光滑，近基部疏生长柔毛。圆锥花序紧密呈圆柱状或狭圆锥状，长3～17 cm，宽4～8 mm（刚毛除外），直立，主轴具短细柔毛，刚毛金黄色或稍带

褐色，粗糙，长4～8 mm，先端尖，通常在一簇中仅具1枚发育的小穗，第一颖宽卵形或卵形，长为小穗的1/3～1/2，先端尖，具3脉；第二颖宽卵形，长为小穗的1/2～2/3，先端稍钝，具5～7脉，第一小花雄性或中性，第一外稃与小穗等长或微短，具5脉，其内稃膜质，等长且等宽于第二小花，具2脉，通常含3枚雄蕊或无；第二小花两性，外稃革质，等长于第一外稃。先端尖，成熟时，背部极隆起，具明显的横皱纹；鳞被楔形；花柱基部连合；叶上表皮脉间均为无波纹的或微波纹的、有角棱的壁薄的长细胞，下表皮脉间均为有波纹的、壁较厚的长细胞，并有短细胞。花果期6—10月。

【生境分布】生于荒野、道路旁。罗田各地均有分布。

【采收加工】夏季采收。

【药材名】狗尾草。

【来源】禾本科植物金色狗尾草 *Setaria glauca*（L.）Beauv. 的全草。

【性味】淡，凉。

【功能主治】清热明目，止泻。主治目赤肿痛，眼弦赤烂，痢疾。

【用法用量】内服：煎汤，10～16 g。

948. 粟 *Setaria italica* var. *germanica*（Mill.）Schrad.

【别名】谷子、小米。

【形态】一年生。须根粗大。秆粗壮，直立，高0.1～1 m或更高。叶鞘松裹茎秆，密具疣毛或无毛，毛以近边缘及与叶片交接处的背面为密，边缘密具纤毛；叶舌为1圈纤毛；叶片长披针形或线状披针形，长10～45 cm，宽5～33 mm，先端尖，基部圆钝，上面粗糙，下面稍光滑。圆锥花序呈圆柱状或近纺缍状，通常下垂，基部有间断，长10～40 cm，宽1～5 cm，常因品种的不同而多变异，主轴密生柔毛，刚毛显著长于或稍长于小穗，黄色、褐色或紫色；小穗椭圆形或近圆球形，长2～3 mm，黄色、橘红色或紫色；第一颖长为小穗的1/3～1/2，具3脉；第二颖稍短于或为小穗的3/4，先端钝，具5～9脉；第一外稃与小穗等长，具5～7脉，其内稃薄纸质，披针形，长为其2/3，第二外稃等长于第一外稃，卵圆形或圆球形，质坚硬，平滑或具细点状皱纹，成熟后自第一外稃基部和颖分离脱落；鳞被先端不平，呈微波状；花柱基部分离；叶表皮细胞同狗尾草类型。

【生境分布】罗田有少量栽培。

【药用部位】种仁、发芽颖果。

（1）粟米。

【采收加工】秋季采收。

【来源】禾本科植物粟 *Setaria italica* var. *germanica*（Mill.）Schrad. 的种仁，其储存陈久者名陈粟米。

【性味】甘、咸，凉。陈粟米：苦，寒。

【归经】①《本草求真》：专入肾，兼入脾、胃。

②《本草撮要》：入手足太阴、少阴经。

【功能主治】和中，益肾，除热，解毒。主治脾胃虚热，反胃呕吐，消渴，泄泻。陈粟米：止痢，解烦闷。

【用法用量】内服：煎汤，16 ～ 32 g；或煮粥。外用：研末撒或熬汁涂。

【注意】《日用本草》：与杏仁同食，令人吐泻。

【附方】①治脾胃气弱，食不消化，呕逆反胃，汤饮不下：粟米半升，杵如粉，水和丸如梧桐子大，煮令熟，点少盐，空心和汁吞下。（《食医心鉴》）

②治消渴口干：粟米炊饭，食之良。（《食医心鉴》）

③治孩子赤丹不止：研粟米敷之。（《兵部手集方》）

④治汤火灼伤：粟米炒焦，投水，澄取汁，煎稠如糖，频涂之。能止痛，灭瘢痕。一方半生半炒，研末，酒调敷之。（《崔氏纂要方》）

（2）粟芽。

【来源】禾本科植物粟 *Setaria italica* var. *germanica*（Mill.）Schrad. 的发芽颖果。

【炮制】将粟入水中浸透，捞出置筐内，上盖稻草，每日洒水 4 ～ 5 次，保持湿润，至芽长 2 ～ 3 mm，取出晒干。

【性状】干燥粟芽呈小球形，直径约 1 mm。表面淡黄色，有外稃与内稃包围，多数均已裂开，露出长 1 ～ 3 mm 的初生根（芽），或无初生根。剥去壳即为果实，表面淡黄色，光滑，基部有黄褐色的胚，长约 1 mm，胚乳近白色。质坚，断面粉质，气无，味微甜。以黄色、有芽、颗粒匀整者为佳。

【炮制】炒粟芽：取粟芽置锅内以文火炒至黄色为度，取出放凉。亦有炒至焦黄色者。

【性味】苦、甘，微温；无毒。

【归经】归脾、胃经。

【功能主治】健脾，消食。主治食积胀满，不思饮食。

【用法用量】内服：煎汤，10 ～ 16 g。

949. 狗尾草 *Setaria viridis*（L.）Beauv.

【别名】犬尾草。

【形态】一年生。根为须状，高大植株具支持根。秆直立或基部膝曲，高 10 ～ 100 cm，基部直径达 3 ～ 7 mm。叶鞘松弛，无毛或疏具柔毛或疣毛，边缘具较长的密绵毛状纤毛；叶舌极短，缘有长 1 ～ 2 mm 的纤毛；叶片扁平，长三角状狭披针形或线状披针形，先端长渐尖或渐尖，基部钝圆，几呈截状或渐窄，长 4 ～ 30 cm，宽 2 ～ 18 mm，通常无毛或疏被疣毛，边缘粗糙。圆锥花序紧密呈圆柱状或基部稍疏离，直立或稍弯垂，主轴被较长柔毛，长 2 ～ 15 cm，宽 4 ～ 13 mm（除刚毛外），刚毛长 4 ～ 12 mm，粗糙或微粗糙，直或稍扭曲，通常绿色或褐黄色到紫红色或紫色；小穗2～5个簇生于主轴上，或更多的小穗着生在短小枝上，椭圆形，先端钝，长2～2.5 mm，铅绿色；第一颖卵形、宽卵形，长约为小穗的1/3，先端钝或稍尖，具3脉；第二颖几与小穗等长，椭圆形，具5～7脉；第一外稃与小穗等长，具5～7脉，先端钝，其内稃短小狭窄；第二外稃椭圆形，顶端钝，具细点状皱纹，边缘内卷，狭窄；鳞被楔形，顶端微凹；花柱基分离；叶上下表皮脉间均为微波纹或无波纹的、壁较薄的长细胞。颖果灰白色。花果期5—10月。

【生境分布】生于荒野、道路旁。罗田各地均有分布。

【采收加工】夏、秋季采收，晒干。

【药材名】狗尾草。

【来源】禾本科植物狗尾草 *Setaria viridis*（L.）Beauv. 的全草。

【性味】淡，凉。

【功能主治】除热，去湿，消肿。主治痈肿，疮癣，赤眼。

【用法用量】内服：煎汤，6～12 g（鲜品32～64 g）。外用：煎水洗或捣敷。

【附方】①治远年眼目不明：狗尾草研末，蒸羊肝服。（《分类草药性》）

②治羊毛疔（亦名羊毛痧）：以狗尾草煎汤内服，外用银针挑破红瘰，用麻线挤出瘰中白丝如羊毛状者。（《周益生家宝方》）

高粱属 *Sorghum* Moench

950. 高粱 *Sorghum bicolor*（L.）Moench

【形态】一年生草本。秆较粗壮，直立，高3～5 m，横径2～5 cm，基部节上具支撑根。叶鞘无毛或稍有白粉；叶舌硬膜质，先端圆，边缘有纤毛；叶片线形至线状披针形，长40～70 cm，宽3～8 cm，先端渐尖，基部圆或微呈耳形，表面暗绿色，背面淡绿色或有白粉，两面无毛，边缘软骨质，具微细小刺毛，中脉较宽，白色。圆锥花序疏松，主轴裸露，长15～45 cm，宽4～10 cm，总梗直立或微弯曲；主轴具纵棱，疏生细柔毛，分枝3～7枚，轮生，粗糙或有细毛，基部较密；每一总状花序具3～6节，节间粗糙或稍扁；无柄小穗倒卵形或倒卵状椭圆

形，长 4.5～6 mm，宽 3.5～4.5 mm，基盘纯，有髯毛状毛；两颖均革质，上部及边缘通常具毛，初时黄绿色，成熟后为淡红色至暗棕色；第一颖背部圆凸，上部 1/3 质地较薄，边缘内折而具狭翼，向下变硬而有光泽，具 12～16 脉，仅达中部，有横脉，顶端尖或具 3 小齿；第二颖 7～9 脉，背部圆凸，近顶端具不明显的脊，略呈舟形，边缘有细毛；外稃透明膜质，第一外稃披针形，边缘有长纤毛；第二外稃披针形至长椭圆形，具 2～4 脉，顶端稍 2 裂，自裂齿间伸出一膝曲的芒，芒长约 14 mm；雄蕊 3 枚，花药长约 3 mm；子房倒卵形；花柱分离，柱头帚状。颖果两面平凸，长 3.5～4 mm，淡红色至红棕色，成熟时宽 2.5～3 mm，顶端微外露。有柄小穗的柄长约 2.5 mm，小穗线形至披针形，长 3～5 mm，雄性或中性，宿存，褐色至暗红棕色；第一颖 9～12 脉。

【生境分布】罗田各地均有栽培。

【采收加工】种子成熟后采收。

【药材名】高粱。

【来源】禾本科植物高粱 Sorghum bicolor（L.）Moench 的种仁。

【性味】甘、涩，温，无毒。

【归经】入手足太阴、阳明经。

【功能主治】①《本草纲目》：温中，涩肠胃，止霍乱。黏者与黍米功同。

②《四川中药志》：益中，利气，止泄，去客风顽痹。治霍乱，下痢及湿热小便不利。

【用法用量】内服：煎汤，32～64 g。

【附方】治小儿消化不良：红高粱 32 g，大枣 10 个。大枣去核炒焦，高粱炒黄，共研细末。2 岁小孩每服 6 g；3～5 岁小孩每服 10 g，每日服二次。（内蒙古《中草药新医疗法资料选编》）

【临床应用】治疗小儿消化不良：取碾高粱的第 2 遍糠，除净硬壳等杂质，置锅中加热翻炒至呈黄褐色，有香味时取出放冷。每天 3～4 次，每次 1.6～3 g，口服。治疗 104 例，其中 100 例多在服药 6 次内治愈，4 例无效。

小麦属 *Triticum* L.

951. 普通小麦 *Triticum aestivum* L.

【别名】小麦、浮小麦。

【形态】秆直立，丛生，具 6～7 节，高 60～100 cm，直径 5～7 mm。叶鞘松弛包茎，下部者长于而上部者短于节间；叶舌膜质，长约 1 mm；叶片长披针形。穗状花序直立，长 5～10 cm（芒除外），宽 1～1.5 cm；小穗含 3～9 小花，上部者不发育；颖卵圆形，长 6～8 mm，主脉于背面上部具脊，于顶端延伸为长约 1 mm 的齿，侧脉的背脊及顶齿均不明显；外稃长圆状披针形，长 8～10 mm，顶端具芒或无；内稃与外稃几等长。

【生境分布】罗田各地均有栽培。

【药用部位】种子、嫩茎叶、干瘪轻浮的种子、种皮。

【药材名】小麦、小麦苗、浮小麦、麦麸。

（1）小麦。

【采收加工】　夏季采收。

【来源】　禾本科植物普通小麦 *Triticum aestivum* L. 的种子或其制成的面粉。

【性味】　甘，凉。

【归经】　归心、脾、肾经。

【功能主治】　养心，益肾，除热，止渴。主治脏躁，烦热，消渴，烫伤。

【用法用量】　内服：小麦煎汤，32 ～ 64 g；或煮粥，小麦面冷水调服或炒黄温水调服。外用：小麦炒黑研末调敷；或小麦面干撒或炒黄调敷。

【注意】　《本草纲目》；小麦面畏汉椒、萝藦。

【附方】　①治妇人脏躁，喜悲伤欲哭：甘草 95 g，小麦 1 升，大枣 10 枚。上三味，以水六升，煮取三升，温分三服。亦补脾气。（《金匮要略》）

②治消渴口干：小麦用炊作饭及煮粥食之。（《食医心鉴》）

③治滑痢肠胃不固：白面 500 g，炒令焦黄，每日空心温水调（服）一匙头。（《饮膳正要》）

④治内损吐血：飞罗面不计多少，微炒过，浓磨细墨一茶脚，调下二钱。（《产乳备要》）

⑤治老人五淋，身热腹满：小麦一升，通草 64 g。水三升，煮取一升饮之。（《养老奉亲书》）

⑥治妇人乳痈不消：白面 250 g，炒令黄色，醋煮为糊，涂于乳上。（《太平圣惠方》）

⑦治金疮血出不止：生面干敷。（《葡氏经验方》）

⑧治火燎成疮：炒面，入栀子仁末，和油调（涂）之。（《千金方》）

⑨治汤火伤未成疮者：小麦炒黑为度，研为末，腻粉减半，油调涂之。（《经验方》）

（2）小麦苗。

【采收加工】　春季采收，随采随用。

【来源】　禾本科植物普通小麦 *Triticum aestivum* L. 的嫩茎叶。

【性味】　辛，寒；无毒。

【归经】　《得配本草》：入手少阴、太阳经气分。

【功能主治】　除烦热，疗黄疸，解酒毒。

【附方】　治黄疸：生小麦苗捣绞取汁，饮六七合，昼夜三四饮。（《千金方》）

（3）麦麸。

【来源】　禾本科植物普通小麦 *Triticum aestivum* L. 磨取面粉后筛下的种皮。

【性味】　甘，凉。

【归经】　入手阳明经。

【功能主治】　主治虚汗，盗汗，泄泻，糖尿病，口腔炎，热疮，折伤，风湿痹痛，脚气。

【用法用量】　内服：入散剂。外用：醋炒包熨或研末调敷。

【附方】　①治产后虚汗：小麦麸、牡蛎各等份，为末，以猪肉汁调服二钱。日二服。（《胡氏妇人方》）

②治走气作痛：釅醋拌麦麸，炒热，袋盛熨之。（《生生编》）

③治小便尿血：麦麸炒香，以肥猪肉蘸食之。（《集玄方》）

④治小儿眉疮：麦麸炒黑，研末，酒调敷之。（《本草纲目》）

【临床应用】　①治疗口腔炎。用麦麸烧灰 2 份，冰片 1 份，混合研细搽患处，每天 2 ～ 3 次。

②治疗糖尿病。以 6 份的麦麸、4 份的面粉，再加适量的食油、鸡蛋、蔬菜拌和蒸熟代饮食，随病情的好转逐步减少麦麸含量。在整个疗程中不给其他药物及营养物质。

（4）浮小麦。

【来源】　禾本科植物普通小麦 *Triticum aestivum* L. 干瘪轻浮的小麦，水淘浮起者。

【性状】　干燥颖果呈卵圆形，长 2 ～ 6 mm，直径 1.5 ～ 2.5 mm。表面浅黄棕色或黄色，略皱，腹面中央有较深的纵沟，背面基部有不明显的胚1枚，顶端有黄色柔毛。质坚硬，少数极瘪者，质地较软。断面白色或淡黄棕色。少数带有颖及稃。气无，味淡。以粒匀、轻浮、表面有光泽者为佳。

【炮制】 拣去杂质，筛净灰屑，漂洗后晒干。

【性味】 甘、咸，凉。

【功能主治】 主治骨蒸劳热，止自汗盗汗。

【用法用量】 内服：煎汤，10～16 g；或炒焦研末。

【附方】 ①治盗汗及虚汗不止：浮小麦，文武火炒令焦，为末。每服二钱，米饮汤调下，频服为佳。一法取陈小麦用干枣煎服。（《卫生宝鉴》）

②治男子血淋不止：浮小麦加童便炒为末，砂糖煎水调服。（《奇方类编》）

【各家论述】 ①《本草汇言》：卓登山云，浮小麦系小麦之皮，枯浮无肉，体轻性燥，善除一切风湿在脾胃中。如湿胜多汗，以一二合炒燥煎汤饮。倘属阴阳两虚，以致自汗盗汗，非其宜也。

②《本经逢原》：浮麦，能敛盗汗，取其散皮腠之热也。

玉蜀黍属 *Zea* L.

952. 玉蜀黍 *Zea mays* L.

【别名】 玉米、包谷。

【形态】 一年生高大草本。秆直立，通常不分枝，高1～4 m，基部各节具气生支柱根。叶鞘具横脉；叶舌膜质，长约2 mm；叶片扁平宽大，线状披针形，基部圆形呈耳状，无毛或具柔毛，中脉粗壮，边缘微粗糙。顶生雄性圆锥花序，大型，主轴与总状花序轴及其腋间均被细柔毛；雄性小穗孪生，长达1 cm，小穗柄一长一短，分别长1～2 mm及2～4 mm，被细柔毛；两颖近等长，膜质，约具10脉，被纤毛；外稃及内稃透明膜质，稍短于颖；花药橙黄色；长约5 mm。雌花序被多数宽大的鞘状苞片包藏；雌小穗孪生，成16～30纵行排列于粗壮之序轴上，两颖等长，宽大，无脉，具纤毛；外稃及内稃透明膜质，雌蕊具极长而细弱的线形花柱。颖果球形或扁球形，成熟后露出颖片和稃片之外，其大小随生长条件不同产生差异，一般长5～10 mm，宽略超过其长，胚长为颖果的1/2～2/3。花果期秋季。

【生境分布】 罗田各地均有栽培。

【药用部位】 种子、须、花、叶、根等。

【药材名】 玉米、玉米须、玉蜀黍花、玉蜀黍叶、玉蜀黍根、玉蜀黍苞片、玉蜀黍轴。

（1）玉米。

【采收加工】 成熟时采收玉米棒，脱下种子，晒干。

【来源】禾本科植物玉蜀黍 *Zea mays* L. 的种子。

【性味】 甘，平；无毒。

【归经】 归手、足阳明经。

【功能主治】 调中开胃，益肺宁心。

【用法用量】 内服：煎汤、煮食或磨成细粉作饼饵。

（2）玉蜀黍根。

【来源】禾本科植物玉蜀黍 *Zea mays* L. 的

根。

【功能主治】　利尿，祛瘀。主治石淋，吐血。

【用法用量】　内服：煎汤，64～125 g。

（3）玉蜀黍叶。

【来源】　禾本科植物玉蜀黍 *Zea mays* L. 的叶片。

【功能主治】　主治石淋。

（4）玉蜀黍苞片。

【采收加工】　秋季采收种子时收集，晒干。

【来源】　禾本科植物玉蜀黍 *Zea mays* L. 的鞘状苞片。

【性味】　甘，平。

【功能主治】　清热利尿，和胃。主治尿路结石，水肿，胃痛吐酸。

【用法用量】　内服：煎汤，9～15 g。

（5）玉蜀黍花。

【采收加工】　夏、秋季采收，晒干。

【来源】　禾本科植物玉蜀黍 *Zea mays* L. 的雄花穗。

【性味】　甘，凉。

【功能主治】　疏肝利胆。主治肝炎，胆囊炎。

【用法用量】　内服：煎汤，9～15 g。

（6）玉米须。

【别名】　玉蜀黍蕊、棒子毛。

【采收加工】　夏季采收。

【来源】　禾本科植物玉蜀黍 *Zea mays* L. 的花柱。

【性味】　甘，平。

【功能主治】　利尿，泄热，平肝，利胆。主治肾炎水肿，脚气，黄疸性肝炎，高血压，胆囊炎，胆结石。

【用法用量】　内服：煎汤，32～64 g；或烧存性研末。外用：烧烟吸入。

【附方】　①治水肿：玉蜀黍须 64 g。煎水服，忌食盐。（《贵阳市中医、草药医、民族医秘方验方》）

②治肾炎，初期肾结石：玉蜀黍须，分量不拘，煎浓汤，频服。（《贵阳市中医、草药医、民族医秘方验方》）

③治肝炎黄疸：玉米须、金钱草、满天星、郁金、茵陈。水煎服。

④治劳伤吐血：玉米须、小蓟，炖五花肉服。

⑤治吐血及红崩：玉米须，熬水炖肉服。

⑥风丹，热毒：玉米须烧灰，兑醪糟服。（③～⑥方出自《四川中药志》）

⑦治糖尿病：玉蜀黍须 32 g。水煎服。（《浙江民间草药》）

⑧治原发性高血压：玉米须、西瓜皮、香蕉。水煎服。（《四川中药志》）

⑨治脑漏：玉蜀黍须晒干，装旱烟筒上吸之。（《浙江民间草药》）

【临床应用】　①治疗慢性肾炎。

②治疗肾病综合征。

③治疗急性溶血性贫血并发血尿。

（7）玉蜀黍轴。

【别名】　包谷心。

【采收加工】　秋季果实成熟时采收，脱去种子后收集，晒干。

【来源】　禾本科植物玉蜀黍 *Zea mays* L. 的穗轴。

【性味】甘，平；无毒。

【功能主治】健脾利湿。主治小便不利，水肿，泄泻。

【用法用量】内服：煎汤，10～12 g；或烧存性研末。外用：烧灰调敷。

【附方】①治水肿，脚气：包谷心64 g，枫香果32 g。煎水服。（《贵州草药》）
②治肚泻：包谷心烧灰，兑开水服。（《重庆草药》）
③治婴儿血风疮：红包谷心烧灰，麻油调敷。（《重庆草药》）

【临床应用】治疗小儿中毒性消化不良。

一五九、莎草科 Cyperaceae

球柱草属 *Bulbostylis* C. B. Clarke

953. 球柱草 *Bulbostylis barbata*（Rottb.）C. B. Clarke

【别名】牛毛草。

【形态】一年生草本，无根状茎。秆丛生，细，无毛，高6～25 cm。叶纸质，极细，线形，长4～8 cm，宽0.4～0.8 mm，全缘，边缘微外卷，顶端渐尖，背面叶脉间疏被微柔毛；叶鞘薄膜质，边缘具白色长柔毛状缘毛，顶端部分毛较长。苞片2～3枚，极细，线形，边缘外卷，背面疏被微柔毛，长1～2.5 cm或较短；长侧枝聚伞花序头状，具密聚的无柄小穗3至数个；小穗披针形或卵状披针形，长3～6.5 mm，宽1～1.5 mm，基部钝或近圆形，顶端急尖，具7～13朵

花；鳞片膜质，卵形或近宽卵形，长1.5～2 mm，宽1～1.5 mm，棕色或黄绿色，顶端有向外弯的短尖，仅被疏缘毛或有时背面被疏微柔毛，背面具龙骨状凸起，具黄绿色脉1条，罕3条；雄蕊1，罕为2枚，花药长圆形，顶端急尖。小坚果倒卵形，三棱形，长0.8 mm，宽0.5～0.6 mm，白色或淡黄色，表面细胞呈方形网纹，顶端截形或微凹，具盘状的花柱基。花果期4—10月。

【生境分布】生于海拔130～500 m海边沙地或河滩沙地上，有时亦生于田边、沙田中的湿地上。罗田各地均有分布。

【药材名】球柱草。

【来源】莎草科植物球柱草 *Bulbostylis barbata*（Rottb.）C. B. Clarke 的全草。

【性味】苦，寒。

【归经】归肝经。

【功能主治】凉血止血。主治呕血，咯血，衄血，尿血，便血。

【用法用量】内服：煎汤，3～9克。外用：适量，捣敷。

莎草属 *Cyperus* L.

954. 扁穗莎草 *Cyperus compressus* L.

【形态】一年生丛生草本；根为须根。秆稍纤细，高 5 ～ 25 cm，锐三棱形，基部具较多叶。叶短于秆，或与秆儿等长，宽 1.5 ～ 3 mm，折合或平张，灰绿色；叶鞘紫褐色。苞片 3 ～ 5 枚，叶状，长于花序；长侧枝聚伞花序简单，具（1）2 ～ 7 个辐射枝，辐射枝最长达 5 cm；穗状花序近头状；花序轴很短，具 3 ～ 10 枚小穗；小穗排列紧密，斜展，线状披针形，长 8 ～ 17 mm，宽约 4 mm，近四棱形，具 8 ～ 20 朵花；鳞片紧贴，呈覆瓦状排列，稍厚，卵形，顶端具稍长的芒，长约 3 mm，背面具龙骨状

凸起，中间较宽部分为绿色，两侧苍白色或麦秆色，有时有锈色斑纹，脉 9 ～ 13 条；雄蕊 3，花药线形，药隔凸出于花药顶端；花柱长，柱头 3，较短。小坚果倒卵形，三棱形，侧面凹陷，长约为鳞片的 1/3，深棕色，表面具密的细点。花果期 7—12 月。

【生境分布】 多生于空旷的田野里。罗田各地均有分布。

【采收加工】 夏、秋季采收。

【来源】 莎草科植物扁穗莎草 *Cyperus compressus* L. 的全草。

【功能主治】 养心，调经行气；外用治跌打损伤。

955. 异型莎草 *Cyperus difformis* L.

【别名】 咸草、王母钗。

【形态】 一年生草本，根为须根。秆丛生，稍粗或细弱，高 2 ～ 65 cm，扁三棱形，平滑。叶短于秆，宽 2 ～ 6 mm，平张或折合；叶鞘稍长，褐色。苞片 2 枚，少 3 枚，叶状，长于花序；长侧枝聚伞花序简单，少数为复出，具 3 ～ 9 个辐射枝，辐射枝长短不等，最长达 2.5 cm，或有时近无花梗；头状花序球形，具极多数小穗，直径 5 ～ 15 mm；小穗密聚，披针形或线形，长 2 ～ 8 mm，宽约 1 mm，具 8 ～ 28 朵花；

小穗轴无翅；鳞片排列稍松，膜质，近扁圆形，顶端圆，长不及 1 mm，中间淡黄色，两侧深紫红色或栗色，边缘具白色透明的边，具 3 条不很明显的脉；雄蕊 2，有时 1，花药椭圆形，药隔不凸出于花药顶端；花柱极短，柱头 3，短。小坚果倒卵状椭圆形、三棱形，几与鳞片等长，淡黄色。花果期 7—10 月。

【生境分布】 生于稻田或水边潮湿处。

【采收加工】 夏、秋季采收。

【药材名】 异型莎草。

【来源】 莎草科植物异型莎草 *Cyperus difformis* L. 的带根全草。

【性味】 咸、微苦，凉；无毒。

【归经】 归心、肝、肺、膀胱经。

【功能主治】 行气，活血，通淋，利小便。主治热淋，小便不通，跌打损伤，吐血。

【用法用量】 内服：煎汤，鲜品 32～64 g；或烧存性研末。

956. 碎米莎草 *Cyperus iria* L.

【别名】 三楞草、三轮草、三棱草。

【形态】 一年生草本，无根状茎，具须根。秆丛生，细弱或稍粗壮，高8～85 cm，扁三棱形，基部具少数叶，叶短于秆，宽2～5 mm，平张或折合，叶鞘红棕色或棕紫色。叶状苞片3～5枚，下面的2～3枚常较花序长；长侧枝聚伞花序复出，很少为简单的，具4～9个辐射枝，辐射枝最长达12 cm，每个辐射枝具5～10枚穗状花序，或有时更多些；穗状花序卵形或长圆状卵形，长1～4 cm，具5～22枚小穗；小穗排列松散，斜展开，长圆形、披针形或

线状披针形，压扁，长4～10 mm，宽约2 mm，具6～22朵花；小穗轴上近无翅；鳞片排列疏松，膜质，宽倒卵形，顶端微缺，具极短的短尖，不凸出于鳞片的顶端，背面具龙骨状凸起，绿色，有3～5条脉，两侧呈黄色或麦秆色，上端具白色透明的边；雄蕊3，花丝着生于环形的胼胝体上，花药短，椭圆形，药隔不凸出于花药顶端；花柱短，柱头3。小坚果倒卵形或椭圆形，三棱形，与鳞片等长，褐色，具密的微凸起细点。花果期6—10月。

【生境分布】 分布极广，为一种常见的杂草，生于田间、山坡、路旁阴湿处。罗田各地均有分布。

【性味】 辛，微温。

【归经】 归肝经。

【功能主治】 祛风除湿，活血调经。主治风湿筋骨疼痛，瘫痪，月经不调，闭经，痛经，跌打损伤。

【用法用量】 内服：煎汤，10～30 g；或浸酒。

957. 香附子 *Cyperus rotundus* L.

【别名】 雷公头、香附米。

【形态】 匍匐根状茎长，具椭圆形块茎。秆稍细弱，高15～95 cm，锐三棱形，平滑，基部呈块茎状。叶较多，短于秆，宽2～5 mm，平张；鞘棕色，常裂成纤维状。叶状苞片2～3（5）枚，常长于花序，或有时短于花序；长侧枝聚伞花序简单或复出，具（2）3～10个辐射枝；辐射枝最长达12 cm；穗状花序轮廓为陀螺形，稍疏松，具3～10枚小穗；小穗斜展开，线形，长1～3 cm，宽约1.5 mm，具8～28朵花；小穗轴具较宽的、白色透明的翅；鳞片稍密地覆瓦状排列，膜质，卵形或长圆状卵形，长约3 mm，顶端急尖或钝，无短尖，中间绿色，两侧紫红色或红棕色，具5～7条脉；雄蕊3，花药长，

线形，暗血红色，药隔凸出于花药顶端；花柱长，柱头 3，细长，伸出鳞片外。小坚果长圆状倒卵形，三棱形，长为鳞片的 1/3 ～ 2/5，具细点。花果期 5—11 月。

【生境分布】 多生于潮湿或沼泽地。罗田各地均有分布。

【采收加工】 春、夏、秋季均可采收，一般在秋季挖取根茎，用火燎去须根及鳞叶，入沸水中片刻，或放蒸笼中蒸透，取出晒干。再放入竹笼中来回撞擦，用竹筛去除灰屑及须毛，即成光香附。亦有不经火燎，即将根茎装入麻袋撞擦后晒干者。也有用石碾碾去毛皮，称为香附米。

【药材名】 香附。

【来源】 莎草科植物莎草 *Cyperus rotundus* L. 的根茎。

【炮制】 生香附：拣去杂质，碾成碎粒，簸去细毛及细末。制香附：将碾碎的香附放入缸内，用黄酒及米醋拌匀。再加砂糖和水适量抄拌，然后将香附倒入锅内，与糖水充分混合，炒干。（香附粒每 100 kg，用黄酒、米醋各 20 kg，砂糖 6 kg）四制香附：取净香附用米醋、童便、黄酒、炼蜜（加开水烊化），充分拌炒至干透取出。（生香附每 100 kg，用米醋、黄酒、童便各 12.5 kg，炼蜜 6 kg）醋香附：取净香附粒，加醋拌匀，闷一宿，置锅内炒至微黄色，取出晾干。（香附粒每 100 kg，用醋 20 kg）香附炭：取净香附，置锅内用武火炒至表面焦黑色，内部焦黄色，但需存性，喷淋清水，取出晒干。

《雷公炮炙论》：采得香附，阴干，于石臼中捣，勿令犯铁，用之切忌。

【性味】 辛、微苦、甘，平。

【归经】 归肝、三焦经。

【功能主治】 理气解郁，止痛调经。主治肝胃不和，气郁不舒，胸腹胁肋胀痛，痰饮痞满，月经不调，崩漏带下。

【用法用量】 内服：煎汤，4.5 ～ 10 g；或入丸、散。外用：研末撒、调敷或做饼热熨。

【注意】 凡气虚无滞、阴虚血热者忌服。

①《本草纲目》：得童子小便、醋、芎䓖、苍术良。

②《本草经疏》：凡月事先期者，血热也，法当凉血，禁用此药。

③《本草汇言》：独用、多用、久用，耗气损血。

【储藏】 置阴凉干燥处，防蛀。

【附方】 ①治一切气疾心腹胀满，胸膈噎塞，噫气吞酸，胃中痰逆呕吐及宿酒不解，不思饮食：香附子（炒，去毛）1 kg，缩砂仁 250 g，甘草（烂）125 g。上为细末。每服 3 g，用盐汤点下。（《局方》）

②治心腹刺痛，调中快气：乌药（去心）320 g，甘草（炒）32 g，香附子（去皮毛，焙干）640 g。上为细末。每服 3 g，入盐少许，或不着盐，沸汤点服。（《局方》）

③治心气痛、腹痛、小腹痛、血气痛不可忍者：香附子 64 g，蕲艾叶 16 g。以醋汤同煮熟，去艾，炒为末，米醋糊为丸梧桐子大。每白汤服 50 丸。（《李时珍濒湖集简方》）

④解诸郁：苍术、香附、抚芎、神曲、栀子各等份，为末，水丸如绿豆大。每服 100 丸。（《丹溪心法》）

⑤治停痰宿饮，风气上攻，胸膈不利：香附（皂荚水漫）、半夏各 32 g，白矾末 16 g。姜汁面糊丸，梧桐子大。每服 30 ～ 40 丸，姜汤随时下。（《仁存堂经验方》）

⑥治偏正头痛：川芎 64 g，香附子（炒）125 g。上为末。以茶调服，得腊茶清尤好。（《澹寮集验方》）

⑦治吐血：童便调香附末或白及末服之。（《丹溪治法心要》）

⑧治小便尿血：香附子、新地榆各等份煎汤。先服香附汤三五呷，后服地榆汤至尽，未效再服。（《全生指迷方》）

⑨治下血不止或成五色崩漏：香附子（去皮毛，略炒）为末。每服 6 g，清米饮调下。（《本事方》）

⑩治肛门脱出：香附子、荆芥穗各等份为末。每用三匙，水一大碗，煎十数沸，淋。（《三因极一病证方论》）

⑪治老小疬癖往来疼痛：香附、南星各等份为末，姜汁糊丸，梧桐子大。每姜汤下 20 ～ 30 丸。（《太平圣惠方》）

⑫治颓疝胀痛及小肠气：香附末 6 g，海藻 3 g。煎酒空心调下，并食海藻。（《李时珍濒湖集简方》）

⑬安胎：香附子，炒，去毛，为细末，浓煎紫苏汤调下 3 g。（《中藏经》）

⑭治元脏虚冷，月经不调，头眩，少食，浑身寒热，腹中急痛，赤白带下，心怔气闷，血中虚寒，胎气不固：香附 250 g。醋煮，焙为末，醋和丸梧桐子大。每服 30 ～ 40 丸，米饮下。（《妇人良方》）

⑮治瘰疬流注肿块，或风寒袭于经络，结肿或痛：香附为末，酒和，量疮大小，做饼覆患处，以热熨斗熨之。未成者内消，已成者自溃。若风寒湿毒，宜用姜汁做饼。（《外科发挥》）

⑯治乳痈，一切痈肿：香附（细末）32 g，麝香 0.6 g。上二味研匀，以蒲公英 64 g，煎酒去渣，以酒调药。热敷患处。（《医学心悟》）

⑰治耳卒聋闭：香附子（瓦炒）研末，萝卜子煎汤，早夜各服 6 g，忌铁器。（《卫生易简方》）

⑱治聤耳出汁：香附末，以绵杖送入。（《经验良方》）

⑲治四时瘟疫，伤寒：陈皮（不去白）64 g，香附子（炒香，去毛）、紫苏叶各 125 g，甘草（炙）32 g。上为粗末。每服 10 g，水一盏，煎七分，去滓热服，不拘时，日服三次。若作细末，每服 6 g，入盐点服。（《局方》）

⑳治跌打损伤：炒香附 12 g，姜黄 20 g。共研细末。日服三次，每次服 3 g。孕妇忌服。（徐州《单方验方 新医疗法（选编）》）

㉑治鸡眼，疣：香附、木贼各 16 g。制法：加水 1300 ml，文火煎至 100 ml，备用。用法：a.先将患处洗净，去硬茧，以不出血为度。再以少量药液加热，用棉签蘸药液涂患处，每日二次。b.将备用之药液 2 ～ 5 ml 倒入小容器内，加热，再扣在疣上 3 ～ 5 min，连续 5 次即可。（内蒙古《中草药新医疗法资料选编》）

㉒治气郁血郁而致月经不调：香附米 500 g 醋制，川芎、当归、白术、陈皮各 15 g。为末，酒煮面糊为丸，梧桐子大，50 丸，空腹米汤下。（《万密斋医学全书》）

荸荠属 *Heleocharis* R. Br.

958. 荸荠 *Heleocharis dulcis*（Burm. f.）Trin. ex Henschel

【别名】凫茈、乌芋、马蹄。

【形态】有细长的匍匐根状茎，在匍匐根状茎的顶端生块茎。秆多数，丛生，直立，圆柱状，高 15 ～ 60 cm，直径 1.5 ～ 3 mm，有多数横隔膜，干后秆表面出现节，但不明显，灰绿色，光滑无毛。叶缺如，只在秆的基部有 2 ～ 3 个叶鞘；鞘近膜质，绿黄色、紫红色或褐色，高 2 ～ 20 cm，鞘口斜，顶端急尖。小穗顶生，圆柱状，长 1.5 ～ 4 cm，直径 6 ～ 7 mm，很淡的绿色，顶端钝或近急尖，有多数花，在小穗基部有 2 片鳞片中空无花，抱小穗基部一周；其余鳞片全有花，松散地覆瓦状排列，宽长圆形或卵状长圆形，顶端圆钝，长 3 ～ 5 mm，宽 2.5 ～ 3.5（4）mm，背部灰绿色，近草质，边缘为微黄色，干膜质，全面有淡棕色细点，具 1 条中脉；下位刚毛 7 条；较小坚果长 1.5 倍，有倒刺；柱头 3。小坚果宽倒卵形，双凸状，顶端不缢缩，长约 2.4 mm，直径 1.8 mm，成熟时棕色，光滑，稍黄、微绿色，表面细胞呈四至六边形；花柱基从宽的基部急骤变狭变扁而呈三角形，不为海绵质，基部具领状的环，环宽与小坚果质地相同，宽约为小坚果的 1/2。花果期 5—10 月。

【生境分布】 栽植于水田中。罗田各地均有栽培。

【采收加工】 10—12 月挖取，洗净，风干或鲜用。

【药材名】 荸荠。

【来源】 莎草科植物荸荠 Heleocharis dulcis（Burm. f.）Trin. ex Henschel 的球茎。

【性状】 球茎圆球形，略扁，大者直径可达 3 cm，厚约 2.5 cm，大小不等，下端中央凹入，上部顶端有数个聚生嫩芽，由枯黄的鳞片包裹。球茎外皮紫褐色或黑褐色，上有明显的环节，节上常有黄褐色膜质的鳞叶残存，有时附有小侧芽。质脆，内部白色，富含淀粉和水分，压碎后流出白色乳汁。气微，味甜。以个大、肥嫩者为佳。

【炮制】 洗净，削去外皮。荸荠粉：取荸荠洗净，除去嫩芽，磨碎，滤取白色浆汁，沉淀，干燥后即成。

【性味】 甘，寒。

【归经】 归肺、胃经。

【功能主治】 清热，化痰，消积。主治消渴，黄疸，热淋，痞积，目赤，咽喉肿痛。

【用法用量】 内服：煎汤，64～125 g；捣汁、浸酒或煅存性研末。外用：研末撒，或澄粉点目，或生用涂擦。

【注意】 虚寒及血虚者慎服。

①孟诜：有冷气，不可食，令人腹胀气满。

②《医学入门》：得生姜良。

③《本经逢原》：虚劳咳嗽切禁。以其峻削肺气，兼耗营血，故孕妇血渴忌之。

④《随息居饮食谱》：中气虚寒者忌之。

【附方】 ①治太阴温病，口渴甚，吐白沫黏滞不快者：荸荠汁、梨汁、鲜苇根汁、麦冬汁、藕汁（或用蔗浆）。临时斟酌多少，和匀凉服，不甚喜凉者，重汤炖温服。（《温病条辨》）

②治肝经热厥，小腹攻冲作痛：大荸荠 4 个，海蜇（漂去石灰、矾性）32 g。上二味，水二盏，煎八分服。（《古方选注》）

③治黄疸湿热，小便不利：荸荠打碎，煎汤代茶，每次 125 g。（《泉州本草》）

④治下痢赤白：取完好荸荠，洗净拭干，勿令损破，于瓶内入好烧酒浸之，黄泥密封收贮。遇有患者，取 2 枚细嚼，空心用原酒送下。（《唐瑶经验方》）

⑤治痞积：荸荠于三伏时以火酒浸晒，每日空腹细嚼 7 枚，痞积渐消。（《本经逢原》）

⑥治腹满胀大：乌芋去皮，填入雄猪肚内，线缝，砂器煮糜食之，勿入盐。（《本草经疏》）

⑦治大便下血：荸荠捣汁大半盏，好酒半盏，空心温服。（《神秘方》）

⑧治妇人血崩：凫茈一岁一个，烧存性，研末，酒服之。（《本草纲目》）

⑨治咽喉肿痛：荸荠绞汁冷服，每次 125 g。（《泉州本草》）

⑩治小儿口疮：荸荠烧存性，研末掺之。（《简便单方》）

⑪治寻常疣：将荸荠掰开，用其白色果肉摩擦疣体，每日 3～4 次，每次摩至疣体角质层软化，脱掉，微有痛感并露出针尖大小的点状出血为止。连用 7～10 天。（《中华皮肤科杂志》）

959. 牛毛毡 *Heleocharis yokoscensis*（Franch. et Savat.）Tang et Wang

【形态】匍匐根状茎非常细。秆多数，细如毫发，密丛生如牛毛毡，因而有此俗名，高 2～12 cm。叶鳞片状，具鞘，鞘微红色，膜质，管状，高 5～15 mm。小穗卵形，顶端钝，长 3 mm，宽 2 mm，淡紫色，只有几朵花，所有鳞片全有花；鳞片膜质，在下部的少数鳞片近 2 列，在基部的一片长圆形，顶端钝，背部淡绿色，有 3 条脉，两侧微紫色，边缘无色，抱小穗基部一周，长 2 mm，宽 1 mm；其余鳞片卵形，顶端急尖，长 3.5 mm，宽 2.5 mm，背部微绿色，有 1

条脉，两侧紫色，边缘无色，全部膜质；下位刚毛 1～4 条，长为小坚果 2 倍，有倒刺；柱头 3。小坚果狭长圆形，无棱，呈浑圆状，顶端缢缩，不包括花柱基在内长 1.8 mm，宽 0.8 mm，微黄、玉白色，表面细胞呈横矩形网纹，网纹隆起，细密，整齐，因而呈现出纵纹约 15 条和横纹约 50 条；花柱基稍膨大呈短尖状，直径约为小坚果宽的 1/3。花果期 4—11 月。

【生境分布】生于水畔、池塘边，分布几遍全国。罗田各地均有分布。

【采收加工】8—10 月采收全草，晒干。

【来源】莎草科植物牛毛毡 *Heleocharis yokoscensis*（Franch. et Savat.）Tang et Wang 的全草。

【性味】辛，温；无毒。

【功能主治】主治外感风寒，身痛，咳嗽，痰喘。

【用法用量】内服：煎汤，10～50 g。

【附方】治陈寒日久，一身作痛：牛毛毡、铁篱笆根。用水（加少量干酒）煎服三次。（《四川中药志》）

水蜈蚣属 *Kyllinga* Rottb.

960. 短叶水蜈蚣 *Kyllinga brevifolia* Rottb.

【别名】露水草。

【形态】根状茎长而匍匐，外被膜质、褐色的鳞片，具多数节间，节间长约 1.5 cm，每一节上长一秆。秆成列地散生，细弱，高 7～20 cm，扁三棱形，平滑，基部不膨大，具 4～5 个圆筒状叶鞘，最下面 2 个叶鞘常为干膜质，棕色，鞘口斜截形，顶端渐尖，上面 2～3 个叶鞘顶端具叶片。叶柔弱，短于或稍长于秆，宽 2～4 mm，平张，上部边缘和背面中肋上具细刺。叶状苞片 3 枚，极展开，后期常向下反折；穗状花序单个，极少 2 或 3 个，球形或卵球形，长 5～11 mm，宽 4.5～10 mm，具极多数密生的小穗。小穗长圆状披针形或披针形，压扁，长约 3 mm，宽 0.8～1 mm，具 1 朵花；鳞片膜质，长 2.8～3 mm，下面的鳞片短于上面的鳞片，白色，具锈斑，少为麦秆色，背面龙骨状凸起，绿色，具刺，顶端延伸成外弯的短尖，脉 5～7 条；雄蕊 1～3 枚，花药线形；花柱细长，柱头 2，长不及花柱的 1/2。小坚果倒卵状长圆形，扁双凸状，长约为鳞片的 1/2，表面具密的细点。花果期 5—9 月。

【生境分布】生于水边、水田及旷野湿地等。罗田大部分地区有分布。

【药用部位】全草或根。

【药材名】水蜈蚣。

【来源】莎草科植物短叶水蜈蚣 *Kyllinga brevifolia* Rottb. 的全草或根。

【性味】辛，平。

【功能主治】主治风寒感冒，寒热头痛，筋骨疼痛，咳嗽，疟疾，黄疸，痢疾，疮痈肿毒，跌打刀伤。

【用法用量】内服：煎汤，鲜品 32～64 g；或捣汁。外用：捣敷。

【附方】①治时疫发热：水蜈蚣、威灵仙。水煎服。（《岭南采药录》）

②治赤白痢疾：鲜水蜈蚣全草 32～48 g，酌加开水和冰糖 6 g，炖 1 h 服。（《福建民间草药》）

③治疮痈肿毒：水蜈蚣全草、芭蕉根。捣烂，敷患处。（《湖南药物志》）

④治跌打伤痛：水蜈蚣 500 g。捣烂，酒 125 g 冲。滤取酒 64 g 内服，渣炒热外敷痛处。（《广西药用植物图志》）

⑤治一般蛇伤：水蜈蚣 64 g。捣烂，酒 64 g 冲，内服 32 g，32 g 搽抹伤口四周。（《广西药用植物图志》）

⑥治皮肤瘙痒：水蜈蚣煎水外洗。（广州部队《常用中草药手册》）

⑦治百日咳，支气管炎，咽喉肿痛：水蜈蚣干品 32～64 g。水煎服。（广州部队《常用中草药手册》）

⑧治疟疾：水蜈蚣 32 g。水煎，于疟发前 4～8 h 服。（《江西草药》）

⑨治小儿口腔炎：水蜈蚣根茎 32 g。水煎，冲蜂蜜服。（《浙江民间常用草药》）

⑩治风湿骨痛：水蜈蚣 32～64 g。水煎服。（《上海常用中草药》）

⑪治刀伤骨折：鲜水蜈蚣捣绒，包患处，一天换药二次。（《贵州草药》）

⑫治黄疸性传染性肝炎：水蜈蚣鲜全草 32～64 g。水煎服。（《福建中草药》）

⑬治气滞腹痛：水蜈蚣鲜全草 32 g。水煎服。（《福建中草药》）

【临床应用】①治疗疟疾。

②治疗乳糜尿。

③治疗细菌性菌痢疾。

④治疗慢性支气管炎。

一六〇、棕榈科 Palmae

棕榈属 *Trachycarpus* H. Wendl.

961. 棕榈 *Trachycarpus fortunei*（Hook.）H. Wendl.

【别名】棕毛、棕皮。

【形态】乔木状，高 3～10 m 或更高，树干圆柱形，被不易脱落的老叶柄基部和密集的网状纤维，除非人工剥除，否则不能自行脱落，裸露树干直径 10～15 cm，甚至更粗。叶片呈 3/4 圆形或近圆形，深裂成 30～50 片具皱折的线状剑形，宽 2.5～4 cm，长 60～70 cm 的裂片，裂片先端具短 2 裂或 2 齿，硬挺甚至顶端下垂；叶柄长 75～80 cm，甚至更长，两侧具细圆齿，顶端有明显的戟凸。花序粗壮，多次分枝，从叶腋抽出，通常是雌雄异株。雄花序长约 40 cm，具有 2～3 个分枝花序，下部的分枝花序长 15～17 cm，一般只 2 回分枝；雄花无梗，每 2～3 朵密

集着生于小穗轴上，也有单生的；黄绿色，卵球形，钝三棱；花萼 3 片，卵状急尖，几分离，花冠约 2 倍长于花萼，花瓣阔卵形，雄蕊 6 枚，花药卵状箭形；雌花序长 80～90 cm，花序梗长约 40 cm，其上有 3 个佛焰苞包着，具 4～5 个圆锥状的分枝花序，下部的分枝花序长约 35 cm，二至三回分枝；雌花淡绿色，通常 2～3 朵聚生；花无梗，球形，着生于短瘤凸上，萼片阔卵形，3 裂，基部合生，花瓣卵状近圆形，长于萼片 1/3，退化雄蕊 6 枚，心皮被银色毛。果实阔肾形，有脐，宽 11～12 mm，高 7～9 mm，成熟时由黄色变为淡蓝色，有白粉，柱头残留在侧面附近。种子胚乳均匀，角质，胚侧生。花期 4 月，果期 12 月。

【生境分布】栽培于村边、溪边、田边、丘陵或山地。罗田各地均有栽培。

【药用部位】根、叶、皮、花、子、心。

【药材名】棕榈根、棕榈叶、棕榈花、棕榈皮、棕榈子、棕榈心。

（1）棕榈根。

【采收加工】全年可采。

【来源】棕榈科植物棕榈 *Trachycarpus fortunei*（Hook.）H. Wendl. 的根。

【性味】苦、涩、平；无毒。

【功能主治】止血，祛湿，消肿解毒。主治吐血，便血，血淋，血崩，带下，痢疾，关节痛，水肿，瘰疬，流注，跌打损伤。

【用法用量】内服：煎汤，10～16 g。外用：煎水洗。

【附方】①治吐血：棕树根烧灰，兑童便、白糖，空心服。（《四川中药志》）

②治血淋：棕榈根 32 g。炖猪精肉食。（《湖南药物志》）

③治遗精：棕榈根 16 g。水煎，白糖冲服。（《湖南药物志》）

④治赤白痢：棕榈根、六合草、红斑鸠窝各 64 g。水煎服。（《四川中药志》）

⑤治久痢：棕树根炖肉服。（《四川中药志》）

⑥治阴挺：棕榈根 125 g，猪精肉 125 g。久煮去药，食肉与汤，连食 3～5 次。

⑦治四肢关节痛：棕榈根五钱，白果 6 g。水煎服。

⑧治蛇咬：棕榈根、鱼腥草、桑白皮各 10 g。煎水洗。（⑥～⑧方出自《湖南药物志》）

⑨治流注（寒性脓肿）：棕树根、桃树根、松树根、胡颓子根各适量。水煎，冲洗患部；药渣捣烂外敷。（《江西草药》）

⑩治瘰疬：棕树根、算盘子根、乌桕根各 32 g。水煎，肉汤兑服。（《江西草药》）

⑪治水肿：棕树鲜根 32 g，腹水草、薏苡根各 16～32 g。水煎服。

⑫治蛔虫病：棕树根、薏苡根、苦楝皮、兰花根各 10 g。水煎服。

⑬治睾丸肿大：棕树根 10 g，茅根 3 g，淫羊藿 6 g。水煎服。（⑪～⑬方出自江西《草药手册》）

（2）棕榈叶。

【来源】 棕榈科植物棕榈 *Trachycarpus fortunei*（Hook.）H. Wendl. 的叶片。

【功能主治】 主治吐血，劳伤，虚弱。

【用法用量】 内服：煎汤，6～12 g。

【附方】 治高血压，预防中风：鲜棕榈叶 32 g，槐花 10 g。作一日量，泡汤代茶。（《现代实用中药》）

（3）棕榈花。

【来源】 棕榈科植物棕榈 *Trachycarpus fortunei*（Hook.）H. Wendl. 的花。

【性味】 苦、涩，平。

【功能主治】 主治泻痢，肠风，血崩，带下，瘰疬。

【用法用量】 内服：煎汤，3～10 g。外用：煎水洗。

【注意】《本草拾遗》：初生子戟人喉，未可轻服。

【附方】 治大肠下血：棕笋（即棕榈之花苞）煮熟切片，晒干为末，蜜汤或酒服 3～6 g。（《李时珍濒湖集简方》）

（4）棕榈皮。

【采收加工】 全年可采，一般多于 9—10 月采收其剥下的纤维状鞘片，除去残皮，晒干。

【来源】 棕榈科植物棕榈 *Trachycarpus fortunei*（Hook.）H. Wendl. 的叶鞘纤维。

【性状】 棕榈皮的陈久者，名"陈棕皮"，商品中有用叶柄部分或废棕绳。将叶柄削去外面纤维，晒干，名为"棕骨"；废棕绳多取自破旧的棕床，名为"陈棕"。

【炮制】 棕榈炭：取净棕榈皮，置锅内，覆盖一口径稍小的锅，锅上粘贴白纸一张，于两锅接合处用黄泥严封，微火煅至白纸呈焦黄色停火，候冷取出。

【性味】 苦、涩，平。

【归经】 归肝、脾经。

【功能主治】 收涩止血。主治吐血，衄血，便血，血淋，尿血，下痢，血崩，金疮，疥癣。

【用法用量】 内服：煎汤，10～16 g；研末，3～6 g。外用：研末撒。

【注意】《本草经疏》：暴得吐血，瘀滞方动；暴得崩中，恶霉未竭；湿热下痢初发；肠风带下方炽，悉不宜遽用。即用亦无效。

【附方】 ①治鼻衄不止：a. 棕榈灰，随左右吹之。（《简易方论》）b. 棕榈、刺蓟、桦皮、龙骨各等份为细末，每服 6 g，米饮调下。（《鸡峰普济方》）

②治妇人崩中，下血数升，气欲绝：棕榈（烧灰）95 g，紫参 32 g，麝香（细研）3 g，伏龙肝（细研）64 g。上药捣细罗为散，入麝香研令匀，不计时候，以热酒调 6 g。（《太平圣惠方》）

③治血崩：棕榈皮（烧存性，细研如粉）3 g，牡蛎（火煅，研如粉）1.5 g。入麝香少许，拌令匀，空心米饮调下。（《是斋百一选方》）

④治血崩不止：棕榈皮烧存性，为束，空心淡酒服 10 g。（《妇人良方》）

⑤治妇人经血不止：棕榈皮（烧灰）、柏叶（焙）各 32 g。上二味捣罗为散，酒调下 6 g。（《圣济总录》）

⑥治赤白带下，崩漏，胎气久冷，脐腹疼痛：棕毛（烧存性）、蒲黄（炒）各等份。每服 10 g。好酒调下，空心食前，日进二服。（《普济方》）

⑦治妊娠胎动，下血不止，脐腹疼痛：棕榈皮（烧灰）、原蚕沙（炒）各 32 g，阿胶（炙燥）1 g。上三味捣罗为散，每服 6 g，温酒调下。（《圣济总录》）

⑧治肠风泻血：棕榈灰 64 g，熟艾（捣罗成者）32 g。上二味用熟鸡子 2 个，同研得所；别炮附子去

皮脐，为末，每服用水一盏，附子末 3 g，煎沸放温，调前药 6 g，空心食前服。（《圣济总录》）

⑨治水谷痢下：棕榈皮，烧研，水服方寸匕。（《近效方》）

⑩治血淋不止：棕榈皮，半烧半炒为末。每服 6 g，甚效。（《卫生家宝方》）

⑪治小便不通：棕树皮，烧灰存性，以水酒调下 6 g。（《摄生众妙方》）

⑫治高血压：鲜棕榈皮 20 g，鲜向日葵花盘 64 g。水煎服，每日一剂。（《江西草药》）

（5）棕榈子。

【采收加工】霜降前后待果皮现青黑色时采收，晒干。

【来源】棕榈科植物棕榈 *Trachycarpus fortunei*（Hook.）H. Wendl. 的成熟果。

【性状】干燥果实呈肾形，长 7～9 mm，短径 5～7 mm。表面深灰棕色或灰黄色，有网状皱纹，有时剥落，内部较平滑，在肾形的凹陷处可见短小的果柄或圆形的果柄残痕。质坚硬。剥去果皮及种皮后，可见 2 片肥厚的棕色胚乳。气无，味淡。

【性味】苦，平。

【功能主治】涩肠止泻。主治肠风，崩中，带下，养血。

【用法用量】内服：煎汤，10～16 g。

【附方】治高血压，多梦遗精：棕榈子 6～32 g。水煎服。（《云南中草药》）

（6）棕榈心。

【来源】棕榈科植物棕榈 *Trachycarpus fortunei*（Hook.）H. Wendl. 的心材。

【采收加工】全年可采。

【功能主治】主治心悸，头昏。

【附方】治崩漏：棕榈茎（去皮取心）500 g，麦粉 500 g，甜酒 500 g。和匀制成饼，每服 32 g，每日二三次。（《江西草药》）

一六一、天南星科 Araceae

菖蒲属 *Acorus* L.

962. 菖蒲 *Acorus calamus* L.

【别名】蒲剑。

【形态】多年生草本。根茎横走，稍扁，分枝，直径 5～10 mm，外皮黄褐色，芳香，肉质根多数，长 5～6 cm，具毛发状须根。叶基生，基部两侧膜质叶鞘宽 4～5 mm，向上渐狭，至叶长 1/3 处渐消失、脱落。叶片剑状线形，长 90～100（150）cm，中部宽 1～2（3）cm，基部宽、对折，中部以上渐狭，草质，绿色，光亮；中肋在两面均明显隆起，侧脉 3～5 对，平行，纤弱，大

都伸延至叶尖。花序柄三棱形，长（15）40～50 cm；叶状佛焰苞剑状线形，长 30～40 cm；肉穗花序斜向上或近直立，狭锥状圆柱形，长 4.5～6.5（8）cm，直径 6～12 mm。花黄绿色，花被片长约 2.5 mm，宽约 1 mm；花丝长 2.5 mm，宽约 1 mm；子房长圆柱形，长 3 mm，粗 1.25 mm。浆果长圆形，红色。花期（2）6—9 月。

【生境分布】 生于海拔 2600 m 以下的水边、沼泽湿地或湖泊浮岛上，也有栽培。罗田各地均有分布。

【采收加工】 栽种 2 年后即可采收。全年均可采收，但以 8—9 月采挖者良。挖取根茎后，洗净泥沙，去除须根，晒干。

【药材名】 水菖蒲。

【来源】 天南星科植物菖蒲 *Acorus calamus* L. 的根茎。

【炮制】 取原药材，除去杂质，洗净，用清水浸泡 2～4 h 捞出闷润至透，切片，晒干或烘干，筛去灰屑。

【性状】 本品为类圆形或椭圆形片状，周边淡黄棕色或暗棕褐色。切面类白色或淡棕色，呈海绵状，有一圈明显环纹，具筋脉点和小孔。气香特异，味微辛。

【性味】 辛、苦，温。

【归经】 归心、肝、胃经。

【功能主治】 化痰开窍，除湿健胃，杀虫止痒。主治痰厥昏迷，中风，癫痫，惊悸健忘，耳鸣耳聋，食积腹痛，痢疾泄泻，风湿疼痛，湿疹，疥疮。

【用法用量】 内服：煎汤 1～6 g；或入丸、散。外用：适量，煎水洗或研末调敷。

【注意】 阴虚阳亢，汗多、精滑者慎服。

【备注】 本品根茎肥白，故称白昌。生于水边，故多以水为名。生溪涧者名溪荪。荪为香草，此草有异香，故名荪，或反称为臭蒲。

【临床应用】 用于痰热惊厥，神志不清。水菖蒲可与川连、天竺黄、石决明、钩藤等配伍，以熄风豁痰，清心开窍；如痰火上扰，心神不宁，惊悸健忘，则与远志、茯神、龙骨等宁心安神药配伍；治癫痫猝发，可与全蝎、白附子、天南星等定痫祛痰药同用。水菖蒲还具芳香化浊、行气健胃之功效，故也用于湿浊中阻之胃脘痛、胸腹痞闷、食少、苔腻等症，常与藿香、豆蔻、陈皮等配伍，有行气除壅、宽中醒胃的功效。现代临床用于急性细菌性痢疾及肠炎，常单味研末装入胶囊服，有较好的疗效。水菖蒲还用于慢性支气管炎，咳嗽痰多，可单味煎服或研末服。

963. 石菖蒲 *Acorus tatarinowii* Schott

【别名】 九节菖蒲。

【形态】 多年生草本。根茎芳香，粗 2～5 mm，外部淡褐色，节间长 3～5 mm，根肉质，具多数须根，根茎上部分枝甚密，植株因而成丛生状，分枝常被纤维状宿存叶基。叶无柄，叶片薄，基部两侧膜质叶鞘宽可达 5 mm，上延几达叶片中部，渐狭，脱落；叶片暗绿色，线形，长 20～30（50）cm，基部对折，中部以上平展，宽 7～13 mm，先端渐狭，无中肋，平行脉多数，稍隆起。花序柄腋生，长 4～15 cm，三棱形。叶状

佛焰苞长 13 ～ 25 cm，为肉穗花序长的 2 ～ 5 倍或更长，稀近等长；肉穗花序圆柱状，长 2.5 ～ 8.5 cm，粗 4 ～ 7 mm，上部渐尖，直立或稍弯。花白色。成熟果序长 7 ～ 8 cm，粗可达 1 cm。幼果绿色，成熟时黄绿色或黄白色。花果期 2—6 月。

【生境分布】 生于山涧泉流附近或泉流的水石间。罗田各地均有分布。

【药材名】 石菖蒲。

（1）石菖蒲。

【采收加工】 秋季采收。

【来源】 天南星科植物石菖蒲 *Acorus tatarinowii* Schott 的根茎。

【性状】 干燥根茎略呈扁圆柱形，稍弯曲，有时分歧，一般长 3 ～ 20 cm，直径 0.5 ～ 1 cm。表面灰黄色、红棕色或棕色，环节紧密，节间长 3 ～ 6 mm，有略呈扁三角形的叶痕，左右交互排列，下方具多数圆点状凸起的根痕，并有细皱纹，节间有时残留叶基，纤维状，偶有短小细根。质坚硬，难折断，断面纤维性，类白色至淡棕色，可见环状的内皮层，维管束散在，中心部较显著。气芳香，味微辛。以条长、粗肥、断面类白色、纤维性弱者为佳。

【炮制】 拣去杂质，洗净，稍浸泡，润透，切片，晒干。

《雷公炮炙论》：采得菖蒲后，用铜刀刮上黄黑硬节皮一重，以嫩桑枝条相拌蒸，出，晒干，去桑条，锉用。

【性味】 辛，微温。

【归经】 归肝、脾经。

【功能主治】 开窍，豁痰，理气，活血，散风，去湿。主治癫痫，痰厥，热闭神昏，健忘，气闭耳聋，心胸烦闷，胃痛，腹痛，风寒湿痹，痈疽肿毒，跌打损伤。

【用法用量】 内服：煎汤，3 ～ 6 g（鲜品 10 ～ 25 g）；或入丸、散。外用：煎水洗或研末调敷。

【注意】 阴虚阳亢、烦躁汗多、咳嗽、吐血、精滑者慎服。

①《本草经集注》：秦艽、秦皮为之使。恶地胆、麻黄。

②《日华子本草》：忌饴糖、羊肉。勿犯铁器，令人吐逆。

③《医学入门》：心劳、神耗者禁用。

【储藏】 置干燥处，防霉。

【附方】 ①治癫痫：九节菖蒲（去毛焙干），以木臼杵为细末，不可犯铁器，用黑犍猪心以竹刀批开，砂罐煮汤送下，每日空心服二三钱。（《医学正传》）

②治少小热风痫，兼失心者：菖蒲（石上一寸九节者）、宣连、车前子、生地黄、苦参、地骨皮各 32 g。上为末，蜜和丸，如黍米大，每食后服 15 丸，不拘早晚，以饭下。忌羊肉、血、饴糖、桃、梅果物。（《普济方》）

③治痰迷心窍：石菖蒲、生姜。共捣汁灌下。（《梅氏验方新编》）

④治温热、湿温、冬温之邪，窜入心包，神昏谵语，或不语，舌苔焦黑：连翘（去心）10 g，犀角 3 g，川贝母（去心）10 g，鲜石菖蒲 3 g。加牛黄至宝丹 1 颗，去蜡壳化冲。（《时病论》）

⑤治好忘：远志、人参各 125 g，茯苓 64 g，菖蒲 32 g。上四味治下筛，饮服方寸匕，日三。（《千金方》）

⑥治心气不定，五脏不足，甚者忧愁悲伤不乐：菖蒲、远志各 64 g，茯苓、人参各 95 g。上四味末之，蜜丸，饮服如梧桐子大 7 丸，日三。（《千金方》）

⑦治诸食积，气积，血积，鼓胀之类：石菖蒲（锉）250 g，斑蝥（去翅足，二味同炒焦黄色，拣去斑蝥不用）125 g。上用粗布袋盛起，两人牵掣去尽斑蝥毒屑了，却将菖蒲为细末，（丸）如梧桐子大，每服 30 ～ 50 丸，温酒或白汤送下。（《奇效良方》）

⑧治风冷痹，身体俱痛：菖蒲（锉）、生地黄（去土，切）、枸杞根（去心）各 125 g，乌头（炮裂，

去皮脐，锉）64 g，生商陆根（去土，切）125 g，生姜（切薄片）250 g。上六味，以清酒三升渍一宿，曝干，复纳酒中，以酒尽为度，曝干，捣筛为细散。每服，空心温酒调 3 g，日再服。（《圣济总录》）

⑨治耳聋：菖蒲根一寸，巴豆一粒（去皮心）。二物合捣，筛，分作七丸，绵裹，卧即塞，夜易之。（《补辑肘后方》）

⑩治耳聋耳鸣如风水声：菖蒲（米泔浸一宿，锉，焙）64 g，猪肾（去筋膜，细切）一对，葱白一握（擘碎），米（淘）三合。上四味，以水三升半，（先）煮菖蒲，取汁二升半，去滓，入猪肾、葱白、米及五味作羹，如常法空腹食。（《圣济总录》）

⑪治中暑腹痛：石菖蒲根 10～16 g。磨水顿服。（《江西草药》）

⑫治噤口恶痢，粒米不入者：石菖蒲 32 g，川黄连、甘草、五谷虫各 10 g。为末，蜜汤调送少许。（《本草汇言》）

⑬治霍乱吐泻不止：石菖蒲（切焙）、高良姜、青橘皮（去白，焙）各 32 g，白术、甘草（炙）各 16 g。上五味捣为粗末，每服 10 g，以水一盏，煎十数沸，倾出，放温顿服。（《圣济总录》）

⑭治赤白带下：石菖蒲、破故纸，各等份。炒为末，每服 6 g，更以菖蒲浸酒调服，日一服。（《妇人良方》）

⑮治小便一日一夜数十行：菖蒲、黄连，二物等份。治筛，酒服方寸匕。（《范东阳方》）

⑯治痈肿发背：生菖蒲捣贴，若疮干，捣末，以水调涂之。（《经验方》）

⑰治跌打损伤：石菖蒲鲜根适量，甜酒糟少许，捣烂外敷。（《江西草药》）

⑱治喉痹肿痛：菖蒲根捣汁，烧铁秤锤淬酒一杯饮之。（《圣济总录》）

⑲治诸般赤眼，攀睛云翳：菖蒲自然汁，文武火熬作膏，日点之。（《圣济总录》）

⑳治阴汗湿痒：石菖蒲、蛇床子各等份，为末。日搽二三次。（《济急仙方》）

【注意】除上述品种外，尚有变种植物细叶菖蒲（又名线菖蒲）的根茎，亦同等入药，一般用鲜品，亦称鲜菖蒲。

古代文献称菖蒲以"一寸九节者良"，故本品亦有九节菖蒲之名，但目前华北一带用毛茛科植物阿尔泰银莲花的根茎作九节菖蒲。

（2）石菖蒲叶。

【采收加工】 春、夏季采收。

【来源】 天南星科植物石菖蒲 *Acorus tatarinowii* Schott 的叶。

【功能主治】 主治疖疮。

（3）石菖蒲花。

【采收加工】 春、夏季采收。

【来源】 天南星科植物石菖蒲 *Acorus tatarinowii* Schott 的花蕾。

【功能主治】 调经行血。

【用法用量】 内服：煎汤，1.6～3 g。

天南星属 *Arisaema* Mart.

964. 灯台莲 *Arisaema bockii* Engler

【别名】 天南星。

【形态】 块茎扁球形，直径 2～3 cm，鳞叶 2 片，内面的披针形，膜质。叶 2 片，叶柄长 20～30 cm，下面 1/2 鞘筒状，鞘筒上缘几截平；叶片鸟足状 5 裂，裂片卵形、卵状长圆形或长圆形，中裂片具 0.5～2.5 cm 的长柄，长 13～18 cm，宽 9～12 cm，锐尖，基部楔形；侧裂片与中裂片相距

1～4 cm，与中裂片近相等，具短柄或无；外侧裂片无柄，较小，不等侧，内侧基部楔形，外侧圆形或耳状；Ⅰ级侧脉8～10对。叶裂片边缘具不规则的粗锯齿至细的啮状锯齿。花序柄略短于叶柄或几与叶柄等长。佛焰苞淡绿色至暗紫色，具淡紫色条纹，管部漏斗状，长4～6 cm，上部直径1.5～2 cm，喉部边缘近截形，无耳；檐部卵状披针形至长圆状披针形，长6～10 cm，宽2.5～5.5 cm，稍下弯。肉穗花序单性，雄花序圆柱形，长2～3 cm，粗2 mm，花疏，雄花近无柄，花药2～3，药室卵形，外向纵裂。雌花序近圆锥形，长2～3 cm，下部粗1 cm，花密，子房卵圆形，柱头小，圆形，胚珠3～4；各附属器明显具细柄，直立，粗壮，粗4～5 mm，上部增粗成棒状或近球形。果序长5～6 cm，圆锥状，下部粗3 cm，浆果黄色，长圆锥状，种子1～2或3，卵圆形，光滑，具柄。花期5月，果熟期8—9月。

【生境分布】 生于海拔200～1500 m的山坡林下或谷沟岩石上。罗田天堂寨有分布。

【采收加工】 夏、秋季采挖，除去茎叶及须根，洗净，鲜用或切片晒干。

【来源】 天南星科植物灯台莲 *Arisaema bockii* Engler 的块茎。

【性味】 苦、辛，温；有毒。

【归经】 归肺、肝经。

【功能主治】 燥湿化痰，熄风止痉，消肿止痛。主治痰湿咳嗽，风痰眩晕，癫痫，中风，口眼歪斜，疮痈肿毒，蛇虫咬伤。

【用法用量】 内服：煎汤，3～6 g。外用：适量，捣敷；或研粉醋调敷。

【注意】 阴虚燥咳及孕妇禁用。

965. 一把伞南星 *Arisaema erubescens*（Wall.）Schott

【别名】 虎掌南星。

【形态】 块茎扁球形，直径可达6 cm，表皮黄色，有时淡紫红色。鳞叶绿白色、粉红色，有紫褐色斑纹。叶1片，极少2片，叶柄长40～80 cm，中部以下具鞘，鞘部粉绿色，上部绿色，有时具褐色斑块；叶片放射状分裂，裂片无定数，幼株少则3～4片，多年生植株有多至20片的，常1片上举，其余放射状平展，披针形、长圆形至椭圆形，无柄，长（6）8～24 cm，宽6～35 mm，长渐尖，具线形长尾（长可达7 cm）或无。花序柄比叶柄短，直立，果时下弯或否。佛焰苞绿色，背面有清晰的白色条纹，或淡紫色至深紫色而无条纹，管部圆筒形，长4～8 mm，粗9～20 mm；喉部边缘截形或稍外卷；檐部通

常颜色较深，三角状卵形至长圆状卵形，有时为倒卵形，长 4 ~ 7 cm，宽 2.2 ~ 6 cm，先端渐狭，略下弯，有长 5 ~ 15 cm 的线形尾尖或无。肉穗花序单性，雄花序长 2 ~ 2.5 cm，花密；雌花序长约 2 cm，粗 6 ~ 7 mm；各附属器棒状、圆柱形，中部稍膨大或否，直立，长 2 ~ 4.5 cm，中部粗 2.5 ~ 5 mm，先端钝，光滑，基部渐狭；雄花序的附属器下部光滑或有少数中性花；雌花序上的具多数中性花。雄花具短柄，淡绿色、紫色至暗褐色，雄蕊 2 ~ 4，药室近球形，顶孔开裂成圆形。雌花：子房卵圆形，柱头无柄。果序柄下弯或直立，浆果红色，种子 1 ~ 2，球形，淡褐色。花期 5—7 月，果熟期 9 月。

【生境分布】 生于海拔 3200 m 以下的林下、灌丛、草坡、荒地。罗田中、高山地区有分布。

【采收加工】 秋末冬初采收。

【药材名】 天南星。

【来源】 天南星科植物一把伞南星 *Arisaema erubescens*（Wall.）Schott 的块茎。

【备注】 本种与天南星 *Arisaema heterophyllum* Blume 的块茎同等入药。

966. 天南星 *Arisaema heterophyllum* Blume

【别名】 虎掌。

【形态】 块茎扁球形，直径 2 ~ 4 cm，顶部扁平，周围生根，常有若干侧生芽眼。鳞芽 4 ~ 5，膜质。叶常单 1 片，叶柄圆柱形，粉绿色，长 30 ~ 50 cm，下部 3/4 鞘筒状，鞘端斜截形；叶片鸟足状分裂，裂片 13 ~ 19，有时更少或更多，倒披针形、长圆形、线状长圆形，基部楔形，先端骤狭渐尖，全缘，暗绿色，背面淡绿色，中裂片无柄或具长 15 mm 的短柄，长 3 ~ 15 cm，宽 0.7 ~ 5.8 cm，比侧裂片短近 1/2；侧裂片长 7.7 ~ 24.2(31)cm，宽(0.7)2 ~ 6.5 cm，

向外渐小，排列成蝎尾状，间距 0.5 ~ 1.5 cm。花序柄长 30 ~ 55 cm，从叶柄鞘筒内抽出。佛焰苞管部圆柱形，长 3.2 ~ 8 cm，粗 1 ~ 2.5 cm，粉绿色，内面绿白色，喉部截形，外缘稍外卷；檐部卵形或卵状披针形，宽 2.5 ~ 8 cm，长 4 ~ 9 cm，下弯几成盔状，背面深绿色、淡绿色至淡黄色，先端骤狭渐尖。肉穗花序两性和雄花序单性。两性花序：下部雌花序长 1 ~ 2.2 cm，上部雄花序长 1.5 ~ 3.2 cm，其中雄花疏，大部分不育，有的退化为钻形中性花，稀为仅有钻形中性花的雌花序。单性雄花序长 3 ~ 5 cm，粗 3 ~ 5 mm，各种花序附属器基部粗 5 ~ 11 mm，苍白色，向上细狭，长 10 ~ 20 cm，至佛焰苞喉部以外 "之" 字形上升（稀下弯）。雌花球形，花柱明显，柱头小，胚珠 3 ~ 4，直立于基底胎座上。雄花具柄，花药 2 ~ 4，白色，顶孔横裂。浆果黄红色、红色，圆柱形，长约 5 mm，内有棒头状种子 1，不育胚珠 2 ~ 3，种子黄色，具红色斑点。花期 4—5 月，果期 7—9 月。

【生境分布】 生于阴坡较阴湿的树林下。罗田中山地区有分布。

【采收加工】 秋、冬季采挖，除去残茎、须根及外皮，晒干。

【药材名】 天南星。

【来源】 天南星科植物天南星 *Arisaema heterophyllum* Blume 的块茎。

【性状】 干燥的块茎呈扁圆形块状；直径 2 ~ 7 cm，厚 1 ~ 2 cm；表面乳白色或棕色，皱缩或较光滑，茎基处有凹入痕迹，周围有麻点状须根痕。块茎的周围具球状侧芽的，习称 "虎掌南星"，亦有不带

侧芽的。质坚硬，不易破碎，断面不平坦，白色，粉性。微有辛气，味辣而麻。以体大、白色、粉性足、有侧芽者为佳。未去外皮者不宜入药。

【药理作用】 天南星具有抗肿瘤作用。

【炮制】 天南星：拣去杂质，洗净灰屑，晒干。制南星：取拣去杂质的天南星，用凉水浸漂，避免日晒，每日换水 2～3 次，根据其产地、质量及大小，适当调整浸漂天数。至起白沫时，天南星每 100 kg 加白矾 2 kg，浸泡一个月后，继续换水，直至口尝无麻辣感为止，捞出。再与鲜姜片及白矾粉层层均匀地铺入容器内（天南星每 100 kg，用鲜姜 25 kg，白矾 12.5～25 kg），加水淹没，经 3～4 个星期，复倒入锅内煮至内无白心，取出，拣去姜片，晾至六成干，闷润后切片，晒干。

【性味】 苦、辛，温；有毒。

【归经】 归肺、肝、脾经。

【功能主治】 燥湿化痰，祛风定惊，消肿散结。主治中风痰壅，口眼歪斜，半身不遂，癫痫，惊风，破伤风，风痰眩晕，喉痹，瘰疬，痈肿，跌打损伤。

【用法用量】 内服：煎汤，2.5～4.8 g；或入丸、散。外用：研末撒或调敷。

【注意】 阴虚燥痰及孕妇忌服。

①《本草经集注》：蜀漆为之使。恶莽草。

②《日华子本草》：畏附子、干姜、生姜。

③《本草备要》：阴虚燥痰禁用。

④《罗氏会约医镜》：孕妇忌之。

【附方】 ①治卒中昏不知人，口眼歪斜，半身不遂，咽喉作声，痰气上壅，兼治痰厥气逆，及气虚眩晕：天南星（生用）32 g，木香 0.3 g，川乌（生，去皮）、附子（生，去皮）各 16 g。上细切，每服 16 g，水二大盏，姜十五片，煎至八分，去滓，温服，不拘时候。（《局方》）

②治暴中风口眼歪斜：天南星为细末，生姜自然汁调摊纸上贴之，左歪贴右，右歪贴左，才正便洗去。（《杨氏家藏方》）

③治风痫：天南星（九蒸九晒）为末，姜汁糊丸，梧桐子大。煎人参、菖蒲汤或麦门冬汤下 20 丸。（《中藏经》）

④治破伤风：a.天南星、防风各 32 g。上二味，捣罗为末，先用童子小便洗疮口，后以此药末酒调贴之。（《圣济总录》）b.白芷、天南星、白附子、天麻、羌活、防风各 32 g。研末调敷伤处。如破伤风初起，角弓反张，牙关紧急，每用 10 g，热童便调服。（《医宗金鉴》）

⑤治小儿惊风，大人诸风：生半夏 220 g，生天南星 95 g，生白附子 64 g，生川乌头（去皮及脐）16 g。上捣罗为细末，以生绢袋盛，用井华水摆，未出者，更以手揉令出，如有滓，更研，再入绢袋摆尽为度，放瓷盆中，日晒夜露，至晓弃水，别用井华水搅，又晒，至来日早，再换新水搅，如此春五日、夏三日、秋七日、冬十日，去水，晒干后如玉片，研细，以糯米粉煎粥清，丸绿豆大。每服 3～5 丸，薄荷汤下，大人每服 20 丸，生姜汤下，瘫痪风温酒下，并不以时候服。（《阎氏小儿方论》）

⑥治诸风口噤：天南星（炮，锉），大人 10 g，小儿 1 g，生姜 5 片，苏叶 3 g。水煎减半，入雄猪胆汁少许，温服。（《仁斋直指方》）

⑦治风痰头痛不可忍：天南星（大者，去皮）、茴香（炒）。上等份，为细末，入盐少许在面内，用淡醋打糊为丸，如梧桐子大，每服 30～50 丸，食后姜汤下。（《魏氏家藏方》）

⑧治小儿走马疳，蚀透损骨：天南星大者 1 枚，雄黄皂子大。上二味，先用天南星当心剜作坑子，次安雄黄一块在内，甩大麦面裹合，炭火内烧令烟尽，取出候冷，入麝香一字同研为细末。先以新绵揾血，然后于疮上掺药。一日三次。（《圣济总录》）

⑨治喉闭：白僵蚕、天南星（并生用）各等份。为末，以生姜自然汁调一字许，用笔管灌在喉中，仍

咬干姜皂子大，引涎出。（《中藏经》）

⑩治头面及皮肤生瘤，大者如拳，小者如栗，或软或硬，不疼不痒，不可辄用针灸：生天南星1枚（洗，切。如无生者，以干者为末），滴醋研细如膏，将小针制病处，令气透，将膏摊贴纸上如瘤大贴之，觉痒即易，日三五上。（《圣济总录》）

⑪治痰湿臂痛，右边者：天南星、苍术各等份。生姜3片，水煎服之。（《摘玄方》）

⑫治身面疣子：醋调天南星末涂之。（《简易方论》）

⑬治风痰壅盛：天南星95 g，半夏64 g，白附子、五灵脂、僵蚕、北细辛、白矾各32 g，全蝎10 g，上为末，皂角浆煮面糊丸，梧桐子大，每服20～30丸，姜汤下。（《万密斋医学全书》）

【临床应用】 ①治疗宫颈癌。

②治疗腮腺炎。取生天南星研粉浸于食醋中，5天后外涂患处，每天3～4次。治疗6例，当天即退热，症状减轻，平均3～4天肿胀逐渐消退。

芋属 *Colocasia* Schott

967. 野芋 *Colocasia antiquorum* Schott

【别名】 野芋头。

【形态】 湿生草本。块茎球形，有多数须根；匍匐茎常从块茎基部外伸，长或短，具小球茎。叶柄肥厚，直立，长可达1.2 m；叶片薄革质，表面略发亮，盾状卵形，基部心形，长达50 cm以上；前裂片宽卵形，锐尖，长稍胜于宽，Ⅰ级侧脉4～8对；后裂片卵形，钝，长为前裂片的1/2、2/3～3/4，甚至完全联合，基部弯缺为宽钝的三角形或圆形，基脉相交成30°～40°的锐角。花序柄比叶柄短许多。佛焰苞苍黄色，长15～25 cm；管部淡绿色，长圆形，

为檐部长的1/5～1/2；檐部呈狭长的线状披针形，先端渐尖。肉穗花序短于佛焰苞；雌花序与不育雄花序等长，均长2～4 cm；能育雄花序和附属器均长4～8 cm。子房具极短的花柱。

【生境分布】 生于林阴、溪边等处。罗田各地均有分布。

【采收加工】 夏、秋季采挖，晒干。

【药材名】 野芋。

【来源】 天南星科植物野芋 *Colocasia antiquorum* Schott 的根茎。

【药理作用】 块根可食；但因含草酸钙，故刺激性强，煮熟即无。据说以其作食品者，肾炎发病率高，茎能使甲状腺肿大。某些亚种的野芋含皂素毒苷，有人报告从其中提出的酸性皂素毒苷0.1 mg注射于大鼠，可立即致死。死后解剖除有溶血现象外，肾上腺有明显的瘀血。不同人对此毒苷的敏感性有所不同，一般如食入量不大，不致中毒。

【性味】 辛，寒；有毒。

【功能主治】 主治乳痈，肿毒，麻风，疔癣，跌打损伤，蜂蜇伤。

①《本草拾遗》：醋磨，敷虫疮疔癣。

②《本草纲目拾遗》：葛祖遗方，合麻药，治跌打损伤，痔瘘麻风，敷肿毒，止痛，治疮癣，捣敷肿伤。

③江西《草药手册》：解毒，止痛，消肿。治内外痔疮，小儿脱肛。

【用法用量】外用：捣敷或磨汁涂。

【注意】江西《草药手册》：供外用，切勿内服。

【附方】①治乳痈：野芋头和香糟捣敷。（《本草纲目拾遗》）

②治风热痰毒（急性颈部淋巴腺炎）：野芋根1个，对称切开，用一块（切面向内），贴于患处，布条扎紧，初起者，可以消散。如局部发生红疹、灼热、发痒等反应，以龙胆紫药水涂搽，便可消散。（《江西民间草药验方》）

③治毒蛇咬伤：鲜野芋根捣烂如泥，或同井水磨糊状药汁，敷或涂搽于伤口周围及肿处。（江西《草药手册》）

④治黄蜂、蜈蚣蜇伤：野芋根适量，磨水外搽；或以鲜野芋根适量捣烂涂搽。（《江西草药》）

⑤治土鳖咬伤：野芋鲜根和芝麻籽共研碎敷患处。（江西《草药手册》）

968. 芋 *Colocasia esculenta*（L.）Schott

【别名】芋艿、白芋、大芋、芋头。

【形态】湿生草本。块茎通常卵形，常生多数小球茎，均富含淀粉。叶2～3片或更多。叶柄长于叶片，长20～90 cm，绿色，叶片卵状，长20～50 cm，先端短尖或短渐尖，侧脉4对，斜伸达叶缘，后裂片浑圆，合生长度达1/3～1/2，弯缺较钝，深3～5 cm，基脉相交成30°角，外侧脉2～3，内侧1～2条，不显。花序柄常单生，短于叶柄。佛焰苞长短不一，一般为20 cm左右；管部绿色，长约4 cm，粗2.2 cm，长卵形，檐部披针形或椭圆形，长约17 cm，展开成舟状，边缘内卷，淡黄

色至绿白色。肉穗花序长10 cm，短于佛焰苞；雌花序长圆锥状，长3～3.5 cm，下部粗1.2 cm；中性花序长3～3.3 cm，细圆柱状；雄花序圆柱形，长4～4.5 cm，粗7 mm，顶端骤狭；附属器钻形，长约1 cm，粗不及1 mm。花期2—4月。

【生境分布】罗田各地均有栽培。

（1）芋。

【采收加工】8—9月采挖，去净须根及地上部分，洗净，晒干。其中间母根（块茎）俗称芋头，旁生小者为芋子。

【来源】天南星科植物芋 *Colocasia esculenta*（L.）Schott 的块茎。

【性味】甘、辛，平。

【归经】归肠、胃经。

【功能主治】消疬散结。主治瘰疬，肿毒，牛皮癣。

【用法用量】内服：煎汤，64～125 g；或入丸、散。外用：捣敷或煎水洗。

【注意】①陶弘景：生则有毒，簪不可食。

②《千金方》：不可多食，动宿冷。

③《本草衍义》：多食滞气困脾。

【附方】①治瘰疬不论已溃未溃：香梗芋艿（拣大者）不拘多少。切片，晒干，研细末，用陈海蜇漂淡。大荸荠煎汤泛丸，如梧桐子大。每服 10 g，陈海蜇皮、荸荠煎汤送下。（《中国医学大辞典》）

②治诸疮因风致肿：烧白芋灰，温汤和之，厚三分，敷疮上。干即易，不过五度。（《千金方》）

③治头上软疖：大芋捣敷，即干。（《简便单方》）

④治牛皮癣：大芋头、生大蒜。共捣烂，敷患处。

⑤治筋骨痛，无名肿毒，蛇头指，蛇虫伤：芋头磨麻油搽，未破者用醋磨涂患处。

⑥治便血日久：芋根 12 g，水煎服，白痢兑白糖，红痢兑红糖。（④～⑥方出自《湖南药物志》）

（2）芋梗。

【采收加工】 7—8 月采收。

【来源】 天南星科植物芋 *Colocasia esculenta*（L.）Schott 的茎。

【功能主治】 主治泻痢，肿毒。

【用法用量】 内服：煎汤，鲜品 16～64 g。外用：捣敷或烧存性研末撒。

【附方】①治腹泻痢疾：芋茎（叶柄）、陈萝卜根、大蒜。水煎服。（《湖南药物志》）

②治筋骨痛，无名肿毒，蛇头指，蛇虫咬伤：芋茎捣烂，敷患处。（《湖南药物志》）

（3）芋花。

【采收加工】 春季采收。

【来源】 天南星科植物芋 *Colocasia esculenta*（L.）Schott 的花蕾。

【性味】 麻，平；有毒。

【功能主治】 主治胃痛，吐血，子宫脱垂，痔疮，脱肛。

【用法用量】 内服：煎汤，16～32 g。外用：捣敷。

【附方】①治吐血：芋花 16～32 g，炖腊肉或猪肉服。（江西《草药手册》）

②治子宫脱垂，小儿脱肛，痔核脱出：鲜芋花 3～6 朵，炖陈腊肉服。（江西《草药手册》）

③治鹤膝风：芋花、生姜、葱于、灰面。共捣烂，酒炒，包患处。（《四川中药志》）

（4）芋叶。

【采收加工】 7—8 月采收。

【来源】 天南星科植物芋 *Colocasia esculenta*（L.）Schott 的茎叶。

【性味】 辛，凉。

【功能主治】 止泻，敛汗，消肿毒。主治泄泻，自汗，盗汗，痈疽肿毒。

【用法用量】 内服：煎汤。外用：捣敷或捣汁涂。

【附方】①治黄水疮：芋苗晒干，烧存性研搽。（《青囊杂纂》）

②治蜂蜇，蜘蛛蜇伤：芋叶捣烂，敷患处。（《湖南药物志》）

麒麟叶属 *Epipremnum* Schott

969. 绿萝 *Epipremnum aureum*（Linden et Andre）Bunting

【别名】 魔鬼藤、石柑子。

【形态】 高大藤本，茎攀援，节间具纵槽；多分枝，枝悬垂。幼枝鞭状，细长，粗 3～4 mm，节间长 15～20 cm；叶柄长 8～10 cm，两侧具鞘达顶部；鞘革质，宿存，下部每侧宽近 1 cm，向上渐狭；下部叶片大，长 5 ～ 10 cm，上部叶片长 6 ～ 8 cm，纸质，宽卵形，短渐尖，基部心形，宽 6.5 cm。成熟枝上叶柄粗壮，长 30 ～ 40 cm，基部稍扩大，上部关节长 2.5 ～ 3 cm，稍肥厚，腹面具宽槽，叶鞘长，叶片薄革质，翠绿色，通常（特别是叶面）有多数不规则的纯黄色斑块，全缘，不等侧的卵形或卵状长圆形，先端短渐尖，基部深心形，长 32 ～ 45 cm，宽 24 ～ 36 cm，I 级侧脉 8 ～ 9 对，稍粗，两面略隆起，与强劲的中肋成 70° ～ 80°（90°）锐角，其间 II 级

侧脉较纤细，细脉微弱，与 I、II 级侧脉网结。本种不易开花，但易无性繁殖。

【生境分布】原产于所罗门群岛，现广植于亚洲。罗田各地均有栽培。

【采收加工】全年均可采收。

【来源】天南星科植物绿萝 *Epipremnum aureum*（Linden et Andre）Bunting 的全草。

【性味】辛，平。

【归经】归肾经。

【功能主治】活血散瘀。主治跌打损伤。

【用法用量】内服：煎汤，3 ～ 9 g。外用：适量，捣敷。

半夏属 *Pinellia* Ten.

970. 滴水珠 *Pinellia cordata* N. E. Brown

【别名】水半夏。

【形态】块茎球形、卵球形至长圆形，长 2 ～ 4 cm，粗 1 ～ 1.8 cm，表面密生多数须根。叶 1 片，叶柄长 12 ～ 25 cm，常紫色或绿色具紫斑，几无鞘，下部及顶头各有珠芽 1 枚。幼株叶片心状长圆形，长 4 cm，宽 2 cm；多年生植株叶片心形、心状三角形、心状长圆形或心状戟形，表面绿色、暗绿色，背面淡绿色或紫红色，两面沿脉颜色均较淡，先端长渐尖，有时成尾状，基部心形；长 6 ～ 25 cm，宽 2.5 ～ 7.5 cm；后裂片圆形或锐尖，稍外展。花序柄短于叶柄，长 3.7 ～ 18 cm。佛焰苞绿色，淡黄色带紫色或青紫色，长 3 ～ 7 cm，管部长 1.2 ～ 2 cm，粗 4 ～ 7 mm，不明显过渡为檐部；檐部椭圆形，长 1.8 ～ 4.5 cm，钝或锐尖，直立或稍下弯，人为展平宽 1.2 ～ 3 cm。肉穗花序：雌花序 1 ～ 1.2 cm，雄花序长 5 ～ 7 mm；附属器青绿色，长 6.5 ～ 20 cm，渐狭为线形，略成"之"字形上升。花期 3 ～ 6 月，果熟期 8 ～ 9 月。

【生境分布】生于阴湿的草丛中、岩石边和陡峭的石壁上。罗田九资河镇有栽培。

【采收加工】春、夏季采收，去净须根，

撞去外皮，晒干，制用。

【药材名】半夏。

【来源】天南星科植物滴水珠 *Pinellia cordata* N. E. Brown 的块茎。

【性味】辛，温；有小毒。

【功能主治】止痛，行瘀，消肿，解毒。主治头痛，胃痛，腹痛，腰痛，跌打损伤，乳痈，肿毒。

【用法用量】内服：0.3～0.6 g，研末装胶囊。外用：捣敷。

【附方】①治头痛，神经痛，胃痛，腹痛，漆疮及其他过敏性皮炎：滴水珠，研粉装入胶囊中，每颗含 0.5 g，成人每服 2 颗，每天 2～3 次。（《浙江省中草药抗菌消炎经验交流会资料选编》）

②治急性胃痛：滴水珠根 1～2 个。捣烂，温开水送服。（《江西草药》）

③治腰痛：滴水珠（完整不破损的）鲜根 3 g。整粒用温开水吞服（不可嚼碎）。另以滴水珠鲜根加食盐或白糖捣烂，敷患处。（《浙江民间常用草药》）

④治跌打损伤：滴水珠鲜根，捣烂敷患处。（《浙江民间常用草药》）

⑤治挫伤：滴水珠鲜根 2 个，石胡荽（鲜）适量，甜酒少许。捣烂外敷。（《江西草药》）

⑥治乳痈，肿毒：滴水珠根与蓖麻子等量。捣烂和凡士林或猪油调匀，外敷患部。（《浙江民间常用草药》）

971. 虎掌 *Pinellia pedatisecta* Schott

【形态】块茎近圆球形，直径可达 4 cm，根密集，肉质，长 5～6 cm；块茎四旁常生若干小球茎。叶 1～3 或更多，叶柄淡绿色，长 20～70 cm，下部具鞘；叶片鸟足状分裂，裂片 6～11，披针形，渐尖，基部渐狭，楔形，中裂片长 15～18 cm，宽 3 cm，两侧裂片依次渐短小，最外的有时长仅 4 cm；侧脉 6～7 对，离边缘 3～4 mm 处弯曲，连结为集合脉，网脉不明显。花序柄长 20～50 cm，直立。佛焰

苞淡绿色，管部长圆形，长 2～4 cm，直径约 1 cm，向下渐收缩；檐部长披针形，尖锐，长 8～15 cm，基部展平宽 1.5 cm。肉穗花序：雌花序长 1.5～3 cm；雄花序长 5～7 mm；附属器黄绿色，细线形，长 10 cm，直立或略呈"S"形弯曲。浆果卵圆形，绿色至黄白色，小，藏于宿存的佛焰苞管部内。花期 6—7 月，果熟期 9—11 月。

【生境分布】生于林下、山谷、河岸或荒地草丛中。罗田中、高山区有分布。

【采收加工】多在白露前后采挖，去净须根，撞去外皮，晒干，制用。

【药材名】天南星。

【来源】天南星科植物虎掌 *Pinellia pedatisecta* Schott 的块茎。

【性状】块茎扁球形，上下两面均较平坦，大小不一，主块茎直径约 5 cm，厚 1.2～1.8 cm，通常周边生有侧芽；侧生块茎呈半球形，直径 1～2.5 cm。表面黄白色或淡黄棕色，上端中央凹陷，凹陷周围密布细小凹点。质坚实而重。味有麻舌感。

【性味】苦、辛，温；有小毒。

【功能主治】同天南星 *Arisaema heterophyllum* Blume。

972. 半夏 *Pinellia ternata*（Thunb.）Breit.

【别名】三步跳。

【形态】块茎圆球形，直径 1 ～ 2 cm，具须根。叶 2 ～ 5 片，有时 1 片。叶柄长 15 ～ 20 cm，基部具鞘，鞘内、鞘部以上或叶片基部（叶柄顶头）有直径 3 ～ 5 mm 的珠芽，珠芽在母株上萌发或落地后萌发；幼苗叶片卵状心形至戟形，为全缘单叶，长 2 ～ 3 cm，宽 2 ～ 2.5 cm；老株叶片 3 全裂，裂片绿色，背淡，长圆状椭圆形或披针形，两头尖锐，中裂片长 3 ～ 10 cm，

宽 1 ～ 3 cm；侧裂片稍短；全缘或具不明显的浅波状圆齿，侧脉 8 ～ 10 对，细弱，细脉网状，密集，集合脉 2 圈。花序柄长 25 ～ 30（35）cm，长于叶柄。佛焰苞绿色或绿白色，管部狭圆柱形，长 1.5 ～ 2 cm；檐部长圆形，绿色，有时边缘青紫色，长 4 ～ 5 cm，宽 1.5 cm，钝或锐尖。肉穗花序：雌花序长 2 cm，雄花序长 5 ～ 7 mm，其中间隔 3 mm；附属器绿色变青紫色，长 6 ～ 10 cm，直立，有时"S"形弯曲。浆果卵圆形，黄绿色，先端渐狭为明显的花柱。花期 5—7 月，果熟期 8 月。

【生境分布】野生于山坡、溪边阴湿的草丛中或林下。罗田各地均有分布。

【采收加工】7—9 月采挖，洗净泥土，除去外皮，晒干或烘干。

【药材名】半夏。

【来源】天南星科植物半夏 *Pinellia ternata*（Thunb.）Breit. 的块茎。

【性状】干燥块茎呈圆球形、半圆球形或偏斜状，直径 0.8 ～ 2 cm。表面白色或浅黄色，未去净的外皮具黄色斑点。上端多圆平，中心有凹陷的黄棕色的茎痕，周围密布棕色凹点状须根痕，下面圆钝而光滑。质坚实，致密。纵切面呈肾形，洁白，粉性充足；质老或干燥过程不适宜者呈灰白色或显黄色纹。粉末嗅之呛鼻，味辛辣，嚼之发黏，麻舌而刺喉。以个大、皮净、白色、质坚实、粉性足者为佳，以个小、去皮不净、黄白色、粉性小者为次。

【毒性】曾有报道，4 例因误食生半夏 0.1 ～ 0.2 g、1.4 g、1.8 g、2.4 g 而中毒者，症状表现主要为口腔及咽喉部黏膜的烧灼感和麻辣感、胃部不适、恶心及胸前压迫感。4 例中除 1 例因误食量甚少而自愈外，其余 3 例均经服生姜而痊愈。

【炮制】生半夏：拣去杂质，筛去灰屑。法半夏：取净半夏，用凉水浸漂，避免日晒，根据其产地质量及其颗粒大小，斟酌调整浸泡日数。泡至第 10 日，如起白沫时，加白矾，泡 1 日后再进行换水，至口尝稍有麻辣感为度，取出略晾；另取甘草碾成粗块，加水煎汤，用甘草汤泡石灰块，再加水混合，除去石灰渣，倒入半夏缸中浸泡，每日搅拌，使其颜色均匀，至黄色已浸透，内无白心为度；捞出，阴干。（半夏每 100 kg，用白矾 2 kg，甘草 16 kg，石灰块 20 kg。）

姜半夏：取拣净的半夏，照上述半夏的炮制方法浸泡至口尝稍有麻辣感后，另取生姜切片煎汤，加白矾与半夏共煮透，取出，晾至六成干，闷润后切片，晾干。（半夏每 100 kg，用生姜 25 kg，白矾 12.8 kg。）

清半夏：取拣净的半夏，照上述半夏的炮制方法浸泡至口尝稍有麻辣感后，加白矾与水共煮透，取出，晾至六成干，闷润后切片，晾干。（半夏每 100 kg，用白矾 12.8 kg，夏季用 14.8 kg。）

【性味】辛，温；有毒。

【归经】归脾、胃经。

【功能主治】燥湿化痰，降逆止呕，消痞散结。主治湿痰冷饮，呕吐，反胃，咳喘痰多，胸膈胀满，痰厥头痛；外用消痈肿。

姜半夏多用于降逆止呕。

【用法用量】内服：煎汤，4.5～10 g；或入丸、散。外用：研末调敷。

【注意】一切血证及阴虚燥咳、津伤口渴者忌服。

①《本草经集注》：射干为之使。恶皂荚。畏雄黄、生姜、干姜、秦皮、龟甲。反乌头。

②《药性论》：忌羊血、海藻、饴糖。柴胡为之使。

③张元素：诸血证及口渴者禁用。孕妇忌之，用生姜则无害。

④《医学入门》：凡诸血证及自汗，渴者禁用。

【附方】①治湿痰，咳嗽脉缓，面黄，肢体沉重，嗜卧不收，腹胀而食不消化：南星、半夏（俱汤洗）各32 g，白术48 g。上为细末，糊为丸，如梧桐子大。每服50～70丸，生姜汤下。（《素问病机气宜保命集》）

②治湿痰喘急，止心痛：半夏不拘多少，香油炒，为末，粥丸梧桐子大。每服30～50丸，姜汤下。（《丹溪心法》）

③治痰饮咳嗽：大半夏500 g，汤泡7次，晒干，为细末，用生绢袋盛贮，于瓷盆内用净水洗，除去粗滓，将洗出半夏末就于盆内日晒夜露，每日换新水，七日七夜，澄去水，晒干，每半夏粉32 g，入飞过细朱砂末3 g，用生姜汁糊为丸，如梧桐子大。每服20丸，用淡生姜汤下，食后服。（《袖珍方》）

④治心下有支饮（呕家本渴，渴者为欲解，今反不渴）：半夏一升，生姜250 g。上二味，以水七升，煮取一升半，分温再服。（《金匮要略》）

⑤治肺胃虚弱，好食酸冷，寒痰停积，呕逆恶心，涎唾稠黏，或积吐，粥药不下，手足逆冷，目眩身重；又治伤寒时气，或饮酒过多，中寒停饮，喉中涎声，干哕不止：陈皮（去白）、半夏（煮）各220 g。上二件，锉为粗散，每服10 g，生姜十片，水二盏，煎至一中盏，去滓温服，不拘时候。留二服滓并作一服，再煎服。（《局方》）

⑥治卒呕吐，心下痞，膈间有水，眩悸者：半夏一升，生姜250 g，茯苓95 g。上三味，以水七升，煮取一升五合，分温再服。（《金匮要略》）

⑦治胃反呕吐者：半夏二升（洗完用），人参95 g，白蜜一升。上三味，以水一斗二升，和蜜扬之二百四十遍，煮药取二升半，温服一升，余分再服。（《金匮要略》）

⑧治妊娠呕吐不止：干姜、人参各32 g，半夏64 g。上三味，末之，以生姜汁糊为丸，如梧桐子大。饮服10丸，日三服。（《金匮要略》）

⑨治小儿痰热，咳嗽惊悸：半夏、南星各等份，为末，牛胆汁，入胆内和，悬风处待干，蒸饼丸，绿豆大。每服3～5丸，姜汤下。（《摘玄方》）

⑩治霍乱心腹胀痛，烦满短气，未得吐下：桂、半夏各等份。末，方寸匕，水一升，和服之。（《补辑肘后方》）

⑪治心腹一切痃癖冷气及年高风秘、冷秘或泄泻：半夏（汤浸7次，焙干，为细末）、硫黄（明净好者，研令极细）。上等份，以生姜自然汁同熬，入干蒸饼末搅和匀，入臼内杵数百下，丸如梧桐子大。每服空心温酒或生姜汤下15～20丸，妇人醋汤下。（《局方》）

⑫治痰厥：半夏250 g，防风125 g，甘草64 g。同为细末，分作四十服，每服用水一大盏半，姜20片，煎至七分，去滓温服，不计时候。（《卫生家宝方》）

⑬治目不瞑，不卧：以流水千里已外者八升，扬之万遍，取其清五升煮之，炊以苇薪火，沸，置秫米一升，制半夏五合，徐炊令竭，为一升半，去其滓，饮汁一小杯，日三，稍益，以知为度。（《灵枢》）

⑭治少阴病，咽中痛：半夏（洗）、桂枝（去皮）、甘草（炙）。上三味等份，分别捣筛已，合治之，

白饮和服方寸匕，日三服。若不能服散者，以水一升，煎七沸，纳散两方寸匕，更煮三沸，下火令小冷，少少咽之。（《伤寒论》）

⑮治痰结，咽喉不利，语音不出：半夏（洗）16 g，草乌一字（炒），桂一字（炙）。上同为末，生姜汁浸蒸饼为丸，如鸡头大，每服 1 丸，至夜含化。（《素问病机气宜保命集》）

⑯治喉痹肿塞：生半夏末搐鼻内，涎出效。（《李时珍濒湖集简方》）

⑰治产后晕绝：半夏末，冷水和丸，大豆大，纳鼻中。（《肘后备急方》）

⑱治奶发，诸痈疽发背及乳方：末半夏，鸡子白和涂之，水磨敷。（《补辑肘后方》）

⑲治小儿惊风：生半夏一钱，皂角半钱。为末，吹少许入鼻。（《仁斋直指方》）

⑳治重舌木舌，肿大塞口：半夏煎醋，合漱之。（《本草纲目》）

㉑治诸瘘五六孔相通：生半夏末，水调涂孔内，一日二次。（《外台》）

㉒治外伤性出血：生半夏、乌贼骨各等份，研细末，撒患处。（徐州《单方验方　新医疗法（选编）》）

㉓治蛇咬伤：鲜半夏、鸭食菜（苦麻菜）、香薷尖各等量，混合捣碎成膏状，敷于伤处。（辽宁《中草药新医疗法资料选编》）

㉔治老人风痰：半夏（泡 7 次，焙过）、硝石各 16 g，共研为末，加入白面捣匀，调水做成丸，如绿豆大。每服 50 丸，姜汤送下。

㉕治风痰头晕：生半夏、生天南星、寒水石（煅）各 32 g，天麻 16 g，雄黄 6 g，小麦面 95 g，共研为末，加水和成饼，水煮浮起，取出捣烂做成丸，如梧桐子大。每服 50 丸，姜汤送下。极效。亦治风痰咳嗽，二便不通，风痰头痛等病。

㉖治热痰咳嗽（烦热面赤，口燥心痛，脉洪数）：半夏、天南星各 32 g，黄芩 48 g，共研为末，加姜汁浸蒸饼做成丸，如梧桐子大。每服 50 ～ 70 丸，饭后服，姜汤送下。此方名"小黄丸"。

㉗治湿痰咳嗽（面黄体重，贪睡易惊，消化力弱，脉缓）：半夏、天南星各 32 g，白术 48 g，共研为末加薄糊做成丸，如梧桐子大。每服 50 ～ 70 丸，姜汤送下。此方名"白术丸"。

㉘治气痰咳嗽（面白气促，洒淅恶寒，忧悉不乐，脉涩）：半夏、天南星各 32 g，官桂 16 g，共研为末，加糊做成丸，如梧桐子大。每服 50 丸，姜汤送下。此方名"玉粉丸"。

㉙治呕吐反胃：半夏三升、人参 95 g、白蜜一升、水一半二升，细捣过，煮成三升半，温服一升。一天服两次。此方名为"大半夏汤"。

㉚治黄疸喘满，小便自利，不可除热：半夏、生姜各半斤，加水七升，煮取一升五合，分两次服下。

㉛治老人便结：半夏（泡，炒）、生硫磺各等份为末，加自然姜汁煮糊做成丸子，如梧桐子大。每服 50 丸，空心服，温酒送下。此方名"半硫丸"。

㉜治失血喘急（吐血下血，崩中带下，喘急痰呕，中满宿瘀）：半夏捶扁，包在以姜汁调匀的面中，放火上煨黄，研为末，加米糊成丸，如梧桐子大。每服 30 丸，白开水送下。

㉝治骨鲠在咽：半夏、白牙各等份为末，取一匙，水冲服，当呕出。忌食羊肉。（㉔～㉝方出自《中药大辞典》）

㉞治寒脾，胸膈不快，痰涎不止：半夏姜制 150 g，陈皮、干姜、白术各 50 g，上为细末，姜汁糊丸，梧桐子大，每服 20 丸，姜汤下。（《万密斋医学全书》）

大藻属 *Pistia* L.

973. 大藻 *Pistia stratiotes* L.

【别名】母猪莲、水浮莲。

【形态】 水生飘浮草本。有多数长而悬垂的根，须根羽状，密集。叶簇生成莲座状，叶片常因发育阶段不同而形异，倒三角形、倒卵形、扇形、至倒卵状长楔形，长 1.3～10 cm，宽 1.5～6 cm，先端截头状或浑圆，基部厚，两面被毛，基部尤为浓密；叶脉扇状伸展，背面明显隆起成褶皱状。佛焰苞白色，长 0.5～1.2 cm，外被茸毛。花期 5—11 月。

【生境分布】 外来物种，原产于巴西。罗田部分地区有分布。

【采收加工】 夏、秋季采收，晒干。

【药材名】 水浮莲。

【来源】 天南星科植物大薸 *Pistia stratiotes* L. 的叶。

【性味】 辛，凉。

【功能主治】 祛风发汗，利尿解毒。主治感冒，水肿，小便不利，风湿痛，皮肤瘙痒，荨麻疹，麻疹不透。

【用法用量】 内服：煎汤，10～16 g。外用：适量，鲜品捣敷；或煎水洗患处。

【注意】 孕妇忌服。

犁头尖属 *Typhonium* Schott

974. 独角莲 *Typhonium giganteum* Engl.

【别名】 禹白附。

【形态】 块茎倒卵形、卵球形或卵状椭圆形，大小不等，直径 2～4 cm，外被暗褐色小鳞片，有 7～8 条环状节，颈部周围生多条须根。通常 1～2 年生的只有 1 片叶，3～4 年生的有 3～4 片叶。叶与花序同时抽出。叶柄圆柱形，长约 60 cm，密生紫色斑点，中部以下具膜质叶鞘；叶片幼时内卷如角状（因此得名），后即展开，箭形，长 15～45 cm，宽 9～25 cm，先端渐尖，基部箭状，后裂片叉开成 70° 的锐角，钝；中肋背面隆起，Ⅰ级侧脉 7～8 对，最下部的两条基部重叠，集合脉与边缘相距 5～6 mm。花序柄长 15 cm。佛焰苞紫色，管部圆筒形或长圆状卵形，长约 6 cm，粗 3 cm；檐部卵形，展开，长达 15 cm，先端渐尖，常弯曲。肉穗花序几无梗，长达 14 cm，雌花序圆柱形，长约 3 cm，粗 1.5 cm；中性花序长 3 cm，粗约 5 mm；雄花序长 2 cm，粗 8 mm；附属器紫色，长（2～）6 cm，粗 5 mm，圆柱形，直立，基部无柄，先端钝。雄花无柄，药室卵圆形，顶孔开裂。雌花：子房圆柱形，顶部截平，胚珠 2；柱头无柄，圆形。花期 6—8 月，

果期 7—9 月。

【性状】　干燥块茎呈椭圆形或卵圆形，长 2 ～ 4 cm，直径 1 ～ 2 cm。表面白色或黄白色，略粗糙，有环纹及小麻点状的根痕。顶端显茎痕或芽痕。质坚硬，难折断，断面白色，富粉性，无臭，味淡，嚼之麻辣刺舌。以个大、肥壮、去皮、白色、粉性大者为佳。

商品白附子有禹白附和关白附 2 种，两者的功效有异，当分别使用。

【生境分布】　生于海拔 1500 m 以下的荒地、山坡、水沟旁。罗田各地均有栽培。

【采收加工】　秋季采挖块茎，除去残茎、须根，撞去或用竹刀削去粗皮，洗净，晒干。

【药材名】　白附子。

【来源】　天南星科植物独角莲 *Typhonium giganteum* Engl. 的块茎。

【炮制】　生禹白附：拣净杂质，洗净，晒干。制禹白附：取生禹白附按大小分开，用凉水浸漂，每日换水 2 ～ 3 次，泡制数日后，如起黏沫，换水时加少许白矾，泡一日后再换水，泡至口尝无麻辣感为度，取出，与鲜姜片及白矾粉层层均匀铺入容器内，加水少许，腌 3 ～ 4 个星期，倒入锅内煮透，取出，拣去姜片，晾至六成干，闷润后切片，干燥。

【性味】　辛、甘，大温；有毒。

【归经】　归胃、肝经。

【功能主治】　祛风痰，定惊，止痛。主治中风失音，心痛血痹，偏正头痛，喉痹肿痛，瘰疬，破伤风。

【用法用量】　内服：煎汤，3 ～ 10 g；或浸酒。外用：捣烂敷；或研末调敷。

【注意】　孕妇忌服。生者内服宜慎。

【附方】　①治跌打损伤，金疮出血，破伤风：生禹白附 380 g，防风 32 g，白芷 32 g，生南星 32 g，天麻 32 g，羌活 32 g。以上六味，共研细粉，过筛，混合均匀。外用调敷患处，内用 0.9 ～ 1.5 g。孕妇忌内服。（《中国药典》）

②治毒蛇咬伤：独角莲根 64 g，雄黄 32 g。共研细末，用水或烧酒调涂伤处。（《江西民间草药》）

③治瘰疬：禹白附捣烂，外敷。（江西《中草药学》）

④治三叉神经痛，偏头痛，牙痛：独角莲根、细辛、白芷、藁本研末蜜丸。（江西《中草药学》）

一六二、浮萍科 Lemnaceae

浮萍属 *Lemna* L.

975. 浮萍 *Lemna minor* L.

【别名】　苹。

【形态】　飘浮植物。叶状体对称，表面绿色，背面浅黄色、绿白色或常为紫色，近圆形，倒卵形或倒卵状椭圆形，全缘，长 1.5 ～ 5 mm，宽 2 ～ 3 mm，上面稍凸起或沿中线隆起，脉 3，不明显，背面垂生丝状根 1 条，根白色，长 3 ～ 4 cm，根冠钝头，根鞘无翅。叶状体背面一侧具囊，新叶状体于囊内形成浮出，以极短的细柄与母体相连，随后脱落。雌花具弯生胚珠 1 个，果实无翅，近陀螺状，种子具凸出的胚乳并具 12 ～ 15 条纵肋。

【生境分布】生于池沼、湖泊或静水中。全国各地均有分布。

【药材名】青萍。

【采收加工】6—9 月间捞取，晒干。

【来源】浮萍科植物浮萍 *Lemna minor* L. 的全草。

【性状鉴别】叶状体呈卵形、卵圆形或卵状椭圆形，直径 3～6 mm。单个散生或 2～5 片集生，上表面淡绿色至灰绿色，下表面绿色至紫棕色，边缘整齐或微卷，上表面两侧有一小凹陷，下表面该处生有数条须根。质轻，易碎。气微，味淡。以绿色、背紫色者为佳。

【功能主治】发汗，祛风，行水，清热，解毒。主治时行热痛，斑疹不透，风热瘾疹，皮肤瘙痒，水肿，闭经，疮癣，丹毒，烫伤。

【用法用量】内服：煎汤，5～10 g（鲜品 25～150 g）；或捣汁，入丸、散。外用：煎水熏洗，研末撒或调敷。

【性味】辛，寒。

【归经】归肺、小肠经。

【注意】《本草经疏》：表气虚而自汗者勿用。

《本草从新》：非大实大热，不可轻试。

《得配本草》：血虚肤燥，气虚风痛，二者禁用。

【临床应用】用于外感风热及麻疹透发不畅等，临床常与西河柳、牛蒡子、薄荷等配伍。对风热瘾疹亦可内服、外用。浮萍能泄热利水，故用于水肿而有表热者。

紫萍属 *Spirodela* Schleid.

976. 紫萍 *Spirodela polyrhiza*（L.）Schleid.

【形态】叶状体扁平，阔倒卵形，长 5～8 mm，宽 4～6 mm，先端圆钝，表面绿色，背面紫色，具掌状脉 5～11 条，背面中央生 5～11 条根，根长 3～5 mm，白绿色，根冠尖，脱落；根基附近的一侧囊内形成圆形新芽，萌发后，幼小叶状体渐从囊内浮出，由一细弱的柄与母体相连。花未见，据记载，肉穗花序有 2 朵雄花和 1 朵雌花。

【生境分布】生于池沼、稻田、水塘及静水的河面。

【采收加工】 6—9月捞取，晒干。

【药材名】 紫萍。

【来源】 浮萍科植物紫萍 *Spirodela polyrhiza*（L.）Schleid. 的全草。

【性味】 辛，寒。

【功能主治】 发汗，祛风，利尿，消肿。主治感冒发热无汗，斑疹不透，水肿，小便不利，皮肤湿热。

【用法用量】 内服：煎汤，5～10 g（鲜品25～150 g）；或捣汁，入丸、散。外用：煎水熏洗、研末撒或调敷。

一六三、谷精草科 Eriocaulaceae

谷精草属 *Eriocaulon* L.

977. 谷精草 *Eriocaulon buergerianum* Koern.

【别名】 流星草。

【形态】 草本。叶线形，丛生，半透明，具横格，长4～10（20）cm，中部宽2～5 mm，脉7～12（18）条。花葶多数，长达25（～30）cm，粗0.5 mm，扭转，具4～5棱；鞘状苞片长3～5 cm，口部斜裂；花序熟时近球形，禾秆色，长3～5 mm，宽4～5 mm；总苞片倒卵形至近圆形，禾秆色，下半部较硬，上半部纸质，不反折，长2～2.5 mm，宽1.5～1.8 mm，无毛或边缘有少数毛，下部的毛较长；总（花）托常有密柔毛；苞

片倒卵形至长倒卵形，长1.7～2.5 mm，宽0.9～1.6 mm，背面上部及顶端有白短毛；雄花：花萼佛焰苞状，外侧裂开，3浅裂，长1.8～2.5 mm，背面及顶端有毛；花冠裂片3，近锥形，几等大，近顶处各有1黑色腺体，端部常有白短毛；雄蕊6枚，花药黑色；雌花：花萼合生，外侧开裂，顶端3浅裂，长1.8～2.5 mm，背面及顶端有短毛，外侧裂口边缘有毛，下长上短；花瓣3片，离生，扁棒形，肉质，顶端各具1黑色腺体及若干白短毛，果成熟时毛易脱落，内面常有长柔毛；子房3室，花柱分枝3，短于花柱。种子矩圆状，长0.75～1 mm，表面具横格及 "T" 字形凸起。花果期7—12月。

【生境分布】 生于水稻田或池沼边潮湿处。罗田北部山区有分布。

【采收加工】 8—9月采收，将花茎拔出，除去泥杂，晒干。

【药用部位】 带花茎的头状花序。

【药材名】 谷精草。

【来源】 谷精草科植物谷精草 *Eriocaulon buergerianum* Koern. 的带花茎的头状花序。

【性状】 花序呈扁圆形，直径4～5 mm；底部有鳞片状禾秆色的总苞片，紧密排列呈盘状；小花

30 ~ 40 朵，灰白色，排列甚密，表面附有白色的细粉；用手搓碎后，可见多数黑色小粒及灰绿色小型的种子。花序下连一细长的花茎，长 15 ~ 18 cm，黄绿色，有光泽；质柔，不易折断。臭无，味淡，久嚼则成团。以珠大而紧、灰白色，花茎短、黄绿色，无根、叶及杂质者为佳。

【性味】 辛、甘，凉。

【归经】 归肝、胃经。

【功能主治】 祛风散热，明目退翳。主治目翳，雀盲，头痛，牙痛，喉痹，鼻衄。

【用法用量】 内服：煎汤，10 ~ 12 g；或入丸、散。外用：烧存性研末撒。

【注意】 ①《本草述》：忌铁。

②《得配本草》：血虚病目者禁用。

【附方】 ①治风热目翳，或夜晚视物不清：谷精草 32 ~ 64 g，鸭肝 1 ~ 2 具（如无鸭肝用白豆腐）。酌加开水炖 1 h，饭后服，每日 1 次。（《福建民间草药》）

②治目中翳膜：谷精草、防风各等份，为末，米饮服之。（《本草纲目》）

③治小儿痘疹，眼中生翳：谷精草 32 g，生蛤粉 1.5 g，黑豆皮 6 g，加白芍（酒微炒）10 g。上为细末，用猪肝 1 具，以竹刀批作片子，掺药末在内，以草绳缚定，瓷器内慢火煮熟，令儿食之，不拘时，连汁服，服 1 ~ 2 个月。（《摄生众妙方》）

④治小儿雀盲至晚忽不见物：羖羊肝 1 具，不用水洗，竹刀剖开，入谷精草一撮，瓦罐煮熟，日食之。忌铁器。如不肯食，炙熟捣做丸，如绿豆大，每服 30 丸，茶下。（《卫生家宝方》）

⑤治偏正头痛：谷精草 32 g，为末，用白面调摊纸花子上，贴痛处，干又换。（姚僧坦《集验方》）

⑥治脑风头痛：谷精草（末）、铜绿（研）各 3 g，消石（研）1.6 g。上三味，捣研和匀，每用一字，吹入鼻内，或偏头痛随病左右吹鼻中。（《圣济总录》）

⑦治牙齿风疳、齿龈宣露：谷精草 0.3 g（烧灰），白矾灰 0.3 g，蟾酥一片（炙），麝香少许。上药，同研为散，每取少许，敷于患处。（《太平圣惠方》）

⑧治鼻衄，终日不止，心神烦闷：谷精草，捣罗为末，以热面汤，调下 6 g。（《太平圣惠方》）

⑨治小儿肝热，手足掌心热：谷精草全草 64 ~ 95 g，猪肝 64 g。加开水炖 1 h 服，每日 1 ~ 2 次。（《福建民间草药》）

一六四、鸭跖草科 Commelinaceae

鸭跖草属 *Commelina* L.

978. 饭包草 *Commelina benghalensis* L.

【别名】 竹叶菜。

【形态】 多年生披散草本。茎大部分匍匐，节上生根，上部及分枝上部上升，长可达 70 cm，被疏柔毛。叶有明显的叶柄；叶片卵形，长 3 ~ 7 cm，宽 1.5 ~ 3.5 cm，顶端钝或急尖，近无毛；叶鞘口沿有疏而长的毛。总苞片漏斗状，与叶对生，常数个集于枝顶，下部边缘合生，长 8 ~ 12 mm，被疏毛，顶端短急尖或钝，柄极短；花序下面一枝具细长梗，具 1 ~ 3 朵不育的花，伸出佛焰苞，上面一枝有花数朵，结实，不伸出佛焰苞；萼片膜质，披针形，长 2 mm，无毛；花瓣蓝色，圆形，长 3 ～ 5 mm；内面 2 枚具长爪。蒴果椭圆状，长 4 ～ 6 mm，3 室，腹面 2 室每室具 2 个种子，开裂，后面一室仅有 1 个种子或无，不裂。种子长近 2 mm，多皱并有不规则网纹，黑色。花期夏、秋季。

【生境分布】 生于海拔 2300 m 以下的湿地。罗田各地均有分布。

【药材名】 饭包草。

【来源】 鸭跖草科植物饭包草 *Commelina benghalensis* L. 的全草。

【性味】 苦，寒。

【功能主治】 清热解毒，利湿消肿。主治小便短赤涩痛，赤痢，疔疮。

【用法用量】 内服：煎汤，64 ～ 95 g。外用：适量，捣烂敷患处。

979. 鸭跖草 *Commelina communis* L.

【别名】 竹叶菜、竹鸡草。

【形态】 一年生披散草本。茎匍匐生根，多分枝，长可达 1 m，下部无毛，上部被短毛。叶披针形至卵状披针形，长 3 ～ 9 cm，宽 1.5 ～ 2 cm。总苞片佛焰苞状，有 1.5 ～ 4 cm 的柄，与叶对生，折叠状，展开后为心形，顶端短急尖，基部心形，长 1.2 ～ 2.5 cm，边缘常有硬毛；聚伞花序，下面一枝仅有花 1 朵，具长 8 mm 的梗，不育；上面一枝具花 3 ～ 4 朵，具短梗，几乎不伸出佛焰苞。花梗花期长仅 3 mm，果期弯曲，长不过 6 mm；萼片膜质，长约 5 mm，内面 2 枚常靠近或合生；花瓣深蓝色；内面 2 枚具爪，长近 1 cm。蒴果椭圆形，长 5 ～ 7 mm，2 室，2 片裂，有种子 4 个。种子长 2 ～ 3 mm，棕黄色，一端平截、腹面平，有不规则窝孔。

【生境分布】 生于田野间。罗田各地均有分布。

【采收加工】 6—7 月采收，晒干。

【药材名】 鸭跖草。

【来源】 鸭跖草科植物鸭跖草 *Commelina communis* L. 的全草。

【炮制】 拣去杂质，洗净，切断，晒干。

【性味】 甘，寒。

【归经】 归心、肝、脾、肾、大小肠诸经。

【功能主治】 行水，清热，凉血，解毒。主治水肿，脚气，小便不利，感冒，丹毒，腮腺炎，黄疸性肝炎，热痢，疟疾，鼻衄，尿血，血崩，带下，咽喉肿痛，痈疽疔疮。

【用法用量】 内服：煎汤，10 ～ 16 g（鲜品 64 ～ 95 g，大剂量 160 ～ 220 g）：或捣汁。外用：捣

敷或捣汁点喉。

【注意】脾胃虚弱者，用量宜少。

【附方】①治小便不通：竹鸡草32 g，车前草32 g。捣汁，入蜜少许，空心服之。(《李时珍濒湖集简方》)

②治五淋，小便刺痛：鲜鸭跖草枝端嫩叶125 g。捣烂，加开水一杯，绞汁调蜜内服，每日3次。体质虚弱者，药量酌减。（《泉州本草》）

③治黄疸性肝炎：鸭跖草125 g，猪瘦肉64 g。水炖，服汤食肉，每日一剂。（《江西草药》）

④治高血压：鸭跖草32 g，蚕豆花10 g。水煎，当茶饮。（《江西草药》）

⑤治水肿、腹水：鲜鸭跖草64 ～ 95 g。水煎服，连服数日。（《浙江民间常用草药》）

⑥治吐血：竹叶菜捣汁内服。（《贵阳民间药草》）

⑦治喉痹肿痛：a.鸭跖草汁点之。（《袖珍方》）b.鸭跖草64 g。洗净捣汁，频频含服。（《江西草药》）

⑧治小儿丹毒，热痢以及用作急性热病的退热：鲜鸭跖草64 ～ 95 g（干品32 g），重症可用160 ～ 220 g。水煎服或捣汁服。（《浙江民间常用草药》）

⑨治关节肿痛，痈疽肿毒，疔疮脓疡：鲜鸭跖草捣烂，加烧酒少许敷患处，一日一换。（《浙江民间常用草药》）

⑩治急性血吸虫病：鲜鸭跖草，洗净，每天160 ～ 250 g，煎汤代茶饮，5 ～ 7天为1个疗程。（《全展选编》）

⑪治手指蛇头疔：鲜鸭跖草，合雄黄捣烂，敷患处，一日一换。初起能消，已化脓者，能退瘭止痛。（《泉州本草》）

980. 紫鸭跖草 *Commelina purpurea* C. B. Clarke

【别名】紫竹梅、紫锦草。

【形态】多年生披散草本，高20 ～ 50 cm。茎多分枝，带肉质，紫红色，下部匍匐状，节上常生须根，上部近直立。叶互生，长圆形，长6 ～ 13 cm，宽6 ～ 10 mm，先端渐尖，全缘，基部抱茎而成鞘，鞘口有白色长毛，上面暗绿色，边缘绿紫色，下面紫红色。花密生在二叉状的花序柄上，下具线状披针形苞片，长约7 cm；萼片3，绿色，卵圆形，宿存；花瓣3片，蓝紫色，广卵形；雄蕊6枚，2枚发育，3枚退化，另有1枚花丝短而纤细，无花药；

雌蕊1枚，子房卵形，3室，花柱丝状而长，柱头头状。蒴果椭圆形，有3条隆起棱线。种子呈三棱状半圆形，棕色。花期夏、秋季。

【生境分布】栽培。

【采收加工】夏季采收。

【药材名】紫鸭跖草。

【来源】鸭跖草科植物紫鸭跖草 *Commelina purpurea* C. B. Clarke. 的全草。

【功能】活血，利水，消肿，解毒，散结。

【用法用量】内服：煎汤，10 ～ 16 g（鲜品64 ～ 95 g，大剂量160 ～ 220 g）。

981. 水竹叶 *Murdannia triquetra*（Wall.）Bruckn.

【别名】鸡舌草、鸡舌癀。

【形态】多年生草本，具长而横走根状茎。根状茎具叶鞘，节间长约 6 cm，节上具细长须状根。茎肉质，下部匍匐，节上生根，上部上升，通常多分枝，长达 40 cm，节间长 8 cm，密生 1 列白色硬毛，这 1 列毛与下一个叶鞘的 1 列毛相连续。叶无柄，仅叶片下部有毛和叶鞘合缝处有 1 列毛，这 1 列毛与上一个节上的衔接而成一个系列，叶的其他处无毛；叶片竹叶形，平展或稍折叠，长 2～6 cm，宽 5～8 mm，顶端渐尖而头钝。花序通常仅有单朵花，顶生兼腋生，

花序梗长 1～4 cm，顶生者梗长，腋生者短，花序梗中部有 1 枚条状的苞片，有时苞片腋中生 1 朵花；萼片绿色，狭长圆形，浅舟状，长 4～6 mm，无毛，果期宿存；花瓣粉红色、紫红色或蓝紫色，倒卵圆形，稍长于萼片；花丝密生长须毛。蒴果卵圆状三棱形，长 5～7 mm，直径 3～4 mm，两端钝或短急尖，每室有种子 3 个，有时仅 1～2 个。种子短柱状，不扁，红灰色。花期 9—10 月（但在云南也有 5 月开花的），果期 10—11 月。

【生境分布】喜生于田边潮湿处。罗田各地均有分布。

【采收加工】夏季采收。

【药材名】水竹叶。

【来源】鸭跖草科植物水竹叶 *Murdannia triquetra*（Wall.）Bruckn. 的全草。

【性味】甘，平。

【归经】归肝、脾经。

【功能主治】清热，利尿，消肿，解毒。主治肺热喘咳，赤白下痢，小便不利，咽喉肿痛，痈疖，痈肿。

【用法用量】内服：煎汤，10～16 g（鲜品 32～64 g）。外用：捣敷。

【附方】①治肺炎高热喘咳：鲜水竹叶 16～25 g。酌加水煎，调蜜服，日二次。

②治肠热下痢赤白：鲜水竹叶 32 g。洗净，煎汤，调乌糖少许内服。

③治小便不利：鲜水竹叶 32～64 g。酌加水煎，调冰糖内服，日二次。（①～③方出自《泉州本草》）

④治口疮舌烂：鲜水竹叶 64 g，捣汁，开水一杯，漱口，5～6 min，一日数次。

⑤治疖疮：鲜水竹叶 95 g，冰糖 16 g。炖服，并将药渣敷患处。

⑥治鸡眼：鲜水竹叶和冬蜜捣烂敷患处，日换二、三次。（④～⑥方出自福州《中草药单验方汇集》）

⑦治指头炎未成脓者：鲜水竹叶茎叶一握，醋糟少许。共捣烂外敷。（《福建民间草药》）

982. 裸花水竹叶 *Murdannia nudiflora*（L.）Brenan

【别名】地韭菜、红毛草。

【形态】多年生草本。根须状，纤细，直径不及 0.3 mm，无毛或被长茸毛。茎多条自基部发出，披散，下部节上生根，长 10～50 cm，分枝或否，无毛，主茎发育。叶几乎全部茎生，有时有 1～2 片条形长达 10 cm 的基生叶，茎生叶叶鞘长一般不及 1 cm，通常全面被长刚毛，但也有相当一部分植株仅口部一

侧密生长刚毛而别处无毛；叶片禾叶状或披针形，顶端钝或渐尖，两面无毛或疏生刚毛，长 2.5 ～ 10 cm，宽 5 ～ 10 mm。蝎尾状聚伞花序数个，排成顶生圆锥花序，或仅单个；总苞片下部的叶状，但较小，上部的很小，长不及 1 cm。聚伞花序有数朵密集排列的花，具纤细而长达 4 cm 的总梗；苞片早落；花梗细而挺直，长 3 ～ 5 mm；萼片草质，卵状椭圆形，浅船状，长约 3 mm；花瓣紫色，长约 3 mm；能育雄蕊 2 枚，不育雄蕊 2 ～ 4 枚，花丝下部有须毛。蒴果卵圆状三棱形，长 3 ～ 4 mm。种子黄棕色，有深窝孔，或同时有浅窝孔和以胚盖为中心呈辐射状排列的白色瘤凸。花果期 6—10 月。

【生境分布】 生于潮湿的沟边及荒地。罗田各地均有分布。

【采收加工】 夏季采收，晒干。

【来源】 鸭跖草科植物裸花水竹叶 *Murdannia nudiflora*（L.）Brenan 的全草。

【性味】 ①《天宝本草》：性温。

②《四川中药志》：味甘淡，性平，无毒。

【功能主治】 清肺热，消肿毒。主治肺热咳嗽吐血，乳痈，肿毒。

【用法用量】 内服：煎汤，3 ～ 16 g。外用：捣敷。

【附方】 治乳痈红肿：红毛草、野菊花叶、水苋菜、芙蓉叶、马蹄草。共捣绒包敷患处。（《四川中药志》）

一六五、雨久花科 Pontederiaceae

凤眼蓝属 *Eichhornia* Kunth

983. 凤眼蓝 *Eichhornia crassipes*（Mart.）Solme

【别名】 水浮莲、水葫芦。

【形态】 浮水草本，高 30 ～ 60 cm。须根发达，棕黑色，长达 30 cm。茎极短，具长匍匐枝，匍匐枝淡绿色或带紫色，与母株分离后长成新植物。叶在基部丛生，莲座状排列，一般 5 ～ 10 片；叶片圆形、宽卵形或宽菱形，长 4.5 ～ 14.5 cm，宽 5 ～ 14 cm，顶端圆钝或微尖，基部宽楔形或在幼时为浅心形，全缘，具弧形脉，表面深绿色，光亮，质地厚实，两边微向上卷，顶部略向下翻卷；叶柄长短不等，中部膨大成囊状或纺锤形，内有许多多边形柱状细胞组成的气室，维管束散布其间，黄绿色至绿色，光滑；叶柄基部有鞘状苞片，长 8 ～ 11 cm，黄绿色，薄而半透明；花葶从叶柄基部的鞘状苞片腋内伸出，长 34 ～ 46 cm，多棱；穗状花序长 17 ～ 20 cm，通常具 9 ～ 12 朵花；花被裂片 6 枚，花瓣状，卵形、长圆形或倒卵形，紫蓝色，花冠两侧略对称，直径 4 ～ 6 cm，上方 1 枚裂片较大，长约 3.5 cm，宽

约 2.4 cm，三色，即四周淡紫红色，中间蓝色，在蓝色的中央有 1 个黄色圆斑，其余各片长约 3 cm，宽 1.5～1.8 cm，下方 1 枚裂片较狭，宽 1.2～1.5 cm，花被片基部合生成筒，外面近基部有腺毛；雄蕊 6 枚，贴生于花被筒上，3 长 3 短，长的从花被筒喉部伸出，长 1.6～2 cm，短的生于近喉部，长 3～5 mm；花丝上有腺毛，长约 0.5 mm，3（2～4）细胞，顶端膨大；花药箭形，基着，蓝灰色，2 室，纵裂；花粉粒长卵圆形，黄色；子房上位，长梨形，长 6 mm，3 室，中轴胎座，胚珠多数；花柱 1，长约 2 cm，伸出花被筒的部分有腺毛；柱头上密生腺毛。蒴果卵形。花期 7—10 月，果期 8—11 月。

【生境分布】生于水塘中。罗田各地均有分布。

【采收加工】夏、秋季采收，晒干或鲜用。

【药材名】凤眼蓝。

【来源】雨久花科植物凤眼蓝 *Eichhornia crassipes*（Mart.）Solme 的全草或根。

【功能主治】清凉解毒，除湿，祛风热。

【用法用量】内服：煎汤，16～32 g，外用：捣敷。

雨久花属 *Monochoria* Presl

984. 鸭舌草 *Monochoria vaginalis*（Burm. f.）Presl

【别名】鸭儿嘴、水玉簪。

【形态】水生草本；根状茎极短，具柔软须根。茎直立或斜上，高 6～50 cm，全株光滑无毛。叶基生和茎生；叶片形状和大小变化较大，由心状宽卵形、长卵形至披针形，长 2～7 cm，宽 0.8～5 cm，顶端短突尖或渐尖，基部圆形或浅心形，全缘，具弧状脉；叶柄长 10～20 cm，基部扩大成开裂的鞘，鞘长 2～4 cm，顶端有舌状体，长 7～10 mm。总状花序从叶柄中部抽出，该处叶柄扩大成鞘状；花序梗短，长 1～1.5 cm，基部有 1 枚披针形苞片；花序在花期直立，果期下弯；花通常 3～5 朵（稀有 10 余朵），蓝色；花被片卵状披针形或长圆形，长 10～15 mm；花梗长不及 1 cm；雄蕊 6 枚，其中 1 枚较大；花药长圆形，其余 5 枚较小；花丝丝状。蒴果卵形至长圆形，长约 1 cm。种子多数，椭圆形，长约 1 mm，灰褐色，具 8～12 纵条纹。花期 8—9 月，果期 9—10 月。

【生境分布】生于潮湿地区或水稻田中。罗田各地均有分布。

【采收加工】夏、秋季采收，晒干。

【药材名】鸭舌草。

【来源】雨久花科植物鸭舌草 *Monochoria vaginalis*（Burm. f.）Presl 的

全草。

【性味】 苦,凉。

【功能主治】 清热解毒。主治痢疾,肠炎,急性扁桃体炎,齿龈脓肿,丹毒,疔疮。

【用法用量】 内服:煎汤,16～25 g(鲜品32～64 g);或捣汁。外用:捣敷;或研末撒。

【附方】 ①治吐血:鸭舌草32～64 g。炖猪瘦肉服。(江西《草药手册》)

②治赤白痢疾:鸭舌草适量,晒干。每日泡茶服,连服三四日。(《江苏药材志》)

③治疔疮:鸭舌草加桐油捣敷患处。(江西《草药手册》)

④拔牙:水玉簪6 g,玉簪花根6 g,信石3 g,鲫鱼一条(约500 g重)。前三味药共研细粉,去鱼肠杂,装药缝合,挂阴凉通风处约50天后,鱼鳞上即可生出霜样物,即所用的药粉。用时先轻微剥离牙龈,点上此药(约1个鳞片上的药量),片刻以后,牙即可拔下。此药不可咽下,以免中毒。(《陕西中草药》)

⑤治蛇虫咬伤:鲜鸭舌草,捣敷。(江西《草药手册》)

【临床应用】 治疗慢性支气管炎:取鸭舌草全草32 g(干品),加水煮沸15 min后加入蜂蜜10～16 g,再煮沸5 min,为1次量。日服2次,连服30天为1个疗程,平喘效果较好。副作用:少数服药后感觉头昏,个别发生胃痛或呕吐,继续服药即随之消失。本品也可用于急性支气管炎和百日咳。

一六六、灯心草科 Juncaceae

灯心草属 *Juncus* L.

985. 翅茎灯心草 *Juncus alatus* Franch. et Sav.

【别名】 三角草、水灯心。

【形态】 多年生草本,高11～48 cm;根状茎短而横走,具淡褐色细弱的须根。茎丛生,直立,扁平,两侧有狭翅,宽2～4 mm,具不明显的横隔。叶基生或茎生,前者多叶,后者1～2片;叶片扁平,线形,长5～16 cm,宽3～4 mm,顶端锐尖,通常具不明显的横隔或几无横隔;叶鞘两侧压扁,边缘膜质,松弛抱茎;叶耳小。花序由(4)7～27个头状花序排列成聚伞状,花序分枝常3个,具长短不等的花序梗,长者达8 cm,上端分枝常向两侧伸展,花序长3～12 cm;叶状总苞片长2～9 cm;头状花序扁平,有3～7朵花,具2～3枚宽卵形的膜质苞片,长2～2.5 mm,宽约1.5 mm,顶端急尖;小苞片1枚,卵形;花淡绿色或黄褐色;花梗极短;花被片披针形,长3～3.5 mm,宽1～1.3 mm,顶端渐尖,边缘膜质,外轮者背脊明显,内轮者稍长;雄蕊6枚;花药长圆形,长约0.8 mm,黄色;花丝基部扁平,长约1.7 mm;子房椭圆形,1室;花柱短,柱头3分叉,长约0.8 mm。蒴果三棱状圆柱形,长3.5～5 mm,顶端具短钝的凸尖,

淡黄褐色。种子椭圆形，长约 0.5 mm，黄褐色，具纵条纹。花期 4—7 月，果期 5—10 月。

　　【生境分布】 生于水边、田边、湿草地和山坡林下阴湿处。罗田各地均有分布。

　　【采收加工】 夏季采收。

　　【来源】 灯心草科植物翅茎灯心草 *Juncus alatus* Franch. et Sav. 的全草。

　　【功能主治】 清心降火，利尿通淋。

　　【用法用量】 内服：煎汤，10 ～ 15 g。

986. 野灯心草 *Juncus setchuensis* Buchen. ex Diels

　　【别名】 水灯草。

　　【形态】 多年生草本，高 25 ～ 65 cm；根状茎短而横走，具黄褐色稍粗的须根。茎丛生，直立，圆柱形，有较深而明显的纵沟，直径 1 ～ 1.5 mm，茎内充满白色髓心。叶全部为低出叶，呈鞘状或鳞片状，包围在茎的基部，长 1 ～ 9.5 cm，基部红褐色至棕褐色；叶片退化为刺芒状。聚伞花序假侧生；花多朵排列紧密或疏散；总苞片生于顶端，圆柱形，似茎的延伸，长 5 ～ 15 cm，顶端锐尖；小苞片 2 枚，三角

状卵形，膜质，长 1 ～ 1.2 mm，宽约 0.9 mm；花淡绿色；花被片卵状披针形，长 2 ～ 3 mm，宽约 0.9 mm，顶端锐尖，边缘宽膜质，内轮与外轮者等长；雄蕊 3 枚，比花被片稍短；花药长圆形，黄色，长约 0.8 mm，比花丝短；子房 1 室（三隔膜发育不完全），侧膜胎座呈半月形；花柱极短；柱头 3 分叉，长约 0.8 mm。蒴果通常卵形，比花被片长，顶端钝，成熟时黄褐色至棕褐色。种子斜倒卵形，长 0.5 ～ 0.7 mm，棕褐色。花期 5—7 月，果期 6—9 月。

　　【生境分布】 生于山沟、林下阴湿地、溪旁、道路旁的浅水处。罗田各地均有分布。

　　【药用部位】 全草。

　　【来源】 灯心草科植物野灯心草 *Juncus setchuensis* Buchen. ex Diels 的全草。

　　【功能主治】 利尿通淋，泄热安神。主治小便不利，热淋，水肿，小便涩痛，心烦失眠，鼻衄，目赤，齿痛，血崩。

　　【用法用量】 内服：煎汤，10 ～ 15 g。

一六七、百部科 Stemonaceae

百部属 *Stemona* Lour.

987. 大百部 *Stemona tuberosa* Lour.

　　【别名】 对叶百部。

【形态】 多年生攀援草本，高达5 m。块根肉质，纺锤形或圆柱形，长15～30 cm。茎上部缠绕。叶通常对生；广卵形，长8～30 cm，宽2.5～10 cm，基部浅心形，全缘或微波状，叶脉7～11条；叶柄长4～6 cm。花腋生；花下具1枚披针形的小苞片；花被4片，披针形，黄绿色，有紫色脉纹。蒴果倒卵形而扁。花期4—7月，果期（5）7～8月。

【生境分布】 生于海拔370～2240 m的山坡丛林下、溪边、道路旁以及山谷和阴湿岩石中。

【采收加工】 春季新芽出土前及秋季苗将枯萎时挖取，洗净泥土，除去须根，置沸水中浸烫或蒸至无白心，取出，晒干。

【药用部位】 块根。

【来源】 百部科植物大百部 *Stemona tuberosa* Lour. 的块根。

【性状】 本品呈长纺锤形或长条形，长8～24 cm，直径0.8～2 cm。表面浅黄棕色至灰棕色，具浅纵皱纹或不规则纵槽。质坚实，断面微呈角质状，黄白色至暗棕色，中柱较大，髓部类白色。以肥壮、黄白色者为佳。

【炮制】 百部：拣净杂质，除去须根，洗净，润透后切段，晒干。蜜百部：取百部段，用炼蜜加入适量开水烊化，拌匀，稍闷，候蜜水吸收，置锅内文火炒至微黄色不黏手为度，取出，放凉。（百部段每100 kg用蜜12.8 kg）

《雷公炮炙论》：凡使百部，用竹刀劈破，去心皮，花作效十条，于檐下悬令风吹，待土干后，用酒浸一宿，滤出，焙干，细锉用。

【性味】 甘、苦，微温。

【归经】 归肺经。

【功能主治】 温润肺气，止咳，杀虫。主治风寒咳嗽，百日咳，肺结核，老年咳喘，蛔虫、蛲虫病，皮肤疥癣、湿疹。

【用法用量】 内服：煎汤，3～10 g；浸酒或入丸、散。外用：煎水洗或研末调敷。

【注意】 《得配本草》：热嗽，水亏火炎者禁用。

【附方】 ①治肺寒壅嗽，微有痰：百部（炒）95 g，麻黄、杏仁40个。上为末，炼蜜丸如芡实大，热水化下，加松子仁肉50粒，糖丸之，含化大妙。（《小儿药证直诀》）

②治寒邪侵于皮毛，连及于肺，令人咳：桔梗4.8 g，甘草（炙）1.5 g，白前4.8 g，橘红3 g；百部4.8 g，紫菀4.8 g。水煎服。（《医学心悟》）

③治卒得咳嗽：生姜汁，百部汁。和同合煎，服二合。（《补辑肘后方》）

④治暴嗽：百部藤根捣自然汁，和蜜等份，沸汤煎成膏咽之。（《续十全方》）

⑤治暴咳嗽：百部根渍酒，每温服一升，日三服。（张文仲）

⑥治久嗽不已，咳吐痰涎，重亡津液，渐成肺痿，下午发热，鼻塞项强，脚胁胀满：百部、薏苡仁、百合、麦门冬各10 g，桑白皮、白茯苓、沙参、黄芪、地骨皮各4.8 g。水煎服。（《本草汇言》）

⑦治三十年嗽：百部根10 kg，捣取汁，煎如饴，服一方寸匕，日三服。（《千金方》）

⑧治遍身黄肿：掘新鲜百部根，洗捣，敷脐上，以糯米饭半升，拌水酒半合，揉软盖在药上，以帛包

住，待一二日后，口内作酒气，则水从小便中出，肿自消也。（《杨氏经验方》）

⑨治牛皮癣：百部、白鲜皮、草蔴子（去壳）、鹤虱、黄柏、当归、生地黄各 32 g，黄蜡 64 g，明雄黄末 16 g，麻油 250 g。先将百部等七味入油熬枯，滤去渣，复将油熬至滴水成珠，再下黄蜡，试水中不散为度，端起锅来将雄黄末和入，候稍冷，倾入瓷盆中收贮，退火听用。（《外科十法》）

⑩治蚰蜒入耳：百部（切、焙），捣罗为末，以一字，生油调涂于耳门上。（《圣济总录》）

【临床应用】 ①治疗百日咳。

②治疗肺结核。

③治疗慢性支气管炎。

以百部为主（每剂 20～25 g），配伍甘草、紫菀、白果、黄芩、麻黄等，治疗老年人慢性支气管炎。男性及喘息型患者效果较差。有用百部配伍等量麻黄、杏仁，以蜂蜜制成丸剂（每丸 6 g），早晚各服 2 丸，10 天为 1 个疗程。

④治疗蛲虫病。小儿每次用百部 32 g，加水浓煎成 30 ml（成人用量加倍），于夜间 11 时左右做保留灌肠，10～12 天为 1 个疗程。辅以使君子粉和大黄浸泡液内服，则疗效可显著提高。或用 20% 百部煎液每次 30 ml 灌肠，每日 1 次，7 次为 1 个疗程，多数病例在 1 个疗程内即被治愈。或用百部 150 g，配合苦楝皮 64 g、乌梅 10 g，加水 800 ml，煎成 400 ml，每次用 20～30 ml 于临睡前做保留灌肠。或百部 16 g，苦楝皮 32 g，鹤虱 16 g，研粉混合装入胶囊，于临睡前取 1 粒插入肛门内，连用 7～10 天。

⑤治疗滴虫性阴道炎。百部 64 g，加水 1000 ml，煎成 600 ml，冲洗阴道，而后将雄黄粉均匀地喷入阴道皱襞。每日 1 次，5 日为 1 个疗程。平均用药 3～5 日，阴道分泌物显著减少，外阴部瘙痒等症状自觉消失。少数病例复发（多于月经后或流产后），再次治疗仍可获愈。

⑥治疗癣症。百部 20 g，浸入 50% 酒精 100 ml 中 48 h，过滤后再加酒精至 100 ml，患处洗净后即以棉签蘸药液涂擦。轻症 3～4 天即可见效。

此外，用百部制成试剂做百部白雾反应试验，诊断血吸虫病，据 1091 例血吸虫病患者观察，阳性率占 96.72%。

一六八、百合科 Liliaceae

粉条儿菜属 *Aletris* L.

988. 粉条儿菜 *Aletris spicata*（Thunb.）Franch.

【别名】 肺筋草、小肺筋草、金线吊白米、蛆儿草、蛆芽草。

【形态】 植株具多数须根，根毛局部膨大；膨大部分长 3～6 mm，宽 0.5～0.7 mm，白色。叶簇生，纸质，条形，有时下弯，长 10～25 cm，宽 3～4 mm，先端渐尖。花葶高 40～70 cm，有棱，密生柔毛，中下部有几枚长 1.5～6.5 cm 的苞片状叶；总状花序长 6～30 cm，疏生多花；苞片 2 枚，窄条形，位于花梗的基部，长 5～8 mm，短于花；花梗极短，有毛；花被黄绿色，上端粉红色，外面有柔毛，长 6～7 mm，分裂部分占 1/3～1/2；裂片条状披针形，长 3～3.5 mm，宽 0.8～1.2 mm；雄蕊着生于花被裂片的基部，花丝短，花药椭圆形；子房卵形，花柱长 1.5 mm。蒴果倒卵形或矩圆状倒卵形；有棱角，长 3～4 mm，宽 2.5～3 mm，密生柔毛。花期 4—5 月，果期 6—7 月。

【生境分布】 生于海拔 350 ~ 2500 m 的山坡、路边、灌丛或草地。罗田各地均有分布。

【采收加工】 5—6 月采收全草，夏、秋季采挖根，晒干。

【药材名】 蛆根草。

【来源】 百合科植物粉条儿菜 *Aletris spicata*（Thunb.）Franch. 的全草或根。

【性味】 苦、甘，平。

【功能主治】清肺，化痰，止咳，活血，杀虫。主治咳嗽吐血，百日咳，气喘，肺痈，肠风便血，妇人乳少，闭经，小儿疳积，蛔虫。

【用法用量】 内服：煎汤，10 ~ 32 g。

【附方】 ①治久年咳嗽：粉条儿菜、鹿衔草、椿芽花、五匹风、排风藤。煎水，炖肉或炖猪心肺服。（《四川中药志》）

②治咳嗽吐血：金线吊白米 32 g，白茅根 32 g。水煎服。（《农村常用草药手册》）

③治百日咳：小肺筋草、五匹风、狗地芽各 32 g。煎水和蜂糖服（冰糖、白糖亦可）。（《重庆草药》）

④治小儿疳积：金线吊白米 10 ~ 16 g。蒸猪肝二至三两服，或煮水豆腐二至三两服。（《农村常用草药手册》）

⑤驱蛔虫：粉条儿菜，煎水合醪糟内服。（《四川中药志》）

⑥催乳：鲜肺筋草 10 g。水煎服。（《陕西中草药》）

⑦治乳闭：蛆芽草 10 g，鹿角、沙参、通草、铁秤铊各 6 g。甜酒一小盅为引，水煎服。（《陕西草药》）

⑧治风火牙痛：金线吊白米 32 g，精猪肉 95 g，共煮服。（《农村常用草药手册》）

【临床应用】 ①治疗流行性腮腺炎。取鲜根 16 ~ 32 g，水煎分 2 次服。小儿用根煮鸡蛋，只吃鸡蛋即可。

②治疗结核性骨髓炎。用鲜肺筋草全草 125 g（干品 32 ~ 64 g），水煎服，每天 1 剂。

③治疗乳腺炎。用法用量同上。对初起乳腺炎疗效较好。

葱属 *Allium* L.

989. 洋葱 *Allium cepa* L.

【别名】 玉葱。

【形态】 鳞茎粗大，近球状至扁球状；鳞茎外皮紫红色、褐红色、淡褐红色、黄色至淡黄色，纸质至薄革质，内皮肥厚，肉质，均不破裂。叶圆筒状，中空，中部以下最粗，向上渐狭，比花葶短，粗在 0.5 cm 以上。花葶粗壮，高可达 1 m，中空的圆筒状，在中部以下膨大，向上渐狭，下部被叶鞘；总苞 2 ~ 3 裂；伞形花序球状，具多而密集的花；小花梗长约 2.5 cm。花粉白色；花被片具绿色中脉，矩圆状卵形，长 4 ~ 5 mm，宽约 2 mm；花丝等长，稍长于花被片，约在基部 1/5 处合生，合生部分下部的 1/2 与花被片贴生，内轮花丝的基部极为扩大，扩大部分每侧各具 1 齿，外轮的锥形；子房近球状，腹缝线基部具有帘的凹陷蜜穴；花柱长约 4 mm。花果期 5—7 月。

【生境分布】 全国各地均有栽培。

【采收加工】6 月采收。

【药用部位】鳞茎。

【药材名】洋葱。

【来源】 百合科植物洋葱 *Allium cepa* L. 的鳞茎。

【功能主治】 主治创伤，溃疡及妇女滴虫性阴道炎。

【用法用量】 内服：生食或烹食，32 ～ 64 g。外用：捣敷或捣汁涂。

990. 薤头 *Allium chinense* G. Don

【别名】野蒜、小独蒜、薤白。

【形态】 鳞茎数枚聚生，狭卵状，粗 0.5 ～ 2 cm；鳞茎外皮白色或带红色，膜质，不破裂。叶 2 ～ 5 片，具 3 ～ 5 棱的圆柱状，中空，近与花葶等长，粗 1 ～ 3 mm。花葶侧生，圆柱状，高 20 ～ 40 cm，下部被叶鞘；总苞 2 裂，比伞形花序短；伞形花序近半球状，较松散；小花梗近等长，比花被片长 1 ～ 4 倍，基部具小苞片；花淡紫色至暗紫色；花被片宽椭圆形至近圆形，顶端圆钝，长 4 ～ 6 mm，宽 3 ～ 4 mm，内轮的稍长；花丝等长，约为花被片长的 1.5 倍，仅基部合生并与花被片贴生，内轮的基部扩大，扩大部分每侧各具 1 齿，

外轮的无齿，锥形；子房倒卵球状，腹缝线基部具有帘的凹陷蜜穴；花柱伸出花被外。花果期 10—11 月。

【生境分布】 野生于荒山草地或栽培。罗田各地均有分布。

【采收加工】鳞茎：夏、秋季采收，洗净，除去须根，蒸透或置沸水中烫透，晒干。叶：春、夏季采收。

【药材名】薤头。

【来源】 百合科植物薤头 *Allium chinense* G. Don 的叶或鳞茎。

【性味】辛、苦，温。

【功能主治】 通阳散结，行气导滞。主治胸痹疼痛，痰饮咳喘，泻痢。

【附方】①治冠心病：薤白 30 g，瓜蒌 20 g，半夏 15 g，水煎服。

②治动脉硬化：薤白适量，煮粥吃。

③治赤白痢疾：薤头 50 g，粳米适量，葱白 3 枚，煮粥吃。

④治疖疮痛痒：可将薤白叶捣烂外敷。

⑤治扭伤肿痛：薤白和红酒糟捣烂敷。

991. 葱 *Allium fistulosum* L.

【别名】葱茎白、葱白头。

【形态】鳞茎单生，圆柱状，稀为基部膨大的卵状圆柱形，粗 1～2 cm，有时可达 4.5 cm；鳞茎外皮白色，稀淡红褐色，膜质至薄革质，不破裂。叶圆筒状，中空，向顶端渐狭，约与花葶等长，粗在 0.5 cm 以上。花葶圆柱状，中空，高 30～50（100）cm，中部以下膨大，向顶端渐狭，约在 1/3 以下被叶鞘；总苞膜质，2 裂；伞形花序球状，多花，较疏散；小花梗纤细，与花被片等长，或为其 2～3 倍长，基部无小苞片；花白色；花被片长 6～8.5 mm，近卵形，

先端渐尖，具反折的尖头，外轮的稍短；花丝为花被片长度的 1.5～2 倍，锥形，在基部合生并与花被片贴生；子房倒卵状，腹缝线基部具不明显的蜜穴；花柱细长，伸出花被外。花果期 4—7 月。

【生境分布】全国各地均有栽植。

（1）葱白。

【来源】百合科植物葱 *Allium fistulosum* L. 的鳞茎。

【采收加工】采挖后切去须根及叶，剥除外膜。

【性味】辛，温。

【归经】归肺、胃经。

【功能主治】发表，通阳，解毒。主治伤寒寒热头痛，阴寒腹痛，虫积内阻，痈肿。

【用法用量】内服：煎汤，10～16 g；或煮酒。外用：捣敷、炒熨、煎水洗或塞耳、鼻窍中。

【注意】表虚多汗者忌服。

①《千金方》：食生葱即啖蜜，变作下利。

②《食疗本草》：上冲人，五脏闭绝。虚人患气者，多食发气。

③《履巉岩本草》：久食令人多忘，尤发痼疾。狐臭人不可食。

④《本草纲目》：服地黄、常山人，忌食葱。

⑤《本草经疏》：患者表虚易汗者勿食，病已得汗勿再进。

【附方】①治伤寒初觉头痛，肉热，脉洪起一二日：葱白一虎口，豉一升。以水三升，煮取一升，顿服取汗。（《补辑肘后方》）

②治时疾头痛发热者：连根葱白 20 根。和米煮粥，入醋少许，热食取汗即解。（《济生秘览》）

③治妊娠七月，伤寒壮热，赤斑变为黑斑，溺血：葱一把，水三升，煮令热服之，取汗，食葱令尽。（《伤寒论类要注疏》）

④治脱阳，或因大吐大泻之后，四肢逆冷，或伤寒新瘥：葱白敷茎炒令热，熨脐下，后以葱白连须三七根，细锉，砂盆内研细，用酒五升，煮至二升。分作三服，灌之。（《华佗危病方》）

⑤治胃痛，胃酸过多，消化不良：大葱头 4 个，赤糖 125 g。将葱头捣烂，混入赤糖，放在盘里用锅蒸熟。每日三次，每次 10 g。（内蒙古《中草药新医疗法资料选编》）

⑥治虫积卒心急痛，牙关紧闭欲绝：老葱白五茎。去皮须捣膏，以匙送入喉中，灌以麻油 125 g，虫积皆化为黄水而下。（《瑞竹堂经验方》）

⑦治霍乱烦躁，卧不安稳：葱白 20 茎，大枣 20 枚。水三升，煮取二升顿服之。（《补辑肘后方》）

⑧治小儿初生不小便：人乳四合，葱白一寸。上二味相和煎，分为四服。（《外台秘要》）

⑨治小便难，小肠胀：葱白 1.5 kg。细锉，炒令热，以帕子裹，分作二处，更以熨脐下。（《本事方》）

⑩治小儿虚闭：葱白3根。煎汤，调生蜜、阿胶末服。仍以葱头染蜜，插入肛门。（《全幼心鉴》）

⑪治少阴病，下利：葱白4茎，干姜32 g，附子1枚（生，去皮，破8片）。上三味，以水三升，煮取一升，去滓分温再服。（《伤寒论》）

⑫治赤白痢：葱一握。细切，和米煮粥，空心食之。（《食医心鉴》）

⑬治腹皮麻痹不仁者：多煮葱白食之。（《世医得效方》）

⑭治痈疔肿硬、无头、不变色者：米粉125 g，葱白32 g（细切）。上同炒黑色，杵为细末。每用，看多少，醋调摊纸上，贴病处，一伏时换一次，以消为度。（《外科精义》）

⑮治痈疮肿痛：葱全株适量，捣烂，醋调炒热，敷患处。（江西《草药手册》）

⑯治疔疮恶肿：刺破，（以）老葱、生蜜杵贴二时，疔出以醋汤洗之。（《圣济总录》）

⑰治阴囊肿痛：a.葱白、乳香捣涂。b.煨葱入盐，杵如泥，涂之。（《本草纲目》）

⑱治小儿秃疮：冷泔洗净，以羊角葱捣泥，入蜜和涂之。（《本草纲目》）

⑲治痔正发疼痛：葱和须，浓煎汤，置盆中坐浸之。（孟诜《必效方》）

⑳治跌打损伤，头脑破骨及手足骨折或指头破裂，血流不止：葱白捣烂，焙热封裹损处。（《日用本草》）

【临床应用】①治疗感冒。取葱白、生姜各16 g，食盐3 g，捣成糊状，用纱布包裹，涂擦五心（前胸、后背、脚心、手心、肘窝）一遍后让患者安卧。部分病例半小时后出汗退热，自觉症状减轻，次日可完全恢复。

②治疗蛔虫性急腹痛。鲜葱白32 g捣烂取汁，用麻油32 g调和，空腹一次服下（小儿酌减），每日2次。一般服1～7次后缓解。服药后大便可能转为稀便，但不致腹泻。除个别外，多数未见有蛔虫驱出。或用青葱（连根须）64～95 g，捣烂取汁顿服，10 min后，再服菜油或麻油32 g。约半小时即可止痛，4～6 h后，排出黏液粪便，有时夹有蛔虫。

③治疗蛲虫病。取食用大葱及大蒜，去叶、皮、根须，洗净。每50 g葱白加水100 ml，大蒜每50 g加水200 ml，分别用微火煮烂，纱布过滤，装瓶备用。在傍晚或临睡前，任选一种煎液灌肠。剂量：4～5岁10 ml，7岁15 ml。治疗后以棉拭漂浮法检查虫卵。以男孩的转阴率较高；在年龄方面，葱液的转阴率随年龄的增长而递减，蒜液随年龄的增长而增高。

④治疗乳腺炎。以葱白、半夏栓（简称葱半栓）结合姜汁水罐治疗早期急性乳腺炎。葱半栓是采用新鲜葱白与生半夏捣烂如泥，捏成鼻孔一样大小的栓子，塞入患乳对侧的鼻孔中，经20 min左右除去，每日1～2次。姜汁水罐是采取生姜（或干姜）的浓煎液，盛入小玻璃瓶内，抽出空气，利用负压，在炎性肿块及其周围拔罐。可用废弃的青霉素瓶，磨去瓶底，不去瓶塞，以5～10个吸着在患乳上。配合葱半栓同时进行。如乳腺局部炎性浸润明显，腋窝淋巴结肿大，且出现全身畏寒、发热症状者，宜同时内服清热解毒剂；如脓肿已形成，则必须切开排脓，本法无效。

⑤治疗小儿消化不良。取生葱1根，生姜16 g，同捣碎，加入茴香粉10 g，混匀后炒热（以皮肤能忍受为度），用纱布包好敷于脐部。每日1～2次，直至治愈。对吐泻严重的病例，须按常规禁食及补液。

（2）葱花。

【采收加工】春季采收。

【来源】百合科植物葱 *Allium fistulosum* L. 的花。

【功能主治】《海上集验方》：治脾心痛，痛则腹胀如锥刀刺者：吴茱萸一升，葱花一升。以水一大升八合，煎七合，去滓，分二服。

（3）葱子。

【采收加工】夏、秋季收集成熟果，晒干，搓取种子，簸去杂质。

【来源】百合科植物葱 *Allium fistulosum* L. 的种子。

【性状】 干燥种子类三角状卵形，一面微凹入，一面隆起，隆起面有 1 ～ 2 条棱线。长 2.5 ～ 3 mm，宽 1.5 ～ 2 mm。表面黑色，光滑，下端有两个小凸起，一为种脐，一为珠孔。内有白色种仁，富油性。气特臭，味如葱，以饱满、黑色、无杂质者为佳。

【性味】 辛，温。

【功能主治】 温肾，明目。主治阳痿，目眩。

【附方】 ①治眼暗，补不足：a.葱实大半升，为末，每度取一匙头，水二升，煮取一升半，滤取滓，茸米煮粥食。b.捣葱实和蜜丸如梧桐子大。食后，饮汁服 10 ～ 20 丸，日二三服。（《食医心鉴》）

②治疗：蜂蜜 32 g，葱心 7 个，同熬，滴水成珠，摊绢帛上贴。（《本草原始》）

（4）葱须。

【采收加工】 冬、春季采收，随用随采。

【来源】 百合科植物葱 *Allium fistulosum* L. 的须根。

【性味】 平。

【功能主治】 主治风寒头痛，喉疮，冻伤。

【用法用量】 内服：煎汤，6 ～ 10 g；或研末。外用：研末作吹药。

【附方】 ①治伤寒头痛、寒热及冷痢肠痛，解肌发汗：葱根、豆豉，浸酒煮饮。（孟诜《必效方》）

②治喉中疮肿：葱须（阴干为末）3 g，蒲州胆矾 3 g。研匀，一字，入竹管中吹病处。（《医准》）

③治冻伤：葱须、茄根各四两，煎水洗泡患处。（内蒙古《中草药新医疗法资料选编》）

（5）葱叶。

【采收加工】 冬、春季采收。

【来源】 百合科植物葱 *Allium fistulosum* L. 的叶。

【性味】 辛，温。

【功能主治】 祛风发汗，解毒消肿。主治风寒感冒，头痛鼻塞，身热无汗，中风，面目浮肿，疮痈肿毒，跌打损伤。

【用法用量】 内服：煎汤，10 ～ 16 g。外用：捣敷、热敷或煎水洗。

【附方】 ①治疮痈肿毒：葱叶、干姜、黄柏。相合煎作汤，浸洗之。（《食疗本草》）

②治水病两足肿者：锉葱叶及茎，煮令烂渍之，日三五作。（《独行方》）

③治代指：萎黄葱叶，煮沸渍之。（《千金方》）

992. 薤白 *Allium macrostemon* Bunge

【别名】 小蒜、薤白头。

【形态】 鳞茎近球状，粗 0.7 ～ 1.5（2）cm，基部常具小鳞茎（因其易脱落，故在标本上不常见）；鳞茎外皮带黑色，纸质或膜质，不破裂，但在标本上多因脱落而仅存白色的内皮。叶 3 ～ 5 片，半圆柱状，或因背部纵棱发达而为三棱状半圆柱形，中空，上面具沟槽，比花葶短。花葶圆柱状，高 30 ～ 70 cm，1/4 ～ 1/3 被叶鞘；总苞 2 裂，比花序短；伞形花序半球状至球状，具多而密集的花，间具珠芽或有时全为珠芽；小花

梗近等长，比花被片长 3～5 倍，基部具小苞片；珠芽暗紫色，基部亦具小苞片；花淡紫色或淡红色；花被片矩圆状卵形至矩圆状披针形，长 4～5.5 mm，宽 1.2～2 m，内轮的常较狭；花丝等长，比花被片稍长至比其长 1/3，在基部合生并与花被片贴生，分离部分的基部呈狭三角形扩大，向上收狭成锥形，内轮的基部约为外轮基部宽的 1.5 倍；子房近球状，腹缝线基部具有帘的凹陷蜜穴；花柱伸出花被外。花果期 5—7 月。

【生境分布】 生于耕地杂草中及山地较干燥处。罗田各地均有分布。

【采收加工】 夏、秋季采挖，连根挖起，除去茎叶及须根，洗净，用沸水煮透，晒干或烘干。

【药用部位】 鳞茎。

【药材名】 薤白。

【来源】 百合科植物薤 *Allium macrostemon* Bunge 的鳞茎。

【性状】 干燥鳞茎呈不规则的卵圆形。大小不一，长 1～1.5 cm，直径 0.8～1.8 cm，上部有茎痕；表面黄白色或淡黄棕色，半透明，有纵沟与皱纹，或有数层膜质鳞片包被，揉之易脱。质坚硬，角质，不易破碎，断面黄白色。有蒜臭，味微辣。以个大、质坚、饱满、黄白色、半透明、不带花茎者为佳。

【炮制】 薤白：拣去杂质，簸筛去须毛。炒薤白：将净薤白入锅内，文火炒至外表面出现焦斑为度，取出放凉。

【性味】 辛、苦，温。

【归经】 ①《汤液本草》：归手阳明经。

②《本草经解》：归足厥阴肝经、手太阴肺经、手少阴心经。

【功能主治】 理气，宽胸，通阳，散结。主治胸痹心痛彻背，脘痞不舒，干呕，泻痢后重，疮疖。

【用法用量】 内服：煎汤，4.5～10 g（鲜品 32～64 g）；或入丸、散。外用：捣敷或捣汁涂。

【注意】 气虚者慎服。

①《食疗本草》：发热患者不宜多食。

②《本草汇言》：阴虚发热病不宜食。

③《本草从新》：滑利之品，无滞勿用。

④《随息居饮食谱》：多食发热，忌与韭同食。

【附方】 ①治胸痹之病，喘息咳唾，胸背痛，短气，寸口脉沉而迟，关上小紧数：栝楼实（捣）一枚，薤白 250 g，白酒七升。上三味，同煮，取二升。分温再服。

②治胸痹，不得卧，心痛彻背者：栝楼实（捣）一枚，薤白 95 g，半夏半升，白酒一斗。上四味，同煮，取四升。温服一升，日三服。

③治胸痹，心中痞气，气结在胸，胸满，胁下逆抢心：枳实四枚，厚朴 125 g，薤白 250 g，桂枝 32 g，栝楼实（捣）一枚。上五味，以水五升，先煮枳实、厚朴取二升，去滓，纳诸药，煮数沸，分温三服。（①～③方出自《金匮要略》）

④治赤痢：薤、黄柏。煮服之。（《本草拾遗》）

⑤治赤白痢下：薤白一握。切，煮作粥食之。（《食医心鉴》）

⑥治奔豚气痛：薤白捣汁饮之。（《肘后备急方》）

⑦治霍乱干呕不息：薤白一虎口。以水三升煮，取半，顿服，不过三作。（《独行方》）

⑧治灸疮肿痛：薤白（切）一升，猪脂一升（细切）。以苦酒浸经宿，微火煎三上三下，去滓，敷上。（《梅师集验方》）

⑨治手足瘑疮：生薤一把。以热醋投入，封疮上。（《千金方》）

⑩治咽喉肿痛：薤根，醋捣，敷肿处，冷即易之。（《太平圣惠方》）

⑪治鼻渊：薤白 10 g，木瓜花 10 g，猪鼻管 125 g。煎水服。（《陆川本草》）

⑫治食诸鱼骨鲠：小嚼薤白令柔，以绳系中，持绳端，吞薤到鲠处，引之。（《补辑肘后方》）

⑬治妊娠胎动，腹内冷痛；薤白一升，当归 125 g。水五升，煮二升，分二服。（《古今录验方》）

993. 蒜 *Allium sativum* L.

【别名】 大蒜、独头蒜。

【形态】 鳞茎球状至扁球状，通常由多数肉质、瓣状的小鳞茎紧密地排列而成，外面被数层白色至带紫色的膜质鳞茎外皮。叶宽条形至条状披针形，扁平，先端长渐尖，比花葶短，宽可达 2.5 cm。花葶实心，圆柱状，高可达 60 cm，中部以下被叶鞘；总苞具长 7 ～ 20 cm 的长喙，早落；伞形花序密具珠芽，间有数花；小花梗纤细；小苞片大，卵形，膜质，具短尖；花常为淡红色；花被片披针形至卵状披针形，长 3 ～ 4 mm，内轮的较短；花

丝比花被片短，基部合生并与花被片贴生，内轮的基部扩大，扩大部分每侧各具 1 齿，齿端成长丝状，长超过花被片，外轮的锥形；子房球状；花柱不伸出花被外。花期 7 月。

【生境分布】 全国各地均有栽培。

【采收加工】 6 月叶枯时采挖，除去泥沙，通风晾干或烘烤至外皮干燥。

【药材名】 大蒜。

【来源】 百合科植物蒜 *Allium sativum* L. 的鳞茎。

【性状】 鳞茎呈扁球形或短圆锥形，外有灰白色或淡棕色膜质鳞被；剥去鳞叶，内有 6 ～ 10 个蒜瓣，轮生于花茎的周围；茎基部盘状，生有多数须根。每一瓣蒜外包薄膜，剥去薄膜，即见白色、肥厚多汁的鳞片。有浓烈的蒜臭，味辛辣。

【性味】 辛，温。

【归经】 归脾、胃、肺经。

【功能主治】 行滞气，暖脾胃，消症积，解毒，杀虫。主治饮食积滞，脘腹冷痛，水肿胀满，泄泻，痢疾，疟疾，百日咳，痈疽肿毒，白秃癣疮，蛇虫咬伤。

【用法用量】 内服：煎汤，4.5 ～ 10 g；生食、煨食或捣泥为丸。外用：捣敷、作栓剂或切片灸。

【注意】 阴虚火旺者，以及目疾、口齿、喉、舌诸患和时行病后均忌食。

①《本草经疏》：凡肺胃有热，肝肾有火，气虚血弱之人，切勿沾唇。

②《本经逢原》：脚气、风病及时行病后忌食。

③《随息居饮食谱》：阴虚内热，胎产，痧痘，时病，疮疟血证，目疾，口齿喉舌诸患，咸忌之。

【附方】 ①治心腹冷痛：蒜，醋浸二三年，食至数颗。（《李时珍濒湖集简方》）

②治夜啼腹痛，面青，冷证也：大蒜（煨、研、日干）1 枚，乳香 1.5 g。捣，丸芥子大。每服 7 丸，乳汁下。（《世医得效方》）

③治水气肿满：大蒜、田螺、车前子各等份。熬膏，摊贴脐中，水从便溲而下。（《稗史》）

④治鼓胀：大蒜，入自死黑鱼肚内，湿纸包，火内煨熟，同食之。忌用椒、盐、葱、酱。多食自愈。（姚可成《食物本草》）

⑤治脚转筋：急将大蒜磨脚心，令遍、热。（《摄生众妙方》）

⑥治寒疟，手足鼓颤，心寒面青：独蒜1枚，黄丹16 g。上药相和，同捣一千杵，丸如黑豆大。未发时以茶下2丸。（《普济方》）

⑦治疟病：独头蒜，于白炭上烧之，末，服方寸匕。（《补辑肘后方》）

⑧治食蟹中毒：干蒜煮汁饮之。（姚僧坦《集验方》）

⑨治脏毒：鹰爪黄连末，用独头蒜1颗，煨香烂熟，研和入白治丸，如梧桐子大。每服30～40丸，陈米饮下。（《本事方》）

⑩治鼻衄不止，服药不应：蒜1枚，去皮，研如泥，作钱大饼子，厚一豆许，左鼻血出，贴左足心，右鼻血出，贴右足心，两鼻俱出，俱贴之。（《简要济众方》）

⑪治鼻衄，咯血，呕血，尿血：独头蒜2个，捣成泥状，分成两份。一份用八层麻纸包裹，置于百会穴。另一份用七层麻纸包裹，置于涌泉穴，然后在包裹之药上用热铁烙加温。（内蒙古《中草药新医疗法资料选编》）

⑫治肺结核：新鲜大蒜，每次1～2个，捣碎后以深呼吸吸其挥发气，每日二次，每次1～3 h。（辽宁《中草药新医疗法展览会资料选编》）

⑬治小儿百日咳：大蒜16 g，红糖6 g，生姜少许。水煎服，每日数次，用量视年龄大小酌用。（《贵州中医验方》）

⑭治脑漏鼻渊：大蒜切片，贴足心，取效止。（《摘玄方》）

⑮治金疮中风，角弓反张：大蒜一升，破去心，无灰酒四升，煮蒜令极烂，并滓服一大升以来，须臾汗如雨出，则瘥。（孟诜《必效方》）

⑯治小儿脐风：独头蒜，切片，安脐上，以艾灸之，口中有蒜气即止。（《简易方论》）

⑰治背疽漫肿无头者（用湿纸贴肿处，但一点先干处，乃是疮头）：用大蒜10颗，淡豉半合，乳香钱许。研烂，置疮上，铺艾灸之，痛者灸令不痛，不痛者灸之令痛。（《外科精要》）

⑱治一切肿毒：独头蒜3～4颗，捣烂，入麻油和研，厚贴肿处，干再易之。（《食物本草会纂》）

⑲治神经性皮炎：蒜头适量，捣烂，以纱布包裹，外敷患处。另用艾条隔蒜灸患处到疼痛为止，隔日一次。（《单方验方调查资料选编》）

⑳治妇人阴肿作痒：蒜汤洗之，效乃止。（《永类钤方》）

㉑治蜈蚣咬人，痛不止：独头蒜，摩蜇处，痛止。（《梅师集验方》）

【临床应用】　大蒜制剂应用广泛。可用于治疗细菌性痢疾、阿米巴痢疾，防治流行性感冒、流脑，治疗乙脑、大叶性肺炎、百日咳、白喉、肺结核、伤寒、黄疸性传染性肝炎、急性阑尾炎、化脓性软组织感染、慢性化脓性中耳炎、沙眼、萎缩性鼻炎、滴虫性阴道炎、阿米巴原虫性阴道炎、霉菌感染、头癣、蛲虫病等。

994. 韭　*Allium tuberosum* Rottl. ex Spreng

【别名】　壮阳草、韭菜。

【形态】　具倾斜的横生根状茎。鳞茎簇生，近圆柱状；鳞茎外皮暗黄色至黄褐色，破裂成纤维状，呈网状或近网状。叶条形，扁平，实心，比花葶短，宽1.5～8 mm，边缘平滑。花葶圆柱状，常具2纵棱，高25～60 cm，下部被叶鞘；总苞单侧开裂，或2～3裂，宿存；伞形花序半球状或近球状，具多但较稀疏的花；小花梗近等长，比花被片长2～4倍，基部具小苞片，且数枚小花梗的基部又为1枚共同的苞片所包围；花白色；花被片常具绿色或黄绿色的中脉，内轮的矩圆状倒卵形，稀为矩圆状卵形，先端具短尖头或钝圆，长4～7（8）mm，宽2.1～3.5 mm，外轮的常较窄，矩圆状卵形至矩圆状披针形，先端具短尖头，长 4～7（8）mm，宽 1.8～3 mm；花丝等长，为花被片长度的 2/3～4/5，基部合生并与花被片贴生，合生部分高 0.5～1 mm，分离部分狭三角形，内轮的稍宽；子房倒圆锥状球形，具 3 圆棱，外壁具细的疣状凸起。花果期 7—9 月。

【生境分布】　全国各地均有栽培。

【约用部位】　叶、种子、根及鳞茎。

（1）韭菜。

【采收加工】　春、夏季采收。

【来源】　百合科植物韭 *Allium tuberosum* Rottl. ex Spreng 的叶。

【性味】　辛，温。

【归经】　归肝、胃、肾经。

【功能主治】　温中，行气，散血，解毒。主治胸痹，噎膈，反胃，吐血，衄血，尿血，痢疾，消渴，痔漏，脱肛，跌打损伤，虫、蝎蜇伤。

【用法用量】　内服：捣汁饮，32～64 g；或炒熟作菜食。外用：捣敷、取汁滴注、炒热熨或煎水熏洗。

【注意】　阴虚内热及疮疡、目疾患者均忌食。

【附方】　①治胸痹，心中急痛如锥刺，不得俯仰，自汗出或痛彻背上：生韭或根 2.5 kg（洗），捣汁。灌少许，即吐胸中恶血。（孟诜《必效方》）

②治阳虚肾冷，阳道不振，或腰膝冷疼，遗精梦泄：韭菜白 250 g，胡桃肉（去皮）64 g。同脂麻油炒熟，日食之，服一月。（《方氏脉症正宗》）

③治翻胃：韭菜汁 64 g，牛乳一盏。上用生姜汁 16 g，和匀。温服。（《丹溪心法》）

④治喉卒肿不下食：韭一把，捣熬薄之，冷则易。（《千金方》）

⑤治吐血、唾血、呕血、衄血、淋血、尿血及一切血证：韭菜 5 kg，捣汁，生地黄（切碎）2.5 kg 浸韭菜汁内，烈日下晒干，以生地黄黑烂，韭菜汁干为度；入石臼内，捣数千下，如烂膏无渣者，为丸，弹子大。每早晚各服 2 丸，白萝卜煎汤化下。（《方氏脉症正宗》）

⑥治过敏性紫癜：鲜韭菜 500 g，洗净，捣烂绞汁，加健康儿童尿 50 ml。日一剂，分二次服。（《福建省中草药、新医疗法资料选编》）

⑦止水谷痢：韭作羹粥，煤炒。任食之。（《食医心鉴》）

⑧治消渴引饮无度：韭苗日吃 95～160 g。或炒或作羹，无入盐，但吃得 5 kg 即佳。过清明勿吃。（《政和本草》）

⑨治痔疮：韭菜不以多少，先烧热汤，以盆盛汤在内，盆上用器具盖之，留一窍，却以韭菜于汤内泡之，以谷道坐窍上，令气蒸熏；候温，用韭菜轻轻洗疮数次。（《袖珍方》）

⑩治产后血晕：韭菜（切）入瓶内，注热醋，以瓶口对鼻。（《妇人良方》）

⑪治脱肛不缩：生韭 500 g。细切，以酥拌炒令熟，分为两处，以软帛裹，更互熨之，冷即再易，以入为度。（《太平圣惠方》）

⑫治金疮出血：韭汁和风化石灰，日干，每用为末，敷之。（《李时珍濒湖集简方》）

⑬治聤耳出汁：韭汁日滴三次。（《太平圣惠方》）

⑭治百虫入耳不出：捣韭汁，灌耳中。（《千金方》）

⑮治跌打损伤：鲜韭菜 3 份，面粉 1 份。共捣成糊状。敷于患处，每日 2 次。

⑯治荨麻疹：韭菜、甘草各 16 g，煎服；或用韭菜炒食。

⑰治子宫脱垂：韭菜 250 g。煎汤熏洗外阴部。

⑱治中暑昏迷：韭菜捣汁，滴鼻。（⑮～⑱方出自苏医《中草药手册》）

⑲治漆疮作痒：韭叶杵敷。（《斗门方》）

（2）韭子。

【采收加工】 秋季果成熟时采收果序，晒干，搓出种子，除去杂质。

【来源】 百合科植物韭菜 *Allium tuberosum* Rottl. ex Spreng 的种子。

【性状】 种子半圆形或卵圆形，略扁，长 3～4 mm，宽约 2 mm。表面黑色，一面凸起，粗糙，有细密的网状皱纹，另一面微凹，皱纹不甚明显，基部稍尖，有点状凸起的种脐。质硬。气特异，味微辛。

【性味】 辛、甘，温。

【功能主治】 补肝肾，暖腰膝，助阳，固精。主治阳痿，遗精，遗尿，小便频数，腰膝酸软，冷痛，白带过多。

（3）韭根。

【采收加工】 全年均可采收。

【来源】 百合科植物韭 *Allium tuberosum* Rottl. ex Spreng 的根及鳞茎。

【性味】 辛，温。

【功能主治】 温中，行气，散瘀。主治胸痹，食积腹胀，赤白带下，吐血，衄血，跌打损伤。

【用法用量】 内服：煎汤，鲜品 32～64 g；或捣汁。外用：捣敷或研末调敷。

【注意】 阴虚内热及疮疡、目疾患者忌服。

【附方】 ①治少、小腹胀满：韭根汁和猪脂煎，细细服之。（《千金方》）

②治赤白带下：韭根捣汁，和童尿露一夜，空心温服。（《海上方》）

③治鼻衄：韭根、葱根同捣，枣大，内鼻中，少时更着。（《千金方》）

④治五般疮癣：韭根炒存性，捣末，以猪脂油调，敷之，三度瘥。（《经验方》）

芦荟属 *Aloe* L.

995. 芦荟 *Aloe vera*（L.）Burm. f.

【别名】 中华芦荟。

【形态】 茎较短。叶近簇生或稍 2 列（幼小植株），肥厚多汁，条状披针形，粉绿色，长 15～35 cm，基部宽 4～5 cm，顶端有几个小齿，边缘疏生刺状小齿。花葶高 60～90 cm，不分枝或有时稍分枝；总状花序具几十朵花；苞片近披针形，先端锐尖；花点垂，稀疏排列，淡黄色而有红斑；花被长约 2.5 cm，裂片先端稍外弯；雄蕊与花被近等长或略长，花柱明显伸出花被外。

【生境分布】 全国各地常见栽培。

（1）芦荟。

【采收加工】 全年均可采叶，割取叶

片后，收集其流出的液汁，置锅内熬成稠膏，倾入容器，冷却凝固。

【来源】百合科植物芦荟 *Aloe vera*（L.）Burm. f. 的叶中的汁液经浓缩的干燥品。

【炮制】拣去杂质，矸成小块。

【性味】苦，寒。

【归经】归肝、心、脾经。

【功能主治】清热，通便，杀虫。主治热结便秘，妇女闭经，小儿惊痫，疳热虫积，疮癣，痔瘘，萎缩性鼻炎，瘰疬。

【用法用量】内服：入丸、散，1.5～4.5 g。外用：研末调敷。

【注意】孕妇忌服。

《本草经疏》：凡儿脾胃虚寒作泻及不思食者禁用。

【附方】①治大便不通：臭芦荟（研细）22 g，朱砂（研如飞面）16 g。滴好酒和丸，每服10 g，酒吞。（《本草经疏》）

②治小儿急惊风：芦荟、胆星、天竺黄、雄黄各3 g。共为末，甘草汤和丸，如弹子大。每遇此证，用灯心汤化服1丸。（《本草切要》）

③治大人小儿五种癫痫：芦荟10 g，生半夏32 g（切碎，姜汁拌炒），白术32 g（酒炒），甘草16 g（炒）。共为细末，水泛为丸，如黍米大。每服4.5 g，姜汤送下。（《本草切要》）

④治小儿脾疳：芦荟、使君子各等份，为细末。米饮调下3～6 g。（《儒门事亲》）

⑤治五种鼓胀：芦荟、蟾酥各10 g（酒一盏，浸一日，蒸化如膏）。以生半夏为末64 g，巴霜1 g，和丸如黍米大。每服10丸，淡姜汤早晚吞下。忌盐、糖百日。（《本草切要》）

⑥治痔瘘胀痛、血水淋漓：芦荟数分，白酒磨化，和冰片0.06～0.09 g，调搽。（《本草切要》）

⑦治匿齿：芦荟1.2 g，杵末，先以盐揩齿令洗净，然后敷少末于上。（《海上集验方》）

【临床应用】治疗臭鼻症（萎缩性鼻炎）：先以2%地卡因浸湿之棉片贴附注射部位5～10 min，然后用20%芦荟浸出液注射于两侧下鼻甲前端黏膜下，其深浅以注射部黏膜出现苍白水肿状为度，每侧注射药液2 ml，再用棉球轻压注射部位以防出血。每周1次，4次为1个疗程。观察48例，经治1个疗程29人，1个疗程以上6人，不足1个疗程13人。其中2例于第1次注射后即感觉鼻内舒服，干燥减轻，窒感消失；24例于注射2～3次后感觉头昏、头痛及恶臭减轻或消失，痂皮减少，鼻涕变稀，容易擤出；有的注射15次后始感到部分症状改善。大多数患者的主要症状如结痂、恶臭、头昏、头痛等，均有不同程度的改善；少数无效。治程中无不良反应。

【注意】①老芦荟，又名肝色芦荟，为百合科植物库拉索芦荟的液汁浓缩而成。商品呈不规则的块状，常破裂为多角形，大小不等。暗红棕色或咖啡棕色，次品呈棕黑色。遇热不熔化。质轻而坚硬，不易破碎。断面平坦，蜡样，无光泽。具不愉快的臭气，味极苦。以气味浓、溶于水中无杂质及泥沙者为佳。产于南美洲北岸附近，均系栽培。

②新芦荟，又名透明芦荟，百合科植物好望角芦荟的液汁浓缩而成。商品呈棕黑色而发绿。质轻而松脆，易破碎。断面平滑而具玻璃样光泽。遇热，易熔化成流质。其余与老芦荟同。产于非洲南部，多为栽培。一般认为质量较老芦荟差。

（2）芦荟根。

【采收加工】全年均可采收。

【来源】百合科植物芦荟 *Aloe vera*（L.）Burm. f. 的根。

【功能主治】主治小儿疳积，尿路感染。

知母属 *Anemarrhena* Bunge

996. 知母 *Anemarrhena asphodeloides* Bunge

【别名】穿地龙。

【形态】根状茎粗 0.5～1.5 cm，为残存的叶鞘所覆盖。叶长 15～60 cm，宽 1.5～11 mm，向先端渐尖而成近丝状，基部渐宽而成鞘状，具多条平行脉，没有明显的中脉。花葶比叶长得多；总状花序通常较长，可达 20～50 cm；苞片小，卵形或卵圆形，先端长渐尖；花粉红色、淡紫色至白色；花被片条形，长 5～10 mm，中央具 3 脉，宿存。蒴果狭椭圆形，长 8～13 mm，宽 5～6 mm，顶端有短喙。种子长 7～10 mm。花果期 6—9 月。

【生境分布】生于向阳干燥的丘陵地及固定的沙丘上。罗田大崎镇、骆驼坳镇、白莲河乡等地均有栽培。

【采收加工】春、秋季采挖，以秋季采者较佳。栽培 3 年后开始收获。挖出根茎，除去茎苗及须根，保留黄茸毛和浅黄色的叶痕及茎痕晒干者，为"毛知母"；鲜时剥去栓皮晒干者为"光知母"。

【药材名】知母。

【来源】百合科植物知母 *Anemarrhena asphodeloides* Bunge 的根茎。

【炮制】知母：拣净杂质，用水撞洗，捞出，润软，切片晒干。盐知母：取知母片置锅中用文火微炒，喷淋盐水，炒干取出，放凉。（知母片每 100 kg，用盐 2.8 kg 加适量开水化开澄清。）

①《雷公炮炙论》：凡使知母，先于槐砧上细锉，焙干，木臼杵捣，勿令犯铁器。

②《本草纲目》：凡用知母拣肥润里白者，去毛切，引经上行则用酒浸焙干，下行则用盐水润焙。

【性味】苦，寒。

【归经】归肺、胃、肾经。

【功能主治】滋阴降火，润燥滑肠。主治烦热消渴，骨蒸劳热，肺热咳嗽，大便燥结，小便不利。

【用法用量】内服：煎汤，6～16 g；或入丸、散。

【注意】脾胃虚寒，大便溏泄者忌服。

①《名医别录》：多服令人泄。

②《医学入门》：凡肺中寒嗽，肾气虚脱，无火症而尺脉微弱者禁用。

③《本草经疏》：阳痿及易举易痿，泄泻脾弱，饮食不消化，胃不思食，肾虚溏泄等征，法并禁用。

④《本经逢原》：外感表证未除、泻痢燥渴忌之。脾胃虚热人误服，令人作泻减食，故虚损大忌。

天门冬属 *Asparagus* L.

997. 天门冬 *Asparagus cochinchinensis*（Lour.）Merr.

【别名】天冬。

【形态】攀援植物。根在中部或近末端呈纺锤状膨大，膨大部分长 3～5 cm，粗 1～2 cm。茎平滑，常弯曲或扭曲，长可达 1～2 m，分枝具棱或狭翅。叶状枝通常每 3 枚成簇，扁平或由于中脉龙骨状而略呈锐三棱形，稍镰刀状，长 0.5～8 cm，宽 1～2 mm；茎上的鳞片状叶基部延伸为长 2.5～3.5 mm 的硬刺，在分枝上的刺较短或不明显。花通常每 2 朵腋生，淡绿色；花梗长 2～6 mm，关节一般位于中部，有时位置有变化；雄花：花被长 2.5～3 mm；

花丝不贴生于花被片上；雌花大小和雄花相似。浆果直径 6～7 mm，成熟时红色，有 1 个种子。花期 5—6 月，果期 8—10 月。

【生境分布】生于山野。罗田各地均有分布。

【采收加工】秋、冬季采挖，但以冬季采者质量较好。挖出后洗净泥土，除去须根，按大小分开，入沸水中煮或蒸至外皮易剥落时为度。捞出浸入清水中，趁热除去外皮，洗净，微火烘干或用硫黄熏后再烘干。

【药材名】天冬。

【来源】百合科植物天门冬 Asparagus cochinchinensis（Lour.）Merr. 的块根。

【性状】干燥的块根呈长圆状纺锤形，中部肥满，两端渐细而钝，长 6～20 cm，中部直径 0.5～2 cm。表面黄白色或浅黄棕色，呈油润半透明状，有时有细纵纹或纵沟，偶有未除净的黄棕色外皮。干透者质坚硬而脆，未干透者质柔软，有黏性，断面蜡质样，黄白色，半透明，中间有不透明白心。臭微，味甘、微苦。以肥满、致密、黄白色、半透明者为佳。条瘦长、色黄褐、不明亮者质次。

【炮制】拣去杂质，水洗净，闷润至内外湿度均匀，切段，干燥。

【性味】甘、苦，寒。

【归经】归肺、肾经。

【功能主治】滋阴，润燥，清肺，降火。主治阴虚发热，咳嗽吐血，肺痿，肺痈，咽喉肿痛，消渴，便秘。

【用法用量】内服：煎汤，6～12 g；或熬膏，入丸、散。

【注意】虚寒泄泻及外感风寒致嗽者，皆忌服。

①《本草经集注》：垣衣、地黄为之使。畏曾青。

②《日华子本草》：贝母为使。

③《本草正》：虚寒假热，脾肾溏泄最忌。

【附方】①治咳嗽：人参、天门冬（去心）、熟干地黄各等份。为细末，炼蜜为丸如樱桃大，含化服之。（《儒门事亲》）

②治吐血，咯血：天门冬（水泡，去心）32 g，甘草（炙）、杏仁（去皮、尖，炒熟）、贝母（去心，炒）、白茯苓（去皮）、阿胶（碎之，蛤粉炒成珠子）各 16 g。上为细末，炼蜜丸如弹子大，含化 1 丸咽津，日夜可 10 丸。（《本事方》）

③治妇人喘，手足烦热，骨蒸寝汗，口干引饮，面目浮肿：天门冬 320 g，麦门冬（去心）250 g，生地黄（取汁为膏）1.5 kg。上二味为末，膏子和丸如梧桐子大。每服 50 丸，煎逍遥散送下。逍遥散中去甘草加人参。（《素问病机气宜保命集》）

④治肺燥咳嗽，吐涎沫，心中温温，咽燥而不渴者：生天冬捣取汁一斗，酒一斗，饴一升，紫菀四合，入铜器煎至可丸，服如杏子大 1 丸，日可三服。（《补辑肘后方》）

⑤治血虚肺燥，皮肤开裂，及肺痿咳脓血证：天门冬，新掘者不拘多少，净洗，去心、皮，细捣，绞取汁澄清，以布滤去粗滓，用银锅或砂锅慢火熬成膏，每用一二匙，空心温酒调服。（《医学正传》）

⑥治扁桃体炎，咽喉肿痛：天冬、麦冬、板蓝根、桔梗、山豆根各 10 g，甘草 6 g，水煎服。（《山东中草药手册》）

⑦治老人大肠燥结不通：天门冬 250 g，麦门冬、当归、麻子仁、生地黄各 125 g。熬膏，炼蜜收。每早晚白汤调服十茶匙。（《方氏家珍》）

⑧治疝气：鲜天冬（去皮）16 ～ 32 g。水煎，点酒为引内服。（《云南中草药》）

⑨催乳：天冬 64 g。炖肉服。（《云南中草药》）

⑩瘦人房劳过度，水谷不化而致痰涎壅盛症：天冬、熟地黄、茯苓、知母、黄柏各 125 g，贝母、陈皮、苏子、蒌仁各 15 g，共研细末，炼蜜为丸，梧桐子大，每服 50 丸，空腹淡姜汤下。（《万密斋医学全书》）

998. 羊齿天门冬 *Asparagus filicinus* D. Don

【别名】滇百部、小百部。

【形态】直立草本，通常高 50 ～ 70 cm。根成簇，从基部开始或在距基部几厘米处呈纺锤状膨大，膨大部分长短不一，一般长 2 ～ 4 cm，宽 5 ～ 10 mm。茎近平滑，分枝通常有棱，有时稍具软骨质齿。叶状枝每 5 ～ 8 枚成簇，扁平，镰刀状，长 3 ～ 15 mm，宽 0.8 ～ 2 mm，有中脉；鳞片状叶基部无刺。花每 1 ～ 2 朵腋生，淡绿色，有时稍带紫色；花梗纤细，长 12 ～ 20 mm，关节位于近中部；雄花：花被长约 2.5 mm，花丝不贴生于花被片上；花药卵形，长约 0.8 mm；雌花和雄花近等大或略小。浆果直径 5 ～ 6 mm，有 2 ～ 3 个种子。花期 5—7 月，果期 8—9 月。

【生境分布】生于海拔 1200 m 以上的阴湿和土壤肥厚的地方，常见于山麓林下草丛中。罗田北部高山地区有分布。

【采收加工】春、秋季挖取，除去苗茎，洗净泥沙，晒干。

【药材名】天冬。

【来源】百合科植物羊齿天门冬 *Asparagus filicinus* D. Don 的块根。

【性状】多为丛生的根条，头部有芦秆及较短的干枯残茎。每条块根呈纺锤形，两端尖，长 3 ～ 7 cm，粗 0.7 ～ 1.2 cm。外表皱缩，呈灰棕色或棕褐色；干燥后多呈空壳状。坚脆，易折断，内心空虚少肉质，未充分干燥者内心有黏性白色的肉质。气微酸，味带麻。以根条均匀，内心较饱满者为佳。

【炮制】以水润软，切片，晒干。

【性味】甘、苦，微温；无毒。

【归经】归肺经。

【功能主治】主治虚弱咳嗽。

【用法用量】内服：煎汤，6 ～ 10 g；或入丸剂。外用：煎水洗或研末敷。

999. 文竹 *Asparagus setaceus*（Kunth）Jessop

【别名】蓬莱竹。

【形态】攀援植物，高可达数米。根稍肉质，细长。茎的分枝极多，分枝近平滑。叶状枝通常每 10～13 枚成簇，刚毛状，略具 3 棱，长 4～5 mm；鳞片状叶基部稍具刺状距或距不明显。花通常每 1～3（4）朵腋生，白色，有短梗；花被片长约 7 mm。浆果直径 6～7 mm，成熟时紫黑色，有 1～3 个种子。

【生境分布】全国各地均有栽培。

【采收加工】全年均可采收。

【药材名】文竹。

【来源】百合科植物文竹 *Asparagus setaceus*（Kunth）Jessop 的全草。

【性味】苦，寒。

【功能主治】凉血解毒，利尿通淋。

【附方】①治郁热咯血：文竹 16～24 g。酌冲开水和冰糖炖服。（《福建民间草药》）
②治小便淋沥：文竹 32 g。酌加水煎，取半碗，日服 2 次。（《福建民间草药》）

【用法用量】内服：煎汤，15～20 g。

大百合属 *Cardiocrinum*（Endl.）Lindl.

1000. 大百合 *Cardiocrinum giganteum*（Wall.）Makino

【别名】号筒花、海百合。

【形态】小鳞茎卵形，高 3.5～4 cm，直径 1.2～2 cm，干时淡褐色。茎直立，中空，高 1～2 m，直径 2～3 cm，无毛。叶纸质，网状脉；基生叶卵状心形或近宽矩圆状心形，茎生叶卵状心形，下面的长 15～20 cm，宽 12～15 cm，叶柄长 15～20 cm，向上渐小，靠近花序的几枚为船形。总状花序有花 10～16 朵，无苞片；花狭喇叭形，白色，里面具淡紫红色条纹；花被片条状倒披针形，长 12～15 cm，宽 1.5～2 cm；雄蕊长 6.5～7.5 cm，长约为花被片的 1/2；花丝向下渐扩大，扁平；花药长椭圆形，长约 8 mm，宽约 2 mm；子房圆柱形，长 2.5～3 cm，宽 4～5 mm；花柱长 5～6 cm，柱头膨大，微 3 裂。蒴果近球形，长 3.5～4 cm，宽 3.5～4 cm，顶端有 1 小尖凸，基部有粗短果柄，红褐色，具 6 钝棱和多数细横纹，3 瓣裂。种子呈扁钝三角形，红棕色，长 4～5 mm，宽 2～3 mm，周围具淡红棕色半透明的膜质翅。花期 6—7 月，果期 9—10 月。

【生境分布】 生于高山密林中。罗田天堂寨有分布。

【采收加工】 秋季采挖，洗净晒干。

【药材名】 大百合。

【来源】 百合科植物大百合 *Cardiocrinum giganteum*（Wall.）Makino 的鳞茎。

【性味】 淡，平。

【归经】 归肺、胃经。

【功能主治】 清热止咳，宽胸利气。主治肺痨咯血，咳嗽痰喘，小儿高烧，胃痛及反胃，呕吐。

【用法用量】 内服：煎汤，3～10 g。

吊兰属 *Chlorophytum* Ker–Gawl.

1001. 吊兰 *Chlorophytum comosum*（Thunb.）Baker

【别名】 金边吊兰、八叶兰、兰草、硬叶吊兰。

【形态】 根状茎短，根稍肥厚。叶剑形，绿色或有黄色条纹，长 10～30 cm，宽 1～2 cm，向两端稍变狭。花葶比叶长，有时长可达 50 cm，常变为匍枝而在近顶部具叶簇或幼小植株；花白色，常 2～4 朵簇生，排成疏散的总状花序或圆锥花序；花梗长 7～12 mm，关节位于中部至上部；花被片长 7～10 mm，3 脉；雄蕊稍短于花被片；花药矩圆形，长 1～1.5 mm，明显短于花丝，开裂后常卷曲。蒴果三棱状扁球形，长约 5 mm，宽约 8 mm，每室具种子 3～5 个。花期 5 月，果期 8 月。

【生境分布】 栽培于花圃、庭园。

【采收加工】 全年均可采收。

【药材名】 吊兰。

【来源】 百合科植物吊兰 *Chlorophytum comosum*（Thunb.）Baker 的带根全草。

【性味】 甘、酸，凉。

【归经】 归心、肝、肺经。

【功能主治】 清热，祛瘀，消肿，解毒。主治咳嗽，声哑，吐血，闭经，跌打损伤，痈疽肿毒，聤耳，牙痛。

【用法用量】 内服：煎汤，10～16 g（鲜品 32～48 g）；或研末。外用：捣敷或捣汁滴耳。

【注意】 《泉州本草》：孕妇忌用。

【附方】 ①治跌打损伤：吊兰干全草为末。每服 10 g，泡酒温服。（《泉州本草》）

②治风毒结瘤久而不散：吊兰鲜全草连根洗净，合糯米饭加食盐少许，捣烂敷患处。（《泉州本草》）

③治肺热咳嗽：吊兰根 32 g，冰糖 32 g。水煎服。

④治吐血：吊兰、野马蹄草各 32 g。水煎服。

⑤治跌打肿痛：吊兰叶捣烂，用酒炒热敷患处。（③～⑤方出自《广西中草药》）

万寿竹属 *Disporum* Salisb.

1002. 宝铎草 *Disporum sessile* D. Don

【别名】 白龙须、狗尾巴、淡竹花。

【形态】 根状茎肉质，横出，长 3～10 cm；根簇生，粗 2～4 mm。茎直立，高 30～80 cm，上部具叉状分枝。叶薄纸质至纸质，矩圆形、卵形、椭圆形至披针形，长 4～15 cm，宽 1.5～5（9）cm，下面色浅，脉上和边缘有乳头状凸起，具横脉，先端骤尖或渐尖，基部圆形或宽楔形，有短柄或近无柄。

花黄色、绿黄色或白色，1～3（5）朵着生于分枝顶端；花梗长 1～2 cm，较平滑；花被片近直出，倒卵状披针形，长 2～3 cm，上部宽 4～7 mm，下部渐窄，内面有细毛，边缘有乳头状凸起，基部具长 1～2 mm 的短距；雄蕊内藏，花丝长约 15 mm，花药长 4～6 mm；花柱长约 15.mm，具 3 裂而外弯的柱头。浆果椭圆形或球形，直径约 1 cm，具 3 个种子。种子直径约 5 mm，深棕色。花期 3—6 月，果期 6—11 月。

【生境分布】 生于海拔 600～2500 m 的林下或灌木丛中。罗田北部山区有分布。

【采收加工】 秋、冬季采收，洗净，晒干。

【药材名】 宝铎草。

【来源】 百合科植物宝铎草 *Disporum sessile* D. Don 的块根。

【功能主治】 益气补肾，润肺止咳。主治脾胃虚弱，食欲不振，泄泻，肺气不足，气短，喘咳，自汗，津伤口渴，慢性肝炎，病后或慢性病身体虚弱，小儿消化不良。

【用法用量】 内服：煎汤，10～16 g（鲜品 32～48 g）。

贝母属 *Fritillaria* L.

1003. 浙贝母 *Fritillaria thunbergii* Miq.

【别名】 浙贝、象贝母、大贝母。

【形态】 植株长 50～80 cm。鳞茎由 2（3）枚鳞片组成，直径 1.5～3 cm。叶在最下面的对生或散生，向上常兼有散生、对生和轮生的，近条形至披针形，长 7～11 cm，宽 1～2.5 cm，先端不卷曲或稍弯曲。花 1～6 朵，淡黄色，有时稍带淡紫色，顶端的花具 3～4 枚叶状苞片，其余的具 2 枚苞片；苞片先端卷曲；花被片长 2.5～3.5 cm，宽约 1 cm，内外轮的相似；雄蕊长约为花被片的 2/5；花药近基着，花丝无小乳凸；柱头裂片长 1.5～2 mm。蒴果长 2～2.2 cm，宽约 2.5 cm，棱上有宽 6～8 mm 的翅。花期 3—4 月，果期 5 月。

【生境分布】 生于湿润的山脊、山坡、沟边及村边草丛中。罗田凤山镇、骆驼坳镇有栽培。

【采收加工】 5—6 月采挖，洗净泥土，大小分开，大者摘去心芽，分作 2 片，呈元宝状，称"元

宝贝"，小者称"珠贝"。分别置擦笼内，擦去外皮，加石灰拌匀，经过一夜，使石灰渗入，晒干或烘干。

【药材名】浙贝。

【来源】百合科植物浙贝母 *Fritillaria thunbergii* Miq. 的鳞茎。

【炮制】拣去杂质，清水稍浸，捞出，润透后切厚片，晒干。

【性味】大苦，寒。

【归经】《本草正》：归手太阴、少阳，足阳明、厥阴。

【功能主治】清热化痰，散结解毒。主治风热咳嗽，肺痈喉痹，瘰疬，疮痈肿毒。

【用法用量】内服：煎汤，4.5～10 g；或入丸、散。外用：研末洒。

【附方】①治感冒咳嗽：浙贝母、知母、桑叶、杏仁各 10 g，紫苏 6 g。水煎服。（《山东中草药手册》）

②治痈毒肿痛：浙贝母、连翘各 10 g，金银花 18 g，蒲公英 25 g。水煎服。（《山东中草药手册》）

③治咽喉十八症：大黑枣 5 个去核，装入五倍子（去虫，研）1 个，象贝母（去心，研）1 个。用泥裹，煨存性，共研极细末，加薄荷叶末少许，冰片少许，贮瓷瓶内。临用吹患处，任其呕出痰涎。（《经验广集》）

④治对口：象贝母研末敷之。（《杨春涯经验方》）

萱草属 *Hemerocallis* L.

1004. 黄花菜 *Hemerocallis citrina* Baroni

【别名】金针菜、萱草。

【形态】植株一般较高大；根近肉质，中下部常呈纺锤状膨大。叶 7～20 片，长 50～130 cm，宽 6～25 mm。花葶长短不一，一般稍长于叶，基部三棱形，上部圆柱形，有分枝；苞片披针形，下面的长可达 3～10 cm，自下向上渐短，宽 3～6 mm；花梗较短，通常长不到 1 cm；花多朵，可超 100 朵；花被淡黄色，有时在花蕾时顶端带黑紫色；花被管长 3～5 cm，花被裂片长（6）7～12 cm，内三片宽 2～3 cm。蒴果钝三棱状椭圆形，长 3～5 cm。种子约 20 个，黑色，有棱，从开花到种子成熟需 40～60 天。花果期 5—9 月。

【生境分布】生于海拔 2000 m 以下的山坡、山谷、荒地或林缘。全国各地均有栽培。罗田各地均有分布。

【采收加工】花蕾：5—8 月花将要开放时采收，蒸后晒干。根：秋季采挖，除去残茎，洗净切片晒干。

嫩苗：春季采收，鲜用。

【药材名】 黄花。

【来源】 百合科植物黄花菜 *Hemerocallis citrina* Baroni 的根、花蕾及嫩苗。

【性味】 甘，平。

【功能主治】 养血平肝，利尿消肿。主治头晕，耳鸣，心悸，腰痛，吐血，衄血，大肠下血，水肿，淋证，咽痛，乳痈。

【用法用量】 内服：煎汤，10～16 g；或炖肉。外用：捣敷。

【附方】 ①治腰痛，耳鸣，奶少：黄花菜根蒸肉饼或煮猪腰吃。（《昆明民间常用草药》）

②治小便不利，水肿，黄疸，淋证，衄血，吐血：黄花菜根 10～16 g，水煎服。（《昆明民间常用草药》）

③治月经少，贫血，胎动不安，老年性头晕，耳鸣，营养不良性水肿：折叶萱草根端膨大体 1～2 两，炖肉或鸡服。

④治大肠下血：折叶萱草根端膨大体 10 个，水煎服。

⑤治肺热咳嗽，腮腺炎，咽喉肿痛：折叶萱草根端膨大体五钱，水煎服。（③～⑤方出自《云南中草药》）

⑥治乳痈肿痛，疮毒：黄花菜根捣敷。（《昆明民间常用草药》）

⑦治小儿疳积：黄花菜叶 10 g，水煎服。（《昆明民间常用草药》）

1005. 萱草 *Hemerocallis fulva*（L.）L.

【别名】 萱草根、忘忧草、鹿葱根、漏芦根。

【形态】 根近肉质，中下部呈纺锤状膨大；叶一般较宽；花早上开晚上凋谢，无香味，橘红色至橘黄色，内花被裂片下部一般有"∧"形斑。这些特征可以区别于我国产的其他种类。花果期5—7月。花被管较粗短，长 2～3 cm；内花被裂片宽 2～3 cm。

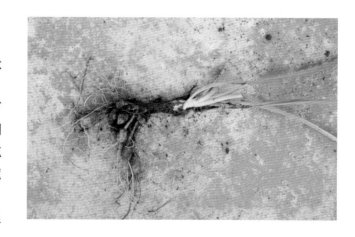

【生境分布】 生于山坡、山谷、阴湿草地或林下。罗田北部高山地区有分布。

【采收加工】 夏、秋季采挖，除去残茎、须根，洗净泥土，晒干。

【药材名】 萱草根。

【来源】 百合科植物萱草 *Hemerocallis fulva*（L.）L. 的根。

【性状】 本品呈圆柱形，微弯曲，长 4～6 cm，直径约 4 mm；膨大的块状部分呈纺锤形，长 3～5 cm，直径6～8 mm。表面灰黄色或土黄色，有少许横纹及多数纵皱纹。质疏松而轻，易折断，断面不平坦，白色，有时呈棕黄色，皮部组织疏松，有大裂隙，木部小，不明显，髓部通常成空洞。气微香，味稍甜，略有黏液性。以根条粗大、质充实饱满、无残茎及杂质者为佳。

【炮制】 除去残茎、杂质，洗净捞出，稍闷润，切段，晒干。

【性味】 甘，凉。

【归经】 ①《雷公炮制药性解》：归脾、肺经。

②《本草求真》：归心、脾。

【功能主治】 利水，凉血。主治水肿，小便不利，淋浊，带下，黄疸，衄血，便血，崩漏，乳痈。

【用法用量】 内服：煎汤，6～10 g；或捣汁。外用：捣敷。

【注意】 苏医《中草药手册》：干萱草根用量一般不宜超过一两，过量有可能损害视力。

【附方】 ①治通身水肿：鹿葱根叶，晒干为末，每服 6 g，食前米饮服。（《太平圣惠方》）

②治大便后血：萱草根和生姜，油炒，酒冲服。（《圣济总录》）

③治大肠下血，诸药不效者：漏芦根果 10 个，茶花 1.5 g，赤地榆 10 g，象牙末 3 g。以上四味，水煎服三次。（《滇南本草》）

④治黄疸：鲜萱草根 64 g（洗净），母鸡一只（去头脚与内脏）。水炖 3 h 服，一至二日服一次。（《闽东本草》）

⑤治乳痈肿痛：萱草根（鲜品）捣烂，外用作敷剂。（《现代实用中药》）

⑥治男妇腰痛：漏芦根果 15 个，猪腰子 1 个。以上二味，水煎服三次。（《滇南本草》）

【注意】 萱草根，有些种具有毒性，服用过量可致瞳孔扩大、呼吸被抑制，甚至出现失眠和死亡，因此必须谨慎，须在医师指导下使用，以免发生事故。

玉簪属 *Hosta* Tratt.

1006. 玉簪 *Hosta plantaginea*（Lam.）Aschers.

【别名】 白玉簪、玉簪花、玉泡花。

【形态】 根状茎粗厚，粗 1.5～3 cm。叶卵状心形、卵形或卵圆形，长 14～24 cm，宽 8～16 cm，先端近渐尖，基部心形，具 6～10 对侧脉；叶柄长 20～40 cm。花葶高 40～80 cm，具几朵至十几朵花；花的外苞片卵形或披针形，长 2.5～7 cm，宽 1～1.5 cm；内苞片很小；花单生或 2～3 朵簇生，长 10～13 cm，白色，芬香；花梗长约 1 cm；雄蕊与花被近等长或略短，基部 15～20 mm 贴生于花被管上。

蒴果圆柱状，有 3 棱，长约 6 cm，直径约 1 cm。花果期 8—10 月。

【生境分布】 生于阴湿地区。罗田各地均有栽培。

【药用部位】 花、根茎、叶或全草。

（1）玉簪花。

【采收加工】 夏季花含苞待放时采收，阴干。

【来源】 百合科植物玉簪 *Hosta plantaginea*（Lam.）Aschers. 的花。

【性味】 甘，凉；有毒。

【功能主治】 主治咽喉肿痛，小便不通，疮毒，烧伤。

【用法用量】 内服：煎汤，2.4～3 g。外用：捣敷。

【附方】 ①治咽喉肿痛：玉簪花 3 g，板蓝根 16 g，玄参 16 g。水煎服。（《山东中草药手册》）

②治小便不通：a. 玉簪花、蛇蜕各 6 g，丁香 3 g。共为末，每服 3 g，酒调送下。（《医学指南》）b. 玉簪花 3 g，萹蓄 12 g，车前草 12 g，灯心草 3 g。水煎服。（《山东中草药手册》）

【临床应用】 治疗烧伤：取玉簪花 500 g，用香油 2 kg 浸泡 2 个月，取油备用。用时先清创，吸出水泡内容物，后用消毒棉球蘸药外涂，每 1～2 日 1 次。热天暴露患处，冷天用浸药的纱布包敷患处。一度烧伤用药 1～2 次可愈，二度、三度烧伤须连续用药 5～10 次。

（2）玉簪根。

【采收加工】 秋季采挖，除去茎叶、须根，洗净，晒干或鲜用。

【来源】 百合科植物玉簪 *Hosta plantaginea*（Lam.）Aschers. 的根茎。

【性味】 甘、辛，寒；有毒。

【归经】 ①《玉楸药解》：归足少阴肾经。

②《本草再新》：归心、肝经。

【功能主治】 消肿，解毒，止血。主治痈疽，瘰疬，咽肿，吐血，骨鲠。

【用法用量】 内服：煎汤或捣汁，3～10 g。外用：捣敷。

【注意】 《本草品汇精要》：凡服勿犯牙齿。

【附方】 ①治乳痈初起：玉簪花根擂酒服，以渣敷之。（《海上方》）

②治崩漏，带下：玉簪根 64 g，炖肉吃；或配三白草 16～32 g，炖肉吃。（《陕西中草药》）

③下鱼骨哽：玉簪花根，山里红果根。同捣自然汁，以竹筒灌入喉中，其骨自下，不可着牙齿。（《乾坤生意秘韫》）

④刮骨取牙：玉簪根（干品）3 g，白矾 0.9 g，白硇 2.1 g，蓬砂 0.6 g，威灵仙 0.9 g，草乌头 0.45 g。为末，以少许点疼处，即自落也。（《余居士选奇方》）

（3）玉簪叶。

【采收加工】 春、夏季采收。

【来源】 百合科植物玉簪 *Hosta plantaginea*（Lam.）Aschers. 的叶或全草。

【性味】 甘、辛，寒，有毒。

【功能主治】 主治痈肿，疔疮，蛇虫咬伤。

【用法用量】 内服：煎汤，鲜用 3～10 g；或捣汁和酒服。外用：捣敷或捣汁滴耳。

【附方】 ①治乳腺炎：玉簪全草一两，菠菜二两。水煎服。（江西《草药手册》）

②治乳痈，疮毒，蛇咬：玉簪鲜草洗净，捣烂外敷。（《上海常用中草药》）

③治耳内流脓：玉簪鲜草洗净，捣汁滴耳。（《上海常用中草药》）

④治顽固性溃疡：玉簪鲜叶，洗净后用米汤或开水泡软，贴患处，日换二三次。（《福建民间草药》）

1007. 紫萼 *Hosta ventricosa*（Salisb.）Stearn

【别名】 紫鹤、红玉簪、石玉簪。

【形态】 根状茎粗 0.3～1 cm。叶卵状心形、卵形至卵圆形，长 8～19 cm，宽 4～17 cm，先端通常近短尾状或骤尖，基部心形或近截形，极少叶片基部下延而略呈楔形，具 7～11 对侧脉；叶柄长 6～30 cm。花葶高 60～100 cm，具 10～30 朵花；苞片矩圆状披针形，长 1～2 cm，白色，膜质；花单生，长 4～5.8 cm，盛开时从花被管向上骤然做近漏斗状扩大，紫红色；花

梗长 7 ～ 10 mm；雄蕊伸出花被之外，完全离生。蒴果圆柱状，有 3 棱，长 2.5 ～ 4.5 cm，直径 6 ～ 7 mm。花期 6—7 月，果期 7—9 月。

【生境分布】 生于山坡林下阴湿处，亦有栽培。

【采收加工】 花：夏、秋季采收。叶：春、夏季采收。根：秋季采收。

【药材名】 紫玉簪。

【来源】 百合科植物紫萼 *Hosta ventricosa*（Salisb.）Stearn 的花、根、叶。

【性味】 花：甘、微苦，温、平。叶：甘，平。根：甘、苦，平。

【功能主治】 花：凉血止血，解毒。叶：主治崩漏，带下，溃疡。根：理气，和血，补虚。主治遗精，吐血，妇女虚弱，带下。

【用法用量】 内服：煎汤，鲜品 3 ～ 10 g。外用：捣敷。

百合属 *Lilium* L.

1008. 百合 *Lilium brownii* var. *viridulum* Baker

【别名】 白百合、蒜脑薯。

【形态】 鳞茎球形，直径 2 ～ 4.5 cm；鳞片披针形，长 1.8 ～ 4 cm，宽 0.8 ～ 1.4 cm，无节，白色。茎高 0.7 ～ 2 m，有的有紫色条纹，有的下部有小乳头状凸起。叶散生，通常自下向上渐小，倒披针形至倒卵形，长 7 ～ 15 cm，宽（0.6）1 ～ 2 cm，先端渐尖，基部渐狭，具 5 ～ 7 脉，全缘，两面无毛。花单生或几朵排成近伞形；花梗长 3 ～ 10 cm，稍弯；苞片披针形，长 3 ～ 9 cm，

宽 0.6 ～ 1.8 cm；花喇叭形，有香气，乳白色，外面稍带紫色，无斑点，向外张开或先端外弯而不卷，长 13 ～ 18 cm；外轮花被片宽 2 ～ 4.3 cm，先端尖；内轮花被片宽 3.4 ～ 5 cm，蜜腺两边具小乳头状凸起；雄蕊向上弯，花丝长 10 ～ 13 cm，中部以下密被柔毛，少有具稀疏的毛或无毛；花药长椭圆形，长 1.1 ～ 1.6 cm；子房圆柱形，长 3.2 ～ 3.6 cm，宽 4 mm，花柱长 8.5 ～ 11 cm，柱头 3 裂。蒴果矩圆形，长 4.5 ～ 6 cm，宽约 3.5 cm，有棱，具多数种子。花期 5—6 月，果期 9—10 月。

【生境分布】 生于山野或栽培。罗田各地均有分布。

（1）百合。

【采收加工】 秋、冬季采挖，除去地上部分，洗净泥土，剥取鳞茎，用沸水捞过或微蒸后，焙干或晒干。

【药用部位】 鳞茎。

【来源】 百合科植物百合 *Lilium brownii* var. *viridulum* Baker 的鳞茎。

【性状】 干燥的鳞茎呈长椭圆形、披针形或长三角形，长 2 ～ 4 cm，宽 0.5 ～ 1.5 cm，肉质肥厚，中心较厚，边缘薄而成波状，或向内卷曲，表面乳白色或淡黄棕色，光滑细腻，略有光泽，瓣内有数条平行纵走的白色维管束。质坚硬而稍脆，折断面较平整，黄白色似蜡样。气微，味微苦。以瓣匀肉厚、黄白色、质坚、筋少者为佳。

药用百合有家种与野生之分，家种的鳞片阔而薄，味不甚苦；野生的鳞片小而厚，味较苦。

【炮制】 百合：拣去杂质、黑瓣，簸除灰屑。蜜百合：取净百合，加炼熟的蜂蜜（百合每 100 kg 用

炼蜜 6.4 kg）与开水适量。拌匀，稍闷，置锅内用文火炒至黄色不黏手为度，取出，放凉。

【性味】甘、微苦，平。

【归经】归心、肺经。

【功能主治】润肺止咳，清心安神。主治肺虚久咳，咳唾痰血，热病后余热未清，虚烦惊悸，神志恍惚。

【用法用量】内服：煎汤，10～32 g；蒸食或煮粥食。外用：捣敷。

【注意】风寒痰嗽，中寒便滑者忌服。

①《本经逢原》：中气虚寒，二便滑泄者忌之。

②《本草求真》：初嗽不宜遽用。

【储藏】置通风干燥处。

【附方】①治咳嗽不已，或痰中有血：款冬花、百合（焙，蒸）各等份。上为细末，炼蜜为丸，如龙眼大。每服 1 丸，食后临卧细嚼，姜汤咽下，嚼化尤佳。（《济生方》）

②治支气管扩张，咯血：百合 64 g，白及 125 g，蛤粉 64 g，百部 32 g。共为细末，炼蜜为丸，每重 6 g，每次 1 丸，日三次。（《新疆中草药手册》）

③治肺病吐血：新百合捣汁，和水饮之，亦可煮食。（《卫生易简方》）

④治背心前胸肺慕间热，咳嗽咽痛，咯血，恶寒，手大拇指循白肉际间上肩背至胸前如火烙：熟地黄、生地黄、归身各 10 g，白芍、甘草各 3 g，桔梗、元参各 2.4 g，贝母、麦冬、百合各 5 g。如咳嗽，初一、二服，加五味子 20 粒。（《慎斋遗书》）

⑤治肺脏壅热烦闷：新百合 125 g，用蜜半叠，拌和百合，蒸令软，时时含如枣大，咽津。（《太平圣惠方》）

⑥治百合病发汗后者：百合（擘）7 枚，知母（切）95 g。上先以水洗百合，渍一宿，当白沫出，去其水，更以泉水二升，煎取一升，去渣；更以泉水二升煎知母，取一升，去渣后，合和煎取一升五合，分温再服。

⑦治百合病吐之后者：百合（擘）7 枚，鸡子黄一枚。上先以水洗百合，渍一宿，当白沫出，去其水，更以泉水二升，煎取一升，去渣，内鸡子黄，搅匀，煎五分，温服。

⑧治百合病下之后者：百合（擘）7 枚，滑石（碎，绵裹）95 g，代赭石如弹丸大一枚（碎，绵裹）。上先以水洗百合，渍一宿，当白沫出，去其水，更以泉水二升，煎取一升，去渣；更以泉水二升煎滑石、代赭，取一升，去渣后，合和重煎，取一升五合，分温服。

⑨治百合病不经吐下发汗，病形如初者：百合（擘）7 枚，生地黄汁一升。上以水洗百合，渍一宿，当白沫出，去其水，更以泉水二升煎取一升，去渣，内地黄汁煎取一升五合，分温再服，中病勿更服，大便当如漆。

⑩治百合病变发热者：百合（炙）32 g，滑石 95 g。上为散，饮服方寸匕，日三服，当微利者止服，热则除。（⑥～⑩方出自《金匮要略》）

⑪治神经衰弱，心烦失眠：百合 16 g，酸枣仁 16 g，远志 10 g。水煎服。（《新疆中草药手册》）

⑫治肺痈：白花百合，或煮或蒸，频食。拌蜜蒸更好。（《经验广集》）

⑬治疮肿不穿：野百合同盐捣泥敷之良。（《包会应验方》）

⑭治天疱疮：生百合捣涂，一、二日即安。（《李时珍濒湖集简方》）

⑮治耳聋，耳痛：干百合为末，温水服 6 g，日二服。（《千金方》）

⑯治肺结核之咯血，慢性支气管炎伴有肺气肿：鲜百合 3 个，取汁用温开水冲服，早晚各一次。

⑰治肺热咳嗽，咽干口渴：百合 30 g，冬花 15 g，水煎服。

⑱治热性病后期的各种症状：百合 30 g，知母 15 g，水煎服。

⑲治日久不愈的胃痛：百合 30 g，乌药 10 g，水煎服。

⑳治干咳，口干咽燥：百合 50 g，北沙参 15 g，冰糖 15 g，水煎服。

㉑治肺阴虚有热引起的咯血：百合、莲藕节各 20 g，水煎，汤水冲入白芨粉 10 g 服下。

㉒治咳喘，痰少，咽干，气短乏力：百合 15 g、麦冬 10 g、五味子 10 g、冬虫夏草 10 g、川贝 6 g，水煎服，每日一剂。

㉓治干咳痰少，口干咽燥：百合 30 g、北沙参 15 g（亦可加冬花 10 g）、冰糖 15 g，水煎服，每日一剂。

㉔治风疹流走：盐泥 64 g、百合 16 g、黄丹 6 g、醋 0.3 g、唾液 1.2 g，捣和敷贴。

㉕治肺痈，咳唾脓血：百合、黄芪、玄参、薏苡仁、甘草、桔梗、当归、瓜蒌仁、汉防己、桑白皮、贝母、杏仁，各等份，姜引水煎服。（《万密斋医学全书》）

（2）百合花。

【来源】百合科植物百合 *Lilium brownii* var. *viridulum* Baker 的花蕾。

【性味】甘、微苦，微寒、平。

【归经】归肺经。

【功能主治】润肺，清火，安神。主治咳嗽，眩晕，夜寐不安，天疱疮。

【用法用量】内服：煎汤，6～12 g。外用：研末调敷。

【注意】《滇南本草》：肺有风邪者忌用。

【附方】治老弱虚晕，有痰有火，头目昏晕：百合花 3 朵，皂角子（微焙）7 个。或蜜或沙糖同煎服。（《滇南本草》）

（3）百合子。

【来源】百合科植物百合 *Lilium brownii* var. *viridulum* Baker 的种子。

【功能主治】主治肠风下血。

1009. 渥丹 *Lilium concolor* Salisb.

【别名】山丹。

【形态】鳞茎卵球形，高 2～3.5 cm，直径 2～3.5 cm；鳞片卵形或卵状披针形，长 2～2.5（3.5）cm，宽 1～1.5（3）cm，白色，鳞茎上方茎上有根。茎高 30～50 cm，少数近基部带紫色，有小乳头状凸起。叶散生，条形，长 3.5～7 cm，宽 3～6 mm，脉 3～7 条，边缘有小乳头状凸起，两面无毛。花 1～5 朵排成近伞形或总状花序；花梗长 1.2～4.5 cm；花直立，星状开展，深红色，无斑点，有光泽；花被片矩圆状披针形，长 2.2～4 cm，宽 4～7 mm，蜜腺两边具乳头状凸起；雄蕊向中心靠拢；花丝长 1.8～2 cm，无毛，花药长矩圆形，长约 7 mm；子房圆柱形，长 1～1.2 cm，宽 2.5～3 mm；花柱稍短于子房，柱头稍膨大。蒴果矩圆形，长 3～3.5 cm，宽 2～2.2 cm。花期 6—7 月，果期 8—9 月。

【生境分布】生于海拔 350～2000 m 的山坡草丛、路旁、灌木林下。罗田北部山区有分布。

【来源】百合科植物渥丹 *Lilium concolor* Salisb. 的鳞茎、花蕾、种子。

【备注】本种与百合科植物百合 *Lilium brownii* var. *viridulum* Baker 同等入药。

1010. 卷丹 *Lilium lancifolium* Thunb.

【别名】虎皮百合、倒垂莲、药百合、黄百合。

【形态】鳞茎近宽球形，高约3.5 cm，直径4～8 cm；鳞片宽卵形，长2.5～3 cm，宽1.4～2.5 cm，白色。茎高0.8～1.5 m，带紫色条纹，具白色绵毛。叶散生，矩圆状披针形或披针形，长6.5～9 cm，宽1～1.8 cm，两面近无毛，先端有白毛，边缘有乳头状凸起，有5～7条脉，上部叶腋有珠芽。花3～6朵或更多；苞片叶状，卵状披针形，长1.5～2 cm，宽2～5 mm，

先端钝，有白绵毛；花梗长6.5～9 cm，紫色，有白绵毛；花下垂，花被片披针形，反卷，橙红色，有紫黑色斑点；外轮花被片长6～10 cm，宽1～2 cm；内轮花被片稍宽，蜜腺两边有乳头状凸起，尚有流苏状凸起；雄蕊四面张开，花丝长5～7 cm，淡红色，无毛，花药矩圆形，长约2 cm；子房圆柱形，长1.5～2 cm，宽2～3 mm；花柱长4.5～6.5 cm，柱头稍膨大，3裂。蒴果狭长卵形，长3～4 cm。花期7—8月，果期9—10月。

【生境分布】生于海拔400～2500 m的山坡灌木林下、草地、道路边或水旁。罗田北部山区有分布。

【来源】百合科植物卷丹 *Lilium lancifolium* Thunb. 的鳞茎、花蕾、种子。

【备注】本种与百合科植物百合 *Lilium brownii* var. *viridulum* Baker 同等入药。

山麦冬属 *Liriope* Lour.

1011. 山麦冬 *Liriope spicata*（Thunb.）Lour.

【别名】土麦冬。

【形态】植株有时丛生；根稍粗，直径1～2 mm，有时分枝多，近末端处常膨大成矩圆形、椭圆形或纺锤形的肉质小块根；根状茎短，木质，具地下走茎。叶长25～60 cm，宽4～6（8）mm，先端急尖或钝，基部常包以褐色的叶鞘，上面深绿色，背面粉绿色，具5条脉，中脉比较明显，边缘具细锯齿。花葶通常长于或几等长于叶，少数稍短于叶，长25～65 cm；总状花序长6～15（20）cm，具多数花；花通常（2）3～5朵簇生于苞片腋内；苞片小，披针形，最下面的长4～5 mm，干膜质；花梗长约4 mm，关节位于中部以上或近顶端；花被片矩圆形、矩圆状披针形，长4～5 mm，先端圆钝，淡紫色或淡蓝色；花丝长约2 mm；花药狭矩圆形，长约2 mm；子房近球形，花柱长约2 mm，稍弯，柱头不明显。种子近球形，直径约5 mm。花期5—7月，果期8—10月。

【生境分布】 生于山坡林下，多为栽培。罗田各地均有分布。

【采收加工】 秋、冬季采挖，洗净，反复暴晒、堆置至七八成干，除去须根，晒干。

【药材名】 山麦冬。

【来源】 百合科植物山麦冬 *Liriope spicata*（Thunb.）Lour. 的块根。

【性状】 根呈纺锤形，长 1.2～4 cm，直径 4～7 mm。表面黄白色，半透明，有细纵纹。质硬脆，易吸湿变软，断面黄色，角质样，中柱细，不明显。气微，味甜，有黏性。

【功能主治】 养阴生津，润肺清心。主治肺燥干咳，阴虚痨嗽，喉痹咽痛，津伤口渴，内热消渴，心烦失眠，肠燥便秘。

【用法用量】 内服：煎汤，9～15 g。

沿阶草属 *Ophiopogon* Ker-Gawl.

1012. 沿阶草 *Ophiopogon bodinieri* Levl.

【别名】 麦冬、阶前草。

【形态】 根纤细，近末端处有时具膨大成纺锤形的小块根；地下走茎长，直径 1～2 mm，节上具膜质的鞘。茎很短。叶基生成丛，禾叶状，长 20～40 cm，宽 2～4 mm，先端渐尖，具 3～5 条脉，边缘具细锯齿。花葶较叶稍短或几等长，总状花序长 1～7 cm，具几朵至十几朵花；花常单生或 2 朵簇生于苞片腋内；苞片条形或披针形，少数呈针形，稍带黄色，半透明，最下面的长约 7 mm，少数更长；花梗长

5～8 mm，关节位于中部；花被片卵状披针形、披针形或近矩圆形，长 4～6 mm，内轮 3 片宽于外轮 3 片，白色或稍带紫色；花丝很短，长不及 1 mm；花药狭披针形，长约 2.5 mm，常呈绿黄色；花柱细，长 4～5 mm。种子近球形或椭圆形，直径 5～6 mm。花期 6—8 月，果期 8—10 月。

【生境分布】生于海拔 600～3400 m 的山坡、山谷潮湿处、沟边、灌丛下或林下。罗田各地均有栽培。

【来源】 百合科植物沿阶草 *Ophiopogon bodinieri* Levl. 的块根。

【备注】 本种块根亦作麦冬药用。详见下述。

1013. 麦冬 *Ophiopogon japonicus*（L. f.）Ker-Gawl.

【别名】 麦门冬、沿阶草、杭麦冬、川麦冬。

【形态】 根较粗，中间或近末端常膨大成椭圆形或纺锤形的小块根；小块根长 1～1.5 cm，或更长，宽 5～10 mm，淡褐黄色；地下走茎细长，直径 1～2 mm，节上具膜质的鞘。茎很短，叶基生成丛，禾叶状，长 10～50 cm，少数更长，宽 1.5～3.5 mm，具 3～7 条脉，边缘具细锯齿。花葶长 6～15（27）cm，通常比叶短得多，总状花序长 2～5 cm，或有时更长，具几朵至十几朵花；花单生或成对着生于苞片腋内；苞片披针形，先端渐尖，最下面的长可达 7～8 mm；花梗长 3～4 mm，关节位于中部以上或近中部；花被片常稍下垂而不展开，披针形，长约 5 mm，白色或淡紫色；花药三角状披针形，长 2.5～3 mm；花

柱长约 4 mm，较粗，宽约 1 mm，基部宽阔，向上渐狭。种子球形，直径 7 ～ 8 mm。花期 5—8 月，果期 8—9 月。

【生境分布】　生于海拔 2000 m 以下的山坡阴湿处、林下或溪旁。罗田各地均有栽培。

【药材名】　麦冬。

【来源】　百合科植物麦冬 *Ophiopogon japonicus*（L. f.）Ker-Gawl. 的块根。

【炮制】　麦冬：拣净杂质，用水浸泡，捞出，润透后抽去心，再洗净晒干。朱麦冬：取去心麦冬，置盆内喷水少许，微润，加朱砂细粉，撒布均匀，并随时翻动，至麦冬外面均匀被朱砂为度，取出，晾干。（麦门冬每 10 kg，用朱砂 95 g。）

《本草纲目》：麦门冬，凡入汤液，以滚水润湿，少顷，抽去心，或以瓦焙软，趁热去心；若入丸、散，须瓦焙热，即于风中吹冷，如此三四次即易燥，且不损药力，或以汤浸捣膏和药亦可，滋补药以酒浸擂之。

【性味】　甘、微苦，微寒。

【归经】　归肺、胃、心经。

【功能主治】　养阴生津，润肺清心。主治肺燥干咳，阴虚劳嗽，喉痹咽痛，津伤口渴，内热消渴，心烦失眠，肠燥便秘。

【用法用量】　内服：煎汤，6 ～ 12 g。

【注意】　凡脾胃虚寒泄泻，胃有痰饮湿浊及暴感风寒咳嗽者均忌服。

①《本草经集注》：地黄、车前为之使。恶款冬、苦瓠。畏苦参、青蘘。

②《药性论》：恶苦芺。畏木耳。

③《本草纲目》：气弱胃寒者必不可饵。

【附方】　①治燥伤肺胃阴分，或热或咳者：沙参 9 g，麦冬 9 g，玉竹 6 g，生甘草 3 g，冬桑叶 4.5 g，扁豆 4.5 g，花粉 4.5 g。水 5 杯，煮取 2 杯，日再服。（《温病条辨》）

②治吐血、衄血不止：生麦门冬汁 750 g，生刺蓟汁 750 g，生地黄汁 750 g。相和，于锅中略暖过，每服一小盏，调伏龙肝末 3 g 服之。（《太平圣惠方》）

③治衄血不止：麦门冬、生地黄，每服 32 g，水煎服。（《济生方》）

④治骨蒸肺痿，四肢烦热，不能食，口干渴：麦门冬（去心，焙）、地骨皮各 160 g。上二味粗捣筛，每服 7.5 g。先以水二盏，煎小麦 150 g，至一盏半，去麦入药，煎至一盏，去滓，分温二服，空腹食后各一。（《圣济总录》）

⑤治肺痈涕唾涎沫，吐脓如粥：麦门冬（去心，焙）64 g，桔梗（去芦头）160 g，甘草（炙，锉）0.9 g。上三味粗捣筛，每服 4.5 g，水一盏，青蒿心叶 10 片，同煎至七分，去滓温服。稍轻者粥饮调下亦得。（《圣济总录》）

⑥治火逆上气，咽喉不利：麦门冬 7 升，半夏 1 升，人参 64 g，甘草 64 g，粳米 450 g，大枣 12 枚。上六味，以水 12 升，煮取 6 升，温服 1 升，日三夜一服。（《金匮要略》）

⑦治虚热上攻，脾肺有热，咽喉生疮：麦门冬 32 g，黄连 15 g。上为末，蜜丸如梧桐子大。每服 30 丸，食前麦门冬汤下。（《普济方》）

⑧治患热消渴：黄连 625 g（去毛），麦门冬 160 g（去心）。上二味，捣筛，以生地黄汁、栝楼根汁。

牛乳各450 g和，顿为丸如梧桐子，一服25丸，饮下，日再服，渐渐加至30丸。（《外台秘要》）

⑨治消渴，喉干不可忍，饮水不止，腹满急胀：麦门冬（去心，焙），乌梅（去核取肉，炒）各64 g。上二味粗捣筛，每服4.5 g，水一盏，煎至半盏，去滓，食后温服，日三。（《圣济总录》）

⑩治阳明温病，无上焦症，数日大便不通，当下之，若其人阴素虚，不可行承气者：元参32 g，麦冬24 g，生地黄24 g。水8杯，煮取3杯，口干则与饮令尽，不便，再作服。（《温病条辨》）

⑪治疟伤胃阴，不饥，不饱，不便，潮热，得食则烦热愈加，津液不复者：麦冬15 g（连心），火麻仁12 g，生白芍12 g，何首乌9 g，乌梅肉6 g，知母6 g。水8杯，煮取3杯，分3次温服。（《温病条辨》）

⑫治燥伤胃阴：玉竹9 g，麦冬9 g，沙参6 g，生甘草3 g，水5杯，煮取2杯，分2次服。（《温病条辨》）

⑬治热伤元气，肢体倦怠，气短懒言：人参15 g，麦门冬（去心）9 g，五味子6 g（碎）。水煎，不拘时温服。（《千金方》）

⑭女子种痘，经水忽行，暴暗不能言语：麦门冬、当归、升麻、炙甘草、人参、生地黄加灯心草少许水煎服。（《万密斋医学全书》）

重楼属 *Paris* L.

1014. 七叶一枝花 *Paris polyphylla* Sm.

【别名】蚤休、草河车、白河车。

【形态】植株高35～100 cm，无毛；根状茎粗厚，直径达1～2.5 cm，外面棕褐色，密生多数环节和许多须根。茎通常带紫红色，直径（0.8）1～1.5 cm，基部有灰白色干膜质的鞘1～3枚。叶（5）7～10片，矩圆形、椭圆形或倒卵状披针形，长7～15 cm，宽2.5～5 cm，先端短尖或渐尖，基部圆形或宽楔形；叶柄明显，长2～6 cm，带紫红色。花梗长5～16（30）cm；外轮花被片绿色，（3）4～6枚，狭卵状披针形，长（3）4.5～7 cm；内轮花被片狭条形，通常比外轮长；雄蕊8～12枚，花药短，长5～8 mm，与花丝近等长或稍长，药隔凸出部分长0.5～1（2）mm；子房近球形，具棱，顶端具一盘状花柱基，花柱粗短，具（4）5分枝。蒴果紫色，直径1.5～2.5 cm，3～6瓣裂开。种子多数，具鲜红色多浆汁的外种皮。花期4—7月，果期8—11月。

【生境分布】生于山区山坡、林下或溪边湿地。罗田北部山区有少量野生分布，现有人工栽培。

【采收加工】秋季采挖，除去须根，洗净，晒干。置阴凉干燥处，防蛀。

【药用部位】根茎。

【药材名】重楼。

【来源】百合科植物七叶一枝花 *Paris polyphylla* Sm. 的干燥根茎。

【性状】本品呈结节状扁圆柱形，略弯曲，长5～12 cm，直径1.0～4.5 cm。表面黄棕色或灰棕色，外皮脱落处呈白色；密具层状凸起的粗环纹，一面结节明显，结节上具椭圆形凹陷茎痕，另一面有疏生的须根或疣状须根痕。顶端具鳞叶及茎的残基。质坚实，断面平坦，白色至浅棕色，粉性或角质。无臭，味微苦、麻。

【炮制】 除去杂质，洗净，润透，切薄片，晒干。

【性味】 苦，微寒，有小毒。

【归经】 归肝经。

【功能主治】 清热解毒，消肿止痛，凉肝定惊。主治疔疮痈肿，咽喉肿痛，毒蛇咬伤，跌打肿痛，惊风抽搐。

【用法用量】 内服：煎汤，3～9 g。外用：适量，研末调敷。

【注意】 与金银花、连翘等配伍应用，治热毒疮疡；与鬼针草等同用，治毒蛇咬伤。用于癌肿，常与石见穿、半枝莲、夏枯草等药配伍应用。此外，本品还可用于小儿高热惊风抽搐。

黄精属 *Polygonatum* Mill.

1015. 卷叶黄精 *Polygonatum cirrhifolium*（Wall.）Royle

【别名】 滇钩吻。

【形态】 根状茎肥厚，圆柱状，直径 1～1.5 cm，或根状茎连珠状，结节直径 1～2 cm。茎高 30～90 cm。叶通常每3～6 片轮生，很少下部有散生的，细条形至条状披针形，少有矩圆状披针形，长 4～9（12）cm，宽 2～8（15）mm，先端拳卷或弯曲成钩状，边常外卷。花序轮生，通常具 2 花，总花梗长 3～10 mm，花梗长3～8 mm，俯垂；苞片透明膜质，无脉，长 1～2 mm，位于花梗上或基部，或苞片不存在；花被淡紫色，全长 8～11 mm，花被筒中部稍缢狭，裂片长约 2 mm；花丝长约 0.8 mm，花药长 2～2.5 mm；子房长约 2.5 mm，花柱长约 2 mm。浆果红色或紫红色，直径 8～9 mm，具 4～9 个种子。花期 5—7 月，果期 9—10 月。

【生境分布】 生于林下、灌丛或山坡阴处。罗田北部山区有分布。

【来源】 百合科植物卷叶黄精 *Polygonatum cirrhifolium*（Wall.）Royle 的根茎。

【备注】 本种与百合科植物黄精 *Polygonatum sibiricum* Delar. ex Redoute 同等入药。详见后述。

1016. 多花黄精 *Polygonatum cyrtonema* Hua

【形态】 根状茎肥厚，通常连珠状或结节成块，少有近圆柱状，直径 1～2 cm。茎高 50～100 cm，通常具 10～15 片叶。叶互生，椭圆形、卵状披针形至矩圆状披针形，少有稍作镰状弯曲，长 10～18 cm，宽 2～7 cm，先端尖至渐尖。花序具 1～14花，伞形，总花梗长 1～4（6）cm，花梗长 0.5～1.5（3）cm；苞片微小，位于花梗中部以下，或不存在；花被黄绿色，全

长 18～25 mm，裂片长约 3 mm；花丝长 3～4 mm，两侧扁或稍扁，具乳头状凸起至具短绵毛，顶端稍膨大至具囊状凸起，花药长 3.5～4 mm；子房长 3～6 mm，花柱长 12～15 mm。浆果黑色，直径约 1 cm，具 3～9 个种子。花期 5—6 月，果期 8—10 月。

【生境分布】 生于林下、灌丛或山坡阴处。罗田北部山区有分布。

【来源】 百合科植物多花黄精 *Polygonatum cyrtonema* Hua 的根茎。

【备注】 本种与百合科植物黄精 *Polygonatum sibiricum* Delar. ex Redoute 同等入药。详见下述。

1017. 黄精 *Polygonatum sibiricum* Delar. ex Redoute

【别名】 鸡头黄精、老虎姜、鸡爪参。

【形态】 根状茎圆柱状，由于结节膨大，因此"节间"一头粗、一头细，在粗的一头有短分枝，直径 1～2 cm。茎高 50～90 cm，或可超 1 m，有时呈攀援状。叶轮生，每轮 4～6 片，条状披针形，长 8～15 cm，宽（4）6～16 mm，先端拳卷或弯曲成钩。花序通常具 2～4 朵花，似成伞形状，总花梗长 1～2 cm，花梗长（2.5）4～10 mm，俯垂；苞片位于花梗基部，膜质，钻形或条状披针形，长 3～5 mm，具 1 脉；花被乳白色至淡黄色，全长 9～12 mm，花被筒中部稍缢缩，裂片长约 4 mm；花丝长 0.5～1 mm，花药长 2～3 mm；子房长约 3 mm，花柱长 5～7 mm。浆果直径 7～10 mm，黑色，具 4～7 个种子。花期 5—6 月，果期 8—9 月。

【生境分布】 生于林下、灌丛或山坡阴处。罗田各地均有分布。

【采收加工】 春、秋季采收，以秋季采者质佳。挖取根茎，除去地上部分及须根，洗去泥土，置蒸笼内蒸至油润时，取出晒干或烘干。或置水中煮沸后，捞出晒干或烘干。

【来源】 百合科植物黄精 *Polygonatum sibiricum* Delar. ex Redoute 的根茎。

【性状】 干燥根茎，呈不规则的圆锥状，形似鸡头（习称"鸡头黄精"），或呈结节块状似姜形（习称"姜形黄精"）。分枝少而短粗，长 3～10 cm，直径 1～3 cm。表面黄白色至黄棕色，半透明，全体有细皱纹及稍隆起呈波状的环节，地上茎痕呈圆盘状，中心常凹陷，根痕多呈点状凸起，分布全体或多集生于膨大部分。干燥者质硬，易折断，未完全干燥者质柔韧；断面淡棕色，呈半透明角质样或蜡质状，并有多数黄白色小点。无臭，味微甜而有黏性。以块大、黄色、断面透明、质润泽者为佳。

【炮制】 黄精：洗净泥土，略润，切片，晒干。酒黄精：取拣净的黄精，洗净，用酒拌匀，装入容器内，密闭，坐水锅中，隔水炖到酒吸尽，取出，切段，晾干。（黄精每 50 kg，用黄酒 25 kg。）

【性味】 甘，平。

【归经】 归脾、肺、肾经。

【功能主治】 补中益气，润心肺，强筋骨。主治虚损寒热，肺痨咯血，病后体虚食少，筋骨软弱，风湿疼痛，风癞癣疾。

【用法用量】 内服：煎汤，9～15 g（鲜品 32～64 g）；熬膏或入丸、散。外用：煎水洗。

【注意】 中寒泄泻，痰湿痞满气滞者忌服。

①《本草纲目》：忌梅实，花、叶、子并同。

②《本经逢原》：阳衰阴盛人服之，每致泄泻痞满。

③《得配本草》：气滞者禁用。

④《本草正义》：有湿痰者弗服。胃纳不旺者，亦必避之。

【附方】①壮筋骨，益精髓，变白发：黄精、苍术各 2 kg，枸杞根、柏叶各 2.5 kg，天门冬 1.5 kg。煮汁 100 升，同曲 5 kg，糯米 100 升，如常酿酒饮。（《本草纲目》）

②补精气：枸杞子（冬采者佳），黄精各等份。为细末，二味相和，捣成块，捏作饼子，干复捣为末，炼蜜为丸，如梧桐子大。每服 50 丸，空心温水送下。（《奇效良方》）

③治脾胃虚弱，体倦无力：黄精、党参、淮山药各 32 g，蒸鸡食。（《湖南农村常用中草药手册》）

④治肺痨咯血，赤白带下：鲜黄精根头 64 g，冰糖 32 g，开水炖服。（《闽东本草》）

⑤治肺结核，病后体虚：黄精 15 ～ 32 g。水煎服或炖猪肉食。（《湖南农村常用中草药手册》）

⑥治小儿下肢痿软：黄精 32 g，冬蜜 32 g。开水炖服。（《闽东本草》）

⑦治胃热口渴：黄精 18 g，熟地黄、山药各 15 g，天花粉、麦门冬各 12 g。水煎服。（《山东中草药手册》）

⑧治眼，补肝气，明目：蔓菁子（以水淘净）500 g，黄精（和蔓菁子水蒸 9 次，曝干）1000 g。上药，捣细罗为散。每服，空心以粥饮调下 6 g，日午晚食后。以温水再调服。（《太平圣惠方》）

⑨治荣气不清，久风入脉：黄精根（去皮洗净）1000 g。日中暴令软，纳粟米饭甑中同蒸之，二斗米熟为度，不拘时服。（《圣济总录》）

⑩治蛲虫病：黄精 24 g，加冰糖 64 g，炖服。（《福建中医药》）

【临床应用】①治疗肺结核。取黄精经蒸晒干燥，洗净，切碎，加水 5 倍，用文火煎熬 24 h，滤去渣，再将滤液用文火煎熬，不断搅拌，待熬成浸膏状，冷却，装瓶备用。一般 2.5 kg 黄精可制黄精浸膏 500 g，每毫升相当于黄精 5 g。剂量：每日 4 次，每次 10 ml。

②治疗癣菌病。取黄精捣碎，以 95% 酒精浸 1 ～ 2 天，蒸馏去除大部分酒精使其浓缩，加 3 倍水，沉淀，取其滤液，蒸去其余酒精，浓缩至稀糊状，即成为黄精粗制液。使用时直接搽涂患处，每日 2 次。一般对足癣、腰癣都有一定疗效，尤以对足癣的水疱型及糜烂型疗效最佳。对足癣的角化型疗效较差，可能是因霉菌处在角化型较厚的表皮内，而黄精无剥脱或渗透表皮功能之故。黄精粗制液搽时无痛苦，亦未见变坏的不良反应，缺点是容易污染衣服。

1018. 湖北黄精 *Polygonatum zanlanscianense* Pamp.

【形态】根状茎连珠状或姜块状，肥厚，直径 1 ～ 2.5 cm。茎直立或上部有些攀援，高可超 1 m。叶轮生，每轮 3 ～ 6 枚，叶形变异较大，椭圆形、矩圆状披针形、披针形至条形，长（5）8 ～ 15 cm，宽 4 ～ 35 mm，先端拳卷至稍弯曲。花序具 2 ～ 6（11）花，近伞形，总花梗长 5 ～ 20（40）mm，花梗长 2 ～ 10 mm；苞片位于花梗基部，膜质或中间略带草质，具 1 脉，长（1）2 ～ 6 mm；花被白色或淡黄绿色或淡紫色，全长 6 ～ 9 mm，花被筒近喉部稍缢缩，裂片长约 1.5 mm；花丝长 0.7 ～ 1 mm，花药长 2 ～ 2.5 mm；子房长约 2.5 mm，花柱长 1.5 ～ 2 mm。浆果直径 6 ～ 7 mm，紫红色或黑色，具 2 ～ 4 个种子。花期 6—7 月，果期 8—10 月。

【生境分布】 生于林下、灌丛或山坡阴处。罗田各地均有分布。

【来源】 百合科植物湖北黄精 *Polygonatum zanlanscianense* Pamp. 的根茎。

【备注】 本种与百合科植物黄精 *Polygonatum sibiricum* Delax. ex Redoute 同等入药。

1019. 轮叶黄精 *Polygonatum verticillatum*（L.）All

【形态】 根状茎的"节间"长 2～3 cm，一头粗，一头较细，粗的一头有短分枝，直径 7～15 mm，少有根状茎为连珠状。茎高（20）40～80 cm。叶通常为 3 叶轮生，或间有少数对生或互生的，少有全株为对生的，矩圆状披针形（长 6～10 cm，宽 2～3 cm）至条状披针形或条形（长达 10 cm，宽仅 5 mm），先端尖至渐尖。花单朵或 2（4）朵成花序，总花梗长 1～2 cm，花梗（指生于花序上的）长 3～10 mm，俯垂；苞片一不存在，或微小而生于花梗上；花被淡黄色或淡紫色，全长 8～12 mm，裂片长 2～3 mm；花丝长 0.5～1（2）mm，花药长约 2.5 mm；子房长约 3 mm，具约与之等长或稍短的花柱。浆果红色，直径 6～9 mm，具 6～12 个种子。花期 5—6 月，果期 8—10 月。

【生境分布】 生于林下、灌丛或山坡阴处。罗田各地均有分布。

【备注】 本种与百合科植物黄精 *Polygonatum sibiricum* Delax. ex Redoute 同等入药。

1020. 玉竹 *Polygonatum odoratum*（Mill.）Druce

【别名】 葳参、萎蕤。

【形态】 根状茎圆柱状，直径 5～14 mm。茎高 20～50 cm，具 7～12 叶。叶互生，椭圆形至卵状矩圆形，长 5～12 cm，宽 3～16 cm，先端尖，下面带灰白色，下面脉上平滑至呈乳头状粗糙。花序具 1～4 花（在栽培情况下，可多至 8 朵），总花梗（单花时为花梗）长 1～1.5 cm，无苞片或有条状披针形苞片；花被黄绿色至白色，全长 13～20 mm，花被筒较直，裂片长 3～4 mm；花丝丝状，近平滑至具乳头状凸起，花药长约 4 mm；子房长 3～4 mm，花柱长 10～14 mm。浆果蓝黑色，直径 7～10 mm，具 7～9 个种子。花期 5—6 月，果期 7—9 月。

【生境分布】生于山野林下或石隙间，喜阴湿处。罗田各地均有分布。

【采收加工】春、秋季采挖，除去茎叶、须根和泥土，晾晒至外表有黏液渗出，轻撞去毛，按大小分开，继续晾晒至微黄色，进行揉搓、晾晒。如此反复数次，至柔润光亮、无硬心，再晒至足干；或将鲜玉竹蒸透后，边晒边揉，至柔软而透明时再晒干。收储于干燥通风处，防霉蛀走油。

【药材名】玉竹。

【来源】百合科植物玉竹 *Polygonatum odoratum*（Mill.）Druce 的根茎。

【性状】干燥根茎呈细长圆柱形，多不分枝，长 5～15 cm，直径 0.5～1 cm。表面淡黄色或淡黄棕色，半透明，稍粗糙，有细纵皱纹，节明显，呈稍隆起的波状环，节间长度多数在 1 cm 以下，节上有多数不规则散在的细根痕，较大的根痕呈疣状凸起，有时可见圆盘状的地上茎痕迹。干燥者质坚硬，角质样而脆，受潮则变柔软。折断面带颗粒性，黄白色。气微弱，味略甜，有黏性。以条长、肉肥、光泽柔润者为佳。

【炮制】玉竹：除去杂质，洗净泥土，闷润至内外湿度均匀，切片，晒干。蒸玉竹：取洗净的玉竹，置蒸器内加热蒸闷 2～3 次，至内外均呈黑色为度，取出，晒至半干，切片，再晒至足干。

【性味】甘，平。

【归经】归肺、胃经。

【功能主治】养阴，润燥，除烦，止渴。主治热病阴伤，咳嗽烦渴，虚劳发热，消谷善饥，小便频数。

【用法用量】内服：煎汤，6～9 g；或熬膏，入丸、散。

【注意】胃有痰湿气滞者忌服。

①《本草崇原》：阴病内寒，此为大忌。

②《本草备要》：畏咸卤。

【储藏】置通风干燥处，防霉，防蛀。

【附方】①治发热口干，小便涩：萎蕤 160 g。煮汁饮之。（《外台秘要》）

②治秋燥伤胃：玉竹 9 g，麦冬 9 g，沙参 6 g，生甘草 3 g。水 5 杯，煮取 2 杯，分 2 次服。（《温病条辨》）

③治阳明温病，下后汗出，当复其阴：沙参 9 g，麦门冬 15 g，冰糖 3 g，细生地 15 g，玉竹（炒香）4.5 g。水 5 杯，煮取 2 杯，分 2 次服，渣再煮一杯服。（《温病条辨》）

④治阴虚体感冒风温，及冬温咳嗽，咽干痰结：生萎蕤 6～9 g，生葱白 2～3 枚，桔梗 3～4.5 g，东白薇 1.5～3 g，淡豆豉 9～12 g，苏薄荷 3～4.5 g，炙草 1.5 g，红枣 2 枚。水煎服。（《通俗伤寒论》）

⑤治小便淋涩痛：芭蕉根（切）125 g，萎蕤（锉）32 g。上药，以水二大盏，煎至一盏三分，去滓，入滑石末 9 g，搅令匀。食前分为 3 服，服之。（《太平圣惠方》）

⑥治男妇虚症，肢体酸软，自汗，盗汗：葳参 15 g，丹参 7.5 g。不用引，水煎服。（《滇南本草》）

⑦治赤眼涩痛：萎蕤、赤芍、当归、黄连各等份。煎汤熏洗。（《卫生家宝方》）

⑧治眼见黑花，赤痛昏暗：萎蕤（焙）125 g。为粗末，每服 3 g，水一盏，入薄荷 3 叶，生姜 1 片，蜜少许，同煎至七分，去滓，食后临卧服。（《圣济总录》）

⑨治虚咳：玉竹 15～32 g。与猪肉同煮服。（《湖南药物志》）

【备注】玉竹还有肥玉竹、明玉竹、尾参等。本品味甘，多脂，柔润可食，长于养阴，主要作用于脾胃，故久服不伤脾胃，主治肺阴虚所致的干咳少痰，咽干舌燥和温热病后期，或因高烧耗伤津液而出现的津少口渴，食欲不振，胃部不适等。本品补而不腻，不寒不燥，故有补益五脏，滋养气血，平补而润，兼除风热之功，有滋养镇静神经和强心的作用。本品适用于心悸、心绞痛。经现代医学研究证实，本品还有降血糖的作用，还具有润泽皮肤，消散皮肤慢性炎症和治疗跌伤、扭伤的功效。

吉祥草属 *Reineckia* Kunth

1021. 吉祥草 *Reineckia carnea*（Andr.）Kunth

【别名】竹根七。

【形态】茎粗 2 ～ 3 mm，蔓延于地面，逐年向前延长或发出新枝，每节上有一片残存的叶鞘，顶端的叶簇由于茎的连续生长，有时似长在茎的中部，两叶簇间可相距几厘米至超 10 cm。叶每簇有 3 ～ 8 片，条形至披针形，长 10 ～ 38 cm，宽 0.5 ～ 3.5 cm，先端渐尖，向下渐狭成柄，深绿色。花葶长 5 ～ 15 cm；穗状花序长 2 ～ 6.5 cm，上部的花有时仅具雄蕊；苞片长 5 ～ 7 mm；花芳香，粉红色；裂片矩圆形，长 5 ～ 7 mm，先端钝，稍肉质；雄蕊短于花柱，花丝丝状，

花药近矩圆形，两端微凹，长 2 ～ 2.5 mm；子房长 3 mm，花柱丝状。浆果直径 6 ～ 10 mm，成熟时鲜红色。花果期 7—11 月。

【生境分布】生于山沟阴处、林边、草坡及疏林下，尤以低山地区为多，海拔 170 ～ 3200 m。罗田天堂寨有分布。

【采收加工】全年均可采收。

【来源】百合科植物吉祥草 *Reineckia carnea*（Andr.）Kunth 的带根全草。

【性状】干燥全草呈黄褐色，根茎细长，节明显，节上有残留的膜质鳞叶，并有少数弯曲卷缩的须状根，叶皱缩。

【性味】甘，凉。

【功能主治】清肺，止咳，理血，解毒。主治肺热咳嗽，吐血，衄血，便血，跌打损伤，疮毒，赤眼，疳积。

【用法用量】内服：煎汤，6 ～ 10 g（鲜品 25 ～ 50 g）；或捣汁、浸酒。外用：捣敷。

【附方】①治虚弱干呛咳嗽：吉祥草、土羌活头。煎水去渣，炖猪心、肺服。（《四川中药志》）

②治喘咳：吉祥草 50 g。炖猪肺或肉吃。（《贵阳民间药草》）

③治吐血，咯血：吉祥草 50 g。煨水服。（《贵州草药》）

④治黄疸：吉祥草 50 g。蒸淘米水吃。（《贵阳民间药草》）

万年青属 *Rohdea* Roth

1022. 万年青 *Rohdea japonica*（Thunb.）Roth

【别名】斩蛇剑、铁扁担。

【形态】根状茎粗 1.5 ～ 2.5 cm。叶 3 ～ 6 片，厚纸质，矩圆形、披针形或倒披针形，长 15 ～ 50 cm，宽 2.5 ～ 7 cm，先端急尖，基部稍狭，绿色，纵脉明显浮凸；鞘叶披针形，长 5 ～ 12 cm。

花葶短于叶，长 2.5 ～ 4 cm；穗状花序长 3 ～ 4 cm，宽 1.2 ～ 1.7 cm；具几十朵密集的花；苞片卵形，膜质，短于花，长 2.5 ～ 6 mm，宽 2 ～ 4 mm；花被长 4 ～ 5 mm，宽 6 mm，淡黄色，裂片厚；花药卵形，长 1.4 ～ 1.5 mm。浆果直径约 8 mm，成熟时红色。花期 5—6 月，果期 9—11 月。

【生境分布】 多栽培或野生于山涧、林下湿地。罗田有少量栽培。

（1）万年青。

【采收加工】 秋季采挖根状茎，洗净，除去须根，鲜用或切片晒干。全草鲜用，全年可采。

【来源】 百合科植物万年青 *Rohdea japonica*（Thunb.）Roth 的根状茎或全草。

【性味】 苦、甘，寒；有小毒。

【功能主治】 清热解毒，强心利尿。主治白喉，白喉引起的心肌炎，咽喉肿痛，狂犬咬伤，细菌性痢疾，风湿性心脏病，心力衰竭；外用治跌打损伤，毒蛇咬伤，烧烫伤，乳腺炎，疔疮肿毒。

【用法用量】 内服：煎汤，根状茎 9 ～ 15 g，叶 3 ～ 6 g。外用：适量，捣烂取汁搽患处，或捣烂敷患处。

【临床应用】 ①白喉：a. 万年青醋露：万年青根状茎 40 g，切碎，加醋 100 ml，浸泡 48 h，去渣取汁，用于白喉心肌炎，第一天按每千克体重 70 mg 计算，次日服首日量的 2/3，第三天起则服用首日量的 1/2，共服 5 天。b. 万年青根状茎 9 g，捣汁，取汁频频吞服，一次服完。重症患者同时配用抗毒素、抗菌素和激素。

②心力衰竭：万年青成人每日鲜草 19.2 ～ 38.4 g，水煎 2 次使成 90 ml，分 3 次服，1 个疗程 7 ～ 10 日，控制心力衰竭达饱和量；小儿每千克体重 1.5 ～ 3 g 为饱和量，按每日 6 h 服一次，每日维持量约为饱和量的 1/15。如心力衰竭未控制，则用 4 ～ 7 日维持量后，继续用第二疗程的饱和量，以此类推。

（2）万年青叶。

【采收加工】 全年均可采收。

【来源】 百合科植物万年青 *Rohdea japonica*（Thunb.）Roth 的叶片。

【性味】 苦、涩，微寒。

【归经】 《本草新编》：入肾经，专通任督之脉，亦能入肺。

【功能主治】 强心利尿，清热解毒，止血。主治心力衰竭，咽喉肿痛，咯血，吐血，疮毒，蛇咬伤。

【用法用量】 内服：煎汤，9 ～ 15 g。外用：煎水熏洗或捣汁涂。

【附方】 治咽喉肿痛：万年青叶（鲜）3 ～ 5 片。捣汁，加酸醋一小杯，频频含咽。（《江西草药》）

【临床应用】 治疗慢性气管炎。万年青鲜叶每日 9 ～ 15 g，水煎，分 3 次饭后服，5 日为 1 个疗程。由于万年青具有一定毒性，故应慎重掌握用量，注意心律的变化，防止毒性副作用的发生。

（3）万年青花。

【采收加工】 春季采收。

【来源】 百合科植物万年青 *Rohdea japonica*（Thunb.）Roth 的花蕾。

【功能主治】 主治肾虚腰痛，跌打损伤。

【附方】 ①治肾虚腰痛，不能转侧：万年青花、糯米、黑豆、红枣、枸杞、猪腰子（切碎），装入猪大肠内炖服。（《四川中药志》）

②治一切跌打损伤：山芝麻、橡栗树花、万年青花，铁脚威灵仙汁为丸黄豆大。每服一丸，陈酒下。（《活人慈航》）

<h1 style="text-align:center">绵枣儿属 Scilla L.</h1>

1023. 绵枣儿 Scilla scilloides（Lindl.）Druce

【别名】石枣儿。

【形态】鳞茎卵形或近球形，高 2～5 cm，宽 1～3 cm，鳞茎皮黑褐色。基生叶通常 2～5 枚，狭带状，长 15～40 cm，宽 2～9 mm，柔软。花葶通常比叶长；总状花序长 2～20 cm，具多朵花；花紫红色、粉红色至白色，小，直径 4～5 mm，在花梗顶端脱落；花梗长 5～12 mm，基部有 1～2 枚较小的、狭披针形苞片；花被片近椭圆形、倒卵形或狭椭圆形，长 2.5～4 mm，宽约 1.2 mm，基部稍合生而成盘状，先端钝而且增厚；雄蕊生于花被片基部，稍短于花被片；花丝近披针形，边缘和背面常具小乳凸，基部稍合生，中部以上骤然变窄，变窄部分长约 1 mm；子房长 1.5～2 mm，基部有短柄，表面有小乳凸，3 室，每室 1 个胚珠；花柱长为子房的 1/2～2/3。果近倒卵形，长 3～6 mm，宽 2～4 mm。种子 1～3 个，黑色，矩圆状狭倒卵形，长 2.5～5 mm。花果期 7—11 月。

【生境分布】野生于丘陵、山坡或田间。罗田北部山区有分布。

【采收加工】6—7 月采收。

【药材名】绵枣儿。

【来源】百合科植物绵枣儿 Scilla scilloides（Lindl.）Druce 的鳞茎或全草。

【性状】鳞茎长卵形，长 2～3 cm，直径 5～15 mm，顶端渐尖，残留叶基，基部鳞茎盘明显，其上残留黄白色或棕色须根或须根断痕，鳞茎外部为数层鲜黄色膜质鳞叶，内部为白色叠生的肉质鳞片，富有黏性。气微，味微辣。以新鲜、饱满、不烂者为佳。

【性味】甘、苦，寒；有小毒。

【功能主治】活血解毒，消肿止痛。主治乳痈，肠痈，跌打损伤，腰腿痛。

【用法用量】内服：煎汤，3～9 g。外用：捣敷。

<h1 style="text-align:center">鹿药属 Smilacina Desf.</h1>

1024. 鹿药 Smilacina japonica A. Gray

【别名】盘龙七、偏头七。

【形态】植株高 30～60 cm；根状茎横走，圆柱状，粗 6～10 mm，有时具膨大结节。茎中部以上

或仅上部具粗伏毛，具4～9叶。叶纸质，
卵状椭圆形、椭圆形或矩圆形，长6～13
（15）cm，宽3～7 cm，先端近短渐尖，
两面疏生粗毛或近无毛，具短柄。圆锥花
序长3～6 cm，有毛，具10～20朵花；
花单生，白色；花梗长2～6 mm；花被片
分离或仅基部稍合生，矩圆形或矩圆状倒
卵形，长约3 mm；雄蕊长2～2.5 mm，
基部贴生于花被片上，花药小；花柱长
0.5～1 mm，与子房近等长，柱头几不裂。
浆果近球形，直径5～6 mm，成熟时红色，
具1～2个种子。花期5—6月，果期8—9月。

【生境分布】 生于林下及山坡阴处。罗田北部山区有分布。

【采收加工】 春、秋季采挖，洗净，晒干。

【药材名】 鹿药。

【来源】 百合科植物鹿药 *Smilacina japonica* A. Gray 的根茎及根。

【性味】 甘、苦，温。

【功能主治】 补气益肾，祛风除湿，活血调经。主治劳伤，阳痿，偏、正头痛，风湿疼痛，跌打损伤，
乳痈，月经不调。

【用法用量】 内服：煎汤，9～15 g；或浸酒。外用：捣敷或烫热熨患部。

【附方】 ①治偏、正头痛：偏头七、当归、川芎、升麻、连翘各6 g。水煎，饭后服。（《陕西中草药》）

②治跌打损伤，无名肿毒：偏头七，捣烂敷患处。（《陕甘宁青中草药选》）

③治劳伤：盘龙七15～32 g。泡酒服。

④治瘩背：盘龙七4.5 g，刺老包、红岩百合各3 g，鲜百味连、天南星各2.4 g，同捣绒，拌鸡蛋1个，
用布包在疮上。

⑤治乳痈：鲜盘龙七、青菜叶各32 g，共捣细，用布包好，放在沸水中烫热后，取出熨乳部。
（③～⑤方出自《贵州民间药物》）

⑥治月经不调：偏头七12～15 g，水煎服。（《陕西中草药》）

菝葜属 *Smilax* L.

1025. 菝葜 *Smilax china* L.

【别名】 金刚藤、金刚骨、金刚根、铁刺苓。

【形态】 攀援灌木；根状茎粗厚，坚硬，为不规则的块状，粗2～3 cm。茎长1～3 m，少数可达
5 m，疏生刺。叶薄革质或坚纸质，干后通常红褐色或近古铜色，圆形、卵形或其他形状，长3～10 cm，
宽1.5～6（10）cm，下面通常淡绿色，较少苍白色；叶柄长5～15 mm，占全长的1/2～2/3，具宽
0.5～1 mm的鞘（一侧），几乎都有卷须，少有例外，脱落点位于靠近卷须处。伞形花序生于叶尚幼嫩
的小枝上，具十几朵或更多的花，常呈球形；总花梗长1～2 cm；花序托稍膨大，近球形，较少稍延长，
具小苞片；花绿黄色，外花被片长3.5～4.5 mm，宽1.5～2 mm，内花被片稍狭；雄花中花药比花丝稍宽，
常弯曲；雌花与雄花大小相似，有6枚退化雄蕊。浆果直径6～15 mm，成熟时红色，有粉霜。花期2—

5月，果期9—11月。

【生境分布】生于山坡、灌丛林缘。罗田各地均有分布。

【采收加工】2月或8月采挖根茎，除去泥土及须根，晒干。

【药用部位】根茎。

【药材名】菝葜。

【来源】百合科植物菝葜 *Smilax china* L. 的根茎。

【性状】干燥根茎略呈圆柱形，微弯，结节状，有不规则的凹陷。长8～15 cm，直径2～4 cm。外表褐紫色，微有光泽，结节膨大处常有坚硬的须根残基及芽痕，或留有坚硬弯曲的细根。质坚硬，难折断，断面黄棕色，平坦。产于江苏的较细而长，俗称"金刚鞭"；产于浙江的较粗壮，俗称"铁菱角"。

【炮制】将原药用清水漫洗，润透，切成薄片，晒干。

【性味】甘，温。

【归经】归足厥阴、少阴。

【功能主治】祛风湿，利小便，消肿毒。主治关节疼痛，肌肉麻木，泄泻，痢疾，水肿，淋证，疔疮，肿毒，瘰疬，痔疮。

【用法用量】内服：煎汤，9～15 g，大剂量32～95 g；或浸酒，入丸、散。外用：煎水熏洗。

【附方】①治关节风湿痛：铁刺苓、活血龙、山楂根各9～15 g。水煎服。（《浙江民间草药》）

②治患脚，积年不能行，腰脊挛痹及腹屈内紧急者：菝葜净洗，锉之，一斛，以水三斛，煮取九斗，以渍曲及煮去滓，取一斛渍饭，酿之如酒法，熟即取饮，多少任意。（《补辑肘后方》）

③治筋骨麻木：菝葜浸酒服。（《南京民间药草》）

④治消渴，饮水无休：菝葜（锉，炒）、汤瓶内碱各32 g，乌梅2个（并核捶碎，焙干）。上粗捣筛。每服6 g，水一盏，瓦器煎七分，去滓，稍热细呷。（《普济方》）

⑤治小便多，滑数不禁：金刚骨为末，以好酒调9 g，服之。（《儒门事亲》）

⑥治下痢赤白：金刚根和好腊茶各等份为末，白梅肉丸如鸡头大。每服5～7丸，小儿3丸。赤痢甘草汤下，白痢乌梅汤下，赤白痢乌梅甘草汤下。（《履巉岩本草》）

⑦治石淋：菝葜64 g。捣罗为细散。每服3 g，米饮调下。服毕用地椒煎汤浴，连腰浸。（《圣济总录》）

⑧治乳糜尿：楤木（鸟不宿）根、菝葜根茎各32 g。水煎，分早晚2次服。（《全展选编》）

⑨治食道癌：鲜菝葜500 g。用冷水1.5 kg，浓缩成500 g时，去渣，加肥猪肉64 g，待肥肉熟后即可。此系一日量，分3次服完。（《中草药治肿瘤资料选编》）

⑩治赤白带下：菝葜250 g，捣碎煎汤，加糖64 g。每日服。（《江苏药材志》）

⑪治流火：铁刺苓煎汁与猪脚煮食，或配土牛膝6 g煎服。（《浙江民间草药》）

1026. 土茯苓 *Smilax glabra* Roxb.

【别名】仙遗粮、土萆薢、冷饭团。

【形态】攀援灌木；根状茎粗厚，块状，常由匍匐茎相连，粗2～5 cm。茎长1～4 m，枝条光滑，无刺。叶薄革质，狭椭圆状披针形至狭卵状披针形，长6～12（15）cm，宽1～4（7）cm，先端渐尖，

下面通常绿色，有时带苍白色；叶柄长
5～15（20）mm，占全长的 1/4～3/5，
具狭鞘，有卷须，脱落点位于近顶端。伞
形花序通常具 10 余朵花；总花梗长 1～5
（8）mm，通常明显短于叶柄，极少与叶
柄近等长；在总花梗与叶柄之间有 1 芽；
花序托膨大，连同多数宿存的小苞片呈莲
座状，宽 2～5 mm；花绿白色，六棱状球
形，直径约 3 mm；雄花外花被片近扁圆形，
宽约 2 mm，兜状，背面中央具纵槽；内花

被片近圆形，宽约 1 mm，边缘有不规则的齿；雄蕊靠合，与内花被片近等长，花丝极短；雌花外形与雄
花相似，但内花被片边缘无齿，具 3 枚退化雄蕊。浆果直径 7～10 mm，成熟时紫黑色，具粉霜。花期 7—
11 月，果期 11 月至次年 4 月。

【生境分布】 生于山坡、荒山及林边的半阴地。罗田骆驼坳镇、平湖乡等地有分布。

【采收加工】 秋末冬初采挖，除去芦头及须根，洗净泥沙，晒干或切片晒干。

【药材名】 土茯苓。

【来源】 百合科植物土茯苓 *Smilax glabra* Roxb. 的根茎。

【性状】 土茯苓又名红土苓。干燥根茎为不规则块状，略呈扁圆柱形而弯曲不直，多分歧，有结节
状隆起，长 5～15 cm，直径 2～5 cm。表面土棕色或棕色，粗糙，常有刀伤切口及侧根残余部分，上
端具茎痕。质坚硬，不易折断，断面粗糙，有粉性，淡棕色。气微，味甘、淡。土茯苓片为长形薄片，大
小不等，厚 1～3 mm。边缘不整齐，淡棕色或淡黄色；表面光滑（薄片）或稍粗糙（厚片）。中间略具
维管束点，仔细观察时可见沙砾样的光亮。纵切片常见花纹。导管不规则，富粉质，微有弹性，用水润湿
后，手摸之有光滑感。以淡棕色、粉性足、纤维少者为佳。

【炮制】 用水浸漂，夏季每日换水 1 次，春、秋季每 2 日换水 1 次，冬季可每 3 日换水 1 次，防止发臭，
以泡透为度，捞出切片，及时干燥。

【性味】 甘、淡，平。

【归经】 归肝、胃经。

【功能主治】 解毒，除湿，利关节。主治梅毒，淋浊，筋骨挛痛，脚气，疔疮，痈肿，瘰疬。

【用法用量】 内服：煎汤，16～32 g。外用：研末调敷。

【注意】 肝肾阴亏者慎服。

①《万氏家抄方》：不犯铁器。

②《本草纲目》：服时忌茶。

③《本草从新》：肝肾阴亏者勿服。

【附方】 ①治杨梅疮毒：土茯苓 32 g 或 15 g，水酒浓煎服。（《滇南本草》）

②治杨梅风毒，筋骨肿痛：土茯苓 1.5 kg，川椒 6 g，甘草 9 g，黑铅 500 g，青藤 9 g。将药用袋盛，
以好酒煮服之妙。（《赤水玄珠》）

③治血淋：土茯苓、茶根各 15 g。水煎服，白糖为引。（《江西草药》）

④治风湿骨痛，疮痈肿毒：土茯苓 500 g，去皮，和猪肉炖烂，分数次连滓服。（《浙江民间常用草药》）

⑤治风气痛及风毒疮癣：土茯苓（不犯铁器）250 g。石臼内捣为细末，糯米 10 升，蒸熟，白酒药造
成醇酒用，酒与糟俱可食。（《万氏家抄方》）

⑥治大毒疮红肿，未成即烂：土茯苓，为细末，好醋调敷。（《滇南本草》）

⑦治瘰疬溃烂：冷饭团，切片或为末，水煎服。或入粥内食之，须多食为妙。忌铁器、发物。（《积德堂经验方》）

⑧治皮炎：土茯苓64～95 g。水煎，当茶饮。（《江西草药》）

⑨治妇人红崩，带下：土茯苓，水煨，引用红糖治红崩，白糖治带下。（《滇南本草》）

⑩治小儿疳积，面黄肌瘦，烦躁爱哭，大便失调，皮肤粗糙：土茯苓9 g，野棉花根9 g。研细末，加猪肝64 g与水炖服，或米汤冲服。（《草医草药简便验方汇编》）

⑪治瘿瘤：土茯苓15 g，金锁银开、黄药子各9 g，白毛藤15 g，乌蔹莓根、蒲公英各12 g，甘草、金银花各6 g，水煎服。（《浙江民间草药》）

1027. 牛尾菜 *Smilax riparia* A. DC.

【别名】老龙须。

【形态】多年生草质藤本。茎长1～2 m，中空，有少量髓，干后凹瘪并具槽。叶比上种厚，形状变化较大，长7～15 cm，宽2.5～11 cm，下面绿色，无毛；叶柄长7～20 mm，通常在中部以下有卷须。伞形花序总花梗较纤细，长3～5（10）cm；小苞片长1～2 mm，在花期一般不落；雌花比雄花略小，不具或具钻形退化雄蕊。浆果直径7～9 mm。花期6—7月，果期10月。

【生境分布】生于山坡林下。罗田北部山区有分布。

【采收加工】夏、秋季采收。

【药用部位】根及根茎。

【药材名】牛尾菜。

【来源】百合科植物牛尾菜 *Smilax riparia* A. DC. 的根及根茎。

【性味】甘、苦，平。

【功能主治】补气活血，舒筋通络。主治气虚浮肿，筋骨疼痛，偏瘫，头晕头痛，咳嗽吐血，骨结核，带下。

【用法用量】内服：煎汤，9～15 g；或浸酒、炖肉。外用：捣敷。

【附方】①治气虚浮肿：牛尾菜、毛蜡烛、地洋参各9 g，水高粱根6 g，葵花秆心3 g。绿豆为引，炖肉吃。（《贵州草药》）

②治关节痛：牛尾菜15 g，路边荆32 g，老鼠刺32 g，豨莶草15 g。水煎服。（《湖南药物志》）

③治肾虚咳嗽：牛尾菜、饿蚂蝗根、大火草根、土枸杞根各9 g，扑地棕根3 g。蒸鸡吃。（《贵州草药》）

④治咯血：牛尾菜、大山羊、岩百合、观音草各9 g，一朵云6 g。煨水服。（《贵州草药》）

⑤治头痛头晕：牛尾菜64 g，娃儿藤根15 g，鸡蛋2个。水煎，服汤食蛋。（《江西草药》）

油点草属 *Tricyrtis* Wall.

1028. 油点草 *Tricyrtis macropoda* Miq.

【别名】竹叶七。

【形态】植株高可达1 m。茎上部疏生或密生短的糙毛。叶卵状椭圆形、矩圆形至矩圆状披针形，长 6～19 cm，宽 4～10 cm，先端渐尖或急尖，两面疏生短糙伏毛，基部心形抱茎或圆形而近无柄，边缘具短糙毛。二歧聚伞花序顶生或生于上部叶腋，花序轴和花梗生有淡褐色短糙毛，并间生有细腺毛；花梗长 1.4～2.5（3）cm；苞片很小；花疏散；花被片绿白色或白色，内面具多数紫红色斑点，卵状椭圆形至披针形，长 1.5～2 cm，开放后自中下部向下反折；外轮 3 片较内轮宽，在基部向下延伸而呈囊状；雄蕊与花被

片约等长，花丝中上部向外弯垂，具紫色斑点；柱头稍微高出雄蕊或有时近等高，3 裂；裂片长 1～1.5 cm，每裂片上端又 2 深裂，小裂片长约 5 mm，密生腺毛。蒴果直立，长 2～3 cm。花果期 6—10 月。

【生境分布】 生于高海拔的山地林下、草丛中或岩石缝隙中。罗田北部高山区有分布。

【药材名】 油点草。

【来源】 百合科植物油点草 *Tricyrtis macropoda* Miq. 的根。

【功能主治】 补虚止咳。主治肺虚咳嗽。

【性味】 甘、温。

【归经】 归肺经。

【用法用量】 内服：煎汤，12～18 g。

开口箭属 *Tupistra* Ker–Gawl.

1029. 开口箭 *Tupistra chinensis* Baker

【别名】 牛尾七、岩七、竹根七。

【形态】 根状茎长圆柱形，直径 1～1.5 cm，多节，绿色至黄色。叶基生，4～8（12）枚，近革质或纸质，倒披针形、条状披针形、条形或矩圆状披针形，长 15～65 cm，宽 1.5～9.5 cm，先端渐尖，基部渐狭；鞘叶 2 枚，披针形或矩圆形，长 2.5～10 cm。穗状花序直立，少有弯曲，密生多花，长 2.5～9 cm；总花梗短，长 1～6 cm；苞片绿色，卵状披针形至披针形，除每朵花有 1 枚苞片外，另有几枚无花的苞片在花序顶端聚生成丛；花短钟状，长 5～7 mm；花被筒长 2～2.5 mm；裂片卵形，先端渐尖，长 3～5 mm，宽 2～4 mm，肉质，黄色或黄绿色；花丝基部扩大，其扩大部分有的贴生于花被片上，有的加厚，肉质，边缘不贴生于花被片上，有的彼此连合，花丝上部分离，长 1～2 mm，内弯，花药卵形；子房近球形，直径 2.5 mm，花柱不明显，柱头钝三棱形，顶端 3 裂。浆果球形，成熟时紫红色，直径 8～10 mm。花期 4—6 月，果期 9—11 月。

【生境分布】 生于林下阴湿处、溪边或道路旁，海拔 1000 ～ 2000 m。罗田天堂寨有栽培。

【采收加工】 夏、秋季采挖，除去须根，洗净，晒干。

【药材名】 开口箭。

【来源】 百合科植物开口箭 *Tupistra chinensis* Baker 的根状茎。

【性味】 甘、微苦，凉；有毒。

【功能主治】 清热解毒，散淤止痛。主治白喉，风湿关节痛，腰腿疼痛，跌打损伤，毒蛇咬伤；外用治疮痈肿毒。

【用法用量】 内服：研粉服，0.6 ～ 1 g；或煎汤，1.5 ～ 3 g。外用：适量，鲜品捣烂敷患处。

【注意】 孕妇忌服。

【备注】 本品有毒，用至 10 g 时曾有中毒报告，故用量不可过大。中毒时可出现头痛、眩晕、恶心、呕吐等症状，需立即停药，及时抢救。

藜芦属 *Veratrum* L.

1030. 藜芦 *Veratrum nigrum* L.

【别名】 山葱。

【形态】 植株高可达 1 m，通常粗壮，基部的鞘枯死后残留为有网眼的黑色纤维网。叶椭圆形、宽卵状椭圆形或卵状披针形，大小常有较大变化，通常长 22 ～ 25 cm，宽约 10 cm，薄革质，先端锐尖或渐尖，基部无柄或生于茎上部的具短柄，两面无毛。圆锥花序密生黑紫色花；侧生总状花序近直立伸展，长 4 ～ 12（22）cm，通常具雄花；顶生总状花序常较侧生花序长 2 倍以上，大多数着生两性花；总轴和枝轴密生白色绵状毛；小苞片披针形，边缘和背面有毛；生于侧生花序上的花梗长约 5 mm，约等长于小苞片，密生绵状毛；花被片开展或在两性花中略反折，矩圆形，长 5 ～ 8 mm，宽约 3 mm，先端钝或浑圆，基部略收狭，全缘；雄蕊长为花被片的 1/2；子房无毛。蒴果长 1.5 ～ 2 cm，宽 1 ～ 1.3 cm。花果期 7—9 月。

【生境分布】 生于山野、林内或灌丛间。罗田北部山区有分布。

【采收加工】 5—6 月未抽花茎时采挖，除去苗叶，晒干或用开水浸烫后晒干。

【药用部位】 根及根茎。

【药材名】 藜芦。

【来源】 百合科植物藜芦 *Veratrum nigrum* L. 的根及根茎。

【性状】 干燥根茎短粗，表面褐色。上端残留叶基及棕色毛状的维管束。须根多数，簇生于根茎四周，长 12 ～ 20 cm，粗约 3 mm，表面黄白色或灰褐色，有细密的横皱，下端多纵皱。质脆，易折断，断面白色、粉质，中心有一淡黄色纤细的木质部，易与皮部分离，味苦、辛。以根粗坚实、断面粉性者为佳。

【性味】 苦、辛，寒；有毒。

【归经】①《本草经疏》：归手太阴、足阳明经。

②《本草再新》：归肝经。

【功能主治】吐风痰，杀虫毒。主治中风痰厥，风痫癫疾，黄疸，久疟，泄痢，头痛，喉痹，鼻息，疥癣，恶疮。

【用法用量】内服：研末，0.3～0.6 g；或入丸剂。外用：研末，搐鼻或调敷。

【注意】体虚气弱及孕妇忌服。

①《本草经集注》：黄连为之使；反细辛、芍药、五参，恶大黄。

②《本草纲目》：畏葱白。服之吐不止，饮葱汤即止。

③《本草从新》：服之令人烦闷吐逆，大损津液，虚者慎之。

【附方】①治诸风痰饮：藜芦3 g，郁金0.3 g，为末。每以一字，温浆水一盏和服，探吐。（《经验方》）

②治中风不语，喉如拽锯，口中涎沫：藜芦0.3 g，天南星（去浮皮，于脐子上陷一个坑，纳入陈醋二橡斗子，四面用火逼令黄色）1个。同一处捣，再研极细，用生面为丸，如赤豆大，每服3丸，温酒下。（《经验后方》）

③治头痛不可忍：藜芦一茎，曝干，捣罗为散，入麝香麻子许，研匀吹鼻中。（《圣济总录》）

④治头痛鼻塞脑闷：藜芦（研）16 g，黄连（去须）0.9 g。上2味，捣研为散，每用少许，搐入鼻中。（《圣济总录》）

⑤治黄疸：藜芦着灰中炮之，小变色，捣为末，水服半钱匕，小吐，不过数服。（《肘后备急方》）

⑥治老疟久不断者：藜芦、皂荚（炙）各32 g，巴豆25枚（熬令黄）。依法捣，蜜丸如小豆。空心服1丸，未发时1丸，临发时又1丸，勿次食。（《补辑肘后方》）

⑦治久疟不能饮食，胸中郁郁如吐，欲吐不能吐者，宜吐，则已：大藜芦末1.5 g，温水调下，以吐为度。（《素问病机气宜保命集》）

⑧治诸疮疱，经久则生虫：藜芦（去芦头）、白矾（烧灰细研）、松脂（细研）、雄黄（细研）、苦参（锉）各64 g。上药，先捣藜芦、苦参为末，入猪脂500 g相和，煎十余沸，绵滤去滓，次入松脂、雄黄、白矾等末，搅令匀，待冷，收于瓷盒中，旋取涂之，以瘥为度。（《太平圣惠方》）

⑨治鼻中息肉渐大，气息不通：藜芦（去芦头，捣罗为末）0.9 g，雄黄（细研）0.3 g，雌黄（细研）0.3 g。上药，同研令匀，每用时以蜜调散，用纸拈子，展药，点于息肉上，每日三度，则自消化，不得涂药于两畔，恐涕落于药上。（《太平圣惠方》）

⑩治牙疼：纳藜芦末于牙孔中，勿咽汁。（《千金翼方》）

⑪治白秃：藜芦末，以腊月猪膏和涂之，先用盐汤洗，乃敷。（《补辑肘后方》）

⑫治头生虮虱：藜芦末掺之。（《仁斋直指方》）

⑬治疥癣：藜芦，细捣为末，以生油调敷之。（《斗门方》）

⑭治中风，牙关紧闭：用藜芦32 g，去苗头，在浓煎的防风汤中泡过，焙干，切细，炒成微褐色，研为末。每服1.5 g，小儿减半。温水调药灌下。以吐风涎为效，末吐再服。

⑮治误吞水蛭：用藜芦炒过。研为末，水送服3 g将水蛭吐出。

1031. 牯岭藜芦 *Veratrum schindleri* Loes. f.

【形态】植株高约1 m，基部具棕褐色带网眼的纤维网。叶在茎下部的宽椭圆形，有时狭矩圆形，长约30 cm，宽2～13 cm，两面无毛，先端渐尖，基部收狭为柄，叶柄通常长5～10 cm。圆锥花序长而扩展，具多数近等长的侧生总状花序；总轴和枝轴生灰白色绵状毛；花被片伸展或反折，淡黄绿色、绿白色或褐色，近椭圆形或倒卵状椭圆形，长6～8 mm，宽2～3 mm，先端钝，基部无柄，全

缘，外花被片背面至少在基部被毛；小苞
片短于或近等长于花梗，背面生绵状毛，
在侧生花序上的花梗长 6～8（14）mm；
雄蕊长为花被片的 2/3；子房卵状矩圆形。
蒴果直立，长 1.5～2 cm，宽约 1 cm。花
果期 6—10 月。

　　【生境分布】 生于海拔 700～1350 m
的山坡林下阴湿处。罗田北部山区有分布。

　　【药材名】 藜芦。

　　【来源】 百合科植物牯岭藜芦
Veratrum schindleri Loes. f. 的根及根茎。

　　【性味】 同藜芦。

一六九、石蒜科 Amaryllidaceae

龙舌兰属 *Agave* L.

1032. 剑麻 *Agave sisalana* Perr. ex Engelm.

　　【别名】 菠萝麻。

　　【形态】 多年生植物。茎粗短。叶呈
莲座式排列，开花之前，一株剑麻通常可
产生叶 200～250 片，叶刚直，肉质，剑
形，初被白霜，后渐脱落而呈深蓝绿色，
通常长 1～1.5 m，最长可达 2 m，中部最
宽 10～15 cm，表面凹，背面凸，叶缘无
刺或偶而具刺，顶端有 1 硬尖刺，刺红褐
色，长 2～3 cm。圆锥花序粗壮，高可达
6 m；花黄绿色，有浓烈的气味；花梗长
5～10 mm；花被管长 1.5～2.5 cm，花被
裂片卵状披针形，长 1.2～2 cm，基部宽

6～8 mm；雄蕊 6，着生于花被裂片基部，花丝黄色，长 6～8 cm，花药长 2.5 cm，"丁"字形着生；
子房长圆形，长约 3 cm，下位，3 室，胚珠多数，花柱线形，长 6～7 cm，柱头稍膨大，3 裂。蒴果长圆形，
长约 6 cm，宽 2～2.5 cm。剑麻开花年限因环境条件、栽培技术而异，正常情况下，一般 6～7 年生的
植株便可开花，花期多在秋、冬季，若生长不良，花期也可能延迟，开花和长出珠芽后植株便死亡。通常
花后不能正常结实，靠生长大量的珠芽进行繁殖。

　　【生境分布】 生于高温多湿、雨量均匀的高坡处。罗田有栽培。

　　【采收加工】 全年均可采收。

【药材名】 剑麻。

【来源】 石蒜科植物剑麻 *Agave sisalana* Perr. ex Engelm. 的叶。

【性味】 甘、辛，凉。

【功能主治】 凉血止血，消肿解毒。主治肺痨咯血，衄血，便血，痢疾，疮痈肿毒，痔疮。

【用法用量】 内服：煎汤，9 ～ 15 g。外用：适量，鲜品捣敷。

君子兰属 *Clivia* Lindl.

1033. 垂笑君子兰 *Clivia nobilis* Lindl.

【别名】 君子兰。

【形态】 多年生草本。茎基部宿存的叶基呈鳞茎状。基生叶有十几片，质厚，深绿色，具光泽，带状，长 25 ～ 40 cm，宽 3 ～ 3.5 cm，边缘粗糙。花茎由叶丛中抽出，稍短于叶；伞形花序顶生，多花，开花时花稍下垂；花被狭漏斗形，橘红色，内轮花被裂片色较浅；雄蕊与花被近等长；花柱长，稍伸出花被外。花期夏季。

【生境分布】 我国引种栽培供观赏。

【采收加工】 全年均可采收。

【药材名】 君子兰。

【来源】 石蒜科植物垂笑君子兰 *Clivia nobilis* Lindl. 的根。

【功能主治】 主治支气管炎。

【用法用量】 内服：煎汤，3 ～ 6 g。

文殊兰属 *Crinum* L.

1034. 文殊兰 *Crinum asiaticum* var. *sinicum*（Roxb. ex Herb.）Baker

【别名】 罗裙带、朱兰叶、白花石蒜。

【形态】多年生粗壮草本。鳞茎长柱形。叶 20 ～ 30 片，多列，带状披针形，长可达 1 m，宽 7 ～ 12 cm 或更宽，顶端渐尖，具 1 急尖的尖头，边缘波状，暗绿色。花茎直立，几与叶等长，伞形花序有花 10 ～ 24 朵，佛焰苞状，总苞片披针形，长 6 ～ 10 cm，膜质，小苞片狭线形，长 3 ～ 7 cm；花梗长 0.5 ～ 2.5 cm；花高脚碟状，芳香；花被管纤细，伸直，长 10 cm，直径 1.5 ～ 2 mm，绿白色，花被裂片线形，长 4.5～9 cm，宽 6～9 mm，向顶端渐狭，白色；雄蕊淡红色，花丝长 4～5 cm，花药线形，顶端渐尖，长 1.5 cm 或更长；子房纺锤形，长不及 2 cm。蒴果近球形，直径 3～5 cm；通常种子 1 个。花期夏季。

【生境分布】栽培。

【采收加工】全年均可采收，多用鲜品，或洗净晒干备用。

【药用部位】叶和鳞茎。

【药材名】文殊兰。

【来源】石蒜科植物文殊兰 *Crinum asiaticum* var. *sinicum*（Roxb. ex Herb.）Baker 的叶和鳞茎。

【性味】辛，凉；有小毒。

【功能主治】行血散瘀，消肿止痛。主治咽喉炎，跌打损伤，疮痈肿毒，蛇咬伤。

【用法用量】内服：煎汤，3～9 g。外用：适量，鲜品捣烂敷患处。

【注意】全株有毒，以鳞茎最毒，内服宜慎。中毒症状：腹部疼痛，先便秘，后剧烈下泻，脉搏增速，呼吸不整，体温上升。解救：早期可洗胃，服浓茶或鞣酸，应特别注意发生休克。亦可用白米醋 125 g，生姜汁 64 g，轻者含嗽，重者内服。

仙茅属 *Curculigo* Gaertn.

1035. 仙茅 *Curculigo orchioides* Gaertn.

【别名】仙茅参、天棕。

【形态】根状茎近圆柱状，粗厚，直生，直径约 1 cm，长可达 10 cm。叶线形、线状披针形或披针形，大小变化甚大，长 10～45（90）cm，宽 5～25 mm，顶端长渐尖，基部渐狭成短柄或近无柄，两面散生疏柔毛或无毛。花茎甚短，长 6～7 cm，大部分藏于鞘状叶柄基部内，亦被毛；苞片披针形，长 2.5～5 cm，具缘毛；总状花序呈伞房状，通常具 4～6 朵花；花黄色；花梗长约 2 mm；花被裂片长圆状披针形，长 8～12 mm，宽 2.5～3 mm，外轮的背面有时散生长柔毛；雄蕊约为花被裂片长度的 1/2，花丝长 1.5～2.5 mm，花药长 2～4 mm；柱头 3 裂，分裂部分较花柱长；子房狭长，顶端具长喙，连喙长达 7.5 mm（喙约占 1/3），被疏毛。浆果近纺锤状，长 1.2～1.5 cm，宽约 6 mm，顶端有长喙。种子表面具纵凸纹。花果期 4—9 月。

【生境分布】野生于平原荒草地阳处，或混生在山坡茅草中。罗田各地均有分布。

【采收加工】2—4 月发芽前或 7—9 月苗枯萎时挖取根茎，洗净，除去须根和根头，晒干，或蒸后晒干。

【药材名】仙茅。

【来源】石蒜科植物仙茅 *Curculigo orchioides* Gaertn. 的根茎。

【性状】干燥根茎为圆柱形，略弯曲，两端平，长 3～10 cm，直径 3～8 mm。表面棕褐色或黑褐色，粗糙，皱缩不平，有细密而不连续的横纹，并散布有不甚明显的细小圆点状皮孔。未去须根者，在根茎的一端常丛生两端细、中间粗的须根，长 3～6 cm，有极密的环状横纹，质轻而疏松，柔软而不易折断。根茎质坚脆，易折断，断面平坦，微带颗粒性（经蒸过者略呈透明角质状），皮部浅灰棕色，或因糊化而呈红棕色，靠近中心处色较深。微有辛香气，味微苦、辛。以根条粗长、质坚脆、表面黑褐色者为佳。

【炮制】酒仙茅：取净仙茅用黄酒拌匀，润透后，置锅内微炒至干，取出，晾干。（仙茅每 50 kg，用黄酒 5～10 kg。）

①《雷公炮炙论》：凡采得（仙茅）后，用清水洗令净，刮上皮，于槐砧上用铜刀切豆许大，却用生稀布袋盛，于乌豆水中浸一宿，取出，用酒湿拌了蒸，从巳至亥，取出曝干。

②《海药本草》：仙茅，用时竹刀切，糯米泔浸。

【性味】辛，温；有毒。

【归经】归肾、肝经。

【功能主治】温肾阳，壮筋骨。主治阳萎精冷，小便失禁，崩漏，心腹冷痛，腰脚冷痹，痈疽，瘰疬，阳虚冷泻。

【用法用量】内服：煎汤，4.5～9 g；或入丸、散。外用：捣敷。

【注意】凡阴虚火旺者忌服。

《雷公炮炙论》：勿犯铁，斑人须鬓。

【储藏】置干燥处，防霉，防蛀。

【附方】①治阳痿、耳鸣：仙茅、金樱子根及果各 15 g。炖肉吃。（《贵州草药》）

②治老年遗尿：仙茅 32 g。泡酒服。（《贵州草药》）

③壮筋骨，益精神，明目：仙茅（糯米泔浸五日，去赤水，夏月浸三日，铜刀刮锉，阴干，取 500 g）1000 g，苍术（米泔浸五日，刮皮，焙干，取 500 g）1000 g，枸杞子 500 g，车前子 375 g，白茯苓（去皮）、茴香（炒）、柏子仁（去壳）各 250 g，生地黄（焙）、熟地黄（焙）各 125 g。为末，酒煮糊丸，如梧桐子大。每服 50 丸，食前温酒下，日 2 服。（《圣济总录》）

④定喘，补心肾，下气：白仙茅 16 g（米泔浸三宿，晒干，炒），团参 0.3 g，阿胶（炒）32.9 g，鸡膍胵 48 g。上为末，每服 6 g，糯米饮调，空腹服。（《三因极一病症方论》）

⑤治高血压：仙茅、仙灵脾、巴戟、知母、黄柏、当归，六味各等份，煎成浓缩液。日服 2 次，每次 15～32 g。（《中医研究工作资料汇编》）

⑥治妇人红崩下血，已成漏症：仙茅（为末）9 g，全秦归、蛇果草各等份，以二味煎汤，点水酒将仙茅末送下。（《滇南本草》）

⑦治痈疽火毒，漫肿无头，青黑色者：仙茅不拘多少，连根须煎，点水酒服；或以新鲜品捣烂敷之。有脓者溃，无脓者消。（《滇南本草》）

⑧治蛇咬：天棕同半边莲捣烂贴患处。（《草药单方临床病例经验汇编》）

朱顶红属 *Hippeastrum* Herb.

1036. 朱顶红 *Hippeastrum rutilum*（Ker-Gawl.）Herb.

【别名】朱顶兰。

【形态】多年生草本。鳞茎近球形，直径 5～7.5 cm，并有匍匐枝。叶 6～8 枚，花后抽出，鲜绿色，带形，长约 30 cm，基部宽约 2.5 cm。花茎中空，稍扁，高约 40 cm，宽约 2 cm，具有白粉；花 2～4 朵；佛焰苞状总苞片披针形，长约 3.5 cm；花梗纤细，长约 3.5 cm；花被管绿色，圆筒状，长约 2 cm，花被裂片长圆形，顶端尖，长约 12 cm，宽约 5 cm，洋红色，略带绿色，喉部有小鳞片；雄蕊 6，长约 8 cm，花丝红色，花药线状长圆形，长约 6 mm，宽约 2 mm；子房长约 1.5 cm，花柱长约 10 cm，柱头 3 裂。花期夏季。

【生境分布】 原产于巴西，我国引进栽培。南北各地庭园常见。

【采收加工】 秋季采挖鳞茎，洗去泥沙，鲜用或切片晒干。

【来源】 石蒜科植物朱顶红 *Hippeastrum rutilum*（Ker-Gawl.）Herb. 的鳞茎。

【性味】 辛，温；有小毒。

【功能主治】 解毒消肿。主治疮痈肿毒。

【用法用量】 外用：适量，捣敷。

　　全属植物的鳞茎皆含有石蒜碱，此碱经氢化后有抗阿米巴痢疾的作用，为吐根的代用品；另外有些种类含有加兰他敏、力可拉敏，在临床上为治疗小儿麻痹症的后遗症的要药；民间把鳞茎捣碎，敷治肿毒，鳞茎还含有大量的淀粉，可作浆糊、浆布之用。

石蒜属 *Lycoris* Herb.

1037. 中国石蒜 *Lycoris chinensis* Traub

【别名】 石蒜。

【形态】 鳞茎卵球形，直径约 4 cm。春季出叶，叶带状，长约 35 cm，宽约 2 cm，顶端圆，绿色，中间淡色带明显。花茎高约 60 cm；总苞片 2 枚，倒披针形，长约 2.5 cm，宽约 0.8 cm；伞形花序有花 5～6 朵；花黄色；花被裂片背面具淡黄色中肋，倒披针形，长约 6 cm，宽约 1 cm，强度反卷和皱缩，花被筒长 1.7～2.5 cm；雄蕊与花被近等长或略伸出花被外，花丝黄色；花柱上端玫瑰红色。花期 7—8 月，果期 9 月。

【生境分布】 生于山坡阴湿处。罗田中、高山地区有分布。

【采收加工】 通常在春、秋季采挖野生或栽培 2～3 年后的鳞茎，洗净晒干，或切片晒干。

【药用部位】 鳞茎。

【药材名】 石蒜。

【来源】 石蒜科植物中国石蒜 *Lycoris chinensis* Traub 的鳞茎。

【功能主治】 祛痰，催吐，消肿止痛，利尿。

【用法用量】内服：煎汤，1.5～3 g。有大毒，宜慎用。外用：鲜用捣敷，或煎水熏洗。

1038. 石蒜 *Lycoris radiata*（L'Her.）Herb.

【别名】老鸦蒜、一支箭、蟑螂花。

【形态】鳞茎近球形，直径1～3 cm。秋季出叶，叶狭带状，长约15 cm，宽约0.5 cm，顶端钝，深绿色，中间有粉绿色带。花茎高约30 cm；总苞片2枚，披针形，长约35 cm，宽约0.5 cm；伞形花序有花4～7朵，花鲜红色；花被裂片狭倒披针形，长约3 cm，宽约0.5 cm，强度皱缩和反卷，花被简绿色，长约0.5 cm；雄蕊显著伸出于花被外，比花被长1倍左右。花期8—9月，果期10月。

【生境分布】生于山地阴湿处或路边、林缘。罗田中、高山区有分布。

【采收加工】秋后采收，洗净，阴干。

【药用部位】鳞茎。

【药材名】石蒜。

【来源】石蒜科植物石蒜 *Lycoris radiata*（L'Her.）Herb. 的鳞茎。

【性状】干燥鳞茎呈椭圆形或近球形，长4～5 cm，直径2.5～4 cm，顶端残留叶基长可达3 cm，基部着生多数白色须根。鳞茎表面有2～3层黑棕色的膜质鳞片包被；内有10多层白色富黏性的肉质鳞片，着生于短缩的鳞茎盘上；中央部有黄白色的芽。有特异蒜味，味辛而苦。

【性味】辛、苦，温；有毒。

【功能主治】祛痰，利尿，解毒，催吐。主治喉风，水肿，痈疽肿毒，疔疮，瘰疬，食物中毒，痰涎壅塞，黄疸。

【用法用量】内服：煎汤，1.5～3 g。外用：捣敷或煎水熏洗。

【注意】体虚，无实邪及素有呕恶的患者忌服。

【附方】①治单双蛾：老鸦蒜捣汁，生白酒调服，呕吐而愈。（《神医十全镜》）

②治痰火气急：蟑螂花根，洗，焙干为末，糖调，酒下3 g。（《本草纲目拾遗》）

③治食物中毒，痰涎壅塞：鲜石蒜1.5～3 g，煎服催吐。（《上海常用中草药手册》）

④治水肿：鲜石蒜8个，蓖麻子（去皮）70～80粒。共捣烂敷涌泉穴一昼夜，如未愈，再敷一次。（《浙江民间草药》）

⑤治疔疮肿毒：石蒜适量，捣烂敷患处。（《上海常用中草药》）

⑥治便毒诸疮：一枝箭捣烂涂之。若毒太盛者，以生白酒煎服，得微汗愈。（《太平圣惠方》）

⑦治对口初起：老鸦蒜捣烂，隔纸贴之，干则频换。（《周益生家宝方》）

⑧洗痔漏：老鸦蒜、鬼莲蓬。捣碎，不拘多少，好酒煎，置瓶内先熏，待半日汤温，倾出洗之，三次。（《本草纲目拾遗》）

⑨治产肠脱下：老鸦蒜一把，以水三碗，煎一碗半，去滓熏洗。（《世医得效方》）

⑩治小儿惊风：用麻线把手心脚心缠住，又在胁下缠一圈，然后以灯火照灼手足心。同时，用石蒜（晒

干）、车前子，等份为末，水调匀贴手心。再在手足心、肩膀、眉心、鼻心等处以灯火照灼，可使病儿复苏。

水仙属 *Narcissus* L.

1039. 水仙 *Narcissus tazetta* L. var. *chinensis* Roem.

【别名】 金盏银台。

【形态】 鳞茎卵球形。叶宽线形，扁平，长20～40 cm，宽8～15 mm，钝头，全缘，粉绿色。花茎几与叶等长；伞形花序有花4～8朵；佛焰苞状总苞膜质；花梗长短不一；花被管细，灰绿色，近三棱形，长约2 cm，花被裂片6，卵圆形至阔椭圆形，顶端具短尖头，扩展，白色，芳香；副花冠浅杯状，淡黄色，不皱缩，长不及花被的1/2；雄蕊6，着生于花被管内，花药基着；子房3室，每室有胚珠多数，花柱细长，柱头3裂。蒴果室背开裂。花期春季。

【生境分布】 多栽培于花圃、庭园中。

（1）水仙。

【采收加工】 春、秋季采挖较佳。将鳞茎挖起后，截去苗茎、须根，用开水烫后，晒干；或纵切成片，晒干。

【来源】 石蒜科植物水仙 *Narcissus tazetta* L. var. *chinensis* Roem. 的鳞茎。

【性状】鳞茎呈圆形，或微呈锥形，直径4～5 cm。外面包裹一层棕褐色的膜质外皮，扯开后，内部多为相互包裹的白色瓣片（鳞片）。质地轻。

【性味】 甘、苦，寒；有毒。

【功能主治】 清热解毒，排脓消肿。主治疮痈肿毒，虫咬，乳痈，鱼骨鲠喉。

【药理作用】 抗肿瘤作用。

【炮制】 《本草会编》：五月初收根，以童尿浸一宿，晒干，悬火暖处。

【性味】 ①《本草纲目》：苦微辛，滑寒，无毒。

②《本草再新》：味甘苦，性寒，有毒。

【归经】 归心、肺经。

【功能主治】 主治疮痈肿毒，虫咬，鱼骨哽喉。

【用法用量】 外用：捣敷，或捣汁涂。

【注意】 本品有毒，不宜内服。

（2）水仙花。

【采收加工】 冬、春季采收。

【来源】 石蒜科植物水仙 *Narcissus tazetta* L. var. *chinensis* Roem. 的花。

【功能主治】 祛风除热，活血调经。

【用法用量】 内服：煎汤，2.4～4.5 g；或入散剂。外用：捣敷。

【附方】 治妇人五心发热：水仙花、干荷叶、赤芍等份为末，白汤每服 6 g。（《卫生易简方》）

葱莲属 *Zephyranthes* Herb.

1040. 葱莲 *Zephyranthes candida*（Lindl.）Herb.

【别名】 玉帘、葱兰。

【形态】 多年生草本。鳞茎卵形，直径约 2.5 cm，具有明显的颈部，颈长 2.5～5 cm。叶狭线形，肥厚，亮绿色，长 20～30 cm，宽 2～4 mm。花茎中空；花单生于花茎顶端，下有带褐红色的佛焰苞状总苞，总苞片顶端 2 裂；花梗长约 1 cm；花白色，外面常带淡红色；几无花被管，花被片 6，长 3～5 cm，顶端钝或具短尖头，宽约 1 cm，近喉部常有很小的鳞片；雄蕊 6，长约为花被的 1/2；花柱细长，柱头不明显 3 裂。蒴果近球形，直径约 1.2 cm，3 瓣开裂；种子黑色，扁平。花期秋季。

【生境分布】 全国各地均有栽培。

【采收加工】 全年均可采收，多鲜用。

【药材名】 葱莲。

【来源】 石蒜科植物葱莲 *Zephyranthes candida*（Lindl.）Herb. 带鳞茎的全草。

【性味】 甘，平。

【功能主治】 平肝，宁心，熄风镇静。主治小儿惊风，羊痫疯。

【备注】 建议不要擅自食用葱莲，误食鳞茎会引起呕吐、腹泻、昏睡、无力，应在医生指导下使用。

1041. 韭莲 *Zephyranthes carinata* Herb.

【别名】 风雨花。

【形态】 多年生草本。鳞茎卵球形，直径 2～3 cm。基生叶常数枚簇生，线形，扁平，长 15～30 cm，宽 6～8 mm。花单生于花茎顶端，下有佛焰苞状总苞，总苞片常带淡紫红色，长 4～5 cm，下部合生成管；花梗长 2～3 cm；花玫瑰红色或粉红色；花被管长 1～2.5 cm，花被裂片 6，裂片倒卵形，顶端略尖，长 3～6 cm；雄蕊 6，长为花被的 2/3～4/5，花药"丁"字形着生；子房下位，3 室，胚珠多数，花柱细长，柱

头深 3 裂。蒴果近球形；种子黑色。花期夏、秋季。

　　【生境分布】　我国引种栽培供观赏。罗田各地均有栽培。

　　【采收加工】　全年均可采收。

　　【来源】　石蒜科植物韭莲 *Zephyranthes carinata* Herb. 的鳞茎。

　　【性味】　主治痈疮红肿。

　　【功能主治】　外用：捣敷。

一七〇、薯蓣科 Dioscoreaceae

薯蓣属 *Dioscorea* L.

1042. 黄独 *Dioscorea bulbifera* L.

　　【别名】　黄药、黄药子、狗嗽。

　　【形态】　缠绕草质藤本。块茎卵圆形或梨形，直径 4 ～ 10 cm，通常单生，每年由去年的块茎顶端抽出，很少分枝，外皮棕黑色，表面密生须根。茎左旋，浅绿色，稍带紫红色，光滑无毛。叶腋内有紫棕色的球形或卵圆形珠芽，大小不一，最重者可达 300 g，表面有圆形斑点。单叶互生；叶片宽卵状心形或卵状心形，长 15 ～ 26 cm，宽 2 ～ 14（26）cm，顶端尾状渐尖，边缘全缘或微波状，两面无毛。雄花序穗状，下垂，常数个丛生于叶腋，有时分枝呈圆锥状；雄花单生，密集，基部有卵形苞片 2 枚；花被片披针形，新鲜时紫色；雄蕊 6 枚，着生于花被基部，花丝与花药近等长。雌花序与雄花序相似，常 2 至数个丛生于叶腋，长 20 ～ 50 cm；退化雄蕊 6 枚，长仅为花被片的 1/4。蒴果反折下垂，三棱状长圆形，长 1.5 ～ 3 cm，宽 0.5 ～ 1.5 cm，两端浑圆，成熟时草黄色，表面密被紫色小斑点，无毛；种子深褐色，扁卵形，通常两两着生于每室中轴顶部，种翅栗褐色，向种子基部延伸呈长圆形。花期 7—10 月，果期 8—11 月。

　　【生境分布】　生于山谷、河岸、道路旁或杂林边缘。罗田各地均有分布。

　　（1）黄药子。

　　【采收加工】　夏末至冬初均可采挖，以 9—11 月产者为佳。将块茎挖出，去掉茎叶，洗净泥土，横切成厚 1 ～ 1.5 cm 的片，晒干。

　　【来源】　薯蓣科植物黄独 *Dioscorea bulbifera* L. 的块茎。

　　【性状】　干燥的块茎为圆形或类圆形的片，横径 2.5 ～ 6 cm，长径 4 ～ 7 cm，厚 0.5 ～ 1.5 cm。表面棕黑色，有皱纹，密布短小的支根及黄白色圆形的支根痕，微凸起，直径约 2 mm，一部分栓皮脱落，脱落后显露淡黄色而光滑的中心柱。切面淡黄色至黄棕色，平滑或呈颗粒状的凹凸不平。质坚脆，易折断，断面平坦或呈颗粒状。气微，味苦。以身干、片大、外皮灰黑色、断面黄白色者为佳。

【炮制】 拣净杂质，剪去须毛，洗净，润透后切成小块，晒干。

【性味】 苦，平。

【归经】 归手少阴、足厥阴经。

【功能主治】 凉血，降火，消瘿，解毒。主治吐血，衄血，喉痹，瘿气，疮痈瘰疬。

【用法用量】 内服：煎汤，4.5～9 g。外用：捣敷或研末调敷。

【注意】《本草经疏》：痈疽已溃不宜服，痈疽发时不焮肿、不渴、色淡、脾胃作泄者，此为阴症，当以内补为急，解毒次之，药子之类宜少服，只可外敷。

【附方】 ①治吐血不止：黄药子（万州者）32 g，捣碎，用水二盏，煎至一盏，去滓温热服。（《圣济总录》）

②治吐血：真蒲黄、黄药子各等份。用生麻油调，以舌舐之。（《是斋百一选方》）

③治鼻衄不止：黄药子32 g，捣罗为散。每服3 g，煎阿胶汤调下。良久，以新汲水调生面一匙投之。（《圣济总录》）

④治疮：黄药子125 g，为末，以冷水调敷疮上，干而旋敷之。（《简要济众方》）

⑤治天疱疮：黄药子末搽之。（《李时珍濒湖集简方》）

⑥治缩脚肠痈：干黄独32 g，煎服。不可多用。（《浙江民间草药》）

⑦治缠喉风，颐颔肿及胸膈有痰，汤水不下者：黄药子32 g，为细末。每服3 g，白汤下。吐出顽痰。（《扁鹊心书》）

⑧治热病、毒气攻咽喉肿痛：黄药32 g，地龙（微炙）32 g，马牙消16 g。上药捣细罗为散，以蜜水调下3 g。（《太平圣惠方》）

⑨治瘿气：黄药子500 g，浸洗净，酒10升浸之。每日早晚常服一盏。忌一切毒物及不得喜怒。（《斗门方》）

⑩降气治胃痛：黄药（炒过）、陈皮、苍术、金钱草各6 g，土青木香4.5 g。研粉服或煎服。（《浙江民间草药》）

⑪治腰膝疼痛：黄独根15～24 g。水煎服。（《湖南药物志》）

⑫治睾丸炎：黄独根9～15 g，猪瘦肉125 g。水炖，服汤食肉，每日一剂。（《江西草药》）

⑬治扭伤：黄独根、七叶一枝花（均鲜用）各等量，捣烂外敷。（《江西草药》）

⑭治腹泻：黄药子研末，每次3 g，开水吞服。（《贵州草药》）

⑮治疝气，甲状腺肿，化脓性炎症：黄药子根15～32 g。水煎服。（《云南中草药》）

⑯治瘰疬：黄独鲜块茎64～95 g，鸭蛋1枚。水煎，调酒服。（《福建中草药》）

⑰治百日咳：黄药子9～15 g。冰糖为引，水煎，分3～5次服。（江西《草药手册》）

（2）黄独零余子。

【采收加工】 7—8月成熟时采收。

【来源】 薯蓣科植物黄独 *Dioscorea bulbifera* L. 叶腋中的珠芽。

【性状】 珠芽呈圆球形，直径约2 cm。外皮棕褐色，上有淡棕色、细小之颗粒状凸起，直径约1 mm。除去外皮后，显青绿色，内肉呈黄白色，新鲜的切开后断面有黏液渗出，片刻即渐转深黄色及至淡黄色。味微苦。

【性味】 辛，寒；有小毒。

【功能主治】 主治百日咳，咳嗽，头痛。

【用法用量】 内服：煎汤，6～12；或磨汁、浸酒。外用：切片贴。

【附方】 ①治百日咳：鲜狗嗽子9～15 g，切片，酌加冰糖，开水炖1 h，饭后服，日服2次。（《福

建民间草药》）

②治咳嗽：黄独零余子 4.5 ~ 9 g。水煎服。（广州部队《常用中草药手册》）

③解诸药毒：鲜狗嗽和开水磨汁一盏，用开水送服，可催吐，以污物吐尽为止。（《福建民间草药》）

④治头痛：鲜狗嗽切成薄片，贴在太阳穴。（《福建民间草药》）

⑤治食道癌，子宫癌，直肠癌：黄独干珠芽 320 g，切片，62° 白酒 1500 g，装入小口陶罐内，石膏封口，糠火慢烧 2 h，或将陶罐放入锅内，慢火蒸 2 h，提出陶罐，稍冷后放入冷水中浸 7 天 7 夜，过滤即得。成人每日 50 ml，少量频饮，以不醉为度。（《福建中草药》）

1043. 甘薯 *Dioscorea esculenta*（Lour.）Burkill

【别名】白薯、红薯、红苕、番薯、地瓜。

【形态】缠绕草质藤本。地下块茎顶端通常有 4 ~ 10 个分枝，各分枝末端膨大成卵球形的块茎，外皮淡黄色，光滑。茎左旋，基部有刺，被"丁"字形柔毛。单叶互生，阔心形，最大的叶片长达 15 cm，宽 17 cm，一般的长和宽不超过 10 cm，顶端急尖，基部心形，基出脉 9 ~ 13，被"丁"字形长柔毛，尤以背面较多；叶柄长 5 ~ 8 cm，基部有刺。雄花序为穗状花序，

单生，长约 15 cm，雄花无梗或具极短的梗，通常单生，稀有 2 ~ 4 朵簇生，排列于花序轴上；苞片卵形，顶端渐尖；花被浅杯状，被短柔毛，外轮花被片阔披针形，长 1 ~ 8 mm，内轮稍短；发育雄蕊 6，着生于花被管口部，较裂片稍短。雌穗状花序单生于上部叶腋，长达 40 cm，下垂，花序轴稍有棱。蒴果较少成熟，三棱形，顶端微凹，基部截形，每棱翅状，长约 3 cm，宽约 1.2 cm；种子圆形，具翅。花期初夏。

【生境分布】各地均有栽培。

【药用部位】块茎、藤。

【药材名】甘薯。

【来源】薯蓣科植物甘薯 *Dioscorea esculenta*（Lour.）Burkill 的块茎、藤。

【性味】甘、涩，微凉。

【功能主治】补中，生津，止血，排脓。主治胃及十二指肠溃疡出血。

【附方】①治崩漏：鲜甘薯藤 64 g，烧炭存性，冲甜酒服。

②治无名肿毒：鲜根适量，捣烂包敷患处。

1044. 穿龙薯蓣 *Dioscorea nipponica* Makino

【别名】穿山薯蓣、爬山虎、火藤根。

【形态】缠绕草质藤本。根状茎横生，圆柱形，多分枝，栓皮层显著剥离。茎左旋，近无毛，长达 5 m。单叶互生，叶柄长 10 ~ 20 cm；叶片掌状心形，变化较大，茎基部叶长 10 ~ 15 cm，宽 9 ~ 13 cm，边缘做不等大的三角状浅裂、中裂或深裂，顶端叶片小，近全缘，叶表面黄绿色，有光泽，无毛或有稀疏的白色细柔毛，尤以脉上较密。花雌雄异株。雄花序为腋生的穗状花序，花序基部常由 2 ~ 4 朵集成小伞状，至花序顶端常为单花；苞片披针形，顶端渐尖，短于花被；花被碟形，6 裂，裂片顶端圆钝；雄蕊 6 枚，

着生于花被裂片的中央，花药内向。雌花序穗状，单生；雌花具有退化雄蕊，有时雄蕊退化仅留有花丝；雌蕊柱头 3 裂，裂片再 2 裂。蒴果成熟后枯黄色，三棱形，顶端凹入，基部近圆形，每棱翅状，大小不一，一般长约 2 cm，宽约 1.5 cm；种子每室 2 个，有时仅 1 个发育。

【生境分布】生于山坡林边、灌丛中，或沟边。罗田北部山区薄刀峰、天堂寨有分布。

【采收加工】秋季采挖，除去细根，刮去栓皮，晒干。

【药材名】穿山龙。

【来源】薯蓣科植物穿龙薯蓣 *Dioscorea nipponica* Makino 的根茎。

【性状】干燥根茎，长圆柱形，长 10～20 cm，直径约 1.5 cm，具多数不规则的分枝。外表土黄色，有多数细纵纹及凸起的须根残基，全角略似鹿角。质坚硬，断面淡黄色，粉性，可见多数散在带细孔的维管束。气微，味苦。以根茎粗长，土黄色，质坚硬者为佳。

【性味】①《浙江民间常用草药》：性平，味苦。

②《辽宁常用中草药手册》：甘、苦，温。

【功能主治】活血舒筋，消食利水，祛痰截疟。主治风寒湿痹，慢性支气管炎，消化不良，劳损扭伤，疟疾，痈肿。

【用法用量】内服：煎汤，25～50 g（鲜品 50～100 g）；或浸酒。外用：鲜品捣敷。

【附方】①治腰腿酸痛，筋骨麻木：鲜穿山龙根茎 100 g，水一壶，可煎用五六次，加红糖效力更佳。（《东北药用植物志》）

②治劳损：穿山龙 16 g。水煎冲红糖、黄酒。每日早晚各服一次。（《浙江民间常用草药》）

③治大骨节病，腰腿疼痛：穿山龙 100 g。白酒一斤，浸泡七天。每服一两，每天二次。（《河北中药手册》）

④治闪腰岔气，扭伤作痛：穿山龙 16 g。水煎服。（《河北中药手册》）

⑤治疟疾：火藤根 10 g，青蛙七、野棉花各 6 g。发病前水煎服。（《陕西中草药》）

⑥治痈肿恶疮：鲜火藤根、鲜苎麻根等量。捣烂敷患处。（《陕西中草药》）

⑦治慢性气管炎：鲜穿山龙 50 g。削皮去根须，洗净切片加水，慢火煎 2 h，共煎二次，合并滤液，浓缩至 100 ml。分早晚二次服，十日为 1 个疗程。（内蒙古《中草药新医疗法资料选编》）

1045. 薯蓣 *Dioscorea opposita* Thunb.

【别名】淮山药、山芋。

【形态】缠绕草质藤本。块茎长圆柱形，垂直生长，长可超 1 m，断面干时白色。茎通常带紫红色，右旋，无毛。单叶，在茎下部的互生，中部以上的对生，很少 3 叶轮生；叶片变异大，卵状三角形至宽卵形或戟形，长 3～9（16）cm，宽 2～7（14）cm，顶端渐尖，基部深心形、宽心形或近截形，边缘常 3 浅裂至 3 深裂，中裂片卵状椭圆形至披针形，侧裂片耳状，圆形、近方形至长圆形；幼苗时一般叶片为宽卵形或卵圆形，基部深心形。叶腋内常有珠芽。雌雄异株。雄花序为穗状花序，

长 2～8 cm，近直立，2～8 个着生于叶腋，偶尔呈圆锥状排列；花序轴明显地呈"之"字形曲折；苞片和花被片有紫褐色斑点；雄花的外轮花被片为宽卵形，内轮卵形，较小；雄蕊 6。雌花序为穗状花序，1～3 个着生于叶腋。蒴果不反折，三棱状扁圆形或三棱状圆形，长 1.2～2 cm，宽 1.5～3 cm，外面有白粉；种子着生于每室中轴中部，四周有膜质翅。花期 6—9 月，果期 7—11 月。

【生境分布】生于山野向阳处。现全国各地皆有栽培。

【药用部位】块茎、茎藤、叶腋间的珠芽。

（1）山药。

【采收加工】11—12 月采挖，切去根头，洗净泥土，用竹刀刮去外皮，晒干或烘干，即为毛山药。选择粗大的毛山药，用清水浸匀，再加微热，并用棉被盖好，保持湿润闷透，然后放在木板上搓揉成圆柱状，将两头切齐，晒干打光，即为光山药。

【来源】薯蓣科植物薯蓣 *Dioscorea opposita* Thunb. 的块茎。

【炮制】山药：拣去杂质，用水浸泡至山药中心软化为度，捞出稍晾，切片晒干或烘干。炒山药：先将麸皮均匀撒于热锅内，候烟起，加入山药片拌炒至淡黄色为度，取出，筛去麸皮，放凉。（山药片每100 kg，用麸皮 5 kg。）

《本草衍义》：山药入药，其法，冬月以布裹手，用竹刀子剐去皮，于屋檐下风径处，盛竹筛中，不得见日色。一夕干五分，候全干收之，唯风紧则干速。

【性味】甘，平。

【归经】归肺、脾、肾经。

【功能主治】健脾，补肺，固肾，益精。主治脾虚泄泻，久痢，虚劳咳嗽，消渴，遗精，带下，小便频数。

【用法用量】内服：煎汤，9～18 g；或入丸、散。外用：捣敷。

【注意】有实邪者忌服。

①《本草经集注》：紫芝为之使，恶甘遂。

②《汤液本草》：二门冬为之使。

【附方】①治脾胃虚弱，不思饮食：山芋、白术各 32 g，人参 0.9 g。上三味，捣罗为细末，煮白面糊为丸，如小豆大，每服 30 丸，空心食前温米饮下。（《圣济总录》）

②治湿热虚泄：山药、苍术各等份，饭丸，米饮服。（《濒湖经验方》）

③治噤口痢：干山药一半炒黄色，半生用，研为细末，米饮调下。（《是斋百一选方》）

④治手足厥冷，脾胃虚弱：山药一味，锉如小豆大，一半炒热，一半生用，为末，米饮调下。（《普济方》）

⑤补下焦虚冷，小便频敷，瘦损无力：薯蓣于沙盆内研细，入铫中，以酒一大匙，熬令香，旋添酒一盏，搅令匀，空心饮之，每旦一服。（《太平圣惠方》）

⑥益精髓，壮脾胃：薯蓣粉，同曲米酿酒；或同山茱萸、五味子、人参诸药浸酒煮饮。（《本草纲目》）

⑦治小便多，滑数不禁：白茯苓（去黑皮），干山药（去皮，白矾水内湛过，慢火焙干用之）。上二

味，各等份，为细末，稀米饮调服。（《儒门事亲》）

⑧治痰气喘急：山药捣烂半碗，入甘蔗汁半碗，和匀，顿热饮之。（《简便单方》）

⑨治肿毒：山药，蓖麻子，糯米为一处，水浸研为泥，敷肿处。（《普济方》）

⑩治项后结核，或赤肿硬痛：生山药一挺（去皮），蓖麻子2个。同研贴之。（《救急易方》）

⑪治乳癖结块及诸痛日久，坚硬不溃：鲜山药和芎䓖、白糖霜共捣烂涂患处。涂上后奇痒不可忍，忍之良久渐止。（《本经逢原》）

⑫治冻疮：山药少许，于新瓦上磨为泥，涂疮口上。（《儒门事亲》）

⑬治脾胃素弱食少：山药、莲肉、薏苡仁、芡实、扁豆各200 g，人参、白术、白茯苓、炙甘草各100 g共为末，每服6 g，枣汤下。（《万密斋医学全书》）

（2）山药藤。

【采收加工】　秋季连根拔起，晒干。

【来源】　薯蓣科植物薯蓣 *Dioscorea opposita* Thunb. 的茎藤。

【性味】　甘，平。

【功能主治】　主治皮肤湿疹、丹毒。

【用法用量】　外用：煎水熏洗或捣敷。

（3）零余子。

【采收加工】　秋季采收。

【来源】　薯蓣科植物薯蓣 *Dioscorea opposita* Thunb. 叶腋间的珠芽。

【性味】　甘，温；无毒。

【归经】　归足少阴经。

【功能主治】　补虚，强腰脚。

【用法用量】　内服：煎汤，16～32 g。

【附方】　治病后耳聋：薯蓣果32 g，猪耳朵一只。炖汤，捏住鼻孔徐徐吞服。（《江西草药》）

一七一、鸢尾科 Iridaceae

射干属 *Belamcanda* Adans.

1046. 射干 *Belamcanda chinensis*（L.）Redoute

【别名】　扁竹兰、乌扇、扁竹、鬼扇。

【形态】　多年生草本。根状茎为不规则的块状，斜伸，黄色或黄褐色；须根多数，带黄色。茎高1～1.5 m，实心。叶互生，嵌迭状排列，剑形，长20～60 cm，宽2～4 cm，基部鞘状抱茎，顶端渐尖，无中脉。花序顶生，叉状分枝，每分枝的顶端聚生有数朵花；花梗细，长约1.5 cm；花梗及花序的分枝处均包有膜质的苞片，苞片披针形或卵圆形；花橙红色，散生紫褐色的斑点，直径4～5 cm；花被裂片6，2轮排列，外轮花被裂片倒卵形或长椭圆形，长约2.5 cm，宽约1 cm，顶端圆钝或微凹，基部楔形，内轮较外轮花被裂片略短而狭；雄蕊3，长1.8～2 cm，着生于外花被裂片的基部，花药条形，外向开裂，花丝近圆柱形，基部稍扁而宽；花柱上部稍扁，顶端3裂，裂片边缘略向外卷，有细而短的毛，子房下位，倒卵形，3 室，中轴胎座，胚珠多数。蒴果倒卵形或长椭圆形，长 2.5 ~ 3 cm，直径 1.5 ~ 2.5 cm，顶端无喙，常残存有凋萎的花被，成熟时室背开裂，果瓣外翻，中央有直立的果轴；种子圆球形，黑紫色，有光泽，直径约 5 mm，着生在果轴上。花期 6—8 月，果期 7—9 月。

【生境分布】 生于山坡、草原、田野旷地，或为栽培。罗田中、高山区有分布。

【采收加工】 春、秋季采挖，除去泥土，剪去茎苗及细根，晒至半干，燎净须毛，再晒干。

【药材名】 射干。

【来源】 鸢尾科植物射干 *Belamcanda chinensis*（L.）Redoute 的根茎。

【性状】 干燥根茎呈不规则的结节状，长 3 ~ 10 cm，直径 1 ~ 1.5 cm。表面灰褐色或有黑褐色斑，有斜向或扭曲的环状皱纹，排列甚密，上面有圆盘状茎痕，下面有残留的细根及根痕。质坚硬，断面黄色，颗粒状。气微，味苦。以肥壮、肉色黄、无须毛者为佳。

【炮制】 拣去杂质，水洗净，稍浸泡，捞出，润透，切片，晒干，筛去须、屑。

【性味】 苦，寒；有毒。

【归经】 归肺、肝经。

【功能主治】 降火，解毒，散血，消痰。主治喉痹咽痛，咳逆上气，痰涎壅盛，瘰疬结核，妇女闭经，疮痈肿毒。

【用法用量】 内服：煎汤，2.4 ~ 4.5 g；或入散剂、鲜用捣汁。外用：研末吹喉或调敷。

【注意】 无实火及脾虚便溏者不宜。孕妇忌服。

①《名医别录》：久服令人虚。

②《本草纲目》：多服泻人。

③《本草经疏》：凡脾胃薄弱，脏寒，气血虚人，病无实热者禁用。

【附方】①治喉痹：a. 射干，细锉。每服 7.5 g，水一盏半，煎至八分，去滓，入蜜少许，旋旋服。（《圣济总录》）b. 射干，旋取新者，不拘多少。擂烂取汁吞下，动大腑即解。或用酽醋同研取汁噙，引出涎更妙。（《医方大成论》）

②治伤寒热病，喉中闭塞不通：生乌扇（切）500 g，猪脂 500 g。上二味合煎，药成去滓。取如半鸡子，薄绵裹之，纳喉中，稍稍咽之取瘥。（《千金方》）

③治咽喉肿痛：射干花根、山豆根。阴干为末。吹喉。（《袖珍方》）

④治咳而上气，喉中水鸡声：射干 13 枚（一法 95 g），麻黄 125 g，生姜 125 g，细辛、紫菀、款冬花各 95 g，五味子 313 g，大枣 7 枚，半夏（大者，洗）8 枚（一法 313 g）。上九味，以水 12 升，先煮麻黄两沸，去上沫，纳诸药，煮取 3 升。分温 3 服。（《金匮要略》）

⑤治腮腺炎：射干鲜根 9 ~ 15 g。酌加水煎，饭后服，日服两次。（《福建民间草药》）

⑥治瘰疬结核，因热气结聚者：射干、连翘、夏枯草各等份为丸。每服 6 g，饭后白汤下。（《本草汇言》）

⑦治乳痈初肿：扁竹根（如僵蚕者）同萱草根为末。蜜调服。极有效。（《永类钤方》）

⑧治水蛊腹大，动摇水声，皮肤黑，阴疝肿刺：鬼扇细捣绞汁，服如鸡子，即下水。(《补辑肘后方》)

⑨治喉痹不通：用射干一片，口含咽汁。

⑩治二便不通，诸药不效：射干根（生于水边者为最好）研汁一碗，服下即通。

唐菖蒲属 *Gladiolus* L.

1047. 唐菖蒲 *Gladiolus gandavensis* Van Houtte

【别名】 八百锤、千锤打。

【形态】 多年生草本。球茎扁圆球形，直径2.5～4.5 cm，外包有棕色或黄棕色的膜质包被。叶基生或在花茎基部互生，剑形，长40～60 cm，宽2～4 cm，基部鞘状，顶端渐尖，嵌迭状排成2列，灰绿色，有数条纵脉及1条明显而凸出的中脉。花茎直立，高50～80 cm，不分枝，花茎下部生有数枚互生的叶；顶生穗状花序长25～35 cm，每朵花下有苞片2枚，膜质，黄绿色，卵形或宽披针形，长4～5 cm，宽1.8～3 cm，中脉明显；无花梗；花在苞内单生，两侧对称，有红、黄、白或粉

红等色，直径6～8 cm；花被管长约2.5 cm，基部弯曲，花被裂片6，2轮排列，内、外轮的花被裂片皆为卵圆形或椭圆形，上面3片略大（外花被裂片2，内花被裂片1），最上面的1片内花被裂片特别宽大，弯曲成盔状；雄蕊3，直立，贴生于盔状的内花被裂片内，长约5.5 cm，花药条形，紫红色或深紫色，花丝白色，着生于花被管上；花柱长约6 cm，顶端3裂，柱头略扁宽而膨大，具短茸毛，子房椭圆形，绿色，3室，中轴胎座，胚珠多数。蒴果椭圆形或倒卵形，成熟时室背开裂；种子扁而有翅。花期7～9月，果期8—10月。

【生境分布】 罗田凤山镇有栽培。

【采收加工】 秋季采集，洗净晒干或鲜用。

【药材名】 唐菖蒲。

【来源】 鸢尾科植物唐菖蒲 *Gladiolus gandavensis* Van Houtte 的球茎。

【性味】 辛，温；有毒。

【功能主治】 解毒散瘀，消肿止痛。主治跌打损伤，咽喉肿痛；外用治腮腺炎，疮毒，淋巴结炎。

【用法用量】 内服：3～6 g，浸酒服或研粉吹喉。外用：适量，捣烂敷或磨汁搽患处。

鸢尾属 *Iris* L.

1048. 蝴蝶花 *Iris japonica* Thunb.

【别名】 铁扇担。

【形态】 多年生草本。根状茎可分为较粗的直立根状茎和纤细的横走根状茎，直立的根状茎扁圆

形，具多数较短的节间，棕褐色，横走的根状茎节间长，黄白色；须根生于根状茎的节上，分枝多。叶基生，暗绿色，有光泽，近地面处带紫红色，剑形，长 25～60 cm，宽 1.5～3 cm，顶端渐尖，无明显的中脉。花茎直立，高于叶片，顶生稀疏总状聚伞花序，分枝 5～12 个，与苞片等长或略超出；苞片叶状，3～5 枚，宽披针形或卵圆形，长 0.8～1.5 cm，顶端钝，其中包含有 2～4 朵花，花淡蓝色或蓝紫色，直径 4.5～5 cm；花梗伸出苞片之外，长 1.5～2.5 cm；花被管明显，长 1.1～1.5 cm，外花被裂片倒卵形或椭圆形，长 2.5～3 cm，宽 1.4～2 cm，顶端微凹，基部楔形，边缘波状，有细齿裂，中脉上有隆起的黄色鸡冠状附属物，内花被裂片椭圆形或狭倒卵形，长 2.8～3 cm，宽 1.5～2.1 cm，爪部楔形，顶端微凹，边缘有细齿裂，花盛开时向外展开；雄蕊长 0.8～1.2 cm，花药长椭圆形，白色；花柱分枝较内花被裂片略短，中肋处淡蓝色，顶端裂片繸状丝裂，子房纺锤形，

长 0.7～1 cm。蒴果椭圆状柱形，长 2.5～3 cm，直径 1.2～1.5 cm，顶端微尖，基部钝，无喙，6 条纵肋明显，成熟时自顶端开裂至中部；种子黑褐色，为不规则的多面体，无附属物。花期 3—4 月，果期 5—6 月。

【生境分布】生于林缘、水边等阴湿地。罗田骆驼坳镇、凤山镇有栽培。

【采收加工】全年均可采收，鲜用或洗净晒干。

【药材名】蝴蝶花。

【来源】鸢尾科植物蝴蝶花 *Iris japonica* Thunb. 的全草。

【性味】苦，寒。

【功能主治】解毒，消肿止痛。主治肝炎，肝肿大，肝痛，喉痛，胃病。

【用法用量】内服：煎汤，16～32 g。

1049. 扁竹兰 *Iris confusa* Sealy

【别名】扁竹根、铁扁担。

【形态】多年生草本。根状茎横走，直径 4～7 mm，黄褐色，节明显，节间较长；须根多分枝，黄褐色或浅黄色。地上茎直立，高 80～120 cm，扁圆柱形，节明显，节上常残留有老叶的叶鞘。叶 10 余片，密集于茎顶，基部鞘状，互相嵌迭，排列成扇状，叶片宽剑形，长 28～80 cm，宽 3～6 cm，黄绿色，两面略带白粉，顶端渐尖，无明显的纵脉。花茎长 20～30 cm，总状分枝，每个分枝处着生 4～6 枚膜质的苞片；苞片卵形，长约 1.5 cm，钝头，其中包含 3～5 朵花；花浅蓝色或白色，直径 5～5.5 cm；花梗与苞片等长或略长；花被管长约 1.5 cm，外花被裂片椭圆形，长约 3 cm，宽约 2 cm，顶端微凹，边缘波状皱褶，有疏齿，爪部楔形，内花被裂片倒宽披针形，长约 2.5 cm，宽约 1 cm，顶端微凹；雄蕊长约 1.5 cm，花药黄白色；花柱分枝淡蓝色，长约 2 cm，宽约 8 mm，顶端裂片呈繸状，子房绿色，柱状纺锤形，长约 6 mm。蒴果椭圆形，长 2.5～3.5 cm，直径 1～1.4 cm，表面有网状的脉纹及 6 条明显的肋；

种子黑褐色，长3～4 mm，宽约2.5 mm，无附属物。花期4月，果期5—7月。

【生境分布】 生于林缘、疏林下、沟谷湿地或山坡草地。罗田北部山区有分布。

【采收加工】 全年均可采收，洗净，切片晒干。

【药材名】 扁竹兰。

【来源】 鸢尾科植物扁竹兰 *Iris confusa* Sealy 的根茎。

【性味】 苦，寒。

【功能主治】 消食，杀虫，清热，通便。主治食积腹胀，蛔虫腹痛，牙痛，喉蛾，大便不通。

【用法用量】 内服：煎汤，3～9 g；或入散剂。外用：捣敷。

【附方】 ①治小儿食积饱胀：扁竹根、鱼鳅串根、五谷根、隔山撬、卷子根、石气柑、鸡屎藤、绛耳木根、车前草。水煎服。（《四川中药志》）

②治食积、气积及血积：扁竹根、臭草根、打碗子根、绛耳木子、刘寄奴。研粉和酒服。（《四川中药志》）

③治蛔虫积痛：扁竹根、川谷根各15 g，水案板（全草）、苦楝皮各9 g。煨水服。

④治鼓胀：扁竹根32 g，煨水服；或用鲜根3 g，切细，米汤吞服。

⑤治牙痛（火痛）：扁竹根15 g。煮绿壳鸭蛋吃。（③～⑤方出自《贵州草药》）

⑥治便秘：铁扁担鲜根9～12 g。洗净，打碎或切碎，吞服。一般1 h左右即泻，或略有腹痛。不可多服。（《上海常用中草药》）

⑦治年久疟疾：扁竹根9～15 g。煨水冲少量酒服。（《贵州草药》）

⑧治子宫脱垂：扁竹根64 g。捣绒炒热，包患处。（《贵州草药》）

1050. 鸢尾 *Iris tectorum* Maxim.

【别名】 蓝蝴蝶、土知母。

【形态】 多年生草本，植株基部围有老叶残留的膜质叶鞘及纤维。根状茎粗壮，2歧分枝，直径约1 cm，斜伸；须根较细而短。叶基生，黄绿色，稍弯曲，中部略宽，宽剑形，长15～50 cm，宽1.5～3.5 cm，顶端渐尖或短渐尖，基部鞘状，有数条不明显的纵脉。花茎光滑，高20～40 cm，顶部常有1～2个短侧枝，中、下部有1～2片茎生叶；苞片2～3枚，绿色，草质，边缘膜质，色淡，披针形或长卵圆形，长5～7.5 cm，宽2～2.5 cm，顶端渐尖或长渐尖，内包含1～2朵花；花蓝紫色，直径约10 cm；花梗甚短；花被管细长，长约3 cm，上端膨大成喇叭形，外花被裂片圆形或宽卵形，长5～6 cm，宽约4 cm，顶端微凹，爪部狭楔形，中脉上有不规则的鸡冠状附属物，成不整齐的繸状裂，内花被裂片椭圆形，长4.5～5 cm，宽约3 cm，花盛开时向外平展，爪部突然变细；雄蕊长约2.5 cm，花药鲜黄色，花丝细长，白色；花柱分枝扁平，淡蓝色，长约3.5 cm，顶端裂片近四方形，有疏齿，子房纺锤状圆柱形，长1.8～2 cm。蒴果长椭圆形或倒卵形，长4.5～6 cm，直径2～2.5 cm，有6条明显的肋，成熟时自上而下3瓣裂；种子黑褐色，梨形，无附属物。花期4—5月，果期6—8月。

【生境分布】 生于林下、山脚及溪边的潮湿地。

【采收加工】夏、秋季采收。

【药材名】鸢尾。

【来源】鸢尾科植物鸢尾 *Iris tectorum* Maxim. 的根茎。

【性状】干燥根茎呈扁圆柱形，表面灰棕色，有节，节上常有分歧，节间部分一端膨大，另一端缩小，膨大部分密生同心环纹，愈近顶端愈密。

【性味】辛、苦，寒；有毒。

【功能主治】消积，破瘀，行水，解毒。主治食滞胀满，癥瘕积聚，鼓胀，肿毒，痔瘘，跌打损伤。

【用法用量】内服：煎汤，0.9～3 g；或研末。外用：捣敷。

【注意】体虚者慎服。

【附方】①治食积饱胀：土知母 3 g。研细，用白开水或兑酒吞服。（《贵阳民间药草》）

②治喉症、食积、血积：鸢尾根 3～9 g。煎服。（江西《中草药学》）

③治跌打损伤：鸢尾根 3～9 g。研末或磨汁，冷水送服，故又名"冷水丹"。（江西《中草药学》）

1051. 黄花鸢尾 *Iris wilsonii* C. H. Wright

【形态】多年生草本，植株基部有老叶残留的纤维。根状茎粗壮，斜伸；须根黄白色，少分枝，有皱缩的横纹。叶基生，灰绿色，宽条形，长 25～55 cm，宽 5～8 mm，顶端渐尖，有 3～5 条不明显的纵脉。花茎中空，高 50～60 cm，有 1～2 片茎生叶；苞片 3 枚，草质，绿色，披针形，长 6～9（16）cm，宽 0.8～1 cm，顶端长渐尖，中脉明显，内包含 2 朵花；花黄色，直径 6～7 cm；花梗细，长 3～11 cm；花被管长 0.5～1.2 cm，外花被裂片倒卵形，长

6～6.5 cm，宽约 1.5 cm，具紫褐色的条纹及斑点，爪部狭楔形，两侧边缘有紫褐色的耳状凸起物，中间下陷呈沟状，内花被裂片倒披针形，长 4.5～5 cm，宽约 7 mm，花盛开时向外倾斜；雄蕊长约 3.5 cm，花药与花丝近等长；花柱分枝深黄色，长 4.5～6 cm，顶端裂片钝三角形或半圆形，有疏齿，子房绿色，长 1.2～1.8 cm。蒴果椭圆状柱形，长 3～4 cm，直径 1.5～2 cm，6 条肋明显，顶端无喙，成熟时自顶端开裂至中部；种子棕褐色，扁平，半圆形。花期 5—6 月，果期 7—8 月。

【生境分布】生于山坡草丛、林缘草地及河旁沟边的湿地。

【采收加工】夏、秋季采收，除去茎叶及须根，洗净，切段晒干。

【来源】鸢尾科植物黄花鸢尾 *Iris wilsonii* C. H. Wright 的根茎。

【性味】苦，凉。

【功能主治】 清热利咽。主治咽喉肿痛。

【用法用量】 内服：煎汤，3～9 g。

一七二、芭蕉科 Musaceae

芭蕉属 *Musa* L.

1052. 芭蕉 *Musa basjoo* Sieb. et Zucc.

【形态】 植株高 2.5～4 m。叶片长圆形，长 2～3 m，宽 25～30 cm，先端钝，基部圆形或不对称，叶面鲜绿色，有光泽；叶柄粗壮，长达 30 cm。花序顶生，下垂；苞片红褐色或紫色；雄花生于花序上部，雌花生于花序下部；雌花在每一苞片内 10～16 朵，排成 2 列；合生花被片长 4～4.5 cm，具 5（3＋2）齿裂，离生花被片几与合生花被片等长，顶端具小尖头。浆果三棱状，长圆形，长 5～7 cm，具 3～5 棱，近无柄，肉质，内具多数种子。种子黑色，具疣凸及不规则棱角，宽 6～8 mm。

【生境分布】 罗田各地均有栽培。

（1）芭蕉根。

【别名】 芭蕉头。

【采收加工】 春、夏季采收。

【来源】 芭蕉科植物芭蕉 *Musa basjoo* Sieb. et Zucc. 的根茎。

【生境分布】 多栽培于庭园及农舍附近。

【性味】 ①《本草备要》：味甘，大寒。

②《四川中药志》：性凉，味淡，无毒。

【归经】 归足太阴、厥阴经。

【功能主治】 清热，止渴，利尿，解毒。主治烦闷，消渴，黄疸，水肿，脚气，血淋，血崩，痈肿，疔疮，丹毒。

【用法用量】 内服：煎汤，16～32 g（鲜品 32～64 g）；或捣汁。外用：捣敷、捣汁涂或煎水含漱。

【注意】《得配本草》：多服动冷气。胃弱脾弱，肿毒系阴分者禁用。

【附方】 ①治消渴，口舌干燥，骨节烦热：生芭蕉根，捣绞取汁，时饮一二合。（《太平圣惠方》）

②治黄疸：芭蕉根 9 g，山慈姑 6 g，胆草 9 g。捣烂，冲水服。（《湖南药物志》）

③治血淋心烦，尿路涩痛：旱莲子 32 g，芭蕉根 32 g。上细锉，以水二大盏，煎取一盏三分，去滓，

食前分为三服。（《太平圣惠方》）

　　④治血崩，带下：芭蕉根 250 g，瘦猪肉 125 g。水炖服。（《江西草药》）

　　⑤治胎动不安：芭蕉根 64～95 g。煮猪肉食。（《湖南药物志》）

　　⑥治高血压：芭蕉根茎煎汁，或同猪肉煮食。（《浙江民间草药》）

　　⑦治发背欲死：芭蕉捣根涂上。（《肘后备急方》）

　　⑧治疮口不合：芭蕉根取汁抹之。（《仁斋直指方》）

　　⑨治疔疮走黄：芭蕉根捣汁一宫碗灌之。（《冷庐医话》）

　　⑩治小儿赤游，行于上下，至心即死：捣芭蕉汁涂之。（《子母秘录》）

　　⑪治风虫牙痛，颐颊腮肿痛：芭蕉自然汁一碗，煎及八分，趁热漱牙肿处。（《普济方》）

　　（2）芭蕉叶。

　　【采收加工】 春、夏季采收。

　　【来源】 芭蕉科植物芭蕉 *Musa basjoo* Sieb. et Zucc. 的叶片。

　　【性味】 甘、淡，寒。

　　【归经】 归心、肝经。

　　【功能主治】 清热，利尿，解毒。主治热病，中暑，脚气，痈肿热毒，烫伤。

　　【用法用量】 内服：煎汤。外用：捣敷或研末调敷。

　　【附方】 ①治肿毒初发：芭蕉叶研末，和生姜汁涂。（《太平圣惠方》）

　　②治烫伤：芭蕉叶适量，研末。水泡已破者，麻油调搽；水泡未破者，鸡蛋清调敷。（《江西草药》）

　　（3）芭蕉花。

　　【采收加工】 夏季采收。

　　【来源】 芭蕉科植物芭蕉 *Musa basjoo* Sieb. et Zucc. 的花蕾或花。

　　【性味】 甘、淡、微辛，凉。

　　【功能主治】 化痰软坚，平肝，和瘀，通经。主治胸膈饱胀，脘腹痞疼，吞酸反胃，呕吐痰涎，头目昏眩，心痛怔忡，妇女经行不畅。

　　【用法用量】 内服：煎汤，6～9 g；或烧存性研末。

　　【附方】 ①治心痹痛：芭蕉花烧存性，研，盐汤点服 6 g。（《日华子本草》）

　　②治反胃吐呃，胃、腹疼痛，胸膈饱胀：芭蕉花 6 g。水煎，点水酒服。忌鱼、羊、生冷、蛋、蒜。（《滇南本草》）

　　③治怔忡不安：芭蕉花 1 朵。煮猪心食。（《湖南药物志》）

　　④治肺痨：芭蕉花 64 g，猪肺 250 g。水炖，服汤食肺，每日一剂。（《江西草药》）

　　⑤治心绞痛：芭蕉花 250 g，猪心 1 个。水炖服。（《江西草药》）

　　⑥治胃痛：芭蕉花、花椒树上寄生茶各 15 g。煨水服，一日 2 次。（《贵州草药》）

　　（4）芭蕉子。

　　【采收加工】 夏、秋季果成熟时采收。

　　【来源】 芭蕉科植物芭蕉 *Musa basjoo* Sieb. et Zucc. 的种子。

　　【性味】 子生食：大寒；仁：性寒。

　　【功能主治】 子生食，止渴润肺。蒸熟暴之令口开，春取仁，食之，通血脉，填骨髓。

　　【注意】 子生食发冷病。

　　（5）芭蕉油。

　　【采收加工】 于茎干近根部切 1 个直径约 5 cm 的小孔，即有灰黑色的液汁渗出，插入导管，引流入容器供用。或以嫩茎捣烂绞汁亦可。

【来源】 芭蕉科植物芭蕉 *Musa basjoo* Sieb. et Zucc. 茎中的液汁。

【性味】 甘，冷；无毒。

【功能主治】 清热，止渴，解毒。主治热病烦渴，惊风，癫痫，高血压头痛，疔疮痈疽，汤火伤。

【附方】 ①小儿截惊：芭蕉汁、薄荷汁，煎匀，涂头顶（留囟门）、涂四肢（留手足心）。（《卫生杂兴》）

②治中耳炎：用竹筒斜插在芭蕉茎上，取茎内流出的汁滴入耳心，一日三四次。（《贵州草药》）

一七三、姜科 Zingiberaceae

山姜属 *Alpinia* Roxb.

1053. 山姜 *Alpinia japonica*（Thunb.）Miq.

【别名】 箭杆风、九姜连。

【形态】 株高 35～70 cm，具横生、分枝的根茎；叶片通常 2～5 片，叶片披针形、倒披针形或狭长椭圆形，长 25～40 cm，宽 4～7 cm，两端渐尖，顶端具小尖头，两面，特别是叶背被短柔毛，近无柄至具长达 2 cm 的叶柄；叶舌 2 裂，长约 2 mm，被短柔毛。总状花序顶生，长 15～30 cm，花序轴密生茸毛；总苞片披针形，长约 9 cm，开花时脱落；小苞片极小，早落；花通常 2 朵聚生，在 2 朵花之间常可见退化的小花残迹；小花梗长约 2 mm；花萼棒状，长 1～1.2 cm，被短柔毛，顶端 3 齿裂；花冠管长约 1 cm，被疏小柔毛，花冠裂片长圆形，长约 1 cm，外被茸毛，后方的 1 枚兜状；侧生退化雄蕊线形，长约

5 mm；唇瓣卵形，宽约 6 mm，白色而具红色脉纹，顶端 2 裂，边缘具不整齐缺刻；雄蕊长 1.2～1.4 cm；子房密被茸毛。果球形或椭圆形，直径 1～1.5 cm，被短柔毛，成熟时橙红色，顶有宿存的萼筒；种子多角形，长约 5 mm，直径约 3 mm，有樟脑味。花期 4—8 月，果期 7—12 月。

【生境分布】 生于山野沟边或林下湿地。罗田中、高山区有分布。

（1）山姜。

【采收加工】 3—4 月采挖，洗净，晒干。

【来源】 姜科植物山姜 *Alpinia japonica*（Thunb.）Miq. 的根茎或全草。

【性味】 辛，温。

【功能主治】 温中，散寒，祛风，活血。主治脘腹冷痛，风湿筋骨疼痛，劳伤吐血，跌损瘀滞，月经不调。

【用法用量】 内服：煎汤，3～6 g；或浸酒。外用：捣敷或煎水洗。

【附方】 ①治劳伤吐血：九姜连（童便泡七日，取出阴干用）9 g，一口血 9 g，山高粱 9 g。泡酒

250 g，每服 32 g。

②治虚弱咳嗽：a. 九姜连 9 g，大鹅儿肠 9 g。炖肉吃。b. 九姜连粉末 32 g，核桃仁 32 g。加蜂糖 64 g，混匀蒸热，制成龙眼大的丸子，含化吞服。

③治久咳：九姜连根（石灰水泡一天，用淘米水和清水洗净，蒸热，晒干）6 g，白芷 6 g，追风伞 6 g。泡酒 500 g，每服 32 g。（①～③方出自《贵阳民间药草》）

（2）山姜花。

【采收加工】春、夏季采收。

【来源】姜科植物山姜 *Alpinia japonica*（Thunb.）Miq. 的花。

【性味】辛，温；无毒。

【功能主治】调中下气，消食，杀酒毒。

（3）土砂仁。

【采收加工】秋季采收，阴干。

【来源】姜科植物山姜 *Alpinia japonica*（Thunb.）Miq. 的果或种子。

【性状】干燥果阔椭圆形，长 1 ～ 1.8 cm，直径 6 ～ 7 mm，表面黄棕色。气弱，味辛。

【性味】苦、辛，温。

【功能主治】行气调中。主治痞胀腹痛，呕吐腹泻。

【用法用量】内服：煎汤，1.5 ～ 4.5 g；或研末。

姜属 *Zingiber* Boehm.

1054. 姜 *Zingiber officinale* Rosc.

【别名】生姜。

【形态】株高 0.5 ～ 1 m；根茎肥厚，多分枝，有芳香及辛辣味。叶片披针形或线状披针形，长 15 ～ 30 cm，宽 2 ～ 2.5 cm，无毛，无柄；叶舌膜质，长 2 ～ 4 mm。总花梗长达 25 cm；穗状花序球果状，长 4 ～ 5 cm；苞片卵形，长约 2.5 cm，淡绿色或边缘淡黄色，顶端有小尖头；花萼管长约 1 cm；花冠黄绿色，管长 2 ～ 2.5 cm，裂片披针形，长不及 2 cm；唇瓣中央裂片长圆状倒卵形，短于花冠裂片，有紫色条纹及淡黄色斑点，侧裂片卵形，长约 6 mm；雄蕊暗紫色，花药长约 9 mm；药隔附属体钻状，长约 7 mm。花期秋季。

【生境分布】全国大部分地区有栽培。

【药用部位】根茎、根茎栓皮。

（1）生姜。

【采收加工】夏季采挖，除去茎叶及须根，洗净泥土。

【来源】姜科植物姜 *Zingiber officinale* Rosc. 的鲜根茎。

【性状】鲜根茎为扁平不规则的块状，并有枝状分枝，各柱顶端有茎痕或芽，表面黄白色或灰白色，有光泽，具浅棕色环节。质脆，折断后有汁液渗出；断面浅黄色，有

一明显环纹，中间稍现筋脉。气芳香而特殊，味辛、辣。以块大、丰满、质嫩者为佳。

【炮制】生姜：拣去杂质，洗净泥土，用时切片。鲜姜粉：取鲜生姜，洗净，捣烂，压榨取汁，静置，分取沉淀的粉质，晒干，或低温干燥。煨姜：取净生姜，用纸六七层包裹，水中浸透，置火灰中煨至纸焦黄色，去纸用。

【性味】辛，温。

【归经】归肺、胃、脾经。

【功能主治】发表，散寒，止呕，开痰。主治感冒风寒，呕吐，痰饮，喘咳，胀满，泄泻。

【用法用量】内服：煎汤，3～9 g；或捣汁。外用：捣敷、擦患处或炒热熨。

【注意】阴虚内热者忌服。

①《本草纲目》：食姜久，积热患目。凡病痔人多食兼酒，立发甚速。痈疮人多食则生恶肉。

②《本草经疏》：久服损阴伤目，阴虚内热，阴虚咳嗽吐血，表虚有热汗出，自汗盗汗，脏毒下血，因热呕恶，火热腹痛，法并忌之。

③《随息居饮食谱》：内热阴虚，目赤喉患，血症疮痛，呕泻有火，暑热时症，热哮大喘，胎产瘀胀及时病后、痧痘后均忌之。

【附方】①治感冒风寒：生姜 5 片，紫苏叶 32 g。水煎服。（《本草汇言》）

②治呕吐：生姜 32 g，切如绿豆大，以醋浆 1050 g，于银器煎取 600 g，空腹和滓旋呷之。（《食医心鉴》）

③治患者胸中似喘不喘，似呕不呕，似哕不哕：半夏 0.5 升，生姜汁 1 升。上二味以水 3 升，煮半夏取 2 升，生姜汁煮取 1.5 升，小冷。分四服，日三夜一服，止，停后服。（《金匮要略》）

④治冷痰嗽：生姜 64 g，饧糖 32 g。水三碗，煎至半碗，温和徐徐饮。（《本草汇言》）

⑤治三十年咳嗽：白蜜 500 g，生姜（取汁）1000 g。上二味，先秤铜铫知斤两讫，内蜜复秤知数，次内姜汁以微火煎，令姜汁尽，惟有蜜斤两在，止。旦服如枣大，含一丸，日三服。禁一切杂食。（《千金方》）

⑥治劳嗽：蜂蜜、姜汁各 125 g，白萝卜汁、梨汁、人乳各一碗。共熬成膏，早晚滚汤服数匙。（《经验广集》）

⑦治伤寒汗出，解之后，胃中不和，心下痞梗，干噫食臭，胁下有水气，腹中雷鸣下利者：生姜（切）125 g，甘草（炙）95 g，人参 95 g，干姜 32 g，黄芩 95 g，半夏（洗）313 g，黄连 32 g，大枣（擘）12 枚。上八味，以水 10 升，煮取 6 升，去滓，再煎取 3 升。温服 1 升，日三服。（《伤寒论》）

⑧治心胸胁下有邪气结实，硬痛胀满者：生姜 500 g，捣渣，留汁，慢炒待润；以绢包，于患处款款熨之，冷，再以汁炒，再熨良久，豁然宽快也。（《伤寒六书》）

⑨治霍乱心腹胀痛，烦满短气，未得吐下：生姜 500 g。切，以水 7 升，煮取 2 升，分作三服。（《肘后备急方》）

⑩风湿痹痛：生姜汁和黄明胶熬贴。（《本草从新》）

⑪治中气昏厥，亦有痰闭者：生姜 15 g，半夏、陈皮、木香各 4.5 g，甘草 2.4 g。水煎，临服时加童便一盏。（《本草汇言》）

⑫治时行寒疟：生姜 125 g，白术 64 g，草果仁 32 g。水五大碗，煎至二碗，未发时早饮。（《本草汇言》）

⑬治胃气虚，风热，不能食：姜汁半鸡子壳，生地黄汁少许，蜜一匙头。和水 450 g，顿服。（《食疗本草》）

⑭治腹满不能服药：煨生姜，绵裹纳下部中，冷即易之。（《梅师集验方》）

⑮治手脱皮：鲜姜 32 g。切片，用酒 64 g 单，浸 24 h 后，涂搽局部，一日二次。（内蒙古《中草药

新医疗法资料选编》）

⑯治秃头：生姜捣烂，加温，敷头上，二三次。（《贵州中医验方》）

⑰治诸疮痔漏，久不结痂：生姜连皮切大片，涂白矾末，炙焦研细，贴之勿动。（《普济方》）

⑱治发背初起：生姜一块，炭火炙一层刮一层，为末，以猪胆汁调涂。（《海上方》）

⑲治赤白癜风：生姜频擦之良。（《易简方》）

⑳治犬咬人：捣姜根汁饮之。（《补辑肘后方》）

㉑治蝮蛇毒：末姜薄之，干复易。（《千金方》）

㉒治跌打损伤：姜汁和酒调生面贴之。（《易简方》）

㉓治牙痛：老生姜切片，安瓦上，用炭火，却将白矾掺姜上，候焦为末，擦疼处。（《海上方》）

㉔治百虫入耳：姜汁少许滴之。（《易简方》）

【临床应用】 ①治风湿痛、腰腿痛。

②治胃、十二指肠溃疡。用法：鲜生姜 60 g，洗净切碎，加水 300 ml，煎 30 min。每日 3 次，2日服完。

③治疗疟疾。鲜生姜洗净拭干，切碎捣烂，摊于纱布块上，再包叠成小方块，敷贴于穴位上，用胶布固定或绷带包扎。选用穴位计分 3 组：第 1 组为双侧膝眼，生姜用 64 g 分敷 2 穴；第 2 组为大椎加间使（双侧），生姜用 32 g 分敷 3 穴；第 3 组选大椎 1 穴，生姜用 15 g。一般于发作前 4 ～ 6 h 敷贴，经 8 ～ 12 h 即可取下，敷药两次即可。

④治疗急性细菌性痢疾。用鲜生姜 48 g，红糖 32 g，共捣为糊状，每日 3 次分服，7 天为 1 个疗程。

⑤治疗蛔虫性肠梗阻。取鲜生姜 64 g，捣烂取汁，加蜜糖至 60 ml；1 ～ 4 岁 30 ～ 40 ml，5 ～ 6 岁 50 ml，7 ～ 13 岁 50 ～ 60 ml，分 2 ～ 3 次口服。服药后，患儿一般立即不感腹痛，呕吐停止，包块通常于服药后 1 ～ 3 天消失。包块消失后即可服驱蛔药物。

⑥治疗急性睾丸炎。取肥大的老生姜，用水洗净，横切成约 0.2 cm 厚的均匀薄片，每次用 6 ～ 10 片外敷于患侧阴囊，并盖上纱布，兜起阴囊，每日或隔日更换 1 次，直到痊愈。敷药后患者都感阴囊表皮灼热刺疼、发麻发辣，少数发生红肿，个别发生红疹。本法对阴囊局部皮肤有创口或因睾丸炎化脓穿溃者不能应用。

⑦用于中毒急救。对于半夏、乌头、闹羊花、木薯、百部等中毒，均可用生姜急救。用法：轻者急用生姜汁含漱，并口服 5 ml，以后每隔 4 h 续服 5 ml；中毒严重神志昏迷者，立即鼻饲 25% 干姜汤 60 ml，以后每 3 h 灌入鲜姜汁 5 ml。

此外，试用生姜揩擦治疗白癜风，生姜浸酒涂擦鹅掌风及甲癣均有一定效果。

（2）姜皮。

【采收加工】 秋季挖取姜的根茎，洗净，用竹刀刮取外层栓皮，晒干。

【来源】 姜科植物姜 *Zingiber officinale* Rosc. 的根茎栓皮。

【性状】 干燥栓皮呈卷缩不整齐的碎片，灰黄色，有细皱纹，有的具线状的环节痕迹，内表面常具黄色油点。质软，有特殊香气，味辣。

【性味】 辛，凉。

【归经】 ①《本草再新》：归脾、肺经。

②《本草撮要》：入足太阴经。

【功能主治】 行水，消肿。主治水肿胀满。

【用法用量】 内服：煎汤，1.5 ～ 4.5 g。

【附方】①治头面虚浮，四肢肿满，心腹鼓胀，上气促急，腹胁如鼓，绕脐胀闷，有妨饮食，上攻下注，来去不定，举动喘乏：五加皮、地骨皮、生姜皮、大腹皮、茯苓皮各等份。上为粗末。每胀9 g，水一盏半，煎至八分，去滓稍热服之，不拘时候。切忌生冷油腻坚硬等物。（《局方》）

②治偏风：生姜皮，作屑末，和酒服。（《食疗本草》）

【各家论述】《医林纂要探源》：姜皮辛寒，凡皮，多反本性，故寒。以皮达皮，辛则能行，故治水浮肿，去皮肤之风热。姜发汗，则姜皮止汗，且微寒也。

1055. 襄荷 *Zingiber mioga*（Thunb.）Rosc.

【别名】阳荷。

【形态】株高0.5～1 m；根茎淡黄色。叶片披针状椭圆形或线状披针形，长20～37 cm，宽4～6 cm，叶面无毛，叶背无毛或被稀疏的长柔毛，顶端尾尖；叶柄长0.5～1.7 cm或无柄；叶舌膜质，2裂，长0.3～1.2 cm。穗状花序椭圆形，长5～7 cm；总花梗未超过17 cm，被长圆形鳞片状鞘；苞片覆瓦状排列，椭圆形，红绿色，具紫脉；花萼长2.5～3 cm，一侧开裂；花冠管较花萼长，裂片披针形，长2.7～3 cm，宽约7 mm，淡黄色；唇

瓣卵形，3裂，中裂片长2.5 cm，宽1.8 cm，中部黄色，边缘白色，侧裂片长1.3 cm，宽4 mm；花药、药隔附属体各长1 cm。果倒卵形，成熟时裂成3瓣，果皮里面鲜红色；种子黑色，被白色假种皮。花期8—10月。

【生境分布】生于山谷中阴湿处。罗田中、高山地区有分布。

【来源】姜科植物襄荷 *Zingiber mioga*（Thunb.）Rosc. 的根或根茎。

【炮制】《雷公炮炙论》：凡使（白襄荷），以铜刀刮上粗皮一重了，细切，入沙盆中研如膏，只收取自然汁，炼作煎，却于新盆器中摊令冷，如干胶煎，刮取研用。

【性味】辛，温。

【功能主治】温中理气，祛风止痛，消肿，活血，散淤调经，镇咳祛痰，消肿解毒。主治妇女月经不调，老年咳嗽，疮肿，瘰疬，目赤，喉痹。

【用法用量】内服：煎汤，10～16 g；或研末、鲜品捣汁。外用：捣汁含漱、点眼或捣敷。

【注意】《本经逢原》：忌铁。

【附方】①治指头炎：襄荷鲜根茎加食盐少许，捣烂外敷。（《浙江民间常用草药》）

②治颈淋巴结结核：鲜襄荷根茎100 g，鲜射干根茎50 g，水煎服。（《浙江民间常用草药》）

③治喉口中及舌生疮烂：酒渍襄荷根半日，含漱其汁。（《肘后备急方》）

④治卒失声，声嘶不出：捣襄荷根，酒和，绞，饮其汁。（《补辑肘后方》）

⑤治杂物眯目不出：白襄荷根，捣，绞取汁，注目中。（《太平圣惠方》）

⑥治伤寒及时气、温病，及头痛、壮热、脉大，始得一日：生襄荷根、叶合捣，绞取汁，服三四升。（《补辑肘后方》）

⑦治大叶性肺炎：襄荷根茎10 g，鱼腥草50 g。水煎服。（《浙江民间常用草药》）

⑧治月信滞：襄荷根，细切，煎取二升，空心酒调服。（《经验方》）

⑨治跌打损伤：襄荷根茎 16 ～ 50 g，水煎服。或晒干研粉，用黄酒冲服，每次 10 ～ 16 g。（《浙江民间常用草药》）

⑩治吐血，痔血：襄荷根一把，捣汁三升服之。（《肘后备急方》）

⑪治妇女产后因吃盐过多而盐吼咳累：襄荷，装入猪大肠内，炖服。（《四川中药志》）

一七四、美人蕉科 Cannaceae

美人蕉属 *Canna* L.

1056. 美人蕉 *Canna indica* L.

【别名】小芭蕉头。

【形态】植株全部绿色，高可达1.5 m。叶片卵状长圆形，长 10 ～ 30 cm，宽达 10 cm。总状花序疏花；略超出叶片之上；花红色，单生；苞片卵形，绿色，长约 1.2 cm；萼片 3，披针形，长约 1 cm，绿色而有时染红色；花冠管长不及 1 cm，花冠裂片披针形，长 3 ～ 3.5 cm，绿色或红色；外轮退化雄蕊 2 ～ 3 枚，鲜红色，其中 2 枚倒披针形，长 3.5 ～ 4 cm，宽 5 ～ 7 mm，另一枚如存在则特别小，长 1.5 cm，宽仅 1 mm；唇瓣披针形，长 3 cm，弯曲；发育雄蕊长 2.5 cm，花药室长 6 mm；花柱扁平，长 3 cm，一半和发育雄蕊的花丝连合。蒴果绿色，长卵形，有软刺，长 1.2 ～ 1.8 cm。花果期 3—12 月。

【生境分布】全国大部分地区有栽培。罗田各地均有栽培。

（1）美人蕉根。

【采收加工】全年均可采收，挖得后去净茎叶，晒干或鲜用。

【来源】美人蕉科植物美人蕉 *Canna indica* L. 的根。

【性味】苦，寒。

【功能主治】主治急性黄疸性肝炎，久痢，咯血，血崩，带下，月经不调，疮痈肿毒。

【附方】①治红崩：小芭蕉头、映山红。炖鸡服。

②治红崩，带下，虚火牙痛：小芭蕉头、糯米。炖鸡服。

③治带下：小芭蕉头、小过路黄。炖鸡服。（①～③方出自《四川中药志》）

④治小儿肚胀发烧：小芭蕉头花叶、过路黄各等份。生捣绒，炒热，包肚子。（《重庆草药》）

（2）美人蕉花。

【采收加工】夏季采收。

【来源】美人蕉科植物美人蕉 *Canna indica* L. 的花。

【功能主治】　止血。主治金疮及其他外伤出血。

【用法用量】　内服：煎汤，9～15 g。

一七五、兰科 Orchidaceae

白及属 *Bletilla* Rchb. f.

1057. 白及 *Bletilla striata*（Thunb. ex A. Murray）Rchb. f.

【别名】　白芨、君球子。

【形态】　植株高 18～60 cm。假鳞茎扁球形，上面具荸荠似的环带，富黏性。茎粗壮，劲直。叶4～6枚，狭长圆形或披针形，长8～29 cm，宽1.5～4 cm，先端渐尖，基部收狭成鞘并抱茎。花序具3～10朵花，常不分枝或极罕分枝；花序轴呈"之"字形曲折；花苞片长圆状披针形，长2～2.5 cm，开花时常凋落；花大，紫红色或粉红色；萼片和花瓣近等长，狭长圆形，长25～30 mm，宽6～8 mm，先端急尖；花瓣较萼片稍宽；唇瓣较萼片和

花瓣稍短，倒卵状椭圆形，长23～28 mm，白色带紫红色，具紫色脉；唇盘上面具5条纵褶片，从基部伸至中裂片近顶部，仅在中裂片上面为波状；蕊柱长18～20 mm，柱状，具狭翅，稍弯曲。花期4—5月。

【生境分布】　生于山野川谷较潮湿处。罗田北部山区有野生，罗田各地均有栽培。

【采收加工】　8—11月采挖，除去残茎、须根，洗净泥土，经蒸煮至内面无白心，然后撞去粗皮，再晒干或烘干。

【药材名】　白及。

【来源】　兰科植物白及 *Bletilla striata*（Thunb. ex A. Murray）Rchb. f. 的块茎。

【性状】　干燥块茎略呈掌状扁平，有2～3个分歧，长1.5～4.5 cm，厚约0.5 cm。表面黄白色，有细皱纹，上面有凸起的茎痕，下面亦有连接另一块茎的痕迹，以茎痕为中心，周围有棕褐色同心环纹，其上有细根残痕。质坚硬，不易折断。横切面呈半透明角质状，并有分散的维管束点。气无，味淡而微苦，并有黏液性。以根茎肥厚、色白明亮、个大坚实、无须根者为佳。

【化学成分】　新鲜块茎含水分、淀粉、葡萄糖，还含挥发油、黏液质。根含白及甘露聚糖。

【炮制】　拣去杂质，用水浸泡，捞出，晾至湿度适宜，切片，干燥。

【性味】　苦、甘，凉。

【归经】　归肺经。

【功能主治】　补肺，止血，消肿，生肌，敛疮。主治肺伤咯血，衄血，金疮出血，疮疡肿毒，溃疡疼痛，

汤火灼伤，手足皲裂。

【用法用量】内服：煎汤，3～9 g；或入丸、散。外用：研末撒或调涂。

【注意】外感咯血，肺痈初起及肺胃有实热者忌服。

①《本草经集注》：紫石英为之使。恶理石。畏李核、杏仁。

②《蜀本草》：反乌头。

③《本草经疏》：痈疽已溃，不宜同苦寒药服。

【附方】①治肺痿：白及、阿胶、款冬、紫苑各等份。水煎服。（《医学启蒙》）

②治肺痿肺烂：猪肺1具，白及片32 g，将猪肺挑去血筋血膜，洗净，同白及入瓦罐，加酒煮热，食肺饮汤，或稍用盐亦可。或将肺蘸白及末食更好。（《喉科心法》）

③治咯血：白及32 g，枇杷叶（去毛，蜜炙）、藕节各15 g。上为细末，另以阿胶15 g，锉如豆大，蛤粉炒成珠，生地黄自然汁调之，火上炖化，入前药为丸如龙眼大。每服一丸，嚼化。（《证治准绳》）

④治肺热吐血不止：白及研细末，每服6 g，白汤下。（《本草发明》）

⑤治疗疮肿毒：白及末1.5 g，以水澄之，去水，摊于厚纸上贴之。（《袖珍方》）

⑥治一切疔疮痈疽：白及、芙蓉叶、大黄、黄柏、五倍子。上为末，用水调搽四周。（《保婴撮要》）

⑦治发背：白及15 g（炙，末），广胶32 g（烊化）。和匀，敷患处，空一头出气，以白蛰皮贴之。（《卫生鸿宝》）

⑧治瘰疬脓汁不干：白及、贝母、净黄连各16 g，轻粉30贴。前三味，锉焙为末，仍以轻粉乳钵内同杵匀，炒3～6 g，滴油调擦患处，用时先以槲皮散煮水，候温，洗净拭干，方涂药。（《活幼心书》）

⑨治跌打骨折：酒调白芨末6 g服。（《永类铃方》）

⑩治刀斧损伤肌肉，出血不止：白及，研细末掺之。（《本草汇言》）

⑪治汤火灼伤：白及末，油调敷。（《济急仙方》）

⑫治手足皲裂：白及末，水调塞之，勿犯水。（《济急仙方》）

⑬治妇人子脏挺出：乌头（炮）、白及各1.8 g。上二味捣散，取方寸匕，以绵裹内阴中，令入三寸，腹内热即止。日一度著，明晨仍须更著，以止为度。（《广济方》）

⑭治鼻渊：白及，末，酒糊丸。每服9 g，黄酒下，半月愈。（《外科大成》）

⑮治产后伤脬，小便淋漓不尽：白及、凤凰庆、桑螺娟各等份，入猪脬内，煮烂食之。（《梅氏验方新编》）

⑯治心气疼痛：白及、石榴皮各3 g。为末，炼蜜丸黄豆大，每服3丸，艾醋汤下。（《生生编》）

⑰治鼻衄不止：用口水调白及末涂鼻梁上低处（名"山根"）；另取白及末3 g，水冲服。

⑱治心气疼痛：用白及、石榴皮各6 g，研细，加炼蜜和成丸子，如黄豆大。每服3丸，艾醋汤送下。

⑲治妇女阴脱：白及、川乌药各等份为末，薄布包3 g，纳入阴道中，觉生理内热即止。每天用一次。

⑳治疗疮，肿疮：白及末1.5 g，澄水中，等水清后，去水，以药摊厚纸上贴于患处。

㉑治跌打骨折：白及末6 g，酒调服。

㉒治刀伤：白及、煅石膏各等份为末，洒伤口上。

【临床应用】①治疗肺结核。经抗痨药治疗无效或疗效缓慢的各型肺结核，加用白及后能收到较好效果。用法：研粉内服。成人每日6～30 g，一般用12～18 g。3次分服。可连服数月，最多有服至2年。此外，以白及粉9 g，每日3次分服，用于肺结核咯血13例，大都于1～3日内收到止血效果。

②治疗百日咳。白及粉内服，剂量为1岁以内0.1～0.15 g/kg体重，1岁以上0.2～0.25 g/kg体重。

③治疗支气管扩张。成人每次服白及粉2～4 g，每日3次，3个月为1个疗程。

④治疗硅肺。每次服白及片5片（每片含原药0.3 g），每日3次。

⑤治疗胃、十二指肠溃疡出血。成人服白及粉每次 3～6 g，每日 3～4 次。

⑥治疗胃、十二指肠溃疡急性穿孔。

⑦治疗结核性瘘管。用白及粉局部外敷，根据分泌物多少每日敷药 1 次或隔日 1 次，分泌物减少后可改为每周 1 或 2 次。通常敷药 15 次左右即渐趋愈合。药粉需送入瘘管深部并塞满，如瘘管口狭小可先行扩创，清除腐败物。10 例肺结核并发结核性瘘管患者，经敷药 12～30 次均治愈。其愈合后的瘢痕无特别隆起，且未见复发。实践证明，白及外敷，具有吸收与排出局部分泌物，恢复和增强机能，促进肉芽组织新生、清洁伤口、加速愈合等作用。

⑧治疗烧伤及外科创伤。取新鲜白及削去表皮，用灭菌生理盐水洗净，按 1∶10 的比例加入无菌蒸馏水，冷浸一夜，至次日加热至沸，以经灭菌处理的 4 号玻璃漏斗减压过滤，滤液分装于安瓿或玻璃瓶内，熔封。高压蒸汽灭菌 30 min，即成为白及胶浆。凡占体表面积 20% 以内的局部外伤或一、二度烧伤，均可应用白及胶浆涂敷治疗。涂药前，先以生理盐水做创面清理；涂药后用凡士林纱布覆盖，包扎固定。如无严重感染，可在 5～7 天后换敷。对感染创面需隔日换药 1 次。白及胶浆用于一般外科创伤及烧伤，其可能的治疗作用：a. 通过神经反射机制而增强机体的防卫能力，刺激肉芽组织增生；b. 对葡萄球菌及链球菌具有抑菌作用，且可在局部形成保护膜，能控制及防止感染；c. 可缩短血凝时间，减少出血，从而有利于创面的愈合。

⑨治疗肛裂。取白及粉用蒸馏水配成 7%～12% 的液体。待溶解后稍加温，静置 8 h，过滤，成为黄白色胶浆。每 100 ml 胶浆再加入石膏粉 100 g，搅匀，高压消毒，便成白及膏。用药前先以温水或稀高锰酸钾溶液行肛门坐浴，然后用无齿镊子挟白及膏棉球从肛门插入约 2 cm，来回涂擦 2～4 次，取出。再用一个白及膏棉球留置于肛门内 2～3 cm 处，另取一个白及膏棉球放在肛裂创面，将涂有白及膏之纱布块敷于肛门，胶布固定。每天换药 1 次，全疗程 10～15 日。如第 1 次治疗不能往内塞药时，可先用多量白及膏敷于肛门部；第 2 天肛门括约肌松弛，棉球便可顺利塞入并来回涂擦。认为获效原因，主要是由于敷药后能很快使肛门括约肌松弛并止痛止血，同时白及膏有润滑、保护创面、促进生肌的作用。

⑩其他。用白及制成的止血粉，对某些手术的皮肤、肌层切口的小血管出血和渗血有较好的止血效果，对拔牙后的止血效果更佳；但对切断中小静、动脉的止血效果不够理想。应用白及粉治疗血吸虫病晚期的食管、胃静脉曲张出血，溃疡性结肠炎出血，出血性紫癜，以及口腔黏膜结核性溃疡，均有一定疗效。

杜鹃兰属 *Cremastra* Lindl.

1058. 杜鹃兰 *Cremastra appendiculata*（D. Don）Makino

【别名】山慈姑、留球子。

【形态】假鳞茎卵球形或近球形，长 1.5～3 cm，直径 1～3 cm，密接，有关节，外被撕裂成纤维状的残存鞘。叶通常 1 枚，生于假鳞茎顶端，狭椭圆形、近椭圆形或倒披针状狭椭圆形，长 18～34 cm，宽 5～8 cm，先端渐尖，基部收狭，近楔形；叶柄长 7～17 cm，下半部常为残存的鞘所包蔽。花葶从假鳞茎上部节上发出，近直立，长 27～70 cm；总状花序长（5）10～25 cm，具 5～22 朵花；花苞片披针

形至卵状披针形，长（3）5～12 mm；花梗和子房（3）5～9 mm；花常偏向花序一侧，下垂，不完全开放，有香气，狭钟形，淡紫褐色；萼片倒披针形，从中部向基部骤然收狭而成近狭线形，全长2～3 cm，上部宽3.5～5 mm，先端急尖或渐尖；侧萼片略斜歪；花瓣倒披针形或狭披针形，向基部收狭成狭线形，长1.8～2.6 cm，上部宽3～3.5 mm，先端渐尖；唇瓣与花瓣近等长，线形，上部1/4处3裂；侧裂片近线形，长4～5 mm，宽约1 mm；中裂片卵形至狭长圆形，长6～8 mm，宽3～5 mm，基部在两枚侧裂片之间具1枚肉质凸起；肉质凸起大小变化甚大，上面有时有疣状小凸起；蕊柱细长，长1.8～2.5 cm，顶端略扩大，腹面有时有很狭的翅。蒴果近椭圆形，下垂，长2.5～3 cm，宽1～1.3 cm。花期5—6月，果期9—12月。

【生境分布】　生于林下湿地或沟边湿地，海拔500～2900 m。罗田天堂寨有少量分布。

【采收加工】　5—6月挖取假球茎，除去茎叶、须根，洗净，晒干。

【药材名】　山慈姑。

【来源】　兰科植物杜鹃兰 *Cremastra appendiculata*（D. Don）Makino 的假球茎。

【性状】　杜鹃兰的干燥假球茎呈圆球状尖圆形或稍扁平，直径1～2 cm。外表棕褐色或灰棕色，有细小皱褶。顶端有一圆形的蒂迹；底部凹陷处有须根，须根长1～3 cm，粗1～2 mm；腰部有下凹或凸起的环节，俗称"腰带"。假球茎周围被有金黄色丝状毛须及黑色细须，或已将须根及外皮均除去。质坚实，内心黄白色或乌黑色，粗糙。味淡，微香，遇水有黏性。以个大、饱满、断面黄白色、质坚实者为佳。

【炮制】　除尽须根，洗净，清水浸泡2～4 h，取出润透，切片，晒干。捣碎用亦可。

【性味】　甘、微辛，寒。

【归经】　归肝、脾经。

【功能主治】　消肿，散结，化痰，解毒。主治痈疽疔肿，瘰疬，喉痹肿痛，蛇、虫、狂犬咬伤。

【用法用量】　内服：煎汤，3～6 g；磨汁或入丸、散。外用：磨汁涂或研末调敷。

【注意】　正虚体弱患者慎服。

【附方】　①治痈疽恶疮，汤、火、蛇、虫、犬、兽所伤，时行瘟疫，喉闭喉风；解菌蕈菰子、砒石毒药，死牛、马、河豚鱼毒：文蛤（捶破，洗，焙，末）95 g，山慈姑（去皮净，末）64 g，麝香（另研）9 g，千金子（去壳，研，去油取霜）32 g，红牙大戟（去芦，焙干，末）48 g。用糯米煮浓次为丸，分为40粒。每服一粒，用井华水或薄荷汤磨服，利一二次，用粥止之。（《是斋百一选方》）

②治痈疽疔肿、恶疮及黄疸：慈姑（连根）、苍耳草各等份。捣烂，以好酒一盏，滤汁温服。或干之为末，每酒服9 g。（《乾坤生意秘韫》）

③治面疮斑痣：山慈姑根每夜涂搽，早上洗去。

④治牙龈肿痛：山慈姑的枝和根煎汤随时漱口，漱后吐出。

⑤治痈疽疔痛：山慈姑（连根）、苍耳草各等份，捣烂。取好酒一杯，滤出药汁温服。或将两药干研成末，每服9 g，酒送下。

⑥治风痰疾：山慈姑一个，滴茶磨成泥。中午时以茶调匀服下，躺着晒一会太阳，即有恶物吐出，病自断根。如不吐，可喝一点热茶。

兰属 *Cymbidium* Sw.

1059. 建兰 *Cymbidium ensifolium*（L.）Sw.

【别名】　四季兰、雄兰、骏河兰、蕙兰。

【形态】　地生植物；假鳞茎卵球形，长1.5～2.5 cm，宽1～1.5 cm，包藏于叶基内。叶2～4（6）片，带形, 有光泽, 长 30 ~ 60 cm, 宽 1 ~ 1.5 (2.5) cm, 前部边缘有时有细齿, 关节位于距基部 2 ~ 4 cm 处。花葶从假鳞茎基部发出, 直立, 长 20 ~ 35 cm 或更长, 但一般短于叶; 总状花序具 3 ~ 9 (13) 朵花; 花苞片除最下面的 1 枚长可达 1.5 ~ 2 cm 外, 其余的长 5 ~ 8 mm, 一般不及花梗和子房长度的 1/3, 至多不超过 1/2; 花梗和子房长 2 ~ 2.5 (3) cm; 花常有香气, 色泽变化较大, 通常为浅黄绿色而具紫斑; 萼片近狭长圆形或狭椭圆形, 长 2.3 ~ 2.8 cm, 宽 5 ~ 8 mm;

侧萼片常向下斜展; 花瓣狭椭圆形或狭卵状椭圆形, 长 1.5 ~ 2.4 cm, 宽 5 ~ 8 mm, 近平展; 唇瓣近卵形, 长 1.5 ~ 2.3 cm, 略 3 裂; 侧裂片直立, 围抱蕊柱, 上面有小乳凸; 中裂片较大, 卵形, 外弯, 边缘波状, 亦具小乳凸; 唇盘上 2 条纵褶片从基部延伸至中裂片基部, 上半部向内倾斜并靠合, 形成短管; 蕊柱长 1 ~ 1.4 cm, 稍向前弯曲, 两侧具狭翅; 花粉团 4 个, 成 2 对, 宽卵形。蒴果狭椭圆形, 长 5 ~ 6 cm, 宽约 2 cm。花期通常为 6—10 月。

【生境分布】 多生于山坡密林中或阴湿处。罗田各地均有分布。

（1）建兰根。

【别名】 土续断、兰根、兰花根。

【采收加工】 随时可采, 鲜用。

【来源】 兰科植物建兰 *Cymbidium ensifolium* (L.) Sw. 的根。

【性味】 辛, 平。

【功能主治】 顺气, 和血, 利湿, 消肿。主治咳嗽吐血, 肠风, 血崩, 淋病, 白浊, 带下, 跌打损伤, 痈肿。

【用法用量】 内服: 煎汤, 鲜品 16 ~ 48 g; 或捣汁。外用: 捣汁涂。

【附方】 ①治肺痨咳嗽咯血: 建兰鲜根捣绞汁, 调冰糖炖服。每次 15 ~ 24 g。(《泉州本草》)

②治尿血或小便涩痛: 建兰鲜根 15 g, 葱白 3 ~ 5 个。清水煎汤调乌糖服。(《泉州本草》)

③治妇女带下: 蕙兰根、天冬、百合、百节藕。炖鸡或肉服。

④治妇女干病: 蕙兰根、百节藕、石竹根、黄精。炖肉服。

⑤治妇女干病, 手足心发烧: 蕙兰根、大茅香各 32 g。煎水去渣, 加甜酒炖猪心肺服。(③~⑤方出自《四川中药志》)

（2）建兰叶。

【采收加工】 全年均可采收, 鲜用或晒干。

【来源】 兰科植物建兰 *Cymbidium ensifolium* (L.) Sw. 的叶片。

【性味】 辛, 平; 无毒。

【归经】 归心、脾、肺经。

【功能主治】 清热, 凉血, 理气, 利湿。主治咳嗽, 肺痈, 吐血, 咯血, 白浊, 带下, 疮毒, 疗肿。

【用法用量】 内服: 煎汤, 鲜品 0.5 ~ 1 两; 或研末。外用: 捣汁涂。

【附方】 ①治劳力咳嗽: 干建兰叶 32 g, 红鹿含草 (即鹿含草已结有孢子囊者) 15 g。共火上焙赤 (勿过焦) 研末。每用 6 g, 开水泡糖服。(《泉州本草》)

②治肺热肺痈咳嗽: 建兰全草煎汤, 日服 3 次, 每次 32 g。(《泉州本草》)

（3）建兰花。

【采收加工】 秋季采收。

【来源】 兰科植物建兰 *Cymbidium ensifolium*（L.）Sw. 的花。

【性味】 辛，平；无毒。

【归经】 归心、脾、肺经。

【功能主治】 理气，宽中，明目。主治久咳，胸闷，腹泻，青盲内障。

【用法用量】 内服：泡茶饮或水炖服。

【附方】 治久嗽：建兰花 14 朵。水炖服。（厦门《新疗法与中草药选编》）

【注意】 建兰品种甚多，其中以花色纯白者为上，称为"素心兰"。

1060. 蕙兰 *Cymbidium faberi* Rolfe

【别名】 兰草花、幽兰、蕙、兰蕙。

【形态】 多年生草本；假鳞茎不明显。叶 5 ～ 8 片，带形，直立性强，长 25 ～ 80 cm，宽（4）7 ～ 12 mm，基部常对折而呈 "V" 形，叶脉透亮，边缘常有粗锯齿。花葶从叶丛基部最外面的叶腋抽出，近直立或稍外弯，长 35 ～ 50（80）cm，被多枚长鞘；总状花序具 5 ～ 11 朵或更多的花；花苞片线状披针形，最下面的 1 枚长于子房，中上部的长 1 ～ 2 cm，约为花梗和子房长度的 1/2，至少超过 1/3；花梗和子房长 2 ～ 2.6 cm；花常为浅黄绿色，唇瓣

有紫红色斑，有香气；萼片近披针状长圆形或狭倒卵形，长 2.5 ～ 3.5 cm，宽 6 ～ 8 mm；花瓣与萼片相似，常略短而宽；唇瓣长圆状卵形，长 2 ～ 2.5 cm，3 裂；侧裂片直立，具小乳凸或细毛；中裂片较长，强烈外弯，有明显、发亮的的乳凸，边缘常皱波状；唇盘上 2 条纵褶片从基部上方延伸至中裂片基部，上端向内倾斜并汇合形成短管；蕊柱长 1.2 ～ 1.6 cm，稍向前弯曲，两侧有狭翅；花粉团 4 个，成 2 对，宽卵形。蒴果近狭椭圆形，长 5 ～ 5.5 cm，宽约 2 cm。花期 3—5 月。

【生境分布】 生于海拔 700 ～ 3000 m，湿润但排水良好的透光处。罗田主产于大崎镇蕙兰山。

【来源】 兰科植物蕙兰 *Cymbidium faberi* Rolfe 的根皮。

【采收加工】 全年均可采收。

【性味】 辛、平。

【功能主治】 润肺，止咳，杀虫。主治咳嗽，驱蛔、除头虱。

1061. 春兰 *Cymbidium goeringii*（Rchb. f.）Rchb. f.

【别名】 兰草花。

【形态】 地生植物；假鳞茎较小，卵球形，长 1 ～ 2.5 cm，宽 1 ～ 1.5 cm，包藏于叶基内。叶 4 ～ 7 片，带形，通常较短小，长 20 ～ 40（60）cm，宽 5 ～ 9 mm，下部常对折而呈 "V" 形，边缘无齿或具细齿。花葶从假鳞茎基部外侧叶腋中抽出，直立，长 3 ～ 15（20）cm，极罕更高，明显短于叶；花序

具单朵花，极罕 2 朵；花苞片长而宽，一般长 4~5 cm，围抱子房；花梗和子房长 2~4 cm；花色泽变化较大，通常为绿色或淡褐黄色而有紫褐色脉纹，有香气；萼片近长圆形至长圆状倒卵形，长 2.5~4 cm，宽 8~12 cm；花瓣倒卵状椭圆形至长圆状卵形，长 1.7~3 cm，与萼片近等宽，展开或围抱蕊柱；唇瓣近卵形，长 1.4~2.8 cm，不明显 3 裂；侧裂片直立，具小乳凸，在内侧靠近纵褶片处各有 1 个肥厚的皱褶状物；中裂片较大，强烈外弯，上面亦有乳凸，边缘略呈波状；唇盘上 2 条纵褶片从基部上方

延伸中裂片基部以上，上部向内倾斜并靠合形成短管状；蕊柱长 1.2~1.8 cm，两侧有较宽的翅；花粉团 4 个，成 2 对。蒴果狭椭圆形，长 6~8 cm，宽 2~3 cm。花期 1—3 月。

【生境分布】生于海拔 300~2200 m 的多石山坡、林缘、林中透光处。罗田各地均有分布。

【采收加工】花：春季花开时采收；根：全年均可采收；全草：春、夏季采收。

【来源】兰科植物春兰 *Cymbidium goeringii*（Rchb. f.）Rchb. f. 的花、根或全草。

【性味】辛，平。

【功能主治】花：调气和中，止咳，明目。主治胸闷，腹泻，久咳，青盲内障。根或全草：滋阴清肺，化痰止咳。主治百日咳，肺结核咳嗽，咯血，神经衰弱，头晕腰痛，尿路感染，带下。

【用法用量】内服：煎汤，3~6 g。

石斛属 *Dendrobium* Sw.

1062. 细茎石斛 *Dendrobium moniliforme*（L.）Sw.

【别名】铜皮石斛、细黄草。

【形态】茎直立，细圆柱形，通常长 10~20 cm 或更长，粗 3~5 mm，具多节，节间长 2~4 cm，干后金黄色或黄色带深灰色。叶数枚，2 列，常互生于茎的中部以上，披针形或长圆形，长 3~4.5 cm，宽 5~10 mm，先端钝并且稍不等侧 2 裂，基部下延为抱茎的鞘；总状花序 2 至数个，生于茎中部以上具叶和落了叶的老茎上，通常具 1~3 花；花序柄长 3~5 mm；花苞片干膜质，浅白色带褐色斑块，卵形，长 3~4（8）mm，宽 2~3 mm，先端钝；花梗和子房纤细，长 1~2.5 cm；花黄绿色、白色或白色带淡紫红色，有时芳香；萼片和花瓣相似，卵状长圆形或卵状披针形，长 1~2.3 cm，宽 1.5~8 mm，先端锐尖或钝，具 5 条脉；侧萼片基部歪斜而贴生于蕊柱足；萼囊圆锥形，长 4~5 mm，宽约 5 mm，末端钝；花瓣通常比萼片稍宽；

唇瓣白色、淡黄绿色或绿白色，带淡褐色或紫红色至浅黄色斑块，整体轮廓卵状披针形，比萼片稍短，基部楔形，3 裂；侧裂片半圆形，直立，围抱蕊柱，边缘全缘或具不规则的齿；中裂片卵状披针形，先端锐尖或稍钝，全缘，无毛；唇盘在两侧裂片之间密布短柔毛，基部常具 1 个椭圆形胼胝体，近中裂片基部通常具 1 个紫红色、淡褐色或浅黄色的斑块；蕊柱白色，长约 3 mm；药帽白色或淡黄色，圆锥形，顶端不裂，有时被细乳凸；蕊柱足基部常具紫红色条纹，无毛或有时具毛。花期通常 3—5 月。

【生境分布】生于海拔 590 ～ 3000 m 的阔叶林中树干上或山谷岩壁上。罗田县大别山主峰稀有分布。

【采收加工】全年均可采挖，但以秋后采挖者质量佳。

【药用部位】茎。

【药材名】石斛。

【来源】兰科植物细茎石斛 *Dendrobium moniliforme*（L.）Sw. 的茎。

【炮制】干石斛：取干燥的石斛，用水泡至约八成透，闷润，除去残根及黑枝，切段，撞去薄膜，晒干。鲜石斛：临用时剪下，搓去膜质叶鞘，洗净，剪段。

采回后如保存鲜用时，在春、秋季则应及时栽培于细沙石中，放置阴湿处，经常浇水使根部保持湿润。在冬天应平放于竹筐内，上盖蒲包，但应注意空气流通。干石斛一般是将鲜石斛剪去须根，洗净，晒干或烘干；在广西地区先用开水烫过，趁热边搓边晒（或烘）至干燥为止。耳环石斛：加工时，拣长约 4 cm 的鲜石斛，修去部分须根，洗净，晾干，然后放入铁锅内，均匀炒至柔软，趁热搓去薄膜状叶鞘，放置略通风处，两天后置于有细眼的铅皮盘内，下面用适当的微火，在离盘约一尺处，微微加温，用手使之弯成螺旋形或弹簧状，再晾干，如此反复进行 2 ～ 3 次，至干燥为止。

【性味】甘、淡、微咸，寒。

【归经】归胃、肺、肾经。

【功能主治】生津益胃，清热养阴。主治热病伤津，口干烦渴，病后虚热，阴伤目暗。

【用法用量】内服：煎汤（须久煎），6 ～ 12 g（鲜品 16 ～ 32 g）；熬膏或入丸、散。

【注意】①《本草经集注》：陆英为之使。恶凝水石、巴豆。畏僵蚕、雷丸。

②《百草镜》：惟胃肾有虚热者宜之，虚而无火者忌用。

【附方】①治温热有汗，风热化火，热病伤津，温疟舌苔变黑：鲜石斛 9 g，连翘（去心）9 g，天花粉 6 g，鲜生地 12 g，麦冬（去心）12 g，参叶 2.4 g。水煎服。（《时病论》）

②治中消：鲜石斛 15 g，熟石膏 12 g，天花粉 9 g，南沙参 12 g，麦冬 6 g，玉竹 12 g，山药 9 g，茯苓 9 g，广皮 3 g，半夏 4.5 g。甘蔗 95 g，煎汤代水。（《医醇剩义》）

③治眼目昼视精明，暮夜昏暗，视不见物：石斛、仙灵脾各 32 g，苍术（米泔浸，切，焙）16 g。上三味，捣罗为散，每服 4.5 g，空心米饮调服，日再。（《圣济总录》）

④治神水宽大渐散，昏如雾露中行，渐睹空中有黑花，渐睹物成二体，久则光不收，及内障神水淡绿色、淡白色者：天门冬（焙）、人参、茯苓各 64 g，五味（炒）16 g，菟丝子（酒浸）21 g，干菊花 21 g，麦门冬 32 g，熟地黄 32 g，杏仁 22.5 g，干山药、枸杞各 21 g，牛膝 22.5 g，生地黄 32 g，蒺藜、石斛、苁蓉、川芎、炙草、枳壳（麸炒）、青葙子、防风、黄连各 15 g，草决明 24 g，乌犀角 16 g，羚羊角 16 g。为细末，炼蜜丸，梧桐子大。每服 30 ～ 50 丸，温酒、盐汤任下。（《原机启微》）

1063. 铁皮石斛 *Dendrobium officinale* Kimura et Migo

【别名】铁皮兰、黑节草、铁皮斗。

【形态】附生草本。茎直立，圆柱形，长 9 ～ 35 cm，粗 2 ～ 4 mm，不分枝，具多节，节间长（1）3 ～ 1.7 cm，常在中部以上互生 3 ～ 5 片叶；叶 2 列，纸质，长圆状披针形，长 3 ～ 4（7）cm，宽 9 ～ 11（15）

mm，先端钝并且钩转，基部下延为抱茎的鞘，边缘和中肋常带淡紫色；叶鞘常具紫斑，老时其上缘与茎松离而张开，并且与节留下 1 个环状铁青的间隙。总状花序常从落了叶的老茎上部发出，具 2～3 朵花；花序柄长 5～10 mm，基部具 2～3 枚短鞘；花序轴回折状弯曲，长 2～4 cm；花苞片干膜质，浅白色，卵形，长 5～7 mm，先端稍钝；花梗和子房长 2～2.5 cm；萼片和花瓣黄绿色，近相似，长圆状披针形，长约 1.8 cm，宽 4～5 mm，先

端锐尖，具 5 条脉；侧萼片基部较宽阔，宽约 1 cm；萼囊圆锥形，长约 5 mm，末端圆形；唇瓣白色，基部具 1 个绿色或黄色的胼胝体，卵状披针形，比萼片稍短，中部反折，先端急尖，不裂或不明显 3 裂，中部以下两侧具紫红色条纹，边缘波状；唇盘密布细乳凸状的毛，并且在中部以上具 1 个紫红色斑块；蕊柱黄绿色，长约 3 mm，先端两侧各具 1 个紫点；蕊柱足黄绿色带紫红色条纹，疏生毛；药帽白色，长卵状三角形，长约 2.3 mm，顶端近锐尖并且 2 裂。花期 3—6 月。

【生境分布】生于海拔达 1600 m 的山地半阴湿的岩石上。

【采收加工】11 月至翌年 3 月采收。除去杂质，剪去部分须根，边加热边扭成螺旋形或弹簧状，烘干，习称铁皮枫斗（耳环石斛）；或切成段，干燥或低温烘干，习称铁皮石斛。

【药材名】石斛。

【来源】兰科植物铁皮石斛 *Dendrobium officinale* Kimura et Migo 的干燥茎。

【性状】铁皮枫斗：本品呈螺旋形或弹簧状，通常为 3～6 个旋纹，茎拉直后长 3.5～8 cm，直径 0.2～0.4 cm，表面黄绿色或略带金黄色，有细纵皱纹，节明显，节上有时可见残留的灰白色叶鞘，一端可见茎基部留下的短须根。质坚实，易折断，断面平坦，灰白色至灰绿色，略角质状。气微，味淡，嚼之有黏性。

铁皮石斛：本品呈圆柱形的段，长短不等。

【炮制】干石斛：取干燥的石斛，用水泡约至八成透，闷润，除去残根及黑枝，切段，撞去薄膜，晒干。鲜石斛：临用时剪下，搓去膜质叶鞘，洗净，剪段。

【性味】甘，微寒。

【归经】归胃、肾经。

【功能主治】生津益胃，清热养阴。主治热病津伤，口干烦渴，胃阴不足，食少干呕，病后虚热不退，阴虚火旺，骨蒸劳热，目暗不明，筋骨痿软。

【用法用量】内服：煎汤（须久煎），6～12 g（鲜品 25～50 g）；熬膏或入丸、散。

1064. 天麻 *Gastrodia elata* Bl.

【别名】鬼督邮、明天麻、水洋芋、冬彭。

【形态】植株高 30～100 cm，有时可达 2 m；根状茎肥厚，块茎状，椭圆形至近哑铃形，肉质，长 8～12 cm，直径 3～5（7）cm，有时更大，具较密的节，节上被许多三角状宽卵形的鞘。茎直立，橙黄色、黄色、灰棕色或蓝绿色，无绿叶，下部被数枚膜质鞘。总状花序长 5～30（50）cm，通常具 30～50 朵花；花苞片长圆状披针形，长 1～1.5 cm，膜质；花梗和子房长 7～12 mm，略短于花苞片；花扭转，橙黄色、淡黄色、蓝绿色或黄白色，近直立；萼片和花瓣合生成的花被筒长约 1 cm，直径 5～7 mm，近斜卵状圆

筒形，顶端具 5 枚裂片，但前方 2 枚侧萼片合生处的裂口深达 5 mm，筒的基部向前方凸出；外轮裂片（萼片离生部分）卵状三角形，先端钝；内轮裂片（花瓣离生部分）近长圆形，较小；唇瓣长圆状卵圆形，长 6 ～ 7 mm，宽 3 ～ 4 mm，3 裂，基部贴生于蕊柱足末端与花被筒内壁上，并有 1 对肉质胼胝体，上部离生，上面具乳凸，边缘有不规则短流苏；蕊柱长 5 ～ 7 mm，有短的蕊柱足。蒴果倒卵状椭圆形，长 1.4 ～ 1.8 cm，宽 8 ～ 9 mm。花果期 5—7 月。

【生境分布】生于林下阴湿、腐殖质较厚的地方。罗田各地均有栽培，以九资河镇量大质优。

【采收加工】冬、春季采挖，冬采者名"冬麻"，质量优良；春采者名"春麻"，质量不如冬麻。挖出后，除去地上茎及须根，洗净泥土，用清水泡，及时擦去粗皮，随即放入清水或白矾水浸泡，再水煮或蒸透，至中心无白点为度，取出晾干，晒干或烘干。

【药材名】天麻。

【来源】兰科植物天麻 Gastrodia elata Bl. 的根茎。

【性状】干燥根茎为长椭圆形，略扁，皱缩而弯曲，一端有残留茎基，红色或棕红色，俗称"鹦哥嘴"；另一端有圆形的根痕，长 6 ～ 10 cm，直径 2 ～ 5 cm，厚 0.9 ～ 2 cm。表面黄白色或淡黄棕色，半透明，常有浅色片状的外皮残留，多纵皱，并可见数行不甚明显的须根痕排列成环。冬麻皱纹细而少，春麻皱纹粗大。质坚硬，不易折断。断面略平坦，角质，黄白色或淡棕色，有光泽。嚼之发脆，有黏性。气特异，味甘。以黄白色、半透明、肥大坚实者为佳，色灰褐、外皮未去净、体轻、断面中空者为次。

【鉴别】有的残存表皮组织。皮层外侧单列至数列细胞壁稍增厚，可见稀疏的壁孔；厚壁细胞多角形或类长圆形，常呈连珠状增厚，微木化。中柱薄壁细胞较大，类圆形或多角形，有时可见纹孔。维管束外韧型或周韧型，散在，导管 2 个至数个成群，非木化。薄壁组织中可见草酸钙针晶束，有的散在；薄壁细胞中含多糖类团块状物，遇碘液显棕色或浅棕紫色。

【炮制】天麻：拣去杂质，大小分档，用水浸泡至七成透，捞出，稍晾，再润至内外湿度均匀，切片，晒干。炒天麻：先用文火将锅烧热，随即将片倒入，炒至微黄色为度。煨天麻：将天麻片平铺于喷过水的纸上，置锅内，用文火烧至纸色焦黄，不断将药片翻动至两面老黄色为度。

①《雷公炮炙论》：修事天麻十两，用蒺藜子一镒，缓火熬焦熟后，便先安置天麻十两于瓶中，上用火熬过蒺藜子盖内，外便用三重纸盖并系。从已至未时，又出蒺藜子，再入熬炒，准前安天麻瓶内，用炒了蒺藜子于中，依前盖，又隔一伏时后出。如此七遍，瓶盛出后，用布拭上气汗，用刀劈，焙之，细锉，单捣。

②《本草纲目》：若治肝经风虚，惟洗净，以湿纸包，于糠火中煨熟，取出切片，酒浸一宿，焙干用。

【性味】甘，平。

【归经】归肝经。

【功能主治】息风，定惊。主治眩晕眼黑，头风头痛，肢体麻木，半身不遂，语言蹇涩，小儿惊痫动风。

【用法用量】内服：煎汤，4.5 ～ 9 g；或入丸、散。

【注意】《雷公炮炙论》：使御风草根，勿使天麻，二件若同用，即令人有肠结之患。

【附方】①治偏、正头痛，眼目肿疼昏暗，头目眩晕，起坐不能：天麻 48 g，附子（炮制，去皮、脐）32 g，半夏（汤洗 7 遍，去滑）32 g，荆芥穗 16 g，木香 16 g，桂（去粗皮）0.3 g，芎䓖 16 g。上 7 味，

捣罗为末，入乳香匀和，滴水为丸，如梧桐子大。每服 5 丸，渐加至 10 丸，茶清下，日三服。（《圣济总录》）

②消风化痰，清利头目，宽胸利膈，治心松烦闷，头晕欲倒，项急，肩背拘倦，神昏多睡，肢节烦痛，皮肤瘙痒，偏、正头痛，鼻齆，面目虚浮：天麻 16 g，芎䓖 64 g。为末，炼蜜丸如芡子大。每食后嚼一丸，茶酒任下。（《普济方》）

③治中风手足不遂，筋骨疼痛，行步艰难，腰膝沉重：天麻 64 g，地榆 32 g，没药（研）0.9 g，玄参、乌头（炮制，去皮，脐）各 32 g，麝香（研）0.3 g。上六味，除麝香、没药细研外，同捣罗为末，与研药拌匀，炼蜜和丸，如梧桐子大。每服 20 丸，温酒下，空心晚食前服。（《圣济总录》）

④妇人风痹，手足不遂：天麻（切）、牛膝、附子、杜仲各 64 g。上药细锉，以生绢袋盛，用好酒 15 升，浸经七日，每服温饮下一小盏。（《十便良方》）

⑤治风湿脚气，筋骨疼痛，皮肤不仁：天麻（生用）160 g，麻黄（去根、节）320 g，草乌头（炮，去皮）、藿香叶、半夏（炮黄色）、白面（炒）各 160 g。上六味，捣罗为细末，滴水丸如鸡头大，丹砂为衣。每服一丸，茶酒嚼下，日三服，不拘时。（《圣济总录》）

⑥治小儿风痰搐搦，急慢惊风，风痫：天麻 125 g（酒洗，炒），胆星 95 g，僵蚕（俱炒）64 g，天竺黄 32 g，明雄黄 15 g。俱研细，总和匀，半夏曲 64 g，为末，打糊丸如弹子大。用薄荷、生姜泡浓汤，调化一丸，或二三丸。（《本草汇言》）

⑦治小儿诸惊：天麻 32 g，全蝎（去毒，炒）32 g，天南星（炮，去皮）16 g，白僵蚕（炒，去丝）6 g。共为细末，酒煮面糊为丸，如天麻子大。一岁每服 10 ～ 15 丸。荆芥汤下，此药性温，可以常服。（《魏氏家藏方》）

⑧治风湿，头痛：雄黄 3 g，南星、半夏、天麻、白术各 6 g，共为细末，姜汁浸，蒸饼为丸。（《万密斋医学全书》）

斑叶兰属 *Goodyera* R. Br.

1065. 小斑叶兰 *Goodyera repens*（L.）R. Br.

【别名】滴水珠。

【形态】植株高 10 ～ 25 cm。根状茎伸长，茎状，匍匐，具节。茎直立，绿色，具 5 ～ 6 片叶。叶片卵形或卵状椭圆形，长 1 ～ 2 cm，宽 5 ～ 15 mm，上面深绿色，具白色斑纹，背面淡绿色；先端急尖，基部钝或宽楔形，具柄，叶柄长 5 ～ 10 mm；基部扩大成抱茎的鞘。花茎直立或近直立，被白色腺状柔毛，具 3 ～ 5 枚鞘状苞片；总状花序具几朵至 10 余朵密生、偏向一侧的花，长 4 ～ 15 cm；花苞片披针形，长 5 mm，先端渐尖；子房圆柱状纺锤形，连花梗长 4 mm，被疏的腺状柔毛；花小，白色、带绿色或带粉红色，半张开；萼片背面被腺状柔毛，具 1 脉，中萼片卵形或卵状长圆形，长 3 ～ 4 mm，宽 1.2 ～ 1.5 mm，先端钝，与花瓣黏合呈兜状；侧萼片斜卵形、卵状椭圆形，长 3 ～ 4 mm，宽 1.5 ～ 2.5 mm，先端钝；花瓣斜匙形，无毛，长 3 ～ 4 mm，宽 1 ～ 1.5 mm，

先端钝，具1脉；唇瓣卵形，长3～3.5 mm，基部凹陷呈囊状，宽2～2.5 mm，内面无毛，前部短的舌状，略外弯；蕊柱短，长1～1.5 mm；蕊喙直立，长1.5 mm，叉状2裂；柱头1个，较大，位于蕊喙之下。花期7—8月。

【生境分布】生于山谷林下。罗田中、高山区均有分布。

【采收加工】夏、秋季采收，鲜用或晒干。

【药材名】斑叶兰。

【来源】兰科植物小斑叶兰 *Goodyera repens*（L.）R. Br. 的全草。

【性味】甘，温；无毒。

【功能主治】清热解毒，活血止痛，软坚散结。主治支气管炎，骨节疼痛，跌打损伤，瘰疬，疔疮痈肿。

【用法用量】内服：煎汤，鲜品32～64 g；捣汁或浸酒。外用：捣敷。

【附方】①治肺病咳嗽：斑叶兰15 g，炖肉吃。（《浙江民间常用草药》）

②治支气管炎：鲜斑叶兰3～6 g，水煎服。（《浙江民间常用草药》）

③治骨节疼痛，不红不肿者：斑叶兰捣烂，用酒炒热，外包痛处（小儿用淘米水代酒）。每日一换。（《贵州民间药物》）

④治毒蛇咬伤，疔疮痈肿：鲜斑叶兰捣烂外敷。（《浙江民间常用草药》）

舌唇兰属 *Platanthera* Rich.

1066. 舌唇兰 *Platanthera japonica*（Thunb. ex A. Marray）Lindl.

【别名】龙爪参。

【形态】植株高35～70 cm。根状茎指状，肉质、近平展。茎粗壮，直立，无毛，具（3）4～6片叶。叶自下向上渐小，下部叶片椭圆形或长椭圆形，长10～18 cm，宽3～7 cm，先端钝或急尖，基部呈抱茎的鞘，上部叶片小，披针形，先端渐尖。总状花序长10～18 cm，具10～28朵花；花苞片狭披针形，长2～4 cm，宽3～5 mm；子房细圆柱状，无毛，扭转，连花梗长2～2.5 cm；花大，白色；中萼片直立，卵形，舟状，长7～8 mm，宽5～6 mm，先端钝或急尖，具3脉；侧萼片反折，斜卵形，长8～9 mm，宽4～5 mm，先端急尖，具3脉；花瓣直立，线形，长6～7 mm，宽约1.5 mm，先端钝，具1脉，与中萼片靠合呈兜状；唇瓣线形，长1.3～1.5（2）cm，不分裂，肉质，先端钝；距下垂，细长，细圆筒状至丝状，长3～6 cm，弯曲，较子房长、多；药室平行；药隔较宽，顶部稍凹陷；花粉团倒卵形，具细而长的柄和线状椭圆形的大粘盘；退化雄蕊显著；蕊喙矮，宽三角形，直立；柱头1个，凹陷，位于蕊喙之下穴内。花期5—7月。

【生境分布】生于山坡草丛阴湿处。罗田北部山区有分布。

【采收加工】夏季采集，洗净泥土，切段，晒干。

【药材名】舌唇兰。

【来源】兰科植物舌唇兰 *Platanthera japonica*

（Thunb. ex A. Marray）Lindl. 的带根全草。

【性味】甘，平。

【功能主治】主治虚火牙痛，肺热咳嗽，带下；外用治毒蛇咬伤。

【用法用量】内服：煎汤，9 ～ 15 g。

【附方】①治虚火牙痛：根 15 ～ 30 g，加白糖蒸服。

②治肺热咳嗽：全草 9 ～ 15 g，水煎服。

③治毒蛇咬伤：鲜根适量，捣烂敷患处。

1067. 小舌唇兰 *Platanthera minor* （Miq.）Rchb. f.

【形态】植株高 20 ～ 60 cm。块茎椭圆形，肉质，长 1.5 ～ 2 cm，粗 1 ～ 1.5 cm。茎粗壮，直立，下部具 1 ～ 2（3）片较大的叶，上部具 2 ～ 5 片逐渐变小为披针形或线状披针形的苞片状小叶，基部具 1 ～ 2 枚筒状鞘。叶互生，最下面的 1 枚最大，叶片椭圆形、卵状椭圆形或长圆状披针形，长 6 ～ 15 cm，宽 1.5 ～ 5 cm，先端急尖或圆钝，基部鞘状抱茎。总状花序具多数疏生的花，长 10 ～ 18 cm；花苞片卵状披针形，长 0.8 ～ 2 cm，下部的较子房长；子房圆柱形，向上渐狭，扭转，无毛，连花梗长 1 ～ 1.5 cm；花黄绿色，萼片具 3 脉，边缘全缘；中萼片直立，宽卵形，凹陷呈舟状，长 4 ～ 5 mm，宽 3.5 ～ 4 mm，先端钝或急尖；侧萼片反折，稍斜椭圆形，长 5 ～ 6（7）mm，宽 2.5 ～ 3 mm，先端钝；花瓣直立，斜卵形，长 4 ～ 5 mm，宽 2 ～ 2.5 mm，先端钝，基部的前侧扩大，有基出 2 脉及 1 支脉，与中萼片靠合呈兜状；唇瓣舌状，肉质，下垂，长 5 ～ 7 mm，宽 2 ～ 2.5 mm，先端钝；距细圆筒状，下垂，稍向前弧曲，长 12 ～ 18 mm；蕊柱短；药室略叉开；药隔宽，顶部凹陷；花粉团倒卵形，具细长的柄和圆形的粘盘；退化雄蕊显著；蕊喙矮而宽；柱头 1 个，大，凹陷，位于蕊喙之下。花期 5—7 月。

【生境分布】生于山坡草丛阴湿处。罗田北部山区有分布。

【采收加工】夏、秋季采收。

【药材名】小舌唇兰。

【来源】兰科植物小舌唇兰 *Platanthera minor*（Miq.）Rchb. f. 的全草。

【性味】甘，平。

【功能主治】养阴润肺，益气生津。主治咳痰带血，咽喉肿痛，病后体弱，遗精，头昏身软，肾虚腰痛，咳嗽气喘，肠胃湿热，小儿疝气。

绶草属 *Spiranthes* Rich.

1068. 绶草 *Spiranthes sinensis*（Pers.）Ames

【别名】红龙盘柱、小猪獠参、盘龙参、盘龙箭。

【形态】植株高 13 ～ 30 cm。根数条，指状，肉质，簇生于茎基部。茎较短，近基部生 2 ～ 5 片叶。叶片宽线形或宽线状披针形，极罕为狭长圆形，直立伸展，长 3～10 cm，常宽 5～10 mm，先端急尖或渐尖，基部收狭具柄状抱茎的鞘。花茎直立，长 10～25 cm，上部被腺状柔毛至无毛；总状花序具多数密生的花，长 4～10 cm，呈螺旋状扭转；花苞片卵状披针形，先端长渐尖，下部的长于子房；子房纺锤形，扭转，被腺状柔毛，连花梗长 4～5 mm；花小，紫红色、粉红色或白色，在花序轴上呈螺旋状排生；萼片的下部靠合，中萼片狭长圆

形，舟状，长 4 mm，宽 1.5 mm，先端稍尖，与花瓣靠合呈兜状；侧萼片偏斜，披针形，长 5 mm，宽约 2 mm，先端稍尖；花瓣斜菱状长圆形，先端钝，与中萼片等长但较薄；唇瓣宽长圆形，凹陷，长 4 mm，宽 2.5 mm，先端极钝，前半部上面具长硬毛，且边缘具强烈皱波状啮齿，唇瓣基部凹陷呈浅囊状，囊内具 2 枚胼胝体。花期 7—8 月。

【生境分布】 生于海拔 200～3500 m 的山坡林下、灌丛、草地、路边或沟边草丛中。罗田北部山区有分布。

【采收加工】 夏、秋季采收。

【药材名】 盘龙参。

【来源】 兰科植物绶草 *Spiranthes sinensis*（Pers.）Ames 的根或全草。

【性味】 甘、苦，平。

【功能主治】 益阴清热，润肺止咳。主治病后虚弱，阴虚内热，咳嗽吐血，头晕，腰酸，遗精，淋浊带下，疮痈肿毒。

【用法用量】 内服：煎汤，鲜品 16～32 g。外用：捣敷。

【注意】《四川中药志》：有湿热瘀滞者忌服。

【附方】 ①治虚热咳嗽：绶草 9～15 g，水煎服。（《湖南药物志》）

②病后虚弱滋补：盘龙参 32 g，豇豆根 15 g，蒸猪肉 250 g 或子鸡一只内服，每 3 日 1 剂，连用 3 剂。（《贵阳民间药草》）

③治糖尿病：盘龙参根 32 g，猪胰 1 个，银杏 32 g。酌加水煎服。（《福建民间草药》）

④治淋浊带下：盘龙参根 32 g，猪小肚 1～2 个。水煎，加少许食盐，分早晚 2 次服。（《福建民间草药》）

⑤治老人大便坠胀带血：小猪獠参 9～15 g，鲜鲫鱼 64 g，煮熟，加白糖服。（《四川中药志》）

⑥治心胃痛：绶草 6 g，雄黄 0.9 g，大蒜头 2 枚，共捣烂，开水冲服。（《湖南药物志》）

⑦治痈肿：绶草根洗净置瓶中，加入适量麻油封浸待用。用时取根杵烂，敷患处，一日一换。（《江西民间草药》）

⑧治毒蛇咬伤：绶草根捣烂，再加入酒酿糟拌匀敷于伤处。或加雄黄末少许更好。（《江西民间草药》）

⑨治扁桃体炎，夏季热：盘龙参 9～15 g，水煎服。（广州部队《常用中草药手册》）

⑩治带状疱疹：绶草根适量，晒干研末，麻油调搽。（《江西草药》）

⑪治汤火伤：盘龙箭 64 g，蚯蚓 5 条，白糖少量。共捣烂外敷，每日换药一次。（《陕西中草药》）

杓兰属 *Cypripedium* L.

1069. 扇脉杓兰 *Cypripedium japonicum* Thunb.

【别名】 老虎七、扇子七。

【形态】 植株高 35～55 cm，具较细长的、横走的根状茎；根状茎直径 3～4 mm，有较长的节间。茎直立，被褐色长柔毛，基部具数枚鞘，顶端生叶。叶通常 2 片，近对生，位于植株近中部处，极罕有 3 片叶互生的；叶片扇形，长 10～16 cm，宽 10～21 cm，上半部边缘呈钝波状，基部近楔形，具扇形辐射状脉直达边缘，两面在近基部处均被长柔毛，边缘具细缘毛。花序顶生，具 1 花；花序柄亦被褐色长柔毛；花苞片叶状，菱形或卵状披针

形，长 2.5～5 cm，宽 1～2（3）cm，两面无毛，边缘具细缘毛；花梗和子房长 2～3 cm，密被长柔毛；花俯垂；萼片和花瓣淡黄绿色，基部有紫色斑点，唇瓣淡黄绿色至淡紫白色，有紫红色斑点和条纹；中萼片狭椭圆形或狭椭圆状披针形，长 4.5～5.5 cm，宽 1.5～2 cm，先端渐尖，无毛；合萼片与中萼片相似，长 4～5 cm，宽 1.5～2.5 cm，先端 2 浅裂；花瓣斜披针形，长 4～5 cm，宽 1～1.2 cm，先端渐尖，内表面基部具长柔毛；唇瓣下垂，囊状，近椭圆形或倒卵形，长 4～5 cm，宽 3～3.5 cm；囊口略狭长并位于前方，周围有明显凹槽并呈波浪状齿缺；退化雄蕊椭圆形，长约 1 cm，宽 6～7 mm，基部有短耳。蒴果近纺锤形，长 4.5～5 cm，宽 1.2 cm，疏被微柔毛。花期 4—5 月，果期 6—10 月。

【生境分布】 生于海拔 1000～2000 m 的林下、灌木林下、林缘、溪谷旁、阴蔽山坡等湿润和腐殖质丰富的土壤上。罗田天堂寨有分布。

【采收加工】 夏、秋季采挖，洗净，晒干，或以米泔水漂洗后再酒炒后使用。

【来源】 兰科植物扇脉杓兰 *Cypripedium japonicum* Thunb. 的根或带根全草。

【性状】 多年生草本。根茎细长匍生，节上簇生须根。茎单一，高 20～40 cm，被长柔毛，基部有少数鞘状叶。叶 2 片，生茎端，略成对生状，扇形至扇状四角形，前缘波状，长可达 16 cm，宽 22 cm，脉扇状。花大形，单生于花梗顶端；花梗由叶腋间抽出，长 10～15 cm；花瓣开张，淡黄绿色，唇瓣特大，成囊状，有紫斑。蒴果具喙，长约 5 cm，被柔毛。种子细微，多数。花期 5 月。

【性味】 涩、辛，平；有毒。

【功能主治】 祛风解毒，理气镇痛，调经活血，截疟。主治皮肤瘙痒，无名肿毒，间日疟，月经不调，劳伤。

【注意】 内服本品后，半日内禁忌热酒、热饭。

【附方】 ①治皮肤瘙痒：扇子七全草煎水洗。

②治无名肿毒：扇子七全草捣烂，用醋调敷患处。

③治间日疟：扇子七根五分。研粉，发疟前 1 h 冷开水送下。（①～③方出自《陕西中草药》）

中文名索引

拉丁名索引

B

参 考 文 献

[1] 蔡炳文 . 罗田中草药名录 [M]. 北京：科学出版社，2019.

[2] 国家药典委员会 . 中华人民共和国药典 [M]. 北京：中国医药科技出版社，2020.

[3] 中国科学院中国植物志编辑委员会 . 中国植物志 [M]. 北京：科学出版社，1979.

[4] 南京中医药大学 . 中药大辞典 [M].2 版 . 上海：上海科学技术出版社，2006.

[5] 王国强 . 全国中草药汇编 [M].3 版 . 北京：人民卫生出版社，2014.

[6] 国家中医药管理局《中华本草》编委会 . 中华本草 [M]. 上海：上海科学技术出版社，2002.

[7] 訾兴中，张定成 . 大别山植物志 [M]. 北京：中国林业出版社，2006.

[8] 傅书遐 . 湖北植物志 [M]. 武汉：湖北科学技术出版社，2002.

[9] 湖北省中药资源普查办公室，湖北省中药材公司 . 湖北中药资源名录 [M]. 北京：科学出版社，1990.